一些物理性质

空气(干燥,在 20℃和 1atm 下)

密度	$1.21 kg/m^3$
比定压热容	1010J/kg·K
比热容比	1.40
声速	343m/s
电击穿强度	3×10^6 V/m
有效摩尔质量	0.0289kg/mol

U0241086

水

密度	$1000kg/m^3$
声速	1460m/s
比定压热容	4190J/kg·K
熔化热(0℃)	333kJ/kg
汽化热(100℃)	2260kJ/kg
折射率(λ=589nm)	1.33
摩尔质量	0.0180kg/mol

地球

质量	5.98×10^{24}kg
平均半径	6.37×10^6m
在地球表面的自由下落加速度	$9.8m/s^2$
标准大气压	1.01×10^5Pa
100km 高度的卫星的周期	86.3min
地球同步卫星轨道的半径	42 200km
逃逸速率	11.2km/s
磁偶极矩	8.0×10^{22}A·m^2
表面上的平均电场	150V/m,向下

距离到

月球	3.82×10^8m
太阳	1.50×10^{11}m
最近的恒星	4.04×10^{16}m
银河中心	2.2×10^{20}m
仙女座星系	2.1×10^{22}m
可观测宇宙的边缘	$\sim10^{26}$m

SI 词头①

因子	词头	汉文	符号	因子	词头	汉文	符号
10^{24}	yotta	尧[它]	Y	10^{-1}	deci	分	d
10^{21}	zetta	泽[它]	Z	10^{-2}	centi	厘	c
10^{18}	exa	艾[可萨]	E	10^{-3}	milli	毫	m
10^{15}	peta	拍[它]	P	10^{-6}	micro	微	μ
10^{12}	tera	太[拉]	T	10^{-9}	nano	纳[诺]	n
10^9	giga	吉[咖]	G	10^{-12}	pico	皮[可]	p
10^6	mega	兆	M	10^{-15}	femto	飞[母托]	f
10^3	kilo	千	k	10^{-18}	atto	阿[托]	a
10^2	hecto	百	h	10^{-21}	zepto	仄[普托]	z
10^1	deka	十	da	10^{-24}	yocto	幺[科托]	y

① 在所有情况下,第一音节是重音,如 ná-no-mé-ter。

数学公式*

二次公式

如果 $ax^2+bx+c=0$，则 $x=\dfrac{-b\pm\sqrt{b^2-4ac}}{2a}$

二项式定理

$$(1+x)^n=1+\frac{nx}{1!}+\frac{n(n-1)x^2}{2!}+\cdots \qquad (x^2<1)$$

矢量的积

令 θ 表示 $\vec{a}$ 和 $\vec{b}$ 之间的两个夹角中的较小者。于是

$$\vec{a}\cdot\vec{b}=\vec{b}\cdot\vec{a}=a_xb_x+a_yb_y+a_zb_z=ab\cos\theta$$

$$\vec{a}\cdot\vec{b}=-\vec{b}\cdot\vec{a}=\begin{vmatrix}\vec{i} & \vec{j} & \vec{k}\\ a_x & a_y & a_z\\ b_x & b_y & b_z\end{vmatrix}$$

$$=\vec{i}\begin{vmatrix}a_y & a_z\\ b_y & b_z\end{vmatrix}-\vec{j}\begin{vmatrix}a_x & a_z\\ b_x & b_z\end{vmatrix}+\vec{k}\begin{vmatrix}a_x & a_y\\ b_x & b_y\end{vmatrix}$$

$$=(a_yb_z-b_ya_z)\vec{i}+(a_zb_x-b_za_x)\vec{j}$$

$$+(a_xb_y-b_xa_y)\vec{k}$$

$$|\vec{a}\times\vec{b}|=ab\sin\theta$$

三角恒等式

$$\sin\alpha\pm\sin\beta=2\sin\frac{1}{2}(\alpha\pm\beta)\cos\frac{1}{2}(\alpha\mp\beta)$$

$$\cos\alpha+\cos\beta=2\cos\frac{1}{2}(\alpha+\beta)\cos\frac{1}{2}(\alpha-\beta)$$

*更完全的表请参看附录 E。

导数和积分

$$\frac{d}{dx}\sin x=\cos x \qquad \int\sin x\,dx=-\cos x$$

$$\frac{d}{dx}\cos x=-\sin x \qquad \int\cos x\,dx=\sin x$$

$$\frac{d}{dx}e^x=e^x \qquad \int e^x dx=e^x$$

$$\int\frac{dx}{\sqrt{x^2+a^2}}=\ln(x+\sqrt{x^2+a^2})$$

$$\int\frac{x\,dx}{(x^2+a^2)^{3/2}}=-\frac{1}{(x^2+a^2)^{1/2}}$$

$$\int\frac{dx}{(x^2+a^2)^{3/2}}=\frac{x}{a^2(x^2+a^2)^{1/2}}$$

克拉莫规则

未知量 x 和 y 的两个联立方程

$$a_1x+b_1y=c_1 \qquad 和 \qquad a_2x+b_2y=c_2,$$

具有解

$$x=\frac{\begin{vmatrix}c_1 & b_1\\ c_2 & b_2\end{vmatrix}}{\begin{vmatrix}a_1 & b_1\\ a_2 & b_2\end{vmatrix}}=\frac{c_1b_2-c_2b_1}{a_1b_2-a_2b_1}$$

和

$$y=\frac{\begin{vmatrix}a_1 & c_1\\ a_2 & c_2\end{vmatrix}}{\begin{vmatrix}a_1 & b_1\\ a_2 & b_2\end{vmatrix}}=\frac{a_1c_2-a_2c_1}{a_1b_2-a_2b_1}$$

希腊字母

Alpha	A	α	Iota	I	ι	Rho	P	ρ
Beta	B	β	Kappa	K	κ	Sigma	Σ	σ
Gamma	Γ	γ	Lambda	Λ	λ	Tau	T	τ
Delta	Δ	δ	Mu	M	μ	Upsilon	Υ	υ
Epsilon	E	ε	Nu	N	ν	Phi	Φ	ϕ,φ
Zeta	Z	ζ	Xi	Ξ	ξ	Chi	X	χ
Eta	H	η	Omicron	O	o	Psi	Ψ	ψ
Theta	Θ	θ	Pi	Π	π	Omega	Ω	ω

第1章　测量

当你躺在海滩上看到太阳落下消失在平静的海面时，如果紧接着站起来，会再一次看到太阳落下。假如能测出这两次太阳落下对应的时间间隔，你就可估计出地球的半径。

那么，这样一个简易的观察是如何用来测量地球的？

图 2-9

第2章　直线运动

1993年9月26日，Dave Munday(一个柴油机技工)第二次来到尼亚加拉大瀑布的加拿大一侧，他这次是要乘坐一个带有换气孔的钢球，从高48m处自由落到瀑布下的水中。Munday一直渴望能成功完成这次冒险，因为他知道已有四个特技人员为此失去了性命。因此，他从物理学和工程学方面为这项冒险做了精心周密的准备。

那么，他落下去的整个过程约需多长时间？另外，他会以多大速率碰到瀑布底部湍急的水面？

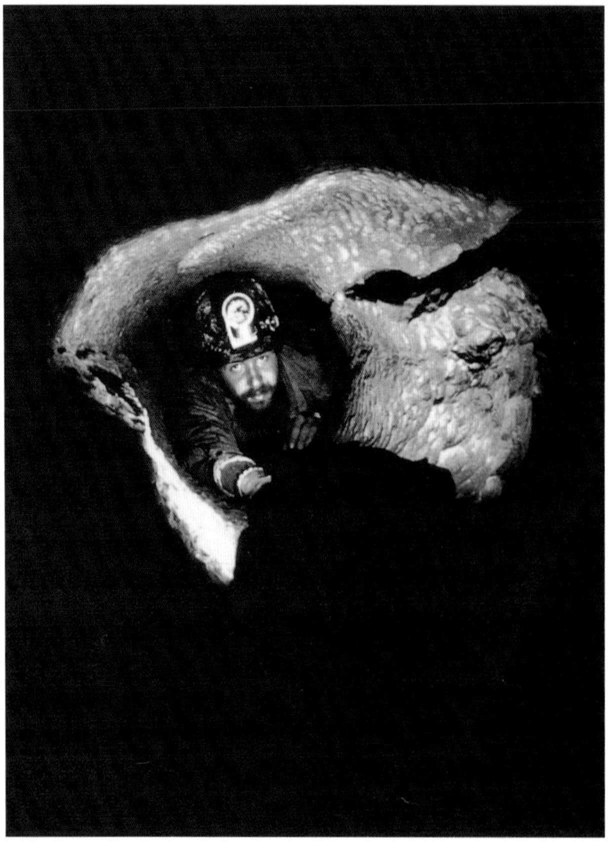

第3章　矢量

一个二十多人的洞穴探险队经过艰难的攀爬、行进，通过了200km长的Mammoth 洞穴和Flint Ridge洞穴，试图寻求两洞穴之间的联系。照片中看到的是Richard Zopf正推开他的背包，通过这个位于Flint Ridge 洞穴内部深处的狭窄隧道。沿着蜿蜒曲折的路径的隧道和冰冷的水洼，经过12个小时的钻洞之后，Zopf和他的六个同伴终于发现他们已身处Mammoth 洞穴。他们的重大发现证实Mammoth-Flint洞穴系统为世界上最长的洞穴。

那么，他们所处的终点与他们的出发点（而不是他们经过的实际路径）之间的关系是怎样的?

第4章　二维和三维的运动

1922年，美国很有声望的Zacchini家庭马戏表演团首开先例，将一个演员作为人体炮弹，从炮膛射出，飞过竞技场舞台落入网中。为加强特技效果，马戏团逐渐增加飞越的高度和距离。到1939年或1940年，将Emanuel Zacchini作为人体炮弹，从炮膛射出越过了三大摩天轮，水平跨度达69米。

那么，他是如何判定网应放置的位置的? 另外，他如何能确保自己一定会飞越过摩天轮?

第5章　力与运动（Ⅰ）

1974年4月4日，比利时人John Massis在纽约长岛的一处铁轨上成功地拖动了两节客车车厢。他当时是用牙紧紧咬住一副以绳子连在车厢上的嚼子，同时向后倾身并用脚尽全力蹬铁路的枕木。两节车厢总重约达80t。

Massis必须用超人的力才能使它们加速吗？

第6章　力与运动（Ⅱ）

在公寓楼里养的猫常喜欢在窗台上睡觉。如果一只猫不慎从七层或八层楼以上掉落到人行道上，那它受伤的程度（如折断的骨骼数目或死亡的可能性）是随着高度的增加而减小的（甚至有一只猫从32层高楼上落下只有胸部和一颗牙受点轻伤的记录）。

那么，危险怎么能会随高度增加而减小呢？

图 6-6

图 6-8

第 7 章　功能和功

在 1996 年奥林匹克举重比赛上，Andrey Chemerkin 破记录地把 260.0kg 从地面举到自己的头顶上约 2m。1957 年 Paul Anderson 俯身在一个加固的木制平台下面，将他的手放在一个矮凳上以支撑自己，然后用他的后背向上顶，将平台和其上的负载举高了约 1cm。平台上放着汽车部件和一个充填着铅的保险柜；负载总重 27900N（6270 磅）！

那么，谁对各自举起的重物做功更多——是 Chemerkin 还是 Anderson？

第 7 章附图

图 8-14

第 8 章　势能与能量守恒

复活岛上的史前居民在他们的采石场雕刻出了成百个巨大的石人雕像，然后将它们移到岛上各处。他们如何能不用复杂的机械而将这些雕像移到 10km 以外已成为一个引起激烈争论的话题，而关于所需能量的来源，也有着各种各样奇异的说法。

只用原始的手段，移动其中一个雕像当时需要多少能量?

第 9 章　质点系

当你向前跳跃时，你的头和身体会沿抛物线运行，就好像一个棒球被从外场投入内场一样。然而，当一位技艺高超的芭蕾舞演员在舞台上进行大跃步时，在跳跃的大部分时间内，她的头和身体却是近似水平的运动，她就好似在舞台上飘浮一样。观众可能对抛体运动知之不多，但仍感觉得到其中有些不同寻常。

那么，芭蕾舞演员是如何做到仿佛“避开”了重力的呢？

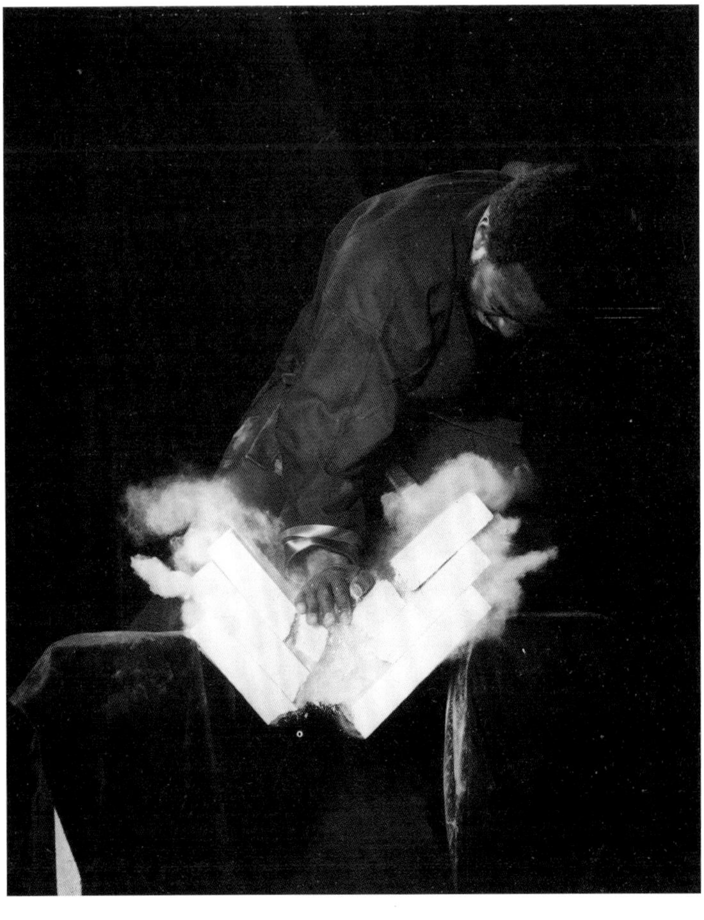

第 10 章　碰撞

Ronald McNair，一个物理学家和在挑战者号宇宙飞船爆炸中遇难的宇航员之一，他曾在武术比赛中得到一条黑腰带。这里他一下击碎了几块混凝土板。在这种武术表演中，常用一块松木板或一块混凝土板。当受打击时，木板或混凝土板弯曲，像弹簧一样储存起能量，直到达到一临界能量，随后受击物体折断。打断木板所需能量约是打断混凝土板所需能量的 3 倍。

那么，为什么打断木板要容易得多呢？

第 11 章　转动

在现代柔道中，懂物理学的弱而小的斗士能打败不懂物理学的强而大的斗士。这一事实表现在基本的“臀摔”动作中，其中一个斗士绕着对手的髋关节转动对手——倘若成功的话——并把他摔倒在垫子上。不适当地应用物理学，摔倒对手就需要相当大的力而且容易失败。

那么，物理学提供的好处是什么？

第 12 章　滚动、力矩和角动量

1897 年，一位欧洲“空中飞人”第一次从摆动的高空秋千上飞出后滚翻了三周到达搭档的手中。在此后的 85 年间许多空中飞人都曾尝试完成四个滚翻动作，但都失败了。直到 1982 年在观众面前，Ringling Bros. 和 Barnum & Bailey 马戏团的 Miguel Vazguez 使自己的身体在空中滚翻了四个整圈之后被他哥哥 Juan 接住。两人都为自己的成功感到吃惊。

为什么这套绝技这么困难？物理学对它的（最后）成功起了什么作用？

第 13 章　平衡与弹性

攀岩可能是极限的物理测验。失败可能意味着死亡；即使“攀得不好”，也可能意味着严重受伤。例如，在攀登一个长的烟囱式岩缝时，你的躯干得用力贴在一个宽的、竖直岩裂缝的岩壁一侧上，而脚则要蹬住对面的岩壁。你也需要临时休息一下，否则你就会由于太疲劳而掉下去。这里，测验只包括一个问题：为了休息一下，你怎样做才能放松对岩壁的推力呢？如果未考虑物理学知识就放松了，岩壁就可能不支持你。

对这个生死、单一问题测验的答案是什么？

图 13-1

图 13-3

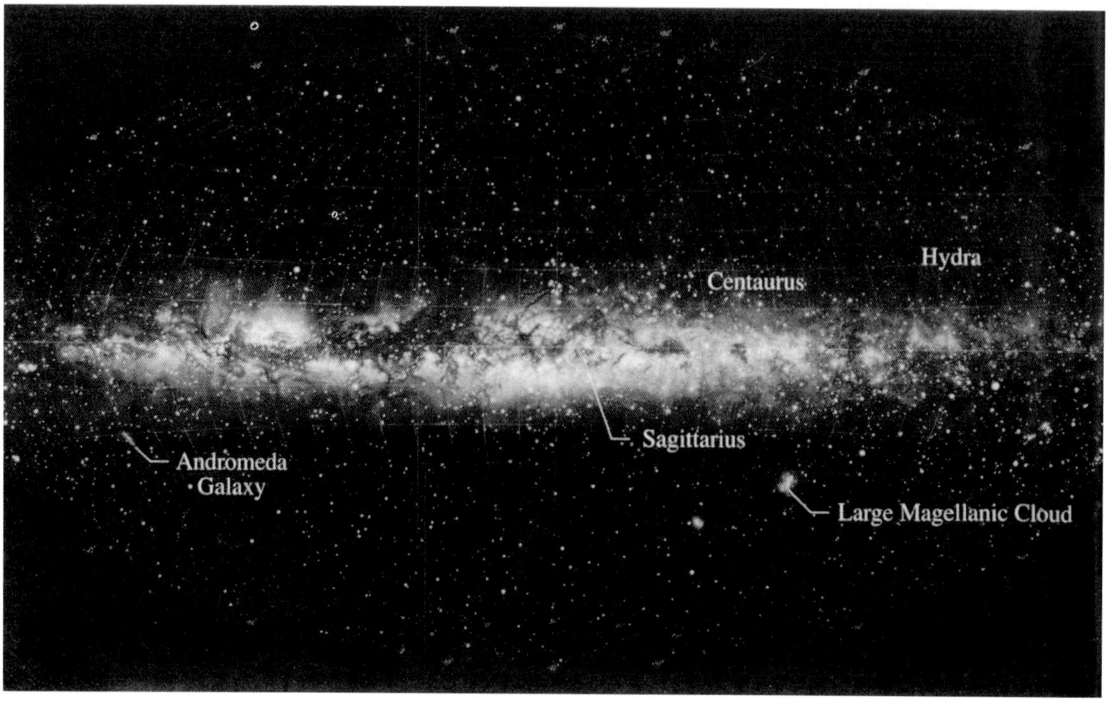

第 14 章 引力

银河系是盘状的，由尘埃、行星和包括我们的太阳和太阳系的几十亿颗恒星组成。把银河系或其他的星系束缚在一起的力与把月亮束缚在轨道上、把您束缚在地球上的力是同样的力——引力。这种力也造成了自然界最奇异的物体——黑洞，一种已经完全自我坍缩的星体。接近黑洞的引力十分强大，甚至于光都无法逃脱。

如果情况是这样，那怎样才能探测到黑洞呢?

图 14-1

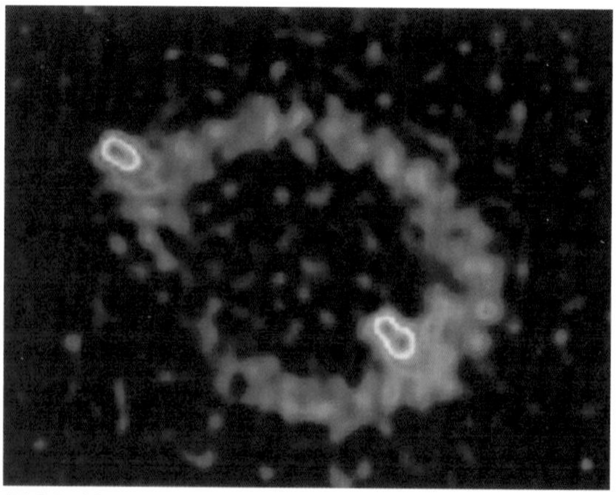

图 14-21

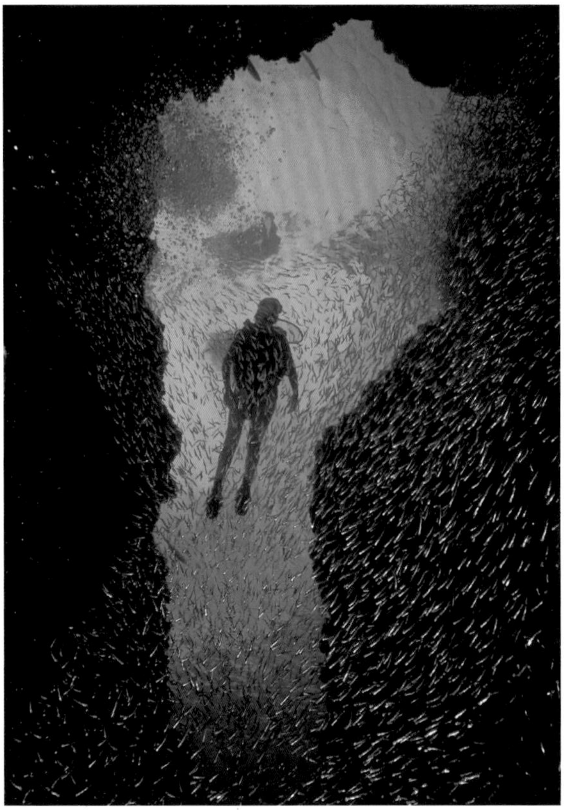

第 15 章　流体

水对下潜中的潜水员的作用力明显增大，即使是在游泳池底相对较浅的下潜也是这样。可是，1975 年， Willian Rhodes 曾利用装有呼吸用的特殊混合气体的水下呼吸器，从已下降到墨西哥海沟中 300m 深的沉箱中走出，接着游到了创记录的 350m 深处。奇怪的是，配备有水下呼吸器装置的潜水初学者在游泳池里练习时，受到水的作用力可能比 Rhodes 受到的具有更大的危险性。有些初学者偶然死去就是由于忽视了这种危险性。

那么，这种潜在的致命危险是什么呢？

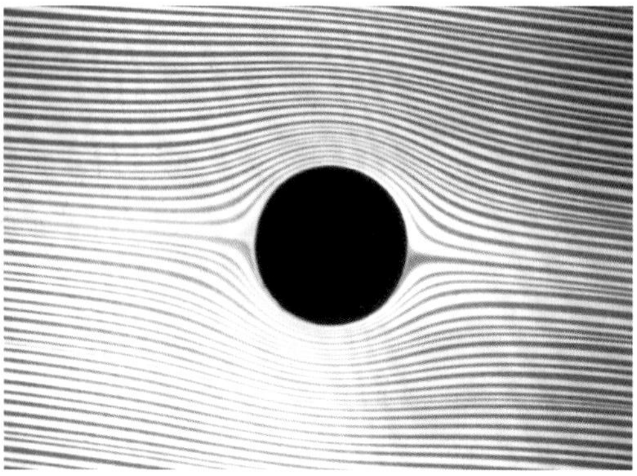

图 15-12

第 16 章　振动

1985 年 9 月 19 日，震源位于墨西哥西海岸的一场地震的地震波给 400km 以外的墨西哥城造成了可怕而且分布很广的破坏。

为什么地震波能在墨西哥城造成如此广泛的破坏，而在地震波经过的路途上却破坏相对较小呢?

第17章 波(Ⅰ)

甲虫在这个沙蝎周围几十厘米的沙子上活动时，沙蝎就会立即转向甲虫并猛扑过去捕获（作为午餐）。沙蝎没有看到（在夜间）也没有听到甲虫就能这样做。

那么，蝎子怎么能这样准确地定位它的猎物呢？

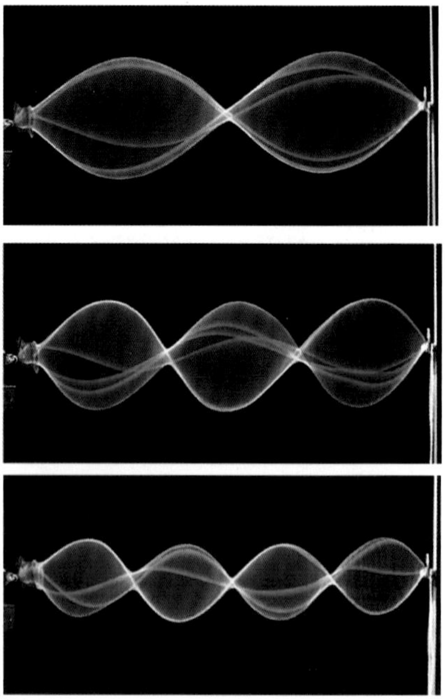

图 17-20

图 17-22

第18章 波(Ⅱ)

这只菊头蝙蝠不仅能在完全黑暗的条件下确定飞蛾的位置，而且还能定出飞蛾相对自己的速率，从而捕获飞蛾。

蝙蝠的探测系统是如何工作的？飞蛾怎样才能干扰这个系统或用什么方法降低它的有效性？

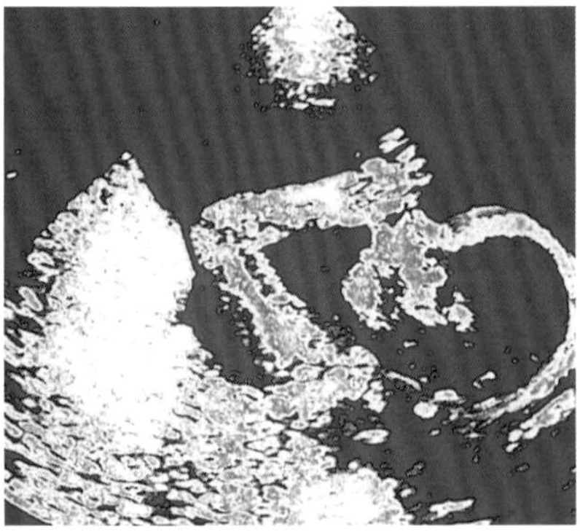

图 18-1

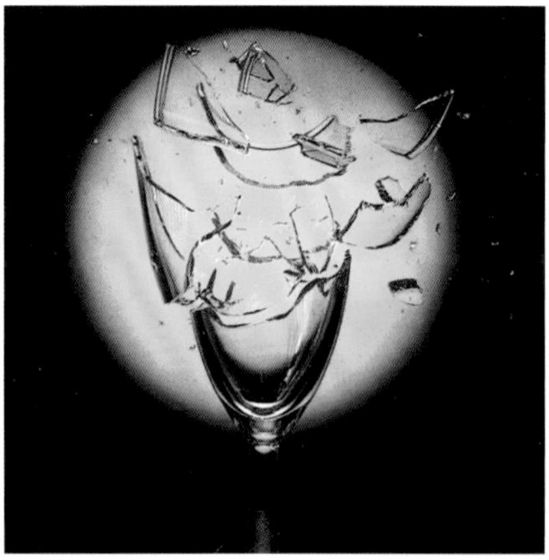

第 18 章附图

图 18-24

第 19 章　温度、热量和热力学第一定律

日本柑桔树大黄蜂 Vespa mandarinia japonica 以捕食蜜蜂为生。然而，如果其中一只大黄蜂试图侵犯一个蜂巢的话，数百只蜜蜂会迅速围拢过来，在这只黄蜂的周围形成一个密实的球以阻止它。大约 20min 后，这只黄蜂就会死去，尽管这些蜜蜂并没有刺、蛰、挤或窒息这只黄蜂。

那么，这只黄蜂为什么会死呢?

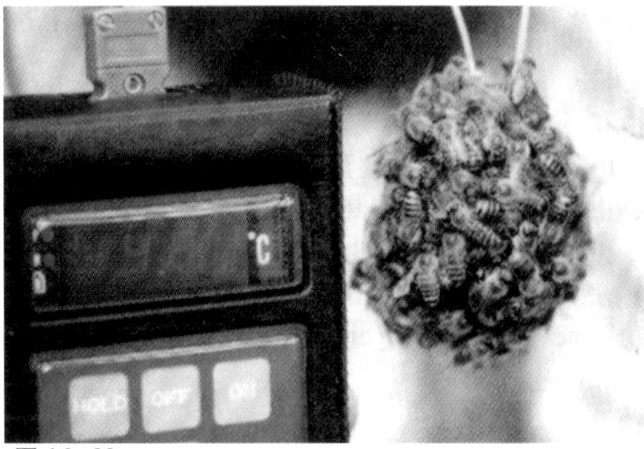

图 19-22

图 19-9

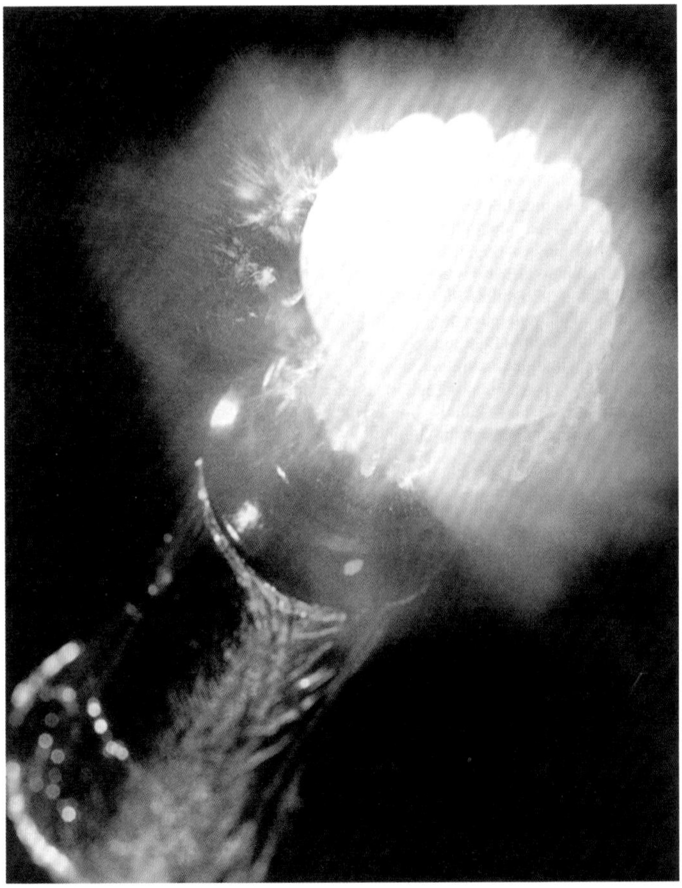

第 20 章　气体动理论

当打开一个装有香槟、苏打饮料或任何其他碳酸饮料的容器时，在开口周围会形成一层细雾，并且一些液体会喷溅出来。例如在左边的照片中，白色的雾团是环绕在塞子周围的，喷溅出的水在雾团里形成线条。

那么，引起雾团的原因是什么呢？

第 21 章　熵和热力学第二定律

不知是谁在德克萨斯州奥斯汀城内的一个咖啡馆的墙上写下了这样一段话："时间是上帝用来防止所有事物发生在同一时刻的方式。"时间同样有方向——一些事件以一定的次序发生而绝不可能自动地以相反的次序发生。例如，一个偶然掉进杯子中的鸡蛋破裂了。相反的过程，即破裂的鸡蛋重新形成一个完整的鸡蛋并跳回到伸展的手上，是绝对不可能自动发生的。但为什么不可能呢？为什么这一过程不能像录像带倒放那样反过来呢？

在世界上是什么把方向给予了时间？

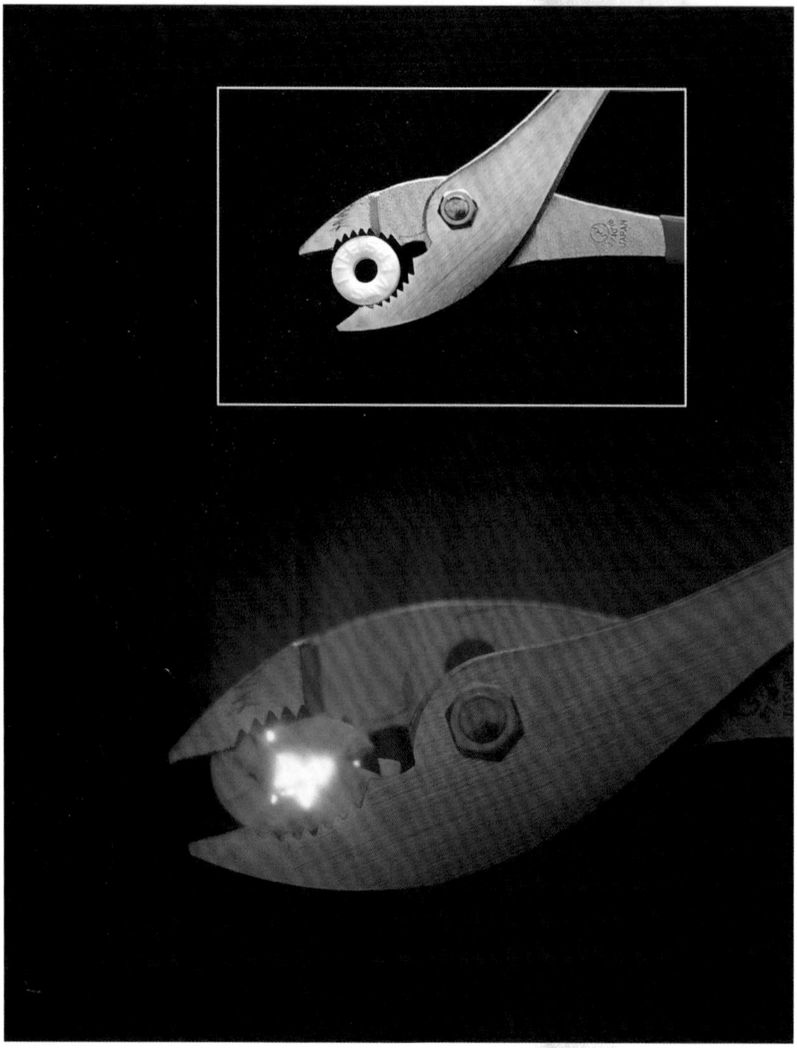

第22章 电荷

如果你使自己的眼睛在黑暗中适应15min，然后碰到一位朋友在嚼冬青味的救生圈糖，你将看到你朋友每嚼一下，都会从他口中发出微弱的蓝色闪光（为了避免损耗牙齿，可以像照片中那样，用钳子把这种糖块弄碎）。

那么，这种通常叫做“火花”的光是什么引起的呢？

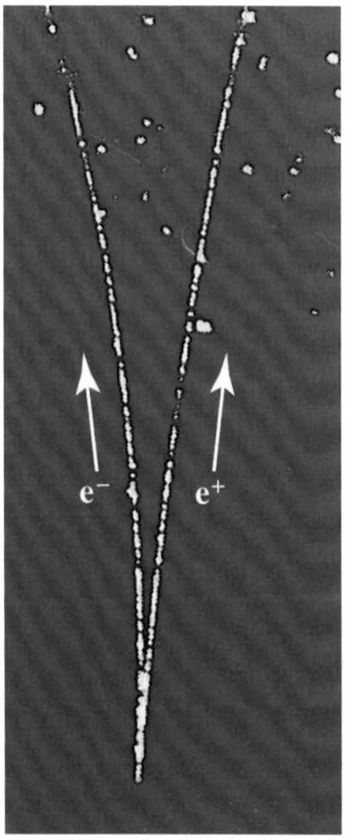

图22-10

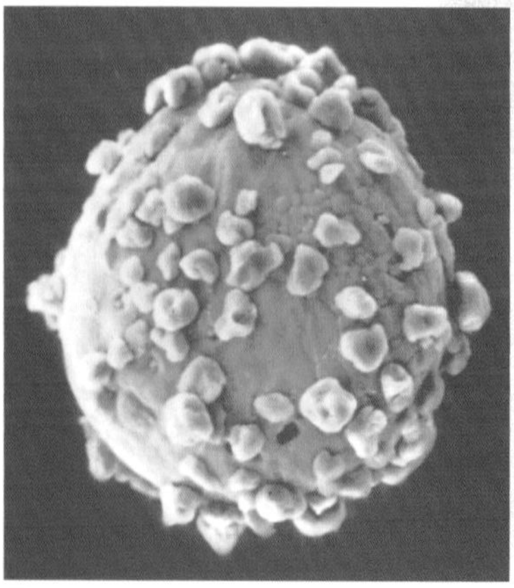

图22-3

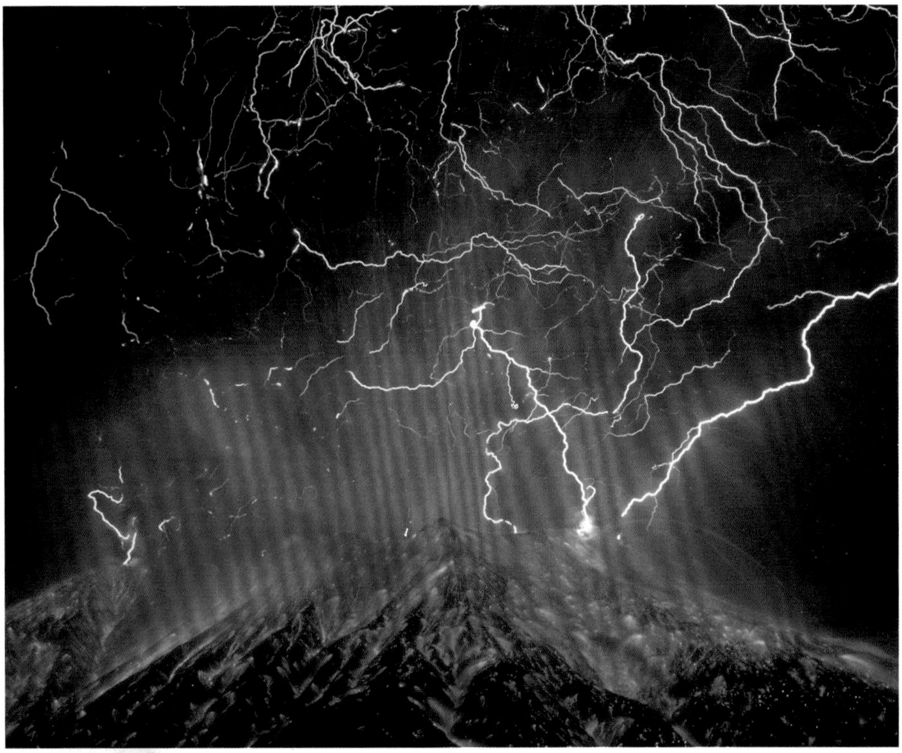

第23章　电场

在日本樱花岛火山频繁爆发期间，多重的放电（火花）掠过火山的喷火口，照亮了天空并发出了类似于响雷的声波。然而，这并不是雷暴中伴随着带电的水滴云团向地面放电的闪电，这是某些不同的东西。

火山上方的区域是怎样变为带电的？是否有什么方法知道火花是由喷火口向上还是向下传播到喷火口的？

图 23-15

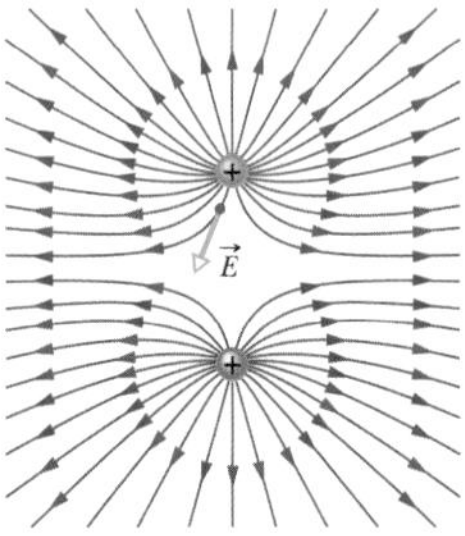

图 23-4

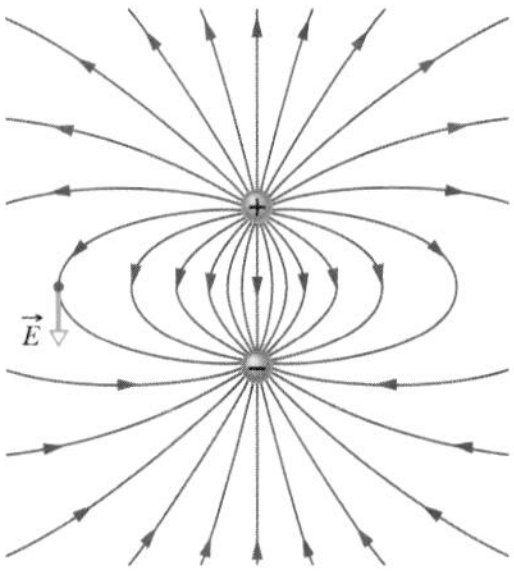

图 23-5

第 24 章　高斯定律

壮观的闪电轰击着图森市[①]，每次轰击约传送 10^{26} 个电子从云底到地面。

一次闪电有多宽？由于轰击能从几千米远处看到，它是否像，比方说，汽车一样宽？

[①]美国亚利桑那州南部的城市——译者

图 24-13

第 25 章　电势

当从观景台欣赏赤杉国家公园时，这位女士发觉她的头发从头上竖了起来。她的兄弟觉得有趣，就拍下了她的照片。在他们离去后五分钟，雷电轰击了观景台，造成一死七伤。

那么，什么引起了该女士的头发竖起？

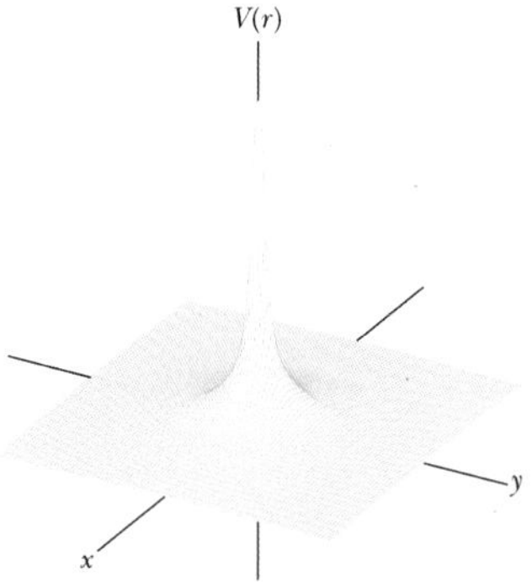

图 25-8

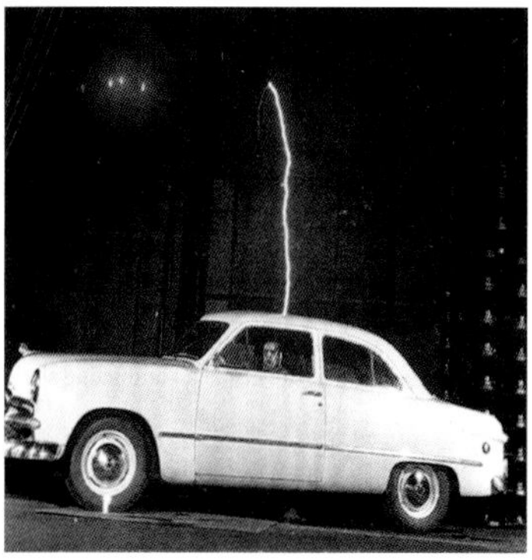

图 25-19

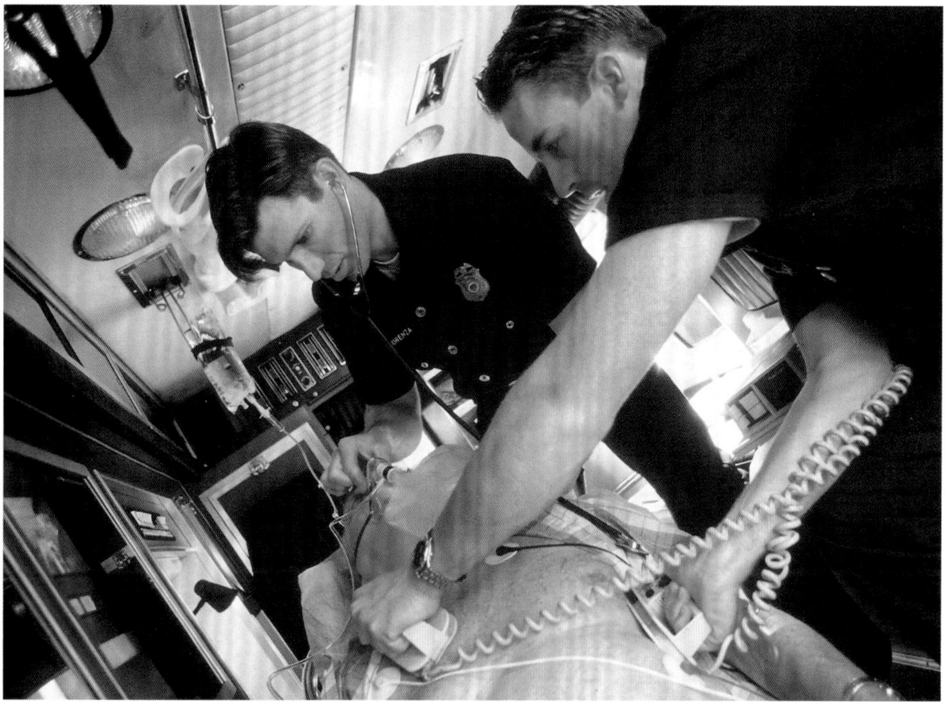

第 26 章 电容

心室纤维性颤动是一种常见类型的心脏病发作。在这期间，由于心脏腔体的肌肉纤维不规则地收缩和张弛，它们不再能抽运血液。要营救心室纤维性颤动患者，必须电击心肌以使其恢复正常节奏。为此，就必须使 20A 的电流通过胸腔，在约 2ms 内传输 200J 的电能，这要求约 100kW 的电功率。这样的要求在医院里可能很容易满足，但却不可能由，比方说，来营救患者的救护车的电力系统来满足。

那么，什么能在偏僻地区提供用于消除心颤所需的功率呢?

图 26-11

第 27 章　电流与电阻

兴登堡（Hindenburg）号齐柏林飞艇是德国的骄傲和它那个时代的奇迹。它几乎有三个足球场长，是迄今被制造过的、最大的飞行器。虽然它借助 16 个高度易燃的氢气囊被保持在高空，但却完成多次跨越大西洋的飞行而无事故。事实上，完全依赖于氢气的德国齐柏林飞艇却从未遭遇到因氢气引起的事故。然而，1937 年 5 月 6 日下午 7 时 21 分后不久，当兴登堡号准备好在新泽西州莱克赫斯特美国空军航站着陆时，飞艇突然起火，操作人员则在等待着一场暴雨来减小火势，并且控制缆绳刚好已下放给海军地勤人员。这时就看到从尾部向前约 1/3 距离处飞艇的蒙皮出现脉动。几秒钟后从该区域喷出火焰，而且红色的辉光照明了飞艇的内部。在 32 秒钟内，燃烧的飞艇落到了地面。

因氢气浮起的齐柏林飞艇在这么多次的成功飞行之后，为什么会突然起火？

第 28 章　电路

电鳗潜伏在南美洲的河流中，它用脉冲电流捕获鱼类并将其杀死。它通过沿其长度产生几百伏的电势差来这样做。在周围的水中，从其头部到尾部附近，引起的电流可达到 1 安培。如果你在游泳时轻轻地接触到它，你就会感到惊奇（在从很痛苦的晕厥中恢复以后）：

这个家伙怎么弄得能产生那样大的电流而自身不被电击呢？

第 28 章附图

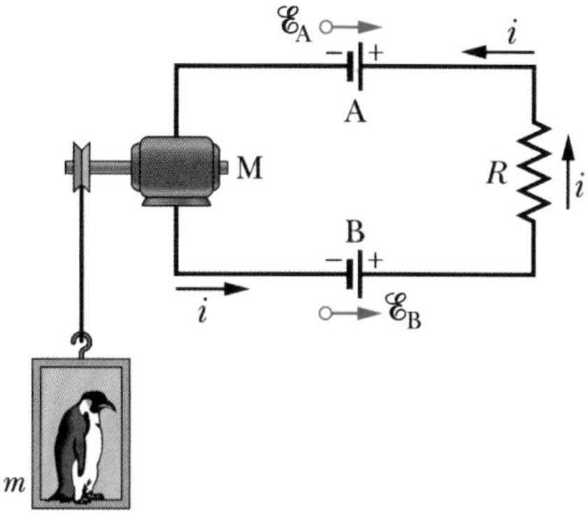

图 28-2（a）

第 29 章　磁场

如果你是在中纬度到高纬度地区室外的黑夜里，你就可能会看到极光——从天空下垂的、变幻的光“幕”。这幅幕不只是局部的，它可能几百千米高并且几千千米长，环绕地球伸展成弧，然而，它却不到一千米厚。

这种壮观的美景是怎样产生的呢？并且什么使它这样薄？

图 29-4

第 30 章　电流的磁场

这是我们目前向空间发送物资的方式。然而，当我们开始开发月球和小行星时，因为在那里我们将不具有用于这种常规火箭的燃料源，所以需要更有效的方式，电磁发射装置可能是个解决方案。一种小型样机——电磁轨道炮，目前它能使射弹在 1ms 内由静止加速到 10km/s（36000km/h）的速率。

如此急剧的加速过程是怎样实现的?

图 30-3

第 31 章　感应与电感

20 世纪 50 年代中期，摇滚乐问世之后不久，吉他手们就从弹奏原声吉他转向电吉他，但是最先将电吉他理解为电子乐器的，当推吉米・亨德里克斯[①]。20 世纪 60 年代期间，他在舞台上十分引人注目。他在各地的舞台上纵情弹拨，挎着吉他置身于话筒前接受听众的反应，再根据反应构成和弦。他推动了摇滚乐向前发展，使之从巴迪・霍利[②]的旋律变为 20 世纪 60 年代后期的迷幻摇滚乐，又进而在 20 世纪 70 年代变为齐柏林飞艇（Led Zeppelin）乐队早期的重金属摇滚乐及快乐小分队（Joy Division）乐队焕发原始活力的摇滚乐。而且他的观念仍在影响着今天的摇滚乐。

电吉他有什么特点使它区别于原声吉他，并使亨德里克斯得以如此广泛地发挥这种电子乐器的作用?

[①] Jimi Hendrix(1942—1970)，美国人，被誉为摇滚乐史上最伟大的吉他手。有人甚至形容他“可以用牙齿来弹奏”。

[②] Buddy Holly(1936—1959)，查尔斯・巴丁・霍利的流行名，美国著名摇滚歌手、流行歌曲作者和吉他手。

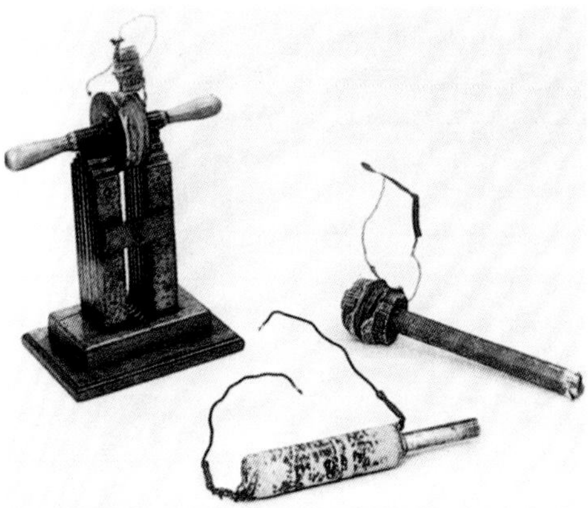

第 31 章附图

第 32 章　磁场中的物质：麦克斯韦方程

这张照片是一只青蛙浮在磁场中的俯视图，磁场由竖立在青蛙下面的一个螺线管中的电流产生。螺线管给青蛙的向上的磁力与使青蛙向下的引力平衡（青蛙并不会不舒服，它的感觉就如漂在水中一样，那是它最乐意干的事）。然而，青蛙并非是磁性的（譬如，它不能够吸在冰箱的门上）。

那么，怎么会对青蛙有一个磁力呢？

第 32 章附图

第 33 章　电磁振荡与交流电

当一根高压输电线需要修理时，公用事业公司不能把它断路，那样可能会使全城漆黑一片。所以，修理必须在线路通高压电的同时进行。在这张照片中，直升飞机外面的人刚刚在 500kV 的电线之间手工替换了一个分隔器，这个操作要求相当的专门技术。

那么，这个修理人员如何完成修理而又不会触电致死呢？

第 34 章　电磁波

彗星绕过太阳周围时，它表面的冰蒸发，把里面的尘埃和带电粒子释放出来。带电的“太阳风”把带电粒子推入一条沿径向背离太阳的直“尾巴”中。然而，尘埃不受太阳风的作用，它们似乎应该继续顺着彗星的轨道行进。

为何大量尘埃反而形成了照片中看到的下面那支弯曲的尾巴?

图 34-25

第35章 像

Edouard Mamet 的这幅“在 Folies-Bergere 的酒吧”自 1882 年画成之后，就有很多痴迷者。它吸引人的部分原因在于等待演出的观众和一位面带倦容的酒吧小姐的对比。但这幅画的引人之处还在于隐藏于画作之中对实际的微妙的失真，直到你洞察出什么是“错的”之前，这些失真始终给你一种怪异的感觉。

你能够找出那些与实际不符的微妙之处吗?

第 35 章附图

第 35 章附图

第 36 章　干涉　乍看起来，Morpho 蝴蝶的翅膀上表面是单纯的蓝绿色。然而，这种颜色有点怪，因为不像大多数其他物体的颜色，它几乎只是闪现微光，如果改变观察的方向，或者蝴蝶扇动它的翅膀，这种颜色的色彩还会发生改变。它的翅膀被说成是彩虹色的，人们看到的蓝绿色掩盖了在翅膀底面出现的“真正的”暗棕色。

那么，显示如此令人炫目的色彩的翅膀上表面有什么不同呢？

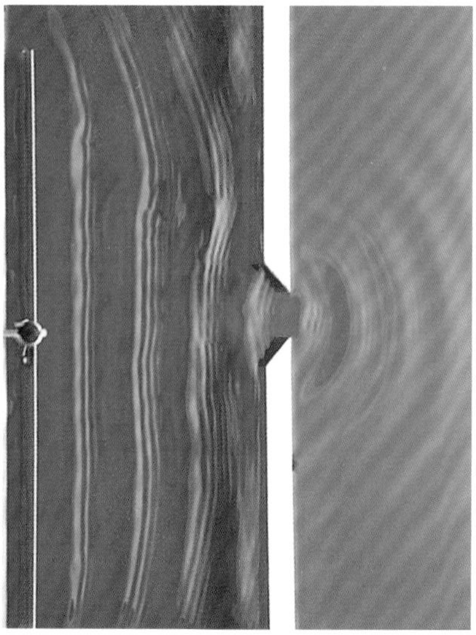

图 36-4

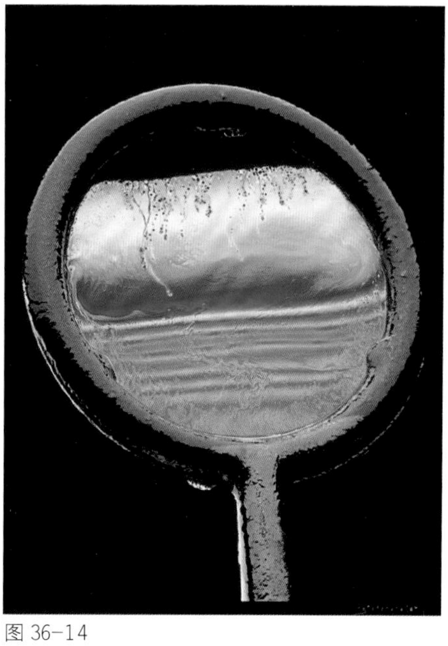

图 36-14

第 37 章　衍射

Georges Seurat 画过一幅大亚特岛上的星期天中午，用的不是通常意义上的许多笔画，而是无数的彩色小点。这种画法现在称为点画法。当你离画足够近时，可以看到这些点，但当你从它移向远处时，这些点最后会混合起来而不能分辨。还有，当你远离时，你看到的画面上任何给定位置的颜色会改变——这就是为什么 Seurat 用点来作画。

那么，什么使颜色发生了这种变化?

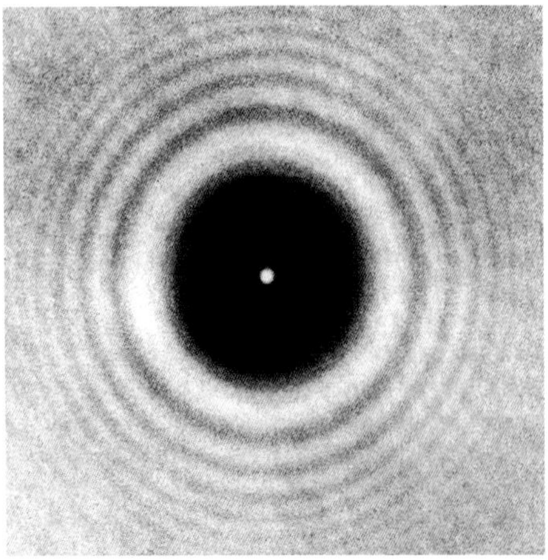

图 37-3

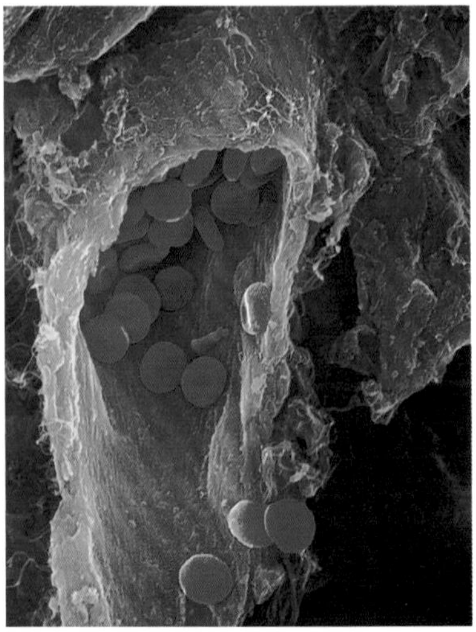

图 37-11

第 38 章　相对论

现代长程导航可以连续地监控和修正飞行器的精确位置和速率。被称为 NAVSTAR（海军卫星系统）的导航卫星系统可以把地球上任何地方的位置和速率确定到约 16m 和 2cm/s 以内。然而，如果不考虑相对论效应，速率不可能确定得比约 20cm/s 更准确，而这是现代导航系统所不能接受的。

像导航这种实际的事情怎么会涉及像爱因斯坦的狭义相对论这种抽象的东西呢？

图 38-1

第 39 章　光子和物质波

这是一幅气泡室的照片，其中微小的气泡显示电子和正电子运动经过的路线。一束 γ 射线（它从顶部进入而没有留下径迹）从充满气泡室的液态氢的一个氢原子中打出一个电子（e_0^-）而自身转变为一个电子 - 正电子对（e_1^--e_1^+），在图更下方的另一束 γ 射线也经历了电子对产生的过程（e_2^--e_2^+）。图中径迹（由于磁场而变成曲线）清楚地显示电子和正电子都是沿着细窄路线运动的粒子。虽然如此，这些粒子也可以用波来说明。

那么，一个粒子能是一列波吗?

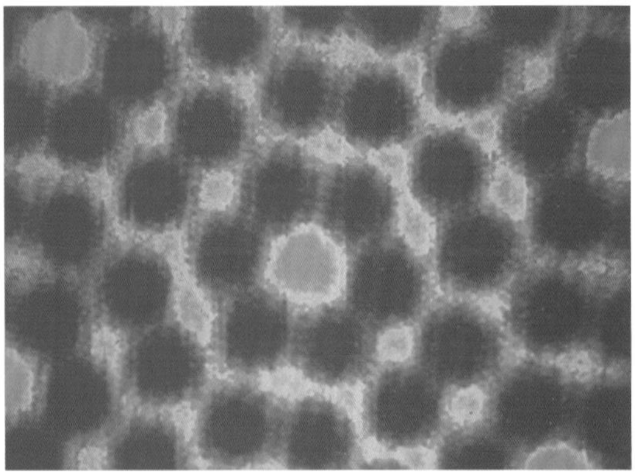

图 39-13

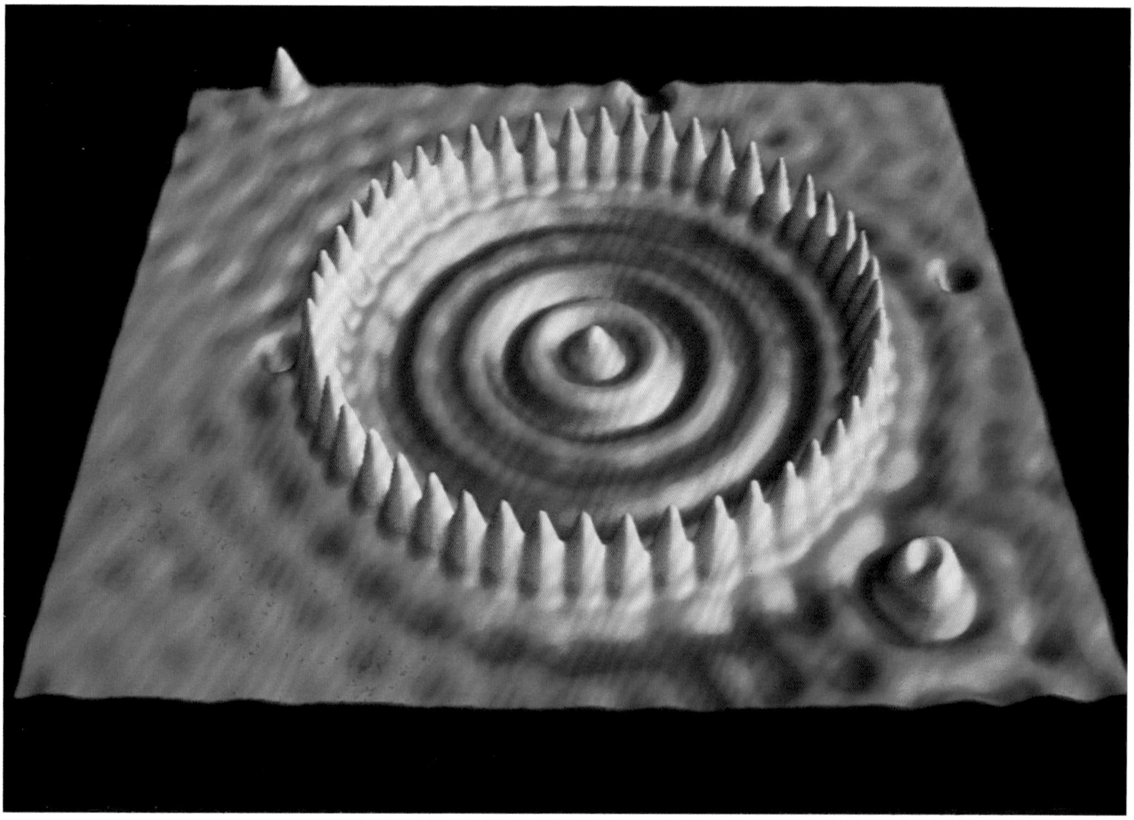

第 40 章　再论物质波

这一壮观的计算机图像是 1993 年加利福尼亚州 IBM 的 Almaolen 研究中心制成的。排成圆周的那 48 个峰标志着一特制的铜表面上一个个铁原子的位置，这一直径约 14nm 的圆周称为量子围栏。

这些原子怎么会被排成圆周的？被圈在围栏内的波纹是什么？

图 40-10

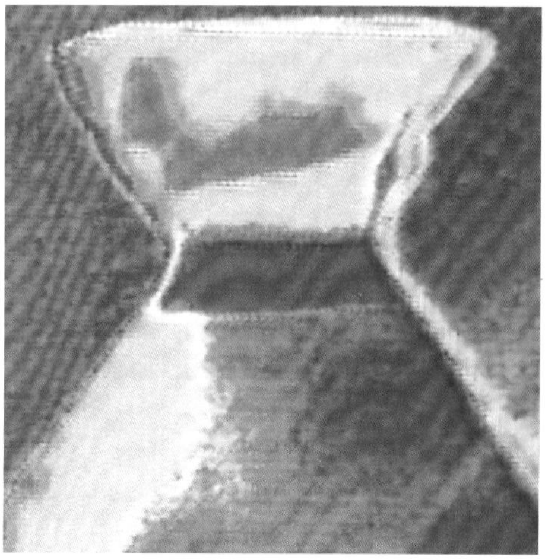

图 40-44

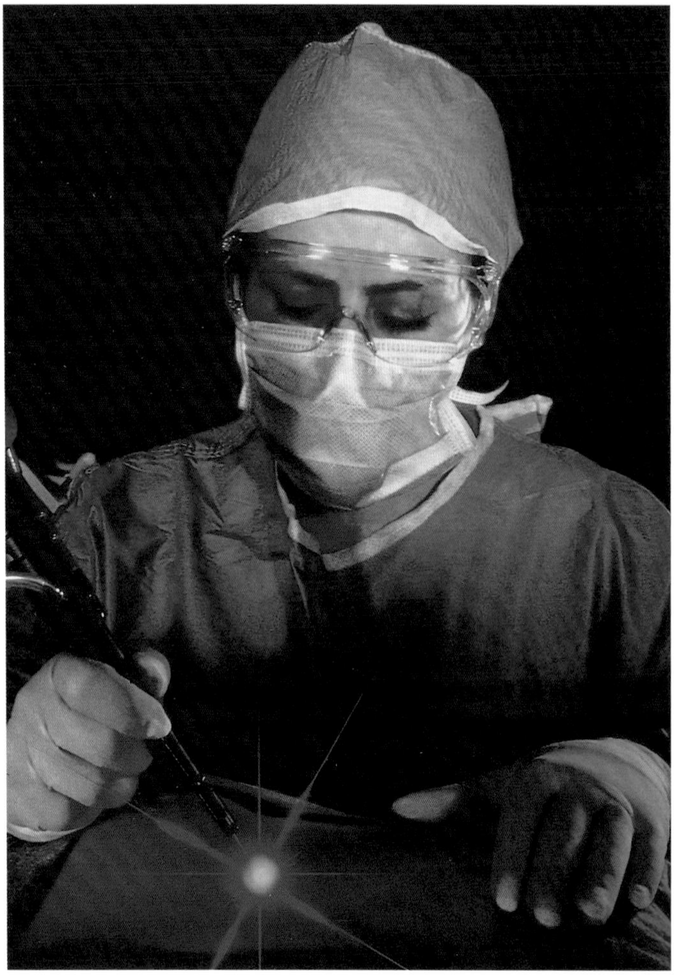

第 41 章　原子统论

20 世纪 60 年代，激光器刚一发明，就成为研究型实验室中新奇的光源。今天，激光器无处不在，在诸如声音和数据的传送、测量、焊接，百货店商品价格的扫描等各方面都应用着它。图中显示的是正在使用由光导纤维传导的激光进行的外科手术。激光器发出的激光和任何其他光源发出的光都来自原子的发射。

那么，从激光器发出的光在哪些方面有如此的不同?

第 42 章　固体的导电

这是新墨西哥州的 Rio Rancho 地方的 Fab11 工厂中的一些工人。该工厂声称投资 25 亿元，具有一座面积约相当于两打足球场那样大的厂房。根据纽约时报的说法，这个“在新墨西哥州荒凉高地上的工厂，按它所生产的产品价值来说，可能是全世界生产量最大的工厂”。

这些工人生产的是什么东西以至于他们的穿着要像宇航员那样?

第 43 章　核物理

注入病人的放射性核在病人体内一定的部位集聚，进行放射性衰变并发射 γ 射线，这些 γ 射线可由一个检测器记录并在视频监视器上形成病人身体的彩色图像。在这里复制的两个图像（左图显示病人的正面，右图显示其背面）中，通过褐色和橙色的彩色编码就可以分辨出放射性核已集聚到的部位（脊柱，骨盆和肋条）。

那么，在放射性核衰变过程中到底发生了什么事，严格地说，“衰变”是什么意思?

第 44 章　核能

自第二次世界大战以来，这幅图像就震惊了全世界。当发明了原子弹的科学小组组长罗伯特·奥本海默，目睹首次原子弹爆炸时，他从一本神圣的印度经典中引述了一句话：“现在我变成了死神，万物的破坏者。”

曾使全世界如此恐怖的这幅图像背后的物理原理是什么?

图 44-13

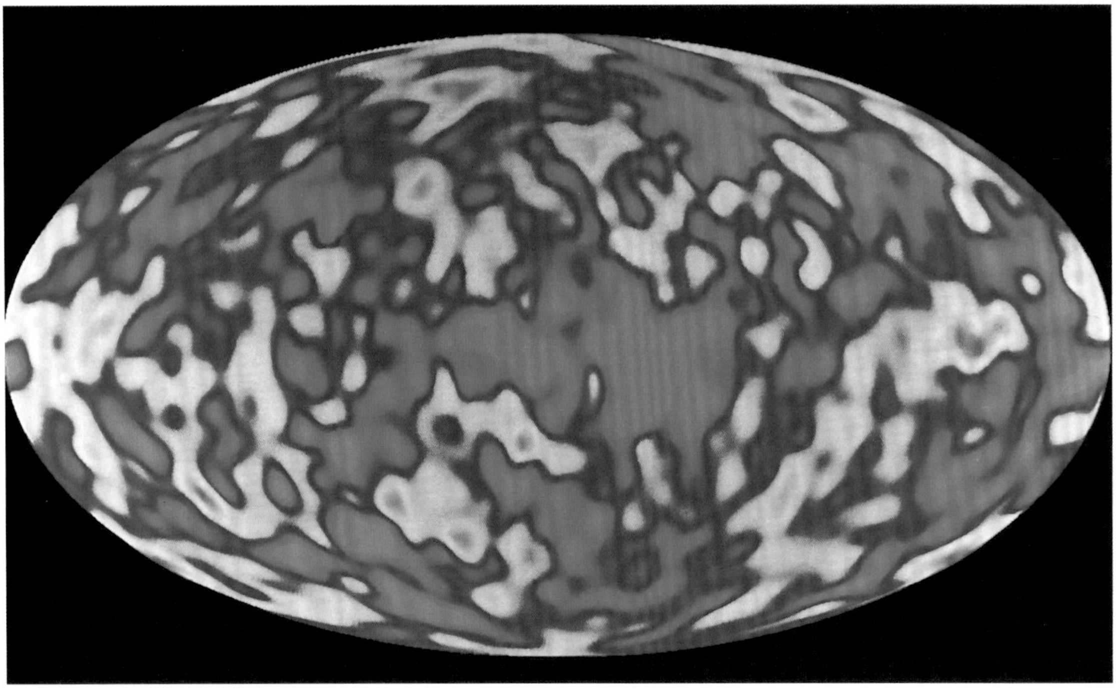

第 45 章　夸克、轻子和大爆炸

这幅彩色编码的图像是一张动人的早期宇宙的照片，那时它刚刚 300 000 岁，距今约 15×10^9 年以前。当你向各个方向看时，所能看到的就是这幅图像（所有景色都已经被凝缩到这卵形图中了）。原子发的光一片一片地铺在“天空”上，但是星系、恒星和行星都还没有形成。

这样一幅早期宇宙的照片是怎么取得的?

图 45-1

时代教育·国外高校优秀教材精选

物理学基础

Fundamentals of Physics

(原书第6版)

(美) 哈里德 Halliday　瑞斯尼克 Resnick　沃　克 Walker　著

张三慧　李　椿
滕小瑛　马廷钧　谢诒成　译
陈晓白　王代殊

机械工业出版社

David Halliday, Robert Resnic, Jearl Walker
Fundamentals of Physics, 6th edition
ISBN 0 – 471 – 33236 – 4

图书在版编目（CIP）数据

物理学基础：原书第 6 版/（美）哈里德（D. Halliday）等著；张三慧等译. —北京：机械工业出版社，2005. 1（2024. 12 重印）
（时代教育：国外高校优秀教材精选）
ISBN 978 – 7 – 111 – 15715 – 1

Ⅰ. 物…　Ⅱ. ①哈…②张…　Ⅲ. 物理学 – 高等学校 – 教材　Ⅳ. 04

中国版本图书馆 CIP 数据核字（2004）第 124365 号

机械工业出版社（北京市百万庄大街 22 号　邮政编码 100037）
策划编辑：李永联　刘小慧
责任编辑：李永联　张祖凤　苏颖杰　韩雪清　郑　玫
版式设计：冉晓华　责任校对：张　媛　李秋荣　王　欣
封面设计：红十月工作室　责任印制：邓　博
北京盛通印刷股份有限公司印刷
2024 年 12 月第 1 版第 14 次印刷
184mm × 260mm · 79. 25 印张 · 18 插页 · 2064 千字
标准书号：ISBN 978 – 7 – 111 – 15715 – 1
定价：249. 00 元

电话服务
客服电话：010-88361066
010-88379833
010-68326294
封底无防伪标均为盗版

网络服务
机　工　官　网：www. cmpbook. com
机　工　官　博：weibo. com/cmp1952
金　　书　　网：www. golden-book. com
机工教育服务网：www. cmpedu. com

译者的话

翻译书籍一向是国际文化交流的重要手段之一。就大学物理教材来说，在20世纪40年代，我国就有《达夫物理学》、《席尔斯物理学》中译本出版，70年代有哈里德、瑞斯尼克的《物理学》、《伯克利物理教程》全套和费因曼《物理学讲义》等中译本出版，这些中译本在当时都曾对我国物理教学的改进起到过良好的促进作用。

改革开放二十余年来，物理教学的国际交流日趋频繁，介绍外国教材的文章在相应期刊上也不断出现。近年来，各大专院校大力提倡双语教学，对外文教材的需求明显增加。机械工业出版社适应这种需求，影印出版了多种国外的优秀教材，已受到广大教师的欢迎。但受外语水平的限制，只是原版教材，还不能普遍地“造福”于广大师生。于是又组织翻译了这部全球著名的物理学教材，这实在是一种适时的很有意义的“善事”。

D. 哈里德和R. 瑞斯尼克最早合著的物理教材名为《物理学》(Physics)，第1版于1960年问世（1992年出版第4版），是美国物理教学革新的一项重要成果。其后，由于该书内容偏深，他们于1974年又出版了一部《物理学》的“简本”，名为《物理学基础》（Fundamentals of Physics），2001年已出版其第6版，即本书（该书作者加入了J. 沃克）。这部《物理学基础》内容深浅适当，讲解正确、清楚，例题指导详尽，叙述引人入胜，样图美观切题，全书着力联系实际，特别是注意介绍当代物理学的新进展，确实是一部难得的优秀教材。因此，该书不但在美国甚受欢迎，为很多名校用来作为物理教材，而且在世界范围内也十分畅销。据说，《物理学》和《物理学基础》在全世界销量已超过百万册。这确是教材类书中少有的。

本书是根据《物理学基础》第6版译出的，相信它的出版对我国物理教学在内容选择、讲解方法，特别是联系实际和现代化等方面以及物理教学思想上都会产生良好的影响，对双语教学在物理课程中的开展也会起到促进作用。

本书的译者是：张三慧教授（第10、11、12、37、38、39、40、41、42、43、44、45章，附录、答案、索引），李椿教授（第22、23、24、25、26、27、28、29、30、31章），滕小瑛副教授（前言，第1，2，3，4，5，6，7，8，9章），马廷钧教授（第13、14、15、16、17、18章），谢诒成教授（第32、33、34章），陈晓白副教授（第19、20、21章），王代殊副教授（第35、36章）。张三慧教授对全书进行了统审和校核。

由于中文和英文水平的限制，本书可能存在不少缺点甚至错误，竭诚欢迎广大读者批评和指正。

译　者

2004年11月于北京

前言

《物理学基础》第 6 版既包括了对第 5 版的修改和重新设计，又保留了由哈里德和瑞斯尼克编写的经典版本教材中的主要精华，而且所有的修改都是基于如下几方面的建议：应用第 5 版的指导教师和学生的建议；第 6 版初稿评审者的建议以及致力于教学进程研究项目的研究人员的建议。我们也欢迎各位读者把你们的建议、修正意见和正反方面的评论寄到 John Wiley & Sons 公司（http：//www. wiley. com/college/hrw）或 Jearl Walker（邮政地址：Physics Department，Cleveland State University，Cleveland OH 44115 USA；传真：（USA）（216）687－2424；或电子邮箱：Physics@ wiley. com）。我们即使不能回复所有来函，也会保留和仔细审阅每一条建议。

设计上的改变

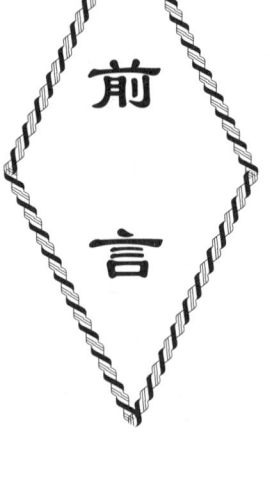

版面设计更宽余 以前的版面以双列排版印制，许多师生反映这种版式显得分散和混乱。此版本改为单行版面，留有一宽边可以用以记笔记、写注释[㊀]。

简练而合理的阐述 包括内容太多、太杂是人们对教科书的普遍抱怨。作为对此的回应，第 6 版在两方面作出缩减：

1. 将与狭义相对论和量子物理有关的内容从前面章节移到后面相关内容的章节。

2. 基本例题仍保留于本书中，而专、深一些的例题则移到了与本书配套提供的习题补编中（习题补编的内容随后介绍）。

矢量符号 本书中矢量用上加箭头（如 $\vec{F}$）表示以代替原黑体字（如 $\boldsymbol{F}$）之表示方法。

重点放在米制单位制 除第 1 章（使用各种单位制）和一些有关棒球（其中传统习惯为英制）的问题外，几乎全部用米制单位。

习题的结构与非结构顺序 本书的作业题仍大致依据其难度和相应章节顺序归类排列。不过第 5 版中的许多作业题未按此归类，直接移到了习题补编中（本书与习题补编中习题的总数超过了第 5 版）。

提示帮助的图标 书中有些奇数题号习题的题解，在本教材提供的书或网上可查到。为提示师生相应题解所在的位置，相应习题题目之后会紧跟一个图标。图标的用法分别给在此处及各章习题的开始位置。

ssm：题解在学生解题手册。

www：题解见互联网（网址：http：//www. wiley. com/college/hrw）。

ilw：题解见互动学习软件。

这些资源会在本前言后部进一步加以说明。

㊀ 本翻译版中未保留此宽边。——编辑注

教学法的改变

推理与生搬硬套　本书的主要目的是引导学生通过对较难问题的分析，学会从基本原理出发，经过一步步推理最终得到解答。虽然一些套公式的作业题本书仍有保留，但多数习题更着重于推理。

例题中的关键知识要点　本书和习题补编中全部360个例题的解答都改写为从一个或几个根据基本物理原理推得的关键点开始。

例题的解更详尽　多数例题题解的内容比以前更多，原因在于，从开始的关键点到最后的答案都一步步详细给出，对例题中的一些重要推理，有时还会重复说明。比如，162页的例题8－3和218页到219页的例题10－2。

矢量式的应用　当例题中矢量的计算可直接用计算器在其屏幕完成时，解中会指出来。不过，还是要用传统的分量分析方法解一遍。若不能直接用计算器完成，会在解中解释其原因。

具有实际物理意义的习题　根据已发表的研究成果而编写出的这类习题，在例题和习题中多处可见，例如246页的例题11－6；79页的习题64和232页的习题56。又如，构成一连续故事的习题系列，分别见第6章的122页，126页和122页中的习题4，123页中的习题8和习题32。

内容的改变

关于力和运动的第5章　包含了对引力、重力和法向力的更清晰的解释（88～90页）。

有关动能和功的第7章　从能量的粗略定义出发，阐释了动能、功和功－动能定理（129～131页）。这样在方法上比第5版更紧密地建立了与牛顿第二定律的联系，同时又与热力学中相应的定义保持了一致。

关于能量守恒的第8章　避开了多有争议的非保守力做功的定义，而代之以对由非保守力产生的能量传递的解释（见168页）（这使得教师仍可引入非保守力做功的定义）。

关于碰撞的第10章　在一维弹性碰撞的特殊情形（见220～222页）之前就介绍了一维非弹性碰撞的一般情形（见217～218页）。

关于简谐运动和波动的第16、17和18章　已重新改写，以使学生能够更容易地理解这些较难的内容。

关于熵的第21章　作为具有最高效率的理想热机介绍了卡诺热机。

章节特点

开章疑难　书中各章开头都提出一个有趣的疑难问题，而在该章某处给以解释回答，以吸引学生阅读本章内容。

检查点　都是要停下来着实地问学生“你能否根据刚刚学过的概念和例题运用一些推理，回答这个问题?”假如不能，学生在进入本章更深的内容之前，应先复习前面相关内容。例如86页检查点3和111页检查点1。**所有检查点的答案都在本书后面。**

例题　选来用以帮助学生理解掌握正文所述概念，提高学生解题技巧。每道例题均根据一个或几个关键点一步一步地作出解答。

解题线索　包含对初学物理的学生有帮助的指导，以使学生掌握解题方法，避开常见错误。

复习和总结　是各章内容的简要概括，包含基本概念，但并不能代替学习各章内容。

思考题　类似于检查点，要求推理和理解，而非计算。**奇数号问题的答案在本书后面**。

练习和习题　大致依据难度排列并用各节标题分组。**奇数号题目的答案在本书后面**。接有图标的奇数号习题的题解可在题解书或其电子版中见到（参见各章练习和习题开头所列图标说明）。题号上标有星号，意指该题难度偏大。

附加题　出现在个别章的练习和习题之后。这些题未按节标题分类。多数附加题涉及应用物理。

习题补编

习题补编与本书配套提供。习题补编 1（绿皮书）2002 年 5 月 15 日完成。之后，习题补编 2（蓝皮书）也可提供。蓝皮书有不同的问题和习题且包括更多的例题。这两本书的共同特点为：

附加例题　包括从书中移过的和新添加的一些，它们的题解均由基本关键点开始，接着一步步地推导，直到得出结果。

思考题包括：

1. 检查点类型的问题　类似原书中的。
2. 程序问题　要求建立求解一般问题所需的方程作为完成家庭作业前的热身。
3. 讨论题　选自第 4 版和早期版本（根据要求又移回来的）。

练习和习题　包括更多的作业题。其中有些从原书中移来，这些均未按难度、节标题，或在本章中有关物理的表现排列。一些新加习题还涉及到了应用物理。有些章的家庭作业习题以相似的习题组成的习题团结尾，其他章的家庭作业习题则以给出题解的教师指导习题结尾。

教材的版本

《物理学基础》第 6 版以几种不同的版本发行，以满足不同教师学生的个人要求。普通版本包括 1 ~38 章（ISBN 0 –471 –32000 –5）。扩展版本则增加了包含量子物理和宇宙学的另外七章（1 ~45 章）（ISBN 0 –471 –33236 –4）。这两种版本均提供有单行本（精装）或如下几种可选择的形式。

第 1 卷——1 ~20 章（力学和热力学），精装，0 –471 –33235 –6。

第 2 卷——22 ~45 章（电、磁及近代物理），精装，0 –471 –36037 –6。

第 1 篇——1 ~12 章，简装，0 –471 –33234 –8。

第 2 篇——13 ~21 章，简装，0 –471 –36041 –4。

第 3 篇——22 ~33 章，简装，0 –471 –36040 –6。

第 4 篇——34 ~38 章，简装，0 –471 –36039 –2。

第5篇——39~45章，简装，0-471-36038-4。

教辅材料（仅限于原版书）

《物理学基础》第6版配有一套综合的教学辅助包，以帮助教师教学和学生学习。

教师用教辅

教师手册　包括教学注释，其中概要说明了对各章中最主要内容、演示实验、物理实验和计算机项目、电影和视频诸方面的要求，给出了所有思考题、练习和习题及检查点的答案，并给出了对前面版本中思考题、练习和习题的相关说明。

教师解题手册　提供了书中各章后面及习题补编1中所有练习和习题的题解。本手册仅提供给教师。

试题库　包括超过2200个多选问题。这些题目也可在电子题库中得到（见下）。

教师用CD资料　包括有：

- 以LaTex和PDF两种文件提供的教师解答手册之全部。
- 以IBM和Macintosh两种版本分别给出的电子题库，具有各种编辑性能，以帮助教师制定考题。
- 书中所有插图，既适于教室中演示，又适于打印。

幻灯片　200多幅取自教材中的四色插图提供给教师，可用于教室中投影展示。

网上课程安排

- WebAssign，CAPA和Wiley eGrade是网上家庭作业和测验题程序。该程序使指导教师能够通过互联网布置并评定家庭作业和测验题。
- 指导教师还可以进入WebCT课程材料。WebCT是一个很强的网站程序，它可使教师建立包括聊天室、板报、测验、学生情况追踪等全方位的网上课程。若需要更多的信息，请与当地Wiley公司的代表联系。

学生用教辅

学生伴侣　这一学生学习指南由传统文字版本和配套网站构成，二者共同提供了丰富的互动的学习复习环境。学生伴侣网站包括自己设问、模拟练习、解章后习题的提示、互动学习软件程序（见下面）以及连到提供物理学习指导帮助的其他网站的接口。

学生解题手册　提供书中各章30%的习题的详解。这些题在书中用图标ssm指出。

互动学习软件　通过章后习题中所选200个习题的求解，指导学生掌握解题方法。解题过程采用互动方式，既具有适当反馈，又可进入对大多数常见错误进行有针对性改正的帮助程序。书中相应题目用图标ilw指出。

物理光盘3.0　此CD—ROM以《物理学基础》第6版为基础制作。盘中不仅包括教材扩展版的全部内容，还包含了学生伴侣、学生解题手册、互动学习软件，以及大量用超级链接连接的模拟。

记笔记！　装订成册的笔记本中，印有本书插图的黑白放大图。所有幻灯片上的图都包括在内。学生可以直接在其上加注，从而大大地节省了课上仿制图的时间。

物理网站 http://www.wiley.com/college/hrw，特别为本书设置，用以进一步帮助学生学习物理学，同时提供更多的学习资源。此网站中也包含有部分章后习题的解答。这些习题在书中以图标www 指出。

致谢

对一本教科书中一个问题的阐明，许多人的贡献要比作者们自己作出的贡献大得多。U. S. Coast Guard Academy 的 J. Richard Christman 又一次向我们提供了许多很好的补充；他对我们的书的了解以及将它向学生和教师的推荐都是非常难得的。Georgia Institute of Technology 的 James Tenner 和 Kennesaw State College 的 Gary Lewis 向我们提供了十分切合本书的练习和习题的更新软件。Southern Polytechnic State University 的 James Whitenton 和 Pasadena City College 的 Jerry Shi 完成了解答本书每个练习和习题这种艰巨的工作。我们感谢 BrighamYoung University 的 John Merrill 和 Wentwarth Institute of Technology 的 Edward Derringh 过去对本书的很多贡献。我们也感谢 California，Oxnard 的 George W. Hukle 和 Illinois，Evanston 的 Frank G. Jacobs 对本书习题答案的校核。

在约翰威利出版公司，我们幸运地受到了我们的前任编辑 Cliff Mills 的尽力配合和支持。在整个过程中 Cliff 都对我们的努力加以指导和鼓励。在 Cliff 转到威利中的其他岗位后，他的继任者 Stuart Johnson 又着力地指导我们直到完成。Ellen Ford 曾经协调了开发编辑和多重预制过程。Sue Lyons，我们的市场经理，她为本版作了不疲倦的努力。Joan Kalkut 为附属资料做了一个很好地支持包。Thomas Hempstead 极好地组织了原稿的审阅和各项后勤工作。

我们感谢 Lucille Buonocore，我们的生产主任和 Monique Calello，我们的生产编辑，因为他们把各项工作组织起来并领着我们通过了复杂的生产过程。我们也感谢 Maddy Lesure 的设计、Helen Wolden 的复制编辑、Edward Starr and Anna Melhorn 的组织插图程序、Georgia Kamvosoulis Mederer，Katrina Avery 和 Lilian Brady 的校对以及生产组的各个其他成员。

Hilary Newman 和她的照片研究组为他们对那些非凡而有趣、并绝妙地传达物理学原理的照片的研究所激励。我们也感谢已故的 John Balbalis 和他的线条艺术，他的精致的手迹和对物理学的理解仍能够从每张图表中看到。

我们特别感谢 Edward Millman 以及他对原稿所做的改进工作。在我们身边，他曾经读了每一个字，并且从学生的观点提出了许多问题。他提出的许多问题和建议使本书更加清晰明白。

我们特别感谢许多学生，他们使用了《物理学基础》的前几版并且花时间填写了意见卡寄还给我们。作为本书的最终消费者，学生对我们是极其重要的。通过和我们分享他们的意见，学生们就会帮助我们保证提供最好的产品，他们为教科书花的钱也会最有价值。我们鼓励本书的使用者和我们交流他们的想法和要求以便我们在来年对此书继续改进。

最后，我们的校外审阅者都是非常优秀的。在这里我们感谢这支队伍中的每一个成员，他们是：

Edward Adelson
Ohio State University
Mark Arnett
Kirkwood Community College
Arun Bansil
Northeastern University
J. Richard Christman
U. S. Coast Guard Academy
Robert N. Davie, Jr.
St. Petersburg Junior College
Cheryl K. Dellai
Glendale Community College
Eric R. Dietz
California State University at Chico
N. John DiNardo
Drexel University
Harold B. Hart
Western Illinois University
Rebecca Hartzler
Edmonds Community College
Joey Huston
Michigan State University
Hector Jimenez
University of Puerto Rico
Sudhakar B. Joshi
York University
Leonard M. Kahn
University of Rhode Island
Yuichi Kubota
Cornell University
Priscilla Laws
Dickinson College
Edbertho Leal
Polytechnic University of Puerto Rico
Dale Long
Virginia Tech
Andreas Mandelis
University of Toronto
Paul Marquard
Caspar College
James Napolitano
Rensselaer Polytechnic Institute
Des Penny
Southern Utah University
Joe Redish
University of Maryland
Timothy M. Ritter
University of North Carolina at Pembroke
Gerardo A. Rodriguez
Skidmore College
John Rosendahl
University of California at Irvine
Michael Schatz
Georgia Institute of Technology
Michael G. Strauss
University of Oklahoma
Dan Styer
Oberlin College
Marshall Thomsen
Eastern Michigan University
Fred F. Tomblin
New Jersey Institute of Technology
B. R. Weinberger
Trinity College
William M. Whelan
Ryerson Polytechnic University
William Zimmerman. Jr.
University of Minnesota

第五版和以前各版的审阅者

Maris A. Abolins
Michigan State University
Barbara Andereck
Ohio Wesleyan University
Albert Bartlett
University of Colorado
Michael E. Browne
University of Idaho
Timothy J. Burns
Leeward Community College
Joseph Buschi
Manhattan College
Philip A. Casabella
Rensselaer Polytechnic Institute
Randall Caton
Christopher Newport College
J. Richard Christman
U. S. Coast Guard Academy
Roger Clapp
University of South Florida
W. R. Conkie
Queen's University
Peter Crooker
University of Hawaii at Manoa
William P. Crummett
Montana College of Mineral Science
and Technology
Eugene Dunnam
University of Florida

Robert Endorf
University of Cincinnati
F. Paul Esposito
University of Cincinnati
Jerry Finkelstein
San Jose State University
Alexander Firestone
Iowa State University
Alexander Gardner
Howard University
Andrew L. Gardner
Brigham Young University
John Gieniec
Central Missouri State University
John B. Gruber
San Jose State University
Ann Hanks
American River College
Samuel Harris
Purdue University
Emily Haught
Georgia Institute of Technology
Laurent Hodges
Iowa State University
John Hubisz
North Carolina State University
Joey Huston
Michigan State University
Darrell Huwe
Ohio University
Claude Kacser
University of Maryland
Leonard Kleinman
University of Texas at Austin
Earl Koller
Stevens Institute of Technology

Arthur Z. Kovacs
Rochester Institute of Technology
Kenneth Krane
Oregon State University
Sol Krasner
University of Illinois at Chicago
Peter Loly
University of Manitoba
Robert R. Marchini
Memphis State University
David Markowitz
University of Connecticut
Howard C. McAllister
University of Hawaii at Manoa
W. Scott McCullough
Oklahoma State University
James H. McGuire
Tulane University
David M. McKinstry
Eastern Washington University
Joe P. Meyer
Georgia Institute of Technology
Roy Middleton
University of Pennsylvania
Irvin A. Miller
Drexel University
Eugene Mosca
United States Naval Academy
Michael O'Shea
Kansas State University
Patrick Papin
San Diego State University
George Parker
North Carolina State University
Robert Pelcovits
BrownUniversity

Oren P. Quist
South Dakota State University
Jonathan Reichart
SUNY—Buffalo
Manuel Schwartz
University of Louisville
Darrell Seeley
Milwaukee School of Engineering
Bruce Arne Sherwood
Carnegie Mellon University
John Spangler
St. Norbert College
Ross L. Spencer
Brigham Young University
Harold Stokes
Brigham Young University
Jay D. Strieb
Villanova University
David Toot
Alfred University
J. S. Turner
University of Texas at Austin
T. S Venkataraman
Drexel University
Gianfranco Vidali
Syracuse University
Fred Wang
Praitie View A & M
Robert C. Webb
Texas A & M University
George Williams
University of Utah
David Wolfe
University of New Mexico

简要目录

第 4 篇

第 5 篇

附录

目录

第2篇

第2卷

第3篇

第 4 篇

第5篇

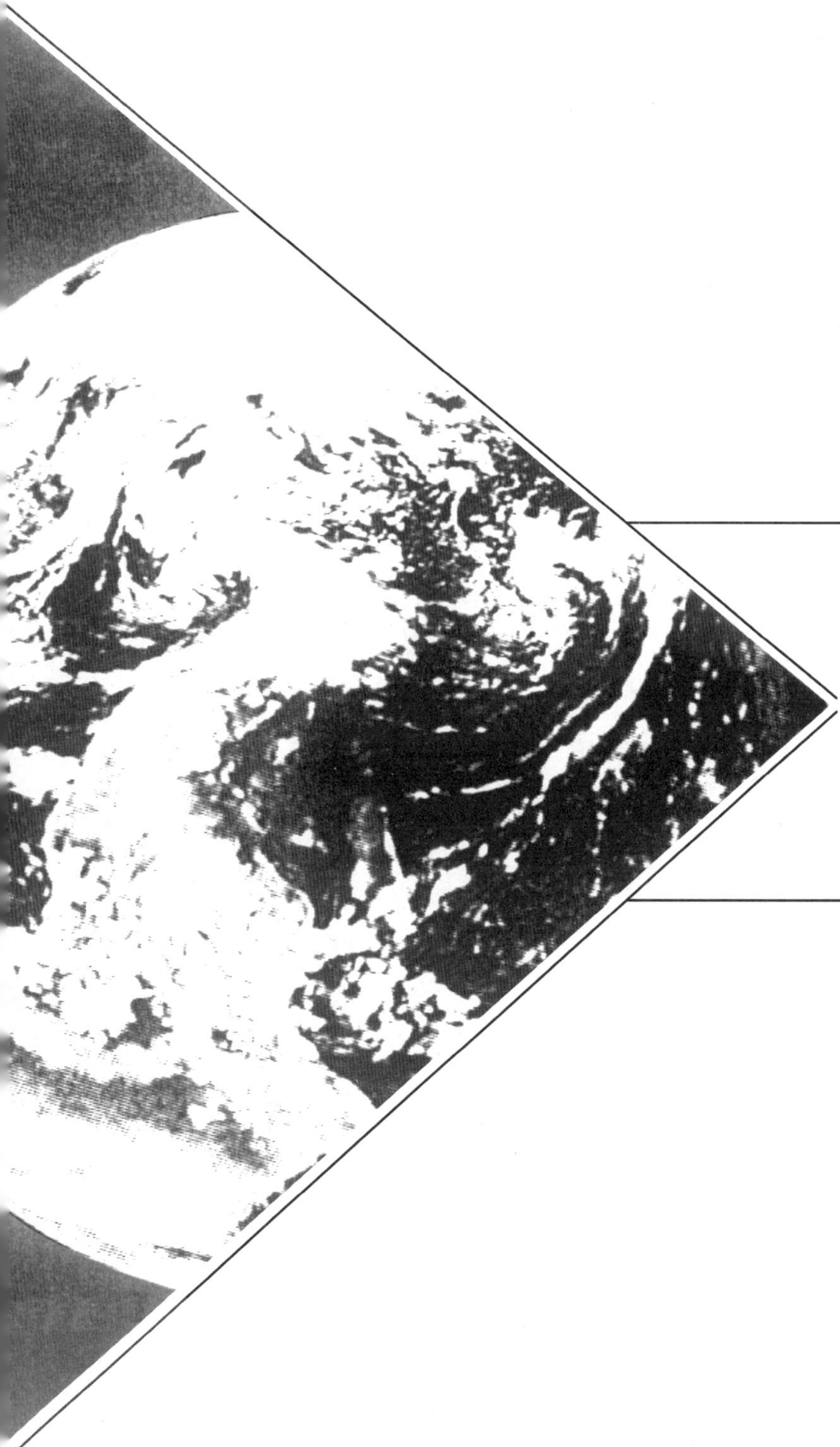

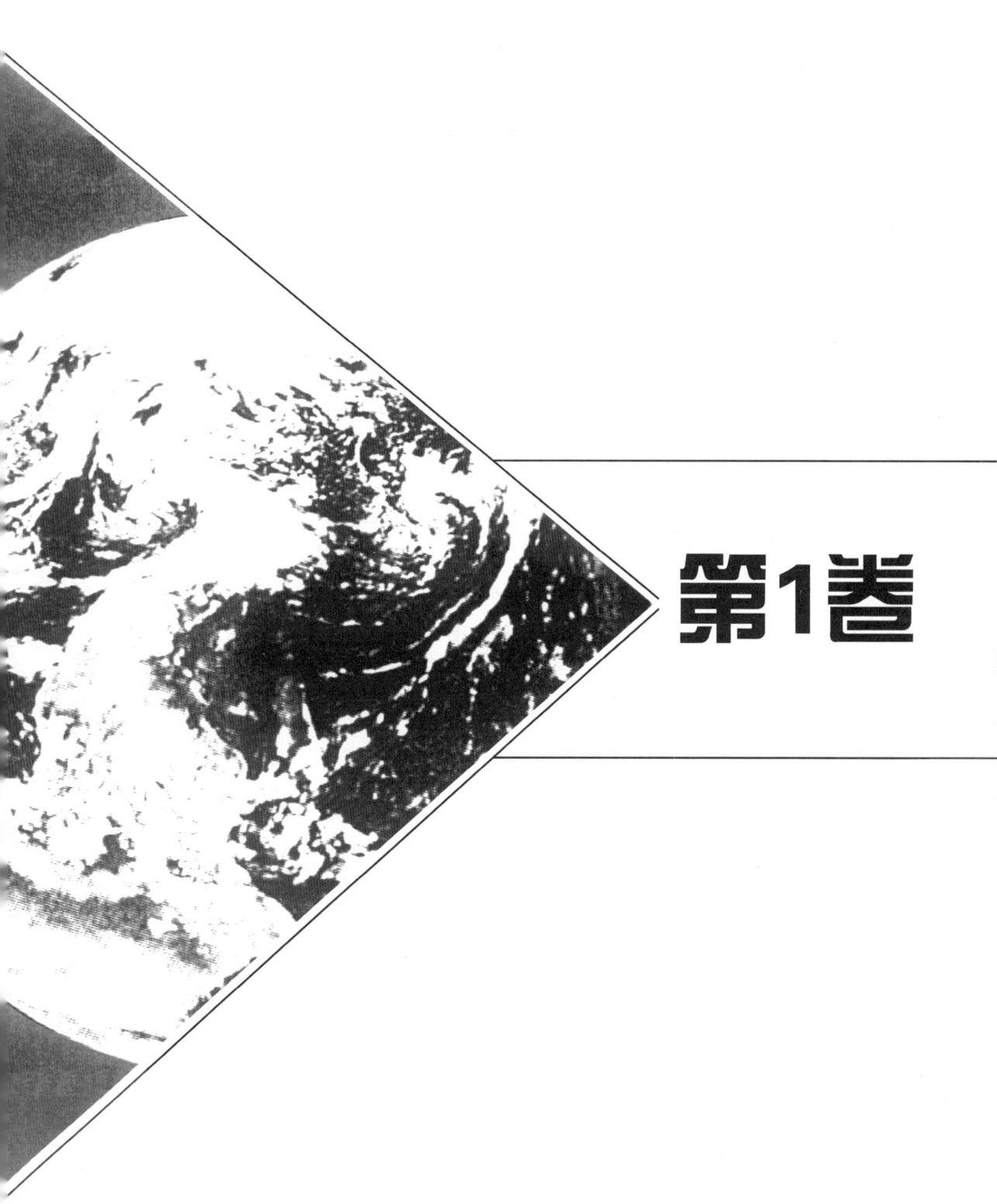

第1卷

第 1 篇

第1章 测　　量

当你躺在海滩上看到太阳落下消失在平静的海面时，如果紧接着站起来，会再一次看到太阳落下。假如能测出这两次太阳落下对应的时间间隔，你就可估计出地球的半径。

那么，这样一个简易的观察是如何用来测量地球的？

答案在本章中。

1-1 测量的标准

物理学是以测量为基础的。我们从学习测量物理量的方法中认识物理学。这些物理量包括有长度、时间、质量、温度、压强和电流。

将每个物理量自身单位与一**标准**相比较可量度该物理量。其中**单位**是给该测量量指定的一个特定名称，如米（或 m）是指定给长度这个物理量的；而标准则是相应于该量的一个精确单位。在后面内容的学习中，你会看到长度的标准（即精确的 1m）是光在真空中极短瞬间传播的距离。我们可用任一种方法定义一个物理量的单位和其标准，重要的是要用国际上认可的、可行而实用的方法来定义它。

以长度为例，当我们确定了长度的标准，就相当于规定了对任何长度测量都适用的一套方法。利用该方法，不论氢原子的半径，还是溜冰板的轴距，甚至星际间的距离，均可用这个标准表示。常近似用作长度标准的直尺，就提供给我们一种测量长度的方法。不过，有时我们很难与标准作直接比较。比如，人们无法用直尺来测量原子的半径或到一颗星的距离。

物理量为数很多，要想将它们组织起来并非易事。幸好它们并不是相互独立的。例如，速率就是长度与时间的比值。我们所要做的就是从所有物理量中挑选出（并由国际上达成一致认可）少数几个叫做**基本量的物理量**，而所有其他的量都可由它们导出。这样，只要给每一个基本量规定一个标准，也就不必给其他量再规定标准了。比如若选长度和时间为基本量，速率就可依据这两个基本量和其标准来定义。

基本标准必须是易于获得和不变的。如果我们把长度标准规定为人的鼻子与伸开手臂的食指间的距离，我们的确是有了一种很容易获得的标准，但它无疑是因人而异的。科学和工程对精确度的要求使得我们要首先注意不变性，因此要设法仿制许多基本标准的复制品，使每一个需要的人都能方便地得到。

1-2 国际单位制

1971 年，第十四届国际计量大会选择了七个量作为基本量，它们的单位构成国际单位制（根据其法文名缩写为 SI，即广为熟知的**米制**）的基准。表 1-1 列出了书中前几章多处用到的三个基本量（长度、质量和时间）的单位。这些单位依据“人类尺度”而定义。

表 1-1 三个基本量的国际制单位

物理量	单位	国际符号
长度	米	m
时间	秒	s
质量	千克	kg

许多国际单位制的**导出单位**由这些基本单位定义。例如功率的国际制单位，称为**瓦特**（符号：W），是由质量、长度和时间等基本单位定义的。正如你在第 7 章中将会看到的，

$$1\ \text{瓦特（Watt）} = 1\text{W} = 1\text{kg} \cdot \text{m}^2/\text{s}^3 \qquad (1-1)$$

其中，最后一项单位符号的组合读作千克二次方米每三次方秒。

为便于表示物理中常用的很大或很小的量，我们常借助于以 10 的幂表示的**科学符号**。在该方法中，

$$3\ 560\ 000\ 000\text{m} = 3.56 \times 10^9\text{m} \tag{1-2}$$

$$0.000\ 000\ 492\text{s} = 4.92 \times 10^{-7}\text{s} \tag{1-3}$$

科学符号在计算机上表示得更为简洁，如3.56E9和4.92E－7，其中E代表“10的指数”。在有些计算机上甚至还可简化到用一空格代替E。

当涉及较大或较小的测量量时，我们运用表1－2中的词头则更为便利。就像你将会看到的，每个词头代表一确定的10的幂因子，对国际单位制而言，每附加一词头就相当于乘一个相关因子。因此，我们可将某一电功率表示为

$$1.27 \times 10^9\text{W} = 1.27\text{kMW} = 1.27\text{GW} \tag{1-4}$$

或某一时间间隔为

$$2.35 \times 10^{-9}\text{s} = 2.35\text{ns} \tag{1-5}$$

像常用的毫升、厘米、千克和兆字节这样一些词头，你大概已经很熟悉了。

表1－2 国际单位制（SI）词头表示法

指数因子	词头①（中文名）	符号	指数因子	词头①（中文名）	符号
10^{24}	yotta	Y	10^{-1}	deci-（分）	d
10^{21}	zetta	Z	**10^{-2}**	**centi-（厘）**	**c**
10^{18}	exa-（艾［可萨］②）	E	**10^{-3}**	**milli-（毫）**	**m**
10^{15}	peta-（拍［它］）	P	**10^{-6}**	**micro-（微）**	**μ**
10^{12}	tera-（太［拉］）	T	**10^{-9}**	**nano-（纳［诺］）**	**n**
10^{9}	**giga-（吉［咖］）**	**G**	**10^{-12}**	**pico-（皮［可］）**	**p**
10^{6}	**mega-（兆）**	**M**	10^{-15}	femto-（飞［母托］）	f
10^{3}	**kilo-（千）**	**k**	10^{-18}	atto-（阿［托］）	a
10^{2}	hecto-（百）	h	10^{-21}	zepto-	z
10^{1}	deka-（十）	da	10^{-24}	yocto-	y

① 最为常见的词头，在本表中以黑体字示出。

② ［ ］内的字，在不致混淆情况下，可省略。——译者注

1－3 单位变换

我们常需要变换物理量的单位。为此可用**链环变换法**，即将初始测量量乘一**换算因子**（其值为1的单位的比率）。例如，由于1min和60s是完全相等的时间间隔，可有关系

$$\frac{1\text{min}}{60\text{s}} = 1 \quad 和 \quad \frac{60\text{s}}{1\text{min}} = 1$$

因此，比值(1min)/(60s)和(60s)/(1min)可用作换算因子。此写法**不同于**1/60＝1或60＝1——**数**与**单位**必须视作一个整体。

因为等式两端同乘1，结果不变，我们可以在任何需要它们的位置插入这样的换算因子。利用该因子可消去欲消掉的（不想保留的）单位。如，若想将2min换算为秒，可用

$$2\text{min} = (2\text{min})(1) = (2\text{min})\left(\frac{60\text{s}}{1\text{min}}\right) = 120\text{s} \tag{1-6}$$

假如你引入了换算因子，却**没**能消去不想保留的单位，不妨将该因子的分子分母的位置颠倒再试。在链环变换法中，单位遵循与变量和数相同的代数运算规律。

附录D和本书的封面背面给出了国际单位制与其他单位制的换算因子，包括仍在美国应用的非国际单位制。不过，其中换算因子并未写作前面曾用的比率关系，而是写作“1min＝60s”。

下面的例题会说明建立这种比率关系的方法。

例题 1-1

公元前490年，Pheidippides 从马拉松跑到雅典带去希腊战胜波斯的消息。他以每小时约23圈(rides/h)的速率跑完全程。此处，圈（ride）和(stadium 和 plethron) 一样，是古希腊时期长度的度量单位：1ride = 4stadia，1stadium = 6plethron，而依据现代单位，1plethron = 30.8m。那么，Pheidippides 的速率应为每秒钟多少公里呢？

【解】 链环变换法的**关键点**是写出能够抵消掉欲消单位的转换因子。所以我们可以写出

$$23\text{rides/h} = \left(23\ \frac{\text{rides}}{\text{h}}\right)\left(\frac{4\ \text{stadia}}{1\ \text{ride}}\right)\left(\frac{6\ \text{plethra}}{1\ \text{stadium}}\right)$$
$$\times\left(\frac{30.8\ \text{m}}{1\ \text{plethron}}\right)\left(\frac{1\text{km}}{1000\ \text{m}}\right)\left(\frac{1\ \text{h}}{3600\text{s}}\right)$$
$$= 4.7227\times10^{-3}\text{km/s}$$
$$\approx 4.7\times10^{-3}\text{km/s}$$

（答案）

例题 1-2

鲱头（cran）是英国秤量刚捕获的新鲜鲱鱼的体积单位，1cran = 170.474L 的鱼，约为750条鲱鱼。假设要想顺利通过沙特阿拉伯的海关，一只装载1255鲱斗鱼的船，需折算为“covido^3”为单位申报才能获得许可证。其中 covido 是一种阿拉伯的长度单位，1covido = 48.26cm。那么，要申报的量为多少？

【解】 从附录 D 可见，1L 等于 1000cm^3。这里**关键点**在于：欲将 cm^3 转换为 covide^3，需将 cm 与 covido 间的换算比率三次方。由此，可写出如下链环变换关系

$$1255\text{crans} = (1255\ \text{crans})\left(\frac{170.474\text{L}}{1\ \text{cran}}\right)$$
$$\times\left(\frac{1000\ \text{cm}^3}{1\text{L}}\right)\left(\frac{1\ \text{covido}}{48.26\ \text{cm}}\right)^3$$
$$= 1.903\times10^3\ \text{covidos}^3$$

（答案）

解题线索

线索1：有效数字和小数位

如果你使用的计算器没有自动取舍的功能，在计算例题1-1时，计算器上会显示为 4.722 666 666 67 $\times10^{-3}$。此数包含的精确度是无意义的。我们把它用四舍五入方法取位到 4.7×10^{-3}km/s，以说明它并不比已知数据更精确。已知条件中速率 23rides/h 由两位数字构成，我们称其为**有效数字**。因此，我们把结果取位到两位有效数字。在本书中，最后计算结果常取位到与已知数据中最少的有效数位一致（有时也会多保留一位有效数字）。如果欲删去的数字为5或大于5，则最后那位保留数字就会“入”1，否则保持不变。例如，11.3516 四舍五入到三位有效数字为 11.4，而 11.3279 四舍五入到三位有效数字为 11.3。(在本书的例题中，即使用了四舍五入，结果通常也以符号“=”代替“≈”)。

如果习题中带有 3.15 或 3.15×10^3 这样的数，其有效数字是显然的。但若为 3000，那么其有效数字应看作只有一位（写作 3×10^3）还是多到四位（写作 3.000×10^3）？在本书中，我们假定 3000 这个数中所有零均为有效数字，不过在别处，还是不要随意作此假设。

不要将**有效数字**与**小数位**混淆。考察长度 35.6mm，3.56m 和 0.00356m，它们均为三位有效数字，但却分别具有一位、两位和五位小数位。

1-4 长度

1792年，新生的法兰西共和国建立了一套新的量度法则。它的基础就是米，定义为从北极到赤道距离的千万分之一。后来出于实用的原因，这个标准被放弃，而又将米定义为刻在一根铂-铱合金棒两端两条细线间的距离。该**标准米尺**保存在靠近巴黎的国际计量局。由它校准的复制品送往全世界的标准化实验室。这些二级**标准**用来校验其他（更易得到的）标准。最终，

保证每个标准或测量装置均可通过一系列复杂的对比，由标准米尺来确定精确性。

如今，现代科技要求比标准米尺更为精确的标准。从1960年开始，又采用了以光的波长作为米的新标准。具体讲，这项新标准是选择了氪-86原子（氪的一个特定同位素）在气体放电管中发出的某特定橙红色光的波长作为标准，将1m明确地规定为这种光的1 650 763.73个波长。选这个难记的波长数为标准是为使该新标准尽可能与以米尺为基础的旧标准相一致。

不过到了1983年，这种氪-86标准也难以满足高精度的要求，人们采取了一种更独特的方法，将米重新定义为光在一特定时间间隔内传播的距离。在第17届国际计量大会上规定：

1m为光在1/299 792 458s时间内在真空中传播的距离。

这样选定时间间隔，光的速率可以精确写为

$$c = 299\ 792\ 458\ \text{m/s}$$

正因为光速的测量已达到相当精确的水平，采用光速来重新定义米才具有意义。

表1-3给出大到宇宙，小到极小物体的长度的近似值。

表1-3　一些长度的近似值

测量量	长度/m	测量量	长度/m
地球到银河系的距离	2×10^{26}	珠穆朗玛峰的高度	9×10^{3}
地球到仙女座星系的距离	2×10^{22}	这页纸的厚度	1×10^{-4}
地球到最近的恒星（半人马座）的距离	4×10^{16}	典型生物病毒的大小	1×10^{-8}
地球到冥王星的距离	6×10^{12}	氢原子的半径	5×10^{-11}
地球的半径	6×10^{6}	质子的有效半径	1×10^{-15}

解题线索

线索2：数量级

一个数的数量级是将它用科学符号表示时所对应的10的幂次。例如，如果 $A=2.3\times10^4$，而 $B=7.8\times10^4$，那么 A 和 B 的数量级均为4。

科技人员常以最接近真实值的数量级来估算结果。在此例中，最近数量级对 A 为4，对 B 为5。当计算中所需要的具体精确数据未知或难以查到时，这样的估算非常普遍。例题1-3给出一个实例。

例题1-3

世界上最大的绳球的半径为2m，以最近的数量级来计算，球中缠绕绳子的总长是多少？

【解】 虽然我们可以把绳球拆开测量总绳长，但这既费力又会引起制作的人不快。这里**关键点**在于只需求最近数量级即可。所以可以先对计算中所需量作个估计。

假设球为半径 $R=2\text{m}$ 的球体。球内的绳缠绕的不十分紧密（绕绳之间有缝隙），为计及这种间隙，可以将绳的截面估计得稍大些，即假设它为边长 $d=4\text{mm}$ 的正方形。

于是，绳的截面为 d^2，长度为 L，它所占有的总体积应为

$$V=(\text{截面面积})(\text{长度})=d^2L$$

这应近似等于球的体积 $4\pi R^3/3$。因为 π 约为3，此项可近似写为 $4R^3$ 即

$$d^2L=4R^3$$

或

$$L=\frac{4R^3}{d^2}=\frac{4(2\text{m})^3}{(4\times10^{-3}\text{m})^2}$$

$$=2\times10^6\text{m}\approx10^6\text{m}=10^3\text{km}$$

（答案）

（注意：做这样的简单估算不需计算器），所以，取最近数量级，球中缠绕了长约1000km的绳子。

物理学基础

1-5 时间

时间有两方面：为了民用和某些科学目的，人们需知道当时的时间，从而可把事情按先后次序合理安排；在大多数科学工作中，同样要知道某一事件持续了多长时间。因而，任何时间标准必须能回答这样两个问题：“它是在**什么时刻**发生的”和“它持续了**多长时间**”。表1-4列出了一些时间间隔。

表1-4 一些时间间隔的近似值

测量量	持续时间间隔/s	测量量	持续时间间隔/s
质子的半衰期	1×10^{39}	人两次心跳之间的时间	8×10^{-1}
宇宙的年龄	5×10^{17}	μ介子的半衰期	2×10^{-6}
Cheops金字塔的年龄	1×10^{11}	最短的实验室光脉冲	6×10^{-15}
人类寿命估算值	2×10^{9}	最不稳定粒子的半衰期	1×10^{-23}
一天的长度	9×10^{4}	普朗克时间①	1×10^{-43}

① 是我们所知大爆炸后物理学定律可应用的最早时间。

任一个自身重复的现象均可作为时间的标准。地球自转一周被用作确定一天的长度已经好几个世纪了。图1-1显示了基于这种转动制作的一个表的新颖的样子，一个石英钟，其中石英环连续振动，可以由天文观测对照地球的自转来校准该钟，用以在实验室测量时间间隔。不过，这样的校正是无法实现现代科学和工程技术所要求的精确度的。

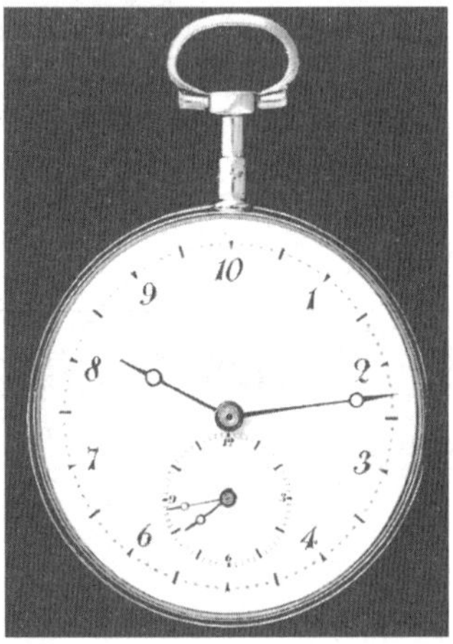

图1-1 1792年提出用米制时，曾规定1白天为10小时，当时这个主意不很为人们接受。制作这种10小时表的工匠巧妙地加了一个保留习惯的12小时时间的小度盘。这两个度盘指示着相同的时间吗？

为满足更好的时间标准的需要，发展了原子钟。在美国科罗拉多州Boulder的美国国家标准和技术局（NIST）的一个原子钟被确定为协调世界时（UTC）的标准。人们可通过短波无线广播（电台WWV和WWVH）和拨打电话（303-499-7111）得到它的信号。时间信号（及相关信息）还可由美国海军天文台提供，网址为

http://tycho.usno.navy.mil/time.html

（欲将你所在位置的钟校对得非常准确，一定要考虑到该时间信号传到你所在位置处需要的时间）。

图1-2表明在四年期间地球上一天的长度与铯（原子）钟对比而得出的变化。由于图1-2显示的变化呈现季节性和重复出现的特点。当地球和原子钟作为时计存在差别时，我们怀疑转动的地球。这种变化有可能源自月球引起的潮汐效应和大规模的风。

第13届国际计量大会采用基于铯钟确定的标准秒作为国际标准：

1s规定为铯-133原子发射的（特定波长的）光完成9 192 631 770个振动所需的时间。

一般讲，两个铯钟在运行6000年后相差将不超过1s。更为精确的钟还在研究中。将来的钟之精度或许会达到经过1×10^{18}s（大约3×10^{10}年）后才差1s。

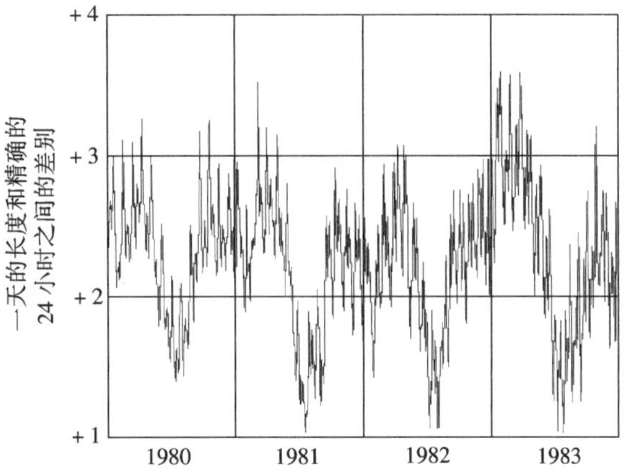

图1 –2　在四年期间每一天时间长度的偏差。注意，整个纵轴标度只有3ms。

例题1 –4[㊀]

假如当你躺在平静的海滩上观看日落时，在太阳消失的瞬时启动计时表，然后站起来（目测高度增加1.70m），在太阳再次消失时停止计时，这之间的时间间隔为 $t = 11.1\text{s}$，那么地球的半径是多少？

【解】　这里**关键点**是，太阳消失瞬间，眼睛看到太阳顶端的视线与地球表面相切，图1 –3标出了两次观测的两条视线，其中点 A 表示人平躺时眼睛所处的位置，高 h 处为人站立时眼睛所处的位置。站立时视线切于地球表面 B 点。令 d 代表人站立时眼睛到点 B 之间的距离，并画地球半径 r 于图1 –3中，据勾股定理可得

$$d^2 + r^2 = (r + h)^2 = r^2 + 2rh + h^2$$

或

$$d^2 = 2rh + h^2 \qquad (1-7)$$

因为高度 h 远小于半径 r，h^2 项与 $2rh$ 相比可忽略，我们可以重写式（1 –7）为

$$d^2 = 2rh \qquad (1-8)$$

图1 –3中半径到 A、B 两切点的夹角为 θ，该角也是太阳相对地球在 $t = 11.1\text{s}$ 中转过的角度。又知一整天（24h）中，太阳相对地球转过360°角，由此可有关系

$$\frac{\theta}{360°} = \frac{t}{24h}$$

将 $t = 11.1\text{s}$ 代入可得

$$\theta = \frac{(360°)(11.1\text{s})}{(24\text{h})(60\text{min/h})(60\text{s/min})} = 0.04625°$$

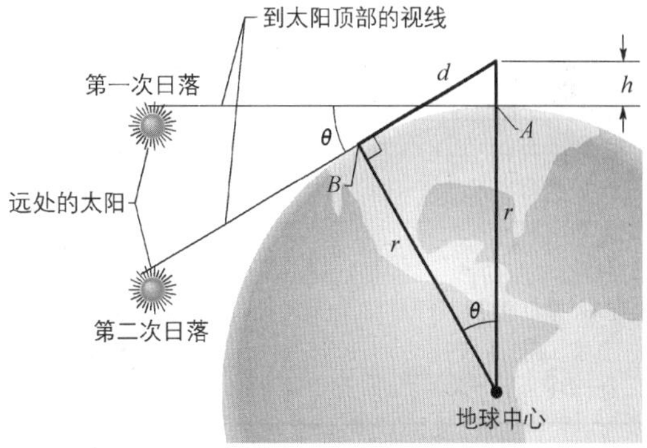

图1 –3　例题1 –4图　当你从点 A 站起来眼睛升高 h 时，眼睛对落日顶端的视线相对应转过夹角 θ。（图中为易于分辨，θ 和 h 有所夸大）。

由图1 –3我们还可看到 $d = r\tan\theta$，将它代入式（1 –8）可得

$$r^2\tan^2\theta = 2rh \text{ 或 } r = \frac{2h}{\tan^2\theta}$$

将 $\theta = 0.04625°$ 和 $h = 1.70\text{m}$ 代入，有

$$r = \frac{(2)(1.70\text{m})}{\tan^2 0.04625°} = 5.22\times10^6\text{m}$$

（答案）

此结果在公认的地球（平均）半径（$6.37\times10^6\text{m}$）的20%范围之内。

㊀　摘自Dennis Rawlins，“怎样使用表和米尺来测量地球的大小”，《美国物理学杂志》，47，1979，2，126～128。此法在赤道附近做，效果最好。

1-6 质量

标准千克

质量的国际标准是保藏在巴黎附近国际计量局的一个铂-铱圆柱体（见图1-4），由国际协议规定其质量为1kg。它的精确的复制品被送往其他国家的标准化实验室，而其他物体的质量可借助于天平与复制品比较来确定。表1-5给出一些以kg为单位表示的物体的质量，它们的质量值大小相差约10^{83}倍。

标准千克的美国复制品放在美国国家标准局的圆顶罩内。为了校验其他复制品，它一年最多动用一次。自1889年以来，曾两次将它运往法国与原始标准（一级标准）重新比对。

图1-4 质量的国际千克标准，高和直径均为3.9cm的铂-铱圆柱体。

表1-5 一些物体的近似质量

物体	质量/kg	物体	质量/kg
已知的宇宙	1×10^{53}	大象	5×10^{3}
我们的银河系	2×10^{41}	葡萄	3×10^{-3}
太阳	2×10^{30}	尘埃微粒	7×10^{-10}
月球	7×10^{22}	青霉素分子	5×10^{-17}
Eros星（爱神小行星）	5×10^{15}	铀原子	4×10^{-25}
小型山脉	1×10^{12}	质子	2×10^{-27}
远洋货轮	7×10^{7}	电子	9×10^{-31}

另一种质量标准

原子质量之间的相互比较能比它们与标准千克作比较做得更加精确，所以在原子尺度上我们有质量的另一种标准，它是碳-12（C^{12}）原子的质量。根据国际协议，规定C^{12}原子的质量恰好是12个统一的**原子质量单位**（国际符号为u）。这两种单位之间的关系为：

$$1u = 1.6605402\times10^{-27}kg \qquad (1-9)$$

在最后两个小数位上有±10的不确定度。科学家们在合理的精确度范围内，借助实验与C^{12}原子质量比较从而确定其他原子质量。目前我们所缺乏的是把这种精确度推广到像千克这样的常用质量单位中的可靠手段。

复习和小结

物理量的测量 物理学基于物理量的测量，人们选了几个量（如长度、时间和质量）作为**基本量**，给它们规定了标准并给出了测量单位（如m、s和kg）。而其他物理量则可依据这些基本量的**标准**和**单位**来定义。

国际单位制 本书中单位制立足于国际单位制（SI），表1-1列出了书中前几章用到的三个基本量。这些基本量的标准（易于获得且不变）已用国际认可的方法确定下来，而且已用在包括基本量和由基本量导出的所有物理量的测量中。科学符号和表1-2的词头可用在多种情形中以简化测量结果的表示。

单位变换 从一种单位制转换为另一种单位制

(如从英里/小时到千米/秒)可用**链环变换法**完成，即将初始数据连续乘以适当的换算因子，经代数运算得到想要的结果。

长度 长度的单位——米——定义作光在严格规定的时间间隔内传播的距离。

时间 时间的单位——秒——最初由地球的自转定义。现在根据铯－133（Cs^{133}）原子发射的光振动来定义。精确的时间信号由连接到标准化实验室的原子钟通过无线电信号送往世界各地。

质量 质量的单位——千克——由法国巴黎附近保存的铂-铱原件来确定。对原子量级的测量则常用由碳－12（C^{12}）原子规定的原子质量单位来确定。

练习和习题

1－4节 长度

1E. 1微米（1μm）常称为**微**（micron），（a）多少微米合1.0km？（b）1微米与厘米的关系为何？（c）1码又合多少微米？（ssm）

2E. 19世纪20年代美国使用着两种**液体测量**单位。苹果桶液量规定容积为$7056in^3$；酸果蔓桶液量为$5826in^3$。假如一批发商发出20酸果蔓桶货给一顾客，而顾客以为他所收到的是苹果桶量，试求容积差合多少公升？

3E. 在一个英国牧场上，一群赛马跑过4.0弗隆（英长度单位）的距离。该赛跑距离（a）以杆计和（b）以链计各为多少？（1弗隆＝201.168m，1杆＝5.0292m，1链＝20.117m）（ssm）

4E. 本书间距的字号单位大致都取作磅和12号字：12磅＝1个12号字，而6个12号字＝1英寸。如果某一图的位置较校样位置错开0.80cm，这相对于字号（a）磅和（b）12号字而言，错位量是多少？

5E. 地球可近似看作半径为6.37×10^6m的球体。（a）试以千米表示其周长；（b）其表面面积为多少立方千米？（c）其体积为多少立方千米？（ssm）

6E. 一本早期手稿揭示出亚瑟国王年代的一个地主，占有3.00英亩耕地外加25.0杆乘以4.00杆面积的牧场。他所占总面积如以（a）英国旧制单位路德和（b）现代单位平方米表示，各为多少？此处，1英亩相当于面积40杆乘以4杆，1路德为40杆乘以1杆，而1杆为16.5英尺。

7P. 南极洲是一个半径为2000km的近似半圆（见图1－5），其冰层覆盖的平均厚度是3000m，南极洲容有多少立方厘米的冰？（忽略地球的弯曲）（ssm）

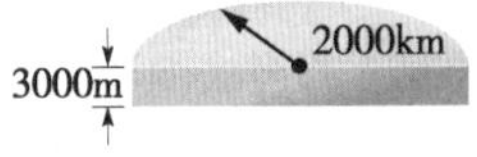

图1－5 习题7图

8P. 在美国，玩具房与真实房的比较为1∶12（即玩具房的各边长为实际房子的1/12），而微型房与实际房子比例为1∶144。假设一真实房（如图1－6）长20m，宽12m，高为6m，而其标准斜顶（两直角三角形的两边相对构成）的高为3m。若以m^3表示，相应于此房的（a）玩具房和（b）微型房的体积各为多少？

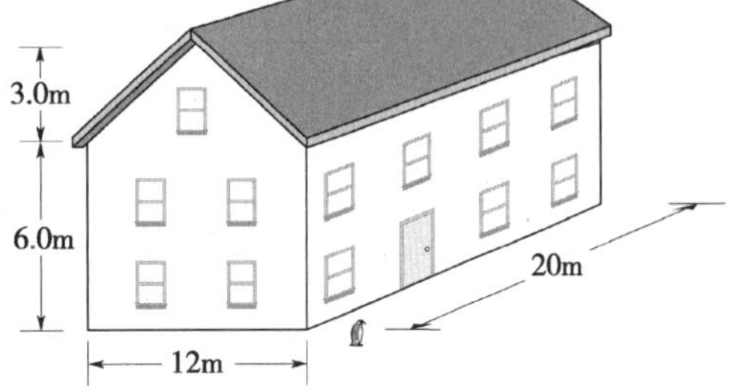

图1－6 习题8图

9P. 美国的水利工程师们常用**英亩－英尺**（即面积1英亩深度1英尺的水的容积）这样的单位表示水的体积。如果一场暴雨，30min内在方圆$26km^2$的城镇降下厚达2.0in的雨水，落到该镇的雨水体积以英亩－英尺单位计为多少？（ssm）（ilw）（www）

1－5节 时间

10E. 物理学家恩瑞科·费米（Enrico Fermi）曾经指出，一堂课的标准授课时间（50min）接近于一个微世纪㊀。（a）一个微世纪相当于多少分钟？（b）应用关系式：

$$百分比差 = \left(\frac{真实量-近似量}{真实量}\right)\times100$$

求出费米近似产生的百分比差值。

11E. 试用下列单位表示光速3.0×10^8m/s：（a）英尺/纳秒和（b）毫米/皮秒。（ssm）

12E. 在微观物理学中有时用到一种时间单位叫

㊀ “微”相当于10^{-6}，“1世纪”为100年。——译者注

刹那（shake）。1 刹那等于 10^{-8}s。(a) 试问 1s 所含的刹那数是否比 1 年中含有的秒数更多？(b) 人类至今已生存约 10^6 年，而宇宙的年龄约为 10^{10} 年。若现将宇宙的年龄取作 1 个“宇宙天”，那么人类已存在了多少“宇宙秒”？

13E. 一实验室正在测试五只时钟。在一星期内的每天正午（正午时刻由世界时电台（WWV）的时间信号确定），各钟的读数列在下表中，请将这五只钟根据记时的好坏，从最好的到最差的排列，并证明你的选择。(ssm)

14P. 三只数字钟 A、B 和 C 以不同速率在走动，也没有同时对零。图 1－7 列出在四个不同特定时刻其中一对钟的即时读数。(例如，在最早的某一时刻，B 钟读数 25.0s 而 C 钟的读数为 92.0s)。如果 A 钟显示相隔 600s 的两件事，问 (a) B 钟和 (b) C 钟这两件事分别相隔多长时间？(c) 当 A 钟读数为 400s 时，B 钟读数为何？(d) 当 C 钟读数为 15.0s 时，B 钟读数又为何？(设零时刻前读数为负)

钟	星期日	星期一	星期二	星期三	星期四	星期五	星期六
A	12：36：40	12：36：56	12：37：12	12：37：27	12：37：44	12：37：59	12：38：14
B	11：59：59	12：00：02	11：59：57	12：00：07	12：00：02	11：59：56	12：00：03
C	15：50：45	15：51：43	15：52：41	15：53：39	15：54：37	15：55：35	15：56：33
D	12：03：59	12：02：52	12：01：45	12：00：38	11：59：31	11：58：24	11：57：17
E	12：03：59	12：02：49	12：01：54	12：01：52	12：01：32	12：01：22	12：01：12

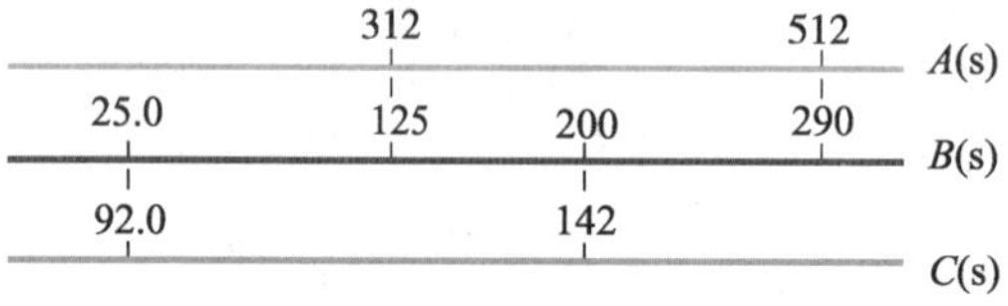

图 1－7 习题 14 图

15P. 一个天文单位（AU）是地球到太阳的平均距离，近似为 1.50×10^8km。光速约为 3×10^8m/s。试以每分天文单位为单位表示光速。(ssm)

16P. 直到 1883 年，美国的每一城镇仍保留着各自的当地时间。如今，仅当时差为一小时时，旅行者们才重调他们的表。那么，平均来讲他们重调一小时时差所相应走过的经度是多少？(**提示：** 地球在 24h 中转过约 360°)

17P. 假设每一世纪内一天的时间长短均匀地增加 0.0010s。试计算二十个世纪中时间测量上的这种积累效果。(在此期间，日蚀现象发生的观察说明了地球自转的这种变慢。) (ssm) (www)

18P. 当今使用的时间标准是原子钟。一种更好的秒的标准有望由**脉冲星**，也就是中子星（仅由中子构成的高密度星体）的转动来确定。因为它们一般会以极稳定的速率转动，且每当掠过地球表面时都会发出定向无线电波，就像灯塔的信标。例如脉冲星 1937＋21 每隔 1.55780644887275 ± 3ms 转过一次，其中 ±3表示不确定度所在的从末位计的小数位（而并**不**表示不确定度是 ±3ms)。试计算：

(a) 脉冲星 1937＋21 在 7.00 天转过多少次？(b) 该脉冲星用多长时间可转过 1.0×10^6 次？(c) 相应的误差为多少？

1－6 节 质量

19E. 地球的质量为 5.98×10^{24}kg。构成地球的原子平均质量为 40 原子质量单位。试问地球含有多少原子？(ssm)

20P. 金（每立方厘米质量为 19.32g）是最具韧性的金属，它可被延展成薄片也可拉长成丝。试问 (a) 若将 1.000 盎司（质量为 27.63g）的金延展成厚度为 1.000μm 的薄片，薄片的面积为多少？(b) 又若将其拉成半径 2.500μm 的圆柱形细丝，长度为多少？

21P. (a) 假设每立方厘米水的质量恰为 1g，请问每立方米水的质量是多少 kg？(b) 如果用 10.0h 排出容器中 5700m^3 的水，那么以 kg/s 为单位表示，流出容器的水的“质量流量”为多少？(ssm)

22P. 习题 9 中，暴雨期间落到小镇上的水的质量为多少？(1m^3 水的质量为 10^3kg)

23P. 每立方厘米铁的质量为 7.87g，而一个铁原子的质量为 9.27×10^{-26}kg。假如原子为球形且很紧密，试求 (a) 一个原子的体积，和 (b) 邻近原子的中心间距？(ssm)

24P. 加利弗尼亚州海滨细沙粒可近似看作为平均半径为 50μm 的二氧化硅小球。已知 1.00m^3 实体的二氧化硅的质量为 2600kg，请问多少质量沙粒的表面面积总和等于边长为 1m 的立方体的表面面积？

第2章　直线运动

1993 年 **9** 月 **26** 日，**Dave Munday**（一个柴油机技工）第二次来到尼亚加拉大瀑布的加拿大一侧，他这次是要乘坐一个带有换气孔的钢球，从高 **48m** 处自由落到瀑布下的水中。**Munday** 一直渴望能成功完成这次冒险，因为他知道已有四个特技人员为此失去了性命。因此，他从物理学和工程学方面为这次冒险做了精心周密的准备。

那么，他落下去的整个过程约需多长时间？另外，他会以多大速率碰到瀑布底部湍急的水面？

答案在本章中。

2-1 运动

宇宙间所有物体都在不停地运动，即使是看似静止的物体，如道路，似乎静止不动，它却在随地球一起转动，并随地球绕太阳运动，而太阳又在绕银河系中心转动；银河系相对其他银河系或星云也在不停地运动。

运动的分类和比较（称为**运动学**）通常有趣而又有意义。你究竟想测什么，想如何比较物体的运动，这些都包含在其中。在给出答案之前，我们先来探讨运动的一般特点。我们将限于如下三个方面讨论：

1. 运动仅沿一直线。直线可以是铅垂的（像自由落下的石头），水平的（如高速公路上急驶的汽车）或倾斜的，但其运动轨迹必须是直线。

2. 力（推力或拉力）会引起运动。不过本书到第5章才会涉及力的作用。本章只学习运动及运动状态的变化，诸如：运动物体是加速、减速、停止还是转向？如果运动状态确实发生变化了，该过程经历的时间又是多少？

3. 运动物体或是**质点**（像电子一样的点状物体）或是类质点的运动物体（其上各部分均以同方向同速率运动）。如可将一头溜下滑梯的肥猪看作质点来描述它的运动；而翻滚的风滚草则不能视为质点，因为其中不同的点在朝不同方向运动。

2-2 位置与位移

对一个物体的定位意在找出它相对于某一参考点的位置。此参考点常是一坐标轴的**原点**（或零点），如图2-1中x轴的原点。轴的**正方向**为坐标值增大的方向，在图2-1中向右，其反向为**负方向**。

例如，将质点放在$x=5\text{m}$处，即它所处位置在距原点正方向一侧的5m处。若$x=-5\text{m}$，则它距原点等远，只是在反方向一侧。在轴上，坐标“-5”m小于“-1”m，而它们又都小于“$+5$”m。对坐标为正值的点，“+”不必标出，而对负值的点，“-”必须标明。

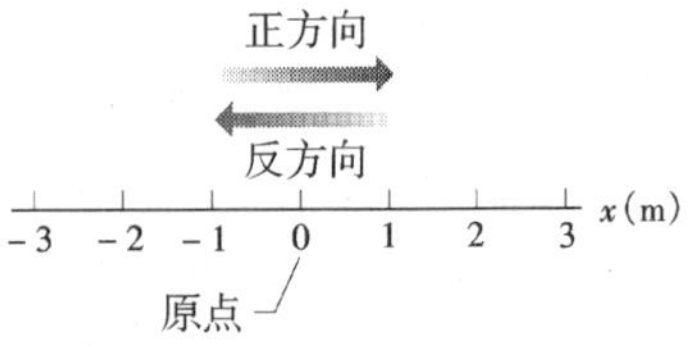

图2-1 物体的位置由轴来确定。该轴以单位长标记且向两方向无限延伸。轴的标注（如此处x）写在原点的正侧。

质点的位置从x_1移动到x_2的改变量称为位移Δx，其中

$$\Delta x = x_2 - x_1 \tag{2-1}$$

（符号Δ为希腊文delta的大写，它代表该物理量的变化或增量，即相应物理量的末值减去初值）。将具体数值代入x_1和x_2时，若位移沿正方向（朝图2-1右侧），结果总为正值；若位移沿负方向（图中左侧），结果则必为负。例如，质点从$x_1=5\text{m}$处移动到$x_2=12\text{m}$处，位移$\Delta x=(12\text{m})-(5\text{m})=+7\text{m}$。结果的正值表明运动是沿着正方向。如果质点接着又返回到$x=5\text{m}$处，整个过程的位移应为零。位移仅与质点的初、末位置有关，而与整个过程走过的实际路程无关。

位移的正号不必写，而负号却不能省去。如果忽略位移的符号（表示方向）就是只保留了位移的**大小**（绝对值）。在前面的例子中，位移Δx的大小为7m。

位移是**矢量**（既有大小又有方向的量）的一个例子。我们将在第3章中更全面地学习矢量（事实上有些读者或许已经读过该章），而在此我们所需的就是掌握位移的两个特征：（1）位移的**大小**为起点到终点位置之间的距离（比如米数）；（2）位移的**方向**从起始位置指向终点位置。

如运动只沿着一个轴线的方向，其方向由正号或负号表示即可。

接下来，是你将在本书中看到的众多检查点中的第一个。每一个检查点中包括一个或多个需经推理和心算方能回答的问题，同时对你的理解程度给出一个快速检测。答案列于本书后部。

检查点1：下面分别表示沿 x 轴运动质点的三对初、末位置的坐标。试问哪对对应于负位移：(a) -3m，$+5$m；(b) -3m，-7m；(c) 7m，-3m？

2－3 平均速度和平均速率

描述物体位置的一个简便方法是用画出位置 x 随时间 t 变化的曲线图——$x(t)$ 曲线。(符号 $x(t)$ 代表 x 是 t 的函数，而非 x 与 t 的乘积。) 举例来看，图2－2给出一只静止的犰狳（可视为质点）在 $x=-2$m 处的位置函数 $x(t)$。

图2－3a表示的还是犰狳，有意思的是这只犰狳在运动着。它在 $t=0$ 时刻在 $x=-5$m 处。它朝 $x=0$ 移动，且在 $t=3$s 时刻通过那点，然后继续向 x 值增大的方向移动。

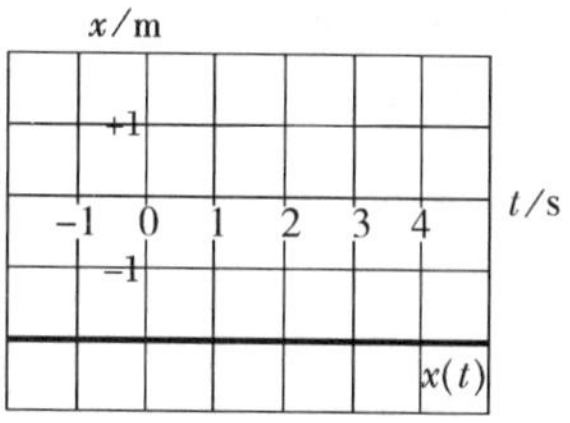

图2－2 静止在 $x=-2$m 处的犰狳的 $x(t)$ 曲线。(x 值始终为 -2m)。

图2－3b表示与图2－3a情形相对应的犰狳的实际直线运动轨迹，它和实际中看到的很相似。而图2－3a尽管不像观察到的情况，看起来有些抽象，但它所包含的信息却更丰富，同时还揭示了犰狳运动的快慢程度。

实际上，与"快慢程度"相联系的物理量不止一个。其中的一个是**平均速度** v_{avg}，它是位移 Δx 对经过时间 Δt 的比值

$$v_{avg}=\frac{\Delta x}{\Delta t}=\frac{x_2-x_1}{t_2-t_1} \tag{2-2}$$

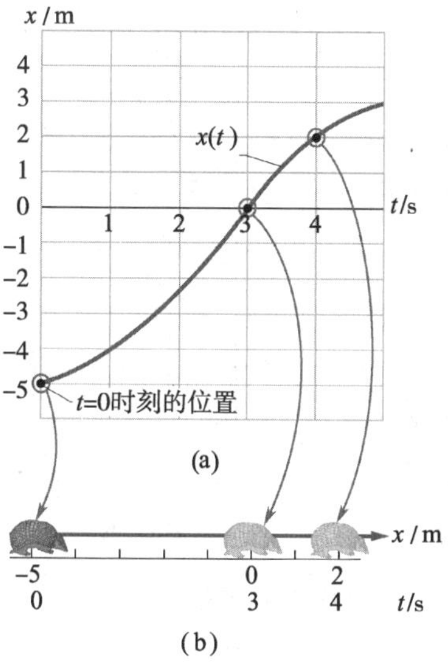

图2－3 (a) 运动中的犰狳的 $x(t)$ 曲线图；(b) 与此图相对应的轨迹。x 轴下方的标度示意出犰狳到达各 x 值时对应的时间。

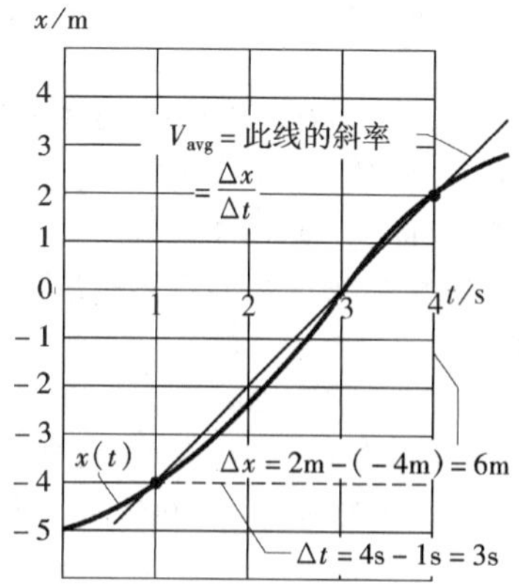

图2－4 由 $x(t)$ 曲线上连接 $t=1$s 与 $t=4$s 两点间连线的斜率计算相应时间间隔内的平均速度。

式中符号表示在时刻 t_1，质点位于 x_1；而在时刻 t_2，质点位于 x_2。平均速度的常用单位是米每秒（m/s）。习题中也会遇到其他单位，但总是以长度/时间的形式出现。

在 x 对 t 的曲线上，v_{avg}是连接 $x(t)$ 曲线上两特定点所成直线的**斜率**。其中一个点对应 x_2 和 t_2，另一点对应 x_1 和 t_1。像位移一样，v_{avg}既有大小又有方向（是另一个矢量）。其大小是该直线斜率的量值。正值的 v_{avg}（和斜率）告诉我们直线向右上方倾斜；而负的 v_{avg}（和斜率）则表示直线向右下方倾斜。由于式（2-2）中 Δt 恒为正值，所以平均速度 v_{avg} 与位移 Δx 的正负号总是相同的。

图2-4显示出了求解犰狳在 $t=1s$ 到 $t=4s$ 时间间隔内的平均速度的方法。我们先在 $x(t)$ 曲线中画出连接起点和终点的直线，再求出该直线的斜率 $\Delta x/\Delta t$。对给定的时间间隔，平均速度为

$$v_{avg}=\frac{6m}{3s}=2m/s$$

平均速率 s_{avg}是描述质点运动"快慢程度"的另一种方法。只是平均速度与质点的位移 Δx 有关，而平均速率是与质点移动过的总路程（例如，移动过的米数）相关，而与方向无关；即

$$s_{avg}=\frac{总路程}{\Delta t} \tag{2-3}$$

因为平均速率未包括方向，所以不用附带代数符号。有时 s_{avg} 与 v_{avg} 是相同的（除去缺少正负号）。不过，如例2-1所表明的，当物体掉头折回到原路径方向时，这两个物理量完全不同。

例题 2-1

你驾驶着一辆破旧的货车沿着笔直的公路以70km/h开行到8.44km处时，货车的油用光停下来，只好又用30min时间沿公路继续步行2.0km找到加油站。试问：

(a) 从驾车出发到步行至加油站整个过程中你的位移为多少？

【解】 为方便不妨假设你沿 x 轴正方向运动，从第一位置 $x_1=0$ 到第二位置的加油站 x_2。第二位置一定是 $x_2=8.44km+2.0km=10.4km$。这里**关键点**是，沿 x 轴的位移 Δx 应为第二位置减去第一位置。由式（2-1），可有

$$\Delta x=x_2-x_1=10.4km-0=10.4km \quad （答案）$$

由此知，你沿 x 轴正方向的总位移是10.4km。

(b) 从你驾车出发到步行至加油站的时间间隔 Δt 为多少？

【解】 已知步行的时间间隔 Δt_{wlk}（$=0.5h$），但不知道开车过程所需的时间间隔。不过，知道车是以70km/h的平均速度走过位移（Δx_{dr}）8.4km。由式（2-2）得出的可用**关键点**是：平均速度为驾车走过的位移与相应时间间隔的比值

$$v_{avg,dr}=\frac{\Delta x_{dr}}{\Delta t_{dr}}$$

移项后，代入数据得出

$$\Delta t_{dr}=\frac{\Delta x_{dr}}{v_{avg,dr}}=\frac{8.4km}{70km/h}=0.12h$$

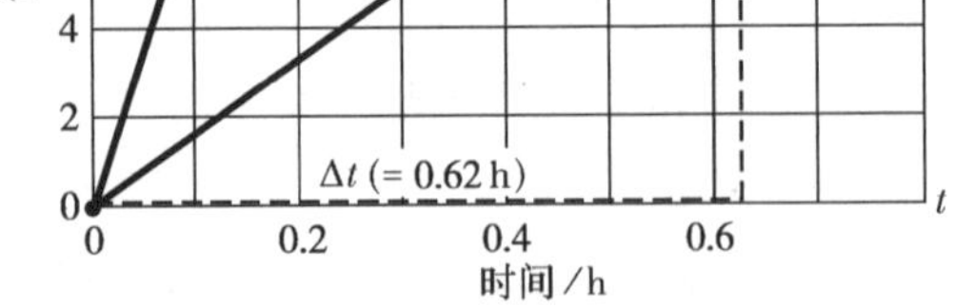

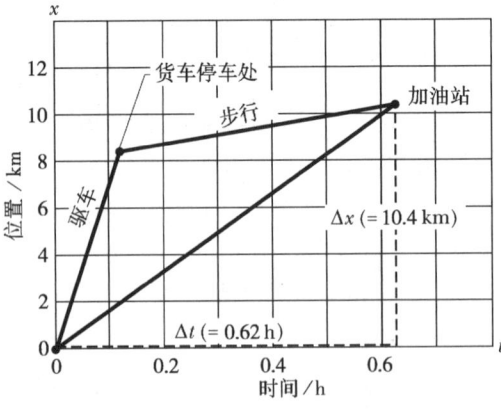

图2-5 例题2-1图 标以"驱车"和"步行"的两条线是画出的相应过程的位置-时间曲线（假定步行过程中速率保持恒定），从出发点到加油站的平均速度等于连接原点和标以"加油站"的两点的直线的斜率。

所以

$$\Delta t = \Delta t_{dr} + \Delta t_{wlk} = 0.12h + 0.50h = 0.62h \quad (答案)$$

(c) 从驾车出发到步行至加油站的平均速度 v_{avg} 为何？用计算和作图两种方法求解。

【解】 这里**关键点**还是式 (2-2)，整个旅程的平均速度为整个旅程的总位移 10.4km 与总时间 0.62h 的比值。利用式 (2-2) 得到

$$v_{avg} = \frac{\Delta x}{\Delta t} = \frac{10.4km}{0.62h} = 16.8km/h \approx 17km/h \quad (答案)$$

欲用几何法求 v_{avg}，应像图 2-5 那样，先画出 $x(t)$ 曲线，其中出发点和终点分别取在坐标原点和标以“加油站”的点处。这里**关键点**为：平均速度等于曲线上连接起点和终点的直线的斜率；即升高 ($\Delta x = 10.4km$) 与底长 ($\Delta t = 0.62h$) 的比值，从而求出 $v_{avg} = 16.8km/h$。

(d) 假如泵油付款和走回货车又用去你 45min，试问从驱车出发到带着汽油回到停车处你的平均速率为何？

【解】 这里**关键点**在于，你的平均速率为你经过的总路程与相应用去的总时间间隙的比值。总路程为 8.4km + 2.0km + 2.0km = 12.4km。总时间间隔为 0.12h + 0.50h + 0.75h = 1.37h。由式(2-3)可得

$$s_{avg} = \frac{12.4km}{1.37h} = 9.1km/h \quad (答案)$$

检查点 2：此例中，如果你刚一加完油就以 35km/h 的速率驱车返回到出发点 x_1，那么整个旅程中你的平均速度为何？

解题线索

线索 1：你对要解的习题理解吗？

对初学解物理习题的人而言，普遍的困难莫过于对习题本身的不理解。真正理解与否的最好测试是：你能用自己的话解释要解的习题。

应用书中给出的符号，写出已知的数据（带着单位）（例题 2-1 中，已知数据使你能找出 (a) 问中的总位移 Δx 和 (b) 问中的相应时间间隔 Δt），确定未知量及其符号（如上例 (c) 问中的未知量为平均速度 v_{avg}）、然后设法找出未知量与已知数据间的关系（其间关系是式 (2-2)，平均速度的定义）。

线索 2：单位恰当吗？

将数据代入方程时，应确信选用的单位一致。在例题 2-1 中，从已知条件推出的距离单位是千米，时间为小时，而速度为千米每小时。有时还需作单位的换算。

线索 3：你的答案是否合理？

你的答案有意义吗？它是否太大或太小？符号是否正确？单位是否合适？如例题 2-1 中 (c) 问之正确答案是 17km/h。如果你求出 0.00017km/h，-17km/h，17km/s 或 17000km/h，你应立即意识到计算有误。错误或许在方法上，或许在代数运算上，也许是在计算器上输入数字时有误。

线索 4：读图

图 2-2、图 2-3、图 2-4 和图 2-5 应能很容易地读懂。各图中水平轴的变量为时间 t，向右为时间增大的方向。而竖直轴的变量代表运动质点相对于原点的位置 x，x 的正方向向上。还应注意其中表示变量的单位（s 或 min；m 或 km）。

2-4 瞬时速度和速率

现在你已知道有两种描述物体运动快慢的方法：平均速度和平均速率，它们描绘的都是质点在一段时间间隔 Δt 中的情况。然而，“快慢”这个词一般更多地是用在描述质点在给定时刻运动的快慢程度——即它的**瞬时速度**（简称**速度**）v。

任意时刻的速度可由减小平均速度表达式中的时间间隔直至趋近于零求得。随着 Δt 充分缩小，平均速度趋近于一个确定的极限值，这就是该时刻的速度

$$v = \lim_{\Delta t \to 0} \frac{\Delta x}{\Delta t} = \frac{dx}{dt} \quad (2-4)$$

这个方程给出瞬时速度 v 的两个特点：第一，v 是给定时刻质点位置 x 随时间的变化率，即 v 是 x 对 t 的导数；第二，任一时刻的速度 v 是质点的位置对时间曲线上代表该时刻的点的斜率。速度也是一个矢量，因而也有相应的方向。

速率是速度的大小，即在言词上或代数符号上都没指出方向的速度。(**注意**：速率和平均速率可以完全不同)。+5m/s 和 -5m/s 的速度相应的速率均为 5m/s。汽车上的速度计测不出方向，所以它显示的是速率，而非速度。

例题 2-2

图 2-6a 表示的是一个电梯的 $x(t)$ 曲线。它最初静止，然后向上运动（取此方向为 x 正方向），后又停下。请画出 v 作为时间函数的 $v(t)$ 曲线。

【解】 这里**关键点**是，我们可以从 $x(t)$ 曲线上各点的斜率求出相应各时刻的速度。

由于图中 0~1s 和 9s 之后两时间段所对应 $x(t)$ 曲线的斜率（也就是速度）均为零，故知在这两段时间中电梯静止。而 bc 段的斜率是常量且非零，因此在此过程中电梯匀速运动。可计算 $x(t)$ 的斜率

$$\frac{\Delta x}{\Delta t}=v=\frac{24\text{m}-4.0\text{m}}{8.0\text{s}-3.0\text{s}}=+4.0\text{m/s}$$

正号表示电梯沿 x 正向运动。相应上述时间间隔（其中 $v=0$ 和 $v=4\text{m/s}$）的 $v(t)$ 曲线画在图 2-6b 中。另外，随着电梯由静止到运动，后又减速到停止，在 1s~3s 和 8s~9s 之间 v 的变化如图。因此，图 2-6b 就是所求的 $v(t)$ 曲线。(图 2-6c 会在 2-5 节讨论)

给定如图 2-6b 这样的 $v(t)$ 曲线，我们还能反推出相应的 $x(t)$ 曲线的形状(见图 2-6a)。然而，因 $v(t)$ 曲线只能反映 x 的变化，所以无法确定不同时刻 x 的实际值。要想求出任一时间段内 x 的变化量，必须用微积分语言计算出该时间间隔内在 $v(t)$“曲线下”的面积。以 3s~8s 时段为例，在这段时间，电梯速度保持 4.0m/s；x 的变化量为

$$\Delta x=(4.0\text{m/s})(8.0\text{s}-3.0\text{s})=+20\text{m}$$

(因为相应 $v(t)$ 曲线在 t 轴上方，所以这部分面积为正值)。图 2-6a 显示出在那段时间中 x 的确增加了 20m。不过，图 2-6b 未告诉我们这段时间中初、末两时刻的 x 值。要想求出它们还需更多的信息，诸如某给定时刻 x 的值。

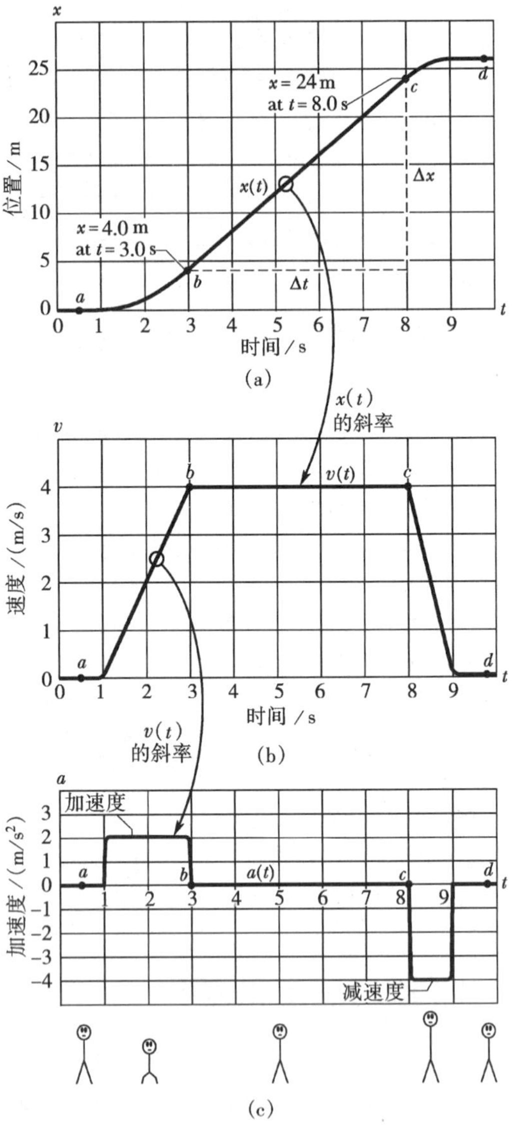

图 2-6 例题 2-2 图 (a) 沿 x 轴向上运动的电梯的 $x(t)$ 曲线；(b) 电梯的 $v(t)$ 曲线。注意它正是 $x(t)$ 曲线的导数；(c) 电梯的 $a(t)$ 曲线，是 $v(t)$ 曲线的导数。下方的示意图表示乘客在电梯加速时的感受。

例题 2-3

一个沿 x 轴运动的质点的位置由下式给出

$$x=7.8+9.2t-2.1t^3 \qquad (2-5)$$

式中 x 的单位为 m，t 的单位为 s。试求质点在 $t=3.5$s 时刻的速度，质点的速度是恒定还是连续变化的？

【解】 为简洁起见，式（2-5）中的单位省略未写，但若你喜欢带单位运算也可将系数相应改为 7.8m，9.2m/s 和 -2.1m/s^3。**关键点**在于速度是位置函数 $x(t)$ 对时间的一阶导数。因此有

$$v=\frac{dx}{dt}=\frac{d}{dt}(7.8+9.2t-2.1t^3)$$

由此可得

$$v=0+9.2-(3)(2.1)t^2=9.2-6.3t^2 \qquad (2-6)$$

当 $t=3.5\text{s}, v=9.2-(6.3)(3.5)^2=-68\text{m/s}$

（答案）

在 $t=3.5$s 时刻，质点以 68m/s 的速率向 x 负方向运动（注意负号）。因为式（2-6）中含有时间 t，说明速度 v 是依赖于 t 的变量，故知质点的速度是连续变化的。

检查点 3：如下方程给出一质点在四种情形下的位置 $x(t)$（各方程中，x 单位为 m，t 的单位为 s，且 $t>0$）：（1）$x=3t-2$；（2）$x=-4t^2-2$；（3）$x=2/t^2$；（4）$x=-2$。试问：（a）哪种情形所对应质点的速度 v 恒定不变？（b）哪种对应速度 v 指向负 x 方向？

2-5 加速度

当一质点的速度改变时，我们说质点具有**加速度**。对沿 x 轴运动的质点，在某一时间间隔 Δt 内的**平均加速度** a_{avg} 为

$$a_{avg}=\frac{v_2-v_1}{t_2-t_1}=\frac{\Delta v}{\Delta t} \qquad (2-7)$$

式中质点在 t_1 时刻速度为 v_1，而 t_2 时刻速度为 v_2。**瞬时加速度**（简称**加速度**）是速度对时间的导数

$$a=\frac{dv}{dt} \qquad (2-8)$$

文字上说，质点在任意时刻的加速度是在该瞬时质点速度增加的时率；图形上，任意点的加速度是 $v(t)$ 曲线上对应该点的斜率。

我们可以结合式（2-8）与式（2-4）得出

$$a=\frac{dv}{dt}=\frac{d}{dt}\left(\frac{dx}{dt}\right)=\frac{d^2x}{dt^2} \qquad (2-9)$$

即质点在任意时刻的加速度可表述为质点位置函数 $x(t)$ 对时间的二阶导数。

加速度的常用单位是米每秒每秒：m/（s·s）或 m/s^2。习题中还会出现其他单位，但都会是长度/（时间·时间）或长度/时间^{2}的形式。加速度既有大小又有方向（它是又一个矢量）。其代数符号就像位移和速度一样代表在一个轴上的方向；即加速度为正，表示沿轴的正方向；加速度为负则沿负方向。

图 2-6c 画出了曾在例题 2-2 讨论过的电梯的加速度曲线。将 $a(t)$ 曲线与 $v(t)$ 曲线作比较，$a(t)$ 曲线上的各点给出相应时刻 $v(t)$ 曲线的导数（斜率）。可看出，当 v 为恒量时（恒为 0 或为 4m/s），导数为零从而加速度也为零。当电梯最初开始移动时，相应 $v(t)$ 曲线导数为正（斜率是正的），这表明 $a(t)$ 是正的；而当电梯减速直到最终静止时，$v(t)$ 曲线的导数和斜率是负的，即 $a(t)$ 为负的。

接下来比较两个加速区域 $v(t)$ 曲线的斜率。由于电梯减速过程所需时间仅为提速过程的一半，因此，与电梯减速过程相对应的斜率（常称为减速度）更陡些，这个更陡的斜率表示减速度的量值大于加速度的量值，正如图 2-6c 所显示那样。

图 2-6 下方的示意图显示出人在电梯间的感受。在电梯最初加速时，你会感觉被向下推压；而当后来电梯制动要停时，你又似乎被向上提拉。在这两个过程之间，则没有什么特别的感受。这就是说，你的身体对加速度有反应（是个加速仪），但对速度没感觉（不是速率仪）。当你在以 90km/h 速度行驶的汽车中，或 900km/h 航行的飞机中，你的身体不会对运动有什么特别的感觉。假如这辆汽车或飞机快速变换速度，你就会明显地觉察到这种变化，甚至也许会被吓一跳。一些公园娱乐项目中会让你产生兴奋激动的原因，部分就来自你所经历的速度的迅速变化（你付费娱乐是为加速度，而不是为速度）。图 2-7 中显示一个更明显的例子，照片拍摄于火箭车沿轨道发射迅速加速和快速制动停止这两个特别过程。

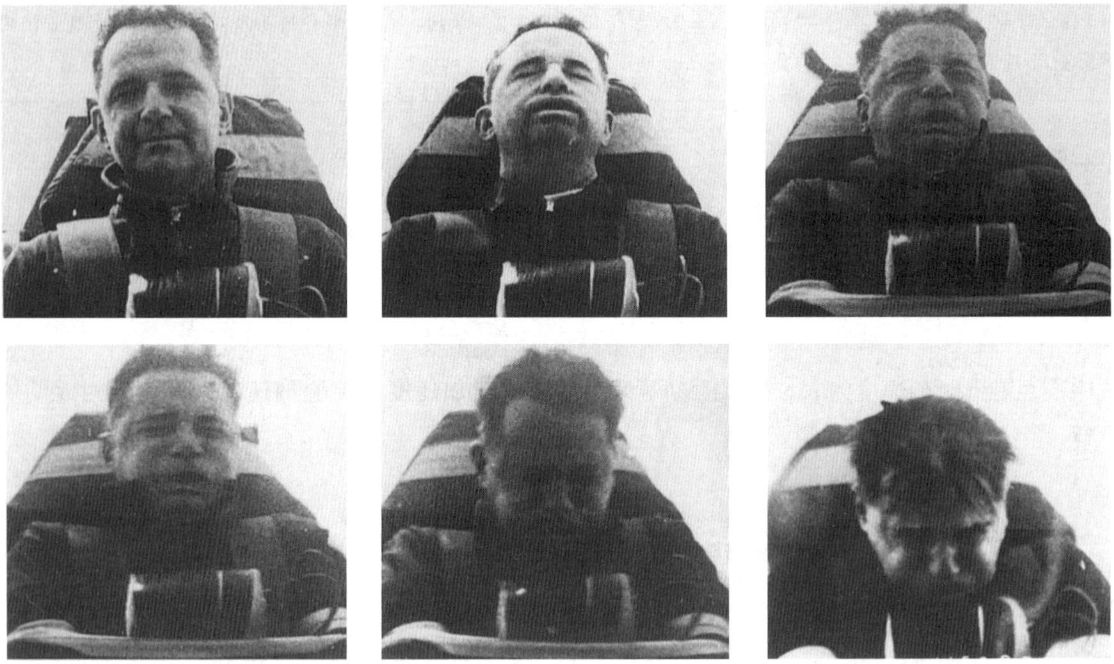

图 2-7 J. P. Stapp 上校乘火箭车发射（加速度向页面外）和迅速制动（加速度向页面内）时的几幅照片。

有时，人们将很大的加速度以 g 为单位表示

$$1g = 9.8\mathrm{m/s^2} \tag{2-10}$$

（像 2-8 节将要讨论的，g 是靠近地球表面的自由下落物体的加速度。）在过山车上你可以亲身体验短时间加速度达 $3g$（约 $29\mathrm{m/s^2}$）时的那种感觉。

解题线索

线索 5：加速度的符号

一般来说，加速度的符号具有一种非科学的意义：正加速度指物体的速度在增加，而负加速度则指速度在减少（物体在减速）。然而，在本书中加速度符号却只表示一个方向，并不表示物体速度是否增加或减少。

例如，若初速 $v = -25\mathrm{m/s}$ 的一汽车，在 5s 内刹车停下，相应加速度为 $a_{avg} = +5.0\mathrm{m/s^2}$。此处加速度是正的，而汽车速度却减少，原因在于符号不同：加速度的方向与速度方向相反。

下面是理解符号的正确方法：

> 若质点速度和加速度符号相同，质点速率增加；若符号相反，速率减少。

检查点4：一只袋鼠沿 x 轴跑动，其加速度符号在如下情形各为何：(a) 沿 x 正方向运动，速率增加；(b) 沿 x 正方向运动，速率减少；(c) 沿 x 负方向运动，速率增加；和 (d) 沿 x 负方向运动，速率减少。

例题2-4

图2-1中沿 x 轴运动的质点的位置由下式给出

$$x=4-27t+t^3$$

式中 x 的单位为 m，t 的单位为 s。

(a) 试求质点的速度函数 $v(t)$ 和加速度函数 $a(t)$。

【解】 一个**关键点**是为求得速度函数 $v(t)$，我们可将位置函数 $x(t)$ 对时间求导。这样得到

$$v=-27+3t^2 \quad \text{(答案)}$$

其中 v 的单位为 m/s。

另一**关键点**是欲求加速度函数 $a(t)$，可将速度函数 $v(t)$ 对时间求导，得

$$a=+6t \quad \text{(答案)}$$

a 的单位为 m/s^2。

(b) 问是否曾有一时刻 $v=0$？

【解】 令 $v(t)=0$ 得

$$0=-27+3t^2$$

可求得解

$$t=\pm 3s \quad \text{(答案)}$$

由此可知，开始计时前3s和计时后3s质点的速度均为零。

(c) 试描述 $t\geqslant 0$（开始计时后）质点的运动。

【解】 此**关键点**是考察 $x(t)$，$v(t)$ 和 $a(t)$ 三个函数的表达式。

在 $t=0$ 时刻，质点在 $x(0)=+4$m 处，以 $v(0)=-27$m/s 的速度（即沿 x 轴负向）运动，而加速度 $a(0)=0$。

在 $0<t<3$s 时间间隔内，质点速度仍为负值，所以质点继续沿负向运动。不过，它的加速度不再为零，而是不断增大且为正。由于速度和加速度的符号相反，所以质点必定要慢下来。

确实，我们已经知道质点会在 $t=3$s 时刻瞬时静止。将 $t=3$s 代入 $x(t)$ 表达式，可看出就在那时质点已远在图2-1中原点左方 $x=-50$m 处，其加速度仍为正。

当 $t>3$s，质点在轴上向右移动，其加速度保持为正且量值逐渐增大；这时，质点的速度是正的，且量值也逐渐增大。

2-6 恒定加速度：一个特例

在许多运动类型中，加速度或者恒定或者近似恒定。例如，当交通指示灯由红变绿时，你可能会以近似恒定的时率加速汽车。那么，画出你的位置、速度和加速度就会得到类似于图2-8所示的图形（注意：图2-8c中的 $a(t)$ 是恒量，这就要求图2-8b中的 $v(t)$ 具有恒定斜率）。再后来若你想要停下车来，相应的减速度或许也是近似的恒量。

由于这样的情况很普遍，于是人们推导出一套针对这类情况的特定方程。本节给出其中一种推导这些方程的方法，下节再学习另一种方法。在学习这两节内容及完成后面的家庭作业时，请牢记**这些方程仅对恒定加速度（或加速度可近似看作恒定的情形）适用**。

当加速度为恒量时，平均加速度与瞬时加速度相等，我们将符号作些改变，式（2-7）可写成

$$a=a_{\text{avg}}=\frac{v-v_0}{t-0}$$

式中，v_0为时刻 $t=0$ 的速度，而 v 表示其后任意时刻 t 的速度)。此方程可改写为

$$v=v_0+at \tag{2-11}$$

作为一种检验，注意此方程当 $t=0$ 时，可简化为 $v=v_0$，它正应该这样。作为进一步检验，可对式（2－11）求导。得到 $\mathrm{d}v/\mathrm{d}t=a$，这也正是 a 的含义。图 2－8b 表示出式（2－11）的曲线（$v(t)$ 函数)，函数是线性的，因此曲线为一直线。

用类似方式，我们可重写式(2－2)(符号上稍作变化)为

$$v_{\text{avg}}=\frac{x-x_0}{t-0}$$

再写为

$$x=x_0+v_{\text{avg}}t \tag{2-12}$$

式中，x_0为质点在 $t=0$ 时刻的位置，而 v_{avg}为从 $t=0$ 至其后 t 时刻之间的平均速度。

对于式（2－11）中的线性速度函数，任一时间间隔内(从 $t=0$ 至后来的时刻 t）的平均速度等于在该时间间隔开始时的值（$=v_0$）和终了时的值（$=v$）的速度的平均值

$$v_{\text{avg}}=\frac{1}{2}(v_0+v) \tag{2-13}$$

将式（2－11）中的 v 代入右端，再稍作调整可得

$$v_{\text{avg}}=v_0+\frac{1}{2}at \tag{2-14}$$

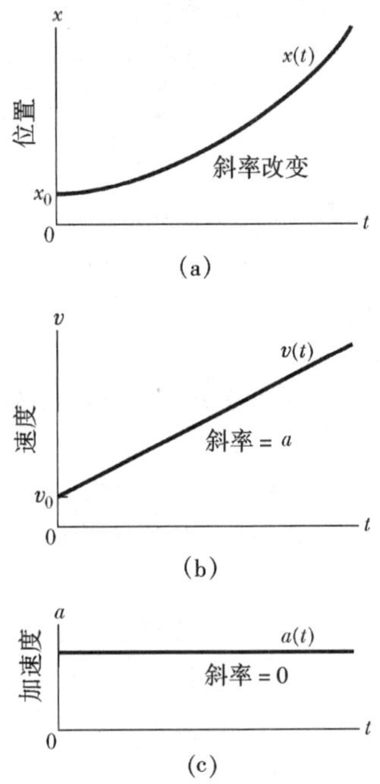

图 2－8　(a) 以恒定加速度运动的质点的 $x(t)$ 曲线；(b) $v(t)$ 曲线，各点可由 (a) 中相应点之斜率确定；(c) 质点的（恒定）加速度等于曲线 $v(t)$ 的（恒定）斜率。

最后，将式（2－14）代入式（2－12)，得到

$$x-x_0=v_0t+\frac{1}{2}at^2 \tag{2-15}$$

作为一种检验，将 $t=0$ 代入上式，可得 $x=x_0$，这正是它应符合的关系。作为进一步检验，对式（2－15）求导得到式（2－11)，又一次相符一致。图 2－8a 显示出式（2－15）的曲线。由于函数是二次方，因此图为曲线。

式（2－11）和式（2－15）是**恒定加速度的基本方程**。它们可解决本书中任一恒定加速度的习题。不过，对某些特殊情形我们还可推导出其他有用的方程。首先应注意在有关恒定加速度的习题中，可能涉及到的参变量有五个，即 $x-x_0$，v，t，a 和 v_0。而一般来讲，在一个具体习题中，这些量中的一个常不被涉及，不论是**作为已知或未知**。这样，就可用留下的参量中的三个求出第四个参量。

式（2－11）和式（2－15）均含有这些量中的四个，但不是相同的四个。在式（2－11）中“缺少的成分”为位移 $x-x_0$；式（2－15）中为 v。这两个方程还可用三种不同方式结合产生三个补充方程，它们中的每一个都含有一个不同的“缺少的成分”。首先，我们可消去 t，得到

$$v^2=v_0^{\ 2}+2a(x-x_0) \tag{2-16}$$

如果我们不知道 t，习题中也未要求求它，这个方程就很有用。其次，我们可以在式（2－11）和式（2－15）中消去 a 得到一个不含 a 的方程

$$x - x_0 = \frac{1}{2}(v_0 + v)t \qquad (2-17)$$

最后，再消去 v_0 得到

$$x - x_0 = vt - \frac{1}{2}at^2 \qquad (2-18)$$

请注意此式与式（2-15）的细微差别，后者包含的是初速度 v_0；而前者包含的是任意时刻 t 的速度 v。

表2-1列出了对具有恒定加速度的运动的几个基本公式（式（2-11）和式（2-15））以及由它们推出的几个特别公式。要解一个简单的恒定加速度习题，一般讲可用此表中的一个公式（假如你有这个表）。选择的方法就是，所选公式只能含有一个未知量且该量正是题目所求之量。一个简便些的方法是只记住式（2-11）和式（2-15），待解题需要时把它们当联立方程求解。例题2-5给出一个这样的例子。

表2-1 对具有恒定加速度的运动的公式

公式编号	方程式	未包含的变量
2-11	$v = v_0 + at$	$x - x_0$
2-15	$x - x_0 = v_0 t + \frac{1}{2}at^2$	v
2-16	$v^2 = v_0^2 + 2a(x - x_0)$	t
2-17	$x - x_0 = \frac{1}{2}(v_0 + v)t$	a
2-18	$x - x_0 = vt - \frac{1}{2}at^2$	v_0

注：应用此表中各公式前，请确认加速度真是恒量的。

检查点5：如下方程给出质点在四种情形下的位置 $x(t)$：(1) $x = 3t - 4$；(2) $x = -5t^3 + 4t^2 + 6$；(3) $x = 2/t^2 - 4/t$；(4) $x = 5t^2 - 3$。哪种情形可用表2-1中的公式？

例题2-5

当你看到一辆警车时，你将一辆Porsche车制动，它在88.0m内以恒定加速度从100km/h的速率减到80.0km/h。试求：(a) 它的加速度为多少？

【解】 假设车的运动是沿 x 轴正向。为简单起见，将开始刹车时取作时刻 $t=0$，位置为 x_0。此题**关键点**在于它的加速是恒定的，这就可以对恒定加速度的基本公式（式（2-11）和式（2-15）），将车的加速度与速度和位移联系起来。题中已知初速度 $v_0 = 100\text{km/h} = 27.78\text{m/s}$，位移 $x - x_0 = 88.0\text{m}$ 及该位移末了的速度 $v = 80.0\text{km/h} = 22.22\text{m/s}$。不过，由于未知加速度 a 和时间 t，都出现在两个基本公式中，因此将这两个公式联立求解。

为了消去未知量 t，将式（2-11）写作

$$t = \frac{v - v_0}{a} \qquad (2-19)$$

然后将此表达式代入式（2-15）得出

$$x - x_0 = v_0\left(\frac{v - v_0}{a}\right) + \frac{1}{2}a\left(\frac{v - v_0}{a}\right)^2$$

解出 a，再代入已知数据得到

$$a = \frac{v^2 - v_0^2}{2(x - x_0)} = \frac{(22.22\text{m/s})^2 - (27.78\text{m/s})^2}{2(88.0\text{m})} = -1.58\text{m/s}^2$$

（答案）

注意到我们也可直接应用式（2-16）求解（a），因为该方程中的缺少的变量正是未知量 t。

(b) 车减速到给定值所需时间为多少？

【解】 知道了加速度 a，可以用式（2-19）来求解时间 t。

$$t=\frac{v-v_0}{a}=\frac{22.22\text{m/s}-27.78\text{m/s}}{-1.58\text{m/s}}$$
$$=3.519\text{s}\approx3.52\text{s}$$ （答案）

如果你从最初的超速行驶试图减慢到警察允许的速度限，这个时间是足够的。

解题线索

线索6：检查量纲

速度的量纲是L/T，即长度L除以时间T，加速度的量纲是L/T^2。在任何合理的物理方程中，所有各项的量纲必须相同。如果你不能确定一个方程是否正确，可用量纲来检验。

要检验式（2-15）的量纲$\left(x-x_0=v_0t+\frac{1}{2}at^2\right)$，注意到其中各项的量纲均应为长度，因为它是$x$和$x_0$的量纲。$v_0t$项的量纲是(L/T)(T)，正是L。$\frac{1}{2}at^2$的量纲是$(L/T^2)(T^2)$，也是L。因此这个方程在量纲上是正确的。

2-7 从另一角度看恒定加速度[㊀]

表2-1中的前两个公式是用来推导其他公式的基本公式。它们两个可以由加速度是恒定的条件由a的积分求得。为求式（2-11），将加速度定义式（2-8）改写作

$$dv=a\,dt$$

接着将两端写为**不定积分**（或**反导数**）：

$$\int dv=\int a\,dt$$

由于加速度a是恒量，可以从积分号中提出，就得到

$$\int dv=a\int dt$$

或

$$v=at+C \tag{2-20}$$

为了确定积分常数C，令$t=0$，其时$v=v_0$。将此代入式（2-20）（此式对包括$t=0$在内的所有t值成立）得到

$$v_0=(a)(0)+C=C$$

将此结果代入式（2-20），即得式（2-11）。

为推导式（2-15），将速度定义式（2-4）改写为

$$dx=v\,dt$$

然后取两端的不定积分得到

$$\int dx=\int v\,dt$$

通常v不是恒量，不能将它提出积分号外。但可用式（2-11）来代替v，得

$$\int dx=\int(v_0+at)\,dt$$

因为v_0和加速度a一样，是恒量，上式可改写作

$$\int dx=v_0\int dt+a\int t\,dt$$

㊀ 本节为学过积分运算的学生而写。

积分可得

$$x = v_0 t + \frac{1}{2}at^2 + C' \qquad (2-21)$$

其中 C' 是另一个积分常数。在时刻 $t=0$，有 $x=x_0$。将它们代入式（2－21）得到 $x_0=C'$。再代在式（2－21）中以 x_0 取代 C'，就得到式（2－15）。

2－8　自由下落加速度

当你向上或向下抛出一个物体时，如果能用某种方法消除空气对其运动的影响，你会发现该物体在以一个恒定的时率的向下加速。这个时率称为**自由下落加速度**，它的量值用 g 表示。它与物体的特性，如质量、密度或形状，无关；它对所有物体都相同。

图2－9给出了自由下落加速度的两个例子，它们是羽毛和苹果的一系列频闪照片。随着它们落下，二者均以相同的时率 g 向下加速。它们的速率一起增加。

g 的值随着纬度和海拔高度而有微小变化。在地球赤道附近的海平面，g 的值为 9.8m/s^2（或 32ft/s^2），这也就是解本章习题时应取的 g 值。

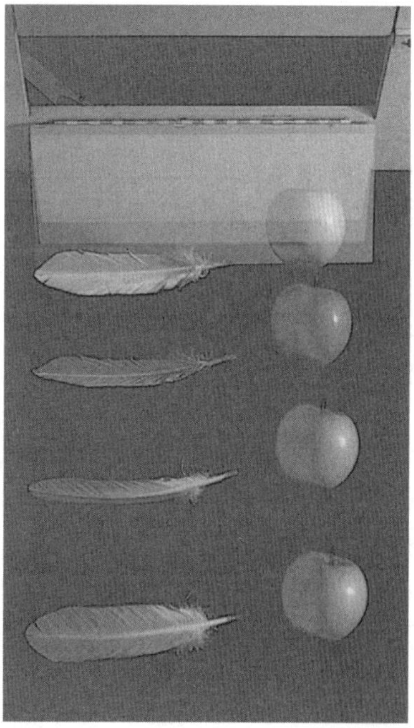

图2－9　真空中，以相同大小的加速度 g 自由下落的羽毛和苹果的照片。加速度使下落过程中，相继的两个像之间的距离增大，但是如果没有空气，羽毛和苹果在相同的时间内下落相同的距离。

表2－1中的关于恒定加速度的公式也可应用于地球表面附近的自由下落运动，即当空气阻力的影响可忽略时，这些公式可用于竖直向上或向下运动的物体。不过，对自由下落应注意：①其运动方向是沿竖直向上为正的 y 轴而非 x 轴（这点对后面的章节很重要，那时我们要考察的是水平和竖直两方向的合成运动）；②此处自由下落加速度是负的——即沿 y 轴向下，指向地心——因此，在公式中加速度值为 $-g$。

> 地球表面附近的加速度是 $a=-g=-9.8\text{m/s}^2$，而加速度的量值是 $g=9.8\text{m/s}^2$。不要将 g 以 -9.8m/s^2 来代替。

假如以初速度 v_0（正值）竖直向上抛出一个番茄，然后待它落回到抛出点时再接住。在它作**自由落体运动的过程**中（从刚一抛出到接住之前瞬间），表2－1中的公式就适用于整个运动。加速度总是 $a=-g=-9.8\text{m/s}^2$（负号表示方向向下）。然而，速度却如式（2－11）和式（2－16）所表明的在不断改变：上升过程中速度为正，量值逐渐减小，直至瞬间为零。由于这时番茄停止，它就达到了它的最大高度。下降过程，速度为负，量值逐渐增加。

例题2－6

让我们回到本章开头所提的问题，Dave Munday 钻在钢球中从尼亚加拉大瀑布顶端自由下落48m。假设他的初速度为零，并略去下落过程中空气阻力的影响。

（a）Munday 落到瀑布下的水面需要多长时间？

【解】 这里**关键点**在于，由于Munday自由下落，因此表2-1中的公式适用。我们沿他运动路径取y轴，出发点取作$y=0$，沿轴向上为正方向（如图2-10）。于是加速度为$a=-g$，方向沿该轴，而水面在$y=-48\text{m}$（因为在$y=0$下方，故为负）。取开始落下瞬间为$t=0$，初速度为v_0。

然后从表2-1中选用式（2-15）（但符号换为y），因为此式包含着待求量时间t，且除t之外所有其他变量均已知。从而得到

$$y-y_0=v_0t-\frac{1}{2}gt^2$$

$$-48\text{m}-0=0t-\frac{1}{2}(9.8\text{m/s}^2)t^2$$

$$t^2=48/4.9\text{s}^2$$

$$t=3.1\text{s} \qquad \text{（答案）}$$

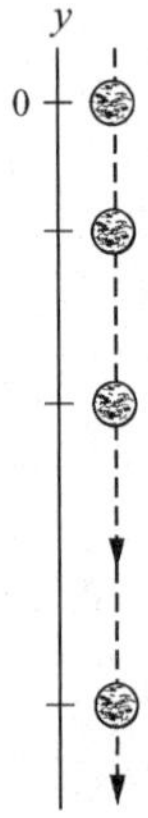

t	y	v	a
s	m	m/s	m/s²
0	0	0	-9.8
1	-4.9	-9.8	-9.8
2	-19.6	-19.6	-9.8
3	-44.1	-29.4	-9.8
	-48.0		-9.8

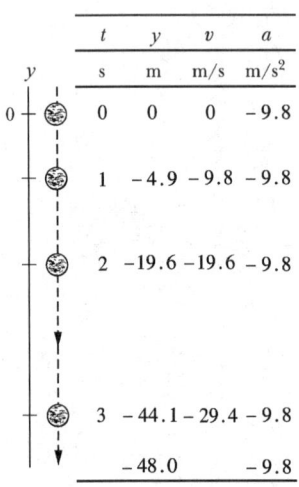

图2-10 例题2-6图 自由下落物体此处即Munday乘座的沿尼亚加拉瀑布落下的钢球的位置、速度和加速度的对应关系。

注意Munday的位移$y-y_0$是一个负值——Munday沿y轴的**负向**落下（他没有向上落！）。还要注意48/4.9有两个平方根：3.1和-3.1。此处我们取正的根，因为显然Munday是在$t=0$开始下落**之后**才到达水面的。

(b) Munday能够自由下落的3秒钟分开数出，可却无法看到每次数出时他已落下多高，试确定他在下落过程中每一秒末的位置。

【解】 我们再次应用式（2-15），只是现在需将时间值$t=1.0\text{s}$，2.0s和3.0s依次代入，从而可解出Munday所处位置y。结果列于图2-10中。

(c) Munday到达水面的速度为何？

【解】 为能不用（a）问求得的下落时间，而仅用题目已知条件求得速度，我们将式（2-16）改为以y表示，再代入已知数据

$$v^2=v_0{}^2-2g(y-y_0)=0-(2)(9.8\text{m/s}^2)(-48\text{m})$$

所以 $v=-30.67\text{m/s}\approx-31\text{m/s}=-110\text{km/h}$ （答案）

这里我们取负的平方根，因为速度是沿负的方向。

(d) 下落过程中Munday在每秒末的速度为何？Munday能感觉到速度的增加吗？

【解】 为能不用（b）问求出的位置，而只用题目原始数据求得各秒末速度，在式（2-11）中令$a=-g$，再将$t=1.0\text{s}$，2.0s和3.0s依次代入。下面给出一例：

$$v=v_0-gt=0-(9.8\text{m/s}^2)(1.0\text{m/s}^2)$$

$$=-9.8\text{m/s} \qquad \text{（答案）}$$

其他结果列于图2-10中。

Munday一旦开始自由下落，他就无法觉察到速度的不断增加。原因在于在整个过程中，正如图2-10最后一栏所列，加速度一直保持为-9.8m/s^2。当然，在他撞到水面时，由于加速度的突然改变，他会明显地感觉到速度的变化。（Munday在下落时虽然安全无恙，但接下来他却要为他的鲁莽举动面对严厉的法律惩罚）。

例题2-7

如图2-11所示，一投手沿y轴向上以初速度12m/s投出一个棒球。

(a) 棒球达到最高点需要多长时间？

【解】 这里**关键点**是从球刚一离开投手到返回接住之前的整个过程球的加速度都是自由下落加速度$a=-g$。这是一个恒量，表2-1的公式适用。第二个**关键点**是，当球达到最大高度时，它的速度必为零。这就是说已知v、a和初速度$v_0=12\text{m/s}$，求t，只要解包含这四个变量的式（2-11）即可。重新整理该式得

$$t=\frac{v-v_0}{a}=\frac{0-12\text{m/s}}{-9.8\text{m/s}^2}=1.2\text{s} \qquad \text{（答案）}$$

(b) 从抛出点开始，棒球能上升的最大高度是多少？

【解】 将球的抛出点取作$y_0=0$，并以符号y

写出式（2－16），令 $y-y_0=y$ 和 $v=0$（最大高度处）求解 y 可得

$$y=\frac{v^2-v_0^2}{2a}=\frac{0-(12\text{m/s})^2}{2(-9.8\text{m/s}^2)}=7.3\text{m}$$

（答案）

（c）问经多长时间球会到达抛出点上方 5.0m 高处？

【解】 我们已知 v_0、$a=-g$ 和位移 $y-y_0=5.0\text{m}$，欲求 t，可选用式（2－15）。将其用 y 表示，令 $y_0=0$，有

$$y=v_0t-\frac{1}{2}gt^2$$

或 $$5.0\text{m}=(12\text{m/s})\ t-\left(\frac{1}{2}\right)(9.8\text{m/s}^2)\ t^2$$

如果暂时略去单位（已经注意到它们是一致的），可将此式重写为

$$4.9t^2-12t+5.0=0$$

解这个二次方程求出 t

$$t=0.53\text{s} \quad 和 \quad t=1.9\text{s}$$ （答案）

结果有两个时间！这实际上并不奇怪，因为球确实会两次经过 $y=5.0\text{m}$ 处，一次是在向上运动时，一次是向下运动时。

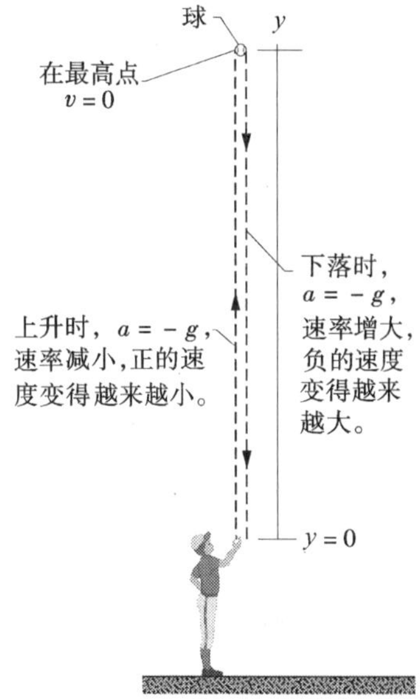

图 2－11 例题 2－7 图 投手竖直向上抛出一棒球。当空气影响可忽略时，自由下落公式对上升与下降物体均适用。

检查点 6：（a）上例中，球上升时从抛点到最高点位移的符号为何？（b）球下降时，由最高点回到抛点的位移符号又为何？（c）球在最高点时的加速度是多少？

解题线索

线索 7：负号的意义

在例题 2－6 和例题 2－7 中，几个答案都自动带出负号。了解这些负号的含义是很重要的。以这两个自由落体问题为例，我们首先建立了一个竖直轴（y 轴）且随意地选定了向上为正方向。

接着，又根据具体问题选取了 y 轴的原点（即 $y=0$ 的位置）。在例题 2－6 中，原点选在下落的最高点，而在例题 2－7 中，却选在投球者的手处。因此 y 为负值。就表示物体位于所选原点之下方。负速度则表示沿 y 轴负向（即向下）运动。无论物体位于何处，这一点都是正确的。

在所有涉及自由落体的问题中，我们都将加速度取为负值（－9.8m/s）。负加速度意味着随时间的推移，物体的速度变为更小的正值或更大的负值。无论物体位于何处，也不管它运动有多快或沿哪一方向运动，这一点都是正确的。在例题 2－7 中，球的加速度在整个运动过程中（不论向上或向下）均为负的（向下）。

线索 8：意外的结果

数学计算常会像例题 2－7c 那样产生预料不到的结果。如果得到了比设想更多的结果，不要盲目删去看似不符的结果，而应从物理意义上仔细分析。以时间这个物理量为例，即使它为负值也都有其含义。一般说负时间只不过是指 $t=0$，你开始启动秒表计时的那个任意时刻，之前的时间。

复习和小结

位置 质点在 x 轴上的 x 定出质点相对于该轴**原点**，或零点所在的**位置**。依据质点位于原点的不同侧，位置有正或负，当质点恰位于原点时位置为零。某一轴的**正方向**为正数增大的方向；其反方向为**负方向**。

位移 质点的**位移** Δx 是其位置的变化量

$$\Delta x=x_2-x_1 \tag{2-1}$$

位移是一个矢量。当质点沿 x 轴正向运动位移为正；而沿负向运动则为负。

平均速度 在时间间隔 $\Delta t = t_2 - t_1$ 内，若质点从位置 x_1 移到 x_2，则该时间间隔内的**平均速度**为

$$v_{avg} = \frac{\Delta x}{\Delta t} = \frac{x_2 - x_1}{t_2 - t_1} \qquad (2-2)$$

v_{avg} 的代数符号象征着运动方向（v_{avg} 是矢量）。平均速度不依赖于质点所走过的实际路径，而依赖于它起点和终点的位置。

在 x 对 t 的曲线上，某一时间间隔 Δt 内的平均速度为连接曲线上代表该时间间隔的初、终两时间点的直线的斜率。

平均速率 质点在某一时间间隔 Δt 内的**平均速率** s_{avg} 取决于质点在该时间段内运动过的总路程

$$s_{avg} = \frac{\text{总路程}}{(\Delta t)} \qquad (2-3)$$

瞬时速度 运动质点的**瞬时速度**（或简称为**速度**）v 为

$$v = \lim_{\Delta t \to 0} \frac{\Delta x}{\Delta t} = \frac{dx}{dt} \qquad (2-4)$$

式中 Δx 和 Δt 由式（2-2）定义。瞬时速度（在某一特定时刻）可由 x 对 t 曲线的斜率（在该时刻）求出。**速率**是瞬时速度的大小。

平均加速度 **平均加速度**是速度的变化量 Δv 与变化发生的时间间隔 Δt 的比率

$$a_{avg} = \frac{\Delta v}{\Delta t} \qquad (2-7)$$

代数符号给出 a_{avg} 的方向。

瞬时加速度 **瞬时加速度**（或简称**加速度**）a 为速度的变化量与时间的比率，也是位置 $x(t)$ 对时间的二阶导数

$$a = \frac{dv}{dt} \qquad (2-8)$$

$$a = \frac{d^2 x}{dt^2} \qquad (2-9)$$

在 v 对 t 的曲线上，任意时刻 t 的加速度为曲线上与该时刻相对应的点的斜率。

恒定加速度 表 2-1 中的五个公式描述了质点的具有恒定加速度的运动。

$$v = v_0 + at \qquad (2-11)$$

$$x - x_0 = v_0 t + \frac{1}{2}at^2 \qquad (2-15)$$

$$v^2 = v_0{}^2 + 2a(x - x_0) \qquad (2-16)$$

$$x - x_0 = \frac{1}{2}(v_0 + v)t \qquad (2-17)$$

$$x - x_0 = vt - \frac{1}{2}at^2 \qquad (2-18)$$

加速度非恒量时，以上公式**不**适用。

自由下落加速度 具有恒定加速度的直线运动的一个重要例子就是地表附近的物体的自由上升或下落的运动。恒定加速各公式描述这种运动，只是需在符号上作两点改动：（1）用竖直向上为正方向的 y 轴来描述这种运动；（2）以 $-g$ 取代 a，其中 g 为自由下落体加速度的大小。在地球表面附近，$g = 9.8\text{m/s}^2$（$= 32\text{ft/s}^2$）。

思考题

1. 四物体在相同时间间隔内沿如图 2-12 所示四条路径分别从各自起点移动到终点。这些路径穿过等间距直线构成的栅格。根据下面要求从大到小依次排列这几条路径（a）物体平均速度；（b）物体平均速率。

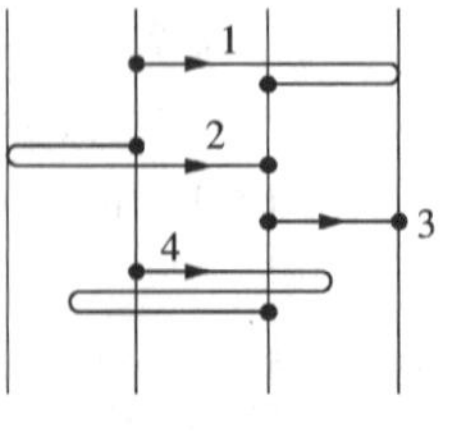

图 2-12 思考题 1

2. 图 2-13 给出质点沿 x 轴运动的速度。（a）运动的初始方向和（b）终了方向如何？（c）该质点是否会瞬时静止？（d）加速度是正或负？（e）加速度是恒定的还是变化的？

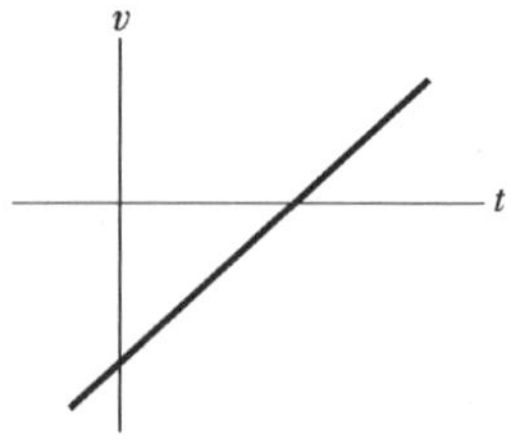

图 2-13 思考题 2

3. 一只吉娃娃（墨西哥狗）沿 x 轴方向追赶德国牧羊狗的加速度 $a(t)$ 曲线如图 2-14 所示。从曲线上看，吉娃娃在哪些时间区间内以恒定速率奔跑？

4. 一质点沿 x 轴运动，$t = 0$ 时在位置 $x_0 =$

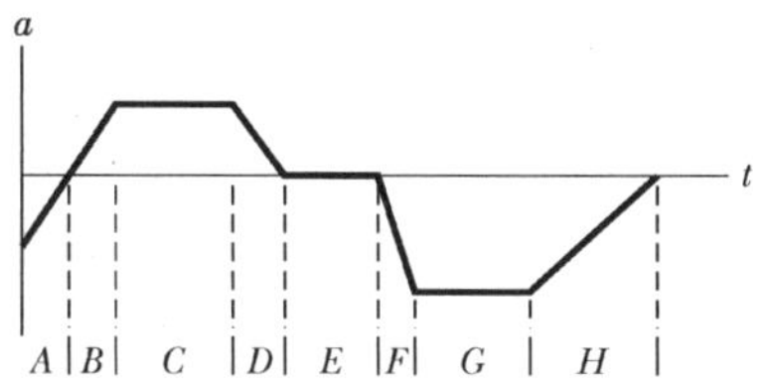

图 2－14　思考题 3 图

－20m。在四种情形中，质点初速度（在 t_0 时刻）和恒定加速度的符号分别是：(1) ＋，＋；(2) ＋，－；(3) －，＋；(4) －，－。在何种情形下质点将：(a) 经历瞬间静止，(b) 必定会通过原点（给予充分时间）以及 (c) 肯定不会通过原点？

5. 如下方程分别给出一质点在四种情形中的速度 $v(t)$：(a) $v=3$；(b) $v=4t^2+2t-6$；(c) $v=3t-4$；(d) $v=5t^2-3$。表 2－1 中的公式适用于其中哪几种情形？

6. 蓝车的司机以 80km/h 速率驱车行进，途中突然发觉它就要碰上一红车尾部，该红车正以 60km/h 速率行驶。为避免相撞，蓝车在就要触到红车时的最大速率为何？（习题 38 的热身练习）

7. 一辆最初静止的蓝车（令 $t=0$ 时 $x=0$）以 2.0m/s² 的恒定加速度沿 x 正方向加速。另一红车沿相同方向驶入旁边一条小路，并在 $t=2$s 时刻以 8.0m/s 速率和 3.0m/s² 的恒定加速度通过 $x=0$ 点。应用哪两个公式联立求解可得出红车追上蓝车所需时间。（习题 36 的热身练习）

8. 如图 2－15 所示，一橘子被直接向上抛出通过三个等间隙窗户（窗框高度相同）。请依据下列要求从大到小排列出窗户的顺序：(a) 橘子经过各窗户时的平均速度；(b) 橘子通过各窗户所需时间；(c) 橘子经过各窗户时加速度的大小；(d) 橘子通过各窗户时相应速率的变化量。

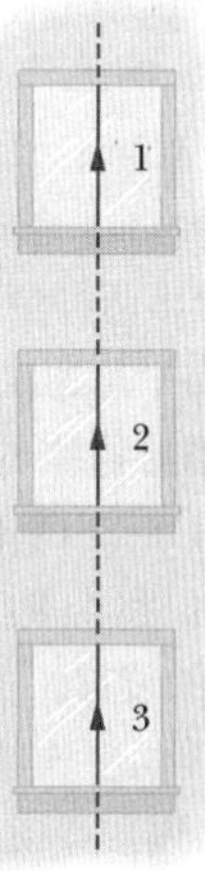

图 2－15　思考题 8 图

9. 你从悬崖边竖直向上抛出一球，它掉落在悬崖下的地上。如果你又以相同的初速率从悬崖边向下扔出此球，那么它在就要落地那个瞬间的速率会大于、小于或等于前次抛出的？

练习和习题

下面习题中有些题目会要求你做出位置、速度和加速度对时间的函数曲线。一般讲，只要作出带有适当标记和一目了然的曲线的草图就可以了。你若有计算机或描图机，也可以用它们作图。

2－3 节　平均速度和平均速率

1E. 假若一棒球投手以 160km/h 的速率水平抛出一快球，需经过多长时间可到达相距 18.4m 远的本垒板。(ssm)

2E. 一项世界脚踏车速度记录于 1992 年由 Chris Huber 骑猎豹车，一种由三个机械工程系毕业生制造的高科技脚踏车。当时，Huber 在一条荒芜的道路上以 110.6km/h 的平均速率骑车跑了 200.0m。在蹬到终点时，他说：“我这样想了，所以我骑得快了”。那么，Huber 骑 200.0m 共用了多少时间？

3E. 一辆车以 30km/h 速度沿笔直公路驶过 40km，接着又以 60km/h 速度沿原方向再行 40km。(a) 该车行走 80km 的平均速度为何？（设车沿 x 方向行驶）(b) 平均速率为何？(c) 画出 $x-t$ 曲线，并说明如何从曲线上求出平均速度。(ssm)

4P. 一技艺高超的飞行员正在作躲避雷达的训练，他以 1300km/h 速度在距地面 35m 高空中飞行。突然，飞机遇到倾角 4.3° 缓慢向上的斜坡地形（这是一个不易看出的小坡度）（见图 2－16）。那么飞行员必须在多长时间内作出调整以避免飞机碰到地面。

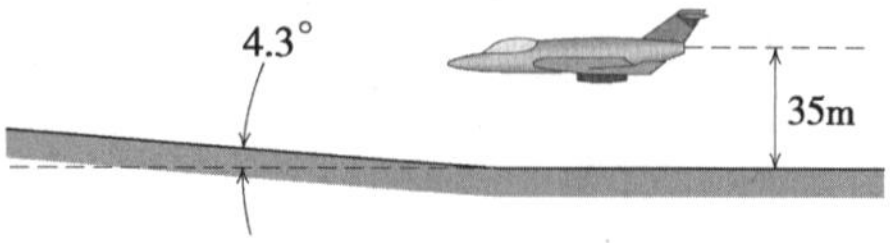

图 2－16　习题 4 图

5P. 你驱车在州际 10 号公路上从圣安东尼奥到休斯顿。途中一半时间以 55km/h 行驶；另一半**时间**

以 90km/h 行驶。在返回途中，你又一半**距离**以 55km/h，而另一半距离以 90km/h 行驶。你的平均速率在（a）从圣安东尼奥到休斯顿，（b）从休斯顿返回到圣安东尼奥，（c）整个旅程中各是多少？（d）整个旅程的平均速度为何？（e）画出（a）中 $x-t$ 曲线（设车一直沿 x 正方向行驶）并简要说明如何从图中求出平均速度。(ilw)

6P. 计算如下两种情形中你的平均速度：（a）你沿一直路先以 1.22m/s 的速率走过 73.2m，而后以 3.05m/s 的速率跑过 73.2m；（b）你沿一直路先以 1.22m/s 的速率走 1.00min，然后又以 3.05m/s 的速率跑 1.00min；（c）画出两种情形中的 $x-t$ 曲线，并简要说明从曲线上求出平均速度的方法。

7P. 一沿 x 轴运动的物体的位置函数为 $x=3t-4t^2+t^3$，式中 x 单位为 m，t 的单位为 s。（a）求出物体分别在 $t=1$s、2s、3s 和 4s 时刻的位置？（b）求物体在 $t=0$s 到 $t=4$s 间的位移？（c）求出在 $t=2$s 到 $t=4$s 的时间间隔内物体的平均速度？（d）画出在 $0\leq t\leq 4$s 时间内的 $x-t$ 曲线，并说明怎样从曲线上找出（c）问的答案。(ssm) (www)

8P. 速率均为 30km/h 的两列火车在同一直轨道上相向而行。当两列车相隔 60km 时，一只飞行速率为 60km/h 的鸟离开一车头部直向另一车飞行。当鸟到达另一车时，就立即飞回第一车，并继续这样的来回飞行（我们不知鸟为何会有这样的举动）。问鸟所飞过的总距离是多少？

9P. 在两条**不同的**跑道上，一千米赛跑的两运动员分别用 2′27.95″和 2′28.15″跑到终点。为能断定用时短的运动员的确跑得快点，则另一跑道**实际**长度最多只能长多少？(ilw)

2-4 节　瞬时速度和速率

10E. 一只犹豫向 x 轴左方（x 的负方向）和右方奔跑的 $x-t$ 曲线示意于图 2-17 中。（a）什么时候，如果曾经有，它会跑到 x 轴原点的左侧？什么时候，如果曾经有，它的速度（b）为负，（c）为正，或（d）为零。

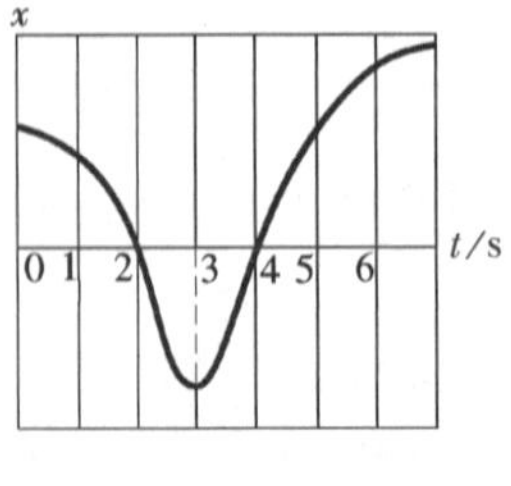

图 2-17　练习 10 图

11E. （a）若已知一质点的位置由 $x=4-12t+3t^2$（式中 t 的单位为 s，x 的单位为 m）给出，它在 $t=1$s 末的速度为何？（b）该时刻质点正在向 x 的正方向还是负方向运动？（c）该时刻质点速率为何？（d）其后的速率是较大还是较小？（试着不用更多的计算，回答后两个问题）（e）有否某一瞬时质点的速度为零？（f）$t=3$s 之后，质点会否在某一时刻向 x 轴负方向运动？

12P. 若一沿 x 轴运动的质点的位置由下式确定：$x=9.75+1.50t^3$（式中 x 的单位为 cm，t 的单位为 s）。计算：（a）质点在 $t=2.00$s 至 $t=3.00$s 时间内的平均速度；（b）质点在 $t=2.00$s 的瞬时速度；（c）质点在 $t=3.00$s 的瞬时速度；（d）质点在 $t=2.50$s 时的瞬时速度；（e）当质点位于它在 $t=2.00$s 和 $t=3.00$s 所处位置的中点时的瞬时速度；（f）画出 $x-t$ 曲线并用图简要说明你的答案。

13P. 一个赛跑者的速度-时间曲线显示在图 2-18 中，试问他在 16s 时间内跑出多远？(ilw)

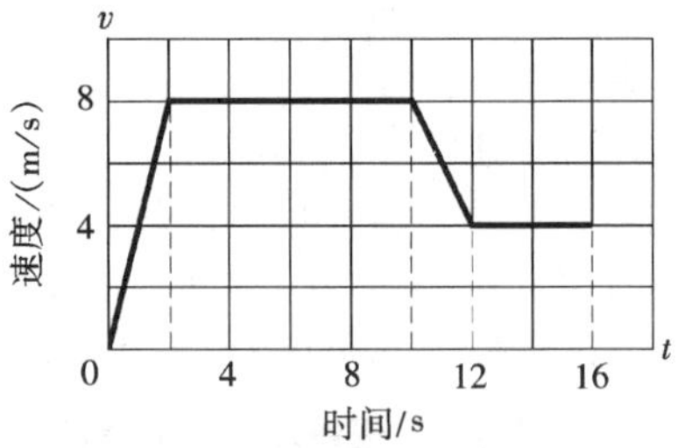

图 2-18　习题 13 图

2-5 节　加速度

14E. 一质点沿 x 轴运动，定性画出可能描述符合如下条件的位置对时间的曲线。在 $t=1$s 时，质点具有：（a）零速度和正加速度；（b）零速度和负加速度；（c）负速度和正加速度；（d）负速度和负加速度；（e）以上那种情形中在 $t=1$s 时刻质点的速率在增加？

15E. 如下两量（a）$(dx/dt)^2$ 和（b）d^2x/dt^2 各代表什么含义？（c）它们的国际制单位为何？

16E. 一只受惊的鸵鸟沿直线奔跑的速度由图 2-19 中的速度-时间曲线所示。请大致画出其加速度对时间的曲线。

17E. 质点在某一时刻的速率为 18m/s，2.4s 后它的速率为反方向 30m/s。这 2.4s 时间内质点的平均加速度的大小和方向如何？(ssm)

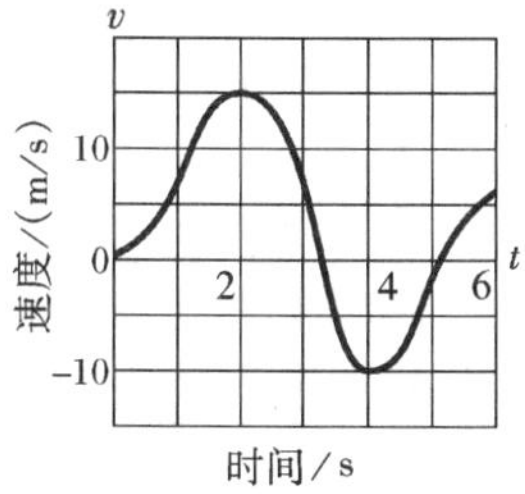

图 2 – 19 练习 16 图

18P. 一人在 $t=0$ 至 $t=5.00\text{min}$ 时间内安静站着，而从 $t=5.00$ 到 $t=10.0\text{min}$ 时间内，他以 2.20m/s 的恒定速率沿直线精神抖擞地走起来。试在 2.00～8.00min 时间内（a）它的平均速度 v_{avg} 和（b）它的平均加速度 a_{avg} 如何？在 3.00～9.00min 时间内（c）它的平均速度 v_{avg} 和（d）它的平均加速度 a_{avg} 为何？(e) 定性画出 x 对 t 和 v 对 t 的曲线，并简要说明如何从曲线上求得（a）到（d）的答案。

19P. 一质子满足方程 $x=50t+10t^2$ 沿 x 轴运动，式中 x 的单位为 m，t 的单位为 s。计算：(a) 在质子在运动的最初 3s 内的平均速度，(b) 质子在 $t=3.0\text{s}$ 时的瞬时速度，和（c）质子在 $t=3.0\text{s}$ 时的瞬时加速度。(d) 画出 x 对 t 曲线，并说明从曲线上求出（a）的答案的方法。(e) 说明由曲线求出（b）的答案的方法。(f) 画出 v 对 t 曲线并说明从曲线上求出（c）的答案的方法。(ssm)

20P. 一电子沿 x 轴运动的位置由 $x=16te^{-t}\text{m}$ 给出，式中 t 的单位为 s。当电子瞬间静止时，它距原点有多远？

21P. 一沿 x 轴运动的质点的位置与时间关系由以下方程确定：$x=ct^2-bt^3$，式中 x 的单位为 m，t 的单位为 s。(a) 上式中 c 与 b 必须具有怎样的单位？令 c 与 b 的数值分别为 3.0 和 2.0，(b) 何时质点到达它的极大正 x 位置？从 $t=0.0\text{s}$ 到 $t=4.0\text{s}$，(c) 质点经过的路程为何？(d) 它的位移为何？在 $t=1.0$、2.0、3.0 和 4.0s 时，(e) 质点的速度，和（f）质点的加速度各为何？(ssm)

2－6 节 恒定加速度：一个特例

22E. 一汽车司机在 0.5min 内使汽车速率从 25km/h 均匀地增加到 55km/h。一骑自行车人在 0.5min 内从静止均匀地加速到 30km/h。计算它们的加速度。

23E. 一个 μ 介子（基本粒子）以 $5.00\times10^6\text{m/s}$ 的速率进入一区域，在该区域内它以 $1.25\times10^{14}\text{m/s}^2$ 的时率减速。(a) 问此介子在停止之前行经多远？(b) 画出介子的 x 对 t 和 v 对 t 曲线。(ssm)

24E. 响尾蛇在发起攻击时，其头部的加速度可达 50m/s^2。若一汽车的加速度也可达到此值，它从静止到速率达 100km/h 要经多长时间？

25E. 一电子具有恒定加速度 $+3.2\text{m/s}^2$。在某一时刻它的速度为 +9.6m/s。它在（a）该时刻前 2.5s 和（b）后 2.5s 时的速度各为何？(ssm)

26E. 子弹刚出枪膛时的速度为 640m/s。枪管长 1.20m，设子弹在其内恒定加速，求扣动扳机后子弹在枪管内经历的时间。

27E. 假设一火箭宇宙飞船以 $9.8\ \text{m/s}^2$ 的恒定加速度在外层空间飞行，这给人一种飞行中受重力作用的错觉。(a) 如果它从静止出发，问它达到光速（$3.0\times10^8\text{m/s}$）十分之一的速率要多长时间？(b) 在这过程中它飞行了多大距离？(ssm)

28E. 大型喷气式客机要在跑道上达到 360 km/h 的速率才能起飞。假定飞机的加速度是恒定的，飞机从 1.80km 长的跑道上起飞至少需要多大的加速度？

29E. 电子以 $v_0=1.5\times10^5\text{m/s}$ 的初速度进入宽为 1.0cm 的电力加速区域（图 2－20），出来时速度为 $v=5.70\times10^6\text{m/s}$。假定加速度恒定不变，它的加速度多大？（这一过程发生在传统的电视接收机上）(ssm)

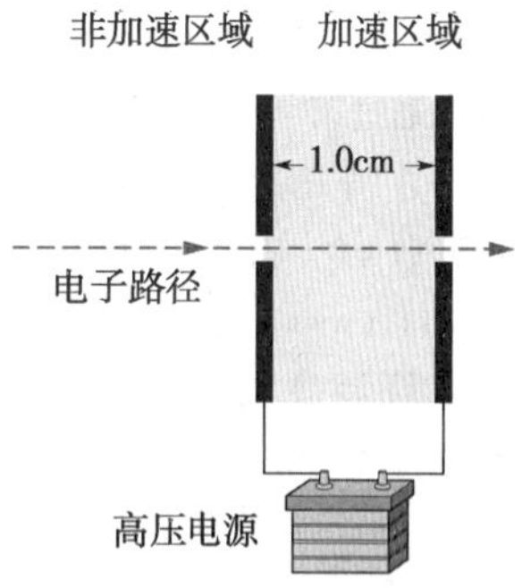

图 2 – 20 练习 29 图

30E. 1954 年 3 月 John P. Stapp 上校创立了一项世界陆地飞驰记录。当时，他乘一辆火箭推进车以 1020 km/h 的速度沿跑道飞一样奔驰，接着，他和火箭车又在 1.4 s 内嘎然而止（见图 2－7）。以 g 为单位表示出停止过程中他承受的加速度。

31E. 你的汽车的制动装置能产生 5.2m/s^2 的减速度。(a) 如果在你正以 137km/h 的速度驾车赶路时，突然看到一巡警，那么欲将车速减到 90km/h 的速度限下所需最短时间为何？(b) 画出这段减速过程中的 x 对 t 和 v 对 t 曲线。(ssm) (www)

32E. 图2-21描述了一质点沿 x 轴的具有恒定加速度的运动。求该质点加速度的大小和方向。

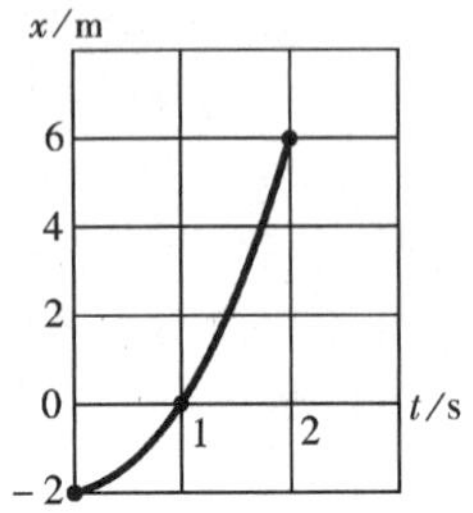

图2-21 练习32图

33P. 一辆以56.04km/h速度行驶的汽车在距一高垒24.0m时，驾驶员急刹车，2.00s后车撞到高垒上。(a) 假定车的减速度是恒定的，试求撞击前车的减速度是多少？(b) 汽车就要撞到高垒时的速率是多少？(ssm) (ilw)

34P. 红、绿两火车分别以72km/h和144km/h的速率在同一轨道上相向行驶。当它们相距950m时，两车司机均看到对方并同时紧急刹车，两车都以恒定减速度 1.0m/s^2 慢下来。试问：两车会否相撞？假如会，各车就要相撞时速率为何？如果不会，它们停下时两车相距多远？

35P. 以恒定加速度行驶的车在6.00s内通过相隔60.0 m远的两点。车通过第二点时的速率为15.0m/s。(a) 车通过第一点时的速率多大？(b) 车的加速度多大？(c) 车的出发点与第一点相隔多远？(d) 从静止时刻 ($t=0$) 开始，画出车的 x 对 t 和 v 对 t 曲线图。(ssm) (www)

36P. 当交通灯转变为绿灯时，一辆汽车以 2.2m/s^2 的恒定加速度由静止启动。在同一时刻，一辆货车以9.5m/s的恒定速率从后面赶上并超过这辆汽车。(a) 汽车追上货车时离开交通灯处多远？(b) 这时汽车的速率有多快？

37P. 欲将你开的车停下，所经历的时间可分为两个阶段：你的反应时间（在反应时间内你还来不及使用制动器，车速不变）和使用制动器后车以恒定减速度减慢。假如你的车以80.5km/h的速率行驶时，可在56.7m的距离内被刹住；以48.3km/h的速率行驶时，相应的制动距离为24.4m。试计算：(a) 你的反应时间与 (b) 使用制动器后汽车的加速度的大小。(ssm)

38P. 以161km/h高速列车司机在车拐过一弯道时突然发现一辆沿同方向以29.0km/h行驶的车头从旁边的轨道误闯入它的轨道，且就在它前方 $D=676\text{m}$ 远处（图2-22）。列车司机立即刹车。(a) 恰能避免碰撞发生所需的列车的恒定减速度的大小为何？(b) 设司机刚看到车头时的位置为 $x=0$，对应 $t=0$，请画出高速列车与车头刚好避开碰撞之情形的 x 对 t 曲线图。

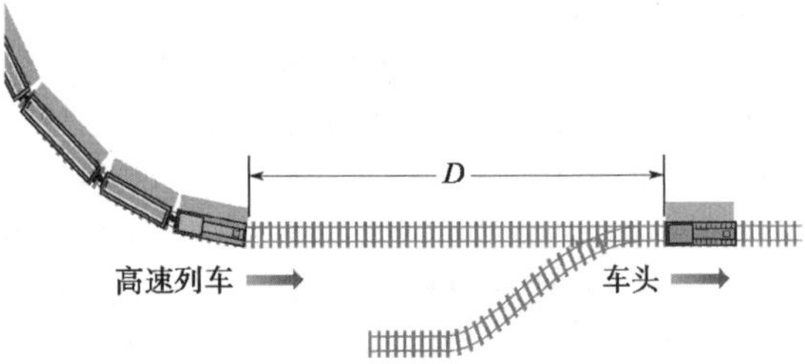

图2-22 习题38图

39P. 纽约 Marquis Marriott 有一总程达190m的电梯，其最高速率为305m/min，加速度和减速度均为恒定值 1.22m/s^2。(a) 电梯从静止加速到最高速率运行过的距离？(b) 电梯从底层由静止开始运行，中间不停顿地直到最高层（190m处）停下所需的时间？(ilw)

2-8节 自由下落加速度

40E. 雨滴从1700m高云层落到地面。(a) 若不考虑空气阻力的影响，雨滴落到地面时的速率多大？(b) 在暴风雨期间到户外散步是否安全？

41E. 建筑工地上有一水管扳手以24 m/s的速度掉到地面。(a) 它是从多高处不小心掉落的？(b) 它下落过程时间多长？(c) 画出扳手的 y、v 和 a 对 t 的曲线。(ssm)

42E. 一无赖从30.0m高的楼顶以12.0m/s的初速度竖直扔下一石头。(a) 这块石头掉到地面用多长时间？(b) 石头就要撞击地面的速率有多大？

43E. (a) 要用多大的速率竖直上抛一个球，才能使球上升到50m的高度？(b) 球在空中的时间多长？(c) 画出该球的 y、v 和 a 对 t 的曲线图，在前两个图中表示出达到50m处时所对应的时刻。(ssm)

44E. 在NASA刘易斯研究中心的零重力研究设施中有一个145m高的落体塔。这是一个抽空的竖直塔。载有实验仪器的直径1m的球可以在其中自由下落（这是几种可能实验之一）。(a) 球自由下落的时间多长？(b) 求刚落到塔底的接收装置时的速率多大？（c）接住球时，随着球减速到零，球经历一个平均为 $25g$ 的减速过程，这段减速过程中，球通过的距离为多少？

45E. 一块岩石从 100m 高的悬崖落下。它下落（a）最初 50m 与（b）第二个 50m 所需的时间各为多少？（ssm）

46P. 一球以初速率 v_0 由高 h 处竖直抛下。（a）球恰要撞到地面时的速率多大？（b）球到地面所需的时间多长？如果球以相同的初速率从相同的高度竖直向上抛出，那么（c）对 a 问与（d）对 b 问的答案各为何？解这两问前，请先估计（c）问、（d）问的结果应大于、小于还是等于（a）问、（b）问的结果。

47P. 一只犹狳受惊扰后向上跳起，在最初的 2s 内升高 0.544m。试求：（a）它离开地面时的初速率；（b）在 0.544m 高处的速率；（c）它还能再上升的高度。（ssm）（www）

48P. 一块岩石从高 60m 的楼顶上由静止落下，石头落地前 1.2s 时距地面多高？

49P. 一把钥匙从距水面 45m 高的桥上落下，直接掉入一模型船中。钥匙脱手时，该船距相遇点 12m（正以匀速运动），小船的速率为何？（ssm）（ilw）

50P. 一球从高为 36.6 m 的建筑物上竖直抛下，抛出后 2.00s 时球经过距地面 12.2m 高的窗顶，球经过窗顶时的速率为多少？

51P. 一个用湿黏土捏的球下落 15m 到地面，它与地面接触 20.0ms 后停下。问与地面接触这段时间内球的平均加速度为何？（将球视作质点）（ssm）

52P. 一个模型火箭以 4.00 m/s^2 的恒定加速度竖直上升 6.00s 后燃料完全耗尽，于是像一个自由质点那样继续上升后又返回落下。试求：（a）火箭所达到的最大高度；（b）它从起飞再回到地面所经过的总时间。

53P. 为检测一网球的质量，让它从 4.00m 高处落到地板上，然后它又反弹到 2.00m 高处。若球与地板接触时间为 12.0ms，在这段接触时间内的平均加速度为多大？（ssm）

54P. 一个篮球运动员为争夺篮板球，竖直跳起 76.0cm。这个运动员在如下两种高度范围内所花的总时间各为多少？（a）最高 15cm，与（b）最低 15cm。此题可帮助解释为什么运动员跳到最高点时看似像停滞在空中的原因。

55P. 淋浴喷头的水滴滴落到喷头下方 200cm 的地板上。水滴以固定的时间间隔下落，每当第四滴开始下落时，第一滴刚落到地板上。求第一滴刚落到地板上时，第二和第三个水滴所处的位置。

56P. 一个球从太阳系某一行星的表面竖直向上射出。球的 y 对 t 曲线如图 2－23 所示，其中 y 表示球在射出点上方的高度，$t=0$ 取作球射出的时刻。求：（a）在这个星球上自由下落加速度的大小；（b）球的初速度的大小。

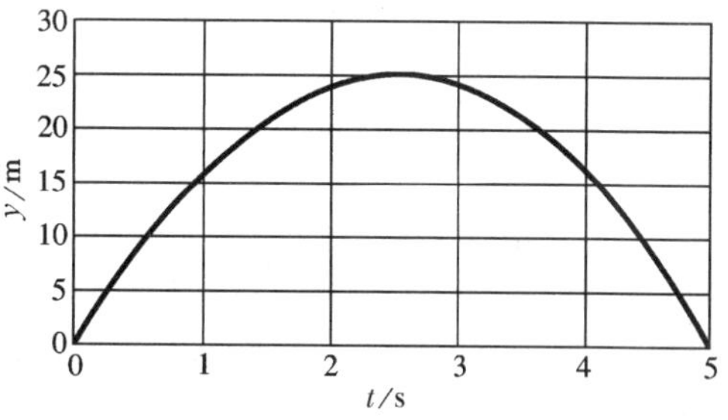

图 2－23 习题 56 图

57P. 两块金刚石从相同的高度相隔 1.0s 分别自由落下。问第一块金刚石落下多长时间后，第二块金刚石距它 10m 远？（ssm）

58P. 有些变戏法的人常常将球竖直抛到空中某一高度 H，问若想使球在空中逗留的时间增加一倍，需将球抛至多高？

59P. 一个正以 12 m/s 速率上升的热气球在距地面 80m 高处放下一包裹。（a）包裹需多长时间才能到达地面？（b）包裹以多大速率触地？（ssm）

60P. 一块石头从高出水面 43.9m 的桥上由静止掉入水中。另一块石头在第一块石头下落 1s 后由桥上竖直掷下，两块石头同时撞击水面。问：（a）第二块石头的初速率应为多大？（b）取第一块石头掉下时刻为 $t=0$，在一个图上画出每一块石头的速率对时间的曲线。

61P. 一敞顶电梯以恒定速率 10m/s 上升。当电梯的地板离地面 28m 高时，电梯内一男孩从电梯地板上方 2.0m 处竖直向上抛出一球。球相对于电梯的初速率为 20m/s。（a）球能到达的最大高度距地面多高？（b）多长时间后球再回到电梯地板上？（ssm）

62P. 竖直向上抛一石头，上升时先以速率 v 经过点 A，接着又以 $v/2$ 的速率经过比 A 高 3.00m 的点 B。计算：（a）速率 v 的大小与（b）在 B 点以上石头上升的最大高度。

63P. 图 2－24 给出一种测量你反应时间的简易器件。它由一个标有刻度和两个大点的纸板条构成。

一个朋友用拇指和食指捏着图 2 - 24 所示的右侧大点上，使纸板条竖直悬着。然后你将你的拇指和食指作出捏另一点（图 2 - 24 中左侧点）的样子，但注意不要触到纸板。你的朋友松手释放纸板条，你看到它开始落就马上尽可能快地夹住纸板条。你夹住纸板条处的标度就显示出你的反应时间。问：(a) 刻画纸板条的标度时应将 50.0ms 标度的位置放在距下面的点多远处？（b）100ms、150ms、200ms 和 250ms 的标度应比该点高多少？（比如 100ms 的标度距下面的点是否应为 50ms 标度的两倍？从答案中你能找出规律吗？）

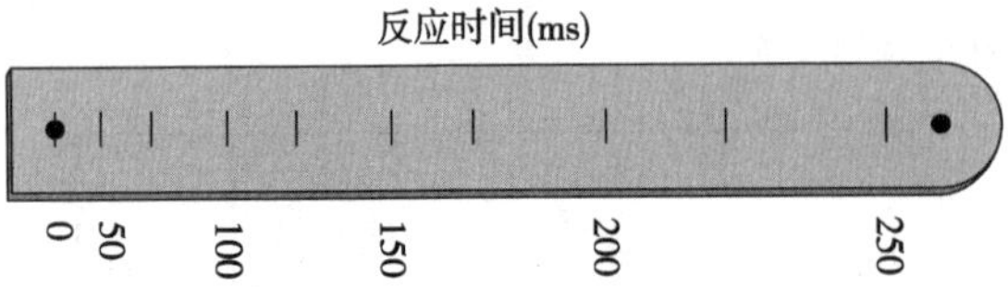

图 2 - 24　习题 63 图

64P. 一个跳伞员离开飞机后自由下落 50m，这时她张开降落伞，其后她以 2.0 m/s^2 减速度下降。她到达地面时的速率为 3.0 m/s。问：（a）他在空中下落的时间多长？（b）她在多高的地方离开飞机？

65P. 一只懒猫看到一个花盆先自下而上，然后又从上到下经过一个敞开的窗户。花盆在猫的视野内的总时间为 0.50s，窗框高度为 2.00 m。问花盆曾上升到窗户顶上方多高处？

第3章　矢　　量

一个二十多人的洞穴探险队经过艰难的攀爬、行进，通过了**200km**长的**Mammoth**洞穴和**Flint Ridge**洞穴，试图寻求两洞穴之间的联系。照片中看到的是**Richard Zopf**正推开他的背包，通过这个位于**Flint Ridge**洞穴内部深处的狭窄隧道。沿着蜿蜒曲折的隧道和冰冷的水洼，经过**12**个小时的钻洞之后，**Zopf**和他的六个同伴终于发现他们已身处**Mammoth**洞穴。他们的重大发现证实**Mammoth – Flint**洞穴系统为世界上最长的洞穴。

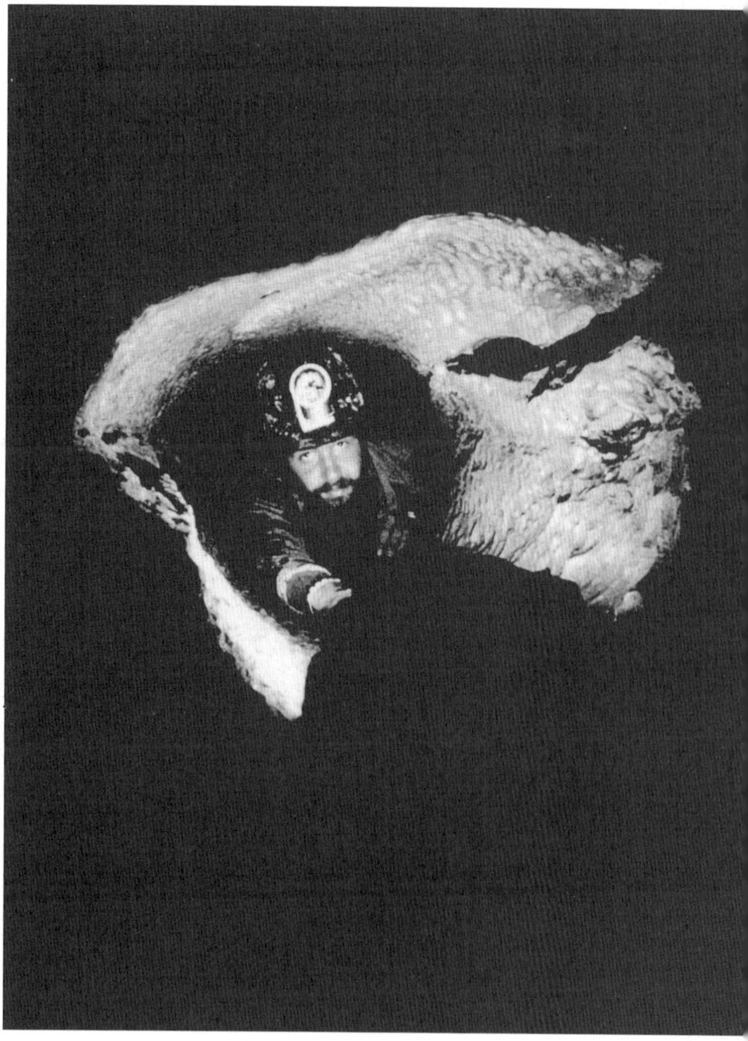

那么，他们所处的终点与他们的出发点（而不是他们经过的实际路径）之间的关系是怎样的？

答案在本章中。

3-1 矢量和标量

由于一个沿直线运动的质点只能朝两个方向运动，我们可将这两个运动方向中的一个取作正方向，另一个为负方向。不过，对三维空间运动的质点，仅用正号或负号就不足以描述运动的方向，而需要用矢量。

一个**矢量**有大小也有方向，而且几个矢量服从一定的（矢量）结合法则。本章内我们就探讨这些法则。一个**矢量**是既有大小又有方向的量，因此可以用一个箭矢表示。作为矢量的一些物理量有位移、速度和加速度。在本书中，你还会看到很多矢量物理量。所以，现在学习矢量的结合法则对你后面的学习会有很大的帮助。

并非所有的物理量都包含方向。比如温度、压强、能量和时间等物理量在空间方向上并不“指定”。我们将这样的量称为**标量**，并用普通的代数运算法则来处理它们。只用一个数，带一个符号（如温度为 -40℉）就确定了一个标量。

最简单的矢量物理量是位移，或位置的改变。顾名思义，表示位移的矢量称为**位移矢量**（类似地还有速度矢量和加速度矢量）。如图3-1a，若一质点从 A 点移到 B 点，位置发生变化，我们说它经历了由 A 到 B 的位移，可借助图形方法在图上画一个从 A 指向 B 的箭矢代表该矢量。为将表示矢量的符号与其他箭头相区别，本书用中空的三角形来图示矢量箭头。

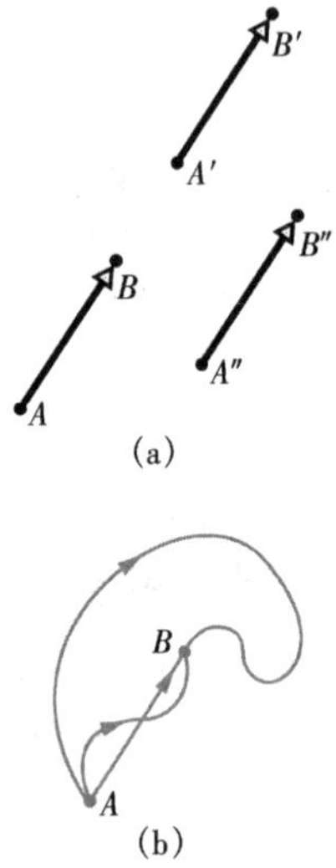

图3-1 (a) 三个具有相同大小和方向的箭矢代表着相同的位移。(b) 连接两点的三条不同路径对应于同一位移矢量。

在图3-1a中，箭矢 AB，$A'B'$，$A''B''$ 具有相同的大小和方向，因此，它们表示相同的位移矢量，也代表着质点的相同的位置变化。矢量还可以被移动而不改变其量值，只要不改变它的大小（长度）和方向。

位移矢量不会告诉我们有关质点所经过实际路径的任何信息。以图3-1b所示情形为例，连接点 A 到 B 的三条不同路径对应着图3-1a表示的同一位移矢量。位移矢量只表明运动的总体效果，并未描述运动本身。

3-2 矢量相加的几何方法

假设，如图3-2a的矢量图所示，一个质点从 A 运动到 B，然后又从 B 到 C。我们可用两个相接的位移矢量 AB 和 BC 代表该过程的总位移（不管它的实际路径究竟如何）。这两个位移的净位移是由 A 到 C 的一个单一位移。我们称 AC 为矢量 AB 和 BC 的**矢量和**（或合矢量）。这个和不是通常意义的代数和。

在图3-2b中，我们重新画出图3-2a的各矢量，并将其中的矢量改用今后将要使用的斜体符号上带一箭头（如 $\vec{a}$）来标注。如果我们只考虑矢量的大小（不带有符号或方向的量），就可用斜体字母，如 a、b 和 s 来表示（你也可以用手写体符号）。字母上画一箭头则总是用来表示矢量的大小和方向两重性质。

我们可将图3-2b中三个矢量间的关系用如下矢量方程表示

$$\vec{s}=\vec{a}+\vec{b} \tag{3-1}$$

上式表示矢量$\vec{s}$是矢量$\vec{a}$和$\vec{b}$的矢量和。因为矢量既含有大小又含有方向，所以对矢量来说，方程（3-1）中的符号“+”和所说的“和”与“加”的意义与它在一般代数运算中的意义完全不同。

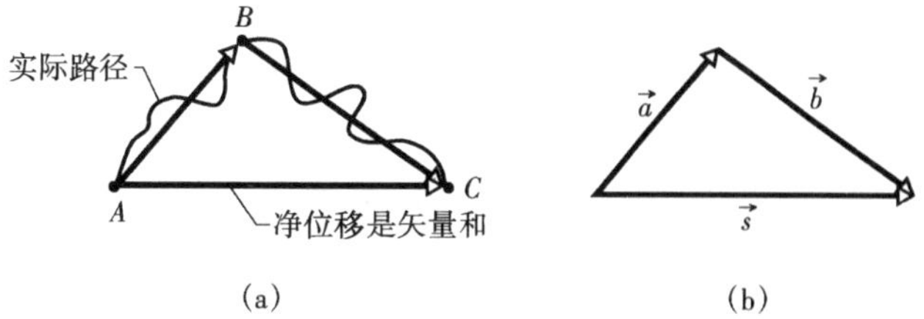

图 3-2 (a) AC 是矢量 AB 和 BC 的矢量和；(b) 重新标注上述矢量。

图 3-2 给出了按几何方法将二维矢量$\vec{a}$和$\vec{b}$相加的步骤：(1) 在图纸上按适当的比例和相应的角度画出矢量$\vec{a}$；(2) 按相同的比例和相应的角度画出矢量$\vec{b}$，让$\vec{b}$的尾端位于$\vec{a}$的首端；(3) 从$\vec{a}$的尾端到$\vec{b}$的首端的矢量就是矢量和$\vec{s}$。

用这种方法定义的矢量加法有两个重要性质。第一，相加的次序，不影响结果。$\vec{a}$、$\vec{b}$相加与$\vec{b}$、$\vec{a}$相加所得结果相同（见图 3-3），即

$$\vec{a}+\vec{b}=\vec{b}+\vec{a} \quad \text{（交换律）} \qquad (3-2)$$

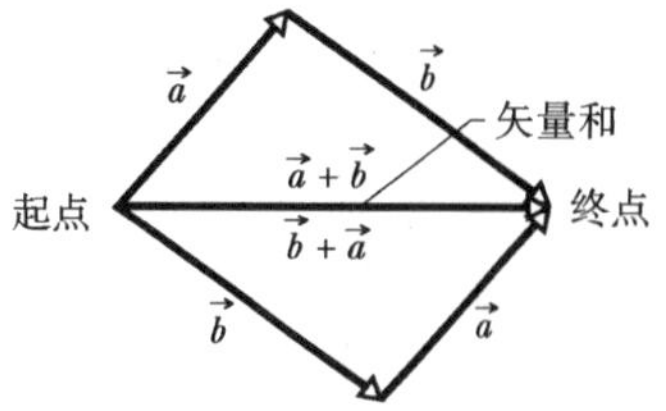

图 3-3 矢量 $\vec{a}$与$\vec{b}$可按两顺序的任一种相加。

第二，在求多于两个矢量的矢量和时，我们可以按任何次序来组合它们。这就是说，要将矢量$\vec{a}$、$\vec{b}$和$\vec{c}$相加，可以先加$\vec{a}$和$\vec{b}$，再将其矢量和与$\vec{c}$相加。也可以先加$\vec{b}$和$\vec{c}$，然后再将那个和与$\vec{a}$相加。两次所得结果相同，如图 3-4 所示。这就是说，

$$(\vec{a}+\vec{b})+\vec{c}=\vec{a}+(\vec{b}+\vec{c}) \quad \text{（结合律）} \qquad (3-3)$$

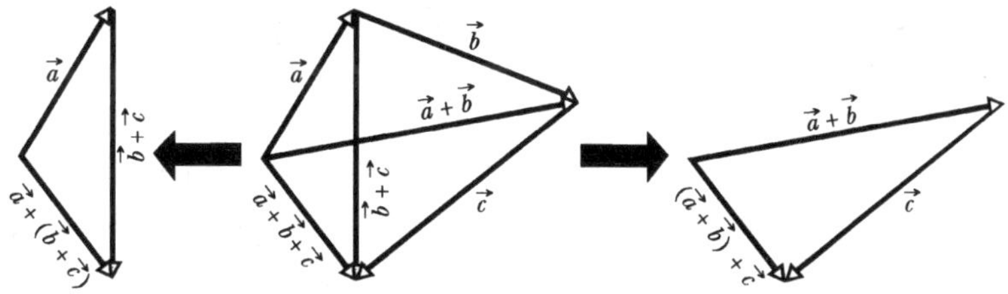

图 3-4 三矢量$\vec{a}$、$\vec{b}$和$\vec{c}$相加时可按任一方法组合，见图 3-3。

矢量 $-\vec{b}$与$\vec{b}$大小相同，方向相反。如图 3-5 所示。将二矢量相加可得到

$$\vec{b}+(-\vec{b})=0$$

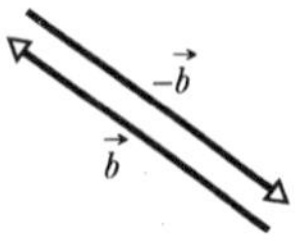

图 3-5 矢量$\vec{b}$与$-\vec{b}$，大小相等，方向相反。

因此，加$-\vec{b}$与减$\vec{b}$等效。我们利用这个性质来定义二矢量的差：令$\vec{d}=\vec{a}-\vec{b}$，那么

$$\vec{d}=\vec{a}-\vec{b}=\vec{a}+(-\vec{b}) \quad \text{（矢量减法）} \qquad (3-4)$$

即矢量差$\vec{d}$用矢量$\vec{a}$与$-\vec{b}$相加来得到。图 3-6 说明了怎样用几何方法做到这点。

类似于一般代数运算，我们可将包括矢量符号在内的一个完整项从矢量方程的一边移到另一边，但移项后要改变其符号。比如，若给定式（3-4）而需求解$\vec{a}$，可将方程重新排列为

$\vec{d}+\vec{b}=\vec{a}$ 或 $\vec{a}=\vec{d}+\vec{b}$

请记住，虽然在此我们用了位移矢量来说明这些运算法则，但这些加法和减法规则适用于所有的矢量，不论它们代表的是速度、加速度还是任何其他矢量。然而，我们只可相加同类矢量。例如，我们可以将两个位移或两个速度相加，但若将位移与速度加在一起则毫无意义。这就好像在标量运算中要把21s和12m加在一起一样。

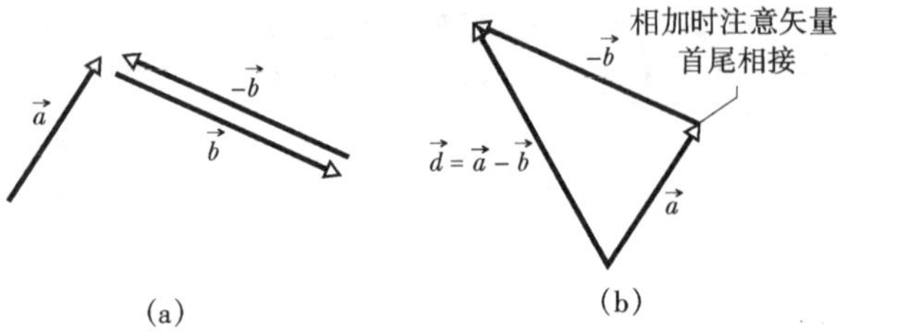

图3-6 (a) 矢量$\vec{a}$、$\vec{b}$和$-\vec{b}$；(b) 欲从$\vec{a}$矢中减去$\vec{b}$，将$-\vec{b}$矢与$\vec{a}$矢相加。

检查点1：位移$\vec{a}$和$\vec{b}$的大小分别为3m和4m，且$\vec{c}=\vec{a}+\vec{b}$。考虑$\vec{a}$与$\vec{b}$的各种取向，试问：(a) 矢量$\vec{c}$可能取得的最大值，与 (b) 矢量$\vec{c}$可能取得的最小值各为何？

例题3-1

在一个越野定向班中，给你定的目标就是以营地为准，沿三条直线方向移动尽可能远的距离（直线距离）。你可以选用的位移如下（次序任意）：(a) $\vec{a}$：2.0km，指向正东方向；(b) $\vec{b}$：2.0 km，沿正东偏北30°方向；(c) $\vec{c}$：1.0 km，指向正西方向。你还可选择，用$-\vec{b}$代替$\vec{b}$或$-\vec{c}$代替$\vec{c}$。问：从营地到第三段位移结束，你走过的最大距离为多少？

【解】 如图3-7a所示，以适当比例画出矢量$\vec{a}$、$\vec{b}$、$\vec{c}$，$-\vec{b}$和$-\vec{c}$。然后想象把它们在页面上滑移，每次取其中三个矢量头对尾地排放，以求出各种排列所得的矢量和$\vec{d}$。若用第一个矢量的尾代表营地，第三个矢量的头代表行进终点，矢量d就从第一个矢量的尾延伸到第三个矢量的头，它的大小d就是从营地算起你走过的距离。

我们比较后发现，矢量$\vec{a}$、$\vec{b}$和$-\vec{c}$头对尾摆放所得的距离d最大。且因为它们的矢量和与次序无关，

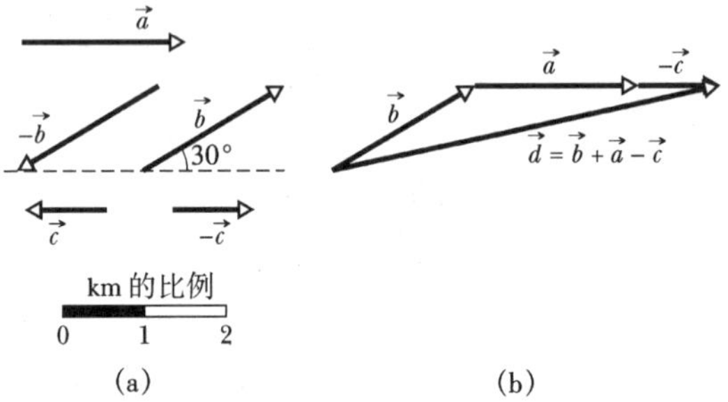

图3-7 例题3-1图 (a) 三个要用的位移矢量；(b) 从营地出发若以任何次序经历位移$\vec{a}$、$\vec{b}$和$-\vec{c}$矢量的距离是最大的。图示为其中之一的选择所给出的矢量和$\vec{d}=\vec{b}+\vec{a}-\vec{c}$。

所以可随意安排先后。按图3-7b所示的顺序，矢量和为

$$\vec{d}=\vec{b}+\vec{a}+(-\vec{c})$$

按图3-7a所给比例，量出比矢量和的长度d，得到

$$d=4.8\text{m} \qquad \text{(答案)}$$

3-3 矢量的分量

矢量合成的几何方法不很方便。另一种简捷的方法是将矢量放在一个直角坐标系中，从而利用代数方法。如图3-8a所示。一般将x和y轴画在纸面内，z轴从原点垂直指向页外。我们忽略z轴而只处理二维矢量。

一矢量的**分量**是该矢量在相应轴上的投影。以图3-8a为例，a_x是矢量$\vec{a}$在（或沿）x轴的分量，而a_y是沿y轴的分量。欲求矢量沿一轴的投影，可从矢量两端如图中那样向该轴画两条垂线。矢量在x轴上的投影是它的***x*分量**；同样，在y轴上的投影是其***y*分量**。求解矢量分量

的过程称为**分解矢量**。

矢量的分量与该矢量（沿一个轴）的方向相同。在图 3-8 中，由于$\vec{a}$沿两轴的正方向延伸，所以 a_x和 a_y均为正的（注意，分量上的小箭头给出其方向）。如果我们将矢量$\vec{a}$反向，两个分量也会相应变负，它们的方向指向负 x 和负 y。图 3-9 中分解矢量$\vec{b}$，产生一个正分量 b_x和一个负分量 b_y。

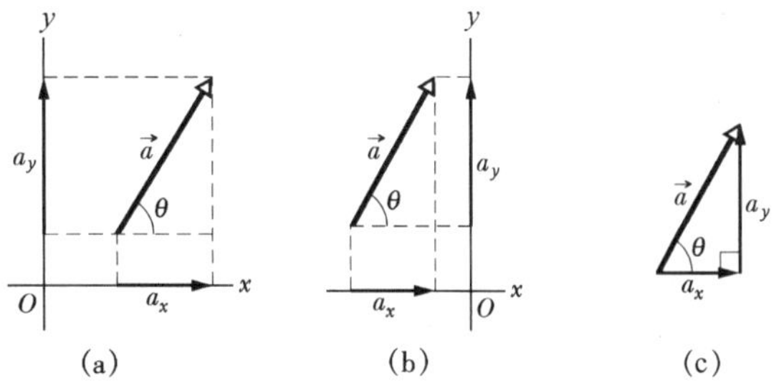

图 3-8 (a) 矢量$\vec{a}$的分量 a_x与 a_y；(b) 矢量移动时，只要保持其大小和方向不变，分量就不变；(c) 分量构成直角三角形的两直角边，斜边即为矢量的大小。

一般地讲，一个矢量有三个分量，只是对图 3-8a 之情形，沿 z 轴分量为零而已。正像图 3-8a、b 所表示的，矢量可以任意移动，只要它的方向保持不变，它的各个分量就不会改变。

图 3-8a 中$\vec{a}$矢量的分量可利用几何方法由直角三角形关系求得

$$a_x = a\cos\theta \text{ 与 } a_y = a\sin\theta \qquad (3-5)$$

式中，θ 是矢量$\vec{a}$与正 x 轴的夹角；a 是$\vec{a}$的大小。图 3-8c 表明$\vec{a}$和它的 x、y 分量构成一个直角三角形。同时也表明可再由这两个分量表示该矢量：将两分量**头尾相接**，然后从一分量的尾到另一分量的头画出的直角三角形的斜边就是这个矢量。

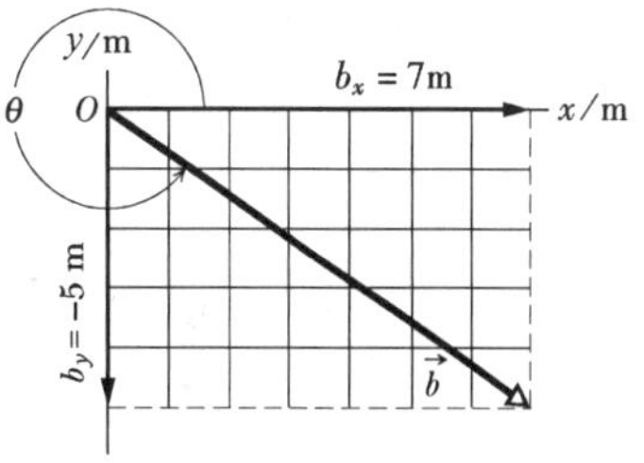

图 3-9 $\vec{b}$在 x 轴上的分量为正，而在 y 轴上的为负。

一个矢量一经分解为沿一套坐标轴的分量，就可以用这些分量来表示该矢量。例如图 3-8a 中的矢量$\vec{a}$可由 a 与 θ 完全确定，还可由分量 a_x与 a_y确定。矢量的这两种描述含义相同。如果已知一矢量的**分量标记**（a_x与 a_y），而欲求出它的**大小-角度标记**（a 与 θ），可应用如下公式：

$$a = \sqrt{a_x^{\,2} + a_y^{\,2}} \quad \text{和} \quad \tan\theta = \frac{a_y}{a_x} \qquad (3-6)$$

在更一般的三维情形中，要确定一个矢量，需要一个大小与两个角（即 a、θ 与 φ）或三个分量（a_x、a_y与 a_z）。

检查点 2：下面的哪个图能正确表示由矢量$\vec{a}$的 x、y 分量合成得到$\vec{a}$矢量的方法。

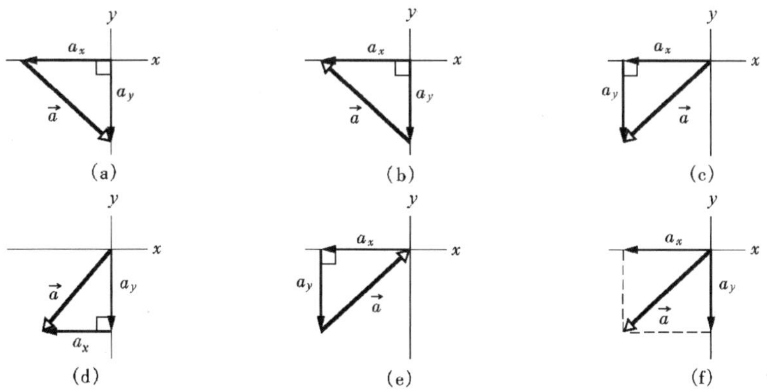

例题 3-2

一小型飞机从机场起飞后钻入阴云中，再从云层中露出时已位于距机场 215km、北偏东 22°角的位置。试问：这架飞机刚从云层露出时向东和向北离机场多远？

【解】 此题**关键点**为已知矢量的大小 (215km) 和角度（北偏东 22°），要求出矢量的分量。我们取正 x 向东，正 y 向北的 x、y 坐标系（图 3-10）。为了方便，坐标原点取在机场。飞机的位移矢量 $\vec{d}$ 从原点指向飞机露出时所在位置。

为求 $\vec{d}$ 的分量，可应用式（3-5），其中 $\theta=68°$（$=90°-22°$）

$d_x=d\cos\theta=(215\text{km})(\cos 68°)=81\text{km}$ （答案）

$d_y=d\sin\theta=(215\text{km})(\sin 68°)=199\text{km}$ （答案）

因此，飞机在距机场以东 81km、以北 199km 的位置。

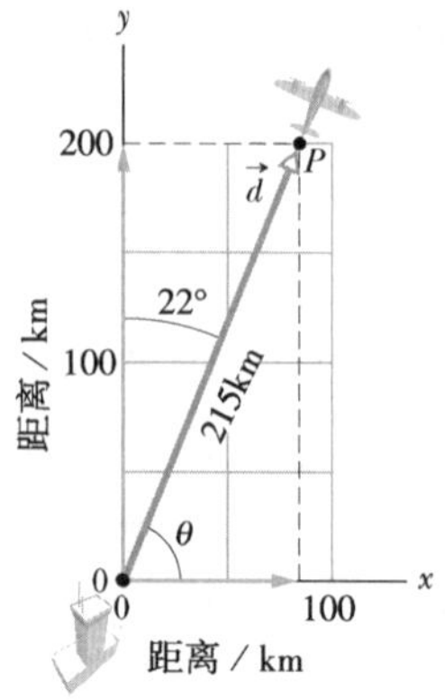

图 3-10 例题 3-2 图 飞机从原点处的机场起飞，后出现在 P 点。

例题 3-3

1972 年，考察 Mammoth - Flint Ridge 洞穴系统的探险队从位于 Flint Ridge 洞穴的 Austin 入口出发到 Mammoth 洞穴的 Echo 河结束（图 3-11a），总行程向西 2.6km，向南 3.9km，且向上 25m。他们从起点至终点所走过的位移矢量为何？

【解】 此题**关键点**在于已知三维矢量的各分量，需求出矢量的大小和确定矢量方向的两个夹角。首先，如图 3-11b 所示，画出各分量，水平面的两分量（向西 2.6km 和向南 3.9km）构成平面内直角三角形的两直角边。探险队的水平位移为三角形的斜边，其量值 d_h 由勾股定理给出

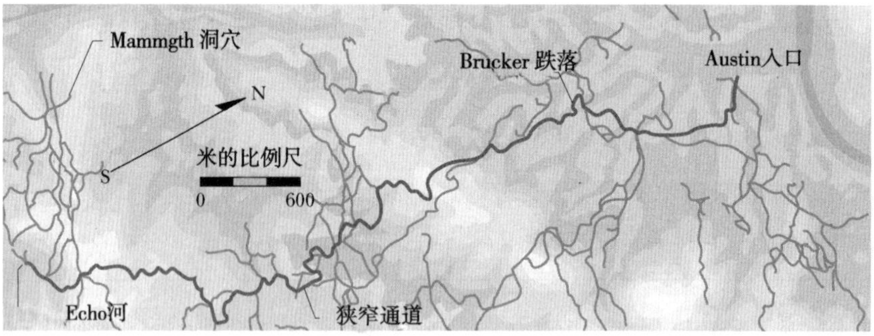

(a)

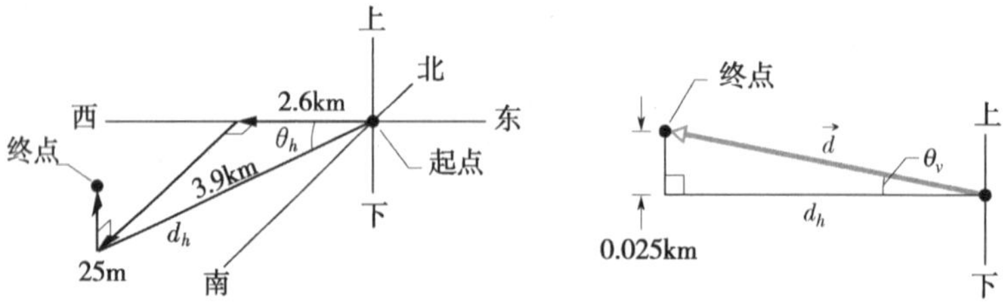

(b) (c)

图 3-11 例题 3-3 图 (a) Mammoth - Flint 洞穴系统的一部分（探险队行经的路线如粗线所示）；(b) 探险队走过的总位移的分量及其水平位移 d_h；(c) 示意 d_h 和总位移矢量 $\vec{d}$ 的侧图（摘自洞穴研究基金会的地图）。

$$d_h=\sqrt{(2.6\text{km})^2+(3.9\text{km})^2}=4.69\text{km}$$

从图 3-11b 的三角形中还可看到水平位移指向西偏南方向，夹角 θ_H 可由下式求得：

$$\tan\theta_h=\frac{3.9\text{km}}{2.6\text{km}}$$

所以 $$\theta_h=\arctan\frac{3.9\text{km}}{2.6\text{km}}=56^\circ \qquad \text{（答案）}$$

这是我们确定总位移时所需两个角度中的一个。

要想包括竖直分量（25m = 0.025km），可由图 3-11b 画出向西北方向看的侧面图，即图 3-11c。从图中看到竖直分量与水平位移构成另一直角三角形的直角边。探险队的总位移就是该三角形的斜边，总位移的大小 d 为

$$d=\sqrt{(4.69\text{km})^2+(0.025\text{km})^2}=4.69\text{km}\approx4.7\text{km} \qquad \text{（答案）}$$

这一位移从水平位移向上形成 θ_v 角为

$$\theta_v=\arctan\frac{0.025\text{km}}{4.69\text{km}}=0.3^\circ \qquad \text{（答案）}$$

可见，探险队的位移矢量的大小为 4.7 km，方向为沿正西偏南 56°且向上 0.3°。此处竖直方向位移与平面位移相比看似微不足道，而对探险队员来说却意味着艰难，他们必须无数次地攀上爬下穿过洞穴。他们实际行经的路途与位移矢量，它只是起点到终点的直线，是大不相同的。

解题线索

线索 1：角——度和弧度

相对于 x 轴正方向**测量的角度**按逆时针方向测量的为正，沿顺时针方向测量的为负。比如 210°和 -150°对应同一夹角。

角既可用度数又可用弧度（rad）计量。利用整圆对应 360°和 2π 弧度这个关系可推出二者间的关系。假设需将 40°转换为弧度表示，可写为

$$40^\circ\times\frac{2\pi\text{rad}}{360^\circ}=0.70\text{rad}$$

线索 2：三角函数

θ 的正弦 $\sin\theta=\dfrac{\theta\text{ 的对边}}{\text{斜边}}$

θ 的余弦 $\cos\theta=\dfrac{\theta\text{ 的邻边}}{\text{斜边}}$

θ 的正切 $\tan\theta=\dfrac{\theta\text{ 的对边}}{\theta\text{ 的邻边}}$

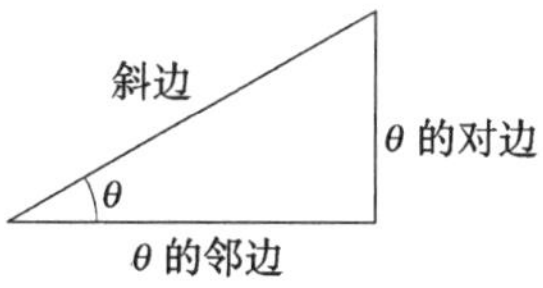

图 3-12 用来定义三角函数的三角形，另见附录 E。

你需要知道常用三角函数——sin、cos 与 tan——的定义，因为它们是科学和工程语言的组成部分。在图 3-12 中它们以一种与三角形如何标记无关的形式列出。

你还应能画出各三角函数随角度变化的草图如图 3-13，以帮助判断计算结果是否合理。即便是三角函数在各象限内的符号也是很有帮助的。

线索 3：反三角函数

在用计算器计算反三角函数 arcsin、arccos 和 arctan 时，由于通常计算器无法给出另一个可能的结

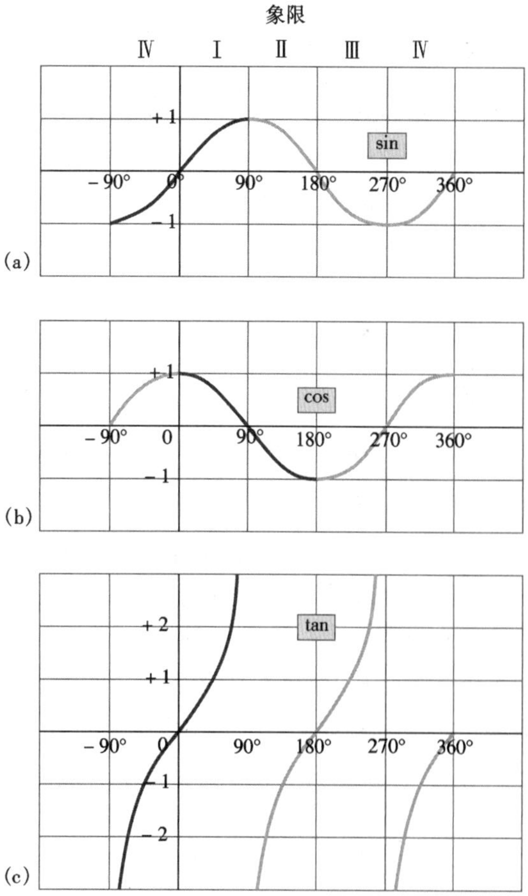

图 3-13 三条应记住的有用曲线。计算器给出的反三角函数的运算范围，由曲线的**深色**部分指出。

果，所以一定要考虑所得答案的合理性。计算器给出的反三角函数的运算范围显示在图 3 - 13 中。例如 arcsin0.5，对应的角度为 30°（这是计算器显示的值，因为 30°在其运算范围之内）与 150°。要想找到这两个值，在图 3 - 13a 中，过 0.5 画一条水平线，找出它与正弦曲线的交点即可。

如何才能分辨出哪一个是正确的答案？那就是对已知情形似乎更为合理的一个。例如，重新考察例题 3 - 3 中 θ_h 的计算，那里 $\tan\theta_h = 3.9/2.6 = 1.5$。在计算器上计算 arctan1.5，会得到 $\theta_h = 56°$。但 $\theta_h = 236°$（$= 180° + 56°$）也应为它的解。那么，哪一个是正确的？从实际情形来看（图 3 - 11b），56°是合理的，而 236°显然不是。

线索 4：矢量夹角的度量

式（3 - 5）中有关 $\cos\theta$ 和 $\sin\theta$ 的公式以及式（3 - 6）中关于 $\tan\theta$ 的公式，仅当角度相对于 x 轴正方向量度时才成立。如果是相对其他方向量度的角，式（3 - 5）的三角函数可能需要交换而式（3 - 6）中的比率关系可能需要倒过来。一个保险的方法是将已知角转换成相对于 x 轴正方向量度的角。

3 - 4 单位矢量

单位矢量是其大小精确为 1，指向某一特定方向的矢量。它既没有量纲也没有单位。它的惟一用处就是指向——即具体指定一个方向。沿 x、y、z 三轴正方向的单位矢量常标记作 $\vec{i}$、$\vec{j}$ 和 $\vec{k}$，其中小帽“⇀”用来代替其他矢量字母上画的箭号（图 3 - 14）。图 3 - 14 中轴的排列称为**右手坐标系**，它可转至任何新的方位，只要转动时保持三轴刚性固定。本书中只用这样的坐标系。

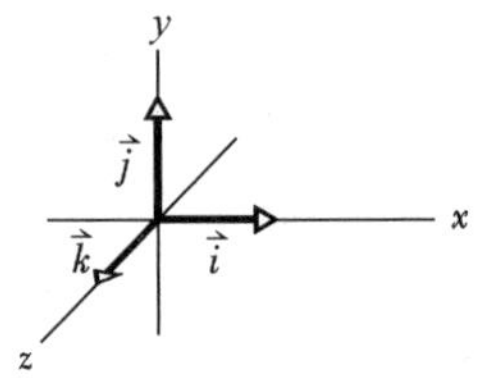

图 3 - 14 单位矢量 $\vec{i}$、$\vec{j}$ 和 $\vec{k}$ 确定了右手坐标系的方向。

用单位矢量表示其他矢量非常方便。比如我们可将图 3 - 8 和图 3 - 9 中的 $\vec{a}$ 与 $\vec{b}$ 表示为

$$\vec{a} = a_x\vec{i} + a_y\vec{j} \tag{3-7}$$

$$\vec{b} = b_x\vec{i} + b_y\vec{j} \tag{3-8}$$

这两个方程说明在图 3 - 15 中，其中 $a_x\vec{i}$ 和 $a_y\vec{j}$ 是矢量，且称为 $\vec{a}$ 的**矢量分量**，而 a_x 和 a_y 是标量，称为 $\vec{a}$ 的**标量分量**（或像以前那样简称为**分量**）。

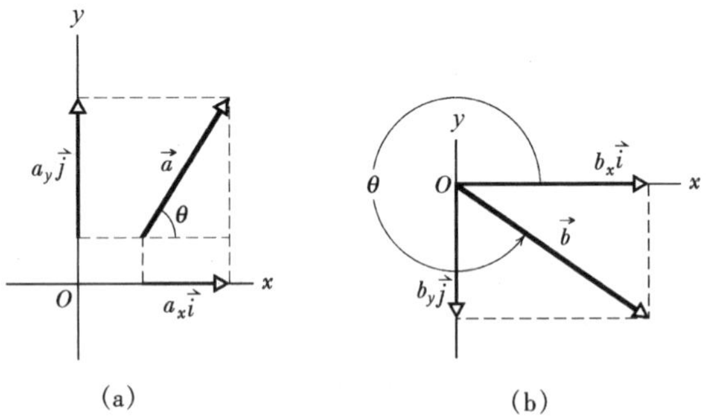

图 3 - 15 （a）矢量 $\vec{a}$ 的矢量分量；（b）矢量 $\vec{b}$ 的矢量分量。

作为一个例子，我们把例题 3 - 3 中洞穴探险队的位移 $\vec{d}$ 用单位矢量来表示。先将图 3 - 14 的坐标与图 3 - 11b 叠画在一起。将 $\vec{i}$、$\vec{j}$ 和 $\vec{k}$ 方向分别指向东、地面上方和向南的方向。这样由起点到终点的位移 $\vec{d}$ 就可简洁地以单位矢量表示为

$$\vec{d} = -(2.6\text{km})\vec{i} + (0.025\text{km})\vec{j} + (3.9\text{km})\vec{k} \tag{3-9}$$

此处，$-(2.6\text{km})\vec{i}$ 是沿 x 轴的矢量分量 $d_x\vec{i}$，而 $-(2.6\text{km})$ 是 x 分量 d_x。

3-5 用分量作矢量相加

用图可以按几何方法把矢量加起来。用有矢量运算功能的计算器也可以直接在屏幕上把它们加起来。相加第三种矢量相加的方法就是一个轴一个轴地把它们的分量加在一起。

为说明这点，考察下面的表达式

$$\vec{r}=\vec{a}+\vec{b} \tag{3-10}$$

此式表示矢量$\vec{r}$与矢量（$\vec{a}+\vec{b}$）相同。若其成立，则$\vec{r}$的每一分量一定与（$\vec{a}+\vec{b}$）的对应分量都相同，即

$$r_x=a_x+b_x \tag{3-11}$$

$$r_y=a_y+b_y \tag{3-12}$$

$$r_z=a_z+b_z \tag{3-13}$$

换言之，如果两矢量的对应分量都相等，两矢量一定相等。式（3-10）至式（3-13）表明，要把矢量$\vec{a}$与$\vec{b}$加起来必须：（1）把每个矢量分解成它们的标量分量；（2）分别将它们在各轴的标量分量加在一起，得到合矢量$\vec{r}$的分量；（3）将$\vec{r}$的分量结合起来，求出合矢量本身。在完成步骤（3）时，我们可选择或将$\vec{r}$以单位矢量表示法表示（如式（3-9））；或以大小-角度表示法表示（见例题3-3的答案）。

这种用分量合成矢量的方法也可应用于矢量减法之中。回想，$\vec{d}=\vec{a}-\vec{b}$这个矢量差，可以写作矢量和$\vec{d}=\vec{a}+(-\vec{b})$。所以欲求矢量相减，只要将矢量$\vec{a}$与$-\vec{b}$的分量相加即可

$$d_x=a_x-b_x,\quad d_y=a_y-b_y \quad 及 \quad d_z=a_z-b_z$$

$$\vec{d}=d_x\vec{i}+d_y\vec{j}+d_z\vec{k}$$

检查点3：(a) 图中$\vec{d}_1$与$\vec{d}_2$的x分量的符号为何？(b) y分量的符号为何？(c) $\vec{d}_1+\vec{d}_2$的x与y分量的符号各为何？

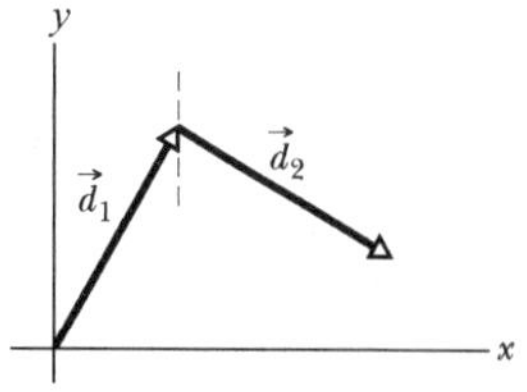

例题3-4

图3-16a给出下面三个矢量

$$\vec{a}=(4.2\text{m})\vec{i}-(1.5\text{m})\vec{j}$$

$$\vec{b}=(-1.6\text{m})\vec{i}+(2.9\text{m})\vec{j}$$

$$\vec{c}=(-3.7\text{m})\vec{j}$$

试求它们的矢量和$\vec{r}$，$\vec{r}$还可如何表示？

【解】 这里**关键点**是可将三矢量的分量一个轴一个轴地相加。对x轴，将$\vec{a}$、$\vec{b}$与$\vec{c}$的x分量加在一起得到$\vec{r}$的x分量

$$r_x=a_x+b_x+c_x=4.2\text{m}-1.6\text{m}+0=2.6\text{m}$$

类似地，对y轴有

$$r_y=a_y+b_y+c_y$$
$$=-1.5\text{m}+2.9\text{m}-3.7\text{m}$$
$$=-2.3\text{m}$$

另一个**关键点**是我们可将这三个$\vec{r}$的分量结合，用单位矢量法将其表示为

$$\vec{r}=(2.6\text{m})\vec{i}-(2.3\text{m})\vec{j} \quad (答案)$$

式中（2.6m）$\vec{i}$是沿x轴方向的矢量分量，而$-(2.3\text{m})\vec{j}$为沿y轴的矢量分量。图3-16b表明了由这些矢量分量构成$\vec{r}$的一种方法。（你能用另一种

方法作图吗?)

第三个**关键点**是还可由给出$\vec{r}$的大小和角度的方法回答此问题。由式(3-6)可看出其大小为

$$r=\sqrt{(2.6\text{m})^2+(-2.3\text{m})^2}\approx3.5\text{m}\quad(\text{答案})$$

而夹角(相对于x轴正向)为

$$\theta=\arctan\left(\frac{-2.3\text{m}}{2.6\text{m}}\right)=-41^\circ\qquad(\text{答案})$$

负号表示该角为顺时针方向。

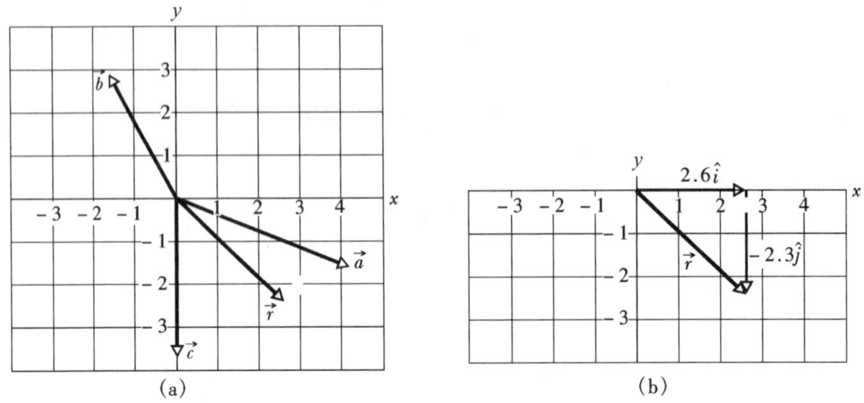

图3-16 例题3-4图 矢量$\vec{r}$是另外三矢量的矢量和。

例题3-5

图3-17给出一次公路汽车赛地图的一部分。从起点(在坐标原点)出发,你必须在已有的道路中选择路线经过如下位移:

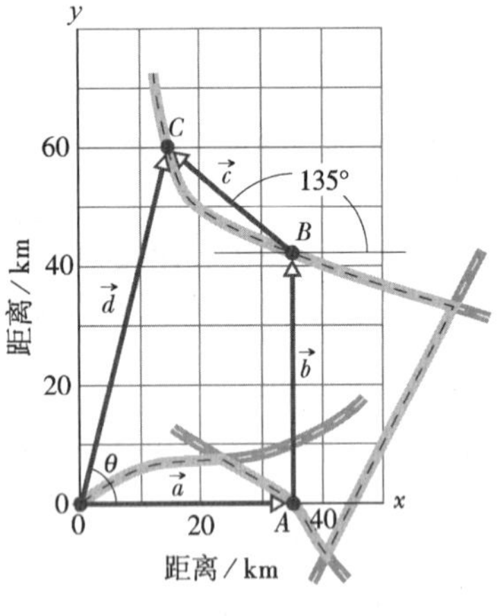

图3-17 例题3-5图 汽车拉力赛路线的出发点、检查站Able(A)、Baker(B)、Charlie(C)及道路。

(1) $\vec{a}$到Able检查站(图中A点),距离36km,正东方向;

(2) $\vec{b}$到Baker检查站(图中B点),正北;

(3) $\vec{c}$到Charlie检查站(图中C点),距离25km,夹角方向如图所示。

若你由出发点算起的净位移为62.0km,试求$\vec{b}$的大小b为多少?

【解】 此题**关键点**在于,净位移$\vec{d}$是三个位移矢量和,所以可写出关系

$$\vec{d}=\vec{a}+\vec{b}+\vec{c}$$

由此得出

$$\vec{b}=\vec{d}-\vec{a}-\vec{c}\qquad(3-14)$$

虽然$\vec{a}$和$\vec{c}$的大小及方向均已知,但$\vec{d}$的大小、方向还不知道,所以,我们无法直接用矢量功能计算器求解$\vec{b}$。不过,我们可将式(3-14)表达为沿x轴和y轴的分量形式,考虑到$\vec{b}$平行于y轴方向,选择y轴或许可得到$\vec{b}$的大小,于是我们先写出

$$b_y=d_y-a_y-c_y\qquad(3-15)$$

根据式(3-5),代入已知数据,并注意到$b=b_y$,可得

$$b=(62\text{km})\sin\theta-0-(25\text{km})\sin135^\circ\qquad(3-16)$$

可惜其中θ未知,为求θ,将式(3-14)沿x轴分量关系写出

$$b_x=d_x-a_x-c_x\qquad(3-17)$$

代入已知得

$$0=(62\text{km})\cos\theta-36\text{km}-(25\text{km})\cos135^\circ$$

$$\theta=\arccos\frac{36+(25)(\cos135^\circ)}{62}=72.81^\circ$$

将此代入式（3－16），求得　　　　$b \approx 42\text{km}$　　　　（答案）

3－6　矢量和物理定律

到目前为止，每一个带有坐标系的图中，x 轴和 y 轴都平行于书页的两边。于是，当一矢量出现在问题中时，它的分量 a_x 与 a_y 也就会平行于这两条边（见图 3－18a）。之所以选取这样的坐标轴，其唯一原因就是看似“适当”，而并无更深的原因。我们也可换个方法，将整个坐标系（但不是矢量 $\vec{a}$）像图 3－18b 那样，转过一个角度 ϕ，这样分量就会变为新值，称为 a'_x 和 a'_y。由于 ϕ 的取值有无限多个，因此 $\vec{a}$ 也就有无限多对不同的分量。

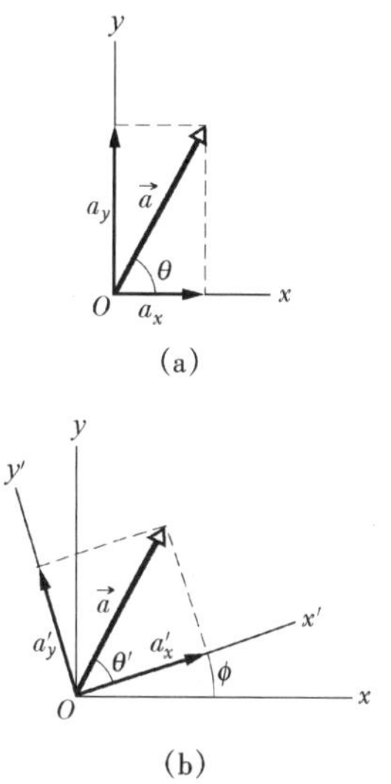

图 3－18　（a）矢量 $\vec{a}$ 与其分量　（b）坐标系转过 ϕ 角所对应的同一矢量。

那么，哪一对分量是正确的？答案是它们全都正确，因为每对（与其轴一起）只是用不同的方法为我们描述了同一矢量 $\vec{a}$；它们都为矢量 $\vec{a}$ 给出了相同的大小与方向。由图 3－18 可得

$$a = \sqrt{a_x^2 + a_y^2} = \sqrt{a_x'^2 + a_y'^2} \tag{3-18}$$

$$\theta = \theta' + \phi \tag{3-19}$$

这就是说，由于矢量间的关系（包括式（3－1）的矢量和在内）既不依赖于坐标系原点的位置也不依赖于轴的取向，因此坐标系可以任意选取。这一点对于物理定律也成立，因为物理定律也都不依赖于坐标系的选取。再加上矢量语言的简洁性和丰富性你就能明白为什么物理定律几乎常用矢量语言表示：像式（3－10）中的一个公式，就可以代表三个（甚至更多）关系式，如式（3－11）、式（3－12）和式（3－13）。

3－7　矢量乘法[㊀]

矢量乘法有三种，但没有一种与一般代数乘法完全相同。在阅读本节时，请记住，要想用矢量功能计算器作矢量相乘，一定要了解该乘法的基本法则。

矢量乘以标量

若将一矢量 $\vec{a}$ 乘以标量 s，可得一新矢量，它的大小等于 $\vec{a}$ 的大小的 s 倍。若 s 是正的，则新矢量与 $\vec{a}$ 方向相同；若 s 是负的，则方向相反。矢量 $\vec{a}$ 除以标量 s，只要将 $\vec{a}$ 乘以 $1/s$ 即可。

矢量乘以矢量

矢量乘矢量有两种方法：一种的结果为标量（称为**标积**），另一种的结果为一新矢量（称为**矢积**）。学生经常会混淆它们，因此从现在开始，你应该留心区分它们。

㊀　这部分内容到后面章节中才会用到（第 7 章用标积，第 12 章用矢积），所以你们的老师或许会推迟本节的学习。

标积

如图 3－19a 所示的矢量$\vec{a}$与$\vec{b}$的**标积**写成$\vec{a}\cdot\vec{b}$，定义为

$$\vec{a}\cdot\vec{b}=ab\cos\phi \tag{3-20}$$

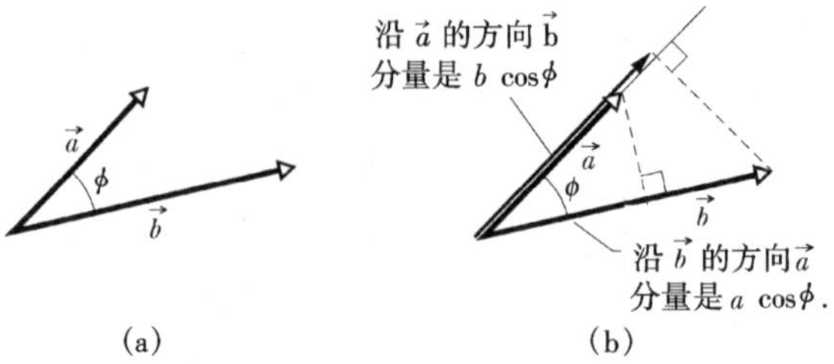

图 3－19　(a) 矢量$\vec{a}$与$\vec{b}$间夹角 ϕ；(b) 每一矢量沿另一矢量方向有一分量。

式中 a 为矢量$\vec{a}$的大小，b 为矢量$\vec{b}$的大小，ϕ 为$\vec{a}$与$\vec{b}$（或更恰当说为$\vec{a}$与$\vec{b}$的方向）间的夹角。实际上有两个这样的角度：ϕ 和 $360°-\phi$。因它们的余弦相等，所以在式（3－20）中两角均可用。

注意到式（3－20）的右边均为标量（包括 $\cos\phi$ 的值），因此$\vec{a}\cdot\vec{b}$的左边代表一个标量。因为记号，$\vec{a}\cdot\vec{b}$又叫做**点积**，而读做“$\vec{a}$点乘$\vec{b}$”。

两个矢量的点积可以看作这样两个量的乘积：（1）两个矢量中任一矢量的大小与（2）另一个矢量在第一个矢量方向上的标量分量。以图 3－19b 中矢量为例，$\vec{a}$在$\vec{b}$方向上的标量分量为 $a\cos\phi$；注意，从$\vec{a}$的头引向$\vec{b}$的垂线决定了该分量；同理，$\vec{b}$在$\vec{a}$方向的标量分量为 $b\cos\phi$。

> 若两矢量间夹角为 0°，则一矢量沿另一矢量的分量最大，因此二矢量的点积也最大。而若 ϕ 为 90°，则一矢量沿另一矢量的分量等于零，因而其点积亦为零。

为强调这些分量，式（3－20）可改写作

$$\vec{a}\cdot\vec{b}=(a\cos\phi)(b)=(a)(b\cos\phi) \tag{3-21}$$

交换律对标积适用，所以可有

$$\vec{a}\cdot\vec{b}=\vec{b}\cdot\vec{a}$$

当两矢量以单位矢量表示时，它们的点积可写为

$$\vec{a}\cdot\vec{b}=(a_x\vec{i}+a_y\vec{j}+a_z\vec{k})\cdot(b_x\vec{i}+b_y\vec{j}+b_z\vec{k}) \tag{3-22}$$

此式可根据分配律展开：第一个矢量的各矢量分量与第二个矢量的各矢量分量点乘。这样做了就可以证明

$$\vec{a}\cdot\vec{b}=a_xb_x+a_yb_y+a_zb_z \tag{3-23}$$

检查点 4：矢量$\vec{C}$和$\vec{D}$的大小各为三个单位与四个单位。问$\vec{C}$与$\vec{D}$方向间的夹角应为多少可使得$\vec{C}\cdot\vec{D}$等于 (a) 零；(b) 12 个单位；(c) －12 个单位？

例题 3－6

$\vec{a}=3.0\vec{i}-4.0\vec{j}$与$\vec{b}=-2.0\vec{i}+3.0\vec{k}$之间夹角$\phi$为多少？

【解】 首先应注意：如果用矢量能用计算器，下面计算中的许多步骤可以略过。然而，至少在此处你用这些步骤，就会学到更多的关于标积运算的知识。

此题第一个**关键点**是两矢量方向间夹角包括在标积定义式（3－20）中，即

$$\vec{a}\cdot\vec{b}=ab\cos\phi \qquad (3-24)$$

在此式中，a是$\vec{a}$的大小，或

$$a=\sqrt{3.0^2+(-4.0)^2}=5.00 \qquad (3-25)$$

而b是$\vec{b}$的大小，或

$$b=\sqrt{(-2.0)^2+3.0^2}=3.61 \qquad (3-26)$$

第二个**关键点**在于我们可将式(3－24)的左边以单位矢量表示并应用分配律独立计算出

$$\begin{aligned}\vec{a}\cdot\vec{b}&=(3.0\vec{i}-4.0\vec{j})(-2.0\vec{i}+3.0\vec{k})\\&=(3.0\vec{i})(-2.0\vec{i})+(3.0\vec{i})(3.0\vec{k})\\&\quad+(-4.0\vec{j})(-2.0\vec{i})+(-4.0\vec{j})(3.0\vec{k})\end{aligned}$$

然后将式(3－20)应用到上式中的各项。第一项($3.0\vec{i}$和$-2.0\vec{i}$)中矢量间夹角为0°，而其他项为90°。于是可得

$$\begin{aligned}\vec{a}\cdot\vec{b}&=-(6.0)(1)+(9.0)(0)\\&\quad+(8.0)(0)-(12)(0)\\&=-6.0\end{aligned}$$

将此与式（3－25）和（3－26）的结果代入式（3－24）中，得到

$$-6.0=(5.00)(3.61)\cos\phi$$

所以 $$\phi=\arccos\frac{-6.0}{(5.00)(3.61)}=109°\approx110°$$

（答案）

矢积

两矢量$\vec{a}$与$\vec{b}$的**矢积**，写成$\vec{a}\times\vec{b}$，产生另一个矢量$\vec{c}$，$\vec{c}$的大小为

$$c=ab\sin\phi \qquad (3-27)$$

式中ϕ为$\vec{a}$与$\vec{b}$之间两夹角中**较小**的夹角（因为$\sin(360°-\phi)=-\sin\phi$，所以一定要用矢量间两夹角中较小的那个）。由于记号的原因，$\vec{a}\times\vec{b}$又叫做**叉积**，读做“$\vec{a}$叉乘$\vec{b}$”。

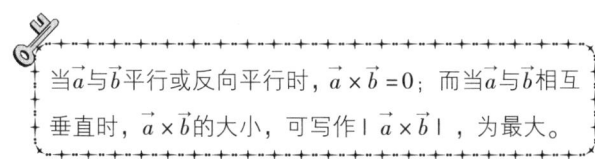

> 当$\vec{a}$与$\vec{b}$平行或反向平行时，$\vec{a}\times\vec{b}=0$；而当$\vec{a}$与$\vec{b}$相互垂直时，$\vec{a}\times\vec{b}$的大小，可写作$|\vec{a}\times\vec{b}|$，为最大。

$\vec{c}$的方向垂直于$\vec{a}$与$\vec{b}$所构成的平面，图 3－20a 表示出了如何用被称为“**右手定则**”的方法确定$\vec{c}=\vec{a}\times\vec{b}$的方向。将矢量$\vec{a}$与$\vec{b}$保持原方向并将它们尾对尾地放在一起，设想一直线垂直于$\vec{a}$、$\vec{b}$构成的平面，且通过它们的交点。用右手环绕这直线，使四指似要把$\vec{a}$经过它们之间较小的夹角扫向$\vec{b}$，伸出的拇指就指向$\vec{c}$的方向。

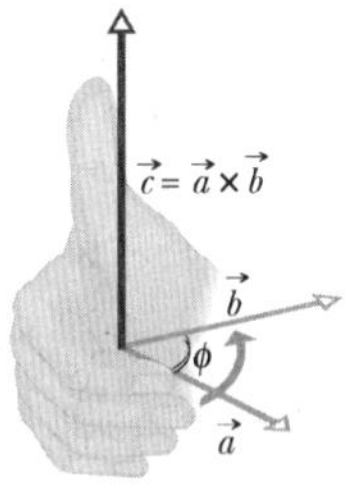

(a)

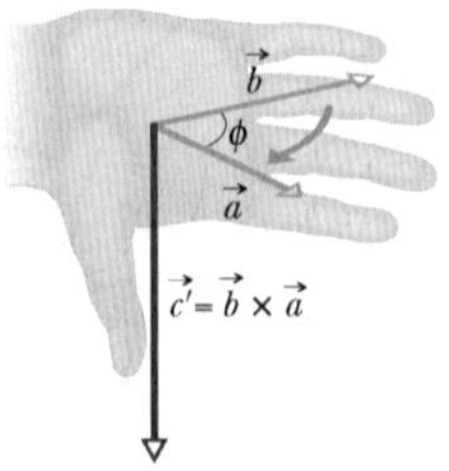

(b)

图 3－20 矢积“右手定则”的说明：(a)叉乘方法示意；(b)$\vec{a}\times\vec{b}$是$\vec{b}\times\vec{a}$的倒向。

相乘的次序是重要的。在图 3－20b 中要确定$\vec{c}'=\vec{b}\times\vec{a}$的方向，因此四指要经过较小的角把$\vec{b}$扫向$\vec{a}$。拇指所指方向与上情形相反，因而，一定是$\vec{c}'=-\vec{c}$，即

$$\vec{b}\times\vec{a}=-(\vec{a}\times\vec{b}) \qquad (3-28)$$

换言之，交换律不适于矢积。

用单位矢量表示法，我们写

$$\vec{a}\times\vec{b}=(a_x\vec{i}+a_y\vec{j}+a_z\vec{k})\times(b_x\vec{i}+b_y\vec{j}+b_z\vec{k}) \tag{3-29}$$

这可根据交换律展开；即，第一个矢量的各分量与第二个矢量的各分量叉乘。单位矢量的叉积在附录E中给出（见"矢量的积"）。例如，在式（3-29）的展开中有

$$a_x\vec{i}\times b_x\vec{i}=a_xb_x(\vec{i}\times\vec{i})=0$$

这是因为$\vec{i}$与$\vec{i}$两单位矢量平行，因此其叉积为零。同理可有

$$a_x\vec{i}\times b_y\vec{j}=a_xb_y(\vec{i}\times\vec{j})=a_xb_y\vec{k}$$

在最后一步中，我们利用式（3-27）计算得$\vec{i}\times\vec{j}$的大小为1（矢量$\vec{i}$与$\vec{j}$的大小均为1，其间夹角为90°）。还有，利用右手定则可定出$\vec{i}\times\vec{j}$的方向指向z轴正向（也即$\vec{k}$的方向）。

将式（3-29）一步步展开，可得到

$$\vec{a}\times\vec{b}=(a_yb_z-b_ya_z)\vec{i}+(a_zb_x-b_za_x)\vec{j}+(a_xb_y-b_xa_y)\vec{k} \tag{3-30}$$

还可用列出并求解行列式的方法（见附录E），或用矢量功能计算器计算叉积。

要想检验任一x，y，z坐标系是否为右手直角坐标系，只要用右手规则看那坐标系的三个坐标轴是否满足叉积关系$\vec{i}\times\vec{j}=\vec{k}$。如果用四指把$\vec{i}$（$x$的正向）扫向$\vec{j}$（$y$的正向）时，伸出的拇指指向$z$的正向，该坐标系就是右手系。

检查点5：矢量$\vec{C}$和$\vec{D}$的大小各为三个单位与四个单位。问$\vec{C}$与$\vec{D}$方向间的夹角应为多少时可使得矢积$\vec{C}\times\vec{D}$的大小等于（a）零；（b）12个单位？

例题3-7

如图3-21所示，位于xy平面内的某矢量$\vec{a}$与x正向成250°角，大小为18个单位。矢量$\vec{b}$的大小为12个单位，方向沿z正向。试求矢积$\vec{c}=\vec{a}\times\vec{b}$。

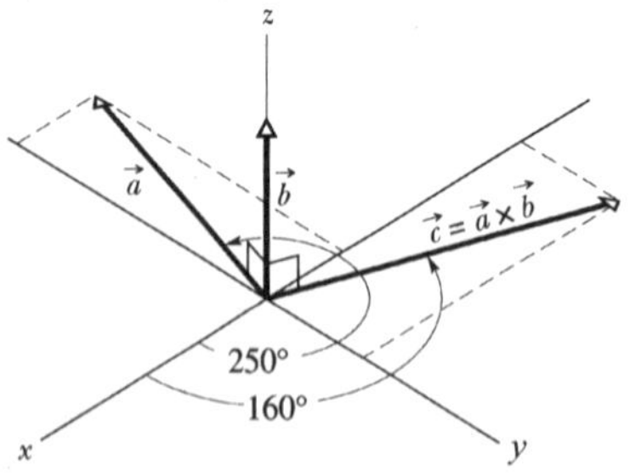

图3-21 例题3-7图 xy平面的矢量$\vec{c}$为$\vec{a}$与$\vec{b}$的矢积。

【解】 这里第一个**关键点**是，当已知两矢量用大小角度标记法给出时，就用式（3-27）求出它们叉积的大小。在这里得$\vec{c}$的大小为

$$c=ab\sin\phi=(18)(12)(\sin 90°)=216$$

（答案）

第二个**关键点**在于，已知两矢量的大小-角度表示，就用图3-20所示的右手定则求出叉积的方向。在图3-21中，设想一直线垂直于$\vec{a}$、$\vec{b}$构成的平面（表示$\vec{c}$的那条线），右手四指绕直线把$\vec{a}$扫向$\vec{b}$，伸出的拇指给出$\vec{c}$的方向。从图3-21可见，$\vec{c}$位于xy平面内。因为它的方向垂直于$\vec{a}$的方向，所以它与x正向间的夹角为

$$250°-90°=160°$$

（答案）

例题3-8

已知$\vec{a}=3\vec{i}-4\vec{j}$，$\vec{b}=-2\vec{i}+3\vec{k}$，求$\vec{c}=\vec{a}\times\vec{b}$。

【解】 此题的**关键点**是，当两矢量以单位矢量表示法给出时，我们可应用分配律求解它们的叉

积。这里可写出

$$\vec{c}=(3\vec{i}-4\vec{j})\times(-2\vec{i}+3\vec{k})$$
$$=3\vec{i}\times(-2\vec{i})+3\vec{i}\times3\vec{k}$$
$$+(-4\vec{j})\times(-2\vec{i})+(-4\vec{j})\times3\vec{k}$$

接着,利用式(3-27)来计算各项,并用右手定则确定方向。如对第一项,两矢量间夹角 ϕ 为零,而对另几项 ϕ 为90°,由此可得

$$\vec{c}=6(0)+9(-\vec{j})+8(-\vec{k})-12\vec{i}$$
$$=-12\vec{i}-9\vec{j}-8\vec{k}$$ （答案）

矢量$\vec{c}$垂直于$\vec{a}$、$\vec{b}$两矢量。对此结果，你可用$\vec{c}\cdot\vec{a}=0$及$\vec{c}\cdot\vec{b}=0$检验；即$\vec{c}$在$\vec{a}$或$\vec{b}$方向没有分量。

解题线索

线索5：叉积常见错误

在求解叉积时常见的几个错误是：（1）在画图时，没有将两个矢量尾对尾摆放，而是将它们头对尾摆放。你应将其中一矢量保持方向不变地移到合适的位置。（2）当右手拿着计算器或铅笔等物时，很容易不用右手来应用右手定则。（3）当应用右手定则而需要右手作出非常笨拙的扭屈时，可能没有将四指从矢积的第一个矢量扫向第二个矢量。这种情况有时发生在不实际用手而只凭心想的时候。（4）当你忘记了如何画出这样的坐标系（见图3-14）的时候没有用右手坐标系解题。

复习和小结

标量和矢量 **标量**（如温度）只有大小，由一个带单位的数（10℃）确定，且遵循算术和普通代数的运算规则。**矢量**（如位移），既有大小又有方向（5m，正北）且遵循矢量代数的特殊运算法则。

矢量相加的几何方法 两矢量$\vec{a}$与$\vec{b}$可用几何方法相加。方法是将按一定比例画出的二矢量的头对尾地相接放在一起，则由第一矢量的尾指向第二矢量的头的矢量即为矢量和$\vec{s}$。若求$\vec{a}-\vec{b}$，只要反转$\vec{b}$的方向，得到$-\vec{b}$，然后将$-\vec{b}$与$\vec{a}$相加即可。矢量加法符合交换律和结合律。

矢量的分量 任一个二维矢量$\vec{a}$沿坐标轴的（标量）**分量** a_x和 a_y可由从该矢量的两端引到坐标轴上的垂线求得。分量由下式给出

$$a_x=a\cos\theta \text{ 及 } a_y=a\sin\theta \qquad (3-5)$$

其中 θ 为$\vec{a}$的方向与 x 轴正向之间的夹角。分量的正负号表示它沿对应轴的方向。若已知分量，可利用下式求出矢量$\vec{a}$的大小与指向

$$a=\sqrt{a_x^{2}+a_y^{2}} \quad \text{和} \quad \tan\theta=\frac{a_y}{a_x} \qquad (3-6)$$

单位矢量表示 在右手坐标系中的**单位矢量**$\vec{i}$、$\vec{j}$和$\vec{k}$的大小均为1，方向分别指向 x、y 和 z 轴的正方向。我们可将矢量$\vec{a}$用这三个单位矢量表示为

$$\vec{a}=a_x\vec{i}+a_y\vec{j}+a_z\vec{k} \qquad (3-7)$$

式中 $a_x\vec{i}$、$a_y\vec{j}$与 $a_z\vec{k}$为$\vec{a}$的**矢量分量**，而 a_x、a_y 与 a_z 是$\vec{a}$的**标量分量**。

用分量来加矢量 要将矢量以分量形式相加，可用关系式

$$r_x=a_x+b_x \qquad r_y=a_y+b_y \qquad r_z=a_z+b_z \qquad (3-11\sim3-13)$$

其中$\vec{a}$与$\vec{b}$是要相加的矢量，$\vec{r}$是它们的矢量和。

矢量和物理定律 任一个含有矢量的物理情况都可用多种可能的坐标系描述。我们一般选用最能简化描述的坐标系。不过，矢量间的关系不依赖于坐标系的选择。物理定律也同样与坐标系的选择无关。

标量与矢量的积 一个标量 s 与一个矢量$\vec{v}$的积为一个新的矢量，它的大小为 sv，如果 s 是正的，则新矢量与$\vec{v}$方向相同；如 s 是负的，则方向相反。$\vec{v}$除以 s，用$\vec{v}$乘以 $1/s$ 即可。

标积 两矢量$\vec{a}$与$\vec{b}$的**标积**（或**点积**）写作$\vec{a}\cdot\vec{b}$，它为一个**标量**，由下式给出

$$\vec{a}\cdot\vec{b}=ab\cos\phi \qquad (3-20)$$

式中 ϕ 是$\vec{a}$与$\vec{b}$方向间的夹角。标积因为 ϕ 的不同而可正、可负也可为零。标积可看作是第一个矢量的大小和另一个矢量在第一个矢量方向上的分量的乘积。

用单位矢量表示法，有

$$\vec{a}\cdot\vec{b}=(a_x\vec{i}+a_y\vec{j}+a_z\vec{k})(b_x\vec{i}+b_y\vec{j}+b_z\vec{k}) \qquad (3-22)$$

此式可根据分配律展开。请注意$\vec{a}\cdot\vec{b}=\vec{b}\cdot\vec{a}$。

矢积 两矢量$\vec{a}$与$\vec{b}$的**矢积**（或**叉积**）写作$\vec{a}\times\vec{b}$，它是一个**新矢量**$\vec{c}$。它的大小 c 由下式给出

$$c = ab\sin\theta \qquad (3-27)$$

式中，ϕ 是$\vec{a}$与$\vec{b}$方向间较小的那个夹角。$\vec{c}$的方向，垂直于$\vec{a}$和$\vec{b}$构成的平面，且由右手定则确定（见图3-20）。注意，$\vec{a}\times\vec{b} = -(\vec{b}\times\vec{a})$。用单位矢量表示法，有

$$\vec{a}\times\vec{b} = (a_x\vec{i}+a_y\vec{j}+a_z\vec{k})\times(b_x\vec{i}+b_y\vec{j}+b_z\vec{k}) \qquad (3-29)$$

此式可根据分配律展开。

思考题

1. 位移$\vec{D}$在 xy 平面由坐标点（5m，3m）指到坐标（7m，6m）。下面哪个位移矢量与$\vec{D}$相等：矢量$\vec{A}$，由（−6m，−5m）指到（−4m，−2m）；矢量$\vec{B}$，由（−6m，1m）指到（−4m，4m）；及矢量$\vec{C}$，由（−8m，−6m）指到（−10m，−9m）？

2. 两矢量差的大小是否可能大于（a）矢量之一的大小；（b）两矢量的大小；（c）它们的和的大小？

3. 式（3-2）表明二矢量$\vec{a}$与$\vec{b}$的相加是可交换的。那么，这是否意味着矢量减法也可交换，即：$\vec{a}-\vec{b}=\vec{b}-\vec{a}$？

4. 如果$\vec{d}=\vec{a}+\vec{b}+(-\vec{c})$，是否有（a）$\vec{a}+(-\vec{d})=\vec{c}+(-\vec{b})$；（b）$\vec{a}=(-\vec{b})+\vec{d}+\vec{c}$，以及（c）$\vec{c}+(-\vec{d})=\vec{a}+\vec{b}$？

5. 描述两个矢量$\vec{a}$与$\vec{b}$使得（a）$\vec{a}+\vec{b}=\vec{c}$和 $a+b=c$；（b）$\vec{a}+\vec{b}=\vec{a}-\vec{b}$；（c）$\vec{a}+\vec{b}=\vec{c}$和 $a^2+b^2=c^2$。

6. 在图3-22中，矢量$\vec{A}$的（a）x 分量和（b）y 分量是正是负？矢量$\vec{A}-\vec{B}$的（c）x 分量和（d）y 分量是正是负？

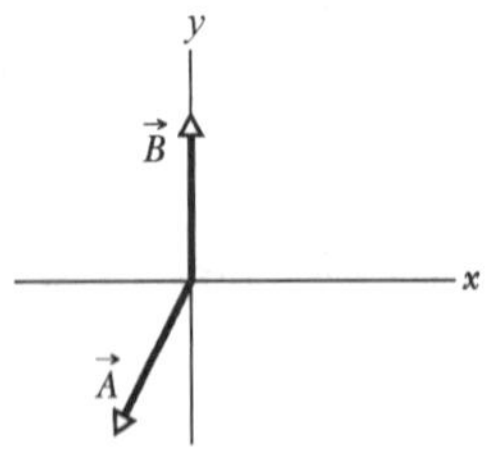

图3-22 思考题6图

7. 图3-23中各轴的正侧按通常方法用轴标记表明。哪种轴的排置方法可称为“右手坐标系”。

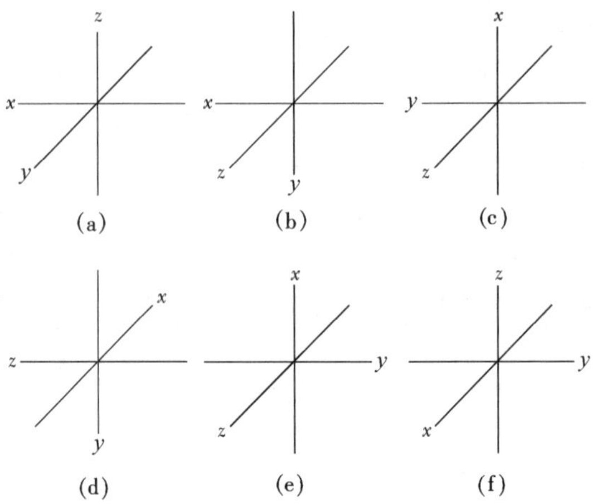

图3-23 思考题7图

8. 如果$\vec{a}\cdot\vec{b}=\vec{a}\cdot\vec{c}$，$\vec{b}$一定等于$\vec{c}$么？

9. 如果$\vec{A}=2\vec{i}+4\vec{j}$，当（a）$\vec{B}=8\vec{i}+16\vec{j}$，与（b）$\vec{B}=-8\vec{i}-16\vec{j}$时的$\vec{A}\times\vec{B}$各为何？（此问题不需要计算即可回答）

10. 图3-24给出矢量$\vec{A}$与另四个大小相同，方向不同的矢量。试问：（a）这四者中谁与$\vec{A}$的点积相同？（b）谁与$\vec{A}$的点积为负？

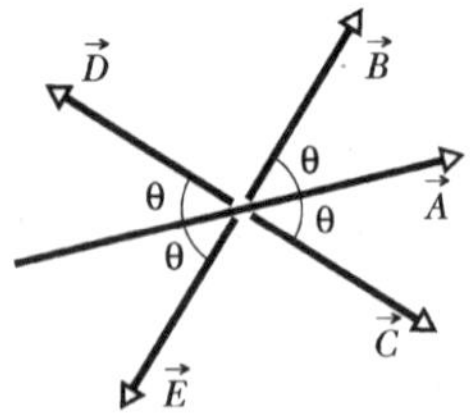

图3-24 思考题10图

练习和习题

3-2节 矢量相加的几何方法

1E. 设有两个位移，一个位移的大小是 3 m，另一个位移的大小是 4 m。试说明怎样将这两个位移合成起来而得到大小为（a）7 m；（b）1 m 与（c）5 m 的合位移？

2P. 一位于波士顿市区的银行遭抢劫（见图 3－25 中的地图）。为躲避警察，劫匪乘直升机逃跑，逃跑路线为如下位移表示的三段连续航线：32 km，东偏南 45°；53km，西偏北 26° 及 26km，南偏东 18°。当他们逃到第三段航程的终点时被抓捕。问：在哪个市区抓住他们的？（用几何方法在地图上将三个位移相加。）

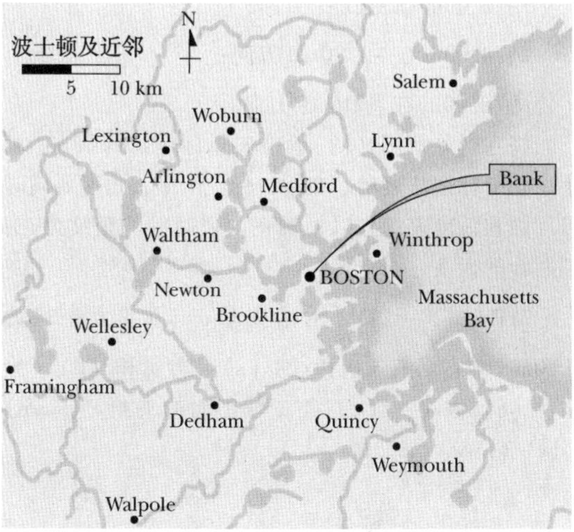

图 3－25 习题 2 图

3－3 节 矢量的分量

3E. 设 xy 平面内一矢量 $\vec{a}$ 的大小为 7.3m，方向相对 x 轴正向逆时针 250°，求（a）它的 x 分量，与（b）它的 y 分量。(ssm)

4E. 将下列角以弧度表示：（a）20.0°；（b）50.0°；（c）100.0°。将下列角换算为相应的度数：（d）0.33rad；（e）2.10rad；（f）7.70rad。

5E. 已知矢量 $\vec{A}$ 的 x 分量为 －25.0 m，y 分量为 ＋40.0 m。试计算：（a）$\vec{A}$ 的大小；（b）$\vec{A}$ 的方向与 x 正向间的夹角。(ssm)

6E. 设 xy 平面的位移矢量 $\vec{r}$ 长 15m，方向如图 3－26 所示。求（a）它的 x 分量及（b）它的 y 分量。

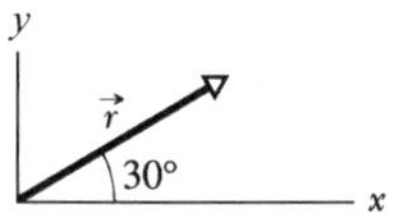

图 3－26 练习 6 图

7P. 半径为 45.0cm 的轮子沿水平地面无滑动地滚动（见图 3－27）。在 t_1 时刻，轮边缘上 P 点与地板接触，在其后的 t_2 时刻，P 点已转过半周（恰位于接触点上方）。此过程中 P 点位移的（a）大小及（b）相对于地板的夹角各为何？(ssm)。

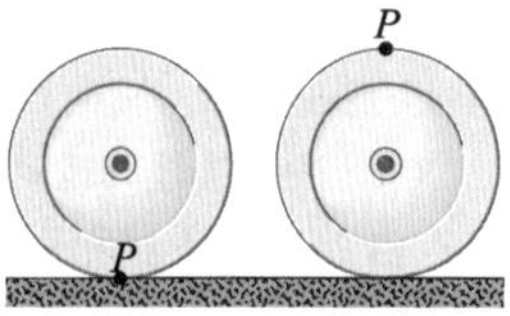

图 3－27 习题 7 图

8P. 岩石**断层**是一种裂缝，沿着它岩石相对的两面相互滑移。如图 3－28 所示，前表面上的 A、B 两点是重合在一起的。在前面岩石滑向右下方以前，净位移 $\vec{AB}$ 在断层面内。$\vec{AB}$ 的水平分量为**走向滑距** AC，$\vec{AB}$ 沿断层面向下的分量为**倾向滑距** AD。（a）假如走向滑距为 22.0 m，倾向滑距为 17.0 m，则净位移 $\vec{AB}$ 的大小为多少？（b）若断层面对水平面倾斜 52.0°，$\vec{AB}$ 的竖直分量多大？

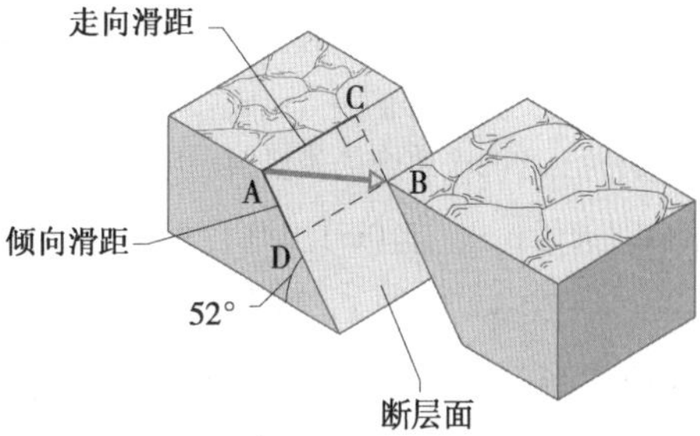

图 3－28 习题 8 图

9P. 有一房间，大小为 3.00 m（高）×3.70 m ×4.30m。一苍蝇从房间的一顶角开始飞行，到达对角线对面的顶角。（a）它的位移大小为何？（b）它的路径长度可否小于这一距离？（c）大于这一距离？（d）等于这一距离？（e）试取一适当的坐标系，并求出苍蝇的位移矢量在该坐标系中的分量。(f) 假设苍蝇不是飞而是爬行，它所取的最短路径为多长？(**提示**：此题不用微积分即可回答。此房间类于一个盒子，将它的墙壁铺开成为一平面)。

3－5 节 用分量作矢量相加

10E. 一汽车向东开行 50km，又向北开行 30km，最后又沿北偏东 30°的方向开行 25km。画出位移矢量图，并确定该汽车从出发地点算起的总位移的（a）大小和（b）方向。

11E. 一妇女沿北偏东 30°的方向行走 250m，接着向正东方向又走 175m。求她从出发地点算起的总位移的（a）大小和（b）方向。（c）求她走过的路程。（d）哪个更大些，是该路程还是她的位移？（ssm）

12E. 一人向北走 3.1km，又向西走 2.4km，最后向南走 5.2km。（a）画出描述其运动的矢量图。若一只鸟从相同起点沿一直线飞到相同的终点，这鸟（b）要飞多远？（c）应沿哪一方向飞？

13E.（a）以单位矢量表示的两矢量 $\vec{a}=(4.0\text{m})\vec{i}+(3.0\text{m})\vec{j}$ 与 $\vec{b}=(-13.0\text{m})\vec{i}+(7.0\text{m})\vec{j}$ 的矢量和为多少？（b）$\vec{a}+\vec{b}$ 的大小为多少？（c）$\vec{a}+\vec{b}$ 相对于 $\vec{i}$ 的方向为何？（ssm）

14E. 设位移矢量 $\vec{c}$ 和 $\vec{d}$ 沿三轴的分量（以 m 为单位）分别为 $c_x=7.4$、$c_y=-3.8$、$c_z=-6.1$ 及 $d_x=4.4$、$d_y=-2.0$、$d_z=3.3$。试计算二矢量的和（$\vec{r}=\vec{c}+\vec{d}$）的（a）x 分量；（b）y 分量；（c）z 分量。

15E. 矢量 $\vec{a}$ 大小为 5.0m，方向正东；矢量 $\vec{b}$ 大小为 4.0m，方向北偏西 35°。求：$\vec{a}+\vec{b}$ 的（a）大小和（b）方向，以及 $\vec{b}-\vec{a}$ 的（c）大小和（d）方向；（e）分别画出这两个组合的矢量图。（ssm）

16E. 矢量 $\vec{a}=(3.0\text{m})\vec{i}+(4.0\text{m})\vec{j}$ 及 $\vec{b}=(5.0\text{ m})\vec{i}+(-2.0\text{m})\vec{j}$，给出 $\vec{a}+\vec{b}$ 的（a）以单位矢量和以（b）大小及（c）角度（相对于 $\vec{i}$）表示的关系。再给出 $\vec{b}-\vec{a}$ 的（d）以单位矢量和以（e）大小及（f）角度表示的关系。

17E. 两矢量由 $\vec{a}=(4.0\text{m})\vec{i}-(3.0\text{m})\vec{j}+(1.0\text{m})\vec{k}$ 和 $\vec{b}=(-1.0\text{m})\vec{i}+(1.0\text{m})\vec{j}+(4.0\text{m})\vec{k}$ 给定。以单位矢量标记法给出：（a）$\vec{a}+\vec{b}$；（b）$\vec{a}-\vec{b}$；（c）第三个矢量 c 使得 $\vec{a}-\vec{b}+\vec{c}=0$。（ssm）

18P. 已知两矢量：$\vec{a}=(4.0\text{m})\vec{i}-(3.0\text{m})\vec{j}$ 和 $\vec{b}=(6.0\text{m})\vec{i}+(8.0\text{m})\vec{j}$。求：$\vec{a}$ 的（a）大小与（b）角度（相对于 $\vec{i}$）；$\vec{b}$ 的（c）大小与（d）角度；$\vec{a}+\vec{b}$ 的（e）大小与（f）方向；$\vec{b}-\vec{a}$ 的（g）大小与（h）角度；$\vec{a}-\vec{b}$ 的（i）大小与（j）角度；（k）$\vec{b}-\vec{a}$ 与 $\vec{a}-\vec{b}$ 两矢量方向之间的夹角。

19P. 位于 xy 平面的三矢量 $\vec{a}$、$\vec{b}$ 与 $\vec{c}$ 大小均为 50m，相对 x 轴正向的夹角分别为 30°、195°和 315°。计算：矢量 $\vec{a}+\vec{b}+\vec{c}$ 的（a）大小与（b）角度；矢量 $\vec{a}-\vec{b}+\vec{c}$ 的（c）大小与（d）角度；可使 $(\vec{a}+\vec{b})-(\vec{c}+\vec{d})=0$ 成立的第四个矢量 $\vec{d}$ 的（e）大小与（f）角度。（ilw）

20P. 给定的四个矢量为：

$\vec{E}$：6.00m 在 +0.900rad 方向；

$\vec{F}$：5.00m 在 −75.0°方向；

$\vec{G}$：4.00m 在 +1.20rad 方向；

$\vec{H}$：6.00m 在 −210.0°方向；

将它们分别用（a）单位矢量标记法和（b）大小一角度标记法表示。在后一标记法中，角度要同时以度数和弧度表示。以 x 轴正向逆时针的角度为正；顺时针的为负。

21P. 图 3－29 所示两矢量 $\vec{a}$ 与 $\vec{b}$ 的大小均为 10.0m。求它们的矢量和 $\vec{r}$ 的（a）x 分量和（b）y 分量，（c）大小；（d）与 x 轴正向的夹角。（ssm）（ilw）（www）

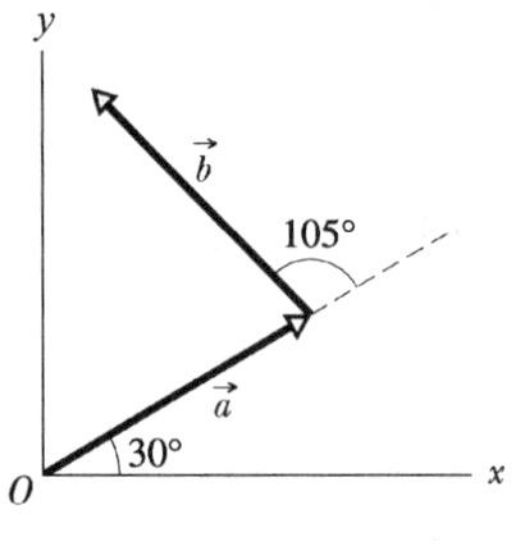

图 3－29 习题 21 图

22P. 三矢量满足矢量和关系 $\vec{A}+\vec{B}=\vec{C}$，其中矢量 $\vec{A}$ 大小为 12.0m，角度为从 $+x$ 方向逆时针 40°；矢量 $\vec{C}$ 大小为 15.0m，角度为从 $-x$ 方向逆时针 20°。求 $\vec{B}$ 的（a）大小和（b）角度（相对 $+x$）。

23P. 试证：若两矢量之和垂直于两矢量之差，则两矢量的大小必定相等。（ssm）

24P. 将如下四矢量的矢量和（a）用单位矢量表示法表示并以（b）大小和（c）角度（相对 $+x$）给出。

$\vec{P}$：10.0m，从 $+x$ 逆时针 25.0°；

$\vec{Q}$：12.0m，从 $+y$ 逆时针 10.0°；

$\vec{R}$：8.0m，从 $-y$ 顺时针 20.0°；

$\vec{S}$：9.0m，从 $-y$ 逆时针 40.0°；

25P. 将长度为 a 与 b 的两矢量的尾对尾放在一

起时，它们相交成 θ 角。用沿两垂直轴所取的分量，证明这两个矢量的和$\vec{r}$的大小为

$$r = \sqrt{a^2 + b^2 + 2ab\cos\theta} \qquad \text{(ssm)}$$

26P. 将如下四矢量的和（a）用单位矢量表示法表示并以（b）大小和（c）角度给出。从 x 轴正向逆时针的角度为正，顺时针的为负。

$\vec{A}$ = （2.00m）$\vec{i}$ + （3.00m）$\vec{j}$

$\vec{B}$：4.00m，在 +65.0°

$\vec{C}$ = （−4.00m）$\vec{i}$ − （6.00m）$\vec{j}$

$\vec{D}$：5.00m，在 −235.0°

27P. 设一立方体的边长为 a。（a）用单位矢量表示法将它的四个体对角线（从立方体一角顶点过中心到对角顶点的连线）用边长来表达；（b）确定体对角线与邻边的夹角；（c）用 a 表示体对角线的长度。(ssm)

3-6 节　矢量和物理定律

28E. 在 xy 坐标系中，矢量$\vec{A}$的大小为 12.0m，角度为从 x 轴正向逆时针 60°。矢量$\vec{B}$ = （12.0m）$\vec{i}$ + （8.00m）$\vec{j}$。现将坐标系对原点逆时针转动 20.0° 形成 $x'y'$ 系。在这个新坐标系中，用单位矢量表示（a）矢量$\vec{A}$与（b）矢量$\vec{B}$。

3-7 节　矢量乘法

29E. 大小为 10 个单位的矢量$\vec{a}$与大小为 6 个单位的矢量$\vec{b}$，所指的方向相差 60°。求两矢量的（a）标积与（b）矢积$\vec{a}\times\vec{b}$的大小。(ssm)

30E. 用单位矢量表示标积，推导关于标积的式（3-23）。

31P. 用标积的定义$\vec{a}\cdot\vec{b} = ab\cos\theta$ 与$\vec{a}\cdot\vec{b} = a_xb_x + a_yb_y + a_zb_z$ 的事实（见 30E），求两矢量$\vec{a} = 3.0\vec{i} + 3.0\vec{j} + 3.0\vec{k}$与$\vec{b} = 2.0\vec{i} + 1.0\vec{j} + 3.0\vec{k}$的夹角。(ssm) (ilw) (www)

32P. 用单位矢量表示矢积，推导关于矢积的式（3-30）。

33P. 证明$\vec{a}$和$\vec{b}$两矢量与图 3-30 中的细线所包围的三角形面积等于$\frac{1}{2}|\vec{a}\times\vec{b}|$。(ssm)

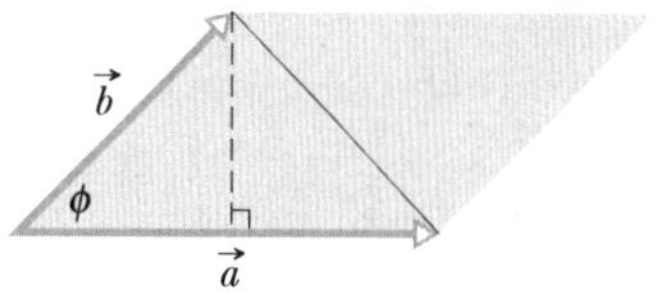

图 3-30　习题 33 图

34P. 在积$\vec{F} = q\vec{v}\times\vec{B}$中取 $q = 2$，$\vec{v} = 2.0\vec{i} + 4.0\vec{j} + 6.0\vec{k}$与$\vec{F} = 4.0\vec{i} + 20\vec{j} + 12\vec{k}$。如果 $B_x = B_y$，则用单位矢量表示的矢量$\vec{B}$为何？

35P. （a）证明$\vec{a}\cdot(\vec{b}\times\vec{a})$为零对任何矢量$\vec{a}$与$\vec{b}$成立；（b）若二矢量$\vec{a}$与$\vec{b}$间夹角为 ϕ，问$\vec{a}\times(\vec{b}\times\vec{a})$的大小为何？(ssm)

36P. 有三矢量：$\vec{A} = 2.00\vec{i} + 3.00\vec{j} - 4.00\vec{k}$，$\vec{B} = -3.00\vec{i} + 4.00\vec{j} + 2.00\vec{k}$及$\vec{C} = 7.00\vec{i} - 8.00\vec{j}$。求 $3\vec{C}\cdot(2\vec{A}\times\vec{B})$。

37P. 图 3-31 给定三矢量，大小各为 a = 3.00m，b = 4.00m 及 c = 10.0m。求$\vec{a}$的（a）x 分量和（b）y 分量；$\vec{b}$的（c）x 分量和（d）y 分量；$\vec{c}$的（e）x 分量和（f）y 分量。如果$\vec{c} = p\vec{a} + q\vec{b}$，则（g）$p$ 和（h）q 的值为何？(ilw)

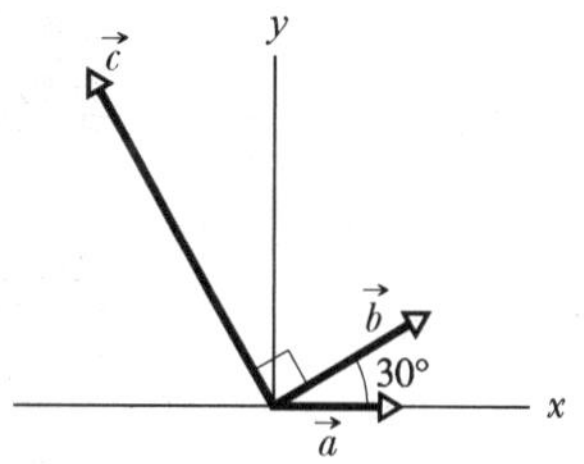

图 3-31　习题 37 图

38P. 两矢量$\vec{a}$与$\vec{b}$的分量（以 m 为单位）分别为：$a_x = 3.2$，$a_y = 1.6$，$b_x = 0.50$，$b_y = 4.5$。（a）$\vec{a}$和$\vec{b}$之间的夹角为何？假若 xy 平面内另有两个垂直于$\vec{a}$且大小均为 5.0m 的矢量，其中一矢量$\vec{c}$有正 x 分量，而另一矢量$\vec{d}$有负 x 分量。试求：$\vec{c}$的（b）x 分量和（c）y 分量以及$\vec{d}$的（d）x 分量和（e）y 分量各为何？

第 4 章　二维和三维的运动

1922 年，美国很有声望的 Zacchini 家庭马戏表演团首开先例，将一个演员作为人体炮弹，从炮膛射出，飞过竞技场舞台落入网中。为加强特技效果，马戏团逐渐增加飞越的高度和距离。在 1939 年或 1940 年，Emanuel Zacchini 被作为人体炮弹，从炮膛射出越过了三个摩天轮，水平跨度达 69 米。

他是如何确定网应放置的位置的？另外，他如何能确保自己一定会飞越过摩天轮？

答案在本章中。

4-1 在二维或三维空间运动

本章将前两章的内容推广到二维和三维情形。第2章中的许多概念，如位置、速度及加速度本章还要涉及。只是由于扩展了维数，在此会更为复杂些。为保证符号表示的灵活、明确，我们会应用第3章所学的矢量代数。在学习本章的过程中，也可查阅前面章节，以恢复记忆，加深理解。

4-2 位置和位移

确定质点（或类质点物体）位置的常用方法是用**位置矢量**（位矢）$\vec{r}$，这是从参考点（通常为坐标系的原点）延伸到质点位置的一个矢量。由3-4节的单位矢量表示法知，$\vec{r}$可写作

$$\vec{r}=x\vec{i}+y\vec{j}+z\vec{k} \tag{4-1}$$

其中$x\vec{i}$，$y\vec{j}$和$z\vec{k}$为$\vec{r}$的矢量分量，而系数x、y和z为其标量分量。

系数x、y和z给出质点沿坐标轴方向相对原点的位置，即质点具有直角坐标（x、y、z）。例如，图4-1所示的质点具有位矢$\vec{r}=(-3\text{m})\vec{i}+(2\text{m})\vec{j}+(5\text{m})\vec{k}$及直角坐标（$-3$m，2m，5m）。质点沿$x$轴距原点3m，在$-\vec{i}$方向；沿$y$轴距原点2m，在$+\vec{j}$方向；沿$z$轴距原点5m，在$+\vec{k}$方向。

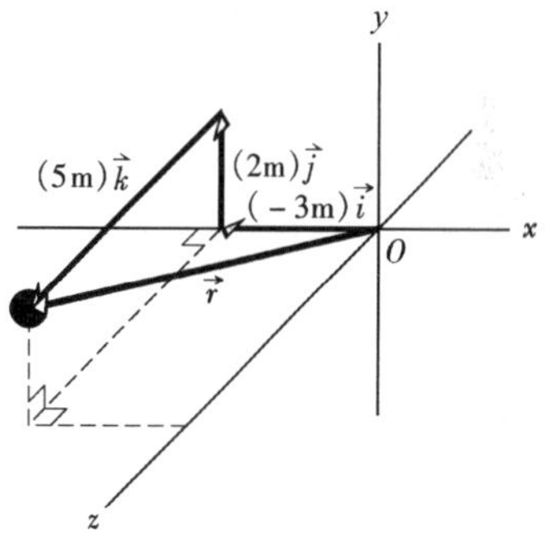

图4-1 质点的位矢$\vec{r}$是其矢量分量的矢量和。

随着质点移动，它的位矢会改变，而该矢量总是从参考点（原点）指向质点。如果在某一确定时间间隔内，位矢从$\vec{r}_1$变化到$\vec{r}_2$，则质点在那段时间间隔的**位移**为

$$\Delta\vec{r}=\vec{r}_2-\vec{r}_1 \tag{4-2}$$

应用式（4-1）的单位矢量表示法，我们可将位移重写作

$$\Delta\vec{r}=(x_2\vec{i}+y_2\vec{j}+z_2\vec{k})-(x_1\vec{i}+y_1\vec{j}+z_1\vec{k})$$

或

$$\Delta\vec{r}=(x_2-x_1)\vec{i}+(y_2-y_1)\vec{j}+(z_2-z_1)\vec{k} \tag{4-3}$$

式中，坐标（x_1，y_1，z_1）相应于位矢$\vec{r}_1$，坐标（x_2，y_2，z_2）相应于位矢$\vec{r}_2$。还可将（x_2-x_1）代为Δx，（y_2-y_1）代为Δy，与（z_2-z_1）代为Δz，而重写为

$$\Delta\vec{r}=\Delta x\vec{i}+\Delta y\vec{j}+\Delta z\vec{k} \tag{4-4}$$

例题4-1

如图4-2所示，质点初时位矢为

$$\vec{r}_1=(-3.0\text{m})\vec{i}+(2.0\text{m})\vec{j}+(5.0\text{m})\vec{k}$$

其后变为

$$\vec{r}_2=(9.0\text{m})\vec{i}+(2.0\text{m})\vec{j}+(8.0\text{m})\vec{k}$$

试求质点从$\vec{r}_1$到$\vec{r}_2$的位移。

【解】 此题**关键点**为，位移$\Delta\vec{r}$可由末位移$\Delta\vec{r}_2$减初位移$\Delta\vec{r}_1$得到。这由分量运算很容易得到：

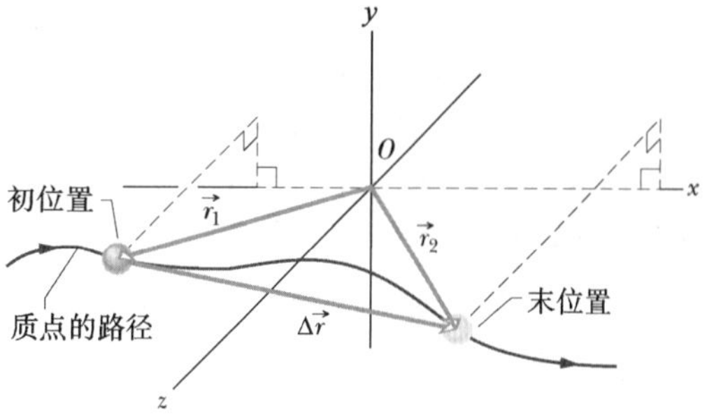

图4-2 例题4-1图 位移矢$\Delta\vec{r}=\vec{r}_2-\vec{r}_1$由初位矢$\vec{r}_1$的头延伸到末位矢$\vec{r}_2$的头。

物理学基础

$$\Delta\vec{r} = \vec{r}_2 - \vec{r}_1$$
$$= [9.0\text{m} - 3.0\text{m}]\vec{i} + [2.0\text{m} - 2.0\text{m}]\vec{j}$$
$$+ [8.0\text{m} - 5.0\text{m}]\vec{k} = (12\text{m})\vec{i} + (3.0\text{m})\vec{k}$$

（答案）

这个位移矢量中不含 y 分量，所以它是平行于 xz 平面的矢量（这点从数值结果比图4－2更易看出）。

检查点1：一只灵巧的蝙蝠从 xyz 坐标系中（－2m，4m，－3m）处飞到（6m，－2m，－3m）处。(a) 若用单位矢量法表示，它的位移 $\Delta\vec{r}$ 为何？(b) $\Delta\vec{r}$ 会否平行于三坐标中的某一坐标平面？如果是，平行于哪一平面？

例题4－2

一只兔子奔跑过一个停车场，说也奇怪，停车场上面正巧画着一套坐标系，兔子的位置坐标对时间的函数由下式给出

$$x = -0.31t^2 + 7.2t + 28 \qquad (4-5)$$
$$y = 0.22t^2 - 9.1t + 30 \qquad (4-6)$$

式中，t 的单位为 s，x 与 y 的单位为 m。

(a) 用单位矢量表示兔子在 $t=15\text{s}$ 时刻的位矢，并求出其大小和角度

【解】　这里**关键点**为，兔子位置的 x 和 y 坐标式（4－5）和（4－6）正是它的位矢 $\vec{r}$ 的标量分量。于是可写出

$$\vec{r}(t) = x(t)\vec{i} + y(t)\vec{j} \qquad (4-7)$$

（我们写 $\vec{r}(t)$ 而不写 $\vec{r}$，原因在于其分量是 t 的函数，因此 $\vec{r}$ 也为 t 的函数）

在 $t=15\text{s}$ 时，标量分量为

$$x = [(-0.31)(15)^2 + (7.2)(15) + 28]m = 66\text{m}$$
$$y = (0.22)(15)^2\text{m} - (9.1)(15)\text{m} + 30\text{m} = -57\text{m}$$

所以，在 $t=15\text{s}$ 时，有（图4－3a）

$$\vec{r} = (66\text{m})\vec{i} - (57\text{m})\vec{j}$$

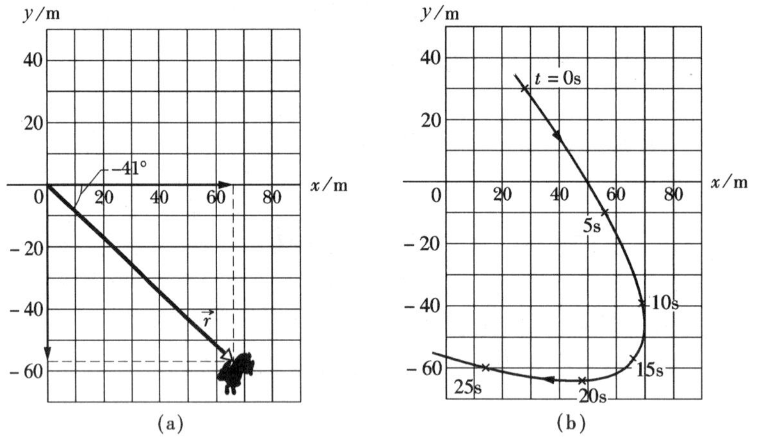

图4－3　例题4－2图　(a) 兔子在 $t=15\text{s}$ 时的位矢，沿轴所示 $\vec{r}$ 的标量分量。(b) 兔子走过的轨迹和相应于五个 t 值所对应的位置。

为求 $\vec{r}$ 的大小和方向，可用具有矢量运算功能的计算器或应用式（3－6）得到

$$r = \sqrt{x^2 + y^2} = \sqrt{(66\text{m})^2 + (-57\text{m})^2}$$
$$= 87\text{m}$$

（答案）

与　$$\theta = \arctan\frac{y}{x} = \arctan\left(\frac{-57\text{m}}{66\text{m}}\right) = -41°$$

（答案）

（虽然 $\theta = 139°$ 与 $-41°$ 对应相同正切值，不过根据 $\vec{r}$ 的分量的正负号特点可排除139°）

(b) 画出兔子从 $t=0\text{s}$ 至 $t=25\text{s}$ 之间的路径。

【解】　我们可从这个时间段中找几个特定时刻，重复以上（a）中的步骤，然后按其结果画图。图4－3b所示即为将五个 t 值所得结果连接画出的路径。还可用绘图计算器作参量图，即将式（4－5）

和式（4-6）作为 t 值的函数给出 x、y 值，再由计算器画出 y 对 x 的曲线。

4-3 平均速度和瞬时速度

如果一个质点在 Δt 时间间隔内移动过位移 $\Delta\vec{r}$，则它的**平均速度** $\vec{v}_{avg}$ 为

$$\text{平均速度} = \frac{\text{位移}}{\text{时间间隔}}$$

或

$$\vec{v}_{avg} = \frac{\Delta\vec{r}}{\Delta t} \tag{4-8}$$

由此可知，$\vec{v}_{avg}$（式（4-8）左边的矢量）的方向一定与位移 $\Delta\vec{r}$（右边的矢量）的方向相同。利用式（4-4），可将式（4-8）写为矢量分量的形式

$$\vec{v}_{avg} = \frac{\Delta x\vec{i} + \Delta y\vec{j} + \Delta z\vec{k}}{\Delta t} = \frac{\Delta x}{\Delta t}\vec{i} + \frac{\Delta y}{\Delta t}\vec{j} + \frac{\Delta z}{\Delta t}\vec{k} \tag{4-9}$$

例如，若例题 4-1 中的质点在 2.0s 时间内从初位置运动到末位置，则它在此时间内的平均速度为

$$\vec{v}_{avg} = \frac{\Delta\vec{r}}{\Delta t} = \frac{(12\text{m})\vec{i} + (3.0\text{m})\vec{k}}{2.0\text{s}} = (6.0\text{m/s})\vec{i} + (1.5\text{m/s})\vec{k}$$

一般来讲，我们所说的质点的**速度**是指质点在某一时刻的**瞬时速度** $\vec{v}$，也就是当时间间隔 Δt 减小到零时，$\vec{v}_{avg}$ 所趋近的该瞬时的极限值。应用微积分语言，可将 $\vec{v}$ 写作导数

$$\vec{v} = \frac{d\vec{r}}{dt} \tag{4-10}$$

图 4-4 表示出一个在 xy 平面运动的质点的路径。随着质点沿曲线右移，它的位矢逐渐指向右侧。在 Δt 时间内，其位矢由 $\vec{r}_1$ 变到 $\vec{r}_2$，质点的位移为 $\Delta\vec{r}$。

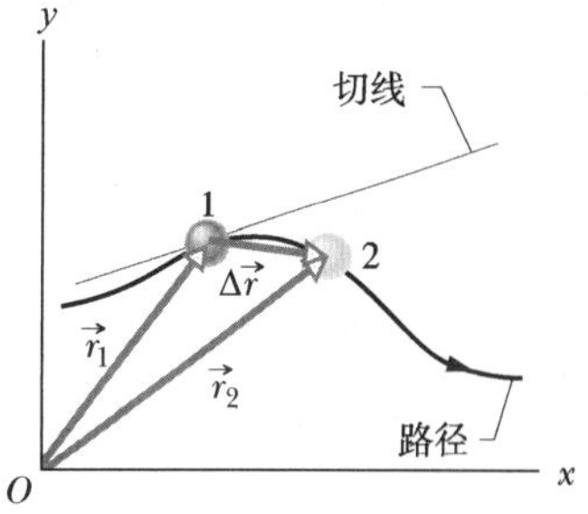

图 4-4 质点在 t_1 时刻由位置 1（位矢 $\vec{r}_1$）运动，在 t_2 时刻到达位置 2（位矢 $\vec{r}_2$），在 Δt 时间内的位移为 $\Delta\vec{r}$。在位置 1 处路径的切线也示于图中。

为求出质点在 t_1 时刻的瞬时速度（该时刻质点位于位置 1），我们将 Δt 在 t_1 附近缩小到零。这样做会产生三个结果：（1）图 4-4 中位矢 $\vec{r}_2$ 移向 $\vec{r}_1$ 而使 $\Delta\vec{r}$ 缩小到零；（2）$\frac{\Delta r}{\Delta t}$（即 $\vec{v}_{avg}$）的方向趋于质点路径在位置 1 处的切线方向；（3）平均速度 $\vec{v}_{avg}$ 趋近于 t_1 时刻的瞬时速度 $\vec{v}$。

在 $\Delta t \to 0$ 时，得到 $\vec{v}_{avg} \to \vec{v}$，而其中最重要的是 $\vec{v}_{avg}$ 指向切线方向。因此，$\vec{v}$ 也沿该方向。

质点的瞬时速度 $\vec{v}$ 的方向总是在质点位置处与质点的路径相切。

三维情况中结果也是如此，即 $\vec{v}$ 总是与质点路径相切。

为将式（4-10）以单位矢量表示法表示，可将式（4-1）代入 $\vec{r}$，即有

$$\vec{v}=\frac{d}{dt}(x\vec{i}+y\vec{j}+z\vec{k})=\frac{dx}{dt}\vec{i}+\frac{dy}{dt}\vec{j}+\frac{dz}{dt}\vec{k}$$

此式可简化表示为

$$\vec{v}=v_x\vec{i}+v_y\vec{j}+v_z\vec{k} \qquad (4-11)$$

其中 $\vec{v}$ 的标量分量为

$$v_x=\frac{dx}{dt},v_y=\frac{dy}{dt}\text{和}v_z=\frac{dz}{dt} \qquad (4-12)$$

比如，dx/dt 为 $\vec{v}$ 沿 x 轴的标量分量。所以说，我们可由微分 $\vec{r}$ 的标量分量而求得 $\vec{v}$ 的标量分量。

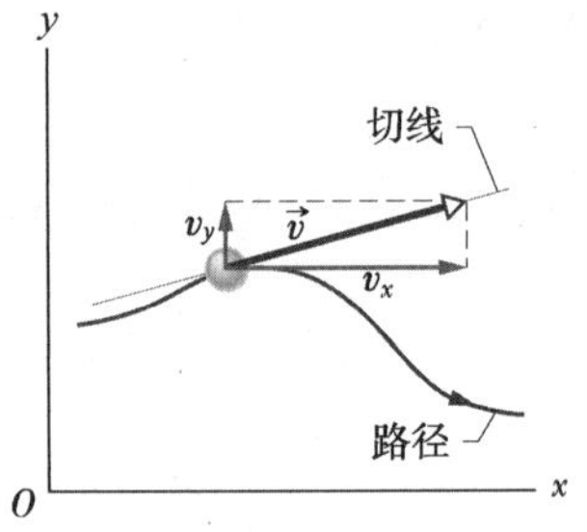

图4-5　质点的速度 $\vec{v}$ 及 $\vec{v}$ 的标量分量。

图4-5显示出速度矢量 $\vec{v}$ 与它在 x 与 y 方向的标量分量。注意：$\vec{v}$ 与质点所在处的质点的路径相切。小心：要想如图4-1～图4-4中那样画一位置矢量，可画出从一点（"这点"）到另一点（"那点"）的箭矢。然而，要想像图4-5中那样画一速度矢量，则并非从一点延伸到另一点，而应将矢量的尾画在质点所在位置，其箭头所指方向为该瞬时的运动方向，而矢量的长度（代表速度的大小）任取一比例画出即可。

检查点2：图中显示一质点行经的圆周路径。若质点的瞬时速度为 $\vec{v}=(2m/s)\vec{i}-(2m/s)\vec{j}$，质点绕圆周（a）顺时针运动和（b）逆时针运动时，正在通过哪个象限？对两种情形在图上画出相应的 $\vec{v}$。

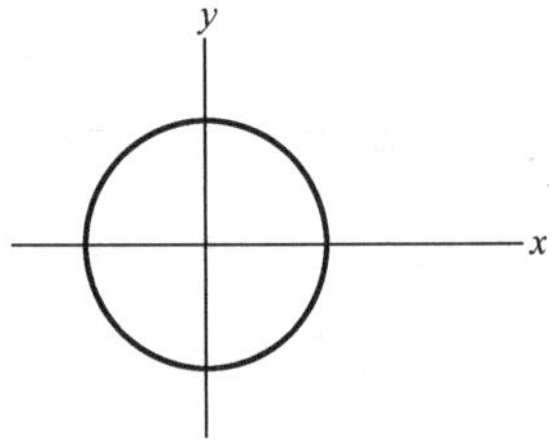

例题4-3

对例题4-2中的兔子，以单位矢量表示它在 $t=15s$ 时刻的速度 $\vec{v}$，并求其大小和角度。

【解】　这里有两个**关键点**：（1）可先求兔子的速度分量，再求速度 $\vec{v}$；（2）通过对兔子的位矢的分量求导，从而求出相应的速度分量。将式（4-12）中第一式代入式（4-5），求出 $\vec{v}$ 的 x 分量为

$$v_x=\frac{dx}{dt}=\frac{d}{dt}(-0.31t^2+7.2t+28)$$
$$=-0.62t+7.2 \qquad (4-13)$$

令 $t=15s$，得到 $v_x=-2.1m/s$。同理，将式（4-12）中的第二式代入式（4-6），求出 $\vec{v}$ 的 y 分量为

$$v_y=\frac{dy}{dt}=\frac{d}{dt}(0.22t^2-9.1t+30)$$
$$=0.44t-9.1 \qquad (4-14)$$

令 $t=15s$，得到 $v_y=-2.5m/s$。代入式（4-11）得

$$\vec{v}=-(2.1m/s)\vec{i}-(2.5m/s)\vec{j} \qquad \text{（答案）}$$

此结果画在图4-6中。可看出 $\vec{v}$ 与兔子的路径相切，

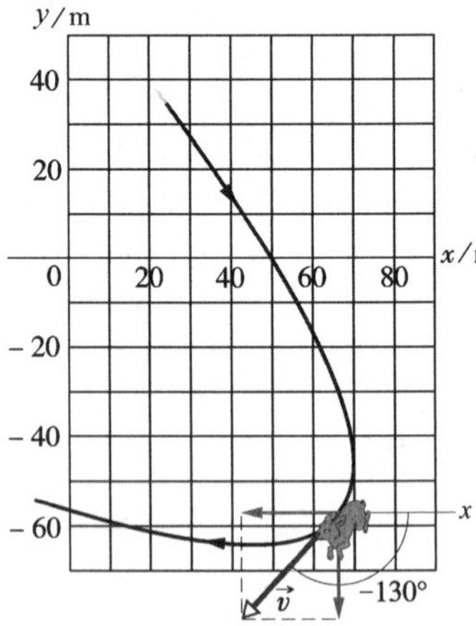

图4-6　例题4-3图　兔子在 $t=15s$ 的速度 $\vec{v}$ 及其标量分量，可见速度矢量与该瞬时质点所在位置的路径相切。$\vec{v}$ 的标量分量示于图中。

物理学基础

且指向在 $t=15\text{s}$ 时刻的奔跑方向。

为得到 $\vec{v}$ 的大小和方向，或选用矢量功能计算器，或依据式（3-6）写出

$$v=\sqrt{v_x^2+v_y^2}=\sqrt{(-2.1\text{m/s})^2+(-2.5\text{m/s})^2}$$
$$=3.3\text{m/s} \quad \text{（答案）}$$

或

$$\theta=\arctan\frac{v_y}{v_x}=\arctan\left(\frac{-2.5\text{m/s}}{2.1\text{m/s}}\right)$$
$$=\arctan 1.19=-130° \quad \text{（答案）}$$

（虽然，50°的正切值与此相同，但从速度分量的正负号可看出欲求角在第三象限，因而 50° - 180° = -130°）

4-4 平均加速度和瞬时加速度

当质点在 Δt 时间内，速度从 $\vec{v}_1$ 改变到 $\vec{v}_2$ 时，它在这段时间间隔内的**平均加速度** $\vec{a}_{avg}$ 为

$$\text{平均加速度}=\frac{\text{速度的增量}}{\text{时间间隔}}$$

或

$$\vec{a}_{avg}=\frac{\vec{v}_2-\vec{v}_1}{\Delta t}=\frac{\Delta\vec{v}}{\Delta t} \tag{4-15}$$

如果将对于某一瞬时的 Δt 减小到零，则 $\vec{a}_{avg}$ 趋近的极限就是该时刻的**瞬时加速度**（或**加速度**）$\vec{a}$，即

$$\vec{a}=\frac{d\vec{v}}{dt} \tag{4-16}$$

如果速度的大小或方向中**任一个改变或二者均变**，质点就一定有加速度。

将式（4-11）中的 $\vec{v}$ 代入，就可用单位矢量将式（4-16）表示为

$$\vec{a}=\frac{d}{dt}(v_x\vec{i}+v_y\vec{j}+v_z\vec{k})=\frac{dv_x}{dt}\vec{i}+\frac{dv_y}{dt}\vec{j}+\frac{dv_z}{dt}\vec{k}$$

还可将此式写为

$$\vec{a}=a_x\vec{i}+a_y\vec{j}+a_z\vec{k} \tag{4-17}$$

其中 $\vec{a}$ 的标量分量为

$$a_x=\frac{dv_x}{dt},a_y=\frac{dv_y}{dt} \quad \text{与} \quad a_z=\frac{dv_z}{dt} \tag{4-18}$$

因此，我们可由对 $\vec{v}$ 的标量分量求微分，从而求出 $\vec{a}$ 的标量分量。

图 4-7 显示出在二维空间运动的某一质点的加速度矢量 $\vec{a}$ 及其标量分量。**注意**：要想如图 4-7 中那样，画一加速度矢量，**并非**简单地从一点延伸到另一点，而应将箭矢的尾画在质点所在位置，其箭头所指方向表明该瞬时加速度的方向，其长度（代表加速度的大小）以任一比例画出即可。

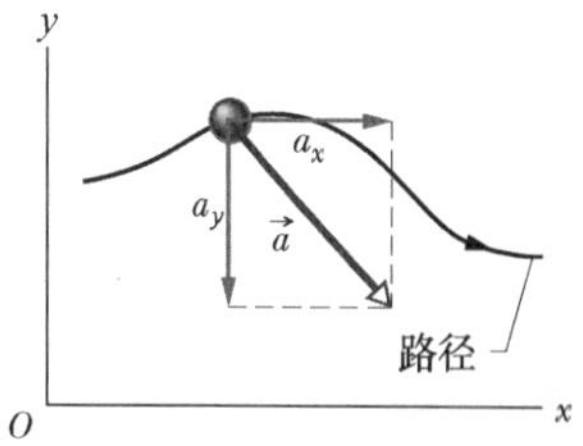

图 4-7 质点的加速度 $\vec{a}$ 及其标量分量。

例题 4-4

对例题 4-2 和 4-3 中的兔子，以单位矢量表示它在 $t=15\text{s}$ 时刻的加速度 $\vec{a}$，并求其大小及角度。

【解】 这有两个**关键点**：(1) 先求兔子的加速度的分量，再求加速度 $\vec{a}$；(2) 通过对兔子的速度分量求导，从而求出相应的加速度分量。将式（4-18）中第一式代入式（4-13），求出 $\vec{a}$ 的 x 分量为

$$a_x=\frac{dv_x}{dt}=\frac{d}{dt}(-0.62t+7.2)=-0.62\text{m/s}^2$$

物理学基础

同理，将式（4－18）中的第二式代入式（4－14），求出 y 分量为

$$a_y = \frac{dv_y}{dt} = \frac{d}{dt}(0.44t - 9.1) = 0.44\text{m/s}^2$$

我们看到，加速度两分量表达式中均不含时间变量 t，说明此题中加速度不随时间发生变化（它是一个恒量）。于是，由式（4－17）可得到

$$\vec{a} = (-0.62\text{m/s}^2)\vec{i} + (0.44\text{m/s}^2)\vec{j} \quad \text{（答案）}$$

将加速度结果叠加到兔子的路径上的情形如图4－8所示。

欲求 $\vec{a}$ 的大小和方向，可用矢量功能计算器，或依据式（3－6），其大小为

$$a = \sqrt{a_x^2 + a_y^2} = \sqrt{(-0.62\text{m/s}^2)^2 + (0.44\text{m/s}^2)^2} = 0.76\text{m/s}^2 \quad \text{（答案）}$$

其角度为

$$\theta = \arctan\frac{a_y}{a_x} = \arctan\left(\frac{0.44\text{m/s}^2}{-0.62\text{m/s}^2}\right) = -35°$$

上面最后这项结果（显示在计算器上的），表示 $\vec{a}$ 在图4－8中指向右偏下的方向，然而我们从上面计算出的加速度分量关系知，$\vec{a}$ 应指向左侧偏上的方向。所以，还应求出另一与－35°具有相同正切值而计算器又显示不出的角度。为此在原角上加180°，即

$$-35° + 180° = 145° \quad \text{（答案）}$$

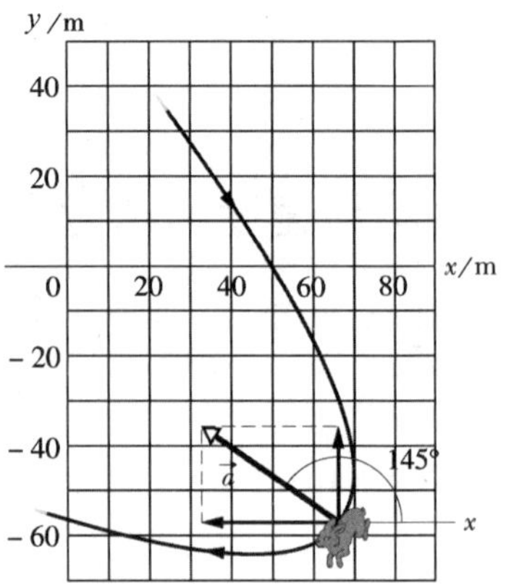

图4－8 例题4－4图 兔子在 t = 15s 的加速度 $\vec{a}$。它在路径上各点的加速度正巧都与此相同。

这样就与 $\vec{a}$ 的分量一致了。正如我们曾在前面提到的，此问题中的加速度为恒量，因此，在兔子奔跑的整个过程中，$\vec{a}$ 都保持大小与方向不变。

检查点3：下列四式描述在 xy 平面运动的一曲棍球的位置表达式（以m为单位）：

（1）$x = -3t^2 + 4t - 2$ 和 $y = 6t^2 - 4t$

（2）$x = -3t^3 - 4t$ 和 $y = -5t^2 + 6$

（3）$\vec{r} = 2t^2\vec{i} - (4t + 3)\vec{j}$

（4）$\vec{r} = (4t^3 - 2t)\vec{i} + 3\vec{j}$

对每一描述曲棍球的加速度的 x 与 y 分量是否为恒量？加速度 $\vec{a}$ 是否为恒量？

例题4－5

在 $t = 0$ 时以速度 $\vec{v}_0 = -2.0\vec{i} + 4.0\vec{j}$（m/s）运动的质点，以大小 $a = 3.0\text{m/s}^2$，方向为与 x 轴正向夹角130°的恒定加速度加速。试用单位矢量表示它在 $t = 5$s 时刻的速度并表示其大小和角度。

【解】 首先，注意到这是 xy 平面的二维运动，然后考虑此处的两个**关键点**：第一，因为加速度为恒量，所以，式（2－11）（$v = v_0 + at$）适用；第二，由于式（2－11）仅对直线运动适用，因此必须分别对平行于 x 轴与 y 轴的分运动应用该式，即分别求出速度分量 v_x 与 v_y

$$v_x = v_{0x} + a_x t \quad \text{和} \quad v_y = v_{0y} + a_y t$$

在上式中，v_{0x}（$= -2.0$m/s）与 v_{0y}（$= 4.0$m/s）是 $\vec{v}_0$ 的 x 与 y 分量，而 a_x 与 a_y 是 $\vec{a}$ 的 x 与 y 分量。为求得 a_x 与 a_y，可用具有矢量运算功能的计算器或应用式（3－5），即

$$a_x = a\cos\theta = (3.0\text{m/s}^2)(\cos130°) = -1.93\text{m/s}^2$$

$$a_y = a\sin\theta = (3.0\text{m/s}^2)(\sin130°) = +2.30\text{m/s}^2$$

将这两个值代入求解 v_x 与 v_y 的方程，并取 $t = 5.0$s，可得

$$v_x = -2.0\text{m/s} + (-1.93\text{m/s}^2)(5.0\text{s}) = -11.65\text{m/s}$$

$$v_y = 4.0\text{m/s} + (2.30\text{m/s}^2)(5.0\text{s}) = 15.50\text{m/s}$$

这样,四舍五入后,可求出在 $t=5.0\text{s}$ 时刻的速度为

$$\vec{v} = (-12\text{m/s})\vec{i} + (16\text{m/s})\vec{j} \quad \text{(答案)}$$

再据式(3-6)或用能具有矢量运算功能的计算器,可求出 v 的大小及夹角为

$$v = \sqrt{v_x^2 + v_y^2} = 19.4\text{m/s} \approx 19\text{m/s} \quad \text{(答案)}$$

$$\theta = \arctan\frac{v_y}{v_x} = 127° \approx 130° \quad \text{(答案)}$$

请用你的计算器检查最后一行,屏上显示的是127°,还是-53°?然后画出矢量 $\vec{v}$ 与其分量,确定哪个角度是正确的。

检查点4:假设一台球位置由 $\vec{r}=(4t^3-2t)\vec{i}+3\vec{j}$($\vec{r}$ 单位为m,t 单位为s)给出,那么系数4、-2与3的单位应该为何?

4-5 抛体运动

我们来讨论二维运动的一个特例:在竖直平面以某一初速度 $\vec{v}_0$ 运动的质点,它运动的加速度始终保持为自由下落加速度 $\vec{g}$(方向向下)。这样的质点称之为**抛体**(意指它被抛出或射出),称它的运动为**抛体运动**。抛体可以是空中运动的高尔夫球(如图4-9所示)或棒球,但不是空中飞行的飞机或野鸭。本节的目的是应用4-2节~4-4节的二维运动知识来分析抛体运动。我们假定空气对抛体运动的影响可以忽略。

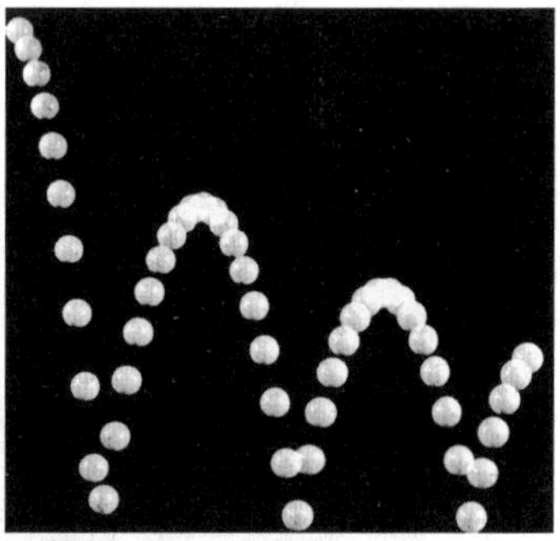

图4-9 由频闪观测仪摄下的桔黄色高尔夫球在硬质表面上反弹的照片,在两次碰撞之间,球作抛体运动。

图4-10(将在下一节分析的情形)所示为一个不受空气阻力影响的抛体运动经过的路径。抛体出射的初速度 $\vec{v}_0$ 可写作

$$\vec{v}_0 = v_{0x}\vec{i} + v_{0y}\vec{j} \qquad (4-19)$$

假若已知 $\vec{v}_0$ 与正 x 方向的夹角 θ_0,则分量 v_{0x} 与 v_{0y} 为

$$v_{0x} = v_0\cos\theta_0 \quad 与 \quad v_{0y} = v_0\sin\theta_0 \qquad (4-20)$$

在抛体作二维运动的过程中,位置矢量 $\vec{r}$ 和速度矢量 $\vec{v}$ 连续变化,而加速度矢量 $\vec{a}$ 却是恒定的且总指向竖直向下的方向。抛体没有水平加速度。

正像图4-9和图4-10所示,抛体运动看起来复杂,但是有如下简化特点(由实验发现):

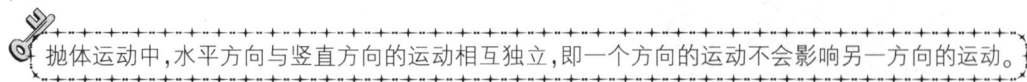

抛体运动中,水平方向与竖直方向的运动相互独立,即一个方向的运动不会影响另一方向的运动。

这个特点使得我们可将二维运动问题分为两个相互分立的、易于求解的一维问题来解决:一个是水平运动(**加速度为零**),一个是竖直运动(**加速度恒定向下**)。下面给出两个实验,它们充分表明水平运动与竖直运动是相互独立的。

两个高尔夫球

图4-11所示是两个高尔夫球的频闪照片。照片中,在一个自由释放的同时,另一个由弹簧水平弹出。可看出,两球的竖直运动完全相同,均在相同的时间间隔内下落相同的竖直距离。此

事实说明球在水平运动的同时若还在自由下落，则水平运动对竖直运动无影响，即水平运动与竖直运动相互独立。

激发学生兴趣的实验

图 4－12 所示为一个多次活跃物理课堂气氛的实验演示。它包含一只吹气枪 G，利用一个小球作为抛体。靶子是一个由磁铁悬吊着的铁罐，而吹气枪管正直接瞄准铁罐。按实验设计，正当小球离开吹气枪时，磁铁释放铁罐。

如果 g（自由下落加速度的大小）为零，小球会沿图 4－12 画出的直线飞行，而铁罐在磁铁放开它后会悬浮在原处，这样小球肯定会击中铁罐。

然而，g 并非为零，球仍会击中铁罐！正像图 4－12 所示，在小球飞行的时间内，小球与铁罐均会相对于其零－g 位置下落相同距离 h。演示者吹的越冲，小球的初速度就越大，飞行时间就越短，因而 h 值也就越小。

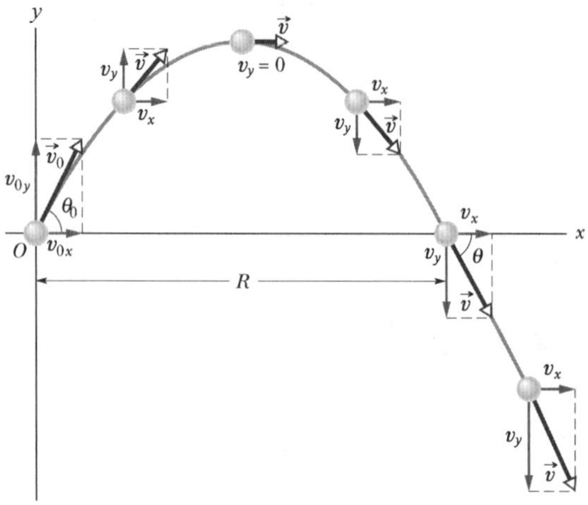

图 4－10　以初速度 $\vec{v}_0$，由坐标原点发射出的抛体的路径。初速度和路径中各点相应速度及其分量均表示在图中，可看出速度的水平分量恒定不变，铅垂分量连续变化。射程 R 为抛体落回到其发射高度时，飞行过的水平距离。

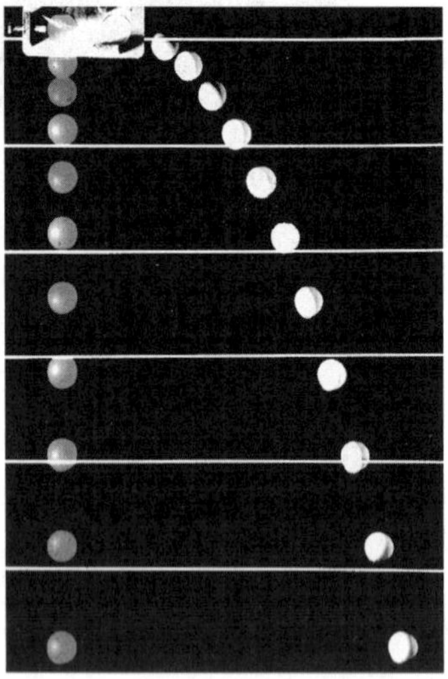

图 4－11　在一个球从静止释放的同时另一个球水平向右弹出，它们的竖直运动相同。

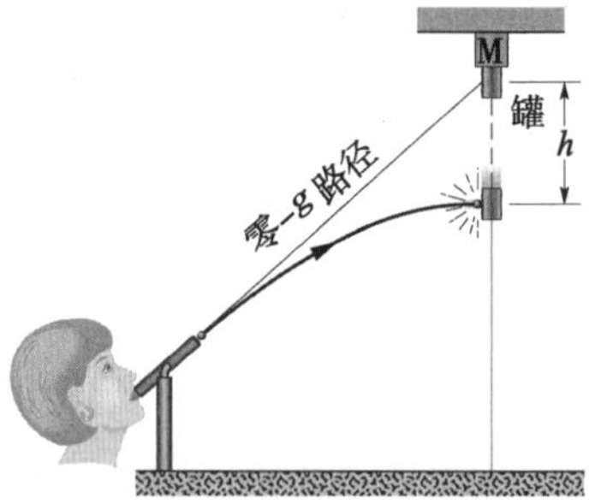

图 4－12　抛射球总会击中下落的罐，它们相对各自无自由下落加速度时的位置下落相同距离 h。

4－6　抛体运动分析

现在我们就来从水平和竖直两方面分析一下抛体运动。

水平运动

由于抛体在水平方向**没有加速度**，因此在整个飞行过程中，速度的水平分量 v_x 保持其初始值不变，如图 4-13 所示。在任意时刻 t，抛体距初位置 x_0 的水平位移 $x-x_0$ 由式(2-15)给出。令其中 $a=0$，可写为

$$x - x_0 = v_{0x}t$$

因为 $v_{0x}=v_0\cos\theta_0$，此式为

$$x - x_0 = (v_0\cos\theta_0)t \qquad (4-21)$$

图 4-13 滑板者速度的竖直分量在改变，但其水平分量不变，后者和滑板的一样。结果滑板总在人的下面使得他落下后可再落到滑板上。

竖直运动

竖直运动为曾在 2-8 节讨论过的质点的自由下落运动。最重要的一点是加速度为恒量，因此，表 2-1 的公式适用，只要将 a 以 $-g$ 代替，并改用字母 y。于是，例如，式(2-15)变为

$$y - y_0 = v_{0y}t - \frac{1}{2}gt^2 = (v_0\sin\theta_0)t - \frac{1}{2}gt^2 \qquad (4-22)$$

式中初速度的竖直分量 v_{0y} 由等价的 $v_0\sin\theta_0$ 代替。类似地，式(2-11)和式(2-16)成为

$$v_y = v_0\sin\theta_0 - gt \qquad (4-23)$$

与

$$v_y^2 = (v_0\sin\theta_0)^2 - 2g(y - y_0) \qquad (4-24)$$

正如图 4-10 与式(4-23) 所表明的，竖直速度分量的变化与竖直上抛小球的情形完全相同，最初指向上方，大小均匀减小直至为零，对应于**路径上的最大高度**。然后，速度的竖直分量方向转而向下，大小也随时间逐渐增大。

路径方程

在式(4-21)与(4-22)中消去 t，可求得抛体的路径(即轨道)方程。从式(4-21)中解出 t，然后代入式(4-22)，整理之后可得

$$y = (\tan\theta_0)x - \frac{gx^2}{2(v_0\cos\theta_0)^2} \quad (轨道) \qquad (4-25)$$

这就是图 4-10 所示的抛体路径的方程。在推导过程中，为简化运算，我们令式(4-21)与式(4-22)中的 $x_0=0$ 与 $y_0=0$。因为 g、θ_0 和 v_0 都是常量，式(4-25)具有 $y=ax+bx^2$ 的形式，其中 a 与 b 是恒量。这是抛物线方程，所以抛体的路径是**抛物线**。

水平射程

抛体的**水平射程** R，如图 4-10 所示，为抛体落回到初始(发射)高度时经过的**水平**距离。欲求射程 R，可将 $x-x_0=R$ 及 $y-y_0=0$ 分别代入式(4-21)与式(4-22)得到

$$R = (v_0\cos\theta_0)t$$

与

$$0 = (v_0\sin\theta_0)t - \frac{1}{2}gt^2$$

从这两个方程中消去 t，导出

$$R = \frac{2v_0^2}{g}\sin\theta_0\cos\theta_0$$

再应用等式 $\sin2\theta_0 = 2\sin\theta_0\cos\theta_0$(见附录 E),可得到

$$R = \frac{v_0^2}{g}\sin2\theta_0 \tag{4-26}$$

注意:如果抛体的最终高度不等于出射高度,则经过的水平距离就不能用此式求解。

注意式(4-26)中的 R 在 $\sin2\theta_0 = 1$ 时有最大值,这相应于 $2\theta_0 = 90°$ 或 $\theta_0 = 45°$。

发射角为 45°时,水平射程 R 为最大。

空气阻力的影响

表 4-1　两个飞行中的球[①]

	空气中路径(Ⅰ)	真空中路径(Ⅱ)
射程	98.5 m	177 m
最大高度	53.0 m	76.8 m
飞行时间	6.6 s	7.9 s

① 见图 4-14,发射角为 60°,发射速率为 44.7m/s。

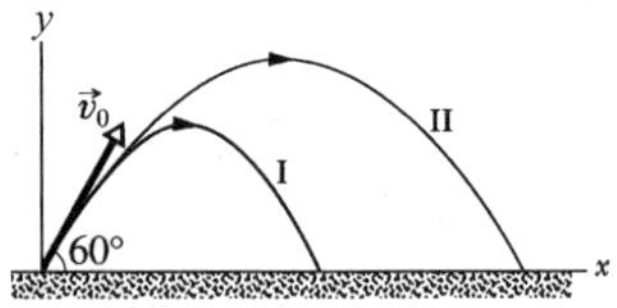

图 4-14　(Ⅰ)考虑空气阻力影响时计算所得的飞行的球的路径。(Ⅱ)利用本章方法计算得出的在真空中飞行的球的路径。计算中相应数据见表 4-1。(摘自"The Trajectory of a Fly Ball", by P. J. Brancazio. The Physics teacher, January, 1985.)

我们在前面假设抛体在空中飞行时不受空气的影响。然而,在许多情形中,由于空气对抛体运动的阻力作用,计算结果与实际运动会存在较大差别。以图 4-14 所示的情形为例,其中显示的是一个以初速率 44.7m/s,与水平方向成 60°角离开拍子的球在空中走过的两条路径。路径Ⅰ(棒球球员的飞球)为近似仿照空气中飞行的实际条件计算所得路径;路径Ⅱ(物理学教授眼中的飞球)为真空中飞行的球所走过的路径。

检查点 5:一个棒球被击到外场,在它飞行过程中(忽略空气阻力的影响),速度的(a)水平分量与(b)竖直分量分别会怎样?另外,在球上升、下落及飞行的最高点处,加速度的(c)水平分量与(d)竖直分量各为多少?

例题 4-6

如图 4-15 所示,一架营救飞机以 198km/h(=55.0 m/s)的速率在 500 m 高处向一因划船不慎落水的遇险者正上方飞去。驾驶员试图把救生舱放到距落水者最接近的水面。(a)释放救生舱时,驾驶员到遇险者的视线的角度 ϕ 应为多大?

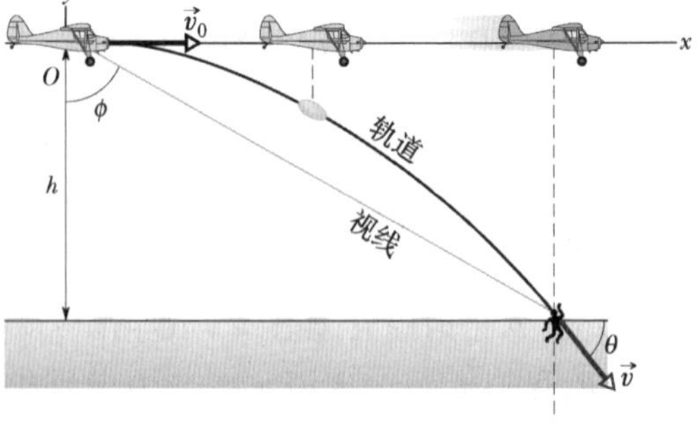

图 4-15　例题 4-6 图　飞机以恒速水平飞行时放下一救生舱,在舱下落过程中,其水平速度分量保持与飞机速度一致。

【解】　此题**关键点**为,救生舱一旦脱离机舱,就成为一个抛体,其水平与竖直运动就是相互独立的且可分别考虑(无须考虑舱的实际曲线路径)。如图 4-15 所示,取以释放点为原点的坐标系,可见所求的角度 ϕ 可表示为

$$\phi = \arctan\frac{x}{h} \tag{4-27}$$

式中 x 为遇险者(即救生舱落水处)距抛出点的水平

坐标;h为飞机的高度。此处已知高度为500m，所以要想求出ϕ,仅需找出x即可。为此,我们可以应用式(4-21)得

$$x - x_0 = (v_0\cos\theta_0)t \quad (4-28)$$

因为坐标原点已取为释放点,可知$x_0=0$;又因舱是由飞机**释放**,而不是弹出,因此它的初速度$\vec{v}_0$就等于飞机的速度。由此可知舱的初速度大小为$v_0=55.0\text{m/s}$,方向沿角$\theta_0=0°$(相对x轴正方向)。不过,我们还不知道舱从飞机上释放后到达遇险位置所需时间。

为求出t,我们接着再考虑竖直方向的运动,并用式(4-22)

$$y - y_0 = (v_0\sin\theta_0)t - \frac{1}{2}gt^2 \quad (4-29)$$

此处,救生舱的竖直位移为-500m(负值表示舱向下移动)。将此与其他已知代入式(4-29)得到

$$-500\text{m} = (55.0\text{m/s})(\sin0°)t - \frac{1}{2}(9.8\text{m/s}^2)t^2$$

由此解出$t=10.1\text{s}$。将此结果代入式(4-28)有

$$x - 0 = (55.0\text{m/s})(\cos0°)(10.1\text{s})$$

或

$$x = 555.5\text{m}$$

于是,式(4-27)给出

$$\phi = \arctan\frac{555.5\text{m}}{500\text{m}} = 48° \quad (答案)$$

(b)试用单位矢量表示救生舱刚到达水面时的速度,并求其大小和角度。

【解】 再一次应用舱在空中飞行时水平与竖直运动相互独立的**关键点**。尤其是注意到救生舱速度的水平与竖直分量相互独立。

另一个**关键点**是,由于水平方向无加速度,因此速度的水平分量v_x保持为初值$v_{0x}=v_0\cos\theta_0$,即舱达水面时,有

$$v_x = v_0\cos\theta_0 = (55.0\text{m/s})(\cos0°) = 55.0\text{m/s}$$

第三个**关键点**是,因为有竖直加速度,所以速度的竖直分量v_y要发生变化,不会等于初值$v_{0y}=v_0\sin\theta_0$。应用式(4-23)和舱下落所需时间$t=10.1\text{s}$,可求出舱到达水面时,有

$$\begin{aligned} v_y &= v_0\sin\theta_0 - gt \\ &= (55.0\text{m/s})(\sin0°) - (9.8\text{m/s}^2)(10.1\text{s}) \\ &= -99.0\text{m/s} \end{aligned}$$

于是,当救生舱到达水面时,速度为

$$\vec{v} = (55.0\text{m/s})\vec{i} - (99.0\text{m/s})\vec{j} \quad (答案)$$

应用式(3-6)的方法或用矢量功能计算器,可求出$\vec{v}$的大小及方向分别为

$$\vec{v} = 113\text{m/s} \quad 与 \quad \theta = -61° \quad (答案)$$

例题 4-7

图4-16所示为一只海盗船行驶到距一岛屿的港口防御要塞560m处时,位于海平面的防御炮以$v_0=82\text{m/s}$的初速率射出炮弹。

(a)炮弹相对水平面以多大角度θ_0发射可以击中船?

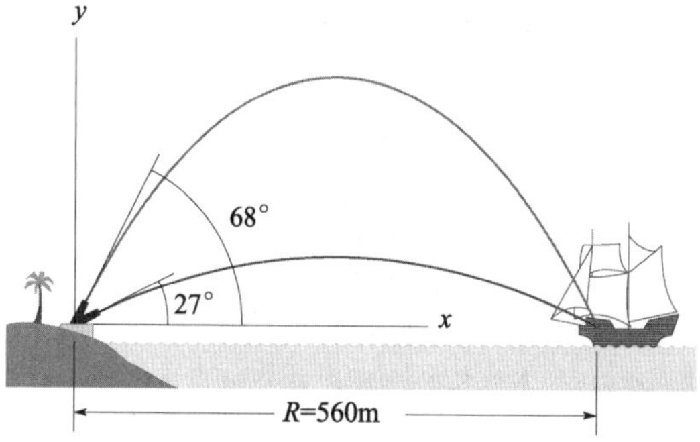

图4-16 例题4-7图 对于这一射程,炮以两仰角中任一个发射均可击中海盗船。

【解】 此题**关键点**很明显:射出的炮弹是一抛体,因而抛体方程对其适用。据题意,我们希望找一方程将发射角θ_0与炮到船的水平位移联系起来。

第二个**关键点**是,因为炮与船在同一高度,水平位移就应为射程,所以我们可用式(4-26)将发射角θ_0与射程R联系起来

$$R = \frac{v_0^2}{g}\sin2\theta_0 \quad (4-30)$$

由此可得

$$\begin{aligned} 2\theta_0 &= \arcsin\frac{gR}{v_0^2} = \arcsin\frac{(9.8\text{m/s}^2)(560\text{m})}{(82\text{m/s})^2} \\ &= \arcsin0.816 \end{aligned} \quad (4-31)$$

反函数arcsin总有两个可能的解:一个解(对应此处为54.7°)是由计算器给出的;另一个解是由180°减去它得到的(此处为125.3°)。因此,由式(4-31)可得

$$\theta_0 = \frac{1}{2}(54.7°) \approx 27° \quad (答案)$$

$$\theta_0 = \frac{1}{2}(125.3°) \approx 63° \quad \text{(答案)}$$

要塞的指挥官可调整仰角到这两个角中任一个(只要求没有空气的干扰)均可击中海盗船。

(b)海盗船要想在炮的最大射程之外,它应离炮多远?

【解】 我们已知最大射程相应于45°的仰角,所以将 $\theta_0 = 45°$ 代入式(4-30)有

$$R = \frac{v_0^2}{g}\sin 2\theta_0 = \frac{(82\text{m/s})^2}{9.8\text{m/s}^2}\sin(2\times 45°)$$

$$= 686\text{m} \approx 690\text{m} \quad \text{(答案)}$$

在海盗船逃跑时,能够击中船的那两个仰角逐渐靠近最后合并为 $\theta_0 = 45°$,此时船在690m远处。超出此距离后,船就安全了。

例题4-8

Emanuel Zacchini在空中越过三个摩天轮的飞行过程示意于图4-17中(每个转轮高18m,所处位置如图)。Zacchini被射出时的速率为 $v_0 = 26.5\text{m/s}$,水平向上 $\theta_0 = 53°$,发射点距地面高度为3.0m(与接他落地的网在同一高度)。

(a)他能跃过第一个摩天轮吗?

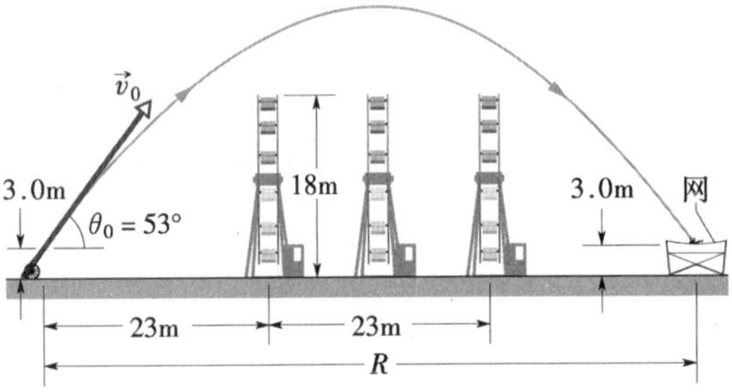

图4-17 例题4-8 人体炮弹飞过三个摩天轮落入网中的示意图。

【解】 这里的**关键点是**,Zacchini是人身抛体,所以可以用抛物方程。为此,将 xy 坐标系的原点放在炮口处,即 $x_0 = 0$,$y_0 = 0$。现要求出当 $x = 23\text{m}$ 时所对应的高度 y,而达到这么高时所需时间 t 并不知道,为将 y 与 x 联系起来而不涉及 t,我们用式(4-25),得

$$y = (\tan\theta_0)x - \frac{gx^2}{2(v_0\cos\theta_0)^2}$$

$$= (\tan 53°)(23\text{m}) - \frac{(9.8\text{m/s}^2)(23\text{m})^2}{2(26.5\text{m/s})^2(\cos 53°)^2}$$

$$= 20.3\text{m}$$

由于弹出他的位置比地面高3m,因此,他超出摩天轮顶部约5.3m。

(b)假如他飞过中间的摩天轮时正好在轨道的最高点,问他超过该轮顶部多高?

【解】 这里的**关键点**是,当他达到最高点时,速度的竖直分量 v_y 应为零。考虑到式(4-24)是 v_y 与高度 y 的关系,我们将其写为

$$v_y^2 = (v_0\sin\theta_0)^2 - 2gy = 0$$

解出 y,有

$$y = \frac{(v_0\sin\theta_0)^2}{2g} = \frac{(26.5\text{m/s})^2(\sin 53°)^2}{(2)(9.8\text{m/s}^2)}$$

$$= 22.9\text{m}$$

这表示他超过中间摩天轮的净高为7.9m。

(c)网的中心应距炮多远放置?

【解】 这里需补充的**关键点**是,由于Zacchini的出射点与落地点高度相同,因此,炮口到网的水平距离就应是他在空中飞行的水平射程。从式(4-26)可知

$$R = \frac{v_0^2}{g}\sin 2\theta_0 = \frac{(26.5\text{m/s})^2}{9.8\text{m/s}^2}\sin 2(53°)$$

$$= 69\text{m} \quad \text{(答案)}$$

现在可以回答本章开头提出的问题:Zacchini如何确定网应放置的位置,以及他怎能确保一定会飞越过这些摩天轮?实际上,他(或其他人)一定像我们这样做了计算。虽然他未必会考虑空气给他的飞行过程带来的复杂效应,他却知道风会使他的速度减慢些,从而使射程小于计算值。因此就需用一张尽可能宽大的网,而且放置在略偏近于炮的这一侧。这样,不论他在实际发射中遇到的风是否会明显地减慢他的飞行速度,都是相对安全的。当然,空气和风所带来的影响因素的多变性,在各次飞行前还必须要具体考虑。

不过,Zacchini还要面对另一个难以把握的危险,那就是:尽管他飞行的距离不长,但因炮产生的推进力太强烈,以至于会使他经历一个短暂的眩晕。如果这种现象出现在他正着陆的时候,那就会伤及他的脖颈。为避免发生这样的危险,他必须训练自己能够迅速清醒。所以说,不能及时清醒是当今短距离人体射弹所要面对的惟一真正的危险。

解题线索

线索1:数字与代数

避免取舍与其他数值运算带出错误的一个方法是用代数法求解问题时,最好到最后一步才代入具体数字。这点如同在例题4-6~例题4-8中一样,很容易做到,而且也是有经验的解题人应用的方法。不过,在前面的几章中,在多数问题的求解中,我们更愿意分步完成,以帮助读者牢固地从数值上掌握各步的方法及要领。后面我们将更多地应用代数运算。

4-7 匀速圆周运动

如果质点以恒定的(**均匀的**)速率绕圆周或圆弧运动,我们说该质点在作**匀速圆周运动**。虽然质点的速率没变,但它仍**正在加速**。这个事实或许有些意外,因为我们常将加速度(速度的变化)看作速率的增加或减少。然而,速度实际为一矢量而非标量。因此,即使只有速度的方向发生变化,仍有加速度,而这也正是匀速圆周运动的实际情形。

在匀速圆周运动各阶段,速度与加速度矢量的关系可用图4-18来说明。随着质点的运动,两矢量的大小均恒定不变,而它们的方向却在不停地变化。速度总是与圆相切且指向运动方向;加速度则总是**沿着半径指向圆心**。正是因为这个特点,与匀速圆周运动相联系的加速度叫做**向心**(意即"指向中心")**加速度**。就像我们接下来要证明的,加速度 $\vec{a}$ 的大小为

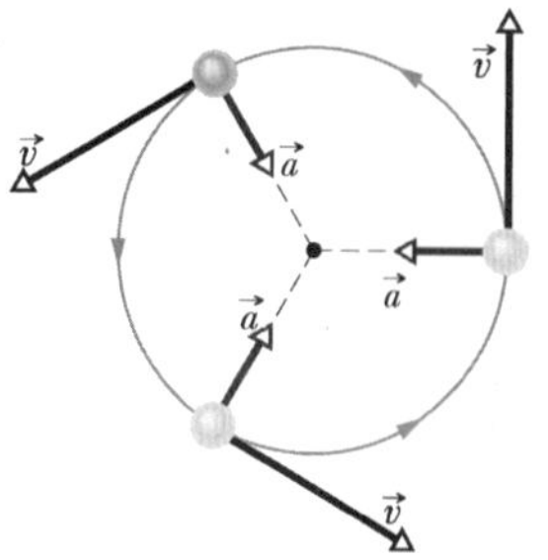

图4-18 沿逆时针方向作匀速圆周运动的质点的速度和加速度矢量,二者的大小均恒定,只是方向在不断变化。

$$a = \frac{v^2}{r} \quad (\text{向心加速度}) \qquad (4-32)$$

式中,r 为圆周的半径,v 为质点的速率。

另外,在这一以恒定速率加速的过程中,质点经过一个圆周(路程为 $2\pi r$)所用时间为

$$T = \frac{2\pi r}{v} \quad (\text{周期}) \qquad (4-33)$$

称 T 为**绕转周期**或简称**周期**。一般讲,它是指质点沿一闭合路径刚好走过一周所用的时间。

式(4-32)的证明

为求得匀速圆周运动中加速度的大小和方向,我们考虑图4-19。在图4-19a中质点 p 以恒定速率 v,围绕半径为 r 的圆周运动。在图示瞬间,质点 p 的坐标为 x_p 与 y_p。

回想4-3节所讲,运动质点的速度 $\vec{v}$ 总在质点位置处与其路径相切。在图4-19中,这就意味着 $\vec{v}$ 垂直于画到质点位置的半径 r。因此,$\vec{v}$ 与 p 点处的竖直线构成的夹角 θ 等于该半径 r 与 x 轴之间的夹角 θ。

$\vec{v}$ 的标量分量画在图4-19b中。用它们可得速度 $\vec{v}$ 表示为

$$\vec{v} = v_x\vec{i} + v_y\vec{j} = (-v\sin\theta)\vec{i} + (-v\cos\theta)\vec{j} \qquad (4-34)$$

现在,应用图4-19a中的直角三角形关系,可将 $\sin\theta$, $\cos\theta$ 分别用 y_p/r 与 x_p/r 代入写为

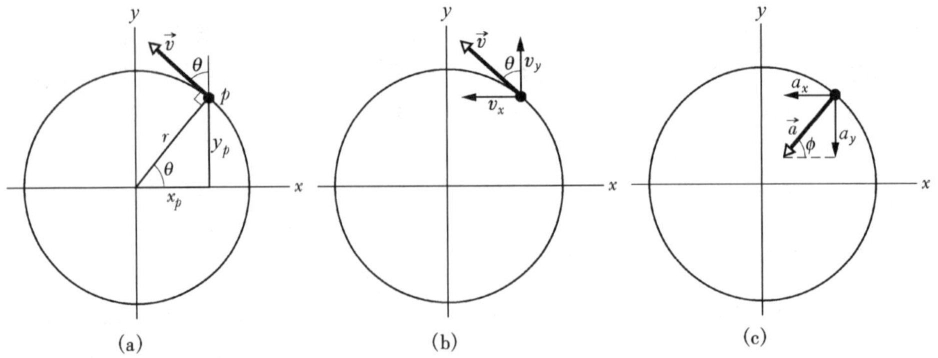

图4-19 逆时针方向作匀速圆周运动的质点 p。(a)在某一瞬时它的位置与速度 $\vec{v}$;(b)速度 $\vec{v}$ 及其分量;(c)加速度 $\vec{a}$ 及其分量。

$$\vec{v}=\left(-\frac{vy_p}{r}\right)\vec{i}+\left(\frac{vx_p}{r}\right)\vec{j} \tag{4-35}$$

为求质点 p 的加速度 $\vec{a}$,需求此方程对时间的导数。注意到速率 v 与半径 r 不随时间改变,可得

$$\vec{a}=\frac{\mathrm{d}\vec{v}}{\mathrm{d}t}=\left(-\frac{v}{r}\frac{\mathrm{d}y_p}{\mathrm{d}t}\right)\vec{i}+\left(\frac{v}{r}\frac{\mathrm{d}x_p}{\mathrm{d}t}\right)\vec{j} \tag{4-36}$$

又注意到,变化率 $\mathrm{d}y_p/\mathrm{d}t$ 等于速度分量 v_y,同理,$\mathrm{d}x_p/\mathrm{d}t=v_x$,且由图4-19b可见 $v_x=-v\sin\theta$ 与 $v_y=v\cos\theta$。将这些代入式(4-36),有

$$\vec{a}=\left(-\frac{v^2}{r}\cos\theta\right)\vec{i}+\left(-\frac{v^2}{r}\sin\theta\right)\vec{j} \tag{4-37}$$

此矢量和其分量表示在图4-19c中。根据式(3-6),可求得 $\vec{a}$ 的大小为

$$a=\sqrt{a_x^2+a_y^2}=\frac{v^2}{r}\sqrt{(\cos\theta)^2+(\sin\theta)^2}=\frac{v^2}{r}$$

这正是所要证明的。对于 $\vec{a}$ 的取向,可求出图4-19c中的夹角 ϕ

$$\tan\phi=\frac{a_y}{a_x}=\frac{-(v^2/r)\sin\theta}{-(v^2/r)\cos\theta}=\tan\theta$$

因此,$\phi=\theta$,也即 $\vec{a}$ 沿着图4-19a中的半径 r,指向圆周中心,这正是要证明的。

检查点6:在 xy 平面上,一物体以恒定速率,沿以原点为圆心的圆形路径运动。在 $x=-2\mathrm{m}$ 处,它的速度为 $-(4\mathrm{m/s})\vec{j}$。给出物体在 $y=2\mathrm{m}$ 处的(a)速度与(b)加速度。

例题4-9

老练的飞行员,常常关注的飞行难点就是转弯太急。随着飞行员的身体经历向心加速度当头朝向曲线中心时,大脑的血压会降低,并导致大脑功能的丧

失。有几个警示信号提醒飞行员要注意：当向心加速度为 $2g$ 或 $3g$ 时，飞行员会感觉增重。在约达 $4g$ 时，飞行员会产生黑视，且视野变小，出现“管视”。如果加速度继续保持或者增加，视觉就会丧失，随后意识也会丧失，即出现所谓“超重昏厥”（g-LOC）。

试问，当 F-22 战斗机飞行员以 $v=2500\text{km/h}$（694m/s）的速率飞过曲率半径为 $r=5.80\text{km}$ 的圆弧时，向心加速度（以 g 为单位）应为多大？

【解】 这里的**关键点**为，虽然飞行员的速率恒定，但圆形路径需要（向心）加速度，其大小由式（4-32）确定，为

$$a=\frac{v^2}{r}=\frac{(694\text{m/s})^2}{5800\text{m}}=83.0\text{m/s}^2=8.5g$$

（答案）

假设一飞行员在空中不小心使飞机拐弯太急，飞行员几乎会立即进入超重昏厥状态，过程之快甚至来不及有警示信号来提醒出现的危险。

4-8 一维相对运动

假定你看到一只正以，例如，30km/h 的速率向北飞行的野鸭。对于另一只与它并排飞行的野鸭，第一只野鸭好像是静止的。换句话说，质点的速度随观察或测量该速度的**参考系**的不同而不同。对我们来说，一个参考系是指固定有我们的坐标系的物理实体。在日常生活中，地面就是这个物体。比如，列于超速罚款单上的车速总是相对于地面测量的。但若这个速率是相对警察而言的，且测该速率时警察又在运动，那这个速率就与相对地面所测的不同了。

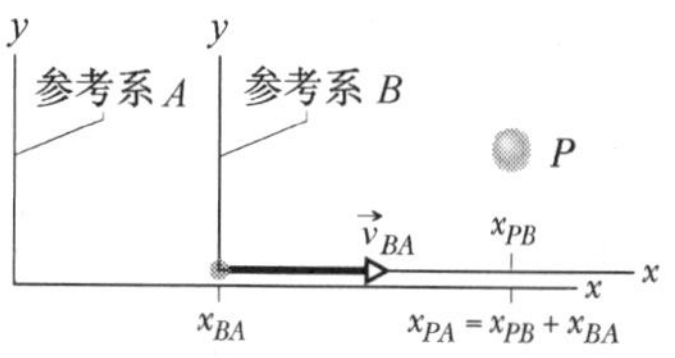

图 4-20 Alex（参考系 A）与 Barbara（参考系 B）看着车 P，这时 B 与 P 均沿二参考系共同的 x 轴方向以不同速度运动。在图中所示瞬间，x_{BA} 为 B 系对 A 系的坐标。同时 P 在 B 系中的坐标为 x_{PB} 而在 A 系中的坐标为 $x_{PA}=x_{PB}+x_{BA}$。

假设 Alex（在参考系 A 的原点）将车停在高速路边上，看着车 P（“质点”）从旁开过。此时 Barbara（在参考系 B 的原点）正以恒定速率沿高速路行驶，也看着车 P。如果像图 4-20 所示那样，他们在某一给定时刻都在测定车 P 的位置，则由图中可看出

$$x_{PA}=x_{PB}+x_{BA} \tag{4-38}$$

此公式读作：“质点 P 由 A 测量的坐标 x_{PA}，**等于**质点 P 由 B 测量的坐标 x_{PB}**加**上由 A 测量的 B 的坐标 x_{BA}”。注意读的方法取决于下标的次序。

将式（4-38）对时间求导可得

$$\frac{d}{dt}(x_{PA})=\frac{d}{dt}(x_{PB})+\frac{d}{dt}(x_{BA})$$

或（因为 $v=dx/dt$）

$$v_{PA}=v_{PB}+v_{BA} \tag{4-39}$$

此方程读作：“质点 P 由 A 测量的速度 v_{PA}，**等于**质点 P 由 B 测量的速度 v_{PB} **加上**由 A 测量的 B 的速度 v_{BA}”。最后一项 v_{BA} 正是参考系 B 相对于参考系 A 的速度。（因为这里的运动沿单一轴方向，所以，在式（4-39）中，可用沿该轴的分量表示，而省略了头上画的矢量箭号）。

此处，我们仅考虑相对以恒定速度运动的参考系。在我们的例子中这就表示 Barbara（参考系 B）相对于 Alex（参考系 A）一直以恒定速度 v_{BA} 运动。而车 P（运动的质点）却可以加快、减慢、停下，或倒转方向（即，它可以加速）。

要把由 Barbara 和由 Alex 测定的 P 的加速度联系起来，我们取式（4-39）对时间的导数

$$\frac{d}{dt}(v_{PA}) = \frac{d}{dt}(v_{PB}) + \frac{d}{dt}(v_{BA})$$

因为 v_{BA} 为恒量，最后一项为零，因此，有

$$a_{PA} = a_{PB} \tag{4-40}$$

换言之：

在不同参考系内的观察者（相对以恒定速度运动）测得的运动质点的加速度相同。

检查点7：此表给出图4-20中的Barbara和车 P 在三种情形下的速度（km/h）。对每种情形，表中空缺的值应为多少？另外，Barbara与车 P 间的距离在如何改变？

情形	v_{BA}	v_{PA}	v_{PB}
(a)	+50	+50	
(b)	+30		+40
(c)		+60	-20

例题4-10

在图4-20和本节中的情形中，Barbara相对于Alex的速度为一恒量 $v_{BA}=52$ km/h，且车 P 正在向 x 轴负向运动。

(a) 若Alex测得车 P 的恒定速度为 $v_{PA}=-78$ km/h，问Barbara测得的速度 v_{PB} 为多少？

【解】 这里**关键点**是，可以设想在Alex与Barbara上分别固定参考系 A 与 B。然后，考虑到这两个参考系之间在以恒定速度沿单一轴相对运动，可用式（4-39）把 v_{PB} 与 v_{PA} 联系起来，有

$$v_{PA} = v_{PB} + v_{BA}$$

或

$$-78\text{km/h} = v_{PB} + 52\text{km/h}$$

这样，

$$v_{PB} = -130\text{km/h} \quad \text{（答案）}$$

如果车 P 与Barbara的车用缠在卷轴上的绳子连在一起，当两车分开时，绳子会以130km/h的速率放开。

(b) 假设车 P 在制动后相对于Alex（也就是相对于地面）以恒定加速度在10s内停下，试求它相对于Alex的加速度 a_{PA} 为多大？

【解】 这里**关键点**是，欲计算车 P **相对于**Alex的加速度，必须应用车**相对于**Alex的速度。因为加速度是恒量，我们可用式（2-11）（$v=v_0+at$）把车的加速度与初、末速度联系起来。P 相对于Alex的初速度为 $v_{PA}=-78$km/h，而末速度为零。因此，式（2-11）给出

$$a_{PA} = \frac{v-v_0}{t} = \frac{0-(78\text{km/h})}{10\text{s}} \frac{1\text{m/s}}{3.6\text{km/h}} = 2.2\text{m/s}^2$$

（答案）

(c) 在刹车过程中，车 P 相对于Barbara的加速度 a_{PB} 为多大？

【解】 现在的**关键点**是，要想计算车 P **相对**于Barbara的加速度，必须应用车**相对于**Barbara的速度。我们从（a）问中已知 P 相对于Barbara的初速度（$v_{PB}=-130$km/h），而 P 相对于Barbara的末速度为 -52km/h（这是停下来的车相对于运动中的Barbara的速度）。于是，再由式（2-11）有

$$a_{PB} = \frac{v-v_0}{t} = \frac{-52\text{km/h}-(-130\text{km/h})}{10\text{s}} \frac{1\text{m/s}}{3.6\text{km/h}} = 2.2\text{m/s}^2$$

（答案）

我们应已经预见到这个结果，因为Alex与Barbara具有恒定的相对速度，所以他们测得的车的加速度一定是相同的。

4-9 二维相对运动

现在我们从一维情形的相对运动转到二维（也可类推到三维）的相对运动。在图4-21中，两个观察者还是分别从参考系 A 与 B 的原点观察质点 P 的运动，其中参考系 B 以恒定速度 $\vec{v}_{BA}$ 相对于参考系 A 运动。（这两个参考系的相应轴保持平行。）

运动过程中某一瞬间的相互位置如图4-21所示。该瞬时 B 相对于 A 的位矢为 $\vec{r}_{BA}$，而质点

P 相对于 A 与 B 的位矢分别为 $\vec{r}_{PA}$ 与 $\vec{r}_{PB}$。从这三个位置矢量的首尾排列情况可得它们的关系为

$$\vec{r}_{PA} = \vec{r}_{PB} + \vec{r}_{BA} \tag{4-41}$$

由求此方程对时间的导数，可得质点 P 相对于两观察者的速度 $\vec{v}_{PA}$ 与 $\vec{v}_{PB}$ 之间的关系，即

$$\vec{v}_{PA} = \vec{v}_{PB} + \vec{v}_{BA} \tag{4-42}$$

取此式对时间的导数，又可得质点 P 相对于两观察者的加速度 $\vec{a}_{PA}$ 与 $\vec{a}_{PB}$ 之间的关系。不过，注意因为 $\vec{v}_{BA}$ 为恒量，它对时间的导数为零。因此得到

$$\vec{a}_{PA} = \vec{a}_{PB} \tag{4-43}$$

和一维运动情形一样，我们有如下规律：在以恒定速度相对运动的不同参考系内的观察者所测得的运动质点的加速度相同。

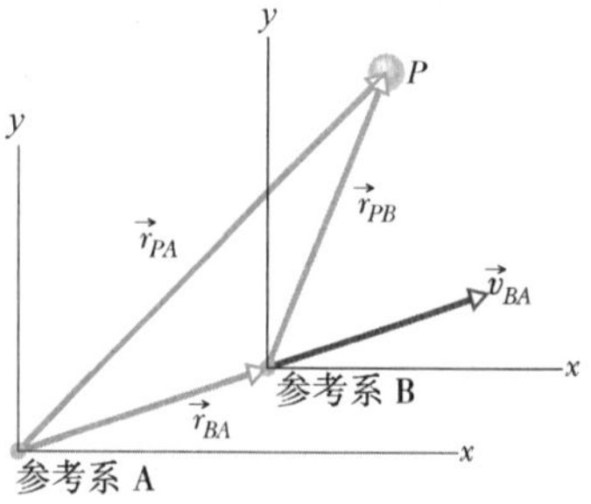

图 4-21 参考系 B 以恒定的二维速度相对于参考系 A 运动。B 相对 A 的位矢为 $\vec{r}_{BA}$，P 相对 A 与 B 的位矢分别为 $\vec{r}_{PA}$ 与 $\vec{r}_{PB}$。

例题 4-11

一架飞机遇到向东北方向吹的恒定气流，在飞行员驾机朝东偏南迎风飞行时，飞机（对地）却向正东飞行着。若飞机相对于风的速度 $\vec{v}_{PW}$ 的大小为 215km/h，方向东偏南 θ 角；风相对于地面的速度 $\vec{v}_{WG}$ 的大小为 65km/h，方向北偏东 20°，问飞机相对于地面的速度 $\vec{v}_{PG}$ 的大小和 θ 各是多少？

【解】 这里的**关键点**是，此情形很像图 4-21 所示情形：运动质点 P 是飞机；参考系 A 固定在地面上（称其为 G）；而参考系 B"附"在风上（称其为 W）。我们需要像图 4-21 那样构成一个矢量图，只是这次是用三个速度矢量。

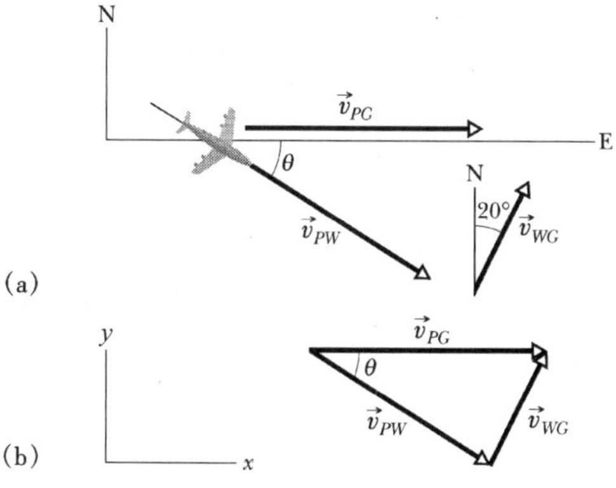

图 4-22 例题 4-11 图 飞机要想飞往正东方向，就得稍微迎着风飞。

先用一句话将三个矢量联系起来：

飞机相对地面的速度 (PG) = 飞机相对风的速度 (PW) + 风相对地面的速度 (WG)

此关系可用图 4-22b 画出并以矢量形式表示为

$$\vec{v}_{PG} = \vec{v}_{PW} + \vec{v}_{WG} \tag{4-44}$$

本题要求其中第一个矢量的大小和第二个矢量的方向。两个矢量中都含有未知量，因此不能直接用矢量功能计算器求解式（4-44），而需将其分解为图 4-22b 所示的坐标系的分量，然后再对式（4-44）一个轴一个轴地求解（见 3-5 节）。对 y 分量有

$$v_{PG,y} = v_{PW,y} + v_{WG,y}$$

或

$$0 = -(215\text{km/h})\sin\theta + (65.0\text{km/h})(\cos 20.0°)$$

求出 θ 为

$$\theta = \arcsin\frac{(65.0\text{km/h})(\cos 20.0°)}{215\text{km/h}} = 16.5°$$

（答案）

类似地，对 x 分量有

$$v_{PG,x} = v_{PW,x} + v_{WG,x}$$

此处因为 $\vec{v}_{PG}$ 平行于 x 轴，所以分量 $\vec{v}_{PG,x}$ 就等于 $\vec{v}_{PG}$ 的大小。将此与 $\theta = 16.5°$ 代入可得

$$v_{PG} = (215\text{km/h})(\cos 16.5°) + (65.0\text{km/h})(\sin 20.0°) = 228\text{km/h}$$

（答案）

检查点8：在上例中，假若飞行员改变方向，飞机朝正东飞行，但没改变飞行速率，则如下各矢量的大小是增大、减小还是保持不变：(a) $\vec{v}_{PG,y}$；(b) $\vec{v}_{PG,x}$与 (c) $\vec{v}_{PG}$？(不用计算即可回答)

复习和小结

位置矢量　质点相对于某一坐标系原点的位置由**位矢** $\vec{r}$ 给定，用单位矢量表示为

$$\vec{r} = x\vec{i} + y\vec{j} + z\vec{k} \qquad (4-1)$$

式中 $x\vec{i}$、$y\vec{j}$ 与 $z\vec{k}$ 为位矢 $\vec{r}$ 的**矢量分量**，而 x、y 与 z 为其**标量分量**（也是质点的坐标）。位矢可由矢量的大小与一、两个方向角描述，也可由矢量或标量分量来描述。

位移　随质点运动，其位矢由 $\vec{r}_1$ 改变到 $\vec{r}_2$，于是质点的**位移** $\Delta\vec{r}$ 为

$$\Delta\vec{r} = \vec{r}_2 - \vec{r}_1 \qquad (4-2)$$

位移也可表示为

$$\Delta\vec{r} = (x_2 - x_1)\vec{i} + (y_2 - y_1)\vec{j} + (z_2 - z_1)\vec{k} \qquad (4-3)$$

$$= \Delta x\vec{i} + \Delta y\vec{j} + \Delta z\vec{k} \qquad (4-4)$$

其中坐标 (x_1, y_1, z_1) 对应位矢 $\vec{r}_1$，而坐标 (x_2, y_2, z_2) 对应位矢 $\vec{r}_2$。

平均速度与（瞬时）速度　如果质点在 Δt 时间内经历位移 $\Delta\vec{r}$，则该时间间隔内的**平均速度** $\vec{v}_{avg}$为

$$\vec{v}_{avg} = \frac{\Delta\vec{r}}{\Delta t} \qquad (4-8)$$

随着式（4-8）中的 Δt 减小至零，v_{avg}趋近于一个确定的极限值，称之为速度或瞬时速度 $\vec{v}$

$$\vec{v} = \frac{d\vec{r}}{dt} \qquad (4-10)$$

它可用单位矢量表示成

$$\vec{v} = v_x\vec{i} + v_y\vec{j} + v_z\vec{k} \qquad (4-11)$$

其中 $v_x = dx/dt$，$v_y = dy/dt$ 与 $v_z = dz/dt$。质点的瞬时速度 $\vec{v}$ 总是指向质点运动的路径上质点位置的切线方向。

平均加速度与（瞬时）加速度　当质点在 Δt 时间间隔内，其速度从 $\vec{v}_1$ 改变到 $\vec{v}_2$ 时，它在 Δt 内的**平均加速度**为

$$\vec{a}_{avg} = \frac{\vec{v}_2 - \vec{v}_1}{\Delta t} = \frac{\Delta\vec{v}}{\Delta t} \qquad (4-15)$$

随着式（4-15）中 Δt 减小至零，$\vec{a}_{avg}$达到一个极限值，称为**加速度**或**瞬时加速度** $\vec{a}$

$$\vec{a} = \frac{d\vec{v}}{dt} \qquad (4-16)$$

用单位矢量表示，有

$$\vec{a} = a_x\vec{i} + a_y\vec{j} + a_z\vec{k} \qquad (4-17)$$

其中 $a_x = dv_x/dt$，$a_y = dv_y/dt$ 及 $a_z = dv_z/dt$。

抛体运动　**抛体运动**是将一质点以初速度 $\vec{v}_0$ 发射的运动。质点在空中运动时，水平方向加速度为零，而竖直方向的加速度为自由下落加速度 $-g$（竖直向上取作正方向）。若将 $\vec{v}_0$ 以其大小（速率 v_0）和角 θ_0 表示，则质点沿水平轴 x 与竖直轴 y 的运动方程为

$$x - x_0 = (v_0\cos\theta_0)t \qquad (4-21)$$

$$y - y_0 = (v_0\sin\theta_0)t - \frac{1}{2}gt^2 \qquad (4-22)$$

$$v_y = v_0\sin\theta_0 - gt \qquad (4-23)$$

$$v_y^2 = (v_0\sin\theta_0)^2 - 2g(y - y_0) \qquad (4-24)$$

抛体运动中质点的**轨道**（路径）是一抛物线，其表达式为

$$y = (\tan\theta_0)x - \frac{gx^2}{2(v_0\cos\theta_0)^2} \qquad (4-25)$$

其中原点取作发射点，即令式（4-21）至（4-24）中的 x_0 与 y_0 等于零。质点的**水平射程** R（从发射点到落回至发射高度所经过的水平距离）为

$$R = \frac{v_0^2}{g}\sin 2\theta_0 \qquad (4-26)$$

匀速圆周运动　如果质点以恒定速率 v 围绕半径为 r 的圆周或圆弧运动，则该质点在作**匀速圆周运动**，它所具有的加速度大小为

$$a = \frac{v^2}{r} \qquad (4-32)$$

$\vec{a}$ 的方向指向圆周或圆弧的中心，称 $\vec{a}$ 为**向心加速度**。质点完成一个圆周所用时间为

$$T = \frac{2\pi r}{v} \qquad (4-33)$$

称 T 为**绕转周期**或简称**周期**。

相对运动 当两参照系 A 与 B 之间以恒定速度相对运动时，由参照系 A 中的观察者测得的质点 P 的速度一般不同于参照系 B 中的观察者测得的速度。两测得速度之间的关系为

$$\vec{v}_{PA} = \vec{v}_{PB} + \vec{v}_{BA} \qquad (4-42)$$

式中 $\vec{v}_{BA}$ 为 B 相对于 A 的速度。两观察者测得的质点的加速度相同，即

$$\vec{a}_{PA} = \vec{a}_{PB} \qquad (4-43)$$

思考题

1. 如图 4－23 所示，i、f 分别代表某一质点的初、末位置。用单位矢量表示该质点的(a)初位矢 $\vec{r}_i$，(b)末位矢 $\vec{r}_f$；(c)该质点位移矢量 $\Delta\vec{r}$ 的 x 分量为何？

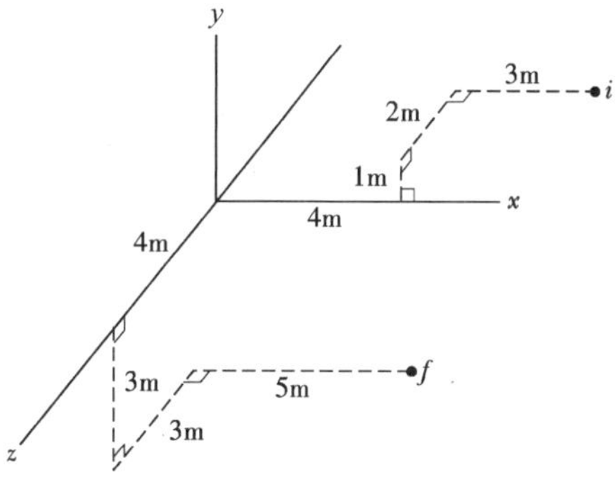

图 4－23 思考题 1 图

2. 如下四式表示 xy 平面上一个曲棍球的速度表达式(单位均为米每秒)：

(1) $v_x = -3t^2 + 4t - 2$ 及 $v_y = 6t - 4$

(2) $v_x = -3$ 及 $v_y = -5t^2 + 6$

(3) $\vec{v} = 2t^2\vec{i} - (4t+3)\vec{j}$

(4) $\vec{v} = -2t\vec{i} + 3\vec{j}$

问：(a)对每一表达式，其加速度在 x 和 y 方向的分量是恒量吗？加速度矢量 $\vec{a}$ 是恒量吗？(b)在表达式(4)中，如果速度的单位是 m/s，时间的单位是 s，那么系数 －2 和 3 的单位是什么？

3. 同一物体从地面(相同的高度)，以相同的初速率和角度发射，而落于三种不同的地面上，如图 4－24 所示。将这三种情况依据落地瞬间的速率，从大到小排序。

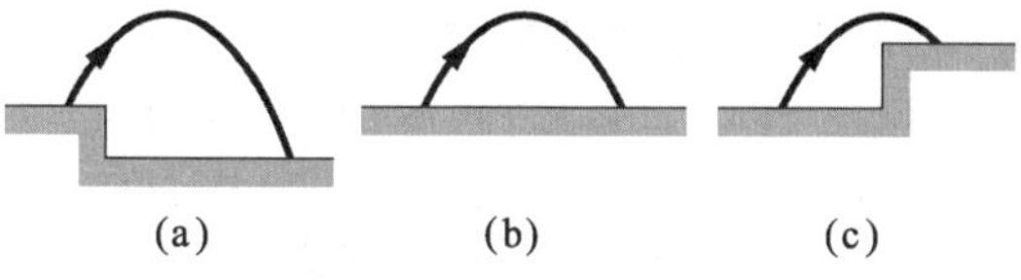

图 4－24 思考题 3 图

4. 在某一时刻，一个球的飞行速度是 $\vec{v} = 25\vec{i} - 4.9\vec{j}$(设 x 轴水平，y 轴竖直，$\vec{v}$ 的单位为 m/s)。问这个球是否已经飞过其轨道的最高点？

5. 分别以下列初速度矢量从地面发射一枚火箭，(所取坐标系为：x 沿地平面，y 竖直向上)(1) $\vec{v}_0 = 20\vec{i} + 70\vec{j}$，(2) $\vec{v}_0 = -20\vec{i} + 70\vec{j}$，(3) $\vec{v}_0 = 20\vec{i} - 70\vec{j}$，(4) $\vec{v}_0 = -20\vec{i} - 70\vec{j}$，(a)按发射速率从大到小和(b)按火箭在空中的飞行时间从长到短，对这个初速度排序。

6. 一个球在离地面两米高处，以初速度 $\vec{v}_0 = (2\vec{i} + 4\vec{j})$ m/s 抛出，求它就要落在距地面两米高的表面时的速度。

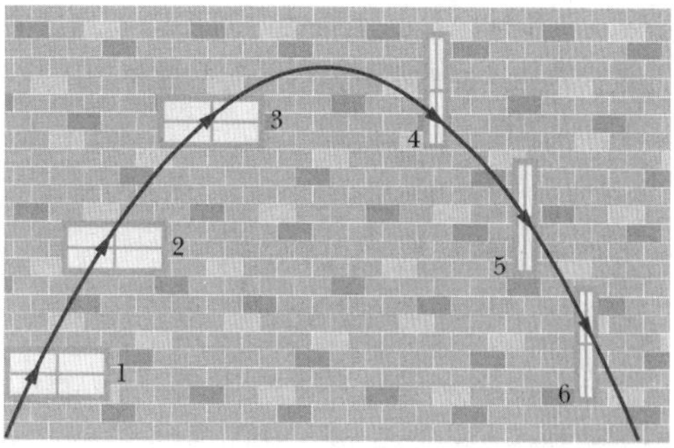

图 4－25 思考题 7 图

7. 一个上抛的桔子在空中飞过三个完全相同，且竖直等距排列的窗户 1、2 与 3，根据以下条件，从大到小对这三个窗户排序：(a)桔子通过窗户所用的时间；(b)桔子通过窗户的平均速率。

紧接着，这个桔子下落，又通过完全相同，且水平方向不规则排列的窗户 4、5 与 6，再根据以下条件，从大到小对这三个窗户排序；(c)桔子通过窗户所用的时间；(d)桔子通过窗户的平均速率。

8. 一架飞机以恒定速率 350km/h 水平飞行，释放一包食品，忽视空气阻力的影响，求此包的初速度的(a)竖直分量和(b)水平分量。(c)此包在刚要碰击地面时的速度的水平分量；(d)如果飞机的速率变为 450km/h，那么，包在空中下落的时间会变大，变小，还

是不变？

9. 以速度 $\vec{v}_i=(3\text{m/s})\vec{i}+(4\text{m/s})\vec{j}$ 将球向墙抛出，经时间 t_1 球与墙相碰，碰墙的高度为 h_1（图4-26）。如果投掷速度换为 $\vec{v}_i=(5\text{m/s})\vec{i}+(4\text{m/s})\vec{j}$。(a)球到达墙所需时间比 t_1 较长，较短，或与之相同还是条件不充足，无法推断？(b)球碰墙的高度比 h_1 较大，较小，或与之相同还是条件不充分，无法推断？

如果投掷速度换为 $\vec{v}_i=(3\text{m/s})\vec{i}+5(\text{m/s})\vec{j}$，则(c)球到达墙所需时间比 t_1 是较长，较短，或与之相同还是条件不充足，无法推断？(d)球碰墙的高度比 h_1 较高，较低，或与之相同，还是条件不充分，无法推断？

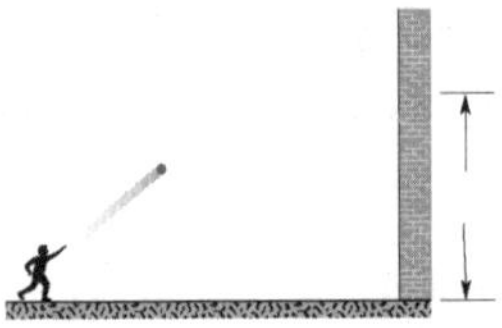

图4-26　思考题9图

10. 图4-27所示为由地面踢出一足球的三个飞行路径。忽略空气对飞行的影响，试根据以下条件，对它们从大到小排序：(a)飞行的时间；(b)初速度的竖直分量；(c)初速度的水平分量；(d)初速率。

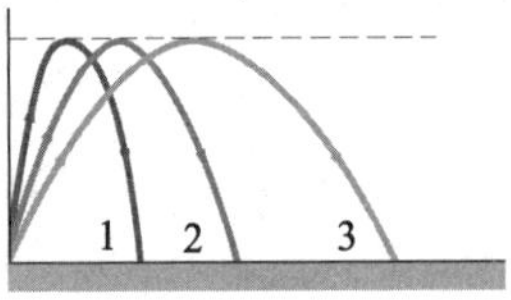

图4-27　思考题10图

11. 图4-28给出了一个质点在三种情形下的瞬时速度和加速度。在哪个情形中，(a)质点的速率增加，(b)速率减少，(c)速率不变，(d) $\vec{v}\cdot\vec{a}$ 为正，(e) $\vec{v}\cdot\vec{a}$ 为负和(f) $\vec{v}\cdot\vec{a}=0$？

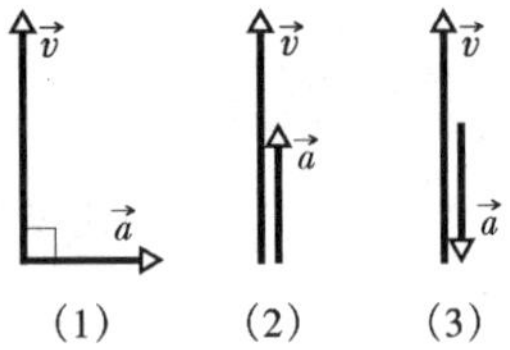

图4-28　思考题11图

12. 图4-29所示为以匀速率运行的一列火车的四种轨道（半圆或1/4圆）。根据火车在转弯处加速度的大小，从大到小将这些轨道排序。

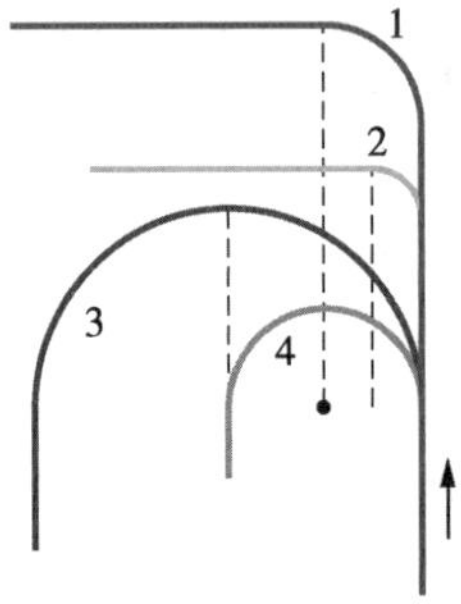

图4-29　思考题12图

13. (a)物体以恒定速率运动时可能加速吗？沿曲线运动时，(b)加速度可能为零吗？(c)加速度的大小可能恒定吗？

练习和习题

4-2节　位置与位移

1E. 一粒西瓜子的坐标为：$x=-5.0\text{m}, y=8.0\text{m}, z=0\text{m}$。(a)用单位矢量表示其位置矢量；求出(b)其大小及(c)相对 x 正向的角度；(d)在右手坐标系中画出此矢量。如果将此瓜子移到坐标(3.00m,0m,0m)处，其位移的：(e)单位矢量表示式为何？(f)大小为何？(g)相对 x 正方向的角度为何？

2E. 某电子的位置矢量为 $\vec{r}=(5.0\text{m})\vec{i}-(3.0\text{m})\vec{j}+(2.0\text{m})\vec{k}$ 求：(a) $\vec{r}$ 的大小；(b)在右手坐标系中画出此矢量。

3E. 一质子的初位矢为 $\vec{r}=5.0\vec{i}-6.0\vec{j}+2.0\vec{k}$，其后为 $\vec{r}=-2.0\vec{i}+6.0\vec{j}+2.0\vec{k}$，（单位均为m）。试问：(a)此质子的位移矢量为何？(b)此矢量与哪个平面平行？

4P. 如图所示，一个雷达站探测到一架从正东方向飞来的飞机。第一次观测到的飞机的方位是360m，仰角40°。其后飞机在竖直的东-西平面内被跟踪了另外123°，最后距离为790m（见图4-30）。求飞机在此观测期间内的位移。

4-3节　平均速度和瞬时速度

5E. 一辆火车，以每小时60.0km的恒定速率向东运行40min；接着，又向北偏东50.0°方向运行20min；最后，向西运行50min，求火车在此旅程中的平均速度。(ssm)

6E. 一个离子初始位置矢量为 $\vec{r}=5.0\vec{i}-6.0\vec{j}+$

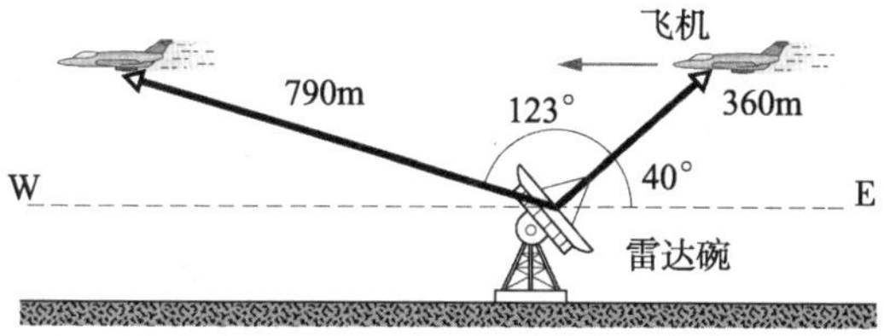

图 4-30 习题 4 图

$2.0\vec{k}$，10s 后的位置矢量为 $\vec{r}=-2.0\vec{i}+8.0\vec{j}-2.0\vec{k}$，（单位均为 m）。求这 10s 内粒子的平均速度。

7P. 一个电子的位置由 $\vec{r}=3.00t\vec{i}-4.00t^2\vec{j}+2.00\vec{k}$ 描述，式中 t 的单位为 s，$\vec{r}$ 的单位为 m。（a）求电子的速度 $\vec{v}(t)$ 。在 $t=2.00$s 时，电子速度的（b）单位矢量表达式，（c）大小及（d）相对于 x 轴正向的角度各为何？

8P. 绿洲 A 位于绿洲 B 正西方 90km 处。一个骆驼从 A 出发，在 50h 时间内，向东偏北 37°方向，走了 75km，而后，用 35h，向南走了 65km，此后，它休息了 5h。（a）休息时，骆驼相对绿洲 A 的位移是多少？（b）骆驼从离开绿洲 A 到休息完毕的平均速度是多少？（c）骆驼从离开绿洲 A 到休息完毕的平均速率是多少？（d）如果此骆驼在无水的情况下，能走 5 天（120h），则它在休息后的平均速度应为多少方能按时到达 B？

4-4 节　平均加速度与瞬时加速度

9E. 一个粒子按它的位置（用 m）对时间（用 s）的函数 $\vec{r}=\vec{i}+4t^2\vec{j}+t\vec{k}$ 运动。写出它的（a）速度与（b）加速度对时间的函数。(ssm)

10E. 一质子的初速度为 $\vec{v}=4.0\vec{i}-2.0\vec{j}+3.0\vec{k}$，4s 后速度为 $\vec{v}=-2.0\vec{i}-2.0\vec{j}+5.0\vec{k}$（单位为 m/s）。将质子在这 4s 内的平均加速度 $\vec{a}_{avg}$（a）以单位矢量表示和（b）求出其大小及方向。

11E. 在 xy 平面内运动的一个质点的位置 $\vec{r}$ 由 $\vec{r}=(2.00t^3-5.00t)\vec{i}+(6.00-7.00t^4)\vec{j}$ 给出，式中 $\vec{r}$ 的单位为 m，t 的单位为 s 。计算在 $t=2.00$s 时的（a）$\vec{r}$；（b）$\vec{v}$ 及（c）$\vec{a}$。（d）该 $t=2.00$s 时质点运动路径的切线方向为何？

12E. 一艘冰上滑艇由于风力作用，在结冰的湖上具有恒定的加速度。某一时刻，其速度为 $(6.30\vec{i}-8.42\vec{j})$ m/s，3s 后，由于风向转变，艇瞬时静止，求在这 3s 内艇的平均加速度。

13P. 某粒子以速度 $\vec{v}=(3.00\vec{i})$m/s 与恒定加速度 $\vec{a}=(-1.00\vec{i}-0.500\vec{j})$ m/s^2 离开原点，当它到达 x 坐标的最大值时，（a）它的速度和（b）它们位置矢量各如何？(ssm)（ilw）（www）

14P. 在 xy 平面运动的一粒子的速度为 $\vec{v}=(6.0t-4.0t^2)\vec{i}+8.0\vec{j}$，式中单位 $\vec{v}$ 为 m/s，$t(>0)$ 为 s。(a)求在 $t=3.0$s 时的加速度；(b)问粒子的加速度何时(如果有)为零？(c)粒子的速度何时(如果有)为零？(d)速率何时(如果有)为 10m/s？

15P. xy 平面内一粒子在 $t=0$ 时以速度 $8.0\vec{j}$m/s 和恒定加速度 $(4.0\vec{i}+2.0\vec{j})$ m/s^2 从原点开始运动。若某瞬时粒子的 x 坐标为 29m，求(a)它的 y 坐标和(b)它的速率。

16P. 如图 4-31 所示，粒子 A 以大小为 3.0m/s，方向与 x 轴正向平行的恒定速度，沿直线 $y=30$m 运动。当粒子 A 通过 y 轴的瞬时，粒子 B 从原点开始，以零速率及大小为 0.40m/s^2 的恒定加速度运动。当 $\vec{a}$ 与 y 轴正向之间的夹角 θ 为多少时，两粒子会相撞？（如果计算方程中出现 t^4 项，将 $u=t^2$ 代入，然后解所得二次方程得到 u。）

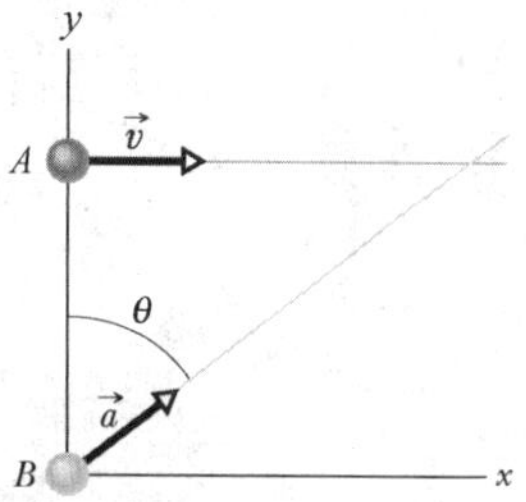

图 4-31 习题 16 图

4-6 节　抛体运动分析

在下面有些习题中，忽略空气的影响是不允许的，但有助于简化计算。

17E. 用来福枪水平瞄准 30m 外的一目标，子弹击中瞄准点下方 1.9cm 处的地方，求：(a)子弹的飞行时间；(b)它从来福枪发出时的速率。(ssm)

18E. 一小球从 1.2m 高的桌面边缘水平滚下，落地点与桌边相距 1.52m，求(a)此球在空中飞行多长时间？(b)此球离开桌边时的速率是多少？

19E. 一抛球手以 161km/h 的水平速率将棒球抛出。抛球手距击球手 18.3m，不计空气的影响。计算

(a)此球飞过前半段路程的时间;(b)飞过后半段路程的飞行时间;(c)在前半段路程中,球自由下落的距离,(d)在后半段自由下落的距离(e)这两问,(c)和(d),中的量为什么不相等?

20E. 某飞镖沿水平方向以初速率 10m/s 向飞镖板的靶心 P 点抛去,0.19s 后,它击中边缘 Q 点(P 点的正下方),(a)PQ 间的距离是多少?(b)飞镖掷出处离飞镖板有多远?

21E. 一个电子的初始水平速率为 1.00×10^9 cm/s,射入两块水平放置的带电平行金属板间。在此区间,它行进了水平距离 2.00cm,同时由于带电金属板的缘故而具有向下的恒定加速度 $1.00\times10^{17}\text{cm/s}^2$。求(a)此电子经过这 2.00cm 所需的时间;(b)这段时间内它在竖直方向经过的距离。另求出电子出射时速度的(c)水平分量和(d)竖直分量。(ssm)

图4-32 练习22图

22E. 1991 年的东京世界田径锦标赛上,麦克·鲍威尔(Mike Powell)跳出了 8.95m,因而以 5cm 之远打破了鲍勃·比蒙(Bob Beamon)保持了 23 年之久的男子跳远世界纪录。假如鲍威尔起跳时的速度是 9.5m/s(大约与短跑运动员的速度相当)且东京的 $g=9.80\text{m/s}^2$。鲍威尔的新纪录比一个质点以同样的速度 9.5m/s 发射所能达到的最远距离短多少?

23E. 在 $t=0$ 时,用弹弓射出的一块石头初速度的大小为 20.0m/s,仰角为 40.0°。求在 $t=1.10$s 时,石头相对于弹弓所在处的位移的(a)水平分量,(b)竖直分量。再计算在 $t=1.80$s 时的(c)水平分量,(d)竖直分量和 $t=5.00$s 时的(e)水平分量,(f)竖直分量?(ssm)

24P. 一个高尔夫球在地面被击出。球的速率与时间的函数关系示于图 4-33 中,其中在 $t=0$ 时球被击出。(a)当高尔夫球落回地面高度时水平飞行了多远?(b)球离地面的最大高度是多少?

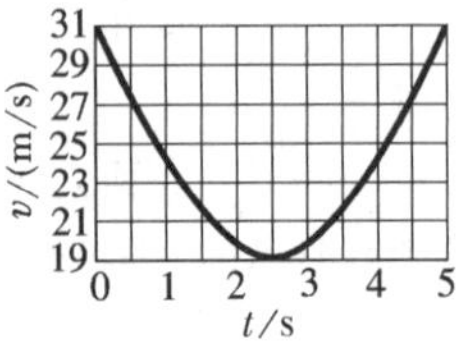

图4-33 习题24图

25P. 一支枪发射子弹的出口速度是 460m/s,它瞄准了 45.7m 远与枪口等高的目标。为击中目标,枪管所指向的点必须比目标高多少?(ssm)

26P. 在垒球比赛中投手一次投球的出手点离地面 3.0ft 高,频闪仪记录到的球的位置如图 4-34 所示,频闪的时间间隔为 0.25s 且球出手时 $t=0$。(a)球的初速率是多少?(b)球到达距地面最高点时的速率是多少?(c)最大高度是多少?

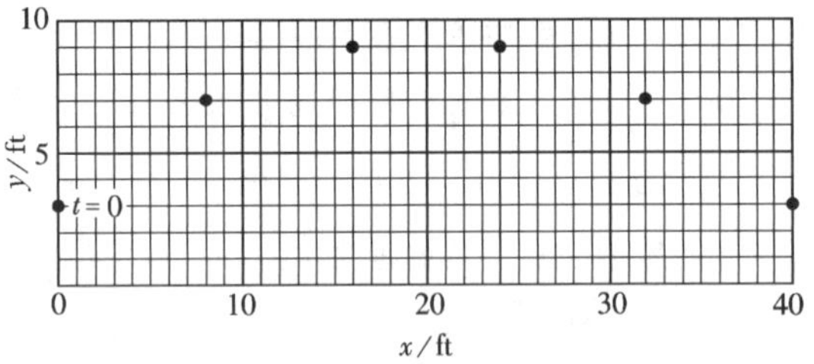

图4-34 习题26图

27P. 证明一个抛体所能达到的最大高度是 $y_{max}=(v_0\sin\theta_0)^2/(2g)$。(ssm)

28P. 以速度 25.0m/s,仰角 40.0°向墙投掷一个球(图4-35)。墙距投掷点 22.0m。(a)球击中墙的位置比投掷点高多少?(b)当球击中墙时,球速的水平分量和竖直分量各为多少?(c)当球击中墙时,它是否已经经过了轨道的最高点。

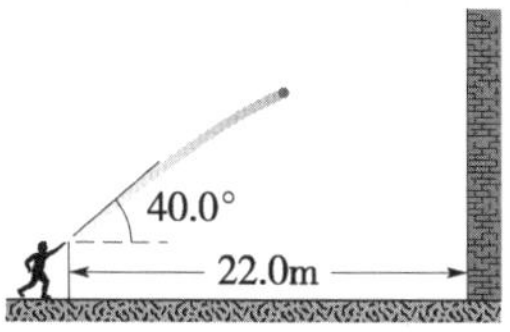

图 4-35　习题 28 图

29P. 从地面向空中抛出一球。在高度达 9.1m 时，它的速度是 $\vec{v}=7.6\vec{i}+6.1\vec{j}$，单位为 m/s，($\vec{i}$ 水平，$\vec{j}$ 向上)。(a)球达到的最大高度是多少？(b)球越过的总水平距离是多少？在球落地时的速度的(c)大小和(d)方向如何？(ilw)

30P. 从地面被抛到空中 2s 后，抛体相距抛出点的水平位移为 40m，竖直位移为 53m。抛体的初速度的(a)水平分量和(b)竖直分量是多少？(c)当抛体到达离地面以上最高点时，它对抛出点的水平位移是多少？

31P. 一个足球运动员凌空抽射，使足球的"悬空时间"(飞行时间)达 4.5s，落地前飞行了 46m 远。如果球离开运动员的脚时，离地面 150cm 高，则足球的初速度的(a)大小和(b)方向应该为何？(ssm)

32P. 跳台离水面高度 10.0m，一名初学跳水运动员以水平速率 2.00m/s 离开跳台边缘。(a)运动员离开跳台 0.800s 后，她离跳台边缘的水平距离是多少？(b)就在该瞬时运动员离水面的竖直距离是多少？(c)运动员入水时离跳台边缘的水平距离是多少？

33P. 当飞行员投出雷达诱饵时，飞机正以 290.0km/h 的速率及 30.0°角俯冲(见图 4-36)。投出点与诱饵的落地点水平距离是 700m。问：(a)诱饵在空中的时间多长？(b)投出点离地面多高？(ilw)

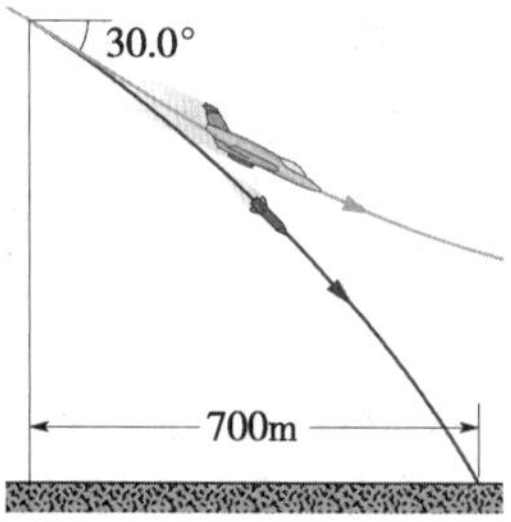

图 4-36　习题 33 图

34P. 一个抛体投射时的速率是它到达最高点时速率的 5 倍。求它在投射时的仰角 θ_0。

35P. 一个小球以 1.52m/s 的速率水平滚离楼梯顶。楼梯的每一级有 20.3cm 高和 20.3cm 宽。小球最先落到哪一级台阶上？(ssm)

36P. 一个足球被以 19.5m/s 的初速率及 45°仰角从地面踢出。同时一位离球 55m 远的运动员沿踢出球的方向向球跑过来接球。他的平均速度必须是多少才能在球落地前的瞬间接到球？不计空气阻力。

37P. 一架飞机与竖直方向成 53.0°俯冲，在高度 730m 投下一个物体。5.00s 后物体落地。(a)飞机的速率是多少？(b)物体在空中水平飞行多远？物体落地瞬间的速度的(c)水平分量和(d)竖直分量各为多少？(ssm)

38P. 女子排球的球网高度是 2.24m，球网两边的场地大小各为 9.0m 乘 9.0m。使用跳发球，运动员的击球点有 3.0m 高，离网的水平距离有 8.0m 远。如果球的初速度是沿水平方向的，(a)球可以飞过网的最小速率是多少？以及(b)球落在对方场地而又不出界的最大速度是多少？

39P. 一名击球手在球离地面高度 1.22m 时挥棒击中球。球离棒时与地面成 45°角。按球速计算，当球回落到与击球点高时，其水平射程应为 107m。问：(a)球是否可以飞过离击球点水平距离为 97.5m 处的高 7.32m 的围栏？(b)不论能否飞过，求当球到达围栏时，围栏的上沿与球之间的距离。(ssm)(www)

40P. 一次网球比赛中，运动员发出的球以 23.6m/s 的速度离地高度 2.37m 水平飞出。已知球网高 0.90m，与发球点距离 12m 远。当球到达球网时，(a)它可否从网上飞过？(b)球与网顶距离是多少？现在假定发球时的情况如上，但球离球拍时有 5.00°的俯角。当球到达球网时，(c)它可否从网上飞过？(d)此时球与网顶距离是多少？

41P. 一名美式橄榄球的踢球员可将球踢出25m/s 的速度。他距离球门 50m 处踢球。已知球门的横杆离地面 3.44m 高。则他必须将球在哪两个角度之间向上踢出，才能够得分？(美式橄榄球的规则是球从横杆之上飞过才能得分。你可以用 $\sin^2\theta+\cos^2\theta=1$ 来求得 $\tan^2\theta$ 与 $1/\cos^2\theta$ 的关系，代入，再解所得的二次方程。)

4-7 节　匀速圆周运动

42E. 短跑运动员以 10m/s 的速率绕半径 25m 的弯道跑动时加速度的大小多大？

43E. 一个地球卫星沿离地球表面 640km 的圆形轨道运行，周期为 98.0min。(a)卫星的速率是多少？(b)卫星的向心加速度的大小是多少？(ssm)

44E. 一个风扇每分钟转 1200 转。考虑叶片边缘的一点，位于半径 0.15m 处。(a)此点绕转一周经过多少路程？(b)此点的速率是多少？(c)加速度的大小是多大？(d)运动的周期是多少？

45E. 一名宇航员坐在半径为5.0m的离心机内转动。(a)向心加速度的大小为7.0g时宇航员的速率是多少？(b)产生这个加速度需要每分钟转多少转？(c)运动的周期是多少？(ssm)

46P. 一个嘉年华会的旋转木马绕一竖直轴匀速转动。一名站在旋转木马边缘的游客的速率是3.66m/s。在下面提到的两个瞬时情况下，此游客离转轴有多远，在哪个方向。(a)游客的加速度为1.83m/s^2，向东；(b)游客的加速度为1.83m/s^2，向南。

47P. (a)由于地球的自转，赤道上物体的向心加速度的大小是多少？(b)如果赤道上的物体的向心加速度的大小是9.8m/s^2，则地球转动的周期应该是多少？

48P. 法国的高速火车 TGV(Train a Grande Vitesse)预定运行的平均速率为216km/h。(a)如果火车以此速率转弯，而且乘客所经受的加速度的大小不允许超过0.050g，则轨道所许可的最小曲率半径是多少？(b)达到这个限制时，在半径为1.00km的弯道上，火车速率应是多少？

49P. 嘉年华会的摩天轮半径为15m，绕水平轴每分钟转5圈。(a)运动周期是多少？(b)在最高点和(c)在最低点时游客的向心加速度是多少？假定游客在半径15m处。(ssm)(ilw)

50P. 当一颗大的恒星变成**超新星**，它的核可能被压缩得极为致密以至成为**中子星**，半径约为20km(约为旧金山市的面积)。如果中子星每秒钟自转一周，(a)赤道上一质点的速率是多少？(b)此质点的向心加速度的大小是多少？(c)如果自转更快，则(a)和(b)的答案是增加，减少还是不变？

51P. 一个孩子用绳子系一块石头作甩转。石头在离地面2.0m，半径为1.5m的水平面内作圆周运动。拴石头的绳子突然断掉，石头飞出水平距离10m落地。石头作圆周运动时的向心加速度的大小是多少？(ssm)

52P. 一质点 P 作半径为 $r=3.00$m 的匀速圆周运动(图4-37)，完成一周需时间20.0s。质点通过 O 点时 $t=0$。以大小-角度标记法表示以下各矢量(角度相对于 x 的正向)。相对于 O 点，求质点在时间 t 为(a)5.00s；(b)7.50s，(c)10.0s时的位置矢量。(d)求从第5s末到第10s末的5.00s内，质点的位移。(e)在此时间间隔内的平均速度。求在此时间间隔内，质点在(f)开始时，和(g)最后时刻的速度；(h)开始时，和(i)最后时刻的加速度。

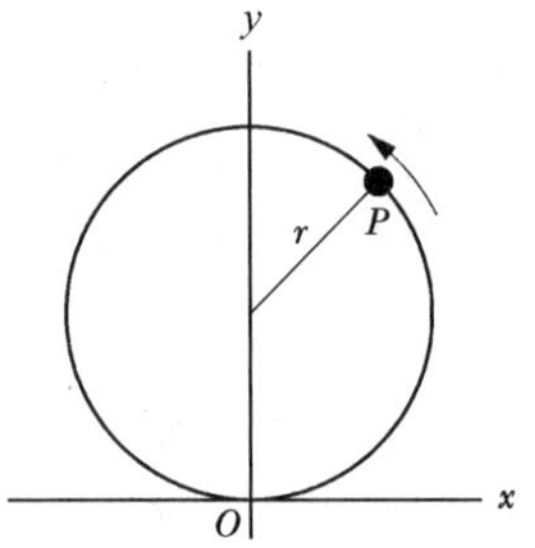

图4-37　习题52图

4-8节　一维相对运动

53E. 一名摄影师正在一辆以速度20km/h向西行驶的汽车上拍摄猎豹，猎豹以比汽车快30km/h的速度向西奔跑。突然，猎豹停步，转身向东跑。一名站在猎豹奔跑路径边上的受到惊吓的助手测量到猎豹的速率是45km/h。猎豹速度的改变发生于2.0s内。则从(a)摄影师的观点和(b)助手的观点看猎豹的加速度是多少？

54E. 一条船以相对于河水14km/h的速度逆流而上。水流相对于地面的速度是9km/h。(a)船相对于地面的速度为何？(b)一个孩子在船上以速度6km/h从船头走向船尾，孩子相对于地面的速度为何？

55P. 一个人走上一个静止的15m长的自动扶梯需时90s。若站在开动的扶梯上，他被带上去需时60s。问如果人在移动的扶梯上走到顶端需要多少时间？答案是否与扶梯的长度有关？(ssm)

4-9节　二维相对运动

56E. 在英式橄榄球中，运动员可以合法的将球"横传"(传球时球速没有向前的分量)给队友。假定运动员向前奔跑的速度是4.0m/s，传出的球的速率相对于他自己为6.0m/s。则合法传球时，相对于前方传球的最小角度是多少？

57E. 雪以8.0m/s的速率竖直下落。在一名以速率50km/h在水平的直路上行驶的司机眼中，飘落的雪花偏离竖直线多大角度？(ssm)

58E. 两条公路相交，如图4-38所示。在所示时刻，一辆警车 P 与交叉点距离800m，并以80km/h行驶。汽车 M 距离交叉点600m，以60km/h行驶。(a)用单位矢量表示，汽车相对于警车的速度是多少？(b)在图4-38所示的时刻，(a)中的速度的方向和两车间的视线相比如何？(c)如果两车速度不变，当两车驶近交叉点时(a)和(b)的答案是否改变？

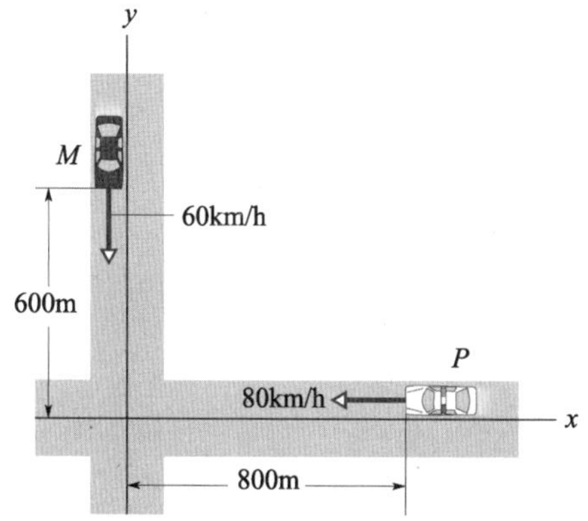

图 4-38 练习 58 图

59P. 一列车以速度 30m/s(相对于地面)在雨中向南行驶。雨滴被风吹向南方。地面上站立的观察者看到雨滴与竖直方向成 70°角。坐在列车内的观察者看到雨滴正好竖直下落。求雨滴相对于地面的速率。

60P. 船 A 处于船 B 的北 4.0km 和东 2.5km。船 A 的速度是 22km/h 向南，船 B 的速度是 40km/h 向东偏北 37°。(a)船 A 相对于船 B 的速度是多少？(将答案以单位矢量 $\vec{i}$ 和 $\vec{j}$ 表示，$\vec{i}$ 指向东。)(b)写出船 A 相对于船 B 的位置作为时间 t 的函数(以单位矢量 $\vec{i}$ 和 $\vec{j}$ 表示，并取船在上述位置时为 $t=0$)。(c)在什么时刻两船相距最近？(d)最近的距离是多少？

61P. A 和 B 两条船同时离开码头。船 A 以 24 节航向西北，船 B 以 28 节航向南偏西 40°(1 节 = 1 海里/小时；见附录 D)。(a)船 A 相对于船 B 的速度的大小和方向如何？(b)多长时间以后两船相距 160 海里？(c)那时船 B 相对于船 A 在何方位(B 的位置的方向)？(ssm)(ilw)

62P. 一辆木制的厢型车在平直的轨道上以速率 v_1 行驶。一狙击手用强力的步枪向它射出一发子弹(初速 v_2)，子弹穿透车厢的两侧壁。从车厢里看，子弹的射入孔和射出孔正好相对。子弹相对于轨道从什么方向射出的？假定子弹射入车厢时没有偏斜，但速率减少 20%。可令 $v_1 = 85$km/h 和 $v_2 = 650$m/s。(为什么不需要知道车厢的宽度？)

63. 一条 200m 宽的河，水流以 1.1m/s 的均匀流速从丛林中流向东。一名探险者想离开位于南岸的一个小林间空地并乘坐汽艇北渡，汽艇相对于水的速率为 4.0m/s。在北岸已有一个林间空地在南岸林间空地正对位置的上游 82m 处。(a)汽艇出发时应沿什么方向航行以便沿直线到达北岸的林间空地？(b)到达该位置时汽艇航行了多少时间？

附加题

64E. 致命的烟幕。 一颗小行星撞击地球，将碎块岩石向上、向周围抛出，很快在地表下形成一个陨石坑。基于陨石坑形成的模型，下表中给出了五组岩石的抛射速率和角度(相对于水平面)。(其他具有中间速率和角度的岩石当然也被抛出)。假定当小行星在 $t=0$ 时撞击到地球位置 $x=0$，而你在 $x=20$km 处(图 4-39)。试问(a)在 $t=20$s 时，向你的方向抛射出的岩石(A 至 E)的 x 和 y 坐标如何？(b)画出坐标并描出相应的曲线，其中包括以中间速率和角度抛射的岩石的坐标。这个曲线应该给你一个关于岩石向你飞来时你会看到的。以及在很久以前小行星撞击地球时恐龙一定看到的情景的概念。

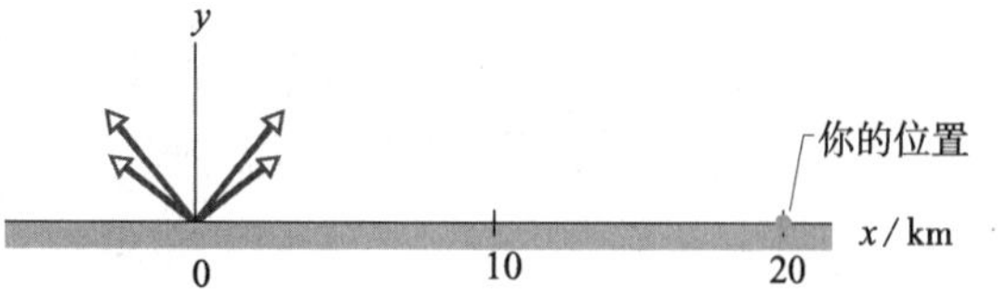

图 4-39 练习 64 图

第5章　力与运动（Ⅰ）

1974年4月4日，比利时人John Massis在纽约长岛的一处铁轨上成功地拖动了两节客车车厢。他当时是用牙紧紧咬住一副以绳子连在车厢上的嚼子，同时向后倾身并用脚尽全力蹬铁路的枕木。两节车厢总重约达80t。

Massis必须用超人的力才能使它们加速吗？

答案就在本章中。

5-1 什么引起加速度？

当看到一个与类质点的物体的速度在大小或方向上发生变化时，你知道一定有某种原因**引起**了这种变化（加速）。的确，凭日常经验你知道，速度的变化一定是由于物体与其周围的什么东西之间有相互作用。例如，如果你看到一个正在冰场上滑动的冰球突然停下或突然改变方向，你会猜想那个冰球碰到了冰面上的一个小冰脊。

能引起物体加速度的相互作用称为**力**，不严谨地说，是对物体的推力或拉力——它被说成是**作用**在物体上。比如，冰脊对冰球的撞击是作用在冰球上的推力引起了一个加速度。力与该力引起的加速度之间的关系最初是由艾萨克·牛顿（1642—1727）确定的，这也是本章的主题。对此关系的研究称为**牛顿力学**。本章将集中研究牛顿的三条基本运动定律。

牛顿力学并不对所有的情况都适用。如果相互作用的物体的速率非常大——大到为光速的一个相当大的分数——就必须用爱因斯坦的狭义相对论代替牛顿力学，因为相对论理论对任何速率，包括接近光速的情况均适用。如果相互作用的物体属于原子结构规模（例如，可能是原子内的电子），就必须用量子力学代替牛顿力学。物理学家现在把牛顿力学视为这两个更全面的理论的一个特例。尽管如此，牛顿力学是一个非常重要的特例，因为它适用的运动物体在尺度上从非常小的物体（几乎接近原子结构规模）到非常大的天体（诸如星系和星系团）。

5-2 牛顿第一定律

在牛顿形成他的力学之前，人们认为要保持物体以恒定速度运动，就需要某种外界影响，一个“力”。类似地，他们认为，物体静止时是处于其“自然状态”。而要使物体以恒定速度运动，似乎必须用某种方式，推或拉，不断地驱动物体，否则物体就会“自然地”停止运动。

这些想法是合理的。如果你将一冰球扔到木质地板上，它的确会慢下来然后停止。若想使它在地板上以恒定速度运动，就必须不断地推或拉它。

然而，若将一冰球扔到溜冰场上，它滑得就会远很多。你可以想象更长和越来越光滑的平面，在其上冰球会滑动得越来越远。在极限的情况下，你可以设想一个长的，极其光滑的表面（称作**无摩擦表面**），在其上冰球根本不会减慢。（实际上在实验室内可以接近这种情形，做法就是把冰球投放到水平气桌上，在那里它在一层空气薄膜上滑动）。

通过这些观察，我们可下结论，即如果没有力作用在物体上，它就会保持以恒定速度运动。这个结论就把我们引到牛顿三条运动定律中的第一条，即

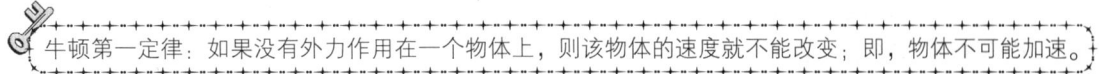

> 牛顿第一定律：如果没有外力作用在一个物体上，则该物体的速度就不能改变；即，物体不可能加速。

换言之，如果物体是静止的，它就保持静止；如果正在运动，它将以相同的速度（相同的大小**和**方向）继续运动。

5-3 力

现在来定义力的单位。我们已经知道力能引起一个物体的加速度。这样，下面就用一个力对一个标准参考物体引起的加速度来定义力的单位。作为标准物体，我们用（或更确切地说想象用）图1-4所示的标准千克。这个物体已被精确地而且作为定义规定为质量1kg。

我们将标准物体放在无摩擦的水平桌面上并向右拉这个物体（见图 5-1），经过反复实验，使它最终得到 1m/s^2 的加速度。这时，我们宣布，作为定义，作用在标准物体上的力的大小为 1 牛顿（缩写为 N，中文写为牛）。

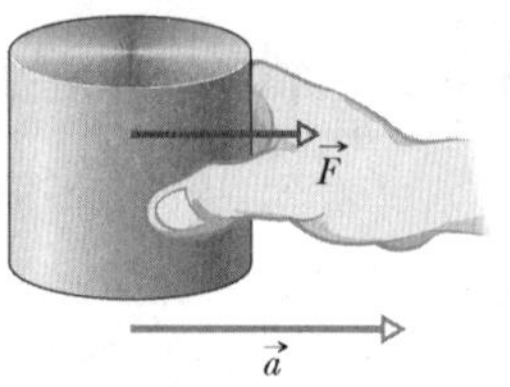

图 5-1　作用在标准千克上的力 $\vec{F}$ 给该物体一个加速度 $\vec{a}$。

我们可在标准物体上加 2N 的力拉它，测到的加速度为 2m/s^2，以此类推。一般地说，如果观察到质量 1kg 的标准物体具有大小为 a 的加速度，我们就知道力 F 一定施于此物体上，而力的大小（单位为 N）就等于该加速度（单位为 m/s^2）。

因此，一个力是由它产生的加速度来测量的。不过，加速度是一个既有大小又有方向的矢量。力是否也是矢量？虽说我们可以很容易地规定一个力的方向（就指定为加速度的方向），但这是不够的。还需由实验证明力是矢量。实际上，这点已经做到了：力的确是矢量，因为它既有大小，又有方向，而且还按照第三章讲过的矢量法则相合成。

这就是说，当两个或更多个力作用于一个物体上时，我们可用矢量的方法把单独的力加起来求出它们的**净力**或**合力**。合力对物体的影响与所有这些组成合力的单独力一起作用的影响是一样的。这个事实叫做**力的叠加原理**。这个世界很奇怪，例如，如果你和一个朋友沿同一方向每人用 1N 的力拉标准物体，但不知何故，合力却是 14N。

在本书中，大都用矢量符号 $\vec{F}$ 表示力，用矢量符号 $\vec{F}_{net}$ 表示合力。和其他矢量一样，力或合力可以有沿坐标轴方向的分量。当力仅沿单一的轴作用时，它们为单分量力。于是我们可省去力符号上的矢量箭头，仅用正负号表示力沿该轴的方向。

换一个说法，用**合力给出的牛顿第一定律的恰当表述为：**

> 牛顿第一定律：如果没有合力作用在物体上（$\vec{F}_{net}=0$），则该物体的速度就不能改变；即，物体不可能加速。

或许会有多个力作用于一个物体上，但若它们的合力为零，则物体就不能加速。

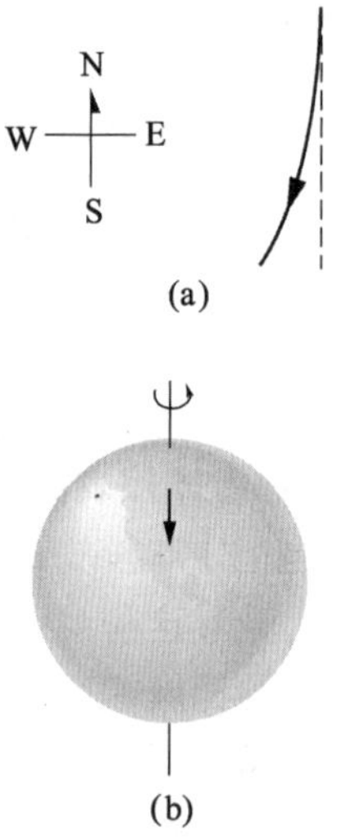

图 5-2　(a) 地面上的观察者看到的在长的无摩擦的冰面上向正南方滑动的冰球的路径。(b) 随着地球的自转，向南滑动的冰球下面的地面向东转动。

惯性参考系

牛顿第一定律不是对所有参考系都适用的。不过我们总能找到那样的参考系，在其中牛顿第一定律（及牛顿力学的其他定律）适用。这样的参考系被称为**惯性参考系**，简称为**惯性系**。

> 惯性参考系是牛顿定律适用的参考系。

例如，我们可以假设地面是一个惯性参考系，只要能忽略地球的实际天文运动（如它的自转）。

这个假设相当符合实际。比如，若我们扔出一个冰球，使之在一小段无摩擦的冰面上滑动——地面上的观察者会看到冰球的运动遵从牛顿力学的定律。然而，假设使这段距离非常长，这么说吧，从北极延伸到南极。

这时地面上的观察者会发现冰球在向南运动的同时还稍向西边偏移（见图5－2a）；然而，观察者却无法找到引起这个向西的加速度的力。在这种情形中，地面就是**非惯性系**了，因为，对于冰球的长程，地球的自转不能忽略。滑动中的冰球相对于地面的不可思议的向西的加速度实际上是由于冰球下的地面向东边的转动引起的（见图5－2b）。

在本书中，我们通常假设地面是一个惯性系，力和加速度在地面上测定。但若在，例如，一个相对于地面正在加速的电梯中测定，所做的测量就是相对非惯性系的，因而结果也会出人意料。在例题5－8中可看到一个这样的例子。

检查点1：下面的六个小图中，哪一个能正确表示$\vec{F}_1$与$\vec{F}_2$相加而产生的第三个矢量（代表它们的合力$\vec{F}_{net}$）。

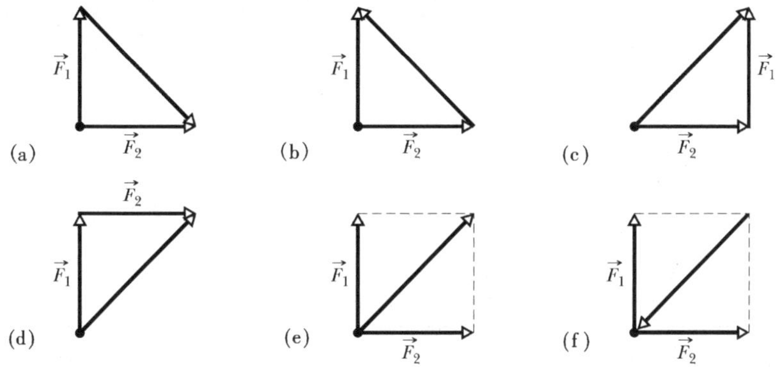

5－4 质量

日常生活经验告诉我们，一给定的力对不同的物体产生的加速度的大小是不同的。将一棒球和一保龄球放在地板上，然后对它们一样地猛踢一下，即使你没有真地这样做也可以知道结果：棒球要比保龄球获得大很多的加速度。这两个加速度不同是因为棒球与保龄球的质量不同。但是，严格地说质量又是什么呢？

我们可以设想用在惯性系中的一系列实验来解释怎样测量质量。在第一个实验中，在标准物体（其质量m_0规定为1.0 kg）上加一个作用力，如果测得标准物体的加速度为1.0 m/s^2，则可确定施于物体上的力为1.0N。

接着，再将同样的力（这需用某种方法确保是同样的力）加到第二个物体X上，其质量是未知的，假设测得物体X的加速度为0.25m/s^2。我们知道，当同样的力（踢一下）加到两物体上时，块头**较小**的棒球比块头较大的保龄球获得**较大的加速度**。于是我们作如下假设：两个物体的质量之比与它们在同样的力作用下所获得的加速度成反比。对物体X和标准物体，就有

$$\frac{m_X}{m_0}=\frac{a_0}{a_X}$$

从中解出m_X得

$$m_X=m_0\frac{a_0}{a_X}=1.0\text{kg}\times\frac{1.0\text{m/s}^2}{0.25\text{m/s}^2}=4.0\text{kg}$$

当然，只有当我们改变所加的力到其他值时，我们的假设依旧成立，这样的假设才是有用的。例如，如果8.0N的力加到标准物体上，测得的加速度为8.0m/s^2；若将8.0N的力加到物

体 X 上，测得的加速度为 $2.0m/s^2$。我们的假设于是给出

$$m_X = m_0 \frac{a_0}{a_X} = 1.0kg \times \frac{8.0m/s^2}{2.0m/s^2} = 4.0kg$$

与第一个实验一致。许多实验产生相似结果表明，用我们的假设提供了一个确定任何物体质量的一致和可靠的方法。

我们的实验还表明，质量是物体的一种**固有的**特征——即物体与生俱来的特征。实验还表明质量是一个标量。然而，困扰我们的问题还存在：质量究竟是什么?

由于**质量**这个词也在日常英语中应用，我们对它应有一些直观理解，它可能是我们能亲身感觉到的某种东西。它是物体的尺寸、重量或密度吗? 虽然有时这些特征很容易与质量混淆，但答案是否定的。我们只能说，**物体的质量是把加在物体上的力和所引起的加速度联系起来的一种特性**。质量没有更熟悉的定义。人们只有在打算加速一个物体时，例如在击出一个棒球或保龄球时，才会对质量有切身感受。

5-5 牛顿第二定律

到目前为止所有讨论过的定义、实验和观察可概括为如下一个简洁的表述。

牛顿第二定律：作用于物体上的合力等于物体的质量与它的加速度的乘积。

用方程式的形式

$$\vec{F}_{net} = m\vec{a} \quad (牛顿第二定律) \tag{5-1}$$

此式是简单的，但用时要格外小心。首先，必须搞清楚要对那个物体应用此定律；其次，$\vec{F}_{net}$必须是作用在**该**物体上的**所有**力的矢量和。在力的矢量和中只能包括作用于**该**物体上的力，在给定问题中涉及到的作用在其他物体上的力不能计入。比如，当你加入橄榄球的扭夺时，**你**受的合力是所有加在**你**身上的推力与拉力的矢量和。它不包括你对其他球员的任何推力或拉力。

类似其他矢量方程，式（5-1）等价于三个分量方程。对应于 xyz 坐标系中的每个轴的分量方程写作

$$F_{net,x} = ma_x, F_{net,y} = ma_y, 和 F_{net,z} = ma_z \tag{5-2}$$

每个这种方程把沿一个轴的合力分量与沿同一轴的加速度联系起来。例如，第一个方程告诉我们所有沿 x 轴的力的分量之和引起该物体加速度的 x 分量 a_x，而不会 y 在 z 与方向引起加速度。反过来说，加速度的分量 a_x 仅由沿 x 轴的力的分量的和引起。通常有

沿给定轴的加速度分量仅由沿同一轴的力的分量的和引起，与沿其他轴的力的分量没有关系。

式（5-1）告诉我们，如果加在某一物体上的合力为零，该物体的加速度 $\vec{a}=0$。若该物体是静止的，它就保持静止；若它正在运动，它就一直以恒定速度运动。在这种情形下，所有作用在物体上的力相互**平衡**，力与物体都可说是**处于平衡**。一般地，也可以说这些力相互**抵消**。不过，“抵消”这个词是微妙的，它并**不**表示该力停止存在（抵消力不像取消正餐的预定）。这些力仍然作用在物体上。

用 SI 制，式（5-1）告诉我们：

$$1\text{N} = (1\text{kg})(1\text{m/s}^2) = 1\text{kg}\cdot\text{m/s}^2 \qquad (5-3)$$

其他单位制的一些力的单位列于表 5-1 与附录 D 中。

表 5-1 牛顿第二定律中物理量的单位

单位制	力	质量	加速度
SI	牛顿（N）	千克（kg）	m/s^2
厘米·克·秒制①	达因（dyne）	克（g）	cm/s^2
英制②	磅（lb）	斯勒格（slug）	ft/s^2

① $1\text{dyne} = 1\ \text{g}\cdot\text{cm/s}^2$。

② $1\text{lb} = 1\text{slug}\cdot\text{ft/s}^2$

用牛顿第二定律求解问题时，我们通常先画一**受力图**，在图中单画出那个正要求合力的物体。有些教师更喜欢画物体本身的草图，但为节省篇幅，往往用一个点来表示物体。每个作用于物体的力用尾端标在物体上的矢量箭头表示。图中常包括一个坐标系，而物体的加速度有时用（标以加速度符号的）矢量箭头表示。

由两个或更多个物体组成的集体称为**系统**。系统以外的物体对系统内物体的任一作用力称为**外力**。如果物体之间是刚性连接的，我们就可将此系统看作一个复合体，作用在它上面的合力$\vec{F}_{net}$就是所有外力的矢量和。（不包括**内力**——系统内两物体之间的相互作用力）。例如，连在一起的铁路机车与车厢构成一个系统。如果用牵引绳拉前面的机车，则牵引绳的拉力就作用在整个机车-车厢系统上。正像对一个单个物体，我们可用牛顿第二定律$\vec{F}_{net} = m\vec{a}$，其中 m 为系统的总质量，将作用在一个系统上的合外力与它的加速度联系起来。

检查点 2：置于光滑地板上的木块受两个水平力作用，如图所示。假设第三个水平力$\vec{F}_3$也作用于木块，问$\vec{F}_3$的大小与方向各为何时，木块（a）处于静止状态；（b）以 5m/s 的恒定速率向左运动？

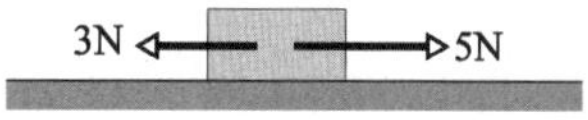

例题 5-1

如图 5-3a 至 c 所示，一个或两个力作用在一个冰球上，使它在无摩擦的冰面上沿 x 轴方向做一维运动。冰球的质量是 $m = 0.20\text{kg}$。作用力$\vec{F}_1$ 和$\vec{F}_2$ 沿 x 轴方向，大小分别为$F_1 = 4.0\text{N}$ 和$F_2 = 2.0\text{ N}$。力$\vec{F}_3$ 沿 $\theta = 30°$ 的方向且大小为 $F_3 = 1.0\text{N}$。对各种情形，问冰球的加速度为何？

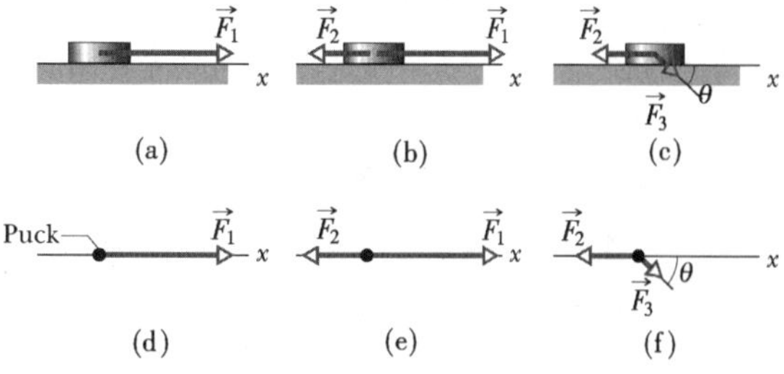

图 5-3 例题 5-1 图 （a）～（c）：在三种情形中，力作用在一冰球上，使它在无摩擦的冰面上沿 x 轴方向运动。（d）～（f）：对应三种情形的受力图。

【解】 各种情形的关键点是，可利用牛顿第二定律（$\vec{F}_{net} = \vec{a}$）将加速度$\vec{a}$与作用于冰球上的合力$\vec{F}_{net}$联系起来。不过，因为运动仅沿 x 轴，我们可简化各情形，只写出第二定律的 x 分量

$$F_{net,x} = ma_x \qquad (5-4)$$

三种情形的受力图给在图 5-3d 至图 5-3f 中，其中冰球以一个点来代表。

对图 5-3d 中的情形，仅有一个水平作用力，由式（5-4）得

$$F_1 = ma_x$$

代入已知数据，有

$$a_x = \frac{F_1}{m} = \frac{4.0\text{N}}{0.20\text{kg}} = 20\text{m/s}^2 \qquad (\text{答案})$$

答案中的正值表示加速度沿 x 轴正向。

在图5-3e中，两个水平力作用在冰球上，$\vec{F}_1$指向x轴正向，$\vec{F}_2$指向负方向。这样，式（5-4）给出

$$F_1 - F_2 = ma_x$$

代入已知数据，得

$$a_x = \frac{F_1 - F_2}{m} = \frac{4.0\mathrm{N} - 2.0\mathrm{N}}{0.20\mathrm{kg}} = 10\mathrm{m/s^2}$$

（答案）

可见，合力使冰球向x轴正方向加速。

在图5-3f中，作用力$\vec{F}_3$的方向不是沿着冰球加速度的方向，它的x分量是$F_{3,x}$。（作用力$\vec{F}_3$是二维而运动只是一维的）。因此，将式（5-4）写作

$$F_{3,x} - F_2 = ma_x$$

由图可见，$F_{3,x} = F_3\cos\theta$。解出加速度，然后将$F_{3,x}$代入有

$$a_x = \frac{F_{3,x} - F_2}{m} = \frac{F_3\cos\theta - F_2}{m}$$

$$= \frac{(1.0\mathrm{N} \times \cos 30°) - 2.0\mathrm{N}}{0.20\mathrm{kg}} = -5.7\mathrm{m/s^2}$$

（答案）

可见，合力使冰球向x轴负方向加速。

检查点3：所示**俯视**图给出两个作用力使无摩擦地板上的相同木块加速运动的四种情形。根据（a）作用于木块上的合力；（b）木块加速度，从大到小将四种情形排序。

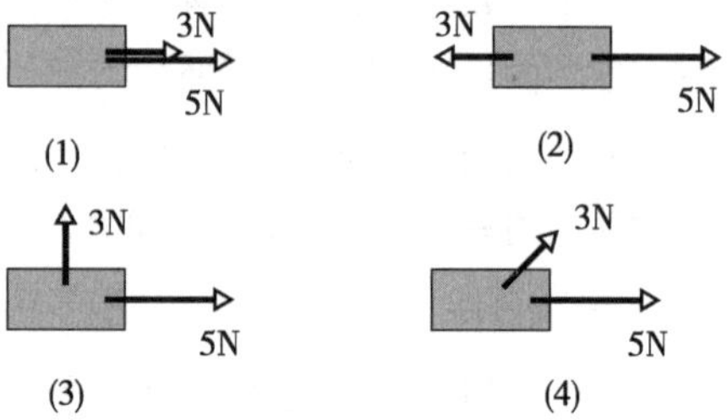

例题5-2

如图5-4a中的俯视图所示，光滑水平面上，一个2.0kg的饼干筒以3.0m/s²的加速度沿图示$\vec{a}$的方向加速运动。加速度由三个水平力产生，其中只有两个给在图中：$\vec{F}_1$的大小为10N，$\vec{F}_2$的大小为20N。第三个力$\vec{F}_3$以单位矢量表示法和大小-角度表示法表示各为何？

【解】 这里第一个关键点是，作用在筒上的合力$\vec{F}_{net}$是三个力的合力，而且利用牛顿第二定律（$\vec{F}_{net} = m\vec{a}$），可将它与筒的加速度$\vec{a}$联系起来，因此

$$\vec{F}_1 + \vec{F}_2 + \vec{F}_3 = m\vec{a}$$

由它可得

$$\vec{F}_3 = m\vec{a} - \vec{F}_1 - \vec{F}_2 \qquad (5-5)$$

第二个**关键点**在于，这是一个二维问题；我们**不能**只将式（5-5）右端三个矢量的大小代入来求解$\vec{F}_3$，而必须像图5-4 b所示那样用矢量方法将$m\vec{a}$，$-\vec{F}_1$（$\vec{F}_1$的相反矢量）与$-\vec{F}_2$（$\vec{F}_2$的相反矢量）相加。由于此处三个矢量中每一个矢量的大小和方向都已经知道，所以可以直接用矢量功能计算器求和。不过，在此，我们用分量，先沿x轴再沿y轴，来计算式（5-5）的右边。

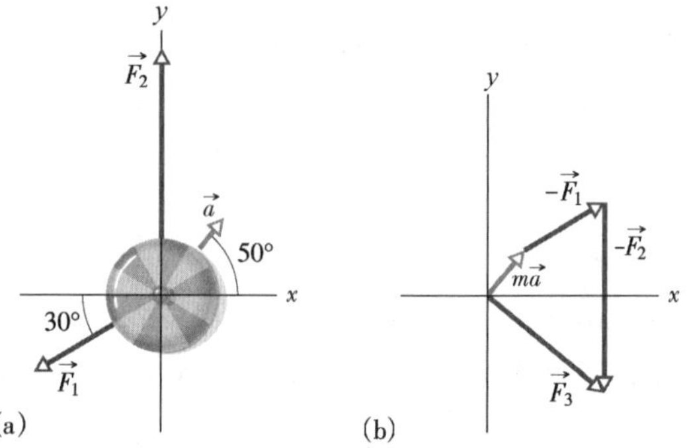

图5-4 例题5-2图 （a）作用于饼干筒上产生加速度$\vec{a}$的作用力中的两个力的俯视图。$\vec{F}_3$未在图中给出。（b）矢量$m\vec{a}$，$-\vec{F}_1$和$-\vec{F}_2$的安排，力$\vec{F}_3$待求。

沿x轴方向有

$$F_{3,x} = ma_x - F_{1,x} - F_{2,x}$$
$$= m(a\cos 50°) - F_1\cos(-150°) - F_2\cos 90°$$

代入已知数据可得

$$F_{3,x} = 2.0\text{kg} \times 3.0\text{m/s}^2 \times \cos50° - 10\text{N} \times \cos(-150°) - 20\text{N} \times \cos90° = 12.5\text{N}$$

同理，沿 y 轴方向得

$$\begin{aligned} F_{3,y} &= ma_y - F_{1,y} - F_{2,y} \\ &= m(a\sin50°) - F_1\sin(-150°) - F_2\sin90° \\ &= 2.0\text{kg} \times 3.0\text{m/s}^2 \times \sin50° - 10\text{N} \times \sin(-150°) - 20\text{N} \times \sin90° \\ &= -10.4\text{N} \end{aligned}$$

这样，用单位矢量表示法可表示为

$$\vec{F}_3 = F_{3,x}\vec{i} + F_{3,y}\vec{j} = (12.5\text{N})\vec{i} + (10.4\text{N})\vec{j} \approx (13\text{N})\vec{i} + (10\text{N})\vec{j} \quad \text{(答案)}$$

现在可用矢量功能计算器求出 $\vec{F}_3$ 的大小与角度。我们也可用式（3-6）求得其大小与角度（对 x 轴正向）为

$$F_3 = \sqrt{F_{3,x}^2 + F_{3,y}^2} = 16\text{N}$$

与

$$\theta = \arctan\frac{F_{3,y}}{F_{3,x}} = -40° \quad \text{(答案)}$$

例题 5-3

在一次二维拔河比赛中，Alex，Betty 和 Charles 同时水平用力拉一汽车轮胎，他们各自用力的方向如图 5-5 的俯视图所示。虽然三人都在用力拉，轮胎却保持静止。Alex 用力 $\vec{F}_A$ 的大小为 220 N，Charles 用力 $\vec{F}_C$ 的大小为 170 N，$\vec{F}_C$ 的方向未知。求 Betty 所加力 $\vec{F}_B$ 的大小？

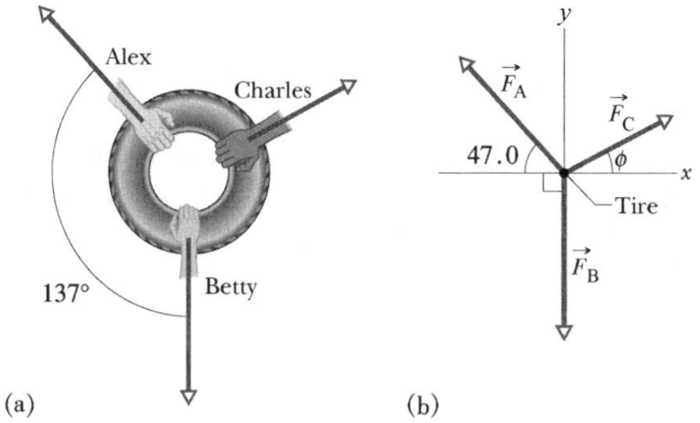

图 5-5 例题 5-3 图 (a) 三人用力拉轮胎的俯视图。(b) 轮胎的受力图。

【解】 因为对轮胎加的三个力没有使它加速，所以它的加速度 $\vec{a}=0$（即力达到平衡）。这里**关键点**是，可用牛顿第二定律（$\vec{F}_{net}=m\vec{a}$）将加速度与作用于轮胎的合力联系起来，可以写出

$$\vec{F}_A + \vec{F}_B + \vec{F}_C = m(0) = 0$$

或

$$\vec{F}_B = -\vec{F}_A - \vec{F}_C \quad (5-6)$$

轮胎的受力图画在图 5-5b 中，其中为方便，取原点在轮胎中心的坐标系，并令 $\vec{F}_C$ 的角度为 ϕ。

我们求 $\vec{F}_B$ 的大小。虽然已知 $\vec{F}_A$ 的大小及方向，但只知 $\vec{F}_C$ 的大小而不知其方向。因此，式（5-6）的两端均含有未知量，不能直接用矢量功能计算器求解。因此，必须将式（5-6）改写为 x 轴或 y 轴方向的分量式。因为 $\vec{F}_B$ 沿 y 轴方向作用，我们就选 y 轴，写出

$$F_{By} = -F_{Ay} - F_{Cy}$$

用角度表示各分量，并对 $\vec{F}_A$ 用角 133°（= 180° - 47.0°），得到

$$F_B\sin(-90°) = -F_A\sin133° - F_C\sin\phi$$

将已知数据代入，得

$$-F_B = -220\text{N} \times \sin133° - 170\text{N} \times \sin\phi \quad (5-7)$$

不过，我们还不知道 ϕ。

为此，可将式（5-6）对 x 轴重写为

$$F_{Bx} = -F_{Ax} - F_{Cx}$$

于是

$$F_B\cos(-90°) = -F_A\cos133° - F_C\cos\phi$$

由此得出

$$0 = -220\text{N} \times \cos133° - 170\text{N} \times \cos\phi$$

及

$$\phi = \arccos\frac{220\text{N} \times \cos133°}{170\text{N}} = 28.04°$$

将此代入式（5-7），得

$$F_B = 241\text{N} \quad \text{(答案)}$$

解题线索

线索 1： 维数与矢量

许多学生对例题 5-2 中的第二个**关键点**掌握得不好，而且这种欠缺在本书以后的章节中老缠着他们。当涉及力的问题时，欲求几个力的合力不能只将它们的大小相加或相减，除非在个别特殊情形中，这些力的方

向正好都**沿同一个轴**的方向。如果它们不是这样，就必须应用矢量加法，或者借助于具有矢量运算功能的计算器，或者求出沿各轴的分量，像例题5-2中那样。

线索2：理解力学题意

多读几次习题的文字，直到你较好地理解了题意为止，要搞清已知条件是什么，题目要求的是什么。如果你知道了题意，却不知道接下来该如何做，就先把习题放下，阅读课本。如果对牛顿第二定律还是不明白，就重读那一节。要研究例题。要记住，解物理习题（就像修汽车和设计计算机芯片一样）要经过训练——你不会天生具有这种能力。

线索3：画两种图

你需要画两个图。一个是实际情形的草图。画力时，要把每个力矢量的尾端画在受力物体的边缘上或画在其内部。另一个图是受力图：画出**单个**物体受的各个力，用一个点或草图代表该物体。将各个力矢量的尾端放在该点或草图上。

线索4：你的研究对象是什么？

如果你要应用牛顿第二定律，就要知道你是在对哪个物体或系统应用它。如在例题5-1中，它是冰球（不是冰）；在例题5-2中，是饼干筒；而在例题5-3中是轮胎（不是人）。

线索5：灵活地选择坐标轴

在例题5-3中，由于选择三个坐标轴中的一个与作用力中的一个力（y 轴与$\vec{F}_B$）方向一致，而使运算简化许多。

5-6 几种特殊的力

引力，重力

作用于物体上的引力 $\vec{F}_g$ 是指向第二个物体的拉力。在前面这几章中，我们没有讨论引力的性质，而是常常考虑第二个物体是地球的情形。因此，当我们谈到对一个物体的**这种**引力 $\vec{F}_g$ 时，总是指对它的直接指向地心——即直接向下指向地面的拉力。这种情形下的引力称为重力[㊀]。我们假定地面在一个惯性系中。

假设质量为 m 的物体以大小为 g 的加速度自由下落。如果忽略空气的影响，则惟一作用于物体的力就是重力 $\vec{F}_g$。利用牛顿第二定律（$\vec{F}_{net}=m\vec{a}$）可将这个向下的力与向下的加速度联系起来。沿着物体的运动路径，取一竖直的 y 轴，向上为正方向。对这个 y 轴，牛顿第二定律可写作 $F_{net,y}=ma_y$ 的形式，在这里它变为

$$-F_g=m(-g)$$

或

$$F_g=mg \tag{5-8}$$

换句话说，重力的大小等于 mg。

即使物体没有自由下落，而是，例如，静止在台球桌上或在桌面上运动，相同的重力以相同的大小仍然作用在该物体上（要想使重力消失，就必须使地球消失）。

对于重力，我们可将牛顿第二定律写作矢量形式：

$$\vec{F}_g=-F_g\vec{j}=-mg\vec{j}=-m\vec{g} \tag{5-9}$$

其中 $\vec{j}$ 为沿 y 轴从地面竖直向上指的单位矢量，$\vec{g}$ 是自由下落加速度（写作矢量），指向下方。

重量

㊀ 这一句是译者按照中文习惯加的。以后**这种**情况下的“gravitational force”都译为“重力”。译者注

物体的**重量** W 是由地面上的人测得的，是阻止该物体自由下落所需的合力的大小。例如，当你站在地面时，要想保持手中持有的球静止而不下落，就必须提供一个向上的力以平衡地球对这个球的重力。假如重力的大小是2.0 N，你向上的力的大小也应为2.0 N，因而，球的**重量** W 就是2.0 N。我们也可说球**重**2.0 N。

一个重量为3.0 N的球就需你加一个大些的力——即3.0 N的力——以保持它静止，其原因就在于你需要平衡的重力的值更大了（为3.0 N）。我们说第二个球**比**第一个球**重**。

现在让我们来将此情形推广。考虑一个物体，它相对于地面（设其为惯性系）的加速度 $\vec{a}$ 为零。有两个力作用在物体上：一个向下的重力 $\vec{F}_g$ 和一个大小为 W 的平衡向上的力。我们可将牛顿第二定律对竖直 y 轴（其正向向上）写出

$$F_{\text{net},y} = ma_y$$

在我们的情形中，这成为

$$W - F_g = m(0) \tag{5-10}$$

或

$$W = F_g \quad \text{（重量，地面为惯性系）} \tag{5-11}$$

此式告诉我们（设地面为惯性系）：

> 物体的重量 W 等于对物体的重力的大小 F_g。

将式（5-8）结果代入，有

$$W = mg \quad \text{（重量）} \tag{5-12}$$

此式将物体的重量与其质量联系起来。

称量一个物体，也就是测量它的重量。一种方法是将物体放在等臂天平的一个盘中（见图5-6），然后在另一盘中加入砝码（其质量已知），直到两边平衡（以使两边的重力相等）。两盘上的质量也就相等，于是我们就知道了物体的质量 m。如果已知天平所在处的 g 值，就可利用式（5-12）求得物体的重量。

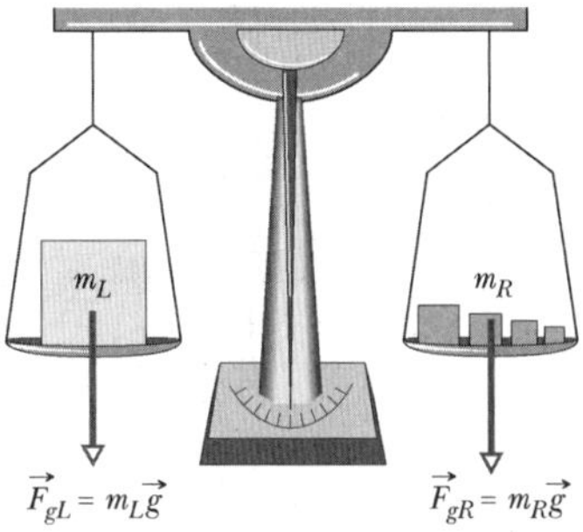

图5-6 一个等臂天平。平衡时对被称物体（在左盘中）的重力 $\vec{F}_{gL}$ 与对砝码（在右盘中）的总重力 $\vec{F}_{gR}$ 相等。因此，被称物体的质量等于砝码的总质量。

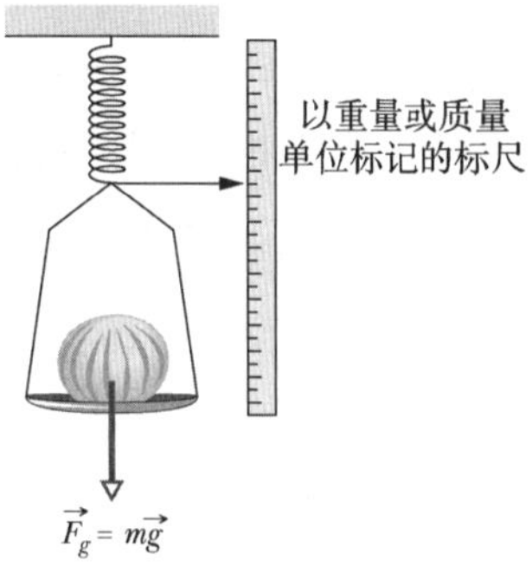

图5-7 一个弹簧秤。读数与放在盘中的物体的**重量**成正比，且若以重量单位标度，它就给出物体的重量。但若换为以质量单位标度，则仅当秤量处的自由下落加速度 g 与校对处一致时读数才准确。

我们也可用弹簧秤（见图5－7）称量物体。物体使弹簧伸长，带动指针沿秤的标尺移动，该秤已经校对且以质量或重量的单位标度。(在美国，多数浴室秤都依此法制作，且以力的单位磅来标记)。如果秤以质量的单位来标度，则该秤只有在使用处与校对处的 g 值相同时，才是准确的。

物体的重量必须在它沿竖直方向相对地面不加速时测量。比如，你可以在浴室或快速火车中站在秤上测你的体重。但你若在加速的电梯中用该秤重复这个测量，由于其加速度，秤上的读数和你的重量不同，这样测得的重量称为**表观重量**。

注意：物体的重量不是物体的质量。重量是一个力的大小，和质量由式（5－12）相联系。如果你将物体移到 g 值不同的位置，物体的质量（物体的一种固有性质）不会改变，但物体的重量却会变。例如，一个质量为7.2kg的保龄球在地球上的重量为71N，在月球上却仅重12N。它在地球与月球上的质量是相同的，但月球上的自由下落加速度仅为1.7 m/s^2。

法向力

如果你站在床垫上，地球向下拉你，你却静止不动。原因是床垫，因为你使它向下变形，它就向上推你。同理，当你站在地板上时，它也会发生形变（它受压，出现十分微小的弯曲变形）而向上推你。即使是看上去非常坚硬的混凝土地板也会这样（假如它不是直接地放在地面上，上面的人多到一定程度也能使它断裂）。

床垫或地板对你的推力称为**法向力**，常用符号 $\vec{N}$ 表示。这个名字源自数学名词 *normal*，意思是垂直：例如，地板对你的力与地板垂直。

当一个物体紧压在一个表面上时，该表面（即使看似坚硬的面）就变形，且用垂直于表面的法向力 $\vec{N}$ 推顶该物体。

图5－8a是一个例子。一个质量为 m 的物块放在桌子的水平面上向下压着桌面，作用于物块的重力 $\vec{F}_g$ 使桌子略有变形，桌子则以法向力 $\vec{N}$ 向上推物块。物块的受力图如图5－8b所示。力 $\vec{F}_g$ 与 $\vec{N}$ 是作用于物块上的仅有的两个力且均沿竖直方向。因此，对于木块，可以就向上为正的 y 轴将牛顿第二定律（$F_{net,y} = ma_y$）写为

$$N - F_g = ma_y$$

由式（5－8），将 F_g 以 mg 代入，得

$$N - mg = ma_y$$

于是，对桌子和木块（它们或许在一加速行进的电梯中）的任一竖直加速度 a_y，法向力的大小为

$$N = mg + ma_y = m(g + a_y) \qquad (5-13)$$

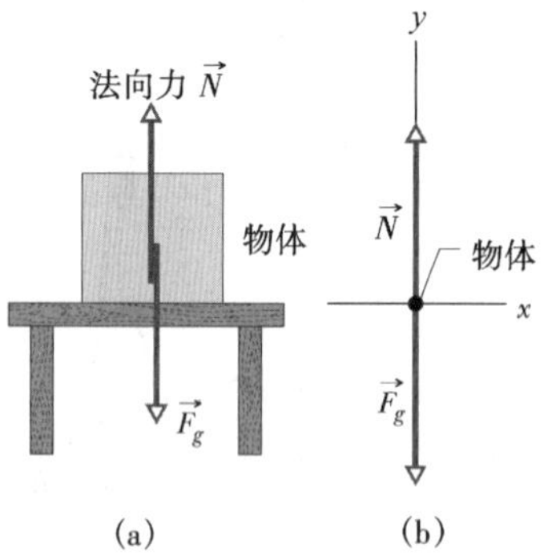

图5－8 （a）一静置于桌面的物体受到垂直于桌面的法向力 $\vec{N}$ 的作用。(b) 物体相应的受力图。

如果这个桌子或木块相对地面没有加速运动，则 $a_y=0$，而式（5－13）给出

$$N = mg \qquad (5-14)$$

检查点4：图5-8所示的物体与桌子如果在一个向上运动的电梯中，当电梯以（a）恒定速率及（b）不断增加的速率运动时，法向力$\vec{N}$的大小是大于、小于还是等于mg？

摩擦力

当一个物体在一个表面上滑动或有滑动趋势时，运动由于物体和表面之间的一种结合力而受阻（这种结合力将在下一章更仔细地讨论）。这种阻止滑动的作用可用一个单个力$\vec{f}$表示，叫做**摩擦力**或简称**摩擦**。它的方向总是沿着平面，与预想的运动方向相反（见图5-9）。有时，为简化问题，就假设摩擦力忽略不计，即认为表面是**光滑**的。

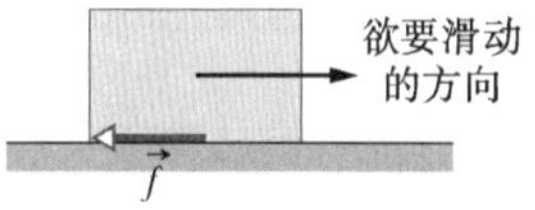

图5-9 摩擦力$\vec{f}$阻止表面上的物体的可能滑动。

张力

当把一根绳子（或缆绳等其他类似物）连到一个物体上并拉紧它时，绳会对物体作用一个拉力$\vec{T}$，它的方向总是沿着绳而指向离开物体的方向（见图5-10a）。由于这时绳是处于**张紧状态**，也就是说绳正被拉紧，所以常将这个力称为**张力**。**绳中的张力**的大小就是作用于物体的力的大小T。例如，如果作用于物体的力的大小为$T=50$N，则绳中的张力就是50N。

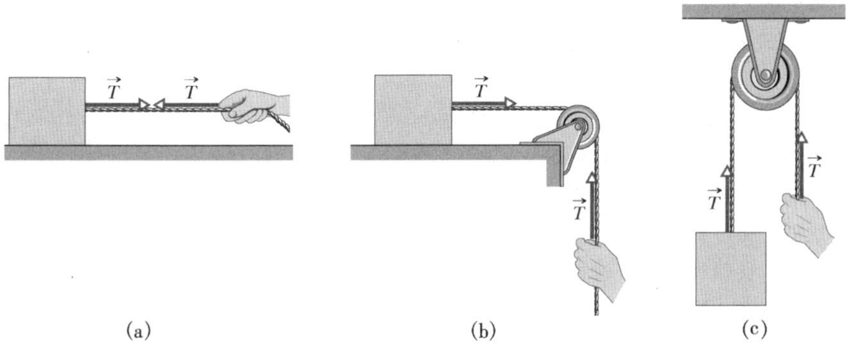

图5-10 （a）绷紧的绳承受张力。当其质量可忽略时，绳以力$\vec{T}$拉物体和手，即使它像（b）和（c）中那样绕过无质量、无摩擦的滑轮时亦如此。

绳常被认为是**没有质量**（意即它的质量与物体质量相比可忽略）和不可伸长的。绳只起连接两物体的作用。它以相同大小T拉两端的物体，即使物体与绳一起在加速运动或绳绕在**无质量的、光滑的滑轮**上。这样的滑轮与物体相比质量可忽略，且轴阻碍滑轮转动的摩擦可忽略（见图5-10b和c）。如果绳子是像图5-10c所示那样缠绕滑轮半圈，则绳作用于滑轮的净力的大小为$2T$。

检查点5：如图5-10c所示，用绳挂着的物体重75 N。当该物体向上以（a）恒速，（b）加速及（c）减速运动时，张力T是等于、大于还是小于75 N？

解题线索

线索6：法向力

式（5－14）给出的作用于物体上法向力的关系，仅适用于$\vec{N}$竖直向上且物体的竖直加速度为零的情形。因此，对$\vec{N}$为其他方向或竖直加速度不为零的情形，就**不能**应用此关系。代之，必须由牛顿第二定律出发，推出相应的$\vec{N}$的新的表达式。

我们可在图中随意移动$\vec{N}$，只要保持其方向不变。比如，在图5－8a中，可以将它向下滑移，将其顶端放在物体与桌面的交界处。只不过，如果将其尾端放在该交界处或物体内部某处（如图那样），误解的可能性最小而已。一个更保险的办法就是像图5－8b那样画一个受力图，将$\vec{N}$的尾端直接放在代表该物体的点或草图上。

例题5－4

让我们回到John Massis拉动火车车厢的问题。假设Massis用相当于他体重的2.5倍、与水平成30°角的恒力来拉（用他的牙）绳的一端。他的质量m是80kg，车厢重W为700kN，他沿铁轨将车厢移动1.0m。设车轮不受铁轨的阻力。拉到最后车厢的速率为何？

【解】 这里**关键点**是，据牛顿第二定律，Massis对车厢的恒定的水平力引起车厢的恒定的水平加速度。由于加速度恒定且运动为一维，我们可以用表2－1中的公式，求在所拉距离$d=1.0\text{m}$的终点处的速度v。这需要一个含有v的方程，让我们试一下式（2－16），

$$v^2 = v_0^2 + 2a(x - x_0) \qquad (5-15)$$

并且如图5－11中的受力图那样，沿运动方向取x轴。已知初速v_0为零，而位移$x-x_0$为$d=1.0\text{m}$。不过，我们还不知道沿x轴的加速度。

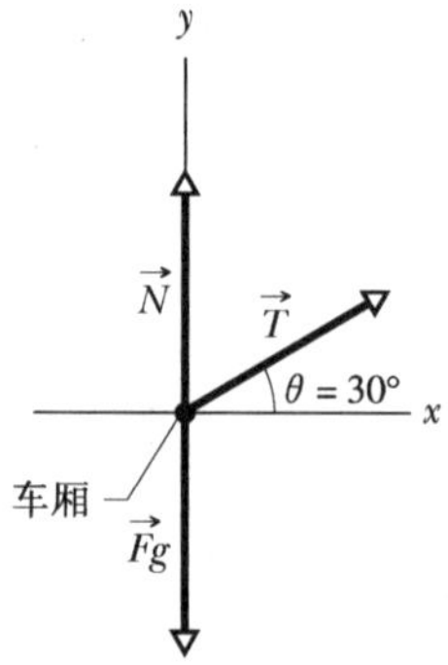

图5－11 例题5－4图 Massis所拉车箱的受力图。矢量没按比例画；通过绳作用于车厢的力$\vec{T}$远小于铁轨对车的法向力$\vec{N}$及作用于车的重力$\vec{F}_g$。

第二个**关键点**是，我们可应用牛顿第二定律将a与绳对车厢的力联系起来，写出图5－11中x轴方向的关系为$F_{\text{net},x} = ma$，或在这里，

$$F_{\text{net},x} = Ma \qquad (5-16)$$

式中M为车厢的质量，对车厢沿x轴的力只有Massis通过绳子拉车厢的张力$\vec{T}$在水平面上的分力$T\cos\theta$。因此，式（5－16）变为

$$T\cos\theta = Ma \qquad (5-17)$$

已知T为Massis重量的2.5倍。由式（5－12）知，它的重量等于mg，因此有

$$T = 2.5mg = 2.5 \times 80\text{kg} \times 9.8\text{m/s}^2 = 1960\text{N}$$

这是一个性能好的中型起重机所能产生的力，而与超人的力差很远。

为计算式（5－17）中的a，我们还需知道M。为求M，可再应用式（5－12），只是此处用车重W，得

$$M = \frac{W}{g} = \frac{73.0 \times 10^5\text{N}}{9.8\text{m/s}^2} = 7.143 \times 10^4\text{kg}$$

重新整理式（5－17），并代入T、M与θ，可得

$$a = \frac{T\cos\theta}{M} = \frac{1960\text{N} \times \cos 30°}{7.143 \times 10^4\text{kg}} = 0.02376\text{m/s}^2$$

将此与另几个已知值代入式（5－15）就可得到

$$v^2 = 0 + 2 \times 0.02376\text{m/s}^2 \times 1.0\text{m}$$

及

$$v = 0.22\text{m/s} \qquad \text{（答案）}$$

如果将绳绑在车上再高些的位置，使绳沿水平方向，Massis还会做得更好，你知道原因吗？

5 -7　牛顿第三定律

当两物体相互推或拉时——即当每个物体都受到源于另一物体的作用力时——我们说它们在**相互作用**。例如，假设你将一本书 B 斜靠在箱子 C 上（如图 5 -12a），于是书与箱子就相互作用：箱子对书作用一水平力 $\vec{F}_{BC}$，而书对箱子作用一水平力 $\vec{F}_{CB}$。这对力如图 5 -12b 所示。牛顿第三定律表述为

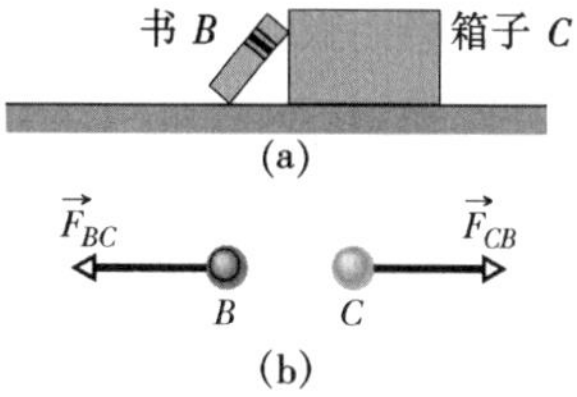

图 5 -12　(a) 书 B 斜靠箱子 C。(b) 据牛顿第三定律，箱子对书的作用力 $\vec{F}_{BC}$ 与书对箱的作用力 $\vec{F}_{CB}$ 等值反向。

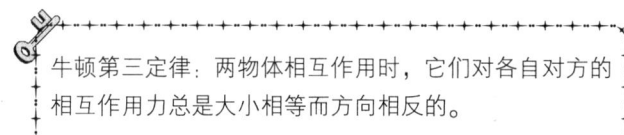

> 牛顿第三定律：两物体相互作用时，它们对各自对方的相互作用力总是大小相等而方向相反的。

对书与箱子，可将此定律写作标量关系

$$F_{BC} = F_{CB} \qquad \text{（等值）}$$

或矢量关系

$$\vec{F}_{BC} = -\vec{F}_{CB} \qquad \text{（等值反向）}$$

其中负号表示二力的方向相反。我们可将两个相互作用的物体之间的力称为**第三定律力对**。当任意两物体在任何情况下相互作用时，第三定律力对都会出现。图 5 -12 a 中的书与箱子虽是静止的，但是如果它们在运动，甚至在加速，第三定律仍然成立。

作为另一个例子，让我们找出图 5 -13a 中涉及甜瓜的几对第三定律力对，图中一个甜瓜放在一个位于地面的桌子上。甜瓜与桌子及地球相互作用，这次，相互作用的物体有三个。

我们先单看甜瓜（见图 5 -13b）。力 $\vec{F}_{CT}$是桌子对甜瓜的法向力，力 $\vec{F}_{CE}$是地球作用于甜瓜的引力。它们是一个第三定律力对吗？不，它们是对同一物体（甜瓜）的两个力，而并非作用在两个相互作用的物体上。

要找出第三定律力对，不能只注意甜瓜，而应将注意力放在甜瓜与另两个物体中的一个之间的相互作用上。首先，在甜瓜 -地球的相互作用中（见图 5 -13c），地球以引力 $\vec{F}_{CE}$ 拉甜瓜，而甜瓜以引力 $\vec{F}_{EC}$拉地球。这两个力是一个第三定律力对吗？是的，它们是作用在两个相互作用的物体上的两个力，而每个力都是源于另一个物体的作用。于是由牛顿第三定律，有

$$\vec{F}_{CE} = -\vec{F}_{EC} \qquad \text{（甜瓜 - 地球相互作用）}$$

接下来，在甜瓜 -桌子相互作用中，桌子对甜瓜的力为 $\vec{F}_{CT}$，而甜瓜对桌子的力为 $\vec{F}_{TC}$（图 5 -13d）。它们也是一个

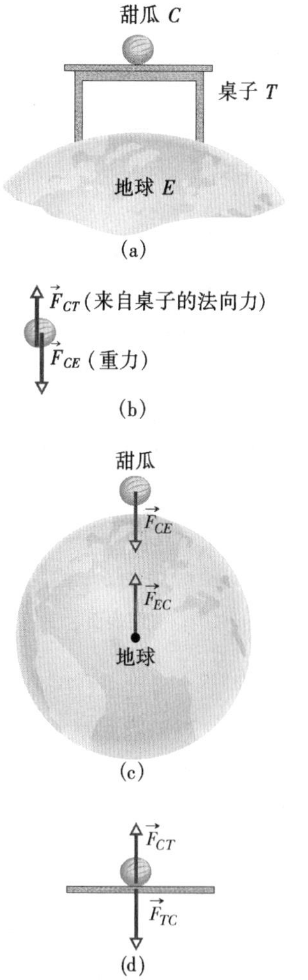

图 5 -13　(a) 甜瓜放在立于地面的桌子上。(b) 对甜瓜的力为 $\vec{F}_{CT}$ 与 $\vec{F}_{CE}$。(c) 甜瓜 -地球相互作用的第三定律力对。(d) 甜瓜 -桌子相互作用的第三定律力对。

第三定律力对，因此

$$\vec{F}_{CT}=-\vec{F}_{TC} \quad \text{（甜瓜－桌子相互作用）}$$

检查点6：假设图5－13中的甜瓜与桌子放在一电梯中，而该电梯开始向上加速。(a) $\vec{F}_{TC}$与$\vec{F}_{CT}$二力的大小是增大、减小还是保持不变？(b) 这两个力仍然大小相等方向相反吗？(c) $\vec{F}_{CE}$与$\vec{F}_{EC}$的大小是增大、减小还是保持不变？(d) 这两个力仍然大小相等方向相反吗？

5－8 牛顿定律的应用

本章余下部分为例题，你们应该认真加以钻研，不仅了解它们的具体答案，而且还要学习它们给出的解题步骤。尤其重要的是要知道怎样将一个情况的说明翻译成具有适当坐标轴的受力图，以便应用牛顿定律。下面就从以问答格式给出详尽解题步骤的一道例题开始。

例题5－5

图5－14示出一质量$M=3.3$kg的物块（滑块）S。它沿着一个类似于气桌的光滑水平面自由移动。此滑块用一根绳绕过光滑的滑轮与另一质量$m=2.1$kg的物块H（悬块）相连。设绳与滑轮的质量与物块相比均可忽略（它们是“无质量的”）。悬块H随着滑块S向右加速而下落，求(a)滑块的加速度；(b)悬块的加速度及(c)绳中张力。

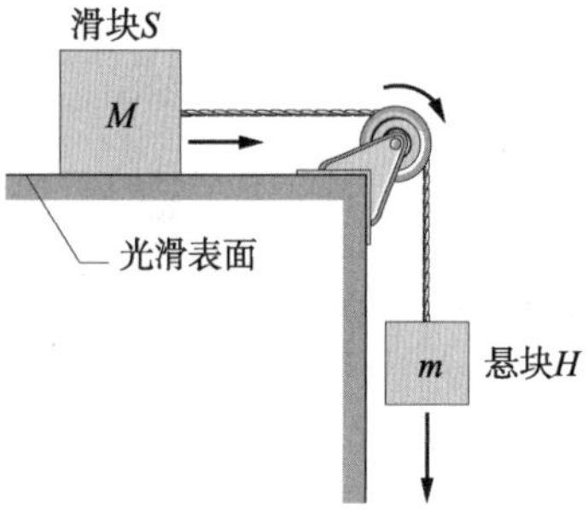

图5－14 例题5－5图 质量M的物块S用绳绕过滑轮与质量m的物块H相连。

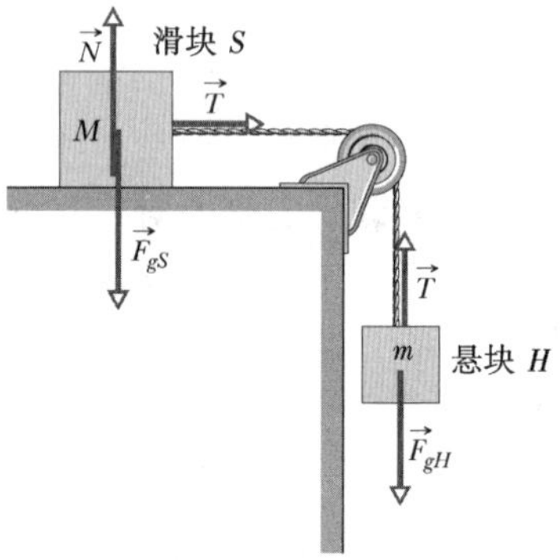

图5－15 作用在上图5－14中的两物体上的力。

【问】 此题都说了些什么？

题目给出了两物体——滑块与悬块，还有地球，它同时拉那两个物体（没有地球，这里什么也就不会发生了）。如图5－15所示，共有五个力作用在两个物体上。

1. 绳以大小为T的力向右拉滑块S。
2. 绳以相同大小T的力向上拉悬块H。这个向上的力使悬块不能自由下落。
3. 地球以重力$\vec{F}_{gS}$向下拉滑块S，其大小等于Mg。
4. 地球以重力$\vec{F}_{gH}$向下拉悬块H，其大小等于mg。
5. 桌子以法向力$\vec{N}$向上推滑块S。

另外还应注意到，我们假设了绳子不伸长，因此在一定时间内，若物块H下落1mm，则物块S也会同时向右移1mm。这就是说，两木块会以大小相同的加速度a一起运动。

【问】 此题我应将其归于哪一类？它是否暗示我一条特定的物理定律？

是的。力、质量与加速度均涉及了，这暗示着牛

顿第二运动定律 $\vec{F}_{net}=m\vec{a}$。这是我们入手的**关键点**。

【问】如果我对此题应用牛顿第二定律，我该针对哪个物体来应用它？

在本题中，我们认准两个物体——滑块与悬块。虽然它们是大块物体（它们不是点），但因为它们的每个小部分（也可说，每个原子）都在以完全相同的方式运动，所以我们仍可以将每个物块当质点处理。第二个**关键点**是分别对每个物块应用牛顿第二定律。

【问】滑轮该如何处理？

因为滑轮上不同部位的运动方式不同，所以不能将滑轮当作质点。在我们讨论转动时，将详细考察滑轮的情况。在此处我们假设它的质量与两物块相比可以忽略，而不考虑滑轮的运动。它的作用只是改变绳子的方向。

【问】好，那现在我该如何对滑块应用 $\vec{F}_{net}=m\vec{a}$？

将滑块 S 用一个质量为 M 的质点来代表，将所有作用在它上面的力像图 5-16a 那样画出。这就是滑块的受力图，共有三个力。然后，画上一套坐标轴。比较合理的是，令 x 轴平行于桌面，并沿滑块运动的方向。

【问】谢谢。不过你仍未告诉我怎样对滑块应用 $\vec{F}_{net}=m\vec{a}$。你所说的就是解释怎样画一个受力图。

你说的对。这里是第三个**关键点**：表达式 $\vec{F}_{net}=M\vec{a}$ 是一个矢量方程，因此可将它写作三个分量方程

$$F_{net,x}=Ma_x,\ F_{net,y}=Ma_y,\ F_{net,z}=Ma_z \tag{5-18}$$

其中 $F_{net,x}$、$F_{net,y}$ 与 $F_{net,z}$ 分别为净力沿三个坐标轴的分量。现在我们将每个分量方程应用到相应的方向。

因为滑块 S 在竖直方向没有加速，所以 $\vec{F}_{net,y}=Ma_y$ 成为

$$N-F_{gS}=0 \quad 或 \quad N=F_{gS}$$

所以，沿 y 方向加在 S 上的法向力的大小与重力的大小相等。没有垂直于纸面沿 z 方向的力作用。

在 x 方向，只有一个力分量，那就是 T。因此 $\vec{F}_{net,x}=Ma_x$，变为

$$T=Ma \tag{5-19}$$

此方程包含两个未知数，T 与 a，所以我们还不能解它。然而，回想起来，关于悬块我们还什么都没谈呢。

【问】对，该怎样对悬块 H 应用 $\vec{F}_{net}=m\vec{a}$ 呢？

我们可以像对滑块 S 那样应用它：如图 5-16b 那样画一个 H 的受力图，然后应用 $\vec{F}_{net}=m\vec{a}$ 的分量形式。这次，因为加速度是沿 y 轴方向，可用式（5-18）中的第二个（$\vec{F}_{net,y}=ma_y$）写出

$$T-F_{gH}=ma_y$$

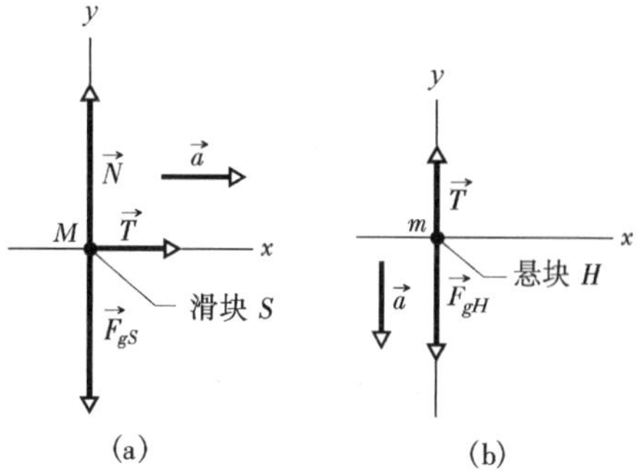

图 5-16 （a）图 5-14 中的滑块 S 的受力图。（b）图 5-14 中悬块 H 的受力图。

现在可将 F_{gH} 以 mg，而 a_y 以 $-a$（负号是因为悬块 H 向下，沿 y 轴负方向加速）分别代入上式，得

$$T-mg=-ma \tag{5-20}$$

注意到式（5-19）与式（5-20）是含有两个相同未知数（T 与 a）的联立方程。二式相减。消去 T。于是可解出 a 为

$$a=\frac{m}{M+m}g \tag{5-21}$$

将此结果代入式（5-19）得

$$T=\frac{Mm}{M+m}g \tag{5-22}$$

代入已知数据，对这两个量有

$$a=\frac{m}{M+m}g=\frac{2.1\text{kg}}{3.3\text{kg}+2.1\text{kg}}(9.8\text{m/s}^2)$$

$$=3.8\text{m/s}^2 \qquad （答案）$$

和

$$T=\frac{Mm}{M+m}g=\frac{3.3\text{kg}\times 2.1\text{kg}}{3.3\text{kg}+2.1\text{kg}}(9.8\text{m/s}^2)$$

$$=13\text{N} \quad \text{（答案）}$$

【问】 现在此题解完了，对吗？

这个问题问的好，但只有当我们考察过上面结果是否有意义，此题才能算真正完成。（如果你专心地做了这些计算，在你交作业之前，不想知道它们是否有意义吗？）

先看式（5－21），注意到它的量纲是正确的并且加速度 a 总小于 g。这正是它所必须满足的，因为悬块不是在自由下落，绳向上拉它。

再看式（5－22），我们可将其写为如下形式

$$T=\frac{M}{M+m}mg \tag{5-23}$$

在这种形式中很容易看出，由于 T 与 mg 均为力的量纲，所以此式量纲正确。还可从式（5－23）中看出绳中的张力总小于 mg，也就是总小于作用于悬块的重力。这也很好理解，因为如果 T **大于** mg，悬块就会加速向上。

我们还可以通过考察一些特殊情况来检验这些结果，对这些特殊情况我们可以猜出答案应该是什么。一个简单的例子是令 $g=0$，就仿佛是在星际空间作实验。我们知道，在这种情况下，静止的物块不会移动，这就不会有力作用于绳的两端，因此绳中不会有张力。那些公式预示到这点了吗？是的，它们预示到了。若在式（5－21）与式（5－22）中令 $g=0$，就得到 $a=0$ 与 $T=0$。还有两种可以试一下的特例是 $M=0$ 与 $m\to\infty$。

例题 5－6

在图 5－17a 中，用绳将一质量 $M=15.0\text{kg}$ 的物块 B 悬挂在质量为 m_K 的结点 K 下面，该结点用另外两根绳悬到天花板上。绳的质量均可忽略，且作用于结点的重力的大小与作用于物块的相比也可忽略。三根绳中的张力各为多少？

【解】 考虑到物块仅与一根绳相连，我们就先从木块入手。图 5－17b 中的受力图画出了作用在物块上的力：重力 $\vec{F}_g$（大小为 Mg）及绳对它的张力 T_3。一个**关键点**是，我们可由牛顿第二定律（$\vec{F}_{\text{net}}=m\vec{a}$）将这两个力与物块的加速度联系起来。因为这两个力都是铅垂方向的，我们选用定律的铅垂分量形式（$F_{\text{net},y}=ma_y$）并写为

$$T_3-F_g=Ma_y$$

将 F_g 以 Mg 代入且木块的加速度 a_y 以 0 代入，得

$$T_3-Mg=M(0)=0$$

这表示作用于物块的两个力相平衡。将 $M(=15.0\text{kg})$ 与 g 代入解出 T_3 为

$$T_3=147\text{N} \quad \text{（答案）}$$

接下来考虑图 5－17c 的受力图中的结点，图中未包括对结点的可忽略的重力。这里**关键点**是，可用牛顿第二定律将其他三个作用在结点上的力与它的加速度联系起来，写作：

$$\vec{T}_1+\vec{T}_2+\vec{T}_3=m_K\vec{a}_K$$

将结点的加速度 $\vec{a}_K$ 以 0 代入得

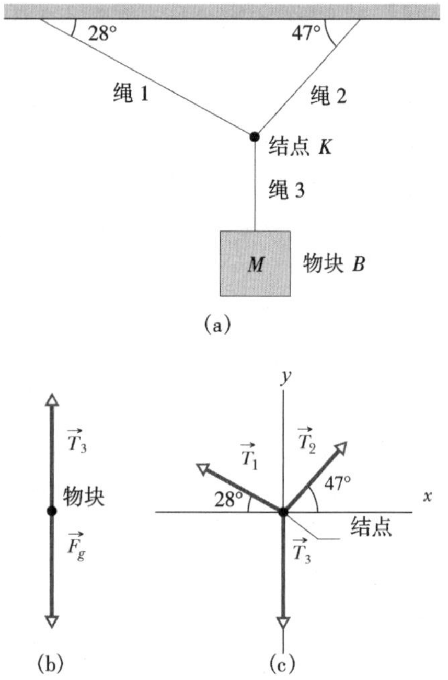

图 5－17 例题 5－6 图 （a）质量 M 的物块用三绳通过一个结点悬挂。（b）木块的受力图。（c）结点的受力图。

$$\vec{T}_1+\vec{T}_2+\vec{T}_3=0 \tag{5-24}$$

这表示作用于结点的三个力相平衡。虽然我们已知 $\vec{T}_3$

的大小与角度，但对于 $\vec{T}_1$ 与 $\vec{T}_2$ 却只知角度而不知大小。因此，对这两个矢量含有未知，就不能直接用矢量功能计算器来解式（5-24）以求得 $\vec{T}_1$ 或 $\vec{T}_2$。

换一种方法，将式（5-24）写作沿 x 与 y 轴方向的分量形式。对 x 轴，可写作

$$T_{1x}+T_{2x}+T_{3x}=0$$

代入已知数据，可得

$$-T_1\cos28°+T_2\cos47°+0=0 \quad (5-25)$$

（对第一项，可有两种选择：一种是像上面写出的；另一种是等价的 $T_1\cos152°$，其中 152°是与 x 轴正向的夹角）。

同理，对 y 轴方向可将式（5-24）写为

$$T_{1y}+T_{2y}+T_{3y}=0$$

或 $$T_1\sin28°+T_2\sin47°-T_3=0$$

代入前面 T_3 的结果，得到

$$T_1\sin28°+T_2\sin47°-147\text{N}=0 \quad (5-26)$$

因为式（5-25）和式（5-26）中都包含两个未知量，所以不能分别求解，但因为它们都包含两个相同的未知量，因此可联立求解。这样做（或者用代入法，或者适当地加或减这两个方程，或用计算器解联立方程的功能）后求得

$$T_1=104\text{N} \quad 及 \quad T_2=134\text{N} \qquad （答案）$$

由此知，绳中的张力分别为：绳 1 中为 104N；绳 2 中为 134N 及绳 3 中为 147N。

例题 5-7

如图 5-18a 所示，绳拉着一个质量 $m=15\text{kg}$ 的物块静止在倾角 $\theta=27°$的光滑平面上。

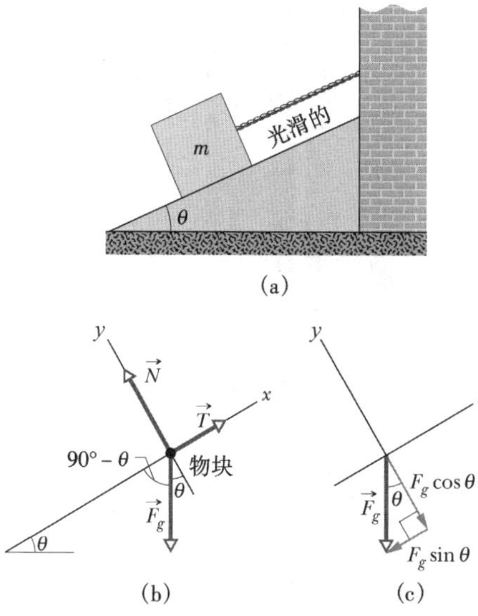

图 5-18 例题 5-7 图 （a）被绳拉着静止的质量 m 的物块。（b）物块的受力图。（c）$\vec{F}_g$ 的 x 与 y 分量。

（a）求绳作用于物块的张力 $\vec{T}$ 与平面作用于物块的法向力 $\vec{N}$ 的大小各为多少？

【解】 这两个力与对物块的重力 $\vec{F}_g$ 如图 5-18b 的受力图所示。只有这三个力作用在物块上。一个**关键点**是，可用牛顿第二定律（$\vec{F}_{net}=m\vec{a}$）将它们与物块的加速度联系起来，写作

$$\vec{T}+\vec{N}+\vec{F}_g=m\vec{a}$$

物块的加速度 $\vec{a}$ 为 0 代入得

$$\vec{T}+\vec{N}+\vec{F}_g=0 \qquad (5-27)$$

这表示三个力相平衡。

式（5-27）中含有两个未知矢量，不能直接用计算器求解，因此必须将它写成分量形式。如图 5-18b 所示，用其 x 轴平行于平面的一个坐标系；这样两个力（$\vec{N}$ 与 $\vec{T}$）与轴的方向一致，使它们的分量容易求得。为求重力 $\vec{F}_g$ 的分量，我们首先注意到平面的倾角 θ 也是 y 轴与 $\vec{F}_g$ 的方向间的夹角（见图 5-18c）。这样，分量 F_{gx} 就是 $-F_g\sin\theta$，等于 $-mg\sin\theta$；而分量 F_{gy} 就是 $-F_g\cos\theta$，等于 $-mg\cos\theta$。

现在，写出式（5-27）的 x 分量形式为

$$T+0-mg\sin\theta=0$$

由此

$$\begin{aligned}T&=mg\sin\theta\\&=15\text{kg}\times9.8\text{m/s}^2\times\sin27°\\&=67\text{N}\end{aligned} \qquad （答案）$$

同理，对 y 轴，式（5-27）给出

$$0+N-mg\cos\theta=0$$

或

$$\begin{aligned}N&=mg\cos\theta\\&=15\text{kg}\times9.8\text{m/s}^2\times\cos27°\\&=131\text{N}\approx130\text{N}\end{aligned} \qquad （答案）$$

（b）我们现在切断绳子。物块滑下斜面时，它加速吗？如果这样，加速度为何？

【解】 切断绳子就去掉了物块所受张力 $\vec{T}$。沿 y

轴方向，法向力与分量 $\vec{F}_{gy}$ 仍然相平衡。然而，沿 x 轴方向则只有分力 $\vec{F}_{gx}$ 作用在物块上。因为它沿平面指向下方（沿 x 轴方向），此分量一定会使物块沿平面向下加速。这里**关键点**是，我们可用牛顿第二定律的 x 分量表达式（$\vec{F}_{net,x}=ma_x$）将 F_{gx} 与它产生的加速度 a 联系起来，得到

$$F_{gx} = ma$$

或

$$-mg\sin\theta = ma$$

由此得出

$$a = -g\sin\theta \qquad (5-28)$$

代入已知数据得

$$a = -9.8\text{m/s}^2 \times \sin27° = -4.4\text{m/s}^2 \text{（答案）}$$

因为只有 $\vec{F}_g$ 的一个分量（沿平面向下的分量）产生加速度 a，所以此加速度 a 小于自由下落加速度 9.8m/s^2。

检查点7：图中一水平力 $\vec{F}$ 作用于斜面上的木块上。(a) 垂直于斜面的分量是 $F\cos\theta$ 或 $F\sin\theta$？(b) 力 $\vec{F}$ 的存在会增大或减小斜面对木块的法向力？

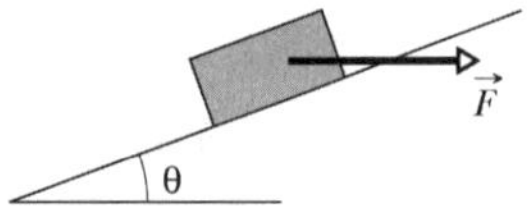

例题 5-8

图5-19 a 所示为质量 $m=72.2\text{kg}$ 的乘客站在升降机中的一台秤上。我们现在关心的是，当升降机静止及向上、向下运动时，秤上的读数。

(a) 先求台秤读数对升降机沿铅垂方向的各种运动均适用的一般解。

【解】 这里一个**关键点**是，台秤读数等于台秤作用于乘客的法向力 $\vec{N}$ 的大小。其他作用于乘客的力只有重力 $\vec{F}_g$，如图5-19b 中乘客的受力图所示。

第二个**关键点**是，可用牛顿第二定律（$\vec{F}_{net}=m\vec{a}$）将作用于乘客的力与其加速度 $\vec{a}$ 联系起来。不过，要想到我们只可在惯性系中应用此定律。如果升降机加速，则它就**不是**一个惯性系。因此，我们选择地面作为惯性系，对乘客的加速度的任何测量都相对于地面进行。

因为作用于乘客的两个力及乘客的加速度均在竖直方向，沿图5-19b 中的 y 轴，我们可应用牛顿第二定律的 y 分量的表达式（$F_{net,y}=ma_y$）得到

$$N - F_g = ma$$

或

$$N = F_g + ma \qquad (5-29)$$

此式告诉我们，秤的读数等于 N，它依赖于升降机的竖直加速度。将 F_g 用 mg 代入可得到对任何加速度 a 均适用的表达式

$$N = m(g+a) \quad \text{（答案）} (5-30)$$

(b) 求若升降机静止或以 0.50m/s 的恒定速度向上运动，秤的读数为何？

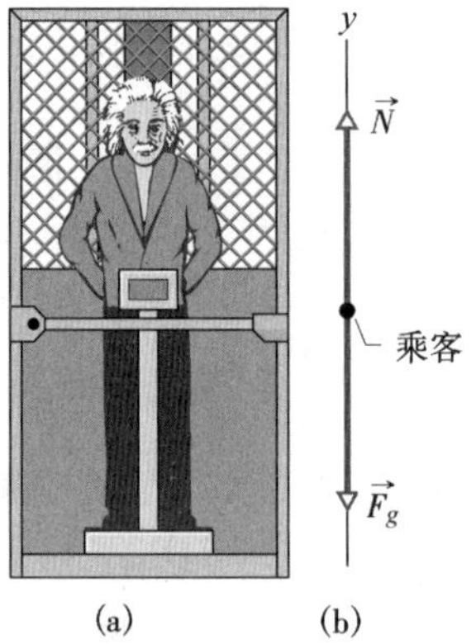

图5-19　例题5-8图
(a) 乘客站在可显示它的重量或视重量的台秤上。
(b) 乘客的示力图中显示了秤作用于它的法向力 $\vec{N}$ 和重力 $\vec{F}_g$。

【解】 这里**关键点**是，对任何恒定速度（零或其他），乘客的加速度 a 都是零。将此与其他已知值代入式（5-30）中，可得

$$N = 72.2\text{kg} \times (9.8\text{m/s}^2 + 0) = 708\text{N} \text{（答案）}$$

这正是乘客的重量，而且就等于对他的重力的大小 F_g。

(c) 如果升降机以 3.20m/s^2 的加速度向上和向下运动，问台秤的读数各为多少？

【解】 当 $a=3.20\text{m/s}^2$ 时，由式（5-30）得

$$N = 72.2\text{kg} \times (9.8\text{m/s}^2 + 3.20\text{m/s}^2)$$

$= 939\text{N}$ （答案）

而当 $a = -3.20\text{m/s}^2$ 时，对应

$$N = 72.2\text{kg} \times (9.8\text{m/s}^2 - 3.20\text{m/s}^2)$$
$$= 477\text{N} \quad \text{（答案）}$$

因此，对于向上的加速度（升降机向上的速率增加或向下的速率减小），秤的读数大于乘客的重量。这一读数是一种视重的量度，因为它是在非惯性系测量的。同理，对于向下的加速度（升降机向上的速率减小或向下的速率增加），秤的读数小于乘客的重量。

(d) 在 (c) 问中所说的向上加速运动的过程中，作用于乘客的合力的大小 F_{net} 为何，乘客相对于升降机参考系的加速度的大小 $a_{p,cab}$ 为何？$\vec{F}_{net} = m\vec{a}_{p,cab}$ 成立吗？

【解】 这里一个**关键点**是，作用于乘客的重力的大小 F_g 与乘客或升降机的运动无关，于是，由 (b) 问可知 F_g 为 708N。由 (c) 问中又知，在向上加速运动的过程中，作用于乘客的法向力的大小 N 为台秤上的读数 939N。因此，作用于乘客的合力为

$$F_{net} = N - F_g = 939\text{N} - 708\text{N} = 231\text{N} \quad \text{(答案)}$$

然而，在向上加速运动的过程中，乘客相对于升降机参考系的加速度 $a_{p,cab}$ 为零。可见在加速运动的升降机这个非惯性系中，F_{net} 不等于 $ma_{p,cab}$，而牛顿第二定律不成立。

检查点 8：在此例题中，如果升降机的缆绳断开，升降机自由坠落，秤的读数是多少？也就是说，乘客在自由下落时的视重为何？

例题 5-9

在图 5-20a 中，一个大小为 20N 的恒定水平力 $\vec{F}_{ap}$ 加到质量为 $m_A = 4.0\text{kg}$ 的物块 A 上，物块 A 推着质量为 $m_B = 6.0\text{kg}$ 的物块 B。这两个物块沿 x 轴方向在光滑表面上滑动。

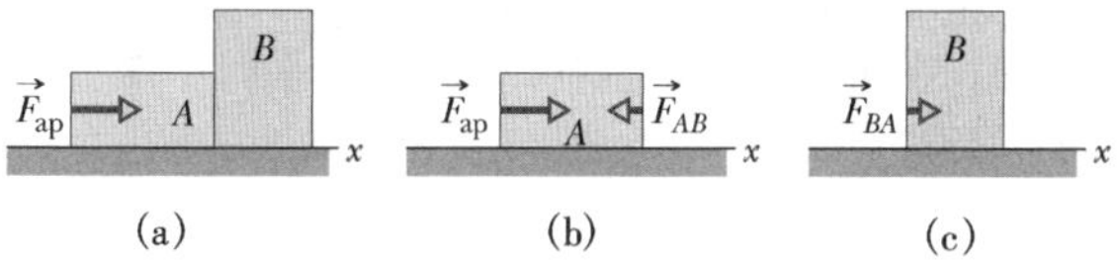

图 5-20 例题 5-9 图 (a) 水平恒力 $\vec{F}_{ap}$ 加到在推着物块 B 的物块 A 上。(b) 物块 A 受两个水平力作用：所加力 $\vec{F}_{ap}$ 和来自 B 的作用力 $\vec{F}_{AB}$。(c) 物块 B 只受一个水平力的作用：A 对它的作用力 $\vec{F}_{BA}$。

(a) 两物块的加速度为何？

【解】 对此问题，我们首先考察一种有严重错误的解法，然后是无法得解的解法，最后我们给出正确解法。

有严重错误的解法：因为力 $\vec{F}_{ap}$ 直接加到物块 A 上，因此就用牛顿第二定律将此力与物块 A 的加速度 $\vec{a}$ 联系起来。又因运动沿 x 轴方向，就用该定律的 x 分量表达式 ($F_{net,x} = ma_x$) 写作：

$$\vec{F}_{ap} = m_A a$$

然而，这种解法是严重错误的，由于 $\vec{F}_{ap}$ 并非是作用于物块 A 上惟一的水平力，还有来自于物块 B 的力 $\vec{F}_{AB}$（如图 5-20b 示）。

无法得解的解法：现在，让我们考虑力 $\vec{F}_{AB}$，对 x 轴，写成

$$F_{ap} - F_{AB} = m_A a$$

（式中用负号来包含 $\vec{F}_{AB}$ 的方向）。不过，由于出现了第二个未知量 F_{AB}，所以我们无法由此方程解得欲求的加速度 a。

正确的解法：这里**关键点**是，由于施加力 $\vec{F}_{ap}$ 的方向，两物块形成一个刚性相连的系统。因此，可应用牛顿第二定律将**对系统**的合力与**该系统**的加速度联系起来。这里，再一次对 x 轴可写出定律如

$$F_{ap} = (m_A + m_B)a$$

此式现在正确地将 $\vec{F}_{ap}$ 应用到了总质量 $m_A + m_B$ 的系统上。解出 a 并代入已知条件可得

$$a = \frac{F_{ap}}{m_A + m_B} = \frac{20\text{N}}{4.0\text{kg} + 6.0\text{kg}} = 2.0\text{m/s}^2$$

（答案）

可见，系统与各物块的加速度均指向 x 轴正向，且具有相同的量值 2.0m/s^2。

(b) 来自物块 A 的对物块 B 的力 $\vec{F}_{BA}$ 为何（见图 5-20c）？

【解】 这里**关键点**是，我们可用牛顿第二定律将对 B 的合力与该物块的加速度联系起来，仍对沿 x 轴的分量写出

$$F_{BA}=m_Ba$$

代入已知数据，得

$$F_{BA}=6.0\text{kg}\times 2.0\text{m/s}^2=12\text{N}\qquad(\text{答案})$$

即力 $\vec{F}_{BA}$ 沿 x 轴正向，大小为12N。

复习和小结

牛顿力学　当质点或类质点的物体受到来自其他物体的一个或多个**力**（推或拉）作用时，该质点的速度会发生变化（质点会加速）。**牛顿力学**把加速度和力联系了起来。

力　力是矢量。它们的大小根据它们可能给予标准千克的加速度来定义。严格地以 1m/s^2 加速该标准物体的力定义具有大小1N。力的方向是它引起的加速度的方向。力根据矢量代数规则合成。对一个物体的**合力**是作用于它的所有力的矢量和。

质量　一个物体的**质量**是把物体的加速度与引起该加速度的力（或合力）联系起来的一种特性。质量是标量。

牛顿第一定律　当没有合力作用于物体时，它一定保持静止；如果它最初是运动的，它一定以恒定速率沿直线运动。

惯性参考系　牛顿力学适用的参考系称为**惯性参考系**或简称**惯性系**。如果地球的运动可以忽略不计，我们就可将地面近似看作惯性系。牛顿力学不适用的参考系称之为非**惯性参考系**，或简称**非惯性系**。相对地面加速运动的电梯为非惯性系。

牛顿第二定律　对质量为 m 的物体的合力 $\vec{F}_{\text{net}}$ 与该物体的加速度由下式相联系

$$\vec{F}_{\text{net}}=m\vec{a}\qquad(5-1)$$

它可用分量形式写成

$$F_{\text{net},x}=ma_x\qquad F_{\text{net},y}=ma_y\quad\text{与}\quad F_{\text{net},z}=ma_z\qquad(5-2)$$

第二定律指出，在国际单位制中，有

$$1\text{N}=1\text{kg}\cdot\text{m/s}^2\qquad(5-3)$$

受力图　它对用牛顿第二定律解题是有帮助的：它是只包含一个物体的隔离图。在图中用一草图或简单的一个黑点代表物体。把作用于物体的外力画上，再叠画上一个坐标系，并使其取向能简化解答。

几种特殊的力

引力 $\vec{F}_g$ 是由另一物体施加在某一物体上的拉力。本书中多数情况下，所说的另一个物体是指地球或其他天体。对地球而言，引力指向下方地面，设地面为惯性系时，此时的引力常称为重力。力的大小为

$$F_g=mg\qquad(5-8)$$

其中，m 为物体的质量，而 g 为自由下落加速度的量值。

物体的**重量** W 是用来平衡地球（或另一天体）对物体的引力所需要的向上的作用力的大小。它与物体的质量的关系为

$$W=mg\qquad(5-12)$$

法向力 $\vec{N}$　是物体压靠的表面对物体的作用力。法向力总是垂直于该表面。

摩擦力 $\vec{f}$　是当一个物体沿表面滑动或有滑动趋势时，物体受到的作用力。该力总是平行于这个表面，且要阻碍物体的运动。在**光滑表面**上，摩擦力可忽略。

当一根绳子有**张力**时，它就拉它两端的物体。拉力的方向沿着绳而指向远离与每个物体的连接点的方向。对一**无质量**的绳（质量忽略的绳），绳两端的拉力具有相等的大小 T，即使绳绕过**无质量的，光滑的**滑轮（滑轮质量与作用在轴上阻碍转动的摩擦力均可忽略）时亦如此。

牛顿第三定律　如果物体 C 对物体 B 作用一个力 $\vec{F}_{BC}$，则物体 B 对物体 C 就有一个作用力 $\vec{F}_{CB}$。这两个力大小相等，方向相反，即

$$\vec{F}_{BC}=-\vec{F}_{CB}$$

思考题

1. 两个水平力，$\vec{F}_1=(3\text{N})\vec{i}-(4\text{N})\vec{j}$ 和 $\vec{F}_2=-(1\text{N})\vec{i}-(2\text{N})\vec{j}$，将光滑餐台上的香蕉甜食拉动。不用计算器，确定图5-21的受力图中哪个矢量最能代表（a）$\vec{F}_1$ 和（b）$\vec{F}_2$。合力沿（c）x 轴和沿（d）y 轴的分量各为何？（e）合力矢量和（f）甜食的加速度矢量指向哪一个象限？

2. 在时刻 $t=0$，一个大小恒定的力 $\vec{F}$ 开始作用在一正在外层空间沿一 x 轴运动的石块上。石块继续

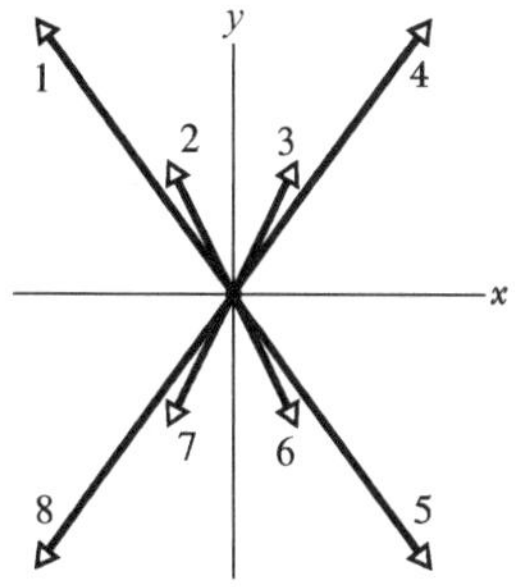

图 5－21　思考题 1 图

沿此轴运动。(a) 对时刻 $t>0$，下面的哪一个有可能是石块的位置函数 $x(t)$：(1) $x=4t-3$，(2) $x=-4t^2+6t-3$，(3) $x=4t^2+6t-3$？(b) 对于哪一个函数 $\vec{F}$ 指向与石块的初始运动相反的方向？

3. 一个物体置于光滑地板上。图 5－22 是该物体受力的四种情形的俯视图。如果适当选择力的大小，哪一种情况物体有可能是 (a) 静止和 (b) 以恒定速度运动？

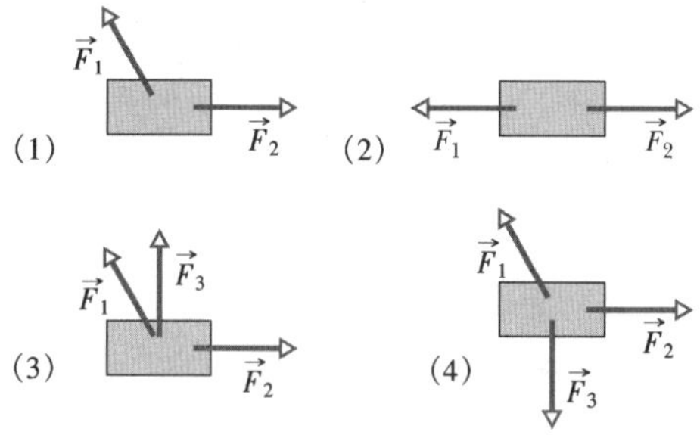

图 5－22　思考题 3 图

4. 图 5－23 中，两个力 $\vec{F}_1$ 和 $\vec{F}_2$ 作用在一个正以恒定速度在餐厅光滑的地板上滑动的午餐盒上。我们保持 $\vec{F}_1$ 的大小不变而减小它的角度 θ。为保持午餐盒匀速运动，我们应该将 $\vec{F}_2$ 的大小增加、减小还是保持不变？

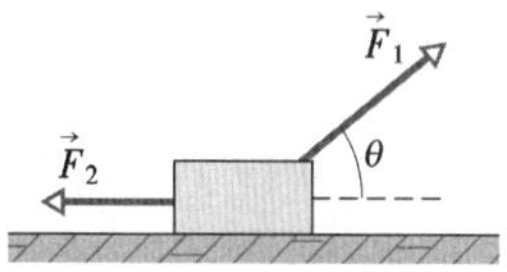

图 5－23　思考题 4 图

5. 几个力在光滑的地板上拉一个物体，图 5－24 给出了四种情况的受力图的俯视。在哪一种情况下，物体的加速度 $\vec{a}$ 有 (a) x 分量和 (b) y 分量？(c) 对各种情况，说明 $\vec{a}$ 的方向在哪一个象限或沿哪一个轴（这可用一点心算完成）？

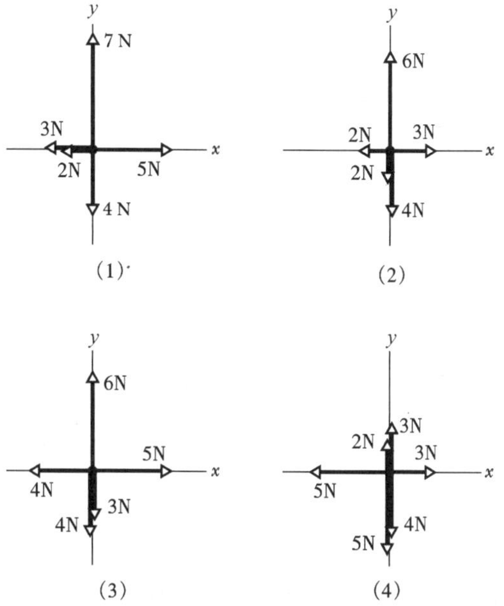

图 5－24　思考题 5 图

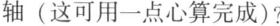

6. 图 5－25 给出速度分量 $v_x(t)$ 和 $v_y(t)$ 的各三个图，这些图并未按比例画。哪些 $v_x(t)$ 和 $v_y(t)$ 图能最好地对应于思考题 5 及图 5－24 中所示的各种情况？

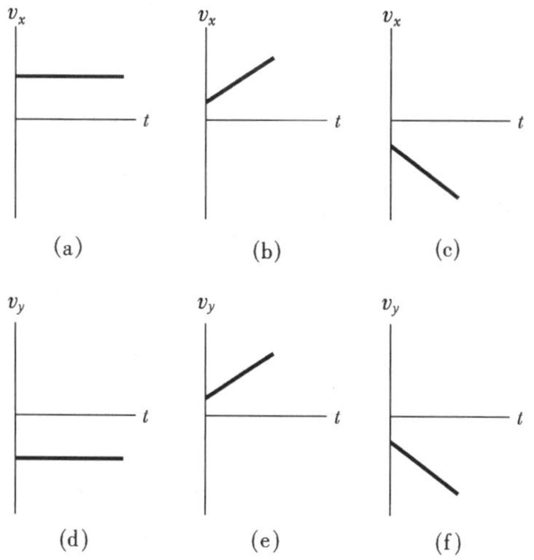

图 5－25　思考题 6 图

7. 图 5－10c 所示的被绳悬挂的物体重 75N。当物体 (a) 加速和 (b) 减速向下运动时，T 是等于、大于还是小于 75N？

8. 一个竖直力 $\vec{F}$ 加到地面上一个质量为 m 的物

物理学基础

体上。当大小 F 从零增大时，如果力 $\vec{F}$ 是（a）向下的和（b）向上的，则地面对物体的法向力 $\vec{N}$ 的大小相应地会如何变化？

9. 如图5-26所示，在光滑地面上，力 $\vec{F}$ 拉串在一起的四个物体。由（a）力 $\vec{F}$ 和（b）绳3及（c）绳1拉着向右加速的总质量各是多少？（d）按照它们的加速度的大小由大到小将这些物体排序。（e）按照它们的张力的大小由大到小将这些绳子排序。（习题34和习题36的热身题。）

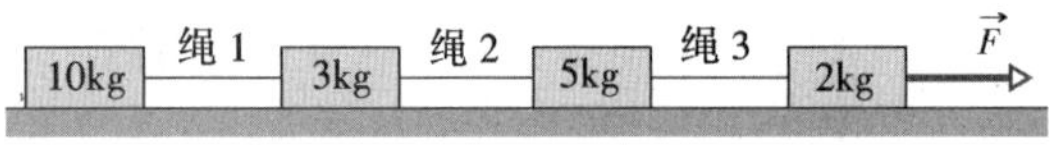

图5-26　思考题9图

10. 如图5-27所示，水平力 $\vec{F}$ 在光滑地面上推动一组三个物体。求：由（a）力 $\vec{F}$，（b）物体1对物体2的力 $\vec{F}_{21}$ 和（c）物体2对物体3的力 $\vec{F}_{32}$ 推动，向右加速的总质量各为多少？（d）按照加速度的大小由大到小将这些物体排序。（e）按照力的大小由大到小将力 $\vec{F}$，$\vec{F}_{21}$ 和 $\vec{F}_{32}$ 排序。（习题31的热身题。）

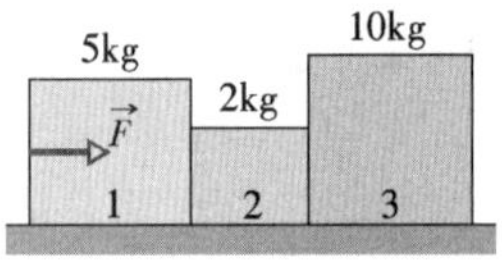

图5-27　思考题10图

11. 图5-28a中，一个玩具盒放在一座狗屋顶上，狗屋放在木质地板上。在图5-28b中，这些物体用相应高度的点代表，并画出了六个竖直方向的矢量（未按比例）。哪个矢量最能代表（a）对狗屋的引力，（b）对玩具盒的引力，（c）狗屋对玩具盒的力，（d）玩具盒对狗屋的力，（e）地板对狗屋的力，以及（f）狗屋对地板的力？（g）哪些力的大小相等？哪个力的大小（h）最大？（i）最小？

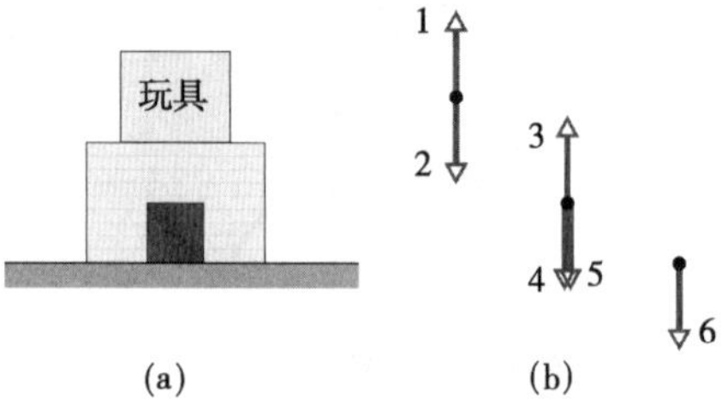

图5-28　思考题11图

12. 图5-29a中，一个物体用绳拴在一个固定在斜面上的柱子上。随着斜面的角度 θ 从零增大，试确定下述各量是增大、减小还是不变：（a）作用在物体上的重力 $\vec{F}_g$ 沿斜面的分量；（b）绳中的张力；（c）重力 $\vec{F}_g$ 垂直于斜面的分量；（d）斜面对物体的法向力？（e）图5-29b中的哪条曲线对应于（a）问到（d）问中的每一个量？

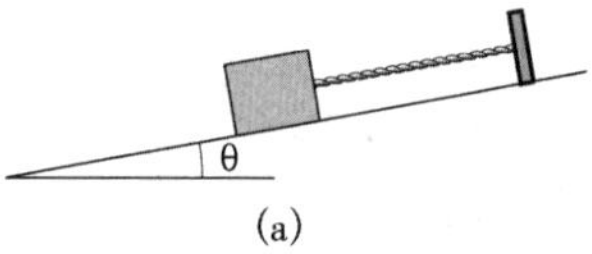

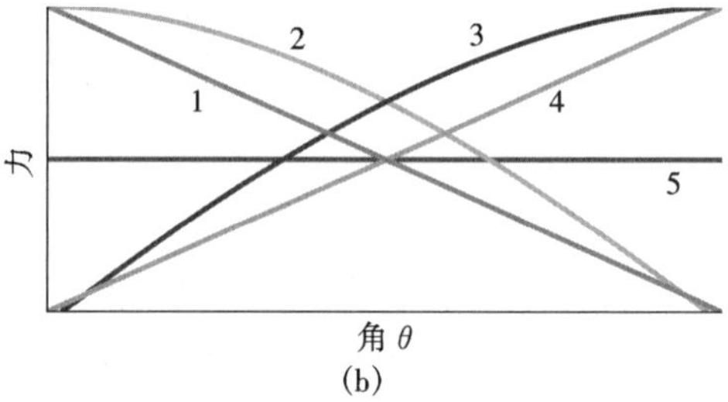

图5-29　思考题12图

练习和习题

5-5节　牛顿第二定律

1E. 如果1kg标准物体的加速度为2.00m/s²，并与 x 轴正向成20°角，则作用在它上面的合力的（a）x 分量和（b）y 分量是多少？（c）如何用单位矢量表示法表示这个合力？

2E. 两个水平面内的力作用在一个2.0 kg的案板上，案板可以在厨桌上无摩擦的滑动，桌面在 xy 平面内。一个力是 $\vec{F}_1=(3.0\text{N})\vec{i}+(4.0\text{N})\vec{j}$。当另一个力是：（a）$\vec{F}_2=(-3.0\text{N})\vec{i}+(-4.0\text{N})\vec{j}$，（b）$\vec{F}_2=(-3.0\text{N})\vec{i}+(4.0\text{N})\vec{j}$，以及（c）$\vec{F}_2=(3.0\text{N})\vec{i}+(-4.0\text{N})\vec{j}$ 时，求案板的加速度并用单位矢量表示法表示。

3E. 一个3.0kg的物体只受两个水平力的作用。一个力是9.0N，向正东，另一个力为8.0N，西偏北62°。求物体加速度的大小。

4E. 在两个力的作用下，一个质点以恒定速度 $\vec{v}=(3\text{m/s})\vec{i}-(4\text{m/s})\vec{j}$ 运动。已知一个力为 $\vec{F}_1=(2\text{N})\vec{i}+(-6\text{N})\vec{j}$，另一个力为何？

5E. 三个力作用在一个质点上，使它以不变的速度 $\vec{v}=(2\text{m/s})\vec{i}-(7\text{m/s})\vec{j}$ 运动。其中的两个力分别为 $\vec{F}_1=(2\text{N})\vec{i}+(3\text{N})\vec{j}+(-2\text{N})\vec{k}$ 和 $\vec{F}_2=(-5\text{ N})\vec{i}+(8\text{N})\vec{j}+(-2\text{N})\vec{k}$，求第三个力。

6P. 三位宇航员由火箭背包推动，将一个 120 kg 的小行星装入轨道舱，所加的力示意在图 5-30 中。(a) 用单位矢量表示法和用 (b) 大小和 (c) 方向表示法表示的小行星的加速度各为何？

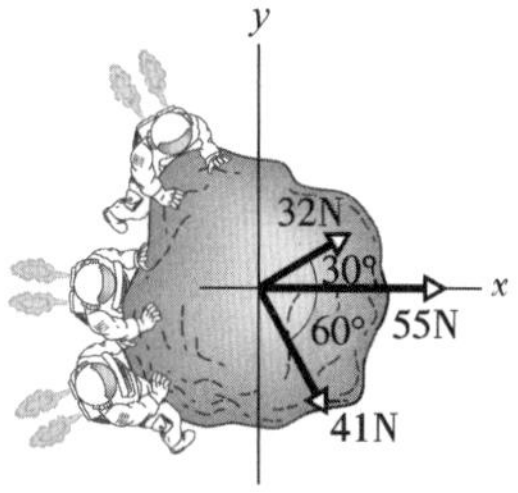

图 5-30 习题 6 图

7P. 有两个力作用在 2.0kg 的盒子上，如俯视图 5-31 所示，不过只有一个力画在图中。图中还给出了盒子的加速度。(a) 用单位矢量表示法和用 (b) 大小和 (c) 方向表示法表示第二个力。(ssm)

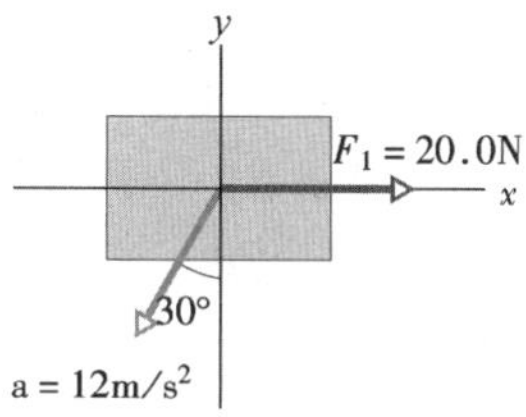

图 5-31 题 7 图

8P. 图 5-32 是三根绳子拉一个 12kg 的轮胎的俯视图。一个力（$\vec{F}_1$，大小为 50N）如图示。如果另有两个力 (a) $F_2=30$N，$F_3=20$N；(b) $F_2=30$N，$F_3=10$N；和 (c) $F_2=F_3=30$N，安排这两个力 $\vec{F}_2$ 和 $\vec{F}_3$ 使轮胎的加速度的大小为最小，并求此大小。

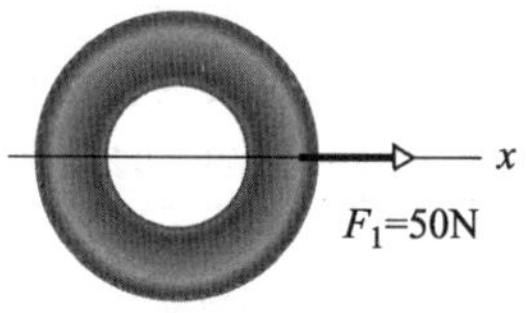

图 5-32 习题 8 图

5-6 节 几种特殊的力

9E. (a) 用一根绳将一条 11.0kg 的香肠吊在弹簧秤上，弹簧秤用另一根绳吊在天花板上（见图 5-33a）。弹簧秤的读数是多少？弹簧秤上标出的是重量单位。(b) 图 5-33b 中，绳将香肠吊住通过滑轮连在弹簧秤上。弹簧秤的另一端通过绳固定在墙上。弹簧秤的读数是多少？(c) 图 5-33c 中墙被左边另一条 11.0kg 的香肠取代，整体处于静止状态。问弹簧秤的读数又是多少？(ssm) (www)

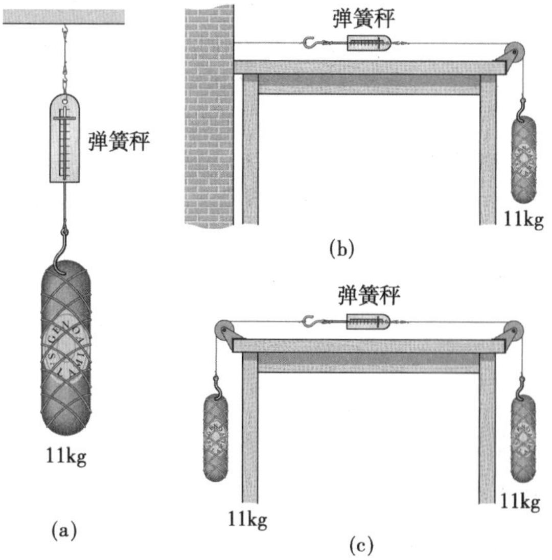

图 5-33 练习 9 图

10E. 一个重 3.0N 的物体静止在水平面上。一个 1.0 N 的向上的力通过一条竖直的绳加到物体上。物体对水平面的力的大小和方向为何？

11E. 某一质点在 $g=9.8\text{m/s}^2$ 的地方的重量为 22N。它在 $g=4.9\text{m/s}^2$ 的地方时的 (a) 重量和 (b) 质量各是多少？如果将它移到 $g=0$ 的太空某点，它的 (c) 重量以及 (d) 质量各是多少？(ssm)

12E. 计算一个 75kg 的空间漫游者：(a) 在地球上，(b) 在火星上（$g=3.8\text{m/s}^2$）和 (c) 在星际空间（$g=0$）的重量。(d) 这个漫游者在上述各处的质量各是多少？

5-7 节 牛顿第二定律的应用

13E. 当一个核俘获一个游离的中子，它一定用**强力**使中子停在核的直径范围内。这种将核子“胶合”在一起的强力，在核外近似为零。假如一个速率为 $1.4\times10^7\text{m/s}$ 的游离中子，刚好被一个直径为 $d=1.0\times10^{-14}\text{m}$ 的核俘获。如果对中子的强力是恒量，求该力的大小。中子的质量是 $1.67\times10^{-27}\text{kg}$。(ssm)

14E. 一个 29.0kg 的孩子，背着一个 4.50kg 的背包，先是站在人行道上，然后跳到空中。求当孩子

（a）站立不动时和（b）在空中时，他对人行道的力的大小和方向。现在再求当孩子（c）站立不动时和（d）在空中时，他对地球的**合力**的大小和方向。

15E. 参看图5－18。设物块的质量是8.5kg，角度θ为30°。求（a）绳中的张力和（b）物块受的法向力。（c）若将绳子剪断，求物块的加速度的大小。(ssm)

16E. 一位50 kg的乘客乘坐电梯在$t=0$时从地面由静止开始升到顶层用了10s的时间。电梯的加速度作为时间的函数画在图5－34中，其中加速度的正值表示向上。给出下面几个力的大小和方向：（a）电梯地板给乘客的最大力；（b）电梯地板给乘客的最小力；（c）乘客给地板的最大力。

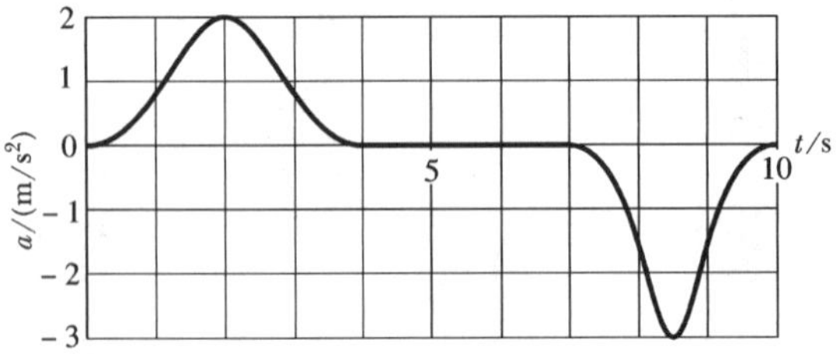

图5－34 练习16图

17E. 太阳乐。“太阳游艇”是一艘太空船，它有一个由太阳光推动的巨大的帆。虽然在日常生活中这种推力非常微小，但它可能大到足够推动太空船沿离开太阳的方向进行一次免费而缓慢的旅行。假如太空船的质量是900kg，推动力是20N。（a）由此产生的加速度有多大？如果太空船从静止出发，（b）它一天能航行多远？（c）那时它的运动有多快？

18E. 渔丝在拉断时的张力通常被称为渔丝的“强度”。如果要将一条原来以速率2.8m/s游动的、重85N的鲑鱼在11cm内拉住（停止），渔丝的最小强度为多少？假定减速是均匀的。

19E. 一个试验用的火箭车能够在1.8s内从静止以恒定的时率加速至1600km/h。如果火箭车的质量是500kg，需要的合力的大小为何？(ssm)

20E. 一辆重1.30×10^4N的汽车初始速率为40km/h，刹车制动后，车在15m的距离内停下。假定刹车的力是恒定的，求：（a）该力的大小，（b）速率改变的时间。如果初始速率加倍，而刹车时车受的力的大小不变，则（c）停车的距离和（d）停车的时间是原来的多少倍（这可能是关于高速驾驶的危险性的一课）？

21E. 一个电子以速率1.2×10^7 m/s水平运动进入一个区域，在那里它受到一个4.5×10^{-16}N的铅垂方向的恒力。电子的质量是9.11×10^{-31}kg。求电子在水平移动30mm距离的时间内，在铅垂方向偏移的距离。(ssm)

22E. 一辆以53km/h行驶的汽车撞到桥墩上。车内的乘客被膨胀的气袋护住向前移动了65cm（相对于路面）后停住。作用于乘客上半身的力有多大(假定是恒力)？乘客的上半身质量为41kg。

23E. 人猿泰山重820N，在一根20m长的藤条下端摆离一悬崖，藤条从一个高树枝上悬下来。开始时，藤条与竖直方向夹角22°。在泰山刚刚蹬离悬崖时，藤条中的张力是760N。选择一个坐标系使其x轴水平指向离开悬崖的方向，y轴铅垂向上。（a）用单位矢量表示法，藤条对泰山的作用力为何？（b）用单位矢量表示法作用在泰山身上的合力为何？并求出对泰山的合力的（c）大小和（d）方向各如何？泰山的加速度的（e）大小和（f）方向怎样？

24P. 一个50kg的滑雪者被平行于雪坡的缆绳拉上一光滑雪坡，雪坡与水平面成8.0°。求当（a）缆绳以2.0m/s的恒定速率拉动时；（b）缆绳以2.0m/s的速率拉动，但速率正以0.10m/s² 增加时，缆绳对滑雪者的力的大小。

25P. 一个40kg的女孩和一架8.4kg的雪橇在光滑的冰冻湖面上相距15m，但用一根轻绳连着。女孩用5.2 N的力水平拉绳。求：（a）雪橇的加速度为何？（b）女孩的加速度为何？（c）她们碰上时，离女孩的初始位置多远？(ssm)

26P. 你在一打过蜡的（光滑的）地板上用恒力$\vec{F}$拉一个矮冰箱，拉力$\vec{F}$是水平方向的（情况1）或者$\vec{F}$有一个向上的角度θ（情况2）。（a）当你拉冰箱经过一定时间t时，情况2对情况1的冰箱的速率比是多少？（b）当你拉它走过一定的距离d时，此速率比又是多少？

27P. 一位重712N的消防员以加速度3.00m/s² 顺一根铅垂的杆子滑下。（a）杆子对消防员和（b）消防员对杆子的力的大小和方向各为何？(ilw)

28P. 为了活动，一只12kg的犰狳跑到一个大池塘的光滑的水平冰面上，其初速度为5.0m/s，沿x轴的正方向。取它在冰面上的初始位置为原点。它在冰面滑动时，沿y轴正方向的风以17N的力推它。用单位矢量表示法表示它滑行了3.0s时的（a）速度和（b）位置矢量。

29P. 一个质量为3.0×10^{-4}kg的球用绳悬着。

一阵稳定的风推球使悬绳与铅垂方向呈 37° 角。求（a）该推力的大小，（b）绳中的张力。(www)

30P. 一位 40kg 的滑雪者从与水平面成 10° 角的光滑雪坡上径直滑下，当时正有强风平行于雪坡吹来。求如果（a）滑雪者的速率不变，（b）滑雪者的速率以 $1.0m/s^2$ 增加，以及（c）滑雪者的速率以 $2.0m/s^2$ 增加时，风对滑雪者的力的大小和方向。

31P. 在光滑桌面上，有两个物体相互接触。一个水平力加到大物体上，如图 5－35 所示。(a) 如果 $m_1=2.3kg$，$m_2=1.2kg$，$F=3.2N$，求两物体之间的力的大小。(b) 证明如果一个与 F 大小相等的力沿相反方向加到小物体上，则两物体之间的力是 2.1N，与（a）问中的值不同。(c) 解释这个差别。(ssm) (ilw)

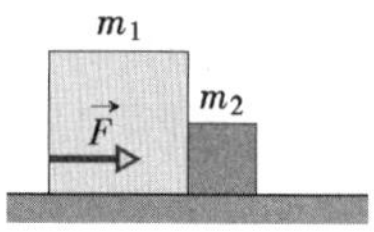

图 5－35 习题 31 图

32P. 一部 1400kg 的喷气发动机用三个螺栓固定在客机的机身上（通常的实际情况）。假定每个螺栓承担三分之一的负载。(a) 计算飞机在起跑线等待起飞指令时每个螺栓所受的力。(b) 飞行中遇到气流，突然使飞机产生了 $2.6m/s^2$ 的铅垂向上的加速度，计算此时对每个螺栓的力。(ssm)

33P. 电梯及其负载总质量为 1600kg。电梯向下运行，初始速率为 12m/s，在 42m 的距离内以恒定的加速度停下来，求悬吊电梯的钢缆中的张力。(ssm)

34P. 图 5－36 所示为一个管理员正在非常滑溜（无摩擦）的冰面上拉着四个企鹅玩耍。三个企鹅的质量和两段绳子的张力已给出。求第四个企鹅的质量。

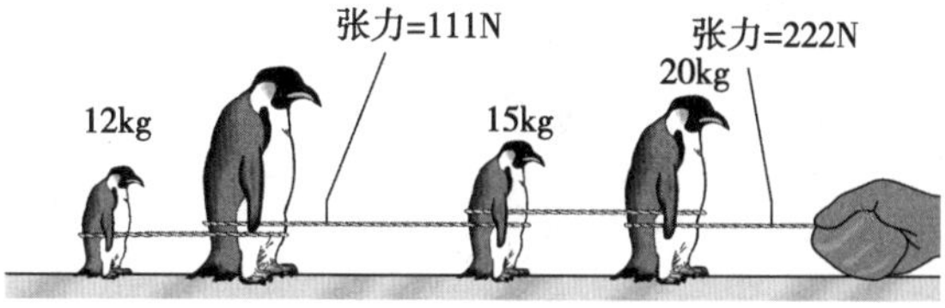

图 5－36 习题 34 图

35P. 一个 80kg 的人在跳伞中经历一个向下的 $2.5m/s^2$ 的加速过程。降落伞的质量是 5.0kg。求：(a) 空气对张开的降落伞向上的力为何？(b) 人对降落伞向下的力为何？(ssm)

36P. 如图 5－37 所示，在光滑水平桌面上，有三个物体用绳连在一起，并以大小为 $T_3=65.0N$ 的力将它们向右拉动。如果 $m_1=12.0kg$，$m_2=24.0kg$，$m_3=31.0kg$，计算（a）系统的加速度和中间连接绳中的张力（b）T_1 和（c）T_2。

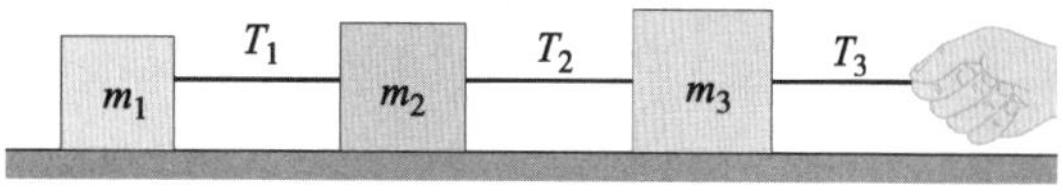

图 5－37 习题 36 图

37P. 假想一个登陆舱接近了木星的一个卫星——木卫四的表面。如果发动机提供一个 3260N 的向上的力（推力），登陆舱以恒定速率下降；如果发动机仅提供 2200N 的推力，登陆舱以 $0.39m/s^2$ 加速下降。试求：(a) 登陆舱在接近木卫四的表面时的重量是多少？(b) 登陆舱的质量是多少？(c) 靠近木卫四表面的自由下落加速度的大小是多少？(ssm)

38P. 一名工人在工厂的地面上用绳子拉一个箱子（见图 5－38）。工人拉绳的力是 450N，对水平面倾斜 38°，地面作用在箱子上一个 125N 的水平力，与运动方向相反。如果（a）箱子的质量是 310kg 和（b）箱子的重量是 310N，计算箱子的加速度的大小。

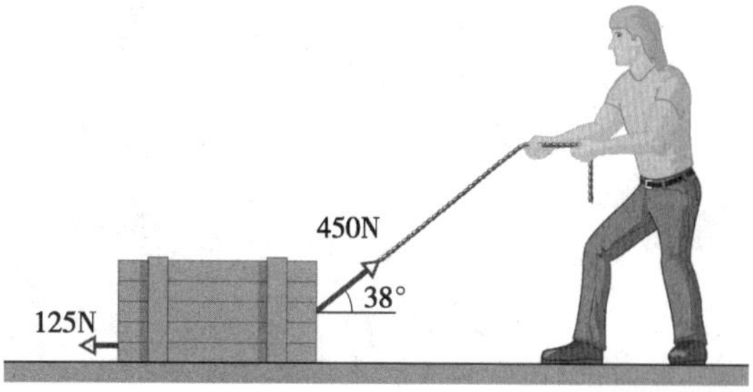

图 5－38 习题 38 图

39P. 一辆摩托车和 60.0kg 的骑手以 $3.0m/s^2$ 加速开上一个 10° 的坡。求：(a) 作用在骑手身上的合力的大小为何？(b) 摩托车作用在骑手身上的力的大小为何？

40P. 一个 85kg 的人从 10.0m 的高度抓在一根绳子上下降，绳子通过一个光滑的滑轮连在一个 65 kg 的沙袋上。如果此人从静止开始，他落地时的速率为何？

41P. 在图 5－39 中，一根链条由五个环构成，每个环的质量各为 0.100kg，现将此链条以 $2.50m/s^2$ 的恒定加速度竖直向上提起。求（a）环 2 对环 1，(b) 环 3 对环 2，(c) 环 4 对环 3 和（d）环 5 对环 4 的力的大小。然后求（e）提起链条的人对最上边的环的力 $\vec{F}$ 的大小和（f）加速每个环的合力的大小。(ssm)

物理学基础

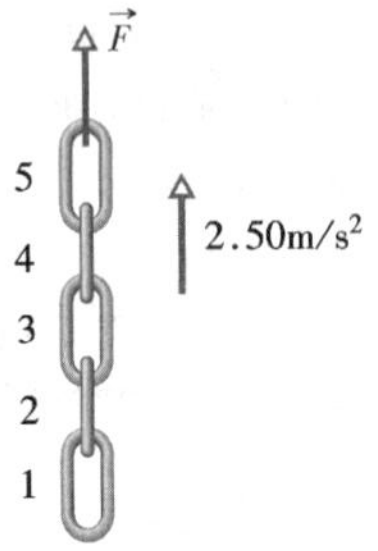

图5-39　习题41图

42P. 一架海军的喷气式飞机（见图5-40）重231kN，需要达到85m/s的空速才能起飞。发动机最大可提供107kN的推力，但并不足以使飞机在航空母舰90m长的跑道上达到起飞速率。求舰上的弹射器最少需提供多大的力（设为恒定）来帮助弹射飞机？假定弹射器和飞机上的发动机在90m的起飞过程中都施以恒力。

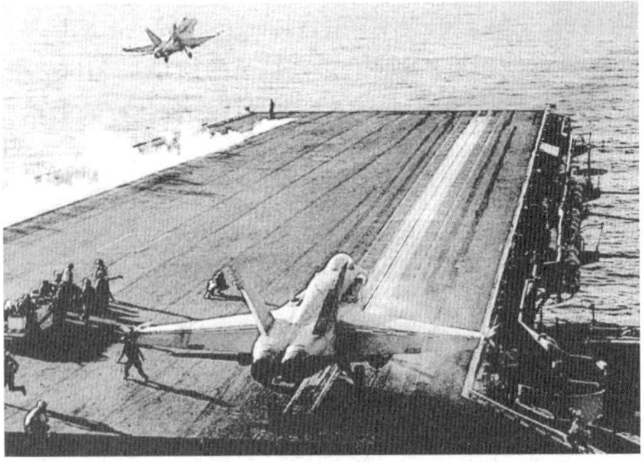

图5-40　习题42图

43P. 一质量 $m_1=3.70$kg 的物块，在一个30.0°角的光滑斜面上，通过一个光滑的轻滑轮用绳子连到另一个铅垂悬挂的、质量为 $m_2=2.30$kg 的物块上（见图5-41）。(a) 每个物块的加速度为何？(b) 悬着的物块的加速度的方向为何？(c) 绳子中的张力为何？(ssm)(ilw)(www)

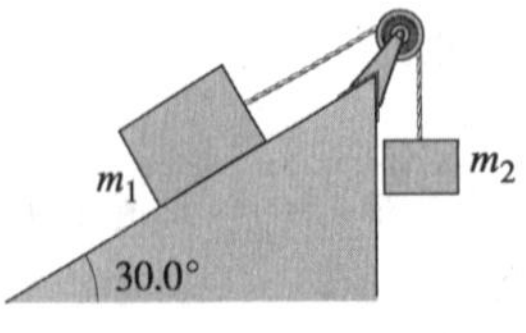

图5-41　习题43图

44P. 在图5-42中，一个1.0kg的铅笔箱在一个30°的光滑斜面上，通过一个无摩擦和无质量的滑轮连接到另一个在光滑水平面上的3.0kg的铅笔箱。(a) 如果力 $\vec{F}$ 的大小是2.3N，那么连接两铅笔箱的绳子中的张力是多少？(b) 若不让连接两铅笔箱的绳子松弛，力 $\vec{F}$ 的大小的最大值是多少？

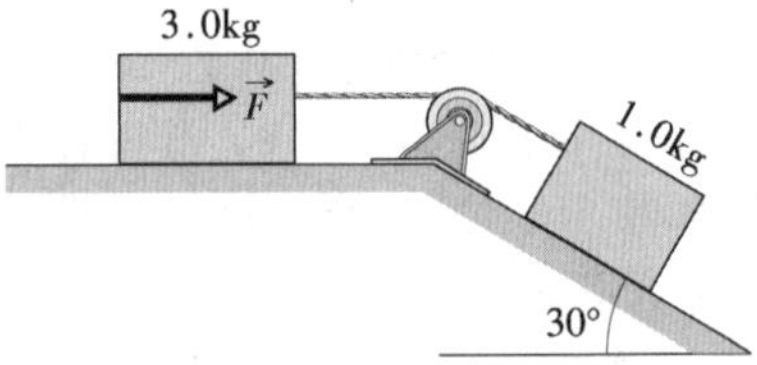

图5-42　习题44图

45P. 将物块以初速率 $v_0=3.50$m/s 沿光滑斜面抛出，斜面倾角 $\theta=32.0°$。(a) 物块沿斜面上升多远？(b) 它到达那里需要多长时间？(c) 它回到斜面底部时速率是多少？(ssm)

46P. 一艘星际飞船质量为 1.20×10^6kg，初始时相对于某一星系静止。(a) 在3.0d中将飞船相对于这个星系的速率加速到0.10c（c是光的速率，3.0×10^8m/s），所需的恒定加速度为何？(b) 此加速度是多少个g？(c) 加速所需的力为何？(d) 如果速率达到0.10c时关闭发动机（速率因而保持恒定），飞船航行5.0光-月（即光在5.0个月中传播的距离）需多少时间？

47P. 一个10kg的猴子爬上一根无质量绳，绳子跨过无摩擦的树枝连到地面上一个15kg的箱子上（见图5-43）。(a) 猴子能将箱子提离地面所需的最小加速度的大小为何？如果箱子被拉起之后，猴子停止爬动而抓着绳，猴子加速度的 (b) 大小是多少？(c) 方向如何？(d) 绳子中的张力多大？(ssm)

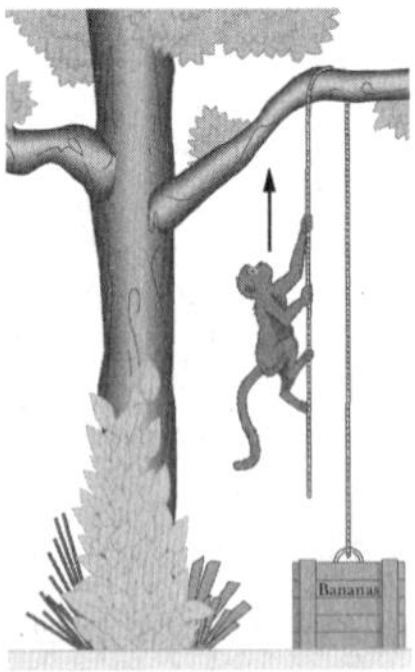

图5-43　习题47图

48P. 在早期，马拉驳船走水道的情形示意在图5-44中。假设马拉绳的力是7900N，与驳船的运动方向成18°，而船头径直指向水道方向。驳船的质量是9500kg，加速度为 $0.12\mathrm{m/s^2}$。求水对驳船的力的

（a）大小和（b）方向。

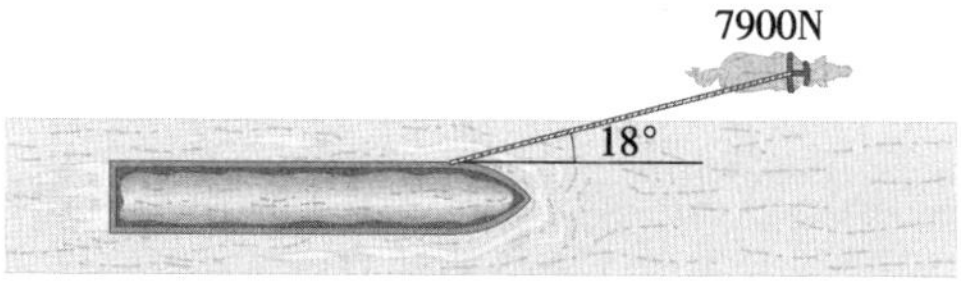

图 5-44 习题 48 图

49P. 在图 5-45 中，在光滑水平地板上拉一个 5.00kg 的物体，绳子的拉力 $F=12.0\text{N}$，沿水平面向上 $\theta=25.0°$ 的方向。（a）求物体的加速度的大小？（b）将力的大小 F 缓慢增大，它把物体刚提（完全地）离地板面的值有多大？（c）物体刚（完全地）离地板面时加速度的大小为何？（ssm）

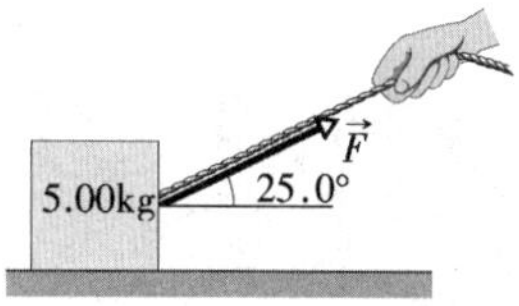

图 5-45 习题 49 图

50P. 图 5-46 所示为一个工人坐在用一根无质量的绳吊着的高空作业椅上，绳穿过一个无质量、无摩擦的滑轮回到工人手中。工人和椅的总质量是 95.0kg。当工人（a）以恒定速度上升时和（b）以 1.30m/s^2 的加速度上升时，他需要用多大的力拉绳子？（**提示**：画受力图一定有帮助）。假如不是这样，而是绳子一直延伸到地面，那里有一名助手拉绳子，则当工人（c）以恒定速度上升时和（d）以 1.30m/s^2 的加速度上升时，助手需要用多大的力拉绳子？在（e）a 问中，（f）b 问中，（g）c 问中和（h）d 问中，滑轮系统对天花板的力的大小是多少？

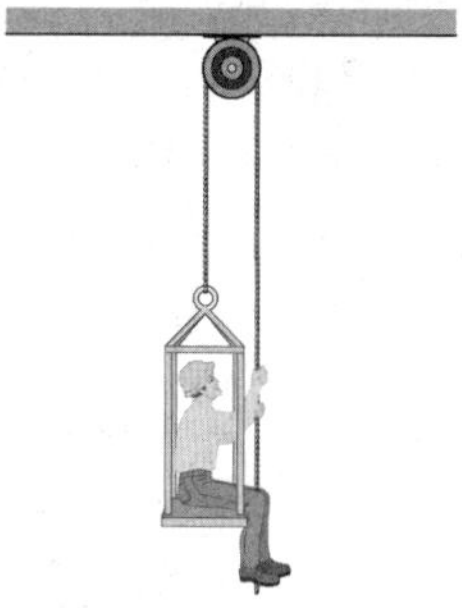

图 5-46 习题 50 图

51P. 在一光滑水平面上，质量为 m 的绳拉一质量为 M 的滑块如图 5-47 所示。一个水平力 $\vec{F}$ 作用于绳的一端。（a）证明绳子一**定要**下垂，哪怕只下垂难于察觉的微小量。然后，假设下垂可以忽略，求：（b）绳子和滑块的加速度；（c）绳子对滑块的力；（d）绳子中点处的张力。（ssm）

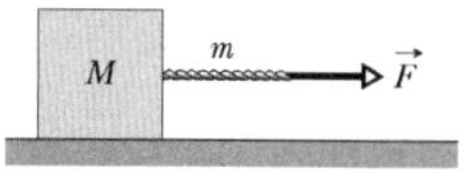

图 5-47 习题 51 图

52P. 在图 5-48 中，水平力 $\vec{F}$ 将一个 100kg 的箱子以恒定速率推上 30.0°角的光滑斜面。（a）力 $\vec{F}$ 和（b）斜面对箱子的力为何？

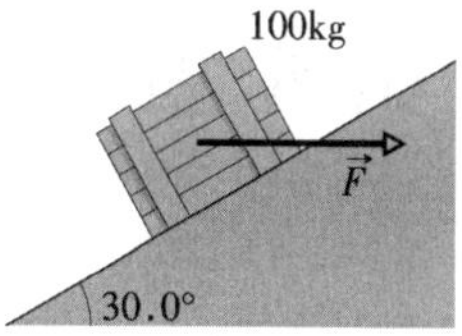

图 5-48 习题 52 图

53P. 一个质量为 M 的热气球正以大小为 a 的向下的加速度竖直下降。它必须抛出多少质量的沙袋，才能使气球具有大小为 a 的向上的加速度（大小相等，方向相反）？假定空气对它的向上的力（举力）不因质量的减少而改变。（ssm）（www）（ilw）

54P. 图 5-49 所示为高山缆车系统的一段。每个车厢所允许的包括乘客在内的总质量最大是 2800kg。车厢挂在架空钢缆上，由装在各支架（支撑塔）上的另一根钢缆牵引，假定钢缆是直的。如果车厢达最大允许质量时，被以 0.81m/s^2 的加速度拉上 35°的倾角，相邻的两段牵引钢缆中的张力差为何？

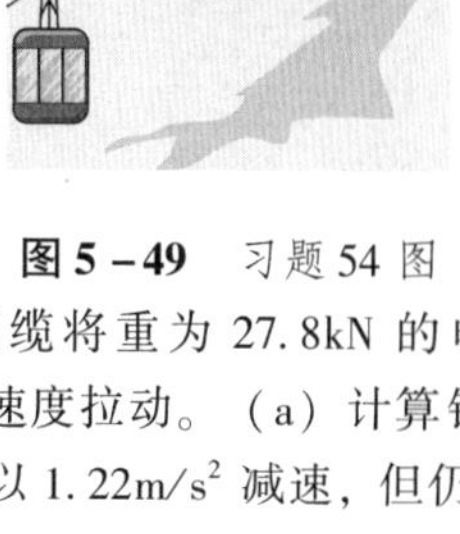

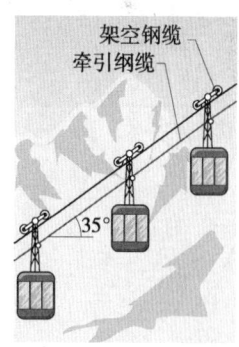

图 5-49 习题 54 图

55P. 用钢缆将重为 27.8kN 的电梯以向上的 1.22m/s^2 的加速度拉动。（a）计算钢缆中的张力。（b）如果电梯以 1.22m/s^2 减速，但仍在上升，张力是多少？

56P. 一个以 2.4m/s^2 减速下降的电梯内，有一个由电线铅垂悬挂的电灯。（a）如果电线中的张力是 89N，电灯的质量有多大？（b）当电梯以 2.4m/s^2 的加速度上升时，电线中的张力为何？

第6章　力与运动（Ⅱ）

在公寓楼里常养的猫，都喜欢在窗台上睡觉。如果一只猫不慎从七层或八层以上落到人行道上，它受伤的程度（如折断的骨骼数目或死亡的可能性）是随着高度的增加而减小的（甚至有一只猫从**32**层高楼上落下只有胸部和一颗牙受点轻伤的记录）。

危险怎么能会随高度减小呢？

答案在本章中。

6 -1 摩擦

在我们的日常生活中，摩擦力是不可避免的。如果我们不能消除它们，它会使所有运动的物体和所有转动的轴停下来。在汽车中约20%的汽油是用来克服发动机内和车体前进时的摩擦力的。另一方面，如果摩擦力完全不存在，我们就不能开着汽车到处跑，我们也无法走动或骑自行车。甚至不能抓住铅笔，即使抓住了它也无法写字。钉子与螺钉都无用了，织好的布料会散开，绳结也会松开。

下面我们讨论存在于干燥的固体表面之间的摩擦力。这两表面或者相对静止，或者以低速相对运动。考虑三个简单的想象实验：

1. 在一个长长的水平柜台上推一本书使其滑动起来，正如所料，书会逐渐减慢速度直到停止。这表明书一定具有一个平行于台面，且与书的速度方向相反的加速度。于是，由牛顿第二定律可知，一定有一个平行于台面，并与它的速度方向相反的力作用在该书上。这个力就是摩擦力。

2. 水平推动此书，使它以恒定速度沿台面运动。你的力会是对书作用的惟一水平力吗?不，那样书就要加速的。根据牛顿第二定律，一定存在另一个力，与你的力方向相反而大小相等，从而使二力平衡。这第二个力就是摩擦力，方向平行于台面。

3. 水平地推一重箱。箱子不动。由牛顿第二定律知，一定还有第二个力作用于箱上抵抗着你的推力。而且，它一定与你的推力大小相等方向相反，从而使二力平衡。这第二个力就是摩

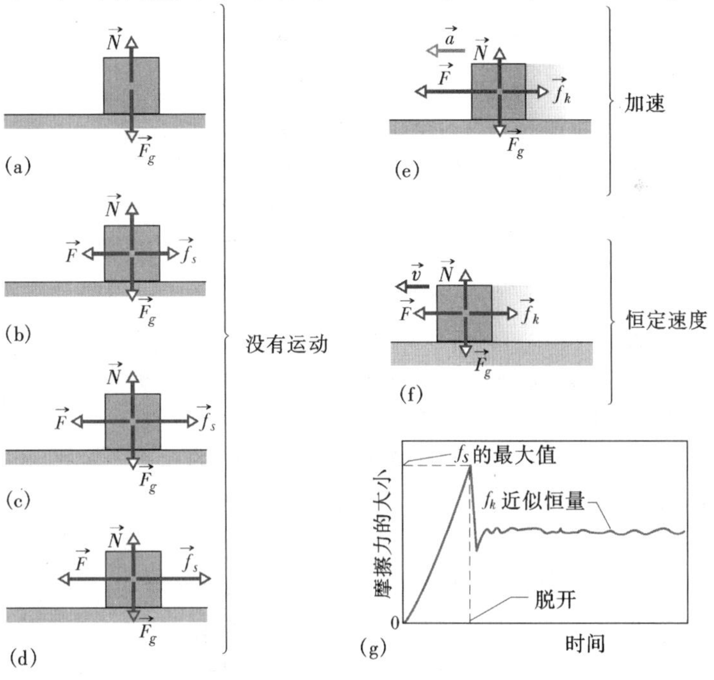

图6 -1 (a) 对一个静止物块的力。(b) ~ (d) 外力 $\vec{F}$ 加到物块上，被静摩擦力 $\vec{f}_s$ 平衡。随着 F 增大，f_s 也增大，直到 f_s 达到某一最大值。(e) 物块“突然脱开”，沿 $\vec{F}$ 方向加速。(f) 这时，欲使物体以恒速运动，必须将 F 从就要脱开之前的最大值减小。图 (g) 由图 (a) 到图 (f) 整个过程的实验结果。

擦力。用更大的力推，箱子还是不动。显然，摩擦力的大小会随之发生变化，而使二力仍然平衡。现在，使尽全力来推，箱子终于开始滑动了。很明显，摩擦力有一个最大值。你的力超过那个最大值，箱子就滑动起来。

图6－1给出一个类似情形的详细说明。图6－1a中，一物块静止于桌面上，重力 $\vec{F}_g$ 被法向力 $\vec{N}$ 平衡。在图6－1b中，你对物块加一力 $\vec{F}$，想把物块拉向左边。与此相应，一个摩擦力 $\vec{f}_s$ 指向右边，刚好平衡了你的力。这个力 $\vec{f}_s$ 称为**静摩擦力**。物块不动。

图6－1c和图6－1d表明，当你将所加的力增大时，静摩擦力 $\vec{f}_s$ 的大小也会随之增大，使物块仍然保持静止。然而，当所加的力增大到某一数值时，物块就会突然脱开与桌面的紧密接触而向左加速（图6－1e）。这时相应出现的阻止运动的摩擦力叫做**动摩擦力** $\vec{f}_k$。

通常物体运动时受到的动摩擦力的量值小于静止时所受的静摩擦力的最大值。因此，欲使物体在桌面以恒速运动，一旦它开始运动，你就常常要减小所加的作用力，如图6－1f所示。作为例子，图6－1g示出了对物体的力逐渐增大，直至脱开的一次实验的结果。注意脱开后使物块保持以恒速运动所需的减小了的力。

摩擦力本质上是作用于一物体的表面原子与另一物体的表面原子之间的许多力的矢量和。若将两个经过精细抛光与细心清洁的金属表面在非常高的真空（使它们保持清洁）中放在一起，是不能使它们相对滑动的。原因在于两表面如此地光滑，一个表面的大量原子与另一个表面的大量原子接触，两表面会立即**冷焊**在一起，形成一整块金属。如果将经机加工精心抛光处理过的两个块规在空气中放在一起，虽然原子对原子的接触少了，但两块仍会牢固地粘在一起，需要用扳拧的方法才能分开。不过，通常这样的大量的原子对原子的接触是不可能的。即使高精细抛光的金属表面，离原子尺度上的平整还差得很远。还有，日常生活中遇到的物体表面有氧化物薄膜及其他污染物，这些都会减少冷焊的出现。

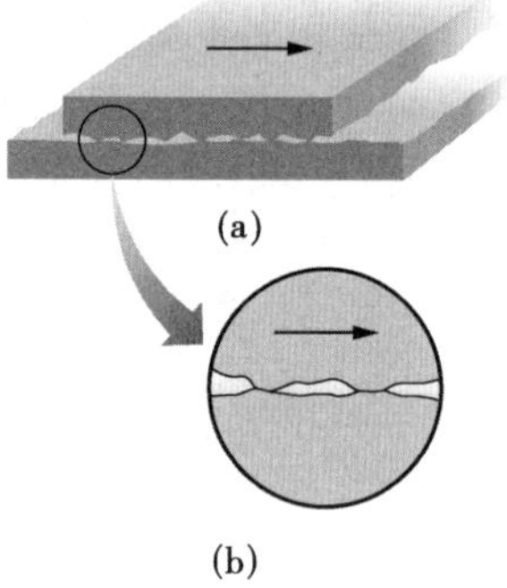

图6－2 滑动摩擦的机理。(a) 在此放大图中，上面物体正在下面物体上向右滑动。(b) 更细致的放大图，它表明发生表面冷焊的两个部位。要破坏这些焊接以维持运动需要。

当将两普通表面放在一起时，只有表面上的凸出点相互接触（这就好象是将瑞士的阿尔卑斯山翻转向下放在奥地利的阿尔卑斯山上一样），实际的**微观**接触面积比表现的**宏观**接触面积小得多，可能小一个 10^4 因子。不过，许多接触点确实是冷焊在一起的。当加外力使两表面相对滑动时，这些焊点就产生了静摩擦力。

当外加的力大到使一个表面在另一个表面上被拉动时，先出现这些焊点被撕裂（在脱开时），接着，随着移动和偶然接触的发生，连续出现焊点的再形成和撕裂（见图6－2）。阻止运动的动摩擦力就是在那些许许多多偶然接触点上的力的矢量和。

如果两表面被压得更紧时，就会有更多的点冷焊在一起。于是，要使两表面相对滑动就需要加更大的力：静摩擦力 $\vec{f}_s$ 就会有一个更大的最大值。当两表面正在相对滑动时，就有更多的瞬时冷焊点，因此动摩擦力 $\vec{f}_k$ 也有一个更大的值。

由于两表面交替地粘接又滑开，因而一个表面在另一个表面上的滑动经常是“颠簸的”。这种重复的**粘接**和**滑开**会产生尖叫或长鸣声，就好象车胎在干燥的硬路面上滑动；指甲在黑板上刮画；生锈的铰链打开时那样。它也能产生美妙的声音，就像琴弓在提琴的弦上和谐地拉过时那样。

6－2 摩擦力的性质

实验表明，将一个干燥且未曾润滑的物体紧压在一个同样条件的物体表面上，而且想用外力 $\vec{F}$ 使物体在表面上滑动时，引起的摩擦力具有三个性质：

性质 1：如果物体未动，则静摩擦力 $\vec{f}_s$ 与力 $\vec{F}$ 在平行于表面方向的分力相互平衡。它们的大小相等，$\vec{f}_s$ 指向 $\vec{F}$ 的分力的反方向。

性质 2：$\vec{f}_s$ 的大小有一个最大值 $\vec{f}_{s,\max}$ 给定为

$$f_{s,\max} = \mu_s N \quad (6-1)$$

其中 μ_s 为**静摩擦系数**，N 为表面对物体的法向力的大小。当力 $\vec{F}$ 平行于表面的分量的大小超过 $f_{s,\max}$ 时，物体开始沿表面滑动。

性质 3：如果物体开始沿表面滑动，摩擦力的大小迅速减小到值 f_k，给定为

$$f_k = \mu_k N \quad (6-2)$$

其中 μ_k 为**动摩擦系数**。其后，在滑动过程中，大小由式（6－2）给定的动摩擦力 $\vec{f}_k$ 阻碍运动。

性质 2 和 3 中出现的法向力的大小 N 为物体与表面压紧程度的量度。根据牛顿第三定律，物体压得越厉害，N 就越大。性质 1 和 2 虽然只是根据加上一个单力 $\vec{F}$ 的情形写出的，但它也适用于加在物体上的多个力的净力。式（6－1）与式（6－2）不是矢量方程；$\vec{f}_s$ 或 $\vec{f}_k$ 的方向总是平行于接触面而与要滑动的方向相反，法向力 $\vec{N}$ 则垂直于接触面。

系数 μ_s 与 μ_k 均为无量纲的常数而必须由实验来确定。它们的实际数值决定于两物体与接触面的一些性质。因此，它们时常用介词“之间”表达，比如“鸡蛋与 Teflon 涂层平锅之间的 μ_s 值为 0.04；而攀岩鞋与岩石之间的 μ_s 值为 1.2”。我们假设 μ_k 值不依赖于物体沿接触面滑动的速率。

检查点 1：一物块置于地板上。(a) 地板对它的摩擦力有多大？(b) 如果现将一 5N 的水平力加到物块上，物块未动，对物块的摩擦力有多大？(c) 如果对物块的静摩擦力的最大值 $f_{s,\max}$ 为 10 N，而所加水平力的大小为 8 N，物块会动吗？(d) 所加力的大小为 12 N 呢？(e)、(c) 问中的摩擦力有多大？

例题 6－1

如果紧急刹车时，车轮被“卡住”（阻止滚动），车就沿路面滑行。轮胎上剥落下来的碎屑和路面的细小的熔块形成的“刹车辙”揭示出滑动过程中发生过冷焊。据记载，公路上最长的刹车辙是在 1960 年由一辆 Jaguar 在英格兰的 M1 高速公路赛上创立的（见图 6－3 a）——长 290m！若设 $\mu_k = 0.60$，而且刹车过程中车的加速度恒定，车轮被卡住时车跑得多快？

【解】 这里一个**关键点**是，由于加速度设定为恒量，可用表 2－1 中的公式求出车的初速率 v_0。让我们试用式（2－16）：

$$v^2 = v_0^2 + 2a(x - x_0) \quad (6-3)$$

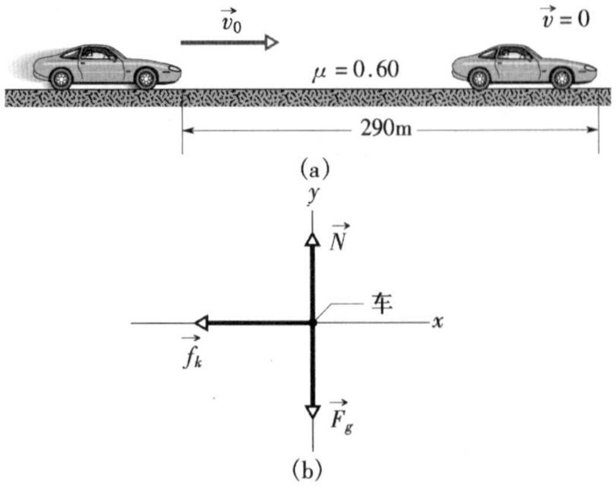

图 6－3 例题 6－1 图 (a) 车向右位移 290m 后停住。(b) 车的受力图。

设该车沿 x 轴正向运动。已知车的位移 $x-x_0$ 为290m，设车的末速率 v 为0，而要求的量是 v_0。然而，我们还不知道车的加速度 a。

为求 a，我们应用另一个**关键点**：如果我们略去空气对车的影响，则车的加速度 a 就只是由于路面对车的动摩擦力 $\vec{f}_k$ 所致，其方向与车的运动方向相反（图6－3 b）。我们可用牛顿第二定律在 x 方向的分量式（$F_{net,x}=ma_x$），将车所受的力与其加速度联系起来，写为

$$-f_k = ma, \tag{6-4}$$

其中 m 为车的质量。负号表明动摩擦力的方向。

由式（6－2）。摩擦力的大小 $f_k=\mu_k N$，其中 N 为路面对车的法向力的大小。由于车在竖直方向没有加速，所以由图6－3 b及牛顿第二定律可知 $\vec{N}$ 的大小等于车受的重力 $\vec{F}_g$ 的大小，即 mg。由此可得 $N=mg$。

现在由式（6－4）解出 a，然后将 $f_k=\mu_k N=\mu_k mg$ 代入可得

$$a=-\frac{f_k}{m}=-\frac{\mu_k mg}{m}=-\mu_k g$$

式中负号表明加速度沿 x 轴负向，与速度方向相反。然后，将此 a 与 $v=0$ 代入式（6－3）可求得 v_0 为：

$$\begin{aligned} v_0 &= \sqrt{2\mu_k g(x-x_0)} \\ &= \sqrt{(2)(0.60)(9.8\text{m/s}^2)(290\text{m})} \\ &= 58\text{m/s} = 210\text{km/h} \end{aligned} \quad \text{（答案）}$$

我们假设在刹车辙的终点 $v=0$。实际上，车辙消失只是由于在290m后Jaguar离开了路面。因此，v_0 应至少为210km/h，也可能比这快得多。

例题6－2

如图6－4a所示，一妇女拉着一辆质量 $m=75$kg的载有重物的雪橇沿水平面以恒速运动。车与雪之间的动摩擦系数 $\mu_k=0.10$，角 ϕ 为42°。

（a）绳对雪橇的力 $\vec{T}$ 的大小是多少？

【解】　在这我们需用三个**关键点**：

1. 由于雪橇以恒速移动，因此尽管妇女在拉它，其加速度却为零。

2. 雪对雪橇的动摩擦力 $\vec{f}_k$ 将加速度制止了。

3. 我们可应用牛顿第二定律（$\vec{F}_{net}=m\vec{a}$）将雪橇的（零）加速度与对雪橇的力，包括欲求的 $\vec{T}$，联系起来。

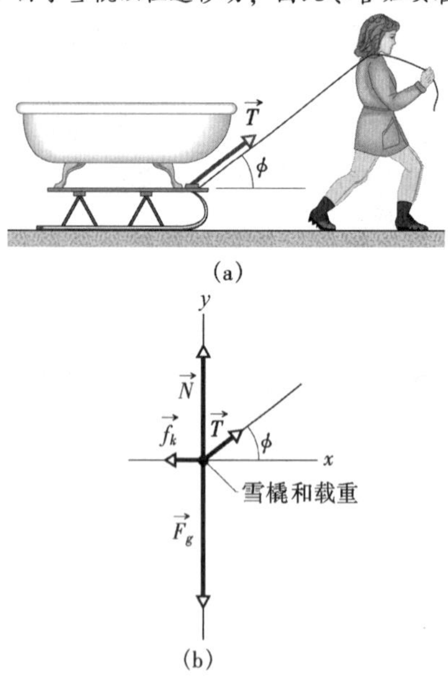

图6－4　例题6－2图　（a）一妇女用绳以力 $\vec{T}$ 拉着载重雪橇以恒速运动。（b）该载重雪橇的受力图。

图6－4b显示出了作用在雪橇上的各个力，包括重力 $\vec{F}_g$ 和雪面对橇的法向力 $\vec{N}$。对于这些力，牛顿第二定律，和 $\vec{a}=0$，给出

$$\vec{T}+\vec{N}+\vec{F}_g+\vec{f}_k=0 \tag{6-5}$$

因为在式（6－5）中还有其他未知矢量，我们无法直接用矢量功能计算器算来求 $\vec{T}$，于是，将该式重写为沿图6－4b中的 x 轴与 y 轴方向的分量式。对 x 轴可有

$$T_x+0+0-f_k=0$$

或

$$T\cos\phi-\mu_k N=0 \tag{6-6}$$

式中我们已利用式（6－2）将 f_k 以 $\mu_k N$ 代入。对 y 轴可有

$$T_y+N-F_g+0=0$$

或

$$T\sin\phi+N-mg=0 \tag{6-7}$$

式中已将 F_g 以 mg 代入。

式（6－6）与式（6－7）是含有未知量 T 与 N 的联立方程。要想从它们解出 T，需先由式（6－6）求出 N，然后将其表达式代入式（6－7）得到

$$T=\frac{\mu_k mg}{\cos\phi+\mu_k\sin\phi}$$

物理学基础

$$= \frac{(0.10)(75\text{kg})(9.8\text{m/s}^2)}{\cos42° + (0.10)\sin42°}$$

$$= 91\text{N} \qquad \text{(答案)}$$

(我们也可将已知数据代入式(6-6)和式(6-7)中，用计算器的解联立方程的功能得到解答)。

(b) 如果这个妇女将她对绳的拉力增大，使 T 大于91N，这时动摩擦力的量值 f_k 会大于、小于、还是等于(a)问中的摩擦力？

【解】 这里**关键点**是，由式(6-2)知，f_k 的量值直接由法向力的大小 N 所决定。因此，我们只要找到一个 N 与 T 间的关系就可回答此问题。式(6-7)就是这样一个关系。将它重写为

$$N = mg - T\sin\phi \qquad (6-8)$$

我们就看到，T 增大时，N 会减小。(物理原因是绳子拉力的向上的分量变大了，因此雪面对雪橇的力减小)。由于 $f_k = \mu_k N$，可见 f_k 会比(a)问中的小些。

检查点2：如图示，大小为10 N的水平力 $\vec{F}_1$ 加到地板上的箱子上，但箱子未动。然后，在竖直加上的力 $\vec{F}_2$ 的大小由零开始增大直到箱子开始滑动的过程中，下面几个量增大、减小还是保持不变：(a)对箱子的摩擦力的大小；(b)地板对箱子的法向力的大小；(c)对箱子的静摩擦力的最大值 $f_{s,\max}$？

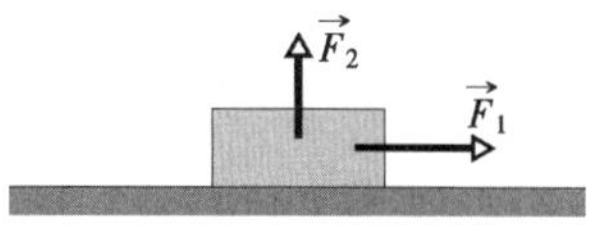

例题6-3

如图6-5所示，一质量 m 的硬币静置于书上，该书相对水平面翘起一角度 θ。在实验中，你会发现角度 θ 增大到13°时，此硬币就要沿书面滑下，即夹角只要略超过13°，硬币就会滑动。硬币与书之间的静摩擦系数 μ_s 为多少？

【解】 如果书是光滑的，由于硬币的重力作用，不论书翘起什么样的角度，硬币都肯定会下滑。因此，这里一个**关键点**是摩擦力 $\vec{f}_s$ 一定在维持着硬币不动。第二个**关键点**是因为硬币就要沿书面滑下，该力应是它的最大值 $f_{s,\max}$ 且沿书面向上。另外，由式(6-1)可知，$f_{s,\max} = \mu_s N$，其中 N 为书对硬币的法向力 $\vec{N}$ 的大小。于是有

$$f_s = f_{s,\max} = \mu_s N$$

由此得

$$\mu_s = \frac{f_s}{N} \qquad (6-9)$$

为用此式进行计算，需求力的量值 f_s 与 N，为此还需用另一个**关键点**：在硬币就要滑下时，它是静止的，因此它的加速度 $\vec{a}$ 为零。我们利用牛顿第二定律($\vec{F}_{\text{net}} = m\vec{a}$)将此加速度与对硬币的力联系起来。由图6-5b所示的硬币的受力图可见，这些力是：(1)摩擦力 f_s，(2)法向力 $\vec{N}$，及(3)硬币的重力 $\vec{F}_g$，其大小为 mg。然后由牛顿第二定律和 $\vec{a}=0$ 可得

$$\vec{f}_s + \vec{N} + \vec{F}_g = 0 \qquad (6-10)$$

为求 f_s 与 N，对沿图6-5b中的斜坐标系的 x 轴和 y 轴的分量重写式(6-10)。对 x 轴将 F_g 以 mg 代入可得

$$f_s + 0 - mg\sin\theta = 0$$

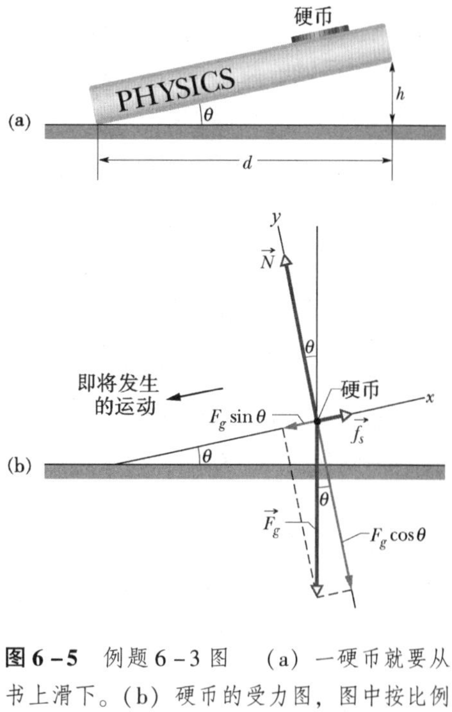

图6-5 例题6-3图 (a)一硬币就要从书上滑下。(b)硬币的受力图，图中按比例画出了对它的三个力。重力 $\vec{F}_g$ 已分解为沿 x 与 y 轴的分量，图中坐标轴的取向是为了使问题简化。分量 $\vec{F}_g\sin\theta$ 要使硬币在书面上滑下，而分量 $\vec{F}_g\cos\theta$ 将硬币压在书上。

因此 $f_s = mg\sin\theta$ (6-11)

同理，对 y 轴有

$$0 + N - mg\cos\theta = 0$$

因此 $N = mg\cos\theta$ (6-12)

将式（6-11）与式（6-12）代入式（6-9）中，得

$$\mu_s = \frac{mg\sin\theta}{mg\cos\theta} = \tan\theta \quad (6-13)$$

也即

$$\mu_s = \tan13° = 0.23 \quad \text{（答案）}$$

实际上，为得到 μ_s 你不必去测量 θ，而只要测量图6-5a中所示的两个长度，再将 h/d 代入式（6-13）中的 $\tan\theta$ 即可。

6-3 流体曳力与终极速率

流体是指能流动的任何东西——通常为气体或液体。当流体与一个物体之间有相对速度（或是由于物体在流体中运动，或是由于流体经过物体流动）时，物体会受到阻碍相对运动的**曳力** $\vec{D}$ 的作用，曳力的方向指向流体相对物体流动的方向。

图6-6 这个滑雪者用蛋状姿势来减小她的有效横截面积，从而减小空气对她的阻力。

在这里，我们只讨论空气为流体的情形，物体的形状为粗钝的（类似于棒球）而非细尖的（像标枪），而相对运动的速度也快到足以使物体后边的空气变得紊乱（形成了许多旋涡）。在这样的情形下，曳力 $\vec{D}$ 的大小与相对速率 v 由一个经实验确定的**曳引系数** C，按下式相联系

$$D = \frac{1}{2}C\rho Av^2 \quad (6-14)$$

式中，ρ 为空气的密度（单位体积的质量）；A 为物体的**有效横截面积**（垂直于速度 $\vec{v}$ 方向的横截面积）。曳引系数 C（典型值的范围从0.4到1.0）对给定物体实际上并不真正是恒量，这是因为如果 v 变化明显，C 值也会变化。此处，我们忽略这种复杂性。

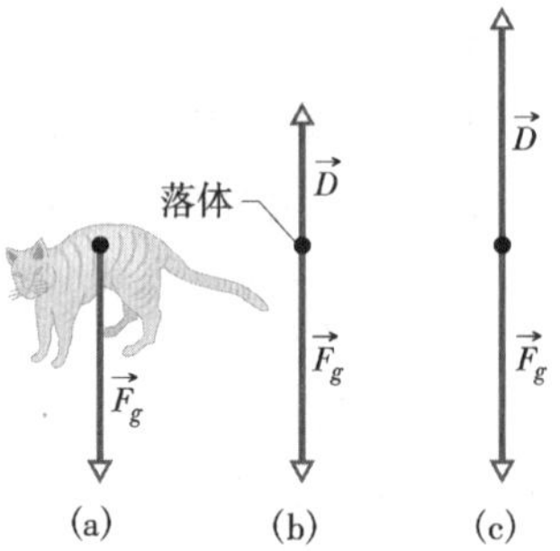

图6-7 在空中下落的物体上受的力：(a) 物体刚要开始下落。(b) 稍迟些的受力图，曳力已开始增加。(c) 曳力已增大到与物体的重力相平衡，此时物体以它的恒定的终极速率下落。

高山速降滑雪者很了解曳力是依赖于 A 与 v^2 的。滑雪者想要达到高速，必须尽可能减小 D，比如，通过以“蛋状姿势”蹬在滑板上（见图6-6）以减小 A。

当一个粗钝的物体由静止从空中落下时，曳力 $\vec{D}$ 是向上的，其大小随着物体速率的增加而从零逐渐增大。这个向上的曳力 $\vec{D}$ 反抗着向下的物体受的重力 $\vec{F}_g$。我们可写出沿竖直 y 轴方向的牛顿第二定律（$\vec{F}_{net,y} = ma_y$）将这两个力与物体的加速度联系起来

$$D - F_g = ma \quad (6-15)$$

其中 m 为物体的质量。如图6-7所示意的，如果物体下落距离足够长，D 最终会等于 F_g。由式（6-15）知，这意味着 $a=0$，也即物体的速率不再增加。于是，物体就会以恒定速率下落，

此速率称为**终极速率** v_t。

为求 v_t，可在式（6-15）中令 $a=0$，然后将式（6-14）中的 D 代入此式得到

$$\frac{1}{2}C\rho Av_t^2 - F_g = 0$$

由此可得

$$v_t = \sqrt{\frac{2F_g}{C\rho A}} \tag{6-16}$$

表 6-1 给出几种常见物体的 v_t 值。

表 6-1 几种物体在空气中的终极速率

物体	终极速率/（m/s）	95%的距离①/m	物体	终极速率/（m/s）	95%的距离①/m
子弹	145	2500	篮球	20	47
跳空员（典型的）	60	430	乒乓球	9	10
棒球	42	210	雨滴（半径=1.5mm）	7	6
网球	31	115	伞兵（典型的）	5	3

① 这是物体由静止下落后速率达到其终极速率的95%时要过的距离。

摘自于 Peter J. Brancazio，《*Sport Science*》，1984，Simon &Schuster，纽约。

根据基于式（6-14）所做的计算㊀，一只猫必须下落约六层楼，才能达到终极速率。在此之前，$F_g>D$，由于合力向下，猫加速下落。回想第2章中讲过的，人体是一种加速度计，而不是速率计。猫也对加速度敏感，它由于害怕而将它的脚紧缩在身体下面，头缩进去，脊椎骨上弓，使得 A 变小，v_t 增大，以至增大了落地时受伤的可能。

不过猫真正达到了 v_t，加速度消失了，猫会放松一些，把腿和脖子水平地伸出来，而且伸直脊椎骨（它就好似一个飞行的松鼠）。这些动作增大了面积 A，并且由式（6-14）知，也增大了曳力 D。此时，由于 $D>F_g$（合力向上），猫的下落开始减慢，直到达到一个新的、小一些的 v_t。v_t 的减慢减少了猫落地时受重伤的可能性。在就要落地前，猫看到正在移近地面，它会将腿缩回到身体下面准备落地。

图 6-8 跳空员用水平"雄鹰展翅"的姿势来增大空气阻力。

人们常从高空跳下享受跳空的乐趣。然而，在1987年4月的一次跳落过程中，跳空员 Gregory Robertson 发现同伴 Debbie Williams 由于与另一个跳空员碰撞，失去意识，未能打开她的伞。当时 Robertson 正在 Williams 的上方，在整个4km下落高度中，他还未将伞打开，于是他重新调整身体，使头向下以减小 A，并增大下降速率。当达到估计为320km/h的终极速率 v_t 时，他赶上了 Williams，接着他来了个水平的"雄鹰展翅"（见图6-8）以增大 D，从而使他能够抓住她。他打开她的伞，然后在放开她之后，又打开自己的伞，这时离撞到地上不足10s。Williams 虽由于落地前未能控制伞而受了大面积的内伤，但还是活下来了。

㊀ W. O. Whitney, C. J. Mehlhaff, "High-Rise Syndrome". *The Journal of the American Veterinary Medical Association*, 1987, Vol. 191, PP1399-1403.

例题 6-4

如果一只坠落的猫，在缩起身体时所达到的第一次终极速率为 97km/h。那么，当它接着舒展身体将 A 加倍之后，所达到的新的终极速率为何?

【解】 这里**关键点**是，由式（6-16）可知，猫的终极速率决定于它的（包括其他因素）有效横截面积 A。因此，我们可用此式得出一个速率比。令 v_{to} 和 v_{tn} 分别代表初始与新的终极速率，而 A_o 与 A_n 为最初与新的面积。于是，由式（6-16），

$$\frac{v_{tn}}{v_{to}}=\frac{\sqrt{2F_g/C\rho A_n}}{\sqrt{2F_g/C\rho A_o}}=\sqrt{\frac{A_o}{A_n}}=\sqrt{\frac{A_o}{2A_o}}=\sqrt{0.5}\approx 0.7$$

这就表示着 $v_{tn}\approx 0.7v_{to}$，或约为 68 km/h。

例题 6-5

半径为 $R=1.5\text{mm}$ 的雨点从距地面高 $h=1200\text{m}$ 的云层落下。对雨点的曳引系数 C 为 0.60。假设雨点在整个下落过程中为球型，水的密度 ρ_w 为 1000kg/m^3，而空气密度为 $\rho_a=1.2\ \text{kg/m}^3$。

(a) 问雨点的终极速率为何?

【解】 这里**关键点**是，当雨点受的重力被空气曳力平衡时，雨点达到其终极速率 v_t，而其加速度为零。因此，我们可应用牛顿第二定律及空气曳力公式来求出 v_t。但是式（6-16）已经为我们做到了这点。

为利用式（6-16），我们需知雨滴的有效横截面积 A 与重力的大小 F_g。由于雨滴是球型的，A 为与球半径相同的圆的面积（πR^2）。为求 F_g，我们用三个事实：(1) $F_g=mg$，其中 m 为雨滴的质量；(2)（球型的）雨滴的体积为 $V=\frac{4}{3}\pi R^3$；及 (3) 水滴的密度为单位体积的质量，或 $\rho_w=m/V$。于是，我们得到

$$F_g=V\rho_w g=\frac{4}{3}\pi R^3\rho_w g$$

接下来，可将此与 A 的表达式及已知数据一起代入式（6-16）中，并注意细心区分空气密度 ρ_a 与水的密度 ρ_w，得到

$$v_t=\sqrt{\frac{2F_g}{C\rho_a A}}=\sqrt{\frac{8\pi R^3\rho_w g}{3C\rho_a\pi R^2}}=\sqrt{\frac{8R\rho_w g}{3C\rho_a}}$$

$$=\sqrt{\frac{(8)(1.5\times10^{-3}\text{m})(1000\text{kg/m}^3)(9.8\text{m/s}^2)}{(3)(0.60)(1.2\text{kg/m}^3)}}$$

$$=7.4\text{m/s}\approx 27\text{km/h}\qquad\text{（答案）}$$

注意计算中并不涉及云层的高度。正如表 6-1 所显示的，雨滴只要落下几米之后就会达到终极速率。

(b) 如果没有空气曳力，雨滴就要撞击地面之前速率会是多大?

【解】 这里**关键点**是，如果没有空气曳力减小下落过程中雨滴的速率，它就会以恒定的自由下落加速度 g 下落，因此表 2-1 的匀加速度方程适用。我们已知加速度为 g，初速度 v_0 为 0，而位移 $x-x_0$ 为 h，应用式（2-16）可求出 v

$$v=\sqrt{2gh}=\sqrt{(2)\ (9.8\text{m/s}^2)\ (1200\text{m})}$$

$$=153\text{m/s}\approx 550\text{km/h}\qquad\text{（答案）}$$

对于这样的速率，在莎士比亚的笔下所描述的就不会是："它像从天空飘落的柔和细雨那样落到地面"。

检查点 3：在接近地面的位置处，较大雨点的速率会大于、小于还是等于较小雨点的速率？假设雨点均为球形，且阻力系数均相同。

6-4 匀速圆周运动

回想在 4-7 节中曾讲到，当一个物体以恒定速率 v 沿圆周（或圆弧）运动时，我们说它在作匀速圆周运动。而且，它在运动过程中具有向心加速度（方向指向圆心），大小恒定为

$$a=\frac{v^2}{R}\quad\text{（向心加速度）}\qquad(6-17)$$

其中 R 为圆的半径。

让我们来考察圆周运动的两个实例：

1. 坐车沿曲线运动。 设想你正坐在一辆以恒定高速沿平直公路开行的汽车后座中部。这

时，如果司机突然沿一圆弧绕过街角向左转去，你的身体就会在座位上向右方滑去，而且在接下来的转弯过程中，始终向右侧车壁挤靠。为什么会这样呢？

在汽车沿弧线运动的过程中，它在作匀速圆周运动。也就是说，车具有指向圆心的加速度。由牛顿第二定律知，这个加速度一定是由一个力引起的，而且这个力也一定指向圆心。因此，称该力为**向心力**，其中的形容词就是表明力的方向。在这个例子中，向心力为地面对轮胎的摩擦力；正是它使车能够转弯。

当你随车一起作匀速圆周运动时，也一定有一个向心力作用在你身上。不过，显然，座位对你的摩擦力，不会大到使你随车一起作圆周运动。因此，座位在你身下滑动直到右边车壁挤挡住你。于是，它对你的推力提供了你需要的向心力，使你参与到汽车的匀速圆周运动中。

2. 围绕地球运动。这次设想你是亚特兰蒂斯号航天飞机的乘客。在你与它一同绕地球运动时，你漂浮在机舱中，发生了什么事情呢？

你与航天飞机都在作匀速圆周运动，都具有指向圆心的加速度。再一次由牛顿第二定律知道，一定有向心力导致此加速度。这次的向心力是地球的引力（对你与飞船的拉力），沿径向向内，向内指向地心。

在汽车和飞船中你均受到向心力的作用——然而，在两种情形中，你的感觉却是完全不同的。在汽车中，挤靠在车壁上，你感觉到是车壁在推压你。而在航天飞机中，你漂浮在舱中，没有感到有任何力作用在身上。为什么会有这种的差别呢？

差别在于两种向心力的性质不同。在汽车中，向心力是对你的身体与车壁接触的部分的推力，你能感觉出那部分身体受到推压；而在航天飞机中，向心力是地球的引力，它作用在你全身的每个原子上，并没有压（或拉）你身体的任一部分，因此，你也就没有受力作用的感觉。（这种感觉也就是人们所说的“失重”中的一种，但这种说法只是一种玩笑。因为，地球对你的引力肯定并未消失，实际上，它只是比你在地面上受到的小一些而已）。

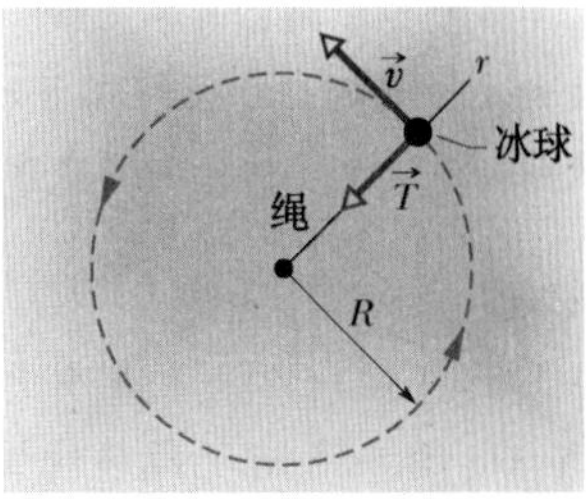

图 6-9 此俯视图中显示出一个质量为 m 的冰球，以恒定速率 v 在光滑的水平面上沿半径为 R 的圆形轨道运动。对球的向心力为绳的张力 $\vec{T}$，力的方向沿通过球的径向轴 r 向内。

另一个向心力的例子示意于图 6-9 中。一个栓在绳一端的冰球以恒定速率 v 围绕中心栓柱作圆周运动。此例中的向心力是绳对球的拉力，它沿径向向内。没有此力，球就会沿直线方向滑出，而不会作圆周运动。

还应注意到，向心力并不是一种新的力。这个名称仅表明力的方向。事实上，向心力可以是摩擦力、引力，来自于车壁或绳的力，或任何一种其他的力。对任何情形：

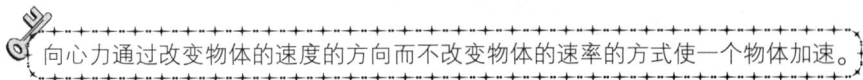

向心力通过改变物体的速度的方向而不改变物体的速率的方式使一个物体加速。

由牛顿第二定律与式（6-17）（$a=v^2/R$），我们可将向心力（或称净向心力）的大小 F 表示为

$$F = m\frac{v^2}{R} \quad （向心力的大小） \tag{6-18}$$

因为此处速率 v 为恒量，所以加速度及力的大小也都是恒量。不过，向心加速度和力的方向不是恒定的，它们不断地变化以使始终指向圆心。基于此原因，力和加速度矢量有时沿随着

物体运动的一个径向轴 r 画出，这个径向轴就像图 6－9 所示那样，总是从圆心伸延到物体。轴的正方向沿径向向外，而加速度和力矢量沿径向指向内。

例题 6－6

Igor 是一名国际空间站的宇航工程师，空间站在高 h 为 520km 的围绕地球的圆轨道上，以 $v=7.6\text{km/s}$ 的恒定速率运行。Igor 的质量 m 为 79kg。

（a）他的加速度为何？

【解】 这里**关键点**是 Igor 在作匀速圆周运动，因而具有向心加速度，其大小由式（6－17）（$a=v^2/R$）确定。Igor 运动的半径 R 为 R_E+h，其中 R_E 是地球的半径，（为 $6.37\times10^6\text{m}$，见附录 C）。由此

$$a=\frac{v^2}{R}=\frac{v^2}{R_E+h}=\frac{(7.6\times10^3\text{m/s})^2}{6.37\times10^6\text{m}+0.52\times10^6\text{m}}$$
$$=8.38\text{m/s}^2\approx8.4\text{m/s}^2 \qquad \text{（答案）}$$

这是 Igor 所在高度的自由下落加速度的量值。如果他不是被送入该处的轨道上，而是被提升到该处后释放，他就会以这个量值的加速度开始向地心下落。这两种情形的差别在于，当他绕地球运行时，总有一个“侧向”的运动：即一边下落，一边还要向侧向运动，以致结果沿环绕着地球的曲线轨道运动。

（b）地球对 Igor 有什么力作用？

【解】 这里有两个**关键点**。第一，如果 Igor 是在作匀速圆周运动，他一定会受到一个向心力；第二，地球对他的力是引力 $\vec{F}_g$，作用方向指向转动中心（地心）。根据牛顿第二定律，沿径向轴 r，引力的大小可写为

$$F_g=ma=(79\text{kg})(8.38\text{m/s}^2)$$
$$=662\text{N}\approx660\text{N} \qquad \text{（答案）}$$

假设 Igor 站到放在高 $h=520\text{km}$ 的塔顶的一台秤上，秤的读数会是 660N。而若在轨道上，秤（如果 Igor 能够“站”在上面）的读数就会是零，因为他与秤在一同自由下落，所以他的脚实际上没有踩压台秤。

例题 6－7

在 1901 年的一次马戏表演中，Allo“大胆的家伙”Diavolo 蹬车表演了沿环绕圈的绝技（图 6－10a）。设环为半径 $R=2.7\text{m}$ 的圆，要使“大胆的家伙”在环顶时能够保持与环顶接触，他在该处所需的最小速率 v 为多少？

【解】 要分析 Diavolo 的绝技需用的一个**关键点**是，把他与自行车经过环顶时的运动当做一个单个质点作的匀速圆周运动。于是，在顶部时，这个质点的加速度 $\vec{a}$ 必须具有为式（6－17）给定的大小 $a=v^2/R$，而且向下，即指向圆环的中心。

该质点在环顶时受的力，如图 6－10b 中的受力图所示。重力 $\vec{F}_g$ 沿 y 轴向下。环对质点的法向力 $\vec{N}$ 也向下。因此，牛顿第二定律的 y 轴分量式（$F_{\text{net},y}=ma_y$）给出

$$-N-F_g=m(-a)$$

由此可得

$$-N-mg=m\left(-\frac{v^2}{R}\right) \qquad (6-19)$$

另一个**关键点**是，如果质点具有保持接触所需的最小速率 v，他也就**刚刚**要失去与环的接触（脱离环掉下），这意味着 $N=0$。将此 N 值代入式（6－19），解出 v，再代入已知值可得

$$v=\sqrt{gR}=\sqrt{(9.8\text{m/s}^2)(2.7\text{m})}=5.1\text{m/s}$$

Diavolo 确定他在环顶的速率超过 5.1m/s，因此他不会脱开与环的接触从环上掉下来。注意这个速率要求与 Diavolo 及其自行车的质量无关。即使他在演出前饱餐，如大吃馅饼，他仍然只需超出 5.1m/s 即可保持与环顶接触。

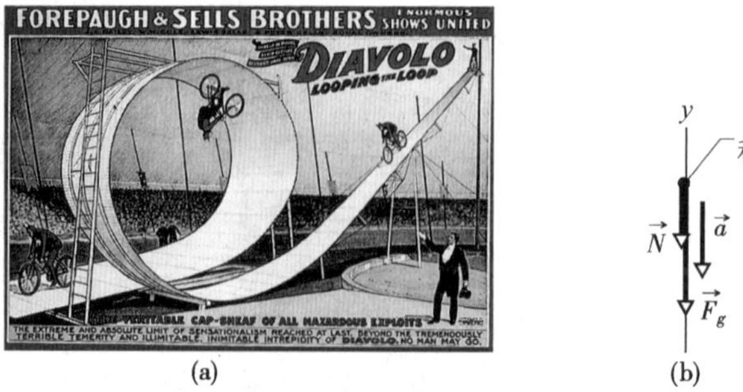

图 6－10 例题 6－7 图 （a）Diavolo 当年的广告与（b）表演者在环顶处的示力图

检查点4：当你坐在以恒定速率转动的摩天轮中，经过（a）最高点和（b）最低点时，你的加速度 $\vec{a}$ 的方向和对你的法向力 $\vec{N}$（来自总朝上的座位）各如何？

例题6-8

有些人虽说乘坐过山车挺适应，可想起乘坐转筒，脸也会变白。转筒的基本结构是一个大圆筒，可绕其中心轴高速转动（图6-11）。开始乘坐前，乘客由开在侧面的门进入圆筒，紧靠贴有帆布的墙直立站在地板上。关门后，随着圆筒开始转动，乘客、墙和地板跟着一起旋转。当乘客的速率从零逐渐增加到某一预先规定的数值后，地板突然吓人地掉下。乘客并不和地板一起掉下而是被钉在旋转的圆筒壁上，就好像一个看不见的（不很友善的）机关将身体压到壁上。其后，地板缓缓移回到乘坐者的脚下，圆筒慢下来，乘客下降几厘米再次站到地板上。（有些乘客认为所有这些都挺有趣）。

设乘客的衣服与帆布间的静摩擦系数 μ_s 是0.40，圆筒的半径是2.1m。

（a）当地板掉下时，要使乘客不致于下落，圆筒与乘客所必需的最小速率 v 是多少？

【解】 我们由一个问题开始：什么力使得乘客掉不下去，而且如何可将该力与她和圆柱的速率 v 联系起来？要回答这个问题，用如下三个**关键点**：

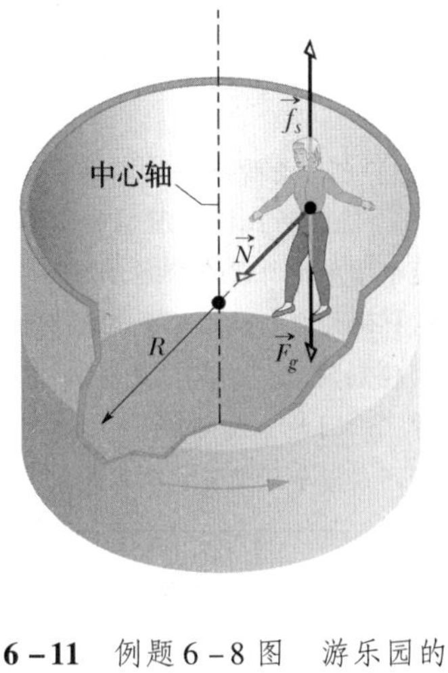

图6-11 例题6-8图 游乐园的转筒，乘客受力示于图中。向心力是墙向内推乘客的法向力。

1. 乘客受的重力 $\vec{F}_g$ 要使她从壁上滑下，但由于受到壁对她向上的摩擦力她没有动（图6-11）。

2. 如果她就要滑下，那么向上的力一定是静摩擦力 $\vec{f}_s$ 的最大值 $\mu_s N$，其中 N 为圆筒对她作用的法向力 $\vec{N}$ 的大小（图6-11）。

3. 此法向力是水平指向圆筒的中心轴并使乘客沿圆形路径以大小 $a=v^2/R$ 的向心加速度运动的向心力。

我们要求的是，对应乘客就要滑落条件的，上面这个表达式中的速率 v。先通过乘客建立一个竖直的 y 轴，向上为正方向。由**关键点**1，可对乘客应用牛顿第二定律，对 y 分量（$F_{net,y}=ma_y$）写出为

$$f_s - mg = m(0)$$

式中，m 为乘客的质量，而 mg 为 $\vec{F}_g$ 的大小。由**关键点**2，可将 f_s 的最大值 $\mu_s N$ 代入此方程，得

$$\mu_s N - mg = 0$$

或

$$N = \frac{mg}{\mu_s} \tag{6-20}$$

接着通过乘客再建一径向轴 r，向外为正方向。由**关键点**3，可写出沿该轴方向牛顿第二定律的分量式为

$$-N = m\left(-\frac{v^2}{R}\right) \tag{6-21}$$

将式（6-20）中的 N 代入可解出 v，得

$$v = \sqrt{\frac{gR}{\mu_s}} = \sqrt{\frac{(9.8\text{m/s}^2)(2.1\text{m})}{0.40}}$$

$$= 7.17\text{m/s} \approx 7.2\text{m/s} \quad \text{（答案）}$$

注意到，此结果与乘客质量无关；它对任一位乘坐转子的人，从小孩到相扑运动员都成立，这就是乘坐转筒时不必“秤重进入”的原因。

（b）如果乘客的质量是49kg，对她的向心力有多大？

【解】 依据式（6-21），

$$N = m\frac{v^2}{R} = (49\text{kg})\frac{(7.17\text{m/s})^2}{2.1\text{m}}$$

$$\approx 1200\text{N} \quad \text{（答案）}$$

虽说此力指向中心轴，乘客却强烈地感到将她钉在墙上的力是沿径向向外的。她的感觉是由于她身处非惯性系（她与转筒都在加速）的事实造成的。在这样的参照系中量度，力可以是虚幻的。这种幻觉是转筒吸引人的部分原因。

检查点5：如果转筒最初以保持乘客不掉下所需的最小速率转动，接着速率逐渐增大，如下几个量会增大、减小还是保持不变：(a) $\vec{f}_s$ 的大小；(b) $\vec{N}$ 的大小；(c) $f_{s,\max}$的值？

例题 6-9

图 6-12 a 表示一质量 $m=1600$ kg 的货车，以 $v=20$m/s 的恒定速率沿一平坦的半径 $R=190$ m 的圆轨道行驶。求车就要滑出轨道时，道路与车胎间的 μ_s 值为何？

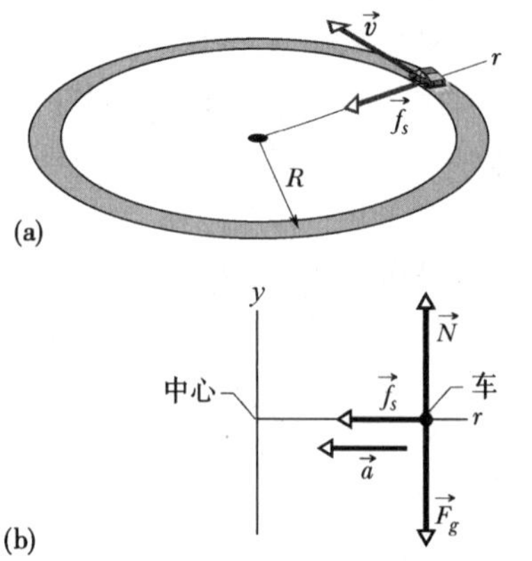

图 6-12 例题 6-9 图 (a) 一辆车围绕平坦的曲线道路以恒定速率 v 运动。摩擦力 $\vec{f}_s$ 提供沿径轴 r 所需的向心力。(b) 车在含有 r 的竖直平面内的受力图（没有标度）。

【解】 我们需将 μ_s 与车的圆周运动联系起来。可从四个**关键点**入手，它们都与作用在车上的一个力相联系：

1. 如果车沿圆形路径运动，车一定受向心力；该力一定沿水平指向圆心。

2. 作用在车上的惟一的水平力是路面对车胎的摩擦力。所以，所需的向心力是摩擦力。

3. 由于车没有滑动，此摩擦力一定是静摩擦力 $\vec{f}_s$，如图 6-12a 中所示。

4. 假如车就要滑出，摩擦力的大小 f_s 应恰为最大值 $f_{s,\max}=\mu_s N$，这的 N 是路面对车的法向力的大小。

于是，要求 μ_s，我们从对车的向心力开始。图 6-12b 为车的受力图，随着车的运动，所示径向轴 r 总是从圆心延伸到通过车身。向心力 $\vec{f}_s$ 沿该轴向内，沿轴的负方向，而车的向心加速度 $\vec{a}$（大小为 v^2/R）也沿此向。我们可用牛顿第二定律沿 r 轴的分量式（$F_{\text{net},r}=ma_r$）将此力与加速度联系起来写为

$$-f_s = m\left(-\frac{v^2}{R}\right) \qquad (6-22)$$

将 $f_{s,\max}=\mu_s N$ 代入 f_s 解 μ_s 得

$$\mu_s = \frac{mv^2}{NR} \qquad (6-23)$$

因为车在竖直方向没有加速，对车的两个竖直方向的力（见图 6-12 b）必须平衡；即，法向力的大小 N 一定等于重力的大小 mg。将 $N=mg$ 代入式（6-23）有

$$\mu_s = \frac{mv^2}{mgR} = \frac{v^2}{gR} \qquad (6-24)$$

$$= \frac{(20\text{m/s})^2}{(9.8\text{m/s})^2(190\text{m})} = 0.21 \text{（答案）}$$

这就是说，如果 $\mu_s=0.21$，此车就要滑出轨道；如果 $\mu_s>0.21$，车没有滑出的危险；而若 $\mu_s<0.21$，车肯定会滑出轨道。

式（6-24）包含着两条公路工程师可借鉴的重要经验。第一，μ_s 值（防止滑出所需的）取决于 v 的平方。当拐弯速率增加时所需的摩擦力要大得多。你或许已经注意到这样的效应，当你在平坦的路面上转弯太快时会突然感到轮胎滑动。第二，质量 m 在式（6-24）的推导中消掉了。因此，式（6-24）对任何质量的车辆，从儿童车到自行车到重型卡车都成立。

检查点6：在图 6-12 中，假设车要打滑时圆的半径为 R_1。试问：(a) 若将车的速率加倍，要保持车不打滑，圆的最小半径应为何？(b) 若也将车的质量加倍（如添加沙包），要使车不打滑，圆的最小半径又应为何？

复习和小结

摩擦 当力 $\vec{F}$ 要使一物体在一表面上滑动时，该表面会对物体加一个**摩擦力**。这个摩擦力平行于该表面且指向阻碍滑动的方向。它是由于物体与表面间的结合所产生的。

如果物体不滑动，该摩擦力是**静摩擦力** $\vec{f}_s$。而若有滑动，摩擦力就是**动摩擦力** $\vec{f}_k$。

摩擦的三种性质：

1. 如果物体未动，则静摩擦力 $\vec{f}_s$ 与 $\vec{F}$ 在平行于表面方向上的分力大小相等，且 $\vec{f}_s$ 与该分力反向。该平行分力增大，量值 $\vec{f}_s$ 也增大。

2. $\vec{f}_s$ 的大小有一最大值 $f_{s,\max}$ 给定为

$$f_{s,\max} = \mu_s N \qquad (6-1)$$

这里 μ_s 是**静摩擦系数**，而 N 是法向力的大小。如果 $\vec{F}$ 平行于表面的分力超过 $f_{s,\max}$，物体就在表面上滑动。

3. 如果物体开始在表面上滑动，摩擦力的量值迅速减小到一个恒定值 f_k 给定为

$$f_k = \mu_k N \qquad (6-2)$$

其中 μ_k 为**动摩擦系数**。

流体曳力 当空气（或某种其他流体）与一物体之间有相对运动时，物体会受到阻碍相对运动的**流体曳力** $\vec{D}$ 的作用，阻力的方向指向流体相对于物体的流动方向。$\vec{D}$ 的大小与相对速率 v 之间，由一个经实验确定的**流体曳引系数** C，依据下式联系起来

$$D = \frac{1}{2}C\rho Av^2 \qquad (6-14)$$

式中 ρ 是流体的密度（单位体积的质量）而 A 为物体的**有效横截面积**（垂直于相对速度 $\vec{v}$ 所取的横截面积）。

终极速率 当一个粗钝的物体穿过空气下落足够大的距离时，空气曳力 $\vec{D}$ 与物体受的重力 $\vec{F}_g$ 的大小会相等。于是，物体以恒定的**终极速率** v_t 下落。给定为

$$v_t = \sqrt{\frac{2F_g}{C\rho A}} \qquad (6-16)$$

匀速圆周运动 如果一个质点在半径为 R 的圆周或圆弧上以恒定速率 v 运动，就称它在作**匀速圆周运动**。这时它有一**向心加速度** $\vec{a}$，其大小为

$$a = \frac{v^2}{R} \qquad (6-17)$$

此加速度是由对质点的**净向心力**所产生，其大小给定为

$$F = \frac{mv^2}{R} \qquad (6-18)$$

式中 m 是质点的质量。矢量 $\vec{a}$ 与 $\vec{F}$ 都指向质点路径的曲率中心。

思考题

1. 在三个实验中，分别用三个不同的水平力作用在放在同一台面上的同一物体上，这三个力的大小分别为 $F_1 = 12$ N，$F_2 = 8$ N，和 $F_3 = 4$ N 。在各实验中，物体虽受力却均保持静止。按（a）台面对物体的静摩擦力的大小，（b）静摩擦力的最大值，从大到小将这三个力排序。

2. 如图 6－13a 所示，使一个 Batman 热水瓶在一长塑料盘上水平向左滑动。（a）盘对瓶的和（b）瓶对盘的动摩擦力的方向为何？（c）前者使瓶相对于地面的速率变大还是变小？在图 6－13b 中，使盘在瓶下向左滑动。现在（d）盘对瓶的和（e）瓶对盘的动摩擦力的方向为何？（f）前者使瓶相对于地面的速率变大还是变小？（g）动摩擦力总是减慢物体的运动吗？

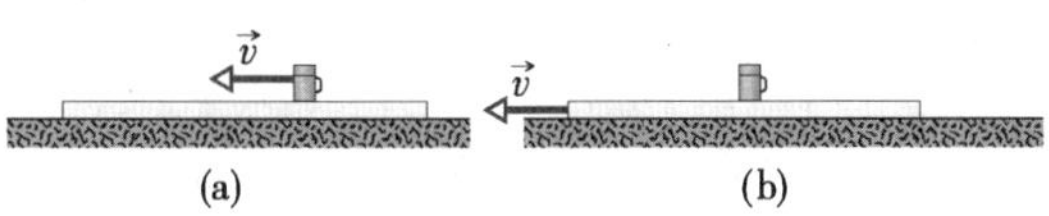

图 6－13 思考题 2 图

3. 如图 6－14 所示，大小为 10N 的水平力 $\vec{F}_1$ 作用在地面的盒子上，但盒子并未滑动。而后，随着竖直力 $\vec{F}_2$ 的大小从零开始增加，问以下各量是变大，变小还是不变：（a）对盒子的摩擦力 $\vec{f}_s$ 的大小；（b）地面对盒子的法向力 $\vec{N}$ 的大小；（c）对盒子的静摩擦力的最大值 $f_{s,\max}$？（d）这个盒子最终会滑动吗？

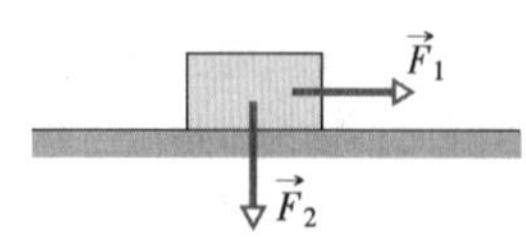

图 6－14 思考题 3 图

4. 如果用力把一个苹果箱子按在墙上，使箱子不能沿墙下滑，（a）墙对箱子的静摩擦力 $\vec{f}_s$；（b）墙对箱子的法向力 $\vec{N}$ 的方向为何？如果更加用力地按箱子，（c）f_s，（d）N，及（e）$f_{s,\max}$ 都会怎样？

5. 如图 6－15 所示，如果箱子静止而力 $\vec{F}$ 的角度 θ 增加，问：下列各量是增加，减小还是保持不

变：(a) F_x；(b) f_s；(c) N；(d) $f_{s,\max}$？(e) 若改为箱子在滑动而 θ 增加，对箱子上的摩擦力的大小是增大、减小还是不变？

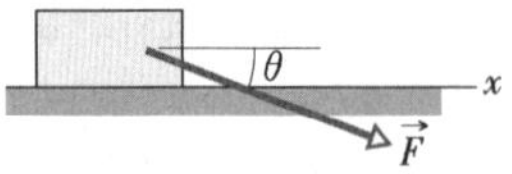

图6-15 思考题5图

6. 将问题5中的力 $\vec{F}$ 改为向上倾斜的而不是如图示向下倾斜，重新回答该问题。

7. 如图6-16所示在质量为 M 的平板上有一物块，质量为 m，一水平力 $\vec{F}$ 加在物块上，使它在平板上滑动。在物块与平板间有摩擦力（但在平板与地面间没有）。(a) 哪个质量决定物块与平板间的摩擦力的大小？(b) 在物块—平板界面上对物块的摩擦力的大小大于，小于还是等于对平板的摩擦力的大小？(c) 这两个摩擦力的方向如何？(d) 如果我们想要对平板写出牛顿第二定律，我们应用哪个质量与平板的加速度相乘？(习题27的预备题)

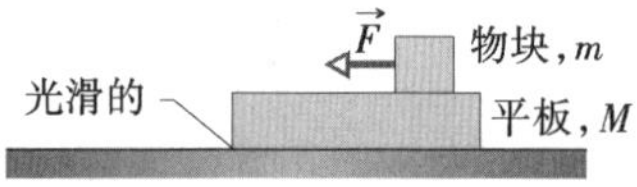

图6-16 思考题7图

8. 习题25的追问。假设图6-33中较大的木块这次是固定在它下面的平面上。而与原题相同，小木块未从大木块表面上滑下。(a) 两木块间摩擦力的大小大于，小于还是等于原题中的值？(b) 需要的水平力 $\vec{F}$ 的最小值与原题的相比是大，是小还是相等？

9. 图6-17所示，一个公园骑马项目是以恒定速度沿五个半径分别为 R_0，$2R_0$，and $3R_0$ 的圆弧行进。依据骑手行经各弧时受到的向心力的大小由大到小将5个圆弧排序。

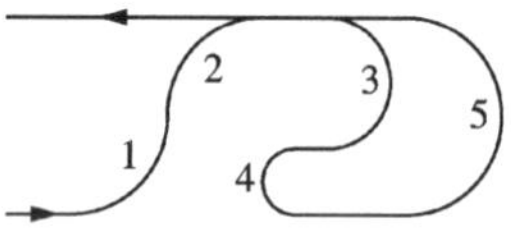

图6-17 思考题9图

10. 一人乘坐大转轮分别经过（1）最高处，(2) 最底处，及（3）中间高度处。如果大转轮以恒速转动，按（a）人的向心加速度的大小；(b) 对他的净向心力的大小；及（c）对他的法向力的大小，由大到小对这三个位置排序。

练习和习题

6-2节 摩擦力的性质

1E. 质量为45kg的卧室衣柜，包含抽屉和衣物，静置在地板上。(a) 如果衣柜与地板间的静摩擦系数是0.45，一个人至少要用多大的水平力才能推动衣柜？(b) 如果推衣柜前，先将质量为17kg的抽屉和衣物拿走，这次至少要用多大的水平力？(ssm)

2E. 特氟隆与搅拌蛋之间的静摩擦系数约是0.04。锅底相对水平面倾斜的最小角度是多少时，蛋就会在涂有特氟隆的不粘锅的平底上滑动？

3E. 一名质量 $m=79\text{kg}$ 的垒球运动员在正滑入第二垒时受到了大小为470N的摩擦力，问他与地面间的动摩擦系数 μ_k 是多少？(ssm)

4E. **奇妙的滑石**。沿着加利弗尼亚的死亡谷的偏僻的干盐湖荒漠上，有时会见到石头刮出的明显的痕迹，就像它们移动过一样（见图6-18）。多少年来，人们都奇怪为什么石头会移动。一个解释是在偶然的暴风雨中，猛烈的风将大块的石头拖过被雨水浸软的地面。当荒漠干以后，石头刮过的痕迹就地变硬了。

图6-18 练习4图

根据测量，石头与潮湿地面间的动摩擦系数是0.8。那么，一旦一阵强风拖动石头开始运动后，要使一个典型的质量为20kg的石头保持运动，所需的水平力多大？

5E. 一个人用220N的水平力，在水平地板上推一个质量为55kg的箱子。动摩擦系数为0.35。试问：(a) 摩擦力的大小为何？(b) 这个箱子的加速度的大小为何？(ssm) (ilw)

6E. 一个房屋建在山顶上，山坡的倾角接近45°(见图6－19)。工程研究表明，由于山坡上的表层土会在较下面的土层上滑下，此山坡的倾角应减小。如果山坡的土层之间静摩擦系数为0.5，为防止山土滑动，现有的山坡应去掉的最小的角度 ϕ 是多少？

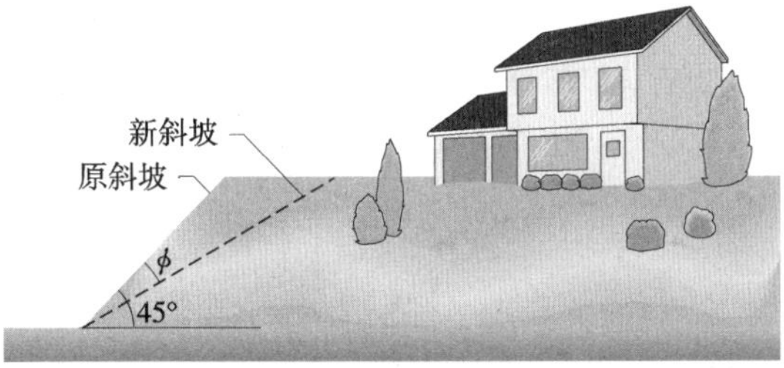

图6－19 练习6图

7E. 一个质量为110g的冰球在冰上滑过15m后，在冰面对它的摩擦力作用下停止。(a) 如果它的初速率是6.0m/s，摩擦力有多大？(b) 球与冰面间的摩擦系数是多少？(ssm)

8E. 如图6－20所示，一个质量为49kg的攀岩人爬上了两个岩石板层之间的"烟囱"。已知她的鞋与岩石之间的静摩擦系数为1.2，她的背与岩石间的静摩擦系数为0.80。她尽可能地减小身体与墙之间的压力，直到她的背和鞋刚好不会下滑。(a) 画出攀岩人的受力图。(b) 她推压岩石的力有多大？(c) 对她的脚的摩擦力支持了她身体重量的几分之几？

图6－20 练习8图

9P. 一个12N的水平力 $\vec{F}$，将一个重为5N的物块推压在竖直墙上（图6－21）。物块与墙之间的静摩擦系数为0.60，动摩擦系数为0.40。假设物块最初没有动。(a) 这个物块会动吗？(b) 用单位矢量记法表示出墙对物块的力。(ssm)(www)

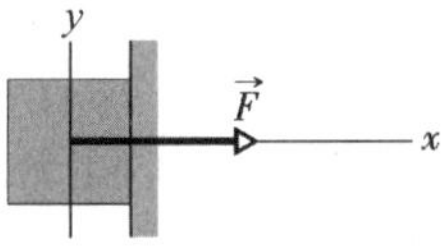

图6－21 习题9图

10P. 一个质量为2.5kg的物块最初静止于水平面上。一个6.0N的水平力和一个垂直力 $\vec{P}$ 作用于物块上，如图6－22所示。物块与平面间的摩擦系数是 $\mu_s = 0.40$ 和 $\mu_k = 0.25$。当 $\vec{P}$ 的大小分别为 (a) 8.0 N，(b) 10 N，及 (c) 12 N时，作用在物块上的摩擦力的大小和方向各为何？

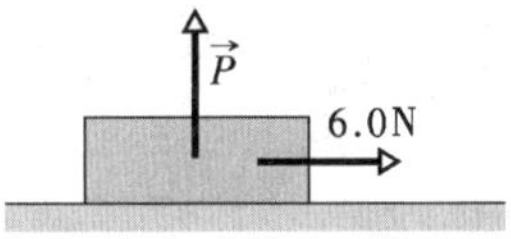

图6－22 习题10图

11P. 一个工人想把沙子在院子里的一个圆面上堆成一个锥体。假设圆面的半径为 R，而且，没有沙子散落到周围的面上（图6－23）。如果 μ_s 是沿斜坡各沙层与其下面的沙层（沿着它上层沙有可能滑动）之间的静摩擦系数，证明，这样堆起的沙堆的最大体积是 $\pi\mu_s R^3/3$.（一个锥体的体积是 $Ah/3$，其中 A 是底面积，h 是锥体的高度。）(ssm)

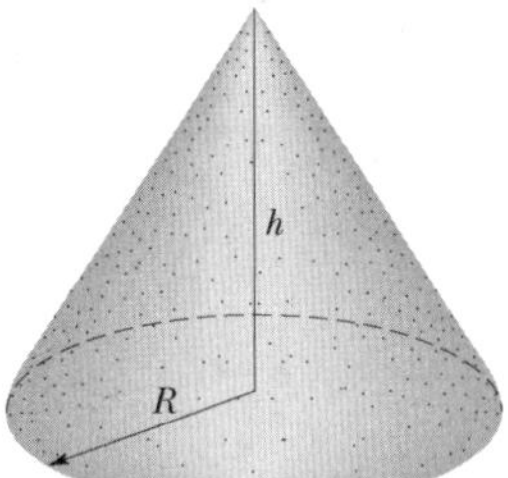

图6－23 习题11图

12P. 一个工人用110N的水平力推一质量为35kg的箱子。箱子与地板间的静摩擦系数为0.37。(a) 地面对箱子的摩擦力为何？(b) 这种情形下，静摩擦力的最大值 $f_{s,\max}$ 为何？(c) 箱子动吗？(d) 假设，又有一个工人来帮忙，他直接向上拉这个箱子，那么，要使第一个工人用110 N的推力就能使这个箱子移动，第二个工人所加的向上的拉力至少要多大？(e) 再若，第二个工人用水平拉力帮忙，使箱子移动的最小拉力为何？

13P. 用绳在地板上拉动一个68kg的箱子，绳水平向上倾斜15°。(a) 如果，静摩擦系数是0.50，使箱子移动所需的最小力多大？(b) 如果，$\mu_k = 0.35$，则箱子最初的加速度是多大？(ssm)

14P. 一个爱滑行的猪从35°的斜面滑下（图6-24），有摩擦时所用的时间是没有摩擦时的两倍，问猪与斜面间的动摩擦系数是多少？

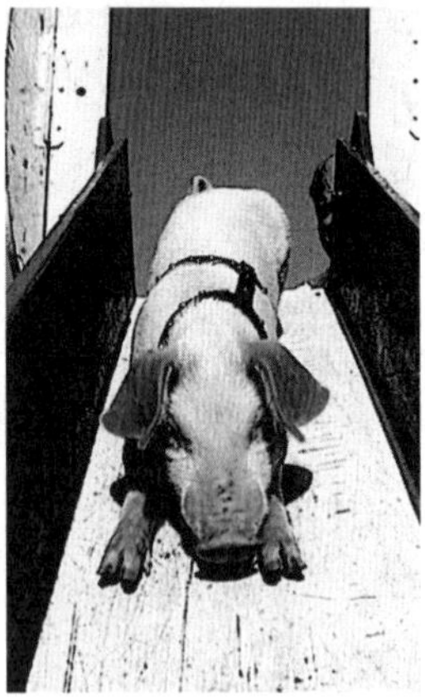

图6-24 习题14图

15P. 如图6-25所示，物块A与B的重量分别为44N和22N.（a）如果A与桌面间的μ_s是0.2，问为了防止A滑动，C的最小重量应为多少？(b) 若C突然被吊离A，而A与桌面间的μ_k是0.15，问A的加速度又为何？(ssm)

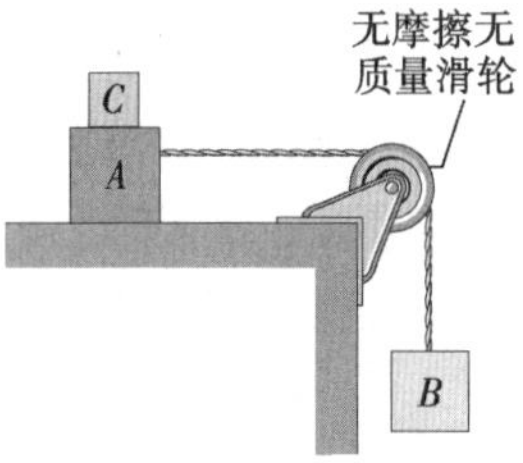

图6-25 习题15图

16P. 大小为15N，与水平方向成夹角$\theta = 40°$的力$\vec{F}$，将一个质量为3.5 kg的物块沿水平地板推动（图6-26）。物块与地板间的动摩擦系数是0.25。求(a)地板对物块的摩擦力，以及(b)物块的加速度。

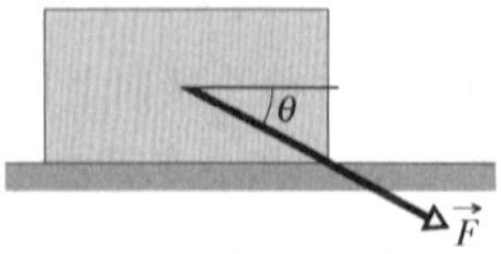

图6-26 习题16图

17P. 图6-27所示为一个在山边开出的公路的横截面。实线AA′代表一个软的层面，沿着这个层面可能产生滑动。在公路的正上方的一石块B与上面的岩石已被一大裂缝（称作节理）隔开，只靠层面间的摩擦力使它不致滑落。石块的质量是1.8×10^7 kg，层面的倾角是24°，石块与层面间的静摩擦系数是0.63。(a) 证明石块不会滑落。(b) 有水渗入节理，结冰膨胀，对石块加一个平行于AA′的作用力$\vec{F}$。问引发石块滑落的$\vec{F}$的最小值是多少？

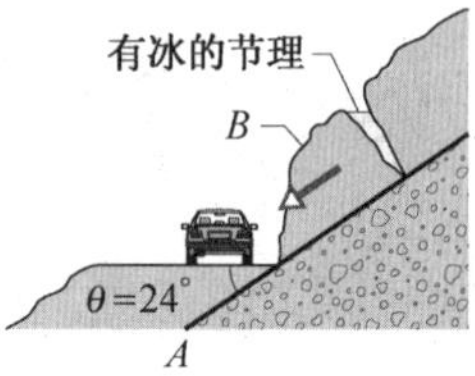

图6-27 习题17图

18P. 一个装有企鹅的箱子重80 N，静止在与水平面成20°的斜面上（图6-28）。箱子与斜面间的静摩擦系数是0.25，动摩擦系数是0.15。(a) 阻止箱子从斜面滑下的平行于斜面的力$\vec{F}$的最小值为何？(b) 使箱子开始向上运动的力的最小值F为何？(c) 使箱子以恒定速度向上运动所需的力F的值又为何？

图6-28 习题18图

19P. 图6-29中物块B重711 N。物体与桌面间的静摩擦系数是0.25；如果物体与绳结间的绳子是水平的，求使系统保持静止的物体A的最大重量。(ssm)

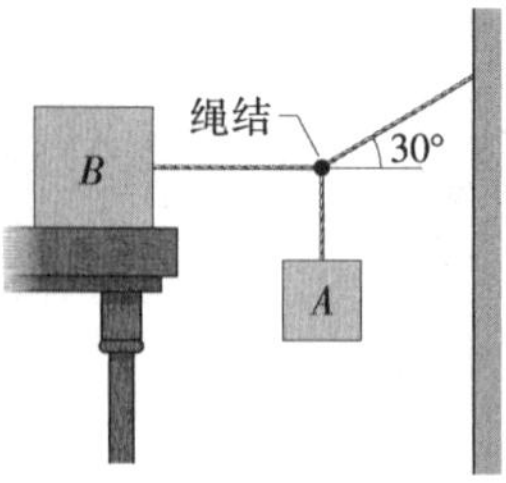

图6-29 习题19图

20P. 一个力$\vec{P}$，平行于一个从水平向上倾斜15°的斜面作用在45 N的物块上，如图6-30所示。物块与斜面间的摩擦系数$\mu_s = 0.50$及$\mu_k = 0.34$。如果物块初时静止，求当力$\vec{P}$的大小为(a) 5.0 N，(b)

8.0 N，和（c）15 N 时，对物块的摩擦力的大小和方向。

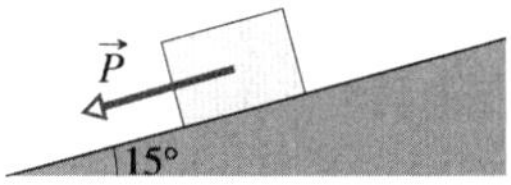

图 6－30　习题 20 图

21P. 图 6－31 中，物体 A 重 102 N，物体 B 重 32 N。物体 A 与斜面间的摩擦系数是 $\mu_s = 0.56$ 和 $\mu_k = 0.25$，角 θ 为 40°。若（a）物体 A 初时静止；（b）物体 A 初时向上运动；和（c）物体 A 初时向下运动，求物体 A 的加速度。(ssm) (www)

22P. 图 6－31 中，两个物块通过滑轮连在一起。物块 A 的质量是 10 kg，与斜面间的动摩擦系数是 0.20。斜面的角度 θ 为 30°。物块 A 以匀速滑下斜面。物块 B 的质量是多少？

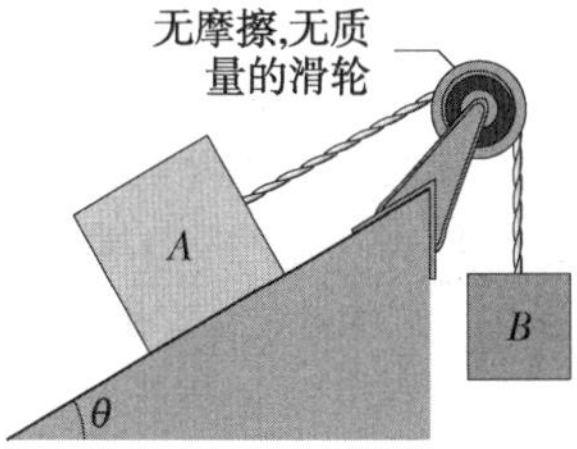

图 6－31　习题 21 和 22 图

23P. 一根轻绳将重量分别为 3.6 N 和 7.2 N 的两个物块相连，一齐滑下一个 30°的斜面。较轻物块与斜面间的动摩擦系数是 0.10；较重的物块与斜面间的动摩擦系数是 0.20。如果较轻的物块在前，求：（a）两物块的加速度和（b）绳中的张力？（c）如果相反，较重的物块在前，描述它们的运动。(ssm)

24P. 图 6－32 中，盒 C 和盒 W 在一个水平面上被作用于 C 盒上的水平力 $\vec{F}$ 加速。作用于 C 盒上的摩擦力的大小是 2.0 N，作用于 W 盒上的摩擦力的大小是 4.0 N。如果 $\vec{F}$ 的大小是 12 N，C 盒对 W 盒的力有多大？

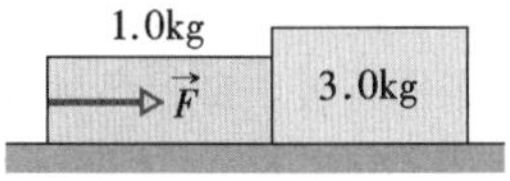

图 6－32　习题 24 图

25P. 图 6－33 中的两个物体质量分别为 $m = 16$ kg 和 $M = 88$ kg，它们并没有固定在一起。两物体间的静摩擦系数是 $\mu_s = 0.38$，但大的物体的底面无摩擦。为保持小物体不从大物体上滑落，所需的水平力 $\vec{F}$ 的大小的最小值为何？（见思考题 8 的进一步探讨。）(ilw)

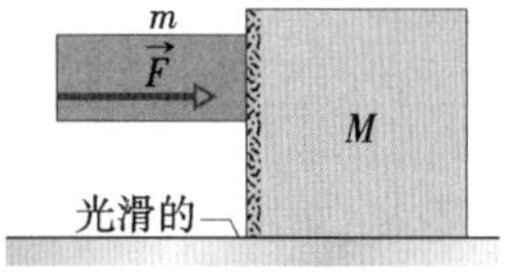

图 6－33　习题 25 图

26P. 图 6－34 中，一盒蚂蚁婶婶（总质量 $m_2 = 1.65$ kg）和一盒蚂蚁叔叔（总质量 $m_2 = 3.30$ kg）被一根平行于斜面的无质量的杆连在一起滑下斜面。斜面的角度 $\theta = 30°$。婶婶盒与斜面间的动摩擦系数 $\mu_1 = 0.226$；叔叔盒与斜面间的动摩擦系数 $\mu_2 = 0.113$。计算：（a）杆中的张力，和（b）两盒共同的加速度。（c）如果叔叔盒在婶婶盒的后面，（a）和（b）的答案会怎样？

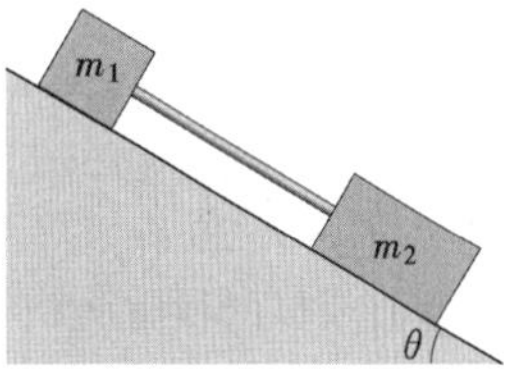

图 6－34　习题 26 图

27P. 一块 40 kg 的板静置于光滑地面上。一个 10 kg 的物块静置在板的上面（图 6－35）。物块与板之间的静摩擦系数 μ_s 是 0.60，它们间的动摩擦系数 μ_k 是 0.40。用一个大小为 100 N 的水平力拉 10 kg 的物块，所导致的（a）物块和（b）板的加速度各为何？(ssm) (www)

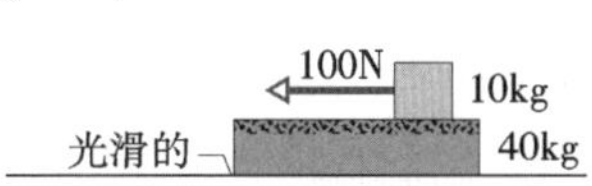

图 6－35　习题 27 图

28P. 一个火车头拉一列 25 节车厢的列车沿水平轨道加速。每节车厢的质量是 5.0×10^4 kg，且受着摩擦力 $f = 250v$，其中速率 v 如以 m/s 为单位，力 f 以 N 为单位。当列车的速率为 30 km/h 时，它的加速度是 0.20 m/s^2。求：（a）第一节车厢与火车头间的挂钩中的张力是多少？（b）如果这个张力就是火车头能够加到列车上的最大力，则火车头能拉此列车以 30 km/h 驶上的最陡的坡度有多大？

29P. 图 6－36 中，一个箱子滑下一个直角的输送槽。箱子与输送槽间的动摩擦系数为 μ_k，用 μ_k，θ，和 g 表示箱子的加速度。(ssm)

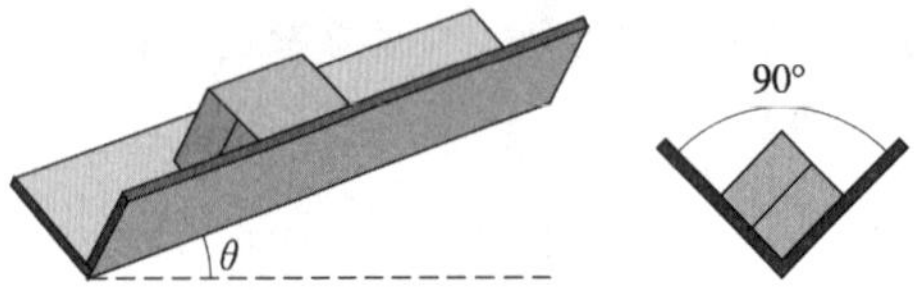

图6－36　习题29图

30P. 用缆绳在地面上拉一个初时静止的沙箱，缆绳的张力不能超过1100 N。沙箱与地面间的静摩擦系数是0.35。(a) 若打算拉动最大量的沙，缆绳与地面的夹角应为多少？(b) 此时可拉动的沙与箱的重量共是多少？

31P. 一条1000 kg的船在发动机关闭时正以90 km/h的速率航行。船与水间的摩擦力$\vec{f}_k$的大小与船的速率成正比：$f_k = 70v$，式中v的单位是m/s，f_k的单位是N。求船减速到45 km/h所需的时间。(ssm)

6－3节　流体曳力与终极速率

32E. 练习4的后续问题　首先重读一下对风如何拖动荒漠中的沙石的解释。现在假定式（6－14）给出了空气对典型的一块20 kg的石头的曳力的大小，它表示的是垂直于风的横截面积为0.040 m^2和流体曳引系数C为0.80。令空气的密度为1.21 kg/m^3，动摩擦系数为0.80。(a) 以km/h为单位，沿地面的风速v为多大时，才能使动起来的石头保持运动？因为沿地面的风被地面阻挡而减速，报告的风暴中风的速率通常是在离地面10 m的高度测量的。假如报告的风速是它沿地面的2.00倍，(b) 按照你对问题(a)的答案，报告的风速会是多少？对风暴中的高速风来说，这样的数值是否合理？(在习题51中故事继续。)

33E. 计算对一枚直径为53 cm的导弹的曳力。该导弹正在低空以速率250 m/s巡航，那里的空气密度是1.2 kg/m^3。假定$C = 0.75$。(ssm)

34E. 跳空运动员以雄鹰展翅姿势下降时的终极速率可达160 km/h，而头朝下下降时的终极速率是310 km/h。假如跳空员的曳引系数C与姿势的变换无关，求慢速和快速两种姿势的有效横截面积A的比。

35P. 计算作用于两架飞机的曳力的比。一架为喷气式客机，在10 km的高度以1000 km/h飞行；另一架为螺旋桨运输机，以喷气机的一半速率和一半高度飞行。在10 km高度的空气密度是0.38 kg/m^3，5.0 km高度的空气密度是0.67 kg/m^3。假定两飞机有相同的有效横截面积和曳引系数C。

6－4节　匀速圆周运动

36E. 在奥林匹克大雪橇竞赛上，牙买加队以96.6 km/h的速率沿半径为7.6 m的圆周转了一圈。以g为单位，他们的加速度是多少？

37E. 假如在Grand Prix车赛过程中路面和一级方程式赛车的轮胎间的静摩擦系数为0.6。汽车在半径为30.5 m的水平弯道上就要滑动的速率是多少？(ssm)

38E. 一辆过山车满载乘客时质量为1200 kg。当行经一座半径为18 m的圆弧形山顶时，它的速率不发生变化。如果车在山顶时的速率分别为(a) 11 m/s，和(b) 14 m/s，轨道对车的力的大小和方向如何？

39P. 一运动员在平弯道上骑自行车，如果她的速率为29 km/h，车道与车胎之间的静摩擦系数是0.32，问其最小转弯半径是多少？(ilw)

40P. 游乐场中，在一根坚硬的杆一端的乘人小车可在半径为10 m的垂直面内作圆周运动，车与乘客的总重量是5.0 kN，刚性杆的质量不计。如果小车的速率分别为(a) 5.0 m/s，和(b) 12 m/s，问小车经过圆周的最高点时，刚性杆对车的力的大小和方向如何？

41P. 一个质量为m的冰球在一光滑桌面上滑动，冰球通过桌面上的孔用绳子连在一个质量为M的圆柱体上（图6－37）。如保持圆柱体静止，冰球的速率是多少？(ssm)

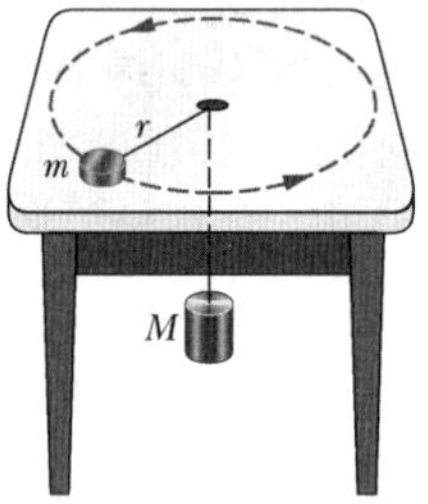

图6－37　习题41图

42P. 一人骑自行车以9.00 m/s的恒定速率沿半径为25.0 m的圆周行进。自行车与骑车人的总质量是85.0 kg。计算(a) 路面对自行车的摩擦力和(b) 路面对自行车的合力的大小？

43P. 一名重667 N的学生朝上坐在一个稳定转动的摩天轮上。在最高点，座椅对学生的正压力$\vec{N}$的大小为556 N。(a) 学生在那感觉是“轻了”还是“重了”？(b) 在最低点时，$\vec{N}$有多大？(c) 如果转

轮的转速加倍，在最高时 $\vec{N}$ 的大小又为何？（ssm）（ilw）（www）

44P. 一辆旧的公共汽车以 16 km/h 的速率转过半径为 9.1 m 的弯。车内自由悬挂的皮拉手带与竖直方向的夹角多大？

45P. 一架飞机以 480 km/h 的速率在水平面内绕圆周飞行。如果机翼与水平面成 40°倾角，问飞机盘旋的半径是多少？（见图 6－38。）假定所需的力全部来自于与机翼表面垂直的"空气动力升力"。（ssm）

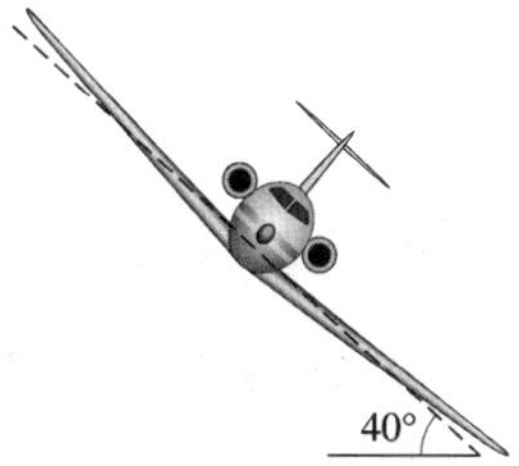

图 6－38　习题 45 图

46P. 一辆高速火车以恒速在一个半径为 470 m 的，平坦的水平圆周上运行。列车作用在一名 51.0kg 的乘客身上的力的水平和竖直分量分别为 210 N 和 500 N。（a）作用在乘客身上的（所有力的）合力有多大？（b）火车的速率为何？

47P. 如图 6－39 所示，一个 1.34 kg 的球被两根轻绳连在一个竖直的转动着的杆上。绳子系在杆上并且绷紧了。已知上边的绳中的张力是 35 N。（a）画出球的受力图。（b）下边绳中的张力，（c）对球的净力和（d）球的速率为何？（ssm）（ilw）

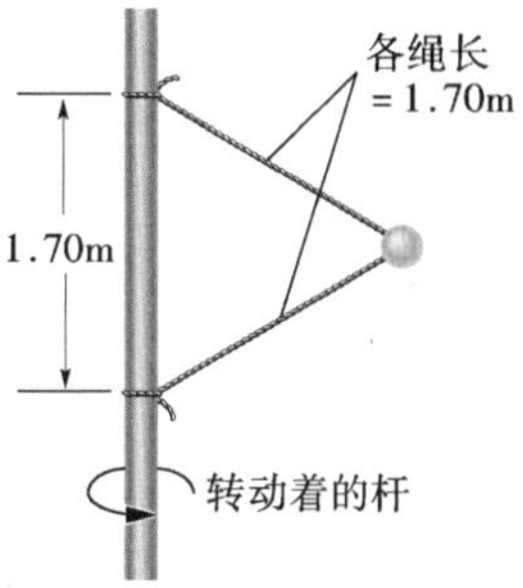

图 6－39　习题 47 图

附加题

48P. 习题 4 和 32 的后续题。另一个解释是，石头的移动只有在暴风雨期间倾泻在荒漠上的雨水冻结成大薄片时才会发生。石头陷入薄片内。有大风时，空气流过薄片，作用在薄片和石头上的空气曳力带动它们移动，使石头在地面上刮出痕迹。空气对这样的水平"冰帆"的曳力的大小由式 $D_{ice} = 4C_{ice}\rho A_{ice}v^2$ 给定，其中 C_{ice} 为曳引系数（约 2.0×10^{-3}），ρ 是空气密度（1.21kg/m^3），A_{ice} 是冰面的水平面积，v 为沿冰面的风速。

假定以下数据：冰面的大小为 400 m × 500 m × 4.0 mm，与地面的动摩擦系数是 0.10，密度是 917 kg/m^3。假如有与习题 4 中所述全同的 100 块石头陷在冰内。为使冰帆持续运动，（a）贴近冰面和（b）10 m 高处所需的风速为何？（c）对风暴中的高速风，这些值是否合理？

第 7 章　动能和功

在 1996 年奥林匹克举重比赛上，Andrey Chemerkin 破记录地把 260.0kg 从地面举到自己的头顶上约 2m。1957 年 Paul Anderson 俯身在一个加固的木制平台下面，将他的手放在一个矮凳上以支撑自己，然后用他的后背向上顶，将平台和其上的负载举高了约 1cm。平台上放着汽车部件和一个充填着铅的保险柜；负载总重 27900N（6270lb）！

谁对各自举起的重物做功更多——Chemerkin 还是 Anderson？

答案在本章中。

7－1 能量

牛顿运动定律使我们可以分析许多**类型**的运动。由于我们根本不知道的有关该运动的详情，所以这种分析常是复杂的下面就是一个例子：击出一个冰球使之沿一条倾斜的光滑轨道滑动，轨道包含有几处不同形状的上升和下降（小山与谷）。冰球的初速率为 4.0m/s，最初的高度是 0.46 m。应用牛顿第二定律，你能推算出冰球到达高度为零的轨道尽头时的速率么？不能，不知道整个轨道上斜度变化的详情是不可能的，而那样计算可能是非常复杂的。

很久以前，科学家和工程师们开始逐渐意识到有另外一种方法，有时用来分析运动更为得力。而且，这种得力的方法可以而且最后真地推广到了其他一些并不涉及运动的情况，如化学反应，地质进程以及生物作用。这另外的方法涉及**能量**，它以很多种形式（或类型）出现。实际上，**能量**一词涵盖范围是如此地广泛，以至于很难给它写出一个清晰的定义。从操作上说，能量是一个标量，它和一个或多个物体的状态（或条件）相联系。不过，这个定义太含糊，现在对我们没有什么帮助。

一个不很严格的定义或许至少可以使我们起步。能量是我们用来与一个或多个物体的系统相联系的一个数。如果一个力使物体系中的某一物体发生变化，比如说，使它运动，则这个数就会改变。经过无数的实验，科学家和工程师们意识到，如果我们精心设计出一个指定这些数的方案，那么，就可以用这些数来预言实验的结果（例如，可使我们容易地求出前面例子中冰球的速率）。不过，要想学会应用这种指定数的方案并不容易，而且方案也并不显而易见。因此，本章中我们仅集中讨论能量的一种形式——动能。其他种形式的能量将会出现在本书各处以及你们今后的科学或工程活动中。

动能 K 是一种与物体的**运动状态**相联系的能量。物体运动得越快，它的动能就越大。当物体静止时，其动能为零。

对一个质量为 m，其速率 v 远低于光速的物体，我们定义它的动能为

$$K = \frac{1}{2}mv^2 \quad (\text{动能}) \tag{7-1}$$

比如，一只 3.0kg 的野鸭，以 2.0 m/s 的速率飞过我们，它就具有 $6.0\text{kg}\cdot\text{m}^2/\text{s}^2$ 的动能；也就是说，我们将此数与野鸭的运动相联系。

动能（以及所有其他形式的能量）的 SI 单位是**焦［耳］（J）**，这是为纪念 19 世纪英国科学家焦耳而命名的。它是用质量和速度的单位直接由式（7－1）定义的

$$1\text{J} = 1\text{kg}\cdot\text{m}^2/\text{s}^2 \tag{7-2}$$

因此，飞行的野鸭具有 6.0 J 的动能。

例题 7－1

1896 年，在德克萨斯州 Waco 市，威廉"Katy"的铁路上，在一段 6.4km 的轨道两端停放着两辆机车，把它们开动起来，呜呜叫着，接着在 3 万名观众面前全速迎头相撞（图 7－1）。上百名观众被飞出的碎片击伤，有几人当场毙命。设每辆机车重 1.2×10^6N，沿铁轨行驶的加速度为定值 0.26m/s^2，求两机车在刚要相撞前的总动能为何？

【解】 这里**关键点**是可用式（7－1）求出每辆机车的动能，但这就意味着需知每辆机车在刚要相撞前的速率和它的质量。第二个**关键点**是，因为可假设每辆机车具有恒定的加速，因此可利用表 2－1 中的方程求出在刚要碰撞前的速率 v。由于已知除 v 以外所有变量的值，就选用式（2－16）

代入 $v=0$ 和 $x-x_0=3.2\times10^3\text{m}$（最初距离的一半），得

$$v^2=0+2(0.26\text{m/s}^2)(3.2\times10^3\text{m})$$

或

$$v=40.8\text{m/s}$$

（约 150km/h）

第三个**关键点**是我们可由重量除以 g 求出每辆机车的质量

$$m=\frac{1.2\times10^6\text{N}}{9.8\text{m/s}^2}=1.22\times10^5\text{kg}$$

现在，用式（7-1），求出两机车在刚要相撞前的总动能为

$$K=2\left(\frac{1}{2}mv^2\right)=(1.22\times10^5\text{kg})(40.8\text{m/s})^2$$
$$=2.0\times10^8\text{ J} \qquad \text{（答案）}$$

坐在靠近这一碰撞的地方就像坐在爆炸的炸弹旁一样。

图 7-1　例题 7-1 图　1896 年两机车相撞的后果。$v^2=v_0^2+2a(x-x_0)$

7-2　功

如果你对一个物体上加一个力使它加速到较高的速率，就增大了它的动能 $K(=\frac{1}{2}mv^2)$。同理，如果你加的力使物体的速率减小，就减小了它的动能。我们用一种说法来解释这些动能的变化，那么，你加的力使能量从你自身**传递给**物体，或**从**物体**传递给**你自身。

在这种通过力的能量传递的过程中，我们说**力**对物体做了功 W。更正式地，如下定义功：

> 功 W 是用对物体施力的方法传给物体或由物体传出的能量。传给物体的能量是正功，而由物体传出能量是负功。

因而，“功”是传递的能量；“做功”是传递能量的行为。功和能的单位相同而且是一个标量。

传递一词可能被误解。它并不意味着某种物质流入或流出物体；也就是说，这种传递不像水流，它倒是像两个银行账户之间钱的电子转账：一个账户上的钱数增加的同时，另一个账户的钱数减少，两账户间没有任何物体传递。

注意到这里我们并没有涉及“功”这个词的通常含义，即使任一种体力或脑力劳动。例如，当你用力推墙时，由于需要不断重复肌肉的收缩，你累了，而且在一般意义上，你是工作了。然而，这样的努力没有使能量传入或由墙传出，因此，按这里的功的定义，你没有对墙做功。

在本章中为防止混淆，只对功用符号 W 表示功，而将重量用其等价的 mg 表示。

7-3　功与动能

求功的表达式

让我们通过考察一个能沿光滑金属线滑动的珠子来求功的表达式。该金属线沿水平 x 轴拉

紧（见图7-2）。与金属线的夹角为 ϕ 的一个恒力 $\vec{F}$ 使珠子沿线加速。我们可利用牛顿第二定律将力与加速度联系起来，写出沿 x 轴的分量式

$$F_x = ma_x \tag{7-3}$$

式中 m 为珠子的质量。随着珠子通过位移 $\vec{d}$，该力使珠子的速度由初值 $\vec{v}_0$ 改变到另一值 $\vec{v}$。因为力是恒定的，所以加速度也是恒定的。于是，我们可应用式（2-16）（第2章的恒定加速基本方程中的一个），对沿 x 轴的分量写出

$$v^2 = v_0^2 + 2a_x d \tag{7-4}$$

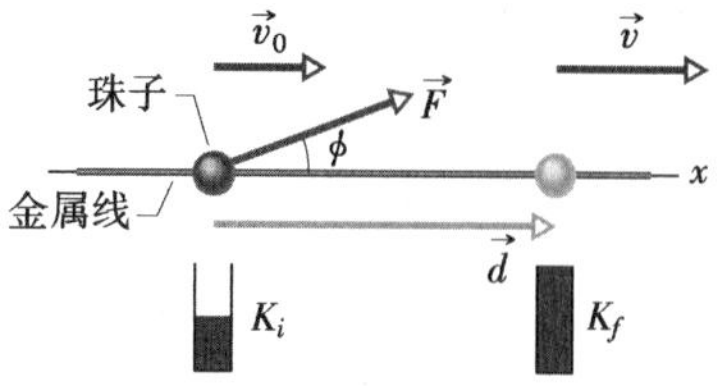

图7-2 与穿在金属线上的珠子的位移 $\vec{d}$ 成夹角 ϕ 的恒力 $\vec{F}$ 使珠子沿线加速，将其速度由 $\vec{v}_0$ 改变为 $\vec{v}$。一个“动能规”指出所导致的珠子的动能由值 K_i 至 K_f 的变化。

由此式解出 a_x，代入式（7-3），再重新整理可得

$$\frac{1}{2}mv^2 - \frac{1}{2}mv_0^2 = F_x d \tag{7-5}$$

此式左边的第一项是珠子在位移 d 末端的动能 K_f，第二项是珠子在位移始端的动能 K_i。因此，式（7-5）的左端表明力已使动能改变，而右端表明这改变等于 $F_x d$。所以，力对珠子做功 W（力导致的能量传递）为

$$W = F_x d \tag{7-6}$$

如果我们知道 F_x 和 d 的值，就可用此式计算力对珠子所做的功 W。

> 要计算在某一位移过程中一个力对一个物体所做的功，只用力沿物体的位移方向的分力。垂直于位移方向的分力做零功。

由图7-2可见，可以将 F_x 写作 $F\cos\phi$，其中 ϕ 为位移 $\vec{d}$ 与力 $\vec{F}$ 的方向之间的夹角。还可以将式（7-6）改写为一个更普遍的形式

$$W = Fd\cos\phi \quad \text{（恒力做的功）} \tag{7-7}$$

当我们已知 F、d 和 ϕ 的值时，用此式计算功。因为此式右边等价于标量积（或点积）$\vec{F}\cdot\vec{d}$，也可以写

$$W = \vec{F}\cdot\vec{d} \quad \text{（恒力做的功）} \tag{7-8}$$

（你也许想要复习3-7节中的标量积的讨论。）当 $\vec{F}$ 与 $\vec{d}$ 以单位矢量表示给定时，式（7-8）对计算功特别有用。

小心：在用式（7-6）至式（7-8）计算力对物体做的功时有两个限制。第一，力必须是**恒力**；即在物体移动时，力的大小和方向必须都不改变。（后面我们将讨论大小改变的变力做功问题。）第二，物体必须是**类**质点的。这就是说物体必须是**刚性**的；物体的所有部分必须沿相同方向一起运动。在本章中，我们只讨论类质点物体，就像图7-3所示的被推着的床与床上物那样。

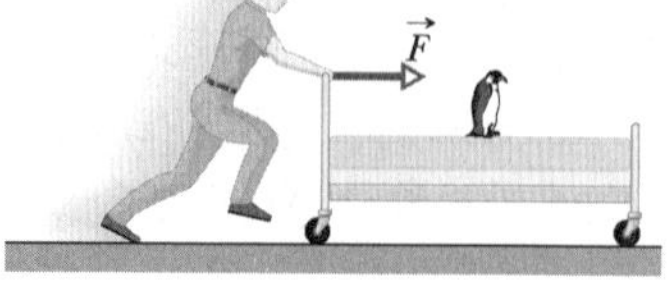

图7-3 推床竞赛者。可将床和它的乘客近似为一个质点来计算学生对它们所加的力做的功。

功的符号 一个力对物体做的功可以是正的功也可以是负的功。例如，若式（7-7）中的夹角 ϕ 小于90°，则 $\cos\phi$ 是正的，

因而功是正的；如果 ϕ 大于90°（直至180°），则 $\cos\phi$ 是负的，因而功是负的（你能看出 $\phi=90°$ 时功是零吗?）。这些结果导致一个简单的规则。想确定一个力做的功的符号，就考察该力沿位移的矢量分量：

> 当一个力有与位移方向一致的矢量分量时，该力做正功，当它有相反方向的矢量分量时，它做负功。当它没有这样的矢量分量时它做零功。

功的单位 功的SI单位为焦，与动能的单位一样。不过，由式（7－6）和式（7－7），我们可看到一个等价单位为牛·米（N·m）。在英制中，功的相应单位是英尺·磅力（ft·lbf）。由式（7－2）可得

$$1\mathrm{J}=\mathrm{kg}\cdot\mathrm{m}^2/\mathrm{s}^2=1\mathrm{N}\cdot\mathrm{m}=0.738\mathrm{ft}\cdot\mathrm{lbf} \tag{7-9}$$

几个力做的净功 当两个或多个力作用在一个物体上时，对物体的**净功**是各单个力做的功的总和。我们可用两种方法计算净功：（1）先求每个力做的功，再将这些功求和；（2）另一种，先将这些力的合力 $\vec{F}_{net}$ 求出。然后，可利用式（7－7），将 F_{net} 的大小代入 F，$\vec{F}_{net}$ 与位移方向之间的夹角代入 ϕ；或用式（7－8）将 $\vec{F}_{net}$ 代入 $\vec{F}$ 亦可。

功－动能定理

式（7－5）将珠子的动能变化（由初始的 $K_i=\frac{1}{2}mv_0^2$ 至后来的 $K_f=\frac{1}{2}mv^2$）与对珠子所做的功 $W(=F_xd)$ 联系起来了。对这样的类质点物体，我们可将该式推广。令 ΔK 为物体动能的变化，W 为对它做的净功，这样就可以写

$$\Delta K=K_f-K_i=W \tag{7-10}$$

这表示

（质点动能的变化）＝（对质点做的净功）

还可写作

$$K_f=K_i+W \tag{7-11}$$

它表示

（被做净功后的动能）＝（被做净功前的动能）＋（被做的净功）

这些表述按惯例称为对质点的**功－动能定理**。它们对正功和负功均成立：如果对质点所做净功为正，质点的动能增加这个功的量；如果所做净功为负，质点的动能减少这个功的量。

举例来说，如果初动能为5J且有2J的净能传给质点（正净功），则末动能为7J。反过来，如果由质点传出2J的净能量（负净功），则末动能为3J。

检查点1：一个质点沿 x 轴运动，当质点的速度变化分别为：(a) 由 $-3\mathrm{m/s}$ 到 $-2\mathrm{m/s}$，和 (b) 由 $-2\mathrm{m/s}$ 到 $2\mathrm{m/s}$ 时，质点的动能是增加、减少还是保持不变？(c) 在每种情形下，对质点做的功是正的、负的还是零？

例题 7-2

图 7-4a 示出了，两个公司雇佣的探员将一个 225kg 的落地保险柜由静止沿直线推向他们的货车，滑动过的位移 $\vec{d}$ 的大小为 8.50 m。探员 001 的推力 $\vec{F}_1$ 为 12.0N，沿水平向下 30°；探员 002 的推力 $\vec{F}_2$ 为 10.0 N，沿水平向上 40°。在保险柜移动时，这些力的大小和方向都不改变，且地板与保险柜之间无摩擦。

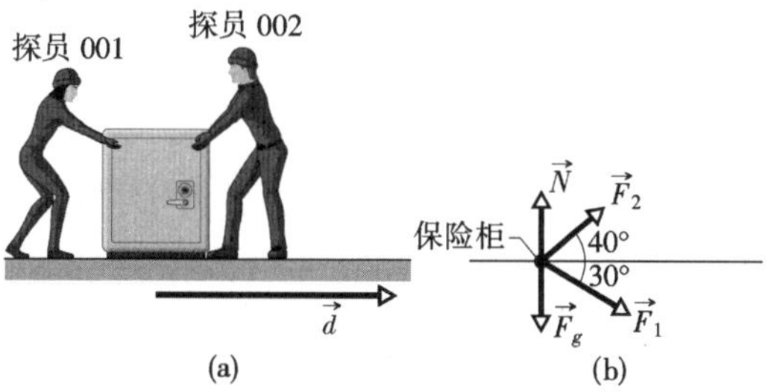

图 7-4 例题 7-2 图 (a) 两探员将一落地保险柜移过位移 $\vec{d}$。(b) 保险柜的受力图。

(a) 在位移 $\vec{d}$ 的过程中，力 $\vec{F}_1$ 和 $\vec{F}_2$ 对保险柜做的净功为何？

【解】 这里我们用两个**关键点**。第一，两个力对保险柜做的净功 W 是他们单独做功之总和。第二，因为我们可将保险柜视作质点，且力的大小和方向都恒定不变，所以可用式（7-7）($W = Fd\cos\phi$) 或式（7-8）($W = \vec{F}\cdot\vec{d}$) 计算他们做的功。由于我们已知这些力的大小和方向，因而选用式（7-7）。由它和图 7-4b 中的保险柜的受力图，$\vec{F}_1$ 做的功为

$$W_1 = F_1 d\cos\phi_1 = 12.0\text{N} \times 8.50\text{m} \times \cos30° = 88.33\text{J}$$

$\vec{F}_2$ 做的功为

$$W_2 = F_2 d\cos\phi_2 = 10.0\text{N} \times 8.50\text{m} \times \cos40° = 65.11\text{J}$$

于是，净功 W 为

$$W = W_1 + W_2 = 88.33\text{J} + 65.11\text{J} = 153.4\text{J} \approx 153\text{J} \quad \text{（答案）}$$

因此，在 8.50m 的位移过程中，探员将 153J 的能量传给保险柜作为它的动能。

(b) 在这段位移中，重力 $\vec{F}_g$ 对保险柜做的功 W_g 与地面的法向力 $\vec{N}$ 对保险柜做的功 W_N 各是多少？

【解】 这里**关键点**是，因为这两个力的大小和方向都恒定不变，可用式（7-7）求它们做的功。所以，将 mg 作为重力的大小，有

$$W_g = mgd\cos90° = mgd(0) = 0 \quad \text{（答案）}$$

和

$$W_N = Nd\cos90° = Nd(0) = 0 \quad \text{（答案）}$$

我们应该已知这个结果，因为这两个力与保险柜的位移相垂直，它们对保险柜做零功，因而没有任何能量传入它或由它传出。

(c) 保险柜最初静止，它在 8.50m 位移末端的速率 v_f 是多少？

【解】 这里**关键点**是，因为当 $\vec{F}_1$ 和 $\vec{F}_2$ 将能量传给保险柜时，它的动能会改变，它的速率也会改变。结合式（7-10）和式（7-1）把速率与做的功联系起来：

$$W = K_f - K_i = \frac{1}{2}mv_f^2 - \frac{1}{2}mv_i^2$$

初速率 v_i 为零，而且现在知道做的功为 153.4J，对上式解出 v_f，然后代入已知数据，可得

$$v_f = \sqrt{\frac{2W}{m}} = \sqrt{\frac{2(153.4\text{J})}{225\text{kg}}} = 1.17\text{m/s} \quad \text{（答案）}$$

例题 7-3

在一次风暴中，一只装有皱布的板条箱在光滑、有一层油的停车场上，在一阵稳定的风以 $\vec{F} = (2.0\ \text{N})\vec{i} + (-6.0\ \text{N})\vec{j}$ 的力推动下滑过了位移 $\vec{d} = (-3.0\ \text{m})\vec{i}$。当时的情形和坐标轴如图 7-5 所示。

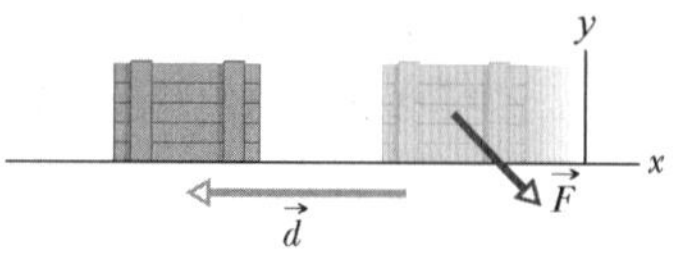

图 7-5 例题 7-3 图 在位移 $\vec{d}$ 期间，恒力 $\vec{F}$ 使板条箱减速。

物理学基础

(a) 这段位移期间，风力对板条箱所做的功是多少?

【解】 这里**关键点**是，因为我们可将板条箱视作一个质点，且因风力在这段位移中大小和方向都恒定（“稳定”），可用式（7-7）($W=Fd\cos\phi$) 或式（7-8）($W=\vec{F}\cdot\vec{d}$) 来计算功。由于已知 $\vec{F}$ 和 $\vec{d}$ 的单位矢量表示式，选用式（7-8），写为

$$W=\vec{F}\cdot\vec{d}=[(2.0\text{N})\vec{i}+(-6.0\text{N})\vec{j}]\cdot[(-3.0\text{m})\vec{i}]$$

可能的单位矢量点积中只有 $\vec{i}\cdot\vec{i}$，$\vec{j}\cdot\vec{j}$ 和 $\vec{k}\cdot\vec{k}$ 不是零（见附录E）。此处可得

$$W=(2.0\text{N})(-3.0\text{m})\vec{i}\cdot\vec{i}+(-6.0\text{N})(-3.0\text{m})\vec{j}\cdot\vec{i}$$
$$=(-6.0\text{J})(1)+0=-6.0\text{J} \quad (\text{答案})$$

因而，风力对板条箱做负功 6.0 J，由板条箱的动能中传出 6.0 J 的能量。

(b) 若板条箱在位移 $\vec{d}$ 的起点有动能 10 J，则它在 $\vec{d}$ 的末端动能为何?

【解】 这里**关键点**是，因为风对板条箱做负功，所以它使箱子的动能减少。应用式（7-11）形式的功-动能定理，可得

$$K_f=K_i+W=10\text{J}+(-6.0\text{J})=4.0\text{J}$$

（答案）

由于板条箱的动能减小到 4.0 J，它的滑动减慢了。

检查点2：如图所示四种情形中，一个力作用在盒子上，同时它在光滑地板上向右滑动一段距离 d。各情形所受的力的大小完全相同，方向如图。根据在位移 d 期间，各情形中力对盒子做的功从正到负按大小顺序对它们排序。

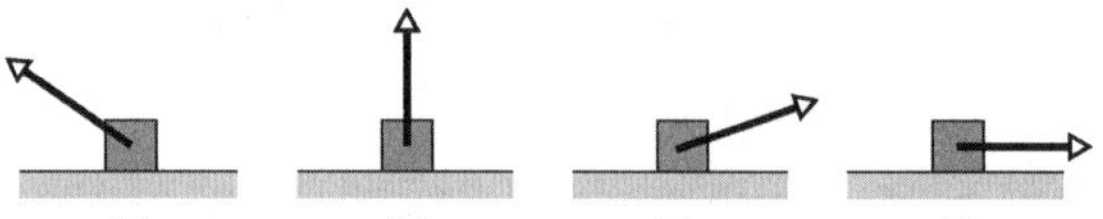

7-4 重力做的功

接下来，我们考察一种特殊类型的力——即重力对物体做的功。图 7-6 所示为一个类质点的质量为 m 的番茄以初速率 v_0 向上抛出，因而具有初动能 $K_i=\frac{1}{2}mv_0^2$。随着番茄上升，重力 $\vec{F}_g$ 使它慢下来；即随着番茄上升，因为 $\vec{F}_g$ 对它做功，它的动能减少。

因为可将番茄视作一个质点，可以用式（7-7）($W=Fd\cos\phi$) 表示位移 $\vec{d}$ 期间做的功。对于力的大小 F，用 mg 当作 $\vec{F}_g$ 的大小。于是，重力 $\vec{F}_g$ 做的功 W_g 为

$$W_g=mgd\cos\phi \quad (\text{重力做功}) \qquad (7-12)$$

对于上升中的物体，力 $\vec{F}_g$ 与位移 $\vec{d}$ 的方向相反，如图 7-6 所示，于是 $\phi=180°$，而

$$W_g=mgd\cos180°=mgd(-1)=-mgd \qquad (7-13)$$

负号告诉我们，物体上升过程中，作用在物体上的重力，从物体动能中传出 mgd 这样多的能量。这与物体上升时的减慢相一致。

物体达到其最大高度后，它会回落下来，这时力 $\vec{F}_g$ 与位移 $\vec{d}$ 间的夹角为零。于是

$$W_g=mgd\cos0°=mgd(+1)=+mgd \qquad (7-14)$$

这里的正号告诉我们重力现在将 mgd 这样多的能量传给物体作为它

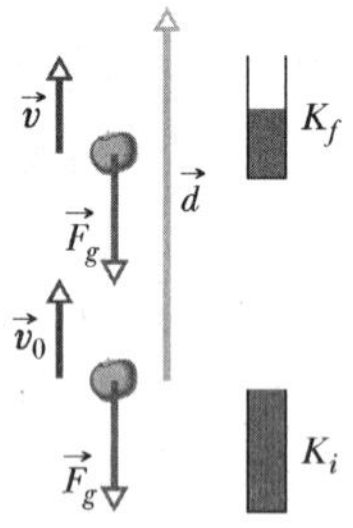

图7-6 向上抛出的质量为 m 的类质点番茄，在位移 $\vec{d}$ 期间由于重力 $\vec{F}_g$ 对它的作用，从速度 $\vec{v}_0$ 减慢到速度 $\vec{v}$。动能规示意出所引起的物体动能的变化，从 K_i $\left(=\frac{1}{2}mv_0^2\right)$ 到 K_f $\left(=\frac{1}{2}mv^2\right)$。

的动能。这与物体下落时的加快相一致。(实际上，如我们在第 8 章中将看到的，与物体的升、降相连系的能量传递，不仅涉及到物体，而且还牵涉到整个物体——地球系统。当然，没有地球，“上升” 会毫无意义)。

升高与降低物体做的功

现在假设将一竖直力 $\vec{F}$ 作用在一个类质点物体上，使它上升。在向上的位移期间，外加力对物体做正功 W_a，同时重力对它做负功 W_g。外加力要向物体传入能量，而重力要从它传出能量。由式（7－10）可知，这两部分能量传递导致的物体动能的变化 ΔK 为

$$\Delta K = K_f - K_i = W_a + W_g \qquad (7-15)$$

式中 K_f 是位移末端的动能，而 K_i 是在位移起点的动能。此式对物体降落过程也适用，只不过那时重力要向物体传递能量，而同时外加力要从物体传递出能量。

在物体升高之前与其后都静止的一种常见情形中，例如，将一本书从地面拿到书架上。于是，K_f 和 K_i 都是零，而式（7－15）会简化为

$$W_a + W_g = 0$$

或

$$W_a = -W_g \qquad (7-16)$$

注意如果 K_f 和 K_i 不是零但仍然相等，会得到同样的结果。不论哪种情形，这一结果都意味着外加力做的功为重力做的功的负值；这也就是说，外加力给物体传入的能量与重力从物体传出的能量相同。用式（7－12），可将式（7－16）重写作

$$W_a = -mgd\cos\phi \quad （升高和降低物体做的功；K_f = K_i） \qquad (7-17)$$

其中 ϕ 为 $\vec{F}_g$ 与 $\vec{d}$ 之间的夹角。如果位移是竖直向上的（图7－7a），则 $\phi = 180°$，外加力所做的功等于 mgd。如果位移竖直向下（图7－7b），则 $\phi = 0°$，外加力做功为 $-mgd$。

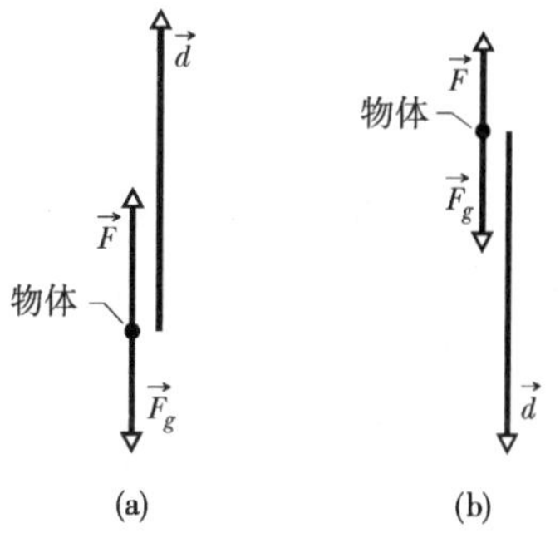

图 7－7 （a）外加力 $\vec{F}$ 升高一物体。物体的位移 $\vec{d}$ 与对它的重力 $\vec{F}_g$ 的夹角 $\phi = 180°$。作用力对物体做正功。（b）外加力 $\vec{F}$ 降低一物体。物体的位移 $\vec{d}$ 与重力 $\vec{F}_g$ 的夹角 $\phi = 0°$。作用力对物体做负功。

上升前后物体都静止时，式（7－16）与式（7－17）对使物体上升或下降的任一种情形均适用。它们与所用力的大小无关。例如，当 Chemerkin 创造他的举重世界记录时，上举过程中他对物体的力明显地改变。不过，由于重物在举起前、后静止，他所做的功由式（7－16）和式（7－17）给出，其中，在式（7－17）中，mg 为他举起的重物的重量，而 d 为他升高重物的距离。

例题 7－4

让我们回到 Andrey Chemerkin 和 Paul Anderson 举重绝技中来。

（a）Chemerkin 创造他的举重记录用的是牢固地连结在一起的物体（杠铃加圆盘负荷），具有总质量 $m = 260.0\text{kg}$；他将它们举高 2.0m 的距离。在举高的过程中，重物的重力 $\vec{F}_g$ 对它们做的功是多少？

【解】 这里**关键点**是，我们可将牢固地连结在一起的物体视作一个单个质点，因而可利用式（7－12）（$W_g = mgd\cos\phi$）来求 $\vec{F}_g$ 对它们做的功 W_g。总重量 mg 是 2548N，位移的大小 d 是 2.0m，而向下的重力与向上的位移之间夹角 ϕ 为 180°，于是，

$$W_g = mgd\cos\phi = 2548\text{N} \times 2.0\text{m} \times \cos180°$$
$$= -5100\text{J} \qquad （答案）$$

（b）在上举过程中，Chemerkin 的力对物体做的

功是多少?

【解】 我们没有 Chemerkin 对物体所加的力的表达式，而且即使有，他的力肯定也不是恒力，因此，这里**关键点**是我们**不能**只靠把他的力代入式（7-7）求出他的功。不过，我们知道重物在上举之前和之后是静止的。因此，作为第二个**关键点**，我们知道 Chemerkin 加的力做的功 W_{AC} 是重力 $\vec{F}_g$ 做的功 W_g 的负值。式（7-16）表示了这个事实而且给出

$$W_{AC} = -W_g = +5100\text{J} \quad \text{（答案）}$$

（c）当 Chemerkin 将重物举在头顶上方静止时，他的力对它做的功是多少?

【解】 这里**关键点**是，当他支持着那些重物时，它们是静止的。因此，它们的位移 $d=0$，由式（7-7）知，对它们做功为零（尽管支持它们是一个很费力的事情）。

（d）Paul Anderson 将总重量为 27900 N 的一堆物体举高 1.0cm 的距离，他用的力做的功是多少?

【解】 用与（a）和（b）两部分同样的推理，只是此处 $mg=27900$ N，$d=1.0$cm，我们求得

$$W_{PA} = -W_g = -mgd\cos\phi = -mgd\cos180^\circ$$
$$= 27900\text{N} \times 0.010\text{m} \times (-1) = 280\text{J}$$

（答案）

Anderson 举起重物需要一个向上的相当大的力，但只需要 280J 这么少的能量传递，原因就在于涉及的位移很小。上面这张照片显示了他另一次升高重物的情景。

例题 7-5

一只最初静止的 15.0kg 的装干酪圈的板条箱由一缆绳拉起，沿光滑的斜面上移 $L=5.70$m 的距离，到达高 h2.50m 处停下（图 7-8a）。

（a）在上升过程中，重力 $\vec{F}_g$ 对箱子所做的功 W_g 是多少?

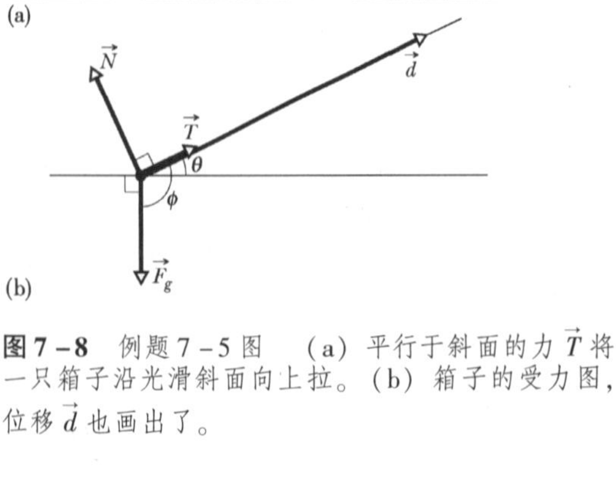

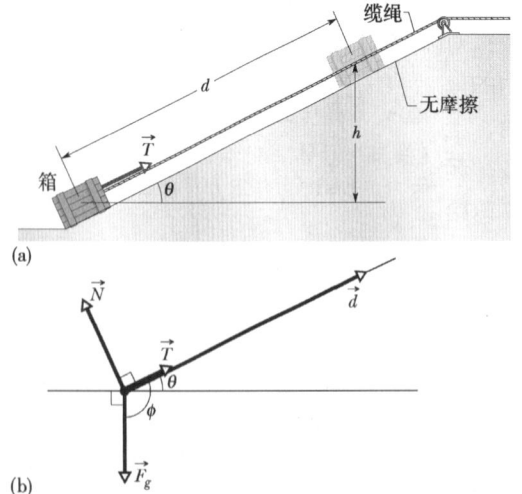

图 7-8 例题 7-5 图 （a）平行于斜面的力 $\vec{T}$ 将一只箱子沿光滑斜面向上拉。（b）箱子的受力图，位移 $\vec{d}$ 也画出了。

【解】 这里**关键点**是，可将箱子视作一个质点，从而利用式（7-12）（$W_g = mgd\cos\phi$）求出 $\vec{F}_g$ 做的功 W_g。不过，不知道 $\vec{F}_g$ 与位移 $\vec{d}$ 之间的夹角 ϕ。由图 7-8b 中箱子的受力图可看出 ϕ 为 $\theta+90^\circ$，其中 θ 是斜坡的角度（未知）。于是，式（7-12）给出

$$W_g = mgd\cos(\theta+90^\circ) = -mgd\sin\theta \quad (7-18)$$

式中利用了三角恒等式来简化公式。由于 θ 未知，此结果好象没有什么用。但是（以物理学的勇气继续下去）由图 7-8a 可看出 $d\sin\theta = h$，其中 h 是已知量（2.50m），将此代入式（7-18）可得

$$W_g = -mgh$$
$$= -15.0\text{kg} \times 9.8\text{m/s}^2 \times 2.50\text{m} = -368\text{J}$$

（答案）（7-19）

注意式（7-19）表明：重力做的功 W_g 仅与竖直位移有关，但（出人意料地）与水平位移无关（在第 8 章中还会回到这一点）。

（b）在上升过程中，缆绳的张力 $\vec{T}$ 对箱子做的功 W_T 是多少?

【解】 由于不知道 T 的值，不能只是把力 F 以 T 的大小代入式（7-7）（$W = Fd\cos\phi$）求解。然而，使能继续下去的**关键点**是，可将箱子视为质点，

然后对它应用功—动能定理（$\Delta K = W$）。因为箱子在上升前后静止的，其动能的变化 ΔK 为零。要求对箱子做的净功 W，必须把作用在箱子上的所有三个力做的功加起来。由（a）知，重力 $\vec{F}_g$ 做的功 W_g 是 -368J。斜面对箱子的法向力 $\vec{N}$ 因与位移垂直做的功 W_N 为零。我们要求的是 T 做的功 W_T。因此，由功－动能定理可得

$$\Delta K = W_T + W_g + W_N$$

或

$$0 = W_T - 368\text{J} + 0$$

因此

$$W_T = 368\text{J} \qquad \text{（答案）}$$

检查点3：假设将此箱子沿一更长些的斜面拉到相同的高度 h。(a) 现在力 $\vec{T}$ 做的功比先前的是较大、较小、还是相等？(b) 移动箱子所需的 $\vec{T}$ 的大小比先前的是较大、较小、还是相等？

例题7-6

一个质量 $m=500\text{kg}$ 的电梯箱以 $v_i=4.0\text{m/s}$ 的速率下降时，它的吊缆开始打滑，任由它以恒定加速度 $\vec{a}=\vec{g}/5$ 坠落（图7-9a）。

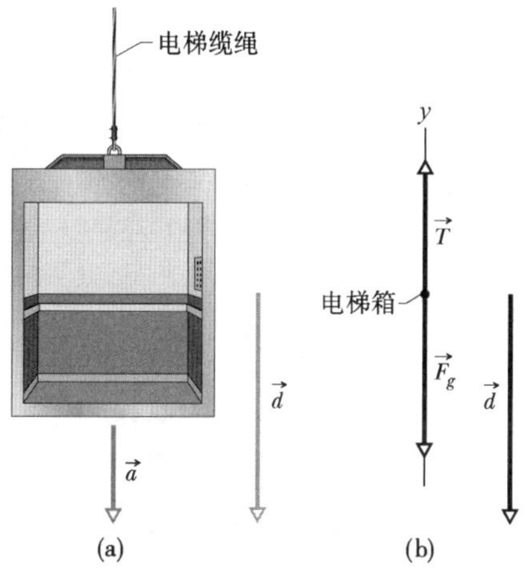

图7-9 例题7-6图 正以速率 v_i 下降的电梯突然开始加速坠落。(a) 它以恒定加速度 $\vec{a}=\vec{g}/5$ 通过位移 $\vec{d}$。(b) 该电梯的受力图，包括位移在内。

(a) 在下落距离 $d=12$ m 的过程中，重力 $\vec{F}_g$ 对缆绳所做的功 W_g 为何？

【解】 这里**关键点**是，我们可将电梯箱视作一个质点，因而可用式（7-12）（$W_g = mgd\cos\phi$）求出 $\vec{F}_g$ 所做的功 W_g。由图7-9b（包括位移 $\vec{d}$ 在内的电梯箱的受力图），可看出 $\vec{F}_g$ 与电梯箱的位移 $\vec{d}$ 之间的夹角是0°。于是，由式（7-12）可得

$$W_g = mgd\cos0° = 500\text{kg} \times 9.8\text{m/s}^2 \times 12\text{m} \times 1$$
$$= 5.88 \times 10^4\text{J} \approx 59\text{kJ} \qquad \text{（答案）}$$

(b) 求在12 m的下落期间，电梯缆绳向上的拉力 $\vec{T}$ 对电梯箱做的功 W_T 为多少？

【解】 这里一个**关键点**是，如果能先求出缆绳拉力的大小 T 的表达式，就可用式（7-7）（$W = Fd\cos\phi$）计算功 W_T。第二个**关键点**是可通过写出牛顿第二定律沿图7-9b中的 y 轴的分量式（$F_{\text{net},y} = ma_y$）求出这个表达式。得

$$T - F_g = ma$$

将 F_g 以 mg 代入，求出 T，然后将结果代入式（7-7）中，可得

$$W_T = Td\cos\phi = m(a+g)d\cos\phi$$

接下来，将（向下的）加速度 a 以 $-g/5$ 代入，而 $\vec{T}$ 与 $m\vec{g}$ 之间的夹角 ϕ 以180°代入，可得

$$W_T = m\left(-\frac{g}{5}+g\right)d\cos\phi = \frac{4}{5}mgd\cos\phi$$
$$= \frac{4}{5} \times 500\text{kg} \times 9.8\text{m/s}^2 \times 12\text{m} \times \cos180°$$
$$= -4.70 \times 10^4\text{J} \approx -47\text{kJ} \qquad \text{（答案）}$$

现在注意 W_T 不简单地是（a）中已求得的 W_g 的负值。原因在于，坠落期间，由于电梯箱加速，它的速率变化，因而它的动能也变化。所以式（7-16）（其中设定初、末动能相等）在此**不**适用。

(c) 下落期间对电梯箱做的净功 W 为何？

【解】 这里**关键点**是，净功为作用在电梯箱上的几个力做的功之和：

$$W = W_g + W_T = 5.88 \times 10^4\text{J} - 4.70 \times 10^4\text{J}$$
$$= 1.18 \times 10^4\text{J} \approx 12\text{kJ} \qquad \text{（答案）}$$

(d) 电梯在下落到12m末端时的动能为何？

【解】 这里**关键点**是，根据式（7-11）（$K_f = K_i + W$），动能的改变是**由于**对电梯箱做了净功。由式（7-1），我们可将开始下落时的动能写为 $K_i =$

$\frac{1}{2}mv_i^2$。然后，可将式（7－11）写作

$$K_f = K_i + W = \frac{1}{2}mv_i^2 + W$$

$$= \frac{1}{2} \times 500\text{kg} \times (4.0\text{m/s})^2 + 1.18 \times 10^4\text{J}$$

$$= 1.58 \times 10^4\text{J} \approx 16\text{kJ}$$ （答案）

7－5 弹簧力做的功

接下来我们要讨论一种特殊类型的**变力**——弹簧力，来自弹簧的力，对类质点物体做的功。自然界中许多力具有与弹簧力相同的数学形式。因此，对这一种力的考察，可获得对许多其他力的了解。

弹簧力

图7－10a 表示一个处于**松弛状态**的弹簧——既未压缩也没伸长。它的一端固定，另一端与一个类质点的物体，譬如，一个物块相连作为自由端。如果我们如图7－10b 那样向右拉动物块使弹簧伸长，弹簧则会向左拉物块（因为弹簧的力是要恢复其松弛状态，有时称其为**回复力**）。如果我们如图7－10c 那样向左推物块使弹簧压缩，现在弹簧就向右推物块。

对许多弹簧适用的一个较好的近似，来自弹簧的力 $\vec{F}$ 与其自由端从它在弹簧松弛状态时的位置的位移 $\vec{d}$ 成正比。**弹簧力**由下式给出

$$\vec{F} = -k\vec{d} \quad \text{（胡克定律）} \tag{7-20}$$

此式称作**胡克定律**名从17世纪末英国科学家 Robert Hooke。式（7－20）中的负号表示弹簧力总是与自由端的位移方向相反。常数 k 称作**弹簧常量**（或**力常量**），是弹簧硬度的量度。k 越大，弹簧越硬；也就是说对于一段给定的位移，它的拉力或推力更强。k 的 SI 单位是 N/m。

在图7－10中，x 轴已经取在平行于弹簧长度的方向，原点（$x=0$）取在弹簧处于松弛状态时自由端的位置。对这种常见的安排，可将式（7－20）写作

$$F = -kx \quad \text{（胡克定律）} \tag{7-21}$$

如果 x 是正的（弹簧在 x 轴上被向右拉长），则 F 是负的（它是向左的拉力）；如果 x 是负的（弹簧向左被压缩），则 F 是正的（是一向右的推力）。

注意到因弹簧弹力的大小和方向均取决于自由端的位置 x，弹簧力是一个**变力**；F 可以用符号记作 $F(x)$。还应注意到胡克定律是 F 与 x 之间的一个线性关系。

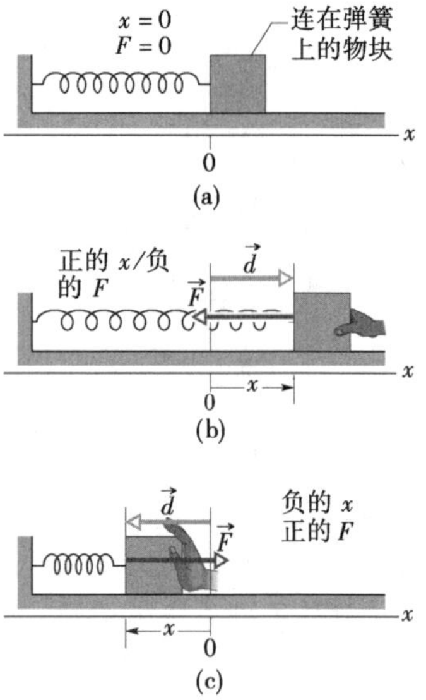

图7－10 （a）弹簧处于其松弛状态。x 轴的原点取在与物块相连的弹簧的末端。（b）物块的位移为 $\vec{d}$，弹簧伸长一段正量 x。注意弹簧所加的回复力 $\vec{F}$。（c）弹簧被压缩一段负量 x。再一次注意回复力。

弹簧力做的功

为了求出在图7－10a 中的物块运动过程中弹簧力做功的表达式，让我们对弹簧作两个简化的假设。（1）它是**无**质量的，即其质量与物块的质量相比可以忽略。（2）它是一个**理想**弹簧；也就是说，它严格遵守胡克定律。我们也假

设物块与地板间的接触是无摩擦的，且物块是类质点的。

我们向右猛拉一下物块，使它动起来，然后放手让它自己运动。当物块向右运动时，弹簧力 $\vec{F}$ 对物块做功，减少动能，使物块减慢。然而，我们**不能**由式（7-7）（$W = F\cos\phi$）求出这个功，因为此式假设了恒力。弹簧力是变力。

为求弹簧力做的功，我们用微积分。设物块的初始位置为 x_i，后来位置为 x_f。然后将这两个位置之间的距离分为许多小段，每一小段的长度为 Δx。将这些小段从 x_i 开始编号为小段 1，2，等等。当物块移过其中一个小段时，因为它的长度如此短，以致 x 几乎不变。所以弹簧力也基本不变。因此，可将这个小段内的力的大小近似为恒定。将这些力的大小编为小段 1 内的为 F_1，小段 2 内的为 F_2，等等。

现在，由于各段内力是恒定的，我们**能够**用式（7-7）（$W = Fd\cos\phi$）求出各段内所做的功。此处 $\phi=0$，所以 $\cos\phi=1$。于是在段 1 内做的功为 $F_1\Delta x$，在段 2 内做的功为 $F_2\Delta x$，等等。弹簧力做的净功 W_s（从 x_i 到 x_f）为所有这些功的和：

$$W_s = \sum F_j \Delta x \tag{7-22}$$

其中 j 为小段的编号。在 Δx 趋于零时，式（7-22）成为

$$W_s = \int_{x_i}^{x_f} F\mathrm{d}x \tag{7-23}$$

将 F 以式（7-21）代入，我们有

$$W_s = \int_{x_i}^{x_f}(-kx)\,\mathrm{d}x = -k\int_{x_i}^{x_f}x\mathrm{d}x = \left(-\frac{1}{2}k\right)[x^2]_{x_i}^{x_f} = \left(-\frac{1}{2}k\right)(x_f^2 - x_i^2) \tag{7-24}$$

相乘后得到

$$W_s = \frac{1}{2}kx_i^2 - \frac{1}{2}kx_f^2 \quad \text{（弹簧力做的功）} \tag{7-25}$$

弹簧力做的功 W_s 可为正值也可为负值，取决于物块从 x_i 移动到 x_f 的过程中，所传递的**净**能量是传给物块还是由物块传出。**小心**：末位置 x_f 出现在式（7-25）右端的第二项。因此，式（7-25）告诉我们：

> 如果物块的末位置比初位置更靠近平衡位置（$x=0$），功 W_s 为正；若末位置比初位置更远离 $x=0$，W_s 为负；末位置与初位置距 $x=0$ 相同时，W_s 则为零。

若 $x_i=0$，而末位置记作 x，则式（7-25）成为

$$W_s = -\frac{1}{2}kx^2 \quad \text{（弹簧力做的功）} \tag{7-26}$$

外加力做的功

现在假设对该物块连续加一个力 $\vec{F}_a$，使它沿 x 轴方向移动。在此位移期间，外加力对物块做功 W_a，同时弹簧力做功 W_s。由式（7-10），这两项能量传递引起的物块动能的变化 ΔK 为

$$\Delta K = K_f - K_i = W_a + W_s \tag{7-27}$$

其中 K_f 是在位移末端的动能，而 K_i 是在位移起点的动能。如果物块在位移前后都静止，则 K_f 都是零，因而式（7-27）可简化为

$$W_a = -W_s \tag{7-28}$$

如果与弹簧相连的物块在一段位移前后静止，则外加力移动它所做的功是弹簧力对它做的功的负值。

小心：若该物块在位移前后不是静止的，则这个表述不正确。

检查点4：在三种情形中，图7－10所示沿 x 轴运动的物块的初、末位置分别为：(a) －3cm，2 cm；(b) 2 cm，3 cm；和 (c) －2 cm，2 cm。在各情形中，弹簧力对物块做的功是正、负还是零？

例题7－7

像图7－10a中那样，一包Cajun香味果仁糖放在光滑地板上，与一弹簧的自由端相连。使糖包静止在 $x_1 = 12\text{mm}$ 处需要大小为 $F_a = 4.9\text{N}$ 的外加力。

(a) 若将糖包由 $x_0 = 0$ 向右拉到 $x_2 = 17\text{mm}$ 处，弹簧力对包裹做的功是多少？

【解】 这里**关键点**是，当将糖包由一个位置移到另一个位置时，弹簧力对它做的功由式 (7－25) 或式 (7－26) 给出。已知初位置 x_i 是零，末位置 x_f 是17mm，但不知道弹簧常量 k。

我们或者能用式 (7－21) (胡克定律) 求出 k，但用它时需要第二个**关键点**：要使包裹静止在 $x_1 = 12$ mm 处，弹簧力必须平衡外加力 (按照牛顿第二定律)。因此，弹簧力 F 一定等于 － 4.9N (在图7－10b中向左)，这样式 (7－21) ($F = -kx$) 给出

$$k = -\frac{F}{x_1} = -\frac{-4.9\text{N}}{12\times10^{-3}\text{m}} = 408\text{N/m}$$

现在用糖包的坐标 $x_2 = 17\text{mm}$，由式 (7－26) 得

$$W_s = -\frac{1}{2}kx_2^2 = -\frac{1}{2}\times408\text{N/m}\times(17\times10^{-3}\text{m})^2$$

$$= -0.059\text{J} \qquad \text{(答案)}$$

(b) 此后，糖包向左移至 $x_3 = -12\text{mm}$ 处。在此位移期间，弹簧力对糖包做的功是多少？解释此功的符号。

【解】 这里**关键点**是我们在 (a) 问中注意到的第一个**关键点**。此时 $x_i = +17$ mm，而 $x_f = -12\text{mm}$，式 (7－25) 给出

$$W_s = \frac{1}{2}kx_i^2 - \frac{1}{2}kx_f^2 = \frac{1}{2}k(x_i^2 - x_f^2)$$

$$= -\frac{1}{2}\times408\text{N/m}\times[(17\times10^{-3}\text{m})^2 - (-12\times10^{-3}\text{m})^2]$$

$$= 0.030\text{J} = 30\text{mJ} \qquad \text{(答案)}$$

弹簧力对糖包做的这个功是正的，因为弹簧力在将糖包从 $x_i = +17$ mm 移到弹簧的松弛位置的过程中做的正功要比将糖包从松弛位置移到 $x_f = -12\text{mm}$ 做的负功多。

例题7－8

如图7－11所示，一个质量 $m = 0.40\text{kg}$ 的装莳萝子的筒，以 $v = 0.50\text{m/s}$ 的速率滑过一个光滑的水平柜台。接着它撞上并压缩一弹簧常量 $k = 750\text{N/m}$ 的弹簧。求当弹簧使筒瞬间静止时弹簧压缩的距离 d 为多少？

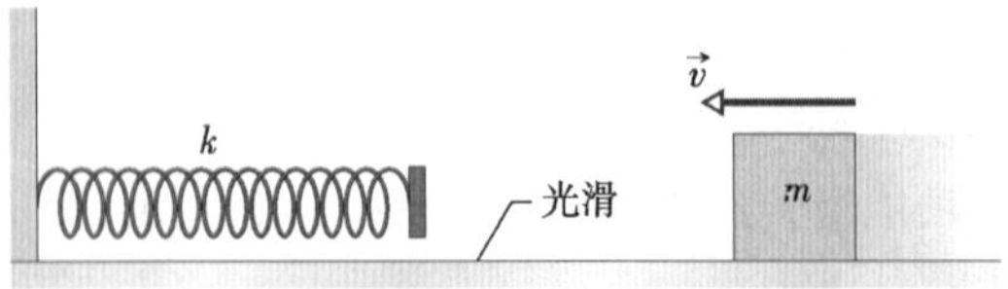

图7－11 例题7－8图 一个质量 m 的罐以速度 $\vec{v}$ 向弹簧常数为 k 的弹簧运动。

【解】 这里有三个**关键点**：

1. 弹簧力对筒做的功 W_s 与待求的距离 d 由式 (7－26) ($W_s = -\frac{1}{2}kx^2$)，其中以 d 代 x，相联系。

2. 功 W_s 还可由式 (7－10) ($K_f - K_i = W$) 与筒的动能联系起来。

3. 筒的动能有一个初值 $K = 1/2mv^2$，而当筒瞬间静止时，其动能值为零。

将这些**关键点**中的前两个放在一起，可将对筒的功－动能定理写为

$$K_f - K_i = -\frac{1}{2}Kd^2$$

根据第三个**关键点**，可代入得出

$$0-\frac{1}{2}mv^2=-\frac{1}{2}kd^2$$

化简后，解出 d，再代入已知条件就可得出

$$d=v\sqrt{\frac{m}{k}}=0.50\text{m/s}\times\sqrt{\frac{0.40\text{kg}}{750\text{N/m}}}$$

$$=1.2\times10^{-2}\text{m}=1.2\text{cm}$$ （答案）

7-6 一般变力做的功

一维情形的分析

让我们回到图 7-2 所示情形，但现在考虑沿 x 轴方向而大小随位置 x 变化的力。因此，珠子（质点）移动时，做功的力的大小在改变。不过这个变力只是大小改变，方向并不变，而且在任一位置处的大小也不随时间改变。

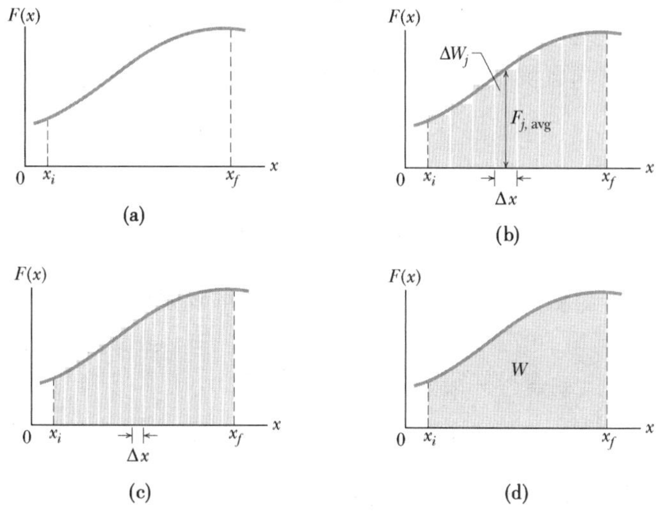

图 7-12 (a) 一维力 $\vec{F}$ 对应于受它作用的质点位移 x 的图像。质点由 x_i 移动到 x_f。(b) 同于 (a)，只是曲线下的面积划分为窄条。(c) 同于 (b)，但将面积划分为了更窄的条。(d) 其极限情形。此力做的功由式 (7-32) 给定，而且可由力曲线与 x_i 跟 x_f 之间的 x 轴所围的阴影面积表示。

图 7-12a 给出了这样的一个**一维变力**的图线。我们要找出随质点从始点 x_i 移动到终点 x_f 时，此力对质点做功的表达式。不过，**不能**用式 (7-7)，因为它只对恒力 $\vec{F}$ 才适用。在此，我们将再一次应用微积分。将图 7-12a 中曲线下的面积划分为许多宽为 Δx 的窄条（图 7-12b）。选取 Δx 足够小以致能将该区间内的力 $F(x)$ 合理地当作恒定。然后令 $F_{j,\text{avg}}$ 为第 j 个区间中 $F(x)$ 的平均值。这样在图 7-12b 中，$F_{j,\text{avg}}$ 也就是第 j 个窄条的高度。

考虑到 $F_{j,\text{avg}}$ 恒定，在第 j 个区间，力做的元（小量）功 ΔW_j 现可近似地由式 (7-7) 给出为

$$\Delta W_j=F_{j,\text{avg}}\Delta x \qquad (7-29)$$

在图 7-12b 中，ΔW_j 就等于第 j 个矩形阴影窄条的面积。

为了近似地求出质点从 x_i 移到 x_f 过程中，力所做的总功，将图 7-12b 中 x_i 到 x_f 之间的所

有窄条的面积相加:

$$W=\sum \Delta W_j=\sum F_{j,\mathrm{avg}}\Delta x \tag{7-30}$$

式(7-30)是一个近似，因为图7-12b中各矩形窄条的顶端形成的阶梯状“天线”只近似于$F(x)$的实际曲线。

可以缩小窄条的宽度Δx并用更多的窄条（如图7-12c）以得到更好的近似。在极限的情况下，令窄条的宽度趋近于零;窄条的数目就变成无限大，这时就得到一个精确结果，

$$W=\lim_{\Delta x\to 0}\sum F_{j,\mathrm{avg}}\Delta x \tag{7-31}$$

这个极限正是函数$F(x)$在区间x_i和x_f之间的积分的意义。因此，式(7-31)变为

$$W=\int_{x_i}^{x_f}F(x)\,\mathrm{d}x \quad （功:变力） \tag{7-32}$$

如果我们知道了函数$F(x)$，就可将它代入式(7-32)，取积分的适当界限，进行积分，从而求出功（附录E中包含一个常用的积分表）。从几何上说，功等于$F(x)$曲线与x_i和x_f两个极限之间的x轴所包围的面积（图7-12d中的阴影）。

三维情形的分析

现在考虑一个质点受着一个三维力

$$\vec{F}=F_x\vec{i}+F_y\vec{j}+F_z\vec{k} \tag{7-33}$$

式中分量F_x、F_y和F_z可与质点的位置有关;即，它们可以是位置的函数。不过，我们作三个简化:F_x可与x有关，但与y或z无关;F_y可与y有关，与x或z无关;F_z与z有关，但与x或y无关。现在让这个质点运动通过一段元位移

$$\mathrm{d}\vec{r}=\mathrm{d}x\,\vec{i}+\mathrm{d}y\,\vec{j}+\mathrm{d}z\,\vec{k} \tag{7-34}$$

由式(7-8)知，在这段位移$\mathrm{d}\vec{r}$里，力$\vec{F}$对质点所做的元功$\mathrm{d}W$为

$$\mathrm{d}W=\vec{F}\cdot\mathrm{d}\vec{r}=F_x\mathrm{d}x+F_y\mathrm{d}y+F_z\mathrm{d}z \tag{7-35}$$

于是，质点从坐标为(x_i,y_i,z_i)的初位置r_i运动到坐标为(x_f,y_f,z_f)的末位置r_f期间力$\vec{F}$做的功W为

$$W=\int_{r_i}^{r_f}\mathrm{d}W=\int_{x_i}^{x_f}F_x\mathrm{d}x+\int_{y_i}^{y_f}F_y\mathrm{d}y+\int_{z_i}^{z_f}F_z\mathrm{d}z \tag{7-36}$$

如果$\vec{F}$只有x分量，式(7-36)中的y和z项就为零，而该式就还原为式(7-32)。

变力时的功-动能定理

式(7-32)给出一维情形中变力对质点所做的功。我们现在就来确证一下，就像功—动能定理所表述的那样，由式(7-32)计算的功的确等于质点动能的变化。

考虑一个质量为m的质点，在沿x轴方向的净力$F(x)$的作用下，沿该轴方向运动。当这个质点从初位置x_i运动到末位置x_f的过程中，该力对质点做的功由式(7-32)给出为

$$W=\int_{x_i}^{x_f}F(x)\,\mathrm{d}x=\int_{x_i}^{x_f}ma\,\mathrm{d}x \tag{7-37}$$

式中我们应用牛顿第二定律以ma代替$F(x)$。式(7-37)中的量$ma\mathrm{d}x$可写作

$$madx = m\frac{dv}{dt}dx \qquad (7-38)$$

由微积分的“链式规则”，有

$$\frac{dv}{dt} = \frac{dv}{dx}\frac{dx}{dt} = \frac{dv}{dx}v \qquad (7-39)$$

而式（7－38）成为

$$madx = m\frac{dv}{dx}vdx = mvdv \qquad (7-40)$$

将式（7－40）代入式（7－37）得出

$$W = \int_{v_i}^{v_f} mvdv = m\int_{v_i}^{v_f} vdv = \frac{1}{2}mv_f^2 - \frac{1}{2}mv_i^2 \qquad (7-41)$$

注意：当我们将变量由 x 转换为 v 时，积分限需用新变量来表示。还应注意因为 m 是一恒量，所以可将它移到积分号的外面。

认识到式（7－41）右侧各项都是动能，此式可写作

$$W = K_f - K_i = \Delta K$$

这就是功－动能定理。

例题 7－9

力 $\vec{F} = (3x^2\text{N})\vec{i} + (4\text{N})\vec{j}$，$x$ 以 m 为单位，作用在一个质点上，只改变了该质点的动能。在质点从坐标（2m，3m）移动到（3m，0m）的过程中，对它做的功是多少？质点的速率是增加、减少、还是保持不变？

【解】 这里**关键点**是，由于此力的 x 分量随 x 值而变化，是一个变力。所以不能用式（7－7）和式（7－8）求所做的功，而必须用式（7－36）对该力积分：

$$W = \int_2^3 3x^2 dx + \int_3^0 dy = 3\int_2^3 x^2 dx + 4\int_3^0 dy$$

$$= 3\left[\frac{1}{3}x^3\right]_2^3 + 4[y]_3^0 = [3^3 - 2^3] + 4[0-3]\text{J}$$

$$= 7.0\text{J} \qquad \text{（答案）}$$

结果为正，意味着力 $\vec{F}$ 将能量传递给质点。因此，质点的动能增加，速率也一定增加。

7－7 功率

一承包人打算用吊车将一堆砖头由人行道送到楼顶上。我们现在能计算吊车的力对要送上去的砖头必须做多少功。可是承包人更感兴趣的却是做功的**快慢**。做完这件事需要 5min（可接受的）还是一星期（不可接受的）？

一个力做功的时间变率称为该力的**功率**。如果在一定时间 Δt 内，一个力做的功为 W，则在此时间间隔内，该力的**平均功率**为

$$P_{\text{avg}} = \frac{W}{\Delta t} \quad \text{（平均功率）} \qquad (7-42)$$

瞬时功率 P 是做功的瞬时时间变率，可写作

$$P = \frac{dW}{dt} \quad \text{（瞬时功率）} \qquad (7-43)$$

假设我们知道一个力做的功作为时间的函数为 $W(t)$，于是要求做功期间，譬如说，$t = 3.0\text{s}$ 时的瞬时功率 P，就可先求 $W(t)$ 的时间导数，然后再算出 $t = 3.0\text{s}$ 的结果。

功率的SI单位是J/s（焦每秒）。因为这个单位较常用，所以有一特定名称——**瓦**［**特**］（W），名从瓦特，他对蒸汽机能做功的速率作了很大改进。在英制中，功率的单位是英尺磅力每秒，也常用hp（马力）。这些单位间的一些关系如下

$$1\text{W} = 1\ \text{J/s} = 0.738\ \text{ft}\cdot\text{lb/s} \tag{7-44}$$

和

$$1\text{hp} = 550\text{ft}\cdot\text{lb/s} = 746\text{W} \tag{7-45}$$

由式（7－42）可看出，功可表示为功率与时间的乘积，就像以常用单位，kW·h（千瓦小时），表示的那样。因而

$$1\ \text{kW}\cdot\text{h} = (10^3\ \text{W})(3600\text{s}) = 3.60\times10^6\ \text{J} = 3.60\ \text{MJ} \tag{7-46}$$

或许因为W和kW·h常出现在电费单中，所以人们已习惯将它们视为电学单位。其实，它们作为功率和功或能的其他实例的单位也同样适用。如果你从地板上拿起此书放到桌面上，你就可以随意说，你已经做了4×10^{-6}kW·h的功（或更方便地说是4mW·h的功）。

我们还可将力对质点（或类质点物体）做功的时间变率用该力和质点的速度来表示。对一个沿直线（设为x轴）运动的质点来说，若所受的作用力为与该直线成夹角ϕ的恒力$\vec{F}$，则式（7－43）变为

$$P = \frac{\mathrm{d}W}{\mathrm{d}t} = \frac{F\cos\phi\,\mathrm{d}x}{\mathrm{d}t} = F\cos\phi\left(\frac{\mathrm{d}x}{\mathrm{d}t}\right)$$

或

$$P = Fv\cos\phi \tag{7-47}$$

认识到式（7－47）的右侧是点积$\vec{F}\cdot\vec{v}$，也可将式（7－47）写为

$$\vec{P} = \vec{F}\cdot\vec{v}\quad\text{（瞬时功率）} \tag{7-48}$$

图7－13 卡车对拖车加的力的功率为该力对拖车做的功的时间变率。

例如，如果图7－13中的卡车对拖车加一力$\vec{F}$，在某一时刻拖车的速度为$\vec{v}$，$\vec{F}$产生的瞬时功率就是该时刻$\vec{F}$对拖车做功的时率而由式（7－47）和式（7－48）给定。人们常把此功率说成是“卡车的功率”，不过我们应记住它的含义：功率为所加**力**做的功对时间的变率。

检查点5：系在物体上的绳将其锚定在圆周中心而使它作匀速圆周运动。问绳对物体作用力的功率是正的、负的还是零？

例题7－10

如图7－14所示，在光滑水平地面上向右滑动的箱子受到恒力$\vec{F}_1$和$\vec{F}_2$的作用。力$\vec{F}_1$沿水平方向，大小为2.0N；$\vec{F}_2$力沿地面向上60°的方向，大小为4.0 N。箱子在某一时刻的速率v为3.0m/s。

(a) 作用在箱子上的每个力在该时刻的功率各为多少？净功率为多少？该时刻的净功率改变否？

【**解**】 这里**关键点**是我们要求的是瞬时功率

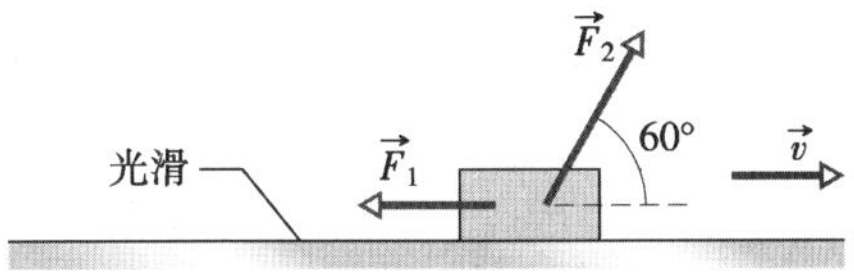

图 7-14 例题 7-10 图 向右滑过光滑地板的箱子受两个力 $\vec{F}_1$ 和 $\vec{F}_2$ 的作用。箱子的速度为 $\vec{v}$。

而非一段时间内的平均功率。另外，我们知道质点的速度（而不是对它所做的功）。因此，对每个力用式（7-47）。对力 $\vec{F}_1$，由于角 $\phi_1=180°$，有

$$P_1 = F_1 v\cos\phi_1 = 2.0\text{N}\times 3.0\text{m/s}\times\cos 180° = -6.0\text{W} \quad (答案)$$

此结果告诉我们力 $\vec{F}_1$ 以 6.0J/s 的时率从箱子**传出**能量。

对力 $\vec{F}_2$ 由于角 $\phi_2=60°$，可有

$$P_2 = F_2 v\cos\phi_2 = (4.0\text{N})(3.0\text{m/s})\cos 60° = 6.0\text{W} \quad (答案)$$

此结果告诉我们力 $\vec{F}_2$ 以 6.0J/s 的速率将能量**传入给**箱子。

第二个**关键点**是，净功率为各单个功率的和：

$$P_{net} = P_1 + P_2 = -6.0\text{W} + 6.0\text{W} = 0 \quad (答案)$$

由此可知，传进或传出箱子的能量的净时率为零。因此，箱子的动能（$K=\frac{1}{2}mv^2$）不变，因而箱子的速率将保持为 3.0m/s。既然 $\vec{F}_1$ 和 $\vec{F}_2$ 不变，速度 $\vec{v}$ 也不变，由式（7-48）可见，P_1 和 P_2 都是恒定的，从而 P_{net} 也不会变。

（b）如果 $\vec{F}_2$ 的大小换为 6.0 N，现在的净功率为多少？它变化吗？

【解】 与上面相同的**关键点**给出，这时 $\vec{F}_2$ 的功率

$$P_2 = F_2 v\cos\phi_2 = 6.0\text{N}\times 3.0\text{m/s}\times\cos 60° = 9.0\text{W}$$

力 $\vec{F}_1$ 的功率仍是 $P_1=-6.0\text{W}$，因此，这时的净功率为

$$P_{net} = P_1 + P_2 = -6.0\text{W} + 9.0\text{W} = 3.0\text{W} \quad (答案)$$

此结果告诉我们，传给箱子能量的净时率为正值。于是，箱子的动能增加，因而箱子的速率也增加。由式（7-48）可见，随着速率的增加，P_1 和 P_2 的值，因而还有 P_{net} 的值都会增加。所以，3.0 W 的净功率只是速率为 3.0 m/s 那一时刻的净功率。

复习和小结

动能 与质量为 m，速率为 v（其中 v 远低于光速）的质点的运动相联系的**动能** K 是

$$K = \frac{1}{2}mv^2 \quad (动能)$$

功 功 W 是通过对物体作用的力向物体传入或由物体传出的能量。向物体传入的能量为正功，而由物体传出的能量为负功。

恒力做的功 恒力 $\vec{F}$ 在质点位移 $\vec{d}$ 的过程中，对质点做的功为

$$W = Fd\cos\phi = \vec{F}\cdot\vec{d} \quad (功,恒力) \quad (7-7,7-8)$$

式中 ϕ 为 $\vec{F}$ 与 $\vec{d}$ 之间的恒定夹角。只有 $\vec{F}$ 在位移 $\vec{d}$ 方向的分量才能对物体做功。当两个或多个力作用在一个物体上时，它们的**净功**为各力单独做的功的总和，也等于这些力的净力 $\vec{F}_{net}$ 对物体做的功。

功和动能 我们可将质点动能的变化 ΔK 与对质点做的净功 W 用下式联系起来：

$$\Delta K = K_f - K_i = W \quad (功-动能定理) \quad (7-10)$$

其中，K_i 是物体的初动能，而 K_f 是被做功后的动能。重新安排式（7-10）给出

$$K_f = K_i + W \quad (7-11)$$

重力做的功 重力 $\vec{F}_g$ 对质量为 m 的类质点物体，在物体位移 $\vec{d}$ 的过程中所做的功 W_g 为

$$W_g = mgd\cos\phi \quad (7-12)$$

式中 ϕ 为 $\vec{F}_g$ 与 $\vec{d}$ 之间的夹角。

升高与降低物体做的功 外加力在使一个类质点物体升高或降低时做的功 W_a 与重力做的功 W_g 和该物体动能的变化 ΔK 由下式相联系

$$\Delta K = K_f - K_i = W_a + W_g \quad (7-15)$$

如果升高开始时的动能等于升高终了时的动能，式（7－15）简化为

$$W_a = -W_g \quad (7-16)$$

此式说明，外加力传入物体的能量与重力从物体传出的能量相同。

弹簧力 弹簧的力 $\vec{F}$ 为

$$\vec{F} = -k\vec{d} \quad (\text{胡克定律}) \quad (7-20)$$

其中 $\vec{d}$ 为其自由端离开弹簧处于**松弛状态**（既不压缩也不伸长）时的位置的位移，k 为**弹簧常量**（弹簧硬度的量度）。如果 x 轴沿弹簧的方向，原点取在弹簧处于松弛状态时自由端的位置，式（7－20）可写作

$$F = -kx \quad (\text{胡克定律}) \quad (7-21)$$

因此弹簧力是一个变量：它随着弹簧的自由端的位移而改变。

弹簧力做的功 若将弹簧的自由端与一个物体系在一起，弹簧力在物体由初位置 x_i 移到末位置 x_f 的过程中对物体所做的功 W_s 为

$$W_s = \frac{1}{2}kx_i^2 - \frac{1}{2}kx_f^2 \quad (7-25)$$

如果 $x_i=0$，$x_f=x$，则式（7－25）变为

$$W_s = -\frac{1}{2}kx^2 \quad (7-26)$$

变力做功 当作用在一个类质点物体上的力 $\vec{F}$ 与物体的位置有关时，想求物体由坐标为 (x_i,y_i,z_i) 的初位置运动到坐标为 (x_f,y_f,z_f) 的末位置时，力 $\vec{F}$ 对物体所做的功，必须对该力积分。如果我们假设分量 F_x 仅与 x 有关，与 y 或 z 无关；分量 F_y 仅与 y 有关，而与 x 或 z 无关；分量 F_z 仅与 z 有关，而与 x 或 y 无关，则所做的功为

$$W = \int_{x_i}^{x_f} F_x \mathrm{d}x + \int_{y_i}^{y_f} F_y \mathrm{d}y + \int_{z_i}^{z_f} F_z \mathrm{d}z \quad (7-36)$$

若 $\vec{F}$ 仅有一个 x 分量，则式（7－36）简化为

$$W = \int_{x_i}^{x_f} F(x)\mathrm{d}x \quad (7-32)$$

功率 一个力的**功率**为该力对物体做功的时率。如果在 Δt 时间间隔内，力做功 W，此力在这段时间间隔内的平均功率为

$$P_{\text{avg}} = \frac{W}{\Delta t} \quad (7-42)$$

瞬时功率为做功的瞬时速率

$$P = \frac{\mathrm{d}W}{\mathrm{d}t} \quad (7-43)$$

如果力 $\vec{F}$ 的方向与物体运动方向成一夹角 ϕ，瞬时功率为

$$P = Fv\cos\phi = \vec{F}\cdot\vec{v} \quad (7-47, 7-48)$$

式中 $\vec{v}$ 是物体的瞬时速度。

思考题

1. 按照一个质点具有下列速度时所具有的动能的大小，从大到小对这些速度排序：(a) $\vec{v}=4\vec{i}+3\vec{j}$，(b) $\vec{v}=-4\vec{i}+3\vec{j}$，(c) $\vec{v}=-3\vec{i}+4\vec{j}$，(d) $\vec{v}=3\vec{i}-4\vec{j}$，(e) $\vec{v}=5\vec{i}$，及 (f) $v=5$ m/s 与水平面成30°角。

2. 恒力 $\vec{F}$ 在质点沿直线位移 $\vec{d}$ 的过程中是做正功还是负功，如果：(a) $\vec{F}$ 与 $\vec{d}$ 的夹角是30°；(b) 夹角是100°；(c) $\vec{F}=2\vec{i}-3\vec{j}$ 且 $\vec{d}=-4\vec{i}$？

3. 图7－15所示为两个力同时作用于一个盒子的六种情形。各情形中的盒子都在一个光滑表面上向左或向右滑动。力的大小为1 N或2 N，分别由矢量的长度代表。对各种情形，在所示位移 $\vec{d}$ 的过程中，净力对盒子所做的功是正、负或是零？

4. 图7－16表示出，相应于一个质点的位置 x，

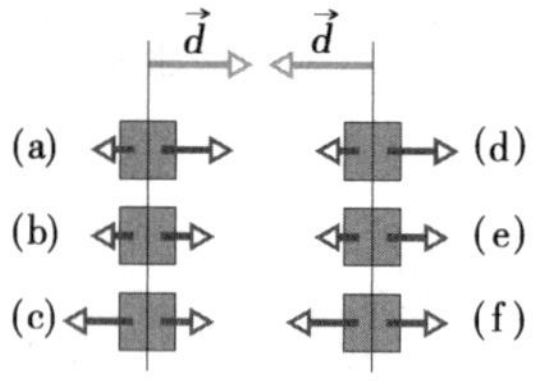

图7－15 思考题3图

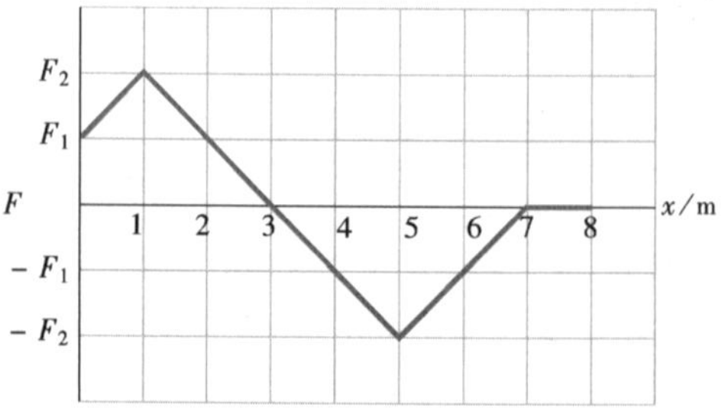

图7－16 思考题4图

作用于它的沿 x 轴的力 $\vec{F}$ 的值。如果质点开始时静止在 $x=0$，当它具有（a）最大动能，（b）具有最高速率，和（c）速率为零时，它的坐标各为何？（d）当它到达 $x=6\ \mathrm{m}$ 时，质点向什么方向运动？

5. 图 7－17 给出在一个光滑表面上，沿 x 轴用力拉动的一个装违禁品的盒子的位置对时间的关系的三种情形。其中线 B 是直线，另两条是曲线。按照盒子（a）在时刻 t_1 和（b）在时刻 t_2 的动能，对这三种情形从大到小排序。又按照（c）在 t_1 至 t_2 的时间内，所加力对盒子所做的净功，对三种情形从大到小排序。

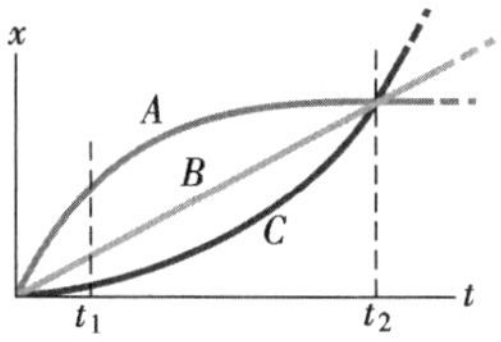

图 7－17　思考题 5 图

（d）对每种情况，下列哪一种说法最好地描述了在 t_1 至 t_2 的时间内所加力对盒子所做的净功？

（1）能量传给了盒子。

（2）能量从盒子传出了。

（3）净功为零。

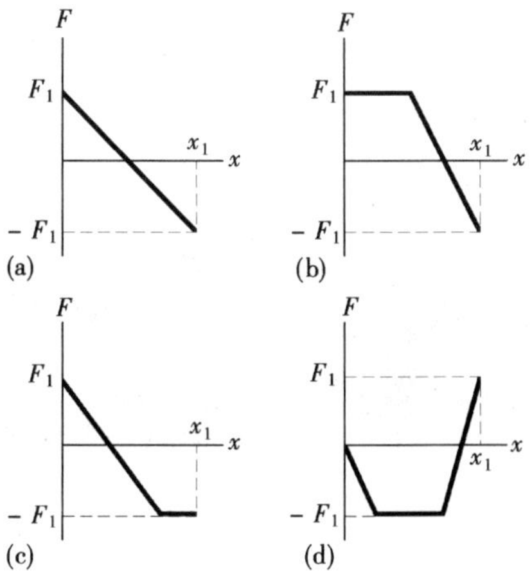

图 7－18　思考题 6 图

6. 图 7－18 所示四个图（按同一标尺画出）为作用于一质点的变力 $\vec{F}$（沿 x 轴）的 x 分量对受该力作用的质点的位置 x 的关系。按照从 $x=0$ 至 x_1 的过程中，$\vec{F}$ 对质点做的功由正最大至负最大，对这四个图排序。

7. 图 7－19 中，一头肥猪可以选择三个光滑滑梯滑到地面。按照在滑下的过程中，重力对肥猪所做的功由大到小对这三个滑梯排序。

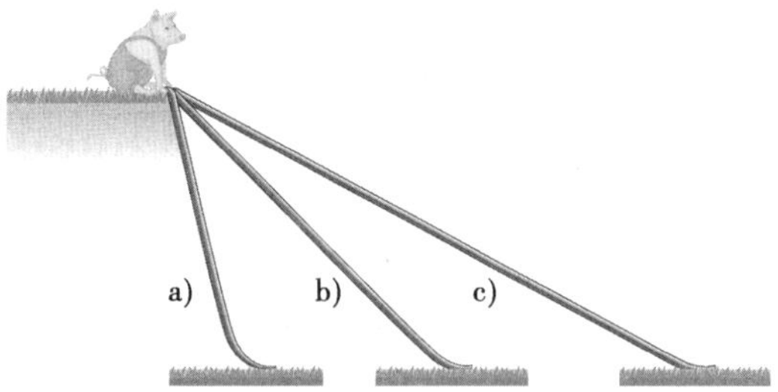

图 7－19　思考题 7 图

8. 将一只犰狳举起放到架子上。你作用在犰狳上的力所做的功：（a）是否与犰狳的质量有关？（b）是否与犰狳的重量有关？（c）是否与架子的高度有关？（d）是否与你所花费的时间有关？（e）是否与你直接举起或从旁边举起有关？

9. 图 7－20 所示为一捆杂志被绳吊起通过一段距离 d。表中列出了六对它在距离 d 开始和终了处的初始速率 v_0 及末速率 v 的值（m/s）。按照绳子对杂志的力在距离 d 内所做的功，从正最大至负最大，将这些数据对排序。

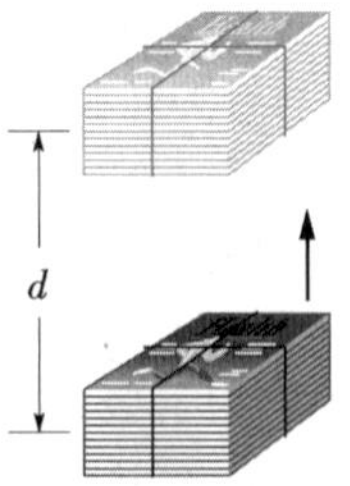

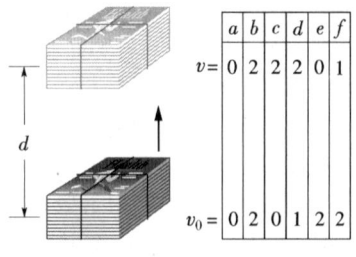

	a	b	c	d	e	f
$v=$	0	2	2	2	0	1
$v_0=$	0	2	0	1	2	2

图 7－20　思考题 9 图

10. 弹簧 A 比弹簧 B 硬，即是说 $k_A>k_B$。被压缩后哪一个弹簧的弹簧力做功较多，如果：两弹簧被压缩（a）相同的距离，（b）是由于加了相同的外力？

11. 一个物块连在一根松弛的弹簧上，如图 7－21a 所示。弹簧的弹簧常量 k 使得物块的一个向右的位移 $\vec{d}$ 时对物块的弹簧力的大小是 F_1，而在这位移过程中已对物块做功 W_1。今用另一个相同的弹簧与物块的另一边连在一起，如图 7－21b 所示；图中两个弹簧都处于各自的松弛状态。如果物块再位移 $\vec{d}$，(a) 两个弹簧对物块的净力有多大？(b) 两个弹簧力对物块做的功是多少？

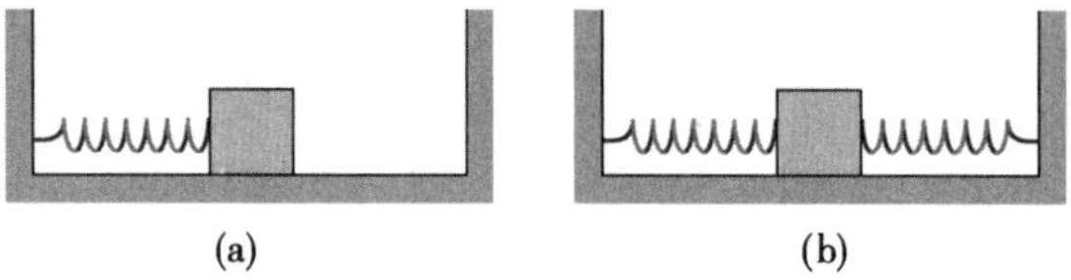

图 7－21　思考题 11 图

12. 图 7－22 给出了一辆小型赛车在变力的作用下沿某轴运动的速度对时间的关系。图中时间轴显示六段时间：$\Delta t_1 = \Delta t_2 = \Delta t_3 = \Delta t_6 = 2\Delta t_4 = \frac{2}{3}\Delta t_5$。(a) 在哪些时间段内，能量通过作用力**由**小型赛车传出？(b) 按照在时间段内作用力对小型赛车所**做**的功，将各段时间排序，最大正功在最前，最大负功在最后。(c) 按照作用力将能量传递**给**小型赛车的时率对各段时间排序，**给**小赛车传入能量最快的在最前，**从**它传出能量最快的在最后。

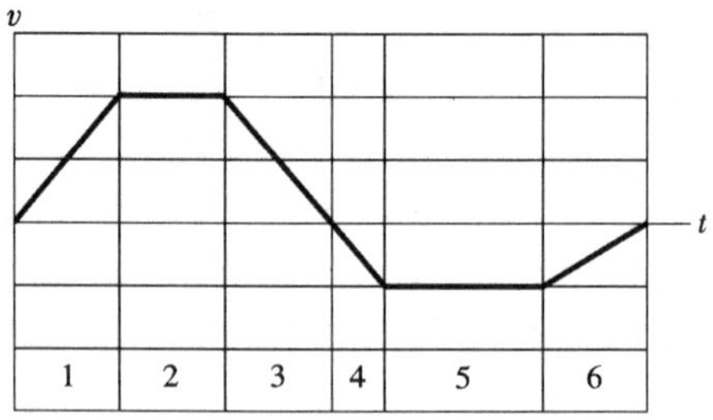

图 7－22　思考题 12 图

13. 在三种情形中，一个初始静止的粉笔罐被不同的作用力推着在光滑地面上滑动。图 7－23 给出了粉笔罐在三种情形中得到的加速度与时间的关系图。按照作用力在加速过程中**做**的功，由大到小将三种情形排序。

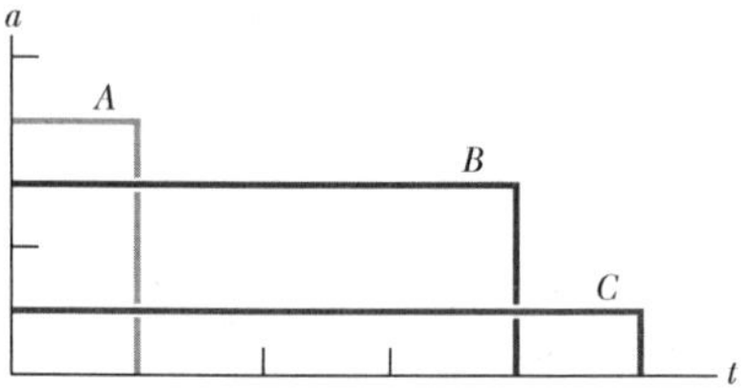

图 7－23　思考题 13 图

练习和习题

7－1 节　能量

1E. 如果铜内的一个电子（质量 $m = 9.11 \times 10^{-31}$ kg）在接近可能的最低温度时的动能是 6.7×10^{-19} J，电子的速率是多少？(ssm)

2E. 1972 年 8 月 10 日，一颗大陨石划过美国和加拿大西部上空的大气层，与石头打水漂极其相似。伴随的火球是如此明亮以至在白天的天空清晰可见（图 7－24）。陨石的质量约为 4×10^6 kg，速率约为 15 km/s。如果它是沿竖直方向进入了大气层，它将大约以这个速率撞击地面。(a) 计算竖直撞击会引起的陨石的动能的损失（J）。(b) 将这个能量表示为百万吨 TNT 爆炸能量，4.2×10^{15} J，的倍数。(c) 在广岛的原子弹爆炸的能量等于 13kt TNT。这次陨石撞击会相当于多少颗广岛原子弹？

3E. 计算下列物体在给定的速率时的动能：(a) 一名 110 kg 的美式足球后卫以 8.1 m/s 跑动，(b) 一粒 4.2 g 的子弹速率为 950 m/s；(c) 以 32kn 航行的质量为 91 400t 的尼米兹号航空母舰。

图 7－24　练习 2 图　一颗大陨石划过山上边天空的大气层（右上方）。

4P. 父亲追儿子时的动能为儿子动能的一半，儿子的质量是父亲质量的一半。父亲的速率增加 1.0 m/s 时与儿子的动能相同。那么，(a) 父亲和 (b)

儿子原来的速率各为多少？

5P. 一个质子（质量 $m=1.67\times10^{-27}$ kg）在加速器内沿直线以 $3.6\times10^{15}\mathrm{m/s^2}$ 加速。如果质子的初始速率为 2.4×10^{7} m/s，并行进了 3.5 cm。这时，(a) 它的速率是多少？(b) 它的动能增加了多少？(ssm)

7－3 节　功与动能

6E. 一块浮冰被急流推动沿直线的堤岸行进了一段位移 $\vec{d}=(15\mathrm{m})\vec{i}-(12\mathrm{m})\vec{j}$，水对浮冰块的力为 $\vec{F}=(210\ \mathrm{N})\vec{i}-(150\mathrm{N})\vec{j}$。在这段位移中力对浮冰块做的功是多少？

7E. 为了在光滑地面上拉动一个 50 kg 的箱子，一名工人沿水平向上 20°用力 210 N。当箱子移动 3.0 m 时，(a) 工人的力，(b) 重力和 (c) 地面对箱子的法向力对箱子做了多少功？(d) 对箱子做的总功是多少？(ssm)

8E. 当一个恒力 $\vec{F}$ 沿 x 轴的正方向作用在一个 1.0 kg 的标准物体上时，该物体正静止在一个光滑、水平的沿 x 轴的气轨上。物体向右滑动时所处位置的频闪图示于图 7－25 中。力 $\vec{F}$ 于 $t=0$ 时加到物体上，频闪图以 0.50 s 的间隔记录物体的位置。力 $\vec{F}$ 在 $t=0$ 至 $t=2.0$ s 的时间间隔内对物体做了多少功？

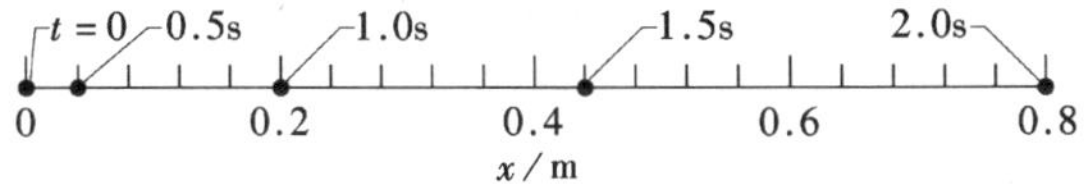

图 7－25　练习 8 图

9E. 一架雪橇及其乘客，总质量为 85 kg，以 37 m/s 的初速率从下山的轨道转到水平的直轨上。如果雪橇以恒定的减速度 2.0 $\mathrm{m/s^2}$ 逐渐停下，(a) 减速所需的力 F 有多大？(b) 减速经过的距离 d 是多少？(c) 减速的力对它们做的功 W 是多少？如果减速度是 4.0 $\mathrm{m/s^2}$，则 (d) F，(e) d，和 (f) W 各为何？(ilw)

10P. 一个力作用在一个 3.0 kg 的类质点物体上，物体的位置作为时间的函数给定为 $x=3.0t-4.0t^2+1.0t^3$，式中 x 以 m 为单位，t 以 s 为单位。求在 $t=0$ 至 $t=4.0$s 的时间间隔内，该力对物体做的功。(提示：在这两个时刻物体的速率为何？)

11P. 图 7－26 所示为三个力作用在一个皮箱上，使它在光滑的地面上向左移动了 3.00 m。力的大小为 $F_1=5.00$ N，$F_2=9.00$ N，和 $F_3=3.00$ N。在位移过程中，(a) 三个力对皮箱所做的净功是多少？(b) 皮箱的动能增加还是减少？(ssm)

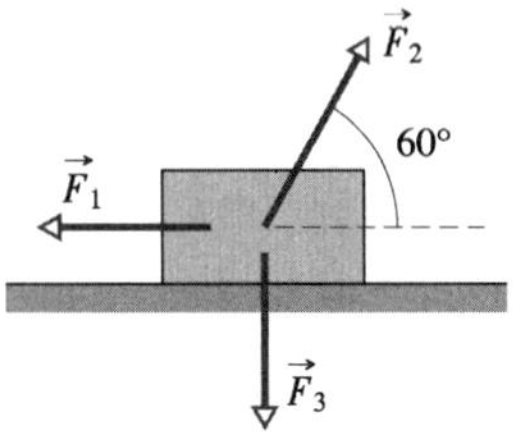

图 7－26　习题 11 图

12P. 作用于在 xy 平面内运动的一个 2.0 kg 的小罐上的惟一的力的大小为 5.0 N。小罐最初具有 4.0 m/s 沿 x 正向的速度，一段时间后的速度是 6.0 m/s 沿 y 轴正向。在这段时间内 5.0 N 的力对小罐做了多少功？

13P. 图 7－27 所示为三个水平力作用于一个小盒的俯视图，小盒最初静止，而现在在一光滑面上运动。力的大小分别是 $F_1=3.00$ N，$F_2=4.00$ N，$F_3=10.0$ N。在最初 4.00 m 的位移内，这三个力对小盒所做的净功是多少？(ssm)

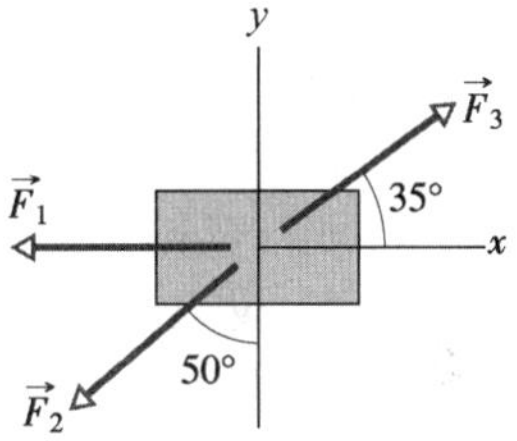

图 7－27　习题 13 图

7－4 节　重力做的功

14E. (a) 在 1975 年，重量为 360 kN 的蒙特利尔的室内赛车场的屋顶被升高了 10 cm，以便对正中心。抬升这个屋顶需对它做多少功？(b) 在 1960 年，有报道说佛罗里达坦帕的 Maxwell Rogers 太太抬起了一辆轿车的一端，因为车下的一个千斤顶失效使车压住了她的儿子。如果她情急之下相当于将 4000 N 的重量（约为车重量的 1/4）抬起了 5.0 cm，她的力对汽车做了多少功？

15E. 图 7－28 中，一根绳子绕过两个光滑的无质量滑轮，一个质量 $m=20$ kg 的罐吊在一个滑轮的下面；你加一个力 $\vec{F}$ 在绳的自由端。则 (a) 要使罐匀速上升必须加多大的力？(b) 要使罐上升 2.0 cm，你必须把绳子的自由端拉多远？在这一罐上升过程中，(c) 你的力（通过绳子）和 (d) 重力对罐做了

图7-28　练习15图

多少功？(**提示**：当绳子如图绕过滑轮时，它拉动滑轮的净力是绳子中张力的两倍。)

16E. 一个45 kg的冰块滑下一个1.5 m长，0.91 m高的光滑斜面。一名工人以平行于斜面的力向上推冰块，使冰块匀速下滑到底。(a) 求工人推力的大小。以下各力对冰块所做的功各是多少：(b) 工人的推力，(c) 对冰块的重力，(d) 斜面对冰块的法向力，和 (e) 对冰块的净力。

17P. 一架直升机将一名72 kg的宇航员用缆绳从海面竖直拉起15 m高。宇航员的加速度为$g/10$。(a) 直升机对宇航员做多少功？(b) 重力对她做多少功？(c) 宇航员刚要到达直升机之前的动能和 (d) 速率是多少？(ssm) (www)

18P. 洞穴营救队将一位受伤的洞穴勘探者用电力驱动缆绳竖直向上吊出落水洞口。上升的过程分为三个阶段，每一阶段的竖直距离是10.0 m：(a) 将原来静止的受伤者加速至5.00 m/s；(b) 然后将他以5.00 m/s的恒定速率上升；(c) 最后将他减速到速率为零。每一个阶段向上的拉力对80.0 kg的被救人做了多少功？

19P. 用一根绳以$g/4$的恒定的向下的加速度将一个质量为M的初始静止的物块竖直向下放。当物块下落了距离d时，求 (a) 绳子的力对物块所做的功，(b) 重力对物块所做的功，(c) 物块的动能，和 (d) 物块的速率。(ssm)

7-5节　弹簧力做的功

20E. 在麻省理工学院的春季学期，住在东校区宿舍平行的楼内的学生将用医用塑胶管做成的弹弓固定在窗框上相互对打。他们把装满有颜色的水的一个气球放在弹弓兜内，然后将兜拉至房间的对面。假定塑胶管的伸长服从胡克定律而弹簧常量为100 N/m。如果塑胶管被拉长了5.00 m，然后释放，则当塑胶管恢复到它的松弛长度时，塑胶管的力对兜中的气球做的功是多少？

21E. 一个弹簧常量为15 N/cm的弹簧的一端与一鸟笼连在一起(图7-29)。(a) 如将弹簧从其松弛长度拉长7.6 mm，弹簧力对鸟笼做多少功？(b) 若将弹簧多拉长7.6 mm，弹簧力多做多少功？(ssm) (ilw) (www)

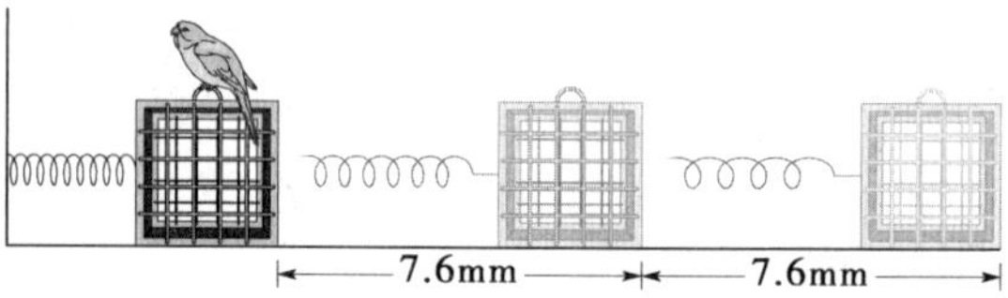

图7-29　练习21图

22P. 一个250 g的物块落在一个松弛的竖直弹簧上，弹簧的弹簧常量为$k = 2.5$ N/cm (图7-30)。物块贴在弹簧上将弹簧压缩了12 cm后瞬时停止。在弹簧被压缩的过程中，(a) 重力对物块做了多少功？(b) 弹簧力对物块做多少功？(c) 物块刚要击中弹簧之前的速率是多少？(假定摩擦力可以忽略。) (d) 如果物块击中弹簧时的速率加倍，弹簧的最大压缩量应为何？

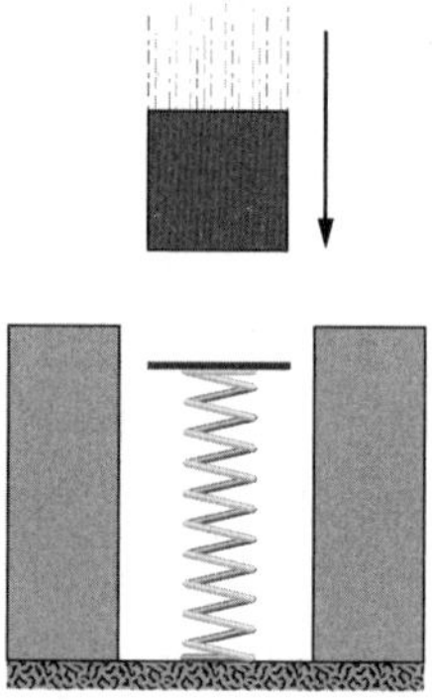

图7-30　习题22图

23P. 一个2.0 kg的物体，沿x正向运动时只受一个力的作用，其x分量为$F_x = -6x$N，式中x的单位是m。物体在$x = 3.0$ m时的速度是8.0 m/s。(a) 物体在$x = 4.0$ m处的速度为多少？(b) 在x是什么正值时，物体的速度可达5.0 m/s？(ssm)

7-6节　一般变力做的功

24E. 一个5.0 kg的物块在一个变力的作用下在光滑表面上沿一条直线运动，力与位置的关系如图7-31所示。物块从原点运动到$x = 8.0$ m时，该力对它做了多少功？

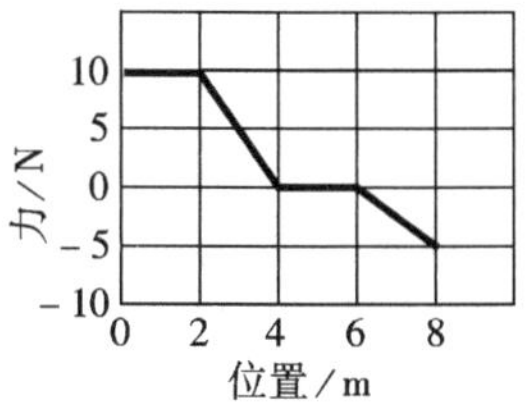

图 7-31　练习 24 图

25E. 一块 10 kg 的砖头沿 x 轴运动。它的加速度与位置的关系如图 7-32 所示。在砖头从 $x=0$ 运动至 $x=8.0$ m 的过程中，加速的力对它所做净功为何？（ssm）（ilw）

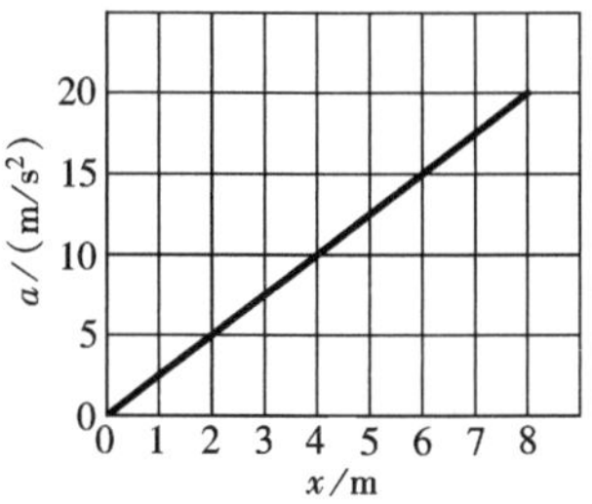

图 7-32　练习 25 图

26P. 作用在一个沿 x 轴运动的 2.0 kg 物体上的惟一的力的变化情况如图 7-33 所示。在 $x=0$ 时物体的速度是 4.0m/s。(a) 在 $x=3.0$ m 时物体的动能是多少？(b) 当物体的动能为 8.0 J 时，物体位置的 x 值是多少？(c) 在 $x=0$ 至 $x=5.0$ m 区间内，物体达到的最大动能是多少？

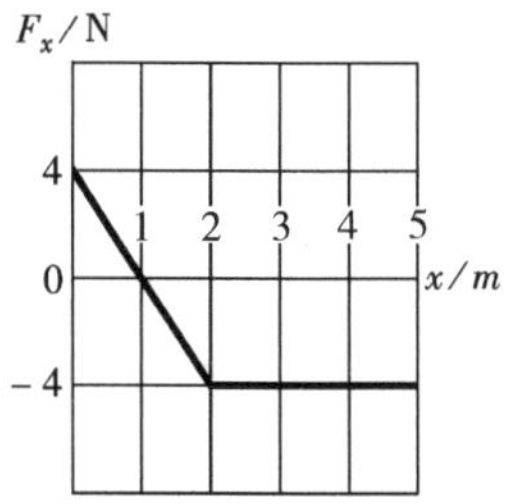

图 7-33　习题 26 图

27P. 作用于质点上的力沿 x 轴，且由 $F=F_0(x/x_0-1)$ 给出。通过 (a) 画出 $F(x)$ 的图并从图上测算，及 (b) 对 $F(x)$ 积分两种方法求质点在 $x=0$ 至 $x=2x_0$ 区间内该力对运动质点做的功。（ssm）

28P. 当一个沿 x 轴正向的水平力加到一个 1.5 kg 的物体上时，物体正静止在水平光滑面上。力给出为 $\vec{F}(x)=(2.5-x^2)\vec{i}N$，式中 x 以 m 为单位，物体的初始位置为 $x=0$。(a) 当物体通过 $x=2.0$m 时它的动能是多少？(b) 在 $x=0$ 至 $x=2.0$m 的区间内，物体的最大动能是多少？

29P. 力 $\vec{F}=(2x\mathrm{N})\vec{i}+(3\mathrm{N})\vec{j}$，式中 x 以 m 为单位，将质点从位置 $\vec{r}_i=(2\mathrm{m})\vec{i}+(3\mathrm{m})\vec{j}$ 移动到位置 $\vec{r}_f=-(4\mathrm{m})\vec{i}-(3\mathrm{m})\vec{j}$ 做多少功?。（ssm）

7-7 节　功率

30E. 一承载的电梯箱具有 3.0×10^3kg 的质量，在 23 s 内匀速上升了 210 m。缆绳对电梯箱的平均功率是多少？

31E. 一个 100 kg 的物块被拉着以 5.0 m/s 的恒速在水平面上运动，拉力为 122 N，与水平面成 37°角向上。力对物块做功的功率是多少？（ssm）（ilw）

32E. (a) 在某一时刻，一个类质点的物体受力 $\vec{F}=(4.0\ \mathrm{N})\vec{i}-(2.0\ \mathrm{N})\vec{j}+(9.0\ \mathrm{N})\vec{k}$，同时具有速度 $\vec{v}=-(2.0\ \mathrm{m/s})\vec{i}+(4.0\ \mathrm{m/s})\vec{k}$。力对物体做功的瞬时速率是多少？(b) 在另一时刻，物体的速度只有 y 分量。如果力没有改变，且当时的瞬时功率为 -12 W，则物体在该时刻的速度为何？

33P. 一个 5.0 N 的力作用在一个 15 kg 的初始静止的物体上。计算力对物体在 (a) 第一秒内，(b) 第二秒内和 (c) 第三秒内所做的功和 (d) 在第三秒末的瞬时功率。（ssm）

34P. 一名滑雪者被拖绳拉上与水平面成 12°角的光滑雪坡。拖绳的速率恒定为 1.0 m/s，与斜面平行。当滑雪者被沿斜面拉上 8.0 m 时，拖绳对他做功 900 J。(a) 如果拖绳的速率恒定为 2.0 m/s，拖绳将滑雪者沿斜面拉上 8.0 m 时对滑雪者做功多少？当拖绳的速率分别为 (b) 1.0 m/s 和 (c) 2.0 m/s 时，拖绳的力对滑雪者做功的功率各是多少？

35P. 一部满载的慢速货运电梯箱的总质量是 1200 kg，要在 3.0min 的时间内上升 54 m，在起点和终点时静止。电梯配重的质量只有 950 kg，因而电梯的电动机必须用力向上拉电梯。电动机通过缆绳对电梯加的拉力的平均功率是多少？（ssm）（www）

36P. 一个 0.30 kg 的勺子在光滑的水平面上滑动，它连在一个水平弹簧（$k=500$ N/m）的一端，弹簧的另一端固定。当勺子通过平衡位置（弹簧力为零的点）时，它的动能是 10 J。(a) 当勺子通过平衡点时，弹簧对它做功的时率是多少？(b) 当弹簧被压缩 0.10 m，且勺子向远离平衡点的方向运动时，弹簧对它做功的时率是多少？

37P. 以恒速拖动一条船所需的力（不是功率）与船的速率成正比。如果速率是4.0 km/h时，需要功率7.5 kW，速率为12 km/h时需要多大功率？(ssm)

38P. 使用一个以恒速0.50 m/s运行的传送带将箱子在仓库内从一处输送另一处。在某处，传送带沿与水平成10°角的斜面向上运动2.0 m，然后沿水平运动2.0 m距离，最后沿与水平成10°角方向向下2.0 m。如果有一个2.0 kg的箱子放在传送带上不打滑。(a) 箱子沿10°斜面向上运动时，(b) 箱子水平运动时和 (c) 箱子沿10°斜面向下运动时，传送带的力对箱子做功的时率各是多少？

39P. 一匹马以速率6.0 mile/h拉车行走，拉力是40 lb，与水平面成30°角向上。(a) 拉力在10min内做多少功？(b) 拉力的平均功率是多少hp？

40P. 一个最初静止的2.0 kg的物体在3.0 s内沿水平方向均匀加速到10 m/s的速率。(a) 在这3.0 s的时间内，对物体加速的力对它做了多少功？(b) 在此时间间隔的最后时刻和 (c) 在此时间间隔的前半段的最后时刻，该力的瞬时功率是多少？

第 8 章　势能与能量守恒

复活节岛上的史前居民在他们的采石场雕刻出了成百个巨大的石人雕像，然后将它们移到岛上各处。他们怎能不用复杂的机械而将这些雕像移到 10km 以外已成为一个引起激烈争论的话题，而关于所需能量的来源，也有着各种各样奇异的说法。

那么，只用原始的手段，移动其中一个雕像当时需要多少能量？

答案就在本章中。

8－1　势能

本章中，我们继续讨论第7章开始的能量。为此，定义第二种形式的能量：势能 U，它是与有相互作用的物体构成的物体系的位形（或安排）相联系的能量。如果系统的位形改变了，系统的势能也就能改变。

一种势能为**重力势能**，它与依靠重力相互吸引的物体之间的分离状态相联系。例如，在1996年奥林匹克运动会上，Andrey Chemerkin 将破记录的重量举过他的头顶时，他增大了重物与地球之间的间隔。他的力所做的功改变了重物－地球系统的重力势能。因为他改变了该系统的位形——也就是说，他的力改变了重物与地球的相对位置（图8－1）。

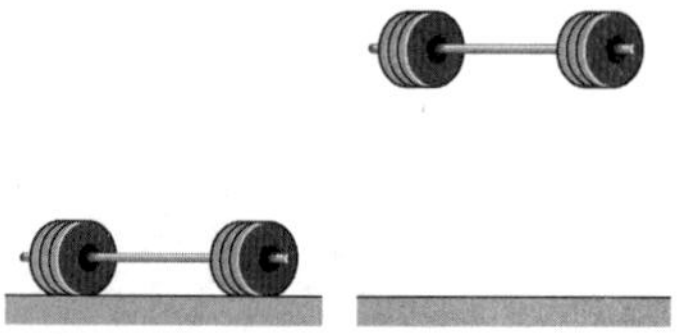

图8－1　当 Chemerkin 将重物举过他头顶时，他增大了重物与地球之间的间隔，因而将重物－地球系统由（a）中的位形改变到（b）中的位形。

另一种势能是**弹性势能**，它与弹性（像弹簧的）物体的压缩和伸长的状态相联系。如果你推压或拉长一个弹簧，你做的功就改变了弹簧的各圈之间的相对位置。你的力做功的结果是增加了该弹簧的弹性势能。

势能的概念对了解物体运动的状况可以是一个非常有力的工具。事实上，用它可以很容易地解决许多涉及物体运动的问题，而如果只用前几章的概念，可能需要详细的计算机编程。

功与势能

在第7章中，我们曾讨论了功与动能的变化量之间的关系。此处，我们要讨论的是功与势能的变化量之间的关系。

向上扔一个番茄（图8－2）。我们已经知道随着番茄上升，重力对番茄做的功是负的，因为重力从番茄的动能传出能量。现在我们可以作出结论说是重力将此能量转化为番茄－地球系统的重力势能。

番茄由于重力的作用慢下来，停下，接着开始向下回落。下落期间，转化反过来了：重力对番茄此时做的功 W_g 是正的——重力将番茄－地球系统的重力势能转化为番茄的动能。

不论上升或下落，重力势能的变化量 ΔU 定义为等于重力对番茄所做功的负值。用功的常用符号 W，此定义写作

$$\Delta U = -W \tag{8-1}$$

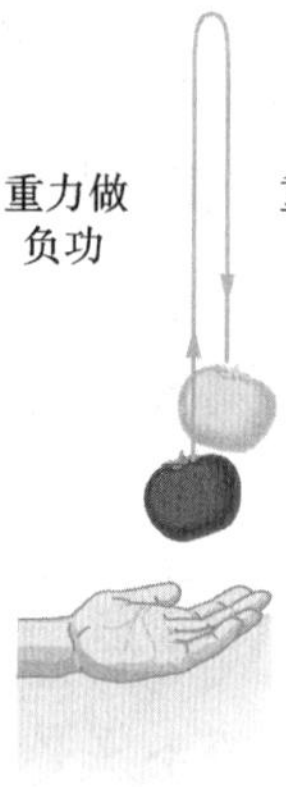

图8－2　将一番茄上抛。随着它上升，重力对它做负功，减少它的动能；随着它下降，重力对它做正功，增加它的动能。

此式也适用于如图8－3所示的物块—弹簧系统。如果我们猛推一下物块，使它向右运动，弹簧力会向左并因而对物块做负功，将物块的动能转化为弹簧的弹性势能。物块慢下来，以至最终停下，接着由于弹簧力仍向左，它开始向左移动。能量的转化倒过来，于是——由弹簧的势能转化为物块的动能。

保守力与非保守力

现在让我们列出刚讨论过的两种情形的关键因素如下：

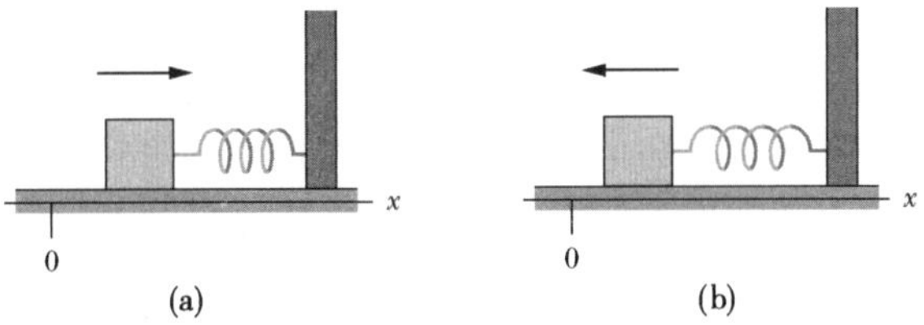

图8-3 原来静止在 $x=0$ 的与弹簧连在一起的物块，被推向右运动。(a) 随着物块向右运动（如箭头所示），弹簧力对它做负功。(b) 接着，随着物块掉头向 $x=0$ 运动，弹簧力对它做正功。

1. **系统**包含两个或两个以上的物体；

2. 有一个**力**作用在系统中的一个类质点物体（番茄或物块）和系统的其余部分之间；

3. 当系统的位形改变时，该力对类质点物体做功（称为 W_1），使物体的动能 K 和系统其他形式的能量相互转化。

4. 当该位形的改变倒过来时，该力使能量的转化倒过来，在过程中做功 W_2。

在 $W_1=-W_2$ 总成立的情形中，这个其他形式的能量就是势能，而该力称为**保守力**。正像你可能猜想到的那样，重力和弹簧力都是保守的（否则，我们就不能如前边那样谈论重力势能和弹性势能）。

一个不是保守的力，称其为**非保守力**。动摩擦力和流体阻力是非保守的。比如，让我们将一物体推过不光滑的地板。滑动过程中，地板对物体的动摩擦力做负功，将它的动能转化为一种称为热能的能量形式（与原子和分子的无序运动有关）而使物体的运动变慢。我们从实验中知道，这种能量转化不能倒过来（热能不能靠动摩擦力转化回物体的动能）。所以，虽然我们有一个系统（由物体与地板组成），有一个力作用在系统内各部分之间，而且有该力引起的能量转化，可是这个力不是保守的。因此，热能不是势能。

当一个类质点物体只受保守力作用时，我们可以大大地简化那些用其他方法难以求解的，涉及物体运动的问题。在下一节，我们会推出一种判定保守力的测试方法，假如你打算简化这类问题的话。

8-2 保守力与路径无关

确定一个力是保守力还是非保守力的基本测试方法是：让此力作用在一个沿任一闭合路径运动的质点上，从某一初始位置开始最后又返回到该位置（使该质点从起点开始又回到起点**绕行了一次**）。只有质点在沿此闭合路径或沿任意其他闭合路径绕行一次时，力向质点传入和由质点传出的总能量为零，该力才是保守的。换言之：

保守力对沿任一闭合路径运动绕行一次的质点所做的净功为零。

我们由实验知道重力通过了这样的闭合路径测试。例证之一就是图8-2中上抛的番茄。番茄以速率 v_0 和动能 $\frac{1}{2}mv_0^2$ 离开抛出点。重力对番茄的作用使它慢下来，停止，接着又使它向下回落。当番茄返回抛出点时，它又具有了速率 v_0 和动能$\frac{1}{2}mv_0^2$。因此，重力在番茄上升过程中从番茄传出的那样多的能量，在番茄回落到抛出点的过程中又传回给了番茄。在这来回一次的整个过程中，重力对番茄做的净功为零。

闭合路径测试的一个重要结果是：

保守力对在两点之间运动的质点所做的功，与质点所取的路径无关。

例如，设图 8－4a 中的质点沿路径 1 或路径 2，由 a 点移动到 b 点。如果只有一个保守力作用在质点上，则沿两路径该力对质点做功相同。可用符号将此结果写为

$$W_{ab,1}=W_{ab,2} \quad (8-2)$$

其中下标 ab 分别代表初、末点，而下标 1 和 2 表示路径。

这个结果是非常有用的，因为它能简化那些只涉及保守力的难题。假设需要计算保守力沿两点间的给定路径所做的功，而没有补充条件，计算会很难，甚至不可能。这时，就可以用在两点间的计算容易且可能的其他路径代替给定路径来求功。例题 8－1 给出一个例子，不过先要证明式（8－2）。

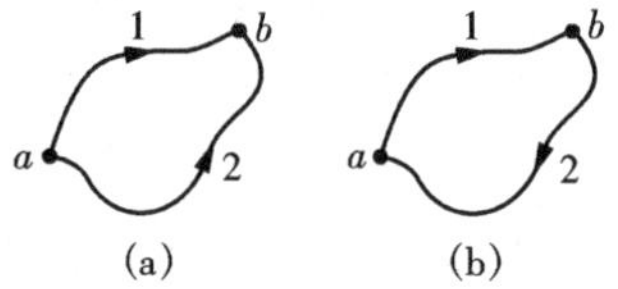

图 8－4　(a) 质点在保守力的作用下沿路径 1 或路径 2 由 a 点移动到 b 点。(b) 质点绕行一次沿路径 1 由 a 点到达 b 点，然后沿路径 2 返回到 a 点。

式（8－2）的证明

如图 8－4b 所示，一个受单个力作用的质点行经的任意一个来回路径。质点由起点 a 沿路径 1 运动到 b 点，然后沿路径 2 返回到 a 点。质点沿每个路径运动时，该力都对它做功。在不考虑在何处做正功，在何处做负功之前，不妨先用 $W_{ab,1}$ 来代表沿路径 1 由 a 到 b 过程中做的功；而以 $W_{ab,2}$ 表示沿路径 2 由 b 回到 a 做的功。如果该力是保守的，则一来一回做的净功一定为零：

$$W_{ab,1}+W_{ba,2}=0$$

因而

$$W_{ab,1}=-W_{ba,2} \quad (8-3)$$

用话来说，沿出去路径所做的功一定是沿返回路径所做的功的负值。

现在考虑质点沿图 8－4a 所示的路径 2 由 a 运动到 b 时，该力对质点做的功 $W_{ab,2}$。如果该力是保守的，所做之功就应是 $W_{ab,2}$ 的负值

$$W_{ab,2}=-W_{ba,2} \quad (8-4)$$

将 $W_{ab,2}$ 作为 $-W_{ab,2}$，代入式（8－3）中，得到

$$W_{ab,1}=W_{ab,2}$$

这正是我们要证明的。

检查点 1：图示为连接 a 点和 b 点的三条路径。单个力 $\vec{F}$ 对按所示方向沿各条路径运动的一个质点做的功标在图中。基于这些信息判断，力 $\vec{F}$ 是保守的吗？

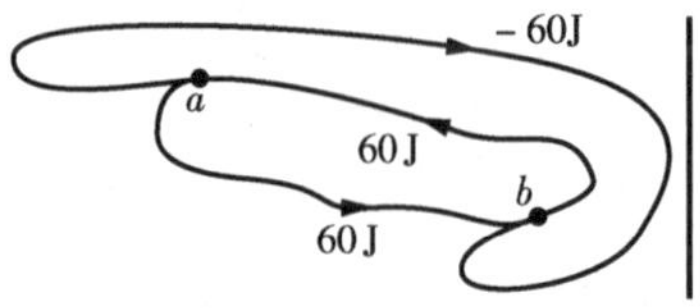

例题 8-1

如图 8-5a 所示，一块 2.0kg 的奶酪，由 a 点沿着光滑轨道滑到 b 点。奶酪沿轨道经过的总路程为 2.0m，净竖直距离为 0.8m。在奶酪下滑期间，重力对它做了多少功？

【解】 这里一个**关键点**是，我们**不能**应用式（7-12）（$W_g = mgd\cos\phi$）求出奶酪沿轨道运动过程中重力 $\vec{F}_g$ 所做的功。原因在于 $\vec{F}_g$ 与位移 $\vec{d}$ 两方向之间的角度 ϕ 沿轨道的变化方式不知道（即使我们的确知道轨道的形状而且能够计算沿着它的 ϕ 角，计算也会是非常复杂的）。

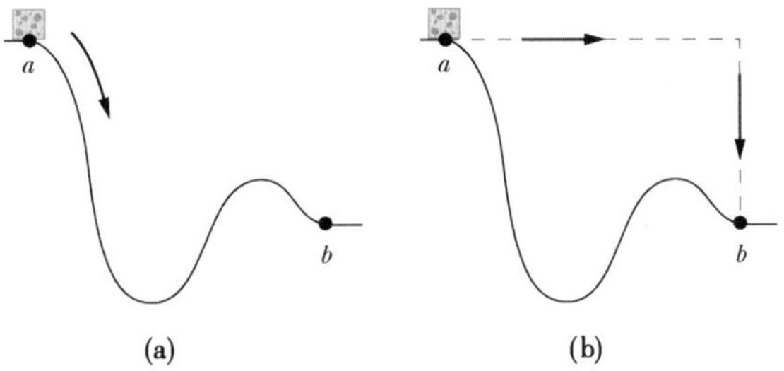

图 8-5 例题 8-1 图 （a）一块奶酪由 a 点沿光滑轨道滑到 b 点。（b）沿虚线所示路径求重力对它做的功要比沿奶酪经过的实际路径求容易；对两路径的结果相同。

第二个**关键点**是，由于 $\vec{F}_g$ 为保守力，因此计算功时可以选取 a 与 b 之间的其他路径——一条使计算容易的路径。不妨就选取图 8-5b 中的虚线路径，它包含两段直线路径。沿水平路段，角度 ϕ 是恒量 90°。即使我们不知道这段水平路径对应的位移，式（7-12）已给出，水平路段上重力做的功 W_h 为

$$W_h = mgd\cos 90° = 0$$

沿竖直路径，位移 d 为 0.8m，$\vec{F}_g$ 与 $\vec{d}$ 都向下，角度 ϕ 是恒量 0°。所以，式（7-12）给出，沿虚线的竖直部分重力做的功 W_v 为

$$W_v = mgd\cos 0° = 2.0\text{kg} \times 9.8\text{m/s}^2 \times 0.80\text{m} \times 1 = 15.7\text{J}$$

于是，奶酪沿虚线路径由 a 点运动到 b 点，$\vec{F}_g$ 对它所做的总功为

$$W = W_h + W_v = 0 + 15.7\text{J} \approx 16\text{J} \qquad \text{（答案）}$$

这也就是奶酪沿轨道由 a 到 b 时重力做的功。

8-3 确定势能值

这里，我们要找出计算本章讨论的两种势能——重力势能和弹性势能——的值的公式。不过，我们必须先找出保守力与相关势能的一般关系。

考虑一个类质点物体，它属于其中有保守力 $\vec{F}$ 作用的系统的一部分。当该力对此物体做功 W 时，与这个系统相关的势能的变化 ΔU 为所做功的负值。我们将此事实写作式（8-1）（$\Delta U = -W$）。对多数一般情形，其中力或许会随位置而改变，我们可像式（7-32）那样将功 W 写作

$$W = \int_{x_i}^{x_f} F(x)\,dx \qquad (8-5)$$

此式给出物体由点 x_i 运动到点 x_f，使系统的位形发生变化时该力所做的功（由于此力是保守力，所以对这两点之间的所有路径做的功均相同）。

将式（8-5）代入式（8-1），我们可求出由于位形改变而引起的势能的变化为

$$\Delta U = -\int_{x_i}^{x_f} F(x)\,dx \qquad (8-6)$$

这就是我们要找的普遍关系。下面就来应用它。

重力势能

我们先考虑一个质量为 m 的质点,它沿 y 轴(向上为正)竖直运动。随着质点由点 y_i 运动到点 y_f,重力 $\vec{F}_g$ 对它做功。为了求质点－地球系统的重力势能的相应的变化,用式(8－6),但做两点改变:(1)因为重力沿竖直方向,所以不沿 x 轴而沿 y 轴积分。(2)因为 $\vec{F}_g$ 的大小为 mg,方向沿 y 轴向下,所以将力符号 F 用 $-mg$ 代入。于是就有

$$\Delta U = -\int_{y_i}^{y_f}(-mg)\mathrm{d}y = mg\int_{y_i}^{y_f}\mathrm{d}y = mg[y]_{y_i}^{y_f}$$

由此可得

$$\Delta U = mg(y_f - y_i) = mg\Delta y \tag{8－7}$$

只有重力势能(或任何其他类型的势能)的变化 ΔU 才有物理意义。不过,为简化计算或讨论,有时喜欢说,当质点位于某一高度 y 时,一定的重力势能值 U 与一定的质点－地球系统相联系。为此,将式(8－7)重写作

$$U - U_i = mg(y - y_i) \tag{8－8}$$

然后,我们将 U_i 取作系统在某一参考位形时的重力势能,而参考位形由质点在某一参考点 y_i 来确定。通常我们取 $U_i = 0$ 和 $y_i = 0$。这样做后,式(8－8)变为

$$U(y) = mgy \quad (重力势能) \tag{8－9}$$

此式告诉我们:

> 与质点－地球系统相联系的重力势能仅依赖于质点相对于参考位置 $y = 0$ 的竖直位置 y(或高度),而与水平位置无关。

弹性势能

我们接下来讨论图8－3所示的物块－弹簧系统,系在弹簧常量为 k 的弹簧一端的物块在运动。随着物块从点 x_i 运动到点 x_f,弹簧弹力 $F = -kx$ 对它做功。为了求物块－弹簧系统的弹性势能的相应的变化,在式(8－6)中将 $F(x)$ 以 $-kx$ 代入,于是有

$$\Delta U = -\int_{x_i}^{x_f}(-kx)\mathrm{d}x = k\int_{x_i}^{x_f}x\mathrm{d}x = \frac{1}{2}k[x^2]_{x_i}^{x_f}$$

或

$$\Delta U = \frac{1}{2}kx_f^2 - \frac{1}{2}kx_i^2 \tag{8－10}$$

为了将势能值 U 与在位置 x 的物块相联系,我们将弹簧在其松弛长度且物块在 $x_i = 0$ 时选做参考位形。于是,弹性势能 U_i 为零,式(8－10)成为

$$U - 0 = \frac{1}{2}kx^2 - 0,$$

由此给出

$$U(x) = \frac{1}{2}kx^2 \quad (弹性势能) \tag{8－11}$$

检查点2：一个质点在一个沿 x 轴方向的保守力作用下沿 x 轴从 $x=0$ 运动到 x_1。图中所示为这个力的 x 分量随 x 变化的三种情形。在三种情形里该力都具有相同的最大值 F_1。按照质点运动过程中相关势能的变化将这些情形从最大正值开始排序。

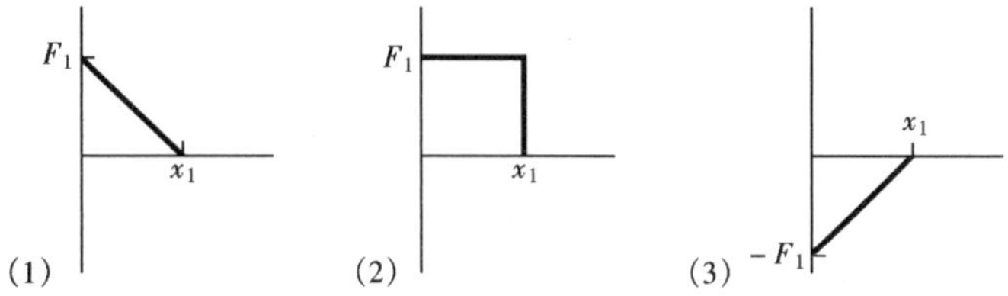

解题线索

线索1：应用"势能"这一术语

势能是与整个系统相联系的。不过，你也许见过只与系统的一部分相联系的说法。比如，你或许读过："一只挂在树上的苹果具有30J的重力势能"。这样的说法常是可接受的，但你应该常常记住势能实际上是与系统——此处是苹果-地球系统——相联系的。还应记住，给一个物体甚至一个系统的势能指定一个特别的值，比如这里的30J，只有当参考势能值已知时才有意义，就像在例题8-2中探讨的那样。

例题8-2

一个2.0kg的树懒吊在距地面5.0m的树枝上(见图8-6)。

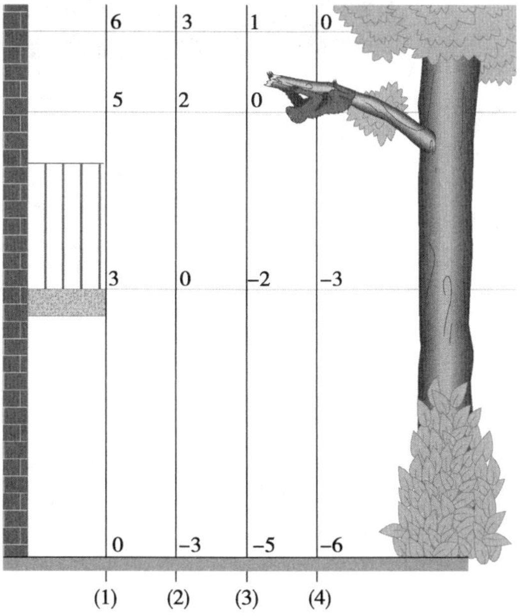

图8-6 例题8-2图 四种参考点 $y=0$ 的选择。各 y 轴都用单位m标记。选择会影响树懒-地球系统的势能 U 的值。然而，它不会影响该系统的势能的变化 ΔU，如果树懒移动，比如，下落的话。

(a) 树懒-地球系统的重力势能 U 是多少，如果将参考点 $y=0$ 选在(1)地面；(2)地面上方3.0m高的阳台地板上；(3)树枝上；及(4)树枝上方1.0m处。令 $y=0$ 处的重力势能为零。

【解】 这里**关键点**是，我们一旦选定了 $y=0$ 的参考点，就可用式(8-9)来计算系统**相对于那个参考点**的重力势能 U。例如，对选择(1)来说，树懒在 $y=5.0\text{m}$ 处，而

$$U = mgy = 2.0\text{kg}\times 9.8\text{m/s}^2\times 5.0\text{m} = 98\text{J}$$

（答案）

对其他选择，U 值为：

(2) $U = mgy = mg(2.0\text{m}) = 39\text{J}$

(3) $U = mgy = mg(0) = 0\text{J}$

(4) $U = mgy = mg(-1.0\text{m}) = -19.6\text{J}\approx -20\text{J}$

（答案）

(b) 树懒落到了地面上。由于它的下落，对各种参考点的选择，树懒-地球系统的势能变化 ΔU 为何？

【解】 这里**关键点**是势能的**变化**不依赖于对参考点 $y=0$ 的选择；而依赖于高度的变化 Δy。对所有四种情形，都有相同的 $\Delta y=-5.0\text{m}$，因而对(1)到(4)之选择，式(8-7)给出

$$\Delta U = mg\Delta y = 2.0\text{kg}\times 9.8\text{m/s}^2\times(-5.0\text{m}) = -98\text{J}$$

（答案）

物理学基础

8－4　机械能的守恒

一个系统的**机械能** E_{mec} 是其势能 U 与系统内物体的动能 K 的总和：

$$E_{mec} = K + U \quad (\text{机械能}) \tag{8-12}$$

本节中，我们将讨论当只有保守力引起系统内能量的传递——即当系统内的物体不受摩擦力和流体阻力作用时，这机械能会怎样。同时，我们将假设系统从它的环境中**孤立**出来，也就是没有来自系统外的物体的**外力**引起系统内的能量改变。

当一个保守力对系统内的一个物体做功 W 时，它使该物体的动能与系统的势能相互转化。由式(7－10)知，动能的变化 ΔK 为

$$\Delta K = W \tag{8-13}$$

而且，由式(8－1)知，势能的变化 ΔU 为

$$\Delta U = -W \tag{8-14}$$

结合式(8－13)和式(8－14)可得

$$\Delta K = -\Delta U \tag{8-15}$$

用话来说，这两种能量中的一种增加的严格地与另一种减少的一样多。

可将式(8－15)写作

$$K_2 - K_1 = -(U_2 - U_1) \tag{8-16}$$

其中下标指两个不同的瞬时，因而也就是系统内物体的两种不同安排。重新整理式(8－16)得

$$K_2 + U_2 = K_1 + U_1 \quad (\text{机械能守恒}) \tag{8-17}$$

用话来说，此式告诉我们，当系统孤立且只有保守力作用在系统内的物体上时，

(一个系统在任一状态的 K 与 U 之和) = (该系统在任何其他状态的 K 与 U 之和)

换言之：

从前阿拉斯加当地人为了能到更远的平地，会用一块毯子将人抛起。如今这样做只是为了取乐。照片中的儿童上升时，能量由动能转化为重力势能。达到最高点时，转化完毕。接着下落时，能量转化倒过来。

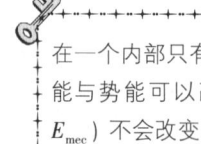

> 在一个内部只有保守力引起能量变化的孤立系中，动能与势能可以改变，但它们的和(该系统的机械能 E_{mec})不会改变。

此结果称为**机械能**守恒原理(现在你可以知道保守力这个名字的出处了)[㊀]。借助于式(8－15)的帮助，可将此原理用另一种形式表示为

$$\Delta E_{mec} = \Delta K + \Delta U = 0 \tag{8-18}$$

㊀ “守恒”的英文原字是 conservation，“保守的”英文原字是 conservative，二者是同一字的两种形式。——译者注

机械能守恒原理使我们可以解那些只用牛顿定律会很难解的问题：

当系统的机械能守恒时，我们可将某一时刻的动能与势能之和与另一时刻二者之和联系起来，**而不必考虑中间的运动，也不用求所涉及的力做的功**。

图8－7给出一个可以应用于机械能守恒定律的例子：随着摆的摆动，摆—地球系统的能量在动能K与重力势能U之间来回转化，而$K+U$之和恒定。如果知道了摆球在其最高点（图8－7c）的

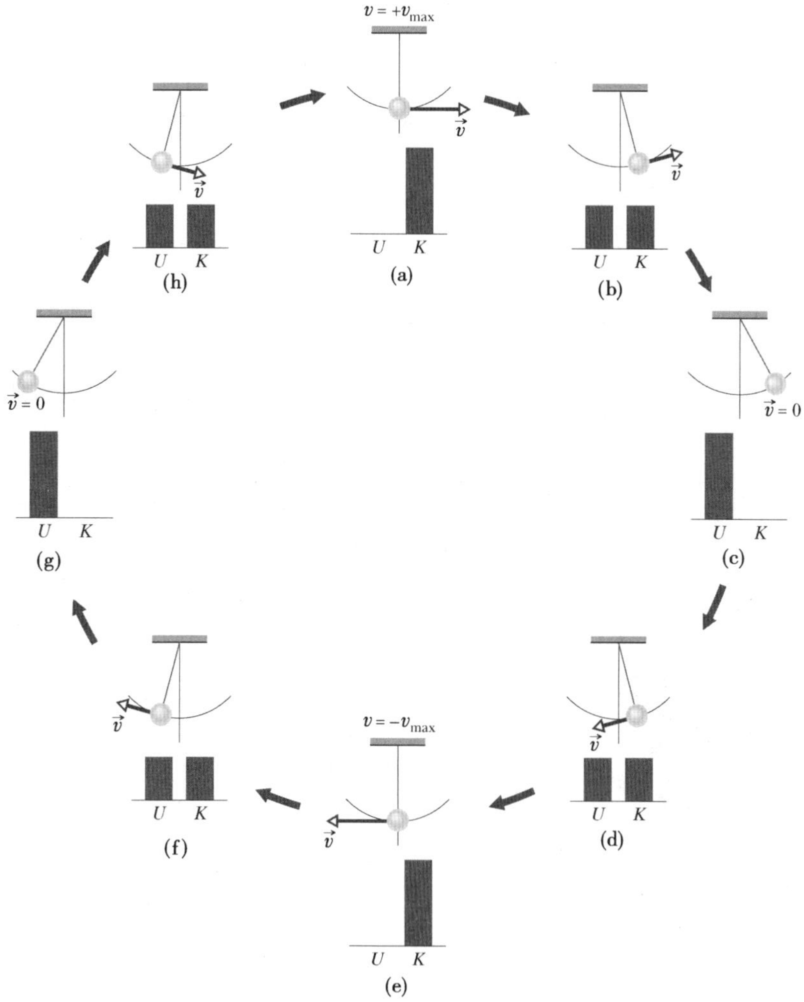

图8－7 一只摆，其质量集中在下端的摆球上，来回摆动。图示运动的一个完整的循环。在来回摆动过程中，摆－地球系统的势能和动能值，随着摆球的上升和下降而改变，但系统的机械能E_{mec}保持恒定。能量E_{mec}可用动能和势能之间的连续转移来描述。在(a)与(e)阶段，能量都是动能。于是，摆球有其最大速率且在最低点。在(c)与(g)时刻，能量均为势能，摆球有零速率，且在其最高点。在(b)(d)(f)和(h)时刻，动能和势能各为总能的一半。如果摆动中摆吊在天花板处的摩擦力，或空气阻力需考虑，则E_{mec}不会守恒，最终单摆会停止摆动。

重力势能，式(8－17)就给出在其最低点(图8－7e)摆球的动能。

例如，我们选取最低点为参考点，对应重力势能 $U_2=0$。假若最高点处的势能相对参考点为 $U_1=20J$。由于摆球在最高点处瞬时静止，动能为 $K_1=0$。将此值代入式(8－17)，就可得到最低点处的动能 K_2 为

$$K_2+0=0+20J \quad 或 \quad K_2=20J$$

注意求得这个结果并没有考虑最高点与最低点(如图8－7d)之间的运动，也没有计算在此过程中涉及的任何力做的功。

检查点3：如图所示四种情形——其中一种是最初静止的物块被丢下，而另外三种情形中该物块是沿光滑斜面滑下。(a)按照物块在 B 点的动能从大到小将四种情形排序。(b)按照该物块在 B 点的速率，从大到小将它们排序。

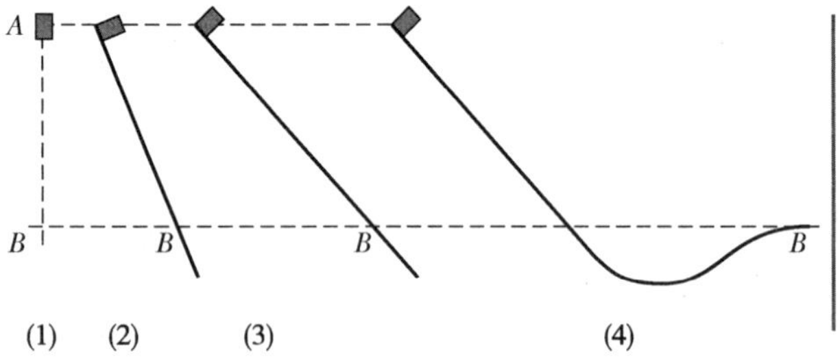

例题8－3

在图8－8中，一个质量为 m 的小孩在水滑梯顶部由静止滑下，顶部距滑梯底部的高度 $h=8.5m$。设滑梯由于其上的水而无摩擦，求小孩滑到底部时的速率。

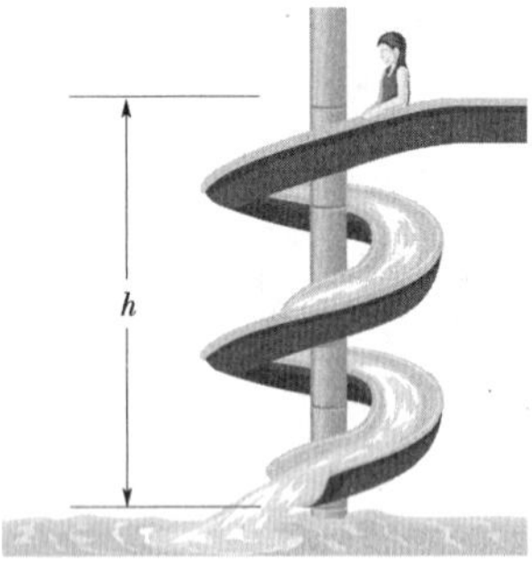

图8－8　例题8－3图　一个小孩沿水滑梯滑下，下降高度为 h。

【解】　这里一个**关键点**是，由于我们不知道滑梯的斜度(倾角)，因此不能像前几章那样利用她沿滑梯的加速度求出她到底部时的速率。然而，因为速率与她的动能相关，也许我们可用机械能守恒原理求得速率。这样，我们就不需知道倾角或任何关于滑梯形状的条件。第二个**关键点**是在孤立系中，当只有保守力引致能量传递时，机械能才守恒。我们现在就来验证一下。

力：有两个力作用于小孩。**重力**，是个保守力，对她做功；滑梯对她的**法向力**不做功，因为在下滑的任一点它的方向总是垂直于小孩运动的方向。

系统：因为惟一对小孩做功的力是重力，我们选取小孩－地球系统作为我们的孤立系统。

这样，我们就有了一个只有保守力做功的孤立系，所以可以应用机械能守恒原理。令小孩在滑梯顶部的机械能为 $E_{mec,t}$，在底部的机械能为 $E_{mec,b}$。守恒原理告诉我们

$$E_{mec,b}=E_{mec,t}$$

将其展开，用机械能的两种形式表示，可有

$$K_b+U_b=K_t+U_t$$

或

$$\frac{1}{2}mv_b^2+mgy_b=\frac{1}{2}mv_t^2+mgy_t$$

除以 m，整理后得

$$v_b^2=v_t^2+2g(y_t-y_b)$$

将 $v_t=0$ 及 $y_t-y_b=h$ 代入推出

$$v_b=\sqrt{2gh}=\sqrt{2\times 9.8m/s^2\times 8.5m}$$
$$=13m/s \qquad (答案)$$

这就是小孩下降高度8.5m时要达到的相同的速率。实际滑下时，孩子会受到些摩擦力，不会这样快。

虽然这个问题难于直接用牛顿定律求解，而用机械能守恒会使求解容易许多。然而，如果要我们计算小孩到达滑梯底部所需的时间，能量方法就无用了；这需要知道滑梯的形状，我们也就遇到难题了。

现在我们已解决了此例题，不妨回到第7章头一段冰球的那个例子中，看看你是否能证明，在轨道末端的冰球的速率为5.0m/s。

例题8－4

一个61.0kg的跳蹦极的人站在河上45.0m高的桥上。弹性蹦极绳的松弛长度为$L=25.0\text{m}$。设该绳遵从胡克定律（弹簧常量为160N/m）。如果这个人到达水面之前停下，问在她身处最低点时，她的脚距水面的高度h为何？

【解】 如图8－9所示，蹦极者身处最低点时，脚在水面上方高h处，绳从其松弛长度伸长一段距离d。如果我们知道d，就能求出h。一个**关键点**是，也许我们能够在她的起始点（桥上）与最低点之间应用能量守恒原理求解d。在那种情况下，第二个**关键点**是在一个孤立系中，当只有保守力引起能量传递时，机械能才守恒。让我们验证一下。

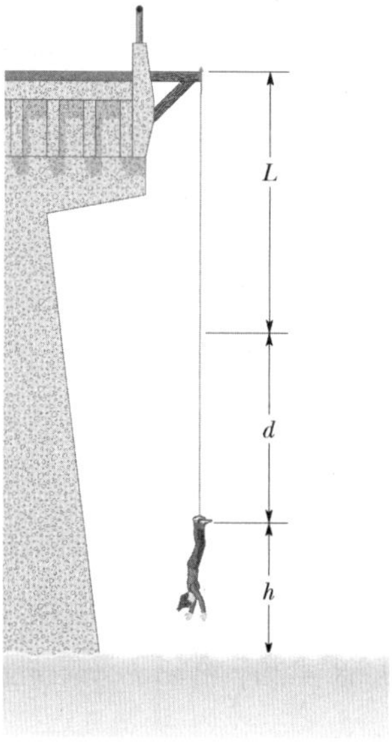

图8－9　例题8－4图　蹦极者在跃下的最低点处。

力：在跳蹦极者跃下的整个过程中，重力对她做功。一旦蹦极绳拉紧，绳的类弹簧力也会对她做功，将能量转化为绳的弹性势能。绳的力还会对桥有拉力，桥又与地球连在一起。重力与类弹簧力是保守的。

系统：蹦极者—地球—绳系统，包括所有这些作用力及能量传递者，可以视为孤立系。于是，**能够**对此系统应用机械能守恒原理。由式（8－18），可将此原理写为

$$\Delta K+\Delta U_e+\Delta U_g=0 \qquad (8-19)$$

其中ΔK为跳蹦极者动能的变化，ΔU_e为蹦极绳的弹性势能的变化，而ΔU_g为跳蹦极者重力势能的变化，所有这些变化都必须在她的起始点和最低点之间计算。因为她是静止的（至少瞬间静止），所以，在起始点与其最低点时，均有$\Delta K=0$。由图8－9，我们看到她的高度变化Δy为$-(L+d)$，故有

$$\Delta U_g=mg\Delta y=-mg(L+d)$$

式中m为她的质量。由图8－9，我们还看到蹦极绳被拉长距离d，于是有

$$\Delta U_e=\frac{1}{2}kd^2$$

将此表达式与已知数据代入式（8－19），可得

$$0+\frac{1}{2}kd^2-mg(L+d)=0$$

或

$$\frac{1}{2}kd^2-mgL-mgd=0$$

然后

$$\frac{1}{2}\times(160\text{N/m})d^2-6.10\text{kg}\times9.8\text{m/s}^2\times25.0\text{m}-(61.0\text{kg})\times(9.8\text{m/s}^2)d=0$$

解此二次方程有

$$d=17.9\text{m}$$

此蹦极者的脚在她初始高度下方的距离为$(L+d)=42.9\text{m}$，因此，

$$h=45.0\text{m}-42.9\text{m}=2.1\text{m}$$

（答案）

解题线索

线索2：机械能守恒

提出如下问题，能帮助你求解涉及机械能守恒的问题。

对什么样的系统机械能守恒? 你应该能将你的系统与其外界分开。想象画出一个闭合表面，使得凡是在面内的都是你的系统，而面外的全都是该系统的外界。例题8-3中，系统是小孩+地球；例题8-4中，它又是蹦极者+地球+绳。

有摩擦力或曳力吗? 如果有摩擦力或曳力，机械能不守恒。

你的系统是孤立的吗? 机械能守恒定律仅适用于孤立系。这就是说应没有外力（系统外的物体加的力）对系统内的物体做功。

你的系统的初态和末态是什么? 系统从某一初态（或位形）变化到某一末态。应用机械能守恒原理就是说对这两个状态 E_{mec} 都有相同的值。应很清楚这两个态是什么。

8-5 读势能曲线

再次考虑作为在其中有保守力作用的系统的一部分的一个质点。这次假设保守力对它做功，它被限制在沿 x 轴运动。能够从系统的势能 $U(x)$ 的曲线图上，了解到很多关于质点运动的情况。不过，在讨论这种曲线图之前，我们还需要另一个关系。

用解析法求力

式(8-6)告诉我们，在一维情形中，在已知力 $F(x)$ 时，如何求出两点之间的势能变化量 ΔU。现在要从另一方面入手；即，已知势能函数 $U(x)$，要求出相应的力。

对一维运动，当质点运动通过一段距离 Δx 时，力对质点所做的功为 $F(x)\Delta x$。于是，我们可将式(8-1)写为

$$\Delta U(x) = -W = -F(x)\Delta x$$

解出 $F(x)$ 并过渡到微分极限得

$$F(x) = -\frac{dU(x)}{dx} \quad \text{（一维运动）} \tag{8-20}$$

这就是我们要找的关系。

可将弹簧力的弹性势能函数 $U(x) = \frac{1}{2}kx^2$ 代入，来检查这个结果。正如所希望的，由式(8-20)可得 $F(x) = -kx$，这正是胡克定律。同理，还可代入 $U(x) = mgx$，它是质点—地球系统的重力势能函数，其中质点的质量为 m，位于地面上方高 x 处。于是，式(8-20)给出 $F = -mg$，它正是作用于质点的重力。

势能曲线

图8-10a为一个系统的势能函数 $U(x)$ 的曲线图，其中的质点在作一维运动时，保守力 $F(x)$ 对它做功。我们可（由作图法）通过求 $U(x)$ 曲线上各点的斜率求出 $F(x)$。（式(8-20)告诉我们 $F(x)$ 是 $U(x)$ 曲线的斜率的负值）。图8-10b就是用这种方法作出的 $F(x)$ 的曲线。

转折点

在没有非保守力作用时，系统的机械能 E 具有一恒定值，给定为

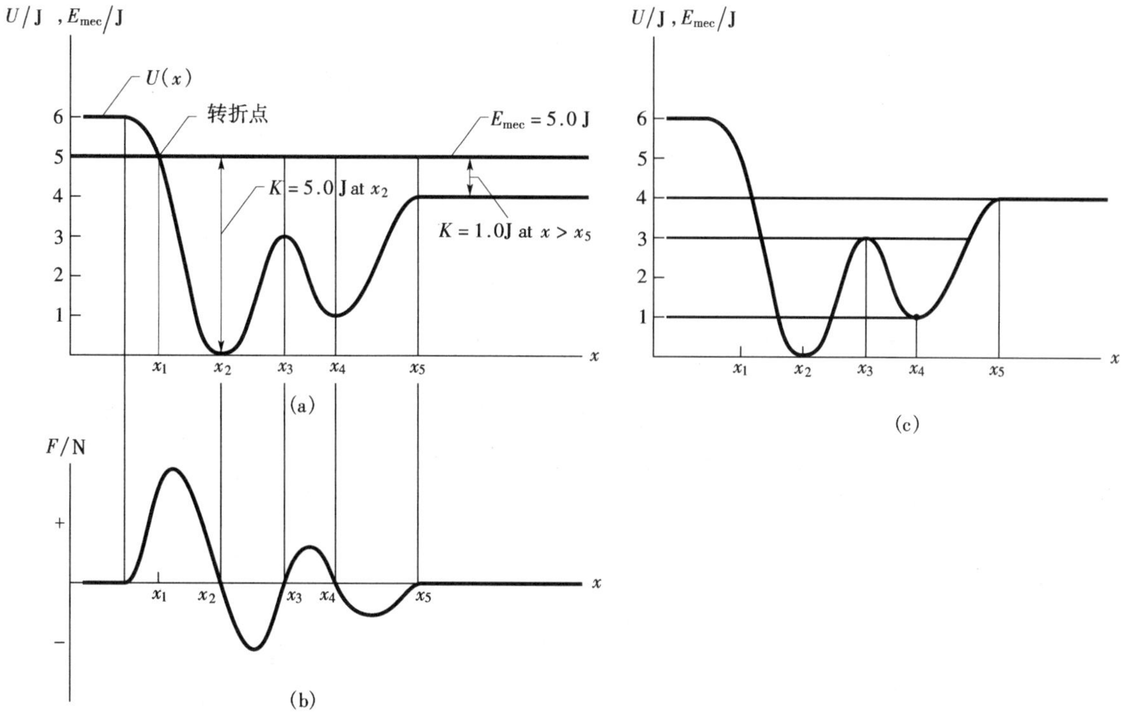

图8-10 (a) 一个系统的势能函数 $U(x)$ 的曲线图,该系统包含一个被限制沿 x 轴运动的质点。没有摩擦,因此机械能守恒。(b) 作用于该质点的力 $F(x)$ 的曲线图,是由取势能曲线上各点的斜率求出的。(c) 在(a) 图中的 $U(x)$ 曲线上叠画出了 E_{mec} 的三个不同的可能值。

$$U(x) + K(x) = E_{mec} \qquad (8-21)$$

其中 $K(x)$ 为质点的动能函数(这里的 $K(x)$ 给出动能作为质点位置 x 的函数)。可将式(8-21)改写为

$$K(x) = E_{mec} - U(x) \qquad (8-22)$$

假如 E_{mec}(记住,它具有一个恒定值)碰巧为 5.0J。在图 8-10a 中,它可用一根通过能量轴上值 5.0J 的水平线表示(实际上,此线已画在图中)。

式(8-22)说明如何确定质点在任意位置 x 的动能 K:在 $U(x)$ 曲线上,找到位置 x 的 U,然后从 E_{mec} 中减去 U。例如,如果质点为 x_5 右边任意点,则 $K = 1.0$J。当质点为 x_2 时,其 K 值最大(5.0J),而在 x_1 时,K 值最小(0J)。

因为 K 绝对不可能为负值(由于 v^2 总是正的),而 x_1 左边 $E_{mec} - U$ 是负的,所以质点绝对不可能运动到那里。代替的是,随着质点由 x_2 向 x_1 运动,K 减小(质点逐渐变慢)直至到达 x_1 时 $K = 0$(质点停在那儿)。

注意到当质点到达 x_1 时,由式(8-20)可知,对质点的力是正的(因为斜率 dU/dx 是负的)。这就说明该质点不会呆在 x_1 处,而要开始向右运动,与它此前的运动方向相反。因此,x_1 是个**转折点**,一个在该处 $K = 0$(因为 $U = E$)且质点改变运动方向的点。图中的右边没有转折点(在该处 $K = 0$)。一旦质点向右运动,它将永不停地继续下去。

平衡点

图8-10c 表示叠画在同一势能函数 $U(x)$ 曲线上的 E_{mec} 的三个不同的值。让我们来看看它们

对情况会有什么影响。对于 $E_{mec} = 4.0J$（那条水平线），转折点由 x_1 移到介于 x_1 与 x_2 之间的一点。还有，在 x_5 右边任一点，系统机械能都等于其势能；因而质点没有动能，而且（由式8－20）不受力的作用，所以它一定静止。位于这样的位置的质点被说成是处于**中性平衡**（放在水平桌面上的弹球就处于这种状态）。

对于 $E_{mec} = 3.0J$（那条水平线），则有两个转折点：一个在 x_1 与 x_2 之间；另一个在 x_4 与 x_5 之间。另外，x_3 是一个 $K = 0$ 的点。假若质点刚好位于那里，对它的力也是零而质点保持静止。然而，假若它向哪一方向即使偏离一点，一个非零的力就会将它向同一方向推得更远，而且质点继续运动。位于这样的位置的质点被说成是处于**不稳定平衡**（平衡在保龄球顶上的弹球是一个例子）。

接下来考虑相应于 $E_{mec} = 1.0J$（那条水平线的质点的行为。如果我们将它放在 x_4 处，它就会被定在那里。它自己不可能向左或右运动，因为那样需要负动能。假若将它向左或右稍稍推一点，一个回复力会出现而使它返回 x_4。位于这样的位置的质点被说成是处于**稳定平衡**。（放在半球形碗底部的弹球是一个例子。）假若我们将质点放在中心为 x_2 的杯形**势阱**中，它就位于两个转折点之间。它仍然能稍微运动，但只能运动到 x_1 或 x_3 的半途。

检查点4：如图所示为一个质点在其中作一维运动的系统的势能函数 $U(x)$。(a) 按照对质点的力的大小，由大到小将区域 AB、BC 和 CD 排序。(b) 质点在 AB 区域时力的方向为何？

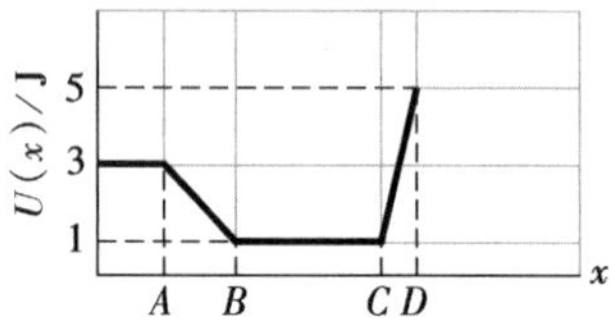

8－6 外力对系统做的功

在第7章中，我们将功定义为通过作用于物体的力，传给物体或由物体传出的能量。我们现在可将此定义推广到作用于物体系的外力。

功为通过作用于系统的外力传给系统或由系统传出的能量。

图8－11a 代表正功（向系统传**入**能量），而图8－11b 代表负功（从系统传**出**能量）。如果有几个力作用在系统上，则它们的净功为传入或传出系统的能量。

这种传递，很像向银行账户存入或从它取出钱。如果一个系统只包含一个单个质点或类质点物体（如第7章），力对系统做的功只能改变该系统的动能。这种传递的能量表述为式(7－10)（$\Delta K = W$）的功－动能定理；即，一个单个质点只有一个称为动能的能量账户。外力可以使能量传入或传出那个账户。然而，如果是一个系统更复杂些，外力还能改变其他形式的能量（譬如势能）；也就是说，一个更复杂的系统可以拥有多个能量账户。

让我们通过考察两个基本情形，一个没有摩擦，另一个有，找出对这种系统的能量表述。

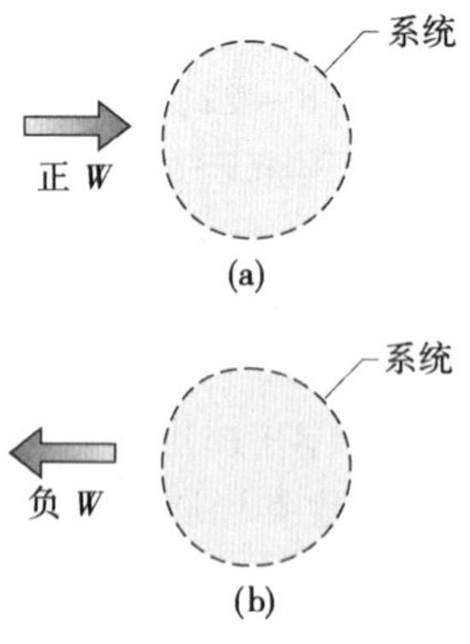

图8－11 (a) 对一个任意系统做正功 W 意味着向系统传递能量。(b) 负功 W 意即自系统传出能量。

物理学基础

没有摩擦的情形

在保龄球投掷竞赛的一次投掷中，你先在地板上蹲下，并用手掌托住在地板上的球。接着，迅速向上挺直身体，同时向上猛抬手，在大约脸的高度将球投出。在身体上挺的过程中，你对球加的作用力明显地做了功。也就是说，它是一个传递能量的外力，但是传给哪个系统了？

要回答这个问题，我们检验看看是哪种能量改变了。球的动能有个变化 ΔK，而且由于球与地球离开得更远，球－地球系统的重力势能有变化 ΔU。要包括这两种变化，就需要考虑球－地球系统。这样你的力是一个对系统做功的外力，而功为

$$W = \Delta K + \Delta U \tag{8-23}$$

或

$$W = \Delta E_{\text{mec}} \quad \text{（对系统做的功，没有摩擦）} \tag{8-24}$$

其中 ΔE_{mec} 为系统机械能的增量。这两个方程，如图 8－12 所示，是没有摩擦时外力对系统做功的等价能量表述。

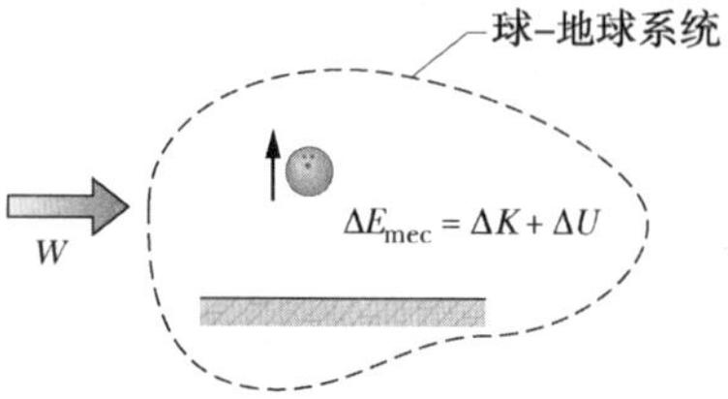

图 8－12　对保龄球和地球的系统做正功 W，引起该系统机械能改变 ΔE_{mec}，球的动能改变 ΔK，系统的重力势能改变 ΔU。

有摩擦的情形

接下来，我们讨论图 8－13a 的例子。一个恒定的水平力 $\vec{F}$ 沿 x 轴拉一物块，通过大小为 d 的位移，使物块的速度由 $\vec{v}_0$ 增加到 $\vec{v}$。运动过程中，地板的动摩擦力 $\vec{f}_k$ 作用在物块上。我们先选定物块作为我们的系统，对其应用牛顿第二定律。我们可将它沿 x 轴方向的分量式（$F_{\text{net},x} = ma_x$）写作

$$F - f_k = ma \tag{8-25}$$

因为这两个力是恒力，所以加速度也是恒定的。因此，可应用式（2－16）得

$$v^2 = v_0^2 + 2ad$$

由此式解出 a，将所得结果代入式（8－25），重新整理后得

$$Fd = \frac{1}{2}mv^2 - \frac{1}{2}mv_0^2 + f_k d \tag{8-26}$$

因为对物块 $\frac{1}{2}mv^2 - \frac{1}{2}mv_0^2 = \Delta K$，

$$Fd = \Delta K + f_k d \tag{8-27}$$

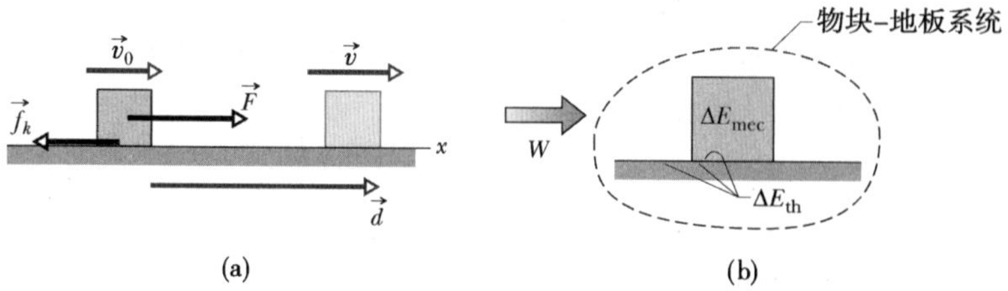

图 8－13　(a) 力 $\vec{F}$ 将物块拉过地板时，动摩擦力阻碍其运动。物块在位移 $\vec{d}$ 的起点，速度为 $\vec{v}_0$ 而在位移的终点速度为 $\vec{v}$。(b) 力 $\vec{F}$ 对物块－地板系统做正功 W，导致物块的机械能改变 ΔE_{mec}，和物块与地板的热能改变 ΔE_{th}。

在更一般的情形中（如物块沿斜面向上运动），会有势能的改变。为了包括这种可能发生的变化，我们将式（8－27）推广写作

$$Fd = \Delta E_{mec} + f_k d \tag{8-28}$$

我们由实验中看到，随着物块的滑动，物块与地板上滑过的地方变热了。如我们在第 19 章中将要讨论的，物体的温度与物体的热能 E_{th}（与物体中的分子和原子的无序运动相联系的能量）相联系。此处，物体与地板的热能增加是因为：（1）它们之间有摩擦力；（2）有滑动。回想一下摩擦是由于两表面间的冷焊造成的。物块滑过地板时，滑动引起物块与地板之间粘接点的不断的撕拉和形变使物块和地板变热。就这样，滑动增加了它们的热能 E_{th}。

通过实验，我们发现热能的增加 ΔE_{th} 等于 f_k 与 d 的大小的乘积：

$$\Delta E_{th} = f_k d \quad \text{（滑动引起的热能增加）} \tag{8-29}$$

于是，我们可将式（8－28）重新写作

$$Fd = \Delta E_{mec} + \Delta E_{th} \tag{8-30}$$

Fd 为外力 $\vec{F}$ 做的功 W（通过力传递的能量），可是它是对哪个系统做的呢（能量传到哪里了）？要想回答，我们检验看看哪种能量改变了。物块的机械能改变了，而且物块与地板的热能也改变了。因此，力 $\vec{F}$ 是对物块—地球系统做了功，所做功为

$$W = \Delta E_{mec} + \Delta E_{th} \quad \text{（对系统做功，有摩擦）} \tag{8-31}$$

此方程（示意于图 8－13b 中）为有摩擦时外力对系统做功的能量表述。

检查点 5：在三个测试中，如图 8－13a 所示，水平外力将物块推过有摩擦的地板。外力的大小 F 与其推动对物块的速率引起的后果都列在表中。在这三个测试中，物块推过同样距离 d。按照在距离 d 中产生的物块与地板的热能的变化，由大到小，将三个测试排序。

测试	F	对物块的速率的后果
a	5.0N	减小
b	7.0N	不变
c	8.0N	增大

例题 8－5

复活节岛上的巨型石人雕像，很可能是岛上的史前居民用吊架将雕像放在木撬上，然后，又把木撬放在由许多几乎相同的圆木作为滚柱构成的“跑道”上拉动的。在近代对这种技术的复现中，25 个人能将一个 9000 kg 的复活节岛型的雕像，在 2min 内在水平地面上移过 45m。

（a）估计在将雕像移动 45m 的过程中，人们的净力 $\vec{F}$ 所做的功，并且确定这力对哪个系统做功？

【解】　一个**关键点**是，可用式（7－7）（$W = Fd\cos\phi$）计算所做的功。此处 d 为距离 45m，F 为 25 个人对雕像的净力的大小，而 $\phi = 0°$。不妨估计每个人的拉力约为各自重量的两倍，而所有人的重量都取为相同的值 mg。因此，净力的量值为 $F = (25)(2mg) = 50mg$。估计一个男人的质量为 80kg，可将式（7－7）写作

$$\begin{aligned} W &= Fd\cos\phi = 50mg\cos\phi \\ &= 50 \times 80\text{kg} \times 9.8\text{m/s}^2 \times 45\text{m} \times \cos 0° \\ &= 1.8 \times 10^6 \text{J} \approx 2\text{MJ} \end{aligned}$$
（答案）

要确定对哪个系统做功的**关键点**要看是哪些能量改变了。因为雕像动了，在运动过程中就一定有动能的变化 ΔK。可很容易地猜出，在木撬、圆木和地面之间一定会有动摩擦，因而导致它们的热能改变 ΔE_{th}。所以做功的系统应包括雕像、木撬、圆木及地面。

（b）在这 45m 位移期间，系统热能的增量 ΔE_{th} 为何？

【解】 这里**关键点**是，可应用有摩擦的系统的能量表述式（8-31），将 ΔE_{th} 与 $\vec{F}$ 所做之功 W 联系起来：

$$W = \Delta E_{mec} + \Delta E_{th}$$

我们已由（a）知 W 的值。又因所移雕像在搬动初、末时均静止且高度无变化，所以它们的机械能的变化 ΔE_{mec} 为零。因此，我们有

$$\Delta E_{th} = W = 1.8\times10^6\text{J}\approx 2\text{MJ} \qquad \text{（答案）}$$

（c）估计 25 个人要想将雕像在复活节岛的水平地面上移过 10km 需做多少功？并估计在雕像-木撬-圆木-地面系统中产生的总热能变化 ΔE_{th} 有多大？

【解】 这里**关键点**与（a）和（b）问中相同。因此，可像（a）中那样计算 W，只是现在的 d 用 1×10^4m 代入。还可以使 ΔE_{th} 等于 W 得

$$W = \Delta E_{th} = 3.9\times10^8\text{J}\approx 400\text{MJ} \qquad \text{（答案）}$$

对于这些人来说，在雕像的移动过程中要传递这些能量可能是吓人的。但是，这 25 个人还是**能够**将雕像移动了 10km，而所需的能量并未暗示有什么神秘的来源。

例题 8-6

一个食品发货人用大小为 40N 的恒定水平力 $\vec{F}$ 将一装洋白菜的木箱（总质量 $m=14$kg）推过混凝土地面。在大小为 0.50m 的直线位移中，箱子的速率由 $v_0=0.60$m/s 减小到 $v=0.20$m/s。

（a）力 $\vec{F}$ 做了多少功，它对什么系统做的这些功？

【解】 一个**关键点**是式（7-7）在这里成立。$\vec{F}$ 做的功 W 可如下计算为

$$W = Fd\cos\phi = 40\text{N}\times0.50\text{m}\times\cos0° = 20\text{J} \qquad \text{（答案）}$$

要确定对什么系统做功的**关键点**是要看哪些能量改变了。由于箱子的速率改变了，箱子的动能就会有一定量的变化 ΔK。地面与箱子之间是否有摩擦，因而热能上有否变化？注意到 $\vec{F}$ 与箱子的速度方向相同。因此，这里一个**关键点**是，假如没有摩擦，$\vec{F}$ 应该把箱子加速到一个**更大**的速率。然而，这个箱子减速了，所以一定有摩擦，而箱子和地面的热能一定有变化 ΔE_{th}。因为这两种能量变化都发生在箱子-地板系统中，所以是对箱子-地板系统做功了。

（b）问箱子与地板的热能增量 ΔE_{th} 为多少？

【解】 这里**关键点**是，我们可应用有摩擦的系统的能量表述式（8-31），将 ΔE_{th} 与 $\vec{F}$ 做的功联系起来：

$$W = \Delta E_{mec} + \Delta E_{th} \qquad (8-32)$$

已由（a）知道 W 的值。由于没有势能变化发生，所以箱子机械能的变化 ΔE_{mec} 也就是动能的变化，因此可有

$$\Delta E_{mec} = \Delta K = \frac{1}{2}mv^2 - \frac{1}{2}mv_0^2$$

将此代入式（8-32）并求解出 ΔE_{th}，可得

$$\begin{aligned}\Delta E_{th} &= W - \left(\frac{1}{2}mv^2 - \frac{1}{2}mv_0^2\right) = W - \frac{1}{2}m(v^2 - v_0^2)\\ &= 20\text{J} - \frac{1}{2}\times14\text{kg}\times[(0.20\text{m/s})^2 - (0.60\text{m/s})^2]\\ &= 22.2\text{J}\approx 22\text{J} \qquad \text{（答案）}\end{aligned}$$

8-7 能量守恒

我们现在已讨论了几种能量传入或传自物体及系统的情形，它们与钱在账户之间的转账很相似。在每种情形中，我们假设对涉及到的能量总能给出合理的解释；也就是说能量不会像变魔术那样出现或消失。用更正式的语言说就是我们已假设（正确地）能量遵从一个称为**能量守恒定律**的定律，它涉及到系统的**总能量** E。这个总是系统的机械能、热能及除热能以外的任何**内能**形式的总和。（我们尚未讨论其他内能形式）。此定律的表述为：

一个系统的总能量 E 只能改变传入或传出系统的能量那样多的量。

我们已考虑的能量传递的惟一方式是对系统做功 W。因此，就目前来说，此定律表述为

$$W = \Delta E = \Delta E_{mec} + \Delta E_{th} + \Delta E_{int} \tag{8-33}$$

其中 ΔE_{mec} 为系统机械能的任何变化；ΔE_{th} 为系统热能的任何变化；ΔE_{int} 为系统任何其他形式的内能的任何变化。包括在 ΔE_{mec} 中的有动能的变化 ΔK 与势能（弹性的、重力的或可能发现的任何其他形式的）的变化 ΔU。

这个能量守恒定律**不是**从基本物理原理推导出来的。相反，它是以无数实验为基础的一个定律。科学家和工程师们还从未发现一个对它的例外。

孤立系

如果一个系统从其环境孤立出来，就不可能有能量传入或传出系统。对这种情形，能量守恒定律的表述为：

> 孤立系的总能量 E 不可能改变。

在孤立系**内部**可能进行许多能量转换，例如，在动能与势能之间或动能与热能之间。然而，系统内所有形式的能量的总和不可能改变。

我们可以图 8－14 所示的攀岩者作为例子，近似将她，她的装备以及地球看作一个孤立系。随着她拉着绳子沿岩面下降，系统的位形改变，她需要控制系统的重力势能的转换（这些能量不会消失）。这重力势能的一部分转化为她的动能。不过，很明显她不希望很多势能转化为那种形式，否则，她将下移得太快，因此她把绳子缠到金属环上，以使她下移时在绳子与环间产生摩擦。这样，环在绳上的滑动就以她能控制的一种方式将系统的重力势能转化为环与绳的热能。攀岩者-装备-地球系统的总能量（其重力势能、动能与热能的总和）在她下降的过程中不变。

图 8－14　攀岩者要想下降必须转化由她、她的装备及地球构成的系统的重力势能。她把绳子缠在金属环上，以使绳子摩擦金属环。这样就可使大部分转化的能量成为绳与环的热能，而不是成为她的动能。

对于一个孤立系，能量守恒定律可以用两种方式写出。首先，可在式（8－33）中令 $W=0$，可得

$$\Delta E_{mec} + \Delta E_{th} + \Delta E_{int} = 0 \quad （孤立系） \tag{8-34}$$

另外，也可以令 $\Delta E_{mec} = E_{mec,2} - E_{mec,1}$，其中下标 1 和 2 指的是某一过程发生的前、后两个不同时刻。这样，式（8－34）成为

$$E_{mec,2} = E_{mec,1} - \Delta E_{th} - \Delta E_{int} \tag{8-35}$$

式（8－35）告诉我们：

> 在一个孤立系中，我们可以**不考虑中间各时刻的能量**，而把在某一时刻的总能量与另一时刻的总能量联系起来。

这个结论在解决涉及孤立系的问题时是一非常强有力的工具。使用时需将系统内某一过程发生

前、后的系统的各种能量联系起来。

在第8章第4节中，我们曾讨论了有关孤立系的一个特例——系统内没有非保守力（例如动摩擦力）作用的情形。在这种特殊情形中，ΔE_{th}和ΔE_{int}均为零，因此式（8－35）还原为式（8－18）。换句话说，孤立系内没有非保守力作用时，它的机械能是守恒的。

功率

现在，由于你已经看到能量是如何由一种形式转化到另一种形式，我们可以推广7.7节中给出的功率的定义。在那里，功率定义为一个力做功的时率。在更普遍的意义上，功率P定义为一个力将能量由一种形式转化为另一形式的时率。如果一定量的能量ΔE，在某一时间间隔Δt内被转化，则力的**平均功率**为

$$P_{avg}=\frac{\Delta E}{\Delta t} \tag{8-36}$$

类似地，力的瞬时功率为

$$P=\frac{dE}{dt} \tag{8-37}$$

例题8－7

在图8－15中，一个2.0kg的装有米粉肉的包装箱以$v_1=4.0$m/s的速率在地板上滑动。接着它撞上弹簧并将其压缩，直到箱子瞬间停下。它到原来松弛的弹簧的路径中无摩擦，但当它压缩弹簧时，地板的动摩擦力，大小为15N，对它作用。弹簧常量是10000N/m。求弹簧停下时，它被压缩的距离d是多少？

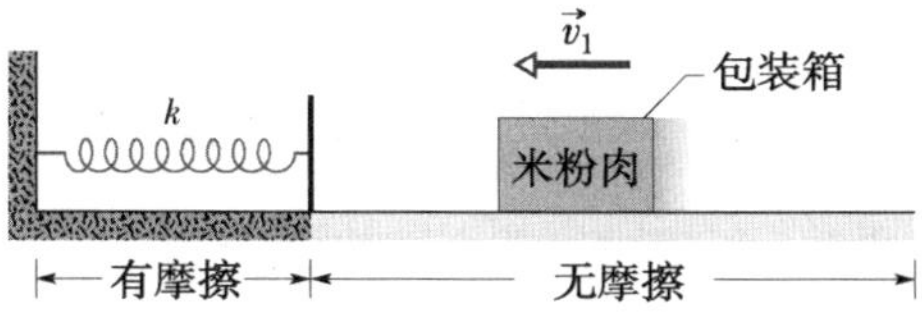

图8－15　例题8－7图　一个包装箱以速度v_1在光滑地板上向弹簧常量为k的弹簧滑去。当箱子到达弹簧时，地板的摩擦力对它作用。

【解】　开始的一个**关键点**是要考察所有作用在包装箱上的力，然后确定我们是否有一个孤立系或是一个有外力对其做功的系统。

力：因为地面对箱子的法向力的作用方向处处与箱子的位移方向垂直，所以它对箱子不做功。由于同样的原因，对箱子的重力不做功。然而，随着弹簧被压缩，弹簧力对箱子做功，将能量转化为弹簧的弹性势能。弹簧力还要推顶硬墙壁。由于箱子与地面之间有摩擦，箱子在地面上的滑动增加它们的热能。

系统：包装箱－弹簧－地板－墙的系统把所有这些力和能量转化都包括在一个孤立系内了。因此第二个**关键点**是，由于系统是孤立的，它的总能量不能改变。所以，可对此系统应用以式（8－35）的形式给出的能量守恒定律

$$E_{mec,2}=E_{mec,1}-\Delta E_{th} \tag{8-38}$$

令下标1对应于滑动箱子的初态，下标2对应于箱子瞬间静止而将弹簧压缩距离d的状态。系统在这两个状态的机械能均为箱子的动能$\left(K=\frac{1}{2}mv^2\right)$与弹簧势能$\left(U=\frac{1}{2}kx^2\right)$的和。对状态1，$U=0$（因为弹簧没有被压缩），而箱子的速率为$v_1$。由此可有

$$E_{mec,1}=K_1+U_1=\frac{1}{2}mv_1^2+0$$

对状态2，$K=0$（因为箱子停止），而压缩距离为d。因此有

$$E_{mec,2}=K_2+U_2=0+\frac{1}{2}kd^2$$

最后，由式（8－29）可将f_kd代替箱子与地板的热能变化ΔE_{th}，而将式（8－38）重写作

$$\frac{1}{2}kd^2=\frac{1}{2}mv_1^2-f_kd$$

重新整理，并代入已知数据给出

$$5000d^2+15d-16=0$$

解此二次方程得

$$d=0.055\text{m}=5.5\text{cm}$$　（答案）

例题 8-8

如图8-16所示，一只质量 $m=6.0\text{kg}$ 的马戏团的小猎兔狗以 $v_0=7.8\text{m/s}$ 的速率跑上距地面高为 $y_0=8.5\text{m}$ 的弯曲坡道的左端。然后，它滑向右边并在到达距地面高度为 $y=11.1\text{m}$ 处时瞬时停下。坡道是不光滑的。那么，由于滑动，猎兔狗和坡道的热能增量 ΔE_{th} 为多少？

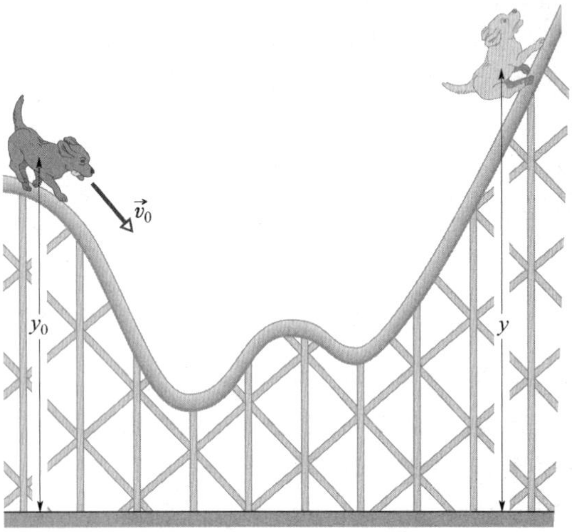

图8-16 例题8-8图 一直猎兔狗沿曲线斜面从高 y_0 处以速率 v_0 开始滑行，在到达高度为 y 处时瞬间停下。

【解】 使我们着手解题的一个**关键点**是，考察所有对猎兔狗的力，然后看我们是否有一个孤立系或是一个有外力对其做功的系统。

力：由于坡道对狗的法向力的方向处处与狗的位移方向垂直，所以它不对狗做功。重力在狗的高度变化时，无疑要对狗做功。又因为狗与斜面之间有摩擦，所以滑动会增加它们的热能。

系统：狗-坡道-地球系统把所有这些力和能量转化都包括在一个孤立系内了。因此第二个**关键点**是，由于系统是孤立的，它的总能量不能改变。所以可对此系统应用以式（8-34）的形式给出的能量守恒定律：

$$\Delta E_{\text{mec}}+\Delta E_{\text{th}}=0 \qquad (8-39)$$

式中能量变化发生在初态与猎兔狗瞬时停下的状态之间。还有，变化 ΔE_{mec} 为狗的动能的变化 ΔK 与系统的重力势能的变化 ΔU 的总和，其中

$$\Delta K=0-\frac{1}{2}mv_0^2$$

及

$$\Delta U=mgy-mgy_0$$

将这些式子代入式（8-39），解出 ΔE_{th}，可得

$$\begin{aligned}\Delta E_{\text{th}}&=\frac{1}{2}mv_0^2-mg\ (y-y_0)\\&=\frac{1}{2}\times 6.0\text{kg}\times\ (7.8\text{m/s})^2\\&\quad-\ (6.0\text{kg})\ (9.8\text{m/s}^2)\ (11.1\text{m}-8.5\text{m})\\&\approx 30\text{J}\end{aligned} \qquad \text{（答案）}$$

复习和小结

保守力 如果一个力对沿任一闭合路径，从某一初始点出发，然后又返回到该点，运动的质点所做的净功为零，则该力就是**保守力**。等价地，保守力对在两点之间移动的质点所做的净功与质点所取的路径无关。重力与弹簧力都是保守力；动摩擦力是非保守力。

势能 **势能**是与其中有保守力作用的系统的位形相联系的能量。当保守力对系统内的质点做功 W 时，系统的势能的变化 ΔU 为

$$\Delta U=-W \qquad (8-1)$$

如果质点是由 x_i 点运动到 x_f 点，则系统势能的变化为

$$\Delta U=-\int_{x_i}^{x_f}F(x)\,\mathrm{d}x \qquad (8-6)$$

重力势能 与地球及其附近质点构成的系统相关的势能为**重力势能**。如果质点由高度 y_i 运动到高度 y_f，则质点-地球系统的重力势能的变化为

$$\Delta U=mg(y_f-y_i)=mg\Delta y \qquad (8-7)$$

若将质点的参考位置设定为 $y_i=0$，且相应的系统的重力势能设为 $U_i=0$，则质点在任意高度 y 的重力势能 U 为

$$U(y)=mgy \qquad (8-9)$$

弹性势能 **弹性势能**是与一弹性物体的压缩及伸张状态相联系的能量。对一个产生弹簧力 $F=-kx$ 作用的弹簧来说，当其自由端有位移 x 时，弹性势能为

$$U(x)=\frac{1}{2}kx^2 \qquad (8-11)$$

弹簧的参考位形为其松弛长度，对应于 $x=0$ 和 $U=0$。

机械能 一个系统的**机械能** E_{mec} 为其动能 K 与势能 U 之和：

$$E_{\text{mec}}=K+U \qquad (8-12)$$

孤立系是指无外力引起能量改变的系统。如果在一个孤立系中只有保守力做功，则系统的机械能 E_{mec} 不可能改变。这个机械能守恒原理可写作

$$K_2 + U_2 = K_1 + U_1 \qquad (8-17)$$

其中下标指的是一个能量转化过程中的不同时刻。此守恒原理还可以写作

$$\Delta E_{mec} = \Delta K + \Delta U = 0 \qquad (8-18)$$

势能曲线 如果已知某一系统，其中有一个一维的力作用在一个质点上的**势能函数** $U(x)$，则可求出该力为

$$F(x) = -\frac{dU(x)}{dx} \qquad (8-20)$$

如果 $U(x)$ 以曲线给出，则在任意 x 值处，力 F 为该处曲线斜率的负值，并且质点的动能由下式给出：

$$K(x) = E_{mec} - U(x) \qquad (8-22)$$

式中 E_{mec} 为系统的机械能。**转折点**为质点开始反向运动的点 x(该处 $K=0$)。在 $U(x)$ 曲线的斜率为零的那些点(该处 $F(x)=0$)，质点处于**平衡**。

外力对系统做的功 功 W 为通过对系统的外力而传入或传出系统的能量。当不只一个力作用在同一系统上时，它们的**净功**为所传递的能量。若没有摩擦，对系统做的功与系统的机械能的变化 ΔE_{mec} 是相等的：

$$W = \Delta E_{mec} = \Delta K + \Delta U \qquad (8-24, 8-23)$$

如果在系统内有动摩擦力，系统的热能 E_{th} 就会改变(这种能量与系统内的原子和分子的无序运动联系)。这时对系统做的功为

$$W = \Delta E_{mec} + \Delta E_{th} \qquad (8-31)$$

变化量 ΔE_{th} 与动摩擦力的大小 f_k 及外力产生的位移的大小 d 之间关系为

$$\Delta E_{th} = f_k d \qquad (8-29)$$

能量守恒 一个系统的总能量 E(系统的机械能和它的各种内能，包括热能的总和)只能改变传入或传出系统的能量那样多的量。这个实验事实称为**能量守恒定律**。如果对此系统做功 W，则

$$W = \Delta E = \Delta E_{mec} + \Delta E_{th} + \Delta E_{int} \qquad (8-33)$$

假如系统是孤立的($W=0$)，就有

$$\Delta E_{mec} + \Delta E_{th} + \Delta E_{int} = 0 \qquad (8-34)$$

及

$$E_{mec,2} = E_{mec,1} - \Delta E_{th} - \Delta E_{int} \qquad (8-35)$$

式中下标 1 和 2 指两个不同的时刻。

功率 一个力的功率为该力转化能量的速率。如果一个力在 Δt 时间间隔内转化的能量为 ΔE，则该力的平均功率为

$$P_{avg} = \frac{\Delta E}{\Delta t} \qquad (8-36)$$

一个力的瞬时功率为

$$P = \frac{dE}{dt} \qquad (8-37)$$

思考题

1. 图 8–17 示出从点 i 至点 f 的一条直达的和四条非直达的路径。沿直达的路径和其中三条非直达的路径，只有保守力 F_c 作用在物体上。沿第四条非直达路径，有 F_c 和非保守力 F_{nc} 作用在物体上。图中标出了从点 i 至点 f 的非直达路径中沿每条直线段物体的机械能的改变 ΔE_{mec} (J)。(a) 点 i 至点 f 的直达路径的 ΔE_{mec} 是多少？(b) 由于 F_{nc} 的作用，沿第四条非直达路径时的 ΔE_{mec} 是多少？

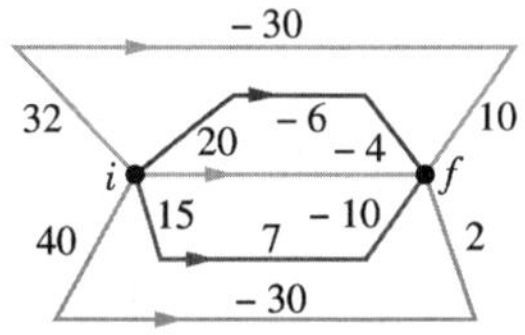

图 8–17 思考题 1 图

2. 一个弹簧初始时从它的松弛长度被拉长了 3.0cm。下面给出四种改变这初始拉长的选择：(a) 到拉长 2.0cm，(b) 到压缩 2.0cm，(c) 到压缩 4.0cm，(d) 到拉长 4.0cm。按照弹簧的弹性势能的改变，从最大正值到最大负值将以上四种情况排序。

3. 将一个椰子从悬崖边扔向宽广的底部平坦的谷地，初速为 $v_0 = 8\text{m/s}$。投掷的方向有下列选择：(1) $\vec{v}_0$ 几乎竖直向上，(2) $\vec{v}_0$ 以 45°向上，(3) $\vec{v}_0$ 水平，(4) $\vec{v}_0$ 以 45°向下，(5) $\vec{v}_0$ 几乎竖直向下。按照 (a) 椰子的初动能和 (b) 椰子刚要触到谷底之前的动能，从大到小将这些选择排序。

4. 图 8–18 中，一位勇敢的滑冰运动员沿一光滑的冰坡滑下，经过三个斜度不同而竖直高度均为 d 的坡段。按照 (a) 在每一坡段滑下时重力对运动员做的功和 (b) 沿各坡段产生的她的动能的变化，从

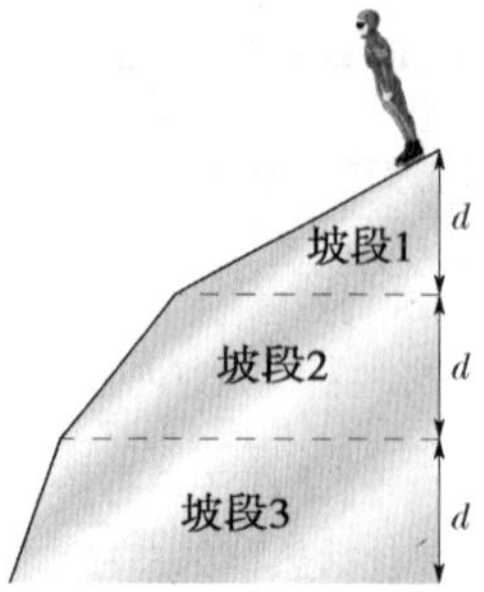

图 8－18　思考题 4 图

大到小将这三个坡段排序。

5. 在图 8－19 中，一个初始静止的小滑块，在光滑的起伏坡道上，从 3.0m 的高度释放。沿坡道的各小山的高度如图所示。各小山具有相同的圆顶（假定滑块不会飞离小山）。（a）哪一个小山是滑块第一个不可超越的？（b）滑块超越小山失败后会如何？在哪一座山顶（c）滑块的向心加速度最大和（d）作用在滑块上的法向力最小？

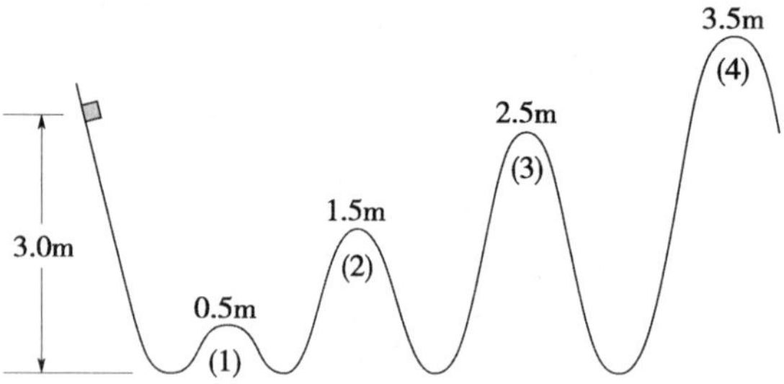

图 8－19　思考题 5 图

6. 图 8－20 给出了一个质点的势能函数。（a）按质点受力的大小，由大至小将区域 *AB*，*BC*，*CD* 和 *DE* 进行排序。质点的机械能 E_{mec} 不会超过什么值，如果质点（b）陷俘在左边的势阱中，（c）陷俘在右边的势阱中，和（d）能够在两势阱中运动但不会到达右边的 *H* 点。对（d）的情况，在 *BC*，*DE*，和 *FG* 哪一个区域中，质点具有（e）最大动能，和（f）最小速率。

7. 图 8－21 中，一个具有初始重力势能 U_i 的物块，在轨道上由静止释放。轨道的弯曲部分光滑，但长为 *L* 的水平部分对物块产生摩擦力 *f*。（a）物块通过长为 *L* 的部分一次会有多少能量转化成热能？若初始势能 U_i 分别为（b）0.50*fL*，（c）1.25*fL*，（d）2.25*fL*，物块通过那一部分各多少次？（e）以上三种

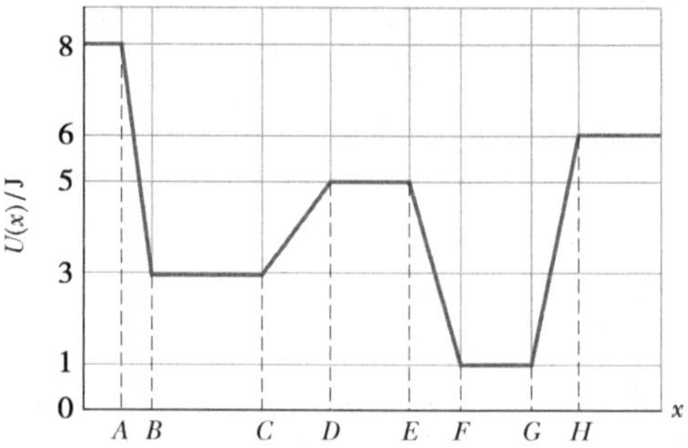

图 8－20　思考题 6 图

情况中，物块停在水平部分的中心、中心左方或中心右方？（习题 63 的热身题）

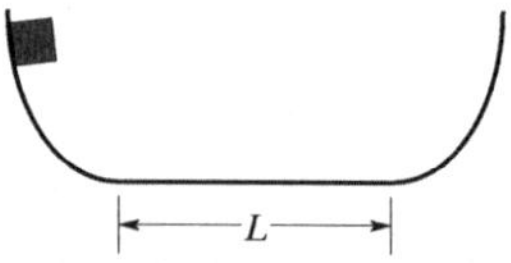

图 8－21　思考题 7 图

8. 图 8－22 中，一物块沿光滑轨道滑动下降了高度 *h* 后又进入了有摩擦的水平路段由于摩擦，物块在该路段经过距离 *D* 后停下。（a）如果减少高度 *h*，现在物块到停止经过的距离是大于、小于还是等于 *D*？（b）如果换成增加滑块的质量，现在到停止的距离是大于、小于还是等于 *D*？

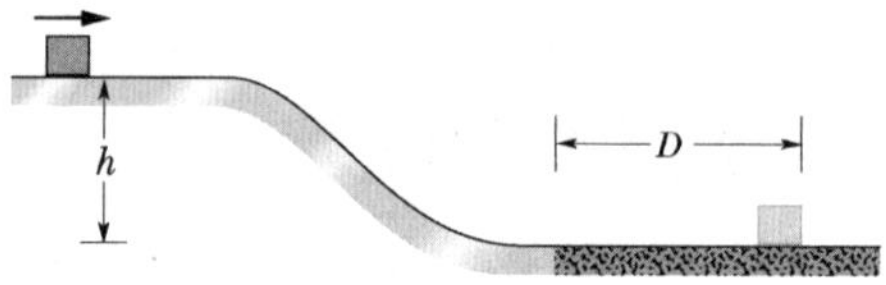

图 8－22　思考题 8 图

9. 在图 8－23 中，一物块沿光滑的弯曲表面从 *A* 滑到 *C*，然后通过有摩擦的水平段 *CD*。物块的动能在（a）*AB* 段，（b）*BC* 段，和（c）*CD* 段中是增加，减少还是不变？（d）物块的机械能在这些路段中是增加、减少还是不变？

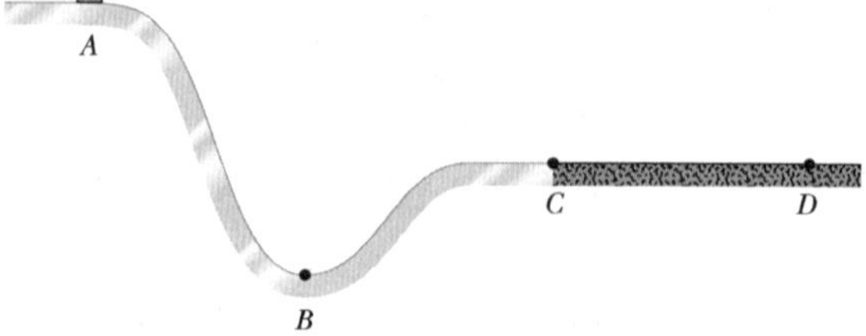

图 8－23　思考题 9 图

练习和习题

8-3 节　确定势能值

1E. 一弹簧从它的松弛长度压缩 7.5cm 时储存弹性势能 25J，它的弹簧常量是多少？(ssm)

2E. 你将一本 2.00kg 的书从离地面 10.0m 高处丢下给你的朋友。你的朋友伸出的手离地面 1.50m 高（图 8-24）。(a) 当书落到你朋友的手中时，重力对书做的功 W_g 是多少？(b) 在书下落的过程中，书-地球系统的重力势能的变化 ΔU 是多少？如果在地面时这个系统的重力势能 U 取为零，则当书 (c) 被释放时，和 (d) 到达手中时 U 是多少？现在如果取在地面时的势能取为 100J，再次计算 (e) W_g，(f) ΔU，(g) 在释放点的 U，及 (h) 在手中的 U。

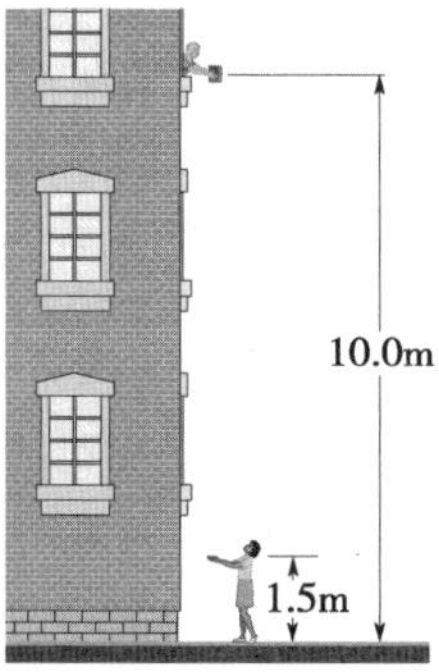

图 8-24　练习 2 和 10 图

3E. 在图 8-25 中，将一质量为 2.00 g 的冰块从一个半径 r 为 22.0cm 的半球形碗的边缘释放。冰块与碗的接触是无摩擦的。(a) 当冰块滑落到碗底时，重力对冰块做的功是多少？(b) 滑落过程中冰块-地球系统的势能改变多少？(c) 如果在碗底时该势能取为零，冰块释放时它的值是多少？(d) 如果势能取为零的点改换为冰块的释放点，当冰块到达碗底时它的值是多少？(e) 如果冰块的质量加倍，则从 (a) 到 (d) 的答案的大小会增大，减小还是不变？(ssm)

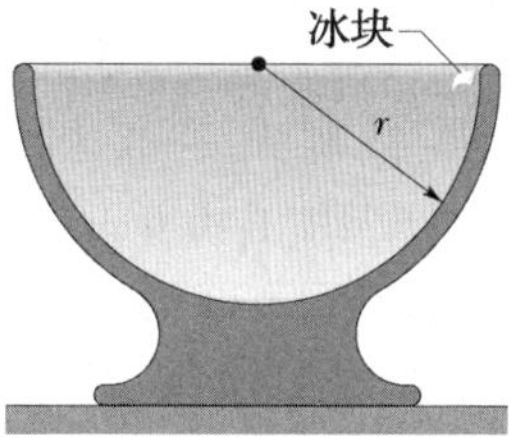

图 8-25　练习 3 和 9 图

4E. 在图 8-26 中，一个质量为 m 的光滑小车，在第一个小山顶时速率为 v_0。当它从这点到达 (a) A 点，(b) B 点，(c) C 点时地球重力对它所做的功是多少？如果小车-地球系统的重力势能在 C 点取为零，小车在 (d) B 点 (e) A 点时它的值是多少？(f) 如果质量 m 加倍，这个系统在 A 点和 B 点之间的重力势能的变化是增大、减小还是不变？

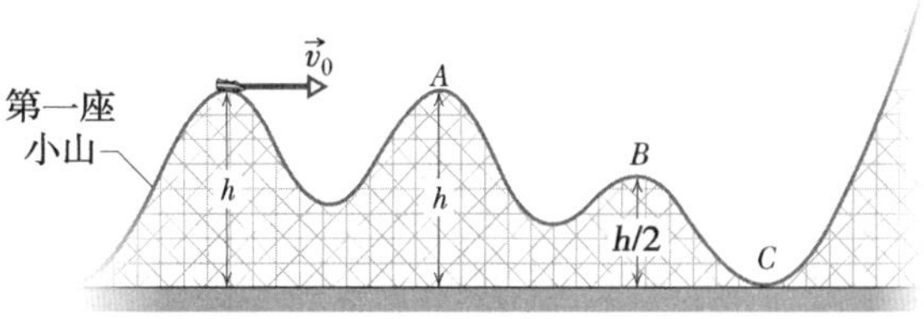

图 8-26　练习 4 和 12 图

5E. 图 8-27 表示一质量为 m 的小球固定在一质量可以略去的长为 L 的细杆顶端。细杆的另一端为一转轴，使小球可在竖直平面内作圆周运动。如图将细杆放在水平的位置，然后用足够大的力向下推它一下，使小球向下绕圈并在刚好到达最高处时速率为零。当小球从初始位置到达 (a) 最低点，(b) 最高点，(c) 右边与初始位置等高的点时重力对小球做的功是多少？如果这个球-地球系统的重力势能在初始位置处取为零，当球到达 (d) 最低点，(e) 最高点，(f) 右边与初始位置等高的点时它的值是多少？(g) 假定用更大的力推细杆使它在通过最高点时速率不为零，则从最低点到最高点的重力势能的变化会更大，更小或相等？(ssm)

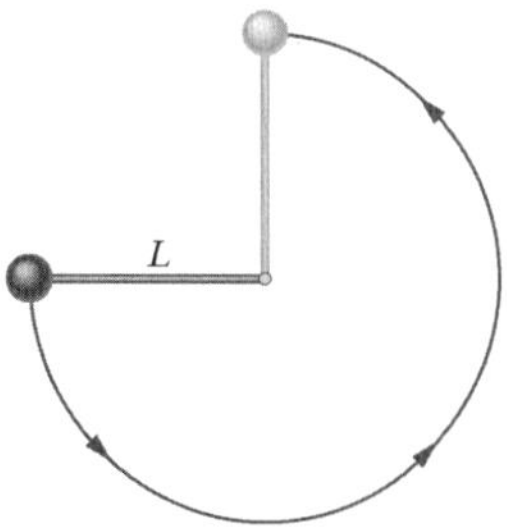

图 8-27　练习 5 图

6P. 图 8-28 中，一个质量为 m 的小物块能够沿光滑的环道滑行。物块在离环道底高度 $h=5R$ 的 P 点由静止释放。当物块从 P 点运动到 (a) Q 点和 (b) 环的顶点时，重力对它做功为何？如果在环的底部物块-地球系统的重力势能取为零，当物块在(c)P点，(d) Q点，(e) 环的顶点时，重力势能是多少？(f) 如果物块在初始点不是被释放，而是给以沿滑道向下的某一初速率，对 (a) 至 (e) 的答案是增大，减小还是不变？

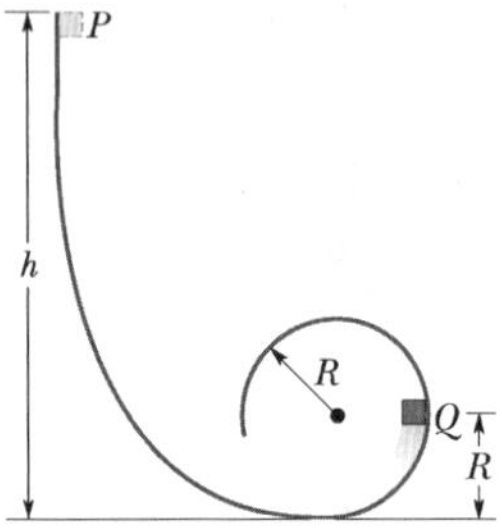

图 8-28 练习 6 和 20 图

7P. 一个 1.5kg 的雪球在 12.5m 高的悬崖上以 14.5m/s，沿水平向上 41.0°的初速度射出。(a) 在雪球飞到悬崖之下的地面的过程中，重力对它做的功是多少？(b) 飞行中，雪球-地球系统的势能改变了多少？(c) 如果在悬崖的高度该重力势能取为零，雪球到达地面时它的值为何？(ssm)

8P. 图 8-29 中的长 L 的细而质量可忽略的棒能以其一端为轴在竖直平面内转动。棒的另一端固定一质量为 m 的重球。将棒拉开一个角度 θ 后释放。当球下降到最低点时，(a) 重力对它做的功是多少？(b) 球-地球系统的势能的改变是多少？(c) 如果在球的最低点重力势能取为零，球刚被释放时它的值是多少？(d) 如果角度 θ 增大，对 (a) 至 (c) 的答案的数值是增大，减小还是不变？

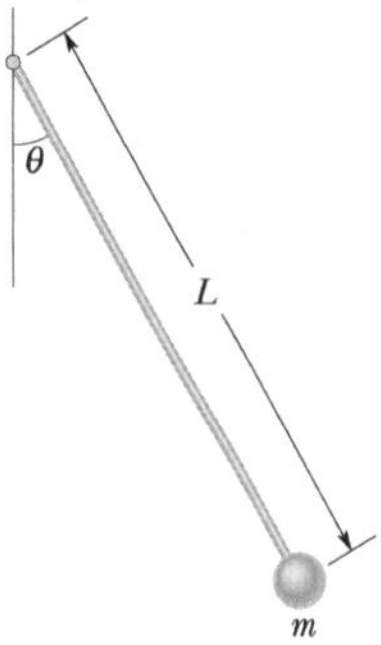

图 8-29 练习 8 和 14 图

8-4 节 机械能守恒

9E. (a)在练习 3 中，当冰块到达碗底时的速率是多少？(b)如果冰块的质量加倍，它的速率会是多少？(c)如果我们给冰块一个沿碗向下的初速率，对(a)的答案会增大，减小还是保持不变？(ssm)(www)

10E. (a) 练习 2 中，书落到手中时的速率是多少？(b) 如果书的质量加倍，它的速率会是多少？(c) 如果，不是丢下，而是将书向下扔，对 (a) 的答案会增大，减小或保持不变？

11E. (a) 在练习 5 中，小球的初始速率必须给以多大以使它到达环路顶点时的速率为零？此后，在小球到达 (b) 最低点时，(c) 右边与初始点等高的位置时，小球的速率各是多少？(d) 若小球的质量加倍，则问题 (a) 至 (c) 的答案是增加，减小还是保持不变？(ssm)

12E. 练习 4 中的小车在 (a) A 点，(b) B 点，(c) C 点时的速率是多少？(d) 小车在最后到达的小山上，因它太高而过不去，可以升到多高？(e) 如果小车的质量加倍，对 (a) 至 (d) 的答案会如何？

13E. 在图 8-30 中，一辆刹车失灵正沿着斜坡向下冲的卡车，在司机驾车刚要驶上一条光滑的向上 15°的紧急脱险坡道前的速率是 130km/h。卡车的质量为 5000kg。(a) 这个坡道的长度 L 至少要多长，才能使卡车在坡上（瞬间）停下？（将卡车看成质点，并说明此假设有道理。）如果 (b) 卡车的质量减小和 (c) 车的速率减小，斜坡的最小长度 L 是增大，减小还是保持不变？(ssm)

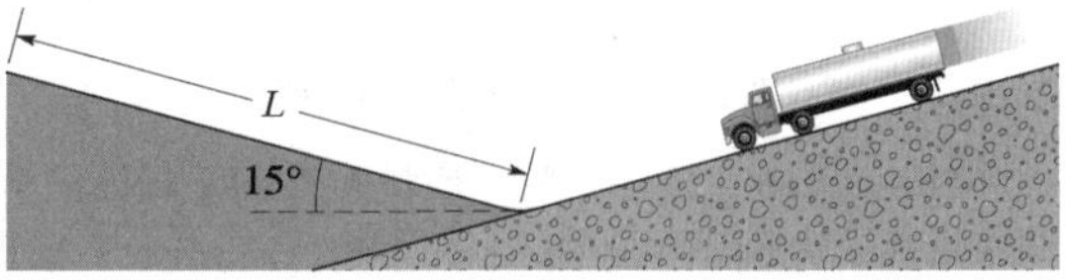

图 8-30 练习 13 图

14P. (a) 习题 8 中，如果 $L=2.00\text{m}$，$\theta=30.0°$，和 $m=5.00\text{kg}$，则重球在最低点时的速率是多少？(b) 如果球的质量增加，则此速率会增大，减小或保持不变？

15P. (a) 习题 7 中，采用能量方法而非第 4 章中的方法求出雪球到达悬崖下的地面时的速率。(b) 如果雪球抛出时的角度是水平**向下** 41.0°，落地时的速率是多少？(c) 如果质量变为 2.50kg 呢？(ssm)

16P. 如图 8-31 所示，一 8.00kg 的石头静止在弹簧上。弹簧被石头压缩了 10.0cm。(a) 弹簧常量是多少？(b) 将石头再下压 30.0cm 然后释放，就在该释放之前压缩弹簧的弹性势能是多少？(c) 当石头从释放点到达最高点时，石头-地球系统的重力势能的变化为何？(d) 石头从释放点量起的最大高度为何？

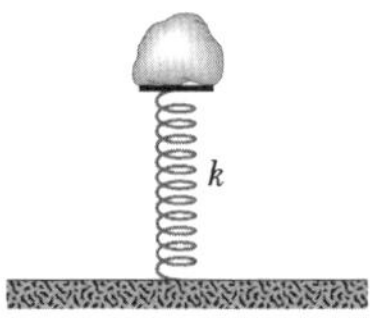

图 8－31　习题 16 图

17P. 用弹簧枪竖直向上发射一质量为5.0 g的石子。如果要使石子正好到达它在压缩弹簧上的位置上方20m高处的目标，弹簧必须压缩8.0cm。(a)石子上升20m时，石子－地球系统的重力势能的变化ΔU_g为何？(b)弹簧发射石子时弹性势能的变化ΔU_s是多少？(c)弹簧的弹簧常量是多少？(ssm)(www)

18P. 图8－32表示一长L的摆。当摆线与垂直方向成夹角θ_0时，摆锤（实际集中了所有质量）具有速率v_0。(a) 推导当摆锤运动到最低位置时的速率的表达式。如果摆线向下然后向上摆动到 (b) 水平位置和 (c) 保持直线而竖直位置时的v_0能具有的最小值为何？ (d) 如果θ_0增加几度，对 (b) 和 (c) 的答案会增大，减小或保持不变？

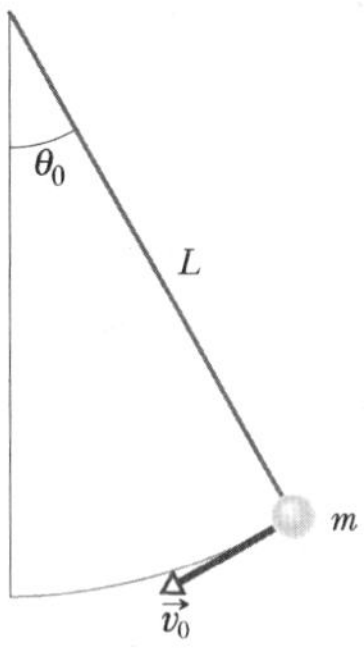

图 8－32　习题 18 图

19P. 一个2.00kg的物块将弹簧挤压在一个倾斜30.0°的光滑斜面上（图8－33，物块没有连到弹簧上）。弹簧的弹簧常量是19.6N/cm，压缩20.0cm后释放。(a) 压缩的弹簧所具有的弹性势能是多少？(b) 当物块沿斜面从释放点运动到它的最高点时，物块－地球系统的重力势能改变了多少？ (c) 最高点离释放点沿斜面相距多远？(ilw)

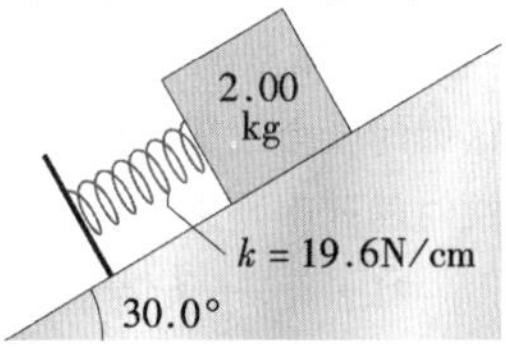

图 8－33　习题 19 图

20P. 习题6中，在Q点作用于物块的净力的 (a) 水平分量和 (b) 竖直分量为何？(c) 在什么高度h把物块由静止释放，能使物块在环形滑道的最高点刚好脱离滑道？（刚好脱离滑道意味着滑道对物块的法向力刚好变成零。）(d) 在$h=0$到$h=6R$的范围内，画出物块在滑道顶点时所受法向力的大小随初始高度h变化的图线。

21P. 如图8－34所示，一个12kg的物块从30°的光滑斜面上由静止释放。物块下面有一弹簧，它可以被270N的力压缩2.0cm。物块在压缩弹簧5.5cm的瞬间停止。(a) 物块从它的静止位置到这个停止点沿斜面滑下多远？(b) 物块刚接触到弹簧时的速率为何？(ssm)

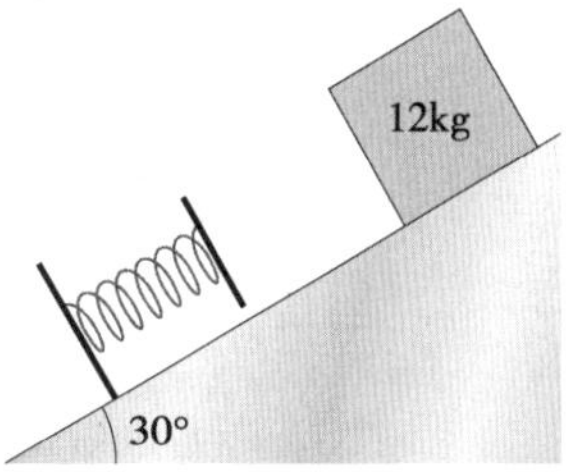

图 8－34　习题 21 图

22P. 在时刻$t=0$，一个1.0kg的球从高塔的顶上以速度$\vec{v}=(18m/s)\vec{i}+(24m/s)\vec{i}$抛出。在$t=0$至$t=6.0s$之间，球-地系统的势能的变化为何？

23P. 图8－35中的细绳长$L=120cm$，一端连在一个球，另一端固定。到P处的销钉的距离d为75.0cm。当静止的球从图中细绳的水平位置释放，它将沿虚弧线向下运动。当球到达 (a) 它的最低点时和 (b) 细绳被销钉绊住后它的最高点时，它的速率是多少？(ilw)

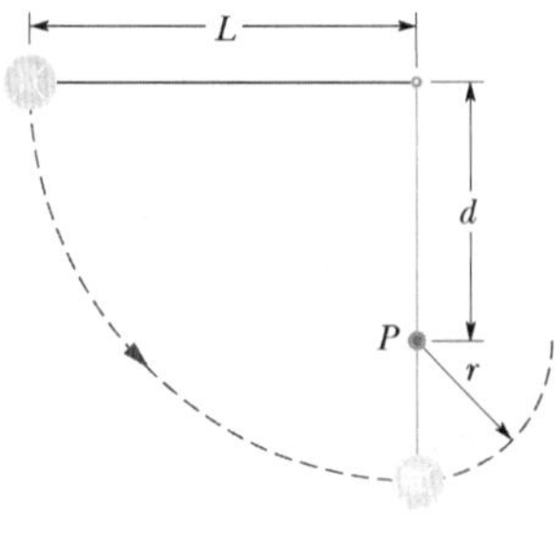

图 8－35　习题 23 和 29 图

24P. 一位60kg的滑雪者从比滑跳坡道的终点高20m处由静止出发，如图8－36所示。当滑雪者离开坡道时，他的速度为水平向上28°。忽略空气的阻力并假定滑道无摩擦。（a）滑雪者跳起的最大高度 h 比坡道终点高多少？（b）如果背上背包增加他的重量，则 h 会变大，变小或不变？

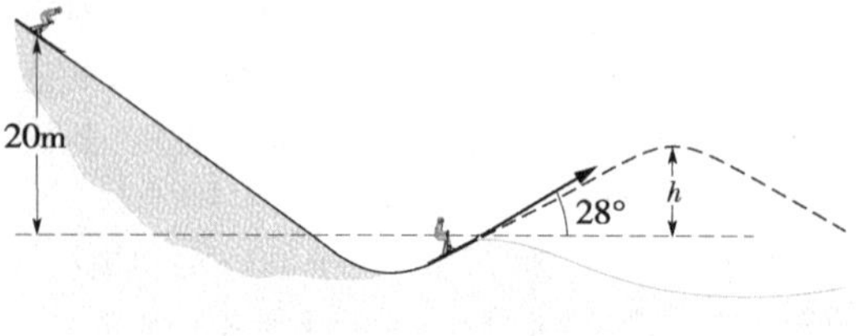

图 8-36　习题 24 图

25P. 一 2.0kg 的物块从 40cm 高处掉落到弹簧常量为 $k=1960\text{N/m}$ 的弹簧上（图 8-37）。求弹簧被压缩的最大距离。（ssm）

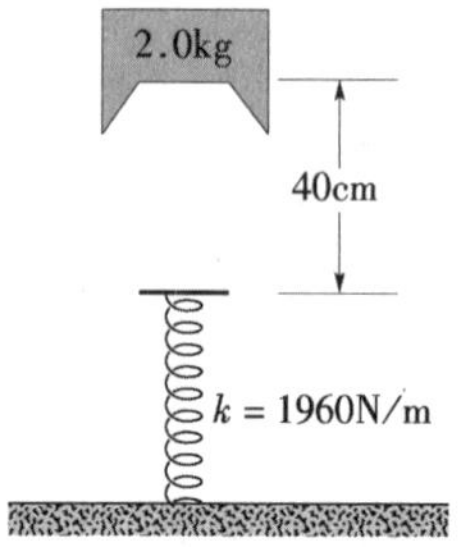

图 8-37　习题 25 图

26P. 人猿泰山（重 688N）在悬崖顶利用一 18m 长的藤条摆荡（图 8-38）。从悬崖顶到摆荡的最低点，他下降了 3.2m。如果张力超过 950N，藤条会断。（a）藤条断了吗？（b）如果没有断，藤条在摆荡中受的最大的力是多少？如果断了，断时与竖直线的夹角为何？

图 8-38　习题 26 图

27P. 两个小孩正在玩用固定在桌子上的弹簧枪发射石子击中地面上的小盒子的游戏。小盒子与桌子边缘的水平距离是 2.20m，如图 8-39 所示。Bobby 将弹簧压缩了 1.10cm，但石子的中心落在比盒子的中心近 27.0cm 处。Rhoda 应该把弹簧压缩多少才能使石子正好命中？假设弹簧与石子在枪内均不受摩擦。（ssm）

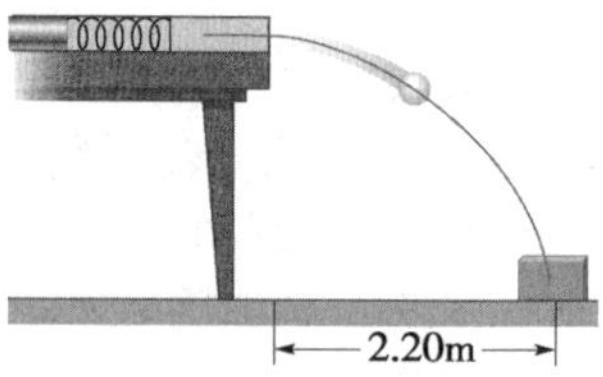

图 8-39　习题 27 图

28P. 一个 700 g 的重物在一竖直的质量可忽略的弹簧上方 h_0 处由静止释放。弹簧常量为 $k=400\text{N/m}$。重物粘到弹簧上并在将弹簧压缩了 19.0cm 后瞬时停下。（a）重物对弹簧和（b）弹簧对重物做功多少？（c）h_0 的值是多少？（d）如果重物从弹簧上方 $2h_0$ 的高度释放，弹簧的最大压缩量会是多少？

29P. 如图 8-35 所示情形，证明如果球能完全绕着销钉摆荡，则 $d>3L/5$。（提示：球在摆荡的顶点必须仍然在运动，你知道原因吗？）（ssm）（www）

30P. 用一个 300g 的球固定在线的一端做一个摆，线长 1.4m，质量不计（线的另一端固定）。将球拉向一边至摆线与竖直线成角 30.0°，然后（保持摆线张紧）将球由静止释放。求：（a）当摆线与垂线成 20.0°角时，球的速率和（b）球的最大速率，（c）当球的速率为最大值的三分之一时，摆线与垂线间的夹角为何？

31P. 一长 L 的硬的质量可忽略的杆的一端与一质量为 m 的球连在一起，另一端固定，形成一个摆。将这个摆的摆杆向上倒置然后释放。在最低点，（a）球的速率和（b）杆的张力为何？（c）如果将摆从水平位置由静止释放，离竖直线的夹角为多少时摆杆内的张力等于球的重量？（ssm）

32P. 在图 8-40 中，一个弹簧常量为 $k=170\text{N/m}$ 的弹簧放在 37.0°的光滑斜面的顶部。在弹簧松弛时，弹簧的末端距斜面最低点 1.00m。一个 2.00kg 的金属罐被推上顶住弹簧并将其压缩 0.200m 后由静止释放。（a）在弹簧恢复到它的松弛长度的瞬间即罐与弹簧脱离接触时，金属罐的速率为何？（b）金属罐到达斜面底端时的速率是多少？

33P*. 图 8-41 中，一条链子被按在光滑桌面上，有四分之一的长度悬在桌子的边缘外。如果链子的长度为 L，质量为 m，欲将悬挂部分拉回桌面需做

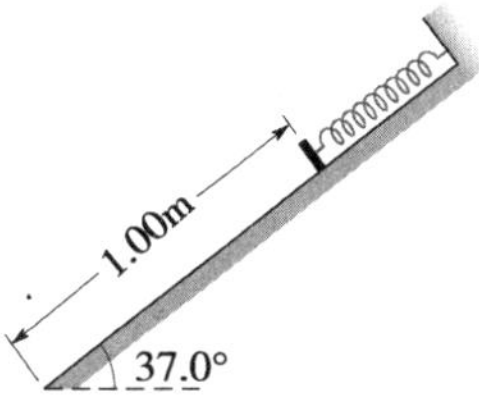

图 8-40　习题 32 图

多少功？(ssm)

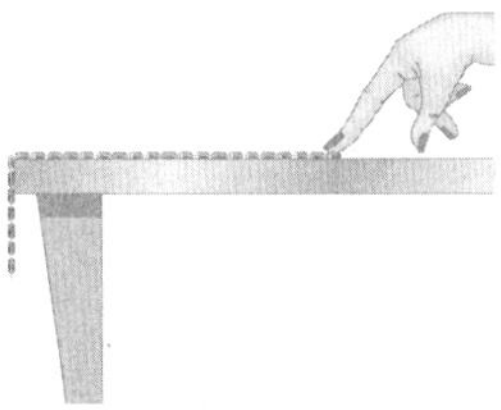

图 8-41　习题 33 图

34P. 一个弹簧常量为 $k=400\text{N/m}$ 的弹簧竖直放在水平面上。把它的上端压下 25.0cm 后再放上一个重 40.0N 的物体（不连上），然后由静止释放。假定在释放点（$y=0$）物体的重力势能 U_g 为零，计算当 y 等于（a）0，（b）5.00cm，（c）10.0cm，（d）15.0cm，（e）20.0cm，（f）25.0cm 和（g）30.0cm 时的重力势能，弹性势能 U_e 和物块的动能 K 。还有，（h）物体从其释放点升高了多少？

35P*. 一个小孩儿坐在一个冰的半球顶上。受一个很小的力推动而开始在冰面上向下滑动（图 8-42）。证明如果冰面无摩擦，他在高度是 $2R/3$ 的点离开冰面。（提示：他离开冰面时法向力为零。）(ssm)

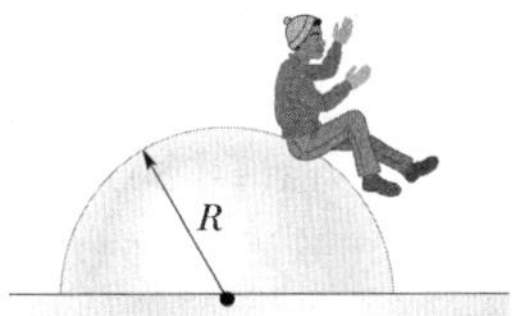

图 8-42　习题 35 图

8-5 节　读势能曲线

36P. 一个保守力 $F(x)$ 作用在沿 x 轴运动的质量为 2.0kg 的质点上。与 $F(x)$ 相联系的势能 $U(x)$ 曲线示于图 8-43 中。当质点在 $x=2.0\text{m}$ 时，它的速度为 -1.5m/s。(a) $F(x)$ 在该点的大小和方向如何？(b) 质点沿 x 运动的范围如何？(c) 在 $x=7.0\text{m}$ 时它的速率为多少？

37P. 一个双原子分子（例如 H_2 或 O_2）的势能由下式给出为

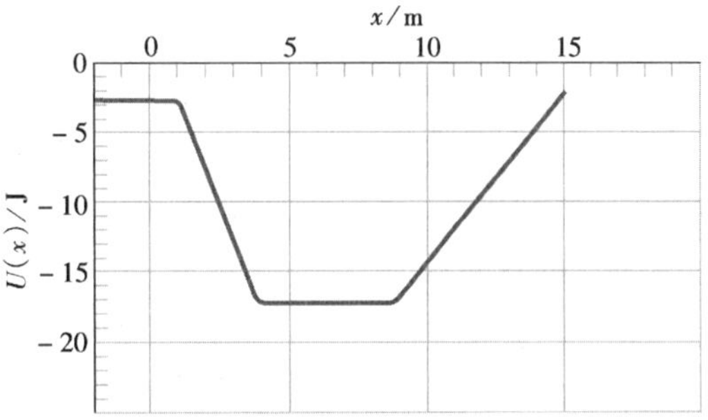

图 8-43　习题 36 图

$$U=\frac{A}{r^{12}}-\frac{B}{r^{6}}$$

式中 r 为两原子间的距离，A 和 B 是正的常量。此势能是与将两个原子束缚在一起的力相联系的。(a) 求平衡间距，即使得对每一个原子的力都是零的两原子间的距离。如果两原子间的距离 (b) 小于和 (c) 大于平衡间距，力是排斥的（两原子相互推开），还是吸引的（把它们拉在一起）？(ssm)

38P. 保守力 $F(x)$ 单独作用在一个沿 x 轴运动的质量为 1.0kg 的质点上。与 $F(x)$ 相联系的势能 $U(x)$ 由下式给出为：

$$U(x)=-4xe^{-x/4}\text{J}$$

式中 x 以 m 为单位。当 $x=5.0\text{m}$ 是，质点的动能是 2.0J。(a) 系统的机械能是多少？(b) 在 $0\leq x\leq 10\text{m}$ 的范围里画出 $U(x)$ 对 x 的图像；在同一图中也画出表示系统机械能的曲线。利用 (b) 的图确定质点运动范围的 (c) x 的最小值，(d) x 的最大值。利用 (b) 的图确定 (e) 质点的最大动能和 (f) 最大动能时的 x 值。(g) 确定 $F(x)$ 作为 x 的函数表示式。(h) 当 x 为何有限值时，$F(x)=0$？

8-6 节　外力对系统做的功

39E. 一只牧羊犬用 8.0N 的水平力在地板上拉它的窝。作用在狗窝上的动摩擦力为 5.0N。当狗窝被拉了 0.70m 时，(a) 牧羊犬的力做了多少功？(b) 狗窝和地板的热能增加了多少？

40E. 当一塑料方块在 15N 的水平力作用下匀速前进 3.0m 时，对它的温度的监测显示塑料方块的热能增加了 20 J。塑料方块经过的地板的热能增加了多少？

41P. 一根绳将 3.57kg 的物体在水平地面上匀速地拉动了 4.06m。作用在绳上的力大小为 7.68N 并与水平方向成 15.0° 向上。(a) 绳的力做了多少功？(b) 物体-地面系统的热能增加了多少？(c) 物体

与地面间的动摩擦系数为多少？(ssm)

42P. 一名工人在水平地面上将一个27kg的物体匀速推动了9.2m，推力沿水平面向下32°。如果物体与地面间的动摩擦系数是0.20，（a）工人的力做的功是多少？（b）物体-地面系统的热能增加了多少？

8-7节　能量守恒

43E. 一只25kg的熊从12m高的直杆松树上由静止滑下，刚要撞到地面之前的速率为5.6m/s。（a）在滑下过程中，熊-地球系统的重力势能有何变化？（b）熊刚要撞到地面之前的动能是多少？（c）对下滑的熊的平均摩擦力是多大？(ssm)(ilw)

44E. 一粒30 g的子弹以水平速度500m/s射入墙体12cm后停止。（a）它的机械能改变了多少？（b）墙对子弹的平均阻力有多大？

45E. 一位60kg的滑雪者以24m/s水平向上25°的速度，离开跳雪台。假定由于空气曳力的影响，滑雪者以22m/s的速率落在离跳台垂直距离为14m的地面上。从起跳到回到地面，由于空气曳力使滑雪者-地球系统的机械能减少了多少？

46E. 一个75 g的飞盘从离地面1.1m高处以12m/s的速率抛出。当它到达2.1m的高度时，速率为10.5m/s。求由于空气曳力，飞盘-地球系统的机械能减少了多少？

47E. 一名外场手以初始速率81.8mile/h抛出一棒球。内场球员在同一高度刚要接到棒球之前，球的速率为110 ft/s。用ft·lb作单位，由于空气曳力，球-地系统的机械能减少了多少？(棒球重9.0 oz。)

48E. 尼亚瓜拉大瀑布每秒约有5.5×10^6kg的水下落50m的高度。(a）每秒水-地球系统的势能减少多少？（b）如果所有这些能量能转换成电能（实际上做不到），可提供电能的速率是多少？($1m^3$水的质量为1000kg。)（c）如果这些电能以1美分/kW·h卖出，每年可收入多少钱？

49E. 在一次岩滑中，一块520kg的岩石由静止滑下500m长，300m高的山坡。石头与山坡表面间的动摩擦系数为0.25。（a）如果在山底的岩石-地球系统的重力势能U取为零点，刚要滑动时的U值为何？（b）滑动中有多少能量转化为热能？（c）石头到达山底时的动能是多少？（d）那时它的速率是多少？

50P. 对着一个水平弹簧推动一个2.0kg的物块使弹簧压缩15cm。然后释放物块，弹簧推开它使它在桌面上滑动。它在离释放点75cm处停下。弹簧常量是200N/m。物体与桌面间的动摩擦系数是多少？

51P. 如图8-44所示，一弹簧常量为640N/m的弹簧使3.5kg的物块加速。物块在弹簧的自然长度处离开弹簧后，在动摩擦系数0.25的水平桌面上滑行了7.8m而停止。(a）物块-桌面系统的热能增加了多少？(b）物块的最大动能是多少？(c）物块开始运动前弹簧被压缩了多少？(ssm)(www)

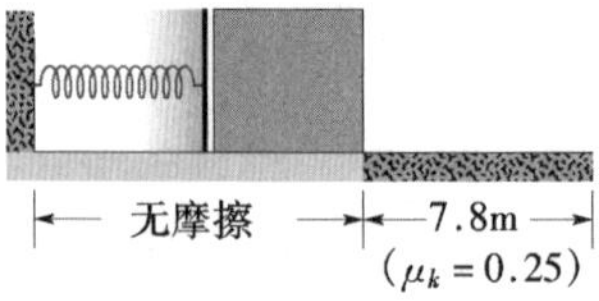

图8-44　习题51图

52P. 在图8-45中，与斜面平行的2.0N的力$\vec{F}$作用于物块上，使物块沿斜面从点A下滑5.0m到达点B。作用在物块上的摩擦力的大小为10N。如果从点A到点B物块的动能增加了35J，在此期间重力对物块做了多少功？

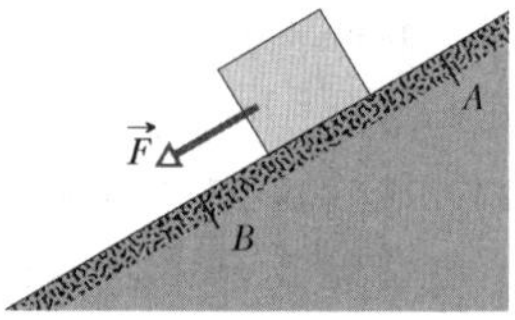

图8-45　习题52图

53P. 某一弹簧被发现不服从胡克定律。当它被拉长x(m)时，产生的力的大小为$52.8x+38.4x^2$(N)，方向与伸长相反。（a）计算将弹簧从$x=0.500$m拉伸到$x=1.00$m需做的功。（b）将弹簧的一端固定，当弹簧被拉长到$x=1.00$m时，在另一端连上一个2.17kg的质点。如果此后由静止释放该质点，当弹簧回到伸长为$x=0.500$m的位形时，质点的速率是多少？（c）弹簧产生的力是保守的还是非保守的？解释之。(ssm)

54P. 一个4.0kg的包以128 J的初动能开始沿一个30°的斜面上滑。如果它与斜面间的动摩擦系数是0.30，它可沿斜面向上滑多远？

55P. 两座雪山比它们之间的山谷分别高850m和750m。一滑雪道从较高的山顶延伸到较低的山顶，总路径长3.2km，平均斜度30°（图8-46）。(a）一滑雪者从较高的山顶由静止开始滑行，如不使用滑雪杖他到达较低的山顶时的速率是多少？摩擦不计。（b）若他正好停在较低山顶上，雪与滑雪板间的摩擦系数约为多少？(ssm)

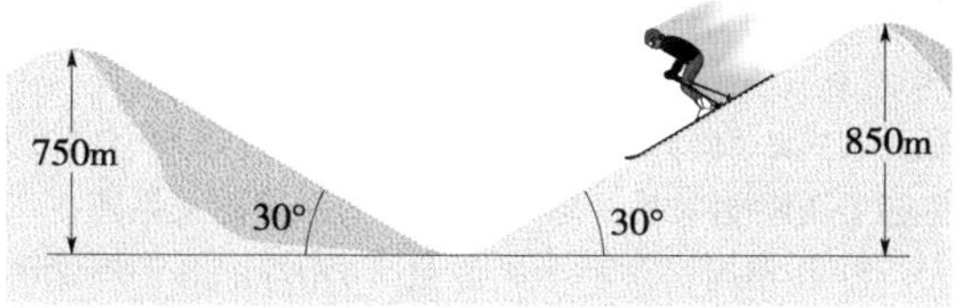

图 8-46　习题 55 图

56P. 一个重 267N 的小女孩从 6.1m 高与水平成 20°的滑梯上滑下，滑梯与小孩间的动摩擦系数为 0.10。(a) 有多少能量转为热能？(b) 如果小女孩在滑梯顶的初速率是 0.457m/s，她到达滑梯底时的速率是多少？

57P. 如图 8-47 所示，一 2.5kg 的物块滑向一个弹簧常量为 320N/m 的弹簧。当物块停止时，弹簧被压缩了 7.5cm。物块与水平表面间的动摩擦系数是 0.25。在弹簧与物块接触并使物块停止的过程中，(a) 弹簧力所做的功和 (b) 物块-表面系统的热能的增加是多少？(c) 物块刚接触到弹簧时的速率是多少？(ilw)

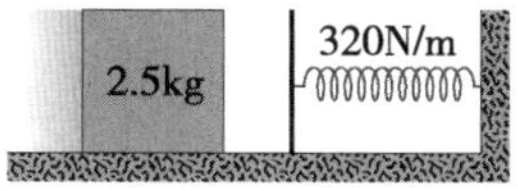

图 8-47　习题 57 图

58P. 一名工人不小心释放了一个 180kg 的包装箱，它原本停放在一个与水平成 39°角长 3.7m 的滑道的顶部。包装箱与滑道，及包装箱与水平地面间的动摩擦系数为 0.28。(a) 包装箱到达滑道底时有多快？(b) 然后它会在水平地面滑行多远？(假定从滑道转到地面上时它的动能不变。) (c) 如果包装箱的质量减半，对 (a) 和 (b) 的答案增大，减小或不变？

59P. 在图 8-48 中，一物块沿轨道滑行，从一个水平经过一段低谷到达一个较高的水平。除了在较高的部分之外，轨道是光滑的直到物块滑上较高水平。在那里，摩擦力使物块经过一段距离 d 后停止。物块的初速率 v_0 为 6.0m/s，两端轨道的高度差 h 是 1.1m；动摩擦系数 μ 为 0.60。求 d。

60P. 一饼干桶沿 40°的斜面向上运动，在离斜面底部（沿斜面测量）55cm 处它的速率为 1.4m/s。桶与斜面间的动摩擦系数是 0.15。(a) 桶在斜面上还可以向上跑多远？(b) 当又回头滑到斜面底时，它跑得有多快？(c) 如果减小动摩擦系数（但已给的速率或地点不变），对 (a) 和 (b) 的答案会增加，

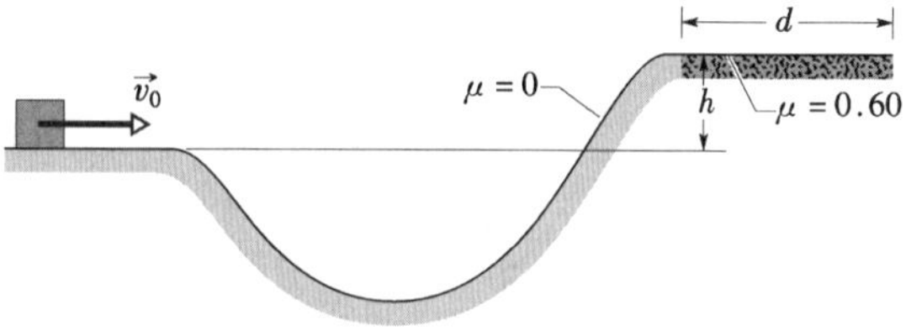

图 8-48　习题 59 图

减小或不变？

61P. 一重 w 的石头从地面竖直向上抛出，初速为 v_0。如果在整个飞行过程中，石头受的空气曳力 f 保持不变，(a) 证明石头到达的最大高度为

$$h = \frac{v_0^2}{2g\ (1 + f/w)}$$

(b) 证明石头就要落地时的速率是

$$v = v_0 \left(\frac{w - f}{w + f}\right)^{1/2}$$

(ssm)

62P. 一部滑梯最大高度 4.0m，由半径 12m 并与地面相切的圆弧构成（图 8-49）。一个 25kg 的孩子从滑梯顶上从静止开始滑下，到达滑梯底时速率为 6.2m/s。(a) 滑梯有多长？(b) 通过这段距离时作用在孩子身上的平均摩擦力有多大？如果不是地面，而是通过滑梯顶的一条竖直线与圆弧相切，则 (c) 滑梯的长度是多少？(d) 作用在孩子身上的平均摩擦力有多大？

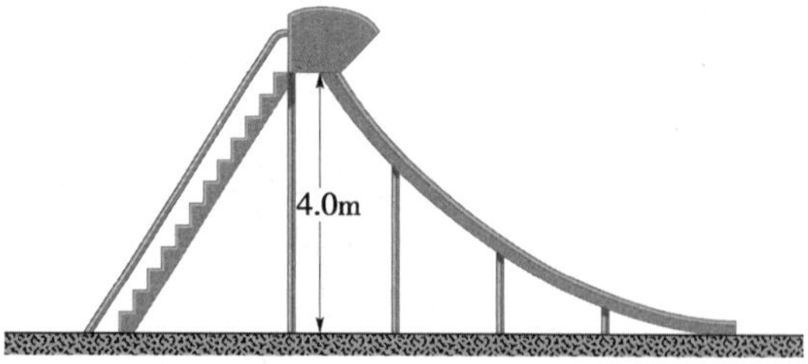

图 8-49　习题 62 图

63P. 一质点可沿着一条两端升高和中间平坦的轨道滑动，如图 8-50 所示。轨道平坦部分长 L，动摩擦系数为 $\mu_k = 0.20$。轨道的弯曲部分无摩擦。质点从轨道的平坦部分上面高 $h = L/2$ 的点 A 由静止释放。质点最终停止在何处？

64P. 如图 8-51 所示，一部 1800kg 的电梯厢的钢缆在厢停在一楼时断掉，在该处电梯厢之下距离 d = 3.7m 处有一个弹簧常量为 k = 0.15MN/m 的缓冲弹簧。一套安全装置将电梯厢夹在导轨上，对电梯厢产生 4.4kN 的摩擦力阻止它的运动。(a) 求电梯厢刚

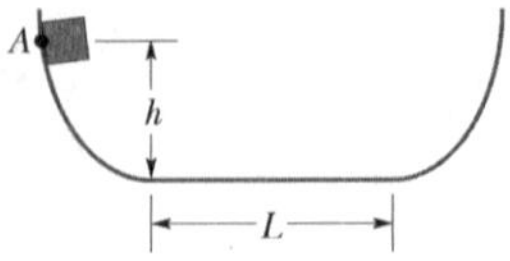

图 8-50 习题 63 图

接触到缓冲弹簧时的速率。(b) 求弹簧被压缩的最大距离(压缩过程中摩擦力仍存在)。(c) 求电梯厢被弹回向上的高度。(d) 应用能量守恒，求电梯厢停止之前运动的近似总距离。(假定电梯厢静止时对它的摩擦力可忽略。)

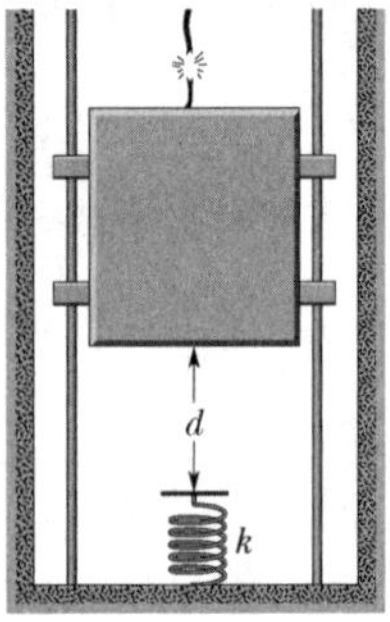

图 8-51 习题 64 图

65P. 在一个工厂里，一件 300kg 的包装箱从打包机竖直落到一条以 1.20m/s 速率运动的传送带上(图 8-52，发动机使传送带匀速运动)。传送带与包装箱间的动摩擦系数为 0.400。在一段短时间后，包装箱与传送带间的滑动消失，包装箱会随传送带一起运动。在包装箱被带着达到对传送带相对静止的时间内，对于在工厂内静止的坐标系，计算：(a) 向包装箱提供的动能，(b) 作用在包装箱上的动摩擦力的大小，和 (c) 发动机提供的能量。(d) 解释为什么问题 (a) 和 (c) 的答案不同。

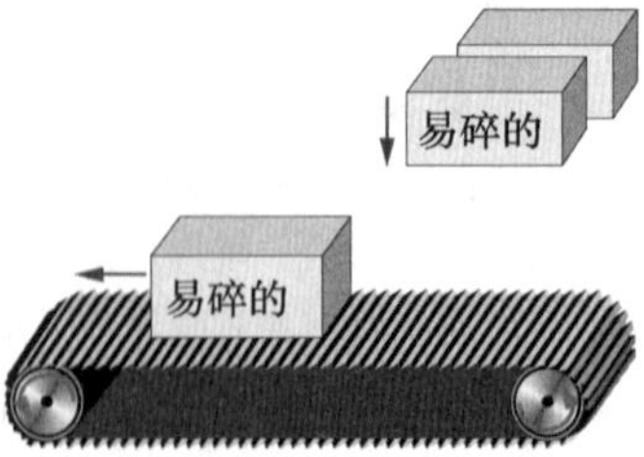

图 8-52 习题 65 图

附加题

66. 用你的一个后槽牙你能对物体加的最大力约为 750N。假如你正慢咬一捆有弹性的甘草，甘草抵抗你的一个牙齿的压缩就好似一个弹簧常量为 2.5 10^5N/m 的弹簧。求：(a) 甘草被你的牙压缩的距离。(b) 压缩中你的牙所做的功。(c) 画出你所加的力的大小与压缩距离的关系图。(d) 如果有势能与这个压缩相联系，画出它与压缩距离的关系图。

1990 年代，在一个三角龙 (Triceratops) 恐龙的骨盆化石上发现有深的咬痕。咬痕的形状说明它是暴龙 (Tyrannosaurusrex) 恐龙所为。为证实这个想法，研究人员用青铜和铝制作了暴龙牙齿的复制品，然后用液压驱动复制品慢慢咬牛的骨头到达在三角龙骨中见到的深度。所需的力与所达深度的关系图如图 8-53 所示；所需的力随深度增加，这是因为近似圆锥形的牙齿在骨头上穿得越深则牙齿与骨头的接触面积越大。(e) 液压——因而可以推测那个暴龙——咬到那个深度需做多少功？(f) 有一个与咬的深度相联系的势能吗？这项研究赋予暴龙的大的咬力和能量消耗 (现代动物不可能超过)，说明暴龙是食肉动物而非食腐动物 (如一些研究者所争辩的那样。)

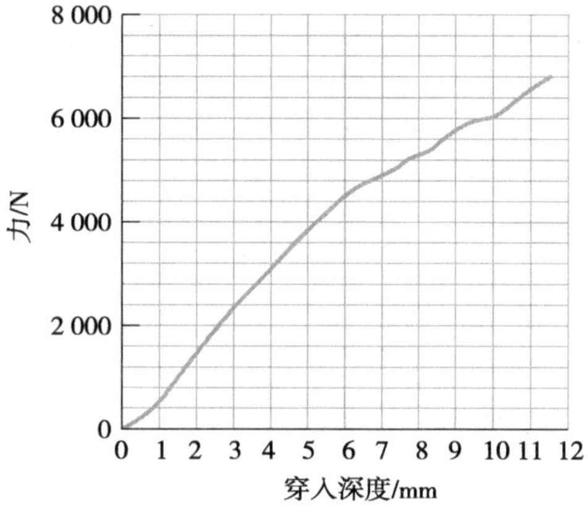

图 8-53 习题 66 图

67. 鱼饵-钓鱼和速率放大。如果你将一个鱼饵扔出，它大概可以水平飞行 1m。但如果你将鱼饵挂在鱼钩上，用鱼竿将鱼线甩出，鱼饵可以很容易的飞出整个鱼线的长度，例如，20m 远。

甩竿的过程如图 8-54 所示。开始时 (图 8-54a)，长 L 的鱼线水平向左伸展并以速率 v_0 向右运动。当在鱼线端的鱼饵向前运动时，鱼线有重叠，上半段仍向前运动下半段静止 (图 8-54b)。下段长度增加时上段长度减小 (图 8-54c)，直至鱼线水平向右完全伸开而只存在在下段 (图 8-54d)。如果忽略空气曳力，图 8-54a 中鱼线的初始动能逐渐集中于鱼

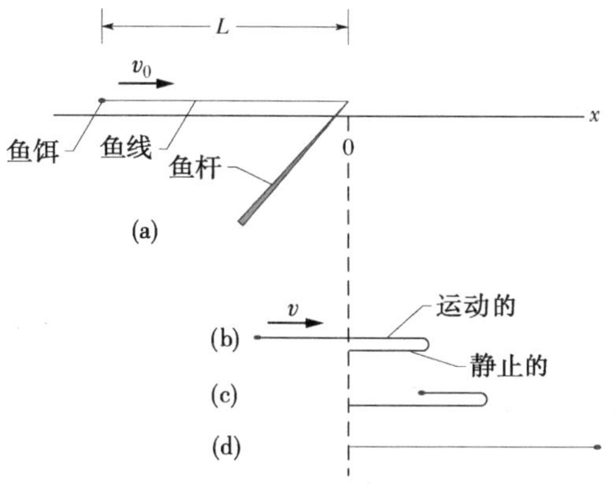

图 8-54 习题 67 图

饵和仍在运动而长度逐渐减小的线段，结果是使鱼饵和该段的速率放大（增加）。

（a）采用已给出的 x 轴，表示当鱼饵的位置为 x 时，鱼线仍在运动的线段（上部）的长度是 $(L-x)/2$。（b）假定鱼线是均匀的，线密度为 ρ（单位长度的质量），仍在运动的线段的质量是多少？下一步，以 m_f 代表鱼饵的质量，并假定即使运动线段的长度在甩竿时不断减小，运动线段的动能仍保持初始值（当时运动线段长 L 且速率为 v_0）。（c）求仍在运动的线段和鱼饵的速率的表达式。

假定初始速率 $v_0 = 6.0\text{m/s}$，鱼线长 $L = 20\text{m}$，鱼饵质量 $m_f = 0.80\text{g}$，线密度 $\rho = 1.3\ \text{g/m}$。（d）画出鱼饵的速率随位置 x 变化的图线。（e）鱼线刚好到达最后的水平取向而鱼饵就要返回而停止时鱼饵的速率是多少？（在更为真实的计算中，空气曳力会减低最终的速率。）

速率放大也可以用长鞭，甚至卷起的湿毛巾来产生，后者在普通更衣室内的恶作剧中被用来打人。（取自于“The Mechanics of Flycasting: The flyline,” by Graig A. Spolek, American Journal of Physics, Sept. 1986, Vol. 54, No. 9, pp. 832-836.）

第9章 质 点 系

当你向前跳跃时，你的头和身体会沿抛物线运行，就好像一个棒球被从外场投入内场一样。然而，当一位技艺高超的芭蕾舞演员在舞台上进行大跃步时，在跳跃的大部分时间内，她的头和身体却是近似水平的运动，她就好似在舞台上飘浮一样。观众可能对抛体运动知之不多，但仍感觉得到其中有些不同寻常。

芭蕾舞演员是如何做到仿佛“避开”了重力的呢？

答案就在本章中。

9-1 一个特殊的点

物理学家们喜欢观察复杂的事物，并在其中寻找简单和熟悉的东西。下面是一个例子。如果将一支棒球棒向上抛出，使它在空中旋转，它的运动情况很明显会比那些，例如，投出时不旋转的棒球（类似质点）的运动（见图9-1a）更为复杂。旋转的球棒上的每一部分的运动情况都与其他部分不同，因而不能用一个抛出的质点来代表它；不同的是，它是一个质点系统。

然而，如果仔细观察，就能发现球棒上有一个特殊的点沿着简单的抛物线路径运动，就好像抛到空中的质点一样（见图9-1b）。事实上，这个特殊的点的运动情况就好像是（1）球棒的所有质量都集中在这一点；（2）作用在球棒上的重力集中在这一点。这个特殊点被称为球棒的**质心**。一般地说：

(a)

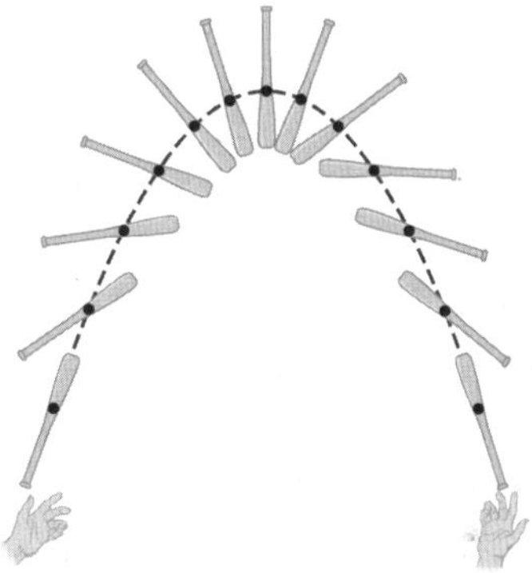

(b)

图9-1 (a) 一个抛到空中的棒球沿抛物线路径运动。(b) 被抛到空中旋转的球棒的质心（黑点）也这样，但球棒上所有其他点都沿更为复杂的曲线路径运动。

> 一个物体或物体系的质心是这样的点，它的运动情况就好像所有的质量都集中在这点，而且所有的外力也都作用在该点一样。

球棒的质心位于球棒的中心轴线上。可以使球棒水平地平衡在伸出的一个手指上来确定它的位置：质心在棒的轴线上手指的正上方。

9-2 质心

我们现在将花些时间来确定如何求出各种系统的质心。我们先从几个质点的系统开始，然后再考虑大量质点的系统（比如球棒）。

质点系统

图9-2a所示为两个相距为 d，质量分别为 m_1 和 m_2 的质点。我们随意选择了 x 轴的原点位于质量为 m_1 的质点上。我们**定义**这个二质点的系统的质心（com）的位置为

$$x_{com}=\frac{m_2}{m_1+m_2}d \qquad (9-1)$$

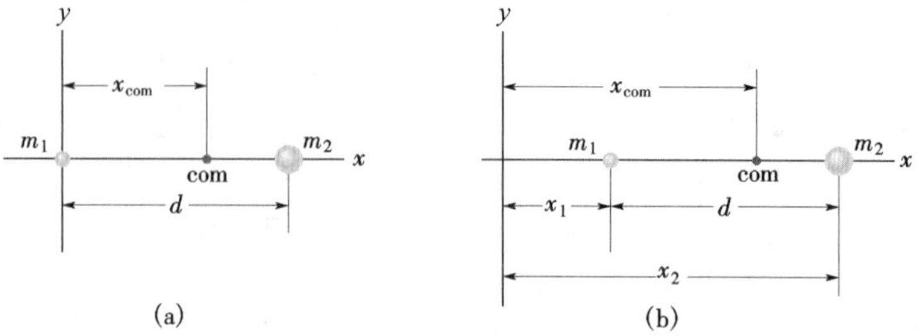

图9-2　(a) 两个相距为 d，质量分别为 m_1 和 m_2 的质点。标以 com 的点是按式 (9-1) 计算出的质心的位置。(b) 与 (a) 相同，只是坐标原点取在离两质点更远处。质心位置按式 (9-2) 计算。两种情形的质心的位置（相对于两质点）是一样的。

作为一个例子，可假定 $m_2=0$。于是，系统中只有一个质量为 m_1 的质点，质心一定处于这个质点所在的位置，式 (9-1) 自然地简化为 $x_{com}=0$。如果 $m_1=0$，系统中仍然只有一个质点（质量为 m_2），而正如我们预期的那样，$x_{com}=d$。如果 $m_1=m_2$，即两质点的质量相等，质心应该在它们中间一半的地方，式 (9-1) 简化为 $x_{com}=\frac{1}{2}d$，又如我们所预期的一样。最后，式 (9-1) 告诉我们，如果 m_1 和 m_2 都不为零，x_{com} 只能取零和 d 之间的值；即质心必定位于两质点之间某处。

图9-2b 给出了更为普遍的情况，其中坐标系向左移动了。此时质心的位置被定义为

$$x_{com}=\frac{m_1x_1+m_2x_2}{m_1+m_2} \qquad (9-2)$$

注意到如果令 $x_1=0$，则 x_2 变为 d，式 (9-2) 简化为式 (9-1)，像它必须的那样。还要注意，尽管坐标系移动了，但质心离每个质点的距离仍保持不变。

我们可将式 (9-2) 重写作

$$x_{com}=\frac{m_1x_1+m_2x_2}{M} \qquad (9-3)$$

式中，M 是系统的总质量（这里 $M=m_1+m_2$）。我们可以将此式推广到较为普遍的 n 个质点排列在 x 轴上的情况。于是，总质量为 $M=m_1+m_2+\cdots+m_n$，而质心的位置是

$$x_{com}=\frac{m_1x_1+m_2x_2+m_3x_3+\cdots+m_nx_n}{M}=\frac{1}{M}\sum_{i=1}^{n}m_ix_i \qquad (9-4)$$

式中的下标 i 是质点的序号或标志，取1到 n 的所有整数值，它指明了各个质点、它们的质量以及它们的 x 坐标。

如果质点是三维分布的，则质心必须由三个坐标确定。将式 (9-4) 扩展，可写出

$$x_{com}=\frac{1}{M}\sum_{i=1}^{n}m_ix_i,\quad y_{com}=\frac{1}{M}\sum_{i=1}^{n}m_iy_i,\quad z_{com}=\frac{1}{M}\sum_{i=1}^{n}m_iz_i \qquad (9-5)$$

我们也可以用矢量语言来定义质心。首先，回忆在坐标 x_i，y_i 和 z_i 的质点的位置由一个位矢给定为

$$\vec{r}_i=x_i\vec{i}+y_2\vec{j}+z_i\vec{k} \qquad (9-6)$$

这里下标指明质点，$\vec{i}$，$\vec{j}$，$\vec{k}$ 是单位矢量，分别指向 x，y，z 轴的正方向。类似的，质点系的质心位置

由一个位矢给定：

$$\vec{r}_{com} = x_{com}\vec{i} + y_{com}\vec{j} + z_{com}\vec{k} \tag{9-7}$$

式(9-5)中的三个标量式现在可以用一个单个矢量式取代，

$$\vec{r}_{com} = \frac{1}{M}\sum_{i=1}^{n} m_i \vec{r}_i \tag{9-8}$$

式中的 M 仍为系统的总质量。可以将式(9-6)和式(9-7)带入此式，然后分出它的 x, y, z 分量，来检验它是否正确。其结果应是式(9-5)的三个标量关系。

连续实体

一个普通物体，例如球棒，包含有非常多的质点(原子)，以至于可以很好地将它当成一个物质的连续分布来处理。“质点”就变成了微分的质量元 dm，式(9-5)中的求和就变成了积分，质心的坐标定义为

$$x_{com} = \frac{1}{M}\int x\mathrm{d}m,\ y_{com} = \frac{1}{M}\int y\mathrm{d}m,\ z_{com} = \frac{1}{M}\int z\mathrm{d}m \tag{9-9}$$

这里的 M 是物体的质量。

对大多数普通的物体(例如一台电视机或一头驼鹿)求这些积分会很困难，因此我们在这里只考虑**均匀**物体。这样的物体具有**均匀的密度**，或单位体积的质量；也就是说，物体任意给定的微分元都具有和整个物体相同的密度 ρ(希腊符号)：

$$\rho = \frac{\mathrm{d}m}{\mathrm{d}V} = \frac{M}{V} \tag{9-10}$$

式中，$\mathrm{d}V$ 是质量元 $\mathrm{d}m$ 所占有的体积，而 V 表示物体的总体积。如果将式(9-10)中的 $\mathrm{d}m = (M/V)\mathrm{d}V$ 代入式(9-9)，我们得到

$$x_{com} = \frac{1}{V}\int x\mathrm{d}V,\ y_{com} = \frac{1}{V}\int y\mathrm{d}V,\ z_{com} = \frac{1}{V}\int z\mathrm{d}V \tag{9-11}$$

如果一个物体具有对称的点、线或面，就可以省去一个或更多的上述积分。这个物体的质心就在该点、该线或该面上。例如，均匀球体(有对称点)的质心在球心(是对称点)；均匀圆锥体(其轴为对称线)的质心在圆锥的轴线上。一个香蕉(具有将香蕉分成两个相等的部分的对称面)的质心在该面内某处。

物体的质心不一定在物体内部。在面包圈的质心处没有面包，在马蹄铁的质心处没有铁。

检查点1：图中所示为一块均匀的正方形平板，它的四个角处的四块相等的正方形部分将被剪去。(a) 最初平板的质心在哪里？当剪去(b) 正方形1；(c) 正方形1和2；(d) 正方形1和3；(e) 正方形1，2和3；(f) 所有四块正方形时，它的质心在何处？根据质心所在的象限、轴、或点来回答(当然不用计算)。

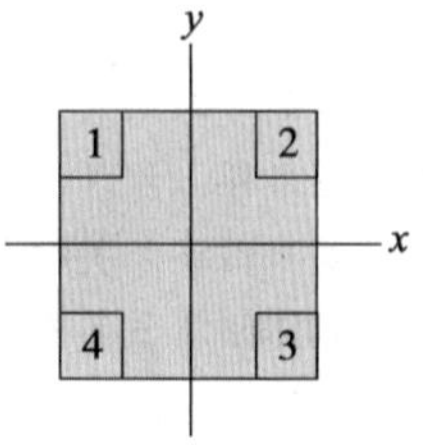

例题 9-1

三个质量分别为 $m_1 = 1.2\text{kg}$，$m_2 = 2.5\text{kg}$ 和 $m_3 = 3.4\text{kg}$ 的质点构成一个边长为 $a = 140\text{cm}$ 的等边三角形。这个三质点系统的质心在哪里？

【解】 着手解题的一个**关键点**是，要处理的是质点组而非连续实体，因此我们可以用式(9-5)来确定它们的质心。三个质点在等边三角形的平面内，因而我们只须用前两个方程式。第二个**关键点**是，我们可以

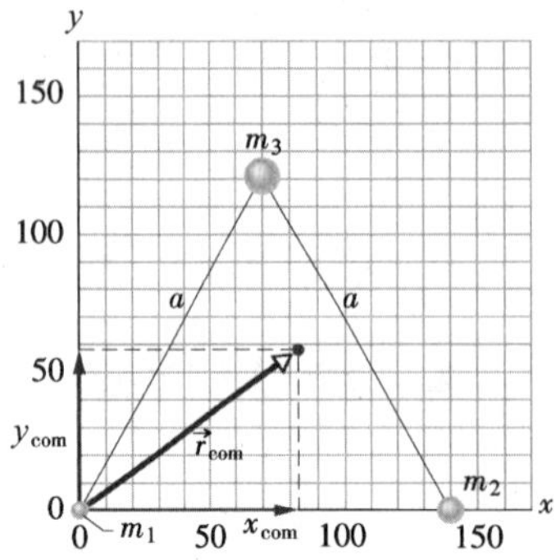

图9-3　例题9-1图　三个质点形成一个边长为 a 的等边三角形。质心的位置由位矢 $\vec{r}_{com}$ 确定。

选取 x, y 坐标轴，使其中一个质点在原点上，轴与三角形的一条边重合（见图9-3）来简化计算。于是，三个质点有如下坐标：

质点	质量/kg	x/cm	y/cm
1	1.2	0	0
2	2.5	140	0
3	3.4	70	121

这个系统的总质量 M 是7.1kg。

根据式(9-5)，质心的坐标为

$$x_{com}=\frac{1}{M}\sum_{i=1}^{3}m_ix_i=\frac{m_1x_1+m_2x_2+m_3x_3}{M}=\frac{1.2\text{kg}\times0+2.5\text{kg}\times140\text{cm}+3.4\text{kg}\times70\text{cm}}{7.1\text{kg}}=83\text{cm}$$

（答案）

和

$$y_{com}=\frac{1}{M}\sum_{i=1}^{3}m_iy_i=\frac{m_1y_1+m_2y_2+m_3y_3}{M}=\frac{1.2\text{kg}\times0+2.5\text{kg}\times0+3.4\text{kg}\times121\text{cm}}{7.1\text{kg}}=58\text{cm}$$

（答案）

在图9-3中，质心由位矢 $\vec{r}_{com}$ 来定位，它的分量是 x_{com} 和 y_{com}。

例题9-2

如图9-4a所示，一个半径为 $2R$ 的均匀金属板 P，其上半径为 R 的一块被裁去。试用所示的 xy 坐标系，确定板的质心位置 com_P。

【解】　首先，利用对称性的**关键点**，可以粗略地定出板 P 的中心。注意到板是关于 x 轴对称的（可以将 x 轴上的部分绕轴转动而得到轴下的部分）。因此，com_P 必定在 x 轴上。有圆孔的板 P 关于 y 轴则是不对称的。不过，因为在 y 轴的右边具有较多的质量，com_P 一定在 y 轴的右边某处。因而 com_P 的大致位置应如图9-4a所示。

这里的另一个**关键点**是，板 P 是一个连续实体，所以我们可以用式（9-11）来求 com_P 的实际坐标。但不论怎样，计算过程是不容易的。一个更为简易的方法是利用这个**关键点**：在求质心时，我们可以假定**均匀物体**的质量集中于在物体的质心处的质点上。我们可以这样来做：

首先，将被裁去的圆盘（称为圆盘 S）放回原处（见图9-4b）以形成原来的组合圆板 C。由于其圆对称性，圆盘 S 的质心 com_S 在 S 的中心，位于 $x=-R$ 处（见图）。类似地，组合圆板 C 的质心在 C 的中心处，位于坐标原点（见图）。然后我们列出下表：

板	质心	质心 com 的位置	质量
P	com_P	$x_P=?$	m_P
S	com_S	$x_S=-R$	m_S
C	com_C	$x_C=0$	$m_C=m_S+m_P$

现在来应用集中质量的**关键点**：假定圆盘 S 的质量 m_S 集中于在 $x_S=-R$ 的质点，而质量 m_P 集中于在 x_P 的质点上（见图9-4c）。然后，将这两个质点看成是一个二质点系，用式（9-2）来求质心 x_{S+P}，得到

$$x_{S+P}=\frac{m_Sx_S+m_Px_P}{m_S+m_P}\tag{9-12}$$

接下来注意到组合圆板 C 是由圆盘 S 和板 P 组合而成的。因此，质心 com_{S+P} 的位置 x_{S+P} 必定与在坐标原点的质心 com_C 的位置 x_C 重合；所以 $x_{S+P}=x_C=0$。代入式（9-12）求解 x_P，得

$$x_P=-x_S\frac{m_S}{m_P}\tag{9-13}$$

现在似乎遇到了一个问题，因为不知道式（9-13）中的质量。不过可以将它们的质量与 S 和 P 的正面面积联系起来，注意到

质量 = 密度 × 体积 = 密度 × 厚度 × 面积

因而

$$\frac{m_S}{m_P}=\frac{\text{密度}_S}{\text{密度}_P}\times\frac{\text{厚度}_S}{\text{厚度}_P}\times\frac{\text{面积}_S}{\text{面积}_P}$$

因为板是均匀的，密度和厚度处处相等；上式简化为

$$\frac{m_S}{m_P}=\frac{面积_S}{面积_P}=\frac{面积_S}{面积_C-面积_S}=\frac{\pi R^2}{\pi(2R)^2-\pi R^2}=\frac{1}{3}$$

将此式和 $x_S=-R$ 带入式（9-13），就有

$$x_P=\frac{1}{3}R \qquad （答案）$$

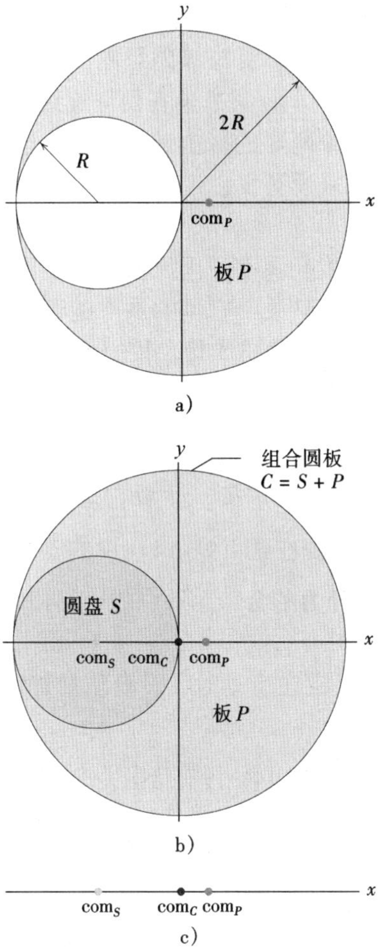

图 9-4 例题 9-2 图 （a）板 P 是一个半径为 $2R$ 的金属板，上有一个半径 R 的圆孔。P 的质心在 com_P 处。（b）圆盘 S 放回形成组合板 C。圆盘 S 的质心 com_S 和板 C 的质心 com_C 如图示。（c）S 和 P 共同的质心 com_{S+P} 与位于 $x=0$ 的 com_C 重合。

解题线索

线索1：质心习题

例题 9-1 和例题 9-2 给出了简化质心问题的三个技巧：（1）充分利用物体的对称性，即它的对称点、对称线或对称面；（2）如果物体可以分成几个部分，将每个部分看成一个质点，该点即为它们各自的质心；（3）聪明地选择坐标轴的方位：如果系统是一组质点，选择其中一个作为坐标原点。如果系统是具有线对称性的物体，则将该对称线选作 x 轴或 y 轴。原点的选择完全是任意的；不论如何选择原点，质心的位置保持不变。

9-3　质点系的牛顿第二定律

当你击中主球去撞击另一个静止的台球时，你期望这个两球系统能在碰撞后继续某种向前的运动。你会十分惊奇，比如，如果两个球都向你退回来，或者两个球都向左或向右运动。

继续向前运动的，其恒定运动完全不受碰撞的影响的点，是这个两球系统的质心。如果你注视这个点——因为两球质量完全相同，该点总在两球连线的中点——你就可以通过在台球台上试一下很容易地确认这一点。不论两球的撞击是从边上擦过的、对心的或某种中间形式，质心都继续向前运动，就好像碰撞从来没有发生过一样。下面让我们更为仔细地探究一下这种质心的运动。

为了这样做，我们用一组（可能）具有不同质量的 n 个质点代替一对台球。我们感兴趣的不是这些质点的个别的运动情况，而**只**关心它们的质心的运动。虽然质心只是一个点，但它运动起来就好像一个质点，其质量为系统的总质量，我们**可以**给它指定一个位置、速度和加速度。我们给出（将在以后加以证明）支配质点系的质心的运动的（矢量）方程是

$$\vec{F}_{\text{net}} = M\vec{a}_{\text{com}} \quad (\text{质点系}) \tag{9-14}$$

此方程为对质点系质心的牛顿第二定律。注意它与适用于单个质点运动的方程（$\vec{F}_{\text{net}} = m\vec{a}$）具有相同的形式。不过，对出现在式（9-14）中的三个量取值时必须注意：

1. $\vec{F}_{\text{net}}$是作用于系统上的**所有外力**的合力。系统的一部分作用于另一部分的作用力（**内力**）并不包括在式（9-14）中。

2. M 是系统的**总质量**。我们假定在运动时，没有质量进入或离开系统，因而 M 是一个常量。系统被说成是**封闭**的。

3. $\vec{a}_{\text{com}}$是系统**质心的加速度**。式（9-14）没有给出关于系统的任何其他点的加速度的信息。

式（9-14）等价于三个关于$\vec{F}_{\text{net}}$和$\vec{a}_{\text{com}}$沿三个坐标轴的分量的方程，即

$$F_{\text{net},x} = Ma_{\text{com},x},\ F_{\text{net},y} = Ma_{\text{com},y},\ F_{\text{net},z} = Ma_{\text{com},z} \tag{9-15}$$

现在可以回过头来考查台球的行为。主球开始滚动后，没有外力作用在这个（两球）系统上。于是，因为 $\vec{F}_{\text{net}}=0$，式（9-14）说明，也有 $\vec{a}_{\text{com}}=0$。由于加速度是速度的变化率，我们得到这个两球系统的质心的速度不改变的结论。当两球碰撞时，起作用的是**内力**，即一个球对另一个球的作用力。这些力对净力$\vec{F}_{\text{net}}$没有贡献，净力仍保持为零。因此，碰撞前向前运动的系统的质心，在碰撞后必定继续以相同的速率沿相同的方向向前运动。

式（9-14）不仅适用于质点系，对连续实体，如图9-1b所示的球棒，同样有效。在那种情况下，式（9-14）中的 M 是球棒的质量，而 $\vec{F}_{\text{net}}$是作用在球棒上的重力。这样，式（9-14）就告诉我们 $\vec{a}_{\text{com}}=\vec{g}$。换句话说，球棒质心的运动就好像球棒是一个质量为 M 的单个质点受到力 $\vec{F}_g$ 的作用一样。

图9-5给出另一个有趣的例子。假如在一次烟火表演中，一枚射出的火箭沿抛物线的路径运行。在某一点，它爆炸成碎片。如果没有爆炸，火箭会继续按照图中所示的轨道运行。爆炸力对系统（先是火箭，然后是碎片）来说是**内**力；即系统的一部分受其他部分的作用力。如果忽略空气的曳力，系统所受的合**外**力$\vec{F}_{\text{net}}$是对系统的重力，与火箭爆炸是否无关。因此，根据式

(9-14)，爆炸后那些碎片（仍在飞行中）的质心的加速度 $\vec{a}_{com}$ 仍然等于 $\vec{g}$。这说明碎片的质心沿着火箭不爆炸时要经过的相同抛物线轨道运动。

当一位芭蕾舞演员在舞台上进行大跃步时，她抬高手臂，在她的脚刚刚离开台面时将腿水平伸展（见图9-6）。这些动作使她的质心相对身体的位置升高。虽然升高的质心在跨越舞台的过程中切实地沿着抛物线运动，但相对于普通的跳跃而言，演员的质心相对于她身体的运动降低了她的头和躯干所达到的高度。其结果是她的头和躯干沿近似水平的路径运动，给人以演员在漂浮的感觉。

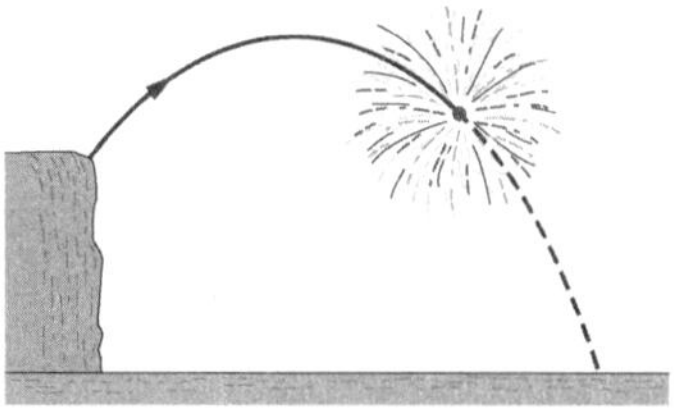

图9-5 一枚烟火火箭在飞行中爆炸。在没有空气曳力的情况下，碎片的质心将继续沿原来的抛物线路径运动，直至落地。

图9-6 大跃步（取自 The Physics of Dance, by Kenneth Laws, Schirmer Books, 1984.）。

式（9-14）的证明

现在来证明这个重要的方程。对一个有 n 个质点的系统，根据式（9-8）有

$$M\vec{r}_{com}=m_1\vec{r}_1+m_2\vec{r}_2+m_3\vec{r}_3+\cdots+m_n\vec{r}_n \tag{9-16}$$

式中，M 是系统的总质量，$\vec{r}_{com}$ 是确定系统质心位置的矢量。

将式（9-16）对时间微分，得到

$$M\vec{v}_{com}=m_1\vec{v}_1+m_2\vec{v}_2+m_3\vec{v}_3+\cdots+m_n\vec{v}_n \tag{9-17}$$

式中，$\vec{v}_i$（$=d\vec{r}_i/dt$）是第 i 个质点的速度，$\vec{v}_{com}$（$=d\vec{r}_{com}/dt$）是质心的速度。

将式（9-17）对时间微分，得到

$$M\vec{a}_{com}=m_1\vec{a}_1+m_2\vec{a}_2+m_3\vec{a}_3+\cdots+m_n\vec{a}_n \tag{9-18}$$

式中，$\vec{a}_i$（$=d\vec{v}_i/dt$）是第 i 个质点的加速度，$\vec{a}_{com}$（$=d\vec{v}_{com}/dt$）是质心的加速度。虽然质心只是一个几何上的点，但它具有位置、速度和加速度，就好像是一个质点一样。

根据牛顿第二定律，$m_i\vec{a}_i$ 等于作用在第 i 个质点上的合力 $\vec{F}_i$。因此，我们可以将式（9-

18）改写为

$$M\vec{a}_{com}=\vec{F}_1+\vec{F}_2+\vec{F}_3+\cdots+\vec{F}_n \tag{9-19}$$

对式（9－19）等号右边有贡献的各个力中，有系统的各个质点相互作用的力（内力）和系统外部对各个质点的作用力（外力）。根据牛顿第三定律，内力形成第三定律力对，并在式（9－19）的右边出现的总和中相互抵消掉。所留下的是作用在系统上的所有**外**力的矢量和。式（9－19）可简化为式（9－14），即我们所要证明的关系式。

检查点2：两名滑冰者在光滑的冰面上分握一根质量可忽略的杆的两端。一个坐标轴沿着杆，坐标原点在此两滑冰者系统的质心。其中一名滑冰者 Fred，其重量是另一位滑冰者 Ethel 的两倍。如果（a）Fred 用手一把一把地沿着杆将自己拉向 Ethel，（b）Ethel 用手一把一把地沿着杆将自己拉向 Fred，和（c）两人同时拉杆，他们在何处相遇？

例题9－3

图9－7a 中的三个质点初始时静止。每个质点分别受到来自三质点系外的物体的**外力**作用。力的方向如图所示，大小分别为 $F_1=6.0\text{N}$，$F_2=12\text{N}$ 和 $F_3=14\text{N}$。求这个质点系的质心的加速度，并指出它的运动方向。

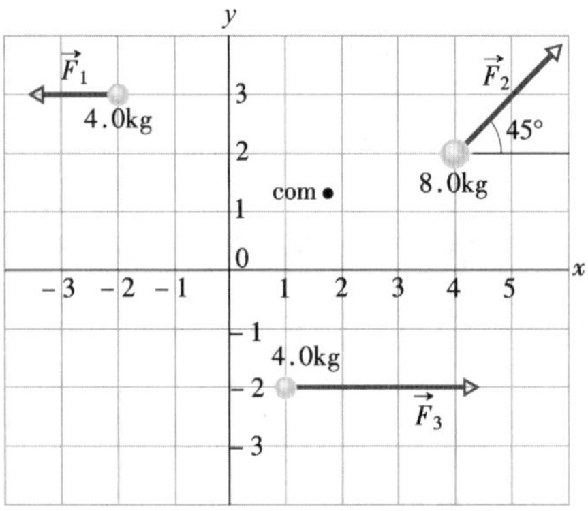

(a)

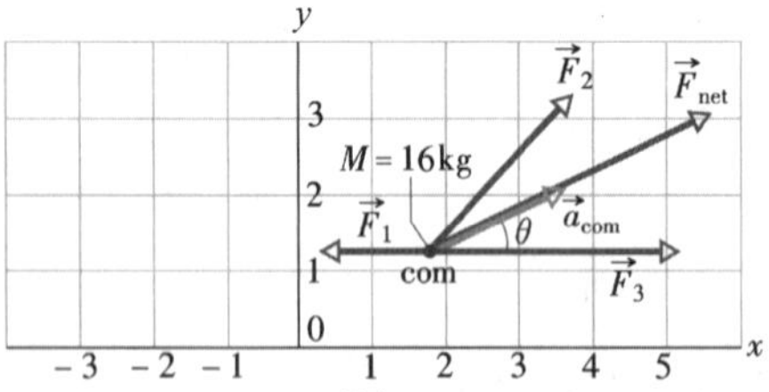

(b)

图9－7 例题9－3图 （a）示出三质点的初始静止位置，及外力作用的情况。系统的质心（com）标在图上。（b）外力被移到系统的质心处，质心的行为就像一个质量 M 等于系统总质量的质点。合外力 $\vec{F}_{net}$ 以及质心的加速度 $\vec{a}_{com}$ 示于图中。

【解】 用例题9－1的方法计算得到的质心的位置已用一个点标在了图中。这里一个**关键点**是，我们可将质心视作一个真实的质点，它的质量就是系统的总质量 $M=16\text{kg}$。我们还可以将三个外力看成就像它们都作用在质心上一样（见图9－7b）。

第二个**关键点**是，我们现在可以把牛顿第二定律（$\vec{F}_{net}=m\vec{a}$）用于质心，写出

$$\vec{F}_{net}=M\vec{a}_{com} \tag{9-20}$$

或是

$$\vec{F}_1+\vec{F}_2+\vec{F}_3=M\vec{a}_{com}$$

因而

$$\vec{a}_{com}=\frac{\vec{F}_1+\vec{F}_2+\vec{F}_3}{M} \tag{9-21}$$

式（9－20）告诉我们，质心的加速度 $\vec{a}_{com}$ 与作用于系统上的合外力 $\vec{F}_{net}$ 的方向相同（见图9－7b）。因为质点初始时静止，质心也必定静止。当质心此后开始加速时，它一定沿 $\vec{a}_{com}$ 和 $\vec{F}_{net}$ 的共同方向起动。

在求式（9－21）右边的值时，可以直接用矢量功能计算器，或者也可以将式（9－21）再写成分量形式，先求出 $\vec{a}_{com}$ 的各个分量，然后再求 $\vec{a}_{com}$。沿 x 轴方向，有

$$a_{com,x}=\frac{F_{1x}+F_{2x}+F_{3x}}{M}$$

$$=\frac{-6.0\text{N}+12\text{N}\times\cos45°+14\text{N}}{16\text{kg}}=1.03\text{m/s}^2$$

沿 y 轴，有

$$a_{com,y}=\frac{F_{1y}+F_{2y}+F_{3y}}{M}$$

物理学基础

$$=\frac{0+12\text{N}\times\sin45^\circ+0}{16\text{kg}}=0.530\text{m/s}^2$$

从以上分量，求得$\vec{a}_{com}$的大小为

$$a_{com}=\sqrt{(a_{com,x})^2+(a_{com,y})^2}$$

$$=1.16\text{m/s}^2\approx1.2\text{m/s}^2 \qquad \text{（答案）}$$

而角度（离 x 轴的正方向）为

$$\theta=\arctan\frac{a_{com,y}}{a_{com,x}}=27^\circ \qquad \text{（答案）}$$

9－4 线动量

动量一词在日常语言中有多种意思，但在物理学中只有一个精确的含意。质点的**线动量**是矢量，定义为

$$\vec{p}=m\vec{v} \qquad \text{（质点的线动量）} \qquad (9-22)$$

式中，m 是质点的质量，$\vec{v}$ 是它的速度（形容词**线**字常被略去，但它被用来和**角**动量加以区别。角动量与转动相联系，将在第 12 章介绍）。因为 m 总是一个正的标量，式（9－22）告诉我们，$\vec{p}$ 和 $\vec{v}$ 具有相同的方向。根据式（9－22），动量的 SI 单位是千克米每秒（$\text{kg}\cdot\text{m}\cdot\text{s}^{-1}$）。

牛顿实际上是用动量表达他的第二运动定律的：

一个质点的动量对时间的变化率等于作用在质点上的净力且沿该力的方向。

用方程式表示为

$$\vec{F}_{net}=\frac{d\vec{p}}{dt} \qquad (9-23)$$

将式（9－22）代入$\vec{p}$，得到

$$\vec{F}_{net}=\frac{d\vec{p}}{dt}=\frac{d}{dt}(m\vec{v})=m\frac{d\vec{v}}{dt}=m\vec{a}$$

因此，关系式 $\vec{F}_{net}=d\vec{p}/dt$ 和 $\vec{F}_{net}=m\vec{a}$是关于质点的牛顿第二运动定律的等价表达式。

检查点 3：图中给出了一个质点沿某一轴运动时的线动量对时间的关系。一个力沿轴的方向作用在质点上。(a) 按照力的大小从大到小将标出的四个区域排序。(b) 在哪个区域中质点在减速？

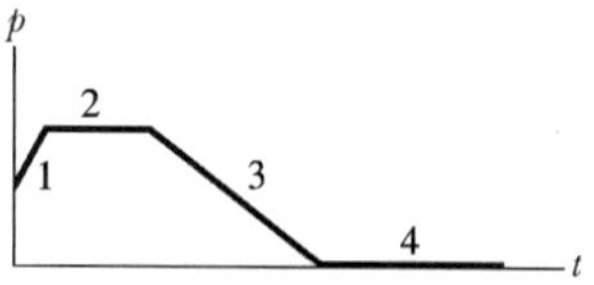

9－5 质点系的线动量

现在考虑一个有 n 个质点的系统，每个质点具有自己的质量、速度和线动量。质点间可能有相互作用，外力也可能作用在质点上。系统的整体具有总的线动量 $\vec{P}$，它被定义为各个质点的线动量的矢量和。因而

$$\vec{P}=\vec{p}_1+\vec{p}_2+\vec{p}_3+\cdots+\vec{p}_n=m_1\vec{v}_1+m_2\vec{v}_2+m_3\vec{v}_3+\cdots+m_n\vec{v}_n \qquad (9-24)$$

将此式与式（9-17）比较，得到

$$\vec{P}=M\vec{v}_{\text{com}}\quad\text{（线动量，质点系）}\tag{9-25}$$

它给出了另一个定义质点系的线动量的方法：

> 质点系的线动量等于系统的总质量 M 与质心速度的乘积。

如果将式（9-25）对时间微分，得到

$$\frac{\mathrm{d}\vec{P}}{\mathrm{d}t}=M\frac{\mathrm{d}\vec{v}_{\text{com}}}{\mathrm{d}t}=M\vec{a}_{\text{com}}\tag{9-26}$$

将式（9-14）与式（9-26）比较，可以写出关于质点系的牛顿第二定律的等价形式

$$\vec{F}_{\text{net}}=\frac{\mathrm{d}\vec{P}}{\mathrm{d}t}\quad\text{（质点系）}\tag{9-27}$$

式中，$\vec{F}_{\text{net}}$是作用于系统的合外力。此方程是单质点方程 $\vec{F}_{\text{net}}=\mathrm{d}\vec{p}/\mathrm{d}t$ 到多质点系统的推广。

例题 9-4

图9-8a 表示一个2.0kg 的玩具赛车在轨道上转弯前后的情形。转弯前它的速度是0.50m/s，转弯后是0.40m/s。由于转弯赛车的线动量的变化 $\Delta\vec{p}$ 为什么？

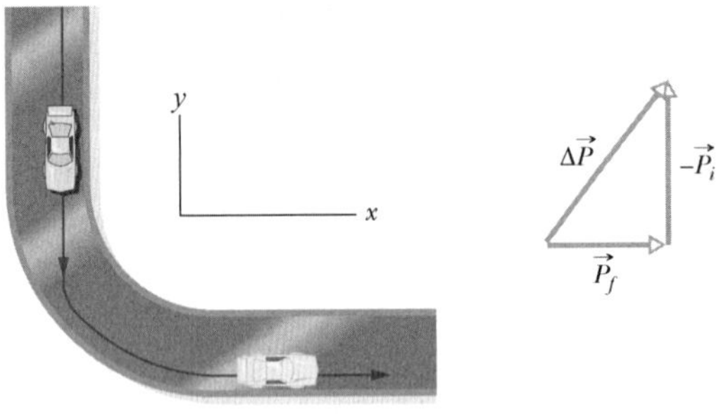

图9-8　例题9-4图　（a）玩具车转一个弯。（b）玩具车的线动量的变化$\Delta\vec{p}$是它的末线动量$\vec{P}_f$ 和它的初线动量 $\vec{P}_i$ 的负值的矢量和。

【解】　我们将赛车看成一个质点系。于是，一个**关键点**是，要得到 $\Delta\vec{p}$，需要车在转弯前后的线动量。然而，这意味着首先需要它在转弯前的速度 $\vec{v}_i$ 和转弯后的速度 $\vec{v}_f$。采用图9-8a 的坐标系，将 $\vec{v}_i$ 和 $\vec{v}_f$ 写为

$$\vec{v}_i=-(0.50\text{m/s})\,\vec{j}\quad\text{和}\quad\vec{v}_f=(0.40\text{m/s})\,\vec{i}$$

式（9-25）给出了转弯前的动量 $\vec{P}_i$ 和转弯后的动量 $\vec{P}_f$：

$$\begin{aligned}\vec{P}_i&=M\vec{v}_i=2.0\text{kg}\times(-0.50\text{m/s})\,\vec{j}\\&=(-1\text{kg}\cdot\text{m/s})\,\vec{j}\end{aligned}$$

及

$$\begin{aligned}\vec{P}_f&=M\vec{v}_f=(2.0\text{kg}\times0.40\text{m/s})\,\vec{i}\\&=(0.80\text{kg}\cdot\text{m/s})\,\vec{i}\end{aligned}$$

第二个**关键点**是，因为这两个线动量不沿同一个轴，**不能**仅仅从 $\vec{P}_f$ 的大小减去 $\vec{P}_i$ 的大小来求动量的变化 $\Delta\vec{P}$。为此，我们必须将动量的变化写成矢量式

$$\Delta\vec{P}=\vec{P}_f-\vec{P}_i\tag{9-28}$$

然后得到

$$\begin{aligned}\Delta\vec{P}&=(0.80\text{kg}\cdot\text{m/s})\,\vec{i}-(-1.0\text{kg}\cdot\text{m/s})\,\vec{j}\\&=(0.8\vec{i}+1.0\vec{j})\ \text{kg}\cdot\text{m/s}\end{aligned}$$

（答案）

图9-8b 表示出了 $\Delta\vec{P}$、$\vec{P}_f$ 和 $-\vec{P}_i$。注意，在那里我们用 $\vec{P}_f$ 加上 $-\vec{P}_i$ 代替了式（9-28）中的从 $\vec{P}_f$ 减去 $\vec{P}_i$。

9-6 线动量守恒

假定作用在质点系上的合外力为零（系统是孤立的），而且没有质点离开或进入系统中（系统是封闭的），令式（9-27）中 $\vec{F}_{net}=0$，就得到 $d\vec{P}/dt=0$，或者

$$\vec{P}=\text{常量} \quad \text{（封闭的孤立系统）} \tag{9-29}$$

用文字叙述就是

> 如果没有合外力作用在质点系上，质点系的总线动量 $\vec{P}$ 不变。

这个结论被称为**线动量守恒定律**。它也可以写为

$$\vec{P}_i=\vec{P}_f \quad \text{（封闭的孤立系统）} \tag{9-30}$$

用文字描述，此方程说明，对于一个封闭的孤立系统，

$$\begin{pmatrix}\text{某一初始时刻 } t_i \text{ 的}\\ \text{总线动量}\end{pmatrix}=\begin{pmatrix}\text{某一后来时刻 } t_f \text{ 的}\\ \text{总线动量}\end{pmatrix}$$

式（9-29）和式（9-30）是矢量方程，而每一个方程本身都等价于三个方程，例如，相应于沿 xyz 坐标系中的互相垂直的三个方向的线动量守恒。视作用在系统上的力而定，线动量可能在一个或两个方向上，而非在全部方向上守恒。不管怎样，

> 如果作用在一个封闭系统上的合外力沿某一轴的分量是零，则系统沿该轴的线动量不变。

作为一个例子，假定你在屋内扔出一只葡萄柚。在它飞行的过程中，作用在葡萄柚（作为一个系统）上的外力只有竖直向下的重力 $\vec{F}_g$。因此，葡萄柚的线动量在竖直方向的分量有变化，但因为没有水平外力作用在葡萄柚上，其线动量的水平分量不可能改变。

注意到我们一直都把注意力集中在外力对封闭系统的作用上。虽然内力可以改变系统的各部分的线动量，但它们不可能改变整个系统的总线动量。

检查点4：一个原来静止在无摩擦地面上的装置爆炸成两块，它们随即在地面上滑行。其中一块沿 x 轴的正方向滑动。(a) 爆炸后两块碎片的动量的和为多少？(b) 第二块可能偏离 x 轴的方向运动吗？(c) 第二块的动量的方向如何？

例题 9-5

一个质量为 $m=6.0\text{kg}$ 的投票箱在光滑地面上以 $v=4.0\text{m/s}$ 的速率沿 x 轴正向滑行时，突然炸成两块。其中质量为 $m_1=2.0\text{kg}$ 的一块沿 x 轴正向以 $v_1=8.0\text{m/s}$ 的速率运动。问质量为 m_2 的第二块的速度为何？

【解】 这里有两个**关键点**。首先，如果知道第二块碎块的动量，我们就可以求得它的速度。因为我们已经知道了它的质量是 $m_2=m-m_1=4.0\text{kg}$。其次，如果票箱的动量守恒，则我们可以将两块碎块的动量与票箱原来的动量联系起来。我们来检查一下。

选用地面为参考系。我们的系统（包括原来的投票箱然后是两块碎块）是封闭的但不是孤立系统，因为票箱以及碎块受到地面的法向力和重力作用。然而，这些力都是竖直的，不能改变系统动量的水平分量。爆炸产生的力也不能，因为这些力是系统的内力。这样，系统动量的水平分量是守恒的，我们可以

沿 x 轴应用式（9－30）。

系统的初始动量是票箱的动量

$$\vec{P}_i = m\vec{v}$$

类似地，我们可以写出爆炸后的两个碎块的末动量

$$\vec{P}_{f1} = m_1\vec{v}_1 \quad 和 \quad \vec{P}_{f2} = m_2\vec{v}_2$$

系统的最后总动量 $\vec{P}_f$ 是两碎块的动量的矢量和

$$\vec{P}_f = \vec{P}_{f1} + \vec{P}_{f2} = m_1\vec{v}_1 + m_2\vec{v}_2$$

因为本题内所有的速度和动量都是沿 x 轴的矢量，所以我们可以将它们写成是 x 轴的分量。这样做并应用式（9－30），得到

$$P_i = P_f$$

或 $$mv = m_1v_1 + m_2v_2$$

带入已知的数值，可得

$$6.0\text{kg} \times 4.0\text{m/s} = 2.0\text{kg} \times 8.0\text{m/s} + (4.0\text{kg})\ v_2$$

由此 $$v_2 = 2.0\text{m/s}$$

（答案）

因结果是正的，所以第二个碎块沿 x 轴的正方向运动。

例题 9－6

图9－9a所示为一艘宇宙拖船和货舱，总质量为 M，沿 x 轴在外太空飞行。它们正相对于太阳以大小为2100km/h的初速度 $\vec{v}_i$ 运动。经过一次轻微的爆炸，拖船将质量为0.20M的货舱抛出（见图9－9b），因而拖船沿 x 轴的速度比货舱快了500km/h；也就是说，拖船与货仓间的相对速率 v_{rel} 是500km/h。拖船相对于太阳的速度 $\vec{v}_{HS}$ 为多少？

【解】　这里**关键点**是，因为拖船－货舱系统是封闭的和孤立的，它的总动量守恒，即

$$\vec{P}_i = \vec{P}_f \qquad (9-31)$$

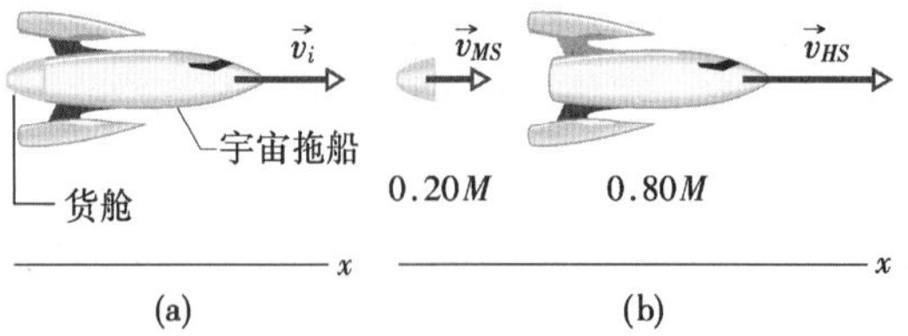

图9－9　例题9－6图　(a) 一艘带货舱的宇宙拖船以初速度 $\vec{v}_i$ 飞行。(b) 拖船已抛出货舱。现在货舱的速度是 $\vec{v}_{MS}$ 而拖船的速度是 $\vec{v}_{HS}$。

式中的下标 i 和 f 分别表示抛出货舱前后的值。因为运动沿一个单一的轴，可以将动量和速度用它们的 x 分量写出。在抛出前，有

$$P_i = Mv_i \qquad (9-32)$$

令 v_{MS} 表示抛出的货舱相对于太阳的速度。抛出后系统的总动量是

$$P_f = (0.20M)\ v_{MS} + (0.80M)\ v_{HS} \qquad (9-33)$$

这里等号右边第一项是货舱的动量，而第二项是拖船的动量。

我们并不知道货舱相对于太阳的速度，但可以将它按下式与已知的速度联系起来（拖船相对于太阳的速度）＝（拖船相对货舱的速度）＋（货舱相对太阳的速度）用符号表示，有

$$v_{HS} = v_{rel} + v_{MS} \qquad (9-34)$$

或

$$v_{MS} = v_{HS} - v_{rel}$$

将这个 v_{MS} 的表达式带入式（9－33），然后将式（9－32）和式（9－33）带入式（9－31），得到

$$Mv_i = 0.20M\ (v_{HS} - v_{rel}) + 0.80Mv_{HS}$$

解得

$$v_{HS} = v_i + 0.20v_{rel}$$

或

$$v_{HS} = 2100\text{km/h} + 0.20 \times 500\text{km/h} = 2200\text{km/h}$$

（答案）

检查点5：下表给出了三种情况下拖船和货舱的速度（抛出后并相对于太阳），以及拖船和货舱之间的相对速度。表中空白处的数值是多少？

	速度/（km/h）货舱	速度/（km/h）拖船	相对速度/（km/h）
(a)	1500	2000	
(b)		3000	400
(c)	1000		600

例题 9－7

一个质量为 M 的椰子，初始静止在光滑的地面上。放在其中的一个爆竹将它炸成三块在地面上滑动。俯视图如图 9－10a 所示。质量为 0.30M 的碎片 C 的末速率为 $v_{fC}=5.0\text{m/s}$。

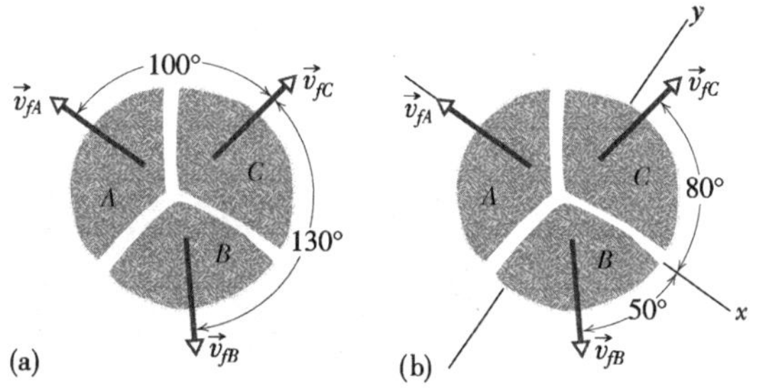

图 9－10 例题 9－7 图 一个爆开的椰子壳的三块在光滑的地面上沿三个方向滑动。(a) 该情形的俯视图。(b) 同一图画上了一个二维坐标轴。

(a) 质量为 0.20M 的碎片 B 的速率为多少？

【解】 这里**关键点**是看线动量是否守恒。注意到 (1) 椰子及其碎片构成一个封闭系统；(2) 对此系统而言，爆炸力是内力；(3) 无合外力作用在系统上。因此，系统的线动量是守恒的。

为了开始解题，先给系统建立一个 xy 坐标系如图 9－10b 所示，x 轴的负方向与 $\vec{v}_{fA}$ 的方向重合。x 轴与 $\vec{v}_{fC}$ 的方向成 80° 角，与 $\vec{v}_{fB}$ 的方向成 50° 角。

第二个**关键点**是，线动量分别沿 x 和 y 方向都守恒。对 y 方向写出

$$P_{iy}=P_{fy} \tag{9-35}$$

式中的下标 i 表示初始值（爆炸前），下标 y 代表 $\vec{P}_i$ 或 $\vec{P}_f$ 的 y 分量。

由于椰子原来是静止的，初动量的分量 P_{iy} 为零。为得到 P_{fy} 的表达式，用式（9－22）的 y 分量式（$P_y=mv_y$）来求各碎片的末动量的 y 分量

$$p_{fA,y}=0$$

$$p_{fB,y}=-0.20Mv_{fB,y}=-0.20Mv_{fB}\sin 50°$$

$$p_{fC,y}=0.30Mv_{fC,y}=0.30Mv_{fC}\sin 80°$$

（注意由于坐标轴的选取，$P_{fA,y}=0$）。式（9－35）现在可写作

$$P_{iy}=P_{fy}=p_{fA,y}+p_{fB,y}+p_{fC,y}$$

于是，因 $v_{fC}=5.0\text{m/s}$，有

$$0=0-0.20Mv_{fB}\sin 50°+0.30M\times 5.0\text{m/s}\times\sin 80°$$

由此求得

$$v_{fB}=9.64\text{m/s}\approx 9.6\text{m/s} \qquad \text{（答案）}$$

(b) 碎块 A 的速率是多少？

【解】 因为线动量沿 x 轴也守恒，有

$$P_{ix}=P_{fx} \tag{9-36}$$

因为椰子初时静止，式中 $P_{ix}=0$。为得到 P_{fx}，利用已知的碎片 A 的质量一定是 0.50M（$=M-0.20M-0.30M$）的事实，可求得各碎片的末动量的 x 分量：

$$p_{fA,x}=-0.50Mv_{fA}$$

$$p_{fB,x}=0.20Mv_{fB,x}=0.20Mv_{fB}\cos 50°$$

$$p_{fC,x}=0.30Mv_{fC,x}=0.30Mv_{fC}\cos 80°$$

式（9－36）现在可写为

$$P_{ix}=P_{fx}=p_{fA,x}+p_{fB,x}+p_{fC,x}$$

由于 $v_{fC}=5.0\text{m/s}$ 以及 $v_{fB}=9.64\text{m/s}$，有

$$0=-0.50Mv_{fA}+0.20M\times 9.64\text{m/s}\times\cos 50°+0.30M\times 5.0\text{m/s}\times\cos 80°$$

由此可得

$$v_{fA}=3.0\text{m/s} \qquad \text{（答案）}$$

检查点 6：假如爆炸时椰子正沿图 9－10 所示的 y 轴的负方向加速运动（例如它是在沿此方向的一个斜坡上）。沿 (a) x 方向（如式（9－36）所述），(b) y 方向（如式（9－35）所述）线动量是否守恒？

解题线索

线索 2：线动量守恒

对于有关线动量守恒的问题，首先应确定你选择了一个封闭、孤立的系统。**封闭**意味着没有物质（没有质点）从任何方向穿过系统的边界。**孤立**意味着作用于系统的合外力为零。如果系统不是孤立的，就要记住，如果每个方向上的合外力为零，相应的线动量分量分别地守恒。因此，你可以使某个分量守恒而另外的分量不守恒。

其次，选择系统的两个合适的状态（你可能选择称其为初态和末态），然后写出系统在这两个状态时线动量的表达式。在写表达式时，应确切知道你所使用的是什么惯性系，同时还要确保你包括了整个系

统，没有丢掉系统的任何部分，也不包含任何不属于你的系统的物体。

最后，令你的关于 $\vec{P}_i$ 和 $\vec{P}_f$ 的表达式相等，进而求出待求的量。

9-7 变质量系统：火箭

到目前为止所研究过的系统，我们都假定它的总质量不变。有时，例如火箭（见图9-11），并不是这样。火箭在发射台上时的质量的大部分是燃料，最终将全部燃烧并从发动机的喷嘴喷出。

在我们用牛顿第二定律处理火箭加速时的质量变化时，不是把它只用于火箭，而是把它应用于火箭和它喷出的燃烧产物的总体。**这个**系统的质量在火箭加速时是**不**变的。

图9-11 水星计划宇宙飞行器的升空。

求加速度

假定我们相对于一个惯性参考系静止，观看一枚火箭在无重力、无大气曳力的外太空加速。对于这个一维运动，设火箭的质量为 M，在某一任意时刻 t 的速度为 v（见图9-12a）。

图9-12b所示是一段时间间隔 dt 后的情况。火箭现在的速度是 $v+dv$，质量为 $M+dM$，其中质量的改变 dM 是负值。在时间间隔 dt 内火箭释放的废弃产物的质量是 $-dM$，相对于我们惯性参考系的速度是 U。

我们所研究的系统包含有火箭和在时间间隔 dt 内火箭释放的废弃产物。这个系统是封闭的和孤立的，因而系统在 dt 时间内的线动量守恒，即

$$P_i = P_f \qquad (9-37)$$

这里下标 i 和 f 分别表示在时间间隔 dt 开始时和终了时的值。我们可将式（9-37）重新写作

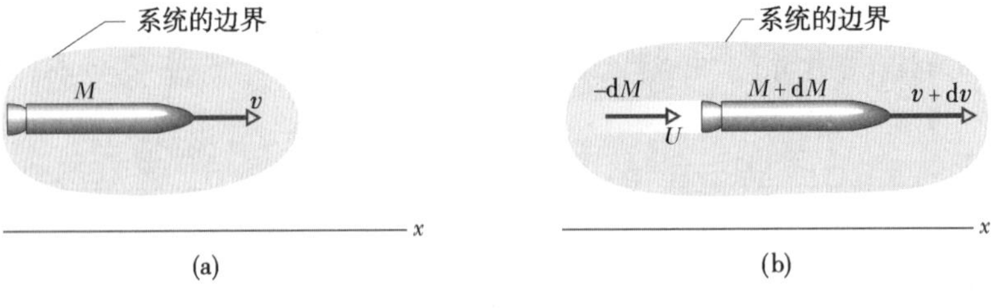

图9-12 (a) 从一个惯性系看，在时间 t 时，一个质量为 M 的火箭在加速。(b) 同一枚火箭，只是对应于时刻 $t+dt$。在 dt 时间间隔内燃气的喷出量示于图中。

$$Mv = -dMU + (M+dM)(v+dv) \qquad (9-38)$$

等号右边第一项是在时间间隔 dt 内释放的废弃产物的动量，而第二项是在时间间隔 dt 终了时火箭的动量。

我们可以用火箭和废弃产物间的相对速度 v_{rel} 来简化式（9-38），此相对速度与相对于惯性系的速度之间的关系是

$$\begin{pmatrix}\text{火箭相对于}\\\text{惯性系的速度}\end{pmatrix}=\begin{pmatrix}\text{火箭相对于}\\\text{产物的速度}\end{pmatrix}+\begin{pmatrix}\text{产物相对于}\\\text{惯性系的速度}\end{pmatrix}$$

用符号表示，即

$$(v+\mathrm{d}v)\quad=v_{\mathrm{rel}}+U$$

或

$$U=v+\mathrm{d}v-v_{\mathrm{rel}} \tag{9-39}$$

将 U 的这一结果带入式（9-38），经过简单的代数运算可得

$$-\mathrm{d}Mv_{\mathrm{rel}}=M\mathrm{d}v \tag{9-40}$$

两边除以 dt，有

$$-\frac{\mathrm{d}M}{\mathrm{d}t}v_{\mathrm{rel}}=M\frac{\mathrm{d}v}{\mathrm{d}t} \tag{9-41}$$

我们用 $-R$ 来代替式中的 dM/dt（火箭失去质量的速率），这里 R 是燃料消耗的（正的）质量速率，而且我们认出 dv/dt 是火箭的加速度。利用这些改变，式（9-41）成为

$$Rv_{\mathrm{rel}}=Ma\quad\text{（第一火箭方程）} \tag{9-42}$$

式（9-42）可用于任意时刻，其中质量 M、燃料消耗速率 R 和加速度 a 取该时刻的值。

式（9-42）的左边具有力的量纲（kg·m/s^2=N），并且只依赖于火箭发动机的设计性能，即它消耗燃料质量的速率 R 和该质量相对于火箭喷出的速度 r_{rel}。我们称这一项 Rv_{rel} 为火箭发动机的**推力**，并用 T 表示。如果我们将式（9-42）写成 $T=Ma$ 的形式，牛顿第二定律就很清楚地现形了，式中 a 是火箭在质量为 M 的某一时刻的加速度。

求速度

火箭消耗燃料时它的速度将如何变化？由式（9-40）我们有

$$\mathrm{d}v=-v_{\mathrm{rel}}\frac{\mathrm{d}M}{M}$$

两边积分得

$$\int_{v_i}^{v_f}\mathrm{d}v=-v_{\mathrm{rel}}\int_{M_i}^{M_f}\frac{\mathrm{d}M}{M}$$

式中，M_i 是火箭的初质量，M_f 是它的末质量。求出积分可得火箭在质量从 M_i 变到 M_f 期间其速率的增加量为

$$v_f-v_i=v_{\mathrm{rel}}\ln\frac{M_i}{M_f}\quad\text{（第二火箭方程）} \tag{9-43}$$

（式(9-43)中的符号"ln"是**自然对数**）。从这里我们可以看到多级火箭的优点，它可以抛掉那些燃料耗尽的级来减小 M_f。一个理想的火箭到达目的地时只剩下有效载荷。

例题 9-8

一枚火箭的初质量 M_i 是 850kg，燃料消耗率是 R=2.3kg/s。燃气相对于火箭的速率 v_{rel} 是 2800m/s。

(a) 火箭发动机提供的推力是多大？

【解】 这里**关键点**是，推力 T 等于燃料消耗速率 R 和废气排出时的相对速度 v_{rel} 的乘积

$$T=Rv_{\mathrm{rel}}=2.3\text{kg/s}\times2800\text{m/s}$$

$$=6440\text{N}\approx6400\text{N}\quad\text{（答案）}$$

(b) 火箭的初始加速度是多少？

【解】 我们可用关系式 $T=Ma$ 将火箭的推力 T 与所产生的加速度的大小 a 联系起来，其中 M 是火箭的质量。不过，这里**关键点**是，当燃料消耗时 M 减小而 a 增加。因为这里我们要求的是 a 的初始值，所以必须使用质量的初始值 M_i，得到

$$a=\frac{T}{M_i}=\frac{6440\text{N}}{850\text{kg}}=7.6\text{m/s}^2$$

（答案）

为了从地面发射升空，火箭的初始加速度一定要大于 $g=9.8\text{m/s}^2$。换句话说，火箭的发动机推力 T 必须要超过作用在火箭上的初始重力，在这里的大小是 Mg，即（850kg）（9.8m/s^2），或 8330N。由于加速度或所需推力不足（这里是 $T=6400\text{N}$），我们的火箭不能从地面自行发射；它需要另外的更为强大的火箭。

（c）换一种情况，假设这枚火箭是从已在外太空的飞船上发射，那里我们可以忽略作用在火箭上的任何引力。火箭的燃料耗尽后的质量 M_f 是 180kg。此时火箭相对于飞船的速率有多大？假定飞船的质量非常大，以至发射不会改变它的速率。

【解】 这里**关键点**是，式（9-43）给出的火箭的末速率 v_f（燃料耗尽时），依赖于火箭的初质量同末质量的比值 M_i/M_f。因为初速率 $v_i=0$，我们有

$$\begin{aligned}v_f&=v_{\text{rel}}\ln\frac{M_i}{M_f}\\&=2800\text{m/s}\times\ln\frac{850\text{kg}}{180\text{kg}}\\&=2800\text{m/s}\times\ln4.72\approx4300\text{m/s}\end{aligned}$$

（答案）

注意，火箭的终极速率能够超过废气速率 v_{rel}。

9-8 外力和内能的变化

图9-13a 中一个滑冰者将她自己推离栏杆时，栏杆给她加了一个与水平方向成 ϕ 角的力 $\vec{F}$。这个力使她加速，增加她的速率直至她离开栏杆（见图9-13b）。因此，力的作用使她的动能增加。这个例子在两个方面不同于前面所讲的力改变物体动能的例子：

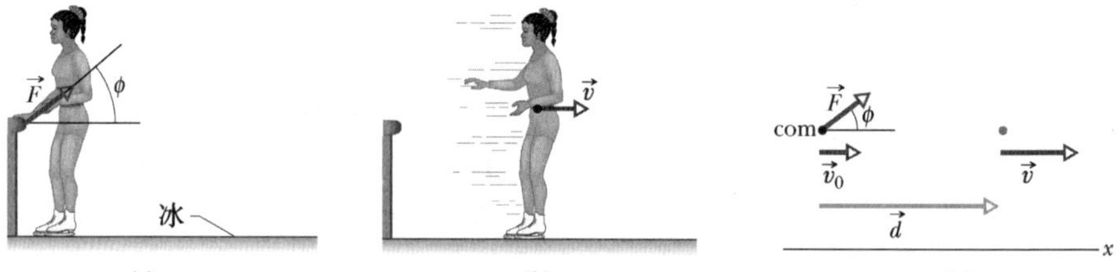

图9-13 （a）当滑冰者将她自己推离栏杆时，栏杆对她加的力是 $\vec{F}$。（b）滑冰者离开栏杆时，她的质心的速度是 $\vec{v}$。（c）将外力 $\vec{F}$ 视为作用在滑冰者的质心上，与水平的 x 轴成角度 ϕ。当质心移动了位移 $\vec{d}$，力 $\vec{F}$ 的水平分量使它的速度从 $\vec{v}_0$ 变到 $\vec{v}$。

1. 在前面的例子中，物体的各部分都严格地向同一方向运动。这里滑冰者的手臂的运动却不同于她身体的其余部分。

2. 在前面的例子中，能量通过外力在物体（或系统）与环境之间传递；也就是说，该力做了功。而这里的能量是通过外力 $\vec{F}$ 在内部传递（从系统的一部分传递给另一部分）的。特别是，能量是从滑冰者肌肉的生物化学能转化成她整个身体的动能。

我们希望把外力 $\vec{F}$ 与内能转化联系起来。

尽管有上述两点差异，但我们可以像在7-3节对质点所做的那样，将 $\vec{F}$ 与动能的变化联系起来。为了能做到这点，我们先想像将滑冰者的质量 M 集中在她的质心上，这样我们就可以将她视为在质心处的一个质点。然后，视外力 $\vec{F}$ 作用在该质点上（见图9-13c）。它的水平分量 $F\cos\phi$ 使质点加速，结果在大小为 d 的位移期间使它的动能改变了 ΔK。我们将在以后证明，这

些量之间的关系是

$$\Delta K = Fd\cos\phi \tag{9-44}$$

我们可以想像外力也同时改变了滑冰者质心的高度，从而使滑冰者-地球系统的重力势能发生了 ΔU 的变化。为包括这个变化量 ΔU，我们将式（9-44）改写为

$$\Delta K + \Delta U = Fd\cos\phi \tag{9-45}$$

式的左边是 ΔE_{mec}，即系统机械能的变化。因此，对更一般的情形，我们写为

$$\Delta E_{mec} = Fd\cos\phi \quad \text{（外力，机械能的变化）} \tag{9-46}$$

下面让我们将滑冰者看成一个系统，考虑她内部的能量转移。虽然有一个外力作用于该系统，但这个力并不会将能量传入或传出系统。因此，系统的总能量 E 不会改变：$\Delta E = 0$。我们知道，当滑冰者推离栏杆时，不仅她的质心的机械能改变了，她的肌肉的能量也在改变。不必追究肌肉能量变化的细节，我们仅将它写成 ΔE_{int}（内能的变化）。于是，我们可以将 $\Delta E = 0$ 写为

$$\Delta E_{int} + \Delta E_{mec} = 0 \tag{9-47}$$

或

$$\Delta E_{int} = -\Delta E_{mec} \tag{9-48}$$

这个方程的意思是当滑冰者的 ΔE_{mec} 增加时，ΔE_{int} 减少同样的量。将由式（9-46）得到的 ΔE_{mec} 带入式（9-48）中，我们有

$$\Delta E_{int} = -Fd\cos\phi \quad \text{（外力，内能的变化）} \tag{9-49}$$

这个方程给出了外力 $\vec{F}$ 所导致的内能变化 ΔE_{int} 的关系。如果 $\vec{F}$ 不是恒量，我们可以将式（9-46）和式（9-49）中的符号 F 换成 F_{avg}，即 $\vec{F}$ 的平均值。

虽然我们是通过滑冰者的例子导出式（9-46）和式（9-49）的，但这些方程也适用于其他的通过外力使系统内能发生变化的物体。例如，考虑一辆四轮驱动的汽车（所有四个车轮都由发动机使其转动）速率增加的情况。在加速过程中，发动机使轮胎向后推道路的表面。这个推力产生的摩擦力方向向前作用在每个轮胎上（见图 9-14）。合外力 $\vec{F}$，即这些摩擦力的合力，对汽车的质心产生一个加速度 $\vec{a}$，从而使储存在燃料里的内能转化成了汽车的动能。如果 $\vec{F}$ 恒定，则在汽车沿水平路面行驶时，对于质心的给定的位移 $\vec{d}$，我们可利用式（9-45）将汽车动能的变化 ΔK 与外力 $\vec{F}$ 相联系，其中 $\Delta U = 0$ 和 $\phi = 0$。

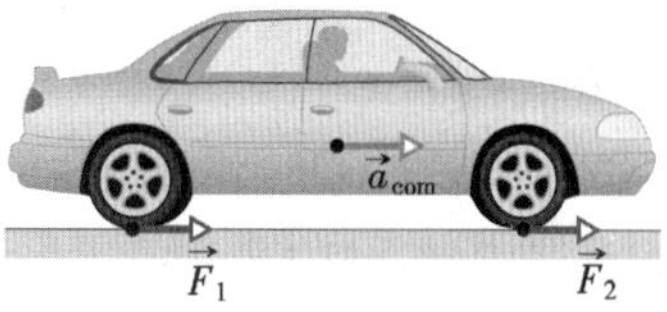

图 9-14 一辆汽车用四轮驱动向右加速。路面产生四个摩擦力（图中可见其中两个）作用在轮胎的底面。这四个力加在一起，构成了作用于汽车的合外力 $\vec{F}$。

如果司机踩刹车，式（9-45）仍然适用。只是此处由摩擦力产生的力 $\vec{F}$ 指向后面，即 $\phi = 180°$。现在能量是从汽车质心的动能转化成了刹车的热能。

式（9-44）的证明

我们回到滑冰者和图 9-13。假定在她的质心位移 $\vec{d}$ 的过程中，质心的速度从 $\vec{v}_0$ 变到 $\vec{v}$。根据式（2-16），$\vec{v}$ 的大小是

$$v^2 = v_0^2 + 2a_x d \tag{9-50}$$

式中，a_x 是她的加速度。式（9-50）的两边同乘滑冰者的质量 M，整理后得到

$$\frac{1}{2}Mv^2-\frac{1}{2}Mv_0^2=Ma_xd \quad (9-51)$$

式（9-51）的左边是质心的末动能 K_f 和初动能 K_i 的差。这个差就是由于外力 $\vec{F}$ 产生的质心动能的变化 ΔK。带入式中，并根据牛顿第二定律，用乘积 $F\cos\phi$ 来替换式中的乘积 Ma_x，我们得到

$$\Delta K=Fd\cos\phi$$

这就是我们要证明的结果。

例题 9-9

当磕头虫背朝下躺在地面时，它会弓起它的背向上突然弹起，而将肌肉内储存的能量转变成机械能。这样的弹射动作会发出答答的响声，因而使此虫得名。磕头虫弹射的录像带显示，一个质量为 $m=4.0\times10^{-6}$kg 的磕头虫的质心在弓背的过程中直接上升了 0.77mm，弹射达到的最大高度有 $h=0.30$m。在它的弹射过程中，地面对磕头虫所施的外力 $\vec{F}$ 的平均值有多大？

【解】 这里**关键点**是，在弹射过程中，有大小为 ΔE_{mec} 的磕头虫的内能转变成为磕头虫-地球系统的机械能。这个转变是通过外力 $\vec{F}$ 完成的。为能利用式（9-46）求得这个力的大小，我们首先需要一个 ΔE_{mec} 的表达式。

设弹射前系统的机械能是 $E_{mec,0}$，弹射结束时是 $E_{mec,1}$，则机械能的改变 ΔE_{mec} 是

$$\Delta E_{mec}=E_{mec,1}-E_{mec,0} \quad (9-52)$$

我们现在要找出 $E_{mec,0}$ 和 $E_{mec,1}$ 的表达式。设磕头虫在地面时，虫-地球系统的重力势能为 $U_0=0$。同样，在弹射之前磕头虫的质心的动能 $K_0=0$，因此初始机械能 $E_{mec,0}$ 应为零。可惜的是，在试着寻找 $E_{mec,1}$ 时我们受阻，因为我们不知道磕头虫弹射完成时的动能 K_1 或速度 v_1。

为克服这个障碍，我们用到的第二个**关键点**：系统的机械能从磕头虫弹射完成并到达最高点的过程中不会改变。由于我们已知磕头虫在最高点时的速率（$v=0$）和高度（$y=h$），因此可知该点处的机械能 $E_{mec,1}$。于是，有

$$\Delta E_{mec,1}=K+U=\frac{1}{2}mv^2+mgy=0+mgh=mgh$$

将此式和 $E_{mec,0}=0$ 带入式（9-52）得到

$$\Delta E_{mec}=mgh-0=mgh \quad (9-53)$$

我们现在可用式（9-46）将机械能的改变与外力联系起来，写出

$$\Delta E_{mec}=F_{avg}d\cos\phi \quad (9-54)$$

F_{avg} 是作用在磕头虫上的平均外力，d 是弹射时磕头虫的质心（当外力作用在其上时）的位移（0.77mm），ϕ（$=0°$）是外力和位移两方向间的夹角。

由式（9-54）和式（9-53）解得 F_{avg}

$$F_{avg}=\frac{\Delta E_{mec}}{d\cos\phi}=\frac{mgh}{d\cos\phi}$$
$$=\frac{4.0\times10^{-6}\text{kg}\times9.8\text{m/s}^2\times0.30\text{m}}{7.7\times10^{-4}\text{m}\times\cos0°}$$
$$=1.5\times10^{-2}\text{N}$$

（答案）

这个力的值看来似乎很小，但对磕头虫来说是巨大的，因为你可以证明，在弹射过程中，它给磕头虫的加速度超过 380g。

复习和小结

质心　由 n 个质点组成的系统的**质心**定义为一个点，它的坐标是

$$x_{com}=\frac{1}{M}\sum_{i=1}^{n}m_ix_i,\ y_{com}=\frac{1}{M}\sum_{i=1}^{n}m_iy_i,$$
$$z_{com}=\frac{1}{M}\sum_{i=1}^{n}m_iz_i \quad (9-5)$$

或

$$\vec{r}_{com}=\frac{1}{M}\sum_{i=1}^{n}m_i\vec{r}_i$$

式中，M 是系统的总质量。如果质量是连续分布的，质心的坐标是

$$x_{com}=\frac{1}{M}\int x\mathrm{d}m,\ y_{com}=\frac{1}{M}\int y\mathrm{d}m,\ z_{com}=\frac{1}{M}\int z\mathrm{d}m \quad (9-9)$$

如果密度(每单位体积的质量)是均匀的,则方程(9－9)可写为

$$x_{com}=\frac{1}{V}\int x\mathrm{d}V,\ y_{com}=\frac{1}{V}\int y\mathrm{d}V,\ z_{com}=\frac{1}{V}\int z\mathrm{d}V \quad (9-11)$$

式中,V 是 M 所占的体积。

质点系的牛顿第二定律　任何质点系的质心的运动都遵从对质点系的牛顿第二定律,即

$$\vec{F}_{net}=M\vec{a}_{com} \quad (9-14)$$

这里 $\vec{F}_{net}$ 是作用在系统上的所有**外**力的净力,M 是系统的总质量,$\vec{a}_{com}$ 是系统质心的加速度。

线动量和牛顿第二定律　对一个单独的质点,定义**线动量** $\vec{p}$ 为

$$\vec{p}=m\vec{v} \quad (9-22)$$

并可以将牛顿第二定律用动量写成

$$\vec{F}_{net}=\frac{\mathrm{d}\vec{p}}{\mathrm{d}t} \quad (9-23)$$

对一个质点系,上述关系式变为

$$\vec{P}=M\vec{v}_{com} \quad 和 \quad \vec{F}_{net}=\frac{\mathrm{d}\vec{P}}{\mathrm{d}t} \quad (9-25, 9-27)$$

线动量守恒　如果一个系统被孤立得没有合**外力**作用在该系统上,系统的线动量 $\vec{P}$ 保持不变

$$\vec{P}=恒量 \quad (封闭的孤立系统) \quad (9-29)$$

这也可以写为

$$\vec{P}_i=\vec{P}_f \quad (9-30)$$

式中的下标表示 $\vec{P}$ 在某一初始时刻和一后来时刻的值。式(9－29)和式(9－30)是**动量守恒定律**的等价表述。

变质量系统　如果一个系统的质量有变化,我们就重新定义这个系统,将它的边界扩大到包含其质量**真正**保持不变的大系统;然后应用线动量守恒定律。对于一枚火箭,这意味着系统包含火箭本身和它的废气。对这样的系统的分析表明,在没有外力作用时,火箭以下式给出的瞬时速率加速

$$Rv_{rel}=Ma \quad (第一火箭方程) \quad (9-42)$$

式中,M 是火箭的瞬时质量(包括未消耗的燃料),R 是燃料消耗速率,v_{rel} 是燃料废气相对于火箭的速率。乘积 Rv_{rel} 是火箭发动机的**推力**。对于 R 和 v_{rel} 为恒量的火箭,当它的质量从 M_i 变到 M_f 时,它的速率从 v_i 变到 v_f,如

$$v_f-v_i=v_{rel}\ln\frac{M_i}{M_f} \quad (第二火箭方程) \quad (9-43)$$

外力与内能的变化　通过外力 $\vec{F}$ 的作用,一个系统内的能量可以在内能和机械能之间转化。内能的变化 ΔE_{int} 由式

$$\Delta E_{int}=-Fd\cos\phi \quad (9-49)$$

与外力、系统质心的位移 $\vec{d}$ 以及 $\vec{F}$ 与 $\vec{d}$ 方向之间的夹角 ϕ 相联系。机械能的变化为

$$\Delta E_{mec}=\Delta K+\Delta U=Fd\cos\phi \quad (9-46, 9-45)$$

思考题

1. 图 9－15 显示四块均匀的方形金属板,板中都去掉一部分。x 轴和 y 轴的原点在板的中心,且每块板上去掉的部分的质心均与原点重合。每块板剩余部分的质心在哪里?按照象限、线或点回答。

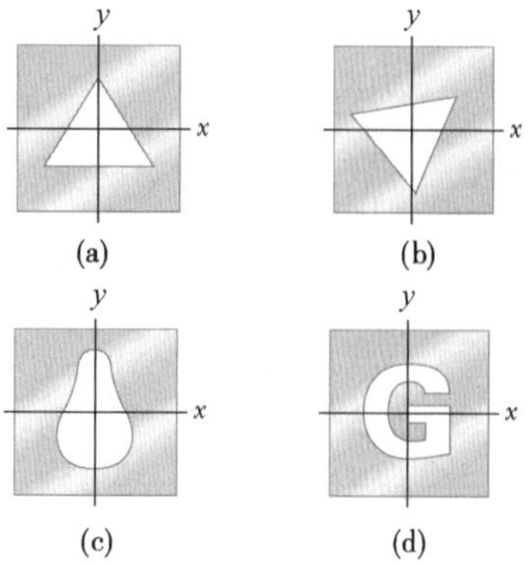

图 9－15　思考题 1 图

2. 一些熟练的篮球运动员在篮边跳起时似乎悬在半空,使他们有更多的时间将球从这只手转给另一只手然后灌入篮筐。如果运动员在跳起时抬高手臂或腿,则运动员在空中的时间是增加、减少还是不变?

3. 图 9－16 中,一只企鹅站在一均匀的雪橇的左端,雪橇长 L,平放在光滑的冰面上。雪橇和企鹅的质量相等。(a)雪橇的质心在何处?(b)雪橇的质心离雪橇－企鹅这个系统的质心有多远,在什么方向?

物理学基础

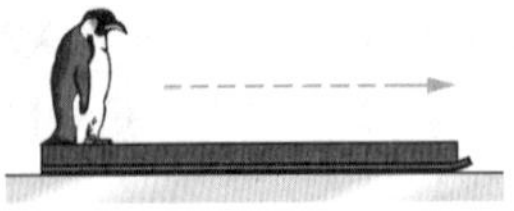

图9-16 思考题3图

接着，这只企鹅摇摇摆摆地走到雪橇的右端，同时雪橇在冰面滑动。(c) 雪橇-企鹅系统的质心向左移了向右移了或没有改变？(d) 现在雪橇的质心离雪橇-企鹅这个系统的质心有多远，在什么方位？(e) 企鹅相对于雪橇移动了多少？相对于雪橇-企鹅这个系统的质心，(f) 雪橇的质心移动了多少？(g) 企鹅移动了多少？(习题19的热身题。)

4. 在思考题3和图9-16中，假定雪橇和企鹅初始以速度 v_0 向右运动。(a) 当企鹅走到雪橇的右端时，雪橇的速率 v 小于、大于或等于 v_0？(b) 如果企鹅又回头走向雪橇的左端，运动中雪橇的速率 v 小于、大于或等于 v_0？

5. 图9-17所示为四个质量相等的质点以恒定速度滑过光滑表面时的俯视图。速度的方向如图，大小相等。将质点配对，看哪一对质点形成的系统的质心是 (a) 静止的，(b) 静止在原点，(c) 通过原点的？

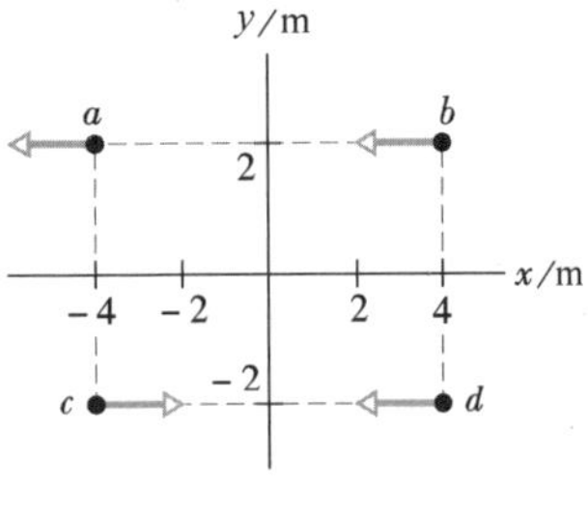

图9-17 思考题5图

6. 图9-18表示受外力作用的三个质点的俯视图。其中作用在两个质点上的力的大小和方向如图示。如果这个三质点系统的质心 (a) 静止，(b) 以恒定速度向右运动和 (c) 加速向右运动，则作用在第三个质点上的力的大小和方向如何？

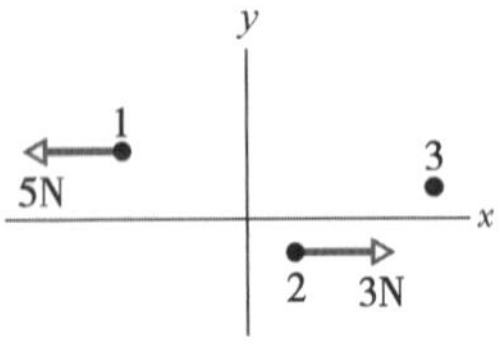

图9-18 思考题6图

7. 一个沿 x 轴在光滑表面滑动的集装箱爆裂成三块。三块碎片沿 x 轴的运动方向如图9-19所示。下表给出四组三个碎片的动量 $\vec{p}_1$，$\vec{p}_2$ 和 $\vec{p}_3$ 的值 (kg·m/s)。按照集装箱的初速率由大至小排列这四组数据。

	p_1	p_2	p_3		p_1	p_2	p_3
(a)	10	2	6	(b)	10	6	2
(c)	2	10	6	(d)	6	2	10

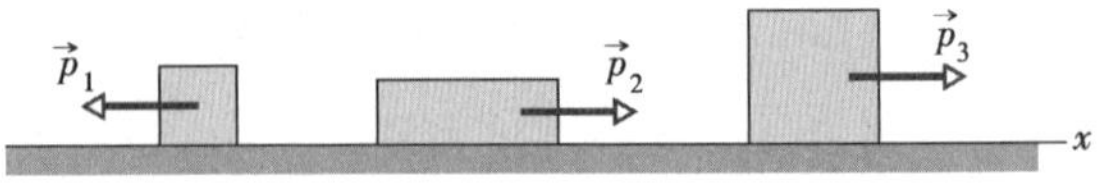

图9-19 思考题7图

8. 一个沿 x 轴运动的航天器分裂成两部分，与图9-9的拖船类似。(a) 图9-20中的哪些图可能给出航天器及其两部分的位置与时间关系？(b) 哪一条编号的线是属于拖后部分的？(c) 按照两部分间的相对速率由大到小排列可能的图形。

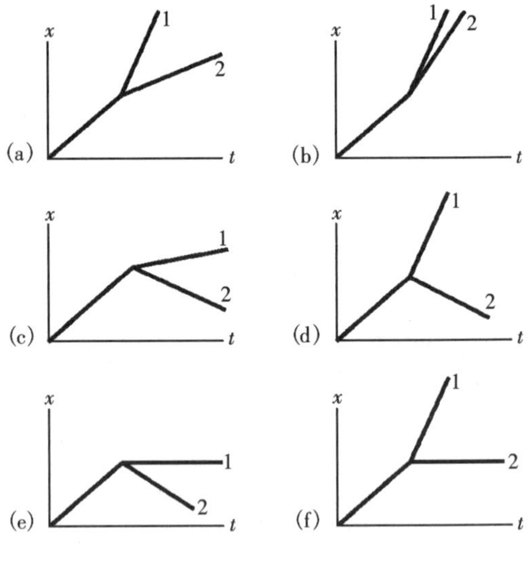

图9-20 思考题8图

9. 一个与例题9-5相似的盒子在沿 x 轴正向以恒定速度运动时爆炸成两块。如果爆炸后质量为 m_1 的一块的速度为正向 $\vec{v}_1$，质量为 m_2 的第二块的速度可能是 (a) 正向速度 $\vec{v}_2$ (见图9-21a)，(b) 负向速度 $\vec{v}_2$ (见图9-21b)，或 (c) 速度为零 (见图9-21c)。按照相应的 $\vec{v}_1$ 的大小，由大到小对第二块的三种可能结果排序。

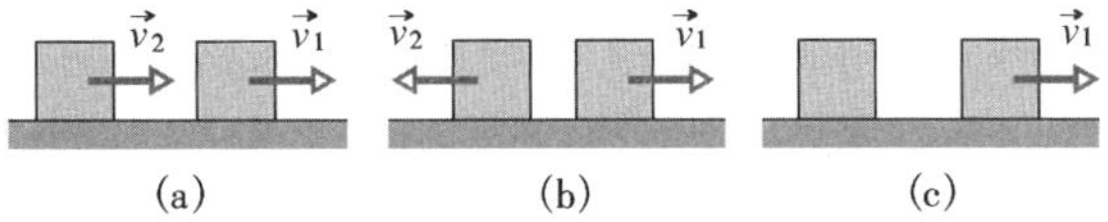

图 9－21 思考题 9 图

练习和习题

9－2 节 质心

1E. (a) 地球-月亮系统的质心距离地心有多远？(附录 C 给出了地球和月亮的质量以及两者间的距离。) (b) 以地球半径 R_e 的分数来表示 (a) 的答案。(ssm)

2E. 一氧化碳 (CO) 气体分子中碳原子和氧原子的距离是 1.131×10^{-10}m。求一个 CO 气体分子的质心距碳原子多远 (可在附录 F 找到 C 和 O 的质量)。

3E. 求出图 9－22 中的三质点系统的质心的 (a) x 坐标，(b) y 坐标。(c) 当最上边的质点的质量逐渐增加时，系统的质心会如何？(ssm)

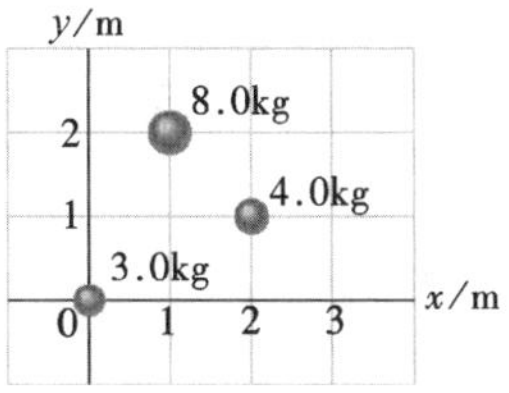

图 9－22 练习 3 图

4E. 三根细杆各长 L，排列成倒 U 形，如图 9－23 所示。倒 U 形两臂杆的质量各为 M；而第三根杆的质量为 $3M$。这个结构的质心在何处？

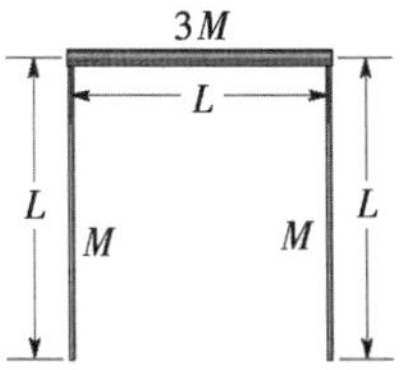

图 9－23 练习 4 图

5E. 一块边长 6m 的均匀方形平板，其一边被剪去 2m 见方的一块 (见图 9－24)。被剪去的一块的中心位于 $x=2$m，$y=0$ 处。平板的中心在 $x=y=0$。求平板剩余部分的质心的 (a) x 坐标，(b) y 坐标。

6P. 图 9－25 给出了一块组合平板的尺寸；平板的一半是铝 (密度 $=2.70\ \mathrm{g/cm^3}$)，另一半是铁 (密度 $=7.85\ \mathrm{g/cm^3}$)。平板的质心在何处？

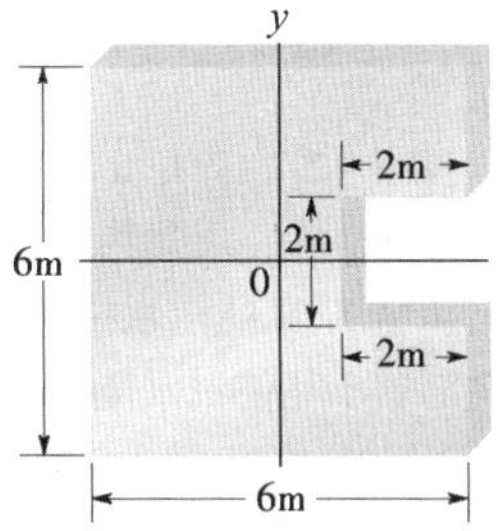

图 9－24 练习 5 图

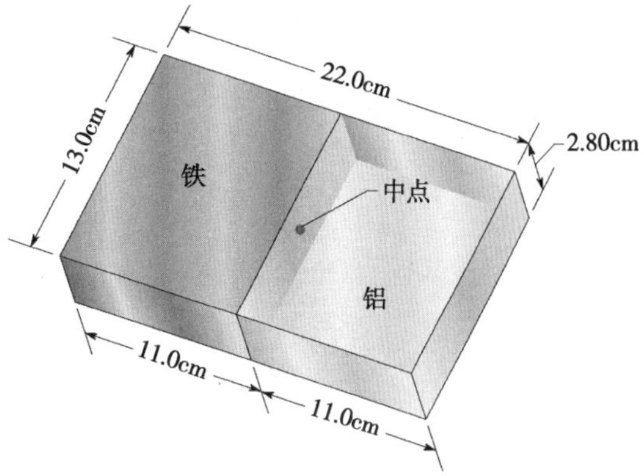

图 9－25 习题 6 图

7P. 在氨的分子 (NH_3) 中 (见图 9－26)，三个氢原子 (H) 形成等边三角形，三角形的中心距各氢原子 9.40×10^{-11}m。氮原子 (N) 处于与氢原子为底所构成的金字塔的顶点。氮原子与氢原子的质量比是 13.9，氮原子与氢原子相距 10.14×10^{-11}m。相对氮原子确定氨分子的质心位置。(ilw)

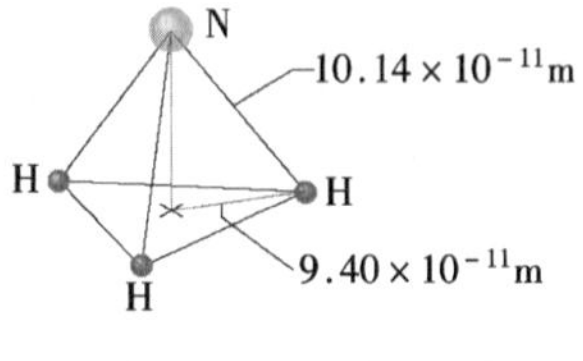

图 9－26 习题 7 图

8P. 图 9－27 所示为一个由密度均匀而厚度可忽略的金属板做成的正立方盒子，盒子的棱长为 40cm，顶上开口。求盒子的质心的 (a) x 坐标，(b) y 坐

物理学基础

标和（c）z 坐标。

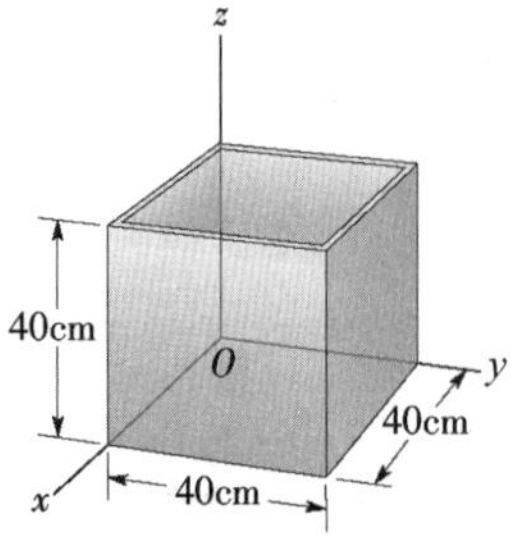

图 9－27　习题 8 图

9P. 一直立的圆柱罐，质量为 M，高为 H，密度均匀。初时充满质量为 m 的汽水（见图 9－28）。在水罐的顶部和底部钻小孔使汽水流出，然后考虑罐与其内部汽水的质心的高度 h。（a）初始时，（b）汽水全部流出后，h 是多少？（c）汽水流出的过程中 h 如何变化？（d）如果以 x 表示任意给定时刻所剩汽水的高度，当质心达到它的最低点时的 x 为何（以 M，H 和 m 表示）。（ssm）

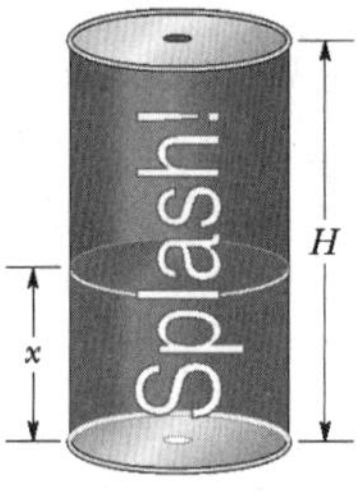

图 9－28　习题 9 图

9－3 节　质点系的牛顿第二定律

10E. 两个滑冰者，一人质量 65kg，另一人 40kg。两人站在冰场上分握一根 10m 长的质量可忽略的杆的两端。从杆的两端开始，两人将自己沿着杆拉动，直至相遇。40kg 的滑冰者移动了多远？

11E. 一部旧的质量为 2400kg 的克莱斯勒汽车，沿直行的道路以 80km/h 运动。一部质量 1600kg 的福特汽车以 60km/h 的速度跟随其后。两部汽车的质心的运动速度为何？（ssm）

12E. 一个质量为 m 的人站在一个悬在气球下的绳梯上，气球的质量为 M，如图 9－29 所示。气球相对于地面静止。（a）如果此人开始以速度 v（相对于绳梯）向上爬，气球运动的方向和速率（相对于地面）如何？（b）此人停止上爬后运动状态又如何？

13P. 在 $t=0$ 时刻，一块石头自由下落。第二块石头的质量为第一块的两倍，在 $t=100\text{ms}$ 时于同一地点自由下落。（a）$t=300\text{ms}$ 时，两石头的质心在释放点下方多远（两石头都未到达地面）？（b）此时两石头的质心的运动速度多大？（ilw）

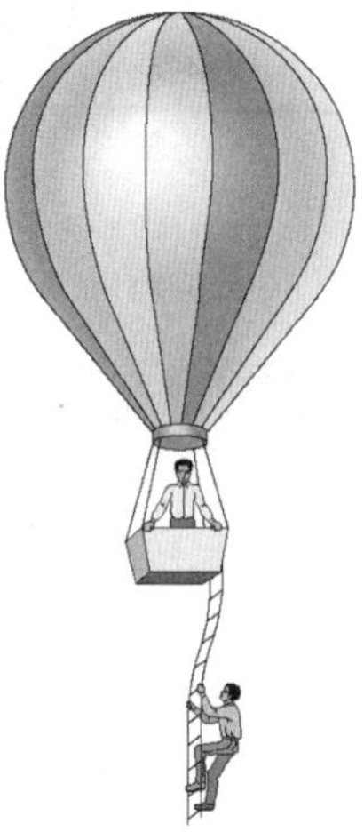

图 9－29　练习 12 图

14P. 一辆 1000kg 的汽车停在红绿灯前。当红绿灯转绿的瞬时，汽车开始以 4.0m/s^2 的恒定加速度运动。同时，一辆 2000kg 的卡车以 8.0m/s 的恒定速率超了过去。（a）在 $t=3.0\text{s}$ 时，两车系统的质心离红绿灯多远？（b）当时汽车—卡车系统的质心的运动速率为何？

15P. 一颗炮弹以初速 $\vec{v}_0=20\text{m/s}$ 和仰角 60° 射出。在轨迹的顶点，炮弹爆炸成质量相等的两碎块（见图 9－30）。爆炸后一个碎块的速率立即变成零，并垂直落下。另一碎块的落地处离炮口多远？假定地面水平，且空气曳力不计。（ssm）

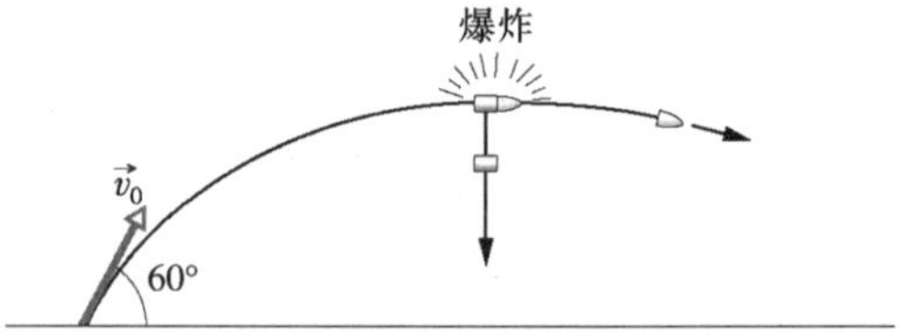

图 9－30　习题 15 图

16P. 在 xy 平面内，一粒大橄榄（$m=0.50\text{kg}$）放在坐标原点，一颗巴西坚果（$M=1.5\text{kg}$）放在坐标点（1.0，2.0）m。在时刻 $t=0$，一个力 $\vec{F}_0=(2\vec{i}+3\vec{j})$ N 开始作用在橄榄上，同时力 $\vec{F}_n=(-3\vec{i}-2\vec{j})$ N 开始作用在坚果上。用单位矢量记法表示，在 $t=4.0\text{s}$ 时，橄榄－坚果系统的质心相对于 $t=0$ 时刻所在位置的位移。

17P. 两个相同的糖罐由一条无质量的绳连在一

起，绳绕过一个无质量和摩擦而直径为 50mm 的滑轮（见图 9-31）。两个糖罐在同一高度，每一个的初始质量为 500 g。（a）它们质心的水平位置在何处？（b）现在从一个罐里取出 20 g 放在另一个罐中，但不让两罐运动。相对于较轻的罐的中心轴，它们质心的水平位置在何处？（c）放开两罐，它们的质心向哪一方向运动？（d）质心的加速度为何？（ssm）

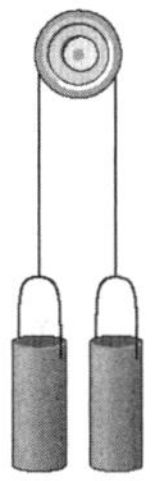

图 9-31 习题 17 图

18P. Ricardo 质量 80kg，而 Carmelita 较轻，他们喜欢傍晚坐一艘 30kg 的独木舟在 Merced 湖面飘荡。当独木舟在平静的水面上静止时，两人交换座位，两个座位相距 3.0m，相对于独木舟的中心对称。Ricardo 注意到当两人交换座位时，独木舟相对于一根浸没的木桩移动了 40cm，并计算出了 Carmelita 未告诉过他的她的质量。那是多少？

19P. 图 9-32a 中，一头 4.5kg 的狗站在一艘 18kg 的平底船上离岸 6.1m。它在船上向岸的方向行走了 2.4m 后停下。假定船与水之间无摩擦，求此时狗离岸的距离。（提示：见图 9-32b，狗向左移动而船向右移动，但船与狗系统的质心移动吗？）（ssm）（www）

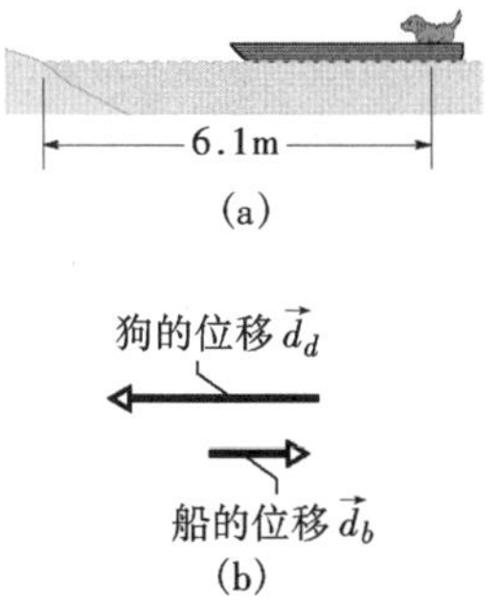

图 9-32 习题 19 图

9-5 节 质点系的线动量

20E. 一辆 816kg 的大众甲壳虫汽车必须行驶多快才能与一辆 2650kg、以 16km/h 行进的卡迪拉克车（a）具有相同的线动量？（b）具有相同的动能？

21E. 假如你的质量是 80kg。你必须跑多快才能与一辆以 1.2km/h 速度运动的 1600kg 的汽车具有相同的动量？

22E. 一个 0.70kg 的球以 5.0m/s 的水平速率撞到一堵竖立的墙上，并以速率 2.0m/s 被弹回。球的线动量变化的大小是多少？

23P. 一辆 2100kg 的卡车以 41km/h 的速度向北行驶，然后转向东并加速到 51km/h。（a）卡车的动能改变了多少？卡车的线动量变化的（b）大小，（c）方向如何？（ilw）

24P. 一个 0.165kg 的台球初速为 2.00m/s，从球台边弹开，图 9-33 为其俯视图。对于如图示的 x 和 y 轴，弹开时球速的 y 分量反向，但 x 分量不变。（a）图 9-33 中的 θ 为多少？（b）以单位矢量记法表示的球的线动量的改变为何？（球在滚动的事实与此二问题无关。）

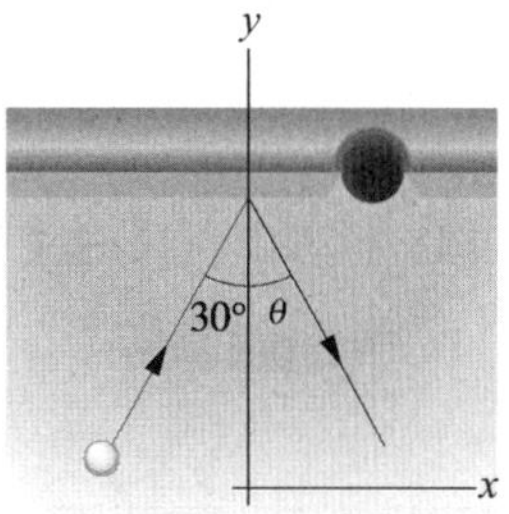

图 9-33 习题 24 图

25P. 一个物体被雷达站追踪，发现它的位矢可表示为 $\vec{r} = (3500 - 160t)\vec{i} + 2700\vec{j} + 300\vec{k}$，式中 $\vec{r}$ 以 m 计，t 以 s 为单位。雷达站的 x 轴指向东，y 轴向北，z 轴竖直向上。如果物体是一枚 250kg 的气象导弹，则（a）它的线动量，（b）它的运动方向和（c）对它的合力为何？

26P. 一个 0.30kg 的垒球在就要接触球棒之前的速度是 15m/s，与水平线成 35°向下。如果垒球离开球棒时的速度是（a）20m/s，并竖直向下，（b）20m/s，水平离开击球手而飞向投手，垒球与球棒接触期间它的动量变化的大小是多少？

9-6 节 线动量守恒

27E. 一个 91kg 的人躺在光滑的表面将一块 68 g 的石头以 4.0m/s 的速率推开。结果此人自己获得的速度是多少？（ssm）

28E. 两物体质量分别为 1.0kg 和 3.0kg，由弹簧连接在一起，静止在光滑表面上。今使两物体相向运动而保持它们的质心静止，若 1.0kg 的物体以初速 1.7m/s 向质心运动，另一物体的初速度为何？

29E. 在一部 39kg 并以 2.3m/s 速率行进的小车内有一个 75kg 的人。他相对于地面以零水平速率跳出。由此导致的车的速率的变化为何？(ssm)

30E. 一个机械玩具在光滑表面上以速度 (-0.40m/s) $\vec{i}$ 沿 x 轴滑动时，其内部的两个弹簧使它分裂成三部分，结果见下表。A 部分的速度为何？

部分	质量/kg	速度/(m/s)
A	0.50	?
B	0.60	$0.20\vec{i}$
C	0.20	$0.30\vec{i}$

31E. 一个航天器以 4300km/h 的对地速度运行时，将废的火箭发动机以相对于指令舱 82km/h 的速率向后分离。该火箭发动机的质量为指令舱质量的 4 倍。刚分离开时，指令舱对地的速率为何？

32E. 一辆重 W 的平板车可以沿平直的光滑轨道运动。开始时，一个重 w 的人站在车上，车以速率 v_0 向右运动（见图 9-34）。如果此人以相对于车的速率 v_{rel} 向左（如图）跑动时，车的速度的变化如何？

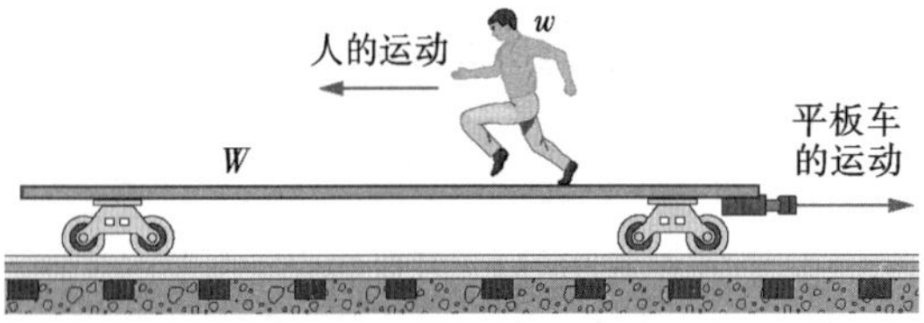

图 9-34 练习 32 图

33P. 最后一级火箭以 7600m/s 的速率运行，它包含连在一起的两部分：质量为 290.0kg 的火箭外壳和 150.0kg 的载荷舱。当两部分的联结松开时，一个压缩弹簧使这两部分以 910.0m/s 的相对速率分离。分离后 (a) 火箭外壳的速率是多少？(b) 载荷舱的速率是多少？假定所有的速度沿同一直线，求 (c) 分离前，及 (d) 分离后两个部分的总动能；解释二者的任何差别。(ssm)

34P. 一套 4.0kg 的餐具在一光滑面上滑动时爆裂成 2.0kg 的两部分。一部分以速度 3.0m/s 向北运动，另一部分以 5.0m/s 向东偏北 30° 运动。餐具原来的速率多大？

35P. 一种放射性的原子核可以在发射一个电子和一个中微子后转变成另一种核。(**中微子**是物理学中的一种基本粒子。) 假定在这样的转变中，初始的核是静止的，电子和中微子是沿相互垂直的路径发射，且电子和中微子的动量分别是 1.2×10^{-22} kg·m/s 和 6.4×10^{-23} kg·m/s。作为发射的结果新核运动起来（反冲）。(a) 它的线动量多大？它的路径与 (b) 电子的路径，(c) 中微子的路径的夹角多大？(d) 如果它的质量是 5.8×10^{-26} kg，它的动能是多少？(ilw)

36P. 质点 A 和 B 被一个压缩弹簧连在一起。当它们释放后，弹簧推动它们分开并在离开弹簧后沿相反方向飞去。质点 A 的质量是质点 B 质量的 2.00 倍，且弹簧储存的能量是 60J。假如弹簧的质量不计，并且它储存的全部能量都转移给两个质点了，一旦该转移完成，(a) 质点 A 和 (b) 质点 B 的动能为多少？

37P. 一个 20.0kg 的物体沿 x 轴的正方向以 200m/s 速率运动时，内部爆炸使其分裂成三块。第一块的质量是 10.0kg，以速率 100m/s 沿 y 的正向离开炸点。第二碎块的质量 4.00kg，沿 x 的负向，速率 500m/s。(a) 第三碎块 (6.00kg) 的速度怎样？(b) 爆炸中释放的能量有多少？（不计重力的影响。）(ssm) (ilw) (www)

38P. 一个物体质量为 m，相对于观察者的速率是 v，在深层空间爆炸成两块，一块的质量是另一块的 3 倍。质量小的一块相对观察者停下来。从观察者的参照系测量，爆炸给系统增加了多少动能？

39P. 一个容器在静止时爆炸，分裂成三块。其中两块质量相同，以相同速率 30m/s 沿相互垂直的方向飞出。第三块的质量是其他各块质量的 3 倍。刚爆炸完时，它的速度的大小和方向如何？(ssm)

40P. 一个 8.0kg 的不受外力作用的物体以 2.0m/s 运动。某时刻产生内爆，裂成各为 4.0kg 的两块。爆炸给碎块增加了 16 J 的动能。两碎块都没有离开初时运动的直线。求爆炸后两碎块运动的速率和方向。

9-7 节 变质量系统：火箭

41E. 一个 6090kg 的空间探测器，当其前端指向木星以相对于太阳 105m/s 的速率飞行时，点燃其火箭发动机，以相对于空间探测器 253m/s 的速率喷出 80.0kg 废气。探测器最后的速度为何？(ssm)

42E. 一枚火箭正以 6.0×10^3 m/s 的速率飞离太阳系。它点燃发动机，以相对于火箭 3.0×10^3 m/s 的速率喷出废气。此时火箭的质量是 4.0×10^4 kg，它的加速度是 2.0 m/s^2。(a) 发动机的推力是多少？(b) 发动机点燃时，以千克每秒计，喷出废气的速率是多少？

43E. 一枚火箭最初在外层空间相对于一惯性系

静止，它的质量是 2.55×10^5kg，其中 1.81×10^5kg 是燃料。其后火箭的发动机点燃了 250s，此期间燃料的消耗率为 480kg/s。废气物相对于火箭的速率是 3.27km/s。（a）火箭发动机的推力是多大？点燃 250s 后，火箭的（b）质量和（c）速率为何？（ssm）（ilw）

44E. 考虑在外层空间相对于某一惯性系静止的一枚火箭。火箭发动机要点燃一段时间。如果使火箭的初始速率相对于该惯性系等于（a）排气速率（废气物相对于火箭的速率），和（b）2 倍于排气速率时，火箭经过该段时间的**质量比**（初质量与末质量的比）是多少？

45E. 在一次探月飞行中，当飞船相对于月球以 400m/s 的速率运动时，需要将其速率增加 2.2m/s。发动机喷出的废气物的速率相对于飞船为 1000m/s。要实现这样的速率增加，飞船初始质量的多大比例必需被燃烧并喷出？

46E. 一部轨道车以 3.20m/s 的恒定速率在谷物仓库下运动。谷物以 540kg/min 落入车内。忽略摩擦，需用多大的力以保持轨道车以恒定速率运动？

47P. 图 9－35 中，两条长驳船在静水中沿同一方向运动，它们的速率分别为 10km/h 和 20km/h。当两船相互错过时，将煤以 1000kg/min 的速率从慢船铲入快船。如果要使两船都不改变速率，（a）快船，及（b）慢船的发动机必须额外提供多大的力？假定煤的铲抛总是完全侧向的，且驳船与水之间的摩擦力和驳船的质量无关。（ssm）

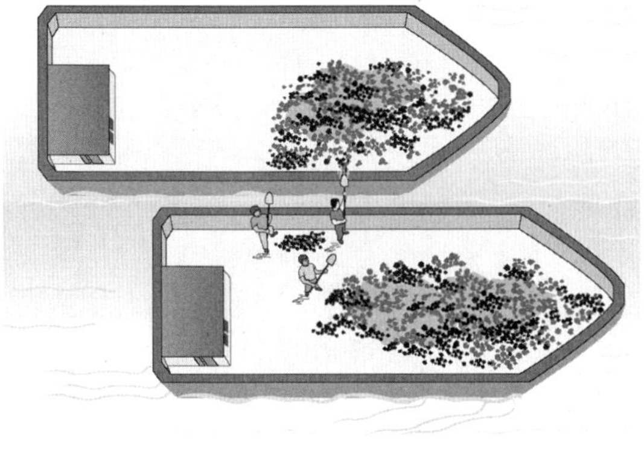

图 9－35 习题 47 图

48P. 一枚 6100kg 的火箭装好准备从地面竖直发射。如果排气速率是 1200m/s，当火箭的推力（a）等于对火箭的重力的大小和（b）使火箭产生 21m/s^2 的向上的初始加速度时，每秒必需喷出多少气体？

9－8 节　外力与内能的变化

49E. 1981 年，Daniel Goodwin 使用真空杯和金属夹爬上了 443m 高的芝加哥 Sears 大厦的**外部**。（a）估计他的质量，并计算他将他的质心提到如此高度需将多少能量从生物力学能（内能）转变成地球—Goodwin 系统的重力势能。（b）如果不是这样，他沿大厦内的楼梯爬到同样的高度，会需要转变多少能量？

50E. 珠穆朗玛峰顶点的海拔高度是 8850m。（a）一位 90kg 的登山者从海平面高度登上峰顶克服重力要消耗多少能量？（b）多少条棒糖，每条能量 1.25MJ，能提供这些能量？你的答案会说明登山者登山所消耗的能量只有很小一部分是用来克服重力做功的。

51E. 一位短跑运动员重 670N，在一次竞赛中从静止开始均匀加速，前 7.0m 用了 1.6s。在 1.6s 末，运动员的（a）速率，（b）动能是多少？（c）在这 1.6s 时间内，运动员发出的平均功率是多少？

52E. 豪华邮轮**伊丽莎白女王二号**有一柴油发电机组，在巡航速率为 32.5kn 时的最大功率是 92MW。在此速率时加在船上的推进力是多大？（1kn = 1.852km/h。）

53E. 一位游泳者在水中的平均速率是 0.22m/s。水对他的平均曳力是 110N。游泳者所需的平均功率是多少？

54E. 一辆汽车和乘客总重 16 400N，当司机制动刹车时正以 113km/h 的速率行驶。路面作用在车轮上的摩擦力为 8230N。求停车距离。

55E. 一个 55kg 的女子从下蹲位置竖直起跳，下蹲时，她的质心在地面上方 40cm。当她的脚离地时质心在地面上 90cm，升到最高点时质心在地面上 120cm。（a）她起跳蹬地时地面对她的平均作用力有多大？（b）她获得的最大速率是多少？（ssm）（www）

56P. 一部 1500kg 的汽车在水平的路面上在 30s 内由静止加速到 72km/h。（a）30s 末汽车的动能是多少？（b）在 30s 内汽车所需的平均功率是多少？（c）30s 末的瞬时功率是多少？假定汽车的加速度是恒定的。

57P. 一辆功率性能为 1.5MW 的机车可在 6.0min 内将一列火车从 10m/s 加速到 25m/s。（a）计算火车的质量。求在此 6min 内，（b）火车的速率和（c）加速火车的力，作为时间（s）的函数。（d）求火车在此时间内运动的距离。

58P. 阻碍汽车运动的阻力包括路面的摩擦和空气曳力。摩擦几乎与速率无关，而空气曳力与速率的平方成正比。某一部重12 000N的汽车，总的阻力F可以表示为$F=300+1.8v^2$，式中F的单位是N，v的单位是m/s。计算当此汽车的速率为80km/h，以$0.92\mathrm{m/s^2}$加速时所需的功率（hp）。

附加题

59. 有些凝固的熔岩具有沿竖直方向隔开的水平的气泡层结构，层间有少量的气泡（研究人员须切开凝固的熔岩才能看到）。很明显，当熔岩冷却时，从熔岩底部上升的气泡分散到这些层内并随熔岩的凝固固定在该处。人们在刚从管道注入透明的玻璃箱内浓厚的某些油脂中观察到了类似气泡的成层过程。上升的气泡很快形成一些层（见图9-36）。在气泡层内被捕获的气泡的上升速率为v_t；层间的自由气泡以较快的速率v_f上升。气泡从一层的顶部脱离，又上升至另一层的底部。假定某层的顶部高度减小的速率是$dy/dt=v_t$，而它的底部高度增加的速率是$dy/dt=v_f$。同时假定$v_f=2.0\,v_t=1.0\mathrm{cm/s}$。此层的质心的运动速率和方向如何？

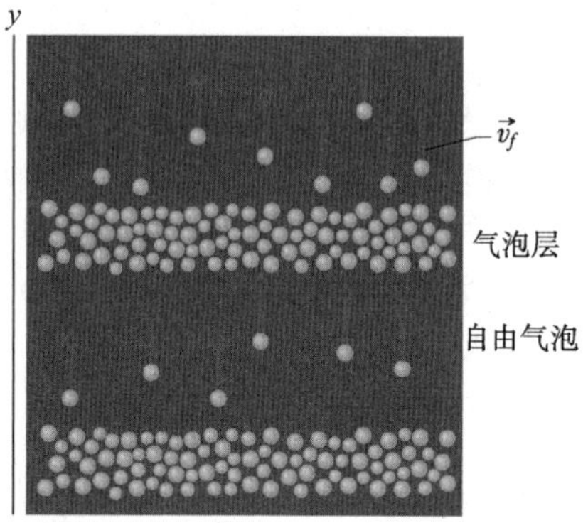

图9-36 习题59图

第10章 碰　　撞

Ronald McNair，一个物理学家，是在挑战者号宇宙飞船爆炸中遇难的宇航员之一。他曾在武术比赛中得到一条黑腰带。这里他一下击碎了几块混凝土板。在这种武术表演中，常用一块松木板或一块混凝土板。当受打击时，木板或混凝土板弯曲，像弹簧一样储存起能量，直至达到一临界能量，随后受击物体折断。打断木板所需能量约是打断混凝土板所需能量的3倍。

那么，为什么打断木板要容易得多呢？

答案在本章中。

10-1　什么是碰撞?

用日常的话来说，**碰撞**发生在两物体猛烈地冲击在一起的时候。虽然我们将要把这一定义精确化，它的确相当充分地表达了碰撞的意义而且涵盖了常见的碰撞，例如台球之间的碰撞，锤子和钉子的碰撞，以及——不太常见的——汽车之间的碰撞等。图 10-1a 显示大约 20000 年前发生的一次碰撞（一次巨大的冲击）的持久的遗迹。碰撞发生的范围从亚原子粒子的微观尺度（图 10-1b）直至碰撞的恒星和星云的天文尺度。即使发生在人的尺度，碰撞也常常是非常短暂而看不见的，虽然它们涉及**碰撞物体**的相当大的变形（图 10-1c）。

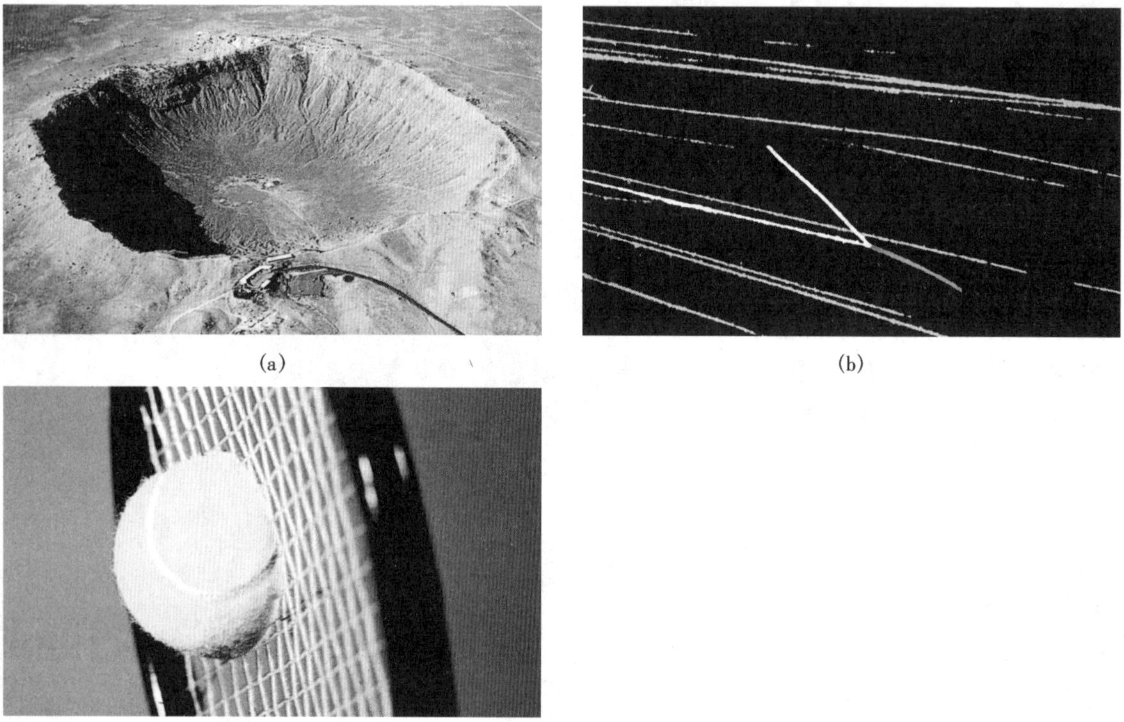

(a)　(b)　(c)

图 10-1　尺度大不相同的碰撞。(a) 亚里桑那州的陨石坑约 1200m 宽，200m 深。(b) 一个从左方来的 α 粒子（在此照片中它的径迹是那条长的粗白色直线）弹距一个原来静止的氮核使之向右下方运动（继续的浅灰色径迹）。(c) 在一次网球赛中，每次球和球拍接触的时间约 4ms（一盘下来总计也只有 1s）。

我们将应用下列的关于碰撞的更正式的定义：

> 一次碰撞是一个孤立的事件，在其中两个或几个物体（碰撞物体）在相对短的时间内以相对强的力发生相互作用。

我们必须能够区别一次碰撞的碰撞**前**、碰撞**中**和碰撞**后**的时间段，如图 10-2 所示。该图显示了一个有两个碰撞物体的系统并表明了它们之间的相互作用力是在系统内部。

注意上述碰撞的正式定义并不要求非正式定义中的“冲击”。当一个空间探测器围绕一个大的行星运动而增加速率（如**弹弓**遭遇）时，这也是一个碰撞。探测器和行星实际上没有“接触”，但一次碰撞不一定要接触，而碰撞力不一定是一个涉及接触的力；它可以像在这一情形中一样只简单地是引力。

今天，许多物理学家把他们的时间花在玩所谓的“碰撞游戏”上。这种游戏的主要目的是从关于粒子在碰撞前后的状态的知识尽可能多地找出关于碰撞中起作用的力的信息。实际上，所有我们对亚原子世界——电子，质子，中子，μ 子，夸克等等——的了解都来自涉及碰撞的实验。这种游戏的规则是动量和能量的守恒定律。

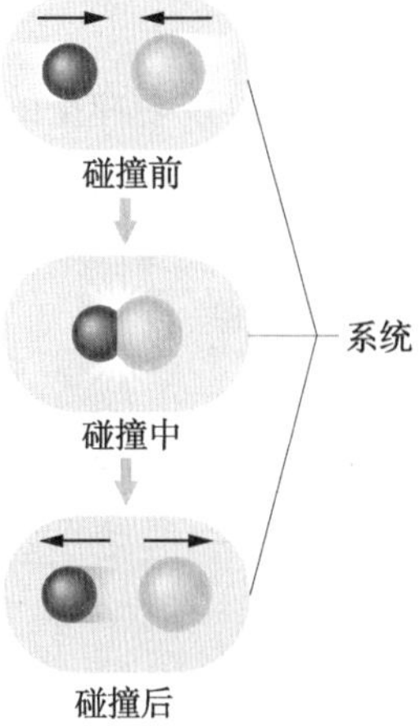

图 10－2 表示系统发生一次碰撞的流程图。

10－2 冲量和线动量

单个碰撞

图 10－3 所示为在两个不同质量的类质点物体之间单个对心碰撞过程中的第三定律力对——$\vec{F}$ (t) 和 $-\vec{F}$ (t)。这些力将改变两个物体各自的线动量；改变量不仅有赖于这些力的平均值，还有赖于它们作用的时间 Δt。为了定量地看出这一点，可以将牛顿第二定律以 $\vec{F}=\mathrm{d}\vec{p}/\mathrm{d}t$ 的形式应用于如图 10－3 所示的右边的物体 R。这样就有

$$\mathrm{d}\vec{p} = \vec{F}(t)\,\mathrm{d}t \qquad (10-1)$$

式中，$\vec{F}$ (t) 是一个随时间改变的力，其大小由图 10－4a 所示曲线给出。遍及时间间隔 Δt——即从起始时刻 t_i（刚碰撞之前）到终了时刻 t_f（刚碰撞之后）。对式（10－1）积分可得

$$\int_{\vec{p}_i}^{\vec{p}_f}\mathrm{d}\vec{p} = \int_{t_i}^{t_f}\vec{F}(t)\,\mathrm{d}t \qquad (10-2)$$

此式左边是 $\vec{p}_f-\vec{p}_i$，即物体 R 的线动量的改变；右边是碰撞力的强度和延续时间的共同量度，称为碰撞的**冲量** $\vec{J}$。因此

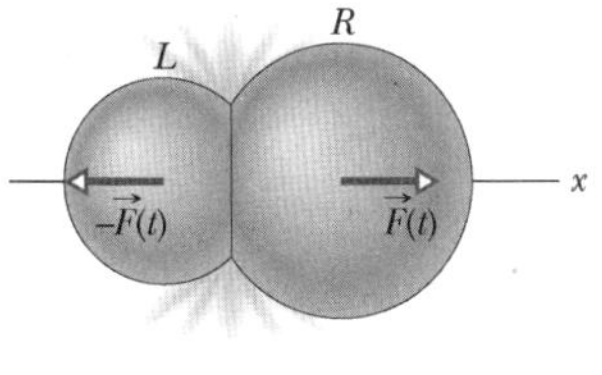

图 10－3 两个类质点物体 L 和 R 相互碰撞。在碰撞过程中，物体 L 对物体 R 作用力为 $\vec{F}$ (t)，而物体 R 对物体 L 作用力为 $-\vec{F}$ (t)。力 $\vec{F}$ (t) 和 $-\vec{F}$ (t) 是第三定律力对，它们的大小随时间变化，但在任意时刻它们的大小相等。

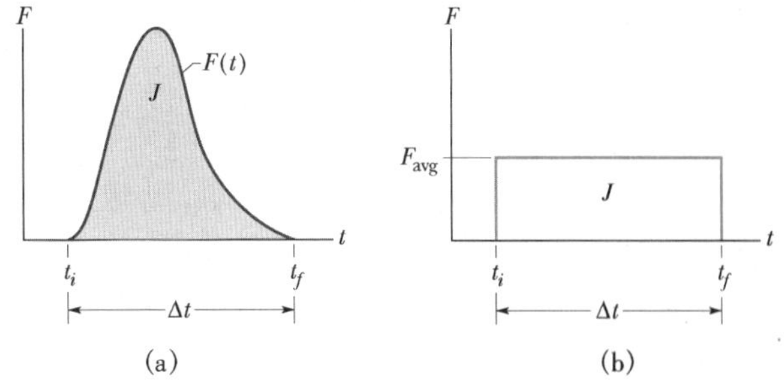

图 10－4 (a) 曲线表示在图 10－3 所示的碰撞过程中对物体 R 作用的随时间变化的力 F (t) 的大小，曲线底下的面积等于在碰撞中对物体 R 的冲量 $\vec{J}$ 的大小 (b) 矩形的高表示遍及时间间隔 Δt 作用在物体 R 上的平均力 F_{avg}，在矩形内的面积等于 (a) 中曲线底下面积，因此也等于碰撞中的冲量 $\vec{J}$ 的大小。

$$\vec{J}=\int_{t_i}^{t_f}\vec{F}(t)\,\mathrm{d}t \quad \text{（冲量定义）} \tag{10-3}$$

式（10－3）说明冲量的大小等于图10－4a所示曲线底下的面积。由于对物体 R 的 $F(t)$ 和对物体 L 的 $-F(t)$ 是第三定律力对，它们的冲量具有相同的大小但相反的方向。

由式（10－2）和式（10－3）可看出在一次碰撞中每个物体的线动量的变化等于作用在该物体上的冲量：

$$\vec{p}_t-\vec{p}_i=\Delta\vec{p}=\vec{J} \quad \text{（冲量—线动量定理）} \tag{10-4}$$

式（10－4）称为**冲量—线动量定理**；它表明冲量和线动量都是矢量，而且具有相同的单位和量纲。式（10－4）也可以写成分量形式，如

$$p_{fx}-p_{ix}=\Delta p_x=J_x \tag{10-5}$$

$$p_{fy}-p_{iy}=\Delta p_y=J_y \tag{10-6}$$

和

$$p_{fz}-p_{iz}=\Delta p_z=J_z \tag{10-7}$$

如果 F_{avg} 是图10－4a所示力的平均大小，可以把冲量的大小写成

$$J=F_{avg}\Delta t \tag{10-8}$$

式中，Δt 是碰撞延续的时间；F_{avg} 的值必须使图10－4b所示矩形内的面积等于图10－4a所示实际 $F(t)$ 曲线底下的面积。

检查点1：一个未能打开降落伞的伞兵在雪地上着陆时只受了轻伤；如果他在光地上着陆时，停止时间会缩短到1/10，因而碰撞是致命的。由于雪的存在使下列各值增大，减小，还是保持不变？(a) 伞兵的动量变化；(b) 使伞兵停下的冲量；(c) 使伞兵停下来的力。

连续碰撞

现在考虑一个物体受到连续、相同的重复碰撞时作用在它上面的力。例如，作为游戏，可以使发射网球的机器把网球以高的速率垂直射向一堵墙。每一次碰撞都对墙产生一个力，但那并不是我们看到的力。我们想知道在轰击过程中对墙的平均力 F_{avg}，即在大量的碰撞过程中的平均力。

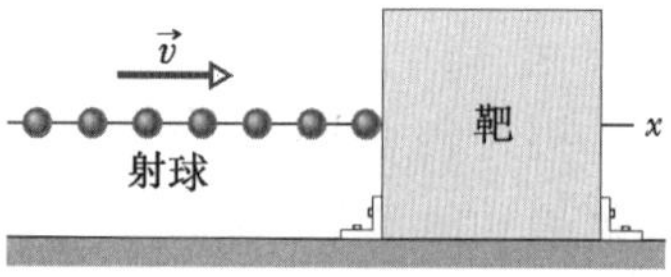

图10－5 一连串动量相同的射球稳定地撞击一个固定的靶。对靶的平均力 F_{avg} 向右，大小取决于抛球碰撞的速率或，等价地，质量碰撞的速率。

在图10－5中，一连串质量 m 相同、动量为 $m\vec{v}$ 的射球稳定地沿 x 轴运动并与一个固定的靶物体碰撞。令 n 为在时间间隔 Δt 内碰撞的小球数。因为运动只沿着 x 轴，所以可以用动量沿该轴的分量。于是，每个射球具有初动量 mv，且由于碰撞线动量改变了 Δp。在时间间隔 Δt 内 n 个射球的线动量的总的改变为 $n\Delta p$，结果在 Δt 内对靶的冲量 J 就沿 x 轴而具有同样的大小 $n\Delta p$，但方向相反。用分量形式可将这一关系写成

$$J=-n\Delta p \tag{10-9}$$

式中，负号表明 J 和 Δp 具有相反的方向。

换写一下式（10－8）并代入式（10－9），可得在碰撞过程中对靶的平均力 F_{avg} 为

$$F_{avg}=\frac{J}{\Delta t}=-\frac{n}{\Delta t}\Delta p=-\frac{n}{\Delta t}m\Delta v \tag{10-10}$$

这一方程用 $n/\Delta t$（射球碰撞靶的速率）和 Δv（这些射球的速度的变化）给出了 F_{avg}。

如果射球碰撞后停止，式（10-10）中的 Δv 就可以下式代入

$$\Delta v = v_f - v_i = 0 - v = -v \tag{10-11}$$

式中，v_i（$=v$）和 v_f（$=0$）分别是碰撞前后的速度。如果不是这样，而是球被靶直接弹回且速率未变，则 $v_f = -v$，这时可以代入

$$\Delta v = v_f - v_i = -v - v = -2v \tag{10-12}$$

在时间间隔 Δt 内，和靶碰撞的质量是 $\Delta m = nm$。用这一结果，式（10-10）可以改写成

$$F_{\text{avg}} = -\frac{\Delta m}{\Delta t}\Delta v \tag{10-13}$$

此方程用 $\Delta m/\Delta t$（质量和靶碰撞的速率）给出了 F_{avg}。这里也可以用式（10-11）或式（10-12）的 Δv 代入，这要根据射球碰撞后的情况而定。

检查点2：附图为一个球从一个竖直墙面无任何速率改变弹回的俯视图。考虑球的线动量的改变 $\Delta\vec{p}$：(a) Δp_x 是正的，负的，或零？(b) Δp_y 是正的，负的，或零？(c) $\Delta\vec{p}$ 的方向为何？

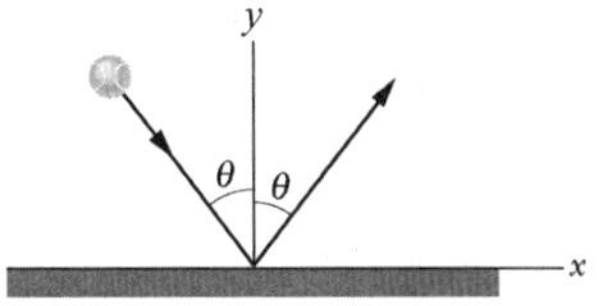

例题 10-1

一个以 39.0m/s 的速率 v_i 沿水平飞行的 140g 的棒球受到球棒一击，离开球棒后球以 39.0m/s 的速率 v_f 沿相反方向飞行。

(a) 求碰撞期间球与棒接触时球受的冲量 J。

【解】 这里**关键点**是，可以用对一维运动的式（10-4）由冲量产生的球的线动量的改变求该冲量。选球原来运动的方向为负方向。由式（10-4）可得

$$\begin{aligned} J &= p_f - p_i = mv_f - mv_i \\ &= 0.140\text{kg} \times 39.0\text{m/s} \\ &\quad - (0.140\text{kg} \times (-39.0\text{m/s})) \\ &= 10.9\text{kg} \cdot \text{m/s} \end{aligned}$$ （答案）

按上面的正负号取法，球原来的速度是负的，而后来的速度是正的。冲量结果是正的表明对球的冲量矢量的方向是球棒摆动的方向。

(b) 球-棒碰撞的冲击时间 Δt 是 1.20ms，求对球的平均作用力。

【解】 这里**关键点**是，碰撞的平均力是冲量 J 对碰撞延续时间 Δt 的比（见式（10-8））。因此，

$$F_{\text{avg}} = \frac{J}{\Delta t} = \frac{10.9\text{kg} \cdot \text{m/s}}{0.00120\text{s}}$$

$$= 9080\text{N}$$ （答案）

注意这是**平均**力，**最大**力要大些。棒对球的平均力的符号是正的意味着力矢量的方向和冲量矢量的相同。

在定义碰撞时，假定了碰撞物体不受合外力。这里的情况不是这样，因为不管是球在飞行还是它与棒接触时，它都受到重力作用。不过，这个力（大小是 $mg = 1.37\text{N}$）和棒对球的平均力（大小是 9080N）相比是可以忽略的。把这一碰撞当作"孤立的"来处理是完全可以的。

(c) 现在假定碰撞不是正碰，而是球以 $v_f = 45.0\text{m/s}$ 的速率沿仰角 30.0° 离开球棒，求此情况下对球的冲量。

【解】 这里**关键点**是，现在由于球飞出的路径和它飞来的路径不沿同一个轴，碰撞是二维的，因此，必须用这些矢量来求冲量 $\vec{J}$。从式（10-4）可以写出

$$\vec{J} = \Delta\vec{p} = \vec{p}_f - \vec{p}_i = m\vec{v}_f - m\vec{v}_i$$

因此

$$\vec{J} = m(\vec{v}_f - \vec{v}_i) \tag{10-14}$$

可以用一个矢量能用计算器直接求此式的右边，因为已知质量 $m = 0.140\text{kg}$，末速 $\vec{v}_f$ 是 45.0m/s 在 30°，初速 $\vec{v}_i$ 是 39.0m/s 在 180°。

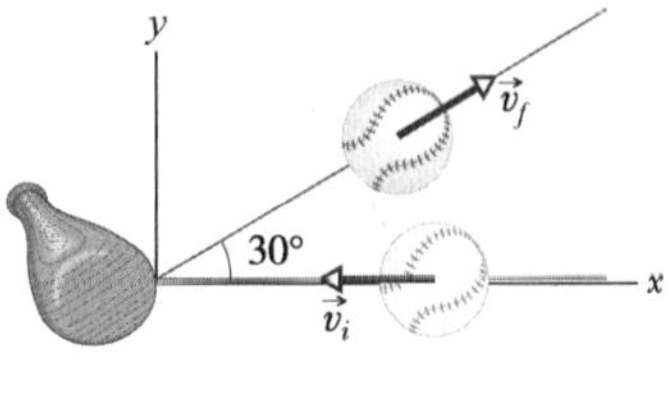

图 10-6 例题 10-1 图 棒与一个抛出的球相碰，使球沿水平向上 30° 角飞出。

不这样做，则可以用分量形式计算式（10-14）。为此，首先如图10-6那样放置一个 xy 坐标系，于是，

沿 x 轴有 $J_x = p_{fx} - p_{ix} = m(v_{fx} - v_{ix})$

$= 0.140\text{kg} \times [45.0\text{m/s} \times \cos 30.0° - (-39.0\text{m/s})]$

$= 10.92\text{kg} \cdot \text{m/s}$

沿 y 轴有 $J_y = p_{fy} - p_{iy} = m(v_{fy} - v_{iy})$

$= 0.140\text{kg} \times [(45.0\text{m/s} \times \sin 30.0°) - 0)]$

$= 3.150\text{kg} \cdot \text{m/s}$

于是冲量为

$$\vec{J} = (10.9\vec{i} + 3.15\vec{j})\text{kg} \cdot \text{m/s} \qquad \text{(答案)}$$

而 $\vec{J}$ 的大小和方向为

$$J = \sqrt{J_x^2 + J_y^2} = 11.4\text{kg} \cdot \text{m/s}$$

和

$$\theta = \arctan \frac{J_y}{J_x} = 16° \qquad \text{(答案)}$$

10-3 碰撞中的动量与动能

考虑一个由两个碰撞物体组成的系统。要发生碰撞，至少两者中有一个必须是运动的，因而在碰撞前系统具有一定的动能和一定的线动量。在碰撞中，由于受到另一物体的冲量，每个物体的动能和线动量发生改变。在本章的剩余篇幅内将讨论这些变化——也包括系统作为整体的动能和线动量的变化——而并不知道决定这些变化的冲量的细节。讨论将限于在**封闭的**（没有质量进或出）、**孤立的**（系统中的物体不受净外力）系统内的碰撞。

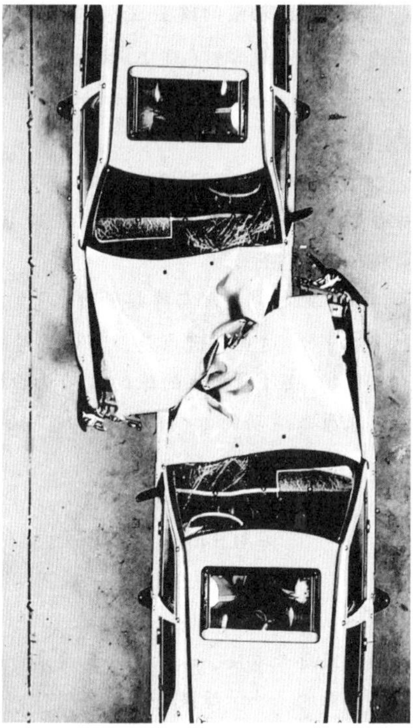

图10-7 经过一次几乎正面和几乎完全非弹性碰撞的两辆车。

动能

如果由于碰撞二碰撞物体的系统的总动能保持不变，那么系统的动能就是**守恒的**（碰撞前后一样）。这样的碰撞称为**弹性碰撞**。在普通物体的常见碰撞中，例如两辆车或一个球和一根棒，一些能量常从动能转化为其他形式的能量，例如热能和声能，因此系统的动能**不**守恒，这种碰撞称为**非弹性碰撞**。

不过，在某些情况下，可以把普通物体的碰撞**近似为**弹性的。设想你把一个超级球丢落到硬地板上，如果球和地板（或地球）的碰撞是弹性的，球就不会由于碰撞而损失动能，从而弹回到其原来的高度。然而，实际的回跳高度比较小，表明在碰撞中至少有些动能损失了，因此碰撞是有些非弹性。这种情况下仍然可以忽略动能的这点损失而把碰撞近似为弹性的。

一个下落的高尔夫球可能损失更多的动能而只能回跳原来高度的60%。这种碰撞是明显非弹性的，而不能近似为弹性的。如果把一个湿泥球丢下到地板上，它就粘到地板上完全不能反跳。由于泥块粘上了，这种碰撞称为**完全非弹性碰撞**。图10-7所示为一个更为激烈的完全非弹性碰撞的例子。在这种碰撞中，两个物体经常合在一起并损失动能。

线动量

不管在一次碰撞中冲量的细节如何，也不管系统的总动能出现了什么情况，一个封闭的、

孤立的系统的总线动量 $\vec{P}$ 不可能改变。理由是 $\vec{P}$ 只能被外力（从系统之外）改变，但在碰撞中的力都是内力（在系统内部）。因而，有下述重要规律：

在含有碰撞的一个封闭的孤立的系统中，每个碰撞物体的线动量可能改变，但系统的总线动量 $\vec{P}$ 不可能改变，不管碰撞是弹性的还是非弹性的。

这实际上是在 9-6 节首先讨论过的**线动量守恒定律**的另一种表述。在下面两节中把此定律应用于某些特定的碰撞，先是非弹性的，然后是弹性的。

10-4 一维非弹性碰撞

一维碰撞

图 10-8 表示两个物体在发生一次一维碰撞（意指碰撞前后的运动都沿一个单一的轴）时刚好在碰撞前和碰撞后的情况。图中已标出碰撞前（下标 i）和碰撞后（下标 f）的速度。这两个物体构成一个封闭、孤立的系统。这一二物体系统的线动量守恒定律写为

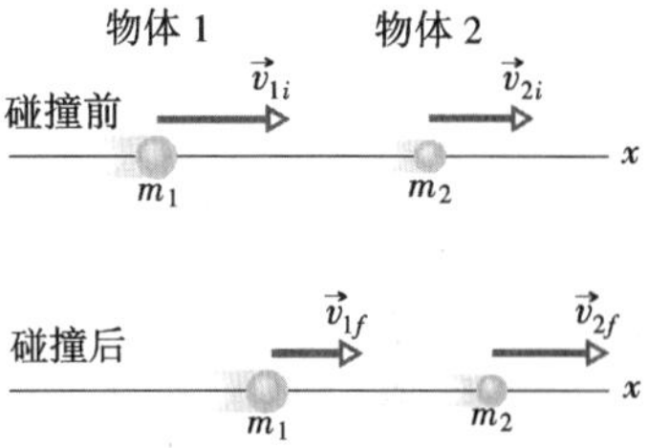

图 10-8 物体 1 和 2 沿 x 轴运动，在一次非弹性碰撞的前后。

（碰撞前的总动量 $\vec{P}_i$）=（碰撞后的总动量 $\vec{P}_f$）

用符号表示为

$$\vec{p}_{1i}+\vec{p}_{2i}=\vec{p}_{1f}+\vec{p}_{2f} \quad \text{（线动量守恒）} \tag{10-15}$$

由于运动是一维的，可以去掉表示矢量的符号上的箭头而只用沿轴方向的分量。因此，由 $p=mv$，式（10-15）可写为

$$m_1v_{1i}+m_2v_{2i}=m_1v_{1f}+m_2v_{2f} \tag{10-16}$$

如果已知两个物体的质量、它们的初速度和一个末速度的值，就能用式（10-16）求出另一末速度。

完全非弹性碰撞

图 10-9 表示两个物体在一次完全非弹性碰撞（表示它们合在一起）前后的情况。质量为 m_2 的物体恰好在碰撞前是静止的（$v_{2i}=0$）。可以将该物体视为靶，而把进来的物体视为射体。在碰撞后，合在一起的物体以速度 V 运动。对于这种情况，式（10-16）可写为

$$m_1v_{1i}=(m_1+m_2)V \tag{10-17}$$

或

$$V=\frac{m_1}{m_1+m_2}v_{1i} \tag{10-18}$$

如果已知两物体的质量和初速度 v_{1i} 可以用式（10-18）求出末速度 V。注意 V 一定比 v_{1i} 小，因为质量比 $m_1/(m_1+m_2)$ 一定是小于 1 的。

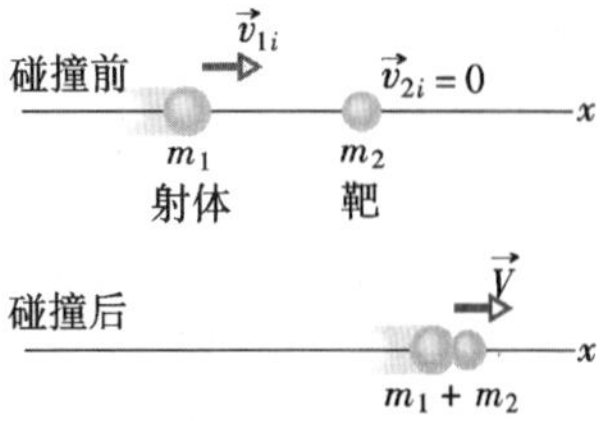

图 10-9 两物体间的完全非弹性碰撞。在碰撞前，质量为 m_2 的物体静止而质量为 m_1 的物体向着它运动；碰撞后合在一起的两物体以速度 $\vec{V}$ 运动。

质心的速度

在一个封闭的孤立系统中，系统的质心速度 $\vec{v}_{com}$ 不可能由于碰撞而改变，因为由于系统是孤立的，没有净外力去改变它。为了得到一个 $\vec{v}_{com}$ 的表示式，回到图 10-8 中的二物体系统和一维碰撞。由式（9-25）（$\vec{P}=M\vec{v}_{com}$），可以用下式将 $\vec{v}_{com}$ 和该二物体系统的总线动量 $\vec{P}$ 联系起来

$$\vec{P}=M\vec{v}_{com}=(m_1+m_2)\vec{v}_{com} \qquad (10-19)$$

在碰撞过程中，总线动量 $\vec{P}$ 守恒，于是它可以用式（10-15）的任一边给出。用其左侧写出

$$\vec{P}=\vec{p}_{1i}+\vec{p}_{2i} \qquad (10-20)$$

代入式（10-19）并解出 $\vec{v}_{com}$ 得

$$\vec{v}_{com}=\frac{\vec{P}}{m_1+m_2}=\frac{\vec{p}_{1i}+\vec{p}_{2i}}{m_1+m_2} \qquad (10-21)$$

此式右边是一个恒量，而 $\vec{v}_{com}$ 在碰撞前后具有相同的恒定值。

例如，在图 10-10 中，用一系列的冻结坐标系表示了在图 10-9 的完全非弹性碰撞中的质心的运动。物体 2 是靶，在式（10-21）中其线动量是 $\vec{p}_{2i}=m_2\vec{v}_{2i}=0$；物体 1 是射体，在式（10-21）中其线动量是 $\vec{p}_{1i}=m_1\vec{v}_{1i}$。注意随着冻结坐标系向着并接着离开碰撞推进，质心以一个恒定速度向右运动。在碰撞后，两物体的共同速度 $\vec{V}$ 等于 $\vec{v}_{com}$，因为这时质心和合在一起的物体一同运动。

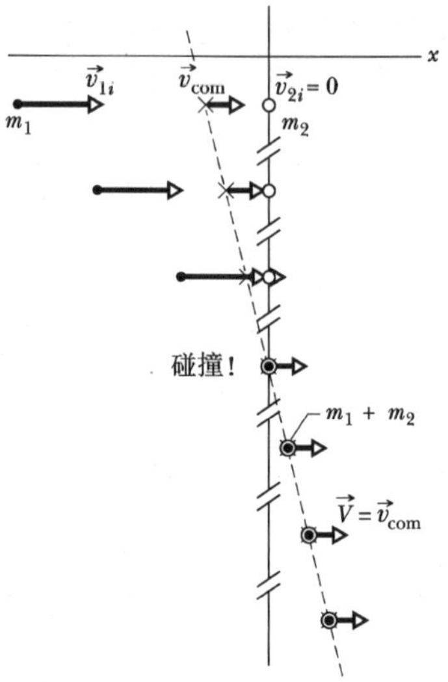

图 10-10 图 10-9 中的经历完全非弹性碰撞的二物体系统的一些冻结坐标系。在每一个冻结坐标系中都画出了质心，质心的速度 $\vec{v}_{com}$ 不受碰撞的影响。由于碰撞后两物体合在一起，它们的共同速度 $\vec{V}$ 一定等于 $\vec{v}_{com}$。

检查点 3：物体 1 和物体 2 经历一完全非弹性的一维碰撞，如果它们的初动量分别是（a）10kg·m/s 和 0；（b）10kg·m/s 和 4kg·m/s；（c）10kg·m/s 和 -4kg·m/s，它们最后的动量为何？

例题 10-2

冲击摆在电子计时器出现以前被用来测量子弹的速率。如图 10-11 所示为一种冲击摆，由一个用两条长绳悬挂着的质量 $M=5.4\text{kg}$ 的大木块构成。一颗质量 $m=9.5\text{g}$ 的子弹射入木块，迅即停止，**木块+子弹**随即向上摆，它们的质心在摆到它的弧的末端瞬时静止之前上升一竖直距离 $h=6.3\text{cm}$，求在刚碰撞之前子弹的速率。

【解】 可以看到，一定是子弹的速率 v 决定升起的高度 h。不过，一个**关键点**是不能用机械能守恒将这两个量联系起来，因为在子弹穿入木块时一定有机械能转化成了其他形式（如热能和冲破木块的能量）。转到另一个**关键点**——可以把这个复杂的运动分成两步分别加以分析：（1）子弹-木块碰撞和（2）子弹-木块上升，在此过程中机械能是守恒的。

第 1 步 因为在子弹-木块系统内的碰撞时间如此之短，可以作出两个假设：（1）在碰撞过程中，对木块的重力和绳对木块的拉力仍然是平衡的，因此，在碰撞过程中，对子弹-木块系统的净外力是零，于是，系统是孤立的而其总线动量是守恒的；（2）碰撞是一维的，也就是说子弹和木块的方向在**刚碰撞后**是沿着子弹的原来的运动方向的。

因为碰撞是一维的，木块最初是静止的，而且子弹嵌进了木块内，我们用式（10-18）来表示线动量守恒。用这里的符号代替那里的符号，有

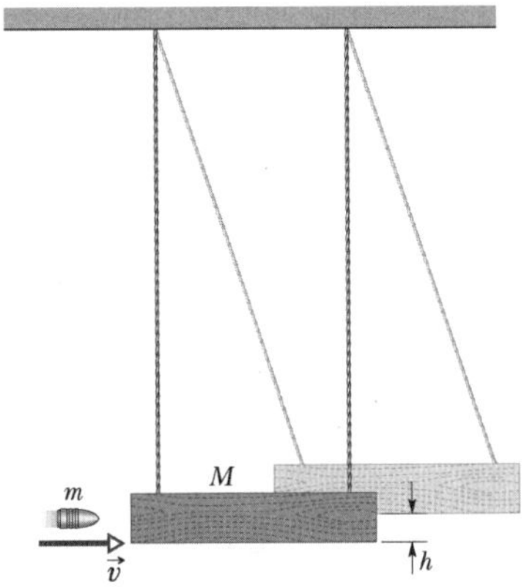

图 10－11　例题 10－2 图　用来测量子弹速度的冲击摆。

$$V=\frac{m}{m+M}v \qquad (10-22)$$

第 2 步　在子弹和木块一同上升期间，子弹-木块-地球系统的机械能是守恒的。（绳对木块的力是不改变这机械能的，因为该力总是垂直于木块运动的方向。）取木块的初始高度为零重力势能的参考高度，于是机械能守恒意味着在摆动开始时系统的动能一定等于它在摆动到最高点时的重力势能。由于子弹和木块在摆动开始时的速率是刚碰撞后的速率 V，可以把这一守恒写成

$$\frac{1}{2}(m+M)^2 = (m+M)gh$$

将式（10－22）的 V 代入可得

$$v=\frac{m+M}{m}\sqrt{2gh}=\left(\frac{0.0095\text{kg}+5.4\text{kg}}{0.0095\text{kg}}\right)$$
$$\times\sqrt{(2)(9.8\text{m/s}^2)(0.063\text{m})}$$
$$=630\text{m/s} \qquad \text{(答案)}$$

冲击摆是一种“变换器”，把轻物体（子弹）的高速率变换成重物体的低的——因而更容易测量的——速率。

例题 10－3

一位武术专家用他的拳头（质量为 $m_1=0.7$kg）向下打断了一块 0.14kg 的木板（图 10－12a），其后他又这样打断了一块 3.2kg 的混凝土板。木板的对于弯曲的弹簧常量是 4.1×10^4N/m，混凝土板的是 2.6×10^6N/m。对木板折断发生在偏离距离 $d=16$mm 处，对水泥板为 1.1mm（图 10－12c），（数据采自“The Physics of Karate”，by S. R. Wilk，R. E. MacNair，and M. S. Feld，*Amencan Journal of Physics*，September 1983。）

（a）求在物体（木板或混凝土板）刚要折断前储存在物体中的能量。

【解】　这里**关键点**是，可以把弯曲看成遵守胡克定律的弹簧的压缩。于是，由式（8－11），$U=\frac{1}{2}kd^2$，可求所储存的能量。

对于木板　$U=\frac{1}{2}\times4.1\times10^4\text{N/m}\times(0.016\text{m})^2$

$=5.248\text{J}\approx5.2\text{J}$　　（答案）

对于混凝土板　$U=\frac{1}{2}\times2.6\times10^6\text{N/m}\times(0.0011\text{m})^2$

$=1.573\text{J}\approx1.6\text{J}$　　（答案）

（b）求打断物体（木板或混凝土板）所需的最低的拳头速率 v_{fist}。作如下假设：碰撞是只包括拳头和物体的完全非弹性碰撞；弯曲在刚碰撞后开始；从弯曲开始直到刚要折断，机械能是守恒的；在该点拳头和物体的速率可以忽略。

【解】　这里**关键点**是，可以把这一复杂的运动分成可以分别予以分析的三步：

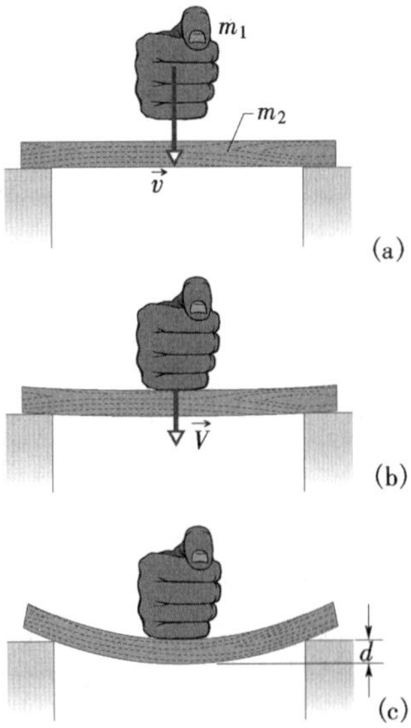

图 10－12　例题 10－3 图　（a）武术专家以速率 v 捶击平板物体。（b）拳头和物体经历完全非弹性碰撞，弯曲开始，此时**拳头＋物体**具有速率 V。（c）物体折断，这时其质心已被偏移一个量 d。

1. 拳头和物体之间的完全非弹性碰撞将能量转变为拳头-物体系统的动能。

2. 该能量随后转变为由于弯曲而储存的势能 U。

3. 当 U 到达 (a) 中计算出的值时，物体折断。

在第 1 步中可以用式 (10－18) 把刚碰撞前的拳头速率 v_{fist} 和刚碰撞后弯曲开始时拳头-物体的速率 V_{fo} 联系起来。用此处的符号，式 (10－18) 变为

$$V_{\text{fo}} = \frac{m_1}{m_1 + m_2} v_{\text{fist}} \qquad (10-23)$$

在第 2 步中，在弯曲（直到折断）期间拳头-物体系统的机械能是守恒的。(因为物体的向下偏离很小，在偏离期间拳头和物体的重力势能和改变小到可以忽略。) 弯曲期间的机械能守恒可写为

(弯曲开始时的动能) = (刚要折断前的弯曲势能)

或

$$\frac{1}{2}(m_1 + m_2) v_{\text{fo}}^2 = U \qquad (10-24)$$

代入式 (10－23) 中的 V_{fo} 并对 v_{fist} 求解，可得

$$v_{\text{fist}} = \frac{1}{m_1}\sqrt{2U(m_1 + m_2)} \qquad (10-25)$$

作为第 3 步，代入适当的质量和在 (a) 中已得到的折断值 U，可得

对木板　　$v_{\text{fist}} = 4.2\text{m/s}$　　(答案)

对混凝土板　　$v_{\text{fist}} = 5.0\text{m/s}$　　(答案)

这样，根据 (a) 的答案可看出打断一块木板需要更多的能量。然而，根据 (b) 的答案，可看到为什么木板更容易被打断，是因为所需的拳头速率较小。其中道理见式 (10－23)。如果减小碰撞中的靶的质量，就增大了给与物体的速率 V_{fo}，因此，也增大了拳头的能量传给物体的比率。(为什么折断像图 10－12 那样放置的一根铅笔比较容易的一个原因就是因为铅笔的质量小。)

10－5　一维弹性碰撞

静止靶

如在 10－3 节已讨论过的，常见的碰撞是非弹性的但可以把它们中的一些近似为弹性的，即可以近似认为碰撞物体的总动能是守恒的而不转变为其他的形式：

(碰撞前的总动能) = (碰撞后的总动能)

这并不意味着每个碰撞物体的动能不能改变，相反，其意义如下：

在弹性碰撞中，每个碰撞物体的动能可能改变，但系统的总动能不改变。

例如，在台球比赛中一个主球和一个客球的碰撞可以近似为弹性碰撞。如果碰撞是对心的(主球照直指向客球)，主球的动能可能几乎全部传给客球(即使如此，碰撞发出一声响的事实意味着至少有一小部分动能转化成了声能)。

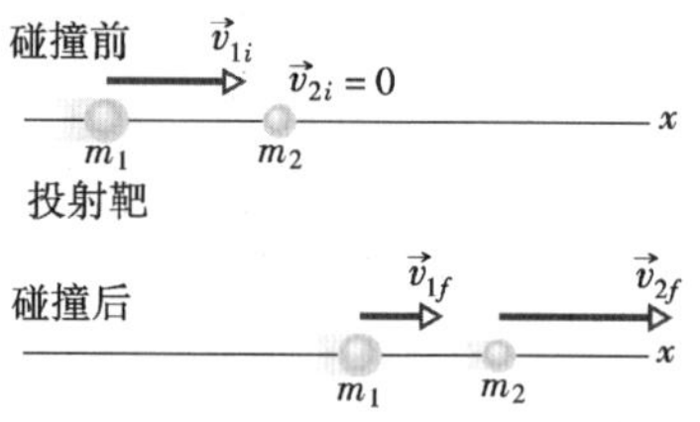

图 10－13　在和静止的物体 2 碰撞前，物体 1 沿 x 轴运动，碰撞后两物体都沿该轴运动。

图 10－13 表示两个物体在发生一维碰撞前后的情况，就像台球之间的对心碰撞。质量为 m_1、初速度为 v_{1i} 的射体向质量为 m_2、初始静止 ($v_{2i}=0$) 的靶体运动。假设此二体系统是封闭、孤立的，于是，系统的总动量是守恒的。根据式 (10－15) 可把此守恒写为

$$m_1 v_{1i} = m_1 v_{1f} + m_2 v_{2f} \quad \text{(线动量)} \qquad (10-26)$$

如果碰撞也是弹性的，则总动能是守恒的，并可将此守恒写为

$$\frac{1}{2}m_1 v_{1i}^2 = \frac{1}{2}m_1 v_{1f}^2 + \frac{1}{2}m_2 v_{2f}^2 \quad \text{(动能)} \qquad (10-27)$$

在这两个方程中，下标 i 表示物体的初速度，下标 f 表示它们的末速度。如果知道了两个物体的质量，也知道了 v_{1i}（物体 1 的初速度），未知量就仅是 v_{1f} 和 v_{2f}（两个物体的末速度）。有了上面两个方程，就应该能够求出这两个未知量。

为此，将式（10－26）改写为

$$m_1(v_{1i}-v_{1f})=m_2v_{2f} \tag{10-28}$$

而式（10－27）可写成㊀

$$m_1(v_{1i}-v_{1f})(v_{1i}+v_{1f})=m_2v_{2f}^2 \tag{10-29}$$

用式（10－28）去除式（10－29）并再作一些代数演算，可得

$$v_{1f}=\frac{m_1-m_2}{m_1+m_2}v_{1i} \tag{10-30}$$

和

$$v_{2f}=\frac{2m_1}{m_1+m_2}v_{1i} \tag{10-31}$$

式（10－31）表明 v_{2f} 总是正的（质量为 m_2 的靶体总是向前运动）。式（10－30）表明 v_{1f} 可正可负（质量为 m_1 的射体如果 $m_1>m_2$ 则向前运动，但如果 $m_1<m_2$ 则弹回）

让我们看一些特殊情形。

1. 等质量　如果 $m_1=m_2$，式（10－30）和式（10－31）简化为

$$v_{1f}=0,v_{2f}=v_{1i}$$

这是一个我们可以称为打台球者的结果。它预言质量相等的两物体在对心碰撞后，物体 1（原来运动的）停死在它的路径上，而物体 2（原来静止的）以物体 1 的速率出发。在对心碰撞中，等质量物体只是交换速度，即使靶体（物体 2）原来不是静止的，这个结论也是对的。

2. 大质量靶　在图 10－13 中，大质量靶意指 $m_2\gg m_1$。例如，一个高尔夫球射向一个大铁球。式（10－30）和式（10－31）这时简化为

$$v_{1f}\approx -v_{1i} \text{ 和 } v_{2f}\approx\left(\frac{2m_1}{m_2}\right)v_{1i} \tag{10-32}$$

这表明物体 1（高尔夫球）只是沿它射来的路径反弹回去，而其速率基本未变。物体 2（大铁球）向前以低速运动，因为式（10－32）中括号内的量比 1 小得多。这些都是我们能想到的。

3. 大质量射体　这是相反的情况，即 $m_1\gg m_2$，这一次，使一个大铁球射向一个高尔夫球，式（10－30）和（10－32）简化为

$$v_{1f}\approx v_{1i} \text{ 和 } v_{2f}\approx 2v_{1i} \tag{10-33}$$

此式表明物体 1（大铁球）只是继续向前，几乎没有被碰撞减速，物体 2（高尔夫球）以两倍于大铁球的速率向前冲去。

你可能奇怪："为什么两倍的速率?"。作为思考此问题的起点，回想式（10－32）描述的碰撞，在其中入射的轻物体（高尔夫球）的速度从 $+v$ 变到 $-v$，速度**改变**是 $2v$，同样的速度**变化**（现在是从零到 $2v$）也发生在这个例子中。

运动的靶

我们已经考查了一个射体和一个静止的靶体的弹性碰撞，现在让我们考查两个物体在经历

㊀ 在这一步中，我们用了恒等式 $a^2-b^2=(a+b)(a-b)$，它使得解联立方程式（10－28）和（10－29）的代数简化。

弹性碰撞前都在运动的情况。

对于图 10－14 的情况，线动量守恒写为

$$m_1v_{1i}+m_2v_{2i}=m_1v_{1f}+m_2v_{2f} \tag{10-34}$$

动能守恒写为

$$\frac{1}{2}m_1v_{1i}^2+\frac{1}{2}m_2v_{2i}^2=\frac{1}{2}m_1v_{1f}^2+\frac{1}{2}m_2v_{2f}^2 \tag{10-35}$$

为了解此联立方程组，先把式（10－34）改写为

$$m_1(v_{1i}-v_{1f})=-m_2(v_{2i}-v_{2f}) \tag{10-36}$$

把式（10－35）改写为

$$m_1(v_{1i}-v_{1f})(v_{1i}+v_{1f})=-m_2(v_{2i}-v_{2f})(v_{2i}+v_{2f}) \tag{10-37}$$

用式（10－36）除式（10－37）并经过一些更多的代数运算，可得

$$v_{1f}=\frac{m_1-m_2}{m_1+m_2}v_{1i}+\frac{2m_2}{m_1+m_2}v_{2i} \tag{10-38}$$

和

$$v_{2f}=\frac{2m_1}{m_1+m_2}v_{1i}+\frac{m_2-m_1}{m_1+m_2}v_{2i} \tag{10-39}$$

要注意对两个物体指定的下标 1 和 2 是任意的。如果将图 10－14 和式（10－38）和式（10－39）中这些下标互换一下，将得到同一组结果。也要注意，如果令 $v_{2i}=0$，物体 2 变成像图 10－13 中的静止的靶，则式（10－38）和式（10－39）分别简化为式（10－30）和式（10－31）。

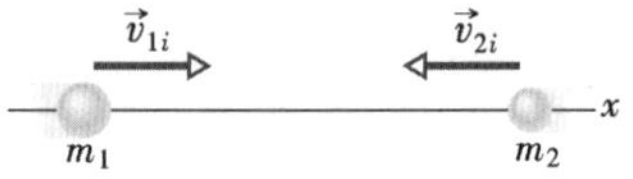

图 10－14 两物体迎面运动要发生一次一维碰撞。

检查点 4：在图 10－13 中，如果射体的初线动量为 6kg · m/s，它的末线动量是（a）2kg · m/s 和（b）－2kg · m/s，靶的末线动量为何？（c）如果射体的初和末动能分别是 5J 和 2J，靶的末动能为何？

例题 10－4

如图 10－15 所示，两个用线吊着的金属球最初刚刚接触。把质量为 $m_1=30$g 的金属球向左拉到 $h_1=8.0$cm 的高度并接着将它从静止释放。在摆下后，它和质量为 $m_2=75$g 的球 2 发生弹性碰撞。球 1 在刚碰完后的速度 v_{1f} 为何？

【解】 第一个**关键点**是，可以将这一复杂的运动分解为可以分别分析的两步：（1）球 1 下降和（2）两球碰撞。

第 1 步 这里**关键点**是球 1 下摆时，球-地系统的机械能是守恒的，（线对球 1 的力不改变这机械能因为这个力总是与球的运动方向垂直。）取最低水平面为零重力势能的参考高度。于是球 1 在最低点时的动能一定等于它在原高度时系统的重力势能。因此

$$\frac{1}{2}m_1v_{1i}^2=m_1gh_1$$

解此式可得球 1 在刚要碰撞时的速率 v_{1i} 为

$$v_{1i}=\sqrt{2gh_1}=\sqrt{2\times9.8\text{m/s}^2\times(0.080\text{m})}$$
$$=1.252\text{m/s}$$

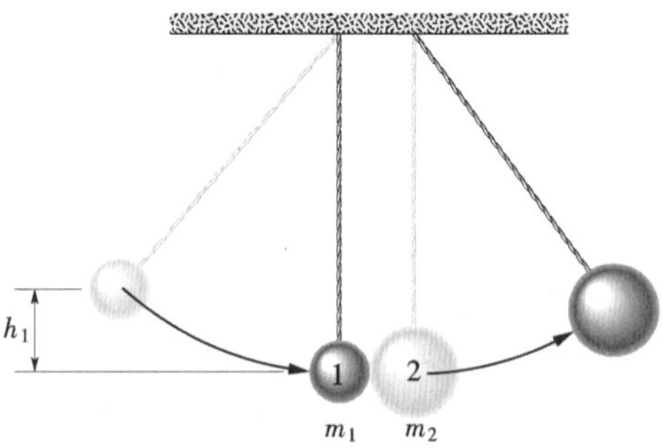

图 10－15 例题 10－4 图 曲线吊着的两个金属球在静止时刚刚接触。质量为 m_1 的球 1 被向左拉到高 h 处后释放。

第 2 步 这里除了假设碰撞是弹性的以外，还可作出两个假设：第一，可以假设碰撞是一维的，因为

两个球的运动从刚碰撞前到刚碰撞后都近似水平；其次，由于碰撞时间非常短，可以假定二球系统是封闭、孤立的。这就给出系统的总线动量是守恒的这一**关键点**。因此，可用式（10－30）求出刚碰撞后球1的速度为

$$v_{1f}=\frac{m_1-m_2}{m_1+m_2}v_{1i}=\frac{0.030\text{kg}-0.075\text{kg}}{0.030\text{kg}+0.0075\text{kg}}\times 1.252\text{m/s}$$
$$=-0.537\text{m/s}\approx-0.54\text{m/s} \qquad \text{（答案）}$$

式中，负号表示球1在刚碰撞后向左运动。

10－6 二维碰撞

当两个物体碰撞时，一个对另一个的冲量决定它们此后运动的方向。特别地，如果碰撞不是对心的，其结果并不是两物体沿它们原来的轴线运动。对于一个封闭、孤立的系统内的这种二维碰撞，总线动量仍然必须守恒，即

$$\vec{P}_{1i}+\vec{P}_{2i}=\vec{P}_{1f}+\vec{P}_{2f} \qquad (10-40)$$

如果碰撞也是弹性的（一种特殊情形），则总动能也是守恒的，即

$$K_{1i}+K_{2i}=K_{1f}+K_{2f} \qquad (10-41)$$

如果写成在一个 xy 坐标系内的分量形式，式（10－40）对分析二维碰撞常常更为有用。例如，图10－16所示为一个抛体与一个原来静止的靶体之间的**斜碰**（不是对心的），两个物体间的冲量使它们沿与 x 轴成 θ_1 和 θ_2 的角度射出，而原来抛体是沿 x 轴运动的。在这种情况下，可以重新写式（10－40）：对沿 x 轴方向的分量有

$$m_1v_{1i}=m_1v_{1f}\cos\theta_1+m_2v_{2f}\cos\theta_2 \qquad (10-42)$$

对沿 y 方向的有

$$0=m_1v_{1f}\sin\theta_1+m_2v_{2f}\sin\theta_2 \qquad (10-43)$$

还可以用速率写出式（10－41）（对于弹性碰撞的特殊情形）：

$$\frac{1}{2}m_1v_{1i}^2=\frac{1}{2}m_1v_{1f}^2+\frac{1}{2}m_2v_{2f}^2 \quad \text{（动能）} \qquad (10-44)$$

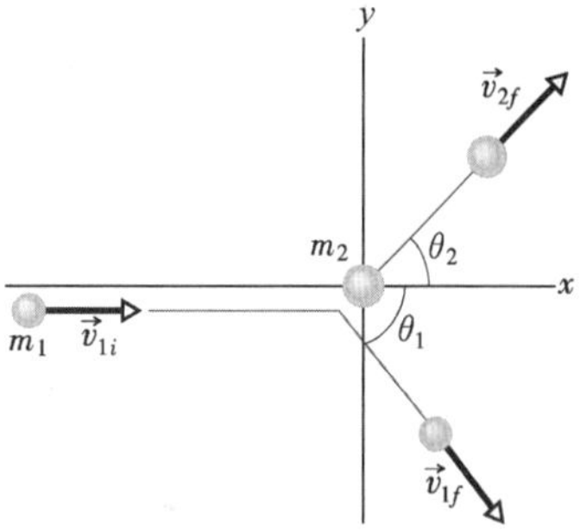

图10－16 两物体间的非对心弹性碰撞、质量为 m_2 的物体（靶）原来静止。

式（10－42）～式（10－44）包含7个变量：两个质量 m_1 和 m_2，三个速率 v_{1i}、v_{1f}、v_{2f}，两个角度 θ_1 和 θ_2。如果知道了其中任意4个量，就可解3个方程求出剩余的3个量。

检查点5：在图10－16中，假设射体具有6kg·m/s的初动量，其末动量的 x 分量是4kg·m/s，末动量的 y 分量是－3kg·m/s。对于靶，求其（a）末动量的 x 分量和（b）末动量的 y 分量是多少？

例题10－5

两个滑冰者在一次完全非弹性碰撞中相撞而扯在一起，如图10－17所示，其中原点放在碰撞点。Alfrad，质量 $m_A=83\text{kg}$，原来向东以 $v_A=6.2\text{km/h}$ 运动；Barbara，质量 $m_B=55\text{kg}$，原来向北以 $v_B=7.8\text{km/h}$ 运动。

（a）碰撞以后这一对的速度 $\vec{V}$ 为何？

【解】 这里一个**关键点**是假设这两个滑冰者组成一个封闭的孤立系，即他们不受净外力作用；特别地，假定忽略冰对他们滑冰的任何摩擦力。由这种假设，可以把系统的总线动量 $\vec{P}$ 守恒 $\vec{P}_i=\vec{P}_f$ 写成：

$$m_A\vec{v}_A+m_B\vec{v}_B=(m_A+m_B)\vec{V} \qquad (10-45)$$

对 $\vec{V}$ 求解给出

$$\vec{V}=\frac{m_A\vec{v}_A+m_B\vec{v}_B}{m_A+m_B}$$

可以将此式右边各符号的已知数据代入直接用矢量能用计算器求出结果。也可以把第二个**关键点**（前面已用过）用上并用一些代数求。该关键点是系统的总动量对图10－17中的x轴和y轴的分量分别守恒。将式（10－45）以对x轴的分量形式给出

$$m_Av_A+m_B(0)=(m_A+m_B)V\cos\theta \tag{10-46}$$

对y轴的分量

$$m_A(0)+m_B\vec{v}_B=(m_A+m_B)V\sin\theta \tag{10-47}$$

由于这两个式都包含两个未知量（V和θ），不能分别对其中的任一个求解，但是可以对它们联立求解。用式（10－46）去除式（10－47），可得

$$\tan\theta=\frac{m_Bv_B}{m_Av_A}=\frac{55\text{kg}\times7.8\text{km/h}}{83\text{kg}\times6.2\text{km/h}}=0.834$$

由此

$$\theta=\arctan0.834=39.8°\approx40° \quad \text{（答案）}$$

由式（10－47），其中$m_A+m_B=138\text{kg}$，可有

$$V=\frac{m_Bv_B}{(m_A+m_B)\sin\theta}=\frac{55\text{kg}\times7.8\text{km/h}}{138\text{kg}\times\sin39.8°}$$
$$=4.86\text{km/h}\approx4.9\text{km/h} \quad \text{（答案）}$$

（b）在碰撞前和碰撞后两滑冰者的质心的速度$\vec{v}_{com}$为何？

【解】 就碰撞后的情形来说，**关键点**是由于两滑冰者撞在一起了，他们的质心一定跟他们一起运动，如图10－17所示。于是他们的质心的速度$\vec{v}_{com}$就等于$\vec{V}$，像在（a）中求得的那样。

为求出碰撞前的$\vec{v}_{com}$，用另一个**关键点**：系统的质心只能由合外力改变而不能由内力改变。然而，这里已假设两个滑冰者组成了一个孤立系（没有净外力作用在系统上），因此，在碰撞前后，有

$$\vec{v}_{com}=\vec{V} \quad \text{（答案）}$$

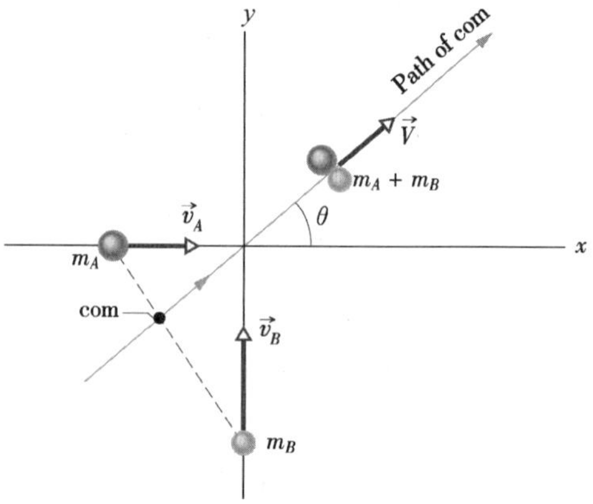

图10－17 例题10－5图 两个滑冰者，Alfred（A）和Barbara（B），在此简化的俯视图中用两个球代表，发生了完全非弹性碰撞。碰撞后，他们一起以速率V沿角度θ方向离开，他们的质心的路径如图示。图中也画出了碰撞前相应于标出的滑冰者的位置的质心的位置。

复习和小结

碰撞 在一次**碰撞**中，两个物体以强力相互作用一相对较短的时间。这些力是系统的内力而且比任何在过程中的外力都大得多。

冲量和线动量 将牛顿第二定律的动量形式应用于碰撞中涉及的一个类质点物体就给出**冲量-线动量定理**：

$$\vec{p}_f-\vec{p}_i=\Delta\vec{p}=\vec{J} \tag{10-4}$$

式中，$\vec{p}_f-\vec{p}_i=\Delta\vec{p}$是物体的线动量的变化；而$\vec{J}$是碰撞中一个物体对另一个物体的力$\vec{F}(t)$的**冲量**：

$$\vec{J}=\int_{t_i}^{t_f}\vec{F}(t)\,\mathrm{d}t \tag{10-3}$$

如果F_{avg}是碰撞期间$\vec{F}(t)$的平均大小，Δt是碰撞的延续时间，则对于一维运动

$$J=F_{avg}\Delta t \tag{10-8}$$

当质量m、速率均为v的一连串物体稳定、连续地撞击一个位置固定的物体时，对固定物体的平均力是

$$F_{avg}=-\frac{n}{\Delta t}\Delta p=-\frac{n}{\Delta t}m\Delta v \tag{10-10}$$

式中，$n/\Delta t$是物体连续碰撞固定物体的速率；Δv是每个碰撞物体的速度的改变。这一平均力也可以写为

$$F_{avg}=-\frac{\Delta m}{\Delta t}\Delta v \tag{10-13}$$

式中，$\Delta m/\Delta t$是与固定物体碰撞的质量速率。在式（10－10）和式（10－13）中，如果运动物体碰撞后停下来则$\Delta v=-v$；如果它们速率不变地被直接弹回

则 $\Delta v = -2v$。

非弹性碰撞——一维 在两个物体的非弹性碰撞中，此二物体系统的动能不守恒。如果系统是封闭、孤立的，则系统的总线动量**一定**守恒，其矢量表示式为

$$\vec{p}_{1i} + \vec{p}_{2i} = \vec{p}_{1f} + \vec{p}_{2f} \qquad (10-15)$$

式中，下标 i 和 f 分别指刚要碰撞前和刚碰撞后的值。

如果运动沿一单个的轴进行，碰撞就是一维的，式（10－15）可用沿该轴的分量写成

$$m_1 v_{1i} + m_2 v_{2i} = m_1 v_{1f} + m_2 v_{2f} \qquad (10-16)$$

如果两物体合在一起，碰撞就是**完全非弹性碰撞**，且它们具有相同的末速度 V（由于它们合在一起了）。

质心的运动 一个由两个碰撞物体组成的封闭、孤立的系统的质心不受碰撞的影响。特别地，质心的速度 $\vec{v}_{com}$ 不可能由于碰撞而改变，并且和系统的恒定总动量 $\vec{P}$ 通过下式联系起来：

$$\vec{v}_{com} = \frac{\vec{P}}{m_1 + m_2} = \frac{\vec{p}_{1i} + \vec{p}_{2i}}{m_1 + m_2} \qquad (10-21)$$

弹性碰撞——一维 **弹性碰撞**是一种特殊类型的碰撞，其中碰撞物体的动能是守恒的。日常生活中有些碰撞可以近似为弹性碰撞。如果系统是封闭、孤立的，则它的线动量也是守恒的。对于物体 2 是靶、物体 1 是入射抛体的一维碰撞，动能和线动量守恒给出下列碰撞后的速度公式：

$$v_{1f} = \frac{m_1 - m_2}{m_1 + m_2} v_{1i} \qquad (10-30)$$

和

$$v_{2f} = \frac{2m_1}{m_1 + m_2} v_{1i} \qquad (10-31)$$

如果两物体碰撞前都是运动的，刚碰撞后它们的速度给定为

$$v_{1f} = \frac{m_1 - m_2}{m_1 + m_2} v_{1i} + \frac{2m_2}{m_1 + m_2} v_{2i} \qquad (10-38)$$

和

$$v_{2f} = \frac{2m_1}{m_1 + m_2} v_{1i} + \frac{m_2 - m_1}{m_1 + m_2} v_{2i} \qquad (10-39)$$

注意在式（10－38）和式（10－39）中下标 1 和 2 的对称性。

二维碰撞 如果两物体相碰撞而它们的运动不沿一单个的轴（碰撞是非对心的），则碰撞是二维的。如果系统是封闭、孤立的，则动量守恒定律适用于碰撞并可写为

$$\vec{P}_{1i} + \vec{P}_{2i} = \vec{P}_{1f} + \vec{P}_{2f} \qquad (10-40)$$

用分量形式，此定律给出两个描述碰撞的方程（两维的每一维有一个）。如果碰撞也是弹性的（一个特殊例子），则碰撞期间的动能守恒给出一个第三方程：

$$K_{1i} + K_{2i} = K_{1f} + K_{2f} \qquad (10-41)$$

思考题

1. 图 10－18 所示为一个物体在一次碰撞中的力的大小对时间的三个图像。根据对物体的冲量的大小由大到小对这些图像排序。

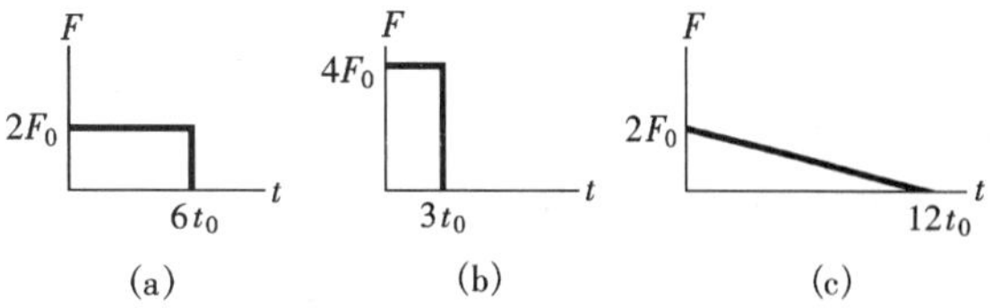

图 10－18 思考题 1 图

2. 在光滑地面上的 xy 平面内运动的两物体相碰，假设它们组成一个封闭、孤立的系统。下表给出了一些碰撞前后的动量分量（单位：kg · m/s），缺少的值都是多少？

情形	物体	前		后	
		p_x	p_y	p_x	p_y
1	A	3	4	7	2
	B	2	2		
2	C	−4	5	3	
	D		−2	4	2
3	E	−6		3	
	F	6	2	−4	−3

3. 下表给出图 10－14 中的两个物体在三种情形中的质量（单位：kg）和速度（单位：m/s）。在哪一种情形下，此二物体系统的质心是静止的。

情形	m_1	v_1	m_2	v_2
a	2	3	4	−3
b	6	2	3	−4
c	4	3	4	−3

4. 图 10－19 所示为两个物体和它们的质心的位

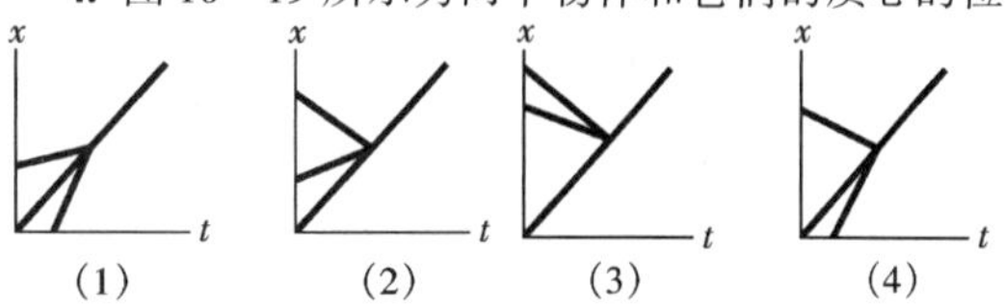

图 10－19 思考题 4 图

置对时间的四个图像。两个物体组成一封闭、孤立的系统，并经历沿 x 轴的完全非弹性一维碰撞。在图像 1 中，（a）这两个物体和（b）质心沿 x 轴是正向还是负向运动？（c）哪个图像对应于一种物理上不可能的情形？解释之。

5. 在图 10－20 中，物块 A 和 B 具有方向如图示，大小分别为 9kg · m/s 和 4kg · m/s 的线动量。（a）在光滑地面上这个二物块系统的质心的运动方向为何？（b）如果在碰撞中两物块合在一起，它们向什么方向运动？（c）如果不是这样，而是物块 A 最终向左运动，它的动量的大小是小于，大于，还是等于物块 B 的？

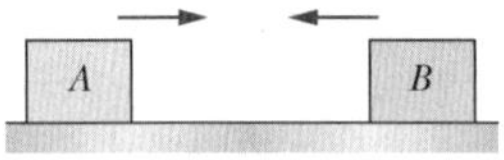

图 10－20 思考题 5 图

6. 一抛体在无摩擦的地面上沿 x 轴正向向一个原来静止的靶体冲去（如图 10－13）发生一维碰撞。假设这两个物体形成一个封闭、孤立的系统。图 10－21 所示为两物体的动量-时间（碰撞前和碰撞后）图线的 9 种选择，确定哪些选择是物理上不可能的情形，并解释之。

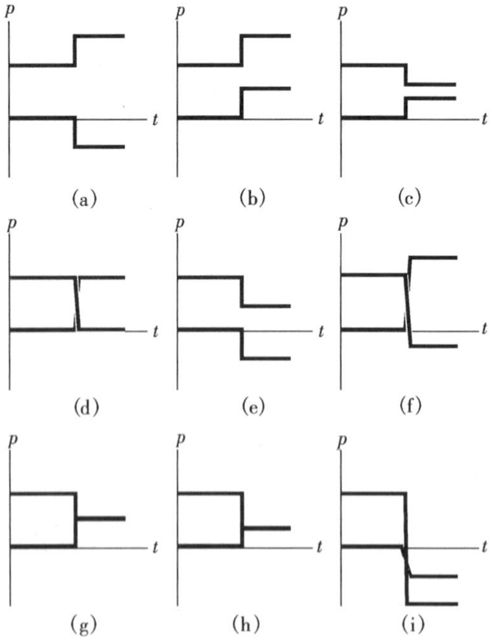

图 10－21 思考题 6 图

7. 两个物体经历一个沿 x 轴的弹性一维碰撞。图 10－22 所示为这两个物体和它们的质心的位置-时间图线。（a）是两个物体原来都在运动，还是一个物体原来静止？哪个线段对应于质心在（b）碰撞前和（c）碰撞后的运动？（d）在碰撞前运动较快的物体的质量大于，小于还是等于另一物体的？

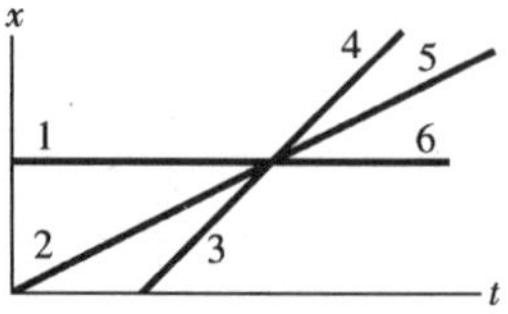

图 10－22 思考题 7 图

8. 依次从大约肩的高度丢一个棒球和一个篮球，记下每一个回弹的高度，然后把棒球放在篮球上（其间有一小的距离，如图 10－23a 所示）并同时把它们丢下。（要注意躲避，护住你的脸。）（a）现在篮球的反弹高度比以前的高度高了还是低了（图 10－23b）？（b）棒球的反弹高度比单独的棒球和篮球的反弹高度的和小还是大？（也参见习题 45。）

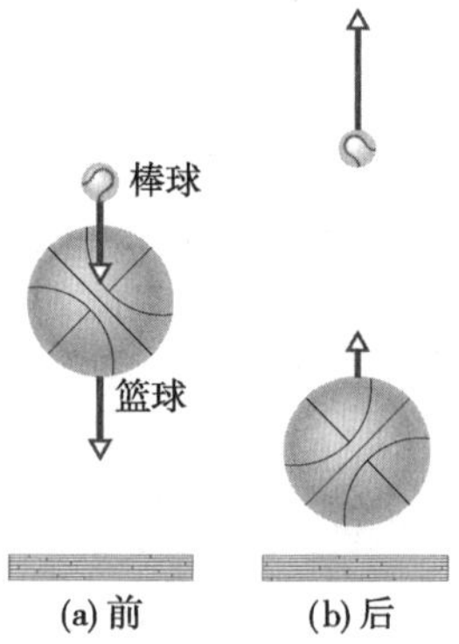

图 10－23 思考题 8
和习题 45 图

9. 具有沿 x 轴的初动量为 5kg · m/s 的一个抛出的冰球 A 和最初静止的冰球 B 碰撞。两冰球在光滑冰面上滑动，其俯视图如图 10－24 所示。图中也画出了碰撞后冰球 A 所取路径的三种一般的选择。哪一种选择是合适的：如果在碰撞后冰球 B 的动量的 x 分

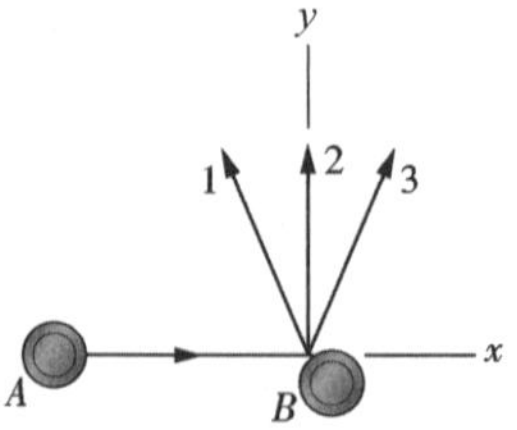

图 10－24 思考题 9 图

量为（a）5kg · m/s，（b）比 5kg · m/s 大和（c）比 5kg · m/s 小？该 x 分量可能是（d）1kg · m/s 或（e）－1kg · m/s 吗？

10. 两个物体组成一个封闭、孤立的系统，在光滑的地面上经历一次碰撞。从俯视图上看，图 10－25 的三种选择中哪一种最能代表这些物体和它们的质心的路径？

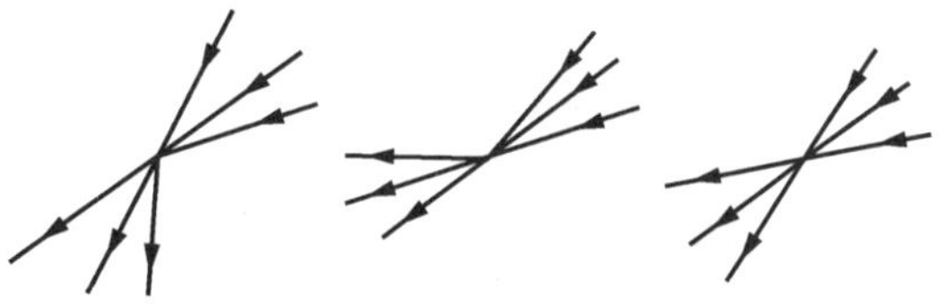

图 10－25 思考题 10 图

练习和习题

10－2 节 冲量和线动量

1E. 一根台球杆在 10ms 的时间内以平均力 50N 顶击一个台球。如果球的质量是 0.2kg，它刚被冲击后的速率是多少？(ssm)

2E. 国际运输安全委员会正在做一次新车撞击效果实验。使一辆 2300kg 的车，以速率 15m/s 撞到一个桥墩上，经过 0.56s 而停止。在撞击期间作用在车上的平均力的大小是多少？

3E. 一个 150g 的棒球以 40m/s 的速率被抛出后，被以 60m/s 的速率直接向投手击回。如果棒与球接触的时间为 5.0ms，棒对球的平均力的大小是多少？

4E. 直到 70 岁，Henri LaMothe 都以肚子向下从高 12m 处跳入深 30cm 的水中的表演（图 10－26）使观众叫好。假定他刚到达水底时停止，并估计他的质量，求水对他的（a）平均力和（b）平均冲量的大小。

图 10－26 练习 4 图

5E. 在一次延续 27ms 的碰撞中，平均 1200N 的力作用到以 14m/s 运动的 0.40kg 的钢球上。如果此力沿和球初速度相反的方向，求球的末速度的大小和方向。(ssm)

6E. 1955 年 2 月，一个未能打开降落伞的伞兵从 370m 高处碰巧落到了雪地上而只受了轻伤。设碰撞时他的速率是 56m/s（终极速率），他的质量（连同装备）是 85kg，而雪对它的力的大小是可存活的极限值 1.2×10^5N。(a) 使他安全停下来的雪的最小厚度和（b）雪对他的冲量的大小是多少？

7E. 一个 1.2kg 的球竖直地落到地板上，撞击的速率为 25m/s，再以 10m/s 的初速率反弹。(a) 接触期间对球的冲量是多少？（b）如果球和地面接触的时间是 0.020s，球对地板的平均力的大小是多少？

8P. 谁都知道射向超人的子弹或其他发射物只是简单地从他的胸脯弹开（图 10－27）。假设：一个歹徒以 100 颗/min 的速率向超人的胸脯扫射质量为 3g 和速率为 500m/s 的子弹；子弹都直接弹回而速率不变。这股子弹流对超人的胸脯的平均力的大小是多少？

9P. 速率为 5.3m/s 的一辆 1400kg 的车原来正向北沿 y 轴正向开行。在 4.6s 内完成 90°向右转弯转到 x 轴正向时，漫不经心的司机把车撞到一颗树上经 350ms 停下来。用单位矢量表示：（a）由于转弯和（b）由于碰撞对车的冲量为何？（c）在转弯期间和（d）在碰撞期间对车的平均力的大小为何？（e）在（c）中的平均力和 x 正向之间的夹角是多少？(ssm)(www)

10P. 一个 0.30kg 的垒球在与棒刚要接触时的速度是 12m/s 沿水平向下 35°，球在 2.0ms 后以竖直向上、大小为 10m/s 的速度离开棒，如图 10－28 所示。在球和棒接触期间棒对球的平均力的大小是多少？

图 10-27 习题 8 图

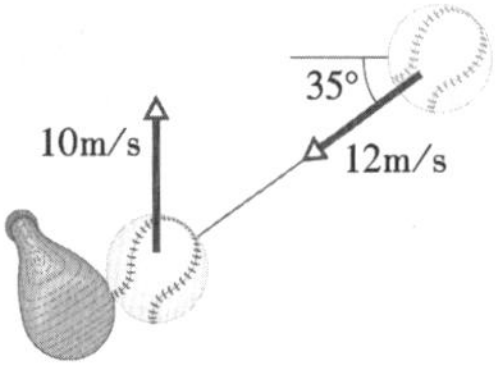

图 10-28 习题 10 图

11P. 作用在 10kg 物体上的一个非平衡力的大小以恒定的速率在 4.0s 内从零增大到 50N，使该物体由静止开始运动。求在 4.0s 末物体的速率多大？(ssm)

12P. 在一次猛烈的暴风雨期间，直径 1.0cm 的冰雹以 25m/s 的速率竖直落下。估计每立方米的空气中有 120 个雹子。(a) 每个雹子（密度 = 0.92g/cm^3）的质量是多少？(b) 假定冰雹不反弹，求由于冰雹的撞击，面积为 10m × 20m 的平房顶上受的平均力的大小为何？（**提示**：在碰撞期间，房顶对一个雹子的力近似地等于对雹子的净力，因为对它的重力很小。）

13P. 一支弹丸枪每秒内发射 10 个速率为 500m/s、质量为 2.0g 的弹丸。弹丸被一硬墙阻止而停下。(a) 每个弹丸的动量，(b) 每个弹丸的动能，和 (c) 弹丸流对墙的平均力的大小是多少？(d) 如果每个弹丸和墙接触的时间是 0.6ms，每个弹丸在碰撞期间对墙的平均力的大小是多少？(e) 为什么这一平均力与在 (c) 中求得的平均力有这样大的差别？(ssm)

14P. 图 10-29 所示为在一个 58g 的超级球撞击墙期间的力的大小对时间的近似曲线。球的初速是 34m/s，垂直于墙壁。它以近似不变的速度径直反弹回来，也垂直于墙壁。求碰撞期间墙对球的力的最大值 F_{max}。

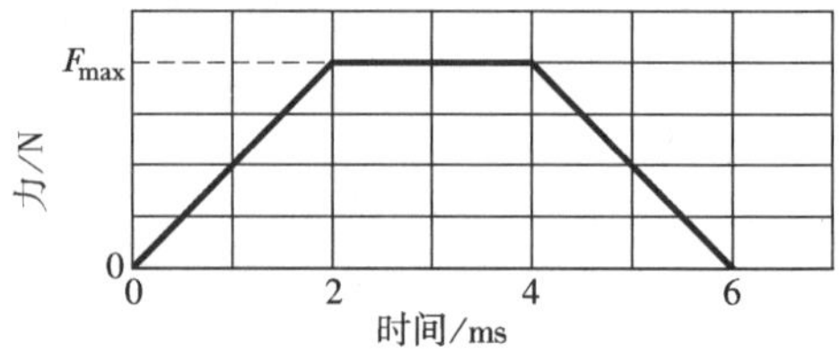

图 10-29 习题 14 图

15P. 一个宇宙飞船由于点燃了爆炸螺栓而分成了两部分。两部分的质量是 1200kg 和 1800kg；爆炸给予每一部分的冲量的大小是 300N·s。爆炸使两部分分离的相对速度是多少？(ssm)

16P. 质量为 150g 的球以 5.2m/s 的速率撞击到墙上而仅以 50% 的初动能弹回。(a) 球在刚反弹后的速率是多少？(b) 球对墙的冲量的大小是多少？(c) 如果球和墙接触的时间是 7.6ms，碰撞期间墙对球的平均力的大小是多少？

17P. 在图 10-30 所示的俯视图中，一个 30g 的球以 6.0m/s 的速率沿 30° 角的方向冲到一面墙上并接着以同样的速率和角度反弹。它和墙接触的时间为 10ms。(a) 墙对球的冲量为何？(b) 球对墙的平均力为何？

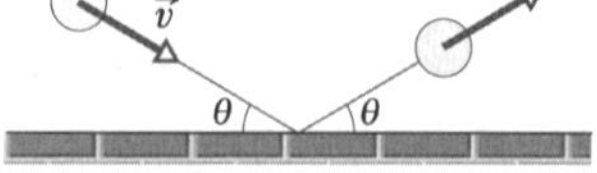

图 10-30 习题 17 图

18P. 一个 2500kg 的无人驾驶空间探测器沿直线以恒定速率 300m/s 运动。航天器上的控制火箭进行一次燃烧产生了 3000N 的推力并延续 65.0s。(a) 如果推力是向后的，向前的或垂直侧向的，探测器的线动量的大小改变多少？（b）在上述三种情况下动能改变多少？假设喷出的燃烧产物的质量和空间探测器的质量相比可以忽略。

19P. 一个足球运动员踢一个原来静止的质量为 0.45kg 的足球。运动员的脚与球的接触时间为 3.0×10^{-3}s，脚踢的力给定为

$$F(t)=[(6.0\times10^{6})t-(2.0\times10^{9})t^{2}]\mathrm{N}$$

式中，$0\leqslant t\leqslant3.0\times10^{-3}$s。求下列各量的大小：（a）脚给予球的冲量，（b）接触期间运动员的脚对球的平均力，（c）在碰撞期间运动员的脚对球的最大力，和（d）刚离开运动员的脚时球的速率。(ssm)

10-4节　一维非弹性碰撞

20E. 一个质量为 5.20g，以速率 672m/s 运动的子弹射入静止在光滑表面上的一个 700g 的木块，子弹穿出沿同样方向运动而速率减小到 428m/s。（a）其后木块的速率是多少？（b）子弹-木块的质心的速率是多少？

21E. 一只 6.0kg 的雪橇在光滑冰面上以速率 9.0m/s 运动时，一个 12kg 的包裹从上方落到雪橇中，雪橇的新速率是多少？(ssm)

22E. 质量为 10g 的子弹射入质量为 2.0kg 的冲击摆，摆的质心上升一竖直高度 12cm。假设子弹嵌在摆中，计算子弹的初速率。

23E. 亚里桑那的陨石坑（见图 10-1a）被认为是约 20000 年前一颗陨石和地球相撞的结果。陨石的质量估计为 5×10^{10}kg，速率为 7200m/s。这一陨石与地球正碰时给地球的速率多大？(ssm)

24E. 一颗 4.5g 的子弹水平地射入静止在水平面上的 2.4kg 的木块。木块和水平面间的动摩擦系数为 0.20，子弹停在木块中而木块向前滑动了 1.8m（没有转动）。（a）子弹刚相对于木块停止时木块的速率是多少？（b）子弹发射的速率是多少？

25P. 两辆车 *A* 和 *B* 在结冰的路上滑行，企图在一组红绿灯前停下。*A* 的质量为 1100kg，*B* 的质量为 1400kg，每个车的锁定的轮子与路面的动摩擦系数是 0.13。车 *A* 在灯前停下了，而车 *B* 不能停下而碰上车 *A* 的尾部。碰撞后 *A* 停在碰撞位置前方 8.2m 处，*B* 在前方 6.1m 处，见图 10-31。两个司机在此意外事件中都踩死了制动闸。根据每个车在碰撞后移动的距离，求（a）车 *A* 和（b）车 *B* 刚碰撞后的速率。（c）用线动量守恒求 *B* 冲撞 *A* 的速率。在什么基础上能对应用线动量守恒提出疑义？

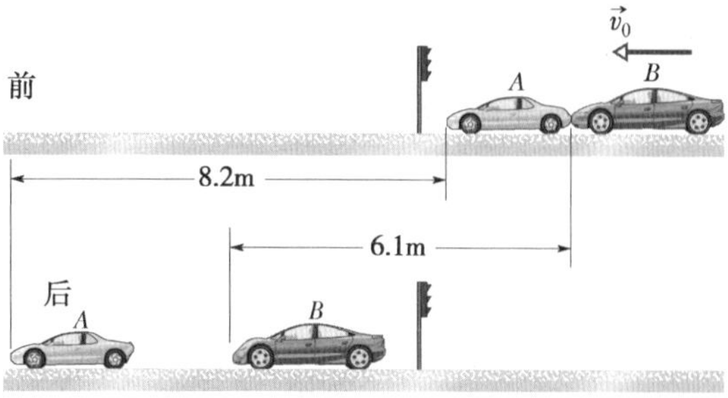

图 10-31　习题 25 图

26P. 在图 10-32a 中，一颗子弹水平地射向静止在光滑桌面上的两个物块，子弹穿透质量为 1.20kg 的第一块而嵌入质量为 1.80kg 的第二块，由此给予这两物块的速率分别是 0.630m/s 和 1.40m/s。忽略子弹从第一块移去的质量，求（a）子弹刚从第一块出来后的速率和（b）子弹最初的速率。

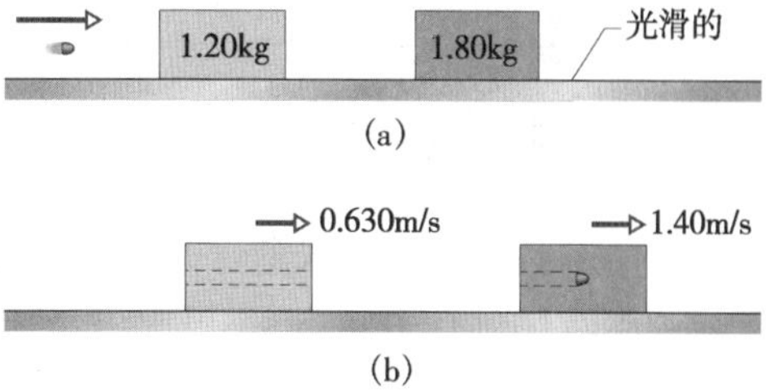

图 10-32　习题 26 图

27P. 一个盒子放在一个秤盘上，该秤以质量的单位标度并已调到盒子空着时读数为零。一连串小石子从盒底上方高 *h* 处落入盒内，落入的速率是 *R*（石子/s），每个石子的质量为 *m*。（a）如果石子和盒子间的碰撞是完全非弹性的，求在石子开始落入盒子后时刻 *t* 的秤的读数。（b）由 $R=100\mathrm{s}^{-1}$，$h=7.60$m，$m=4.50$g 和 $t=10.0$s 定出一个数字答案。(ssm)

28P. 速率为 3.0m/s、质量为 5.0kg 的一个物块和一个沿同方向运动的速率为 2.0m/s、质量为 10kg 的物块碰撞后，10kg 物块被观察到沿原来方向以速率 2.5m/s 运动。（a）刚碰撞后 5.0kg 物块的速度为何？（b）由于碰撞，二物块系统的总动能变化多少？（c）假设不是这样，而是 10kg 物块最后的速率是 4.0m/s，这时总动能的变化为何？（d）说明你在（c）中得到的结果。(ilw)

29P. 一辆质量为 3.18×10^{4}kg 的铁路货车与一静止的守车相撞，它们扣在一起，27.0% 的初动能转化为热能、声、振动等。求守车的质量。(ssm)(www)

31P. 一颗以 1000m/s 的速率竖直向上冲击而穿

过原来静止的质量为 5.0kg 的物块的质心（见图 10-33），子弹从物块中以速率 400m/s 竖直向上穿出。此后物块从它原来的位置上升的最大高度是多少？

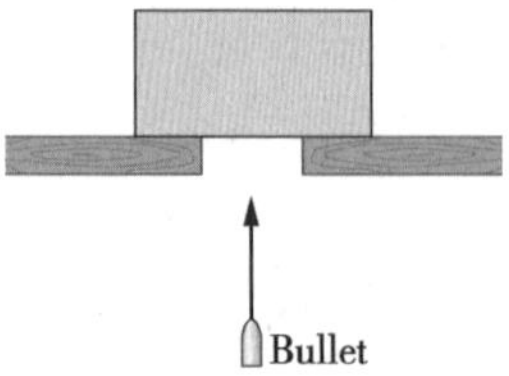

图 10-33 习题 30 图

31P. 在图 10-34 中，一个质量为 m 的球以速率 v_i 射入原来静止在光滑表面上质量为 M 的弹簧枪的枪筒内。忽略由于球和枪筒之间的摩擦而增加的热能，（a）在球停在枪筒内时弹簧枪的速率是多少？（b）原有动能的多大比例储存到弹簧中了？（ssm）

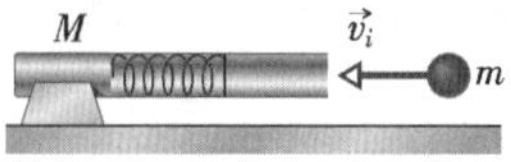

图 10-34 习题 31 图

32P. 一本 4.0kg 的物理书和一本 6.0kg 的微积分书用弹簧连在一起静止在光滑水平面上。弹簧常量为 8000N/m。把两本书向一块推，压缩弹簧，然后把它们从静止释放。当弹簧恢复到原长时，微积分书的速率是 4.0m/s。当两本书被释放的那一时刻储存在弹簧中的能量是多少？

33P. 一个质量为 $m_1=2.0\text{kg}$ 的物块在一光滑桌面上滑行。在它的正前方，一个质量为 $m_2=5.0\text{kg}$ 的物块正在沿同一方向以速率 30m/s 运动。一支无质量的弹簧常量为 $k=1120\text{N/m}$ 的弹簧连接在 m_2 的后方，如图 10-35 所示。两物块碰撞时，弹簧的最大压缩量是多少？（**提示：**在弹簧的最大压缩的瞬间，而物块像一个整体一样运动。注意，在这一点上，碰撞是完全非弹性的，由此计算速度。）（ilw）

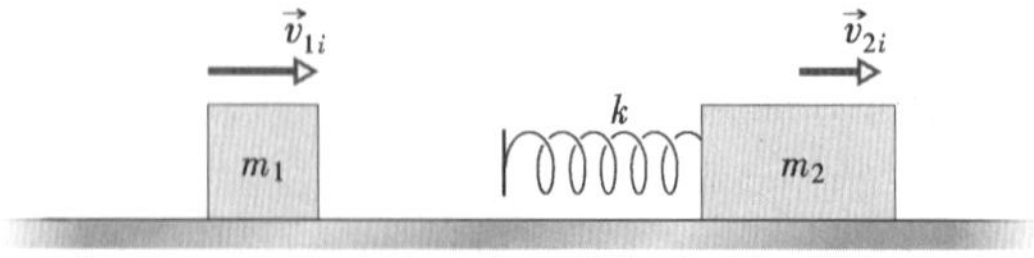

图 10-35 习题 33 图

34P. 在水平光滑面上静止的 1.0kg 的物块和一只无拉伸的弹簧（$k=200\text{N/m}$）相连，弹簧的另一端固定（见图 10-36），一个 2.0kg 的物块以 4.0m/s 的速率和它碰撞。如果两物块在一维碰撞后合在一起，当两物体瞬时停止时，弹簧发生的最大压缩量多大？

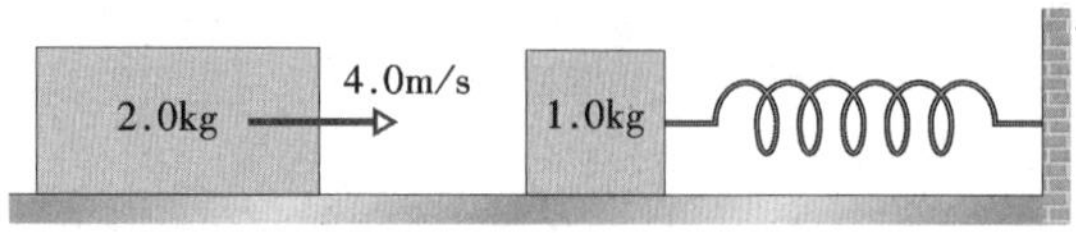

图 10-36 习题 34 图

35E. 图 10-37 中的两物块无摩擦地滑动。（a）碰撞后 1.6kg 的物块的速度 $\vec{v}$ 为何？（b）碰撞是弹性的吗？（c）假设 2.4kg 的物块的初速与图示的相反，1.6kg 的物块在碰撞后的速度 $\vec{v}$ 能如图所示吗？（ssm）

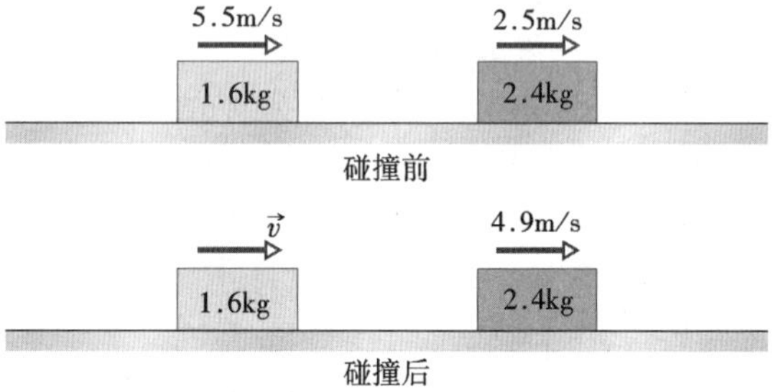

图 10-37 练习 35 图

36E. 一个电子与一个原来静止的氢原子发生一维碰撞。电子的初动能的多大百分比转化为氢原子的动能？（氢原子的质量是电子质量的 1840 倍。）

37E. 一辆质量为 340g 的小车在一条无摩擦的气轨上以初速率 1.2m/s 运动时，和一辆质量未知的原来静止的小车相撞。碰撞后第一辆车继续沿原来方向以 0.66m/s 的速率运动。（a）第二辆车的质量是多少？（b）它碰撞后的速率是多少？（e）两辆车质心的速率多大？（ssm）

38E. 宇宙飞船**旅行者 2 号**（质量为 m，对太阳的速率为 v）向木星（质量为 M，对太阳的速率为 V_J）移近，如图 10-38 所示。宇宙飞船绕过木星沿相反方向离去。在此弹弓遭遇之后，飞船对太阳的速率是多少？弹弓遭遇可以像一个弹性碰撞处理。假设 $v=12\text{km/s}$，$V_J=13\text{km/s}$（木星的轨道速率）。木星的质量比飞船的质量大得非常多（$M \gg m$）。

39E. 一个 α 粒子（质量 4u）和一个原来静止的金核（质量 197u）发生弹性正碰。（符号 u 表示原子质量单位。）α 粒子失去的它的动能的百分比是多少？（ilw）

40P. 一个质量为 0.500kg 的钢球连接在一端固定的长 70.0cm 的绳上。在绳水平时释放钢球（图 10

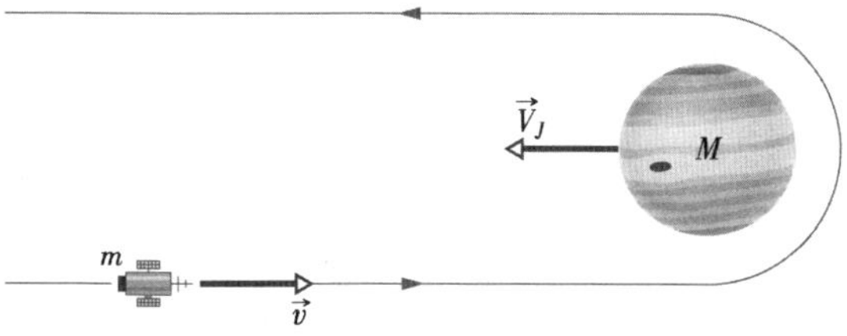

图 10－38　练习 38 图

－39）。在它路径的底部，球打击一个 2.50kg 的最初静止在光滑面上的钢块。碰撞是弹性的。求刚碰撞后（a）球的速率和（b）物块的速率。

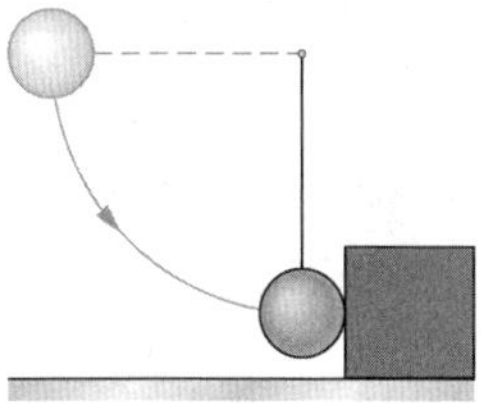

图 10－39　习题 40 图

41P. 一个质量为 2.0kg 的物体与另一物体发生弹性碰撞后继续沿原方向但以原来速率的四分之一运动。（a）另一物体的质量是多少？（b）如果 2.0kg 的物体的初速率是 4.0m/s，这两个物体的质心的速率是多少？（ssm）（www）

42P. 对例题 10－4 中的二球装置，设球 1 的质量为 50g，其最初高度为 9.0cm，球 2 的质量为 85g。碰撞后（a）球 1 和（b）球 2 达到的高度。在第二次（弹性）碰撞后，（c）球 1 和（d）球 2 达到的高度是多少？（**提示：**不要用四舍五入的值。）

43P. 两个钛球相互对心地靠近以相同的速率发生弹性碰撞。碰撞后，质量为 300g 那个球保持静止（a）另一个球的质量是多少？（b）如果最初每个球的速率是 2.0m/s，这两个球的质心速率是多少？（ssm）

44P. 在图 10－40 中，质量为 m_1 的物块 1 静止在顶住墙的长光滑桌面上。质量为 m_2 的物块 2 放在物块 1 和墙中间并且向左以恒定速率 v_{2i} 向物块 1 滑去。假设所有碰撞都是弹性的。求 m_2 的值（以 m_1 表示）以使得物块 2 和物块 1 碰一次再和墙碰一次后两物块以同样速度运动。

45P. 一个质量为 m 的小球放在质量为 M 的大球的正上方（有一个小间隔，如图 10－23a 所示）并把它们从高度 h 处同时丢下。（假定每个球的半径和 h 相比可以忽略。）（a）如果大球从地面弹性地反弹而

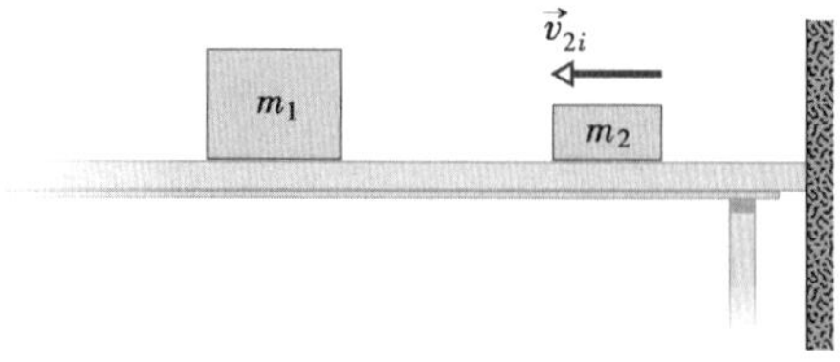

图 10－40　习题 44 图

后小球从大球弹性地反弹，要使大球在和小球碰撞后停止，比值 m/M 应是多少？（答案和思考题 8 中的棒球和篮球的质量比近似。）（b）此后小球上升到多高？（ssm）

10－6 节　二维碰撞

46E. 两个 2.0kg 的物体 A 和 B 相碰。碰前的速度是 $\vec{v}_A = 15\vec{i} + 30\vec{j}$ 和 $\vec{v}_B = -10i + 5.0\vec{j}$。碰撞后，$\vec{v}_A' = -5.0\vec{i} + 20\vec{j}$。所有速度的单位都是 m/s。（a）$B$ 的最后速度为何？（b）在碰撞中得到的或失去的动能是多少？

47E. 一个 α 粒子和一个静止的氧核相碰。α 粒子沿与原来运动的方向成 64.0°角的方向散射，而氧核沿与该原来方向相反的一侧成 51.0°角的方向反冲。核的最后的速率是 1.20×10^5m/s。求 α 粒子（a）最后的和（b）最初的速率。（用原子质量单位，α 粒子的质量是 4.0u，氧核的质量是 16u。）（ilw）

48E. 一个速率为 500m/s 的质子和另一个原来静止的质子发生弹性碰撞，其后二者沿相互垂直的路径运动，而入射质子的路径与原来方向成 60°。碰撞后，（a）靶质子和（b）入射质子的速率是多少？

49E. 在一次台球游戏中，主球击中另一个质量相同、原来静止的球。碰撞后，主球以 3.50m/s 沿与它原来运动的方向成 22.0°的方向运动，而第二个球具有速率 2.00m/s。求（a）第二个球的运动方向与主球原来的运动方向之间的夹角和（b）主球原来的速度；（c）动能（质心的，不考虑转动）守恒吗？（ssm）

50P. 两个质量不同且未知的球 A 和 B 相碰。起初，A 静止而 B 具有速率 v；碰后，B 具有速率 $v/2$ 而垂直于其原来的方向运动。（a）求碰后球 A 的运动的方向；（b）证明根据已给定信息不可能确定 A 的速率。

51P. 在一完全非弹性碰撞后，两个质量和速率都相同的物体合在一起以它们的初速的 1/2 运动，求两物体的初速度之间的夹角。（ssm）

52P. 一个台球以2.2m/s的速率与一相同的静止的球斜碰，碰撞后，一个球以1.1m/s的速率沿与原来运动方向成60°的方向运动。(a) 求另一球的速度；(b) 根据这些数据，可判断碰撞是非弹性的吗？

53P. 在图10-41中，球1以初速率10m/s与静止的球2和球3发生弹性碰撞，后二者的质心在与球1的初速垂直的一条线上而且最初二者接触。三个球完全一样，球1对准了接触点，而所有运动都是无摩擦的。求在碰撞后 (a) 球2，(b) 球3和 (c) 球1的速度为何？(**提示：**在没有摩擦的情况下，每个冲量都沿着两个碰撞球的中心的连线而垂直于碰撞的表面。) (ssm)

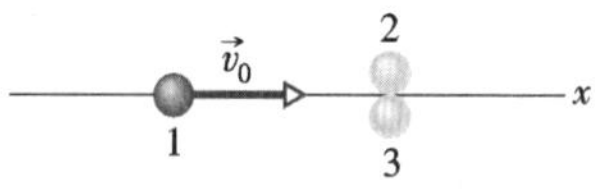

图10-41 习题53图

54P. 两个30kg的孩子，每个的速率都是4.0m/s，在光滑的结了冰的池塘上滑动，碰撞后由于外衣上有刺毛粘带子而粘在一起。接着这两个孩子和一个质量为75kg的以2.0m/s滑动的大人相撞，撞后，这三人组合体停下来。求两个孩子最初的速度矢量之间的夹角多大？

55P. 证明：如果一个中子和一个原来静止的氘核发生弹性碰撞后经过90°角散射，中子失去它的初动能的2/3给予氘核。(用原子质量单位，中子的质量是1.0u，氘核的质量是2.0u。) (ssm)

附加习题

56. 一种美洲蜥蜴能在水面上行走（图10-42）。走每一步时，蜥蜴先用它的脚拍水，然后很快就把它推到水中以致在脚面上形成一空气坑。为了完成这一步时不至于在向上拉起脚时受水的曳力，蜥蜴在水能流进空气坑时就撤回了自己的脚。在整个拍水—向下推—又撤回的过程中，对蜥蜴的向上的冲量必须等于重力产生的向下的冲量才能使蜥蜴不致沉于水中。假设一只美洲蜥蜴的质量是90.0g，每只脚的质量是3.00g，一只脚拍水时的速率是1.5m/s，一单步的时间是0.600s，(a) 拍水期间对蜥蜴的冲量的大小是多少？(假定此冲量竖直向上。)；(b) 在一步的0.600s期间，重力对蜥蜴的向下的冲量是多少？(c) 拍和推中哪一个动作提供了对蜥蜴的主要支持中，或者它们近似地提供了相等的支持？

图10-42 习题56图（美洲蜥蜴在水面上跑）

57. **大暴龙**可能从经验中知道因为可能有栽倒的危险不能跑得太快，其时它的短的前臂不能够帮助缓冲下落。假设大暴龙质量为 m，在走动时栽倒了，其质心自由地下落了1.5m，接着它的质心由于其身体和地面受压缩而又下落0.30m。(a) 以此恐龙的重量的倍数表示，在它和地面碰撞期间（在下落0.30m的过程中）对恐龙的平均力的大小近似是多少？现在假设恐龙正以19m/s的速率跑动时栽倒到地上了，接着就在动摩擦因数为0.6的情况下滑动到停止；再假定在碰撞和滑动期间竖直方向的平均力是 (a) 中的。(b) 地面对它的平均合力的大小（仍以它的重量的倍数表示）和滑动的距离近似地是多少？(a) 和 (b) 中的力的大小强烈地暗示上述碰撞会损伤恐龙的身躯，至于头部，由于落得更远，会遭到更大的损伤。

第11章 转　动

在现代柔道中，懂物理学的弱而小的斗士能打败强而大的不懂物理学的斗士。这一事实表现在基本的“臀摔”动作中，其中一个斗士把他的对手绕着自己的髋关节转动并——假若成功的话——把他摔倒在垫子上。不适当地应用物理学，摔倒对手就需要相当大的力而且容易失败。

那么，物理学提供的好处是什么？

答案在本章中。

11－1 平动和转动

花样滑冰者优美的动作可以用来说明两种纯的，或未混合的，运动。图 11－1a 显示一滑冰者在冰上沿直线以恒定速率滑过，她的运动是一种纯**平动**；图 11－1b 显示她绕一个竖直轴以恒定速率旋转，这是一种纯**转动**的运动。

平动是沿一条直线的运动，它是我们至今关注的对象。转动是轮子、齿轮、发动机、行星、钟表的指针、喷气机的转子、直升机的翼片等的运动。它是我们在这一章关注的对象。

(a)

(b)

图 11－1 花样滑冰选手关颖珊的动作。
(a) 沿固定方向的纯平动；(b) 绕一个竖直轴的纯转动。

11－2 转动变量

我们要讨论一个刚体绕一个固定轴的转动。**刚体**是这样的物体，它在转动时各部分都紧紧地固定在一起而没有任何形状的改变，**固定轴**说的是转动是绕着一个不动的轴发生的。因此，我们将不会讨论像太阳这种物体，因为太阳（一个气体的球）的各部分没有固定在一起。我们也不讨论像沿一条保龄道滚动的保龄球这样的物体，因为保龄球绕着一个运动的轴转动（球的运动是转动和平动的混合）。

图 11－2 所示为一个绕固定轴转动的任意形状的刚体，该轴称为**转动轴**或**转轴**。物体上每一点都沿着中心在转动轴上的圆周运动，而且每一点在特定时间间隔内通过相同的角度。在纯平动中，物体每一点都沿直线运动而且每一点在特定的时间间隔内经过相同的**线距离**。（在本章各处都将出现角运动和线运动的对比。）

下面处理——一次一个——和线量位置、位移、速度和加速度相当的角量。

角位置

图 11－2 标出一条**参考线**，它固定在物体上，垂直于转轴并随物体一起运动。这条线的**角位置**是这条线相对于一个固定方向的角度，该固定方向被取作**零角位置**。在图 11－3 中，角位置 θ 是相对于 x 轴正向测量的。由几何学知 θ 给定为

$$\theta = \frac{s}{r} \quad (\text{rad 量度}) \tag{11-1}$$

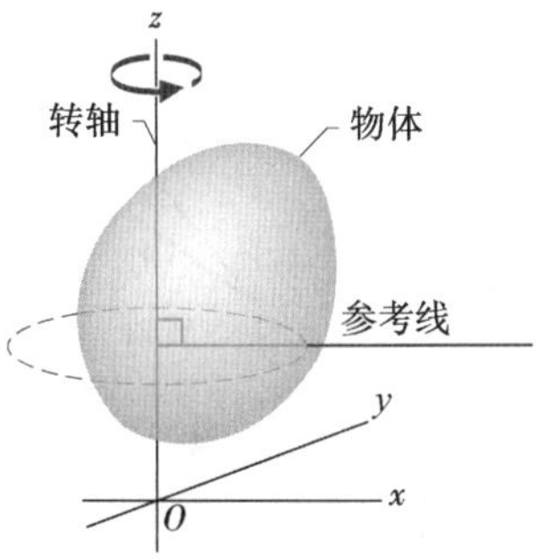

图 11-2 在围绕坐标系 z 轴的纯转动中的一个任意形状的刚体。**参考线**相对于刚体的位置是任意的，但它垂直于转轴。它固定在刚体中，随刚体一起转动。

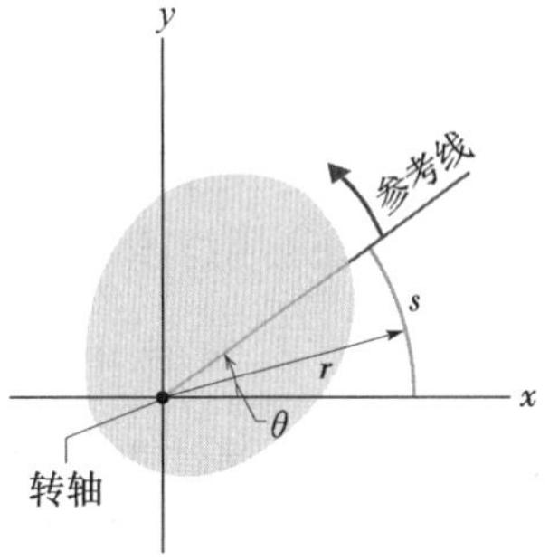

图 11-3 图 11-2 的转动刚体的截面俯视图。截面垂直于转轴，它现在指向页面外，向着你。物体在这个位置时，参考线与 x 轴的夹角为 θ。

式中，s 是沿着一个圆周从 x 轴（零角位置）到参考线之间的弧长（或弧距离）；r 是该圆的半径。

这样定义的角是用**弧度**（rad）量度的而不是用转（rev）或度。弧度作为两个长度的比值，是纯数因而没有量纲。由于半径为 r 的圆的周长是 $2\pi r$，一个圆周就有 2π 弧度：

$$1\text{rev} = 360° = \frac{2\pi r}{r} = 2\pi\text{rad} \tag{11-2}$$

因此

$$1\text{rad} = 57.3° = 0.159\text{rev} \tag{11-3}$$

参考线绕转轴每转一圈，我们**不**再取 θ 为零。如果参考线从零角位置完成了两周，该线的角位置就是 $\theta = 4\pi\text{rad}$。

对于沿 x 轴的纯平动，如果给出 $x(t)$——它的位置作为时间的函数，我们能知道关于一个运动物体应该知道的一切。同样地，对于纯转动，如果给出了 $\theta(t)$——物体的参考线的角位置作为时间的函数，我们能知道关于一个转动物体应该知道的一切。

角位移

如果图 11-3 的物体像在图 11-4 中那样绕转轴转动，参考线的角位置从 θ_1 改变到 θ_2，物体经历一个**角位移** $\Delta\theta$ 给定为

$$\Delta\theta = \theta_2 - \theta_1 \tag{11-4}$$

这一角位移的定义不仅适用于整个刚体，而且适用于该物体内的每一个质点，因为这些质点是牢牢地固定在一起的。

如果物体沿 x 轴平动，它的位移 Δx 可以是正的或负的，取决于物体是沿 x 轴正向还是 x 轴负向运动。同样，角位移 $\Delta\theta$ 可以是正的或负的，根据以下的规则：

> 反时针方向的角位移是正的，顺时针方向的是负的。

角速度

假设（见图 11-4）转动物体在 t_1 时刻的角位置为 θ_1，在 t_2 时刻的角位置为 θ_2，定义在从

t_1 到 t_2 的时间间隔 Δt 内物体的**平均角速度**为

$$\omega_{avg} = \frac{\theta_2 - \theta_1}{t_2 - t_1} = \frac{\Delta\theta}{\Delta t} \qquad (11-5)$$

式中，$\Delta\theta$ 是在 Δt 内发生的角位移（ω 是希腊字母 Ω 的小写）。

（瞬时）角速度 ω，是我们此后最常遇到的，指当 Δt 趋于零时式（11-5）中比值的极限。因此，

$$\omega = \lim_{\Delta t \to 0} \frac{\Delta\theta}{\Delta t} = \frac{d\theta}{dt} \qquad (11-6)$$

如果知道了 $\theta(t)$ 就可以通过微分求出角速度 ω。

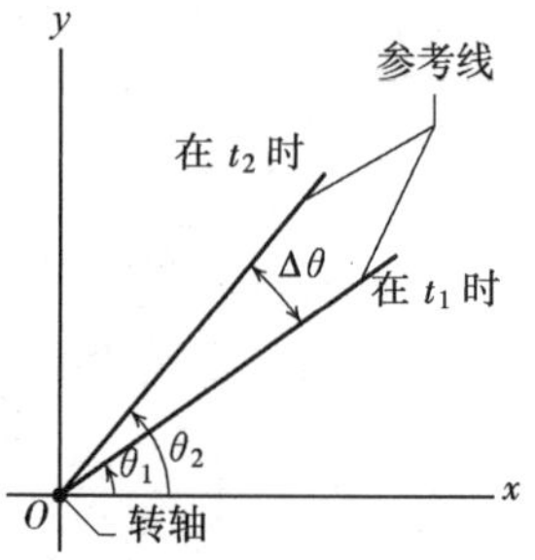

图11-4 图11-2和图11-3中刚体的参考线 t_1 时刻在角位置 θ_1 和 t_2 时刻在角位置 θ_2。是 $\Delta\theta$（$=\theta_2-\theta_1$）是在间隔 Δt（$\approx t_2 - t_1$）内发生的角位移。物体本身没有画出来。

式（11-5）和式（11-6）不仅适用于整个转动着的刚体而且适用于**该物体的每一个质点**，因为所有这些质点都被牢牢地固定在一起了。角速度的单位一般是弧度每秒（rad/s）或转每秒（rev/s）。另一个量度单位至少在摇摆舞的头30年用过，例如有这样的话：音乐是放在转盘上以“$33\frac{1}{3}$rpm”或“45rpm”，意思是 $33\frac{1}{3}$rev/min 或45rev/min，转动的乙烯（留声机）唱片发出的。

如果一个质点沿 x 轴平动，它的线速度 v 可以是正的或负的，取决于质点是沿 x 正向还是沿 x 负向运动。同样地，一个转动刚体的角速度 ω 可以是正的或负的，取决于物体的转动是逆时针的（正的）还是顺时针的（负的）。角速度的大小称为**角速率**，也用 ω 代表。

角加速度

如果一个转动物体的角速度不是常量，则物体具有角加速度。令 ω_2 和 ω_1 分别是在时刻 t_2 和 t_1 时刻的角速度，转动物体在从 t_1 到 t_2 的时间间隔内的**平均角加速度**定义为

$$\alpha_{avg} = \frac{\omega_2 - \omega_1}{t_2 - t_1} = \frac{\Delta\omega}{\Delta t} \qquad (11-7)$$

式中，$\Delta\omega$ 是在时间间隔 Δt 内的角速度的变化。（瞬时）角速度 α，是我们此后最常遇到的，指这个量在 Δt 趋于零时的极限。因此

$$\alpha = \lim_{\Delta t \to 0} \frac{\Delta\omega}{\Delta t} = \frac{d\omega}{dt} \qquad (11-8)$$

式（11-7）和（11-8）不仅适用于整个刚体，也适用于**该物体的每一个质点**。角加速度的单位一般是弧度每二次方秒（rad/s^2）或转每二次方秒（rev/s^2）。

例题11-1

图11-5a中的圆盘绕着自己的中心轴像旋转木马那样转动。盘上的参考线的角位置 $\theta(t)$ 给定为

$$\theta = -1.00 - 0.600t + 0.250t^2 \qquad (11-9)$$

其中 t 的单位为s，θ 的单位为rad，零角位置如图所示。

(a) 画从 $t=-3.0$s 到 $t=6.0$s 的圆盘的角位置对时间的曲线。画出在 $t=-2.0$s，0s和4.0s以及当曲线跨越 x 轴时圆盘和它的角位置参考线的草图。

【解】 这里**关键点**是圆盘的角位置是它的参考线的角位置 $\theta(t)$，它是由式（11-9）给出的时间的函数。由此我们画式（11-9）的曲线，结果如图11-5b所示。

要画出在特定时刻的圆盘和它的参考线，需要确定该时刻的 θ，这样，就将时刻代入式（11-9）。对于 $t=-2.0$s，有

$$\theta = -1.00 - 0.600 \times (-2.0) + 0.250 \times (-2.0)^2$$

$$= 1.2\text{rad} = 1.2\text{rad}\,\frac{360°}{2\pi\text{rad}} = 69°$$

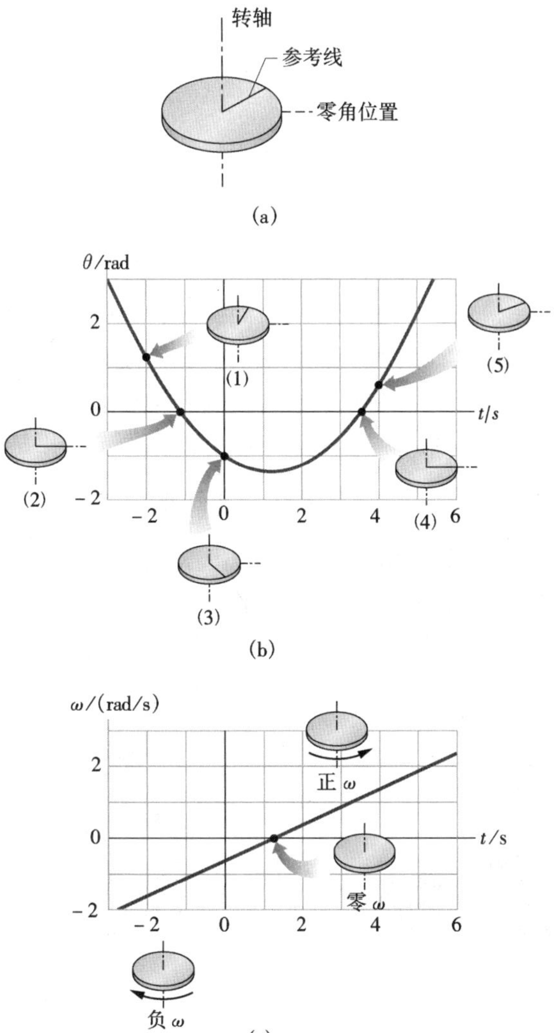

图 11-5 例题 11-1 图 (a) 转动的圆盘。(b) 圆盘的角位置 $\theta(t)$ 的图像。(1) ~ (5) 草图表示圆盘上的参考线对曲线上 5 个点的角位置。(c) 圆盘的角速度 $\omega(t)$ 的图像。ω 的正值对应于逆时针的转动，负值对应于顺时针的转动。

这说明在 $t=-2.0$s 时，圆盘上的参考线从零角位置逆时针地转过了 1.2rad 或 69°（逆时针是因为 θ 是正的）。图 11-5b 的草图 (1) 表示出了参考线的这一角位置。

同样，对 $t=0$，有 $\theta=-1.00$rad $=-57°$，这说明参考线从零角位置顺时针地转过了 1.00rad 或 57°，如图 11-5b 中草图 (3) 所示。对 $t=4.0$s，有 $\theta=0.60$rad $=34°$（图 11-5b 中草图 (5)）。画曲线跨越 t 轴时的草图很容易，因为那时 $\theta=0$，而参考线瞬时地与零角位置重合（草图 (2) 和 (4)）。

(b) 在什么时刻 t_{min}，$\theta(t)$ 达到图 11-5b 中显示的最小值？

【解】 这里**关键点**是为了求一个函数的极值（这里是极小），就取函数的一阶导数并令结果等于零。$\theta(t)$ 的一阶导数是

$$\frac{d\theta}{dt} = -0.600 + 0.500t \qquad (11-10)$$

令此式等于零并对 t 求解给出 $\theta(t)$ 为极小时的时刻为

$$t_{min} = 1.20\text{s} \qquad \text{(答案)}$$

为了求 θ 的极小值，将 t_{min} 代入式 (11-9)，得到

$$\theta = -1.36\text{rad} \approx -77.9° \qquad \text{(答案)}$$

这一 $\theta(t)$ 的**极小值**（图 11-5b 中曲线的最低点）对应于圆盘从零角位置**顺时针**转动的**最大值**，比草图 (3) 表示的略大一些。

(c) 画出从 $t=-3.0$s 到 $t=6.0$s 的角速度 ω 对时间的图像。画出在 $t=-2.0$s 和 $t=4.0$s 以及 t_{min} 时的图盘的草图，并标明它的转动方向和 ω 的符号。

【解】 这里**关键点**是，由式 (11-6)，角速度 $\omega=\frac{d\theta}{dt}$，$d\theta/dt$ 由式 (11-10) 给出，于是，有

$$\omega = -0.600 + 0.500t \qquad (11-11)$$

此 $\omega(t)$ 函数的图像如图 11-5c 所示。

为了画 $t=-2.0$s 时的圆盘，将此值代入式 (11-11)，得

$$\omega = -1.6\text{rad/s} \qquad \text{(答案)}$$

式中，负号表明在 $t=-2.0$s 圆盘正顺时针转，如图 11-5c 中最低的草图所示。

把 $t=4.0$s 代入式 (11-11) 得

$$\omega = 1.4\text{rad/s} \qquad \text{(答案)}$$

暗含的正号表明在 $t=4.0$s，圆盘正逆时针转（图 11-5c 中最上面的草图。）

对于 t_{min}，已知 $d\theta/dt=0$，也一定有 $\omega=0$。这就是说，当参考线在图 11-5b 中达到 θ 的最小值时，圆盘瞬时静止，如图 11-5c 中中间那个草图所示。

(d) 用从 (a) 到 (c) 的结果描述圆盘从 $t=-3.0$s到 $t=6.0$s 的运动。

【解】 在 $t=-3.0$s 刚看到圆盘时，它具有正的角位置并沿顺时针方向转而且在变慢。在角位置

$\theta = -1.36\text{rad}$ 时它停止并接着开始沿逆时针方向转， 直到它的角位置最后再次变为正的。

检查点1：一个圆盘可以像图11-5a所示的那样绕自己的中心轴转动，它的初和末的角位置分别等于下列哪一对值时给出负的角位移：(a) -3rad, 5rad; (b) -3rad, -7rad; (c) 7rad, -3rad?

11-3 角量是矢量吗?

我们可以用矢量描述一个单个质点的位置、速度和加速度。如果质点被限制沿一条直线运动，实际上不需要矢量表示法。这样一个质点只有两个方向可取，用正号和负号即可表明这两个方向。

同样地，沿着轴看绕固定轴转动的一个刚体只能沿顺时针或逆时针方向转动，我们也可以用正号和负号选定两个方向。问题出来了："我们能把一个转动物体的角位移、角速度和角加速度作为矢量处理吗?"答案是一个有限制的"是"(参看下面的和角位移相联系的提醒)。

考虑角速度。图11-6a所示为一张在转台上转动的乙烯唱片。它在顺时针方向有一恒定的角速度 $\omega\left(=33\frac{1}{3}\text{rev/min}\right)$，我们可以用一个沿转轴指向的矢量 $\vec{\omega}$ 代表它的角速度，如图11-6b所示。作法是：按某种方便的标度，例如，用1cm对应于10rev/min选取此矢量的长度。接着像图11-6c那样用**右手规则**为矢量 $\vec{\omega}$ 确定一个方向：绕转动的唱片弯曲你的右手，使你的手指指向**转动的方向**，你的伸直的姆指就将指向角速度矢量的方向；如果唱片沿相反方向转动，右手规则将告诉你角速度矢量就指向相反的方向。

要习惯于用矢量表示角量是不容易的。我们不自觉地期望有什么东西**沿着**矢量的方向运动。这里的情况不是这样，而是指什么东西（刚体）**围绕着**矢量的方向转动。在纯转动的领域内，一个矢量定义了一个转动轴，并不是什么东西运动的方向。尽管如此，在这里矢量也定义了运动，更进一步地，它服从在第3章内讨论过的矢量运算的所有规则。角加速度 $\vec{\alpha}$ 是另一个矢量，它也服从那些规则。

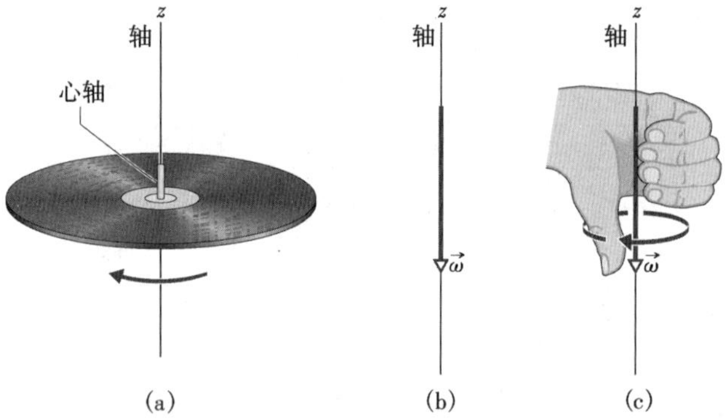

图11-6 (a) 一张唱片围绕一个和中心轴重合的轴转动。(b) 转动的唱片的角速度可以如所示那样用沿轴指向下方的矢量 $\vec{\omega}$ 表示。(c) 用右手规则确定角速度矢量是向下的。当右手手指绕着唱片指向它运动的方向时，伸直的姆指指向 $\vec{\omega}$ 的方向。

在本章内只考虑绕固定轴的转动。在这种情况下，不需要考虑矢量——可以用 ω 代表角速度，用 α 代表角加速度，可以不标出正号表示逆时针方向和标明负号表示顺时针方向。

现在要说明这一提醒：角**位移**（除非非常小）**不能**当矢量处理。为什么不能？我们肯定能赋于它们大小和方向，就像在图11-6中对角速度所做的那样。然而，要用矢量代表，一个量**还**必须服从矢量加法的规则，该规则说明如果把两个矢量加起来时，相加的次序是无关紧要的。角位移经不起这一检验。

图 11－7 给出了一个例子。一本原来水平放置的书进行两次 90°的角位移，第一次按图 11－7a 所示的次序，第二次按图 11－7b 所示的次序。虽然两次的角位移都是一样的，它们的次序不同，结果两本书的最后取向不同。因此，两个角位移的相加和它们的次序有关而它们不可能是矢量。

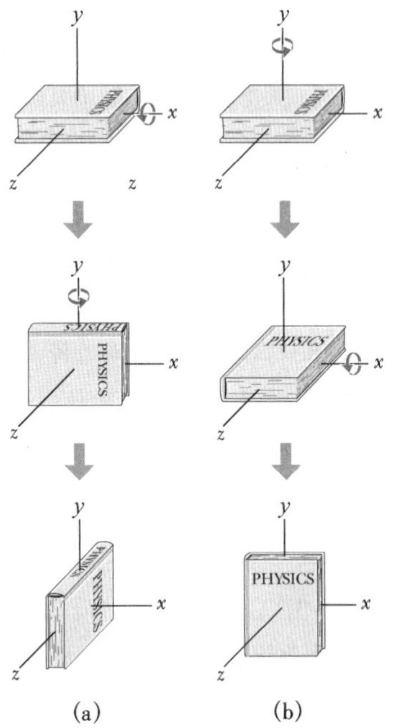

图 11－7　(a) 一本书从最上面的初始位置进行两个 90°转动，先是绕（水平的）x 轴，继而绕（竖直的）y 轴。(b) 该书进行同样两个转动，但按相反的次序。

11－4　有恒定角加速度的转动

在纯平动中，有**恒定线加速度**（例如落体的）的运动是一种重要的情形。这种运动适用的一系列公式见表 2－1。

在纯转动中，有**恒定角加速度**的情形也是重要的，而且也有一套平行的公式适用于这种情形。在这里将不推导它们，只是用相当的角量取代线量从对应的线公式把它们写出来。两套公式（式（2－11）和式（2－15）～式（2－18）；式（11－12）～式（11－16））见表 11－1。

回想式（2－11）和（2－15）是对恒定线加速度的基本公式——线变量组中的其他公式可以由它们推导出来。同样地，式（11－12）和（11－13）是对恒定角加速度的基本公式，在角变量组中的其他公式可以由它们推导出来。为了解一个简单地涉及角加速度的习题，经常可以用角变量表（**如果**你有这种表的话）中的一个公式，选那个其中惟一的未知变量是题目要求的变量的那个公式。较好的办法是只记住式（11－12）和（11－13），然后在需要时按联立方程求解。例题 11－3 给出一个例子。

表 11－1　有恒定加速度和有恒定角加速度的运动的公式

公式序号	线变量公式	未出现的变量		角变量公式	公式序号
(2－11)	$v=v_0+at$	$x-x_0$	$\theta-\theta_0$	$\omega=\omega_0+\alpha t$	(11－12)
(2－15)	$x-x_0=v_0t+\frac{1}{2}at^2$	v	ω	$\theta-\theta_0=\omega_0t+\frac{1}{2}\alpha t^2$	(11－13)
(2－16)	$v^2=v_0^2+2a(x-x_0)$	t	t	$\omega^2=\omega_0^2+2\alpha(\theta-\theta_0)$	(11－14)
(2－17)	$x-x_0=\frac{1}{2}(v_0+v)t$	a	α	$\theta-\theta_0=\frac{1}{2}(\omega_0+\omega)t$	(11－15)
(2－18)	$x-x_0=vt-\frac{1}{2}at^2$	v_0	ω_0	$\theta-\theta_0=\omega t-\frac{1}{2}\alpha t^2$	(11－16)

检查点 2：在 4 种情形中，一个转动物体的角位置 $\theta(t)$ 由下列公式给出：(a) $\theta=3t-4$；(b) $\theta=-5t^3+4t^2+6$；(c) $\theta=2/t^2-4/t$；和 (d) $\theta=5t^2-3$。表 11－1 中的角变量公式适用于哪一种情况？

例题 11－2

一个石磨盘（图 11－8）以恒定角加速度 $\alpha=0.35\text{rad/s}^2$ 转动。在时刻 $t=0$，它的角速度是 $\omega_0=-4.6\text{rad/s}$，它上面的参考线水平，在角位置 $\theta_0=0$。

(a) 在 $t=0$ 后何时参考线的角位置 $\theta=5.0\text{rev}$？

【解】　这里**关键点**是角加速度是恒定的，于是可用表 11－1 的转动公式。先用式（11－13）

$$\theta-\theta_0=\omega_0t+\frac{1}{2}\alpha t^2$$

因为惟一的未知变量是所期望的时间 t，代入已知变量并令 $\theta_0=0$ 和 $\theta=5.0\text{rev}=10\pi$ 给出

$$10\pi\text{rad}=(-4.6\text{rad/s})t+\frac{1}{2}(0.35\text{rad/s}^2)t^2$$

（为了单位统一，将 5.0rev 变换成了 10π。）对 t 解此二次方程，得

$$t = 32\text{s} \qquad \text{（答案）}$$

（b）描述在 $t=0$ 到 $t=32\text{s}$ 期间磨盘的运动。

【解】　磨盘最初沿负（顺时针）方向以角速度 $\omega_0=-4.6\text{rad/s}$ 转动，但它的角加速度 α 是正的。这种角速度和角加速度最初的符号相反表明磨盘沿负方向的转动逐渐变慢，停止，并继而反过来沿正方向转动。在参考线回过来穿过它的 $\theta=0$ 的最初指向后，磨盘在 $t=32\text{s}$ 的时间内又多转了 5.0rev。

（c）在什么时刻 t 磨盘瞬时停止？

【解】　再次利用对于恒定角加速度的公式表，而且再次需要只含所求未知变量 t 的公式。不过，现在用另一个**关键点**，所用公式必须也包含 ω 以便可以令它等于零而继续对相应的时刻 t 求解。选用式（11－12）给出

$$t = \frac{\omega-\omega_0}{\alpha} = \frac{0-(-4.6\text{rad/s})}{0.35\text{rad/s}^2} = 13\text{s}$$

（答案）

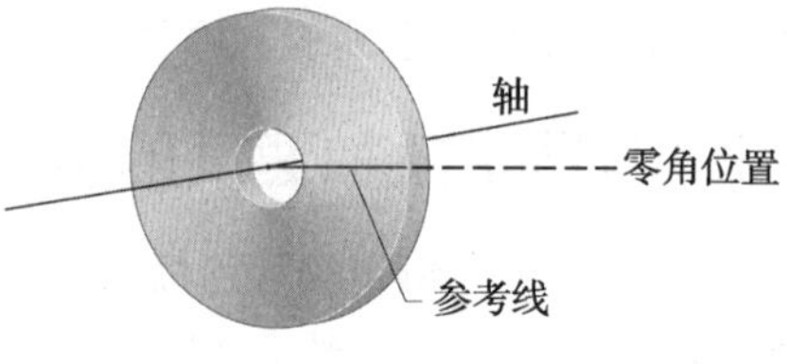

图 11－8　例题 11－2 图　一个石磨盘，在 $t=0$ 时参考线（可以想像它是标记在石头上的）是水平的。

例题 11－3

当你开动转筒（在例题 6－8 中讨论过的那种转动圆筒）时，发现其内的乘客非常难受，于是就把转筒的角速度以恒定角加速度在 20.0rev 内从 3.40rad/s 减小到 2.00rad/s。（该乘客明显地更像一个“平动乘客”而不是“转动乘客”。）

（a）求在此角速度减小期间恒定角加速度。

【解】　假定转动是沿逆时针方向并让加速在 $t=0$、角位置为 θ_0 时开始。这里**关键点**是，由于角加速度是恒定的，可以把圆筒的角加速度和它的角速度以及角位移用对恒定角加速度的基本公式（式（11－12）和（11－13））联系起来。初角速度 $\omega_0=3.40\text{rad/s}$，角位移 $\theta-\theta_0=20.0\text{rev}$，在这角位移终了时的角速度 $\omega=2.00\text{rad/s}$。但是角加速度 α 和时间 t 未知，它们出现在两个基本公式中。

为了消去未知量 t，用式（11－12），把它写成

$$t = \frac{\omega-\omega_0}{\alpha}$$

再把它代入式（11－13）写成

$$\theta-\theta_0 = \omega_0\left(\frac{\omega-\omega_0}{\alpha}\right)+\frac{1}{2}\alpha\left(\frac{\omega-\omega_0}{\alpha}\right)^2$$

解出 α，代入已知数据并把 20.0rev 换算成 125.7rad，可得

$$\alpha = \frac{\omega^2-\omega_0^2}{2(\theta-\theta_0)} = \frac{(2.00\text{rad/s})^2-(3.40\text{rad/s})^2}{2(125.7\text{rad})}$$

$$= -0.0301\text{rad/s}^2 \qquad \text{（答案）}$$

（b）速率减小用去了多长时间？

【解】　现在知道了 α，就可以用式（11－12）解出 t：

$$t = \frac{\omega-\omega_0}{\alpha} = \frac{2.00\text{rad/s}-3.40\text{rad/s}}{-0.0301\text{rad/s}^2}$$

$$= 46.5\text{s} \qquad \text{（答案）}$$

这个例题实际上是例题 2－5 的角变量版本。只是数据和符号不同，但解题的技巧是完全一样的。

11－5　线变量和角变量的联系

在 4－7 节中，讨论了匀速圆周运动，在其中一个质点围绕一个转动的轴沿圆周以恒定线速率 v 运动。当一个刚体，如旋转木马，围绕一个轴转动时，它内部每个质点都围绕该轴沿自己的圆周运动。由于物体是刚性的，所有质点在相同时间内转过一周；这就是说，它们都具有相同的角速率 ω。

然而，质点离轴越远，它的圆的圆周越大，因此它的线速率 v 必定越快。你在旋转木马上就能看到这一点。不管你离中心多远，你转动的角速率 ω 是一样的，但是如果移向旋转木马的外沿上，你的线速率明显地增大。

经常需要把一个转动物体内的一个特定点的线变量 s、v 和 a 与该物体的角变量 θ、ω 和 α 联系起来。这两套变量是由 r（从转轴到点的**垂直距离**）联系起来的。这垂直距离是从点到轴

沿轴的垂线测量的距离，也是点围绕转动轴运动的圆的半径。

位置

如果一个刚体上的参考线转过一个角度 θ，刚体内在距转轴 r 外的一个点沿圆弧运动经过一段距离 s，其中 s 由式（11－1）给定，即

$$s = \theta r \quad (\text{rad 量度}) \tag{11-17}$$

这是第一个线-角关系。**小心**：这里角 θ 必须用弧度量度，因为式（11－17）本身是以弧度测量角度的定义。

速率

保持 r 恒定对时间微分式（11－17）得

$$\frac{\mathrm{d}s}{\mathrm{d}t} = \frac{\mathrm{d}\theta}{\mathrm{d}t}r$$

然而 $\mathrm{d}s/\mathrm{d}t$ 是所讨论的点的线速率（线速度的大小），而 $\mathrm{d}\theta/\mathrm{d}t$ 是转动体的角速率 ω，因此

$$v = \omega r \quad (\text{rad 量度}) \tag{11-18}$$

小心：角速率 ω 必须用 rad 量度表示。

式（11－18）表明由于刚体内各点具有相同的角速率 ω，半径 r 较大的点具有较大的线速率。图 11－9a 表明线速度总是和所讨论的点的圆形路径相切。

如果刚体的角速率 ω 是恒定的，那么式（11－18）说明其中任一点的线速率也是恒定的。因而，物体内每一点都作匀速圆周运动。每一点和整个刚体本身运动的周期由式（4－33）给定为

$$T = \frac{2\pi r}{v} \tag{11-19}$$

这一公式表明转一周的时间是转一周经过的距离除以经过该距离的速率。将式（11－18）的 v 代入并消去 r，也可得到

$$T = \frac{2\pi}{\omega} \quad (\text{rad 量度}) \tag{11-20}$$

这一等效公式说明转一周用的时间是一周内转过的角距离 2π rad 除以转过该角时的角速率。

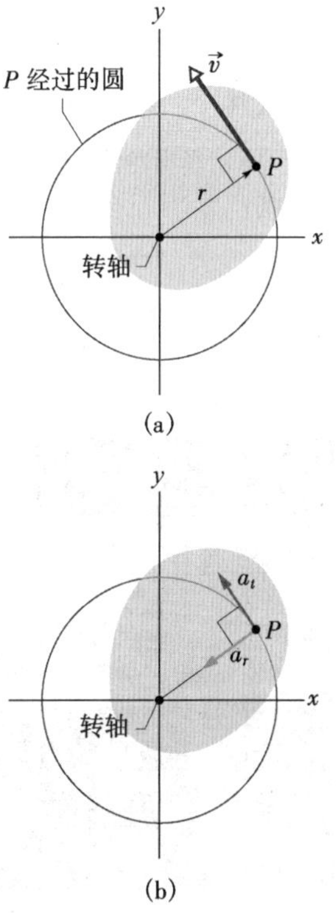

图 11－9 图 11－2 的转动刚体，表示截面积的俯视图。物体的每个点（如 P）绕转轴沿圆周运动。(a) 每个点的线速度 $\vec{v}$ 和它在其中运动的圆相切。(b) 点的线加速度 $\vec{a}$（一般）具有两个分量：切向分量 a_t 和径向分量 a_r。

加速度

再次保持 r 恒定对时间微分式（11－18）得

$$\frac{\mathrm{d}v}{\mathrm{d}t} = \frac{\mathrm{d}\omega}{\mathrm{d}t}r \tag{11-21}$$

这里我们意外地遇上一个复杂情况。在式（11－21）中，$\mathrm{d}v/\mathrm{d}t$ 只代表线加速度的一部分，它只负责线速度 $\vec{v}$ 的**大小 v** 的变化。像 $\vec{v}$ 一样，线加速度的这一部分是和所讨论的点的路径相切，我们称它为该点的线加速度的**切向分量** a_t，而写作

$$a_t = \alpha r \quad (\text{rad 量度}) \tag{11-22}$$

式中，$\alpha = d\omega/dt$。**小心**：式（11－22）中的角加速度必须用 rad 量度表示。

此外，如式（4－32）表明的，沿圆轨道运动的质点（或点）具有线加速度的**径向分量**，$a_r = v^2/r$（沿径向向内），此分量负责线速度 $\vec{v}$ 的**方向**的改变。将式（11－18）的 v 代入，可以把此分量写作

$$a_r = \frac{v^2}{r} = \omega^2 r \quad (\text{rad 量度}) \tag{11-23}$$

因此，如图 11－9b 所示，一个转动刚体上的一点的线加速度一般具有两个分量。只要物体的角速度不是零，就出现径向内指分量 a_r（由式（11－23）给出）。只要角加速度不是零，就出现切向分量 a_t（由式（11－22）给出）。

检查点 3：一个蟑螂呆在一个旋转木马的边沿上。如果这个系统（**旋转木马＋蟑螂**）的角速度是恒定的，蟑螂具有（a）径向加速度和（b）切向加速度吗？如果角速度在减小，蟑螂具有（c）径向加速度和（d）切向加速度吗？

例题 11－4

图 11－10 表示一台使受训的宇航员习惯于高加速度的离心机。宇航员经过的圆的半径 r 是 15m。

图 11－10 例题 11－4 图 一台使宇航员习惯于起飞时的大加速度的离心机。

（a）要使宇航员具有的线加速度的大小为 11g，此离心机必须以多大的恒定角速率转动？

【解】 **关键点**是：由于角速率恒定，角加速度 α（$= d\omega/dt$）是零，因而线加速度的切向分量（$a_t = \alpha r$）是零。这就只剩下径向分量。由式（11－23）（$a_r = \omega^2 r$）和 $a_r = 11g$，可得

$$\omega = \sqrt{\frac{a_r}{r}} = \sqrt{\frac{11 \times 9.8\text{m/s}^2}{15\text{m}}}$$

$$= 2.68\text{rad/s} \approx 26\text{rev/min} \qquad (答案)$$

（b）如果离心机在 120s 内由静止以恒定时率加速到（a）中的角速率，宇航员的切向加速度多大？

【解】 这里**关键点**是切向加速度 a_t，即沿圆路径的线加速度，是以式（11－22）（$a_t = \alpha r$）与角加速度 α 联系着的。还有，由于角加速度是恒定的，可以用表 11－1 中的式（11－12）（$\omega = \omega_0 + \alpha t$）由给出的角速率求 α。将这两个公式放到一起，可得

$$a_t = \alpha r = \frac{\omega - \omega_0}{t} r$$

$$= \frac{2.68\text{rad/s} - 0}{120\text{s}} \times 15\text{m} = 0.34\text{m/s}^2$$

$$= 0.034g \qquad (答案)$$

虽然最后的径向加速度 $a_r = 11g$ 很大（并令人惊恐），在加速期间宇航员的切向加速度 a_t 并不大。

解题线索

线索 1：角变量的单位

在式（11－1）（$\theta = s/r$）中，只要是应用包含有角变量和线变量的公式时，我们开始对所有的角变量使用弧度量度。因此，必须用 rad 表示角位移，以 rad/s 或 rad/min 表示角速度和以 rad/s² 或 rad/min² 表示角加速度。为了强调这一点，式（11－17），（11－18），（11－20），（11－22）和（11－23）都已标明。这一规则的仅有的例外是**只**包含角变量的公式，例如表 11－1 中列出的角变量公式。这里你可以对角变量随意使用你喜欢用的任意单位，也就是说，你可以用 rad，度或 rev，只要用得前后一致。

在必须用弧度量度的公式中你不必像你对其他单

位必须做的那样按代数规则追踪单位"rad"。你可以任意加上或去掉它来适应表述。在例题 11-4a 中此单位加到了答案上；在例题 11-4b 中它从答案中抹去了。

11-6 转动的动能

高速转动的桌锯的锯片肯定由于转动而具有动能。如何表示此动能？不能够把锯片作为整体应用熟悉的公式 $K=\frac{1}{2}mv^2$，因为它只能给出锯片的质心的动能，而此动能是零。

不那样做，可以把桌锯（以及任何其他的转动刚体）作为一个速率不同的质点的集合处理。这样就可以把所有质点的动能加起来求出整个物体的动能，从而得出一个转动物体的动能，

$$K=\frac{1}{2}m_1v_1^2+\frac{1}{2}m_2v_2^2+\frac{1}{2}m_3v_3^2+\cdots=\sum\frac{1}{2}m_iv_i^2 \qquad (11-24)$$

式中，m_i 是第 i 个质点的质量；v_i 是它的速率。求和是对物体中所有质点做的。

式（11-24）的问题是：对所有的质点，v_i 不同。可以用式（11-18）（$v=\omega r$）中的 v 代入来解决此问题，这样就得到

$$K=\sum\frac{1}{2}m_iv_i^2=\frac{1}{2}(\sum m_ir_i^2)\omega^2 \qquad (11-25)$$

式中，ω 对所有质点是相同的。

式（11-25）的右侧括号中的量表明转动物体的质量对于它的转动轴是如何分布的。这个量称为物体对于它的转动轴的**转动惯量**（或**惯性矩**）I。它对特定的刚体和特定的转轴是恒定的。（要使 I 具有意义必须指明这个轴。）

现在可以写

$$I=\sum m_ir_i^2 \quad \text{（转动惯量）} \qquad (11-26)$$

将此式代入式（11-25），得

$$K=\frac{1}{2}I\omega^2 \quad \text{（rad 量度）} \qquad (11-27)$$

这就是要找的公式。由于在导出式（11-27）时已经用了关系 $v=\omega r$，ω 必须用 rad 量度表示。I 的 SI 单位是千克二次方米（$kg\cdot m^2$）

给出一个刚体在纯转动中的动能的式（11-27）是公式 $K=\frac{1}{2}Mv_{com}^2$ 的角变量对应式，后者给出一个刚体在纯平动中的动能。在两个公式中都有因子 $\frac{1}{2}$。在一个公式中出现 M 的地方，在另一个公式中出现 I（涉及质量和它的分布）。最后，两个公式中都包含一个因子，即一个速率——相应的平动的和转动的——的平方。平动的动能和转动的动能不是两种不同类的能量。它们都是动能，只不过是以适合于所遇到的运动的方式表示的。

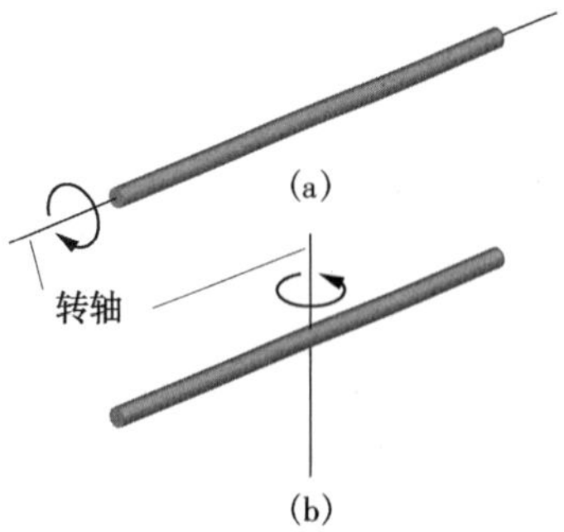

图 11-11 使一根长杆绕(a)它的中心(纵)轴比绕(b)通过中心和杆垂直的轴转动要容易得多，因为在(a)中比在(b)中质量分布得更靠近转轴。

此前已注意到一个转动物体的转动惯量不仅涉及它的质量而且涉及这质量是如何分布的。这里有一个你能确切感受到的例子。转动一根长而有一定重量的杆（一根木杆或类似

的东西)，先是绕它的中心（纵）轴（如图11-11a)，然后绕通过其中心而垂直于杆的轴（如图11-11b)。两个转动涉及的质量完全一样，但第一次的转动比第二次的要容易得多。理由是在第一种情况下质量分布得离转轴近得多，结果，图11-11a中杆的转动惯量就比图11-11b的小得多。一般地说，较小的转动惯量意味着更容易转动。

检查点4：右图表明三个绕一根竖直轴转动的小球。轴和每个小球中心的距离已给出。根据它们对该轴的转动惯量由大到小对三个球排序。

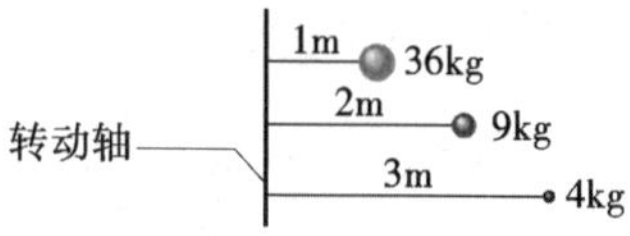

11-7 计算转动惯量

如果一个刚体由几个质点构成，可以用式（11-26)（$I=\sum m_i r_i^2$）计算它对于一个给定轴的转动惯量，就是说，可以对每个质点求出积 mr^2 然后对这些积求和。(注意 r 是一个质点离给定轴的垂直距离。)

如果一个刚体是由非常多的相互靠近的质点构成的（像飞盘那样，它是**连续的**)，用式(11-26)就需要一个计算器。因此，代之以把式（11-26）中的求和换成一个积分且把物体的转动惯量定义为

$$I=\int r^2\,dm \quad (\text{转动惯量,连续物体}) \tag{11-28}$$

这样的积分对9种常见物体的形状和标明的转轴的结果见表11-2。

表11-2 一些转动惯量

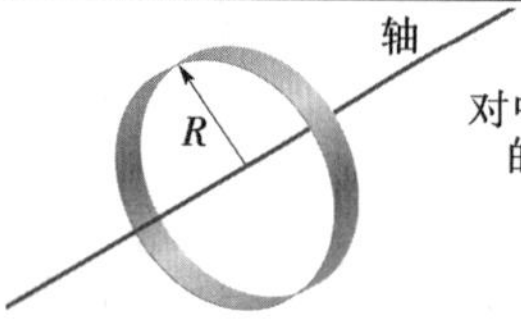 对中心轴的箍 $I=MR^2$ (a)	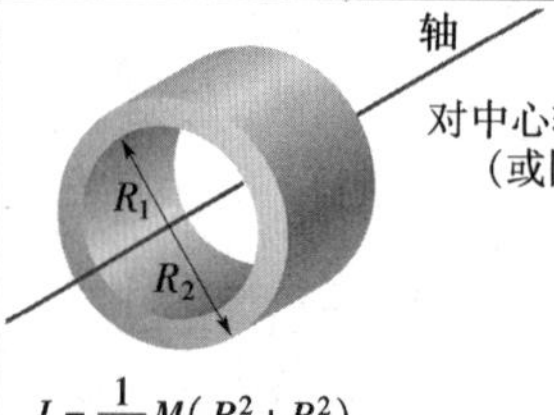 对中心轴的圆筒（或圆环） $I=\frac{1}{2}M(R_1^2+R_2^2)$ (b)	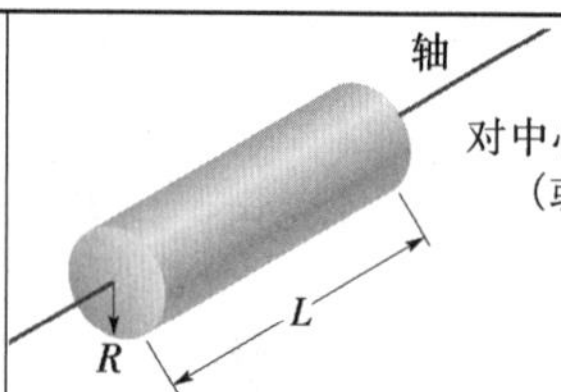 对中心轴的圆柱（或圆盘） $I=\frac{1}{2}MR^2$ (c)
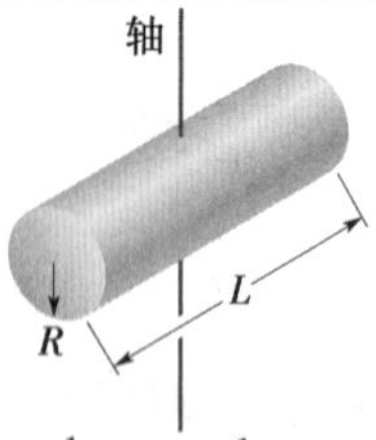 对中心直径的圆柱（或圆盘） $I=\frac{1}{4}MR^2+\frac{1}{12}ML^2$ (d)	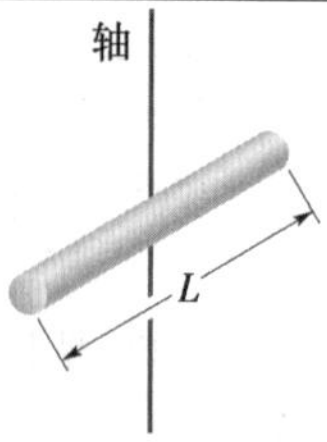 对通过中心垂直于长度的轴的细杆 $I=\frac{1}{12}ML^2$ (e)	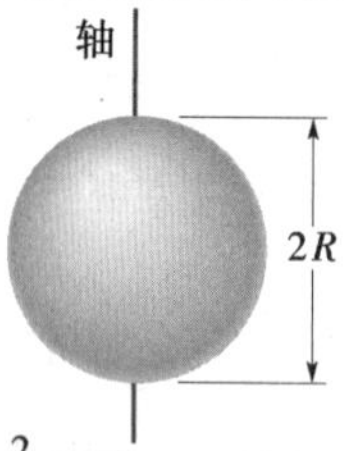 对任意直径的球体 $I=\frac{2}{5}MR^2$ (f)
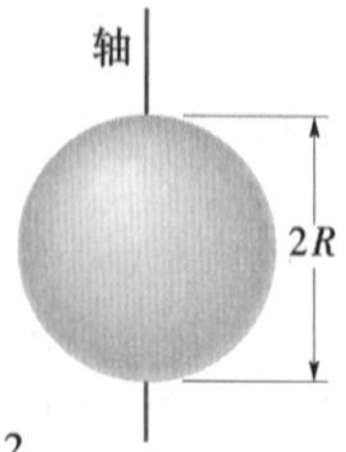 对任意直径的薄球壳 $I=\frac{2}{3}MR^2$ (g)	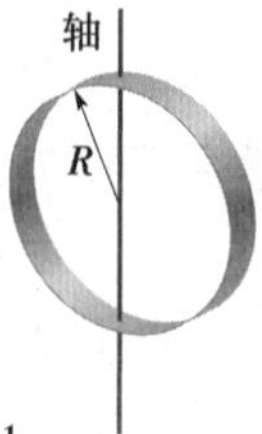 对任意直径的箍 $I=\frac{1}{2}MR^2$ (h)	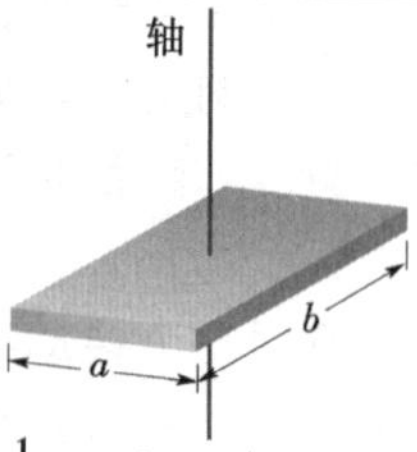 对通过中心的垂直轴的板 $I=\frac{1}{12}M(a^2+b^2)$ (i)

平行轴定理

假设我们要求一个质量为 M 的物体对某一给定轴的转动惯量，原则上，总能用式（11－28）的积分求出。然而有一个简捷方法，如果已经知道物体对通过其质心的一个**平行**轴的转动惯量 I_{com}，令 h 为给定的轴和通过质心的轴之间的垂直距离（记住这两个轴必须平行），于是对于给定轴的转动惯量为

$$I = I_{com} + Mh^2 \quad（平行轴定理） \qquad (11-29)$$

这一公式称为**平行轴定理**。下面就证明它并接着将其应用于检查点 5 和例题 11－5。

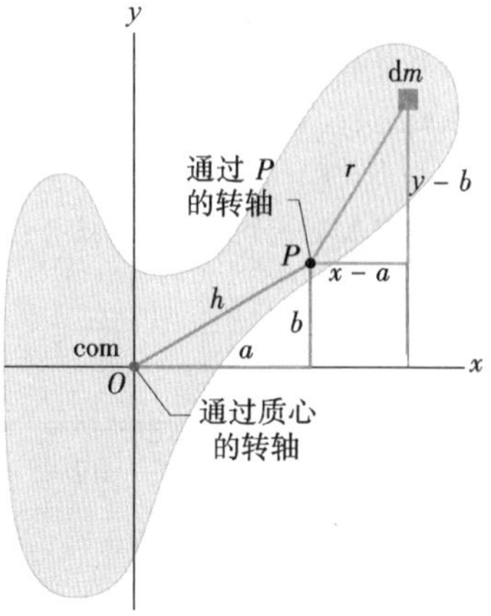

图 11－12 一个刚体的横截面，质心在 O 点。平行轴定理（式（11－29））把物体对通过 O 轴的转动惯量和对通过例如 P 的一个平行轴的转动惯量联系起来。两轴的距离为 h，都垂直于图面。

平行轴定理的证明

设 O 是图 11－12 所示横截面的任意形状物体的质心，把坐标系的原点放在 O 点，考虑通过 O 垂直于图面的轴和另一个通过 P 平行于第一个轴的轴。令 P 的 x 和 y 坐标为 a 和 b。

令 dm 是位于一般坐标 x 和 y 的质元，由式（11－28）可知，物体对通过 P 的轴的转动惯量为

$$I = \int r^2 dm = \int [(x-a)^2 + (y-b)^2] dm$$

重新整理可得

$$I = \int (x^2 + y^2) dm - 2a\int x dm - 2b\int y dm + \int (a^2 + b^2) dm \qquad (11-30)$$

根据质心的定义（式（9－9）），式（11－30）中间的两个积分给出质心的坐标（乘以一个常量）因而一定是零。因为 $x^2 + y^2 = R^2$，其中 R 是从 O 到 dm 的距离，第一个积分就是 I_{com}，即物体对于通过质心的轴的转动惯量。看一下图 11－12 就知道式（11－30）中的最后一项是 Mh^2，其中 M 是物体的总质量。因此，式（11－30）简化为式（11－29），这正是我们开始要证明的关系。

检查点 5：右图表示一个书本样物体（一边比另一边长）和四个供选择的垂直于物体表面的转轴。根据物体对各轴的转动惯量由大到小对各轴排序。

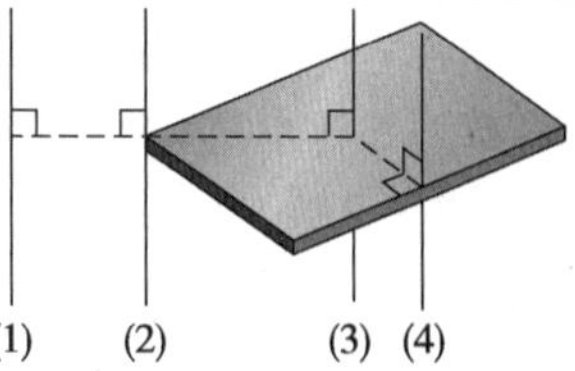

例题 11－5

图 11－13a 表示一个刚体由两个质量为 m 的质点用一根长 L、质量可忽略的杆构成。

（a）这个物体对如图所示的通过质心而垂直于杆的轴的转动惯量是多少？

【解】 这里**关键点**是由于只有两个有质量的质点，可以用式（11－26），而不必用积分求物体的转动惯量。对于这两个质点，每一个离转轴的垂直距离为 $\frac{1}{2}L$，有

$$I = \sum m_i r_i^2 = m\left(\frac{1}{2}L\right)^2 + m\left(\frac{1}{2}L\right)^2$$

$$= \frac{1}{2}mL^2 \qquad （答案）$$

（b）这个物体对通过杆的左端而平行于第一个轴（图 11－13b）的转动惯量是多少？

【解】 这种情形很简单，可以用两个**关键点**

的任一个求 I。第一个的和在（a）中用的相同，惟一的差别是在左端的质点的垂直距离 r_i 是零而右端的质点的是 L。由式（11-26）得

$$I = m(0)^2 + mL^2 = mL^2 \qquad \text{（答案）}$$

第二个**关键点**是一个更有效的技巧：由于已经知道了通过质心的轴的 I_{com}，而且这里的轴平行于"质心轴"，可以应用平行轴定理（式（11-29）），得

$$I = I_{com} + Mh^2 = \frac{1}{2}mL^2 + (2m)\left(\frac{1}{2}L\right)^2$$
$$= mL^2 \qquad \text{（答案）}$$

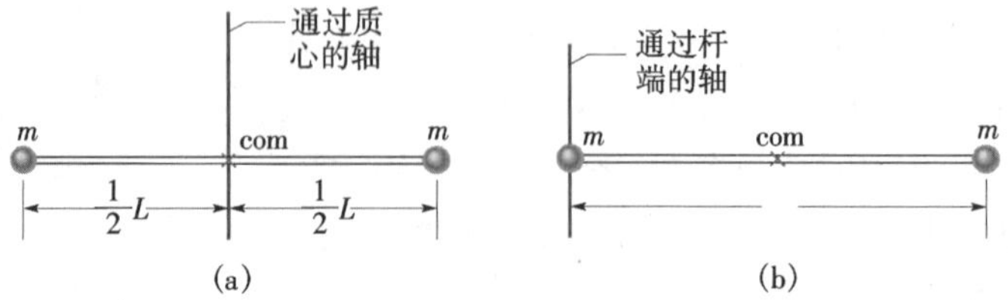

图 11-13 例题 11-5 图 由一根质量可忽略的杆连接起来的两个质量为 m 的质点构成的刚体。

例题 11-6

要经历长期高速转动的大型机械部件要在一种**旋转测试系统**中测验其损坏的可能性。这种系统是一个由铅砖和衬套构成的圆筒装置，它被包在钢壳中并用一个盖盖严封死。待试部件就放在圆筒中被带着旋转起来（达到高速）。如果由于转动使部件损坏时，碎片就会嵌到软的铅砖内而被用来分析损坏的情况。

在1985年初，试验设备公司（www. testdevices. com）做了一个质量 $M = 272\text{kg}$ 和半径 $R = 38.0\text{cm}$ 的实心钢转子（一圆盘）样品的旋转实验。当样品达到 $\omega = 14000\text{rev/min}$ 的角速率时，试验工程师们听到从安置在低一层楼并隔一个房间的试验系统发出的一声重击的闷响。经过检查，他们发现铅砖已被抛到通向试验室的走道里，房间的门已被扔到附近的停车场上，一块铅砖已从试验台飞出打穿了和邻居厨房相隔的墙，试验大楼的结构梁已被损坏，旋转室的混凝土地面被强推掉了约0.5cm厚的一层，那900kg的盖被向上摔穿透天花板并回落砸在试验装备上（图11-14）。只是由于幸运、爆炸碎片才没有穿透试验工程师们的房间。

转子爆炸时释放了多少能量？

【解】 这里**关键点**是，所释放的能量等于转子刚达到14000rev/min的角速率时的转动动能。可以用式（11-27）$\left(K = \frac{1}{2}I\omega^2\right)$求 K，但首先需要求转动惯量的公式。由于转子是一个像旋转木马那样转动的圆盘，I 由表11-20中的公式$\left(I = \frac{1}{2}MR^2\right)$给出。因而有

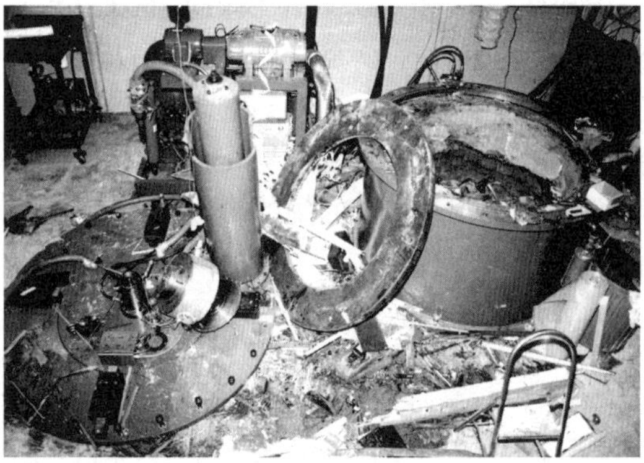

图 11-14 例题 11-6 图 一个高速转动的钢盘爆炸所形成的残局的一部分。

$$I = \frac{1}{2}MR^2 = \frac{1}{2}(272\text{kg})(0.38\text{m})^2 = 19.64\text{kg}\cdot\text{m}^2$$

转子的角速率为

$$\omega = 14000\text{rev/min} \times 2\pi\text{rad/rev} \times \left(\frac{1\text{min}}{60\text{s}}\right)$$
$$= 1.466 \times 10^3\text{rad/s}$$

现在可以用式（11-27）写出

$$K = \frac{1}{2}I\omega^2 = \frac{1}{2}(19.64\text{kg}\cdot\text{m}^2)(1.466\times10^3\text{rad/s})^2$$
$$= 2.1 \times 10^7\text{J} \qquad \text{（答案）}$$

接近这样的爆炸就和接近一个炸弹的爆炸一样。

11-8 力矩

门把手安得离门的轴线尽可能远是有充分道理的。如果你要打开一扇重的门，你必须加一

个力。然而，只是这样还不够，你在何处加那个力和沿什么方向推也是很重要的。如果你在离门轴线比把手还近的地方加力或沿着对门板不是90°的其他方向推，要推动门你就必须用一个比在把手上沿垂直于门板方向用的力更大的力。

图11－15a所示为一个物体的横截面，该物体可以绕通过 O 而与横截面垂直的轴自由转动。力 $\vec{F}$ 作用在 P 点，它相对于 O 的位置由位矢 $\vec{r}$ 定义。矢量 $\vec{F}$ 和 $\vec{r}$ 之间的夹角为 ϕ。(为简单起见，我们只考虑那些没有平行于转轴的分量的力，因此，$\vec{F}$ 在页面内。)

要决定 $\vec{F}$ 如何对物体绕转轴的转动产生影响，把 $\vec{F}$ 分解为两个分量（图11－15b)。一个分量，称为**径向分量** F_r，方向沿 $\vec{r}$。这一分量不产生转动，因为它沿着通过 O 的直线。(如果你沿着门板拉门，门不转。）另一个分量称为**切向分量** F_t，垂直于 $\vec{r}$ 而且具有大小 $F_t=F\sin\phi$。这一分量真正产生转动。(如果你垂直于门板拉门，门就转。)

$\vec{F}$ 转动物体的能力不但决定于它的切向分量 F_t 的大小而且也决定于该力是离 O 多远加上的。为了包含这两个因素，定义一个称为**力矩** τ 的量为两个因素的乘积并写作

$$\tau=(r)(F\sin\phi) \tag{11-31}$$

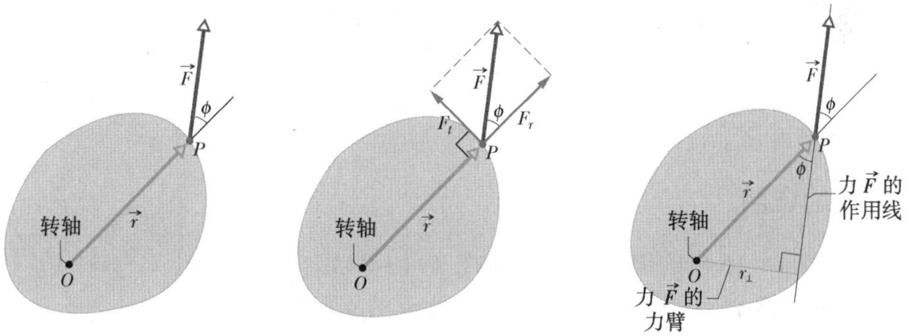

图11－15　(a) 力 $\vec{F}$ 作用在绕通过 O 的轴可以自由转动的刚体上的 P 点；轴垂直于这里画出的横截面的平面。(b) 这个力的力矩是 $(r)(F\sin\phi)$。它也可写成 rF_t，其中 F_t 是 $\vec{F}$ 的切向分量。(c) 力矩也可写成 $r_\perp F$，其中 $r_\perp$ 是 $\vec{F}$ 的力臂。

计算力矩的两个等效的方法是

$$\tau=(r)(F\sin\phi)=rF_t \tag{11-32}$$

和

$$\tau=(r\sin\phi)F=r_\perp F \tag{11-33}$$

式中，$r_\perp$ 是在 O 点的转轴和通过 $\vec{F}$ 的延长线之间的垂直距离（图11－15c)。这个延长线称为力 $\vec{F}$ 的**作用线**，而 $r_\perp$ 称为 $\vec{F}$ 的**力臂**。图11－15b表明可以把 r，即 $\vec{r}$ 的大小，描述为力分量 F_t 的力臂。

力矩，来自意思是“扭转”的拉丁字，可以不太严格地表示力 $\vec{F}$ 的转动或扭转作用。当你对一个物体——例如一个螺钉旋具或一个扳手——加一个力去转动该物体时，你就是加了一个力矩。力矩的SI单位是牛·米（N·m)。**小心**：N·m也是功的单位。然而力矩和功是两个完全不同的量，一定不要相混。功常常用J（1J＝N·m）表示，而力矩从不这样。

下一节将以一种更一般的方式把力矩作为一个矢量讨论。这里，因为只考虑绕单一的轴的

转动，不需要矢量表示。取而代之，一个力矩可以具有正号或负号，这决定于它趋向于使一个原来静止的物体转动的方向：如果物体要逆时针转动，力矩是正的；如果物体要顺时针转动，力矩是负的。

力矩遵守在第5章中对力讨论过的叠加原理：当几个力矩作用在一个物体上时，**净力矩**（或**合力矩**）是各单个力矩之和。净力矩的符号是τ_{net}。

检查点6：右图所示为可以绕标以20（代表20cm）的位置处的点转动的一根米尺的俯视图。所有作用在尺上的5个力具有同样的大小。根据它们产生的力矩的大小由大到小对这些力排序。

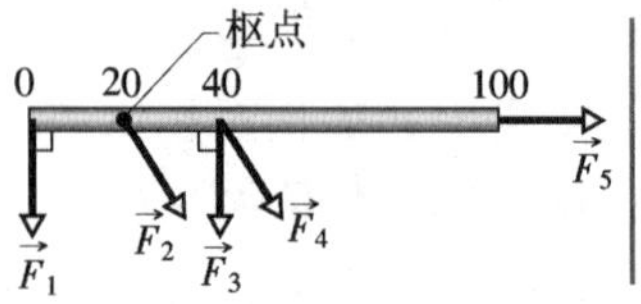

11-9 对转动的牛顿第二定律

力矩可以使一个刚体转动，像用力矩使门转动一样。这里将把一个刚体受的净力矩和它产生的对转轴的角加速度联系起来。我们比照用于质量m的物体由于受到沿某一坐标轴的净力F_{net}而产生的加速度的牛顿第二定律（$F_{net}=ma$）来做这件事。用τ_{net}代替F_{net}，I代替m，α代替a，写出

$$\tau_{net}=I\alpha \quad \text{(对转动的牛顿第二定律)} \tag{11-34}$$

式中，α必须用rad量度。

式（11-34）的证明

我们首先就图11-16中的简单情况证明式（11-34）。这里的刚体由在一根无质量的长r的杆端的一个质量为m的质点构成。杆只可能绕其另一端转动，该端有一转轴垂直于页面。因此，质点只能沿转轴在其中心的圆轨道上运动。

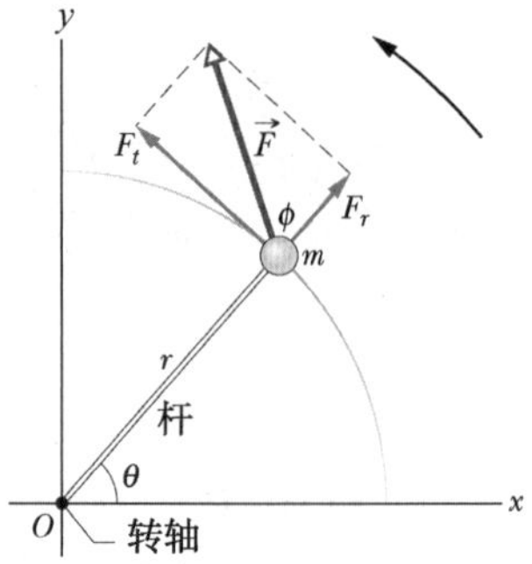

图11-16 可绕通过O的轴自由转动的一个简单刚体。它由一个质量为m固定在一根长r、无质量的杆的一端的质点构成。作用一个力$\vec{F}$使它转动。

一个力$\vec{F}$作用到质点上，然而由于质点只能沿圆轨道运动，因此只有力的切向分量（和圆轨道相切的分量）能沿轨道加速质点。把F_t和质点沿轨道的切向加速度a_t用牛顿第二定律联系起来，记为

$$F_t=ma_t$$

据式（11-32），对质点的力矩为

$$\tau=F_tr=ma_tr$$

由式（11-22）（$a_t=\alpha r$），可以将此式写成

$$\tau=m(\alpha r)r=(mr^2)\alpha \tag{11-35}$$

式（11-35）右侧括号内的量是质点对于转轴的转动惯量（见式（11-26）），因此，式（11-35）简化为

$$\tau=I\alpha \quad \text{(rad 量度)} \tag{11-36}$$

对于多于一个力作用在质点上的情况，可以推广式（11-36）为

$$\tau_{net}=I\alpha \quad \text{(rad 量度)} \tag{11-37}$$

此式就是开始要证明的。可以把此式推广到绕固定轴转动的任一刚体，因为任何这种物体都可以当作单个质点的集合来分析。

检查点 7：右图所示是一根可以绕在其中点左方的已标出的点转动的直尺的俯视图。两个水平力 $\vec{F}_1$ 和 $\vec{F}_2$ 加在直尺上，只 $\vec{F}_1$ 画出了，$\vec{F}_2$ 垂直于直尺并作用在直尺的右端。如果直尺不转，（a）$\vec{F}_2$ 的方向如何？（b）F_2 应大于，小于，还是等于 F_1？

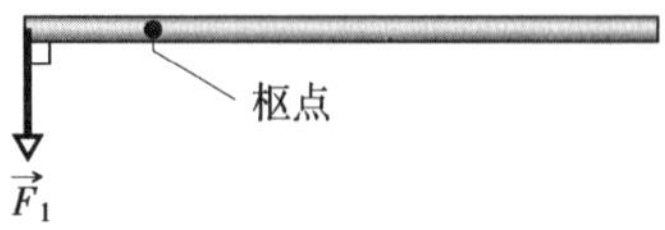

例题 11－7

图 11－17a 所示为一个质量 $M=2.5\text{kg}$，半径 $R=20\text{cm}$ 的均匀圆盘装在一个水平轴上。一个质量 $m=1.2\text{kg}$ 的物块由一根绕在盘沿上、无质量的绳悬着。求下落的物块的加速度，圆盘的角加速度和绳中的张力。绳不打滑，在轴上没有摩擦。

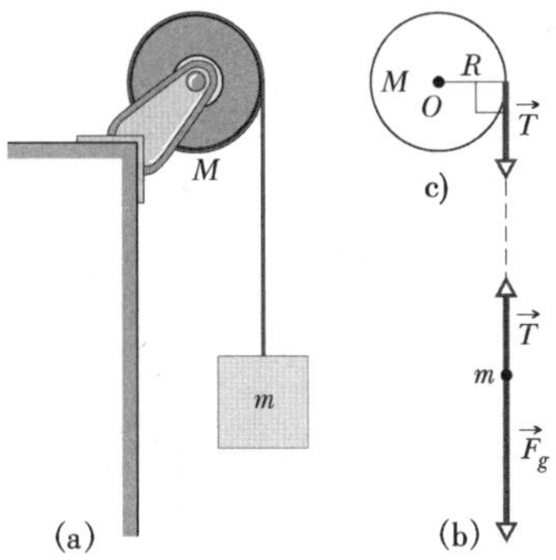

图 11－17 例题 11－7 和 11－9 图 （a）下落的物块使圆盘加速。（b）物块的受力图。（c）圆盘的受力图。

【解】 这里一个**关键点**是取物块作为系统，可以把它的加速度 a 和它受的力用牛顿第二定律（$\vec{F}_{\text{net}}=m\vec{a}$）联系起来。这些力如图 11－17b 中物块的受力图所示：绳对它的力 $\vec{T}$，和重力 $\vec{F}_g$，大小为 mg。现在可以写出对竖直 y 轴的分量的牛顿第二定律（$F_{\text{net},y}=ma_y$）为

$$T-mg=ma \qquad (11-38)$$

然而，由此式不能求出 a，因为其中还包含未知量 T。

以前，当对 y 轴处理好以后，就转向 x 轴。这里，转向圆盘的转动而用这一**关键点**：取圆盘为系统，可以把它的角加速度 α 和它受的力矩用对转动的牛顿第二定律（$\tau_{\text{net}}=I\alpha$）联系起来。为了计算力矩和转动惯量 I，取垂直于圆盘并通过它在图 11－17c 中的 O 点的中心位置为转轴。

这样，力矩就由式（11－32）（$\tau=rF_t$）给出。对圆盘的重力和轴对圆盘的力都作用在圆盘的中心，因而 $r=0$，所以它们的力矩为零。绳对圆盘的力 $\vec{T}$ 作用在距离 $r=R$ 处，而且和圆盘的边沿相切，因此，它的力矩是 $-RT$，取负的是因为它趋向于使圆盘从静止沿顺时针方向转动。由表 11－2c，转动惯量 $I=\frac{1}{2}MR^2$，于是可以将 $\tau_{\text{net}}=I\alpha$ 写为

$$-RT=\frac{1}{2}MR^2\alpha \qquad (11-39)$$

这一公式似乎没有用，因为它有两个未知量 α 和 T，都不是要求的 a。不过，保持物理勇气，可以用第 3 个**关键点**使它有用：由于绳子不打滑，物块的线加速度 a 和圆盘边沿的（切向）线加速度 a_t 相等。于是，由式（11－22）（$a_t=\alpha r$），得到 $\alpha=a/R$，代入式（11－39）可得

$$T=-\frac{1}{2}Ma \qquad (11-40)$$

现在联立式（11－38）和（11－40）可得

$$a=-\frac{2m}{M+2m}g=-\frac{(2\times1.2\text{kg})}{2.5\text{kg}+2\times1.2\text{kg}}(9.8\text{m/s}^2)$$

$$=-4.8\text{m/s}^2 \qquad \text{（答案）}$$

再用式（11－40）求 T，得

$$T=\frac{1}{2}Ma=-\frac{1}{2}\times2.5\text{kg}\times(-4.8\text{m/s}^2)$$

$$=6.0\text{N} \qquad \text{（答案）}$$

如我们应期望的，下落物块的加速度小于 g，绳中的张力（$=6.0\text{N}$）小于对悬吊物块的重力（$=mg=11.8\text{N}$），也可看到物块的加速度和张力由圆盘的质量决定而与它的半径无关。作为校核，我们注意到，如果圆盘无质量（$M=0$），上面导出的公式将得到 $a=-g$ 和 $T=0$，这是我们所期望的，这时物块简单地像一个自由物体下落，在它后面拉着绳子。

由式（11－22），圆盘的角加速度为

$$\alpha=\frac{a}{R}=\frac{-4.8\text{m/s}^2}{0.20\text{m}}=-24\text{rad/s}^2 \qquad \text{（答案）}$$

例题 11-8

为了把 80kg 的对手用基本“臂摔”摔倒，你打算用一个力 $\vec{F}$ 和离以你的髋关节为枢点（转轴）、$d_1=0.30\mathrm{m}$ 的力臂拉他的衣服（图 11-18）。你想使他绕枢点以 $-6.0\mathrm{rad/s^2}$ 的角加速度 α 转动——即以图中的顺时针的角加速度转动。假设他对枢点的转动惯量 $I=15\mathrm{kg\cdot m^2}$。

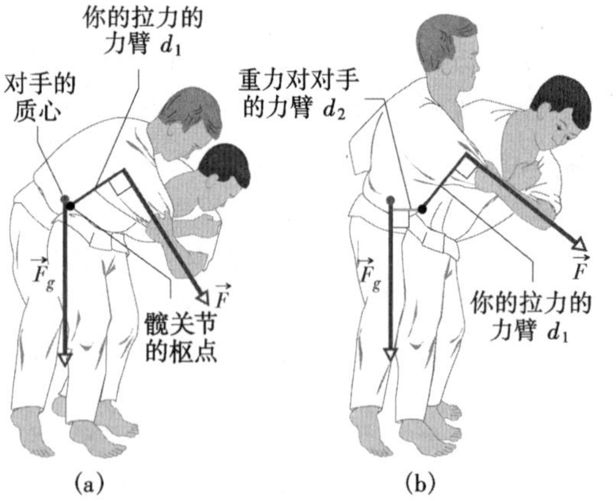

图 11-18 例题 11-8 图 柔道臂摔 (a) 正确做法和 (b) 不正确做法。

(a) 如果在你摔倒他以前，你把对手折弯使他的质心和你的髋关节重合必须用的力 $\vec{F}$ 的大小是多少？

【解】 这里一个**关键点**是，可以把你对他的拉力 $\vec{F}$ 和给定的角加速度用对转动的牛顿第二定律 ($\tau_{net}=I\alpha$) 联系起来。当他的脚离地时，可以假定只有 3 个力作用于他：你的拉力 $\vec{F}$，在枢点你对他的一个力 $\vec{N}$（此力未画在图 11-18 中）和重力 $\vec{F}_g$。为了用 $\tau_{net}=I\alpha$，需要每个力对枢点的力矩。

由式 (11-33) ($\tau=r_\perp F$)，你的拉力 $\vec{F}$ 的力矩是 $-d_1F$，其中 d_1 是力臂 $r_\perp$，负号表明这一力矩要引起顺时针的转动。$\vec{N}$ 的力矩是零，因为 $\vec{N}$ 在枢点作用，因而有力臂 $r_\perp=0$。

为了计算 $\vec{F}_g$ 的力矩，需要来自第 9 章的一个**关键点**：可以假定 $\vec{F}_g$ 作用在对手的质心，当质心在枢点时，$\vec{F}_g$ 的力臂 $r_\perp=0$，因此 $\vec{F}_g$ 的力矩为零。这样，对你的对手的惟一力矩就是你的拉力 $\vec{F}$ 产生的，因而可以把 $\tau_{net}=I\alpha$ 写成

$$-d_1F=I\alpha$$

于是得

$$F=\frac{-I\alpha}{d_1}=\frac{-15\mathrm{kg\cdot m^2}\times(-6.0\mathrm{rad/s^2})}{0.30\mathrm{m}}$$

$$=300\mathrm{N} \qquad \text{（答案）}$$

(b) 如果你的对手在你摔倒他之前仍然站立着，以致他对枢点的力臂 $d_2=0.12\mathrm{m}$，力 $\vec{F}$ 的大小必须是多少？

【解】 这里需要的**关键点**与 (a) 中的相同，除了一点：因为 $\vec{F}_g$ 的力臂不再是零，它的力矩现在等于 d_2mg，而且是正的，因为它要产生逆时针的转动。现在把 $\tau_{net}=I\alpha$ 写成

$$-d_1F+d_2mg=I\alpha$$

它给出

$$F=-\frac{I\alpha}{d_1}+\frac{d_2mg}{d_1}$$

由 (a)，已知右侧第一项等于 300N，将此值和已给条件代入可得

$$F=300\mathrm{N}+\frac{0.12\mathrm{m}\times80\mathrm{kg}\times9.8\mathrm{m/s^2}}{0.30\mathrm{m}}$$

$$=613.6\mathrm{N}\approx610\mathrm{N} \qquad \text{（答案）}$$

这一结果显示如果你最初不把对手折弯使他的质心与你的髋关节重合，你就必须用大得多的力拉他。一个优秀的柔道斗士从物理上学到这个诀窍。（关于柔道的物理学分析见 “The Amateur Scientist” by J. Walker, *Scientific American*, July 1980, Vol. 243, PP. 150~161.）

11-10 功和转动动能

在第 7 章已讨论过，当力 F 使一个质量为 m 的刚体沿一个坐标轴加速时，它对物体做功，因此，物体的动能 $\left(K=\frac{1}{2}mv^2\right)$ 可以改变。假定它是物体改变的惟一的能量，于是就用功-动能定理（式 (7-10)）把动能的变化 ΔK 和功 W 联系起来，写成

$$\Delta K = K_f - K_i = \frac{1}{2}mv_f^2 - \frac{1}{2}mv_i^2 = W \quad \text{(功-动能定理)} \tag{11-41}$$

对限制在 x 轴上的运动，可以用式（7－32）计算功，

$$W = \int_{x_i}^{x_f} F\mathrm{d}x \quad \text{(功,一维运动)} \tag{11-42}$$

当 F 恒定而物体的位移是 d 时，此式简化为 $W = Fd$。做功的时率是功率，可以用式（7－43）和（7－48）求出，

$$P = \frac{\mathrm{d}W}{\mathrm{d}t} = Fv \quad \text{(功率,一维运动)} \tag{11-43}$$

现在考虑类似的转动情况。当一个力矩使一个刚体绕一固定轴加速转动时，它对刚体做功。因此，刚体的转动动能$\left(K=\frac{1}{2}I\omega^2\right)$可能改变。假设它是物体改变的惟一能量，于是仍然可以用功-动能定理将动能的变化 ΔK 和功 W 联系起来，只是现在动能是转动动能：

$$\Delta K = K_f - K_i = \frac{1}{2}I\omega_f^2 - \frac{1}{2}I\omega_i^2 = W \quad \text{(功-动能定理)} \tag{11-44}$$

式中，I 是物体对固定轴的转动惯量；ω_i 和 ω_f 分别是做功前后物体的角速率。

同样，可以用式（11－42）的转动相当式计算功，

$$W = \int_{\theta_i}^{\theta_f} \tau \mathrm{d}\theta \quad \text{(功,绕固定轴的转动)} \tag{11-45}$$

式中，τ 是做功 W 的力矩；θ_i 和 θ_f 分别是做功前后物体的角位置。当 τ 恒定时，式（11－45）简化为

$$W = \tau(\theta_f - \theta_i) \quad \text{(功,恒定力矩)} \tag{11-46}$$

做功的时率是功率，可用式（11－43）的转动相当式求出，

$$P = \frac{\mathrm{d}W}{\mathrm{d}t} = \tau\omega \quad \text{(功率,绕固定轴的转动)} \tag{11-47}$$

表 11－3 总结了用于刚体绕固定转动的公式和相应的对平动的公式。

表 11－3　平动和转动的一些相对应的公式

纯平动（固定方向）		纯转动（固定轴）	
位置	x	角位置	θ
速度	$v = \mathrm{d}x/\mathrm{d}t$	角速度	$\omega = \mathrm{d}\theta/\mathrm{d}t$
加速度	$a = \mathrm{d}v/\mathrm{d}t$	角加速度	$\alpha = \mathrm{d}\omega/\mathrm{d}t$
质量	m	转动惯量	I
牛顿第二定律	$F_{\text{net}} = ma$	牛顿第二定律	$\tau_{\text{net}} = I\alpha$
功	$W = \int F\mathrm{d}x$	功	$W = \int \tau\mathrm{d}\theta$
动能	$K = \frac{1}{2}mv^2$	动能	$K = \frac{1}{2}I\omega^2$
功率（恒定力）	$P = Fv$	功率（恒定力矩）	$P = \tau\omega$
功-动能定理	$W = \Delta K$	功-动能定理	$W = \Delta K$

公式（11－44）到式（11－47）的证明

让我们再次考虑图 11－16 的情况，其中力 $\vec{F}$ 转动一个由固定在一根无质量的杆的一端的质量为 m 的单个质点构成的刚体。在转动过程中，力 $\vec{F}$ 对物体做功。假定由 $\vec{F}$ 改变的物体的能量

只是动能，于是可以应用式（11－41）的功-动能定理：

$$\Delta K = K_f - K_i = W \qquad (11-48)$$

用 $K=\frac{1}{2}mv^2$ 和式（11－18）（$v=\omega r$），式（11－48）可重写为

$$\Delta K = \frac{1}{2}mr^2\omega_f^2 - \frac{1}{2}mr^2\omega_i^2 = W \qquad (11-49)$$

由式（11－26），这个单个质点的转动惯量是 $I=mr^2$。将此关系代入式（11－49）得

$$\Delta K = \frac{1}{2}I\omega_f^2 - \frac{1}{2}I\omega_i^2 = W$$

这就是式（11－44）。我们是对一个质点的刚体导出的，但它适用于绕固定轴转动的任意刚体。

下一步把对图 11－16 中的物体做的功与力 $\vec{F}$ 对物体的力矩 τ 联系起来。当质点沿其圆轨道移动一段距离 ds 时，只有力的切向分量 F_t 沿轨道加速质点，因此，只有 F_t 对质点做功，把功 dW 写作 F_tds。可以用 rdθ 代替 ds，其中 dθ 是质点运动通过的角，因而有

$$\mathrm{d}W = F_t r\,\mathrm{d}\theta \qquad (11-50)$$

由式（11－32）可看到 $F_t r$ 等于力矩 τ，因此可以将式（11－50）重写作

$$\mathrm{d}W = \tau\,\mathrm{d}\theta \qquad (11-51)$$

在一个有限的从 θ_i 到 θ_f 的角位移过程中做的功为

$$W = \int_{\theta_i}^{\theta_f}\tau\,\mathrm{d}\theta$$

这就是式（11－45）。对于任何绕固定轴转动的刚体，此式均成立。式（11－46）直接来源于式（11－45）。

可以从式（11－51）得到转动的功率：

$$P = \frac{\mathrm{d}W}{\mathrm{d}t} = \tau\frac{\mathrm{d}\theta}{\mathrm{d}t} = \tau\omega$$

这就是式（11－47）。

例题 11－9

让例题 11－7 和图 11－17 的圆盘在 $t=0$ 时从静止开始运动，在 $t=2.5$s 时它的转动动能 K 是多少？

【解】 可以用式（11－27）$\left(K=\frac{1}{2}I\omega^2\right)$求 K。已知 $I=\frac{1}{2}MR^2$，但不知道在 $t=2.5$s 时的 ω。尽管如此，**关键点**是角加速度 α 具有恒定值 -24rad/s^2，因此可以应用表 11－1 中对于恒定角加速度的公式。由于要求 ω 并已经知道了 α 和 ω_0（$=0$），就用式（11－12）：

$$\omega = \omega_0 + \alpha t = 0 + \alpha t = \alpha t$$

将 $\omega=\alpha t$ 和 $I=\frac{1}{2}MR^2$ 代入式（11－27），得

$$K = \frac{1}{2}I\omega^2 = \frac{1}{2}\left(\frac{1}{2}MR^2\right)(\alpha t)^2 = \frac{1}{4}M(R\alpha t)^2$$

$$= \frac{1}{4}\times 2.5\text{kg}\times[0.20\text{m}\times(-24\text{rad/s}^2)\times 2.5\text{s}]^2$$

$$= 90\text{J}$$ （答案）

用另一不同的**关键点**也可以得到此结果：可以从对圆盘做的功求出圆盘的动能。首先，用功-动能定理把圆盘动能的**变化**和对它做的净功联系起来，即式（11－44）（$K_f-K_i=W$）。将 K_f 以 K，K_i 以 0 代入，得到

$$K = K_i + W = 0 + W = W \qquad (11-52)$$

下一步需要求 W。可以把 W 和对圆盘的力矩用式（11－45）或式（11－46）联系起来。引起角加速度和做功的惟一力矩是绳子对圆盘的力 $\vec{T}$ 产生的力矩。由例题 11－7，这一力矩等于 $-TR$。另一个**关键点**是由于 α 是恒定的，此力矩也一定是恒定的，因此，可应用式（11－46）写出

$$W = \tau(\theta_f - \theta_i) = -TR(\theta_f - \theta_i) \quad (11-53)$$

还需一个**关键点**：由于 α 是恒定的，可以用式（11－13）求 $\theta_f - \theta_i$。由于 $\omega_i = 0$，有

$$\theta_f - \theta_i = \omega_i t + \frac{1}{2}\alpha t^2 = 0 + \frac{1}{2}\alpha t^2 = \frac{1}{2}\alpha t^2$$

现在将此式代入式（11－53），并将结果代入式（11－52）。由 $T = 6.0\text{N}$ 和 $\alpha = -24\text{rad/s}^2$（由例题（11－7），得

$$K = W = -TR(\theta_f - \theta_i) = -TR\left(\frac{1}{2}\alpha t^2\right) = -\frac{1}{2}TR\alpha t^2$$

$$= -\frac{1}{2} \times 6.0\text{N} \times 0.20\text{m} \times (-24\text{rad/s}^2) \times (2.5\text{s})^2$$

$$= 90\text{J}$$ （答案）

例题 11－10

一只刚性雕塑品由一个细箍（质量为 m；半径 $R = 0.15\text{m}$）和一个径向细杆（质量为 m，长 $L = 2.0R$）构成，如图 11－19 所示。该雕塑品可以绕在箍的平面内通过其中心的一个水平轴转动。

（a）用 m 和 R 表示，雕塑品对转轴的转动惯量为何？

【解】 这里一个**关键点**是，可分别求出箍和杆的转动惯量然后把结果加起来得到雕塑品的总转动惯量 I。由表 11－2h，箍对于它的直径的转动惯量 $I_{hoop} = \frac{1}{2}mR^2$。由表 11－2e，杆对于通过其质心而平行于雕塑品的转轴的轴的转动惯量 $I_{com} = mL^2/12$。要求它对于雕塑品的转动惯是 I_{rod}，用式（11－29），平行轴定理：

$$I_{rod} = I_{com} + mh_{com}^2 = \frac{mL^2}{12} + m\left(R + \frac{L}{2}\right)^2$$

$$= 4.33mR^2$$

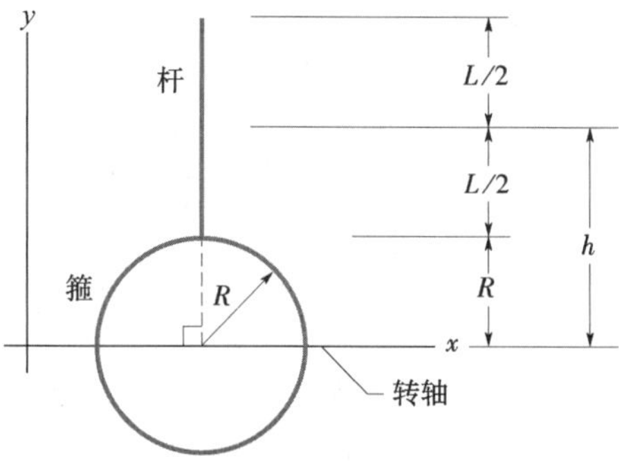

图 11－19 例题 11－10 图 可以绕水平轴转动的由一个箍和一根杆构成的刚性雕塑品。

式中，用了 $L = 2R$ 的事实，而且杆的质心和转轴之间的垂直距离是 $h = R + L/2$。这样，雕塑品对转轴的转动惯量 I 为

$$I = I_{hoop} + I_{rod} = \frac{1}{2}mR^2 + 4.33mR^2$$

$$= 4.83mR^2 \approx 4.8mR^2$$ （答案）

（b）从静止开始，雕塑品绕转轴从图 11－19 的最初直立取向转动。当它倒过来时，它对轴的角速率 ω 是多少？

【解】 这里需 3 个**关键点**：

1. 可以把雕塑品的速率 ω 和它的转动动能 K 用式（11－27）$\left(K = \frac{1}{2}I\omega^2\right)$联系起来。

2. 可以把 K 和雕塑品的重力势能 U 通过雕塑品的机械能 E 在转动中的守恒联系起来。

3. 对于重力势能，可以把雕塑品当成总质量 $2m$ 集中在其质心的质点处理。

可以将机械能守恒（$\Delta E = 0$）写成

$$\Delta K + \Delta U = 0 \quad (11-54)$$

随着雕塑品从最初的静止位置转到倒过来，其时角速率为 ω，它的动能的变化 ΔK 是

$$\Delta K = K_f - K_i = \frac{1}{2}I\omega^2 - 0 = \frac{1}{2}I\omega^2 \quad (11-55)$$

由式（8－7）（$\Delta U = mg\Delta y$），相应的重力势能变化是

$$\Delta U = (2m)g\Delta y_{com} \quad (11-56)$$

式中，$2m$ 是雕塑品的总质量，Δy_{com} 是转动期间它的质心的竖直位移。

为了求 Δy_{com}，首先求图 11－19 中质心的最初位置 y_{com}。箍（质量为 m）的质心在 $y = 0$，杆（质量为 m）的质心在 $y + L/2$，因此，由式（9－5），雕塑品的质心在

$$y_{com} = \frac{m(0) + m\left(R + \frac{L}{2}\right)}{2m} = \frac{0 + m(R + 2R/2)}{2m} = R$$

当雕塑品倒过来时，质心离转轴的距离相同但是在它**下面**。于是，质心从最初位置到倒过来的位置的竖直位移为

$$\Delta y_{com} = -2R$$

现在把这些结果放到一块，将式（11－55）和式（11－56）代入式（11－54）给出

$$\frac{1}{2}I\omega^2 + (2m)g\Delta y_{com} = 0$$

将 (a) 中的 $I = 4.83mR^2$ 和上面的 $\Delta y_{com} = -2R$ 代入，并对 ω 求解，得

$$\omega = \sqrt{\frac{8g}{4.83R}} = \sqrt{\frac{8 \times 9.8 \text{m/s}^2}{4.83 \times 0.15 \text{m}}}$$

$$= 10 \text{rad/s}$$ （答案）

复习和小结

角位置 为了描述一个刚体围绕一个称为**转轴**的固定轴的转动，设想一条**参考线**，它固定在物体中，垂直于转轴并随物体一起转动。**角位置** θ 是这条线相对于一个固定的方向测定的，当 θ 用**弧度**作单位时，

$$\theta = \frac{s}{r} \quad (\text{rad 量度}) \qquad (11-1)$$

式中，s 是半径为 r 和角为 θ 的圆形路径的弧长。rad 量度和 rev 以及度的量度关系是

$$1\text{rev} = 360° = 2\pi\text{rad} \qquad (11-2)$$

角位移 当一个物体绕一转动轴转动时，角位置从 θ_1 改变到 θ_2 时经过的**角位移为**

$$\Delta\theta = \theta_2 - \theta_1 \qquad (11-4)$$

式中，$\Delta\theta$ 对逆时针转动是正的；对顺时针转动是负的。

角速度和角速率 如果一个物体在时间间隔 Δt 内转过角位移 $\Delta\theta$，它的**平均角速度** ω_{avg} 是

$$\omega_{avg} = \frac{\Delta\theta}{\Delta t} \qquad (11-5)$$

物体的**（瞬时）角速度** ω 为

$$\omega = \frac{d\theta}{dt} \qquad (11-6)$$

ω_{avg} 和 ω 都是矢量，其方向由图 11-6 的**右手规则**给出。对于逆时针转动，它们是正的；对于顺时针转动，它们是负的。物体的角速度的大小是**角速率**。

角加速度 如果物体的角速度在时间间隔 $\Delta t = t_2 - t_1$ 内由 ω_1 变化到 ω_2，物体的平均角加速度 α_{avg} 是

$$\alpha_{avg} = \frac{\omega_2 - \omega_1}{t_2 - t_1} = \frac{\Delta\omega}{\Delta t} \qquad (11-7)$$

物体的**（瞬时）角加速度**为

$$\alpha = \frac{d\omega}{dt} \qquad (11-8)$$

α_{avg} 和 α 都是矢量。

对恒定角加速度的运动学公式 **恒定角加速度**（α = 常量）是转动运动的一种重要特殊情形，相应的运动学公式，由表 11-1 中给出，为

$$\omega = \omega_0 + \alpha t \qquad (11-12)$$

$$\theta - \theta_0 = \omega_0 t + \frac{1}{2}\alpha t^2 \qquad (11-13)$$

$$\omega^2 = \omega_0^2 + 2\alpha(\theta - \theta_0) \qquad (11-14)$$

$$\theta - \theta_0 = \frac{1}{2}(\omega_0 + \omega)t \qquad (11-15)$$

$$\theta - \theta_0 = \omega t - \frac{1}{2}\alpha t^2 \qquad (11-16)$$

线变量与角变量的联系 在转动的刚体中，离转轴的**垂直距离** r 的一点沿半径为 r 的圆周运动。如果物体转过角度 θ，该点沿弧经过的路程 s 给定为

$$s = \theta r \quad (\text{rad 量度}) \qquad (11-17)$$

式中，θ 用 rad 为单位。

点的线速度 $\vec{v}$ 与圆相切；点的线速率 v 给定为

$$v = \omega r \quad (\text{rad 量度}) \qquad (11-18)$$

式中，ω 是物体的角速率 (rad/s)。

点的线加速度 $\vec{a}$ 具有**切向**分量和**径向**分量。切向分量为

$$a_t = \alpha r \quad (\text{rad 量度}) \qquad (11-22)$$

式中，α 是物体的角加速度的大小 (rad/s^2)。径向分量为

$$a_r = \frac{v^2}{r} = \omega^2 r \quad (\text{rad 量度}) \qquad (11-23)$$

如果点作匀速圆周运动，对于点和物体的运动周期为

$$T = \frac{2\pi r}{v} = \frac{2\pi}{\omega} \quad (\text{rad 量度})$$

(11-19, 11-20)

转动动能和转动惯量 一个刚体绕定轴转动的动能给定为

$$K = \frac{1}{2}I\omega^2 \quad (\text{rad 量度}) \qquad (11-27)$$

式中，I 是物体的**转动惯量**，其定义为，对离散质点系统

$$I = \sum m_i r_i^2 \qquad (11-26)$$

对质量连续分布的物体

$$I = \int r^2 dm \qquad (11-28)$$

这两式中的 r 和 r_i 表示物体中每个质元离转轴的垂直距离。

平行轴定理 **平行轴定理**把一个物体对任意轴的转动惯量和该物体对通过质心的平行轴的转动惯量联系了起来：

$$I = I_{com} + Mh^2 \qquad (11-29)$$

这里 h 是两个轴之间的垂直距离。

力矩 **力矩**是力 $\vec{F}$ 对一个物体绕一个转轴转动或扭转的作用。如果力 $\vec{F}$ 作用于相对于轴的位矢为 $\vec{r}$ 的一点，则力矩的大小为

$$\tau = rF_t = r_\perp F = rF\sin\phi \qquad (11-32, 11-33, 11-31)$$

式中，F_t 是 $\vec{F}$ 垂直于 $\vec{r}$ 的分量，ϕ 是 $\vec{r}$ 和 $\vec{F}$ 之间的夹角；量 $r_\perp$ 是转轴和通过 $\vec{F}$ 矢量的延长线之间的垂直距离，这条线称为 $\vec{F}$ 的**作用线**，$r_\perp$ 称为 $\vec{F}$ 的**力臂**。同样，r 是 F_t 的力臂。

力矩的 SI 单位是牛·米（N·m）。如果要把一个静止的物体沿逆时针方向转动，则力矩 τ 是正的；如果要把物体沿顺时针方向转动，则力矩 τ 是负的。

角变量形式的牛顿第二定律 牛顿第二定律的转动形式是

$$\tau_{net} = I\alpha \qquad (11-37)$$

式中，τ_{net}是对一个质点或刚体的净力矩；I 是质点或物体对转轴的转动惯量；α 是所产生的对该轴的角加速度。

功和转动动能 用于计算转动中的功和功率的公式和用于计算平动中功的公式相对应，它们是

$$W = \int_{\theta_i}^{\theta_f} \tau \mathrm{d}\theta \qquad (11-45)$$

和

$$P = \frac{\mathrm{d}W}{\mathrm{d}t} = \tau\omega \qquad (11-47)$$

如果 τ 是恒定的，式（11-45）简化为

$$W = \tau(\theta_f - \theta_i) \qquad (11-46)$$

应用于转动物体的功-动能定理的形式是

$$\Delta K = K_f - K_i = \frac{1}{2}I\omega_f^2 - \frac{1}{2}I\omega_i^2 = W \qquad (11-44)$$

思考题

1. 图 11-20b 是图 11-20a 的转动圆盘的角位置图像。在（a）$t=1$s，（b）$t=2$s，和（c）$t=3$s 时圆盘的角速度是正，是负，还是零？（d）角加速度是正，还是负？

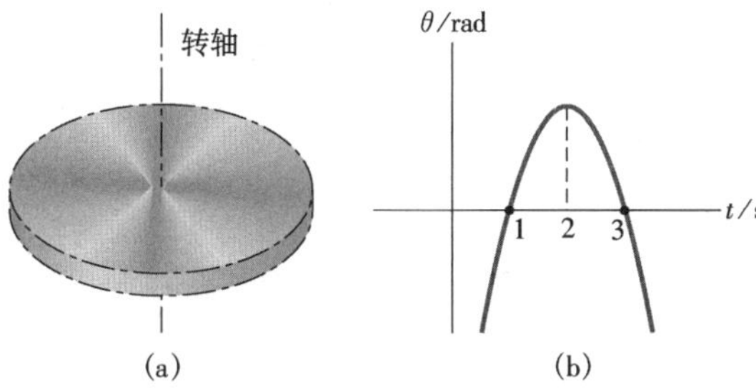

图 11-20 思考题 1 图

2. 图 11-21 所示是图 11-20 中的转动圆盘的角速度图像。（a）初始的和（b）终了的转动方向为何？（c）圆盘瞬时静止吗？（d）角加速度是正还是负？（e）角加速度是恒定的还是变化的？

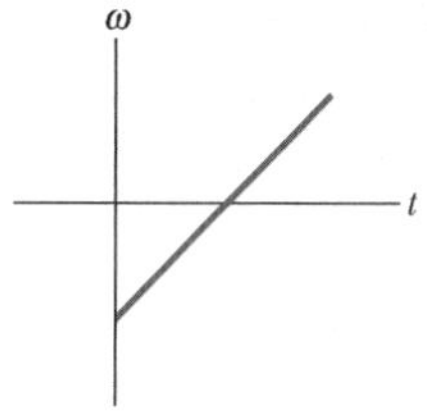

图 11-21 思考题 2 图

3. 把你的右臂放下去，手掌面向大腿，保持腕关节不扭动，(1) 举起这支手臂直到水平向前，(2) 在水平面内转动它直到指向右方，(3) 接着把它放下到你的右侧，你的手掌此时面向前方。如果你开始动作，但步骤倒过来，为什么你的手掌不面向前方？

4. 表 11-1 中的角变量公式适用于下列转动物体的 $\omega(t)$ 公式中的哪一个？（a）$\omega=3$；（b）$\omega=4t^2+2t-6$；（c）$\omega=3t-4$；（d）$\omega=5t^2-3$，式中，ω 都用 rad/s，t 都用 s 为单位。

5. 图 11-22 所示是图 11-20a 中的圆盘的角速度对时间的图像。对于圆盘边沿的一点，根据各时刻的（a）切向加速度和（b）径向加速度，由大到小对 a、b、c 和 d 四个时刻排序。

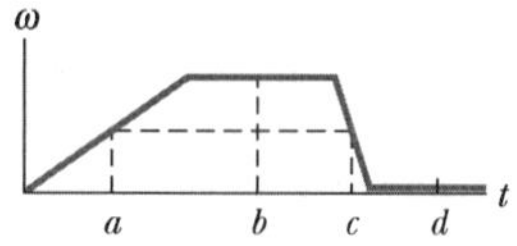

图 11-22 思考题 5 图

物理学基础

6. 图 11－23 所示的俯视图是像旋转木马那样沿逆时针方向转动的一个圆盘的快照。圆盘的角速率 ω 正在减小（圆盘沿逆时针方向正越转越慢）。图中画出了在圆盘边上一个蟑螂的位置。在图示的时刻，（a）蟑螂的径向加速度和（b）它的切向加速度的方向为何？

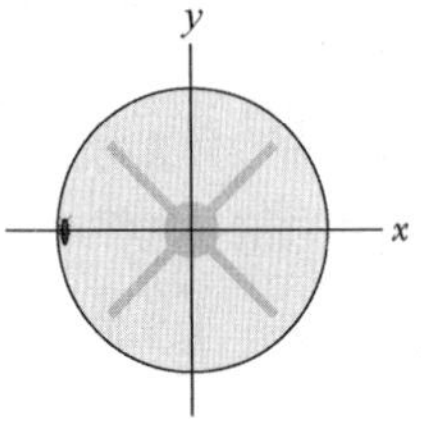

图 11－23　思考题 4 图

7. 图 11－24 所示为连在一根无质量的杆上的三个质量相同的小球，它们之间的距离已标出。依次考虑它们对每一个球的转动惯量 I，根据对每个球的转动惯量由大到小对这三个球排序。

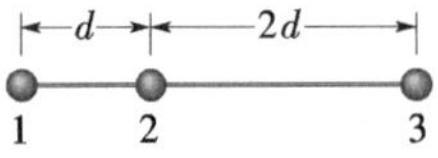

图 11－24　思考题 7 图

8. 图 11－25a 所示为可绕标出的点转动的一根水平的棒的俯视图。两个水平力作用在棒上而棒静止。如果棒和 $\vec{F}_2$ 之间的夹角从最初的 90°减小而棒仍然静止，$\vec{F}_2$ 的大小应该更大，更小，还是保持不变？

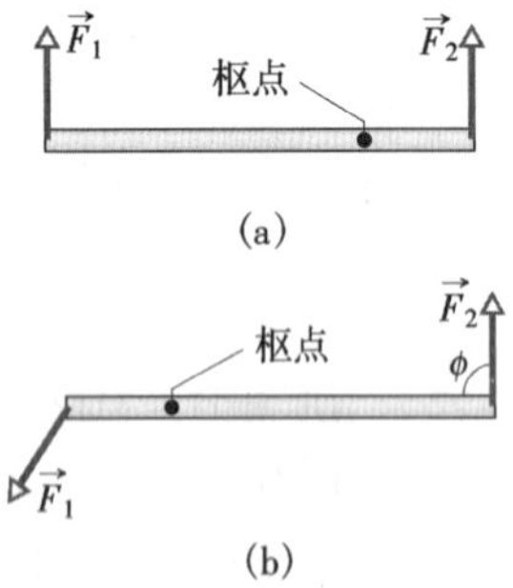

图 11－25　思考题 8 和 9 图

9. 图 11－25b 所示为一根水平棒的俯视图。该棒由作用在其两端的两个水平力，$\vec{F}_1$ 和 $\vec{F}_2$，使之绕枢点转动，$\vec{F}_2$ 的方向与棒成 ϕ 角。按照棒的角加速度的大小由大到小把下列 ϕ 值排序：90°，70° 和 110°。

10. 图 11－26 所示的俯视图表示 5 个同样大小的力作用在一个正方形板上，该板可以绕其一边的中点 P 转动。按照它们对 P 点的力矩的大小由大到小将这些力排序。

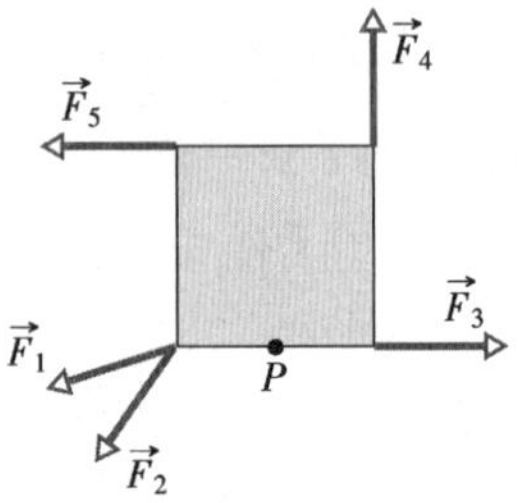

图 11－26　思考题 10 图

11. 在图 11－27 中，两个力 $\vec{F}_1$ 和 $\vec{F}_2$ 作用在一个圆盘上使它绕其中心转动。在沿逆时针方向以恒定速率转动的过程中，两力保持所示的角速率不变。今使 $\vec{F}$ 的角度 θ 减小而其大小不变，（a）要保持角速率不变，应该增大，减小，还是保持 $\vec{F}_2$ 的大小？（b）力 $\vec{F}_1$ 和（c）力 $\vec{F}_2$ 趋向于使圆盘顺时针还是逆时针转动？

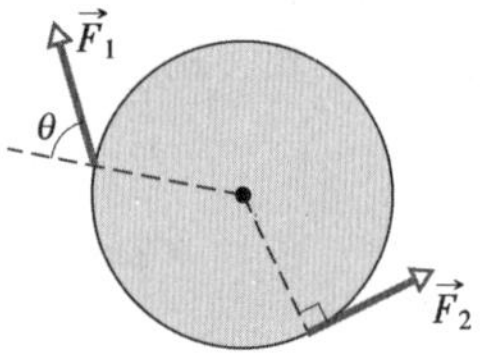

图 11－27　思考题 11 图

12. 图 11－28 所示为由一个变力驱动的旋转木马的角速度 ω 对时间 t 的关系曲线。在时间间隔 1，3，4 和 6 中曲线斜率的大小相等，（a）在哪一个时间段内能量由于所加外力而**从**旋转木马传出？（b）

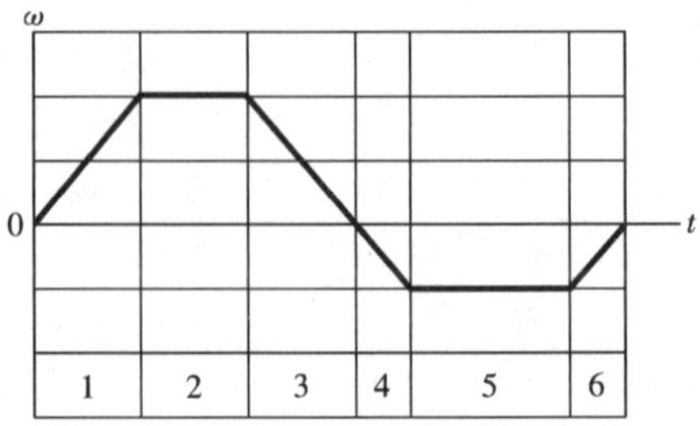

图 11－28　思考题 12 图

根据在各段时间内外力对旋转木马做的功将各段时间间隔排序，最大正功最先，最大负功最后。（c）根据各段时间内外力传递能量的时率将各段时间间隔排序，传给旋转木马的最大时率最先，从它传出的最大时率最后。

练习和习题

11－2 节　转动变量

1E. 在时间间隔 t 内发电机的飞轮转过的角度 $\theta = at + bt^3 + ct^4$，其中 a，b 和 c 是常量。写出飞轮的（a）角速度和（b）角加速度的表示式。

2E. 一只平稳地走动的机械表的（a）秒针，（b）分针和（c）时针的角速率为何？以 rad/s 表示。

3E. 我们的太阳离我们的银河系的中心 2.3×10^4ly（光年），并正以 250km/s 的速率沿绕该中心的圆周运动。（a）太阳绕银河系中心转一周需要多长时间？（b）从太阳形成约 4.5×10^9 年以来，它转了多少圈？（ssm）

4E. 在一个转轮边上的一点的角位置给出为 $\theta = 4.0t - 3.0t^2 + t^3$，其中 θ 单位为 rad，t 单位为 s。在（a）$t = 2.0$s 和（b）$t = 4.0$s 时的角速度为何？在从 $t = 2.0$s 到 $t = 4.0$s 期间的平均角加速度为何？在这一时间间隔（d）开始时和（e）终了时的瞬时角加速度为何？

5E. 一个转轮上一点的角位置给出为 $\theta = 2 + 4t^2 + 2t^3$，其中 θ 单位为 rad，t 单位为 s 作。在 $t = 0$，（a）该点的角位置和（b）它的角速度为何？（c）在 $t = 4.0$s 时它的角速度为何？（d）计算在 $t = 2.0$s 时它的角加速度。（e）它的角加速度恒定吗？（ssm）

6P. 图 11－29 中所示的轮子有 8 条等间隔的辐和 30cm 的半径。它安装在一个固定轴上以 2.5rev/s 转动。今要平行于这个轴射一支长 20cm 的箭穿过轮子而不碰上任一条辐。假定箭和辐都非常细，（a）箭必须具有的最小速率是多少？（b）在轴和轮沿之间瞄准什么地方有关吗？如果有，最佳的地方在何处？

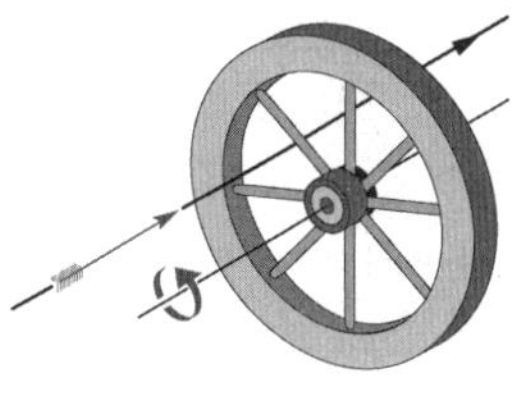

图 11－29　习题 6 图

7P. 一个跳水员从 10m 高跳台到水面的距离内转了 2.5rev。假定最初的竖直速度为零，求他一次跳水期间的平均角速度。（ilw）

11－4 节　恒定角加速转动

8E. 一个汽车引擎的角速率在 12s 内以恒定速率从 1200rev/min 增加到 3000rev/min，（a）它的角加速度是多少 rev/min^2？（b）在这 12s 内该引擎转了几圈？

9E. 一个唱片转盘在电动机断电后的 30s 内由 $33\frac{1}{3}$rev/min减慢到停止，（a）求它的（恒定的）角加速度是多少 rev/min^2；（b）在这段时间内它转了多少圈？（ssm）

10E. 一圆盘，最初以 120rad/s 转动，以大小为 4.0rad/s^2 的恒定角加速度变慢，（a）圆盘到停止用了多长时间？（b）在这期间圆盘转过了多大的角？

11E. 一个重的飞轮由于轴承内的摩擦使绕中心轴的转动逐渐慢下来。在变慢的第 1 分钟末，它的角速率是它原来的角速率 250rev/min 的 0.90。假定恒定角加速度，求在第 2 分钟末它的角速率。

12E. 一个圆盘绕它的中心轴以恒定角加速度由静止开始转动，在 5.0s 内，它转了 25rad。在这段时间内（a）它的角加速度的大小和（b）平均角速度的大小是多少？（c）在 5.0s 末，圆盘的瞬时角速度为何？（d）保持角加速度不变，在下一个 5.0s 内圆盘将转过多大的角度？

13P. 一个轮子具有 3.0rad/s^2 的角加速度。在某段 4.0s 的时间间隔内它转过了 120rad 的角。假定轮子是由静止开始的，它转到这 4.0s 间隔开始时用了多长时间？（ssm）（www）

14P. 一个轮子从静止出发以 2.00rad/s^2 的恒定角加速度转动。在某一 3.00s 期间，它转过了 90.0rad。（a）在这 3.00s 间隔开始前轮子转了多长时间？（b）这 3.00s 间隔开始时轮子的角速度是多少？

15P. 在 $t = 0$，一个飞轮的角速度是 4.7rad/s，角加速度是 -0.25rad/s^2，其上一参考线在 $\theta_0 = 0$。（a）经过多大的最大角 θ_{max}，参考线将改变它的转动正方向？在什么时刻 t（t 的正值和负值都要考虑）

参考线将在（b）$\theta=\frac{1}{2}\theta_{max}$，和（c）$\theta=-10.5$rad？（d）画 θ 对 t 的曲线，在图中标明（a），（b）和（c）的答案。

16P. 一个圆盘绕它的中心轴从静止开始以恒定角加速度开始加速。在某时刻它以 10rev/s 转动，60rev 后，它的角速率是 15rev/s。计算：（a）角加速度；（b）完成 60rev 需要的时间；（c）角速率达到 10rev/s 用的时间；（d）在从静止到角速率达到 10rev/s 的期间圆盘转动的圈数。

17P. 一飞轮从角速率 1.5rad/s 减慢到停止时转过了 40rev。（a）假设恒定角加速度，求它到停止用的时间；（b）它的角加速度为何？（c）完成 40rev 的头 20rev 用了多长时间？（ilw）

18P. 一个绕通过自已中心的固定轴转动的轮子具有 4.0rad/s^2 的恒定角加速度。在某一 4.0s 的时间内轮子转过了 80rad 的角度。（a）在该 4.0s 开始时轮子的角速度为何？（b）假定轮子是由静止开始的，在该 4.0s 开始之前经过了多少时间？

11－5 节　线变量和角变量的联系

19E. 以恒定角速率 $33\frac{1}{3}$rev/min 转动的 30cm 直径的唱片边沿上一点的线加速度为何？（ssm）

20E. 一张乙烯唱片在转台上的 $33\frac{1}{3}$rev/min 转动，（a）它的角速率是多少 rad/s？当唱针离转盘轴（b）15cm 和（c）7.4cm 时，唱片上在唱针处的一点的线速率是多少？

21E. 一辆车绕半径 110m 的圆形弯道以 50km/h 开行时的角速率为何？

22E. 直径为 1.20m 的飞轮正以角速率 200rev/min 转动，（a）飞轮的角速率是多少 rad/s？（b）飞轮边沿上一点的线速率是多少？（c）多大角加速度（rev/min^2）能使飞轮的角速率在 60s 内增大到 1000rev/min？（d）在那 60s 内飞轮转了多少圈？

23E. 一宇航员正在离心机中做试验。离心机的半径为 10m 并按 $\theta=0.30t^2$ 开始转动，其中 t 的单位为 s，θ 的单位为 rad。在 $t=5.0$s 时，宇航员的（a）角速度，（b）线速度，（c）切向加速度，和（d）径向加速度等的大小是多少？

24E. 一个宇宙飞船沿半径为 3220km 的圆周以 29000km/h 的速率运动时的（a）角速度，（b）径向加速度，和（c）切向加速度的大小是多少？

25P. 一种早期测量光速的方法是用一只转动的开槽的轮子，如图 11－30 所示，一束光通过轮子外沿的一个槽口射向远处的平面镜又返回到轮子处，正好通过轮子上的下一个槽口。开槽的轮子半径为 5.0cm 而边沿上有 500 个槽口。当平面镜离轮子 $L=$ 500m 时，测量结果显示光的速率是 3.0×10^5km/s。（a）轮子的（恒定）角速率是多少？（b）轮子边沿上一点的线速率是多少？（ssm）

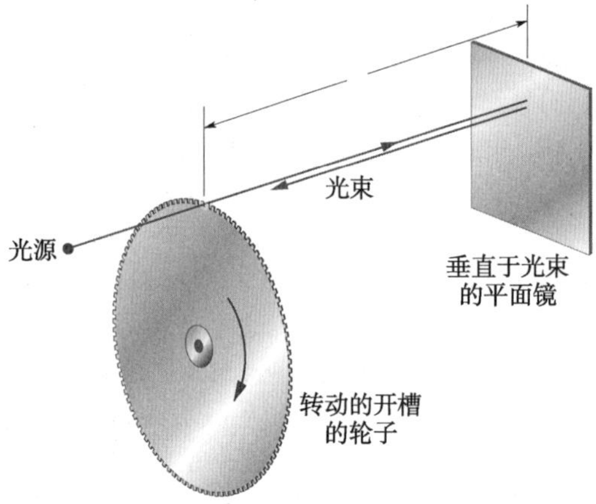

图 11－30　习题 25 图

26P. 一台蒸汽机的飞轮以恒定角速度 150rev/min 转动。当蒸汽关掉后，由于轴承和空气的摩擦使它在 2.2h 内停下。（a）飞轮慢下来时，其恒定角加速度是多少 rev/min^2？（b）飞轮停止前转了几圈？（c）当飞轮以 75rev/min 转动的瞬时，飞轮上离转轴 50cm 的质点的线加速度的切向分量是多少？（d）（c）中的质点的合线加速度的大小是多少？

27P.（a）在地球上纬度为 40°N 的一点绕极轴的角速率是多少？（地球围绕着那个轴转动。）（b）该点的线速率 v 是多少？赤道上一点的（c）ω 和（d）v 是多少？（ssm）

28P. 一个回转仪的飞轮半径为 2.83cm，从静止以 14.2rad/s^2 加速到角速率为 2760rev/min。（a）在这一旋转加速期间飞轮边沿上一点的切向加速度是多少？（b）飞轮全速旋转时这点的径向加速度是多少？（c）在旋转加速期间边沿上一点经过了多大距离？

29P. 在图 11－31 中，半径 $r_A=10$cm 的轮 A 通过带 C 和半径 $r_C=25$cm 的轮 C 耦合起来。轮 A 的角速率以恒定时率 1.6rad/s^2 从静止增大。求轮 C 达到转动速率 100rev/min 所需时间，假定带子不打滑。（**提示：** 如果带子不打滑，两轮子边沿的线速率必须

相等。)(ssm)(www)

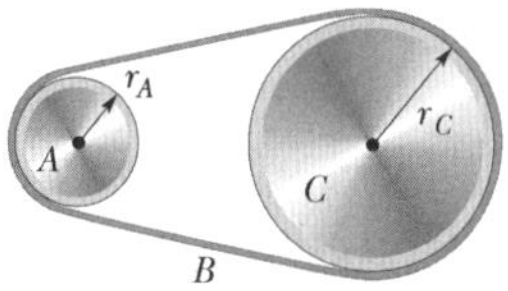

图 11－31 习题 29 图

30P. 一个物体绕一固定轴转动，其上一参考线的角位置给定为 $\theta=0.40e^{2t}$，其中 θ 的单位为 rad，t 的单位为 s。考虑物体离转轴 4.0cm 的一点，在 $t=0$ 时，该点的（a）加速度的切向分量和（b）加速度的径向分量的大小是多少？

31P. 一个脉冲星是一个高速旋转的中子星，它像灯塔发射光束那样发射无线电波束。该星每转一次我们接收到一个无线电脉冲。转动的周期 T 可以通过测量脉冲之间的时间得知。蟹状星云（图 11－32）中的脉冲星的转动周期 $T=0.033$s，并以 1.26×10^{-5} s/y 的时率增大。（a）脉冲星的角加速度是多少？（b）如果它的角加速度是恒定的，从现在经过多长时间脉冲星要停止转动？（c）此脉冲星是在 1054 年看到的一次超新星爆发中产生的。该脉冲星的初始周期 T 是多少？（假定脉冲星从产生时起是以恒定角加速度加速的。）(ssm)

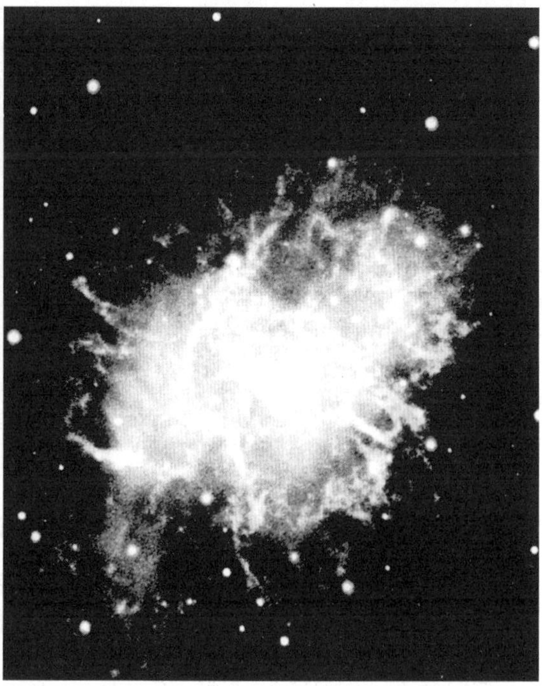

图 11－32 1054 年看到的一颗恒星爆发产生的蟹状星云。除了这里看到的气体残骸外爆发在其中心留下了一颗旋转的中子星，此中子星的半径仅 30km。

32P. 一唱片转盘正以 $33\frac{1}{3}$rev/min 转动，一个西瓜子在盘上离转轴 6.0cm 处。（a）假定瓜子不滑动，计算它的加速度。（b）如果瓜子不滑动。它和转盘之间的静摩擦因数的最小值是多少？（c）假定在 0.25s 内转盘从静止经过恒定角加速度达到了它的角速率，求使瓜子在加速期间不滑动所需的静摩擦因数的最小值。

11－6 节 转动动能

33E. 计算一个轮子的转动惯量，它在以 602rev/min 转动时的动能是 24400J。(ssm)

34P. 一个氧分子 O_2 具有 5.30×10^{-26}kg 的质量。它对于通过两原子连线的中心而且垂直于该连线的轴的转动惯量是 1.94×10^{-46}kg·m²。假定一个 O_2 分子的质心在气体中具有 500m/s 的平动速率，分子具有的转动动能是它的质心的平动动能的$\frac{2}{3}$，分子对其质心的角速率是多少？

11－7 节 计算转动惯量

35E. 两个实心圆柱，每一个都在绕着自己的中心（纵）轴转动，具有相同的质量 1.25kg 但不同的半径，以及同样的角速率 235rad/s。（a）半径为 0.25m 的较小的圆柱体，和（b）半径为 0.75m 的较大的圆柱体的转动动能是多少？(ssm)

36E. 一颗通信卫星是一个质量为 1210kg、直径为 1.21m 和长为 1.75m 的实心圆柱体。在从航天飞机货舱发射前，它就被驱动绕其轴以 1.52rev/s 旋转（图 11－33）。计算这颗卫星的（a）绕其转动轴的转动惯量和（b）转动动能。

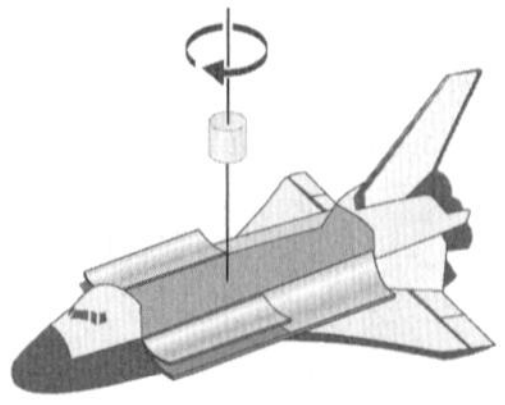

图 11－33 练习 36 图

37E. 图 11－34 中的质量相同的两个质点用两根长度都是 d、质量都是 M 的细杆相互固定并连到在 O 处的转轴上，此组合体以角速度 ω 绕转轴转动。用这些符号并对 O 点计算组合体的（a）转动惯量和

（b）动能。

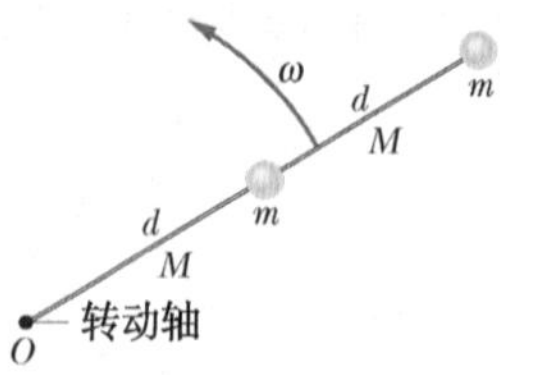

图 11－34　练习 37 图

38E. 图 11－35 所示的直升机的三个翼片长度都是5.2m，质量都是240kg，转子以350rev/min 的速度转动。（a）此转动组合体对转轴的转动惯量是多少？（每个翼片都可认为是绕其一端转动的细杆）。（b）总转动动能是多少？

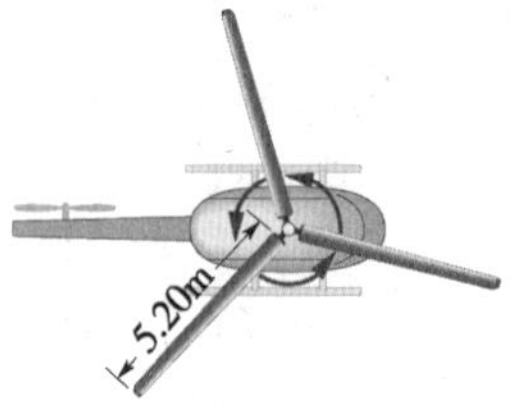

图 11－35　练习 38 图

39E. 计算一根质量为 0.56kg 的直尺的转动惯量，其转轴垂直于直尺位于 20cm 刻度处。（ssm）

40P. 4 个质量为 0.50kg 的同样的质点置于 2.0m ×2.0m 的正方形的四个角上，由 4 根作为正方形的边的无质量的硬杆支持着，这一刚体对下列几根轴的转动惯量是多少？（a）通过两个对边的中点并在正方形平面内，（b）通过一个边的中点并垂直于正方形平面，和（c）在正方形平面内通过对角线两端的两个质点？

41P. 图 11－36 中的均匀固体物块具有质量 M 和边长 a，b 和 c，计算它对通过一个角并垂直于大面的轴的转动惯量。（ssm）

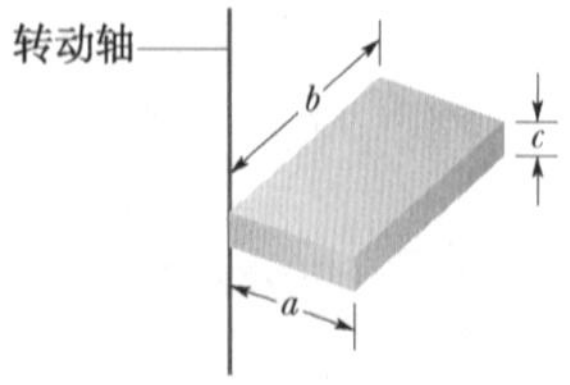

图 11－36　习题 41 图

42P. 4 个质点的质量和坐标如下：50g，x = 2.0cm；y = 2.0cm；25g，x = 0，y = 4.0cm；25g，x = －3.0cm，y = －3.0cm；30g，x = －2.0cm；y = 4.0cm。对于（a）x，（b）y_1 和（c）z 轴，此集体的转动惯量是多少？（d）假设对（a）和（b）的答案分别是 A 和 B，那么用 A 和 B 表示的对（c）的答案为何？

43P.（a）证明一个质量为 M、半径为 R 的实心圆柱体对其中心轴的转动惯量等于质量为 M、半径为 $R/\sqrt{2}$的薄圆箍对其中心轴的转动惯量。（b）证明任何质量为 M 的给定物体对任意给定轴的转动惯量 I 等于一个等效箍对该轴的转动惯量，如果箍具有同样的质量 M 和给定的半径 k

$$k = \sqrt{\frac{I}{m}}$$

等效箍的半径 k 称为给定物体的回旋半径。（ssm）

44P. 利用储存在一个转动的飞轮中的能量工作的载货汽车曾在欧洲使用过。载货时用电动机使飞轮达到其最高速率 200πrad/s。一个这样的飞轮是一个质量为 500kg 和半径为 1.0m 的实心均匀圆柱体。（a）在充足能量后，飞轮的动能是多少？（b）如载货汽车工作时的平均功率需求是 8.0kW，在两次充能之间它可以工作多少分钟？

11－8 节　力矩

45E. 质量为 0.75kg 的一个小球固定在 1.25m 长的无质量的杆的一端，杆的另一端用一个枢轴吊起来。当这样形成的摆离竖直方向 30°时，对枢轴的力矩的大小是多少？（ssm）

46E. 一辆自行车的脚蹬臂长 0.152m。一个骑车的人用 111N 向下的力蹬踏板，当脚蹬臂与竖直方向成（a）30°，（b）90°，和（c）180°时对脚蹬臂的枢点的力矩的大小是多少？

47P. 图 11－37 中的物体的枢轴在 O 处，有两个力作用于它，如图示。（a）写出对枢轴的净力矩的表示式。（b）如果 r_1 = 1.30m，r_2 = 2.15m，F_1 = 4.20N，F_2 = 4.90N，θ_1 = 75.0°和 θ_2 = 60°，对枢轴的净力矩是多少？（ssm）（ilw）

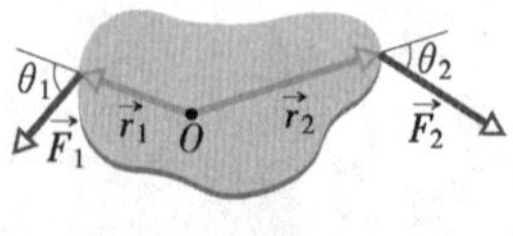

图 11－37　习题 47 图

48P. 图 11－38 的物体的枢轴在 O 点处，三个力沿图示方向作用于它：F_A = 10N 在 A 点，离 O 点 8.0m；F_B = 16N 在 B 点，离 O 点 4.0m；和 F_C = 19N 在 C 点，离 O 点 3.0m。对 O 的净力矩是多少？

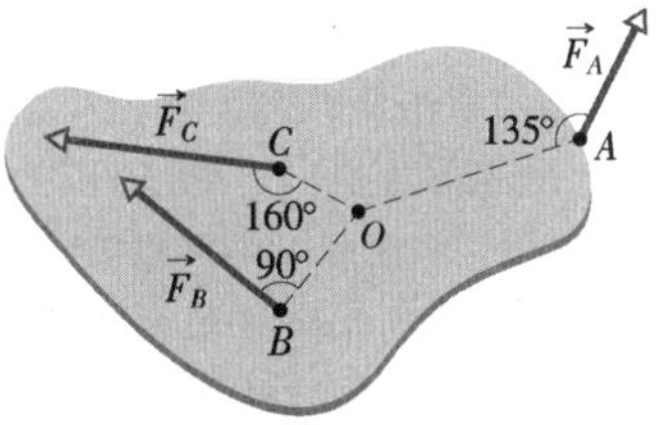

图 11-38 习题 48 图

11-9 节 对转动的牛顿第二定律

49E. 在从跳板起跳期间，一个跳水者对她自己的质心的角速度在 220ms 内从零增大到 6.20rad/s，她对她的质心的转动惯量是 $12\text{kg}\cdot\text{m}^2$。在起跳期间，(a) 她的平均角加速度和 (b) 板对她的平均外力矩的大小是多少？(ssm) (ilw)

50E. 32.0N·m 的力矩作用于一个轮子产生了 25.0rad/s^2 的角加速度。轮子的转动惯量是多少？

51E. 一个薄球壳的半径是 1.90m，加以 960N·m 的外力矩时球壳对通过壳心的轴产生了 6.20rad/s^2 的角加速度。(a) 球壳对该轴的转动惯量和 (b) 球壳的质量是多少？(ssm)

52E. 图 11-39 中，一个质量为 2.0kg 的圆柱体能绕通过 O 点的中心轴转动，如图示加以外力：$F_1=6.0\text{N}$，$F_2=4.0\text{N}$，$F_3=2.0\text{N}$，和 $F_4=5.0\text{N}$。并且，$R_1=5.0\text{cm}$ 和 $R_2=12\text{cm}$。求圆柱体的角加速度的大小和方向。(在转动过程中，各力相对于圆柱的角度不变。)

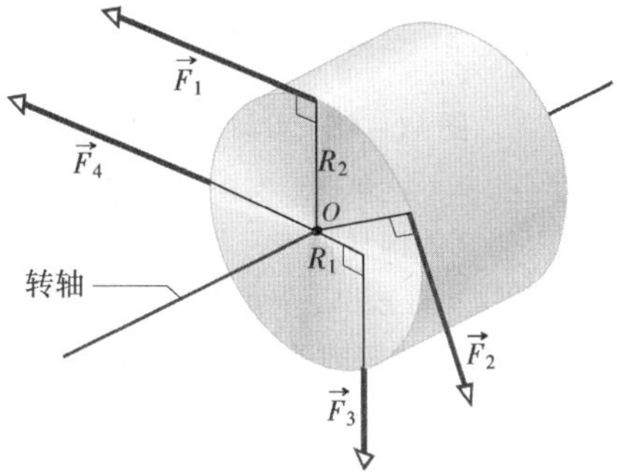

图 11-39 练习 52 图

53P. 图 11-40 所示为在 Lawrence Livermore 实验室中的中子试验设备的重屏蔽门。它是世界上最重的安有轴的门。此门的质量是 44000kg，对于通过其大轴的竖直轴的转动惯量是 $8.7\times10^4\text{kg}\cdot\text{m}^2$，(前) 面宽是 2.4m。忽略摩擦，在它的外沿上并垂直于门面加多大的恒定的力能使它在 30s 从静止转过 90°角。

54P. 一个半径为 0.20m 的轮子安在一个无摩擦的水平轴上，轮子对轴的转动惯量是 $0.050\text{kg}\cdot\text{m}^2$。缠在轮子上的一根无质量的绳栓在一个在水平的光滑面上滑动的一个质量为 2.0kg 的物块上。如果像图 11-41 中那样对物块加一个大小 $P=3.0\text{N}$ 的水平力，轮子的角加速度是多少？假设绳在轮子上不打滑。

图 11-40 习题 53 图

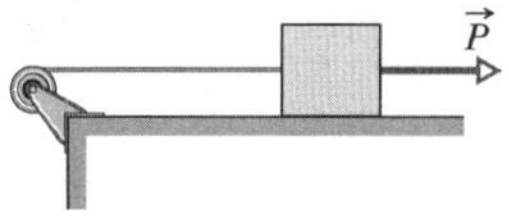

图 11-41 习题 54 图

55P. 在图 11-42 中，一个物块的质量 $M=500\text{g}$，另一个的 $m=460\text{g}$，安在水平的无摩擦的轴承上的滑轮的半径是 5.00cm。从静止释放后较重的物块在 5.00s 内下降了 75.0cm (绳在滑轮上不打滑)。(a) 两物块的加速度的大小是多少？支持 (b) 较重物块和 (c) 较轻物块的那部分绳子中的张力多大？(d) 滑轮的角加速度的大小是多少？(e) 它的转动惯量是多少？(ssm) (www)

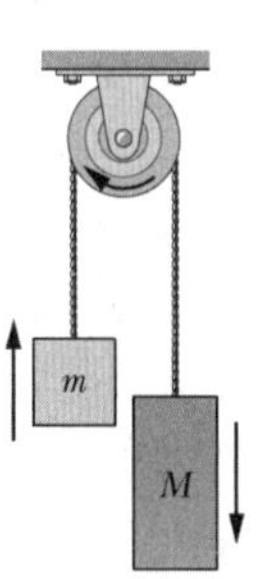

图 11-42 习题 55 图

56P. 一个滑轮，对它的轴的转动惯量为 1.0×

$10^{-3}kg \cdot m^2$，半径为10cm，在边沿上受到一个切向力作用。力的大小随时间按 $F = 0.50t + 0.30t^2$ 变化，其中 F 单位为N，用 t 的单位为s。滑轮最初静止，在 $t = 3.0s$ 时它的（a）角加速度和（b）角速率是多少？

57P. 图11－43所示为质量都是 m 的两个物块吊在一支长 $L_1 + L_2$ 的刚性无质量的杆的两端，其中 $L_1 = 20cm$，$L_2 = 80cm$。杆在支点上保持水平然后释放。（a）靠近支点的物块和（b）另一物块的初始加速度为何？

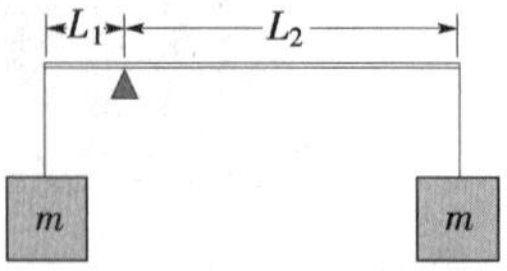

图11－43 习题57图

11－10节 功和转动动能

58E. （a）如果在图11－17中 $R = 12cm$，$M = 400g$，$m = 50g$，求物块从静止下降50cm后的速率，用能量守恒原理解题。（b）以 $R = 5.0cm$ 重复（a）。

59E. 汽车的曲轴以100hp（＝74.6kW）的速率从发动机向主轴传送能量，其时主轴以速率1800rev/min转动。曲轴产生的力矩（单位用N·m）是多少？

60E. 一个32.0kg的轮子，基本上是一个半径为1.20m的薄圆箍，正以280rev/min转动，必须在15.0s内使其停止。（a）使它停止需做多少功？（b）所需平均功率是多少？

61P. 一根长 L、质量 m 的棍在一端自由悬挂起来。把它拉向一边后释放使之像摆一样摆动起来，经过最低点时的角速率是 ω。用这些符号和 g，并忽略摩擦和空气阻力，求：（a）棍在最低点时的动能和（b）质心升到该点以上的距离。

62P. 计算将地球在1天内从静止加速到它现时绕自己的轴转的角速率需要60（a）力矩，（b）能量，和（c）平均功率。

63P. 使一根直尺一端触地直立在地板上，然后令其倒下，求它的另一端在触地时的速率，假定原来触地的一端未滑动。（**提示：**考虑直尺为一细棒并用能量守恒原理。）（ssm）（ilw）

64P. 半径为10cm、质量为20kg的均匀圆柱体安置得可以绕一根水平的并平行于且离圆柱体的中心纵轴5.0cm的一根轴自由转动。（a）圆柱体对其转动轴的转动惯量是多少？（b）如果圆柱体从其中心纵轴与其转动轴在同一高度时由静止释放，当它经过它的最低位置时的角速率是多少？

65P. 一个刚体由3根同样的细杆构成，每根的长度为 L，固定在一起形成一个字母H（图11－44）。刚体可以绕H的一边为水平轴自由地转动。它从H的平面水平时由静止下落，当H的平面竖直时它的角速率是多少？（ssm）（www）

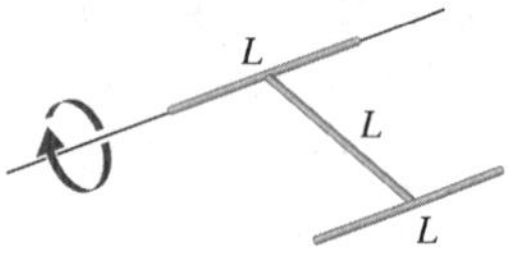

图11－44 习题65图

66P. 一个质量 M、半径 R 的均匀球壳绕竖直轴在无摩擦的轴承上转动（图11－45）。一根无质量的绳绕过球壳的赤道，越过一个转动惯量为 I、半径为 r 的滑轮连上一个质量为 m 的小物体。滑轮轴上无摩擦，绳在滑轮上不打滑。物体由静止下落 h 时的速率是多少？用能量考虑。

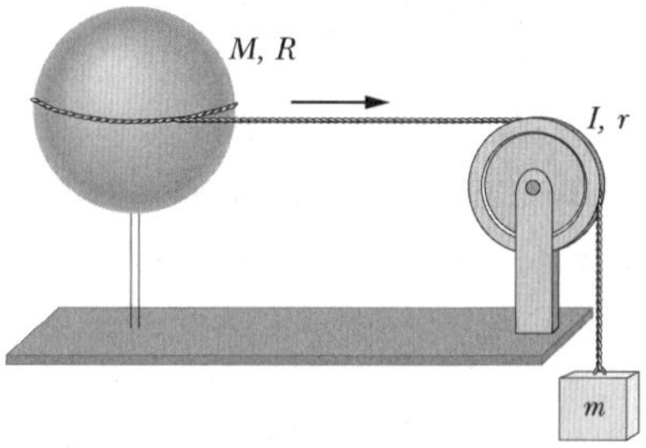

图11－45 习题66图

67P. 一个高的圆筒形烟囱由于基部毁坏而倒下。把烟囱当作长 H 的细杆处理，并令烟囱与竖直方向成角度 θ。用这些符号和 g 表示下列的：（a）烟囱的角速率，（b）烟囱顶端的径向加速度和（c）该顶端的切向加速度。（提示：用能量考虑，不用力矩。在（c）部分，考虑 $\alpha = d\omega/dt$。）（d）在 θ 为多大时，该切向加速度等于 g？（ssm）

附加题

68. 1908年6月30日上午7时14分，一次巨大的爆炸发生在远中西伯利亚，在纬度61°N和经度102°E处；所产生的火球是在核武器之前任何人看到的最亮的。这一**通古斯事件**，被幸运的目击者描述为"遮盖了天空的很大一部分"，可能是一颗约140m大小的**石陨石**的爆炸。（a）只考虑地球的转动，如果它要落到在经度25°E的赫尔辛基的上空爆炸，该陨石需要晚到多长时间？这会使这座城市绝迹。（b）如果它不是石的，而是一颗**金属陨石**落到地球表面上，它要和经度20°W的大西洋相撞，这样一颗陨石需要晚到多长时间？（所引起的海啸将消灭大西洋两岸的海岸文明。）

69. 巨石阵中竖立的石柱顶上的大石楣（顶部石）是怎样放上去的是争论已久的问题。一个可能的方法曾在一个捷克小镇做过试验。一块质量为5124kg的大混凝土块被沿着两条栎木梁向上拉，这两条梁的上表面已刨平并用油脂润滑过（图11－46）。这两条梁各长10m，一端在地上，另一端架在要放石楣的两个立柱上。立柱高3.9m；大混凝土块和栎木梁之间的静摩擦因数是0.22。拉两个大块的绳子一端绕在大块上，另一端绕在两根长4.5m的杉木杆顶端。各有一个站台建立在每根杉木杆的另一端下面。当有足够的人坐或站在一个站台上时，相应的杉木杆会绕着顶端转而把大块的一侧在梁上拉上一小段距离。每根杉木杆都近似地和绳子垂直；枢点和杉木杆上拴绳子的点之间的距离是0.70m。假定每个工人的质量是85kg，求使大块开始沿栎木梁向上移时，在两个站台上需要的最小工人数。（这一数目的约一半实际上能够先把大块的一侧拉动，然后再拉另一侧。）

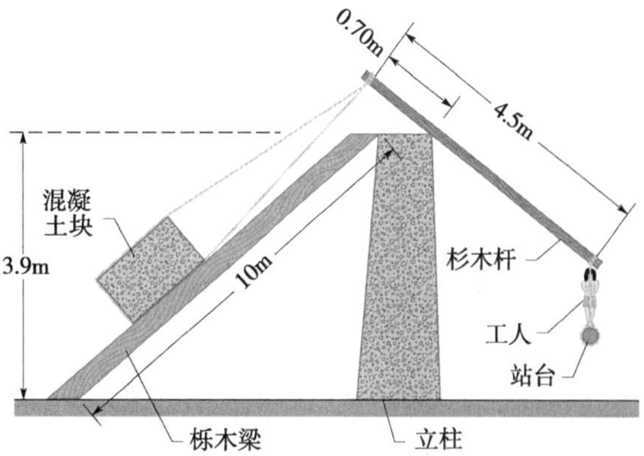

图11－46 习题69图

70. 乘吉普车和猎豹一起运动的观察员曾报道过猎豹全力跑动时具有惊人的速率114km/h（约71mi/h）。设想你通过保持你的吉普车与猎豹并肩运动来试测它的速率，当时你瞥见你的速率表上读数是114km/h，你保持你的吉普车离猎豹的距离为8.0m，但是吉普车的噪声使猎豹不断改变方向离开吉普车而沿一条半径为92m的圆路径跑动，因此，你就沿半径为100m的圆路径开行。（a）你和猎豹沿圆路径的角速率是多少？（b）猎豹沿它的圆路径的线速率是多少？（如果你没有考虑圆运动，你会错误地得出猎豹的速率是114km/h的结论，而在已发表的报告中明显地发生了这类错误。）

第 12 章　滚动、力矩和角动量

1897 年，一位欧洲“空中飞人”第一次从摆动的高空秋千上飞出后滚翻了三周到达搭档的手中。在此后的 85 年间许多空中飞人都曾尝试完成四个滚翻动作，但都失败了。直到 1982 年在观众面前，Ringling Bros. 和 Barnum & Bailey 马戏团的 Miguel Vazquez 使自己的身体在空中滚翻了四个整圈之后被他哥哥 Juan 接住。两人都为自己的成功感到吃惊。

为什么这套绝技这么困难？物理学对它的（最后）成功起了什么作用？

答案在本章中。

12-1 滚动

当一辆自行车在直路上行进时，每个轮子的中心向前作纯平动。然而轮子边上的一点描绘出了一条更复杂的路径，如图 12-1 所示。在下面，首先把滚动的轮子的运动看成纯平动和纯转动的结合来分析，然后看成只是转动。

作为结合起来的转动和平动的滚动

设想你在观察沿一条街道以恒定速率平稳地滚动（就是说，没有滑动）着经过你的一辆自行车的车轮。如图 12-2 所示，车轮的质心 O 以恒定速率 v_{com} 向前运动，街道上与轮接触的点 P 也以速率 v_{com} 向前运动，因而它总在 O 的正下方。

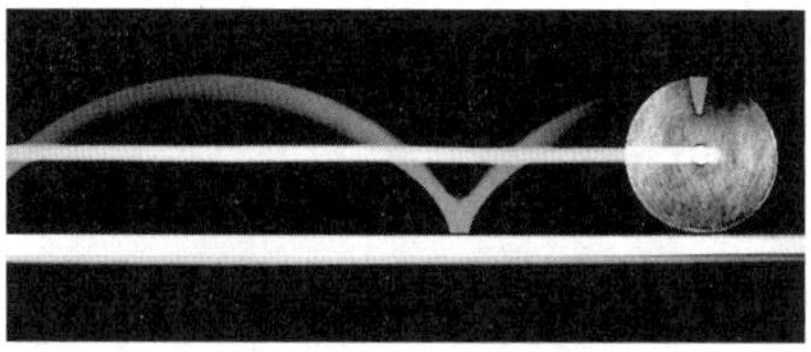

图 12-1 一个滚动圆盘的长时间曝光照片。小灯泡安在盘上，一个在中心，一个在边上，后者描绘出一支叫做**摆线**的曲线。

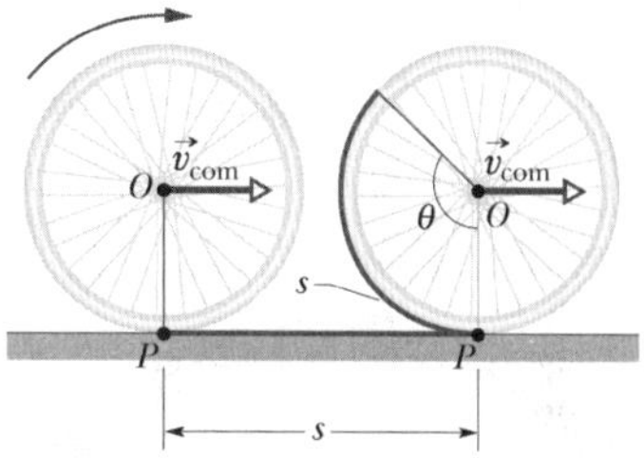

图 12-2 当车轮转过角度 θ 时，滚动的车轮的质心 O 以速度 $\vec{v}_{com}$ 经过一段距离 s。车轮和它在其上滚动的平面的接触点 P 也经过一段距离 s。

在一段时间 t 内，你看到 O 和 P 都向前运动了一段距离 s。骑车人看到车轮绕其中心转过了一个角 θ，轮上在时间 t 开始与街道接触的点运动经过了弧长 s。式（11-17）将弧长 s 和转角 θ 联系起来：

$$s = \theta R \tag{12-1}$$

式中，R 是轮的半径。轮中心（这一均匀车轮的质心）的线速率 v_{com} 是 ds/dt，对轮中心的轮的角速率 ω 是 $d\theta/dt$。因此，对时间微分式（12-1）（R 保持不变）给出

$$v_{com} = \omega R \quad (\text{稳定滚动}) \tag{12-2}$$

图 12-3 表示一个轮子的滚动是纯平动和纯转动的合成。图 12-3a 表示纯粹地转动的运动（好像通过中心的转轴是静止的）：轮子上各点绕中心以角速率 ω 转动。（这是在第 11 章中考虑过的运动类型）。在轮的外侧边上每一点都具有式（12-2）给出的线速率 v_{com}。图 12-3b 表示纯粹地平动的运动（好像轮子完全不转动。）：轮上每一点都向右以速率 v_{com} 运动。

图 12-3a 和图 12-3b 的合成产生轮子的实际滚动，如图 12-3c。注意，在这种运动的合成中，轮的底部（在 P 点）是静止的；而顶部（在 T 点）是以速率 $2v_{com}$ 运动，比轮上任一点都快，这些结果展示在图 12-4 中，它是一个滚动的自行车轮的长时间曝光照片。你可以说该轮的顶部附近运动得比底部附近运动得快，因为顶部的辐条比底部的更模糊。

任何圆的物体在一平面上的平稳的滚动都可分解为如图 12-3a 和图 12-3b 那样的纯粹地转动和纯粹地平动的运动。

作为纯粹转动的滚动

图 12-5 提出了观察一个车轮的滚动的另一种方法——即，作为纯转动，它的轴总是通过

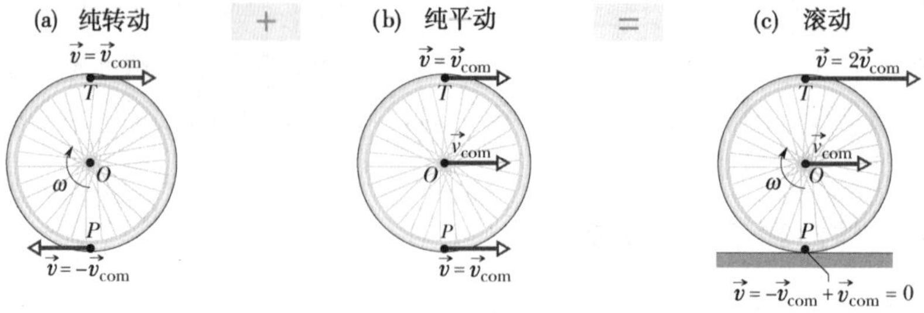

图 12－3　车轮的滚动作为纯粹地转动的运动和纯粹地平动的运动的合成 (a) 纯粹地转动的运动：轮上所有点都以同样的角速率 ω 运动，在轮的外侧边沿上各点都以同样的线速率 $v=v_{com}$ 运动。在轮子的顶部 (T) 和底部 (P) 的这样两点的线速度 $\vec{v}$ 如图示。(b) 纯粹地平动的运动：轮上所有点以和轮中心一样的相同线速度 v_{com} 向右运动。(c) 轮的滚动是 (a) 和 (b) 的合成。

图 12－4　一个滚动着的自行车轮的照片。轮顶部附近的辐条比底部附近的更模糊是因为它们运动得更快些，如图 12－3c 所示。

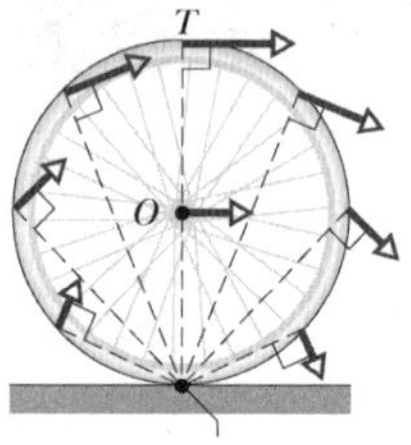

图 12－5　滚动可以看成是绕总是通过 P 点的轴以角速率 ω 转动的纯转动。那些矢量表示在滚动的轮上选出的点的瞬时线速度。可以如图 12－3 中那样把平动和转动运动合成而得到这些速度。

车轮运动时它和街道接触的那一点。我们认为滚动是绕着通过图 12－3c 中的 P 点而垂直于图面的轴的纯转动。图 12－5 中各矢量于是代表滚动着的轮上的各点的瞬时速度。

问题：对于这一新轴，一个静止的观察能够赋于一个滚动的自行车轮什么角速率?

答案：和骑车人赋于他观察到的绕通过质心的轴做纯转动的车轮的角速率 ω 相同。

要证实这一答案，让我们用它以一个静止的观察者的观点计算滚动的车轮顶部的线速率。如果以 R 表示轮的半径，图 12－5 中顶部离通过 P 的轴的距离是 $2R$，这样顶部的线速率应该为 (用式 (12－2))

$$v_{top}=(\omega)(2R)=2(\omega R)=2v_{com}$$

和图 12－3c 完全相符。你可以同样地证实在图 12－3c 中的轮上 O 和 P 处标出的线速度。

检查点1：丑角的自行车后轮半径是前轮半径的两倍。(a) 这种自行车行进时，其后轮顶部的线速率大于，小于，还是等于前轮顶部的线速率？(b) 后轮的角速率大于，小于，还是等于前轮的角速率？

12－2　滚动的动能

现在计算静止的观察者测量到的滚动的车轮的动能。如果把滚动看成是图 12－5 中绕通过 P 的轴的纯转动，那么由式（11－27）可得

$$K = \frac{1}{2}I_P\omega^2 \qquad (12-3)$$

式中，ω 是轮的角速率；I_P 是轮对通过 P 的轴的转动惯量。由式（11－29）的平行轴定理（$I = I_{com} + Mh^2$），有

$$I_P = I_{com} + MR^2 \qquad (12-4)$$

式中，M 为轮子的质量；I_{com} 为对通过质心的轴的转动惯量；R（轮的半径）是垂直距离 h。将式（12－4）代入式（12－3），得

$$K = \frac{1}{2}I_{com}\omega^2 + \frac{1}{2}MR^2\omega^2$$

再用关系式 $v_{com} = \omega R$（式（12－2））得

$$K = \frac{1}{2}I_{com}\omega^2 + \frac{1}{2}Mv_{com}^2 \qquad (12-5)$$

可以把$\frac{1}{2}I_{com}\omega^2$ 解释为和轮绕通过其质心的轴的转动（图 12－3a）相联系的动能，而$\frac{1}{2}Mv_{com}^2$为和轮的质心平动（图 12－3b）相联系的动能。因此，可有下一规律：

> 一个滚动物体具有两种动能：一种是由于它对其质心转动的转动动能$\left(\frac{1}{2}I_{com}\omega^2\right)$，另一种是由于其质心的平动的平动动能$\left(\frac{1}{2}Mv_{com}^2\right)$。

例题 12－1

一个均匀的实心圆柱，质量 $M = 1.4$kg，半径 $R = 8.5$cm，在一水平桌面上以 15cm/s 的速率平稳地滚动。它的动能是多少？

【解】 式（12－5）给出滚动物体的动能，但要用它需要三个**关键点**：

1. 当说到一个滚动物体的速率时，经常是指其质心的速率，因此这里 $v_{com} = 15$cm/s。

2. 式（12－5）需要滚动物体的角速率 ω，可以把它和 v_{com} 用式（12－2）联系起来，得 $\omega = v_{com}/R$。

3. 式（12－5）也需要物体对其质心的转动惯量 I_{com}。由表 11－2c 可知，对于一个实心圆柱 $I_{com} = \frac{1}{2}MR^2$。现在式（12－5）给出

$$\begin{aligned}K &= \frac{1}{2}I_{com}\omega^2 + \frac{1}{2}Mv_{com}^2\\ &= \frac{1}{2}\left(\frac{1}{2}MR\right)^2(v_{com}/R^2) + \frac{1}{2}Mv_{com}^2\\ &= \frac{3}{4}Mv_{com}^2\\ &= \frac{3}{4}(1.4\text{kg})(0.15\text{m/s})^2\\ &= 0.024\text{J} = 24\text{mJ}\end{aligned}$$

（答案）

12－3 滚动的力

摩擦和滚动

如果像在图12－2中那样，一个轮子以恒定速率滚动，它没有在接触点 P 滑动的趋向，因而在那里没有摩擦力。然而，如果一个净力作用在滚动的轮子上去加速或减慢它，那么该净力就使质心沿运动方向产生加速度 $\vec{a}_{com}$。它也使轮子加快或减慢转动，这就意味着它对质心产生了角加速度 α。这些加速度要使轮子在 P 处滑动，因此一定有一个摩擦力在 P 处作用于轮子上来对抗这种趋势。

如果轮子**真的不**打滑。该力就是静摩擦力 $\vec{f}_s$，而滚动就是平稳的。于是就可以把线加速度 $\vec{a}_{com}$ 的大小与对时间微分式（12－2）（保持 R 不变）求得的角加速度 α 联系起来。这样，对平稳的滚动，有

$$a_{com} = \alpha R \qquad \text{（平稳滚动）} \qquad (12-6)$$

如果净力作用于它时，轮子真的滑动了，在图12－2中 P 处作用的摩擦力则是动摩擦力 $\vec{f}_k$。运动就不是平稳的滚动，而式（12－6）就不适用于这种运动，在本章只讨论平稳地滚动的运动。

图12－6所示为一个示例，其中正使一个轮子在一个平面上滚动时加快转动，就像一个自行车轮在竞赛开始时那样。更快地转动将趋向使轮的底部在 P 点向左滑动，在 P 点的一个向右的摩擦力抵抗这种滑动的倾向。如果轮子不滑动，该摩擦力是一个静摩擦力 $\vec{f}_s$（如图示），运动就是平稳的滚动，而式（12－6）适用于这运动。（如果没有摩擦，自行车赛将不能起动而非常令人烦恼。）

如果在图12－6中的轮子转动变慢，例如一个慢下来的自行车轮，该轮将有两方面的变化：质心的加速度 $\vec{a}_{com}$ 和在 P 点的摩擦力 $\vec{f}_s$ 的方向都要向左。

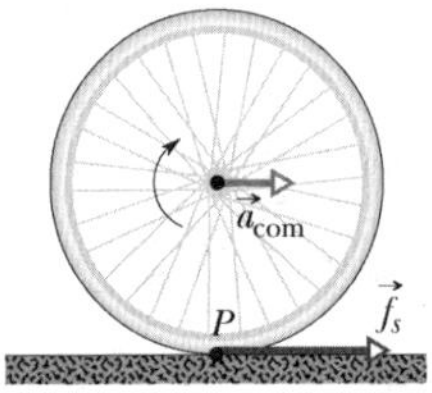

图12－6 一个轮子以线加速度 $\vec{a}_{com}$ 加速时沿水平方向无滑动地滚动。一个静摩擦力 $\vec{f}_s$ 在 P 处作用在轮上抵抗它滑动的倾向。

沿斜面向下滚动

图12－7所示为一个质量为 M、半径为 R 的圆形均匀物体沿 x 轴平稳地滚下倾角为 θ 的一个斜面。现在要求物体沿斜面向下的加速度 a_{com} 的表达式。因此应用牛顿第二定律的线量形式（$F_{net}=Ma$）和角量形式（$\tau_{ner}=I\alpha$）。

从画出物体受的力开始，如图12－7所示：

1. 对物体的重力 $\vec{F}_g$ 向下。矢量的箭尾画在物体的质心上。沿斜面的分量是 $F g\sin\theta$，等于 $Mg\sin\theta$。

2. 法向力 $\vec{N}$ 垂直于斜面，它在接触点 P 作用。在图12－7中该矢量已沿它的方向平移，使其箭尾在物体的质心上。

3. 静摩擦力 $\vec{f}_s$ 在接触点 P 作用，方向沿斜面向上。（你看为什么？如果物体在 P 点要滑动，它将沿斜面向下滑动，因此，反抗滑动的摩擦力一定沿斜面向上。）

可以对图12－7中的沿 x 轴的分量写出牛顿第二定律（$F_{net,x}=ma_x$）如下：

$$f_s - Mg\sin\theta = Ma_{com,x} \qquad (12-7)$$

式中包含两个未知量，f_s 和 $a_{com,x}$。（**不**应该把 f_s 假定为它的最大值 $f_{s,max}$，f_s 的值刚好使物体沿斜面平稳地没有滑动地滚下。）

现在要对物体绕其质心的转动应用角量形式的牛顿第二定律。首先，用式（11-33）（$\tau = r_\perp F$）写出在物体上对该点的力矩。摩擦力 $\vec{f}_s$ 具有力臂 R，因而产生力矩 Rf_s，它是正的，因为它要使物体沿逆时针方向转动，如图12-7所示。$\vec{F}_g$ 和 $\vec{N}$ 对质心的力臂是零，因而不产生力矩。这样就能够对通过质心的轴写出角量形式的牛顿第二定律（$\tau_{net} = I\alpha$）如下：

$$Rf_s = I_{com}\alpha \qquad (12-8)$$

此方程包含两个未知量 f_s 和 α。

由于物体正在平稳地滚动，就用式（12-6）（$a_{com} = \alpha R$）把未知量 $a_{com,x}$ 和 α 联系起来。但必须注意这里 $a_{com,x}$ 是负的（沿 x 轴负向）而 α 是正的（逆时针方向），因此以 $-a_{com,x}/R$ 代入式（12-8）中的 α，这样，对 f_s 求解，得

$$f_s = -I_{com}\frac{a_{com,x}}{R^2} \qquad (12-9)$$

将式（12-9）的右侧代入式（12-7）中的 f_s，得

$$a_{com,x} = \frac{g\sin\theta}{1 + I_{com}/MR^2} \qquad (12-10)$$

可以用此式求任意物体沿倾角 θ 的斜面滚动时的线加速度 $a_{com,x}$。

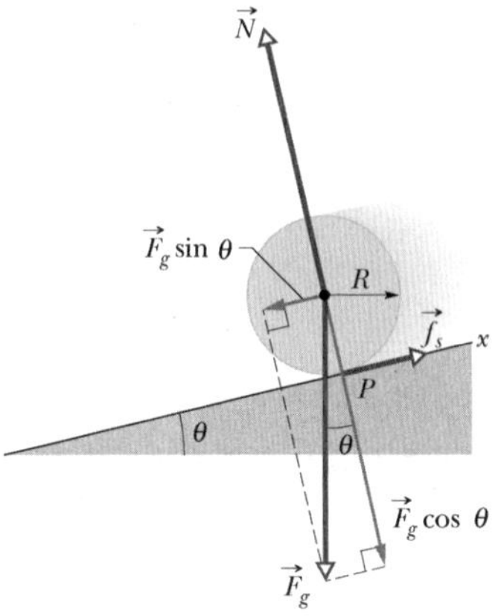

图12-7 一个半径为 R 的圆的均匀物体滚下一个斜面，作用在物体上的力为重力 $\vec{F}_g$，法向力 $\vec{N}$ 和指向斜面上方的摩擦力 $\vec{f}_s$。（为简单计，矢量 $\vec{N}$ 已沿它的方向平移，使其箭尾在质心上）。

检查点2：两个相同的圆盘 A 和 B 在地板上以相同的速率滚动。接着盘 A 滚上一斜面，达到最大高度 h，而盘 B 沿着同样的但没有摩擦的斜面向上运动。盘 B 达到的最大高度大于，小于，还是等于 h?

例题 12-2

一个质量 $M = 6.00\text{kg}$ 和半径为 R 的均匀球体平稳地从静止滚下 $\theta = 30°$ 的斜面（见图12-7）。

(a) 球下降竖直高度 h 达到斜面底部。它到达底部的速率是多少？

【解】 这里一个**关键点**是可以把球在底部的速率和它的动能 K_f 联系起来。第二个**关键点**是球-地球系统的机械能 E 在球滚下斜面时是守恒的，其理由是对球做功的惟一的力是重力，一个保守力。斜面对球的法向力不做功，因为它垂直于球的路径。斜面对球的摩擦力由于物体不滑动（它**平稳地滚动**）而不将任何能转化为热能。

于是可以把机械能守恒写作

$$K_f + U_f = K_i + U_i \qquad (12-11)$$

式中，下标 f 和 i 分别表示终了值（在底部）和起始值（静止时）。重力势能的初始值 $U_i = Mgh$（其中 M 是球的质量），终了值 $U_f = 0$。动能初始值 $K_i = 0$。对于终了动能 K_f，用第三个**关键点**：由于球滚动，其动能涉及平动和转动二者，因此用式（12-5）把二者都包括进去。把这些公式都代入式（12-11）得

$$\left(\frac{1}{2}I_{com}\omega^2 + \frac{1}{2}Mv_{com}^2\right) + 0 = 0 + Mgh \qquad (12-12)$$

式中，I_{com} 为球对通过其质心的轴的转动惯量；v_{com} 为要求的在底部的速率，ω 是在那里的角速率。

由于球平稳地滚动，可以用式（12-2）以 v_{com}/R 代替 ω 以减小式（12-12）中的未知量数目，并用 $\frac{2}{5}MR^2$ 代替 I_{com}（见表11-2f），再对 v_{com} 求解得

$$v_{com} = \sqrt{\left(\frac{10}{7}\right)gh} = \sqrt{\frac{10}{7} \times 9.8\text{m/s}^2 \times 1.2\text{m}}$$
$$= 4.1\text{m/s}$$

（答案）

注意，此结果和球的质量 M 以及半径 R 无关。

(b) 当球滚下斜面时，对它的摩擦力的大小和方向为何？

【解】 这里**关键点**是，由于球平稳地滚动，

式（12－9）给出对球的摩擦力。不过，首先需要球的加速度 $a_{com,x}$，它可由式（12－10）求得为

$$a_{com,x}=-\frac{g\sin\theta}{1+I_{com}/MR^2}=-\frac{g\sin\theta}{1+\frac{2}{5}MR^2/MR^2}$$

$$=-\frac{9.8\text{m/s}^2\times\sin 30.0°}{1+\frac{2}{5}}$$

$$=-3.50\text{m/s}^2$$

注意，求 $a_{com,x}$ 时既不需要 M 也不需要 R。因此，任意大小和任意均匀质量的球沿 30.0°斜面滚下时都会有此加速度，只要球平稳地滚动。

现在可以用式（12－9）得

$$f_s=-I_{com}\frac{a_{com,x}}{R^2}=-\frac{2}{5}MR^2\frac{a_{com,x}}{R^2}=-\frac{2}{5}Ma_{com,x}$$

$$=-\frac{2}{5}\times 6.00\text{kg}\times(-3.50\text{m/s}^2)=8.40\text{N}$$

（答案）

注意，此处需要 M 不需要 R。因此，30.0°的斜面对均匀质量为 6.00kg 的任意大小的球在平稳滚动中都将产生大小为 8.40N 的摩擦力。

12－4 约－约

约－约是可以装在口袋里的一个物理实验室。如果一个约－约沿着它的线滚下一段距离 h，它失去 mgh 的势能但以平动 $\left(\frac{1}{2}mv_{com}^2\right)$ 和转动 $\left(\frac{1}{2}I_{com}\omega^2\right)$ 两种形式得到动能。当它向上爬回时，它失去动能而再次得到势能。

在现代的约－约中，绳不是拴到轮轴上而只是用环套住它。当约－约“冲击”它的绳的底端时，绳对轮轴的向上的力停止它的下降，接着约－约就旋转起来，其轮轴在环内，只有转动动能。约－约保持这种旋转的（“睡眠的”）状态直到你猛拽一下绳子“弄醒它”，使绳子往轮轴上缠而约－约重新爬上去。约－约在它的绳子的底端（以及睡眠）时的转动动能可能由于在开始时把约－约沿绳子以初速率 v_{com} 和 ω 扔下而不是从静止开始滚动而大大地增加。

为了求约－约沿绳子滚下时的线加速度 a_{com}，可以像刚才对沿图 12－7 中的斜面下滚的物体那样应用牛顿第二定律。分析是一样的，除去以下几点：

1. 不是沿倾角为 θ 的斜面滚下，约－约沿与水平成 90°角的绳子滚下。

2. 不是在半径为 R 的它的外表面上滚动，约－约在半径为 R_0 的轮轴上滚动（图 12－8a）。

3. 不是被摩擦力 f_s 减慢，约－约是被绳对它的力 $\vec{T}$ 减慢的。

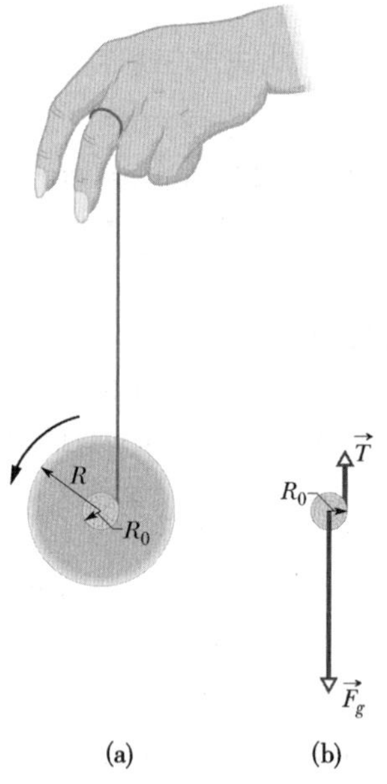

图 12－8 （a）一只约－约的横截面，假设粗细可忽略的绳子绕在半径为 R_0 的轮轴上。（b）下落的约－约的示力图，只画出了轮轴。

上述分析将再次导出式(12－10)，因此，只是改变一下式（12－10）中的符号并令 $\theta=90°$，就可写出线加速度为

$$a_{com}=-\frac{g}{1+I_{com}/MR_0^2}\qquad(12-13)$$

式中，I_{com} 是约－约对其中心的转动惯量；M 是它的质量。约－约在向上爬回时具有同样的向下的加速度，因为对它的力仍然是图 12－8b 画出的那些。

12－5 再论力矩

在第 11 章中对一个绕定轴转动的刚体定义了力矩 τ，在刚体中每个质点都被迫沿着绕定轴的圆形路径运动。现在把力矩的定义推广到应用于相对于一个固定点（不是固定轴）沿任意路径运动的单个质点。路径不再需要是圆，并且必须把力矩写成可以具有任意方向的矢量 $\vec{\tau}$。

图 12－9a 所示在 xy 平面内的 A 点即为这样一个质点。在该平面内的一个单独的力 $\vec{F}$ 作用在质点上，而质点相对于原点 O 的位置由位矢 $\vec{r}$ 给出。相对于固定点 O 作用在质点上的力矩 $\vec{\tau}$ 是一个矢量，定义为

$$\vec{\tau} = \vec{r} \times \vec{F} \qquad \text{(力矩定义)} \qquad (12-14)$$

可以用 3－7 节中给出的关于矢积的右手规则求这个 $\vec{\tau}$ 的定义中的矢（或叉）积。为了求 $\vec{\tau}$ 的方向，把矢量 $\vec{F}$（保持它的方向不变）移动直到它的尾端在原点 O，这样上面矢积中的两个矢量就像图 12－9b 中那样尾尾相接。接着用图 3－20a 中对矢积的右手规则，让右手的四指从 $\vec{r}$（矢积中第一个矢量）扫到 $\vec{F}$（第二个矢量），伸直的右手姆指就给出 $\vec{\tau}$ 的方向。在图 12－9b 中，$\vec{\tau}$ 的方向是沿着 z 轴的正方向。

为了确定 $\vec{\tau}$ 的大小，用式（3－27）的一般结果（$c = ab\sin\phi$），得

$$\tau = rF\sin\phi \qquad (12-15)$$

式中，ϕ 是 $\vec{r}$ 和 $\vec{F}$ 尾尾相接时它们的方向间的夹角。由图 12－9b 可看到式（12－15）也可写成

$$\tau = rF_{\perp} \qquad (12-16)$$

式中，$F_{\perp}$（$\approx F\sin\phi$）是 $\vec{F}$ 垂直于 $\vec{r}$ 的分量。从图 12－9c 可看到式（12－15）也可写成

$$\tau = r_{\perp}F \qquad (12-17)$$

其中 $r\perp = r\sin\phi$ 是 $\vec{F}$ 的力臂（O 和 $\vec{F}$ 的作用线的垂直距离。）

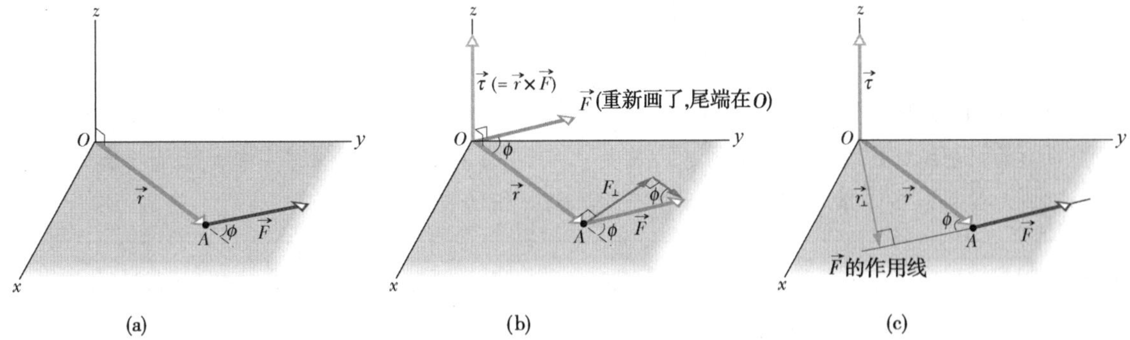

图 12－9 定义力矩（a）xy 平面的一个力 $\vec{F}$ 作用于在 A 点的质点上。（b）此力相对于原点 O 对质点产生力矩 $\vec{\tau}$（$=\vec{r}\times\vec{F}$）。根据对矢（叉）积的右手规则，力矩矢量指向 z 的正向，它的大小在（b）中由 $rF_{\perp}$ 在（c）中由 $r_{\perp}F$ 给定。

例题 12－3

在图 12－10a 中，三个大小为 2.0N 的力作用在一个质点上。质点在 xz 平面内的 A 点，其位置由位矢 $\vec{r}$ 给出，其中 $r = 3.0\text{m}$，$\theta = 30°$，力 $\vec{F}_1$ 平行于 x 轴，力 $\vec{F}_2$ 平行于 z 轴，力 $\vec{F}_3$ 平行于 y 轴。每个力对原点 O 的力矩为何？

【解】 这里**关键点**是，由于三个力矢量不在同一个平面内，不能像在第11章中那样计算它们的力矩。取而代之，必须用矢（叉）积计算，大小由式（12-15）（$\tau = rF\sin\phi$）给出，而方向由对矢积的右手规则确定。

由于要求的是对原点的力矩，每个叉积所需的 $\vec{r}$ 是已给的位矢 $\vec{r}$。为了确定每个力的方向和 $\vec{r}$ 方向之间的角度 ϕ，依次移动图12-10a中的各力矢量使它们的尾端在原点。图12-10b、c和d，所示是 xz 平面的正视图，分别画出了移动过的力矢量 $\vec{F}_1$、$\vec{F}_2$ 和 $\vec{F}_3$（注意，那些角都是比较容易看出的。）在图12-10d中，$\vec{r}$ 和 $\vec{F}_3$ 的夹角是90°，符号⊗意思是 $\vec{F}_3$ 指向页面内。如果它指向负面外，就用符号⊙代表。

现在对每个力用式（12-15），可得各力矩的大小为

$$\tau_1 = rF_1\sin\phi_1 = 3.0\text{m}\times 2.0\text{N}\times\sin 150° = 3.0\text{N}\cdot\text{m}$$

$$\tau_2 = rF_2\sin\phi_2 = 3.0\text{m}\times 2.0\text{N}\times\sin 120° = 5.2\text{N}\cdot\text{m}$$

和

$$\tau_3 = rF_3\sin\phi_3 = 3.0\text{m}\times 2.0\text{N}\times\sin 90° = 6.0\text{N}\cdot\text{m}$$

（答案）

为了找这些力矩的方向，用右手规则，使右手四指从 $\vec{r}$ 通过它们之间的两个角中**较小**的那一个转向 $\vec{F}$，姆指就指向力矩的方向。因此 $\vec{\tau}_1$ 在图12-10b中指向页内；$\vec{\tau}_2$ 在图12-10c中指向页外；而 $\vec{\tau}_3$ 在图12-10d中指向如图示方向。三个力矩矢量都画在图12-10e中。

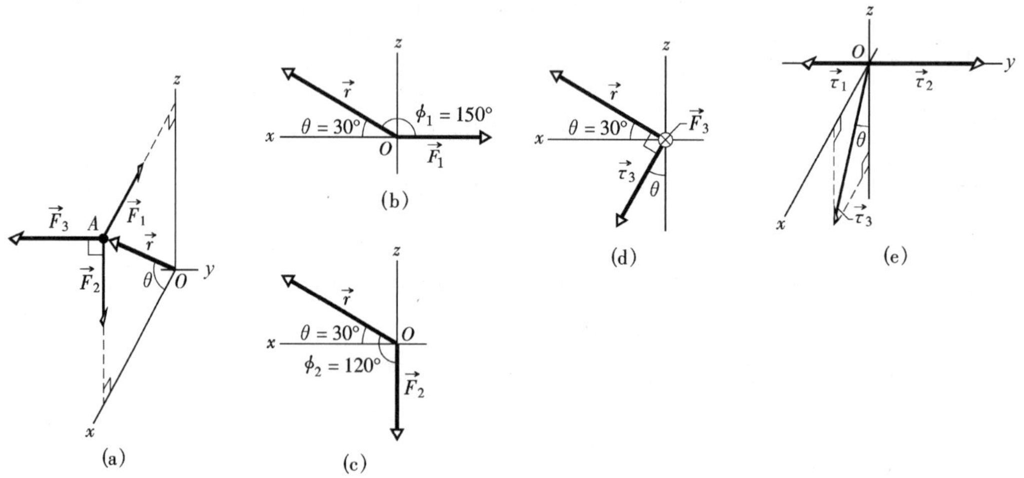

图12-10 例题12-3图 (a) 在 A 点的质点受三个力的作用，每一个沿一个坐标轴。(用来求力矩的) 角 ϕ 对 $\vec{F}_1$ 画在（b）中，对 $\vec{F}_2$ 画在（c）中。(d) 力矩 $\vec{\tau}_3$ 垂直于 $\vec{r}$ 和 $\vec{F}_3$ 二者（力 $\vec{F}_3$ 指向图面内。）(e) 作用在质点上（相对于原点 O）的诸力矩。

检查点3：一个质点的位矢 $\vec{r}$ 指向 z 轴的正向，如果对质点的力矩是（a）零，（b）沿 x 的负向，和（c）沿 y 的负向，产生此力矩的力的方向为何？

解题线索

线索1：矢积和力矩

式（12-15）是我们第一次应用矢（叉）积。你应该复习一下3-7节，其中给出了对矢积的规律。在该节中，解题线索5列出了许多求矢积的方向时常出现的错误。要记住一个力矩是**对于**一个点计算的，如果力矩的值是有意义的，就必须知道这个点。这个点变了，力矩的大小和方向都可能改变。例如，在例题12-3中，三个力的力的力矩都是对原点 O 计算的。如果都对 A 点（质点所在处）计算，由于每个力的 $r=0$，可以证明同样的三个力的力矩都是零。

12-6 角动量

回忆线动量 $\vec{p}$ 的概念和线动量守恒原理都是极端重要的工具。它们使我们能预言，例如，两辆车猛撞的后果而毋须知道碰撞的细节。现在我们开始讨论 $\vec{p}$ 的角对应量。我们将以讨论守恒原理的角对应原理来结束本章。

图 12-11 所示为质量为 m，具有线动量 $\vec{p}$（$=m\vec{v}$），在 xy 平面内通过点 A 运动的一个质点，此质点对原点 O 的**角动量** $\vec{l}$ 是一个矢量，定义为

$$\vec{l}=\vec{r}\times\vec{p}=m(\vec{r}\times\vec{v}) \qquad \text{(角动量定义)} \qquad (12-18)$$

式中，$\vec{r}$ 是质点对于 O 的位矢。随着质点相对于 O 沿着自己的动量 $\vec{p}$（$=m\vec{v}$）的方向运动，位矢 $\vec{r}$ 绕 O 转动。要小心地注意到要对 O 具有角动量，质点本身不一定要围着 O 转动。比较式（12-14）和式（12-18）可知，角动量对线动量具有力矩对力的相同的关系。角动量的 SI 单位是千克·米平方每秒（kg·m²/s），等价于焦·秒（J·s）。

为了求角动量 $\vec{l}$ 的方向（图 12-11），移动矢量 $\vec{p}$ 直到它的尾端在原点 O；接着用对矢积的右手规则，让四指从 $\vec{r}$ 扫到 $\vec{p}$，伸直的姆指在图 12-11 中指出 $\vec{l}$ 的方向沿 z 轴的正向。当质点继续运动时，这一正方向和它的位矢 $\vec{r}$ 绕 z 轴的逆时针转动相一致。（$\vec{l}$ 的负方向和 $\vec{r}$ 对 z 轴的顺时针转动相一致。）

为了求 $\vec{l}$ 的大小，用式（3-27）的一般结果，写成

$$l=rmv\sin\phi \qquad (12-19)$$

式中，ϕ 是 $\vec{r}$ 和 $\vec{p}$ 尾接尾时二者之间的夹角。由图 12-11a，可看到式（12-19）可写成

$$l=rp_{\perp}=rmv_{\perp} \qquad (12-20)$$

式中，$p_{\perp}$ 是 $\vec{p}$ 垂直于 $\vec{r}$ 的分量；$v_{\perp}$ 是 $\vec{v}$ 垂直于 $\vec{r}$ 的分量。由图 12-11b 可看出式（12-19）也可写成

$$l=r_{\perp}p=r_{\perp}mv \qquad (12-21)$$

式中，$r_{\perp}$ 是 O 和 $\vec{p}$ 的延长线之间的垂直距离。

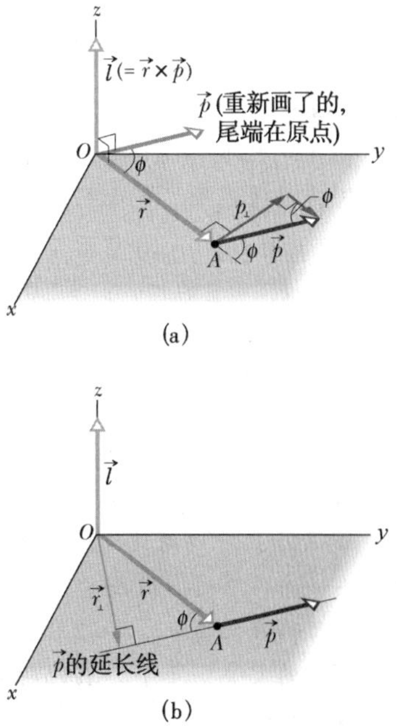

图 12-11 定义角动量。通过点 A 的质点具有线动量 $\vec{p}$（$=m\vec{v}$），矢量 $\vec{p}$ 在 xy 平面内，质点具有对原点 O 的角动量 $\vec{l}$（$=\vec{r}\times\vec{p}$）。由右手规则，角动量指向 z 的正向。(a) $\vec{l}$ 的大小由 $l=rp_{\perp}=rmv_{\perp}$ 给出。(b) $\vec{l}$ 的大小由 $l=r_{\perp}p=r_{\perp}mv$ 给出。

正像对力矩是真的那样，角动量只对一个特定点才有意义。而且，如果图 12-11 中的质点不在 xy 平面内，或者它的线动量 $\vec{p}$ 也不在该平面内，则角动量 $\vec{l}$ 不会平行于 z 轴。角动量矢量的方向总是垂直于位置与线动量矢量 $\vec{r}$、$\vec{p}$ 形成的平面。

检查点 4：在图 a 中，质点 1 和 2 围绕 O 沿相反方向在半径为 2m 和 4m 的两个圆上运动。在图 b 中，质点 3 和 4 沿同方向在离点 O 的垂直距离为 4m 和 2m 的直线上运动。质点 5 直接离开 O 运动。所有质点都具有相同的质量和相同的恒定速率。(a) 按照它们对 O 的角动量的大小由大到小对这些质点排序。(b) 哪个质点具有对 O 点的负角动量？

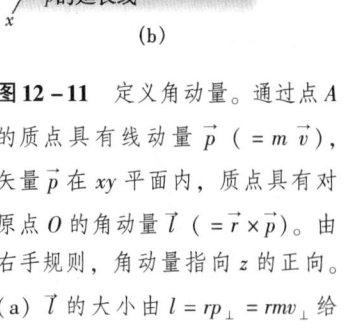

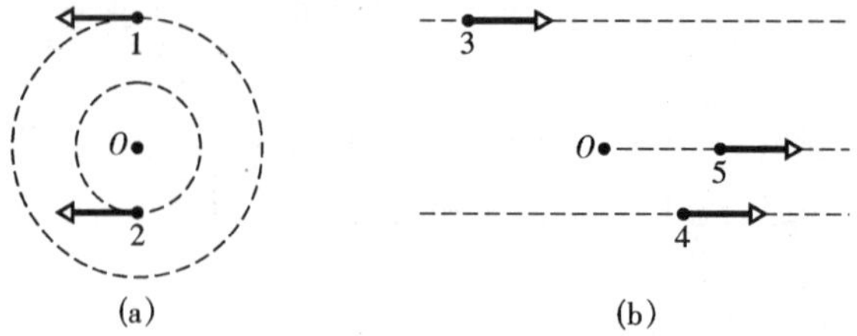

例题 12－4

图 12－12 所示是两个沿水平路径以恒定动量运动的质点的俯视图。质点 1、动量的大小 $p_1=5.0\text{kg}\cdot\text{m/s}$，具有位矢 $\vec{r}_1$ 并将要经过离 O 点 2.0m 的地方。质点 2，动量的大小 $p_2=2.0\text{kg}\cdot\text{m/s}$，具有位矢 $\vec{r}_2$ 并将要通过离 O 点 4.0m 的地方。这一二质点系统对 O 点的净角动量 $\vec{L}$ 为何？

【解】 这里**关键点**是，为求 $\vec{L}$，可以先求单个的角动量 $\vec{l}_1$ 和 $\vec{l}_2$，随后把它们加起来。为了计算它们的大小，可以用式（12－18）～式（12－21）中的任一个。不过，用式（12－21）最容易，因为已给出了垂直矩离 $r_{\perp1}$（＝2.0m）和 $r_{\perp2}$（＝4.0m）以及动量的大小 p_1 和 p_2。其他两个公式的所有的量都没有给出。

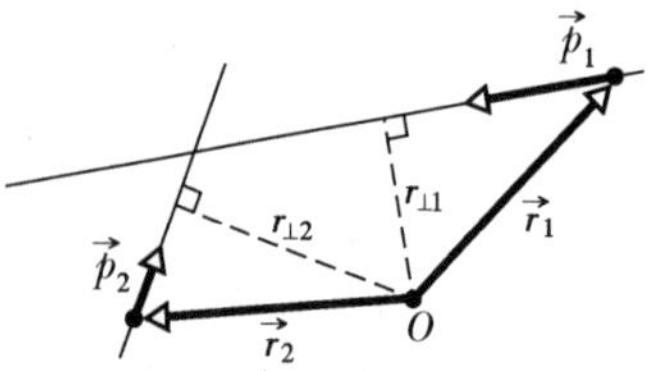

图 12－12　例题 12－4 图　两个质点从 O 点附近通过。

对质点 1，式（12－21）给出

$$l_1=r_{\perp1}p_1=2.0\text{m}\times5.0\text{kg}\cdot\text{m/s}=10\text{kg}\cdot\text{m}^2/\text{s}$$

为了求矢量 $\vec{l}_1$ 的方向，用式（12－18）和对矢积的右手规则。对 $\vec{r}_1\times\vec{p}_1$，矢积指向页面外，垂直于图 12－12 的平面，这是正方向，和质点 1 在运动中它的位矢 $\vec{r}_1$ 绕 O 的逆时针转动相一致。因此质点 1 的角动量矢量是

$$l_1=+10\text{kg}\cdot\text{m}^2/\text{s}$$

同理，$\vec{l}_2$ 的大小是

$$l_2=r_{\perp2}p_2=4.0\text{m}\times2.0\text{kg}\cdot\text{m/s}=8.0\text{kg}\cdot\text{m}^2/\text{s}$$

而矢积 $\vec{r}_2\times\vec{p}_2$ 指向页面内，这是负方向，与质点 2 在运动中 $\vec{r}_2$ 绕 O 的顺时针转动相一致。因此，质点 2 的角动量矢量是

$$l_2=-8.0\text{kg}\cdot\text{m}^2/\text{s}$$

这个二质点系统的净角动量是

$$L=l_1+l_2=+10\text{kg}\cdot\text{m}^2/\text{s}+(-8.0\text{kg}\cdot\text{m}^2/\text{s})=+2.0\text{kg}\cdot\text{m}^2/\text{s}$$

（答案）

正号表示系统对 O 的净角动量是向页面外。

12－7　角量形式的牛顿第二定律

以形式

$$\vec{F}_{\text{net}}=\frac{\mathrm{d}\vec{p}}{\mathrm{d}t}\quad（单质点）\tag{12-22}$$

写出的牛顿第二定律表示对一个单质点的力和线动量的密切关系。我们已经看到过足够的线量和角量的平行对应，因此完全可以相信在力矩和角动量之间也有一密切关系。受式（12－22）的启发，我们甚至可以猜出它一定是

$$\vec{\tau}_{\text{net}}=\frac{\mathrm{d}\vec{l}}{\mathrm{d}t}\quad（单质点）\tag{12-23}$$

式（12－23）确实是对单个质点的牛顿第二定律的角量形式：

作用在一个质点上的所有力矩之（矢量）和等于该质点的角动量的时间变率。

式（12－23）没有意义，除非力矩 $\vec{\tau}$ 和角动量 $\vec{l}$ 是对同一原点定义的。

式（12－33）的证明

从一个质点的角动量的定义式（12－18）开始：

$$\vec{l}=m(\vec{r}\times\vec{v})$$

式中，$\vec{r}$ 是质点的位矢；$\vec{v}$ 是质点的速度。

对 t 微分[㊀]上式的两侧得

$$\frac{d\vec{l}}{dt}=m\left(\vec{r}\times\frac{d\vec{v}}{dt}+\frac{d\vec{r}}{dt}\times\vec{v}\right) \tag{12－24}$$

这里，$d\vec{v}/dt$ 为质点的加速度 $\vec{a}$，$\frac{d\vec{r}}{dt}$为它的速度 $\vec{v}$，因此式（12－24）可以重写为

$$\frac{d\vec{l}}{dt}=m(\vec{r}\times\vec{a}+\vec{v}\times\vec{v})$$

现在 $\vec{v}\times\vec{v}=0$，（任何矢量和它自己的矢积是零，因为两个矢量之间的夹角一定是零），这就给出

$$\frac{d\vec{l}}{dt}=m(\vec{r}\times\vec{a})=\vec{r}\times m\vec{a}$$

现在用牛顿第二定律（$\vec{F}_{net}=m\vec{a}$）把 $m\vec{a}$以其等量，作用在质点上的力的矢量和，代替，可得

$$\frac{d\vec{l}}{dt}=\vec{r}\times\vec{F}_{net}=\sum(\vec{r}\times\vec{F}) \tag{12－25}$$

这里符号∑表明必须把所有的力的矢积 $\vec{r}\times\vec{F}$ 加起来。然而，由式（12－14）知道，这些矢积的每一个都是和一个力相联系的力矩。因此，式（12－25）就表明

$$\vec{\tau}_{net}=\frac{d\vec{l}}{dt}$$

这就是我们开始要证明的式（12－23）。

检查点 5：右图所示为一个质点在某一时刻的位矢 $\vec{r}$ 和加速它的一个力可供选择的四个方向。四种选择都在 xy 平面内，(a) 根据它们产生的对 O 的质点的角动量的时间变率（$d\vec{l}/dt$）的大小由大到小对这四种选择排序。(b) 哪一种选择产生对 O 的负变化率？

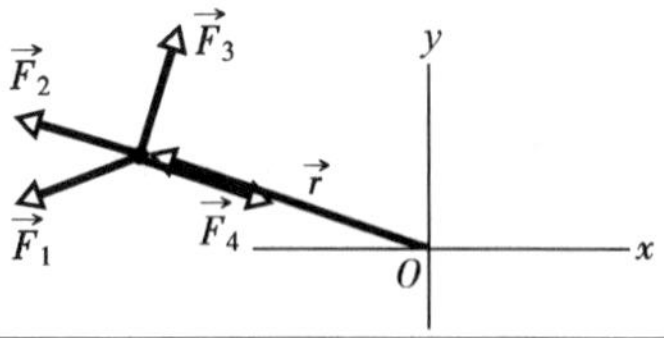

例题 12－5

在图 12－13 中，一只质量为 m 的企鹅从 A 点由静止下落。A 点离一个 xyz 坐标系的原点 O 的距离是 D。（z 轴的正向垂直于图面向外。）

(a) 下落的企鹅对 O 的角动量 $\vec{l}$ 为何？

【解】 这里一个**关键点**是，可以把企鹅当成质点处理，因此它的角动量 $\vec{l}$ 由式（12－18）（$\vec{l}=\vec{r}\times\vec{p}$）给定，其中 $\vec{r}$ 是企鹅的位矢（从 O 延伸到企鹅）而 $\vec{p}$ 是企鹅的线动量。第二个**关键点**是，即使企鹅沿一条直线运动，它对 O 也有**角**动量，因为企鹅下落时 $\vec{r}$ 绕着 O 转动。

为了求 $\vec{l}$，可以用从式（12－18）导出的任一

㊀ 微分矢积时，要保证不改变形成该积的两个量（这里是 $\vec{r}$ 和 $\vec{v}$）的次序。（见式（3－28）。）

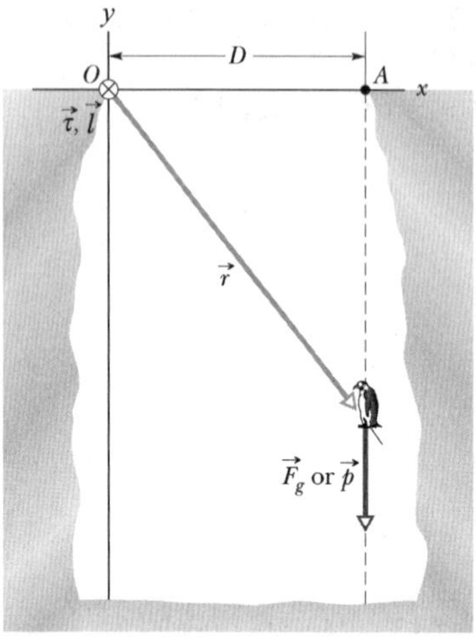

图 12－13 例题 12－5 图 一只企鹅从 A 点竖直地下落，对原点 O 的力矩 $\vec{\tau}$ 和企鹅的角动量 $\vec{l}$ 在 O 指向图面内。

个标量式，即式（12－19）～式（12－21）。不过，式（12－21）（$l=r_{\perp}mv$）是最容易的，因为 O 和 $\vec{p}$ 的延长线之间的垂直距离 $r_{\perp}$ 是已给出的 D。第三个**关键点**是个老的：从静止已下落一段时间 t 时的速率是 $v=gt$。现在可以用已知量把式（12－21）写成

$$l = r_{\perp} mv = Dmgt \qquad \text{（答案）}$$

为了找 $\vec{l}$ 的方向，对式（12－18）中的矢积 $\vec{r}\times\vec{p}$ 应用右手规则。心里想着移动 $\vec{p}$ 使它的尾端在原点，然后使右手的四指从 $\vec{r}$ 经过二矢量间的较小的角转向 $\vec{p}$。伸出的姆指就指向图面内，表示积 $\vec{r}\times\vec{p}$，因而 $\vec{l}$ 指向图面内，沿 z 轴的负方向。图中用在 O 的带圈的叉⊗代表 $\vec{l}$。矢量 $\vec{l}$ 只随时间改变大小；它的方向保持不变。

（b）对于 O，重力 $\vec{F}_g$ 对企鹅的力矩 τ 为何？

【解】 这里一个**关键点**是，力矩由式（12－14）（$\vec{\tau}=\vec{r}\times\vec{F}$）给出，其中的力现在是 $\vec{F}_g$。相关的**关键点**是，即使企鹅沿一条直线运动，$\vec{F}_g$ 还是对企鹅有一力矩作用，因为企鹅运动时 $\vec{r}$ 绕 O 转动。

为了求 $\vec{\tau}$ 的大小，用从式（12－14）导出的任一个标量公式，即从式（12－15）到式（12－17）。不过，用式（12－17）（$\tau=r_{\perp}F$）是最容易的，因为 O 和 $\vec{F}_g$ 的作用线之间的垂直距离是给出的 D。因此，代入 D 并用 mg 代替 $\vec{F}_g$ 的大小，可将式（12－17）写成

$$\tau = DF_g = Dmg \qquad \text{（答案）}$$

对式（12－14）中的矢积 $\vec{r}\times\vec{F}$ 应用右手规则，可发现 $\vec{\tau}$ 的方向是沿 z 轴的负方向，和 $\vec{l}$ 的一样。

在（a）和（b）中得到的结果必须符合牛顿第二定律的角量形式——式（12－23）$\left(\vec{\tau}_{net}=\frac{d\vec{l}}{dt}\right)$。为了校核得到的两个结果。写出式（12－23）的沿 z 轴的分量式并代入 $l=Dmgt$ 得

$$\tau = \frac{d\vec{l}}{dt} = \frac{d(Dmgt)}{dt} = Dmg$$

这就是已求出的 $\vec{\tau}$ 的大小。为了校核方向，注意到式（12－23）表明 $\vec{\tau}$ 和 $d\vec{l}/dt$ 必须具有相同的方向，因此，$\vec{\tau}$ 和 $\vec{l}$ 也必须具有相同的方向，这正是已求出的。

12－8 质点系的角动量

现在把注意力转向一个质点系对原点的角动量。系统的总角动量 $\vec{L}$ 是各单个质点的角动量 $\vec{l}$ 的（矢量）和：

$$\vec{L} = \vec{l}_1 + \vec{l}_2 + \vec{l}_3 + \cdots + \vec{l}_n = \sum_{i=1}^{n} \vec{l}_i \qquad (12-26)$$

式中，i（＝1，2，3，…）是各质点的标记。

单个质点的角动量可能随时间改变，或者是由于系统内部（在各质点之间）的相互作用或者是由于外部对系统可能产生的影响。可以通过取式（12－26）对时间的导数求得这些变化发生时 $\vec{L}$ 的变化，因此，

$$\frac{d\vec{L}}{dt}=\sum_{i=1}^{n}\frac{d\vec{l}_i}{dt} \qquad (12-27)$$

由式（12 -23）可看到 $d\vec{l}_i/dt$ 等于对第 i 个质点的净力矩 $\vec{\tau}_{net,i}$。式（12 -27）可写为

$$\frac{d\vec{L}}{dt}=\sum_{i=1}^{n}\vec{\tau}_{net,i} \qquad (12-28)$$

这就是说，系统的角动量 $\vec{L}$ 的变化率等于对它的各个质点的力矩的矢量和。这些力矩包括**内力矩**（由质点之间的力产生的）和**外力矩**（由系统外的物体对质点的力产生的）。然而，由于质点之间的力总是以第三定律力对出现，所以它们的力矩之和为零。因此，能改变系统的总角动量 $\vec{L}$ 的力矩只是那些作用于系统的外力矩。

令 $\vec{\tau}_{net}$ 代表净外力矩，即对系统中所有质点的所有外力矩的矢量和，于是就可把式（12 -28）写成

$$\vec{\tau}_{net}=\frac{d\vec{L}}{dt} \quad （质点系） \qquad (12-29)$$

这一方程就是对质点系的牛顿第二定律用于转动的角量形式。它说的是：

> 对一个质点系的净外力矩 $\vec{\tau}_{net}$ 等于系统的总角动量 $\vec{L}$ 的时间变率。

式（12 -29）和 $\vec{F}_{net}=d\vec{P}/dt$（式（9 -23））相似，但需要特别小心：力矩和系统的角动量必须相对于同一个原点测量。如果系统的质心对某一惯性系没有加速，原点可以是任一点。但是，如果系统的质心**在**加速，原点就只能在质心。作为一个例子，考虑一个轮子作为质点系。如果轮子绕相对于地面固定的轴转动，那么应用式（12 -29）时可以取任何相对于地面固定的点为原点；然而，如果轮子是绕一个加速的轴转动（例如当轮子滚下一个斜面时），那么原点就只能取在轮子的质心。

12 -9　绕固定轴转动的刚体的角动量

下面计算一个质点系的角动量，这些质点构成一个绕固定轴转动的刚体。图 12 -14a 所示为这样一个物体：固定轴为 z 轴，物体绕它以恒定角速率 ω 转动。在图 12 -14a 中，质量为 Δm_i 的一个典型的质元绕 z 轴沿圆路径运动。该质元相对于原点 O 的位置由位矢 $\vec{r}_i$ 给出。质元的圆路径的半径是 $r_{\perp i}$，也就是质元和 z 轴之间的垂直距离。

这个质元对 O 的角动量的大小由式（12 -19）给出为

$$l_i=(r_i)(p_i)(\sin 90°)=(r_i)(\Delta m_i v_i)$$

式中，p_i 和 v_i 是质元的线动量和线速率。90°是 $\vec{r}_i$ 和 $\vec{p}_i$ 之间的夹角。图 12 -14a 中质元的角动量矢量画在图 12 -14b 中；它的方向必须垂直于 $\vec{r}_i$ 和 $\vec{p}_i$ 的方向。

我们感兴趣的是平行于转轴（此处是 z 轴）的 $\vec{l}_i$ 的分量。此处 z 分量为

$$l_{iz}=l_i\sin\theta=(r_i\sin\theta)(\Delta m_i v_i)=r_{i\perp}\Delta m_i v_i$$

整个转动刚体的角动量的 z 分量可把形成该物体的所有质元的贡献相加求得。因此，由于 $v=\omega r_{\perp}$，可写

$$L_z = \sum_{i=1}^{n} l_{iz} = \sum_{i=1}^{n} \Delta m_i v_i r_{\perp i}$$
$$= \sum_{i=1}^{n} \Delta m_i (\omega r_{\perp i}) r_{\perp i}$$
$$= \omega\left(\sum_{i=1}^{n} \Delta m_i r_{\perp i}^2\right) \qquad (12-30)$$

这里能把 ω 提出到求和号外是因为转动刚体中的所有点的 ω 相同。

式（12－30）中的量 $\sum \Delta m_i r_{\perp i}^2$ 是物体对固定轴的转动惯量 I（见式（11－26））。因此，式（12－30）简化为

$$L = I\omega \quad （刚体） \qquad (12-31)$$

式中已去掉了下标 z，但必须记住式（12－31）定义的角动量是对转动轴的角动量。同时，该式中的 I 是对同一轴的转动惯量。

表 12－1，作为表 11－3 的补充，扩大了相对应的线量和角量关系的条目。

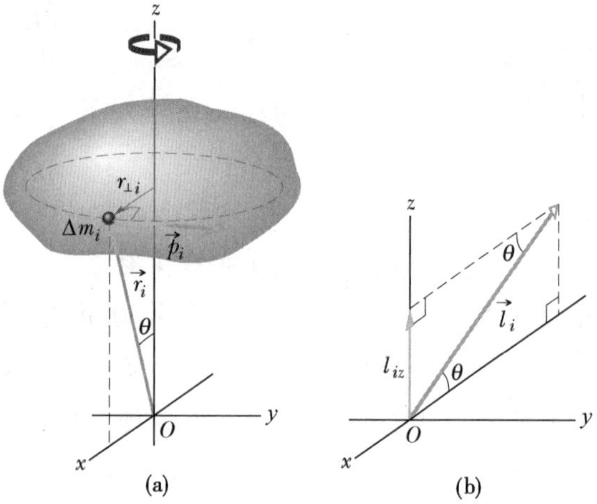

图 12－14 （a）绕 z 轴以角速度 ω 转动的刚体。其中质量为 Δm_i 的质元绕 z 轴沿半径为 $r_{\perp i}$ 的圆运动。质元有线动量 $\vec{p}$，其相对于 O 的位置用位矢 $\vec{r}_i$ 表示，这时质元的 $r_{\perp i}$ 平行于 x 轴。（b）（a）中的质元相对于 O 的角动量 $\vec{l}_i$，也画出了 z 分量 l_{iz}。

表 12－1 平动和转动的相对应的变量和关系的补充①

平动的		转动的	
力	$\vec{F}$	力矩	$\vec{\tau}\ (=\vec{r}\times\vec{F})$
线动量	$\vec{p}$	角动量	$\vec{l}\ (=\vec{r}\times\vec{p})$
线动量②	$\vec{P}\ (=\sum\vec{p}_i)$	角动量②	$\vec{L}\ (=\sum\vec{l}_i)$
线动量②	$\vec{P}=M\vec{v}_{com}$	角动量③	$L=I\omega$
牛顿第二定律②	$\vec{F}_{net}=\frac{d\vec{P}}{dt}$	牛顿第二定律②	$\vec{\tau}_{net}=\frac{d\vec{L}}{dt}$
守恒定律④	$\vec{P}$ = 常量	守恒定律④	$\vec{L}$ = 常量

① 参见表 11－3。
② 对质点系，包括刚体。
③ 对绕固定轴的刚体，其中 L 是沿该轴的分量。
④ 对封闭的孤立系统。

检查点 6：图中的一个圆盘、一个圆箍和一个实心球体由绕在它们上面的绳拉动（像陀螺那样）绕固定的中心轴旋转。绳子对三个物体产生相同的恒定切向力 $\vec{F}$。三个物体的质量和半径相同，原来都静止。根据绳子拉动一段时间 t 后（a）它们对各自的中心轴的角动量和（b）它们的角速率，由大到小对三个物体排序。

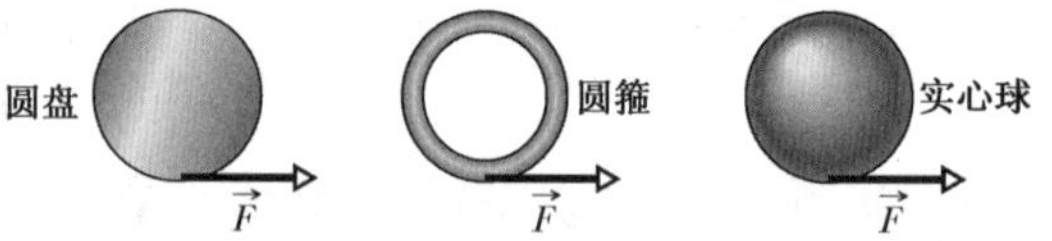

例题 12－6

George Washington Gale Ferris, Jr.，来自 Rensselaer Polytechnie lnstitute 的一个土木工程研究生，为 1893 年在芝加哥举办的世界哥伦比亚博览会建造了第一个摩天轮（见图 12－15）。该转轮成为当时一座令人震惊的工程建筑，它装有 36 个木座舱，每一个

可乘多至60个乘客，排在一个半径 $R=38\text{m}$ 的圆周上。每一个座舱的质量约为 $1.1\times10^4\text{kg}$。轮子结构的质量约为 $6.0\times10^5\text{kg}$，大部分都在吊着座舱的圆周的格架中。座舱每次乘6个人。一旦36个座舱都乘满了人，轮子以角速率 ω_F 在约2min内转一周。

图12-15 例题12-6图 1893年在芝加哥大学附近建造的第一个摩天轮，高出周围建筑物许多。

(a) 估计当轮以 ω_F 转动时轮和它的乘客的角动量的大小 L。

【解】 这里**关键点**是，可以把轮、座舱和乘客当作绕轮的轴为固定轴的转动中的刚体，于是式(12-31)($L=I\omega$)给出该刚体的角动量的大小。需要的是求这一物体的转动惯量 I 和角速率 ω_F，

为了求 I，先从乘满人的座舱开始，因为可以把它们当成离转轴的距离为 R 的质点处理。从式(11-26)可知，它们的转动惯量为 $I_{pc}=M_{pc}R^2$，其中 M_{pc} 是它们的总质量。假设每个座舱乘满了60个乘客，每个乘客的质量为70kg，它们的总质量为

$$M_{pc}=36[1.1\times10^4\text{kg}+60(70\text{kg})]=5.47\times10^5\text{kg}$$

它的转动惯量为

$$I_{pc}=M_{pc}R^2=(5.47\times10^5\text{kg})(38\text{m})^2=7.90\times10^8\text{kg}\cdot\text{m}^2$$

接着考虑轮的结构。假设此结构的转动惯量主要是由于悬吊座舱的圆形格架。进一步地假设此格架形成一个半径的 R、质量 M_{hoop} 为 $3.0\times10^5\text{kg}$（轮的质量的一半）的圆箍。由于11-2a，此箍的转动惯量为

$$I_{\text{hoop}}=M_{\text{hoop}}R^2=(3.0\times10^5\text{kg})(38\text{m})^2=4.33\times10^8\text{kg}\cdot\text{m}^2$$

座舱、乘客和箍的总转动惯量为

$$\begin{aligned}I&=I_{pc}+I_{\text{hoop}}\\&=7.90\times10^8\text{kg}\cdot\text{m}^2+4.33\times10^8\text{kg}\cdot\text{m}^2\\&=1.22\times10^9\text{kg}\cdot\text{m}^2\end{aligned}$$

为了求转动速率 ω_F，用式(11-5)($\omega_{\text{avg}}=\Delta\theta/\Delta t$)。这里大轮在时间周期 $\Delta t=2\text{min}$ 内转过了角位移 $\Delta\theta=2\pi\text{rad}$，因此有

$$\omega_F=\frac{2\pi\text{rad}}{2\text{min}\times60\text{s/min}}=0.0524\text{rad/s}$$

现在可以用式(12-31)求得角动量的大小为

$$\begin{aligned}L&=I\omega_F=1.22\times10^9\text{kg}\cdot\text{m}^2\times0.0524\text{rad/s}\\&=6.39\times10^7\text{kg}\cdot\text{m}^2\approx6.4\times10^7\text{kg}\cdot\text{m}^2/\text{s}\end{aligned}$$

（答案）

(b) 假设坐满了乘客的大轮从静止经过时间 $\Delta t_1=5.0\text{s}$ 转动达到 ω_F。在时间 Δt_1 内对它作用的平均净外力矩的大小 τ_{avg} 是多少？

【解】 这里**关键点**是，平均净外力矩是以式(12-29)($\vec{\tau}_{\text{net}}=d\vec{L}/dt$)和满载的大轮的角动量的变化 ΔL 联系着的。由于大轮在时间 Δt_1 内绕固定轴转动达到角速度 ω_F，可以把式(12-29)重写为 $\tau_{\text{avg}}=\Delta L/\Delta t_1$。变化 ΔL 是从零到(a)中的答案，因此有

$$\tau_{\text{avg}}=\frac{\Delta L}{\Delta t_1}=\frac{6.39\times10^7\text{kg}\cdot\text{m}^2/\text{s}-0}{5.0\text{s}}\approx1.3\times10^7\text{N}\cdot\text{m}$$

（答案）

12-10 角动量守恒

到此为止已讨论了两个很重要的守恒定律——能量定恒和线动量守恒。现在要面对这一类的第三个，它涉及角动量的守恒。从牛顿定律的角量形式式(12-29)($\vec{\tau}_{\text{net}}=d\vec{L}/dt$)开始，如果没有外力矩作用于系统，此式变为 $d\vec{L}/dt=0$，或

$$\vec{L}=\text{常量}\qquad(\text{孤立系})\qquad(12-32)$$

这一结果称为**角动量守恒定律**，也可以写成

$$\begin{pmatrix}\text{在某时刻 } t_i \\ \text{的净角动量}\end{pmatrix}=\begin{pmatrix}\text{其后某一时刻 } t_f \\ \text{的净角动量}\end{pmatrix}$$

或

$$\vec{L}_i=\vec{L}_f \qquad (\text{孤立系}) \qquad (12-33)$$

式（12－32）和式（12－33）表明：

如果作用于一个系统的净外力矩为零，那么不管系统内发生什么变化，系统的角动量 $\vec{L}$ 保持不变。

式（12－32）和（12－33）是矢量式；既然这样，它们相当于三个分量式对应于沿三个相互垂直的方向的角动量守恒。视作用于系统的力矩的情况，系统的角动量可能只沿一个或两个方向而不是所有方向守恒：

如果对一个系统的合**外**力矩沿某一方向的分量为零，那么不管系统内发生什么变化，沿这个方向系统的角动量分量不能改变。

可以把此定律应用于图12－14中绕 z 轴转动的孤立物体。设那个最初是刚体的物体相对于该转轴有一定的质量分布，随后对该轴的转动惯量发生变化。式（12－32）和（12－33）表明物体的角动量不能发生变化。将式（12－31）（对沿转动轴的角动量）代入式（12－33），把这一守恒定律写成

$$I_i\omega_i = I_f\omega_f \qquad (12-34)$$

此处的下标指示质量重新分布前后的转动惯量 I 和角速率的值。

像已讨论过的其他两个守恒定律一样，式（12－32）和（12－33）适用于牛顿力学的限制以外，它们适用于速率接近光的速率的粒子（该领域由狭义相对论统治）。并且在亚原子粒子世界中仍然正确（该领域由量子物理统治）。从没有发现过对角动量守恒定律的例外。

下面讨论有关此定律的四个例子。

1. 自愿旋转者　图12－16所示为一个学生坐在一只可以绕一个竖直轴自由转动的凳子上。这个学生，最初已在以一个不大的角速率 ω_i 转动着，在他伸出的两手中各握了一只哑铃。他的角动量 $\vec{L}$ 沿着竖直转动轴指向上方。

现在教师请学生收回他的两臂：这个动作把他的转动惯量从它的初值 I_i 减小到一个小的值 I_f，因为他使质量更靠近转轴了。他的转动的速率明显地增大，从 ω_i 到 ω_f。学生还可以通过伸直他的手臂使转动再次慢下来。

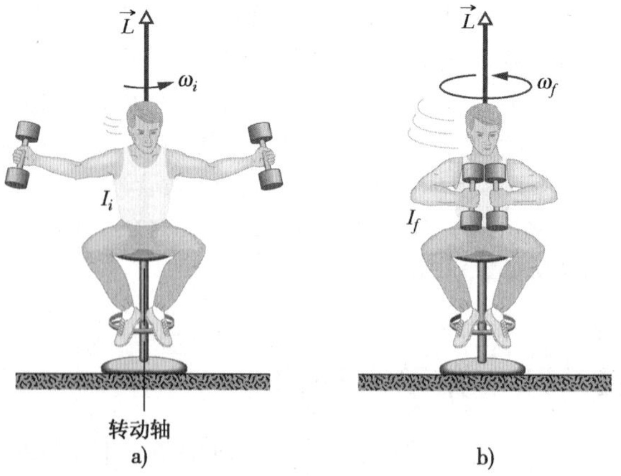

图12－16　（a）学生对转轴有相对较大的转动惯量和相对较小的角速率。（b）由于减小了他的转动惯量，学生自动地增大他的角速率。转动系统的角动量保持不变。

没有合外力矩作用在由学生、凳子和哑铃组成的系统，因此，不管学生如何调动哑铃，系统对转轴的角动量必须守恒。在图

12－16a中，学生的角速率 ω_i 相对地小而他的转动惯量 I_i 相对地大。根据式（12－34），在图12－16b 中，他的角速率一定变大以补偿转动惯量的减小。

2. 跳板跳水者 图12－17 所示为一个跳水者作向前翻腾一周半的跳水动作。正如所期望的那样，她的质心沿一条抛物线路径。她以一定的角动量 $\vec{L}$ 离开跳板，此角动量是对于通过她的质心的轴的，在图12－27 中用垂直指向页内的一矢量表示。她在空中时，没有对其质心的净外力矩作用于她，因此她的对其质心的角动量不可能改变。通过把她的两臂和两腿拉近成紧靠的**屈体姿势**，她能相当大地减小她的对同一轴的转动惯量并因此相当大地增大她的角速率（根据式（12－34））。在落到下端时，她拉开屈体姿势（成伸展姿势），增大她的转动惯量并因此减慢她的转动速率以便入水时减少水花。即使对较为复杂的包含转体和翻腾动作的跳水动作，在整个跳水过程中，跳水者的角动量必须在大小**和**方向上都守恒。

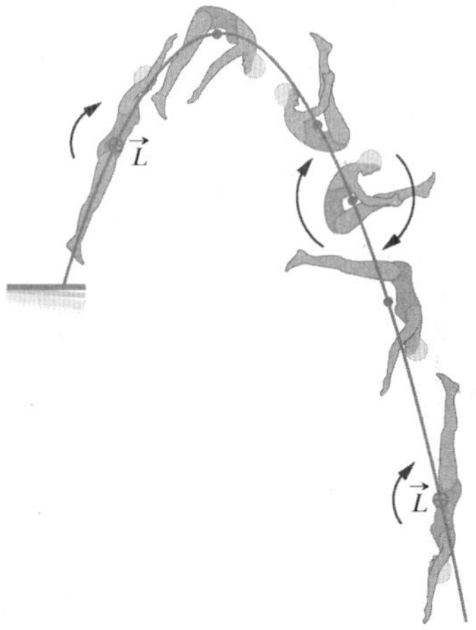

图12－17 在整个跳水过程中，跳水者的角动量 $\vec{L}$ 是常量，用垂直于图面的箭矢的尾端⊗表示。注意她的质心（看那些点）沿一条抛物线路径。

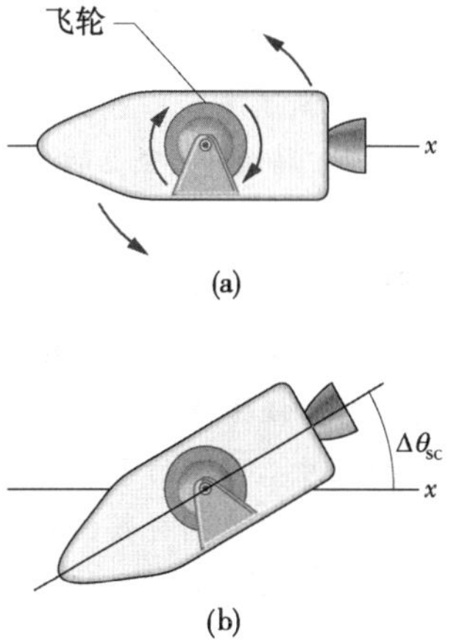

图12－18 （a）一只装有飞轮的理想宇宙飞船。如果使飞轮沿图示顺时针方向转动，飞船本身将沿逆时针方向转动。（b）当飞轮制动停止时，飞船也停下来，但其方向将改变一个角度 $\Delta\theta_{sc}$。

3. 宇宙飞船定向 如图12－18 所示为固定地装有一个飞轮的宇宙飞船，图中说明一种方向控制的方案（尽管比较原始）。**宇宙飞船＋飞轮**形成一个孤立系统。因此如果由于飞船或飞轮都没有转动而使这一系统的总角动量 $\vec{L}$ 是零，它必须保持是零（只要系统保持孤立）。

为了改变飞船的指向，使飞轮转动起来（见图12－18a），飞船将开始沿相反方向转动以保持系统的角动量是零。此后飞轮停止时，飞船也将停止转动但是已经改变了它的方向（见图12－18b）。整个过程中，**飞船＋飞轮**系统的角动量始终是零。

令人感兴趣的是，飞船**旅行者2号**，在1986 年从天王星旁经过时，每一次使它的打印机高速旋转时，都会由于这种飞轮效应产生不需要的转动。喷气推进实验室的地面工作人员必须对船上计算机编制程序使每一次打印机起动或关掉时能起动制动冲击喷气器。

4. 难以置信的收缩的恒星 当一颗恒星内部的核火燃烧变慢时，该恒星可能最后开始坍缩，在其内部产生压强。这种坍缩可以使恒星的半径从像太阳那样的大小减小到几千米的惊人小的值。恒星于是变成了一个**中子星**——它的物质已被压缩成一团惊人浓密的中子气。

在这种收缩过程中，恒星是一个孤立系统，它的角动量 $\vec{L}$ 不可能改变。因为它的转动惯量已大大地减小，它的角速率因此相应地大大地增大，可以大到 600 ~ 800rev/s。作为比较，太阳，一颗典型的恒星，大约每月转动一周。

检查点 7：一只天牛呆在一个像旋转木马那样转动的盘的边沿上。如果它向盘的中心爬去，下列各量（都相对于中心轴）是增大，减小，还是保持不变？(a) 昆虫 – 盘系统的转动惯量；(b) 系统的角动量；和 (c) 昆虫和盘的角速率

例题 12 – 7

图 12 – 19a 表示为一个学生也坐在一个可绕竖直轴自由转动的凳子上。该学生起初静止，手持一个边上装了铅的自行车轮，它对其中心轴的转动惯量 $I_{wh}=1.2\text{kg}\cdot\text{m}^2$。轮子以角速率 $\omega_{wh}=3.9\text{rev/s}$ 沿从上面看逆时针的方向转动。转动轴是竖直的，轮的角动量 $\vec{L}_{wh}$ 指向竖直上方。学生现在把轮子倒过来（图 12 – 19b）使得从上面看它沿顺时针转动。它的角动量因而是 $-\vec{L}_{wh}$。这一倒置引起学生、凳子和轮子中心这个组合刚体绕凳子的转轴转动，转动惯量 $I_b=6.8\text{kg}\cdot\text{m}^2$（轮子也绕它的中心转动的事实不影响此组合体的质量分布，因此 I_b 具有同样数值，不管轮子是否转动。）在轮子倒置后组合体转动的角速率和转动的方向为何？

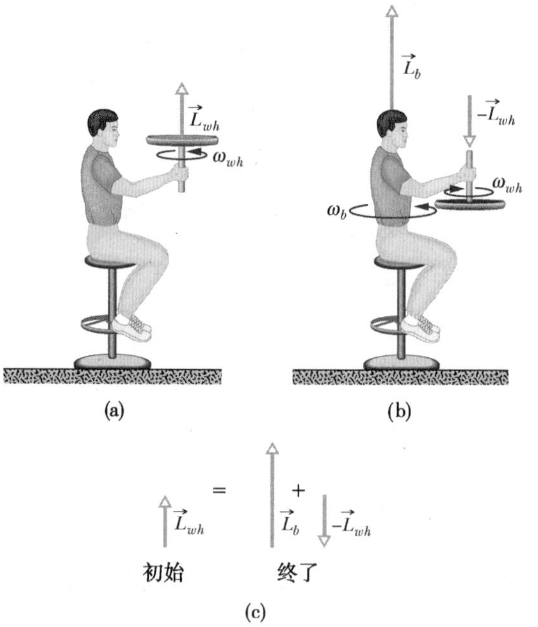

图 12 – 19　例题 12 – 7 图　(a) 一个学生手持一个绕竖直轴转动的自行车轮。(b) 学生把轮子倒置，使自己开始转动。(c) 即使倒置了，系统的角动量也必须守恒。

【解】　这里**关键点**是：

1. 要求的角速率 ω_b 是和组合体对凳子的转轴的最后角动量 $\vec{L}_b$ 通过式 (12 – 31) ($L=I\omega$) 相联系的。

2. 轮的初始角动量 ω_{wh} 和轮子对其中心的角动量 $\vec{L}_{wh}$ 通过同一公式联系着。

3. $\vec{L}_b$ 和 $\vec{L}_{wh}$ 的矢量和给出学生、凳子和轮子的总角动量 $\vec{L}_{tot}$。

4. 轮子倒置时，没有**外**力矩作用在系统上改变对于任意竖直轴的 $\vec{L}_{tot}$。（在学生倒置轮子时，学生和轮子之间的力矩对系统来说是内部的。）于是，系统的总角动量对于任意竖直轴都是守恒的。

$\vec{L}_{tot}$ 的守恒在图 12 – 19c 中是用矢量表示的。也可以用沿一个竖直轴的分量表示为

$$L_{bf}+L_{wh,f}=L_{b,i}+L_{wh,i} \qquad (12-35)$$

其中 i 和 f 表示动态（轮子倒置前）和末态（倒置后）。由于轮子的倒置使轮子转动的角动量矢量倒过来了，故将 $L_{wh,f}$ 以 $-L_{wh,i}$ 代替。于是，如果令 $L_{b,i}=0$（因为学生、凳子和轮子的中心最初是静止的），式 (12 – 35) 给出

$$L_{b,f}=2L_{wh,i}$$

用式 (12 – 31)，再用 $I_b\omega_b$ 代替 $L_{b,f}$ 用 $I_{wh}\omega_{wh}$ 代替 $L_{wh,i}$，并对 ω_b 求解，可得

$$\omega_b=\frac{2I_{wh}}{I_b}\omega_{wh}$$

$$=\frac{2\times1.2\text{kg}\cdot\text{m}^2\times3.9\text{rev/s}}{6.8\text{kg}\cdot\text{m}^2}=1.4\text{rve/s}$$

（答案）

这一正的结果表明从上面看学生沿逆时针方向转动。如果学生想停止转动，只需再把轮子倒置一回。

例题 12-8

在跳向他的搭档的过程中，一个空中飞人做了一个翻腾四周的动作，延续时间 $t=1.87\mathrm{s}$。在最初和最后的$\frac{1}{4}$周中，他是伸展的，如图 12-20 所示，这时他对于质心（图中的点）的转动惯量 $I_1=19.9\mathrm{kg\cdot m^2}$。在飞行的其余时间，他处于屈体的姿势，转动惯量 $I_2=3.93\mathrm{kg\cdot m^2}$。他对于他的质心的角速率在屈体姿势时必须是多少？

【解】 很明显，他必须在给定的 1.87s 内完成翻腾四周所要求的 4rev。为这样做，他通过屈体把他的角速率增大到 ω_2。可以用以下**关键点**把 ω_2 和他的初始角速率联系起来：在整个飞行过程中，他对于质心的角动量是守恒的，因为没有绕质心的外力矩去改变它。由式（12-34），可以把角动量守恒写作

$$I_1\omega_1=I_2\omega_2$$

或

$$\omega_1=\frac{I_2}{I_1}\omega_2 \tag{12-36}$$

第二个**关键点**是，这些角速率和他必须转过的角度及所用的时间相联系。在开始和终了时，他必须在伸展姿势下转过总角度 $\theta_1=0.500\mathrm{rev}$（两个$\frac{1}{4}$周），用去时间 t_1。在屈体姿势下，他必须转过角度 $\theta_2=3.50\mathrm{rev}$，用去时间 t_2。由式（11-5）（$\omega_{avg}=\Delta\theta/\Delta t$），可以写出

$$t_1=\frac{\theta_1}{\omega_1} \text{和} t_2=\frac{\theta_2}{\omega_2}$$

因此，他的整个飞行时间为

$$t=t_1+t_2=\frac{\theta_1}{\omega_1}+\frac{\theta_2}{\omega_2} \tag{12-37}$$

已知是 1.87s。将式（12-36）的 ω_1 代入得

$$t=\frac{\theta_1 I_1}{\omega_2 I_2}+\frac{\theta_2}{\omega_2}=\frac{1}{\omega_2}\left(\theta_1\frac{I_1}{I_2}+\theta_2\right)$$

代入已知数据，可得

$$1.87\mathrm{s}=\frac{1}{\omega_2}\left(0.500\mathrm{rev}\times\frac{19.9\mathrm{kg\cdot m^2}}{3.93\mathrm{kg\cdot m^2}}+3.50\mathrm{rev}\right)$$

由其给出

$$\omega_2=3.23\mathrm{rev/s} \qquad \text{（答案）}$$

这一角速率是如此之大以致飞人不可能看清周围情况或调整其屈体以细致地调整转动。一个飞人作出翻腾四周半的飞行，这需要更大的 ω_2 值和因此更小的 I_2 对应的更紧的屈体，这种可能性似乎是非常小的。

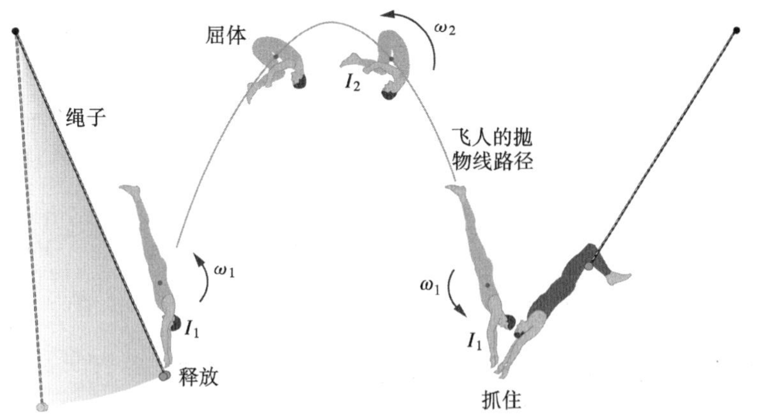

图 12-20 例题 12-8 图 一个空中飞人翻腾多次后到达搭档手中。

例题 12-9

（这一本章最后的例题很长而且比较难，但它把第 11 章和第 12 章的许多概念结合起来因而很有好处。）在图 12-21 所示的俯视图中有四根均匀细棒，每一根的质量为 m，长度 $d=0.50\mathrm{m}$，牢固地安装在一根竖直轴上形成一个旋转栅栏，栅栏绕固定在地板

上的轴以初角速率 $\omega_i=-2.0\text{rad/s}$ 顺时针转动。一质量 $m=M/3$ 的泥球沿图示路径以初速率 $v_i=12\text{m/s}$ 投射并粘在棒端。求球-旋转栅栏系统的末速率 ω_f 是多少？

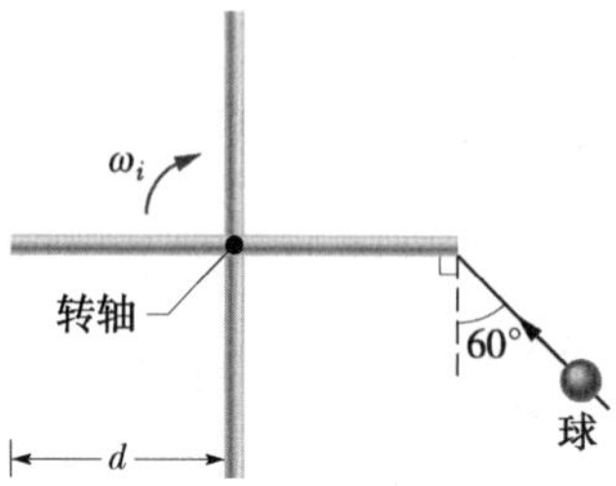

图12-21 例题12-9图 绕中心轴转动的固结在一起的四根棒和一个泥球扔出粘到棒端的路径的俯视图。

【解】 这里一个**关键点**可以问答方式说明。问：此系统有否一个在碰撞中守恒的并包含角速度从而能解出 ω_f 的量？为了答，下面核对守恒的可能性：

1. 总动能 K 是不守恒的，因为球和棒的碰撞是完全非弹性的（球粘上了）。于是，有些能量一定从动能转化成了其他形式的能量（如热能）。由于同样理由，总机械能是不守恒的。

2. 总线动量 $\vec{P}$ 也是**不**守恒的，因为在碰撞期间一个外力在轴固定在地板上的连接处作用在旋转栅栏上。（就是这个力保持栅栏保持在受到泥球冲击时不在地板上移动。）

3. 系统对轴的总角动量 $\vec{L}$ 是守恒的，因为没有净外力矩改变 $\vec{L}$。（碰撞力只产生内力矩；在轴处作用在栅栏上的外力的力臂是零，因而不产生外力矩）。

可以把对轴的总角动量守恒写成

$$L_{ts,f}+L_{balk,f}=L_{ts,i}+L_{ball,i} \qquad (12-38)$$

其中 ts 表示旋转栅栏。末角速度 ω_f 是包含在 $L_{ts,f}$ 和 $L_{ball,f}$ 项中的，因为这些末角动量决定于栅栏和球转动的快慢。为了求 ω_f，先考虑旋转栅栏，再考虑球，然后回到式（12-38）。

旋转栅栏：这里**关键点**是，由于栅栏是一个转动刚体，式（12-31）（$L=I\omega$）给出其角动量。因此，可以把它对轴的末和初角动量写为

$$L_{ts,f}=I_{ts}\omega_f \text{ 和 } L_{ts,i}=L_{ts}\omega_i \qquad (12-39)$$

因为栅栏由四根棒组成，每根绕着一端转动，栅栏的转动惯量是每根对其一端的转动惯量的四倍。由表11-2e可知，每根棒对其中心的转动惯量 I_{com} 是 $\frac{1}{12}Md^2$，其中 M 为其质量，d 为其长度。为求 I_{rod}，用式（11-29）（$I=I_{com}+Mh^2$）的平行轴定理。这里的垂直距离 h 是 $d/2$，因此得

$$I_{rod}=\frac{1}{12}Md^2+M\left(\frac{d}{2}\right)^2=\frac{1}{3}Md^2$$

对于栅栏中的四根棒，有

$$I_{ts}=\frac{4}{3}Md^2 \qquad (12-40)$$

球：在碰撞前，球像一个沿一条直线运动的质点，如图12-11所示。因此，为求球对轴的初角动量 $L_{ball,i}$，可以用式（12-18）~式（12-21）中任一个，但式（12-20）（$l=rmv_1$）最容易。其中 l 是 $L_{ball,i}$；在球刚要冲击棒之前，它离轴的径向距离 r 是 d；球垂直于 r 的速度分量 $v_\perp$ 是 $v_i\cos60°$。

为了决定这一角动量的符号，想象从旋转栅栏的轴向球引一个位矢。随着球向栅栏趋近，这个位矢绕轴逆时针转动，因此球的角动量是正值。现在把 $l=rmv_\perp$ 重写为

$$L_{ball,i}=mdv_i\cos60° \qquad (12-41)$$

碰撞后球像一个沿半径为 d 的圆转动的质点。因此，由式（11-26）（$I=\sum m_ir_i^2$），有对轴，$I_{ball}=md^2$。于是，由式（12-31）（$L=I\omega$），可以把球对轴的末角动量写成

$$L_{ball,f}=I_{ball,}\omega_f=md^2\omega_f \qquad (12-42)$$

回到式（12-38）：将式（12-39）~式（12-42）代入式（12-38），有

$$\frac{4}{3}Md^2\omega_f+md^2\omega_f=\frac{4}{3}Md^2\omega_i+mdv_i\cos60°$$

代入 $M=3m$ 并解出 ω_f，得

$$\begin{aligned}\omega_f&=\frac{1}{5d}(4d\omega_i+v_i\cos60°)\\&=\frac{1}{5(0.50\text{m})}[4\times0.50\text{m}\times(-2.0\text{rad/s})+\\&\quad 12\text{m/s}\times\cos60°]\\&=0.80\text{rad/s}\end{aligned}$$

（答案）

因此，旋转栅栏现在正沿逆时针方向转动。

复习和小结

滚动物体 对于平稳地（无滑动）滚动和半径为 R 的轮子，

$$v_{com} = \omega R \qquad (12-2)$$

式中，v_{com}是轮子中心的线速率；ω 是轮子对它的中心的角速度。轮子也可以看成是瞬时地围绕与轮子接触的“路”上的一点 P 转动。轮子对这一点的角速率等于轮子对其中心的角速率。滚动的轮子的动能为

$$K = \frac{1}{2}I_{com}\omega^2 + \frac{1}{2}Mv_{com}^2 \qquad (12-5)$$

式中，I_{com}是轮子对其中心的转动惯量；M 是轮子的质量。如果轮子加速但仍保持滚动平稳，其质心的加速度 $\vec{a}_{com}$和对于中心的角加速度 α 由下式联系

$$a_{com} = \alpha R \qquad (12-6)$$

如果轮子沿一倾角为 θ 的斜面平稳地滚下，它沿向斜面上方延伸的 x 轴的加速度是

$$a_{com,x} = -\frac{g\sin\theta}{1 + I_{com}/MR^2} \qquad (12-10)$$

作为矢量的力矩 在三维空间，**力矩** $\vec{\tau}$ 是一个相对于一定点（常量原点）定义的矢量；它为

$$\vec{\tau} = \vec{r} \times \vec{F} \qquad (12-14)$$

式中，$\vec{F}$ 是加在一个质点上的力；$\vec{r}$ 是相对于定点（或原点）确定的质点的位矢。$\vec{\tau}$ 的大小给定为

$$\tau = rF\sin\phi = rF_{\perp} = r_{\perp}F$$

$$(12-15)(12-16)(12-17)$$

式中，ϕ 为 $\vec{F}$ 和 $\vec{r}$ 之间的夹角；$F_{\perp}$ 为 $\vec{F}$ 垂直于 $\vec{r}$ 的分量；$r_{\perp}$ 为 $\vec{F}$ 的力臂。$\vec{\tau}$ 的方向由对叉积应用的右手规则给出。

质点的角动量 一个质点的**角动量** $\vec{l}$ 是线动量为 $\vec{p}$、质量为 m 和线速度为 $\vec{v}$ 的一个质点相对于一定点（常量原点）定义的矢量。它是

$$\vec{l} = \vec{r} \times \vec{p} = m(\vec{r} \times \vec{v}) \qquad (12-18)$$

$\vec{l}$ 的大小给定为

$$l = rmv\sin\phi \qquad (12-19)$$

$$= rp_{\perp} = rmv_{\perp} \qquad (12-20)$$

$$= r_{\perp}p = r_{\perp}mv \qquad (12-21)$$

式中，ϕ 为 $\vec{r}$ 和 $\vec{p}$ 之间的夹角；$p_{\perp}$，$v_{\perp}$ 是 $\vec{p}$ 和 $\vec{v}$ 垂直于 $\vec{r}$ 的分量；$r_{\perp}$ 是定点和 $\vec{p}$ 的延长线间的垂直距离。$\vec{l}$ 的方向由用于叉积的右手规则给出。

角量形式的牛顿第二定律 对质点的牛顿定律可写成角量形式如

$$\vec{\tau}_{net} = \frac{d\vec{l}}{dt} \qquad (12-23)$$

式中，$\vec{\tau}_{net}$是对质点的力矩；$\vec{l}$ 是质点的角动量。

质点系的角动量 质点系的角动量 $\vec{L}$ 是各单个质点的角动量的矢量和：

$$\vec{L} = \vec{l}_1 + \vec{l}_2 + \vec{l}_3 + \cdots + \vec{l}_n = \sum_{i=1}^{n}\vec{l}_i \qquad (12-26)$$

这个角动量的时间变率等于对系统的净外力矩（由系统的各质点和系统外的质点相互作用产生的力矩的矢量和）：

$$\vec{\tau}_{net} = \frac{d\vec{L}}{dt} \quad (质点系) \qquad (12-29)$$

刚体的角动量 对于一个绕定轴转动的刚体，它的角动量平行于转轴的分量为

$$L = I\omega \quad (刚体,定轴) \qquad (12-31)$$

角动量守恒 如果对系统的净外力矩是零，系统的角动量 $\vec{L}$ 保持不变：

$$\vec{L} = 常量 \quad (孤立系) \qquad (12-32)$$

或

$$\vec{L}_f = \vec{L}_i \quad (孤立系) \qquad (12-33)$$

这就是**角动量守恒定律**。它是自然界的基本守恒定律之一，甚至在牛顿定律不适用的领域（包括高速质点和亚原子尺度）也已经得到了证实。

思考题

1. 在图 12-22 中，一物块沿一光滑斜面滑下，一球沿同样倾角 θ 的斜面无滑动地滚下。物块和球的质量相同，都从 A 点由静止开始下降通过 B 点。(a) 在下降时，重力对物块做的功大于，小于还是等于重力对球做的功？在 B 点，哪个物体具有更大的 (b) 平动动能和 (c) 沿斜面下降的速率？

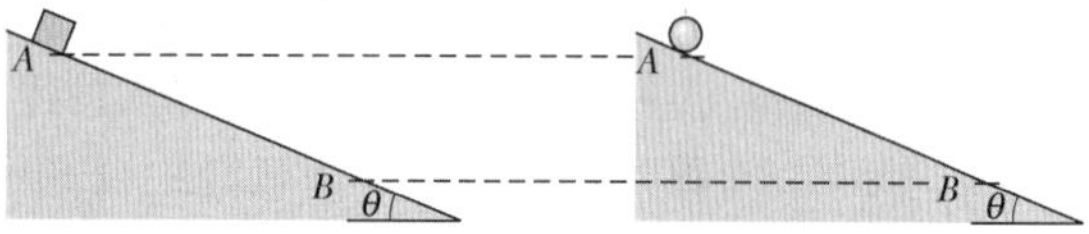

图 12-22 思考题 1 图

2. 一个铁球沿一斜面无滑动地滚下。如果铁球现在沿一条倾角较小而高度与第一个斜面相同的斜面滑下，(a) 球到底端所需时间和 (b) 到达底端时的平动动能大于，小于，还是等于先前的？

3. 在图 12－23 中，一妇女用一个放在滚筒上的板推一个圆柱形滚筒滚动。滚筒通过一段距离 $L/2$，即板长的一半。滚筒滚动平稳，没有滑动和弹跳，并且在滚筒上也不滑动。(a) 板在滚筒上滚动了的长度是多少？(b) 妇女走了多远？

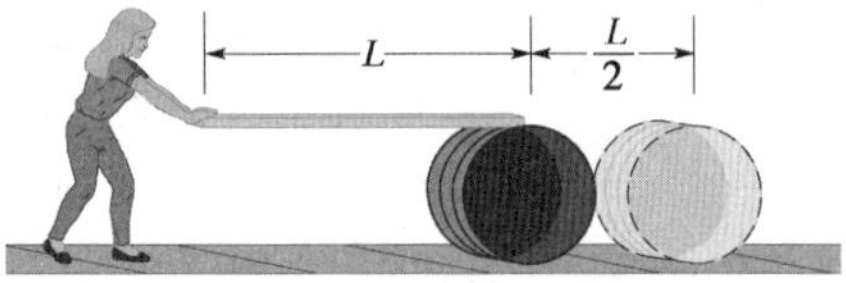

图 12－23 思考题 3 图

4. 一个质点相对于某一点的位矢的大小是 3m，对此质点作用的力 $\vec{F}$ 的大小为 4N。如果它们的力矩的大小是 (a) 零和 (b) 12N · m，$\vec{r}$ 和 $\vec{F}$ 之间的夹角是多少？

5. 图 12－24 表示一个以恒定速度 $\vec{v}$ 运动的质点和 5 个 xy 坐标已给出的点。根据质点相对于各点的角动量的大小由大到小把这些点排序。

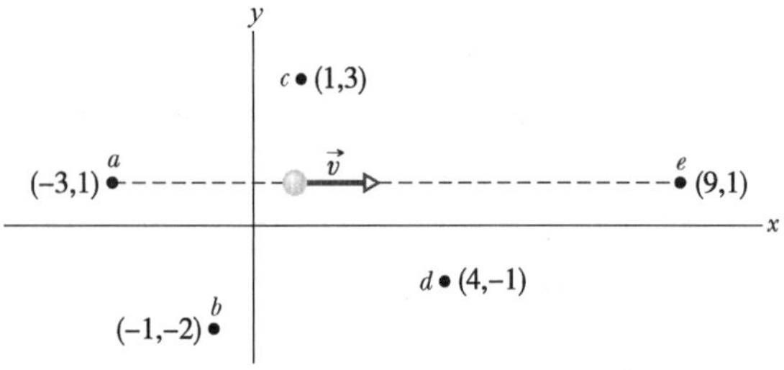

图 12－24 思考题 5 图

6. (a) 在检查点 4 中，使质点 1 和 2 以恒定速率沿圆周运动的向心力对 O 点的力矩为何？(b) 当质点 3、4 和 5 从 O 点的左方运动到右方时，它们各自的角动量增大，减小，还是保持不变？

7. 图 12－25 所示为三个质量和恒定速率相同的质点以图示速度矢量运动。a、b、c 和 d 各点形成一个正方形而 e 点位于其中心。根据相对于各点此三质点系统的净角动量的大小由大到小对这些点排序。

8. 一个玻拉 (bola)，由被三条等长的结实的绳子连在一起的三个重球组成，要准备发射出去。去抓住一个球举到头顶上并转动手腕使另两球在水平面上绕手转动；然后把玻拉释放，它的俯视图形状迅速从

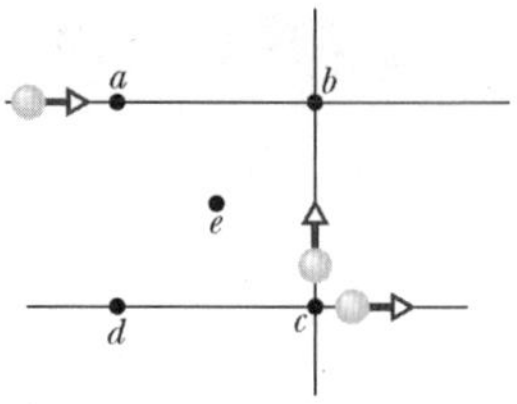

图 12－25 思考题 7 图

图 12－26a 所示变为图 12－26b 所示。因此最初转动是绕着通过手持的球的轴 1 进行，然后又绕着通过质心的轴 2 进行。绕着轴 2 的 (a) 角动量和 (b) 角速率是大于，小于，还是等于绕着轴 1 的？

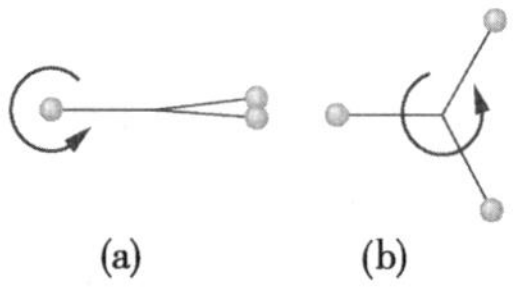

图 12－26

9. 一只天牛位于像旋转木马那样逆时针转动的一个水平圆盘的边上。如果它沿着边按转动的方向走动，下列各量的大小增大，减小，还是保持不变：(a) 虫子－圆盘系统的角动量，(b) 虫子的角动量和角速度，和 (c) 圆盘的角动量和角速度？(d) 如果小虫按与转动相反的方向转动，上述结果又如何？

10. 图 12－27 所示为一个可以像旋转木马那样绕它的中心 O 转动矩形薄片的俯视图，图中画出了泡泡糖小块可能飞行并随后粘到静止薄片上的 7 条路径（所有小块的速率和质量相同）。根据薄片（和泡泡糖）在粘上小块后的角速率由大到小将各路径排序。从图 12－27 看，那条路径使薄片（和糖）对 O 的角动量为负？

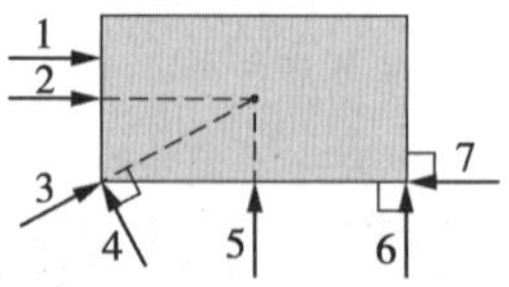

图 12－27 思考题 10 图

11. 在图 12－28 中，三个大小相等的力作用在原点处的一个质点上（$\vec{F}_1$ 垂直圆面向内作用）。根据它们对 (a) P_1 点，(b) P_2 点，和 (c) P_3 点产生的力矩的大小由大到小对这些力排序。

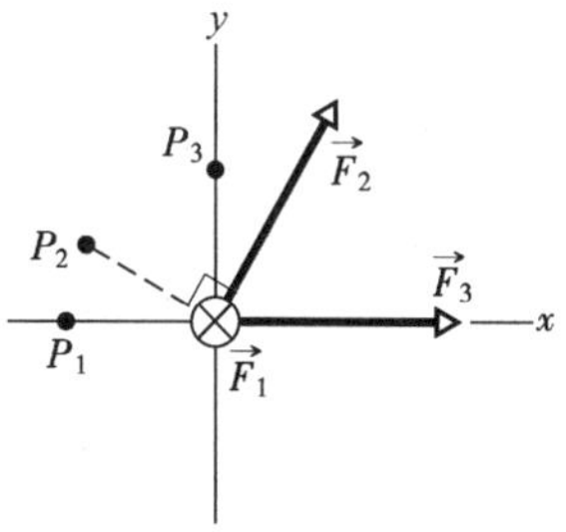

图 12-28 思考题 11 图

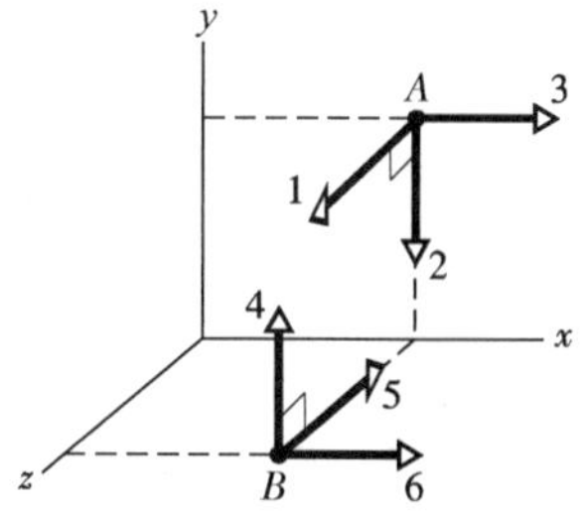

图 12-29 思考题 12 图

12. 图 12-29 表示在 xyz 坐标为（1m，1m，0）和（1m，0，1m）的两个质点 A 和 B。对每一个质点都受着三个标有数字、大小相同并各平行于一个坐标轴的力作用。（a）哪个力对于原点产生的力矩的方向和 y 轴平行？（b）根据它们对质点产生的对原点的力矩的大小由大到小对这些力排序。

13. 第 11 章中图 11-24 表示三个质量相同的小球固结在一根无质量的杆上，间距如图示，要使这一组合绕通过一个小球垂直于页面的轴以 3.0rad/s 转动。当然，有三种选轴的方法。根据（a）此组合对每一个选定的轴的角动量的大小和（b）此组合的转动动能由大到小对三种选择排序。

练习和习题

12-1 节　滚动

1E. 以 80.0km/h 开行的汽车的轮胎直径为 75.0cm。（a）轮胎对它们的角速率是多少？（b）如果汽车在其轮胎完成 30.0 转时均匀地（无滑动地）停下，轮子的角加速度的大小是多少？（c）在制动期间车开行了多远？

2P. 考虑以 80km/h 在一水平道路上沿 x 轴正向开行的一辆车的直径为 66cm 的轮胎。相对于车内的一位女乘客，车轮中心的（a）线速度 $\vec{v}$ 和（b）线加速度的大小 a 是多少？轮胎顶部一点的（c）$\vec{v}$ 和（d）a 为何？在轮胎底部一点的（e）$\vec{v}$ 和（f）a 为何？

对于路旁坐着的一位想免费乘便车的人，重复上述问题：（g）车轮中心的 $\vec{v}$，（h）车轮中心的 a，（i）轮胎顶部的 $\vec{v}$，（j）轮胎顶部的 a，（h）轮胎底部的 $\vec{v}$，和（l）轮胎底部的 a。

12-2 节　滚动的动能

3E. 一个 140kg 的圆箍在水平面上滚动，其质心的速率是 0.150m/s。要使它停下需要对它做多少功？（ssm）

4E. 一段薄壁管在地板上滚动。它的平动动能和它绕平行于其长度并通过其质心的轴的转动动能之比是多少？

5E. 一辆 1000kg 的车有 4 个 10kg 的轮子。当车开行时，车的总动能中由于车轮对它们的轴的转动而具有的动能占多大比例？假设车轮具有的转动惯量和具有相同质量和尺寸的均匀圆盘的一样。为什么不需要轮的半径？（ssm）（ilw）（www）

6P. 一个半径为 R、质量为 m 的物体在水平面上以速率 v 平稳地滚动。接着它滚上一斜坡，达到最大高度 h。（a）如 $h=3v^2/4g$，物体对通过自己的质心转轴的转动惯量是多少？（b）此物体可能是什么样的？（ssm）（ilw）（www）

12-3 节　滚动的力

7E. 一均匀实心球沿斜面滚下。（a）要使其质心具有大小为 0.10g 的线加速度，斜面的倾角应多大？（b）如果一个无摩擦的物块沿此倾角的斜面滑下，它的加速度的大小是大于，小于，还是等于 0.10g？为什么？

8P. 一个大小为 10N 的恒定水平力加在一个质量为 10kg、半径为 0.30m 的轮子上，如图 12-30 所示。轮子在水平面上平稳地滚动，其质心的加速度的大小为 0.60m/s^2。（a）对轮子的摩擦力的大小和方向为何？（b）轮子对通过其质心的轴的转动惯量是多大？

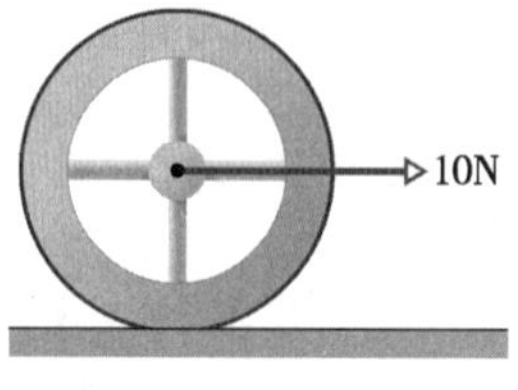

图 12-30 习题 8 图

9P. 一个实心球在图 12-31 所示的轨道上从顶

端由静止无滑动地滚下，直到在右手端滚出。如果 $H=6.0\text{m}$，$h=2.0\text{m}$，轨道在右手端是水平的，球落到地面上时离 A 点的水平距离是多少？(ssm)

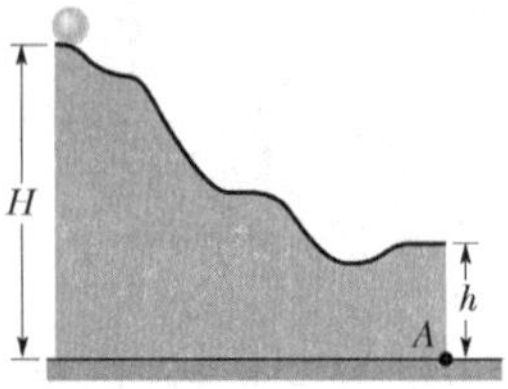

图 12-31　习题 9 图

10P. 一个半径为 r、质量为 m 的小球在一个半径为 R、具有对称竖直轴的固定半球的内壁上无摩擦地滚动。它从顶端由静止开始。(a) 到底部时它的动能多大？(b) 它到底部时的动能中和它的对通过质心的轴的转动相联系的动能所占比例多大？(c) 假定 $r \ll R$，求球到达底部时球对半球的法向力的大小。

11P. 一个半径为 10cm 和质量为 12kg 的实心圆柱从静止无滑动地沿倾角 30°的房顶滚下一段 6.0m 的距离（见图 12-32）。(a) 当圆柱离开房沿时它对于自己中心的角速率是多少？(b) 房沿的高度是 5.0m，球着地时离房沿的水平距离是多少？(ilw)

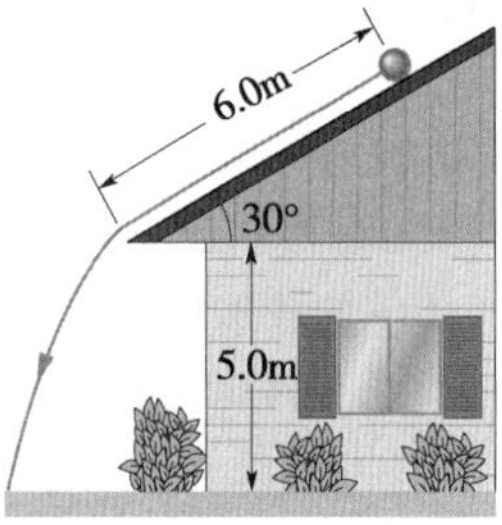

图 12-32　习题 11 图

12P. 一质量为 m、半径为 r 的弹子无滑动地沿图 12-33 所示的圆形轨道从静止滚下，起点在轨道的直线部分某处。(a) 要使弹子在环的顶点刚要脱离轨道，它必须在轨道底部上方高 h 为多少处释放？（环的半径为 R，假定 $R \gg r$）(b) 如果弹子在底部上方高 $6R$ 处释放，在 Q 点它受到的力的水平分量是多少？

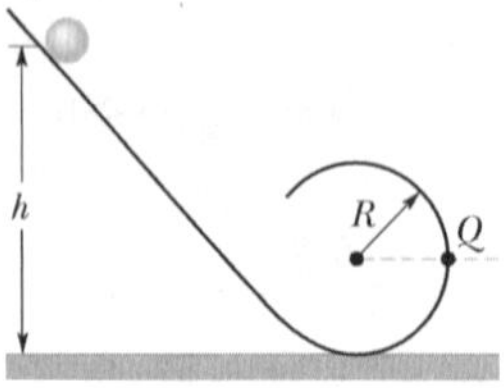

图 12-33　习题 12 图

13P. 一个半径为 0.15m，对通过质心的一条线的转动惯量是 $0.040\text{kg}\cdot\text{m}^2$ 的空心球无滑动地在与水平成 30°角的斜面上向上滚动。在某一初始位置，它的总动能是 20J。(a) 这个初始动能中有多少是转动的？(b) 在初始位置时球的质心的速率多大？当它在斜面上从它的初始位置向上运动 1.0m 时，(c) 球的总动能和 (d) 质心的速率是多少？

14P. 一个投手把一个半径 $R=11\text{cm}$ 的保龄球扔到一条球道上。球在球道上以初速率 $v_{com,0}=8.5\text{m/s}$ 和初角速度 $\omega_0=0$ 滑动。球和球道之间的动摩擦因数是 0.21。这一对球的动摩擦力（图 12-34）导致球的一个线加速度同时产生一个力矩导致球的一个角加速度。当速率 v_{com} 减小到一定程度而角速度 ω 增大到一定程度时，球停止滑动并开始平稳地滚动。(a) 那时如何用 ω 表示 v_{com}？在滑动期间，球的 (b) 线加速度和 (c) 角加速度为何？(d) 球滑动了多长时间？(e) 球滑动了多大距离？(f) 当球开始平稳滚动时它的速率是多少？

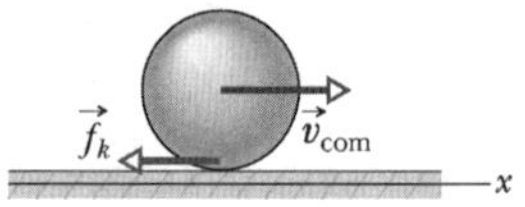

图 12-34　习题 14 图

12-4 节　约-约

15E. 一只约-约具有转动惯量 $950\text{kg}\cdot\text{cm}^2$ 和质量 120g。它的轮轴的半径是 3.2mm，绳长是 120cm。(a) 它的线加速度的大小是多少？(b) 它到达绳端所用的时间是多少？当它到达绳端时，它的 (c) 线速率，(d) 平动动能，(e) 转动动能，和 (f) 角速率是多少？(ssm)

16P. 假设练习 15 中的约-约不是从静止开始，而是以初速 1.3m/s 向下扔出的。(a) 它到达绳端需要多长时间？当它到达绳端时，它的 (b) 点动能，(c) 线速率，(d) 平动动能，(e) 角速率，和 (f) 转动动能是多少？

12-5 节　再论力矩

17E. 证明：如果 $\vec{r}$ 和 $\vec{F}$ 在一给定平面内，力矩 $\vec{\tau}=\vec{r}\times\vec{F}$ 在该平面内的分量是零。

18E. 力 $\vec{F}$ 对位于坐标为 $(-2.0\text{m}, 0, 4.0\text{m})$ 的李子上的原点的力矩的大小和方向为何？假如该力只有分量 (a) $F_x=6.0\text{N}$，(b) $F_x=-6.0\text{N}$，(c) $F_z=6.0\text{N}$，和 (d) $F_z=-6.0\text{N}$？

19E. 对位于坐标（0，-4.0m，3.0m）的质点上的原点的下面两个力的力矩的大小和方向为何：(a) 力 $\vec{F}_1$，其各分量为 $F_{1x}=2.0$N 和 $F_{1y}=F_{1z}=0$，(b) 力 $\vec{F}_2$，其各分量为 $F_{2x}=0$，$F_{2y}=2.0$N 和 $F_{2z}=4.0$N。

20P. 力 $\vec{F}=(2.0\text{N})\vec{i}-(3.0\text{N})\vec{k}$ 作用于相对于原点的位矢 $\vec{r}=(0.50\text{m})\vec{j}-(2.0\text{m})\vec{k}$ 处的一个石子上。对 (a) 原点和 (b) 坐标为（2.0m，0，-3.0m）的一点的力 $\vec{F}$ 对石子产生的力矩为何？

21P. 力 $\vec{F}=(-8.0\text{N})\vec{i}+(6.0\text{N})\vec{j}$ 作用在位矢为 $\vec{r}=(3.0\text{m})\vec{i}+(4.0\text{m})\vec{j}$ 的质点上。(a) 对原点作用在质点上的力矩为何？(b) $\vec{r}$ 和 $\vec{F}$ 的方向间的角度是多少？(ssm)

22P. 作用在坐标为（3.0m，-2.0m，4.0m）处的胡椒瓶上的下述力对原点的力矩为何？(a) 力 $\vec{F}_1=(3.0\text{N})\vec{i}-(4.0\text{N})\vec{j}+(5.0\text{N})\vec{k}$，(b) 力 $\vec{F}_2=(-3.0\text{N})\vec{i}-(4.0\text{N})\vec{j}-(5.0\text{N})\vec{k}$，(c) $\vec{F}_1$ 和 $\vec{F}_2$ 的矢量和？(d) 重复 (c) 部分，不是对原点而是对坐标的（3.0m，2.0m，4.0m）的一点。

12－6 节　角动量

23E. 两个物体如图 12－35 中那样运动。它们对 O 点的总角动量为何？(ilw)

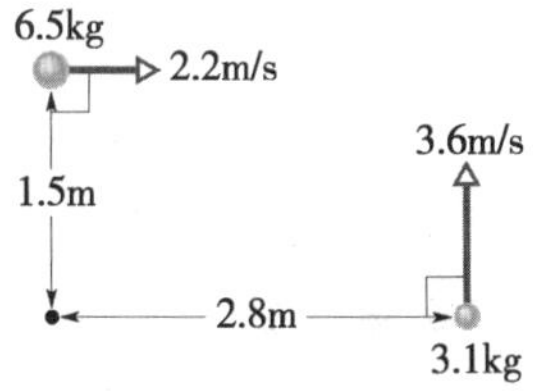

图 12－35　练习 23 图

24E. 在图 12－36 中，一质点 P 的质量为 2.0kg，位矢 $\vec{r}$ 的大小为 3.0m，速度 $\vec{v}$ 的大小为 4.0m/s，大小为 2.0N 的力作用在质点上。三个矢量都在 xy 平面内，方向如图示。对原点 (a) 质点的角动量和 (b) 作用在质点上的力矩为何？

25E. 在某一时刻，一个 0.25kg 的物体的矢径为 $\vec{r}=(2.0\vec{i}-2.0\vec{k})$ m，在该时刻它的速度是 $\vec{v}=(-5.0\vec{i}+5.0\vec{k})$ m/s，作用于它的力是 $\vec{F}=4.0\vec{j}$N。(a) 物体对原点的角动量为何？(b) 作用在它上面的力矩为何？(ssm)

26P. 一个 2.0kg 的类质点物体在经过 (xy) 坐标为（3.0，-4.0）m 的点时的速度分量是 $v_x=30$m/s，$v_y=60$m/s。就在这一时刻，它相对于 (a) 原点和 (b) 点（-2.0，-2.0）m 的角动量为何？

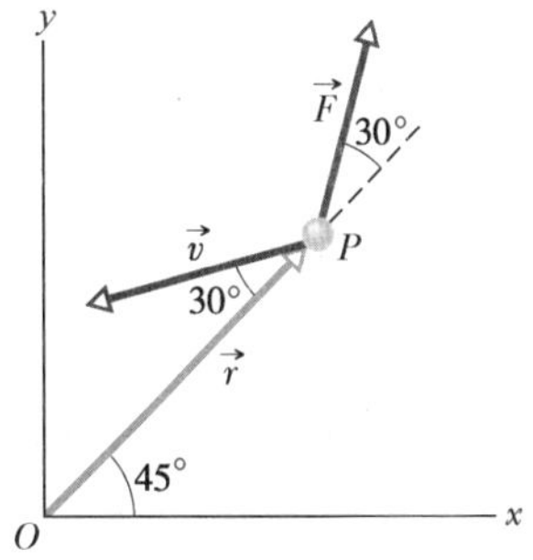

图 12－36　练习 24 图

27P. 两个质量 m 和速率 v 相同的质点在相距为 d 的两条平行线上沿相反方向运动。(a) 用 m、v 和 d 表示此二质点系统对两条线间的中点的角动量的大小 L。(b) 如果对其计算 L 的点不是在线间中点，上述表示式会改变吗？(c) 现在把一个质点的运动速度反过来重复 (a) 和 (b)。(ssm)

28P. 一个 4.0kg 的质点在 xy 平面内运动。在质点的位置和速度是 $\vec{r}=(2.0\vec{i}+4.0\vec{j})$ m 和 $\vec{v}=-4.0\vec{j}$m/s 的时刻，作用于它的力 $\vec{F}=-3.0\vec{i}$N。在此时刻，确定 (a) 质点对原点的角动量，(b) 质点对 $x=0$，$y=4.0$m 的点的角动量，(c) 对原点作用在质点上的力矩，和 (d) 对 $x=0$，$y=4.0$m 的一点作用在质点上的力矩。

12－7 节　角量形式的牛顿第二定律

29E. 一个 3.0kg 的质点具有速度 $\vec{v}=(5.0\text{m/s})\vec{i}-(6.0\text{m/s})\vec{j}$ 在 $x=3.0$m，$y=8.0$m 处。它被一个 7.0N 的力沿负 x 方向拉着。(a) 质点对于原点的角动量为何？(b) 对于原点作用于质点的力矩为何？(c) 质点的角动量对时间的变化率为何？(ssm) (ilw)

30E. 一个质点受到对于原点的两个力矩的作用：$\vec{\tau}_1$ 的大小为 2.0N·m，方向沿 x 轴正向，$\vec{\tau}_2$ 的大小为 4.0N·m，方向沿 y 轴负向，$d\vec{l}/dt$ 的大小和方向如何，其中 $\vec{l}$ 是质点对原点的角动量？

31E. 一个在 xy 平面内绕原点运动的质点受到什么样的对原点的力矩作用，如果质点具有下列的对原点的角动量的大小：

(a) 4.0kg·m^2/s；

(b) $4.0t^2$kg·m^2/s；

(c) $4.0\sqrt{t}\,\text{kg}\cdot\text{m}^2/\text{s}$；

(d) $4.0/t^2\,\text{kg}\cdot\text{m}^2/\text{s}$？

32P. 在时刻 $t=0$，一个 2.0kg 的质点相对于原点的位矢 $\vec{r}=(4.0\text{m})\vec{i}-(2.0\text{m})\vec{j}$。当时它的速度给定为 $\vec{v}=(-6.0t^2\text{m/s})\vec{i}$。对原点说，在 $t>0$ 时，(a) 质点的角动量和 (b) 作用在质点上的力矩为何？(c) 重复 (a) 和 (b) 对坐标为 (−2.0m，−3.0m) 的一点而不是对原点。

12－9 节　绕定轴转动的刚体的角动量

33E. 一个对其中心的转动惯量为 $0.140\text{kg}\cdot\text{m}^2$ 的飞轮的角动量在 1.50s 内由 $300\text{kg}\cdot\text{m}^2/\text{s}$ 减到 $0.800\text{kg}\cdot\text{m}^2/\text{s}$。(a) 这期间作用在飞轮上的对其中心的平均力矩为何？(b) 假设恒定角加速度，飞轮转过的角度是多少？(c) 对飞轮做的功是多少？(d) 飞轮的平均功率是多大？(ssm)

34E. 一个砂轮的转动惯量是 $1.2\times10^{-3}\text{kg}\cdot\text{m}^2$，安在一台钻床上，钻床的电动机提供 $16\text{N}\cdot\text{m}$ 的力矩。求电动机开动后 33ms 时，(a) 砂轮对它的中心轴的角动量和 (b) 砂轮的角速率。

35E. 质量都是 m 的三个质点用长度各为 d 的三条无质量的绳子连在一起并且连到 O 处的转轴上，如图 12－37 所示。这三个质点保持在一条直线上绕转轴以角速度 ω 转动。用 m、d 和 ω 表示的相对于 O，(a) 这一组合的转动惯量，(b) 中间质点的角动量和 (c) 三个质点的总角动量为何？(ssm)

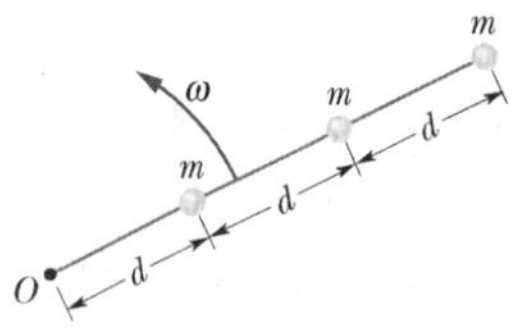

图 12－37　练习 35 图

36P. 冲力 $F(t)$ 对一个转动惯量为 I 的转动刚体作用了一小段时间 Δt，证明

$$\int\tau\,\mathrm{d}t = F_{\text{avg}}R\Delta t = I(\omega_f-\omega_i)$$

式中，τ 是力的力矩；R 是力的力臂；F_{avg} 是力在 Δt 时间内的平均值；ω_i 和 ω_f 是刚在力作用前后物体的角速度。(量 $\int\tau\,\mathrm{d}t = F_{\text{avg}}R\Delta t$ 称为角冲量，类似线冲量 $F_{\text{avg}}\Delta t$)。

37P*. 半径为 R_1 和 R_2，转动惯量为 I_1 和 I_2 的两个圆柱体由垂直于图 12－38 的平面的中心轴支持。大圆柱最初以角速度 ω_0 顺时针转动，把小圆柱向右移直到和大圆柱接触而由于两柱间的摩擦使它也转起来；最后，滑动停止，两圆柱以恒定速率沿相反方向转动。求小圆柱最后的角速度 ω_0，用 I_1、I_2、R_1、R_2 和 ω_2 表示。(提示：角动量和动能都不守恒，用习题 36 中的角冲量公式。)(ssm)(www)

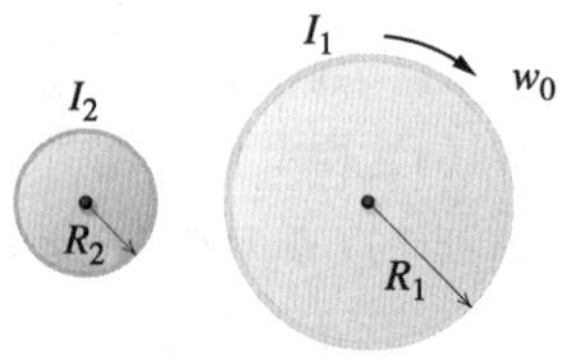

图 12－38　习题 37 图

38P. 图 12－39 所示为一个刚体结构。它由一个半径为 R、质量为 m 的圆箍和四根长 R、质量 m 的细棒做成的正方形组成。此刚性结构以恒定速率和周期 2.5s 绕一竖直轴转动。假定 $R=0.50\text{m}$ 和 $m=2.0\text{kg}$，计算 (a) 结构对转轴的转动惯量和 (b) 它对轴的角动量。

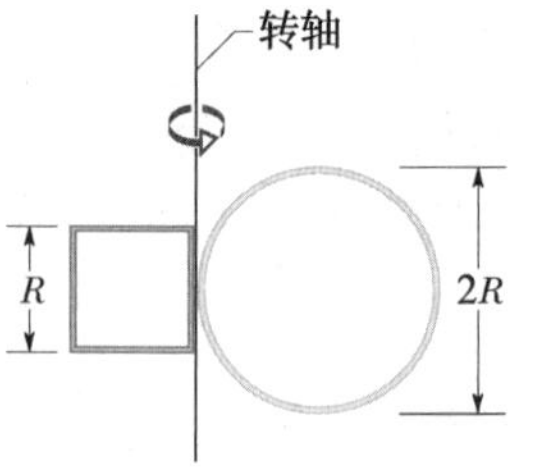

图 12－39　习题 38 图

12－10 节　角动量守恒

39E. 一个人站在一个以角速率 1.2rev/s 转动 (无摩擦) 的平台上；他的双臂向外伸着并且每个手拿着一块砖。由人、砖和平台组成的系统对中心轴的转动惯量是 $6.0\text{kg}\cdot\text{m}^2$。如果人移动砖使系统的转动惯量减小到 $2.0\text{kg}\cdot\text{m}^2$。(a) 由此导致的平台的角速率是多少？(b) 新的系统的动能与原来动能之比是多少？(c) 增加的动能是什么提供的？(ssm)

40E. 一台电动机的转子对它的中心轴的转动惯量是 $I_m=2.0\times10^{-3}\text{kg}\cdot\text{m}^2$。电动机安装在空间探测器上用来改变它的指向，电动机的轴和探测器的轴平行。探测器对它的轴的转动惯量 $I_p=12\text{kg}\cdot\text{m}^2$，计算要使探测器对它的轴转过 30°所需的转子的转数。

41E. 一个轮子在一根转动惯量可忽略的轴上正

自由地以 800rev/min 的角速率转动。第二个轮子，开始时静止而转动惯量是第一个的两倍，突然耦合到同一根轴上。（a）轴和两个轮子的组合由此得到的角速率是多少？（b）开始的转动动能的多大比例损失了？（ssm）（ilw）

42E. 两个圆盘装在同一根轴上的低摩擦轴承上，而且可以移到一块耦合起来像一个部件转动。（a）对其中心轴的转动惯量是 3.3kg · m^2 的第一个圆盘开始以 450rev/min 旋转，对其中心轴的转动惯量是 6.6kg · m^2 的第二个圆盘开始以 900rev/min 和第一个相同的方向旋转，然后二者耦合起来。耦合后它们的角速率为何？（b）如果第二个圆盘换为以 900rev/min 但以和第一个的转动方向相反的方向旋转，耦合后它们的角速率和转动的方向为何？

43E. 在游乐场有一台半径为 1.20m 和质量为 180kg 的小旋转木马，它的回旋半径（见第 11 章习题 43）是 0.91m。一个质量为 44.0kg 的小孩以 3.00m/s 的速率沿与静止的旋转木马边沿相切的方向跑来并跳了上去。忽略旋转木马的轴与轴承之间的摩擦，计算（a）旋转木马对自己的转动轴的转动惯量，（b）跳动的小孩对旋转木马的轴的角动量的大小，和（c）小孩跳上去后，旋转木马和小孩的角速率。（ssm）

44E. 一个塌缩着的自旋的恒星的转动惯量降到了初值的 1/3。它的新的转动动能与初始的转动动能之比是多少？

45P. 一条轨道装在一个大轮上，大轮可以自由地绕一个竖直轴转动（图 12-40），（摩擦可以忽略）。质量为 m 的一列玩具车放在轨道上，最初系统静止，然后启动电动力。如果大轮的质量是 M，半径是 R，它的角速率是多少？（把大轮当一个圆箍处理，忽略轮辐和轮毂的质量。）（ssm）（www）

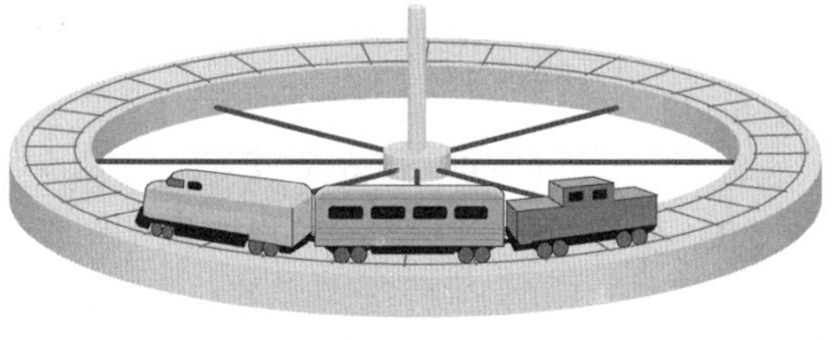

图 12-40 习题 45 图

46P. 在图 12-41 中，每个质量是 50kg 的两个滑冰者沿着间隔 3.0m 的平行路径相互靠近。每个的速度为 1.4m/s，方向相反。一个滑冰者拿着一根质量可忽略的杆的一端，另一个滑冰者经过时抓住另一端。（a）定量地描述两个滑冰者由杆连在一起时它们的运动，（b）这个双滑冰者系统的动能是多少？

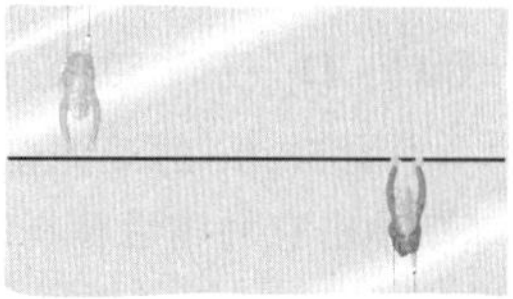

图 12-41 习题 46 图

还有，两个滑冰者都沿杆拉使他们之间的距离减小到 1m，这时，（c）他们的角速率和（d）系统的动能是多少？（e）说明所增加的动能的来源。

47P. 一个质量为 m 的蟑螂沿着半径为 R、转动惯量为 I 的具有无摩擦轴承的懒 Susan（装在一竖直轴上的一个圆盘）的边沿逆时针运动。蟑螂的速率是 v（对地），而懒 Susan 以角速率 ω_0 顺时针转动。蟑螂发现一个面包屑当然就停下来了（a）蟑螂停下后，懒 Susan 的角速率是多少？（b）蟑螂停下前后机械能守恒吗？

48P. 一个质量为 M 的女孩站在静止的半径为 R、转动惯量为 I 的无摩擦的旋转木马的边沿上。她沿与旋转木马外沿相切的方向水平地扔出一块质量为 m 的石头。石头相对地面的速率是 v，此后，（a）旋转木马的角速率和（b）女孩的线速率是多少？

49P. 一个质量为 0.10kg 和半径为 0.10m 的水平乙烯唱片绕通过它的中心的竖直轴以角速率 4.7rad/s 转动。唱片对其转轴的转动惯量是 5.0×10^{-4} kg · m^2。一小块质量为 0.020kg 的湿泥从上方竖直地落到唱片上并粘在唱片边上。在泥块刚粘上唱片时唱片的角速率是多大？

50P. 一根长为 0.50cm 和质量为 4.0kg 的均匀细棒可绕通过其中心的竖直轴在水平面内转动。当一颗 3.0g 的子弹在棒所在的平面内射入棒的一端前，棒是静止的。从上面看，子弹速度的方向与棒的夹角是 60°（图 12-42）。如果子弹呆在棒里了而棒在刚碰撞后的角速度是 10rad/s，刚冲撞前子弹的速率是多少？

51P*. 两个 2.00kg 的球连接在质量可忽略的长 50.0cm 的细棒的两端。棒可以绕通过其中心的水平轴在竖直平面内无摩擦地自由转动。在棒原来水平时

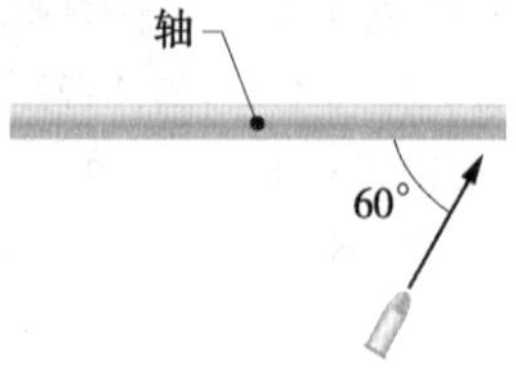

图 12-42 习题 50 图

(图 12-43)，一小块 50.0g 的湿泥落到一个球上，以 3.00m/s 的速率冲击它并随后粘在它上面。(a) 湿泥块刚冲击后系统的角速率是多少？(b) 碰撞后整个系统的动能和泥块在刚碰撞前的动能之比是多少？(c) 直到它瞬时静止，系统将转过多大角度。(ssm)

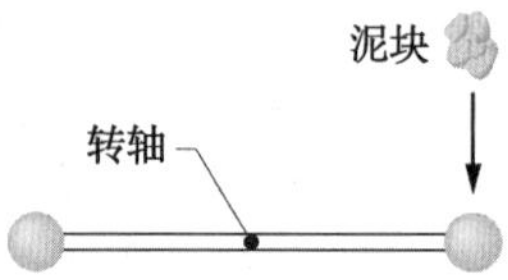

图 12-43 习题 51 图

52P. 一只质量为 m 的蟑螂呆在一个质量为 10.0m 的均匀圆盘的边沿上，该圆盘可绕自己的中心自由地像旋转木马那样转动。起初蟑螂和圆盘一起以角速度 ω_0 转动，接着蟑螂爬到离盘心一半处。(a) 蟑螂-圆盘系统的角速度的改变 $\Delta\omega$ 是多少？(b) 系统的新动能对它的初动能之比 K/K_0 是多少？(c) 怎样说明动能的改变？

53P. 如果地球的极地冰帽都熔化了，而且水都回归海洋，海洋深度将增加约 30m，这对地球的转动会有什么影响？估算一下所引起的每天长度的改变。(对此的关心已经表明为工业污染招致的大气变暖能使冰帽熔化)。

54P. 圆盘形的一个水平平台在无摩擦的轴承上绕通过圆盘中心的竖直轴转动。平台的质量为 150kg，半径为 2.0m，对转轴的转动惯量为 300kg · m²。一个 60kg 的学生慢慢地从平台的边上向中心走去。如果系统在学生从边上开始走时的角速率是 1.5rad/s，当她走到离中心 0.50m 处时系统的角速率是多少？

55P. 一个质量为 10m，半径为 3.0r 的均匀圆盘可自由地绕它的固定中心像旋转木马那样转动。一个较小的质量为 m、半径为 r 的均匀圆盘在较大圆盘的上面和它同轴地放置。起初两个圆盘一起以角速度 20rad/s 转动，一个小的扰动使小圆盘在大圆盘上滑动直到小圆盘的外沿碰上大圆盘的外沿。此后两圆盘仍然一起转动(不再滑动)。(a) 这时它们对大盘中心的角速度为何？(b) 系统的新动能与初动能之比 K/K_0 是多少？

56P. 一个 30kg 的小孩站在静止的质量为 100kg 和半径为 2.0m 的旋转木马的边上。旋转木马对它的转轴的转动惯量是 150kg · m²。小孩接住一个由朋友传来的质量为 1.0kg 的球。在球刚接住前，它具有一个与旋转木马边沿的切线成 37°角的水平速度 12m/s，如图 12-44 的俯视图所示。小孩刚接住球后旋转木马的角速率是多少？

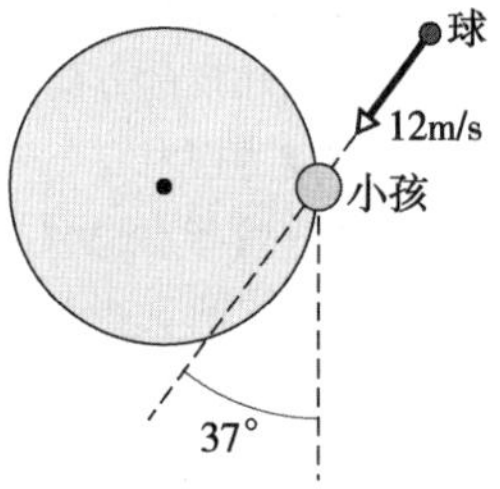

图 12-44 习题 56 图

57P. 在图 12-45 中，一个 1.0g 的子弹射入 0.50kg 的物体中，后者装在长为 0.60m、质量为 0.50kg 的一根均匀杆的下端。此后物块-杆-子弹系统就绕在 A 点的固定轴转动。杆本身对 A 的转动惯量是 0.060kg · m²。假定物块小得可以作为一个在杆端的质点处理。(a) 物块-杆-子弹系统对 A 点的转动惯量是多少？(b) 如果子弹刚撞击后系统的角速率是 4.5rad/s，子弹刚撞击前的速率是多少？

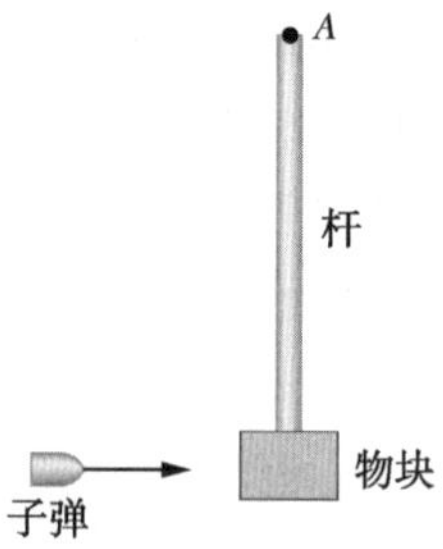

图 12-45 习题 57 图

58P. 在图 12-46 中，一根均匀棒(长度为 0.60m，质量为 1.0kg)绕其一端以转动惯量 0.12kg · m² 转动。当棒摆到最低位置时，其下端和一 0.20kg 的泥球相撞，后者旋即粘到棒端。如果刚碰撞前棒的角速率是 2.4rad/s，刚碰撞后棒-泥球系统的角速率是多少？

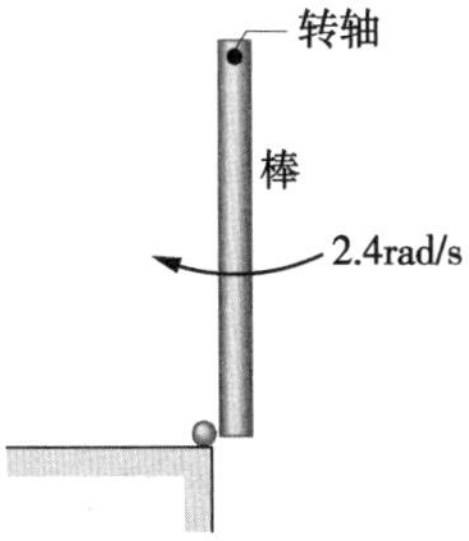

图 12-46 习题 58 图

59P[*]**.** 质量为 m 的质点沿无摩擦表面滑下高度 h 时与一根均匀竖直杆（质量为 M，长度为 d）相撞并粘在它上面（图 12-47）。棒绕着 O 点转动在瞬时停止前转过了角 θ，求 θ。

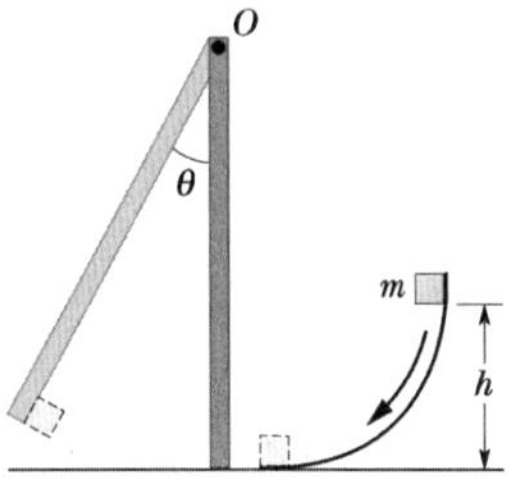

图 12-47 习题 59 图

第 2 篇

第 13 章　平衡与弹性

攀岩可能是极限的物理测验，失败可能意味着死亡；即使“攀得不好”，也可能意味着严重受伤。例如，在攀登一个长的烟囱式岩缝时，你的躯干得用力贴在一个宽的、竖直岩裂缝的岩壁一侧上，而脚则要蹬住对面的岩壁。你也需要临时休息一下，否则你就会由于太疲劳而掉下去。这里，测验只包括一个问题：为了休息一下，你怎样做才能放松对岩壁的推力呢？如果未考虑物理学知识就放松了，岩壁就可能不支持你。

对这个生死、单一问题测验的答案是什么？

答案就在本章中。

13－1 平衡

考虑以下物体：(1) 静止在桌上的一本书；(2) 以恒定速度滑过无摩擦表面的冰球；(3) 吊扇的旋转页片；(4) 以恒定速率沿直线前进的自行车轮。

对以上四个物体都可以说：

1. 其质心的线动量 $\vec{P}$ 是常量。

2. 对质心或其他任一点的角动量 $\vec{L}$ 也是常量。

我们说这些物体是**平衡**的。平衡的两个条件是：

$$\vec{P} = \text{常量和} \vec{L} = \text{常量} \qquad (13-1)$$

本章我们关心的实际上是式 (13－1) 中的常量是零的情况，即我们主要关心的是在我们观察它们的参照系中，物体不以任何方式运动——不论是平动还是转动——这些物体处于**静力平衡**中。本节开头提到的四个物体中只有一个——静止在桌上的那本书——是处于静力平衡状态的。

图 13－1 亚利桑那州 Petrified 国家森林公园附近的一块稳定的岩石。虽然在高位，似乎很危险，但它处于静力平衡中。

至少在目前，图 13－1 中所示的稳定的岩石是物体处于静力平衡的另一个例子。不计其数的、时时处于静止的其他结构，例如教堂建筑、房屋、公文柜和香烟柜台等，也都处于具有这种性质的状态。

如我们在 8－5 节中所讨论的，如果一个物体在外力作用下移开后又回到原平衡位置，我们称为**稳定**静力平衡。放在半球形碗底部的弹子就是一例。然而，如果有一个微小的力就可以把物体移开而且平衡无法恢复，物体就是处于**不稳定**静力平衡。

例如，假定我们放好一块多米诺牌，让它的质心在支撑棱的正上方，如图 13－2a 所示。由于引力 $\vec{F}_g$ 的作用线通过支撑棱，所在它对支撑棱的力矩是零，因此，多米诺牌是平衡的。当然，即使由于偶然的扰动而引起微小的力也会使平衡遭到破坏。随着力的作用线移向支撑边一侧（如图 13－2b 所示），$\vec{F}_g$ 的力矩就会加剧多米诺牌的转动，因此，图 13－2a 所示的多米诺牌是处于不稳定静力平衡。

图 13－2c 所示的多米诺牌并非十分不稳定。要想推倒它必须加一个力使它超过图 13－2a 所示的平衡位置，在该位置时，质心在一个支撑棱的上方。一个微小的力，不能推倒它；可是用手指猛地弹一下，它就能倒（如果我们排好一串

多米诺牌，用手指弹第一个，就会使整串多米诺牌倒塌)。

图 13－2d 所示的儿童方积木块更加稳定，因为它的质心必须移动更远些才能通过一个支撑棱的正上方。用手指轻轻一推是推不倒的（这就是为什么我们看不到推倒一连串方积木块的原因)。

图 13－3 中的工人既像多米诺牌也像方木块：平行于梁的方向，他的姿势比较宽，因此是稳定的；但垂直于梁的方向，他的姿势却很窄，所以是不稳定的（一阵风就能把他吹倒)。

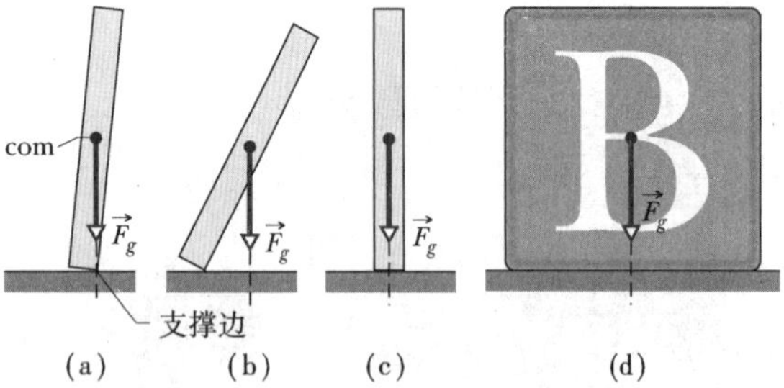

图 13－2 (a) 一块多米诺牌处于平衡状态，其质心在那个棱的正上方。对牌的重力 $\vec{F}_g$ 的方向通过支撑的棱。(b) 如果此牌从平衡方位稍微转动，$\vec{F}_g$ 就会产生一个力矩加剧这一转动。(c) 多米诺牌立在窄边上，比 (a) 中的情况稳定一点。(d) 方块更稳定。

图 13－3 一个建筑工人在纽约市上空处于稳定状态，不过他在平行于梁的方向比垂直于梁的方向更稳定。

在工程实践中静力平衡的分析是很重要的。设计工程师必须分辨出可能作用在结构上的所有外力和力矩，并通过良好的设计和明智的选材来确保结构在这些载荷下保持稳定。例如，要确保桥梁在交通繁忙和大风条件下不坍塌，确保飞机的着陆装置经得起不平稳着陆时的震动，这种分析是必要的。

13－2 平衡条件

一个物体的平动受线动量形式的牛顿第二定律支配，该形式为式（9－27)，即

$$\vec{F}_{\text{net}} = \frac{d\vec{P}}{dt} \tag{13-2}$$

如果物体处于平动平衡——也就是 $\vec{P}$ 是一个常量——那么$\frac{d\vec{P}}{dt}=0$，我们必有

$$\vec{F}_{net}=0 \quad (力平衡) \tag{13-3}$$

一个物体的转动受角动量形式的牛顿第二定律支配，该形式为式（12-29），即

$$\vec{\tau}_{net}=\frac{d\vec{L}}{dt} \tag{13-4}$$

如果物体处于转动平衡——也就是 $\vec{L}$ 是一个常量——那么$\frac{d\vec{L}}{dt}=0$，我们必有

$$\vec{\tau}_{net}=0 \quad (力矩平衡) \tag{13-5}$$

这样，一个物体平衡时要满足以下两个条件：

1. 作用在物体上的所有外力的矢量和必为零。
2. 作用在物体上的关于任意点的所有外力矩的矢量和也必为零。

很明显，**静力**平衡必须满足这些条件。对于更普遍的平衡，即 $\vec{P}$ 和 $\vec{L}$ 是常量但不是零，这些条件也必须满足。

作为矢量式，式（13-3）和式（13-5）的每一个都与三个分量式等价，而每一个分量式对应坐标轴的一个方向：

力平衡	力矩平衡	
$\vec{F}_{net,x}=0$	$\vec{\tau}_{net,x}=0$	
$\vec{F}_{net,y}=0$	$\vec{\tau}_{net,y}=0$	(13-6)
$\vec{F}_{net,z}=0$	$\vec{\tau}_{net,z}=0$	

为使问题简化我们将只考虑物体受的力仅在 xy 平面内的情形。这意味着物体所受的仅有的力矩一定要使它围绕一个平行于 z 轴的轴转动。在这一假定下，我们可以从式（13-6）中去掉一个受力方程和两个力矩方程，剩下

$$\vec{F}_{net,x}=0 \quad (力平衡) \tag{13-7}$$

$$\vec{F}_{net,y}=0 \quad (力平衡) \tag{13-8}$$

$$\vec{\tau}_{net,z}=0 \quad (力矩平衡) \tag{13-9}$$

这里，$\vec{\tau}_{net,z}$是外力对于 z 轴或平行于 z 轴的任何轴的合力矩。

以恒定速度在冰面滑行的冰球满足式（13-7）、式（13-8）和式（13-9），它是平衡的，**但不是静力平衡**。对于静力平衡，冰球的线动量 $\vec{P}$ 不仅必须不变，而且是零，这时冰球在冰面上静止。因此，静力平衡须增加一个条件：

3. 物体的线动量 $\vec{\boldsymbol{P}}$ 必为零。

检查点1：下图是一个均匀杆的六个俯视图，它们分别受两个或两个以上垂直于杆的力，如果适当调整力的大小（但不为零），哪个图中的杆能处于静力平衡？

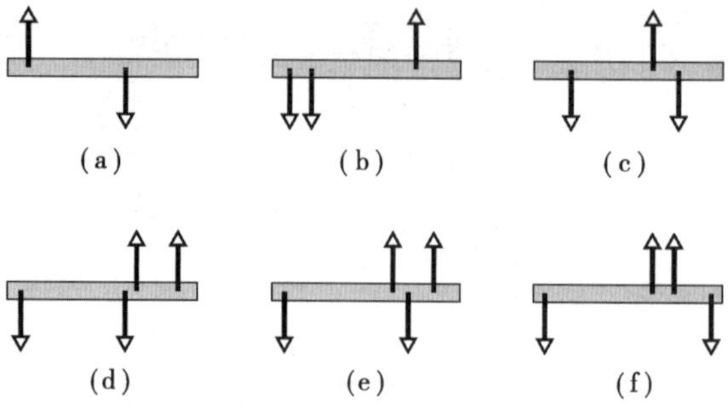

13-3 重心

一个较大的物体上所受的重力是作用于物体单个组元（原子）的重力的矢量和。代替考虑全部单个组元，我们可以说：

> 作用在一个物体上的重力 $\vec{F}_g$ 等效于作用在一个点，此点称为该物体的**重心**（cog）。

这里的“等效”指的是如果各个组元受的重力以某种方式取消了而使 $\vec{F}_g$ 在重心起作用，则对物体的合力与合力矩（对于任意点）不会改变。

至今，我们都假定重力 $\vec{F}_g$ 作用在质心（com）上。这与假定重心就在质心是一样的。回忆一下，一个质量为 M 的物体，其重力 $\vec{F}_g$ 等于 $M\vec{g}$，这里的 $\vec{g}$ 是该物体自由下落时此力所产生的加速度。在下面的证明里，我们说

> 如果物体上所有组元的 $\vec{g}$ 都相同，那么该物体的重心（cog）与质心（com）重合。

这一点对于日常接触的物体大体上是正确的，因为 $\vec{g}$ 沿地球表面仅有微小的变化，而当高度增加时其大小减小甚少。这样，对于物体来说，像老鼠或麋鹿，我们都可以假定重力作用在其质心上。在经过下列证明后，我们将重新应用这个假定。

证明

首先，我们考虑物体的单个微元。图 13-4a 表示一个较大的质量为 M 的物体，其微元之一的质量是 m_i。每一个这样的微元都受到重力 $\vec{F}_{gi}$ 作用而且等于 m_i，$\vec{g}_i$，$\vec{g}_i$ 的下标表明，$\vec{g}_i$ 是**该微元所在处**的重力加速度（对于其它微元它可能不同）。

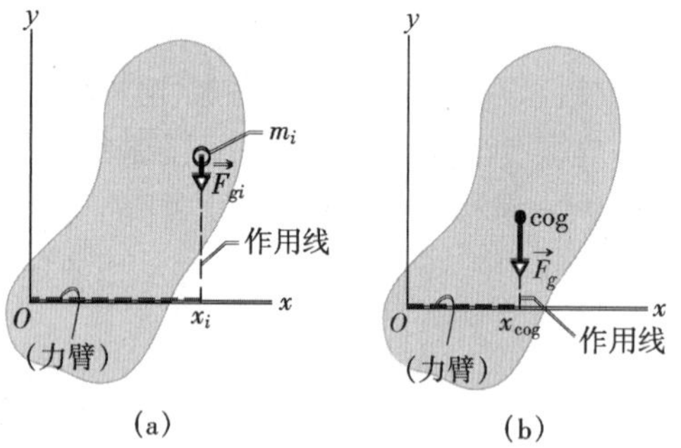

图 13-4 (a) 一个较大的物体内的一个微元 m_i。对该微元的重力 $\vec{F}_{gi}$ 对坐标系原点 O 的力臂为 x_i。(b) 对物体的重力 $\vec{F}_g$ 被认为是作用在物体的重心（cog）上。这里，该重力对 O 点的力臂为 x_{cog}。

在图 13-4a 中，每个力 $\vec{F}_{gi}$ 对该微元产生一个对于原点 O 的力臂为 x_i 的力矩 τ_i。利用式（11-33）（$\tau = r_{\perp}F$），我们可以将力矩 τ_i 写成

$$\tau_i = x_i F_{gi} \tag{13-10}$$

对物体上所有微元的合力矩为

$$\tau_{\text{net}} = \sum \tau_i = \sum x_i F_{gi} \tag{13-11}$$

其次，我们把物体看作一个整体。图13-4b表示作用在物体重心上的重力 $\vec{F}_g$。这个力产生一个对于 O 点的力矩 τ，其力臂是 x_{cog}。再次利用式（11-33），我们可以将此力矩写成

$$\tau = x_{\text{cog}} F_g \tag{13-12}$$

对物体的重力 $\vec{F}_g$ 等于对所有微元的重力 $\vec{F}_{gi}$ 之和。因此，我们可以用 $\sum F_{gi}$ 代替式（13-12）中的 F_g 而写成

$$\tau = x_{\text{cog}} \sum F_{gi} \tag{13-13}$$

作用在重心上的力 $\vec{F}_g$ 产生的力矩等于作用在物体的所有微元上的重力 $\vec{F}_{gi}$ 的合力矩。（这就是我们如何定义重心的。）所以，式（13-13）中的 τ 等于式（13-11）中的 τ_{net}。两式合一，可写为

$$x_{\text{cog}} \sum F_{gi} = \sum x_i F_{gi}。$$

用 $m_i g_i$ 取代式中的 F_{gi}，则

$$x_{\text{cog}} \sum m_i g_i = \sum x_i m_i g_i$$

现在有一个**关键点**：如果所有微元所在处的加速度 g_i 相同，就可从此公式中消去 g_i，而写成

$$x_{\text{cog}} \sum m_i = \sum x_i m_i \tag{13-14}$$

所有微元的质量之和 $\sum m_i$ 就是物体的质量 M。因此，我们可以把式（13-14）重写为

$$x_{\text{cog}} = \frac{1}{M} \sum x_i m_i \tag{13-15}$$

上式右侧给出了物体质心的坐标 x_{cog}（式（9-4））。现在我们就得到了所要求的证明

$$x_{\text{cog}} = x_{\text{com}} \tag{13-16}$$

检查点2：假定你用一根细杆斜插入一只苹果，使它不通过苹果的重心。当你保持细杆水平而让苹果自由转动时，它的重心最后在哪儿？为什么？

13-4 静力平衡举例

本节，我们考察涉及静力平衡的四个例题。在每一个例题中，我们选择有一个或多个物体的系统来应用平衡方程（式（13-7）、式（13-8）和式（13-9））。与平衡有关的力都在 xy 平面内，这就意味着它们的力矩平行于 z 轴。在应用力矩平衡的式（13-9）时，我们选择一个平行于 z 轴的轴来计算力矩。虽然用式（13-9）时可选用任何这样的轴，但是你会发现某些选择可以消除一个或多个未知的力项从而简化计算。

例题 13-1

在图13-5a中，两端点放在两只台秤上的长为 L、质量为 $m=1.8\text{kg}$ 的一个均匀梁处于静止状态。质量为 $M=2.7\text{kg}$ 的均匀物块静止在梁上，其中心距梁的左端的距离为 $L/4$。两台秤的读数各是多少？

【解】 解任何静力平衡问题的前几步都是这样的：明确认定所分析的系统；然后画出其受力图，标出系统所受的全部力。这里，我们选梁和物块为系统。系统所受的力以及受力图如图13-5b所示（系统的选择要凭经验，常常可有几种好的选择；参看下

文中的解题线索 1)。

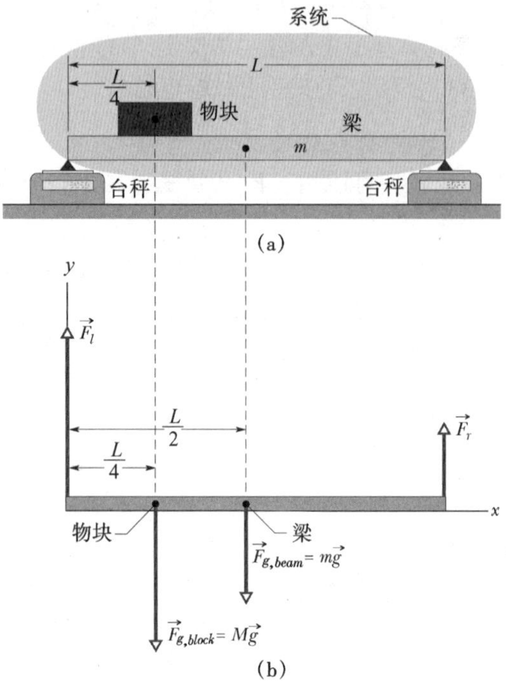

图 13–5　例题 13–1 图　(a) 质量为 m 的梁上放着质量为 M 的物块。(b) 受力图，表示作用在**梁+物块**系统上的力的情况。

台秤对梁的法向力，在左端是 $\vec{F}_l$、在右端是 $\vec{F}_r$。我们要求台秤的读数等于这些力的大小。梁受的重力 $\vec{F}_{g,\text{beam}}$ 作用在其质心，等于 $m\vec{g}$。同样，物块受的重力 $\vec{F}_{g.\text{block}}$ 作用在物块的质心，等于 $M\vec{g}$。不过，为简化起见，我们将物块用梁边界内的一个点来代表，并把矢量 $\vec{F}_{g.\text{block}}$ 的尾端画在该点上（矢量 $\vec{F}_{g.\text{bolck}}$ 沿其作用线下移不会改变 $\vec{F}_{g.\text{bolck}}$ 对垂直于图面的任何轴的力矩）。

这里**关键点**是，因为系统处于静力平衡，所以我们可以对它使用力平衡方程（式 (13–7) 和式 (13–8)）和力矩平衡方程（式 (13–9)）。这些力都没有 x 分量，所以式 (13–7)（$F_{\text{net},x}=0$）无助于求解。对 y 方向的分量，式 (13–8)（$F_{\text{net},y}=0$）可写成

$$F_l+F_r-Mg-mg=0 \qquad (13-17)$$

这个方程包含了两个未知的力 F_l 和 F_r，所以我们也需要用力矩平衡方程式 (13–9)。可以将它用于**任何**垂直于图 13–5 面的转轴。让我们选择通过梁左端的转轴。我们也将用到对力矩正负号的通用规则：如果一个力矩要使一个静止的物体绕转轴顺时针转动，这个力矩是负的；如果要使之逆时针转动，力矩是正的。最后，我们按照 $r_\perp F$ 的形式写出这些力矩，其中力臂 $r_\perp$ 对 $\vec{F}_l$ 是零，对 $M\vec{g}$ 是 $L/4$，对 $m\vec{g}$ 是 $L/2$，而对 $\vec{F}_r$ 是 L。

现在我们可以写出平衡方程（$\tau_{\text{net},z}=0$）如下：

$$(0)(F_l)-(L/4)(Mg)-(L/2)(mg)+(L)(F_r)=0$$

由此得

$$F_r=\frac{1}{4}Mg+\frac{1}{2}mg=\frac{1}{4}\times2.7\text{kg}\times9.8\text{m/s}^2+\frac{1}{2}\times1.8\text{kg}\times9.8\text{m/s}^2=15.44\text{N}\approx15\text{N}$$

（答案）

从式 (13–17) 解出 F_l 并代入这一结果，可得

$$F_l=(M+m)g-F_r=(2.7\text{kg}+1.8\text{kg})(9.8\text{m/s}^2)-15.44\text{N}=28.66\text{N}\approx29\text{N}$$

（答案）

注意解中的思路：当我们写出一个分力的平衡方程时，会被方程中有两个未知量难住。如果我们写出一个绕某任意轴的力矩平衡方程，就会再次被这两个未知量难住。可是，如果我们选择的轴通过一个未知力（此处是 $\vec{F}_l$）的作用点，我们就不会有困难了。这种选择使我们从力矩方程中利落地消除了那个力，因而就可以解出另一个未知力的大小 F_r，然后回到力的分量平衡方程去求余下的未知力的大小。

检查点 3：图示为一个处于静力平衡中均匀杆的俯视图。(a) 你能通过力的平衡求出未知力 $\vec{F}_1$ 和 $\vec{F}_2$ 的大小吗？(b) 如果你要用一个方程求出 $\vec{F}_2$ 的大小，你应把转轴放在哪儿？(c) 如果求出 $\vec{F}_2$ 的大小为 65N，那么 $\vec{F}_1$ 的大小是多少？

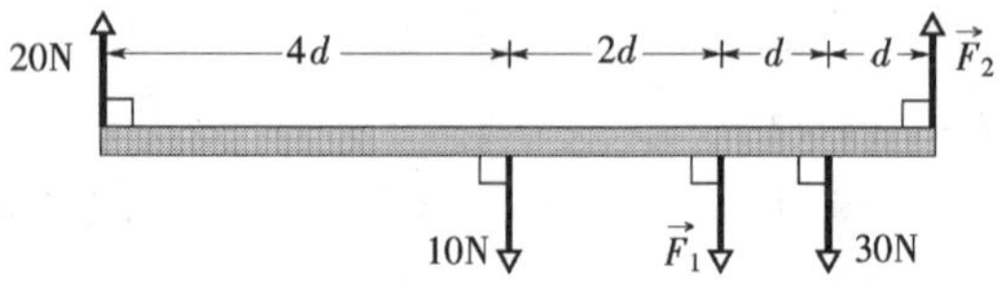

例题 13-2

图 13-6a 中，一只梯子长 $L=12\text{m}$，质量 $m=45\text{kg}$，倚靠在光滑（无摩擦）的墙壁上。其上端在距地面高 $h=9.3\text{m}$ 处，下端静止在地面上（地面不是光滑的）。梯子的质心离下端 $L/3$。质量 $M=72\text{kg}$ 的消防队员爬上梯子直到距下端 $L/2$ 处。地面和墙壁给梯子的力的大小各是多少？

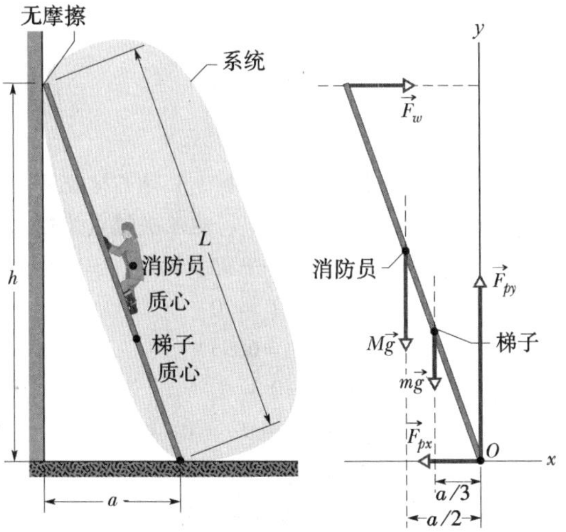

图 13-6 例题 13-2 图 (a) 消防队员爬上倚靠在无摩擦的墙壁上的梯子一半处。梯子下面的地面不是光滑的。(b) 受力图，表示作用在消防队员—梯子系统上的各个力。坐标原点 O 放在未知力 $\vec{F}_P$（其分力为 $\vec{F}_{px}$ 和 $\vec{F}_{py}$，已画出）的作用点上。

【解】 首先，我们选择消防队员和梯子一起作为系统，然后画出受力图，如图 13-6b。消防队员用梯子边界内的一个点代表。她受的重力用与其相当的 $M\vec{g}$ 代表，这个矢量被沿着力的作用线移动了，以使矢量的尾端处在该点上（这一移动并不改变 $M\vec{g}$ 对任何垂直于图面的转轴的力矩）。

梯子受到墙壁对它的惟一的力 $\vec{F}_w$ 是水平力（沿无摩擦的墙壁不会有摩擦力）。地面对它的力 $\vec{F}_p$ 有水平分力 $\vec{F}_{px}$，为一静摩擦力和竖直分力 $\vec{F}_{py}$，为一法向力。

这里**关键点**是，系统处于静力平衡，所以对它可以使用平衡方程（从式（13-7）到式（13-9））。

现在我们从式（13-9）（$\tau_{\text{net},z}=0$）开始。选择一个适当的轴，计算力矩，注意在梯子的两端有两个未知力（$\vec{F}_w$ 和 $\vec{F}_p$）。例如，为了消除 $\vec{F}_p$，我们把轴定在 O 点并垂直于图面。我们还把 xy 坐标系统的原点选在 O 点。用式（11-31）到式（11-33）的任一个可以写出对于 O 点的力矩，但是在这里式（11-33）（$\tau=r_\perp F$）是最好用的。

为了求出 $\vec{F}_w$ 的力臂 $r_\perp$，我们画出通过该矢量的作用线（见图 13-6b）。于是，$r_\perp$ 就是 O 与作用线的垂直距离。对于图 13-6b 中，它沿着 y 轴延伸，等于高度 h。类似地画出 $M\vec{g}$ 和 $m\vec{g}$ 的作用线。可以看出，它们的力臂沿 x 轴延伸。用图 13-6a 中的距离 a 来说，消防队员爬到梯子的一半时，力臂为 $a/2$；而梯子的质心在 1/3 处时力臂为 $a/3$；$\vec{F}_{px}$ 和 $\vec{F}_{py}$ 的力臂则是零。

现在，用 $r_\perp F$ 的力矩形式，平衡方程 $\tau_{\text{net},z}=0$ 就变成

$$-(h)(F_w)+(a/2)(Mg)+(a/3)(mg)+(0)(F_{px})+(0)(F_{py})=0 \tag{13-18}$$

（回忆我们的规则：正力矩对应逆时针转动；负力矩对应顺时针转动。）

利用勾股定理，我们有

$$a=\sqrt{L^2-h^2}=7.58\text{m}。$$

于是式（13-18）给出

$$F_w=\frac{ga(M/2+m/3)}{h}$$
$$=-\frac{9.8\text{m/s}^2\times7.85\text{m}\times(72/2\text{kg}+45/3\text{kg})}{9.3\text{m}}$$
$$=407\text{N}\approx410\text{N}$$

（答案）

现在我们需要用力的平衡方程。由 $F_{\text{net},x}=0$ 知

$$F_w+F_{px}=0 \tag{13-19}$$

所以 $F_{px}=F_w=410\text{N}$ （答案）

由 $F_{\text{net},y}=0$ 知

$$F_{py}-Mg-mg=0 \tag{13-20}$$

所以

$$F_{py}=(M+m)g=(72\text{kg}+45\text{kg})\times9.8\text{m/s}^2$$
$$=1146.6\text{N}\approx1100\text{N}$$

（答案）

物理学基础

例题 13-3

图 13-7a 表示一个质量为 $M=430\text{kg}$ 的保险箱，用绳子从吊臂吊下，吊臂尺寸为 $a=1.9\text{m}$ 和 $b=2.5\text{m}$。该吊臂由一个下端铰链着的梁和水平缆绳组成，水平缆绳把梁的上端与墙壁连起来。均匀的梁质量为 85kg，缆绳和绳子的质量忽略不计。

(a) 求缆绳中的张力 T_c 多大？换句话说，缆绳作用在梁上的力 $\vec{T}_c$ 的大小是多少？

【解】 此处的系统仅是梁。它受的力画在受力图（见图 13-7b）中。来自缆绳的力是 $\vec{T}_c$。对梁的重力作用在其质心（梁的中心），用 $m\vec{g}$代表。铰链对梁的力的竖直分量为 $\vec{F}_v$，水平分量为 $\vec{F}_h$。吊保险箱的绳子对梁的力为 $\vec{T}_r$。由于梁、绳子和保险箱都是静止的，所以 $\vec{T}_r$ 的大小等于保险箱的重量：$T_r=mg$。我们把 xy 坐标系的原点 O 放在铰链处。

这里一个**关键点**是，系统是静力平衡的，因此可以使用平衡方程。让我们从式（13-9）（$\tau_{\text{net},z}=0$）开始。注意要求的是 $\vec{T}_c$ 的大小而不是作用在 O 点的铰链上的力 $\vec{F}_h$ 及 $\vec{F}_v$。这就产生了第二个**关键点**，即从力矩计算中去掉 $\vec{F}_v$ 及 $\vec{F}_h$，因此我们应当选通过 O 而垂直于图面的轴计算力矩。这时 $\vec{F}_v$ 和 $\vec{F}_h$ 的力臂都是零。T_c、$\vec{T}_r$、$m\vec{g}$的作用线在图 13-7b 中用短划线表示，相应的力臂为 a、b 和 $b/2$。

用 $r_\perp F$ 的形式写出力矩，按我们的力矩符号规则，平衡方程 $\vec{\tau}_{\text{net},z}=0$ 变成

$$(a)(T_c)-(b)(T_r)-\left(\frac{1}{2}b\right)(mg)=0$$

用 Mg 替换 T_r 并解出 T_c

$$T_c=\frac{gb\left(M+\frac{1}{2}m\right)}{a}$$

$$=\frac{9.8\text{m/s}^2\times2.5\text{m}\times(430\text{kg}+85/2\text{kg})}{1.9\text{m}}$$

$$=6093\text{N}\approx6100\text{N}。$$

（答案）

(b) 求铰链对梁的合力 F 的大小。

【解】 现在需要求 F_h 和 F_v，然后才能将它们合成求出 F。因为我们知道 T_c，这里**关键点**是对梁应用力的平衡方程。对于水平平衡，把 $F_{\text{net},x}=0$ 写成

$$F_h-T_c=0$$

所以 $$F_h=T_c=6093\text{N}$$

对于竖直平衡，把 $F_{\text{net},y}=0$ 写成

$$F_v-mg-T_r=0$$

用 Mg 替换 T_r，再解出 F_v，有

$$F_v=(m+m)g=(85\text{kg}+430\text{kg})\times9.8\text{m/s}^2$$
$$=5047\text{N}$$

用勾股定理，我们得到

$$F=\sqrt{F_h^2+F_v^2}=\sqrt{(6093\text{N})^2+(5047\text{N})^2}\approx7900\text{N}$$

（答案）

注意，F 比保险箱和梁的总重量 5000N 和缆绳中的水平张力 6100N 都大得多。

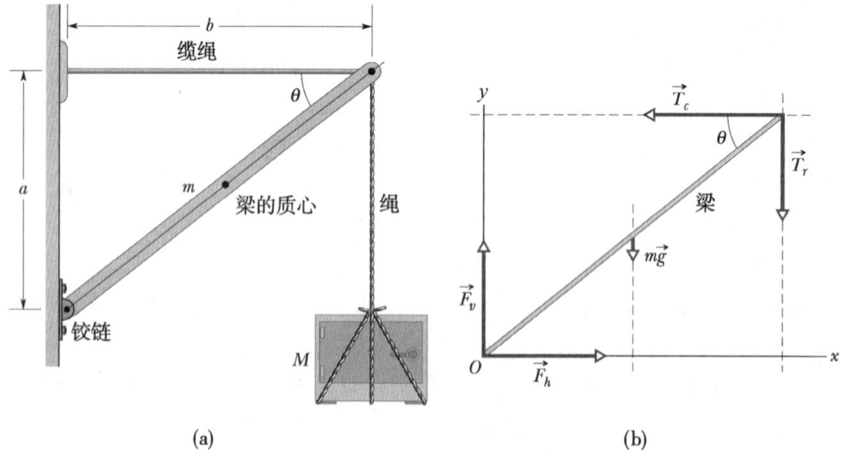

图 13-7 例题 13-3 图 (a) 一只沉重的保险箱由一个由水平缆绳及均匀梁组成的吊臂悬着。(b) 梁的受力图。

检查点4：图中一个5kg的杆 AC 靠一根绳子和杆与墙之间的摩擦力压在墙壁上。杆长1米，角度 $\theta=30°$。(a) 如果你打算用一个方程求出绳对杆的力 $\vec{T}$ 的大小，转轴应放在哪个标出的点处？(b) 这样选择轴的位置后，以逆时针力矩为正，杆的重力的力矩 τ_w 的符号是什么？(c) 绳拉杆的力矩 τ_r 的符号是什么？(d) τ_r 的大小是大于、等于还是小于 τ_w 的大小？

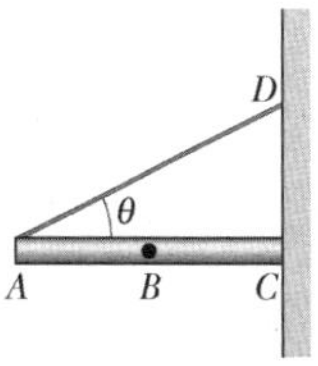

例题13－4

图13－8中，一位质量为 $m=55\text{kg}$ 的攀岩者在攀登一“烟囱式”岩缝时，用她的双肩和脚抵住宽 $w=1\text{m}$ 的岩缝的两壁休息。她的质心与两肩抵住的岩壁的水平距离为 $d=0.20\text{m}$。她的鞋和壁之间的静摩擦系数是 $\mu_1=1.1$，肩与壁之间的静摩擦系数是 $\mu_2=0.70$。为了休息，她需要把抵岩壁的水平推力减到最小。这最小的力发生在她的肩和脚刚好不滑的时候。

(a) 对岩壁这最小的水平推力是多少？

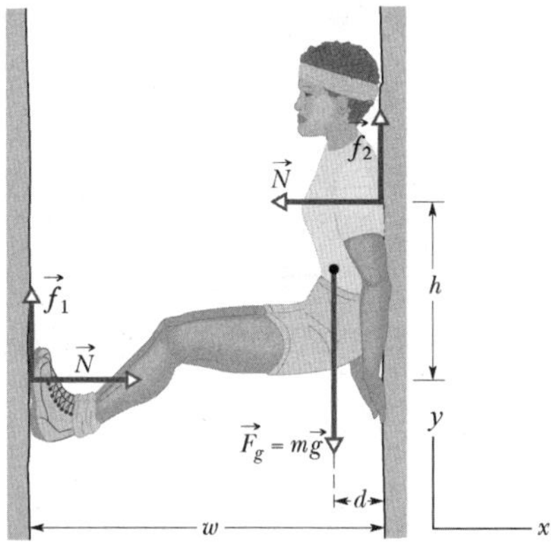

图13－8　例题13－4图　在竖直岩洞中休息的攀岩者受的力。攀岩者对岩壁的推力产生了正压力 $\vec{N}$ 和静摩擦力 $\vec{f}_1$ 和 $\vec{f}_2$。

【解】　以攀岩者为系统，图13－8表示出她所受的力。水平方向的力只有肩和脚受的岩壁对她的法向力 $\vec{N}$，静摩擦力是 $\vec{f}_1$ 和 $\vec{f}_2$，方向向上。重力 $\vec{F}_g=m\vec{g}$ 作用在她的质心上。

这里**关键点**是，系统处于静力平衡，因此可以使用力的平衡方程（式（13－7）和式（13－8））。方程 $F_{\text{net},x}=0$ 告诉我们，对她的两个法向力必定是大小相同方向相反的。我们要求这两个力 N 的大小，它也就是她抵住每个岩壁的推力的大小。

平衡方程 $F_{\text{net},y}=0$ 给出

$$f_1+f_2-mg=0 \qquad (13-21)$$

我们需要这位攀岩者在脚和肩处都刚好不滑，这意味着在那里的静摩擦力是它们的最大值。这两个最大值可从式（6－1）（$f_{s,\max}=\mu_s N$）得出

$$f_1=\mu_1 N \text{ 和 } f_2=\mu_2 N \qquad (13-22)$$

把它们代入式（13－21），解出 N

$$N=\frac{mg}{\mu_1+\mu_2}=\frac{55\text{kg}\times 9.8\text{m/s}^2}{1.1+0.70}$$

$$=299\text{N}\approx 300\text{N}$$

所以，她的最小水平推力必须大约是300N。

(b) 对于这样的推力，如果她要稳定，她的肩和脚之间的垂直距离 h 应是多少？

【解】　这里一个**关键点**是，如果对攀岩者应用力矩平衡方程（$\vec{\tau}_{\text{net},z}=0$），她应该是稳定的。也就是说，对她的力对任何转轴都不产生合力矩。另一个**关键点**是，为了简化计算，可以任意选择转轴。我们将用 $r_\perp F$ 的形式写出力矩，这里的 $r_\perp$ 是 F 的力臂。在图13－8中我们在她的肩处选垂直于图面的转轴，于是 $\vec{N}$ 和 $\vec{f}_2$ 的力臂都是零。摩擦力 $\vec{f}_1$、脚受的法向力 $\vec{N}$ 以及重力 $\vec{F}_g=m\vec{g}$ 具有相应的力臂 w、h 和 d。

回忆力矩符号与相应方向的规则，我们现在可以把方程 $\vec{\tau}_{\text{net},z}=0$ 写成

$$-(w)(f_1)+(h)(N)+(d)(mg)+(0)(f_2)+(0)(N)=0 \qquad (13-23)$$

（注意，是如何选择转轴才使在计算中利落地除掉了 f_2 的）。接下来解式（13－23）中的 h。令 $f_1=\mu_1 N$，用 $N=299\text{N}$ 以及其他已知的数值代入，得到

$$h=\frac{f_1 w-mgd}{N}=\frac{\mu_1 Nw-mgd}{N}$$

$$=\mu_1 w-\frac{mgd}{N}$$

$$=(1.1\times 1.0\text{m})-\frac{55\text{kg}\times 9.8\text{m/s}^2\times 0.20\text{m}}{299\text{N}}$$

$$=0.739\text{m}\approx 0.74\text{m}$$

（答案）

如果选择任意其他的垂直于纸面的转轴，如选在她的脚处的轴计算力矩，我们会得到同样的 h 值。

如果 h 值大于或小于0.74m，那么，她就必须对岩壁用大于299N的力才能保持稳定。所以，下面就是你在攀岩缝前应当了解的物理知识。当你需要休息时，一定要避免发生初学者易犯的把脚踩得太高或太低的（可怕的）错误。相反地，你应该知道在肩和脚之间有一个“最佳”距离，需要的推力最小而能使你得到最好的休息。

解题线索

线索1：静力平衡习题

以下是解决静力平衡习题的步骤：

1. 画习题的草图。

2. 选择你要应用平衡定律的系统。在草图上围着该系统画一封闭曲线以便你清晰地记住。有时你可以选单个物体作为系统，即你希望处于平衡状态的物体（比如例13-4中的攀岩者）。如果能简化对平衡的计算，你可以把另外的物体包括在系统内。例如，假定在例13-2中你只选梯子作为系统，那么在图13-6b中，你就必须考虑消防队员的手和脚对梯子的未知力。这些附加的未知量使平衡计算复杂化。图13-6的系统选择包括了消防队员，这时未知的力就成了系统内部的力，而为了解例13-2并不需要求出这些力。

3. 画一个系统的受力图。画出并标明系统所受的全部的力，确认这些力的作用点和作用线画得无误。

4. 画出一个坐标系的 x 轴和 y 轴，使至少一个坐标轴与一个或多个未知力平行。把与轴不平行的力分解为沿两个轴的分量。在我们的所有例题中完全可以选 x 轴为水平方向，而 y 轴为竖直方向。

5. 用符号写出力的两个**平衡方程**。

6. 选择一个或多个垂直于纸面的转轴，写出对于这些轴的力矩平衡方程。如果你选择的转轴通过了一个未知力的作用线，由于该力在方程中不出现，该方程就可以简化。

7. 用代数方法解方程求未知量。在此阶段有些学生对于将数字连同单位代入独立方程，特别是当代数运算十分麻烦时，感到更为自信。不过，有经验的解题者更喜欢采用揭示出结果与多个变量关系的代数方法。

8. 最后，将数字连同单位代入你的代数结果中求出未知量的数值。

9. 审视一下你的答案——看是否有意义？它是否明显地太大或太小？符号是否正确？单位对不对？

13-5　不定结构

对于本章的问题，我们仅有三个独立的方程待处理，两个力的平衡方程，一个对于给定转轴的力矩平衡方程。因此，如果问题中有多于三个的未知量，我们就解不了了。

很容易发现这样的问题：比如在例13-2中，我们可以假定墙和梯子顶端之间有摩擦。那么在梯子与墙接触处就有了竖直摩擦力，从而出现四个未知量。仅用三个方程我们解不了这个问题。

考虑一个装载不对称的汽车，其四个轮胎受的力——各不相同——各为何？我们无法求出这四个力，因为我们只有三个独立的方程可用。同样，我们可以解一个三条腿的桌子的平衡问题，但解不了四条腿的桌子的平衡问题。类似这样的未知数多于方程数的问题叫做**不定**问题。

可是，不定问题的解在真实世界中是存在的。如果你使汽车的四个轮胎静止在四个磅秤上，那么每个磅秤都将给出一个确定的读数，这些读数之和就是汽车的重量。是什么原因使我们无法通过解方程求出个别的力呢？

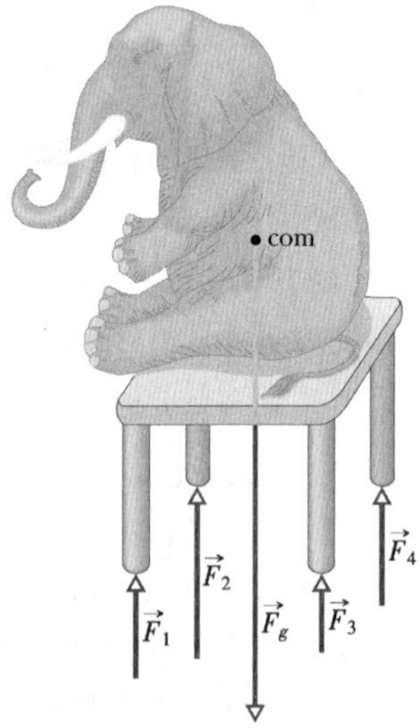

图13-9　桌子是一个不定结构。作用在四条桌子腿上的力大小不同，无法单独用静力平衡定律求出。

问题在于我们实际上已经假定——并没有特别指明这一点——我们对其应用静力平衡方程的物体是理想的刚体。这意味着受力时物体不发生形变。严格地说，并不存在这样的物体。例如，汽车的轮胎在承载时很容易发生形变，直到汽车最后达到静力平衡。

大家都有经验，摇晃的餐桌可以通过在一条桌子腿下垫上折叠的纸使它稳定。不过，如果一头足够大的象坐在桌子上，你确信如果桌子没有坍塌，它将像汽车轮胎那样发生形变。桌子的腿都和地板接触，各条腿受的向上的力都假定有确定（不同）的值，如图 13 -9 所示，而桌子不再摇晃。可怎样求出这些对桌子腿的力的值呢?

为了解决这种不定平衡问题，我们必须利用一些弹性的知识来补充平衡方程。弹性知识是物理学和工程学的分支，它描述当有力作用在真实物体上时，它们是怎样发生形变的。下一节是对这门学科的介绍。

检查点5：重量为 10N 的水平均匀杆用两根细绳吊在天花板上，细绳对杆的向上的力是 $\vec{F}_1$ 和 $\vec{F}_2$。此图表示了四种悬吊方式。如果有的话，哪种是不定结构(使我们无法解出 $\vec{F}_1$ 和 $\vec{F}_2$ 的值)?

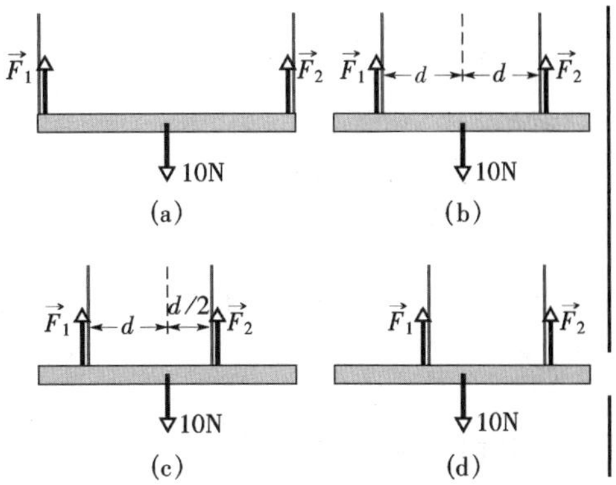

13 -6 弹性

当大量原子聚集在一起形成金属固体时，如铁钉，它们在三维**晶格**中处于平衡位置。晶格是一种重复的排列，其中每个原子与离它最近的原子有完全确定的距离。原子间力使它们保持在一起，这些力用图 13 -10 所示的小弹簧作为模型。晶格非常坚硬，是“原子间弹簧”极硬的另一种说法。正因为这一原因，我们感觉许多普通物体，像金属梯子、桌子和勺子都非常坚硬。当然，有些普通物体，比如花园中浇水的软管、橡胶手套，摸起来一点也不硬。这些物体的原子并不像图 13 -10 那样形成坚硬的晶格，而是形成长的柔软的分子链。每条链都只是很松地和相邻近链结合在一起。

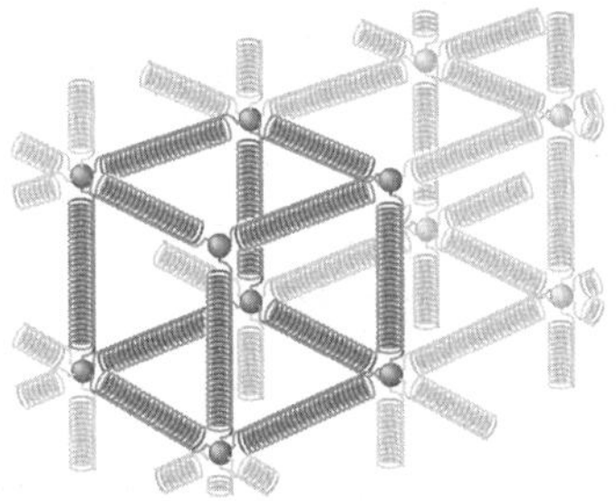

图 13 -10 金属固体的原子分布于重复排列的三维晶格中。弹簧代表原子间的力。

所有“坚硬”的物体都具有**弹性**，也就是说我们可以通过推、拉、拧、压来稍微改变它们的尺寸。为了得到一些关于所涉及的大小的数量级概念，我们考察一根长 1m、直径 1cm 竖直放着的钢杆。如果你在钢杆的一端挂一辆微型汽车，杆就会伸长，不过也就伸长 0.5mm，或者说 0.05%。而且，一旦取下汽车，杆就会回到原长。

如果你在杆端挂上两辆汽车，杆就会永久地伸长，卸载后杆也不会恢复到原来的长度。如果你在杆端挂上三辆汽车，杆就会发生断裂。在就要断裂前，杆的伸长不大于 0.2%。虽然这种形变似乎很小，但在工程实践中却很重要。(飞机机翼能否承受负载显然是很重要的。)

图 13－11 表示当力作用在固体上时，它的尺寸会发生变化的三种形式。图 13－11a 是一个圆柱体被拉长了。图 13－11b 表示有力作用在垂直于轴的方向，圆柱体的形状发生了变化，这种形变与一叠卡片或一本书的形状变化十分相似。在图 13－11c 中，一个固体放在高压流体内各个方向均匀地受到压缩。这三种形变有一个共同点是**应力**，即单位面积引起形变的力，产生**应变**，或单位形变。在图 13－11 里，(a) 表示**张应力**（与伸长相关)、(b) 表示**剪应力**、(c) 表示**液压应力**。

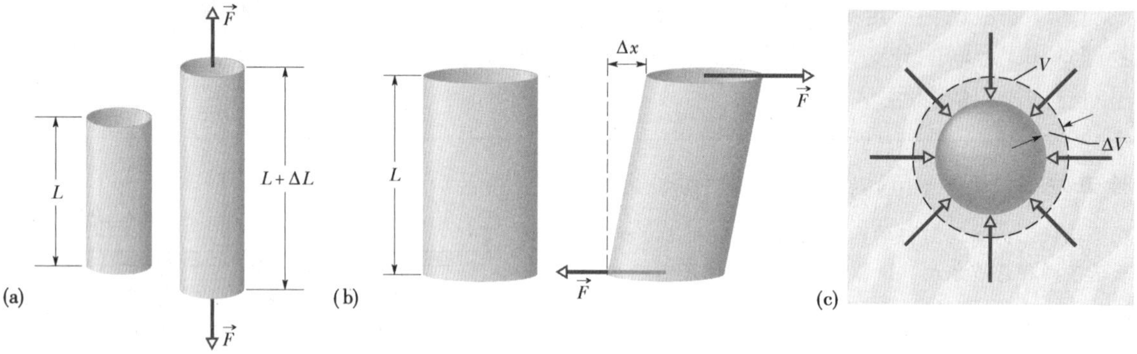

图 13－11　(a) 圆柱体在**张应力**作用下伸长了 ΔL。(b) 圆柱体在**剪应力**作用下形状改变了 Δx，有点像一摞扑克牌可能发生的那样。(c) 一个固体球在**液压应力**作用下体积收缩了 ΔV。图中所示的所有这些形变都被大大夸大了。

应力和应变在图 13－11 的三种情况下取三种不同的形式，但是在工程上有用的范围内应力和应变互相成正比，比例常量叫做**弹性模量**，

$$\text{应力} = \text{模量} \times \text{应变} \tag{13－24}$$

在标准的拉伸试验中，作用在被测圆柱体（如图 13－12 所示）上的张应力从零缓慢增加直到圆柱体断裂，同时应变也仔细地测出来并画出图线。测量结果是像图 13－13 那样的应力应变关系图。在所加应力的一定范围内，应力和应变的关系是线性的。去掉应力时，样品可恢复其原来的尺寸；式（13－24）就是在此范围内成立。如果所加的应力超过了样品的**屈服强度** S_y，那么样品就会发生永久形变。如果应力继续增加，样品最后会断裂，这时的应力叫**极限强度** S_u。

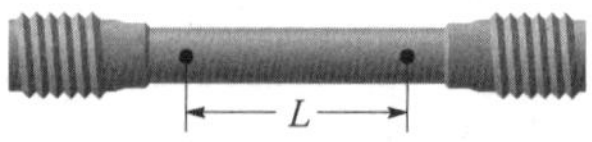

图 13－12　一个试验样品，用于确定类似图 13－13 那样的应力－应变曲线。在张应力－应变的试验中要测量一定长度 L 的变化 ΔL。

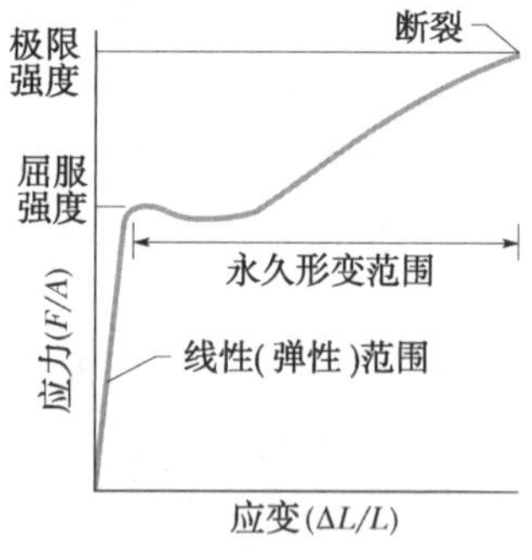

图 13－13　对钢样品进行类似图 13－12 那样的试验得到的应力－应变曲线。当应力等于材料的**屈服强度**时，样品发生永久形变。当应力等于材料的**极限强度**时会发生断裂。

物理学基础

拉伸与压缩

对于简单的拉伸和压缩，物体所受的应力定义为 F/A，这里 F 是垂直作用于物体的横截面积 A 上的力的大小。应变，或说单位形变，是一个无量纲的量 $\Delta L/L$，即样品长度的变化比率(有时叫百分比)。如果样品是一个长杆，而应力不超过样品的屈服强度时，在给定的应力作用下，不仅整个杆，而且杆上的每一部分都发生同样的应变。由于应变是无量纲的，所以式（13－24）中的模量具有和应力相同的量纲，即单位面积的力。

张应力和压应力的模量叫做**杨氏模量**，在工程实践中用符号 E 表示。于是式（13－24）变为

$$\frac{F}{A}=E\frac{\Delta L}{L} \tag{13-25}$$

样品的应变 $\Delta L/L$ 常常可用**应变规**（图 13－14）很方便地测量。这个简单而有用的器件可以直接用胶粘在运行的机器上，它是利用其电学性质与它发生的应变有关的原理制成的。

虽然一个物体的杨氏模量对拉伸和压缩几乎是一样的，但两种应力的屈服强度却大不相同。例如，混凝土的压缩屈服强度很大而拉伸屈服强度却很小，以至于几乎不在拉伸情况下使用。表 13－1 列出了一些工程上感兴趣的材料的杨氏模量和其他一些弹性性质。

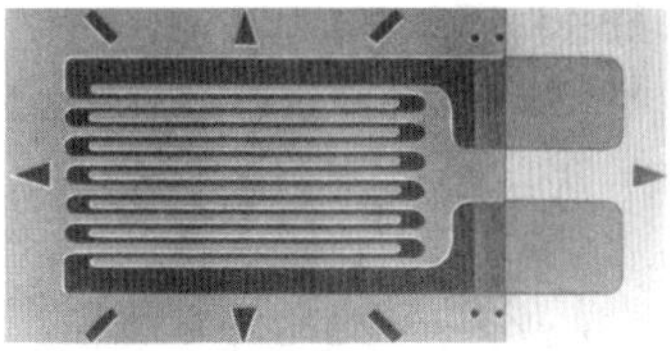

图 13－14　一个应变规，其整体尺寸为 9.8mm×4.6mm。用胶把它粘在被测物体上；它发生与物体一样的应变。应变规的电阻随应变而变化，允许测量的最大应变达 3%。

剪切

在切变情况下，应力也是单位面积受的力，但力矢量在该面积的平面内而不是与之垂直。应变是无量纲的比率 $\Delta x/L$，其中各量的定义如图 13－11b 所示。相应的模量在工程中用符号 G 表示，称为**剪切模量**。对于切变，式（13－24）可写为

$$\frac{F}{A}=G\frac{\Delta x}{L} \tag{13-26}$$

剪应力在承受着负载而转动的轴发生形变以及因弯曲发生骨折时起着关键的作用。

表 13－1　一些工程上感兴趣的材料的弹性

材料	密度 ρ (kg/m³)	杨氏模量 E (10^9N/m²)	极限强度 S_u/ (10^6N/m²)	屈服强度 S_y (10^6N/m²)
钢①	7860	200	400	250
铝	2710	70	110	95
玻璃	2190	65	50②	—
混凝土③	2320	30	40②	—
木材④	525	13	50②	—
骨	1900	9②	170②	—
聚苯乙烯	1050	3	48	—

① 结构钢（ASTM－A36）。
② 压缩时。
③ 高强度。
④ 枞木。

液压应力

图13－11c中，应力是对物体的流体压强p，在第15章里将会看到，它是单位面积的力应变是$\Delta V/V$，其中V是样品原来的体积，ΔV是体积改变的绝对值。相应的模量叫做材料的**体弹模量**，用符号B表示。物体被说成是处在**液压**下，这时的压强叫做**液压应力**。在这种情况下，式（13－24）可写成

$$p = B\frac{\Delta V}{V} \tag{13-27}$$

水的体弹模量是$2.2\times10^9\mathrm{N/m^2}$，钢的是$16\times10^{10}\mathrm{N/m^2}$。太平洋底的压强，按平均深度4000m计算，是$4.0\times10^7\mathrm{N/m^2}$，由此压强造成的水的体积的压缩比率$\Delta V/V$为1.8%；但对于钢制的物体这个比率仅大约0.025%。一般说来，刚性原子晶格的固体——具有刚性原子晶格——比液体更难压缩。这是因为液体内毗邻的原子或分子之间的耦合没有那么紧密。

例题13－5

一根结构钢杆的半径R为9.5m，长L为81cm。62kN的力$\vec{F}$沿纵向拉它，杆受到的应力、它的伸长量和应变各是多少？

【解】 这里第一个**关键点**是，注意题中第二句的含义。我们假定杆的一端用钳子或台虎钳夹着保持静止，然后在另一端加上平行于杆因而垂直于杆端面的力。情况如图13－11a所示。

第二个**关键点**是，假定该力均匀地作用在端面上，作用面积为$A=\pi R^2$。杆受的应力由式（13－25）的左侧给定：

$$应力 = \frac{F}{A} = \frac{F}{\pi R^2} = \frac{6.2\times10^4\mathrm{N}}{(\pi)(9.5\times10^{-3}\mathrm{m})^2} = 2.0\times10^8\mathrm{N/m^2}$$

（答案）

结构钢的屈服强度是$2.5\times10^8\mathrm{N/m^2}$，因此这个杆已危险地接近到了它的屈服强度。

第三个**关键点**是，杆的伸长量与应力、原长L及杆的材料有关。最后这个因素决定我们用杨氏模量E的哪个值（查表13－1）。由式（13－25）我们有

$$\Delta L = \frac{(F/A)L}{E} = \frac{2.2\times10^8\mathrm{N/m^2}\times0.81\mathrm{m}}{2.0\times10^{11}\mathrm{N/m^2}} = 8.9\times10^{-4}\mathrm{m} = 0.89\mathrm{mm}$$

（答案）

最后一个**关键点**是，应变是长度改变与原来长度的比率，即

$$\frac{\Delta L}{L} = \frac{8.9\times10^{-4}\mathrm{m}}{0.81\mathrm{m}} = 1.1\times10^{-3} = 0.11\%$$

（答案）

例题13－6

一张桌子有三条腿长度均为1m，第四条腿长出$d=0.50\mathrm{mm}$，因此有些摇晃。把一个重的质量$M=290\mathrm{kg}$的钢制圆柱体竖直放在桌（其质量远小于M）面上，使四条腿都受到压缩而不再摇晃。桌腿是木制圆柱体，横截面积$A=1.0\mathrm{cm^2}$。木材的杨氏模量E是$1.3\times10^{10}\mathrm{N/m^2}$。假设桌面保持水平，桌腿也不弯曲。那么地板给桌子四条腿的力各是多少？

【解】 我们取桌子和钢圆柱体作为系统。除了现在桌面上多一个钢圆柱体外，情况如图13－9所示。一个**关键点**是，如果桌面保持水平，各腿必以下述方式被压缩：每一个短腿必定被压缩同样的量（称为ΔL_3），因而是受同样的大小为F_3的力的作用，那个单个长桌腿必定被压缩较大的量ΔL_4，因而是受较大的力F_4的作用。换句话说，对于水平的桌面，我们必有

$$\Delta L_4 = \Delta L_3 + d \tag{13-28}$$

第二个**关键点**是，由式（13－25），我们可以将长度的变化$\Delta L = FL/AE$和引起这一变化的力联系起来，这里L是桌腿的原长。我们用这个关系代入式

(13－28) 中的 ΔL_4 和 ΔL_3。不过要注意，我们可以近似地认为四条腿原长都是一样的，于是代入的结果给出

$$\frac{F_4 L}{AE} = \frac{F_3 L}{AE} + d \qquad (13-29)$$

我们无法解这个方程，因为它有两个未知量，F_4 和 F_3。

为了找包含 F_4 和 F_3 的第二个方程，我们利用一个竖直的 y 轴并写出竖直方向的力平衡方程 ($F_{net,y}=0$)，那

$$3F_3 + F_4 - Mg = 0 \qquad (13-30)$$

这里 Mg 等于对系统的重力 (三条腿受力都为 $\vec{F}_3$) 的大小。为了对联立式 (13－29) 和式 (13－30) 求解，例如求 F_3，我们首先用式 (13－30) 得出 $F_4 = Mg - 3F_3$。将此 F_4 代入式 (13－29)，即可得到

$$F_3 = \frac{Mg}{4} - \frac{dAE}{4L}$$
$$= \frac{290\text{kg} \times 9.8\text{m/s}^2}{4} - \frac{5.0\times 10^{-4}\text{m}^2 \times 1.3\times 10^{10}\text{N/m}^2}{4\times 1.00\text{m}}$$
$$= 548\text{N} \approx 550\text{N}$$

(答案)

于是，利用式 (13－30) 可得

$$F_4 = Mg - 3F_3 = 290\text{kg}\times 9.8\text{m/s}^2 - 3\times 548\text{N} \approx 1200\text{N}$$

(答案)

可以证明，为了达到平衡，三条短腿各被压缩 0.42mm，而那一条长腿被压缩 0.92mm。

检查点 6：右图为一个水平物块，用两条线 A 和 B 吊着，除了原长略有差别外两条线是一样的。物块的质心离线 B 比离线 A 近。(a) 估量对物块质心的力矩，说明线 A 产生的力矩的大小是大于、等于还是小于线 B 产生的力矩的大小。(b) 哪条线对物块的力大些？(c) 如果现在两条线等长，原来哪条短些？

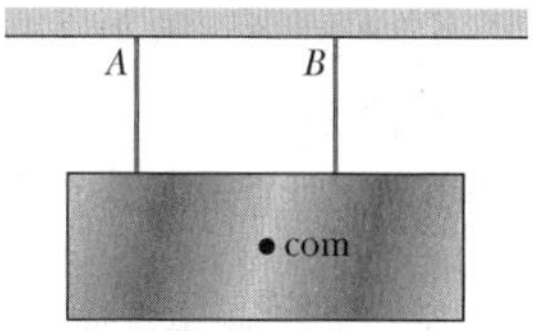

复习和小结

静力平衡 一刚体静止时被说成是处于静力平衡。对这样一个物体，它所受的外力的矢量和是零：

$$\vec{F} = 0 \quad (\text{力的平衡}) \qquad (13-3)$$

如果所有的力都在 xy 平面内，这一矢量方程等同于两个分量方程：

$$F_{net,x} = 0 \text{ 和 } F_{net,y} = 0 (\text{力的平衡}) \qquad (13-7, 13-8)$$

静力平衡也意味着物体所受的对任意一点的外力矩的矢量和是零，或者

$$\vec{\tau}_{net} = 0 (\text{力矩的平衡}) \qquad (13-5)$$

若它受的力都在 xy 平面内，所有的力矩矢量将平行于 z 轴，这时式 (13－5) 等同于分量式

$$\tau_{net,z} = 0 (\text{力矩的平衡}) \qquad (13-9)$$

重心 物体上的每一微元都受重力。我们可以把单个微元所受重力的总效果想象成等价的总重力 $\vec{F}_g$，作用于叫做**重心**的特殊点来求得。如果物体上所有微元的重力加速度都是 $\vec{g}$，则重心就在质心。

弹性模量 按照物体对作用于它们的力的反映描述它们的弹性行为 (形变) 时用三种**弹性模量**。**应变** (长度的变化比率) 由适当的模量线性地与**应力** (单位面积的力) 联系起来，其一般关系为

$$\text{应力} = \text{模量} \times \text{应变} \qquad (13-24)$$

拉伸和压缩 一个物体受到拉伸或压缩时，式 (13－24) 可写为

$$\frac{F}{A} = E\frac{\Delta L}{L} \qquad (13-25)$$

其中，$\Delta L/L$ 是物体的拉应变或压应变。F 是引起应变的力 $\vec{F}$ 的大小。A 是 $\vec{F}$ 作用的横截面面积 ($\vec{F}$ 垂直于 A，如图 13－11a 所示)。E 是物体的**杨氏模量**。应力是 F/A。

剪切 当物体受剪应力时，式 (13－24) 可写为

$$\frac{F}{A} = G\frac{\Delta x}{L} \qquad (13-26)$$

这里，$\Delta x/L$ 是物体的剪应变，Δx 是物体的一个端面在外力 $\vec{F}$ 方向的位移 (如图 (13－11b) 所示)。G 是物体的剪切模量。应力是 F/A。

液压应力 物体由于周围流体对它的作用而产生**液压压缩**时，式 (13－24) 写为

$$p = B\frac{\Delta V}{V} \qquad (13-27)$$

这里，p 是流体对物体的压强（**液压应力**），$\Delta V/V$（应变）是物体由于此压强而产生的体积变化比率的绝对值，B 是物体的**体弹模量**。

思考题

1. 图 13－15 表示一根受四个力作用的均匀细杆的俯视图。如果我们选择通过 O 点的转轴，计算这些力对此轴的力矩并写出力矩平衡式。如果转轴选择在（a）A 点，（b）B 点或（c）C 点，这些力矩还平衡吗？（d）假定我们发现对于 O 点这些力矩不平衡，能否找到另外一点，对这点这些力矩会平衡？

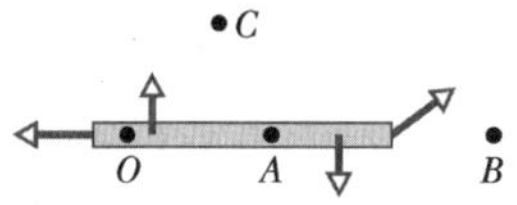

图 13－15 思考题 1 图

2. 在图 13－16 中，一根刚性的梁放在两个固定在地板的支柱上。一个小而重的保险箱依次放在图示的 6 个位置上。假定梁的质量相对于保险箱的质量可以忽略。（a）按照由于保险箱而作用在支柱 A 上力的大小对各位置排序，压力最大的第一，张力最大的最后，如果有的话，并指出力为零的位置；（b）按照支柱 B 上力的大小对各位置排序。

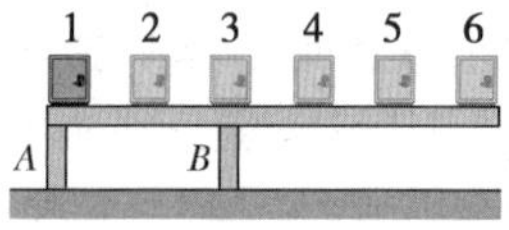

图 13－16 思考题 2 图

3. 图 13－17 表示四个均匀圆盘正在无摩擦的地板上滑动的俯视图。每个盘都受三个力，大小为 F、$2F$ 和 $3F$，或者作用在盘的边缘、中心，或者作用在边缘到中心的一半处。力矢量随盘一起转动，如图 13－17 的“快照”里所示。哪个盘处于平衡状态？

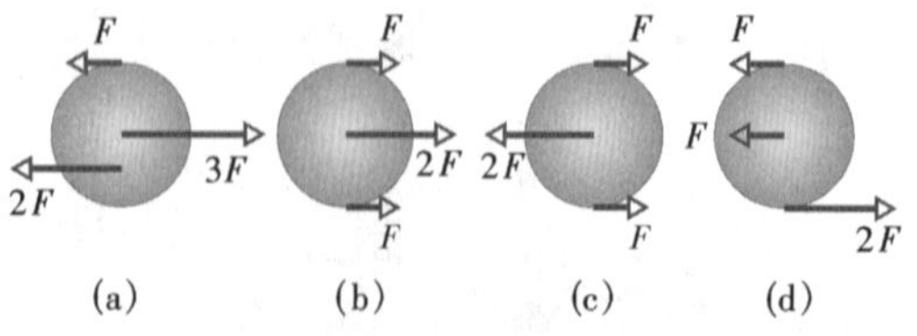

图 13－17 思考题 3 图

4. 图 13－18 为受三个力的两个结构的俯视图，力的方向如图所示。如果对力的大小作适当调整（但不为零），那么哪个结构能处于静力平衡？

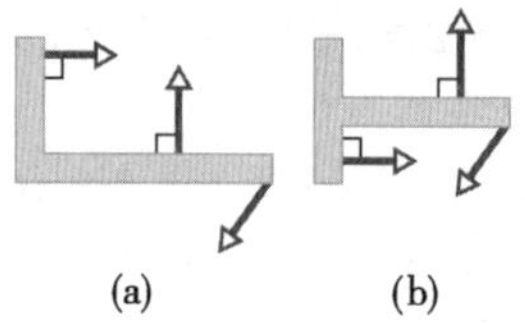

图 13－18 思考题 4 图

5. 图 13－19 表示用玩具企鹅做的风动组件吊在天花板上。每个横杆都是水平的，质量可以忽略，从悬线到右端的距离是到左端距离的三倍。企鹅 1 的质量 $m_1 = 48\text{kg}$。其他企鹅的质量是多少？

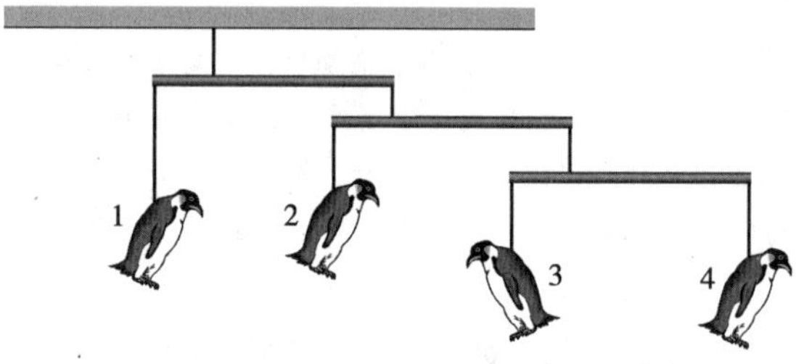

图 13－19 思考题 5 图

6. 一只梯子倚靠在无摩擦的墙上，梯子与地之间的摩擦能防止梯子滑倒。假设你把梯子的下端朝墙移动。判断下列物理量是变大、变小或保持不变（指大小）：（a）地面对梯子的法向力；（b）墙对梯子的力；（c）地对梯子的静摩擦力；（d）静摩擦力的最大值 $f_{s,\max}$。

7. 三个彩陶马用无质量的滑轮及绳的组合（静止的）悬吊着，如图 13－20 所示。一条长绳从右边的天花板上一直连到左边的较低的滑轮上。几条短绳用来从天花板吊住滑轮或从滑轮吊住彩陶马。两个彩陶马的重量（以牛顿为单位）已给出。（a）第三个彩陶马的重量是多少？（提示：如果绳子绕过滑轮半圈，那么绳子拉滑轮的合力将是绳子内张力的二倍。）（b）标以 T 的短绳内的张力是多少？

8. （a）在检查点 4 中，为了用 T 表示 τ_r 是否需要用 $\sin\theta$ 或 $\cos\theta$？（b）如果角 θ 减小了，（通过缩短绳的长度但仍保持杆水平）保持平衡所需力矩 τ_r 是变大、变小还是保持不变？（c）相应的力的大小 T 是变大、变小还是保持不变？

9. 表中给出了三个表面的面积以及一个垂直于

图 13－20　思考题 7 图

表面均匀地作用在表面上的力的大小。按照应力的大小由大到小把这些表面排序。

	面积	力
表面 A	$0.5A_0$	$2F_0$
表面 B	$2A_0$	$4F_0$
表面 C	$3A_0$	$6F_0$

10. 四个圆柱形的棒都像图 13－11a 那样被拉伸着。表中给出了它们受力的大小、端面面积、长度改变量和原长。按照它们的杨氏模量的大小由大到小排序。

棒	受力	面积	长度改变量	原长
1	F	A	ΔL	L
2	$2F$	$2A$	$2\Delta L$	L
3	F	$2A$	$2\Delta L$	$2L$
4	$2F$	A	ΔL	$2L$

练习和习题

13－4 节　静力平衡的一些例子

1E. 一个物理活动小组，每人的重量（以 N 计）已标在图 13－21 中，坐在翘翘板上处于平衡。对在支点 f 处的转轴来说，产生（a）指向页面外和（b）指向页面内的最大力矩的人的编号是几？

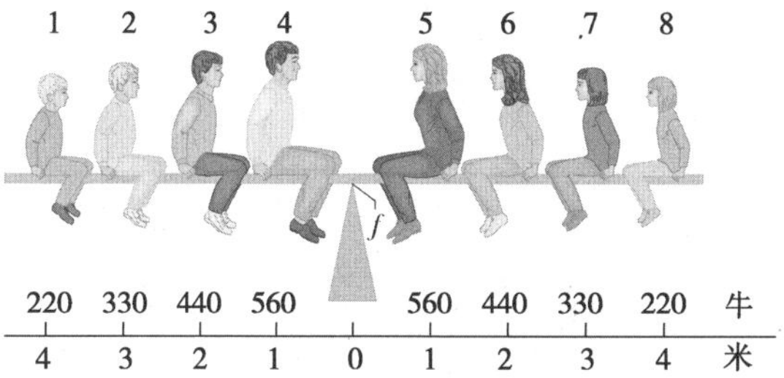

图 13－21　练习 1 图

2E. 比萨斜塔（见图 13－22）高 55m、直径 7.0m。塔顶偏离竖直方向 4.5m。把该塔看作一个均匀的圆柱体。（a）塔顶再发生多大的位移塔就刚能倒塌？（b）那时塔身与竖直方向的夹角是多少？

3E. 一个粒子受到两个力（以 N 计）$\vec{F}_1 = 10\vec{i} - 4\vec{j}$ 和 $\vec{F}_2 = 17\vec{i} + 2\vec{j}$ 的作用。（a）要达到平衡需加一个什么样的力 $\vec{F}_3$？（b）相对于 x 轴 $\vec{F}_3$ 沿什么方向？（ssm）

图 13－22　练习 2 图

4E. 射箭运动员拉弓的中点，一直拉到他出的力等于弦中的张力。这时弦的两半间的夹角是多少？

5E. 一根质量可忽略的绳在相距 3.44m 的两个支点之间水平拉开，当一个重量为 3160N 的物体挂在中点时，此处下降 35.0cm，绳内张力是多少？（ilw）

6E. 一个长为 5.0m、质量为 60kg 的脚手架杠子，用连在两端的两条竖直缆绳悬在水平位置。一个 80kg 的擦窗工人站在离一端 1.5m 处。（a）较近的缆绳和（b）较远的缆绳中的张力各是多少？

7E. 图 13－23 中，一个质量为 m、半径为 r 的均匀球体用一根无质量的绳栓靠在无摩擦的墙上，栓点

在球心上方距离 L 处。求（a）绳中的张力和（b）墙对球的力。(ssm)

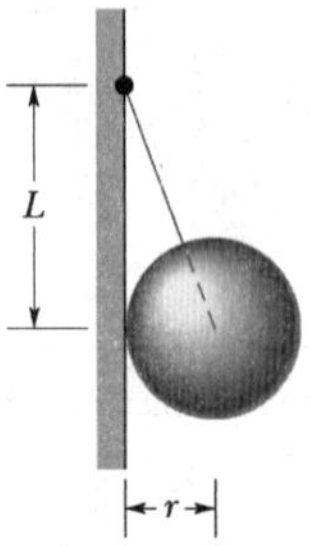

图 13-23 练习 7 图

8E. 一辆质量为 1360kg 的汽车，其前后轴之间的距离为 3.05m。它的重心位于前轴后面 1.78m 处。汽车在平地上时，地面对（a）每个前轮（假定每个前轮受力相同）和（b）每个后轮（假定每个后轮受力相同）的力有多大？

9E. 一位重量为 580N 的跳水运动员站在 4.5m 长、质量可以忽略的跳板的一端（图 13-24）。跳板安装在两个相距 1.5m 的支座上。(a) 左支座和（b）右支座对跳板的力的大小和方向怎样？（c）哪个支座受到拉力？(d) 哪个支座受到压力？(ssm)

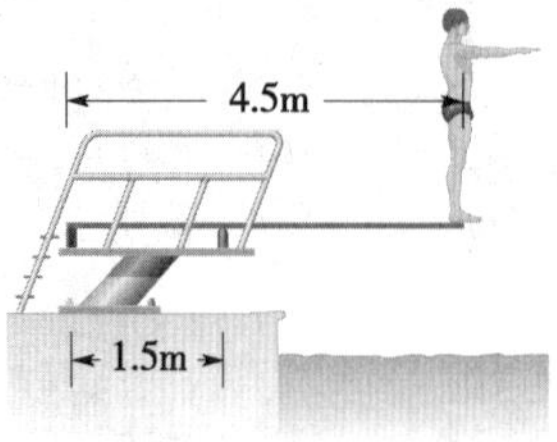

图 13-24 练习 9 图

10E. 在图 13-25 中，一个人试图把他的汽车从位于路肩的泥沼里拉出来。他把绳子的一端牢牢地栓在汽车的前缓冲器上，另一端牢牢地拴在 18m 远的一个消火栓上。然后他用 550N 的力横向推绳子的中点，使该中点从原来的位置移动了 0.3m，这时汽车刚刚开始动。问绳子对汽车的力有多大？（绳子略有伸长）

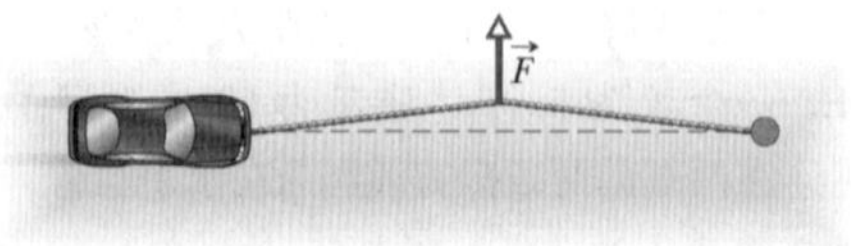

图 13-25 练习 10 图

11E. 一把米尺放在位于 50.0cm 刻度处的刀口上水平平衡。把两个 5.0g 的硬币叠放在 12.0cm 刻度处，发现米尺可在 45.5cm 刻度处平衡，求米尺的质量（ssm）。

12E. 一个均匀的、每个边长为 0.750m、重量为 500N 的正立方形板条箱，静止地放在地面上，其一个边顶在地面上一很小的固定的障碍物上。至少得在离地面多高的地方加一 350N 的水平力才能将它推倒？

13E. 有一个 75kg 的擦窗人，使用质量 10kg、长为 5.0m 的梯子。他把梯子的底端放在距墙 2.5m 处，上端靠在有裂缝的窗上，然后爬上梯子。当他沿梯子爬了 3.0m 时，窗子破碎了。不计窗和梯子之间的摩擦力，假定梯子的下端并不滑动，求：（a）在窗子刚要破碎前，梯子对窗的力有多大？（b）在窗子刚要破碎前，地面对梯子的力的大小和方向怎样？(ssm)

14E. 图 13-26 为人体下肢和脚的解剖结构图。它表明人踮着脚后跟站立，使得脚与地面实际上只接触一个点，如图中的 P 点。人的重量以 W 表示，当人踮着脚后跟站立时，计算（a）腿肚子肌肉（在 A 点）及（b）下腿骨（在 B 点）对脚的力。假定 $a=5.0\text{cm}$、$b=15\text{cm}$。

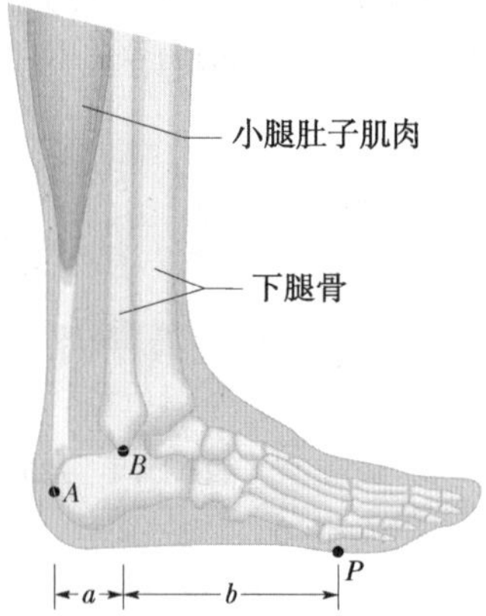

图 13-26 练习 14 图

15P. 在图 13-27 中，质量为 817kg 的一只吊桶用绳 A 吊着，而绳 A 在 O 点和绳 B 绑在一起。绳 B 和绳 C 与水平方向成 51.0° 和 66.0° 角。求（a）绳 A、(b) 绳 B 和（c）绳 C 内的张力（提示：为避免用两个方程解两个未知数，像图中那样设置坐标轴）。(ssm)

16P. 图 13-28 的系统处于平衡状态，中间的弦线严格水平。求（a）张力 T_1、(b) 张力 T_2、(c) 张力 T_3 和（d）角度 θ。

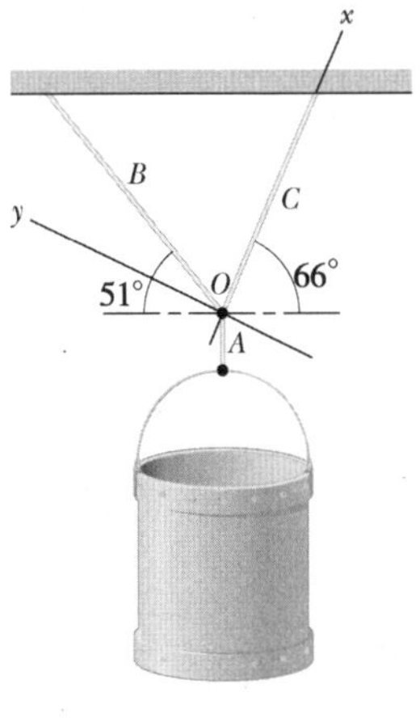

图 13－27　习题 15 图

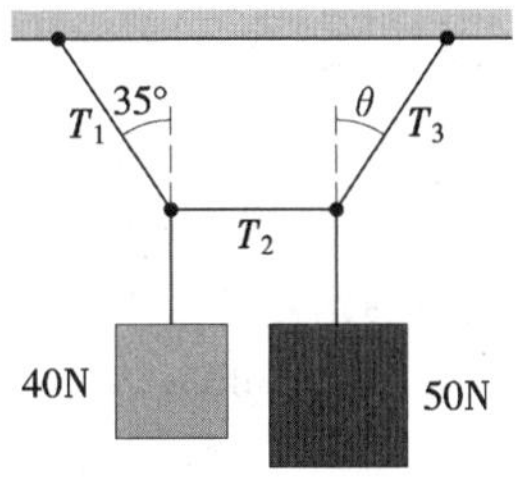

图 13－28　习题 16 图

17P. 图 13－29 中的力 $\vec{F}$ 使 6.40kg 的物块和滑轮处于平衡状态。忽略滑轮的质量和摩擦，计算上部绳中的张力 T（提示：当绳按图示绕滑轮半圈时，它作用在滑轮上的合力的大小是绳中张力的两倍）。(ssm)(ilw)

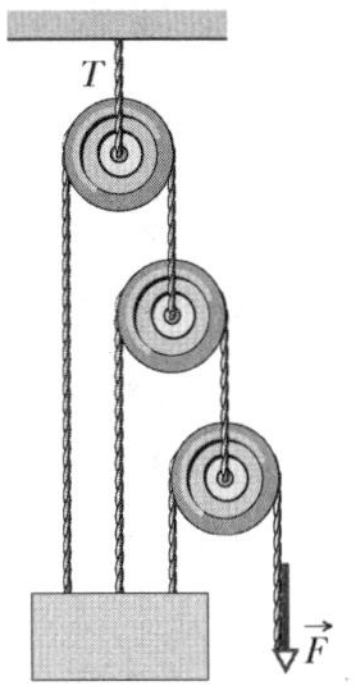

图 13－29　习题 17 图

18P. 一个质量为 1kg 的物块用滑轮系统提升，如图 13－30 所示。上臂垂直，前臂与水平成 30°角。求 (a) 三头肌和 (b) 肱骨对前臂的力为何？假定前臂与手总质量为 2.0kg，其质心与前臂及肱骨的接触点的距离是 15cm（沿着臂测量），三头肌在接触点后面 2.5cm 处竖直向上拉。

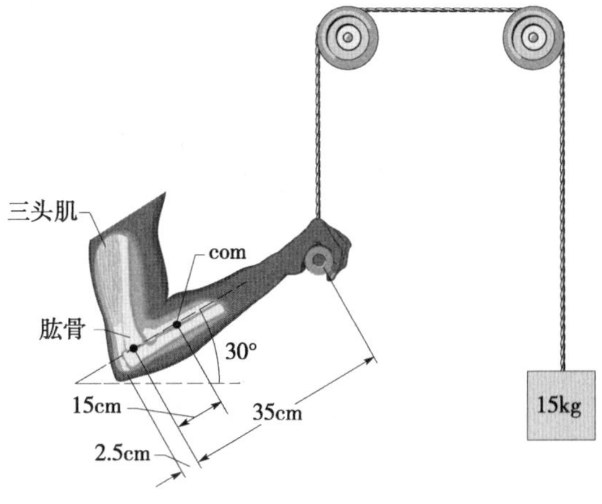

图 13－30　习题 18 图

19P. 力 $\vec{F}_1$、$\vec{F}_2$ 和 $\vec{F}_3$ 作用在图 13－31 所示的结构上，该图为俯视图。我们希望通过在 P 点加第四个力使此结构处于平衡状态。这第四个力有矢量分量 $\vec{F}_h$ 和 $\vec{F}_v$。已知 $a = 2.0\text{m}$；$b = 3.0\text{m}$；$F_1 = 20\text{N}$；$F_2 = 10\text{N}$；$F_3 = 5.0\text{N}$。求：(a) F_h、(b) F_v 和 (c) d。(ilw)

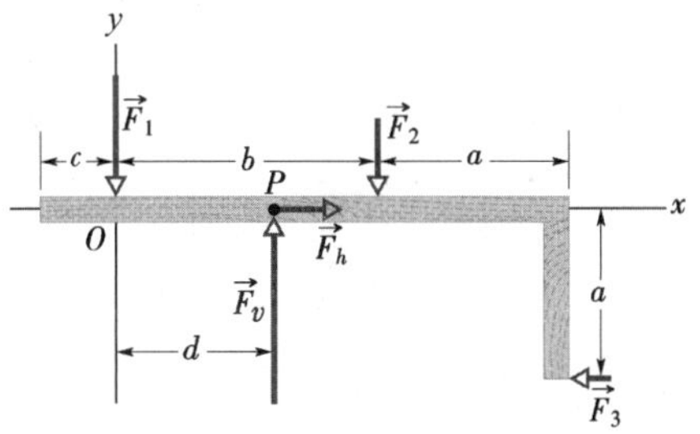

图 13－31　习题 19 图

20P. 图 13－32 中，一块均匀的、质量为 50.0kg、边长为 2.00m 的正方形招牌挂在一根长 3.00m、质量可忽略的水平杆下。一根绳栓在杆端和

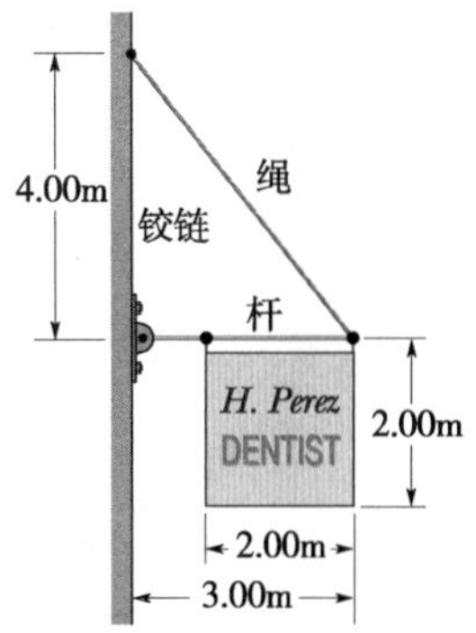

图 13－32　习题 20 图

墙上铰链上方 4.00m 的一点之间。问：(a) 绳内的张力多大？(b) 墙对杆的力的水平分量和 (c) 墙对杆的力的竖直分量的大小和方向各如何？

21P. 图 13-33 中，沿水平方向作用在轮轴上的力需要多大才能使轮子移上高为 h 的障碍物？该轮的半径是 r，质量是 m。(ssm) (www)

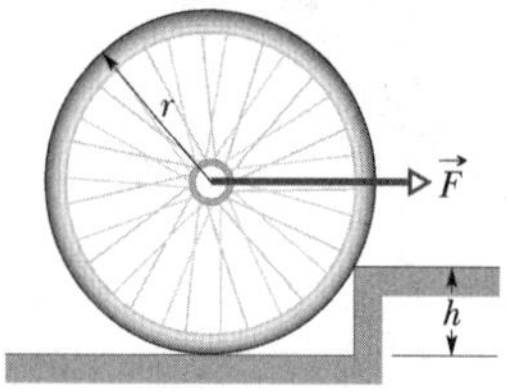

图 13-33　习题 21 图

22P. 图 13-34 中，一位 55kg 的攀岩者正在攀登岩缝，他的手扒住岩缝的一个边，脚踩着对边。岩缝宽为 $w=0.20$m，攀岩者的质心与岩缝的水平距离是 $d=0.40$m。手和岩石之间的摩擦系数是 $\mu_1=0.40$，鞋和岩石间的摩擦系数是 $\mu_2=1.2$。(a) 要保证稳定，他的手的水平拉力和脚的水平蹬力至少应多大？(b) 在 (a) 的水平拉力情况下，手和脚竖直距离 h 应是多大？(c) 如果碰上岩壁是湿的，μ_1 和 μ_2 就会减小，这对答案 (a) 和 (b) 分别有什么影响？

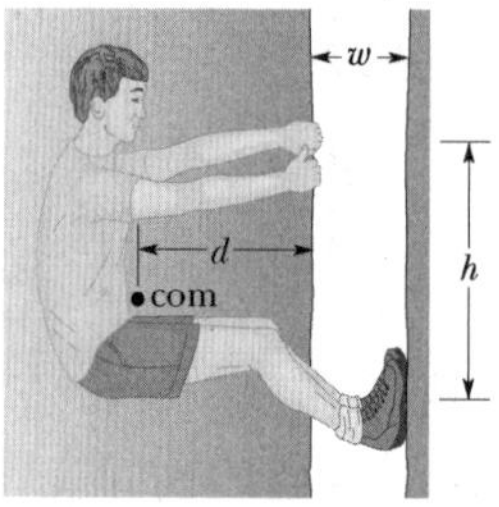

图 13-34　习题 22 图

23P. 在图 13-35 中，重量为 222N 的一根均匀的梁用一个铰链固定在墙上，另一端用线拉住。(a) 求线中的张力；(b) 铰链对梁的力的水平分量和 (c) 铰链对梁的力的竖直分量各如何？(ssm)

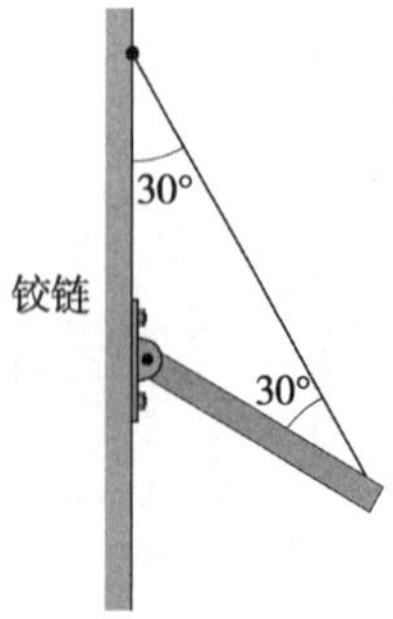

图 13-35　习题 23 图

24P. 四块长为 L 的同样均匀的砖摞在一起（见图 13-36），每一个都比它下面的伸出一截。求在能维持平衡时下列各量的最大值：(a) a_1、(b) a_2、(c) a_3、(d) a_4 和 (e) h，并用 L 表示。

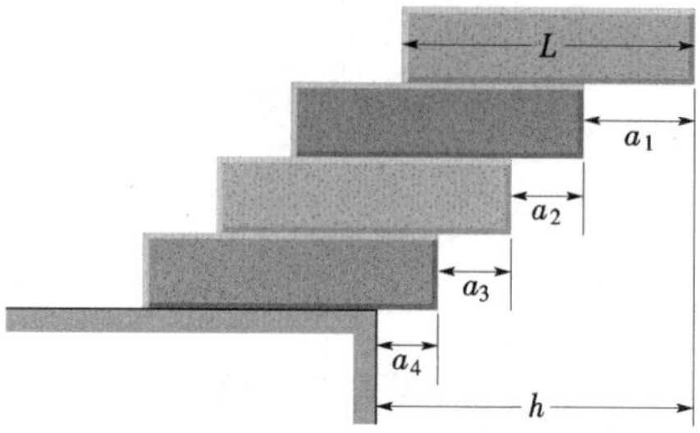

图 13-36　习题 24 图

25P. 图 13-37 中的系统处于平衡。质量为 225kg 的混凝土块悬吊在 45.0kg 的均匀撑杆的一端。试求：(a) 缆绳中的张力 T；(b) 铰链给撑杆的水平分力；(c) 竖直分力。(ilw)

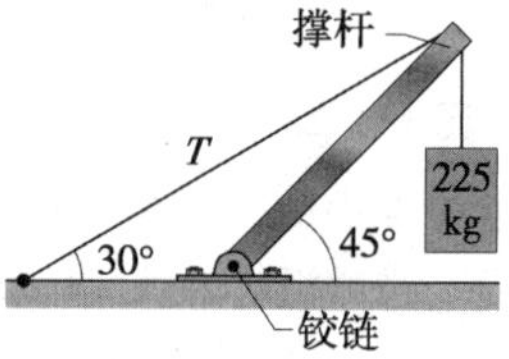

图 13-37　习题 25 图

26P. 2.1m 高、0.91m 宽的一扇门，质量为 27kg。距顶边 0.30m 的合叶和另一距底边 0.30m 的合叶各承担着门的一半重量。假设门的重心在其几何中心，求：(a) 每个合叶对门的力的水平分量和 (b) 竖直分量。

27P. 两条无质量的绳子把一不均匀的棒水平悬吊起来而静止，如图 13-38 所示。一条吊线与水平成 $\theta=36.9°$的角度；另一条与竖直成 $\phi=53.1°$的角度。如果棒长 L 为 6.10m，计算从棒的左端到其质心的距离 x。(ssm)

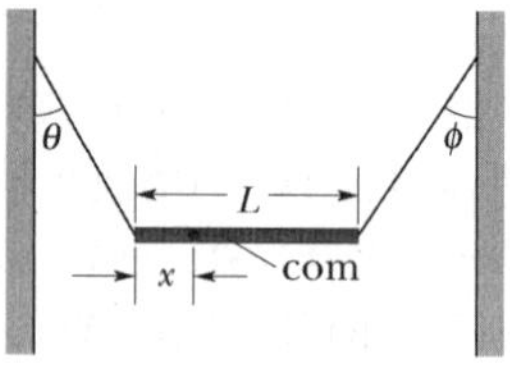

图 13-38　习题 27 图

28P. 在图 13-39 中，重量可以忽略的、长为 L

的细杆 AB，利用固定在墙上 A 点的铰链和细线 BC 悬成水平状态，BC 与水平成 θ 角。重为 W 的负载可以在杆上任意移动，它的位置用从墙到它的质心的距离 x 表示。求；（a）作为 x 的函数的吊线内的张力；（b）在 A 点的铰链对细杆的力的水平分量；（c）该力的竖直分量。

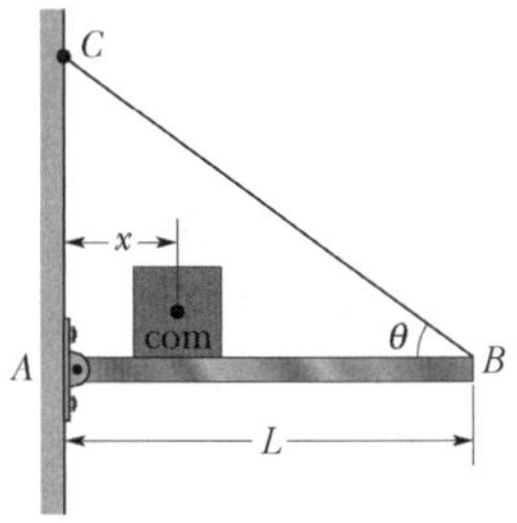

图 13－39 习题 28 和习题 30 图

29P. 在图 13－40 中，一块均匀的厚板，长 L 为 6.10m，重量为 445N，静止于地上并压在一个离地高 $h=3.05\mathrm{m}$ 的滚子上。对于 $\theta \geq 70°$ 的任何值，厚板都可维持平衡；但当 $\theta < 70°$ 时就会滑移。求厚板与地之间的摩擦系数。(ssm)

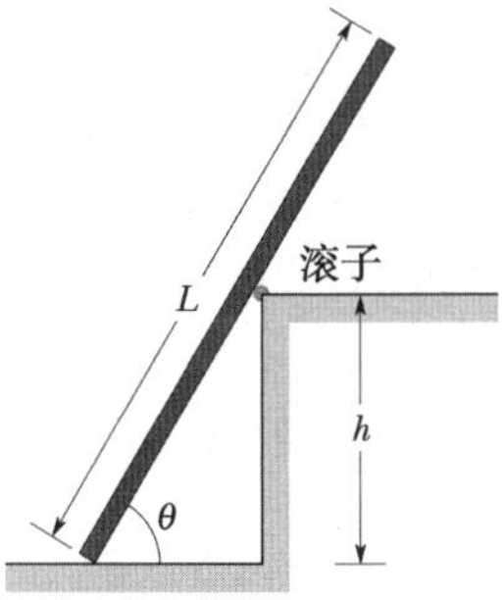

图 13－40 习题 29 图

30P. 在图 13－39 中，均匀杆的长度 L 是 3.0m，重量是 200N。还有，使负载的重量 $W=300\mathrm{N}$，且 $\theta=30°$，绳经得住 500N 的最大张力。（a）在绳断以前，可能的最大距离 x 是多少？把负载放在此最大 x 处。(b) 在 A 点的铰链对杆的力的水平分量和（c）竖直分量各是多大？

31P. 如图 13－41 中的活梯的 AC 边和 CE 边各长 2.44m，用折页在 C 处连接。杆 BD 是在半高处的一根连杆，长 0.762m。重为 854N 的人沿着梯子爬上 1.80m。假设忽略梯子的质量，地面没有摩擦。求：（a）连杆中的张力（b）在 A 点和（c）在 E 点地板对梯子的力的大小（提示：应用平衡条件时，隔离梯子的两半是会有帮助的）。(ssm)

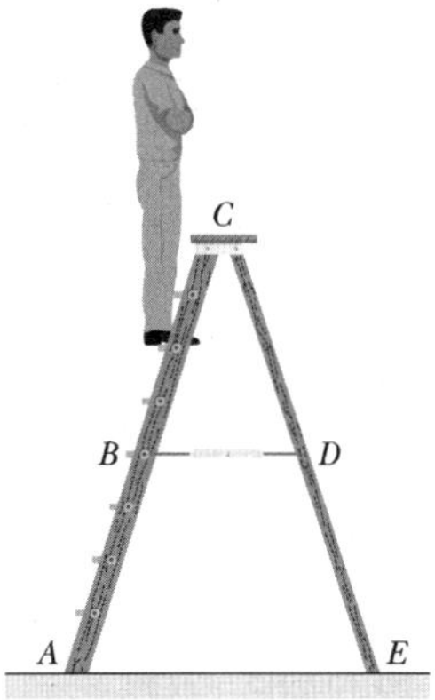

图 13－41 习题 31 图

32P. 两根均匀的杆用铰链固定在墙上并用螺栓松松地连在一起，如图 13－42 所示。求以下四个力在 x 和 y 方向上的分量：（a）铰链对杆 A 的力；（b）螺栓对杆 A 的力；（c）铰链对杆 B 的力；（d）螺栓对杆 B 的力。

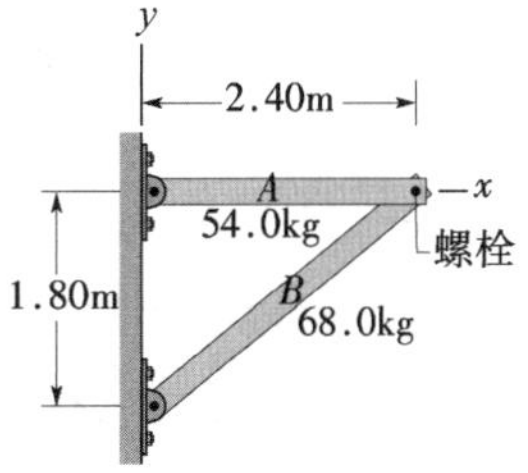

图 13－42 习题 32 图

33P. 一个装满沙子的正立方体箱子重 890N。我们想通过水平地推它的上边缘使它“滚动”。求：（a）所需的最大力是多少？（b）所需的箱子和地之间的最小摩擦系数是多少？（c）还有更有效的方法去滚动箱子吗？如果有，必须直接加到箱子上的最小力可能是多少？（提示：在开始倾斜时，法向力在哪里？）(ssm)

34P. 四块完全相同的、长为 L 的质地均匀的砖，用两种方法摞在桌面上，如图 13－43 所示（与习题 24 比较一下）。在两种情况下我们都寻求最大的伸出量 h。求在两种安排下 a_1、a_2、b_1 和 b_2 的最佳距离长度及伸出量。（参看“The Amateur Scientist”，*Scientific American*，June，1985，pp，133－134 的讨论以及对情况（b）更好的安排）

35P. 一个正立方体板条箱，每边长 1.2m，装有一台机器。箱子和内部机器的质心在箱子的几何中心上方 0.30m 处。该箱子放在一斜坡上，斜坡与水平

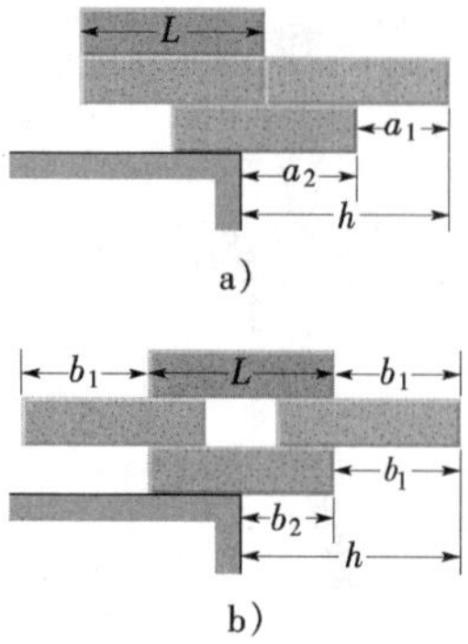

图 13 – 43 习题 34 图

面成 θ 角。当 θ 从 0 开始增加到达某一角度时，箱子开始下滑或翻倒。当箱子和斜坡间的静摩擦系数是 0.60 和 0.70 时，会发生哪种现象？在每种情况下，给出现象发生时的角度。（提示：在开始翻倒时法向力在哪里？）（ssm）（www）

13 – 6 节 弹性

36E. 图 13 – 44 表示石英岩的应力 – 应变曲线。这种材料的（a）杨氏模量和（b）近似屈服强度各是多少？

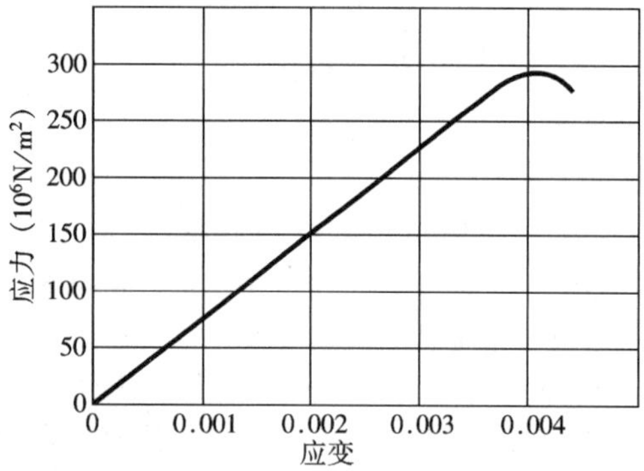

图 13 – 44 练习 36 图

37E. 直径为 4.8cm 的水平铝杆从墙上伸出 5.3cm。杆端吊着一个 1200kg 的物体。铝的切变模量是 3.0×10^{10}N/m^2。忽略杆的质量，求：（a）杆所受的切应力；（b）杆端在竖直方向偏离的尺寸。（ssm）（ilw）

38P. 在图 13 – 45 中，一块铅砖水平地静止在两个圆柱体 A 和 B 上，圆柱体的端面面积的关系是 $A_A = 2A_B$；它们的杨氏模量的关系是 $E_A = 2E_B$。在铅砖放上之前，两圆柱体等长。求：（a）圆柱体 A 和（b）圆柱体 B 支持铅砖质量的几分之几？铅砖质心与圆柱体轴线的水平距离分别是 d_A 和 d_B；（c）比率 d_A/d_B 是多少？

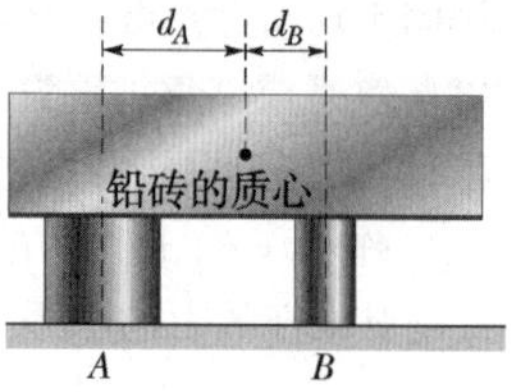

图 13 – 45 习题 38 图

39P. 在图 13 – 46 中，一根 103kg 的均匀圆木由两根半径都是 1.20mm 的钢丝吊着。起初，钢丝 A 长为 2.5m，它比钢丝 B 短 2.00mm。圆木处于水平状态。（a）钢丝 A 和（b）钢丝 B 对圆木的力是多大？（c）比率 d_A/d_B 是多少？（ssm）（www）

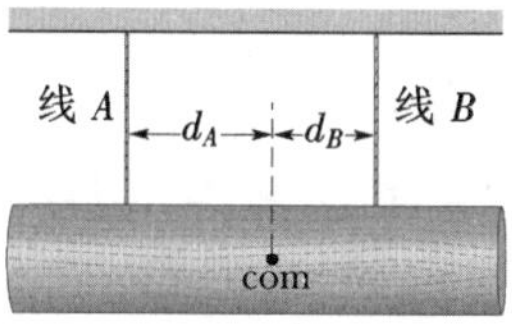

图 13 – 46 习题 39 图

40P. 一条隧道长 150m，高 7.2m，宽 5.8m（顶是平的）；建筑在地下 60m 深处（见图 13 – 47）。隧道的顶部完全用方形钢柱支撑，每根支柱的横截面积是 960cm^2；地下材料的密度是 2.8g/cm^3。（a）支柱必须支撑的地下材料的总质量是多少？（b）保证每根支柱的压应力为极限强度的一半，最少需要几根支柱？

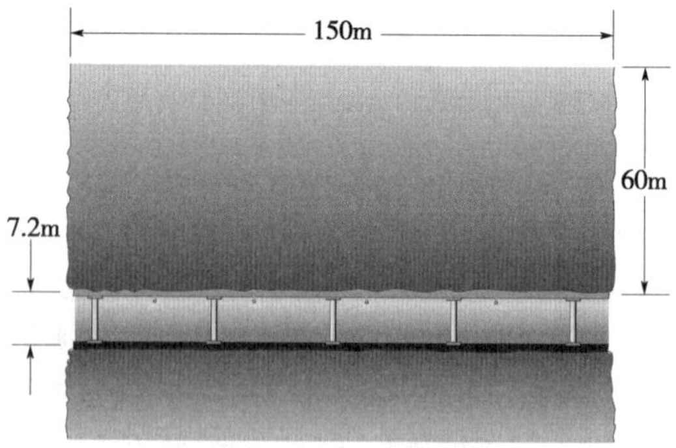

图 13 – 47 习题 40 图

附加题

41. 这里有一种在热带雨林里拉动一根很重的圆木的方法。沿着要移动的大致方向上找一棵年轻的树；再找一根从树的顶部并一直垂到地面的藤蔓；然后把藤蔓拉过圆木，把它缠在圆木的大树枝上，使劲拉藤蔓使得树体弯下来，这时把藤蔓牢牢地栓在树枝上。利用好几棵树重复以上的动作，最后就可以利用藤蔓对圆木的合力把圆木拉动。虽然这个方法很笨拙，但在现代工具出现之前很久它可以让工人拉动重的圆木。图 13-48 示意了这种方法的要点。图中一根藤蔓栓在质量为 M 的均匀圆木一端的树枝上。圆木与地面的静摩擦系数是 0.80。如果圆木刚要滑动，其左端由藤蔓把它稍稍抬起，(a) θ 角是多大？(b) 藤蔓对圆木的力 T 的大小是多少？

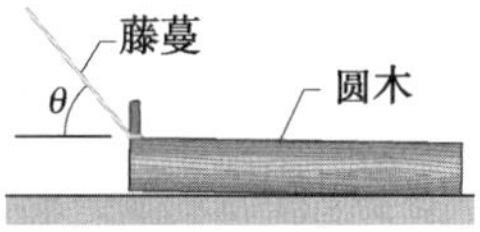

图 13-48 习题 41 图

42. 如果要在室内运动场里建一座大沙堆，那你必须小心沙子对地板的应力。参考一下有关文献，你会惊奇地发现，最大的应力并不是在沙堆堆尖（顶部）的正下方，而是在离中心点的距离为 r_m 的各点处（参看图 13-49a）。最大应力的向外移动可能是由于沙堆内的沙粒形成了拱结构。对于高度 $H = 3.00\text{m}$，角度 $\theta = 33°$ 的沙堆，沙子的密度为 $\rho = 1800\text{kg/m}^3$，图 13-49b 画出了应力 σ 与 r 的函数关系，r 表示与沙堆底部中心点的距离。在图中，$\sigma_0 = 40000\text{N/m}^2$，$\sigma_m = 40024\text{N/m}^2$，且 $r_m = 1.82\text{m}$。(a) 沙堆内 $r \leq r_m/2$ 处所含的沙子的体积是多少？（提示：体积等于竖直圆柱加上顶部圆锥的体积。圆锥的体积是 $\pi R^2 h/3$，这里 R 是圆锥的半径，h 为圆锥的高。）(b) 这个体积内沙堆的重量是多少？(c) 试用图 13-49b 写出一个式子，用来表达在 $r \leq r_m$ 范围内沙堆对地板的应力 σ 与半径 r 的函数关系。(d) 在地板上以沙堆轴为心、半径为 r，径向宽度为 dr 的细圆环的面积 dA 有多大？(e) 沙子对这个圆环向下的力的 dF 大小是多少？(f) 在 $r \leq r_m/2$ 的范围内，沙堆里全部的沙子对地板的向下的合力 F 有多大？（提示：对 (e) 中的表示式从 $r=0$ 到 $r=r_m/2$ 进行积分。）现在你会惊奇地发现：沙子给地板的力 F 的大小比在 (b) 中求出的地板以上沙子的重量 W 要小。(g) F 的减小量对 W 来说占多大的比例，即 $(F-W)/W$ 等于多少？

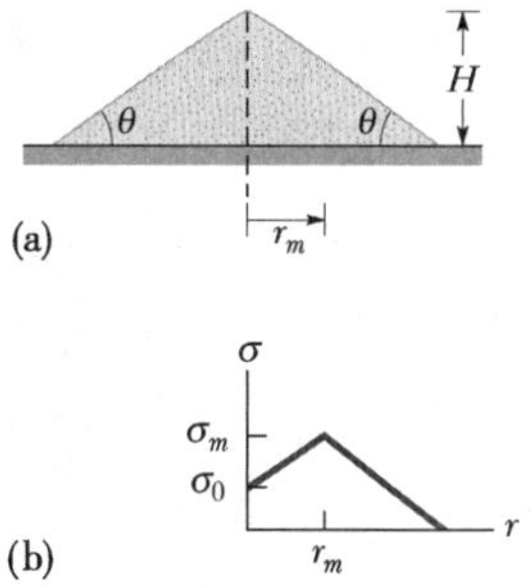

图 13-49 习题 42 图

第14章 引　　力

银河系是盘状的，由尘埃、行星和包括我们的太阳和太阳系的几十亿颗恒星组成。把银河系或其他的星系束缚在一起的力与把月亮束缚在轨道上、把您束缚在地球上的力是同样的力——引力。这种力也造成了自然界最奇异的物体黑洞，一种已经完全自我坍缩的星体。接近黑洞的引力十分强大，甚至于光都无法逃脱。

如果情况是这样，那怎样才能探测到黑洞呢？

答案在本章中。

14－1　世界和引力

本章开始的图中显示出银河系的景象。我们处在接近银河系圆盘边缘的地方，离它的中心大约有 26000 光年（2.5×10^{20}m）．银河系中心位于人马座．我们的银河系是本星系群中的一个成员，它还包括离我们 2.5×10^{6} 光年的仙女座（参看图 14－1）和几个较近的白矮星系，例如开章图中画出的大麦哲伦云。

本星系群是本超星系团的一部分。20 世纪 80 年代以来的测量指出，本超星系团和由长蛇座星团及半人马座星团组成的超级星团都朝着一个质量极大的、被叫做“大吸引体”的区域运动。这个区域在银河中我们的对面大约 3 亿光年远处、长蛇座星团及半人马座以外。

把这些越来越大的结构从恒星到星系、再到超星系团束缚在一起的力，和可能把它们都拉向“大吸引体”的力就是引力。这种力不仅把我们人束缚在地球上，它也延伸到星际空间。

图 14－1　仙女座。它离我们 2.5×10^{6} 光年，肉眼看起来很暗淡，它与我们的银河系十分类似。

14－2　牛顿引力定律

物理学家喜欢研究似乎并不相关的现象，用以说明对它们进行足够精密的观察后所能发现的它们的关系。这种对于统一理论的寻求已经进行了几个世纪。1665 年，23 岁的牛顿对物理学作出了一个基础性的贡献，当时他证明把月球束缚于轨道上的力与使苹果落地的力是同样的力。现在，我们认为这是理所当然的，以致很难理解古代人所相信的：地上物体的运动与天上物体的运动是不同的，是由不同的定律支配的。

牛顿得出结论说，不仅地球吸引苹果，而且月亮和宇宙中任何物体都吸引其他物体，这种使物体相向运动的趋势就叫做**引力**。牛顿的结论曾很难被人接受，因为人们熟知地球对其上物体的吸引力如此之大以致于掩盖了地球上物体间的吸引力。例如，地球吸引一只苹果的力是 0.8N，你也吸引旁边的苹果（苹果也吸引你），但这个吸引力还不到一粒尘土的重量。

定量地说，牛顿提出了一个**力学定律**，叫做**牛顿引力定律**：每个质点都吸引其他质点，其**引力**的大小是

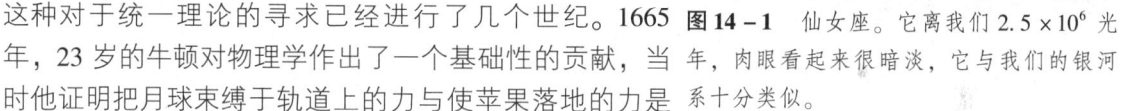

$$F=G\frac{m_1m_2}{r^2}\qquad\text{（牛顿引力定律）}\qquad(14-1)$$

这里 m_1 和 m_2 是质点的质量，r 是它们之间的距离，G 是引力常量．G 的值现在知道是

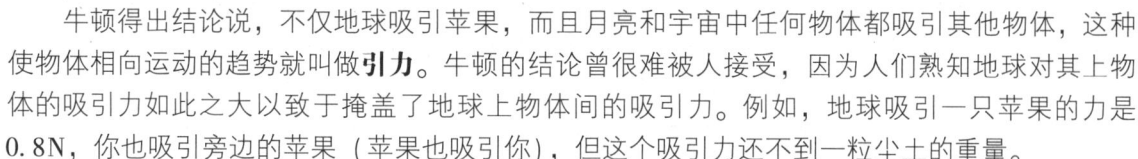

$$G=6.67\times10^{-11}\mathrm{N\cdot m^2/kg^2}=6.67\times10^{-11}\mathrm{m^3/kg\cdot s^2}\qquad(14-2)$$

如图 14－2 所示，质点 m_2 以指向 m_2 的引力 $\vec{F}$ 吸引质点 m_1，而 m_1 又用指向 m_1 的引力 $-\vec{F}$ 吸引 m_2。力 $\vec{F}$ 与 $-\vec{F}$ 构成第三定律的一对力，它们大小相同而方向相反，并由两个质点的距离、而不是位置决定：质点可以在深洞内或者深空中。力 $\vec{F}$ 与 $-\vec{F}$ 也不会因为有其他物体的存在而发

生改变，即使这些物体处于我们考虑的两质点之间。

引力的强度——给定质量、给定距离的两个质点相互吸引的强弱程度，与引力常数 G 有关。如果 G——出现什么奇迹——突然增大10倍，由于地球的引力，你就会瘫到地板上。而如果让 G 突然减小到十分之一，那么地球引力就会弱得使你可以跳过一座高楼。

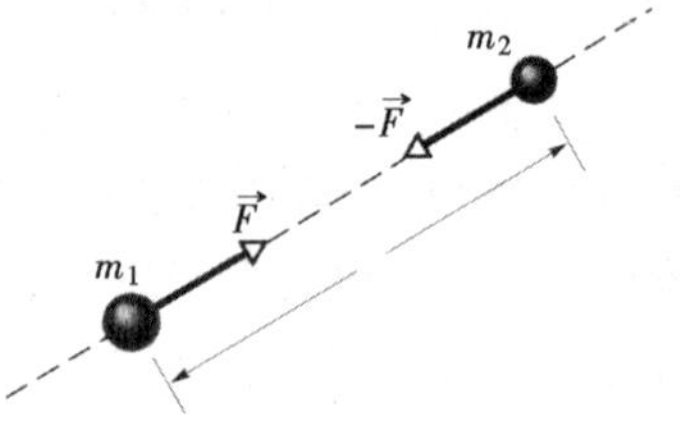

图 14－2 两个质量分别为 m_1 和 m_2 相距 r 的质点。按牛顿引力定律（式 14－1）互相吸引。其吸引力 $\vec{F}$ 与 $-\vec{F}$ 大小相等方向相反。

虽然牛顿引力定律只严格用于质点，但我们也可以把它应用于实际物体，只要这些物体的线度小于它们之间的距离。月亮和地球相距很远，我们可以把它们很好地近似看作质点。但苹果和地球又如何呢？在苹果看来，地球又宽又平在其下伸展到很远，肯定不能看作质点。

牛顿通过证明了一个所谓“**壳定理**”解决了苹果和地球的问题。这个定理是：

> 一个均匀的物质球壳吸引一个壳外的质点和球壳的所有质量都集中在其中心时一样

地球就可以被看成是一系列这样的球壳，一个套一个，每一个球壳吸引壳外的质点都和该球壳的质量集中在其中心一样。这样，在苹果看来，地球也确实像一个质点。这个质点位于地球的中心，其质量等于地球的质量。

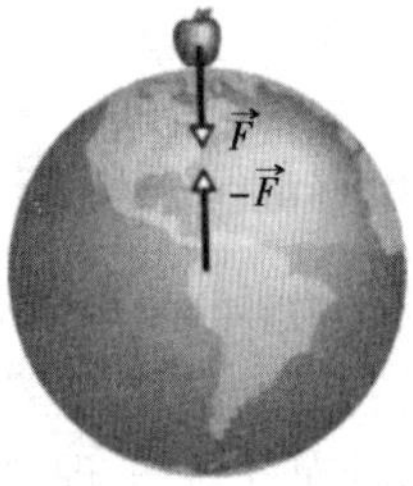

图 14－3 苹果向上拉地球的力等于地球向下拉苹果的力。

假定地球以一个大小为 0.80N 的力向下拉苹果，如图 14－3 所示，那么苹果也应当用一个大小为 0.80N 的力向上拉地球，这个力我们认为作用在地球的中心。虽然这两个力大小相等，但当苹果掉下后，却产生不同的加速度。对苹果来说，加速度是 $9.8\mathrm{m/s^2}$，即大家熟知的地球表面附近的落体加速度；对地球来说，在固定于苹果－地球系统的质心的参考系中测量，地球的加速度仅为 $1\times10^{-25}\ \mathrm{m/s^2}$。

检查点1：按顺序在下列四个质量都是 m 的物体外面放一个质点：(1) 大而均匀的固体球；(2) 大而均匀的球壳；(3) 小而均匀的固体球；(4) 小而均匀的球壳，在每种情况下，质点离物体中心的距离都是 d。按照它们吸引质点的引力的大小由大到小将这些物体排序。

14－3 引力和叠加原理

给定一组质点，我们可以用**叠加原理**求出其中每一个质点受其他质点对它的净（合）引力。这是一个普遍的原理，它说明总效果是所有个别效果之和。在这里，这个原理意味着我们要求给定质点所受的引力时，首先要一个个地计算出每一个其他质点对我们选定的质点的引力，然后像通常那样用矢量运算方法把这些力加起来。

对于 n 个相互作用的质点，引力叠加原理可写成

$$\vec{F}_{1,\mathrm{net}}=\vec{F}_{12}+\vec{F}_{13}+\vec{F}_{14}+\vec{F}_{15}+\cdots+\vec{F}_{1n} \qquad (14-3)$$

这里，$\vec{F}_{1,\mathrm{net}}$ 是质点1受的合力，而 $\vec{F}_{13}$ 是质点3对质点1的力。我们可以用更简洁的矢量和的形式来表达这个方程

$$\vec{F}_{1,\text{net}} = \sum_{i=2}^{n} \vec{F}_{1i} \qquad (14-4)$$

怎样求一个质点受一个实际的较大物体的引力呢？这就需要先把物体划分成许多小部分，小到足以把它们看成质点，然后用式（14－4）求所有部分对这个质点的力的矢量和在极限情况下，我们可以把大物体划分成质量为 dm 的微分元，它们每一个仅产生一个微分力 $d\vec{F}$ 作用在质点上。在这一极限条件下，式（14－4）的和将变成一个积分

$$\vec{F}_1 = \int d\vec{F} \qquad (14-5)$$

其中的积分遍及整个大物体，而且我们去掉下标“net”。如果该物体是均匀的球体或球壳，我们可以假定物体的质量集中在其中心并使用式（14－1），而避免进行式（14－5）的积分。

例题 14－1

图 14－4a 表示三个质点的分布情况。其中，质点 1 的质量是 $m_1 = 6.0\text{kg}$；质点 2 和质点 3 的质量是 $m_2 = m_3 = 4.0\text{kg}$；距离 $a = 2.0\text{cm}$。其他两个作用在质点 1 上的合引力 $\vec{F}$ 为何？

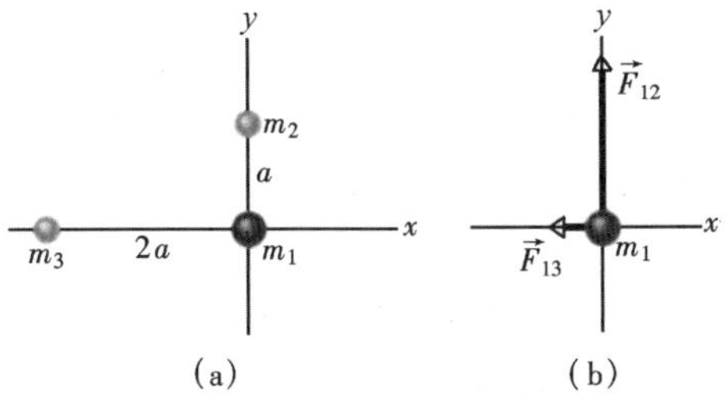

图 14－4 例题 14－1 图 （a）三个质点的分布；（b）其他质点对质量为 m_1 的质点的力。

【解】 这里一个**关键点**是，由于有几个质点，质点 1 所受另外两个质点中每个质点对它的引力的大小由式（14－1）（$F = Gm_1m_2/r^2$）给出。这样，质点 2 对质点 1 的力 $\vec{F}_{12}$ 的大小就是

$$F_{12} = \frac{Gm_1m_2}{a^2} = \frac{6.67\times10^{-11}\text{m}^3/\text{kg}\cdot\text{s}^2\times6.0\text{kg}\times4.0\text{kg}}{(0.020\text{m})^2} = 4.00\times10^{-6}\text{N}$$

类似地，质点 3 给质点 1 的力为

$$F_{13} = \frac{Gm_1m_2}{(2a)^2} = \frac{6.67\times10^{-11}\text{m}^3/\text{kg}\cdot\text{s}^2\times6.0\text{kg}\times4.0\text{kg}}{(0.040\text{m})^2} = 1.00\times10^{-6}\text{N}$$

为了确定 $\vec{F}_{12}$ 和 $\vec{F}_{13}$ 的方向，我们用这个**关键点**：对质点 1 的每一个力都指向施力的质点。因此，$\vec{F}_{12}$ 指向 y 轴的正方向（见图 14－4b），且只有 y 分量 F_{12}。同样，$\vec{F}_{13}$ 指向 x 轴的负方向，且只有 x 分量 $-F_{13}$。

为了求出质点 1 所受的合力 $\vec{F}_{1,\text{net}}$，我们首先用这个很重要的**关键点**：由于这些力并不是沿同一条直线，我们不能简单地把它们的大小或它们的分量进行加减求出它们的合力，而必须把它们按矢量相加。

我们可以用矢量功能计算器来计算。不过，这里我们注意到 $-F_{13}$ 和 F_{12} 实际上是 $\vec{F}_{1,\text{net}}$ 的 x 分量与 y 分量。因此，我们将用式（3－6）先求出 $\vec{F}_{1,\text{net}}$ 的大小，然后再求出它的方向。这个大小是

$$F_{1,\text{net}} = \sqrt{(F_{12})^2 + (-F_{13})^2} = \sqrt{(4.00\times10^{-6}\text{N})^2 + (-1.00\times10^{-6}\text{N})^2} = 4.1\times10^{-6}\text{N}$$

（答案）

相对于 x 轴的正方向，式 3－6 给出 $\vec{F}_{1,\text{net}}$ 的方向是

$$\theta = \arctan\frac{F_{12}}{-F_{13}} = \arctan\frac{4.00\times10^{-6}\text{N}}{-1.00\times10^{-6}\text{N}} = -76°$$

这是实际的方向吗？不是，$\vec{F}_{1,\text{net}}$ 的实际方向必然在 $\vec{F}_{12}$ 和 $\vec{F}_{13}$ 的方向之间。回忆第 3 章（解题思路 3），计算器仅仅显示了对正切函数的两个可能的答案之一。加上 180°才能求另一答案。即：

$$-76° + 180° = 104° \qquad \text{（答案）}$$

这才是 $\vec{F}_{1,\text{net}}$ 的方向。

检查点2：图示为质量相等的三个质点的四种分布情况。(a) 按照标以 m 的质点受的合引力的大小由大到小将四种分布排序。(b) 在第二种分布里，合力的方向离线段 d 较近还是离线段 D 较近？

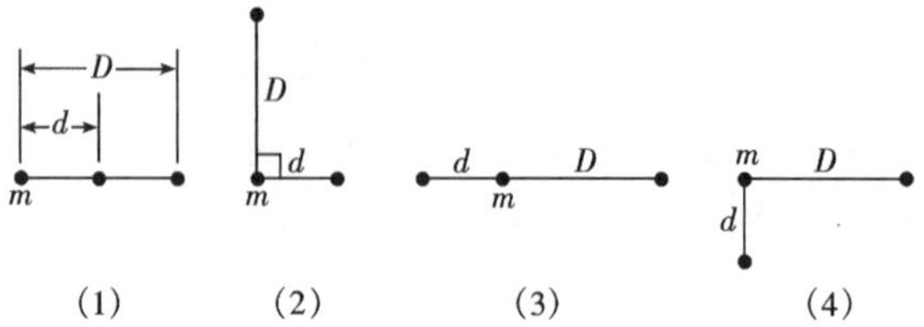

例题 14-2

图 14-5a 表示质量为 $m_1=8.0\text{kg}$、$m_2=m_3=m_4=m_5=2.0\text{kg}$ 的五个质点的分布情况。另外，$a=2.0\text{cm}$，$\theta=30°$。其他质点对质点 1 的引力 $\vec{F}_{1,\text{net}}$ 如何？

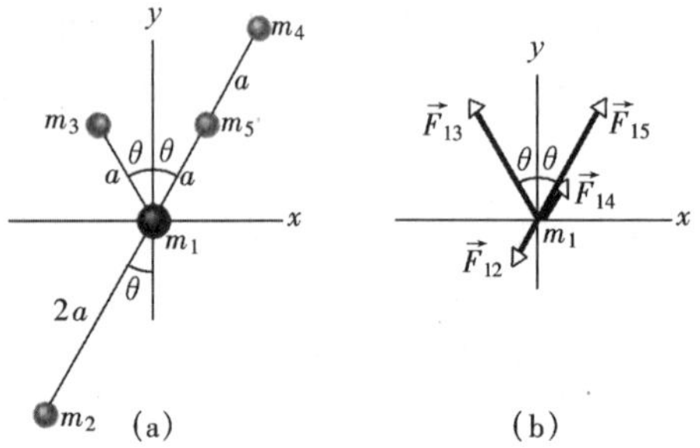

图14-5 例题 14-2 图 (a) 五个质点的分布；(b) 其他质点作用在质量为 m_1 的质点上的力。

【解】 本题的**关键点**与例题 14-1 相同。然而，本题有很多对称性可用来简化解题过程

对于质点 1 受力的大小，首先应注意到质点 2 和质点 4 的质量相同，而且与质点 1 的距离 $r=2a$ 也相同。这样，由式 (14-1) 可知

$$F_{12}=F_{14}=\frac{Gm_1m_2}{(2a)^2} \tag{14-6}$$

同样，由于质点 3 和质点 5 的质量也相同，且与质点 1 的距离都是 $r=a$，我们有

$$F_{13}=F_{15}=\frac{Gm_1m_3}{a^2} \tag{14-7}$$

现在，我们可以代入数字来求得各力的大小，我们可以在受力图 14-5b 上表示出这些力的方向，并用以下两个基本方法之一求出合力：先把这些矢量分解成 x 分量和 y 分量，求出合 x 分量和合 y 分量，然后把这些合分量按矢量加起来。我们也可以用矢量功能计算器直接把这些矢量加起来。不过，我们要进一步利用本题的对称性。首先，我们注意到 $\vec{F}_{12}$ 和 $\vec{F}_{14}$ 大小相同而方向相反，因此这两个力抵消。另外，对图 14-5b 和式 (14-7) 的审视告诉我们，$\vec{F}_{13}$ 和 $\vec{F}_{15}$ 的 x 分量也可以抵消，它们的 y 分量大小相等而且都沿 y 轴正向作用。这样，$\vec{F}_{1,\text{net}}$ 也在同一方向，其大小是 $\vec{F}_{13}$ y 分量的两倍：

$$F_{1,\text{net}}=2F_{13}\cos\theta=2\frac{Gm_1m_3}{a^2}\cos\theta$$

$$=2\frac{6.67\times10^{-11}\text{m}^3/\text{kg}\cdot\text{s}^2\times8.0\text{kg}\times2.0\text{kg}}{(0.020\text{m})^2}\cos30°$$

$$=4.6\times10^{-6}\text{N}$$ (答案)

注意，质点 5 在质点 1 和质点 4 之间，它的存在不会改变质点 4 对质点 1 的引力。

检查点3：在这里的图中，其他质点对作用在质量为 m_1 的质点的合引力的方向如何？其他每个质点的质量都是 m，它们的分布相对于 y 轴是对称的。

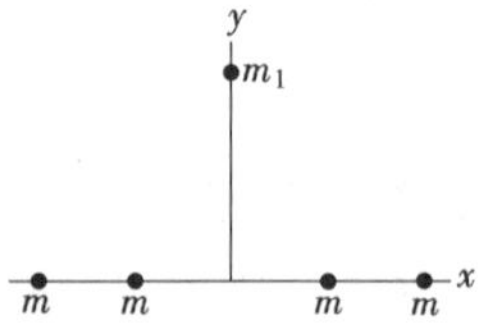

解题线索

线索1：画出引力矢量。

当你拿到一个如图 14-4a 的质点分布图并要求其中一个质点受的合引力时，通常，你需要先画出受力图，在图上仅仅标出你关心的质点和它自己所受的力，如图 14-4b。如果你选择在原图上叠画这些力矢量，你就一定要把力矢量的箭尾（最好是）或箭

头画在受这些力的质点上。如果你画在别处，就会带来混乱——如果把矢量画在对你所关心的质点产生力的别的质点上，肯定出现混乱。

线索 2：利用对称性简化力的求和过程

在例 14-2 中我们用了对称性：认识到质点 2 和质点 4 关于质点 1 对称，因此，$\vec{F}_{12}$和$\vec{F}_{14}$抵消，这两个力都可以不计算；认识到$\vec{F}_{13}$和$\vec{F}_{15}$的 x 分量抵消以及它们的 y 分量相同并相加，可以节省更多的精力。

14-4 地球表面附近的引力

假定地球是一个质量为 M 的均匀球体。有一质点 m 在地球之外，与地球中心的距离为 r，那么，地球对这个质点引力的大小可由式（14-1）给出

$$F = G\frac{Mm}{r^2} \tag{14-8}$$

如果该质点被释放，那么由于引力 $\vec{F}$ 的作用，它将加速向地心下落，其加速度叫做**引力加速度** $\vec{a}_g$。牛顿第二定律告诉我们，力 F 及加速度 a_g 的大小的关系是

$$F = ma_g \tag{14-9}$$

现在将式（14-8）的 F 代入式（14-9），解出 a_g，可得

$$a_g = \frac{GM}{r^2} \tag{14-10}$$

表 14-1 列出了对地球表面以上不同高度计算出的 a_g 的值。

表 14-1　a_g 随高度发生的变化

高度/km	a_g/（m/s^2）	高度举例
0	9.83	地球表面的平均高度
8.8	9.80	珠穆朗玛峰
36.6	9.71	最高的载人气球
400	8.70	航天飞机轨道
35700	0.225	通信卫星

从 5-6 节开始，我们已经假定忽略地球的实际转动，把它看成是一个惯性系。这一简化允许我们假设实际质点的自由下落加速度 g 与引力加速度（现在我们称做 a_g）相同。进而，我们假定在整个地球表面上 g 是常量 $9.8m/s^2$。然而，我们测出的 g 与用式（14-10）算出的 a_g 是有差别的。原因有三：（1）地球并不均匀；（2）地球不是很好的球体；（3）地球在转动。另外，因为同样的三个原因，g 与 a_g 有差别，所以测出的质点的重量 mg 与用式（14-8）算出的作用在质点上的引力的大小也有差别，现在，让我们考察一下这些原因。

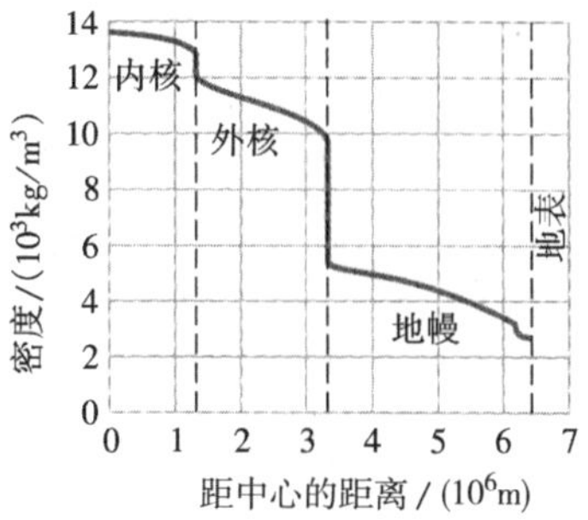

图 14-6　地球的密度与地心距离的函数关系。地球固体内核、大的液体外核及固体地幔的界限已画出，而地壳太薄以致无法在图中明确画出。

1. 地球是不均匀的。 地球的密度（单位体积的质量）沿径向变化，如图 14-6 所示。而地壳（地球靠外的部分）的密度随在地球表面的区域不同而不同．这样，g 在地球表面上就随区域不同而改变。

2. 地球不是球体。地球近似地是一个椭球体，其两极扁平而赤道凸出。赤道的半径比两极的半径大 21km。因此，两极的点比赤道上的点更接近地心。这也是为什么在海平面上自由下落加速度 g 随着从赤道到极地而增加的原因。

3. 地球在转动。转轴通过地球的南北极。一个物体只要它不在两极，在地球表面无论什么地方都得围绕这个轴作圆周运动。而且必定有向心加速度指向圆心。这个向心加速度要求有一个指向中心的向心合力。

为了看到地球的转动怎样引起 g 与 a_g 的差别，让我们分析一个简单的情况：一个质量为 m 的板条箱放在赤道的一个磅秤上。图 14-7a 表示的是从地球北极上空的一点俯瞰的情形。

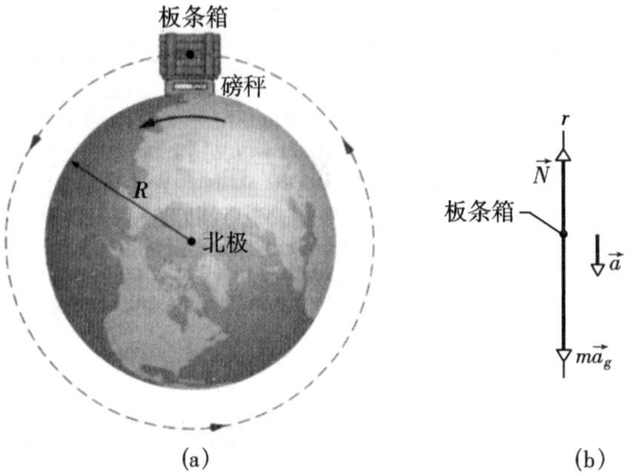

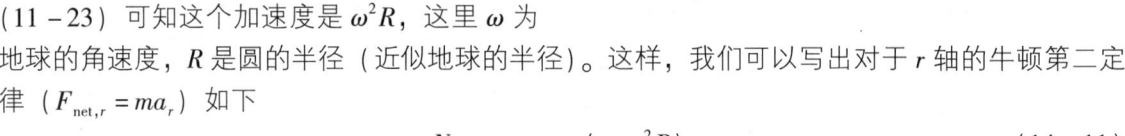

图 14-7 (a) 一只板条箱放在位于地球赤道的磅秤上，该图是从北极上方沿着地球的转动轴看到的情况。(b) 板条箱的受力图，其中有沿径向向外的 r 轴。板条箱受到的引力用等效的 $m\vec{a}_g$ 表示。磅秤对板条箱的法向力是 $\vec{N}$。由于地球的自转，板条箱有一个指向地心的向心加速度 $\vec{a}$。

图 14-7b 为板条箱的受力图，它表明板条箱受两个力，这两个力都是沿着径向轴 r 从地心延伸的。磅秤对它的法向力 $\vec{N}$ 向外，沿 r 的正方向．引力用与它相等的向内的 $m\vec{a}_g$ 表示。由于在地球转动时箱子绕地心做圆周运动，它具有一个向内的向心加速度 $\vec{a}$。从式（11-23）可知这个加速度是 ω^2R，这里 ω 为地球的角速度，R 是圆的半径（近似地球的半径）。这样，我们可以写出对于 r 轴的牛顿第二定律（$F_{net,r}=ma_r$）如下

$$N-ma_g=m\ (-\omega^2R) \tag{14-11}$$

法向力的大小 N 等于从磅秤上读出的重量 mg. 用 mg 代入来求 N，式（14-11）给出

$$mg=ma_g-m\ (\omega^2R) \tag{14-12}$$

它表明

$$\begin{pmatrix}\text{测量出的}\\\text{重量}\end{pmatrix}=\begin{pmatrix}\text{引力的}\\\text{大小}\end{pmatrix}-\begin{pmatrix}\text{质量乘以}\\\text{向心加速度}\end{pmatrix}$$

因此，由于地球的转动，测量出的重量实际上小于板条箱所受的引力的大小。为了求出 g 与 a_g 的相应表达式，我们从式（14-12）中消去 m，有

$$g=a_g-\omega^2R \tag{14-13}$$

它表明

$$\begin{pmatrix}\text{自由下落}\\\text{加速度}\end{pmatrix}=\begin{pmatrix}\text{重力}\\\text{加速度}\end{pmatrix}-\begin{pmatrix}\text{向心}\\\text{加速度}\end{pmatrix}$$

所以，由于地球在转动，测出的自由下落加速度实际上小于重力加速度。

g 与 a_g 的差等于 ω^2R，它在赤道最大（因为板条箱在那里运动经历的圆的半径最大）。为了求出这个差，我们可以用式（11-5）（$\omega=\Delta\theta/\Delta t$）和地球的半径 $R=6.37\times10^6$m。对于地球的每一次转动，θ 都等于 2π 弧度，时间周期 Δt 大约为 24 小时。利用这些数值（把小时换算成秒），我们可求出 g 比 a_g 只小 0.034m/s²（与 9.8m/s² 相比）。因此忽略加速度 g 与 a_g 的差别常

常是有道理的，类似地说，忽略重量和引力大小之差也常常是有道理的。

例题 14-3

(a) 一位身高 h 为 1.70m 的宇航员“脚朝下”漂浮在航天飞机内，离地心的距离是 $r=6.77\times10^6$m，计算他的脚和头的引力加速度的差是多少？

【解】 一个**关键点**是，我们可以把地球近似为质量 M_E 的均匀球体. 由式（14-10）可知，在与地心距离 r 处的引力加速度是

$$a_g=\frac{GM_E}{r^2} \qquad (14-14)$$

我们可以简单地两次应用式（14-14），首先用，脚的 $r=6.77\times10^6$m，然后用头的 $r=6.77\times10^6\text{m}+1.7\text{m}$。然而计算器两次都会给我们同样的 a_g，其差是零，因为 h 和 r 相比太小了。第二个**关键点**是，由于在宇航员的头和脚之间 r 有微分改变 dr，我们可以对式（14-14）进行 r 的微分计算，得到

$$\mathrm{d}a_g=-2\frac{GM_E}{r^3}\mathrm{d}r \qquad (14-15)$$

这里 da_g 是因 r 的微分变化 dr 引起的引力加速度的微分变化。对宇航员来说，d$r=h$，而 $r=6.77\times10^6$m，将数据代入式（14-15）中，我们可得

$$\mathrm{d}a_g=-2\frac{6.67\times10^{-11}\text{m}^3/\text{kg}\cdot\text{s}^2\times5.98\times10^{24}\text{kg}}{(6.67\times10^6\text{m})^3}\times1.70\text{m}=-4.37\times10^{-6}\text{m/s}^2 \qquad \text{（答案）}$$

这个结果意味着，宇航员的脚指向地球的引力加速度比她的头指向地球的引力加速度略大一些. 加速度的差别会把她的身体拉长，可是，这个差太小了不可能觉察到这种拉长。

(b) 如果宇航员现在“脚朝下”呆在同样的轨道半径 $r=6.77\times10^6$m 处，但是围绕着一个质量为 $M_h=1.99\times10^{31}$ kg（10 倍于太阳的质量）的黑洞，这时她的头和脚之间的引力加速度的差是多少？黑洞有一个半径为 $R_h=2.95\times10^4$m 的表面（叫做**事件视界**）。任何东西，甚至包括光，都不可能从这个表面或从内部任何地方逃逸. 注意，宇航员是（明智地）远在该表面之外（$r=229R_h$）。

【解】 这里**关键点**是，在宇航员的头和脚之间的 r 微分改变也是 dr，因此可以再一次用式（14-15），不过，现在我们用 $M_h=1.99\times10^{31}$ kg 代替 M_E，得到

$$\mathrm{d}a_g=-2\frac{6.67\times10^{-11}\text{m}^3/\text{kg}\cdot\text{s}^2\times1.99\times10^{31}\text{kg}}{(6.67\times10^6\text{m})^3}\times1.70\text{m}=-14.5\text{m/s}^2 \qquad \text{（答案）}$$

这说明，宇航员的脚指向黑洞的引力加速度明显地比她的头指向黑洞的引力加速度大。由此产生拉长她身体的趋势，虽然可以忍受，但确实很痛苦. 如果她再靠近黑洞，这种拉长的趋势会急剧增大。

14-5 地球内部的引力

牛顿的球壳定理也可以用于质点处于均匀球壳**内部**的情况，叙述如下：

> 一个物质分布均匀的球壳对位于其内部的质点没有合引力作用。

注意：以上表达并不意味着球壳上各个微元对质点的引力奇妙地消失了. 确切地说，它意味着所有各个微元对质点引力矢量的和是零。

如果地球的密度是均匀的，那么对质点的引力在地球的表面处最大，并且会由于质点向外移动而减小. 如果质点向内移动，比如下到一个很深的矿井内，引力会由于两个原因而发生变化：（1）因为质点沿更接近地心的方向运动，引力有增大的趋势；（2）因为位于质点的径向位置以外的物质的壳层不断变厚，而它们对质点没有任何合力作用，所以引力有减小的趋势。

对于均匀的地球，第二个因素是主要的. 在质点接近地球中心时，它所受到的引力会稳定地减少到零. 然而，对于真实的（不均匀）地球，质点所受到的引力实际上随着它的下降而增加. 此力在一定深度处达到最大；只是此后质点进一步下降时引力才开始减小。

例题 14-4

在 George Griffith 早期的科学幻想小说中**从南极到北极**，有三个探险家试图乘坐密封舱通过天然形成的（当然是幻想）隧道直接从南极到达北极（见图 14-8）。按照小说所述，当舱接近地心时，对探险家的引力变得出奇地大；当准确地到达地心时，它突然但只是瞬时地消失了．其后，舱穿过了隧道的后半部分到达了北极。

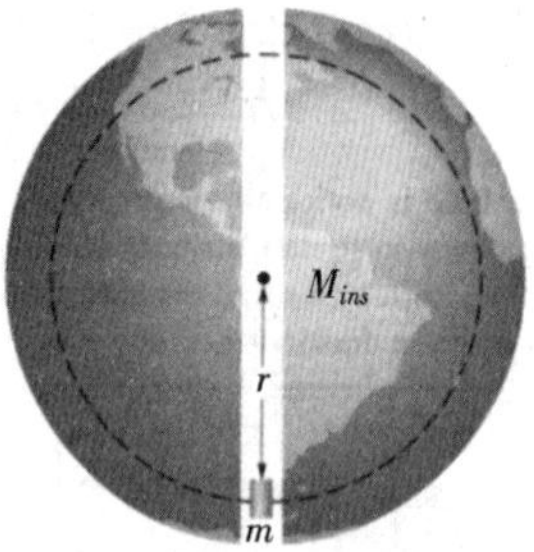

图 14-8 例题 14-4 图 质量为 m 的密封舱由静止下落通过连接地球南极和北极的隧道。当舱与地心的距离为 r 时，在半径为 r 的球内的质量是 M_{ins}。

求质量为 m 的密封舱到达与地心相距为 r 处时受的引力，以验证 Griffith 的描述。假定地球是密度为 ρ（单位体积的质量）的均匀球体。

【解】 牛顿的壳定理给我们三个**关键点**：

1. 当旅行舱在与地心的距离为 r 时，地球上在半径为 r 的球以外的部分对旅行舱并**不**产生合引力。

2. 地球的在半径为 r 的球内的部分对舱**能**产生合引力。

3. 我们可以把地球的那个内部的质量 M_{ins} 看作位于地心的质点的质量。

所有这三个关键点都表明，我们可以用式（14-1），把对舱的引重力的大小写成

$$F=\frac{GmM_{ins}}{r^2} \qquad (14-16)$$

为了用 r 来表示质量 M_{ins}，我们把包含这些质量的体积 V_{ins} 写为 $\frac{4}{3}\pi r^3$。其密度就是地球的密度 ρ，这样，我们有

$$M_{ins}=\rho V_{ins}=\rho\frac{4\pi r^3}{3} \qquad (14-17)$$

在把这一表达式代入式（14-16）后，再进行简化，就有

$$F=\frac{4\pi Gm\rho}{3}r \quad （答案） \qquad (14-18)$$

此式告诉我们，力的大小 F 与舱到地心的距离 r 呈线性关系。这样，r 减小时 F 也减小（与 Griffith 的描述相反），直到到达地心时为零，至少 Griffith 说的 F 在地心为零是对的。

式（14-18）也可以用力矢量 $\vec{F}$ 和密封舱从地心向外延伸的沿径向轴上的位置矢量 $\vec{r}$ 来表达。令 K 表示常数 $4\pi Gm\rho/3$ 的组合，那么式（14-18）变为

$$\vec{F}=-K\vec{r} \qquad (14-19)$$

其中的负号表示 $\vec{F}$ 与 $\vec{r}$ 的方向相反。式（14-19）有胡克定律的形式（式（7-20））。因此，在小说中的理想条件下，密封舱应该是象弹簧上的物块一样振动起来，振动的中心在地心。当密封舱从南极落到地心后，它将从地心再运动到北极（如 Griffith 所说），然后再回来。

14-6 引力势能

在 8-3 节中，我们曾经讨论过质点-地球系统的引（重）力势能。讨论中我们小心地注意保持质点始终接近地球，以便我们可以认为引力是一个恒量（重力）。然后，我们选择系统的某个参考位形的引（重）力势能为零。通常在这种参考位形中质点在地球的表面。对于质点不在地球表面的情况，当质点相对于地球的距离缩短时，引（重）力势能就会减小。

这里让我们放宽视野，考虑两个质点的引力势能 U，这两个质点的质量分别为 m 和 M，相隔的距离是 r。我们再次选择一个势能 U 为零的参考位形。为了简化公式，参考位形现在是距离 r 大到近似是无穷大。像前面一样，当距离减小时引力势能也减小。由于在 $r=\infty$ 时 $U=0$，对于任何有限的距离，引力势能是负的，而且当两质点互相移近时，越来越负。

记住这些事实，而且像下面要证明的，我们取二质点系统的引力势能为

$$U=-\frac{GMm}{r} \quad (\text{引力势能}) \tag{14-20}$$

注意，当 r 接近无穷大时 $U(r)$ 等于零。r 为任何有限值时，$U(r)$ 都是负值。

由式（14-20）得出的势能是二质点系统的性质，而不是其中任一质点的。无法划分这一能量说多少是这个质点的，多少属于另一个质点。但是，如果 $M \gg m$，例如地球（质量为 M）和垒球（质量为 m）的情况，我们也常常说“垒球的势能”。我们之所以能这么说，是因为当垒球在地球附近运动时，垒球和地球系统势能的变化几乎完全表现为垒球动能的变化，而地球动能的变化小到无法测出。类似地，在 14-8 节中我们说在地球轨道上的“人造卫星的势能”，因为人造卫星的质量与地球的质量相比太小了。可是，当谈到质量可以相比的几个物体的势能时，就必须十分小心地把它们当作系统来处理了。

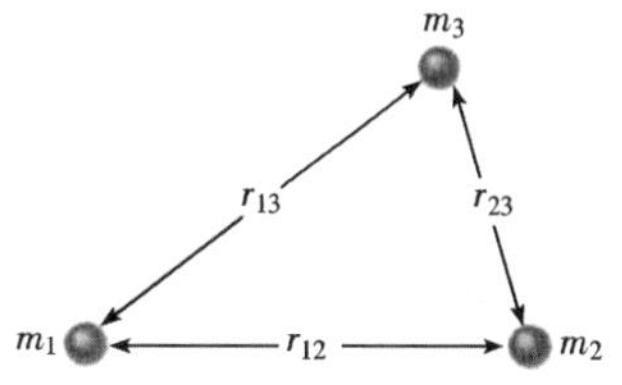

图 14-9 三个质点形成一个系统（每对质点间的距离用表示质点的双下标标注）。系统的引力势能为所有三对质点的引力势能之和。

如果所选的系统包含两个以上的质点，我们按顺序一对一对地考虑，用式（14-20）计算每对质点在假定其他质点不存在时的引力势能，然后再求代数和。例如，对图 14-9 中三质点中的每一对分别用式（14-20），得到的引力势能为

$$U=-\left(\frac{Gm_1m_2}{r_{12}}+\frac{Gm_1m_3}{r_{13}}+\frac{Gm_2m_3}{r_{23}}\right) \tag{14-21}$$

式（14-20）的证明

如果我们从地球直接向外发射一个垒球，其路径如图 14-10 所示。现在求该垒球在其路径上 P 点处引力势能 U 的表达式，P 点与地心的径向距离为 R。为此，我们先求出当球从 P 点移到离地球很远处（无穷远）时引力对球做的功。因为引力 $\vec{F}(r)$ 是一个变力（它的大小与距离 r 有关），所以我们必须用 7-6 节的方法来求功。用矢量形式可写为

$$W=\int_R^{\infty}\vec{F}(r)\cdot \mathrm{d}\vec{r} \tag{14-22}$$

这个积分包含力 $\vec{F}(r)$ 和沿路径的微分位移矢量 $\mathrm{d}\vec{r}$ 的标积（或点积）。我们可以把该标积展开为

$$\vec{F}(r)\cdot \mathrm{d}\vec{r}=F(r)\,\mathrm{d}r\cos\phi \tag{14-23}$$

这里 ϕ 是 $\vec{F}(r)$ 与 $\mathrm{d}\vec{r}$ 方向之间的夹角。当我们用 180°取代 ϕ，并用式（14-1）取代 $F(r)$ 时，式（14-23）变为

$$\vec{F}(r)\cdot \mathrm{d}\vec{r}=-\frac{GMm}{r^2}\mathrm{d}r$$

此处，M 是地球的质量，而 m 是垒球的质量。

把这代入式（14-22）并积分，给出

$$W=-GMm\int_R^{\infty}\frac{1}{r^2}\mathrm{d}r=\left[\frac{GMm}{r}\right]_R^{\infty}=0-\frac{GMm}{R}=-\frac{GMm}{R} \tag{14-24}$$

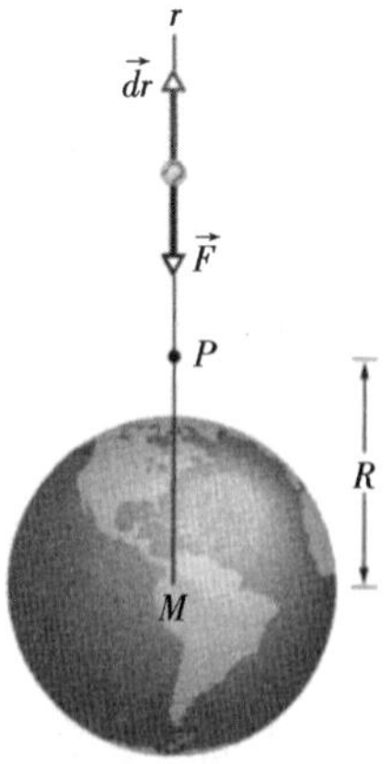

图 14-10 一只垒球直接从地球上向外发射，通过与地心距离为 R 的点 P，垒球所受的引力和微分位移矢量 $\mathrm{d}\vec{r}$ 均沿径向的 r 轴。

式（14-24）中的 W 是把垒球从 P 点（在距离 R 处）移到无穷远

时需做的功。式（8－1）（$\Delta U=-W$）告诉我们，也可以用势能写出这个功，如

$$U_{\infty}-U=-W$$

在无穷远时的势能 U_{∞} 为零，而在 P 点的势能为 U。这样，将式（14－24）代入 W，前面的方程就变为

$$U=W=-\frac{GMm}{R}$$

将式中 R 换成 r 就是我们要证明的式（14－20）。

与路径无关

在图 14－11 中，我们将一个垒球从 A 点移动到 G 点，路径由三段径向直线和三段圆弧（圆心为地心）组成。我们对把球从 A 移动到 G 的过程中地球的引力 $\vec{F}$ 对它所做的总功 W 感兴趣。

沿每段圆弧做的功是零，因为力 $\vec{F}$ 的方向在每一点都垂直于圆弧。这样，力 $\vec{F}$ 做的功仅是沿着三段径向直线做的功，而总功 W 就是这些功的和。

现在，我们想象假定这些弧都收缩为零长度。这样我们就要沿单一的径向长度直接把垒球从 A 移动到 G。这样做能改变 W 吗？否。因为沿着弧并没有做功，所以去掉这些弧不改变这个功。现在我们所取的从 A 到 G 路径明显不同，但是 $\vec{F}$ 做的功是相同的。

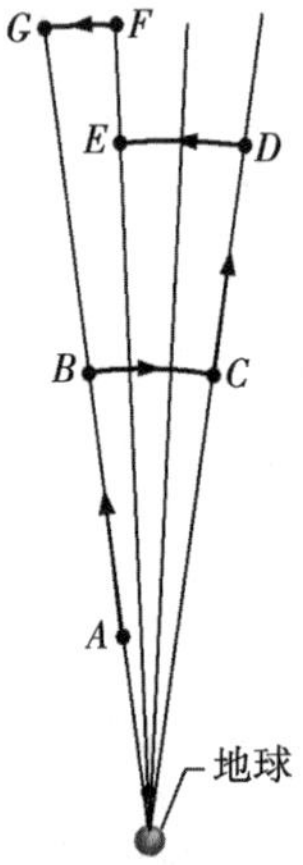

图 14－11 在接近地球的地方，一只垒球沿着由径向线段与弧线组成的路径从 A 移动到 G。

在 8－2 节中我们曾用一般方法讨论过这样的结果，这里的要点是：引力是保守力。因此，在质点从起点 i 移动到终点 f 过程中引力对质点做的功与两点间实际经过的路径无关。由式（8－1），从 i 点到 f 点引力势能的改变量 ΔU 为

$$\Delta U=U_f-U_i=-W \tag{14-25}$$

由于保守力做的功与实际所取的路径无关，所以引力势能的改变量 ΔU 也与实际所取的路径无关。

势能和力

在式（14－20）的证明里，我们从力函数 $\vec{F}(r)$ 导出了势能函数 $U(r)$. 我们也应当能够走相反的路——从势能函数出发导出力函数。按式（8－20），我们可写出

$$F=-\frac{\mathrm{d}U}{\mathrm{d}r}=-\frac{\mathrm{d}}{\mathrm{d}r}\left(-\frac{GMm}{r}\right)=-\frac{GMm}{r^2} \tag{14-26}$$

这就是牛顿引力定律（式（14－1））。负号表示质量 m 所受的力沿径向向里，指向 M。

逃逸速率

如果你点燃一向上的抛射体，通常它将减速而且瞬间停止，然后返回地球。但是存在一个这样的最小的初始速率，它能使抛射体一直向上运动，理论上说只有在到达无穷远时才停止，这个速率叫做（地球的）**逃逸速率**。

现在考虑一枚质量为 m 的抛射体，以逃逸速率 v 离开一颗行星（或其他天体或系统）的表面。它有动能 K，由 $\frac{1}{2}mv^2$ 给出，和势能 U，其大小由式（14-20）给出：

$$U = -\frac{GMm}{R}$$

这里 M 是行星的质量，R 是其半径。

当抛射体到达无穷远时，它停了下来，因此没有动能。由于这是我们选择的零势能位形，所以它也没有势能。因此，它在无穷远时总能量是零。由能量守恒原理，在行星表面时它的总能量也必为零。所以有

$$K + U = \frac{1}{2}mv^2 + \left(-\frac{GMm}{R}\right) = 0$$

由此得

$$v = \sqrt{\frac{2GM}{R}} \tag{14-27}$$

逃逸速率 v 与抛射体从行星上发射的方向没有关系。不过，如果抛射体发射的方向与发射场随行星绕自己的轴转动而运动的方向一致，它就比较容易达到该速率。例如，在卡那维拉尔角向东发射火箭，就是为了利用该地区随地球转动的向东速率 1500km/h。

式（14-27）可用来求离开任何天体的抛射体的逃逸速率，只要把天体的质量代入 M，把天体的半径代入 R 即可。表 14-2 列出了离开某些天体的逃逸速率。

表 14-2　一些逃逸速率

天体	质量/kg	半径/m	逃逸速率/（km/s）
谷神星①	1.17×10^{21}	3.8×10^{5}	0.64
地球的月亮	7.36×10^{22}	1.74×10^{6}	2.38
地球	5.98×10^{24}	6.37×10^{6}	11.2
木星	1.90×10^{27}	7.15×10^{7}	59.5
太阳	1.99×10^{30}	6.96×10^{8}	618
天狼星 B②	2×10^{30}	1×10^{7}	5200
中子星③	2×10^{30}	1×10^{4}	2×10^{5}

① 质量最大的小行星。
② 白矮星（进化到最后阶段的恒星），它是明亮的天狼星的伴星。
③ 恒星在超新星爆发之后留下来的坍缩核心。

检查点 4：从质量为 M 的球体移开一个质量为 m 的小球。(a) 这个小球-大球系统的引力势能是增大还是减小？(b) 两球之间的引力所做的功是正还是负？

例题 14-5

一颗小行星朝地球飞来，当它与地心的距离为地球半径的 10 倍时，它相对于地球的速率是 12km/s。如果忽略地球大气的影响，求当它到达地面时的速率 v_f。

【解】 一个**关键点**是，由于我们忽略大气对小行星的影响，在小行星下落的过程中小行星-地球系统的机械能是守恒的。这样，终点（小行星到达地面时）机械能等于起始机械能。我们可以把它写成

$$K_f + U_f = K_i + U_i \tag{14-28}$$

这里，K 代表动能，U 代表引力势能。

第二个**关键点**是，如果我们假定系统是孤立的，那么系统的线动量在小行星下落过程中也必然是守恒的。因此，小行星与地球的动量改变量必定大小相同而符号相反。可是，因为地球的质量和小行星相比太大了，地球速率的改变与小行星速率的改变相比可以忽略。因此，地球动能的变化也可以忽略不计。这样，我们可以假定式（14-28）中的动能就只是小行星的动能。

令 m 代表小行星的质量，M 代表地球的质量

(5.98×10^{24}kg)，小行星与地球的初始距离是 $10R_E$，最后是 R_E，这里 R_E 代表地球的半径（6.37×10^6m）。以式（14-20）代替 U，以 $\frac{1}{2}mv^2$ 代替 K。我们把式（14-28）重写成

$$\frac{1}{2}mv_f^2-\frac{GMm}{R_E}=\frac{1}{2}mv_i^2-\frac{GMm}{10R_E}$$

整理并代入已知量，有

$$v_f^2=v_i^2+\frac{2GM}{R_E}\left(1-\frac{1}{10}\right)=(12\times10^3\,\text{m/s})^2$$
$$+\frac{2\times6.67\times10^{11}\,\text{m}^3/\text{kg}\cdot\text{s}^2\times5.98\times10^{24}\,\text{kg}}{6.37\times10^6\,\text{m}}$$
$$\times0.9=2.567\times10^8\,\text{m}^2/\text{s}^2$$

所以

$$v_f=1.60\times10^4\,\text{m/s}=16\text{km/s} \qquad \text{（答案）}$$

以这样的速率飞行的小行星不需要特别大就能在与地球撞击时造成相当大的破坏。例如，如果它只有5m大小，那么撞击地球时释放的能量就相当于广岛核爆炸的能量。令人不安的是，在接近地球的轨道上大约有5亿颗如此大小的小行星。1994年，其中的一颗很明显地穿过了地球的大气层，而且在遥远的南太平洋岛上空20km高处发生爆炸（对6个军事卫星发出了核爆炸警告）。一颗500m大小的小行星（在接近地球的轨道上约有一百万颗）足以结束现代文明并几乎毁灭全人类。

14-7 行星与卫星：开普勒定律

有史以来，行星的运动就是一个谜，它们似乎是在恒星背景上徘徊．图14-12显示的火星画出的“打环”运动特别令人迷惑。开普勒（1571-1630）通过毕生的研究，得出了支配这些运动的经验定律。最后一位不借助望远镜进行观察的伟大天文学家第谷·布拉赫（1546-1601）积累了大量数据。开普勒利用这些数据才推导出了现在以他的名字命名的三个行星运动定律。后来，牛顿（1642-1727）证明了用他的引力定律能导出开普勒定律。

本节中，我们按顺序讨论每一个开普勒定律。虽然我们把这些定律应用于行星围绕太阳的运动，但同样可以用于天然或人造卫星围绕地球或任何其他大质量的中心天体的运动。

轨道定律：所有的行星都沿椭圆轨道运动，太阳位于椭圆的一个焦点上

图14-13表示一颗质量为 m 的行星正在这样一个围绕太阳的轨道上运动，太阳的质量为 M。我们假设 $M\gg m$，以使行星-太阳系统的质心近似在太阳的中心。

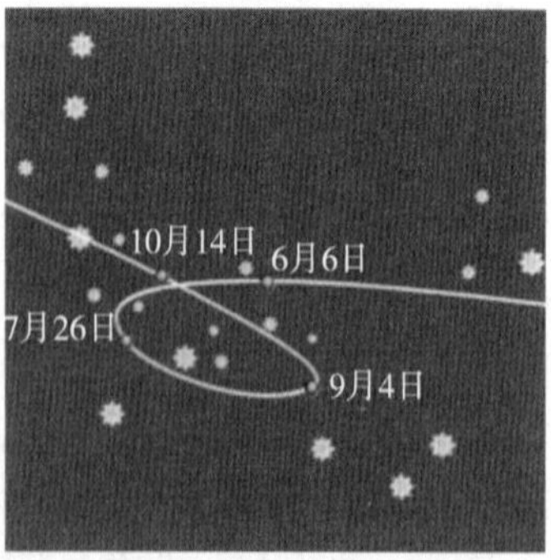

图14-12 1971年在摩蝎座背景上火星运行的路径。图中标出它在四个选出的日子里的位置。火星和地球都在围绕太阳的轨道上运动，这样我们是相对于我们来观察火星的位置的：有时这就产生了火星路径的表观环道。

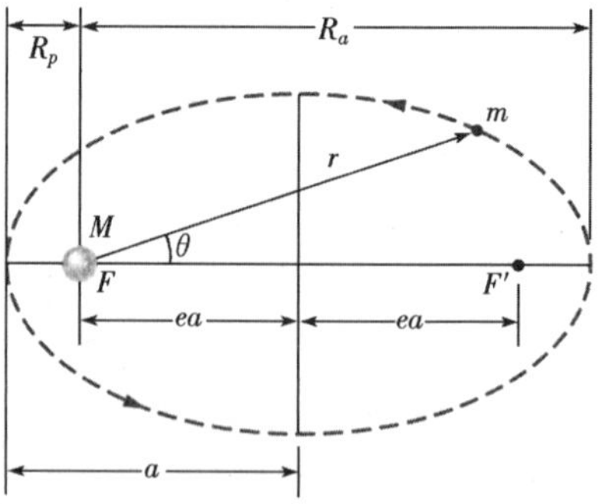

图14-13 质量为 m 的行星沿围绕太阳的椭圆轨道运行。质量为 M 的太阳在轨道的一个焦点 F 上，另一个焦点 F' 在空间。每个焦点离椭圆中心的距离都是 ea，其中 e 是椭圆的偏心率。图中也标出了椭圆的半长轴 a、近日点距离 R_p 和远日点距离 R_a。

图 14－13 的轨道用它的半长轴 a 和偏心率 e 描述。偏心率的定义是使 ea 成为从椭圆的中心到任一个焦点 F 或 F' 的距离。**零偏心率对应于圆**，这时，两个焦点合而为一。行星轨道的偏心率并不大，这样——粗略画在纸上——这种轨道看起来像圆。为了清楚起见，图 14－13 中的椭圆的偏心率已经夸大了，是 0.74。地球轨道的偏心率只有 0.0167。

面积定律：行星到太阳的连线在相等的时间内在行星轨道平面内扫过的面积相等；即它扫过的面积 A 的速率 dA/dt 是常量。

定性地说，第二定律告诉我们，当行星离太阳最远时运行得最慢，而离太阳最近时最快。其结果是，开普勒第二定律完全与角动量守恒定律等价。让我们来证明这一点。

在图 14－14a 中劈形阴影部分的面积非常近似于连接相距 r 的行星与太阳的直线在 Δt 时间内扫过的面积。劈形的面积 ΔA 近似地等于高为 r 底为 $r\Delta\theta$ 的三角形的面积。由于三角形的面积是底乘高的一半，$\Delta A \approx \frac{1}{2}r^2\Delta\theta$。在 Δt（因而 $\Delta\theta$）趋近于零时，这个 ΔA 表示式就更精确。行星与太阳连线扫过面积的瞬时变化率就应为

$$\frac{dA}{dt} = \frac{1}{2}r^2\frac{d\theta}{dt} = \frac{1}{2}r^2\omega \tag{14-29}$$

其中，ω 是转动的太阳和行星连线的角速度。

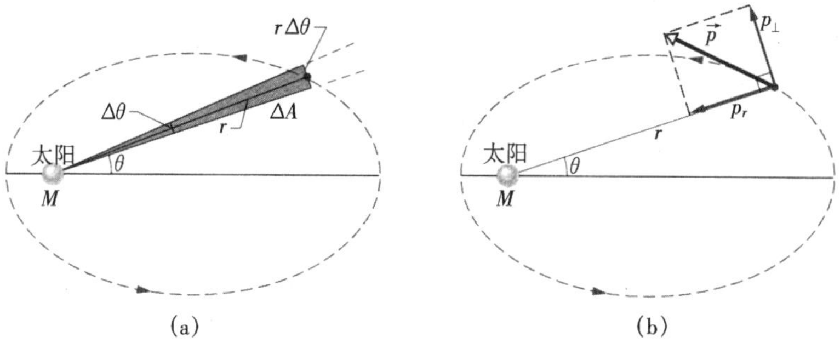

图 14－14 (a) 在时间 Δt 内连接行星到太阳（质量 M）的直线 r 扫过一个角度 $\Delta\theta$ 和面积 ΔA（阴影）。(b) 行星的线动量 $\vec{p}$ 和它的两个分量。

图 14－14b 表示行星的线动量 $\vec{p}$ 和它的径向与法向分量。从式（12－20）（$L = rp_\perp$）知，行星对于太阳的角动量 $\vec{L}$ 的大小是 r 与 $p_\perp$ 的乘积，$p_\perp$ 是 $\vec{p}$ 垂直于 r 的分量。这里，对于质量为 m 的行星来说，有

$$L = rp_\perp = (r)(mv_\perp) = (r)(m\omega r) = mr^2\omega \tag{14-30}$$

其中，我们已把 $v_\perp$ 用和它等效的 ωr（即式（11－18））代入。消去式（14－29）和（14－30）中的 $r^2\omega$ 可得

$$\frac{dA}{dt} = \frac{L}{2m} \tag{14-31}$$

如果 dA/dt 是常量，正如开普勒所说的那样，式（14－31）意味着 L 也必定是常量，即角动量是守恒的。开普勒第二定律的确与角动量守恒定律等价。

周期定律：任何行星的（运动）周期的平方与它的轨道半长轴的立方成正比。

为了证明这个定律，我们考虑图 14－15 中半径为 r（这个圆半径等价于椭圆的半长轴）的圆轨道，将牛顿第二定律（$F=ma$）用于图 14－15 中的沿轨道运行的行星，就得出

$$\frac{GMm}{r^2}=(m)(\omega^2 r) \tag{14-32}$$

这里，我们已利用式（14－1）替换了力的大小 F，并按式（14－23）用 $r^2\omega$ 取代了向心加速度。如果我们按式（11－20）用 $2\pi/T$，代替 ω，T 为运动的周期，我们就得到了开普勒第三定律：

$$T^2=\left(\frac{4\pi^2}{GM}\right)r^3 \quad \text{（周期定律）} \tag{14-33}$$

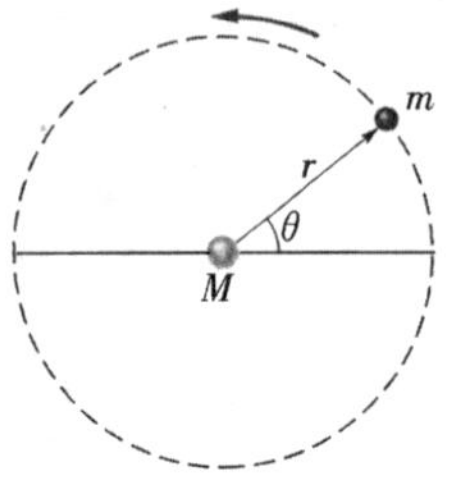

图 14－15 质量为 m 的行星在半径为 r 的圆轨道上绕太阳运行。

括号内的量是常量，它只与行星围绕其运动的中心天体的质量 M 有关。

式（14－33）也可用于椭圆轨道，只要把 r 换成椭圆的半长轴 a。这个定律预言，比率 T^2/a^3 对每个围绕一个给定的大星体运行的行星轨道基本上都有相同的值。表 14－3 表示这个定律对太阳系行星轨道的符合情况。

表 14－3 按开普勒定律计算的太阳系的周期

行星	半长轴 $a/10^{10}$m	周期 T/y	$T^2/a^3/(10^{-34}y^2/m^3)$
水星	5.79	0.241	2.99
金星	10.8	0.615	3.00
地球	15.0	1.00	2.96
火星	22.8	1.88	2.98
木星	77.8	11.9	3.01
土星	143	29.5	2.98
天王星	287	84.0	2.98
海王星	450	165	2.99
冥王星	590	248	2.99

检查点 5：卫星 1 在围绕行星的某一圆轨道上，卫星 2 在大一些的的圆轨道。问哪个卫星有（a）较大的周期和（b）较大的速率？

例题 14－6

围绕太阳运行的周期为 76 年的哈雷彗星 1986 年离太阳最近。其近日点距离 R_p 是 8.9×10^{10}m。表 14－3 表明这个距离在水星与金星的轨道之间。

（a）此彗星到太阳的最远的距离，即它的**远日点距离** R_a 是多少？

【解】 一个**关键点**来自图 14－13，从图可以看出，$R_a+R_p=2a$，这里的 a 是哈雷彗星轨道的半长轴。于是，如果我们首先求出 a，就可以求出 R_a。第二个**关键点**是：我们可以按周期定律（式（14－33））得到 a 与给定周期的关系，如果我们简单地用 a 取代 r，即得

$$a=\left(\frac{GMT^2}{4\pi^2}\right)^{1/3} \tag{14-34}$$

如果我们将太阳的质量 M 用 $1.99\times10^{30}\,\mathrm{kg}$ 和彗星的周期 T 用 76 年或 $2.4\times10^9\,\mathrm{s}$ 代入式（14-34），我们就可以求出 $a=2.7\times10^{12}\,\mathrm{m}$。现在我们有

$$R_a=2a-R_p=2\times2.7\times10^{12}\,\mathrm{m}-8.9\times10^{10}\,\mathrm{m}$$
$$=5.3\times10^{12}\,\mathrm{m}\qquad\text{（答案）}$$

表 14-3 表明它比冥王星轨道的半长轴稍小。因此，这一彗星并不比冥王星离太阳更远。

(b) 哈雷彗星轨道的偏心率 e 是多少？

【解】 这里**关键点**是，我们可以由式（14-13）找到 e、a 及 R_p 的关系。在那里我们看到 $ea=a-R_p$ 或者

$$e=\frac{a-R_p}{a}=1-\frac{R_p}{a}=1-\frac{8.9\times10^{10}\,\mathrm{m}}{2.7\times10^{12}\,\mathrm{m}}=0.97$$

（答案）

此彗星轨道的偏心率接近 1，是一个长而扁的椭圆。

例题 14-7

追寻黑洞。观察从某个恒星发出的光，发现这颗星是一个双星系统的一员。这颗发出可见光的星其速率是 $v=270\mathrm{km/s}$，运行周期是 $T=1.70\mathrm{d}$，质量近似为 $m_1=6M_s$，其中 $M_s=1.99\times10^{30}\,\mathrm{kg}$ 为太阳的质量。假定这颗可见的星及它的暗得看不见的伴星都沿圆轨道（参看图 14-16）运行，确定这颗暗星的质量 m_2。

【解】

这个具有挑战性的习题的几个**关键点**如下：

1. 这两颗星都在圆轨道上，但并不是互相围绕，而是围绕这一双星系统的质心。

2. 如 9-2 节中的双体问题一样，双星系统的质心必然位于两颗星的中心连线上，即在图 14-16 中的 O 点处。可见星的轨道半径为 r_1，暗星的轨道半径为 r_2。

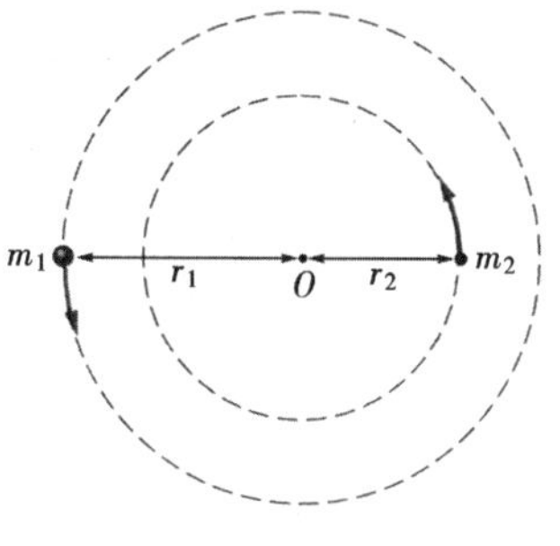

图 14-16 例题 14-7 图

3. 此系统的质心并不是近似地位于一个大质量物体（例如太阳）的中心。因此，开普勒周期定律，式（14-33），在这里不适用。我们无法用该定律轻易地求出质量 m_2。

4. 使每颗星做圆周运动的向心力都是对方对它的引力。该力的大小是 Gm_1m_2/r^2。这里 r 是两颗星中心的距离。

5. 由式（4-32）知，可见星的向心加速度是 v^2/r_1。

利用这些关键点我们对可见星把牛顿第二定律写为：

$$\frac{Gm_1m_2}{r^2}=m_1\frac{v^2}{r_1}\qquad(14-35)$$

这个方程包含了我们要求的 m_2，但要求出它需要先求出 r 和 r_1 的表达式（注意，m_1 已经约掉）。

用式（9-1）我们从定出相对于可见星的质心的位置开始。该星相对于自己距离是零，其质心在距离 r_1 处，而那颗暗星位于距离 r 处。于是式（9-2）变为

$$r_1=\frac{m_1(0)+m_2r}{m_1+m_2}\qquad(14-36)$$

由此得

$$r=r_1\frac{m_1+m_2}{m_2}\qquad(14-37)$$

为了找到 r_1 的表达式，我们注意到可见星是在一个半径为 r_1 的圆轨道上运行的，其速度是 v，周期是 T。这样，从式（4-33）我们有 $v=2\pi r_1/T$ 或者

$$r_1=\frac{vT}{2\pi}\qquad(14-38)$$

以此代入式（14-37），有

$$r=\frac{vT}{2\pi}\frac{m_1+m_2}{m_2}\qquad(14-39)$$

现在我们回到式（14-35），以式（14-39）替换 r，以式（14-38）替换 r_1，以给定的 $6M_s$ 替换 m_1。整理后代入数字，得到

$$\frac{m_2^3}{(6M_s+m_2)^2}=\frac{v^3T}{2\pi G}$$
$$=\frac{(2.7\times10^5\,\mathrm{m/s})^3\times1.70\mathrm{d}\times86400\mathrm{s/d}}{2\pi\times6.67\times10^{-11}\,\mathrm{N\cdot m^2/kg^2}}$$
$$=6.90\times10^{30}\,\mathrm{kg}$$

或者

$$\frac{m_2^3}{(6M_s+m_2)^2}=3.47M_s\qquad(14-40)$$

我们可以利用计算器解多项式的功能求解这个三

次方方程中的 m_2。由于不管怎样我们用的都是质量的近似值，所以也可以用 M_s 的整数倍替换 m_2，直到找出一个能使式（14-40）基本正确的 m_2。这个结果是

$$m_2 \approx 9M_s \qquad \text{(答案)}$$

这里的数据近似于大麦哲伦云中的双星系统 LMCX-3（参看本章开头的图）的数据，从其他数据来看，该暗物体特别致密：它可能是一颗恒星在自身引力作用下坍缩后变成的中子星或黑洞。由于中子星的质量不可能大于 $2M_s$，所以 $m_2 \approx 9M_s$ 的结果强烈地暗示这个暗物体是个黑洞。

这样，我们可以探测黑洞的存在，如果它是一个双星系统的一员，该双星的可见星体的质量、运行速度和运行周期都能够测定。

14-8 卫星：轨道和能量

当一颗卫星在环绕地球的椭圆轨道上运行时，决定其动能 K 的它的速度，与决定其引力势能 U 的、它离地心的距离两者是随一定周期变动的。但是，卫星的机械能 E 保持恒定（因为卫星的质量比地球的质量小很多，所以就认为地球-卫星系统的 U 和 E 是这颗卫星的）。

附图 14-4 1984 年 2 月 7 日，在夏威夷上空 102km 处以大约 29000km/h 的速率，Bruce McCandless 从航天飞机步入（没有绳缚）太空，成了第一个人体卫星。

系统的势能由式（14-20）给出，为

$$U = -\frac{GMm}{r}$$

（距离为无穷大时 $U=0$）。这里 r 是卫星的轨道半径，暂时假定是圆的半径。M 和 m 分别为地球和卫星的质量。

为了求出沿圆轨道运行的卫星的动能，我们把牛顿第二定律（$F=ma$）写成

$$\frac{GMm}{r^2} = m\frac{v^2}{r} \qquad (14-41)$$

这里，v^2/r 代表卫星的向心加速度。由式（14-41）可以得到动能的表达式为

$$K = \frac{1}{2}mv^2 = \frac{GMm}{2r} \qquad (14-42)$$

它表明卫星沿圆轨道运行时，

$$K = -\frac{U}{2} \quad \text{(圆轨道)} \qquad (14-43)$$

轨道卫星的总机械能是

$$E = K + U = \frac{GMm}{2r} - \frac{GMm}{r}$$

或

$$E = -\frac{GMm}{2r} \quad \text{(圆轨道)} \qquad (14-44)$$

这表明对轨道是圆的卫星，其总能量 E 是动能 K 的负值：

$$E = -K \quad \text{(圆轨道)} \qquad (14-45)$$

对于半长轴为 a 的椭圆轨道，我们可以用 a 替换式（14-44）中的 r，从而求得机械能为

$$E = -\frac{GMm}{2a} \quad \text{(椭圆轨道)} \qquad (14-46)$$

式（14-46）告诉我们，沿椭圆轨道运行的卫星，其总能量只由其半长轴决定而与其偏心率 e 无关。例如，像图 14-17 所示的情况，四个轨道具有同一个半长轴，那么同一卫星在这四个轨道上时将具有同样的总机械能 E。图 14-18 表示一颗卫星围绕一个大质量的中心天体沿圆轨道运行时，其 K、U 和 E 随 r 的变化情况。

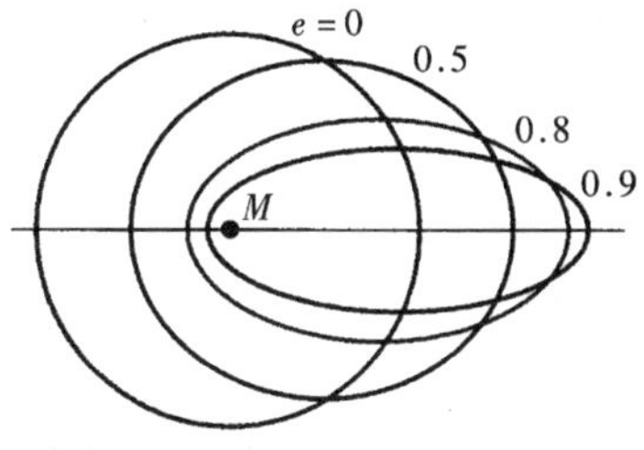

图 14-17 一个质量为 M 的物体的四个轨道。四个轨道都有相同的半长轴，因此相应于相同的总机械能 E，它们的偏心率 e 已标出。

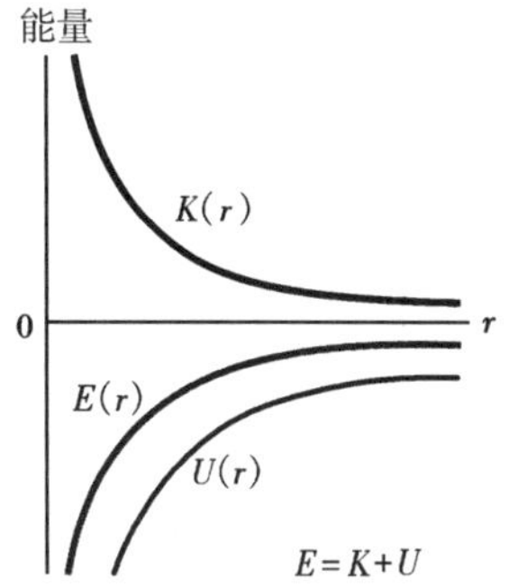

图 14-18 一颗卫星沿圆轨道运行时，其动能 K、势能 U 和总能量 E 随半径 r 的变化情况。对于任何 r 值，U 和 E 的值都是负的，K 值总是正的，而且 $E=-K$。当 $r\to\infty$ 时，这三条能量曲线都趋向于零。

检查点 6：在右图中，一架航天飞机最初在围绕地球的半径为 r 的圆轨道上运行。在 P 点时，飞行员短时间启动一个向前的喷射推进器以减小其动能 K 和机械能 E。(a) 该航天飞机此后取图中虚线所示的哪一个椭圆轨道？(b) 此后该航天飞机的运行周期（回到 P 点所用的时间）是大于、小于还是等于原来在圆轨道中时的周期？

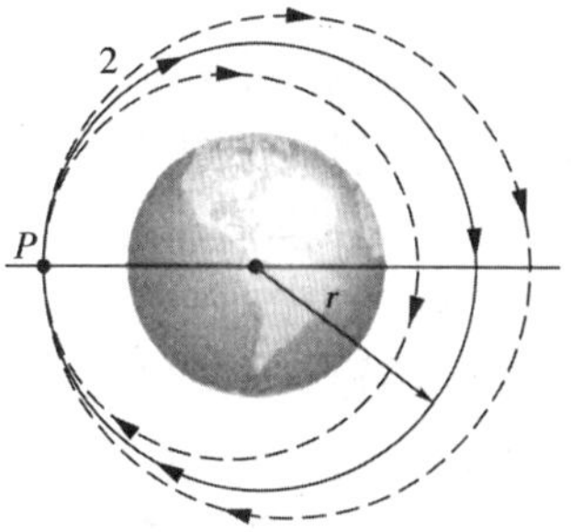

例题 14-8

一个爱玩的宇航员在高度为 $h=350\text{km}$ 处将一个质量 $m=7.20\text{kg}$ 的保龄球放入绕地球的圆轨道中。

(a) 该保龄球在其轨道上的机械能是多少？

【解】 这里**关键点**是，如果我们先求出轨道半径 r，就能用轨道能量公式（14-44）（$E=-GMm/2r$）求得 E。该半径一定是

$$r=R+h=6370\text{km}+350\text{km}=6.72\times10^6\text{m}$$

其中 R 是地球的半径。然后用式（14-44）求出其机械能为

$$E=-\frac{GMm}{2r}$$

$$=-\frac{6.67\times10^{-11}\text{N}\cdot\text{m}^2/\text{kg}^2\times5.98\times10^{24}\text{kg}\times7.20\text{kg}}{2\times6.72\times10^6\text{m}}$$

$$=-2.14\times10^8\text{J}=-214\text{MJ}$$ （答案）

(b) 在卡那维拉尔角的航天发射台上，该保龄球的机械能是多少？从发射场到进入轨道，其机械能的改变量 ΔE 是多少？

【解】 这里**关键点**是，在发射台上时，保龄球**不是**在轨道上，所以式（14-44）**不**适用。我们必须去求 $E_0=K_0+U_0$，其中 K_0 是球的动能，U_0 是球-地球系统的引力势能。为了求出 U_0，我们用式（14-20）写出

$$U_0=-\frac{GMm}{R}$$

$$=-\frac{6.67\times10^{-11}\text{N}\cdot\text{m}^2/\text{kg}^2\times5.98\times10^{24}\text{kg}\times7.20\text{kg}}{6.37\times10^6\text{m}}$$

$$=-4.51\times10^8\text{J}=-451\text{MJ}$$

物理学基础

保龄球具有动能 K_0 是因为它随地球在转动。你能证明 K_0 小于1MJ，相对于 U_0 可以忽略不计。因此，该球在发射台上时的机械能为

$$E_0 = K_0 + U_0 \approx 0 - 451\text{MJ} = -451\text{MJ} \quad (\text{答案})$$

从发射台到进入轨道该球机械能的**增加量**是

$$\Delta E - E_0 = (-214\text{MJ}) - (-451\text{MJ}) = 237\text{MJ}$$

（答案）

从电业公司购买这点能量只需几美元。很明显，将物体发射入轨所需要的高费用并不是由于它所需要的机械能。

14-9 爱因斯坦与引力

等效原理

爱因斯坦曾经说过："我在波恩的专利办公室工作时，一个突然的想法产生在脑海里：'如果一个人自由下落，他就感觉不到自己的重量'。我因此吃了一惊，这个简单的想法给我留下深刻的印象，它促成我走向引力理论。"

这里，爱因斯坦告诉我们他是怎么开始建立他的**广义相对论**的。关于引力（物体互相吸引）理论的基本假设叫做**等效原理**，该原理指出引力和加速度是等效的。如果一个物理学家被锁在一个小箱子里，如图 14-19 所示，他就无法说出箱子是静止在地球上（仅受地球的引力），如图 14-19a 所示，还是以 9.8m/s^2 的加速度加速通过星际空间（仅受到产生该加速度的力），如图 14-19b 所示。在这两种情况下，他的感觉是一样的，在台秤上读出的他的重量的数值也是相同的。另外，如果看到有一个物体在他身旁下落，那么这个物体在上述两种情况下相对他也具有相同的加速度。

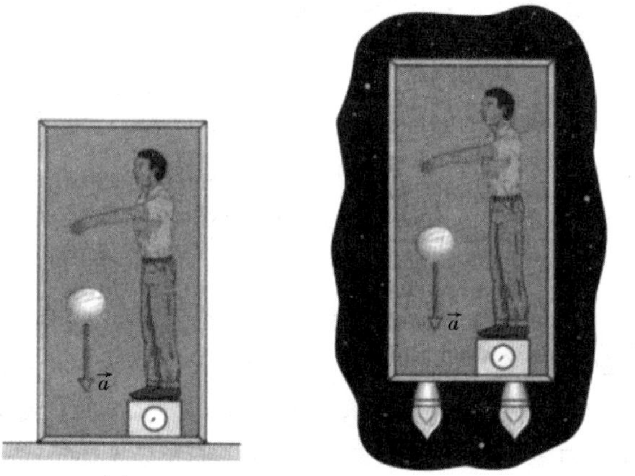

(a) (b)

图14-19 (a) 在静止于地球上的箱子里的一位物理学家，他看到一个甜瓜以 $a = 9.8\text{m/s}^2$ 的加速度下落。(b) 如果他和箱子是在太空深处以 9.8m/s^2 的加速度运动，甜瓜相对于他也有同样的加速度。不可能通过在箱子里做实验，让物理学家说出他处于哪种情况。例如，在两种情况下，他足下立的台秤给出的重量读数是一样的。

空间的弯曲

到现在我们一直把吸引解释为源自物体间的一种力。而爱因斯坦证明了吸引是源自质量引起的空间的弯曲（或形状）（本书后面将讨论到，时间和空间是纠缠在一起的，所以爱因斯坦所说的弯曲实际上是时空的弯曲，即把我们的宇宙四维结合在一起的弯曲）。

要画出空间（比如真空）是如何弯曲的很难。但下面的模拟有助于理解：假设我们从高空卫星轨道上看一场竞赛，有两条相距 20km 的船在赤道上头朝南开始启动（参见图 14-20a）。对水手来说，船是在平行而且平坦的路线行驶。可是，随着时间的推移，两条船相互越来越靠近，到南极时碰到一起。船上的水手可以用船受到一个力对这种相互靠近进行解释。然而我们看到，船的相互靠近只是因为地球表面的弯曲。我们所以能看到这些是因我们是从该表面的"外部"观察竞赛的。

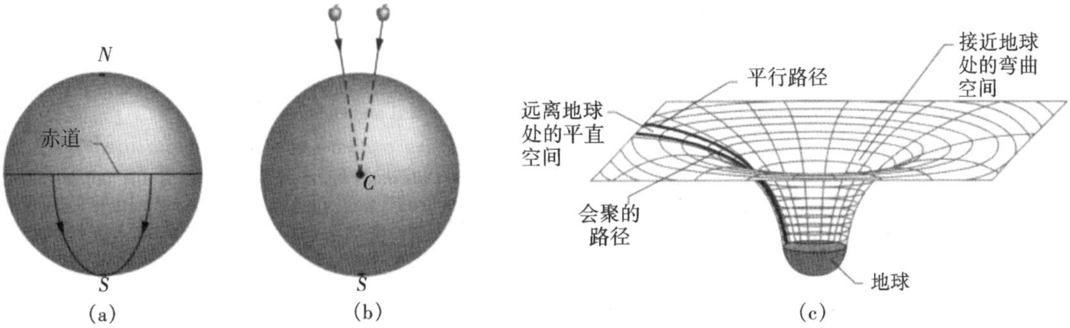

图 14 -20 (a) 两个物体沿着经线朝南极运动，由于地球表面的弯曲而会聚到一起。(b) 两个接近地球的物体沿着直线自由下落，由于接近地球的空间的弯曲而会聚于地心 (c) 远离地球 (和其他物体) 时，空间是平直的，平行的路径保持平行。靠近地球时，由于空间被地球的质量弯曲，平行路径开始会聚。

图 14 -20b 表示一场类似的竞赛：两个沿水平方向分开的苹果从地球上的同一高度处落下。虽然苹果下落的路径可能看起来是平行的，而实际上它们是在相互接近，因为它们都在落向地心。我们可以按照地球对苹果的引力来解释两个苹果的运动。我们也可以按照接近地球的空间由于地球质量的存在而引起的弯曲来解释苹果的运动。这一次我们无法看到弯曲现象，因为我们无法处于弯曲空间的“外部”，像我们在上面船的例子中处于弯曲空间的“外部”那样。不过，我们可以用图 14 -20c 那样的图画来描绘弯曲；在那里，苹果会沿着由于地球的质量而向地球弯曲的表面运动。

当光经过地球附近时，它的路径由于空间的弯曲而轻微地变弯，这个效应叫做**引力透镜**。当光经过质量更大的结构时，例如有巨大质量的银河系或黑洞，其路径会变弯得更厉害。如果这样一个大结构在我们与一个类星体（极亮而极远的光源）之间，类星体发的光可以弯得绕过这个大结构向我们传播（见图 14 -21a）。于是，因为光线似乎是从天空中稍为不同的几个方向

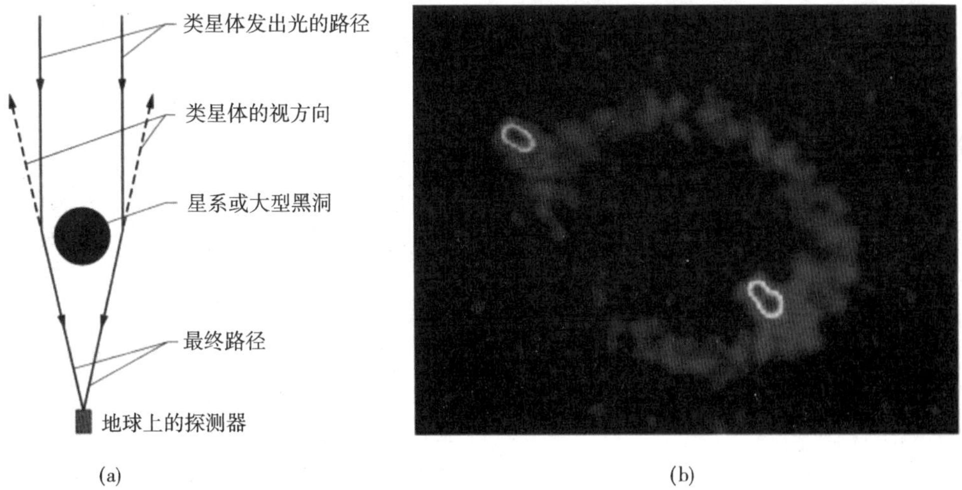

图 14 -21 (a) 由于一个星系或黑洞的质量弯曲了邻近的空间，所以从遥远的类星体发出的光绕过星系或黑洞走弯曲的路径。如果探测这些光，它似乎来源于最后路径的反向延长线上 (虚线)。(b) 在望远镜的计算机屏幕上显示的称为 MG1131 +0456 的爱因斯坦环。光源 (实际上是一种不可见光的无线电波的源) 是在产生环的大而看不见的星系后面很远的地方。光源的一部分在环上形成两个亮斑。

传来的，所以我们会在这些不同的方向看到同一个类星体。在某些情况下，我们看到的许多类星体混在一起形成巨大的亮弧，叫做**爱因斯坦环**。(见图 14－21b)。

我们应该把吸引归因于由于质量的存在而引起的时空弯曲，还是把它归因于质量之间的一种力呢？或者应该像某些近代物理理论设想的，把它归因于一种叫做**引力子**的基本粒子的作用呢？我们不知道。

复习和小结

引力定律　宇宙中的任何质点都对任何其他质点有**引力**作用，其大小是

$$F = G\frac{m_1 m_2}{r^2} \quad (牛顿引力定律) \quad (14-1)$$

这里 m_1 和 m_2 为质点的质量，r 是它们之间的距离，G（等于 $6.67\times10^{-11}\,\mathrm{N\cdot m^2/kg^2}$）是引力常量。

均匀球壳的引力行为　式（14－1）仅适用于质点。欲求大物体之间的引力一般必须把对物体内单个质点的单个力加起来（积分）。不过，如果物体是均匀球壳或球对称的固体，它对于其外部物体的合引力可以按照好像球壳或球体的所有质量都位于其中心一样进行计算。

叠加　引力服从**叠加原理**；即，如果 n 个质点相互作用，对标以质点 1 的质点的合力 $\vec{F}_{1,\mathrm{net}}$ 是所有其他质点一个一个对它的力之和：

$$\vec{F}_{1,\mathrm{net}} = \sum_{i=2}^{n} \vec{F}_{1i} \quad (14-4)$$

其中“之和”指的是质点 2、3…n 对质点 1 的力 $\vec{F}_{1,i}$ 的矢量和。一个大物体对一个质点的引力 $\vec{F}_1$ 可以通过把物体分成微分质量元 $\mathrm{d}m$，这些质量元对质点都产生一个微分力 $\mathrm{d}\vec{F}$，然后对这些力积分求其和得出：

$$\vec{F}_1 = \int \mathrm{d}\vec{F} \quad (14-5)$$

引力加速度　质点（质量为 m）的**引力加速度** a_g 完全来源于对它的引力。当一个质点离一个均匀的、质量为 M 的球体中心的距离为 r 时，对质点的引力的大小由式（14－1）给出。这样，由牛顿第二定律知

$$F = ma_g \quad (14-9)$$

由此式得

$$a_g = \frac{GM}{r^2} \quad (14-10)$$

自由下落加速度和重量　一个质点的实际自由下落加速度 $\vec{g}$ 与引力加速度 $\vec{a}_g$ 略有差别，而质点的重量（等于 mg）与用式（14－1）得出的作用在质点上的引力的大小也不相同，都是因为地球并不是均匀的或球状的，而且地球在转动。

球壳内的引力　一个物质组成的均匀球壳对其内部的质点没有合引力作用。这意味着，如果一个质点在均匀的固体球内部离球心的距离为 r 处，对质点的引力就只是由半径为 r 的球体内部的质量 M_{ins} 产生。此质量为

$$M_{\mathrm{ins}} = \rho\frac{4\pi r^3}{3} \quad (14-17)$$

其中，ρ 为球体的密度。

引力势能　质量为 M 和 m，相距 r 的两质点系统的引力势能 $U(r)$ 等于这两个质点的距离从无穷大（非常大）减小到 r 的过程中一个质点对另一质点的引力所作的功的负值。此能量为

$$U = -\frac{GMm}{r} \quad (引力势能) \quad (14-20)$$

系统的势能　如果一个系统包括两个以上质点，那么它的总引力势能是所有各对质点势能表达式之和。例如，质量为 m_1、m_2 和 m_3 的三个质点，有

$$U = -\left(\frac{Gm_1m_2}{r_{12}} + \frac{Gm_1m_3}{r_{13}} + \frac{Gm_2m_3}{r_{23}}\right) \quad (14-21)$$

逃逸速率　一个物体在一个质量为 M、半径为 R 的天体表面附近时，如果其速率至少等于逸逃速率，就能够逃出天体对它的引力拉拽。这个速率是

$$v = \sqrt{\frac{2GM}{R}} \quad (14-27)$$

开普勒定律　引力把太阳系束缚在一起，也使天然的或人造的卫星围绕地球运行成为可能。这种运动受开普勒行星运动的三个定律支配，所有这三个定律都是牛顿运动定律和引力定律的直接结果。

1. 轨道定律：所有的行星都沿椭圆轨道运行，太阳位于椭圆的一个焦点上。

2. 面积定律：绕太阳运行时，任何行星与太阳的连线在相等的时间内扫过相等的面积（此表述等价于角动量守恒）。

3. 周期定律：任何行星绕太阳运行的周期 T 的平方与轨道半长轴 a 的立方成正比。对于半径为 r 的圆轨道，半长轴 a 由 r 取代，而定律可写成

$$T^2=\left(\frac{4\pi^2}{GM}\right)r^3 \quad（周期定律）\quad (14-33)$$

其中，M 是吸引物体的质量（在太阳系的情况下是太阳）。当用半长轴 a 替换圆半径时，此方程对椭圆行星轨道一般也成立。

行星运动的能量 当质量为 m 的行星或卫星沿半径为 r 的圆轨道运行时，其势能 U 和动能 K 由下式给定

$$U=-\frac{GMm}{r} \quad 和 \quad K=\frac{GMm}{2r} \quad (14-20, 14-42)$$

机械能是 $E=K+U$，因而

$$E=-\frac{GMm}{2r} \quad (14-44)$$

对于半长轴是 a 的椭圆轨道，

$$E=-\frac{GMm}{2a} \quad (14-46)$$

爱因斯坦的引力观 爱因斯坦指出引力和加速度是等效的。这个等效原理引导他发现了一种引力理论（广义相对论），它用空间弯曲解释了引力效应。

思考题

1. 在图 14－22 中，质量分别为 m 和 $2m$ 的两个质点被固定在同一个轴上。(a) 将第三个质量为 $3m$ 的质点放在轴线的什么地方（不在无穷远处）可使其受到前两个质点的合引力为零：放在前两个质点的左侧、右侧、两质点之间靠近质量大的质点的地方、还是两质点之间靠近质量小的质点的地方？(b) 如果第三个质点的质量是 $16m$，答案改变吗？(c) 能否找到一个轴外的点，在那里对第三个质点的合引力为零？

图 14－22 思考题 1 图

2. 在图 14－23 中，一个中心质点被两个由质点组成的圆环所包围，圆环的半径分别是 r 和 R，而且 $R>r$。所有质点的质量都是 m。环上各个质点对中心质点合力的大小与方向如何？

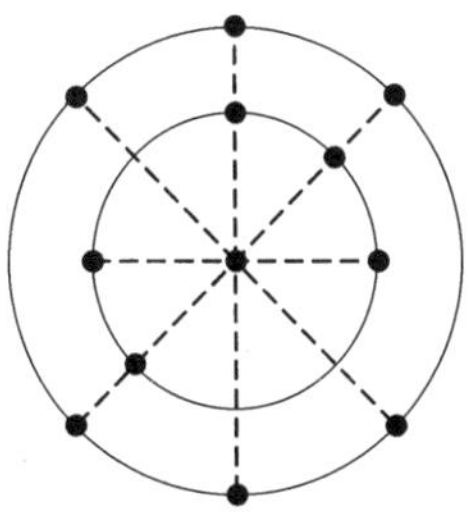

图 14－23 思考题 2 图

3. 在图 14－24 中，一个质量为 M 的中心质点被形成方阵的其他质点所包围，这些质点沿方阵的周长相距 d 或者 $2d$。其他各个质点对中心质点合力的大小与方向如何？

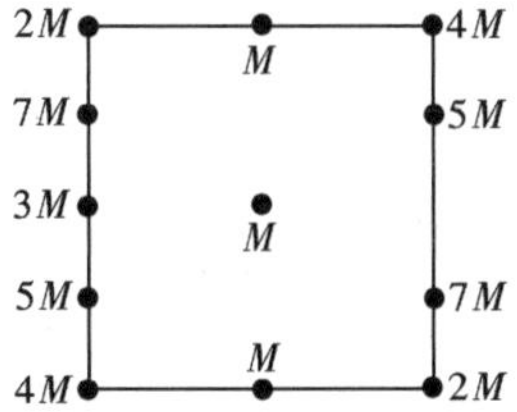

图 14－24 思考题 3 图

4. 图 14－25 表示质量为 m 的质点与一个或多个质量为 M、长为 L 的均匀杆的四种摆放方式，每根杆离质点的距离都是 d。按照这些杆对质点的引力的大小将这些摆放方式由大到小排序。

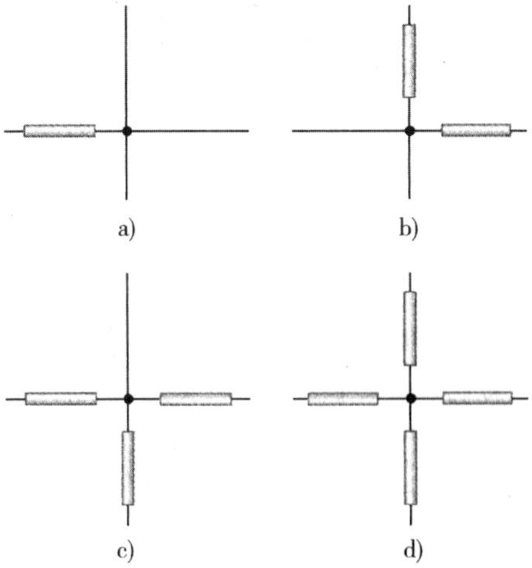

图 14－25 思考题 4 图

5. 图 14－26 画出了四颗行星的引力加速度 a_g 作为离行星中心的径向距离 r 的函数曲线。从行星的表面（即半径 R_1，R_2，R_3 和 R_4）开始，曲线 1 和 2 在 $r\geq R_2$ 处重合；曲线 3 和 4 在 $r\geq R_4$ 处重合。按照它们的 (a) 质量、(b) 密度由大到小把四颗行星排序。

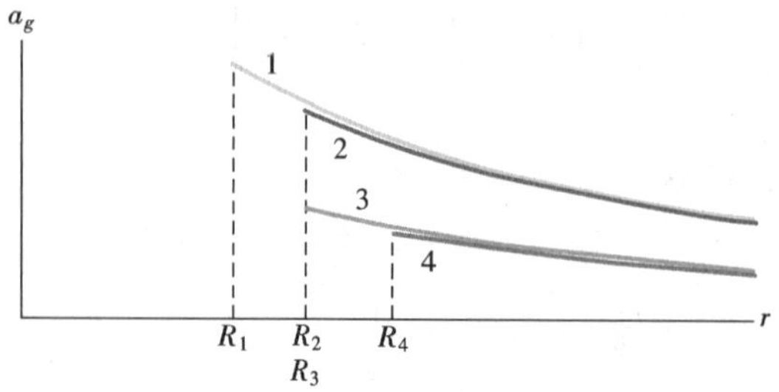

图 14－26 思考题 5 图

6. 图 14－27 表示三颗大小和质量都相同的均匀球形行星。图中标出了它们的旋转周期 T，标有字母的六个点中，三个位于赤道，三个位于北极。按照自由下落加速度的大小 g 由大到小将这些点排序。

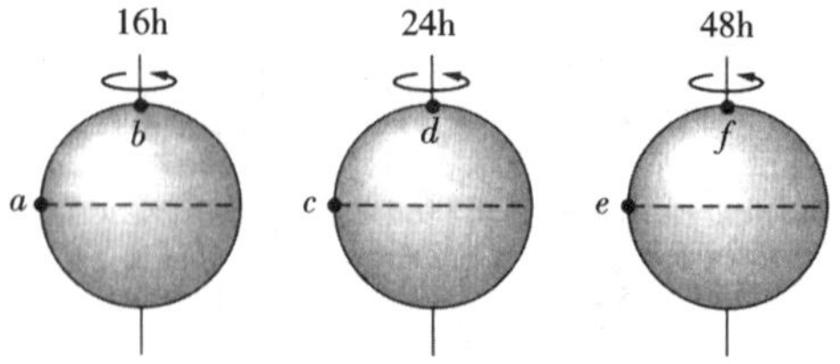

图 14－27 思考题 6 图

7. 在太空中的惯性系里，我们看见两个同样的均匀球体由于互相吸引而落向对方。把它们的初速度近似当成零，取这个两球系统的初始引力势能为 U_i，当两球体之间的距离是它们初始距离的一半时，每个球的动能是多少？

8. 按照引力势能的绝对值，由大到小将检查点 2 中的四个等质量质点系统排序。

9. 图 14－28 表示一只火箭围绕月球做轨道运动时从 a 点到 b 点可取的六条路线。按照（a）火箭－月球系统引力势能的变化和（b）月球对火箭的引力所作的净功由大到小将六条路线排序。

10. 在图 14－29 中，一个质量为 m 的质点（未画）将要从无穷远处移到三个可能的位置 a、b 和 c 之一。另外质量是 m 和 $2m$ 的两个质点固定在图中的位置。按照固定质点对移动质点的合引力做的功由大到小对三个可能的位置排序。

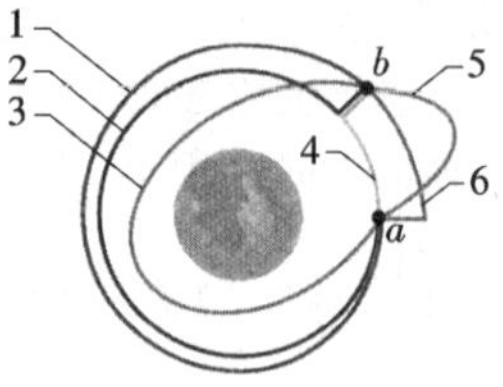

图 14－28 思考题 9 图

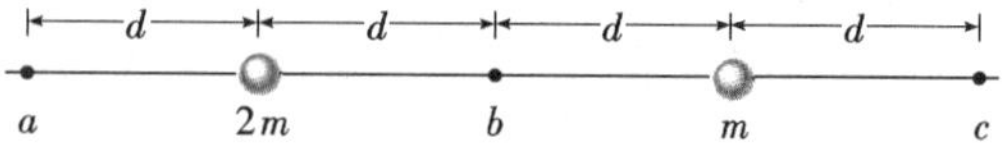

图 14－29 思考题 10 图

11. 在图 14－30 中，一质量为 m 的质点初始是在 A 点，离一个均匀球体球心的距离为 d，离另一均匀球体球心的距离为 $4d$，两球的质量都是 $M \gg m$。如果你把质点移动到 D 点，说出下列各量将是正、负还是零？（a）质点引力势能的变化；（b）净引力对质点所做的功；（c）你的外力做的功；（d）如果把质点改从 B 点移动到 C 点，答案又怎样？

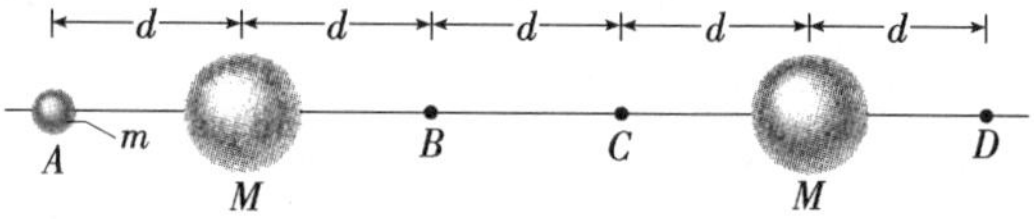

图 14－30 思考题 11 图

12. 图 14－31 给出了三对形成双星系统的星的质量和它们之间的距离。（a）定出每对恒星绕其运行的点的位置；（b）按照这些双星的向心加速度的大小由大到小对这三对星体排序。

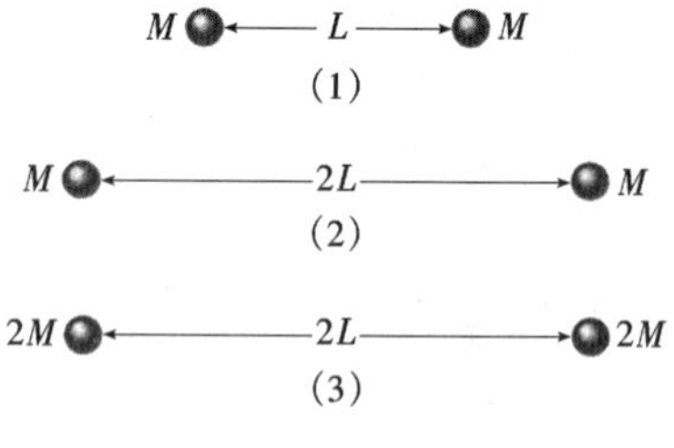

图 14－31 思考题 12 图

练习和习题

14－2 节 牛顿引力定律

1E. 两个质量为 5.2kg 和 2.4kg 的质点要分开多远它们之间引力的大小才是 2.3×10^{-12}N？（ssm）

2E. 一些人相信，在新生儿诞生时行星的位置对其诞生有影响。另一些人则嘲笑这种观点并且说：产科医生对婴儿的引力比行星的引力还要大。为了检验这一说法，计算和比较（a）粗略近似为一个质点的 1m 远的 70kg 的产科医生、（b）离地球最近（$=6 \times 10^{11}$m）时的巨大木星（$m = 2 \times 10^{27}$kg）、（c）离地球最远（$=9 \times 10^{11}$m）时的木星，对 3kg 的婴儿的引力的大小；（d）前面的说法是否正确？

3E. “回声”号卫星之一是由一个充气的铝制气球做成的，其直径为30m，质量为20kg. 假定有一颗7.0kg的流星从离卫星表面不足3.0m处经过，在它们离得最近时，卫星对流星的引力多大？（ssm）

4E. 太阳和地球都对月球有引力作用。这两个引力之比 F_{sun}/F_{Earth} 是多少？（太阳－月球的平均距离等于太阳－地球的距离）

5E. 把质量为 M 的物体分成两部分 m 和 $M-m$，并使相隔一定的距离。比率 m/M 为多大时两部分之间的引力最大？（ilw）

14－3 节　引力和叠加原理

6E. 一空间飞船在地球与月球之间的直线轨道上，求它离地球多远时所受的合引力是零？

7E. 在地球与太阳连线上的一个探测器必须离地球多远才能使太阳和地球对它的合引力达到平衡？（ssm）

8P. 三个质量为5.0kg的球放在 xy 平面上，如图14－32所示．在原点处的球受到其他两个球的合引力的大小是多少？

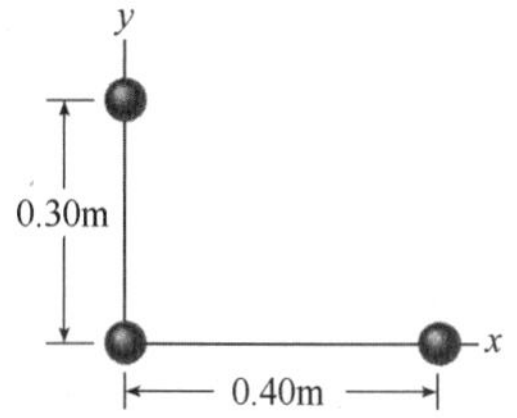

图 14－32　习题 8 图

9P. 在图14－33a中，四个球分别位于边长是2.0cm的正方形的四个顶点处。质量 $m_5=250$kg的中央球受其他球的合引力的大小和方向如何？

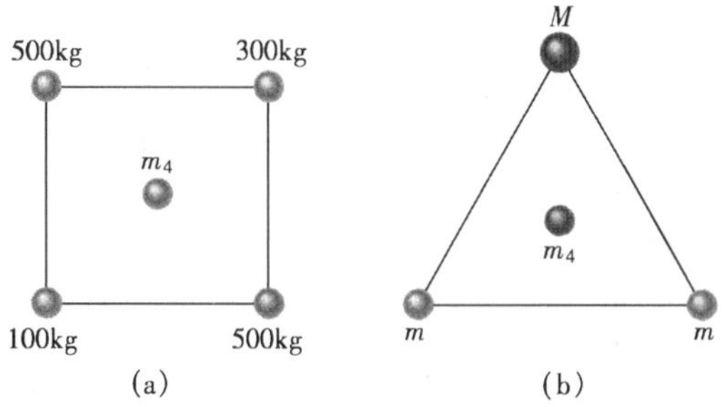

图 14－33　习题 9 和习题 10 图

10P. 在图14－33b中，两个质量为 m 的球和质量为 M 的第三个球构成一个等边三角形。中央的球受到其他球的合引力是零。（a）用 m 表达的 M 是多少？（b）如果我们把 m_4 的值加倍，那么中央球所受的合引力的大小又是多少？

11P. 三个球的质量和坐标如下：20kg，$x=0.50$m，$y=1.0$m；40kg，$x=-1.0$m，$y=-1.0$m；60kg，$x=0$m，$y=-0.50$m。在原点的20kg的球受其他球引力的大小是多少？（ilw）

12P. 四个均匀球的质量分别是 $m_A=400$kg，$m_B=350$kg，$m_C=2000$kg 和 $m_D=500$kg。它们的坐标（x，y）分别是（0，50cm）、（0，0）、（－80cm，0）和（40cm，0）。球 B 受到其他球的合引力为何？

13P. 图14－34表示一只半径为 R 的铅球，其内部有一个球形空腔，空腔的表面通过球的中心并与球的右侧相“接触”。该球在挖空腔前的质量是 M。现有一个质量为 m 的小球在空腔中心与铅球中心的连线上，离铅球中心的距离为 d。求挖空腔后的铅球吸引小球的力为何？（ssm）

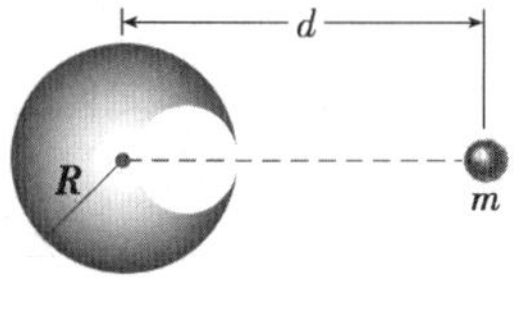

图 14－34　习题 13 图

14－4 节　地球表面附近的引力

14E. 你在纽约市世界贸易中心外的人行道上称出体重为530N. 假设乘电梯上到世贸中心的一个高410m的塔顶层。忽略地球的自转，你的重量将减少多少（因为你稍稍远离了地心）？

15E. 在地球表面之上多高的地方引力加速度是 $4.9\mathrm{m/s^2}$？（ssm）

16E. （a）在地球表面重量为100N的一个物体，在月球表面的重量是多少？（b）如果此同一物体的重量和它在月球表面时的重量相同，那么它离地心的距离必须是地球半径的多少倍？

17P. 行星自转可能的最快转速是对在其赤道上的物体的引力恰好能提供物体转动所需要的向心力。（为什么？）（a）证明相应的最短的转动周期是

$$T=\sqrt{\frac{3\pi}{G\rho}}$$

其中 ρ 是球形行星的均匀密度。（b）假定密度是 $3.0\mathrm{g/cm^3}$，这是许多行星、卫星和小行星的典型密度，计算转动的周期。从未发现天体以小于这个分析得出的周期自转。（ssm）

18P. 某行星模型有一个半径为 R、质量为 M 的

核，被一内径是 R、外径是 $2R$、质量为 $4M$ 的外壳所包围。如果 $M=4.1\times10^{24}$kg，$R=6.0\times10^{6}$m，一个质点在离行星中心（a）R 和（b）$3R$ 处的引力加速度各为何？

19P. 一个物体吊在以速率 v 航行的船上的一只弹簧秤上。（a）证明弹簧秤的读数将非常接近 $W_0(1\pm2\omega v/g)$，其中 ω 是地球的角速率，W_0 是在船静止时弹簧秤的读数。（b）解释正负号的含义。（ssm）（www）

20P. 一个黑洞的半径 R_h 和质量 M_h 的关系为 $R_h=2GM_h/c^2$，其中 c 是光速。假定一个物体在与黑洞中心相距 $r_0=1.001R_h$ 时的引力加速度 a_R 由式（14-10）给出（那是对大型黑洞的）。（a）用 M_h 表示在 r_0 处 a_g 的表达式；（b）随着 M_h 的增加在 r_o 处 a_g 是增加还是减少？（c）对于一个很大的黑洞，其质量是太阳质量 1.99×10^{30}kg 的 1.55×10^{12} 倍，在 r_0 处的 a_g 是多少？（d）如果例题 14-3 中的宇航员在 r_0 处，且脚对着这个黑洞，她的头和脚之间引力加速度的差是多少？（e）把宇航员拉长的倾向是否严重？

21P. 某中子星（密度极大的星体）据说正以约 1rev/s 的转速转动。如果这样的一颗星的半径是 20km，它的最小质量是多大才能使其表面物质在如此快速旋转时保持在原处？（ilw）

14-5 节 地球内部的引力

22E. 两个质量为 M_1 和 M_2、密度均匀的同心球壳如图 14-35 所示安置。求质点 m 在（a）点 A，$r=a$，（b）点 B，$r=b$ 和（c）点 C，$r=c$ 时，受两球壳的合引力的大小。距离 r 从球壳中心测起。

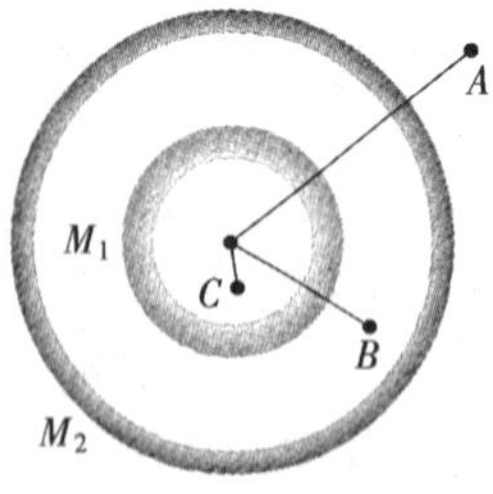

图 14-35 练习 22 图

23P. 一个密度均匀的固体球，质量是 1.0×10^{4}kg、半径是 1.0m。此球对离球心（a）1.5m 和（b）0.50m 处质量为 m 的质点的引力的大小？（c）写出 m 与球心的距离 $r\leqslant1.0$m 时所受引力大小的通用表达式。

24P. 一个半径为 R 的均匀固体球，在表面产生的引力加速度为 a_g。在与球心为哪两个距离时引力加速度是 $a_g/3$？（提示：考虑球内和球外两种情况）

25P. 图 14-36 没有按比例表示地球内部的横截面。由于整体并不均匀，地球分成三个区域：外壳、地幔和内地核。这些区域的尺寸和质量标在图中。地球的总质量是 5.98×10^{24}kg、半径是6370km。忽略它的转动并假定地球是球形。（a）计算表面处的 a_g。（b）假如钻孔（超深钻）深达 25km 的地壳与地幔的界面处，那么在孔的底部 a_g 是多大？（c）假如地球是均匀的，具有同样的质量和体积，在 25km 深处的 a_g 是多大？（精确测量 a_g 对于探测地球内部的结构是十分有用的，虽然其结果可能由于各地的密度不同而不很确切）。（ssm）

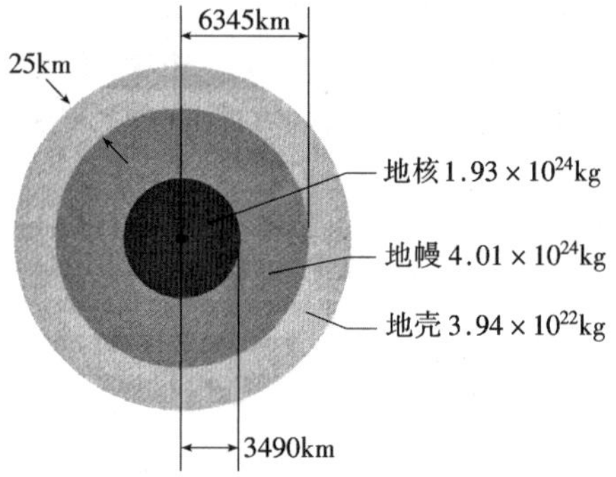

图 14-36 习题 25 图

14-6 节 引力势能

26E. （a）练习 1 中两质点系统的引力势能是多少？如果你把它们的距离加大为原来的三倍，（b）两质点间的引力和（c）你做的功为多少？

27E. （a）在习题 12 中，拿走球 A 并求剩下的三质点系统的引力势能。（b）如果把球 A 放回原位，四质点系统的势能比（a）中系统的大还是小？（c）在（a）中取走球 A 时你做的功是正还是负？（d）在（b）中，把球 A 放回原位时你做的功是正还是负？

28E. 在习题 5 中，什么比率 m/M 给出系统的最小引力势能？

29E. 火星和地球的平均直径分别是 6.9×10^{3}km 和 1.3×10^{4}km。火星的质量是地球质量的 0.11 倍。（a）火星与地球的平均密度之比是多少？（b）火星上的引力加速度是多大？（c）火星上的逃逸速率是多少？（ssm）

30E. 求从（a）地球的月亮和（b）木星逃逸所需要的能量是从地球逃逸所需要的能量的几倍？

31P. 图（14-37）中的三个球质量分别为 $m_A=$

800g、$m_B=100$g 和 $m_C=200$g。它们的中心在同一直线上，且 $L=12$cm，$d=4.0$cm。现在把球 B 沿直线移动到使球 B 与球 C 的中心间距为 $d=4.0$cm 处。在此过程中（a）你和（b）球 A 和球 C 对球 B 的合引力作多少功？(ssm)

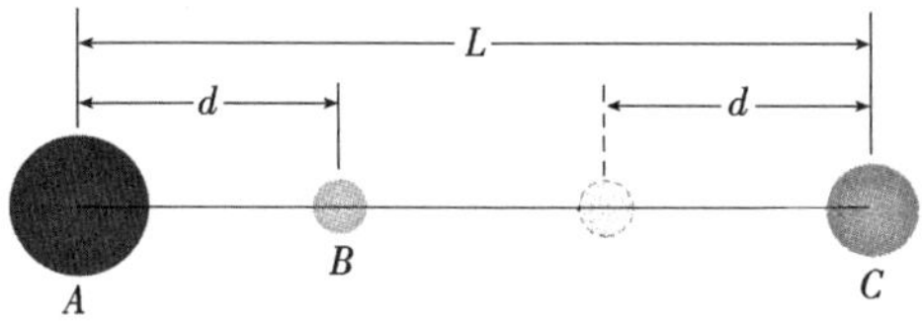

图 14－37　习题 31 图

32P. 一颗假想的行星"Zero"，质量是 5.0×10^{23} kg，半径是 3.0×10^{6}m，没有大气。一个质量为 10kg 的空间探测器从其表面垂直发射。（a）如果探测器的初始能量是 5.0×10^{7}J，当它距离"Zero"的中心 4.0×10^{6}m 时其动能是多少？（b）如果探测器要达到离"Zero"的中心最大距离 8.0×10^{6}m，在它从"Zero"表面发射时必须具有多少初始动能？

33P. 一只火箭在地球表面（地球的半径是 R_e）附近被加速到 $v=2\sqrt{gR_e}$，然后向上飞行。（a）证明它可以逃离地球。（b）证明当它离地球很远时，它的速率将是 $v=\sqrt{2gR_e}$。(ssm)

34P. 行星 Roton 的质量是 7.0×10^{24}kg，半径是 1600km。它以引力吸引一颗初始时相对于该行星静止的、位于足够大距离甚至可认为是无穷远处的陨星。陨星朝行星落下，假定行星没有空气，陨星到达行星表面时的速率是多少？

35P. （a）半径是 500km、表面引力加速度是 3.0m/s^2 的球形小行星上的逃逸速率是多少？（b）如果一质点以 1000m/s 的径向速率离开小行星的表面，它最远能飞到离表面多远的地方？（c）如果一个物体从行星表面以上 1000km 高空下落，它撞击小行星表面的速率多大。(ssm)（www）

36P. 一只沿径向向上飞行的 150.0kg 的火箭在地球表面上空 200km 处关闭发动机时的速率是 3.70km/s。（a）假定空气的曳力可以忽略，求火箭处于地球表面以上 1000km 时的动能。（b）该火箭可达到的最大高度是多少？

37P. 两颗中子星相距 10^{10}m。它们的质量都是 10^{30}kg、半径都是 10^{5}m。最初，它们相对静止。在那个静止的参照系里测量，当（a）它们之间的距离减少到初始值的一半（b）它们即将碰撞时，它们运动的速率是多少？(ssm)（www）

38P. 在空间深处，质量为 20kg 的球 A 位于 x 轴的原点处，质量为 10kg 的球 B 位于轴上 $x=0.80$m 处。球 B 由静止开始释放，而球 A 保持在原点不动。（a）当 B 被释放时，两球系统引力势能是多少？（b）当 B 向 A 移过 0.20m 时，B 的动能是多少？

39P. 一个抛射体从地面以 10km/s 的速率竖直发射升空。忽略空气的曳力，它能飞到地面以上多远的地方？(ilw)

14－7 节　行星与卫星：开普勒定律

40E. 火星离太阳的平均距离是地球离太阳距离的 1.52 倍。用开普勒周期定律计算从火星绕太阳一周需要的年数。将你的答案与附录 C 中给出的值进行比较。

41E. 火星的卫星"火卫一"的周期是 7h39min，近似地在一个半径为 9.4×10^{6}m 的圆轨道上运行。用这些数据求火星的质量。(ssm)

42E. 由月球围绕地球运转的周期 T（27.3d）和轨道半径 r（3.82×10^{5}km）确定地球的质量。假设月球围绕地球的中心，而不是围绕月－地系统的质心运行。

43E. 我们太阳的质量是 2.0×10^{30}kg，围绕银河系的中心运行，与银河系中心的距离是 2.2×10^{20}m，每 2.5×10^{8} 年运行一周。假定银河系中每颗恒星的质量都等于太阳的质量。这些恒星均匀地分布在银河系中心周围的球体内，我们的太阳基本上是在这个球的边缘，试粗略估计一下银河系中恒星的数量。(ssm)

44E. 一颗卫星放在围绕地球的圆形轨道上，轨道的半径是月球轨道半径的一半，按月球月求出它的运转周期（一个月球月是月球围绕地球转一周的时间）。

45E. （a）一颗地球卫星在 160km 高空做圆轨道运动时，其线速度必须是多少？（b）它的运转周期是多少？(ssm)

46E. 太阳的中心在地球椭圆轨道的一个焦点上。这个焦点到另一个焦点的距离是多少，（a）以米计和（b）以太阳的半径 6.96×10^{8}m 计？地球轨道的偏心率是 0.0167，半长轴是 1.50×10^{11}m。

47E. 一颗卫星在椭圆轨道上运行，远地点离地面 360km，近地点离地面 180km。求（a）轨道的半长轴和（b）轨道的偏心率。（提示：参看例题 14－6）(ssm)

48E. 一颗卫星高悬于（旋转的）地球赤道的上空某点。它的轨道（叫做**地球同步轨道**）的高度是多少？

49E. 中国天文学家在574年4月他们的端午节看到过的一颗彗星在1994年5月又看到了。假定两次观察之间的时间恰好是“端午节”彗星的周期并取其轨道的偏心率为0.11。求该彗星的（a）轨道的半长轴、（b）与太阳的最大距离，用冥王星的平均轨道半径 R_p 表示。

50E. 在1993年，伽利略号宇宙飞行器传回了一张小行星243Ida和它的一颗微小卫星（现在叫Dactyl）的照片（见图14-38），首次证实小行星-卫星系统的存在．在该照片中，那颗卫星有1.5km宽，距小行星中心有100km远，而小行星长55km。卫星轨道的形状不十分清楚；假定它是一个圆，而卫星运行的周期为27h。（a）该小行星的质量是多少？（b）从照片测出小行星的体积是14100km³，它的密度是多少？

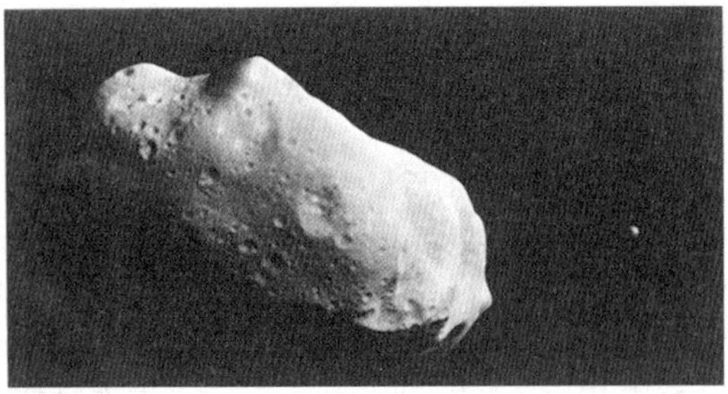

图14-38 练习50图 从宇宙飞行器伽利略号发回的照片显示围绕小行星243Ida的一颗微小卫星。

51P. 1610年，伽利略用他的望远镜发现了围绕木星的四颗明显的卫星。它们的平均轨道半径 a 和 T 周期如下：

名称	$a/10^8$ m	T/d
Io	4.22	1.77
Europa	6.71	3.55
Ganymede	10.7	7.16
Callisto	18.8	16.7

（a）画出 $\log a$（y 轴）与 $\log T$（x 轴）的关系图，证明那是一条直线；（b）测出此直线的斜率，并与用开普勒第三定律算出的值进行比较；（c）由此直线和 y 轴的交点算出木星的质量。

52P. 一颗20kg的卫星围绕一颗未知质量的行星沿圆轨道运行，周期是2.4h、轨道半径是 8.0×10^6 m。如果该行星表面引力加速度的大小是 8.0m/s^2，那么行星的半径是多少？(ilw)

53P. 某双星系统的每颗星的质量与我们太阳的质量相同，它们围绕其质心运行。两星间的距离与地球和太阳的距离相同，它们的运行周期是多少年？(ilw)

54P. 某三星系统由每颗的质量为 m 的两颗星和一颗质量为 M 的中央星组成。前两颗星围绕中央星在同一个半径是 r 的圆轨道上运行（见图14-39）。两颗星总是位于圆轨道直径相对的两个端点处，试推导出两颗星的运行周期表达式。

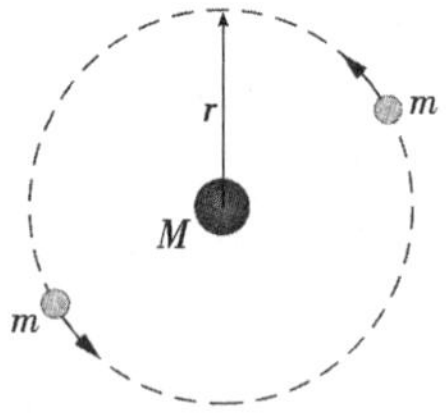

图14-39 习题54图

55P. 三颗相同的质量都是 M 的星位于边长 L 的等边三角形的三个顶点上。如果它们中的每一颗都在相互的引力作用下沿外接于等边三角形的圆轨道运行而保持等边三角形不变，它们运行的速度必须多大？(ssm)(www)

14-8节 卫星：轨道与能量

56E. 考虑两颗卫星 A 和 B，质量都是 m。在同一个围绕地球的、半径为 r 的圆轨道上运动，由于它们的运行方向相反，所以会发生碰撞（参看图14-40）。地球的质量是 M_E。（a）求碰撞前两个卫星加地球系统的总机械能 E_A+E_B（用 G、M_E、m 和 r 来表示）；（b）如果碰撞是完全非弹性的，即碰后形成纠缠在一起的残体（质量 $=2m$），求碰后那一刹那的总机械能；（c）描述随后残体的运动。

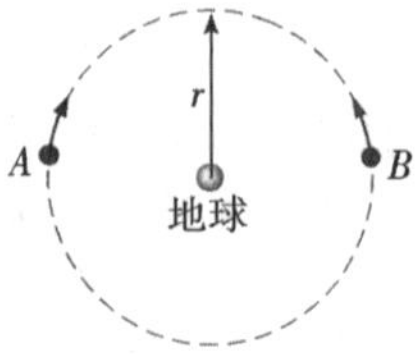

图14-40 练习56图

57E. 一颗小行星的质量是地球质量的 2.0×10^{-4} 倍，它围绕太阳做圆轨道运动，与太阳的距离是地球

与太阳距离的两倍。(a) 求该小行星的运行周期是多少年?(b) 小行星的动能与地球的动能之比是多少?(ssm)

58P. 质量均为 m 的两颗地球卫星 A 和 B 发射到围绕地心运行的圆轨道上。卫星 A 的轨道高度是6370km,卫星 B 的轨道高度是19110km,地球的半径 R_E 为6370km。(a) 卫星 B 与卫星 A 在轨道上的势能之比是多少?(b) 卫星 B 与卫星 A 在轨道上的动能之比是多少?(c) 如果每颗卫星的质量都是14.6kg,哪颗星的总能量大?大多少?

59P. 证明一物体在半长轴 a 的椭圆轨道上围绕质量为 M 的一颗行星转动时,它离行星的距离 r 与其速率 v 的关系是

$$v^2 = GM\left(\frac{2}{r} - \frac{1}{a}\right)$$

(**提示**:用机械能守恒定律和式(14-46)。)(ssm)

60P. 利用习题59的结果和例题14-6的数据计算:(a) 哈雷彗星在近日点的速率 v_p;(b) 在远日点的速率 v_a;(c) 利用对太阳的角动量守恒定律求该彗星近日距 R_P 和远日距 R_a 之比,用 v_p 和 v_a 表示。

61P. (a) 把一颗卫星发送到1500km高空所需要的能量是否比把它在同一高度处送入圆轨道运动所需的能量多(取地球的半径为6370km)?(b) 放在3185km高空和(c) 放在4500km高空又如何?

62P. 攻击一颗地球轨道卫星的方法之一是把一大群弹丸发射到同一轨道上,只是运行的方向相反。假如一颗卫星在离地面500km的轨道上与一颗质量为4.0g的弹丸发生碰撞。(a) 在就要碰撞前,在卫星参考系中弹丸的动能是多少?(b) 这个动能与从现代军用步枪以出口速率950m/s的4.0g子弹的动能之比是多少?

63P. 一颗质量为220kg的卫星在离地面640km高的近似圆轨道上运行时,(a) 速率和(b) 周期是多少?假定该卫星在轨道上每转一圈平均损失机械能 1.4×10^5 J。采用卫星的轨道变成“半径慢慢减小的圆”这种合理的近似,求在转到第1500圈末时,它的(c) 高度、(d) 速率和(e) 周期。(f) 卫星受到的平均阻力是多大?(g) 该卫星围绕地球中心的角动量守恒吗?(h) 卫星-地球系统的角动量守恒吗?(ssm)

14-9节 爱因斯坦与引力

64E. 在图14-19b中,上面站着一位60kg的物理学家的台秤显示220N。如果物理学家将甜瓜从距地板2.1m高处由静止(相对他自己)放下,甜瓜到达地面需要多少时间?

第 15 章　流　　体

水对下潜的潜水员的作用力明显增大，即使是在游泳池底相对较浅的下潜也是这样。可是，1975年，William Rhodes 曾利用装有呼吸用的特殊混合气体的水下呼吸器，从已下降到墨西哥海沟中300m 深的沉箱中走出，接着游到了创记录的 350m 深处。奇怪的是，配备有水下呼吸器装置的潜水初学者在游泳池里练习时，受到水的作用力可能比 Rhodes 受到的具有更大的危险性。有些初学者偶然死去就是由于忽视了这种危险性。

那么，这种潜在的致命危险是什么呢？

答案在本章中。

15-1 流体与我们周围的世界

流体——包括气体和液体——在我们日常生活中起着极为重要的作用。我们每天都要呼吸和喝它们，这种关乎生命的流体在人类的心血管系统中循环。还有流体海洋和流体大气。

汽车的轮胎内、油箱、散热器、发动机燃烧室、排气管、蓄电池、空调系统、挡风玻璃刮水器的水槽、润滑系统以及液压系统内都有流体（**液压**的意思是利用液体操作）。下次你再看到大型掘土机时，你可以数一数它上面有几个使挖土机工作的液压油缸。大型喷气式飞机有数十个这种油缸。

在风车中我们利用的是运动流体的动能，在水电站中利用的是另一种流体的势能。在一定的时侯，流体会刻画出风景画。我们经常长途跋涉去旅行就为了看流体的流动。可能现在已到了去看看关于流体物理学能告诉我们什么的时候了。

15-2 流体是什么？

与固体不同，流体是一种可以流动的物质。流体能适应我们将其放入的任何容器内壁的形状。因为流体无法承受和它的表面相切的力（用13-6节中更正式的语言讲，流体是由于不能承受切应力而流动的物质。然而，可以在垂直于其表面的方向施力）。一些材料，比如沥青，放在容器内需要很长的时间才能适应其内壁的形状。但最后还是可以适应，所以我们把它归入流体类。

你可能感到奇怪，为什么我们把液体与气体都归在一起并把它们叫做流体。毕竟你可能说，液体水不同于水蒸气，就像它不同于冰一样，实际不然。冰像其他结晶的固体一样，其组成原子都安排在一种相当固定的称为晶格的三维阵列中。然而，水蒸气及液态水则没有任何这种有序的长程结构。

15-3 密度和压强

在讨论刚体时，我们关心物质特定的聚集体，如木块、篮球或金属杆。我们发现有用并把它们用来表达牛顿定律的物理量是**质量**和**力**。例如，我们常说质量为3.6kg的物块受到25N力的作用。

对于流体，我们对延伸的物质及在其中可能点点不同的性质更感兴趣。这时讲**密度**和**压强**比讲质量和力更有用处。

密度

为了求出某种流体在任一点的密度，我们需要隔离出该点周围的一个小体积元 ΔV，并测出该微元内含有的流体的质量。**密度**就是：

$$\rho=\frac{\Delta m}{\Delta V} \tag{15-1}$$

理论上，流体内任意一点的密度是在该点处所取的体积越来越小时上述比例的极限。实际上，我们假定流体的样品比原子的尺寸大，而且还是“平滑的”（密度均匀），而不是因为原子而“凹凸不平”。这一假定使我们能把式（15-1）改写为

$$\rho=\frac{m}{V} \quad \text{（密度均匀）} \tag{15-2}$$

这里，m 和 V 为样品的质量与体积。

密度是标量；其 SI 单位是千克每立方米。表 15－1 列出了一些物质的密度和一些物体的平均密度。注意，气体（如表中的空气）的密度随压强有相当大的变化，而液体（如水）的密度则不然；也就是说，气体容易被**压缩**而液体则不容易被压缩。

表 15－1　一些密度

材料或物体	密度/（kg/m^3）	材料或物体	密度/（kg/m^3）
星际空间	10^{-20}	铁	7.9×10^3
最好的实验室真空	10^{-17}	水银（金属）	13.6×10^3
空气：20°C，1个大气压	1.21	地球：平均	5.5×10^3
20°C，50个大气压	60.5	核	9.5×10^3
泡沫聚苯乙烯	1×10^2	壳	2.8×10^3
冰	0.917×10^3	太阳：平均	1.4×10^3
水：20°C，1个大气压	0.998×10^3	核	1.6×10^5
20°C，50个大气压	1.000×10^3	白矮星（核）	10^{10}
海水：20°C，1个大气压	1.024×10^3	铀核	3×10^{17}
全血	1.060×10^3	中子星（核）	10^{18}
		黑洞（1太阳质量）	10^{19}

压强

把一个对压力敏感的装置悬在充满液体的容器里，如图 15－1a 所示。传感器（见图 15－1b）由放在密合的气缸中、面积为 ΔA 的一只活塞做成，该活塞由一只弹簧顶住。读数装置使我们能记录到弹簧（经过校准）受周围流体压缩的量，因而表明垂直作用在活塞上的力的大小 ΔF。我们定义流体对活塞的**压强**为

$$P=\frac{\Delta F}{\Delta A} \qquad (15-3)$$

理论上，流体内任一点的压强是当以该点为中心的活塞的面积 ΔA 越来越小时这一比例的极限。可是，如果这个力均匀作用于平面 A 上，那么我们可以把式（15－3）写为

$$\rho=\frac{F}{V} \quad \text{（作用于平的面积上的均匀力的压强）} \qquad (15-4)$$

这里 F 是作用在面积 A 上法向力的大小（我们说一个力均匀地作用在一个面积上，意味着均匀地分散于面积上的每一点）。

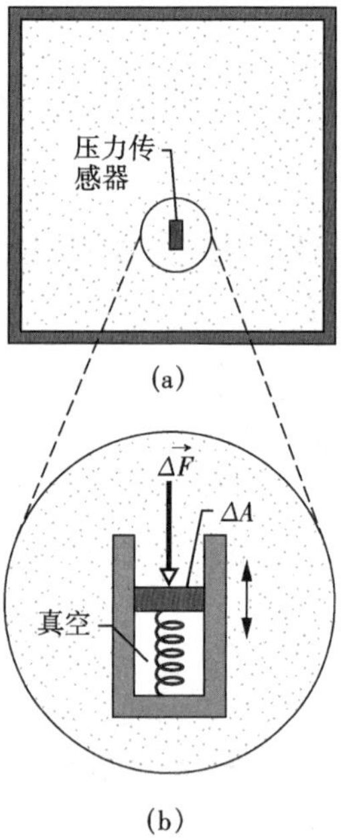

图 15－1　（a）在充有流体的容器内安置一个如（b）图所示的小型压力传感器。通过在传感器内可移动活塞的相对位置测量压强。

通过实验发现，在静止流体中的任一给定点，由式（15－3）定义的压强不论传感器的指向如何都具有相同的值。压强是一个标量，没有方向性。作用在传感器上的力确实是矢量，但是式（15－3）只涉及这个力的**大小**，一个标量。

压强的 SI 单位是牛每平方米，它有一个特殊的名称，**帕**［**斯卡**］（Pa）。在米制国家，车胎压强计以千帕刻度。帕和其他一些常用的（非 SI）压强单位的关系如下：

$$1atm=1.01\times10^5Pa=760torr=14.7lb/in^2$$

顾名思义大气压（atm）是，在海平面上大气的近似平均压强。托（torr）（为了纪念在1674年发明水银气压计的托里拆利而命名）原来叫做毫米汞柱（mmHg）。磅每平方英寸常略为psi。表15-2给出了一些压强值。

表15-2 一些压强

	压强/Pa		压强/Pa
太阳中心	2×10^{16}	汽车轮胎①	2×10^{5}
地球中心	4×10^{11}	海平面的大气压	1.0×10^{5}
实验室能维持的最大压强	1.5×10^{10}	正常的血压①,②	1.6×10^{4}
最深的海沟（底部）	1.1×10^{8}	最好的实验室真空	10^{-12}
尖鞋跟对舞池地板	1×10^{6}		

① 指对大气压的超出量。

② 指收缩压，与内科大夫的血压计上的120托相当。

例题15-1

一个起居室高2.4m，其地板的尺寸为长4.2m、宽3.5m。

(a) 当压强为1.0atm时，室内的空气有多重？

【解】 这里**关键点**是：(1) 空气的重量等于mg，其中m为其质量；(2) 质量m与空气密度ρ及体积V，通过式(15-2)（$\rho=m/V$）相联系．把以上两概念结合起来并从表15-1中取1.0atm时的空气的密度，则

$$mg=(\rho V)g$$
$$=(1.21\text{kg/m}^3)(3.5\text{m}\times4.2\text{m}\times2.4\text{m})(9.8\text{m/s}^2)$$
$$=418\text{N}\approx420\text{N}。\quad（答案）$$

这大约是110罐百事可乐的重量。

(b) 室内空气给地板的作用力有多大？

【解】

这里**关键点**是，大气以一个大小为F的力均匀地压在地板上。所以，它产生一个压强，此压强与力F以及地板的平面面积A由式(15-4)$\left(p=\dfrac{F}{A}\right)$相联系，该式给出

$$F=pA$$
$$=(1.0\text{atm})\left(\frac{1.01\times10^5\text{N/m}^2}{1.0\text{atm}}\right)(3.5\text{m})(4.2\text{m})$$
$$=1.5\times10^6\text{N}\quad（答案）$$

这一巨大的力等于以地板为底向上一直延伸到大气层顶部的空气柱的全部重量。

15-4 静止流体

图15-2a表示敞在大气中的一箱水（或其他液体）。正如每位潜水员熟知的，压强随着沉入空气-水界面以下的深度的增加而**增大**。事实上，潜水员水深测量仪是与图15-1b非常相似的一个压力传感器。如每个爬山者熟知的，大气压强随人们进入大气层的的高度而**减小**。潜水员和登山者所感知的压强通常叫做**流体静压强**，因为这些压强是由静态（静止的）流体引起的。这里我们要求流体静压强随深度或高度而变化的表示式。

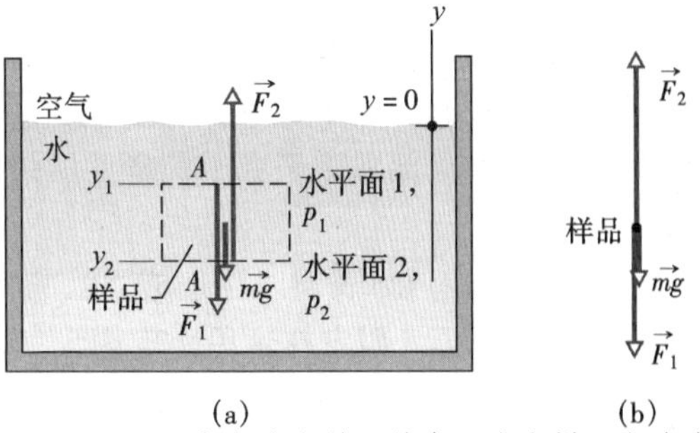

图15-2 (a) 盛水的大箱，其中一个水样品包含在一个想象的水平底面为A的圆柱内。力$\vec{F}_1$作用在该圆柱的上底面；力$\vec{F}_2$作用在该圆柱的下底面；圆柱内水受的重力用mg表示。(b) 水样品的受力图。

首先，看一下压强随深度增加的情况。我们在水箱里建立一个竖直向上的y轴，其原点在空气与水的界面上。其次，我们考虑

把包含在一个想象的、直立的、水平底面面积为 A 的圆柱体内的水作为样品。令 y_1 和 y_2（都是**负**数）分别代表圆柱体上下两底面在水面以下的深度。

图 15－2b 表示圆柱体内水的受力图。这些水处于**静力平衡**状态，即它是静止的力平衡。它在竖直方向上受三个力：力 $\vec{F}_1$ 作用在圆柱体的上表面，它由圆柱体以上的水引起。同样，力 $\vec{F}_2$ 作用在圆柱体的下表面，它由圆柱体以下的水引起。圆柱体内的水受的重力表示为 $m\vec{g}$，这里 m 是柱内水的质量。把这些力的平衡写成

$$F_2 = F_1 + mg \tag{15-5}$$

我们需要把式（15－5）变换为与压强有关的方程。由式（15－4），可知

$$F_1 = p_1A \text{ 和 } F_2 = p_2A \tag{15-6}$$

按式（15－2），圆柱内水的质量 $m=\rho V$。这里圆柱体的体积 V 是其底面面积与高度 y_1-y_2 的积。因此，m 等于 $\rho A(y_1-y_2)$。把它及式（15－6）一起代入式（15－5）中，得到

$$p_2A = p_1A + \rho Ag(y_1-y_2)$$

或者

$$p_2 = p_1 + \rho g(y_1-y_2) \tag{15-7}$$

此方程既可以用来求液体（作为深度的函数）的压强，也可以求气体（作为高度的函数）的压强。对于前者，我们假定求离液体表面以下 h 深度处的压强 p，那么，我们选水平面 1 为其表面，水平面 2 位于其下距离 h 处（如图 15－3），并以 p_0 代表表面受的大气压强。于是我们把

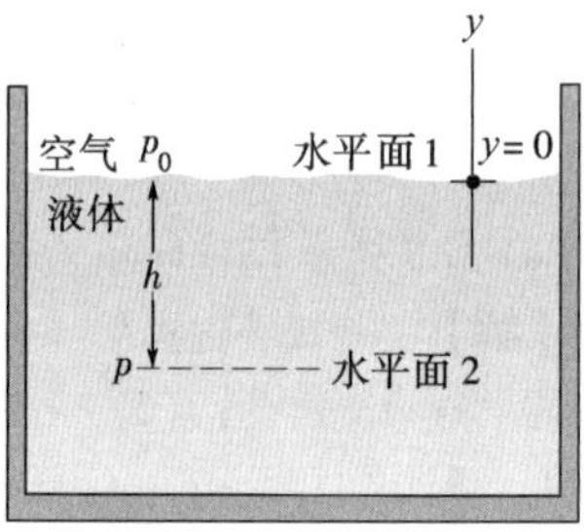

图 15－3 按照式（15－8），压强 p 随着液体表面以下深度 h 增加。

$$y_1=0,\ p_1=p_2 \text{ 和 } y_2=-h,\ p_2=p$$

代入式（15－7），就得到

$$p = p_0 + \rho gh \quad (h\text{ 深度处的压强}) \tag{15-8}$$

注意：液体内给定深度处的压强与该点的深度有关，但与任何水平尺寸无关。

在静力平衡流体中，一点的压强与该点的深度有关，但与流体或其容器的任何水平尺寸无关。

因此，式（15－8）与容器是什么形状没有关系。如果容器的底面在深为 h 处，那么式（15－8）可给出该处的压强 p。

在式（15－8）中，p 叫做平面 2 处的总压强或**绝对压强**。为了说明为什么这样说，注意在图 15－3 中，平面 2 处的压强来源于两部分的贡献：（1）p_0，它是由大气引起的，向下压在液体上；（2）ρgh 它由水平面 2 以上的液体引起，向下压在水平面 2 上。绝对压强与大气压之差一般叫做**计示压强**（此名字来源于测量此压强差时量计的应用）。对图 15－3 的情形，计示压强是 ρgh。

式（15－7）在液体表面以上也成立：它用水平面 1 的大气压强为 p_1 给出水平面 1 以上给定距离处的大气压强（**假定**在这段距离内大气密度是均匀的）。例如，为了求出图 15－3 中平面 1 以上距离为 d 处的大气压强，我们把

$$y_1=0,\ p_1=p_0 \text{ 和 } y_2=d,\ p_2=p \text{ 代入，}$$

再用 $\rho=\rho_{空气}$，就可得

$$p = p_0 - \rho_{空气}gd$$

检查点1：图示为四个橄榄油盒，按深度 h 处的压强由大到小对它们排序。

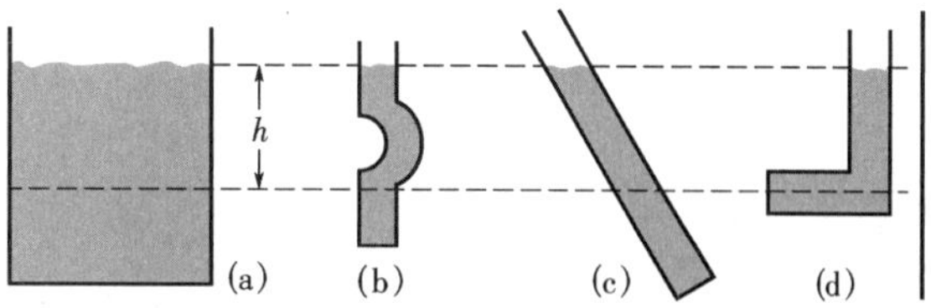

例题 15-2

一个初学使用水下呼吸器的潜水者在游泳池里练习潜水。在水面以下 L 处，在抛弃气罐前从气罐吸足了气体使肺膨胀，然后游向水面。可是他忽视了指导而没有在上升过程中呼气。当他到达水面时，他受到外界的压强和他肺里的气压的差是 9.3kPa。问他出发时的深度是多少？他面对什么样的致命危险？

【解】

这里**关键点**是，在潜水员处于深度 L 时，吸气入肺，使他受的外部气压（因而肺内气压）比正常的大，而由式（15-1）给出为

$$p = p_0 + \rho g L$$

这里 p_0 是大气压，ρ 是水的密度（由表 15-1 中查出，为 998kg/m^3）。在他上升时，对他来说，外边压强在减小，一直减到水面的大气压 p_0。他的血压也会减小，直到水面时减小到正常状态。可是，因为他没有呼气，肺里的气压一直保持在深度为 L 处的值。到达水面时，他肺里的较大压强与胸膛受的较小的压强之差为

$$\Delta p = p - p_0 = \rho g L$$

由此可得

$$L = \frac{\Delta p}{\rho g} = \frac{9300\text{Pa}}{(998\text{kg/m}^3)(9.8\text{m/s}^2)} = 0.95\text{m} \qquad \text{（答案）}$$

这并不深！可是压力差 9.3kPa（大约为大气压的 9%）就足以使潜水员的肺破裂，并迫使肺里的空气进入降低了压强的血液，这血液又会把空气带到心脏，以致潜水者死亡。如果潜水者照指导行事，在上升时呼出气体，使他肺里的气压与外部的气压相等，就没有危险了。

例题 15-3

图 15-4 中的 U 形管内装有两种液体并处于静力平衡：右管内为密度 ρ_w（$=998\text{kg/m}^3$）的水，左管内为密度 ρ_x 未知的油。今测出 $l = 135\text{mm}$，$d = 12.3\text{mm}$。问油的密度是多少？

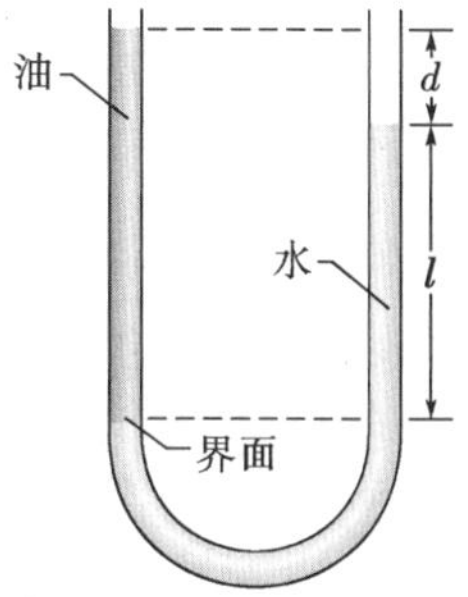

图 15-4 例题 15-3 图 由于油不如水浓，在左管内的油面比在右管内的水面高。在界面水平处两液体柱产生同样的压强 p_{int}。

【解】

这里一个**关键点**是，左管内油-水界面处的压强 P_{int} 与油的密度 ρ_x 及界面以上油的高度有关。第二个**关键点**是，右管内的水在**同一水平**处一定有同样的压强 P_{int}。因为水在处于静力平衡时，在水中同一水平各点的压强必定相等，即使这些点在水平方向是分开的。

在右管中，分界面是在**水**的自由表面以下 l 处的界面，其压强可由式（15-8）求出，

$$P_{\text{int}} = p_0 + \rho_w g l \qquad \text{（右管）}$$

在左管中，界面是在**油**的自由表面以下 $l+d$ 处，再用式（15-8）可得

$$p_{\text{int}} = p_0 + \rho_x g\,(l+d) \qquad \text{（左管）}$$

令两式相等，并解出未知密度，得

$$\rho_x = \rho_w \frac{l}{l+d}$$

$$= 998\text{kg/m}^3 \times \frac{135\text{mm}}{135\text{mm} + 12.3\text{mm}}$$

$$= 915\text{kg/m}^3 \qquad \text{（答案）}$$

请注意，此答案与大气压 p_0 或自由下落加速度 g 无关。

物理学基础

15-5 测量压强

水银气压计

图15-5a显示一种用来测量大气压强的非常基本的**水银气压计**。在一个长玻璃管中充满水银，把它倒过来，使其开口的一端放在水银槽内，如图所示。管内水银柱以上的空间只含有水银蒸气，那里的压强在通常温度下非常小以致可以忽略。

我们可以用式（15-7）求出用水银柱高度 h 表示的大气压 p_0。我们选择图15-2的空气-水银界面为水平面1，选水银柱的顶面为水平面2，如图15-5a所标出的那样。把

$$y_1=0,\ p_1=p_0;\ y_2=h,\ p_2=0$$

代入式（15-7），可得

$$p_0=\rho gh \tag{15-9}$$

此处，ρ 为水银的密度。

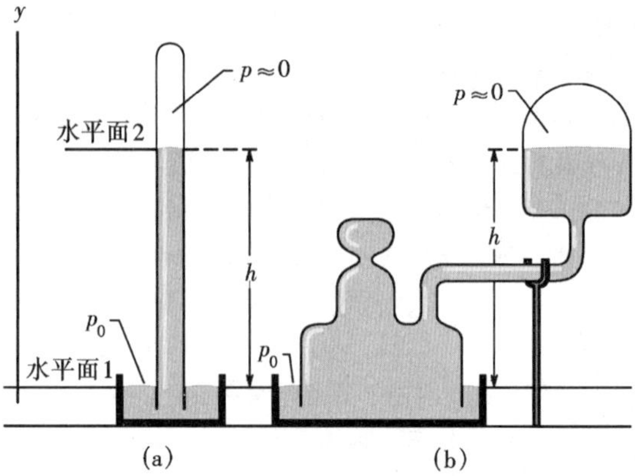

图15-5 (a) 水银气压计 (b) 另一个水银气压计。两种情况中，距离 h 是一样的。

对于给定的压强，水银柱的高度 h 与竖直放置的管子的横截面积无关。图15-5b所示的奇特的水银气压计给出了如图15-5a同样的读数。所以，起作用的只是管内水银面的竖直高度差 h。

式（15-9）表明，对于给定的压强，水银柱的高度与气压计所在处 g 的值及随温度改变的水银的密度有关。**仅**当气压计所在处的 g 是一个公认的标准值9.80665m/s^2 和水银的温度为0°C时，水银柱的高度（以毫米计）在数值上才等于气压（以托为单位）。倘若以上条件不满足（满足是罕见的），那么，在把水银柱的高度转换成压强前必须做出一些小的修正。

开口气压计

开口气压计（参看图15-6）测量气体的计示压强 p_g。它由一个装有液体的U型管做成，管的一端与待测压强的容器相连，另一端向大气敞开。我们可用式（15-7）求出用高度 h 表示的计示压强，如图15-6所示。按照图示，选择平面1和平面2。然后把

$$y_1=0,\ p_1=p_0;\ y_2=-h,\ p_2=0$$

代入式（15-7）中，则

$$p_g=p-p_0=\rho gh \tag{15-10}$$

此处 ρ 为管内液体的密度。计示压强 p_g 正比于 h。

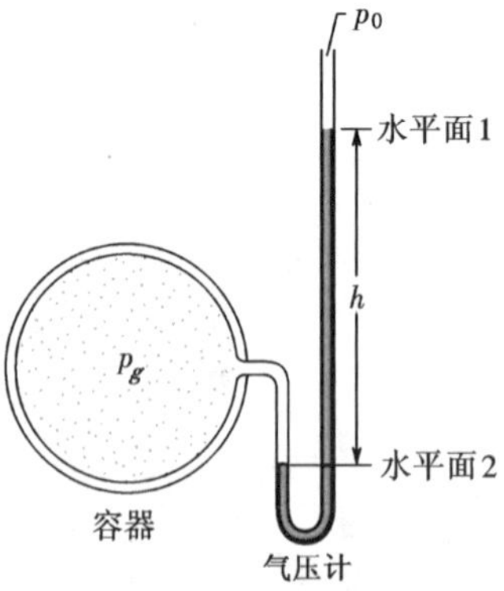

图15-6 将一只开口气压计连接在左侧容器上，以便测量其中气体的计示压强。U型管的右臂开放于大气中。

计示压强可以是正或负，取决于 $p>p_0$ 还是 $p<p_0$。在充气轮胎或人类的循环系统里，（绝对）压强大于大气压强，所以

计示压强为正值，有时叫做**过压**。如果你用吸管把液体吸上来，那么你肺里的（绝对）压强实际上小于大气压，这时肺中的计示压强为负值。

15-6 帕斯卡原理

当你挤牙膏时，你会看到**帕斯卡原理**在起作用。Heimlish 催吐器（maneuver）也是以这个原理为基础的。在腹部适当施加一个突发的压力，让它传递到嗓子，迫使存在该处的食物吐出来。这个原理是1652年由帕斯卡首先明确予以表达的（压强的单位也因此被命名为帕斯卡）。

密闭的、不可压缩的流体受到的压强发生变化时，这一变化将大小不变地传递到流体的每一部位及容器的器壁。

帕斯卡原理的演示

考虑不可压缩的流体是盛在高圆筒内的一种液体，如图15-7所示。圆筒内有一活塞，活塞上有一装有铅弹的容器。大气、容器和铅粒给活塞一个压强 p_{ext}，同样也加给了液体。于是，液体中 P 点的压强 p 为

$$p = p_{ext} + \rho g h \qquad (15-11)$$

如果给容器再加上一点铅粒，使压强 p_{ext} 增加 Δp_{ext}。而式（15-11）中的 ρ、g、h 是不变的，因此 P 点压强的改变量为

$$\Delta p = \Delta p_{ext} \qquad (15-12)$$

这个压强的变化量与 h 无关，所以按照帕斯卡原理，此压强必然传递到液体内的每一点。

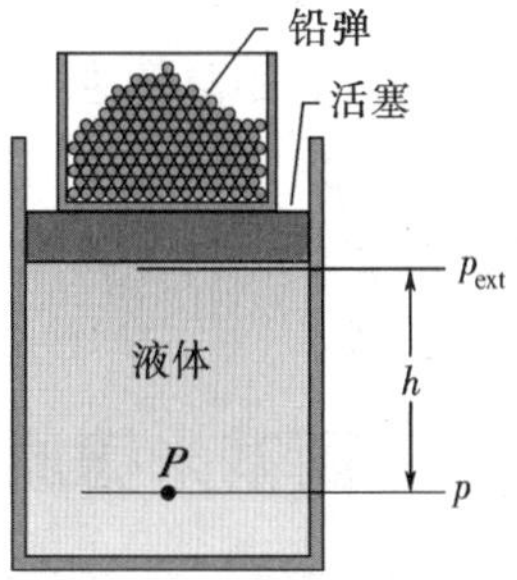

图15-7 放在活塞上的铅弹（小铅球）在封闭的（不可压缩的）液体的顶部产生压强 p_{ext}。如果因为加了更多的铅弹使得 p_{ext} 增加，那么在液体内各点的压强也将增加同样的量值。

帕斯卡原理与液压杠杆

图15-8表示帕斯卡原理是怎样成为液压杠杆的基础的。在运行中，一个大小为 F_i 的外力向下作用在左边（或输入）面积为 A_i 的活塞上。装置内有不可压缩的液体。对右边（或输出）面积为 A_0 的活塞产生一个大小为 F_0 的向上的力。为了保持系统的平衡，必须用外加负载（图上未画）对输出活塞加一个大小为 F_0 的向下的力。作用于左活塞上的力 $\vec{F}_i$ 和由负载在右活塞上加的向下的力 $\vec{F}_0$ 在液体内产生一个压强改变 Δp 给出为

$$\Delta p = \frac{F_i}{A_i} = \frac{F_0}{A_0}$$

所以

$$F_0 = F_i \frac{A_0}{A_i} \qquad (15-13)$$

式（15-13）表示，如果 $A_0 > A_i$，负载输出的力 F_0 必然大于输入的力 F_i。如图15-8所示的情况。

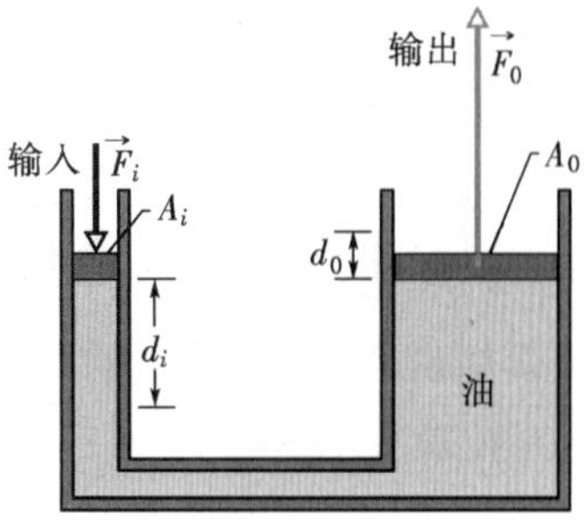

图15-8 可以用来放大力 $\vec{F}_i$ 的液压装置。不过所作的功并不放大，这个功对于输入的力与输出的力是同样的。

如果我们把输入活塞向下移动距离 d_i，把输出活塞向上移动距离 d_0，使得在两个活塞处移动的不可压缩液体的体积相同。于是

$$V = A_i d_i = A_0 d_0$$

可写成

$$d_0 = d_i \frac{A_i}{A_0} \tag{15-14}$$

这表明，如果 $A_0 > A_i$（如图 15－8 所示），输出活塞比输入活塞移动的距离要小。

从式（15－13）和式（15－14），我们可以写出输出的功为

$$W = F_0 d_0 = \left(F_i \frac{A_0}{A_i}\right)\left(d_i \frac{A_i}{A_0}\right) = F_i d_i \tag{15-15}$$

此式表明，外加力**对**输入活塞所做的功 W 等于由输出活塞把放在它上面的负载举高时做的功 W。

液压杠杆的优点在于：

用液压杠杆可以将作用于一个给定距离的一个给定的力转变成作用于一个较小的距离的一个较大的力。

由于力与距离的乘积保持不变，因此功是相同的。然而，能产生较大的力常常有巨大的好处。例如，大多数人不可能直接举起一辆汽车，但用液压起重机就能办到，虽然我们压下手柄的距离大于汽车上升的距离，但在使用液压起重机时，位移 d_i 不是压一次手柄完成的，而是需要压很多次。

15－7　阿基米德原理

图 15－9 表示一个在游泳池里的学生正摆弄一个充水的塑料袋（质量忽略不计）。她发现塑料袋及其袋中的水是处于静力平衡的，既不上升也不下沉，袋中的水受到的向下的重力 $\vec{F}_g$ 与塑料袋周围的水对它向上的合力抵消了。

图 15－9　把一个充水的薄塑料袋放在水池中处于平衡状态。其重力必定被周围的水对它向上的合力所抵消。

这个向上的合力就是**浮力** $\vec{F}_b$。浮力是由于周围水中的压强随表面以下的深度的增加而产生的。因此，接近塑料袋底部的压强大于顶部所受的压强。于是，这一压强使塑料袋受力的大小在袋底部附近大于袋顶部附近。塑料袋所受的一些力如图 15－10a 所示。图中塑料袋占据的空间已是空的。注意，在这个空间底部附近画的力矢量（有向上的分量）比在其顶部附近画的力矢量（有向下的分量）有较大的长度。如果把塑料袋所受的水对它的全部力按矢量加起来，水平分量就抵消了，而竖直分量相加就产生对塑料袋向上的浮力 $\vec{F}_b$。（图 15－10a 中力 $\vec{F}_b$ 画在游泳池的右方）。

因为水袋处于静力平衡，所以 $\vec{F}_b$ 的大小等于水袋的重力 $\vec{F}_g$ 的大小 $m_f g$，即 $F_b = m_f g$（下标$_f$ 表示**流体**，此处即是水）。用一句话来说，就是浮力的大小等于袋中水的重量。

在图 15－10b 中，我们用一块正好填满图 15－10a 中空洞的石头取代水袋。用石头**代替**水，意思是石头占据了原来水所占据的空间。空洞的形状丝毫未变。所以空洞表面所受的力必定与用水袋放在同一空间时是一样的。这样，原来作用于水袋的向上的浮力，现在作用在石头上，

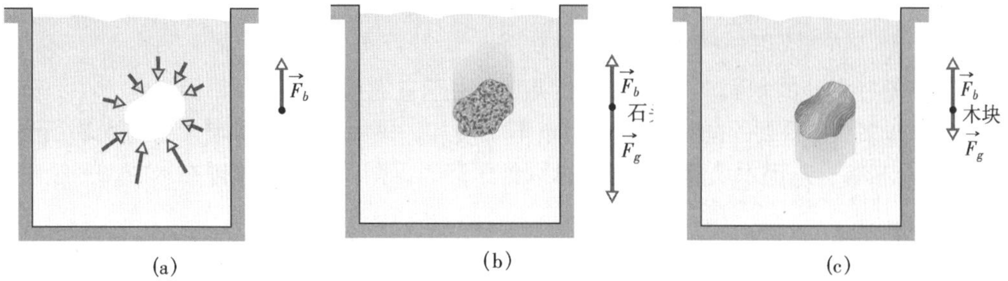

图 15－10　(a) 不论空洞内是由什么东西填充，在水中空洞周围的水都对它产生一个向上的合浮力。(b) 对于与空洞体积相同的石头，在大小上重力超过浮力。(c) 对于一块与空洞体积相同的木头，在大小上重力小于浮力。

即浮力的大小 F_b 等于 $m_f g$，等于被石头所取代的水的重量。

和充水塑料袋不一样，石头不是处于静力平衡的。石头所受的向下的重力 $\vec{F}_g$ 在大小上大于向上的浮力，如图 15－10b 中水池右方的受力图所示。因此，石头加速下沉到池底。

如果在图 15－10a 的空洞中填入同体积而较轻的木块，如图 15－10c 所示，这时，空洞表面所受的力也不会有丝毫的变化，浮力的大小 F_b 仍等于 $m_f g$，即所替代的水的重量。像石头一样，木块不能处于静力平衡。不过，这次重力 $\vec{F}_g$ 的大小小于浮力的大小（示于水池的右方）。因此，木块加速上升到水面。

以上对于水袋、石头和木块的结果可用于所有的流体，并概括为**阿基米德原理**：

> 当一个物体全部或部分地浸入流体中时，周围流体对它产生浮力 $\vec{F}_b$。浮力的方向向上，且大小等于物体已排开的流体的重量 $m_f g$。

在流体中物体所受浮力的大小为

$$F_b = m_f g \quad (\text{浮力}) \qquad (15-16)$$

这里，m_f 是物体排开的流体的质量。

(a)　　(b)

附图 15－3　在 1986 年 8 月 21 日的后半夜，不知什么（可能是地震）扰动了 Caneroon 的 Nyos 湖，该湖溶解有高浓度的二氧化碳，扰动使这种气体形成了许多气泡。由于气泡比周围的流体（水）轻，所以它们都浮到水面上，在那里放出二氧化碳。这气体，由于比周围的流体（现在是空气）重，于是像河流一样顺着山坡向下奔流，窒息了 1700 人和在图中可见的数十只动物。

漂浮

当我们刚好在水池的水面上放一个轻木块时，由于它的重力拉它向下而进入水中。随着木块排开的水越来越多，它受到的向上浮力的大小不断增加。最后，F_b 可以增大到与木块所受的向下的重力 F_g 大小相等，从而木块静止。这时木块处于静力平衡，被称为**漂浮**在水中。一般说来，

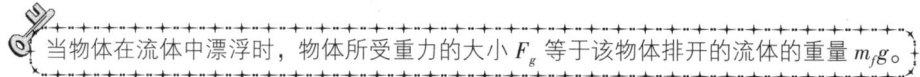

> 当物体在流体中漂浮时，物体所受浮力的大小 F_b 等于物体所受的重力的大小 F_g。

这一表述可写为

$$F_b = F_g \quad (漂浮) \tag{15-17}$$

从式（15－16）我们知道 $F_b = m_f g$，因此，

> 当物体在流体中漂浮时，物体所受重力的大小 F_g 等于该物体排开的流体的重量 $m_f g$。

这一表述可写为

$$F_g = m_f g \quad (漂浮) \tag{15-18}$$

换言之，漂浮的物体排开和它自己重量相等的流体。

流体中的视重

如果我们把一块石头放在经过校准的秤上，秤的读数就是石头的重量。然而，如果我们在水下做这一工作，水对石头的浮力就会使读数减小，这时的读数是视重。一般说来，视重与物体的实际重量及物体所受的浮力的关系由下式决定

$$(视重) = (实际重量) - (浮力的大小)$$

可写为：

$$重量_{app} = 重量 - F_b \quad (视重) \tag{15-19}$$

在一些特定的力量测试中，如果你需要举起一块很重的石头，那么石头在水中你做起来就容易得多。这时，你所用的力只需大于石头的视重而不是它的实际重量，因为向上的浮力会帮你托起石头。

漂浮物体所受浮力的大小等于物体的重量。式（15－19）告诉我们，漂浮物体的视重是零——物体放在秤上会出现零读数（当宇航员为在空间执行复杂任务而进行预备训练时，他们就在水中漂浮着完成这些任务，那时他们就和在空间中一样视重是零）。

检查点2：一只企鹅一开始飘浮于密度为 ρ_0 的流体上。后来飘浮在密度为 $0.95\rho_0$ 的流体上，再后来飘浮在密度为 $1.1\rho_0$ 的流体上。(a) 按企鹅所受浮力的大小由大到小把这些密度排序。(b) 按照企鹅排开的流体的量由大到小把这些密度排序。

例题 15－4

漂浮在海水中的冰山的可见体积占多大比例？

【解】

令 V_i 为冰山的总体积。看不见的部分在水下因而等于冰山排开流体（海水）的体积 V_f。所求的比例（以 frac 表示）为

$$\text{frac} = \frac{V_i - V_f}{V_i} = 1 - \frac{V_f}{V_i} \qquad (15-20)$$

不过，我们并不知道体积是多少。这里一个**关键点**是，由于冰山处于漂浮状态，可以使用式（15－18）（$F_g = m_f g$）。此式可写成

$$m_i g = m_f g$$

由此得知 $m_i = m_f$。这样，冰山的质量应等于它排开流体（海水）的质量。虽然不知道它们的质量是多少，但可以用式（15－2）（$\rho = m/V$）把质量与表15－1中给出的密度联系起来。因为 $m_i = m_f$，所以我们可写

$$\rho_i V_i = \rho_f V_f$$

或

$$\frac{V_f}{V_i} = \frac{\rho_i}{\rho_f}$$

把此式代入式（15－20）中，并利用已知密度，就得到

$$\text{frac} = 1 - \frac{\rho_i}{\rho_f} = 1 - \frac{917\text{kg/m}^3}{1024\text{kg/m}^3} = 0.10 \text{ 或 } 10\%$$

（答案）

例题15－5

一只球形的充氦气球，半径 R 为12.0m。气球、缆绳及篮子的总质量 m 为196kg。在它漂浮于氦的密度 ρ_{He} 为0.160kg/m³、空气的密度 ρ_{air} 为1.25kg/m³ 的高处时，气球的最大承载量 M 是多少？假定负载、缆绳及篮子排开空气的体积忽略不计。

【解】

这里**关键点**是，气球、缆绳、篮子、负载以及气球内的氦气构成漂浮物体，其总质量为 $m + M + m_{He}$。这里，m_{He} 是球内氦气的质量。这一物体所受总重力的大小必须等于物体排开空气的重量（空气是这一物体漂浮于其中的流体）。令 m_{air} 为物体排开的空气的质量。由式（15－18）（$F_g = m_f g$）可得

$$(m + M + m_{He})\ g = m_{air} g$$

或

$$M = m_{air} - m_{He} - m \qquad (15-21)$$

我们并不知道 m_{He} 和 m_{air}，但知道相应的密度，所以我们可以利用这些密度用式（15－2）（$\rho = m/V$）改写式（15－21）。首先，我们注意到，由于忽略了负载、缆绳和篮子排开的空气，排开空气的体积等于气球的体积 $V\left(=\frac{4}{3}\pi R^3\right)$。于是，式（15－21）变为

$$\begin{aligned} M &= \rho_{air} V - \rho_{He} V - m \\ &= \left(\frac{4}{3}\pi R^3\right)(\rho_{air} - \rho_{He}) - m \\ &= \frac{4}{3}\pi \times (12.0\text{m})^3 (1.25\text{kg/m}^3 - 0.160\text{kg/m}^3) \\ &\quad - 196\text{kg} = 7694\text{kg} \\ &\approx 7690\text{kg} \end{aligned}$$

（答案）

15－8　运动中的理想流体

实际流体的运动是十分复杂的，至今尚未完全了解。然而，我们将讨论一种**理想流体**的运动，它在数学上较容易掌握而且还可以得出许多有用的结果。关于理想流体，有四个关于**流动**的假定：

1. 稳流　在**稳流**（或**层流**）中，流体内任一固定点流速的大小和方向都不随时间改变。接近平静溪流中心处的水的缓慢流动就是稳定的。有一连串急流时就不是稳定的了。图15－11表示一缕上升的烟雾从稳流到**非稳（湍）**流的过渡。烟雾颗粒的运动速度随它们上升而增加。在某一临界速度时，该流动从稳定改变为非稳定（即从层流过渡到**非层**流）。

图15－11　在某一点，烟和受热的空气的上升流动从稳流变成湍流。

2. 不可压缩的流动　像已经处理过的静止流体一样，我们假定 理想流体是不可以压缩的，也就是说，它的密度是一个恒定均匀的值。

3. 无粘性流动　粗略地说，流体的粘性是对流体流

动受阻程度的一种量度。例如，浓蜂蜜流动时比水流动时受阻程度就高，因此蜂蜜比水更粘。流体的粘滞性是类似于固体间的摩擦，二者都是把运动物体的动能转换成热能的机制。在无摩擦时，一个物块可以在一个水平面上以恒定速率滑动。同样，一个物体在非粘滞性流体内运动时不受**粘性曳力**。即没有由粘性产生的阻力，这时物体能以恒定速率通过。英国科学家瑞利注意到，在理想流体中，船的推进器将不能工作，但是另一方面，船（一旦开动）将不需要推进器！

4. 无旋流动 虽然我们不作深入考虑，但我们还是假定流动是**无旋的**。为了检验这一性质，可以让一小粒灰尘随流体运动。虽然这一检验物体可以做（或不做）圆周运动，但在非旋流动中，检验物体不会绕通过自己质心的轴转动。作为粗略的类比，游乐场的摩天轮的运动就是有旋的，而它上面的乘客的运动是无旋的。

图 15-12 在圆柱体周围流体的稳流，它是由在圆柱体上游注入的示踪染料显示的。

我们可以通过加一种**示踪剂**使流体的流动看得见。示踪剂可以是在液体中的许多点注入的染料（图 15-12），也可以是加到气流中的烟雾颗粒（见图 15-11 及图 15-13）。示踪剂的每一小部分都形成一条**流线**，它就是流体流动时流体的一个微元所取的路径。回忆第 2 章，一个质点的速度总是与该质点所取的路径相切。这里的质点就是流体的微元，它的速度 $\vec{v}$ 总是与流线相切（图 15-14）。由于这个原因，两个流线是不会相交的；如果它们相交了，那么一个微元到达交点时，就会同时具有两个速度，那是不可能的。

图 15-13 在进行风洞试验时，烟在经过汽车的空气流中显示出流线。

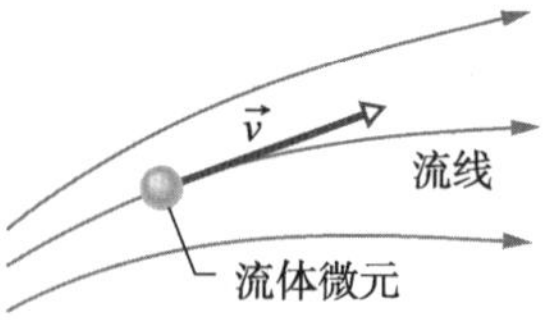

图 15-14 流体微元 P 运动时描出的流线。速度矢量在每一点都与流线相切。

15-9 连续性方程

你可能已经知道，在花园浇水时，可以用大拇指挡住软管口的一部分来增大水从软管中流出的速率。很明显，水的流速 v 与水流通过的横截面积 A 有关。

这里，我们想推导出一个公式，表示理想流体以稳流流过如图 15-15 中那样的横截面积有变化的管子时 v 与 A 的关系。流动方向是向右的，所示的那段管子（长管的一部分）长为 L。管子左端流体的流速为 v_1，右端流速为 v_2。管子的横截面积左端为 A_1，右端为 A_2。假设在时间 Δt 内有体积为 ΔV 的流体从左端流入（这部分的体积在图 15-15a 中**颜色较深**）。那么，由于流体是不可压缩的，同一体积为 ΔV 的流体必定从右端流出（在图 15-15b 中**颜色也较深**）。

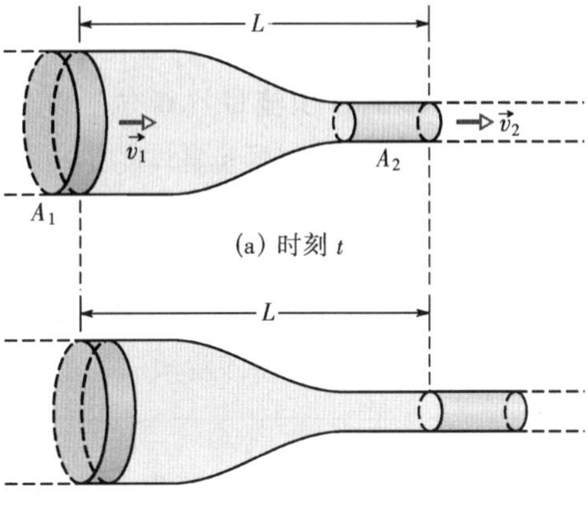

图 15-15 流体以稳定的速率向右通过一段长为 L 的管子，流体的速率在左侧为 v_1，在右侧为 v_2。管子的横截面积在左侧是 A_1，右侧是 A_2。从 (a) 中的时刻 t 到 (b) 中的时刻 $t+\Delta t$，由左侧流入的流体的量与由右侧流出的流体的量相同。

我们可以用这个共同的体积 ΔV 把速率与面积联系起来。为此，我们首先考虑图 15-16。它表示**均匀**横截面积为 A 的一段管子的侧面图，在图 15-16a 中，一个流体微元 e 就要通过沿管的宽度画出的虚线。流体微元的速率是 v，因此，在时间间隔 Δt 内，流体微元沿管子经过的距离为 $\Delta x = v\Delta t$。因此，在 Δt 内已经通过虚线的流体体积 ΔV 为

$$\Delta V = A\Delta x = Av\Delta t \qquad (15-22)$$

将式 (15-22) 同时用于图 15-15 中那段管的左端与右端，我们有

$$\Delta V = A_1v_1\Delta t = A_2v_2\Delta t$$

或者

$$A_1v_1 = A_2v_2 \quad \text{(连续性方程)} \qquad (15-23)$$

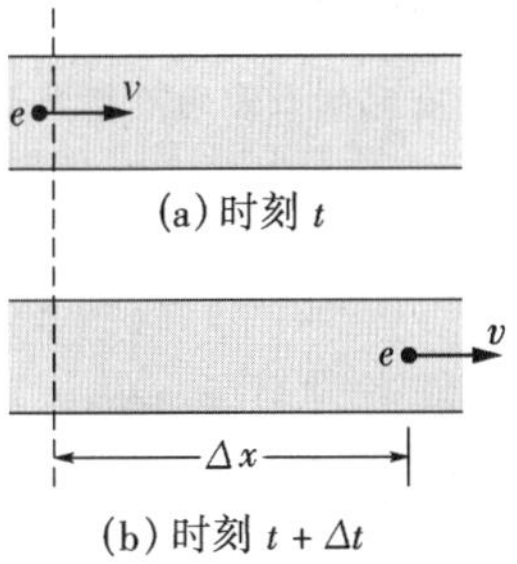

图 15-16 流体以恒定的速率 v 流过管子。(a) 在时刻 t，流体微元 e 就要通过虚线。(b) 在时刻 $t+\Delta t$，流体微元 e 与虚线的距离是 $\Delta x = v\Delta t$。

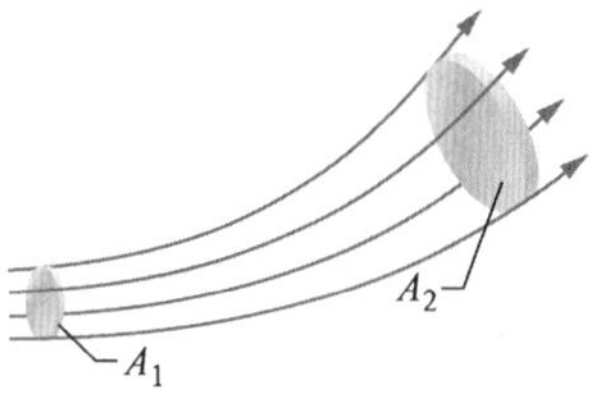

图 15-17 流管由形成边界的一组流线定义。体积流量在流管内所有的横截面处必定相等。

这一速率与横截面积的关系叫做理想流体流动的**连续性方程**。它告诉我们，当减小流体流过的横截面积时（比如用大拇指部分地挡住的浇花用的软管管口），流速就会增加。

式 (15-23) 不仅能用于实际的管子，也可以用于任何所谓的**流管**，或者说是想象的由流线作管壁的管子。这样的管子和实际管子相象，因为流体组元无法跨过流线；这样，所有在流管内的流体都必定保持在它的边界以内。图 15-17 表示一个流管，它的横截面积沿流动的方向从 A_1 增加到 A_2。从式 (15-23) 知道，随着横截面积的增加，其流速必定减小，就像图 15-17 右部的流线间的较大间隔所表现出来的那样。类似地，你可以在图 15-12 中看到，在圆柱的正

上方和正下方流速是最大的。

我们可以把式（15－23）写成

$$R_V = Av = 常量 \quad （体积流量，连续性方程） \qquad (15-24)$$

这里 R_V 是流体的**体积流量**（单位时间流过的体积）。在 SI 单位制中它的单位是立方米每秒（m^3/s）。如果流体的密度 ρ 是均匀的，我们可以用密度乘以式（15－24），从而得到**质量流量** R_m（单位时间流过的质量）：

$$R_m = \rho R_V = \rho Av = 常量 \quad （质量流量） \qquad (15-25)$$

它在 SI 单位制中的单位是千克每秒（kg/s）。式（15－25）表示每秒流入图 15－15 所示的管段的质量必定等于每秒流出该管段的质量。

检查点3：图示为一只管子，给出了除一个截面以外的体积流量（cm^3/s）和流动方向。试求那一截面的体积流量与流动的方向。

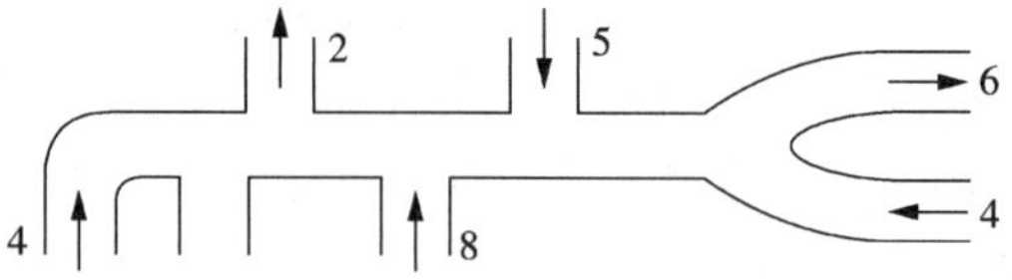

例题 15－6

静止的正常人其主动脉（从心脏出来的主血管）横截面积 A_0 是 $3cm^2$，通过它的血液的流速是 30cm/s。典型的毛细血管（直径≈6μm）的横截面积 A 是 $3\times10^{-7}cm^2$、流速 v 是 0.05cm/s。这样一个人有多少毛细血管？

【解】

这里**关键点**是，通过毛细血管的全部血液都必定通过主动脉，因此，通过主动脉的体积流量必等于通过毛细血管时的总体积流量。假定毛细血管都是一样的，具有相同的给定横截面积 A 及流速 v，于是由式（15－24）就有

$$A_0 v_0 = nAV$$

此处，n 为毛细血管数。解出 n 得

$$n = \frac{A_0 v_0}{Av} = \frac{(3cm^2)(30cm/s)}{(3\times10^{-7}cm^2)(0.05cm/s)}$$
$$= 6\times10^9 \text{ 或 } 60 \text{ 亿} \qquad （答案）$$

很容易看出，所有毛细血管的总横截面积是主动脉横截面积的 600 倍。

例题 15－7

图 15－18 表示从水龙头流出的水流如何“收缩下去”。标出的两处的横截面积为 $A_0 = 1.2cm^2$ 和 $A = 0.35cm^2$。两个截面的竖直距离为 $h = 45mm$。从此龙头流出的体积流量是多少？

【解】 这里**关键点**很简单，即通过上下两截面的体积流量相等。因此式（15－24）可写为

$$A_0 v_0 = Av \qquad (15-26)$$

这里 v 和 v_0 是和 A_0 和 A 相应的水平面处水的流速。由于水是以加速度 g 自由下落，由式（2－16）还有

$$v^2 = v_0^2 + 2gh \qquad (15-27)$$

在式（15－26）和式（15－27）中消去 v，解出 v_0 可得

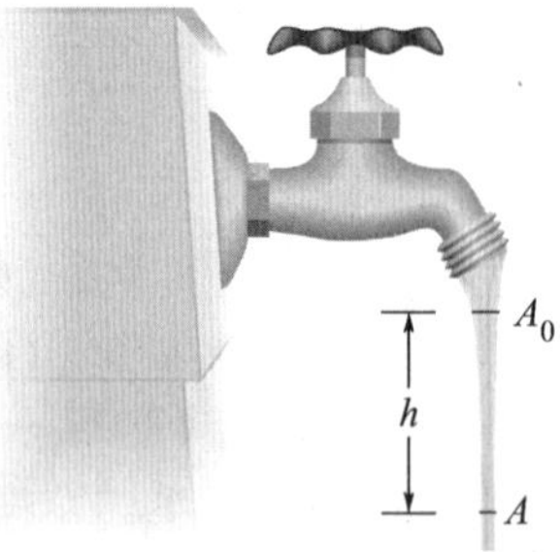

图 15－18 例题 15－7 图 水从龙头流下来时，其速率增加。由于体积流量必须在所有横截面处都相同，所以水流必定是“收缩下去”。

$$v_0 = \sqrt{\frac{2ghA^2}{A_0^2 - A^2}}$$

$$= \sqrt{\frac{2\times(9.8\text{m/s}^2)(0.045\text{m})(0.35\text{cm}^2)^2}{(1.2\text{cm}^2)^2-(0.35\text{cm}^2)^2}}$$

$=0.286\text{m/s}=28.6\text{cm/s}$

由式（15－24），体积流量 R_V 是

$$R_V=A_0v_0=1.2\text{cm}^2\times28.6\text{cm/s}=34\text{cm}^3/\text{s}$$

（答案）

15－10 伯努利方程

图15－19代表一根有理想流体以稳定流速通过的管子。假定在时间间隔 Δt 内，体积为 ΔV 的流体，在图15－19a中**颜色较深**，由左端（或流入端）流入；同时，同样体积，在图15－9b中**颜色也较深**，从右端（或流出端）流出。流出的体积必定等于流入的体积。因为流体是不可压缩的，其密度设为常数 ρ。

令从左端流入的流体的高度、流速及压强分别为 y_1、v_1 和 p_1，而从右端流出的流体的相应的量为 y_2、v_2 及 p_2。对该流体应用能量守恒原理，我们将证明以上各量的关系为

$$p_1+\frac{1}{2}\rho v_1^2+\rho g y_1=p_2+\frac{1}{2}\rho v_2^2+\rho g y_2 \qquad (15-28)$$

我们也可以把它写成

$$p+\frac{1}{2}\rho v^2+\rho g y=\text{常量} \quad \text{（伯努利方程）} \qquad (15-29)$$

式（15－28）和式（15－29）是**伯努利方程**的两个等价形式，它是以在18世纪研究流体流动的科学家伯努利的名字命名的㊀。像连续性方程（式（15－24））一样，伯努利方程并不是一个新原理，它不过是熟知的原理对流体力学更适合的表示式。作为检验，让我们对静态的流体用一下伯努利方程，即令式（15－28）中的 $v_1=v_2=0$，结果是

$$p_2=p_1+\rho g\ (y_1-y_2)$$

这就是式（15－7），只是符号略有变化。

伯努利方程的一个主要预言为，如果我们令 y 为一个常量（比如 $y=0$），使得流体流动时高度保持不变，这时式（15－28）就变成

$$p_1+\frac{1}{2}\rho v_1^2=p_2+\frac{1}{2}\rho v_2^2 \qquad (15-30)$$

此式说明：

如果流体微元沿水平流线流动时流速增加了，它的压强必定减小，反过来也一样。

换个方式说，流线相对靠近（流速相对说来较大）的地方，压强相对较小，反之亦然。

如果你考虑一个流体微元，可发现其流速的变化与压强的变化之间的联系是可以理解的。当一个流体微元接近狭窄区域时，其后方的较大压强使它加速，从而以较大的流速通过狭窄区域。当它接近宽大区域时，它前方的较大压强使它减速，从而以较小的流速通过宽大区域。伯努利方程仅对于理想流体严格成立。如果存在粘力，则会涉及热能。我们在以下的推导中不考

㊀ 对于无旋流体（假定），式（15－29）中的常量对流管内所有点都是常数，这些点不一定在同一流线上。类似地，式（15－28）中的点1和点2可以在流管内的任意位置。

虑这种情况。

伯努利方程的证明

以图 15－19 中所示的（理想）流体的全部体积作为我们的系统。我们将对此系统从初态（图 15－19a）运动到末态（图 15－19b）的过程应用能量守恒原理。位于图 15－19 中的两个相距 L 的竖直平面之间的流体在此过程中性质保持不变，我们只需考虑流入和流出端发生的变化。以功－动能定理的形式写出能量守恒式

$$W=\Delta K \tag{15-31}$$

它告诉我们，该系统动能的变化必定等于外界对系统所做的净功。动能的改变来自管子两端间速度的改变，即

$$\Delta K=\frac{1}{2}\Delta m v_2^2-\frac{1}{2}\Delta m v_1^2=\frac{1}{2}\rho\Delta V\left(v_2^2-v_1^2\right) \tag{15-32}$$

这里，Δm（$=\rho\Delta V$）是在微小时间间隔 Δt 内在流入端流入和流出端流出的流体的质量。

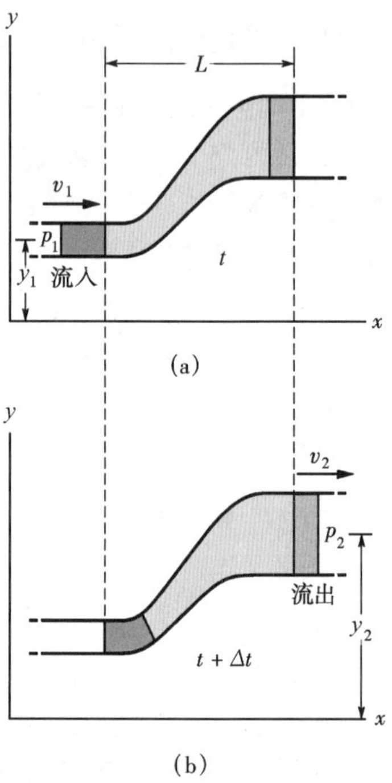

图 15－19　流体从左边的流入端到右边的流出端以稳定的流速通过长为 L 的管子。从（a）中的时刻 t 到（b）中的时刻 $t+\Delta t$，流进输入端的液体量与流出输出端的液体量是相等的。

外界对系统所做的功有两个来源。功 W_g 是重力（$\Delta m\,\vec{g}$）在质量为 Δm 的流体从流入的水平面升高到流出的水平面的过程中对它做的功：

$$W_g=-\Delta m g\left(y_2-y_1\right)=-\rho g\Delta V\left(y_2-y_1\right) \tag{15-33}$$

这个功是负的，因为位移向上而重力向下，它们的方向是相反的。

还必须**对**此系统（在流入端）做功以推动正在流入的流体进管，**该**系统（在流出端）也必须做功把正在流入的流体的前面的流体推向前方。一般说来，大小为 F、作用于面积为 A 的管内的流体样品使之通过 Δx 的距离时做的功的大小是

$$F\Delta x=(pA)(\Delta x)=p(A\Delta x)=p\Delta V$$

对系统做的这个功是 $p_1\Delta V$，而系统对外做的功是 $-p_2\Delta V$。它们的和 W_p 是

$$W_p=-p_2\Delta V+p_1\Delta V=-\left(p_2-p_1\right)\Delta V \tag{15-34}$$

于是，式（15－31）表示的功－动能定理现在变成

$$W=W_g+W_p=\Delta K$$

以式（15－32）、式（15－33）和式（15－34）代入后有

$$-\rho g\Delta V\left(y_2-y_1\right)-\Delta V\left(p_2-p_1\right)=\frac{1}{2}\rho\Delta V\left(v_2^2-v_1^2\right)$$

对此式稍做调整就成了式（15－28），这就是开始要证明的。

检查点 4：图示水通过管子平稳地流下。按照（a）通过它们的体积流量 R_v、（b）通过它们的流速 v、（c）它们中的水压 p，由大到小对标注了号的四段管子排序。

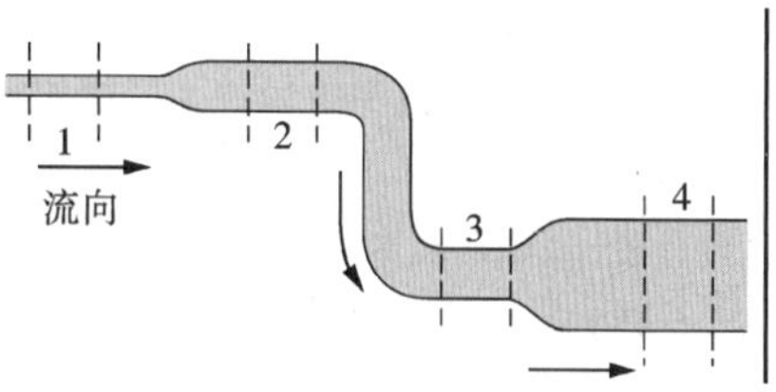

例题 15-8

密度为 $\rho = 791\text{kg/m}^3$ 的乙醇平稳地流过一根水平的管子，其横截面积从 $A_1 = 1.2 \times 10^{-3}\text{m}^2$ 到 $A_2 = A_1/2$ 逐渐缩小。宽大和狭窄的管段的压强差是 4120Pa。求乙醇的体积流量。

【解】

这里一个**关键点**是，因为流过宽大管段的流体必定全都流过狭窄的管段，所以两段的体积流量 R_V 必定是相等的。这样，由式（15-24）

$$R_V = v_1 A_1 = v_2 A_2 \qquad (15-35)$$

不过，由于有两个速率未知，我们无法用此方程解出 R_V。

第二个**关键点**是，由于流动是平稳的，我们可以用伯努利方程。由式（15-28）可写出

$$p_1 + \frac{1}{2}\rho v_1^2 + \rho g y = p_2 + \frac{1}{2}\rho v_2^2 + \rho g y \qquad (15-36)$$

这里的下标 1 和 2 分别指管子的宽段和窄段，y 是共同的高度。此处，这个方程似乎很难有什么帮助，因为它不包含所需的体积流量 R_v，但包含未知的速率 v_1 和 v_2。

然而，我们有个好办法：首先，我们可以用式（15-35）以及 $A_2 = A_1/2$ 的事实写出

$$v_1 = \frac{R_V}{A_1} \text{和} \ v_2 = \frac{R_V}{A_2} = \frac{2R_V}{A_1} \qquad (15-37)$$

然后，我们可以把这些表达式代入式（15-36）以消去未知的速度并引入体积流量。这样做后再解出 R_v，得到

$$R_V = A_1 \sqrt{\frac{2(p_1 - p_2)}{3\rho}} \qquad (15-38)$$

我们还需要做一个判断：按已知，两管端的压强差是 4120Pa。这是不是就意味着 $p_1 - p_2$ 是 4120Pa 或 -4120Pa 呢？我们猜测前一个结果是正确的，否则式（15-38）中的平方根就会成为虚数。如果不去猜，我们也可试着做一些分析。从式（15-35）我们可以看出，窄段（较小的 A_2）的速率 v_2 必定大于宽段（较大的 A_1）的速率 v_1。回忆一下，如果流体的速率随着它沿着水平路径（如这里的情况）流动而增加，那么，流体的压强必然减小。这样，p_1 就大于 p_2，且 $p_1 - p_2 = 4120\text{Pa}$。把这个结果和其他已知数据代入式（15-38）中，结果是

$$R_V = 1.20 \times 10^{-3}\text{m}^2 \sqrt{\frac{2 \times 4120\text{Pa}}{3 \times 791\text{kg/m}^3}}$$
$$= 2.24 \times 10^{-3}\text{m}^3/\text{s} \qquad \text{（答案）}$$

例题 15-9

在古代的西部地区，有一个暴徒把子弹射进一个开口的水箱（见图 15-20），在水面下距水面 h 处打出了一个孔，水从孔流出是的速率 v 是多少？

【解】一个**关键点**是，这种情形的实质是水以速率 v_0 流过（向下）横截面积为 A 的宽管（水箱），然后又以速率 v 流过（水平地）横截面积为 a 的窄管（孔）。另一个**关键点**是，由于流过宽管的水必定全都流过窄管，在两段“管子”中，体积流量 R_V 必定是相等的。因此，由式（15-24）有

$$R_V = av = Av_0$$

即
$$v_0 = \frac{a}{A}v$$

由于 $a \ll A$，可见 $v_0 \ll v$。

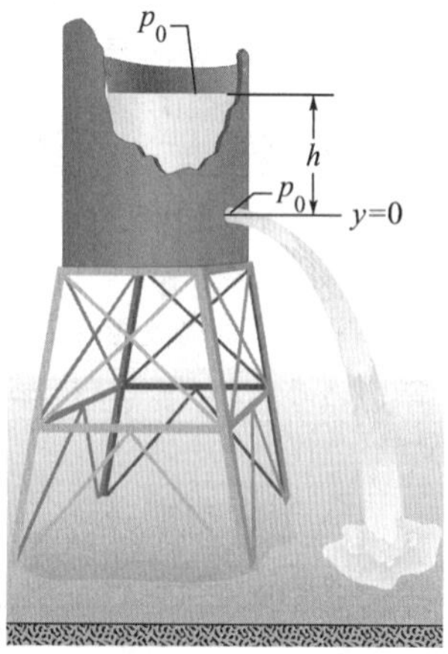

图 15-20 例题 15-9 图 水从在水面下距水面 h 处的孔流出水箱。水面和孔处的压强是大气压强 p_0。

第三个**关键点**是，我们也可以通过伯努利方程（式（15-28））把 v 与 v_0（及 h）联系起来。我们以孔的水平高度作为参考来测量高度（并由此来度量引力势能）。注意到水箱顶部和孔所在处的压强都是大气压强 p_0（因为两处都暴露在大气中）。我们把式（15-28）写成

$$p_0+\frac{1}{2}\rho v_0^2+\rho gh=p_0+\frac{1}{2}\rho v^2+\rho g(0) \qquad (15-39)$$

（这里，方程的左侧代表水箱顶部，右侧代表孔所在处。右侧的零代表我们的参考水平高度）。在解方程式（15-39）求 v 之前，可以用 $v_0 \ll v$ 的结果将它简化：假定在式（15-39）中 v_0^2，因而 $\frac{1}{2}\rho v_0^2$ 和其他项相比可以忽略。解剩下的方程求出 v 为

$$v=\sqrt{2gh} \qquad \text{（答案）}$$

这和一个物体从静止下落高度 h 时的速度相同。

复习和小结

密度 任何材料的**密度** ρ 定义为每单位体积的质量：

$$\rho=\frac{\Delta m}{\Delta V} \qquad (15-1)$$

通常，材料样品比原子的尺寸大，因此可以把式（15-1）写成

$$\rho=\frac{m}{V} \qquad (15-2)$$

流体压强 **流体**是能够流动的物质．它可以适应任何形状的容器，因为它不能承受切应力，但可以施加一个垂直于它的表面的力，这个力可以用**压强** p 来描述。

$$p=\frac{\Delta F}{\Delta A} \qquad (15-3)$$

式中 ΔF 是指作用于表面的面积元 ΔA 的力。如果该力均匀地作用在该面积上，式（15-3）可以写成

$$p=\frac{F}{A} \qquad (15-4)$$

在流体内一个特定的点处，由流体压强产生的力在各个方向上大小相等。**计示压强**是某点实际的压强（或称**绝对压强**）与大气压强的差。

压强随高度和深度的变化 静止流体内的压强随竖直位置 y 而变化。y 值向上为正时，

$$p_2=p_1+\rho g(y_1-y_2) \qquad (15-7)$$

流体内的压强在同一水平面各处相等。如果 h 是在某一压强为 p_0 的参考水平以下流体样品的深度，式（15-7）就变成

$$p=p_0+\rho gh \qquad (15-8)$$

这里 p 是样品内的压强。

帕斯卡原理 **帕斯卡原理**可由式（15-7）推导而来。它指出，封闭流体所受压强的变化不减小地传递到流体的各部分以及容器的器壁。

阿基米德原理 当一个物体被全部或部分地浸入流体时，周围流体给它一个浮力 $\vec{F}_b$。这个浮力向上，大小为

$$F_b=m_f g \qquad (15-16)$$

其中，m_f 是物体已排开流体的质量。

当一个物体漂浮在流体内时，物体所受的（向上）的浮力的大小 F_b 等于该物体所受的（向下）的重力的大小 F_g。受到浮力作用的物体的视重与其实际重量的关系为

$$重量_{\text{app}}=重量-F_b \qquad (15-19)$$

理想流体的流动 **理想流体**是不可压缩且无粘性的流体，它的流动是稳定的和无旋的流动。**流线**是一个单个流体质点经历的路径。**流管**是一束流线。任何流管内的流动遵循**连续性方程**：

$$R_V=Av=常量 \qquad (15-24)$$

其中，R_V 是**体积流量**，A 是任意一点流管的横截面积，而 v 是在该点流体的速率，假定在横截面积 A 上是一个常量。**质量流量** R_m 为

$$R_m=\rho R_V=\rho A_V=常量 \qquad (15-25)$$

伯努利方程 把机械能守恒原理应用于理想流体的流动就导出了沿着任一流管的**伯努利方程**：

$$p+\frac{1}{2}\rho v^2+\rho gy=常量 \qquad (15-29)$$

思考题

1. 图15-21表示一个盛满水的盒子。图中画出了五个水平的底板和顶板；它们的面积相同，离盒子顶部的距离为 L、$2L$ 或 $3L$。按照水对他们的作用力的大小由大到小对各底板或顶板排序。

2. 茶壶效应：当把水缓慢地从茶壶嘴倒出时，水会在离开壶嘴下落之前在壶嘴下方折返一个相当的

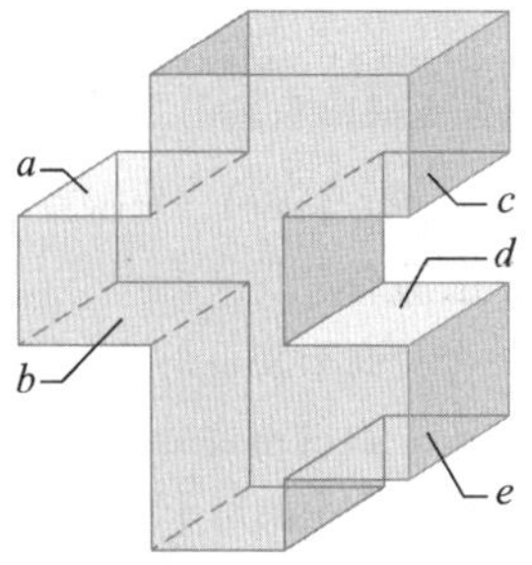

图 15 - 21　思考题 1 图

距离（由于大气压的作用，水层贴在壶嘴的下方）。如图 15 - 22 所示，在壶嘴内的水层里，a 点在水层的顶部，b 点在底部；而在壶嘴下面的水层里，c 点在水层顶部，d 点在底部。按照那里的水内部的计示压强对以上四点排序，正最大排在第一，负最大排在最后。

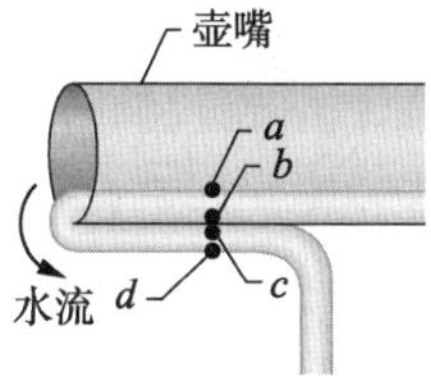

图 15 - 22　思考题 2 图

3. 图 15 - 23 表示**浅色**液体和深色液体在 U 型管里的四种状态。有一种情况流体不能处于静力平衡。(a) 是哪个情况？(b) 对于其他三种情况，假定处于静力平衡。对每一个情况，**浅色**液体的密度大于、小于或等于**深色**液体的密度？

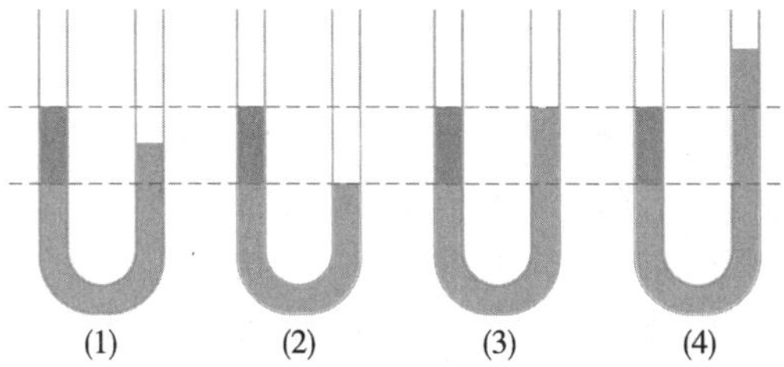

图 15 - 23　思考题 3 图

4. 有三个像图 15 - 8 中的液压杠杆，用来把同样的负载（在输出端）举高同样的距离。杠杆的输入端是相同的，而输出活塞的面积不同：杠杆 1 的活塞面积为 A，杠杆 2 的活塞面积为 $2A$，而杠杆 3 的活塞面积为 $3A$。在举起负载时，按照 (a) 在输入端需做的功、(b) 在输入端所需的力的大小（假定为常量）、(c) 在输入端活塞的位移，由大到小把各个杠杆排序。

5. 把一块 3kg 形状不规则的物体全部浸在某种流体中，现在该物体所占体积内流体的质量是 2kg。(a) 当我们把物体释放时，它将向上运动、向下运动还是保持位置不变？(b) 如果我们改成把它完全浸没在密度较小的流体内，再次释放时，它又怎样运动呢？

6. 图 15 - 24 表示漂浮在玉米糖浆上的四个固态物体，按照它们的密度由大到小将这些物体排序。

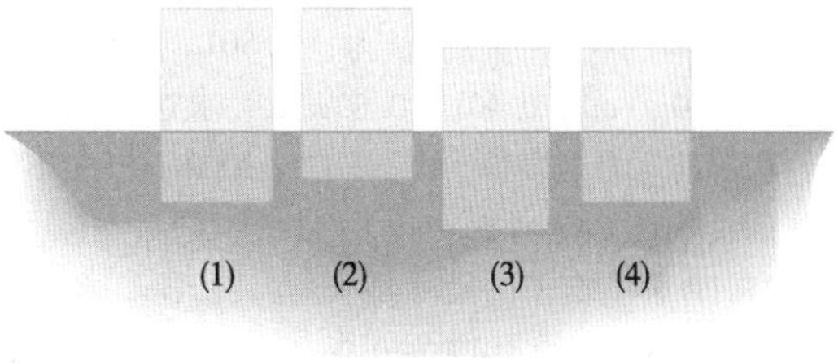

图 15 - 24　思考题 6 图

7. 图 15 - 25 表示三个上部开放的容器，均注满了水。其中的两个有玩具鸭子漂浮在水中。按照它们的重量由大到小对各个容器及其盛载物排序。

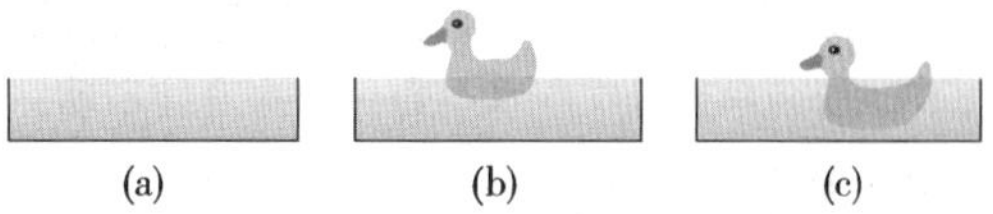

图 15 - 25　思考题 7 图

8. 一木块漂浮在一只水桶里，水桶放在静止的电梯上。在下列情况下判断木块是向上漂得更高、更低、还是保持高度不变？电梯 (a) 以恒定速率上升；(b) 以恒定速率下降；(c) 加速上升；(d) 以小于 g 的加速度下降。

9. 甲板上配有锚的船漂浮在比船略大的游泳池里。如果把锚 (a) 放入水中、(b) 投到旁边的地上，游泳池的水面将上升、下降、还是保持不变？(c) 如果一个软木塞救生圈从船上落入水中，游泳池的水面是上升、下降、还是保持不变？它漂浮在什么地方？

10. 图 15 - 26 表示三根流着水的直管。图中标出了每根管中的流速及每根管的横截面积。按照每分钟流过横截面积的水的体积由大到小将这些管子排序。

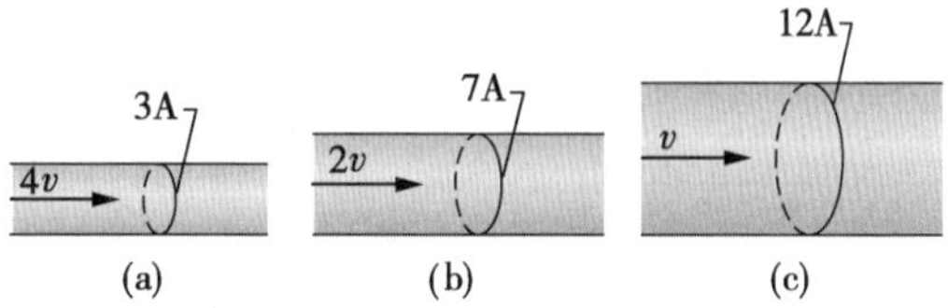

图 15 - 26　思考题 10 图

练习和习题

15－3 节　密度与压强

1E. 护士用42N 的力压注射器的圆形活塞时，注射器内流体的压强增加多少？设活塞的半径为1.1cm。(ssm)

2E. 三种互不溶合的液体倒入一个圆柱形容器中，它们的体积和密度为：0.50L、$2.6g/cm^3$；0.25L，$1.0g/cm^3$；0.40L，$0.80g/m^3$. 求这些液体对容器底部的压力是多少？1 升 $=1L=1000cm^3$。(不算大气的贡献)。

3E. 办公室窗子的尺寸是 3.4m×2.1m。在一次暴风雨中，外边的气压降为 0.96atm，但室内的压强还是 1.0atm。求窗子受到向外的合力是多少？(ssm)

4E. 你给你的爱车前轮打气到 28psi（lb/in^2）。后来你测量自己的血压为 120/80mmHg。在米制单位国家（大多数国家），习惯上用千帕（kPa）作单位。(a) 你的轮胎压强和 (b) 你的血压各是多少 kPa?

5E. 一条鱼能呆在淡水中的一定深度处不动，方法是调节它的多孔骨或鱼膘中空气的含量，使其平均密度与水的密度相同。假定鱼膘是瘪的，这时它的密度为 $1.08g/cm^3$。为了使它的密度减小到水的密度，此鱼必须把它的膘膨胀到其体积的几分之几？(ilw)

6P. 一个密封的容器被部分抽空，它的盖子的面积是 $77cm^2$ 而质量可以忽略。如果大气压是 1.0×10^5Pa，把盖子打开需要 480N 的力，在打开前，容器内的压强是多少？(ssm)

7P. 在 1654 年，抽气泵的发明人 Otto von Guericke 在神圣罗马帝国的贵族面前做了一次表演，其中两队八匹马都没能把抽空的两个黄铜半球拉开。(a) 假定半球的壁很薄，因此，图 15－27 中的 R 既是内半径又是外半径。证明拉开半球所需的力 $\vec{F}$ 的大小为 $F=\pi R^2\Delta p$，其中 Δp 为球内外压强之差。(b) 取 R 为 30cm，内部压强为 0.10atm，外部压强为 1.00atm，求拉开半球所需的马队的拉力。(c) 如果把另一半球栓在坚固的墙上。解释为什么用一队马也能很好地证明这一点。(ssm) (www)

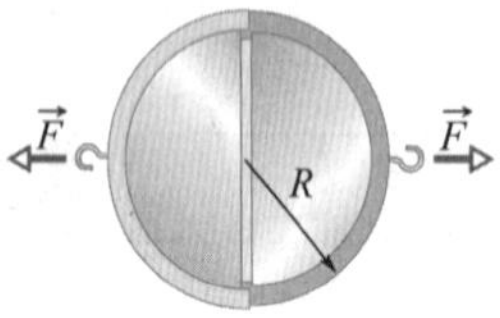

图 15－27　习题 7 图

15－4 节　静止流体

8E. 计算一个身高 1.83m 的人其大脑与足部血压的流体静力学之差．血的密度是 $1.06\times10^3kg/m^3$。

9E. 一座建在斜坡上的房子的污水排放口在街道水平面以下 8.2m 处．如果下水道在街道水平面以下 2.1m 处，求要把污水从排污口送到下水道去污水泵至少必须产生多大的压强差。假定污水的平均密度为 $900kg/m^3$。(ssm)

10E. 图 15－28 表示碳的相图，从中可以看到碳结晶成金刚石或石墨的温度和压强的范围。在至少是多厚的岩层下面才能形成金刚石，如果该处的温度是 1000°C，而岩层的密度是 $3.1g/m^3$？假设，像在流体里一样，任何水平高度处的压强是由于在这一高度以上的材料所受的重力引起的。

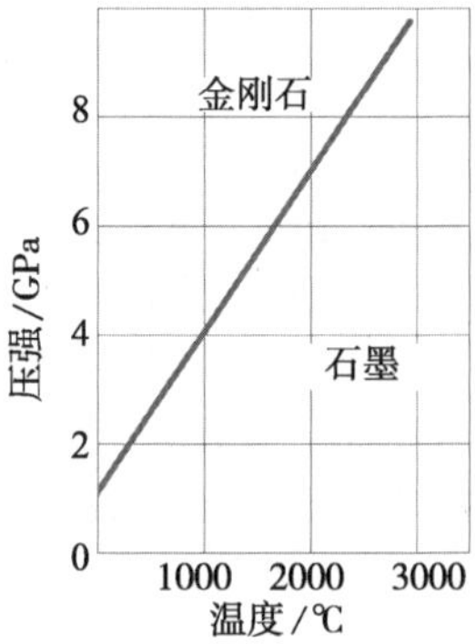

图 15－28　练习 10 图

11E. 一个游泳池的尺寸是 24m×9.0m×2.5m。注满水后，(a) 底面、(b) 每个短侧面和 (c) 每个长侧面受的力多大（只考虑水产生的作用）？(d) 如果你要考虑混凝土壁及底面是否会坍塌，是否需要把大气压计算进去？为什么？(ilw)

12E. (a) 假定海水的密度是 $1.03g/cm^3$，求一艘核潜艇在200m 深处时它上面的海水的总重量，设船身面积（水平横截面积）是 $3000m^3$。(b) 在大气中，潜水员在此深度处受到的水压是多少？你认为在此深度，如果潜水艇被损坏了，潜水员不借助特殊设备是否可以逃生？

13E. 船员们试图从水面下 100m 处损坏的潜水艇上逃离。在该深度需要用多大的力作用在 1.2m×0.60m 的向外开的舱门上才能把它推开？假设海水的

密度是 $1025kg/m^3$。(ssm)

14E. 一只圆桶，其顶部有一细管，如图 15－29 所示（附有尺寸）。桶内注水达到细管顶部。计算桶底受的液体静压力与桶内水受的重力之比。为什么这个比不是 1 呢？（不需考虑大气压。）

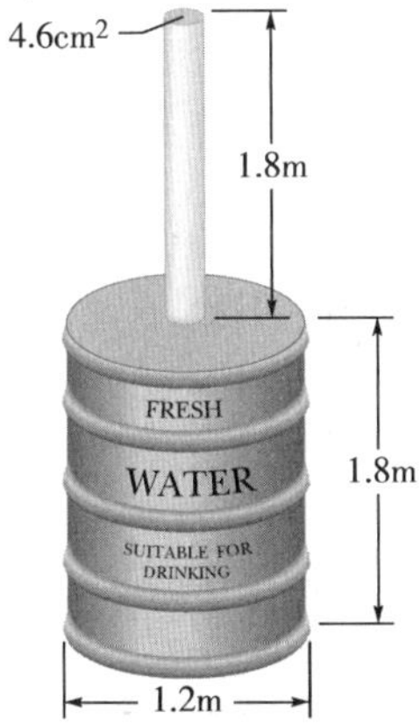

图 15－29　练习 14 图

15P. 两个同样的圆柱形容器，底面在同一高度处，都盛有密度为 ρ 的液体。它们底面的面积都是 A，两容器内液体的高度分别是 h_1 和 h_2。求当两容器连在一起液面达到同一高度的过程中重力所做的功。(ssm)

16P. 在进行某些地质特征分析时，常常合宜地假设地球内部深处某一水平**补偿面**的压强在一个大范围内都相同，而且等于该面以上材料所受的重力形成的压强。这样，补偿面的压强可以用流体的压强公式得出。这种分析方法要求山体有大陆岩石**根**伸展到致密的地幔中（见图 15－30）。考虑一座 6.0km 高的山。大陆岩石的密度是 $2.9g/cm^3$。大陆以下地幔的密度为 $3.3g/cm^3$。计算根的厚度 D。（**提示**：认为 a 和 b 两点的压强相等，补偿面的深度 y 可以消掉。）

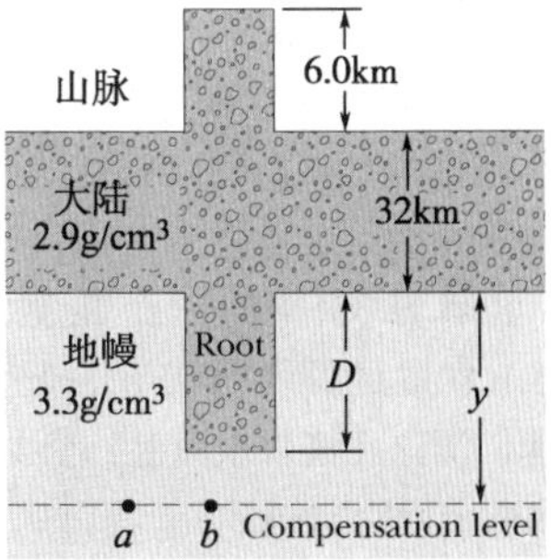

图 15－30　习题 16 图

17P. 图 15－31 表示海洋与大陆的交界处。用习题 16 提到的补偿面技术求出海洋的深度 h。(ssm)(www)

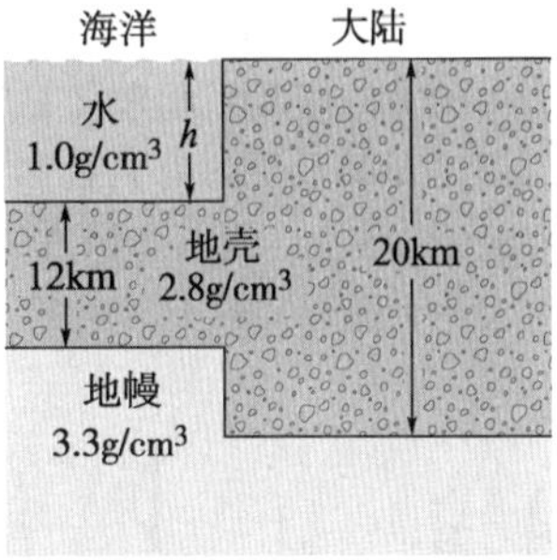

图 15－31　习题 17 图

18P. 图 15－32 表示一个盛有水的 L 型容器，其顶部开口。如果 $d=5.0$cm，水对 (a) A 面和 (b) B 面的力是多少？

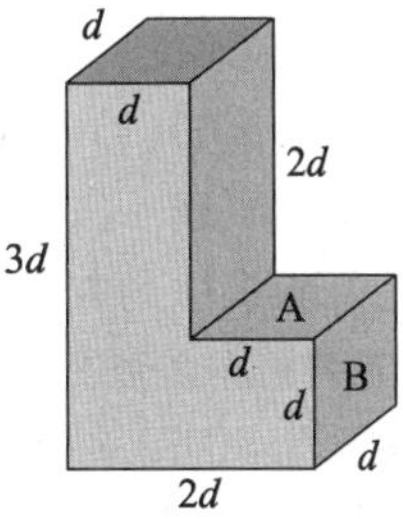

图 15－32　习题 18 图

19P. 在图 15－33 中，一座水坝的面向上游的坝面后方的水的深度为 D。令 W 为坝的宽度，求：(a) 水的计示压强对坝的水平合力 (b) 此力对通过 O 点且平行于坝的宽度方向的直线的合力矩；(c) 对通过 O 点的直线的水平合力的力臂。(ssm)

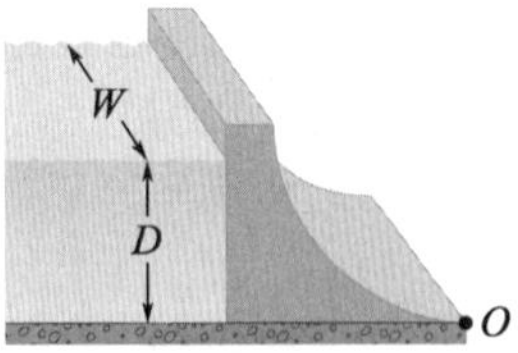

图 15－33　习题 19 图

15－5 节　压强的测量

20E. 用麦杆把密度为 $1000kg/m^3$ 的柠檬汁吸到 4.0cm 的最大高度，肺里必须产生多大的最小计示压强（以大气压为单位）？

21E. 假定在海平面上的气压是 1.0atm，空气的密度为 $1.3kg/m^3$。如果空气的密度 (a) 均匀和 (b)

随高度线性地减小到零，大气的高度是多少？(ssm)

15－6节　帕斯卡原理

22E. 在一台液压机中，用一只横截面积为 a 的小活塞对密封的液体加一个较小的力 $\vec{f}$。连接管把它与横截面积为 A 的大活塞联系起来（见图 15－34）。求：(a) 大活塞不动时承受的力 F 是多大？(b) 如果小活塞的直径是 3.8cm，大活塞的直径是 53.0cm，对小活塞加多大的力能和加到大活塞的 20.0kN 的力平衡？(ssm)

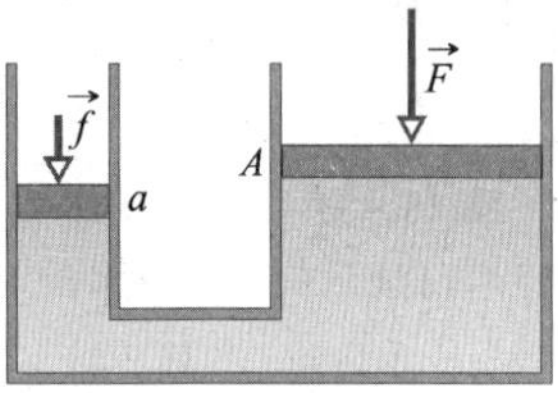

图 15－34　练习 22 和练习 23 图

23E. 在练习 22 的液压机中，大活塞必须移动多大的距离才能使小活塞上升 0.85m？(ssm)

15－7节　阿基米德原理

24E. 一条漂在淡水中的船排开水的重量是 35.6kN。(a) 如果此船漂在密度为 1.10×10^3kg/m^3 的咸水中，它排开水的重量是多少？(b) 排开水的体积是否改变？如果改变，变化量是多少？

25E. 密度为 7870kg/m^3 的铁锚在水中比在空气中轻 200N。求：(a) 此锚的体积；(b) 在空气中它的重量是多少？(ssm)

26E. 在图 15－35 中，一个边长 $L=0.600$m，质量为 450kg 的正立方体，由一根绳悬在一个上端开口、内装密度为 1030kg/m^3 液体的容器中。(a) 假定大气压为 1.00atm，求液体及大气对物体顶部总的向下的力的大小；(b) 求物体底部受到的总的向上的力的大小；(c) 求绳子中的张力；(d) 用阿基米德原理计算物体所受浮力的大小。所有这些量之间存在什么关系？

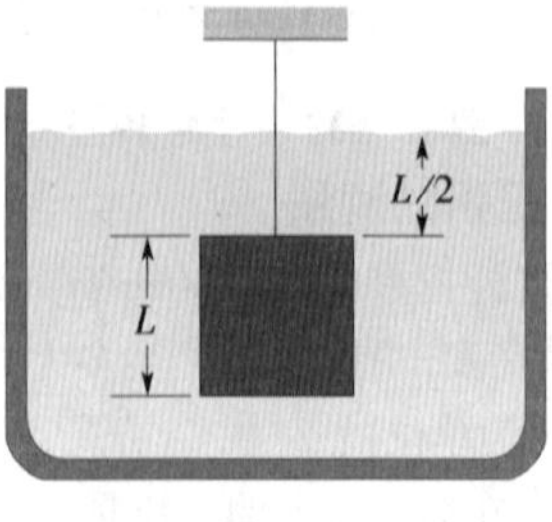

图 15－35　练习 26 图

27E. 一木块漂浮在淡水中，其体积的三分之二浸没在水中。如果此木块漂在油中，则浸没在油中的体积为它体积的 0.90。求：(a) 木块的密度和 (b) 油的密度。

28E. 一小型飞艇缓慢地在低空飞行，其内充以氦气。它的最大有效载荷为 1280kg，其中包括飞行员及货物。内部充有氦气的空间体积是 5000m^3。氦气的密度是 0.16kg/m^3，而氢气的密度是 0.081kg/m^3。如果用氢气取代氦气，其最大有效载荷将增加多少？(为什么不用氢气呢？)

29P. 一只中空的球体，内半径为 8.0cm、外半径为 9. 0cm。体积的一半淹没在密度为 800kg/m^3 的液体中。(a) 球体的质量是多少？(b) 计算球体所用材料的密度是多少？(ssm) (www)

30P. 漂在死海上的人三分之一会在水面以上。假定人体的密度是 0.98g/cm^3，求死海中水的密度。(为什么比 1.0g/cm^3 大很多呢？)

31P. 一个中空球形铁壳，漂浮时几乎完全浸在水中。其外部直径是 60.0cm，密度是 7.87g/cm^3。求内部直径。(ilw)

32P. 一木块的质量是 3.67kg，密度是 600kg/m^3。它和铅块绑在一起使它的体积能有 0.9 浸没在水中。如果把铅块 (a) 绑在木块的顶部和 (b) 绑在木块的底部，所需铅块的质量是多少？铅的密度是 1.13×10^4kg/m^3。

33P. 内部有许多空洞的一块铸铁，在空气中称重 6000N，在水中称重 4000N。求在铸铁内全部空洞的总体积。铁（无空洞样品）的密度是 7.87g/cm^3。(ssm)

34P. 假定黄铜的密度是 8.0g/cm^3，空气的密度是 0.0012 g/cm^3。求把一个质量为 m、密度为 ρ 的物体放在像图 5－6 中的天平上称重时，如果忽略空气的浮力会造成多大的百分误差？

35P. (a) 一块 0.30m 厚的冰漂在淡水水面上，如果想让它能驮住质量为 1100kg 的汽车，求其上表面的面积最小是多少？(b) 汽车放在冰块上的位置是否有影响？(ssm)

36P. 体重都为 356N 的三个儿童，把直径为 0.30m、长为 1.80m 的圆木捆绑在一起做成一个木筏。要保证他们漂浮在淡水水面上，至少需要多少根圆木？取圆木的密度为 800kg/m^3。

37P. 长 80cm、质量 1.6kg 的金属杆的均匀横截面积为 6.0cm^2。由于密度不均匀，杆的质心位于离一端20cm处。用绳子栓在两端，将其悬于水中处于水平状态（见图15-36）。(a) 接近质心的那根绳子中的张力多大？(b) 远离质心的那根绳子中的张力多大？（**提示**：对整个杆的浮力等效地作用在杆的中心。）(ssm)

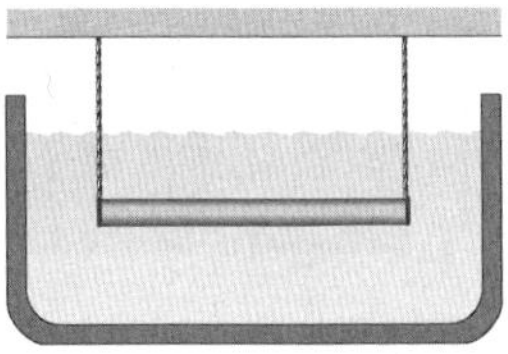

图15-36 习题37图

38P. 一辆汽车总质量为1800kg。车内客舱的空间体积为$5.00m^3$；发动机和前轮的体积是$0.750m^3$；后轮、油箱和行李箱的体积为$0.800m^3$。水不会进入这些地方。汽车停放在小山上。突然，其手动制动器链绳断裂，汽车落入山下的湖中（见图15-37）。(a) 开始时，水没有进入客舱，如图所示。汽车在水面以下部分的体积是多少立方米？(b) 随着水慢慢进入车内，汽车下沉。在它从水面下消失时，有多少立方米的水进入了车内？（由于行李箱内的重载荷，汽车仍保持水平）

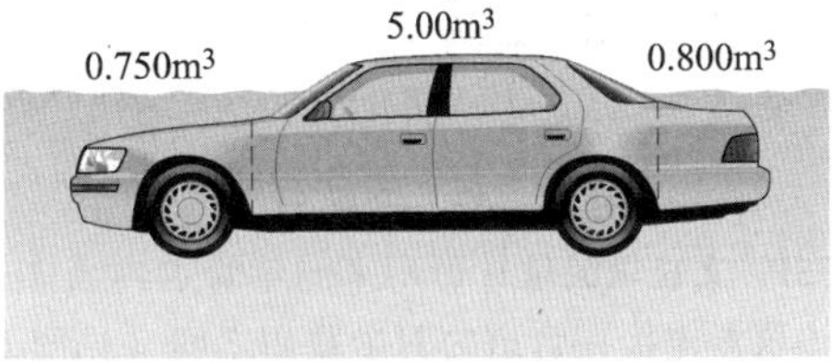

图15-37 习题38图

15-9节 连续性方程

39E. 一条花园软管直径1.9cm。把它与（静止的）草地喷水器连起来，该喷水器有24个孔，每个孔的直径是0.13cm。如果管内水的流速是0.91m/s，水从喷孔喷出时流速是多少？(ssm)

40E. 图15-38表示两条溪水汇成了一条河。其中一条溪水宽8.2m，水深3.4m，流速2.3m/s；另一条溪水宽6.8m，水深3.2m，流速2.6m/s。河的宽度是10.5m，流速2.9m/s。河水的深度是多少？

41P. 从灌满水的地下室里用半径为1.0cm的均匀水管以5.0m/s的速度向外抽水。水管从水面以上3.0m处的窗户通过．水泵的功率是多少？(ssm)

42E. 从管径1.9cm（内径）的管子里流出的水流入三条管径1.3cm的水管。(a) 如果水在三根细管内的流量分别为26L/min、19L/min和11L/min，在1.9cm管内流量是多少？(b) 水在1.9cm管子中的流速与在流量是26L/min的管子中的流速之比是多少？

图15-38 练习40图

15-10节 伯努利方程

43E. 一根水管横截面积为$4.0cm^2$，管内的水以5.0m/s的速率流动。随着管子横截面积增加到$8.0cm^2$，水的高度降低了10m。(a) 当水到达低处时，流速是多少？(b) 如果在高处时压强是1.5×10^5Pa，那么在低处时的压强是多少？(ssm)

44E. 水雷模型的测试有时在通过水平的流水管内进行，就像用风洞测试飞机模型一样。考虑一个内径为25.0cm的圆管和一颗沿其轴线放置的直径为5.00cm的水雷模型，然后用以2.5m/s的速率经过模型的水流进行测试。(a) 管内不受模型限制处水流的速率是多少？(b) 管内受模型限制和不受模型限制处的压强差是多少？

45E. 一条内径为2.5cm水管将水送入地下室，管内水的流速为0.90m/s、压强为170kPa。如果水从地下室流到高出输入点7.6m的二层楼时所用管径缩小为1.2cm，那么到二层楼时(a) 水的流速和(b) 水的压强是多少？。(ilw)

46E. 水库（见图15-39）输水管的入口横截面积是$0.74m^2$。水的流速是0.40m/s。发电机房在入口

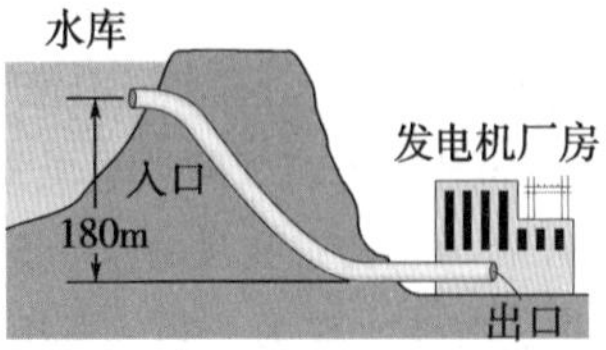

图15-39 练习46图

以下180m处，那里管子的横截面积比入口的横截面积小，水的流速为9.5m/s。入口与出口之间的压强差是多少MPa？

47E. 一个面积较大的容器，盛有深度$D=0.30$m的水。在其底部有一个横截面积为$A=6.5\text{cm}^2$的孔可使容器内的水流出。(a) 每秒钟流出多少立方米的水？(b) 在容器的底部以下多少米处水流的横截面积是孔面积的一半？(ssm)

48E. 面积为A的飞机机翼上方空气的流速为v_t，机翼下侧（面积也是A）空气的流速是v_u。在这种简单的情况下，证明伯努利方程所预言的对机翼的向上的升力为

$$L=\frac{1}{2}\rho A\ (v_t^2-v_u^2)$$

式中ρ是空气的密度。

49E. 如果空气流过飞机机翼下表面的速率是110m/s，能提供机翼上下两表面压强差为900Pa时，空气在上表面处的流速应是多少？空气的密度取$1.3\times10^{-3}\text{g/cm}^3$，并参看练习48。(ssm)

50E. 设上方开口都较大的两个容器1和容器2，分别盛着不同的液体。在每个容器的液面以下h处的侧面各打一个孔，不过容器1孔的横截面积是容器2孔的横截面积一半。(a) 如果两孔所在处液体的质量流量相同，那么两种液体的密度之比ρ_1/ρ_2是多少？(b) 两容器的体积流量之比是多少？(c) 在容器2里，在孔以上液体要加注或排去到多高的地方才可以使两体积流量相等？

51P. 在图15-40中，水流过水平的管子，并以15m/s的速率流入大气中。管子左右端截面的直径分别是5.0cm和3.0cm。(a) 在10min的时间内，流入大气中水的体积是多少？在管子的左段内，(b) 流速v_2和 (c) 计示压强是多少？

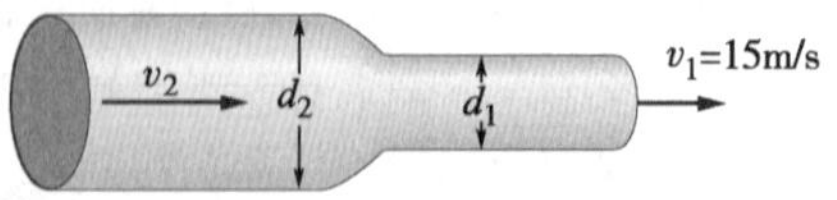

图15-40 习题51图

52P. 在其内部液面以下50cm处的密闭饮料桶上开有一个面积为0.25cm^2的孔，桶内液体的密度为1.0g/cm^3。如果液体上方空气的计示压强是 (a) 零和 (b) 0.40atm，液体流过孔时的速率是多少？

53P. 水坝后方淡水深为15m，直径4.0cm的水平管道在水面以下6.0m处穿过坝体，如图15-41所示。一个塞子堵住其开口。求：(a) 塞子和管壁之间的摩擦力的大小；(b) 拔掉塞子，3.0h内将有多少水流出管道？(ilw)

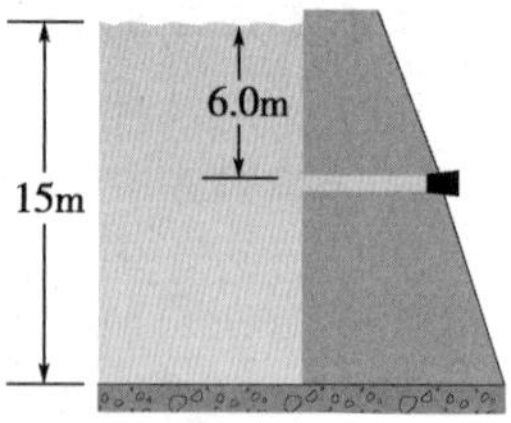

图15-41 习题53图

54P. 一个容器内水面的高度为H，在其一个侧壁上水面以下h处钻一个孔（见图15-42）。(a) 证明由此流出的水的着地点离容器底部的距离为$x=2\sqrt{h\ (H-h)}$。(b) 在另一深度处是否可以再打一个孔，使流出的水流射程相同？如果可能，深度是多少？(c) 欲使水流着地时的射程达到最大，孔应当打在多深的地方？

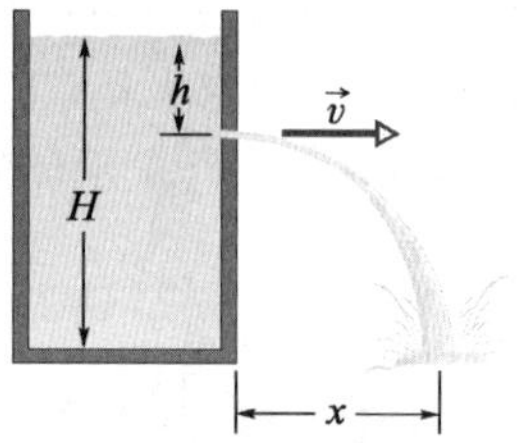

图15-42 习题54图

55P. **文丘里流量计**可用来测量管道内流体的流速。该仪器连接在管道的两个截面之间（见图15-43），入口和出口的横截面积A和管道的横截面积一样。流体在入口和出口之间以速率V从管道流入，接着以速率v经过横截面积为a的狭窄“咽喉”。在仪器的宽、窄两部位之间连有一个气压计。流体速度的变化伴随流体压强的变化Δp，这个压强的变化引起气压计的两臂内液体的高度差。（此处的Δp意味着狭窄部位的压强减去管道里的压强）。(a) 对图15-43中点1和点2应用伯努利方程和连续性方程证明。

$$V=\sqrt{\frac{2a^2\Delta p}{\rho\ (a^2-A^2)}}$$

这里ρ表示流体的密度。(b) 假定流体是淡水，管道的横截面积是64cm^2，而狭窄部位的横截面积是32cm^2，管道内及狭窄部位的压强分别为55kPa和41kPa。流量是多少立方米每秒？(ssm) (www)

56P. 考虑习题55中的文丘里管，在图15-43

中去掉气压计。令 A 等于 $5a$。假定在 A 处的压强 p_1 是 2.0atm。求使 a 处的压强等于零时（a）在 A 处的 V 和（b）在 a 处的 v。（c）如果在 A 处的直径是 5.0cm，求出相应的体积流量。在 a 处出现的压强 p_2 几乎降为零的现象，叫空化。这时水蒸发到小气泡里。

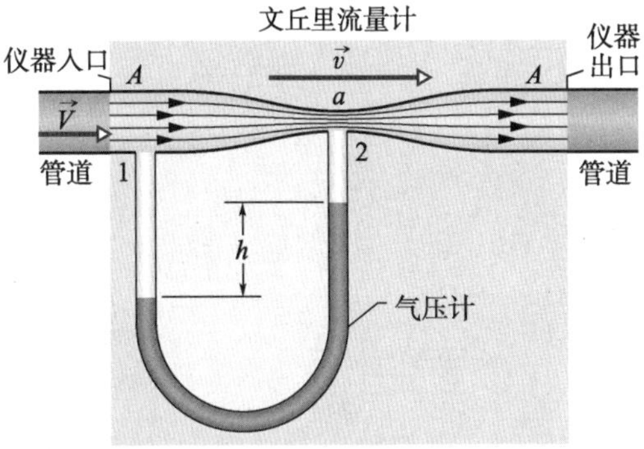

图 15-43 习题 55 和习题 56 图

57P. 皮托管（见图 15-44）用于测量飞机的空速（飞机与空气的相对速度）。它有一只有许多允许空气进入的小孔 B（图中画了四个）的外管。此外管与一个 U 型管的一个臂相连。U 型管的另一个臂连接到仪器前端的孔 A，仪器指着飞机的前方。在 A 点，空气停滞不动而 $v_A=0$。而在 B 点，假定空气的流速等于飞机的空速 v。(a) 用伯努利方程证明

$$v=\sqrt{\frac{2\rho gh}{\rho_{\text{air}}}}$$

这里的 ρ 是 U 型管内液体的密度，h 是管内两液面的高度差。(b) 假设管内液体是酒精，显示的高度差 h 是 26.0cm。飞机相对空气的速率是多少？空气的密度是 1.03kg/m^3，酒精的密度是 810kg/m^3。

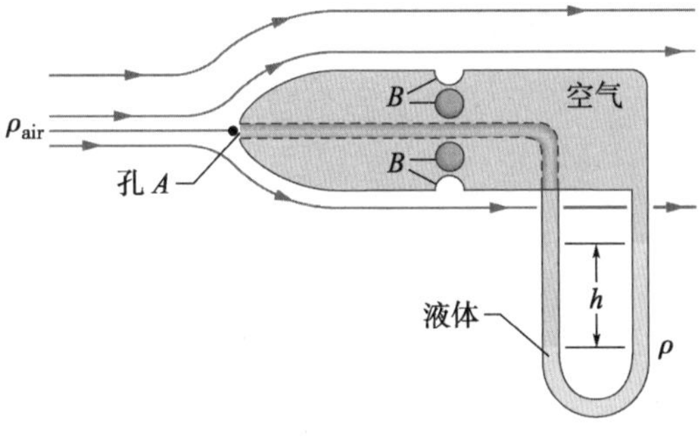

图 15-44 习题 57 和习题 58 图

58P. 在高空的飞机上，一皮托管（参看习题 57）测出的压强差是 180Pa，如果空气的密度为 0.031kg/m^3，飞机的空速是多少？

59. 恐龙属的**梁龙**体形巨大，具有长的脖子和尾巴，且质量大得足以考验其腿部的力量。据推测，**梁龙**在水中跋涉时，水能浸没到它的头部，因此浮力可以抵消它的重量减轻腿部的负担。为了校核这种推测，我们取**梁龙**的密度为水的密度的 0.9 倍，并假设它的质量如公布的估计值 1.85×10^4kg。(a) 它的实际重量是多少？求其体积没入水中的比例为（b）0.50、（c）080 和（d）0.90. 时，它的视重。在几乎全部没入水中只有头露在水面以上时，它的肺已经在水面以下大约 8.0m。(e) 在这一深度时，（外部的）水压与肺内的气压之差是多少？恐龙吸气时，肺部的肌肉必须使肺膨胀反抗这个压差，而恐龙的肺或许压差 8kPa 时可能做不到这一点。(f) **梁龙**在水中的跋涉是否和推测相一致？

60. 当你咳嗽时，你以很高的速率把空气排出气管和上呼吸道，从而去掉气管内壁多余的黏液。你是用下面的程序产生高速率的：先是吸入大量的空气，再关闭声门（喉部的狭窄开口）屏住呼吸；然后收缩肺以增加压力；接着部分松开气管和上呼吸道；然后再次突然开放喉部把空气排出狭窄的声道。假设在咳嗽时，气体的体积流量是 7.0×10^{-3}m^3/s。按照声速 $v_s=343$m/s，如果气管的直径（a）保持正常的 14mm 和（b）收缩到 5.2mm，空气流过气管时的速率是多少？

61. 假定你身体的密度是均匀的，为水密度的 0.95 倍。(a) 如果你漂浮在游泳池水面上，你身体体积的多大比例在水面以上？

流沙是把水压入沙子时形成的一种流体，其中沙粒相互移动不再因摩擦力而束缚在一起。当水带着沙在地下从山丘排入河谷时，就会形成流沙池。(b) 如果你步入一个深的流沙池，流沙的密度为水密度的 1.6 倍，你身体体积的多大比例在流沙表面之上？(c) 特别是，你会不会没入沙中太深以致无法呼吸？在流沙做任何快速流动（这种流体被称作是触变性的）时，它的粘性急剧增加。因此，如果你拼命挣扎企图逃出流沙，流沙会把你包得更紧。(d) 没有别人帮助你应该怎样逃出流沙呢？

62. 在平底的洗涤槽上方打开水龙头，让一股平稳流动（层流）的水流撞击到槽底上。水从撞击点散开形成一薄层，但接着在离撞击点的某一个半径 r_j 处深度突然增加，这个深度的变化叫做**水跃**，形成一个以撞击点为中心的凸起的圆。在圆内正在散开的水

的速率 v_1 不变而且等于下落的水刚要撞击时的速率。

在某次实验时，下落的水流在刚要撞击时的半径是1.3mm，体积流量 R_V 是7.9cm^3/s，水跃半径 r_J 是2.0cm，在水跃后面的深度为2.0mm。(a) 速率 v_1 是多少？(b) 对 $r<r_J$，写出水深 d 作为离撞击点的径向距离 r 的函数。(c) 水深随 r 增加还是减小？(d) 就在水到达水跃前，水的深度是多少？(e) 就在水跃后水的速率 v_2 是多少？(f) 在水跃前的动能密度是多少？(g) 在水跃后的动能密度是多少？(h) 由于水跃造成的对槽底的压强的变化是多少？(i) 伯努利方程适用于通过水跃的一条流线吗？

第 16 章　振　　动

1985 年 9 月 19 日，震源位于墨西哥西海岸的一场地震的地震波给 400km 以外的墨西哥城造成了可怕而且分布很广的破坏。

为什么地震波能在墨西哥城造成如此广泛的破坏，而在地震波经过的路途上破坏却相对较小呢？

答案就在本章中。

16－1 振动种种

我们的周围到处都存在着振动。有摆动着的枝形吊灯、摇摆着的已抛锚的船以及汽车发动机里振荡着的活塞；有振动着的吉他弦、鼓、铃、电话和扬声器系统里的膜片以及手表里的石英晶块。不大明显的是传递声音感觉的空气分子的振动、传递温度感觉的固体内原子的振动以及无线电天线和电视发射机里传递信息的电子的振动。

实际世界里的振动通常是**阻尼的**；也就是说，由于摩擦力的作用，使机械能转化为热能，运动会逐渐衰减。虽然我们不能完全消除机械能的这种损失，但可以利用某些能源补充能量。例如，你知道可以通过摆动你的腿或躯干来“注入”摆动，以维持或加剧振动。这样做时，你把生化能转化为振动系统的机械能。

16－2 简谐运动

图16－1a表示一个简谐运动的一系列“快照”，一个质点围绕x轴的原点重复地来回运动。本节只简单地描述这种运动。稍后我们将讨论如何获得这种运动。

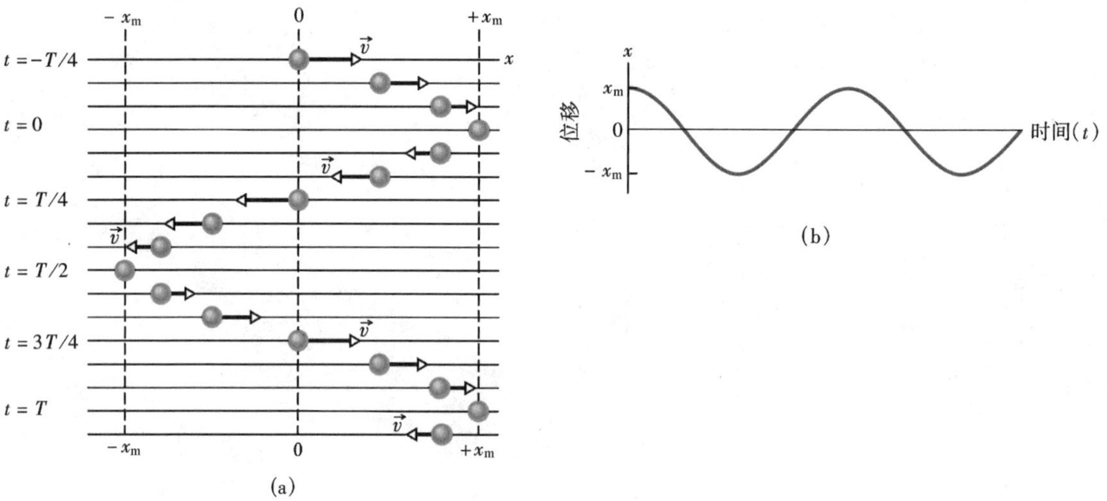

图16－1 (a) 一系列“快照”(在相同的时间间隔拍摄)表示一个质点沿x轴在原点附近范围为$+x_m$和$-x_m$之间来回振动时的位置。矢量箭头以质点的速率标度。当质点在原点时速率最大，而在$\pm x_m$处时速率为零。如果选择质点在$+x_m$的时刻为$t=0$，质点将在$t=T$回到$+x_m$，T为运动的周期。然后运动重复。(b) 在(a)所示的运动中x作为时间的函数的图线。

振动的一个重要性质是它的**频率**，或者说每秒钟完成振动的次数。频率的符号是f，它的SI单位是**赫兹**（Hz）。即

$$1\text{Hz}=1\text{ 次每秒}=1\text{s}^{-1} \tag{16-1}$$

和频率相关的是振动的**周期**T，它表示完成一次全振动（或叫**循环**）所用的时间；即

$$T=\frac{1}{f} \tag{16-2}$$

任何在固定的时间间隔内重复本身的运动叫做**周期运动**或**谐运动**。在这里，我们感兴趣的是一种以特殊的方式重复本身的运动，即如图16－1a的运动。对于这种运动，质点离开坐标原

点的位移 x 由下面的时间函数给定

$$x(t)=x_m\cos(\omega t+\phi) \quad (位移) \tag{16-3}$$

其中，x_m、ω 和 ϕ 是常量。这种运动叫**简谐运动**（SHM），一个表示此周期性运动为时间的正弦函数的术语。在式（16-3）中把正弦函数写成一个如图 16-1b 所示的余弦函数。(你只要通过将图 16-1a 逆时针转 90°，然后按顺序用曲线把质点连起来即可得到该图线)。决定图线形状的各量的名称标于图 16-2 中。现在我们给这些量下定义。

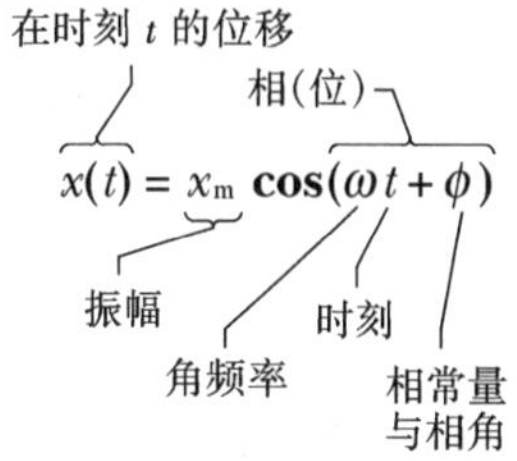

图 16-2 表示简谐运动的式（16-3）中各量的手边参考。

量 x_m 叫运动的**振幅**，是一个正的常量，其值与运动是如何开始的有关。下标 m 表示**最大值**。因为振幅是质点在每一方向上最大位移的大小。余弦函数式（16-3）在 ±1 之间变化，所以位移 $x(t)$ 在 $\pm x_m$ 范围之内变化。

在式（16-3）中随时间变化的量（$\omega t+\phi$）叫做运动的**相**，常量 ϕ 叫**相位常量**（或**相角**）。ϕ 的值与质点在 $t=0$ 时刻的位移和速度有关。对于图 16-3a 的 $x(t)$ 图线，相位常量 ϕ 是零。

为了解释叫做运动**角频率**的常数 ω，我们首先要注意，在一个运动周期 T 后，位移 $x(t)$ 必定回到它的初始值；也就是说，$x(t)$ 在任何 t 时刻都必定等于 $x(t+T)$。为了简化分析，我们以 $\phi=0$ 代入式（16-3）中。于是由该式可以写出

$$x_m\cos\omega t=x_m\cos\omega(t+T) \tag{16-4}$$

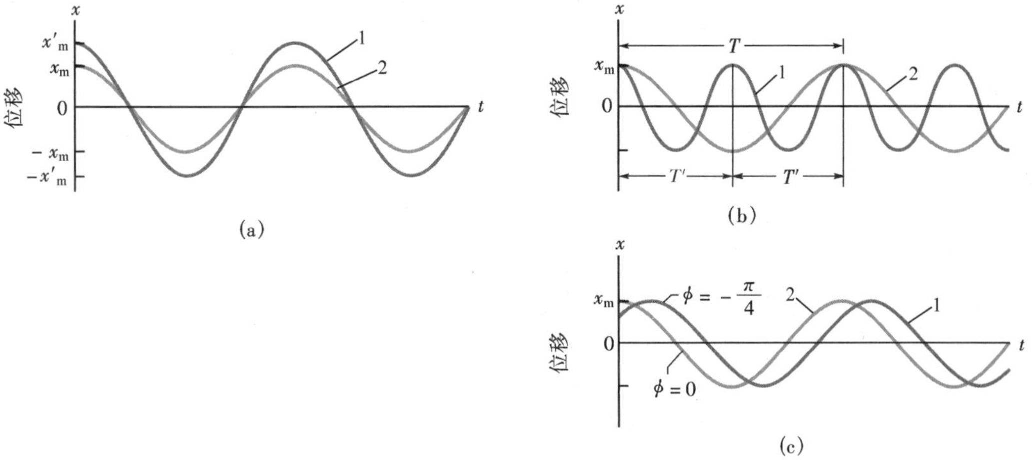

图 16-3 在每种情况中，曲线 2 得自 $\phi=0$ 的式（16-3）。(a) 曲线 1 与曲线 2 的区别仅在于曲线 1 的振幅 x_m' 大些（曲线 1 的位移极值更高和更低）。(b) 曲线 1 与曲线 2 的区别仅在于曲线 1 的周期是 $T'=T/2$（曲线 1 在水平方向上压缩了）。(c) 曲线 1 与曲线 2 的区别仅在于曲线 1 的 $\phi=-\pi/4$rad 而不是零（ϕ 的负值把曲线 1 向右移）。

当其幅角（相）增加 2π 弧度时，余弦函数第一次重复自身，所以由式（16-4）可知

$$\omega(t+T)=\omega t+2\pi$$

或

$$\omega T=2\pi$$

这样，由式（16-2）得角频率为

$$\omega = \frac{2\pi}{T} = 2\pi f \tag{16-5}$$

角频率的SI单位是弧度每秒（为了一致，ϕ 也就必须以弧度为单位）。图16－3对两个或是振幅不同、或是周期不同（因此频率和角频率不同）、或是相位常量不同的简谐运动的 $x(t)$ 进行了比较。

检查点1：一个作周期为 T 的简谐运动的质点，如图16－1所示，在 $t=0$ 时刻在 $-x_m$，问当（a）$t=2.00T$、（b）$t=3.50T$、（c）$t=5.25T$ 时，它是在 $-x_m$、$+x_m$、0的位置，还是在 $-x_m$ 与0之间，或0与 $+x_m$ 之间？

SHM的速度

对式（16－3）进行微分，我们可以得到一个作简谐运动的质点的速度表达式；那就是

$$v(t) = \frac{dx(t)}{dt} = \frac{d}{dt}[x_m\cos(\omega t + \phi)]$$

或
$$v(t) = -\omega x_m \sin(\omega t + \phi) \quad (\text{速度}) \tag{16-6}$$

图16－4a是 $\phi=0$ 时式（16－3）的图线。图16－4b表示式（16－6）的图线，也是 $\phi=0$。和式（16－3）的振幅 x_m 相似，在式（16－6）中正量 ωx_m 叫做**速度幅** v_m。在图16－4b中看到，振动质点的速度在 $\pm v_m = \pm\omega x_m$ 之间变化。还请注意，该图中 $v(t)$ 的曲线是 $x(t)$ 的曲线**移动**（向左）四分之一周期得到的。当位移的大小为最大值时（即 $x(t) = x_m$），速度的大小为最小（即 $v(t) = 0$）；当位移的大小为最小值时（即 $x(t) = 0$），速度的大小为最大（即 $v_m = \omega x_m$）。

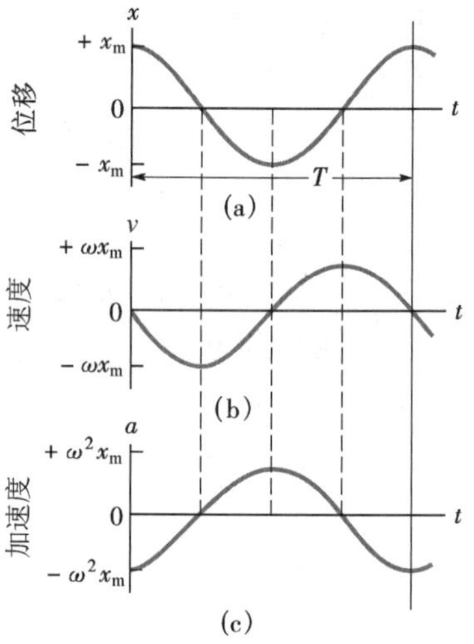

图16－4 （a）以相角 ϕ 等于零的SHM的振动质点的位移 $x(t)$。周期 T 标志一个完整的振动。（b）质点的速度 $v(t)$。（c）质点的加速度 $a(t)$。

SHM的加速度

知道了简谐运动的速度 $v(t)$，再求一次微分，可以得到振动质点的加速度表达式。这样，由式（16－6）可得

$$a(t) = \frac{dv(t)}{dt} = \frac{d}{dt}[-\omega x_m \sin(\omega t + \phi)]$$

或
$$a(t) = -\omega^2 x_m \cos(\omega t + \phi) \quad (\text{加速度}) \tag{16-7}$$

图16－4c是 $\phi=0$ 时式（16－7）的图线。在式（16－7）中正量 $\omega^2 x_m$ 叫做**加速度幅** a_m；质点的加速度在范围 $\pm a_m$ 和 $\pm\omega^2 x_m$ 之间变化，如图16－4c所示。还请注意，该图中 $a(t)$ 的曲线是相对于 $v(t)$ 的曲线移动（向左）四分之一周期得到的。

联合式（16－3）和式（16－7）得

$$a(t) = -\omega^2 x(t) \tag{16-8}$$

这是简谐运动的标志：

在简谐运动中，加速度与位移成正比，但符号相反，两个量由角频率的平方联系着。

因此，如图 16－4 所示，当位移是正最大时，加速度为负最大，反之亦然。当位移是零时，加速度也是零。

解题线索

线索 1：相角

注意相角 ϕ 对 $x(t)$ 图线的影响。当 $\phi=0$ 时，$x(t)$ 的图线如图 16－4a 所示。它是一个典型的余弦曲线。ϕ 增加时，曲线沿 x 轴向左移。（你可通过 ↰ϕ 的符号来记忆，其中向上的箭头表示 ϕ 增加，向左的箭头表示所引起的曲线移动的方向）。ϕ 减小时，曲线将右移，如图 16－3c，那里的 $\phi=-\pi/4$。

两个相角不同的 SHM 图线叫做有**相差**。每一个可以说对另一个有一**相移**，或说与另一个**不同相**。例如，在图 16－3c 中的曲线，相差是 $\pi/4$ 弧度。

因为 SHM 在每一个周期后重复，而余弦函数每经过 2π 弧度重复，一个周期 T 就代表 2π 弧度的相差。在图 16－4 中，$x(t)$ 是 $v(t)$ 向右相移四分之一周期或 $-\pi/2$ 弧度得到的；它对 $a(t)$ 向右移了半个周期或 $-\pi$ 弧度。相移 2π 弧度使 SHM 的曲线和自身重合，看起来像没有变化一样。

16－3　简谐运动的力定律

一旦知道了一个质点的加速度怎样随时间发生变化，我们就可以用牛顿第二定律求出给质点这个加速度的力。如果我们把牛顿第二定律与式（16－8）结合起来，就会发现对简谐运动来说

$$F=ma=-(m\omega^2)x \tag{16-9}$$

这一结果——即回复力与位移成正比但符号相反——是我们很熟悉的。它就是对于弹簧的胡克定律

$$F=-kx \tag{16-10}$$

这里的弹簧常量是

$$k=m\omega^2 \tag{16-11}$$

事实上，我们可以把式（16－10）作为简谐运动的另一定义。即

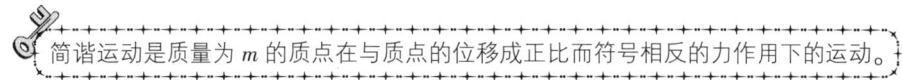

简谐运动是质量为 m 的质点在与质点的位移成正比而符号相反的力作用下的运动。

图 16－5 中的物块－弹簧系统构成了一个**线性简谐振子**（简称线性振子），其中“线性”表示力 F 与 x 成正比而不是与 x 的别的幂次方成正比 。物块简谐运动的角频率 ω 与弹簧常量 k 及物块的质量 m 由式（16－11）相联系，它给出

$$\omega=\sqrt{\frac{k}{m}}\quad（角频率）\tag{16-12}$$

结合式（16－5）和（16－12），我们可以写出图 16－5 中线性振子的**周期**

$$T=2\pi\sqrt{\frac{m}{k}}\quad（周期）\tag{16-13}$$

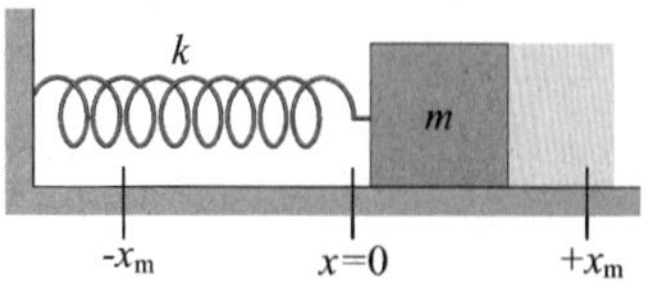

图 16－5　一个线性谐振子。表面无摩擦。像图 16－2 的情况，一旦把物块拉到一边并放开，它就开始做简谐运动。它的位移由式 16－3 给出。

式（16－12）和式（16－13）告诉我们，角频率大（因而周期小）意味着弹簧硬（k 较大）和物块轻（m 小）。

每一个振动系统，不管是图 16－5 中的线性振子还是一个跳水跳板，或一根小提琴弦，都有某种“弹性”要素和“惯性”或者质量要素，从而都像线性振子。在图 16－5 的线性振子中，这些特

性存在于系统的分离部件中：弹性完全在弹簧中，我们假定它没有质量。惯性则完全在物块中，我们假定它是刚性的。然而，对小提琴弦来说两个特性都在弦中，这你将在第17章中看到。

检查点2：下列作用在质点上的力 F 与质点位移 x 的关系中，哪个意味着简谐运动？(a) $F=-5x$，(b) $F=-400x^2$，(c) $F=10x$，(d) $F=3x^2$。

例题16-1

一个质量为680g的物块栓在一个弹簧常量是65N/m的弹簧上。在一个无摩擦的表面上，将物块从 $x=0$ 的平衡位置推到 $x=11$cm处，并在 $t=0$ 时由静止释放。

(a) 所引起的物块运动的角频率、频率和周期各是多少？

【解】 这里**关键点**是，物块-弹簧系统组成了一个线性简谐振子，物块作简谐运动。因此角频率由式(16-12)给出为：

$$\omega=\sqrt{\frac{k}{m}}=\sqrt{\frac{65\text{N/m}}{0.68\text{kg}}}=9.78\text{rad/s}\approx 9.8\text{rad/s}$$

(答案)

由式(16-5)得到的频率是

$$f=\frac{\omega}{2\pi}=\frac{9.78\text{rad/s}}{2\pi\text{rad}}=1.56\text{Hz}\approx 1.6\text{Hz}$$

(答案)

由式(16-2)得到的周期是

$$T=\frac{1}{f}=\frac{1}{1.56\text{Hz}}=0.64\text{s}=640\text{ms}$$ (答案)

(b) 振动的振幅是多少？

【解】 这里**关键点**是，由于没有摩擦，所以物块-弹簧系统的机械能是守恒的。物块从 $x=11$cm处被静止地释放时，该系统没有动能，而势能最大。这样，物块不管什么时候再次到达距平衡位置11cm处时仍是有零动能。这就意味着它决不可能远离平衡位置11cm以上。它的最大位移是11cm，所以

$$x_m=11\text{cm}$$ (答案)

(c) 振动物块的最大速率 v_m 是多少？其时物块在什么地方？

【解】 这里**关键点**是，最大速率是式(16-6)中的速度幅 ωx_m，即

$$v_m=\omega x_m=9.78\text{rad/s}0.11\text{m}=1.1\text{m/s}$$

(答案)

这个最大的速率发生在物块冲过平衡点的时刻；将图16-4a与图16-4b比较，你可以看到不论物块何时经过 $x=0$ 处，速率都在极大。

(d) 物块加速度的最大值 a_m 是多少？

【解】 这一次**关键点**是，最大加速度的大小 a_m 是式(16-7)中的加速度幅 ωx_m，即

$$a_m=\omega^2x_m=(9.78\text{rad/s})^2(0.11\text{m})=11\text{m/s}^2$$

(答案)

这个最大加速度发生在物块到达它的路径的端点时。在那些点，物块受到的力最大。如果将图16-4a与图16-4c比较，你可以看到此时位移和加速度的大小同时达到最大。

(e) 运动的相位常量 ϕ 是多少？

【解】 这里**关键点**是，式(16-3)给出了物块的位移与时间的函数关系。我们知道，在 $t=0$ 时刻，物块在 $x=x_m$ 处。把这些初始条件代入式(16-3)中，消去 x_m 后得到

$$1=\cos\phi \qquad (16-14)$$

取反余弦得

$$\phi=0\text{ rad}$$ (答案)

(任何是 2π 的整数倍的角也都满足式(16-14)，这里我们选最小的角。)

(f) 弹簧-物块系统的位移函数 $x(t)$ 是什么？

【解】 这里**关键点**是，由式(16-3)给出了 $x(t)$ 的普遍形式。将已知量代入该式得

$$\begin{aligned}x(t)&=x_m\cos(\omega t+\phi)\\&=0.11\text{m}\times\cos[(9.8\text{rad/s})t+0]\\&=0.11\cos(9.8t)\end{aligned}$$ (答案)

此处 x 的单位是米，t 的单位是秒。

例题16-2

在 $t=0$ 时刻，像图16-5中那样的线性振子的物块的位移 $x(0)$ 是 -8.50cm。($x(0)$ 读作零时刻的 x)。物块的速度 $v(0)$ 是 -0.920m/s，其加速度 $a(0)$ 是 $+47.0\text{ms}^2$。

(a) 这一系统的角频率 ω 是多少？

【解】 这里**关键点**是，物块作简谐运动，其位移、速度、加速度分别由式(16-3)、式(16-6)和(16-7)给出。把 $t=0$ 代入各式，看看是否能从其中一式解出 ω。我们发现

$$x(0)=x_m\cos\phi \qquad (16-15)$$

$$v(0)=-\omega x_m\sin\phi \qquad (16-16)$$

和

$$a(0)=-\omega^2 x_m\cos\phi \qquad (16-17)$$

在式(16-15)中，ω 消失了。在式(16-16)和式(16-17)中，知道左边的值，但不知道 x_m 和 ϕ。但是，如果我们用式(16-15)去除式(16-17)，就可以消去 x_m 和 ϕ，并可以解出 ω 如下：

$$\omega=\sqrt{-\frac{a(0)}{x(0)}}=\sqrt{-\frac{47.0\mathrm{m/s^2}}{-0.0850\mathrm{m}}}=23.5\mathrm{rad/s}$$

（答案）

(b) 振幅 x_m 和相位常数 ϕ 是多少？

【解】 与(a)的**关键点**一样，这里也可利用式(16-15)至式(16-17)。不过现在我们是知道 ω 而想求 ϕ 和 x_m。如果用式(16-15)去除式(16-16)，则有

$$\frac{v(0)}{x(0)}=\frac{-\omega x_m\sin\phi}{x_m\cos\phi}=-\omega\tan\phi$$

解出 $\tan\phi$，得到

$$\tan\phi=-\frac{v(0)}{\omega x(0)}=-\frac{-0.920\mathrm{m/s}}{(23.5\mathrm{rad/s})(-0.0850\mathrm{m})}$$

$$=-0.461$$

此方程有两个解：

$$\phi=-25° \text{ 和 } \phi=180°+(-25°)=155°$$

（一般说来在计算器上仅显示第一个解）

选取哪个解的**关键点**是分别用它们去求振幅 x_m 的值。从式(16-15)可知，如果 $\phi=-25°$，则

$$x_m=\frac{v(0)}{\cos\phi}=\frac{-0.0850\mathrm{m}}{\cos(-25°)}=-0.094\mathrm{m}$$

同理，如果取 $\phi=155°$ 且 $x_m=0.094\mathrm{m}$，因为 SHM 的振幅必须是正的常量，这里正确的相位常量和振幅是

$$\phi=155° \text{ 且 } x_m=0.094\mathrm{m}=9.4\mathrm{cm} \quad (答案)$$

解题线索

线索 2：识别 SHM

在线性 SHM 中，加速度 a 和系统的位移 x 由下列方程相联系

$$a=-(一个正的常数)x$$

这说明加速度与离开平衡位置的位移成正比，但方向相反。一旦对一个振动系统你发现了这样的一个表达式，你就可以立即将它与式(16-8)相比，确认其中的正的常量等于 ω^2，从而马上得到此运动的角频率的表达式。于是，由式(16-5)你就可以求得周期 T 和频率 f。

在某些习题中你可能推导出一个力 F 作为位移 x 的函数表示式。如果这个振动是线性 SHM，力和位移就由下式联系

$$F=-(一个正的常量)x$$

这说明力与位移成正比，但方向相反。一旦对一个振动系统你发现了这样的一个表达式，你就可以立即将它与式(16-10)对比，确认其中的正的常量等于 k。如果你知道有关的质量，你就可以用式(16-12)、式(16-13)和式(16-5)求得角频率 ω、周期 T 和频率 f。

16-4 简谐运动中的能量

在第8章中，我们看到线性振子的能量在动能和势能之间来回转换，而两者之和——即振子的机械能 E——保持不变。我们现在定量地考虑一下这种情况。

类似图16-5的线性振子的势能完全可以与弹簧联系起来。它的大小取决于弹簧被拉伸或压缩了多少——即取决于 $x(t)$。我们可用式(8-11)和式(16-3)求出

$$U(t)=\frac{1}{2}kx^2=\frac{1}{2}kx_m^2\cos^2(\omega t+\phi) \qquad (16-18)$$

千万小心函数形式 $\cos^2 A$（像这里）意思是 $(\cos A)^2$，而与函数形式 $\cos A^2$ **不同**，它的意思是 $\cos(A^2)$。

图16-5中系统的动能完全与物块相联系。它的大小取决于物块运动得快慢——即 $v(t)$。我们可以用式(16-6)求出

$$K(t)=\frac{1}{2}mv^2=\frac{1}{2}m\omega^2x_m^2\sin^2(\omega t+\phi) \qquad (16-19)$$

如果用式(16－12)中的 k/m 替换 ω^2，我们就可以把式(16－19)写为

$$K(t)=\frac{1}{2}mv^2=\frac{1}{2}kx_m^2\sin^2(\omega t+\phi) \qquad (16-20)$$

由式(16－18)和式(16－20)可以得出机械能是

$$E=U+K=\frac{1}{2}kx_m^2\cos^2(\omega t+\phi)+\frac{1}{2}kx_m^2\sin^2(\omega t+\phi)$$

$$=\frac{1}{2}kx_m^2[\cos^2(\omega t+\phi)+\sin^2(\omega t+\phi)]$$

对于任何角 α，有

$$\cos^2\alpha+\sin^2\alpha=1$$

因此，上面式子中括号里的值是1，而该式变成

$$E=U+K=\frac{1}{2}kx_m^2 \qquad (16-21)$$

线性振子的机械能确实是常量且与时间无关。线性振子的动能与势能作为时间 t 的函数表示在图16－6a中；而作为位移 x 的函数，表示在图16－6b中。

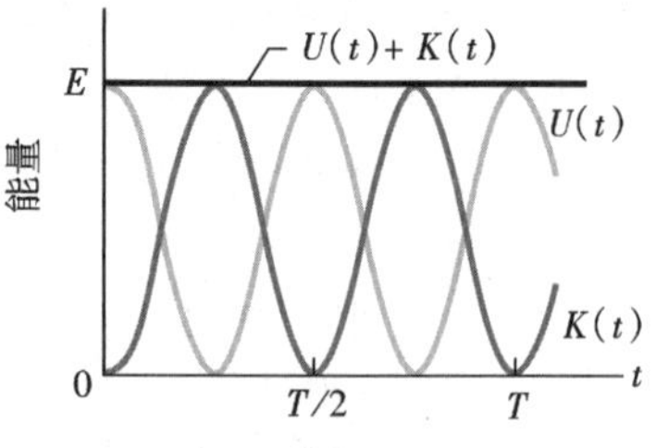

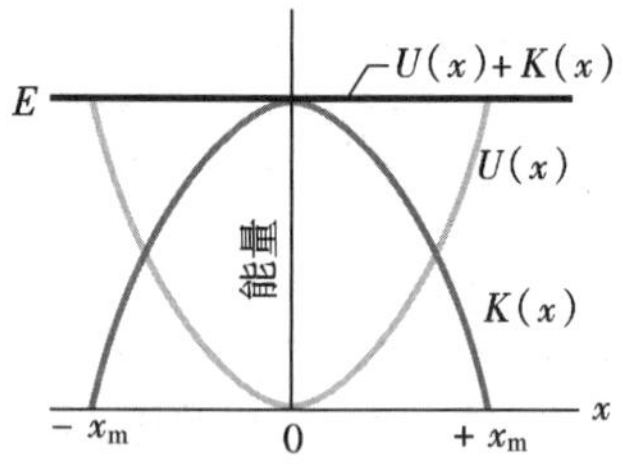

图 16－6

现在你可以理解为什么一个振动系统通常都包含一个弹簧性**要素**和一个惯性**要素**：前者储存势能，而后者储存动能。

检查点3：在图16－5中，当物块在 $x=+2.0$cm 处时，物块的动能为3J，而弹簧的弹性势能为2J。(a)物块在 $x=0$ 处时的动能是多少？当物块在(b) $x=-2.0$cm 和(c) $x=-x_m$ 处时，弹性势能是多少？

例题16－3

(a) 例16－1中线性振子的机械能 E 是多少？（最初，物块的位置是 $x=11$cm，速率是 $v=0$。弹簧常量 k 是65N/m。）

【解】 这里**关键点**是，振子在整个运动过程中机械能 E（物块的动能 $K=\frac{1}{2}mv^2$ 与弹簧的势能 $U=\frac{1}{2}kx^2$ 之和）是一个常量。因此，我们可以求运动过程中任意一点的 E。由于给定了初始条件为 $x=11$cm 和 $v=0$，按照这些条件求出的 E 是

$$E=K+U=\frac{1}{2}mv^2+\frac{1}{2}kx^2$$

$$=0+\frac{1}{2}(65\text{N/m})\times(0.11\text{m})^2$$

$$=0.393\text{J}\approx0.39\text{J} \qquad \text{（答案）}$$

(b) 当物块的位置在 $x=\frac{1}{2}x_m$ 处时，振子的势能 U 和动能 K 各是多少？当物块在 $x=-\frac{1}{2}x_m$ 时它们又是多少？

【解】 这里**关键点**是，因为给定了物块的位置，所以很容易用 $U=\frac{1}{2}kx^2$ 求得弹簧的势能。当 $x=\frac{1}{2}x_m$ 时我们有

$$U=\frac{1}{2}kx^2=\frac{1}{2}k\left(\frac{1}{2}x_m\right)^2$$

$$=\frac{1}{2}\times\frac{1}{4}kx_m^2$$

我们可以代入 k 和 x_m 的值，或用这样的**关键点**，即全部机械能，从(a)知道为 $\frac{1}{2}kx_m^2$。这个概念使我们可从上述方程写出

$$U=\frac{1}{4}\times\frac{1}{2}kx_m^2=\frac{1}{4}E=\frac{1}{4}\times0.393\text{J}$$

$= 0.098\text{J}$ （答案）

现在，用(a)的**关键点**（即 $E = K + U$），我们可写出

$$K = E - U = 0.393\text{J} - 0.098\text{J} \approx 0.30\text{J}$$ （答案）

对 $x = -\frac{1}{2}x_m$ 重复进行这些计算，可以对此位移求得相同的答案，这和图 16 -6b 的左右对称性是相符的。

16 -5 角简谐振子

图 16 -7 表示一个简谐振子的角形式，其弹簧性特性与悬线的扭转有关，而不是与先前讨论的弹簧的拉伸与压缩相联系。这种装置叫做**扭摆**，用**扭**表示扭转。

如果我们把图 16 -7 中的圆盘从静止的位置（其参考线在 $\theta=0$ 处）转一个角位移 θ，然后释放它，它就会围绕这个参考位置以角简谐运动的方式振动起来。把圆盘在任意一个方向转一个角度 θ，将引起一个恢复力矩

$$\tau = -\kappa\theta \qquad (16-22)$$

这里的 κ（希腊字母）是个常量，叫扭转常量。它的大小由悬线的长度、直径和材料来决定。

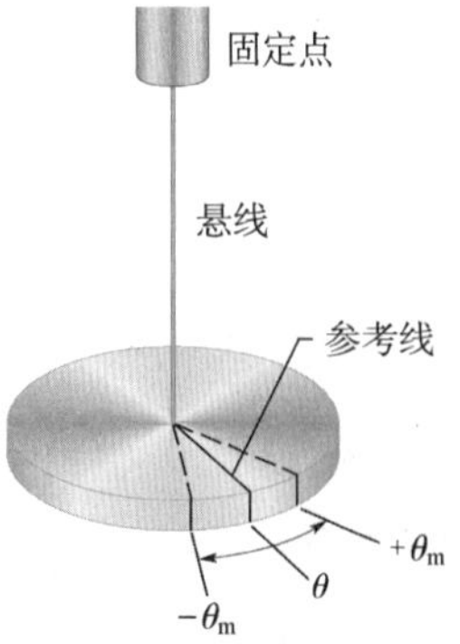

图 16 -7

将式(16 -22)与式(16 -10)进行比较，使我们推测式(16 -22)是胡克定律的角量形式，并可以把给出线性 SHM 周期的式(16 -13)转换成角 SHM 的周期公式：用式(16 -22)中与之相当的常量 K 代替式(16 -13)中的弹簧常量 k，用振动圆盘的与之相当的转动惯量 I 代替式(16 -13)中的质量 m。于是得出

$$T = 2\pi\sqrt{\frac{I}{\kappa}} \quad (\text{扭摆}) \qquad (16-23)$$

这是角简谐振子或扭摆的周期的正确公式。

解题线索

线索 3： 辨别角 SHM

当一个系统作角简谐运动时，它的角加速度 α 和角位移 θ 有如下关系

$$\alpha = -(\text{一个正的常量})\theta$$

此方程是式(16 -8)($\alpha = -\omega^2 x$)的角等价形式。此式说明，角加速度 α 与相对于平衡位置的角位移 θ 成正比，但趋向于使系统沿与角位移相反的方向转动。如果你有这种形式的表达式，就能确认其中的正的常量是 ω^2，然后就可得到 ω、f 和 T。

如果你有了以角位移表示的力矩 τ 的表达式，也可以识别角 SHM，因为该式必定是式(16 -10)（$\tau = -\kappa\theta$）的形式，或者

$$\tau = -(\text{一个正的常量})\theta$$

此方程是式(16 -10)($F = -kx$)的角等价形式。此式说明，力矩 τ 与相对于平衡位置的角位移 θ 成正比，但趋向于使系统沿相反方向转动。如果你有这种形式的表达式，就能确认出其中的正的常量就是系统的转矩常量 κ。如果你知道系统的转动惯量 I，就可以确定式(16 -23)中的 T。

例题 16 -4

图 16 -8a 表示一根细杆，其长度 L 为 12.4cm、质量 m 为 135g，悬在一条长金属丝的中点。它的角 SHM 的周期 T_a 测出是 2.53s。有一个无规则形状的物体，我们称之为物体 X，也悬在同样的一条金属丝上，如图 16 -8b 所示，其周期测出为 4.76s。试求物体 X 对它的悬轴的转动惯量。

【解】 这里**关键点**是，细杆或物体 X 的转动惯量与测得的周期都由式(16 -23)相联系。在表 11 -2e 中，细杆对过中点的垂直轴的转动惯量是

物理学基础

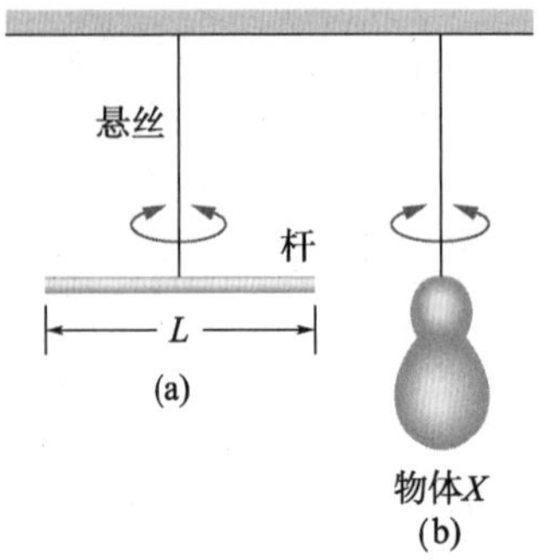

图16－8　例16－4图　两个扭摆，分别由(a)一根金属丝和一根杆和(b)同样的金属丝和一个不规则形状的物体组成。

$\frac{1}{12}mL^2$。因此，对图16－8a中的细杆

$$I_a=\frac{1}{12}mL^2=\frac{1}{12}\times(0.135\text{kg})(0.124\text{m})^2$$
$$=1.73\times10^{-4}\text{kg}\cdot\text{m}^2$$

现在我们写两次式(16－23)，一次对细杆，一次对物体 X：

$$T_a=2\pi\sqrt{\frac{I_a}{K}}\text{ 和 }T_b=2\pi\sqrt{\frac{I_b}{K}}$$

作为金属线性质的常量 κ 对两图来说是相同的，只是周期和转动惯量不同。

对以上两式平方，然后用前式除以后式，再对 I_b 解所得到的方程。结果是

$$I_b=I_a\frac{T_b^2}{T_a^2}=1.73\times10^{-4}\text{kg}\cdot\text{m}^2\times\frac{(4.76\text{s})^2}{(2.53\text{s})^2}$$
$$=6.12\times10^{-4}\text{kg}\cdot\text{m}^2 \qquad \text{（答案）}$$

16－6　摆

现在我们转过来研究另一类简谐运动，它的弹性与引力、而不是与扭转的线或拉伸及压缩的弹簧相联系。

单摆

如果我们把一个苹果吊在上端固定的长线下方，然后让苹果来回摆动一个小的距离，你会发现苹果的运动是周期性的。它实际上是简谐运动吗？如果是，它的周期 T 是多少？为了回答这个问题，我们考虑一个**单摆**，它由一条长为 L、不可伸长而且无质量并在一端固定的细线悬着的一个质量为 m 的质点（叫做**摆锤**）构成，如图16－9a所示。摆锤可以在页面内向通过摆的悬点的竖直线的左方和右方自由地来回摆动。

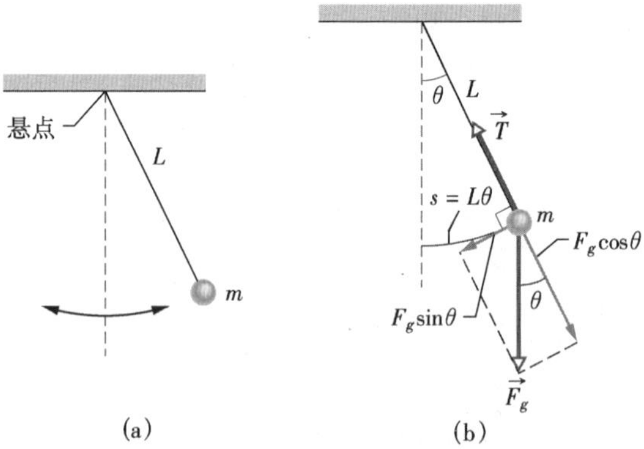

图16－9　(a)一只单摆。(b)作用在摆球上的力有重力 $\vec{F}_g$ 和细线对它的力 $\vec{T}$。重力的切向分力 $F_g\sin\theta$ 是回复力，这个力使之摆回到中心位置。

摆锤受的力是细线拉力 $\vec{T}$ 和重力 $\vec{F}_g$，如图16－9b所示，其中，细线与竖直方向夹角为 θ。我们把 $\vec{F}_g$ 分解为径向分量 $F_g\cos\theta$ 和与摆锤路径相切的分量 $F_g\sin\theta$。这个切向分量产生一个对悬点的回复力矩，因为它总是沿着与摆锤的位移相反的方向作用，以致使摆锤要返回中心位置。该位置叫**平衡位置**（$\theta=0$），因为摆在不摆动时就静止在那里。

由式(11－33)（$\tau=r_\perp F$），我们可以把回复力矩写成

$$\tau=-L(F_g\sin\theta) \qquad (16-24)$$

其中的负号表示力矩使 θ 减小，L 是分量 $F_g\sin\theta$ 对悬点的力臂。把式(16－24)代入式(11－36)($\tau=I\alpha$)并以 mg 替换 F_g 的大小，可得

$$-L(mg\sin\theta) = I\alpha \tag{16-25}$$

其中,I 是摆对悬点的转动惯量,α 是其对该点的角加速度。

如果我们假设 θ 角很小,从而使 $\sin\theta$ 近似为 θ(以弧度为单位)，则可以简化式(16－25)(作为一个例子，如果 $\theta=5.00°=0.0873\text{rad}$,那么 $\sin\theta=0.0872$ 差别仅有 0.1%)。这样取近似并整理后,有

$$\alpha = -\frac{mgL}{I}\theta \tag{16-26}$$

此方程是作为 SHM 标志的式(16－8)的等价角量形式。它表明摆的角加速度与角位移 θ 成正比,但符号相反。这样,当摆锤向右运动时,如图 16－9a 中那样,它的向**左**的加速度逐渐增加,一直到它停下来并开始向左运动。此后,它在左侧时它的加速度向右,趋于使它回到右侧。如此下去,使它来回摆动成为 SHM。更精确地说，只有通过**小角度摆动的单摆**的运动才近似于 SHM。我们可以用另一种方式表达对小角度的这种限制：运动的**角振幅** θ_m(摆角的最大值)必须很小。

比较式(16－26)和式(16－8)，我们看到摆的角频率是 $\omega=\sqrt{mgL/I}$。其次,如果我们把 ω 的这一表达式代入式(16－5)($\omega=2\pi/T$)，就看到摆的周期可写成

$$T = 2\pi\sqrt{\frac{I}{mgL}} \tag{16-27}$$

单摆的质量全部集中在质量为 m、类质点的摆锤上,它离悬点的半径是 L。因此,我们可以用式(16－26)($I=mr^2$)写出摆的转动惯量 $I=mr^2$。把它代入式(16－27)，再进行简化,就给出

$$T = 2\pi\sqrt{\frac{L}{g}} \quad \text{(单摆，小振幅)} \tag{16-28}$$

这就是以小角度摆动的单摆的周期的简单表示式。(我们假定在本章习题中的都是小角度摆动)

物理摆

一个实际的摆，通常叫做**物理摆**，可能有很复杂的质量分布，与单摆有很大的区别。复摆也进行 SHM 吗？如果是,它的周期又是多少呢？

图 16－10 表示一个摆到一侧的角度为 θ 的任意的物理摆。重力 $\vec{F}_g$ 作用在离枢点 O 的距离为 h 的质心 C 上。尽管形状各异,当我们比较图 16－10 和图 16－9b 时,就会发现在任意形状的物理摆与单摆之间只有一个重要的区别：对物理摆来说,重力的回复分量 $F_g\sin\theta$ 对枢点的力臂是距离 h,而不是细线的长度 L。在所有其他方面,对物理摆的分析将重复对单摆的分析,直到式(16－27)。同样(对小 θ_m)，我们会发现物理摆的运动近似是 SHM。

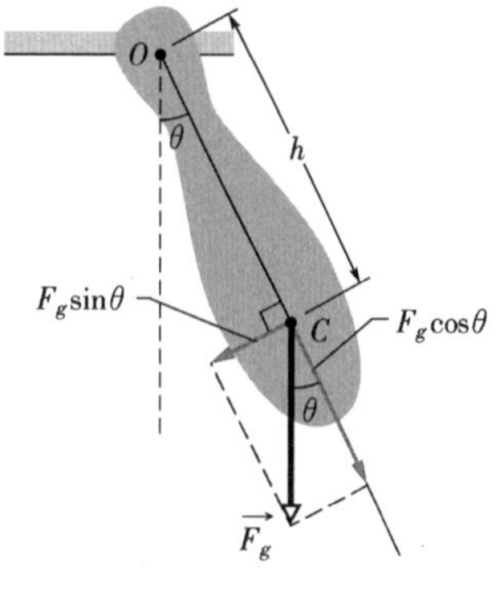

图 16－10 一个物理摆。回复力矩是 $hF_g\sin\theta$。当 $\theta=0$ 时,质心 C 位于枢点 O 的正下方。

如果我们将 h 代入式(16－27)中的 L，可以写出物理摆的周期为

$$T = 2\pi\sqrt{\frac{I}{mgh}} \quad \text{(物理摆,小振幅)} \tag{16-29}$$

像单摆一样,I 是摆对 O 点的转动惯量。不过,现在 I 不是简单的 mL^2(它由物理摆的形状决定),但是它仍然与 m 成正比。

如果一个物理摆的枢轴通过质心，它就不会摆动了。形式上说，这对应于在式(16－29)中 $h=0$。此方程预言那时 $T\to\infty$，这意味着这样一个摆会永远无法完成一次摆动。

任何一个围绕给定的枢轴 O、周期为 T 的物理摆与一个长度为 L_0，周期同样为 T 的单摆相对应。我们可以通过式(16－28)求出 L_0。沿着物理摆，离 O 点的距离为 L_0 的点叫这个物理摆对给定悬点的**振动中心**。

测量 g

我们可以用一个物理摆来测量地球表面特定位置的自由下落加速度。(在地球物理勘探中做了无数次的这种测量。)

为了分析一个简单的情况，取摆为一根长 L 的均匀杆。对这样一个摆，枢轴到质心的距离，即式(16－29)中的 h，为 $\frac{1}{2}L$。表 11－2a 表明，此摆对于通过质心的垂直轴的转动惯量为 $\frac{1}{12}mL^2$。按照式(11－29)的平行轴定理($I=I_{com}+Mh^2$)，我们求得对通过杆的一端与其垂直的轴的转动惯量为

$$I=I_{com}+mh^2=\frac{1}{12}mL^2+m\left(\frac{1}{12}L\right)^2=\frac{1}{3}mL^2 \qquad (16-30)$$

如果我们在式(16－29)中令 $h=\frac{1}{12}L$ 和 $I=\frac{1}{12}mL^2$ 并对 g 求解，可得

$$g=\frac{8\pi^2 L}{3T^2} \qquad (16-31)$$

这样，通过测量 L 和 T 我们可以求出摆所在处 g 的值(如果要进行精确的测量，还需要做一些细微的改进，例如必须使摆在真空室里摆动等)。

例题 16－5

在图 16－11a 中，一根米尺以其一端为枢点摆动，枢点离其质心的距离为 h。

(a)此振动的周期 T 是多少？

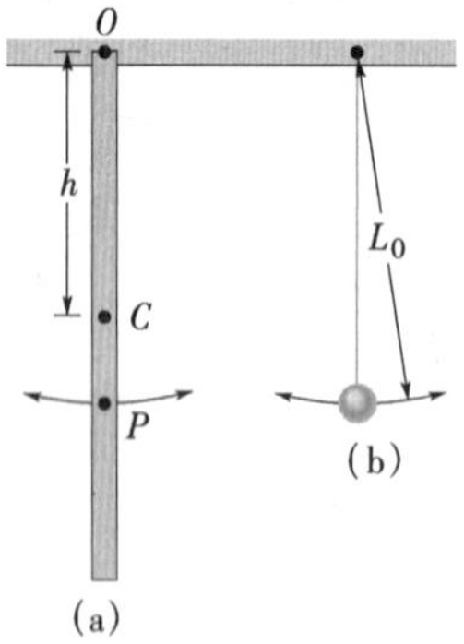

图 16－11　例题 16－5 图　(a)在一端悬吊着成为一个物理摆的米尺　(b)单摆，其摆长 L_0 选得使两摆的周期相等，(a)中摆上的 P 点为摆动中心。

【解】　这里一个**关键点**是，米尺并不是单摆，因为它的质量并非集中在位于与枢点相对的另一端的摆锤上——所以米尺是物理摆。这样，其周期由式(16－29)给出，计算时需要米尺对枢点的转动惯量 I。我们可以把米尺当做长为 L、质量为 m 的均匀杆。于是，根据式(16－30)知，$I=\frac{1}{3}mL^2$，而式(16－29)中的距离 $h=\frac{1}{2}L$。把这些量代入式(16－29)，得

$$T=2\pi\sqrt{\frac{I}{mgL}}=2\pi\sqrt{\frac{\frac{1}{3}mL^2}{mg\left(\frac{1}{2}L\right)}}$$

$$=2\pi\sqrt{\frac{2I}{3g}} \qquad (16-32)$$

$$=2\pi\sqrt{\frac{2\times1.00\text{m}}{3\times9.8\text{m/s}^2}}=1.64\text{s}$$

(答案)

注意这个结果与质量 m 无关。

(b)米尺的枢点 O 与其振动中心的距离 L_0 是多少？

【解】 这里**关键点**是,我们需要求图16-11a中的物理摆(米尺)的周期,并使长度为 L_0 的单摆(图16-11b)与它的周期相同。令式(16-28)与式(16-32)相等,可得

$$T = 2\pi\sqrt{\frac{L_0}{g}} = 2\pi\sqrt{\frac{2L}{3g}}$$

看一下就能得到

$$L_0 = \frac{2}{3}L = \frac{2}{3}\times 100\text{cm}$$

$$= 66.7\text{cm} \quad (答案)$$

在图16-11a中,P 点标明了离悬挂点 O 的这一距离。这样 P 点就是对给定悬挂点的振动中心。

检查点4:质量为 $1m_0$、$2m_0$ 和 $3m_0$ 的三个物理摆,大小形状相同,而且悬挂在同一点。按照摆的周期由大到小把这些质量排序。

例题16-6

在图16-12中,一只企鹅(水中运动的高手)从一个均匀的跳板上跳入水中。跳板的左侧用铰链固定,右侧安装到一只弹簧上。跳板长 $L=2.0\text{m}$,其质量 $m=12\text{kg}$,弹簧常量 k 是 1300N/m。当企鹅跳下时,留下跳板和弹簧做小振幅振动。假定跳板足够硬而不发生弯曲,求振动的周期。

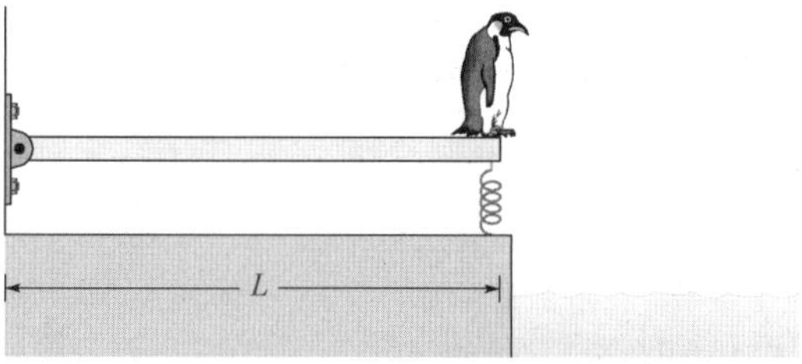

图16-12 例题16-6图 企鹅的跳下引起跳板与弹簧发生振动,跳板以左端的铰链为枢轴。

【解】 由于题目涉及弹簧,我们可能猜测这个振动是SHM,但先不做这个假定,而是采用下面的**关键点**:如果跳板的振动是SHM,那么跳板振动端点的加速度与位移必定有式(16-8)($a=-\omega^2x$)的关系。如果是这样,那么我们就可以求出 ω,并通过该表达式求出 T。让我们通过求跳板右端的加速度与位移的关系校核一下。

由于跳板在其一端振动时做围绕枢轴的转动,我们要考虑板所受的对枢轴的力矩 $\vec{\tau}$,这个力矩来自弹簧对板的力 $\vec{F}$。由于 $\vec{F}$ 随时间变化,所以 $\vec{\tau}$ 亦然。然而,对任何给定的时刻,我们可以用式(11-31)($\tau=rF\sin\phi$)将 $\vec{\tau}$ 与 $\vec{F}$ 的大小联系起来。这里有

$$\tau = LF\sin 90° \qquad (16-33)$$

其中,L 是力 $\vec{F}$ 的力臂,90°是力臂与力的作用线间的夹角。把式(16-33)与式(11-36)($\tau=I\alpha$)联立起来,可得

$$LF = I\alpha \qquad (16-34)$$

此处,I 表示跳板对枢轴的转动惯量,α 是对该点的角加速度。我们可以把跳板当做一端为枢轴的一根细杆处理。于是,由式(16-30)得到板的转动惯量 I 是 $\frac{1}{3}mL^2$。

现在让我们想象通过跳板振动的右端建立竖直的坐标 x,且向上为正。于是弹簧对板右端的力就是 $F=-kx$,其中 x 是右端的竖直位移。

将 I 和 F 的这些表示式代入式(16-34)中,得

$$-Lkx = \frac{mL^2\alpha}{3} \qquad (16-35)$$

我们现在得到一个线位移 x(竖直的)与转动加速度 α(对铰链)的关系。我们可以按照求切向加速度的式(11-22)($a_t=\alpha r$)找到其沿 x 轴的(线)加速度 a,然后用 a 代入式(16-35)中和 α。此处,切向加速度是 a,转动半径 r 是 L,所以 $\alpha=a/L$。通过这样的代入,式(16-35)变成

$$-Lkx = \frac{mL^2\alpha}{3L}$$

由此得

$$a = -\frac{3k}{m}x \qquad (16-36)$$

事实上,式(16-36)与式(16-8)($a=-\omega^2x$)的形式是一样的。因此,跳板确实在做SHM。把式(16-36)与式(16-8)进行比较,发现

$$\omega^2 = \frac{3k}{m}$$

由此得到 $\omega=\sqrt{3k/m}$。用式(16-5)($\omega=2\pi/T$)求 T,得

$$T = 2\pi\sqrt{\frac{m}{3k}}$$

$$= 2\pi\sqrt{\frac{12\text{kg}}{3\times 1300\text{N/m}}} = 0.35\text{s} \quad (答案)$$

令人惊奇的是,周期与跳板的长度 L 无关。

16－7 简谐运动与匀速圆周运动

在1610年，伽利略用他新制作的望远镜发现了木星的四颗主要卫星。经过数周的观察，每颗卫星对他来说，似乎都在做相对于木星的来回运动，这种运动我们今天叫做简谐运动，木星的圆盘是卫星的的中点。现在，伽利略手写的观察记录还在。MIT的A. P. French利用伽利略的数据定出了木卫四对木星的位置。他的结果如图16－13所示，其中圆圈代表伽利略记录的数据，曲线是对数据的最佳拟合结果。这条曲线强烈地暗示它符合式(16－3)，SHM的位移函数。从图上可以测出，周期是16.8天。

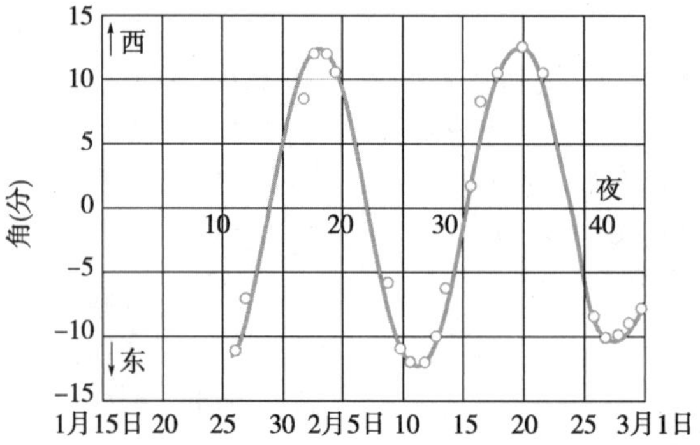

图16－13 从地球上看到的木星及其卫星木卫四之间的夹角。圆圈是基于1610年伽利略的观察。该曲线是其最佳拟合，强烈地暗示简谐运动。在木星的平均距离处，弧度10′大约相当于2×10^6km。(引自A. P. French, *Newtonian Mechanics*), W. W. Norton & Company, New York, 1971, p228)。

实际上，木卫四以一个基本不变的速度围绕木星沿一个基本上是圆的轨道运动。它的真空运动——远非简谐运动——是匀速率圆周运动。伽利略所看到的——以及今天你用高质量双筒望远镜再加上一点耐心所能看到的——是匀速圆周运动在运动平面内一条直线上的投影。根据伽利略卓越的观察，我们得出结论简谐运动是从侧面看的匀速圆周运动。用更正式的语言来讲是：

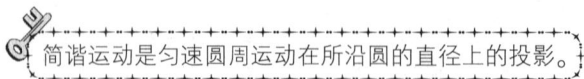

简谐运动是匀速圆周运动在所沿圆的直径上的投影。

图16－14a是一个例子，它表示一个**参考质点** P'在一**参考圆**内以(恒定)角速度ω作匀速圆周运动。圆的半径x_m是质点位矢的大小。在任意时刻t，质点的角位置是$\omega t+\phi$，其中ϕ是$t=0$时的角位置。

质点P'在x轴的投影是P点，我们把它作为第二个质点。质点P'的位置矢量在x轴上的投影给出P点的位置$x(t)$。这样，我们得到

$$x(t) = xm\cos(\omega t+\phi)$$

这正是式(16－3)。可见，我们的结论是正确的。如果参考质点P'做匀速圆周运动，它的投影质点P沿圆的一个直径做简谐运动。

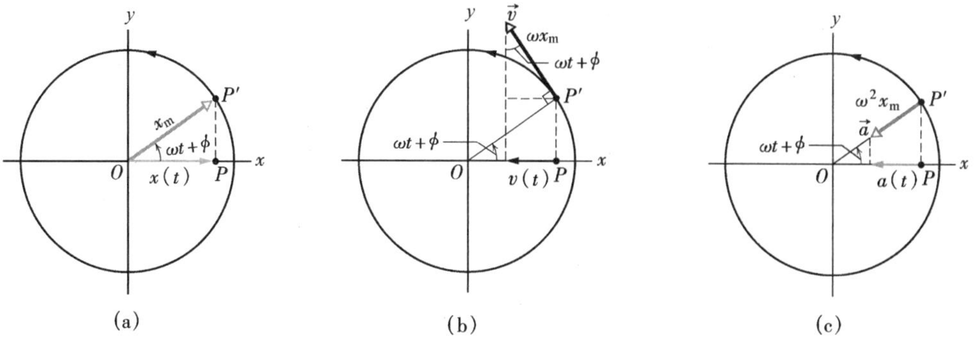

图 16－14 (a)参考质点 P'在半径为 x_m 的参考圆上作匀速率圆周运动。它在 x 轴上的投影 P 作简谐运动。(b)参考质点的速度 $\vec{v}$ 的投影是 SHM 的速度。(c)参考质点的径向加速度 $\vec{a}$ 的投影是 SHM 的加速度。

图 16－14b 表明参考质点的速度 $\vec{v}$。由式(11－18)($v=\omega r$)知,速度矢量的大小为 ωx_m;它在 x 轴上的投影是

$$v(t) = -\omega x_m \sin(\omega t+\phi)$$

这正是式(16－6)。出现负号是因为在图 16－14b 中 P 的速度分量向左,即 x 的负方向。

图 16－14c 表明参考点的径向加速度 $\vec{a}$。由式(11－23)($a_r=\omega^2 r$)可知,径向加速度矢量的大小是 $\omega^2 x_m$,它在 x 方向的投影为

$$a(t) = -\omega^2 x_m \cos(\omega t+\phi)$$

这正是式(16－7)。所以,不论我们是看位移、速度或加速度,匀速圆周运动的投影确实是简谐运动。

16－8 阻尼简谐运动

一只摆在水中只能摆动很短的时间,因为水对摆的曳力使摆动很快消失。一只摆在空气中摆动要好一些,但最终还是要停下来,因为空气对摆也有曳力(以及在支持点的摩擦力),使摆的能量发生转化。

当一个振子的振动因外力而减小时,这振子和它的运动叫做受到了**阻尼**。阻尼振子理想的例子如图 16－15 所示,是一个质量为 m 的物块由弹簧常量 k 的弹簧吊着上下振动。从物块伸下一根杆连着一个叶片(假设都没有质量),叶片浸在液体中。在叶片上下运动时,液体对它、因而也对整个系统产生一个阻碍运动的力。随着时间的推移,物块－弹簧系统的机械能减小,能量转变成液体和叶片的热能。

假定液体对叶片的**阻尼力** $\vec{F}_d$ 与叶片和物块的速度 $\vec{v}$ 的大小成正比(如果叶片运动缓慢,这个假定是精确的),那么,对于图 16－15 中沿 x 方向的二者的分量来说,就有

$$F_d = -bv \tag{16-37}$$

这里 b 是**阻尼常量**,由叶片和液体的特性决定,其 SI 单位是千克每秒。负号表示 $\vec{F}_d$ 的方向与运动方向相反。

物块受的弹簧的力为 $F_s=-kx$。假定物块所受的重力与 F_d 及 F_s 相比可以忽略不计,于是可

以把牛顿第二定律应用于 x 方向的分量($F_{net,x}=ma_x$),写成

$$-bv-kx=ma \quad (16-38)$$

用 dx/dt 替换 v,用 d^2x/dt^2 替换 a 并加以整理,得到微分方程为

$$m\frac{d^2x}{dt^2}+b\frac{dx}{dt}+kx=0 \quad (16-39)$$

此方程的解是

$$x(t)=x_m e^{-bt/2m}\cos(\omega' t+\phi) \quad (16-40)$$

其中,x_m 是振幅,ω'是阻尼振子的角频率。这个角频率为

$$\omega'=\sqrt{\frac{k}{m}-\frac{b^2}{4m^2}} \quad (16-41)$$

如果 $b=0$(即无阻尼),则式(16-41)就变成无阻尼振子的角频率式(16-12)($\omega=\sqrt{k/m}$)。而式(16-40)就变成无阻尼振子的位移式(6-3)。如果阻尼常量较小,但不是零($b \ll \sqrt{km}$),则 $\omega' \approx \omega$。

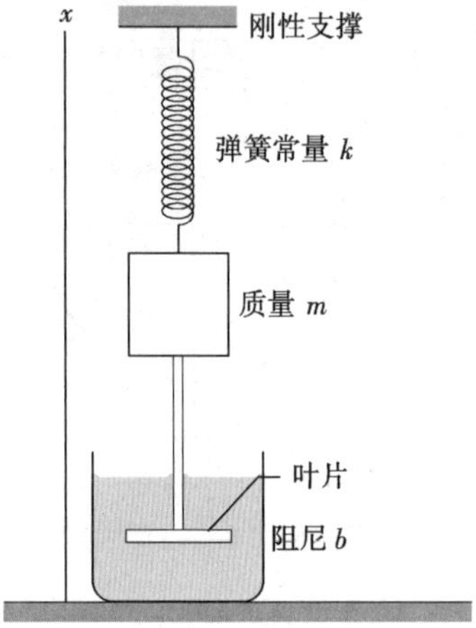

图 16-15 理想化的阻尼振子。在物块平行于 x 轴振动时,浸没在液体中的叶片给物块一个阻尼力。

我们可以认为式(16-40)是一个振幅 $x_m e^{-bt/2m}$ 随时间逐渐减小的余弦函数,如图 16-16 所示。对于一个无阻尼振子来说,机械能是恒定的,由式(16-21)$\left(E=\frac{1}{2}kx_m^2\right)$给出。如果振子有阻尼,其机械能就不是恒定的,而是随时间减小。如果阻尼较小,我们可以用阻尼振子的振幅 $x_m e^{-bt/2m}$ 取代式(16-21)中的 x_m,求 $E(t)$。由此得

$$E(t)\approx\frac{1}{2}kx_m^2 e^{-bt/m} \quad (16-42)$$

此式告诉我们,与振幅一样,机械能随时间按指数衰减。

检查点 5:这里有图 16-15 中阻尼振子的三组弹簧常量、阻尼常量及质量的值。按照机械能衰减到初值的四分之一所需的时间由大到小对这些组排序。

第一组	$2k_0$	b_0	m_0
第二组	k_0	$6b_0$	$4m_0$
第三组	$3k_0$	$3b_0$	m_0

例题 16-7

对于图 16-15 中的阻尼振子来说,$m=250$g,$k=85$N/m 和 $b=70$g/s。

(a) 运动的周期是多少?

【解】 这里**关键点**是:由于 $b \ll \sqrt{km}=4.6$kg/s,其周期可认为近似等于无阻尼振子的周期。由式(16-13)得

$$T=2\pi\sqrt{\frac{m}{k}}=2\pi\sqrt{\frac{0.25\text{kg}}{85\text{N/m}}}=0.34\text{s}(答案)$$

(b) 阻尼振动的振幅减小到初值的一半需要多少时间?

【解】 现在**关键点**是:按式(16-40),在 t 时刻的振幅是 $x_m e^{-bt/2m}$。当 $t=0$ 时,其值是 x_m。因此,必须求出 t 的值,使之满足

$$x_m e^{-bt/2m}=\frac{1}{2}x_m$$

消掉 x_m,对方程取自然对数,右边为 $\ln\frac{1}{2}$,左边为

$$\ln(e^{-bt/2m})=-bt/2m$$

因此

$$t=\frac{-2m\ln\frac{1}{2}}{b}=\frac{-2\times0.25\text{kg}\times\ln\frac{1}{2}}{0.070\text{kg/s}}=5.0\text{s}$$

(答案)

因为 $T = 0.34\mathrm{s}$，这大约是 15 个振动周期。

（c）阻尼振动的机械能减小到初值的一半需要多少时间？

【解】 这里**关键点**是：按式（16－42），在 t 时刻的机械能为 $\frac{1}{2}kx_m^2 e^{-bt/m}$。它在 $t=0$ 时是 $\frac{1}{2}kx_m^2$，因此必须求出 t 的值，使之满足

$$\frac{1}{2}kx_m^2 e^{-bt/m} = \frac{1}{2} \times \frac{1}{2}kx_m^2$$

用 $\frac{1}{2}kx_m^2$ 除以上式两边，像以上的做法一样，解出 t，得

$$t = \frac{-m\ln\frac{1}{2}}{b} = \frac{-0.25\mathrm{kg} \times \ln\frac{1}{2}}{0.070\mathrm{kg/s}} = 2.5\mathrm{s}$$

（答案）

这正好是我们在（b）中算出结果的一半，或大约 7.5 个振动周期。图 16－16 说明了这一点。

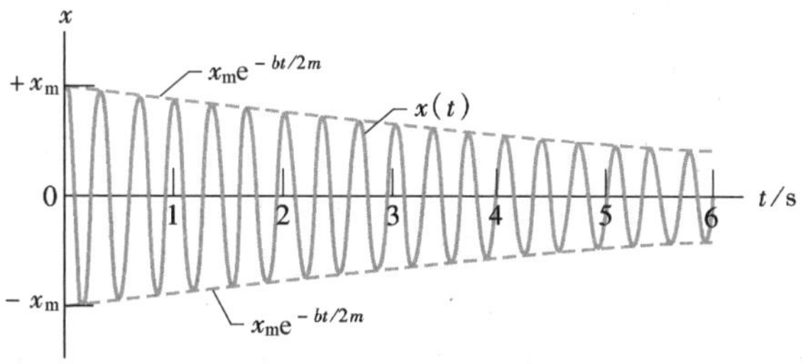

图 16－16　图 16－15 中阻尼振子的位移函数 $x(t)$，数据由例题 16－7 给出。其振幅为 $x_m e^{-bt/2m}$，随时间按指数衰减。

16－9　受迫振动与共振

一个人坐在秋千上摆动，如果没有任何人推，那就是**自由振荡**。可如果有人周期性地推这个秋千，秋千就作**受迫振动**。做受迫振动的系统有**两**个角频率与之相联系：（1）系统的**固有**角频率 ω，如果它突然受到干扰随后自由摆动，它就会以这个角频率振动；（2）引起受迫振动的外来驱动力的角频率 ω_d。

如果我们让图 16－15 中的标有"刚性支撑"的结构以一个可变的角频率 ω_d 上下运动，该图就可以代表一个理想化的受迫简谐运动。这样一个受迫振子以驱动力的角频率振动，其位移 $x(t)$ 给定为

$$x(t) = x_m\cos(\omega_d t + \phi) \qquad (16-43)$$

此处，x_m 是振动的振幅。

位移振幅 x_m 的大小由含有 ω_d 和 ω 的复杂函数决定。振动的速度振幅 v_m 较容易描述：满足以下条件时它达到最大

$$\omega_d = \omega \text{（共振）} \qquad (16-44)$$

这叫做**共振**的条件。式（16－44）**近似地**也是振动的位移振幅 x_m 达到最大的条件。因此，如果你以秋千的固有角频率推秋千，位移和速度的振幅将增加到较大的值，这是一件儿童们通过反复试验很快就能学会的事。如果你以其他的角频率推，不论高些还是低些，位移和速度的振幅都将比较小。

图 16－17 表示对于阻尼常量 b 的三个值，振子的位移振幅与驱动力角频率的关系。注意，当 $\omega_d/\omega = 1$ 时，这三个振幅均达到最大，也就是满足了共振条件。图 16－17 的曲线表明，较小的阻

尼给出更高更窄的**共振峰**。

所有的机械结构都有一个或多个固有角频率,如果一个结构受到与这些角频率之一相匹配的强的外来驱动力,所引起的振动就可能损坏它。例如,飞机设计师必须保证没有一个机翼的角频率与飞机飞行时发动机的角频率匹配。很明显,机翼在发动机达到一定速度时发生猛烈颤抖是十分危险的。

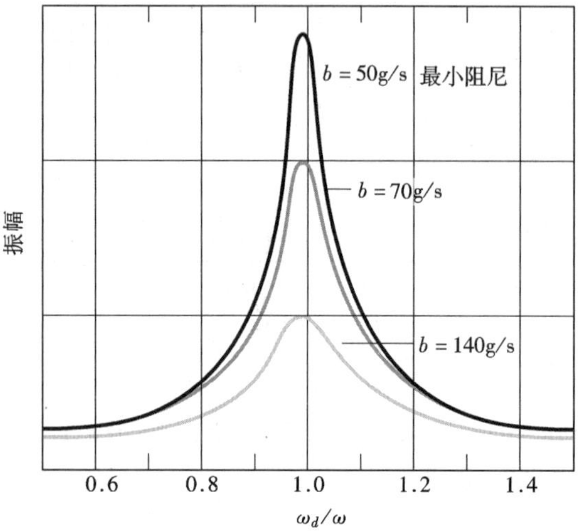

图 16-17 当驱动力的角频率 ω_d 变化时,做受迫振动的振子的位移振幅 x_m 发生变化。在满足共振条件 $\omega_d/\omega=1$ 时,振幅**近似**达到最大。此处的曲线与三个阻尼常量 b 的值相对应。

1985 年 9 月的墨西哥地震是一个大地震(里氏 8.1 级),但由它所引起的地震波到达离震中 400km 以外的墨西哥城时,应该很弱而不致造成巨大的破坏。不过墨西哥城大部分建在古河床上,那里土壤仍然含水而松软。虽然地震波的振幅在到墨西哥城的较为坚实的路途中比较弱,但其振幅在该城松软的土地上实际上还是增大了。地震波加速度的振幅达到 0.20g,角频率(令人惊讶地)集中在大约 3rad/s。不仅大地严重地震颤,而且许多中等高度的建筑物具有约 3rad/s 的共振角频率。在地震过程中,大多数中等高度的建筑都倒塌了,而较低的建筑(具有较高的共振角频率)及更高的建筑(具有较低的共振角频率)仍然伫立着。

复习和小结

频率 周期性的或振荡运动的**频率** f 是每秒钟振荡的次数。在 SI 中用赫[兹]量度:

$$1\text{ 赫[兹]} = 1\text{Hz} = \text{每秒振荡一次} = 1\text{s}^{-1} \qquad (16-1)$$

周期 **周期** T 是一次完整的全振动或一**次循环**所需的时间。它与频率的关系是

$$T = \frac{1}{f} \qquad (16-2)$$

简谐运动 在**简谐运动**(SHM)中,质点离平衡位置的位移由下式描述:

$$x = x_m \cos(\omega t + \phi) \quad (\text{位移}) \qquad (16-3)$$

其中,x_m 是位移的**振幅**,$(\omega t + \phi)$ 是振动的**相**,而 ϕ 则表示**相位常量**。**角频率** ω 与周期和频率的关系是

$$\omega = \frac{2\pi}{T} = 2\pi f \quad (\text{角频率}) \qquad (16-5)$$

对式(16-3)进行微分可以得到作 SHM 质点的、作为时间函数的速度和加速度:

$$v = -\omega x_m \sin(\omega t + \phi) \quad (\text{速度}) \qquad (16-6)$$

以及

$$a = -\omega^2 x_m \cos(\omega t + \phi) \quad (\text{加速度}) \quad (16-7)$$

在式(16-6)中,正量 ωx_m 是振动的**速度幅** v_m。在式(16-7)中正量 $\omega^2 x_m$ 是振动的**加速度幅** a_m。

线性振子 质量为 m 的质点在胡克定律回复力 $F=-kx$ 的作用下作简谐运动,且

$$\omega = \sqrt{\frac{k}{m}} \quad (\text{角频率}) \quad (16-12)$$

以及

$$T = 2\pi\sqrt{\frac{m}{k}} \quad (\text{周期}) \quad (16-13)$$

这样的系统叫做**线性简谐振子**。

能量 作简谐运动的质点任何时候都具有动能 $K=\frac{1}{2}mv^2$ 和势能 $U=\frac{1}{2}kx^2$。如果不存在摩擦力,那么即使 K 和 U 发生变化,机械能 $E=K+U$ 也保持不变。

摆 进行简谐运动的例子是图 16-7 的**扭摆**、图 16-9 的**单摆**和图 16-10 的**物理摆**。它们在振幅较小时,振动的周期分别是

$$T = 2\pi\sqrt{I/\kappa} \quad (16-23)$$

$$T = 2\pi\sqrt{L/g} \quad (16-28)$$

以及

$$T = 2\pi\sqrt{I/mgh} \quad (16-29)$$

简谐运动和匀速圆周运动 简谐运动是匀速圆周运动在其直径方向的投影。图 16-14 表示圆周运动的所有参量(位置、速度和加速度)投影成简谐运动的相应的值。

阻尼简谐运动 在实际的振动系统中,因为存在外力,例如曳力,对振动产生抑制和把机械能转换成热能,机械能在振动期间不断减少。实际振子及其运动被称为有**阻尼**。如果**阻尼力**可表达为 $\vec{F}_d=-b\vec{v}$(其中,v 是振子的速度,b 是**阻尼常量**),那么振子的位移由下式给出

$$x(t) = x_m e^{-bt/2m}\cos(\omega' t + \phi) \quad (16-40)$$

这里,ω' 代表阻尼振子的角频率,由下式给出

$$\omega' = \sqrt{\frac{k}{m} - \frac{b^2}{4m^2}} \quad (16-41)$$

如果阻尼常量较小($b \ll \sqrt{km}$),就有 $\omega' \approx \omega$,其中 ω 代表无阻尼振子的角频率。当 b 比较小时,振子的机械能可用下式表示

$$E(t) \approx \frac{1}{2}kx_m^2 e^{-bt/2m} \quad (16-42)$$

受迫振动与共振 如果角频率为 ω_d 的外来驱动力作用在**固有**角频率为 ω 的系统上,系统以角频率 ω_d 振动。系统的速度幅 v_m 最大时

$$\omega_d = \omega \quad (16-44)$$

此条件叫做**共振**条件。系统的振幅 x_m 在同一条件下也(近似)达到最大。

思考题

1. 下列有关质点加速度和位移的关系中,哪一个属于 SHM:(a)$a=0.5x$,(b)$a=400x^2$,(c)$a=-20x$,(d)$a=-3x^2$?

2. 一个 SHM,给定 $x=(2.0m)\cos(5t)$ 而要求 $t=2s$ 时的速度,你是否可以先用数值替换 t,然后对 t 求微分?还是先求微分,后代入数值?

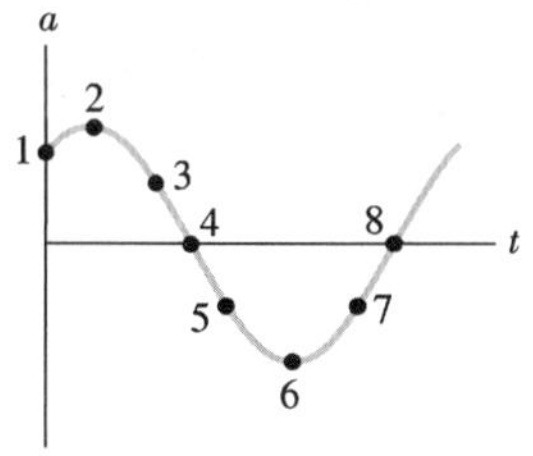

图 16-18 思考题 3 图

3. 一个作简谐运动的质点其加速度 $a(t)$ 画在图 16-18 中。(a)图中哪个有标码的点代表 $-x_m$ 处的质点?(b)在点 4,其速度是正、负还是零?(c)在点 5,质点的位置是在 $-x_m$、$+x_m$、$-x_m$ 与 0 之间还是 0 与 $+x_m$ 之间?

4. 下面哪一个代表图 16-19a 的简谐运动的 ϕ?

(a) $-\pi<\phi<-\pi/2$ (b) $\pi<\phi<3\pi/2$

(c) $-3\pi/2<\phi<-\pi$

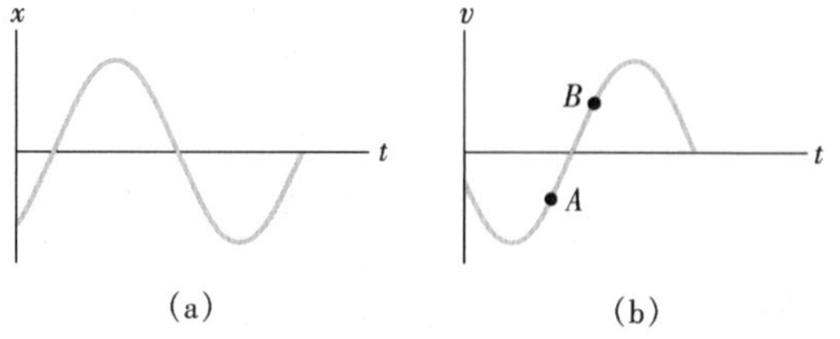

图 16-19 思考题 4 和 5 图

5. 一个作简谐运动的质点的速度 $v(t)$ 画在图 16-19b 中。在图中质点在(a)点 A 和(b)点 B 时,是瞬

物理学基础

时静止、向 $-x_m$ 还是向 $+x_m$，? 当其速度由(c)点 A 和(d)点 B 表示时，质点是在 $-x_m$、$+x_m$、0，还是在 $-x_m$ 与0之间或者在0与 $+x_m$ 之间? 质点在(e)点 A 和(d)点 B 时，它的速率在增加还是在减小?

6. 图16-20给出了一对简谐振子(A 和 B)的位移 $x(t)$ 的三种情况，它们之间除了相以外是相同的。对于每一对曲线来说，将曲线 A 移到与曲线 B 重合时，相移是多少(用弧度和用度做单位)? 在许多可能的答案中，选取绝对值最小的相移。

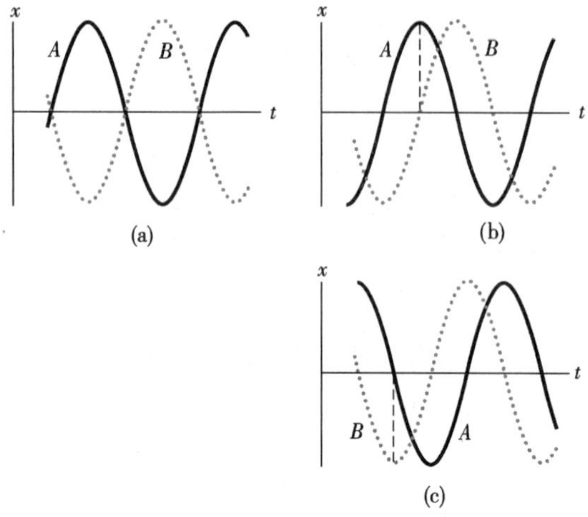

图16-20 思考题6图

7. 图6-21a和b表示四个线性振子在同一瞬间的位置，这四个线性振子的质量和弹簧常量都相同。在(a)图16-21a和(b)图16-21b中，两个线性振子的相差是多少? (c)图16-21a中的**红**振子与图16-21b中的**绿**振子的相差是多少?

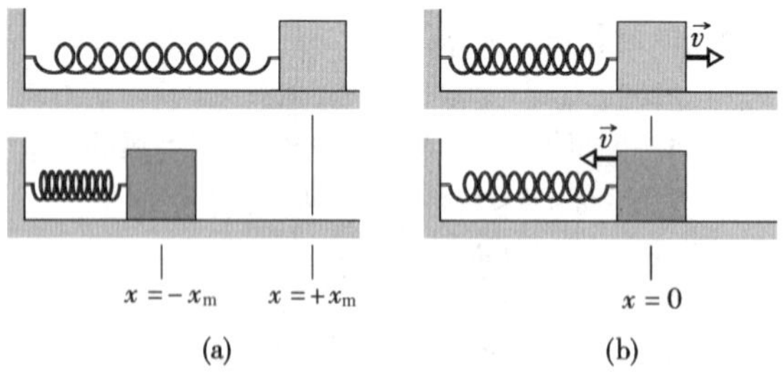

图16-21 思考题7图

8. (a)在图16-22a中，哪条曲线给出简谐振子的加速度 $a(t)$ 与位移 $x(t)$ 的关系? (b)在图16-22b中，哪条曲线给出其速度 $v(t)$ 与位移 $x(t)$ 的关系?

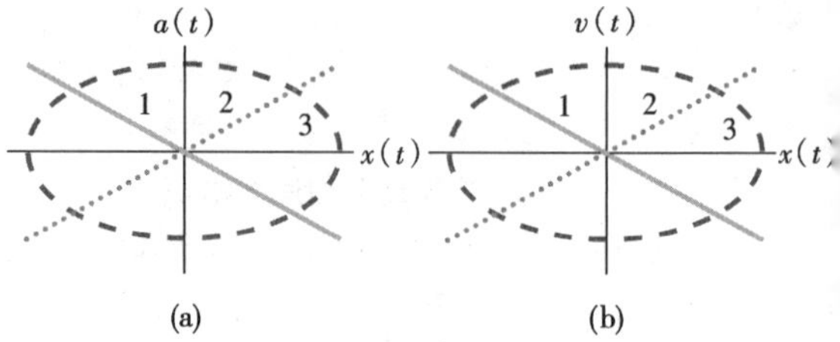

图16-22 思考题8图

9. 在图16-23中，物块 A 放在物块 B 上，两物块之间有一非零的静摩擦系数。在无摩擦的表面上放置的物块 B 最初在 $x=0$ 处，此时弹簧处于松弛状态；随后我们将物块 B 向右拉一段距离 d 后放开。当弹簧-物块系统做振幅为 x_m 的简谐运动时，物块 A 在物块 B 上刚好不滑动。求：

(a)物块 A 的加速度是恒定的还是变化的? (b)使物块 A 加速的摩擦力的大小是恒定的还是变化的? (c)物块 A 在 $x=0$ 还是在 $x=\pm x_m$ 更可能滑动? (d)如果SHM开始于一个大于 d 的初始位移，那么是更可能滑动还是更不可能? (为习题16热身)

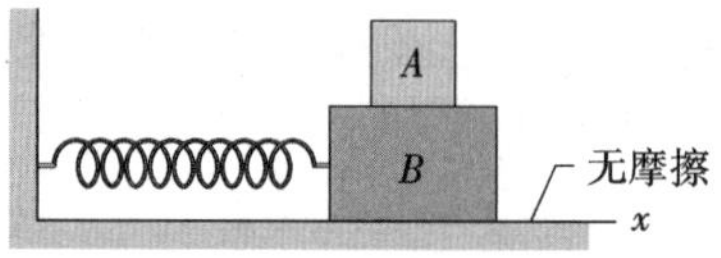

图16-23 思考题9图

10. 图16-24中弹簧-物块系统两次作SHM。第一次，物块被从平衡点拉开到位移 d_1，然后释放；第二次，物块被从平衡点拉开到位移 d_2，然后释放，d_2 大于 d_1。第二次实验与第一次相比，(a)振幅、(b)周期、(c)频率、(d)最大动能和(e)最大势能是较大、较小还是相等?

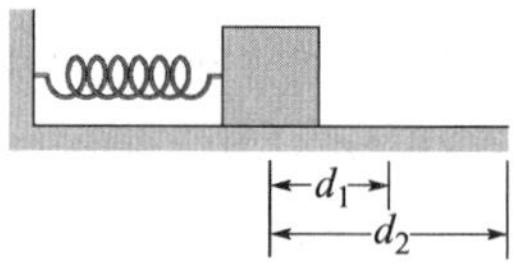

图16-24 思考题10图

11. 图16-25表示三个物理摆。它们都由用同样的、忽略质量的杆牢固连接着的同样质量的均匀球组成。每个摆都竖直放着，可以围绕悬点 O 摆动。按照振动的周期由大到小将它们排序。

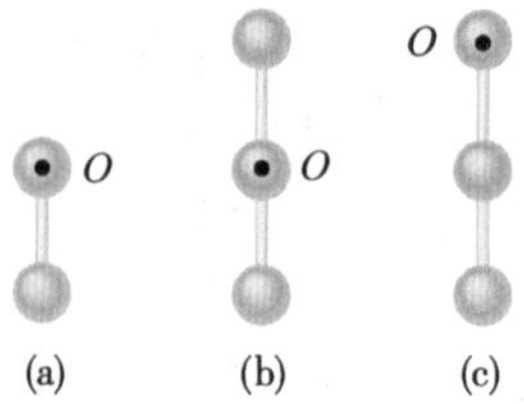

图16-25 思考题11图

12. 续练习 36：如果子弹的速度更大，所引起的 SHM 的下列各量会更大、更小还是不变？(a)振幅、(b)周期和(c)最大势能。

13. 图 16－26 表示一个振动传送器。它由两个吊在挠性杆上的弹簧－物块系统组成。当系统 1 的弹簧被拉长然后释放时，所引起的系统 1 的频率为 f_1 的 SHM 使杆振动。于是，杆就对系统 2 加上一个同样频率 f_1 的驱动力。你可以从弹簧常量 k 为 1600、1500、1400 和 1200N/m 的四个弹簧及质量为 800kg、500kg、400kg 和 200kg 的四个物块中挑选。想一下，在两个系统中哪个弹簧与哪个物块配合能使系统 2 的振幅达到最大？

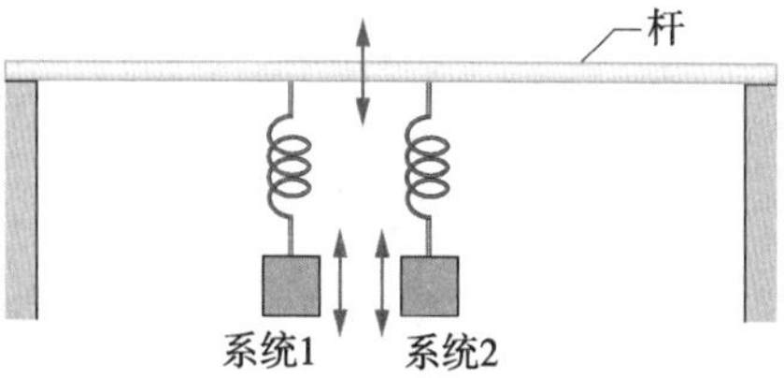

图 16－26 思考题 13 图

练习和习题

16－3 节 简谐运动的力定律

1E. 一个做简谐运动的物体从一个零速度的点运动到下一个零速度的点用了 0.25s。这两点的距离是 36cm。计算此运动的(a)周期、(b)频率和(c)振幅。

2E. 一个振动的物块－弹簧系统用了 0.75s 开始重复它的运动。求：(a)周期、(b)频率(以赫兹为单位)和(c)角频率(以弧度每秒为单位)。

3E. 一个振子由质量为 0.500kg 的物块连一个弹簧构成。当以 35.0cm 的振幅振动时，振子每 0.500s 重复一次它的运动。求：(a)周期，(b)频率、(c)角频率、(d)弹簧的弹簧常量、(e)最大速率和(f)弹簧给物块的最大力的大小。(ssm)

4E. 一个站台以 2.20cm 的振幅和 6.60Hz 的频率发生振动，求它的最大加速度是多少？

5E. 一只扬声器通过膜片的振动发出乐音。如果其振幅被限制为 1.0×10^{-3}mm，多大的频率能使膜片的加速度的大小超过 g？(ssm)

6E. 弹簧秤从 0 到 15.0kg 的刻度长 12.0cm。一只包裹挂在这个弹簧秤上以 2.00Hz 的频率在竖直方向振动。(a)弹簧常量是多少？(b)这个包裹有多重？

7E. 一个质点的质量是 1.00×10^{-20}kg，以 1.00×10^{-5}s 为周期做简谐运动，最大速率是 1.00×10^{3}m/s。计算质点的(a)角频率和(b)最大位移。(ssm)

8E. 一个质量为 0.12kg 的小物体做振幅是 8.5cm、周期是 0.20s 的简谐运动。(a)对质点的最大力的大小是多少？(b)如果这个振动来自一只弹簧，那么弹簧常量是多少？

9E. 电动刮胡刀的刀片做简谐运动，来回的距离是 2.0mm，频率是 120Hz。求：(a)它的振幅、(b)最大速率和(c)最大加速度的大小。(ssm)

10E. 一个扬声器的膜片正在做简谐运动，频率是 440Hz，最大位移为 0.75mm。(a)角频率、(b)最大速率和(c)最大加速度的大小各是多少？

11E. 考虑汽车在竖直方向的振动时，可以认为它是装在四只同样的弹簧上，可以调节一辆汽车的弹簧使振动的频率是 3.00Hz。(a)如果汽车的质量是 1450kg，且平均分给四只弹簧。每只弹簧的弹簧常量是多大？(b)如果有五位乘客坐在汽车里，平均每人的质量是 73.0kg，振动的频率是多少(也认为质量平均分布)？

12E. 一个物体按下述方程作简谐运动

$$x = (6.0\text{m})\cos[(3\pi\text{rad/s})t + \pi/3\text{rad}]$$

在 $t=2.0$s 时，它的(a)位移、(b)速度、(c)加速度和(d)运动的相位是多少？运动的(e)角频率和(f)周期是多少？

13E. 火车头汽缸里的活塞每个冲程(两倍的振幅)是 0.76m。如果活塞以角频率 180rev/min 作简谐运动，它的最大速率是多少？(ssm)

14P. 图 16－27 显示一位宇航员坐在测量人体质量的装置(BMMD)上。该装置设计的目的是用于空间轨道飞行器，使宇航员在地球轨道上失重条件下能够测量自己的质量。BMMD 是一把装有弹簧的椅子，宇航员测量他或她坐在该椅子上时的周期。由振动的物块－弹簧系统振动的周期公式可求出质量。(a)如果 M 是宇航员的质量，m 是 BMMD 参与振动的部件的有效质量，证明

$$M = (k/4\pi^2)T^2 - m$$

这里 T 是振动的周期，k 是弹簧常量。(b)在"天空实验室任务 2 号"上的 BMMD 的弹簧常量 $k=605.6$N/m，空椅子的振动周期是 0.90149s。求椅子的有效质

量。(c)当宇航员坐在椅子里时，振动周期变为2.08832s。计算宇航员的质量。

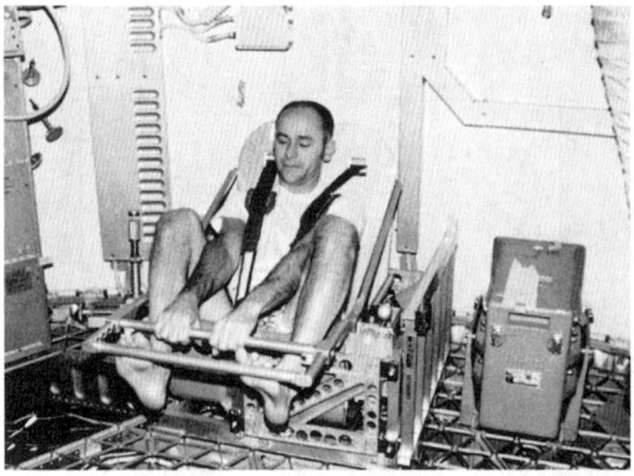

图16-27 习题14图

15P. 在某港口，海潮引起海洋的水面以涨落高度d(从最高水平到最低水平)，作简谐运动，周期为12.5h。求水从最高水平下降$d/4$需要多少时间？

16P. 在图16-28中，两个物块($m=1.0\text{kg}, M=10\text{kg}$)与一只弹簧($k=200\text{N/m}$)安放在水平无摩擦的表面上。两物块间的静摩擦系数是0.40。弹簧-物块系统作简谐运动的振幅为多大时可使小物块在大物块上刚要滑动？

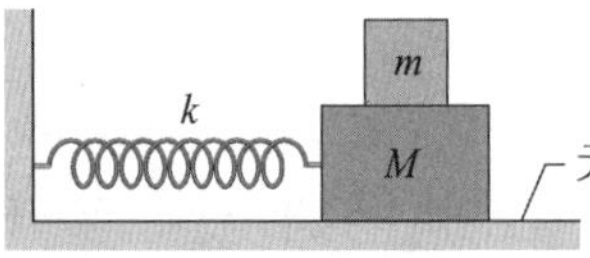

图16-28 习题16图

17P. 一物块放在以频率2.0Hz作来回水平简谐运动的水平表面(振动台)上。物块与平面之间的静摩擦系数是0.50。如果物块不在平面上滑动，此SHM的振幅可以是多大？(ssm)(www)

18P. 一个物块放在沿竖直方向作简谐运动的活塞上。(a)若此SHM的周期是1.0s，运动的振幅多大时物块与活塞分离？(b)如果活塞的振幅为5.0cm，要让物块与活塞总保持接触，最大频率是多少？

19P. 一个振子由一物块栓在弹簧($k=400\text{N/m}$)上构成。在某时刻t，物块的位置(从系统的平衡位置测量)、速度和加速度分别是$x=0.100\text{m}$、$v=-13.6\text{m/s}$和$a=-123\text{m/s}^2$。计算(a)振动的频率、(b)物块的质量和(c)运动的振幅。(ilw)

20P. 一个简谐振子由一质量2.00kg的物块栓在弹簧常量为100N/m的弹簧上构成。在$t=1.00\text{s}$时，物块的位置和速度为$x=0.129\text{m}$和$v=3.415\text{m/s}$。求：(a)振动的振幅是多少？物块在$t=0\text{s}$时的(b)位置和(c)速度曾是多少？

21P. 一无质量的弹簧悬在天花板上，下端栓着一个小物体。最初时小物体在位置y_i处静止而使弹簧也处于它的静长。然后将物体从y_i处释放使它上下振动起来，其最低位置在y_i下方10cm处。(a)振动的频率是多少？(b)当物体在初位置以下8.0cm时的速率是多少？(c)把质量为300g的物体栓在第一个物体上后系统以原来频率的一半振动。第一个物体的质量是多少？(d)两个物体都栓在弹簧上时，相对y_i来说，新的平衡(静止)位置在哪里？(ssm)

22P. 两个质点沿着很近的平行线以同样的振幅和频率作简谐运动。它们每次经过对方时运动方向都相反，而且都在振幅的一半处。它们的相差为何？

23P. 两个质点沿着一个共同的长度为A的直线段作简谐运动。每个质点的周期是1.5s，但其相差是$\pi/6\text{rad}$。(a)在滞后的质点离开路径的一端0.50s后，它们相距多远(以A计)？(b)其后它们是沿同方向运动，相互接近还是相互远离？(ssm)

24P. 在图16-29中，两个同样的弹簧常量为k的弹簧，一端栓在一个质量为m的物块上，另一端固定。求证在无摩擦的表面上振动时，物块的频率是

$$f=\frac{1}{2\pi}\sqrt{\frac{2k}{m}}$$

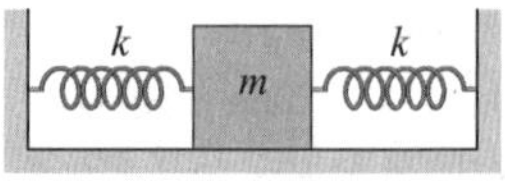

图16-29 习题24和习题25图

25P. 如图16-29，假设两只弹簧的弹簧常量为k_1和k_2。证明物块振动的频率是

$$f=\sqrt{f_1^2+f_2^2}$$

其中，f_1和f_2是只连上弹簧1或弹簧2时物块振动的频率。(ilw)

26P. 调音音叉一个叉股的端点在做频率为1000Hz的简谐运动，振幅0.40mm。求叉股端点的(a)最大加速度的大小和(b)最大速率。求当叉股端点的位移为0.20mm时，其(c)加速度的大小和(d)速率是多少？

27P. 在图16-30中，两只弹簧接起来连到一个质量为m的物块上。表面无摩擦。如果两弹簧的弹簧常量都是k，证明物块振动的频率是

$$f=\frac{1}{2\pi}\sqrt{\frac{k}{2m}} \qquad \text{(ssm)}$$

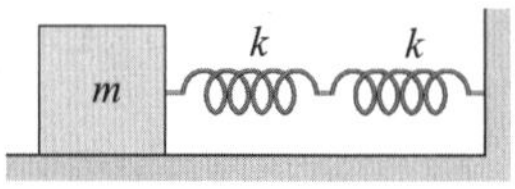

图 16-30 习题 27 图

28P. 在图 16-31 中，一物块重 14.0N，在无摩擦、倾斜 40.0°的斜坡上滑动。一只弹簧一端栓在物块上，另一端固定在斜坡的顶点。该弹簧无质量，不伸长时的长度是 0.450m，其弹簧常量为 120N/m。(a)物块将停在距离斜面顶点多远处？(b)如果把物块沿斜面拉下一点然后释放，所产生的振动的周期是多少？

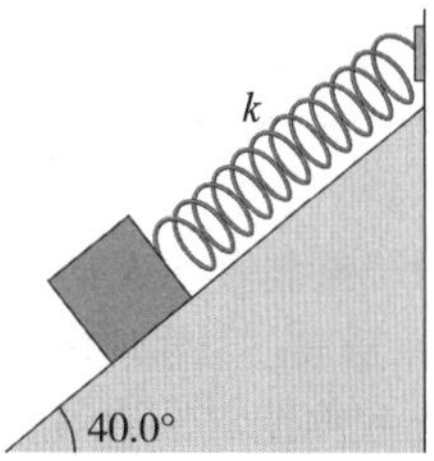

图 16-31 习题 28 图

29P. 一只均匀的弹簧，不伸长时的长度是 L，其弹簧常量是 k。现把它切成两段，两段不伸长时的长度为 L_1 和 L_2，且 $L_1=nL_2$。相应的弹簧常量(用 n 和 k 表示)(a)k_1 和(b)k_2 是多少？如果物块栓在原来的弹簧上，如图 16-5 所示，振动的频率是 f。如果把弹簧换成 L_1 或 L_2 相应的频率为 f_1 和 f_2。求(c)f_1 和(d)f_2(用 f 表示)。(ssm)(www)

30P. 在图 16-32 中，三辆质量 10000kg 的矿车用与斜面平行的缆绳拉住，停放在 30°斜坡的轨道上。当下面的两辆车之间的挂钩刚要断裂而释放最低下的那辆车之前，缆绳伸长 15cm。假定缆绳服从胡克定律，求剩下的两辆车其后振动时的(a)频率和(b)振幅。

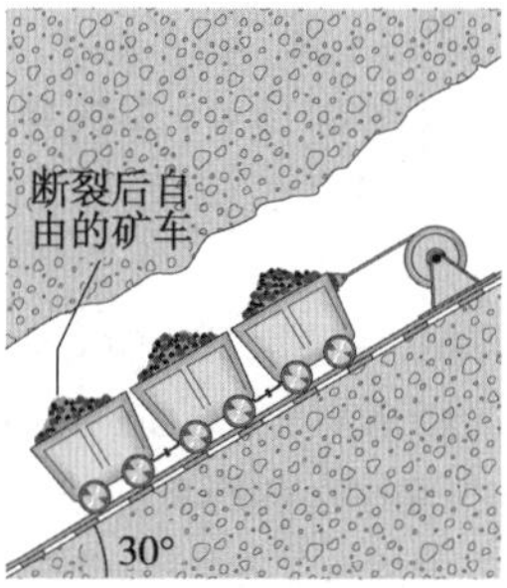

图 16-32 习题 30 图

16-4 节 简谐运动的能量

31E. 求物块-弹簧系统的机械能。弹簧的弹簧常量是 1.3N/cm，振幅是 2.4cm。(ssm)

32E. 一个振动的物块-弹簧系统的机械能是 1.00J，振幅是 10.0cm，最大速率是 1.20m/s。求：(a)弹簧的弹簧常量、(b)物块的质量和(c)振动的频率。

33E. 无摩擦的水平面上质量为 5.00kg 的物体栓在一个弹簧常量 1000N/m 的弹簧上。把它从平衡位置水平地移动 50.0cm，并给它一个朝向平衡位置的初始速度 10.0m/s。(a)此系统振动 的频率是多少？(b)系统的初始势能是多少？(c)初始动能是多少？(d)振幅是多大？(ilw)

34E. 把一个假想的大型弹弓拉伸 1.5m，发射一个 130g 的抛射体，其速率足以逃离地球(11.2km/s)。假定弹弓的弹性带服从胡克定律。(a)如果全部的弹性势能都转化成动能，此装置的弹簧常量是多少？(b)假设平均说来一个人可出力 220N，那么需要多少人来拉这个弹性带？

35E. 当一个质量为 1.3kg 的物块挂在弹簧的下端时，弹簧伸长了 9.6cm。(a)计算弹簧的弹簧常量。(b)如果将此物块再向下拉 5.0cm，然后从静止释放。求此后的 SHM 的(b)周期，(c)频率，(d)振幅和(e)最大速率。(ssm)

36E. 静止在水平无摩擦的桌面上的一质量为 M 的物块，用一只弹簧常量为 k 的弹簧固定在坚硬的墙上。一质量 m 的子弹以速度 $\vec{v}$ 射向物块，如图 16-33 所示，随后子弹嵌入物块。求：(a)刚碰撞后物块的速率和(b)其后的简谐运动的振幅。

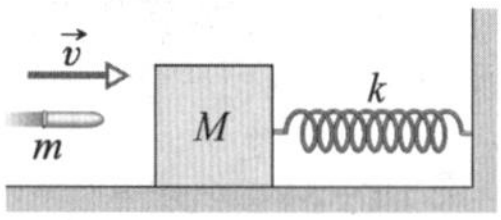

图 16-33 练习 36 图

37E. 当 SHM 的位移为其振幅 x_m 的一半时，其总能量中有多大比例是(a)动能和(b)势能？(c)在什么位移(用 x_m 表达)时动能势能各占一半？(ssm)

38P. 一质量为 10g 的质点做简谐运动，振幅为 2.0×10^{-3}m，最大加速度是 $8.0\times10^{3}\text{m/s}^2$，相位常量为 $-\pi/3$rad。(a)写出表示质点受的力作为时间的函数的方程。(b)振动的周期是多少？(c)质点的最大速率是多少？(d)此简谐运动的机械能是多少？

39P*. 一个 4.0kg 的物块悬在一只弹簧常量为 500N/m 的弹簧下面。一颗 50g 的子弹以 150m/s 的速率从正下方射入物块并嵌入其中。(a)求此后的简谐运动的振幅；(b)子弹原来的动能中有多大的比例转变成了简谐运动的机械能？(ssm)(www)

16-5节 角简谐运动

40E. 一只平的均匀圆盘质量是3.00kg，半径是70.0cm。用一根线栓在其中心竖直地把它吊起来使呈水平状态。如果把该盘绕线转过2.50rad，需要0.0600Nm的力矩保持这一状态。计算：(a)盘对线的转动惯量、(b)扭转常量和(c)当此扭摆振动起来时的角频率。

41P. 手表上的平衡轮以πrad的角振幅和0.005s的周期振动。求：(a)轮的最大角速率、(b)当角位移为π/2rad时的角速率和(c)当轮的角位移为π/4rad时它的角加速度的大小。(ssm)

16-6节 摆

42E. 在图16-34中，一个2500kg的捣碎机的球从吊车上垂下并摆动，摆动缆绳的长度为17m。(a)假定该系统可当作单摆处理，求摆动的周期。(b)此周期是否与球的质量有关？

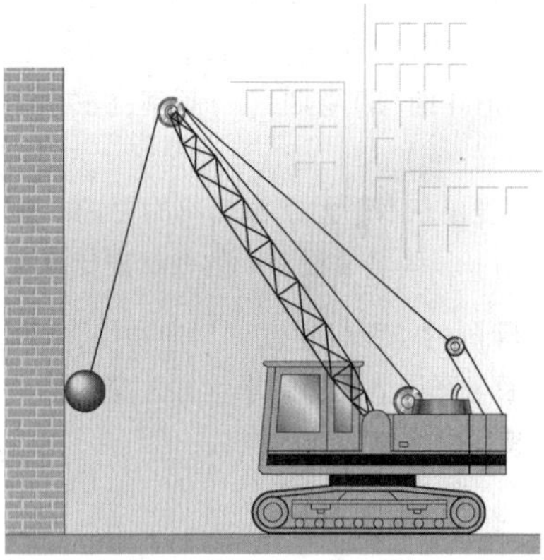

图16-34 练习42图

43E. 一个标定秒的单摆完成一次从左到右再回来的完全摆动需要2.0s。此单摆的长度是多少？(ssm)

44E. 一个杂技演员坐在高秋千上来回摆动，周期是8.85s。如果她站起来，从而把**秋千-演员**系统的质心升高了35.0cm，这时新的周期是多少？把**秋千-演员**系统当作一个单摆处理。

45E. 一根米尺作为物理摆，以与50cm刻度相距d处钻的一个小孔为枢轴，振动的周期是2.5s。求d。(ilw)

46E. 在图16-35中，一个物理摆由一个均匀的固体圆盘(质量为M，半径为R)构成，它以一个离盘心距离为d的枢轴支撑于竖直平面内。先使圆盘移一个小的角位移然后释放，求由此产生的简谐运动的周期。

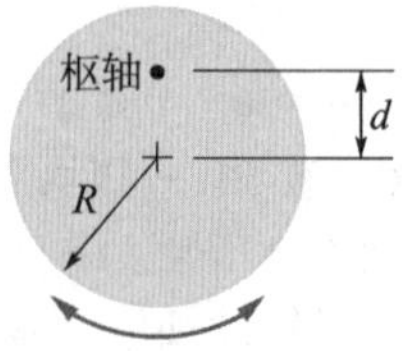

图16-35 练习46图

47E. 一只摆是具有转轴的一根长L、质量为m的细杆。枢轴在杆上距杆中心的距离是d。(a)假定小振幅摆动，求此摆的以d、L、m和g表示的周期。如果(b)d减小、(c)L增大或(d)m增大，周期有什么变化？(ssm)

48E. 一只均匀圆盘的半径R为12.5cm，在其边缘上一点悬挂起来形成一个物理摆。(a)它的周期是多少？(b)在什么径向距离$r<R$处有一个枢点能给出同样的周期？

49E. 图16-36的摆半径为10.0cm，质量为500g，由均匀圆盘安在一根长为500mm质量为270g的均匀杆上构成。(a)计算此摆对枢点的转动惯量；(b)枢点与摆的质心的距离是多少？(c)计算摆的周期。(ssm)

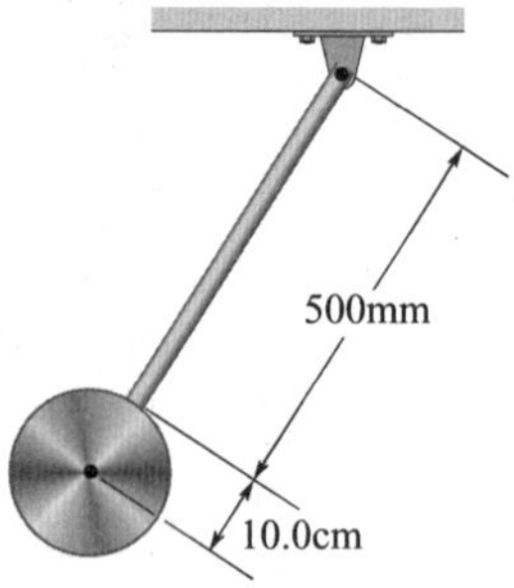

图16-36 练习49图

50E. (a)如果例题16-5中的物理摆倒挂在P点，其振动的周期是多少？(b)现在的周期大于、小于还是等于原来的周期？

51E. 在例题16-5中，我们看到此物理摆的振动中心离悬挂点的距离为$2L/3$。证明任何形状的物理摆，其悬挂点和振动中心的距离都是I/mh。其中I和h与式(16-29)中的含义相同，m为摆的质量。

52P. 一根长为L的杆可绕图16-37中的O点摆动形成一个物理摆。(a)推导一个用L和x表示的摆的周期公式,其中 x 是 O 点到摆的质心的距离。(b) x/L 等于多少时周期最小?(c)证明:如果 $L=1.00\text{m}$,$g=9.8\text{m/s}^2$,则这个周期为 1.53s。

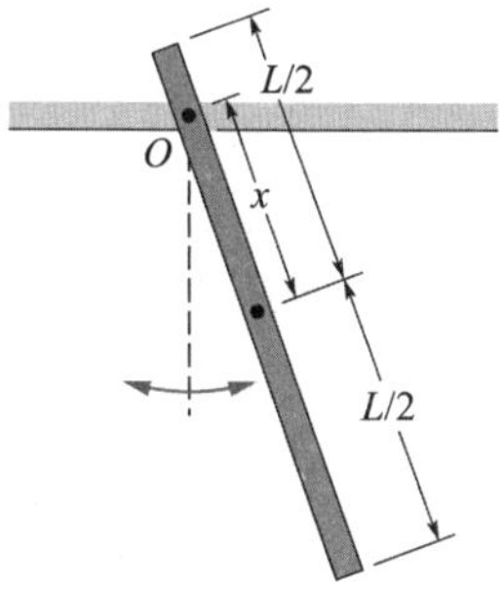

图 16-37 习题 52 图

53P. 图 16-38 为一俯视图,其中一根均匀的长为 L、质量为 m 的杆可以自由地绕着一个通过其中心的竖直轴转动。一只力常数为 k 的弹簧水平地连在杆的一端和固定的墙壁之间。当此杆处于平衡时,它与墙壁平行。使杆轻微地转动一下后释放,所引起的微小振动的周期是多少?(ssm)(ilw)(www)

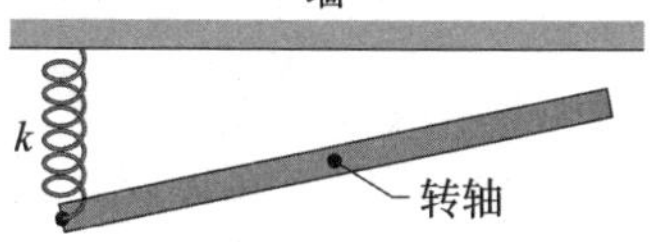

图 16-38 习题 53 图

54P. 一只长为 L、质量为 m 的单摆悬挂在一辆正以不变的速率 v、围绕半径为 R 的圆行驶的汽车内。如果此摆围绕其平衡位置做微小的径向振动,那么此振动的频率是多少?

55P. 一只长为 2.0m 的单摆。求它 (a)在室内、(b)在以 2.0m/s^2 的加速度向上的电梯里和(c)自由下落时的频率是多少?(ssm)

56P. 对一只单摆,求它做简谐运动所需的回复力矩偏离实际回复力矩 1.0% 时的角振幅 θ_m。(参看附录 E 中的"三角展开式")

57P. 长为 R 的一只单摆的摆球在一圆弧上摆动。(a)把它通过平衡位置时的径向加速度看作是匀速圆周运动的加速度(v^2/R)。证明:如果角振幅 θ_m 很小,在该位置时线中的张力为 $mg(1+\theta_m^2)$(参看附录 E 中的"三角展开式")。(b)摆球在其他位置时,线中的张力是大于、小于、还是相同?

58P. 一个轮子可绕一固定轴自由地转动。一只弹簧栓在辐条上与转轴相距 r 的地方,如图 16-39 所示。(a)假设轮子是一个质量为 m、半径为 R 的圆环,求此系统在做微小振动时的角频率,用 m、R、r 和弹簧常量 k 表示。如果(b)$r=R$ 和(c)$r=0$,结果有什么变化?

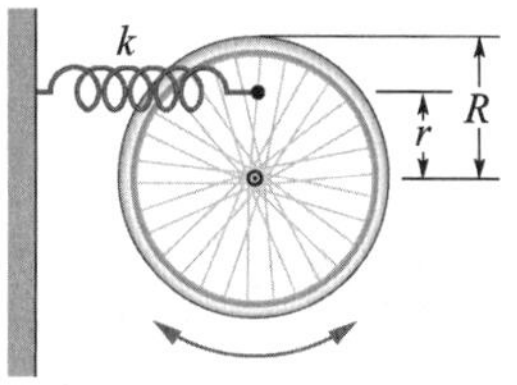

图 16-39 习题 58 图

16-8 节 阻尼简谐运动

59E. 在例题 16-7 中,经过 20 次全振动后,阻尼振动的振幅与初始振幅的比是多少?(ssm)

60E. 稍有阻尼的振子每经过一个循环振幅减小 3.0%。在每次完整的振动中其机械能损失的比例有多大?

61E. 对于图 16-15 所示的系统,物块的质量是 1.50kg 弹簧常量是 8.00N/m,阻尼力为 $-b(dx/dt)$,其中 $b=230\text{g/s}$。假定物块最初被拉下一段距离 12.0cm 后释放。(a)计算其后振动的振幅减小到初始振幅的三分之一所需的时间;(b)在这段时间内物块完成了多少次振动?(ssm)

62P. 假设你正在检查一辆质量为 2000kg 汽车悬架系统的振动特性。当整个汽车放上去后它"下陷"10cm。此外,在一次完整的振动内振幅减小了 50%。估算(a)弹簧的弹簧常量 k 和(b)弹簧和一个轮子的减振系统的阻尼常量 b 的值,假定每个轮子支撑 500kg。

16-9 节 受迫振动和共振

63E. 对于式(16-43),假定振幅 x_m 由下式给出

$$x_m=\frac{F_m}{[m^2(\omega_d^2-\omega^2)^2+b^2\omega_b^2]^{1/2}}$$

这里 F_m 为外来驱动力的(恒定)振幅,此力是图 16-15 中的刚性支撑作用在弹簧上的。共振时,振动物体的(a)振幅和(b)速度幅是多少?

64P. 一辆 1000kg 的汽车载有四个 82kg 的人行驶在"搓板"泥路上,路面上横褶间的距离为 4.0m,它使汽车在其弹簧悬架系统上震颤起来。当车速为 16km/h 时,汽车震颤的振幅最大。现在,车停下来,四个人都下了车。由于这个质量减少,车体在其悬架系统上升起多高?

第 17 章　波（Ⅰ）

甲虫在这个沙蝎周围几十厘米的沙子上活动时，沙蝎就会立即转向甲虫并猛扑过去捕获（作为午餐）。沙蝎没有看到（在夜间）也没有听到甲虫就能这样做。

那么，蝎子怎么能这样准确地定位它的猎物呢？

答案就在本章中。

17-1 波与质点

你可以有两种方式与在远方城市里的朋友联系：写信和打电话。

第一个选择（信）涉及“质点”概念：一个物质的实体载着信息和能量从一个地方到另一个地方。前面多数章节都是处理质点或质点系。

第二个选择（电话）则涉及“波”的概念，它是本章和下一章讨论的对象。在一列波中，信息和能量从一个地方传到另一个地方，但没有物质实体移动。在你打电话时，载有信息的声波从你的声带传到电话，电话接收了电磁波，并把它沿铜线、或光纤、或通过大气、也可能通过通信卫星传出去。在接收端有另一个声波从电话传到你朋友的耳朵里。虽然信息传了过去，但没有什么你可触摸到的东西到达你的朋友那里。关于波，达芬奇已经有所认识，表现在他描写水波时写道：“人们常常看到水波从它发生的地方传开，而水并不这样；像麦田里被风吹出的波浪一样，我们看到波跨越田野传播，而庄稼留在原地。”

质点和**波**在经典物理里是两个重要的概念，表现在我们好像能够把这个学科的几乎每一个分支与它们中的这个或那个联系在一起。这两个概念很不相同。**质点**这个词表示能够传递能量的一个小的物质的集中。**波**这个词则含义相反——是能量的扩展分布，充满它在其中传播的空间。现在的任务是把质点暂时放到一边，学习一些关于波的知识。

17-2 波的类型

波有三种主要的类型：

1. 机械波。这种波是最为熟知的，因为我们几乎经常遇到它们。常见的例子如水波、声波和地震波。所有的机械波都具有一些主要的特征：它们都受牛顿定律的支配，它们都只能在物质介质中存在，比如在水、空气和岩石中。

2. 电磁波。这种波大家不太熟悉，但经常用。常见的例子包括可见光、紫外光、无线电波、电视波、微波、X 射线以及雷达波。这些波都不要求有物质介质存在。例如，从恒星传来的光波经过宇宙的真空到达我们这里。所有的电磁波通过真空时都有同样的速率 c，它的大小是

$$c = 299\,792\,458 \mathrm{m/s} \quad (\text{光速}) \tag{17-1}$$

3. 物质波。虽然在现代技术中经常用到这种波，但它们的类型你可能很不熟悉。这种波是与电子、质子、其他基本粒子、甚至原子和分子相联系的。因为我们一般都认为是这些东西构成物质的，所以这种波叫做物质波。

本章我们所讨论的内容大都适用于各种类型的波。不过，对特定的例子我们将指机械波。

17-3 横波与纵波

一列沿着一根拉紧的线传播的波是最简单的机械波。如果你在拉紧的线的一端上下抖动一下，一个单**脉冲**形式的波就沿着线传播，如图 17-1a 所示。由于线在张力作用之下，所以脉冲能够发生并传播。当你把线的一端向上拉时，它就通过与邻近部分之间的张力把邻近的部分也向上拉。当这个邻近的部分向上运动时，它又开始拉下一个邻近的部分，以此类推。而此时你已经把端点向下拉。在每一部分按次序向上运动时，它又开始被已经向下运动的邻近部分向下拉回来。结果是，线的形状的一个扭曲（脉冲）以某一速度 $\vec{v}$ 沿线传播。

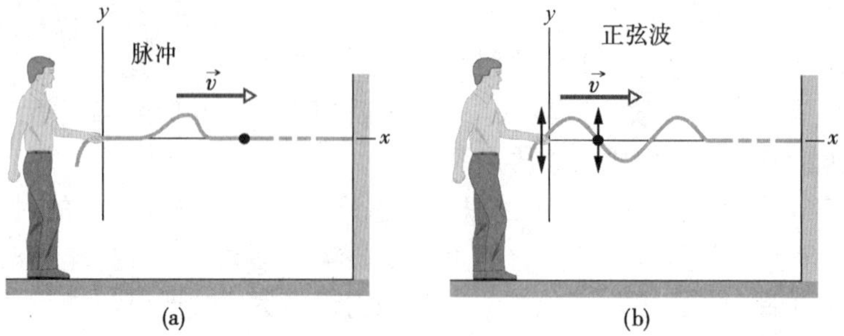

图 17-1 (a) 一个单脉冲发送到一根拉紧的线上。当脉冲通过时，一个典型的线元（用圆点表示）向上接着又向下运动。线元的运动垂直于波的传播方向，因此脉冲是一个**横波**。(b) 一个正弦波发送到拉紧的线上。当正弦波通过时，线元（用圆点表示）连续地上下运动。这也是一个横波。

如果将你的手连续地上下做简谐运动，就会有一个连续的波沿着线以速度 $\vec{v}$ 传播。由于你手的运动是时间的正弦函数，所产生的波在任何给定的时刻也具有正弦的形状，如图 17-1b 所示；就是说波具有正弦曲线或余弦曲线的形状。

我们这里考虑的仅是“理想”的线，在这种线里不存在类似摩擦那样的力使得波在传播时产生衰减 。此外，我们假定线非常长，我们不需要考虑波在远端的反弹。

研究图 17-1 的向右传的波的一种方法是监视它的**波形**（波的形状）。换句话说，我们可以监视当波通过一个线元使它上下振动时的运动。我们会发现这样振动的每一个线元的位移都**垂直**于波的传播方向，如图 17-1 所示。这种运动叫做**横向**的，而这种波就叫做**横波**。

图 17-2 表示声波是怎样能用一个活塞在一根充满空气的长管子里通过生成的。如果你突然将活塞向右，并随后向左拉动一下，你就可以在管内发出一个声脉冲。活塞的向右运动推动邻近的空气微元也向右运动，从而改变那里的气压。气压的增加又向右推动沿着管子远一些的空气微元。活塞的向左运动又减小了与它邻近空气的压强。一旦它们已经向右运动，最邻近的、接着稍微远一些的微元又会向左方回去。这样，空气的运动和压强的变化就以脉冲的形式沿着管子向右传播。

如果你推拉活塞让它做简谐运动，像图 17-2 中正在做的那样，一列正弦波就沿着管子传播。因为空气微元的运动方向与波传播的方向平行，所以这种运动叫做**纵向**的，这种波就叫做**纵波**。本章我们集中讨论横波，特别是线上的波；在第 18 章我们将集中讨论纵波，特别是声波。

横波与纵波都叫**行波**，因为它们都是从一点传到另一点，如图 17-1 中从线的一端传到另一端，或如图 17-2 中从管子的一端传到另一端。注意，波从一端传到另一端，并不是波在其中传播的物质（线或空气）从一端传到另一端。

在本章开头的那个沙蝎是用横波与纵波来定位猎物的。当甲虫对沙子即使有轻微的扰动时，就会有脉冲沿着沙子的表面传开（见图 17-3）。一组脉冲是纵的，波速是 $v_l = 150\text{m/s}$。第二组波是横的，它的波速是 $v_t = 50\text{m/s}$。

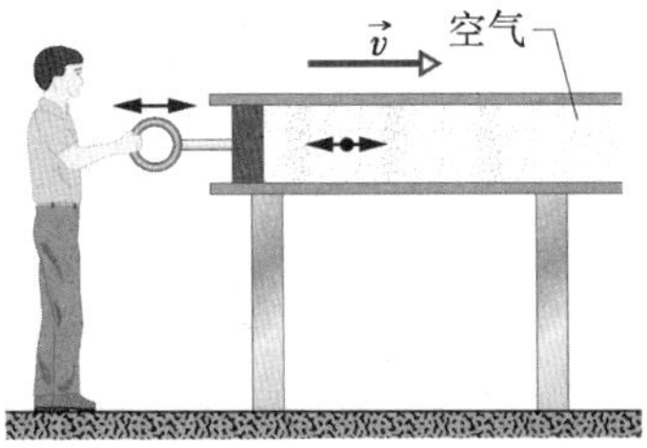

图 17-2 在充有空气的管子里用活塞的来回运动产生声波。由于空气微元（用黑色圆点表示）的振动平行于波传播的方向，所以波是**纵波**。

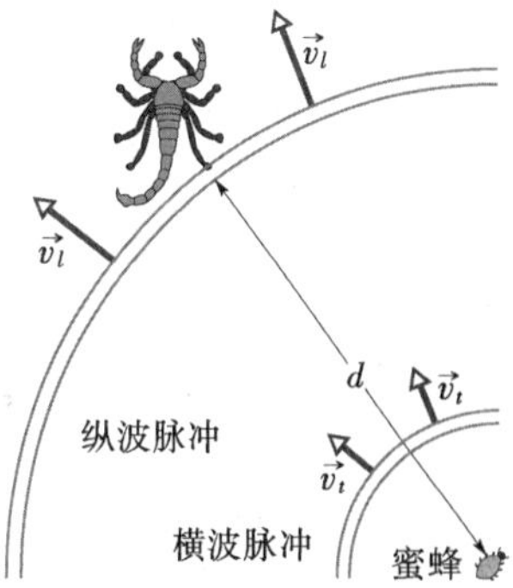

图 17-3 甲虫的运动沿着沙子表面传出快速纵脉冲和慢速横脉冲。沙蝎首先接收到纵脉冲；这里是最后的右腿首先感觉到脉冲。

沙蝎有八条腿，大体上散开成直径为 5cm 的一个圆，它首先截获较快的纵波并判断其方向，那就是最早受到脉冲扰动的腿的方向。接着，蝎子感知第一次截获和截获较慢的横波之间的时间间隔 Δt，并利用它确定到甲虫的距离 d。这个距离由下式得出

$$\Delta t = \frac{d}{v_t} - \frac{d}{v_l}$$

由此得

$$d = (75\mathrm{m/s})\Delta t$$

例如，如果 $\Delta t = 4.0\mathrm{ms}$，就有 $d = 30\mathrm{cm}$，它使蝎子精确地定出甲虫的位置。

17-4 波长与频率

为了全面地描写线上的一列波（以及线上任何微元的运动），我们需要一个描述波形的函数。这就是说我们需要一个 $y = h(x,t)$ 形式的关系式，其中 y 是任何线元的横向位移，它是时间 t 和线元沿线的位置 x 的函数 h。一般说来，描述像图 17-1b 那样的正弦波的 h 可以用正弦函数或余弦函数，两者都能给出同样的一般波形。在本章，我们采用正弦函数。

想象一列如图 17-1b 那样沿 x 轴正向传播的正弦波。当该波依次扫过线的各线元（即非常短的小段）时，各线元都垂直于 y 轴振动。在时刻 t，位于 x 处的线元的位移 y 由下式给出

$$y(x,t) = y_m \sin(kx - \omega t) \qquad (17-2)$$

因为这个方程用位置 x 表示，所以它可以用来求线上所有线元的作为时间函数的位移。这样，它能告诉我们任何给定时刻的波形以及当波沿着线传播时该波形的变化。式（17-2）中各量的名称列于图 17-4 并在下面给出定义。

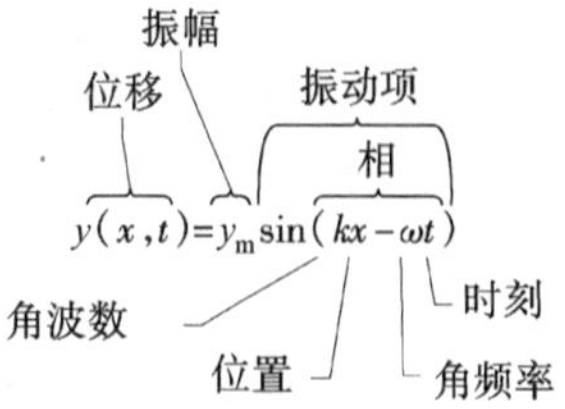

图 17-4 对于横向正弦波，式（17-2）中各个量的名称。

在我们讨论这些量以前，让我们先考查一下图 17-5，这个图表示出五幅沿 x 轴正方向传播的正弦波的“快照”。波的运动是用指向波峰的短箭头的向右移动表示。从一个快照到下一个 快照，短箭头随着波形向右移动，但是线的运动**仅仅**在平行于 y 轴的方向。

为了看到这一点，让我们跟踪位于 $x=0$ 处**的红色线元**。在第一个快照（图17-5a）里，它的位移 $y=0$。在下一个快照里，由于**波谷**（极低点）通过那里，所以它在最下面的位移处。其后，它反过来向上通过 $y=0$。在第四个快照里，因为**波峰**（极高点）通过那里，它处于最上面的位移处。在第五个快照中，它又一次在 $y=0$，完成了一次全振动。

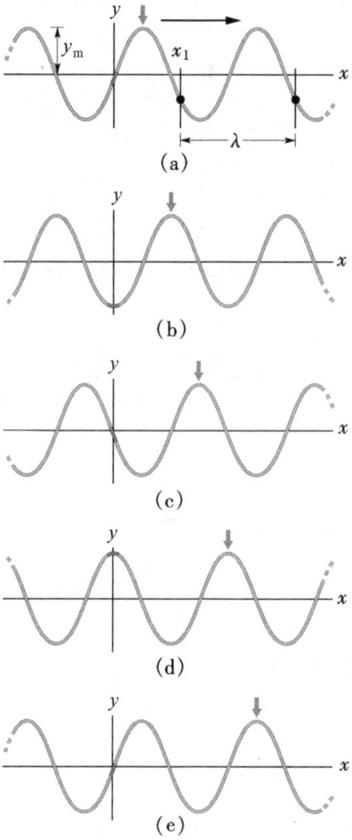

图17-5 沿 x 轴正方向传播的线波的五个"快照"。振幅 y_m 已标出。也标出了从任一位置 x_1 量起的典型波长 λ。

振幅和相

波的**振幅** y_m，如图17-5所示，是波经过线元时，这些线元离它们的平衡位置的最大位移的大小。（下标 m 表示最大。）由于 y_m 是大小，所以它总是正的，即使在图17-5a中向下量度而不是如图所画的向上也是一样。

波的**相**是式（17-2）中正弦的**幅角** $kx-\omega t$。当波经过处于特定位置 x 处的线元时，相随时间 t 做线性变化。这意味着正弦的值也在变化，在 +1 和 -1 之间振荡。它的正极值（+1）与通过线元的波的一个峰相对应，这时在 x 点的 y 值是 y_m；它的负极值（-1）与通过线元的波的一个谷相对应，这时在 x 点的 y 值是 $-y_m$。这样，正弦函数和波的含时间的相与线元的振动对应，而波的振幅决定线元位移的极值。

波长和角波数

波的**波长** λ 是波的形状（或**波形**）重复之间的（平行于波的传播方向的）距离。典型的波长标于图17-5a中，它是一列波在 $t=0$ 时刻的快照。在那一时刻，式（17-2）给出的对波形的描述为

$$y(x,0)=y_m\sin kx \tag{17-3}$$

根据定义，位移 y 在波长的两个端点——即在 $x=x_1$ 和 $x=x_1+\lambda$ 处，是相同的。因此，由式（17-3），有

$$y_m\sin kx_1=y_m\sin k(x_1+\lambda)=y_m\sin(kx_1+k\lambda) \tag{17-4}$$

正弦函数的角度（幅角）增加 2πrad 时，它开始重复它自身，所以在式（17-4）中我们必定有 $k\lambda=2\pi$ 或者

$$k=\frac{2\pi}{\lambda}\quad（角波数） \tag{17-5}$$

我们把 k 叫做波的**角波数**，它的 SI 单位是弧度每米，或者每米。（注意，这里的 k 并**不**像前面一样代表弹簧常量）

注意，图17-5中的波从一幅快照到下一幅快照向右移动了$\frac{1}{4}\lambda$。到第五个快照时，波已经向右移动了 1λ。

周期、角频率和频率

图17-6表示在线上取 $x=0$ 的某一位置处，式（17-2）的位移 y 与时间 t 的关系图。如果

你在监视这条线，就会看到在该位置处的单个线元在上下做简谐运动，其表达式由 $x=0$ 的式（17－2）给出：

$$y(0,t) = y_m\sin(-\omega t) = -y_m\sin\omega t \quad (x=0) \tag{17-6}$$

这里我们已经利用了 $\sin(-\alpha) = -\sin\alpha$ 这一事实，其中 α 可为任何角度。图 17－6 为此方程的图示，它**不**表示波形。

我们定义波的**周期**为线上任一单个线元经历一次全振动所需的时间。一个典型的周期标于图 17－6 中。把式（17－6）用于此时间间隔的两端点并令它们相等，得出

$$-y_m\sin\omega t_1 = -y_m\sin\omega(t_1+T) = -y_m\sin(\omega t_1+\omega T) \tag{17-7}$$

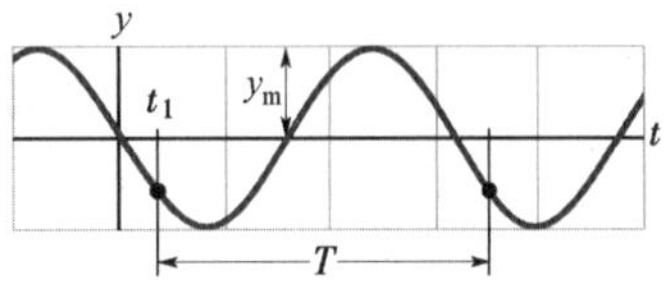

图 17－6　当图 17－5 所示的正弦波通过 $x=0$ 处时，引起线元振动的位移随时间变化的曲线。

此式的成立要求 $\omega T=2\pi$ 或者

$$\omega = \frac{2\pi}{T} \quad (\text{角频率}) \tag{17-8}$$

我们把 ω 叫做波的**角频率**，其 SI 单位是弧度每秒。

回头看一下图 17－5 中行波的五幅快照。快照之间的时间差是 $\frac{1}{4}T$。这样，到第五个快照，每一个线元都做了一次全振动。

波的**频率** f 定义为 $1/T$，它与角频率 ω 的关系为

$$f = \frac{1}{T} = \frac{\omega}{2\pi} \quad (\text{频率}) \tag{17-9}$$

如在第 16 章中简谐运动的频率一样，这个频率是每秒钟振动的次数——在这里是波通过一个线元时该线元给出的数。如在第 16 章中所述，f 通常用赫兹或赫兹的数倍，例如千赫兹，来计量。

检查点 1：右图是三幅快照的复合，每一个快照代表在特定线上的一列波。这三个波的相为(a) $2x-4t$、(b) $4x-8t$ 和(c) $8x-16t$。哪个相与图中的哪个波对应？

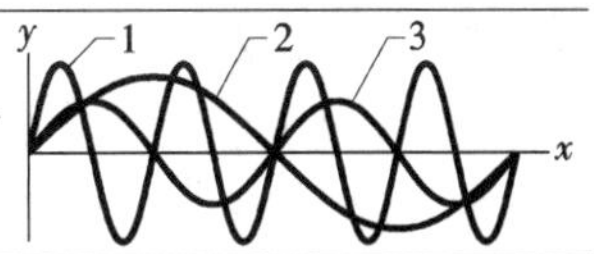

17－5　行波的波速

图 17－7 表示式（17－2）描述的波的两幅快照，它们的时间间隔是 Δt。波沿 x 正向传（在图中向右）传播，在 Δt 内全部波形在该方向上移动了 Δx。比率 $\Delta x/\Delta t$（或取微分极限，dx/dt）是**波速** v。怎样求出它的值呢？

在图 17－7 里的波移动时，运动波形的每一个点，例如标在一个波峰上的点 A，保持它的位移 y 不变（线上的点不保持它们的位移，而**波形**上的点保持）。如果点 A 在移动时保持它的位移不变，式（17－2）中给出这个位移的相必然保持为一个常量：

$$kx - \omega t = \text{常量} \tag{17-10}$$

注意，虽然这个幅角是常量，但 x 和 t 都是变化的。事实上当 x 增大时 t 也必须增大，以使幅角保持常量。这和波形正沿 x 正向移动相符。

为了求出波速，我们对式（17－10）求导，得到

$$k\frac{dx}{dt} - \omega = 0 \quad \text{或者} \quad \frac{dx}{dt} = v = \frac{\omega}{k} \tag{17-11}$$

利用式（17－5）（$k=2\pi/\lambda$）和式（17－8）（$\omega=2\pi/T$），我们把波速改写成

$$v=\frac{\omega}{k}=\frac{\lambda}{T}=\lambda f \quad (\text{波速}) \qquad (17-12)$$

公式 $v=\lambda/T$ 告诉我们，波速是每周期一个波长；波在一个振动周期内移动一个波长的距离。

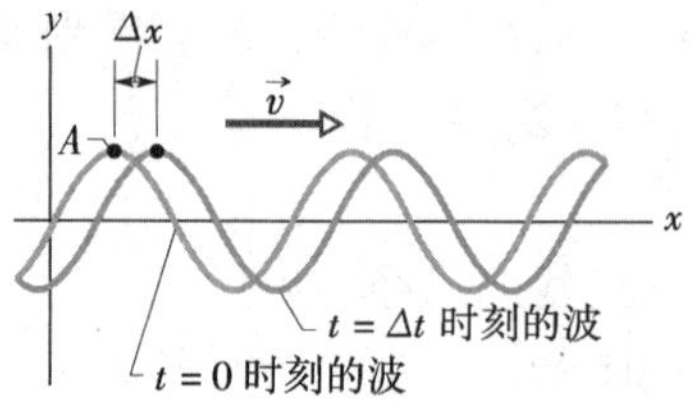

图 17－7 图 17－5 所示的波在时刻 $t=0$ 和随后的 $t=\Delta t$ 时的两个快照。当波以速度 $\vec{v}$ 向右传播时，在 Δt 内全部曲线移动了距离 Δx。点 A“乘”在波形上前进，而各线元只是上下运动。

式（17－2）描述一列沿 x 正向传播的波。我们可以通过将式（17－2）中的 t 用 $-t$ 代换从而求出沿负向传播的波动方程。这对应于条件

$$kx+\omega t=\text{常量} \qquad (17-13)$$

它（与式（17－10）比较）要求 x 随时间**减小**。这样，一列沿 x 负方向传播的波可用下式描述：

$$y(x,t)=y_m\sin(kx+\omega t) \qquad (17-14)$$

如果你按照我们刚刚对式（17－2）的处理来分析一下式（17－14）的波。你会发现它的速率是

$$\frac{dx}{dt}=-\frac{\omega}{k} \qquad (17-15)$$

这里的负号（与式（17－11）比较）表明此波确是沿 x 的负向传播的，并说明我们对时间变量的符号的改换是正确的。

我们考虑选择一列任意形状的波，方程是

$$y(x,t)=h(kx\pm\omega t) \qquad (17-16)$$

这里 h 代表**任何**函数，正弦函数是一种可能性。前面的分析说明，变量 x 和 t 以组合 $kx\pm\omega t$ 形式出现的所有波都是行波。而且，所有行波的方程都**必定**取式（17－16）的形式。因此，$y(x,t)=\sqrt{ax+bt}$ 代表一列可能（虽然在物理上可能有点怪）的行波；另一方面，函数 $y(x,t)=\sin(ax^2-bt)$ 不代表行波。

例题 17－1

沿一条线传播的波由下式描述

$$y(x,t)=0.00327\sin(72.1x-2.72t) \qquad (17-17)$$

其中，数字常量均取 SI 单位（如 0.00327m、72.1rad/m 和 2.72rad/s）。

（a）此波的振幅是多少？

【解】 这里**关键点**是，式（17－17）与式（17－2）的形式是一样的，即

$$y(x,t)=y_m\sin(kx-\omega t) \qquad (17-18)$$

所以它是正弦波。通过对两方程的比较，可知其振幅是

$$y_m=0.00327\text{m}=3.27\text{mm} \qquad (\text{答案})$$

（b）此波的波长、周期和频率各是多少？

【解】 通过比较式（17－17）和式（17－18），我们看到其角波数和角频率是

$$k=72.1\text{rad/s} \text{ 和 } \omega=2.72\text{rad/s}$$

于是，我们利用式（17－5）将波长 λ 和 k 联系起来：

$$\lambda=\frac{2\pi}{k}=\frac{2\pi\text{rad}}{72.1\text{rad/m}}=0.0871\text{m}=8.17\text{cm}$$

（答案）

然后，我们用式（17－8）将 T 与 ω 联系起来：

$$T=\frac{2\pi}{\omega}=\frac{2\pi\text{rad}}{2.72\text{rad/s}}=2.31\text{s} \qquad (\text{答案})$$

由式（17－9），我们有

$$f=\frac{1}{T}=\frac{1}{2.31\text{s}}=0.433\text{Hz} \qquad (\text{答案})$$

（c）此波的速度是多少？

【解】 波的速率由式（7－12）给出

$$v=\frac{\omega}{k}=\frac{2.72\text{rad/s}}{72.1\text{rad/m}}=0.0377\text{m/s}=3.77\text{cm/s}$$

（答案）

由于式（17－17）的相包含了位置变量 x，所以此波是沿 x 方向传播的。此外，因为波的方程是按式（17－2）的形式写的，在 ωt 项前面的**负**号表明波正沿着 x 轴**正**向传播（注意在（b）和（c）中各量的计算均与振幅无关）。

（d）在 $x=22.5$cm 处和 $t=18.9$s 时，位移 y 是多少？

【解】 这里**关键点**是，式（17－17）所给出的位移是位置 x 与时间 t 的函数。把给定的数值代入后得

$$\begin{aligned}y&=0.00327\sin(72.1\times0.225-2.72\times18.9)\\&=(0.00327\text{m})\sin(-35.1855\text{rad})\\&=(0.00327\text{m})(0.588)=0.00192\text{m}=1.92\text{mm}\end{aligned}$$

（答案）

因此，位移是正的（在计算正弦的值之前，一定要保证把你的计算器模式调到弧度）。

例题 17－2

在例题 17－1d 中，我们曾证明由式（17－17）描述的波引起的在 $x=0.255$m 处的线元在 $t=18.9$s 时的横向位移 y 是 1.92mm。

（a）同一线元在该时刻的横向速度 u 为何？（这一速率与线元在 y 方向的横向振动相联系，不要与**波形**在 x 方向传播的恒定速度 v 混淆）

【解】 这里**关键点**是，横向速度 u 是线元的位移 y 的变化率。一般说来，位移是

$$y(x,t)=y_m\sin(kx-\omega t)\qquad(17-19)$$

对位于某位置 x 的线元，我们通过将式（17－19）对时间求导来得到 y 的变化率，而把 x 作为常量看待。将变量之一（或更多）当作常量看待求出的导数叫做**偏导数**，用符号 $\partial/\partial x$ 而不是 d/dx 代表。此处，我们有

$$u=\frac{\partial y}{\partial t}=-\omega y_m\cos(kx-\omega t)\qquad(17-20)$$

然后，把例题 17－1 的数值代入，得到

$$\begin{aligned}u&=(-2.72\text{rad/s})(3.27\text{mm})\cos(-35.1855\text{rad})\\&=7.20\text{mm/s}\end{aligned}$$

（答案）

因此，在 $t=18.9$s 时，在 $x=22.5$cm 处的线元正在以 7.20mm/s 的速度沿 y 轴正向运动。

（b）同一线元在该时刻的横向加速度 a_y 是多少？

【解】 这里**关键点**是，线元的横向加速度 a_y 是其横向速度的变化率。由式（17－20）我们再一次将 x 当作常量处理，但允许 t 变化，我们得到

$$a_y=\frac{\partial u}{\partial t}=-\omega^2y_m\sin(kx-\omega t)$$

与式（17－19）相比较可知

$$a_y=-\omega^2y$$

我们看到，一个振动线元的横向加速度与横向位移成正比，但符号相反。这完全符合线元本身的行为——就是它正在做横向的简谐运动。代入数值后有

$$a_y=(-2.72\text{rad/s})^2(1.92\text{mm})=-14.2\text{mm/s}^2$$

（答案）

所以，在 $t=18.9$s 时，在 $x=22.5$cm 处的线元从其平衡位置沿正 y 方向移动了 1.92mm，而且具有沿负 y 方向的大小为 14.2mm/s² 的加速度。

检查点 2：这里有三个波的方程：

（1）$y(x,t)=2\sin(4x-2t)$；（2）$y(x,t)=\sin(3x-4t)$；（3）$y(x,t)=2\sin(3x-3t)$。

按照它们的（a）波速，和（b）最大横向速率由大到小将这些波排序。

解题线索

线索 1：计算大的相

有时，例如在例题 17－1d 和例题 17－2 中，远大于 2πrad（或 360°）的一个角出现，而你需要求这个角的正弦或余弦。在这样一个角上加或减 2πrad 的整数倍并不影响这个角的任何三角函数的值。比如在例题 17－1d 中，角度是－35.1855rad。在这个角上加 6×2πrad 得

$$-35.1855\text{rad}+(6)(2\pi\text{rad})=2.51361\text{rad}$$

这是一个小于 2πrad 的角，它与－35.1855rad 的角（见图 17－8）有同样的三角函数值。作为一个例子，角度 2.51361rad 和－35.1855rad 的正弦都是 0.588。

你的计算器可以自动帮你把这样的大角减小。**小**

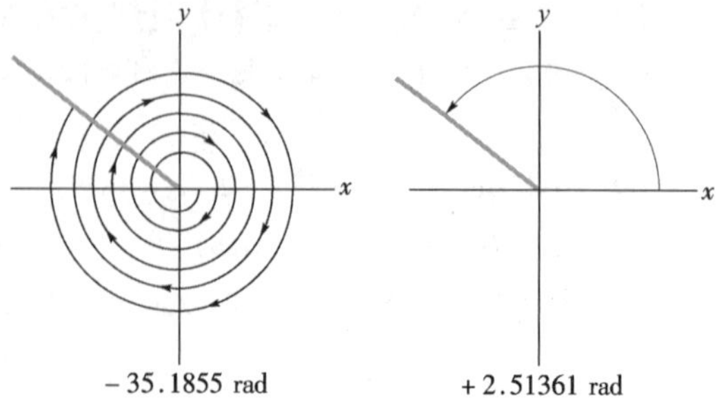

图 17-8 这两个角度不同，但它们的所有三角函数值都相等。

心：如果你打算求一个大角度的正弦或余弦，那你别对它缩减。在求一个非常大的角度的正弦时，你实际上扔掉了角度的大部分，仅求剩下的角度的正弦。例如，如果你把 -35.1855rad 缩减成 -35 rad（改变 0.5% 通常是合理的步骤），那正弦的值可就差了 27%。另外，如果你把一个大角度从以度为单位变成以弧度为单位，一定要用精确的换算因子（例如 $180° = \pi \text{rad}$），而不能用近似的（例如用 $57.3° \approx 1\text{rad}$）换算因子。

17-6 拉紧的线上的波速

按照式（17-12），波速是跟波长及频率联系着的，但它是由**介质的性质决定的**。如果一列波要通过某种介质，比如水、空气、钢或者拉紧的线，它经过时介质的质点一定要振动。要做到这一点介质必须既有质量（因而可能有动能）又有弹性（因而可能有势能）。这样，介质的质量和弹性就确定了波在介质中可能传播的快慢。反之，应该能按照这些性质计算通过介质的波的速率。下面用两种方法计算拉紧的线中的波速。

量纲分析

在量纲分析中，我们小心地考查每一个物理量的量纲，这些量在给定情况下决定它们产生的量纲。例如我们考查质量和弹性以求得速率 v，它的量纲是长度除以时间，或 LT^{-1}。

对于质量，我们用一个线元的质量，通过线的质量 m 除以线长 l 代表。我们把这个比率叫做线的**线密度** μ。可见，$\mu = m/l$，其量纲是质量除以长度，ML^{-1}。

除非线是在张力的作用下，否则你无法沿一条未被拉伸的线传送波。这就意味着线的两端必须用力把线拉紧。线内的张力 τ 假设等于这两个力共同的大小。当有一列波沿线传播时，由于张力的作用，相邻的段都相互拉而引起附加的拉伸使线元发生移动。这样我们就可以把线的张力与线的拉伸（弹性）联系起来。张力与拉伸力都是力的量纲，即 MLT^{-2}（由 $F = ma$ 得到）。

这里的目的是用一种方法把 μ（量纲为 ML^{-1}）和 τ（量纲为 MLT^{-2}）结合起来使之产生 v（量纲为 LT^{-1}）。试几次不同的结合得出

$$v = C\sqrt{\frac{\tau}{\mu}} \qquad (17-21)$$

这里 C 是一个无量纲常量，它无法用量纲分析得到。在下面的第二种求波速的方法中，你将看到式（17-21）确实是正确的，而且 $C=1$。

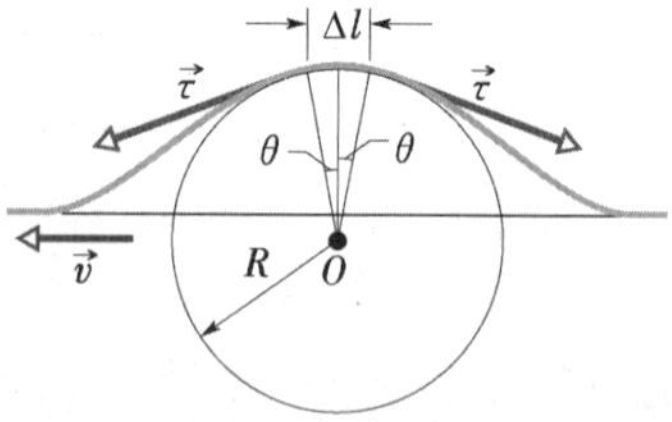

图 17-9 一个对称的脉冲，从对于脉冲在其中静止的参考系来观察，线看来以速率 v 从右向左运动。我们通过对长为 Δl 位于脉冲顶部的线元应用牛顿第二定律来求速率 v。

用牛顿第二定律推导

不用图 17-1b 的正弦波，考虑像图 17-9 中那样的一个对称

的单个脉冲，从左向右以速率 v 沿一条线传播。为方便起见，我们选择一个在其中脉冲静止的参考系；就是说，我们跟着脉冲一起跑，不停地盯住它。在这个参考系里线看来以速率 v 从右向左运动，如图 17-9 所示。

考虑脉冲中的一个长为 Δl 的小线元，形成半径为 R 的圆弧并对该圆的圆心张一个 2θ 的角。一个大小等于线中张力的力 $\vec{\tau}$ 在每一端沿切向拉这个线元。这些力的水平分量互相抵消，而竖直分量相加形成一径向回复力 $\vec{F}$。其大小为

$$F = 2(\tau\sin\theta) \approx \tau(2\theta) = \tau\frac{\Delta l}{R} \quad (力) \tag{17-22}$$

式中，对图 17-9 中的小角度 θ，我们已把 $\sin\theta$ 近似为 θ。根据该图，我们也用了 $2\theta = \Delta l/R$。线元的质量为

$$\Delta m = \mu\Delta l (质量) \tag{17-23}$$

其中，μ 是线的线密度。

在图 17-9 所示的时刻，线元 Δl 正在沿着一个圆弧运动。因此，它有一个指向该圆圆心的向心加速度，给定为

$$a = \frac{v^2}{R} \quad (加速度) \tag{17-24}$$

式（17-22）、式（17-23）和式（17-24）包含着牛顿第二定律的各要素。把它们以下述形式结合起来

$$力 = 质量 \times 加速度$$

得出

$$\frac{\tau\Delta l}{R} = (\mu\Delta l)\frac{v^2}{R}$$

解出这个方程中的 v，得

$$v = \sqrt{\frac{\tau}{\mu}} \quad (速率) \tag{17-25}$$

此结果与式（17-21）完全一致，只要我们把该式中的 C 换成 1 即可。式（17-25）给出了图 17-9 中脉冲的速率，也给出了在同样张力下同样线上的任何其他波的速率。

式（17-25）告诉我们：

> 沿着拉紧的理想线的波的速率只由线的张力及线密度决定，而与波的频率无关。

不论怎么产生这个波（例如，图 17-2b 中由人产生），波的**频率**是完全固定的。**波长**就由式（17-12）以 $\lambda = v/f$ 的形式确定。

检查点 3：通过振动一根特定的线的一端沿线送出一列波。如果你增大振动的频率，那么（a）波的速率和（b）波长，是增大、减小还是保持不变？如果增大线中的张力，那么（c）波的速率和（d）波长，是增大、减小还是保持不变？

例题 17-3

在图 17-10 中，两条线通过打结栓在一起，然后在两个刚性支柱之间拉紧。两条线的线密度是 $\mu_1 = 1.4\times10^{-4}\,\mathrm{kg/m}$ 和 $\mu_2 = 2.8\times10^{-4}\,\mathrm{kg/m}$。它们的长度

是 $L_1=3.0\mathrm{m}$ 和 $L_2=2.0\mathrm{m}$。线 1 是在 400N 的张力作用下。每条线上同时从刚性支柱向结发出一个脉冲。哪个脉冲先到达结？

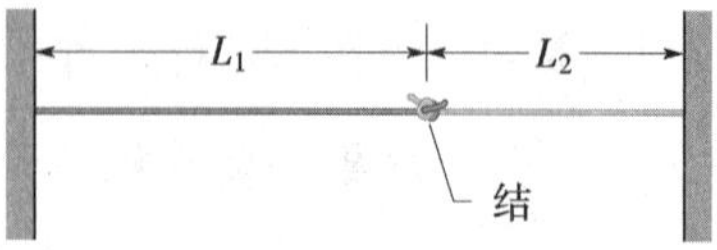

图 17－10 例题 17－3 图 长度为 L_1 和 L_2 的两条线，通过打结连在一起，并在两个刚性支柱之间拉紧。

【解】 这里需要几个**关键点**：

1. 脉冲传播长度 L 所需的时间是 $t=L/v$，这里的 v 是脉冲的恒定速率。

2. 脉冲在拉紧的线上的速率与线的张力 τ 和线密度 μ 有关，由式（17－25）（$v=\sqrt{\tau/\mu}$）给出。

3. 由于两根线栓在一起并拉紧，它们必定都在同样的张力 τ（＝400N）作用之下。

把这三个概念结合在一起，线 1 上的脉冲到达结所用的时间为

$$t_1=\frac{L_1}{v_1}=L_1\sqrt{\frac{\mu_1}{\tau}}$$

$$=3.0\mathrm{m}\times\sqrt{\frac{1.4\times10^{-4}\mathrm{kg/m}}{400\mathrm{N}}}=1.77\times10^{-3}\mathrm{s}$$

类似地，对线 2 上的脉冲的数据给出

$$t_2=L_2\sqrt{\frac{\mu_2}{\tau}}=1.67\times10^{-3}\mathrm{s}$$

因此，线 2 上的脉冲首先到达结。

再回过来看一下**关键点** 2。线 2 的线密度大于线 1 的线密度。所以线 2 上的脉冲比线 1 上的脉冲传得慢。仅从这些事实能否猜出答案呢？否，因为从**关键点** 1 可以看到，脉冲所传的距离也是有关系的。

17－7 线中行波的能量和功率

当我们在一条拉紧的线上建立一列波时，我们就对线的运动提供了能量。当波传向远处时，它将以动能和弹性势能的形式传递该能量。让我们依次考虑每种形式。

动能

质量为 $\mathrm{d}m$ 的线元，当波通过时，它就做横向简谐运动，也就具有与横向速度 $\vec{u}$ 相关的动能。当线元通过 $y=0$（图 17－11 中的线元 b）的位置时，其横向速度最大。当线元在极端的位置 $y=y_m$（如线元 a）时，它的横向速度——因而其动能——为零。

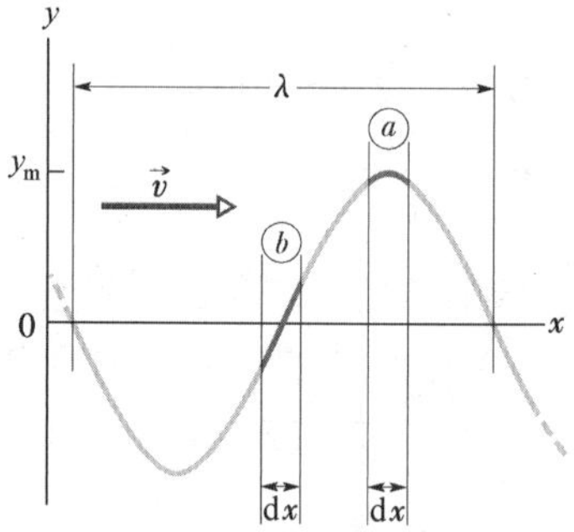

图 17－11 在 $t=0$ 时线上行波的快照。线元 a 处于位移 $y=y_m$，线元 b 处于位移 $y=0$ 处。线元在每一位置的动能由其横向速度决定。线元的势能则与波通过该点时线元所受的张力有关。

弹性势能

为了沿一条原先是直的线发送一列正弦波，该波必定要拉伸那根线。当长度为 $\mathrm{d}x$ 的线元横向振动时，如果线元要适应正弦曲线，其长度就必需周期性地增大和减小。弹性势能与这种长度变化相联系，正像一个弹簧那样。

当线元在 $y=y_m$ 的位置时（图 17－11 中的线元 a），其长度具有正常的、没有扰动时的值 $\mathrm{d}x$，所以其弹性势能是零。然而，当线元通过 $y=0$ 的位置时，它被拉长到最大程度，其弹性势能于是最大。

能量输运

振动的线元在 $y=0$ 位置时动能和弹性势能就这样都达到最大。在图 17－11 的快照里，线

在最大位移的区域没有能量，而在零位移的区域有最大的能量。当波沿着线传播时，由线中张力不断地做功把能量从有能量的区域传送到没有能量的区域。

假定我们在沿水平的 x 轴方向拉紧的线上建立一列波，使式（17-2）描述线的位移。我们可以通过连续振动线的一端沿线发送出一列波，如图 17-1b 所示。这样做就不断地给线的运动和拉伸提供能量——在线上各段都做垂直于 x 轴的振动时，它们既有动能也有弹性势能。当波传到原来静止的线段时，能量就传入了这些新线段。这样，我们就说波沿着线**传输**了能量。

能量传输的时率

和其质量 $\mathrm{d}m$ 的线元相联系的动能 $\mathrm{d}K$ 给定为

$$\mathrm{d}K = \frac{1}{2}dmu^2 \tag{17-26}$$

其中，u 是振动着的线元的横向速率。为了求出 u，我们将式（17-2）对时间求导，而把 x 当作常量：

$$u = \frac{\partial y}{\partial x} = -\omega y_{\mathrm{m}}\cos(kx - \omega t) \tag{17-27}$$

利用这个关系并令 $\mathrm{d}m = \mu\mathrm{d}x$，式（17-26）可改写为

$$\mathrm{d}K = \frac{1}{2}(\mu\mathrm{d}x)(-\omega y_{\mathrm{m}})^2\cos^2(kx - \omega t) \tag{17-28}$$

用 $\mathrm{d}t$ 去除式（17-28）可得线元的动能变化率，也就是波传送动能的时率。这时出现在式（17-28）右侧的比率 $\mathrm{d}x/\mathrm{d}t$ 就是波速 v，于是我们得到

$$\frac{\mathrm{d}K}{\mathrm{d}t} = \frac{1}{2}\mu v\omega^2 y_{\mathrm{m}}{}^2\cos^2(kx - \omega t) \tag{17-29}$$

动能传输的**平均**时率是

$$\left(\frac{\mathrm{d}K}{\mathrm{d}t}\right)_{\mathrm{avg}} = \frac{1}{2}\mu v\omega^2 y_{\mathrm{m}}{}^2[\cos^2(kx - \omega t)]_{\mathrm{avg}} = \frac{1}{4}\mu v\omega^2 y_{\mathrm{m}}{}^2 \tag{17-30}$$

这里我们取对整数波长的平均，利用了余弦函数平方对整数周期的平均值等于$\frac{1}{2}$的结果。弹性势能也随波传送，而且平均时率和式（17-30）给出的一样。虽然我们未做证明，你可以回忆，一个振动系统，例如一只摆或弹簧-物块系统，其平均动能和平均势能确实是相等的。

平均功率即波所传输的两种能量的平均时率，就是

$$P_{\mathrm{avg}} = 2\left(\frac{\mathrm{d}K}{\mathrm{d}t}\right)_{\mathrm{avg}} \tag{17-31}$$

或者，由式（17-30），有

$$P_{\mathrm{avg}} = \frac{1}{2}\mu v\omega^2 y_{\mathrm{m}}{}^2 \quad （平均功率） \tag{17-32}$$

式中的因子 μ 和 v 与线的材料和张力有关，因子 ω 及 y_{m} 与产生波的过程有关。一列波的平均功率对其振幅的平方以及角频率的平方的依赖是一个普遍的结果，对各种类型的波都适用。

例题 17-4

一根拉紧的线，其线密度是 $\mu = 525\mathrm{g/m}$，处在 $\tau = 45\mathrm{N}$ 的张力作用下。现从它的一端输入一列正弦波，波的频率是 $f = 120\mathrm{Hz}$，振幅是 $y_{\mathrm{m}} = 8.5\mathrm{mm}$。该波

的输运能量的平均时率是多大？

【解】 这里关键点是，能量输运的平均时率等于由式（17－32）给出的平均功率 P_{avg}。为了应用这个方程，我们必须首先求出角频率 ω 和波速 v。由式（17－9）有

$$\omega = 2\pi f = 2\pi \times 120\text{Hz} = 754\text{rad/s}$$

由式（17－25）有

$$v = \sqrt{\frac{\tau}{\mu}} = \sqrt{\frac{45\text{N}}{0.525\text{kg/m}}} = 9.26\text{m/s}$$

于是由式（17－32）可推出

$$P_{avg} = \frac{1}{2}\mu v \omega^2 y_m^2$$
$$= \left(\frac{1}{2}\right)(0.525\text{kg/m})(9.26\text{m/s}) \times (754\text{rad/s})^2(0.0085\text{m})^2$$
$$\approx 100\text{W}$$
（答案）

检查点4：对于此例题中的线和波，我们可以调节以下三个参量：线内的张力、波的频率和波的振幅。如果增大（a）张力、（b）频率和（c）振幅，波沿着线输运能量的平均时率是增大、减小还是保持不变？

17－8 波的叠加原理

两个或多个波同时通过同一区域的情况是经常发生的。例如，当我们听音乐会时，从许多乐器发出的声波同时传到我们的耳鼓上。收音机、电视机的天线内的电子受许多不同的广播中心传来的电磁波的合作用而运动。湖或者海港的水可能受到许多船只激发的波而荡漾。

假定有两列波同时在同一根拉紧的线上传播。令 $y_1(x,t)$ 和 $y_2(x,t)$ 代表每列波单独存在时的位移。当两波重叠时，线的位移是它们的代数和

$$y'(x,t) = y_1(x,t) + y_2(x,t) \tag{17-33}$$

沿线的位移之和意味着

> 重叠的波代数相加产生**合成波**（或叫**合波**）

这是**叠加原理**的又一个例子，该原理说当几个效应同时发生时，合效应是每个个别效应之和。

图17－12表示两个脉冲在同一条拉紧的线上沿相反方向传播时的一系列快照。当脉冲重叠时，合脉冲是它们之和。此外，每个脉冲经过另一个脉冲时都好像另一个脉冲不存在一样：

> 重叠的波并不会以任何方式相互改变对方的传播。

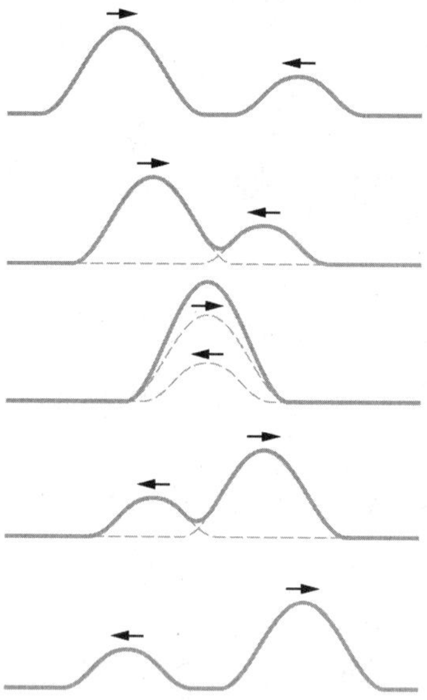

图17－12 两个脉冲在一条拉紧的线上沿着相反的方向传播时的一系列快照。当它们相互经过时叠加原理适用。

17－9 波的干涉

假定我们在一条拉紧的线上向同一方向发送两列波长相同、振幅相同的正弦波，则叠加原理适用。它预言在线上出现什么样的合成波呢？

合成波波形与两波相互**同相**（同步调）的程度有关——即与其中一个波的波形相对于另一

个波形移动了多少有关。如果两列波正好同相（以致一列波的波峰及波谷与另一列波的波峰及波谷正好重合），它们就结合使得每列波单独存在时的位移加倍。如果两波正好反相（一列波的波峰正好与另一列波的波谷重合），那么两波在任何一点结合后都相消，线仍保持为直线。我们把这种结合几列波的现象叫做**干涉**现象，也就是说这些波在**干涉**（这些名词仅仅指波的位移；波的传播并不受到影响）。

令沿拉紧的线传播的一列波给定为

$$y_1(x,t)=y_m\sin(kx-\omega t) \tag{17-34}$$

对第一列波移动了一些的另一列波给定为

$$y_2(x,t)=y_m\sin(kx-\omega t+\phi) \tag{17-35}$$

这些波具有相同的角频率 ω（因此相同的频率 f）、相同的角波数（因此相同的波长）和相同的振幅 y_m。它们同样都以由式（17－25）给出的速率沿 x 轴正向传播。它们仅由于一个恒定的角度 ϕ 而不同，我们把 ϕ 叫做**相位常量**。这两列波被说成是**异相** ϕ，或有**相差** ϕ，也可以说是一列波对另一列波**相移**了 ϕ。

由叠加原理（式（17－33））知，合成波是两个干涉波的代数和，而具有位移

$$y'(x,t)=y_1(x,t)+y_2(x,t)=y_m\sin(kx-\omega t)+y_m\sin(kx-\omega t+\phi) \tag{17-36}$$

在附录 E 中，可见到两个角度 α 与 β 的正弦之和可以写成

$$\sin\alpha+\sin\beta=2\sin\frac{1}{2}(\alpha+\beta)\cos\frac{1}{2}(\alpha-\beta) \tag{17-37}$$

把这个关系用于式（17－36），得到

$$y'(x,t)=\left[2y_m\cos\frac{1}{2}\phi\right]\sin\left(kx-\omega t+\frac{1}{2}\phi\right) \tag{17-38}$$

$$\overbrace{y'(x,t)}^{\text{位移}}=\underbrace{\left[2y_m\cos\frac{1}{2}\phi\right]}_{\text{振幅}}\underbrace{\sin\left(kx-\omega t+\frac{1}{2}\phi\right)}_{\text{振动项}}$$

图 17－13　两列正弦横波干涉形成的合成波，式（17－38）也是正弦波，有一个振幅和一个振动项。

如图 17－13 所示，合成波也是沿 x 增加的方向传播的正弦波。它是你在线上能实际看到的惟一的波（你不会看到式（17－34）和式（17－35）的两个干涉波）。

> 如果有两列波长相同、振幅相同的正弦波在同一方向上沿一根拉紧的线传播，它们干涉而在同一方向产生一个合成正弦波。

合成波与两干涉波有两方面的差别：（1）其相位常量是 $\frac{1}{2}\phi$；（2）其振幅 y_m 是式（17－38）中括号内的量：

$$y_m'=2y_m\cos\frac{1}{2}\phi\quad\text{（振幅）} \tag{17-39}$$

如果 $\phi=0\text{rad}$（或 0°），两列干涉波正好同相，如图 17－14a 所示，式（17－38）就简化为

$$y'(x,t)=2y_m\sin(kx-\omega t)\quad(\phi=0) \tag{17-40}$$

此合成波画在图 17－14d 中。注意，从该图及式（17－40）可以看到，合成波的振幅是每个干涉波振幅的两倍。这是合成波可能具有的最大振幅，因为在式（17－38）和式（17－39）中的余弦项当 $\phi=0$ 时最大值为 1。能产生最大可能振幅的干涉叫做**完全相长干涉**。

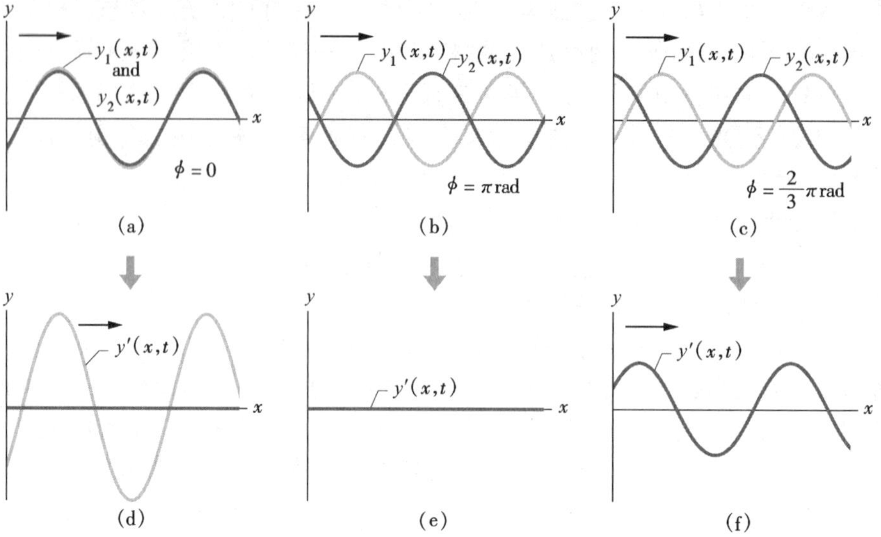

图 17－14 两列同样的正弦波，$y_1(x,t)$ 和 $y_2(x,t)$，沿着 x 轴正向传播。它们干涉给出合成波 $y'(x,t)$。合成波是在线上真正看到的波。两列干涉波的相差 ϕ 为（a）0rad 或 0°，（b）πrad 或 180°，（c）$\frac{2}{3}\pi$ 或 120°。相应的合成波如（d）、（e）和（f）所示。

如果 $\phi=\pi$rad（或 180°），两个干涉波正好反相，如图 17－14b 所示。这时 $\cos\frac{1}{2}\phi$ 变成 $\cos\pi/2=0$，合成波的振幅由式（17－39）给出为零。于是对于所有的 x 和 t 都有

$$y'(x,t)=0 \quad (\phi=\pi\text{rad}) \tag{17-41}$$

此合成波画在图 17－14e 中。虽然我们沿着线发出了两列波，但我们看到线没有运动，这种类型的干涉叫做**完全相消干涉**。

由于正弦波每经过 2πrad 其波形重复一次，相差 $\phi=2\pi$rad（或 360°），将对应于一列波相对另一列波移动一个波长的距离。因此，相差也可以用波长来表示，就像用角度表示一样。例如，在图 17－14b 中，两波可以说是相差 0.50 个波长。表 17－1 列举了一些其他相差以及它们产生干涉的例子 。需要注意的是，当干涉既不是完全相长也不是完全相消时，叫做**中间干涉**。那时合成波的振幅介于 0 和 $2y_m$ 之间。例如，从表 17－1 可以看出，如果两个干涉波的相差是 120°（$\phi=\frac{2}{3}\pi$rad＝0.33 波长），合成波的振幅就为 y_m，与每个干涉波的振幅一样（参看图 17－14c 和 f）。

表 17－1 相差和形成的干涉类型[①]

相差			合成波的振幅	干涉的类型
度	弧度	波长		
0	0	0	$2y_m$	完全相长
120	$\frac{2}{3}\pi$	0.33	y_m	中间
180	π	0.50	0	完全相消
240	$\frac{4}{3}\pi$	0.67	y_m	中间
360	2π	1.00	$2y_m$	完全相长
865	15.1	2.40	$0.60y_m$	中间

① 此处相差是对于沿同一方向传播的振幅为 y_m、而其他方面都相同的两列波而言。

如果两列波长相同的波的相差是零或任意整数个波长，则它们是同相的。因此，任何相差用**波长表示**时，其整数部分都可以去掉。例如，相差0.40 波长与相差2.40 波长各方面都是等同的，在计算中就可以用两个数字中简单的那一个。

例题 17-5

两列同样的正弦波，在一根拉紧的线上沿同一方向传播，相互干涉。每列波的振幅 y_m 都是 9.8mm，它们的相差 ϕ 是 100°。

(a) 由这两列波干涉引起的合成波振幅 y_m'是多大？发生了什么类型的干涉？

【解】 这里**关键点**是，这些波是在线上沿**同一方向**传播的，因此它们干涉形成正弦行波。因为两波一样，所以它们具有**相同的振幅**。这样，合成波的振幅 y_m'由式（17-39）给出

$$y_m' = 2y_m\cos\frac{1}{2}\phi = (2)(9.8\text{mm})\cos(100°/2)$$

$$= 13\text{mm} \qquad (答案)$$

我们可以用两种方式说明这是**中间干涉**。相差在 0 和 180°之间和振幅 y_m'在 0 和 $2y_m$（=19.6mm）之间。

(b) 两列波的相差用弧度和波长表示是多少时，合成波的振幅是 4.9mm？

【解】 和 (a) 中一样，同样的**关键点**这里也可以用，不过现在我们是已知 y_m'求 ϕ。由式（17-39）

$$y_m' = 2y_m\cos\frac{1}{2}\phi$$

我们现在有

$$4.9\text{mm} = (2)(9.8\text{mm})\cos\frac{1}{2}\phi$$

于是（利用计算器的弧度模式）

$$\phi = 2\arccos\frac{4.9\text{mm}}{(2)(9.8\text{mm})} = \pm 2.636\text{rad}$$

$$\approx \pm 2.6\text{rad} \qquad (答案)$$

这里有两个解，因为令第一列波**超前**（领先传播）或**落后**（跟在后面传播）第二列波 2.6rad 都可以得到同样的合成波。用波长表示，相差是

$$\frac{\phi}{2\pi\text{rad}/\text{波长}} = \frac{\pm 2.636\text{rad}}{2\pi\text{rad}/\text{波长}} = \pm 0.42\ \text{波长}$$

(答案)

检查点 5：这里有本例题中两波之间的其他四种可能的相差，用波长表示是：0.20、0.45、0.60 和 0.80。按照合成波的振幅由大到小将它们排序。

17-10 相矢量

我们可以通过**相矢量**用矢量方法来表示一列线波（或其他类型的波）。实质上，相矢量是一个大小与波的振幅相等、围绕原点旋转的矢量，其旋转的角速度等于波的角频率 ω。例如，波

$$y_1(x,t) = y_{m1}\sin(kx - \omega t) \tag{17-42}$$

用如图 17-15a 的相矢量表示。相矢量的大小是波的振幅 y_{m1}。当相矢量围绕原点以角速度 ω 转动时，它在竖直轴上的投影 y_1 按正弦变化，从最大值 y_{m1} 通过零到最小值 $-y_{m1}$，然后又回到 y_{m1}。这个变化与线上的任何一点当波通过它时位移 y_1 的变化是对应的。

当两列波在同一条线上沿同一方向传播时，我们可以把它们和它们的合成波表示在一个**相矢量图**中。在图 17-15b 中的相矢量表示式（17-42）的波和由下式给出的第二列波

$$y_2(x,t) = y_{m2}\sin(kx - \omega t + \phi) \tag{17-43}$$

这第二列波相对于第一列波相移了相位常量 ϕ。由于相矢量以同一角速度 ω 旋转，两个相矢量的夹角总是 ϕ。如果 ϕ 是**正**值，那么当它们转动时波 2 的相矢量**落后**于波 1 的相矢量，如图 17-15b 所示。如果 ϕ 是负值，那么波 2 的相矢量就**超前**于波 1 的相矢量。

因为波 y_1 与波 y_2 有相同的角波数 k 及角频率 ω，我们从式（17-38）得知，它们的合成波

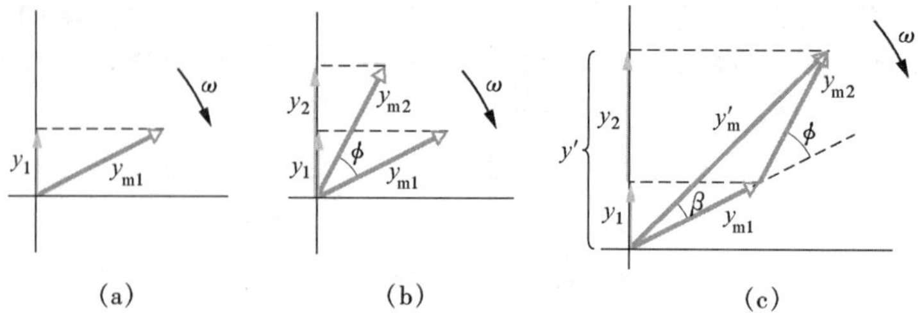

图 17－15 （a）大小为 y_{m1} 围绕原点以角速度 ω 转动的相矢量代表一列正弦波。相矢量在竖直轴上的投影 y_1 代表波通过某点时该点的位移。（b）第二个相矢量角速度也是 ω，但大小为 y_{m2}，转动时与第一个相矢量有不变的夹角 ϕ。它代表第二列波，其相位常量为 ϕ。（c）两列波的合成波用两个相矢量之矢量和 y_m' 表示。它在竖直方向的投影 y' 表示那个合成波通过某点时该点的位移。

形式是

$$y'(x,t) = y_m'\sin(kx - \omega t + \beta) \tag{17-44}$$

这里的 y_m' 是合成波的振幅，β 是它的相位常量。为了求出 y_m' 和 β 的值，我们必须对两个要合成的波求和，如我们推导式（17－38）时曾做过的那样。

在相矢量图上这样做时，我们把在转动中任一时刻的两个相矢量用矢量方法加起来，如图 17－15c 所示，其中相矢量 y_{m2} 已移到相矢量 y_{m1} 的头上。合矢量的振幅等于式（17－44）中的 y_m'。合矢量与相矢量 y_1 之间的夹角等于式（17－44）中的相位常量 β。

注意，与 17－9 节中的方法相比较：

两列波**即使它们的振幅并不相同**，我们也可以用相矢量来合成它们。

例题 17－6

有两列波长相同的正弦波 y_1 和 y_2，沿同一方向在一条线上一起传播。它们的振幅分别是 $y_{m1} = 4.0\text{mm}$ 和 $y_{m2} = 3.0\text{mm}$；相位常量分别是 0 和 $\pi/3\text{rad}$。合成波的振幅 y_m' 和相位常量 β 各是多少？按照式（17－44）的形式写出合成波。

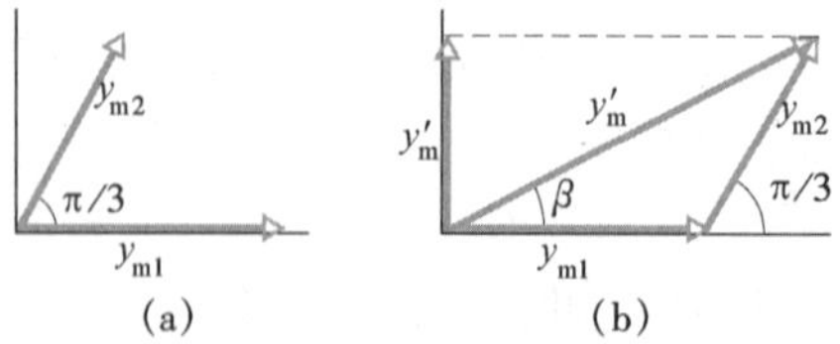

图 17－16 例题 17－6 图 （a）大小为 y_{m1} 和 y_{m2} 的两个相矢量，它们的相差是 $\pi/3$。（b）两个相矢量在转动中任意时刻的矢量和给出 合成波相矢量的大小 y_m'。

【解】 这里一个**关键点**是，两波有许多共同点：因为它们在同一条线上传播，所有必定有相同的由式（17－25）根据线的张力及线密度求出的波速 v。由于波长 λ 相同，它们必定具有相同的角波数 k（$=2\pi/\lambda$）。另外，既然角波数 k 和波速 v 相同，就必然具有相同的角频率 ω（$=kv$）。

第二个**关键点**是，两波（称为波 1 和波 2）均可用围绕一个原点以相同的角速度 ω 转动的相矢量来表示。因为波 2 比波 1 的相位常量**大** $\pi/3$，所以，它们在顺时针转动时，相矢量 2 必然比相矢量 1 **落后** $\pi/3$，如图 17－16a 所示。于是，由于波 1 与波 2 的干涉形成的合成波可以用相矢量 1 与相矢量 2 的矢量和来表示。

为了简化矢量求和，我们像在图 17－16a 中那样画出当相矢量 1 位于水平轴上时的相矢量 1 和相矢量 2。随后把落后的相矢量 2 画于正 $\pi/3\text{rad}$ 角处。在图 17－16b 中，我们移动相矢量 2 使其尾落在相矢量 1 的头上。然后，我们就可以从相矢量 1 的尾到相矢量 2 的头画出合成波的相矢量 y_m'。相位常量 β 是它与相矢量1所夹的角。

为了求出y_m'和β的值，我们可以用矢量功能计算器直接求相矢量1和矢量2的合矢量。即把大小为4.0、角度为0rad的矢量加到大小为3.0、角度为π/3rad的矢量上；也可以用分量把这些矢量加起来。对于水平分量我们有

$$y_{mh}' = y_{m1}\cos 0 + y_{m2}\cos\pi/3$$
$$= 4.0\text{mm} + (3.0\text{mm})\cos\pi/3 = 5.50\text{mm}$$

对于竖直分量，我们有

$$y_{mv}' = y_{m1}\sin 0 + y_{m2}\sin\pi/3$$
$$= 0 + (3.0\text{mm})\sin\pi/3 = 2.60\text{mm}$$

因此，合成波的振幅是

$$y_m' = \sqrt{(5.50\text{mm})^2 + (2.60\text{mm})^2} = 6.1\text{mm}$$

（答案）

相位常量是

$$\beta = \arctan\frac{2.60\text{mm}}{5.50\text{mm}} = 0.44\text{rad}$$（答案）

从图17－16b知，相位常量β相对于相矢量1是正角。因此，合成波在它们传播的过程中落后于波1，相位常量$\beta = +0.44\text{rad}$。由式（17－44）知，合成波可以写成

$$y'(x,t) = (6.1\text{mm})\sin(kx - \omega t + 0.44\text{rad})$$

（答案）

17－11　驻波

在前两节里，我们讨论了在一条拉紧的线上沿**同一方向**传播的两列波长相同振幅相同的正弦波。如果它们沿相反的方向传播又如何呢？我们仍旧可以用叠加原理求出合成波。

图17－17画出了这种情况。图中有两列要合成的波。其中一列向左传，示于图17－17a中，另一列向右传，示于图17－17b中。图17－17c表示通过画图方法利用叠加原理得到的它们的和。合成波的突出特点是，在线上有些地方始终不动，这些地方叫做**波节**。在图17－17c中用点标出了四个这样的波节。相邻的波节中间一半的地方是**波腹**，在这些地方合成波的振幅最大。像图17－17c中那样的波的图样叫做**驻波**，因为波的图样并不从左向右运动，振幅最大和最小的位置不变。

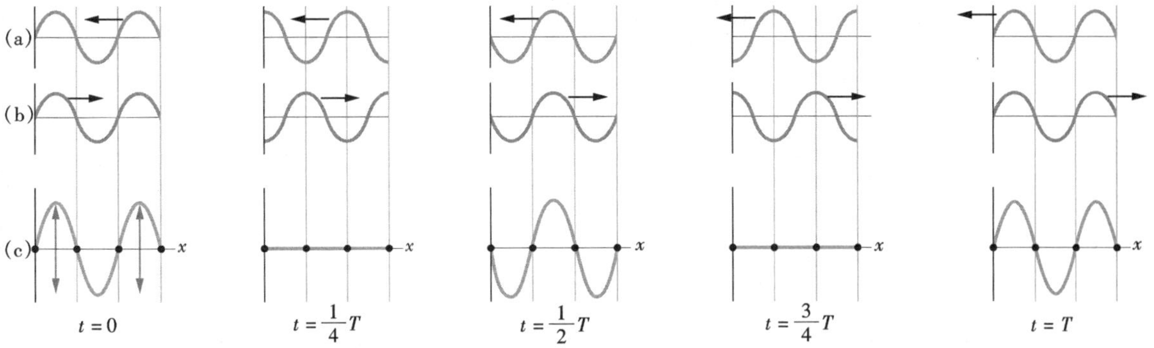

图17－17　(a) 一列向左传播的波的五幅快照，其时刻t标于图（c）的下方（T是振动的周期）。(b) 在相同的时刻，与（a）相同但向右传播的波的五幅快照。（c）在同一线上的两列波叠加的相应快照。在$t=0$，$\frac{1}{2}T$和T，由于峰和峰重合，谷与谷重合，出现完全相长干涉。在$t=\frac{1}{4}T$和$\frac{3}{4}T$，由于峰与谷重合发生完全相消干涉。某些点（波节，用点标出）从不振动；另一些点（波腹）振动最大。

如果有两列波长相同振幅相同的正弦波，沿着一条拉紧的线向相反的方向传播，它们的相互干涉产生驻波。

为了分析驻波，我们把两列正在合成的波用下列方程表示

$$y_1(x,t) = y_m \sin(kx - \omega t) \tag{17-45}$$

和

$$y_2(x,t) = y_m \sin(kx + \omega t) \tag{17-46}$$

由叠加原理，合成波为

$$y'(x,t) = y_1(x,t) + y_2(x,t)$$
$$= y_m \sin(kx - \omega t) + y_m \sin(kx + \omega t)$$

应用式（17－37）的三角关系，得到

$$y'(x,t) = [2y_m \sin kx]\cos\omega t \tag{17-47}$$

此式如图17－18所示。它不描述行波，因为它并不是式（17－16）那样的形式，它实际上描述驻波。

$$\overbrace{y'(x,t)}^{\text{位移}} = \underbrace{[2y_m \sin kx]}_{\text{振幅}}\underbrace{\cos\omega t}_{\text{振动项}}$$

图17－18 式（17－47）所表示的合成波是驻波，因为它是振幅相同波长相同在相反方向传播的两列正弦波干涉形成的。

在式（17－47）中括号里的量 $2y_m \sin kx$ 可以看作在线上 x 处的线元振动的振幅。不过，由于振幅应该总是正的，而 $\sin kx$ 可能为负，所以我们取量 $2y_m \sin kx$ 的绝对值来表示 x 点处的振幅。

在正弦行波中，线上各线元波的振幅相同。对于驻波这就不对了，驻波中各点的振幅**随位置而变化**。例如，在式（17－47）所表示的驻波中，对于那些使 $\sin kx = 0$ 的 kx 值，振幅等于零。这些值是

$$kx = n\pi，其中\ n = 0,1,2,\cdots\cdots \tag{17-48}$$

将 $k = 2\pi/\lambda$ 代入此式并整理后，可得

$$x = n\frac{\lambda}{2} \quad 其中\ n = 0,1,2,\cdots（波节） \tag{17-49}$$

这就是式（17－47）的驻波的零振幅——波节——的位置。注意，相邻波节之间的距离是 $\lambda/2$，即半个波长。

式（17－47）的驻波的振幅是 $2y_m$ 的最大值，它们发生在能使 $|\sin kx| = 1$ 的 kx 值处。这些位置是

$$kx = \frac{1}{2}\pi,\frac{3}{2}\pi,\frac{5}{2}\pi\cdots = \left(n + \frac{1}{2}\right)\pi,其中\ n = 0,1,2\cdots \tag{17-50}$$

将 $k = 2\pi/\lambda$ 代入此式，整理后可得

$$x = \left(n + \frac{1}{2}\right)\frac{\lambda}{2},其中\ n = 0,1,2\cdots \quad（波腹） \tag{17-51}$$

这就是式（17－47）的驻波的最大振幅——波腹——的位置。波腹间相距 $\lambda/2$，位于在相邻的两个波节中间一半处。

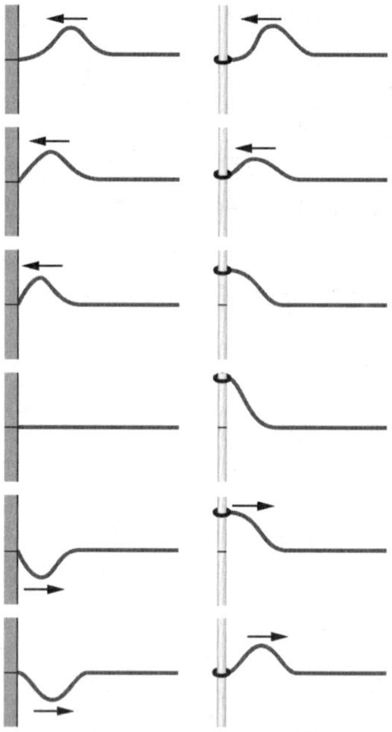

图17－19 （a）一个从右端入射的脉冲在固定于墙上的线的左端反射。注意反射脉冲相对入射脉冲上下颠倒了。（b）绳子的左端栓在一个小环上，小环可以沿杆无摩擦地上下滑动。这时脉冲不再由于反射而上下颠倒。

在边界的反射

我们可以在一条拉紧的线上建立驻波，方法是让行波在线的远端反射，使得它通过线传回来。入射（原来的）波和反射波于是可分别用式（17－45）和式（17－46）表示，它们能结合形成驻波图样。

在图17－19中，我们用一个单脉冲来表示这种反射是怎样发生的。在图17－19a中，线的左端固定。当脉冲到达这一端

时，它对支点（墙壁）有一个向上的力。由牛顿第三定律知，支点对线必有一个大小相同的反方向的力。这第二个力在支点产生了一个脉冲，这个脉冲在线上沿着与入射脉冲相反的方向传播。在这种“硬”反射情况下，支点处必定是波节，因为在那里线是固定的。反射脉冲与入射脉冲的符号一定相反以致在该点相互抵消。

在图 17－19b 中，线的左端栓在一个轻的环上，此环可以沿着杆无摩擦地自由滑动。当入射脉冲到达时，环沿杆向上。环在此运动时，它拉动线，使之伸长因而产生一个反射脉冲，这个反射脉冲与入射脉冲符号相同、振幅相同。这样，在这种“软”反射的情况下，入射脉冲与反射脉冲相互加强，在线端形成波腹。环的最大位移是这两个脉冲中一个脉冲振幅的两倍。

检查点 6：有两列振幅相同波长相同的波在三种不同情况下干涉产生的合成波公式如下：

(1) $y'(x,t) = 4\sin(5x - 4t)$

(2) $y'(x,t) = 4\sin(5x)\cos(4t)$

(3) $y'(x,t) = 4\sin(5x + 4t)$

哪一种情况中，是两个结合的波 (a) 沿正 x 方向运动，(b) 沿负 x 方向运动，(c) 沿相反的方向运动？

17－12 驻波与共振

考虑一根线，比如吉他的弦，它的两端是夹紧的。假如我们在此弦上，向右发送一列一定频率的、连续的正弦波。当该波到达右端时，它反射回来并开始向左传。于是，这个左行波与还在向右传播的波发生重叠。当该左行波到达左端时，它又反射，而这刚反射的波开始向右传播，重叠在左行波和右行波上。简单说，很快就会有许多重叠的行波出现并互相干涉。

对于某一频率来说，干涉能产生驻波图样（或叫**振动模式**），像图 17－20 那样，既有波节，同时有较大的波腹。这种驻波被说成是在**共振**时产生的。而且说弦在这些确定的频率处发生了**共振**，这些频率叫**共振频率**。如果弦振动的频率不是共振频率，驻波就不会产生。那时，右行波与左行波的干涉只形成弦的很小的（可能难以觉察的）振动。

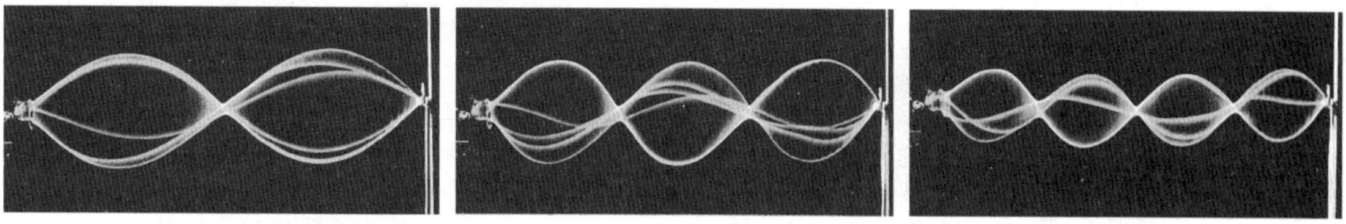

图 17－20 弦受左端振动器的作用而发生振动时，弦上驻波图样的（不太完美的）频闪照片。

令一根弦在相距 L 的两个夹子之间拉紧。为了求出弦的共振频率的表达式，我们注意到它的两端必定都是波节，因为固定不动而不可能振动。满足这一要求的最简单的图样是图 17－21a 那样的情况。该图表示出了弦在其两个极端位移时的情况（一个是实线，一个是虚线，一起看形成了一个单“环”）。这里只有一个波腹，在弦的正中央。注意半个波长横跨于弦的长度 L。所以，对这一图样，$\lambda/2 = L$。这个条件告诉我们，如果左行波与右行波要通过干涉建立这种图样，那么它们必须满足波长 $\lambda = 2L$。

第二个简单地满足固定端为波节的要求的驻波图样如图 17－21b 所示。这个图样中有三个波节和两个波腹，被称为两环图样。左行波与右行波要建立这种图样，必须满足波长 $\lambda = L$。第三个图样如图17-21c所示。它有四个波节、三个波腹和三个环，而波长 $\lambda=\frac{2}{3}L$。我们可以依此继续画出更加复杂的图样。每前进一步，图样中就比前一图样多一个波节及多一个波腹，而在 L 中就多包含一个 $\lambda/2$。

这样，在长为 L 的线上建立驻波要求波长等于下列值之一

$$\lambda=\frac{2L}{n},\quad 其中\ n=1,2,3,\cdots \tag{17-52}$$

按照式(17-12)，符合这些波长的共振频率应当是

$$f=\frac{v}{\lambda}=n\frac{v}{2L},\quad 其中\ n=1,2,3,\cdots \tag{17-53}$$

这里的 v 是行波在线上的波速。

式(17-53)告诉我们，所有共振频率都是最低共振频率，即对应于 $n=1$ 的频率 $f=v/2L$ 的整数倍。具有最低共振频率的振动模式叫做**基模**或**一次谐波**。**二次谐波**指的是 $n=2$ 的振动模式，**三次谐波**指的是 $n=3$ 的振动模式，等等。与这些模式相联系的频率常标作 f_1，f_2，f_3，等等。所有可能振动模式的集合叫做**谐波系列**，n 就叫做第 n 次谐波的**谐次**。

共振现象是所有的振动系统共有的，也可以发生于两维和三维的情况。例如，图17-22表示的是在鼓面上形成的两维驻波图样。

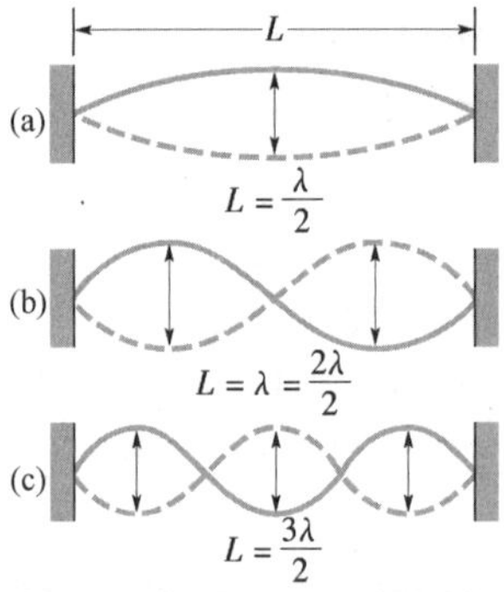

图17-21 两端夹住而拉紧的弦中驻波振动时出现的图样。(a)最简单的驻波图样有一个**环**。它是由弦的两个极端位移(实线和虚线)形成的组合图形。(b)其次的最简单图样有两个环。(c)再其次的有三个环。

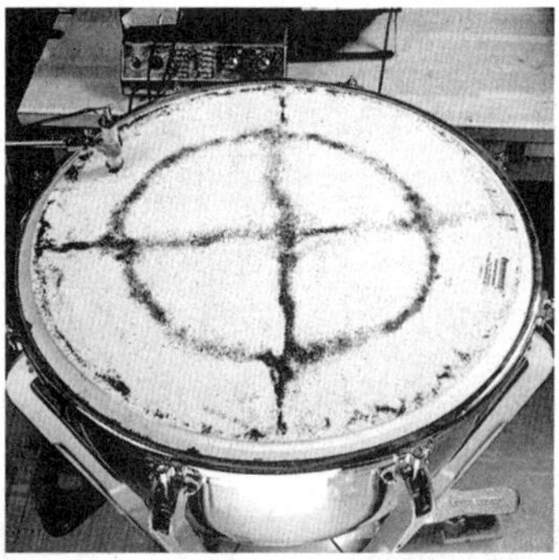

图17-22 铜鼓鼓面的两维驻波图样之一。在鼓面上撒了一些黑色粉末以便能看得见。照片的左上角的机械振动器使鼓面以单一频率振动时，粉末聚集在形成圆圈和直线的波节处。

检查点7：在下列共振频率的系列中，失去了某个频率(低于400Hz)：150，225，300，375Hz。(a)哪一个是失去的频率？(b)哪一个是七次谐模的频率？

例题17-7

在图17-23中，一根线栓在 P 点的正弦振动器上，然后绕过支点 Q，由质量为 m 的物块拉紧。点 P 和 Q 点之间的距离是 $L=1.2\text{m}$，线的线密度是 1.6g/m，振动器的频率 f 固定为120Hz。P 点的振幅很小，足以看作为波节，Q 点也是一个波节。

(a)当质量 m 多大时振动器可以在线上建立起四次谐模？

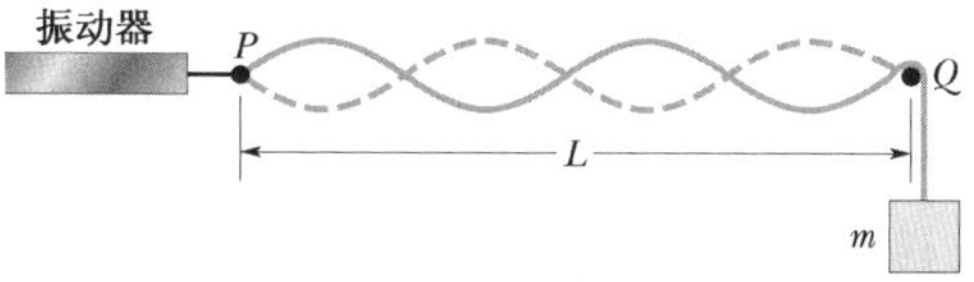

图 17－23 例题 17－7 图 一根受到张力连在振动器上的线。对于固定的振动器频率，在一定的张力时，将出现驻波图样。

【解】 这里一个**关键点**是，线只在某些频率发生共振，这些频率的大小取决于线上的波速 v 和线的长度 L。从式（17－53）知，这些共振频率为

$$f = n\frac{v}{2L} \quad 其中\ n = 1,2,3,\cdots \qquad (17-54)$$

为了建立四次谐波（即 $n=4$），我们需要让此式右侧的 $n=4$，以便方程的左侧等于振动器的频率（120Hz）。

我们不能改变式（17－54）中的 L，它是固定的。不过，第二个**关键点**是，我们**可以**调节 v，因为它取决于我们悬挂在线上的质量 m 的大小。按照式（17－25），波速为 $v=\sqrt{\tau/\mu}$。这里线中的张力 τ 等于物块的重量 mg。因此，

$$v = \sqrt{\frac{\tau}{\mu}} = \sqrt{\frac{mg}{\mu}} \qquad (17-55)$$

把式（17－55）中的 v 代入式（17－54），对第四谐模令 $n=4$，再对 m 求解，得

$$m = \frac{4L^2f^2\mu}{n^2g} \qquad (17-56)$$

$$= \frac{(4)(1.2\text{m})^2(120\text{Hz})^2(0.0016\text{kg/m})}{(4)^2\times 9.8\text{m/s}^2}$$

$$= 0.846\text{kg} \approx 0.85\text{kg} \qquad （答案）$$

(b) 如果 $m=1.00$kg，建立的驻波模式是什么？

【解】 如果我们把这个 m 值插入式（17－56）中，然后解出 n，我们发现 $n=3.7$。这里有个**关键点**是，n 必须是整数，所以 $n=3.7$ 是不可能的。这样，如果 $m=1.00$kg，振动器不可能在线上建立驻波，线的任何振动都将很小，甚至可能觉察不到。

解题线索

线索 2：线上的谐波

当你需要获得关于在一根拉紧的、长度为 L 的线上某次谐波的信息时，首先画出该谐波（像图 17－21 那样）。例如，如果你被问及关于五次谐波时，你得在两个固定支点之间画出五个环。这就意味着每个长度为 $\lambda/2$ 的五个环，占据了线的长度 L。所以，$5(\lambda/2)=L$，即 $\lambda=2L/5$。于是你就可以用式（17－12）（$f=v/\lambda$）求出谐波的频率。

应当记住一个谐模的波长只由线的长度 L 确定，但是频率还与波速 v 有关，而波速是通过式（17－25）由线的张力及线密度决定的。

复习和小结

横波与纵波 机械波只在物质介质中存在，受牛顿定律的支配。像拉紧的线上的**横**机械波，是介质质点在垂直于波的传播方向振动的波。介质质点在平行于波的传播方向振动的波是**纵**波。

正弦波 一列沿 x 轴正向传播的正弦波的数学形式是

$$y(x,t) = y_m\sin(kx-\omega t) \qquad (17-2)$$

这里的 y_m 是波的**振幅**，k 是**角波数**，ω 是**角频率**，而 $kx-\omega t$ 是**相**。**波长** λ 由下式和 k 相联系

$$k = \frac{2\pi}{\lambda} \qquad (17-5)$$

波的**周期** T 和**频率** f 由下式和 ω 相联系

$$\frac{\omega}{2\pi} = f = \frac{1}{T} \qquad (17-9)$$

最后，**波速** λ 由下式和这些参量相联系

$$v = \frac{\omega}{k} = \frac{\lambda}{T} = \lambda f \qquad (17-12)$$

行波方程 任何函数具有形式

$$y(x,t) = h(kx \pm \omega t) \qquad (17-16)$$

都表示由式（17－12）给出波速和由 h 的数学形式给出波形的**行波**。正号表示沿 x 轴负向传播的波，而负号则表示在 x 轴正向传播的波。

拉紧的线上的波速 拉紧的线上的波速由线的性质决定。张力为 τ、线密度为 μ 的线上的波速是

$$v = \sqrt{\frac{\tau}{\mu}} \quad （速率） \qquad (17-25)$$

功率 在拉紧的线上正弦波的**平均功率**，或者传递能量的时率给定为

$$P_{avg} = \frac{1}{2}\mu v\omega^2y_m^2 \qquad (17-32)$$

波的叠加 当两列或多列波通过同一介质时，介质中任何质点的位移都是单个波给它的位移之和。

波的干涉 两列在同一根线上传播的正弦波发生**干涉**，按照叠加原理相加或相消。如果两波正沿同一方向传播而且振幅 y_m 与频率相同（因此波长也相同），但是相［位］差为一个**相位常量** ϕ，结果是一列和此频率相同的波：

$$y'(x,t)=\left[2y_m\cos\frac{1}{2}\phi\right]\sin\left(kx-\omega t+\frac{1}{2}\phi\right) \qquad (17-38)$$

如果 $\phi=0$，两波正好同相位，那么它们的干涉是完全相长干涉；如果 $\phi=\pi\text{rad}$，那么它们正好反相位，它们的干涉是完全相消干涉。

相矢量 一列波可以用相矢量来表示。相矢量是一个大小等于波的振幅 y_m、以波的角频率 ω 为角速度围绕原点转动的矢量。转动的相矢量在一个竖直轴上的投影给出波传播路径上一点的位移 y。

驻波 两列沿相反方向传播的相同的正弦波的干涉产生**驻波**。对于两端固定的线来讲，驻波由下式给出

$$y'(x,t)=[2y_m\sin kx]\cos\omega t \qquad (17-47)$$

驻波的特点是：在一些叫做**波节**的固定位置位移是零；在一些叫做**波腹**的固定位置位移最大。

共振 线上的驻波可以通过行波在线的两端反射而形成。如果有一端是固定的，它必定是波节。这一点限制了能在给定的线上产生驻波的频率。每个可能的频率都叫做**共振频率**，相应的驻波图样叫做**振动模式**。对于一根长为 L 两端固定的拉紧的线来说，共振频率是

$$f=\frac{v}{\lambda}=n\frac{v}{2L} \quad 其中\ n=1,2,3,\cdots \qquad (17-53)$$

$n=1$ 时的振动模式叫做**基模**或**一次谐波**；$n=2$ 时的模式叫**二次谐波**；等等。

思考题

1. 在图 17－24 中的（奇特的）波的波长是多少，图中每一段波的长度是 d？

图 17－24 思考题 1 图

2. 图 17－25a 给出一列在有张力作用的线上沿正 x 方向传播的波的一幅快照。在线上有四个线元用标有字母的点表示。判断在这些线元中每个线元在拍照时是在向上运动、向下运动还是瞬时静止？（提示：想象一下波通过四个线元时的情况）

图 17－25b 给出在 $x=0$ 处的一个线元的作为时间函数的位移。在标有字母的时刻，线元是在向上运动、向下运动还是瞬时静止？

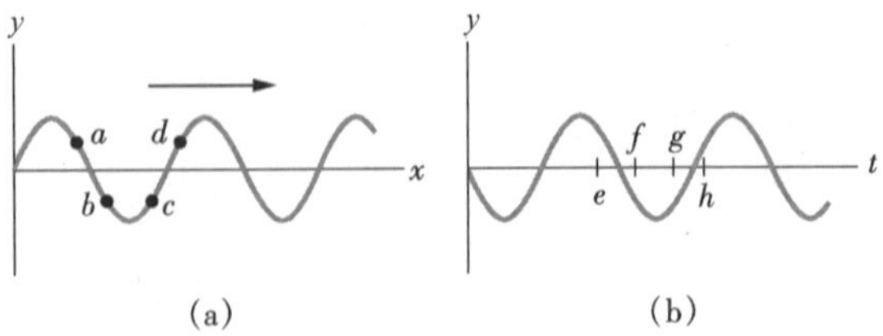

图 17－25 思考题 2 图

3. 在图 17－26 中，在一正弦波的快照上标出了五个点。点 1 与（a）点 2、（b）点 3、（c）点 4 和（d）点 5 之间的相差是多少？分别用弧度和波长来表示。该快照表明在 $x=0$ 处位移是零。用波的周期表示，何时（e）波峰和（f）下一个零位移点到达 $x=0$ 处？

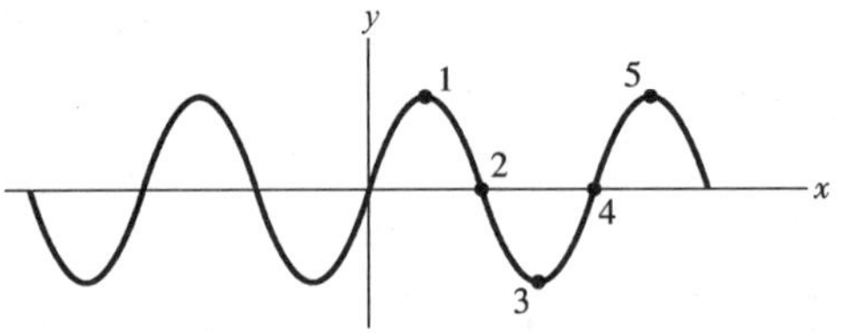

图 17－26 思考题 3 图

4. 把下列四个波在线密度相同的线上传送（x 用米，t 用秒作单位）。按照（a）波速和（b）在它们传播的线中的张力，由大到小将它们排序：

（1）$y_1=(3\text{mm})\sin(x-3t)$，（3）$y_3=(1\text{mm})\sin(4x-t)$，

（2）$y_2=(6\text{mm})\sin(2x-t)$，（4）$y_4=(2\text{mm})\sin(x-2t)$。

5. 在图 17－27 中，波 1 的方波峰高四个单位、宽 d，方波谷深二个单位、宽 d。该波向右沿 x 轴传播。待选的波 2、波 3 和波 4 是类似的波，具有相同的高度、深度和宽度。不过它们沿 x 轴向左传播，而且通过波 1。在此时刻，波 1 和哪一个待选的波将因干涉而给出（a）最深的波谷，（b）一条平直线，（c）宽度为 $2d$ 的水平波峰？

物理学基础

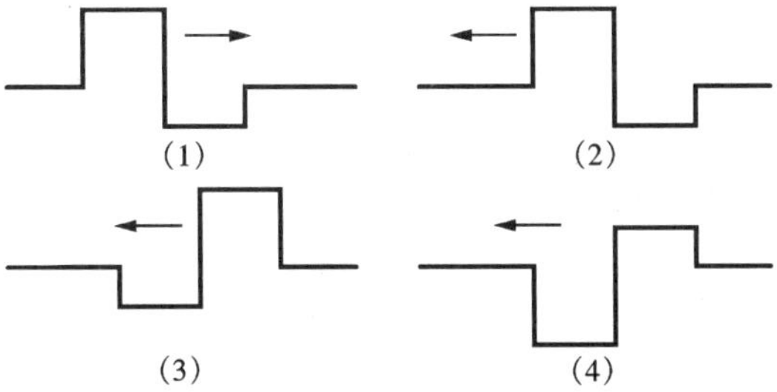

图 17－27　思考题 5 图

6. 如果你在一根线上启动两个振幅相同的正弦波以同相传播，接着设法把其中的一列波相移 5.4 个波长，在线上会发生什么类型的干涉？

7. 四对波长相等的波的振幅和相差是：(a) 2mm，6mm，πrad；(b) 3mm，5mm，πrad；(c) 7mm，9mm，πrad；(d) 2mm，2mm，0rad。每一对波都沿着同一线向同一方向传播。不用写出计算，按照合成波的振幅由大到小将它们排序。(**提示**：画相矢量图)

8. 如果你在一条线上建立了第 7 谐模，那么，(a) 线上有多少波节？(b) 在线的中点是波节、波腹还是中间的状态？如果你后来建立了第 6 谐模，比起第 7 谐模 (c) 其共振波长是长还是短些？(d) 其共振频率是高还是低些？

9. 线 A 和 B 的长度和线密度相同，但是线 B 中的张力比线 A 中的大，图 17－28 中由 (a) 到 (d) 表示了两线上存在的四种驻波图样。哪种情况可能使两线以相同的共振频率振动？

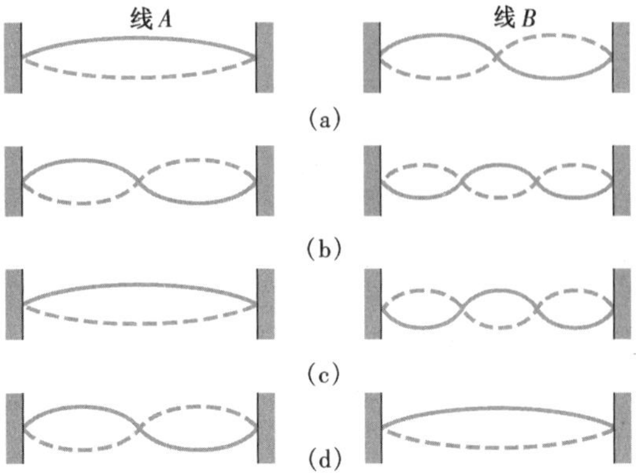

图 17－28　思考题 9 图

10. (a) 如果一根线上的驻波由下式表示

$$y'(t) = (3\text{mm})\sin(5x)\cos(4t)$$

在 $x=0$ 处线的振动是波节还是波腹？

(b) 如果驻波由下式表示

$$y'(t) = (3\text{mm})\sin(5x+\pi/2)\cos(4t)$$

在 $x=0$ 处是波节还是波腹？

11. (a) 在例题 17－7 和图 17－23 中，如果我们逐渐增加物块的质量（频率保持固定），就会出现新的共振模式。新的共振模式的谐次从一个情况到下一个情况是增大还是减小？(b) 从一个共振模式到下一个共振模式是逐渐过渡的，还是在下一个共振模式出现前每个共振模式就完全消失了？

练习和习题

17－5 节　行波的波速

1E. 一列波的角频率是 110rad/s，波长是 1.80m。求其 (a) 角波数和 (b) 波速。

2E. 电磁波（包括可见光、无线电波和 X 射线）在真空中的速率是 3.0×10^8m/s。(a) 可见光的波长范围是从紫光的 400nm 到红光的 700nm。这些波的频率范围为何？(b) 无线电短波的频率范围（例如无线电的 FM 和电视的 VHF）是从 1.5 到 300MHz。相应的波长范围为何？(c) x 射线的波长范围是从大约 5.0nm 到大约 1.0×10^{-2}nm。X 射线的频率范围为何？

3E. 一列正弦波沿着一条线传播。一个特定点的从最大位移运动到零时用的时间是 1.70s。此波的 (a) 周期和 (b) 频率是多少？(c) 如果波长是 1.40m，它的波速是多少？(ssm)

4E. 写出沿 x 轴负向传播的、具有振幅 0.010m、频率 550Hz 和波速 330m/s 正弦波的方程。

5E. 证明以下四列波

$$y = y_m\sin k(x-vt),\quad y = y_m\sin 2\pi\left(\frac{x}{\lambda}-ft\right),$$

$$y = y_m\sin\omega\left(\frac{x}{v}-t\right),\quad y = y_m\sin 2\pi\left(\frac{x}{\lambda}-\frac{t}{T}\right)$$

都与 $y = y_m\sin(kx-\omega t)$ 等价。(ssm)

6P. 沿着一条非常长的线传播的横波方程是 $y = 6.0\sin(0.020\pi x+4.0\pi t)$，其中的 x 和 y 用 cm，t 用 s 作单位。确定其 (a) 振幅、(b) 波长、(c) 频率、(d) 速率、(e) 波的传播方向和 (f) 线上一个质点的最大横向速率。(g) 在 $t=0.26$s 时，$x=3.5$cm 处的横向位移是多少？

7P. (a) 写出在绳上沿着 x 正方向传播的、波长为 10cm、频率为 400Hz、振幅为 2.0cm 的正弦横波的方程，(b) 在绳上一点的最大速率是多少？(c) 波速是多少？(ssm)

8P. 一列波长为 20cm 的横向正弦波正在线上沿正 x 方向传播。在 $x=0$ 处线的质点的横向位移作为时间的函数用图 17-29 表示。(a) 画出该波一个波长（在 $x=0$ 与 $x=20\text{cm}$ 之间的部分）在 $t=0$ 时刻的波形草图。(b) 该波的速率是多少？(c) 用所有计算出的常量写出该波的方程。(d) 在 $t=5.0\text{s}$ 时，$x=0$ 处质点的横向速度是多少？

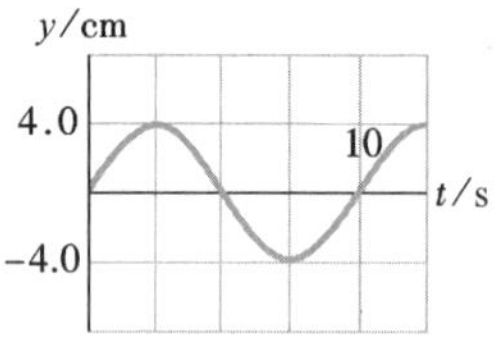

图 17-29 习题 8 图

9P. 一列频率为 500Hz 的正弦波具有的速率是 350m/s。(a) 相差为 $\pi/3\text{rad}$ 的两点之间的距离是多少？(b) 某一定点的时间相差 1.00ms 的两位移的相差是多少？(ilw)

17-6 节 拉紧的线上的波速

10E. 一把小提琴上最重和最轻的琴线密度是 3.0g/m 和 2.90g/m。假定琴弦的材料都相同，那么最重和最轻的琴弦的直径之比是多少？

11E. 长为 2.00m、质量为 60.0g 的一根绳子中，在张力是 500N 作用下的横波的速率是多少？(ssm)

12E. 两头用夹子夹住的一根金属线，在不改变线长的情况下使其内部的张力加倍。沿金属线传播的横波的新旧波速之比是多少？

13E. 一根线的线密度是 $1.6\times10^{-4}\text{kg/m}$。线上的一列横波用下列方程表示

$$y = (0.021\text{m})\sin[(2.0\text{m}^{-1})x + (30\text{s}^{-1})t]$$

线中的 (a) 波速和 (b) 张力是多少？(ssm)

14E. 一根线上的横波的方程是

$$y = (2.0\text{mm})\sin[(2.0\text{m}^{-1})x - (600\text{s}^{-1})t]$$

线内的张力是 15N。求 (a) 波速和 (b) 线的线密度，用克每米表示。

15P. 一根拉紧的线每单位长度的质量是 5.0 g/cm，内部张力是 10N。有一列正弦波，其振幅为 0.12mm，频率是 100Hz，正沿着此线的 x 负向传播。写出此波的方程。(ssm)

16P. 能够在钢丝上传播的最快的横波是什么样的？出于安全考虑，钢丝所能承受的最大张应力是 $7.0\times10^8\text{N/m}^2$。钢的密度是 7800kg/m^3。试证明你的答案与钢丝的直径无关。

17P. 一列正弦波在拉紧的绳上传播，其振幅是 y_m，波长是 λ。(a) 求最大的质点速率（绳上单个质点垂直于波的运动速率）与波速之比；(b) 如果具有一定波长和振幅的波在此绳上传播，这个速率比是否与制成绳的材料——例如是金属或尼龙——有关？(ssm)

18P. 一列正弦波以 40m/s 的速率沿一条线传播。在 $x=10\text{cm}$ 处线的质点的位移按照方程 $y=(5.0\text{cm})\sin[1.0-(4.0\text{s}^{-1})t]$ 随时间变化。线的线密度是 4.0g/cm。波的 (a) 频率和 (b) 波长是多少？(c) 写出能够表达线上质点的作为位置和时间函数的、位移的一般方程。(d) 计算线内的张力。

19P. 一列横波正在一根线上沿 x 负向传播。图 17-30 表示在 $t=0$ 时作为位置的函数的位移图线。y 截距是 4.0cm。线内的张力为 3.6N，线密度为 25 g/m。求 (a) 振幅、(b) 波长、(c) 波速和 (d) 波的周期。(e) 求出线内质点的最大横向速率。(f) 写出描述此行波的方程。(ssm)(ilw)

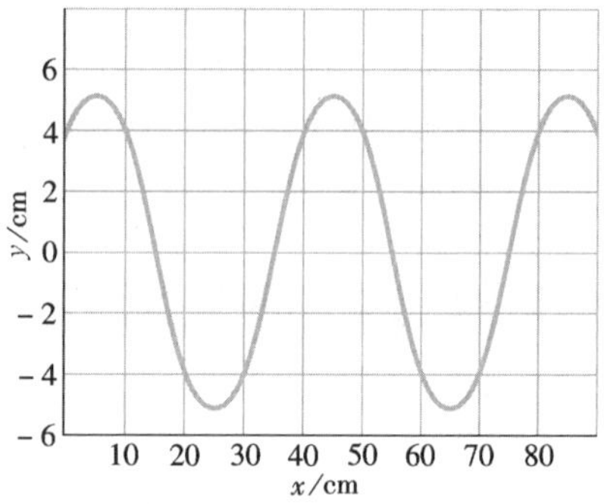

图 17-30 习题 19 图

20P. 在图 7-31a 中线 1 的线密度是 3.00g/m，线 2 的线密度是 5.00g/m。它们都因悬挂着质量 $M=500\text{g}$ 的物块而受到张力的作用。计算在 (a) 线 1 和 (b) 线 2 中的波速（**提示**：当一根线绕过滑轮的一半时，线对滑轮的合力是线内张力的二倍）。后来把物块分成两块（$M_1+M_2=M$），并把装置重新安排如图 17-31b 所示。求 (c) M_1 和 (d) M_2 为多大时可使两线内的波速相等。

21P. 一根线长为 10.0m、质量为 100g，在 250N 的张力作用下拉紧。如果有两个时间上相差 30.0ms

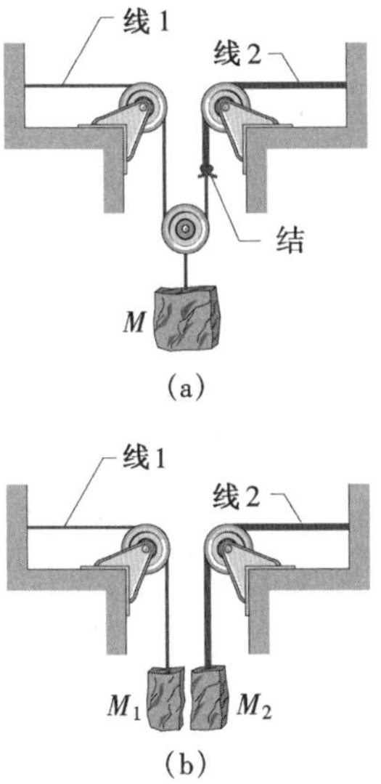

图 17－31 习题 20 图

的脉冲分别在两端产生，那么它们首次相遇在何处？(ssm)（ilw)

22P. 有一种用于某些垒球和高尔夫球内的橡皮筋，在相当大的范围内服从胡克定律。一段原长为 l 的这种材料质量为 m。当加上力 F 拉紧时，它伸长了 Δl。（a）在此拉紧的橡皮筋上横波的波速是多少(用 m、Δl 及弹簧常量 k 表示)？(b) 用你在（a）中的答案证明，如果 $\Delta l \ll l$，一横波脉冲传过此橡皮筋长度所需的时间正比于 $1/\sqrt{\Delta l}$；而如果 $\Delta l \gg l$，则是一常量。

23P*. 从天花板上垂下一根质量为 m、长度为 L 的均匀绳。（a）证明绳上横波的波速是从绳底端向上的距离 y 的函数 $v=\sqrt{gy}$。(b) 证明横波传过该绳所需要的时间为 $t=2\sqrt{L/g}$。(ssm)

17－7 节 线上行波的能量和功率

24E. 一根线长 2.7m，质量为 260g，线内的张力是 36.0N。振幅 7.70mm 的行波在此线上传播时，要想得到 85.0W 的平均功率，频率必须是多少？

25P. 利用一根上下通过 1.00cm 距离运动的杆拨动一根很长的水平线的一端，产生一正弦横波。运动连续进行并有规则地每秒钟重复 120 次。线的线密度是 120g/m，且保持在 90.0N 的张力作用下。求（a）横向速率 u 和（b）张力 τ 的横向分量（**提示：** τ 的这个分量是 $\tau\sin\theta$，这里的 θ 是线与水平方向的夹角。你需要建立 θ 与 dx/dt 的关系式）。

（c）证明以上计算出来的两个最大值对波来说发生在相同的相。在这些相，线的横向位移 y 为何？(d) 沿此线的最大能量传输时率是多少？(e) 此最大能量传输时率发生时，横向位移 y 是多少？(f) 沿此线的最小能量传输时率是多少？(g) 此最小能量传输时率发生时，横向位移 y 是多少？(ssm)（www)

17－9 节 波的干涉

26E. 两列其他方面都相同的行波沿一根拉紧的线向同一方向传播，它们的相位差是多大时，合成波的振幅为原来两波共同振幅的 1.50 倍？用（a）度、(b) 弧度和（c）波长表示你的答案。

27E. 两列同样的行波沿同一方向传播，相差 $\pi/2$。合成波的振幅用两波的共同振幅 y_m 表示是多少？(ssm)

28P. 两列除相以外其他参量都相同的正弦波在一根线上沿同一方向传播，因干涉所产生的合成波是 $y'(x,t)=(3.00\mathrm{mm})\sin(20x-4.0t+0.820\mathrm{rad})$，其中 x 用米、t 用秒做单位。(a) 两波的波长 λ、(b) 它们间的相差和（c）它们的振幅 y_m 是多少？

17－10 节 相矢量

29E. 两列频率相同的正弦波在同一线上沿同一方向传播时，合成波的振幅是多少？已知两波的振幅分别是 3.0cm 和 4.0cm，它们的相位常量分别是 0 和 $\pi/2$。(ssm)

30P. 两列周期相同、振幅为 5.0mm 和 7.0mm、在一根拉紧的线上沿同一方向传播的正弦波，它们产生合成波的振幅是 9.0mm。5.0mm 波的相位常量是 0，7.0mm 波的相位常量是多少？

31P. 有三列频率相同的正弦波在同一条线上沿 x 轴正向传播。它们的振幅为 y_1、$y_1/2$ 和 $y_1/3$，它们的相位常量为 0、$\pi/2$ 和 π。合成波的（a）振幅和(b) 相位常量是多少？(c) 画出 $t=0$ 时合成波的波形，并讨论 t 增大时合成波的行为。(ssm)（www)

17－12 节 驻波与共振

32E. 一根线在张力 τ_i 的作用下处于频率为 f_3 的三次谐模，波长为 λ_3。如果张力增大到 $\tau_f=4\tau_i$，要使线再一次处于三次谐模，这时（a）用 f_3 表示的振动频率和（b）用 λ_3 表示的波长为何？

33E. 一根尼龙吉他弦的线密度是 7.2g/m，受张力 150N 的作用。固定弦的两码子间的距离是 90cm。该弦正按图 17－32 所示的驻波振动。计算参与叠加形成此驻波的行波的（a）速率、(b) 波长和（c）频率。(ilw)

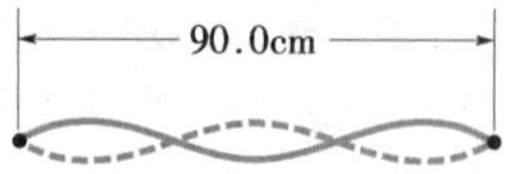

图 17-32 练习题 33 图

34E. 两列波长和振幅相同的正弦波以 10cm/s 的速率在同一线上沿相反方向传播。如果线处于直线状态的两个瞬间的时间间隔是 0.50s，那么两波的波长各是多少？

35E. 一根两端固定的线，长为 8.40m，质量是 0.120kg。它受到 96.0N 的张力，并开始振动。（a）线上的波的速率是多少？（b）形成驻波时，最长的可能波长是多少？（c）计算该波的频率。(ssm)

36E. 一根长为 125cm 的线，质量是 2.00g。以张力 7.00N 拉紧在两个固定支点之间。（a）此线上的波速是多少？（b）此线的最低共振频率是多少？

37E. 在一根长 10.0m、受张力 250N 作用而拉紧的、质量为 100g 的金属线上形成的驻波的三个最低频率是多少？(ssm)

38E. 线 A 拉紧在相距 L 的两个夹子之间。线 B 与线 A 的线密度相同，在同样张力的作用下，线 B 被拉紧在相距 $4L$ 的两个夹子之间。考虑线 B 的前八个谐模。如果有，哪个的共振频率与线 A 的共振频率相匹配？

39P. 拉紧在相距 75.0cm 的两个固定支点之间的一根线，具有共振频率 420Hz 和 315Hz，没有中间共振频率。（a）最低共振频率和（b）波速是多少？(ssm) (ilw) (www)

40P. 在图 17-33 中，两个脉冲在一根线上沿相反方向传播，波速 v 是 2.0m/s，在 $t=0$s 时刻两脉冲相距 6.0cm。（a）画出当 t 等于 5.0ms，10ms，15ms，20ms 和 25ms 时的波形草图，（b）在 $t=15$ms 时，脉冲的能量是什么形式（类型）的？

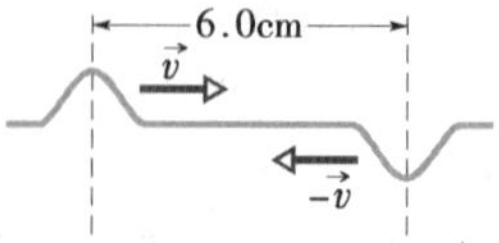

图 17-33 习题 40 图

41P. 一根线按下列方程振动

$$y'=(0.50\text{cm})\sin\left[\left(\frac{\pi}{3}\text{cm}^{-1}\right)x\right]\cos[(40\pi\text{s}^{-1})t]$$

参与叠加而形成这个振动的两列波（除传播方向外都相同）的（a）振幅和（b）波速是多少？（c）波节之间的距离是多少？（d）在 $t=\frac{9}{8}$s 时，位于 $x=1.5$cm 处线的质点的速率是多少？(ssm)

42P. 两列横向行波合成一驻波，两行波的方程是

$$y_1=0.050\cos(\pi s-4\pi t)$$
$$y_2=0.050\cos(\pi s+4\pi t)$$

其中的 x、y_1 和 y_2 用米，t 用秒做单位。（a）对应波节的最小的正 x 值是多少？（b）在时间间隔 $0\leqslant t\leqslant 0.50$s 内的什么时刻，$x=0$ 处的质点速度为零？

43P. 长为 3.0m 的线上产生了振幅是 1.0cm 的三个环的驻波，波速是 100m/s。（a）频率是多少？（b）写出形成驻波的两个波的方程。(ssm)

44P. 在一次驻波实验中，长为 90cm 的一根线缚在电动音叉的叉股上，叉股以 60Hz 的频率做垂直于线的振动。线的质量是 0.044kg。如果想让它出现有四个环的驻波，应对线加多大的张力（对另一端加上重量）？

45P. 600Hz 音叉的振动在一根两端夹住的线上建立起驻波。线内的波速是 400m/s。驻波有四个环，振幅是 2.0mm。（a）线的长度是多少？（b）写出作为位置和时间的函数的线的位移方程。(ssm)

46P. 一条两端固定的绳在 200N 的张力作用下形成了二次谐模驻波图样，绳子的位移方程是

$$y=(0.10\text{m})(\sin\pi x/2)\sin 12\pi t$$

其中，$x=0$ 在绳的末端，x 以米、t 以秒做单位。（a）绳长、（b）绳上的波速和（c）绳的质量是多少？（d）如果绳按三次谐模驻波图样振动，振动的周期将是多少？

47P. 在一根非常长的线的一端的发生器产生的波给下如下

$$y=(6.0\text{cm})\cos\frac{\pi}{2}[(2.0\text{m}^{-1})x+(8.0\text{s}^{-1})t]$$

而在另一端的发生器产生的波为

$$y=(6.0\text{cm})\cos\frac{\pi}{2}[(2.0\text{m}^{-1})x-(8.0\text{s}^{-1})t]$$

试计算每列波的（a）频率、（b）波长和（c）波速。x 为何值时是（d）波节和（e）波腹？(ssm)

48P. 一根线上的驻波用下面的方程表示

$$y(x,t)=0.040\sin 5\pi x\cos 40\pi t$$

其中 x 和 y 用米、t 用秒做单位。（a）求在 $0\leqslant x\leqslant 0.40$m 内所有波节的位置。（b）线上任意（非波节）点的振动周期是多少？干涉形成驻波的两行波的

（c）波速和（d）振幅是多少？（e）在 $0 \leq t \leq 0.050\mathrm{s}$ 内的什么时刻，线上所有点横向速度为零？

49P. 证明两列振幅相同的行波合成的驻波上每一个环内的最大动能为 $2\pi^2\mu y_m^2 fv$。（ssm）（www）

50P. 一根长线上的横波驻波的一个波腹在 $x=0$ 处，一个波节在 $x=0.10\mathrm{m}$ 处。在 $x=0$ 处线的质点的位移 $y(t)$ 表示于图 17－34 中。$t=0.50\mathrm{s}$ 时，在（a）$x=0.20\mathrm{m}$ 处和（b）$x=0.30\mathrm{m}$ 处线的质点的位移是多少？在 $x=0.20\mathrm{m}$ 处，（c）$t=0.50\mathrm{s}$ 和（d）$t=1.0\mathrm{s}$ 时，线的质点的横向速度是多少？（e）画出 $t=0.50\mathrm{s}$ 时在 $x=0$ 与 $x=0.40\mathrm{m}$ 之间的驻波草图。

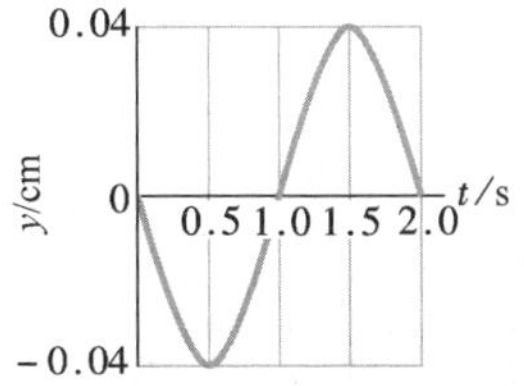

图 17－34 习题 50 图

51P. 在图 17－35 中，一根长为 $L_1=60.0\mathrm{cm}$、横截面积为 $1.00\times10^{-2}\mathrm{cm}^2$，密度是 $2.60\mathrm{g/cm}^3$ 的铝丝与一根横截面积相同、密度为 $7.80\mathrm{g/cm}^3$ 的钢丝连接着。这条复合金属丝由质量为 $m=10.0\mathrm{kg}$ 的物块拉着。从接合点到定滑轮的距离 L_2 是 86.6cm。用一个外部的频率可变的波源在复合线上建立起横波，在滑轮处是波节。（a）求产生驻波时，使接合点成为一个波节的最低激发频率。（b）在此频率下，线上总共有多少个波节？（ssm）

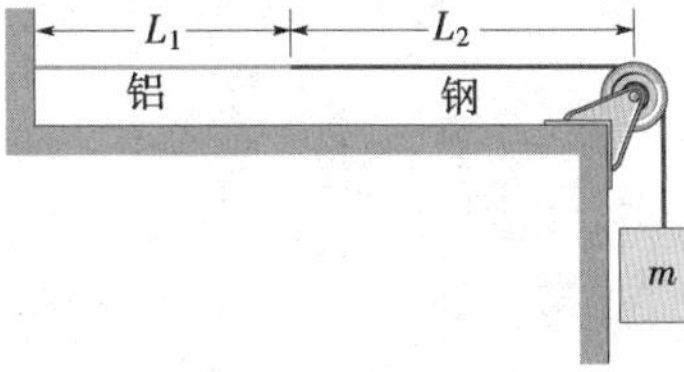

图 17－35 习题 51 图

52. 人体铠甲。当高速射体比如子弹或炸弹片打在现代人体铠甲上时，铠甲的织物阻挡了射体，并由于将射体的能量迅速散开到一个较大的面积上而防止了它的侵入。这种能量散开是通过从打击点向外沿**径向**发出纵向和横向的脉冲来实现的。在打击点处射体在织物上打出了一个圆锥形凹坑。纵向脉冲在一开始打出凹坑就以速率 v_l 沿着织物的纤维迅速传开，使得纤维变薄变长，纤维材料因此沿径向流入凹坑内。图 17－36a 就表示了一条这样的径向纤维。射体的部分能量进入这种运动并延伸。运动速度 v_t 较小的横向脉冲是由于打凹坑而形成的。当射体打出的凹坑加深时，坑的半径就会增加，使织物材料与射体同方向运动（垂直于横向脉冲的传播方向）。射体的其余能量进入这种运动。所有那些未使织物发生永久形变的能量最后都变成了热能。

图 17－36b 画的是一颗质量为 10.2g 的子弹，用一支 .38 特制连发手枪直接发射打入人体铠甲时，其速度 v 与时间 t 的函数图线。取 $v_l=2000\mathrm{m/s}$，假定圆锥形坑的半角 θ 是 60°。在碰撞的末尾，（a）变薄区和（b）凹坑（假定穿着铠甲的人静止不动）的半径是多少？

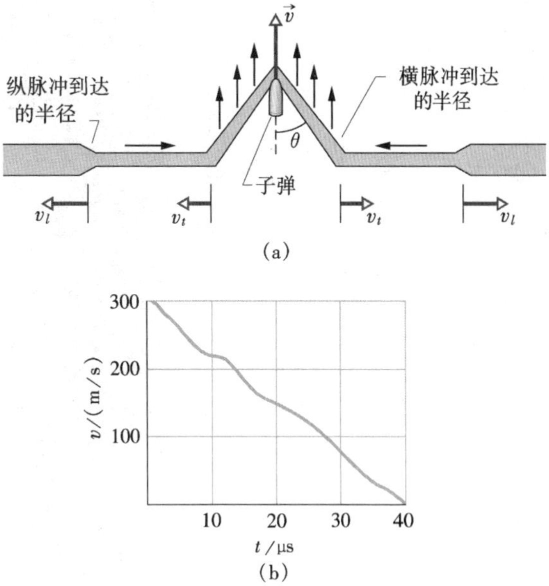

图 17－36 习题 52 图

第 18 章　波（Ⅱ）

这只菊头蝙蝠不仅能在完全黑暗的条件下确定飞蛾的位置，而且还能定出飞蛾相对自己的速率，从而捕获飞蛾。

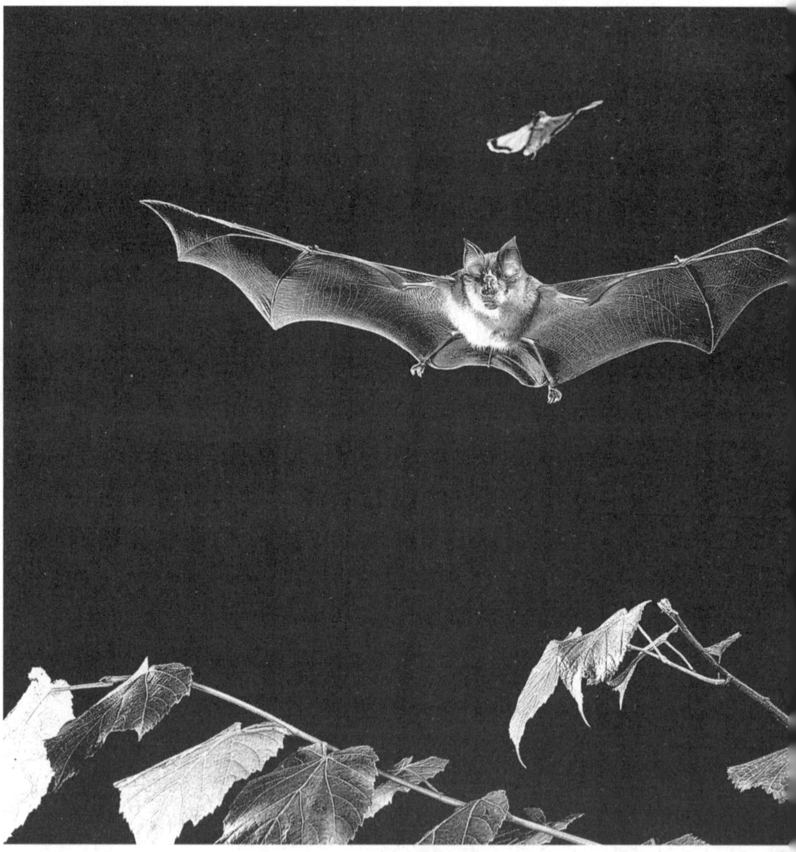

蝙蝠的探测系统是如何工作的？飞蛾怎样才能干扰这个系统或用什么方法降低它的有效性？

答案就在本章中。

18－1 声波

如我们在第 17 章中所看到的，机械波是一种要求有物质介质存在的波。机械波分为两种：**横波**引起的振动垂直于波传播的方向；**纵波**引起的振动平行于波传播的方向。

在本书中，**声波**被粗略定义为任何的纵波。地震勘探队利用这种波对地壳进行探测以寻找石油；轮船用声波定位仪（声纳）探测水下障碍物；潜水艇用声波搜索其他潜水艇，这种搜索主要是通过探测推进系统发出的特殊噪声进行的。图 18－1 是一张经计算机加工后胎儿的头部和臂部的像，它表示怎样用声波探测人体的软组织。本章我们将集中讨论通过空气传播而且人能够听见的声波。

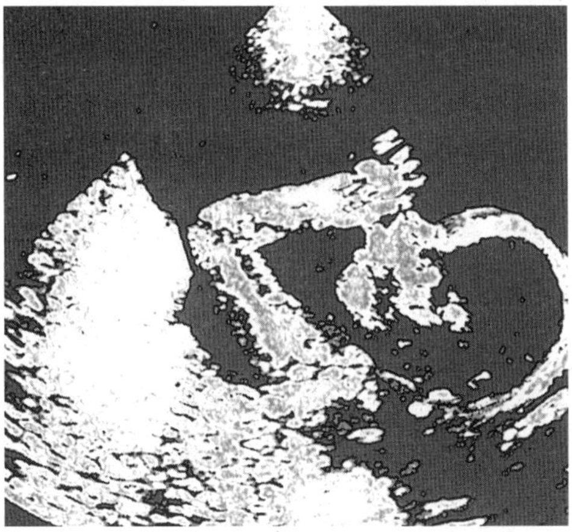

图 18－1 胎儿寻找大拇指来吮吸的图像。此图像是用超声波（其频率高于人的听觉范围）制作的。

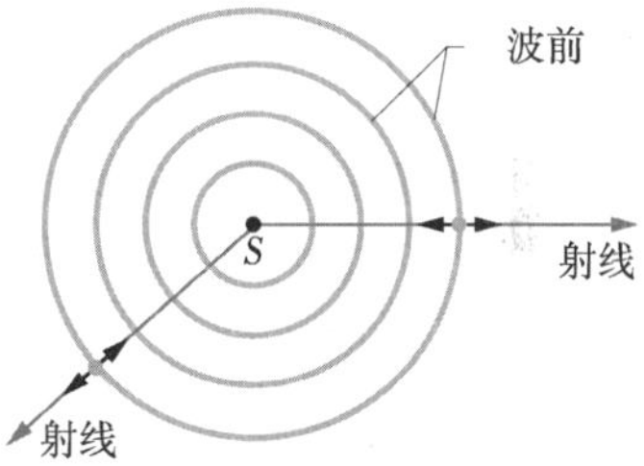

图 18－2 一列声波从点波源 S 发出，在三维介质中传播。波前呈球心在 S 的球形；射线从 S 径向发出。短双向箭头表示介质质元平行于射线振动。

图 18－2 说明我们将要讨论的几个概念。点 S 代表一个小型声源叫做**点声源**，它可以向四面八方发射声波。**波前**和**射线**表示声波传播和散开的方向。**波前**是一些曲面，其上声波引起空气振动的大小相同；对于点源，这种曲面在二维图中用整个圆或部分圆来代表。**射线**是与波前垂直的有向线，它们表示波前传播的方向。在图 18－2 中，加在射线上的短双向箭头表示空气的纵向振动是平行于射线的。

接近像图 18－2 中那样的点声源处，波前是球形的，而且呈三维散开，这种波称为**球面波**。随着波前向外运动，它们的半径变大，曲率减小。远离点声源处，可近似地把波前看成平面（或二维图中的线），这种波叫做**平面波**。

18－2 声速

任何机械波的波速，不论是横波还是纵波，都既与介质的惯性（储存动能）有关，又与介质的弹性（储存势能）有关。因此，我们可以把式（17－25）普遍化，它给出沿拉紧的弦线上横波的速率，即

$$v=\sqrt{\frac{\tau}{\mu}}=\sqrt{\frac{弹性}{惯性}} \qquad (18-1)$$

这里（对于横波）τ 是弦线内的张力，μ 是弦线的线密度。如果介质是空气，波是纵波，可以

猜出和μ相应的惯性是空气的体密度ρ。那么弹性用什么来表示呢?

在拉紧的弦线上，当有波通过质元时，势能将与质元的周期性拉伸相联系。声波通过空气时，势能与空气的微小体积元的周期性压缩与膨胀相联系。确定作用在介质质元上的压强（单位面积受到的压力）发生的变化与其体积的变化程度的关系的物理量叫做**体变模量** B，定义（来自式（13－27））如下

$$B=-\frac{\Delta p}{\Delta V/V} \quad \text{（体变模量的定义）} \qquad (18-2)$$

这里的$\Delta V/V$是因压强的变化Δp引起体积的分数变化。如15－3节中曾经解释的，压强的SI单位是牛顿每平方米，这个单位有个专用名称叫**帕斯卡**（Pa）。从式（18－2）可以看到，B的单位也是帕斯卡。Δp与ΔV的符号总是相反的：当作用在质元上的压强增加（Δp为正）时，其体积减小（ΔV为负）。我们在方程中加了一个负号以保证B总是正的。现在在式（18－1）中用B代替τ，用ρ代替μ，得到

$$v=\sqrt{\frac{B}{\rho}} \quad \text{（声速）} \qquad (18-3)$$

这便是介质中的声速与体变模量及密度的关系。在我们将要做的简短推导中也会发现它是正确的。表18－1列出了各种介质中的声速。

表18－1 声速[①]

介质	声速/（m/s）
气体	
空气（0℃）	331
空气（20℃）	343
氦气	965
氢气	1284
液体	
水（0℃）	1402
水（20℃）	1482
海水[②]	1522
固体	
铝	6420
钢	5941
花岗岩	6000

① 除了标明的，一律为在0℃和1atm气压下的值。

② 温度为20℃，含盐量为3.5%。

水的密度几乎是空气密度的1000倍。如果这是惟一的有关因素，那么我们按照式（18－3）估计水中的声速应小于空气中的声速。但表18－1表明事实是相反的。我们得出的结论（再次根据式（18－3））是水的体变模量必定大于空气的1000倍。事实确是这样。水比空气更加不可压缩，这（参看式（18－2））是解释其体变模量大得多的另一种方式。

式（18－3）的正式推导

我们现在通过直接应用牛顿定律推导式（18－3）。设有一个压缩空气的单脉冲从右向左以速率v通过一根长管内的空气，如图17－2所示。让我们以同一速度和脉冲一起奔跑，以便使脉冲在我们的参考系里是静止的。图18－3a表示了从我们的参考系里看到的情形，即脉冲是静止

的，而空气以速率 v 从左向右运动。

令未受扰动的空气内压强为 p，脉冲内的压强则是 $p+\Delta p$，这里由于是压缩，所以 Δp 是正的。考虑一空气薄片，其厚度为 Δx，迎面面积为 A，正以速率 v 向着脉冲运动。当这个空气质元进入脉冲时，其前面遇到高压区域，把它的速度减慢为 $v+\Delta v$，这里的 Δv 是负的。当薄片的后面也进入脉冲时，减慢就结束了，时间间隔是

$$\Delta t=\frac{\Delta x}{v} \tag{18-4}$$

对空气质元用牛顿第二定律。在 Δt 内，质元后面受的平均力向右，大小是 pA；质元前面受的平均力向左，大小是 $(p+\Delta p)A$（见图 18-3b）。所以，在 Δt 内质元所受的平均合力为

$$F=pA-(p+\Delta p)A=-\Delta pA \text{（合力）} \tag{18-5}$$

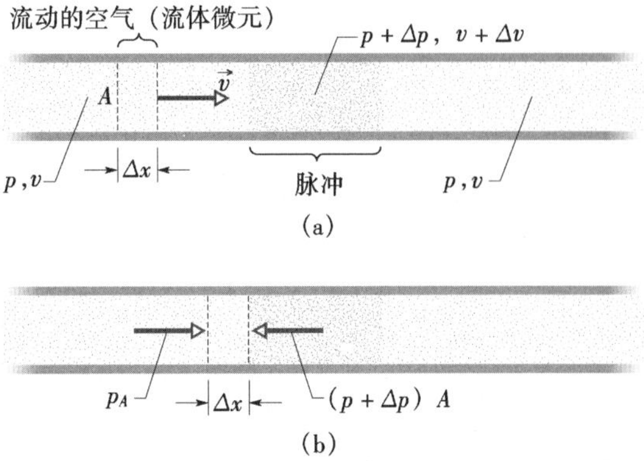

图 18-3 一压缩脉冲送入到充有空气的长管内。本图所选的参考系使得脉冲静止而空气是从左至右运动的。(a) 一厚度是 Δx 的空气薄片以速率 v 向脉冲运动。(b) 薄片前面进入脉冲。箭头表示薄片的前面和后面所受的由空气的压强引起的力。

式中的负号表示作用在流体质元上的合力，在图 18-3b 中指向左方。质元的体积是 $A\Delta x$，借助式（18-4），我们可以写出其质量是

$$\Delta m=\rho A\Delta x=\rho Av\Delta t \text{（质量）} \tag{18-6}$$

在 Δt 内，质元的平均加速度是

$$a=\frac{\Delta v}{\Delta t} \text{（加速度）} \tag{18-7}$$

从牛顿第二定律和式（18-5）、式（18-6）和式（18-7）可以得到

$$-\Delta pA=(\rho Av\Delta t)\frac{\Delta v}{\Delta t}$$

可改写为

$$\rho v^2=-\frac{\Delta p}{\Delta v/v} \tag{18-8}$$

当在脉冲以外体积为 V（$=Av\Delta t$）的空气进入脉冲受压时，其体积的压缩量为 ΔV（$=A\Delta v\Delta t$）。这样

$$\frac{\Delta V}{V}=\frac{A\Delta v\Delta t}{Av\Delta t}=\frac{\Delta v}{v} \tag{18-9}$$

把式（18-9）和式（18-2）代入式（18-8）中，得到

$$\rho v^2=-\frac{\Delta p}{\Delta v/v}=-\frac{\Delta p}{\Delta V/V}=B$$

解出 v 就得到图 18-3 中向右的空气速率，即式（18-3），也是实际的脉冲向左的速率。

例题 18-1

你的大脑判断声源方向的一个线索是声音到达离声源较近的耳朵与到达离声源较远的耳朵的时间差 Δt。假定声源很远，声波的波前可看成是平面波，令 D 表示两只耳朵间的距离。

(a) 求 Δt 的表达式，用 D 和声源的方向与正前

方的夹角 θ 来表示。

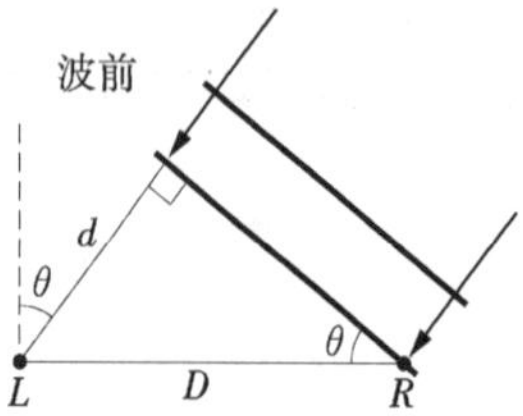

图 18－4 例题 18－1 图 波前传到左耳（L）比传到右耳（R）多走的距离（$=D\sin\theta$）。

【解】 如图 18－4 所示（俯视），波前从你的右前方接近你。这里**关键点**是，由于每个波前从到达你的右耳（R）到到达你的左耳（L）必须经过距离 d，因而造成了时间推迟量 Δt。从图 18－4 知

$$\Delta t=\frac{d}{v}=\frac{D\sin\theta}{v}\quad（答案）\qquad (18-10)$$

其中 v 是空气中的声速。根据生活经验，你的大脑能给每一次探测到的 Δt（从 0 到无穷大）和声音来源的方向 θ（从 0 到 90°）建立联系。

(b) 假如声波的波前从正右方到达你的右耳时，你正浸没在 20℃ 的水中。根据时间推迟的线索，声源所在方向和你的正前方的夹角 θ 好像是多少？

【解】 这里**关键点**是，现在的声速是水中的声速 v_w，所以要在式（18－10）中用 v_w 替换 v，并让 θ 为 90°，从而得到

$$\Delta t_w=\frac{D\sin 90^\circ}{v_w}=\frac{D}{v_w}\qquad (18-11)$$

由于 v_w 大约是 v 的四倍，所以 Δt_w 大约是空气中最大的时间推迟量的四分之一。你的大脑根据经验处理这个时间的推迟量，好像是一切发生在空气里一样。这样，声源将在一个小于 90° 的 θ 角方向上。为了求出这个表观角度，我们在式（18－11）中用从式（18－11）中得到的时间推迟量 D/v_w 替换式（18－10）中的 Δt，得到

$$\frac{D}{v_w}=\frac{D\sin\theta}{v}\qquad (18-12)$$

然后，为了解出 θ，我们再把 $v=343\text{m/s}$ 和 $v_w=1482\text{m/s}$（从表 18－1 查出）代入式（18－12）中，求得

$$\sin\theta=\frac{v}{v_w}=\frac{343\text{m/s}}{1482\text{m/s}}=0.231$$

所以
$$\theta=13^\circ$$

（答案）

18－3 行进的声波

下面讨论与在传播的正弦声波相联系的位移与压强的变化。图 18－5a 表示这样的波，它向右通过一根充有空气的长管子。回忆第 17 章，我们曾经通过让一个活塞在管的左端做正弦运动从而产生这样的波（如图 17－2）。活塞向右运动推动靠近它的空气质元，而压缩它；活塞向左运动使空气质元向左返回而减小压强。像这样每个空气质元依次推下一个质元，空气的左右运动和压强的变化就沿着管子传播而形成声波。

考虑厚度为 Δx 的很薄的空气质元，它位于沿管子的坐标 x 处。当声波经过 x 时，该质元将围绕平衡位置做左右方向的简谐振动（图 18－5b）。这样，由于声波的传播引起空气质元的振动与由于横波造成弦线元的振动很相像，只是空气质元的振动是**纵向**而不是**横向**的。因为弦线元的振动平行于 y 轴，所以我们把它的位移写成

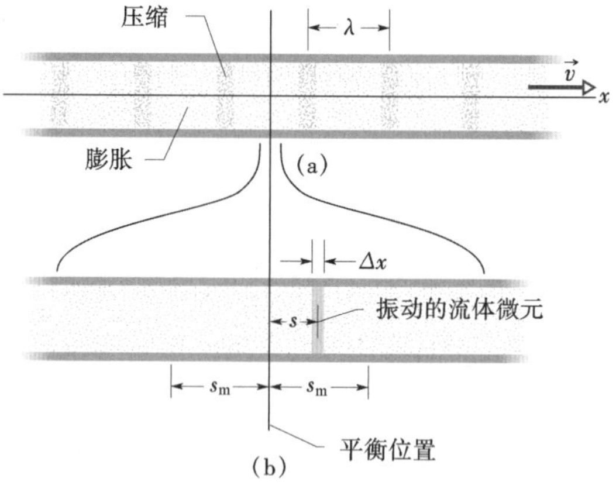

图 18－5 (a) 一列声波以速率 v 沿充有空气的长管行进，该声波是通过空气周期性的膨胀和压缩向前传播的。图中显示此波任意瞬间的情况。(b) 一小段管的水平放大图。当有波通过时，厚度为 Δx 的流体质元对平衡位置按简谐运动作向左向右的振动。在图 (b) 所示的瞬间，质元向右离开平衡位置的距离为 s。不论向右或向左，最大位移都是 s_m。

y (x,t) 的形式。类似地，因为空气质元的振动平行于 x 轴，所以我们把它们的位移写成 $x(x,t)$ 的形式。不过，为了避免符号的混乱，我们采用 $s(x,t)$。

为了表示出位移 $s(x,t)$ 是 x 和 t 的正弦函数，我们既可以采用正弦函数，也可以采用余弦函数。本章采用余弦函数，即

$$s(x,t) = s_m\cos(kx - \omega t) \tag{18-13}$$

图 18－6a 表示出此方程的主要部分。其中 s_m 是**位移振幅**，即空气质元对其平衡位置（参看图 18－5b）两侧的最大位移。声波（纵波）的角波数 k、频率 f、波长 λ、波速 v 以及周期 T 都具有像对于横波完全一样的定义和相互关系，不同的是 λ 现在表示的距离是在其中由于波引起的压缩与膨胀的图样开始重复自己（沿着传播方向）（参看图 18－5a）（假定 s_m 远小于 λ）。

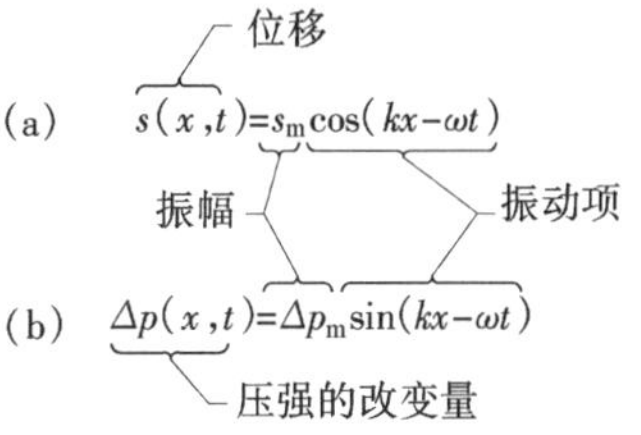

图 18－6　由振幅和振动项组成的声行波函数。(a) 位移函数。(b) 压强变化函数。

当波传播时，在图 18－5a 中任意位置 x 处空气的压强作正弦变化，这在下面将给以证明。为了描述这一变化，我们写

$$\Delta p(x,t) = \Delta p_m\sin(kx - \omega t) \tag{18-14}$$

图 18－6b 表示此方程的主要部分。在式（18－14）中 Δp 的负值对应于空气的膨胀；正值对应于压缩。此处，Δp_m 叫**压强振幅**，它表示波所引起的压强的最大增加量或减少量；Δp_m 一般远小于波不存在时的压强 p。下面将要证明，压强振幅 Δp_m 与式（18－13）中的位移振幅 s_m 有如下的关系

$$\Delta p_m = (v\rho\omega)s_m \tag{18-15}$$

图 18－7 表示在 $t=0$ 时刻式（18－13）和式（18－14）的图线，两条曲线都随时间的推移沿水平轴向右移动。请注意，位移与压强的改变量的相差是 $\pi/2$rad（或 90°）。这样，在波的传播方向上任意点，当那里位移为最大时，压强改变量 Δp 都是零。

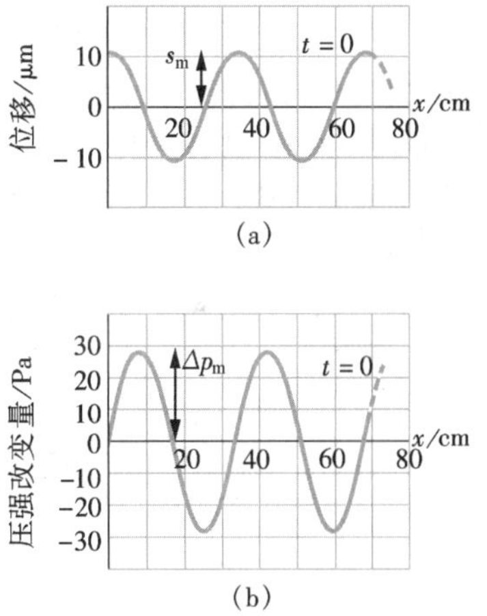

图 18－7　(a) $t=0$ 的位移函数（式（18－13））的图线。(b) 类似的压强变化函数（式（18－14））的图线。两函数都是对 1000Hz 的声波而言，其压强振幅是听力阈值上限。参看例题 18－2。

检查点 1：当图 18－5b 中的振动流体质元向右通过零位移点时，该质元中的压强在平衡值是刚开始增加，还是刚开始减少？

式（18－14）和式（18－15）的推导

图 18－5b 表示一个振动中的横截面积为 A、厚度为 Δx 的空气质元，其中心偏离平衡位置的距离为 s。

对该质元可以用式（18－2）写出其压强的改变量为

$$\Delta p = -B\frac{\Delta V}{V} \tag{18-16}$$

式（18－16）中的 V 是该质元的体积，由下式给出

$$V = A\Delta x \tag{18-17}$$

式（18－16）中的 ΔV 是在质元位移时体积的改变量。这一体积改变量是因为质元两个侧面的位

移不完全相同形成的，相差为 Δs。这样，我们把体积的改变量写成为

$$\Delta V = A\Delta s \qquad (18-18)$$

把式（18－17）和式（18－18）代入式（18－16）中，再求导数极限得

$$\Delta p = -B\frac{\Delta s}{\Delta x} = -B\frac{\partial s}{\partial x} \qquad (18-19)$$

式（18－19）中的∂表示偏导数，它表示时刻 t 固定时，s 随 x 变化的情况。把式（18－13）中的 t 看作常数，就可得

$$\frac{\partial s}{\partial x} = \frac{\partial}{\partial x}\left[s_m \cos(kx-\omega t)\right] = -ks_m \sin(kx-\omega t)$$

把偏导数的这一量代入式（18－19）中就有

$$\Delta p = Bks_m \sin(kx-\omega t)$$

令 $\Delta p_m = Bks_m$，就可得到我们开始想要证明的式（18－14）。

利用式（18－3），现在可以写

$$\Delta p_m = (Bk)\ s_m = (v^2\rho k)\ s_m$$

如果用 ω/v 替换式（17－12）中的 k，就可以立即得到我们答应的要证明的式（18－15）。

例题 18－2

人耳所能忍受的最大压强振幅 Δp_m 大约是 28Pa（远小于约 10^5Pa 的正常的空气压强）。在密度为 $\rho = 1.21\text{kg/m}^3$ 的空气中，频率为 1000Hz、速率为 343m/s 的这种声音的位移振幅 s_m 是多少？

【解】 **关键点**是声波有位移振幅 s_m 与其压强振幅 Δp_m 的关系式（18－15）。解出该方程中的 s_m，则有

$$s_m = \frac{\Delta p}{v\rho\omega} = \frac{\Delta p_m}{v\rho\ (2\pi f)}$$

代入已知数据即可得

$$s_m = \frac{28\text{Pa}}{(343\text{m/s})(1.21\text{kg/m}^3)(2\pi)(1000\text{Hz})}$$
$$= 1.1\times 10^{-5}\text{m} = 11\mu\text{m}$$

（答案）

它大约仅是纸张厚度的七分之一。很明显，即使是人耳所能忍受的最大声音的位移振幅也是很小的。

对于能够探测到的最弱的、频率为 1000Hz 的声音，其压强振幅 Δp_m 是 2.8×10^{-5}Pa。照上计算可得出 $s_m = 1.1\times 10^{-11}$m 或 11pm，它大约是原子的典型半径的十分之一。可见，人耳确实是很灵敏的声音探测器。

18－4 干涉

像横波一样，声波是可以进行干涉的。让我们考虑两列相同的、正沿同一方向传播的声波。图 18－8 表示我们是如何建立这种情况的：两个点声源 S_1 和 S_2 分别发出同相、同波长 λ 的声波。我们说声源本身同位相，也就是说当声波从声源发出时，他们的位移总是相同的。我们对图 18－8 所示的、此后传到 P 点的波感兴趣。假设两波源到达 P 点的距离比两波源之间的距离大很多，这样就可以近似地认为两波在 P 点是沿同一方向传播的。

如果两波经过等长的路径到达 P 点，那么它们到达时将是同相的。像横波一样，这意味着在该处它们肯定会发生完全相长干涉。不过，在图 18－8 中，从 S_2 发出的波经过的路径 L_2 比从 S_1 发出的波经过的路径 L_1 长。这个路程的差意味着当波到达 P 点时可能不同相；换句话说，它们在 P 点的相差依赖于**路程差** $\Delta L = |L_2 - L_1|$。

为了建立相位差 ϕ 与路程差的关系，可回想起（17－4 节）2π 的相差与一个波长相当。因

此我们可以写出比例关系

$$\frac{\phi}{2\pi}=\frac{\Delta L}{\lambda} \qquad (18-20)$$

由此得

$$\phi=\frac{\Delta L}{\lambda}2\pi \qquad (18-21)$$

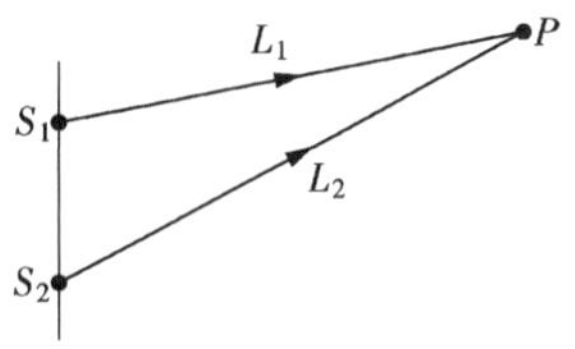

图 18-8 两个点声源 S_1 和 S_2 发射同相的球面声波。射线表明，它们通过一个共同的点 P。

当 ϕ 等于零、2π 或 2π 的任意整数倍时，就发生完全相长干涉。这一条件可写作

$$\phi=m(2\pi) \quad 其中 \quad m=0,1,2\cdots(完全相长干涉) \qquad (18-22)$$

从式（18-21）知，此时比例 $\Delta L/L$ 应满足

$$\frac{\Delta L}{\lambda}=0,1,2,\cdots(完全相长干涉) \qquad (18-23)$$

例如，在图 18-8 里路程差 $\Delta L=|L_2-L_1|$ 等于 2λ，那么 $\Delta L/\lambda=2$，在 P 点就会出现完全相长干涉。干涉之完全相长是因为从 S_2 发出的波相对于 S_1 发出的波出现相移 2λ，在 P 点使得两波**正好同相**。

当 ϕ 是 π 的奇数倍时，就发生完全相消干涉，此条件可写作

$$\phi=(2m+1)\pi \quad 其中\ m=0,1,2,\cdots(完全相消干涉) \qquad (18-24)$$

从式（18-21）知，此时比例 $\Delta L/\lambda$ 应满足

$$\frac{\Delta L}{\lambda}=0.5,1.5,2.5,\cdots(完全相消干涉) \qquad (18-25)$$

例如，如果在图 18-8 里路程差 $\Delta L=|L_2-L_1|$ 等于 2.5λ，那么 $\Delta L/\lambda=2.5$，在 P 点必然出现完全相消干涉。干涉之完全相消是因为从 S_2 发出的波相对于 S_1 发出的波出现相移 2.5λ，使得在 P 点两波正好**正好反相**。

当然，如果 $\Delta L/\lambda=1.2$，那么两波就会出现中间干涉状态。比完全相消干涉（$\Delta L/\lambda=1.5$）更加接近完全相长干涉（$\Delta L/\lambda=1.0$）。

例题 18-3

在图 18-9a 中，有两个相位相同、相距 $D=1.5\lambda$ 的点源 S_1 和 S_2，发出同样波长 λ 的声波。

(a) 从 S_1 和 S_2 发出的波到达位于 D 的垂直平分线上、与源的距离大于 D 的 P_1 点时的路程差是多少？在 P_1 点发生什么样的干涉？

【解】 这里**关键点**是，由于两列波到达 P_1 时所经过的距离相等，所以路程差是

$$\Delta L=0$$

（答案）

从式（18-23）可知，它意味着波在 P_1 点正好发生完全相长干涉。

(b) 在图 18-9a 里，在 P_2 点路程差是多少？属于什么样的干涉？

【解】 现在**关键点**是，从 S_1 发出的波到达 P_2 时多走了路程 D（$=1.5\lambda$）。这样，路程差为

$$\Delta L=1.5\lambda$$

（答案）

从式（18-25）可知，它意味着波在 P_2 点正好发生完全相长干涉。

(c) 图 18-9b 表示一个半径远大于 D、圆心在 S_1 与 S_2 中点的圆。那么在圆上能形成完全相长干涉的点的数目 N 是多少？

【解】 设想我们从 a 点出发，在圆上沿顺时针移动到 d 点。这里一个**关键点**是，在移动到 d 的过程中，路程差 ΔL 在增加，因此干涉样式也在改变。从 (a) 知，在 a 点处路程差是 $\Delta L=0\lambda$。从 (b) 知，在 d 点处路程差 $\Delta L=1.5\lambda$。这样，沿着圆周在 a 和 d 之间必然有一点使 $\Delta L=\lambda$，如图 18-9b 所示。由式（18-23）知，在该点发生完全相长干涉。同

时，因为在 0 和 1.5 之间不会有不同于 1 的整数，在 a 点与 d 点之间就不会再有发生完全相长干涉的点。

另一个**关键点**是，沿着圆的其他部分，利用对称来确定能发生完全相长干涉的其他点的位置。关于直线 cd 的对称给出 b 点，在那里 $\Delta L = 0$。同时，还有另外三个点的位置使 $\Delta L = \lambda$。总起来有

$$N = 6$$

（答案）

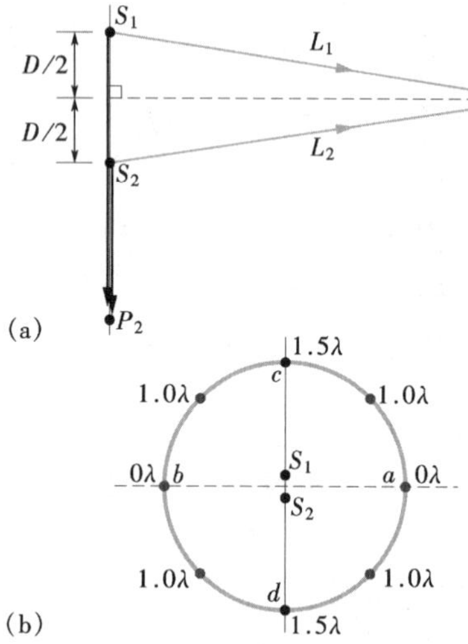

图 18-9 例题 18-3 图 (a) 两个点源 S_1 和 S_2 相距 D，发出同相的球面声波。两波到达 P_1 点所经过的距离相等。点 P_2 在 S_1 与 S_2 的延长线上。(b) 从 S_1 和 S_2 发出的波到达围绕波源的一个大圆周上的八个点时的路程差（用波长表示）。

检查点 2：在此例题中，如果两源 S_1 和 S_2 的距离 D 改为 4λ，在 (a) 点 P_1 和 (b) 点 P_2 的路程差是多少？各发生什么样的干涉？

18-5 强度和声级

如果有人在你睡觉时在附近大声播放音乐，你会意识到声音除了频率、波长和波速以外还有其他性质，即还有强度。在某一面处声波的**强度**是波通过该面单位面积所传递的或传到该单位面积上的能量平均时率。可以写成

$$I = \frac{P}{A} \tag{18-26}$$

这里的 P 代表声波单位时间内传递的能量（即功率），A 是声波通过的面的面积。后面将简短地导出，声波的强度 I 与声波位移振幅 s_m 的关系是

$$I = \frac{1}{2}\rho v \omega^2 s_m^2 \tag{18-27}$$

强度随距离的变化

从实际的声源发出的波的强度随距离的变化经常是很复杂的。一些实际的声源（例如扬声器）仅仅向某个方向传声音，环境又常常产生回声（反射声波）与直接到达的声波相叠加。不过，在某些情况下，我们可以忽略回声，而假定声源是一个点源，它发出的声波是**各向同性的**，也就是说在各个方向上是等强度的。在特定的瞬间，这样的各向同性点源 S 发出的波前如图 18-10 所示。

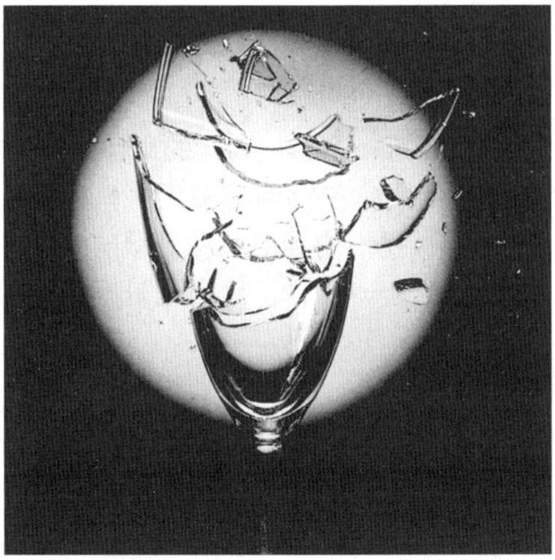

声音能引起玻璃杯杯壁的振动。如果声波使它产生驻波，而且声强足够大，杯子将被振碎。

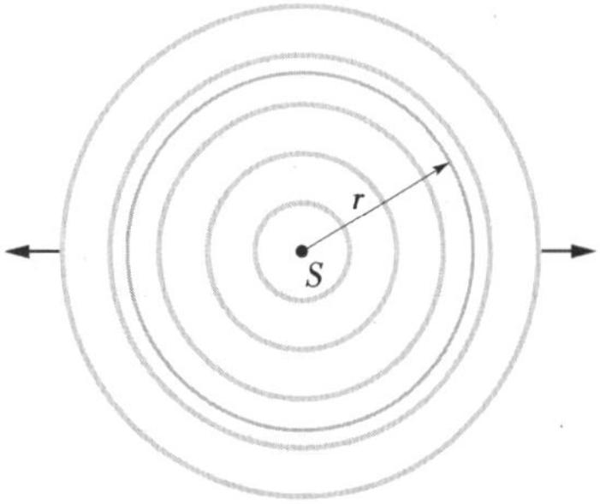

图 18-10 一个点源 S 均匀地向各个方向发出声波。这些波通过一个想像的球心在 S、半径为 r 的球。

假设波从这个源向四外传播时机械能是守恒的。想象一个球心在该源的半径为 r 的球面，如图 18-10 所示。由源发出的所有能量必须通过这个球面。因此，声波通过这个面时，能量的时率必定等于从源发出的能量的时率（即源的功率 P_s）。由式（18-26）知，球面处的声强将是

$$I = \frac{P_s}{4\pi r^2} \tag{18-28}$$

其中 $4\pi r^2$ 是球面的面积。式（18-28）告诉我们，从一个各向同性的点源发出声波的强度随与源的距离的平方而减小。

检查点 3：右图表示位于两个想像的球面上的三个小片 1、2 和 3，球面的中心在各向同性的点源上。声波通过三个小片时能量的时间变化率相等。按照（a）声强、（b）面积给它们由大到小排序。

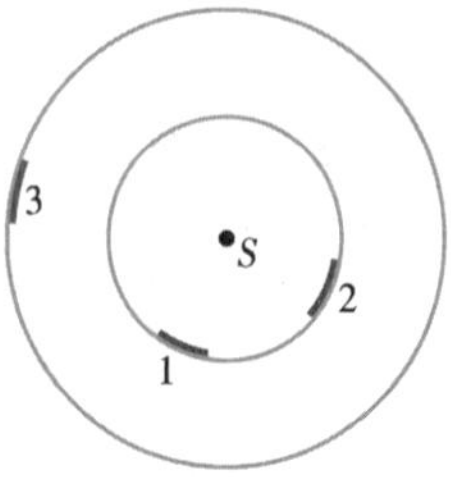

分贝

在例题 18-2 中，已看到人耳能听到的声音的位移振幅的范围，从能忍受的最强声音约 10^{-5}m 到能听到的最弱声音约 10^{-11}m，它们的比为 10^6。由式（18-27）知，声音的强度随振

幅的**平方**而变化，所以人的听觉系统对两种极限声强之比是10^{12}。人类能够听到的声强范围是很大的。

我们用对数来处理这样巨大的声强范围。考虑关系式

$$y=\lg x$$

其中x和y是变量。此方程有一个性质：用10乘x，y就增加1。为了看到这一点，我们写

$$y'=\lg(10x)=\lg 10+\lg x=1+y$$

类似地，用10^{12}乘x，y只增加12。

这样，不说声强I而改说**声级**β会更加方便，声级的定义是

$$\beta=(10\text{dB})\lg\frac{I}{I_0} \tag{18-29}$$

这里，dB是**分贝**的简写，是声级的单位。它是为了纪念Alexander Graham Bell的工作而命名的。在式（18－29）中的I_0是标准参考强度（$=10^{-12}\text{W/m}^2$），选择它是因为它接近人能听到的声音最低限。当$I=I_0$时，式（18－29）给出$\beta=10\lg 1=0$，所以我们的标准参考声级对应于零分贝。这样，β每增加10dB，声强就增加一个数量级（10倍）。$\beta=40$时，声强就是标准声级的10^4倍。表18－2列出了各种环境下的声级。

表18－2　一些声级（dB）

听力阈值	0
树叶沙沙响	10
对话	60
摇滚音乐会	110
难以忍受	120
喷气发动机	130

式（18－27）的推导

在图18－5a中，我们考虑一个空气薄片，其厚度为dx，面积为A，质量为dm。当式（18－13）所代表的声波经过它时，该薄片发生来回振动。薄片的动能dK是

$$\mathrm{d}K=\frac{1}{2}\mathrm{d}m v_s^2 \tag{18-30}$$

这里，v_s并非波速，而是空气质元的振动速度，可以从式（18－13）得到

$$v_s=\frac{\partial s}{\partial t}=-\omega s_m\sin(kx-\omega t)$$

利用这个关系式，考虑到$\mathrm{d}m=\rho A\mathrm{d}x$则可以重写式（18－30）

$$\mathrm{d}K=\frac{1}{2}(\rho A\mathrm{d}x)(-\omega s_m)^2\sin^2(kx-\omega t) \tag{18-31}$$

用dt去除式（18－31）可以得到动能随着波传播的时率。正如我们在第17章中看到的横波那样，dx/dt是波速v，所以我们有

$$\frac{\mathrm{d}K}{\mathrm{d}t}=\frac{1}{2}\rho A v\omega^2 s_m^2\sin^2(kx-\omega t) \tag{18-32}$$

动能传播的**平均**时率是

$$\left(\frac{\mathrm{d}K}{\mathrm{d}t}\right)_{avg}=\frac{1}{2}\rho A v\omega^2 s_m^2[\sin^2(kx-\omega t)]_{avg}=\frac{1}{4}\rho A v\omega^2 s_m^2 \tag{18-33}$$

为了得到这个方程，用了一个事实，即正弦（或余弦）函数平方在一个完整的周期内的平均值为 1/2。

我们假定**势**能在随着波传播时也具有同样的平均时率。波的强度，也就是随着波的传播动、势能两种能量通过单位面积的传播时率由式（18－33）得出，为

$$I = \frac{2(\mathrm{d}K/\mathrm{d}t)_{\mathrm{avg}}}{A} = \frac{1}{2}\rho v \omega^2 s_{\mathrm{m}}^2$$

这就是我们要推导的式（18－27）。

例题 18－4

一个电火花沿着一条长 $L = 10\mathrm{m}$ 的直线上闪现，它发出一个声脉冲辐射向四面八方传开（火花称为线声源）。发射的功率是 $P_s = 1.6 \times 10^4 \mathrm{W}$。

(a) 当它到达离火花 $r = 12\mathrm{m}$ 处时，声波的强度 I 是多少？

【解】　想象一个以火花为中心、而半径 $r = 10\mathrm{m}$、长度 $L = 10\mathrm{m}$ 的圆柱（两端开放），见图 18－11。

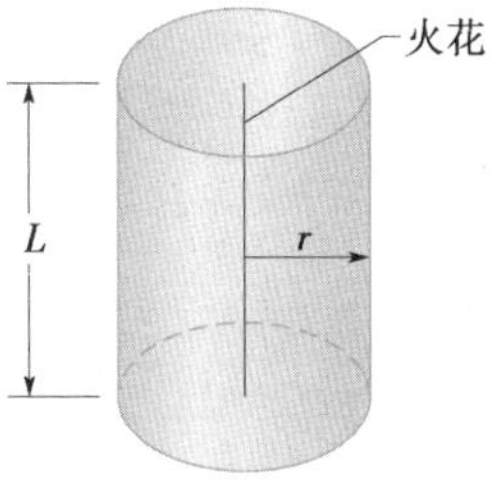

图 18－11　例题 18－4 图　一列沿着长度为 L 的直线火花向外发出声波。这些波通过一个想象的、半径为 r、长为 L 的圆柱，圆柱的中心是火花。

这里一个**关键点**是，圆柱表面的声强 I 是单位时间通过此圆柱面的声能 P 对其面积 A 的比率 P/A。另一个**关键点**是假设可以把能量守恒定律用于声能。这意味着能量传过圆柱面的时率 P 等于源的能量发射时率 P_s。把这些概念结合起来，并注意到圆柱表面的面积为 $A = 2\pi rL$。则

$$I = \frac{P}{A} = \frac{P_s}{2\pi rL} \qquad (18-34)$$

这说明，从线源发出的声波的声强随距离 r 的增加而减小（不是像点源那样随距离的平方而减小）。代入给定的数据，可得

$$I = \frac{1.6 \times 10^4 \mathrm{W}}{(2\pi)(12\mathrm{m})(10\mathrm{m})} = 21.2\mathrm{W/m^2} \approx 21\mathrm{W/m^2}$$

（答案）

(b) 对着火花且放在距火花 $r = 12\mathrm{m}$ 处的一个面积为 $A_d = 2.0\mathrm{cm}^2$ 声波探测器，截取声能的速率 P_d 是多少？

【解】　应用 (a) 里的第一个**关键点**，可知探测器处的声强是该处的能量传输率 P_d 和探测器面积 A_d 的比：

$$I = \frac{P_d}{A_d} \qquad (18-35)$$

可以想像探测器位于 (a) 的圆柱表面上。那么，在探测器处的声强就应是圆柱表面的声强 I（$= 21.2\mathrm{W/m^2}$）。解出式（18－35）中的 P_d，有

$$P_d = (21.2\mathrm{W/m^2})(2.0 \times 10^{-4}\mathrm{m^2}) = 4.2\mathrm{mW}$$

（答案）

例题 18－5

1976 年，一个叫 Who 的组织创了一项最响的音乐会记录，在离扬声器系统 46m 处的声级达 $\beta_2 = 120\mathrm{dB}$。求该乐队那次现场的声强 I_2 与声级为 $\beta_1 = 92\mathrm{dB}$ 的气锤工作时的声强 I_1 之比是多少？

【解】　这里的**关键点**是，按照试声级的定义式（18－29），Who 和气锤的声级 β 都与声强有关。对于 Who 有

$$\beta_2 = (10\mathrm{dB})\ \lg\frac{I_2}{I_0}$$

对于气锤有

$$\beta_1 = (10\mathrm{dB})\ \lg\frac{I_1}{I_0}$$

两声级的差是

$$\beta_2 - \beta_1 = (10\mathrm{dB})\left(\lg\frac{I_2}{I_0} - \lg\frac{I_1}{I_0}\right) \qquad (18-36)$$

利用等式

图 18-12 例题 18-5 图 属于 Who 组织的 Peter Townshend 在扩音系统前表演。由于他暴露在高强度的声音中，这声音与其说是在舞台上表演时接受的，不如说是在录音棚或家中接受的，结果造成他的永久性听力减退。

$$\lg\frac{a}{b}-\lg\frac{c}{d}=\lg\frac{ad}{bc}$$

可以把式（18-36）重写如下

$$\beta_2-\beta_1=(10\text{dB})\lg\frac{I_2}{I_1} \qquad (18-37)$$

整理后代入已知的声级值，则

$$\lg\frac{I_2}{I_1}=\frac{\beta_2-\beta_1}{10\text{dB}}=\frac{120\text{dB}-92\text{dB}}{10\text{dB}}=2.8$$

取方程最左和最右边的反对数（在计算器的反对数键上可能标有 10^x），得到

$$\frac{I_2}{I_1}=\lg^{-1}2.8=630$$

（答案）

可见，Who 的声音实在是太响了。

短时间暴露在像气锤和 1976 年的 Who 音乐会那样大的声强中造成暂时性的听力减退。反复或者长时间地暴露，会造成永久性的听力减退（见图 18-12）。很明显，对任何人来说，比如连续听，大音量的金属音响，特别是通过耳机，都有丧失听力的危险。

18-6 乐音声源

乐音可以通过振动弦（如吉他、钢琴、小提琴）、膜片（如铜鼓、小鼓）、空气柱（如笛子、双簧管、管风琴和图 18-13 所示的大管）、木块或钢棒（如马林巴木琴、木琴）以及许多其他振动物体产生。大多数乐器都有不止一个单独的振动部件。例如小提琴，它的弦和琴体都参与发出乐音。

回忆第 17 章，驻波可以通过两端固定的拉紧的弦产生。之所以能产生驻波是由于沿着弦传播的波在每次到达端点时都反射回来。如果波长与弦的长度适当地匹配，沿相反方向传播的波的叠加就产生驻波图样（或振动模式）。一个这样的匹配所需的波的波长对应于弦的一个**共振频率**。形成驻波的好处是弦由此以一个大而持续的振幅振动，从而来回推动周围的空气发出与弦的振动频率一样的较强的声波。例如对一位弹吉他的人来说，声音的这样产生对他具有显而易见的重要性。

我们可以在充有空气的管子里用类似的方法产生驻波。声波通过气柱在管内传播时，它们在每一端点反射而回传（即使一端是开口的也能发生反射，不过反射不像端口封闭时那样完全）。如波长与管子的长度能适当地匹配，管内沿相反方向传播的波的叠加就形成了驻波图样。一个这样的匹配所需的波长对应于管的一个共振频率。形成这种驻波的好处是管内空气以一个大而持续的振幅振动，从而在管的任何开口处发出与管内空气的振动频率一样的声波。例如对

一位奏风琴的人来说，声音的这样发射对他具有显而易见的重要性。

声驻波图样的许多其他方面与弦驻波是相似的：管子的封闭端与弦的固定端必定是波节（零位移），而管的任何开口端则与图 17-19b 所示的线栓有一个自由运动的小环的一端一样，那里必定是波腹（实际上，管的开口处的波腹是在开口的稍稍靠外一点，不过此处我们将不再追究其细节）。

在两端开口的管子中形成的最简单的驻波图样如图 18-14a 所示。按要求在每个开口处有一个波腹，而管中央有一个波节。表示纵向驻波的一个容易的方法如图 18-14b 所示——把它画成与线上的横驻波一样。

图 18-14a 的驻波图样叫做**基模**或**一次谐波**。为了形成基模，长 L 的管子内的声波必须具有由 $L=\lambda/2$ 给定的波长，使得 $\lambda=2L$。用线上驻波表示法画出的、在两端开口的管内形成的更多的声驻波如图 18-15a 所示。**二次谐波**要求声波的波长 $\lambda=L$，**三次谐波**则要求其波长 $\lambda=2L/3$，等等。

图 18-13 在演奏传统的斯洛伐克乐器 fujara 时，该乐器内的空气柱在振动。

更普遍地说，长为 L 两端开口的管子的共振频率对应于波长

$$\lambda=\frac{2L}{n},\ n=1,2,3,\cdots \tag{18-38}$$

这里的 n 叫做**谐次**。两端开口管子的共振频率由下式给出

$$f=\frac{v}{\lambda}=\frac{nv}{2L},\ n=1,2,3,\cdots\ (\text{两端开口的管子}) \tag{18-39}$$

这里的 v 是声速。

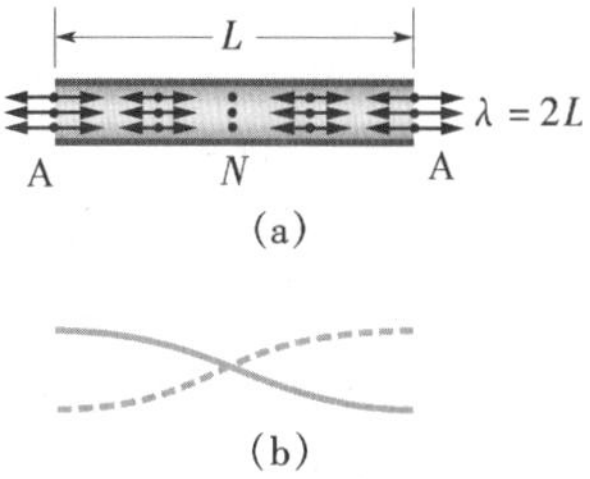

图 18-14 (a) 两端开口的管子形成的最简单的（纵）声波的位移驻波图样，在两端各有一个波腹（A）在中央有一个波节（N）。（纵向位移用双箭头表示，有较大夸张）(b) 和线上的（横）驻波对应的驻波图样。

图 18-15b 表示（用线波的表示法）在只有一端开口的管子内所形成的一些驻波。按要求，在开口端为波腹，封闭端为波节。最简单的图样要求声波的波长由 $L=\lambda/4$ 给出，使得 $\lambda=4L$。下一个简单图样要求波长由 $L=3\lambda/4$ 给出，使得 $\lambda=4L/3$，等等。

更普遍地说，长为 L 一端开口的管子的共振频率对应于波长

$$\lambda=\frac{4L}{n},\ n=1,3,5,\cdots \tag{18-40}$$

这里的谐次 n **必须是奇数**。共振频率由下式给出

$$f=\frac{v}{\lambda}=\frac{nv}{4L},\ n=1,3,5,\cdots\ (\text{一端开口的管子}) \tag{18-41}$$

还要注意，只有奇数个谐模才能存在于一端开口的管子中。例如，对于 $n=2$ 的二次谐模，就不可能在这个管内产生。也要注意，对于这样的管子，像在“三次谐模”这样的短语中的形容词，仍然指它的谐次 n（例如，不是指三次可能的谐模）。

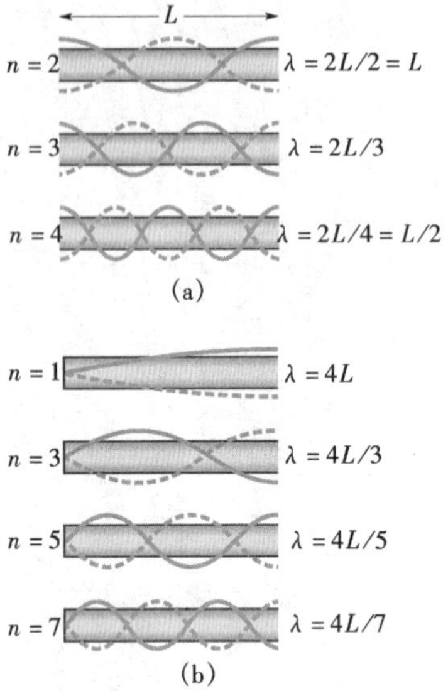

图 18 - 15 在管子上叠画的线上驻波图样表示管子内部的驻波图样。(a) **两**端都开口的管子可在管内形成任何次谐模 (b) 仅仅一端开口的管子只能形成单数次谐模。

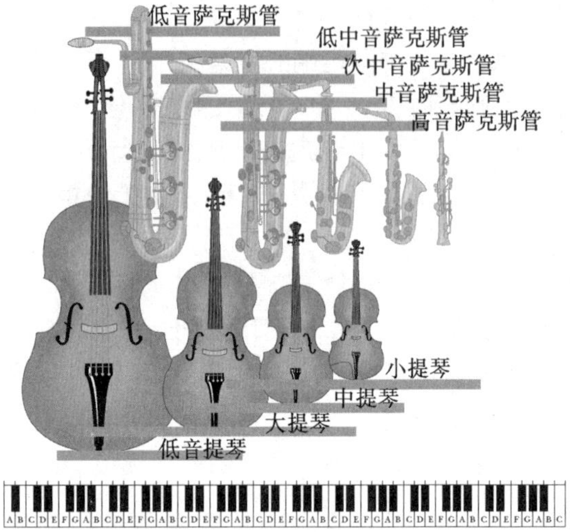

图 18 - 16 萨克斯管和小提琴家族，表示乐器长度和频率范围之间的关系。每一种乐器的频率范围用平行于由底部琴键提供的频率标度的水平横杠表示，向右频率增加。

一个乐器的长度反映为它设计的适用的频率范围，较小的长度意味着较高的频率。例如，图 8 - 16 表示萨克斯管及小提琴家族，它们的频率范围用钢琴琴键标明。需要注意的是，每种乐器和较高及较低的邻近频率有重叠。

在任何产生乐音的振动系统中，不管是小提琴的一根琴弦还是风琴的一根琴管，其基模及一个或多个高次谐模是同时产生的。因此，我们听到的是叠加到一起的合声波。不同的乐器演奏同一音调时，它们产生相同的基模、但强度不同的高次谐模。比如，某件乐器的中音 C 的四次谐模可能相对响亮，而另一件乐器的可能相对微弱，甚至听不见。由于不同的乐器产生不同的合声波，所以即使演奏同一音调听起来也很不相同。图 18 - 17 表示的是三种合声波的情况，它们是由不同的乐器演奏同一音调时产生的。

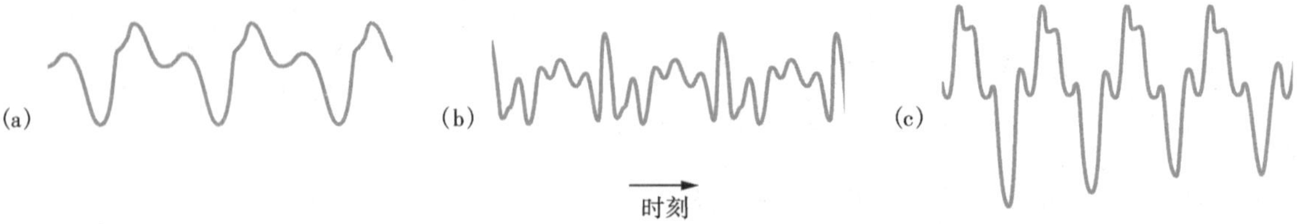

图 18 - 17 当以第一谐模频率演奏同一音调时，由 (a) 笛子、(b) 双簧管和 (c) 萨克斯管产生的波形。

检查点 4：管 A 长度为 L，管 B 长度为 $2L$，它们都是两端开口。管 B 的哪一个谐模与管 A 的基模具有相同的频率？

例题 18-6

从一个房间里发出的弱背景噪声在一个长 $L=67.0\text{cm}$ 的硬纸管内产生了基模驻波。假定管内空气的声速是 343m/s。求：

(a) 你听到的管发出的声音的频率是多少？

【解】 这里**关键点**是，由于管子两端是开口的，就出现了驻波在管的两端为波腹的对称情况。驻波的图样（按照线驻波的形式）如图 18-14b。由式 (18-39) 知，$n=1$ 的基模的频率是

$$f=\frac{nv}{2L}=\frac{(1)(343\text{m/s})}{2(0.670\text{m})}=256\text{Hz}$$

（答案）

如果背景噪声产生任何高次谐模，比如二次谐模，你必定也听到 256Hz 的整数倍的频率。

(b) 如果你把管子的一端塞进你的耳朵，你能听到管子发出的基模频率是多少？

【解】 现在**关键点**是，由于你的耳朵有效地封住了管子的一端，就出现了非对称的情况——开口端仍为波腹，但另一（封闭）端现在为波节。驻波的图样为图 18-15b 中最上面的那个。由式 (18-41) 给出，当 $n=1$ 时，基模的频率是

$$f=\frac{nv}{4L}=\frac{(1)(343\text{m/s})}{4(0.670\text{m})}=128\text{Hz}$$

（答案）

如果背景噪声产生任何高次的谐模，它们将是 128Hz 的奇数倍。这意味着 256Hz（这是一个偶数倍）的频率现在不可能发生。

18-7 拍

如果我们相隔几分钟，例如听频率为 552Hz 和 564Hz 的两个声音，大多数人说不出它们的区别。可是，如果这两个声音同时到达我们的耳朵，我们听到的声音就是频率为两个频率的**平均值**，558Hz 的声音。我们还能听到此声音的强度的显著变化——强度缓慢地增加和减小形成波浪式的**拍**频率为 12Hz，即两个组成的频率的**差**不断重复着。图 18-18 表示了这种拍的现象。

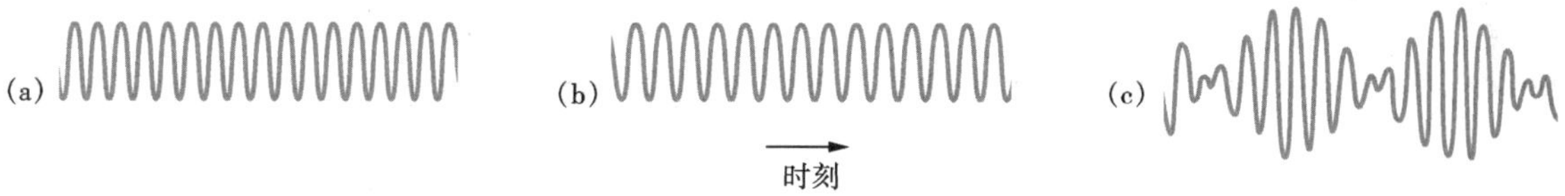

图 18-18 (a, b) 分别探测两列波时的压强变化 Δp。(c) 同时探测两列波时合压强的变化。

在特定位置由两列声波产生的位移随时间的变化为

$$s_1=s_m\cos\omega_1 t \text{ 和 } s_2=s_m\cos\omega_2 t \tag{18-42}$$

其中 $\omega_1>\omega_2$。为简化起见，我们已假定了两波的振幅相同。按照波的叠加原理，合位移是

$$s=s_1+s_2=s_m(\cos\omega_1 t+\cos\omega_2 t)$$

利用三角恒等式（参看附录 E）

$$\cos\alpha+\cos\beta=2\cos\frac{1}{2}(\alpha-\beta)\cos\frac{1}{2}(\alpha+\beta)$$

合位移可写成

$$s=2s_m\cos\frac{1}{2}(\omega_1-\omega_2)t\cos\frac{1}{2}(\omega_1+\omega_2)t \tag{18-43}$$

如果令

$$\omega'=\frac{1}{2}(\omega_1-\omega_2) \text{ 和 } \omega=\frac{1}{2}(\omega_1+\omega_2) \tag{18-44}$$

我们可以把式（18－43）写成

$$s(t) = [2s_m\cos\omega' t]\cos\omega t \tag{18-45}$$

现在我们假定两个结合的波的角频率 ω_1 和 ω_2 几乎相等，这意味着在式（18－44）中 $\omega >> \omega'$。这时，我们可以把式（18－45）看作一个余弦函数，其角频率为 ω，振幅（它不是常量而是随角频率 ω'变化）为括号内的量。

最大振幅将发生在式（18－45）中 $\cos\omega' t$ 的值是 +1 或 −1 的时候，而余弦函数每重复一次这种情况将出现两次。由于 $\cos\omega' t$ 的角频率是 ω'，拍发生的角频率 $\omega_{beat} = 2\omega'$。这样，借助式（18－44），我们可以写

$$\omega_{beat} = 2\omega' = (2)\left(\frac{1}{2}\right)(\omega_1 - \omega_2) = \omega_1 - \omega_2$$

由于 $\omega = 2\pi f$，所以可以将此式重新写为

$$f_{beat} = f_1 - f_2 \text{（拍频）} \tag{18-46}$$

音乐家利用拍现象给乐器调音。如果将一件乐器对着标准频率（例如双簧管的主要参考频率 A）发声，并把它一直调到拍消失，那时它的频率就和标准频率一样了。在音乐城维也纳，音乐会的音高标准 A（440Hz）是一个电话服务项目，可使城市里许多专业的和业余的音乐人受益。

例题 18－7

你需要把钢琴上的 A_3 键调到其固有频率为 220Hz。你有一只频率为 440Hz 的音叉可用，你应该怎么办？

【解】 我们需要两个**关键点**：（1）两个频率相差太大无法产生拍；（2）然而，钢琴的弦不仅可以基模（调节时为 220Hz）振动，而且也可以二次谐模（调好后为 440Hz）振动。这样，在琴弦的音略微有点不准时，其二次谐模的频率将与音叉的 440Hz 产生拍。为了调琴，你可以听这种拍，同时拧紧或放松琴弦以减小拍频，直到拍消失。

检查点 5：在此例题中，你拧紧琴弦时拍频从 6Hz 开始增加。为了调准，你是应该继续拧紧琴弦还是应该放松琴弦？

18－8 多普勒效应

一辆警车停在公路边，发出频率为 1000Hz 的警笛声。如果你的车也停在公路边，你将听到同样的频率。可是，如果你与警车之间有相对运动，互相接近或互相远离，你会听到不同的频率。例如，如果你以 120km/h（约 75mi/h）的速率驱车**向**警车运动，那么你将听到一个较**高**的频率（1096Hz，**增加**了 96Hz）。如果你以同样的速率驱车**离开**警车，你将听到较**低**的频率（904Hz，**减小** 96Hz）。

这种与运动有关的频率变化就是**多普勒效应**的例子。这个效应是 1842 年由奥地利物理学家多普勒提出（虽然没有完全得出）的。实验测量是在 1845 年由荷兰 Buys Ballot 完成的，方法是“用一个火车头拉着一辆站有几名号手的敞篷车”进行的。

多普勒效应不仅适用于声波，而且也用于电磁波，包括微波、无线电波和可见光。不过，我们在这里只考虑声波，并取声波在其中传播的空气整体作为参考系。也就是说，我们将测量声波波源 S 和声波探测器 D **相对于空气整体**的速率（除非另有声明，空气对地是静止的，因此

速率也可以说是对地的)。我们将假定 S 和 D 都以小于声速的速率径直相互接近或径直相互远离。

如果探测器或声源有一个正在运动，或者都在运动，发射的频率 f 与探测到的频率 f' 由下式相联系

$$f' = f\frac{v \pm v_D}{v \pm v_S} \quad \text{(一般的多普勒效应)} \tag{18-47}$$

这里的 v 是声音通过空气的速率，v_D 是探测器相对于空气的速率，v_S 是声源相对于空气的速率。正负号按下列规则选择：

当探测器或声源的运动是相互接近时，其速率的符号必定使频率上升。当探测器或声源的运动是相互远离时，其速率的符号必定使频率降低。

简单地说，**接近**意味着**升高**，**远离**意味着**降低**。

这里有几个例子。如果探测器向着声源运动，在式（18-47）的分子中用正号，使频率升高。如果远离而去，则在分子中用负号，使频率降低。如果探测器是静止的，用 0 替换 v_D。如果声源向着探测器运动，式（18-47）的分母中用负号，使频率升高。如果是远离而去，则在分母中用正号，使频率降低。如果声源静止，用 0 替换 v_S。

下面，我们对下列两种特殊情况推导多普勒效应方程，然后推出对一般情况的式（18-47）。

1. 当探测器相对于空气运动、而声源相对于空气静止时，运动改变探测器截取波前的频率，并因而改变探测到的频率。

2. 当声源相对于空气运动、而探测器相对于空气静止时，运动改变声波的波长，并因而改变探测到的频率（回忆一下频率是和波长相联系的)。

探测器运动但声源静止

在图 18-19 中，探测器 D（用一只耳朵代表）以速率 v_D 向声源 S 运动。声源 S 发出波长为 λ、频率为 f 的球面波，其波前以空气中声的速率 v 运动。图中波前的间隔是波长 λ。探测器 D 探测到的频率是探测器 D 截取波前（或说单个波长）的速率。如果探测器 D 是静止的，这个速率就是 f。但是，由于探测器 D 正在进入波前，它截取波前的时率变大了，因此探测到的频率 f' 比 f 大。

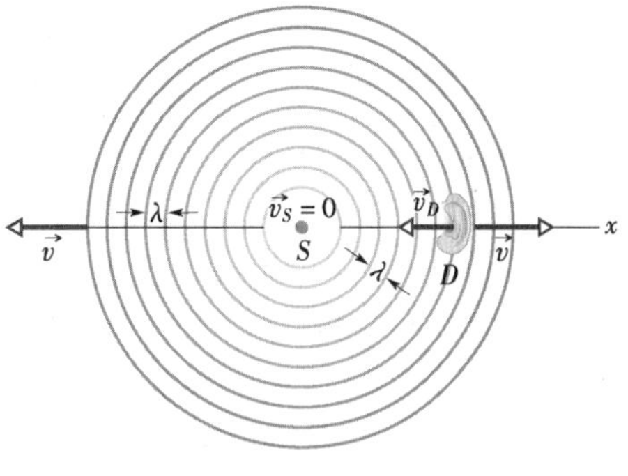

图 18-19 一静止的声波波源 S 发出以波速 v 向外膨胀的球面波，其波前的距离是一个波长。以耳朵代表的声波探测器 D 以速度 $\vec{v}_D$ 向波源运动。因为它的运动探测器感受到一个较高的频率。

让我们此刻考虑一下探测器 D 静止的情况（见图 18-20)。在时间 t 内波前向右移动了距离 vt。在 vt 内的波长数就是探测器 D 在时间 t 内截取的波长数，即 vt/λ。探测器 D 截取到的波长的时率也就是 D 探测到的频率，即

$$f = \frac{vt/\lambda}{t} = \frac{v}{\lambda} \tag{18-48}$$

物理学基础

在此情况下，探测器 D 没有运动，没有多普勒效应——探测器 D 探测到的频率是 S 发出的频率。

现在让我们再来考虑探测器 D 和波前反向运动的情况（见图 18－21）。在时间 t 内，和上面的情况一样，波前向右移动了距离 vt，可是现在探测器 D 向左移动了距离 $v_D t$。这样，在时间 t 内波前相对于探测器 D 移动的距离为 $vt+v_D t$。在此相对距离 $vt+v_D t$ 中的波长数就是探测器 D 在时间 t 内截取波长数，即 $(vt+v_D t)/\lambda$。在此情况下，探测器 D 截取波长的**时率**就是频率 f'，它由下式给出

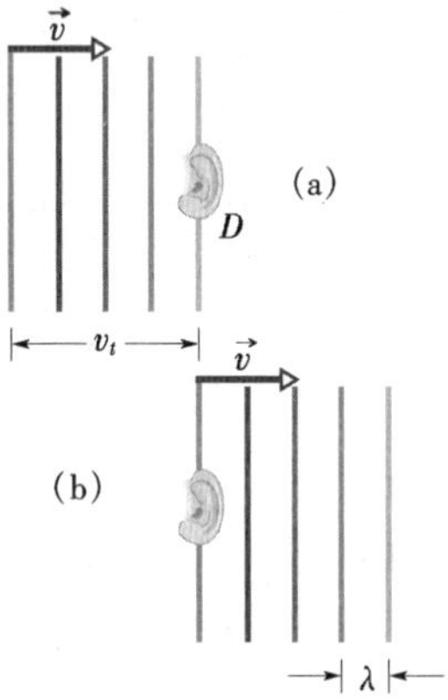

图 18－20 假定为平面的图 18－19 的波前，(a) 到达和 (b) 越过一静止的探测器 D；它们在时间 t 内向右移动了距离 vt。

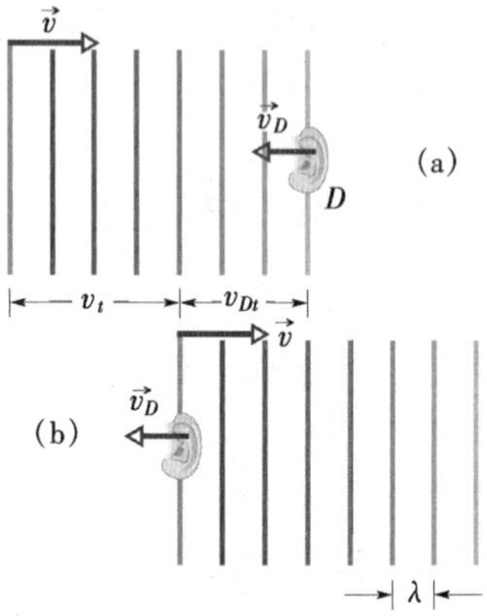

图 18－21 波前 (a) 到达和 (b) 越过运动方向与波前相反的探测器 D。在时间 t 内波前向右移动了距离 vt，而 D 向左运动了距离 $v_D t$。

$$f'=\frac{(vt+v_D t)/\lambda}{t}=\frac{v+v_D}{\lambda} \tag{18-49}$$

从式（18－48）可得到 $\lambda=v/f$。于是式（18－49）就变成为

$$f'=\frac{v+v_D}{v/f}=f\frac{v+v_D}{v} \tag{18-50}$$

注意，在式（18－50）中，除了 $v_D=0$（探测器是静止的），f' 必定大于 f。

类似地，我们可以求出探测器 D 做离开波源的运动时 D 所探测到的频率。在这种情况下，在时间 t 内波前相对于探测器 D 移动了距离 $vt-v_D t$，而 f' 由下式给出

$$f'=f\frac{v-v_D}{v} \tag{18-51}$$

在式（18－51）中，除非 $v_D=0$，f' 必定小于 f。

综合式（18－50）和（18－51）后，我们有

$$f'=f\frac{v\pm v_D}{v}\quad\text{（探测器运动，波源静止）} \tag{18-52}$$

波源运动但探测器静止

令探测器 D 相对空气静止，而波源 S 以速率 v_S 向 D 运动（图 18－22）。波源 S 的运动改变

了它所发射的声波的波长，因而改变了 D 探测到的频率。

为了看到这一改变，我们令 T（$=1/f$）代表任何两个相邻的波前 W_1 和 W_2 的发射时间间隔。在 T 时间内，波前 W_1 移动了距离是 vT，而波源移动的距离是 v_ST。在时间 T 的末尾，发出了波前 W_2。在波源 S 运动的方向上，W_1 与 W_2 的距离，即在此方向上运动的波的波长，是 $vT-v_ST$。如果 D 探测这些波，它探测到的频率 f' 由下式给出

$$f'=\frac{v}{\lambda'}=\frac{v}{vT-v_ST}=\frac{v}{v/f-v_S/f}=f\frac{v}{v-v_S} \quad (18-53)$$

注意，除了 $v_S=0$ 外，f' 必定大于 f。

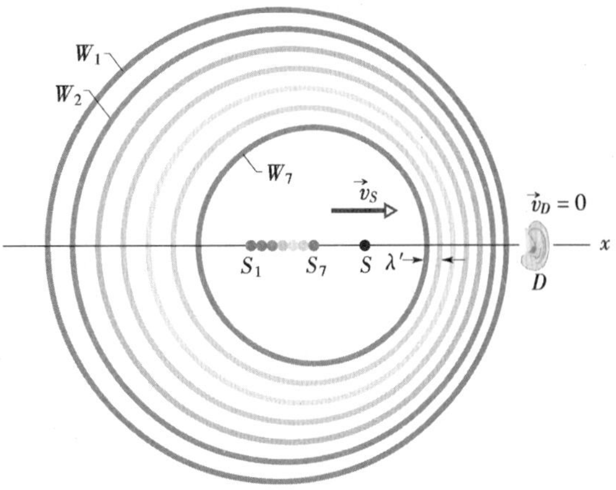

图 18-22 探测器 D 静止，波源 S 以速率 v_S 向波源运动。当波源在 S_1 处时发射波前 W_1，当它在 S_7 处时发射波前 W_7。在图所显示的那一时刻，波源在 S。由于运动的波源在追赶自己的波前，所发出的波长在其运动方向上缩短，探测器感受到的频率较高。

在与波源 S 运动的相反方向上，波的波长为 $vT+v_ST$。如果 D 探测这些波，它探测到的频率 f' 由下式给出

$$f'=f\frac{v}{v+v_S} \quad (18-54)$$

除了 $v_S=0$ 外现在 f' 必定小于 f。

综合式（18-53）和（18-54）后，我们有

$$f'=f\frac{v}{v\pm v_S} \quad \text{（波源运动；探测器静止）} \quad (18-55)$$

普遍的多普勒效应方程

现在我们可以把式（18-52）中的 f'（与探测器运动相联系的频率）代替式（18-55）中的 f（波源的频率）来推导普遍的多普勒效应方程。结果就是对普遍的多普勒效应的式（18-47）。

这个普遍的多普勒效应方程不仅适用于探测器与波源同时运动，而且也适用于我们刚讨论过的两种特殊情况。对于探测器运动而波源静止的情况，将 $v_S=0$ 代入式（18-47）就给出我们在上面已得到的式（18-52）；对于波源运动而探测器静止，用 $v_S=0$ 代入式（18-47）就给出我们在上面已得到的式（18-55）。可见式（18-47）是应当记住的公式。

蝙蝠导航

蝙蝠靠发射和随即探测反射回来的超声波进行导航和觅食。超声波的频率比人类能听到的声音的频率高。例如，菊头蝠发射的超声波的频率是 83kHz，比人类听力的上限 20kHz 高得多。

超声波由蝙蝠的鼻孔发出后，它可能遇到飞蛾而反射（回声）回到蝙蝠的耳朵里。蝙蝠与飞蛾的相对于空气的运动使蝙蝠听到的频率与它发射的频率有几千赫的差别。蝙蝠自动地把这个频率差翻译成它自己与飞蛾的相对速率，使它可以对准飞蛾飞去。

有些飞蛾能从它们听到的超声波传来的方向飞开而逃避被捉。飞行路径的这种选择减小了蝙蝠发射与听到的频率之差，这样，蝙蝠可能听不到回声。有些飞蛾逃避被捉，是因为它们发出自己的超声波，“干扰”蝙蝠的定向系统，使蝙蝠陷入混乱。(令人惊奇的是，蝙蝠和飞蛾在做这一切之前并没有学习过物理学。)

检查点6：在静止的空气中，声源和探测器运动方向的六种不同的情况如右图所示。对于每一种情况，探测到的频率是大于还是小于发射的频率，还是若没有更多的关于实际速率的信息就不能回答？

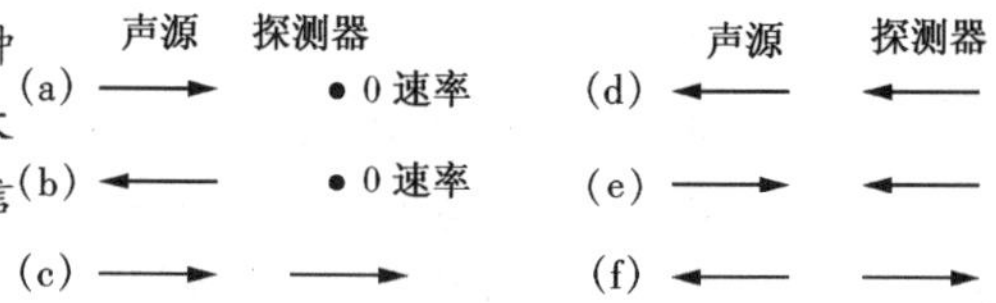

例题18-8

一只火箭以242m/s的速率直接向一个固定不动的高杆飞去(穿过静止的空气)，同时发出频率 $f=$ 1250Hz的声波。

(a) 固定在杆上的探测器测出的频率 f' 是多少？

【解】 我们可以用普遍的多普勒效应公式(18-47)求 f'。这里**关键点**是，由于声源(火箭)穿过空气**接近**固定在杆上的探测器，需要选择 v_S 的符号使得声波频率**升高**。所以，在式(18-47)的分母中用负号。然后把探测器的速率 v_D 以零代入，声源的速率 v_S 以242m/s代入，而声速 v 以343m/s(从表18-1中查出)代入，发射的频率 f 以1250Hz代入。求得

$$f'=f\frac{v\pm v_D}{v\pm v_S}$$
$$=(1250\text{Hz})\frac{343\text{m/s}\pm 0}{343\text{m/s}-242\text{m/s}}$$
$$=4245\text{Hz}\approx 4250\text{Hz}$$

(答案)

这的确是一个比发射频率大的频率。

(b) 一部分到达杆的声波反射回来成为回声。火箭上的探测器探测到的回声的频率 f'' 是多少？

【解】 这里有两个**关键点**如下：

1. 杆现在是声源(因为它是回声的声源)，火箭上的探测器是现在的探测器(因为是它探测回声)。

2. 声源(杆)发射的声波频率等于 f'，即杆截取并反射的频率。

我们可以按照声源的频率 f' 和探测到的频率 f'' 重写一下式(18-47)，即

$$f''=f'\frac{v\pm v_D}{v\pm v_S} \qquad (18-56)$$

第三个**关键点**是，因为探测器(在火箭上)穿过空气**接近**静止的声源运动，我们需要选择 v_D 的符号使得声波频率**升高**。这样，在式(18-56)的分子中用正号。然后，代入 $v_D=242\text{m/s}$，$v_S=0$，$v=343\text{m/s}$ 以及 $f'=4245\text{Hz}$，求得

$$f''=(4245\text{Hz})\frac{343\text{m/s}+242\text{m/s}}{343\text{m/s}\pm 0}=7240\text{Hz}$$

(答案)

这的确大于杆反射的声波的频率。

检查点7：如果在本例中，空气以速率20m/s向着杆运动，(a)在(a)部分的解答中声源的速率 v_S 应该用什么值？(b)在(b)部分的解答中探测器的速率 v_D 应该用什么值？

18-9 超声速和冲击波

如果声源以与声速一样的速率——即 $v_S=v$——向着静止的探测器运动，那么用式(18-47)和(18-55)计算出的探测到的频率 f' 将成为无穷大。这意味着声源的运动已快到与自己所发出的波前同步了，如图18-23a所示。当声源的速率**超过**声速时会发生什么事情呢？

对于这种**超声速**，式(18-47)和式(18-55)不再成立。图18-23b画出了声源在不同

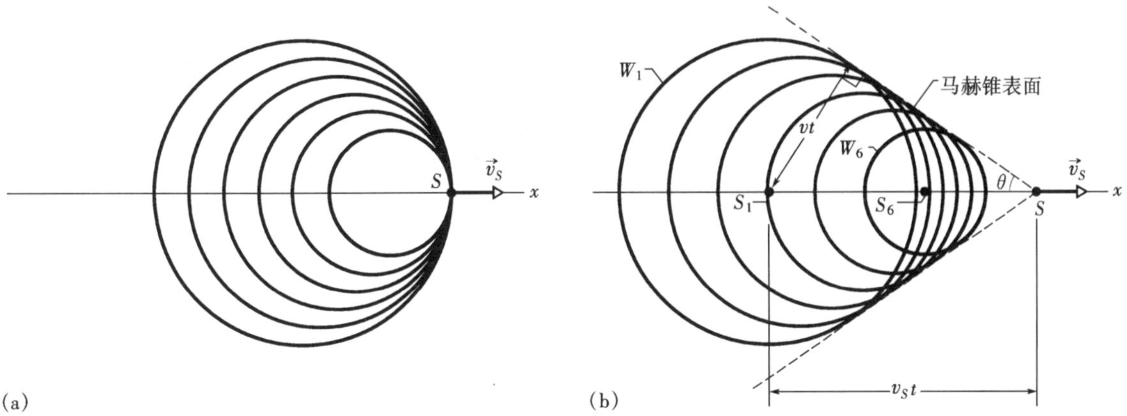

图 18-23 (a) 声源 S 以声速 v_S 运动，因此与它自己产生的波前一样快。(b) 声源 S 以比声速快的速率 v_S 运动，因此比波前的运动快。当它在 S_1 处时发出的波前为 W_1，在 S_6 处发出的波前为 W_6。所有的球面波前以速率 v 膨胀，并聚集在叫做马赫锥的锥面上，形成冲击波。锥面的半角为 θ 且与所有的波前相切。

位置处发出的几个球面波前。在此图上，任何波前的半径都是 vt，其中 v 是声速，t 是从波源发出该波前后经过的时间。注意，所有波前在图 18-23b 二维图中都沿着 V 形的包迹聚集起来。波前实际上是三维的，聚集实际上形成了一个叫做**马赫锥**的圆锥面。我们说有一个**冲击波**产生，因为锥面通过任何一点时波前的聚集都引起压强的骤然升高和降低。从图 18-23b 中我们可以看到该锥形的半角 θ，称为**马赫锥角**，由下式给出

$$\sin\theta = \frac{vt}{v_S t} = \frac{v}{v_S} \quad (\text{马赫锥角}) \qquad (18-57)$$

图 18-24 Navy FA 18 喷气式飞机机翼产生的冲击波。此冲击波之所以能看见是因为在冲击波内空气的压强突然减小，引起空气中的水分子凝结而形成了雾。

比率 v_S/v 叫做**马赫数**。如果你听说一架飞机以 2.3 马赫数飞行，那就意味着它的速率是该飞机在其中飞行的空气中声速的 2.3 倍。由超声飞行器（图 18-24）或射体产生的冲击波产生一个声音的突变，称为**声爆**，其中气压先是突然升高，然后在恢复到正常气压之前又突然下降到正常气压以下。步枪发射时，听到的声音的一个部分就是子弹产生的声爆。在猛甩一根长牛鞭时也能听到声爆；当鞭子的运动接近鞭梢时，鞭梢的运动速度比声速大，产生了一个小的声爆——鞭子的**爆裂声**。

复习和小结

声波 声波是机械纵波，它可以在固体、液体或气体中传播。声波在**体变模量**为 B、密度为 ρ 的介

质中的速率是

$$v = \sqrt{\frac{B}{\rho}} \text{（声速）} \qquad (18-3)$$

在20℃的空气中，声速是343m/s。

声波能引起介质质元的纵向位移，位移的大小是

$$s = s_m \cos(kx - \omega t) \qquad (18-13)$$

这里 s_m 是离开平衡位置的**位移振幅**（最大位移），$k = 2\pi/\lambda$，$\omega = 2\pi f$，而 λ 与 f 分别表示声波波长和频率。声波也引起介质压强相对于平衡压强的改变 Δp：

$$\Delta p = \Delta p_m \sin(kx - \omega t) \qquad (18-14)$$

其中**压强振幅**是

$$\Delta p_m = (v\rho\omega) s_m \qquad (18-15)$$

干涉 两列波长相等的声波传到某一共同点时发生的干涉与它们在该点的相差 ϕ 有关。如果这两列波发射时同相，而且近似地沿同一方向传播，ϕ 可用下式求出

$$\phi = \frac{\Delta L}{\lambda} 2\pi \qquad (18-21)$$

这里的 ΔL 表示**路程差**（两波到达共同点所经过的距离的差）。完全相长干涉出现在 ϕ 是 2π 的整数倍时，即

$$\phi = m(2\pi), m = 0,1,2,\cdots \qquad (18-22)$$

也相当于 ΔL 与波长 λ 有如下联系时

$$\frac{\Delta L}{\lambda} = 0,1,2,\cdots \qquad (18-23)$$

完全相消干涉出现在 ϕ 是 π 的奇数倍时，即

$$\phi = (2m+1)\pi \quad m = 0,1,2,\cdots \qquad (18-24)$$

也就相当于 ΔL 与波长 λ 有如下联系时

$$\frac{\Delta L}{\lambda} = 0.5, 1.5, 2.5, \cdots \qquad (18-25)$$

声强 某表面处声波的**强度** I 是波通过或到达该面上单位面积的能量的平均时率：

$$I = \frac{P}{A} \qquad (18-26)$$

这里 P 是声波的能量传递的时间变化率（功率），A 是截取声波的表面的面积。强度 I 与声波的位移振幅 s_m 有关

$$I = \frac{1}{2}\rho v \omega^2 s_m^2 \qquad (18-27)$$

距离发射功率为 P 的点声波的源 r 处的强度是

$$I = \frac{P_s}{4\pi r^2} \qquad (18-28)$$

用分贝表示的声级 用**分贝**（dB）表示的**声级** β 定义为

$$\beta = (10\text{dB}) \lg \frac{I}{I_0} \qquad (18-29)$$

这里的 I_0（$=10^{-12}\text{W/m}^2$）表示对所有声强进行比较的一个参考声级。声强每增加10倍，声级增加10dB。

管内的驻波图样 声波的驻波图样可以在管子里形成。两端开口的管子在下列频率时将发生共振

$$f = \frac{v}{\lambda} = \frac{nv}{2L}, n = 1,2,3,\cdots \qquad (18-39)$$

其中 v 表示管内空气中的声速。对于一端封闭一端开口的管子，共振频率为

$$f = \frac{v}{\lambda} = \frac{nv}{4L}, n = 1,3,5,\cdots \qquad (18-41)$$

拍 当对两列频率 f_1 和 f_2 略有差别的波一起探测时出现**拍**现象。拍频为

$$f_{拍} = f_1 - f_2 \qquad (18-46)$$

多普勒效应 **多普勒效应**是当波源或探测器相对于传送介质（例如空气）运动时观察到的频率改变。观察到的声波频率 f' 用源的频率 f 来表示是

$$f' = f\frac{v \pm v_D}{v \pm v_S}, \text{（普遍的多普勒效应）} \qquad (18-47)$$

式中，v_D 和 v_S 是探测器和源相对于介质的速率，v 是声波在介质中的速率。正负号的选择要使得 f' 对“接近”运动（探测器或声源）趋向于**升高**，对“远离”运动趋向于**降低**。

冲击波 如果声源相对于介质的速率超过了介质中的声速，多普勒方程就不再成立。那时，出现冲击波。马赫锥半角 θ 由下式给出

$$\sin\theta = \frac{v}{v_S} \text{（马赫锥角）} \qquad (18-57)$$

思考题

1. 图18-25表示两声脉冲所走的路径，它们同时开始，接着就通过空气中的相同距离相互竞赛。两路径惟一的差别是路径2经过一段热（密度低）空气区域。哪个脉冲将赢得竞赛？

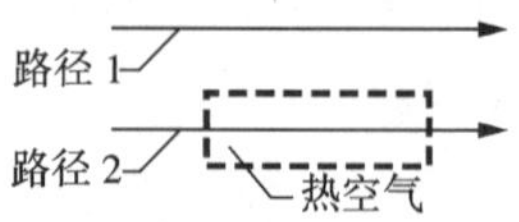

图18-25 思考题1图

2. 一波长为 λ、位移振幅为 s_m 的声波开始传过

一个通道（例如一根管、耳朵的耳道等）。当通道中的一个小器件探测该声波时，它能发出第二个声波（叫做**反声波**），能消除原来的声波，以致在通道的另一端听不到任何声音。对于这种消声方法，第二个声波的（a）传播方向、（b）波长和（c）位移振幅必须为何？（d）两列波的相差必须是多少？（这样的反声波器件可用于在噪声环境里消除不需要的声音）

3. 在图 18－26 中，两个同相点源 S_1 和 S_2 发出波长为 2.0m 的同样的声波。如果（a）$L_1=38\text{m}$ 而 $L_2=34\text{m}$，（b）$L_1=39\text{m}$ 而 $L_2=36\text{m}$，用波长表示的、两波到达 P 点时的相差是多少？（c）假定两波源的距离远小于 L_1 和 L_2，那么在（a）和（b）两种情况下在 P 点分别发生什么类型的干涉？

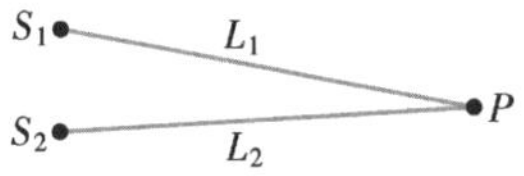

图 18－26　思考题 3 图

4. 在图 18－27 中，一点波源 S 发出波长为 λ 的声波。此波沿着路径 1 直接到达探测器 D，同时也经路径 2 从一面板反射后到达探测器。起初，该面板几乎就在路径 1 上，波经两条路径到达探测器时几乎正好同相。后来，面板如图所示离开路径 1 运动，直到两列波到达 D 时正好反相。这时两条路径的路程差 ΔL 是多少？

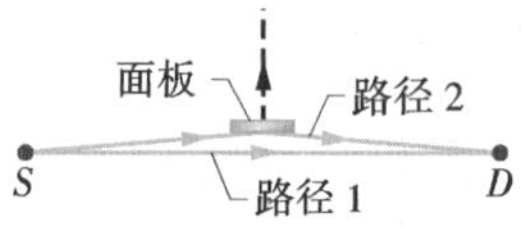

图 18－27　思考题 4 图

5. 在图 18－28 中，两个同相点源 S_1 和 S_2，发出波长为 λ 的同样的声波。点 P 离两波源的距离相等。现在把 S_2 向着直接远离 P 的方向移动 $\lambda/4$ 的距离。如果把（a）S_1 直接向 P 点移动 $\lambda/4$ 的距离和（b）S_1 向着直接远离 P 的方向移动 $3\lambda/4$ 的距离，在两波到达 P 点时是正好同相、正好反相还是具有某个中间的相差？

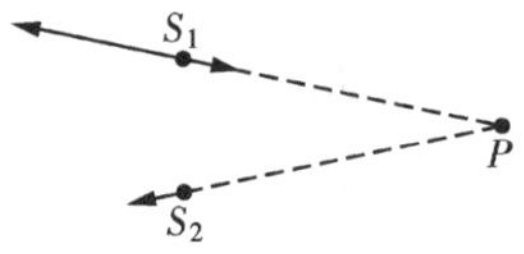

图 18－28　思考题 5 图

6. 在例题 18－3 和图 18－9a 中，波在到达位于垂直平分线上的 P_1 点时正好同相，也就是说，从 S_1 和 S_2 发出的波总是趋向于使 P_1 点的空气微元向同一方向运动。令垂直平分线与通过 S_1 和 S_2 的直线相交于 P_3 点。（a）在两波到达 P_3 点时是同相、反相还是有某种中间关系？（b）如果把两波源的距离增加到 1.7λ，答案又如何？

7. 管内的声波驻波有五个波节和五个波腹。（a）该管有几个开口端？（b）此驻波的谐次 n 是多少？

8. 在一只管内形成了六次谐模。那么（a）该管有几个开口端（至少一个）？（b）在中点是波节、波腹还是某种中间状态？

9.（a）在交响乐团彩排时，乐手们温暖的呼吸升高了管乐器内空气的温度（也因此减小了空气的密度）。这些管乐器的共振频率是增大还是减小？（b）当长号的拉管被推出时，其共振频率是增大还是减小？

10. 对于一只特定的管，这里是其六个谐振频率中在 1000Hz 以下的四个：300Hz，600Hz，750Hz 和 900Hz。这里面缺少了哪两个频率？

11. 管 A 的长度为 L，一端开口。管 B 的长度是 $2L$，两端开口。管 B 的哪些谐模与管 A 的共振频率相匹配？

12. 图 18－29 中有一根拉紧的长为 L 的弦以及四个管 a、b、c 和 d，它们的长度分别为 L、$2L$、$L/2$ 及 $L/2$。调整弦的张力直到弦上的波速等于空气中的声速，使在弦上形成振动的基模。弦所产生的声波能使哪个管产生共振？该声波形成的振动模式为何？

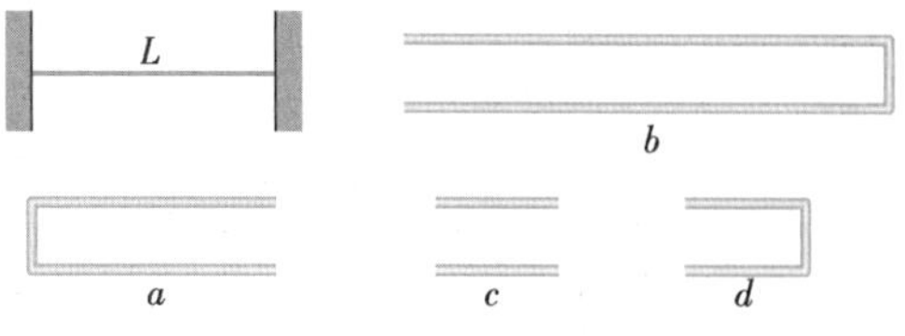

图 18－29　思考题 12 图

13. 频率为 f 的声波受到流过沿 x 轴的一只细管流体的反射（图 18－30a）。该管的内径随 x 变化。由于有多普勒效应，声波频率的改变量 Δf 也随 x 变化，如图 18－30b 所示。按照管的内径由大到小把图中五个标出的管段排序。（**提示**：参看 15－10 节）

14. 一位朋友依次乘坐在三台快速旋转木马的边上，同时拿着一个声源向各个方向均匀地发射一定频率的声波。你站在远离每一台旋转木马的地方。你听到的你的朋友每一次乘坐时发来的频率都随着旋转木马的转动而改变。三次乘坐中，频率的变化用图 18－

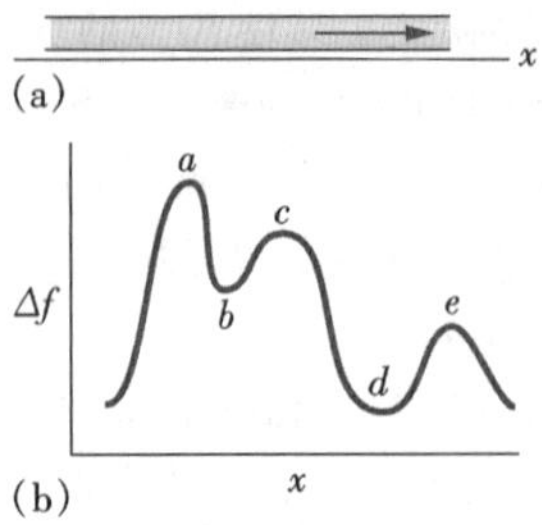

图 18-30 思考题13图

31中的三条曲线给出。按照(a)声源的线速率、(b)旋转木马的角速度和(c)旋转木马的转动半径 r,由大到小把这三条曲线排序。

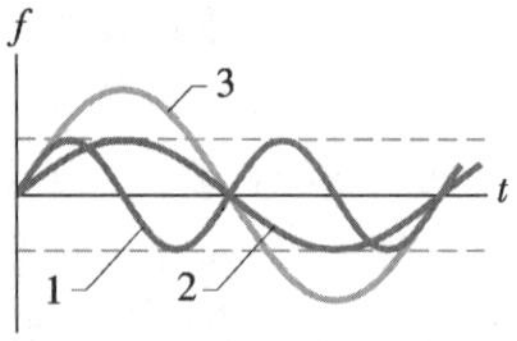

图 18-31 思考题14图

练习和习题

除非另有说明,在习题中需要时用空气中的声速 $=343\text{m/s}$,空气的密度 $=1.21\text{kg/m}^3$。

18-2节 声速

1E. 设计一条规律,通过数出从你看见闪电到听到雷声经过的秒数计算你距闪电的千米数。假定声音沿直线向你传来。

2E. 在一次大型室外音乐会中,你的座位离扬声器系统300m。音乐会正在通过卫星进行实况转播(光速取 $3.0\times10^8\text{m/s}$)。考虑一位远在5000km处的接收广播的听众,是你还是他先听到音乐,先后差多少时间?

3E. 在Montjuic体育场正在观看一场足球赛的两位观众,他们先看到,隔一会儿又听到在场内球被踢了一脚。这时间的滞后对一位观众是0.23s,对另一位是0.12s。从两位观众到踢球球员的视线间的夹角为90°。(a)每位观众离球员多远?(b)两位观众之间相距多远?(ssm)

4E. 一纵队士兵以每分钟120步与领头的鼓点同步前进。观察发现,当鼓手正迈右脚时纵队末尾的士兵正迈左脚。那么整个纵队的长度大约是多少?

5P. 地震在地球内部产生声波。与气体不同的是,地球可以传播声横波(S),也可以传播声纵波(P),S波的典型波速大约是4.5km/s,P波是8.0km/s。一地震图记录了某次地震的S波与P波。首次到达的P波比首次到达的S波早3.0min(图18-32)。假定地震波直线传播,求该地震发生在多远的地方?(ssm)(ilw)

6P. 某种金属内的声速是 V。长为 L 的该金属的一根长管的一端受到一次猛击。一人在另一端听到了两个声音,一个是沿着管子传过来的,另一个是通过空气传过来的。(a)如果 v 是空气中的声速,那么两个声音到达的时间间隔 t 是多少?(b)假如 $t=1.00\text{s}$,金属是钢,求长度 L 的值。

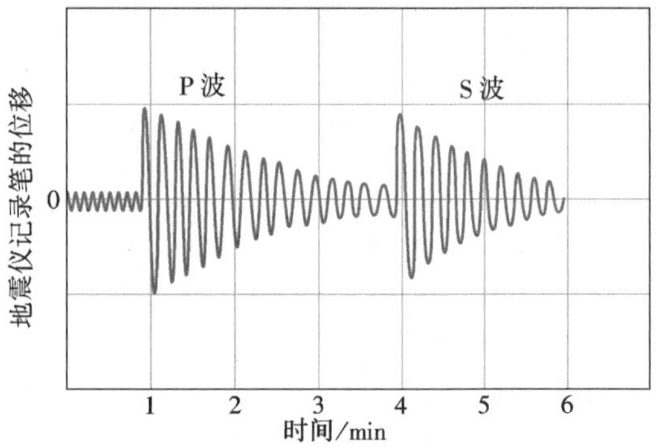

图 18-32 习题5图

7P. 把一块石头放入井内,3.00s后听到溅水的声音.井深是多少?(ssm)

18-3节 声行波

8E. 正常听觉可听见的频率范围大约是从20Hz到20kHz.这些频率的声波的波长是多少?

9E. 频率为4.50MHz的医用超声波用于检查软组织中的肿瘤.(a)此超声波在空气中的波长是多少?(b)如果在软组织中的声速为1500m/s,此超声波在软组织中的波长又是多少?(ssm)

10P. (a)一个连续的正弦纵波由装在一根非常长的弹簧的一端的振源沿弹簧发出。波源的频率是25Hz,任何时刻相邻两个最大伸长点间的距离是24cm。求波速。(b)如果弹簧上质点的最大纵向位移是0.30cm,而该波沿 x 轴负向传播,写出波的方程。把 $x=0$ 放在波源处,而且当取 $t=0$ 时该处的位移为零。

11P. 一列声行波的压强由下面方程给出

$$\Delta p=(1.5\text{Pa})\sin\pi[(0.900\text{m}^{-1})x-(315\text{s}^{-1})t]$$

求(a)压强振幅、(b)频率、(c)波长和(d)波速。

18-4节 干涉

12P. 两个同相的点声源相距 $D=2.0\lambda$,发出的

声波波长 λ 和振幅都相同．(a) 在沿着围绕声源的大圆上有多少个点的信号最强（即最强相长干涉）？(b) 围绕这个圆有多少个点信号最弱（相消干涉）？

13P. 在图 18－33 中，两只相距 2.00m 的扬声器是同相的．假定扬声器发出的声波到达在扬声器的正前方 3.75m 处的听者时振幅近似不变。(a) 听者所听到的最弱信号在能听到的范围（20Hz 到 20kHz）内频率是多少？(b) 最强信号的频率又是多少？(ssm) (www)

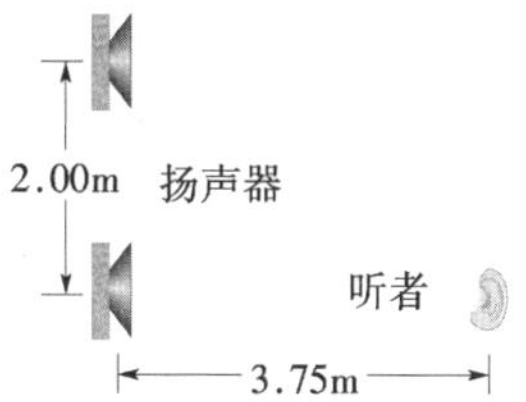

图 18－33 习题 13 图

14P. 从两个同相的声源发出的两列频率都是 540Hz 的声波，沿同一方向以 330m/s 传播。在与一个声源相距 4.40m、而与另一声源相距 4.00m 的一点，两波的相差是多少？

15P. 放在室外台子上的两个扬声器相距 3.35m。一位听者与其中一只扬声器相距 18.3m，与另一只相距 19.5m。在声音检测时，一个信号发生器同相地以相同的振幅和频率驱动两只扬声器，发出的声波频率在可听到的范围（20Hz 到 20kHz）内。(a) 听者能听到的由相消干涉产生的最弱信号中最低的三个频率是多少？(b) 听者能听到的最强信号中的三个最低频率是多少？(ilw)

16P. 在图 18－34 中，从声源发出的向右传播的波长是 40.0cm 的声波。此波通过一只由一段直管和一段半圆形管组成的管子。部分声波通过半圆形的管后又与直接通过直管的声波汇合，这种汇合产生了干涉。半径 r 最小是多少时产生的声强最小？

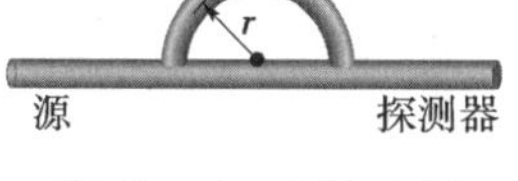

图 18－34 习题 16 图

18－5 节 声强与声级

17E. 一声源向各方向均匀发出声波。在距离声源 2.50m 处波的强度是 $1.91\times10^{-4}\,\mathrm{W/m^2}$。假定波的能量是守恒的，求声源的功率。(ssm)

18E. 一功率为 1.0W 的声源向各方向均匀发出声波。假定波的能量是守恒的，求离波源 (a) 1.0m 处和 (b) 2.5m 处波的强度。

19E. 一列声波的频率是 300Hz，强度是 $1.00\mu\mathrm{W/m^2}$，由该波激起的空气振动的振幅是多少？ssm

20E. 两声波的声级相差 1.00dB。它们中强度较大的与强度较小的强度之比是多少？

21E. 某声源的声级增加了 30dB。其 (a) 声强和 (b) 压强振幅增加了几倍？(ssm)

22E. 某声源的功率是 1.00μW。如果它是点声源，(a) 在 3.00m 远处的声强是多大？(b) 在该处声级是多少分贝？

23E. (a) 有两列声波，一列在空气中，另一列在（淡）水中，二者强度相同。在水中的波的压强振幅与空气中波的压强振幅的比是多少？假定水和空气都是 20℃（参看表 15－1）。(b) 如果它们的压强振幅相等，两波的强度之比又是多少？(ssm)

24P. 假定一列发出噪声的货物列车在直线轨道上开行时发出以圆柱面传开的声波，而空气并不吸收能量。波的振幅 s_m 和离波源的垂直距离 r 的关系如何？

25P. (a) 证明波的强度 I 是波的单位体积的能量 u 与其速率 v 的乘积。(b) 无线电波以 3.00×10^8 m/s 的速率传播。假定波前是球形的，求离功率为 50000W 的波源 480km 处的无线电波的 u 是多少？(ssm)

26P. 有两列声波，它们的声级之差是 37dB，求它们的 (a) 声强、(b) 压强振幅和 (c) 质点的位移振幅之比（大对小）。

27P. 一个点声源向各个方向均匀地发出声波。(a) 证明在离声源任何距离 r 处传送介质的位移 s 的下列表达式是正确的

$$s = \frac{b}{r}\sin k(r - vt)$$

其中 b 是一个常量。要考虑速率、传播方向、周期性和波的强度．(b) 常量 b 的量纲为何？(ssm) (www)

28P. 一个点声源向各方向均匀地发射功率为 30.0W 的声波。一只小型麦克风在离声源 200m 处，以 $0.750\,\mathrm{cm^2}$ 的面积截取声音。求 (a) 该处的声强和 (b) 该麦克风截取到的功率。

29P*. 图 18－35 表示 一个充有空气的声波干涉仪，用来演示声波的干涉。声源 S 是一振动膜片；D 是一个声音探测器，例如人耳或麦克风。路径 SBD 的长度可以改变，但路径 SAD 是固定的。在 D 点，沿着路径 SBD 传来的声波与沿着路径 SAD 传来的声波发生干涉。在某次演示中，当可移动臂在某一位置时，在 D 处的声强为 100 单位的一个最小值，而当该臂移动 1.65cm 时，声强攀升到 900 单位的一个最大值。求：(a) 声源所发出的声波频率；(b) 在 D 点

处，*SAD* 波与 *SBD* 传来的声波的振幅之比；(c) 考虑到两列波是由同一声源发出的，它们怎样能有不同的振幅？(ssm)

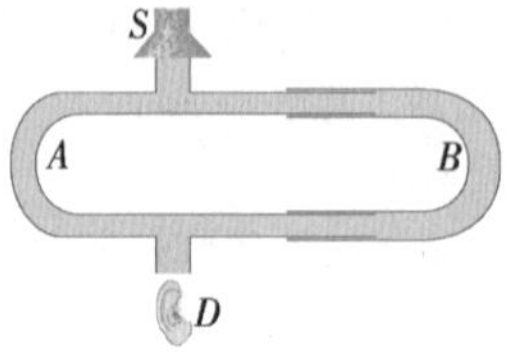

图18-35 习题29图

18-6节 乐音声源

30E. 一根长为15.0cm、两端固定的小提琴弦，以 $n=1$ 的模式振动。弦上的波速是250m/s，空气中的声速是348m/s。所发出声波的 (a) 频率和 (b) 波长是多少？

31E. 风琴琴管 *A* 两端开口，基模的频率是300Hz. 一端开口的风琴琴管 *B* 的三次谐模与管 *A* 的二次谐模具有相同的频率。(a) 管 *A* 和 (b) 管 *B* 的长度是多少？

32E. 有一根盛着水的长1.00m的竖直玻璃管，管内的水面可以调节到任意位置。一只振动着的频率为686Hz的音叉刚好放在该管上方的开口上，从而在管的充有空气的上部建立起一个驻波. (这充有空气的上部好像一根一端封闭、一端开口的管子) 水面在何处时有共振发生？

33E. (a) 求长是22.0cm，质量是800mg，基频是920Hz的一根小提琴弦上的波速。(b) 弦中的张力是多少？(c) 对基频来说，琴弦上的波和 (d) 琴弦发出的声波的波长是多少？(ssm) (ilw)

34P. 一根小提琴弦在两固定点之间长度为30cm，质量是2.0g。"开"弦(不用手弹)发出A调(440Hz)。(a) 要弹出C调(523Hz)手指需压在弦上方何处？(b) A调和C调所需的弦上的波的波长之比是多少？(c) A调和C调的声波波长之比是多少？

35P. 在图18-36中，*S* 是一个由音频振荡器和放大器驱动的小扬声器。频率可调范围是1000～2000Hz。*D* 是一段用金属薄片制成的圆柱形的长45.7cm、两端开口的管。(a) 如果在所处的温度下空气的声速是344m/s。当扬声器发出的频率从1000Hz变化到2000Hz过程中，在哪些频率时在管中发生共振？(b) 画出每一个共振频率的驻波草图(用图18-14b的形式)。(ssm) (www)

36P. 一根大提琴的弦长为 L，基频是 f。(a) 用手指按住弦，把它的长度 l 缩短为多长时可使它的基频变成 rf？(b) 如果 $L=0.80\text{m}$、$r=1.2$，l 是多少？(c) 对于 $r=1.2$，琴弦所发出的新声波的波长与手指未按时的波长之比是多少？

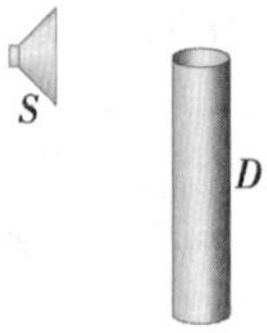

图18-36 习题35图

37P. 一口竖直的水井发生共振的频率是7.00Hz，而且没有更低的共振频率。(水井中空气占有部分像一个一端开口、一端封闭的管子) 水井中空气的密度是1.10kg/m^3，体弹模量为 1.33×10^5Pa。水面在井口以下多深的地方？(ssm)

38P. 一根长1.20m的管一端封闭。将一根绷紧的金属线放在接近开口端。金属线长为0.330m，质量是9.60g。它的两端固定并以基模振动。通过共振它使管内空气柱以那个空气柱的基频振动。求 (a) 频率和 (b) 金属线中的张力。

39P. 脉动变星的周期可以通过认为该星以驻波基模进行径向纵脉动加以估计；也就是认为星体的半径随时间做周期性的变化，星体的表面是位移波腹。(a) 你认为星体的中心是位移波节还是波腹？(b) 用一个一端开口的管来模拟，证明脉动的周期 T 由下式给出

$$T=\frac{4R}{v}$$

其中 R 是星体的平衡半径，v 是星体物质中的平均声速。(c) 典型的白矮星是由体弹模量是 1.33×10^{22} Pa、密度是 10^{10}kg/m^3 的物质构成的。它们的半径等于太阳半径的 9.0×10^{-3} 倍。白矮星的近似的脉动周期是多少？(ssm)

40P. 两端开口、长为1.2m的管 *A* 以其最低的三次谐振模频率振动。其中充有声速是343m/s的空气。一端封闭的管 *B* 以其最低的二次谐振模频率振动。管 *A* 和管 *B* 的频率碰巧匹配。(a) 如果 x 轴沿管 *A* 的内部延伸并以其一端为 $x=0$，在轴上什么地方是位移波节？(b) 管 *B* 有多长？(c) 管 *A* 最低的谐频是多少？

41P. 一根长为30.0cm、线密度是0.650g/m的小提琴的弦放在由一台频率可变的音频振荡器馈给的扬声器附近。当振荡器的频率在500～1500Hz范围内连续改变时，发现小提琴的弦只在880Hz和1320Hz这两个频率发生振动，弦中的张力是多大？(ssm)

18-7节 拍

42E. 小提琴的A弦绷得有点过紧。当它和精确地以音乐会音高标准A调(440Hz)振动的音叉同时

发声时，听到每秒钟四拍的声音。小提琴的弦的振动周期是多少？

43E. 一未知频率的音叉与频率为 384Hz 的标准音叉产生每秒钟三拍的声音。当这一音叉的臂上涂了小块石蜡时，拍频减少。此音叉的频率是多少？(ssm)

44P. 你有五个音叉能以很接近，但不同的频率振动。如果你一次让两个音叉发声来产生拍，根据频率的不同你能产生的不同的拍频的 (a) 最大和 (b) 最小数目是多少？

45P. 两根相同的钢琴弦保持相同的张力时都有 600Hz 的基频。使两根弦同时振动时使其中一根弦的张力增加多大的百分比才能出现 6 拍/s？

18-8 节　多普勒效应

46E. 骑警 B 正在一条笔直的路上追赶一违法超速驾驶者 A，双方的车速都是 160km/h。骑警 B 没能抓住驾驶者，于是再次发出警笛声。如果取空气中的声速为 343m/s，声源的频率为 500Hz，驾驶者 A 听到的多普勒频移是多少？

47E. 一架喷气式飞机以 200m/s 的速度飞行，其引擎的汽轮机发出 16000Hz 的轰鸣声。另一架飞机以 250m/s 的速度试图超过它。这第二架飞机的驾驶员听到的声音频率是多少？(ssm)

48E. 一辆鸣叫着 1600Hz 呜呜声的救护车超过一个骑自行车的人。在超车后，骑车人听到的声音频率是 1590Hz。自行车的速率是 2.44m/s。救护车的速率是多少？

49P. 频率为 540Hz 的一只汽笛以 15.0rad/s 的角速度在半径为 60.0cm 的圆上运动。求在很远处相对于圆心静止的人听到的 (a) 最低的和 (b) 最高的频率是多少？(ilw)

50P. 一个静止的运动探测器向一辆以 45.0m/s 的速度向它接近的卡车发出频率为 0.150MHz 的声波。反射回探测器的声波频率是多少？

51P. 在北大西洋的一次军事演习中，一艘法国潜艇和一艘美国潜艇在静水中相向开行（图 18-37）。法国潜艇以 50.0km/h 而美国潜艇以 70.0km/h 开行。法国潜艇发出一频率为 1000Hz 的声纳信号（水中的声波）。声纳波以 5470km/h 传播。(a) 美国潜艇测出的信号频率是多少？(b) 法国潜艇测到的从美国潜艇反射回来的信号频率是多少？

52P. 声源 A 与一个反射平面 B 相向运动。相对于空气，声源 A 的速率是 29.9m/s，平面 B 的速率是 65.8m/s。声速是 329m/s。在声源所在的参照系里测出声源发出的声音频率为 1200Hz。在反射器所在的参照系里到达的声波的 (a) 频率和 (b) 波长是多少？在声源所在的参照系里反射回来的声波的 (c) 频率和 (d) 波长是多少？

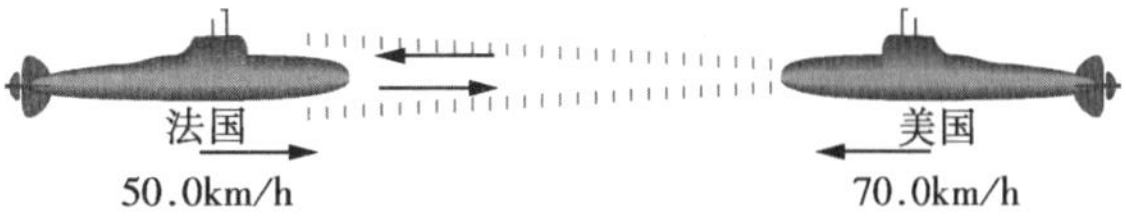

图 18-37　习题 51 图

53P. 一防盗报警器的声源能发出频率为 28.0kHz的声音。如果有一个盗贼以0.950m/s的平均速度背向报警器逃跑，那么警报器发出的声波与从盗贼身上反射回来的声波形成的拍频是多少？(ilw)

54P. 蝙蝠利用超声波脉冲导航，在洞穴里飞来飞去. 如果蝙蝠发出的声波频率是 39000Hz。在一次正对着平直的墙面飞扑时，蝙蝠的飞行速度是空气中声速的 0.025 倍。蝙蝠听到的从墙壁反射回来的声波频率是多少？

55P. 一女孩坐在靠近火车的车窗处，火车正以 10.00m/s 的速度向东行驶。她的叔叔站在铁轨旁看着火车驶过。机车汽笛发出频率为 500.0Hz 的声波。空气是平静的。问 (a) 叔叔听到的汽笛声的频率是多少？(b) 女孩听到的汽笛声的频率是多少？忽然有东风吹来，风速是 10.00m/s。(c) 这时叔叔听到的频率是多少？(d) 这时女孩听到的频率是多少？(ssm) (www)

56P. 一个 2000Hz 的警报器和一民防官员都相对地面静止。如果风速为 12m/s，当方向是 (a) 从声源到官员和 (b) 从官员到声源时官员听到的频率是多少？

57P. 两列火车相向而行，相对地面的速度是 30.5m/s。其中一列火车正发出 500Hz 的汽笛声。(a) 在平静的空气中在另一列火车上听到的频率是多少？(b) 如果风速是 30.5m/s 吹向声源而远离听的人，在另一列火车上听到的频率是多少？(c) 如果风向反过来，听到的频率又是多少？

18-9 节　超声速和冲击波

58E. 一颗子弹以 685m/s 的速度射出。求冲击波圆锥与子弹的运动路线之间的夹角。

59P. 在 5000m 高空，一架喷气式飞机以 1.5 马赫的速率在你头顶上空飞过。(a) 求马赫锥角。(b) 喷气式飞机通过你头顶正上方之后，经过多长时间冲击波传到你那里？声速取 331m/s。(ssm)

60P. 一架飞机以 1.25 倍的声速飞行。在飞机飞过地面上一个人的头顶正上方后，经过一分钟声爆传到这个人，飞机的高度是多少？假定声速为 330m/s。

第 19 章　温度、热量和热力学第一定律

日本柑桔树大黄蜂 **Vespa mandarinia japonica** 以捕食蜜蜂为生。然而，如果其中一只大黄蜂试图侵犯一个蜂巢的话，数百只蜜蜂会迅速围拢过来，在这只黄蜂的周围形成一个密实的球以阻止它。大约 20min 后，这只黄蜂就会死去，尽管这些蜜蜂并没有刺、蛰、挤或窒息这只黄蜂。

那么，这只黄蜂为什么会死呢？

答案就在本章中。

19-1 热力学

在本章和下两章中，我们将重点学习一个新的学科——**热力学**，一门研究系统**热能**（经常称为**内能**）的科学。热力学的中心概念是温度。由于我们自身固有的冷热感觉，所以这个词对大多数人来说是那样的熟悉，以至于在我们理解它的时候很自信。事实上，我们的“温度感觉”并不总是可信的。例如，在寒冷的冬天，接触一段铁轨似乎要比接触一个木栏感觉要冷得多，然而，两者的温度是一样的。造成我们知觉错误的原因是因为铁从我们手指移走能量要比木头快。这里，我们将要从它的基本原理上来揭示温度的概念，而不是依据任何我们的感觉。

温度是7个SI基本量之一。物理学家测量温度用**开尔文温标**㊀，它用称为**开［尔文］（K）**的单位标记。虽然一个物体的温度明显地没有上限，但确有下限，这个极限低温被选为开尔文温标的零点。室温大约在0**K**以上290 K。图19-1表示了一个很宽的温度区域，既有测量出来的，也有推测出来的。

大约在100~200亿年前，当宇宙诞生时，它的温度大约是10^{39}K。随着宇宙的膨胀，它逐渐冷却，现在宇宙的平均温度达到大约3 K。我们所在的地球要比这暖和些，因为我们碰巧生活在一个恒星的附近。没有太阳，我们这里的温度也将是3 K（那样，我们就不可能生存）。

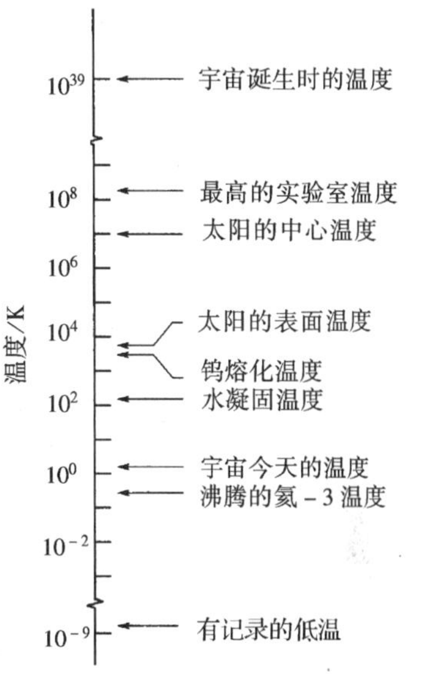

图19-1 热力学温标的某些温度。$T=0$对应于$10^{-\infty}$，不可能在此对数标度中画出。

19-2 热力学第零定律

许多物体的性质随着它们温度的改变而改变，这种温度的改变也许是通过将它们从冰箱移到烤箱引起的。举几个例子：当温度升高时，液体的体积增加，金属棒略微变长，导线的电阻增加，被限制在一定范围内的气体压强增大。我们能用这些性质中的任何一个作为帮助我们落实温度概念的仪器的基础。

图19-2表示这样一种仪器。任何一个有才智的工程师都能够运用上述性质之一来设计和制造它。仪器安装了数字显示器，并有下列性质：如果你加热它（例如，用本生灯）时，数字显示就开始增加；如果将它放到一个冰箱里，数字显示就会降低。这种仪器没有用任何方法校准过，因此其数字（现在还）没有物理意义。这种仪器只是一个**检温器**，（现在还）不能作为**温度计**。

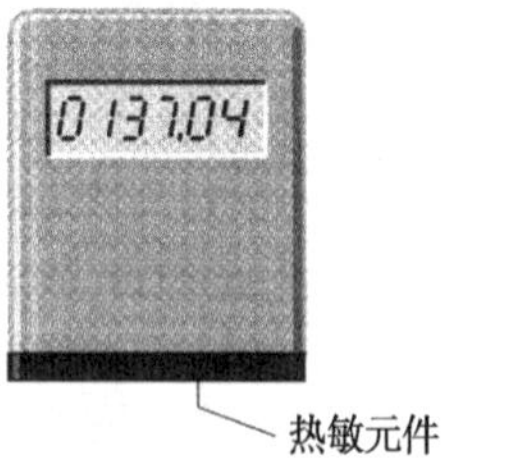

图19-2 一个检温器。当装置被加热时，其数字增加；当被冷却时，数字减小。热敏元件可能是——在许多可能性中——一个其电阻被测定并显示出来的线圈。

如图19-3a所示，假定将检温器（将其称为物体T）与另一个物体（物体A）密切接触，整个系统被封闭于厚壁的绝热盒内，检温器显示的数字将持续滚动，直到最终停下来（假定此时读数是“137.04”），并不再发生进一步的变化。事实上，我们假设物体T和物体A的每一个

㊀ 我国国家标准规定的标准术语为“热力学温度”，全书以后同此。——编辑注

可测性质已经具有了一个稳定的、不变的值。于是我们说两个物体相互处于**热平衡**。尽管物体 T 显示出来的读数并没有被校准，但可以得出物体 T 和物体 A 一定处于相同的（未知的）温度的结论。

假设再把物体 T 与物体 B 密切接触（图 19-3b），并且发现两个物体达到具有**同样检温计读数**的热平衡。于是，物体 T 与物体 B 处于相同的（仍然未知的）温度。如果现在让物体 A 和物体 B 密切接触（图 19-3c），那它们会立刻达到热平衡吗？通过实验发现，它们会达到。

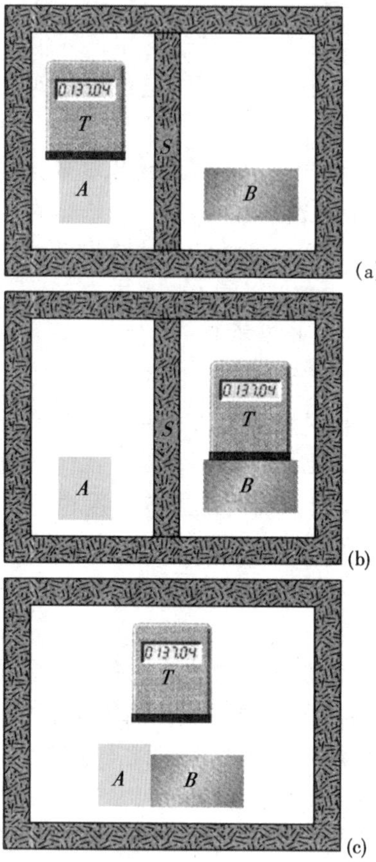

图 19-3 (a) 物体 T（一个检温器）与物体 A 处于热平衡。（物体 S 是绝热屏。）
(b) 物体 T 和物体 B 也处于热平衡，而且检温器读数相同。
(c) 如果 (a) 和 (b) 是真的，则热力学第零定律说物体 A 和物体 B 也处于热平衡。

由图 19-3 所示的实验事实可总结出**热力学第零定律**：

如果物体 A 和物体 B 各与第三个物体 T 处于热平衡，那么它们就相互处于热平衡。

借助于不太正式的语言，热力学第零定律说的是："每一个物体都有一个被称为**温度**的性质。当两个物体处于热平衡时，它们的温度相等。反之亦然。"现在可以将检温器（第三个物体 T）作为温度计，并确信它的读数将有物理意义。我们需要做的就是给它定标。

在实验中常常用到热力学第零定律，如果想知道两个烧杯中的液体是否具有同一温度，我们就用温度计来测量每个烧杯中液体的温度，而不需要将这两种液体密切接触并观察它们是否达到热平衡。

热力学第零定律是 20 世纪 30 年代才提出来的，远远晚于热力学第一和第二定律被发现和排序的时间。之所以这么叫是出于逻辑的反思。因为温度的概念是前两个定律的基础，而将温度作为明确概念提出的定律应当享有最低的排序号，因此为第零定律。

19－3 温度的测量

在这里我们首先用热力学温标来定义和计量温度，然后再给检温器定标，使它能够成为一个温度计。

水的三相点

为建立温标，我们选择某种可重现的热现象，并相当任意地对它的环境，指定一个确定的热力学温度；即选择一个**标准的固定点**并给该点一个标准的、固定点**温度**。例如，我们可选择水的凝固点或沸点。但出于各种技术原因，我们选择**水的三相点**。

只有温度和压强取某一组特定值时，液态的水、固态的冰和水蒸气（气态的水）才能在热平衡中共存。图 19－4 表示一个水的三相点瓶，在实验室内可以在这样的瓶中达到这个所谓的水的三相点。根据国际协议，水的三相点值指定为 273.16 K，作为温度计定标的标准固定点温度，即

$$T_3 = 273.16\text{K}\ (\text{三相点温度}) \qquad (19-1)$$

其中下标 3 意为“三相点”。这个指定也规定了 1K 的大小，1K 是水的三相点温度和 0K 之差的 1/273.16。

注意，我们不用度的符号来记录热力学温度。例如，记为 300 K（不是 300°K），读作“300 开”（不是“300 度开”）。SI 词头也常用。例如，0.0035 K 是 3.5 mK。在单位名称上，热力学温度与温度差没有什么不同，所以，我们可以写“硫的沸点是 717.8 K”和“这个水浴的温度升高了 8.5 K”。

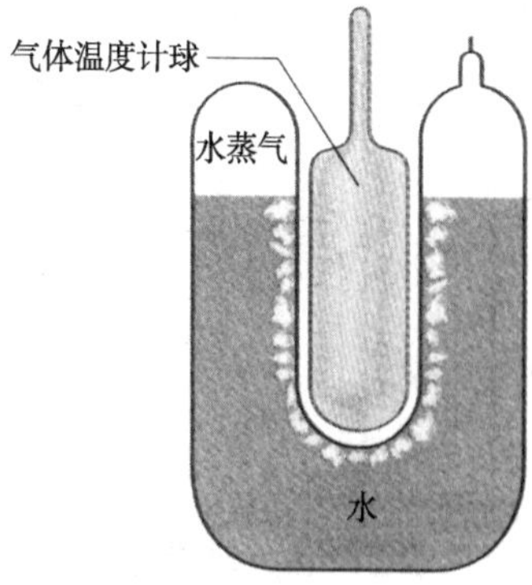

图 19－4 一个三相点瓶，固态冰、液态水和水蒸气在瓶中共处于热平衡。根据国际协议，这一混合体的温度定义为 273.16 K。还画有一个定体气体温度计的球插在该瓶的井中。

定容气体温度计

用来给其他温度计定标的标准温度计，是以封闭在一固定体积中的气体的压强为基础的。图 19－5 表示这样一种**定容气体温度计**，它由一个通过管子与水银压强计相连的充有气体的球组成。通过提升和降低储液池 R，左边的水银面总能被调整到零刻度以保持气体的体积不变（气体体积的不同可能影响温度的测量）。

任何一个与温度计球有热接触（如图 19－5 中的液体）的物体的温度被定义为

$$T = Cp \qquad (19-2)$$

式中，p 是气体内部的压强；C 是常数。由式（15－10）可知，压强 p 为

$$p = p_0 - \rho g h \qquad (19-3)$$

其中，p_0 是大气压；ρ 是压强计中水银的密度；h 是两试管中水银面的高度差[㊀]。

如果接下来将温度计球放入三相点瓶中（如图19－4），则此时测得的温度为

$$T_3 = Cp_3 \qquad (19-4)$$

其中，p_3 是此时气体蹬压强。在式（19－2）和式（19－4）中消去 C，得

$$T = T_3\left(\frac{p}{p_3}\right) = (273.16\text{K})\left(\frac{p}{p_3}\right)\text{（暂定）} \qquad (19-5)$$

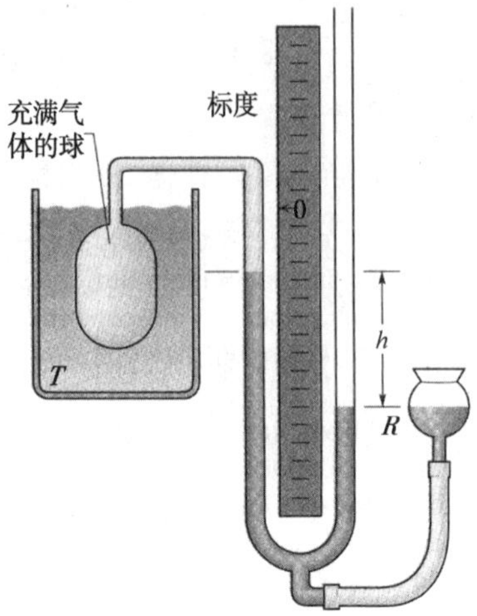

图19－5 一个定容气体温度计，它的球浸没在一种温度待测的液体中。

这个温度计仍有一个问题。例如，如果用它测量水的沸点，发现球中所充气体不同，所得结果也略有不同。不过随着充入球中的气体的量越来越少，无论用什么气体，读数都将很好地会聚于一个单一的温度。图19－6表示了三种气体的这一会聚情况。

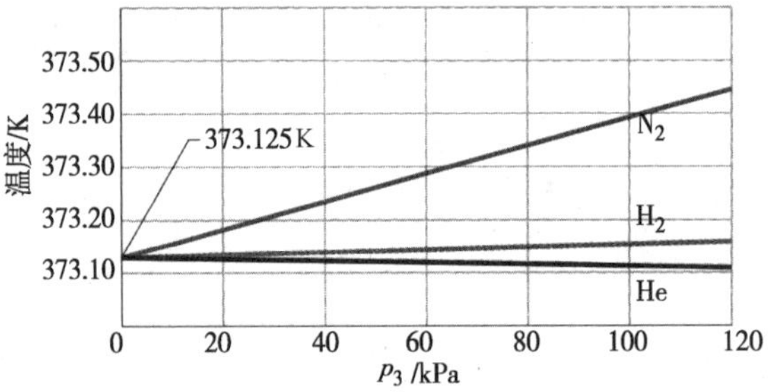

图19－6 把定容气体温度计的球浸没在沸水中来测量温度，用式（19－5）计算温度时，压强 p_3 是在水的三相点时测量的。在温度计球中三种不同的气体在不同的压强下一般给出不同的结果，但随着气体量的减少（p_3 减小），三条线都会聚于273.15 K。

因此，用气体温度计测量温度的方法是

$$T = (273.16\text{K})\left(\lim_{\text{gas}\to 0}\frac{p}{p_3}\right) \qquad (19-6)$$

按这个方法测量未知温度 T 的步骤是：将任意量的**任**一种气体（例如氮）充入温度计的球，测量 p_3（用一个三相点瓶）和气体在待测温度下的压强 p。（保持气体体积不变。）计算比 p/p_3。然后在温度计球中用更少量的气体重复测量，再计算这个比。用越来越少的气体继续这样下去，直到能外推到球中几乎没有气体时应该得出的比 p/p_3。将此外推的比值代入式（19－6）计算温度 T。（这一温度称为**理想气体温度**）。

㊀ 关于压强单位，我们将用在15－3节中介绍过的。在SI制中，压强单位是牛顿每平方米，称为帕［斯卡］（Pa），帕与其他常见压强单位的关系是

$$1\text{atm} = 1.01\times10^5\text{Pa} = 760\text{torr} = 14.7\text{lb/in}^2$$

19 -4 摄氏和华氏温标

以上仅讨论了在基础科学工作中常用的开尔文温标。在世界上几乎所有的国家中，摄氏温标（以前称百度温标）都被选作为民用、商用以及许多科学上用的温标。摄氏温度用℃来计量，摄氏度与开的大小相同。然而，摄氏温标的零度相对于温标的零开移到了一个更为方便的值。如果用 T_C 表示摄氏温度，用 T 表示开尔文温度，则

$$T_C = T - 273.15°K \qquad (19-7)$$

用摄氏温标表示温度时，通常用度的符号。因此，用摄氏读数写为20.00℃，而用开读数，则写为293.15K。

在美国用华氏温标，其1度的大小比摄氏温标的小而且零点不同。看一个有这两种温标标度的普通家用温度计就能容易地证实这两点差别。摄氏温标与华氏温标的关系是

$$T_F = \frac{9}{5}T_C + 32° \qquad (19-8)$$

其中，T_F 是华氏温度。记住几个对应点，如水的凝固点和沸点（见表19-1），就能很容易在这两种温标之间转换。图19-7对热力学温标、摄氏温标和华氏温标作了比较。

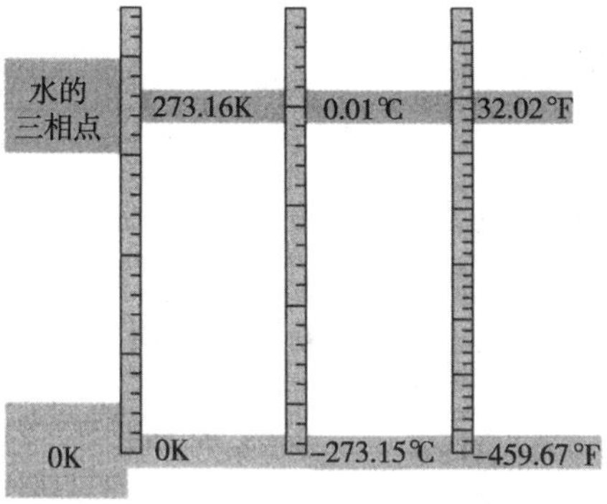

图19-7 热力学、摄氏和华氏温标的比较。

表19-1 某些对应的温度

温度计	℃	°F
水的沸点①	100	212
通常人体的温度	37.0	98.6
可接受的舒适温度	20	68
水的凝固点①	0	32
华氏温标的零点	≈ -18	0
两温标重合点	-40	-40

① 严格来说，用摄氏温标，水的沸点是99.975℃，凝固点是0.00℃。因此，这两点之差比100℃稍小。

用字母C和F来区别这两种温标的测量和度数。因此

$$0℃ = 32°F$$

的意思是用摄氏温标测量的0℃与华氏温标测量的32°相同，而

$$5C°^{㊀} = 9F°$$

的意思则是5摄氏度的温差（注意度的符号出现在C**之后**）与9华氏度的温差相当。

例题19-1

假设你在旧的科学短文中偶遇一个称为Z的温标，其上水的沸点是65.0°Z，凝固点是-14.0°Z，那么 $T = -98.0°Z$ 相当于多少华氏度？设Z温标是线性的，即在Z温标上，1Z度的大小处处是一样的。

㊀ 本书的温差表示有所不同，即用C°表示摄氏度的温差，F°表示华氏度的温差，32C°表示温差32度。我国贯彻国际单位制和GB3102—1993后已不允许这样用了。下同。——编辑注

【解】 这里**关键点**是找出给定的温度 T 与 Z 温标上两个已知温度的**任一个**之间的关系。因为 $T=-98.0°Z$ 更接近 $-14.0°Z$ 的凝固点，为简单起见就用这个点。然后注意到 T 在凝固点以下 $-14.0°Z-(-98.0°Z)=84.0\ Z°$（图 19－8）（这一差值读作"84.0Z 度"）。

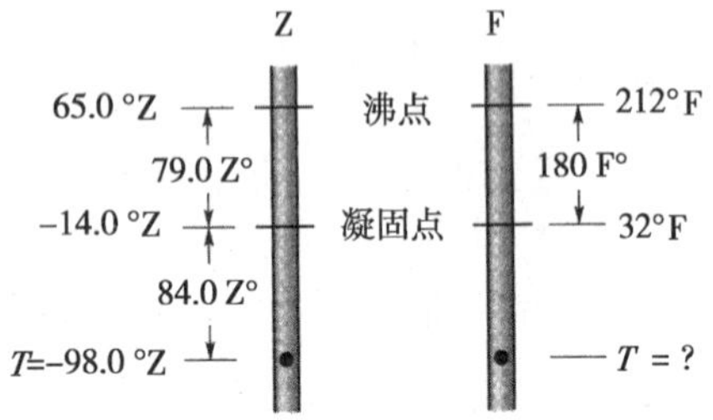

图 19－8 例题 19－1 图 一个未知温标与华氏温标的比较。

另一个**关键点**是要找到一个 Z 和华氏温标之间的换算因子来换算这一差值。为此，同时要用 Z 温标上的已知温度和相应的华氏温标上温度。在 Z 温标上，沸点和凝固点的差是 $65.0°Z-(-14.0°Z)=79.0Z°$。在华氏温标上，沸点和凝固点的差是 $212°F-32.0°F=180\ F°$。因此，温度差 $79.0\ Z°$ 相当于温度差 $180\ F°$（如图 19－8 所示），所以可以用比 $(180°F)/(79.0Z°)$ 作为变换因子。

现在，因为 T 在凝固点以下 $84.0Z°$，所以它一定也在凝固点以下

$$(84.0Z°)\ \frac{180F°}{79.0Z°}=191F°$$

因为凝固点是 32.0°F，这意味着

$$T=32.0°F-191F°=-159°F$$

（答案）

检验点 1：下图是水的凝固点和沸点的三种温标的表示。

(a) 按照这些温标上 1 度的大小从大到小排序。

(b) 将下列温度从高到低排序：50°X，50°W 和 50°Y。

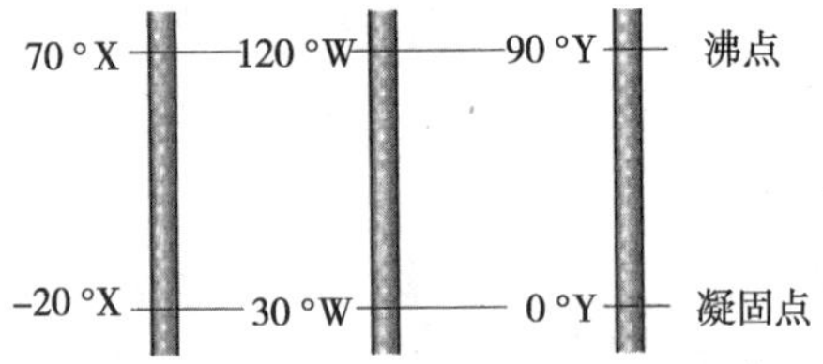

解题线索

线索 1：温度的改变

水的沸点和凝固点之间有（近似地）100K 或 100°C。因此 1K 和 1℃的大小一样。由此或由式（19－7）可知，无论是用开还是用摄氏度表示，温度改变的数是一样的。例如，10K 的温度改变完全相当于 10C°的温度改变。

水的沸点与凝固点之间相差 180 华氏度，因此 180F° = 100K，1 华氏度一定是 1 开或 1 摄氏度的 100/180，即 5/9。由此或由式（19－8）可知，用华氏度表示的任何温度的改变，一定是用开或摄氏度表示的同样温度改变的 9/5 倍。例如，一个 10 K 的温度改变，用华氏度表示就是（9/5）（10 K），或 18 F°。

应该小心，不要把**温度**与温度的**改变**或**温差**搞混。10K 的温度肯定与 10℃ 或 18°F 的温度不同，但如上所述，10 K 的温度改变与 10 C°或 18F°的温度改变是一样的。这个区别在等式中含有温度 T、而不是温度的改变或像 T_2-T_1 这样的温差时是很重要的：温度 T 本身一般用开表示，而不是用摄氏度或华氏度。简言之，要注意"光杆 T"。

物理学基础

19－5 热膨胀

常常可以将一个拧得很紧的广口瓶的金属盖放在热水流中而使它松开。当热水将能量传给

广口瓶的金属盖和玻璃的原子时，金属盖和玻璃就膨胀。(用所增加的能量，原子能在反抗形成固体的类似弹簧的原子间的力而运动的过程中，使相互间离开得比平时稍稍更远一些。）不过，由于金属中的原子比玻璃中的原子相互间离开得更远些，所以瓶盖要比瓶膨胀得更多些，因此就松开了。

这种**热膨胀**并不总是人们所期望的，如图 19－9 所示。为了避免铁轨的弯曲，在接口处要设置膨胀间隙以备热天时铁轨的膨胀。补牙的填充材料的热膨胀性质必须与牙本身物质的膨胀性质相吻合（否则在喝热咖啡或吃冷冰淇凌时将会感到非常痛苦)。然而，在飞机的制造中，铆钉和其他扣件在插入前总先要在干冰中冷却，然后就让它们膨胀而形成牢固的配合。

温度计和恒温器可能是基于一个**双金属条**的两组件之间的膨胀不同（图 19－10)。还有，大家熟悉的玻璃液体温度计，就是建立在像水银和酒精这类液体与它们的玻璃容器膨胀程度不同（更大）的事实基础上。

图 19－9 新泽西州 Asbury 公园的铁轨由于在很热的六月天中的热膨胀而扭曲了。

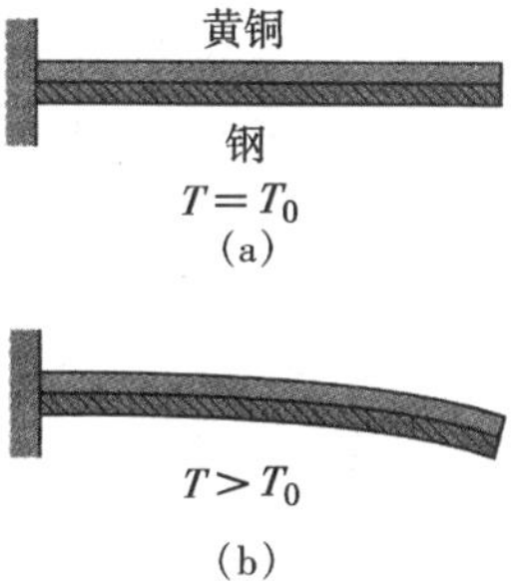

图 19－10 (a) 一个由黄铜条和钢条在温度 T_0 时焊接在一起的双金属条。(b) 在高于此参考温度时，金属条的弯曲如图所示；在低于参考温度时，金属条向另一边弯曲。许多自动恒温器就是根据这个原理工作的，当温度升高或降低时，就接通或断开一个电触点。

线膨胀

如果长为 L 的金属棒的温度升高 ΔT，就发现它的长度增加

$$\Delta L = L\alpha\Delta T \qquad (19-9)$$

式中，α 是一个常量，称为**线［膨］胀系数**。系数 α 具有单位“每度”或“每开”，并且与材料有关。虽然 α 会随温度的不同而有一些变化，但为了大多数实用目的，对某种特定的材料可将其视为常量。表 19－2 给出了一些线胀系数。注意，表中的单位 C°可用 K 来代替。

表 19－2　某些线胀系数①

物质	α/（10^{-6}/C°）	物质	α/（10^{-6}/C°）
水（0°C）	51	钢	11
铅	29	玻璃（普通）	9
铝	23	玻璃（派热克斯）	3.2
黄铜	19	金刚石	1.2
铜	17	殷钢②	0.7
混凝土	12	熔凝石英	0.5

① 除冰以外均在室温下。

② 为获得低膨胀系数而设计的一种合金。这个词的英文（invar）是“invariable”的缩写。

固体的热膨胀就像（三维）照片放大一样。图 19－11b 表示图 19－11a 的钢尺在它的温度升高后（夸大了）的膨胀。式（19－9）适用于尺子的每一个维度，包括它的边、厚、对角线以及在它上面蚀刻出的圆孔和切出的圆孔的直径。如果从尺子上切下来的圆片与圆孔原来贴合得很好，当它与尺子升高一样的温度时，它们仍然会贴合得很好。

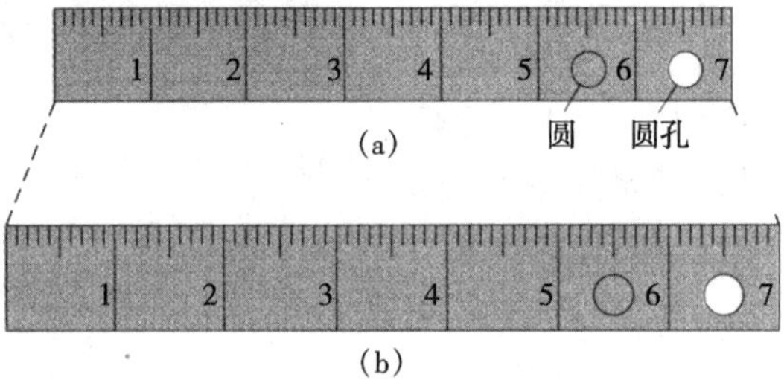

图 19－11　在两个不同温度下的同一把钢尺。当它膨胀时，刻度、数字、厚度、圆和圆孔的直径均增大同样的比例。（为了明显，膨胀已被夸大了。）

体膨胀

如果一个固体所有的维度都随温度的升高而膨胀，它的体积也一定膨胀。对液体来说，体膨胀是仅有的有意义的膨胀参量。如果体积为 V 的固体或液体的温度升高 ΔT，就发现体积的增加为

$$\Delta V = V\beta\Delta T \tag{19-10}$$

式中，β 是固体或液体的**体［膨］胀系数**。固体的体胀系数和线胀系数的关系为

$$\beta = 3\alpha \tag{19-11}$$

水是最普通的液体，其行为与其他液体不同。在 4℃ 以上，水如我们所期望的那样随温度的升高而膨胀。然而，在 0℃ 到 4℃ 之间，水随温度的升高而**收缩**。因此，在 4℃ 附近水的密度越过一最大值。在所有的其他温度，水的密度都比这个最大值小。

水的这一行为是为什么湖水都是从顶部向下、而不是从底部向上结冰的原因。例如，当表面的水从 10℃ 向凝固点冷却时，它的密度变得比下面的水的密度大（“更重”）并下沉到底部。然而，低于 4℃ 时，进一步的冷却使得这时在表面的水的密度比下面的水的密度小（“更轻”），于是它留在表面上直至结冰。因此，表面结冰而下面的水仍是液体。如果湖水从底部向上结冰，这

样形成的冰在夏天将不会完全融化，因为它会被上面的水热绝缘。若干年后，在地球温带里很多露天水体将整年是冻结的固体——而据我们所知，水生生物将不能生存。

检查点2：右图给出了四块边长为 L，$2L$ 或 $3L$ 的矩形金属板。它们均由同种材料制成，而且它们将要升高同样的温度。按照所期望的（a）竖直高度和（b）面积的增大由大到小将这些板排序。

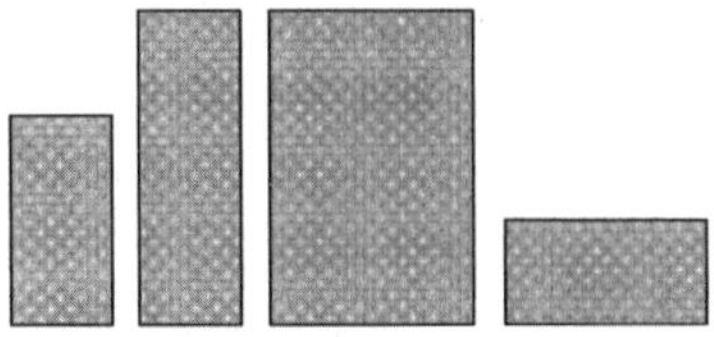

例题19－2

某个热天，在拉斯维加斯，一辆油罐车司机装载了37 000 L柴油。在去犹他州Payson的路上遇到了寒冷的天气，那里的温度要比拉斯维加斯低23.0 K，而他要在那里移交全部柴油。他移交了多少升柴油？柴油的体胀系数为 $9.50\times10^{-4}/\mathrm{C}^\circ$，他的钢制卡车罐的线胀系数为 $11\times10^{-6}/\mathrm{C}^\circ$。

【解】 这里**关键点**是，柴油的体积直接依赖于温度。因此，由于温度降低，燃料的体积也减小。由式（19－10），体积的改变为

$$\Delta V = V\beta\Delta T$$
$$= (37\ 000\ \mathrm{L})(9.50\times10^{-4}/\mathrm{C}^\circ)(-23.0\ \mathrm{K})$$
$$= -808\mathrm{L}$$

所以，移交量为

$$V_{\mathrm{del}} = V+\Delta V = 37\ 000\ \mathrm{L}-808\ \mathrm{L}$$
$$= 36\ 190\mathrm{L}$$

（答案）

注意：钢罐的热膨胀与此题无关。问题：谁给这“消失”的柴油燃料付钱？

19－6 温度和热量

如果你从冰箱里拿出一罐可乐放在厨房的桌子上，它的温度将升高——开始升得快，后来升得慢——直到可乐的温度与室温相同为止（二者于是处于热平衡）。同样，一杯热咖啡，让它就呆在桌子上，其温度也将一直下降到室温。

为了推广这种情况，我们将可乐或咖啡看作**系统**（其温度为 T_S），并把厨房的相关部分看作该系统的**外界**（其温度为 T_E）。我们观察到的是，如果 T_S 不等于 T_E，则 T_S 将改变（T_E 可能也改变一点）直到两个温度相等并因此达到热平衡。

这样的温度变化是由于系统和系统的外界间的能量传递造成的。（**热能**是一种内能，它包括物体内部的原子、分子和其他微观物体的动能和势能。）所传递的能量称为**热量**，记作 Q。当能量作为热能从外界传给系统时，热量是**正**的（我们说热量被吸收）。当能量作为热能从系统传给外界时，热量是**负**的（我们说热量被释放或损失）。

图19－12表示能量的传递。在图19－12a中，$T_S>T_E$，能量从系统传入外界，所以 Q 是负的。在图19－12b中，$T_S=T_E$ 没有能量传递，Q 是零，热量既没有被释放也没有被吸收。在图19－12c中，$T_S<T_E$，热量从外界传入系统，所以 Q 是正的。

这样就导致下述热量的定义：

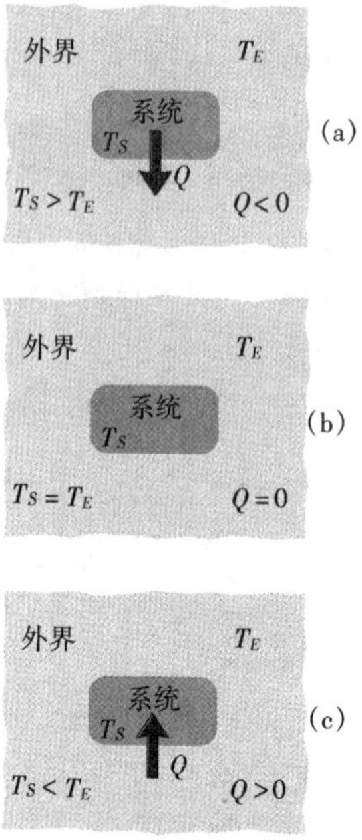

图19-12 如果系统温度高于它的外界温度，如图（a），则系统失去热量 Q 并把它传给外界直到热平衡（b）建立。（c）如果系统的温度低于外界的温度，系统吸热直至达到热平衡。

热量是系统和它的外界之间由于它们之间存在温度差而传递的能量。

回想能量也能作为作用在系统上的力做的**功** W 在系统和外界之间传递。热量和功，不像温度、压强和体积，不是系统本身的内禀性质。只有当它们描述进入或离开系统的能量传递时它们才有意义。因此，应该这样说："在刚过去的3min内，15J的热量从外界传入了系统"，或"在刚过去的1min内，外界对系统做了12J的功"。说"这个系统含有450J的热量"或"这个系统含有385J的功"是没有意义的。

在科学家们意识到热量是传递的能量之前，热量是以升高水温的能力来量度的。因此，**卡[路里]**（cal）定义为将1 g水的温度从14.5℃升高到15.5℃所需的热量。在英制中，相应的热量单位是**英制热量单位**（Btu），定义为将1 lb水的温度从63°F提高到64°F所需用的热量。

1948年，科学联合会决定，由于热量（与功一样）是传递的能量，热量的SI单位是一个我们对能量用的单位，即**焦耳**。1卡现在定义为4.1860 J（精确地），不再与水的加热有关。（用于营养中的"卡路里"，有时称为大卡（Cal），实际上是千卡（kcal）。）几种热量单位的关系是

$$1\text{cal} = 3.969 \times 10^{-3}\ \text{Btu} = 4.1860\text{J} \qquad (19-12)$$

19-7 固体和液体对热量的吸收

热容

一个物体的**热容** C 是它吸收或放出的热量 Q 与由它引起的温度改变 ΔT 的比例常量，即

$$Q = C\Delta T = C(T_f - T_i) \qquad (19-13)$$

式中，T_i 和 T_f 是物体的初温和终温。热容 C 的单位是能量每度或能量每开。例如，一种做面包保温器时用到的大理石板的热容可能是 179cal/C°，它也可以写成 179 cal/K 或 749 J/K。

上文中“容”一词很容易被误解为类似于盛水的木桶的容量。**这种类比是错误的**，不应该认为一个物体“容纳”热量或它吸收热量的能力是有限度的。只要保持必须的温差，热传递就能无限度地进行。当然，在这个过程中，物体也许会熔化或气化。

比热容

由同一种材料——例如，大理石——制成的两个物体，能具有正比于它们的质量的热容。因此，更为方便的是定义一个“单位质量的热容”，即**比热容** c，它不是对一个物体、而是对构成物体的材料的单位质量而言的。这时式（19－13）可以变为

$$Q = cm\Delta T = cm(T_f - T_i) \qquad (19-14)$$

通过实验，我们会发现虽然一块特定的大理石板的热容也许是 179cal/C°（或 749 J/K），但大理石本身（在这块板或其他任何大理石物体中）的比热容是 0.21 cal/(g·C°)（或 880 J/(kg·K)）。

从卡和英制热量单位最初的定义可知，水的比热容是

$$c = 1\,\text{cal}/(\text{g}\cdot\text{C}°) = 1\,\text{Btu}/(\text{lb}\cdot\text{F}°) = 4190\,\text{J}/(\text{kg}\cdot\text{K}) \qquad (19-15)$$

表 19－3 给出一些物质在室温下的比热容。注意水的比热容值相对较高。实际上，任一种物质的比热容都多少依赖于温度，但表 19－3 中列出的值在室温附近一定的温度范围内还是应用得很好的。

表 19－3　一些物质在室温下的比热容

物质	比热容［cal/(g·K)］	比热容［J/(kg·K)］	摩尔热容［J/(mol·K)］
元素固体			
铅	0.0305	128	26.5
钨	0.0321	134	24.8
银	0.0564	236	25.5
铜	0.0923	386	24.5
铝	0.215	900	24.4
其他固体			
黄铜	0.092	380	
花岗岩	0.19	790	
玻璃	0.20	840	
冰（－10℃）	0.530	2220	
液体			
水银	0.033	140	
乙基			
酒精	0.58	2430	
海水	0.93	3900	
水	1.00	4190	

检查点 3：一定的热量 Q 能使 1g 材料 A 升高 3C°，也能使 1 g 材料 B 升高 4 C°，哪一种材料的比热容更大？

摩尔热容

在很多例子中，表示物质的量的最方便的单位是摩尔（mol），对**任何**物质，有

$$1\ \text{mol} = 6.02\times10^{23}\text{基元单位}$$

因此，1 mol 铝意味着 6.02×10^{23} 个原子（原子是基元单位）；1 mol 氧化铝意味着 6.02×10^{23} 个氧化物分子（因为分子是化合物的基元单位）。

当物质的量用摩尔表示时，热容也必须含有摩尔（而不是一个质量单位），称之为**摩尔热容**。表 19－3 给出室温下一些元素固体（只含一个单一元素的固体）的摩尔热容值。

一个重要的点

在决定并使用任何物质的比热容中，我们需要知道能量作为热量进行传递是在什么条件下进行的。对固体和液体，我们通常假设样品是在等压条件下传热的。当样品吸热时保持体积不变也是可能的。这意味着通过施加外部压力阻止了样品的热膨胀。对固体和液体在实验上要做到这一点是很难的，但其效果可计算，结果是对任何固体或液体，其定压和定容下的比热容通常相差不到百分之几。正如你将要看到的，气体在定压条件和定容条件下的比热容相差相当大。

转变热

当能量以热的形式被固体或液体吸收时，样品的温度不一定升高，而是发生**相**变或**状态**变化。物质能以三种常见的状态存在：在**固态**时，样品的分子由于相互间的引力被固定于一个相当坚固的结构中；在**液态**时，分子有较多的能量并更活跃些，它们可以形成暂时的集团，但样品没有坚固的结构，并能流动或放入一个容器中；在**气态**或**汽态**时，分子甚至有更多的能量，相互是自由的，并能充满一个容器的全部体积。

熔化一个固体意味着将它从固态变成液态。因为固体的分子必须从坚固结构中获得自由，所以这一过程需要能量。将一块冰熔化成水就是一个常见的例子。将液体**凝固**成固体是熔化的相反过程，需要从液体转移出能量，以便分子能稳定在一个坚固的结构中。

表 19－4　一些转变热

物质	熔化		沸腾	
	熔点/K	熔化热 L_F /（kJ/kg）	沸点 /K	汽化热 L_V /（kJ/kg）
氢	14.0	58.0	20.3	455
氧	54.8	13.9	90.2	213
水银	234	11.4	630	296
水	273	333	373	2256
铅	601	23.2	2017	858
银	1235	105	2323	2336
铜	1356	207	2868	4730

一些液体**汽化**意味着将它从液态变为汽态或气态。与熔化一样，这样的过程需要能量，因

为分子必须从它们的集团中挣脱出来。沸腾的液态水将水变为水汽（或水蒸气——一种由单个的水分子组成的气体）就是一个常见的例子。将气体**凝结**成液体是汽化的反过程，它需要将能量从气体中转移出来，以便分子能聚成团而不相互飞开。

当一个样品完全发生相变时必须作为热量转移的单位质量的能量称为**转变热** L。因此，当质量为 m 的样品完全发生相变时，转移的总能量为

$$Q = Lm \tag{19-16}$$

当相变是从液体到气体时（这时样品一定吸热）、或从气体到液体时（这时样品一定放热），转变热称为**汽化热** L_V，水在正常的凝结或沸腾温度下，

$$L_V = 539\text{cal/g} = 40.7\text{kJ/mol} = 2256\text{kJ/kg} \tag{19-17}$$

当相变是从固体到液体时（这时样品一定吸热）、或从液体到固体时（这时样品一定放热），转变热称为**熔化热** L_F，水在标准的凝固或熔化温度下，

$$L_F = 79.5\text{cal/g} = 6.01\text{kJ/mol} = 333\text{kJ/kg} \tag{19-18}$$

表 19－4 列出了一些物质的转变热。

例题 19－3

(a) 质量为 $m=720\text{g}$ 的 $-10℃$ 的冰变为 15℃ 的水，冰需要吸收多少热量？

【解】 第一个**关键点**是加热过程分三步完成。

第一步。这里**关键点**是，冰不能在低于凝固点的温度下熔化——所以，最初作为热量传递给冰的能量只能使冰的温度升高。将冰的温度从初温值 $T_i = -10℃$ 升高到终温值 $T_f = 0℃$（以使冰能熔化）所需要的热量 Q_1 由式（19－14）（$Q = cm\Delta T$）给出，用表 19－3 中给出的冰的比热容 c_{ice} 得

$$\begin{aligned} Q_1 &= c_{ice}M\ (T_f - T_i) \\ &= [2220\text{J/(kg·K)}]\ (0.720\text{ kg}) \\ &\quad [0℃ - (-10℃)] \\ &= 15\,984\text{ J} \approx 15.98\text{ kJ} \end{aligned}$$

第二步。这一步的**关键点**是直到冰全部熔化温度才能从 0℃ 升高——所以作为热量传给冰的能量只能使冰变成液体水。将全部冰熔化所需的热量 Q_2 由式（19－16）（$Q = Lm$）给出，式中 L 是熔化热 L_F，由式（19－18）和表 19－4 给出。我们求得

$$Q_2 = L_F m = (333\text{kJ/kg})\ (0.720\text{kg}) \approx 239.8\text{ kJ}$$

第三步。现在有 0℃ 的液体水。下面的**关键点**是，这时作为热量传给水的能量只能使液体水的温度升高。水的温度从初值 $T_i = 0℃$ 升高到终值 $T_f = 15℃$ 所需要的热量 Q_3 由式（19－14）给出（用液体水的比热容为 c_{liq}）：

$$\begin{aligned} Q_3 &= c_{liq}m\ (T_f - T_i) \\ &= [4190\text{ J/(kg·K)}] \\ &\quad (0.720\text{ kg})\ (15℃ - 0℃) \\ &= 45\,252\text{ J} \approx 45.25\text{ kJ} \end{aligned}$$

所需要的总热量为以上三步中需要的热量之和：

$$\begin{aligned} Q_{tot} &= Q_1 + Q_2 + Q_3 \\ &= 15.98\text{ kJ} + 239.8\text{ kJ} + 45.25\text{ kJ} \\ &\approx 300\text{ kJ} \end{aligned}$$

（答案）

注意：熔化冰所需的热量比升高冰的或液体水的温度所需的热量要大得多。

(b) 如果我们只给冰提供 210 kJ 的能量作为热量，最终的状态和水的温度为多少？

【解】 从第一步，我们知道将冰的温度升高到熔点需要 15.98kJ，于是，剩下的热量 Q_{rem} 是 210 kJ－15.98 kJ，即约为 194 kJ。从第二步，我们可以看到这些热量不足以熔化所有的冰。于是，这一**关键点**变得重要，因为冰的熔化是不完全的，所以最终一定是冰和液体的混合物；混合物的温度一定是凝固点，0℃。

用式（19－16）和 L_F 我们能求出由于可用能量 Q_{rem} 熔化的冰的质量 m：

$$m = \frac{Q_{rem}}{L_F} = \frac{194\text{kJ}}{333\text{kJ/kg}} = 0.538\text{kg} \approx 580\text{g}$$

因此，剩下的冰的质量为 720g－580g，即 140g。最后我们得到

580 g 0℃ 的水和 140 g 0℃ 的冰。

（答案）

例题 19－4

一质量 m_c 为 75g 的铜块，放在实验室的炉子内加热到 312℃的温度 T，然后将它放入盛有 $m_w = 220$g 水的大玻璃烧杯中。烧杯的热容 C_b 为 45cal/K，水和杯的初温 T_i 为 12℃。设金属块、烧杯和水是一个孤立系统，并且水不蒸发，求系统达到热平衡的终温 T_f。

【解】　这里**关键点**是，由于系统是孤立的，所以只能在内部发生能量传递。有三个这样的以热量形式进行的传递。金属块损失能量，水和烧杯获得能量。另一个**关键点**是，因为这些传递不包含相变，所以能量传递只能改变温度。为了把这些传递和温度变化联系起来，可以用式（19－13）和式（19－14）写出

对　水　$Q_w = c_w m_w (T_f - T_i)$　（19－19）

对烧杯　$Q_b = C_b (T_f - T_i)$　（19－20）

对铜块　$Q_c = c_c m_c (T_f - T)$　（19－21）

第三个**关键点**是，由于系统是孤立的，所以系统的总能量不能改变，就是说这三个的能量传递之和为零：

$$Q_w + Q_b + Q_c = 0 \qquad (19-22)$$

将式（19－19）至式（19－21）代入式（19－22），给出

$$c_w m_w (T_f - T_i) + C_b (T_f - T_i) + c_c m_c (T_f - T) = 0 \qquad (19-23)$$

式（9－23）中仅含温度差。由于摄氏温标和开尔文温标的温差是完全相同的，所以在这个式中用哪一个温标都行。对 T_f 求解，得

$$T_f = \frac{c_c m_c T + C_b T_i + c_w m_w T_i}{c_w m_w + C_b + c_c m_c}$$

使用摄氏温度，并从表 19－3 查出 c_c 和 c_w 的值，求得分子为

$$[0.0923\ \text{cal/(g·K)}](75\ \text{g})(312℃) + (45\ \text{cal/K})(12℃) + [1.00\ \text{cal/(g·K)}](220\ \text{g})(12℃) = 5339.8\ \text{cal}$$

分母为

$$[1.00\ \text{cal/(g·K)}](220\ \text{g}) + 45\ \text{cal/K} + [0.0923\ \text{cal/(g·K)}](75\ \text{g}) = 271.9\ \text{cal/C°}$$

于是有

$$T_f = \frac{5339.8\text{cal}}{271.9\text{cal/C°}} = 19.6℃ \approx 20℃$$

（答案）

由给定的数据可证明，$Q_w \approx 1670$ cal，$Q_b \approx 342$ cal，$Q_c \approx -2020$ cal

除去四舍五入时的误差，正像式(19－22)所要求的那样，这三个热传递的代数和确实是零。

19－8　对热和功的更精密的审视

这里我们来仔细查看在系统与外界之间能量是怎样作为热和功来传递的。取封闭在一个有可移动的活塞的气缸中的气体作为系统，如图 19－13 所示。封闭的气体作用于活塞的向上的力与置于活塞顶上的铅粒的重量相等，圆筒的壁由不允许任何能量以热方式传递的绝热材料做成，圆筒的底部安放在一个热能的储蓄器——**热库**(也可能是一个热盘)上，此热库的温度能通过一个旋钮控制。

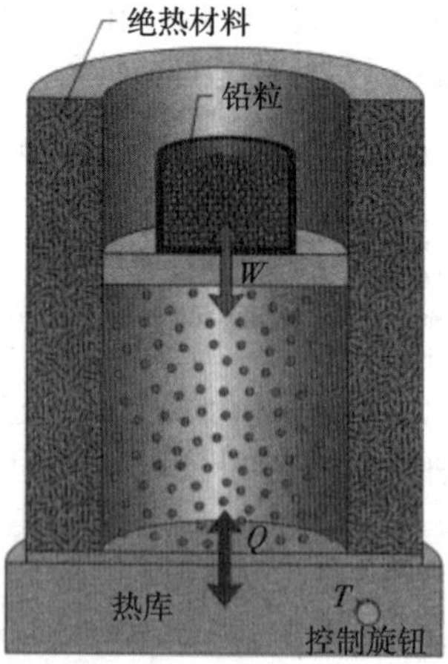

图 19－13　气体封闭在一个带有可移动活塞的气缸中。通过调节可调热库的温度 T，可给气体加入或从气体中放出热量 Q。气体通过举高或降低活塞，可做功 W。

系统(气体)从压强为 p_i、体积为 V_i、温度为 T_i 的**初态** i 开始。今要使系统变化到压强为 p_f、体积为 V_f、温度为 T_f 的**终态** f。系统从它的初态变化到终态的过程称为**热力学过程**。在这个过程中，能量可能从热库传到系统(正热量)或者相反(负热量)。系统也可以做功以举高活塞(正功)或降低它(负功)。假设所有这样的变化都是缓慢地发生，结果系统总是处于(近似)热平衡(即系统的每一部分总与其他部分处于热平衡)。

假设你从图 19－13 的活塞上移走几个铅粒，使气体以一个向

上的力 $\vec{F}$ 推动活塞和余下的铅粒向上通过一个元位移 $d\vec{s}$。因为位移很小,所以可以假设 $\vec{F}$ 在此期间是常量,于是 $\vec{F}$ 的大小就等于 pA。其中,p 是气体的压强,A 是活塞的迎面面积。在此位移期间气体所做的元功为

$$dW = \vec{F}\cdot d\vec{s} = (pA)(ds) = p(Ads) = pdV \qquad (19-24)$$

式中,dV 是气体的体积由于活塞移动而发生的微分变化。当你移走足够多的铅粒使气体的体积从 V_i 变化到 V_f 时,气体所做的总功为

$$W = \int dW = \int_{V_i}^{V_f} pdV \qquad (19-25)$$

在体积变化期间,气体的压强和温度可能也变化。为了直接求式(19-25)的积分,我们需要知道系统从状态 i 变化到状态 f 的实际过程中压强怎样随体积变化。

实际上有许多途径使系统从状态 i 变到 f。一条途径如图 19-14a 所示,它是一幅气体的压强随体积变化的图,称之为 $p-V$ 图。在图 19-14a 中,曲线表明压强随体积的增大而减小。式(19-25)的积分(也就是气体所做的功)由 i 到 f 两点间曲线下的阴影面积表示。不管我们确切地用什么办法使气体沿这条曲线变化,功都是正的,因为气体推动活塞向上增加了它的体积。

另一条从状态 i 变化到状态 f 的途径如图 19-14b 所示。在那里,这一变化分两步进行——首先从状态 i 到状态 a,再从状态 a 到状态 f。

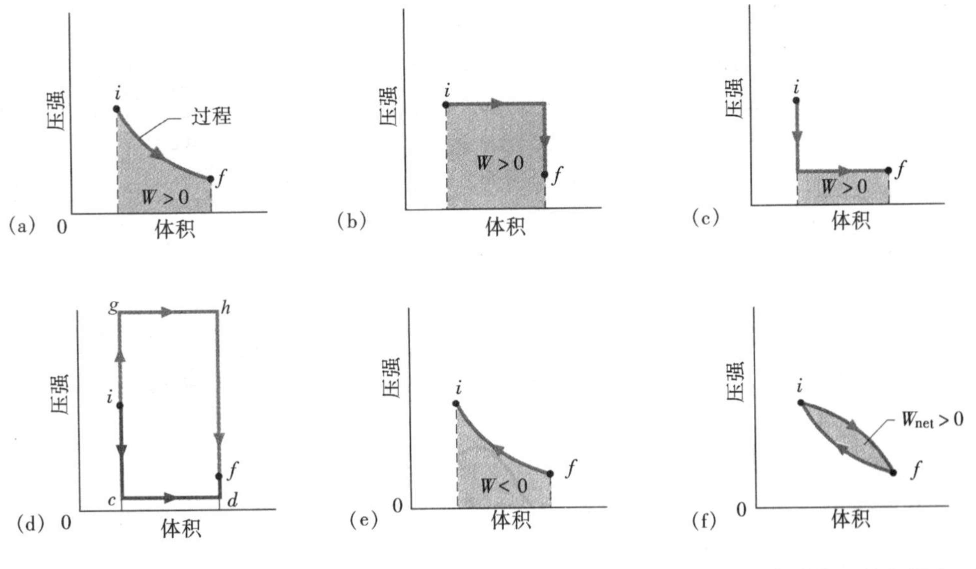

图 19-14 (a)阴影面积表示当系统从初态 i 过渡到终态 f 时所做的功 W。因为系统的体积增大,功 W 是正的。(b)W 仍然是正的,但现在大些。(c)W 仍是正的,但小些。(d)W 可以更小(路径 $icdf$)或更大(路径 $ighf$)。(e)在这里由于外力作用,气体被压缩而体积变小,从状态 f 过渡到状态 i,系统做的功 W 是负的。(f)在整个循环中系统做的净功由阴影面积表示。

由 i 到 a 的过程在定压下进行,这意味着不动图 19-13 中活塞顶上的铅粒。慢慢地转动温度控制旋钮使体积增大(从 V_i 到 V_f),升高气体的温度到 T_a。(温度的升高增大了气体对活塞的力,使活塞向上运动。)在这一步,膨胀的气体做正功(举起有负载的活塞),并且系统从热库吸热(对应你调高温度时你制造的任意小的温差)。这个热量是正的,因为它是加到系统中的。

图 19－14b 中的 af 过程是在定体积下进行的，所以必须卡住活塞以阻止它运动。然后，当用控制旋钮降低温度时，发现压强 p_a 降到它的终值 p_f。在这一步，系统向热库放热。

对整个过程 iaf，功 W 是正的，并且只是在 ia 这一步中做的，用曲线下的阴影面积表示。在 ia 和 af 两步中能量以热量形式进行传递的净能量为 Q。

图 19－14c 表示一个上述两步按相反次序进行的过程。在这种情况下，功 W 比图 19－14b 中的小，吸收的净热量也小。图 19－14d 表示能让气体做的功想怎样小就怎样小（沿着像 $icdf$ 这样的路径）或想怎样大就怎样大（沿着像 $ighf$ 这样的路径）。

总结起来：一个系统可以通过无数过程从一个给定的初态到一个给定的终态。可能涉及也可能不涉及热量。一般来说，对不同的过程，功 W 和热量 Q 能有不同的值。我们说，热和功是**与路径有关**的量。

图 19－14e 表示一个系统当受到某种外力压缩而体积减小时做负功的例子。功的绝对值仍然等于曲线下的面积，但由于气体是**被压缩**的，所以气体所做的功是负的。

图 19－14f 表示一个**热力学循环**，系统从某一初态 i 开始到另一状态 f，然后再回到 i。在循环中系统做的净功等于膨胀时做的**正**功和压缩时做的**负**功之和。在图 19－14f 中，净功是正的，因为膨胀曲线（从 i 到 f）下的面积比压缩曲线（f 到 i）下的面积大。

检查点 4：这里的 $p-V$ 图展示了六条气体能沿着其变化 的弯曲路径（由竖直路径相连）。在包含哪两条路径的循环中，气体所做的功有最大的正值？

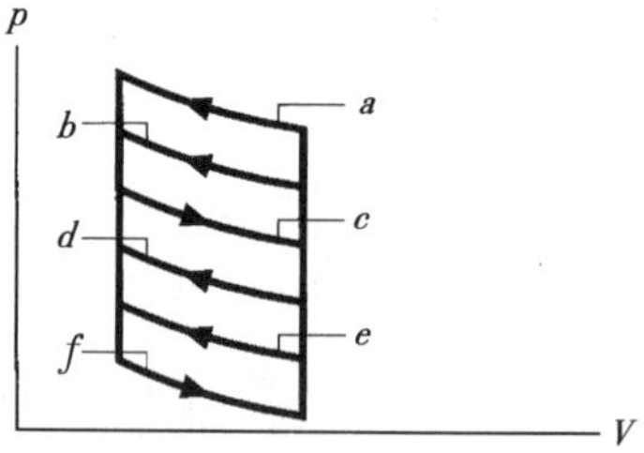

19－9　热力学第一定律

我们刚看到当系统从一个给定的初态变化到一个给定的终态时，功 W 和热量 Q 均与过程的性质有关。然而，从实验上我们发现一件惊奇的事情，**量 $Q-W$ 对所有的过程都是一样的**，它仅与初态和终态有关，而与该系统如何从一个状态到另一个状态无关。所有 Q 与 W 的其他组合，包括单独 Q、单独 W、$Q+W$ 和 $Q-2W$ 均**与路径有关**，只有 $Q-W$ 与路径无关。

量 $Q-W$ 必定表示系统的某个内禀性质的一个变化，我们把这一性质称为**内能** E_{int}，并写为

$$\Delta E_{int} = E_{int,f} - E_{int,i} = Q - W \quad \text{（第一定律）} \tag{19-26}$$

式（19－26）就是**热力学第一定律**。如果热力学系统经历一个微分变化，则可将第一定律写成[㊀]

$$dE_{int} = dQ - dW \quad \text{（第一定律）} \tag{19-27}$$

㊀ 这里 dQ 和 dW 与 dE_{int} 不同，不是真的微分；就是说，没有像 $Q(p,V)$ 和 $W(p,V)$ 这样的仅依赖于系统状态的函数。dQ 和 dW 两个量称为**非全微分**，通常用 $đQ$ 和 $đW$ 两个符号表示。为了我们的目的，可简单地将它们作为无穷小的能量传递来处理。

（如果能量以热量 Q 的形式加到系统内，系统的内能 E_{int} 就要增加，如果能量以系统做功 W 的形式损失了，系统的内能就要减少。

在第 8 章中，我们讨论了把能量守恒原理应用于孤立系统，即没有能量进入或离开的系统。热力学第一定律是能量守恒原理对**非**孤立系统的扩展。在这样的情况下，能量可以功 W 或热量 Q 的形式传入或传出系统。在上面热力学第一定律的表述中，我们假设系统作为一个整体的动能或势能是不变的，即 $\Delta K=\Delta U=0$。

在本章之前，术语**功**和符号 W 总是指对系统做的功。然而，从式(19-24)开始，并且继续在关于热力学的下两章中，我们集中注意**由**系统做的功，如在图 19-13 中的气体。

对系统做的功总是**由**系统做的功的负值，所以，如果用**对**系统做的功的符号 W_{on} 来重写式(19-26)，就有 $\Delta E_{int}=Q+W_{on}$。这告诉我们：如果系统吸热或**对**系统做正功，系统的内能就要增加；反之，如果系统放热或**对**系统做负功，系统的内能就要减少。

检查点 5：这里的图表示在 $p-V$ 图上四条可以使气体沿着它们从状态 i 到状态 f 的路径，按(a)变化 ΔE_{int}、(b)气体做的功 W 和(c)以热量形式传递的能量的大小 Q，从大到小将这些路径排序。

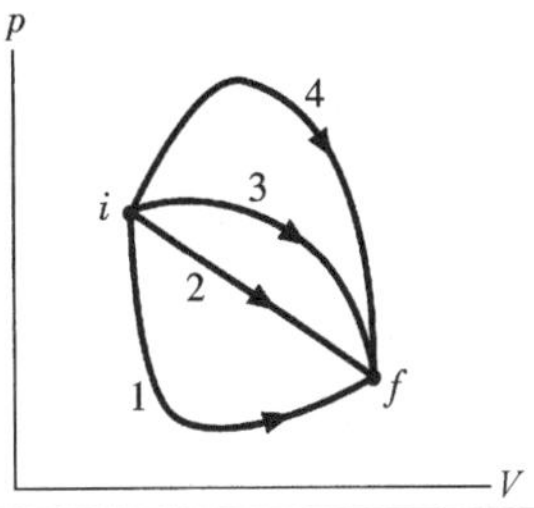

19-10 热力学第一定律的一些特殊情况

这里我们查看四个不同的热力学过程，其中每一个都受到一定的限制。然后，看将热力学第一定律用于这些过程会有什么后果，结果总结在表 19-5 中。

1. 绝热过程 绝热过程是一个在系统中发生得非常迅速、或发生在一个与外界隔绝得非常好以致在系统和它的外界之间**没有能量以热的形式**来传递的过程。在第一定律（式(19-26)）中令 $Q=0$ 得

$$\Delta E_{int}=-W \quad (绝热过程) \qquad (19-28)$$

这告诉我们，如果系统做功（即如果 W 是正的），则系统的内能减少功那样多的能量；反之，如果外界对系统做功（即如果 W 是负的），则系统的内能增加功那样多的量。

图 19-15 表示一个理想的绝热过程。由于绝热，所以热量不能进入或离开系统。因此，在系统和外界之间能量传递的惟一方式是通过做功。如果我们将铅粒从活塞上移开并允许气体膨胀，则系统（气体）做的功是正的，并且气体的内能减少；反之，如果我们增加铅粒压缩气体，则系统所做的功是负的，并且气体的内能增加。

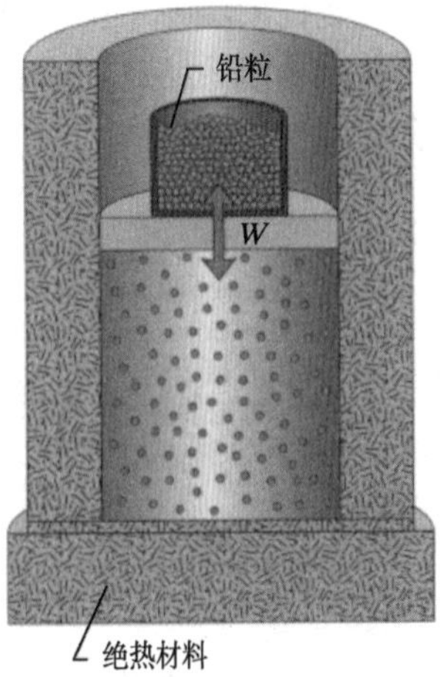

图 19-15 一个绝热膨胀可以通过慢慢地将铅粒从活塞顶部移开来完成。增加铅粒能使过程在每一步都倒过来。

2. 定容过程 如果系统（如一定量的气体）的体积保持不变，该系统就不能做功。在第一定律（式(9-26)）中令 $W=0$ 得

$$\Delta E_{\text{int}} = Q \quad (\text{定容过程}) \tag{19-29}$$

因此，如果一个系统吸热（即如果 Q 是正的），系统的内能增加；反之，如果在过程中损失了热量（即如果 Q 是负的），则系统的内能一定减少。

3. 循环过程　有这样的过程，经历一定的功热交换后系统回复到它的初始状态。在这种情况下，系统的内禀性质——包括它的内能——不可能变化。在第一定律（式(19-26)）中令 $\Delta E_{\text{int}}=0$ 得

$$Q = W \quad (\text{循环过程}) \tag{19-30}$$

因此，在循环过程中所做的净功一定精确地等于以热量形式传递的净能量，系统内能的储量保持不变。在 $p-V$ 图上，循环过程形成一个闭合的回路，如图 19-14f 所示。在第 21 章中我们将讨论这样的循环的一些细节。

表 19-5　热力学第一定律：四种特殊的情况

定律：$\Delta E_{\text{int}} = Q - W$（式(19-26)）		
过程	限制条件	后果
绝热	$Q=0$	$\Delta E_{\text{int}} = -W$
定容	$W=0$	$\Delta E_{\text{int}} = Q$
循环	$\Delta E_{\text{int}}=0$	$Q=W$
自由膨胀	$Q=W=0$	$\Delta E_{\text{int}}=0$

4. 自由膨胀　这些是绝热过程，在这些过程中系统和外界之间不发生热传递，不对系统也不由系统做功，因此 $Q=W=0$，并且热力学第一定律要求

$$\Delta E_{\text{int}} = 0 \quad (\text{自由膨胀}) \tag{19-31}$$

图 19-16 说明了如何进行这样一个过程。一些在内部处于热平衡的气体最初被一个闭合的活栓封在一个绝热双室的一边；另一边被抽空。打开活栓，气体自由膨胀充满室的两边。由于绝热，所以没有热量传出或传入气体。由于气体冲进真空因而没有遇到任何压力，所以气体不做功。

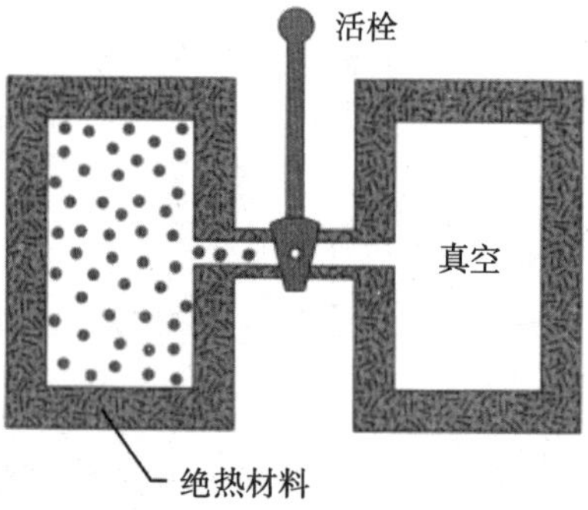

图 19-16　自由膨胀过程的初始阶段。在打开活栓以后，气体充满两气室，最终达到一个平衡态。

自由膨胀与所有其他我们已经讨论过的过程不同，因为它不能缓慢地、有控制地进行。结果，在突然膨胀期间，在任意给定的时刻，气体都不处于热平衡，它各处的压强也不一样。因此，虽然我们能在 $p-V$ 图上画出初态和终态，但却不能画出膨胀本身。

检查点 6：对这里 $p-V$ 图上给出的完整循环，(a) 气体的 ΔE_{int} 和 (b) 以热量形式传递的净能量 Q 是正的、负的、还是零？

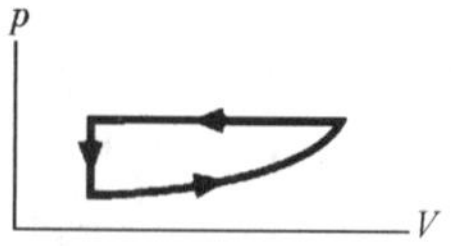

例题 19-5

在图 19-17 的装置中，在标准大气压（1.0 atm 或 1.01×10^5 Pa）下 1.00 kg 的 100℃ 的水通过沸腾转化为 100℃ 的蒸汽。水的体积从初始的液体的 1.00×10^{-3} m^3，变成了水蒸气的 1.671 m^3。

(a) 在此过程中系统做了多少功？

【解】　这里**关键点**是，由于系统的体积增加，所以它一定做正功。一般情况下，我们可以通过压强对体积的积分（式(19-25)）来计算功。不过，此处压强是常量，为 1.01×10^5 Pa，所以能将 p 提到积分外。这样就有

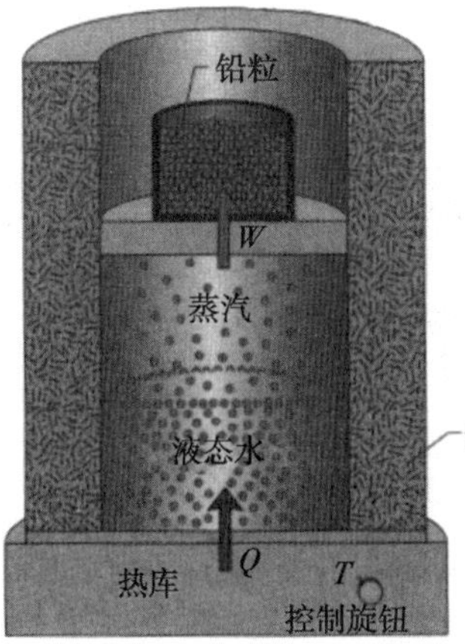

图 19-17 例题 19-5 图 水在定压下沸腾。能量以热的形式从热库传出直至液态的水完全变成水蒸气。气体膨胀举起负重的活塞做功。

$$W=\int_{V_i}^{V_f}p\mathrm{d}V=p\int_{V_i}^{V_f}\mathrm{d}V=p(V_f-V_i)$$
$$=(1.01\times10^5\ \mathrm{Pa})(1.671\ \mathrm{m}^3-1.00\times10^{-3}\ \mathrm{m}^3)$$
$$=1.69\times10^5\ \mathrm{J}=169\ \mathrm{kJ} \qquad (答案)$$

(b) 在此过程中以热量的形式传递了多少能量?

【解】 这里**关键点**是,热只引起了相变,并没有改变温度,所以它完全由式(19-16)($Q=Lm$)给出。因为变化是从液相到气相,所以 L 是汽化热 L_V,用式(19-17)和表 19-4 给的值,可得

$$Q=L_Vm=(2256\mathrm{kJ/kg})(1.00\mathrm{kg})$$
$$=2256\mathrm{kJ}\approx2260\mathrm{kJ} \qquad (答案)$$

(c) 在此过程中系统的内能改变了多少?

【解】 这里**关键点**是,系统内能的改变与热量(这里是传入系统的能量)和功(这里是传出系统的能量)是由热力学第一定律(式(19-26))联系着。因此,能写出

$$\Delta E_{\mathrm{int}}=Q-W=2256\mathrm{kJ}-169\mathrm{kJ}$$
$$\approx2090\mathrm{kJ}=2.09\mathrm{MJ} \qquad (答案)$$

这个量是正的,表示在沸腾过程中系统的内能增加了。这个能量用于分离在液态相互很强地吸引着的 H_2O 分子。我们看到,当水沸腾时,大约有 7.5% (= 169 kJ/2260 kJ) 的热用于推回大气做功。其余的热变为系统的内能。

19-11 热传递机制

我们已经讨论了能量以热量的形式在系统与它的外界之间的传递,但我们还没有说明这种传递是怎样发生的。有三种传递的方式:传导、对流和辐射。

传导

如果你将一个金属火钳的一端放在火中足够长的时间,它的手柄将变热。能量通过(热)**传导**的方式沿着火钳的长杆从火传到手柄。置于火中的火钳的一端,其金属的原子和电子的振幅由于它们所处环境的高温而变得相当大。这些增加的振幅,并因此与其相联系的能量,沿着火钳传递,在相邻原子的碰撞期间从一个原子传给一个原子。通过这种方法,升温的区域沿火钳延伸至手柄。

考虑一块表面积为 A、厚度为 L 的板,它的两表面由高温热库和低温热库保持在温度为 T_H 和 T_C,如图 19-18 所示。令 Q 为在时间 t 内从板的热表面经过板传到它的冷表面的能量。实验表明**传导时率** P_{cond}(每单位时间传递的总能量)是

$$P_{\mathrm{cond}}=\frac{Q}{t}=kA\frac{T_H-T_C}{L} \qquad (19-32)$$

式中,k 称为**热导率**,是一个与组成板的材料有关的常量。容易通过传导传递能量的材料是**良热导体**,具有高的 k 值。表 19-6 给出了一些常见金属、气体和建筑材料的热导率。

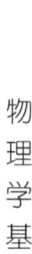

表 19-6 一些物质的热导率

物质	k/[W/(m·K)]
金属	
不锈钢	14
铅	35
铝	235
铜	401
银	428
气体	
空气(干)	0.026
氦	0.15
氢	0.18
建筑材料	
聚氨脂泡沫体	0.024
石棉	0.043
玻璃纤维	0.048
白松脂	0.11
窗玻璃	1.0

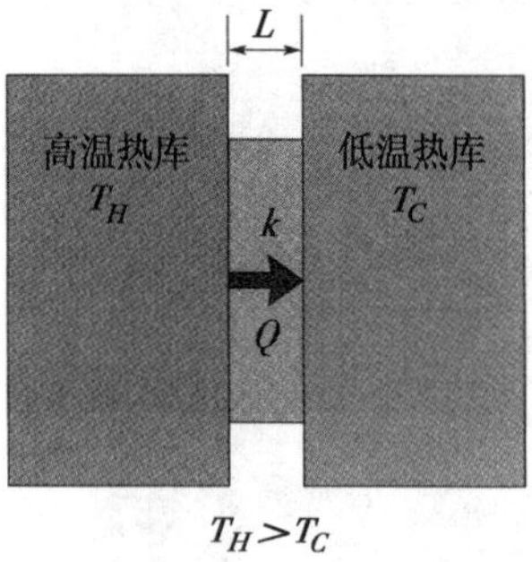

图 19-18 热传导。能量以热的形式从温度为 T_H 的热库通过厚为 L、热导率为 k 的导热板传给温度为 T_C 的较冷的热库。

对传导的热阻(*R* 值)

如果你对你的房子的隔热或在野餐中保持可乐罐冷却感兴趣,你就要更关心不良热导体,而不是良热导体。因为这个理由,**热阻** R 的概念引进了工程实践中。厚度为 L 的平板的 R 值被定义为

$$R = \frac{L}{k} \tag{19-33}$$

制做板的材料的热导率越低板的热阻越高。所以,具有高 R 值的东西是**不良热导体**,因此也是**良热绝缘体**。

注意,R 是赋于一块特定厚度的板的特性,而不是赋于哪种材料的。R 通常使用的单位(这个单位至少在美国是从未提到过的)是平方英尺-华氏度-小时每英制热量单位($ft^2 \cdot F° \cdot h/Btu$),(现在你知道为什么这个单位很少提到了。)

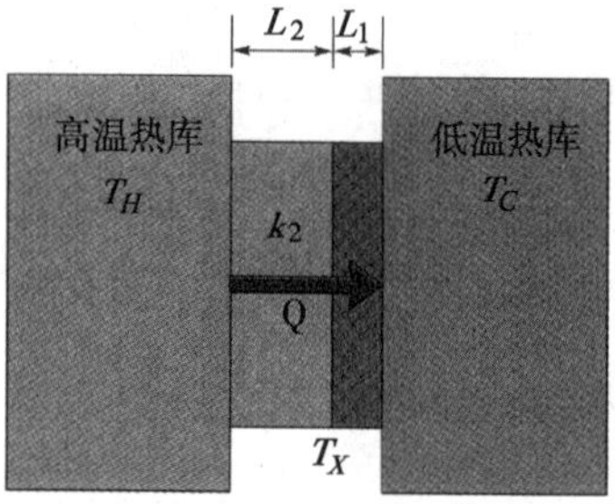

图 19-19 热量以一个稳恒的速率传过一块由两种不同材料、不同厚度及不同热导率组成的复合板。在两种材料的交界面处的稳态温度为 T_X。

通过复合板的传导

图 19-19 表示一块复合板,由不同厚度 L_1、L_2 和不同热导率 k_1、k_2 的两种材料组成。板的两外表面的温度为 T_H 和 T_C。板的每一个面的面积为 A。假设传递是一个**稳态**过程,即板中各处的温度及能量传递速率不随时间变化,让我们导出一个通过板的传导时率的表达式。

在稳态下,通过两种材料的传导时率必相等。就是说,在一定时间内传过一种材料的能量一定等于在同样的时间内传过另一种材料的能量。如果不是这样,板内的温度将改变,我们将没有稳态情况。设 T_X 为两种材料界面处的温度,式(19-32)可写成

$$P_{cond} = \frac{k_2 A(T_H - T_X)}{L_2} = \frac{k_1 A(T_X - T_C)}{L_1} \tag{19-34}$$

解式(19－34)得

$$T_X = \frac{k_1 L_2 T_C + k_2 L_1 T_H}{k_1 L_2 + k_2 L_1} \tag{19－35}$$

将 T_X 的表达式代入式(19－34)中的任一等式得

$$P_{\text{cond}} = \frac{A(T_H - T_C)}{L_1/k_1 + L_2/k_2} \tag{19－36}$$

可以将式(19－36)推广应用于由 n 种材料构成的板：

$$P_{\text{cond}} = \frac{A(T_H - T_C)}{\sum L/k} \tag{19－37}$$

分母中的求和号告诉我们要把所有材料的 L/k 值加起来。

检查点7：右图表示由四种厚度相同的材料组成的复合板的表面及界面的温度，通过复合板的热传递是稳恒的。按热导率由大到小对这些材料进行排序。

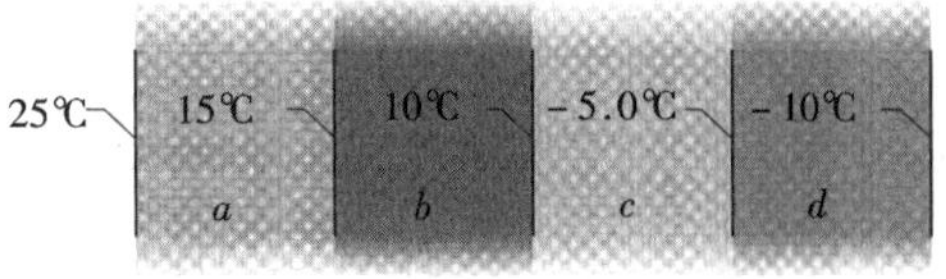

对流

当你看蜡烛或火柴的火焰时，你是在看热能通过**对流**向上传递。当一种流体，如空气或水，与另一种温度比该流体高的物体相接触时，这种能量传递就会发生。流体与热物体接触的部分温度升高，(在多数情况下)流体膨胀且因此密度变小。因为这膨胀了的流体现在比周围较凉的流体轻，浮力使它上升。一部分周围较凉的流体于是就流动以占据正在上升的较暖的流体的位置，这样这个过程就能连续下去。

对流是许多自然过程的一部分。在决定全球的气候图和每日的天气变化时，大气对流起着基本的作用。滑翔机驾驶员和鸟类等都寻找能使它们保持在高空的上升暖气流(暖空气的对流气流)。通过同样的过程，巨大的能量传递也在海洋中发生。最后说一下，能量从太阳核心的核炉传到其表面是依靠许许多多的对流单元，在其中热气体沿着单元的芯上升到表面，而围绕着芯的较冷的气体从表面下降。

辐射

一个物体与外界能以热的方式交换能量的第三种方法是利用电磁波(可见光是一种电磁波)。以这种方式进行的能量传递常常被称为**热辐射**，以便将它与电磁**信号**(如，电视广播中的)和核辐射(核发出的能量和粒子)相区别。(“辐射”一般意指“发射”。)当你站在大火面前，你会由于从火吸收热辐射而感到暖和；即你的热能增加而火的热能减少。通过辐射传热不需要介质——比如，辐射能通过真空从太阳传给你。

一个物体以电磁辐射的形式发射能量的时率 P_{rad} 取决于物体的表面积 A 和该表面以开表示的温度并由下式给出

$$P_{\text{rad}} = \sigma \varepsilon A T^4 \tag{19－38}$$

式中，$\sigma = 5.6703 \times 10^{-8}\,\text{W}/(\text{m}^2 \cdot \text{K}^4)$ 称为**斯忒藩—玻耳兹曼常量**，它是为纪念斯忒藩(1897 年在

实验上发现了式(19－38))和玻耳兹曼(随后很快从理论上得到了它)而命名的。符号ε表示物体表面的**发射率**,其值介于0和1之间,与表面的性质有关。具有最大发射率1.0的表面被称为**黑体辐射体**,但这种表面是一个理想的极限,在自然界中没有。再次注意式(19－38)中温度必须用开表示,以使0K温度对应于没有辐射。还要注意温度在0K以上的每一个物体——包括你——均产生热辐射(见图19－20)。

图19－20 一个假色的温度记录相片显示由沿街房子辐射能量的时率,这些时率从最大到最小的颜色标记依次为白、红、粉、蓝和黑。你能据此图说出墙上哪里有绝缘材料,哪里的黑的窗户有厚重的窗帘罩着,哪里的二楼天花板上空气温度较高。

表示一个物体通过热辐射从它的温度T_{env}(K)为均匀的环境吸收能量的时率P_{abs}是

$$P_{abs} = \sigma\varepsilon A T_{env}^4 \quad (19-39)$$

式(19－39)中的发射率ε与式(19－38)中的发射率相同。一个理想的黑体辐射体,其$\varepsilon=1$,将吸收全部投射到它上面的能量(而不是通过反射或散射从它自身将一部分回送回去)。

因为一个物体在从周围环境吸收能量的同时又向周围环境辐射能量,因此,热辐射的物体能量的交换净速率为

$$P_{net} = P_{abs} - P_{rad} = \sigma\varepsilon A(T_{env}^4 - T^4) \quad (19-40)$$

如果通过辐射正在吸收净能量,则P_{net}是正的;如果通过辐射正在损失净能量,则P_{net}是负的。

例题19－6

图19－21表示一个由厚度为L_a的白松木和厚度为$L_d(L_d=2.0L_a)$的砖块组成的墙的横截面,夹有两层厚度和热导率都相同的未知材料。松木的热导率为k_a,砖的热导率为$k_d(=5.0k_a)$,墙的面积A未知,通过墙的热传导已达到稳态,界面的温度只有$T_1=25℃$,$T_2=20℃$,$T_5=-10℃$已知的。界面的温度T_4是多少?

【解】 这里一个**关键点**是温度T_4有助于确定通过砖块传导能量的如式(19－32)给出的时率P_d。然而,要从式(19－32)解出T_4还缺乏足够的数据。第二个**关键点**是,因为热传导是稳恒的,所以通过砖块的传导速率P_d一定与通过松木的传导时率P_a相等。从式(19－32)和图19－21得

$$P_a = k_a A\frac{T_1-T_2}{L_a},\quad P_d = k_d A\frac{T_4-T_5}{L_d}$$

令$P_a=P_d$,解出T_4得

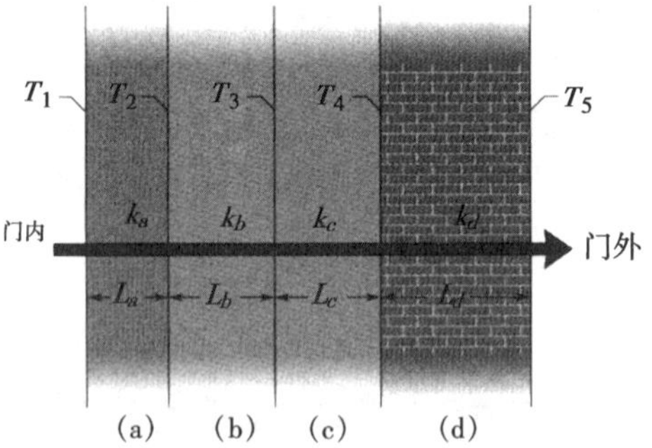

图19－21 例题19－6图 有稳态的热传递通过的4层墙。

$$T_4 = \frac{k_a L_d}{k_d L_a}(T_1 - T_2) + T_5$$

将$L_d=2.0L_a$和$k_d=5.0k_a$及已知的温度代入,得

$$T_4 = \frac{k_a(2.0L_a)}{(5.0k_a)L_a}(25℃-20℃)+(-10℃) = -8.0℃$$

(答案)

例题 19－7

当数百个日本蜜蜂形成一个密实的球体包围一个企图侵袭它们的蜂巢的大黄蜂时，它们能迅速地将它们的体温从正常的35℃升高到47℃或48℃。较高的温度对黄蜂来说是致命的，但对蜜蜂却不是（图 19－22）。做如下假设：500 个蜜蜂形成一个半径为 R = 2.0cm 的球，持续一段时间 t = 20 min，球损失能量主要通过热辐射，球的表面具有发射率 ε = 0.80，球的温度均匀。在保持47℃的20min 内，平均来讲每一个蜜蜂必须产生多少额外的辐射能？

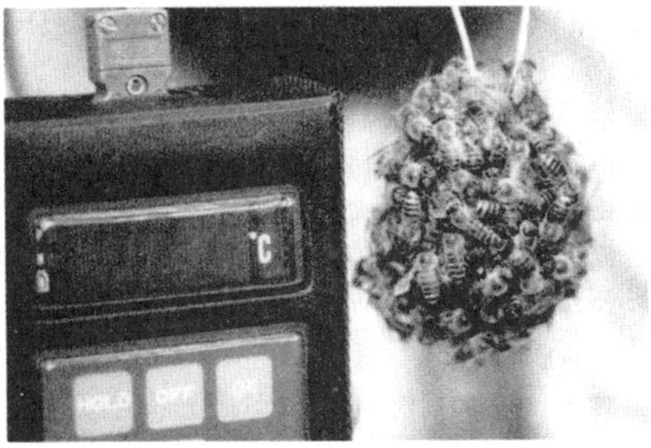

图 19－22 例题 19－7 图 蜜蜂体温的升高对自身无伤害，但大黄蜂受不了。

【解】 这里**关键点**是，因为蜜蜂球的表面温度在球形成后升高，球辐射能量的率速也随之增加。因此，蜜蜂失去额外能量用于热辐射。可以用式（19－38）（$P_{rad}=\sigma\varepsilon AT_{env}^4$）把表面温度与辐射时率（单位时间的能量）联系起来，式中 A 是球的表面积，T 是球的用开表示的表面温度。这一时率是单位时间的能量，即

$$P_{rad}=\frac{E}{t}$$

因此，在时间 t 内总的辐射能 E 为 $E=P_{rad}t$。

在正常温度 T_1 = 35℃时，辐射时率为 P_{r1}，在时间 t 内辐射的能量为 $E_1=P_{r1}t$；当温度升高到 T_2 = 47℃时，（更大的）辐射时率为 P_{r2}，在时间 t 内辐射的更多的能量为 $E_2=P_{r2}t$。因此，在保持球的温度为 T_2 的时间 t 内，蜜蜂必须（全体）提供额外的能量 $\Delta E=E_2-E_1$。

现在能写出

$$\begin{aligned}\Delta E&=E_2-E_1=P_{r2}t-P_{r1}t\\&=(\sigma\varepsilon AT_2^4)\,t-(\sigma\varepsilon AT_1^4)\,t\\&=\sigma\varepsilon At\,(T_2^4-T_1^4)\end{aligned}\qquad(19-41)$$

在这里，温度必须以开为单位，将它们写为

$$T_2=47℃+273\ ℃=320\text{K}$$
$$T_1=35℃+273\ ℃=308\text{K}$$

球的表面积 A 为

$$A=4\pi R^2=(4\pi)(0.020\text{m}^2)=5.027\times10^{-3}\ \text{m}^2$$

时间 t 为 20 min = 1200s。将这些和其他已知数据代入式（19－41），得

$$\begin{aligned}\Delta E&=[5.6703\times10^{-8}\ \text{W}/(\text{m}^2\cdot K^4)]\\&\quad(0.80)(5.027\times10^{-3}\ \text{m}^2)\\&\quad(1200\text{s})[(320\text{K})^4-(308\text{K})^4]\\&=406.8\ \text{J}\end{aligned}$$

因此，由于在球里有 500 个蜜蜂，所以每一个蜜蜂必须产生额外的能量为

$$\frac{\Delta E}{500}=\frac{406.8\text{J}}{500}=0.81\text{J}\qquad(答案)$$

复习和小结

温度和温度计 温度是一个与我们的冷热感觉有关的SI制的基本量。它用温度计来测量。温度计含有的工作物质具有一种可测性质，如长度或压强，而且它随着物质变热或变冷按一定的规律变化。

热力学第零定律 当使一个温度计和某个其他物体相互接触在一起时，它们最终总能达到热平衡。温度计的读数就可取为其他物体的温度。为这个过程提供统一且有用的温度测量的根据是**热力学第零定律**：如果物体 A 和 B 分别与第三个物体 C（温度计）处于热平衡，A 和 B 就相互处于热平衡。

开尔文温标 在 SI 系统中，测量温度用**开尔文温标**，它是以水的**三相点**（273.16K）为基础的。然后再用**定容气体温度计**来定义其他温度。在这种温度计中，保持某种气体样品的体积不变，这样它的压强就与它的温度成正比。气体温度计测量的**温度** T 定义为

$$T=(273.16\text{K})\left(\lim_{\text{gas}\to0}\frac{p}{p_3}\right)\qquad(19-6)$$

式中，T 以开为单位；p_3 和 p 分别是气体在 273.16K 和待测温度下的压强。

摄氏和华氏温标 摄氏温标定义为

$$T_C=T-273.15\text{K}\qquad(19-7)$$

其中 T 的单位为开。华氏温标定义为

$$T_F=\frac{9}{5}T_C-32°\qquad(19-8)$$

热膨胀 所有物体都随着温度的改变而改变其尺寸。对于温度变化 ΔT，任意线性尺寸 L 的变化 ΔL 为

$$\Delta L=L\alpha\Delta T\qquad(19-9)$$

式中，α 是**线[膨]胀系数**。体积为 V 的固体或液体体积的变化 ΔV 为

$$\Delta V = V\beta\Delta T \qquad (19-10)$$

式中，$\beta = 3\alpha$ 是材料的**体[膨]胀系数**。

热量　热量 Q 是由于系统与外界之间存在温差而在两者之间传递的能量。它可用**焦耳**(J)、**卡**(cal)、**千卡[路里]**(Cal 或 kcal)或**英制热量单位**(Btu)量度，

$$1\ \text{cal} = 3.969 \times 10^{-3}\,\text{Btu} = 4.1860\,\text{J} \qquad (19-12)$$

热容和比热容　如果一个物体吸收热量 Q，其温度改变 $T_f - T_i$ 与 Q 有如下关系

$$Q = C(T_f - T_i) \qquad (19-13)$$

式中，C 是物体的**热容**。如果物体的质量为 m，则

$$Q = cm(T_f - T_i) \qquad (19-14)$$

式中，c 是组成物体的材料的**比热容**。物质的**摩尔热容**是指每摩尔，或每 6.02×10^{23} 个基元单位的物质的热容。

转变热　一种物质吸收了热量可能会改变这种物质的物理状态或相——例如，从固体变为液体，或从液体变为气体。为改变某一特定物质的相(但不改变温度)时，每单位质量所需的能量是该物质的**转换热** L。因此

$$Q = Lm \qquad (19-16)$$

汽化热　L_V 是使每单位质量的液体汽化必须对液体加的或使气体液化必须移走的能量。**熔化热** L_F 是使每单位质量的固体熔化必须对固体加的或使液体凝固必须移走的能量。

与体积改变有关的功　气体也许会通过做功与它的外界交换能量。当气体从一个初始体积 V_i 膨胀或收缩到一个终了体积 V_f 时，由气体做的功 W 为

$$W = \int dW = \int_{V_i}^{V_f} p\,dV \qquad (19-25)$$

因为在体积改变期间压强 p 也许是变化的，所以积分是必要的。

热力学第一定律　能量守恒原理对于一个热力学过程表示为**热力学第一定律**，它可取下列两种形式之一

$$\Delta E_{\text{int}} = E_{\text{int},f} - E_{\text{int},i} = Q - W \ (\text{第一定律}) \qquad (19-26)$$

或

$$dE_{\text{int}} = dQ - dW \ (\text{第一定律}) \qquad (19-27)$$

E_{int} 表示物体的内能，它仅依赖于物体的状态(温度、压强和体积)。Q 表示系统与它的外界环境之间以热量交换的能量。如果系统吸热，则 Q 是正的；如果系统放热，则 Q 是负的。W 是**由**系统做的功。如果系统反抗外界作用的力膨胀，则 W 是正的；如果系统由于某种外力而收缩，则 W 是负的。**Q 和 W 两者都与路径有关；ΔE_{int} 与路径无关**。

热力学第一定律的应用　热力学第一定律可用于下列几种特殊情况：

绝热过程：$Q = 0$，$\Delta E_{\text{int}} = -W$

定容过程：$W = 0$，$\Delta E_{\text{int}} = Q$

循环过程：$\Delta E_{\text{int}} = 0$，$Q = W$

自由膨胀：$Q = W = \Delta E_{\text{int}} = 0$

传导、对流和辐射　通过一块表面温度保持在 T_H 和 T_C 的板**传导**能量的时率 P_{cond} 为

$$P_{\text{cond}} = \frac{Q}{t} = kA\frac{T_H - T_C}{L} \qquad (19-32)$$

式中，A 和 L 是板的面积和长度；k 是材料的热导率。

当温度不同使得在液体内部的运动引起能量传递时，就发生**对流**。**辐射**是一种利用电磁能的发射的能量传递，一个物体通过热辐射发射能量的时率 P_{rad} 为

$$P_{\text{rad}} = \sigma\varepsilon AT^4 \qquad (19-38)$$

式中，$\sigma = 5.6703 \times 10^{-8}\ \text{W/(m}^2\cdot\text{K}^4)$，称为斯忒潘－玻耳兹曼常量；$\varepsilon$ 表示物体表面的发射率；A 是它的表面积；T 是它的表面温度(以开为单位)。物体从一个温度 T_{env}(以开为单位)均匀的环境通过热辐射吸收能量的时率 P_{abs} 为

$$P_{\text{abs}} = \sigma\varepsilon AT_{\text{env}}^4 \qquad (19-39)$$

思考题

1. 图 19－23 表示三个标出水的凝固点和沸点温度的线性温标。根据相应的温度变化，由大到小将 25R°，25S°和 25U°的变化排序。

2. 表中给出了四条细棒的初始长度、温度的改变量 ΔT 和长度的改变量 ΔL。按它们的热膨胀系数由大到小将这些棒排序。

棒	L/m	ΔT/C°	ΔL/m
a	2	10	4×10^{-4}
b	1	20	4×10^{-4}
c	2	10	8×10^{-4}
d	4	5	4×10^{-4}

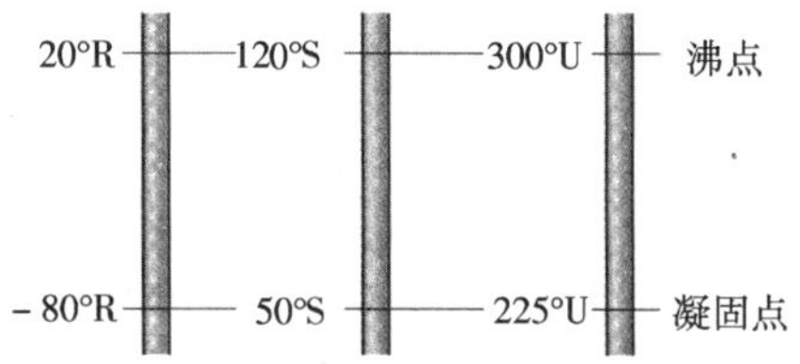

图 19 -23　思考题 1 图

3. 在一个隔热容器中,质量为 m 的物体 A 靠着质量也是 m 但温度更高的物体 B 安放。当达到热平衡时,记录到 A 和 B 的温度改变为 ΔT_A 和 ΔT_B,然后用 A 与其他质量均为 m 的材料重复这个实验,结果在表中给出。将四种材料按比热容的大小排列,最大的排在第一。

实验	温度改变
1	$\Delta T_A = +50C° \Delta T_B = -50C°$
2	$\Delta T_A = +10C° \Delta T_C = -20C°$
3	$\Delta T_A = +2C° \Delta T_D = -40C°$

4. 材料 A、B 和 C 是处于它们各自的熔化温度的固体。熔化 4 kg 的材料 A 需要 200 J;熔化 5 kg 材料 B 需要 300J;熔解 6kg 材料 C 需要 300J。按它们的熔化热由大到小将这些材料排序。

5. 图 19 -24 表示某种气体在 $p-V$ 图上的两个闭合循环。循环 1 的三部分与循环 2 的三部分具有同样的长度和形状,如果要使(a)气体做的净功是正的,(b)气体以热量形式传递的净能量是正的,每一个循环应该顺时针进行还是逆时针进行?

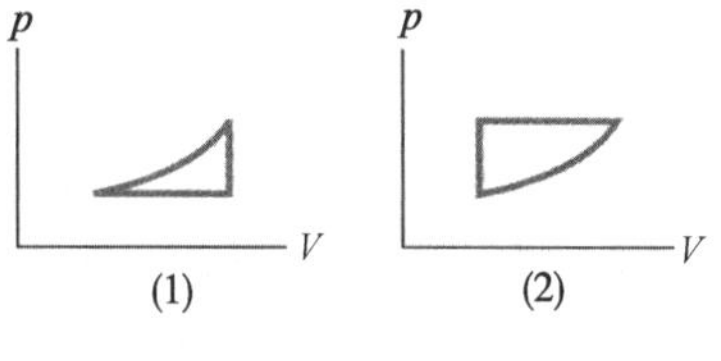

图 19 -24　思考题 5 和思考题 6 图

6. 图 19 -24 中的哪个循环顺时针进行时,(a) W 较大和(b) Q 较大?

7. 图 19 -25 表示一块由三种不同的材料 a、b 和 c 组成的复合板,这三种材料具有同样的厚度,热导率 $k_b > k_a > k_c$。通过它们以热量形式所传递的能量是非零和稳恒的。按跨越它们的温差 ΔT 由大到小将这三种材料排序。

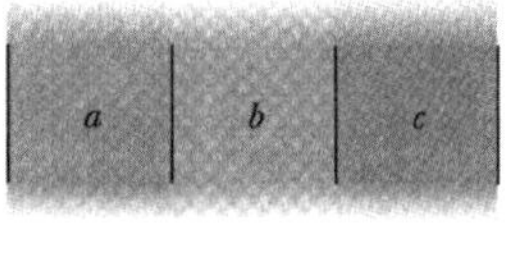

图 19 -25　思考题 7 图

8. 在冰钟乳石的生长期间,它的外表被一薄层液态水履盖,这层水慢慢向下流形成水滴,一次一滴,悬挂在冰钟乳石尖上(图 19 -26)。每一滴都向(并不一直都向)冰钟乳石的**根部**(顶上)延伸一支细的液体水管。由于管的顶部的水逐渐冻结,能量释放出来。能量是通过水沿径向向外传,它是通过水向下面悬挂着的水滴传,还是向上面的根部传?(假设空气的温度在 0℃以下)

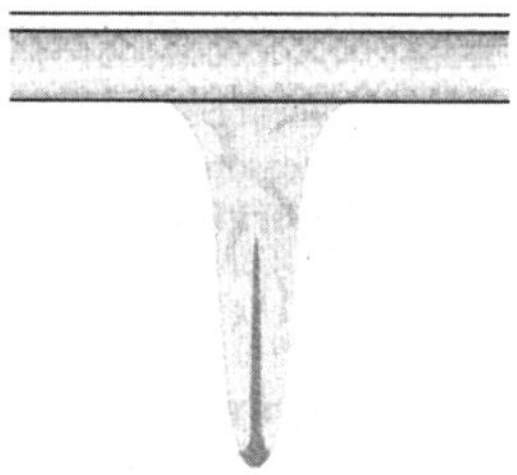

图 19 -26　思考题 8 图

9. 下列为由同一种材料组成的几个固态物体,在温度为 350 K 的环境中保持 300 K 的温度。它们是边长为 r 的立方体;半径为 r 的球体;半径为 r 的半球体。按与环境交换热辐射的净时率由大到小将这些固体排序。

10. 将三种质量相同的不同材料依次放入一个特殊的冷冻器中,该冷冻器可以一个恒定的时率从一种材料中抽取能量。在冷却过程中,每一种材料都从液态开始到固态结束。图 19 -27 是三种材料的温度随时间 t 变化的关系图。(a)对材料 1,其液态的比热容比其固态的比热容是大还是小?按它们的(b)凝固点温度、(c)处于液态时的比热容、(d)处于固态时的比热容,和(e)熔化热由大到小将这些材料排序。

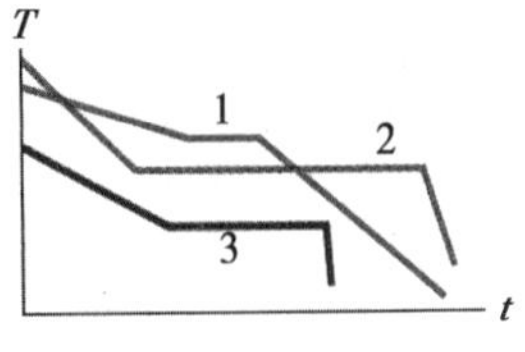

图 19 -27　思考题 10 图

物理学基础

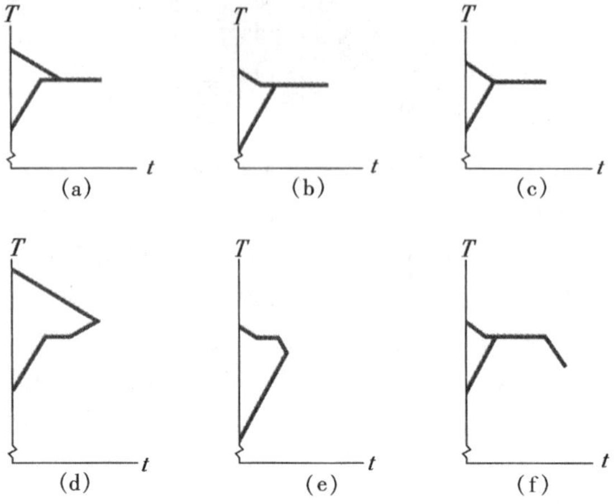

图 19-28 思考题 11 和思考题 12 图

11. 把质量相同的液态水样品 A 和冰样品 B 放在一个绝热容器中，使之达到热平衡。图 19-28a 是样品的温度 T 与时间 t 的关系的简图。(a) 平衡温度是在水的凝固点以上、以下、还是正好在凝固点？(b) 在达到平衡后，液体是已部分凝固、已全部凝固、还是根本就没有凝固？(c) 冰已部分熔化、已全部熔化、还是根本就没有熔化？

12. 继续问题 11：图 19-28 给出更多的 T 对 t 简图，其中有一个或更多个是不可能产生的。(a) 哪一个图不可能？为什么？(b) 在可能的图中，平衡温度是在水的凝固点以上、以下、还是正好在水的凝固点？(c) 当可能的情况达到平衡时，液体是已部分凝固、已全部凝固、还是根本就没有凝固？冰是已部分熔化、已全部熔化、还是根本就没有熔化？

练习和习题

19-3 节 测量温度

1E. 将两个定容气体温度计放在一起，一个充有氮气，另一个充有氢气，两者都装有足够的气体以至于 $p_3 = 80\text{kPa}$。如果将两个温度计球插入沸水中，两个温度计中的压强差是多少？(**提示：**见图 19-6)。哪一种气体的压强更高？(ssm)

2E. 假设在水的沸点时气体的温度为 373.15 K。该气体在水的沸点时的压强与其在水的三相点时的压强之比的极限值是多少？(设在两个温度下气体的体积相同)

3E. 一个特殊的气体温度计由两个装有气体的球组装而成，将每一个放入水槽中，如图 19-29 所示。用水银压强计测量两球的压强差。没有画在图中的相应的容器保持两球中气体的体积恒定。当两个水槽都处于水的三相点时，没有压强差。当一个水槽处于水的三相点而另一个处于水的沸点时，压强差为 120torr；当一个水槽处于水的三相点而另一个水槽处于一个未知的待测温度时，压强差为 90.0torr，未知温度是多少？(ssm)

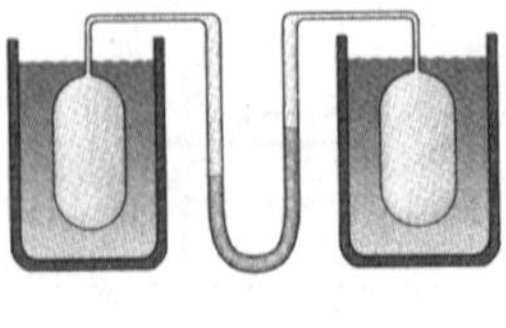

图 19-29 练习 3 图

19-4 节 摄氏和华氏温标

4E. 在什么温度华氏温标的读数等于 (a) 摄氏温标读数的两倍，(b) 摄氏温标读数的一半？

5E. 在什么温度下列各对温标的读数相同(如果有的话)：(a) 华氏和摄氏(查表 19-1)，(b) 华氏和开氏，(c) 摄氏和开氏？(ssm)

6E. (a) 1964 年，西伯利亚 Oymyakon 村的温度达到 -71℃。该温度用华氏温标表示是多少？(b) 在美国大陆有正式记录的最高的温度是加利福尼亚的死亡狭谷的 134°F。该温度用摄氏温标表示是多少？

7P. 热的物体冷却或冷的物体变暖最后达到它们的环境温度，这是每天都能观察到的现象。如果物体与它的环境的温差 $\Delta T(\Delta T = T_{obj} - T_{sur})$ 不太大，则物体冷却或变暖的速率近似地正比于这一温差，即

$$\frac{\mathrm{d}\Delta T}{\mathrm{d}t} = -A(\Delta T)$$

式中，A 是一个常量。(负号的出现，是因为如果 ΔT 是正的，则 ΔT 随时间的增加而减小；如果 ΔT 是负的，则增加。)这称为**牛顿冷却定律**。(a) A 与什么因素有关？它的量纲为何？如果在某一 $t=0$ 的时刻温差为 ΔT_0，证明在以后某一时刻温差为

$$\Delta T = \Delta T_0 e^{-At} \qquad \text{(ssm)}$$

8P. 有一天，一所房子的暖气设备坏了，此时屋外的温度是 7.0℃。结果，屋里的温度在 1h 内从 22℃ 降到 18℃。房主修理暖气设备，并给房子加了隔热层。现在她发现，在一个同样的日子里，当不打开暖气设备时，屋里的温度从 22℃ 降到 18℃ 需要从前两倍的时间。牛顿冷却定律(见练习题 7)中的常数 A 的新值与原来值的比率是多少？

9P. 设在线性温标 X 中，水在 -53.5°X 沸腾，在 -170°X 凝固。340 K 的温度用 X 温标来表示是多少？(ilm)

19-5 节 热膨胀

10E. 一根铝制旗竿高 33 m。当温度增加 15 C° 时，它的长度增加多少？

11E. 在 Palomar 山天文台的望远镜中，有一面直径为 200in 的派热克斯玻璃反射镜。在 Palomar 山上，温度可从 -10℃ 变化到 50℃。假设玻璃能自由地膨胀和收缩，用 μm 来计算，反射镜的直径变化的最大值是多少？(ssm)

12E. 一根铝合金棒在 20.000℃ 的长为 10.000 cm，在水的沸点时长为 10.015 cm。(a)在水的凝固点时棒的长度是多少？(b)如果棒长为 10.009 cm，温度是多少？

13E. 铝盘上一个圆洞在 0.000℃ 时直径为 2.725 cm。当盘的温度升高到 100.0℃ 时，该洞的直径是多少？(ilw)

14E. 如果铅球的体积在 60℃ 时是 50 cm^3，则在 30℃ 时它的体积是多少？

15E. 初始半径为 10 cm 的铝球被加热，求使得温度从 0.0℃ 上升到 100℃ 时体积的变化。(ssm)

16E. 矩形平板的面积 A 为 ab，它的线胀系数为 α。当温度升高 ΔT 时，a 边增长 Δa，b 边增长 Δb。证明：如果忽略小量 $(\Delta a\Delta b)/ab$，则 $\Delta A = 2\alpha A\Delta T$。

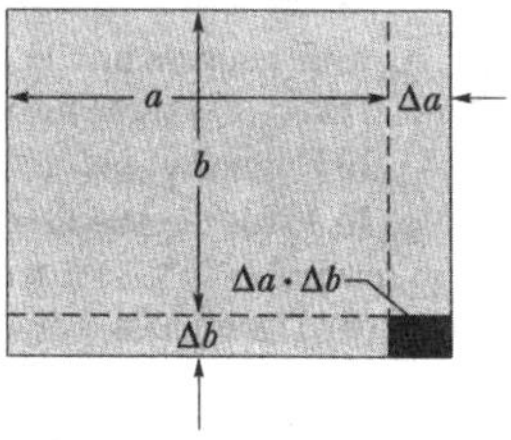

图 19-30 练习 16 图

17E. 一个容量为 100 cm^3 铝杯在 22℃ 装满甘油。如果杯子和甘油的温度都升高到 28℃，将有多少甘油溢出杯子？(甘油的体胀系数为 5.1×10^{-4}/C°)(ssm)

18P. 在 20℃ 时，一根棒在钢尺上的准确长度是 20.05 cm。将棒和钢尺都放在 270℃ 的火炉中，此时由钢尺测出棒长是 20.11 cm，组成棒的材料的热膨胀系数是多少？

19P. 一根钢棒在 25℃ 时直径为 3.000 cm，一个黄铜环在 25℃ 时内径为 2.992 cm，在哪一个共同温度下，环正好能套在棒上？(ssm)(ilw)(www)

20P. 当一个金属圆筒的温度从 0.0℃ 升到 100℃ 时，它的长度增加了 0.23%。(a)求密度变化的百分比；(b)这种金属是什么？用表 19-2。

21P. 证明当气压计中液体的温度改变 ΔT、而压强是常量时，液体的高 h 改变为 $\Delta h = \beta h\Delta T$，式中 β 是体胀系数，忽略玻璃管的膨胀。(ssm)

22P. 当一个铜币的温度升高 100℃ 时，它的直径增加 0.18%。取两位有效数字，给出铜币在下述几方面增大的百分比：(a)一个面的面积、(b)厚度、(c)体积和(d)质量。(e)计算铜币的线胀系数。

23P. 一只有一个黄铜摆的摆钟设计得在 20℃ 保持准确的时间。如果钟在 0℃ 运行，它每小时的误差是多少秒？是快了还是慢了？(ilw)

24P. 在一个特定的实验中，一个小的放射源必须以选定的、极慢的速度运动，这一运动是通过将放射源固定在铝棒的一端，并用一种可控的方法在棒的中间部分加热完成的。如果在图 19-31 中棒被有效加热的部分是 2.00 cm，要使放射源以 100 nm/s 的恒定速率运动，棒的温度必须以多大的恒定速率改变？

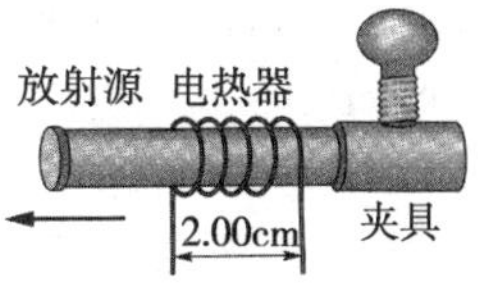

图 19-31 习题 24 图

25P. 由于温度升高 32C°，一根中心有一条裂缝的棒向上弯曲(图 19-32)。如果固定的距离 L_0 是 3.77 m，棒的线胀系数是 25×10^{-6}/C°，求棒中心的升高 x。(ssm)(ilw)

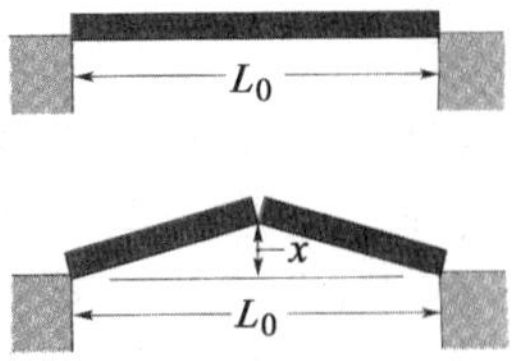

图 19-32 习题 25 图

19-7 节 固体和液体对热量的吸收

26E. 某一营养大夫鼓励人们饮用冰水。他的理论是人们必须燃尽足够的脂肪以便将水的温度从 0.00℃ 提高到 37℃ 的体温。假设燃尽 454 g(约 1 lb)的脂肪需要将 3500 Cal 转移给冰水，那么燃尽这些脂肪必须耗掉多少升冰水？为什么听这个大夫的话是不可取的？(1 L = 10^3 cm^3，水的密度是 1.00 g/cm^3。)

27E. 某一物质的摩尔质量为 50 g/mol。当给 30.0 g 的样品以热量形式加入 314 J 时，样品的温度从 25.0℃升高到 45.0℃。(a) 该物质的比热容和 (b) 该物质的摩尔热容是多少？(c) 该物质有多少摩尔？(ssm)

28E. 以热量形式的 50.2 kJ 从 260 g 初始处于凝固点的液态水中传出后，还有多少水没凝结成冰？

29E. 计算将 130 g 初温为 15.0℃的水银完全熔化需要的能量的最小值，以焦为单位。(ssm)

30E. 一个房间由四个 100 W 的白炽灯泡照亮（100 W 的功率是一个灯泡将电能转换成热和可见光能量的速率）。设 90% 的能量转换为热，1h 内这间房子接收多少热？

31E. 一个精力充沛的运动员每天能把饮食中 4000 Cal(4000kcal) 的能量全部用掉。如果他以一个恒定的时率用掉这些能量，他的耗能时率与一个 100 W 灯泡的功率之比是多少？(100 W 的功率是灯泡将电能转换成热能和可见光能量的比率)(ilw)

32E. 每克黄油含 6.0 Cal(= 6000 cal) 可用的能量，多少克黄油将等价于一个 73.0 kg 的人从海平面攀上珠穆朗玛的高 8.84 km 峰顶时重力势能的改变？设 g 的平均值为 9.8 m/s^2。

33E. 为了在 2min 内在一块 1.60lb 的铜板上钻一个孔，需要 0.400 hp 的功率。(a) 如果全部的功率是产生热能的速率，以 Btu 为单位产生了多少热能？(b) 如果铜吸收这个能量的 75%，铜的温度升高多少？(利用能量换算 $1\ ft \cdot 1bf = 1.285 \times 10^{-3}$ Btu)(ssm)

34E. 当天气预报晚上将降到冰点以下很低温度时，一种不至于使车库变得太冷的方法是在车库里放一个水桶。如果水的质量为 125 kg，初温为 20℃。(a) 为了使水完全凝固，水必须向环境传递多少能量？(b) 当水完全凝固时，水和环境的最低温度是多少？

35E. 为泡一杯速溶咖啡，用一个小的电热器给 100 g 的水加热。电热器标有"200watts"字样，意为电热器按这一时率将电能转换为热能。计算将全部水从 23℃加热到 100℃所需时间，忽略任何热损失。(ssm)

36P. 一个 150 g 的铜碗盛有 220 g 水，都在 20.0℃。将一个 300 g 的很热的铜柱放进水里，使水沸腾，并有 5 g 水变成水蒸气。系统的终温是 100℃。忽略环境的能量交换。(a) 有多少能量以热量形式传给了水（用 cal 为单位）？(b) 有多少能量以热量形式传给了碗？(c) 铜柱的初始温度是多少？

37P. 一个厨师因为发现他的炉子坏了，决定用将水放到保温瓶里摇晃的方式为他妻子的咖啡烧开水。设他用 15℃的自来水，每晃一次水下落 30 cm，每分钟摇晃 30 次。忽略由保温瓶损失的热能，他必须摇晃保温瓶多长时间才能使水温达到 100℃。(ssm) (www)

38P. **非公制说法**：一个 2.0×10^5 Btu/h 的热水器要将 40 gal 水的温度从 70 ℉提高到 100 ℉需要多长时间？**公制说法**：一个 59 kW 的热水器将 150 L 水的温度从 21℃提高到 38℃需要多长时间？

39P. 乙醇的沸点为 78℃，凝固点为 －114℃，汽化热为 879 kJ/kg，熔化热为 109 kJ/kg，比热容为 2.43 kJ/(kg · K)。必须从 0.510 kg 的 78℃气态乙醇中提走多少能量才能使它变为 －114℃的固体？

40P. 一辆以 90 km/h 开行的 1500 kg 的 Buick（别克）刹车停下，均匀减速且没有打滑，刹车距离是 80 m。在刹车系统中机械能转换为热能的平均时率是多少？

41P. 一种物质的比热容按 $c = 0.20 + 0.14T + 0.023T^2$ 随温度变化，式中 T 的单位为℃，c 的单位为 cal/(g · K)。求要将 2.0 g 这种物质的温度从 5℃升高到 15℃需要多少能量？

42P. 在一个太阳能热水器中，从太阳来的能量通过在屋顶收集器中管内循环的水收集起来。太阳的辐射通过一个透明的盖子进入收集器中，并加热管中的水，这些水被抽到一个储水池中。设想整个系统的效率是 20%（即入射太阳能的 80% 从系统散失掉），当入射光强为 700 W/m^2 时，要在 1h 内将水箱中的 200 L 水的温度从 20℃提高到 40℃，收集器的面积必须是多少？

43P. 在一个绝热容器中，需要将多少 100℃的水蒸气与 150 g 处于熔点的冰混合，才能产生 50℃的液态水？(ilw)

44P. 一个人通过将 500 g 热茶（基本是水）与等量的冰点的冰混合制作一定量的冰茶。如果热茶的初温为 (a) 90℃和 (b) 70℃，当茶和冰到达同一温度时，剩余的冰的质量和温度是多少？忽略传到环境的能量。

45P. (a) 在一个绝热容器中将两块 50 g 的冰块放入 200 g 水中。如果水的初温是 25℃，而冰是直接从 －15℃的冰箱里拿出来的，当饮料达到热平衡时其终温是多少？(b) 如果只用一块冰则终温又是多少？(ssm)

46P. 一个绝热的保温瓶装有 130 cm^3 的 80.0℃的热咖啡。你将一个 12.0 g 冰点的冰块放进去以冷却咖啡。当冰全部熔化时，你的咖啡凉了多少度？解题时可将咖啡当纯水处理并忽略传给环境的能量。

47P. 一个 20.0 g 的铜环，直径为 2.54000 cm，温度为 0.000℃；一个铝球的直径为 2.54508 cm，温度为 100.0℃。将球放在环的顶上（图 19－33），并让两者在无热量损失到周围环境的情况下达到热平衡。在平衡温度下球恰好通过环。球的质量是多少？（ssm）

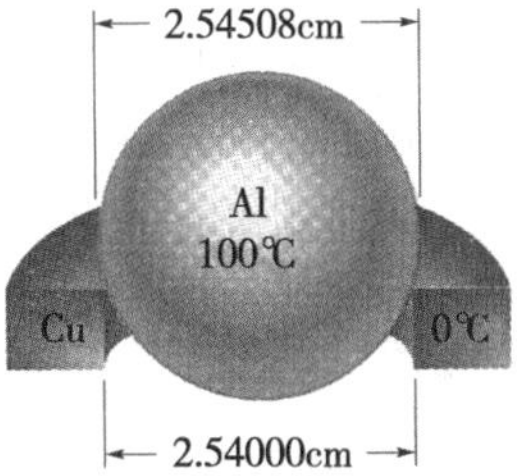

图 19－33 习题 47 图

19－10 节 热力学第一定律的一些特殊情况

48E. 设对系统做功 200 J，从系统抽取的热量为 70.0 cal。在热力学第一定律的意义上，(a) W、(b) Q 和 (c) ΔE_{int} 的值为何（包括代数符号）？

49E. 一种气体的样品，当它的压强从 40 Pa 减小到 10 Pa 时，体积从 1.0 m^3 膨胀到 4.0 m^3。如果它的压强随体积分别经由图 19－34 所示的 $p-V$ 图中的三条路径变化，气体做多少功？（ssm）（www）

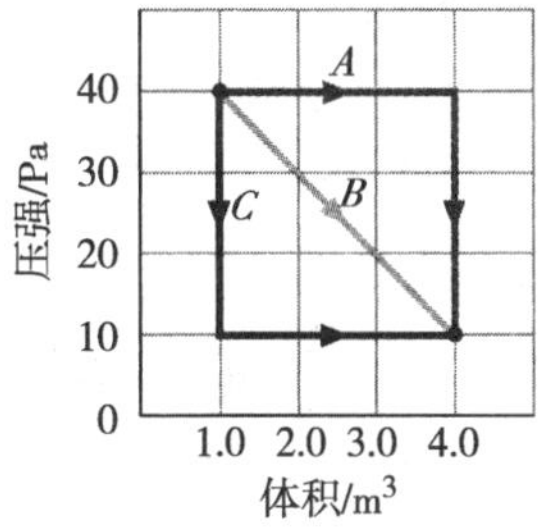

图 19－34 练习 49 图

50E. 一个热力学系统从初态 A 变化到另一状态 B，再经过状态 C 又回到状态 A，如图 19－35a 中的 $p-V$ 图中路径 $ABCA$ 所示。(a) 填写与循环的每一过程相联系的每一个热力学量的 + 或 − 号，完成图 19－35b 中的表。(b) 计算整个循环 $ABCA$ 中系统做功的数值。

51E. 在一个密闭盒子中，气体经历一个循环，如图 19－36 中的 $p-V$ 图所示。计算在一个完整循环期间系统以热量形式吸收的净能量。（ssm）（ilw）

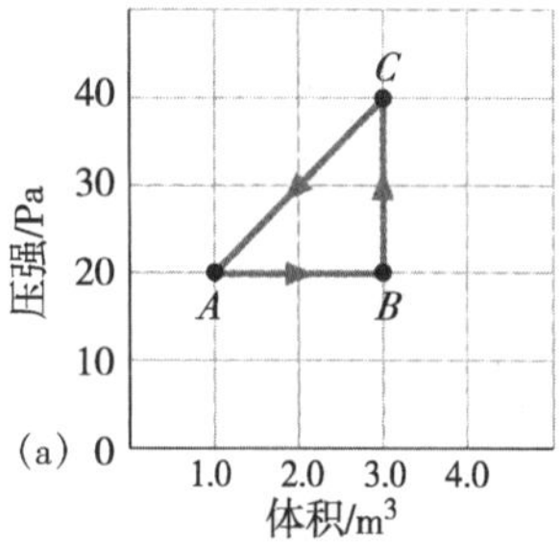

(a)

(b)

	Q	W	ΔE_{int}
$A\longrightarrow B$			+
$B\longrightarrow C$	+		
$C\longrightarrow A$			

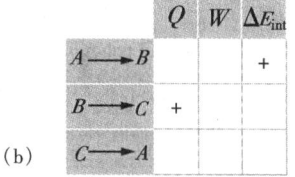

图 19－35 练习 50 图

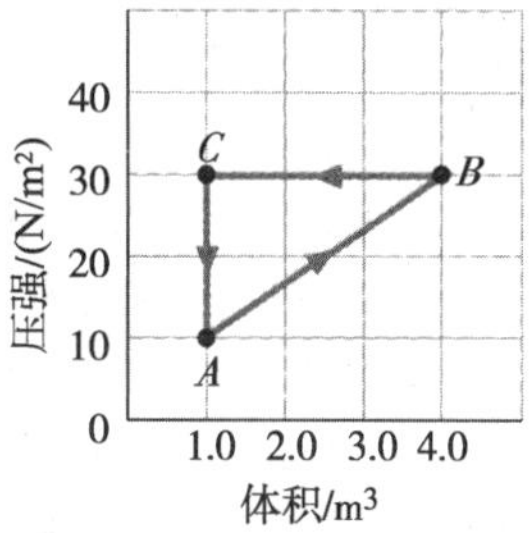

图 19－36 练习 51 图

52E. 在一个封闭的小室中的气体经历一个如图 19－37 所示的循环过程。如果系统在 AB 过程中以热量形式加入的能量 Q_{AB} 是 20.0 J，在 BC 过程中没有热传递，并且在循环过程中所做的净功为 15.0 J，确定系统在 CA 过程中以热量形式传递的能量。

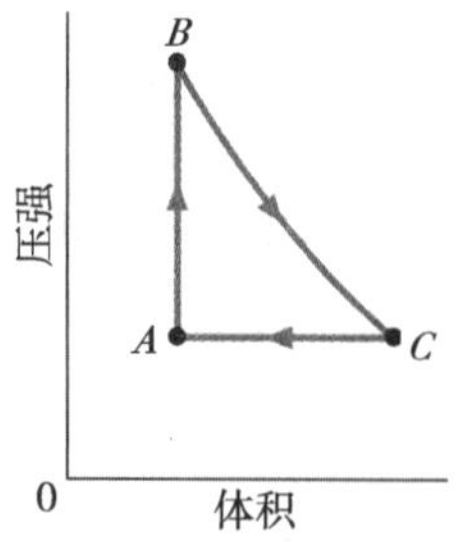

图 19－37 习题 52 图

53P. 在图 19－38 中，当一个系统从状态 i 沿路径 iaf 变化到状态 f 时，$Q=50$ cal，$W=20$ cal。沿路径 ibf 时，$Q=36$ cal。(a) 沿路径 ibf 时 W 是多少？(b) 如果沿路径 fi 返回时 $W=-13$ cal，则沿该路径的 Q 是多少？(c) 令 $E_{int,i}=10$ cal，则 $E_{int,f}$ 是多少？(d) 如果 $E_{int,b}=22$cal，对路径 ib 和 bf 来说，Q 分别是多少？（ssm）

物理学基础

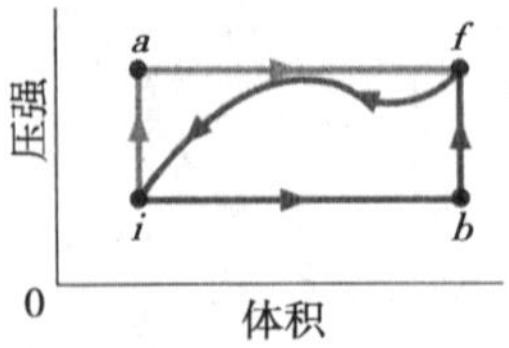

图 19－38　习题 53 图

19－11 节　热传递机制

54E. 在北美通过地面向外传导能量的平均时率是 54.0 mW/m²，靠近地面的岩石层的平均热导率为 2.50 W/(m·K)。设地面的温度为 10.0℃，求深为 35.0 km(靠近地壳底部)处的温度。忽略由于辐射元素的存在而产生的热。

55E. 在寒冷的气候中一个单独住宅的天花板应有一个 30 的 R 值。为了给出这种绝缘，一层(a)聚氨酯泡沫体和(b)银必须有多厚?

56E. (a)计算滑雪者的衣服在稳态过程中传导的人体热量的时率，下列数据已知：人体的表面积为 1.8 m²，衣服厚 1.0 cm；皮肤表面的温度为 33℃，衣服外表面处于 1.0℃；衣服的热导率为 0.040 W/(m·K)。(b)如果在下滑后滑雪者的衣服被热导率为 0.60 W/(m·K)的水浸透，(a)的答案将怎样改变?

57E. 考虑图 19－18 中所示的平板。设 $L=25.0$ cm，$A=90.0$ cm²，并且材料是铜。如果 $T_H = 125$℃，$T_C = 10.0$℃，并达到一个稳定的状态，求通过该平板的导热速率。(ssm)

58E. 当远离太阳时如果你不穿太空服在空间走一小会儿(就像在电影 **2001** 中的一个宇航员在空间行走一样)，你将感到空间的寒冷——当你辐射能量时，你几乎没有从你的环境中吸收能量。(a)你将以多大的时率失去能量?(b)在 30 s 内你将失去多少能量?设你的发射率为 0.90，并在计算中估计其他必须的数据。

59E. 一个长为 1.2 m、横截面积为 4.8 cm² 的圆柱形铜棒被绝缘以防止热量从它的表面流失。将棒的一端放入冰水混合物中，另一端放入沸水和蒸汽中，保持其两端有 100C°的温差。(a)求能量沿着棒传导的时率；(b)求在冷的一端冰熔化的时率。(ilw)

60E. 有四块两种不同材料的绝缘板，厚度和面积 A 均相同，可用来覆盖一个面积为 $2A$ 的缺口。这可按图 19－39 中所示的两种方法之一来做。如果 $k_2 \neq k_1$，哪一种安排，(a)还是(b)，给出较低的能量流动?

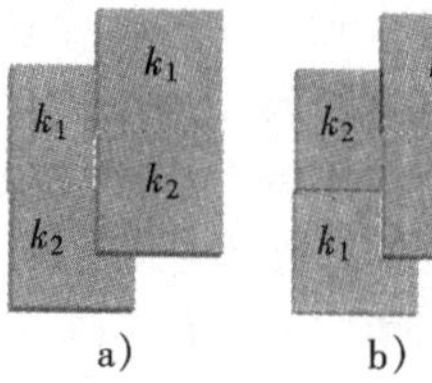

图 19－39　练习 60 图

61P. 如图 19－40a 所示，两根矩形金属棒被首尾相接焊在一起，并在 2.0 min 内通过棒以热量形式传导 10 J(在一个稳恒过程中)。如果将两棒按图 19－40b 所示焊接在一起，通过棒传导 10 J 需要多长时间?

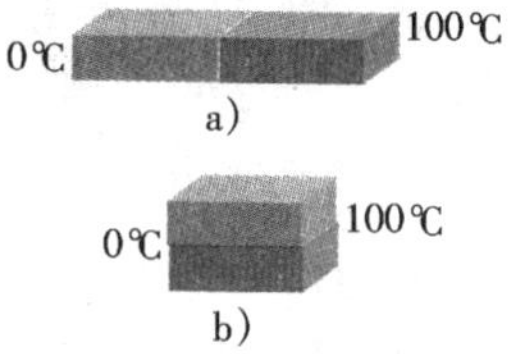

图 19－40　习题 61 图

62P. 一个半径为 0.500 m、温度为 27℃，发射率为 0.850 的球，放在温度为 77℃的环境中。球以多大的时率(a)发射和(b)吸收热辐射?(c)球的净能量交换时率是多少?

63P. (a)如果户外的温度是－20°F，户内的温度是＋72°F，以 W/m² 为单位，通过一个厚为 3.0 mm 的玻璃窗能量失去的时率是多少?(b)将一个具有同样厚度玻璃的防御风暴的外窗与第一个窗平行安装，两窗之间有一 7.5 cm 厚的空气隙。如果传导是惟一重要的失去能量的方式，现在能量失去的时率是多少?(ilw)

64P. 图 19－41 表示一幅由四层不同物质组成的墙的横截面。热导率是 $k_1 = 0.060$ W/(m·K)，$k_3 = 0.040$ W/(m·K)，$k_4 = 0.12$ W/(m·K)(k_2 未知)；厚度为 $L_1 = 1.5$cm，$L_3 = 2.8$ cm，$L_4 = 3.5$cm，(L_2 未知)。通过墙传递能量是稳定的。图中所指出的那个界面的温度是多少?

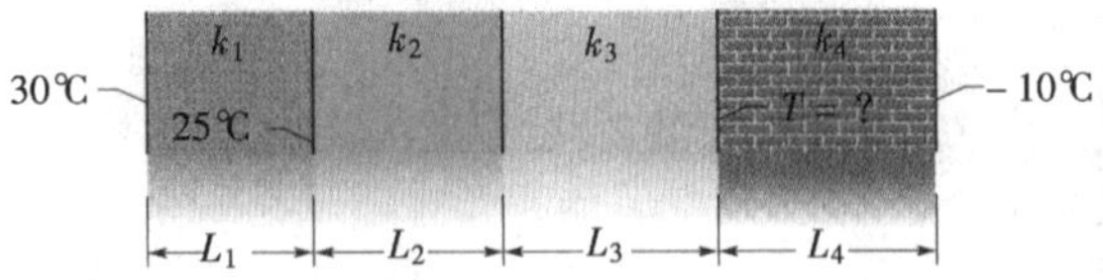

图 19－41　习题 64 图

65P. 在寒冷的天气中，放在屋外的一箱水表面形成了一层厚为 5.0 cm 的冰层(图 19－42)。冰上的空气在－10℃。计算在冰块上面形成冰的时率(用 cm/h

为单位)。已知冰的热导率和密度分别为 0.0040 cal/(s·cm·C°)和 0.92 g/cm^3。设能量不通过箱壁或箱底传播。(ssm)(www)

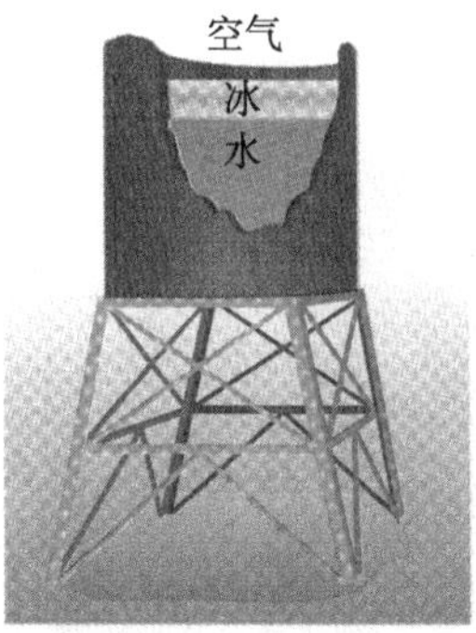

图 19-42 习题 65 图

66P. 冰在一个浅水池面上形成并达到了稳恒态,冰面上空气的温度为 -5.0℃,池底的温度为 4.0℃。如果冰+水的总深度为 1.4 m,冰有多厚?(设冰和水的热导率分别为 0.40cal/(m·s·C°)和 0.12 cal/(m·s·C°))。

附加题

67. 只有当外部的温度低于 -70℃时,你才能参加在 Amundsen-Scott 南极站的一个半秘密的"300F"俱乐部。在这样一个日子里,你首先在一个热桑拿中取暖,然后只穿着鞋子跑出来。(当然,这是十分危险的,但这个程序能有效地抵御由于南极冬天的寒冷带来的持续的危险。)

假设当你桑拿完步出热室进入外间时,你皮肤的温度为 102°F,外间的墙、天花板和地板的温度为 30℃。估算一下你的表面积,并取你皮肤的发射率为 0.80。(a)通过热辐射与房间交换能量,你失去能量的大概净时率是多少?然后,假设你在房子外面时,你表面积的一半与温度为 -25℃的天空交换热辐射,另一半与温度为 -80℃的雪和地面交换热辐射。通过热辐射与(b)天空和(c)雪和地面交换能量,你失去能量的大概净时率是多少?

68. 皇帝企鹅们(图 19-43),即那些类似于一本正经的英国管家的大企鹅,即使是在南极大陆极其寒冷的冬季,也生产和孵化它们的宝宝。一旦产下一个蛋,企鹅父亲就将蛋放在它的脚上以防止它凝固。在整个 105~115 天的孵化周期中它必须这样做。在此期间,由于他的食物在水里,所以它不能吃东西。它能在没有食物的情况下坚持这么长时间在于它是否能减少它体内能量的消耗。如果它是孤单一只,那么它消耗能量太快以至于不能保暖,并且甚至为了吃而放弃这个蛋。为了保护它们自己和大家免遭寒冷以便降低内能的消耗,企鹅父亲们也许几千只一群密集地挤聚在一起,除了能给同伴提供好处外,这种挤聚还能减小企鹅向环境热辐射的速率。

假设企鹅父亲是一个顶部面积为 a、高为 h、表面温度为 T、发射率为 ε 的圆柱体。(a)求出仅有单个父亲和它的蛋存在时,父亲从它的顶部和侧面向周围环境辐射能量的时率 P_i 的表达式。

如果 N 个相同的父亲相互分离得很好,则通过辐射能量损失的总时率将是 NP_i。假设换一下,它们紧密地聚挤在一起形成一个顶部表面积为 Na、高为 h 的**聚挤圆柱**。(b)求出由顶部表面和聚挤圆柱的侧面辐射能量的速率 P_h 的表达式。

(c)设 $a = 0.34\ \text{m}^2$,$h=1.1\text{m}$,用你得到的表达式 P_i 和 P_h,画出比例 $P_h/(NP_i)$ 与 N 的关系图。当然,企鹅不知道代数或作图,但它们本能地聚挤减小这一比例以便它们的更多的蛋能经历孵化期。从图上看(就像你将要看到的,你可能需要不止一个这样的图),大约要有多少企鹅聚挤在一起才能使 $P_h/(NP_i)$ 减小到(d)0.5、(e)0.4、(f)0.3、(g)0.2 和(h)0.15。(i)对假定的数据,$P_h/(NP_i)$ 的最低极限值是多少?

图 19-43 习题 68 图

第 20 章　气体动理论

当打开一个装有香槟、苏打饮料或任何其他碳酸饮料的容器时，在开口周围会形成一层细雾，并且一些液体会喷溅出来。例如在右边的照片中，白色的雾团是环绕在塞子周围的，喷溅出的水在雾团里形成线条。

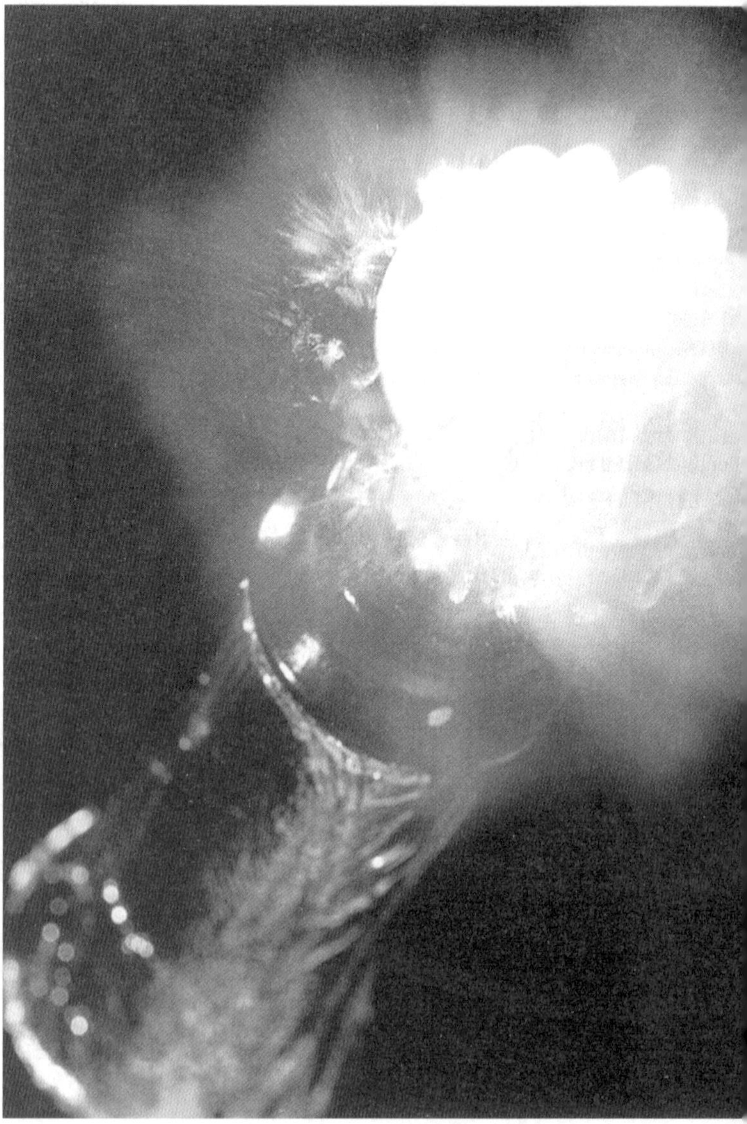

那么，引起雾团的原因是什么？

答案在本章中。

20－1　一种研究气体的新方法

经典热力学——上一章的主题——没有谈及关于原子的问题，它的定律只与像压强、体积和温度这样可变的宏观量有关。然而，我们知道气体是由运动着的原子或分子（束缚在一起的原子团）组成的。气体施加的压强必定与它的分子和它的容器壁的碰撞有关；气体充满它的容器的体积的能力必定是由于它的分子运动的自由性；气体的温度和内能必定与这些分子的动能有关。因此，可以通过从这个方向对问题的研究，学习一些有关气体的东西。我们称这种通过分子的研究为**气体动理论**。它是这一章的主题。

20－2　阿伏伽德罗常量

当我们的思想转向分子时，以摩尔来测量我们的样品的规模是有意义的。如果我们这样做了，就能确定我们正在比较的含有同样数目的原子或分子的样品。**摩尔**是七个 SI 基本单位之一，定义如下：

> 1 摩尔等于 12g 的 C－12 样品中所含的原子数。

现在明显的问题是："1 摩尔中有多少个原子或分子？"答案已从实验上确定，正像你在第 19 章中已看到的，是

$$N_A = 6.02 \times 10^{23}\,\text{mol}^{-1} \quad \text{(阿伏伽德罗常量)} \tag{20-1}$$

式中，mol^{-1}表示倒摩尔或"每摩尔"，mol 是 mole 的缩写。数字 N_A 称为阿伏伽德罗常量，是为纪念意大利科学家阿伏伽德罗（1776—1856）而命名的。他提出了所有的气体当它们在同样的温度和压强条件下占据同样的体积时，含有相同的原子或分子数。

在任何物质的样品中，摩尔数 n㊀等于样品中含有的分子数 N 与 1mol 中的分子数 N_A 之比：

$$n = \frac{N}{N_A} \tag{20-2}$$

（**小心：**这个式子中的三个符号相互间很容易让人搞混，所以在你成为"N 混淆"之前，就应该按含义把它们分清楚）。我们能从一个样品的质量 M_{sam} 及其**摩尔质量** M（1mol 的质量）或分子质量 m（一个分子的质量）求出摩尔数：

$$n = \frac{M_{sam}}{M} = \frac{M_{sam}}{mN_A} \tag{20-3}$$

在式（20－3）中，我们利用了 1mol 的质量 M 等于一个分子的质量 m 与 1 mol 中的分子数 N_A 的乘积这一事实：

$$M = mN_A \tag{20-4}$$

解题线索

线索 1：什么是阿伏伽德罗常量？

在式（20－1）中，阿伏伽德罗常量用 mol^{-1}来表示，这是倒摩尔，或 1/mol。而我们可以换个方法用基元单位明确地表示给定的情况。例如，如果基元单位是原子，则我们可以写成 $N_A = 6.02 \times 10^{23}$个原子/mol。如果基元单位换成分子，则我们可以写 N_A =

㊀ 按国际单位制规定，此量应称为物质的量。全书以后同此。——编辑注

6.02×10^{23}个分子/mol。

20-3 理想气体

在这一章中，我们的目的是用组成气体的分子的行为来解释气体的宏观性质——诸如它的压强和温度。然而，马上有一个问题：哪一种气体？是氢气、氧气、还是甲烷？或是六氟化铀？它们都是不同的。然而实验人员发现，如果将1 mol不同气体的样品放在体积完全相同的盒子里，并使气体处于相同的温度，所测得的它们的压强几乎——虽然不严格地——相同。如果在更低的气体密度下重复这一测量，测得的压强中的这些微小的差别趋于消失。进一步的实验表明，在足够低的密度下，所有的实际气体都趋于遵守下列关系

$$pV = nRT \quad (\text{理想气体定律}) \tag{20-5}$$

式中，p是绝对（不是计示）压强；n是所涉及的气体的摩尔数；T是以开为单位的温度；R是一个称为摩尔**气体常量**的常量，它对所有气体具有同样的值，为

$$R = 8.31\ \text{J/(mol}\cdot\text{K)} \tag{20-6}$$

式（20-5）称为**理想气体定律**。只要气体的密度足够低，该定律适用于任何单一成分的气体或任何不同气体的混合物。(对混合气体，n是混合气体的总摩尔数。)

我们可以用**玻耳兹曼常量**k将式（20-5）写为另一种形式，k的定义为

$$k = \frac{R}{N_A} = \frac{8.31\ \text{J/(mol}\cdot\text{K)}}{6.02\times10^{23}\text{mol}^{-1}} = 1.38\times10^{-23}\text{J/K} \tag{20-7}$$

这使我们可以写出$R=kN_A$。然后，由式（20-2）（$n=N/N_A$），可见

$$nR = Nk \tag{20-8}$$

将之代入式（20-5），得到理想气体定律的第二种表达式为

$$pV = NkT \quad (\text{理想气体定律}) \tag{20-9}$$

(**小心：**注意理想气体定律两个表达式之间的不同，式（20-5）包含摩尔数n，而式（20-9）包含分子数N。)

你也许会问，"什么是**理想气体**？关于气体什么是如此'理想'"？答案在于决定它的宏观性质的定律（式（20-5）和式（20-9））的简单性。运用这一定律——正如你将要看到的——我们能用一种简单的方法推出理想气体的许多性质。虽然在自然界中没有真正的理想气体，但**所有的实际**气体在密度足够低——即，在它们的分子相距足够远以至于各分子不发生相互作用的情况下，都趋向于理想状态。因此，理想气体概念使我们能够对实际气体的极限行为获得有用的深入理解。

等温过程中理想气体做的功

假设我们将一种理想气体放入一个像第19章中那些活塞的圆筒装置中。假设在保持气体温度不变的条件下，使气体从初始体积V_i膨胀到终了体积V_f。这样一个**温度恒定**的过程称为**等温膨胀**（其逆过程称为**等温压缩**）。

在$p-V$图上，一条**等温线**是一条连接具有相同温度的点的曲线。因此，对温度T保持不变的气体来说，它是一个压强对体积的图线。对n摩尔理想气体，它是下列方程的图线

$$p = nRT\frac{1}{V} = (\text{一个常量})\frac{1}{V} \tag{20-10}$$

图 20－1 表示了三条等温线，每一条对应于不同的 T 值。(注意越往右上方，对应等温线的 T 值越大。) 中间的那条等温线上标出的那一段是一定的理想气体在 310K 的恒定温度下从状态 i 热膨胀到状态 f 所经过的路径。

为求出理想气体在等温膨胀中做的功，我们从式(19－25)入手，

$$W = \int_{V_i}^{V_f} p\mathrm{d}V \qquad (20-11)$$

这是一个计算任何气体在任何体积变化时做功的一般表达式。对理想气体，可用式（20－5）代替 p，得

$$W = \int_{V_i}^{V_f} \frac{nRT}{V}\mathrm{d}V \qquad (20-12)$$

因为我们正在考虑一个等温膨胀，所以 T 是常量，将 T 移到积分号前面得

$$W = nRT\int_{V_i}^{V_f} \frac{\mathrm{d}V}{V} = nRT[\ln V]_{V_i}^{V_f} \qquad (20-13)$$

将积分限代入式中，并利用关系 $\ln a - \ln b = \ln(a/b)$，得

$$W = nRT\ln\frac{V_f}{V_i} \quad （理想气体，等温过程） \qquad (20-14)$$

符号 ln 表示**自然**对数，其底为 e。

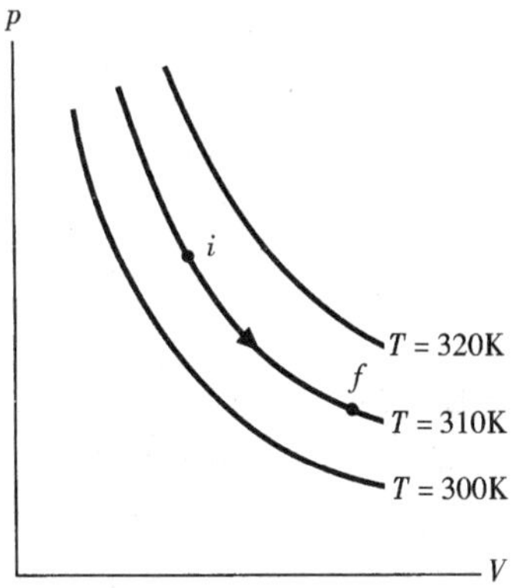

图 20－1 在 $p-V$ 图上的三条等温线，沿中间的等温线的那一段表示气体从初态 i 到终态 f 的等温膨胀。沿等温线从 f 到 i 的路径表示逆过程，即等温压缩过程。

对于膨胀来说，V_f 大于 V_i，所以，式（20－14）中的比率 V_f/V_i 大于 1。一个比 1 大的量的自然对数是正的，因此，在等温膨胀过程中，正像我们所预料的那样，理想气体做的功是正的。对于一个压缩过程，V_f 小于 V_i，所以式（20－14）中体积的比率小于 1。该表达式中的自然对数——因此功 W——是负的，又与我们预料的一样。

定体过程和定压过程中做的功

式（20－14）没有给出理想气体在**每一种**热力学过程中做的功，只给出等温过程中的功。如果温度改变，则式（20－12）中的 T 就不能像式（20－13）那样提到积分号前面，因此，我们不能用式（20－14）计算功。

然而，我们可以回到式（20－11）去求理想气体（或任何其他气体）在另两个过程——定容过程和定压过程中做的功。如果气体的体积不变，则由式（20－11）得

$$W = 0 \quad （定容过程） \qquad (20-15)$$

如果气体的压强 p 保持不变而体积改变，则式（20－11）变为

$$W = p(V_f - V_i) = p\Delta V \quad （定压过程） \qquad (20-16)$$

检查点 1：一定的理想气体的初始压强为 3 个压强单位，体积为 4 个体积单位。右表给出了气体在五个过程中最后的压强和体积（单位均与初始单位一样）。哪些过程开始和结束在同一条等温线上？

	a	b	c	d	e
p	12	6	5	4	1
V	1	2	7	3	12

例题 20－1

一个气缸内装有 12L 温度为 20℃、压强为 15 atm 的氧气。若温度升高到 35℃，体积减小到 8.5L，气体最终的压强是多少个大气压？设气体是理想的。

【解】 这里**关键点**是，因为气体是理想的，所以它在初态 i 和终态 f（改变后的状态）的压强、

体积、温度和摩尔数都是由理想气体定律联系着的。因此，由式（20－5）得

$$p_iV_i = nRT_i \text{ 和 } p_fV_f = nRT_f$$

用第一个方程去除第二个方程，解出 p_f 得

$$p_f = \frac{p_iT_fV_i}{T_iV_f} \qquad (20-17)$$

这里要注意，如果我们将初态和终态体积的单位从“升”变为正规的单位“立方米”，则相乘的转换因子将在式（20－17）中消掉。对压强也一样，如果将“大气压”变成“帕斯卡”，则相乘的转换因子在式（20－17）中也消掉。然而，将温度变为“开”需要加上一个不能消去的量，因此必须包括进来。所以，我们必须写出

$$T_i = (273+20)\text{K} = 293\text{K}$$

和

$$T_f = (273+35)\text{K} = 308\text{K}$$

将数据代入式（20－17）得

$$p_f = \frac{(15\text{atm})(308\text{K})(12\text{L})}{(293\text{K})(8.5\text{L})} = 22\ \text{atm}\ （答案）$$

例题 20－2

1mol 氧气（视为理想气体）在 310 K 的恒定温度下从 12L 的初始体积 V_i 膨胀到 19L 的终了体积 V_f。在膨胀过程中气体做了多少功？

【解】　这里**关键点**是：我们一般用式（20－11）通过将气体的压强对体积积分来求出功。然而，由于在这里气体是理想的，并且膨胀是等温的，这个积分导致式（20－14）。因此，我们能写出

$$W = nRT\ln\frac{V_f}{V_i}$$

$$= (1\ \text{mol})[8.31\ \text{J}/(\text{mol}\cdot\text{K})](310\ \text{K})\ln\frac{19\ \text{L}}{12\ \text{L}}$$

$$= 1180\ \text{J}$$　（答案）

在图 20－2 的 $p-V$ 图中画出了该膨胀。在膨胀过程中气体做的功由曲线 if 下的面积表示。

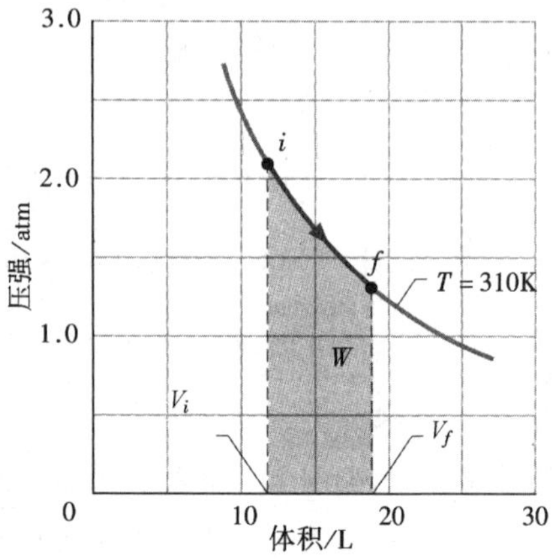

图 20－2　例题 20－2 图　阴影面积表示 1 mol 氧气在 310 K 的恒温下从 V_i 膨胀到 V_f 做的功。

你能证明如果现在膨胀是相反的，即气体经历一个从 19 L 到 12 L 的等温压缩过程，则气体所做的功将是 －1180 J。因此，为了压缩气体，一个外力必须对气体做 1180 J 的功。

20－4　压强、温度和方均根速率

这里是我们的第一个动理论问题。如图 20－3 所示，设体积为 V 的立方体盒中装有 $n$mol 理想气体。盒壁保持温度为 T。气体对盒壁的压强 p 与其分子的速率之间有什么联系？

在盒子中气体分子沿各方向以各种速率运动，相互碰撞并被盒壁反弹回来，就像壁球场中的球一样。忽略（暂时）分子间的碰撞，只考虑分子与器壁的弹性碰撞。

图 20－3 表示了一个具有代表性的气体分子，其质量为 m，速度为 $\vec{v}$，就要与画阴影的器壁碰撞。因为假设分子与器壁的任何碰撞都是弹性的，所以当这个分子与画阴影的器壁碰撞时，只有它的速度的 x 分量发生改变，并且该分量反了过来。这意味着粒子动量的变化只沿 x 轴，而这一变化为

$$\Delta p_x = (-mv_x) - (mv_x) = -2mv_x$$

因此，在碰撞期间分子传给器壁的动量 Δp_x 为 $+2mv_x$。（因为在这本书中，符号 p 既表示动量，也表示压强，我们必须仔细注意这里的 p 表示动量，并且是一个矢量。）

图 20－3 中的分子将反复地碰撞阴影壁。两次碰撞的时间间隔 Δt 是分子以速率 v_x 运动到对

面的器壁后再返回（距离为 $2L$）所需要的时间。因此，$\Delta t = 2L/v_x$。（注意这一结果即使分子在路上被其他器壁反弹也成立，因为那些器壁与 x 轴平行，所以不能改变 v_x。）因此，这个分子传给阴影器壁的动量的平均时率是

$$\frac{\Delta p_x}{\Delta t} = \frac{2mv_x}{2L/v_x} = \frac{mv_x^2}{L}$$

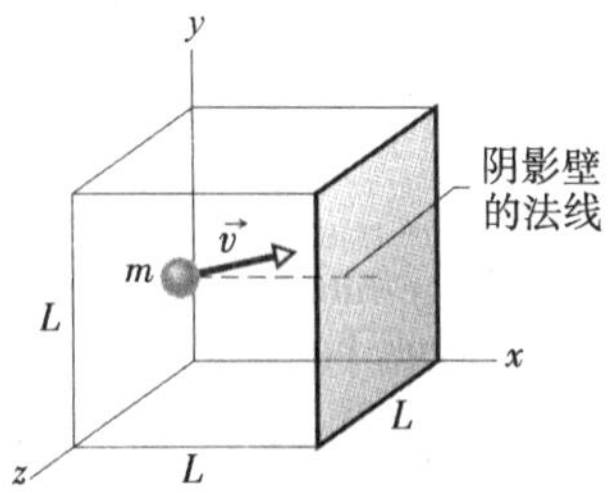

图 20 -3 一个边为 L 的立方盒包含 n（mol）的一种理想气体。一个质量为 m、速度为 $\vec{v}$ 的分子与面积为 L^2 的阴影壁碰撞。壁的法线如图所示。

从牛顿第二定律（$\vec{F} = d\vec{p}/dt$）知，传给器壁的动量的时率就是作用在该器壁上的力。为了求出合力，我们必须将与器壁碰撞的所有具有不同速率的分子的贡献加起来。用器壁的面积（$=L^2$）去除合力的大小 F_x 就得到作用于器壁上的压强 p。从现在起以及在余下的讨论中，p 表示压强。因此，利用 $\Delta p_x/\Delta t$ 的表达式，可写出这个压强为

$$p = \frac{F_x}{L^2} = \frac{mv_{x1}^2/L + mv_{x2}^2/L + \cdots + mv_{xN}^2/L}{L^2}$$
$$= \left(\frac{m}{L^3}\right)(v_{x1}^2 + v_{x2}^2 + \cdots + v_{xN}^2) \qquad (20-18)$$

式中，N 是盒子中的分子总数。

由于 $N = nN_A$，所以在式（20 -18）的第二个括号中有 nN_A 项。我们能用 $nN_A(v_x^2)_{avg}$ 代替这个量，其中 $(v_x^2)_{avg}$ 是所有分子速率的 x 分量平方的平均值。这样，式（20 -18）变为

$$p = \frac{nmN_A(v_x^2)_{avg}}{L^3}$$

然而，mN_A 是气体的摩尔质量 M（即 1 mol 气体的质量）。还有，L^3 是盒子的体积，所以

$$p = \frac{nM(v_x^2)_{avg}}{V} \qquad (20-19)$$

对任何分子，$v^2 = v_x^2 + v_y^2 + v_z^2$。因为有许多分子，并且它们都沿任意方向运动，所以它们的速度分量平方的平均值相等，故 $v_x^2 = \frac{1}{3}v^2$。因此，式（20 -19）变为

$$p = \frac{nM(v^2)_{avg}}{3V} \qquad (20-20)$$

$(v^2)_{avg}$ 的平方根是平均速率中的一种，称为分子的**方均根速率**，用 v_{rms} 表示。它的名字将它表达得很好：你将每一个速率**平方**，求出所有这些平方后的速率的**平均值**，然后将这个平均值求**平方根**。利用 $\sqrt{(v^2)_{avg}} = v_{rms}$，可将式（20 -20）写成

$$p = \frac{nMv_{rms}^2}{3V} \qquad (20-21)$$

式（20 -21）具有深刻的动理论精神。它告诉我们气体的压强（一个纯粹的宏观量）与分子的速率（一个纯粹的微观量）有怎样的关系。

我们能将式（20 -21）变换一下并用它计算 v_{rms}。将式（20 -21）与理想气体定律（$pV = nRT$）联立解得

$$v_{rms} = \sqrt{\frac{3RT}{M}} \qquad (20-22)$$

表20-1列出了由式(20-22)算出的一些方均根速率。这些速率之高是令人惊讶的。氢分子在室温下(300 K)的方均根速率为1920 m/s或4300 mi/h——比一颗快速子弹还快!在太阳表面,温度为2×10^6K,氢分子的方均根速率将比其在室温下的方均根速率大82倍,如果在这样高的速率时,氢分子能经受住它们之间的相互碰撞而不解离的话。要记住方均根速率只是一种平均速率,许多分子运动比这一速率快得多,有些又比这一速率慢得多。

表20-1 在室温下一些分子的速率($T=300$K)①

气体	摩尔质量/(10^{-3} kg/mol)	v_{rms}(m/s)	气体	摩尔质量/(10^{-3} kg/mol)	v_{rms}(m/s)
氢(H_2)	2.02	1920	氧(O_2)	32.0	483
氦(He)	4.0	1370	二氧化碳(CO_2)	44.0	412
水蒸气(H_2O)	18.0	645	二氧化硫(SO_2)	64.1	342
氮(N_2)	28.0	517			

① 为了方便,我们常设室温=300K,尽管(在27℃或81°F)它表示一个相当暖和的房间。

在气体中声音的速率与气体分子的方均根速率密切相关。在一列声波中,扰动是靠在分子间碰撞传播的。波绝不可能运动得比分子的“平均”速率快。事实上,因为不是所有的分子都严格地沿波的传播方向运动,所以声音的速率必定比这一“平均”分子速率小一些。例如,在室温下,氢和氮的分子的方均根速率分别为1920 m/s和517 m/s。而在这两种气体中,声速在这一温度下分别为1350 m/s和350 m/s。

经常会提出这样一个问题:如果分子运动得如此之快,为什么当别人打开一个香水瓶后需要1min左右你才能在房子的另一边闻到香味?答案就像我们将在20-6节讨论的,每一个香水分子从瓶向远处运动得很慢,因为与其他分子的反复碰撞,阻碍了它从瓶口直接越过房间到达你所在的地方。

例题20-3

这是五个数:5,11,32,67和89。

(a)这些数字的平均值n_{avg}是多少?

【解】 由下式求得

$$n_{avg} = \frac{5+11+32+67+89}{5} = 40.8$$

(答案)

(b)这些数字的方均根值n_{rms}是多少?

【解】 由下式求得

$$n_{rms} = \sqrt{\frac{5^2+11^2+32^2+67^2+89^2}{5}} = 52.1$$

(答案)

方均根值大于平均值,因为大的数字——平方后——在形成方均根值时相对地更重要。为试验这个效果,让我们用300代替这一套五个数字组中的89。新的一套五个数字组(正像你应该证明的)的平均值是原先数字组平均值的2.0倍。然而,方均根值是原先方均根值的2.7倍。

20-5 平动动能

再次考虑某种理想气体的单个分子在图20-3的盒子中到处运动的情况。但是,现在我们假设当它与其他分子碰撞时,它的速率改变。在任一时刻它的平动动能为$\frac{1}{2}mv^2$。在我们观察的整个时间中,它的**平均**平动动能为

$$K_{avg} = \left(\frac{1}{2}mv^2\right)_{avg} = \frac{1}{2}m(v^2)_{avg} = \frac{1}{2}mv_{rms}^2 \qquad (20-23)$$

在式中我们做了一个假设，即该分子在观察期间内的平均速率与所有分子在任意给定时刻的平均速率相同。(只要气体的总能量是不变的，并且观察分子的时间足够长，这个假设是对的。)把式（20-22）代入 v_{rms} 得

$$K_{avg} = \left(\frac{1}{2}m\right)\frac{3RT}{M}$$

然而，摩尔质量除以一个分子的质量 M/m，就是阿伏伽德罗常量。因此

$$K_{avg} = \frac{3RT}{2N_A}$$

利用式（20-7）（$k=R/N_A$），能写出

$$K_{avg} = \frac{3}{2}kT \qquad (20-24)$$

这个式子告诉我们某些意料不到的事情：

在一个给定的温度 T 下，所有理想气体分子——无论它们的质量怎样——都有相同的平均平动动能，其值为 $3kT/2$。当测量气体的温度时，也测量了它的分子的平均平动动能。

检查点 2：一混合气体由 1，2，3 三种类型的分子组成，分子的质量 $m_1>m_2>m_3$。按（a）平均动能，（b）方均根速率由大到小将这三类分子排序。

20-6 平均自由程

继续考察在理想气体中分子的运动。图 20-4 表示当一个特定分子通过气体时的路径，当它与其他分子发生弹性碰撞时，它的速率和方向都突然地改变。在两次碰撞之间，我们的特定分子以常速率沿直线运动。虽然图显示所有其他分子是静止的，实际上它们也进行着类似的运动。

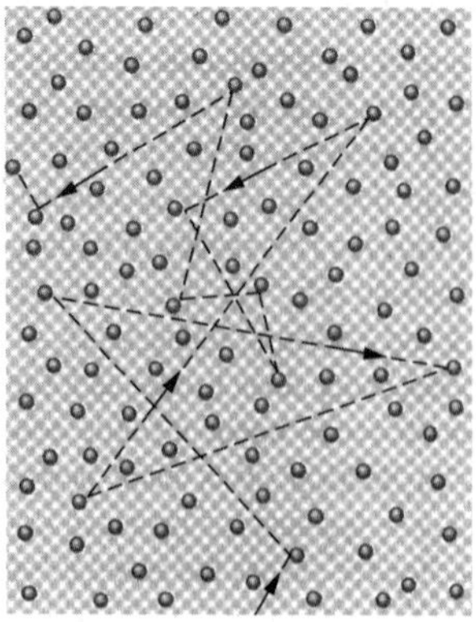

图 20-4 一个穿过气体运动的分子，在它的路径中与其他气体分子碰撞。虽然图示假设其他分子是静止的，但它们也以同样的形式运动。

描述这一无规则运动的有用的参量是分子的**平均自由程** λ。正如它的名字所暗示的，λ 是一个分子在两次碰撞之间走过的平均距离。我们预料 λ 与 N/V 沿相反方向变化，N/V 是单位体积内的分子数（或分子数密度）。N/V 越大，碰撞应该越多，平均自由程越小。我们也预料 λ 与分子的尺寸，例如它们的直径 d，沿相反方向变化。(如果分子是点，正像我们对它们已经假设的那样，则它们将不会碰撞，平均自由程将是无限的。）因此，分子越大，平均自由程越小。我们甚至能预言 λ 将随分子直径的**平方**（沿相反方向）变化。因为分子的横截面积——不是直径——决定它的有效靶面积。

事实上，平均自由程的表达式还真是

$$\lambda = \frac{1}{\sqrt{2}\pi d^2 N/V} \quad (\text{平均自由程}) \qquad (20-25)$$

为证明式（20-25），我们集中注意一个单独的分子并假设——如图20-4所示——这个分子以恒定的速率运动，其他所有的分子不动。然后，我们将放宽这个假设。

进一步假设分子是直径为 d 的球体。如果一个分子与其他分子的中心距离在 d 以内，则该分子将与其他分子发生碰撞，如图20-25a中所示。另外，对研究这种情况更有助的方法是考虑单个分子有一个**半径** d，而所有其他分子是**点**，如图20-5b所示，这不改变我们对碰撞的论证。

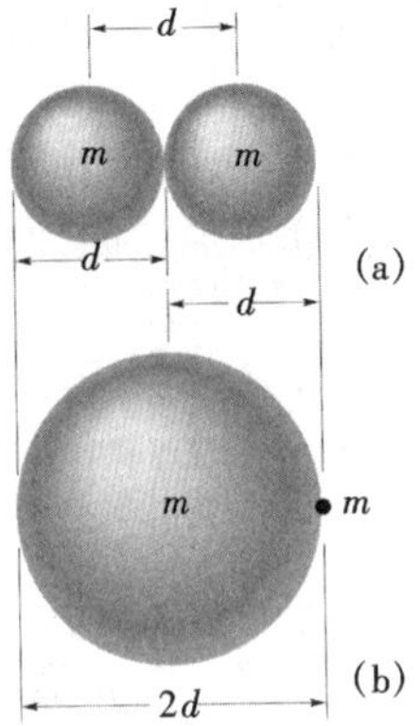

图20-5 （a）当两个分子中心彼此间距离在 d 以内时，d 是分子的直径，将发生碰撞。（b）一个等价的、但更便于说明是认为运动的分子具有一个**半径** d，而所有其他分子是点，碰撞情况是不变的。

由于单个分子通过气体时是曲折前进的，它在两次相继碰撞之间扫出一个横截面积为 πd^2 的短的圆柱。如果我们在一个时间间隔 Δt 内盯住这个分子，它走过一段距离 $v\Delta t$，这里假定 v 是它的速率。因此，如果我们拉直在间隔 Δt 内扫出的所有短圆柱，就形成一个总长为 $v\Delta t$ 而体积为 $(\pi d^2)(v\Delta t)$ 的复合圆柱（图20-6）。发生在时间间隔 Δt 内的碰撞次数则等于在该圆柱内的分子（点）的数目。

因为 N/V 是单位体积内的分子数，所以在圆柱内的分子数等于 N/V 乘以圆柱的体积，或 $(N/V)(\pi d^2 v\Delta t)$。这也是在时间 Δt 内的碰撞次数。平均自由程是路径的长度（即圆柱的长度）除以碰撞次数：

$$\lambda = \frac{\text{在}\Delta t\text{内路径的长度}}{\text{在}\Delta t\text{内碰撞的次数}} \approx \frac{v\Delta t}{\pi d^2 v\Delta t N/V} = \frac{1}{\pi d^2 N/V} \qquad (20-26)$$

这个式子仅仅是近似，因为它是在除一个分子外所有其他分子都静止的假设下得出的。事实上，所有分子都在运动。当考虑到这一点时，就得到式（20-25）的结果。注意它与（近似）式（20-26）仅差一个 $1/\sqrt{2}$ 因子。

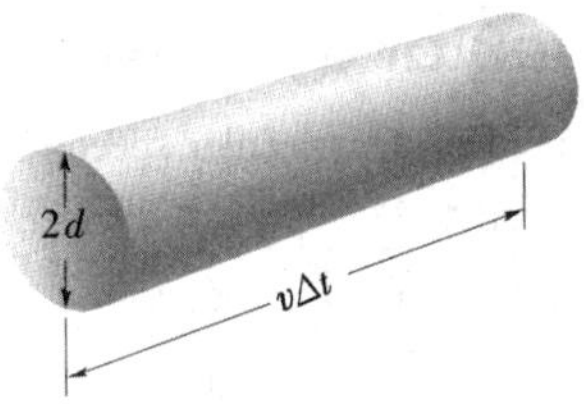

图20-6 在时间 Δt 内运动的分子有效地扫出一个长为 $v\Delta t$、半径为 d 的圆柱。

我们甚至可以看一下关于式（20-26）的"近似"是什么意思。该式中分子和分母的 v 并不是——严格地——相同的。分子中的 v 是 v_{avg}，是分子**相对于容器**的平均速率。分母中的 v 是 v_{rel}，是我们的那个特定分子**相对于其他在运动中的分子**的平均速率。是后一速率决定碰撞数。考虑到分子的实际速率分布的详细计算给出 $v_{rel} = \sqrt{2}v_{avg}$，因而有 $\sqrt{2}$ 因子。

在海平面上空气分子的平均自由程约为0.1μm。在100km的高空，空气的密度降得很低以至于平均自由程增大到16 cm。在300 km高处，平均自由程约为20 km。那些在实验室中研究高层大气的物理和化学的人面临的一个问题是不能利用足够大的容器来装气体样品以模拟高层大气的条件。然而，对在高层大气中氟立昂、二氧化碳及臭氧浓度的研究还是受到了公众极大的关切。

例题20-4

（a）在温度 $T=300$K，压强 $p=1.0$atm 下，氧气分子的平均自由程是多少？设分子的直径 $d=290$pm，并且是理想气体。

【解】　这里**关键点**，是由于碰撞，每个氧气分子都在其他运动着的氧气分子中作折线运动。因此，我们用式（20－25）求平均自由程，为此，需要知道单位体积内的分子数 N/V。因为我们设气体是理想的，所以可利用理想气体定律式（20－9）（$pV=nRT$）写出 $N/V=p/(kT)$。将之代入式（20－25），得

$$\lambda=\frac{1}{\sqrt{2}\pi d^2 N/V}=\frac{kT}{\sqrt{2}\pi d^2 p}$$
$$=\frac{(1.38\times10^{-23}\text{J/K})(300\text{K})}{\sqrt{2}\pi(2.9\times10^{-10}\text{m})^2(1.01\times10^5\text{Pa})}$$
$$=1.1\times10^{-7}\text{m}$$
（答案）

这大约是 380 个分子的直径。

（b）设氧分子的平均速率为 $v=450\text{m/s}$. 任一给定分子在两次相继碰撞之间的平均时间 t 是多少？分子以多大的时率碰撞，即分子的碰撞频率 f 是多少？

【解】　为求两次相继碰撞之间的时间 t，我们用如下**关键点**：在两次相继碰撞之间，平均来说，分子以速率 v 走过平均自由程 λ。因此，两次相继碰撞之间的平均时间 t 为

$$t=\frac{\text{距离}}{\text{速率}}=\frac{\lambda}{v}=\frac{1.1\times10^{-7}\text{m}}{450\text{m/s}}$$
$$=2.44\times10^{-10}\text{s}\approx0.24\text{ns}$$
（答案）

这告诉我们，平均来说，任一给定的氧分子在两次相继碰撞之间所飞行的时间小于 1ns。

为了求碰撞频率 f，利用如下**关键点**：发生碰撞的平均时率或频率是两次相继碰撞之间的时间 t 的倒数。因此，

$$f=\frac{1}{t}=\frac{1}{2.44\times10^{-10}\text{s}}=4.1\times10^9\text{s}^{-1}$$
（答案）

这告诉我们，平均来说，任一给定的氧分子每秒大约做 40 亿次碰撞。

检查点 3：将 1mol 的分子直径为 $2d_0$、平均速率为 v_0 的气体 A 放在某个容器内；1mol 的分子直径为 d_0、平均速率为 $2v_0$ 的气体 B（B 的分子更小但更快）放在一个相同的容器内。哪一种气体在各自的容器内有更大的平均碰撞时率？

20－7　分子的速率分布

方均根速率给了我们一个在给定温度下气体中分子速率的一般概念。我们经常想知道得更多。例如，有多大比例的分子具有比方均根值大的速率？又有多大比例的分子具有比两倍方均根值大的速率？为回答这样的问题，我们需要知道在分子中速率的可能值是怎样分布的。图 20－7a 表示在室温下（$T=300\text{K}$）氧分子的速率分布；图 20－7b 将该分布与在 $T=80\text{K}$ 时的分布相比较。

1852 年，苏格兰的物理学家麦克斯韦首先解决了求气体分子的速率分布的问题。他的结果被称为**麦克斯韦速率分布律**，是

$$P(v)=4\pi\left(\frac{M}{2\pi RT}\right)^{3/2}v^2\text{e}^{-Mv^2/2RT} \tag{20-27}$$

式中，v 是分子的速率；T 是气体的温度；M 是气体的摩尔质量；R 是气体常量。画在图 20－7 中的曲线正是这个式子。在式（20－27）和图 20－7 中的量 $P(v)$ 是一种**概率分布函数**：对任意速率 v，乘积 $P(v)\text{d}v$（一个没有量纲的量）是一个速率处于中心在 v、宽度为 $\text{d}v$ 的速率区间内的分子的比例。

正像图 20－7a 所示的那样，这个比例等于高为 $P(v)$、宽为 $\text{d}v$ 的窄条的面积。在分布曲线下的总面积相当于速率处于从零到无穷大之间的分子的比例。所有的分子都落在这一区域内，所以这个总面积的值是 1，即

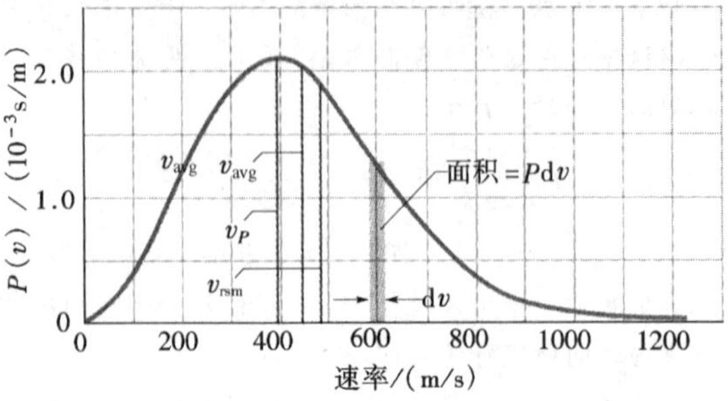

(a)

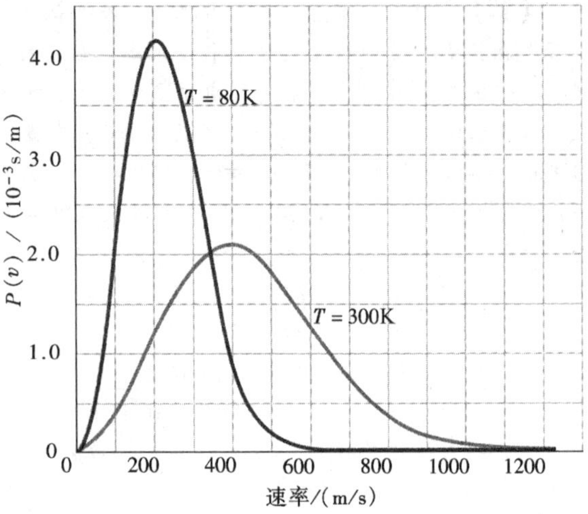

(b)

图 20－7 （a）在 $T=300$K 时氧气分子的麦克斯韦速率分布。标出了三个特征速率。（b）在 300 K 和 80 K 时的曲线。注意在低温下分子运动得更慢。因为这些是概率分布，所以每条曲线下的面积是 1。

$$\int_0^{\infty} P(v)\,\mathrm{d}v = 1 \qquad (20-28)$$

例如速率落在 v_1 到 v_2 区间内的分子的比例（frac）为

$$\text{frac} = \int_{v_1}^{v_2} P(v)\,\mathrm{d}v \qquad (20-29)$$

平均速率、方均根速率和最概然速率

原则上，我们能按下列程序来计算在气体中分子的平均速率 v_{avg}。我们给在分布中的每一个 v 值**加权**，即将它乘以速率在不同的中心为 v 的区间 dv 的分子的比例 $P(v)\,\mathrm{d}v$。然后将所有的这些 $vP(v)\,\mathrm{d}v$ 值加起来，结果就是 v_{avg}。实际上，所有这些我们通过积分来做，如

$$v_{avg} = \int_0^{\infty} vP(v)\,\mathrm{d}v \qquad (20-30)$$

用式（20－27）代入 $P(v)$，并利用从附录 E 中查到的一般积分公式 20，得

$$v_{avg} = \sqrt{\frac{8RT}{\pi M}} \quad \text{（平均速率）} \qquad (20-31)$$

同样地，能用下式求出速率平方的平均值

$$(v^2)_{avg} = \int_0^{\infty} v^2 P(v)\,\mathrm{d}v \qquad (20-32)$$

用式（20－27）代入 $P(v)$，并利用从附录 E 中查到的一般积分公式 16，得

$$(v^2)_{avg} = \frac{3RT}{M} \qquad (20-33)$$

$(v^2)_{avg}$ 的平方根就是**方均根速率** v_{rms}。所以，

$$v_{rms} = \sqrt{\frac{3RT}{M}} \quad \text{（方均根速率）} \qquad (20-34)$$

该式与式（20－22）相符。

最概然速率 v_P 是 $P(v)$ 为最大时的速率（见图 20－7a）。为计算 v_P，令 $dP/dv=0$（在图 20－7a 中曲线的最大值处其斜率为零），然后解出 v。这样做之后，得

$$v_P=\sqrt{\frac{2RT}{M}}\quad（最概然速率）\tag{20－35}$$

比起其他速率来，一个分子更可能具有最概然速率，但有些分子能具有数倍于 v_P 的速率。这些分子分布在像图 20－7a 那样的分布曲线的**高速率尾巴**中。我们应感谢这些少而高速的分子，因为它们使雨和太阳光都成为可能（没有这些，我们不可能生存）。下面我们来看这是为什么。

雨：例如，在夏季的温度下，一个水池中水分子的速率分布可由与图 20－7a 中的相似的曲线表示。大多数分子几乎没有足够的动能从水面逃出。然而，少数远在曲线尾巴中的具有很高速率的分子能逃出。正是这些水分子的蒸发，使云和雨成为可能。

当快速水分子携带着能量离开了水表面时，通过从外界传入能量保持着剩余的水的温度。其他快速分子——在特别有利的碰撞中产生的分子——迅速占据那些离开了的分子的地位，保持了速率分布。

太阳光：现在令图 20－7a 中的分布曲线是对在太阳的核心处的质子说的。太阳的能量由核的聚合过程提供，该过程由两个质子的结合开始。然而，质子由于它们的电荷相同而相互排斥，并且具有平均速率的质子没有足够的动能克服排斥，使得靠得足够近而结合。但是，在分布曲线的尾巴内的那些非常快的质子能做到这一点，而且，就是因为这个原因太阳能够发光。

例题 20－5

一个充满了氧气的容器保持在室温下（300 K）。速率在 599 m/s 到 601 m/s 区间内的分子的比例是多少？氧的摩尔质量 M 是 0.0320kg/mol。

【解】　这里**关键点**是：

1. 分子的速率按式（20－27）分布在一个宽的取值范围内；

2. 在不同的速率区间 dv 内分子的比例为 $P(v)dv$；

3. 对于一个大的区间，该比例可通过对该区间积分 $P(v)$ 求得；

4. 然而，在这里区间 $\Delta v=2\text{m/s}$ 与该区间中心的速率 $v=600\text{m/s}$ 相比是很小的。因此，我们用下面的近似而避免积分，

$$\text{frac}=P(v)\Delta v=4\pi\left(\frac{M}{2\pi RT}\right)^{3/2}v^2e^{-Mv^2/2RT}\Delta v$$

函数 $P(v)$ 画在图 20－7a 中。曲线和水平轴之间的总面积表示分子的总比例（1）。细灰色条的面积表示我们要求的比例。

为了分步求 frac 的值，我们可以写

$$\text{frac}=(4\pi)(A)(v^2)(e^B)(\Delta v)\tag{20－36}$$

A 和 B 为

$$A=\left(\frac{M}{2\pi RT}\right)^{3/2}=\left(\frac{0.0320\text{kg/mol}}{(2\pi)[8.31\text{J/(mol}\cdot\text{K)}](300\text{K})}\right)^{3/2}$$

$$=2.92\times10^{-9}\text{s}^3/\text{m}^3$$

和

$$B=-\frac{Mv^2}{2RT}=-\frac{(0.0320\text{kg/mol})(600\text{m/s})^2}{(2)[8.31\text{J/(mol}\cdot\text{K)}](300\text{K})}$$

$$=-2.31$$

将 A 和 B 代入式（20－36）得

$$\text{frac}=(4\pi)(A)(v^2)(e^B)(\Delta v)$$

$$=4\pi\times2.92\times10^{-9}\text{s}^3/\text{m}^3\times600\text{ m/s}^2$$

$$\times e^{-2.31}\times2\text{ m/s}=2.62\times10^{-3}$$

（答案）

因此，在室温下，0.262% 的氧分子将具有在 599 m/s 和 601 m/s 之间的狭窄区域内的速率。如果将图 20－27a 中灰色的窄条按这个题的标度画出来，它的确会是很细的。

例题 20－6

氧的摩尔质量是 0.0320 kg/mol。

(a) 在 $T=300\text{K}$ 时，氧气分子的平均速率 v_{avg} 是多少？

【解】　这里**关键点**是，为求平均速率，我们必须对速率 v 用式（20－27）的分布函数 $P(v)$ 加权，然后在遍及可能的速率区域（0 到∞）对所得到表达式积分。这样就导出式（20－31），它给出

$$v_{avg}=\sqrt{\frac{8RT}{\pi M}}$$

$$=\sqrt{\frac{8[8.31\text{J}/(\text{mol}\cdot\text{K})](300\text{K})}{\pi(0.0320\text{kg/mol})}}=445\text{m/s}$$

（答案）

在图 20－7a 中画出了这一结果。

（b）在 300 K 时方均根速率 v_{rms}是多少？

【解】 这里**关键点**是，为求 v_{rms}，我们必须首先对 v^2 用式（20－27）的分布函数 $P(v)$ 加权，接着在遍及可能的速率区域内对所得的表达式积分，求出 $(v^2)_{avg}$。然后，必须取此结果的平方根。这样就导出式（20－34），该式给我们以下结果

$$v_{rms}=\sqrt{\frac{3RT}{M}}$$

$$=\sqrt{\frac{3[8.31\text{J}/(\text{mol}\cdot\text{K})](300\text{K})}{0.0320\text{kg/mol}}}=483\text{m/s}$$

（答案）

在图 20－7a 中画出了这一结果。它比 v_{avg} 大，因为较大的速率值对积分 v^2 的影响比对积分 v 的影响大。

（c）在 300 K 时，最概然速率 v_P 是多少？

【解】 这里的**关键点**是，v_P 与分布函数 $P(v)$ 的最大值相对应，我们可通过令导数 $\mathrm{d}P/\mathrm{d}v=0$，解出 v 而获得 v_P。这样就导出式（20－35），该式给我们以下结果

$$v_P=\sqrt{\frac{2RT}{M}}$$

$$=\sqrt{\frac{2[8.31\text{J}/(\text{mol}\cdot\text{K})](300\text{K})}{0.0320\text{kg/mol}}}=395\text{m/s}$$

（答案）

在图 20－7a 中也画出了这一结果。

20－8 理想气体的摩尔热容

在这一节，我们要导出理想气体内能的表达式。换言之，我们想要导出一个与气体中原子或分子的无规则运动相关的能量的表达式。然后，我们将用该表达式来得到理想气体的摩尔热容。

内能 E_{int}

首先，假设理想气体是**单原子气体**（只有单个原子而没有分子），如氦、氖、或氩。另假设理想气体的内能 E_{int}只简单地是它的原子的平动动能之和。（因为量子论说单个的原子没有转动动能。）

单个原子的平均动能只依赖于气体的温度，由式（20－24）给出，为 $K_{avg}=3kT/2$。一个 $n$mol这种气体的样品含有 nN_A 个原子。因此，样品的内能 E_{int}为

$$E_{int}=(nN_A)K_{avg}=(nN_A)\left(\frac{3}{2}kT\right) \qquad (20-37)$$

利用式（20－7）（$k=R/N_A$），可将上式重写为

$$E_{int}=\frac{3}{2}nRT \quad \text{（单原子理想气体）} \qquad (20-38)$$

因此，

理想气体的内能 E_{int} 仅是气体温度的函数，它不依赖于其他任何变量。

有了式（20－38），我们现在就能够推导理想气体摩尔热容的表达式。实际上，我们将推导两个表达式：一个适用于当系统与外界以热量的形式交换能量时气体保持体积不变的情况；另一个适用于当系统与外界以热量的形式交换能量时气体保持压强不变的情况。这两个摩尔热容的符号分别是 C_V 和 C_P。（习惯上，在两种情况中都用大写 C，尽管此处 C_V 和 C_P 表示的是热容

的类型而不是热容。)

摩尔定容热容

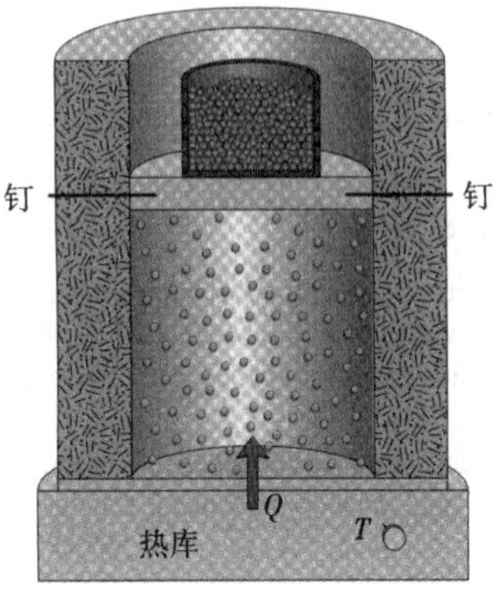

(a)

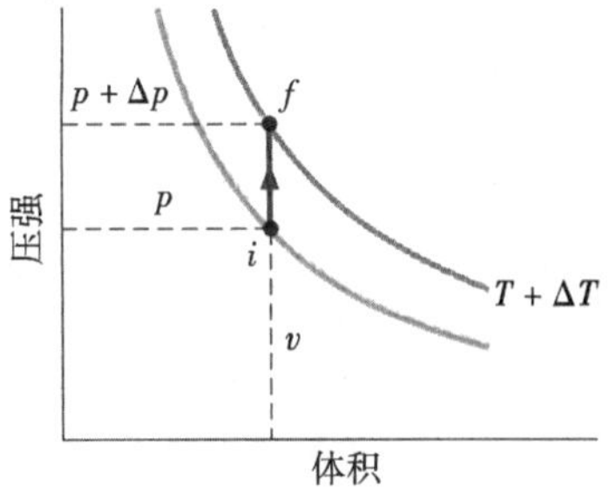

(b)

图 20－8 (a) 在一个定容过程中，理想气体的温度从 T 升高到 $T+\Delta T$。加入了热量，但没有做功。(b) 该过程在一张 $p-V$ 图上。

图 20－8a 表示 n mol 的压强为 p、温度为 T、封闭在体积固定为 V 的气缸中的理想气体。气体的**初态** i 标在图 20－8b 中的 $p-V$ 图上。现在假设你通过慢慢地把热库的温度提高而对气体以热量形式加入一些能量，气体的温度将升高一个小量到 $T+\Delta T$，压强增大到 $p+\Delta p$，而到达**终态** f。

在这个实验中，我们可求出热量 Q 与温度的改变量 ΔT 之间的关系为

$$Q = nC_V\Delta T \quad (定容) \tag{20－39}$$

式中，C_V 是一个常量，称为摩尔定容热容。将这个关于 Q 的表达式代入由式 (19－26) ($\Delta E_{int}=Q-W$) 给出的热力学第一定律中得

$$\Delta E_{int} = nC_V\Delta T - W \tag{20－40}$$

由于体积不变，气体不能膨胀，因此不可能做任何功。所以，$W=0$，式 (20－40) 给出

$$C_V = \frac{\Delta E_{int}}{n\Delta T} \tag{20－41}$$

从式 (20－38) 可知，$E_{int}=3nRT/2$，所以，内能的改变一定是

$$\Delta E_{int} = \frac{3}{2}nR\Delta T \tag{20－42}$$

将这个结果代入式 (20－41) 得

$$C_V = \frac{3}{2}R = 12.5\text{J/(mol·K)} \quad (单原子气体) \tag{20－43}$$

如表 20－2 所示，动理论 (对理想气体) 的这一预言与对实际的单原子气体作的实验符合得很好，情况正如我们已假设的一样。对**双原子气体** (一个分子有两个原子) 和**多原子**气体 (一个分子有两个以上的原子)，C_V 的 (预言值和) 实验值比单原子气体的 C_V 值要大，其原因参见 20－9 节。

表 20－2 摩尔定容热容

分子	样品	C_V/[J/(mol·K)]	分子	样品	C_V/[J/(mol·K)]
单原子	理想	$\frac{3}{2}R=12.5$	双原子	实际	N_2 20.7 O_2 20.8
单原子	实际	He 12.5 Ar 12.6	多原子	理想	$3R=24.9$
双原子	理想	$\frac{5}{2}R=20.8$	多原子	实际	NH_4 29.0 CO_2 29.7

物理学基础

现在，我们能够通过用 C_V 代替 $3R/2$ 将式（20－38）推广为适合于任何理想气体的内能，得到

$$E_{\text{int}} = nC_VT \quad （任何理想气体） \tag{20-44}$$

只要用适当的 C_V 值，这个式子不仅适用于理想的单原子气体，也适用于双原子和多原子理想气体。正像从式（20－38）看到的那样，气体的内能仅依赖于它的温度，而不依赖于它的压强或密度。

当封闭在一个容器中的理想气体经历一个温度改变 ΔT 时，从式（20－41）或式（20－44）我们能写出它的内能改变为

$$\Delta E_{\text{int}} = nC_V\Delta T \quad （理想气体，任意过程） \tag{20-45}$$

这一公式告诉我们

一定量的理想气体内能 E_{int} 的改变只与气体温度的改变量有关，而与温度改变所经历的过程**无**关。

作为例子，考虑图 20－9 的 $p-V$ 图中的两条等温线之间的三条路径。路径 1 表示一个定容过程。路径 2 表示一个等压过程（我们就要考查的）。路径 3 表示一个与系统的环境无热交换的过程（我们将在 20－11 节中讨论这一过程）。虽然与这三条路径相联系的热量 Q 和功 W 不同，因而 p_f 和 V_f 也不同，但与这三条路径相联系的 ΔE_{int} 是一样的，并且都由式（20－45）给出，因为它们都涉及相同的温度改变 ΔT. 因此，不论在 T 和 $T+\Delta T$ 实际经历了什么过程，我们总能用路径 1 和式（20－45）很容易地计算 ΔE_{int}。

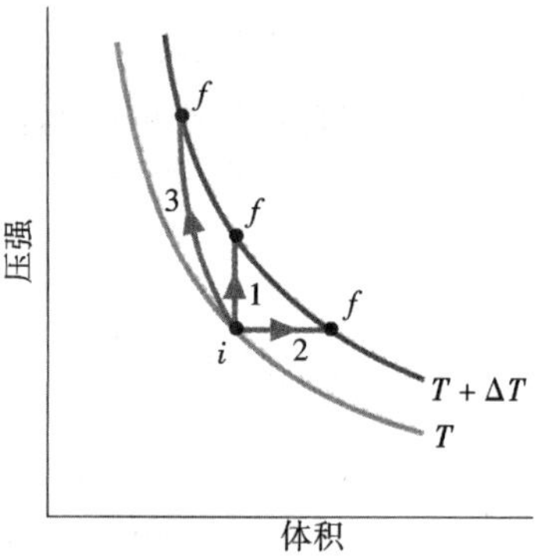

图 20－9　三条线表示理想气体从温度为 T 的初态 i 到温度为 $T+\Delta T$ 几个终态 f 的三个不同过程的路径。气体内能的改变 ΔE_{int} 对这三个过程以及任何其他温度改变相同的过程都是一样的。

摩尔定压热容

现在像上面一样假设理想气体的温度增加一个小量 ΔT，但是所需能量（热量 Q）是在气体处于恒定压强下加入的。这样作的一个实验如图 20－10a 所示；这个过程的 $p-V$ 图画在图 20－10b 中。从这样的实验发现热量 Q 与温度改变 ΔT 的关系为

$$Q = nC_p\Delta T \quad （定压） \tag{20-46}$$

式中，C_p 是一个常量，称为**摩尔定压热容**。这个 C_p 比摩尔定容热容 C_V **大**，因为现在必须提供能量，不仅为了升高气体的温度，也为了气体做功——即推举图 20－10a 中负重的活塞。

为了把摩尔热容 C_p 和 C_V 联系起来，我们从热力学第一定律（式（19－26））

$$\Delta E_{\text{int}} = Q - W \tag{20-47}$$

出发。然后，替换式（20－47）中的每一项。对于 ΔE_{int}，用式（20－45）代入；对于 Q，用式（20－46）代入。为了替换 W，首先应注意，由于压强保持不变，式（20－16）告诉我们 $W=p\Delta V$。然后，注意到，用理想气体方程（$pV=nRT$），可以写出

$$W = p\Delta V = nR\Delta T \tag{20-48}$$

在式（20－47）中进行以上替换，然后两边除以 $n\Delta T$，得

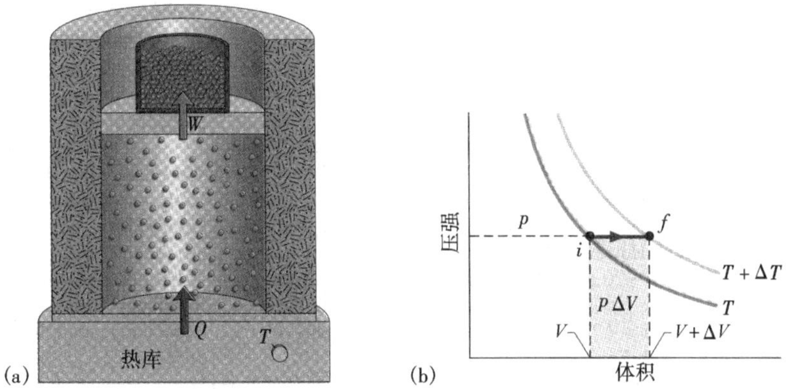

图 20-10 (a) 理想气体在等压过程中温度从 T 升高到 $T+\Delta T$。加入了热量，并在推举负重的活塞时做了功。(b) 在 $p-V$ 图上的该过程，功 $p\Delta V$ 由阴影面积给出。

$$C_V = C_p - R$$

于是

$$C_p = C_V + R \tag{20-49}$$

不仅对单原子气体，对一般气体也一样，只要气体的密度足够低，以至于可把它当作理想的来处理，动理论的预言与实验就符合得很好。

检查点 4：这里的图表示 $p-V$ 图上给定某种气体所经历的五条路径。按气体内能的改变由大到小将这些路径排序。

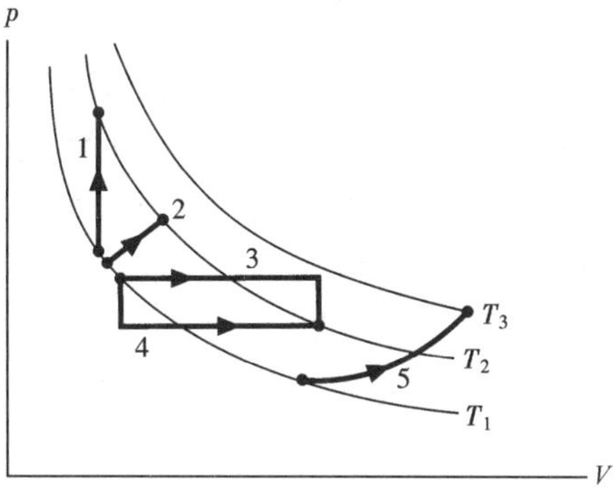

例题 20-7

一个 5.00 mol 的氦气泡淹没在水下一定深度，当水（并因此氦气）在恒定压强下温度升高 $\Delta T=20.0$℃时，气泡膨胀。氦气是单原子理想气体。

(a) 在温度升高和气体膨胀期间，以热量形式给氦气加了多少能量？

【解】 这里**关键点**是热量 Q 与温度改变 ΔT 和气体的摩尔热容有关。因为压强 p 在能量增加期间保持不变，所以用定压条件下的摩尔热容 C_p 及式 (20-46) 求 Q，

$$Q = nC_p\Delta T \tag{20-50}$$

为了求 C_p 值，用式 (20-49)。该式告诉我们，对任何理想气体，$C_p=C_V+R$。然后从式 (20-43) 我们知道，对任何**单原子**气体（如这里的氦气），$C_V=3R/2$。因此，式 (20-50) 给我们以下结果

$$Q = n(C_V+R)\Delta T = n\left(\frac{3}{2}R+R\right)\Delta T$$

$$= n\left(\frac{5}{2}R\right)\Delta T$$

物理学基础

$= (5.00\ \text{mol})(2.5)[8.31\ \text{J/(mol}\cdot\text{K)}](20.0℃)$

$= 2077.5\ \text{J} \approx 2080\ \text{J}$ （答案）

（b）在温度升高期间氦气内能的改变 ΔE_{int} 是多少？

【解】 因为气泡膨胀，所以这不是一个定容过程。然而，氦气被封闭在气泡中。因此，这里**关键点**是 ΔE_{int} 与有同样温度改变 ΔT 的定容过程中内能**会发生**的改变是一样的。能由式（20－45）容易地求出定容内能的改变 ΔE_{int}：

$$\Delta E_{int} = nC_V\Delta T = n\left(\frac{3}{2}R\right)\Delta T$$

$$= (5.00\ \text{mol})(1.5)[8.31\ \text{J/(mol}\cdot\text{K)}] \times (20.0℃)$$

$$= 1246.5\ \text{J} \approx 1250\ \text{J}$$ （答案）

（c）温度升高期间氦气反抗周围水的压强而膨胀做了多少功？

【解】 这里**关键点**是任何气体反抗它的外界的压强而做的功由式（21－11）给出。式（20－11）告诉我们要对 pdV 积分。当压强不变（就像此处）时，能将式（20－11）简化为 $W = p\Delta V$。当气体是**理想**的（就像此处）时，能用理想气体定律（式（20－5））来写出 $p\Delta V = nR\Delta T$。最后得

$$W = nR\Delta T = (5.00\ \text{mol})[8.31\ \text{J/(mol}\cdot\text{K)}] \times (20.0℃) = 831\ \text{J}$$ （答案）

因为我们碰巧知道了 Q 和 ΔE_{int}，所以能用另一种方法来解这个问题：现在**关键点**是我们能用热力学第一定律说明气体能量改变的原因，即

$$W = Q - \Delta E_{int} = 2077.5\ \text{J} - 1246.5\ \text{J} = 831\ \text{J}$$ （答案）

注意，在温度升高期间，只有以热量形式传给氦气的能量（2080 J）的一部分（1250 J）用来增加氦气的内能，并因此升高氦气的温度。其余的（831 J）作为在氦气膨胀期间做的功而从氦气传出．如果水结成了冰，则它将不允许氦气膨胀。这样的话，因为氦气不做功，所以温度同样升高 20.0 C°将仅需要 1250 J 的热量。

20－9 自由度和摩尔热容

像表 20－2 所列出的，$C_V = 3R/2$ 的预言和对单原子气体的实验相符，但对双原子和多原子气体不相符。让我们通过考虑具有一个以上原子的分子以平动以外的形式储存内能的可能性来说明这种差别。

图 20－11 表示氦（一个**单原子**分子，包含一个单独的原子）、氧（一个**双原子**分子，包含两个原子）和甲烷（一个**多原子**分子）的常见的模型。从这样的模型出发，我们将假设所有这三类分子均有平动（如左右、上下运动）和转动（像陀螺那样绕一个轴旋转）。另外，我们将假设双原子和多原子分子可能有振动，表现为原子之间微小的相互靠近和远离的振动，就像系在弹簧的两端那样。

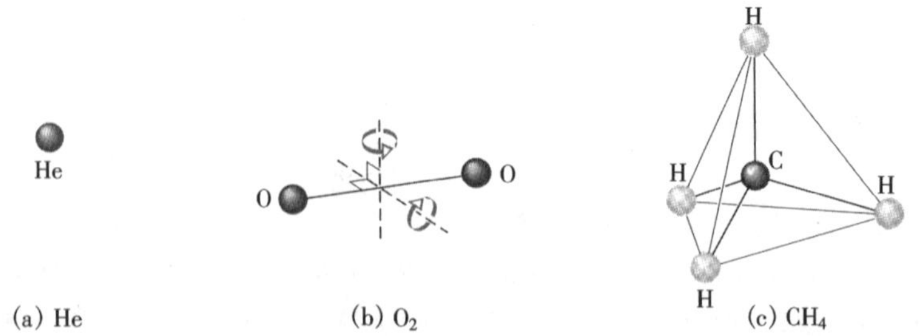

图 20－11 在动理论中用的分子模型：（a）氦，一种典型的单原子分子；（b）氧，一种典型的双原子分子；（c）甲烷，一种典型的多原子分子。小球代表原子，两球之间的线代表键，对氧分子还画了两个转轴。

为了说明在气体中能够储存能量的各种方式，麦克斯韦提出了**能量均分**定理：

每一种分子都有一个确定的自由度数f，即分子能储存能量的独立方式。每一个这样的自由度都有——平均地讲——每分子$kT/2$（或每摩尔$RT/2$）的能量与之相联系。

让我们将这一定理应用于图20－11中的分子的平动和转动。（我们将在下一节讨论振动。）对于平动，在任何气体上叠加一个xyz坐标系。一般地，分子将具有沿所有三个轴的速度分量。因此，所有种类的气体分子均有三个平动自由度（在平移中的三个运动方向），并且平均来讲，与每个分子相关的能量为3（$kT/2$）。

对于转动，设xyz坐标系的原点在图20－11中每个分子的中心。在气体中，每个分子应该能沿三个坐标轴中的每一个以角速度分量转动。所以，每一种气体应该有三个转动自由度，并且平均来讲，每个分子有一个3（$kT/2$）的附加能量。**然而**，实验表明，这只对多原子分子是对的。如量子理论所解释的，一个单原子气体分子不能转动，因此没有转动能量（一个单独的原子不能像陀螺那样转动）。一个双原子分子只能绕垂直于两原子的连线的轴像陀螺一样转动（在图20－11b中画出了这两个轴），而不能绕那条连线自身转动。因此，一个双原子分子只能有两个转动自由度，并且每个分子只能有2（$kT/2$）的转动能量。

为了将我们对摩尔热容（在20－8节中的C_p和C_V）的分析扩展到理想的双原子和多原子气体，必须回顾推导摩尔热容的详细步骤。首先，我们用$E_{int}=(f/2)nRT$代替式（20－38）（$E_{int}=3nRT/2$），前式中f是列在表20－3中的自由度数。这样做就导出了预言

$$C_V = \left(\frac{f}{2}\right)R = 4.16f\text{J}/(\text{mol}\cdot\text{K}) \qquad (20-51)$$

此式与用单原子气体（$f=3$）的式（20－43）——像它必然的那样——相符。如表20－3所示，这一预言也与双原子气体（$f=5$）的实验相符。但对多原子气体它是太低了。

表20－3 几种不同分子的自由度

分子	样品	自由度			预言的摩尔热容	
		平动	转动	总(f)	C_V(式(20－51))	$C_p=C_V+R$
单原子	He	3	0	3	$\frac{3}{2}R$	$\frac{5}{2}R$
双原子	O_2	3	2	5	$\frac{5}{2}R$	$\frac{7}{2}R$
多原子	CH_4	3	3	6	$3R$	$4R$

例题20－8

一体积为V的小房间充满了空气（视为理想的双原子气体），初始低温为T_1。在你点燃壁炉中的木柴后，空气的温度升高到T_2。在小屋中空气内能的改变ΔE_{int}是多少？

【解】 当空气的温度升高时，空气的压强p不可能改变，一定总是等于室外空气的压强。理由是，因为房间透气，所以空气没有封住。当温度升高时，空气分子通过各个缝隙跑出，使得房中空气的摩尔数n减小。因此，这里一个**关键点**是我们不能用式（20－45）（$\Delta E_{int}=nC_V\Delta T$）来求$\Delta E_{int}$，因为它要求$n$是不变的。

第二个**关键点**是我们能用式（20－44）（$E_{int}=nC_VT$）将内能E_{int}与任意时刻的n和温度T联系起来。从这个式子能够写出

$$\Delta E_{int} = \Delta(nC_VT) = C_V\Delta(nT)$$

然后，利用式（20－5）（$pV=nRT$），我们用pV/R代替nT得

$$\Delta E_{int} = C_V \Delta\left(\frac{pV}{R}\right) \qquad (20-52)$$

现在，因为 p、V 和 R 均为常量，式（20-52）给出

$$\Delta E_{int} = 0 \qquad \text{（答案）}$$

尽管温度改变了。

为什么房间在较高的温度下感觉更舒适呢？这至少涉及两个因素：（1）你与房间的表面交换电磁辐射（热辐射）；（2）你和与你碰撞的空气分子交换能量。当房子的温度升高时，（1）由房间表面发射的和你吸收的热辐射增加了，和（2）通过与空气分子碰撞，你获得的能量增加了。

20-10　量子论的一个提示

我们能够通过将双原子或多原子分子气体中原子的振动计算在内而改进动理论与实验的一致性。例如，在图 20-11b 的 O_2 分子中，由于相互联系的键的作用像一个弹簧，所以两个原子可以作相互靠近和远离的振动。然而，实验表明，这样的振动只在气体的温度比较高的情况下发生——当气体分子具有比较大的能量时，这种运动才“启动”。转动也受这样的“启动”所支配，但在一个较低的温度下。

图 20-12 有助于理解转动和振动的启动。图中画出了双原子氢气（H_2）的比率 C_V/R 与温度 T 的关系，其中用温标的对数以覆盖几个量级的大小。大约在 80 K 以下，我们发现 $C_V/R = 1.5$。这一结果暗示在比热容中只涉及氢的三个平动自由度。

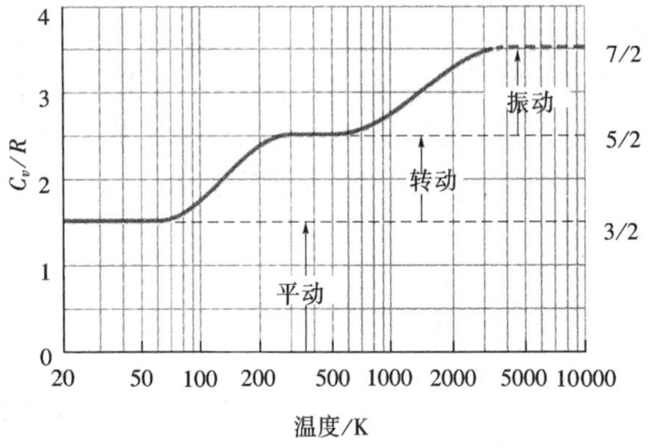

图 20-12　一条关于（双原子）氢气的 C_V/R 对温度的图线。因为转动和振动在一定的能量下才开始，所以在很低的温度下只有平动是可能的。当温度升高时，开始有转动。在更高的温度下，开始有振动。

当温度升高时，C_V/R 值渐渐地增加到 2.5，暗示开始涉及两个外加的自由度。量子论表明这两个自由度与氢分子的转动有关，并且这一运动需要一个确定的最小能量。在很低的温度下（低于 80 K），分子没有足够的能量来转动。当温度从 80 K 升高时，开始是几个分子，然后越来越多的分子获得足够的能量来转动，并且 C_V/R 增加，直至所有的分子都转动而 $C_V/R = 2.5$。

同样地，量子论表明分子的振动需要一个确定的（更高）最小能量。这个最小的能量直到分子达到约 1000 K 的温度时才能遇到，就像在图 20-12 中所示的那样。当温度升高到超过 1000 K 时，具有足够能量来振动的分子数增加，因而 C_V/R 增加，直到所有的分子都振动而 $C_V/R = 3.5$。（在图 20-12 中，画出的曲线在 3200 K 终止，因为在该温度下，氢分子中原子的振动是如此激烈，以至于使它们的键断裂，从而一个分子**解离**成两个分开的原子）。

20-11　理想气体的绝热膨胀

在 18-3 节中我们看到，通过空气或其他气体的声波是作为一系列的压缩和膨胀传播的。这些变化在传输介质中发生得如此之快，以至于没有时间以热的形式将能量从媒质的一部分传到另一部分。像我们在 19-10 节中看到的那样，一个 $Q = 0$ 的过程是**绝热过程**。通过迅速地实现一个过程（如在声波中）或者使它在一个绝热良好的容器中进行（以任何时率），我们都能

保证 $Q=0$。让我们看看动理论关于绝热过程要说些什么。

图 20－13a 画出了我们常用的绝热气缸，现在装有理想气体并放在一个绝热台上。通过从活塞上移开质量，可以使气体绝热地膨胀。当体积增加时，压强和温度都下降。然后我们将证明在这样的绝热过程中压强和体积的关系为

$$pV^{\gamma}=\text{常量}\quad(\text{绝热过程})\qquad(20-53)$$

式中，$\gamma=C_p/C_V$，是气体的摩尔热容比。如图 20－13b 中的 $p-V$ 图所示，该过程沿着一条线（称为**绝热线**）发生，这条线的公式为 $p=\text{常量}/V^{\gamma}$。因为气体从一个初态 i 变化到一个终态 f，所以我们能够将式（20－53）重写为

$$p_iV_i^{\gamma}=p_fV_f^{\gamma}\quad(\text{绝热过程})\qquad(20-54)$$

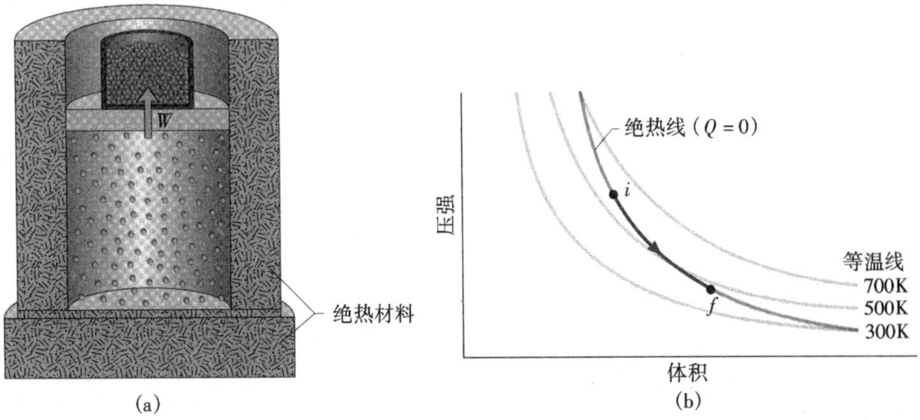

图 20－13 （a）通过移开活塞上的质量，理想气体的体积增加。过程是绝热的（$Q=0$）。（b）过程沿 $p-V$ 图上的一条绝热线从 i 到 f。

我们也能用 T 和 V 对绝热过程写出一个方程。为此，用理想气体方程（$pV=nRT$）来消去式（20－53）中的 p，得

$$\left(\frac{nRT}{V}\right)V^{\gamma}=\text{常量}$$

由于 n 和 T 都是常量，可以把这一方程写成另一种形式

$$TV^{\gamma-1}=\text{常量}\quad(\text{绝热过程})\qquad(20-55)$$

式中的常量与式（20－53）中的常量不同。当气体从初态 i 变化到终态 f 时，可以将式（20－55）重写为

$$T_iV_i^{\gamma-1}=T_fV_f^{\gamma-1}\quad(\text{绝热过程})\qquad(20-56)$$

现在我们能够回答引出本章的问题了。在一个没打开的香槟酒容器内的顶部，有二氧化碳气体和水蒸气。因为气体的压强比大气的压强大，所以当打开容器时，气体膨胀到大气中。因此，气体的体积增加意味着它必定推动大气做功。因为膨胀是如此之快，所以是绝热的，并且气体的内能是做功的惟一的源泉。因为内能减少，所以气体的温度必定降低，这就引起在气体中的水蒸气凝结为微滴，形成雾。（注意，式（20－56）也告诉我们在绝热膨胀期间温度一定降低，因为 V_f 比 V_i 大，所以 T_f 必定比 T_i 小。）

式（20－53）的证明

假设从图 20－13a 的活塞上移走一些铅粒，使理想气体向上推举活塞和留下的铅粒，并因

而使体积增加一个微量 dV。因为体积变化很微小，所以可以假设气体对活塞的压强在体积变化期间保持不变。这个假设说明在体积增加期间气体所做的功 dW 等于 pdV。由此，可将热力学第一定律式（19-27）写为

$$dE_{\text{int}} = Q - pdV \tag{20-57}$$

因为气体是绝热的（因此膨胀是绝热的），所以可用 0 代替 Q。然后用式（20-45）$nC_V dT$ 来代替 dE_{int}。利用这些替换并整理后得

$$ndT = -\left(\frac{p}{C_V}\right)dV \tag{20-58}$$

现在从理想气体定律（$pV = nRT$）得

$$pdV + Vdp = nRdT \tag{20-59}$$

用 $C_p - C_V$ 代替式（20-59）中的 R，得

$$ndT = \frac{pdV - Vdp}{C_p - C_V} \tag{20-60}$$

使式（20-58）和式（20-60）相等并加以整理得

$$\frac{dp}{p} + \left(\frac{C_p}{C_V}\right)\frac{dV}{V} = 0$$

用 γ 代替摩尔热容比并积分（见附录 E 中的积分 5）得

$$\ln p + \gamma \ln V = \text{常量}$$

将左边改写为 $\ln pV^{\gamma}$，然后两边取反对数得

$$pV^{\gamma} = \text{常量} \tag{20-61}$$

这就是我们要证明的。

自由膨胀

在 19-10 节中曾讲过，气体自由膨胀是一个既不对气体做功、也不由气体做功和气体内能不改变的绝热过程。因此，自由膨胀与式（20-53）到式（20-61）所描述的绝热过程的类型是十分不同的，在式（20-53）到式（20-61）所描述的过程中，气体做功，内能也改变。所以，虽然气体的自由膨胀是绝热的，但那些式子并不适用于这样的膨胀。

我们也回想在自由膨胀中，气体仅在初始和终了点处于平衡，因此，我们仅能在 $p-V$ 图上画出这两个点，而不能画出膨胀本身。另外，因为 $\Delta E_{\text{int}} = 0$，所以终态的温度一定等于初态的温度。因此，在 $p-V$ 图上初始点和终止点一定在同一条等温线上，代替式（20-56），有

$$T_i = T_f \quad \text{（自由膨胀）} \tag{20-62}$$

如果我们还假设气体是理想的（以便 $pV = nRT$），则因为温度没变，所以乘积 pV 也不能变。因此，代替式（20-53），自由膨胀具有关系

$$p_i V_i = p_f V_f \quad \text{（自由膨胀）} \tag{20-63}$$

例题 20-9

在例题 20-2 中，1 mol 氧气（设为理想气体）从 12 L 的初始体积等温膨胀（在 310 K）到 19 L 的终了体积。

（a）如果气体绝热地膨胀到同样的终了体积，终温是多少？氧（O_2）是双原子并且在这里有转动但没有振动。

【解】 这里**关键点**是：

1. 当气体反抗外界的压强膨胀时，它一定做功；

2. 当过程是绝热的（没有能量以热量形式传递）时，做功所需要的能量只能来自气体的内能；

3. 因为内能减少，所以温度必定下降。

我们能够用式（20－56）将初态和终态的温度及体积的关系联系起来：

$$T_iV_i^{\gamma-1}=T_fV_f^{\gamma-1} \quad (20-64)$$

因为分子是双原子分子，并且只有转动而无振动，所以我们能从表 20－3 查出摩尔热容。因此，

$$\gamma=\frac{C_p}{C_V}=\frac{\frac{7}{2}R}{\frac{5}{2}R}=1.40$$

由式（20－64）解出 T_f，并将已知数据代入得

$$T_f=\frac{T_iV_i^{\gamma-1}}{V_f^{\gamma-1}}=\frac{(310\text{K})(12\text{L})^{1.40-1}}{(19\text{L})^{1.40-1}}$$

$$=(310\text{K})\left(\frac{12}{19}\right)^{0.40}=258\text{K} \quad \text{（答案）}$$

（b）如果换成气体从初始的压强 2.0 Pa 自由膨胀到新体积，终了的压强和温度是多少？

【解】 这里**关键点**是，在自由膨胀中温度不变：

$$T_f=T_i=310\text{ K} \quad \text{（答案）}$$

用式（20－63）求出新压强为

$$p_f=p_i\frac{V_i}{V_f}=(2.0\text{Pa})\frac{12\text{L}}{19\text{L}}=1.3\text{Pa}$$

（答案）

解题线索

线索 2：四个气体过程的图像小结

在这一章中，我们讨论了理想气体能够进行的四种特殊过程。在图 20－14 中显示了每一种过程的一个例子，并且一些相关的特征在表 20－4 中给出，包括两个我们以前没有用过但你也许在其他课程中见过的过程的名字（等压和等容）。

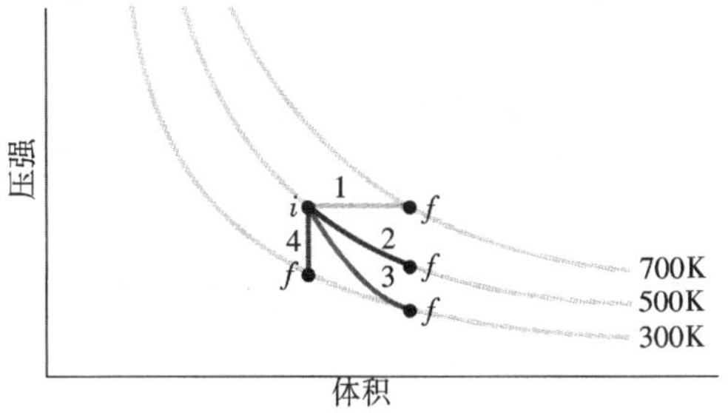

图 20－14 表示理想气体四种特殊过程的一幅 $p-V$ 图。表 20－4 解释了这几个过程。

表 20－4 四种特殊的过程

在图 20－14 中的路径	不变量	过程类型	某些特殊结果（对所有路径 $\Delta E_{int}=Q-W$ 和 $\Delta E_{int}=nC_V\Delta T$）
1	p	等压	$Q=nC_p\Delta T$；$W=p\Delta V$
2	T	等温	$Q=W=nRT\ln(V_f/V_i)$；$\Delta E_{int}=0$
3	pV^γ，$TV^{\gamma-1}$	绝热	$Q=0$；$W=-E_{int}$
4	V	等容	$Q=\Delta E_{int}=nC_V\Delta T$；$W=0$

检查点 5：按给气体传热的多少由大到小对图 20－14 中的 1，2，3 和 4 四条路径排序。

复习和小结

气体动理论 **气体动理论**将气体的**宏观**性质（例如压强和温度）与气体分子的**微观**性质（例如速率和动能）联系了起来。

阿伏伽德罗常量 1mol 物质包含 N_A（**阿伏伽德罗常量**）个基元单位（通常是原子或分子），其中 N_A 由实验求得为

$$N_A=6.02\times10^{23}\text{ mol}^{-1} \quad \text{（阿伏伽德罗常量）} \quad (20-1)$$

任何物质的摩尔质量 M 是 1mol 该物质的质量。它与物质的单个分子的质量 m 的关系为

$$M=mN_A \quad (20-4)$$

质量为 M_{sam}、由 N 个分子组成的样品包含的物质的摩尔数 n 为

$$n=\frac{N}{N_A}=\frac{M_{sam}}{M}=\frac{M_{sam}}{mN_A} \quad (20-2,20-3)$$

理想气体 **理想气体**是一种这样的气体，其压强 p、体积 V 及温度 T 的关系为

$$pV = nRT \quad (\text{理想气体定律}) \qquad (20-5)$$

式中，n 是气体的摩尔数；R 是摩尔**气体常量**（8.31 J/（mol·K））。理想气体定律也可写成

$$pV = NkT \qquad (20-9)$$

式中，k 是**玻耳兹曼常量**，为

$$k = \frac{R}{N_A} = 1.38 \times 10^{-23} \quad \text{J/K} \qquad (20-7)$$

等温的体积变化中的功 理想气体经历一个**等温**过程，体积由 V_i 变化到 V_f 所做的功为

$$W = nRT\ln\frac{V_f}{V_i} \quad (\text{理想气体,等温过程}) \qquad (20-14)$$

压强、温度和分子速率 n mol 理想气体的压强，用它的分子速率来表示为

$$p = \frac{nMv_{rms}^2}{3V} \qquad (20-21)$$

式中，$v_{rms} = \sqrt{(v^2)_{avg}}$是气体分子的**方均根速率**。利用式（20-5）有

$$v_{rms} = \sqrt{\frac{3RT}{M}} \qquad (20-22)$$

温度和动能 每个理想气体分子的平均平动动能为

$$K_{avg} = \frac{3}{2}kT \qquad (20-24)$$

平均自由程 气体分子的**平均自由程** λ 就是它在两次碰撞之间平均路程的长度

$$\lambda = \frac{1}{\sqrt{2}\pi d^2 N/V} \qquad (20-25)$$

式中，N/V 是单位体积内的分子数，d 是分子的直径。

麦克斯韦速率分布 **麦克斯韦速率分布** $P(v)$ 是这样一个函数，使得 $P(v)\mathrm{d}v$ 给出速率在以速率 v 为中心的速率区间 $\mathrm{d}v$ 内的分子数占总分子数的比例：

$$P(v) = 4\pi\left(\frac{M}{2\pi RT}\right)^{3/2} v^2 \mathrm{e}^{-Mv^2/2RT} \qquad (20-27)$$

在气体的分子中速率分布的三种量度

$$v_{avg} = \sqrt{\frac{8RT}{\pi M}} \quad (\text{平均速率}) \qquad (20-31)$$

$$v_P = \sqrt{\frac{2RT}{M}} \quad (\text{最概然速率}) \qquad (20-35)$$

以及在上面的式（20-22）中所定义的方均根速率。

摩尔热容 气体的摩尔定容热容 C_V 定义为

$$C_V = \frac{1}{n}\frac{Q}{\Delta T} = \frac{1}{n}\frac{\Delta E_{int}}{\Delta T} \qquad (20-39, 20-41)$$

式中，Q 是以热量形式传给 n mol 气体样品或从样品传出的能量；ΔT 是由此引起的气体温度的改变；ΔE_{int}是由此引起的气体内能的改变。对理想的单原子气体，

$$C_V = \frac{3}{2}R = 12.5 \quad \text{J/(mol·K)} \qquad (20-43)$$

气体摩尔定压热容定义为

$$C_p = \frac{1}{n}\frac{Q}{\Delta T} \qquad (20-46)$$

式中，Q、n 和 ΔT 定义如上，C_p 也可由下式给出

$$C_p = C_V + R \qquad (20-49)$$

对 n mol 理想气体

$$E_{int} = nC_VT \quad (\text{理想气体}) \qquad (20-44)$$

如果 n mol 理想气体由于**任意**过程温度改变 ΔT，则气体内能的改变为

$$\Delta E_{int} = nC_V\Delta T \quad (\text{理想气体,任意过程}) \qquad (20-45)$$

式中的 C_V 必须根据理想气体的种类用适当的值代入。

自由度和 C_V 求 C_V 本身要用**能均分**定理，该定理说的是，一个分子的每一个**自由度**（即它能储存能量的每一个独立方式）都有——平均的——每分子 $kT/2$ 的能量$\left(=\frac{1}{2}RT\text{ 每摩尔}\right)$与之相联系。如果 f 是自由度数，则 $E_{int} = (f/2)nRT$，而

$$C_V = \left(\frac{f}{2}\right)R = 4.16f \ \text{J/(mol·K)} \qquad (20-51)$$

对于单原子气体 $f=3$（三个平动自由度），对双原子气体 $f=5$（三个平动自由度和两个转动自由度）。

绝热过程 当一定量的理想气体经历一个缓慢的绝热体变（对这种变化 $Q=0$）过程时，它的压强和体积的关系为

$$pV^\gamma = \text{常量} \quad (\text{绝热过程}) \qquad (20-53)$$

式中，$\gamma(=C_p/C_V)$ 是气体的摩尔热容比。然而，对自由膨胀，$p_iV_i = p_fV_f$。

思考题

1. 当体积不变时，如果理想气体的温度从 20℃变化到 40℃，那么气体的压强是加倍、增大但小于 2 倍、还是增大并大于 2 倍？

2. 在图 20－15a 中，画出了同一种气体的三个温度不同的等温过程，其体积变化都相同（V_i 到 V_f）。按照（a）气体做的功、（b）气体内能的改变和（c）气体吸收的热量将这三个过程由大到小排序。

在图 20－15b 中，画出了沿着单一的等温线进行的三个过程，体积变化 ΔV 均相同。按照（d）气体做的功、（e）气体内能的改变和（f）以热量形式传给气体的能量，将这些过程由从大到小排序。

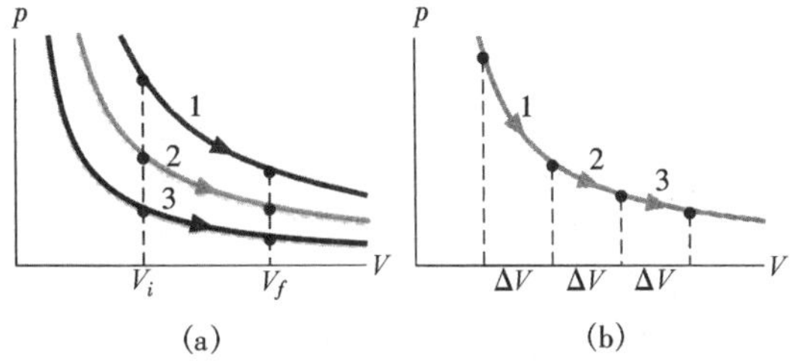

图 20－15 思考题 2 图

3. 气体的体积和在体积内的分子数有如下四种情况：（a）$2V_0$ 和 N_0、（b）$3V_0$ 和 $3N_0$、（c）$8V_0$ 和 $4N_0$ 和（d）$3V_0$ 和 $9N_0$。按照分子的平均自由程由大到小将这些情况排序。

4. 在例题 20－2 中，在膨胀期间以热量形式传递了多少能量？

5. 图 20－16 表示一定的理想气体的初态和通过这一状态的一条等温线。在所示的那些路径中哪些是由于气体的温度下降形成？

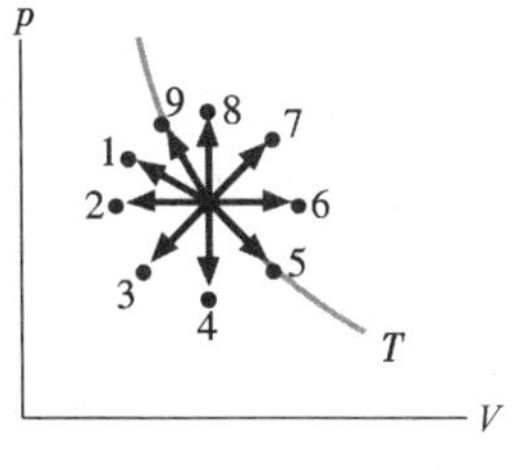

图 20－16 思考题 5 图

6. 对理想气体的四种情况，表中给出了热量 Q、由气体所做的功 W 或对气体所做的功 W_{on}。单位均为 J。按气体温度的改变将这四种情况排序，正最大的排在第一，负最大的排在最后。

	a	b	c	d
Q	－50	＋35	－15	＋20
W	－50	＋35		
W_{on}			－40	＋40

7. 一定量的理想气体，在定容条件下加热时，升高温度 ΔT_1 需要 30 J，在定压条件下加热时，需要 50 J。在第二种情况下，气体做了多少功？

8. 一定量的理想双原子气体，其分子只有转动而无振动，以热量形式损失了能量 Q。如果能量的损失发生在定容过程或定压过程中，在哪一个过程中内能减少得更多？

9. 一定的能量以热量形式（a）在定压条件和（b）在定容条件下，传给 1 mol 单原子气体；又（c）在定压条件下和（d）在定容条件下，传给 1 mol 双原子气体。图 20－17 在同一 $p-V$ 图上画出了从一个初始点到四个终点的四条路径。哪一条路径是哪一个过程经历的？（e）双原子气体的分子转动吗？

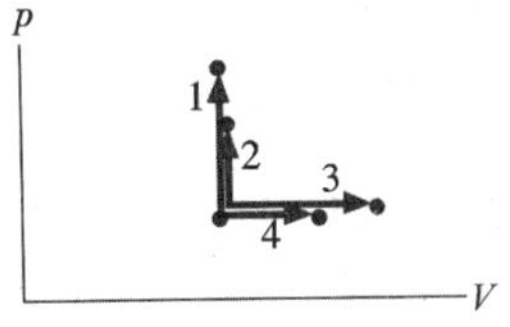

图 20－17 思考题 9 图

10. 理想气体经历以下过程：（a）等温膨胀、（b）等压膨胀、（c）绝热膨胀和（d）定容条件下压强增加，其温度是升高、降低、还是不变？

11. （a）按气体做的功由大到小将图 20－14 中的四条路径排序。（b）按气体内能的改变将路径 1、2 和 3 排序，正最大排在第一，负最大排在最后。

12. 在图 20－18 的 $p-V$ 图中，气体沿等温线 ab 做了 5 J 的功，沿绝热线 bc 做了 4 J 的功。如果气体沿直线的路径从 a 到 c，其内能的改变是多少？

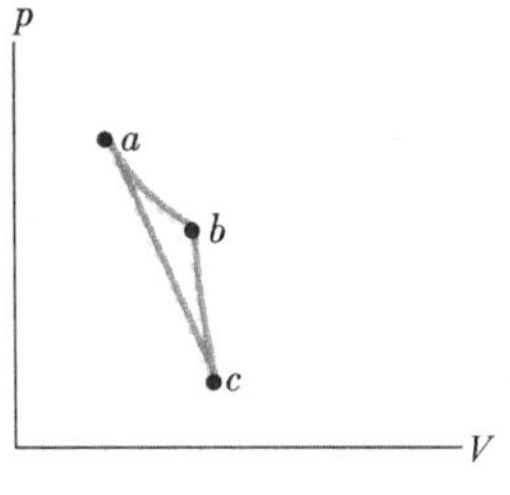

图 20－18 思考题 12 图

练习和习题

20-2节 阿伏伽德罗常量

1E. 砷的摩尔质量为74.9 g/mol，求7.5×10^{24}个砷原子的质量。以kg为单位。(ssm)

2E. 金的摩尔质量为197 g/mol。(a) 2.50 g纯金样品中有多少摩尔的金？(b) 在该样品中有多少个原子？

3P. 如果1.00 g水中的水分子均匀分布在地球表面上，在1.00 cm^2表面上有多少个水分子？

4P. 一个著名的科学家写到："在写这个句子的任一个字母的墨水中有足够多的分子，不仅能给地球上的每一位居民提供一个分子，而且如果我们银河系中的每一颗恒星都有像地球一样多的人口，还能给每个人提供一个分子。"校核这句话是否正确。假设墨水样品（摩尔质量=18 g/mol）具有1μg的质量，地球的人口为5×10^9，在我们的银河中恒星的数目为10^{11}。

20-3节 理想气体

5E. 计算压强为100 Pa、温度为220 K的理想气体在1.00 cm^3中的(a)摩尔数和(b)分子数。(ssm)

6E. 最好的实验室真空具有约1.00×10^{-18} atm或1.01×10^{-13}Pa的压强。当温度为293 K时，在这样的真空中每立方厘米有多少气体分子？

7E. 40.0℃和1.01×10^5 Pa时具有1000cm^3体积的氧气膨胀到体积为1500cm^3及压强为1.06×10^5Pa。求(a)现有氧气的摩尔数，(b)样品的终温。(ssm)

8E. 一个汽车轮胎体积为$1.64\times10^{-2}m^3$，当温度为0.00℃时，装有计示压强（高于大气压的压强）为165 kPa的空气。当它的温度上升到27.0℃，并且体积增加到$1.67\times10^{-2}m^3$时，轮胎内空气的计示压强是多少？设大气压强为1.01×10^5Pa。

9E. 一定量的理想气体在10.0℃和100 kPa下占有2.50m^3的体积。(a)此气体有多少摩尔？(b)如果压强升高到300 kPa，温度升高到30.0℃，气体占据多少体积？假设没有泄漏。

10E. 1.00 mol的氧气在0℃下体积从22.4 L等温压缩到16.8 L，计算在此期间外力所做的功。

11P. 某种物质的压强p、体积V和温度T的关系为

$$p=\frac{AT-BT^2}{V}$$

式中，A和B是常量。当压强保持不变时，如果温度从T_1变化到T_2，求该物质做功的表达式。(ssm)

12P. 一个容器装有两种理想气体。第一种气体有2 mol，其摩尔质量为M_1；第二种气体有0.5 mol，并且其摩尔质量为$M_2=3M_1$。对容器壁的总压强中归于第二种气体占多大比例？（用动理论对压强的解释可导出在实验上发现的关于无化学反应的混合气体分压定律：**混合气体产生的总压强等于各部分气体单独占有容器时产生的压强之和**。）

13P. 在103.0 kPa的计示压强下，初始占据0.14 m^3的空气等温膨胀到101.3 kPa的压强，然后在等压下冷却直到恢复它的初始体积。计算空气所做的功。（计示压强是实际压强与大气压强之差。）(ssm) (ilw) (www)

14P. 一个理想气体样品经历了如图20-19所示的循环过程$abcd$，在a点，$T=200$K。(a)在样品中有多少摩尔气体？(b)气体在b点的温度、(c)气体在c点的温度和(d)在循环过程中以热量形式加给气体的净能是多少？

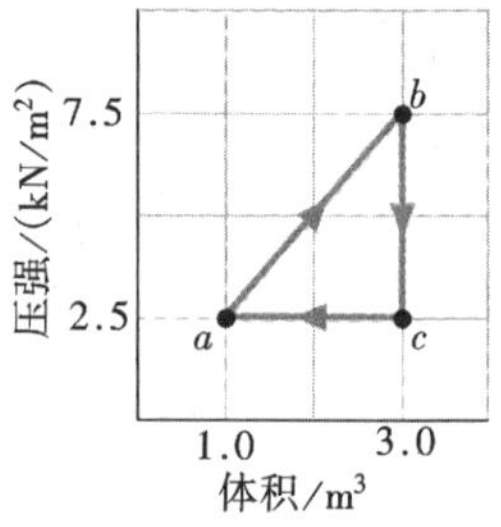

图20-19 习题14图

15P. 一个体积为20cm^3的空气泡处于深为40 m、温度为4.0℃的湖底。空气泡上升到温度为20℃的湖面，设气泡中的空气与周围水的温度相同。当气泡刚到达湖面时，其体积是多大？(ssm)

16P. 一根一端开口的长为$L=25.0$ m的管在大气压强下装有空气。将它开口向下垂直推入淡水湖中直至水在管内升至一半高度处，如图20-20所示。管的下端所在的深度h是多少？设各处的温度相同而且不变。

17P. 在图20-21中，容器A装有压强为5.0×10^5Pa、温度为300 K的理想气体。它由一根细管（和一个关着的阀门）与体积是A的四倍的容器B相连，容器B装有压强为1.0×10^5 Pa、温度为400 K

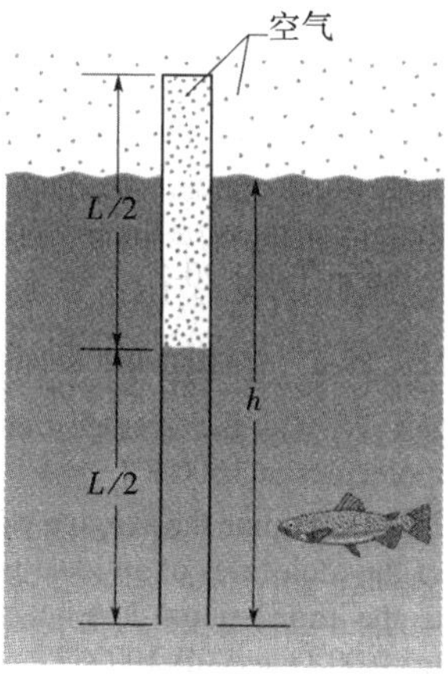

图 20－20　习题 16 图

的同种理想气体。打开阀门使两边的压强相等，但使每个容器的温度保持其初始值不变，这时两容器中的压强是多少？(ilw)

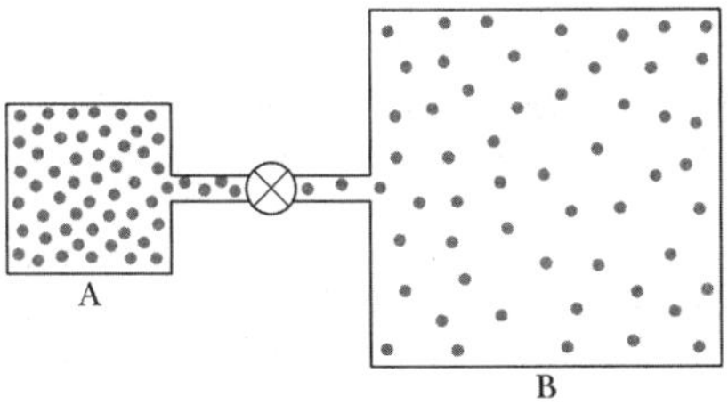

图 20－21　习题 17 图

20－4 节　压强、温度和方均根速率

18E. 计算在 1000 K 时氦原子的方均根速率。氦原子的摩尔质量见附录 F。

19E. 在外层空间中，最低的可能温度为 2.7K。在这一温度下氢分子的方均根速率是多少？(氢分子 (H_2) 的摩尔质量在表 20－1 中给出。) (ssm)

20E. 求在 313 K 时氩原子的方均根速率。氩原子的摩尔质量见附录 F。

21E. 在太阳的大气中，温度和压强分别为 2.00×10^6 K 和 0.0300 Pa。计算那里的自由电子（质量 $=9.11\times10^{-31}$kg）的方均根速率，设它们是理想气体。

22E. (a) 计算在 20.0℃ 时氮分子的方均根速率。氮分子 (N_2) 的摩尔质量在表 20－1 中给出。在什么温度下，方均根速率将是 (a) 该值的一半和 (b) 该值的两倍？

23P. 一束氢分子 (H_2) 沿与墙面法线的夹角为 55° 的方向射到墙上。在分子束中，每个分子的质量为 3.3×10^{-24}g，速率为 1.0 km/s。该分子束以每秒 10^{23} 个分子的时率撞到墙上的面积为 2.0 cm^2，分子束对墙的压强是多少？(ssm)

24P. 在 273 K 和 1.00×10^{-2}atm 下，某种气体的密度为 1.24×10^{-5} g/cm^3。(a) 求气体分子的 v_{rms}；(b) 求气体的摩尔质量，并确认该气体。(**提示：**在表 20－1 中列出了该气体。)

20－5 节　平动动能

25E. 在 1600 K 时，氮分子的平均平动动能是多少？(ssm)

26E. 确定理想气体分子平动动能在 (a) 0.00℃ 和 (b) 100℃ 时的平均值。在 (c) 0.00℃ 和 (d) 100℃ 时每摩尔理想气体的平动动能是多少？

27P. 在 32.0℃ 下放置在露天的水，由于其表面某些分子的逃逸而蒸发。汽化热 (539 cal/g) 近似等于 εn，其中 ε 是逃逸的分子的平均能量，n 是每克中的分子数。(a) 求 ε；(b) ε 与 H_2O 分子平均动能的比率是多少？设后者和温度的关系与它被看作气体时的一样。(ssm) (www)

28P. 证明理想气体方程，式 (20－5)，能被写成另一种形式 $p=\rho RT/M$。其中，ρ 是气体的质量密度，M 是摩尔质量。

29P. **阿伏伽德罗定律**说在相同的温度和压强下，相同体积的气体含有相同的分子数。这一定律是否与理想气体定律等价？说明之。(ssm)

20－6 节　平均自由程

30E. 氮分子在 0.0℃ 和 1.0atm 时的平均自由程是 0.80×10^{-5}cm。在这个温度和压强下有 2.7×10^{19} 个分子/cm^3。分子的直径是多少？

31E. 在地球表面上方 2500 km 处，大气的密度约为 1 个分子/cm^3。(a) 用式 (20－25) 预计的平均自由程是多少？(b) 在这种情况下它的意义是什么？设一个分子的直径为 2.0×0^{-8}cm。(ssm)

32E. 在空气中，和什么频率对应的声波波长与在 1 atm 和 0.00℃ 时氧分子的平均自由程相等？设氧分子的直径为 3.0×10^{-8}m。

33E. 在一个激烈地摇晃着的盒子中的 15 个软心糖豆的平均自由程是多少？盒子的体积为 1.0 L，软糖的直径为 1.5 cm。(考虑糖豆与糖豆间的碰撞，但不考虑糖豆与盒间的碰撞。) (ssm)

34P. 在 20℃ 和 750 torr 的压强下，氩气 (Ar) 和氮气 (N_2) 的平均自由程分别为 $\lambda_{Ar}=9.9\times10^{-6}$ cm 和 $\lambda_{N2}=27.5\times10^{-6}$cm。(a) 求氩与氮的有效直

径的比率。在（b）20℃和150 torr及（c）－40℃和750 torr下氩的平均自由程是多少？

35P. 在某一粒子加速器中，质子在真空室中沿一个直径为23.0 m的圆形路径运动，真空室中剩余的气体的温度为295 K，压强为1.00×10^{-6} torr。（a）计算在这一压强下每立方厘米所含的气体分子数。（b）如果气体分子的直径为2.00×10^{-8} cm，其平均自由程是多少？（ssm）

20－7节　分子的速率分布

36E. 22个粒子具有如下的速率（N_i代表具有速率v_i的粒子数）

N_i	2	4	6	8	2
v_i/(cm/s)	1.0	2.0	3.0	4.0	5.0

（a）计算它们的平均速率v_{avg}。（b）计算它们的方均根速率v_{rms}。（c）由表中给出的五个速率，哪一个是最概然速率v_p？

37E. 10个分子的速率为2.0、3.0、4.0、…、11 km/s。（a）它们的平均速率是多少？（b）它们的方均根速率是多少？（ssm）

38E.（a）10个粒子以如下的速率运动：四个200 m/s；两个500 m/s；四个600 m/s。计算它们的平均速率和方均根速率。$v_{rms}>v_{avg}$吗？（b）对10个粒子做一个你自己的速率分布，并证明对于你的分布$v_{rms}\geqslant v_{avg}$。（c）在什么条件下（如果有）$v_{rms}=v_{avg}$？

39P. 计算（a）氢分子和（b）氧分子的方均根速率等于从地球逃逸的速率时的温度。（c）对从月球逃逸的速率做同样的计算，设在月球表面的引力加速度是0.16 g。（d）地球大气高层的温度约为1000 K。你预计在那里能找到很多氢、很多氧吗？说明之。（ssm）（ilw）

40P. 发现某种气体在（均匀的）温度为T_2时，其分子的最概然速率与它在（均匀的）温度为T_1时分子的方均根速率相等，计算T_2/T_1。

41P. 一个以方均根速率运动的氢分子（直径为1.0×10^{-8}cm）从一个炉子（4000 K）逃出进入一个装有**冷的**密度为4.0×10^{19}个原子/cm^{3}的氩（直径3.0×10^{-8}cm）的腔室中。（a）氢分子的速率是多少？（b）如果一个H_2分子与一个氩原子碰撞，它们的中心能到达的最近距离是多少？将每一个分子或原子视为球体。（c）氢原子最初每秒经受的碰撞次数是多少？（**提示：**设冷的氩原子是静止的。而氢分子的平均自由程由式（20－26）、而非式（20－25）给出。）（ssm）

42P. 两个容器具有相同的温度。第一个装有压强为p_1、分子质量为m_1和方均根速率为v_{rms1}的气体；第二个装有压强为$2p_1$、分子质量为m_2和平均速率为$v_{avg2}=2v_{rms1}$的气体。求质量比m_1/m_2。

43P. 图20－22表示了一个假想的速率分布，样品中有N个气体粒子（注意，对于$v>2v_0$，$P(v)=0$）。（a）用N和v_0表示a。（b）在$1.5v_0$和$2v_0$间有多少粒子？（c）用v_0表示粒子的平均速率。（d）求v_{rms}。（ssm）

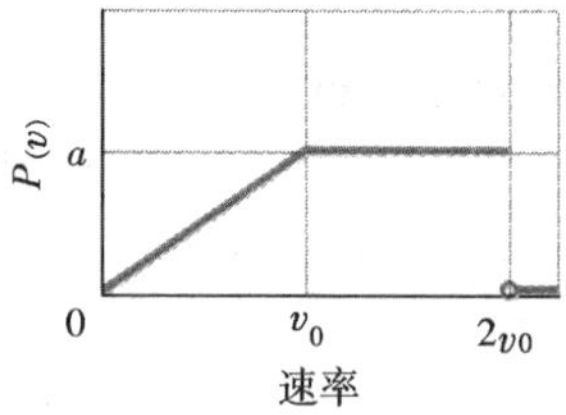

图20－22　习题43图

20－8节　理想气体的摩尔热容

44E. 1mol理想单原子气体在273 K时的内能是多少？

45E. 1mol理想气体经历一个等温膨胀。用初始和终了的体积及温度来表示气体以热量形式吸收的能量。（**提示：**用热力学第一定律）（ssm）

46P. 当以热量形式将20.9 J加给某特定的理想气体时，气体的体积从50.0 cm^{3}变化到100 cm^3，而压强保持在1.00 atm不变。（a）气体内能改变是多少？如果气体的量为2.00×10^{-3}mol，求气体的摩尔（b）定压和（c）定容热容。

47P. 一个容器装有三种不起反应的气体的混合气体：第一种气体为$n_1$mol，其摩尔定容热容为C_1，等等。求该混合气体的定容比热，用各分气体的定容比热和物质的量表示。

48P. 在图20－23中，1mol双原子理想气体从a沿对角线路径到c。在这个过程中，（a）气体内能的改变是多少？（b）对气体以热量形式加了多少能量？（c）如果气体沿折线abc从a到c，需要多少热量？

49P. 从定容热容C_V中可算出一个气体分子的质量。设氩气的$C_V=0.075$ cal/（g·℃），计算（a）一个氩原子的质量和（b）氩的摩尔质量。（ilw）

20－9节　自由度和摩尔热容

50E. 将70 J的热量传给某双原子气体，于是它

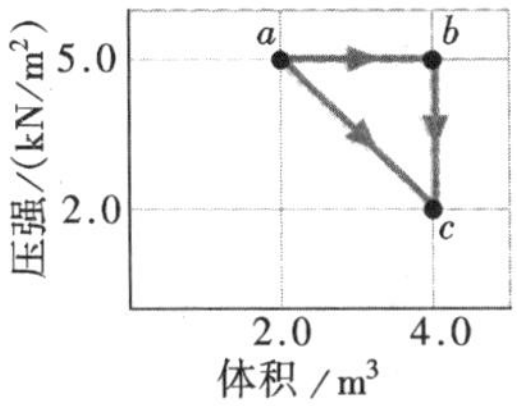

图 20－23　习题 48 图

就在定压条件下膨胀。气体分子转动但不振动。气体的内能增加多少？

51E. 在恒定的压强下从 0℃ 起给 1mol 氧气（O_2）加热。要使气体的体积增加到原来的两倍，必须以热量形式给气体加多少能量？（分子转动但不振动）（ilw）

52E. 设在恒定的大气压下给 12.0 g 氧气（O_2）加热，使之从 25.0℃ 上升到 125℃。（a）这氧气有多少摩尔？（摩尔质量见表 20－1。）（b）以热量形式传给氧气多少能量？（分子转动但不振动。）（c）用于提高氧气内能的热量占的比例多大？

53P. 设 4.00mol 理想单原子气体，其分子转动但不振动，在恒定压强的条件下温度升高 60.0 K。（a）外界以热量形式传给气体多少能量？（b）气体的内能增加了多少？（c）气体做了多少功？（d）气体的平动动能增加了多少？（ssm）（www）

20－11 节　理想气体的绝热膨胀

54E. （a）1 L $\gamma=1.3$ 的气体的温度为 273 K、压强为 1.0atm。突然被绝热地压缩到原体积的一半，求它最后的压强和温度。（b）现在气体在恒定的压强下被冷却回到 273 K。其最终的体积是多少？

55E. 一定量的气体在 1.2 atm 的压强和 310 K 的温度下占有 4.3 L 的体积。它被绝热地压缩到 0.76 L 的体积。确定（a）最终的压强和（b）最终的温度，设气体是 $\gamma=1.4$ 的理想气体。（ssm）

56E. 我们知道，对一个绝热过程 $pV^{\gamma}=$ 常量。对一个量正好是 2.0 mol 理想气体，又通过状态正好是 $p=1.0$ atm 和 $T=300$ K 的绝热过程，计算该“常量”。设气体为分子只有转动而无振动的双原子气体。

57E. 让 n mol 理想气体从初始温度 T_1 绝热膨胀到终了温度 T_2，证明气体所做的功为 $nC_V(T_1-T_2)$，式中 C_V 是摩尔定容热容。（**提示：**用热力学第一定律。）（ssm）

58E. 对理想气体的绝热过程，证明（a）体弹模量为

$$B=-V\frac{\mathrm{d}p}{\mathrm{d}V}=\gamma p$$

并且因此（b）在气体中的声速为

$$v_s=\sqrt{\frac{\gamma p}{\rho}}=\sqrt{\frac{\gamma RT}{M}}$$

见式（18－2）和式（18－3）。

59E. 空气在 0.000℃ 和 1.00 atm 压强下的密度为 $1.29\times10^{-3}\,\mathrm{g/cm^3}$，并且在这个温度下空气中的声速为 331 m/s。用这些数据计算空气的摩尔热容比 γ。（**提示：**见练习 58。）

60P. （a）初始压强是 p_0 的理想气体，自由膨胀直到它的体积为初始体积的 3.00 倍，它膨胀后的压强是多少？（b）然后，气体被缓慢地绝热压缩回它原来的体积。压缩后的压强为 $(3.00)^{1/3}p_0$。该气体是单原子、双原子还是多原子的气体？（c）气体在终态的平均动能与其在初态的平均动能之比是多少？

61P. 1mol 理想的单原子气体进行图 20－24 中的循环。过程 1→2 发生在定容条件下，过程 2→3 是绝热的，过程 3→1 发生在定压条件下。（a）计算每一过程以及整个循环的热量 Q、内能的变化 ΔE_{int} 及所做的功 W。（b）在点 1，初始压强为 1.00 atm，求在点 2 和点 3 的压强和温度。利用 $1.00\,\mathrm{atm}=1.013\times10^5\,\mathrm{Pa}$ 和 $R=8.314\,\mathrm{J/(mol\cdot K)}$。（ssm）

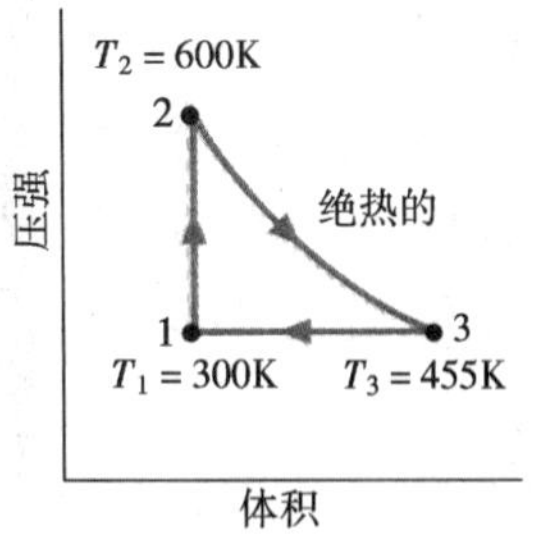

图 20－24　习题 61 图

第 21 章　熵和热力学第二定律

不知是谁在德克萨斯州奥斯汀城内的一个咖啡馆的墙上写下了这样一段话："时间是上帝用来防止所有事物发生在同一时刻的方式。"时间同样有方向——一些事件以一定的次序发生而绝不可能自动地以相反的次序发生。例如，一个偶然掉进杯子中的鸡蛋破裂了。相反的过程，即破裂的鸡蛋重新形成一个完整的鸡蛋并跳回到伸展的手上，是绝对不可能自动发生的。但为什么不可能呢？为什么这一过程不能像录像带倒放那样反过来呢？

在世界上是什么把方向给予了时间？

答案在本章中。

21-1 某些单向过程

假设在一个寒冷的日子里，你在家中用两只冰冷的手抱住一个暖和的可可杯，你的手就会暖和起来而杯子会越来越凉。然而，它绝不会沿着另外的方向发生，即你的凉手绝不会越来越凉而暖和的杯子更加暖和。

你的手和杯子组成的系统是一个**封闭系统**，它是一个与外界隔离的系统。这里是一些发生在封闭系统中的其他单向过程：(1) 一个在普通的表面上滑动的板条箱最终会停下——但你绝没有见过一个起初静止的板条箱自己会开始运动；(2) 如果你掉下一块锡油灰，它就会落到地板上——但原来静止的油灰块绝不会自动地跃到空中；(3) 如果你在一个封闭的房子中刺破一个充满氦气的气球，氦气就散开到房间内各处，但单个的氦原子绝不会再聚回到气球中。我们说这种单向过程是**不可逆的**，这就意味着这些过程不可能由于它们的外界中的只是微小的改变而被逆反。

这种热力学过程的单向特征是这样的普遍以至于我们认为它是理所当然的。如果这些过程是**自发地**（由它们自己）在一个“错误的”方向上发生，我们将会大吃一惊而认为其不可相信。**然而这样的事件没有一个是违反能量守恒定律的**。在可可杯的例子中，即使手和杯子之间作为热量的能量是沿着错误方向传递，此定律也会被遵守。即使一个静止的板条箱或一块静止的油灰突然将它的热能的一部分转化成动能并开始运动，此定律也会被遵守。即使从气球释放出来的氦原子，由于它们自己聚集到一起，一样也会遵守能量守恒定律。

因此，在一个封闭系统内能量的改变不能决定不可逆过程的方向。而是该方向由我们将在本章讨论的另一个量——系统的**熵的改变** ΔS 来决定。系统的熵改变在下一节中定义，但我们在这里可以说一下它的主要性质，常称为**熵假设**：

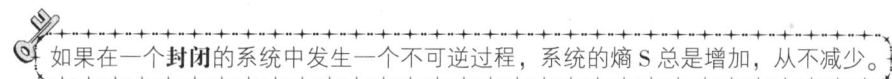

> 如果在一个**封闭**的系统中发生一个不可逆过程，系统的熵 S 总是增加，从不减少。

熵与能量不同，它**不**遵守守恒定律。一个封闭系统的**能量**是守恒的，它总是保持不变。对不可逆过程，一个封闭系统的**熵**总是增加的。由于这个性质，熵的改变有时被称为“时间的箭头”。例如，我们把本章开头照片中的落到杯子中不可逆地破裂的鸡蛋和时间前进的方向及熵的增加联系起来。时间向后的方向（一盘录像带倒放）将对应于这个破裂的鸡蛋重新形成为一个完整的鸡蛋并回升到空中。这个逆向的过程将导致熵的减少。所以，绝不可能发生。

有两个等价的定义系统熵的改变的方法：(1) 用系统的温度和得到或失去的作为热量的能量；(2) 通过计算组成系统的原子或分子可能被安排的数目。在下一节中我们用第一种方法，在 21-7 节中用第二种。

21-2 熵的改变

让我们再次考察在 19-10 节和 20-11 节中描述过的一个过程——理想气体的自由膨胀来得到**熵的改变**的定义。图 21-1a 表示处于初始平衡态 i 的气体被一个关闭的活栓限制在一个绝热容器的左半部。如果打开活栓，气体就冲出来占满整个容器，最后达到一个终了的平衡态 f，如图 21-1b 所示。这是一个不可逆过程。气体的所有分子将不会自己返回到容器的左半部。

在图 21-2 中，这个过程的 $p-V$ 图表示气体在它的初态 i 和终态 f 时的压强和体积。压强和体积是**状态性质**，即只取决于气体的状态而与气体怎样达到该状态无关的性质。其他的状态性质是温度和能量。现在我们假设气体还有另一个状态性质——它的熵。更进一步，我们定义系统在从初态 i 到终态 f 的过程中**熵变** $S_f - S_i$ 为

$$\Delta S = S_f - S_i = \int_i^f \frac{dQ}{T} \quad \text{（熵变的定义）} \tag{21-1}$$

式中，Q 是在过程中以热量形式传入或传出系统的能量；T 是以 K 为单位的系统的温度。因此，熵的改变不仅与传递的热量有关，而且与热传递发生时的温度有关。因为 T 总是正的，所以 ΔS 的符号与 Q 相同。从式（21－1）看到，熵和熵变的 SI 单位是 J/K。

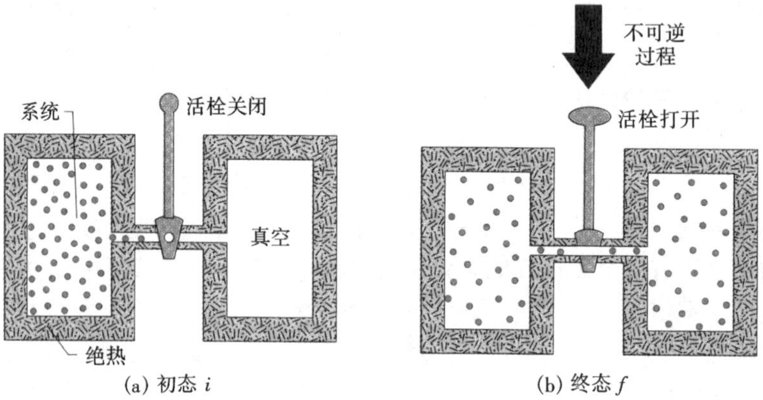

图 21－1　理想气体的自由膨胀。(a) 通过一个关闭的活栓将气体限制在一个绝热容器的左半部分。(b) 当打开活栓时，气体冲出来占满整个容器。这个过程是不可逆的；即它不可能逆向发生，气体不会自动地聚集回到容器的左半部。

然而，在对图 21－1 的自由膨胀应用式（21－1）时有一个问题。当气体冲出来充满整个容器时，气体的压强、温度和体积的变化都不可预测。换句话说，它们在从初始的平衡态 i 到终了的平衡态 f 变化的中间阶段没有一系列确切定义的平衡值。因此，我们不能在图 21－2 的 $p-V$ 位置图上画出这个自由膨胀的压强－体积的路径。更重要的是，我们不能找出一个 Q 与 T 的关系使我们做式（21－1）所要求的积分。

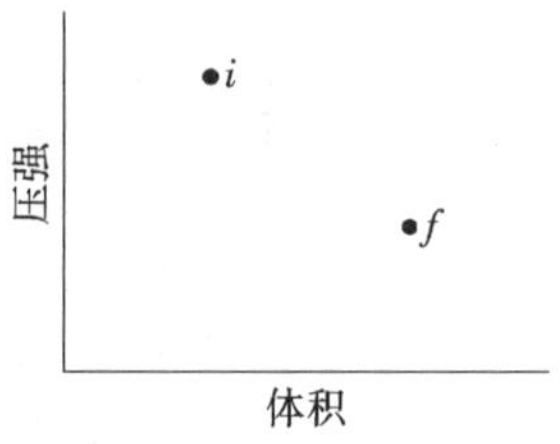

图 21－2　显示图 21－1 的自由膨胀的初态 i 和终态 f 的 $p-V$ 图。气体的中间状态不能被表示，因为它们不是平衡态。

然而，如果熵确实是一个状态量，状态 i 和 f 之间的熵差就必须**只与这两个状态**有关，而完全与系统从一个状态到另一个状态所经历的路径无关。于是，假定我们用连接状态 i 和 f 的一个**可逆**过程来代替图 21－1 的不可逆自由膨胀。由于是可逆过程，我们就能在 $p-V$ 图上画出一条压强－体积路径，并能找出一个 Q 与 T 的关系，使我们用式（21－1）求得熵变。

我们在 20－11 节中看到，在自由膨胀期间理想气体的温度不变：$T_i = T_f = T$。因此，在图 21－2 中 i 点和 f 点一定在同一条等温线上。所以，一个合适的替代过程就是一个从状态 i 到状态 f 的真正**沿着**那条等温线进行的可逆等温膨胀。进一步，因为 T 在整个可逆等温膨胀中不变，所以可大大地简化式（21－1）的积分。

图 21－3 说明怎样产生这样一个可逆等温过程。我们将气体封闭在一个绝热的气缸中，气缸放在一个温度维持在 T 的热库上。开始时在可移动的活塞上放置恰好足够的铅粒，使气体的

压强和体积处于图 21-1a 中的初态 i。然后缓慢地（一粒一粒地）移走铅粒，直至气体的压强和体积变为图 21-1b 中的终态 f 为止。因为气体在整个过程中保持与热库接触，所以它的温度不变。

图 21-3 的可逆等温膨胀与图 21-1 的不可逆自由膨胀物理上很不同。不过，**两个过程都具有相同的初态和终态，因此，必定有相同的熵变**。因为我们缓慢地移开铅粒，气体的中间状态就都是平衡态，于是我们能在 $p-V$ 图上将它们画出来（见图 21-4）。

将式（21-1）用于等温膨胀，把不变的温度 T 提到积分号外，得

$$\Delta S = S_f - S_i = \frac{1}{T}\int_i^f \mathrm{d}Q$$

因为 $\int \mathrm{d}Q = Q$，这里的 Q 是在这个过程中以热量形式传递的总能量，所以我们有

$$\Delta S = S_f - S_i = \frac{Q}{T} \quad （熵变,等温过程） \qquad (21-2)$$

为了在图 21-3 的等温膨胀中保持气体的温度不变，热量 Q 必须是**从**热库**向**气体传递的能量。因此，Q 是正的，而在等温过程中和图 21-1 中的自由膨胀过程中气体的熵**增加**。

总结起来：

为了求发生在一个**封闭**系统中不可逆过程的熵变，可用任一个连接相同的初态和终态的可逆过程来代替那个过程。然后用式（21-1）计算这个可逆过程的熵变。

当一个系统的温度改变相对于过程之前和之后的温度（以 K 为单位）来说很小时，熵变可近似为

$$\Delta S = S_f - S_i \approx \frac{Q}{T_{avg}} \qquad (21-3)$$

式中，T_{avg} 是在过程中用 K 表示的系统的平均温度。

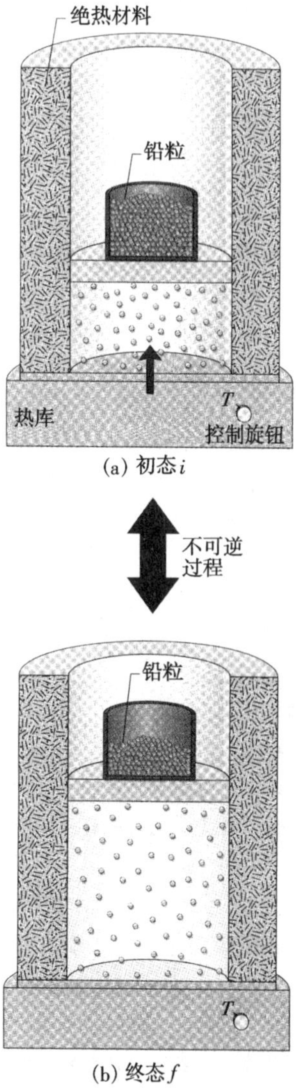

图 21-3 在一可逆路径中实现理想气体的等温膨胀。气体具有与图 21-1 和图 21-2 的不可逆过程相同的初态 i 和终态 f。

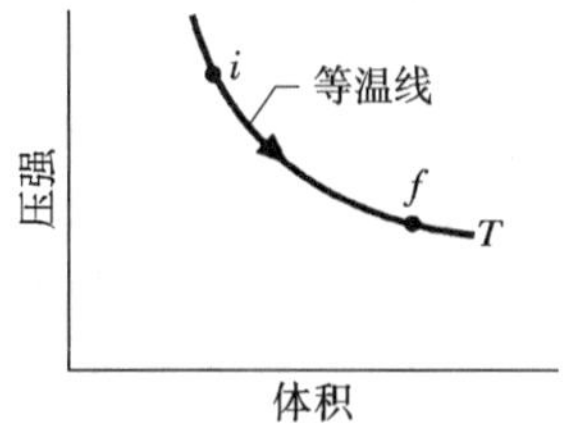

图 21-4 图 21-3 的可逆等温膨胀的 $p-V$ 图。图中画出了现在是平衡态的中间态。

检查点1：把水放在炉子上加热。按照水的温度（a）从20℃升高到30℃、（b）从30℃升高到35℃和（c）从80℃升高到85℃时，它的熵变由大到小对这些温度变化排序。

例题 21－1

1mol 氮气被封闭在图 21－1 的容器的左边。打开活栓使气体的体积加倍。对这个不可逆过程，气体的熵变是多少？将气体当作理想气体。

【解】 这里我们需要两个**关键点**：一个是我们可以通过计算一个具有同样体积变化的可逆过程的熵变来确定这个不可逆过程的熵变；另一个是在自由膨胀中气体的温度不变。因此，可逆过程应该是一个等温膨胀，也就是图 21－3 和图 21－4 的过程。

从表 20－4 可知，当气体从初始体积 V_i 在温度 T 下等温地膨胀到终了体积 V_f 时，以热量形式加给气体的能量为

$$Q = nRT\ln\frac{V_f}{V_i}$$

式中，n 是该气体的物质的量。从式（21－2）得出这个可逆过程的熵变为

$$\Delta S_{\text{rev}} = \frac{Q}{T} = \frac{nRT\ln(V_f/V_i)}{T} = nR\ln\frac{V_f}{V_i}$$

将 $n = 1.00\text{mol}$ 和 $V_f/V_i = 2$ 代入，得

$$\begin{aligned}\Delta S_{\text{rev}} &= nR\ln\frac{V_f}{V_i}\\ &= (1.00\text{mol})[8.31\text{J}/(\text{mol}\cdot\text{K})](\ln 2)\\ &= +5.76\text{J/K}\end{aligned}$$

因此，对于这个自由膨胀（以及对所有其他连接在图 21－2 中显示的初态和终态的过程）的熵变为

$$\Delta S_{\text{irrev}} = \Delta S_{\text{rev}} = +5.67\ \text{J/K} \qquad \text{（答案）}$$

ΔS 是正的，所以熵增加，与 21－1 节的熵假设一致。

检查点2：这个 $p-V$ 图显示了一定的理想气体在具有温度 T_1 的初态 i 和较高温度 T_2 的终态 a 和 b，气体可沿着图示的路径到达这两态。那么，沿路径到达状态 a 的熵变比沿另一条路径到达状态 b 的熵变是大、是小、还是一样？

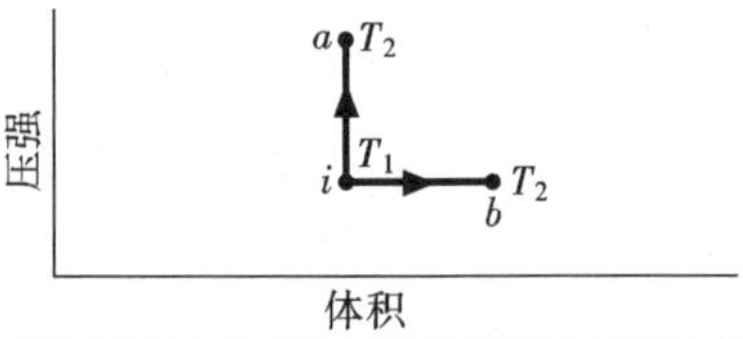

例题 21－2

图 21－5a 表示两个质量为 $m = 1.5$ kg 的相同的铜块：块 L 的温度为 $T_{iL} = 60℃$；块 R 的温度为 $T_{iR} = 20℃$。两块均在一绝热盒子中，用绝热板隔开。当我们将绝热板提起时，两铜块最终达到一个平衡温度 $T_f = 40℃$（图 21－5b）。在这个不可逆过程中，两铜块组成的系统的净熵变是多少？铜的比热容为 386 J/(kg·K)。

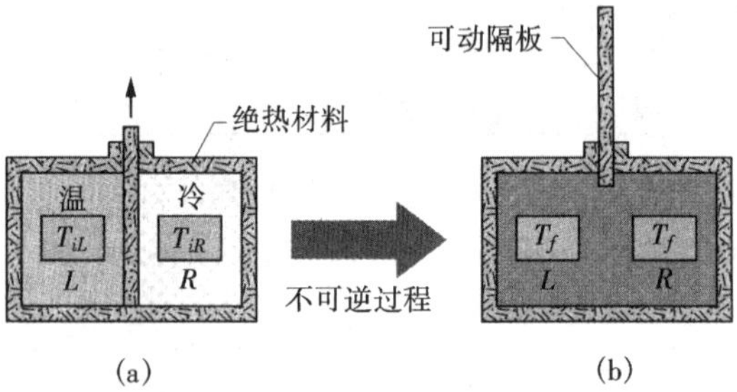

图 21－5 例题 21－2 图。（a）在初始状态，两个除了温度外完全相同的铜块 L 和 R 放在一个绝热盒子中，用绝热板隔开。（b）当隔板移开后，两个铜块以热量形式交换能量，最后达到两者具有同一温度 T_f 的终态。

【解】 这里**关键点**是为了计算熵变，必须找出一个使系统从图 21－5a 的初态变化到图 21－5b 的终态的可逆过程。可以用式（21－1）来计算可逆过程的净熵变 ΔS_{rev}。而对于这个不可逆过程，其熵变就等于 ΔS_{rev}。对这样的可逆过程，我们需要一个可以使其温度缓慢变化（例如，通过旋转一个旋钮）的热库。然后，使铜块按照在图 21－6 中示意的下列两步发生变化。

第一步。将热库的温度设在 60℃，将块 L 放在热库上。（由于铜块和热库具有相同的温度，所以它们已经处于热平衡。）然后慢慢地将热库和铜块的温度降到 40℃。在这个过程中，铜块的温度每增加 $\text{d}T$，就有 $\text{d}Q$ 的能量以热量形式从铜块传到热库。用式（19－14），能将这个传递的热量写为 $\text{d}Q = mc\text{d}T$，这里的 c 是铜的比热。根据式（21－1），在从初温 T_{iL}（$= 60℃ = 333$ K）到终温 T_f（$= 40℃ = 313$ K）的整

个温度变化期间，铜块 L 的熵变 ΔS_L 为

$$\Delta S_L = \int_i^f \frac{dQ}{T} = \int_{T_{iL}}^{T_f} \frac{mc\,dT}{T}$$

$$= mc\int_{T_{iL}}^{T_f} \frac{dT}{T} = mc\ln\frac{T_f}{T_{iL}}$$

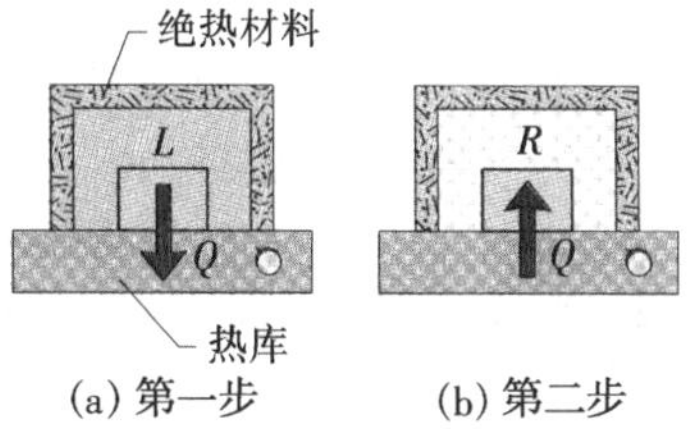

图 21-6 如果用一个具有可控温度的热库，(a) 从块 L 可逆地提取热量并 (b) 将热量可逆地传给块 R，图 21-5 的铜块就能够以一种可逆的方式从它们的初态过渡到它们的终态。

将已给的数据代入得

$$\Delta S_L = 1.5\text{kg} \times 386\text{J}/(\text{kg}\cdot\text{K}) \times \ln\frac{313\text{K}}{333\text{K}}$$

$$= -35.86\text{J/K}$$

第二步。在热库的温度为 20℃ 时，将块 R 放在热库上。然后，慢慢地将热库的温度和铜块的温度升到 40℃。与求 ΔS_L 同样的道理，能证明在这个过程中块 R 的熵变 ΔS_R 为

$$\Delta S_R = 1.5\text{kg} \times 386\text{J}/(\text{kg}\cdot\text{K}) \times \ln\frac{313\text{K}}{293\text{K}}$$

$$= +38.23\text{J/K}$$

经过这两步可逆过程，两铜块系统的净熵变为

$$\Delta S_{rev} = \Delta S_L + \Delta S_R = -35.86\text{J/K} + 38.23\text{J/K}$$

$$= 2.4\text{J/K}$$

因此，两铜块系统经历的实际不可逆过程的净熵变为

$$\Delta S_{irrev} = \Delta S_{rev} = 2.4\text{J/K} \qquad \text{(答案)}$$

这个结果是正的，与 21-1 节的熵假设一致。

作为状态函数的熵

我们已经假设熵像压强、能量和温度一样，是一个系统的状态的一种性质，并且与如何到达那个状态无关。熵的确是一个只能用实验来导出的**态函数**（像经常称呼状态的性质那样）。然而，我们能够通过使理想气体经历特殊而重要的可逆过程来证明熵是一个态函数。

为了使过程是可逆的，只能缓慢地通过一系列微小的步骤，在每一步终了时气体都处于平衡态。对于每一小步，以热量形式传给气体或从气体中传出的能量为 dQ，气体做功为 dW，内能改变为 dE_{int}。用热力学第一定律的微分形式（式（19-27））这些量的关系为

$$dE_{int} = dQ - dW$$

因为在每一步中气体都处于平衡态，都是可逆的，所以可用式（19-24）的 pdV 来代替 dW，用式（20-45）的 nC_VdT 来代替 dE_{int}。然后，解出 dQ，得

$$dQ = pdV + nC_VdT$$

利用理想气体定律，将 p 用 nRT/V 来代替。然后，用 T 去除式中的每一项，得

$$\frac{dQ}{T} = nR\frac{dV}{V} + nC_V\frac{dT}{T}$$

现在让我们在一个任意的初态 i 和任意的终态 f 之间，对这个式子的每一项求积分，得

$$\int_i^f \frac{dQ}{T} = \int_i^f nR\frac{dV}{V} + \int_i^f nC_V\frac{dT}{T}$$

左边的量即为由式（21-1）定义的熵变 $\Delta S(=S_f - S_i)$。用式（21-1）代替这个式子的左边并对右边的量积分得

$$\Delta S = S_f - S_i = nR\ln\frac{V_f}{V_i} + nC_V\ln\frac{T_f}{T_i} \qquad (21-4)$$

注意，当我们积分时并不需要说明是哪一种特殊的可逆过程。所以，这个积分对所有的从状态 i 到状态 f 的可逆过程均成立。因此，理想气体在初态和终态之间的熵变 ΔS 只与初态（V_i 和 T_i）和终态（V_f 和 T_f）的性质有关；ΔS 与气体在两态之间怎样变化无关。

21－3 热力学第二定律

在这里有一个困惑。我们在例题 21－1 中看到，如果使图 21－3 的可逆过程从（a）到（b）进行，作为我们的系统的气体的熵变就是正的。然而，因为过程是可逆的，所以我们一样能很容易地使它从（b）到（a）进行，只需通过缓慢地将铅粒加在图 21－3b 的活塞上，直至气体恢复到原来的体积。在这相反的过程中，从气体以热量形式抽出能量，以阻止其温度升高。因此，Q 是负的，并因此从式（21－2）可知，气体的熵一定减少。

气体熵的这种减少违反 21－1 节中说的熵总是增加的假设吗？没有，因为这个假设只适用于发生在封闭系统中的**不可逆**过程。这里所说的过程不满足这些要求。这个过程**不是**不可逆过程，并且（由于能量以热量形式从气体传给了热库）系统——即气体本身——**不是**封闭的。

然而，如果我们把热库和气体一起，包括在系统之内作为系统的一部分，我们就真正有了一个封闭系统。让我们核对一下这个扩大了的**气体＋热库**系统经历图 21－3 中从（b）到（a）的过程的熵变。在这个可逆过程中，能量以热量形式从气体传到热库——即从扩大的系统的一部分传到另一部分。令 $|Q|$ 表示这个热量的绝对值（即大小）。由式（21－2），我们能分别算出气体（损失 $|Q|$）和热库（得到 $|Q|$）的熵变。我们得到

$$\Delta S_{\text{gas}} = -\frac{|Q|}{T}$$

和

$$\Delta S_{\text{rev}} = +\frac{|Q|}{T}$$

这一封闭系统的熵变就是这两个量的和，**它是零**。

利用这一结果，我们能修正 21－1 节的熵假设，使之既包含可逆过程，也包含不可逆过程：

> 如果一个过程发生在**封闭**系统中，对不可逆过程，系统的熵增加；对可逆过程，系统的熵不变。系统的熵永不减少。

虽然在一个封闭系统的一部分熵也许减少，但在系统的另一部分将总有一个等量的或更大的熵增加，使得系统作为一个整体的熵永不减少。这一事实是**热力学第二定律**的一种形式，可写成

$$\Delta S \geqslant 0 \quad \text{（热力学第二定律）} \tag{21－5}$$

式中大于号用于不可逆过程，等于号用于可逆过程。式（21－5）仅适用于封闭系统。

在实际世界中，对一定范围而言，由于摩擦、湍流及其他因素，几乎所有的过程都在一定程度上是不可逆的，所以实际经历的过程中的实际的封闭系统的熵总是增加的。系统的熵保持不变的过程总是理想的。

21－4 现实世界中的熵：热机

一台**热发动机**，简称**热机**，是一种从外界以热量形式吸收能量并做有用功的装置。在每一部热机的心脏都有一种**工作物质**。在一台蒸汽发动机中，工作物质是水，它有蒸汽和液态两种

形式。在一台汽车发动机中，工作物质是汽油－空气的混合物。如果一台热机要持续地做功，工作物质就必须**循环**工作，即工作物质必须经过一连串叫做**冲程**的热力学过程组成的闭合系列，一次又一次地返回循环中的每一个状态。让我们看看热力学第二定律有关热机的工作能告诉我们一些什么。

卡诺热机

我们已经看到，通过分析遵循简单定律 $pV=nRT$ 的理想气体，就能知道许多有关实际气体的知识。这是一个有用的计划，因为，虽然理想气体不存在，但任何实际气体的行为可以任意地接近理想气体，只要它的密度足够低。用完全一样的精神，我们选择通过分析**理想热机**的行为来研究实际的热机。

在一部理想热机中，所有的过程都是可逆的，并且没有由于诸如摩擦和湍流造成浪费能量的传递。

我们将特别关注一种特殊的理想的称为**卡诺热机**的热机，它是根据在 1824 年首次提出热机概念的法国科学家和工程师卡诺的名字命名的。这种理想的热机在以热量形式利用能量做有用功方面是最好的（原则上）。令人惊奇的是卡诺在热力学第一定律和熵的概念被发现之前，就能分析这种热机的行为。

图 21－7 是一部卡诺热机工作过程的示意图。在此热机的每一个循环中，工作物质温度从恒为 T_H 的热库以热量形式吸收能量 $|Q_H|$ 并且向第二个温度恒为 T_L 的低温热库以热量形式放出能量 $|Q_L|$。

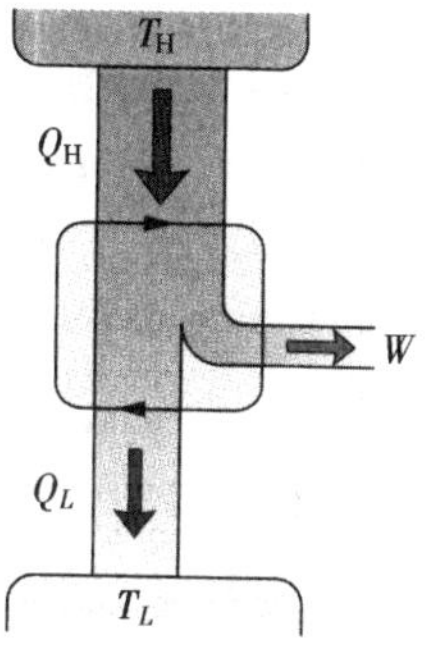

图 21－7　一部热机的基本要素。在中央回路上两个黑色的箭头表示工作物质在一个循环中的工作，就像在 $p-V$ 图上一样。能量 $|Q_H|$ 以热量形式从温度为 T_H 的高温热库传给工作物质。能量 $|Q_L|$ 以热量形式从工作物质传给温度为 T_L 的低温热库。热机（实际上是工作物质）对外做功为 W。

图 21－8 画出了一个**卡诺循环**——工作物质遵循的循环的 $p-V$ 图。如箭头指示，循环沿顺时针方向进行。想像工作物质是气体，被一个重的、可移动的活塞封闭在一个绝热气缸中。气缸既可以放在两个热库上，像图 21－3 所示；也可以放在一块绝热板上。图 21－8 表示，如果我们使气缸与温度为 T_H 的高温热库接触，当气体经历一个体积从 V_a 到 V_b 的等温**膨胀**时，热量 $|Q_H|$ 就**从**这个热库传**给**工作物质。同样，如果工作物质与温度为 T_L 的低温热库接触，当气体经历一个体积从 V_c 到 V_d 的等温**压缩**时，热量 $|Q_L|$ 就**从**工作物质传**给**这个低温热库。

在图 21－7 的热机中，我们假设对于工作物质的热传递**只**能发生在图 21－8 中的等温过程 ab 和 cd 中。因此，在图中连接两条温度为 T_H 和 T_L 的等温线的过程 bc 和 da 一定是（可逆的）绝热过程，即它们一定是没有以热量形式传递能量的过程。为保证这一点，在 bc 和 da 过程中，当工作物质的体积改变时，把气缸放在一块绝热板上。

在图 21－8 中过程 ab 和 bc 相继进行时，工作物质膨胀，并因此在它举起重的活塞时做正功。这个功由图 21－8 中曲线 abc 下的面积表示。在随后的过程 cd 和 da 中，工作物质被压缩，这意味着它对外界做负功，或等价地说，由于重的活塞下降，外界对工作物质做功。这个功由曲线 cda 下的面积表示。**每一个循环的净功**，在图 21－7 和图 21－8 中都用 W 表示，是这两个面积之差，并且是一个等于图 21－8 中循环 $abcda$ 包围的面积的正量。这个

物理学基础

功 W 是系统对某个外面的物体，例如一个要举起的负载，所做的功。

式（21－2）$\left(\Delta S = \int dQ/T\right)$ 告诉我们，任何以热量形式进行的能量传递一定伴随着熵的改变。为了说明一个卡诺循环的熵变，我们可以将卡诺循环画在温－熵（$T-S$）图上，如图21－9所示。在图21－9中标有字母 a，b，c 和 d 的点与在图21－8中 $p-V$ 图上的点对应。在图21－9中，两条水平线对应于卡诺循环的两个等温过程（因为温度不变）。过程 ab 是这个循环的等温膨胀。在膨胀过程中，由于工作物质在恒定的温度 T_H 下（可逆地）以热量形式吸收能量 $|Q_H|$。所以它的熵增加。同样地，在等温压缩过程 cd 中，由于工作物质在恒定温度 T_L 下（可逆地）以热量形式放出能量 $|Q_L|$，所以它的熵减少。

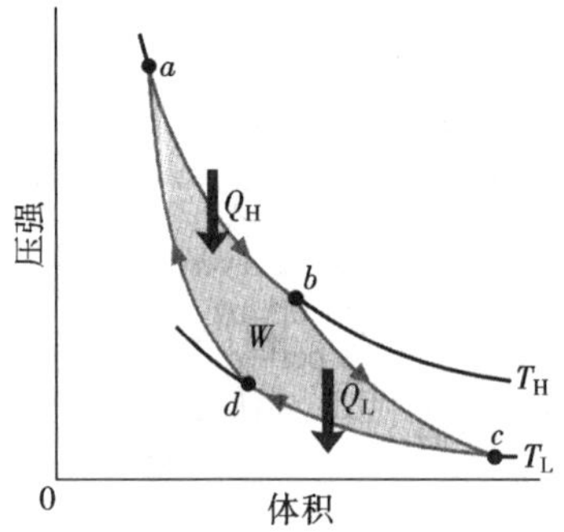

图21－8　图21－7中卡诺热机的工作物质进行的循环的 $p-V$ 图。这个循环由两个等温过程（ab 和 cd）及两个绝热过程（bc 和 da）组成。循环所包围的阴影面积等于卡诺热机在每循环所做的功 W。

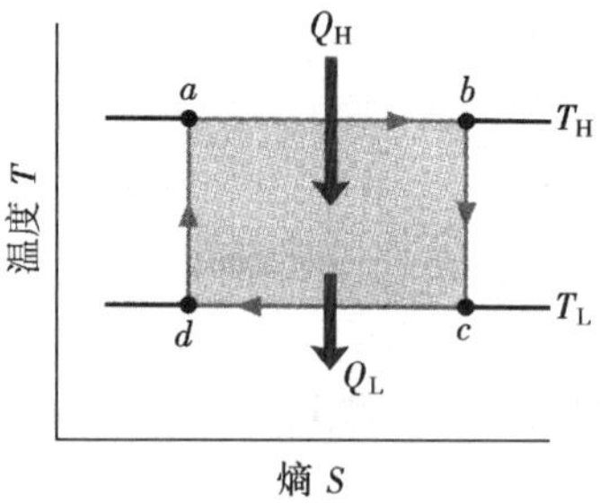

图21－9　图21－8的卡诺循环在温－熵图上的表示。在 ab 和 cd 过程中，温度保持恒定。在 bc 和 da 过程中，熵保持恒定。

在图21－9中，两条垂线对应于卡诺循环的两个绝热过程。因为在这两个过程中没有能量以热量的形式传递，所以在这两个过程中工作物质的熵是常量。

功：为了计算卡诺热机在一个循环中所做的净功，让我们对工作物质应用式（19－26），即热力学第一定律（$\Delta E_{int} = Q - W$）。该物质必定能一次又一次地返回循环中任意选定的状态。因此，如果 X 表示工作物质的任一个状态的性质，例如压强、温度、体积或熵，对每一个循环一定有 $\Delta X = 0$。因此，对工作物质的一个完整的循环，$\Delta E_{int} = 0$。回想在式（19－26）中 Q 是每一循环净传递的热量，W 是净功，对卡诺循环我们能够将热力学第一定律写成

$$W = |Q_H| - |Q_L| \qquad (21-6)$$

熵变：在一部卡诺热机中，有两个（并且只有两个）可逆的热量传递。因此，工作物质有两个熵变，一个在温度为 T_H 时，而另一个在温度为 T_L 时。因此，每一循环的净熵变为

$$\Delta S = \Delta S_H + \Delta S_L = \frac{|Q_H|}{T_H} - \frac{|Q_L|}{T_L} \qquad (21-7)$$

式中，ΔS_H 是正的，因为 $|Q_H|$ 是**加给**工作物质的热量（熵增加）；ΔS_L 为负，因为 $|Q_L|$ 是**从**工作物质**移走**的热量（熵减少）。因为熵是态函数，所以对一个完整的循环，一定有 $\Delta S = 0$。式（21－7）中使 $\Delta S = 0$ 需要

$$\frac{|Q_H|}{T_H} = \frac{|Q_L|}{T_L} \qquad (21-8)$$

注意，因为 $T_H > T_L$，所以一定有 $|Q_H| > |Q_L|$；即以热量形式从高温热库吸收的能量比向低温热库放出的多。

现在，将利用式（21-6）和式（21-8）来导出一个卡诺热机效率的表达式。

卡诺热机的效率

任何热机的目的是将吸收的能量尽可能多地转化为功。我们评价它这样做的成就时用**热效率** ε，它被定义为热机每循环做的功（“我们得到的能量”）除以以热量形式吸收的能量（“我们付出的能量”）：

$$\varepsilon = \frac{\text{我们得到的能量}}{\text{我们付出的能量}} = \frac{|W|}{|Q_H|} \quad (\text{效率,任何热机}) \tag{21-9}$$

对于卡诺热机，可将式（21-6）的 W 代入式（21-9）如

$$\varepsilon_C = \frac{|Q_H| - |Q_L|}{|Q_H|} = 1 - \frac{|Q_L|}{|Q_H|} \tag{21-10}$$

用式（21-8），可将上式写为

$$\varepsilon_C = 1 - \frac{T_L}{T_H} \quad (\text{效率,卡诺热机}) \tag{21-11}$$

式中，温度 T_L 和 T_H 以 K 为单位。因为 $T_L < T_H$，所以卡诺热机必定有一个小于 1 的热效率——即小于100%。这表明了在图21-7中从高温热库以热量形式吸收的能量只有一部分用来做功，而其余的放给低温热库。在21-6节中我们将证明，没有一部实际的热机能有一个大于根据式（21-11）算出的热效率。

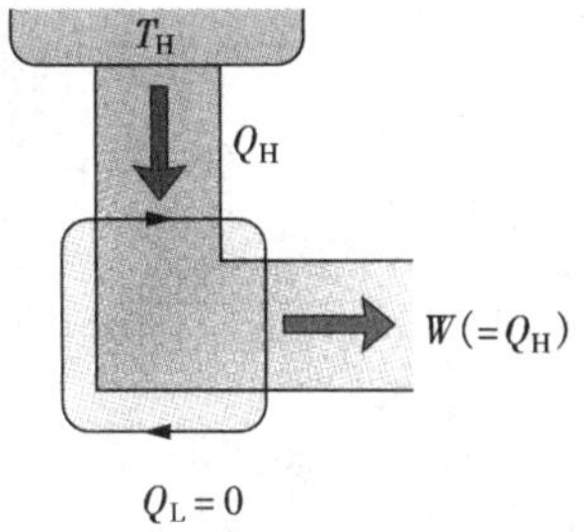

图 21-10 把从高温热库吸收的热量 Q_H 直接转换为功 W 而具有100%效率的理想热机的基本要素。

发明者们不断地尝试通过减少在每一个循环中“抛弃的”能量 $|Q_L|$ 来提高热机的效率。发明者的梦想是造出一部**完美的热机**，如图21-10所示，$|Q_L|$ 减小到零，而 $|Q_H|$ 完全转化为功。例如，在一艘远洋定期客轮上装这样一部热机，它就可以以热量形式从海水吸收能量，用来驱动螺旋浆，而不用耗费燃料。一辆安装有这种热机的汽车，可以以热量形式从周围的空气吸收能量，用来驱动汽车，也不用耗费燃料。唉，一部完美的热机只是一个梦：对式（21-11）的考察表明，我们能够获得100%的热机效率（即 $\varepsilon = 1$），只有在 $T_L = 0$ 或 $T_H \to \infty$ 时，而这个要求是不可能满足的。取而代之的是，从长期的工程实践经验中已得到热力学第二定律的另一种表述：

> 不可能存在一系列过程，其惟一效果是以热量形式从一个热库传出能量，并将这些能量全部转换为功。

简单说来，**没有完美的热机**。

总结一下：式（21-11）给出的热效率只适用于卡诺热机。循环过程不可逆的实际热机具有较低的效率。如果你的车由卡诺热机驱动，根据式（21-11）应有一个大约55%的效率；它的实际效率可能约为25%。一个核动力工厂（图21-11），就总体而言，就是一部热机。它从反应堆以热量形式吸收能量，用一个涡轮机做功，并以热量形式向附近的河流释放能量。如果此动力厂像一台卡诺热机那样运行时，效率预计约为40%，但它的实际效率约为30%。设计任

何类型的热机时，完全没有办法超过由式（21－11）所加的效率限制。

斯特林热机

式（21－11）不适用于所有的理想热机，只适用于能用图21－8表示的热机，即卡诺热机。例如，图21－12表示理想的**斯特林热机**的循环操作。与图21－8所示的卡诺循环的比较说明，每一个热机都有在温度为 T_H 和 T_L 时的等温的热传递。然而，与斯特林热机循环中两个等温过程相连接的不是像卡诺热机中那样的绝热过程，而是等体过程（图21－12）。为了在等体条件下将气体的温度从 T_L 可逆地提高到 T_H（图21－12的 da 过程），需要从一个温度能在这两个温度限之间平稳地变化的热库将能量以热量形式传给工作物质。在 bc 过程中也需要一个相反的传递。因此，可逆的热传递（并且相应的熵变）发生在形成斯特林热机的所有四个过程中，不像在卡诺热机中只发生在两个过程中。更重要的是，一个理想的斯特林热机的效率低于工作在相同的两个温度之间的卡诺热机的效率。实际的斯特林热机的效率更低。

斯特林热机是在1816年被Robert Stirling开发出来的。这种长期被忽视的热机如今正被改进用于汽车和太空船中。目前，已经生产出能提供5000 hp（3.7 MW）的斯特林热机。

图21－11 在靠近弗吉尼亚州Charlottesville的North Anna核电厂，产生电功率为900MW。同时按设计要求，它又以2100MW的功率将能量排放到附近的河流中。这就是说，这座核电厂——所有其他的也类似——丢弃的能量高于它所输出的可利用的能量。它是图21－7所示的理想热电厂的一个实际样版。

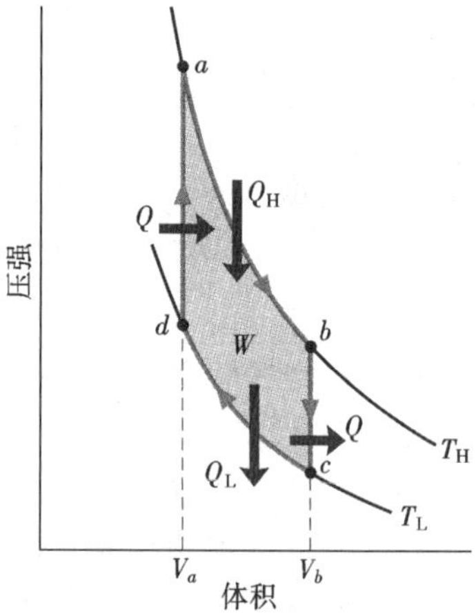

图21－12 一部理想的斯特林热机的工作物质的 $p-V$ 图，为了方便，设工作物质为理想气体。

检查点3：三台卡诺热机分别在（a）400K和500 K、（b）600K和800 K和（c）400K和600 K的热库之间运行。按它们的热效率由大到小将这些热机排序。

例题21－3

设一部卡诺热机工作在温度为 $T_H=850$ K和 $T_L=300$ K之间。热机每循环做功为1200 J，需要时间为0.25 s。

（a）该热机的效率是多少？

【解】 这里**关键点**是卡诺热机的效率只依赖于与热机相接触的两个热库的温度（以K为单位）的比率 T_L/T_H。因此，从式（21－11），有

$$\varepsilon = 1 - \frac{T_L}{T_H} = 1 - \frac{300K}{850K} = 0.647 \approx 65\%$$

（答案）

(b) 该热机的平均功率是多少？

【解】 这里**关键点**是，热机的平均功率是它在每循环中所做的功与每循环所需时间的比率，对于此热机，得

$$P = \frac{W}{t} = \frac{1200J}{0.25s} = 4800W = 4.8kW \text{（答案）}$$

(c) 在每循环中以热量形式从高温热库吸收多少能量 $|Q_H|$？

【解】 这里**关键点**是，对于任何热机，包括卡诺热机，效率 ε 是每循环所做的功与每循环以热量形式从高温热库吸收的能量 $|Q_H|$ 的比率（$\varepsilon = W/|Q_H|$）。因此，

$$|Q_H| = \frac{W}{\varepsilon} = \frac{1200J}{0.647} = 1855J \quad \text{（答案）}$$

(d) 在每循环中以热量形式向低温热库放出多少能量 $|Q_L|$？

【解】 这里**关键点**是，对于卡诺热机，如式(21-6)所示，每循环所做的功等于以热量形式所传递的能量差 $|Q_H|-|Q_L|$。因此，

$$|Q_L| = |Q_H| - W = 1855J - 1200J = 655J$$

（答案）

(e) 对于从高温热库对它的能量传递，工作物质的熵变是多少？从它对低温热库呢？

【解】 这里**关键点**是，在恒定的温度下以热量形式传递能量 Q 的过程中的熵变 ΔS，由式(21-2)（$\Delta S = Q/T$）给出。因此，对从温度为 T_H 的高温热库的能量 Q_H 的**正**传递，工作物质的熵变为

$$\Delta S_H = \frac{Q_H}{T_H} = \frac{1855J}{850K} = +2.18J/K \quad \text{（答案）}$$

同样，对向温度 T_L 的低温热库的能量 Q_L 的**负**传递，有

$$\Delta S_L = \frac{Q_L}{T_L} = \frac{-655J}{300K} = -2.18J/K \quad \text{（答案）}$$

注意，像我们在推导式(21-8)中所讨论的一样，对一个循环工作物质的净熵变为0。

例题 21-4

一位发明者宣称已经制成一部热机，它在水的沸点和冰点之间运行时，具有75%的效率。这可能吗？

【解】 这里**关键点**是，实际热机的效率（由于它的不可逆过程和能量传递的浪费）一定小于工作在相同的两个温度之间的卡诺热机的效率。从式(21-11)可知，工作在水的沸点和冰点之间的卡诺热机的效率为

$$\varepsilon = 1 - \frac{T_L}{T_H} = 1 - \frac{(0+273)K}{(100+273)K}$$

$$= 0.268 \approx 27\%$$

因此，对于一部工作在所给的两个温度之间的实际热机，所宣称的75%的效率是不可能的。

解题线索

线索1：热力学的语言

在热力学的科学和工程的研究中使用了大量但有时会误导的语言。你也许看到过这样的说法，即热量被加入、吸收、减去、抽出、抛弃、放出、丢弃、收回、释放、获得、失去、转移或排出，或者热量从一个物体流到另一个物体（就像它是液体）。你可能也看到过像物体**具有**热量（好像热能够被容纳或拥有），或者物体的热量增加或减少这样的说法。你应该永远记着**热量**这个词说的是什么。

> 热量是由于两物体的温差而造成的从一个物体传给到另一个物体的能量。

当我们将其中一个物体作为我们关注的系统时，任何这样传入系统的能量都是正热量 Q，而任何这样从系统传出的能量是负热量 Q。

对**功**这个词也要密切注意。你也许看到过产生或发出功，或者功和热相结合或热转化为功等说法。下面是**功**这个词的含义：

> 功是由于在两物体间作用的力从一个物体传给另一个物体的能量。

当我们将其中一个物体作为我们关注的系统时，任何这样从系统传出的能量，都既是**由**系统做的正功 W，也是**对**系统做的负功 W。任何这样传入系统内的能

量，都既是**由**系统做的负功，也是**对**系统做的正功。(所用的介词很重要。) 显然，这可能被混淆——无论什么时候你见到**功**这个词时，都应该仔细地辨认以便确定它的含义。

21-5 现实世界中的熵：制冷机

制冷机是一种当它不断地重复一系列的热力学过程时，将能量从低温热库传到高温热库的装置。例如，在家用电冰箱中，一个电动压缩机做功将能量从食物储存室（一个低温热库）传到房间（一个高温热库）。

空调和热泵也是制冷机。不同之处仅在于高温和低温热库的性质。对于空调来说，低温热库是要冷却的房间，高温热库是（认为是更热的）户外。热泵是一台能反向工作以加热房间的空调，房间是高温热库，并且能量从（认为是更冷的）户外传入房间。

让我们来考虑一**部理想的制冷机**：

在一台理想的制冷机中，所有的过程都是可逆的，并且没有由于诸如摩擦和湍流造成的浪费能量的传递。

图21-13表示一部理想的制冷机的基本要素，这台制冷机的运行与图21-7的卡诺热机相反。换言之，所有的能量传递，不管是功还是热量，均与一台卡诺热机的能量传递相反。我们可以把这样的一台理想的制冷机称为**卡诺制冷机**。

制冷机的设计者喜欢用最少量的功 $|W|$（我们要支付的）从低温热库吸出尽可能多的热量 $|Q_L|$（我们想要的）。因此，制冷机效率的度量就是

$$K=\frac{我们想要的}{我们要支付的}=\frac{|Q_L|}{|W|}\quad（制冷系数，任何制冷机）\qquad(21-12)$$

式中，K 被称为**制冷系数**。对卡诺制冷机，热力学第一定律给出 $W=|Q_H|-|Q_L|$。这里的 $|Q_H|$ 是以热量形式传给高温热库的能量的大小。则式（21-12）变为

$$K_C=\frac{|Q_L|}{|Q_H|-|Q_L|}\qquad(21-13)$$

因为一部卡诺制冷机是一部沿反方向运行的卡诺热机，可以联立式（21-8）和式（21-13），经代数运算得

$$K_C=\frac{T_L}{T_H-T_L}\quad（制冷系数，卡诺制冷机）\qquad(21-14)$$

对典型的房间空调，$K\approx2.5$；对家用冰箱，$K\approx5$。相反地，两个热源的温度越接近，K 的值就越高。这就是为什么热泵在温和的气候中比在户外温度变化很大的气候中更有效的原因。

拥有一台不需要输入功的制冷机——即不用插上插头就能运行的制冷机是美好的。图21-14描述另一个“发明者的梦想”，一台毋需对它做功而能将热量 Q 从冷库转移到热库的**完美的制冷机**。因为该装置在循环中工作，所以工作物质的熵在一个完整的循环中不变。然而，两个热库的熵确实发生了改变：对冷库，熵变为 $-|Q|/T_L$；对暖库，熵变为 $+|Q|/T_H$。因此，整个系统的净熵变为

$$\Delta S=-\frac{|Q|}{T_L}+\frac{|Q|}{T_H}$$

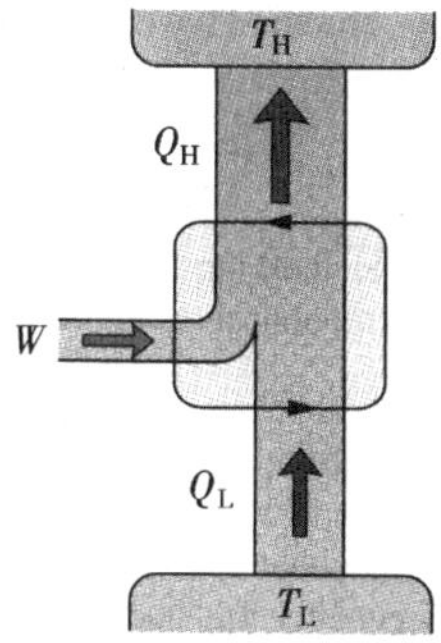

图 21-13 制冷机的基本要素。在中央回路上的两个黑色的箭头表示工作物质在一个循环中的工作，就像在 $p-V$ 图上一样。能量 Q_L 以热量形式从低温热库传给工作物质。能量 Q_H 以热量形式从工作物质传给高温热库。外界中某种东西对制冷机（对工作物质）做功 W。

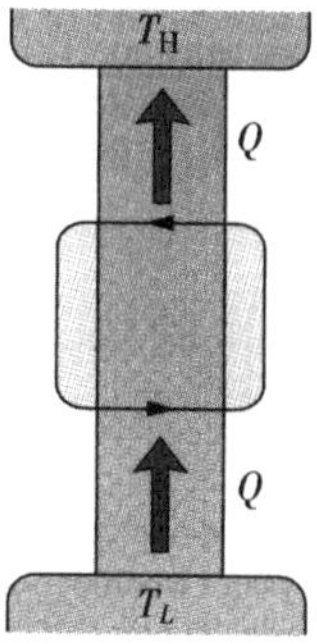

图 21-14 完美的制冷机——即毋需任何功的输入将能量从低温热库转移到高温热库的机器的基本要素。

因为 $T_H > T_L$，所以这个等式的右边是负的，因此对于封闭系统**制冷机＋两个热库**的每一个循环的净熵变也是负的。因为这样的熵减少违背热力学第二定律，所以完美的制冷机不存在。（如果你想让你的制冷机运行，你必须插上电源。）

这个结果导出热力学第二定律的另一种（等价的）表述：

> 热量不可能自动地从低温热库传到高温热库。

简言之，**没有完美的制冷机**。

检查点 4：要想增大一台理想冰箱的制冷系数，可以（a）让冷室的温度稍微高一些；（b）让冷室的温度稍低一些；（c）将冰箱移到稍暖一点的房间，或（d）将它移到稍冷一点的房间。在上述四种情况中，温度改变的大小均相同。按最终的制冷系数由大到小将这些变化排序。

21-6 实际热机的效率

设 ε_C 为一台工作在两个给定的温度之间的卡诺热机的效率。在本节中，我们将证明没有一台运行在那两个温度之间的实际热机能有大于 ε_C 的效率。如果它可能，该热机将违背热力学第二定律。

假设一位在自己车库内工作的发明者装配了一台热机 X，她宣称该热机的效率 ε_X 大于 ε_C：

$$\varepsilon_X > \varepsilon_C \quad （一个宣称） \qquad (21-15)$$

让我们将热机 X 与卡诺制冷机连起来，如图 21-15a。我们调整卡诺制冷机的冲程，使它每个循环所需要的功恰好等于热机 X 提供的功。这样，我们的系统——图 21-15a 的组合：**热机＋制冷机**，既不对外做功，外界也不对它做功。

如果式（21－15）是真的，则从效率的定义（式（21－9）），必定有

$$\frac{|W|}{|Q'_H|} > \frac{|W|}{|Q_H|}$$

式中撇号表示热机 X，不等式的右边是当卡诺制冷机作为一台热机运行时的效率。这个不等式要求

$$|Q_H| > |Q'_H| \qquad (21-16)$$

因为热机 X 所做的功等于对卡诺制冷机做的功，从热力学第一定律（见式（21－6）），有

$$|Q_H| - |Q_L| = |Q'_H| - |Q'_L|$$

可以将它写成

$$|Q_H| - |Q'_H| = |Q_L| - |Q'_L| = Q \qquad (21-17)$$

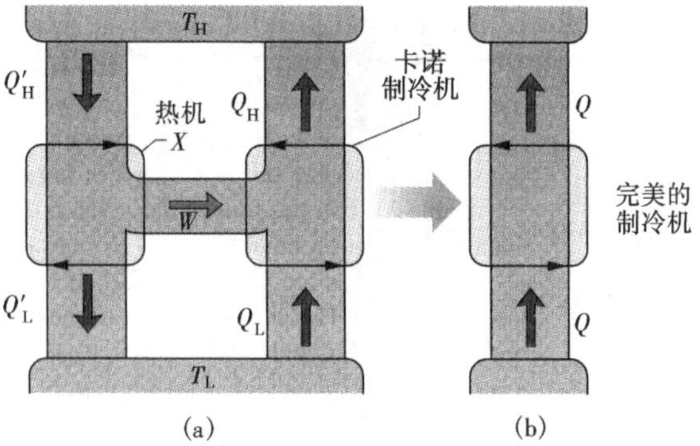

图 21－15 (a) 热机 X 驱动一台卡诺制冷机。(b) 如果像宣称的那样，热机 X 比卡诺热机的效率高，则在 (a) 中的组合等价于一台展示在这里的完美的制冷机。这违背了热力学第二定律，所以我们得出热机 X **不可能**有比卡诺热机更高的效率的结论。

由于式（21－16），所以式（21－17）中的量 Q 一定是正的。

将式（21－17）与图21－15比较可见，热机 X 与卡诺制冷机组合起来工作的净效果是毋需做功就把以热量形式的能量 Q 从低温热库传给了高温热库。因此，这个组合就像图21－14的完美的制冷机一样，它的存在是违背热力学第二定律的。

在我们的一个或多个假设中一定出现了错误，并且只可能是式（21－15）。由此，我们得到下面的结论：**当它们都在相同的两个温度之间工作时，没有一台实际的热机能具有比卡诺热机更高的效率**。它至多能有一个与卡诺热机相等的效率。在那种情况下，热机 X 是一台卡诺热机。

21－7 熵的统计观点

在第20章中，我们看到气体的宏观性质能用它们的微观的、或分子的行为来解释。举一个例子，回想我们能够通过计算弹回的气体分子传递给器壁的动量来说明气体对容器壁的压强。这样的解释是被称为**统计力学**的学科的一部分。

在这里我们将集中注意一个独特的问题，即在一个绝热的盒子的两半之间气体分子的分布。这个问题相当容易分析，并且它使我们能用统计力学来计算理想气体自由膨胀的熵变。在例题21－6中你将看到，统计力学导出的熵变与我们在例题21－1中用热力学方法获得的熵变相同。

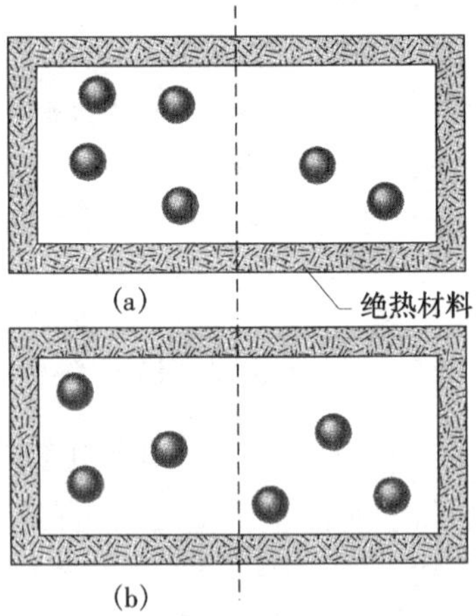

图 21－16 一个绝热的盒子容纳有六个气体分子。每个分子在盒子的左半部与在右半部具有相同的概率。(a) 中的排布与表21－1中的组态Ⅲ相对应，(b) 中的与组态Ⅳ相对应。

图21－16表示一个容纳有六个相同的气体分子的盒子。在任意瞬时，一个给定的分子既可以在盒子的左半部，也可以在盒子的右半部。因为两半具有相同的体积，分子在任何一半都具有相同的可能性或概率。

表21－1列出了六个分子的七种可能的**组态**中的四种，每一种组态都用罗马数字标记。例如，在组态Ⅰ中，六个分

子全都在盒子的左半部（$n_1=6$），而右半部则没有一个分子（$n_2=0$）。没有列出的三种组态是按（2，4）分配的Ⅴ，按（1，5）分配的Ⅵ，以及按（0，6）分配的Ⅶ。我们看到，在一般情况下，一个给定的组态可以用许多不同的方法得到。我们称这些不同的分子排列为**微观态**。让我们来看看怎样计算与一个给定的组态相应的微观态数。

设我们有 N 个分子，n_1 个分子分布在盒子的一半，n_2 个分子分布在另一半。（因此，$n_1+n_2=N$。）让我们想象我们“用手”来分配这些分子，一次一个。如果 $N=6$，我们能够以六种独立的方式选取第一个分子，即我们能够取六个分子中的任何一个；我们能以五种方式取第二个分子，即取留下的五个分子中的任一个；如此继续下去；等等。我们能选取所有六个分子的总的方式的数目为这些独立方式数的乘积，即 $6\times5\times4\times3\times2\times1=720$。用数学的简记法，我们将这个乘积写为 $6!=720$，式中 $6!$ 读为“6 的阶乘”。你的手持计算器可能就能计算阶乘。为以后使用，你需要知道 $0!=1$。（用你的计算器核对一下这个值。）

表 21-1　一个盒子中的六个分子

标记	组态 n_1	n_2	多重数 W（微观态数）	W 的计算（式（21-18））	熵/（10^{-23}J/K）（式（21-19））
Ⅰ	6	0	1	$6!/(6!\,0!)=1$	0
Ⅱ	5	1	6	$6!/(5!\,1!)=6$	2.47
Ⅲ	4	2	15	$6!/(4!\,2!)=15$	3.74
Ⅳ	3	3	20	$6!/(3!\,3!)=20$	4.13

微观态的总数 = 64

然而，因为分子是不可区分的，所以这 720 种排列不都是不同的。例如，在 $n_1=4$ 和 $n_2=2$ 这种情况中（即表 21-1 中的组态Ⅲ），你放四个分子在盒子的一边的顺序并不重要，因为在你将四个分子全放进去后，你就没有办法说出你是按什么顺序放进去的。你能把四个分子排顺序的方式数是 $4!$，即 24。同样的，你能把两个分子放入盒子的另一边时排顺序的方式数是 $2!$，即 2。为了得到形成组态Ⅲ（4，2）分配的**不同的**排列数，我们必须用 24 和 2 去除 720。我们称由此得到的这个量为该组态的**多重数** W，它与一个给定组态的微观态数目相对应。因此，对组态Ⅲ，

$$W=\frac{6!}{4!\,2!}=\frac{720}{24\times2}=15$$

因此，表 21-1 告诉我们与组态Ⅲ对应的独立的微观态有 15 个。注意，该表也告诉我们，六个分子的七种组态分布的微观态总数为 64。

从六个分子推广到 N 个分子的一般情况，我们有

$$W=\frac{N!}{n_1!\,n_2!}\quad（组态的多重数）\tag{21-18}$$

你应该验算一下在表 21-1 中，式（21-18）给出了所有列出的组态的多重数。

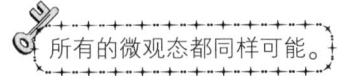

统计学的基本假设是：

所有的微观态都同样可能。

换句话说，如果我们给图 21－16 的盒子中那六个在到处碰撞的分子拍大量的快照，然后统计每一种微观态发生的次数，我们将发现所有 64 种微观态发生的次数是一样的。换句话说，平均讲来，系统花费在 64 种微观态中的每一种上的时间是一样的。

因为各微观态是一样的可能，而不同的组态有不同的微观态数，所以各组态不是一样地可能。在表 21－1 中，有 20 个微观态的组态Ⅳ是**最概然**组态，具有 20/64 = 0.313 的概率。这个结果意味着系统有 31.3% 的时间处于组态Ⅳ。所有分子都处于盒子的一半中的组态，即组态Ⅰ和Ⅶ，具有最小的概率，每一个的概率为 1/64 = 0.016 或 1.6%。最概然组态是均匀地分布在盒子的两半中的组态并不令人惊讶，因为这就是我们所期望的处于热平衡。然而，确实令人惊讶的是，存在着一定的概率，无论它怎么小，发现所有六个分子都聚在盒子的一半中，而另一半是空的。在例题 21－5 中，我们指出这个状态能够发生，因为六个分子是非常小的数目。

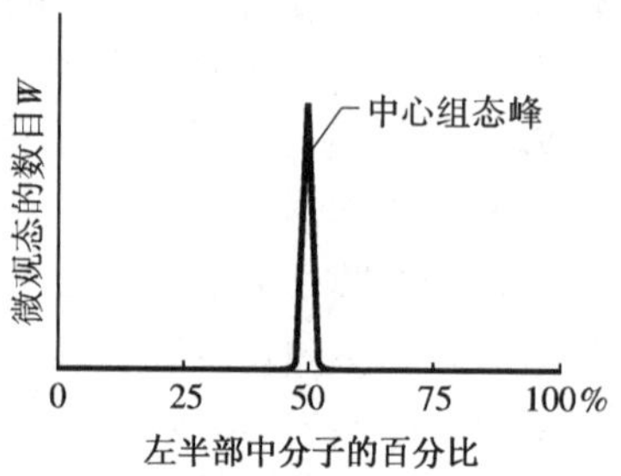

图 21－17　此图表明对于一个盒子中的**大量**分子，盒子左半部具有不同的分子数比例的各种微观态的数目。几乎所有的微观态都对应于盒子的两半部近似地均分所有的分子；这些微观态在图上形成**中心组态**。对于 $N = 10^{22}$，中心组态峰太窄以至于不能在这个图上画出。

对于大的 N 值，有非常大的微观态数，但几乎所有的微观态都属于分子等量地分布在盒子的两半部的组态，如图 21－17 所示。即使测出的气体的温度和压强保持不变，由于它的分子以同等的概率"造访"所有可能的微观态，气体也在无休止地翻腾着。然而，因为在图 21－17 中很窄的中心组态峰以外的微观态是如此之少，我们同样可以假设气体分子总是等量地分开在盒子的两半中。我们将要看到，这是具有最大的熵的组态。

例题 21－5

假设在图 21－16 的盒子中有 100 个不能分辨的分子。有多少个微观态与组态 $n_1 = 50$ 和 $n_2 = 50$ 相联系？有多少个微观态与组态 $n_1 = 100$，$n_2 = 0$ 相联系？用两个组态的相对概率来解释这个结果。

【解】　这里**关键点**是，在一个封闭的盒子中，不能分辨的分子的一个组态的多重数 W 就是由式（21－18）给出的该组态具有的独立的微观态数。对 (n_1, n_2) 组态 (50, 50)，由该式得

$$W = \frac{N!}{n_1!n_2!} = \frac{100!}{50!50!} = \frac{9.33\times10^{157}}{(3.04\times10^{64})(3.04\times10^{64})} = 1.01\times10^{29}$$ （答案）

同样地，对 (100, 0) 组态，我们有

$$W = \frac{N!}{n_1!n_2!} = \frac{100!}{100!0!} = \frac{1}{0!} = \frac{1}{1} = 1$$ （答案）

因此，由于约 1×10^{29} 的巨大因子，50－50 分布比 100－0 分布具有更大的可能性。如果你能够一纳秒数一个数，你将要花费大约 3×10^{12} 年才能数完与 50－50 分布相对应的微观态的数目，这个时间大约比宇宙年龄的 750 倍还要大。即使 100 个分子**仍然**是一个很小的数目。设想对 1mol 分子，大约 $N = 10^{24}$，这些计算的概率将会怎样。因此，你绝不要担心忽然发现所有的空气分子都聚集在你的房间的某个角落里。

概率和熵

1877 年，奥地利的物理学家玻耳兹曼（玻耳兹曼常量 k 的那个玻耳兹曼）导出了一个气体

组态的熵和组态的多重数之间的关系。这个关系为

$$S = k\ln W \quad \text{（玻耳兹曼熵公式）} \tag{21-19}$$

这个著名的公式被雕刻在玻耳兹曼的墓碑上。

S 和 W 由一个对数函数联系起来是很自然的。两个系统的总熵是它们的分熵之**和**。两个独立系统的事件的概率是它们的分概率的**乘积**。因为 $\ln ab = \ln a + \ln b$，所以对数似乎是联系这些量的合理的方法。

表 21 -1 列出了利用式（21 -19）计算的图 21 -16 的六分子系统的组态的熵。具有最大多重数的组态Ⅳ，也具有最大的熵。

当用式（21 -18）来计算 W 时，如果你试图求大于几百的数的阶乘，你的计算器也许会出现一个“OVERFLOW”的信号。所幸的是，有一个很好的近似，称之为**斯特林近似**，它不是对 $N!$，而是对 $\ln N!$，这正是式（21 -19）需要的。斯特林近似是

$$\ln N! \approx N(\ln N) - N \quad \text{（斯特林近似）} \tag{21-20}$$

这个近似的斯特林不是斯特林热机中的斯特林。

检查点 5：一个盒子含有 1mol 气体。考虑两个组态：(a) 盒子的每一半都含有一半的分子，(b) 盒子的每三分之一都含有 1/3 的分子。哪一个组态有更多的微观态？

例题 21 -6

在例题 21 -1 中，我们证明了当 n mol 理想气体在自由膨胀中体积加倍时，从初态 i 到终态 f 熵的增加是 $S_f - S_i = nR\ln 2$。用统计力学推导这一结果。

【解】 这里一个**关键点**是，利用式（21 -19）（$S = k\ln W$），我们能把任一给定的气体的分子组态的熵 S 与该组态所含微观态的多重数 W 联系起来。我们感兴趣的是两个组态：最后的组态 f（分子占据图 21 -1b 中整个容器的体积）和初始的组态 i（分子占据容器的左半部分）。

第二个**关键点**是，因为分子在一个封闭的容器中，所以我们能用式（21 -18）来计算它们的微观态的多重数。这里，在 n mol 气体中有 N 个分子。初始时，由于分子都在容器的左半部分，它们的（n_1, n_2）组态是（N, 0）。于是，式（21 -18）给出它们的多重数为

$$W_i = \frac{N!}{N!0!} = 1$$

最后，由于分子遍布整个体积，所以它们的（n_1, n_2）组态为（$N/2$, $N/2$）。于是，式（21 -18）给出它们的多重数为

$$W_f = \frac{N!}{(N/2)!(N/2)!}$$

从式（21 -19）得初态和终态的熵是

$$S_i = k\ln W_i = k\ln 1 = 0$$

和

$$S_f = k\ln W_f = k\ln(N!) - 2k\ln[(N/2)!] \tag{21-21}$$

在写式（21 -21）时，我们用了关系式

$$\ln\frac{a}{b^2} = \ln a - 2\ln b$$

现在，用式（21 -20）来求式（21 -21）的值，得

$$\begin{aligned} S_f &= k\ln(N!) - 2k\ln[(N/2)!] \\ &= k[N(\ln N) - N] - 2k[(N/2)\ln(N/2) \\ &\quad - (N/2)] \\ &= k[N(\ln N) - N - N\ln(N/2) + N] \\ &= k[N(\ln N) - N(\ln N - \ln 2)] \\ &= Nk\ln 2 \end{aligned} \tag{21-22}$$

从 20 -3 节，我们能用 nR 代替 Nk，这里的 R 是摩尔气体常量。则式（21 -22）变为

$$S_f = nR\ln 2$$

因此，从初态到终态的熵变为

$$S_f - S_i = nR\ln 2 - 0 = nR\ln 2 \quad \text{（答案）}$$

这就是我们要证明的。在例题 21 -1 中，我们曾用热力学的方法，通过寻找一个等价的可逆过程，并对**那个**过程用温度和热传递求其熵变来计算自由膨胀的这个熵增加。在这个例题中，我们利用系统由分子组成的事实，用统计力学的方法算出了同样的熵增加。

复习和小结

单向过程 一个**不可逆过程**是一个不能由于外界的微小变化使之反向进行的过程。不可逆过程进行的方向由系统所经历的过程的**熵变** ΔS 来决定。熵 S 是系统的一个**状态性质**（或**状态的函数**）：即它仅与系统的状态有关，而与系统怎样到达这个状态的无关。**熵假设**指出（部分地）：**如果在一个封闭系统中发生了一个不可逆过程，系统的熵总是增加的**。

熵变的计算 系统从初态 i 到终态 f 经历一个不可逆过程的**熵变** ΔS 正好等于**任何**连接这两个相同状态的**可逆过程**的熵变 ΔS。我们能用下式计算后者（而不是前者）

$$\Delta S = S_f - S_i = \int_i^f \frac{dQ}{T} \qquad (21-1)$$

式中，Q 是在过程中以热量形式传入或传出系统的能量；T 是在过程中系统的以 K 为单位的温度。

对一个可逆的等温过程，式（21－1）化简为

$$\Delta S = S_f - S_i = \frac{Q}{T} \qquad (21-2)$$

当系统的温度改变 ΔT 相对于过程前后的温度（开）很小时，熵变可近似为

$$\Delta S = S_f - S_i \approx \frac{Q}{T_{avg}} \qquad (21-3)$$

式中 T_{avg} 是在过程中系统的平均温度。

当一理想气体从温度 T_i 和体积 V_i 的初态可逆地变化到温度为 T_f 和体积为 V_f 的终态时，气体的熵变为

$$\Delta S = S_f - S_i = nR\ln\frac{V_f}{V_i} + nC_V\ln\frac{T_f}{T_i} \qquad (21-4)$$

热力学第二定律 作为熵假设的延伸的这个定律说：**如果在封闭系统中发生一个过程，对不可逆过程，系统的熵增加；对可逆过程，系统的熵保持不变。熵永不减少**。用式子表示为

$$\Delta S \geqslant 0 \qquad (21-5)$$

热机 热机是一种装置，在一个循环中从高温热库以热量形式吸收能量 $|Q_H|$，并做一定量的功 W。任何热机的**效率**定义为

$$\varepsilon = \frac{我们得到的能量}{我们付出的能量} = \frac{|W|}{|Q_H|} \qquad (21-9)$$

在一台**理想热机**中，所有过程都是可逆的，并且没有由于诸如摩擦和湍流造成的浪费的能量传递。一台**卡诺热机**是按照图 21－8 的循环运行的理想热机。它的效率是

$$\varepsilon_C = 1 - \frac{|Q_L|}{|Q_H|} = 1 - \frac{T_L}{T_H} \qquad (21-10, 21-11)$$

式中，温度 T_L 和 T_H 分别是高温热库和低温热库的温度。实际的热机的效率总低于由式（21－11）给出的效率。理想的非卡诺热机的效率也低于由式（21－11）给出的效率。

一台**完美的热机**是一台想象的将从高温热库以热量形式吸收来的能量全部转换为功的热机。这种热机违背热力学第二定律。热力学第二定律可以重述为：不可能存在一系列过程，其惟一效果是以热量形式从一个热库吸收能量，并将这些能量全部转换为功。

制冷机 一台制冷机是一种装置，当它在一个循环中从低温热库以热量形式吸收能量 $|Q_L|$ 时，外界要对它做功 W。制冷机的制冷系数被定义为

$$K = \frac{我们想要的}{我们要支付的} = \frac{|Q_L|}{|W|} \qquad (21-12)$$

一台**卡诺制冷机**是一台反向运行的卡诺热机。对于卡诺制冷机，式（21－12）变为

$$K_C = \frac{|Q_L|}{|Q_H| - |Q_L|} = \frac{T_L}{T_H - T_L} \qquad (21-13, 21-14)$$

一台**完美的制冷机**是一台假想的、毋需对它做任何功就能将以热量形式从低温热库吸取的能量全部转移到高温热库的制冷机。这样的制冷机违背热力学第二定律。热力学第二定律可以重述为：不可能存在一系列过程，其惟一效果是把能量以热量形式从一个温度给定的热库传到一个温度较高的热库。

熵的统计观点 系统的熵可以用它的分子的可能分布来定义。对完全相同的分子，每一种可能的分布称为系统的一个**微观态**。所有相同的微观态组成系统的一个**组态**。在一个组态中微观态的数目是该组态的**多重数** W。

对于可能分布在一个盒子的两半之间的有 N 个分子的系统，其多重数由下式给定

$$W = \frac{N!}{n_1!\,n_2!} \qquad (21-18)$$

式中，n_1 是在盒子的一半中的分子数；n_2 是在盒子的另一半中的分子数。**统计力学**的一个基本假设是所有的微观态都同样可能。因此，具有大的多重数的组态最常发生。当 N 很大时（例如，$N = 10^{22}$ 个分子或

更多)，分子几乎总是处于 $n_1=n_2$ 的组态。

系统的一个组态的多重数 W 与系统处于这一组态时的熵 S 通过玻耳兹曼熵公式相联系：

$$S=k\ln W \quad (21-19)$$

式中，$k=1.38\times10^{-23}$ J/K 是玻耳兹曼常量。

当 N 很大时（通常的情况），我们能用**斯特林近似**来求 $\ln N!$ 的近似值：

$$\ln N! \approx N(\ln N)-N \quad (21-20)$$

思考题

1. 把封闭在一个绝热气缸中的气体，绝热地压缩到它体积的一半。在这个过程中，气体的熵是增加、减小、还是不变？

2. 在四次实验中，将初始温度不同的物块 A 和 B 一起放入一个绝热的盒子中（就像在例题 21-2 中那样），并让它们达到共同的终温。在四个实验中这两个物块的熵变具有下列值（单位为 J/K），但不一定按顺序给出。确定哪一个 A 值与哪一个 B 值是同时发生的。

块	值			
A	8	5	3	9
B	−3	−8	−5	−2

3. 在图 21-18 中，点 i 表示理想气体温度为 T 的初态。将代数符号考虑进去，把气体依次可逆地从点 i 过渡到点 a、b、c 和 d 的熵变由大到小排序。

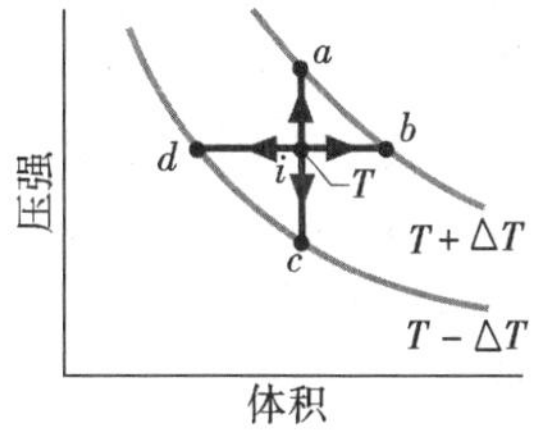

图 21-18 思考题 3 图

4. 与一个可控热库相接触的理想气体，能沿在图 21-19 中的四条可逆的路径从初态 i 变化到终态 f。按（a）气体、（b）热库和（c）气体-热库系统所发生的熵变由大到小将这些路径排序。

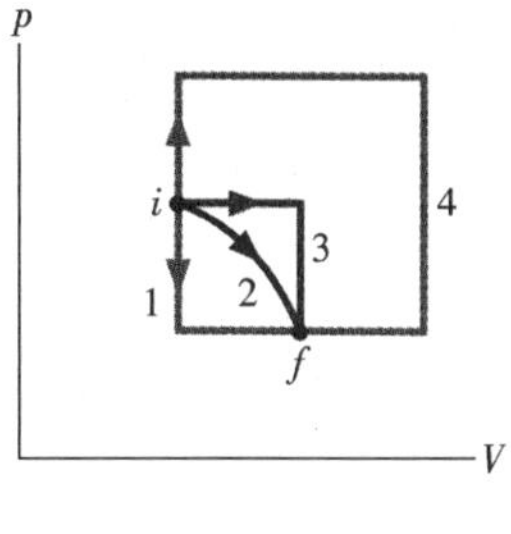

图 21-19 思考题 4 图

5. 使一种气体从体积 V 自由地膨胀到体积 $2V$。然后使它从体积 $2V$ 自由地膨胀到体积 $3V$。这两个膨胀的净熵变比气体从体积 V 直接自由膨胀到体积 $3V$ 的熵变是大、是小、还是相等？

6. 三台卡诺热机运行在（a）400K 和 500 K、（b）500K 和 600 K 及（c）400K 和 600 K 之间。每一台热机在每一个循环中都从高温热库吸取同样多的能量。将这些热机每一循环做功的大小由大到小排序。

7. 对于（a）一台卡诺热机、（b）一台实际热机和（c）一台完美的热机（当然，这是不可能建造的），经历每一循环时熵是增加、减小、还是保持不变？

8. 如果你将厨房的冰箱门打开几个小时，厨房的温度是升高、降低、还是不变？假设厨房是封闭的并且绝热很好。

9. 对于（a）一台卡诺制冷机、（b）一台实际的制冷机和（c）一台完美的制冷机（当然，这是不可能建造的）经历每一个循环时熵是增加、减小、还是保持不变？

10. 一个盒子所包含的 100 个原子处于在盒子的每一半都有 50 个原子的组态。假设你能用超级计算机以每秒 1000 亿个状态的时率来数出与该组态相关的不同的微观态。不用写出计算式，猜猜你将需要数多少时间：一天、一年、还是比一年要长得多？

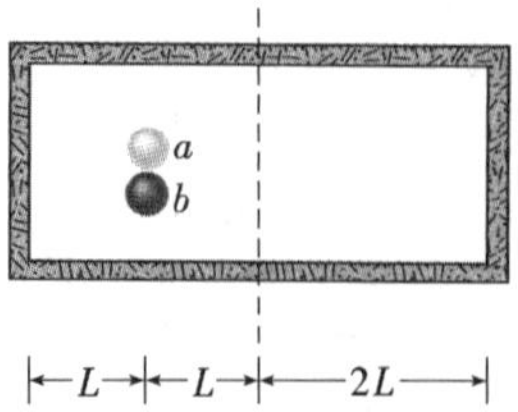

图 21-20 思考题 11 图

11. 图 21-20 表示一张在时间 $t=0$ 时盒子中分子 a 和 b 的快照（类似于图 21-16 中的情况）。两分子具有相同的质量和速率 v，分子间以及分子与器壁间的碰撞是完全弹性的。在（a）$t=0.10L/v$ 和（b）t

物理学基础

$=10L/v$ 时拍得的快照显示的 a 在盒子的左边和 b 在盒子的右边的概率是多少？（c）在后来某一时刻，分子动能的一半在盒子的右边的概率是多少？

练习和习题

21-2节 熵变

1E. 一个2.50 mol的理想气体样品在360 K下可逆且等温地膨胀到体积加倍。气体的熵增加了多少？（ilw）

2E. 对于一个理想气体在132℃下的可逆等温膨胀，如果气体的熵增加了46.0 J/K，则需要多少热量？

3E. 4 mol理想气体在温度 $T=400$ K下经历一个体积从 V_1 到 V_2 的可逆的等温膨胀。求（a）气体所做的功和（b）气体的熵变。（c）如果膨胀是可逆和绝热而不是等温的，气体的熵变是多少？（ssm）

4E. 一理想气体在77.0℃下经历一个可逆的等温膨胀，体积从1.30 L增加到3.40 L。气体的熵变为22.0 J/K。该气体有多少摩尔？

5E. 2.00 kg的铜块温度从25℃可逆地升高到100℃，求铜块（a）以热量形式吸收的能量和（b）熵变。铜的比热容为386 J/（kg·K）。（ilw）

6E. 一初始温度为 T_0（开）的理想单原子气体，经历图21-21的 $T-V$ 图中所示的五个过程，体积从初始的 V_0 膨胀到 $2V_0$。在哪一个过程中，膨胀是（a）等温的、（b）等压的和（c）绝热的？解释你的答案。（d）在哪一个过程中气体的熵减小？

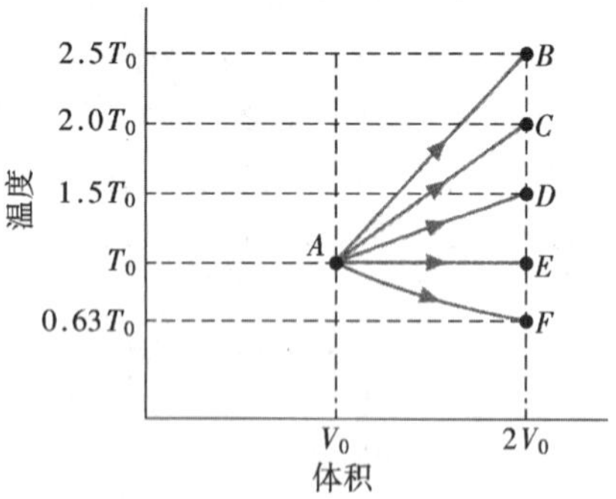

图21-21 练习6图

7E.（a）一块12.0 g的冰在一个盛有温度刚好在其冰点以上的水的水桶中完全熔化。冰块的熵变是多少？（b）一匙5.00 g的水在一个温度比水的沸点稍高的碟子上完全蒸发，其熵变是多少？

8P. 一个2.0 mol的理想单原子气体样品，经历如图21-22所示的可逆过程。（a）气体以热量形式吸收了多少能量？（b）气体的内能改变是多少？（c）气体做了多少功？

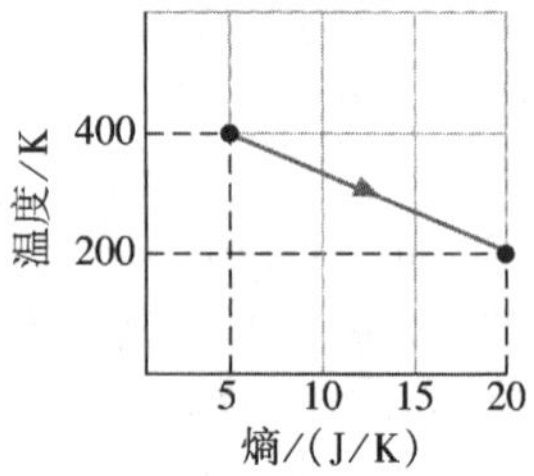

图21-22 习题8图

9P. 在一次实验中，200g的温度为100℃的铝（比热容为900 J/（kg·K））与50.0g的温度为20.0℃的水在一个绝热容器中混合。（a）平衡温度是多少？（b）铝的熵变是多少？（c）水的熵变是多少？（d）铝-水系统的熵变是多少？（ssm）（www）

10P. 在图21-5的不可逆过程中，设相同的物块 L 和 R 的初温分别为305.5 K和294.5 K，为了达到平衡，两块间有215 J的能量迁移。对图21-6的可逆过程，（a）物块 L、（b）L 的热库、（c）物块 R、（d）R 的热库、（e）两物块组成的系统和（f）两物块及两个热库组成的系统的熵变是多少？

11P. 用图21-6的可逆装置证明，如果图21-5的过程向相反方向进行，系统的熵将减小，从而违背热力学第二定律。

12P. 一种理想双原子气体，它的分子只有转动而无振动，经历图21-23中的循环。对所有的三个过程，用 p_1、V_1、T_1 和 R 来确定：（a）p_2、p_3 和 T_3 以及（b）每摩尔的 W、Q、ΔE_{int} 和 ΔS。

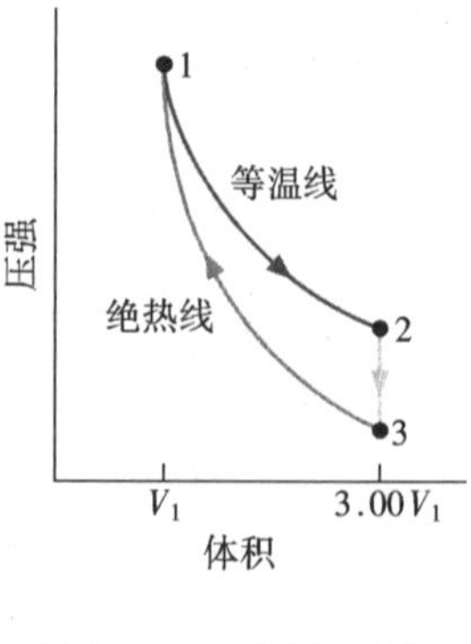

图21-23 习题12图

13P. 在一个绝热盒内，一块 50.0 g 的温度为 400 K 的铜块和一块 100 g 的温度为 200 K 的铅块放在一起，(a) 两块系统的平衡温度是多少？(b) 两块系统从初态到平衡态的内能变化是多少？(c) 两块系统的熵变是多少？(参看表 19-3)。(ilw)

14P. 1mol 单原子理想气体从压强为 p、体积为 V 的初态到达压强为 $2p$、体积为 $2V$ 的终态经历两个不同的过程：(Ⅰ) 它首先等温膨胀直至体积加倍，然后再等容升压到最终的压强；(Ⅱ) 它首先等温压缩到压强加倍，然后再等压膨胀到最终的体积。(a) 在 $p-V$ 图上画出每一个过程的路径。用 p 和 V 表示对每一个过程计算：(b) 在过程的每一阶段气体以热量形式吸收的能量；(c) 在过程的每一阶段气体所做的功；(d) 气体内能的变化 $E_{\mathrm{int},f}-E_{\mathrm{int},i}$；(e) 气体的熵变，$S_f-S_i$。

15P. 将一块质量为 10 g 的 -10℃ 的冰块放入温度为 15℃ 的湖中。计算当冰块与湖达到热平衡时，冰块-湖系统的熵变。冰的比热容为 2220 J/(kg·K)。(**提示**：冰块影响湖的温度吗？)(ssm)

16P. 将一块 8.0 g、-10℃ 的冰块放入一个盛有 100 cm^3、20℃ 水的热水瓶中。当达到最终平衡态时，冰块-水系统的熵变是多少？冰的比热容为 2220 J/(kg·K)。

17P. 1773 g 水和 227 g 冰的混合物处于温度为 0.00℃ 的初始平衡态中。然后经历一个可逆过程，该混合物达到第二个平衡态，其时温度为 0.00℃，水和冰的质量比为 1:1。(a) 计算在这个过程中系统的熵变。(冰的熔化热为 333 kJ/kg。) (b) 此后使系统经历一个不可逆过程返回到初始的平衡态。(例如，用一个本生灯。) 计算在这个过程中系统的熵变。(c) 你的答案与热力学第二定律一致吗？(ssm)

18P. 一个气缸内装有 n mol 单原子理想气体。气体沿着图 21-24 中的路径Ⅰ经历一个可逆的等温膨胀，体积从初始的 V_i 变化到终了的 V_f，则它的熵变为 $\Delta S=nR\ln(V_f/V_i)$。(见例题 21-1。) 现在考虑图 21-24 中的路径Ⅱ，气体沿该路径经过一个可逆绝热膨胀从同一个初态 i 到状态 x，然后再经过一个可逆的等容过程从状态 x 到同一终态 f。(a) 对于路径Ⅱ，描述你将怎样实现两个可逆过程。(b) 证明气体在状态 x 的温度为

$$T_x=T_i(V_i/V_f)^{3/2}$$

(c) 沿路径Ⅰ以热量形式传递的能量是多少？沿路径Ⅱ以热量形式传递的能量是多少？它们相等吗？(d) 路径Ⅱ的熵变 ΔS 是多少？它和路径Ⅰ的熵变相等吗？(e) 对 $n=1$，$T_i=500\mathrm{K}$ 和 $V_f/V_i=2$，求 T_x、Q_{I}、Q_{II} 和 ΔS。

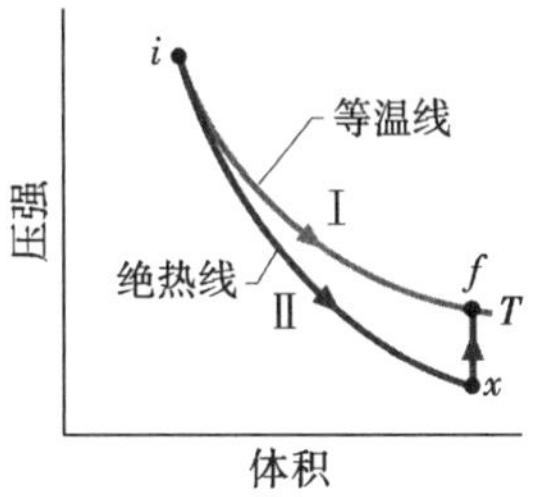

图 21-24 习题 18 图

19P. 1mol 理想单原子气体经历图 21-25 中的循环。(a) 气体沿路径 abc 从状态 a 到状态 c 做了多少功？(b) 从 b 到 c，和 (c) 经过一个完整的循环，气体的内能和熵的改变是多少？用状态 a 的压强 p_0、体积 V_0 和温度 T_0 来表示所有的答案。(ssm)

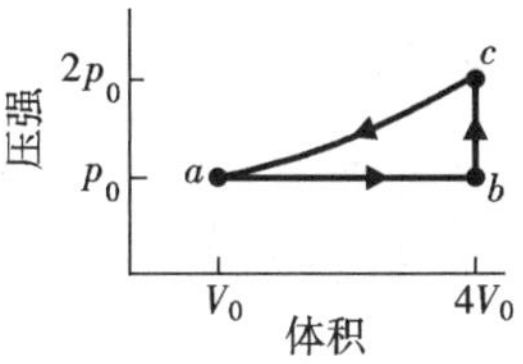

图 21-25 习题 19 图

20P. 1mol 理想单原子气体，初始压强为 5.00 kPa、温度为 600 K，从初始体积 $V_i=1.00\ \mathrm{m}^3$ 膨胀到终了体积 $V_f=2.00\ \mathrm{m}^3$。在膨胀期间，气体的压强 p 和体积 V 的关系为 $p=5.00\exp[(V_i-V_f)/a]$，式中 p 的单位是 kPa，V_i 和 V 的单位是 m^3，$a=1.00\ \mathrm{m}^3$。(a) 气体的终了压强是多少？(b) 气体的终了温度是多少？(c) 在膨胀期间气体做了多少功？(d) 在膨胀期间气体的熵变是多少？(**提示**：用两个简单的可逆过程求熵变。)

21-4 节　现实世界中的熵：热机

21E. 一台卡诺热机在每一循环中以热量形式吸收 52 kJ 并以热量形式排出 36 kJ。计算：(a) 该热机的效率；(b) 每一循环所做的功，以 kJ 为单位。

22E. 一台低温热库的温度为 17℃ 的卡诺热机，具有 40% 的效率。要使该热机的效率增加到 50%，高温热库的温度要提高多少？

23E. 一台卡诺热机工作在 235℃ 和 115℃ 之间，每一循环在高温热库吸收 6.30×10^4 J。(a) 热机的效率是多少？(b) 这台热机每一循环能完成多少功？(ssm)

24E. 在一个假定的核聚变反应堆中，燃料是温度大约为 7×10^{8} K 的氘气。如果该气体能被用来操作一台具有 $T_L=100$℃的卡诺热机，则该热机的效率是多少？

25E. 一台卡诺热机具有 22% 的效率，它工作在温差为 75C°的两个恒温热库之间。两个热库的温度各是多少？（ssm）

26P. 一台卡诺热机具有 500 W 的功率，它工作在恒定温度为 100℃和 60.0℃的两个热库之间。（a）输入热量的时率是多少？（b）排出热量的时率是多少？用 kJ/s 为单位。

27P. 1mol 单原子理想气体经历如图 21－26 所示的可逆循环。过程 bc 是绝热膨胀，$p_b=10.0$ atm，$V_b=1.00\times10^{-3}\mathrm{m}^3$。求：（a）以热量形式加入气体的能量；（b）以热量形式离开气体的能量；（c）气体所做的功；（d）循环的效率。（ssm）（ilw）

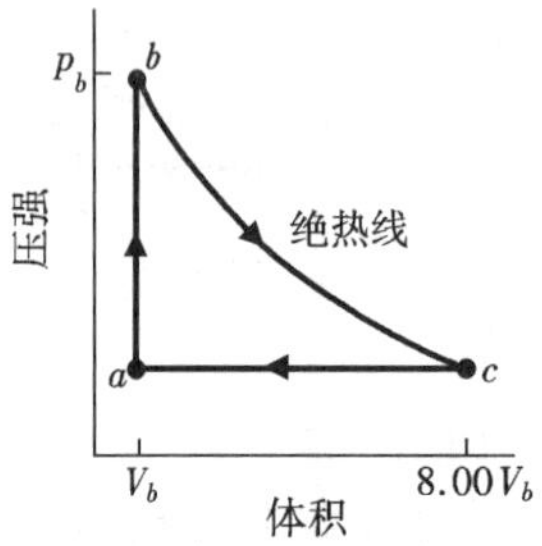

图 21－26 习题 27 图

28P. 证明：在图 21－9 的温－熵图中，卡诺循环包围的面积表示以热量形式传给工作物质的净能量。

29P. 1mol 理想单原子气体经历如图 21－27 所示的循环。设 $p=2p_0$，$V=2V_0$，$p_0=1.01\times10^5$Pa，$V_0=0.0225\mathrm{m}^3$。计算：（a）在循环期间所做的功；（b）在 abc 过程中以热量形式加入的能量；（c）循环的效率；（d）运行在此循环中的最高和最低温度之间的卡诺热机的效率是多少？该效率与在（c）中计算得到的效率相比较怎样？

30P. 在一个二级卡诺热机的第一级中，以热量形式从温度为 T_1 的热库吸收的能量为 Q_1，做的功为 W_1，向低温热库 T_2 排出的热量为 Q_2。在第二级中，吸收的能量为 Q_2，做的功为 W_2，在更低的温度 T_3 排出能量 Q_3。证明该二级热机的效率是 $(T_1-T_3)/T_1$。

31P. 假设在地壳两极之一的附近挖一个深井，那里地表的温度为－40℃，到达的深处的温度为 800℃。（a）工作在这两个温度之间的一台热机的效

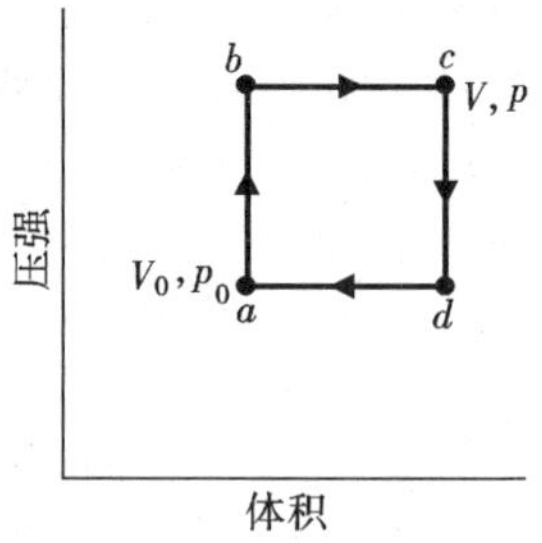

图 21－27 习题 29 图

率的理论极限是什么？（b）如果所有的以热量形式的能量释放到低温热库中用来熔化初温为－40℃的冰，一个 100 MW 功率的动力工厂（视其为热机）生产 0℃液态水的速率是多少？冰的比热容为 2220 J/(kg·K)；冰的熔化热为 333 kJ/kg。（注意：在这种情况下，热机只能工作在 0℃和 800℃之间。排放到－40℃处的能量不可能被用来提高任何高于－40℃的温度。）（ssm）（www）

32P. 用 1mol 理想气体作为一台热机的工作物质，该热机按图 21－28 所示的循环工作。BC 和 DA 是可逆的绝热过程。（a）气体是单原子、双原子、还是多原子的？（b）该热机的效率多大？

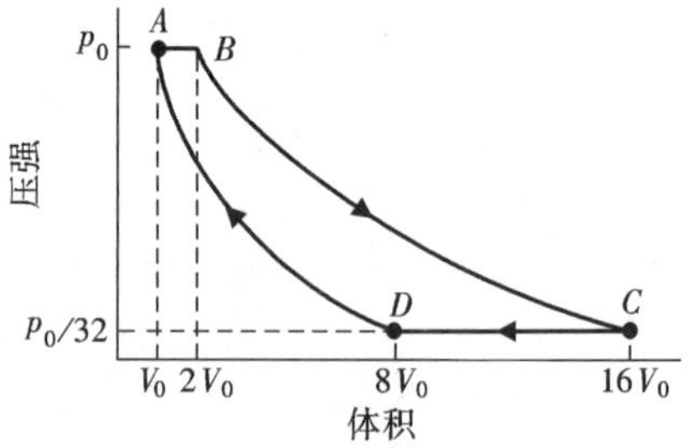

图 21－28 习题 32 图

33P. 图 21－29 中的循环表示一台汽油机的工作情况。假设吸入的汽油－空气混合物是一种理想气体，并利用一个 4∶1 的压缩比（$V_4=4V_1$）。设 $p_2=3p_1$。（a）确定 $p-V$ 图中每一个顶点的压强和温度，用 p_1、T_1 和气体的摩尔热容比 γ 表示；（b）该循环的效率是多少？（ssm）

21－5 节 现实世界中的熵：制冷机

34E. 一台卡诺冰箱为了从它的冷室移走 600 J 需要做 200 J 的功。（a）制冷机的制冷系数是多少？（b）每一循环向厨房排出多少热量？

35E. 一台卡诺空调从一间温度为 70 ℉的房间的热能中抽取能量，并将其转移到温度为 96 ℉的房间外。对运行空调器所需的每焦耳电能，可从房间里将

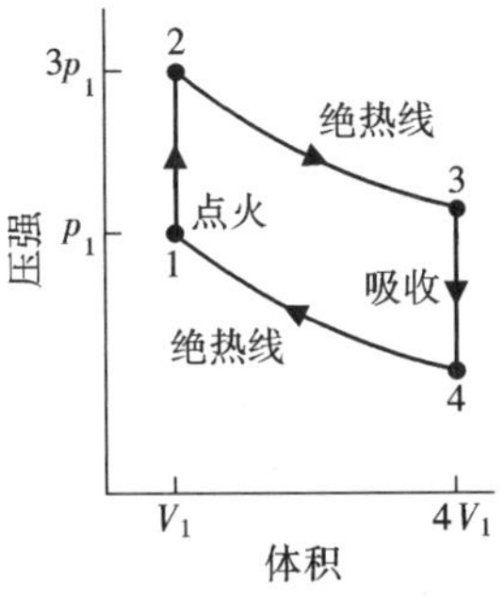

图 21-29 习题 33 图

多少焦耳转移到房间外？(ssm)

36E. 一台热泵的电动机以热量形式将能量转移到 -5.0℃的房间外，房间内的温度为 17℃。如果热泵是一台卡诺热泵（一台反向工作的卡诺热机），每消耗 1J 电能，可将多少焦耳的热量从房间里转移出去？

37E. 一台热泵用来向一座建筑物供热。外面的温度为 -5.0℃，建筑物内的温度保持在 22℃。热泵的制冷系数是 3.8，热泵以热量形式每小时将 7.54 MJ 释放到建筑物内。如果热泵是一台反向工作的卡诺热机，运行该热泵所需的功率是多少？(ssm)

38E. 一台卡诺制冷机，(a) 从温度为 7.0℃的热库到 27℃的热库、(b) 从 -73℃的热库到 27℃的热库、(c) 从 -173℃的热库到 27℃的热库、(d) 从 -223℃的热库到 27℃的热库，以热量形式传递 1.0 J 需要做多少功？

39P. 一台工作在 93°F 和 70°F 之间的空调具有 4000 Btu/h 的冷却能力，它的制冷系数为工作在相同的两个温度之间的卡诺制冷机的制冷系数的 27%。空调电动机需要多少马力？

40P. 在一台制冷机中的电动机具有 200 W 的功率。如果冷冻室是在 270 K，室外空气是 300 K，并且假设它具有卡诺制冷机的效率，那么该制冷机在 10.0 分钟内以热量形式能从冷冻室抽出的最大能量是多少？

41P. 一台卡诺热机工作在温度为 T_1 和 T_2 之间。它驱动一台工作在温度为 T_3 和 T_4（图 21-30）之间的卡诺制冷机。求比率 Q_3/Q_1，用 T_1、T_2、T_3 和 T_4 表示。

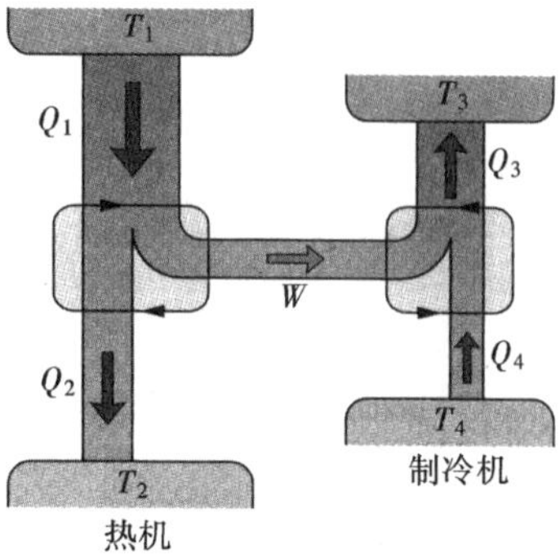

图 21-30 习题 41 图

21-7 节 熵的统计观点

42E. 对八个分子的系统，编制一个像表 21-1 一样的表。

43E. 证明：对于一个盒子中的 N 个分子，当按一个给定的分子既可以在盒的左半也可以在右半来定义微观态时，其可能的微观态的数目是 2^N。用表 21-1 给出的情况来核对这个结果。

44P. 一个盒子含有 N 个气体分子，平分在它的两半之间。对 $N=50$：(a) 这个中心组态的多重数是多少？(b) 系统的总微观态数是多少？(**提示：**见练习 43。) (c) 系统处于其中心组态时间的百分比是多少？(d) 对 $N=100$，重算 (a) 到 (c)。(e) 对 $N=200$，重算 (a) 到 (c)。(f) 当 N 增加时，你将发现系统处于其中心组态的时间减少（而不是更多）。解释为什么会这样。

45P. 一个盒子含有 N 个气体分子。将盒子分成三等份。(a) 通过式 (21-18) 的推广，写出一个关于任一给定组态的多重数公式。(b) 考虑两个组态：组态 A 在盒子的三部分具有同样数量的分子；组态 B 在盒子的两半具有同样数量的分子。组态 A 对组态 B 的多重数的比率 W_A/W_B 是多少？(c) 对于 $N=100$，计算 W_A/W_B。(因为 100 不能被 3 整除，所以对组态 A，将 34 个分子放入三部分中的一部分，而其余两部分各放 33 个分子。)

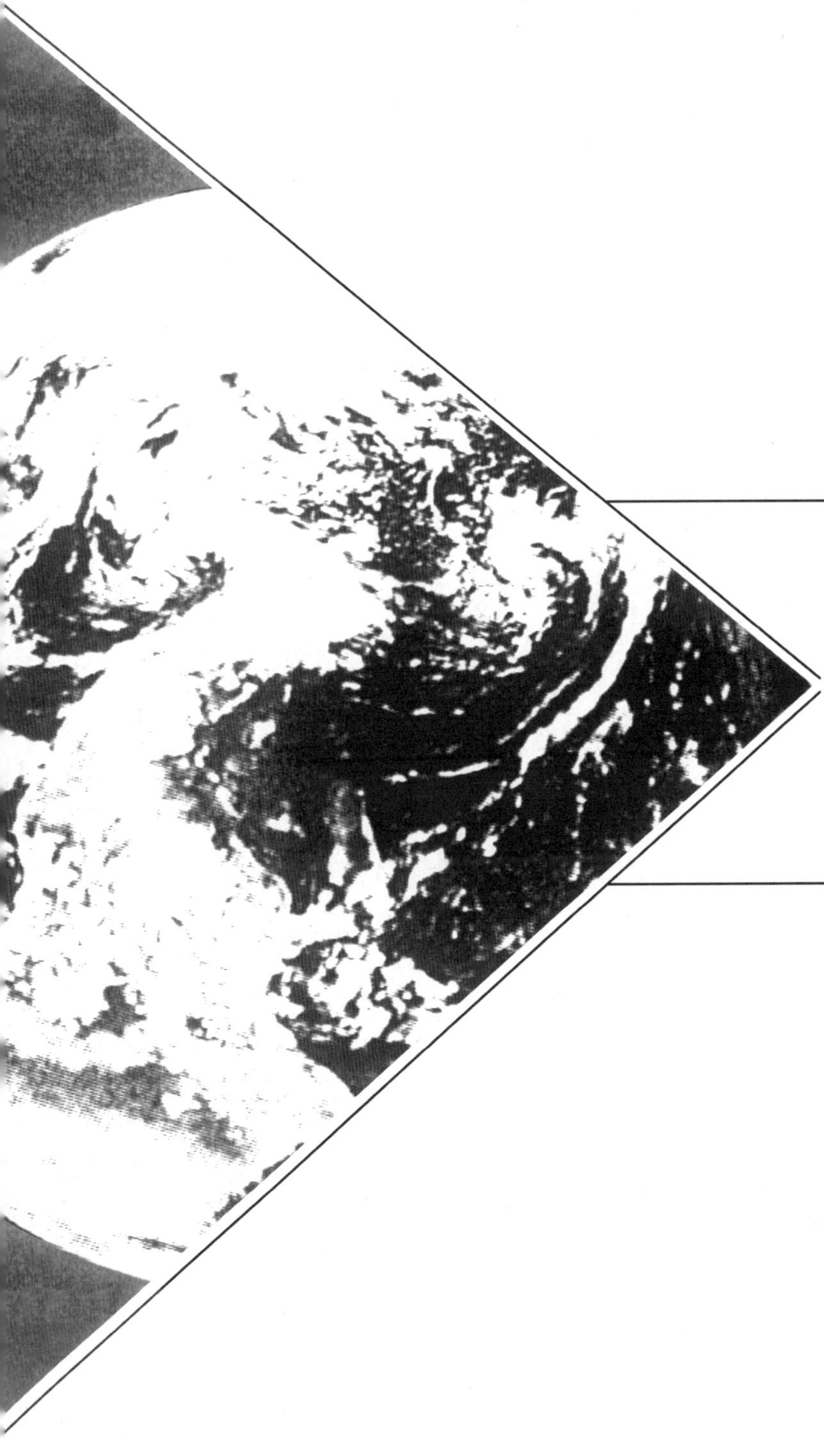

第2卷

第 3 篇

第22章 电　　荷

如果你使自己的眼睛在黑暗中适应 15min，然后碰到一位朋友在嚼冬青味的救生圈糖[㊀]，你将看到你朋友每嚼一下，都会从他口中发出微弱的蓝色闪光（为了避免损耗牙齿，可以像照片中那样，用钳子把这种糖块弄碎）。

那么，这种通常叫做“火花”的光是什么引起的呢？

答案就在本章中。

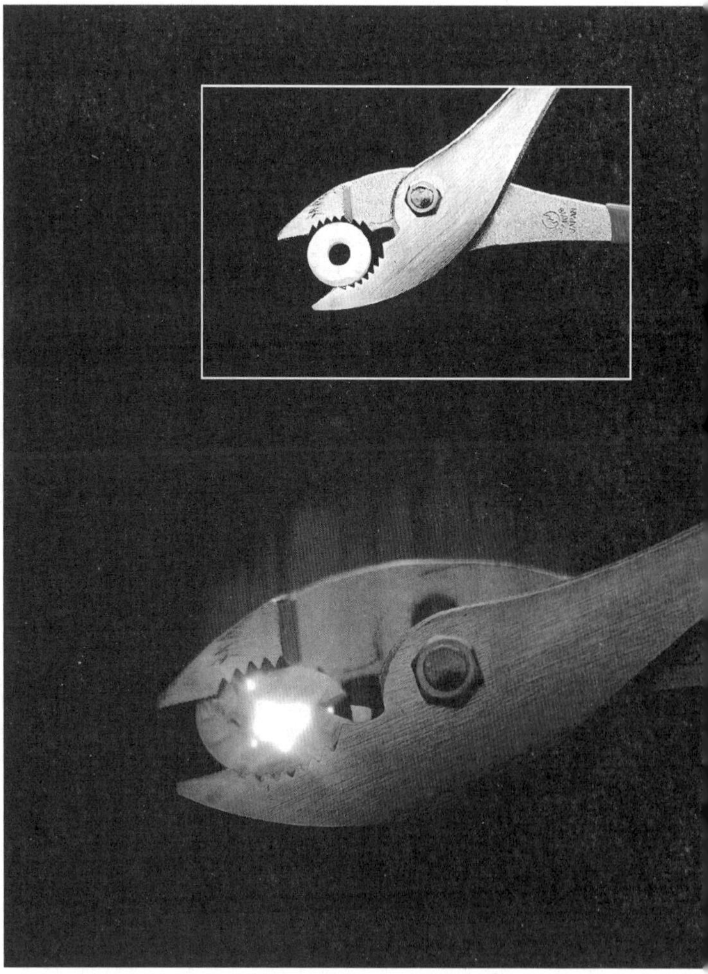

㊀ 原文是 Wintergreen LifeSaver. LifeSaver 是流行于美国的一种硬块口香糖的商标名。其形状像救生圈（见照片），所以又称救生圈糖。因所添加的食用香精的不同，这种糖有不同的味道。Wintergreen 指天然香料冬青油，可制作食用香精。含冬青油的救生圈糖为薄荷味。——译者注

22-1 电磁学

古希腊的哲学家了解到，如果把一块琥珀摩擦过，它就会吸引草屑。这个古老的发现是我们所生活的电子时代的直系祖先（我们的**电子**一词就是由表示琥珀的希腊词语派生出来的，由此可见亲属关系的密切）。希腊人还记录过天然出产的“磁石”会吸引铁块的观察结果，这种磁石现今叫做磁铁矿。

从这些朴素的开端起，电学和磁学独立地发展了好几个世纪，直到1820年为止。这时，奥斯特（H. C. Oersted）发现了两者之间的联系，即导线中的电流会使磁针偏转。十分有趣的是，这种电磁间的联系是奥斯特在为他的学生准备物理讲座的课堂演示时发现的。

电磁学（电现象和磁现象的综合）这一门新学科在许多世纪里被学者们进一步发展。其中最优秀的一位学者是法拉第（M. Faraday）。他是一位具有物理直觉和想象才能的、真正的天才实验家。一个事实证明了他的天赋：在他整理的实验室笔记本中连一个方程式也没有。在19世纪中，麦克斯韦（J. C. Maxwell）采用了他自己的许多新概念将法拉第的构想发展成数学形式，从而使电磁学建立在了坚固的理论基础上。

表32-1列出了现在叫做麦克斯韦方程的电磁学的基本定律。我们打算从本章起到第32章把它们研究一遍，但读者可以现在就把它们粗略看一下，以便了解我们的目标。

22-2 两种电荷

如果你在干燥的天气里从地毯上穿过，在你的手指靠近门的金属把手时就会引起火花。电视广告已向我们提醒衣服上的“静电附着”问题（见图22-1）。从更大的范围来说，闪电是每个人都熟悉的。这每个闪电现象都代表巨大数量的**电荷**的细微闪现，这些电荷贮藏在环绕我们的常见物体、甚至是我们自己的身体内。**电荷**是组成那些物体的基本粒子的内在特性，即它的特性是自动伴随那些粒子，而不论这些粒子存在于哪里。

图22-1 静电附着，一种随干燥天气而来的电现象，它使纸片相互粘着和附着在塑料梳子上，并使人的衣服粘到身体上。

巨大数量的电荷通常是隐藏在日常物体中的，因为物体含有等量的两种电荷：**正电荷**和**负电荷**。由于这种电荷的均等或**平衡**，物体被认为是**电中性**的；即它不包含净电荷。如果两种类型的电荷不平衡，则有净电荷，我们就说物体**带电**，以表明其电荷的失衡或有净电荷。失衡与物体中所包含正电荷及负电荷的总量相比总是很小的。

带电物体通过相互施力而发生相互作用。为了展示这一点，我们首先通过用丝绸摩擦玻璃棒的末端使玻璃棒带电。在棒与丝绸之间的接触点，很少量的电荷从一个物体转移到另一个物体，轻微地破坏了每个物体的电中性（我们在棒上**摩擦**丝绸以增加接触点的数目并因而增加所转移电荷的数量，但这个数量仍很小）。

假设我们把带电棒悬挂在细线上使它与四周**电绝缘**，以使它的电荷不能改变。如果把第二根同样带电的玻璃棒拿到第一根玻璃棒的附近（见图22-2a），两根棒就互相**排斥**；即每根棒受到指向背离另一根棒的力。然而，如果用毛皮摩擦塑料棒，并且把它拿近悬挂着的玻璃棒

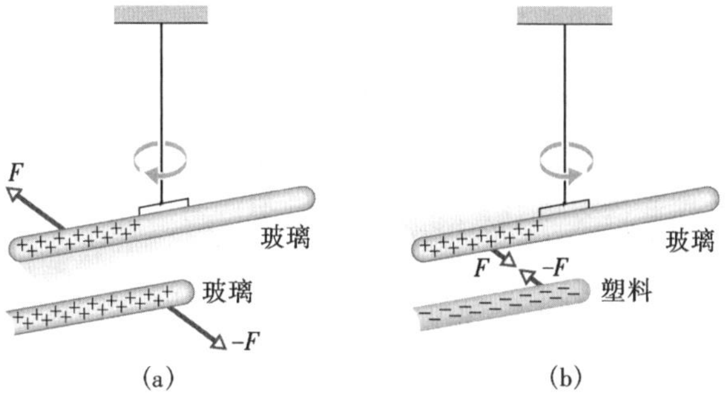

图 22－2 (a) 两根带同号电荷的棒相互排斥。(b) 两根带异号电荷的棒相互吸引。正号表示正净电荷，负号表示负净电荷。

(见图 22－2b)，则这两根棒互相**吸引**。

从正电荷及负电荷的观点来看，我们能理解这两个演示，当玻璃棒用丝绸摩擦时，玻璃棒失去一些负电荷然后具有少量失衡的正电荷（在图 22－2a 中用正号表示）。当塑料棒用毛皮摩擦时，塑料棒得到少量失衡的负电荷（在图 22－2b 中用负号表示），我们的两个演示揭露出下述法则：

具有相同电符号的电荷互相排斥，而具有相反电符号的电荷互相吸引。

在 22－4 节中，我们将使这个法则成为定量的形式，即作为电荷之间**静电力**（或**电力**）的库仑定律。术语**静电**被用来强调：电荷不是彼此相对静止的就只是相对非常缓慢地运动的。

对电荷的“正”和“负”的名称及符号是由富兰克林(B. Franklin) 任意选定的。他也能轻易地互换称号或使用某些其他一对对立物去区别这两种电荷（富兰克林是有国际声望的科学家，甚至传说，由于他是被高度评价的科学家，以致他的声誉使得美国独立战争期间他在法国的外交活动得以顺利开展，而且多半取得成功)。

带电物体之间的吸引和排斥有许多工业上的应用，包括静电喷漆和粉末敷层、烟筒中烟灰的捕集、非点击式喷墨印刷及照相复制等。图 22－3 展示了静电复印机中微小的载体珠，它被称为**墨粉**的黑色粉末覆盖，粉末借助静电力附着在珠上。带负电的墨粉粒子最后从载体珠被吸引到转鼓上，在那里形成被复制文件的带正电的图像。带电的纸然后把墨粉粒子从转鼓吸引到它本身上，在这以后它们被热融在应有的位置以生成复制品。

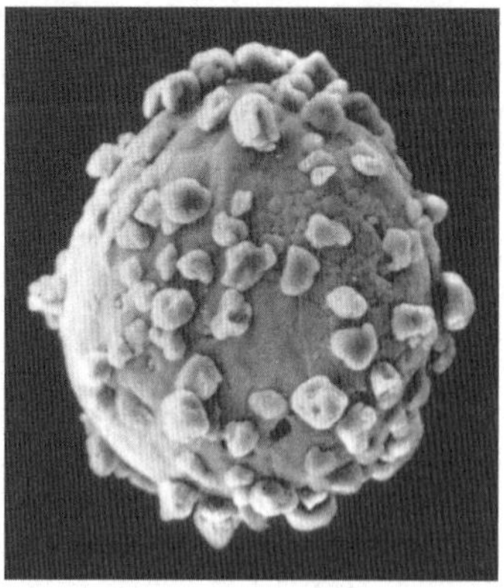

图 22－3 墨粉借助静电吸引粘着在静电复印机的小载体珠上。珠的直径约 0.3mm。

22－3 导体与绝缘体

在有些材料，如金属、自来水及人体中，一些负电荷能相当自由地移动，我们把这些材料叫做**导体**。在另一些材料，如玻璃、化学纯的水及塑料中，没有电荷能自由移动，我们把这些材料叫做**非导体**或**绝缘体**。

如果你用手拿住一根金属铜棒，再用毛织品去摩擦它，你将不能使棒带电，因为你和棒都是导体，摩擦会在棒上引起电荷的失衡，但过量的电荷将立即从棒通过你的手移向地板（它与地球表面相连接），而棒将迅速被中和。

按照这样在物体与地球表面之间建立导体通道，则认为是把物体**接地**，并且就使物体中和（通过消除失衡的正或负的电荷）而论，则是使物体**放电**。如果不是把铜棒拿在你手中，而是通过绝缘柄拿住它，就消除了到地球的导体通道，这时只要你不用手直接接触棒，棒就能通过摩擦而带电。

导体和绝缘体的属性是由于它们的结构及原子的电本质所决定的。原子包含带正电的**质子**、带负电的**电子**以及电中性的**中子**。质子和中子一同被紧密地填充在中央的**原子核**内。

单个电子的电荷和单个质子的电荷具有同样的大小，但在符号上相反。因而，电中性的原子含有相等数目的电子和质子。电子被束缚在原子核附近，因为电子的电符号与原子核内质子的电符号相反并从而被原子核吸引。当像铜那样的导体其原子出现在一起构成固体时，它们最外层的（被最松散约束的）电子不再属于个别的原子而变得在固体内自由徘徊，并留下带正电的原子（**正离子**）。我们称运动的电子为**传导电子**。在非导体中，即使有自由电子也很少。

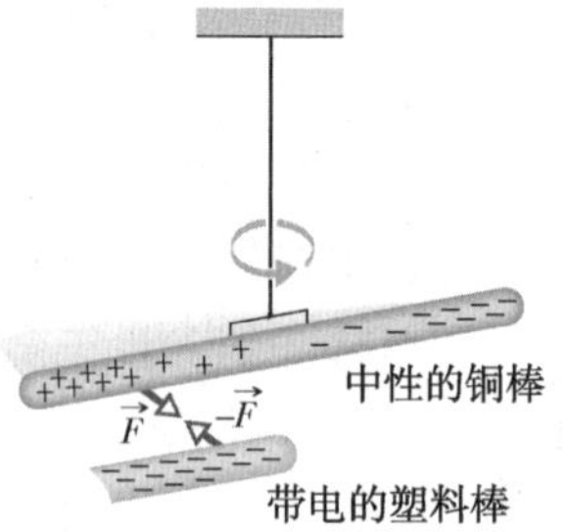

图 22-4 一根铜棒由于用不导电细线吊着而和周围绝缘、铜棒的任一端都可被带电棒吸引。本图中铜棒中的传导电子被塑料棒中的负电荷排斥到远端。于是负电就吸引铜棒近端留下的正电荷而使铜棒转动，其近端靠近塑料棒。

图 22-4 的实验演示了导体中电荷的活动性。带负电的塑料棒会吸引被绝缘的中性铜棒的任一端。结果是在铜棒该端附近有许多传导电子被塑料棒上的负电荷排斥，并移动到铜棒的远端，使该端因缺少电子而具有失衡的正电荷。这个正电荷被塑料棒中的负电荷吸引。尽管铜棒仍然是中性的，但是它被认为具有**感应电荷**，这意味着由于邻近电荷的存在，铜棒的正电荷与负电荷已被分离。

同样，如果带正电的玻璃棒被拿到靠近中性铜棒的一端，则铜棒中的传导电子被吸引到该端，该端变成带负电而另外一端则带正电，这样感应电荷又在铜棒中建立。虽然铜棒仍然是中性的，但是它和玻璃棒互相吸引（图 22-5 是展示感应电荷的另一个演示）。

图 22-5 1774 年完成的证明人体是导体的实验。用绝缘绳被悬挂着的人，借助带电棒带电后，当他使面部，左手或右手中的导体球及棒接近手板上的纸片时，纸片因感应带电将通过中间的空气飞向他。

应该注意，只有带负电荷的传导电子能够移动；正离子则被固定在适当位置。因而，物体只有通过**移去负电荷**才会变得带正电。

半导体，例如硅和锗，是介于导体和绝缘体之间的材料，使我们的生活发生如此众多变化的电子革命就起因于半导体材料构成的器件。

最后，还有**超导体**，这样命名是因为它们对电荷的移动通过不呈现电阻。当电荷移过材料时，我们就说材料中存在电流，普通材料，即使良导体，也趋向于阻碍通过它们的电荷流动。然而，在超导体中，电阻不仅仅小，而且精确为零，如果你在超导体环中建立起电流，则它会

“永远”持续，而不需要电池或其他能源来维持它。

检查点 1：附图展示五对平板：A，B 和 D 是带电的塑料板，而 C 是电中性的铜板。三对平板之间的静电力已画出。对于剩下的两对，平板是互相排斥还是吸引？

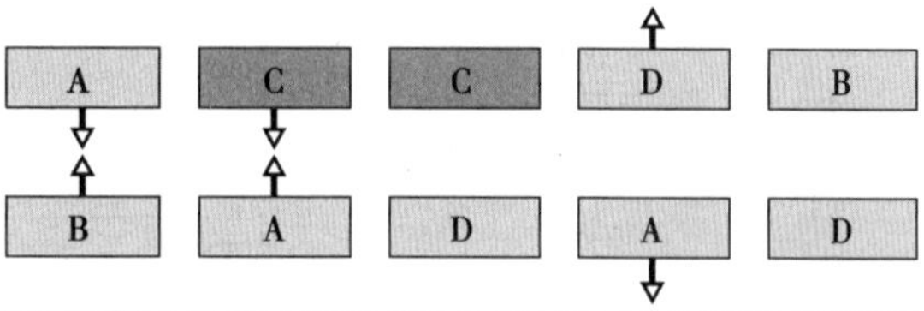

22－4　库仑定律

设两个带电粒子（也叫做**点电荷**）具有电荷量 q_1 和 q_2 并被隔开距离 r。它们之间吸引或排斥的**静电力**大小为

$$F = k\frac{|q_1||q_2|}{r^2} \quad (\text{库仑定律}) \qquad (22-1)$$

式中，k 是常量。每个粒子施加这样大小的力在另一个粒子上；这两个力形成第三定律的力对。如果粒子互相**排斥**，则作用在每个粒子上的力指向**背离**另一个粒子的方向（如图 22－6a 和 b 所示）。如果电荷互相**吸引**，则作用在每个粒子上的力指向**朝着**另一个粒子的方向（如图 22－6c 所示）。

式（22－1）以库仑（C. A. Coulomb）命名叫做**库仑定律**。库仑在 1785 年的实验使他得到了这个定律的结果。奇妙的是，式（22－1）的形式与牛顿引力方程的形式相同。根据引力方程，具有质量 m_1 和 m_2、隔开距离 r 的两个质点之间的引力是

$$F = G\frac{m_1 m_2}{r^2} \qquad (22-2)$$

式中 G 是引力常量。

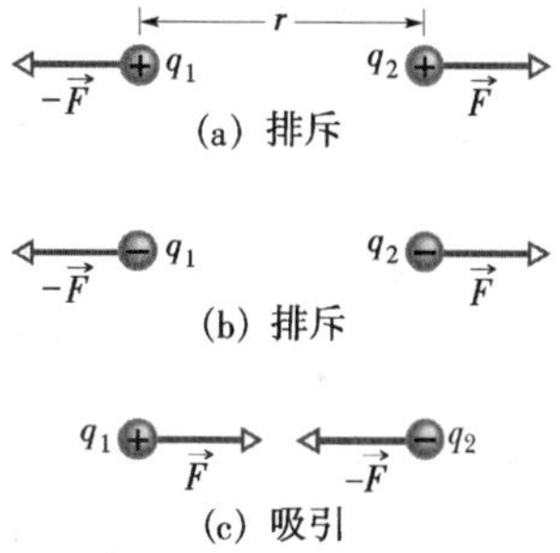

图 22－6　被隔开距离 r 的、两个带电粒子，如果它们的电荷（a）都为正及（b）都为负，则相互排斥。（c）如果它们的电荷是异号的，则相互吸引。在每种情况下作用在一个粒子上的力和作用在另一个粒子上的力都是大小相等而方向相反的。

由式（22－2）中的引力常量类推，式（22－1）中的 k 可以叫做**静电常量**。两个方程都描述了涉及相互作用质点的一个性质——在一种情况是质量而在另一种情况是电荷的平方反比定律，两个定律的不同在于：引力总是吸引的，而取决于两个电荷符号的静电力可以是吸引的，也可以是排斥的。这个差别是由于，虽然只有一种质量但却有两种电荷（而这也是为什么在式（22－1）中需要用绝对值而在式（22－2）中则不需要的原因）。

库仑定律已经经受了所有的实验检验，还没有发现对它有什么例外。它甚至适用于原子的内部，并能正确描述带正电的原子核与各个带负电的电子之间的力，尽管在那个领域经典牛顿力学已经失效并被量子物理学所取代。这个简明的定律还能正确地说明使原子结合在一起形成分子的力，以及使原子和分子结合在一起形成固体和液体的力。

由于与测量精度有关的实际原因，电荷的 SI 单位是由电流的 SI 单位安［培］（A）导出的。电荷的 SI 单位是**库［仑］**（C）：**当导线中有 1A 电流时，在 1s 内传过此导线横截面的电量就是** 1C。在 30－2 节中，我们将描述怎样用实验方法确定安培。一般说来，能写出

$$dq = i dt \tag{22-3}$$

式中，dq（按库计）是在时间间隔 dt（按秒计）内由电流 i 传输的电荷。

由于历史原因（并且因为这样做简化了许多其他公式），式（22-1）的静电常量 k 通常被写为 $1/4\pi\varepsilon$。于是库仑定律变成

$$F = \frac{1}{4\pi\varepsilon_0}\frac{|q_1||q_2|}{r^2} \quad \text{（库仑定律）} \tag{22-4}$$

式（22-1）和式（22-4）中的常量具有数值

$$k = \frac{1}{4\pi\varepsilon_0} = 8.99 \times 10^9 \mathrm{N \cdot m^2/C^2} \tag{22-5}$$

量 ε_0 叫做**电容率常量**㊀，有时单独出现在方程式中，为

$$\varepsilon_0 = 8.85 \times 10^{-12} \mathrm{C^2/N \cdot m^2} \tag{22-6}$$

引力与静电力之间的另一个相似之处是，它们都遵守叠加原理。如果有 n 个带电粒子，它们独立地成对相互作用，于是作用在其中任意一个粒子（假定为粒子1）上的力，由矢量和给定：

$$\vec{F}_{1,\mathrm{net}} = \vec{F}_{12} + \vec{F}_{13} + \vec{F}_{14} + \cdots + \vec{F}_{1n} \tag{22-7}$$

其中，例如，$\vec{F}_{14}$是由于粒子4的存在而作用在粒子1上的力，同样的公式适用于引力。

最后，我们在研究引力中发现的如此有用的两条球壳定理在静电学中也有类似的规律：

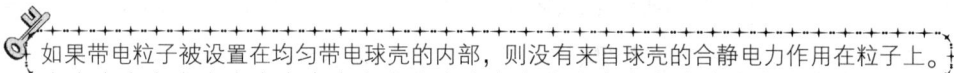

> 电荷均匀分布的球壳吸引或排斥球壳外的带电粒子时，就好像全部球壳的电荷都被集中在其中心一样。

> 如果带电粒子被设置在均匀带电球壳的内部，则没有来自球壳的合静电力作用在粒子上。

（在第一条定理中，我们假定球壳上的电荷量比粒子上的电荷量大很多。因此，由于粒子上电荷的存在所引起的球壳上电荷的重新分布可被忽略。）

球形导体

如果额外的电荷被放置在由导体材料制成的球壳上，则额外的电荷就均匀分布在它的（外）表面上。例如，倘若我们把额外的电子放置在金属球壳上，那些电子相互排斥而趋于移开，散布在可利用的表面上直到它们被均匀分布。这种配置使所有额外的电子对之间的距离达到最大。根据第一条球壳定理，这个球壳然后将吸引或排斥外部的电荷就好像球壳上的全部额外电荷都被集中在其中心一样。

如果我们从金属球壳移去一些负电荷，则由此在球壳上引起的正电荷也将均匀地分布在球壳的表面上。例如，如果我们移去 n 个电子，则有 n 个正电荷的位置（失去一个电子的位置），这些位置均匀分布在球壳上。根据第一条球壳定理，这个球壳将重新吸引或排斥外部电荷，好像球壳的全部额外电荷都被集中在其中心一样。

㊀ 此处电容率常量为 permittivity constant 的直译。我国国家标准 GB3102.5—93 称 ε_0 为真空介电常数或真空介电容率。——译者注

检查点2：右图示出两个质子（标记 p）和一个电子（标记 e）在一个轴上。试问以下各力：(a) 电子对中央质子的静电力；(b) 另一个质子对中央质子的静电力；(c) 对中央质子上的合静电力，它们各沿什么方向？

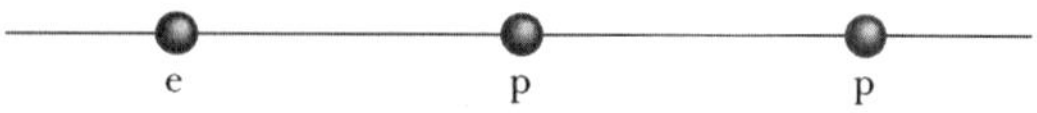

例题 22－1

(a) 图 22－7a 示出两个被固定在 x 轴上的带电粒子。电荷 $q_1=1.60\times10^{-19}\,\mathrm{C}$，$q_2=3.20\times10^{-19}\,\mathrm{C}$，且粒子的间距 $R=0.0200\mathrm{m}$。粒子 2 作用在粒子 1 上静电力的大小及方向如何？

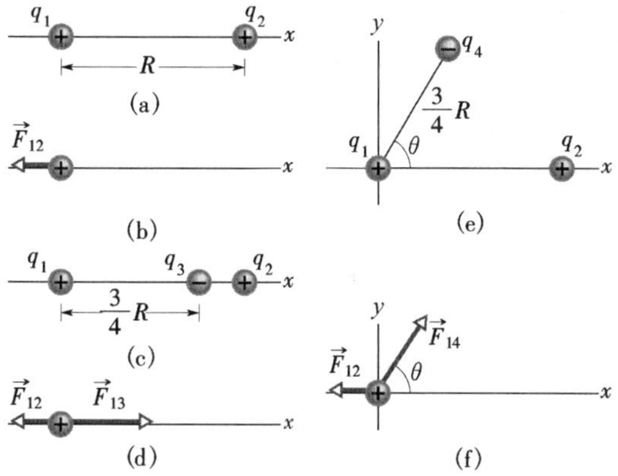

图 22－7 例题 22－1 图 (a) 带电粒子 1 和 2 被放置在 x 轴上，相距 R。(b) 对粒子 1 的示力图，表明粒子 2 对它的静电力。(c) 粒子 3 同时被放置在 x 轴上。(d) 对粒子 1 的示力图。(e) 粒子 4 被放置在与 x 轴成 θ 角的直线上。(f) 对粒子 1 的示力图。

【解】 这里**关键点**是，由于两个粒子都带正电，粒子 1 被粒子 2 排斥，具有由式 (22－4) 给出的力的大小。因而，对粒子 1 的力 $\vec{F}_{12}$ 的方向是背离粒子 2 的，沿 x 轴的负方向，如图 22－7b 的示力图所示。以间距 R 代替 r，用式 (22－4)，能写出这个力的大小 F_{12} 为

$$F_{12}=\frac{1}{4\pi\varepsilon_0}\frac{|q_1||q_2|}{R^2}$$

$$=(8.99\times10^9\,\mathrm{N\cdot m^2/C^2})\times\frac{(1.60\times10^{-19}\,\mathrm{C})(3.20\times10^{-19}\,\mathrm{C})}{(0.0200\mathrm{m})^2}$$

$$=1.15\times10^{-24}\,\mathrm{N}$$

因而，力 $\vec{F}_{12}$ 具有下列大小及方向（相对于 x 轴的正方向）：

$1.15\times10^{-24}\,\mathrm{N}$ 和 $180°$。（答案）

我们还能按单位矢量标志法把 $\vec{F}_{12}$ 写作

$$\vec{F}_{12}=-(1.15\times10^{-24}\,\mathrm{N})\vec{i} \qquad \text{（答案）}$$

(b) 图 22－7c 等同于图 22－7a，不同的是粒子 3 现在位于 x 轴上粒子 1 与 2 之间。粒子 3 具有电荷 $q_3=-3.20\times10^{-19}\,\mathrm{C}$，并且在距离粒子 1 为 $\frac{3}{4}R$ 处。试求粒子 2 和 3 对粒子 1 的合静电力的大小及方向。

【解】 这里的第一个**关键点**是，粒子 3 的存在并不改变粒子 2 对粒子 1 的静电力，因而，力 $\vec{F}_{12}$ 仍作用在粒子 1 上。同样，粒子 3 对粒子 1 的力 $\vec{F}_{13}$ 也不受粒子 2 存在的影响，因为粒子 1 和 3 具有相反符号的电荷，粒子 1 受粒子 3 吸引，因而，力 $\vec{F}_{13}$ 指向粒子 3，如图 22－7d 的示力图所示。

为了求出 $\vec{F}_{13}$ 的大小，我们可把式 (22－4) 改写为：

$$F_{13}=\frac{1}{4\pi\varepsilon_0}\frac{|q_1||q_4|}{\left(\frac{3}{4}R\right)^2}$$

$$=(8.99\times10^9\,\mathrm{N\cdot m^2/C^2})\times\frac{(1.60\times10^{-19}\,\mathrm{C})(3.20\times10^{-19})}{\left(\frac{3}{4}\right)^2(0.0200\mathrm{m})^2}$$

$$=2.05\times10^{-24}\,\mathrm{N}$$

我们还可按单位矢量标志法写出 $\vec{F}_{13}$：

$$\vec{F}_{13}=(2.05\times10^{-24}\,\mathrm{N})\vec{i}$$

这里的第二个**关键点**是，对粒子 1 的合力 $\vec{F}_{1,\mathrm{net}}$ 是 $\vec{F}_{12}$ 和 $\vec{F}_{13}$ 的矢量和；即由式 (22－7)，我们可按单位矢量标志法把对粒子 1 的合力写作：

$$\vec{F}_{1,\mathrm{net}}=\vec{F}_{12}+\vec{F}_{13}$$

$$=-(1.15\times10^{-24}\,\mathrm{N})\vec{i}+(2.05\times10^{-24}\,\mathrm{N})\vec{i}$$

$$=(9.00\times10^{-25}\,\mathrm{N})\vec{i} \qquad \text{（答案）}$$

因而，$\vec{F}_{1,\mathrm{net}}$ 具有下列大小及方向（相对于 x 轴的正方向）：

$9.00\times10^{-25}\,\mathrm{N}$ 和 $0°$ （答案）

(c) 图22－7e 等同于图22－7a，只是粒子4现在位于如图所示的位置。粒子4具有电荷 $q_4 = -3.02 \times 10^{-19}\mathrm{C}$，离粒子1的距离为 $\frac{3}{4}R$，并且在与 x 轴成角 $\theta = 60°$ 的直线上。试问：粒子2和4对粒子1的合静电力为多大？

【解】 这里**关键点**是，合力 $\vec{F}_{1,\mathrm{net}}$ 是 $\vec{F}_{12}$ 和粒子4对粒子1的新的力 $\vec{F}_{14}$ 的矢量和。因为粒子1和4具有相反符号的电荷，粒子1受粒子4吸引。因而，对粒子1的力 $\vec{F}_{14}$ 指向粒子4，在角 $\theta = 60°$，如图22－7f的示力图所示。

为了求出 $\vec{F}_{14}$ 的大小，我们可把式（22－4）改写为：

$$F_{14} = \frac{1}{4\pi\varepsilon_0}\frac{|q_1||q_4|}{\left(\frac{3}{4}R\right)^2}$$

$$= (8.99 \times 10^9 \mathrm{N \cdot m^2/C^2}) \times \frac{(1.60 \times 10^{-19}\mathrm{C})(3.20 \times 10^{-19})\mathrm{C}}{\left(\frac{3}{4}\right)^2(0.0200\mathrm{m})^2}$$

$$= 2.05 \times 10^{-24}\mathrm{N}$$

然后由式（22－7），我们可把对粒子1的合力写做：

$$\vec{F}_{1,\mathrm{net}} = \vec{F}_{12} + \vec{F}_{14}$$

为了计算这个方程的右边，我们需要另一个**关键点**：因为力 $\vec{F}_{12}$ 和 $\vec{F}_{14}$ 并不沿同一根轴，不能通过简单地合并它们的大小来求和。而是必须用下述方法之一把它们作为矢量相加。

方法1 在矢量功能计算器上直接求和。对 $\vec{F}_{12}$，输入大小 1.15×10^{-24} 及角度180°，对 $\vec{F}_{14}$，输入大小 2.05×10^{-24} 及角度60°，然后把这两个矢量相加。

方法2 按单位矢量标志法求和。首先把 F_{14} 改写成：

$$\vec{F}_{14} = (F_{14}\cos\theta)\vec{i} + (F_{14}\sin\theta)\vec{j}$$

用 $2.05 \times 10^{-24}\mathrm{N}$ 代替 F_{14}，并用60°代替 θ，变成

$$\vec{F}_{14} = (1.025 \times 10^{-24}\mathrm{N})\vec{i} + (1.775 \times 10^{-24}\mathrm{N})\vec{j}$$

然后求和：

$$\vec{F}_{1,\mathrm{net}} = \vec{F}_{12} + \vec{F}_{14}$$
$$= -(1.15 \times 10^{-24}\mathrm{N})\vec{i} + (1.025 \times 10^{-24}\mathrm{N})\vec{i} + (1.775 \times 10^{-24}\mathrm{N})\vec{j}$$
$$\approx (-1.25 \times 10^{-25}\mathrm{N})\vec{i} + (1.78 \times 10^{-24}\mathrm{N})\vec{j}$$

（答案）

方法3 逐轴将分量求和。x 分量的和为：

$$\vec{F}_{1,\mathrm{net},x} = F_{12,x} + F_{14,x} = F_{12} + F_{14}\cos 60°$$
$$= -1.15 \times 10^{-24}\mathrm{N} + (2.05 \times 10^{-24}\mathrm{N})(\cos 60°)$$
$$= -1.25 \times 10^{-25}\mathrm{N}$$

y 分量的和为：

$$\vec{F}_{1,\mathrm{net},y} = F_{12,y} + F_{14,y} = 0 + F_{14}\sin 60°$$
$$= (2.05 \times 10^{-24}\mathrm{N})(\sin 60°)$$
$$= 1.78 \times 10^{-24}\mathrm{N}$$

合力 $\vec{F}_{1,\mathrm{net}}$ 具有大小

$$F_{1,\mathrm{net}} = \sqrt{F^2_{1,\mathrm{net},x} + F^2_{2,\mathrm{net},y}} = 1.78 \times 10^{-24}\mathrm{N}$$

（答案）

为了求出 $\vec{F}_{1,\mathrm{net}}$ 的方向，取

$$\theta = \arctan\frac{F_{1,\mathrm{net},y}}{F_{1,\mathrm{net},x}} = -86.0°$$

然而，这是不合理的结果，因为 $\vec{F}_{1,\mathrm{net}}$ 应该具有在 $\vec{F}_{12}$ 与 $\vec{F}_{14}$ 之间的方向。为了改正 θ，我们加上180°，得到

$$-86.0° + 180° = 94.0°$$

（答案）

检查点3：这里的附图展示一个电子 e 和两个质子 p 的三种配置。(a) 按照质子对电子的合静电力由大到小的顺序进行排序。(b) 在情况 c 中，作用在电子上的合力与标明 d 的直线之间的角度是小于还是大于45°？

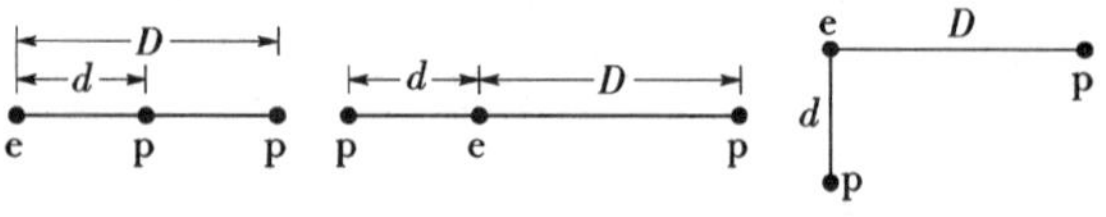

(a) (b) (c)

解题线索

线索1：表示电荷的代号

这里是对表示电荷代号的普遍指导原则。不论具有或不具有下标，如果代号 q 被用在句子里而没有标明电符号，则电荷可以是正电荷也可以是负电荷。有时电符号是明显地标出的，如 $+q$ 或 $-q$。

当多于一个带电物体被考虑时，它们的电荷可以

作为一个电荷大小的倍数被给出。作为例子，$+2q$ 表示电荷量是某个参考电荷 q 的两倍的正电荷，而 $-3q$ 表示电荷量是该参考电荷 q 的三倍的负电荷。

例题 22-2

图 22-8a 示出两个被固定在适当位置的粒子：电荷 $q_1=+8q$ 的粒子在原点，而电荷 $q_2=-2q$ 的粒子在 $x=L$ 处。试问：在哪一点（除无穷远外）质子能被放置以使它处于**平衡**（作用在它上面的合力是零)？那个平衡是**稳定**还是**不稳定**的？

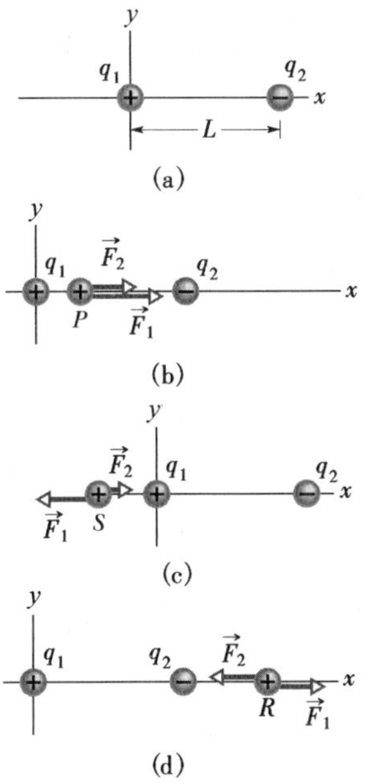

图 22-8 例题 22-2 图 (a) 电荷为 q_1 和 q_2 的两个粒子被固定在 x 轴上，相距 L。(b) ~ (d) 对于质子的三个可能的位置 P、S 及 R。在每一位置处 $\vec{F}_1$ 是粒子 1 对质子的力而 $\vec{F}_2$ 是粒子 2 对质子的力。

【解】 这里的**关键点**是，如果 $\vec{F}_1$ 是由电荷 q_1 对质子的力而 $\vec{F}_2$ 是电荷 q_2 对质子的力，则我们寻找的点是在 $\vec{F}_1+\vec{F}_2=0$ 处，这个条件要求，

$$\vec{F}_1=-\vec{F}_2 \qquad (22-8)$$

这告诉我们，在所寻找的点处，另外两个粒子对质子的力必须大小相等，

$$F_1=F_2 \qquad (22-9)$$

而且方向相反。

质子具有正电荷。因而，质子和电荷为 q_1 的粒子有相同的符号，所以力 $\vec{F}_1$ 指向背离 q_1 的方向。质子和电荷 q_2 的粒子符号相反，所以力 $\vec{F}_2$ 必须指向朝着 q_2 的方向。只有当质子被设置在 x 轴上，“背离 q_1”和“朝着 q_2”才能沿相反的方向。

如果质子在 x 轴上 q_1 与 q_2 之间任一点，例如图 22-8b 中的 p 点，则 $\vec{F}_1$ 和 $\vec{F}_2$ 沿相同方向，而不像所要求的那样沿相反方向。倘若质子在 x 轴上 q_1 左方任一点，例如图 22-8c 中的 S 点，则 $\vec{F}_1$ 和 $\vec{F}_2$ 方向相反。然而，式 (22-4) 告诉我们，$\vec{F}_1$ 和 $\vec{F}_2$ 在那里不会大小相等：F_1 必定比 F_2 大，因 F_1 由较近(有较小的 r) 而较大 ($8q$ 对 $2q$) 的电荷产生。

最后，倘若质子在 x 轴上 q_2 右方任一点，例如图 22-8d 中的 R 点，则 $\vec{F}_1$ 和 $\vec{F}_2$ 也沿相反方向。然而，因为现在较大的电荷 (q_1) 比较小的电荷离质子**更远**，就存在一点，在那里 F_1 等于 F_2。设 x 是这一点的坐标，并设 q_p 是质子的电荷，则借助于式 (22-4)，可把式 (22-9) 改写作：

$$\frac{1}{4\pi\varepsilon_0}\frac{8qq_p}{x^2}=\frac{1}{4\pi\varepsilon_0}\frac{2qq_p}{(x-L)^2} \qquad (22-10)$$

(应注意只有电荷的大小出现在式 (22-10) 中) 重新整理式 (22-10) 则有

$$\left(\frac{x-L}{x}\right)^2=\frac{1}{4}$$

对两边开方后，有

$$\frac{x-L}{x}=\frac{1}{2}$$

它给出

$$x=2L \qquad \text{(答案)}$$

在 $x=2L$ 处的平衡是不稳定的；即，如果质子从 R 点被移向左边，则 F_1 和 F_2 二者都增大，但 F_2 增大得更多（因为 q_2 比 q_1 更近），则合力将驱动质子向左边更远。倘若质子被移向右边，F_1 和 F_2 二者都减小但 F_2 减小得更多，则合力将驱动质子向右边更远。在稳定平衡下，每次质子被微小地移动后，它就会回到平衡位置。

解题线索

线索 2：画静电力矢量

当给你一个带电粒子的图形，比如图 22-7a，并要求你求出作用在其中一个粒子上的合静电力时，你通常应当画出只展示有关粒子和**它**受到的力的示力图，如图 22-7b 所示。如果不是这样而是你想在显示出全部粒子的给定图形上画出那些力，则应保证把力矢量的末端（更可取一些）或它们的顶端都画在有关的粒子上。如果你把那些矢量画在图上别处，你就会引起混乱——倘若你把矢量画在那些给有关质点**施力**的质点上，则一定会产生混乱。

例题 22-3

在图 22-9a 中，两个相同的绝缘导体球 A 和 B 隔开（中心到中心）的距离为 a，a 比球大。球 A 具有正电荷 $+Q$，而球 B 是电中性的。最初，两球之间没有静电力（假定由于它们的大间距，球上没有感应电荷）。

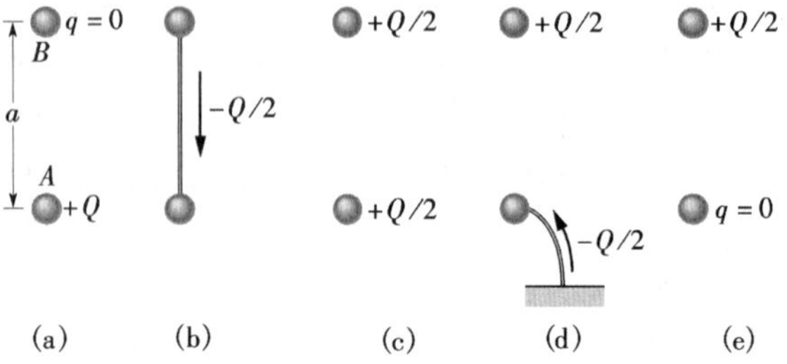

图 22-9 例题 22-3 图

两个小导体球 A 和 B (a) 开始时，A 带正电 (b) 负电荷通过连线在两球间被转移 (c) 两球都带正电 (d) 负电荷通过接地导线转移到 A 球 (e) A 球为中性的。

(a) 假设两球被导线连接片刻。导线足够细以致在它上面的任何净电荷都可忽略。试问，在导线被拆除后两球之间的静电力有多大？

【解】 这里的一个**关键点**是，当两个球用导线连在一起时，球 B 上总是互相排斥的（负）的传导电子就有了彼此移开更远的路径（沿着导线到吸引它们的带正电的球 A，见图 22-9b）。当球 B 失去负电荷，它就成为带正电的，而当球 A 得到负电荷，它带的正电荷就变少了。第二个**关键点**是，因为两球完全相同，所以最终必定带有相等的电荷。因而，当球 B 上的过量电荷已增加到 $+Q/2$ 而球 A 上的过量电荷已减少到 $+Q/2$ 时，电荷的转移就停止了。这种情况出现在 $-Q/2$ 的电荷已被转移时。

在导线已被拆除后（图 22-9c），我们可以假定在任一球上的电荷并不干扰另一球上电荷分布的均匀性，因为两球相对于它们的间隔都是小的。因而，我们能对每个球应用第一条球壳定理。借助式（22-4）用 $q_1 = q_2 = Q/2$ 且 $r = a$，两球之间的静电力具有大小

$$F = \frac{1}{4\pi\varepsilon_0}\frac{(Q/2)(Q/2)}{a^2} = \frac{1}{16\pi\varepsilon_0}\left(\frac{Q}{a}\right)^2$$

（答案）

两个球，现在都带正电，互相排斥。

(b) 其次，假设球 A 被暂时接地，然后断开与地的连接。两球之间现在的静电力有多大？

【解】 这里**关键点**是，接地使总电荷为 $-Q/2$ 的电子能从地移动到球 A 上（见图 22-9d），使该球中和（见图 22-9e）。球 A 上没有电荷，两球之间就没有静电力了（正如最初在图 22-9a 中一样）。

22-5 电荷是量子化的

在富兰克林时代，电荷被想象成是连续的流体，这对许多应用目的来说是一个有用的想法。然而，我们现在了解到，流体本身如空气和水并不是连续的，而是由原子及分子组成的；物质是离散的。实验证明"电流体"也是不连续的，是由某一基元电荷的倍数所组成。任何能被探测到的正的或负的电荷 q 都可以被写作：

$$q = ne, n = \pm 1, \pm 2, \pm 3, \cdots \tag{22-11}$$

其中 e，**基元电荷**，具有值

$$e = 1.60 \times 10^{-19}\mathrm{C} \tag{22-12}$$

基元电荷 e 是自然界的重要常量之一。电子和质子具有大小为 e 的电荷（见表 22－1）（夸克，质子和中子的成分粒子，具有 $\pm e/3$ 或 $\pm 2e/3$ 的电荷，但很明显它们不能被单独探测到。由于这个以及历史的原因，我们不把它们的电荷取为基元电荷）。

表 22－1 三种粒子的电荷

粒子	代号	电荷
电子	e 或 e^-	$-e$
质子	p	$+e$
中子	n	0

你往往看到一些用语——诸如“球上的电荷”，“被转移的电荷量”，及“电子所携带的电荷——它们都暗示电荷是物质（实际上，这样的陈述已经在本章中出现）。然而，你应当记住：**粒子**是物质而电荷则只是它们的属性之一，正像质量一样。

当一个物理量如电荷仅能具有分立的值而不是任何值，我们就说这个量是**量子化**的。例如，可能找到完全没有电荷或者有 $+10e$ 或 $-3e$ 电荷的粒子而不可能找到具有电荷，比如说，$3.57e$ 的粒子。

电荷的量子很小。例如，在普通的100W 灯泡中，每秒约有 10^{19} 个基元电荷进入并且有刚好同样多的基本电荷离开。不过，电的颗粒性在这种大尺度的现象中并不显露出来，正像你不能用手触摸到水的单个分子一样。

当冬青救生圈糖被弄碎时，电的颗粒性是造成由它所发射的蓝色辉光的原因。当糖块中糖（蔗糖）的晶体断裂时，每个断裂晶体的一部分具有过量的电子而另一部分具有过量的正离子。几乎紧接着，电子和正离子跳过断裂的间隙使两边中和。在跳跃期间，电子和正离子与当时流入间隙的空气中的氮分子碰撞。

这种碰撞导致发射你看不见的紫外光以及蓝光（来自光谱的可见区），然而这种蓝光太暗并不可见。但是晶体中的冬青油吸收紫外光并且立即发射足够强的蓝光以照亮嘴或钳子。然而，如果糖块由于唾液变湿，则这个演示就将失灵，因为导电的唾液在火花能出现前就使断裂的晶体的两部分中和了。

检查点 4：最初，球 A 具有 $-50e$ 的电荷而球 B 具有 $+20e$ 的电荷，它们都由导电材料制成并且大小相同。如果两球接触一下，那么最终球 A 上的电荷是多少？

例题 22－4

铁原子中原子核的半径为 4.0×10^{-15}m 并含有26个质子。

(a) 相隔 4.0×10^{-15}m 的两个质子之间相排斥的静电力的大小是多少？

【解】 这里的**关键点**是，两个质子能被作为带电粒子处理，所以一个粒子对另一个粒子的静电力由库仑定律给出。表 22－1 告诉我们，它们的电荷都是 $+e$，因而，由式（22－4）有

$$F=\frac{1}{4\pi\varepsilon_0}\frac{e^2}{r^2}$$

$$=\frac{(8.99\times10^9\text{N}\cdot\text{m}^2/\text{C}^2)(1.60\times10^{-19}\text{C})^2}{(4.0\times10^{-15}\text{m})^2}$$

$$=14\text{N}$$ （答案）

对于像棒球那样的宏观物体来说这是很小的力，但对质子来说这却是巨大的力。这样的力会炸散除氢（它只有一个质子在核内）以外任何元素的核。然而，它们并没有，甚至连具有大量质子的核也没有。因此，一定有某种巨大的吸引力去对抗这种巨大的静电排斥力。

(b) 上述两个相同质子之间引力的大小是多少？

【解】 这里的**关键点**和 (a) 中的类似：因为质子是粒子，所以一个质子对另一个质子的引力由牛顿引力的公式（22－2）给出。用 m_p（为 1.67×10^{-27}kg）表示质子的质量，由式（22－2）有

$$F = G\frac{m_P^2}{r^2}$$

$$= \frac{6.67\times10^{-11}\text{N}\cdot\text{m}^2/\text{kg}^2\times(1.67\times10^{-27}\text{kg})^2}{(4.0\times10^{-15}\text{m})^2}$$

$$= 1.2\times10^{-35}\text{N}$$ （答案）

这个结果告诉我们，（吸引的）引力非常小以致不能对抗核内质子之间的静电排斥力。取而代之的是，质子借助（恰当地）叫做**强核力**的巨大的力结合在一起。当质子靠近时，像在核中那样，这种力才在质子（或中子）之间发生作用。

尽管引力比静电力弱得多，但它在大尺度的情况下更重要，因为它总是吸引的。这意味着它能把许多小物体聚集成具有巨大质量的庞大物体，如行星和恒星，然后产生巨大的吸引力。另一方面，静电力对于同号电荷是排斥力，所以它既不能使正电荷也不能使负电荷聚集成大的浓缩体来产生大的电磁力。

22-6 电荷是守恒的

如果你用丝绸摩擦玻璃棒，则正电荷出现在棒上。测量表明，等量的负电荷也出现在丝绸上。这就提醒我们，在这个过程中摩擦并不产生电荷，而只是使电荷从一个物体转移到另一个物体而打破了每个物体的电中性。首先由富兰克林提出的这一**电荷守恒**的假说经过对宏观带电物体和关于原子、核及基本粒子两方面的严密测试，已经建立起来了，至今尚未发现过例外。因而，我们把电荷添加到遵从守恒定律的量的清单中，这些量包括能量和线动量及角动量。

在原子核的**放射性衰变**中，一种核自发地转化成不同类型的另一种核，这种现象给予我们许多在核层次电荷守恒的例证。例如，在普通铀矿中被找到的铀-238，或^{238}U，能通过放射一个α粒子（它是氦核，^{4}He）衰变而转化成钍，^{234}Th：

$$^{238}\text{U}\rightarrow{}^{234}\text{Th}+{}^{4}\text{He}\quad（放射性衰变）\qquad(22-13)$$

放射性**母**核^{238}U的原子序数是92，它告诉我们，这个核含有92个质子并具有$92e$的电荷，所放射的α粒子具有$Z=2$，而**子**核^{234}Th具有$Z=90$。因而，出现在衰变前的电荷量$92e$，等于出现在衰变后的电荷总量$90e+2e$，电荷是守恒的。

电荷守恒的另一个例子出现在当电子e^-（其电荷是$-e$）和它的反粒子，**正电子**e^+（其电荷是$+e$）经历**湮灭过程**时，在这个过程中它们转化成两条**γ射线**（高能光）：

$$e^-+e^+\rightarrow\gamma+\gamma\quad（湮灭）\qquad(22-14)$$

在应用电荷守恒原理时，我们必须把电荷用代数方法相加，包括适当地考虑到它们的符号。于是在式（22-14）的湮灭过程中，在过程之前和过程之后系统的净电荷都为零，电荷是守恒的。

在产生这个湮灭的逆过程中，电荷也是守恒的，γ射线转化成一个电子和一个正电子：

$$\gamma\rightarrow e^-+e^+\quad（生成电子对）\qquad(22-15)$$

图22-10示出了在气泡室中发生的这样一次电子对生成事件。γ射线从底部进入气泡室并在一点转化成一个电子和一个正电子。因为这些新的粒子带电并在运动，每个都留下一条由小气泡组成的径迹。（由于已在室内建立了磁场，两条径迹都是弯曲的）电中性的γ射线不留下

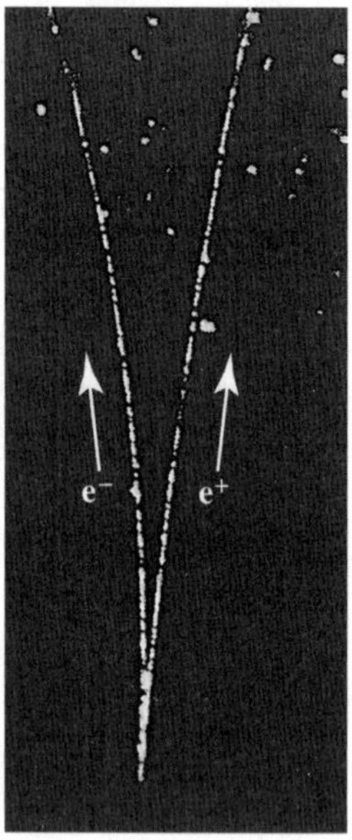

图22-10 气泡室中一个电子和一个正电子留下的由汽泡形成的径迹的照片。这一对粒子是从底部进入的γ射线产生的。由于是电中性的，γ射线，和电子及正电子不同，不产生气泡形成的暴露它的径迹。

径迹。还有，你能确切地指出在哪里发生了电子对的生成——即在弯曲的 V 的尖端，在那里电子和正电子的径迹开始。

复习和小结

电荷　粒子与围绕它的物体间的电的相互作用的强度取决于它的**电荷**。电荷可以是正的或是负的。同号电荷互相排斥而异号电荷互相吸引。具有等量的两种电荷的物体是电中性的，而电荷失衡的物体则是带电的。

导体　是有大量的带电粒子在其中自由移动的材料。在**非导体**或**绝缘体**中，带电粒子不能自由移动。当电荷通过材料时，我们就说在材料中存在**电流**。

库仑和安培　电荷的 SI 单位是库［仑］（C），它通过电流的单位，安［培］（A），被定义。1 库［仑］是指在一个特定点有 1 安［培］的电流时在 1 秒内通过那点的电荷。

库仑定律　库仑定律描述处于静止（或接近于静止）并被隔开距离 r 的小（点）电荷 q_1 与 q_2 之间的**静电力**：

$$F=\frac{1}{4\pi\varepsilon_0}\frac{|q_1||q_2|}{r^2}\quad（库仑定律）\tag{22-4}$$

在这里 $\varepsilon_0=8.85\times10^{-12}\ C^2/N$ 是**电容率常量**，而 $1/4\pi\varepsilon_0=k=8.99\times10^9\ N\cdot m^2/C^2$。

静止点电荷之间的吸引力或排斥力沿连接两个电荷的直线作用。如果多于两个电荷出现，则式（22-4）适用于每一对电荷，然后利用叠加原理，每个电荷受的合力可以由所有其他电荷对该电荷的力的矢量和求出。

对于静电学的两条球壳定理是：

电荷均匀分布的球壳吸引或排斥球壳外的带电粒子，就好像全部的球壳电荷都集中在其中心一样。

如果带电粒子放在均匀带电球壳的内部，则它就不受来自球壳的合静电力的作用。

基元电荷　电荷是**量子化**的：任一电荷都能被写作 ne，此处 n 是正的或负的整数，而 e 是称为**基元电荷**的自然界的常量（约 1.60×10^{-19} C）。电荷是**守恒**的：任一个孤立系统的（代数的）净电荷都不会改变。

思考题

1. 库仑定律适用于所有的带电物体吗？

2. 带电荷 q 的粒子依次放在四个各均匀带有电荷 Q 的金属物体：（1）大实心球；（2）大球壳；（3）小实心球；（4）小球壳的外面。粒子与各物体中心之间的距离都相同，且 q 小到不足以显著改变 Q 的均匀分布。按照这些物体对粒子的静电力从大到小把它们排序。

3. 图 22-11 表示带电粒子被固定在轴线上适当位置的四种情况。在哪种情况下在这些粒子的左边有一点，在该点电子将处于平衡？

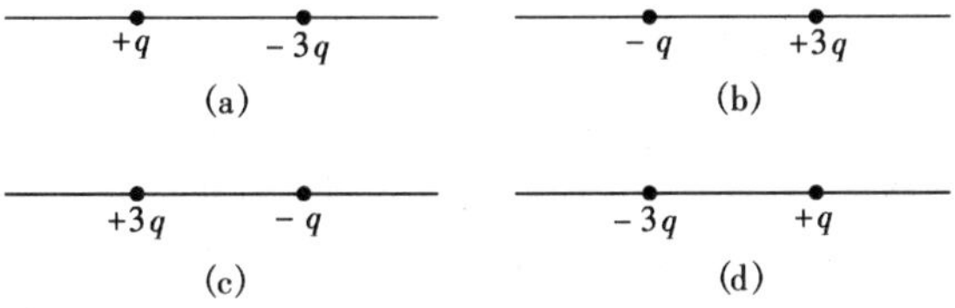

图 22-11　思考题 3 图

4. 图 22-12 显示在轴线上的两个带电粒子。它们能自由移动。然而，可以在某一点放第三个带电粒子使全部三个粒子都处于平衡。（a）那一点是在前两个粒子的左边，右边，还是它们之间？（b）第三个粒子应当带正电还是负电？（c）平衡是稳定的还是不稳定的？

图 22-12　思考题 4 图

5. 在图 22-13 中，一个带电荷 $-q$ 的中央粒子被两个带电粒子的圆环围绕，两环的半径分别为 r 和 R，而 $R>r$。由其他粒子引起的作用在中央粒子上的合静电力的大小及方向为何？

6. 图 22-14 表示带电粒子的四种排列。按照作用在具有 $+Q$ 电荷的粒子上合静电力的大小由大到小把这些排列排序。

7. 图 22-15 示出带电荷 $+q$ 或 $-q$ 的粒子被固定在适当位置的四种情况。在每种情况中，x 轴上的粒子都离 y 轴等距。首先，考虑在情况 1 中的中间粒子，它受到来自另外两个粒子中每一个的静电力。试问：（a）那些力的大小 F 相同还是不同？（b）在中

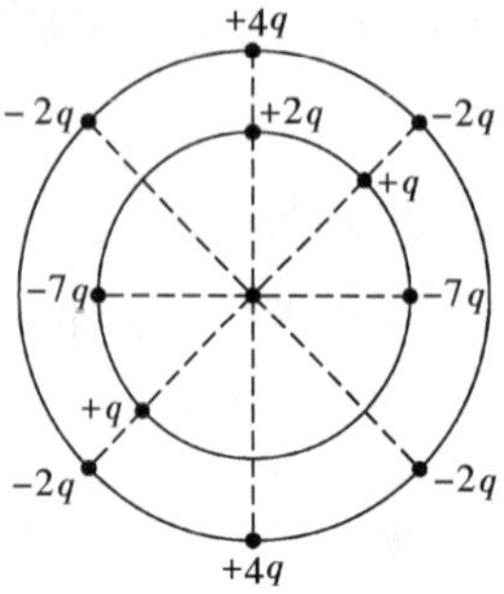

图 22-13 思考题 5 图

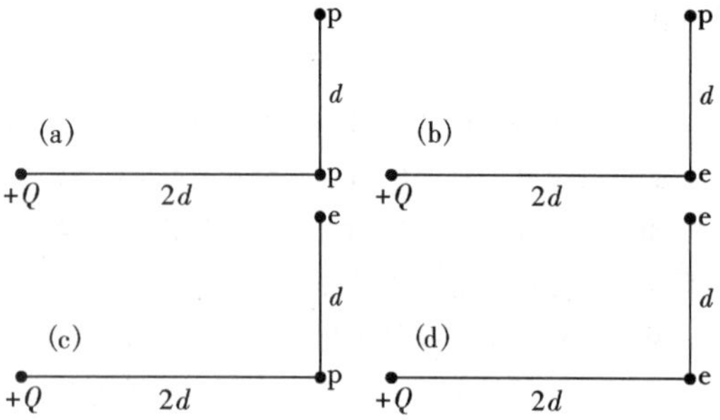

图 22-14 思考题 6 图

间粒子上合力等于、大于、还是小于 $2F$？（c）两个力的 x 分量是相加还是相消？（d）它们的 y 分量是相加还是相消？（e）在中间粒子上合力的方向是相消分量的方向还是相加分量的方向？（f）那个合力沿什么方向？现在考虑剩下的情况：在（g）情况 2、（h）情况 3、及（i）情况 4 中，对中间粒子的合力沿什么方向？（在每个问题中，考虑电荷分布的对称性并确定相消的分量和相加的分量）

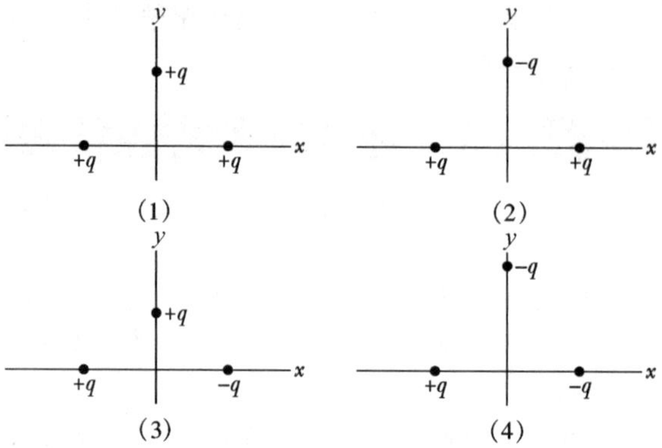

图 22-15 思考题 7 图

8. 让带正电的球靠近绝缘的中性导体，保持球与导体靠近的状态，然后使导体接地。如果（a）球先被拿开然后断开导体与地的连接，及（b）先断开与地的连接，然后把球拿开，导体是带正电还是带负电，或是中性的？

9. （a）一根带正电的玻璃棒吸引一个被绝缘细线悬挂着的物体，这物体肯定带负电或仅仅可能带负电？（b）一根带正电的玻璃棒排斥一个同样悬挂着的物体，这物体肯定带正电或仅仅可能带正电？

10. 在图 22-4 中，靠近的（带负电的）塑料棒引起铜棒中的传导电子移到铜棒的远端。既然有庞大数目的电子能自由移到那个远端，为什么传导电子的流动很快就停止了？

11. 一个人站在绝缘的平台上触摸一个绝缘的带电导体，这是否会使导体完全放电？

练习和习题

21-4 节 库仑定律

1E. 为了使点电荷 $q_1 = 26.0\mu C$ 与点电荷 $q_2 = -47.0\mu C$ 之间的静电力具有 5.70N 的大小，它们之间的距离应该多大？(ssm)

2E. $+3.00 \times 10^{-6}$C 的点电荷在距离 -1.50×10^{-6}C 的第二个点电荷 12.0cm 的地方、计算每个电荷受力的大小。

3E. 把相距 3.20×10^{-3}m 远的两个带同样电荷的粒子由静止释放，第一个粒子的加速度被观测为 7.0m/s^2，第二个的加速度为 9.0m/s^2。如果第一个粒子的质量是 6.3×10^{-7}kg，那么，（a）第二个粒子的质量是多少？（b）每个粒子的电荷多大？(ilw)

4E. 相同的、被绝缘的导体球 1 和 2 具有相等的电荷并被隔开大于它们直径的一段距离（见图 22-16a）。球 1 对球 2 的静电力是 $\vec{F}$。现在假设具有绝缘柄且最初为中性的第三个同样的球 3 先与球 1 接触（见图 22-16b），再与球 2 接触（图 22-16c）且最后被移去（图 22-16d）。若用大小 F 来表示，此时作用在球 2 上的静电力 $\vec{F}'$ 的大小是多少？

5P. 在图 22-17 中，如果 $q = 1.0 \times 10^{-7}$C 而 $a = 5.0$cm，则对在正方形左下角的带电粒子的合静电力的（a）水平分量及（b）垂直分量各多大？(ilw)

6P. 在 x 轴上的点电荷 q_1 和 q_2 分别在 $x = -a$ 和 $x = +a$ 处。（a）为了使被放置在 $x = +a/2$ 处的点电荷 $+Q$ 受的合静电力为零，q_1 和 q_2 应有什么样的关系？（b）把 $+Q$ 换放在 $x = +3a/2$ 处的情况下重复

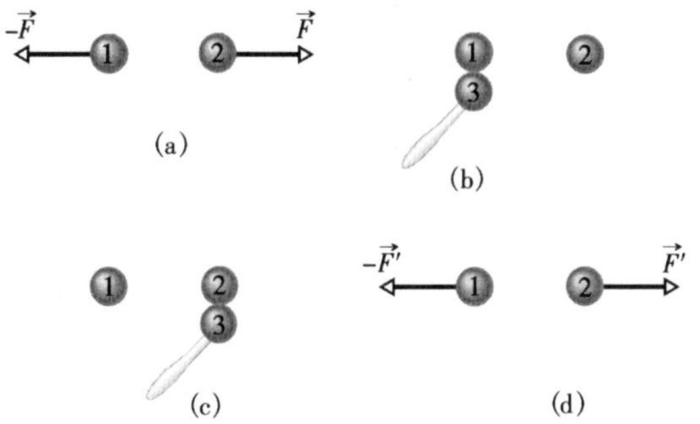

图 22-16 练习 4 图

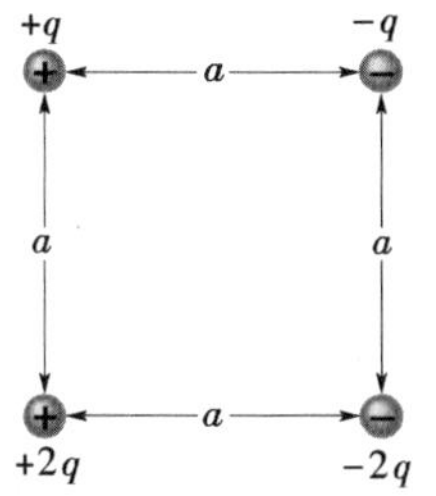

图 22-17 习题 5 图

(a)。

7P. 两个被固定在适当位置的相同的导体球，当两中心相距 50.0cm 时以 0.108N 的静电力互相吸引。用细导线将两球连接，当导线移去后，两球以 0.0360N 的静电力互相排斥，问：两球上的初始电荷各是多少？(ssm)

8P. 在图 22-18 中，三个带电粒子在一条直线上并以距离 d 隔开。电荷 q_1 和 q_2 保持固定不动，电荷 q_3 可自由移动但碰巧处于平衡（没有合静电力作用于它）。试用 q_2 表示求 q_1。

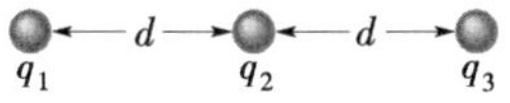

图 22-18 习题 8 图

9P. 具有电荷 $+q$ 和 $+4q$ 的两个自由粒子（能自由移动）相隔一段距离 d。把第三个电荷放到使整个系统处于平衡的地方。(a) 求第三个电荷的符号、大小和位置；(b) 证明这个平衡是不稳定的。(ssm)(www)

10P. 带有 $q_1 = +1.0\mu C$ 和 $q_2 = -3.0\mu C$ 的两个不动的粒子相距 10cm，第三个电荷应当放在距前两个各多远处，对它才能没有合静电力的作用？

11P. (a) 为了抵消地球与月球之间的引力作用，必须在地球和月球上各放置多大的等量正电荷？你解这道题时是否需要知道月球到地球的距离？为什么？(b) 为了提供在 (a) 中所算出的正电荷，大概需要多少千克的氢？(ssm)

12P. 固定在 xy 平面内的两个带电粒子的电荷和坐标为 $q_1 = +3.0\mu C$、$x_1 = 3.5cm$、$y_1 = 0.50cm$ 和 $q_2 = -4.0\mu C$、$x_2 = -2.0cm$、$y_2 = 1.5cm$。(a) 求 q_2 受的静电力的大小及方向；(b) 你在哪里放置 $q_3 = +4.0\mu C$ 的第三个电荷能使 q_2 受的合静电力为零？

13P. 某个电荷 Q 被分成两部分 q 和 $Q-q$，然后把它们隔开一定的距离。要使两个电荷之间的静电排斥作用为最大，q 与 Q 应该有什么关系？(ssm)(ilw)

14P. 在正方形的两个对角上各放一电荷为 Q 的粒子，而在另两个对角上各放一电荷为 q 的粒子。(a) 如果作用在每个电荷为 Q 的粒子上的合静电力为零，则 Q 与 q 应有什么关系？(b) 是否有一个 q 值能使 4 个粒子中的每一个受的合静电力都为零？请解释之。

15P. 在图 22-19 中，两个有相同质量 m，带同样电荷的小导电球悬挂在长为 L 的细线上。假定 q 很小以致 $\tan\theta$ 能用其近似值 $\sin\theta$ 来代替。(a) 证明：对于平衡状态，有

$$x = \left(\frac{q^2L}{2\pi\varepsilon_0 mg}\right)^{1/3}$$

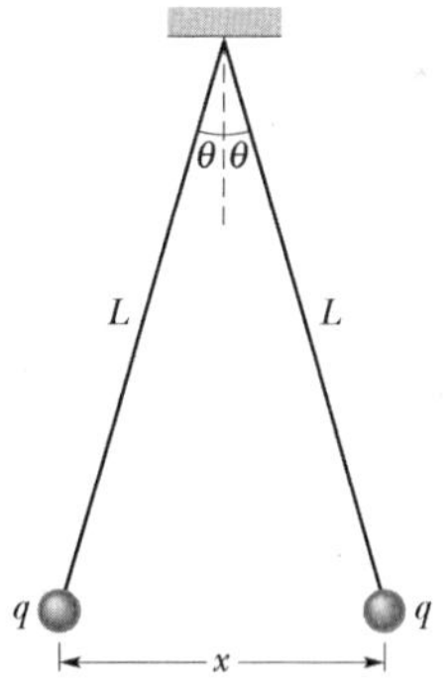

图 22-19 习题 15 图

式中 x 是两球之间的距离；(b) 如果 $L = 120cm$、$m = 10g$、$x = 5.0cm$，则 q 为多少？(ssm)

16P. 说明如果使习题 15P 中两球之一放电（比方说，把它的电荷 q 传给大地），则两球将出现什么情况。利用 L 和 m 的给定值及 q 的计算值，求新的平衡距离 x。

17P. 图 22-20 表示一根长为 L、绝缘且无质量的长杆，其中心装在枢轴上，在距左端 x 处挂有一块重物 W 以保持平衡。在杆的左、右两端分别安装着

具有正电荷 q 和 $2q$ 的小导体球。在每个小球正下方距离 h 处都放置一个具有正电荷 Q 的，固定的球。(a) 求当杆处于水平位置且平衡时的距离 x；(b) 为了使杆水平而平衡时没有竖直方向的力作用在轴承上，h 值应为多大？(ssm)

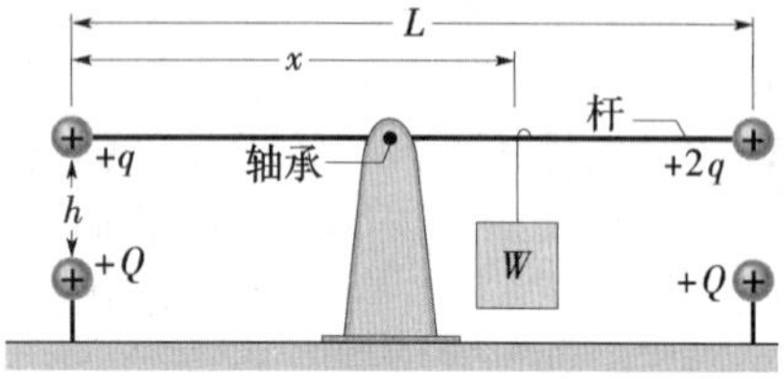

图 22－20 习题 17 图

22－5 节 电荷是量子化的

18E. 在食盐晶体中，带单个电荷的钠离子（Na^+、电荷 $+e$）与邻近的带单个电荷的氯离子（Cl^-、电荷 $-e$）之间静电力的大小是多少？设它们之间的距离是 2.82×10^{-10}m。

19E. 75.0kg 电子的总电荷是多少库仑？(ssm)

20E. 在 1.00 mol 的中性氢分子气体（H_2）中有多少兆库仑的正（或负）电荷？

21E. 相距 5.0×10^{-10}m 的两个相同离子之间静电力的大小是 3.7×10^{-9}N。(a) 每个离子的电荷是多少？(b) 从每个离子"失去"了多少个电子（因而引起离子的电荷失衡）？(ssm)

22E. 两个细小的球形水滴具有 -1.00×10^{-16}C 的相同电荷，它们的中心相距 1.00cm。(a) 作用在它们之间静电力的大小是多少？(b) 有多少个过量的电子在每个水滴上才使其电荷失衡？

23E. 从一枚硬币里必须取出多少个电子才能使这硬币带正电 $+1.0\times10^{-7}$C？(ilw)

24E. 一个电子处在靠近地球表面的真空中，为了使另一个电子作用在它上面的力与地球对它的引力平衡，第二个电子应该放在哪里？

25P. 地球的大气层经常受源自空间某处的宇宙射线质子的冲击。如果质子全部通过大气，则每平方米地球表面将以每秒 1500 个质子的平均时率截取质子。那么地球全部表面所截取的相应的电流将为多大？(ilw)

26P. 试计算 250cm^3 的（中性）水（约 1 杯）中有多少库仑的正电荷。

27P. 在基本的 CsCl（氯化铯）晶体结构中，Cs^+ 形成一个正立方形的八个角，而一个 Cl^- 在正立方形的中心（图 22－21）。正立方形的边长是 0.40nm。每个 Cs^+ 离子各缺少一个电子（因而具有电荷 $+e$），而 Cl^- 具有一个过量的电子（因而具有电荷 $-e$）。(a) 由正立方形角上的八个 Cs^+ 作用在 Cl^- 上的合静电力的大小是多少？(b) 如果一个 Cs^+ 失踪，则说晶体具有一个**缺陷**；由剩下的七个 Cs^+ 作用在 Cl^- 上的合静电力的大小是多少？(ssm)(www)

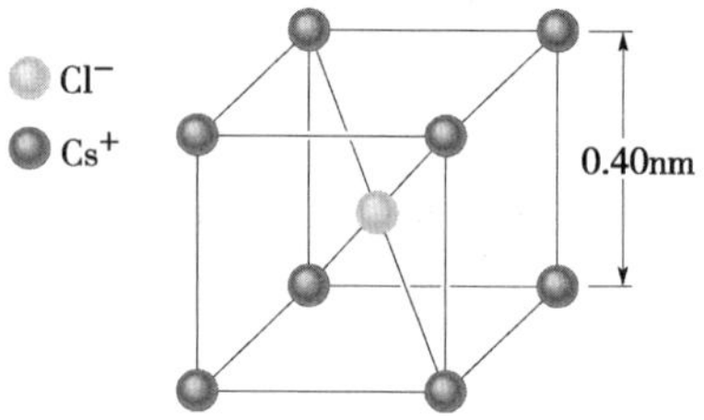

图 22－21 习题 27 图

28P. 我们知道电子上的负电荷和质子上的正电荷是相等的。然而，假设这些量值彼此相差 0.00010%，则相隔 1.0m 的两个铜币将以多大的力互相排斥？假定每个铜币含有 3×10^{22} 个铜原子。(**提示**：一个中性的铜原子含有 29 个质子和 29 个电子。）你得出什么结论？

22－6 节 电荷是守恒的

29E. 确定下列核反应中的 X（首先，n 代表中子）：(a) $^1H+{}^9Be\to X+n$；(b) $^{12}C+{}^1H\to X$；(c) $^{15}N+{}^1H\to{}^4He+X$。附录 F 将对解题有所帮助。(ssm)

附加题

30. 在习题 13 中，设 $q=\alpha Q$。(a) 写出用 α、Q 及电荷间距 d 表示的、两电荷之间力的大小 F 的表达式；(b) 画出 F 作为 α 的函数的曲线图。用作图法求给出 (c) F 的极大值和 (d) F 的极大值之半的 α 值。

第23章 电　场

在日本樱花岛火山频繁爆发期间，多重的放电（火花）掠过火山的喷火口，照亮了天空并发出了类似于响雷的声波。然而，这并不是雷暴中带电的水滴云团向地面放电的闪电显示，这是某些不同的东西。

火山上方的区域怎样变为带电的？是否有什么方法知道火花是由喷火口向上传播的还是向下传播到喷火口的？

答案就在本章中。

23－1 电荷与力：更精密的审视

假设我们把一个正点电荷 q_1 固定在适当位置，然后把第二个正点电荷 q_2 放在靠近它的位置。由库仑定律知道，q_1 施加静电排斥力在 q_2 上，而且如果给定足够的数据，我们就能确定那个力的大小和方向。可是，还有一个恼人的问题：q_1 怎么“知道” q_2 的出现？由于两个电荷并不接触，q_1 怎么能施力在 q_2 上呢？

通过假定 q_1 在环绕它的空间中建立起**电场**，能够回答这一关于**超距作用**的问题。在该空间中任一给定点 P，电场都具有大小及方向，大小取决于 q_1 的大小和 P 与 q_1 之间的距离，方向取决于从 q_1 到 P 的方向和 q_1 的电符号。因而当我们把 q_2 放置在 P 点时，q_1 通过 P 点的电场与 q_2 相互作用。P 点电场的大小及方向决定了作用在 q_2 上力的大小及方向。

倘若我们移动 q_1，比方说，朝向 q_2，则会出现另一个超距作用问题。库仑定律告诉我们，当 q_1 进一步靠近 q_2 时，作用在 q_2 上的静电排斥力会更大，而且事实的确如此。然而，这里恼人的问题是：q_2 处的电场，以及作用在 q_2 上的力是否立即改变呢？

答案是否定的。实际上，关于 q_1 移动的信息是作为电磁波以光速 c 从 q_1 向外（沿所有的方向）传播的。当电磁波最终到达 q_2 时，q_2 处电场的改变，因而作用在 q_2 上力的改变才发生。

23－2 引入电场

温度在室内每一点都有一个确定的值。你可以通过在那里放一个温度计测量任一给定点或一组点的温度。我们称最后得到的温度分布为**温度场**。几乎同样地，你能设想在大气中的**压强场**，它由大气中每一点一个空气压强值的分布组成。这两个例子是**标量场**，因为温度和空气压强都是标量。

电场是**矢量场**，它包括**矢量**的分布，对于环绕带电体，比如带电棒，其区域中每一点有一个矢量。原则上，我们可将邻近带电体的某一点，比如图 23－1a 中的 P 点的电场定义如下：我们先在该点放置一个**正**电荷 q_0，叫做**检验电荷**，然后测量作用在检验电荷上的静电力 $\vec{F}$，最后，我们定义由带电体所引起的在 P 点的电场为

$$\vec{E}=\frac{\vec{F}}{q_0} \quad \text{（电场）} \qquad (23-1)$$

因而，在 P 点电场 $\vec{E}$ 的大小为 $E=F/q$，而 $\vec{E}$ 的方向是作用在**正**的检验电荷上力 $\vec{F}$ 的方向。如在图 23－1b 中所示，我们用末端在 P 的矢量表示在 P 点的电场。为了定义某一区域内的电场，必须在该区域内所有的点同样地定义它。

电场的 SI 单位是牛每库［仑］（N/C）。表 23－1 表示出在某些物理状态下的电场。

虽然我们利用正的检验电荷定义带电物体的电场，但场的存在并不依赖于检验电荷。在图 23－1b 中，P 点的场既存在于图 23－1a 的检验电荷被放在那里之前，也存在于被放在那里之后（假定在我们的定义程序中，检验电荷的出现并不影响带电物体上电荷的分布，因而

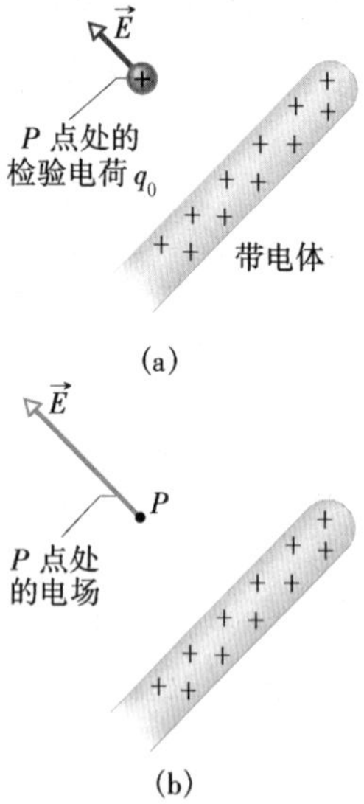

图 23－1 (a) 静电力 $\vec{F}$ 作用在带电体附近 P 点的正检验电荷 q_0 上。(b) 由带电体所产生的在 P 点的电场 $\vec{E}$。

不改变我们正在定义的电场)。

表 23-1 某些电场

场的位置或情况	值 (N/C)	场的位置或情况	值 (N/C)
在铀核的表面	3×10^{21}	邻近带电梳子	10^{3}
在氢原子内半径 5.29×10^{-11} m 处	5×10^{11}	在大气层下部	10^{2}
电击穿发生在空气中时	3×10^{6}	家用电路的铜线内部	10^{-2}
邻近照相复印机的带电鼓	10^{5}		

为了探讨带电物体间在相互作用中电场的作用，我们有两项任务：(1) 计算由给定的电荷分布所引起的电场；(2) 计算给定的电场作用于放置在其中的电荷上的力。从23-4节到23-7节，对一些电荷分布我们进行第一项任务。在23-8和23-9节中，通过考虑一个点电荷及一对点电荷，我们进行第二项任务。不过，我们先讨论使电场形象化的方法。

23-3 电场线

法拉第在19世纪引入了电场的概念，他认为围绕带电体的空间是充满**力线**的。尽管我们已不再认为这些现在被叫做**电场线**的力线是真实的，但它们仍然提供了一种好的方法使电场中的图样形象化。

场线与电场矢量之间的关系是这样的：(1) 在任一点，直场线的方向或弯曲场线切线的方向给出该点处 $\vec{E}$ 的方向；(2) 场线是这样画出的：垂直于场线的单位横截面积上场线的数目与 $\vec{E}$ 的**大小**成正比。这第二个关系意味着：场线稠密的地方 E 大；稀疏的地方 E 小。

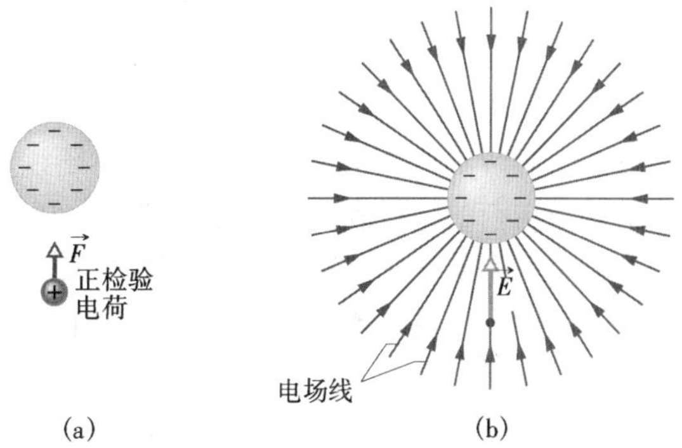

图 23-2 (a) 作用在均匀带负电的球附近检验电荷上的静电力 $\vec{F}$。(b) 在检验电荷所在处的电场矢量 $\vec{E}$ 和在球附近空间中的电场线。场线伸向带负电的球(它们发自远处的正电荷)。

图23-2a表示一个均匀带负电的球。如果我们把**正的**检验电荷放置在球附近的任何地方，则如图所示**指向**球心的静电力将作用在检验电荷上。换句话说，在球附近的所有点电场矢量都沿着半径指向球心。这些矢量的图样由图23-2b中的场线简练地表示了出来。场线与力及电场矢量指向相同的方向。此外，力线随着离球的距离而散开告诉我们，电场的大小随着离球的距离的增大而减小。

如果图23-2的球是均匀带**正**电的，电场矢量在球附近的所有点都将沿着半径**背离**球心的方向。因而，电场线也将沿着半径向背离球心的方向延伸，我们于是得出下述法则：

> 电场线远离正电荷(它们的发源之处)并朝向负电荷(它们终止之处)延伸。

图23-3a示出无限大绝缘**薄板**(或平面)的一部分，它在一侧具有均匀分布的正电荷。如果把正检验电荷放置在图23-3a中薄板附近的任一点，作用在检验电荷上的合力将垂直于薄板，因为作为对称性的结果沿所有其他方向作用的力将互相抵消。此外，如图所示在检验电荷

上的合力将指向背离薄板的方向。因而，在薄板任一侧空间中任一点的电场矢量也垂直于薄板并指向背离它的方向（图23－3b和c）。由于电荷沿着薄板均匀分布，所有的场矢量具有相同的大小，这样的电场在每一点都具有相同的大小及方向，是**均匀电场**。

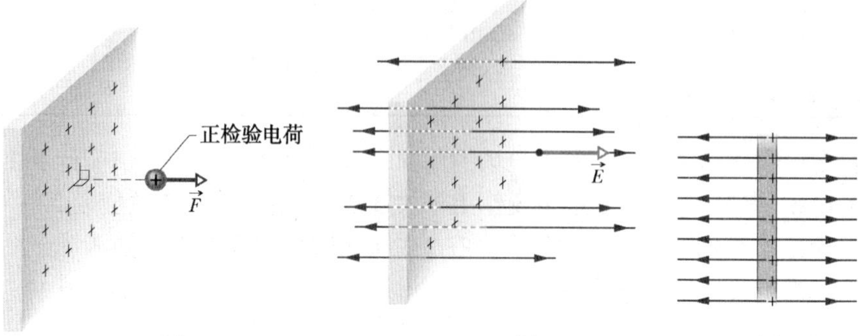

图23－3 (a) 一侧均匀带正电的、无限大绝缘薄板附近正检验电荷受的静电力$\vec{F}$。(b) 检验电荷处的电场矢量$\vec{E}$，及薄板附近空间中的电场线。场线从带正电的板向远处延伸。(c) b) 的侧视图。

当然，实际中无限大的绝缘薄板（比如塑料的平坦扩展）是没有的，但如果我们考虑靠近实际薄板的中部而不是靠近其边缘的一个区域，则穿过那个区域的场线就会像在图23－3b和c中那样分布。

图23－4示出两个相等的正电荷的电场线。图23－5示出关于两个等量异号电荷的图样，这样的两个电荷的结构我们称为**电偶极子**。虽然我们并不经常定量地运用电场线，但它们对于使所要发生的事形象化是很有用的。在图22－4中，难道你能"看不出"两个电荷在被推开吗？在图23－5中，难道你能"看不出"两个电荷要被拉近吗？

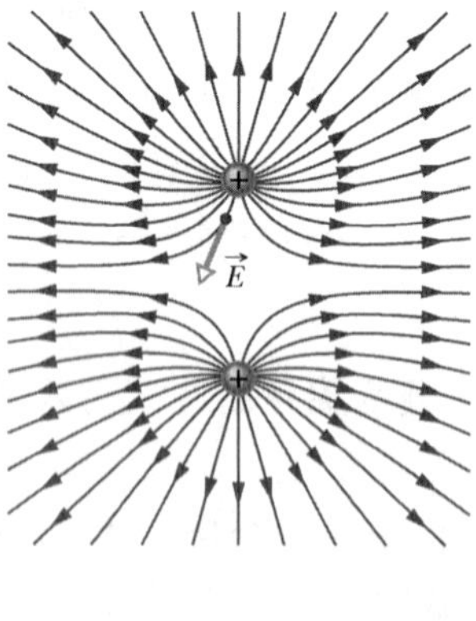

图23－4 两个相等的、正点电荷的电场线。两个电荷相排斥（这些线终止于远处的负电荷）。为了"看"场线的实际三维图像，想象将此图以通过此页面上的两个电荷的轴旋转。这一三维图像和它表示的电场被说成是对于该轴具有**轴对称性**。一个点上的电场矢量已画出；注意它是和通过该点的力线相切。

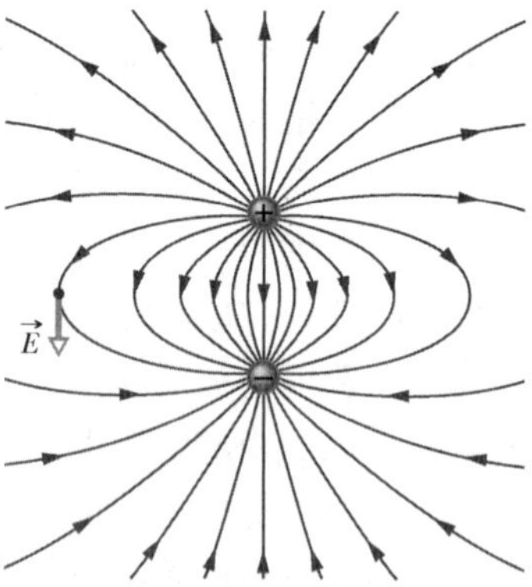

图23－5 大小相等的一个正的和一个邻近的负的点电荷的电场线。两电荷相互吸引。场线的图样和它表示的电场具有对通过页面上的两个电荷的轴具有轴对称性。一个点上的电场矢量已画出；该矢量和通过该点的场线相切。

例题 23-1

试利用基于电场线的论据说明：电场的大小怎样随着到图 23-2 中均匀带电球中心的距离而改变。

【解】 这里一个**关键点**是，场线围绕着球均匀分布并且从球向外延伸而不中断。因而，如果我们围绕带电球放置一个半径为 r 的同心球壳，则所有终止在带电球上的场线必定通过同心球壳。设场线的数目为 N，因为球壳具有表面积 $4\pi r^2$，所以，通过球壳每单位面积的场线数目是 $N/4\pi r^2$。

第二个**关键点**是，电场的大小 E 正比于每单位横截面的场线数，由于球壳与场线垂直，E 正比于 $N/4\pi r^2$。因为 r 是那一项中仅有的变量，所以 E 与到带电球中心距离的平方成反比。

23-4 由点电荷引起的电场

为了求出在距离点电荷 q 为 r 的任一点由点电荷引起的电场，我们放一个正检验电荷 q_0 在该点。根据库仑定律（式（22-4）），作用在 q_0 上静电力的大小是

$$F=\frac{1}{4\pi\varepsilon_0}\frac{|q||q_0|}{r^2} \tag{23-2}$$

如果 q 为正，则 $\vec{F}$ 的方向指向背离点电荷的地方；如果 q 为负，则指向点电荷。由式（23-1），电场矢量的大小是

$$E=\frac{F}{q_0}=\frac{1}{4\pi\varepsilon_0}\frac{|q|}{r^2}\quad（点电荷） \tag{23-3}$$

$\vec{E}$ 的方向与作用在正检验电荷上力的方向一样：如果 q 为正，则径直地背离点电荷；如果 q 为负，则朝向它。

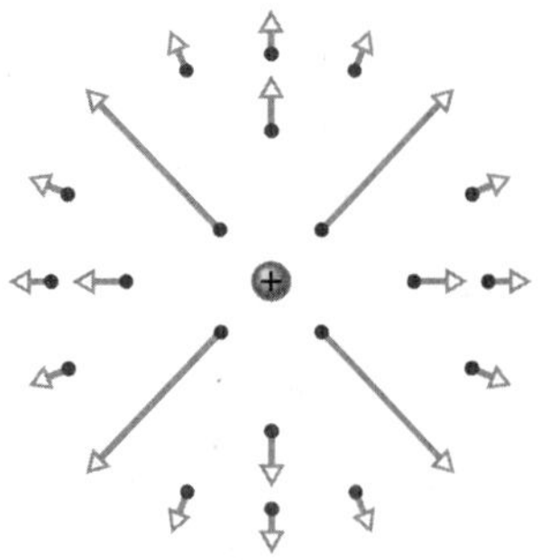

图 23-6 在围绕正点电荷一些点处的电场矢量。

因为我们为 q_0 选择的点不是特殊点，式（23-3）给出了围绕点电荷 q 的每一点处的电场。对于正点电荷的场在图 23-6 中按矢量形式（不作为场线）给出。

我们能迅速求出由多于一个点电荷引起的净的，或合成的电场。如果在几个点电荷 q_1，q_2，…，q_n 附近放置一个正检验电荷，然后根据式（22-7），由 n 个点电荷作用在检验电荷上的合力 $\vec{F}$ 是

$$\vec{F}=\vec{F}_{01}+\vec{F}_{02}+\cdots+\vec{F}_{0n}$$

因此，由式（23-1），在检验电荷处的合电场是

$$\vec{E}=\frac{\vec{F}_0}{q_0}=\frac{\vec{F}_{01}}{q_0}+\frac{\vec{F}_{02}}{q_0}+\cdots+\frac{\vec{F}_{0n}}{q_0}$$
$$=\vec{E}_1+\vec{E}_2+\cdots+\vec{E}_n \tag{23-4}$$

这里 $\vec{E}_i$ 是由点电荷 i 单独作用所建立的电场。式（23-4）向我们表明，叠加原理除适用于静电力之外，还适用于电场。

检查点 1：右图示出在 x 轴上的一个质子 p 和一个电子 e。在（a）S 点和（b）R 点，由该电子引起的电场沿什么方向？在（c）R 点及（d）S 点，合电场沿什么方向？

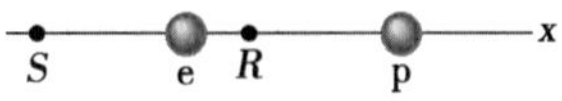

例题 23－2

图 23－7a 示出带有电荷 $q_1=+2Q$，$q_2=-2Q$、及 $q_3=-4Q$ 的三个粒子，每个距离原点都为 d。它们在原点产生的合电场为何？

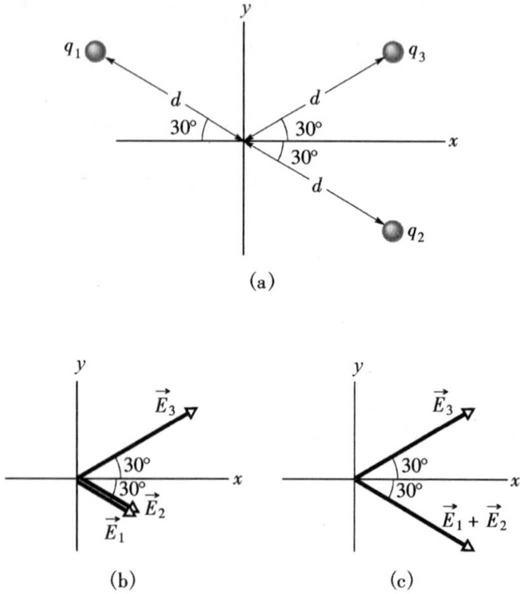

图 23－7　(a) 带有电荷 q_1，q_2，q_3，距离原点都为 d 的三个粒子。(b) 由三个粒子在原点的电场 $\vec{E}_1$，$\vec{E}_2$，$\vec{E}_3$。(c) 在原点的 $\vec{E}_3$ 及 $\vec{E}_1+\vec{E}_2$。

【解】　**这里关键点是**，电荷 q_1，q_2 及 q_3 分别在原点产生电场矢量 $\vec{E}_1$，$\vec{E}_2$ 和 $\vec{E}_3$，而合电场是矢量和 $\vec{E}=\vec{E}_1+\vec{E}_2+\vec{E}_3$。为了求这个和，应该先求出三个电场矢量的大小及方向。为了求出由 q_1 的 $\vec{E}_1$ 的大小，我们运用式 (23－3)，用 d 代替 r 并用 $2Q$ 代替 $|q|$ 可得到

$$E_1=\frac{1}{4\pi\varepsilon_0}\frac{2Q}{d^2}$$

同样，我们求出场 $\vec{E}_2$ 和 $\vec{E}_3$ 的大小将为

$$E_2=\frac{1}{4\pi\varepsilon_0}\frac{2Q}{d^2},E_3=\frac{1}{2\pi\varepsilon_0}\frac{2Q}{d^2}$$

我们接着应该确定三个电场矢量在原点的取向。因为 q_1 是正电荷，它产生的场矢量径直地指向背离它的方向，而因为 q_2 和 q_3 都是负的，它们产生的场矢量径直地指向它们每一个。因而，在原点三个带电粒子所产生的三个电场像图 23－7b 中那样取向。(注意：我们已把这些矢量的末端放置在电场待计算的点处；这样做减少了错误的可能性。)

我们现在可以用如在例题 22－1c 中对于力所概述的矢量法把电场相加。然而，这里我们可利用对称性使程序简化。由图 23－7b，我们看到 $\vec{E}_1$ 和 $\vec{E}_2$ 具有同样的方向，所以，它们的矢量和取图示的那个方向，其大小为

$$E_1+E_2=\frac{1}{4\pi\varepsilon_0}\frac{2Q}{d^2}+\frac{1}{4\pi\varepsilon_0}\frac{2Q}{d^2}=\frac{1}{4\pi\varepsilon_0}\frac{4Q}{d^2}$$

它碰巧等于电场 $\vec{E}_3$ 的大小。

我们现在必须把两个矢量，$\vec{E}_3$ 与矢量和 $\vec{E}_1+\vec{E}_2$，结合起来，这两个矢量具有相同的大小而它们的方向相对于 x 轴对称。由图 23－7c 的对称性我们知道，两个矢量相等的 y 分量相消而相等的 x 分量相加。因而，在原点的合电场 $\vec{E}$ 沿 x 轴的正方向并具有大小

$$\begin{aligned}E&=2E_{3x}=2E_3\cos30^\circ\\&=(2)\frac{1}{4\pi\varepsilon_0}\frac{4Q}{d^2}(0.866)\\&=\frac{6.93Q}{4\pi\varepsilon_0 d^2}\end{aligned}$$　　(答案)

检查点 2：下图示出带电粒子离原点等距离的四种情况。按照合电场的大小由大到小把这些情况排序。

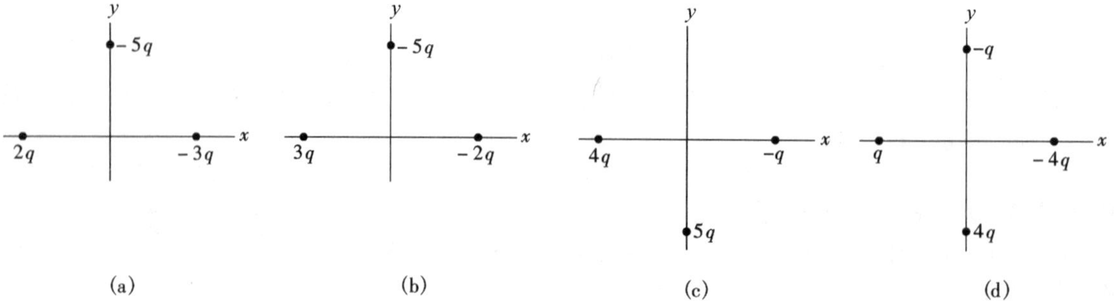

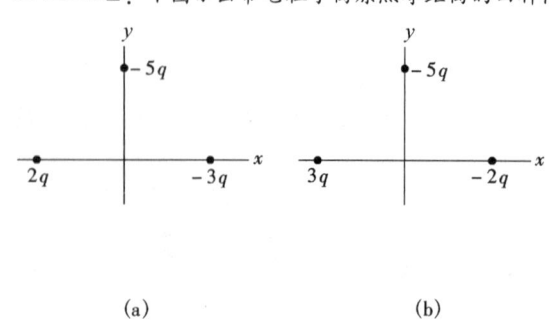

23-5 由电偶极子引起的电场

图23-8a示出大小都为q但符号相反、相距为d的两个带电粒子。如随同图23-5指出的，我们把这种结构叫**电偶极子**。让我们求出由图23-8a的偶极子在P点引起的电场，P点距离电偶极子中点为z并且在被叫做**电偶极子轴**的、通过两个粒子的轴线上。

由对称性，在P点的电场$\vec{E}$——以及组成偶极子的两个独立电荷的电场$\vec{E}_{(+)}$和$\vec{E}_{(-)}$——应该沿着偶极子轴，该轴被我们取做z轴。应用关于电场的叠加原理，求得电场在P点的大小E为

$$\begin{aligned} E &= E_{(+)} - E_{(-)} \\ &= \frac{1}{4\pi\varepsilon_0}\frac{q}{r_{(+)}^2} - \frac{1}{4\pi\varepsilon_0}\frac{q}{r_{(-)}^2} \\ &= \frac{q}{4\pi\varepsilon_0\left(z-\frac{1}{2}d\right)^2} - \frac{q}{4\pi\varepsilon_0\left(z+\frac{1}{2}d\right)^2} \end{aligned} \tag{23-5}$$

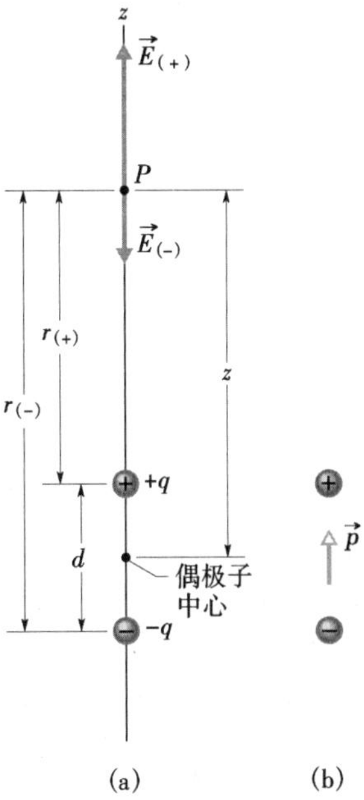

图23-8 (a) 一个电偶极子。在偶极子轴上P点的电场矢量$\vec{E}_{(+)}$和$\vec{E}_{(-)}$由偶极子的两个电荷产生。P离形成偶极子的两个电荷的距离为$r_{(+)}$和$r_{(-)}$。(b) 偶极子的电偶极矩$\vec{p}$从负电荷指向正电荷

经代数运算后，我们可以把上式改写作

$$E = \frac{q}{4\pi\varepsilon_0 z^2}\left[\left(1-\frac{d}{2z}\right)^{-2} - \left(1+\frac{d}{2z}\right)^{-2}\right] \tag{23-6}$$

我们通常只对在距离大于偶极子线度处，即$z \gg d$处的偶极子电效应感兴趣。在这样的远距离处，在式（23-6）中有$d/2z \ll 1$。于是我们可借助二项式定理（附录E）把方程中括号内的两个量展开，得到

$$\left[\left(1+\frac{2d}{2z(1!)}+\cdots\right)-\left(1-\frac{2d}{2z(1!)}+\cdots\right)\right]$$

因而，

$$E = \frac{q}{4\pi\varepsilon_0 z^2}\left[\left(1+\frac{d}{2}+\cdots\right)-\left(1-\frac{d}{2}+\cdots\right)\right] \tag{23-7}$$

在式（23-7）的两个展开式中未写出含有d/z的逐渐升高的较高次幂的项。由于$d/z \ll 1$，那些项的贡献逐渐更小，而对远距离处E的近似值，可把它们忽略。于是，在我们的概算中，可把式（23-7）改写作

$$E = \frac{q}{4\pi\varepsilon_0 z^2}\frac{2d}{z} = \frac{1}{2\pi\varepsilon_0}\frac{qd}{z^3} \tag{23-8}$$

偶极子的两个固有性质q和d的乘积qd是叫做偶极子的**电偶极矩**$\vec{p}$的矢量的大小p（$\vec{p}$的单位是库仑米）。因而，我们可把式（23-8）写作

$$E = \frac{1}{2\pi\varepsilon_0}\frac{p}{z^3} \quad \text{（电偶极子）} \tag{23-9}$$

$\vec{p}$的方向，如图23-8b中所示，被取为从偶极子的负端到正端。我们可利用$\vec{p}$来指定偶极子的取向。

式（23-9）表明，如果我们只在远处一些点测量偶极子的电场，我们就不能分别地推断q和d，而只能推断它们的积。倘若，例如，q被加倍而d同时被减半，则在远处各点的场就不会改变。因而，偶极矩是偶极子的一个基本性质。

虽然式（23-9）只适用沿偶极子轴线远处的点，但结果证明，对于所有远处的点不管它们是否在偶极子的轴线上，偶极子的 E 都与 $1/r^3$ 成比例地变化。这里 r 是正在讨论中的点与偶极子中心之间的距离。

对图23-8和图23-5中场线的观察表明，对于偶极子轴线上远处各点 $\vec{E}$ 的方向总是沿偶极矩矢量 $\vec{p}$ 的方向。不管图23-8a中的 P 点在偶极子轴线的上部还是下部，这都是正确的。

对式（23-9）的观察表明，如果你使一点离偶极子的距离加倍，则在那点的电场下降到原来的八分之一；如果你使离单个点电荷的距离加倍，则电场只下降到四分之一。因而，偶极子电场随距离的变化比单个电荷随距离的变化更快。这种偶极子电场快速减弱的物理原因在于，从远处看来偶极子像两个等量异号的电荷，它们几乎——但不完全——重合。因而，它们的电场在远处各点，几乎——但不完全——互相抵消。

23-6　由带电线引起的电场

至今，我们已考虑了由一个或最多几个点电荷所产生的电场。我们现在考虑包含大量被密集放置的点电荷（也许数十亿个）的电荷分布。这些电荷沿着一条线，在一个表面上，或在一个体积内分布。这样的分布被认为是**连续的**而不是分立的。由于这些分布能包含巨大数量的点电荷，我们借助微积分而不是通过逐一地考虑这些电荷来求出它们产生的电场。在这一节我们讨论由电荷线引起的电场，在下一节中我们研究带电面，在下一章，我们将求出均匀带电球内的场。

当我们处理连续的电荷分布时，最方便的办法是把物体上的电荷表示为**电荷密度**而不是总电荷。例如，对于电荷线，我们就将告知线电荷密度（或单位长度的电荷）λ，其 SI 单位是库[仑]每米。表23-2示出了我们将使用的其他的电荷密度。

表23-2　电荷的某些度量标准

名称	代号	SI 单位
电荷	q	C
线电荷密度	λ	C/m
面电荷密度	σ	C/m^2
体电荷密度	ρ	C/m^3

图23-9示出具有沿其圆周均匀分布、正线电荷密度为 λ、半径为 R 的细环。我们可以想象该环由塑料或其他绝缘体制成，以致电荷可被认为固定在适当位置。试问：在沿环的中心轴距离环平面为 z 的 P 点，电场 $\vec{E}$ 为何？

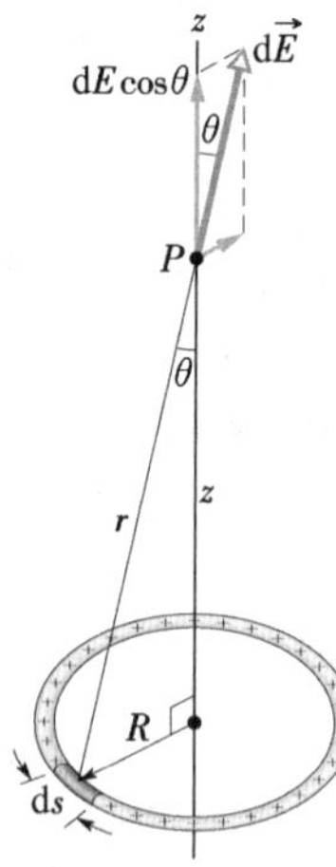

图23-9　一个均匀正电荷环。一微元电荷占有长度 ds（为清晰起见大大夸大了）。此微元在 P 点建立电场 d$\vec{E}$，它沿环的中心轴的分量为 d$\vec{E}$cosθ。

为了解答这个问题，我们不能只是用给出由点电荷所建立的电场的式（23-3），因为该环显然不是点电荷。然而，我们可以在想象中把环分成电荷的微元，它们是如此小以致与点电荷一样，于是我们可对它们的每一个应用式（23-3）。接着，我们可把由所有微元在 P 点所建立的电场相加。所有那些场的矢量和给出由环在 P 点所建立的场。

设 ds 是环的任一微元的（弧）长度。由于 λ 是单位长度的电荷，微元具有电荷的大小为

$$dq = \lambda ds \tag{23-10}$$

这个微元电荷在 P 点建立起微分电场 $d\vec{E}$，该点距离微分元为 r。把微元作为点电荷看待并运用式（23-10），我们可改写式（23-3）而把 $d\vec{E}$ 的大小表示为

$$dE = \frac{1}{4\pi\varepsilon_0}\frac{dq}{r^2} = \frac{1}{4\pi\varepsilon_0}\frac{\lambda ds}{r^2} \tag{23-11}$$

由图 23-9，我们可把式（23-11）改写作

$$dE = \frac{1}{4\pi\varepsilon_0}\frac{\lambda ds}{(z^2 + R^2)} \tag{23-12}$$

图 23-9 向我们表明，$d\vec{E}$ 与中心轴（我们已把它取作 z 轴）成 θ 角并且具有垂直于和平行于该轴的分量。

环上的每个电荷元在 P 点建立起微分电场 $d\vec{E}$，其大小由式（23-12）给出。所有这些 $d\vec{E}$ 矢量都具有在大小及方向上场相同的平行于中心轴的分量。所有这些 $d\vec{E}$ 矢量还具有垂直于中心轴的分量，这些垂直分量在大小上相等但指向不同的方向。事实上，对于任一指向给定方向的垂直分量，总有指向相反方向的另一个。这一对分量的和，与所有其他相反指向的分量对的和一样，为零。

因而，这些垂直分量抵消，我们无需进一步考虑它们。于是就剩下了平行分量，它们全部具有相同的方向，所以在 P 点的合电场是它们的和。

图 23-9 所示的 $d\vec{E}$ 的平行分量大小为 $dE\cos\theta$，该图还向我们表明

$$\cos\theta = \frac{z}{r} = \frac{z}{(z^2 + R^2)^{1/2}} \tag{23-13}$$

于是对于 $d\vec{E}$ 的平行分量，由式（23-13）和式（23-12）得

$$dE\cos\theta = \frac{z\lambda}{4\pi\varepsilon_0(z^2 + R^2)^{3/2}}ds \tag{23-14}$$

为了把由所有电荷元产生的平行分量 $dE\cos\theta$ 相加，我们沿环的圆周从 $s=0$ 到 $s=2\pi R$ 对式（23-14）求积分。由于式（23-14）中在积分区间仅有的变化的量是 s，其他的量可被移到积分号外。于是由积分得

$$E = \int dE\cos\theta = \frac{z\lambda}{4\pi\varepsilon_0(z^2 + R^2)^{3/2}}\int_0^{2\pi R} ds$$

$$= \frac{z\lambda(2\pi R)}{4\pi\varepsilon_0(z^2 + R^2)^{3/2}} \tag{23-15}$$

由于 λ 是单位长度环的电荷，式（23-15）中 λ（$2\pi R$）一项是 q，即环上的总电荷，于是我们可把式（23-15）改写为

$$E = \frac{qz}{4\pi\varepsilon_0(z^2 + R^2)^{3/2}} \quad \text{（带电环）} \tag{23-16}$$

如果环上的电荷是负的，而不是像我们已假定的那样是正的，场的大小仍然由式（23-16）给

出，而电场矢量则指向环而不是背离环。

让我们对在中心轴上很远以致 $z \gg R$ 的一点核查式（23－16）。对这样的一点，式（23－16）中的（z^2+R^2）可被近似为 z^2，式（23－16）变成

$$E = \frac{1}{4\pi\varepsilon_0}\frac{q}{z^2} \quad \text{（在远处的带电环）} \qquad (23-17)$$

这是合理的结果，因为从远距离处，环“看起来像”点电荷。如果我们在式（23－17）中用 r 代替 z，我们的确得到式 23－3，即由点电荷引起的电场的大小。

现在让我们对在环中心处，即 $z=0$ 处的一点来检验式（23－16）。式（23－16）告诉我们，在该点 $E=0$。这是一个合理的答案。因为如果我们在环中心处放置一检验电荷，则将没有合静电力作用在其上；环的任一微元所引起的力将被在环的对侧上的微元所引起的力抵消，根据式 23－1，如果在环的中心处力为零，则那里的电场也将为零。

例题 23－3

图 23－10a 示出具有均匀分布的电荷 $-Q$ 的塑料杆。这根杆已被弯成 120°、半径为 r 的圆弧。我们这样设置坐标轴以使杆的对称轴保持沿 x 轴且原点在杆的曲率中心 P 处。若用 Q 和 r 来表示，那么，在 P 点由杆引起的电场 $\vec{E}$ 为何？

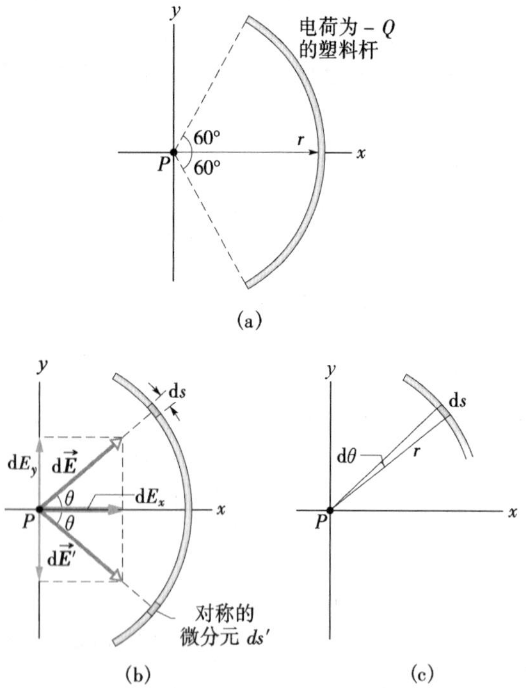

图 23－10 例题 23－31 图 (a) 带电 $-Q$，被弯成半径为 r、圆心角为 120°的圆弧状的塑料杆。P 为曲率中心。(b) 在杆的上半部，在与 x 轴成 θ 角处，弧长为 ds 的一微元在 P 点建立一微分电场 $d\vec{E}$。对 x 轴与 ds 对称的微分元 ds′在 P 点的同样大小建立一电场 dE'。(c) 弧长 ds 对于 P 点的张角为 $d\theta$。

【解】 这里**关键点**是，因为杆具有连续的电荷分布，我们应该先求出由杆的微元所引起的电场的表达式，然后用微积分把那些场求和。考虑具有弧长 ds 并被放在 x 轴之上成 θ 角处的微分元（见图 23－10b）。如果我们设 λ 表示杆的线电荷密度，则微元 ds 具有大小为

$$dq = \lambda ds \qquad (23-18)$$

的微元电荷。该微元在距离它为 r 的 P 点产生一微分电场 $d\vec{E}$。把微元作为点电荷处理，我们可重写式（23－3）而把 $d\vec{E}$ 的大小表达为

$$dE = \frac{1}{4\pi\varepsilon_0}\frac{dq}{r^2} = \frac{1}{4\pi\varepsilon_0}\frac{\lambda ds}{r^2} \qquad (23-19)$$

$d\vec{E}$ 的方向朝向 ds，因为电荷 dq 是负的。

我们的微元具有一个在杆的下半部对称（镜像）设置的微元 ds′。由 ds′在 P 点所建立的电场 $d\vec{E}$ 也具有由式（23－19）给出的大小，但场矢量如图 23－10b 所示指向 ds′。如果我们如在图 23－10b 中所示把 ds 和 ds′的电场矢量分解成 x 和 y 分量，则可看到它们的 y 分量抵消（因为它们具有相等的大小而沿相反的方向）。我们还看到它们的 x 分量具有相等的大小并沿相同的方向。

因而，为了求出由杆所建立的电场，我们仅需要对由杆的全部微元所建立的微分电场的 x 分量（用积分）求和。由图 23－10b 和式（23－19），我们可以把 ds 所建立的分量 dE_x 写作

$$dE_x = dE\cos\theta = \frac{1}{4\pi\varepsilon_0}\frac{\lambda}{r^2}\cos\theta ds \qquad (23-20)$$

式（23－20）有两个变量，θ 和 s。我们在积分之前，必须消去一个变量。我们通过替换 ds 来这样做，利

用关系式

$$ds = r d\theta$$

其中 $d\theta$ 是弧长 ds 在 P 点的夹角（见图 23-10c）。借助这个替换，我们可把式（23-20）对杆在 P 点所构成的角从 $\theta=-60°$ 到 $\theta=60°$ 求积，由杆引起的电场在 P 点的大小为

$$E = \int dE_x = \int_{-60°}^{60°} \frac{1}{4\pi\varepsilon_0} \frac{\lambda}{r^2} \cos\theta r d\theta$$

$$= \frac{\lambda}{4\pi\varepsilon_0 r} \int_{-60°}^{60°} \cos\theta d\theta = \frac{\lambda}{4\pi\varepsilon_0 r} [\sin\theta]_{-60°}^{60°}$$

$$= \frac{\lambda}{4\pi\varepsilon_0 r} [\sin 60° - \sin(-60°)]$$

$$= \frac{1.73\lambda}{4\pi\varepsilon_0 r} \qquad (23-21)$$

（如果我们把积分的上下限颠倒过来，将得到同样的结果，但有个负号。由于积分只给出 $\vec{E}$ 的大小，所以我们就将丢掉负号。）

为了计算 λ，我们注意到杆具有 120°的角，所以是整个圆周的三分之一。于是其弧长为 $2\pi r/3$，而其线电荷密度应是

$$\lambda = \frac{电荷}{长度} = \frac{Q}{2\pi r/3} = \frac{0.477Q}{r}$$

把这个结果代入式（23-21）并化简，给出

$$E = \frac{1.73 \times 0.477Q}{4\pi\varepsilon_0 r^2} = \frac{0.83Q}{4\pi\varepsilon_0 r^2} \qquad (答案)$$

$\vec{E}$ 的方向是沿电荷分布的对称轴而朝向杆的。我们可按矢量标志法把 $\vec{E}$ 写作

$$\vec{E} = \frac{0.83Q}{4\pi\varepsilon_0 r^2}\vec{i}$$

解题线索

线索 1：用于求电荷线电场的指南

这里是用于求出由均匀的电荷线在某一 P 点所产生的电场 $\vec{E}$ 的通用指南。电荷线可以是圆形的也可以是直线的。通常的策略是选出一个电荷元，求出由它引起的 $d\vec{E}$，并将 $d\vec{E}$ 对整个电荷线积分。

步骤 1 如果电荷线是圆形的，设 ds 是电荷分布的微元的弧长。如果电荷线是直的，沿它设置 x 轴并设 dx 为微元的长度。在草图上标出该微元。

步骤 2 用 $dq=\lambda ds$ 或 $dq=\lambda dx$ 把微元电荷与微元长度联系起来。认为 dq 和 λ 为正，即使电荷实际上为负（电荷的符号在下一步考虑）。

步骤 3 用式（23-3）表达由 dq 在 P 点产生的电场 $d\vec{E}$，用 λds 或 λdx 替换在该式中的 q，如果线上的电荷为正，则在 P 点画一径直指向背离 dq 的矢量；如果电荷为负，则画一径直指向 dq 的矢量。

步骤 4 始终寻求在所讨论的情况中的任何对称性。如果 P 在电荷分布的对称轴上，则把由 dq 所引起的 $d\vec{E}$ 分解成垂直于和平行于对称轴的分量，然后考虑相对于对称轴和 dq 对称的第二个微元 dq'。在 P 点画出这个对称的微分元产生的矢量 $d\vec{E}'$ 并把它分解成分量。由 dq 所产生的分量之一是相消分量；它被由 dq' 所产生的对应的分量抵消，而无需进一步考虑。由 dq 所引起的另一分量是相加分量；它添加到由 dq' 产生的对应的分量上。借助积分求出所有微分电场相加分量的总和。

步骤 5 这里是四种普通类型的均匀电荷分布，和相应的简化步骤 4 的积分的对策。

圆环，P 点在对称（中心）轴上，如图 23-9 所示。在 dE 的表达式中，像在式（23-12）中那样，用 z^2+R^2 代替 r^2。用 θ 表达 $d\vec{E}$ 的相加分量。这就引入了 $\cos\theta$，但 θ 对所有的微元都相同，因而不是变量。如在式（23-13）中那样替换 $\cos\theta$。环绕环的半径对 s 积分。

圆弧，P 点在曲率中心，如在图 23-10 中那样。用 θ 表达 $d\vec{E}$ 的相加分量，这就引入了 $\sin\theta$ 或 $\cos\theta$。通

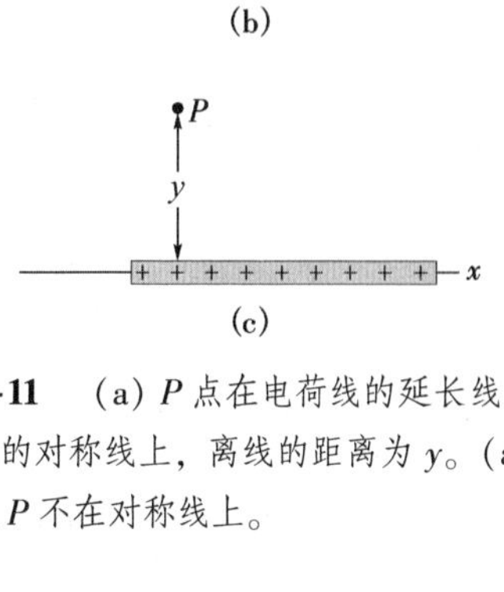

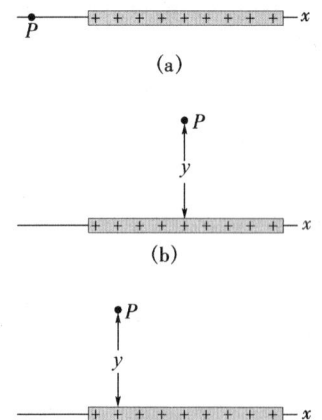

图 23-11 (a) P 点在电荷线的延长线上。(b) P 点在电荷线的对称线上，离线的距离为 y。(c) 和 (b) 一样，不过 P 不在对称线上。

物理学基础

过用$rd\theta$代替ds把最后的两个变量s及θ减少到θ一个。如在例题23-3中那样，从弧的一端到另一端对θ积分。

直线，P点在电荷线的延长线上，如在图23-11a中那样。在dE的表达式中，用x代替r。从电荷线的头到尾对x积分。

直线，P点在离电荷线的垂直距离为y处，如在图23-11b中那样。在dE的表达式中，用包含x和y的表达式代替r。如果P在电荷线的中垂线上，则求出$d\vec{E}$的相加分量的表达式。那就要引入$\sin\theta$或$\cos\theta$。用包含x和y的表达式（按其定义）取代三角函数使最后的两个变量x和θ减少到只剩x一个。从电荷线的头到尾对x积分。如果P点不在对称线上，如在图23-11c中那样，建立一个求分量dE_x的和的积分式，并对x积分求出E_x。还要建立一个求分量dE_y的和的积分式，并再对y积分求出E_y。按通常的方式利用分量E_x和E_y求出$\vec{E}$的大小E及方向。

步骤6 积分限的一种安排给出正的结果。相反的安排给出具有负号的相同结果；丢掉负号。如果结果需通过分布的总电荷Q表示，则用Q/L替换λ，其中L是分布的长度，对圆环，L是环的周长。

检查点3：这里的附图示出三根绝缘杆，一根圆的和两根直的。每根的上半部和下半部都各有大小为Q的均匀电荷分布。对每一根绝缘杆在P点的合电场沿什么方向？

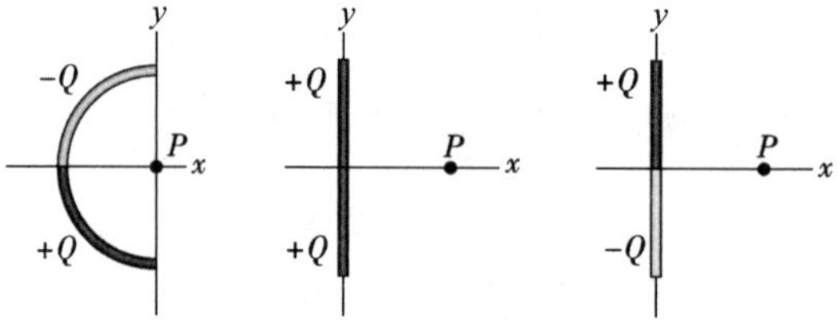

(a) (b) (c)

23-7 由带电圆盘引起的电场

图23-12示出半径为R的塑料圆盘，其上表面具有均匀面电荷密度为σ的正电荷（见表23-2）。在沿盘的中心轴距离盘为z的P点处，电场为何？

我们的计划是把盘分成同心的扁平环，然后通过把所有的环在P点的电场加起来（即通过求积分）来计算在P点的电场。图23-12示出了一个具有半径r和径向宽度dr的环。由于σ是单位面积的电荷，则环上的电荷为

$$dq = \sigma dA = \sigma(2\pi r dr) \tag{23-22}$$

这里dA是环的微分面积。

我们已经求解了由电荷环引起的电场问题。用来自式（23-22）的dq代替式（23-16）中的q，并用r替换式（23-16）中的R，我们得到由扁平环在P点处引起的电场dE的表达式：

$$dE = \frac{z\sigma 2\pi r dr}{4\pi\varepsilon_0 (z^2 + r^2)^{3/2}}$$

我们可以把它写作

$$dE = \frac{\sigma z}{4\varepsilon_0}\frac{2r dr}{(z^2 + r^2)^{3/2}} \tag{23-23}$$

我们现在可通过对式（23-23）对盘的表面积分求出E，也就是说，对变量r从$r=0$到$r=R$积分。应注意在这个过程中z保持常量。我们得到

$$E = \int dE = \frac{\sigma z}{4\varepsilon_0}\int_0^R (z^2 + R^2)^{-3/2}(2r)\,dr \tag{23-24}$$

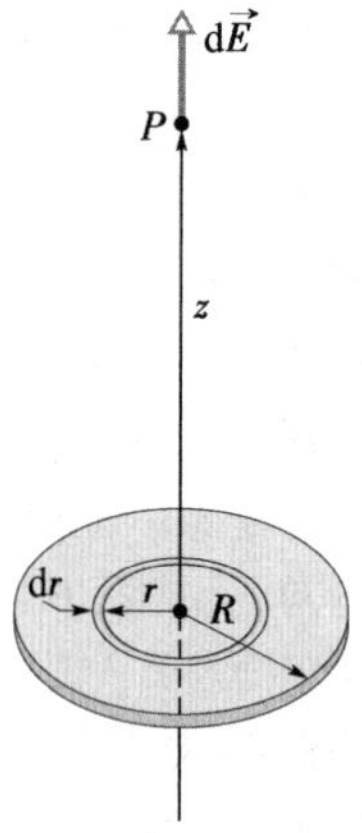

图23-12 半径为R、带有均匀正电荷的圆盘。图中圆环的半径为r，径向宽度为dr。它在它的轴上P点产生一微分电场的$d\vec{E}$。

为了求解这个积分，我们通过令 $X=(z^2+r^2)$，$m=-\frac{3}{2}$，及 $dX=(2r)\,dr$ 把它改为 $\int X^m dX$ 的形式。对于改写的积分我们有

$$\int X^m dX=\frac{X^{m+1}}{m+1}$$

所以式（23－24）变成

$$E=\frac{\sigma z}{4\varepsilon_0}\left[\frac{(z^2+r^2)^{-1/2}}{-\frac{1}{2}}\right]_0^R \qquad (23-25)$$

采用式（23－25）中的积分限并重新整理，求得

$$E=\frac{\sigma}{2\varepsilon_0}\left(1-\frac{z}{\sqrt{z^2+R^2}}\right) \quad \text{(带电圆盘)} \qquad (23-26)$$

为由扁平、圆形的带电盘在其中心轴上各点引起的电场的大小（在完成这个积分时，我们曾假定 $z \geqslant 0$）。

如果我们令 $R \to \infty$ 而保持 z 为有限值，式（23－26）中圆括号内的第二项趋近于 0，而这个方程简化为

$$E=\frac{\sigma}{2\varepsilon_0} \quad \text{(无限大薄板)} \qquad (23-27)$$

这是由均匀电荷被设置在无限大薄板绝缘体（比如塑料）的一侧时所产生的电场。图 23－3 中画出了这种情况的电场线。

如果我们令式（23－26）中 $z \to 0$ 而 R 保持有限值，也能得到式（23－27）。这表明在很接近盘的一些点，由盘所建立的电场与盘在广度上无限大时的情形一样。

23－8　电场中的点电荷

在前面的四节中，我们完成了两项任务中的第一项：给定电荷分布，求出它在周围空间中所产生的电场。这里我们开始第二项任务：确定当一个带电粒子在由其他静止或缓慢运动的电荷所产生的电场中时，它将发生什么情况。

发生的情况是，静电力将作用在该粒子上，力由下式给出：

$$\vec{F}=q\vec{E} \qquad (23-28)$$

其中 q 是粒子的电荷（包括其符号），而 $\vec{E}$ 是其他电荷在粒子的位置处已产生的电场（这个场并不是由粒子本身所建立的场，为了区分两个场，在式（23－28）中作用在粒子上的场往往叫做外场。带电粒子或带电物体不受它自己电场的影响）。式（23－28）告诉我们：

倘若粒子的电荷 q 是正的；则作用在位于外电场 $\vec{E}$ 中带电粒子上的静电力 $\vec{F}$ 具有 $\vec{E}$ 的方向；倘若 q 是负的，则具有相反的方向。

检查点 4：(a) 在附图中，由所示电场引起的作用在电子上的静电力沿什么方向？(b) 如果在电子进入该电场前平行于 y 轴运动，则它将沿哪个方向加速？(c) 如果，换一种情况，电子最初向右运动，则其速率将增大、减小、或保持常量？

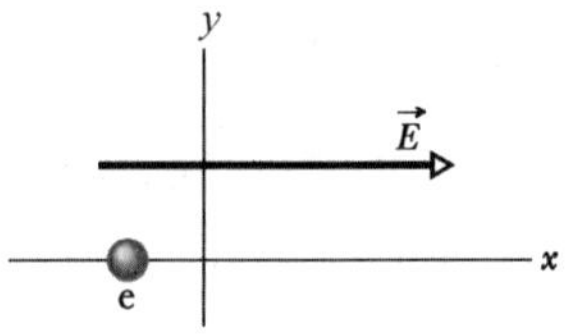

物理学基础

测定元电荷

式（23－28）在由美国物理学家密立根（M. A. Millikan）于1910～1913年对元电荷的测定中起过作用。图23－13是他的仪器的示意图。当微小的油滴被喷入室A时，其中的某些油滴在喷射过程中变得带正电或带负电。考虑穿过板P_1中的小孔向下漂移并进入室C的一个油滴，假定这个油滴具有负电荷q。

如果图23－13中的开关S如图所示是开着的，则电池B对室C不具有电效应。如果开关被关闭（于是完成室C与电池正端之间的连接），电池在导体板P_1上引起过量的正电荷并在导体板P_2上引起过量的负电荷，两个带电的板在室C中建立起指向下方的电场$\vec{E}$。根据式（23－28），这个场对任一个将出现在室中的带电油滴施加静电力并影响其运动。特别是带负电的油滴将趋于向上漂移。

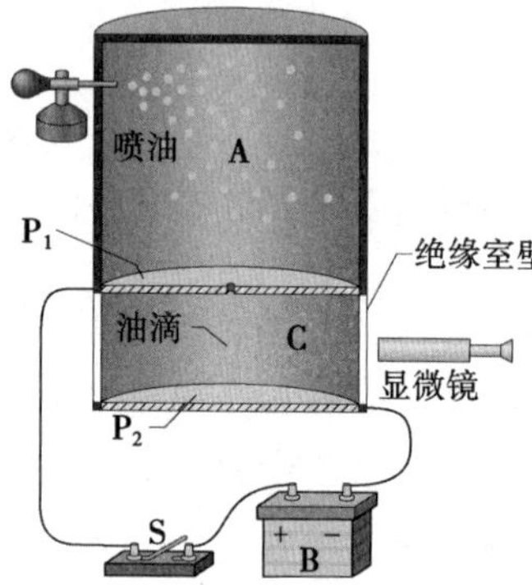

图23－13 密立根用于测定基本电荷的油滴实验的仪器。当一个带电油滴通过板P_1上的小孔漂入室C中后，可以通过开启和关闭开关S并因而在室C中建立或消除电场来控制它的运动。显微镜用来观察油滴，以对它的运动计时。

通过开关开启时和关闭时对油滴的运动计时并因而确定电荷q的影响，密立根发现q的值总是由下式给定：

$$q = ne \quad (n = 0, \pm 1, \pm 2, \pm 3 \cdots,) \qquad (23-29)$$

其中e后来被证明是我们称为**基本电荷**的基本常量，等于1.60×10^{-19}C。密立根实验对电荷的量子化是有力的证明，并且密立根部分地由于这项工作赢得了1923年的诺贝尔物理学奖。基本电荷的现代测量依靠种类繁多的联锁实验，全都比密立根的开拓性实验更加精确。

喷墨打印

由于对高质量、高速率打印的需要，人们开始寻求一种替换击打式打印（例如出现在标准的打字机中）的方法。通过在纸上喷射微小墨滴构成文字就是一种这样的替换。

图23－14示出运动在两块导体偏转板之间带负电的墨滴，在两板间已建立起均匀、指向下方的电场$\vec{E}$。根据式（23－28），墨滴将向上偏转然后打到纸上某一位置，该位置由$\vec{E}$的大小和墨滴上的电荷q确定。

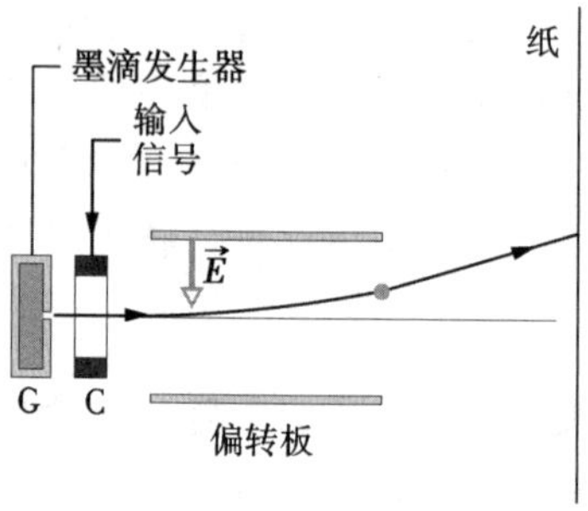

图23－14 喷墨打印机的基本特征。墨滴从发生器G射出并在充电装置C中接受一个电荷。从计算机来的输入信号控制给于每个墨滴的电量，并因而控制电场$\vec{E}$对墨滴的影响和墨滴落到纸上的位置。形成一个字母约需100个微小墨滴。

在实践中，E保持恒定，而墨滴的位置由在充电装置中传送给墨滴的电荷q决定。墨滴必须在进入偏转系统之前通过充电装置。充电装置本身又由把待打印材料编码的电子信号驱动。

火山的闪电

如在本章开始的照片中所见，当樱花岛火山爆发时，它把火山灰喷入空气。火山灰是由于当火山内的液态水被热熔岩流加热突然变成蒸汽时，使岩石粉碎并随后烧毁而产生的。从液体到蒸汽的转变和岩石的爆破导致正电荷与负电荷分离。然后，蒸汽和火山灰被喷入空气，它们就形成一些含有正电荷袋和负电荷袋的云。

随着这些袋的变大，邻近的袋之间以及一些袋与火山口之间的电场增强。当一旦达到约 3×10^6N/C 的强度时，空气就发生**电击穿**并开始导通电流。在空气中有些地方电场已使空气分子电离并释放了它们的一些电子，这些地方就出现瞬时的导电通路。这些被释放的电子受到电场的推进，在它们的路途上与空气分子碰撞，导致那些分子发光。由于它们发光，我们就能看到这些叫做**火花**的短暂的通路（能在图 23－15 中的带电金属盖周围看到打火花的小尺度实例）。

图 23－15　金属盖被充电到使其电场导致周围空间中的空气发生电击穿。可见的火花揭示了在空气中建立的瞬时导电路径，沿着这些路径电场已经把电子从分子中移出并将它们加速到和分子发生了碰撞。

火山上方的火花从电荷袋向下到火山口壁或向相反的方向形成弯弯曲曲的路径。你能通过火花路径上任一断头分支是如何叉开的看出火花的方向。如果分支向下叉开，则火花的路径向下延伸（参见那条从照片右侧延伸到火山口壁的、明亮的火花）。如果分支向上叉开，则火花的路径向上延伸（参见火山口壁上中间的亮火花的下部）。有时向下延伸的火花与向上延伸的火花彼此相遇。你能在照片中找出例子吗？

例题 23－4

图 23－16 示出喷墨打印机的偏转板及设置的坐标轴。具有质量 m 为 1.3×10^{-10}kg 且带有大小为 $Q=1.5\times10^{-13}$C 负电荷的墨滴进入了两板间的区域。墨滴最初沿 x 轴以速率 $v_x=18$m/s 运动。两板的长度为 1.6cm。两板带电，因而在它们之间各处产生电场。假定电场 $\vec{E}$ 是均匀的，指向下方且具有 1.4×10^6N/C 的大小。墨滴在两板远端边缘的垂直偏移是多少（墨滴受的引力相对于作用在墨滴上的静电力很小，可忽略不计）？

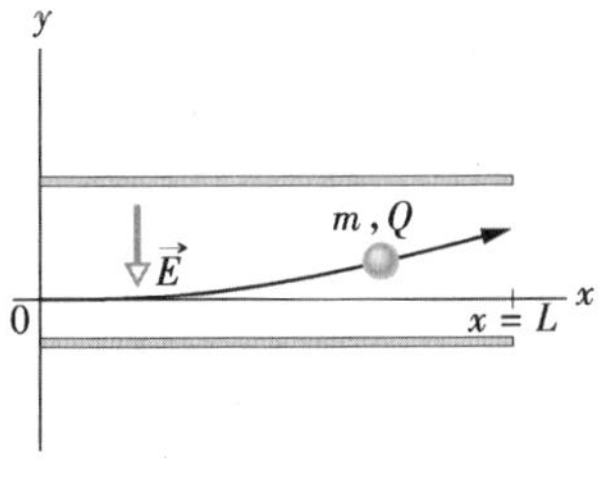

图 23－16　例题 23－4 图　质量为 m、电荷大小为 Q 的一个墨滴在喷墨打印机的电场中被偏移。

【解】　墨滴带负电而电场指向下方。这里**关键点**是，根据式（23－28），大小为 QE 的恒定静电力向上作用在带电墨滴上，因而，随着墨滴以恒定的速率 v_x 平行于 x 轴运动，它以某个恒定的加速度 a_y 向上加速。对沿 y 轴的分量应用牛顿第二定律（$F=ma$），求得

$$a_y=\frac{F}{m}=\frac{QE}{m} \tag{23-30}$$

设 t 表示墨滴通过两板之间区域所需的时间。在这一时间内墨滴的垂直和水平位移分别是

$$y=\frac{1}{2}a_yt^2 \quad 及 \quad L=v_xt \tag{23-31}$$

两式中消去 t 并用式（23－30）代替 a_y，求出

$$y = \frac{QEL^2}{2mv_x^2}$$

$$= \frac{(1.5\times10^{-13}\text{C})(1.4\times10^6\text{N/C})(1.6\times10^{-2}\text{m})^2}{(2)(1.3\times10^{-10}\text{kg})(18\text{m/s})^2}$$

$$= 6.4\times10^{-4}\text{m}$$

$$= 0.64\text{mm}$$ （答案）

23-9 电场中的偶极子

我们已将电偶极子的电偶极矩 $\vec{p}$ 定义为从偶极子负端指向正端的矢量。正如你将看到的，偶极子在均匀外电场 $\vec{E}$ 中的性能可以完全用两个矢量 $\vec{E}$ 和 $\vec{p}$ 加以描述，而不需要有关偶极子结构的任何细节。

水的分子（H_2O）是一个电偶极子，图 23-17 说明了为什么。在那里，一些黑点表示氧的原子核（有八个质子）和两个氢核（各有一个质子）。三个球形面积表示电子能围绕核所在的区域。

在水分子中，如图 23-17 所示，两个氢原子和一个氧原子并不位于一条直线上，而是形成约 105°的角。结果，分子具有确定的“氧侧”和“氢侧”。而且，分子的 10 个电子总趋向于跟氧核比跟氢核靠得更近。这使得分子的氧侧比氢侧稍微更负一些并生成如图所示的沿分子的对称轴指向的电偶极矩。如果水分子被放置在外电场中，它的行为将和对图 23-8 中更抽象的电偶极子所期望的一样。

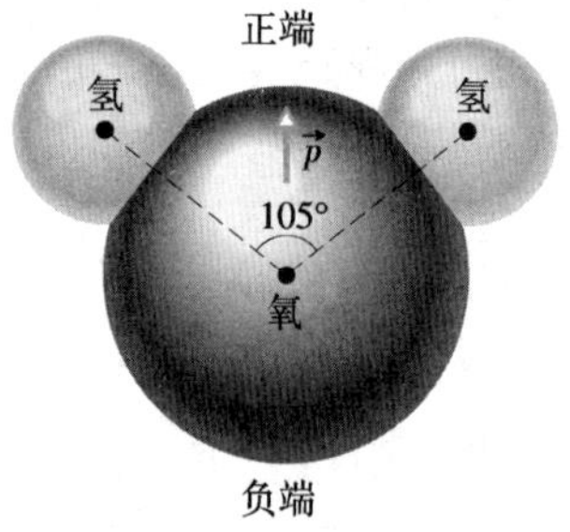

图 23-17 一个 H_2O 分子，显示三个核（由点代表）和电子能存在的区域。电偶极矩从分子（负的）氧端指向（正的）氢端。

为了探讨这种行为，我们现在考虑如在图 23-18a 所示的、在均匀外电场 $\vec{E}$ 中的这种抽象的偶极子。我们假定偶极子是一个大小各为 q 而中心相距为 d 的两个异号电荷组成的刚性结构。偶极矩 $\vec{p}$ 与电场 $\vec{E}$ 成 θ 角。

静电力作用在偶极子的带电末端上。因为电场是均匀的，两个力沿相反的方向作用（如图 23-18 所示），并具有相同的大小 $F=qE$。**由于场均匀**，电场对偶极子的合力为零，于是偶极子的质心不移动。然而，在带电末端上力确实在偶极子上产生一个绕其质心的合力矩 $\vec{\tau}$。质心位于连接两个带电末端的线上，离一个末端的距离为 x，因而离另一个末端的距离为 $d-x$。根据式（11-31）（$\tau = rF\sin\phi$），我们可把合力矩 $\vec{\tau}$ 的大小写作

$$\tau = Fx\sin\theta + F(d-x)\sin\theta = Fd\sin\theta \qquad (23-32)$$

我们也可利用电场的大小和偶极矩的大小 $p=qd$ 写出 $\vec{\tau}$ 的大小。为了这样做，在式（23-32）中用 qE 代替 F 并用 p/q 代替 d，求得 $\vec{\tau}$ 的大小为

$$\tau = pE\sin\theta \qquad (23-33)$$

我们可把这个公式推广为矢量形式：

$$\vec{\tau} = \vec{p}\times\vec{E} \quad \text{（对偶极子的力矩）} \qquad (23-34)$$

矢量 $\vec{p}$ 和 $\vec{E}$ 由图 23-18b 示出。作用在偶极上的力矩企图使 $\vec{p}$（因而偶极子）转到电场 $\vec{E}$ 的方向，从而使 θ 减小。在图 23-18 中，这种转动是顺时针的。正如我们在第 11 章讨论过的，我

们用力矩的大小包括一个负号来表示引起顺时针转动的力矩。用这种标志法，图 23-18 的力矩可表示为

$$\tau = -pE\sin\theta \tag{23-35}$$

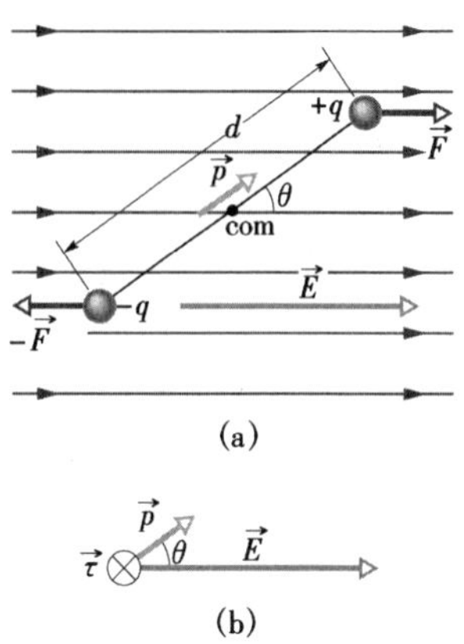

图 23-18 (a) 均匀电场 $\vec{E}$ 中的电偶极子。两个相等而相反的电荷的中心相距为 d。它们之间的直线表示它们的刚性连接。(b) 电场 $\vec{E}$ 对偶极子产生力矩 $\vec{\tau}$，$\vec{\tau}$ 的方向进入页面，如符号⊗表示的那样。

电偶极子的势能

电偶极子的势能与其在电场中的取向有关。当电偶极子处于平衡取向时具有最小的势能，而平衡取向是其偶极矩 $\vec{p}$ 沿电场 $\vec{E}$ 方向的取向（于是 $\vec{\tau}=\vec{p}\times\vec{E}=0$）。在所有其他取向的情况下它具有较大的势能。因而电偶极子像摆，在**它**的平衡取向，即在其最低点，具有**它**的最小的重力势能。要使电偶极子或摆转动到任何其他取向，需要某些外力的功。

在任何涉及势能的情况中，我们可以自由地按完全任意的方式定义零势能的位形，因为只有势能差具有物理意义。结果证明是：如果我们选择图 23-18 中 θ 角为 90°时势能为零，则外电场中电偶极子势能的表达式最简单。于是通过用式（8-1）（$\Delta U=-W$）计算当电偶极子从 90°转到任一其他 θ 值时作用于电偶极子上的电场所做的功 W，我们可求出电偶极子在该 θ 值时的势能 U。借助于式（11-45）（$W=\int\tau d\theta$），我们求得在任一 θ 角处的势能为

$$U = -W = -\int_{90^\circ}^{\theta}\tau d\theta = \int_{90^\circ}^{\theta}pE\sin\theta d\theta \tag{23-36}$$

计算该积分得出

$$U = -pE\cos\theta \tag{23-37}$$

我们可把上式推广为矢量形式：

$$U = -\vec{p}\cdot\vec{E} \quad \text{（电偶极子的势能）} \tag{23-38}$$

式（23-37）和式（23-38）表明：当 $\theta=0$，即当 $\vec{p}$ 和 $\vec{E}$ 沿相同方向时，电偶极子的势能最小（$U=-pE$）；当 $\theta=180°$，即当 $\vec{p}$ 和 $\vec{E}$ 沿相反方向时，势能最大（$U=pE$）。

当电偶极子从初始取向 θ_i 转到其他取向 θ_f 时，电场对电偶极子所做的功为

$$W = -\Delta U = -(U_f - U_i) \tag{23-39}$$

式中 U_f 和 U_i 用式（23-38）计算。如果取向的改变由外加的力矩（通常就说是由于外力）引起，此外加的力矩对电偶极子所做的功 W_a 是电场对电偶极子所做的功的负值；也就是说，

$$W_a = -W = (U_f - U_i) \tag{23-40}$$

检查点 5：右图示出电偶极子在外电场中的四种取向。根据（a）作用在偶极上力矩的大小及（b）电偶极子的势能，把这些取向由大到小排序。

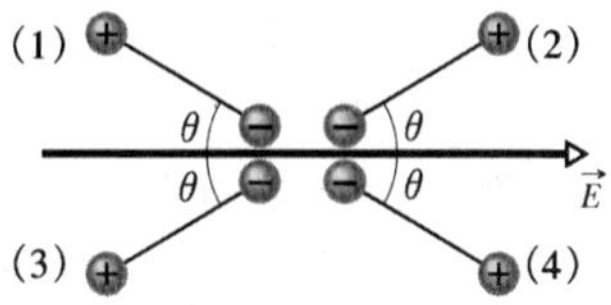

例题 23-5

处于气态的中性水分子具有大小为 6.2×10^{-30} C·m的电偶极矩。

(a) 分子的正电中心和负电中心相隔多远?

【解】 这里**关键点**是，分子的电偶极矩取决于分子的正或负电荷的大小及电荷的间距 d。中性水分子中有十个电子和十个质子，所以其电偶极矩是

$$p = qd = (10e)(d)$$

其中 d 是我们要求的间距，e 是基本电荷。因而，

$$d = \frac{p}{10e} = \frac{6.2\times10^{-30}\,\text{C}\cdot\text{m}}{(10)(1.60\times10^{-19}\,\text{C})}$$

$$= 3.9\times10^{-12}\,\text{m} = 3.9\,\text{pm} \qquad \text{(答案)}$$

这个距离不仅小，而且它实际上还小于氢原子的半径。

(b) 如果分子被放置在 1.5×10^4 N/C 的电场中，电场能对它作用的最大力矩是多少?(这样的电场在实验室中能很容易地建立。)

【解】 这里**关键点**是，当 $\vec{p}$ 与 $\vec{E}$ 之间的角 θ 为 90°时在偶极子上的力矩最大。把这个值代入式(23-33)，得到

$$\tau = pE\sin\theta$$

$$= (6.2\times10^{-30}\,\text{C}\cdot\text{m})(1.5\times10^4\,\text{N/C})(\sin 90^\circ)$$

$$= 9.3\times10^{-26}\,\text{N}\cdot\text{m} \qquad \text{(答案)}$$

(c) 要使这个分子在这一电场中从完全顺排，即 $\theta=0$ 的位置转到两端颠倒过来，外部作用必须做多少功?

【解】 这里**关键点**是，外部作用所做的功(通过对分子施加一个力矩)等于由于取向改变所引起的分子势能的改变。由式(23-40)求出

$$W_a = U(180^\circ) - U(0)$$

$$= (-pE\cos180^\circ) - (-pE\cos0)$$

$$= 2pE = (2)(6.2\times10^{-30}\,\text{C}\cdot\text{m})(1.5\times10^4\,\text{N/C})$$

$$= 1.9\times10^{-25}\,\text{J} \qquad \text{(答案)}$$

复习和小结

电场 解释两电荷之间静电力的一种方法，它假定每个电荷在围绕它的空间中建立起一个电场。于是作用在任一个电荷上的静电力归因于另一电荷在其位置处所建立的电场。

电场的定义 在任一点的电场 $\vec{E}$ 用放在该点的正检验电荷 q_0 受的静电力 $\vec{F}$ 定义:

$$\vec{E} = \frac{\vec{F}}{q_0} \qquad (23-1)$$

电场线 电场线提供了用于使电场的方向及大小形象化的手段。在任一点的电场矢量与通过那点的电场线相切。在任一区域电场线的密度正比于在那个区域电场的大小。电场线起源于正电荷并终止于负电荷。

由点电荷引起的电场 由点电荷所建立的电场 $\vec{E}$ 在距离电荷为 r 处的大小是:

$$E = \frac{1}{4\pi\varepsilon_0}\frac{|q|}{r^2} \qquad (23-3)$$

倘若电荷为正，$\vec{E}$ 的方向背离点电荷; 倘若电荷为负，则朝向点电荷。

由电偶极子引起的电场 电偶极子包含两个 q 大小相等而符号相反、被隔开一个小距离的电荷。它们的偶极矩 $\vec{p}$ 具有大小 qd，且从负电荷指向正电荷。电偶极子在其轴线(它穿过两个电荷)上远处的点建立的电场的大小为

$$E = \frac{1}{2\pi\varepsilon_0}\frac{p}{z^3} \qquad (23-9)$$

式中 z 是该点与偶极子中心之间的距离。

由连续电荷分布引起的电场 由连续电荷分布引起的电场可通过把电荷元作为点电荷来处理，然后用积分把所有的电荷元产生的电场矢量相加求得。

在电场中点电荷上的力 当点电荷被放置在由其他电荷建立的电场 $\vec{E}$ 中时，作用在点电荷上的静电力 $\vec{F}$ 为

$$\vec{F} = q\vec{E} \qquad (23-28)$$

倘若 q 为正，$\vec{F}$ 具有与 $\vec{E}$ 相同的方向; 倘若 q 为负，$\vec{F}$ 具有与 $\vec{E}$ 相反的方向。

电场中的电偶极子 当偶极矩为 $\vec{p}$ 的电偶极子被放置在电场 $\vec{E}$ 中时，电场对电偶极子的力矩为

$$\vec{\tau} = \vec{p}\times\vec{E} \qquad (23-34)$$

偶极子具有与其取向相关联的势能 U:

$$U = -\vec{p}\cdot\vec{E} \qquad (23-38)$$

当 $\vec{p}$ 垂直于 $\vec{E}$ 时，势能被定义为零; 当 $\vec{p}$ 顺着 $\vec{E}$ 时，势能最小($U=-pE$); 当 $\vec{p}$ 与 $\vec{E}$ 反向时，势能最大($U=pE$)。

思考题

1. 图 23－19 示出三根电场线。正的检验电荷被放置在（a）*A* 点及（b）*B* 点，在检验电荷上的静电力沿什么方向？（c）如果检验电荷被释放，则在 *A* 点还是 *B* 点，电荷的加速度会较大？

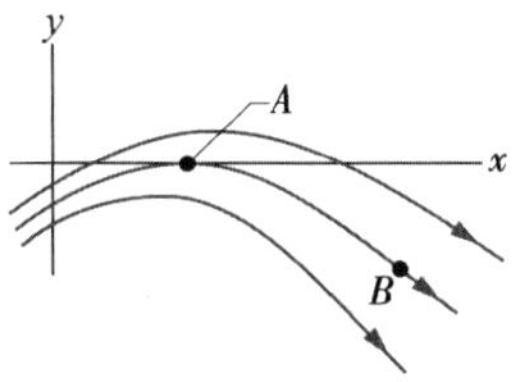

图 23－19 思考题 1 图

2. 图 23－20a 示出在一个轴上的两个带电粒子。（a）在轴上它们的合电场为零的点（除在无限远处）是在：两电荷之间，它们的左边或它们的右边？（b）在轴外有电场为零的点（除在无限远处）吗？

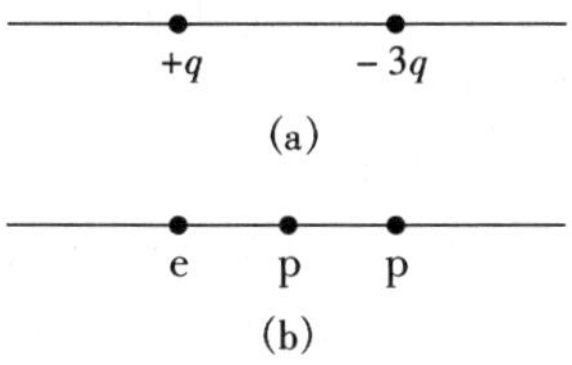

图 23－20 思考题 2 及 3 图

3. 图 23－20b 示出在轴上被均匀隔开的两个质子和一个电子。在轴上它们的合电场为零的点在这些粒子的左边、在它们的右边、在两个质子之间或者在电子与较近的质子之间？

4. 图 23－21 示出带电粒子的两个正方形配置。两个正方形都以 *P* 点为中心但位置没有对好。这些粒子沿着正方形的周边被隔开 *d* 或 *d*/2。在 *P* 点的合电场的大小及方向为何？

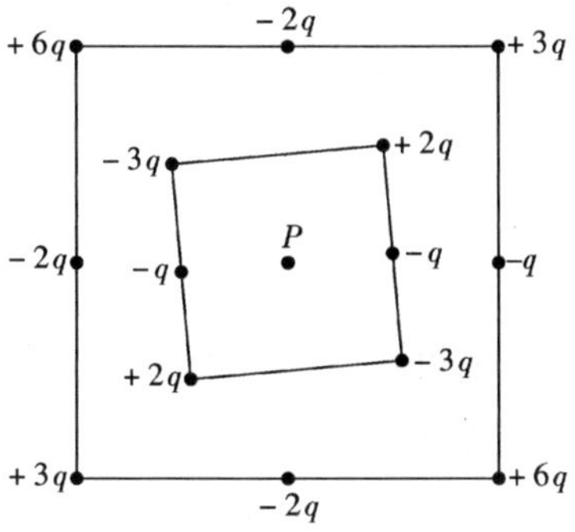

图 23－21 思考题 4 图

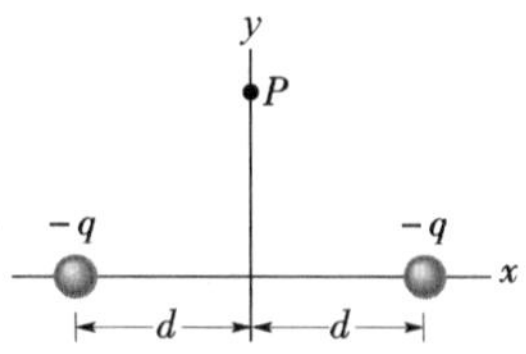

图 23－22 思考题 5 图

5. 在图 23－22 中，两个电荷为 $-q$ 的粒子相对于 *y* 轴对称安排；每个粒子在该轴上 *P* 点产生一电场。(a) 在 *P* 点两个电场的大小相等吗？(b) 每个电场是朝着还是背离产生它的电荷的方向？（c）合电场在 *P* 点的大小等于每个电场矢量大小 *E* 的和（即等于 2*E*）吗？（d）那两个电场矢量的 *x* 分量是相加还是相消？（e）它们的 *y* 分量是相加还是相消？（f）在 *P* 点合电场的方向沿相消分量还是相加分量的方向？(g) 合电场沿什么方向？

6. 三根曲率半径相同的圆形绝缘杆具有均匀电荷。杆 *A* 具有电荷 $+2Q$ 并张成 30°的弧，*B* 杆具有电荷 $+6Q$ 并张成 90°的弧，而杆 *C* 具有电荷 $+4Q$ 并张成 60°的弧。请按照杆的线电荷密度把它们由大到小排序。

7. 在图 23－23a 中，具有均匀电荷 $+Q$ 的圆形塑料杆在曲率中心（在原点）产生一大小为 *E* 的电场。在图 23－23b、c 和 d 中，更多的具有同样均匀电荷 $+Q$ 的杆被添加直到完整的圆为止。第五种布局（将标以 e）与在 d 中的相似，只是该杆在第四象限具有电荷 $-Q$。请按照在曲率中心处电场的大小把这五种配置从大到小排序。

8. 在图 23－24 中，一电子 e 穿过平板 A 上的小孔然后趋向平板 B。两板间的均匀电场使电子放慢而不使它偏转。(a) 电场沿什么方向？(b) 四个其他粒子同样穿过在平板 A 上或平板 B 上的小孔然后进入两板间的区域，其中三个粒子具有电荷 $+q_1$、$+q_2$、及 $-q_3$。第四个（标明 n）是电中性的中子。问在两板间的区域中那四个其他粒子中每一个的速率是增大、减小、还是保持不变？

9. 图 23－25 示出带电粒子 1 通过均匀电场矩形区域的路径；粒子偏向页面的顶部。(a) 电场是指向左边、右边、页面的顶部、还是页面的底部？（b）三个其他的带电粒子如图所示接近电场区域，哪些朝

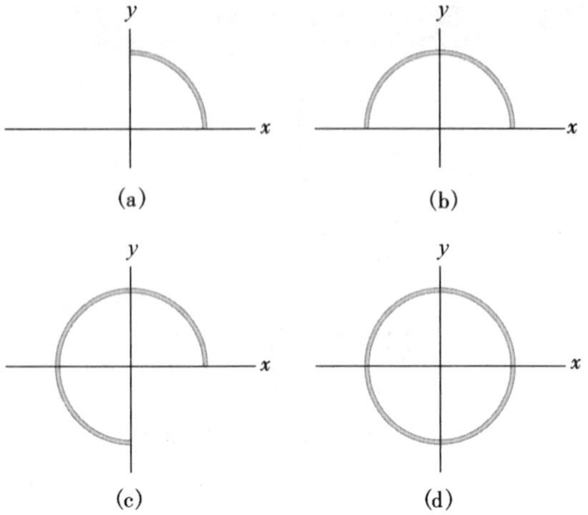

图 23－23　思考题 7 图

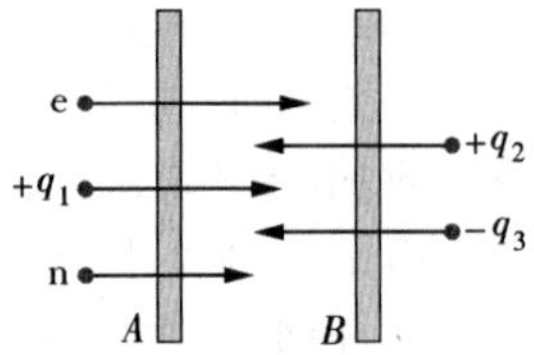

图 23－24　思考题 8 图

向页面顶部偏转，哪些朝向底部？

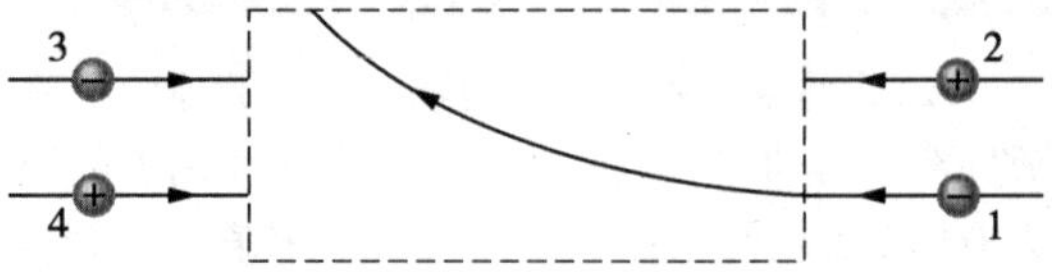

图 23－25　思考题 9 图

10. (a) 在检查点 5 中，如果偶极子从取向 1 转到取向 2，电场对偶极子所做的功是正的、负的、还是零？(b) 如果偶极子改从取向 1 转到取向 4，电场所做的功是大于、小于、还是等于 (a) 中的？

11. 与电场中电偶极子四种取向相联系的势能为 (1) $-5U_0$、(2) $-7U_0$、(3) $3U_0$、及 (4) $5U_0$，其中 U_0 是正的。按照 (a) 电偶极矩 $\vec{p}$ 与电场 $\vec{E}$ 之间的角度，及 (b) 对电偶极子的力矩的大小，把这几种取向由大到小排序。

12. 如果你在干燥的一天从某种类型的地毯上走过，然后伸出手到金属门把或（为了更有趣）某人脖子的后部，就可能引起一个火花。火花为什么发生？（如果你伸出的是手指或甚至更好是突出端向前的金属钥匙，则你能增大火花的亮度和声音。）

练习和习题

23－3 节　电场线

1E. 在图 23－26 中左侧电场线的间距是右侧的两倍。(a) 如果在 A 点电场的大小是 40N/C，则作用在 A 点处质子上的力如何？(b) 在 B 点电场的大小是多少？

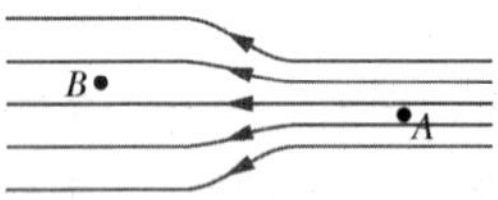

图 23－26　练习 1 图

2E. 有两个同心导体球壳，内壳带有 $+q_1$ 的均匀电荷，外壳带有 $-q_2$ 的均匀电荷。试定性给出这两个球壳之间及两球壳之外的电场线图。考虑 $q_1>q_2$、$q_1=q_2$、及 $q_1<q_2$ 三种情况。

3E. 试定性绘出半径为 R 的均匀带电薄圆盘的电场线图。（提示：考虑很接近盘面和远离盘面的两种极限情形。在前一种情形，电场指向垂直于盘面的方向；在后一种情形，电场像点电荷的电场。）(ssm)

23－4 节　由点电荷引起的电场

4E. 要在离点电荷 1.00m 处生成 1.00N/C 的电场，这个点电荷的大小应是多少？

5E. 要使离点电荷 50cm 远处的电场大小为 2.0N/C，这个点电荷的大小应是多少？(ssm)

6E. 两个带有等量异号电荷的粒子保持相距 15cm，电荷的大小为 2.0×10^{-7}C。在这两个电荷之间中点处 $\vec{E}$ 的大小及方向为何？

7E. 钚－239 的原子具有 6.64fm 的核半径和 $z=94$ 的原子序数。假定正电荷均匀分布在核内，则在核的表面处由正电荷引起的电场的大小及方向为何？(ssm)

8P. 在图 23－27 中，两个固定的点电荷 $q_1=+1.0\times10^{-6}$C 及 $q_2=+3.0\times10^{-6}$C 被隔开距离 $d=10$cm。试绘制它们的合电场 $E(x)$ 随 x 变化的曲线图。绘图时 x 值的正和负都要考虑，而且当矢量 $\vec{E}$ 指向右方时，E 取正值；当 $\vec{E}$ 指向左方时，E 取负值。

9P. 两个点电荷 $q_1=2.1\times10^{-8}$C 及 $q_2=-4.0q_1$，它们被固定在相距 50cm 处。找出在这两个电荷连接

线上电场为零的点。(ssm)(www)

10P. (a) 在图 23-27 中，两个固定的点电荷 $q_1 = -5q$ 及 $q_2 = -2q$ 被隔开距离 d。确定由这两个电荷引起的合电场为零的点（或一些点）。(b) 定性绘出电场线图。

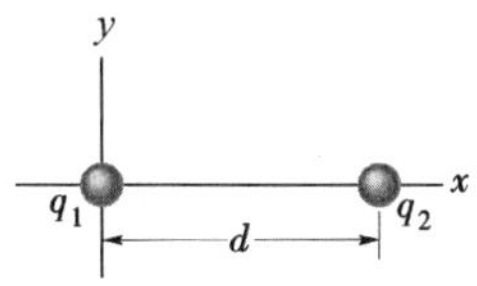

图 23-27 习题 8 及习题 10 图

11P. 在图 23-28 中，在 P 点由所示的四个点电荷引起的电场的大小是多少?

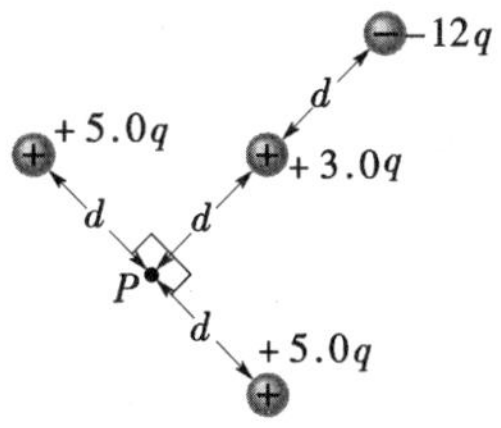

图 23-28 习题 11 图

12P. 计算在图 23-29 中在 P 点由三个点电荷所引起的电场的大小及方向。

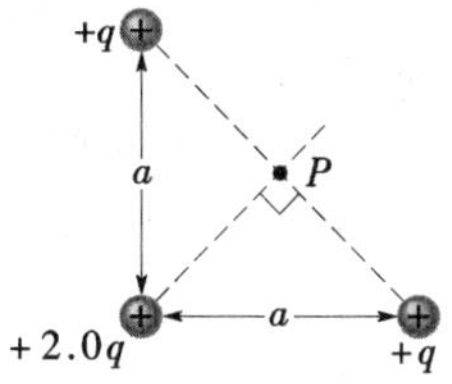

图 23-29 习题 12 图

13P. 如图 23-30 所示，如果 $q = 1.0 \times 10^{-8}$C 而 $a = 5.0$cm，则在正方形中心电场的大小及方向为何?(ssm)(ilw)

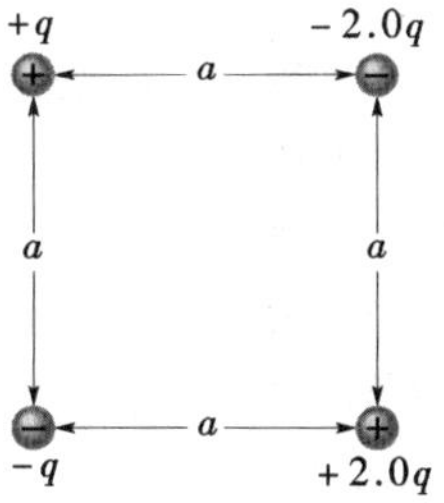

图 23-30 习题 13 图

23-5 节　由电偶极子引起的电场

14E. 在图 23-8 中，设两个电荷都是正的。假定 $z \gg d$，证明在该图中 P 点处的 E 由下式给出：

$$E = \frac{1}{4\pi\varepsilon_0}\frac{2q}{z^2}$$

15E. 计算相距 4.30nm 的一个电子和一个质子的电偶极矩。(ssm)

16P. 在图 23-31 中，求电偶极子在 P 点引起的电场的大小及方向。P 点在两电荷连线的中垂线上距离 $r \gg d$ 处。把答案用电偶极矩 $\vec{p}$ 的大小及方向来表达。

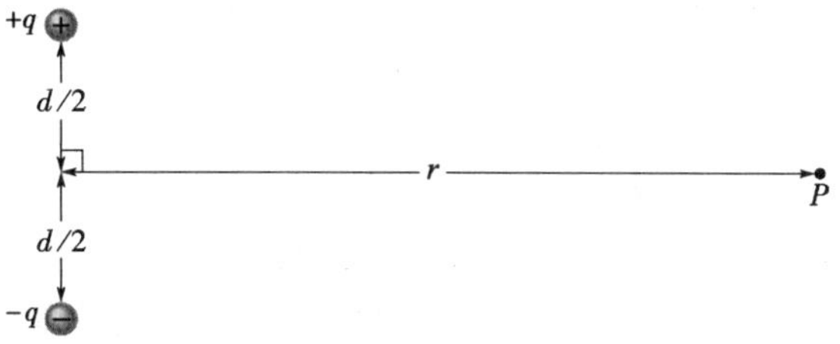

图 23-31 习题 16 图

17P*. 电四极子 图 23-32 示出一个电四极子，它由两个偶极矩大小相等而方向相反的偶极子组成。证明在四极子轴线上距离其中心为 z（设 $Z \gg d$）的 P 点处 E 的值由下式给出：

$$E = \frac{3Q}{4\pi\varepsilon_0 z^4}$$

其中 Q（$=2qd^2$）叫作该电荷分布的**四极矩**。(ssm)

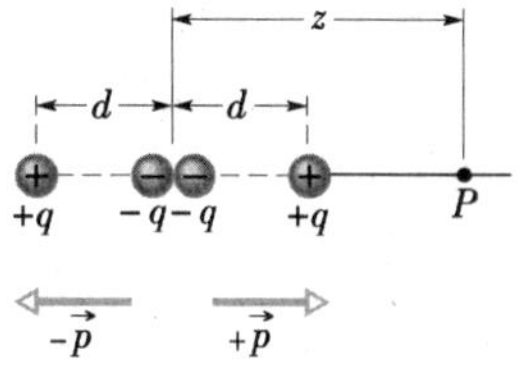

图 23-32 习题 17 图

23-6 节　由电荷线引起的电场

18E. 图 23-33 示出两个平行的非导电环，两环的轴沿一条共同的直线。环 1 具有均匀电荷 q_1 及半径 R，环 2 具有均匀电荷 q_2 及相同的半径 R。两环被隔开距离为 $3R$。若在共同线上距离环 1 为 R 的 P 点处合电场为零，则 q_1/q_2 的比值是多少?

19P. 一电子被约束在 23-6 节中所讨论的半径为 R 的电荷环的中心轴上。证明电子受的静电力能使它通过环中心振动，其角频率为

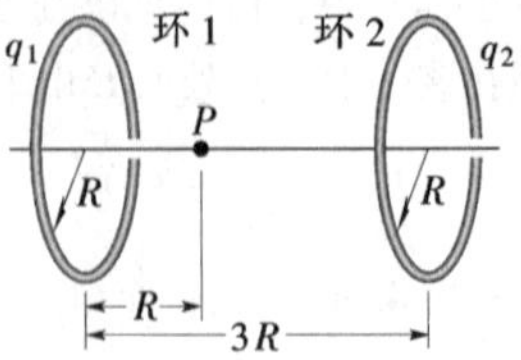

图 23-33 练习 18 图

$$\omega = \sqrt{\frac{eq}{4\pi\varepsilon_0 mR^3}}$$

式中 q 是环的电荷而 m 是电子的质量。(ssm)

20P. 在图 23-34a 中，两根弯曲的塑料杆，一根带电荷 $+q$ 而另一根带电荷 $-q$，它们在 xy 平面内形成一半径为 R 的圆。x 轴穿过它们的连接点，并且电荷均匀分布在两根杆上。在圆的中心 P 处，所产生的电场 $\vec{E}$ 的大小及方向为何？

21P. 如图 23-34b 所示，一根细玻璃棍被弯成半径为 r 的半圆。电荷 $+q$ 沿棍的上半部均匀分布，而电荷 $-q$ 沿下半部均匀分布。求在半圆中心 P 点的电场 $\vec{E}$ 的大小及方向。(ilw)

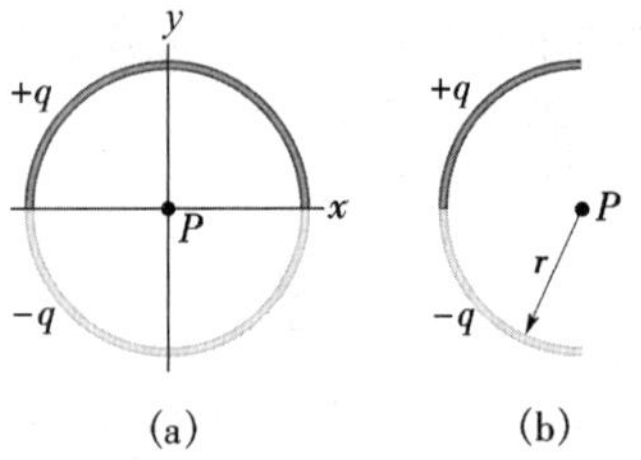

图 23-34 习题 20、习题 21 图

22P. 在半径为 R 的均匀电荷环的中心轴上，距离多远处由环上电荷引起的电场为最大？

23P. 在图 23-35 中，长 L 的绝缘杆具有沿其长度均匀分布的电荷 $-q$。(a) 杆的线电荷密度为多大？(b) 在距离杆末端为 a 的 P 点处电场为何？(c) 如果与 L 相比 P 点离杆很远，则杆看起来像一个点电荷，证明你对 (b) 的答案将简化为对 $a \gg L$ 时点电荷的电场。(ssm) (ilw) (www)

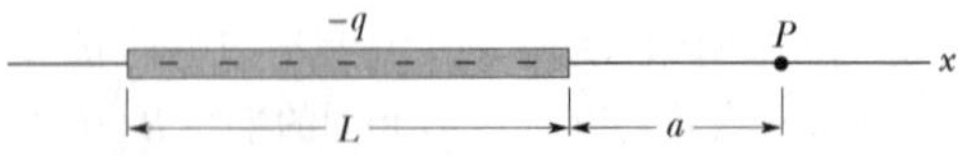

图 23-35 习题 23 图

24P. 如图 23-36 所示，长 L 的细绝缘杆具有沿着它均匀分布的电荷 q。试证明在杆的中垂线上 P 点的电场的大小为

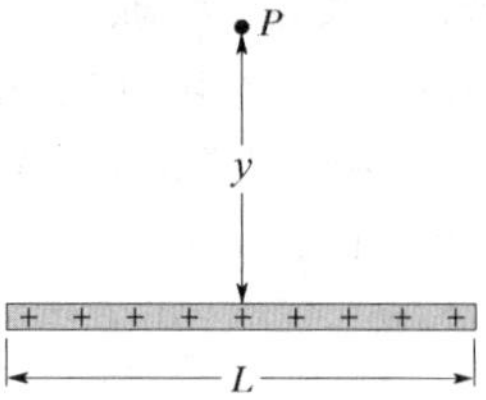

图 23-36 习题 24 图

$$E = \frac{q}{2\pi\varepsilon_0 y}\frac{1}{(L^2+4y^2)^{1/2}}$$

25P*. 在图 23-37 中，一"半无限长"绝缘杆(即，只沿一个方向无限长)具有均匀线电荷密度 λ。试证明在 P 点的电场与杆成 45°角，并且这个结果与距离 R 无关。(**提示**：分别求出在 P 点电场的平行及垂直于杆的分量，然后比较这些分量。)(ssm)

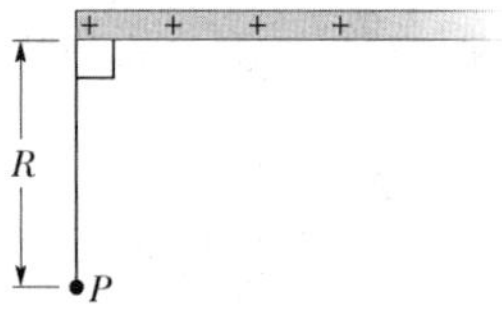

图 23-37 习题 25 图

23-7 节　由带电圆盘引起的电场

26E. 半径 2.5cm 的圆盘在其上表面具有 5.3μC/m² 的面电荷密度。该盘在其中心轴上距离为 z = 12cm 的一点产生的电场的大小如何？

27P. 在半径为 R 的均匀带电塑料圆盘的中心轴上距离多远处，电场的大小等于圆盘表面中心处的一半？(ssm)

23-8 节　电场中的点电荷

28E. 一电子被电场以 $1.80\times10^9\,\mathrm{m/s^2}$ 的加速度向东加速，确定电场的大小及方向。

29E. 一电子在大小为 $2.00\times10^4\,\mathrm{N/C}$ 的均匀电场中由静止被释放。计算电子的加速度。(忽略引力。)(ssm)

30E. 一 α 粒子(氦原子的核)具有 6.64×10^{-27} kg 的质量和 $+2e$ 的电荷。要平衡作用在它上面的重力，电场的大小及方向应为何？

31E. 一电子在沿电偶极子轴线距离其中心为 25nm 处，电偶极子的偶极矩为 $3.6\times10^{-29}\,\mathrm{C\cdot m}$。计算电偶极子对该电子的力的大小。假定电子到电偶极子中心的距离远大于电偶极子电荷间距。(ilw)

32E. 潮湿的空气在 $3.0\times10^6\,\mathrm{N/C}$ 的电场中被击穿(其分子被电离)。在那个电场中，作用在 (a)

电子上及（b）失去一个电子的离子上的静电力各有多大？

33E. 一带电的云系在邻近地球表面的空气中产生电场。带电 -2.0×10^{-9}C 的粒子放在此电场中时受到向下的静电力为 3.0×10^{-6}N。（a）电场的大小是多少？（b）放在此电场中的一个质子受的静电力的大小及方向为何？（c）质子受的重力多大？（d）在这种情况下，静电力大小与重力大小的比值是多少？（ssm）

34E. 在邻近地球表面的大气中，一电场 $\vec{E}$ 具有约 150N/C 的平均大小并指向下方。我们希望通过使一重 4.4N 的硫磺球带电而让该球“漂浮”在电场中。（a）应该利用什么样的电荷（符号及大小）？（b）为什么这个实验并不实际？

35E. 高速的质子束能利用电场加速质子在“枪”中生成。（a）如果枪的电场是 2.00×10^4N/C，则质子将得到多大的加速度？（b）如果电场加速质子通过 1.00cm 的距离，则质子将达到多大的速率？（ssm）

36E. 电子以 5.00×10^8cm/s 的速率进入大小为 1.00×10^3N/C 的电场，顺电场线沿着阻碍它运动的方向行进。（a）电子在暂时停止以前在电场中将行进多远？（b）将经过多少时间？（c）如果具有电场的区域仅 8mm 长（对于电子停在其中来说太短了），在该区域中电子将失去多大比例的初始动能？

37E. 在密立根实验中，所加电场为 1.92×10^5N/C 并指向下方。半径为 1.64μm 且密度为 0.851g/cm^3 的一个油滴被悬浮在室 C 中（见图 23-13）。试求油滴上的电荷，用 e 表示。（ssm）

38P. 在一次实验中，密立根观察在不同时刻单个油滴上呈现的电荷，其中一部分测量结果如下：

6.563×10^{-19}C	13.13×10^{-19}C	19.71×10^{-19}C
8.204×10^{-19}C	16.48×10^{-19}C	22.89×10^{-19}C
11.50×10^{-19}C	18.08×10^{-19}C	26.13×10^{-19}C

从这些数据，可以推算出元电荷的值是多少？

39P. 在带有等量异号电荷的两导体板之间存在着均匀电场。一电子在负电板的表面处由静止被释放，在 1.5×10^{-8}s 的时间内撞击到距离 2.0 厘米远的异号带电板的表面上。（a）当电子冲击到第二块板时它的速率为多大？（b）电场 $\vec{E}$ 的大小是多少？（ilw）

40P. 一电子在两块带电的平行导体板之间运动。在某一时刻电子的速度分量是 $v_x=1.5\times10^5$m/s，$v_y=3.0\times10^3$m/s。假设两板间的电场为 $\vec{E}=(120\text{N/C})\vec{j}$。（a）此电子的加速度为何？（b）当此电子的 x 坐标改变了 2.0cm 时，它的速度为何？

41P. 两块大的平行铜板相距 5.0cm 且在它们之间具有如图 23-38 所示的均匀电场。在一质子从正电板被释放的同时，一电子从负电板被释放。忽略两粒子彼此间的力，求当它们互相越过时它们与正电板的距离。（求解这道习题时你并不需要知道电场，这不使你惊奇吗？）（ssm）（www）

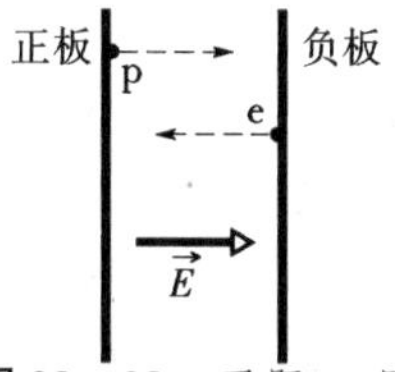

图 23-38 习题 41 图

42P. 一质量为 10.0g，电量为 $+8.00\times10^{-5}$C 的物块放在 $\vec{E}=(3.00\times10^3)\vec{i}-600\vec{j}$ 的电场中，其中 $\vec{E}$ 的单位是 N/C。（a）作用在这物块上力的大小及方向为何？（b）如果该物块在 $t=0$ 时从原点由静止被释放，在 $t=3.00$s 时它的坐标为何？

43P. 在图 23-39 中由于下板带正电，上板带负电，在两平行带电板间建立的均匀电场 $\vec{E}$ 的大小为 2.00×10^3N/C，方向向上。两板具有长度 $L=10.0$cm 和间隔 $d=2.00$cm。一电子从下板的左边缘被射入两板间。电子的初始速度 $\vec{v}_0$ 与下板成 $\theta=45°$ 角而大小为 6.00×10^6m/s。（a）电子是否会打到任一板上？（b）如果能打到，则电子打到哪个板且在离其左边缘沿水平方向多远处？（ssm）

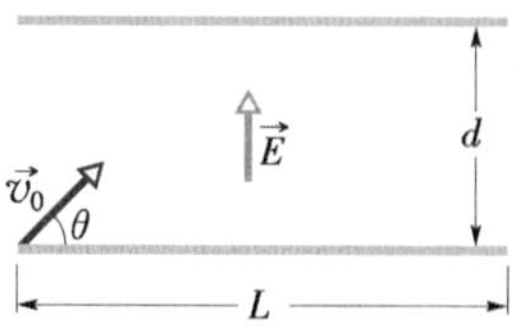

图 23-39 习题 43 图

23-9 节 电场中的偶极子

44E. 一电偶极子包含两个电荷，它们的大小为 1.50nC 并相距 6.20μm。把此电偶极子放到强度为 1100N/C 的电场中。（a）此电偶极子的电偶极矩的大小是多少？（b）电偶极子的取向与电场平行与反平行时的势能的差是多少？

45E. 一电偶极子由相距 0.78nm、分别带有 $+2e$ 与 $-2e$ 的两个电荷组成，它在强度为 3.4×10^{6} N/C 的电场中，计算当电偶极矩与电场（a）平行、（b）垂直及（c）反平行时，偶极子受的力矩的大小。

46P. 求在均匀电场 $\vec{E}$ 中使电偶极子两端颠倒过来所需的功，把结果用电偶极矩的大小 p、电场的大小 E 及 $\vec{p}$ 与 $\vec{E}$ 之间的初始角 θ_0 表示。

47P. 一电偶极矩为 $\vec{p}$、转动惯量为 I 的电偶极子在大小为 E 的均匀电场中在其平衡位置附近作小幅度振动，求其振动频率。(ssm)

附加题

48. 花的繁殖依赖昆虫把花粉粒从一朵花传送到另一朵。在其中蜜蜂能这样做的一种方式是通过电的方法收集粉粒，因为蜜蜂通常是带正电的。当蜜蜂在花的电绝缘的花药附近（见图 23－40）盘旋时，花粉粒（它们在一定程度上导电）跳向蜜蜂，在飞到下一朵花期间花粉粒粘附在蜜蜂上。当蜜蜂接近那朵花的柱头（它通过花的内部与地电连接）时，花粉粒从蜜蜂跳到柱头上，使花受精。

（a）假定带有典型的 45pC 电荷的一蜜蜂是球形导体，求在距离蜜蜂中心为 2.0cm 的花粉粒处蜜蜂的电场的大小。（b）那个场是均匀的还是不均匀的？（c）对为什么花粉粒跳往蜜蜂，在蜜蜂飞行期间粉粒粘附在它上面，以及然后从蜜蜂跳离到接地的柱头上，给出合理的说明。（**提示**：考虑图 22－5。）当花粉粒到达蜜蜂时，它是否与蜜蜂形成电接触，以致花粉粒上的电荷改变？

图 23－40 习题 48 图

第24章 高斯定律

壮观的闪电轰击着图森市㊀，每次轰击从云底到地面传送约 10^{20} 个电子。

一次闪电有多宽？由于轰击能从几千米远处看到，它是否像，比方说，汽车一样宽？

答案在本章中。

㊀ 美国亚利桑那州南部的城市。——译者注

24-1 对库仑定律的重新审视

如果你想要确定一个土豆的质心，你可以通过实验或通过涉及三重积分的数值计算的艰苦运算来完成。如果该土豆碰巧是个均匀的椭球体，那么你不经运算就能从其对称性知道质心确切在哪里。对称的情况出现在物理学的一切领域；当可能时，把物理定律打造成充分利用这个事实的形式是有意义的。

库仑定律是静电学中的统治定律，但它并未被打造成在一些含有对称性的情况下使应用特别简化的形式。在本章中，我们引入库仑定律的一种新的表述，它由德国数学家和物理学家高斯（C. F. Gauss，1777~1855）导出。这个定律，叫做**高斯定律**，能被用于一些特殊的对称情况。对于静电学问题，它与库仑定律完全等效。我们选择它们中的哪一个来运用只取决于手边的问题。

高斯定律的核心是一个被叫做**高斯面**的假想的闭合面。高斯面可以是你希望它成为的任何形状，但最有用的是摹拟手边问题对称性的一种形状。因而，高斯面往往是球面、圆柱面或某种其他对称的形状。它应该总是**闭合**面，以便清楚地区别面内、面上和面外的点。

想象你已经围绕电荷分布建立了一高斯面，于是高斯定律开始起作用：

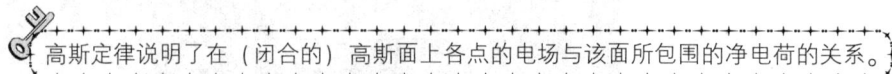

> 高斯定律说明了在（闭合的）高斯面上各点的电场与该面所包围的净电荷的关系。

图24-1示出其中高斯面是球面的一种简单情况。假设你知道在高斯面上每一点都有电场而且所有的电场具有同样的大小并沿半径指向外部。没有对高斯定律的任何了解，你也可以猜测出一定有一些正的净电荷被高斯面包围。如果你**的确**了解高斯定律，那么你就可以算出究竟有多少正的净电荷被包围。为了计算，你只需要知道“多少”电场被高斯面截取，这个“多少”涉及电场穿过该面的**通量**。

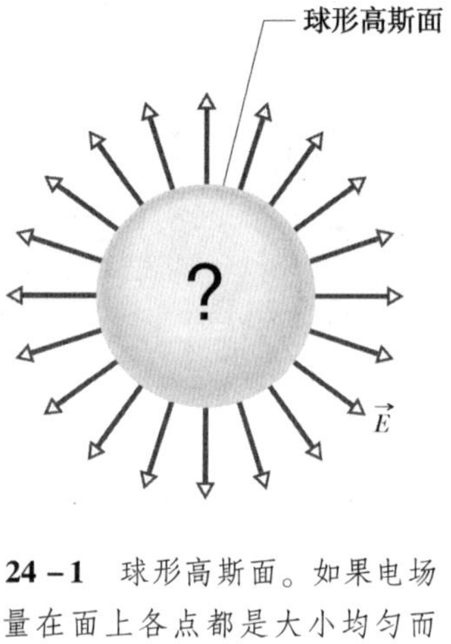

图24-1 球形高斯面。如果电场矢量在面上各点都是大小均匀而且沿半径指向外部，你就能得出一定有一些正的电荷分布在面内而且具有球对称性的结论。

24-2 通量

如图24-2a所示，假设你考虑在面积为 A 的小方框处、具有均匀速度 $\vec{v}$ 的宽气流。令 Φ 表示空气流过方框的**体积流量**（体积每单位时间）。这个流量取决于 $\vec{v}$ 与方框平面之间的角度。如果 $\vec{v}$ 垂直于平面，则流量 Φ 等于 vA。

如果 $\vec{v}$ 平行于方框平面，则没有空气通过该框，所以 Φ 为零。对于中间的角度，流量 Φ 取决于 $\vec{v}$ 垂直于平面的分量（图24-2b）。由于该分量是 $v\cos\theta$，流过方框的体积流量就是

$$\Phi = (v\cos\theta)A \tag{24-1}$$

这个通过面的流量是**通量**的一个例子，在这种情况下流量是**体积通量**。在讨论静电学中涉及的通量之前，我们需要借助矢量改写式（24-1）。

为了这样做，我们首先定义**面积矢量** $\vec{A}$ 为其大小等于一面积（这里是该框的面积）而其方向垂直于该面积的平面（图24-2c）的矢量。我们于是把式（24-1）改写为气流的速度矢量

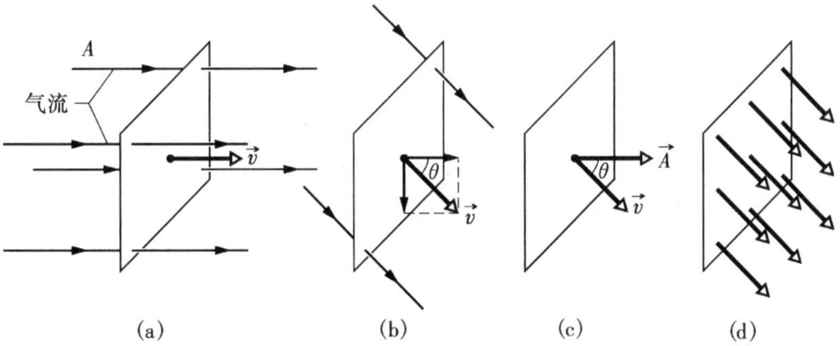

图 24－2　(a) 均匀气流垂直于面积为 A 的方框平面。(b) 流速 $\vec{v}$ 垂直于框平面的分量为 $v\cos\theta$，其中 θ 是 $\vec{v}$ 和平面法线之间的角。(c) 面积矢量 $\vec{A}$ 垂直于框平面，并与 $\vec{v}$ 成 θ 角。(d) 被方框面积所拦截的速度场。

$\vec{v}$ 与该框面积矢量 $\vec{A}$ 的标（或点）积：

$$\Phi = vA\cos\theta = \vec{v} \cdot \vec{A} \tag{24-2}$$

式中 θ 是 $\vec{v}$ 与 $\vec{A}$ 之间的角。

“通量”一词来自意指“流过”的拉丁词语。如果我们谈论到穿过该框空气体积的流动，那个含义是有意义的。然而，对式（24－2）可以按一种更抽象的方式来看待。为了体会这一点，应注意到我们能对通过该框的气流中每一点给予一速度矢量（见图 24－2d），所有那些矢量的组合是一**矢量场**，所以我们可把式（24－2）解释为给出**矢量场穿过该框的通量**。用这个解释，通量不再表示某些东西穿过一面积的实际流动，而是表示一面积与穿过该面积的场的乘积。

24－3　电场的通量

为了定义电场的通量，考虑图 24－3，它示出浸没在非均匀电场中的任一（非对称的）高斯面。让我们把该面划分成面积为 ΔA 的小正方形，每个正方形充分小使我们能忽略任何弯曲并认为各个正方形是平的。用面积矢量 $\Delta\vec{A}$ 表示每个这样的面积元，其大小是 ΔA，每个矢量 $\Delta\vec{A}$ 垂直于高斯面并从面的内部指向外部。

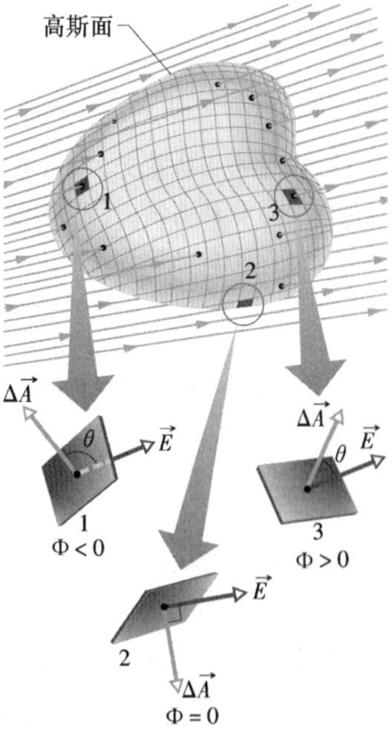

图 24－3　浸没在电场中一个任意形状的高斯面。它被划分成许多小方形面积。图中画出了电场 $\vec{E}$ 和标以 1，2 和 3 的面积矢量为 $\Delta\vec{A}$ 的三个有代表性的正方形。

因为这些正方形已被取为任意小，电场 $\vec{E}$ 可被假定遍及任一给定的正方形都是常量。对每个正方形矢量 $\Delta\vec{A}$ 和 $\vec{E}$ 互相成某个角度 θ。图 24－3 示出高斯面上三个正方形（1，2 和 3）的放大图，及对每个正方形的角 θ。

对于图 24－3 的高斯面，电场通量的临时定义是

$$\Phi = \sum \vec{E} \cdot \Delta\vec{A} \tag{24-3}$$

这个方程指示我们巡视高斯面上的每个正方形，计算我们在

那里遇到的两个矢量 $\vec{E}$ 和 $\Delta\vec{A}$的标积 $\vec{E}\cdot\Delta\vec{A}$，并对形成高斯面的所有正方形用代数（即，带着符号）的方法去求那些标积的和。从各个标积所得到的符号或零确定穿过其正方形的通量是正、负、或零。像 1 那样的正方形，其中 $\vec{E}$ 指向面内，对式（24－3）的总和的贡献是负的。像 2 那样的正方形，其中 $\vec{E}$ 躺在面上，贡献是零。像 3 那样的正方形，其中 $\vec{E}$ 指向面外，贡献是正的。

使图 23－4 中所示的那些正方形面积逐渐变小趋近微分极限 dA 就可以得到电场穿过闭合面的通量的确切定义。面积矢量于是趋近微分极限 d$\vec{A}$。式（24－3）的求和就变成一积分而我们对于电通量的定义就是

$$\Phi = \oint \vec{E}\cdot \mathrm{d}\vec{A} \qquad \text{(穿过高斯面的电通量)} \qquad (24-4)$$

积分号上的圆圈表明将对整个（闭合的）面求积分。电场的通量是标量，且其 SI 单位是牛平方米每库（$\mathrm{N\cdot m^2/C}$）。

我们可按下述方式解释式（24－4）：首先回想我们利用穿过一面积的电场线密度作为那里电场 $\vec{E}$ 的成比例的量度。具体地讲，E 的大小正比于每单位面积的电场线条数。因而，式（24－4）中的标积 $\vec{E}\cdot\mathrm{d}\vec{A}$ 正比于穿过面积 dA 的电场线的条数。因此，因为式（24－4）中的积分是对闭合的高斯面进行的，我们看到

穿过高斯面的电通量 Φ 正比于穿过该面的电场线的净条数。

例题 24－1

图 24－4 示出被浸没在均匀电场 $\vec{E}$ 中的呈半径为 R 的圆柱面形状的高斯面，柱面的轴线平行于电场。穿过这个闭合面的电场通量 Φ 是多少？

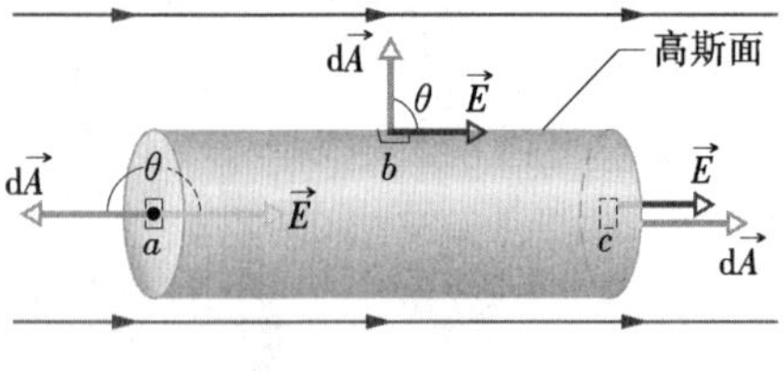

图 24－4　例题 24－1 图　浸没在均匀电场中的圆柱形高斯面。圆柱面的轴与场的方向平行。

【解】　这里关键点是，我们可通过对高斯面求标积 $\vec{E}\cdot\mathrm{d}\vec{A}$ 的积分求出穿过该面的通量。我们可借助把通量写成三项的和来求结果。这三项是对：圆柱左边的盖 a，圆柱面 b，及右边的盖 c 求积分。因而，由式（24－4），

$$\Phi = \oint \vec{E}\cdot \mathrm{d}A$$

$$= \int_a E\cdot \mathrm{d}A + \int_b E\cdot \mathrm{d}A + \int_c E\cdot \mathrm{d}A \qquad (24-5)$$

对于左盖上所有的点，$\vec{E}$ 与 d$\vec{A}$ 之间的角 θ 是 180°，且电场的大小 E 是常量，因而

$$\int_a \vec{E}\cdot \mathrm{d}\vec{A} = \int E(\cos\theta)\,\mathrm{d}A$$

$$= -E\int \mathrm{d}A = -EA$$

式中 $\int \mathrm{d}A$ 给出了盖的面积，A（$=\pi R^2$）。同样对于右盖，那里对所有的点 $\theta=0$，

$$\int_c \vec{E}\cdot \mathrm{d}\vec{A} = \int E(\cos 0)\,\mathrm{d}A = EA$$

最后，对于圆柱面，在那里所有的点 θ 是 90°，

$$\int_b \vec{E}\cdot \mathrm{d}\vec{A} = \int E(\cos 90°)\,\mathrm{d}A = 0$$

把这些结果代入式（24－5），给出

$$\Phi = -EA + 0 + EA = 0 \qquad \text{（答案）}$$

这个结果可能并不意外，因为这表示电场的电场线全都完整地穿过高斯面，从左盖进入，从右盖穿出，因而给出零的净通量。

检查点1：这里的附图示出浸没在均匀电场 $\vec{E}$ 中的正面面积为 A 的正方形高斯面，$\vec{E}$ 沿 z 轴正方向。用 E 和 A 来表示穿过 (a) 前表面 (在 xy 平面内)，(b) 后表面，(c) 上表面，及 (d) 整个立方体的通量是什么？

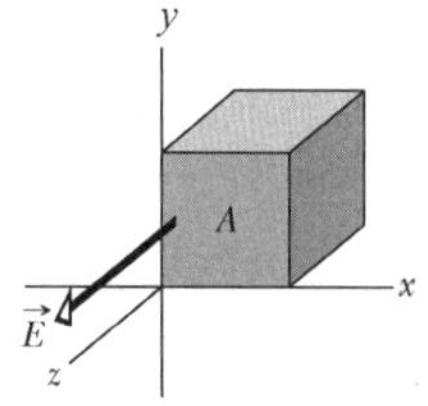

例题 24 -2

由 $E=3.0x\vec{i}+4.0\vec{j}$ 给定的非均匀电场贯穿于图 24 -5 中所示的正立方形高斯面 (E 的单位是牛每库仑而 x 的单位是米)。穿过右表面、左表面、及上表面的电通各是多少？

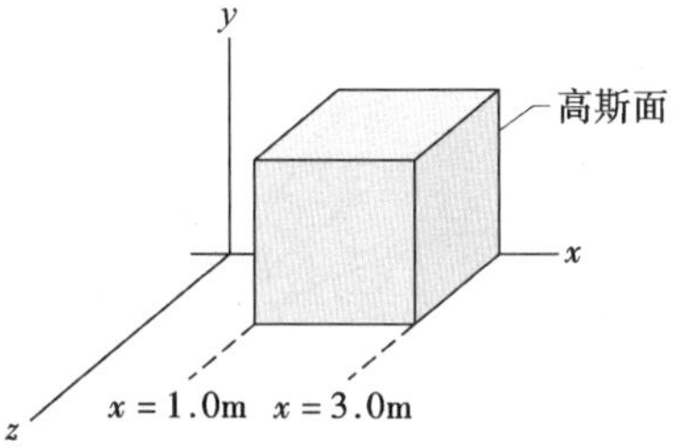

图 24 -5 例题 24 -2 图 在不均匀电场中的一个正立方形高斯面，其一边在 x 轴上。

【解】 这里**关键点**是，我们可通过对各个表面的标积 $\vec{E}\cdot d\vec{A}$ 的积分求出穿过该表面的通量 Φ。

右表面：面积矢量 $\vec{A}$ 总是垂直于其表面并总是从高斯面内部指向外部。因而，对于正方形右表面的矢量 $d\vec{A}$ 应该指向 x 正方向。于是，按单位矢量标志法，

$$d\vec{A} = dA\vec{i}$$

由式 (24 -4)，穿过右表面的通量 ϕ_r 因而是

$$\phi_r = \int\vec{E}\cdot d\vec{A} = \int(3.0x\vec{i}+4.0\vec{j})\cdot(dA\vec{i})$$

$$= \int[(3.0x)(dA)\vec{i}\cdot\vec{i}+(4.0)(dA)\vec{j}\cdot\vec{i}]$$

$$= \int(3.0xdA+0) = 3.0\int xdA$$

我们将对右表面求积分，但注意到 x 在该面上任何地方都具有相同的值，即 $x=3.0\text{m}$。这意味着可用该恒定值代替 x。于是

$$\Phi_r = 3.0\int(3.0)dA = 9.0\int dA$$

现在的积分仅仅是右表面的面积 $A=4.0\text{m}^2$，所以

$$\Phi_r = (9.0\text{N/C})(4.0\text{m}^2) = 36\text{N}\cdot\text{m}^2/\text{C}$$

(答案)

左表面：用于求出穿过左表面通量的程序与用于右表面的相同。然而，两个因素改变了：(1) 微分面积矢量 $d\vec{A}$ 指向 x 的负方向，因为 $dA=-dA\vec{i}$；(2) 量 x 重新出现在积分中，而且在遍及被考虑的表面上也是恒定的。然而，在左表面上，$x=1.0\text{m}$。根据这两个改变，我们求出穿过左表面的通量 Φ_l 是

$$\Phi_l = -12\text{N}\cdot\text{m}^2/\text{C} \qquad \text{(答案)}$$

上表面：微分面积 $d\vec{A}$ 指向 y 的正方向，因而 $d\vec{A}=dA\vec{j}$。穿过上表面的通量 Φ_t 于是为

$$\Phi_t = \int(3.0x\vec{i}+4.0\vec{j})\cdot(dA\vec{j})$$

$$= \int[(3.0x)(dA)\vec{i}\cdot\vec{j}+(4.0)(dA)\vec{j}\cdot\vec{j}]$$

$$= \int(0+4.0dA) = 4.0\int dA$$

$$= 16\text{N}\cdot\text{m}^2/\text{C}$$

(答案)

24 -4 库仑定律的另一种形式——高斯定律

高斯定律涉及穿过一闭合面 (一高斯面) 电场的通量 Φ 与该面所包围的净电荷 q_{enc} 的关系。它告诉我们

$$\varepsilon_0\Phi = q_{enc} \qquad \text{(高斯定律)} \qquad (24-6)$$

通过代入通量的定义式 (24 -4)，我们还能把高斯定律写作

$$\varepsilon_0\oint\vec{E}\cdot d\vec{A} = q_{nec} \qquad \text{(高斯定律)} \qquad (24-7)$$

式（24－6）和式（24－7）只适用于当电荷位于真空中或（对大多数实际目的是一样的）空气中。在26－8节中，我们将使高斯定律变更到包括其中存在诸如云母、油类、或玻璃等材料的情况。

在式（24－6）和式（24－7）中，净电荷是所有被包围的正电荷与负电荷的代数和，而它可以是正的、负的或零。我们把符号包括在内，而不仅用到它们的大小，因为符号告诉我们有关穿过高斯面的净通量的一些情况：如果 q_{enc} 为正，则净通量**向外**；如果 q_{enc} 为负，则净通量**向内**。

在高斯面外的电荷不管它可能多大或多近，都不包括在高斯定律的 q_{enc} 一项中。在高斯面内电荷的确切形状或位置也是无关紧要的；在式（24－7）的右边，重要的事物是被包围的净电荷的大小及符号。然而，式（22－7）左边的量 $\vec{E}$ 是由高斯面外和面内所有电荷合成的电场。这可能看来是不合逻辑的，但应记住我们在例题24－1中曾看到：由高斯面外电荷引起的电场并不提供**穿过**该面的净通量，因为由那个电荷引起的电场线进入该面的与离开该面的一样多。

让我们把这些构想运用到图24－6。该图示出两个等量异号的点电荷及描绘它们在围围空间所建立的电场的电场线，还有四个高斯面以截面示出。让我们依次考虑每个面。

面 S_1　对于这个面上所有的点，电场都是向外的。因而，穿过这个面的电场的通量为正，正如高斯定律要求的，在该面内的净电荷也如此（即在式（24－6）中，如果 Φ 为正，则 q_{enc} 必定也为正。）

面 S_2　对于这个面上所有的点电场都是向内的，因而，电场的通量为负，而且正如高斯定律要求的，被包围的电荷也如此。

面 S_3　这个面未包围电荷，因而 $q_{enc}=0$。高斯定律（式（24－6））要求穿过这个面的电场的净通量为零，那是合理的。因为全部电场线完整地穿过该面，在顶部进入而在底部离开。

面 S_4　这个面未包围净电荷，因为所包围的正电荷与负电荷具有相等的大小。高斯定律要求穿过这个面的电场的净通量为零，那是合理的，因为离开 S_4 的电场线和进入它的一样多。

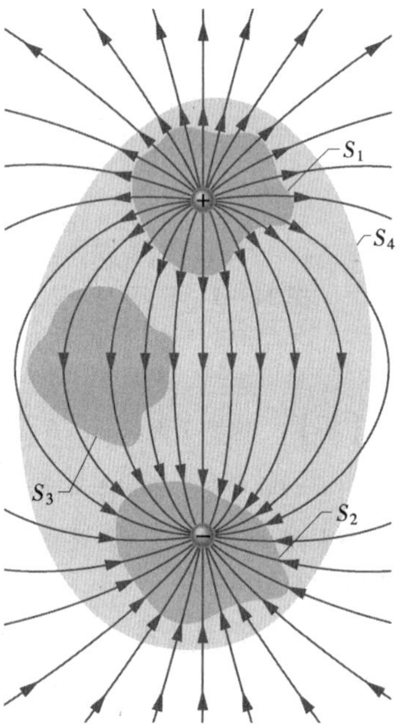

图24－6　两个等量、异号电荷及它们的合电场的电场线。S_1、S_2、S_3、S_4 是四个高斯面的截面。S_1 包围正电荷，S_2 包围负电荷，S_3 不包围电荷，S_4 包围两个电荷因而没有净电荷。

如果我们拿来一巨大的电荷 Q 一直到靠近图24－6中面 S_4 处，则将出现什么情况？电场线的图样肯定会改变，但对于四个高斯面的每一个净通量将不改变。我们能理解这一点，因为与所追加的 Q 相联系的电场线会完整地穿过四个高斯面的每一个，对于穿过这些面的任一个的净通量没有贡献。Q 的值将不以任何方式进入高斯定律，因为 Q 位于我们考虑的所有四个高斯面的外部。

检查点2：下图示出正立方形高斯面处于电场中的三种情况，箭头和数值表示电场线的方向和穿过每个正立方形六个侧面的通量大小（单位为 N·m²/C）。（较细的箭头用于隐藏着的侧面）。在哪些情况正立方形包围（a）正净电荷　（b）负净电荷及（c）零净电荷？

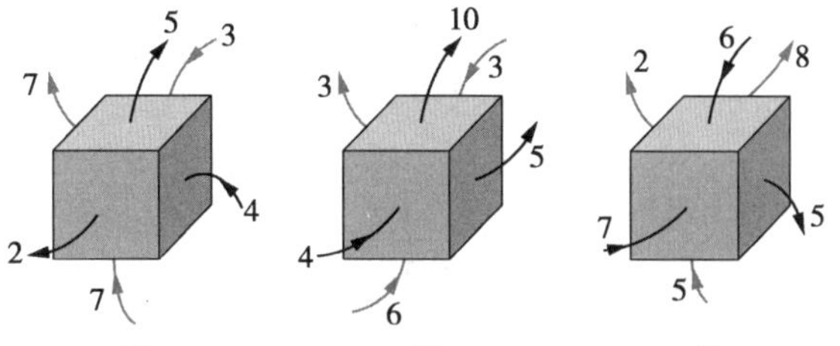

例题 24-3

图 24-7 示出五块带电的塑料和一个电中性的硬币以及一个高斯面的截面 S。如果 $q_1 = q_4 = +3.1\text{nC}$、$q_2 = q_5 = -5.9\text{nC}$、且 $q_3 = -3.1\text{nC}$，则穿过该面的电通量是多少？

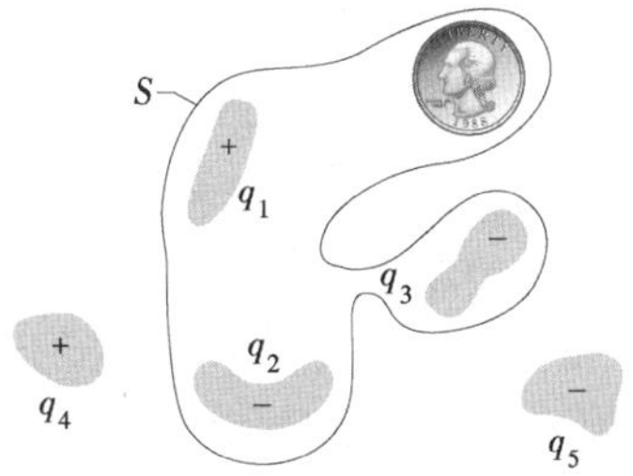

图 24-7 例题 24-3 图 该图示出五块带电的塑料和一个电中性的硬币以及一个高斯面的截面。高斯面包围了三个塑料块和这个硬币。

【解】 这里**关键点**是，穿过该面的净通量 Φ 取决于面 S 所包围的净电荷。这意味着硬币和电荷 q_4 及 q_5 对 Φ 不作贡献。硬币不作贡献的原因是它是中性的，因而含有等量的正电荷与负电荷。电荷 q_4 与 q_5 不作贡献的原因是它们在面 S 外。因而，q_{enc} 是 $q_1+q_2+q_3$，而式（24-6）给出

$$\Phi = \frac{q_{\text{enc}}}{\varepsilon_0} = \frac{q_1+q_2+q_3}{\varepsilon_0}$$

$$= \frac{+3.1\times10^{-9}\text{C} - 5.9\times10^{-9}\text{C} - 3.1\times10^{-9}\text{C}}{8.85\times10^{-12}\text{C}^2/\text{N}\cdot\text{m}^2}$$

$$= -670\text{N}\cdot\text{m}^2/\text{C} \qquad \text{（答案）}$$

负号表明穿过该面的净通量是向内的，因而在面内的净电荷是负的。

24-5 高斯定律与库仑定律

如果高斯定律与库仑定律是等效的，我们应该能从它们中一个导出另一个。这里我们从高斯定律导出库仑定律，并引出一些对对称性的考虑。

图 24-8 示出一正点电荷 q，我们已围绕它画了一半径为 r 的同心球形高斯面。设我们把这个面划分成一些微分面积 $\text{d}A$。按定义，在任一点的面积矢量 $\text{d}\vec{A}$ 垂直于那里的面且由内部指向外部。从这一情况的对称性我们知道，在任一点的电场也垂直于该面并由内部指向外部。因而，由于 $\vec{E}$ 和 $\text{d}\vec{A}$ 之间的角度为零，我们可把对高斯定律的式（24-7）改写作

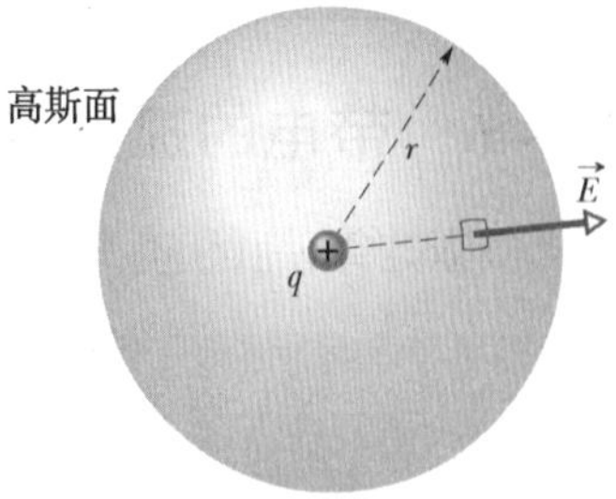

图 24-8 以点电荷 q 为中心的球形高斯面。

$$\varepsilon_0\oint\vec{E}\cdot\text{d}\vec{A} = \varepsilon_0\oint E\text{d}A = q_{\text{enc}} \qquad (24-8)$$

式中 $q_{\text{enc}} = q$。尽管 E 沿半径随着离 q 的距离变化，但它在球形面上处处具有相同的值。由于式（24-8）是对该面取的，E 在积分中是恒定的，可提到积分号前，于是得

$$\varepsilon_0 E\oint\text{d}A = q \qquad (24-9)$$

这个积分现在仅是球面上所有微分面积 $\text{d}A$ 的总和因而恰好是该面的面积 $4\pi r^2$。代入这个结果，

我们有

$$\varepsilon_0 E(4\pi r^2) = q$$

或

$$E = \frac{1}{4\pi\varepsilon_0}\frac{q}{r^2} \tag{24-10}$$

这正好是由点电荷所引起的电场（式（23-3）），它是我们运用库仑定律求得的。因而，高斯定律与库仑定律是等效的。

检查点3：有一定的净通量 Φ_i 穿过半径为 r、包围有一孤立带电粒子的球形高斯面。如果该包围电荷的高斯面改变成（a）更大的高斯球面，（b）具有边长等于 r 的正立方形高斯面，（c）具有边长等于 $2r$ 的正立方形高斯面。在每种情况中，穿过新高斯面的净通量大于、小于、还是等于 Φ_i？

解题线索

线索1：选择高斯面

用高斯定律对式（24-10）的推导是对由其他电荷构形所产生的电场的推导的一种准备，所以让我们越过所涉及的步骤回过头来考虑一下。我们以一给定的正点电荷开始；我们知道电场线按球对称的图样沿半径向外延伸。

为了用高斯定律（式（24-7））求出电场在距离 r 处的大小 E，我们必须通过距离 q 为 r 的一点围绕 q 放置一假想的闭合高斯面。然后我们应通过积分去把遍及整个高斯面的 $\vec{E}\cdot d\vec{A}$ 的值加起来。为了尽可能简单地完成这个积分，我们选择球形高斯面（以适应电场的球对称性）。该选择具有三个简化特点：（1）点积 $\vec{E}\cdot d\vec{A}$ 变得简单，因为在高斯面上所有的点 $\vec{E}$ 和 $d\vec{A}$ 之间的角度为零，所以在所有的点我们有 $\vec{E}\cdot d\vec{A}=EdA$。（2）在高斯面上所有的点电场的大小 E 相同，所以在积分中是恒定的，可被提到积分号前面。（3）结果是一个非常简单的积分，即球面的微分面积的和，我们立刻写出它为 $4\pi r^2$。

应注意，高斯定律的成立与我们选择包围电荷 q_{enc} 的高斯面形状无关。然而，如果我们已选定，比方说，一正立方形高斯面，我们的三个简化特点将会消失而 $\vec{E}\cdot d\vec{A}$ 对正方形面的积分将会非常困难。这里的经验是选择那种最大限度简化高斯定律中的积分的高斯面。

24-6 带电的孤立导体

高斯定律使我们有可能证明有关孤立导体的一条重要定理：

> 如果过量的电荷被放置在孤立为导体上，则该电荷量将全部移到导体的表面。导体的体内不会有过量的电荷存在。

考虑到同号电荷互相排斥，这看来可能是合理的。你能想象到，通过移到表面，附加的电荷正变得彼此离开得像他们能做到的那样远。为了证明这个推测，我们回到高斯定律。

图24-9示出一孤立导体块的截面。这块导体用绝缘细线悬挂并带有过量的电荷 q。我们放置一高斯面刚好在导体的真实表面之内。

在这个导体内的电场一定为零。如果不是这样，则电场就会施加力于在导体中总是存在的传导（自由）电子上，因而导体内将始终存在电流（即，在导体内电荷将处处流动）。当然，在孤立的导体内并没有这样的永恒电流，所以内部电场为零。

(当导体带电时，内部电场的确出现。然而，附加的电荷迅速使自己按这样的方式分布以使净内电场，即由一切电荷，内部的和外部的，所引起的电场的矢量和，为零。电荷的移动于是停止，因为对每个电荷的合力为零；电荷然后处于**静电平衡**。)

如果在我们的铜导体内 $\vec{E}$ 处处为零，则它对于高斯面上所有的点也应该为零，因为该面虽然接近导体的表面，但肯定在导体内。这意味着穿过高斯面的通量必定为零。高斯定律于是告诉我们，高斯面内的净电荷也应该为零。然后，因为过量的电荷不在高斯面内，所以它应该在该面之外，这表示它应该位于导体的真实表面上。

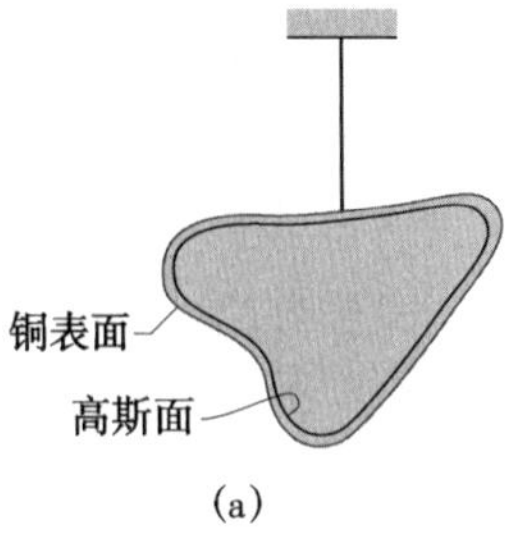

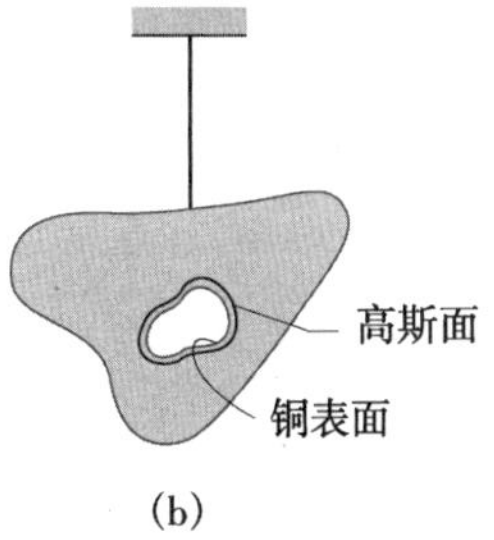

图 24-9 (a) 带有电荷 q 的铜块挂在绝缘线上，在金属内部刚好是实际表面之内有一高斯面。(b) 铜块现在具有在其内部的空腔。在金属内部紧贴空腔有一个高斯面。

孤立的有空腔导体

图 24-9b 示出同样悬挂着的导体，但它现在具有一全部在其导体内的空腔。也许有理由假设，当我们挖出电中性的材料以形成空腔时，我们并不改变存在于图 24-9a 中的电荷分布或电场的图样。为了定量证明，我们再一次回到高斯定律。

我们画一环绕空腔的高斯面，它接近空腔表面但在导体内。因为在导体内 $\vec{E}=0$，不能有通量穿过这个新的高斯面。因此，根据高斯定律，该面不可能包围净电荷。我们断定没有净电荷在空腔的内壁上；所有的过量电荷都保持在导体的外表面，像在图 24-9a 中那样。

导体被移去后

假设借助某种魔术，过量的电荷可被“冻结”在导体表面上适当的位置，也许通过把它们嵌入一薄的塑料敷盖层，然后假设导体被完全移去。这等同于扩大图 24-9b 的空腔直到它吃掉全部导体，仅留下电荷。电场理应完全不改变；它在电荷的薄壳之内将保持为零而对所有外部的点将保持不变。这向我们表明，电场是由电荷而不是由导体建立的。导体只不过为电荷提供一最初的通道以占据它们的位置。

外部电场

你已了解在孤立导体上的过量电荷会全部移到导体的表面。然而，除非导体是球形的，电荷并不使它自己均匀分布。换句话说，面电荷密度 σ（单位面积电荷）在任一非球形导体的表面随处变化。通常，这种变化使确定面电荷所建立的电场非常困难。

然而，刚好在导体表面之外的电场是容易用高斯定律确定的。为了这样做，我们考虑该表面的一部分，这部分小到足以使我们能忽略任何弯曲而认为该部分是平坦的。我们然后想象一个像图 24-10 中那样被嵌入该部分的微小圆柱形高斯面：一端完全在导体内，另一端完全在导体外，而圆柱垂直于导体表面。

在导体表面处和刚好在表面外的电场 $\vec{E}$ 应该也垂直于表面。如果不是这样，则它将具有沿导体表面的分量，该分量将施力于表面电荷上，引起它们移动。然而，这样的运动违反了我们隐含的前提，即我们在与静电平衡打交道。因此，$\vec{E}$ 垂直于导体表面。

我们现在把穿过该高斯面的通量加起来。没有通量穿过内端，因为导体内的电场为零。没有通量穿过圆柱面的弯曲表面，因为在内部（在导体内）没有电场而在外部电场平行于高斯面的弯曲部分。仅有的穿过高斯面的通量是穿过外端的通量，在该处 $\vec{E}$ 垂直于端盖的平面。我们假定端盖的面积 A 小到足以使电场的大小 E 遍及该盖是恒定的，于是穿过该盖的通量为 EA，而那就是穿过高斯面的净通量。

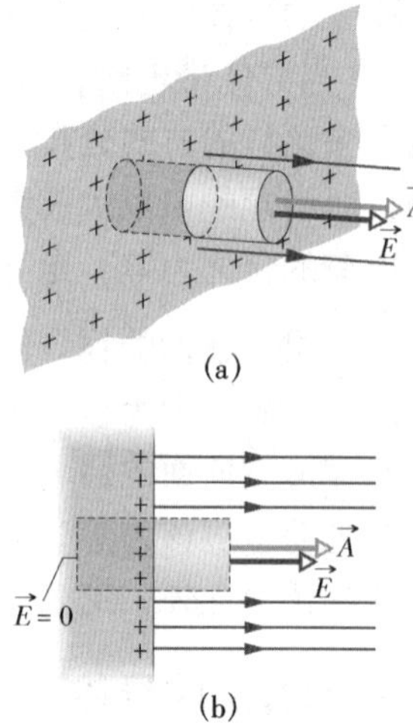

图 24-10 带有正面电荷的、大孤立导体的一小部分。一个（闭合的）圆柱形高斯面被垂直嵌入导体，包围一些电荷。电场线穿过外端而不穿过内端。外端有面积 A 和面积矢量 $\vec{A}$。（a）透视图，（b）侧视图。

由高斯面所包围的电荷 q_{enc} 位于导体表面上的面积 A 内。如果 σ 是每单位面积的电荷，则 q_{enc} 等于 σA。当我们用 σA 代替 q_{enc}，并用 EA 代替 Φ 时，高斯定律（式（24-6））变成

$$\varepsilon_0 EA = \sigma A$$

由此式我们求得

$$E = \frac{\sigma}{\varepsilon_0} \quad \text{（导体表面）} \tag{24-11}$$

因而，在紧邻导体外任一处电场的大小正比于该处导体上的面电荷密度。如果导体上的电荷为正，则如在图 24-10 中那样电场指向背离导体的方向；如果电荷为负，则电场指向导体。

图 24-10 中的电场线应该终止在环境中某处的负电荷上。如果我们把那些电荷拿近导体，则在导体表面上任一给定处的电荷密度改变，并且电场的大小也改变。然而，σ 与 E 之间的关系仍由式（24-11）给定。

例题 24-4

图 24-11 示出内半径为 R 的球形金属壳的截面。$-5.0\mu C$ 的点电荷位于距离壳中心为 $R/2$ 处。如果壳是电中性的，则在其内和外表面的（感生）电荷各是多少？那些电荷是均匀分布的吗？在壳内和壳外电场的图样为何？

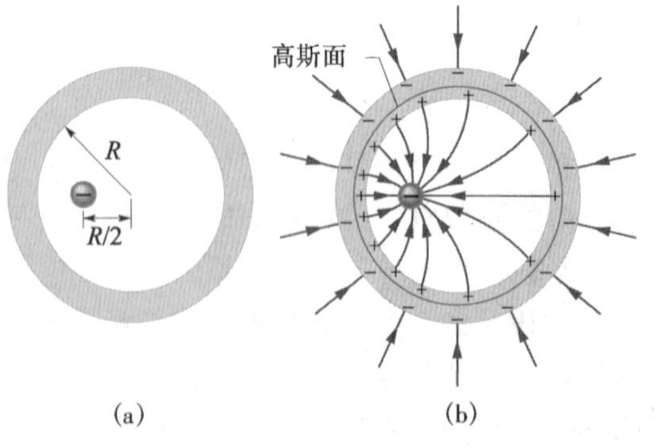

图 24-11 例题 24-4 图 （a）负点电荷被放置在电中性的金属球壳内。（b）结果，正电荷非均匀地分布在壳的内壁上，等量的负电荷均匀分布在外壁上。

【解】 图 24-11b 示出金属内部球形高斯面的截面，该面刚好在壳的内壁之外。这里一个**关键点**是在金属内电场必定为零（从而在金属内的高斯面上也是这样）。这意味着穿过高斯面的通量应该为零。高斯定律告诉我们被高斯面包围的净电荷应该为零。具有 $-5.0\mu C$ 的点电荷在壳内，必定有 $+5.0\mu C$ 的电荷位于壳的内壁上。

如果点电荷在中心，这正电荷应该沿内壁均匀分布。然而，由于点电荷偏离中心，正电荷的分布，如图 24-11b 所示，就偏了，因为正电荷趋于聚集在内壁上最靠近（负）点电荷的部分。

这里第二个**关键点**是，因为壳是电中性的，只有当具有总电荷为 $-5.0\mu C$ 的电子离开内壁并移到外壁时，壳的内壁才能具有 $+5.0\mu C$ 的电荷。在那里它们均匀分布，也如图 24-11b 所示的那样。负电荷的分布是均匀的，因为壳是球形的并且因为在内壁上正电荷的不均匀分布不会在壳内引起电场以影响在外壁上的电荷分布。

在图 24-11b 中近似地画出了壳内和壳外的电场线。所有的电场线都垂直地与壳及点电荷相交。在壳内由于正电荷分布偏了，电场线的图样也偏了。在壳外电场线图样与点电荷在中心而壳不存在的情况下的图样相同。实际上，无论点电荷随便放在壳内哪里，这都是真实的。

检查点4：一电荷为 $-50e$ 的小球位于空的球形金属壳的中心，球壳带有净电荷 $-100e$。在 (a) 壳的内表面上及 (b) 壳的外表面上，电荷各为多少？

24-7 高斯定律的应用：柱面对称

图 24-12 示出一无限长圆柱形塑料杆的截面，该杆具有均匀的正线电荷密度 λ。让我们求在距离杆的轴线为 r 处的电场 $\vec{E}$ 的大小的表达式。

我们的高斯面应当与这个问题的柱面对称性相适应。我们选择一半径 r、长 L、与杆共轴的圆柱面。高斯面必须是闭合的，所以我们把两个末端作为该面的一部分。

现在假想，当你不留意时，有人使塑料杆绕其纵向的轴线转动或把它两端的位置颠倒过来。当你重新看这根杆时，你将不会发觉任何改变。由这种对称性我们判断，在这个问题中惟一独有的特定方向是沿半径的直线。因而，在高斯面柱面上的每一点，$\vec{E}$ 必定具有相同的大小 E 并且方向（对于带正电的杆）必定沿半径指向外部。

由于 $2\pi r$ 是圆柱面的周长而 h 是其高，圆柱面的面积 A 为 $2\pi rh$。穿过这个圆柱面 $\vec{E}$ 的通量于是为

$$\Phi = EA\cos\theta = E(2\pi rh)\cos 0 = E(2\pi rh)$$

没有通量穿过两端面，因沿径向的 $\vec{E}$ 在每点都平行于两端面。

被高斯面包围的电荷是 λh，所以高斯定律，

$$\varepsilon_0\Phi = q_{\text{enc}}$$

变为

$$\varepsilon_0 E(2\pi rh) = \lambda h$$

它给出

$$E = \frac{\lambda}{2\pi\varepsilon_0 r} \quad \text{（电荷线）} \qquad (24-12)$$

这是由无限长的直电荷线在与该线径向距离为 r 的一点引起的电场。如果电荷为正，$\vec{E}$ 的方向沿半径离电荷线向外；如果为负，沿半径向内。式 (24-12) 也近似为**有限长**的线电荷在不太接近其两端（与离线的距离相比）的一些点处的电场。

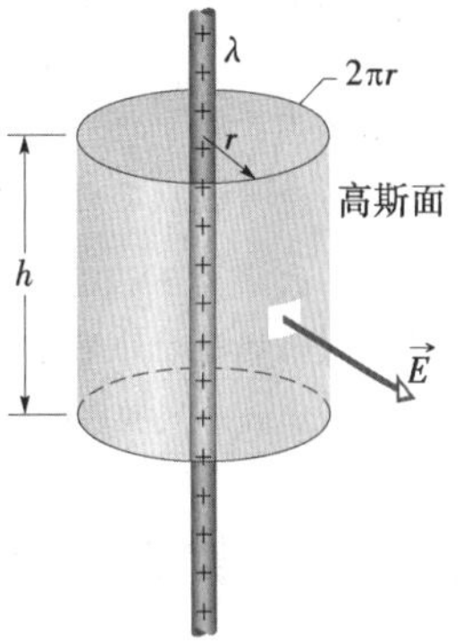

图 24-12 围绕无限长、均匀带电的、圆柱形塑料杆一段的闭合柱形高斯面。

例题 24-5

闪电的可见部分之前有一个不可见的阶段，在该阶段一根电子柱从浮云向下延伸到地面。这些电子来自浮云和在该柱内被电离的空气分子。沿该柱的线电荷密度一般为 -1×10^{-3} C/m。一旦电子柱到达地面，柱内的电子迅速地倾泄到地面，在倾泄期间，运动电子与柱内空气的碰撞导致明亮的闪光。倘若空气分子在超过 3×10^{6} N/C 的电场中被击穿，则电子柱的半径有多大？

【解】 这里**关键点**是，尽管电子柱不是直的或无限长，但我们可把它近似为图 24-12 中的电荷线。（由于它含有负的净电荷，其电场 $\vec{E}$ 沿半径向内。）然后，按照式 (24-12)，电场的大小 E 随离电荷柱轴线距离的增大而减小。

图 24-13 闪电轰击一棵20米高的梧桐，因为树是湿的，大多数电荷经由树上的水传过，所以树未受损害。

第二个**关键点**是电荷柱的表面应该在半径 r 处，该处 $\vec{E}$ 的大小为 3×10^6N/C，因为在该半径内的空气分子电离而那些向外更远的分子则不电离。由式（42-12）解出 r 并代入已知的数据，我们求出电荷柱的半径将是

$$r = \frac{\lambda}{2\pi\varepsilon_0 E}$$

$$= \frac{1\times10^{-3}\text{C/m}}{(2\pi)(8.85\times10^{-12}\text{C}^2/\text{N}\cdot\text{m}^2)(3\times10^6\text{N/C})}$$

$$= 6\text{m}$$ （答案）

（雷击发光部分的半径较小，可能仅0.5m。你可以从图24-13对这个宽度有一个概念）。虽然一次闪电的发光半径可能只有6m，但也不要设想倘若你在离轰击点距离较大的某处会是安全的，因为轰击所倾泄的电子沿地面行进。这种**地面电流**是致命的。图24-14示出了这种地面电流的证据。

图 24-14 来自一次闪电的地面电流烧毁了高尔夫球场草地，露出土壤。

24-8 高斯定律的应用：平面对称

绝缘薄片

图24-15示出具有均匀（正）面电荷密度 σ 的、无限大、绝缘薄片的一部分。一侧均匀带电的薄塑料包装纸可作为一个简单的原型。让我们求在薄片前面距离 r 处的电场 $\vec{E}$。

有效的高斯面是如图所示的垂直地贯穿薄片的闭合圆柱面，其端面的面积为 A。由对称性，$\vec{E}$ 必定垂直于薄片从而垂直于两端面。此外，由于电荷为正，$\vec{E}$ 指向**背离**薄片的方向，因而电场线沿向外的方向贯穿高斯面的两个端面，因为电场线不穿过弯曲面，没有通量穿过高斯面的这部分。这样，$\vec{E}\cdot d\vec{A}$ 就是 EdA。于是高斯定律

$$\varepsilon_0\oint\vec{E}\cdot d\vec{A} = q_{enc}$$

变成

$$\varepsilon_0(EA+EA)=\sigma A$$

式中 σA 是被高斯面包围的电荷，于是有

$$E=\frac{\sigma}{2\varepsilon_0}\quad（电荷薄层）\qquad(24-13)$$

由于我们在考虑具有均匀电荷密度的无限大薄片，这个结果适用于距薄片有限距离的任一点。式（24-13）与式（23-27）相符，后者是我们通过对各个电荷所引起的电场分量积分求得的。(回顾那个费时且复杂的积分，并注意到我们用高斯定律得到该结果多么轻而易举，这就是为那条定律花费一整章的原因：对于电荷的一些对称结构，比起对电场分量求积分来，应用高斯定律要容易得多。)

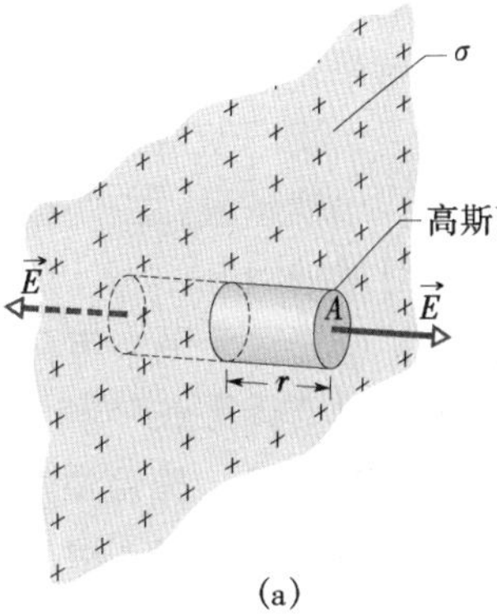

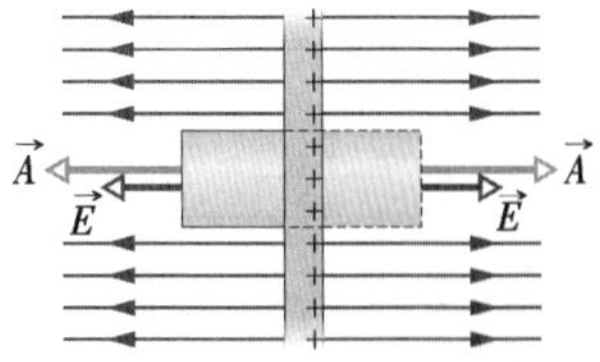

图 24-15 一侧具有均匀面电荷密度 σ 的无限大塑料薄层的一部分。闭合的高斯面垂直穿过薄层。(a) 为透视图，(b) 为侧视图。

两块导体平板

图 24-16a 示出一带有过量正电荷的无限大薄导体板的截面。由 24-6 节我们知道，这过量电荷在平板的表面上。由于该平板薄而且很大，我们可假定所有的过量电荷基本上在平板的两个大的表面上。

如果没有外电场迫使正电荷形成某种特殊分布，它将以大小为 σ_1 的均匀面电荷密度分布在两表面上。由式（24-11）我们知道，在紧邻平板外，这电荷建立大小为 $E=\sigma_1/\varepsilon_0$ 的电场。因为过量电荷为正，该场指向背离平板的方向。

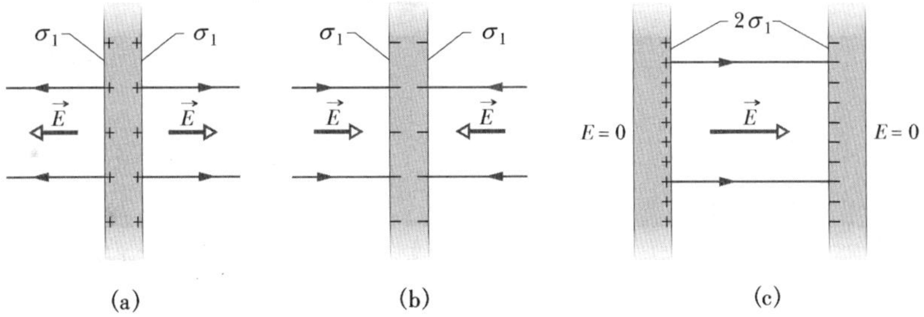

图 24-16 (a) 具有过量正电荷的无限大薄导体板。(b) 具有过量负电荷的相同的平板。(c) 两板平行且靠近放置。

图 24-16b 示出一带有过量负电荷的相同的平板，它具有同样大小的面电荷密度 σ_1，仅有的差别是现在电场指向平板。

假设我们把图 24-16a 和 b 的两板放置得彼此靠近且平行（见图 24-16c），由于两板是导体，当它们这样放置时，一板上的过量电荷吸引另一板上的过量电荷，而且如在图 24-16c 中那样所有的过量电荷都移动到两板的内表面上。由于现在每个内表面上有两倍那样多的电荷，在每个内表面上新的面电荷密度（叫它 σ）是 σ_1 的两倍。因而，在两平板间任一点处电场具有大小

$$E=\frac{2\sigma_1}{\varepsilon_0}=\frac{\sigma}{\varepsilon_0}\qquad(24-14)$$

这个场的方向由正带电板指向负带电板。由于没有过量电荷被留在外表面上，电场在两板的左方和右方都为零。

由于当我们使两板互相接近时两板上的电荷移动了，所以图 24－16c 并**不**是图 24－16a 和 b 的叠加；也就是说，由两板所组成系统的电荷分布不仅仅是各个板电荷分布的总和。

你可能纳闷儿，为什么我们讨论那些看上去并不实际的情况，如由无限长电荷线，无限大电荷片，或一对无限大电荷平板所建立的电场。一个原因是用高斯定律分析那些情况容易，更重要的是对“无限长”和“无限大”情况的分析为许多现实世界的问题提供了良好的近似。因而，式（24－13）完全适用于有限大的绝缘薄片，只要我们在论及靠近薄片而不过于接近其边缘的一些点。式（24－14）完全适用于一对有限大的导体平板，只要我们在考察不过于靠近它们边缘的一些点。伴随薄片或平板边缘的麻烦和我们留心不涉及它们的原因在于，在接近边缘处我们不再能利用平面对称性为那些电场找到表达式。实际上，那里的电场线是弯曲的（所谓**边缘效应**），并且那些场很难用代数方法表达。

例题 24－6

图 24－17 示出两个大的、平行的绝缘薄片的一部分，两薄片各在一个侧面上带有固定的均匀电荷。面电荷密度的大小对正带电片为 $\sigma_{(+)} = 6.8\mu C/m^2$ 而对负带电片为 $\sigma_{(-)} = 4.3\mu C/m^2$。

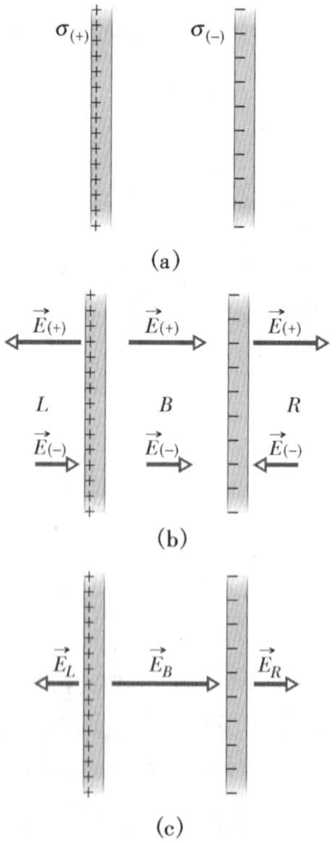

图 24－17　例题 24－6 图　(a) 两块在一侧均匀带电的、大的、平行绝缘片　(b) 由两块带电片单独引起的电场　(c) 由叠加求得的两带电片的合电场。

求 (a) 在两薄片左方，(b) 两薄片之间，及 (c) 两薄片右方的电场 $\vec{E}$。

【解】　这里**关键点**是，在电荷被固定在适当位置的情况下，我们可通过 (1) 求出每个薄片的电场好像该薄片是单独存在的，(2) 通过叠加原理用代数方法把两个孤立薄片的电场相加，来求出图 24－17 中两薄片的电场。(我们可把两个场用代数方法相加，因为它们互相平行)。由式 (24－13)，正带电片在任一点引起的电场大小 $E_{(+)}$ 为

$$E_{(+)} = \frac{\sigma_{(+)}}{2\varepsilon_0} = \frac{6.8\times10^{-6}\,C/m^2}{(2)(8.85\times10^{-12}\,C^2/N\cdot m^2)} = 3.84\times10^5\,N/C$$

同样，由负带电片在任一点引起的电场大小 $E_{(-)}$ 为

$$E_{(-)} = \frac{\sigma_{(-)}}{2\varepsilon_0} = \frac{4.3\times10^{-6}\,C/m^2}{(2)(8.85\times10^{-12}\,C^2/N\cdot m^2)} = 2.43\times10^5\,N/C$$

图 24－17b 示出两薄层在左方 (L)、它们之间 (B)、及右方 (R) 的电场。

在这三个区域中的合成电场可根据叠加原理得出。对左方，电场的大小为

$$E_L = E_{(+)} - E_{(-)} = 3.84\times10^5\,N/C - 2.43\times10^5\,N/C = 1.4\times10^5\,N/C \quad （答案）$$

因为 $E_{(+)}$ 大于 $E_{(-)}$，在这个区域的合电场指向左方，

如图 24-17c 所示。对于两薄片的右方，电场 $\vec{E}_R$ 具有同样的大小但指向右方，如图 24-17c 所示。

在两薄层之间，两电场相加，于是有

$$E_B = E_{(+)} + E_{(-)}$$

$$= 3.84 \times 10^5 \mathrm{N/C} + 2.43 \times 10^5 \mathrm{N/C}$$

$$= 6.3 \times 10^5 \mathrm{N/C} \quad \text{(答案)}$$

电场 $\vec{E}_B$ 指向右方。

24-9 高斯定律的应用：球面对称

这里我们应用高斯定理证明在 22-4 节提出而未证明的两条壳球定理：

> 电荷均匀分布的球壳吸引或排斥壳外的带电粒子就好像全部的球壳电荷都集中在其中心。
> 电荷均匀分布的球壳不施加静电力于壳内的带电粒子上。

图 24-18 示出总电荷为 q 且半径为 R 的带电球壳和两个同心的球形高斯面 S_1 及 S_2。如果我们遵循 24-5 节的步骤，把高斯定律应用于 S_2，对于 $r \geqslant R$，我们将求得

$$E = \frac{1}{4\pi\varepsilon_0}\frac{q}{r^2} \quad \text{(球壳,在 } r \geqslant R \text{ 处的场)} \qquad (24-15)$$

这个场与在电荷球壳中心处一点电荷理应建立的场是同样的。因而，电荷为 q 的球壳对壳外一带电粒子的力与就好像在球壳中心处的一点电荷 q 对它的力一样。这就证明了第一条球壳定理。

把高斯定律应用于 S_1，对于 $r < R$，直接导出

$$E = 0 \quad \text{(球壳，在 } r < R \text{ 处的场)} \qquad (24-16)$$

因为这个高斯面未包围电荷。因而，如果一带电粒子被球壳包围，该球壳将不施力在粒子上，这就证明了第二条球壳定理。

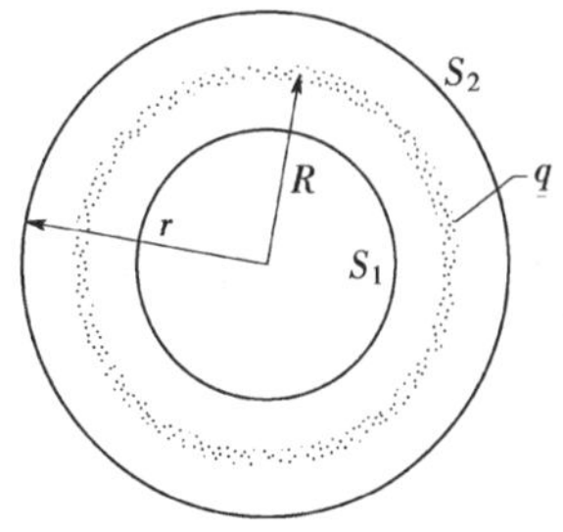

图 24-18 具有总电荷 q 的、均匀带电薄球壳的截面。S_1、S_2 为两个圆心的高斯面。S_2 包围球壳，S_1 仅包围球壳的空的内部。

任何球面对称的电荷分布，如像图 24-19 那样，都能为它建立一套同心球壳。为了应用两条球壳定理，体电荷密度 ρ 对于各个球壳应该具有单一的值，但不需要从壳到壳都相同。因而，对于电荷分布整体，ρ 能改变，但只随 r 改变。我们于是可逐个探讨球壳电荷分布的作用。

在图 24-19a 中，全部电荷位于 $r > R$ 的高斯面内。电荷在高斯面上引起的电场正像电荷是位于中心的点电荷，因而式（24-15）成立。

图 24-19b 示出 $r < R$ 的高斯面。为了求出在这个高斯面上一些点处的电场，我们考虑两套带电球壳，一套在高斯面内而一套在面外。式（24-16）表明，在高斯面外的电荷不在高斯面上建立合电场。式（24-15）表明被高斯面包围的电荷建立电场正像所包围的电荷被集中在中心一样。设 q' 表示所包围的电荷，我们可把式（24-15）改写为

$$E = \frac{1}{4\pi\varepsilon_0}\frac{q'}{r^2} \quad \text{(球形分布,在 } r \leqslant R \text{ 处的场)} \qquad (24-17)$$

如果在半径 R 内所包围的全部电荷 q 是均匀的，则在图 24-19b 中半径 r 内所包围的电荷 q' 正比于 q：

$$\frac{\text{被 } r \text{ 包围的电荷}}{\text{被 } r \text{ 包围的体积}} = \frac{\text{全部电荷}}{\text{全部体积}}$$

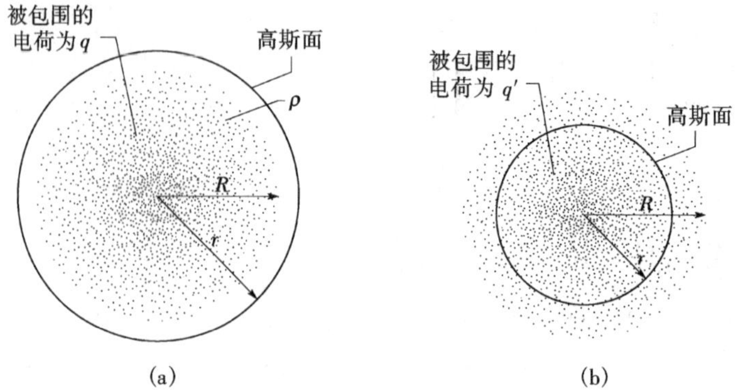

图24-19 小点表示在半径为R的区域内电荷的球对称分布。带电体不是导体，电荷假设是固定的。(a) 中示出$r>R$的高斯面 (b) 中示出$r<R$的高斯面。

或

$$\frac{q'}{\frac{4}{3}\pi r^3}=\frac{q}{\frac{4}{3}\pi R^3} \tag{24-18}$$

于是得

$$q'=q\frac{r^3}{R^3} \tag{24-19}$$

把这个结果代入式 (24-17)，得

$$E=\left(\frac{q}{4\pi\varepsilon_0 R^3}\right)r \quad (均匀电荷，在 r\leq R 处的场) \tag{24-20}$$

检查点5：右图示出具有相同 (正) 面电荷密度的两个大平行绝缘薄片和一个具有均匀 (正) 体电荷密度的球。按照有数字标记的四个点处的合电场的大小将它们由大到小排序。

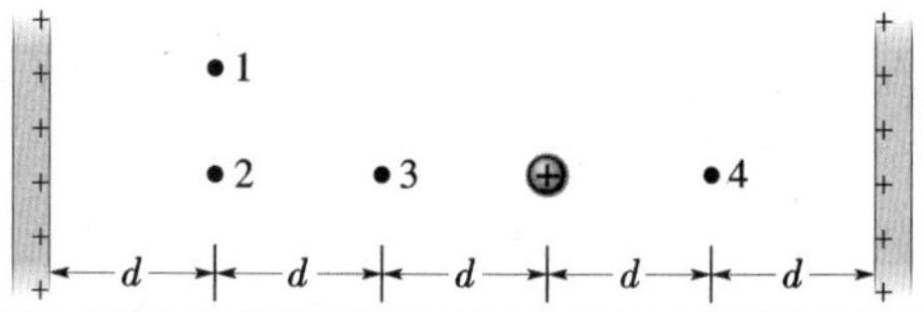

复习和小结

高斯定律 **高斯定律**和库仑定律，虽然表达的形式不同，但它们是描述在静止情况下电荷与电场之间关系的等效方法。高斯定律为

$$\varepsilon_0\Phi=q_{enc} \quad (高斯定律) \tag{24-6}$$

式中，q_{enc}是假想的闭合面 (**高斯面**) 内的净电荷，而Φ是穿过该面的电场的**通量**：

$$\Phi=\oint\vec{E}\cdot d\vec{A} \quad (穿过高斯面的电通量) \tag{24-4}$$

库仑定律可较容易地从高斯定律导出。

高斯定律的应用 应用高斯定律和在某些情形下关于对称性的论据，我们可导出在静电情况下的一些重要结果，其中有：

1. 在**导体**上的过量电荷全部位于导体的外表面上。

2. 紧邻**带电导体表面**的外电场垂直于该表面并具有大小

$$E=\frac{\sigma}{\varepsilon_0} \quad (导体表面) \tag{24-11}$$

在导体内，$E=0$。

3. 由具有均匀线电荷密度λ的、无限长的**电荷线**在任一点引起的电场垂直于电荷线并具有大小

$$E=\frac{\lambda}{2\pi\varepsilon_0 r} \quad (电荷线) \tag{24-12}$$

式中，r是从电荷线到该点的垂直距离。

4. 由具有均匀面电荷密度σ的、**无限大绝缘薄**

片引起的电场垂直于薄片平面并具有大小

$$E=\frac{\sigma}{2\varepsilon_0} \quad (\text{电荷薄片}) \qquad (24-13)$$

5. 在具有半径 R 和总电荷 q 的**电荷球壳外**的电场方向沿半径并具有大小

$$E=\frac{1}{4\pi\varepsilon_0}\frac{q}{r^2} \quad (\text{球壳,对于 } r \geq R) \qquad (24-15)$$

式中 r 是从球壳中心到 E 被测量的点的距离。(对于球壳外的一些点，电荷表现为像全部位于球的中心一样）电荷球壳内的电场严格为零：

$$E=0 \quad (\text{球壳,对于 } r < R) \qquad (24-16)$$

6. **均匀电荷球**内的电场方向沿半径并具有大小

$$E=\left(\frac{q}{4\pi\varepsilon_0 R^3}\right)r \qquad (24-20)$$

思考题

1. 一表面具有面积矢量 $\vec{A}=(2\,\hat{i}+3\,\hat{j})\ \mathrm{m}^2$。如果电场是（a）$\vec{E}=4\,\hat{i}\,\mathrm{N/C}$，及（b）$\vec{E}=4\,\hat{k}\,\mathrm{N/C}$，则电场穿过该表面的通量是多少？

2.（a）边长为 a 的正方形，（b）半径为 r 的圆，（c）高为 h 且半径为 r 的圆柱面，$\int dA$ 是多少？

3. 在图 24－20 中，整个高斯面包围了四个带正电粒子中的两个。试问：（a）这些粒子中哪些对该面上 P 点处的电场有贡献？（b）由 q_1 的 q_2 引起的电场穿过该面的通量，和由所有四个电荷引起的电场穿过该面的通量，哪个较大？

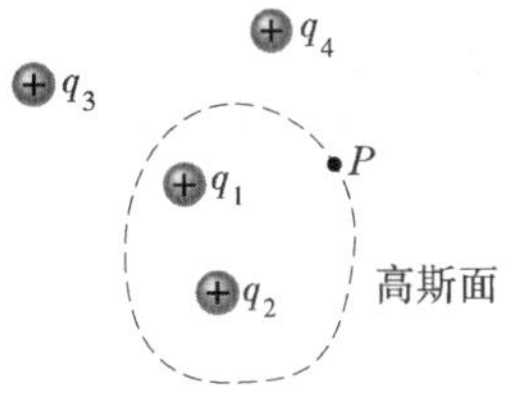

图 24－20　思考题 3 图

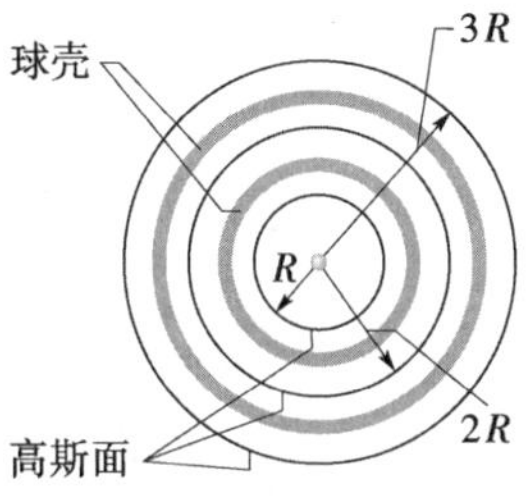

图 24－21　思考题 4 图

4. 图 24－21 用截面示出一个中央金属球，两个金属球壳，三个半径为 R、$2R$ 及 $3R$ 的高斯面，它们具有共同的中心。在三个物体上的均匀电荷是：球，Q；较小的壳，$3Q$；较大的壳，$5Q$。按照在面上任一点电场的大小，把三个高斯面由大到小排序。

5. 图 24－22 示出三个高斯面，每个被半浸在一带有均匀面电荷密度的、大的、厚金属平板中。高斯面 S_1 是最高的，并具有最小的正方形端面；面 S_3 是最短的，并具有最大的正方形端面；而 S_2 具有居中的尺寸。按照（a）它们包围的电荷，（b）在它们的顶端面上一些点处电场的大小，（c）穿过该顶端面的净电通量，（d）穿过它们的底端面的净电通量，把这些高斯面由大到小排序。

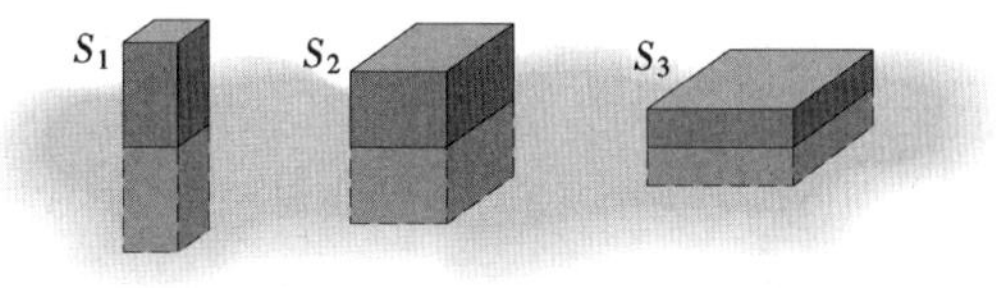

图 24－22　思考题 5 图

6. 图 24－23 用截面示出三个带均匀电荷 Q 的圆柱体。每个圆柱体有一共轴的筒形高斯面，三个面有相同的半径。按照在面上任一点的电场，把三个高斯面由大到小排序。

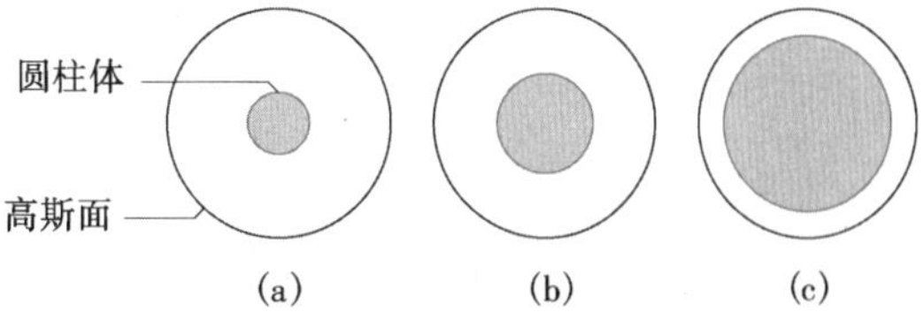

图 24－23　思考题 6 图

7. 三个带有均匀面电荷密度 σ、2σ 和 3σ 的无限大绝缘薄片被排列成像图 24－17a 中两个薄片那样平行。如果由这种排列所产生的电场 $\vec{E}$ 在一个区域中具有大小 $E=0$ 而在另一个区域中 $E=2\sigma/\varepsilon_0$，则它们从左到右的次序是什么？

8. 一小带电球位于半径为 R 的金属球壳的空心内。这里分别是关于小球和壳上净电荷的三种情况：（1）$+4q$，0；（2）$-6q$，$+10q$；（3）$+16q$，

$-12q$。按照在（a）球壳内表面，（b）外表面上的电荷，把三种情况排顺序，正的最多的第一。

9. 按照（a）穿过球壳厚度的一半处及（b）离球壳中心 $2R$ 的一点 P 处，电场的大小，把问题 8 的三种情况由大到小排序。

10. 图 24－24 示出四个球体，每个具有贯穿其体积均匀分布的电荷 Q。（a）按照体电荷密度把四个球由大到小排序。该图对每个球还标出一点 P，它们都在离球心同样距离处。（b）按照它们在 P 点引起电场的大小，把四个球由大到小排序。

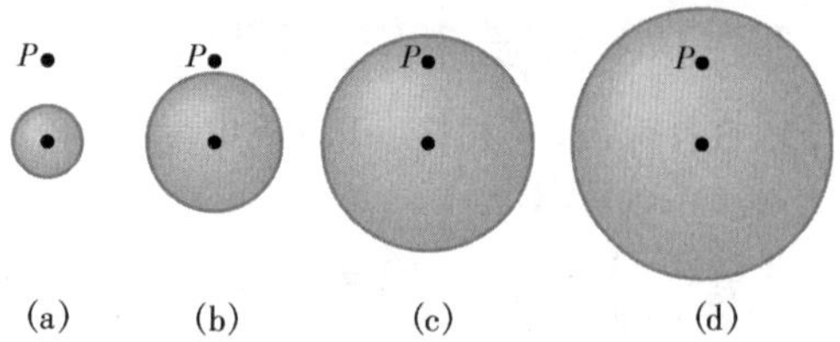

图 24－24　思考题 10 图

练习和习题

24－2 节　流量

1E. 水在宽度 $w=3.22\text{m}$ 且深度 $d=1.04\text{m}$ 的灌渠中以 0.207m/s 的速率流动。水流穿过一假想面的质量流量是水的密度（1000kg/m^3）与其穿过该面体积流量的积。求通过下列假想面的质量流量：（a）完全在水中，垂直于水流，面积为 wd 的面；（b）垂直于水流，具有面积 $3wd/2$ 而其 wd 在水中的面；（c）完全在水中，垂直于水流，面积为 $wd/2$ 的面；（d）垂直于水流，具有面积 wd 但一半在水中一半在水外的面；（c）完全在水中，法线与水流方向成 34°角，面积为 wd 的面。

24－3 节　电场的通量

2E. 图 24－25 所示的正方形面每边有 3.2mm 长，它被放入具有大小 $E=1800\text{N/C}$ 的均匀电场中。电场线与该面的法线成 35°角，如图所示。假定该法线为指向“外部”的方向，恰如该面是方盒的一个表面。计算穿过该面的电通量。(ssm)

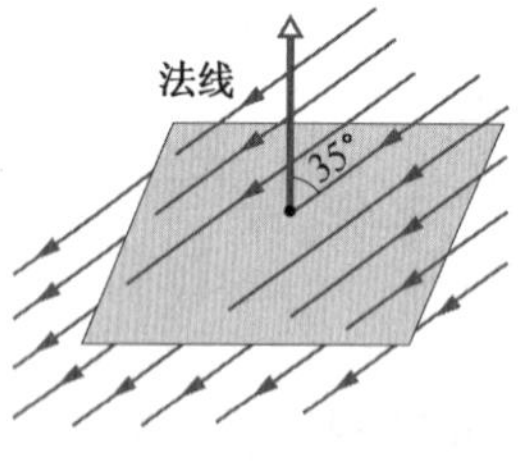

图 24－25　练习 2 图

3E. 图 24－26 中的正立方形面具有 1.40m 的边长，并在均匀电场中如图所示取向。如果电场以牛每库为单位，被给定为（a）$6.00\vec{i}$、（b）$-2.00\vec{j}$、（c）$-3.00\vec{i}+4.00\vec{k}$，求穿过右表面的电通量。（d）对于这些电场中的每一个，穿过正方形面的总通量是多少？

24－4 节　高斯定律

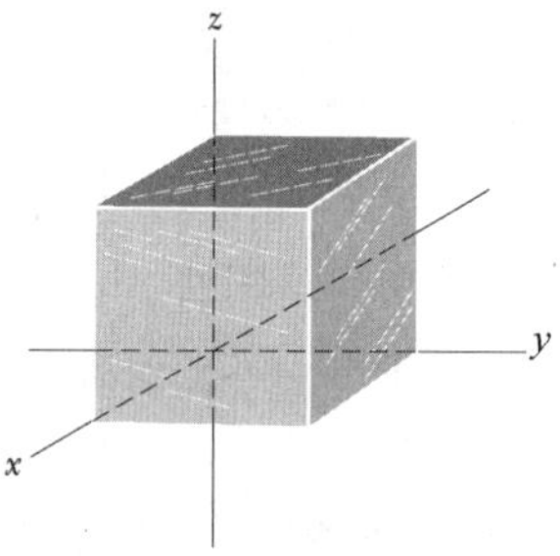

图 24－26　练习 3 和习题 7 及习题 10 图

4E. 有四个点电荷：$2q$、q、$-q$、$-2q$。如果可能，说明你将怎样设置一闭合面，使它至少包围电荷 $2q$（并且也许还有其他一些电荷），而且穿过它的通量为（a）0，（b）$+3q/\varepsilon_0$，（c）$-2q/\varepsilon_0$。

5E. 1.8μC 的点电荷在一边长 55cm 的正立方形高斯面的中心处。穿过该面的净电通量是多少？(ssm)

6E. 在图 24－27 中，一蝴蝶网在大小为 E 的均匀电场中。网框是一半径为 a 的圆，且被放置得与电场垂直。求穿过网的电通量。

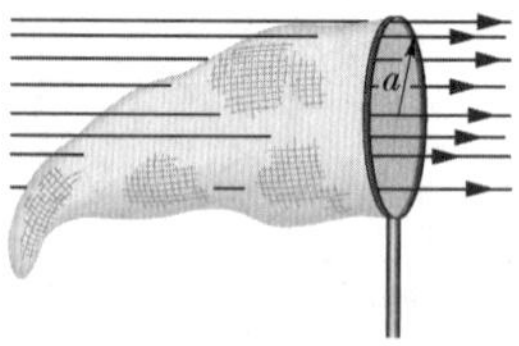

图 24－27　练习 6 图

7P. 求穿过在 3E 和图 24－26 中给定的正立方形面的净通量，如果电场被给定为（a）$\vec{E}=3.00y\,\vec{j}$，（b）$\vec{E}=-4.00\vec{i}+(6.00+3.00y)\,\vec{j}$，$E$ 按牛每库计，y 按米计。（c）在每种情况中，各有多少电荷被立方形面包围？(ilw)

8P. 当淋浴器在密闭的浴室中被拧开时，水溅落在裸管上能使室内的空气弥漫负离子而在空气中产生大到1000N/C的电场。考虑一2.5m×3.0m×2.0m大小的浴室。沿着天花板、地面、及四壁，空气中电场的方向接近垂直于这些面并具有600N/C的均匀大小。此外，把这些面作为形成包围室内空气的闭合高斯面看待。(a) 体电荷密度有多大？(b) 在室内空气中每立方米的过量基本电荷 e 的数目是多少？

9P. 用实验方法已发现，在地球大气层的某个区域中电场的方向是竖直向下的。在300m高处，电场具有大小60.0N/C；在200m高处，大小则为100N/C。试求边长100m，两水平表面在200m和300m高度的正立方形面内所包含的净电荷量。忽略地球的曲率。(ssm)

10P. 在图24-26中所示的正立方形的面上每一点，电场都沿 z 的正方向。正立方形每边的长度为3.0m。在正方形顶面 $\vec{E}=-34\vec{k}$N/C，而在底面 $\vec{E}=+20\vec{k}$N/C。确定此正立方形内所包含的净电荷。

11P. 一点电荷 q 被放置在边长 a 的正立方形的一角上，穿过正立方形各个表面的通量是多少？(提示：应用高斯定律和对称性论据。)(ssm)

24-6节　带电的孤立导体

12E. 紧邻复印机带电鼓表面的电场具有大小 $E=2.3\times10^5$N/C。鼓上的面电荷密度是多少？假定鼓是导体。

13E. 一直径为1.2m的均匀带电导体球具有面电荷密度8.1μC/m²。(a) 求球上的净电荷。(b) 离开球表面的总电通量是多少？(ssm)

14E. 穿过地球辐射带行驶的宇宙飞船能截取较大数量的电子，由此累积的电荷能损坏电子构件并干扰操作。假设直径为1.3m的球形金属卫星在一次轨道环绕中聚集了2.4μC的电荷。(a) 求最后得到的面电荷密度。(b) 计算由面电荷引起的卫星表面外紧邻处的电场大小。

15P. 一任意形状的孤立导体具有 $+10\times10^{-6}$C的净电荷。导体内是一空腔，在空腔内有一 $q=+3.0\times10^{-6}$C的点电荷。(a) 在空腔内壁上及 (b) 导体外表面上，电荷为何？(ssm) (www)

24-7节　高斯定律的应用：柱面对称

16E. (a) 在12E中复印机的带电鼓具有42cm的长度和12cm的直径。求鼓上的总电荷。(b) 厂商想生产一种台式复印机，这要求把鼓的尺寸减小到长度为28cm和直径为8.0cm，鼓表面的电场应保持不变。这个新鼓上的电荷必须是多少？

17E. 一无限长的电荷线在距离2.0cm处引起 4.5×10^4N/C的电场。计算线电荷密度。(ssm)

18P. 图24-28示出薄壁长金属管的一段，管半径为 R，管表面每单位长度带有电荷 λ。对 (a) $r>R$ 及 (b) $r<R$ 两种情况，导出 E 的表达式，用 r 表示。假定 $\lambda=2.0\times10^{-8}$C/m 且 $R=3.0$cm，在 $r=0$ 到 $r=5.0$cm 的范围内，把你的结果绘成曲线。(提示：用和金属管共轴的圆柱形高斯面)。

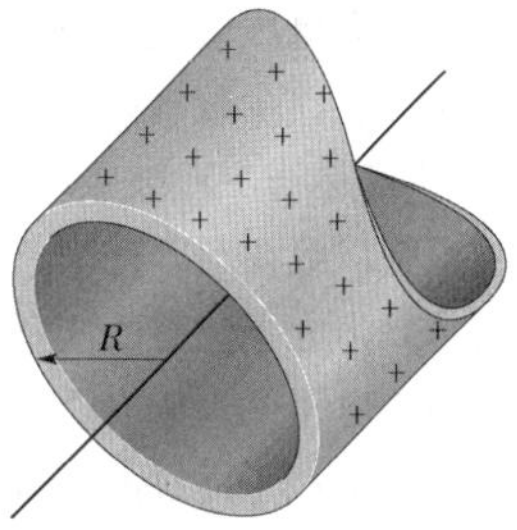

图24-28　习题18图

19P. 如图24-29所示，一根长度为 L 的很长的圆柱形导体杆，被一个带有总电荷 $-2q$ 的圆柱形导体壳(长度也为 L)包围。用高斯定律求：(a) 导体壳外各点处的电场；(b) 壳上的电荷分布；(c) 壳与杆之间区域中的电场。(ssm)

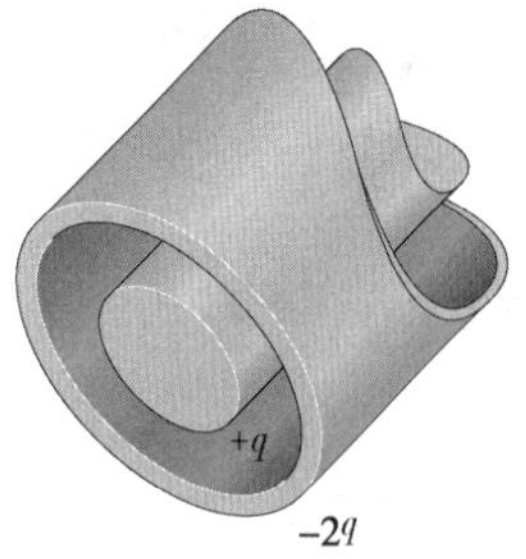

图24-29　习题19图

20P. 一根长直金属线带有线电荷密度为3.6nC/m的负电荷。该线要用一个同轴的外半径为1.5cm的薄绝缘筒包围。筒的外表面上要有正电荷且面电荷密度为 σ 以使得外部合电场为零。计算所需要的 σ 值。

21P. 两个带电的同轴圆筒半径各为3.0cm和6.0cm，内筒上每单位长度的电荷为 5.0×10^{-6}C/m，外筒上为 -7.0×10^{-6}C/m。求 (a) $r=4.0$cm处及 $r=8.0$cm处的电场。r 是离共同轴线的径向距离。(ilw)

22P. 一半径4.0cm的、长的、实心绝缘柱体具有均匀体电荷密度ρ。ρ是离柱体轴线的径向距离r的函数，函数关系为$\rho = Ar^5$，其中$A = 2.5\mu C/m$。在离柱体轴线的径向距离为（a）3.0cm处及（b）5.0cm处，电场的大小各是多少？

23P. 图24－30示出盖革（Geiger）计数器，它是一种用于检测电离辐射（导致原子电离的辐射）的装置。计数器由带正电的中央细丝和围绕它的带等量负电荷的同轴导体圆筒组成。因而，在筒内存在强的径向电场。圆筒含有低压惰性气体。当一粒子穿过筒壁进入该装置时，它使少数气体分子电离，由此产生的一些自由电子（标志e）被吸引到带正电的丝上。然而，电场很强以致在与其他一些气体原子前后两次碰撞的中间，自由电子获得的能量足以使那些原子也电离，由此引起电子的“雪崩”被金属丝收集，产生用于记录原始辐射粒子通过的信号。假设中央细丝的半径是25μm，圆筒的半径是1.4cm，且管长16cm。如果在圆筒内壁处电场是2.9×10^4N/C，则中央细丝上的全部正电荷是多少？（ssm）

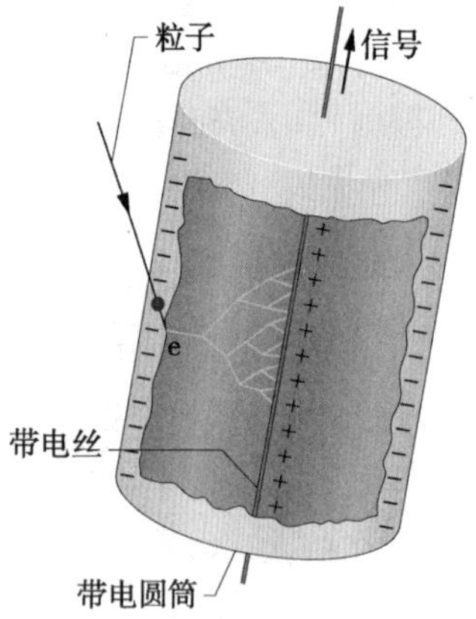

图24－30 习题23图

24P. 电荷均匀分布在一细长绝缘杆上，线电荷密度为2.0nC/m。该杆与一长的空心导体圆柱（内半径为5.0cm，外半径为10cm）同轴。导体上的净电荷为零。（a）距筒轴15cm处的电场的大小是多少？在导体（b）内表面及（c）外表面上的面电荷密度为何？

25P. 电荷均匀分布在半径为R的无限长圆柱体的体积内。（a）证明在离柱的轴线r（$r<R$）处

$$E = \frac{\rho r}{2\varepsilon_0}$$

式中ρ为体电荷密度。（b）对于$r>R$处，写出E的表达式。（ssm）（www）

24－8节 高斯定律的应用：平面对称

26E. 图24－31示出两个面积很大、相互平行的、绝缘薄片的横截面。两薄片有相同的正电荷分布，而电荷密度为σ。求下列各处的$\vec{E}$：（a）两薄片的上方；（b）它们之间；（c）它们的下方。

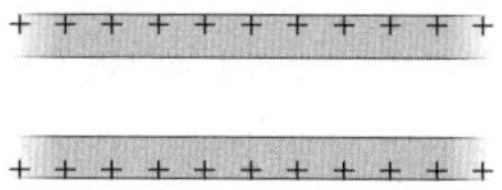

图24－31 练习26图

27E. 一边长8.0cm的正方形金属平板，厚度可忽略，带有总电荷6.0×10^{-6}C。（a）假定电荷均匀分布在平板的两个表面，估算刚离开板中心处（如，距离0.50mm处）电场的大小E。（b）通过假定该平板是一点电荷，估计在距离30m（相对于板的尺寸，很大）处的E。（ssm）

28E. 如图24－32中所示，一块大的绝缘平面具有均匀面电荷密度σ，平面的中央开有一半径R的小圆孔。忽略各边缘处电场线的弯曲（边缘效应），计算电场在孔轴上离孔中心为z的P点的电场。（提示：参见式（23－26）并利用叠加）。

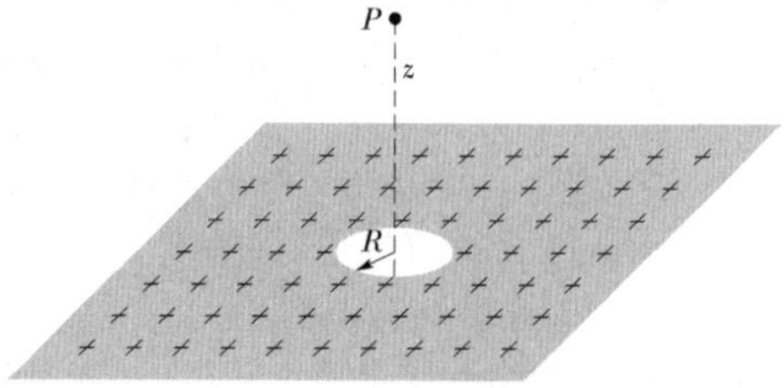

图24－32 练习28图

29P. 在图24－33中，一质量$m = 1.0$mg的小绝缘球，带有$q = 2.0\times10^{-8}$C的电荷（在其体积中均匀分布）。小球挂在一绝缘丝的下端，该线与竖直的均匀带电薄片（用横截面示出）成$\theta = 30°$角。考虑小球受的重力并假定该薄片在竖直方向向页面里和页面外延伸得很远。计算薄片的面电荷密度σ。（ssm）

30P. 如图24－16c所示，两块大的薄金属板平行且互相接近。在它们的内表面上带有异号的过量面电荷密度且具有7.0×10^{-22}C/m的大小，负带电板在左方。求下列三处电场的大小及方向：（a）两板的左方；（b）两板的右方；（c）两板的中间。

31P. 一电子被垂直地射向一块大金属板的中心，该板的面电荷密度为-2.0×10^{-6}N/m²，假设电子的

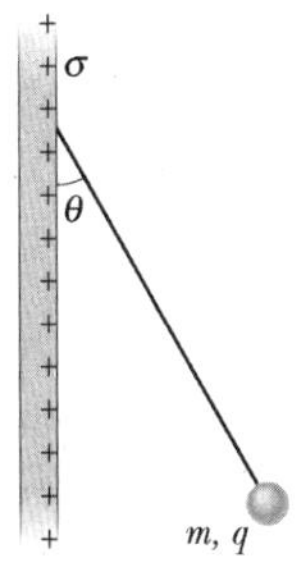

图 24－33 习题 29 图

初始动能为 100eV，倘若电子在刚好到达此板时就停了下来（归因于来自板的静电排斥），则它必须在离此板多远处发射？（ssm）

32P. 有两块互相面对的大金属板，面积各为 $1.0\mathrm{m}^2$，两板相距 5.0cm，内表面上各带有等量异号电荷。如果两板之间电场的大小 E 为 55N/C，则各板上电荷的大小是多少？忽略边缘效应。

33P*. 厚度为 d 的一块平板具有均匀体电荷密度 ρ。求（a）板内及（b）板外空间中各点电场的大小。结果用离板的中央平面的距离 x 表示。（ssm）

24－9 节 高斯定律的应用：球面对称

34E. 一点电荷引起穿过以它为中心的半径为 10.0cm 的球形高斯面的电通量为 $-750\mathrm{N\cdot m^2/C}$。（a）如果高斯面的半径被加倍，则穿过该面的通量将是多少？（b）点电荷的值是多少？

35E. 一半径 10cm 的导体球带有未知的电荷。如果距球心 15cm 处的电场具有 $3.0\times10^3\mathrm{N/C}$ 的大小且沿半径向内，则在球上的净电荷为何？（ssm）

36E. 两个带电的同心球面，半径分别为 10.0cm 和 15.0cm，内球面上的电荷为 $4.00\times10^{-8}\mathrm{C}$ 而外球面上的电荷为 $2.00\times10^{-8}\mathrm{C}$。试求在（a）$r=12.0\mathrm{cm}$ 和（b）$r=20.0\mathrm{cm}$ 处的电场。

37E. 在 1911 年的一篇论文中，卢瑟福（E. Rutherford）曾说："为了形成某种使 α 粒子偏转一个大角度所需要的力的概念，考虑一个原子［正如］包含一个在其中心的正点电荷 Ze 被在半径 R 的球内均匀分布着的 $-Ze$ 的负电荷所包围。电场 E…在原子内距中心为 r 的一点处［为］

$$E=\frac{Ze}{4\pi\varepsilon_0}\left(\frac{1}{r^2}-\frac{r}{R^3}\right)"$$

证明此式。（ssm）

38E. 式（24－11）（$E=\sigma/\varepsilon_0$）给出在靠近带电导体表面处的电场。把此式应用到半径为 r 且电荷为 q 的导体球，并证明球外的电场与位于该球中心的点电荷的电场相同。

39P. 一速率 $v=3.00\times10^5\mathrm{m/s}$ 的质子在紧邻半径 $r=1.00\mathrm{cm}$ 的带电球外沿轨道运行。该球上所带电荷为何？（ssm）（www）

40P. 一点电荷 $+q$ 被放置在内半径为 a 且外半径为 b 的，电中性的、导体球壳的中心。出现在（a）壳的内表面上及（b）壳的外表面上的电荷为何？在距离壳中心为 r 处的合电场为何（c）$r<a$、（d）$b>r>a$、及（e）$r>b$？对那三个区域，画出电场线图。由（f）中心的点电荷与内表面的电荷及（g）外表面的电荷引起的合电场为何？现在把点电荷 $-q$ 放置在壳外，这个点电荷使在（h）外表面上及（i）内表面上的电荷分布改变吗？试画出现在的电场线图。（j）对第二个点电荷是否有静电力作用？（k）对第一个点电荷是否有合静电力？（l）这种情况违背牛顿第三定律吗？

41P. 一半径为 R 的实心绝缘球有均匀电荷分布，体电荷密度 $\rho=\rho_s r/R$，式中 ρ_s 是常量而 r 是离球心的距离。试证明（a）在球上的全部电荷是 $Q=\pi\rho_s R^3$ 及（b）球内电场的大小为

$$E=\frac{1}{4\pi\varepsilon_0}\frac{Q}{R^4}r^2$$

42P. 一个氢原子可被看作具有一个带正电荷 $+e$ 的、在中心的、点状质子和一个带负电荷 $-e$，按体电荷密度 $\rho=A_{\exp}(-2r/a_0)$ 围绕质子分布的电子。其中 A 是常量，$a_0=0.53\times10^{-10}\mathrm{m}$ 是玻尔半径，r 是到原子中心的距离。（a）利用氢是电中性的事实，求 A；（b）求原子产生的在玻尔半径处的电场。

43P. 在图 24－34 中，一半径为 a 的球体，带有在其体内均匀分布的电荷 $+q$。与此球同心放置的有一导体球壳，球壳的内半径为 b、外半径为 c，此球壳带有净电荷 $-q$。对下列几个区域求出电场 E 作为半径 r 的函数的表达式：（a）球体内（$r<a$）；（b）球体与球壳之间（$a<r<b$）；（c）球壳内（$b<r<c$）；（d）球壳外（$r>c$）。（e）球壳内表面和外表面上的电荷各为何？（ssm）

44P. 图 24－35a 示出具有均匀体电荷密度 ρ 的带电球壳。作图表示由该壳引起的在离壳心的距离 r 从零到 30cm 的范围内的 E。假定 $\rho=1.0\times10^{-6}\mathrm{C/m^3}$，$a=10\mathrm{cm}$，且 $b=20\mathrm{cm}$。

45P. 在图 24－35b 中，内半径为 a、外半径为 b 的不导电的球壳具有正的体电荷密度 $\rho=A/r$（在其厚度内），式中 A 是常量而 r 是离壳心的距离。此外，

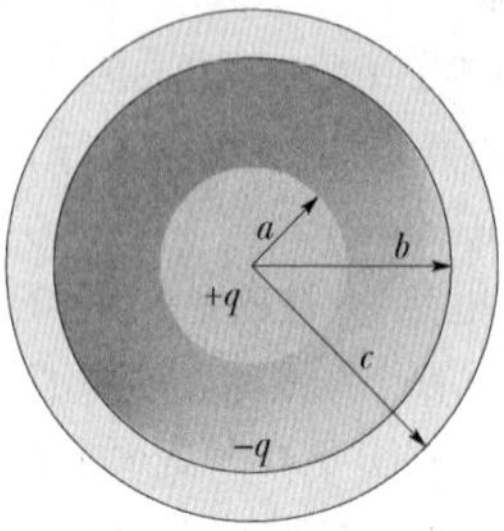

图 24－34 习题 43 图

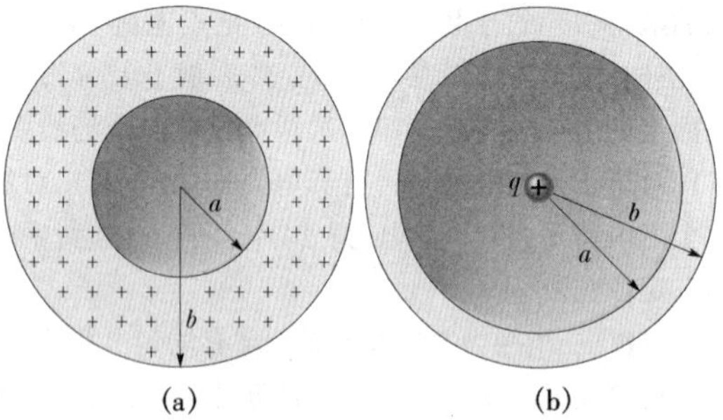

图 24－35 习题 44 和习题 45 图

一正点电荷 q 被放置在该中心。如果壳内（$a \leqslant r \leqslant b$）的电场是均匀的，则 A 应该具有什么值？（**提示：** 常量 A 依赖于 a 而不依赖于 b。）（ssm）

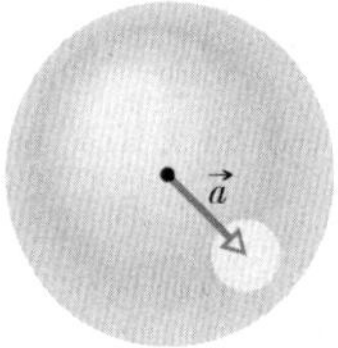

图 24－36 习题 46 图

46P*. 一不导电的球具有均匀体电荷密度 ρ。令 $\vec{r}$ 为从球心到球内任一点 P 的矢量。（a）证明 P 点的电场为 $\vec{E}=\rho\,\vec{r}/3\varepsilon_0$（注意此结果与球半径无关）；（b）如图 24－36 所示，在该球体中挖好了一球形空腔，用叠加的概念证明在空腔内所有点处的电场是均匀的并等于 $\vec{E}=\rho\,\vec{a}/3\varepsilon_0$，其中 $\vec{a}$ 是从球中心到空腔中心的位矢。（注意此结果与球半径及空腔半径无关）。

47P*. 一球对称而不均匀的电荷体分布引起大小 $E=Kr^4$ 而方向沿半径指向外部的电场。这里 r 是离中心的径向距离，而 K 是常量。电荷分布的体密度为何？

附加题

48. 巧克力碎屑的秘密。由静电放电（火花）点燃的爆炸在处理粒料或粉末的设备中构成重大的危险。这样的爆炸于 20 世纪 70 年代曾在饼干厂出现在巧克力碎屑粉末中。在工厂，工人们通常把新送到的粉末袋卸空到送料的料箱中，从那里粉末被吹走，通过接地的聚氯乙烯管道到贮仓内储存。沿着这条路线的某处，可能满足爆炸的两个条件：（1）电场的大小变为 3.0×10^6N/C 或更大，以致能发生电击穿因而打火花；（2）火花的能量为 150mJ 或更大，以致它能爆炸性地点燃粉末。让我们在通过聚氯乙烯管道的粉末流中核查第一个条件。

假设带负电的巧克力碎屑粉末流被吹过半径 $R=5.0$cm 的聚氯乙烯管道。假定粉末及其电荷被均匀地以体电荷密度散布在管道中。（a）用高斯定律，求作为离管道中心径向距离 r 的函数的电场 $\vec{E}$ 的大小的表达式。（b）电场的大小随 r 增大还是减小？（c）电场 $\vec{E}$ 沿半径向内还是向外；（d）假定体电荷密度的大小 ρ 为 $1.1\times10^{-3}\mathrm{C/m^3}$（这在饼干厂是有代表性的），试求电场的最大值并确定那最大的电场出现在哪里。（e）打火花会出现吗？如果会，在哪里？（这个问题续之以第 25 章中的习题 57）。

第 25 章 电　　势

当从观景台欣赏赤杉国家公园时，这位女士发觉她的头发从头上竖了起来。她的兄弟觉得有趣，就拍下了她的照片。在他们离去后五分钟，雷电轰击了观景台，造成一死七伤。

那么，什么引起了该女士的头发竖起？

答案就在本章中。

25-1 电势能

关于引力的牛顿定律和关于静电力的库仑定律在数学形式上相同。因而我们讨论过的关于引力的一般特征应该也适用于静电力。

特别是，我们可以准确地断定静电力是**保守力**。当带电粒子系统内两个或多个粒子之间有静电力作用时，我们就可以赋予该系统**电势能** U。而且，如果系统的位形从一初始状态 i 改变到另一不同的终了状态 f，则静电力对粒子做功。根据式（8-1），我们于是知道由此引起的系统势能的改变 ΔU 为

$$\Delta U = U_f - U_i = -W \qquad (25-1)$$

正如其他保守力的情况一样，静电力所做的功**与路径无关**。设想一带电粒子在受到系统内其余粒子的静电力作用时从点 i 移动到点 f。倘若系统的其余粒子不改变，则静电力所做的功对于点 i 与点 f 之间的所有路径都相同。

为了方便起见，我们通常取所有粒子彼此被无限隔开的位形为带电粒子系统的**参考位形**。并且，我们通常约定相应的**参考势能**为零。设想一些带电粒子从初始的无限分隔（状态 i）聚集一起到形成粒子相互靠近的系统（状态 f）。令初始势能 U_i 为零，并令 W_∞ 表示在从无穷远向里移动期间粒子之间的静电力所做的功。则根据式（25-1），系统终了的势能 U 为

$$U = -W_\infty \qquad (25-2)$$

正如其他型式的势能一样，电势能被认为是机械能的一种类型。回忆在第 8 章中讲过，如果在一（闭合）系统内仅有保守力作用，则系统的机械能守恒。我们将在本章的剩余部分广泛地利用这个事实。

解题线索

线索 1：电势能；电场所做的功

电势能与整个的粒子系统相关联。然而，你将看到一些叙述（从例题 25-1 开始），把它与系统内一个单独的粒子相联系。例如，你可能读到，“电场中一电子具有 10^{-7}J 的势能”。这样的叙述通常是可接受的，但你应该始终注意势能实际上是与一系统相关联的——这里，系统是电子加上建立电场的带电粒子。还应注意，**只有**当参考势能值已知时，把一特定的势能值，例如 10^{-7}J，赋予一粒子或甚至一系统才有意义。

当势能只与系统内的一个粒子相关联时，你将经常读到功是**由电场**对粒子所做的。它所意味的是由建立电场的一些电荷施于该粒子的力所做的功。

例题 25-1

电子持续地被从空间进入的宇宙射线粒子从大气的空气分子中撞出。一旦被释放，每个电子受到地球上已有的带电粒子在大气中所产生的电场 $\vec{E}$ 的静电力 $\vec{F}$。靠近地球表面处，电场具有大小 $E=150$N/C 且指向下方。当静电力使被释放的电子竖直向上通过距离 $d=520$m 时（见图 25-1），该电子的势能改变是多少？

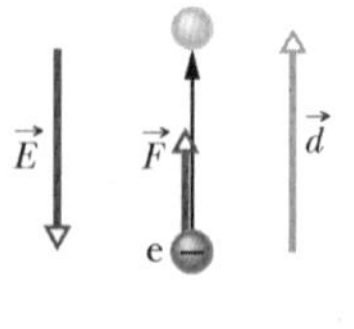

图 25-1 例题 25-1 图 大气中的电子在电场 $\vec{E}$ 的静电力 $\vec{F}$ 作用下向上通过位移 $\vec{d}$。

【解】 这里我们需要三个**关键点**。一个是电子电势能的改变 ΔU 与电场对电子所做的功相关联，

式（25－1）（$\Delta U=-W$）给出了这个关系。第二个**关键点**是，恒力 $\vec{F}$ 对经过位移 $\vec{d}$ 的粒子所做的功为

$$W=\vec{F}\cdot\vec{d} \qquad (25-3)$$

最后，第三个**关键点**是，静电力与电场的关系由 $\vec{F}=q\vec{E}$ 给出，其中 q 是电子的电荷（$=-1.6\times10^{-19}$C）。替换式（25－3）中的 $\vec{F}$ 并取标积，得

$$W=q\vec{E}\cdot\vec{d}=qEd\cos\theta \qquad (25-4)$$

式中 θ 是 $\vec{E}$ 和 $\vec{d}$ 的方向之间的夹角。电场 $\vec{E}$ 的方向向下而位移 $\vec{d}$ 的方向向上，所以 $\theta=180°$。把这个值和其他数据代入式（25－4），求得

$$W=(-1.6\times10^{-19}\text{C})(150\text{N/C})(520\text{m})\cos180°$$
$$=1.2\times10^{-14}\text{J}$$

由式（25－1）得

$$\Delta U=-W=-1.2\times10^{-14}\text{J} \qquad \text{（答案）}$$

这个结果告诉我们，在 520m 的上升期间，电子的电势能降低了 1.2×10^{-14}J。

检查点 1：一质子在方向如图所示的电场中从点 i 移动到点 f。(a) 电场对质子做正功还是负功？(b) 质子的电势能是增大还是减小？

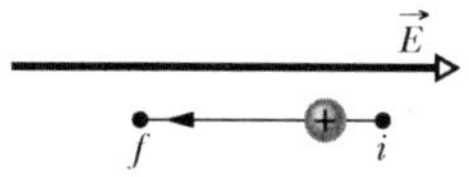

25－2　单位电荷的电势能——电势

正如你从例题 25－1 所能推知的，在电场中带电粒子的势能与电荷的大小有关。然而，在电场中任一点每单位电荷的势能却只有一个惟一的值。

例如，设想我们在电场中某一点设置一带正电荷 1.60×10^{-19}C 的检验粒子，在那里该粒子具有 2.40×10^{-17}J 的电势能。于是每单位电荷的势能为

$$\frac{2.40\times10^{-17}\text{J}}{1.60\times10^{-19}\text{C}}=150\text{J/C}$$

其次，设想我们用一具有二倍电荷，即 3.20×10^{-19}C 的粒子替换该检验电荷，我们将发现，第二个粒子具有 4.80×10^{-17}J 的电势能，二倍于第一个粒子的电势能。然而，每单位电荷的势能将是相同的，仍为 150J/C。

因而，每单位电荷的势能可以用 U/q 表示，它与我们碰巧使用的粒子的电荷 q 无关，而只是我们所研究的**电场的特征**。在电场中任一点每单位电荷的势能叫做在该点的**电势** V（或简称**势**）。因而，

$$V=\frac{U}{q} \qquad (25-5)$$

应注意，电势是标量，而不是矢量。

电场中任何两点 i 与 f 之间的**电势差** ΔV 等于该两点之间每单位电荷的势能差：

$$\Delta V=V_f-V_i=\frac{U_f}{q}-\frac{U_i}{q}=\frac{\Delta U}{q} \qquad (25-6)$$

利用式（25－1）以 $-W$ 代替式（25－6）中的 ΔU，我们可把两点 i 与 f 之间的电势差定义为

$$\Delta V=V_f-V_i=-\frac{W}{q} \quad \text{（电势差的定义）} \qquad (25-7)$$

两点之间的电势差因而是把单位电荷从一点移动到另一点静电力所做的功的负值。电势差可以为正、负、或零，这取决于 q 和 W 的符号及大小。

如果我们以无穷远处 $U_i=0$ 作为我们的参考势能，则根据式（25－5），那里的电势也应该为零。于是根据式（25－7），我们可把电场中任一点的电势 V 定义为

$$V=-\frac{W_\infty}{q_0} \quad \text{（电势的定义）} \tag{25-8}$$

式中 W_∞ 是当该粒子从无穷远处移近到点 f 时由电场所做的功，它取决于 q 和 W_∞ 的符号及大小，势 V 可以为正、负、或零。

根据式（25－8）得出的电势的SI单位是焦［耳］每库［仑］。这个组合出现得太经常以致用一个特设的单位，伏［特］（缩写为V）来表示。因而，

$$1\text{ 伏[特]}=1\text{ 焦[耳]每库[仑]} \tag{25-9}$$

至今我们是按牛每库来计量电场的这个新单位使我们能为电场 $\vec{E}$ 采用一个更通用的单位。借助于两个单位换算，我们得到

$$1\text{N/C}=\left(1\,\frac{\text{N}}{\text{C}}\right)\left(\frac{1\text{V}\cdot\text{C}}{1\text{J}}\right)\left(\frac{1\text{J}}{1\text{N}\cdot\text{m}}\right)=1\text{V/m} \tag{25-10}$$

在第二个括弧中的换算因子来自式（25－9）；在第三个括弧中的是由焦耳的定义导出的。今后，我们将按伏每米而不按牛每库来表示电场的大小。

最后，我们可以定义一个在原子和亚原子领域中用于方便地能量计量的能量单位：**1电子伏［特］**（eV）的能量，它等于使单个元电荷，比如电子或质子的电荷，通过恰好1伏特的电势差所需的功，式（25－7）告诉我们这个功的大小是 $q\Delta V$，所以

$$1\text{eV}=e\,(1\text{V})=(1.60\times10^{-19}\text{C})\,(1\text{J/C})=1.60\times10^{-19}\text{J}$$

解题线索

线索2：电势和电势能

电势 V 和电势能 U 是完全不同的量而且不应被混淆。

> **电势**是电场的特性，与一个带电体是否已放在该场中无关；它按J/C或V为单位计量。

> **电势能**是一带电体在外电场中的能量（或更精确地说，由带电体和外电场组成的系统的能量）；它以J为单位计量。

外力所做的功

设想我们通过对带电荷 q 的粒子加力使它从点 i 移动到点 f。在移动期间，外力对电荷做功 W_{app}，而电场对电荷做功 W。由式（7－10）的功—动能定理，粒子动能的改变为

$$\Delta K=K_f-K_i=W_{app}+W \tag{25-11}$$

现在假设粒子在移动以前和以后是静止的，则 K_f 和 K_i 都为零，于是式（25－11）化为

$$W_{app}=-W \tag{25-12}$$

用语言来表述，外力在移动期间所做的功 W_{app} 等于电场所做的功的负值——倘若动能没有改变。

利用式（25-12）把 W_{app} 代入式（25-1），我们可把外力所做的功与粒子在移动期间势能的改变联系起来，得

$$\Delta U = U_f - U_i = W_{app} \tag{25-13}$$

同样地，利用式（25-12）把 W_{app} 代入式（25-7），我们可把功 W_{app} 与粒子在初始与末了位置之间的电势差 ΔV 联系起来，得

$$W_{app} = q\Delta V \tag{25-14}$$

W_{app} 可以为正、负、或零，这取决于 q 和 ΔV 的符号和大小。它是使带电荷 q 的粒子在其动能不改变的情况下通过电势差 ΔV 必须做的功。

检查点 2：在检查点 1 的附图中，我们在方向如图所示的电场中使质子从点 i 移动到点 f，(a) 我们的力做正功还是负功？(b) 该质子是移动到电势较高还是较低的点？

25-3 等势面

具有相同电势的邻近的点构成**等势面**，它既可是一假想的面也可是一真实的、有形的面。当带电粒子在同一等势面上两点 i 和 f 之间移动时，电场对该粒子所做的净功为零。这是根据式（25-7）得出的，该式告诉我们，倘若 $V_f = V_i$，则 W 必定为零。由于路径与功（因而电势能及电势）无关，对**任何**连接 i 和 f 的路径 $W=0$，不管那条路径是否完全位于该等势面上。

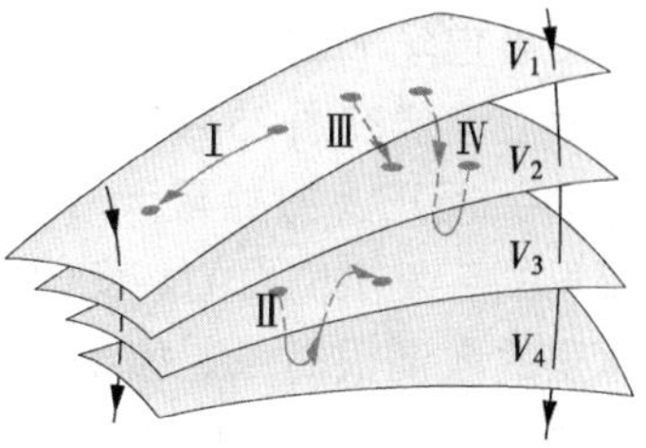

图 25-2 电势值分别为 $V_1=100\text{V}$、$V_2=80\text{V}$、$V_3=60\text{V}$、$V_4=40\text{V}$ 的四个等势面的一部分。检验电荷可能沿其运动的四条路径也画出了两条电场线。

图 25-2 示出一**族**与某一电荷分布所引起电场相关联的等势面。当带电粒子从路径Ⅰ和Ⅱ的一端移动到另一端时，电场对粒子所做的功为零，因为那些路径的每一条都开始并终止在同一等势面上。当带电粒子从路径Ⅲ和Ⅳ的一端移动到另一端时功不为零但对那两条路径具有同样的值，因为对于该两条路径起始和末了的电势都相同；也就是说，路径Ⅲ和Ⅳ连接了同一对等势面。

根据对称性，由点电荷或球对称电荷分布所生成的等势面是一族同心球面。对于均匀电场，等势

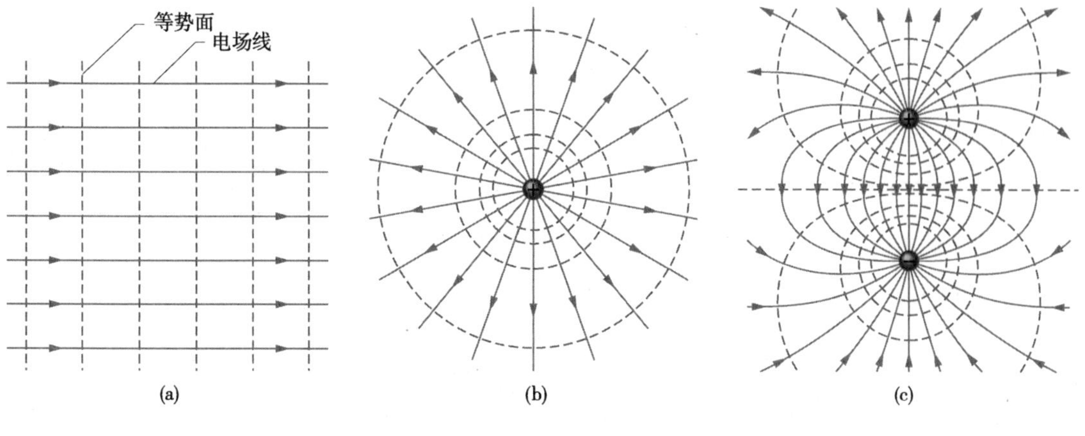

图 25-3 电场线(实线)和等势面的横截面虚线，对于：(a) 均匀电场；(b) 点电荷的电场；(c) 电偶极子的电场。

面是一族垂直于电场的平面。实际上，等势面总是垂直于电场线，因而垂直于始终与那些线相切的 $\vec{E}$。倘若 $\vec{E}$ **不**垂直于等势面，它将具有沿该面伸展的分量。当带电粒子沿该面移动时，这个分量将对带电粒子做功、然而，如果该面确实是一等势面，根据式 (25-7)，就不会做功。惟一可能的结论是，$\vec{E}$ 必定处处垂直于该面。图25-3示出对于均匀电场和与点电荷及电偶极子相关联的电场的电场线和等势面的横截面。

我们现在回到本章开始的照片中的妇女。因为她正站在连接到山腰的平台上，她处于约与山腰相同的电势。在头上，强烈带电的云系已向她移动并围绕她和山腰生成一强电场，电场 $\vec{E}$ 从她和山腰指向外部。由这个场造成的静电力驱动该妇女身上的某些传导电子通过她的身体向下传入地，留下她的头发带正电。$\vec{E}$ 的大小虽然很大，但小于将导致空气分子电击穿的约 3×10^6 V/m 的值（以后当闪电轰击平台时，该值曾被短暂地超越）。

图 25-4

围绕在山腰平台上妇女的等势面能从她的头发被推知；头发是沿着电场 $\vec{E}$ 的方向延伸的，并因而垂直于等势面，所以等势面应该像在图25-4中所画的那样。电场的大小 E 显然在她的头顶正上方处最大（各等势面显然排得最密集），因为那里的头发比侧面的头发伸出得更远。

这里的教训很简单。如果电场引起头发从你头上竖起，比起为拍快照而摆起姿势来，你还是为躲避而跑掉更好。

25-4 由电场计算电势

如果我们知道了电场中连接任何两点 i 与 f 的任何路径上各点的电场矢量 $\vec{E}$，我们就能计算该两点之间的电势差。为了完成该计算，我们求出当一正检验电荷从 i 移动到 f 时电场对该电荷所做的功，然后应用式 (25-7)。

考虑由图25-5中电场线所表示的一任意的电场，和沿图示的路径从点 i 移动到点 f 的一正检验电荷 q_0。在该路径上任一点，当检验电荷移动一元位移 $d\vec{s}$ 时，静电力 $q_0\vec{E}$ 作用在该电荷上。从第7章我们了解到，在位移 $d\vec{s}$ 期间，力 $\vec{F}$ 对粒子所做的元功为

$$dW=\vec{F}\cdot d\vec{s} \qquad (25-15)$$

对于图25-5的情况，$\vec{F}=q_0\vec{E}$ 而式 (25-15) 变成

$$dW=q_0\vec{E}\cdot d\vec{s} \qquad (25-16)$$

为了求得当粒子从点 i 移动到点 f 时电场对粒子所做的总功，我们通过积分把粒子沿该路径移过所有的元路径

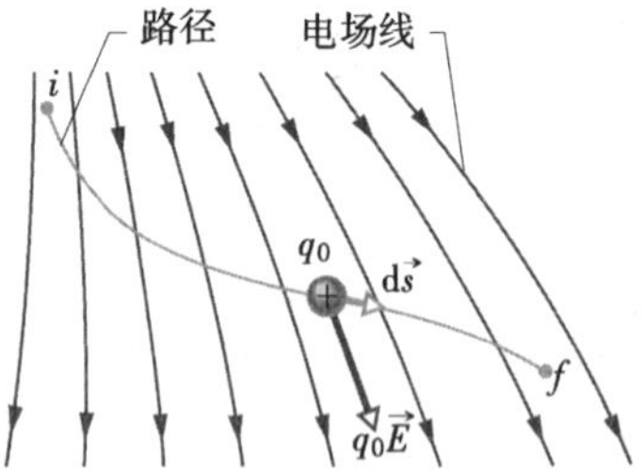

图 25-5 检验电荷 q_0 在一非均匀电场中沿所示路径从点 i 移动到点 f。在一个位移 $d\vec{s}$ 中，静电力 $q_0\vec{E}$ 作用在检验电荷上，此力的方向沿检验电荷所在处的电场线。

时对它能做的元功加起来：

$$W = q_0\int_i^f \vec{E}\cdot d\vec{s} \qquad (25-17)$$

如果我们把总功从式（25－17）代入式（25－7），求得

$$V_f - V_i = -\int_i^f \vec{E}\cdot d\vec{s} \qquad (25-18)$$

因而，电场中任何两点 i 与 f 之间的势差 $V_f - V_i$ 等于 $\vec{E}\cdot d\vec{s}$ 从 i 到 f 的**线积分**（表示沿一特定路径的积分）。然而，因为静电力是保守力，所以一切路径（无论易于或难于用来积分）给出相同的结果。

如果电场遍及某个区域是已知的，则式（25－18）使我们能计算在电场中任何两点之间的势差。倘若在点 i 的电势 V_i 为零，则式（25－18）变成

$$V = -\int_i^f \vec{E}\cdot d\vec{s} \qquad (25-19)$$

其中我们已丢掉 V_f 中的角标 f。式（25－19）给出电场中**相对于零电势**点 i 的任一点的电势 V。如果我们设点 i 在无穷远处，则式（25－19）给出相对于无穷远处的零电势的任一点 f 处的电势 V。

检查点 3：右图示出一族平行的等势面（为横截面）和把一个电子从一个等势面移到另一个所走的五条路径。(a) 与这些面相关联的电场沿什么方向？(b) 对于每一条路径，所做的功是正、负、还是零？(c) 按照所做的功由大到小把这些路径排序。

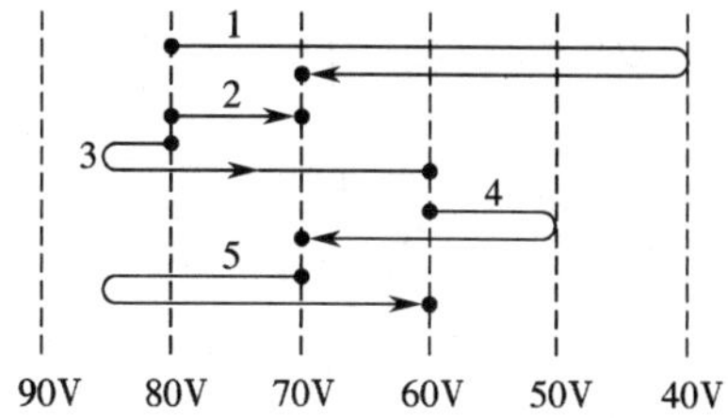

例题 25－2

(a) 图 25－6a 示出均匀电场 $\vec{E}$ 中的两个点 i 和 f。它们位于同一条电场线（未示出）上并被隔开距离 d。通过使一正检验电荷 q_0 沿所示的平行于电场方向的路径从 i 移动到 f，求出电势差 $V_f - V_i$。

【解】 这里**关键点**是，我们可按照式（25－18），通过沿连接电场中任何两点的一路径取 $\vec{E}\cdot d\vec{s}$ 的积分求出该两点之间的电势差。我们通过想象沿该路径从起点 i 到终点 f 移动一检验电荷来这样做。当我们沿图 25－6a 中的路径移动这一检验电荷时，其元位移 $d\vec{s}$ 始终具有与 $\vec{E}$ 相同的方向，因而，$\vec{E}$ 与 $d\vec{s}$ 之间的角度为零，从而式（25－18）中的标积为

$$\vec{E}\cdot d\vec{s} = E ds\cos\theta = E ds \qquad (25-20)$$

于是式（25－18）和式（25－20）得

$$V_f - V_i = -\int_i^f \vec{E}\cdot d\vec{s} = -\int_i^f E ds \qquad (25-21)$$

由于电场是均匀的，所以 E 在该路径上各点是常量

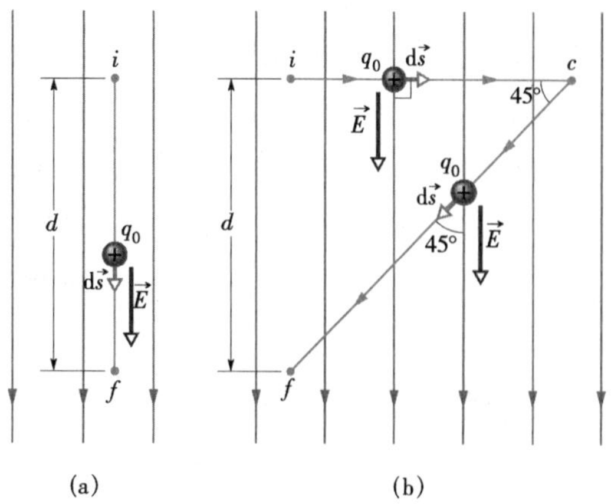

图 25－6 例题 25－2 图

(a) 检验电荷 q_0 沿均匀电场方向的直线从点 i 移到点 f。(b) q_0 在相同的电场中沿路径 icf 移动。

而能被提到积分号之外，于是得

$$V_f - V_i = -E\int_i^f ds = -Ed \qquad (答案)$$

其中，积分仅仅是该路径的长度 d。结果中的负号表明在图 25-6a 中，点 f 处的电势低于点 i 处的电势。这是一普遍的结果：电势总是沿在电场线方向延伸的路径降低。

(b) 现在通过沿图 25-6b 中所示的路径 icf 把正检验电荷 q_0 从 i 移到 f 求 $V_f - V_i$。

【解】 (a) 的**关键点**在这里也适用，只是现在我们移动检验电荷所沿的路径由 ic 和 cf 两段直线组成。在沿直线 ic 的所有点，检验电荷的位移 $d\vec{s}$ 垂直于 $\vec{E}$。因而，$\vec{E}$ 与 $d\vec{s}$ 之间的角度为 90°，而标积 $\vec{E}\cdot d\vec{s}$ 为零。于是由式 (25-18) 知道，点 i 和 c 处于相同的电势：$V_c - V_i = 0$。

对于直线 cf 我们有 $\theta = 45°$，于是，根据式 (25-18)，

$$V_f - V_i = -\int_c^f \vec{E}\cdot d\vec{s} = -\int_c^f E(\cos 45°)ds$$

$$= -E(\cos 45°)\int_c^f ds$$

此式中的积分仅仅是直线 cf 的长度；由图 25-6b，长度为 $d/\sin 45°$。因而，

$$V_f - V_i = -E(\cos 45°)\frac{d}{\sin 45°} = -Ed \qquad (答案)$$

这是我们在 (a) 中曾得到的相同的结果，正如它必然是的那样；两点之间的电势差与连接它们的路径无关。经验：当你想要通过在两点之间移动一检验电荷去求该两点间的电势差时，你可以通过选择一条简化式 (25-18) 的计算路径来节省时间和工作。

25-5 由点电荷引起的电势

我们现在将运用式 (25-18) 推导关于在围绕带电粒子的空间中，相对于无穷远处零电势的电势 V 的表达式。考虑离固定的带正电荷 q 的粒子 R 处的一点 P (见图 25-7)。为了运用式 (25-18)，我们想象把一正检验电荷从 P 点移动到无穷远处。因为我们取的路径无关紧要，所以我们选择最简单的一条，即沿径向从该固定的粒子通过 P 延伸到无穷远的直线。

为了运用式 (25-18)，必须计算标积

$$\vec{E}\cdot d\vec{s} = E\cos\theta ds \qquad (25-22)$$

图 25-7 中的电场 $\vec{E}$ 是从固定的粒子沿半径指向外的，因而，检验粒子沿其路径的元位移 $d\vec{s}$ 具有与 $\vec{E}$ 相同的方向。这表明在式 (25-22) 中，角 $\theta = 0$ 而 $\cos\theta = 1$。因为该路径是径向的，所以我们把 ds 写作 dr。然后代入积分限 R 和 ∞，可把式 (25-18) 写作

$$V_f - V_i = -\int_R^\infty E dr \qquad (25-23)$$

其次，我们约定 $V_f = 0$ (在 ∞ 处) 和 $V_i = V$ (在 R 处)。然后，对于在检验电荷处电场的大小，我们根据式 (23-3) 来代替：

$$E = \frac{1}{4\pi\varepsilon_0}\frac{q}{r^2} \qquad (25-24)$$

借助这些改变，由式 (25-23) 得

$$0 - V = -\frac{q}{4\pi\varepsilon_0}\int_R^\infty \frac{1}{r^2}dr = \frac{q}{4\pi\varepsilon_0}\left[\frac{1}{r}\right]_R^\infty$$

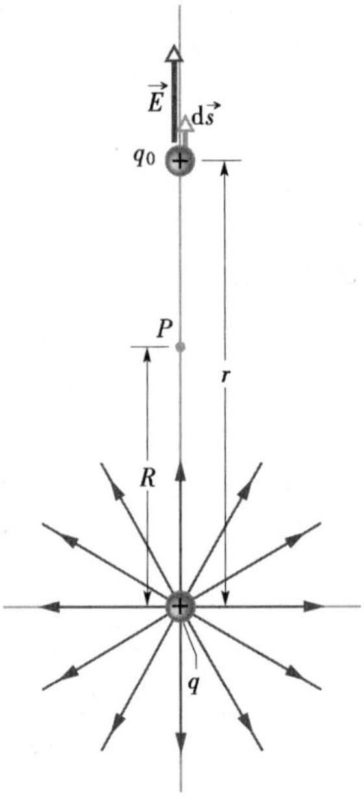

图 25-7 正点电荷 q 在 P 点的电场 $\vec{E}$ 及电势。我们通过把检验电荷由 P 移到无穷远来求电势。图示在元位移 ds 期间，检验电荷在离点电荷 r 处。

$$= -\frac{1}{4\pi\varepsilon_0}\frac{q}{R} \qquad (25-25)$$

解 V 并把 R 改为 r，于是有

$$V = \frac{1}{4\pi\varepsilon_0}\frac{q}{r} \qquad (25-26)$$

V 为由带电荷 q 的粒子在任一与该粒子径向距离为 r 处的电势。

尽管我们是针对带正电的粒子导出式（25 -26）的，但该推导对负带电粒子也适用。在那种情况下，q 是负的量。应注意 V 的符号与 q 的符号相同：

带正电的粒子产生正的电势。带负电的粒子产生负的电势。

图 25 -8 示出对正带电粒子由计算机制作的式（25 -26）的图形；V 的大小沿竖直方向给出。应注意。当 $r\to0$ 时 V 的大小增大。事实上，按照式（25 -26）在 $r=0$ 处 V 为无限大，尽管图 25 -8 在那里示出的是有限的、变平滑的值。

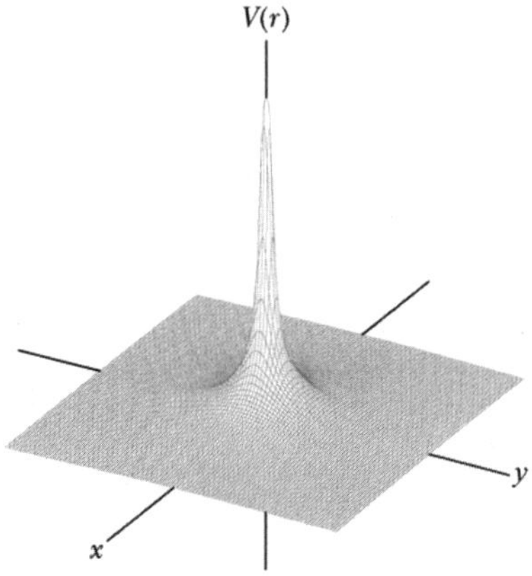

图 25 -8　计算机制作的、在 xy 平面原点的正点电荷的电势 $V(r)$ 的图像。该平面上的各点的电势沿竖直方向给出。(图中加了线以便于你形象化地理解)。未画出式 25 -26 预言的在 $r=0$ 处的无限大值。

式（25 -26）也给出了在球形对称电荷分布外部或其外表面上的电势。通过运用 22 -4 节和 22 -9 节的球壳定理之一，我们可用集中在其中心的一等量电荷代替实际的球形分布来证明这一点。只要我们不考虑在实际分布内部的一点，式（25 -26）的推导随之而来。

解题线索

线索 3：求电势差

为了求出在一孤立的点电荷的电场中任何两点之间的电势差 ΔV，我们求式（25 -26）在各点的值然后把结果相减。ΔV 的值对于参考电势能的任何选择都将是相同的，因为该选择被减法消除了。

25 -6　由点电荷组引起的电势

我们可借助于叠加原理求出由一组点电荷在一点处引起的净电势。应用在计及电荷符号情

况下的式（25－26），我们算出由各个电荷单独在给定点引起的电势，然后把这些电势加起来。对于 n 个电荷，净电势为

$$V=\sum_{i=1}^{n}V_i=\frac{1}{4\pi\varepsilon_0}\sum_{i=1}^{n}\frac{q_i}{r_i}(n\text{ 个点电荷})\qquad(25-27)$$

这里 q_i 是第 i 个电荷的值，而 r_i 是第 i 个电荷与给定点的径向距离。式（25－27）中的和是**代数和**，而不是像计算由一组点电荷引起的电场时用的那样的矢量和。比起电场来，在这里存在着电势计算上的便利：把一些标量加起来要比把一些矢量加起来容易得多，因为对矢量必须考虑它们的方向和分量。

检查点4：这里的右图示出两个质子的三种排列。按照这些质子在 P 点引起的净电势由大到小把它们排序。

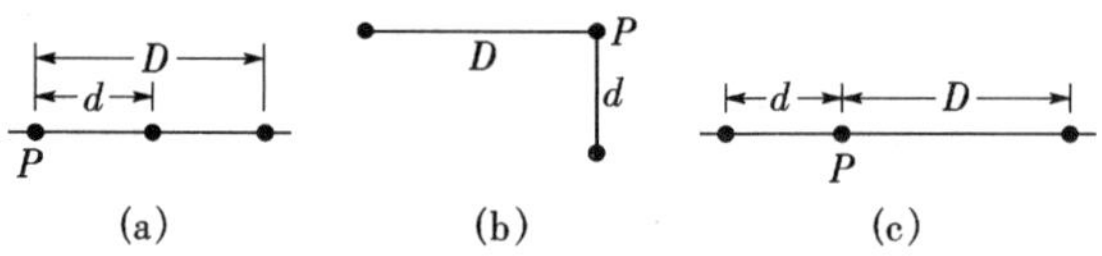

例题25－3

在图25－9a中所示点电荷方阵中心 P 点的电势是什么？距离 d 是1.3m，而这些电荷是 $q_1=+12\text{nC}$，$q_2=-24\text{nC}$，$q_3=+31\text{nC}$，$q_4=+17\text{nC}$。

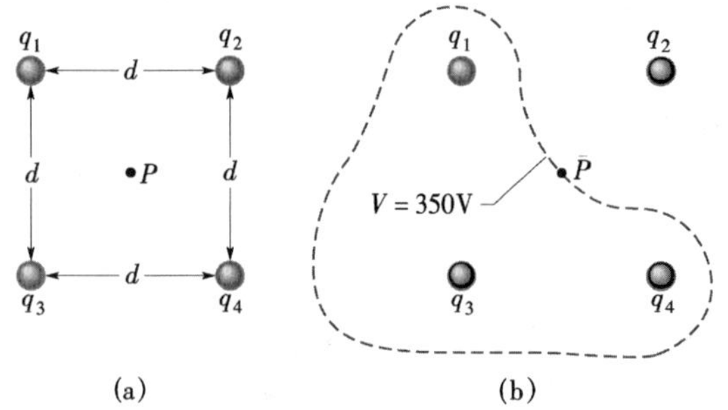

图25－9　例题25－3图　(a) 四个点电荷固定在正方形的四个角上。(b) 虚线是在图平面内的包含点 P 的等势面的截面（曲线只是近似地画出的）。

【解】　这里**关键点**是，在 P 点处的电势 V 是由四个点电荷所提供的电势的代数和（因为电势是标量，这些点电荷的取向并不重要）。因而，根据式（25－27），我们有

$$V=\sum_{i=1}^{n}V_i=\frac{1}{4\pi\varepsilon_0}\left(\frac{q_1}{r}+\frac{q_2}{r}+\frac{q_3}{r}+\frac{q_4}{r}\right)$$

距离 r 是 $d/\sqrt{2}$，它是0.919m，电荷的总和是

$$q_1+q_2+q_3+q_4=(12-24+31+17)\times10^{-9}\text{C}$$
$$=36\times10^{-9}\text{C}$$

因而，

$$V=\frac{(8.99\times10^9\text{N}\cdot\text{m}^2/\text{C}^2)(36\times10^{-9}\text{C})}{0.919\text{m}}$$
$$\approx350\text{V}\qquad\text{(答案)}$$

接近于图25－9a中的任何三个正电荷，电势具有非常大的正值。接近于该单个的负电荷，电势具有非常大的负值。因此，在方阵内必定存在一些点具有与 P 点处相同的中间电势。图25－9b示出的曲线是图面与包含 P 点的等势面的交叉线，沿该曲线的任何点都具有与 P 点相同的电势。

例题25－4

(a) 在图25－10a中，12个电子（带电荷 $-e$）等间隔地固定在半径为 R 的圆上。相对于无穷远处 $V=0$，由这些电子引起的在圆心 C 处的电势和电场是什么？

【解】　这里**关键点**是，在 C 处的电势是所有电子所贡献的电势的代数和（因为电势是标量，电子所处的方位无关紧要）。因为电子都具有相同的负电荷 $-e$，且全都距 C 相同的距离，由式（25－27）得

$$V=-12\frac{1}{4\pi\varepsilon_0}\frac{e}{r}\text{（答案）}\qquad(25-28)$$

对于在 C 处的电场，**关键点**是电场是矢量，因而电子所处的方位是重要的。因为在图25－10a中排列的对称性，由任一给定电子引起的在 C 处的电场矢量与沿直径对着它的电子引起的电场矢量相消，因而，在 C 处，

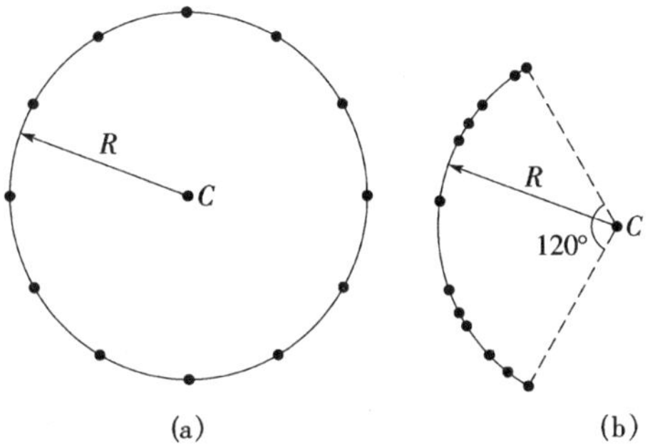

图 25－10 例题 25－4 图 (a) 12 个电子围绕一圆被均匀放置。(b) 那些电子沿原来圆的一段弧被非均匀放置。

$$\vec{E} = 0 \quad \text{(答案)}$$

(b) 如果电子沿圆移动直到它们非均匀地隔开在 －120°的弧上（见图 25－10b），那时在 C 处的电势是什么？在 C 处的电场怎样改变（如果真的）？

【解】 由于 C 与每个电子之间的距离未改变，且方位不相关，所以电势仍然由式（25－28）给定。因为排列不再是对称的，所以电场不再为零。现在有一合电场，它指向该电荷分布。

25－7 由电偶极子引起的电势

现在让我们把式（25－27）应用于一电偶极子以求出在图 25－11a 中任一点 P 处的电势。在 P 点，正点电荷（在距离 $r_{(+)}$ 处）引起电势 $V_{(+)}$ 而负电荷（在距离 $r_{(-)}$ 处）引起电势 $V_{(-)}$。于是在 P 点的净电势由式（25－27）给定为

$$V = \sum_{i=1}^{2} V_i = V_{(+)} + V_{(-)} = \frac{1}{4\pi\varepsilon_0}\left(\frac{q}{r_{(+)}} + \frac{-q}{r_{(-)}}\right)$$

$$= \frac{q}{4\pi\varepsilon_0}\frac{r_{(-)} - r_{(+)}}{r_{(-)}r_{(+)}} \quad (25-29)$$

天然存在的电偶极子，比如像许多分子所具有的，都很小，我们通常只对距电偶极子相对较远的一些点感兴趣，以致 $r \gg d$，其中 d 是两电荷之间的距离。在那样的条件下，从图 25－11b 得出的近似是

$$r_{(-)} - r_{(+)} \approx d\cos\theta \text{ 和 } r_{(-)}r_{(+)} = r^2$$

如果我们把这些量代入式（25－29），可使 V 近似为

$$V = \frac{q}{4\pi\varepsilon_0}\frac{d\cos\theta}{r^2}$$

式中，θ 如图 22－11a 中所示是从电偶极子的轴线测量起的。现在可把 V 写作

$$V = \frac{1}{4\pi\varepsilon_0}\frac{p\cos\theta}{r^2} \quad \text{(电偶极子)} \quad (25-30)$$

其中 p（$=qd$）是在 23－5 节中所定义的电偶极矩 $\vec{p}$ 的大小。矢量 $\vec{p}$ 的方向沿电偶极子轴线从负电荷到正电荷（因而，θ 是从 $\vec{p}$ 的方

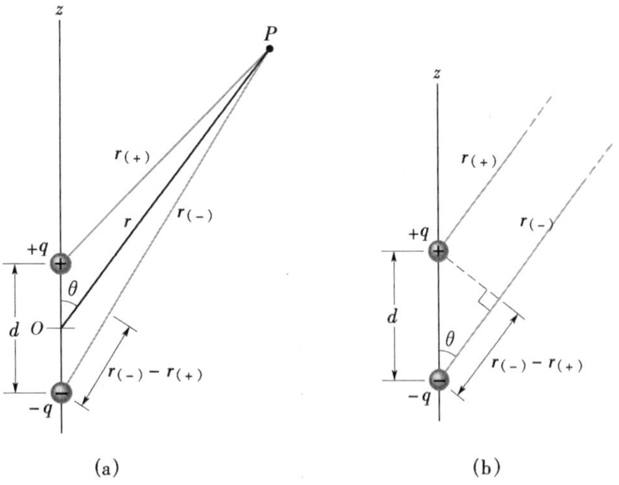

图 25－11 (a) P 点离电偶极子中点 O 一段距离 r，直线 OP 与电偶极子轴成 θ 角。(b) 如 P 点远离电偶极子，则长 $r_{(+)}$ 与 $r_{(-)}$ 的直线近似与长 r 的直线平行，虚线近似垂直于长 $r_{(-)}$ 的直线。

物理学基础

向测量起的)。

检查点5：假设三个点被选定在与图25-11中电偶极子中心相等的(大的)距离r处：a点在电偶极子轴线上正电荷的上方，b点在电偶极子轴线上负电荷的下方，而c点在两电荷连线的中垂线上。按照电偶极子在那里的电势的大小由大到小把这些点排顺序。

感生偶极矩

许多分子，比如水分子，具有**永**电偶极矩。在其他的分子(叫做**无极分子**)和在每个孤立的原子中，正电中心和负电中心重合(图25-12a)，因而没有偶极矩形成。然而，如果我们把一个原子或无极分子放置在外电场中，电场使电子轨道变形并使正电中心与负电中心分离(见图25-12b)因为电子带负电，它们趋于沿与电场相反的方向移动。这个移动产生指向电场方向的电偶极矩$\vec{p}$。这个偶极矩被认为是由电场**感生的**，而原子或分子则被说成是被电场**极化的**(它具有正端和负端)。当电场除去后，感生偶极矩和极化消失。

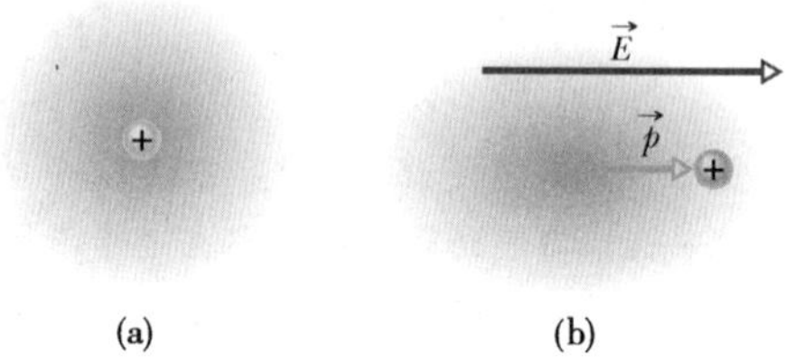

图25-12 (a)一个原子的正电核(小球)和负电子(阴影)的图，其中正电中心与负电中心重合 (b)原子放在外电场$\vec{E}$中，电子轨道变形以致正、负电中心不再重合，出现感生偶极矩$\vec{p}$。图中变形被大大地夸大了。

25-8 由连续电荷分布引起的电势

当电荷分布q是连续的(如在均匀带电细杆或圆盘上那样)，我们不能应用式(25-27)的相加去求一点P的电势。作为代替，我们应该选取电荷的一个微元dq，确定dq在P点的电势dV，然后对整个电荷分布求积分。

我们仍然取零电势在无穷远处。如果把电荷元dq作为点电荷处理，则可应用式(25-26)表达由dq在P点的电势dV：

$$dV = \frac{1}{4\pi\varepsilon_0}\frac{dq}{r} \quad (\text{正的或负的 } dq) \tag{25-31}$$

这里r是P与dq之间的距离。为了求出P点的总电势V，我们用积分把所有电荷元的电势加起来：

$$V = \int dV = \frac{1}{4\pi\varepsilon_0}\int\frac{dq}{r} \tag{25-32}$$

该积分应遍及整个电荷分布。应注意，因为电势是标量，在式(25-32)中没有矢量的分量要考虑。

我们现在分析两个连续的电荷分布：电荷线和带电圆盘。

电荷线

在图25-13a中，一长度为L的细的不导电的杆带有均匀线密度为λ的正电荷。让我们确定由该杆引起的在P点的电势，P点与杆左端的垂直距离为d。

我们考虑如图25-13b中所示的杆的一微元dx。杆的这个(或任何其他的)微元具有微元

电荷

$$dq = \lambda dx \tag{25-33}$$

这个电荷元在与它相距 $r=(x^2+d^2)^{1/2}$ 的 P 点产生电势 dV。把该电荷元作为点电荷看待，我们能应用式（25-31）把电势 dV 写作

$$dV = \frac{1}{4\pi\varepsilon_0}\frac{dq}{r} = \frac{1}{4\pi\varepsilon_0}\frac{\lambda dx}{(x^2+d^2)^{1/2}} \tag{25-34}$$

由于杆上的电荷是正的并且我们已约定在无穷远处 $V=0$，从 22-5 节知道，在式（25-34）中的 dV 必定为正。

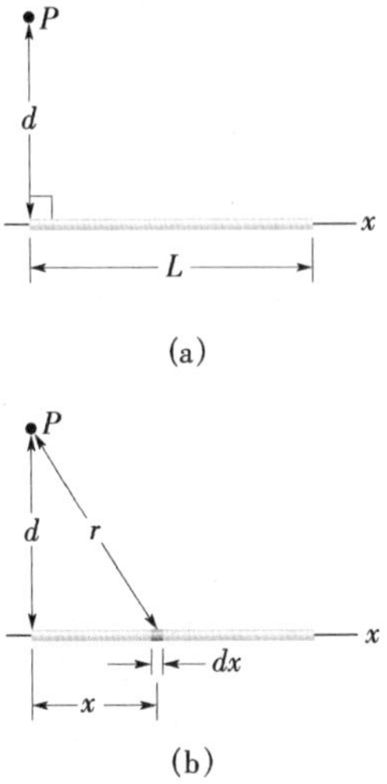

图 25-13　(a) 一细的，均匀带电杆在 P 点产生电势 V。(b) 电荷元在 P 点处产生微元电势 dV。

我们现在通过沿杆的长度从 $x=0$ 到 $x=L$ 对式（25-34）积分来求由杆产生的在 P 点的总电势 V。利用附录 E 中的积分 17，求得

$$\begin{aligned} V &= \int dV = \int_0^L \frac{1}{4\pi\varepsilon_0}\frac{\lambda}{(x^2+d^2)^{1/2}}dx \\ &= \frac{\lambda}{4\pi\varepsilon_0}\int_0^L \frac{\lambda}{(x^2+d^2)^{1/2}} \\ &= \frac{\lambda}{4\pi\varepsilon_0}[\ln(x+(x^2+d^2)^{1/2}]_0^L \\ &= \frac{\lambda}{4\pi\varepsilon_0}[\ln(L+(L^2+d^2)^{1/2}-\ln d] \end{aligned}$$

利用普遍关系 $\ln A-\ln B=\ln(A/B)$，我们可求出

$$V = \frac{1}{4\pi\varepsilon_0}\ln\left[\frac{L+(L^2+d^2)^{1/2}}{d}\right] \tag{25-35}$$

因为 V 是正值 dV 的和，它应该是正的，但式（25-35）是否给出了正的 V? 由于对数的**自变量**大于 1，所以该对数是正数，V 确实为正。

带电圆盘

在 22-7 节中，我们曾计算在半径为 R 的塑料圆盘的中心轴上各点的电场，该盘在其一个表面上具有均匀面电荷密度 σ。这里我们推导在中心轴上任一点的电势 $V(z)$ 的表达式。

在图 25-14 中，考虑一由半径为 R' 且径向宽度为 dR' 的扁平圆环构成的微元，其电荷的大小为

$$dq = \sigma(2\pi R')(dR')$$

其中 $(2\pi R')(dR')$ 是环的上表面面积。这个电荷元的所有部分都与盘轴上的 P 点有相同的距离 r。借助于图 25-14，我们能运用式（25-31）写出这个环对 P 点电势的贡献为

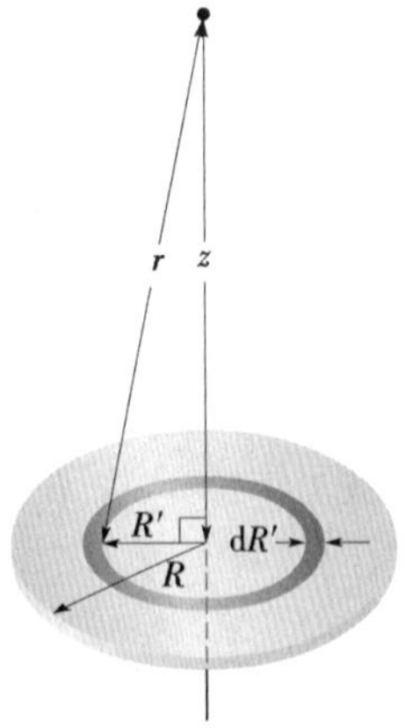

图 25-14　半径为 R、上表面具有均匀面电荷密度 σ 的塑料圆盘，我们要求在盘的中心轴上 P 点的电势。

$$dV = \frac{1}{4\pi\varepsilon_0}\frac{dq}{r} = \frac{1}{4\pi\varepsilon_0}\frac{\sigma(2\pi R')(dR')}{\sqrt{z^2+R^2}} \tag{25-36}$$

我们把所有从 $R'=0$ 到 $R'=R$ 的窄条的贡献加起来（通过积分）求得 P 点的净电势：

$$V=\int \mathrm{d}V=\frac{\sigma}{2\varepsilon_0}\int_0^R \frac{R'\mathrm{d}R'}{\sqrt{z^2+R'^2}}=\frac{\sigma}{2\varepsilon_0}(\sqrt{z^2+R^2}-z) \qquad (25-37)$$

应注意，在式（25-37）的第二个积分中变量是R'而不是z，当对整个圆盘表面求积分时z保持常量（还应注意，在计算该积分中，我们已假定$z\geqslant 0$）。

解题线索

线索4：关于电势符号的困难

当你计算由电荷线或任何其他的连续电荷结构在某一点P的电势V时，符号会给你带来困难。这里是对选择符号的一般指南。

如果电荷为负，代号$\mathrm{d}q$和λ将表示负的量吗？或者你应该使用$-\mathrm{d}q$或$-\lambda$直接表明符号吗？你这样或那样做都可以，只要你记住你的标志表示什么，以便到最后一步时，你能正确地解释V的符号。

当整个电荷分布是单一的符号时，可以使用的另一种方法是令代号$\mathrm{d}q$和λ仅表示大小。计算的结果将给出在P点的V的大小，然后根据电荷的符号给V加上符号（如果零电势在无穷远处，则正电荷给出正电势，而负电荷给出负电势）。

如果你碰巧颠倒了计算电势的积分限，你将得到对V的负值。大小将是正确的，但应丢掉负号，然后根据电荷的符号确定V的恰当的符号。作为例子，如果我们颠倒了式（25-35）上的积分限，则我们将在该式中得到一负号。我们应丢掉该负号并注意到电势是正的，因为产生它的电荷是正的。

25-9 由电势计算电场

在25-4节，你曾了解到，如果知道了沿一路径从参考点到f点的电场怎样求出在f点的电势。在本节，我们打算走相反的路，也就是说，知道了电势去求电场。如图25-3所示，用图解法求解这个问题很容易：如果我们知道在一电荷系统附近所有点的电势V，我们就能画出一族等势面，垂直于那些面所草绘的电场线揭示出$\vec{E}$的变化。我们在这里所探寻的是这种图解过程的数学等价处理。

图25-15示出一族密集的等势面的横截面，每对邻近的面之间的电势差是$\mathrm{d}V$，如图所示，在任一点P的电场$\vec{E}$垂直于通过P的等势面。

设想一正检验电荷q_0从一个等势面到相邻近的面移过位移$\mathrm{d}\vec{s}$，根据式（25-7），我们了解电场在移动期间对该检验电荷做的功是$-q_0\mathrm{d}V$。根据式（23-16）和图25-15，电场所做的功也可被写作标积$(q_0\vec{E})\cdot\mathrm{d}\vec{s}$，或$q_0E(\cos\theta)\mathrm{d}s$。使这两种功的表达相等，有

$$-q_0\mathrm{d}s=q_0E(\cos\theta)\mathrm{d}s \qquad (25-38)$$

或

$$E\cos\theta=-\frac{\mathrm{d}V}{\mathrm{d}s} \qquad (25-39)$$

由于$E\cos\theta$是$\vec{E}$沿$\mathrm{d}\vec{s}$方向的分量，式（25-39）变成

$$E_s=-\frac{\partial V}{\partial s} \qquad (25-40)$$

我们已把角标加到E上并换成偏导数符号以强调式（25-40）仅

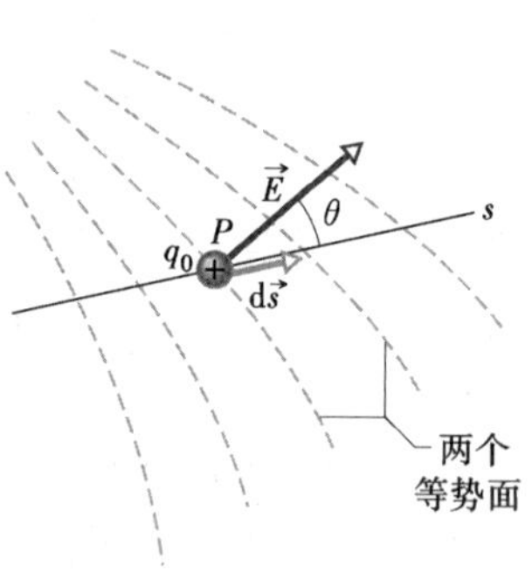

图25-15 检验电荷q_0从一等势面移动距离$\mathrm{d}\vec{s}$到另一等势面，（为清楚起见，等势面间的距离被夸大了）$\mathrm{d}\vec{s}$与电场$\vec{E}$的方向成θ角。

涉及 V 沿一特定的轴（这里叫做 s 轴）的变化而且只是 $\vec{E}$ 沿该轴的分量。式（25 – 40）（它基本上是式（25 – 18）的反面）可用文字来表述：

> $\vec{E}$ 在任一方向的分量是在该方向电势随距离变化率的负值。

如果我们取 s 轴依次为 x、y 和 z 轴，则在任一点 $\vec{E}$ 的 x、y 和 z 分量为

$$E_x = -\frac{\partial V}{\partial x};E_y = -\frac{\partial V}{\partial y};E_z = -\frac{\partial V}{\partial z} \tag{25-41}$$

因而，如果知道在围绕电荷分布的区域内所有点的 V——也就是说，如果知道函数 $V(x, y, z)$——则我们能通过取偏导数求出在任一点处 $\vec{E}$ 的分量，进而求出 $\vec{E}$ 本身。

对于电场 $\vec{E}$ 是均匀的简单情况，式（25 – 40）变成

$$E = -\frac{\Delta V}{\Delta s} \tag{25-42}$$

式中，s 垂直于等势面。电场在任一平行于等势面方向的分量为零。

检查点 6：右图示出三对具有相同间距的平行板和每个板的电势。两板之间的电场是均匀的且垂直于板。(a) 按照两板间电场的大小由大到小把这三对排序。(b) 哪一对的电场指向右方？(c) 倘若一电子在第三对板的中间被释放，它是停在那里、匀速向右运动、匀速向左运动，向右加速、还是向左加速？

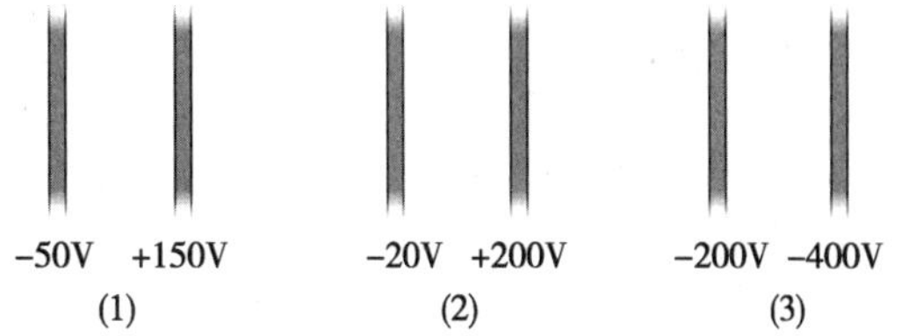

例题 25 – 5

在一均匀带电圆盘中心轴上任一点的电势由式（25 – 37）给定，

$$V = \frac{\sigma}{2\varepsilon_0}(\sqrt{z^2 + R^2} - z)$$

从这个表达式出发，推导在该圆盘轴上任一点的电场表达式。

【解】 我们想求电场 $\vec{E}$ 作为沿圆盘轴的距离 z 的函数。对于 z 的任何值，$\vec{E}$ 的方向都应该沿该轴，因为圆盘对于该轴具有圆对称性。因而，我们只需 $\vec{E}$ 在 z 方向的分量 E_z。于是**关键点**是，这个分量为电势随距离 z 的变化率的负值。于是，根据式（25 – 41），有

$$E_z = -\frac{\partial V}{\partial z} = -\frac{\sigma}{2\varepsilon_0}\frac{\mathrm{d}}{\mathrm{d}z}(\sqrt{z^2 + R^2} - z)$$

$$= \frac{\sigma}{2\varepsilon_0}\left(1 - \frac{z}{\sqrt{z^2 + R^2}}\right) \quad \text{（答案）}$$

这与我们在 23 – 7 节中用库仑定律通过积分所导出的表达式相同。

25 – 10 点电荷系统的电势能

在 25 – 1 节中，我们讨论了当静电力对一个带电粒子做功时它的电势能。在该节中，我们假定产生力的电荷被固定在适当位置，以致无论静电力还是相应的电场都能不受检验电荷出现的影响。在本节中我们可采取更广阔的考虑，去寻求电荷**系统**的电势能，该势能归因于**由**那些同样的电荷产生的电场。

作为一个简单例子，设想你把两个带有同种电荷的物体推近。你必须做的功作为电势能被储存在这二电荷系统中（只要两物体的动能不改变）。如果你稍后把两个带电体释放，当它们互相跑开时，这被储存的能量作为两个带电体的动能，可以全部或部分地被回收。

我们定义被未指明的力约束在固定位置的**点电荷系统**的电势能如下：

静止点电荷系统的电势能，等于把各点电荷从无穷远处移入组成该系统时外力必须做的功。

我们假定这些电荷不但在它们起始的无穷远位置上，而且在它们末了组成的结构中都是静止的。

图25－16示出被隔开距离为 r 的两个点电荷 q_1 和 q_2。为了求出这个二电荷系统的电势能，我们应该想象从两电荷在无穷远处并处于静止开始组建该系统。当我们从无穷远引入 q_1 并把它放在适当位置时我们不做功，因为没有静电力作用在 q_1 上。然而，当我们接着从无穷远引入 q_2 并把它放在适当位置时，我们必须做功，因为在移动期间 q_1 施加一静电力在 q_2 上。

我们能通过丢掉负号用式（25－8）计算这个功（以使该式给出我们做的功而不是电场的功），并用 q_2 代替一般的电荷 q。我们做的功于是等于 q_2V，这里 V 是由 q_1 在 q_2 所在处的电势。根据式（25－26），该电势为

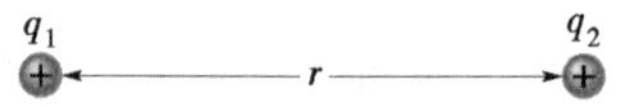

图25－16 保持分开一固定距离 r 的两个电荷

$$V=\frac{1}{4\pi\varepsilon_0}\frac{q_1}{r}$$

因而，根据我们的定义，图25－16的一对点电荷的电势能为

$$U=W=q_2V=\frac{1}{4\pi\varepsilon_0}\frac{q_1q_2}{r} \tag{25－43}$$

如果两电荷具有相同的符号，我们必须做功来反抗它们的相互排斥以把它们推近。因此，如式（25－43）表明，系统的电势能就是正的。如果两电荷具有相反的符号，我们必须做负功来反抗它们的相互吸引以使它们移到一起而最后静止。系统的电势能于是是负的。例题25－6指出如何把这个过程推广到多于两个电荷的情况。

例题25－6

图25－17表示被未指明的力保持在固定位置的三个点电荷。这个电荷系统的电势能 U 是多少？假定 $d=12\text{cm}$ 且 $q_1=+q$，$q_2=-4q$，$q_3=+2q$，其中 $q=150\text{nC}$。

【解】 这里**关键点**是，该系统的电势能等于从无穷远移入每个电荷以组成系统时我们必须做的功。因此，让我们想象以一个点电荷，比方说 q_1，在适当位置，而另外两个在无穷远处开始建立图25－17的系统。根据式（25－43），用 d 代替 r，与一对点电荷 q_1 和 q_2 相关联的电势能 U_{12} 为

$$U_{12}=\frac{1}{4\pi\varepsilon_0}\frac{q_1q_2}{d}$$

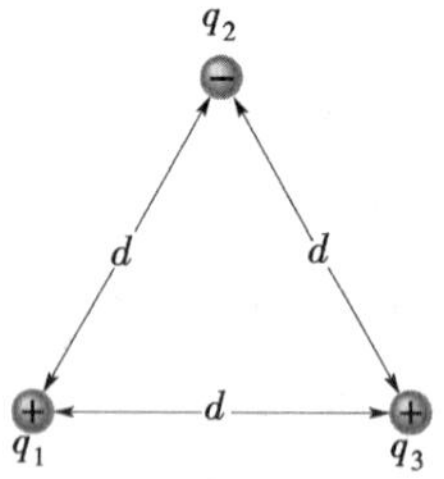

图25－17 例题25－6图 三个电荷被固定在等边三角形的三个顶点，这个系统的电势能为何？

我们然后从无穷远处引入最后的点电荷 q_3 并把它放

在适当位置。在这最后的步骤中，我们必须做的功等于把 q_3 拿到靠近 q_1 我们要做的功与把 q_3 拿到靠近 q_2 我们要做的功之和。根据式（25-43），用 d 代替 r，该和为

$$W_{13}+W_{23}=U_{13}+U_{23}=\frac{1}{4\pi\varepsilon_0}\frac{q_1q_3}{d}+\frac{1}{4\pi\varepsilon_0}\frac{q_2q_3}{d}$$

三电荷系统的电势能 U 是与三对电荷相关联的电势能之和，这个和（它实际上与这些电荷被移近的次序无关）为

$$U=U_{12}+U_{13}+U_{23}$$
$$=\frac{1}{4\pi\varepsilon_0}\left(\frac{(+q)(-4q)}{d}+\frac{(+q)(+2q)}{d}+\frac{(-4q)(+2q)}{d}\right)$$
$$=-\frac{10q^2}{4\pi\varepsilon_0 d}$$
$$=-\frac{(8.99\times10^9\mathrm{N\cdot m^2/C^2})(10)(150\times10^{-9}\mathrm{C})^2}{0.12\mathrm{m}}$$
$$=-1.7\times10^{-2}\mathrm{J}$$
$$=-17\mathrm{mJ}$$ （答案）

负的电势能表示，从三个电荷被无穷远地隔开且处于静止开始组成这个结构就必须做负功。用另一种方式表达则是：外力必须做 17mJ 的功来完全分散该结构使三个电荷隔开无穷远。

25-11　孤立带电导体的电势

在 24-6 节中，我们曾断定对孤立导体内所有点，$\vec{E}=0$。我们然后运用高斯定律证明被放置在孤立导体上的过量电荷全部位于其表面（即使导体具有一内部空腔这也是正确的）。这里我们运用这些事实的第一条去证明第二条的推广：

> 孤立导体上的过量电荷将使本身分布在该导体表面上以使导体的所有点，无论在表面或内部，达到相同的电势。即使导体具有内部空腔并且即使空腔含有净电荷，这也是正确的。

我们的证明是直接从式（25-18）得出的，它是

$$V_f-V_i=-\int_i^f\vec{E}\cdot d\vec{s}$$

由于对导体内部所有点 $\vec{E}=0$，可直接对导体中所有可能的一对点 i 和 f 都有 $V_f=V_i$。

图 25-18a 是半径为 1.0m，带有电荷 1.0μC 的孤立球形导体壳的电势对径向距离 r 的图线。对于该壳外部的一些点，我们能根据式（25-26）计算 $V(r)$，因为电荷 q 对于这些外部的点表现出好像它被集中在壳的中心。该式一直到壳的表面都保持正确。现在让我们使一个小检验电荷穿过该壳——假定有一小孔存在——到其中心。这并不需要做额外的功，因为一旦检验电荷在壳内就没有合静电力对它作用。因而，壳内所有点的电势具有与表面上电势相同的值，如图 25-18a 所示。

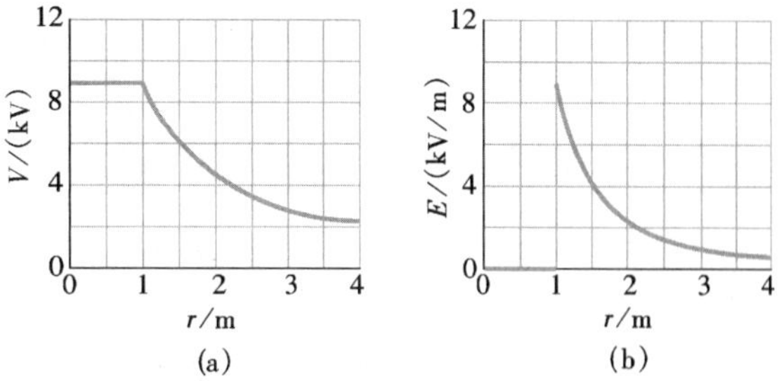

图 25-18　(a) 半径为 1.0m 的带电球壳内、外的 $V(r)$ 曲线。(b) 同一球壳的 $E(r)$ 曲线。

图 25-18b 示出对于同一球壳的电场随径向距离的变化。应注意，在球壳内处处有 $E=0$。图 25-18b 的曲线可以运用式（25-40）通过对 r 求微商从图 25-18a 的曲线导出（记住任何

常量的微商为零)。图25－18a的曲线可以运用式(25－19)通过对r求积分从图25－18b的曲线获得。

在非球形导体上，面电荷并不在导体表面上均匀分布。在尖锐的点或边缘处，电荷密度——因而正比于它的外部电场——可能达到很高的值。在尖锐点周围的空气可能被电离，导致电晕放电。当雷雨快要来临时，高尔夫球运动员和登山运动员会在矮树丛、高尔夫球棍和击岩锤的尖端看到这种放电。这种电晕放电，正如竖起来的头发一样，往往是雷击的先导。在这样的情况下，聪明的做法是把你自己包入导体壳内的空腔中，那里的电场保证为零。汽车(除非它是车篷可折起的或用塑料车身构成的)几乎是理想的(见图25－19)。

图25－19 大火花跳到车身上，然后跨过绝缘的左前轮下泄(注意那里的闪光)，使车内的人无恙。

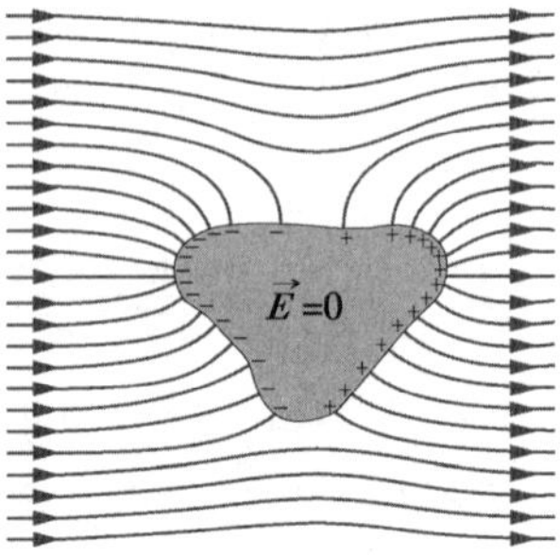

图25－20 一个悬浮在外电场中的不带电导体，导体中的自由电子如所示分布在导体表面，以使导体内的净电场减小到零而表面处的净电场与表面垂直。

如果像在图25－20中那样，一个孤立导体放在**外电场**中，则不管导体是否有过量的电荷，导体上所有的点仍然达到单一的电势。自由的传导电子这样分布在表面上，以使它们在内部各点产生的电场抵消原来在那里的外电场。此外，电子的分布使在表面上所有各点的净电场垂直于表面。如果图25－20中的导体能以某种方式被移开，留下面电荷被冻结在原位，电场的图样对外部和内部各点都将绝对保持不变。

复习和小结

电势能 当点电荷在电场中从起始点i移动到终了点f时该电荷电势能U的改变ΔU为

$$\Delta U = U_f - U_i = -W \qquad (25-1)$$

式中，W为静电力(归因于电场)在点电荷从i移动到f期间对它所做的功。如果在无穷远处电势能被定义为零，则在一特定点，点电荷的电势能U为

$$U = -W_\infty \qquad (25-2)$$

这里W_∞是电荷从无穷远移动到该特定点时静电力对点电荷所做的功。

电势差和电势 我们定义电场中两点i和f之间的电势差ΔV为

$$\Delta V = V_f - V_i = -\frac{W}{q} \qquad (25-7)$$

式中，q是电场对之做功的粒子的电荷。在一点处的电势为

$$V = -\frac{W_\infty}{q} \qquad (25-8)$$

电势的SI单位是伏[特]：1伏[特]＝1焦[耳]每库[仑]。

电势和电势差也能被写成用电场中带电荷q的粒

子的电势能来表示：

$$V=\frac{U}{q} \quad (25-5)$$

$$\Delta V=V_f-V_i=\frac{U_f}{q}-\frac{U_i}{q}=\frac{\Delta U}{q} \quad (25-6)$$

等势面 等势面上的点全都具有相同的电势，使检验电荷从一个这样的面移到另一个时对该电荷所做的功与在两个面上的起点和终点的位置及连接该两点的路径无关。电场 $\vec{E}$ 的方向总是垂直于相应的等势面。

从 $\vec{E}$ 求 V 两点 i 与 f 之间的电势差为

$$V_f-V_i=-\int_i^f\vec{E}\cdot d\vec{s} \quad (25-18)$$

式中，积分沿连接两点的任一路径。如果我们选择 $V_i=0$，则对于在一特定点处的电势我们有

$$V=-\int_i^f\vec{E}\cdot d\vec{s} \quad (25-19)$$

点电荷引起的电势 单个点电荷在距离该电荷为 r 处的电势是

$$V=\frac{1}{4\pi\varepsilon_0}\frac{q}{r} \quad (25-26)$$

V 具有与 q 相同的符号，由一组点电荷引起的电势为

$$V=\sum_{i=1}^{n}V_i=\frac{1}{4\pi\varepsilon_0}\sum_{i=1}^{n}\frac{q_i}{r_i} \quad (25-27)$$

电偶极子引起的电势 在离偶极矩大小 $p=qd$ 的电偶极子 r 处，该电偶极子的电势是

$$V=\frac{1}{4\pi\varepsilon_0}\frac{p\cos\theta}{r^2} \quad (25-30)$$

对于 $r\gg d$；角 θ 的定义见图 25-11。

由连续电荷分布引起的电势 对于连续的电荷分布，式（25-27）变成

$$V=\frac{1}{4\pi\varepsilon_0}\int\frac{dq}{r} \quad (25-32)$$

其中，积分遍及整个分布。

从 V 计算 $\vec{E}$ $\vec{E}$ 在任一方向的分量为电势随距离在该方向变化率的负值：

$$E_s=-\frac{\partial V}{\partial s} \quad (25-40)$$

$\vec{E}$ 的 x、y 及 z 分量可根据下列各式求出：

$$E_x=-\frac{\partial V}{\partial x};E_y=-\frac{\partial V}{\partial y};E_z=-\frac{\partial V}{\partial z} \quad (25-41)$$

当 $\vec{E}$ 是均匀的时，式（25-40）变为

$$E=-\frac{\Delta V}{\Delta s} \quad (25-42)$$

式中，s 垂直于等势面。在平行于等势面的方向上电场为零。

点电荷系统的电势能 点电荷系统的势能等于使最初处于静止且彼此相距无穷远的一些电荷组合成该系统所需的功。对于两个相距 r 的电荷

$$U=W=\frac{1}{4\pi\varepsilon_0}\frac{q_1q_2}{r} \quad (25-43)$$

带电导体的电势 在平衡状态下，被放置在导体上的过量电荷将全部位于导体的外表面。电荷将分布其自身以使整个导体，包括内部各点，处于均匀电势。

思考题

1. 图 25-21 示出三条路径，沿着这三条路径，我们可使带正电的球 A 移近被固定在原位的带正电的球 B。(a) 球 A 将被移到较高还是较低的电势处？(b) 我们的力做的功和 (c) 电场（由第二个球引起）做的功是正的、负的、还是零？(d) 按照我们的力做的功由大到小把这三条路径排序。

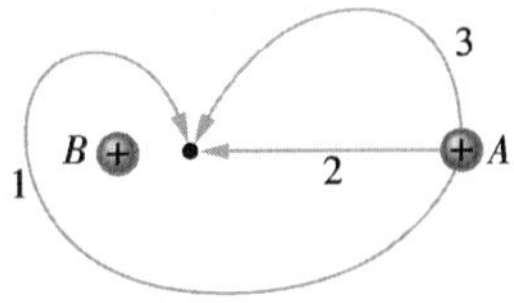

图 25-21 思考题 1 图

2. 图 25-22 示出四对带电粒子。设在无穷远处 $V=0$。对于哪些对粒子，**在所示的轴线上** (a) 在两粒子间，(b) 在它们的右方，有净电势为零的另一点？(c) 在这样的零电势所在处，由两个粒子引起的合电场 $\vec{E}$ 等于零吗？(d) 对于每一对，存在轴外的点（当然，除无穷远外），在那里 $V=0$ 吗？

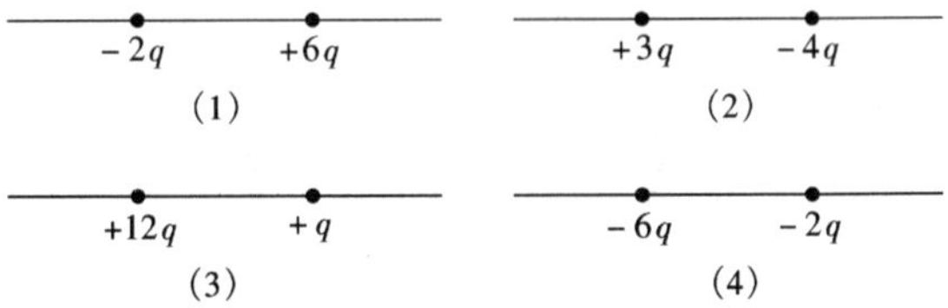

图 25-22 思考题 2 及 8 图

3. 图 25-23 示出一带电粒子的方阵，相邻粒子

间的距离为 d。如果电势在无穷远处为零，则在方阵中心 P 点的电势为何？

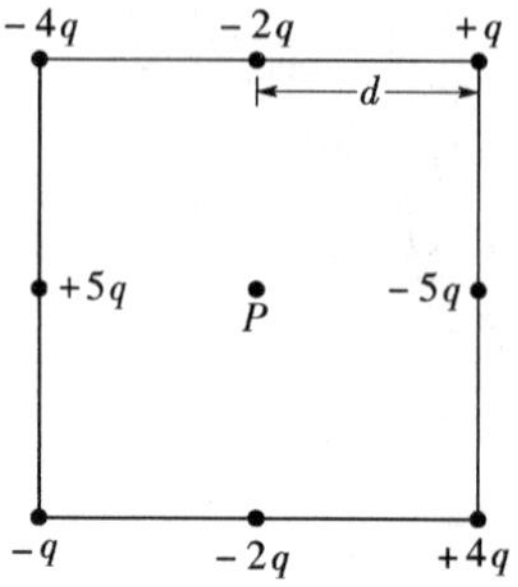

图 25-23 思考题 3 图

4. 图 25-24 示出带电粒子的四种排列，粒子全都与原点有相同的距离。假定在无穷远处电势为零，按照在原点处的电势把四种情况排序，正最大的排在第一。

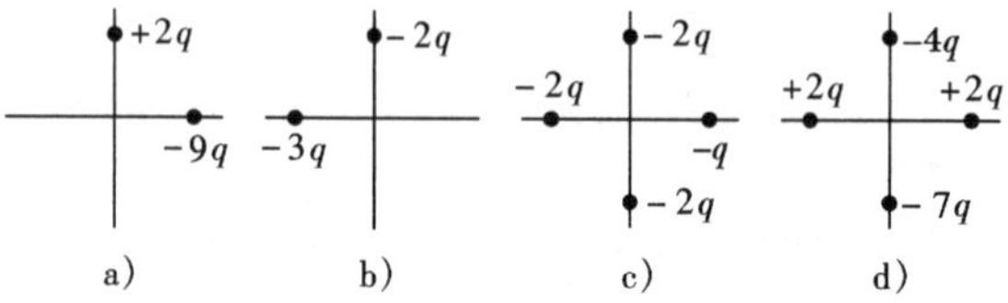

图 25-24 思考题 4 图

5. (a) 在图 25-25a 中，约定在无穷远处 $V=0$，离 P 点 R 处的电荷 Q 在 P 点引起的电势为何？(b) 在图 25-25b 中，上述电荷 Q 已被均匀分布在一半径为 R 且圆心角为 40°的圆弧上，在圆弧的曲率中心 P 点处电势为何？(c) 在图 25-25c 中，上述电荷已被均匀分布在半径为 R 的圆上，在圆心 P 点的电势为何？(d) 按照在 P 点的电场大小由大到小把这三种情况排序。

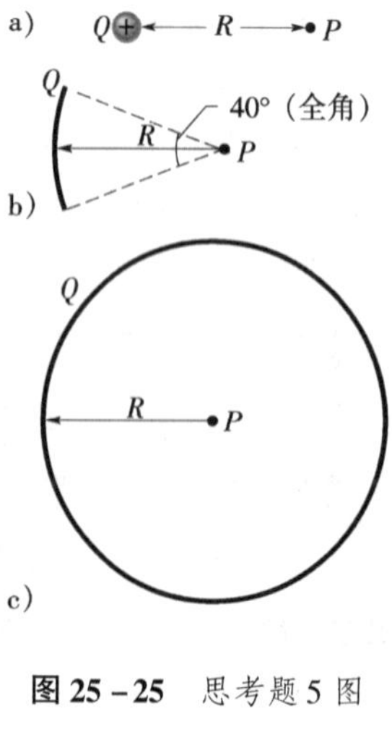

图 25-25 思考题 5 图

6. 图 25-26 示出三组等势面横截面的排列，所有这三组都覆盖空间大小相同的区域。(a) 按照存在于区域中电场的大小由大到小把这些排列排序。(b) 在哪组中电场指向页面下方？

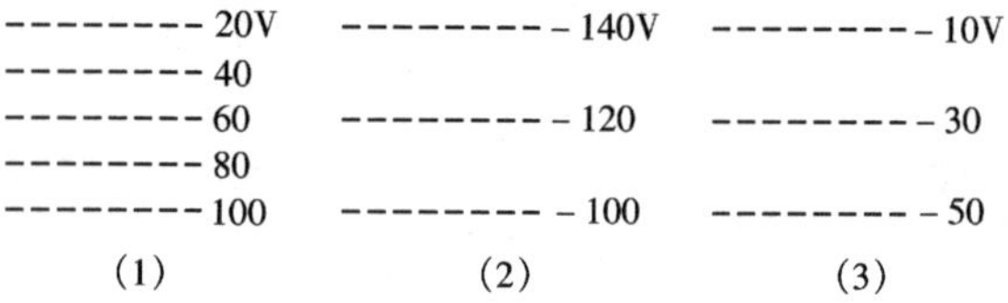

图 25-26 思考题 6 图

7. 图 25-27 给出电势随 x 变化的关系。(a) 按照在五个区域内电场 x 分量的大小由大到小把这些区域排序。在下列两个区域中，电场沿 x 轴的分量如何：(b) 区域 2 及 (c) 区域 4？

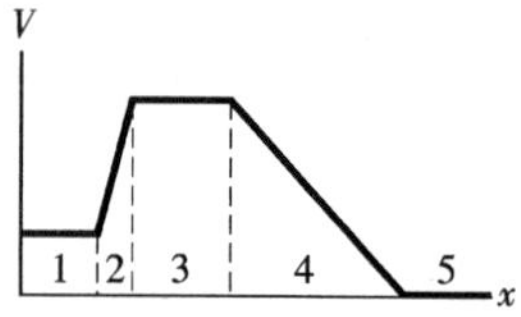

图 25-27 思考题 7 图

8. 图 25-22 示出四对具有同样间隔的带电粒子。(a) 按照它们的电势能把四对排序，最大的（最正的）第一。(b) 对于每一对，如果粒子间的间距加大，那么电荷对的电势能加大还是减小？

9. 图 25-28 示出三个带电粒子的系统。如果你使电荷 $+q$ 的粒子从 A 点移动到 D 点，下列各量是正、是负、还是零：(a) 该三粒子系统电势能的改变；(b) 合静电力对你移动的粒子所做的功；(c) 你施加的力所做的功？如果移动改为从 B 点到 C 点，则从 (a) 直到 (c) 的答案是什么？

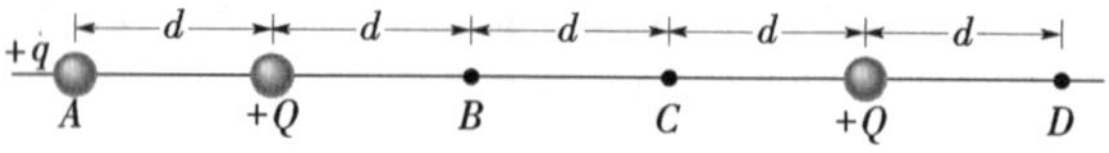

图 25-28 思考题 9 及 10 图

10. 在思考题 9 的情况中，如果移动是 (a) 从 A 到 B；(b) 从 A 到 C；(c) 从 B 到 D，你施加的力所做的功是正、是负、还是零？(d) 按照你施加的力所做的功由大到小把这几种移动排序。

练习和习题

25-2节 电势

1E. 一特定的汽车电池能通过电路从一个电极到另一个电极传送 84A·h（安培—小时）的总电荷。(a) 这表示多少库的电荷（提示：参见式（22-3））？(b) 如果全部电荷经历一 12V 的电势差，则涉及多少能量？(ssm)

2E. 在一特定的雷暴中地与云之间的电势差为 1.2×10^9V。在地与云之间移动的一个电子的电势能的改变是多少（用电子伏作为单位）？

3P. 在一次特定的闪电中，云与地之间的电势差为 1.0×10^9V，而被转移的电荷量为 30C，(a) 该被转移的电荷的能量减少了多少？(b) 如果该能量能全部用于使汽车从静止加速，汽车的末速度是多大？(c) 如果该能量能用于使 0℃的冰融解，则它将融化多少冰，冰的融化热是 3.33×10^5J/kg。(ssm)

25-4节 由电场计算电势

4E. 当电子沿图 25-29 中的电场线由 A 移动到 B 时，电势差：(a) V_B-V_A；(b) V_C-V_A；(c) V_C-V_B，各是多少？

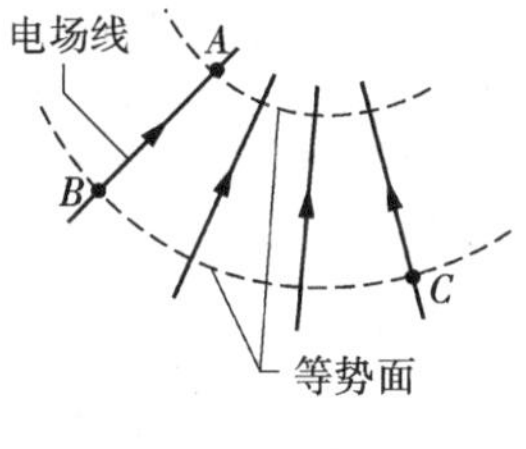

图 25-29 练习 4 图

5E. 一无限大不导电的薄片在一侧带有面电荷密度 $\sigma=0.10\mu C/m^2$。电势差为 50V 的两等势面相距多远？(ssm)

6E. 两块大的平行导体板相隔 12cm 且在它们相对的表面上带有等量异号电荷。3.9×10^{-15}N 的静电力作用于被放置在两板间任何地方的一电子上（忽略边缘效应）。(a) 求在电子所在处的电场。(b) 两板间的电势差是多少？

7P. 一盖革（Geiger）计数器具有直径为 2.00cm 的金属圆筒，沿圆筒的轴紧拉着一根直径为 1.30×10^{-4}cm 的金属丝。如果金属丝与圆筒之间的电势差为 850V，则在 (a) 金属丝表面处及 (b) 圆筒表面处的电场各为何？（提示：利用第 24 章习题 23 的结果。）(ssm)

8P. 一带有均匀体电荷的不导电的球具有半径 R，其内部电场的方向沿半径且大小为

$$E(r)=\frac{qr}{4\pi\varepsilon_0R^3}$$

这里 q（正或负）是球内的总电荷，而 r 是离球心的距离。(a) 取在球心处 $V=0$，求球内的电势 $V(r)$。(b) 球体表面上一点与球心之间的电势差为何？(c) 如果 q 为正，则两点中那一点的电势较高？

9P*. 电荷 q 均匀分布在一半径为 R 的球体的整个体积内。(a) 约定在无穷远处 $V=0$，证明距球心为 r 处的电势由下式给出：

$$V=\frac{q(3R^2-r^2)}{8\pi\varepsilon_0R^3}$$

式中，$r<R$（提示：参见 24-9 节）。(b) 为什么这个结果与习题 8 中 (a) 的结果不同？(c) 球体表面上一点与球心之间的电势差为何？(d) 为什么这个结果与习题 8 中 (b) 的结果没有不同？(ssm)

10P. 图 25-30 从侧面示出在一侧带有正面电荷密度为 σ 的、无限大不导电的薄片。(a) 运用式（25-18）和式（24-13）证明无限大电荷薄片引起的电场中一点的电势可写作 $V=V_0-(\sigma/2\varepsilon_0)z$，其中 V_0 是薄片表面处的电势而 z 是离薄片的垂直距离。(b) 当一个小的、正检验电荷从在薄片上的起始位置移动到距薄片 z 处的终了位置时，薄片的电场做了多少功？

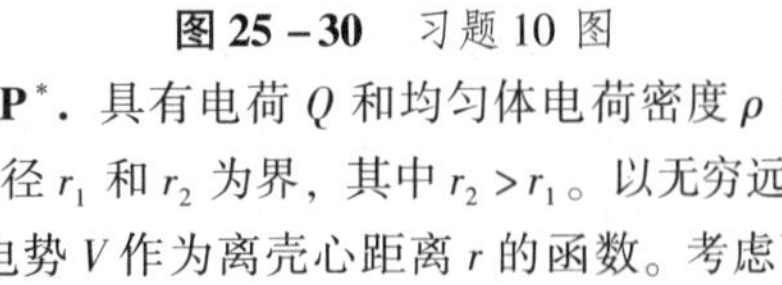

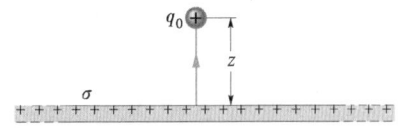

图 25-30 习题 10 图

11P*. 具有电荷 Q 和均匀体电荷密度 ρ 的厚球壳以半径 r_1 和 r_2 为界，其中 $r_2>r_1$。以无穷远处 $V=0$，求电势 V 作为离壳心距离 r 的函数。考虑下列区域：(a) $r>r_2$；(b) $r_2>r>r_1$；及 (c) $r<r_1$。(d) 这些解在 $r=r_2$ 和 $r=r_1$ 处一样吗？（提示：参看 24-9 节）(ssm)

25-6节 由点电荷组引起的电势

12E. 当宇宙飞船穿过地球电离层稀释的电离气体时，在一次环绕期间，其电势一般改变 -1.0V。假定飞船是半径为 10m 的球体，估算它收集的电荷量。

13E. 考虑一点电荷 $q=1.0\mu C$，点 A 在与 q 距离

$d_1=2.0\text{m}$ 处，点 B 在与 q 距离 $d_2=1.0\text{m}$ 处。(a) 如果两点沿直径相对放置，如在图 25-31a 中，电势差 V_A-V_B 是多少？(b) 如果像在 25-31b 中放置，电势差又是多少？

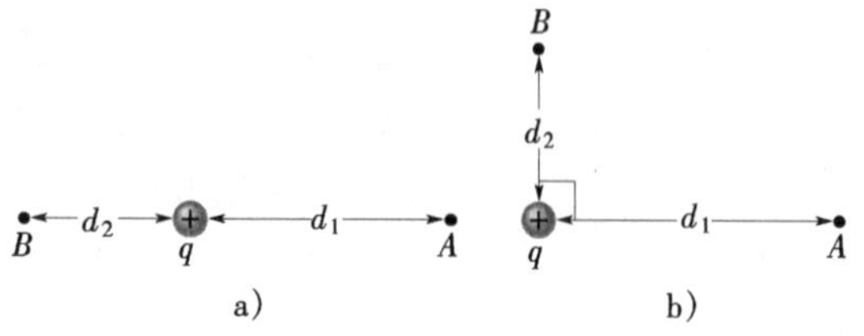

图 25-31 练习 13

14E. 图 25-32 示出在轴线上的两个带电粒子。就两种情况：(a) $q_1=+q$，$q_2=+2q$；(b) $q_1=+q$，$q_2=-3q$，概略地画出在页面平面内的电场线和等势面。

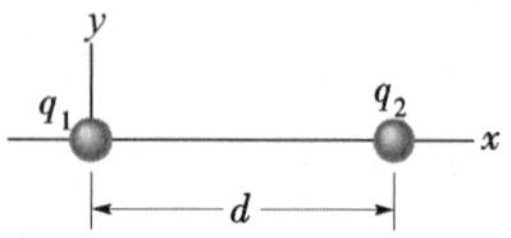

图 25-32 练习 14，15，及 16 图

15E. 在图 25-32 中，约定在无穷远处 $V=0$ 并设两粒子带有电荷 $q_1=+q$ 和 $q_2=-3q$。在 x 轴上确定（用间距 d 表示）一点（无穷远除外），在该点由两粒子引起的电势为零。

16E. 在图 25-32 中，电荷为 q_1 和 q_2 的两个粒子相距 d。两粒子的合电场在 $x=d/4$ 处为零。以无穷远处 $V=0$，试在 x 轴上确定（用间距 d 表示）一点（无穷远除外），在该点由两粒子引起的电势为零。

17P. 一球形水滴带有 30pC 的电荷，其表面的电势为 500V（以无穷远处 $V=0$）。(a) 该水滴的半径有多大，(b) 如果把两个具有同样电荷和半径的这种水滴合起来形成一单个的水滴，则该新水滴表面处的电势多大？(ssm) (ilw) (www)

18P. 一半径为 0.15m 的导体球，其电势为 200V（设无穷远处 $V=0$）。该球的 (a) 电荷及 (b) 表面上的电荷密度是多少？

19P. 在靠近地球表面处经常观察到约 100V/m 的电场。如果这是遍及整个表面的电场，则表面上一点的电势将是多少？（设无穷远处 $V=0$）(ssm)

20P. 在图 25-33 中，P 点在矩形的中心、以无穷远处 $V=0$，由六个带电粒子引起的在 P 点的净电势是多少？

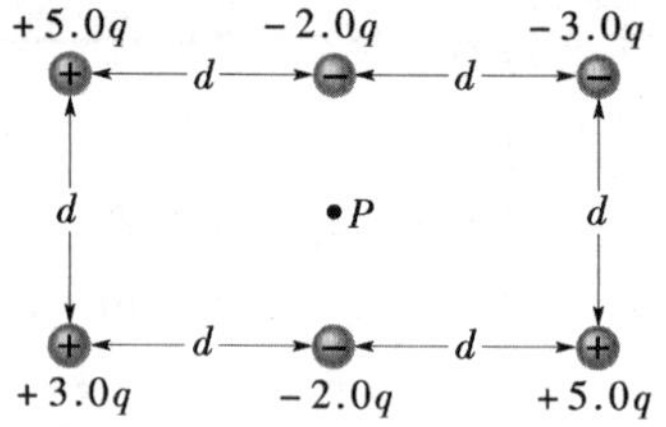

图 25-33 习题 20 图

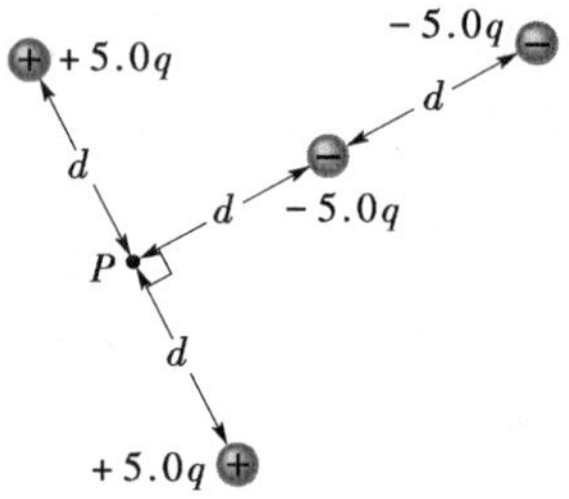

图 25-34 习题 21 图

21P. 在图 25-34 中，由四个点电荷引起的在 P 点的净电势是多少？假设无穷远处 $V=0$。(ssm)

25-7 节 由电偶极子引起的电势

22E. 氨分子 NH_3 具有等于 1.47D 的永电偶极矩，其中 $1\text{D}=1$ 德拜 $=3.34\times10^{-30}\text{C}\cdot\text{m}$。试计算由氨分子引起的在沿电偶极子的轴并离它 52.0nm 远的 P 点的电势（设无穷远处 $V=0$）。(ilw)

23P. 图 25-35 示出位于水平轴线上的三个带电粒子。对于在该轴线上 $r\gg d$ 的点（例如 P），证明电势 $V(r)$ 由下式给出

$$V=\frac{1}{4\pi\varepsilon_0}\frac{q}{r}\left(1+\frac{2d}{r}\right)$$

（提示：该电荷结构可被看作一孤立电荷与一电偶极的和）。(ssm) (www)

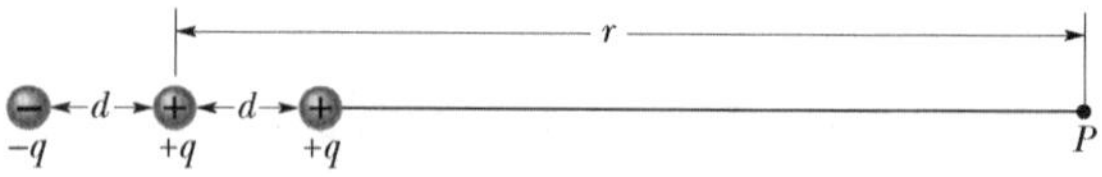

图 25-35 习题 23 图

25-8 节 由连续电荷分布引起的电势

24E. (a) 图 25-36a 示出一带正电的塑料杆，它具有长度 L 及均匀线电荷密度 λ。设无穷远处 $V=0$，并考虑图 25-13 及式 (25-35)，不经书面计算求在 P 点处的电势。(b) 图 25-36b 示出一相同的杆，只是被分成两半而右半部带负电；左，右两半具有同样大小的线电荷密度 λ。以无穷远处 V 为零，图 25-36b 中 P 点的电势是多少？

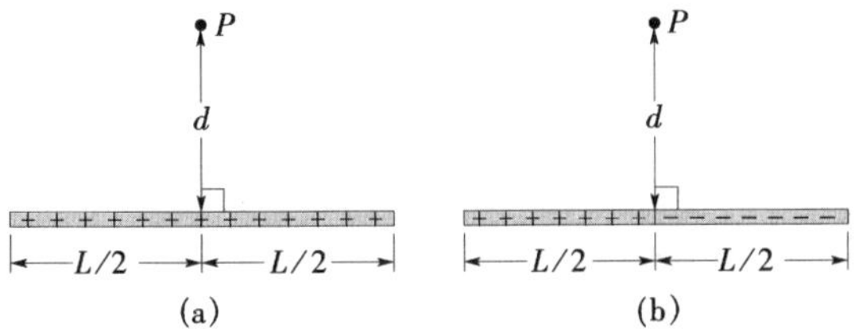

图 25-36 练习 24 图

25E. 一塑料杆被弯成半径为 R 的圆形。它具有沿其四分之一圆周均匀分布的正电荷 $+Q$ 和沿圆周其余部分均匀分布的负电荷 $-6Q$（见图 25-37）。以无穷远处 $V=0$，在（a）圆心 C 处；（b）圆的中心轴上距圆心 z 的 P 点处的电势各为多少？（ssm）

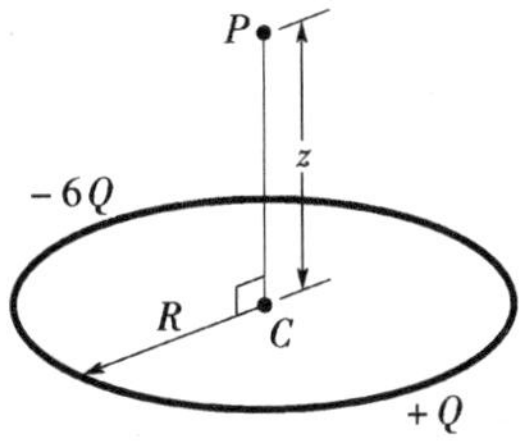

图 25-37 练习 25 图

26E. 在图 25-38 中，一具有均匀电荷分布 $-Q$ 的塑料杆被弯成半径为 R 的圆弧，其圆心角为 120°。以无穷远处 $V=0$，在杆的曲率中心 P 处的电势是多少？

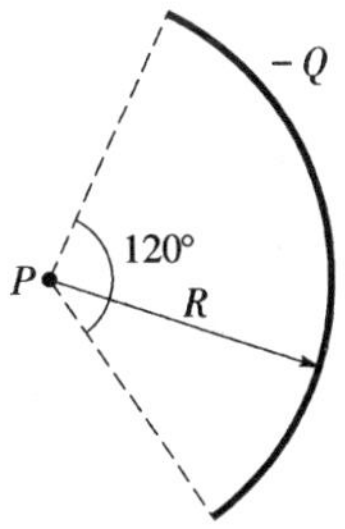

图 25-38 练习 26 图

27E. 使一塑料圆盘在其一面带上均匀面电荷密度 σ，然后将圆盘的四分之三切掉，剩下的四分之一如图 25-39 所示。以无穷远处 $V=0$，由剩下的四分

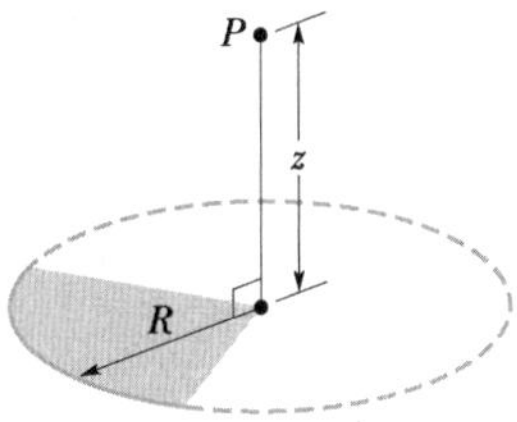

图 25-39

之一引起的在 P 点的电势是多少？P 点在原来圆盘的中心轴上距原有的中心 z 处。（ssm）

28P. 图 25-40 示出一放在 x 轴上的塑料杆，它的长度为 L 且带有均匀正电荷 Q。以无穷远处 $V=0$，试求在轴上离杆的一端为 d 的 P 点的电势。

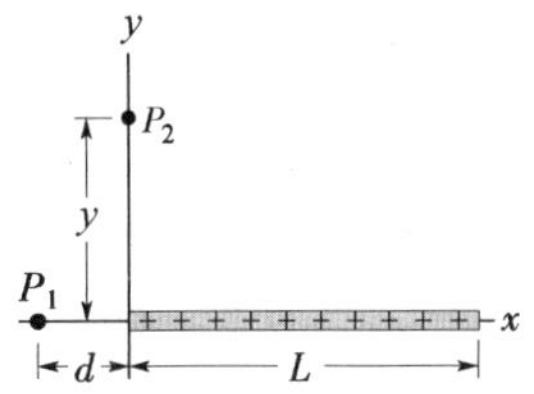

图 25-40 习题 28，29，34 及 35 图

29P. 在图 25-40 中所示的塑料杆具有长度 L 和非均匀线电荷密度 $\lambda=cx$，其中 c 是正的常量。以无穷远处 $V=0$，求在轴上离杆的一端为 d 的 P 点的电势。

25-9 节 由电势求电场

30E. 两块大的平行金属板相距 1.5cm 并在它们相对的表面上带有等量异号电荷。取负带电板的电势为零，如果两板间的电势为 +5.0V，两板之间的电场为何？

31E. 在 xy 平面上各点的电势由 $V=(2.0\text{V/m}^2)x^2-(3.0\text{V/m}^2)y^2$ 给出。在点（3.0m，2.0m）处电场的大小及方向各为何？

32E. 两块平行平板间的电势由 $V=1500x^2$ 给出，式中 V 按伏计，而离其中一板的距离 x 按米计。计算在 $x=1.3$m 处电场的大小及方向。

33P. （a）利用式（25-32）证明，在半径为 R 的细电荷环中心轴线上离环心为 z 的 P 点的电势为

$$V=\frac{1}{4\pi\varepsilon_0}\frac{q}{\sqrt{z^2+R^2}}$$

（b）根据这个结果，推导在环的轴线上各点 E 的表达式，把你的结果与 23-6 节中对 E 的计算相比较。（ssm）（www）

34P. 图 25-40 中长度为 L 的塑料杆具有非均匀线电荷密度 $\lambda=cx$，式中 c 是正的常量。（a）以无穷远处 $V=0$，求在 y 轴上离杆的一端为 y 的 P_2 点的电势。（b）根据这个结果，求在 P_2 点的电场分量 E_y。（c）为什么在 P_2 点的电场分量 E_x 不能利用（a）的结果求出？

35P. （a）利用习题 28 的结果求出在图 25-40 中 P_1 点处的电场分量 E_x（提示：首先在该结果中用 x 代替 d）。（b）试利用对称性确定在 P_1 点处的电场

分量 E_y。ssm

25-10 节 点电荷系统的电势能

36E. (a) 隔开 2.00nm 的两个电子的电势能是多少?(b) 如果间距增大,则电势能是增大还是减小?

37E. 求把四个电荷聚集成如图 25-41 所示的那样的构形需要做的功的表达式。假定最初这些电荷分开无限远。(ilw)

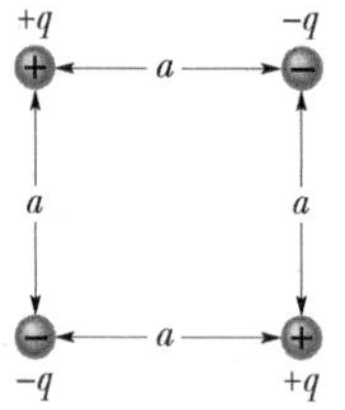

图 25-41 练习 37 图

38E. 如图 25-9a 所示的电荷构形的电势能是多少?利用在例题 25-3 中所提供的数据。

39P. 图 25-42 中的矩形的边长为 5.0cm 和 15cm, $q_1=-5.0\mu C$, $q_2=+2.0\mu C$。以无穷远处 $V=0$, (a) 在角 A 和 (b) 角 B 处的电势各为何? (c) 把第三个电荷 $q_3=+3.0\mu C$ 沿对角线从 B 移动到 A 需要做多少功?(d) 这个功使三电荷系统的电势能增大还是减小?如果 q_3 沿 (e) 在矩形内但不在对角线上;(f) 在矩形外的路径被移动,所需做的功是更多、更少、还是相同?(ssm)

图 25-42 习题 39 图

40P. 在图 25-43 中,把一个 $+5q$ 的电荷沿虚线引入并按如图所示放置在两个固定电荷 $+4q$ 和 $-2q$ 近旁需要做多少功?假定距离 $d=1.40$cm 而电荷 $q=1.6\times10^{-19}$C。

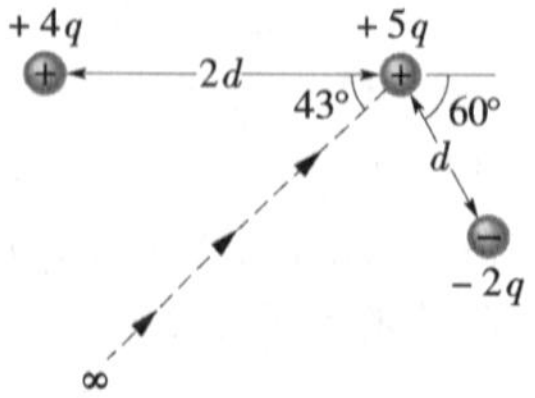

图 25-43 习题 40 图

41P. 一带正电荷 Q 的粒子被固定在 P 点。另一个质量为 m、带电 $-q$ 的粒子以匀速沿中心在 P 点、半径为 r_1 的圆周运动。为了使运动的圆半径增大到 r_2 就需要外力做功 W。导出 W 的表达式。(ssm)(www)

42P. 计算:(a) 由氢原子核在原子内电子的平均距离处 ($r=5.29\times10^{-11}$m) 的电势 (设在无穷远处 $V=0$)。(b) 当电子在这个半径处时,原子的电势能。(c) 假定电子沿这一中心在原子核的、半径为 r 的圆轨道上运动时,电子的动能。(d) 使氢原子电离 (即,使电子离开原子核以使有效间距为无穷大) 需要多少能量?把所有的能量都用电子伏表示。

43P. 电荷为 q 的粒子被固定在 P 点,另一个质量为 m 且有相同电荷 q 的粒子最初与 P 点保持一距离 r_1,第二个电荷随后被释放,它离 P 点为 r_2 时的速率多大?令 $q_1=3.1\mu C$, $m=20$mg, $r_1=0.90$mm, $r_2=2.5$mm。(ilw)

44P. -9.0nC 的电荷环绕半径为 1.5m 的细塑料环均匀分布。该环在 xy 平面内且其中心在原点。一 -6.0pC 的点电荷位于 x 轴上的 $x=3.0$m 处。计算把该点电荷移到原点时外力对它做的功。

45P. 质量 $m_A=5.00$g 和 $m_B=10.0$g 的两个小金属球 A 和 B 具有相等的正电荷 $q=5.00\mu C$。两球由一长度 $d=1.00$m 的无质量、不导电的线连接,d 远大于两球的半径。(a) 这个系统的电势能是多少?(b) 设想你切断连线,在那一瞬间,每个球的加速度多大?(c) 在你切断连线很久后,每个球的速率是多少?(ssm)

46P. 一半径为 R 的球形导体薄壳被安装在绝缘支座上并被充电到 $-V$ 的电势。随后,一电子从离壳心距离 r 的 P 点 ($r\gg R$) 以初速 v_0 朝着壳心被射出。为了使电子在倒转方向前刚好到达球壳,v_0 需要多大?

47P. 两个电子被隔开 2.0cm 固定,另一个电子从无穷远被射入并停止在它们的中间。电子的初速应为多大?(ssm)

48P. 两块平行的带电导体平板的表面被隔开 $d=1.00$cm,它们之间的电势差 $\Delta V=625$V。一电子从一个表面径直朝着另一个射出。如果它刚好停在第二个表面处,它的初速应多大?

49P. 一电子以 3.2×10^5m/s 的初速度朝着一固定在适当位置的质子射出。如果电子最初与质子的距离很远,则在与质子多大距离处电子的瞬时速率为其初始值的两倍?

25-11 节 带电的孤立导体的电势

50E. 一中空的金属球具有相对于地面（被规定为 $V=0$）$+400\text{V}$ 的电势并具有 $5.0\times10^{-9}\text{C}$ 的电荷。求球心处的电势。

51E. 如果一半径 $r=0.15\text{m}$ 的导体球的电势为 1500V 且无穷远处 $V=0$，则该导体上的过量电荷是多少？(ssm)

52E. 考虑被隔开很远的两个导体球 1 和 2，第二个球的直径是第一个的二倍。小球最初具有正电荷 q，而大球最初未带电。现在用一细长的导线把两球连接。(a) 与两球相关的，终了电势 V_1 和 V_2 是什么？(b) 在两球上终了电荷 q_1 和 q_2 是多少？用 q 表示。(c) 球 1 对球 2 的终了面电荷密度之比是多少？

53P. 半径各为 3.0cm 的两金属球具有 2.0m 的中心间距。一个带有 $+1.0\times10^{-8}\text{C}$ 的电荷，另一个带有 $-3.0\times10^{-8}\text{C}$ 的电荷。假定该间距相对于两球的大小已大到足以使我们认为在每个球上的电荷都被均匀分布（两球不互相影响），以无穷远处 $V=0$，计算 (a) 在两球心之间中点的电势及 (b) 每个球的电势。(ssm)

54P. 一半径 15cm 的带电金属球具有 $3.0\times10^{-8}\text{C}$ 的净电荷。(a) 在球表面处电场为何？(b) 如果在无穷远处 $V=0$，则球表面的电势多大？(c) 在距球表面多大距离处电势减小 500V？

55P. (a) 如果地球具有每平方米 1.0 个电子的净面电荷密度（一个完全人为的假定），它的电势将是什么？(b) 地球表面外紧邻处的电场将为何？

56P. 两个半径为 R_1 和 R_2 ($R_1<R_2$) 的孤立的同心薄导体球壳具有电荷 q_1 和 q_2。以无穷远处 $V=0$，导出 $E(r)$ 和 $V(r)$ 的表达式，其中 r 为到球心的距离。对于 $R_1=0.50\text{m}$、$R_2=1.0\text{m}$、$q_1=+2.0\mu\text{C}$、$q_2=+1.0\mu\text{C}$，画出 $E(r)$ 和 $V(r)$ 从 $r=0$ 到 $r=4.0\text{m}$ 的曲线。

附加题

57. 巧克力碎屑的秘密 这个问题从第 24 章中习题 48 开始。(a) 根据对那个习题部分 (a) 的答案，求电势作为离管道中心距离 r 的函数。（在接地的管壁上电势为零）(b) 对于一般的体电荷密度 $\rho=-1.1\times10^{-3}\text{C/m}^3$，管道中心与其内壁之间的电势差是多少？（这个问题续之以第 26 章中习题 48）

第 26 章　电　　容

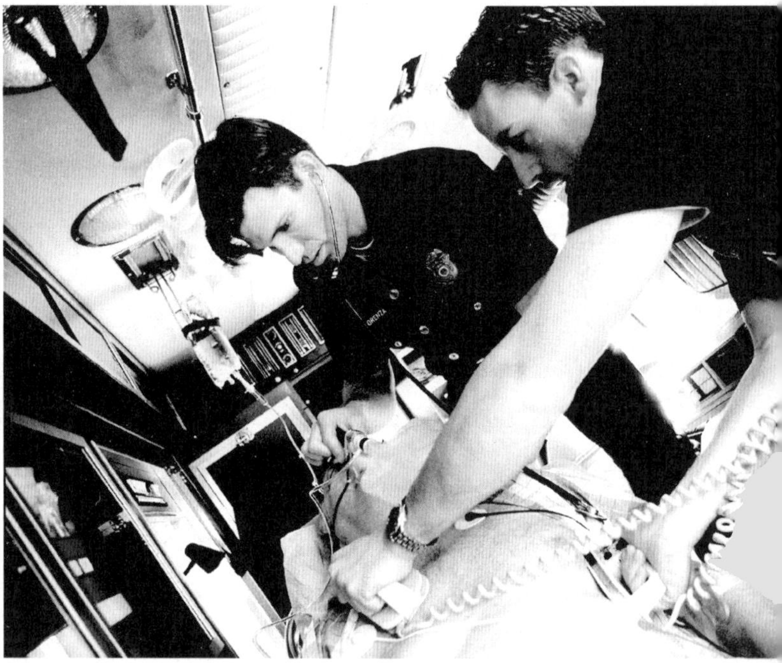

心室纤维性颤动是一种常见类型的心脏病发作。在这期间，由于心脏各腔体的肌肉纤维不规则地收缩和张弛，它们不再能抽运血液。要营救心室纤颤患者，必须电击心肌以使其恢复正常节奏。为此，就必须使 20A 的电流通过胸腔，在约 2.0ms 内传输 200J 的电能，这要求约 100kW 的电功率。这样的要求在医院里可能很容易满足，但却不可能由，比方说，来营救患者的救护车的电力系统来满足。

那么，什么能在偏僻地区提供用于消除纤颤所需的功率呢？

答案就在本章中。

26 -1　电容器的用途

你能通过拉开弓弦，拉长弹簧，压缩气体，或举起书本以势能的形式存储能量。你也能以电场中电势能的形式存储能量，而**电容器**正是使你能这样做的器件。

例如，在由便携式电池供电的照相闪光装置中就有电容器。在两次闪光之间的准备过程中，电容器较缓慢地积累电荷，建立起一电场。它保存这个电场和相关联的能量，直到这能量被迅速释放而触发闪光。

在我们的电子和微电子时代，电容器具有许多超出作为势能仓库的用途。例如，它们是无线电、电视发射机和接收机的调谐电路中不可缺少的元件。作为另一个例子，许多微小的电容器构成了计算机的存储器，这些微小的器件用于存储能量，不像它们用于由其电场是否存在而提供通 - 断信息那样重要。

26 -2　电容器的电容

图 26 -1 示出多种尺寸和形状的一些电容器。图 26 -2 示出任一电容器的基本组成部分，即两个任何形状的被隔离的导体，无论它们的几形状如何，是否为平的，我们都叫这些导体为**极板**。

图 26 -1　各种各样的电容器。

图 26 -3a 示出一种不通用但更规范的电容器，叫做**平行板电容器**，它包含两块面积为 A，被隔开距离 d 的导体板。我们用来表示电容器的符号（⊣⊢）就是基于平行板电容器的结构的，但被用于一切几何形状的电容器。我们目前假定在两极板之间没有实体材料（例如玻璃或塑料），在 26 -6 节中，我们将取消这个限制。

当电容器带电时，其两极板具有等量异号电荷 $+q$ 和 $-q$。然而，我们把**电容器的电荷**认作是 q，即两板上那些电荷的绝对值（应注意，q 并不是电容器的净电荷，其净电荷为零）。

因为两极板是导体，它们都是等势面；在一极板上所有的点都处于相同的电势，而且，两板之间有电势差。由于历史的原因，我们用 V 而不是用以前的标志 ΔV 来表示这个电势差的绝对值。

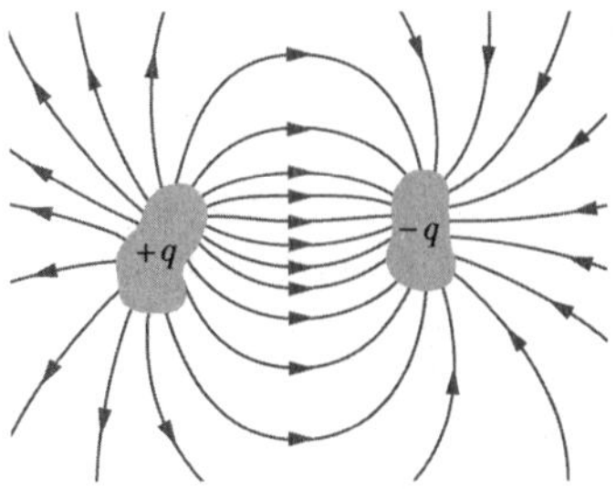

图 26 -2　两个相互绝缘并与外界绝缘的导体形成一个**电容器**。电容器带电时，这两个导体，被称为**极板**，具有相等但相反的大小为 q 的电荷。

电容器的电荷 q 与电势差 V 互成正比，即

$$q = CV \tag{26-1}$$

比例常量 C 叫做电容器的**电容**，其值取决于电容器的几何结构而不取决于两板的电荷与电势差。电容是要使两板之间产生确定的电势差必须使两板带多少电荷的量度；**电容越大，所需的电荷越多**。

根据式（26 -1）得出的电容的 SI 单位是库/伏。这个单位出现得如此经常以致它被给予一特殊的名称，法［拉］（F）：

$$1\ 法[拉] = 1F = 1\ 库/伏 = 1C/V \tag{26-2}$$

正如你将看到的，法拉是非常大的单位。法拉的分数单位，例如微法［拉］（$1\mu F = 10^{-6}F$）和微微法［拉］（$1pF = 10^{-12}F$）是实践中更方便的单位。

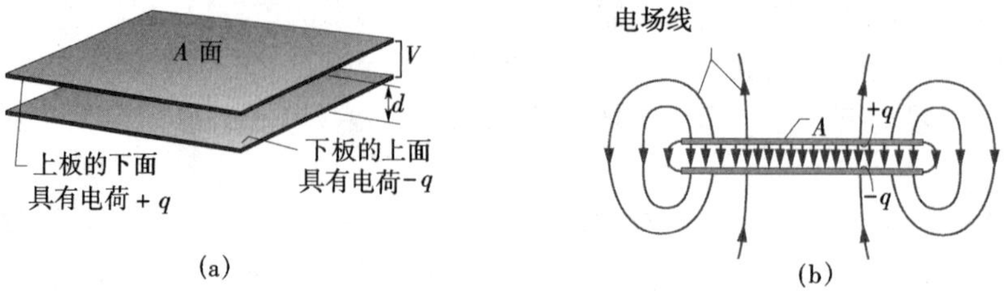

图 26－3　(a) 由两块面积为 A、被隔开距离为 d 的平板组成的平行板电容器。在它们相对的两面上有相等和相反的大小为 q 的电荷。(b) 如电场线所示，由带电极板在两板间中央区域所引起的电场是均匀的。在极板的边缘场是不均匀的，就像那里的电场线的“边纹”表示的那样。

电容器充电

使电容器充电的一种方法是把它连到有电池的电路中。**电路**是电荷能够流动通过的路径。电池是在其两个电极（电荷在该处能进入或离开电池的地方）之间保持确定电势差的装置，电池内部的电荷借助于内在的电化学反应中的电力而移动。

在图 26－4a 中，电池 B、开关 S、未充电的电容器 C 和连接导线形成电路。同一个电路由图 26－4b 的**示意图**表示，在该图中用电池、开关和电容器的符号表示相应的器件，电池在两电极之间保持电势差 V。电势较高的电极标以 +，称为**正极**；电势较低的电极标以 −，称为**负极**。

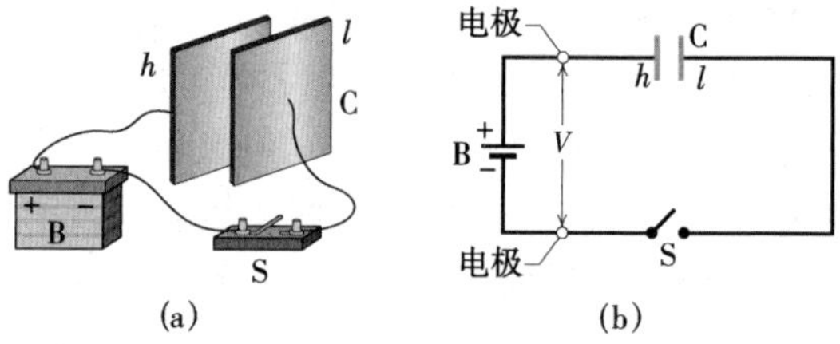

图 26－4　(a) 由电池 B、开关 S 和电容器的两个极板 h 和 l 连成的电路。(b) 示意图，各电路元件用它们的符号表示。

在图 26－4a 和 b 中所示的电路被说成是**不闭合的**，因为开关是**打开**的，即它未使连着它的两根导线电连接。当开关被关闭时，那两根导线电连接，电路闭合，电荷于是能流过开关和导线。如我们在第 22 章曾讨论的，能流过导体，如一根导线的电荷是电子。当图 26－4 的电路闭合时，电子受电池在导线中建立的电场的驱动通过导线。电场驱动电子从电容器的极板 h 到电池的正极，因而，失去电子的极板 h 变得带正电。电场驱动完全一样多的电子从电极的负极到电容器的极板 l。因而，获得电子的极板 l 变得带负电，电荷**正好**与失去电子变得带正电的极板 h **一样**多。

最初，当两极板未带电时，它们之间的电势差为零。随着两极板不断充带相反的电荷，其电势差也增大，直到它等于电池两极之间的电势差为止。然后极板 h 和电池的正极处于相同的电势，而且在它们之间的导线中不再有电场。同样，极板 l 和负极达到相同的电势，而且在它们之间的导线中那时也没有电场。因而，在电场为零的情况下，没有对电子的进一步驱动，电容器就被认为是充电**完毕**，并具有被式（26－1）联系起来的电势差 V 与电荷 q。

在本书中我们假定在电容器充电期间和以后，电荷不能横穿隔开两极板的间隙从一个极板到另一个极板，而且，电容器能无限期地保留（或存储）电荷，直到它被联到它能**放电**的电路中。

检查点1：(a) 当电容器上的电荷等于原来的二倍和 (b) 当跨越电容器的电势差等于原来的三倍时，电容器的电容是增大、减小、还是保持不变?

解题线索

线索1：代号 V 与电势差

在前几章中，代号 V 表示在一点或沿一等势面的电势。然而，在涉及电学装置的问题中，V 经常表示两点或两个等势面之间的**电势差**，式（26－1）是该代号第二种用法的实例。在26－3节，你将看到 V 的两种含义的混合。在那里和以后各章中，你需要注意这个代号的含义。

你还将在本书中和别的地方看到各种关于电势差的措词。电势差或“电势”或“电压（Voltage）”可能**施加**于一设备，或者跨越一设备。电容器能被充电到某一电势差，如在“电容器被充电到12V”中。还有，电池的特点可用跨越它的电势差表示，如在“12V的电池”中。应经常注意这样的词语的含义：在两点（如电路中的两点）之间或在一设备如电池的两个接头之间有电势差。

26－3 计算电容

在这里，我们的任务是在知道电容器的几何结构之后计算它的电容。我们将考虑许多不同的几何结构。看来先提出一个总计划以简化工作是明智的。简单地说，我们的计划如下：(1) 假定在两极板上有电荷 q；(2) 应用高斯定律根据此电荷计算两极板之间的电场 $\vec{E}$；(3) 知道了 $\vec{E}$，再根据式（25－18）计算极板之间的电势差；(4) 根据式（26－1）计算 C。

开始之前，我们可通过做出某些假设来简化电场和电势差两方面的计算。下面依次讨论每个方面。

计算电场

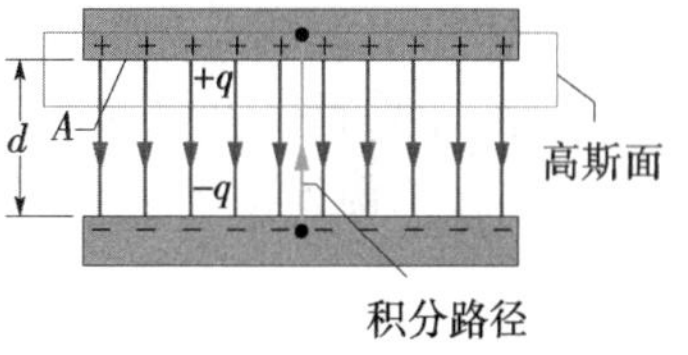

图26－5 带电的平行板电容器。高斯面包围正极板上的电荷。式（26－6）的积分沿由负极板直接指向正极板的一条路径计算。

为了把电容器两极板之间的电场与任一极板上的电荷联系起来，我们将应用高斯定律：

$$\varepsilon_0\oint\vec{E}\cdot d\vec{A}=q \qquad (26-3)$$

这里，q 是被高斯面所包围的电荷，而 $\oint\vec{E}\cdot d\vec{A}$ 是穿过该面的净电通量。在我们将讨论的所有情况中，高斯面将是这样的：每当电通量穿过它时，$\vec{E}$ 都会具有均匀的大小且矢量 $\vec{E}$ 和 $d\vec{A}$ 总是平行的。式（26－3）于是简化为

$$q=\varepsilon_0EA \quad \text{（式(26－3)的特殊的情形）} \qquad (26-4)$$

其中，A 是高斯面的被电通量穿过部分的面积。为方便起见，我们将总是用这样的方法画高斯面以使它完全包围正极板上的电荷；作为例子参见图26－5。

计算电势差

在第25章式（25－18）的表示法中，电容器两极板之间的电势差由下式与电场 $\vec{E}$ 联系起

来：

$$V_f - V_i = -\int_i^f \vec{E} \cdot d\vec{s} \tag{26-5}$$

其中，积分沿连接一个极板到另一个极板的任一路径计算。我们将总是选择沿一条从负极板到正极板的电场线的路径。对于这条路径，矢量 $\vec{E}$ 和 $d\vec{s}$ 将具有相反的方向，所以标积 $\vec{E} \cdot d\vec{s}$ 将等于 $-E ds$。因而，式（26－5）的右方将为正。令 V 表示电势差 $V_f - V_i$，然后我们可把式（26－5）改写为

$$V = \int_-^+ E ds \quad \text{（式(26-5)的特殊情形）} \tag{26-6}$$

其中，－和＋提醒我们，积分路径开始于负极板并终止于正极板。

我们现在就把式（26－4）和式（26－6）应用到一些特殊情形。

平行板电容器

如图26－5表明，我们假定平行板电容器的两极板很大且很靠近以致电场在极板边缘处的边缘效应可被忽略，从而认为极板间各处的 $\vec{E}$ 为常量。

如图26－5所示，我们画一高斯面使其刚好包围住正极板上的电荷。根据式（26－4），我们能写出

$$q = \varepsilon_0 EA \tag{26-7}$$

式中，A 是极板的面积。

式（26－6）给出

$$V = \int_-^+ E ds = E\int_0^d ds = Ed \tag{26-8}$$

在式（26－8）中，E 能提到积分号外因为它是常量；第二个积分于是仅仅是极板的间距 d。

如果我们现在把式（26－7）中的 q 和式（26－8）中的 V 代入关系式 $q = CV$（式（26－1），就可求得

$$C = \frac{\varepsilon_0 A}{d} \quad \text{（平行板电容器）} \tag{26-9}$$

因而，电容确实只依赖于几何因素——即极板面积 A 和极板间距 d。应注意当我们增大极板面积 A 或减小间距 d 时，C 增大。

作为题外话，我们指出，式（26－9）表明了我们把库仑定律中的静电常量写成 $1/4\pi\varepsilon_0$ 的形式的原因之一。如果我们不这样做，则式（26－9）——此式在工程实践中比库仑定律更常用——在形式上就不会这样简单。我们还注意到，式（26－9）使我们能把电容率常量 ε_0 以更适于在包括电容器的问题中应用的单位加以表达，即

$$\varepsilon_0 = 8.85 \times 10^{-12} \text{F/m} = 8.85 \text{pF/m} \tag{26-10}$$

我们以前已将这个常量表达为

$$\varepsilon_0 = 8.85 \times 10^{-12} \text{C}^2/\text{N} \cdot \text{m}^2 \tag{26-11}$$

圆柱形电容器

图26－6用横截面示出由两个半径为 a 和 b 的共轴圆柱面构成的、长度为 L 的柱形电容器。

我们假定 $L \gg b$，以致我们可忽略出现在柱面两端的电场边缘效应。每个极板带有大小为 q 的电荷。

作为高斯面，我们选择一长度为 L 且半径为 r，被两个端盖闭合的圆柱面，如图 26-6 中所示。于是，式（26-4）给出

$$q = \varepsilon_0 EA = \varepsilon_0 E(2\pi rL)$$

其中，$2\pi rL$ 是高斯面弯曲部分的面积。没有电通量穿过两端盖。解 E 得出

$$E = \frac{q}{2\pi\varepsilon_0 Lr} \tag{26-12}$$

把这个结果代入式（26-6）得

$$V = \int_-^+ E\mathrm{d}s = -\frac{q}{2\pi\varepsilon_0 L}\int_b^a \frac{\mathrm{d}r}{r}$$

$$= \frac{q}{2\pi\varepsilon_0 L}\ln\left(\frac{a}{b}\right) \tag{26-13}$$

式中，我们已用到在这里 $\mathrm{d}s = -\mathrm{d}r$ 的事实（我们沿半径向内求积分）。根据关系式 $C = q/V$，于是有

$$C = 2\pi\varepsilon_0 \frac{L}{\ln(b/a)} \quad \text{（柱形电容器）} \tag{26-14}$$

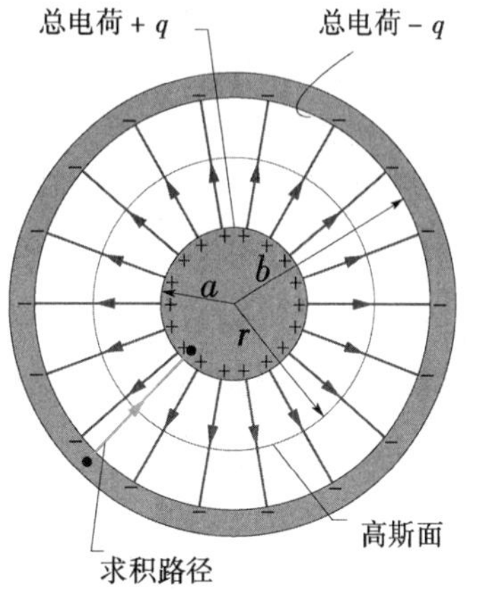

图 26-6 一长的柱形电容器的截面，它示出半径为 r 的柱形高斯面（它包围着正极板）和应用式（26-6）的积分时所沿的径向路径。此图也用于表示球形电容器通过其球心的截面。

我们看到，柱形电容器的电容与平行板电容器的一样，仅取决于几何因素，在这种情况下为 L，b 和 a。

球形电容器

图 26-6 也可以作为包含两个半径为 a 和 b 的同心球壳的电容器的中央横截面。我们画一半径为 r 与两球壳同心的球面作为高斯面，于是式（26-4）给出

$$q = \varepsilon_0 EA = \varepsilon_0 E(4\pi r^2)$$

其中，$4\pi r^2$ 是球形高斯面的面积。解此式求 E，得到

$$E = \frac{1}{4\pi\varepsilon_0}\frac{q}{r^2} \tag{26-15}$$

我们认出它是由均匀球形电荷分布所引起的电场的表达式（式（24-15））。

如果把这个表达式代入式（26-6），则求得

$$V = \int_-^+ E\mathrm{d}s = -\frac{q}{4\pi\varepsilon_0}\int_b^a \frac{\mathrm{d}r}{r^2} = \frac{q}{4\pi\varepsilon_0}\left(\frac{1}{a} - \frac{1}{b}\right)$$

$$= \frac{q}{4\pi\varepsilon_0}\frac{b-a}{ab} \tag{26-16}$$

式中，我们已再一次用 $-\mathrm{d}r$ 代替 $\mathrm{d}s$。如果现在把式（26-16）代入式（26-1）并求解 C，我们求得

$$C = 4\pi\varepsilon_0 \frac{ab}{b-a} \quad \text{（球形电容器）} \tag{26-17}$$

孤立的球体

我们能通过假定"失去的"极板是半径无限大的导体球面而认定半径为 R 的、**单个的**孤立球形导体具有电容。离开带正电的孤立导体表面的电场线毕竟应该终止在某处，而放置孤立导体的房间的墙壁能有效地充当半径无限大的球面。

为了求出孤立导体的电容，我们首先把式（26－17）改写为

$$C = 4\pi\varepsilon_0 \frac{a}{1 - a/b}$$

然后如果我们令 $b\to\infty$，并用 R 代替 a，求出

$$C = 4\pi\varepsilon_0 R \quad \text{（孤立球体）} \tag{26-18}$$

应注意，这个公式和我们已导出的关于电容的其他公式（式（26－9），式（26－14）和式（26－17））都包括与具有量纲为长度的量相乘的量 ε_0。

检查点2：对于用相同电池充电的一些电容器，它们所存储的电荷在下列几种情况下是增加、减少、还是保持不变？(a) 平行板电容器的板距增大；(b) 柱形电容器内柱的半径增大；(c) 球形电容器外壳的半径增大。

例题26－1

一个在随机存储器（RAM）芯片上的存储电容器具有55fF的电容。如果该电容器被充电到5.3V，则其负极板上有多少个过量的电子？

【解】 这里一个**关键点**是，只要我们知道该板上过量的电荷总量 q，我们就能求出负极板上过量的电子数目 n，于是 $n=q/e$，其中 e 是每个电子电荷的大小。第二个**关键点**是，按照式（26－1）（$q=CV$），电荷 q 是与电容器充电所达到的电势差相关联的，把这两点结合起来于是得到

$$n = \frac{q}{l} = \frac{CV}{l}$$

$$= \frac{55\times10^{-5}\,\text{F}\times5.3\,\text{V}}{1.60\times10^{-19}\,\text{C}}$$

$$= 1.8\times10^{6}\text{个电子} \qquad \text{（答案）}$$

对于电子，这是个很小的数目。一粒普通的、小到基本上不会沉降的尘粒包含约 10^{17} 个电子（和相同数目的质子）。

26－4 并联和串联的电容器

当电路中有电容器的组合时，我们有时能用一**等效电容器**替代那个组合。等效电容器是一单个的电容器，它具有与实际的电容器组合相同的电容。借助这样一个替代，我们可使电路简化，为电路的未知量提供较容易求得的解。这里我们讨论两种容许这种替代的、基本的组合。

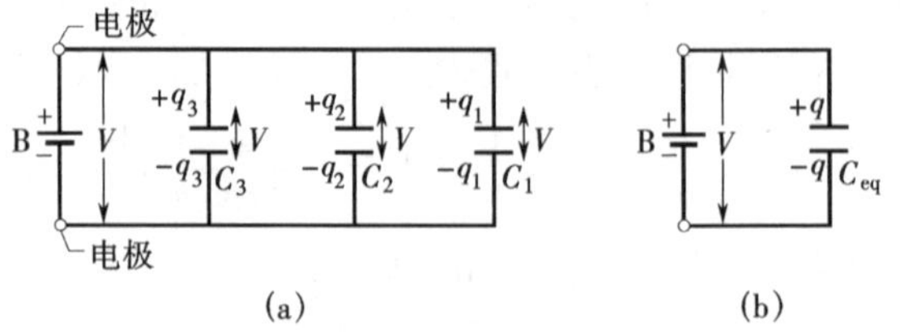

图26－7 (a) 三个电容器并联到电池 B 上。电池保持它两极间并因此**每个**电容器上的电势差。(b) 具有电容 C_{eq} 的等效电容器替代了并联组合。

并联的电容器

图26－7a示出一电路，其中三个电容器与电池B **并联**。这个描述与电容器极板怎样画出没有多大关系。倒不如说，"并联"表示

这些电容器的一个极板直接用导线连起来，同时另一个极板也直接用导线连起来，而在这两组用导线连接的极板间加以电势差 V。因而，每个电容器都具有相同的电势差 V，该电势差在电容器上产生电荷（在图 26-7a 中，所加的电势差 V 由电池保持）。概括地说，

> 当电势差 V 加到几个并联的电容器上时，该电势差也加到了每个电容器上。在这些电容器上存储的总电荷是在所有各电容器上存储的电荷之和。

当我们分析并联电容器的电路时，可借助这种想象中的替代使电路简化：

> 并联的电容器能用一等效电容器替代，该电容器与那些实际的电容器具有相同的**总**电荷及相同的电势差 V。

（你可以借助无意义的单词"par-V"，它和"party"很相近，记住这个结果。）图 26-7b 表示已替代图 26-7a 的三个电容器（具有实际的电容 C_1，C_2 和 C_3）的等效电容器（具有等效电容 C_{eq}）。

为了导出图 26-7b 中 C_{eq} 的表达式，我们首先应用式（26-1）求出在每个实际电容器上的电荷：

$$q_1 = C_1V,\ q_2 = C_2V,\ q_3 = C_3V$$

在图 26-7a 的并联组合上的总电荷于是为

$$q = q_1 + q_2 + q_3 = (C_1 + C_2 + C_3)V$$

具有与该组合相同的电荷 q 和电势差 V 的等效电容则是

$$C_{eq} = \frac{q}{V} = C_1 + C_2 + C_3$$

这个结果可以容易地推广到任何数目 n 的电容器

$$C_{eq} = \sum_{j=1}^{n} C_j \quad (\text{并联的 } n \text{ 个电容器}) \quad (26-19)$$

因而，为了求出并联组合的等效电容，我们只不过是把各个电容器的电容相加。

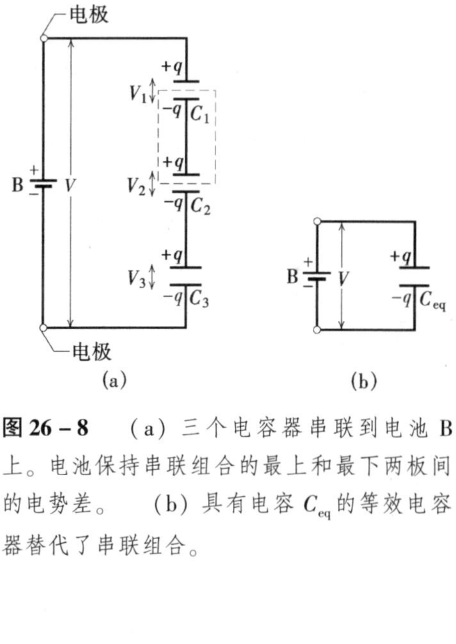

图 26-8 （a）三个电容器串联到电池 B 上。电池保持串联组合的最上和最下两板间的电势差。（b）具有电容 C_{eq} 的等效电容器替代了串联组合。

串联的电容器

图 26-8a 示出三个电容器与电池 B **串联**。这个描述与电容器极板怎样画出没有多大关系。倒不如说，"串联"表示这些电容器连续地，即一个接一个地用导线连接，而电势差 V 加到该系列的两个终端。（在图 26-8a 中，这个电势差 V 由电池 B 保持）。这样，在串联中的各电容器上都有电势差，它们使这些电容器上产生相等的电荷。

> 当电势差 V 加在几个串联的电容器上时，这些电容器具有相等的电荷 q。所有这些电容器的电势差之和等于所加的电势差。

我们可解释这些电容器是怎样通过下述事件的**连锁反应**最后达到相同的电荷的，该反应使每个电容器的充电引起下一个电容器的充电，我们从电容器 3 开始并向上到电容器 1 进行说明。当电池最初连接到串联的电容器时，它在电容器 3 的底板上产生电荷 $-q$。这些负电荷随后从电容器 3 的顶板上排斥走负电荷（给它留下电荷 $+q$）。被排斥走的负电荷移到电容器 2 的底板上（给予它电荷 $-q$）。在电容器 2 底板上的那负电荷然后又从电容器 2 的顶板上排斥走负电荷（给它留下电荷 $+q$）到电容器 1 的底板上（给予它电荷 $-q$）。最后电容器 1 的底板上的电荷促使负电荷从电容器 1 的顶板移到电池，给该顶板留下电荷 $+q$。

关于电容器串联，这里有两点是重要的：

1. 当电荷在一系列电容器中从一个移到另一个时，它只能沿一条路线移动，例如在图 26－8a 中从电容器 3 到电容器 2。如果有另外的路线，电容器就不是串联的，在例题 26－2 中给出了一个例子。

2. 电池只在和它连接的两个极板（图 26－8a 中电容器 3 的底板和电容器 1 的顶板）上直接产生电荷，其他极板上所产生的电荷仅归因于已经在这些极板上的电荷的移动。例如，在图 26－8 中被虚线包围的部分电路是与电路的其余部分电隔离的，因而，那部分的净电荷不能被电池改变——其电荷只能重新分布。

当我们分析串联电容器的电路时，可借助这种想象中的替代使电路简化：

> 串联的电容器能用一等效电容器替代，该电容器与那些实际的串联电容器具有相同的电荷 q 及相同的**总**电势差。

（你可以借助无意义的单词“Seri－q”记住这个结果）图 26－8b 表示已替代图 26－8a 的三个电容器（具有实际的电容 C_1，C_2 和 C_3）的等效电容器（具有等效电容 C_{eq}）。

为了导出图 26－8b 中 C_{eq} 的表达式，我们首先应用式（26－1）求出每个实际电容器的电势差：

$$V_1 = \frac{q}{C_1},\ V_2 = \frac{q}{C_2},\ V_3 = \frac{q}{C_3}$$

电池产生的总电势差是这三个电势差之和。因而，

$$V = V_1 + V_2 + V_3 = q\left(\frac{1}{C_1} + \frac{1}{C_2} + \frac{1}{C_3}\right)$$

等效电容于是为

$$C_{eq} = \frac{q}{V} = \frac{1}{1/C_1 + 1/C_2 + 1/C_3}$$

或

$$\frac{1}{C_{eq}} = \frac{1}{C_1} + \frac{1}{C_2} + \frac{1}{C_3}$$

我们能容易地把这个结果推广到任何数目 n 的电容器：

$$\frac{1}{C_{eq}} = \sum_{j=1}^{n} \frac{1}{C_j} \quad \text{（串联的 } n \text{ 个电容器）} \tag{26－20}$$

利用式（26－20）你可证明串联电容的等效值总是**小于**该串联中最小的电容。

检查点3：电势差为 V 的电池使两个相同的电容器的组合存储电荷 q。在两电容器是（a）并联、（b）串联的两种情况下，每一个电容器上的电势差是多大？每个电容器上的电荷是多少？

例题 26－2

（a）试求图 26－9a 所示电容器组合的等效电容，加在该组合上的电势差为 V。假定 $C_1=12.0\mu F$，$C_2=5.30\mu F$，$C_3=4.50\mu F$

【解】 这里，**关键点**是，任何一组串联电容器能用它们的等效电容器替代，而任何一组并联电容器也能用它们的等效电容器替代。因此，我们首先应该核查在图 26－9a 中是否有电容器并联或串联。

电容器 1 和 3 一个接着另一个地连接，但它们是串联的吗？不是，加在这些电容器上的电势差在电容器 3 的底板上产生电荷。那部分电荷导致电荷从电容器 3 的顶板移走。然而，应注意移动的电荷能移到电容器 1 和电容器 2 两者的底板上。因为对于移动电荷有多于一条的路线，所以电容器 3 与电容器 1（或电容器 2）不是串联的。

电容器 1 和电容器 2 是并联的吗？是的。它们的顶板直接用导线连在一起，它们的底板也直接用导线连在一起，并且电势差加在一对顶板和一对底板之间。因而，电容器 1 和电容器 2 是并联的，而式（26－19）告诉我们它们的等效电容为

$$C_{12}=C_1+C_2=12.0\mu F+5.30\mu F=17.3\mu F$$

在图 26－9b 中，我们已用它们的等效电容器，称之为电容器 12（读"一二"），替代了电容器 1 和 2。（在图 26－9a 和 b 中，在 A 和 B 两点处的连接完全相同。）

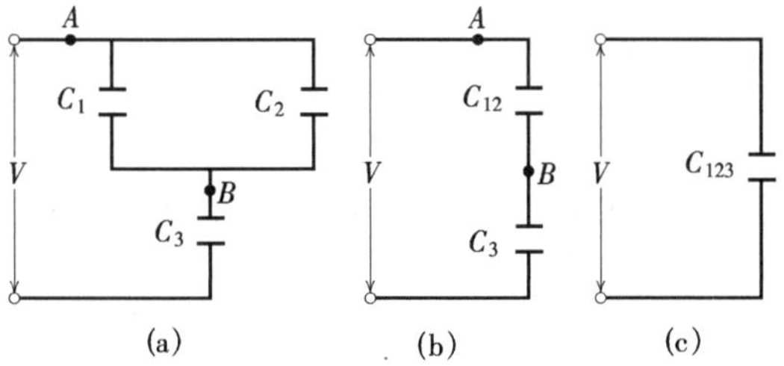

图 26－9 例题 26－2 图 （a）三个电容器。（b）并联组合 C_1 和 C_2 由 C_{12} 替代。（c）串联组合 C_{12} 和 C_3 由等效电容 C_{123} 替代。

电容器 12 与电容器 3 是串联的吗？再一次对电容器系列进行检验，我们看到由电容器 3 顶板移开的电荷必定全部去到电容器 12 的底板。因而，电容器 12 和电容器 3 是串联的，从而我们可用它们的等效 C_{123} 替代它们，如图 26－9c 所示。根据式（26－20），有

$$\frac{1}{C_{123}}=\frac{1}{C_{12}}+\frac{1}{C_3}=\frac{1}{17.3\mu F}+\frac{1}{4.50\mu F}=0.280\mu F^{-1}$$

由此

$$C_{123}=\frac{1}{0.280\mu F^{-1}}=3.57\mu F \qquad \text{（答案）}$$

（b）在图 26－9a 中，加到输入端的电势差为 $V=12.5V$，C_1 上的电荷是多少？

【解】 这里一个**关键点**是，要得到电容器 1 上的电荷 q_1，我们现在必须从等效电容器 123 开始反过来研究那个电容器。由于给定的电势差 V（$V=12.5V$）加到图 26－9a 中实际的三个电容器的组合上，它也就加到了图 26－9c 中电容器 123 上。因而，由式（26－1）（$q=CV$）得

$$q_{123}=C_{123}V=(3.57\mu F)(12.5V)=44.6\mu C$$

第二个**关键点**是，图 26－9b 中串联的电容器 12 和 3 具有与它们的等效电容器 123 相同的电荷（回想"seri－q"）。因而，电容器 12 具有电荷 $q_{12}=q_{123}=44.6\mu C$。根据式（26－1），加到电容器 12 的电势差应该是

$$V_{12}=\frac{q_{12}}{C_{12}}=\frac{44.6\mu C}{17.3\mu F}=2.58V$$

第三个**关键点**是，并联的电容器 1 和 2 都与它们等效电容器 12 具有相同的电势差（回想"par－V"）。因而，根据式（26－1），电容器 1 上的电荷必定为

$$q_1=C_1V_1=(12.0\mu F)(2.58V)$$
$$=31.0\mu C \qquad \text{（答案）}$$

例题 26-3

具有 $C_1=3.55\mu F$ 的电容器1利用 6.30V 的电池充电到 $V_0=6.30V$。然后把电池拆掉并把电容器如图26-10所示与一未充电的电容器2连接，且 $C_2=8.95\mu F$。当开关S合上后，电荷在电容器之间流动直到它们具有相同的电势差 V 为止，试求 V。

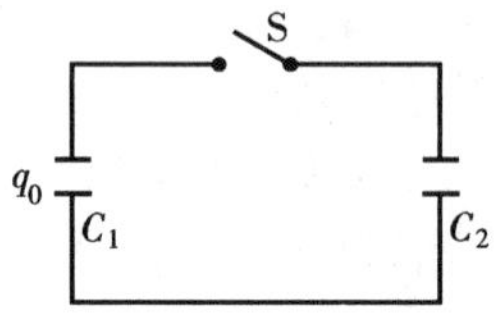

图26-10 例题26-3图 电势差 V_0 加到电容器1上而充电电池已移去。接着开关S关闭以使电容器1的电荷与电容器2分享。

【解】 这里的情况与以前的例题不同，因为加到电容器组合上的电势差并未由电池或一些其他电源保持。这里，在开关S刚合上时，仅有的电势差是电容器1加在电容器2上的电势差，而该电势差在减小。因而，尽管在图26-10中电容器板对板地连接，但在这种情况下它们并不是**串联的**；并且虽然它们被画成平行，但在这种情况下它们也不是**并联的**。

为了求出最后的电势差（当系统达到平衡、电荷停止流动时），我们利用这个**关键点**：当开关被关闭后，电容器1上原来的电荷在电容器1与电容器2之间重新分布（被分享），当达到平衡时，我们可通过写出

$$q_0=q_1+q_2$$

把原来的电荷 q_0 与最后的电荷 q_1 及 q_2 联系起来。把关系式 $q=CV$ 应用到这个方程的每一项，给出

$$C_1V_0=C_1V+C_2V$$

由上式

$$\begin{aligned}V&=V_0\frac{C_1}{C_1+C_2}\\&=\frac{6.30V\times3.55\mu F}{3.55\mu F+8.95\mu F}\\&=1.79V\end{aligned}$$ （答案）

当两电容器达到这个电势差值时，电荷停止流动。

检查点4：在这个例题中，假设电容器2被串联着的电容器3和4代换。(a) 在电键合上而且电荷停止流动后，原来的电荷 q_0，现在电容器1上的电荷 q_1 和等效电容器34上的电荷 q_{34} 之间的关系为何？(b) 如果 $C_3>C_4$，电容器3上的电荷 q_3 是多于，少于还是等于电容器 C_4 上的电荷 q_4？

解题线索

线索2：多电容器电路

让我们回顾在求解例题26-2中用到的程序，在该题中几个电容器被连接到电池，为了求出最后的单个等效电容，我们通过逐步地用一些等效电容替代实际的电容来简化给定的电容器结构。当我们求并联电容时利用式（26-19）；当我们求串联电容时利用式（26-20）。然后，为了求出由最后的单个的等效电容所存储的电荷，我们利用式（26-1）和由电池所加的电势差 V。

那个结果告诉我们在实际的电容器组合上所存储的净电荷。然而，要求出在实际结构中任一特定电容器上的电荷或它电势差，我们需要倒转的简化步骤。对于每个被倒转的步骤，我们运用这两条法则：当电容器并联时，它们具有与其等效电容相同的电势差，并且我们利用式（26-1）求每个电容上的电荷；当它们串联时，它们具有与其等效电容相同的电荷，并且我们利用式（26-1）求每个电容上的电势差。

线索3：电池与电容器

电池在其两个电极之间保持确定的电势差。因而，当例题26-3的电容器1被连接到6.3V的电池时，电荷在电容器与电池之间流动，直到电容器上的电势差与电池的电势差相同为止。

电容器不同于电池之处在于，它没有从内部的原子及分子释放带电粒子（电子）所需的内在电化学反应。因而，例题26-3中充电的电容器1从电池被拆掉开始，并随后在开关S合上的情况下被连接到未充电的电容器2时，电容器1上的电势差不能保持，被保持的量是两电容器系统的电荷 q_0，也就是说，电荷遵从守恒定律，而**不是**电势。

26 -5 电场中所存储的能量

要使电容器充电，外力必须做功。从未充电的电容器开始，例如，设想——利用“魔幻镊子”——你从一个极板移去电子并把它们一个一个地转移到另一个极板。在两极板之间建立的电场具有趋向于反抗进一步转移的方向。因而，随着电荷在电容器极板上积累，你必须做越来越多的功以转移另外的电子。实际上，这个功不是由“魔幻镊子”完成的，而是由电池通过消耗它存储的化学能完成的。

我们把电容器充电所需的功想象为以**电势能** U 的形式被存储在两极板之间的电场中。你可通过使电容器在电路中放电随意地回收电势能，正如你可通过释放弓弦把能量转化成箭的动能来回收存储在被拉紧的弓中的能量一样。

假定在一给定的时刻，电荷 q' 已从电容器的一个极板被转移到另一个。在该时刻两极板之间的电势差将是 q'/C。如果随后电荷添加的增量 $\mathrm{d}q'$ 被转移，则所需的功的增量根据式（25 -7）将是

$$\mathrm{d}W = V'dq' = \frac{q'}{C}dq'$$

转移电容器的全部电荷直到最终值 q 所需的功为

$$W = \int \mathrm{d}W = \frac{1}{C}\int_0^q q'\mathrm{d}q' = \frac{q^2}{2C}$$

这个功作为电势能 U 存储在电容器中，因此

$$U = \frac{q^2}{2C}\text{(电势能)} \qquad (26-21)$$

根据式（26 -1），我们也能把此式写作

$$U = \frac{1}{2}CV^2\text{(电势能)} \qquad (26-22)$$

无论电容器的几何结构怎样，式（26 -21）和式（26 -22）都适用。

为了获得对能量存储的一些物理洞察，考虑两个相同的平行板电容器，它们二者除了电容器 1 具有两倍于电容器 2 的板距外，其余均相同。于是电容器 1 具有两倍的极板间体积，而且根据式（26 -9）还具有电容器 2 一半的电容。式（26 -4）告诉我们，如果两电容器具有相同的电荷，则在它们的两极板间的电场是相同的。而式（26 -21）告诉我们，电容器 1 具有两倍于电容器 2 所存储的电势能。因而，在具有相同电荷及相同电场而在其他方面一样的电容器中，具有两倍极板间体积的一个具有两倍的存储的电势能，象这样的论据趋向于证实我们较早的假定：

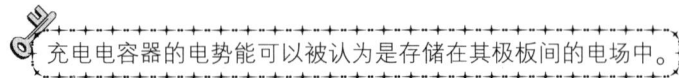

> 充电电容器的电势能可以被认为是存储在其极板间的电场中。

医用除颤器

电容器存储电势能的能力是**除颤**器设备的基础，该设备被应急医疗队用来制止心脏病发作患者的纤维性颤动。在便携的型式中，电池在短于一分钟内使电容器充电到高电势差，存储大

量的能量。电池仅保持一适当的电势差；电子线路反复地使用该电势差以大大地升高电容器的电势差。功率或能量的传输率在这期间也是适中的。

导线头（“电击板”）被放置在患者的胸膛上。当控制开关闭合时，电容器发送它存储的一部分能量通过患者从一个电击板到另一个电击板。作为例子，当除纤颤器中一个70μF的电容器被充电到5000V时，式（26－22）给出在电容器中存储的能量为

$$U = \frac{1}{2}CV^2 = \frac{1}{2} \times 70 \times 10^{-6}\text{F} \times (5000\text{V})^2 = 875\text{J}$$

这个能量中的约200J在约2ms的脉冲期间被发送通过患者，该脉冲的功率为

$$P = \frac{U}{t} = \frac{200\text{J}}{2.0 \times 10^{-3}\text{s}} = 100\text{kW}$$

它远大于电池本身的功率。这种用电池给电容器缓慢充电然后在高得多的功率下使它放电的技术通常被用于闪光照相术和频闪照相术（见图26－11）中。

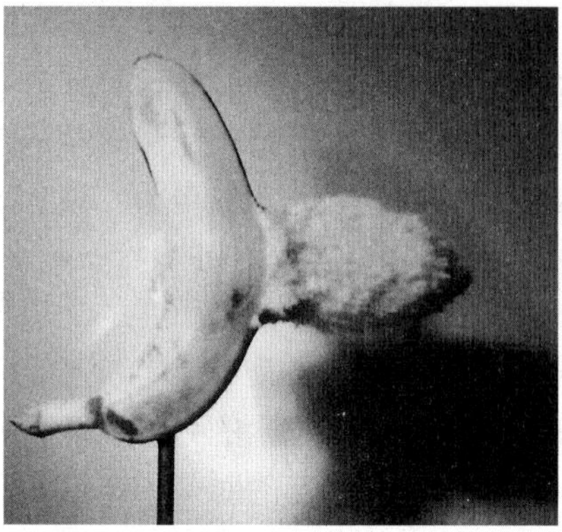

图26－11 用频闪照相机拍摄的子弹飞过香蕉，使香蕉爆开的照片。频闪照相机的发明者Harold Edgerton用一个电容器向他的频闪灯供电。使该灯把香蕉照亮了仅0.3μs。

能量密度

在一平行板电容器中，忽略边缘效应，电场在极板间所有的点都具有相同的值。因而，**能量密度** u——即极板间每单位体积的电势能——应该也是均匀的。我们通过用总电势能除以极板间的空间体积 Ad 可以求出 u。利用式（26－22）得到

$$u = \frac{U}{Ad} = \frac{CV^2}{2Ad}$$

借助式（26－9）（$C = \varepsilon_0 A/d$），这个结果变成

$$u = \frac{1}{2}\varepsilon_0\left(\frac{V}{d}\right)^2$$

然而，根据式（25－42），V/d 等于电场的大小 E，所以

$$u = \frac{1}{2}\varepsilon_0 E^2 \quad \text{（能量密度）} \qquad (26-23)$$

虽然我们是针对平行板电容器的特殊情形推导出这个结果的，但无论电场源可能是什么，它是普遍适用的，如果电场 $\vec{E}$ 存在于空间任一点，我们都能把那点看作每单位体积储有按式（26－23）给出的电势能的场所。

例题26－4

一孤立导体球具有电荷 $q = 1.25\text{nC}$，其半径 R 为6.85cm。

(a) 在这个带电导体的电场中存储了多少能量？

【解】 这里**关键点**是，按照式（26－21）电容器中所存储的能量 U 取决于电容器上的电荷 q 及电容器的电容 C。根据式（26－18）代入 C，由式（26－21）得

$$U = \frac{q^2}{2C} = \frac{q^2}{8\pi\varepsilon_0 R}$$

$$= \frac{(1.25 \times 10^{-9}\text{C})^2}{(8\pi)(8.85 \times 10^{-12}\text{F/m})(0.0685\text{m})}$$

$$= 1.03 \times 10^{-7}\text{J} = 103\text{nJ} \qquad \text{（答案）}$$

(b) 球表面处的能量密度是多少？

【解】 这里的关键点是，按照式（26-23）（$u=\frac{1}{2}\varepsilon_0E^2$），电场中所存储能量的密度取决于电场的大小 E，所以我们首先应求出在该球表面处的 E，这由式（24-15）给出

$$E=\frac{1}{4\pi\varepsilon_0}\frac{q}{R^2}$$

于是能量密度为

$$u=\frac{1}{2}\varepsilon_0E^2=\frac{q^2}{32\pi^2\varepsilon_0R^4}$$

$$=\frac{(1.25\times10^{-9}\mathrm{C})^2}{(32\pi^2)(8.85\times10^{-12}\mathrm{C^2/N\cdot m^2})(0.0685\mathrm{m})^4}$$

$$=2.54\times10^{-5}\mathrm{J/m^3}=25.4\mu\mathrm{J/m^3}$$ （答案）

26-6 有介电质的电容器

如果你用介电质，一种绝缘材料，如矿物油或塑料，填充电容器极板间的空间，它的电容将发生什么情况？法拉第——电容的概念主要是他提出的，而且电容的 SI 单位也以他的名字命名——首先在 1837 年研究了这个问题。利用很像在图 26-12 中所示的那些简单设备，他发现电容增大了一个数字因子 κ。他称 κ 为绝缘材料的**介电常量**。㊀表 26-1 示出一些介电材料和它们的介电常量。真空的介电常量按定义为 1。因为空气基本上是空的空间，其被测定的介电常量仅稍大于 1。

引入介电质的另一作用是把在极板间所能加的电势差限制在被称为**击穿电势**的某个值 V_{max} 以内。如果事实上超过了这个值，介电材料将被击穿并在极板间形成导电通路。每种介电质材料具有一特有的**介电强度**，它是介电质能承受而不被击穿的电场的最大值。一些这样的值列在表 26-1 中。

表 26-1 介电体的一些性质①

材料	介电常量 κ	介电强度 /(kV/mm)
空气（1atm）	1.00054	3
聚苯乙烯	2.6	24
纸	3.5	16
变压器油	4.5	
派热克斯玻璃	4.7	14
红宝石云母	5.4	
瓷	6.5	
硅	12	
锗	16	
乙醇	25	
水（20℃）	80.4	
水（25℃）	78.5	
二氧化钛陶瓷	130	
钛酸锶	310	8
对于真空，$\kappa=1$		

① 室温下测量，水除外。

图 26-12 法拉第用过的静电仪器，一个组合起来形成球形电容器的仪器（从左向右第二个）包括一个中心黄铜球和一个同心的黄铜球壳。法拉第在球与壳之间放上介电材料。

如我们联系式（26-18）所讨论过的那样，任何电容器的电容都能被写成下列形式：

㊀ 此处介电常量是 dielectric constant 的直译。我国国家标准 GB 3102.5—93 称其为相对介电常数（或相对电容率），但符号用 ε_r。——译者注

$$C = \varepsilon_0 \mathscr{L} \qquad (26-24)$$

其中，$\mathscr{L}$ 具有长度的量纲。例如，对于平行板电容器，$\mathscr{L}=A/d$。法拉第的发现在于，在介电质完全充满极板间空间的情况下，式（26－24）变成

$$C = \kappa\varepsilon_0\mathscr{L} = \kappa C_{air} \qquad (26-25)$$

式中 C_{air} 是极板间仅有空气的情况下电容的值。

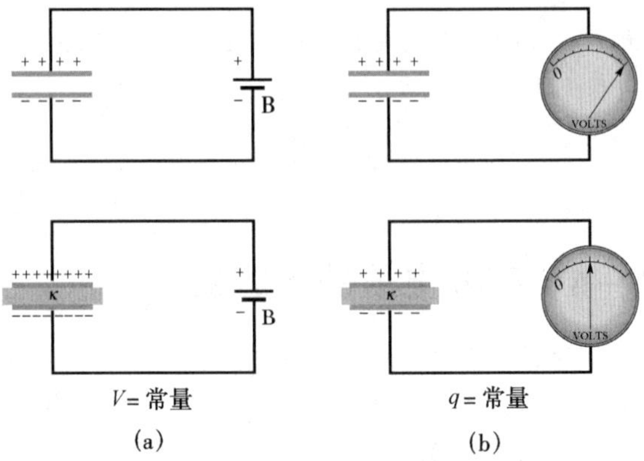

图 26－13 （a）如果电池 B 保持电容器的电势差，介电质的作用是增加极板上的电荷。（b）如果电容器上的电荷保持不变，介电质的作用是降低两板间的电势差。所示刻度是**电势差计**的刻度，是用来测量电势差（这里是板间的）的，电容器不可能通过电势差计放电。

图 26－13 提供了对法拉第实验的一些理解。在图 26－13a 中，电池保证极板间的电势差 V 不变。当介电质板被插入极板间时，极板上的电荷 q 增大一因数 κ；额外的电荷由电池输送给电容器的极板。在图 26－13b 中没有电池，因此当介电质板被插入时电荷 q 应保持不变。那时极板间的电势差 V 下降一因数 κ。这两方面的观察都与介电质导致电容的增大一致（通过关系 $q=CV$）。

式（26－24）与式（26－25）的比较暗示介电质的作用可以一般地被概括为：

在被介电常量 κ 的介电材料完全填充的区域中，所有含电容率常量 ε_0 的静电学公式都可以通过用 $\kappa\varepsilon_0$ 替代 ε_0 加以修改。

因而，在介电质内的点电荷引起的电场按库仑定律具有大小

$$E = \frac{1}{4\pi\kappa\varepsilon_0}\frac{q}{r^2} \qquad (26-26)$$

还有，对于在紧邻浸入介电质中的孤立导体外部的电场表达式（见式（24－11））变成

$$E = \frac{\sigma}{\kappa\varepsilon_0} \qquad (26-27)$$

这两个方程都表明，**对于固定的电荷分布，介电质的作用是削弱**在没有介电质的情况下理应存在的**电场**。

例题 26－5

一电容 C 为 13.5pF 的平行板电容器由电池充电到极板间电势差 $V=12.5\text{V}$。现在充电电池被断开并在极板间插入一瓷板（$\kappa=6.50$），在瓷板被放入以前和以后，电容器瓷板装置的电势能各是多少？

【解】 这里**关键点**是，我们可把电容器的电势能 U 与电容及电势差 V（用式（26－22））或电荷 q（用式（26－21））联系起来：

$$U_i = \frac{1}{2}CV^2 = \frac{q^2}{2C}$$

因为初始电势差 V（等于 12.5V）已给定，我们应用式（26－22）求出初始的存储能量：

$$U_i = \frac{1}{2}CV^2 = \frac{1}{2}\times 13.5\times 10^{-12}\text{F}\times(12.5\text{V})^2$$
$$=1.055\times 10^{-9}\text{J}$$
$$=1055\text{pJ}\approx 1100\text{pJ} \qquad \text{（答案）}$$

为了求出终了的电势能 U_f（在瓷板被插入后），我们需要另一个**关键点**：因为电池已被断开，当介质被插入时，电容器上的电荷不能改变。然而，电势差**的确**改变。因而，我们现在应该应用式（26-21）（以 q 为基础）写出 U_f，但既然瓷板在电容器内，电容是 κC，我们于是有

$$U_f = \frac{q^2}{2\kappa C} = \frac{U_i}{\kappa} = \frac{1055\text{pJ}}{6.05} = 162\text{pJ} \approx 160\text{pJ} \qquad \text{（答案）}$$

当瓷板被插入时，势能降低一因数 κ。

原则上讲，"失去的"能量对于插入瓷板的人将是显而易见的，电容器将对瓷板施加一极小的拉力并对它做功，其大小为

$$W = U_i - U_f = (1055 - 162)\text{pJ} = 893\text{J}$$

如果容许瓷板不受制约地在极板之间滑动并假设无摩擦，则瓷板将以 893pJ 的（恒定的）机械能在极板之间来回摆动而这个系统的能量将在运动瓷板的动能与存储在电场中的电势能之间来回转换。

检查点 5：如果在这个例题中的电池保持连接，当瓷板被插入后下列各量是增大、减小、还是保持不变：(a) 电容器极板间的电势差，(b) 电容；(c) 电容器上的电荷；(d) 该装置的电势能；(e) 极板间的电场？（提示：对于 (e)，注意电荷并不固定。）

26-7 从原子观点看介电质

当我们把介电质放入电场中时，从原子和分子的观点来看，会发生什么事？这有两种可能性，取决于分子的性质：

1. **极性介电质**。一些介电质，如水，其分子具有永偶极矩。在这样的材料（叫做**极性介电质**）中，电偶极子如在图 26-14 中趋向于沿外电场排列。由于在无规则热运动中，分子连续不断的互相挤撞，这种排列是不完全的。但是当所加的电场增大（或当温度降低，随之挤撞减弱）时它变得更完全。电偶极矩的排列产生一个与所加电场方向相反的强度较小的电场。

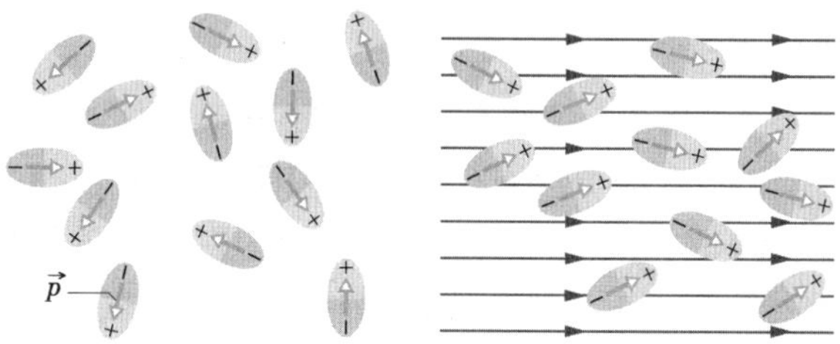

图 26-14 (a) 有永偶极矩的分子，表明它们在无外电场时的混乱取向 (b) 加上电场时，产生电偶极子的部分排列。热运动阻止完全排齐。

2. **非极性介电质** 无论它们是否具有永偶极矩，当放在外电场中时分子都通过感应获得偶极矩。在 25-7 节（见图 25-12），我们看到这种情况的发生是由于外电场趋向于"拉伸"分子使其正、负电中心稍微分离造成的。

图 26-15a 示出在没有外电场情况下的非极性介电质板。在图 26-15b 中，通过所示的极板带电的电容器施加一电场 $\vec{E}$。其结果是板内各正、负电荷分布的中心的稍微分离，在介电质板的一个表面上产生正电荷（归因于在该表面处的偶极子的正端），而在相对的表面上产生负电荷（归因于在该表面处的偶极子的负端）。介电质板就总体讲保持电中性，并且——在板内

——任何体积元中都无过量电荷。

图 26－15c 示出在两个表面上的面电荷产生与所加电场 $\vec{E}_0$ 方向相反的电场 $\vec{E}'$。在介电质内的合电场 $\vec{E}$（电场 $\vec{E}_0$ 和 $\vec{E}'$ 的矢量和）具有 $\vec{E}_0$ 的方向但强度较小。

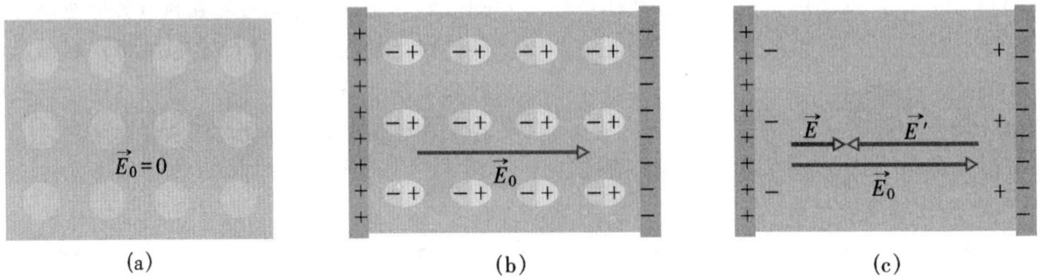

图 26－15 （a）一块非极性介电质板。小圆代表板中的电中性原子。（b）通过带电的电容器板加上电场；该电场轻微地拉伸原子使其正负电荷中心分离。（c）此分离在两板面上产生面电荷。这些电荷建立和所加电场 $\vec{E}_0$ 相反的电场 $\vec{E}'$。介电质中的合电场 $\vec{E}$（$\vec{E}_0$ 和 $\vec{E}'$ 的矢量和）具有和 $\vec{E}_0$ 相同的方向但强度较小。

图 26－15c 中由面电荷产生的电场 $\vec{E}'$ 和图 26－14 中由永偶极矩产生的电场都按相同的方式表现，都与所加的电场 $\vec{E}_0$ 反方向。因而，极性和非极性介电质的作用都是削弱任何在它们内部所加的电场，如在电容器的极板间那样。

我们现在可以明白了为什么例题 26－5 中的介电质瓷板被拉入电容器：当它进入极板间的空间时，在瓷板每个表面出现的面电荷都具有与邻近的电容器极板上电荷相反的符号，因而，瓷板与两极板互相吸引。

26－8 介电质与高斯定律

在第 24 章对高斯定律的讨论中，我们曾假定电荷存在于真空中。这里我们将察看如果那些被列在表 26－1 中的介电材料出现，高斯定律应怎样修改和推广。图 26－16 示出在有介电质和没有介电质两种情况下极板面积为 A 的平行板电容器。我们假定在两种情况下极板上的电荷 q 是相同的。应注意，极板间的电场通过 26－7 节的方式之一在介电质的两表面上感应出电荷。

对于图 26－16a 中没有介电质的情况，我们可像在图 26－5 中曾做过的那样求出极板间的电场：我们用一高斯面包围顶板上的电荷 $+q$，然后应用高斯定律。令 E_0 表示电场的大小，求得

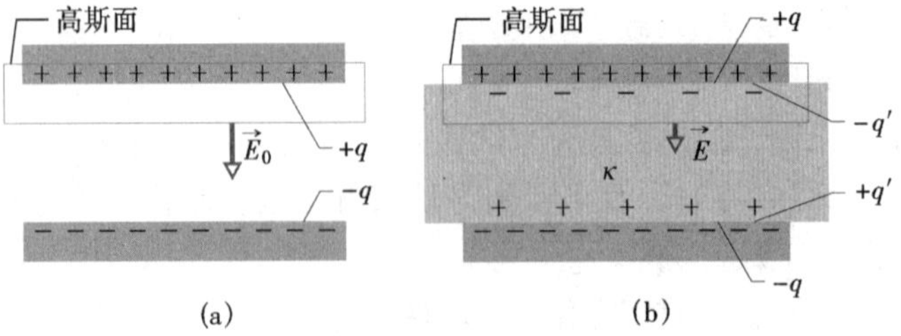

图 26－16 平行板电容器（a）无介电质，（b）有介电质。假设两种情况下板上的电荷一样。

$$\varepsilon_0\oint\vec{E}\cdot d\vec{A}=\varepsilon_0E_0A=q \qquad (26-28)$$

或

$$E_0=\frac{q}{\varepsilon_0A} \qquad (26-29)$$

在图26－16b中，有介电质在那里，我们能通过用上述的高斯面求出极板间（和介电质内）的电场。然而，现在该面包围两种类型电荷：它仍然包围顶板上的电荷 $+q$，但它还包围在介电体上表面上的感生电荷 $-q'$。导体板上的电荷称为**自由电荷**，因为倘若我们改变极板的电势，自由电荷就能移动；介电质表面上的感生电荷不是自由电荷，因为它不能从那个表面移动。

在图26－16b中高斯面所包围的净电荷是 $q-q'$，所以由高斯定律得

$$\varepsilon_0\oint\vec{E}\cdot d\vec{A}=\varepsilon EA=q-q' \qquad (26-30)$$

或

$$E=\frac{q-q'}{\varepsilon_0A} \qquad (26-31)$$

介电体的作用是使原来的电场 E_0 削弱一因数 κ，所以我们可以写出

$$E=\frac{E_0}{\kappa}=\frac{q}{\kappa\varepsilon_0A} \qquad (26-32)$$

式（26－31）与式（26－32）的比较表明

$$q-q'=\frac{q}{\kappa} \qquad (26-33)$$

式（26－33）正确地指出感生表面电荷的大小 q' 小于自由电荷的大小 q，并且倘若没有介电质存在（此时，式（26－33）中 $\kappa=1$）则为零。

通过根据式（26－33）将 $q-q'$ 代入式（26－30），我们可按下列形式写出高斯定律：

$$\varepsilon_0\oint\kappa\vec{E}\cdot d\vec{A}=q \quad \text{（有介电体的高斯定律）} \qquad (26-34)$$

这个重要方程尽管是为平行板电容器导出的，但却普遍成立，并且是高斯定律能被写出的最普遍的形式。应注意以下几点：

1. 通量的积分现在包含 $\kappa\vec{E}$，而不仅是 $\vec{E}$（矢量 $\varepsilon_0\kappa\vec{E}$ 有时叫做**电位移** $\vec{D}$，因此式（26－34）能被写成 $\oint\vec{D}\cdot d\vec{A}=q$ 的形式）。

2. 高斯面包围的电荷 q 现在**仅取自由电荷**。由于已充分考虑了在式（26－34）的左边已引入介电常量 κ，所以在右边的感生面电荷可有意忽略掉。

3. 式（26－34）与我们原来的高斯定律的不同之处仅在于，在后面的公式中 ε_0 已被 $\kappa\varepsilon_0$ 替代。我们保留 κ 在式（26－34）的积分内以供 κ 在整个高斯面上不为常量的情形之用。

例题26－6

图26－17示出极板面积为 A、板间距离为 d 的平行板电容器。电势差 V_0 加在两极板间。电池然后被断开，而一厚度为b且介电常量为 κ 的介电质板如图所示放置在极板间。假定 $A=115\text{cm}^2$，$d=1.24\text{cm}$，$V_0=85.5\text{V}$，$b=0.780\text{cm}$，$\kappa=2.61$。

(a) 在介电质板插入前电容 C_0 为多大？

【解】 根据式（26－9）我们有

$$C_0=\frac{\varepsilon_0A}{d}=\frac{(8.85\times10^{-12}\text{F/m})(115\times10^{-4}\text{m}^2)}{1.24\times10^{-2}\text{m}}$$

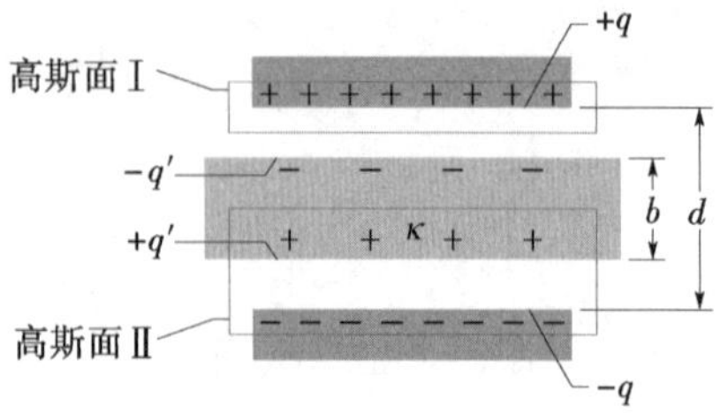

图26－17 例题26－6图 一个电容器，其中介电质板仅部分地填充极板间的空间。

$=8.21\times10^{-12}F=8.21pF$ （答案）

（b）有多少自由电荷出现在极板上？

【解】 根据式（26－1），

$q=C_0V_0=(8.21\times10^{-12}F)(85.5V)$

$=7.02\times10^{-10}C=702pC$ （答案）

（c）在极板与介电质板间的间隙中电场 E_0 为多大？

【解】 这里**关键点**是，应用按式（26－34）形式的高斯定律于图26－17中穿过该间隙的高斯面Ⅰ，则该面**只**包围电容器极板上的自由电荷。因为面积矢量 $d\vec{A}$ 和电场矢量 $\vec{E}_0$ 二者都指向下方，所以式（26－34）中的标积变成

$$\vec{E}_0\cdot d\vec{A}=E_0dA\cos0°=E_0dA$$

式（26－34）于是变成

$$\varepsilon_0\kappa E_0\oint dA=q$$

其中的积分现在只不过给出极板的面积 A。因而，我们得到

$$\varepsilon_0\kappa E_0A=q$$

或

$$E_0=\frac{q}{\varepsilon_0\kappa A}$$

在计算 E_0 前所需要的另一个**关键点**是，我们在这里应令 $\kappa=1$，因为高斯面Ⅰ不通过介电质，因而，有

$$E_0=\frac{q}{\varepsilon_0\kappa A}=\frac{7.02\times10^{-10}C}{(8.85\times10^{-12}F/m)(1)(115\times10^{-4}m^2)}=6900V/m=6.90kV/m$$ （答案）

应注意，当介电质板被插入时 E_0 的值并不改变，这是因为被图26－17中高斯面Ⅰ所包围的电荷量不改变。

（d）在电介质板中的电场 E_1 有多大？

【解】 这里**关键点**是，应用式（26－34）到图26－17中的高斯面Ⅱ。该面包围自由电荷 $-q$ 与感生电荷 $+q'$，但当用式（26－34）时，我们可略去后者，求得

$$\varepsilon_0\oint\kappa\vec{E}_1\cdot d\vec{A}=-\varepsilon_0\kappa E_1A=-q \quad (26-35)$$

（上式中的第一个负号来自标积 $\vec{E}_1\cdot d\vec{A}$，因为现在电场矢量 $\vec{E}_1$ 指向下方而面积矢量 $d\vec{A}$ 指向上方。）由式（26－35）得

$$E_1=\frac{q}{\varepsilon_0\kappa A}=\frac{E_0}{\kappa}=\frac{6.90kV/m}{2.61}=2.64kV/m$$

（答案）

（e）在介电质板被插入后极板间的电势差 V 是多少？

【解】 这里**关键点**是，通过沿从底板直接延伸到顶板的直线路径积分求出 V。在介电体内部，路径长度为 b 而电场为 E_1。在介电体上方和下方两个间隙中，路径总长度为 $d-b$ 而电场为 E_0。由式（26－6）得

$$V=\int_-^+Eds=E_0(d-b)+E_1b$$
$$=(6900V/m)(0.0124m-0.00780m)+(2640V/m)(0.00780m)$$
$$=52.3V$$ （答案）

这个结果小于原来的85.5V的电势差。

（f）介电质板存在时电容为多大？

【解】 这里**关键点**是，电容 C 借助于式（26－1）与自由电荷 q 及电势差 V 相联系，正像介电质不在时那样。从（b）取用 q 并从（e）取用 V，有

$$C=\frac{q}{V}=\frac{7.02\times10^{-10}C}{52.3V}=1.34\times10^{-11}F=13.4pF$$ （答案）

这个结果大于原来的8.21pF的电容。

检查点6：在这个例题中，如果介电质板的厚度 b 增大，则下列各量是增大、减小还是保持不变：（a）电场 E_1；（b）极板间的电势差；（c）电容器的电容？

复习和小结

电容器；电容 **电容器**包含两个带等量异号电荷 $+q$ 与 $-q$ 的孤立导体（极板），其**电容**根据

$$q = CV \qquad (26-1)$$

定义，其中 V 是极板间的电势差。电容的 SI 单位是法［拉］（1 法［拉］=1 库/伏）

确定电容 我们一般通过下列步骤确定一特定电容器的电容：(1) 假定已被放置在极板上的电荷 q；(2) 求出由这个电荷引起的电场 $\vec{E}$；(3) 计算电势差 V；(4) 根据式（26－1）计算 C。一些具体结果如下：

极板面积为 A 且板间距为 d 的**平行板电容器**具有电容

$$C = \frac{\varepsilon_0 A}{d} \qquad (26-9)$$

长度为 L 且半径为 a 及 b 的**柱形电容器**（两个长的共轴圆柱面）具有电容

$$C = 2\pi\varepsilon_0 \frac{L}{\ln(b/a)} \qquad (26-14)$$

具有半径为 a 及 b 的、同心球面极板的**球形电容器**具有电容

$$C = 4\pi\varepsilon_0 \frac{ab}{b-a} \qquad (26-17)$$

如果我们令式（26－17）中 $b\to\infty$ 且 $a=R$，则得到半径为 R 的孤立球体的电容：

$$C = 4\pi\varepsilon_0 R \qquad (26-18)$$

电容器的并联和串联 一些单个电容器**并联**和**串联**组合的**等效电容**能从下式求得

$$C_{eq} = \sum_{j=1}^{n} C_j \quad (n\text{ 个并联的电容器}) \qquad (26-19)$$

及

$$\frac{1}{C_{eq}} = \sum_{j=1}^{n} \frac{1}{C_j} (n\text{ 个串联的电容器}) \qquad (26-20)$$

等效电容可用于计算更复杂的串－并联组合的电容。

电势能与能量密度 充电电容器的**电势能** U 为

$$U = \frac{q^2}{2C} = \frac{1}{2}CV^2 \qquad (26-21, 26-22)$$

它等于使电容器充电所需的功。这个能量与电容器的电场 $\vec{E}$ 相关联。通过延伸，我们可把被存储的能量与电场联系起来。在真空中，在大小为 E 的电场内部的**能量密度** u，或每单位体积的电势能由下式给出：

$$u = \frac{1}{2}\varepsilon_0 E^2 \qquad (26-23)$$

有介电体的电容 如果电容器两极板之间充满介电质材料，则电容 C 增大一因数 κ。κ 叫做**介电常量**，是材料的特征。在被介电质完全充填的区域中，所有含 ε_0 的静电学公式都必须通过用 $\kappa\varepsilon_0$ 替代 ε_0 加以修改。

添加介电质的作用可以通过电场对介电质板中永偶极矩或感生偶极矩的作用来从物理上理解。其结果是，在介电质表面上形成感生电荷，这会导致对于极板上带相同的自由电荷时介电质内的电场的削弱。

有介电体的高斯定律 当介电体存在时，高斯定律可被推广为

$$\varepsilon_0 \oint \kappa \vec{E} \cdot d\vec{A} = q \qquad (26-34)$$

式中，q 是自由电荷；通过把介电常量 κ 包括在积分内，任何感生面电荷都被考虑到了。

思考题

1. 图 26－18 示出三个平行板电容器的电荷与电势差的关系图线。三个电容器的极板面积和间距分别在表中给出。试指出图线的哪条与哪个电容器相配。

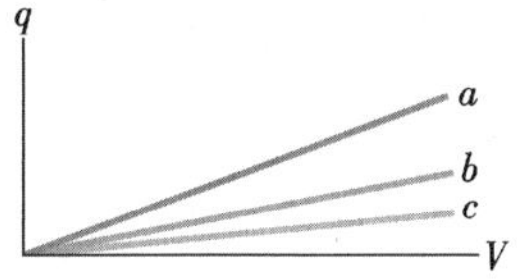

图 26－18 思考题 1 图

电容器	面积	间距
1	A	d
2	$2A$	d
3	A	$2d$

2. 图 26－19 示出一断开的开关、一电势差为 V 的电池、一测量电流的电表及三个电容为 C 的电容器。当开关合上且电路达到平衡时，(a) 跨越每个电容器的电势差是多少？(b) 在每个电容器左极板上的电荷是多少？(c) 在充电期间流过电表的电荷有

多少？

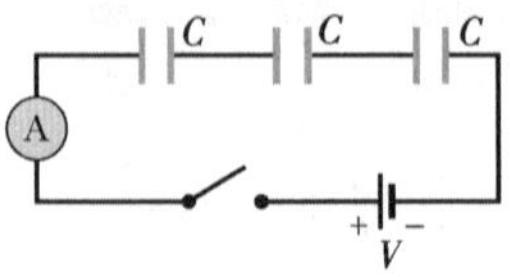

图 26－19 思考题 2 图

3. 在图 26－20 的各个电路中，电容器是串联、并联或两种方式都不是？

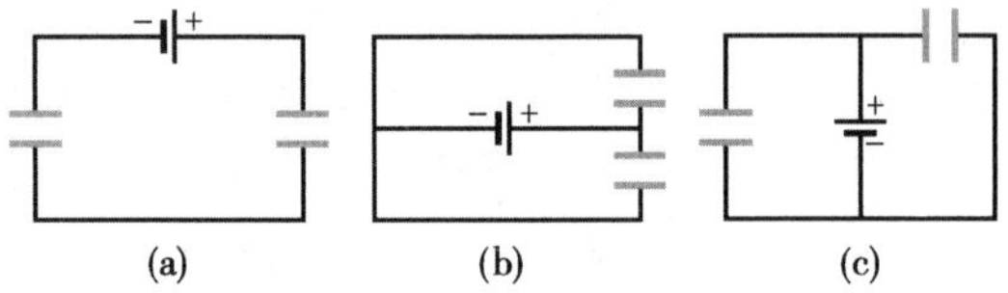

图 26－20 思考题 3 图

4. (a) 在图 26－21a 中，C_1 和 C_3 是串联的吗？(b) 在同一图中，C_1 和 C_2 是并联的吗？(c) 把图 26－21 中所示的四个电路的等效电容由大到小排序。

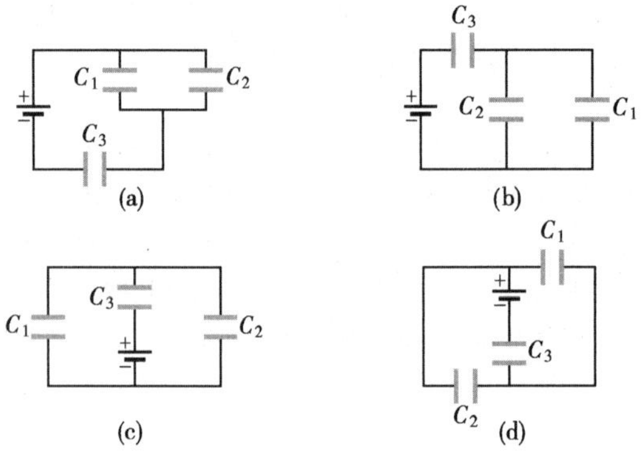

图 26－21 思考题 4 图

5. 三个电容器的电容各为 C。如果它们按下列方式连到电池上：相互 (a) 串联；(b) 并联，则等效电容各是多少？(c) 在哪种接法中等效电容上的电荷更多？

6. 有两个电容 C_1 和 C_2，其中 $C_1 > C_2$，现把它们接到电池上，先单独接，然后串联接，最后并联接。按照所存储的电荷量把那些接法由大到小排序。

7. 最初，单个电容 C_1 用导线连接到电池上，然后把电容 C_2 并联上去。(a) 跨越 C_1 的电势差及 (b) C_1 上的电荷 q_1 现在是多于、少于还是等于原先的？(c) C_1 和 C_2 的等效电容 C_{12} 是大于、小于还是等于 C_1？(d) C_1 和 C_2 上共同存储的总电荷是多于、少于还是等于原先在 C_1 上存储的电荷？

8. 设想 C_2 是串联而不是并联到 C_1 上的，重复问题 7。

9. 图 26－22 示出三个电路，各包含一个开关和两个电容器，最初的带电情况如图所示。在开关合上后，在哪个电路（如果有的话）中左边电容器上的电荷将会 (a) 增加、(b) 减少及 (c) 保持不变？

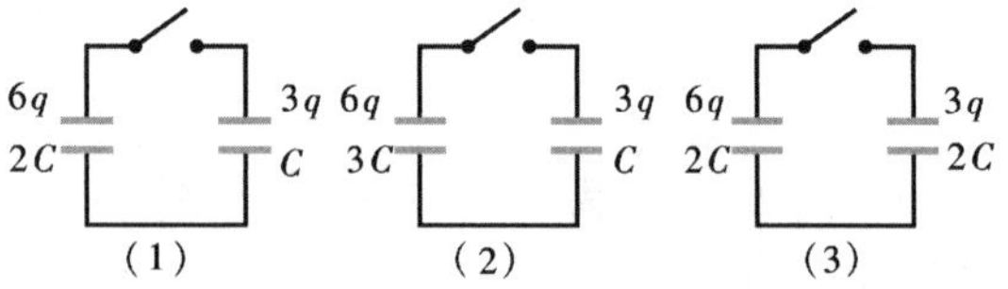

图 26－22 思考题 9 图

10. 两个孤立的金属球 A 和 B 分别具有半径 R 和 $2R$ 且带有相同的电荷 q。试问：(a) A 的电容是大于、小于还是等于 B 的电容？(b) 刚好在 A 的表面外处的能量密度是大于、小于还是等于 B 的相应处的？(c) 在离 A 的中心 $3R$ 处的能量密度是大于、小于还是等于 B 在离其中心同样距离处的？(d) 由 A 引起的电场的总能量是大于、小于还是等于 B 的？

11. 当把一介电质板插入图 26－23 中两个相同电容器中一个的两极板之间时，该电容器的 (a) 电容，(b) 电荷，(c) 电势差，(d) 电势能是增大、减小、还是保持不变？(e) 另一个电容器的上述性能发生什么改变？

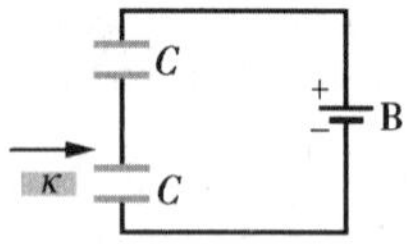

图 26－23 题 11 图

练习和习题

26－2 节 电容

1E. 静电计是用于测量静电荷的设备——未知电荷放在静电计电容器的极板上来测量电容器的电势差。具有电容为 50pF 和电压灵敏度为 0.15V 的静电计所能测量的最小电荷是多少？

2E. 图 26－24 中的两个金属物带有净电荷

+70pC 和 −70pC，这导致在它们之间产生 20V 的电势差。(a) 该系统的电容是多大？(b) 如果被充电到电荷为 +200pC 和 −200pC，电容怎样改变？(c) 电势差怎样改变？

图 26−24　练习 2 图

3E. 图 26−25 中的电容器具有 25μF 的电容并且最初未充电。电池提供 120V 的电势差。在开关 S 合上后，有多少电荷通过它？(ssm)

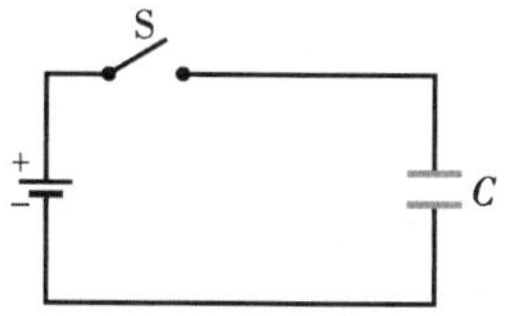

图 26−25　练习 3 图

26−3 节　计算电容

4E. 如果我们将式 (26−9) 中的 ε_0 解出，就可看到它的 SI 单位是 F/m。试证明这一单位与以前求得的 ε_0 的单位，即 $C^2/N\cdot m^2$，相当。

5E. 一平行板电容器由相距 1.3mm、半径为 8.2cm 的两块圆板组成。(a) 计算其电容。(b) 如加上 120V 的电势差，则在两极板上将出现多少电荷？(ssm)

6E. 用两板面积各为 $1.00m^2$ 的金属平板制造一平行板电容器。如要使该装置的电容为 1.00F，两板之间的间距应该为多大？这个电容器实际能制成吗？

7E. 一半径为 R 的球形汞滴，其电容由 $C=4\pi\varepsilon_0 R$ 给出。如果两个这样的汞滴组合成一单个较大的汞滴，则它的电容是多少？(ssm)

8E. 球形电容器的两个极板具有半径 38.0mm 和 40.0mm。(a) 计算其电容。(b) 要使一平行板电容器具有相同的板间距和电容，平行板的面积应该为多大？

9P. 假定球形电容器的两个球壳具有近似相等的半径。在这些条件下该装置近似为具有 $b-a=d$ 的平行板电容器。试证明在这种情况下式 (26−17) 确实变为式 (26−9)。(ssm)

26−4 节　并联和串联的电容器

10E. 试求图 26−26 中电容器组合的等效电容。假定 $C_1=10.0\mu F$，$C_2=5.00\mu F$，$C_3=4.00\mu F$。

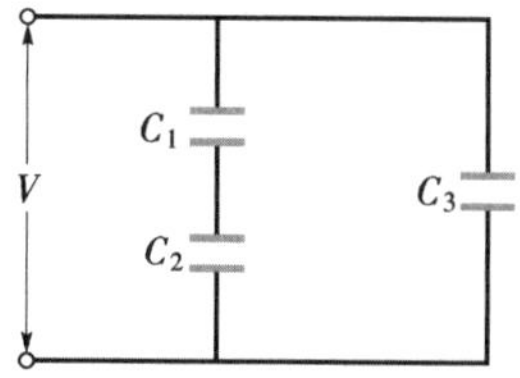

图 26−26　练习 10 及习题 30 图

11E. 把 110V 的电势差加到一组并联的电容器的两端，为了存储 1.00C 的电荷，必须用多少个 1.00μF 的电容器并联？(ssm)

12E. 图 26−27 中每个未充电的电容器具有 25.0μF 的电容。当开关合上时，就加上了 4200V 的电势差，那时有多少库仑的电荷通过电表 A？

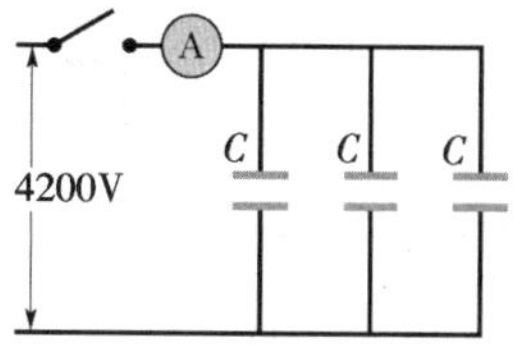

图 26−27　练习 12 图

13E. 求图 26−28 中电容器组合的等效电容。假定 $C_1=10.0\mu F$，$C_2=5.00\mu F$，$C_3=4.00\mu F$。(ilw)

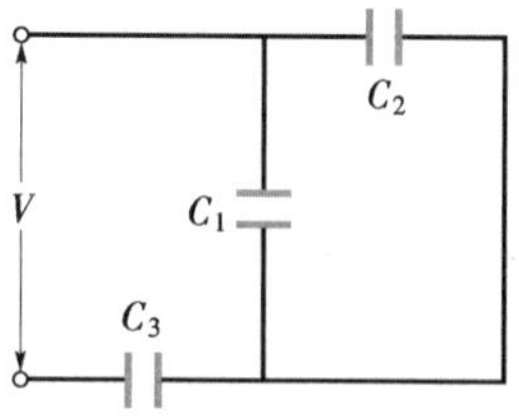

图 26−28　练习 13、习题 14 及 28 图

14P. 在图 26−28 中，假定电容器 3 发生电击穿，变成与导电通路一样。在电容器 1 上的 (a) 电荷及 (b) 电势差发生什么变化？假定 $V=100V$。

15P. 图 26−29 示出串联的两个电容器，长度为 b 的中间部分可在竖直方向移动。试证明这个串联组合的等效电容与中间部分的位置无关，且由下式给出：

$$C=\frac{\varepsilon_0 A}{a-b}$$

式中，A 是极板面积。(ssm)(www)

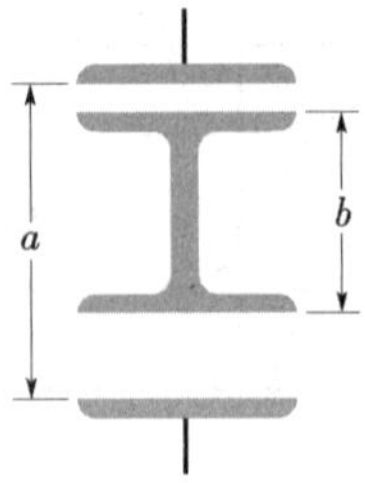

图 26－29 习题 15 图

16P. 在图 26－30 中，电池具有 10V 的电势差而五个电容器各具有 10μF 的电容。在 (a) 电容器 1 上；(b) 电容器 2 上，电荷各是多少？

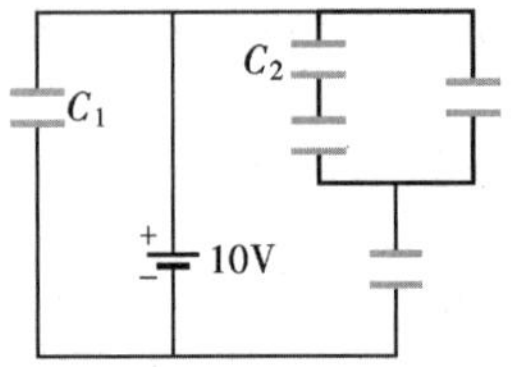

图 26－30 习题 16 图

17P. 把一 100pF 的电容器充电到 50V，而充电电池被断开。该电容器随后与第二个 (最初未充电的) 电容器并联。如果第一个电容器上的电势差下降为 35V，则第二个电容器的电容是多少？ (ssm)(ilw)

18P. 在图 26－31 中，电池具有 20V 的电势差。求 (a) 所有电容器的等效电容和 (b) 在等效电容上存储的电荷。此外，求下列各电容器上的电势差及电荷：(c) 电容器 1；(d) 电容器 2；(e) 电容器 3。

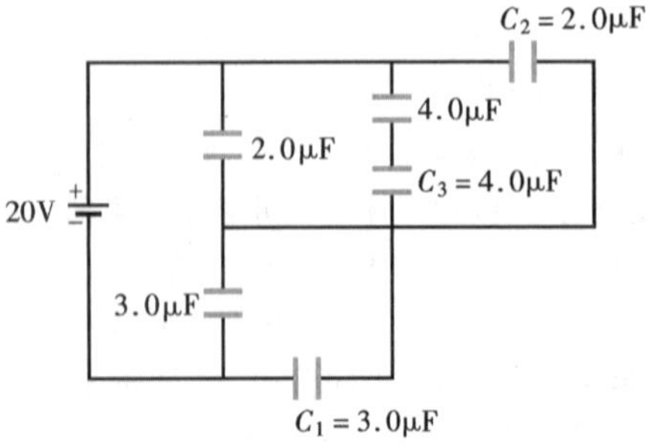

图 26－31 习题 18 图

19P. 在图 26－32 中，电容为 $C_1=1.0\mu F$，$C_2=3.0\mu F$，两电容器都被充电到 $V=100V$ 的电势差，但如图所示极性相反。现在把开关 S_1 和 S_2 合上，(a) 现在 a 和 b 两点之间的电势差有多大？(b) 现在 C_1 上的电荷是多少？(c) C_2 上的电荷是多少？(ssm)(www)

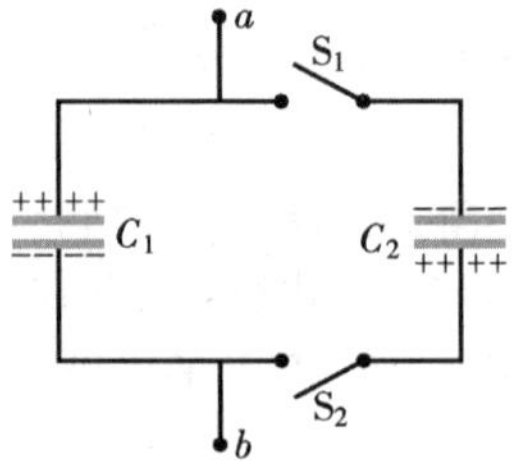

图 26－32 习题 19 图

20P. 在图 26－33 中，电池 B 供给 12V 的电势差。(a) 先只是把开关 S_1 合上时及 (b) 其后把开关 S_2 也合上时，求每个电容器上的电荷。取 $C_1=1.0\mu F$，$C_2=2.0\mu F$，$C_3=3.0\mu F$，$C_4=4.0\mu F$。

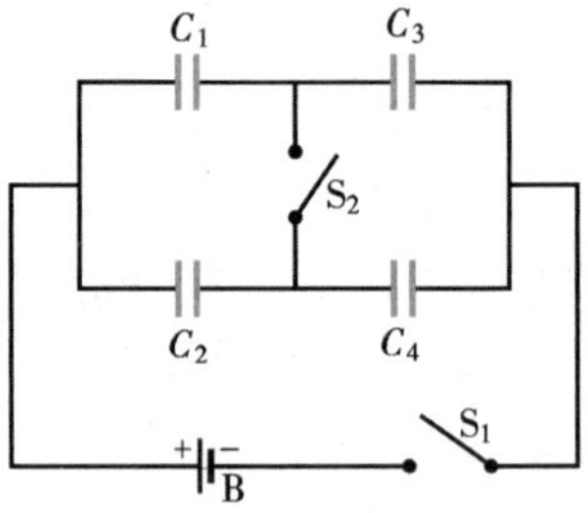

图 26－33 习题 20 图

21P. 在图 26－34 中，当开关 S 被推到左边时，电容器 1 的两极板获得电势差 V_0。电容器 2 和 3 最初未充电。开关现在被推到右边，三个电容器上最后的电荷 q_1、q_2 及 q_3 各为多少？(ssm)

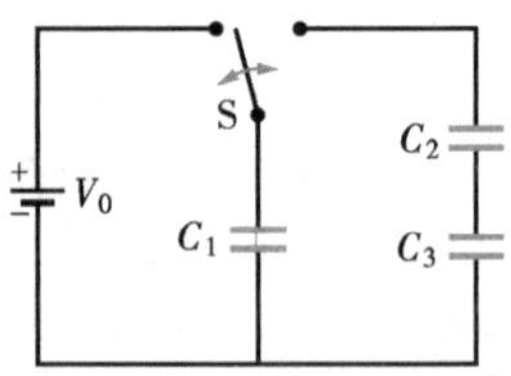

图 26－34 习题 21 图

26－5 节 电场中所存储的能量

22E. 在大小为 150V/m 的"晴天"电场中，每立方米的空气中所存储的能量是多少？

23E. 要使一个电容器在 1000V 的电势差下存储 10kW · h 的能量，该电容器的电容应为多大？(ssm)

24E. 一平行板空气电容器的极板面积为 40cm^2，极板间距为 1.0mm，充电到 600V 的电势差。求：(a) 电容；(b) 每一极板上电荷的大小；(c) 所存储的能量；(d) 两极板间的电场；(e) 两极板间的能量密度。

25E. 两个并联的电容器，电容分别为 2.0μF 和 4.0μF，两端加上 300V 的电势差。试计算该系统所存储的总能量。(ssm)

26P. 一由 2000 个电容为 5.00μF 的电容器并联而成的组合被用来存储能量。假设电价为每 kW·h 三分钱，则把该电容器组充电到 50000V 所需的电费为多少？

27P. 将一电容器充电直到它所存储的能量为 4.0J，然后将未充电的第二个电容器与之并联。(a) 如果电荷在两个电容器上平均分配，则存储在电场中的总能量是多少？ (b) 其余的能量到哪里去了？(ilw)

28P. 在图 26－28 中，对于每个电容器，求：(a) 电荷；(b) 电势差；(c) 所存储的能量。假定有练习 13 所给的数值，且 $V=100\text{V}$。

29P. 将一极板面积为 A、板距为 d 的平行板电容器充电到电势差 V，然后将充电电池断开，并把两极板拉开到相距 $2d$ 为止。用 A、d 及 V 导出下列各量的表达式：(a) 新的电势差；(b) 最初和最后存储的能量；(c) 把两极板拉开所需的功。(ssm) (ilw)

30P. 在图 26－26 中，对每个电容器，求：(a) 电荷；(b) 电势差；(c) 所存储的能量。假定有练习 10 所给的数值，且 $V=100\text{V}$。

31P. 如在图 26－6 中，圆柱形电容器具有半径 a 和 b。证明该电容器电势能的一半存储在半径为 $r=\sqrt{ab}$ 的圆柱形空间的。(ssm) (www)

32P. 一带电的孤立金属球的直径为 10cm。相对于 $V=0$ 的无穷远处它的电势为 8000V。计算在接近该球表面处电场中的能量密度。

33P. (a) 试证明平行板电容器两极板的相互吸引力为 $F=q/2\varepsilon_0 A$。可以通过计算在电荷 q 保持恒定的情况下使极板间距由 x 增加到 $x+\mathrm{d}x$ 所需的功来证明。(b) 证明作用在任一极板上每单位面积的力（**静电应力**）为 $\frac{1}{2}\varepsilon_0 E^2$（实际上，对于在表面处电场为 E 的**任何**形状的**任**一导体来说，这个结果都是正确的）。(ssm)

26－6 节 有介电质的电容器

34E. 一极板间为空气的平行板电容器具有 1.3pF 的电容。当极板的间距加倍并在极板间插入石腊后，电容变为 2.6pF。试求石腊的介电常量。

35E. 有一 7.4pF 的空气电容器，需要把它改变成在 652V 的最大电势差的情况下能存储多达 7.4μJ 能量的电容器。你应该采用表 26－1 中什么介电质填充该电容器的间隙？倘若不考虑误差量。(ssm)

36E. 一平行板空气电容器具有 50pF 的电容。(a) 如果其每个极板的面积为 0.35m^2，则极板的间距应为多大？(b) 如果两极板间的区域现在用具有 $\kappa=5.6$ 的材料填充，则电容为多大？

37E. 一被用来作传输线的同轴电缆具有 0.10mm 的内半径和 0.60mm 的外半径。计算每米电缆的电容。假定两导体之间的空间用聚氯乙烯填充。(ssm)

38P. 需要制造一具有电容将近 1nF 且击穿电势差超过 10，000V 的电容器。你想到采用高的派热克斯饮用玻璃杯的侧面作介电质，用铝箔给该杯的内、外弯曲面加贴面充当两个极板。杯子高 15cm，具有 3.6cm 的内半径和 3.8cm 的外半径。(a) 这个电容器的电容有多大？(b) 它的击穿电势差为多大？

39P. 有某种物质，其介电常量为 2.8 而介电强度为 18MV/m，如果用该物质作为平行板电容器的介电材料，则为了使电容器的电容为 $7.0\times10^{-2}\mu\text{F}$ 且保证能承受 4.0kV 的电势差，这电容器的极板面积最小应为多少？(ssm) (ilw)

40P. 如在图 26－35a 中，一平行板电容器用两种介电质填充。证明其电容为

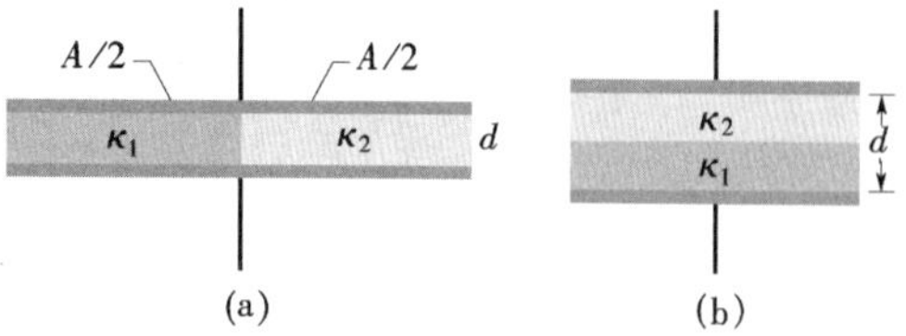

图 26－35 习题 40 及 41 图

$$C=\frac{\varepsilon_0 A}{d}\frac{\kappa_1+\kappa_2}{2}$$

就你可能想到的极限情形对此公式进行检验。（提示：你能否判断这种结构相当于两个电容器并联？）

41P. 如图 26－35b 所示，一极板面积为 A 的平行板电容器用两种厚度相等的介电质填充，证明其电容为

$$C=\frac{2\varepsilon_0 A}{d}\frac{\kappa_1\kappa_2}{\kappa_1+\kappa_2}$$

就你可能想到的极限情形对此公式进行检验。（提示：你能否判断这种结构相当于两个电容器串联？）(ssm)

42P. 如图26－36所示，极板面积为A的电容器的电容有多大？（提示：参见习题40及41。）

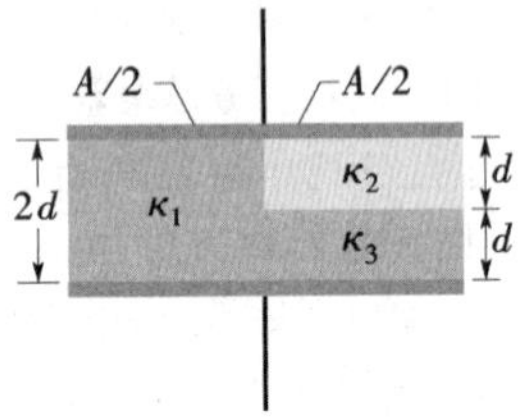

图26－36 习题42图

26－8节 介电质与高斯定律

43E. 一平行板电容器的电容为100pF，极板面积为$100cm^2$，两极板间填满$\kappa=5.4$的云母。试计算在50V的电势差下，(a) 云母中的电场大小E；(b) 极板上自由电荷的大小；(c) 云母上感生面电荷的大小。(ssm)

44E. 在例题26－6中，假定当介电质板插入时电池仍保持连接。计算 (a) 电容；(b) 电容器极板上的电荷；(c) 间隙中的电场；(d) 介电质板放好后，其中的电场。

45P. 两个半径为a和b ($b>a$) 的同心导体球壳之间的空间用介电常量为κ的物质填充。确定：(a) 该装置的电容；(b) 内壳上的自由电荷q；(c) 沿内壳表面所感生的电荷q'。(ssm) (www)

46P. 两平行板的面积各为$100cm^2$，带有等量异号电荷，电荷量为$8.9\times10^{-7}C$。在填充两板间空间的介电质内的电场为$1.4\times10^{6}V/m$。(a) 计算填充材料的介电常量。(b) 确定在介电质每个表面上感生电荷的大小。

47P. 一厚度为b的介电质板被插入一平行板电容器的两极板之间，极板的间距为d。试证明其电容由下式给出：

$$C=\frac{\kappa\varepsilon_0 A}{\kappa d-b(\kappa-1)}$$

（提示：你可遵循例题26－6中概括出的程序推导这个公式。）这个公式是否能给出例题26－6的正确的数值结果？对于$b=0$，$\kappa=1$的特殊情况，核实这个公式是否给出正确结果。(ssm)

附加题

48. 巧克力碎屑的秘密。这个问题从第24章中习题48和第25章中习题57开始。作为对饼干5爆炸的部分调查，当工人们把巧克力碎屑粉末袋卸空到送料箱中并搅起围绕他们的粉尘时，曾测过他们的电势。每个工人相对于被取作零电势的地面约有7.0kV的电势。(a) 假定每个工人实际上等效于一具有典型电容200pF的电容器，求该等效电容器所存储的能量。如果工人与任一接地的导体之间的一单个的火花能使工人带的电中和，则那个能量将传送给火花。根据测量，能点燃巧克力碎屑粉尘云，并从而引起爆炸的火花必须具有至少150mJ的能量。(b) 来自工人的火花能够引起在送料箱里粉尘云的爆炸吗？（这个问题续之以第27章中的习题44。）

第 27 章　电流与电阻

兴登堡（Hindenburg）号齐柏林飞艇是德国的骄傲和它那个时代的奇迹。它几乎有三个足球场长，是迄今被制造过的、最大的飞行器。虽然它借助 16 个高度易燃的氢气囊被保持在高空，但却完成多次跨越大西洋的飞行而无事故。事实上，完全依赖于氢气的德国齐柏林飞艇，却从未遭遇到因氢气引起的事故。然而，1937 年 5 月 6 日下午 7 时 21 分后不久，当兴登堡号准备好在新泽西州莱克赫斯特美国空军航站着陆时，飞艇突然起火，操作人员则在等待着一场暴雨来减小火势，并且控制缆绳刚好已下放给海军地勤人员。这时就看到从尾部向前约 1/3 距离处飞艇的蒙皮出现脉动。几秒钟后从该区域喷出火焰，而且红色的辉光照明了飞艇的内部。在 32 秒钟内，燃烧的飞艇落到了地面。

那么，利用氢气被浮起的齐柏林飞艇在这么多次的成功飞行之后，为什么会突然起火？

答案就在本章中。

27－1　运动电荷与电流

从第22章到第26章主要涉及静电学，也就是说，电荷处于静止的情况。从这一章开始我们把注意力集中到**电流**，即运动中的电荷上。

电流的实例有很多，从构成雷击的巨大电流到调节肌肉活动的微小的神经电流。在家用导线、灯泡及电气设备中的电流是大家都熟悉的。一束电子——电流——通过常见的电视机显像管中的真空空间运动。**两种**符号的带电粒子都在日光灯的电离气体中、收音机的电池中和汽车电池中流动。电流也能在计算器的半导体元件和控制微波炉及电子洗盘机的芯片中碰到。

就地球的范围来说，带电粒子被封闭在范艾伦辐射带里在地球南、北磁极之间的大气上方来回冲击。在太阳系的范围内，质子、电子及离子的巨大电流作为**太阳风**从太阳沿径向外飞。在星系的范围内，高能质子构成的宇宙射线穿过我们的银河系，有些到达地球。

虽然电流是运动的电荷流，但并非所有的运动电荷都构成电流。如果通过一个面可能有电流存在，则必须有净电荷的流动通过该面。两个实例将阐明我们的意思。

1. 在一截孤立的铜线中的自由电子（传导电子）以10^6m/s数量级的速率作无规则运动。如果你使一个假想的平面横过这样一截导线，则传导电子将以每秒几十亿个的速率**沿两个方向**穿过它——但并**没有**电荷的**净输运**因而**没有电流**通过导线。然而，如果你把导线的两个末端与电池相连，使流动稍微偏重于一个方向，其结果是现在有了电荷的净输运因而有电流通过导线。

2. 通过庭院胶皮管的水流相当于正电荷（水分子中的质子）以每秒几百万库仑的速率作定向流动。然而，并没有电荷的净输运，因为存在着完全相同数量的负电荷（水分子中的电子）沿恰好相同方向的平行流动。

在本章中，我们主要研究——在经典物理学的框架内——**传导电子**通过**金属导体**，如铜线的**恒定**电流。

27－2　电流

正如图27－1a提醒我们，孤立的导体回路，——无论它是否具有过量的电荷——全部处于同一的电势下。没有电场能在其内部或表面存在。尽管有传导电子在，但没有净电场对它们的作用因而没有电流。

如在图27－1b中，如果我们在回路中接入一电池，则导体回路不再处于单一的电势。电场作用在形成回路的材料内，施加力在传导电子上，导致它们运动，因而引起电流。在极短的时间后，电子的流动达到恒定值，于是电流处于其**稳恒状态**（它不随时间改变）。

图27－2示出一段导体，它是在其中已建立起电流的导体回路的一部分。如果电荷dq在时间dt内通过一假想平面（比如aa'），则通过该平面的电流被定义为

$$i=\frac{dq}{dt}\quad（电流的定义）\tag{27-1}$$

通过求积分我们能求出从0到t的时间间隔内通过该平面的电荷：

$$q=\int dq=\int_0^t i\,dt\tag{27-2}$$

式中，电流i可随时间改变。

在稳态的条件下，对于平面aa'，bb'及cc'，甚至对于完全穿过导体的、所有的平面，不论

它们的位置及取向，电流都相同。这是根据电荷守恒的事实得出的。在这里所假定的稳态条件下，对于每一个通过平面 cc' 的电子，都必定有一个电子通过平面 aa'。同样地，如果我们碰到通过庭院胶管的稳恒水流，则对应于每一滴从胶管另一端进入的水，都必定有一滴水从胶管的喷口离去。胶管中的水量是一个守恒的量。

电流的 SI 单位是库每秒，也叫做安［培］（A）:

$$1\text{ 安［培］} = 1\text{A} = 1\text{ 库每秒} = 1\text{C/s}$$

安［培］是一个基本的 SI 单位；如我们在第 22 章讨论过的，库［仑］通过安［培］定义。安［培］的正式定义将在第 30 章中讨论。

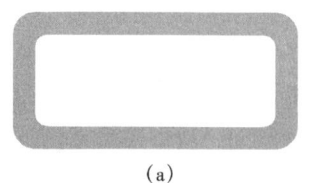

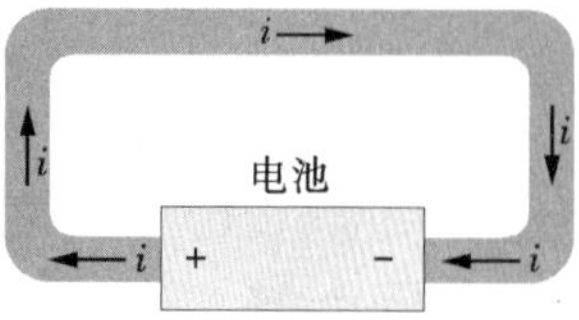

图 27 -1 导体回路
(a) 处于静电平衡的铜的回路。整个回路处于同一电势而在铜线内各处的电场为零。(b) 连上电池就对和电池两极相连的回路的两端之间加上了电势差。电池就这样从极到极在回路中产生了电场而这电场使电荷围绕着回路运动。这种电荷的运动就是一个电流 i。

由式（27 -1）所定义的电流是标量，因为在该式中的电荷与时间都是标量。然而，如在图 27 -1b 中，我们往往用箭头表示电流以表明电荷在流动。但是，这样的箭头并不是矢量，而且它们不需要用矢量相加。图 27 -3a 示出一具有电流 i_0 的导体在节点处分成两条支路。因为电荷是守恒的，在支路中电流的大小应该相加以给出原来导体中电流的大小，因此

$$i_0 = i_1 + i_2 \tag{27-3}$$

如图 27 -3b 表明，导线在空间的弯曲和重新取向不改变式（27 -3）的正确性。电流的箭头只表明沿导体的流动方向（或指向），而不是在空间中的方向。

电流的方向

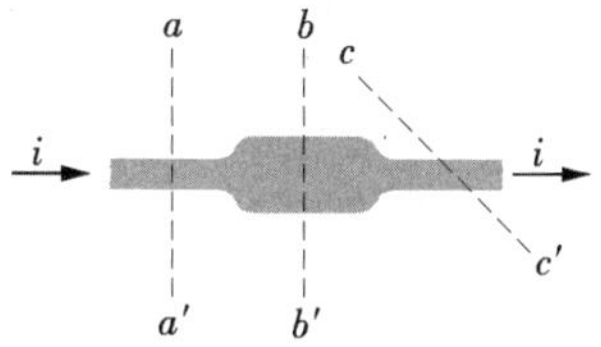

图 27 -2 通过导体的电流 i 在 aa'，bb'，cc' 平面处有相同的值。

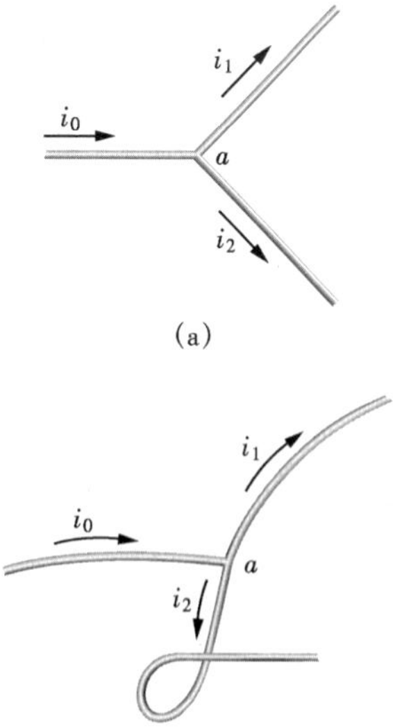

图 27 -3 不管三根导线在空间的取向如何，在节点 a 处，$i_0 = i_1 + i_2$ 都是对的。电流是标量，不是矢量。

在图27-1b中，我们是沿电场迫使正电荷通过回路的方向画电流箭头的。这样的正**载流子**，如它们经常被叫做的，将总是从电池的正极移向负极。事实上，在导体回路中的载流子是电子因而带负电。电场迫使它们沿电流箭头相反的方向运动，从负极到正极。然而，由于历史的原因，我们遵循惯例：

电流箭头沿正载流子将运动的方向画出，即使实际的载流子是负的且沿相反的方向运动)。

我们可以采用这个惯例，因为在大多数情况下，沿一个方向的假想的正载流子的运动与沿相反方向的实际的负载流子的运动有相同的效果（当效果不同时，我们当然将丢掉这个惯例而叙述实际运动)。

检查点1：这里的右图示出电路的一部分。在右下方导线中电流的大小和方向为何？

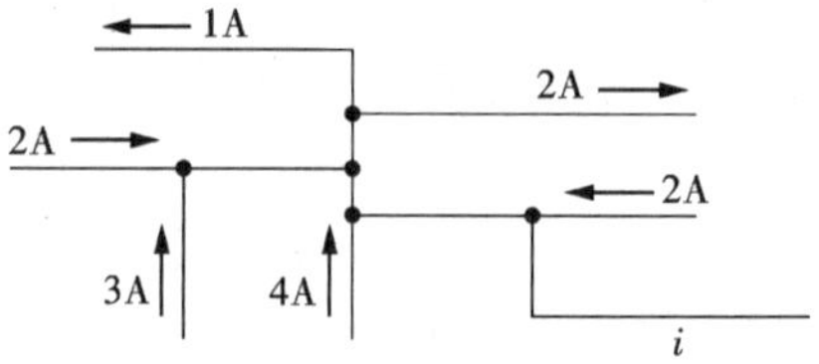

例题27-1

水以450cm^3/s的体积流量dV/dt流过—庭院胶管，负电荷的电流有多大？

【解】 负电荷的电流是由通过胶管的水分子中电子所造成的。电流是通过胶管的任一横断面的负电荷对时间的比率。因而，这里的**关键点**是，我们可利用每秒通过这样一个平面的分子数把电流写作

$$i=\begin{pmatrix}\text{电荷每}\\\text{电子}\end{pmatrix}\begin{pmatrix}\text{电子数}\\\text{每分子}\end{pmatrix}\begin{pmatrix}\text{分子数}\\\text{每秒}\end{pmatrix}$$

$$=(e)(10)\frac{dN}{dt}$$

我们取每个分子十个电子，因为水（H_2O）分子包含在单个氧原子中有八个电子及两个氢原子中各自有一个电子。

我们可通过给定的体积流量dV/dt表示比率dN/dt，首先写出

$$\begin{pmatrix}\text{分子数}\\\text{每秒}\end{pmatrix}=$$

$$\begin{pmatrix}\text{分子数}\\\text{每}\\\text{摩尔}\end{pmatrix}\begin{pmatrix}\text{摩尔数}\\\text{每}\\\text{单位质量}\end{pmatrix}\begin{pmatrix}\text{质量}\\\text{每}\\\text{单位体积}\end{pmatrix}\begin{pmatrix}\text{体积}\\\text{每秒}\end{pmatrix}$$

“分子数每摩尔”是阿伏伽德罗常量N_A。“摩尔每单位质量”是质量每摩尔，即水的摩尔质量M的倒数。“质量每单位体积”是水的（质量）密度ρ_{mass}。体积每秒是体积流量dV/dt，因而，我们有

$$\frac{dN}{dt}=N_A\left(\frac{1}{M}\right)\rho_{mass}\left(\frac{dV}{dt}\right)$$

$$=\frac{N_A\rho_{mass}}{M}\frac{dV}{dt}$$

将这个结果代入i的方程，我们求得

$$i=10eN_AM^{-1}\rho_{mass}\frac{dV}{dt}$$

N_A为6.02×10^{23}分子/mol，或$6.02\times10^{23}\text{mol}^{-1}$，而$\rho_{mass}$为1000kg/m^3，我们可以从列在附录F中的一些摩尔质量得到水的摩尔质量；我们将氧的摩尔质量（16g/mol）与两倍氢的摩尔质量（1g/mol）相加得到18g/mol=0.018kg/mol。于是

$$i=(10)(1.6\times10^{-19}\text{C})(6.02\times10^{23}\text{mol}^{-1})\times(0.018\text{kg/mol})^{-1}(1000\text{kg/m}^3)(450\times10^{-6}\text{m}^3/\text{s})$$

$$=2.41\times10^7\text{C/s}=2.41\times10^7\text{A}$$

$$=24.1\text{MA}\qquad\text{（答案）}$$

这个负电荷的电流恰好被水分子的三个原子的核的正电荷的电流所补偿，因而，没有电荷的净流动通过胶管。

27－3 电流密度

在某些时候，我们对特定导体中的电流感兴趣。在另外一些时候，我们采取局部的观点研究通过导体横截面上一特定点的电荷流动。为了描述这个流动，我们可应用**电流密度** $\vec{J}$。如果电荷是正的，则 $\vec{J}$ 具有与运动电荷的速度相同的方向，而如果是负的，则具有相反的方向。对于横截面的每个面元，大小 J 等于通过该面元每单位面积的电流。我们可把通过该面元的电流的数量写作 $\vec{J}\cdot d\vec{A}$，其中 $d\vec{A}$ 是面元的面积矢量，它垂直于面元。通过该面的总电流于是为

$$i=\int \vec{J}\cdot d\vec{A} \tag{27-4}$$

如果电流横过该面是均匀的且平行于 $d\vec{A}$，则 $\vec{J}$ 也是均匀的且平行于 $d\vec{A}$。此时式（27－4）变成

$$i=\int J dA=J\int dA=JA$$

所以

$$J=\frac{i}{A} \tag{27-5}$$

式中 A 是该面的总面积，根据式（27－4）和式（27－5）我们看到，电流密度的SI单位是安每平方米（A/m^2）。

在第23章中，我们曾看到可用电场线表示电场。图27－4示出电流密度能用相似的一组线表示，我们称之为**流线**。在图27－4中，朝向右方的电流完成从左侧较宽的导体向右侧较窄的导体的转变。因为在转变期间电荷是守恒的，电荷的数量因而电流的数量不能改变。然而，电流密度必定改变，在较窄的导体中它比较大。流线的间距表示出电流密度的这种增大，靠得更近的电流线意味着较大的电流密度。

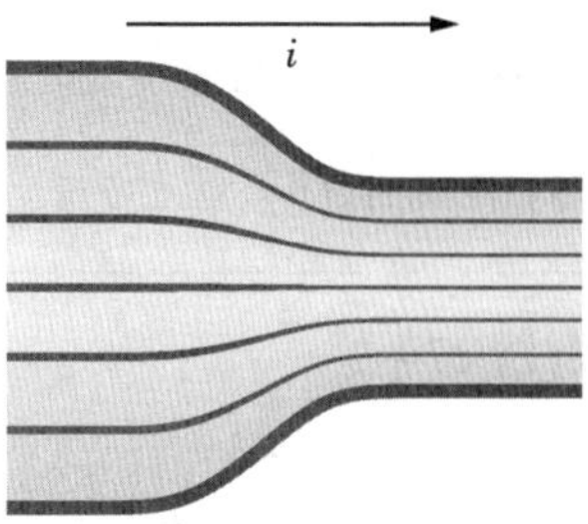

图27－4 表示在截面收缩的导体中的电流密度的流线

漂移速率

当导体中没有电流通过时，其中各传导电子都作无规则的运动，不具有沿任何方向的净运动。当导体确实有电流通过它时，那些电子实际上仍然无规则地运动，但现在它们趋向于以**漂移速率** v_d 沿着与外加的、引起电流的电场相反的方向**漂移**。漂移速率与无规则运动的速率相比非常小。例如，在家用的铜导线中，电子的漂移速率可能是 10^{-5} 或 10^{-4} m/s，而无规则运动的速率约为 10^6 m/s。

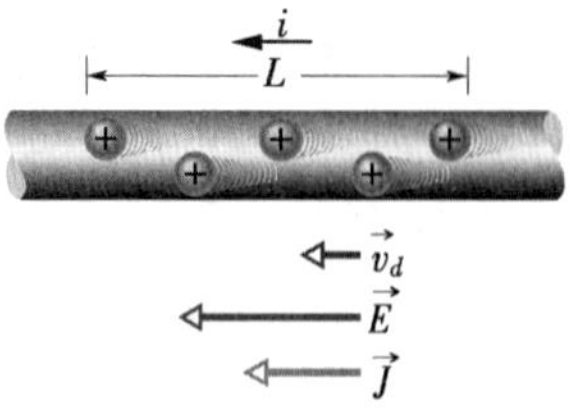

图27－5 正载流子以速率 v_d 沿外加电场 $\vec{E}$ 的方向漂移。根据惯例，电流密度 $\vec{J}$ 和电流箭头的指向画在那同一方向。

我们可利用图27－5使通过导线的电流中传导电子的漂移速率 v_d 与导线中电流密度的大小 J 联系起来。为方便起见，图27－5示出沿外加电场 $\vec{E}$ 方向的**正**载流子的等效漂移运动。假定那些载流子全部都以相同的漂移速率 v_d 运动而且电流密度 J 是均匀地通过导线的横截面积 A 的。在长度为 L 的导线中载流子的数目为 nAL，其中 n 是每单位体积的载流子数。于是在长度 L 中，每个电荷为 e 的载流子的总电荷，

为

$$q = (nAL)\ e$$

因为载流子全部以速率 v_d 沿导线运动，这个总电荷在时间间隔

$$t = \frac{L}{v_d}$$

内通过导线的任一横截面。式（27-1）告诉我们，电流 i 是穿过横截面单位时间转移的电荷，所以在这里有

$$i = \frac{q}{t} = \frac{nALe}{L/v_d} = nAev_d \qquad (27-6)$$

解出 v_d 并回顾式（27-5）（$J=i/A$），我们得到

$$v_d = \frac{i}{nAe} = \frac{J}{ne}$$

或推广到矢量形式：

$$\vec{J} = (ne)\ \vec{v}_d \qquad (27-7)$$

这里的乘积 ne 是**载流子电荷密度**，其 SI 单位为库每立方米（C/m^3）。

对于正载流子，ne 为正而式（27-7）预示 $\vec{J}$ 与 $\vec{v}_d$ 同方向。对于负载流子，ne 为负而 $\vec{J}$ 与 $\vec{v}_d$ 反方向。

检查点 2：这里的右图示出通过导线向左运动的传导电子。下列各量：(a) 电流 i；(b) 电流密度 $\vec{J}$；(c) 导线中的电场 $\vec{E}$ 是向左还是向右？

例题 27-2 （答案）

(a) 有一半径 $R=2.0$mm 的圆柱形导线，其电流密度在横截面上是均匀的，且为 $J=2.0\times10^5 A/m^2$。通过径向距离 $R/2$ 与 R 之间的导线截面部分的电流有多大？

【解】 这里**关键点**是，因为电流密度在横截面上是均匀的，电流密度 J、电流 i 及横截面积 A 通过式（27-5）（$J=i/A$）被联系起来。然而，我们只需要求通过导线的一部分横截面积 A'（而不是全部面积）的电流，这里

$$A' = \pi R^2 - \pi\left(\frac{R}{2}\right)^2 = \pi\left(\frac{3R^2}{4}\right)$$

$$= \frac{3\pi}{4}(0.002\text{m})^2$$

$$= 9.424\times10^{-6}\text{m}^2$$

我们现在把式（27-5）改写为

$$i = JA'$$

然后将数据代入求出

$$i = (2.0\times10^5 \text{A/m}^2)(9.424\times10^{-6}\text{m}^2)$$
$$=1.9\text{A}$$

(b) 假设通过横截面的电流密度改为随径向距离 r 按 $J=ar^2$ 变化，其中 $a=3.0\times10^{11}A/m^4$ 而 r 的单位为米。现在通过导线截面上述部分的电流为多大？

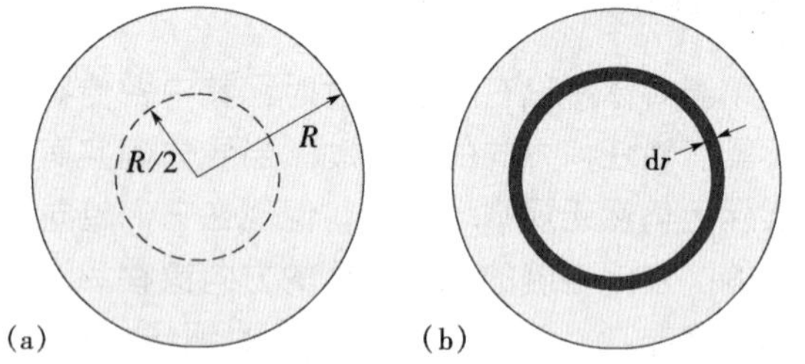

图 27-6 例题 27-2 图 (a) 半径为 R 的导线横截面。(b) 细环的宽为 dr，周长为 $2r$，于是微元面积为 d$A=2\pi r$dr。

【解】 这里**关键点**是，因为在导线横截面上电流密度是不均匀的，所以我们必须借助式（27-4）（$i=\int\vec{J}\cdot d\vec{A}$）并遍及导线从 $r=R/2$ 到 $r=R$ 的部分对电流密度积分。电流密度矢量 $\vec{J}$（沿导线长度）和微

元面积矢量 $d\vec{A}$（垂直于导线横截面）具有相同的方向。因而，

$$\vec{J}\cdot d\vec{A}=JdA\cos 0=JdA$$

我们需要用实际上能在积分限 $r=R/2$ 和 $r=R$ 之间进行积分的某个量来替换微元面积 dA。最简单的替换是（因为已给出 J 作为 r 的函数）周长为 $2\pi r$ 且宽度为 dr 的薄环的面积 $2\pi r dr$（图 27－6b）。然后就能以 r 作为积分的变量积分。于是，式（27－4）给出

$$\begin{aligned} i &= \int \vec{J}\cdot d\vec{A}=\int JdA \\ &= \int_{R/2}^{R} ar^2 2\pi r dr = 2\pi a\int_{R/2}^{R} r^3 2dr \\ &= 2\pi a\left[\frac{r^4}{4}\right]_{R/2}^{R} = \frac{\pi a}{2}\left[R^4-\frac{R^4}{16}\right]=\frac{15}{32}\pi aR^4 \\ &= \frac{15}{32}\pi(3.0\times10^{11}\,\mathrm{A/m^4})(0.002\mathrm{m})^4 \\ &= 7.1\mathrm{A} \end{aligned}$$

（答案）

例题 27－3

当半径 $r=900\mu\mathrm{m}$ 的铜线中有均匀电流 $i=17\mathrm{mA}$ 时，其传导电子的漂移速率多大？假定每个铜原子对电流提供一个传导电子且电流密度在导线的横截面上是均匀的。

【解】 我们在这里需要三个**关键点**：

1. 漂移速率 v_d 与电流密度 $\vec{J}$ 及每单位体积的传导电子数按照式（27－7）相联系，它们的数量关系为 $J=nev_d$。

2. 因为电流密度是均匀的，其大小 J 依据式（27－5）（$J=i/A$，这里 A 是导线的截面积）与给定的电流及导线的尺寸相联系。

3. 因为我们假定一个原子提供一个传导电子，每单位体积的传导电子数与每单位体积的原子数相同。

让我们通过写出下式从第三点开始：

$$n=\begin{pmatrix}\text{原子数}\\ \text{每}\\ \text{单位体积}\end{pmatrix}$$

$$=\begin{pmatrix}\text{原子数}\\ \text{每}\\ \text{摩尔}\end{pmatrix}\begin{pmatrix}\text{摩尔数}\\ \text{每}\\ \text{单位质量}\end{pmatrix}\begin{pmatrix}\text{质量}\\ \text{每}\\ \text{单位体积}\end{pmatrix}$$

每摩尔的原子数恰好是阿伏伽德罗常量 N_A（等于 $6.02\times10^{23}\,\mathrm{mol^{-1}}$）。摩尔每单位质量是质量每摩尔，在这里是铜的摩尔质量，的倒数，质量每单位体积是铜的（质量）密度 ρ_{mass}。因而，

$$n=N_A\left(\frac{1}{M}\right)\rho_{mass}=\frac{N_A\rho_{mass}}{M}$$

从附录 F 取铜的摩尔质量 M 和密度 ρ_{mass}，于是有（借助一些单位换算）

$$n=\frac{(6.02\times10^{23}\,\mathrm{mol^{-1}})\ (8.96\times10^3\,\mathrm{kg/m^3})}{63.54\times10^{-3}\,\mathrm{kg/mol}}$$

$$=8.49\times10^{29}\ \text{电子}/\mathrm{m^3}$$

或

$$n=8.49\times10^{28}\,\mathrm{m^{-3}}$$

其次我们通过写出

$$\frac{i}{A}=nev_d$$

把前两个关键点结合起来。用 πr^2（等于 $2.54\times10^{-6}\,\mathrm{m^2}$）替代 A，并解出 v_d，于是求出

$$v_d=\frac{i}{ne\ (\pi r^2)}=$$

$$\frac{17\times10^{-3}\,\mathrm{A}}{(8.49\times10^{28}\,\mathrm{m^{-3}})\ (1.60\times10^{-19}\,\mathrm{C})\ (2.54\times10^{-6}\,\mathrm{m^2})}$$

$$=4.9\times10^{-7}\,\mathrm{m/s}$$

（答案）

它只是 1.8mm/h，比懒蜗牛还慢。

你可能有理由问："如果电子这么慢地漂移，为什么当我按下开关时室内灯接通得那样快？"在这一点上的混淆起因于未能把电子的漂移速率与电场分布的**改变**沿导线传播的速率区分开。这后一个速率接近于光速；在导线中各处的电子几乎同时开始漂移，包括进入灯泡。同样，当你打开庭院胶管的阀门，在胶管充满水的情况下，压强波以水中的声速沿胶管传播。水本身通过胶管的速率——可以用一个着色的标志测量——要小得多。

27－4 电阻与电阻率

如果我们把相同的电势差分别加在几何形状相似的铜杆和玻璃杆的两端，则结果形成非常

不相同的电流。这里涉及的导体的特征是其**电阻**。我们通过把电势差加在导体的任何两点之间来测量它形成的电流以确定那两点间的电阻，于是电阻为

$$R=\frac{V}{i}\quad (R\text{ 的定义})\tag{27-8}$$

根据式（27-8）得出的电阻的 SI 单位是伏每安。这个组合出现得那么经常以致我们给它一特殊的名称，欧［姆］（符号 Ω）；也就是

$$1\text{ 欧［姆］}=1\Omega=1\text{ 伏每安}=1\text{V/A}\tag{27-9}$$

在电路中，其功能在于提供特定电阻的导体叫做**电阻器**（见图 27-7）。在电路图中我们用符号 ⩘⩘⩘ 表示电阻器和电阻。如果我们把式（27-8）写作

$$i=\frac{V}{R}$$

则我们将看出"电阻"的命名是合宜的。对于给定的电势差，电阻（对电流）越大，电流越小。

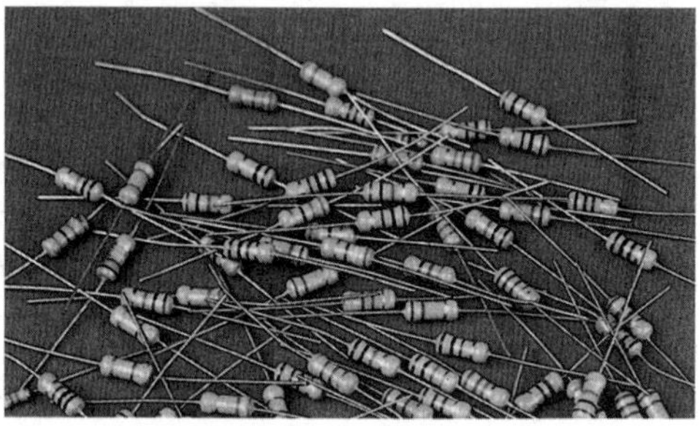

图 27-7 一批电阻器。那些圆条是鉴别电阻值的彩色编码标志。

导体的电阻取决于电势差加在它上面的方式。例如，图 27-8 示出一给定的电势差按两种不同的方式加在同一导体上。尽管图 27-8 中四个深色接头的电阻可忽略不计，但如电流密度流线所表明的，在两种情况下的电流以及由此所测定的电阻都将不同。除非另外指出，我们将假定任何电势差都如图 27-8b 中那样被施加。

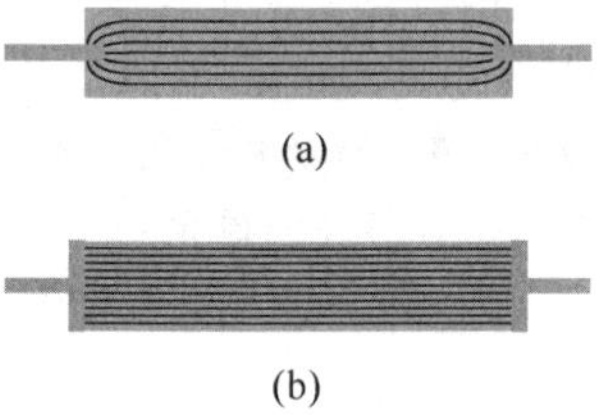

图 27-8 电势差以两种方式加在导电杆上。深色接头的电阻都假定可以忽略。当它们以（a）的方式安排时，测量到的电阻比它们以（b）和方式安排时的大。

正像我们在其他方面已经屡次做过的那样，我们往往希望采用普遍的考察并且不涉及特定的物体而只涉及材料。这里，我们通过不把注意力集中在加在一特定的电阻器上的电势差 V，而集中在电阻性材料中一点的电场 $\vec{E}$ 来这样做。我们不和通过电阻器的电流而是和所考虑的一点的电流密度 $\vec{J}$ 打交道。不和一个物体的电阻，而与材料的**电阻率** ρ 打交道：

$$\rho=\frac{E}{J}\quad (\rho\text{ 的定义})\tag{27-10}$$

（将此式与式（27-8）比较）

如果我们按照式（27-10）把 E 和 J 的 SI 单位结合起来，就得到 ρ 的单位，欧［姆］-米（Ω·m）：

$$\frac{E\text{ 的单位}}{J\text{ 的单位}}=\frac{\text{V/m}}{\text{A/m}^2}=\frac{\text{V}}{\text{A}}\text{m}=\Omega\cdot\text{m}$$

（不要把电阻率的单位欧姆米，*ohm-meter*，和测量电阻的仪器欧姆计，*ohmmeter*，相混淆。）表 27-1 列出了一些材料的电阻率。

表 27－1 一些材料在室温（20 °C）下的电阻率

材料	电阻率 $\rho/\Omega\cdot m$	电阻率的温度系数 α/K^{-1}
	常见的金属	
银	1.62×10^{-8}	4.1×10^{-3}
铜	1.69×10^{-8}	4.3×10^{-3}
铝	2.75×10^{-8}	4.4×10^{-3}
钨	5.25×10^{-8}	4.5×10^{-3}
铁	9.68×10^{-8}	6.5×10^{-3}
铂	10.6×10^{-8}	3.9×10^{-3}
锰铜①	4.82×10^{-8}	0.002×10^{-3}
	典型的半导体	
纯硅	2.5×10^{3}	-70×10^{-3}
硅，n 型②	8.7×10^{-4}	
硅，p 型③	2.8×10^{-3}	
	典型的绝缘体	
玻璃	$10^{10}\sim10^{14}$	
熔凝石英	$\sim10^{16}$	

① 特殊设计的、具有小 α 值的合金。

② 纯硅用磷掺杂到载流子密度为 $10^{23}\,m^{-3}$。

③ 纯硅用铝掺杂到载流子密度为 $10^{23}\,m^{-3}$。

我们可把式（27－10）按矢量形式写作：

$$\vec{E}=\rho\vec{J} \tag{27－11}$$

式（27－10）和式（27－11）仅适用于**各向同性**材料，这种材料的电学性能在所有的方向都相同。

我们经常谈到材料的**电导率** σ，它不过是材料的电阻率的倒数，所以

$$\sigma=\frac{1}{\rho}\quad（\sigma\text{ 的定义}） \tag{27－12}$$

电导率的 SI 单位是欧［姆］-米的倒数，$(\Omega\cdot m)^{-1}$。该单位的名称有时用姆欧每米（姆欧是欧姆的倒逆）。σ 的定义使我们能把式（27－11）写成另一种形式

$$\vec{J}=\sigma\vec{E} \tag{27－13}$$

由电阻率计算电阻

我们刚才已作出一个重要的区分：

> 电阻是物体的属性。电阻率是材料的属性。

如果我们了解一种材料如铜的电阻率，我们就能计算由该材料制成的一根导线的电阻。设 A 是导线的横截面积，L 是其长度，并且设它的两端之间的电势差为 V（见图 27－9）。如果表

示电流密度的流线遍及导线是均匀的，则电场和电流密度将对导线内所有的点是均匀的，并且根据式（25-42）和式（27-5）将具有值

$$E = V/L \quad 及 \quad J = i/A \tag{27-14}$$

于是我们可把式（27-10）和式（27-14）结合起来写出

$$\rho = \frac{E}{J} = \frac{V/L}{i/A} \tag{27-15}$$

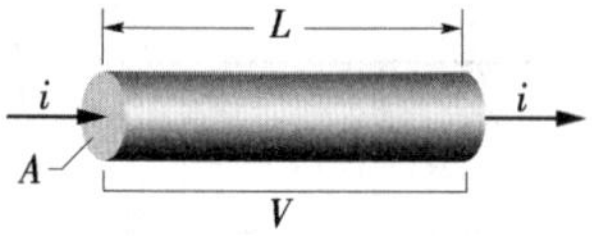

图 27-9 电势差 V 加在长 L 和横截面 S 的导线的两端，引起电流 i

然而，V/i 为电阻，它使我们可把式（27-15）改写为

$$R = \rho\frac{L}{A} \tag{27-16}$$

式（27-16）仅能适用于如图27-8b 那样加上电势差的、横截面保持不变的、均匀的各向同性导体。

当我们在对特定的导体进行电测量时，我们最关心的是宏观量 V、i 及 R。它们是我们在仪表上直接读出的量。当我们关心材料的基本电性能时，我们转向微观量 E、J 和 ρ。

检查点3：这里的右图示出三个圆柱形铜导体以及它们的表面积和长度。当相同的电势差加在它们的长度上时，按照通过它们的电流大小，把它们由大到小排序。

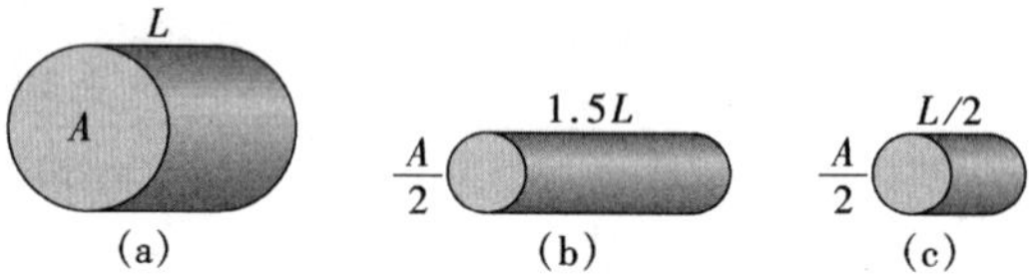

随温度的变化

大多数物理参数的值随温度变化，电阻率也不例外。例如，图27-10示出铜的这个参数在大的温度范围内的变化。温度与电阻率的关系对于铜——一般说来对于金属——在颇大的温度范围内是相当线性的。对于这样的线性关系，我们能写出对大多数工程用途足够好的经验近似式：

$$\rho - \rho_0 = \rho_0\alpha\,(T - T_0) \tag{27-17}$$

这里 T_0 是被选定的参考温度，而 ρ_0 是在该温度下的电阻率。通常对于铜 $T_0 = 293\text{K}$（室温），$\rho_0 = 1.69\times10^{-8}\Omega\cdot\text{m}$（$T_0$、$\rho_0$ 在图27-10的曲线上用点标明）。

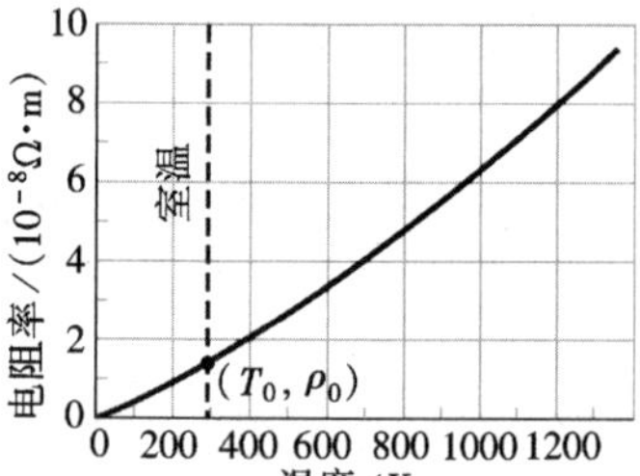

图 27-10 铜的电阻率随温度的变化关系曲线上的点标出一个在温度 $T_0 = 273\text{K}$ 和电阻率 $\rho_0 = 1.69\times10^{-8}\Omega\cdot\text{m}$ 的方便的参考点。

因为温度在式（27-17）中仅以差的形式出现，它与在该式中采用摄氏温标或开尔文温标无关，因为在这些温标中度的大小是相同的。式（27-17）中的 α 叫做**电阻率的温度系数**，它被选择得在选定的温度范围内与实验很好地符合。金属的一些 α 值列在表27-1中。

兴登堡号

当**兴登堡号**齐柏林飞艇正准备着陆时，控制绳已被放下给地勤人员。由于暴露在雨水中，所以绳索变湿了（因而能传导电流）。在这样的条件下，绳索使它们所连接的齐柏林飞艇的金

属桁架“接地”；即潮湿的绳索在桁架与地之间形成导电通路，使桁架的电势与地的相同。这理应使齐伯林飞艇的外层蒙皮也接地。然而，兴登堡号是第一架外层蒙皮涂有高电阻率密封胶的齐柏林飞艇。因而，该蒙皮保持在齐柏林所在的约43m 高度处大气的电势。由于暴雨造成的结果，该电势相对于地平面处的电势是高的。

绳索的操纵显然损坏了氢气囊中的一个气囊并使氢气释放到气囊与飞艇的外蒙皮之间，引起所显示的蒙皮的脉动，于是危险的情况出现了：蒙皮被导电的雨水打湿了并且处于与飞艇桁架极不相同的电势。显然，电荷沿湿的蒙皮流动，然后穿过被释放的氢气打火花到达飞艇的金属桁架，并在这个过程中点燃氢气、燃烧迅速地点燃飞艇中其他一些氢气囊并使飞艇下落。如果在兴登堡号外层蒙皮上的密封胶是电阻率较低的（像较前或较后的齐柏林飞艇的密封胶），兴登堡号的事故很可能就不会发生。

例题 27 -4

一矩形铁块具有线度 1.2cm × 1.2cm × 15cm。一电势差按这样的方式加在铁块的两个平行侧面之间以使那两个侧面为等势面（如在图 27 -8b 中）。如果两平行侧面是（1）两个正方形末端（尺寸 1.2cm × 1.2cm）及（2）两个矩形侧面（尺寸 1.2cm × 15cm），则铁块的电阻是多大？

【解】 这里**关键点**是，物体的电阻取决于电势差是怎样加在物体上的。特别是，按照式（27 -16）（$R=\rho L/A$），它取决于比值 L/A，其中 A 是电势差加在其上的两个面的面积，而 L 是那两个面之间的距离。对于接法 1，$L=15\text{cm}=0.15\text{m}$，

$$A=(1.2\text{cm})^2=1.44\times10^{-4}\text{m}^2$$

借助来自表 27 -1 的电阻率 ρ，代入式（27 -16），我们求出对于接法 1 的电阻，

$$R=\frac{\rho L}{A}=\frac{(9.68\times10^{-8}\Omega\cdot\text{m})(0.15\text{m})}{1.44\times10^{-4}\text{m}^2}=1.0\times10^{-4}\Omega=100\mu\Omega$$

（答案）

同样，对于接法 2，距离 $L=1.2\text{cm}$ 和面积 $A=(1.2\text{cm}\times15\text{cm})$，我们得到

$$R=\frac{\rho L}{A}=\frac{(9.68\times10^{-8}\Omega\cdot\text{m})(1.2\times10^{-2}\text{m})}{1.80\times10^{-3}\text{m}^2}=6.5\times10^{-7}\Omega=0.65\mu\Omega$$

（答案）

27 -5 欧姆定律

如我们在 27 -4 节中刚讨论过的，电阻器是一具有特定电阻的导体。无论所加电势差的大小及方向（极性）如何，它都具有相同的电阻。然而，其他的导电器件可以具有随外加电势差改变的电阻。

图 27 -11a 示出如何辨别这样的器件。电势差 V 加在被检验的器件上，改变 V 的大小和极性，测量通过该器件的电流 i。当器件左端处于比右端高的电势时，V 的极性被任意地取为正。由此引起的电流的方向（从左到右）被任意地赋于正号。V 的相反的极性（在右端处于较高电势的情况下）则为负；它引起的电流被赋予负号。

图 27 -11b 示出一个器件的 i 随 V 变化的关系图线。图线是通过原点的直线，所以比值 i/V（它是直线的斜率）对所有的 V 值都相同。这表示该器件的电阻 $R=V/i$ 与外加电势差 V 的大小和极性无关。

图 27 -11c 是另一个导电器件的图线。只有当 V 的极性为正且外加的电势差大于约 1.5V 时，电流才能在这个器件中存在。当电流存在时，i 与 V 之间的关系不是线性的；它与外加的电势差 V 的值有关。

我们通过表明一种器件遵守欧姆定律而另一种不遵守来区别该两种类型的器件。

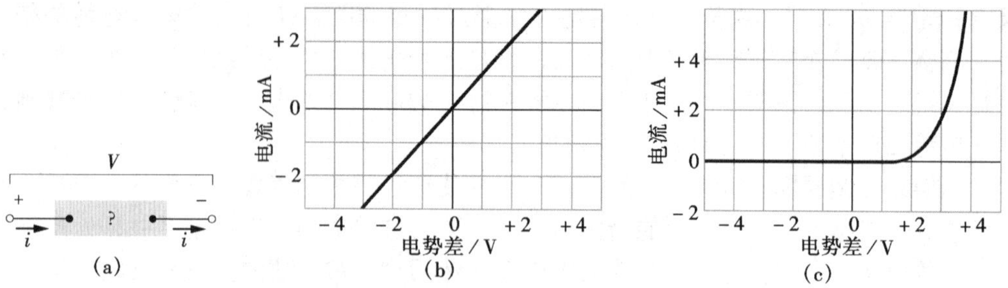

图 27－11　(a) 电势差加到一器件的两端，引起电流。(b) 器件为 1000Ω 的电阻器时，$i-V$ 关系曲线。(c) 器件为半导体 pn 结二极管时，$i-V$ 关系曲线。

> 欧姆定律是一要求：通过一器件的电流始终正比于加到该器件上的电势差。

(这个要求只在某些情况正确；由于历史原因，仍然用了“定律”这个词。) 图 27－11b 中原来是 1000Ω 电阻器的器件遵守欧姆定律。图 27－11c 中原来是通常所说的 pn 结二极管的器件，不遵守欧姆定律。

> 当一导电器件的电阻与外加电势差的大小和极性无关时，该器件遵守欧姆定律。

现代微电子技术——我们当前技术文明许多特征的代表——几乎全部依赖于不遵守欧姆定律的器件。例如，你的计算器就充满了这种器件。

常常说 $V=iR$ 是欧姆定律的表述，那是不正确的！这个公式是电阻的定义式，它适用于所有的导电器件，无论它们是否遵守欧姆定律。如果我们测量加在任一器件上的电势差 V 和通过它的电流 i，甚至是 pn 结二极管，我们就能求出在该 V 值下它的电阻 $R=V/i$。然而，欧姆定律的实质在于 i 随 V 变化的图线是线性的；即 R 不依赖于 V。

如果我们集中注意力于导电**材料**而不是导电**器件**，则我们能按更普遍的方式表达欧姆定律。相应的关系则由类似 $V=iR$ 的式 (27－11) ($\vec{E}=\rho\vec{J}$) 给出。

> 当导电材料的电阻率不依赖于外加电场 $\vec{E}$ 的大小及方向时，该材料遵守欧姆定律。

所有的均匀材料，无论它们是像铜那样的导体或像纯硅或含有特定杂质的硅那样的半导体，都在电场值的某个范围内遵守欧姆定律。然而，如果电场过于强，则在所有的情况下都存在对欧姆定律的偏离。

检查点 4：在附表中给出在一些电势差 V (以伏特为单位) 下通过两个器件的电流 i (以安培为单位)。根据这些数据，确定哪个器件遵守欧姆定律。

器件 1		器件 2	
V	i	V	i
2.00	4.50	2.00	1.50
3.00	6.75	3.00	2.20
4.00	9.00	4.00	2.80

27 -6 从微观观点看欧姆定律

为了弄清楚**为什么**一些特定的材料遵守欧姆定律，我们必须在原子的层次上查看导电过程的细节。这里我们只考虑金属，如铜的导电。我们把分析建立在**自由电子模型**上，其中我们假定金属中的传导电子在样品中各处自由运动，像封闭容器中的气体分子那样。我们还假定电子不相互碰撞而只与金属中的原子碰撞。

按照经典物理学，电子应该有点像气体分子那样遵从麦克斯韦速率分布。在这样的分布中（见20 -7 节），电子的平均速率将正比于热力学温度的平方根。然而，电子的运动并不由经典物理学的规律支配而由量子物理学的规律支配。其结果是，非常接近于量子真相的假定是在金属中传导电子以单一的有效速率 v_{eff} 运动而这个速率基本上与温度无关。对于铜，$v_{eff} \approx 1.6 \times 10^6 \mathrm{m/s}$。

当我们加电场于金属样品时，电子会稍微改变它们的无规则运动，并且沿与电场相反的方向以平均漂移速率 v_d 非常慢地漂移。如我们在例题 27 -3 中曾看到的，在常见的金属导体中漂移速率约为 $5 \times 10^{-7} \mathrm{m/s}$，比有效速率（$1.6 \times 10^6 \mathrm{m/s}$）小许多数量级。图 27 -12 提供了这两种速率之间的关系。实线示出电子在没有外加电场时一条可能的无规则路径；电子从 A 行进到 B，沿途碰撞六次，虚线示出当电场 $\vec{E}$ 加上时同一过程**可能**怎样发生。我们看到电子稳定地向右方漂移，结束在 B'处而不在 B 处。图 27 -12 借助假定 $v_d \approx 0.02 v_{eff}$ 被画出。然而，因为实际值更接近 $v_d \approx (10^{-13})\ v_{eff}$，在图中所显示的漂移被大大地夸大了。

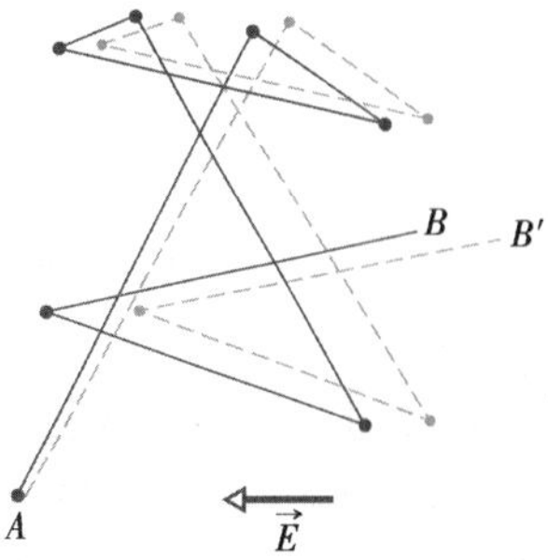

图 27 -12　实线表示一个电子从 A 到 B 运动，在路途上碰 3 次。虚线表示有外加电场 $\vec{E}$ 时它的路径会是什么样子。注意沿 $-\vec{E}$ 方向的稳定漂移（实际上各段虚线应该略微弯曲些，以表示在电场影响下电子在两次碰撞之间的抛物线路径）。

在电场 $\vec{E}$ 中，传导电子的运动因而是由无规则碰撞引起的运动和由电场引起的运动的合成。当我们考虑所有的自由电子时，它们的无规则运动平均为零而对漂移速率无贡献。因而，漂移速率仅是由于电场对电子的作用。

如果质量为 m 的电子被放置在大小为 E 的电场中时，电子将获得由牛顿第二定律给出的加速度：

$$a = \frac{F}{m} = \frac{eE}{m} \tag{27-18}$$

传导电子所经受的碰撞的本质是这样的，在典型的碰撞以后，每个电子——可以说是——将完全丧失它对原先的漂移速率的记忆。每个电子在每次碰撞后将重新出发，沿任意的方向离去。在连续两次碰撞之间的平均时间 τ 内，具有平均特征的电子将获得 $v_d = a\tau$ 的漂移速率。而且，如果我们在任一时刻测量所有电子的漂移速率，我们将发现它们的平均漂移速率还是 $a\tau$。因而，在任一时刻，平均来说，电子将具有漂移速率 $v_d = a\tau$。于是由式（27 -18）得

$$v_d = a\tau = \frac{eE\tau}{m} \tag{27-19}$$

将此式和式（27 -7）（$\vec{J} = ne\vec{v}_d$）的数值形式相结合，可得

$$v_d = \frac{J}{ne} = \frac{eE\tau}{m}$$

此式我们可写作

$$E = \left(\frac{m}{e^2 n\tau}\right)J$$

把此式与式（27－11）（$\vec{E} = \rho\vec{J}$）的数值形式比较，得出

$$\rho = \frac{m}{e^2 n\tau} \qquad (27-20)$$

如果我们能证明金属的ρ是常数，与外加电场$\vec{E}$的强度无关，则式（27－20）可被取作关于金属遵守欧姆定律的陈述。因为n、m和e都是常量，这就使我们要相信连续两次碰撞之间的平均时间（平均自由时间）τ是常量，与外加电场的强度无关。事实上，可以认为τ是常量，因为由电场引起的漂移速率v_d比有效速率v_{eff}小得那么多以致电子的速率，因为τ，很难受电场的影响。

例题 27－5

(a) 对于铜中的自由电子，连续两次碰撞之间的平均自由时间τ是多少？

【解】 这里**关键点**是，铜的平均自由时间τ近似为常量，尤其是与可能对铜的样品加的任一电场无关。因而，我们不需要考虑外加电场的任何特定值。然而，因为铜在电场下所显示出的ρ与τ有关，所以我们可根据式（27－20）（$\rho = m/e^2n\tau$）求出平均自由时间τ。由此式得

$$\tau = \frac{m}{ne^2\rho}$$

我们从例题27－3取铜中单位体积内自由电子数n的值，从表27－1选用ρ的值。分母于是为

$$(8.49\times10^{28}\,\text{m}^{-3})(1.6\times10^{-19}\,\text{C})^2(1.69\times10^{-8}\,\Omega\cdot\text{m})$$
$$=3.67\times10^{-17}\,\text{C}^2\cdot\Omega/\text{m}^2$$
$$=3.67\times10^{-17}\,\text{kg/s}$$

式中，我们曾转换单位：

$$\frac{\text{C}^2\cdot\Omega}{\text{m}^2} = \frac{\text{C}^2\cdot\text{V}}{\text{m}^2\cdot\text{A}} = \frac{\text{C}^2\cdot\text{J/C}}{\text{m}^2\cdot\text{C/s}} = \frac{\text{kg}\cdot\text{m}^2/\text{s}^2}{\text{m}^2/\text{s}} = \frac{\text{kg}}{\text{s}}$$

利用这些结果并代入电子的质量m，则有

$$\tau = \frac{9.1\times10^{-31}\,\text{kg}}{3.67\times10^{-17}\,\text{kg/s}} = 2.5\times10^{-14}\,\text{s}$$

（答案）

(b) 导体中传导电子的平均自由程λ是电子在连续两次路撞之间所经过的平均距离（这个定义相当于在20－6节中对气体分子平均自由程的定义）。在铜中传导电子的平均自由程有多大？假定它们的有效速率v_{eff}为$1.6\times10^6\,\text{m/s}$。

【解】 这里关键点是，任一粒子以匀速率v在某一确定的时间t内经过的距离为$d = vt$，于是有

$$\lambda = v_{eff}\tau = 1.60\times10^6\,\text{m/s}\times2.5\times10^{-14}\,\text{s}$$
$$= 4.0\times10^{-8}\,\text{m} = 40\,\text{nm}$$

（答案）

这大约是在铜的点阵中两个最邻近的原子间距离的150倍。因而，平均说来，每个传导电子在最终碰撞一个铜原子之前，将越过许多铜原子。

27－7　电路中的功率

图27－13示出一电路，它包括一电池和一未加说明的导电设备，二者用电阻可忽略的导线相连。该设备可能是电阻器、蓄电池（可再充电的电池）、电动机或一些其他的设备。电池在它自己的两极间并因而（由于导线）在该未加说明的设备两端间保持大小为V的电势差，设备的a端具有高于b端的电势。

由于在电池的两极之间有一外部的导电通路，并且由于电池保持着所加的电势差，在电路

中从 a 端指向 b 端就产生了恒定电流 i。在时间间隔 dt 内，在那两端之间运动的电量 dq 等于 idt。这电量 dq 通过一大小为 V 的电势的降落，因而其电势能减少的数量为

$$dU = dq\,V = idtV$$

能量守恒原理告诉我们，电势能从 a 到 b 的减少伴随有能量转换到其他形式。与该转换相联系的功率 P 是转换率 dU/dt，它是

$$P = iV \quad \text{（电能的转换率）} \qquad (27-21)$$

此外，功率 P 也是能量从电池转移到该未加说明的设备的时率，如果该设备是一台连接到机械负载上的电动机，则能量转换为对负载所做的功。如果该设备是正在充电的蓄电池，则能量转换为在蓄电池中所存储的化学能。如果该设备是电阻器，则能量转换为会使电阻器温度升高的内热能。

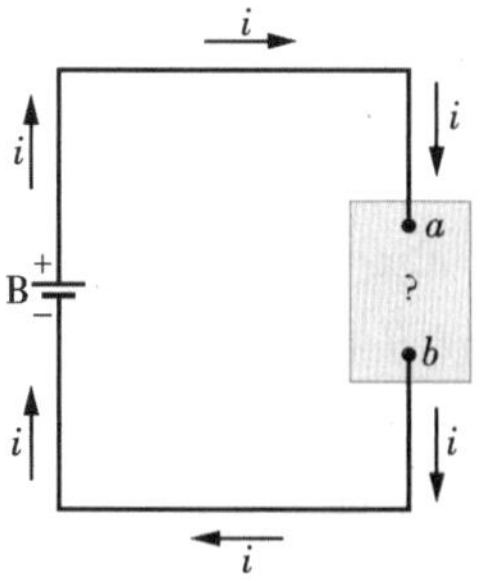

图 27 - 13　电池 B 在含有一个未说明导电设备的电路中引起电流。

根据式（27 - 21）得出的功率的单位是伏 - 安（V・A），我们可把它写为

$$1\text{V}\cdot\text{A} = \left(1\,\frac{\text{J}}{\text{C}}\right)\left(1\,\frac{\text{C}}{\text{s}}\right) = 1\,\frac{\text{J}}{\text{s}} = 1\text{W}$$

电子以恒定的漂移速率通过电阻器的过程与降落的石块以恒定的极限速率穿过水的过程很相似。电子的平均动能保持恒定，而它失去的电势能作为电阻器和环境中的热能出现。在微观的尺度上，这个能量的转换归因于电子与电阻器原子之间的碰撞，它导致电阻器晶格温度的升高。机械能像这样转换为热能而被耗散（失去），因为该转换是不能逆转的。

对于具有电阻 R 的电阻器或一些其他的设备，我们可把式（27 - 8）（$R = V/i$）和式（27 - 21）结合而得到由电阻所导致的电能耗散率：

在烤面包器内部的线圈有可观的电阻，当有电流通过它们时，电能被转化成使线圈温度升高的热能。那时，线圈发射用于烘烤（或烧焦）面包的红外辐射和可见光。

$$P = i^2R \quad (\text{电阻性耗散}) \tag{27-22}$$

或

$$P = \frac{V^2}{R} \quad (\text{电阻性耗散}) \tag{27-23}$$

小心：我们必须注意把这两式与式（27－21）区别开：$P = iV$ 适用于电势能转换为各种能量；$P = i^2R$ 和 $P = V^2/R$ 只适用于电势能转换为具有电阻的设备中的热能。

检查点5：把电势差 V 连接具有电阻 R 的设备上，引起电流 i 通过该设备。按照电阻所引起的由电能向热能转化的时率的改变，把下列几种情况由大到小排序；(a) V 加倍而 R 不变；(b) i 加倍而 R 不变，(c) R 加倍而 V 不变；(d) R 加倍而 i 不变。

例题 27－6

有一段由镍、铬、铁合金制成的、叫做镍铬合金的均匀加热丝，它具有 72Ω 的电阻。在下列每种情况中：(1) 120V 的电势差加到该丝的全长上；(2) 该丝被分成两半，120V 的电势差加到每一半长度上能量的耗散率为多大？

【解】　这里**关键点**是，电流在电阻性材料中引起电能会转换为热能。转换（耗散）率由式（27－21）到式（27－23）给出。因为已知电势差 V 和电阻 R，我们采用式（27－23），对于情况1，它给出

$$P = \frac{V^2}{R} = \frac{(120\text{V})^2}{72\Omega} = 200\text{W} \quad (\text{答案})$$

在情况2中，每一半加热丝的电阻为 (72Ω)/2，或 36Ω。因而，每一半的耗散率为

$$P' = \frac{(120\text{V})^2}{36\Omega} = 400\text{W}$$

而两个一半共为

$$P = 2P' = 800\text{W} \quad (\text{答案})$$

这是全长加热丝耗散率的四倍。因而，你可能决定去买一加热线圈，把它切成两半，并重新连接它以获得四倍的热输出。为什么这是不明智的？（线圈中电流的大小将发生什么情况？）

27－8　半导体

半导体器件正处于迎来信息时代的微电子技术革命的核心。表27－2比较了常见的半导体硅与常见的导体铜的性能。我们看出硅具有少得多的载流子，高得多的电阻率以及既大又负的电阻率温度系数。因而，虽然铜的电阻率随温度加大，但纯硅的却减小。

表27－2　铜和硅的一些电性能①

性能	铜	硅
材料类型	金属	半导体
载流子密度/m^{-3}	9×10^{28}	1×10^{16}
电阻率/Ω·m	2×10^{-8}	3×10^{3}
电阻率的温度系数/K^{-1}	$+4\times10^{-3}$	-70×10^{-3}

① 简化成一位有效数字，以便于比较。

纯硅具有这样高的电阻率以致它实际上是绝缘体，因而在微电子电路中没有很多的直接用途。然而，通过在被叫做**掺杂**的过程中添加极少量特定的“杂质”，其电阻率可按受控的方式大大降低。表27－1给出在用两种不同的杂质掺杂前后，硅的电阻率的典型值。

我们可借助它们的电子的能量粗略地说明在半导体，绝缘体与导体之间电阻率的差别（更详细地说明需用到量子物理学）。在例如铜那样的金属导线中，大多数电子被牢固地固定在分子内部的适当位置。要释放它们以便它们能运动并参与形成电流，将需要大量的能量。然而，粗略地说，也有一些电子只是松散地固定在适当的位置，而仅需要少量的能量就可变为自由电子。热能可提供那部分能量，就像对导体所加的电场所能做到的那样。电场不仅将释放那些被松散固定的电子，而且将沿导线推动它们。因而，电场将驱动电流通过导体。

在绝缘体中，需要相当大的能量才能释放电子以使它们能通过该材料。热能不能提供足够的能量，而且任何可能加在绝缘体上的，电场也不能。因而，没有可利用的电子通过绝缘体，这样即使加上电场也没有电流发生。

半导体与绝缘体相像，**除了**释放一些电子所需要的能量不完全那样多。更重要的是，搀杂能供给电子或正载流子，它们非常松散地固定在材料内因而容易运动起来。此外，通过控制半导体的搀杂，我们可调节能参与电流的载流子密度，并从而控制它的一些电性能。大多数半导体器件，例如晶体管和结型二极管，是通过用不同种类杂质原子在硅的不同区域有选择地搀杂制造的。

让我们重新查看关于导体电阻率的式（27-20）：

$$\rho = \frac{m}{e^2 n\tau} \tag{27-24}$$

式中，n 是单位体积的载流子数而 τ 是载流子连续两次碰撞之间的平均时间（我们对导体导出此式，但它也适用于半导体）。让我们考虑当温度升高时变量 n 和 τ 怎样改变。

在导体中，n 很大但在温度有任何改变时，很接近于常数。关于金属电阻率随温度的升高（见图 27-10）是由载流子碰撞频率的增大而造成的。在式（27-24）中这一点表示出为碰撞间平均时间的减小。

在半导体中，n 很大但随温度迅速升高，因为被增强的热激发使更多的载流子可利用。这导致电阻率随温度升高而**减小**，如在表 27-2 中硅的负电阻率温度系数所表明的那样。我们对金属曾提到的上述碰撞频率的增大对半导体也存在，但它的作用被载流子数的迅速增大所淹没。

27-9 超导体

在 1911 年，荷兰物理学家卡末林—昂内斯发现在低于 4K（见图 27-14）的温度下汞的电阻率完全消失。这种归因于超导电性的现象在技术上具有深远的潜在重要性，因为它表明电荷能流过超导体而不产生热能损失。例如，在超导电环中生成的电流已持续几年而不衰减；形成电流的电子在起动的时刻需要力和能源，但此后就不需要了。

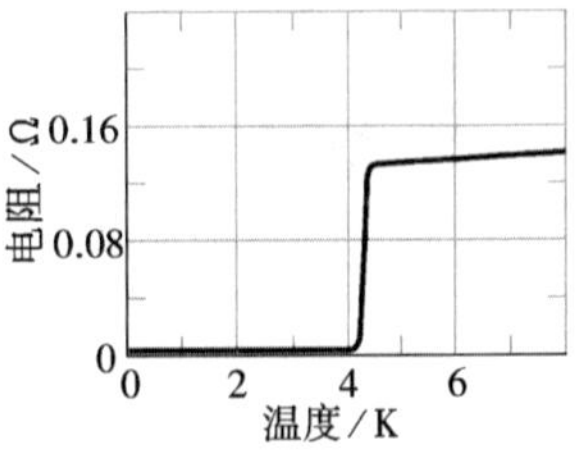

图 27-14 汞的电阻在温度约 4K 时掉到零。

在 1986 年以前，超导电性在技术上的发展被产生实现该效应所需的极低温度的费用所抑制。然而，在 1986 年发现了新的陶瓷材料，这些材料在相当高（因而生产时就比较便宜）的温度下就会变成超导电的。在室温下超导电器件的实际应用可能最终变为可行的。

超导电性与导电性是很不相同的。实际上，最好的常规导体，例如银和铜，在任何温度下都不能变为超导电的，而新的陶瓷超导体当它们不在足够低的温度下处于超导电状态时，实际上都是良绝缘体。

对超导电性的一种解释是，形成电流的电子按协作对的形式运动。当超导电材料中的一个电子对中的一个电子穿过时，它可使周围的分子的电结构变形，以致在其周围产生短暂的电正荷的集聚。电子对中的另一个电子可能被此正电荷吸引。按照这种理论，电子之间的这样的协作将阻止它们与材料分子的碰撞因而会消除电阻。该理论能很好地解释 1986 年以前的低温超导体，但对于较新的、较高温度的超导体，显然还需要新的理论。

盘状磁铁悬浮在已被液氮冷却的超导材料上方。金鱼轻松地游来游去。

复习和小结

电流 导体中的电流由下式定义

$$i = \frac{dq}{dt} \qquad (27-1)$$

式中，dq 是在时间 dt 内通过导体的横截面的（正）电荷量。按惯例，电流的方向被取为正载流子要运动的方向。电流的 SI 单位是**安［培］**（A）：1A = 1C/s。

电流密度 电流（标量）由下式

$$i = \int \vec{J} \cdot d\vec{A} \qquad (27-4)$$

与**电流密度** $\vec{J}$（矢量）联系起来。式中 $d\vec{A}$ 是垂直于面积为 dA 的面元的矢量而积分遍及导体的任一横截面。若电荷为正，$\vec{J}$ 具有与运动电荷速度相同的方向；若电荷为负则具有相反的方向。

载流子的漂移速率 当电场 $\vec{E}$ 在导体中建立时，载流子（假定为正）获得沿 $\vec{E}$ 的方向的**漂移速率** v_d，速度 $\vec{v}_d$ 与电流密度由式

$$\vec{J} = (ne)\vec{v}_d \qquad (27-7)$$

联系起来，式中 ne 是载流子电荷密度。

导体的电阻 导体的电阻被定义为

$$R = \frac{V}{i} \quad (R\text{ 的定义}) \qquad (27-8)$$

式中，V 是加在导体上的电势差而 i 是电流。电阻的 SI 单位是欧［姆］（Ω）：1Ω = 1V/A。类似的公式定义材料的电阻率 ρ 和电导率 σ：

$$\rho = \frac{1}{\sigma} = \frac{E}{J} \quad (\rho\text{ 和 }\sigma\text{ 的定义}) \qquad (27-12, 27-10)$$

式中，E 是外加电场的大小。电阻率的 SI 单位是欧［姆］-米（Ω·m）。式（27-10）对应于矢量式

$$\vec{E} = \rho\vec{J} \qquad (27-11)$$

长度为 L 且横截面均匀的导线的电阻是

$$R = \rho\frac{L}{A} \qquad (27-16)$$

式中 A 是横截面积。

ρ 随温度的变化 对于大多数材料 ρ 随温度变化。对于许多材料，包括金属，ρ 与温度 T 的关系近似为下式：

$$\rho - \rho_0 = \rho_0\alpha(T - T_0) \qquad (27-17)$$

这里 T_0 是一参考温度，ρ_0 是在温度 T_0 下的电阻率，而 α 是材料的电阻率的温度系数。

欧姆定律 如果一给定设备（导体、电阻器，或任何其他的电气设备），其由式（27-8）定义为 V/i 的电阻与外加的电势差无关，则该设备遵守**欧姆定律**。如果一给定的**材料**，其由式（27-10）定义的电阻率与外加电场 $\vec{E}$ 的大小及方向无关，则该材

料遵守欧姆定律。

金属的电阻率 通过假定金属中的传导电子与气体的分子一样能自由运动，就可能导出对于金属电阻率的表达式：

$$\rho = \frac{m}{e^2 n\tau} \quad (27-20)$$

这里 n 是每单位体积的自由电子数，而 τ 是电子与金属原子连续两次碰撞之间的平均时间。通过指出 τ 基本上与加到金属的任何电场的大小 E 无关，我们能解释为什么一些金属遵守欧姆定律。

功率 在有电势差 V 保持在其两端的电气设备中，功率或能量的转换率为

$$P = iV \quad \text{（电能的转换率）} \quad (27-21)$$

电阻性耗散 如果设备是电阻器，则我们能把式（27-21）写作

$$P = i^2R = \frac{V^2}{R} \text{（电阻性耗散）} \quad (27-22, 27-23)$$

在电阻器中，电势能通过载流子与原子之间的碰撞转化成内热能。

半导体 半导体是具有少量传导电子的材料，但当它们用其他能提供自由电子的原子**掺杂后能变成导体**。

超导体 超导体是在低温下失去全部电阻的材料，最近的研究已发现一些在惊人的高温下有超导电性的材料。

思考题

1. 图 27-15 示出通过导线横截面的电流 i 在四个不同时间间隔内的图线。按照在每个间隔期间通过横截面的净电荷由大到小把这些间隔排序。

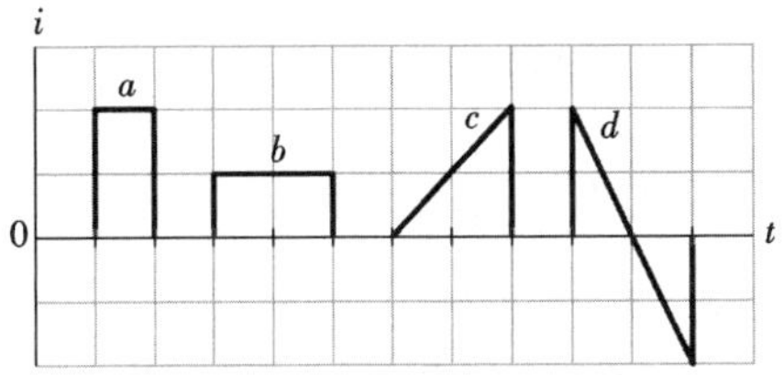

图 27-15 思考题 1 图

2. 图 27-16 示出四种情况，其中正、负电荷水平地通过一区域并给出每个电荷的电荷流量。按照通过这些区域的有效电流由大到小把四种情况排序。

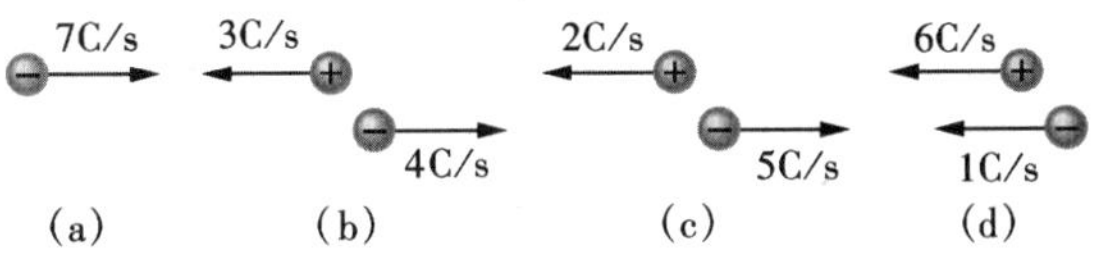

图 27-16 思考题 2 图

3. 图 27-17 示出三根长度相等且材料相同的导线的横截面。该图还给出按毫米计的各边长度。按照它们的电阻（沿每根线的长度从这头到那头测量）由大到小把三根导线排序。

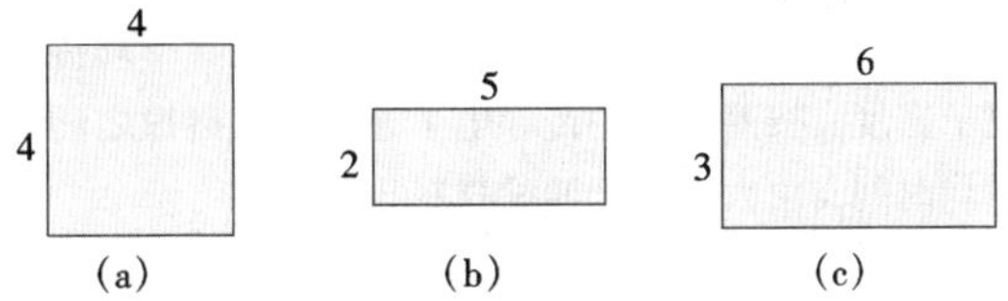

图 27-17 思考题 3 图

4. 如果你拉伸一根圆柱形导线而它保持圆柱形，该导线的电阻（沿其长度从这头到那头测量）是增大、减小、还是保持不变？

5. 图 27-18 示出三根相同长度和材料的长导体的横截面，这些正方形横截面的边长如图所示。导体 B 能贴身地嵌入导体 A，且导体 C 能贴身地嵌入导体 B。按照它们从这头到那头的电阻由大到小把下列单个导体和导体组合排序：A；B；C；A+B；B+C；A+B+C。

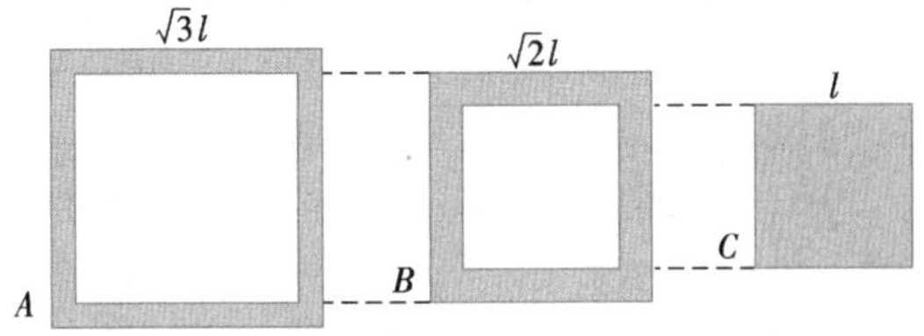

图 27-18 思考题 5 图

6. 图 27-19 示出一边长为 L、$2L$ 及 $3L$ 的矩形实心导体。一确定的电势差 V 将如在图 27-8b 中那样加在导体的下列三对相对的表面之间：左—右；顶—底；前—后。按照：（a）导体内电场的大小；（b）导体内的电流密度；（c）通过导体的电流；（d）通过导体的电子的漂移速率，由大到小把上述三对表面排序。

物理学基础

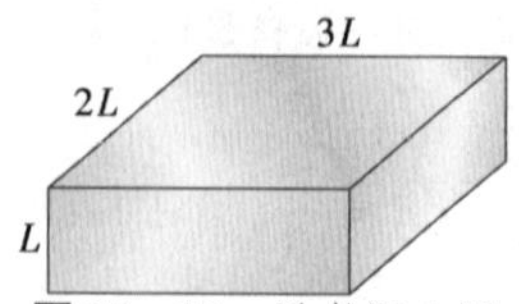

图 27-19 思考题 6 图

7. 附表给出三根铜杆的长度、直径及它们两端之间的电势差。按照：(a) 它们内部电场的大小；(b) 它们内部的电流密度；(c) 通过它们的电子的漂移速率，由大到小把三根杆排序。

杆	长度	直径	电势差
1	L	$3d$	V
2	$2L$	d	$2V$
3	$3L$	$2d$	$2V$

8. 附表给出材料 A、B、C 和 D 的电导率和传导电子密度。按照材料中传导电子连续两次碰撞之间的平均时间，由大到小把四种材料排序。

	A	B	C	D
电导率	σ	2σ	2σ	σ
电子数/m^3	n	$2n$	n	$2n$

9. 三根直径相同的导线依次连接到电势差恒定的两点之间。它们的电阻率和长度分别是 ρ 及 L（导线 A），1.2ρ 及 $1.2L$（导线 B），和 0.9ρ 及 L（导线 C）。按照在它们内部电势能到热能的转换率由大到小把三根导线排序。

10. 图 27-20 给出四种材料的电阻率与温度的函数关系。(a) 哪些是导体？哪些是半导体？在哪些材料中温度的升高导致 (b) 每单位体积内传导电子数的增多及 (c) 传导电子碰撞频率的增高？

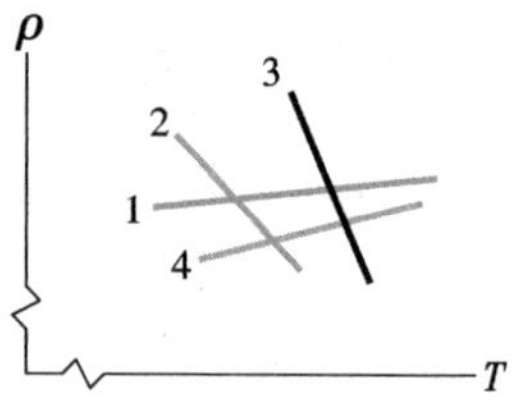

图 27-20 思考题 10 图

练习和习题

27-2 节 电流

1E. 5.0A 的电流在 10Ω 的电阻器中存在了 4.0min 之久。在这段时间内有 (a) 多少库及 (b) 多少个电子通过该电阻器的任一横截面？(ssm)

2P. 一静电起电机的皮带宽为 50cm，它以 30m/s 在电荷源与球壳之间运转。皮带以相当于 100μA 电流把电荷带入球壳。计算皮带上的面电荷密度。

3P. 一绝缘的导体球具有 10cm 的半径。一根导线将 1.000 002 0A 的电流带进此导体球，而另一根导线将 1.000 000 0A 的电流带出导体球。需要多长时间才能使此导体球的电势上升到 1000V？(ssm)

27-3 节 电流密度

4E. 在直径为 2.5mm 的导线中存在有很小但可测量的 1.2×10^{-10}A 的电流。假定该电流是均匀的，试计算 (a) 电流密度和 (b) 电子的漂移速率（见例题 27-3）。

5E. 一离子束每立方厘米含有 2.0×10^8 个 2 价正离子，它们全都以 1.0×10^5m/s 的速率向北运动。(a) 电流密度 $\vec{J}$ 的大小及方向为何？(b) 你能计算此离子束的总电流吗？如不能，还需要什么附加的信息？(ssm)

6E. 美国全国电气规程对各种直径的绝缘铜导线规定了最大安全电流，部分在下表中给出。试画出安全电流密度对直径的关系曲线。哪一种线规具有最大的安全电流密度（“线规”是识别导线直径的一种方式，而 1 密耳 $=10^{-3}$in）？

线规	4	6	8	10	12	14	16	18
直径/密耳	204	162	129	102	81	64	51	40
安全电流/A	70	50	35	25	20	15	6	3

7E. 电路中的保险丝是设计用来在电流超过预定值时能熔化从而断开电路的金属丝。假设当电流密度上升到 440A/cm^2 时保险丝的材料熔化。要使保险丝能限制电流到 0.50A，圆柱形保险丝的直径应该多大？(ssm)

8P. 地球附近，太阳风（来自太阳的粒子流）中质子的密度是 8.70cm^{-3} 而它们的速率是 470km/s。(a) 试求这些质子的电流密度；(b) 如果地球的磁场不使它们偏析，则它们将冲击该行星。那时地球接受的总电流多大？

9P. 一稳定的 α 粒子 ($q=+2e$) 束以恒定的

20MeV 动能、载有 0.25μA 的电流行进。(a) 如果该粒子束垂直地指向一平面，则在 3.0s 内冲击此面的 α 粒子有多少个？(b) 在任一时刻，在给定的 20cm 长的粒子束中有多少个 α 粒子？(c) 要使每个 α 粒子从静止被加速到带有 20MeV 的能量，粒子需通过多大的电势差？(ssm)

10P. (a) 半径为 R 的圆柱形导体的电流密度的大小按照下式变化：

$$J = J_0\left(1 - \frac{r}{R}\right)$$

式中，r 是到中央轴线的距离。因而，电流密度在轴线处（$r=0$）为最大值 J_0 并且成直线地下降到表面处（$r=0$）为零。计算用 J_0 和导体横截面积 $A=\pi R^2$ 表示的电流。(b) 假设电流密度变为在圆柱形表面处为最大值 J。而直线地下降到轴线处为零：$J=Jr/R$。计算电流。为什么结果与 (a) 中的不同？

11P. 要使电子从汽车电池到起动的电动机需要多长时间？假定电流是 300A，而电子穿过具有 0.21cm² 横截面积且长 0.85m 的铜导线（参见例题 27-3）。(ilw)

27-4 节　电阻与电阻率

12E. 有一长为 1.0m、横截面积为 1.0mm² 的镍铬（镍-铬-铁的合金通常用在加热元件中）丝。当在其两端间加 2.0V 电势差时它载有 4.0A 的电流。计算镍铬合金的电导率。

13E. 一导线具有 1.0mm 的直径、2.0m 的长度和 50mΩ 的电阻。该材料的电阻率有多大？(ssm)

14E. 一钢制电车轨道具有 56.0cm² 的横截面积。10.0km 轨道的电阻有多大？已知钢的电阻率是 $3.00\times10^{-7}\Omega\cdot m$。

15E. 倘若小到 50mA 的电流在心脏近旁通过，人也会被电死。用多汗的双手操作的一个电气工人用每只手各握住一个导体而形成良好的接触。如果他的电阻是 2000Ω，则致死的电势差可能为多大？(ssm)

16E. 一长度为 4.00m 且直径为 6.00mm 的导线具有电阻 15.0mΩ。如果将一 23.0V 的电势差加在导线的两端，则 (a) 导线中的电流多大？(b) 电流密度多大？(c) 计算导线材料的电阻率，鉴别它是什么材料（利用表 27-1）。

17E. 一线圈由绝缘的、线规数为 16 的铜导线（直径为 1.3mm）在半径为 12cm 的模壳上单层缠绕 250 匝构成。线圈的电阻多大？绝缘材料的厚度可忽略不计（利用表 27-1）。(ssm)

18E. (a) 在什么温度下铜导线的电阻将是它在 20.0℃ 下电阻的 2 倍？（用 20.0℃）作为式（27-17）中的参考点，把你的结果与图 27-10 比较。）(b) 这个同样的“加倍的温度”适用于所有的铜导体而不论形状或尺寸吗？

19E. 一具有 6.0Ω 的金属丝穿过拉丝模被拉出，以致它的新长度是原来长度的 3 倍。求这根新丝的电阻。假设该材料的电阻率和密度不改变。(ssm)(ilw)

20E. 一导线具有电阻 R。另一导线用相同的材料制成，而长度和直径都只是前一根导线的一半。这第二根导线的电阻是多大？

21P. 两根导体用相同的材料制成且具有同样的长度。导体 A 是半径为 1.0mm 的实心线。导体 B 是外径为 2.0mm 而内径为 1.0mm 的空心管。在它们两端间所测定的电阻比 R_A/R_B 是多大？(ssm)(www)

22P. 一电缆包含 12.5 股细导线，每股的电阻为 2.65Ω。同一的电势差加在所有各股的两端之间并形成 0.750A 的总电流。(a) 每股的电流多大？(b) 所加的电势差多大？(c) 电缆的电阻多大？

23P. 当 115V 加到长度为 10m 且半径为 0.30mm 的导线上时，电流密度是 $1.4\times10^4 A/m^2$。求导线的电阻率。(ssm)

24P. 一矩形实心块体具有 3.50cm² 的宽度横截面积、15.8cm 从前到后的长度和 935Ω 的电阻。块体材料每立方米有 5.33×10^{22} 个传导电子。35.8V 的电势差加在其前后表面之间。(a) 块体中的电流有多大？(b) 如果电流密度是均匀的，其值为何？(c) 传导电子的漂移速度为何？(d) 块体中电场的大小为何？

25P. 一普通闪光灯泡的定额为 0.30A 及 2.9V（在工作条件下电流和电压的值）。如果在室温（20℃）下灯丝的电阻是 1.1Ω，当灯泡工作时，灯丝的温度是多少？灯丝由钨制成。(ilw)

26P. 地球的下层大气含有在土壤中的和来自空间的宇宙射线中的放射性元素所产生的正、负离子。在某个区域，大气的电场强度是 120V/m，方向竖直向下。这个电场导致密度为 620 个/cm³ 带有单个正电的离子向下漂移和密度为 550 个/cm³ 带有单个负电的离子向上漂移（见图 27-21）。在那个区域中被测定的电导率为 $2.70\times10^{-14}/\Omega\cdot m$。计算 (a) 离子的漂移速率，假定正、负离子的相同；(b) 电流密度。

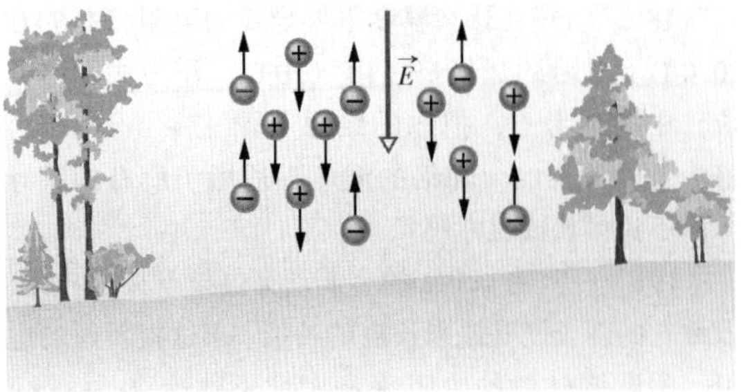

图 27－21　习题 26 图

27P. 当一金属杆被加热时，不但其电阻变化，而且其长度和横截面积也都变化。关系式 $R=\rho L/A$ 表明，在各个不同的温度下测量 ρ 时应该考虑到所有这三个因素。(a) 如果温度改变 1℃，铜导体的 R、L 和 A 各改变百分之几？(b) 铜的线膨胀系数为 1.7×10^{-5}/K，你可以得出什么结论？(ssm)(www)

28P. 如果一导线的线规数增加 6，则其直径减半；如线规数增大 1，则直径减少到 $2^{1/6}$ 之一（见练习 6 中的附表）。了解了这一点，并了解到 1000ft 的线规数为 10 的铜导线具有约 1.00Ω 的电阻，试估算 25ft 线规数为 22 的铜导线的电阻。

29P. 有一电阻，形状为一截去尖端的正圆锥体（见图 27－22）。两端面的半径为 a 和 b，而高度为 L。如果锥度不大，我们就可以假定横过任一横截面的电流密度是均匀的。(a) 计算这个物体的电阻；(b) 对于锥度为零（即 $a=b$）的特殊情形，证明你的答案可以简化成 $\rho(L/A)$。(ssm)

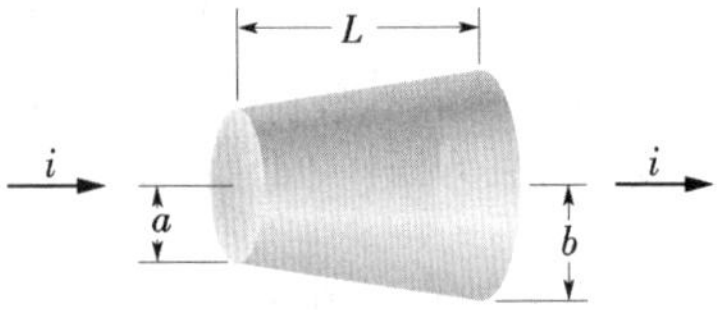

图 27－22　习题 29 图

27－6 节　从微观角度看欧姆定律

30P. 试证明，按照金属导电的自由电子模型和经典物理学，金属的电阻率应该正比于 $\sqrt{T}$，其中 T 是以开为单位的温度（见式（20－31））。

27－7 节　电路中的功率

31E. 一 X 射线管在 80kV 的电势差下工作，其电流为 7.0mA。它的功率是多少瓦？(ssm)

32E. 一学生使他的 9.0V、7.0W 的收音机在最大音量下从晚 9 时一直接通到凌晨 2 时，有多少电荷通过收音机？

33E. 120V 的电势差加到空间加热器上。加热器在热的时候电阻为 14Ω。(a) 从电能到热的转换率为多大？(b) 在每千瓦时五分钱的情况下，要使加热器工作 5.0h，需花费多少钱？(ssm)

34E. 当一电阻器中的电流为 3.00A 时，它的发热功率为 100W。该电阻器的电阻多大？

35E. 一个未知电阻器被连接在一 3.0V 电池的两极间，电阻器中能量的耗散率为 0.540W。同一电阻器随后被连接在一 1.50V 电池的两极间。现在能量的耗散率为多少？(ilw)

36E. 120V 的电势差加在一空间加热器上。在工作期间加热器的功率为 500W。(a) 在工作期间加热器的电阻有多大？(b) 电子以多大的时率（每秒·个数）流过加热器元件的任一横截面？

37P. 一 1250W 的辐射加热器限定在 115V 下工作。(a) 在加热器中的电流多大？(b) 加热器线圈的电阻多大？(c) 加热器在 1h 内所生成的热能是多少？(ssm)(ilw)(www)

38P. 一加热元件由一段具有 $2.60\times10^{-6}\text{m}^2$ 横截面积的镍铬丝制成，保持在 75.0V 的电势差下工作。镍铬合金的电阻率为 $5.00\times10^{-7}\Omega\cdot\text{m}$。(a) 如果该元件的功率为 5000W，则其长度是多少？(b) 如果加上 100V 的电势差时仍获得上述耗散速率，则长度应为多少？

39P. 一镍铬丝电热器，当外加的电势差为 110V、镍铬丝的温度为 800℃ 时，它的耗散功率为 500W。如果通过把加热丝浸没在冷却油池中，使其温度保持在 200°C，则此电热器的耗散功率将是多少？设外加的电势差保持不变，镍铬合金的 α 在 800℃ 时为 4×10^{-4}/K。(ssm)

40P. 100W 的灯泡插到标准的 120V 的电源插座上。(a) 若灯泡持续接通，每个月需花费多少钱？假定电能的价格是每千瓦小时 6 分钱。(b) 灯泡的电阻多大？(c) 灯泡中的电流多大？(d) 当灯泡关闭时，它的电阻改变吗？

41P. 一直线加速器产生一脉冲电子束。脉冲电流为 0.50A，而每个脉冲的持续时间为 0.10μs。(a) 每个脉冲加速的电子数是多少？(b) 对于每秒产生 500 个脉冲的加速器来说，其平均电流多大？(c) 如果把电子加速到 500MeV 的能量，则该加速器的平均功率输出和峰值功率输出各为多少？(ssm)

42P. 一半径为 5.0mm 而长度为 2.0cm 的圆柱形电阻器由电阻率为 $3.5\times10^{-5}\Omega\cdot\text{m}$ 的材料制成。当电阻器的耗散功率为 1.0W 时，(a) 电流密度和

(b) 电势差各为多大?

43P. 一横截面积为 $2.0\times10^{-6}m^2$ 且长度为4.0m的铜导线具有在横截面上均匀分布的 2.0A 的电流。(a) 沿导线的电场的大小是多少? (b) 在 30min 内，有多少电能转换成热能?

附加题

44. 巧克力碎屑的秘密。这个问题从第 24 章中习题 48 开始并通过第 25 和 26 章继续。巧克力碎屑粉末以均匀的速率 v 和均匀的电荷密度 ρ 通过半径为 R 的管道运动到贮仓。(a) 求出通过管道垂直横截面的电流 i (粉末上的电荷移动的时率) 的表达式。(b) 就工厂的条件: 管道半径 $R=5.0cm$，速率 $v=2.0m/s$，电荷密度 $\rho=1.1\times10^{-3}C/m^3$，估算 i。

如果粉末是通过电势改变 V 流动的，其能量能以功率 $P=iV$ 转换为火花。(c) 在管道内由于在第 25 章的习题 57 中所讨论的径向电势差，能有这样的转换吗?

当粉末从管道流进贮仓时，粉末的电势改变了。那个改变的大小至少等于管道内的径向电势差 (如第 25 章习题 57 中所估算的)。(d) 在假定的那个电势差值的情况下，利用在上面 (b) 中得到的电流，求当粉末离开管道时能量从粉末转移到火花的转移率。(e) 如果火花确实发生在出口处且持续 2.0s (合理的期望值)，则多少能量已被转移成火花?

回想在第 24 章习题 28 中曾提到，要引起爆炸需要至少转移 150mJ 的能量。(f) 粉末爆炸最可能发生在哪里: 在卸料箱的粉末云中 (在第 26 章的习题 48 中所考虑的); 在管道内; 还是在管道进入贮仓的出口处?

45. 心脏病发作还是触电致死? 一个上午，一位男士从野餐会赤脚走开到靠近输电线支撑塔的湿地上。他突然倒下。他在餐桌处的亲属看见他跌倒并且在几秒后跑到他那里时，发现他处于心室纤维性颤动中。这个人在急救队带着除纤颤设备到达之前就死去了。以后该家族对电力公司提出法律诉讼，声称遇难者由于从支撑塔的意外电流泄漏而触电致死。设想你被聘为法庭辩论团的成员去调查死亡事件。死亡是因心脏病发作还是因触电造成的?

电力公司的调查记录揭示，在那天上午在该塔处确实有漏电故障，电流 I 从一根杆漏入地面约达 1 秒钟。假定电流均匀地 (半球状地) 传入地面。(见图 27－23)。令 ρ 为地的电阻率而 r 为距杆的距离。求 (a) 电流密度和 (b) 电场大小，作为 r 的函数的表达式。该杆的下端为具有半径 b 的球形。(c) 根据你的电场大小的表达式，求在杆的下端与距离 r 的一点之间电势差 ΔV 的表达式。设你的调查发现，$I=100A$、$\rho=100\Omega\cdot m$、$b=1.0cm$，并且遇难者位于 $r=10m$ 处。在遇难者的位置，(d) 电流密度，(e) 电场的大小及 (f) 电势差 ΔV，各为多大? (这个问题续之以第 28 章中习题 56)。

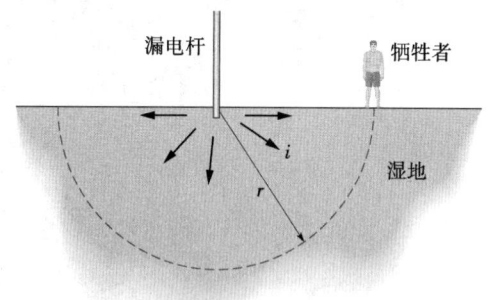

图 27－23 习题 45 图

第28章　电　　路

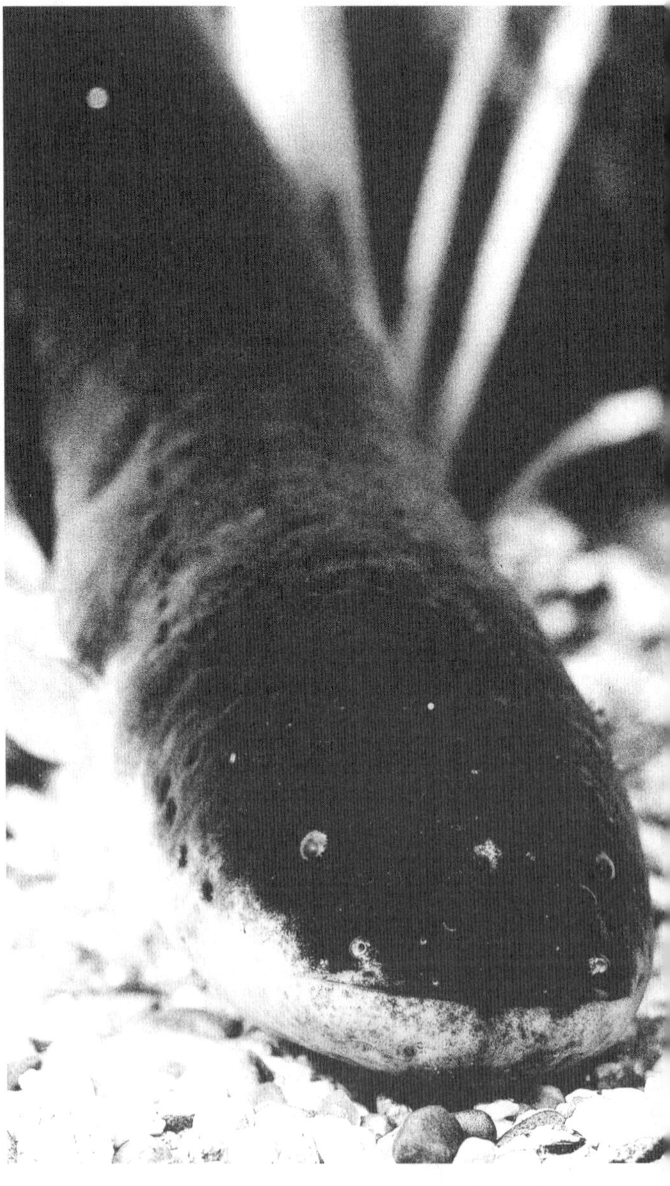

电鳗潜伏在南美洲的河流中，它用脉冲电流捕获鱼类并将其杀死。它通过沿其长度产生几百伏的电势差来这样做；在周围的水中，从其头部到尾部附近，引起的电流可大到1安培。如果你在游泳时轻轻地接触到它，你就会感到惊奇（在从很痛苦的晕厥中恢复以后）：

这个家伙怎么弄得能产生那样大的电流而自身不被电击？

答案就在本章中。

28 -1 “抽运”电荷

如果想使载流子流过一电阻器，你必须在该器件的两端建立一电势差。这样做的一种方法是把电阻器的每端连接到充电电容器的一个极板。这个方案的问题在于电荷的流动对电容器起放电作用，会很快使两个极板达到相同的电势。当这种情况发生时，在电阻器中不再有电场，因而电荷的流动停止。

为了产生电荷的稳定流动，你需要一个“电荷泵”，即通过对载流子做功能在一对端子之间保持电势差的装置。我们叫这样的装置为电动势（emf）**装置**，并认为它能提供**电动势** $\mathscr{E}$，这意味它对载流子做功。电动势装置有时也叫**电动势源**。术语电动势来自过时的词组**电动力**，它在科学家们清楚地理解电动势装置的功能之前就被采用了。

安装在加利佛尼亚州 chino 地方的世界最大的电池组，它具有 10MW 的功率。在南加州爱迪林公司所属的电网上当用电高峰时投入使用。由于该电池组对载流子做功，所以它是一个电动势装置。

在第 27 章中，我们曾利用在电路中所建立的电场讨论载流子通过电路的运动，即电场产生使载流子运动的力。在本章中，我们采取一个不同的途径：我们依据所需要的能量讨论载流子的运动——电动势装置通过它做的功供给用于运动的能量。

常见的电动势装置是**电池**，用于驱动种类繁多的机械，从手表到潜水艇。然而，对我们日常生活影响最大的电动势装置是**发电机**，它借助于电连接物（导线）从发电厂在我们家中和工厂中产生电势差。像航天器上的翼板那样久已熟知的，叫做**太阳电池**的电动势装置还星罗棋布地安装在乡村供家庭使用。不大熟知的电动势装置是用于驱动航天飞机的**燃料电池**，以及为某些航天器及南极洲或其他地方的远程站提供电功率的**温差电堆**。电动势装置并不一定是一种器械——有生命的系统，包括从电鳗、人类直到植物，也具有生理的电动势装置。

虽然我们已列出的装置在它们的运行模式上相差悬殊，但它们都具有相同的基本功能——它们对载流子做功因而在它们的两个端子之间保持一电势差。

28 -2 功、能与电动势

图 28 -1 示出一电动势装置（把它看作是电池），它是包含单个电阻 R（电阻和电阻器的符号为 ⩘⩘⩘）的简单电路的一部分。电动势装置使它的两个电极之一（叫做正极并经常标明 +）的电势保持高于另一个电极（叫做负极并经常标明 -）。我们可用如图 28 -1 中所示的从负极指向正极的箭头表示该装置的电动势。在电动势箭头尾巴上的小圆圈把它与表示电流方向的箭头区分开。

当电动势装置未接入电路时，它内部的化学过程不在其内部引起载流子的任何净流动。然而，如图 28 -1 所示，当它接入电路时，其内部的化学过程就引起正载流子沿电动势箭头的方向从负极到正极的净流动。这个流动是环绕电路沿相同方向（图 28 -1 中顺时针方向）所形成的电流的一部分。

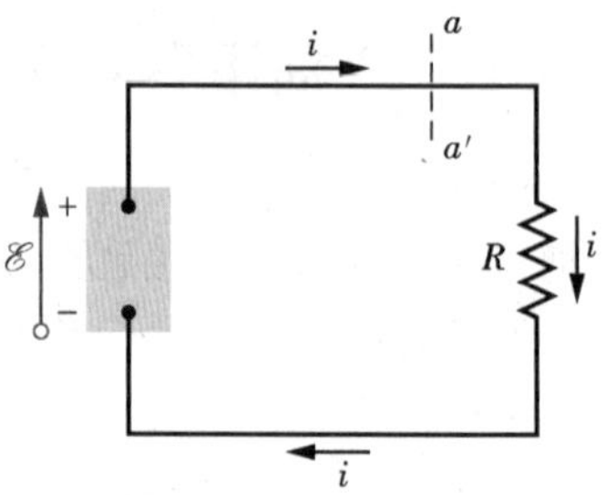

图 28-1 一个简单电路，其中电动势装置 $\mathscr{E}$ 对载流子作功并在电阻 R 的电阻器中维持一恒定的电流 i。

在电动势装置内部，正载流子从低电势因而低电势能的部位（在负极处）移动到较高电势和较高电势能的部位（在正电极处）。这个运动恰好与两电极之间电场（它从正极指向负极）将引起的载流子的运动方向相反。

因而，在该装置内部必定有某个能源能在迫使电荷这样运动时对它们做功。这能源可以是化学的，如在电池或燃料电池中。它可能涉及机械力，像在发电机中。温差可能供给能量，像在温差电偶中；或者太阳可能供给能量，像在太阳电池中。

现在让我们根据功能转换的观点分析图 28-1 的电路。在任一时间间隔 dt 内，电荷 dq 通过这个电路的任一横截面，比如 aa'。相同数量的电荷应该在其低电势端进入电动势装置并从其高电势端离去。该装置必须对电荷 dq 做适量的功 dW 以迫使它这样运动。我们用这个功定义电动势装置的电动势：

$$\mathscr{E} = \frac{dW}{dq} \quad (\mathscr{E}\text{的定义}) \tag{28-1}$$

用语言来表述，电动势装置的电动势为，使单位电荷从其低电势的电极移到其高电势的电极时该装置所做的功。电动势的 SI 单位是焦每库。在第 25 章中我们曾定义该单位为伏。

理想电动势装置是对电荷从一极到另一极的内部运动没有任何内电阻的装置。理想电动势装置两极间的电势差等于该装置的电动势。例如，一具有 12.0V 电动势的理想电池的两极间始终持有 12.0V 的电势差。

实际的电动势装置，例如任何实际的电池，对于电荷的内部运动具有内电阻。当实际的电动势装置未被接入电路时，没有电流通过它，其两极间的电势差等于其电动势。然而，当该装置有电流通过时，其两极间的电势差不同于其电动势。我们将在 28-4 节中讨论这样的实际电池。

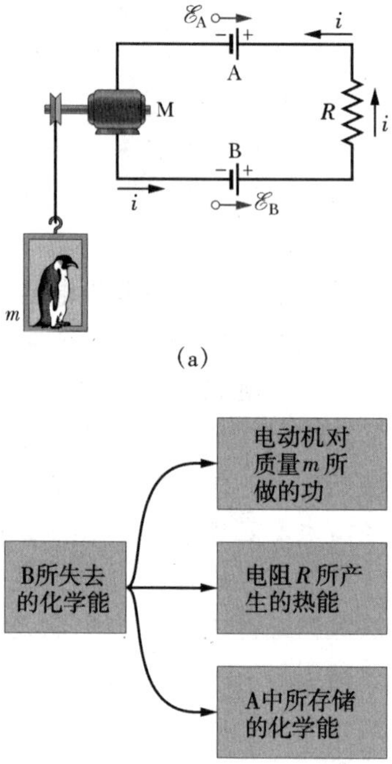

图 28-2 (a) 在电路中，$\mathscr{E}_B > \mathscr{E}_A$，因此电池 B 决定电流的方向。(b) 在电路中能量的转移，设在电动机中无耗散。

当电动势装置接入电路时，该装置把能量转移到通过它的载流子。这能量随后可从载流子转移到电路中的其他装置，例如点亮一个灯泡。图 28-2a 示出含有两个理想的、可再充电的（**蓄**）电池 A 和 B、电阻 R 及电动机 M 的电路，M 可通过利用它从电路中载流子获得的能量提起一物体。应注意两个电池的连接在于使它们要按相反的方向环绕电路传送电荷。在电路中，电流的实际方向由具有较大电动势的电池确定，在这里是电池 B，所以随着能量转移到通过它的载流子，B 内部的化学能在减少。然而，电池 A 内部的化学能在增多，因为在 A 中的电流从正极指向负极。因而，电池 B 使电池 A 充电。电池 B 还提供能量给电动机 M 并提供电阻 R 耗散的能量。图 28-2b 示出从电池 B 转移的所有三部分能量；每部分都使电池的化学能减少。

28 -3　计算单回路电路中的电流

我们在这里讨论计算图 28 -3 的**单**回路电路中电流的两种方法：一种方法基于能量守恒的考虑；而另一种基于电势的概念。该电路包含具有电动势 $\mathscr{E}$ 的理想电池 B、电阻为 R 的电阻器和两根导线（除非另外指出，我们假定电路中导线的电阻可忽略，于是它们功能仅是为载流子提供能运动的通路）。

能量方法

式（27 -22）（$P=i^2R$）告诉我们，在时间间隔 dt 内由 i^2Rdt 给定的能量将作为热能出现在图 28 -3 的电阻器中（由于我们假定导线的电阻可忽略，不会有热能在它们中出现）。在上述间隔内，电荷 $dq=idt$ 通过了电池 B，而电池对这个电荷已做的功，按照式（28 -1），为

$$dW=\mathscr{E}dq=\mathscr{E}idt$$

根据能量守恒原理，（理想）电池所做的功必定等于出现在电阻器中的热能：

$$\mathscr{E}idt=i^2Rdt$$

于是我们得

$$\mathscr{E}=iR$$

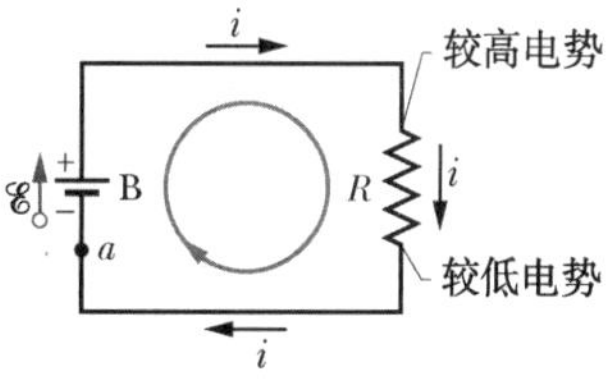

图 28 -3　单回路电路，其中一个电阻 R 连到一个电动势为 $\mathscr{E}$ 的电池 B 上。在电路各处电流 i 的方向是相同的。

电动势 $\mathscr{E}$ 是电池转移到每单位运动电荷的能量。量 iR 是**从**每单位运动电荷转移到电阻器内的热能。因此，此式表明转移到每单位运动电荷的能量等于从每单位运动电荷转移走的能量。解 i，求得

$$i=\frac{\mathscr{E}}{R} \tag{28-2}$$

电势方法

假设我们从图 28 -3 的电路中任一点出发并在想象中环绕电路沿两个方向中的任一个前进，用代数方法把我们遇到的电势差相加。然后当我们返回到发出点时，一定也回到了原来的电势。在实际这样做之前，我们将使这个构想按一种表述公式化，该公式化的表述不仅适用于像图 28 -3 那样的单回路电路，而且也适用于像我们将在 28 -6 节中讨论的**多回路**电路中任一完整的回路：

回路定则：沿电路的任一回路绕行一周所遇到的电势改变的代数和必定为零。

这通常以德国物理学家基尔霍夫（G. R. Kirchhoff）的名字命名，被称为**基尔霍夫回路定则**（或**基尔霍夫电压定律**）。这条定则相当于说，一座山上的每一点只有一个海拔高度。如果你从任一点出发并在绕山行走后返回该点，则你所遇到的高度改变必定为零。

在图 28 -3 中，让我们从电势为 V_a 的 a 点出发，在想象中绕电路沿顺时针方向走直到回到 a 点处，并一路记录电势的改变。我们的出发点在电池的低电势电极处。由于电池是理想的，其两极间的电势差等于 $\mathscr{E}$。当我们通过电池到高电势的电极时，电势的改变是 $+\mathscr{E}$。

当我们沿着顶部导线走到电阻器的顶端时，因为导线的电阻可忽略，所以没有电势的改变，

它与电池的高电势电极处于相同的电势，电阻器的顶端也是如此。然而，当我们通过电阻器时，按照式（27－8）（我们可把它改写为 $V=iR$）电势改变了。而且，电势应该降低因为我们是从电阻器电势较高的一边动身的。因而，电势的改变为 $-iR$。

我们通过沿底部导线运动返回到 a 点处。由于这段导线的电阻也能忽略，我们仍然没有遇到电势改变。回到 a 点处，电势重新为 V_a。因为我们沿完整的回路绕行一周，我们的初始电势，被沿途的电势改变修正后，应该等于我们的终了电势；即

$$V_a+\mathscr{E}-iR=V_a$$

V_a 的值从此式消除后，变成

$$\mathscr{E}-iR=0$$

解此式求 i，我们得到与能量方法得到的（式（28－2））相同的结果 $i=\mathscr{E}/R$。

如果我们把回路定则应用到绕电路的逆时针方向绕行一周，由该定则得

$$-\mathscr{E}+iR=0$$

仍然求得 $i=\mathscr{E}/R$。因而，你可以在想象中沿任何一个方向绕行回路而应用回路定则。

对于比图28－3的电路更复杂的电路，当我们绕行回路时，让我们为确定电势差制定两条定则：

电阻定则：对于沿电流方向通过电阻的移动，电势的改变是 $-iR$，沿相反的方向它是 $+iR$。

电动势定则：对于沿电动势箭头方向通过理想电动势装置的移动，电势的改变是 $+\mathscr{E}$；沿相反的方向它是 $-\mathscr{E}$。

检查点1：附图示出具有电池B和电阻 R（及电阻可忽略的导线）的单回路电路中的电流 i。问：(a) 在B处的电动势箭头应该向左还是向右画？按照：(b) 电流的大小；(c) 电势；(d) 载流子的电势能，由大到小把 a、b 及 c 点排序。

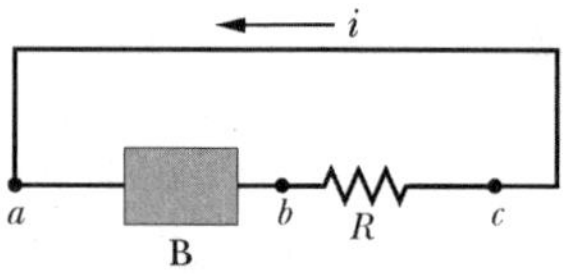

28－4　其他单回路电路

在本节中，我们按两种情形推广图28－3的简单电路。

内阻

图28－4a示出一具有内阻 r 的实际电池，用导线连到电阻为 R 的外电阻上。电池的内阻是其导电材料的电阻，因而是电池不能除去的特性。然而，在图28－4a中，电池被画成好像它能被分离成一具有电动势 $\mathscr{E}$ 的理想电池和一电阻为 r 的电阻器。这些被分离部分的符号被画出的顺序并不重要。

如果我们从 a 点出发顺时针地应用回路定则，电势的**改变**给出

$$\mathscr{E}-ir-iR=0 \tag{28－3}$$

解出电流，有

$$i=\frac{\mathscr{E}}{R+r} \tag{28-4}$$

应注意，如果电池是理想的，即如果 $r=0$，则此式简化为式（28-2）。

图 28-4b 用图解法示出环绕该电路电势的改变（为了较好地把图 28-4b 与图 28-4a 的闭合电路联系起来，想象把该图卷成圆筒形而左边的 a 点与右边的 a 点重合）。应注意这样绕行该电路，就好像环绕一(势)山行走并返回到你的出发点那样——你仍然回到了原来的高度。

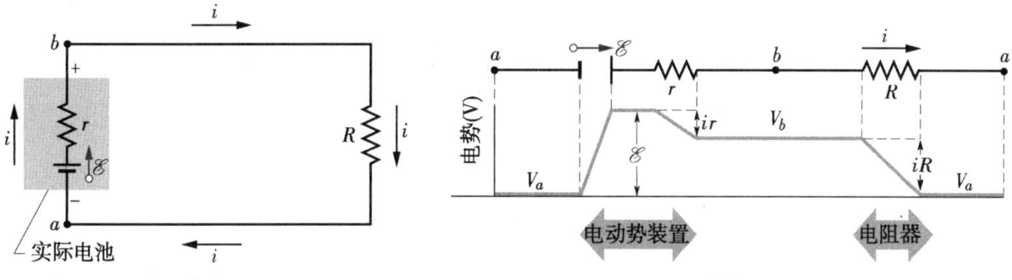

图 28-4 (a) 包含具有内阻 r 和电动势 $\mathscr{E}$ 的实际电池的一个单回路电路。(b) 同一电路，但展开成一直线。也画出了从 a 点出发沿顺时针方向绕行电路时所遇到的电势。电势 V_0 被任意地赋予零值，电路中其他电势都相对于 V_0 画出。

在本书中，当一电池未被称作实际的或倘若被指明无内阻时，则你一般可假定它是理想的——但，当然，在现实世界中电池总是实际的并具有内阻。

串联的电阻

图 28-5a 示出三个电阻被**串联**到具有电动势 $\mathscr{E}$ 的理想电池上。这个描述与电阻怎样被画出没有什么关系。宁可说，“串联”表示这些电阻一个接着一个用导线连接，而电势差 V 加在该系列的两端。在图 28-5a 中，电阻一个接一个地连接在 a 与 b 之间，而其间电势差由电池保持。那时在串联电阻两端的电势差在每个电阻中产生同样的电流。一般说来，

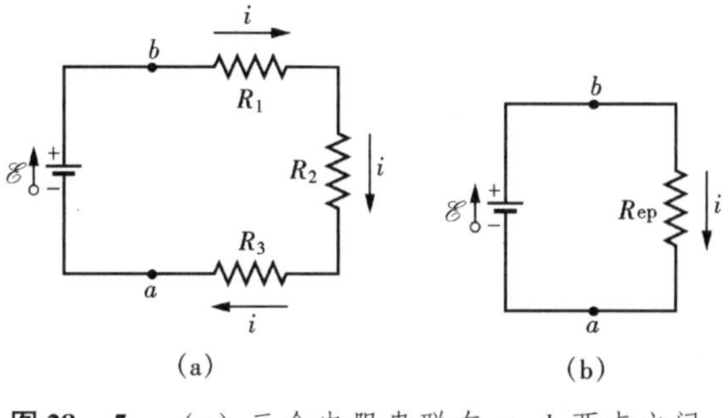

图 28-5 (a) 三个电阻串联在 a、b 两点之间。(b) 用等效电阻 R_{ed} 替代了三个电阻的等效电路。

当电势差 V 加在串联电阻的两端时，这些电阻具有同样的电流 i。各个电阻两端的电势差之和等于所加的电势差 V。

应注意，通过串联电阻的电荷只能沿单一路线运动。如果有另外的路线，以致在不同电阻中的电流不相同，则电阻不是串联的。

串联电阻能用一等效电阻 R_{eq} 替代，该电阻与那些实际的电阻具有相同的电流和相同的**总**电势差 V。

图 28-5b 示出能替代图 28-5a 中三个电阻的等效电阻 R_{eq}。

为了推导图 28-5b 中 R_{eq} 的表达式，我们把回路定则应用到两个电路。对于图 28-5a，从 a 端出发环绕电路顺时针走，我们求得

$$\mathscr{E} - iR_2 - iR_2 - iR_3 = 0$$

或

$$i = \frac{\mathscr{E}}{R_1 + R_2 + R_3} \tag{28-5}$$

对于图 28-5b，在三个电阻被一单个的等效电阻 R_{eq} 替代的情况下，我们求得

$$\mathscr{E} - iR_{eq} = 0$$

或

$$i = \frac{\mathscr{E}}{R_{eq}} \tag{28-6}$$

式（28-5）与式（28-6）的比较表明

$$R_{eq} = R_1 + R_2 + R_3$$

此结果直截推广到 n 个电阻，为

$$R_{eq} = \sum_{j=1}^{n} R_j \text{（串联的 } n \text{ 个电阻）} \tag{28-7}$$

应注意，当电阻串联时，它们的等效电阻大于任一单个电阻。

检查点 2：在图 28-5a 中，如果 $R_1 > R_2 > R_3$，按照（a）通过它们的电流及（b）它们的电势差，把三个电阻由大到小排序。

28-5 电势差

我们经常需要求电路中两点之间的电势差。例如，在图 28-4a 中，b 与 a 两点之间的电势差是多少？为了求该电势差，让我们从 b 点出发沿电路顺时针绕行，通过电阻器 R 到 a 点。如果 V_a 和 V_b 分别是 a 和 b 处的电势，则有

$$V_b - iR = V_a$$

因为（按照我们的电阻定则）我们在沿电流方向通过电阻的情况下经历电势的下降。我们把上式改写为

$$V_b - V_a = +iR \tag{28-8}$$

它告诉我们，b 点处于比 a 点高的电势。把式（28-8）与式（28-4）结合，有

$$V_b - V_a = \mathscr{E}\frac{R}{R+r} \tag{28-9}$$

式中，r 仍然是电动势装置的内阻。

为了求出电路中任何两点之间的电势差，从一点出发沿任一路径绕行电路到另一点，并且用代数方法把你遇到的电势改变相加。

让我们重新计算 $V_b - V_a$，仍从 b 点出发但这次沿逆时针方向通过电池前进到 a，则有

$$V_b + ir - \mathscr{E} = V_a$$

或

$$V_b - V_a = \mathscr{E} - ir \tag{28-10}$$

把此式与式（28-4）结合仍得到式（28-9）。

在图 28-4 中量 $V_b - V_a$ 是电池在其两极之间建立的电势差。如前所示，只有当电池没有内阻（在式（28-9）中 $r=0$）或电路断开（在式（28-10）中 $i=0$）时，$V_b - V_a$ 才等于电池的电动势 $\mathscr{E}$。

假设在式（28-4）中，$\mathscr{E}=12\text{V}$，$R=10\Omega$，而 $r=2.0\Omega$。式（28-9）告诉我们，电池两极之间的电势差为

$$V_b - V_a = 12\text{V} \times \frac{10\Omega}{10\Omega + 2.0\Omega} = 10\text{V}$$

在“抽运”电荷通过自身时，电池对每单位电荷做的功为 $\mathscr{E}=12\text{J/C}$，或 12V。然而，因为电池的内阻，它在其两极之间产生的电势差仅为 10J/C，或 10V。

功率、电势与电动势

当电池或其他一些类型的电动势装置对载流子做功引起电流时，它把能量从其能源（例如电池中的化学源）转移给载流子。因为实际的电动势装置具有电阻 r，它还通过 27-7 节中所讨论的电阻性耗散把能量转化为内部热能。让我们把这些转移和转化联系起来考虑。

能量从电动势装置转移到载流子的功率 P 由式（27-21）给出：

$$P = iV \tag{28-11}$$

式中，V 是电动势装置两极之间的电势差。根据式（28-10），我们能将 $V=\mathscr{E}-ir$ 代入式（28-11）求得

$$P = i(\mathscr{E} - ir) = i\mathscr{E} - i^2 r \tag{28-12}$$

我们看出式（28-12）中 $i^2 r$ 一项是在电动势装置内部能量转化为热能的时率 P_r：

$$P_r = i^2 r \quad \text{（内部耗散时率）} \tag{28-13}$$

式（28-12）中 $i\mathscr{E}$ 一项一定是电动势装置把能量转移给载流子和转化为内部热能两方面的时率 P_{emf}。因而，

$$P_{\text{emf}} = i\mathscr{E} \quad \text{（电动势装置的功率）} \tag{28-14}$$

如果电池被**重新充电**，电流以相反的方向通过它，则能量**从**载流子转移**给**电池，既成为电池的化学能，又成为在内阻 r 中耗散的能量。化学能的改变时率由式（28-14）给出，耗散时率由式（28-13）给出，而载流子供给能量的时率由式（28-11）给出。

例题 28-1

图 28-6a 的电路中电动势和电阻具有以下的值：$\mathscr{E}_1=4.4\text{V}$，$\mathscr{E}_2=2.1\text{V}$，$r_1=2.3\Omega$，$r_2=1.8\Omega$，$R=5.5\Omega$。(a) 电路中的电流有多大？

【解】 这里**关键点**是，我们能应用回路定则得到这个单回路电路中电流 i 的表达式。尽管不需要

i 的方向，但我们可根据两个电池的电动势很容易地确定它。因为 $\mathscr{E}_1$ 大于 $\mathscr{E}_2$，电池 1 支配 i 的方向，所以该方向是顺时针的。然后让我们从 a 点出发沿逆时针方向，即逆着电流前进，应用回路定则，我们求得

$$-\mathscr{E}_1 + ir_1 + iR + ir_2 + \mathscr{E}_2 = 0$$

请核实如果我们沿顺时针方向或从不同于 a 的某一点出发应用回路定则，仍然得出此式。此外，费点时间把此式与用图解法示出电势改变的图 28－6b 逐项比较一下（在该图中 a 点处的电势被任意地取为零）。

解以上的回路方程求 i，得到

$$i = \frac{\mathscr{E}_1 - \mathscr{E}_2}{R_1 + r_1 + r_2} = \frac{4.4\text{V} - 2.1\text{V}}{5.5\Omega + 2.3\Omega + 1.8\Omega} = 0.2396\text{A} \approx 240\text{mA}$$

（答案）

(b) 图 28－6（a）中电池 1 两极间的电势差是多少？

【解】 **关键点**是把 a 与 b 两点之间的一些电势差加起来。让我们从 b 点（实际上电池 1 的负极）出发顺时针穿过电池 1 到 a 点（实际上正极）记录电势的改变，得

$$V_b - ir_1 + \mathscr{E}_1 = V_a$$

由此得

$$V_a - V_b = -ir_1 + \mathscr{E}_1 = -(0.2396\text{A})(2.3\Omega) + 4.4\text{V} = +3.84\text{V} \approx 3.8\text{V}$$

（答案）

它小于电池的电动势。你可从图 28－6a 中 b 点出发沿逆时针方向绕行电路到 a 点来核实这个结果。

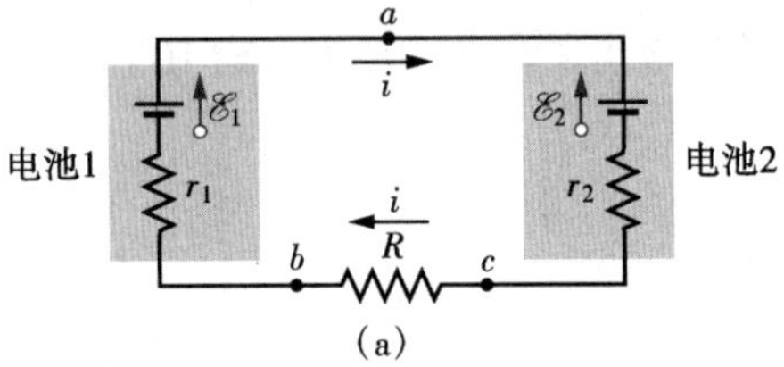

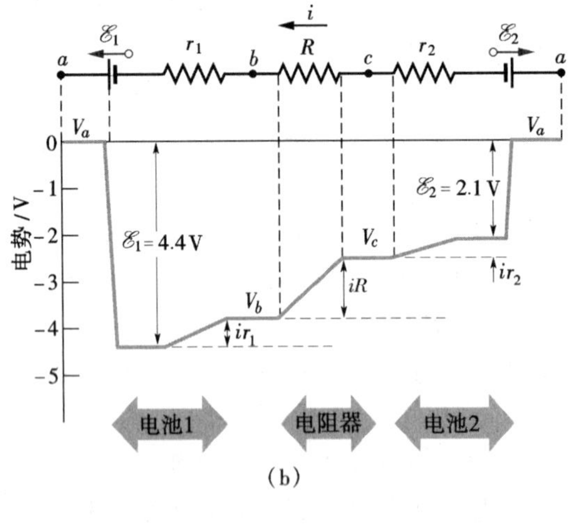

图 28－6 例题 28－1 图 (a) 包含两个实际电池和一个电阻器的单回路电路。两电池方向相反；就是说，它们要使电流沿相反方向通过电阻器。(b) 从 a 点出发沿逆时针方向的电势图，a 点的电势被任意地取为零（为了更好地把电路和图联系起来，想象把电路在 a 点切断，随后把电路的左边向左展开，右边向右展开）。

检查点 3：一电池具有 12V 的电动势和 2Ω 的内阻。倘若电池中的电流 (a) 从负极到正极；(b) 从正极到负极；(c) 为零，则电池两极间的电势差是大于、小于，还是等于 12V？

解题线索

线索1： 假定电流方向

在解电路问题的过程中，你并不需要事先知道电流的方向。倒是可以假定它的方向，尽管那可能需要一些物理勇气。为了说明这一点，假定图28-6a中电流是逆时针的，即倒转电流箭头所示的方向。从a点出发沿逆时针方向应用回路定则给出

$$-\mathscr{E}_1 - ir_1 - iR - ir_2 + \mathscr{E}_2 = 0$$

或

$$i = -\frac{\mathscr{E}_1 - \mathscr{E}_2}{R + r_1 + r_2}$$

代入例题28-1的数据得出电流$i = -240\text{mA}$。负号标志电流与我们最初假定的方向相反。

28-6 多回路电路

图28-7示出含有多个回路的电路。为简单起见，我们假定电池是理想的。在这个电路中，有两个结点，b和d，而且有三个连接这些结点的支路。这些支路是左支路（bad），右支路（bcd）和中央支路（bd）。在这三条支路中电流各如何？

我们任意标明这些电流，对每条支路采用不同的下标。在支路bad中，电流i_1处处具有同样的值，在支路bcd中，i_2处处具有同样的值，而i_3是贯穿支路bd的电流，这些电流的方向是任意假定的。

先考虑结点d：电荷通过输入电流i_1和i_3进入该结点；并且通过输出电流i_2离开。因为在结点处电荷没有变化，总输入电流必定等于总输出电流：

$$i_1 + i_3 = i_2 \tag{28-15}$$

你能很容易核查出，把上述条件应用到节点b完全导致相同的方程。于是由式（28-15）得出一条普遍原理：

结点定则： 进入任一结点的电流之和必然等于离开该结点的电流之和。

这条定则经常被称为**基尔霍夫结点定则**（或**基尔霍夫电流定律**）。它只不过是电荷守恒对电荷恒定流动的表述——在结点处既没有电荷的累积也没有电荷的损耗。因此，我们用于求解复杂电路的基本工具是**回路定则**（基于能量守恒）和**结点定则**（基于电荷守恒）。

式（28-15）是包含三个未知量的单个方程。为了完全地求解电路（即求出所有的三个电流），我们需要包含上述那些未知量的另外两个方程。我们两次应用回路定则得到它们。在图28-7的电路中，我们具有三个可供选择的回路：左边的回路（$dadb$），右边的回路（$bcdb$）和大的回路（$badcd$）。选择哪两个并无关紧要——让我们选择左边的回路和右边的回路。

如果我们从b点沿逆时针方向绕行左边的回路，则由回路定则得

$$\mathscr{E}_1 - i_1R_1 + i_3R_3 = 0 \tag{28-16}$$

如果我们从b点沿逆时针方向绕行右边的回路，则由回路定则得

$$-i_3R_3 - i_2R_2 - \mathscr{E}_2 = 0 \tag{28-17}$$

我们现在对三个未知电流有三个方程（式（28-15）、式（28-16）及式（28-17）），而能通过不同方法把它们解出。

如果我们已将回路定则应用到大的回路，则理应得到（从b逆时针前进）方程：

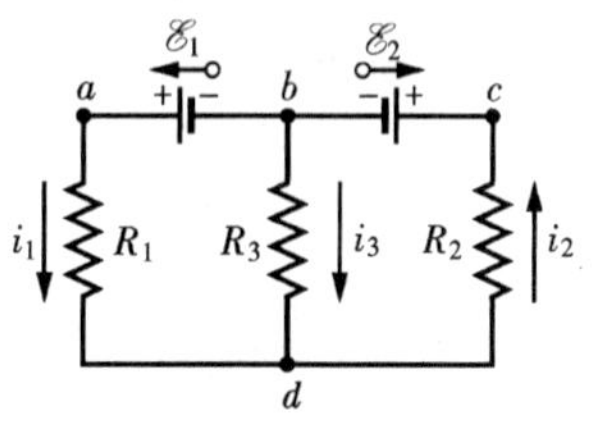

图28-7 包含三个支路的多回路电路。

物理学基础

$$\mathscr{E}_1 - i_1R_1 - i_2R_2 - \mathscr{E}_2 = 0$$

这个方程可能看来像新鲜的信息，但实际上它只是式（28－16）和式（28－17）的相加（然而，当一起采用它与式（25－15）及式（28－16）或（28－17）两者之一时，也会给出正确的结果）。

并联的电阻

图28－8a示出三个电阻**并联**到具有电动势$\mathscr{E}$的理想电池上。术语“并联”表示这些电阻在一端直接用导线连起来，而在另一端也用导线直接连起来，而电势差V加在这一对连接起来的两端。因而，所有的电阻具有相同的电势差，使电流通过各个电阻。概括地说，

> 当电势差V加到几个并联的电阻上时，这些电阻全部具有相同的电势差V。

在图28－8a中，所加的电势差V由电池保持。在图28－8b中，三个电阻已用一等效电阻R_{eq}替代。

> 并联的电阻能用一等效电阻替代，该电阻与那些实际的电阻具有相同的电势差和相同的总电流i。

为了导出图28－8b中R_{eq}的表达式，我们首先把图28－8a的每个实际电阻中的电流写作

$$i_1 = \frac{V}{R_1},\quad i_2 = \frac{V}{R_2},\quad i_3 = \frac{V}{R_3}$$

式中，V是a与b间的电势差。如果我们在图28－8a中a点处应用结点定则并随后代入这些值，我们求得

$$i = i_1 + i_2 + i_3 = V\left(\frac{1}{R_1} + \frac{1}{R_2} + \frac{1}{R_3}\right) \tag{28-18}$$

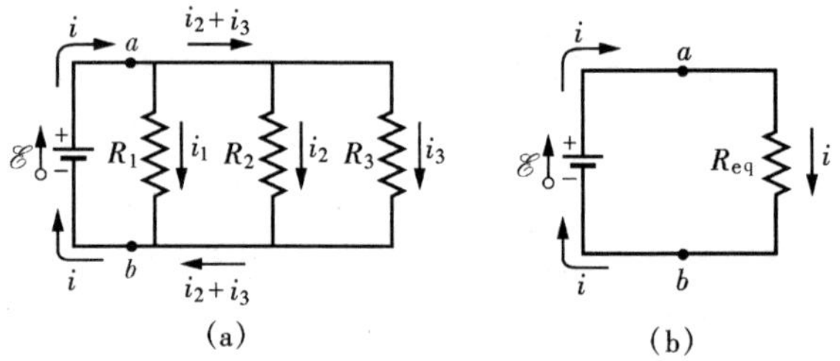

图28－8 （a）三个电阻器跨越a、b两点被并联。（b）用等效电阻R_{eq}替代三个电阻器。

如果我们用等效电阻R_{eq}替代该并联组合（见图28－8b），我们将有

$$i = \frac{V}{R_{eq}} \tag{28-19}$$

比较式（28－18）和式（28－19）导出

$$\frac{1}{R_{eq}} = \frac{1}{R_1} + \frac{1}{R_2} + \frac{1}{R_3} \tag{28-20}$$

把这个结果推广到n个电阻的情况，我们有

$$\frac{1}{R_{eq}} = \sum_{j=1}^{n} \frac{1}{R_j} \quad \text{（并联的 } n \text{ 个电阻）} \tag{28-21}$$

对于两个电阻的情况，等效电阻是它们的积除以它们的和，即

$$R_{eq} = \frac{R_1R_2}{R_1 + R_2} \tag{28-22}$$

如果你偶然把等效电阻取作它们的和除以它们的积，则你会立刻注意到这个结果在量纲上将是不正确的。

应注意当两个或多个电阻并联时，等效电阻小于组合电阻中的任一个。表 28-1 总结了电阻器和电容器的串联与并联的等效关系。

表 28-1 串联和并联的电阻器和电容器

串联	并联	串联	并联
电阻器		电容器	
$R_{eq}=\sum_{j=1}^{n}R_j$ 相同的电流通过所有的电阻器	$\frac{1}{R_{eq}}=\sum_{j=1}^{n}\frac{1}{R_j}$ 相同的电势差加在所有的电阻器上	$\frac{1}{C_{eq}}=\sum_{j=1}^{n}\frac{1}{C_j}$ 相同的电荷在所有的电容器上	$C_{eq}=\sum_{j=1}^{n}C_j$ 相同的电势差加在所有的电容器上

检查点 4：具有电势差 V 的电池连接到两个相同电阻器的组合，于是有电流通过它。如果两电阻器是 (a) 串联的及 (b) 并联的，则每一电阻器上的电势差及通过每一电阻器的电流是多大？

例题 28-2

图 28-9a 示出一多回路电路，它包含一个理想电池和四个电阻，它们具有下列的值：$R_1=20\Omega$，$R_2=20\Omega$，$R_3=30\Omega$，$R_4=8.0\Omega$，$\mathscr{E}=12\text{V}$。(a) 通过电池的电流有多大？

【解】 首先应注意通过电池的电流也应是通过 R_1 的电流。因而，这里一个**关键点**是，我们应该把回路定则应用到包含 R_1 的回路去求出电流，因为该电流将被包括在跨越 R_1 的电势差中。左边的回路或大的回路都可使用。应注意电池的电动势箭头指向上方，所以电池供给的电流是顺时针的，我们可以从 a 点沿顺时针方向应用回路定则到左边的回路。在通过电池的电流为 i 的情况下，我们将得到

$$+\mathscr{E}-iR_1-iR_2-iR_4=0 \quad (\text{不正确})$$

然而，此式不正确，因为它假定 R_1、R_2 和 R_4 全部具有相同的电流。电阻 R_1 和 R_4 确定具有相同的电流，通过 R_4 的电流一定通过电池然后通过 R_1，大小没有变化。然而，该电流在结点 b 处分解，仅一部分通过 R_2，其余的通过 R_3。

为了区分电路中的几个电流，我们应该如在图 28-9b 中那样逐一标明它们。于是，从 a 顺时针绕行，我们可写出对左边回路的回路定则为

$$+\mathscr{E}-i_1R_1-i_2R_2-i_1R_4=0$$

不幸的是，此式包含两个未知量 i_1 和 i_2，我们至少将需要另一个方程去求出它们。

第二个**关键点**是，一个较容易的选择是通过求出等效电阻来简化图 28-9b 的电路。请注意，R_1 和 R_2 不是串联的，因而不能被一等效电阻替代。然而，R_2 和 R_3 是并联的，所以我们能用式 (28-21) 或式 (28-22) 求出它们的等效电阻 R_{23}。根据后一式，

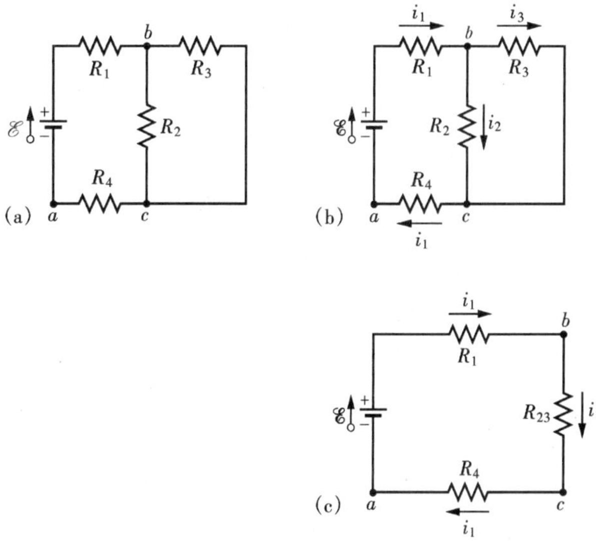

图 28-9 例题 28-2 图 (a) 由电动势为 $\mathscr{E}$ 的电池和四个电阻组成的多回路电路。(b) 假定通过各电阻的电流。(c) 电路的简化，用 R_{23} 替代 R_2 和 R_3。通过 R_{23} 的电流和通过 R_2 与 R_3 的相同。

$$R_{23}=\frac{R_2R_3}{R_2+R_3}=\frac{(20\Omega)(30\Omega)}{50\Omega}=12\Omega$$

我们现在能重新画出电路如图 28-9c 所示。注意通过 R_{23} 的电流应该是 i_1，因为通过 R_1 和 R_4 的电荷必定也通过 R_{23}。对于这个简单的单回路电路，回路定则（从 a 点顺时针应用）给出

$$+\mathscr{E}-i_1R_1-i_1R_{23}-i_1R_4=0$$

将给定的数据代入，我们求得

$$12\text{V}-i_1(20\Omega)-i_1(12\Omega)-i_1(8.0\Omega)=0$$

由此得

$$i_1=\frac{12\text{V}}{40\Omega}=0.30\text{A} \quad (\text{答案})$$

(b) 通过 R_2 的电流有多大？

【解】：这里一个**关键点**是，我们应该从图 28 - 9c 的等效电路反向运行，在该电路中 R_{23} 已替代了并联的电阻 R_2 和 R_3。第二个**关键点**是，因为 R_2 和 R_3 是并联的，它们二者具有与其等效电阻 R_{23} 相同的电势差。我们知道通过 R_{23} 的电流为 $i_1=0.30\mathrm{A}$，因而，我们可应用式 (27 - 8) ($R=V/i$) 求出 R_{23} 上的电势差：

$$V_{23}=i_1R_{23}=(0.30\mathrm{A})(12\Omega)=3.6\mathrm{V}$$

R_2 上的电势差因而为 3.6V，于是根据式 (27 - 8)，R_2 中的电流 i_2 应为

$$i_2=\frac{V_2}{R_2}=\frac{3.6\mathrm{V}}{20\Omega}=0.18\mathrm{A} \qquad \text{(答案)}$$

(c) 通过 R_3 的电流 i_3 有多大？

【解】：我们可用如 (b) 中相同的方法来回答，或利用这个**关键点**：结点定则告诉我们，在图 28 - 9b 中 b 点处，进入的电流 i_1 和离开的电流 i_2 及 i_3 被式

$$i_1=i_2+i_3$$

联系起来。由此得

$$i_3=i_1-i_2=0.30\mathrm{A}-0.18\mathrm{A}=0.12\mathrm{A} \qquad \text{(答案)}$$

例题 28 - 3

图 28 - 10 示出一电路，其元件具有以下的值：$\mathscr{E}_1=3.0\mathrm{V}$，$\mathscr{E}_2=6.0\mathrm{V}$，$R_1=2.0\Omega$，$R_2=4.0\Omega$。三个电池是理想电池。试求三条支路的每一条中电流的大小及方向。

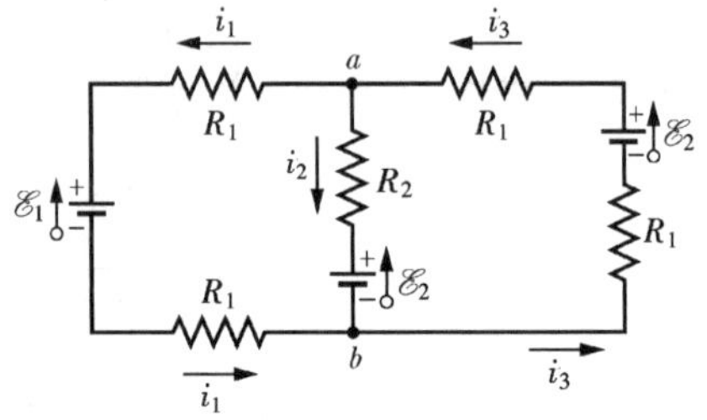

图 28 - 10 例题 28 - 3 图 具有三个理想电池和五个电阻的多回路电路。

【解】 试图简化这个电路是不值得的，因为没有两个电阻是并联的，而（那些在右边支路中或那些在左边支路中的）电阻器是串联的并没有问题。所以，我们的**关键点**是应用结点定则和回路定则。

利用如图 28 - 10 中所示的、任意选定的电流方向，我们在 a 点处应用结点定则，写出

$$i_3=i_1+i_2 \qquad (28-23)$$

结点定则在结点 b 处的应用仅仅给出相同的方程，所以我们接着应用回路定则到电路的三个回路中的两个。首先任意挑选左边的回路，任意地从 a 点出发并任意地沿逆时针方向绕行回路，得到

$$-i_1R_1-\mathscr{E}_1-i_1R_1+\mathscr{E}_2+i_2R_2=0$$

代入给定的数据并化简，给出

$$i_1(4.0\Omega)-i_2(4.0\Omega)=3.0\mathrm{V} \qquad (28-24)$$

关于对回路定则的第二次应用，我们任意选择从 a 点沿顺时针方向绕行右边的回路，求得

$$+i_3R_1-\mathscr{E}_2+i_3R_1+\mathscr{E}_2+i_2R_2=0$$

代入给定的数据并化简，给出

$$i_2(4.0\Omega)+i_3(4.0\Omega)=0 \qquad (28-25)$$

利用式(28 - 23)从式(28 - 25)消去 i_3 并化简，得

$$i_1(4.0\Omega)+i_2(8.0\Omega)=0 \qquad (28-26)$$

我们现在有一个有两个方程的方程组，带有两个未知量(i_1 和 i_2)，我们既可“亲手”(在这里很容易)解，也可用一个“数学软件包”(一种解法是附录 E 中给出的 Clamer 法则)去求解。于是求出

$$i_2=-0.25\mathrm{A}$$

(负号表明在图 28 - 10 中我们为 i_2 任意选定的方向是错误的；i_2 应该朝上通过 $\mathscr{E}_2$ 和 R_2。)将 $i_2=-0.25\mathrm{A}$ 代入式(28 - 26)解 i_1，得

$$i_1=0.50\mathrm{A} \qquad \text{(答案)}$$

借助式(28 - 23)然后求出

$$i_3=i_1+i_2=0.25\mathrm{A} \qquad \text{(答案)}$$

由 i_1 和 i_3 所得到的正的答案表明我们对这些电流方向的选择是正确的。我们现在可更正 i_2 的方向并把其大小写作

$$i_2=0.25\mathrm{A} \qquad \text{(答案)}$$

例题 28 - 4

电鱼能借助叫做**起电斑**的生物电池生成电流，起电斑是生理学的电动势装置。本章开页的照片所示的南美洲电鳗体中的起电斑排成 14 行，每行沿着其身体水平延伸，并且每行含有 5000 个起电斑，这种安排如图 28 - 11a 所示。每个起电斑具有 0.15V 的电动势 $\mathscr{E}$ 和 0.25Ω 的内阻 r。电鳗周围的水完成该起电斑阵列两端之间的电路，一端在该动物的头部而另一端接近其尾部。

(a)如果电鳗周围的水具有电阻 $R_w=800\Omega$，则电鳗在水中能生成多大的电流?

【解】 这里**关键点**是，我们可通过用等效电动势和等效电阻替代电动势及内阻的组合使图28-11a的电路简化。我们首先考虑单独一行。沿一行5000个起电斑的总电动热 $\mathscr{E}_{row}$ 是各起电斑的电动势之和：

$$\mathscr{E}_{row}=5000\mathscr{E}=5000\times0.15\mathrm{V}=750\mathrm{V}$$

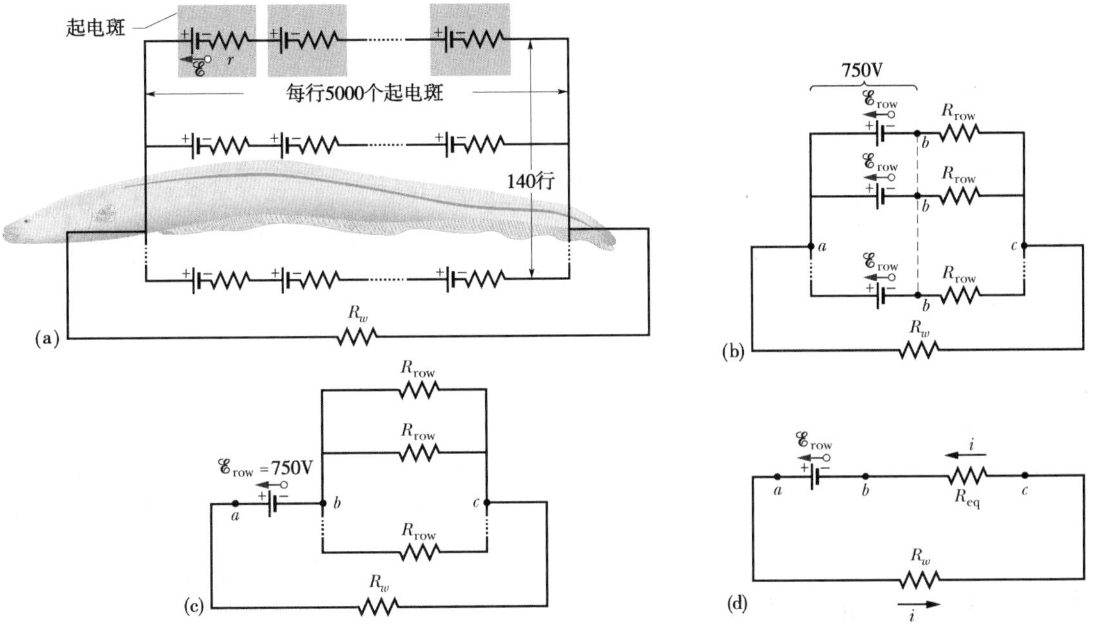

图28-11 例题28-4图

(a)水中电鳗的电路模型。电鳗的每个起电斑具有电动势 $\mathscr{E}$ 和内阻 r，沿着从电鳗头到尾的140行中每一行都有5000个起电斑，周围的水具有电阻 R。(b)每行的电动势 $\mathscr{E}_{row}$ 和内阻 R_{row}。(c) a、b 间的电动势为 $\mathscr{E}_{row}$，b、c 间为140个并联的电阻 R_{row}。(d)用 R_{eq} 替代并联组合的简化电路。

每行总电阻是5000个起电斑的内阻之和：

$$R_{row}=5000r=5000\times0.25\Omega=1250\Omega$$

我们现在可把相同的140行的每一行表示为具有单个电动势 $\mathscr{E}_{row}$ 和单个电阻 R_{row}，如图28-11b所示。

在图28-11b中，a 点与任一行上b点之间的电动势为 $\mathscr{E}_{row}=750\mathrm{V}$。因为这些行是相同的，并且因为它们在图28-11b的左边全部连在一起，所以该图中所有的 b 点都具有相同的电势。因而，我们可以认为它们都连接到单独一个 b 点。a 点与这单个的 b 点之间的电动势为 $\mathscr{E}_{row}=750\mathrm{V}$，所以我们可把电路画为如图28-11c所示。

在图28-11c中，b 点与 c 点之间是140个全部并联的电阻 $R_{row}=1250\Omega$。这个组合的等效电阻 R_{eq} 由式(28-21)给出，为

$$\frac{1}{R_{eq}}=\sum_{j=1}^{140}\frac{1}{R_j}=140\frac{1}{R_{row}}$$

或
$$R_{eq}=\frac{R_{row}}{140}=\frac{1250\Omega}{140}=8.93\Omega$$

用 R_{eq} 替代该并联组合，我们得到图28-11d的简化电路。从 b 点沿逆时针方向把回路定则应用到这个电路，有

$$\mathscr{E}_{row}-iR_w-iR_{eq}=0$$

解出 i 并代入已知的数据，求出

$$i=\frac{\mathscr{E}_{row}}{R_w+R_{eq}}=\frac{750\mathrm{V}}{800\Omega+8.93\Omega}$$
$$=0.927\mathrm{A}\approx0.93\mathrm{A} \qquad (答案)$$

如果电鳗的头部或尾部靠近一条鱼，这个电流的一部分能沿穿过那条鱼的狭窄的路径流过，把它击晕或击毙。

(b)穿过图28-11a中每一行的电流有多大?

【解】 这里**关键点**是，由于这些行相同，进入并离开电鳗的电流在它们之中均匀分配：

$$i_{row}=\frac{i}{140}=\frac{0.927\mathrm{A}}{140}=6.6\times10^{-3}\mathrm{A} \qquad (答案)$$

因而，通过每行的电流很小，比通过水的电流约小两个数量级。当它击晕或击毙别的鱼时，这有助于电流散开通过电鳗的身体，而不致击晕或击毙自己。

解题线索

线索2：求解电池和电阻的电路

这里是用于求解电路中未知电流或电势差的两个通用的技巧。

1. 如果电路能用它们的等效电阻替代串联或并联的电阻器简化，那么就这样做，如果你能把电路化为一单个回路，则你就能借助该回路求出通过电池的电流，如在例题28－2a中那样。然后你可能必须“反向运行”，经历电阻器的简化过程，求出关于任一特定电阻器的电流或电势差，如在例题28－2b中。

2. 如果电路不能简化成单个回路，则应该像在例题28－3中那样用结点定则和回路定则写出一组联立方程。你只需要有与那些方程中的未知量一样多的独立方程。如果你必须求出关于一特定电阻器的电流或电势差，你可以根据选定的回路中至少有一个通过该电阻器而确保其电流或电势差出现在方程组中。

线索3：在求解电路问题中的任意选择

在例题28－3中，我们做出了几个任意选择，（1）我们任意地假定图28－10中电流的方向。（2）我们任意地挑选了三个可能的回路中的哪几个去写出方程。（3）我们任意地选择了沿各个回路的绕行方向。（4）我们任意地选择了每次绕行的出发点和终止点。

这种任意性往往使初学解电路的人烦恼，但有经验的解电路的人都知道它无关紧要。仅需牢记两条原则。首先，确保你完全地绕行了每个被选定的回路。其次，一旦你已为一个电流选定了方向，就要坚持住，直到你对所有的电流都得到数值为止。如果你对方向判断有错，代数运算将用负号向你发出信号。然后你可以通过仅仅抹去负号并在电路图中逆转表示该电流的箭头做出校正。然而，**你不必马上做这个校正，要等到对电路所要求的全部计算完成后再进行**，正如我们在例题28－3做过的那样。

28－7　安培计和伏特计

用来测量电流的仪表叫做**安培计**。为了测量导线中的电流，你一般不得不把导线切断并插入安培计以便待测电流通过安培计（在图28－12中，安培计已被安装用以测量电流i）。

安培计的电阻与电路中其他电阻相比必须很小，否则，电表的接入本身就会改变待测电流。

用来测量电势差的电表叫做**伏特计**。为了确定电路中任何两点间的电势差，伏特计的两个接线柱要连接在那两点之间，而不必折切断导线（在图28－12中，伏特计V已接入用以测量R_1上的电压）。

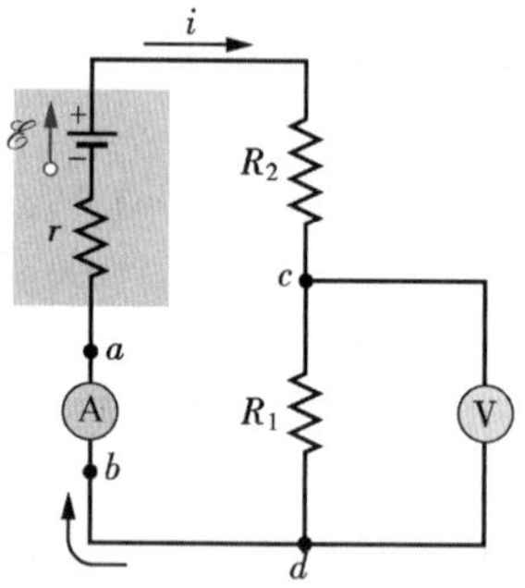

图28－12　单回路电路，说明如何连接安培计和伏特计。

伏特计的电阻与伏特计所跨接的任何电路元件的电阻相比必需很大，否则，电表本身会变成重要的电路元件，从而改变待测的电势差。

一般只装配单个电表，并借助开关，使它既能充当安培计又充当伏特计，而且通常还用作**欧姆计**。欧姆计是被设计用来测量连接在其两个接线柱间任何元件的电阻的。这种通用的装置叫做**万用表**。

28－8　*RC* 电路

在前面几节中，我们只涉及了电流不随时间改变的电路，现在我们开始讨论随时间改变的电流。

电容器充电

图28-13中电容为 C 的电容器最初未充电。为了使它充电，我们把开关S合到 a 点上。这就使包含电容器、电动势为 $\mathscr{E}$ 的理想电池和电阻 R 的 ***RC* 串联电路**接通。

从26-2节，我们已经了解电路一接通，电荷就开始在电容器的每一个极板与电池的一个电极之间流动（有电流存在）。这个电流使极板上的电荷 q 与电容器上的电势差 V_C（$=q/C$）增大。当该电势差等于电池两极的电势差（在这里它等于电动势 $\mathscr{E}$）时，电流为零。根据式（26-1）（$q=CV$），在那时充满电的电容器上的**平衡**（终了的）**电荷**等于 $C\mathscr{E}$。

这里我们想要探讨充电过程，特别是我们想要了解电容器极板上的电荷 $q(t)$、电容器上的电势差 $V_C(t)$ 及电路中的电流在充电过程中如何随时间变化。我们通过从电池的负极顺时针绕行电路，把回路定则应用到电路上开始。我们求得

$$\mathscr{E} - iR - \frac{q}{C} = 0 \tag{28-27}$$

在左边的最后一项表示电容器上的电势差。这项是负的，因为电容器的连接到电池正极的上板的电势高于下板的电势。因而，当我们向下移动通过电容器时有一个电势降落。

我们不能立即求解式（28-27），因为它包含两个变量 i 和 q。然而，那些变量并不是独立的。因为它们由下式相联系：

$$i = \frac{\mathrm{d}q}{\mathrm{d}t} \tag{28-28}$$

用此关系取代式（28-27）中的 i 并移项，得

$$R\frac{\mathrm{d}q}{\mathrm{d}t} + \frac{q}{C} = \mathscr{E} \quad（充电方程） \tag{28-29}$$

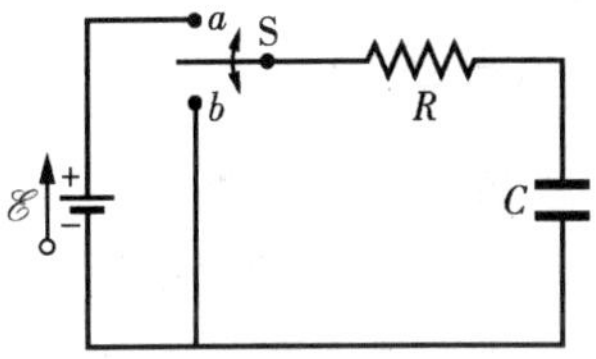

图28-13 电容器通过电阻器的充、放电电路。

这个微分方程描述图28-13中电容器上电荷 q 随时间的变化。为了求解它，我们需要求出函数 $q(t)$，它应满足这个方程并且满足电容器最初未充电的条件，即在 $t=0$ 时，$q=0$。

我们不久将说明式（28-29）的解为

$$q = C\mathscr{E}(1 - \mathrm{e}^{-t/RC}) \quad（电容器充电） \tag{28-30}$$

（这里e是指数的底，2.718…，而不是基本电荷）。应注意式（28-30）确实满足我们所要求的初始条件，因为当 $t=0$，$\mathrm{e}^{-t/RC}$ 一项为1，所以该式给出 $q=0$。还应注意当 t 趋于无穷大时（即长时间后），$\mathrm{e}^{-t/RC}$ 归于零；所以此式给出电容器上满（平衡）电荷的正确的值，即 $q=C\mathscr{E}$。关于充电过程 $q(t)$ 的曲线如图28-14a所示。

$q(t)$ 的导数是给电容器充电的电流 $i(t)$：

$$i = \frac{\mathrm{d}q}{\mathrm{d}t} = \left(\frac{\varepsilon}{R}\right)\mathrm{e}^{-t/RC} \quad（电容器充电） \tag{28-31}$$

关于充电过程的 $i(t)$ 曲线如图28-14b所示。应注意电流具有初始值 $\mathscr{E}/R$，当电容器充满电时，它减小到零。

就要充电的电容器，对充电电流来说最初其作用就像普通的导线，长时间后其作用像拆断的导线。

通过把式（26-1）（$q=CV$）与式（28-30）结合，我们求得在充电过程中电容器上的电

势差 $V_C(t)$ 为

$$V_C = \frac{q}{C} = \mathscr{E}(1 - e^{-t/RC}) \quad (\text{电容器充电}) \tag{28-32}$$

这告诉我们当 $t=0$ 时 $V_C=0$，并且当 $t\to\infty$、电容器充满电时，$V_C=\mathscr{E}$。

时间常量

出现在式（28－30）、式（28－31）及式（28－32）中的乘积 RC 具有时间的量纲（既因为指数的自变数应该无量纲，又因为，实际上，$1.0\Omega\times1.0F=1.0s$）。RC 叫做电路的**电容时间常量**，并用代号 τ 表示：

$$\tau = RC \quad (\text{时间常量}) \tag{28-33}$$

从式（28－30），我们现在能看出当时间 $t=\tau$（$=RC$）时，图28－13中最初未充电的电容器上的电荷已从零增大到

$$q = C\mathscr{E}(1 - e^{-1}) = 0.63C\mathscr{E} \tag{28-34}$$

用语言来表达，在第一个时间常数 τ 期间电荷已从零增大到其终了值 $C\mathscr{E}$ 的63%。在图28－14中，沿时间坐标轴的一些小三角形标明在电容器充电期间一个接一个的时间常量间隔。对 RC 电路的充电时间往往用 τ 来表达；τ 越大，充电时间越长。

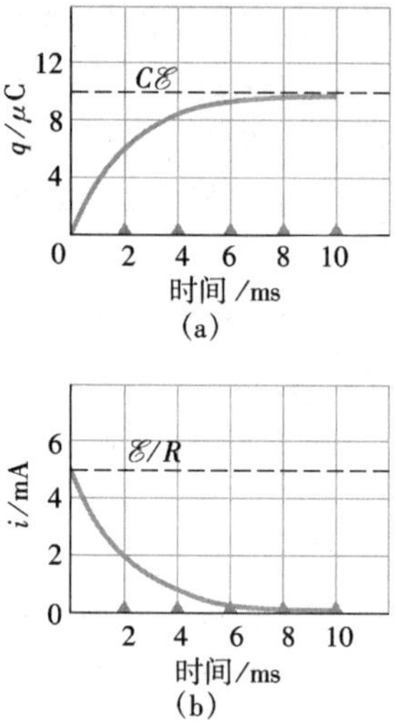

图28－14 （a）表示图28－13中的电容器充电过程的式（28－30）的曲线。（b）表示图28－13的电路中充电电流减小的式（28－3）的曲线。绘图时设 $R=2000\Omega$，$C=1\mu F$，而 $\mathscr{E}=10V$。

电容器放电

假定现在图28－13的电容器被完全充电到等于电池电动势 $\mathscr{E}$ 的电势差 V_0。在一新的时刻 $t=0$，开关S从 a 被掷向 b 以使电容器能通过电阻 R 放电。电容器上的电荷 $q(t)$ 与通过电容器和电阻的放电回路的电流 $i(t)$ 现在如何随时间变化？

现在除了在放电回路中没有电池，$\mathscr{E}=0$ 外，描述 $q(t)$ 的微分方程与式（28－29）相似，因而

$$R\frac{dq}{dt} + \frac{q}{C} = 0 \quad (\text{放电方程}) \tag{28-35}$$

这个微分方程的解是

$$q = q_0 e^{-t/RC} \quad (\text{电容器放电}) \tag{28-36}$$

式中，q_0（$=CV_0$）是电容器上的初始电荷。你可以通过代入法证实式（28－36）的确是式（28－35）的解。

式（28－36）告诉我们，q 随时间按指数规律减少，减少的时率由电容时间常量 $\tau=RC$ 决定。当时间 $t=\tau$，电容器的电荷已减少到 q_0e^{-1}，或约初始值的37%。应注意，较大的 τ 意味着较长的放电时间。

微分式（28－36）给出电流 $i(t)$：

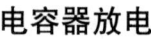

$$i = \frac{dq}{dt} = -\left(\frac{q_0}{RC}\right)e^{-t/RC} \quad (\text{电容器放电}) \tag{28-37}$$

这告诉我们，电流也随时间按指数规律减小，减小的时率由 τ 决定。初始电流 i_0 等于 q_0/RC。应注意，你可通过简单地在 $t=0$ 时把回路定则应用到电路；就在那时，电容器的初始电势差 V_0 加到了电阻 R 上，所以电流应该是 $i_0 = V_0/R = (q_0/C)/R = q_0/RC$。式（28-37）中的负号可被忽略；它只不过表示电容器的电荷在减少。

式（28-30）的推导

为了求解式（28-29），我们首先把它改写为

$$\frac{\mathrm{d}q}{\mathrm{d}t}+\frac{q}{RC}=\frac{\mathscr{E}}{R} \tag{28-38}$$

这个微分方程的通解形式如下：

$$q = q_{\mathrm{p}} + K\mathrm{e}^{-at} \tag{28-39}$$

式中，q_{p} 是微分方程的**特解**，K 是有待根据初始条件判定的常量，而 $a=1/RC$ 是式（28-38）中 q 的系数。为了求出 q_{p}，我们在式（28-38）中取$\frac{\mathrm{d}q}{\mathrm{d}t}=0$（对应于无进一步充电的终了状态），设 $q=q_{\mathrm{p}}$，并求解，得到

$$q_{\mathrm{p}} = C\mathscr{E} \tag{28-40}$$

为了得出 K，我们首先将此式代入式（28-39）得到

$$q = C\mathscr{E} + K\mathrm{e}^{-at}$$

然后代入初始条件 $t=0$ 和 $q=0$，给出

$$0 = C\mathscr{E} + K$$

或 $K=-C\mathscr{E}$。最后，用 q_{p}、a 和 K 的值代入，式（28-39）变为

$$q = C\mathscr{E} - C\mathscr{E}\mathrm{e}^{-t/RC}$$

对上式进行很小的改动，就是式（28-30）。

检查点5：下表给出图28-13中电路元件的四组值。按照（a）初始电流（当开关合到 a 上）及（b）电流减小到其初始值的一半所需的时间，把这四组由大到小排序。

	1	2	3	4
$\mathscr{E}$（V）	12	12	10	10
R（Ω）	2	3	10	5
C（μF）	3	2	0.5	2

例题28-5

电容为 C 的电容器通过电阻为 R 的电阻器在放电。

（a）用时间常量 $\tau=RC$ 来表示，何时电容器上的电荷将是其初始值的一半？

【解】 这里**关键点**是，电容器上的电荷根据式（28-36）变化。

$$q = q_0\mathrm{e}^{-t/RC}$$

式中，q_0 是初始电荷，要求我们求出 $q=\frac{1}{2}q_0$，或

$$\frac{1}{2}q_0 = q_0\mathrm{e}^{-t/RC} \tag{28-41}$$

的时间 t。消去上式中的 q_0，我们意识到我们寻找的时刻 t"埋藏"在指数函数内。为了使符号 t 露出，我们取上式两边的自然对数（自然对数是指数函数的反函数），得

$$\ln\frac{1}{2} = \ln(\mathrm{e}^{-t/RC}) = -\frac{t}{RC}$$

或

$$t=\left(-\ln\frac{1}{2}\right)RC=0.69RC=0.69\tau \quad \text{（答案）}$$

（b）何时存储在电容器中的能量将是其初始值的一半？

【解】 这里有两个**关键点**。第一，存储在电容器中的能量与电容器上的电荷由式（26-21）（$U=Q^2/2C$）相联系。其次，电荷按照式（28-36）减少，把这两个构想结合起来，有

$$U=\frac{q^2}{2C}=\frac{q_0^2}{2C}e^{-2t/RC}=U_0e^{-2t/RC}$$

式中，U_0 是所存储能量的初始值。要求我们求出 $U=\frac{1}{2}U_0$。或

$$\frac{1}{2}U_0=U_0e^{-2t/RC}$$

的时刻 t。消去 U_0 并取两边的自然对数，得到

$$\ln\frac{1}{2}=-\frac{2t}{RC}$$

或

$$t=-RC\frac{\ln\frac{1}{2}}{2}=0.35RC=0.35\tau$$

（答案）

电荷下降到其初始值之半比所**存储的能量**下降到其初始值之半花费更长的时间（0.69τ 比 0.35τ）。这个结果不使你惊奇吗？

复习和小结

电动势 电动势装置对电荷做功以在其两个输出电极之间保持电势差。如果该装置迫使正电荷 dq 从负极到正极做的功是 dW，则该装置的**电动势**（每单位电荷的功）是

$$\mathscr{E}=\frac{dW}{dq} \quad (\mathscr{E}\text{的定义}) \quad (28-1)$$

伏特是电动势也是电势差的 SI 单位。**理想的电动势装置**是没有任何内阻的装置。**实际的电动势装置**具有内阻。只有当没有电流通过该装置时，其两极间的电势差才等于其电动势。

分析电路 在沿电流方向通过电阻 R 的情况下电势的改变是 $-iR$；在沿相反方向的情况下它是 $+iR$。在沿电动势箭头方向通过理想电动势装置的情况下电势的改变是 $+\mathscr{E}$；在沿相反方向的情况下它是 $-\varepsilon$。能量的守恒导致回路定则：

回路定则 沿电路的任一回路绕行一周所遇到的电势改变的代数和必定为零。

电荷的守恒给出结点定则：

结点定则 进入任一结点的电流之和必然等于离开该结点的电流之和。

单回路电路 在包含单个电阻 R 和具有电动势 $\mathscr{E}$ 及内阻 r 的电动势装置的单回路电路中电流为

$$i=\frac{\mathscr{E}}{R+r} \quad (28-4)$$

对于具有 $r=0$ 的理想电动势装置，上式简化为 $i=\varepsilon/R$。

功率 当电动势为 $\mathscr{E}$ 及内阻为 r 的实际电池在电流 i 通过它的情况下对载流子做功时，能量转移到载流子的功率是

$$P=iV \quad (28-11)$$

式中，V 是电池两极间的电势差。在电池内部能量转化为热能的功率 P_r 是

$$P_r=i^2r \quad (28-13)$$

化学能在电池内部改变的功率 P_{emf} 是

$$P_{emf}=i\mathscr{E} \quad (28-14)$$

串联电阻 当电阻串联时，它们具有相同的电流。能替代电阻串联组合的等效电阻是

$$R_{eq}=\sum_{j=1}^{n}R_j \quad (\text{串联的 } n \text{ 个电阻}) \quad (28-7)$$

并联电阻 当电阻并联时，它们具有相同的电势差。能替代电阻并联组合的等效电阻是

$$\frac{1}{R_{eq}}=\sum_{j=1}^{n}\frac{1}{R_j} \quad (\text{并联的 } n \text{ 个电阻}) \quad (28-21)$$

***RC* 电路** 如图 28-13 中开关合在 a 上的情况下，当电动势 ε 加到串联的电阻 R 和电容 C 上时，电容器上的电荷按照式

$$q=C\mathscr{E}(1-e^{-t/RC}) \quad (\text{电容器充电}) \quad (28-30)$$

增大，式中，$C\mathscr{E}=q_0$ 是平衡（终了的）电荷，而 $RC=\tau$ 是电路的**电容时间常量**。在充电期间，电流为

$$i=\frac{dq}{dt}=\left(\frac{\mathscr{E}}{R}\right)e^{-t/RC} \quad (\text{电容器充电}) \quad (28-31)$$

当电容器通过电阻 R 放电时，电容器上的电荷按照

式

$$q = q_0 e^{-t/RC} \quad (\text{电容器放电}) \quad (28-36)$$

衰减。在放电期间，电流为

$$i = \frac{dq}{dt} = -\left(\frac{q_0}{RC}\right)e^{-t/RC} \quad (\text{电容器放电}) \quad (28-37)$$

思考题

1. 图 28-15 示出电流 i 通过一电池。下表给出了四组关于 i 和电池电动势 $\mathscr{E}$ 及内阻 r 的值；它还给出了电池的**极性**（两极的取向）。按照能量在电池与载流子间的转移时率，把这四组排序，转移**到**载流子的时率最大的排第一，**从**载流子转出的时率最大的排最后。

	ε	r	i	极性
(1)	$15\varepsilon_1$	0	i_1	+ 在左边
(2)	$10\varepsilon_1$	0	$2i_1$	+ 在左边
(3)	$10\varepsilon_1$	0	$2i_1$	- 在左边
(4)	$10\varepsilon_1$	r_1	$2i_1$	- 在左边

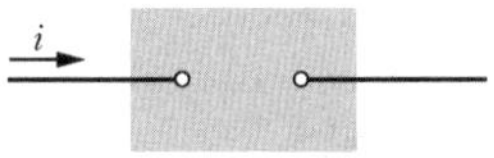

图 28-15 思考题 1 图

2. 关于图 28-16 中各个电路，电阻器是串联的、并联的或都不是？

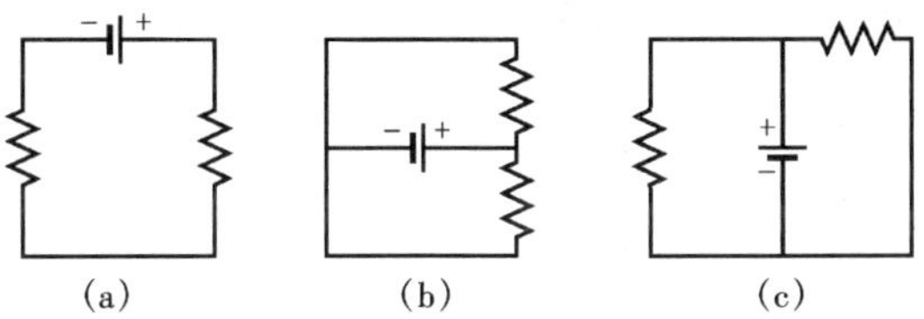

图 28-16 思考题 2 图

3. (a) 在图 28-17a 中，电阻器 R_1 和 R_3 是串联的吗？(b) 电阻器 R_1 和 R_2 是并联的吗？(c) 把图 28-17 中四个电路的等效电阻由大到小排序。

4. (a) 在图 28-17a 中，$R_1 > R_2$，R_2 上的电势差是大于、小于还是等于 R_1 上的电势差？(b) 通过电阻器 R_2 的电流是大于、小于还是等于通过电阻器 R_1 的电流？

5. 你把两个电阻器 R_1 和 R_2 ($R_1 > R_2$) 连接到电池，先单个接，然后串联，最后并联。按照通过电池的电流由大到小把这些接法排序。

6. 电阻大迷宫 在图 28-18 中，所有的电阻器都具有 4.0Ω 的电阻，而所有的（理想的）电池都具有 4.0V 的电动势。通过电阻器 R 的电流有多大？（如果你能找到穿过这个迷宫的恰当的回路，你就能用几秒钟的时间心算回答这个问题）。

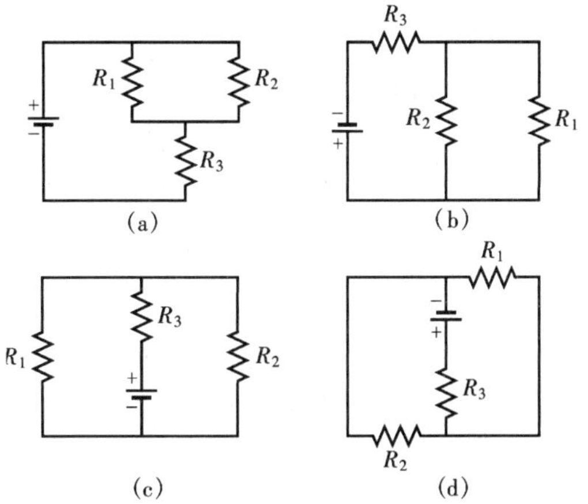

图 28-17 思考题 3 及 4 图

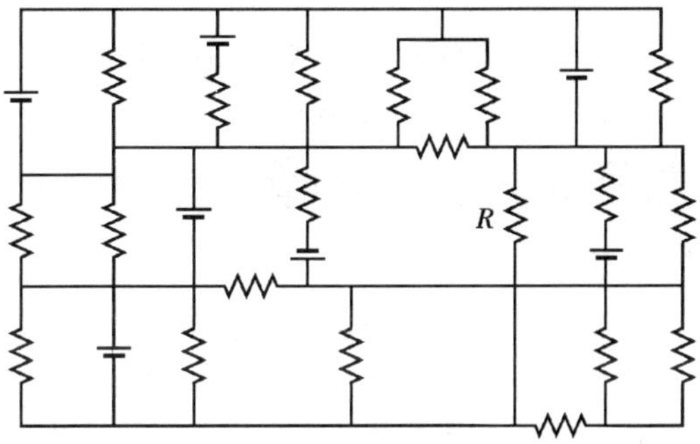

图 28-18 思考题 6 图

7. 最初，一单个电阻器 R_1 用导线连接到电池，然后把电阻器 R_2 并联加上。(a) R_1 两端的电势差及 (b) 通过 R_1 的电流，现在是大于、小于还是等于原来的？(c) R_1 和 R_2 的等效电阻 R_{12} 是大于、小于还是等于 R_1？(d) 通过 R_1 和 R_2 一起的总电流是大于、小于还是等于原来通过 R_1 的电流？

8. 电容大迷宫。在图 28-19 中，所有的电容器都具有 6.0μF 的电容，而所有的电池都具有 10V 的电动势。电容器 C 上的电荷有多少？（如果你能找到穿过这个迷宫的恰当的回路，你就能用几秒钟的时间心算回答这个问题。）

9. 电阻器 R_1 用导线连接到电池上，然后把电阻器 R_2 串联加上。(a) R_1 的电势差及 (b) 通过 R_1 的电流 i_1，现在是大于、小于、还是等于原来的？(c)

R_1 和 R_2 的等效电阻 R_{12} 是大于、小于还是等于 R_1?

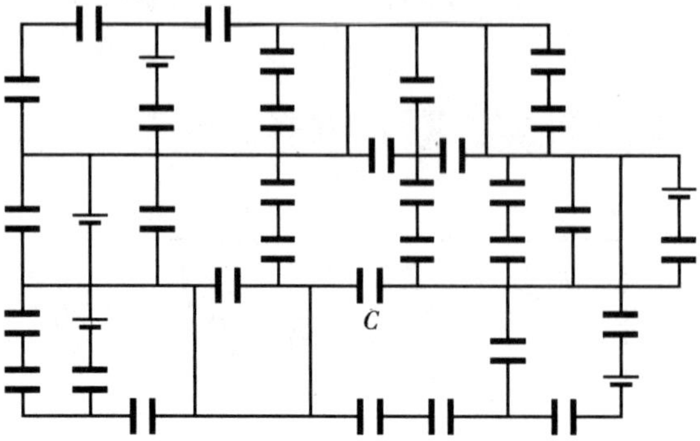

图 28－19 思考题 8 图

10. 图 28－20 示出三段电路，它们将依次像在图 28－13 中那样通过一开关被连到同一电池上。各电阻器是相同的，各电容器也是相同的。按照（a）电容器上终了的（平衡）电荷及（b）使电容器达到其终了电荷的 50% 所需的时间，把这三段电路由大到小排序。

11. 图 28－21 示出通过相同电阻器（分别地）放电的三个电容器的 $V(t)$ 曲线。根据曲线按照电容器的电容把它们由大到小排序。

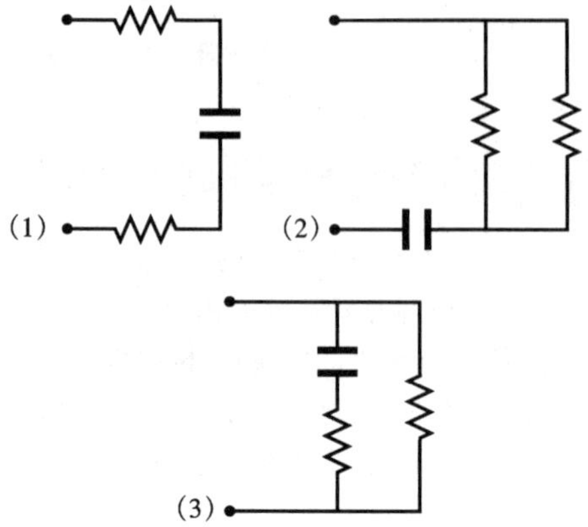

图 28－20 思考题 10 图

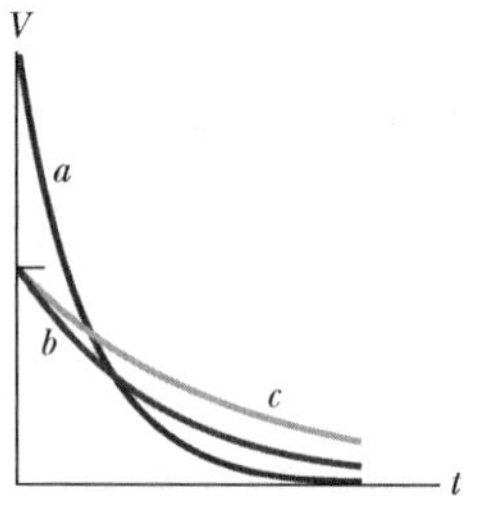

图 28－21 思考题 11 图

练习和习题

28－5 节 电势差

1E. 标准的闪光信号灯电池在它用尽之前能提供约 2.0W · h 的能量。(a) 如果每个电池的价格是 80 分，则使用电池组使 100W 的灯运行 8.0h，费用是多少？(b) 如果能量按每 kW · h 6 分提供，则费用是多少？(ssm)

2E. 一 6.0V 电动势的蓄电池组在电路中供给 5.0A 的电流达 6.0min，这电池组的化学能减少了多少？

3E. 某一电动势为 12V 的汽车电池具有 120A · h 的初始电荷。假定此电池在放电完毕之前两极间的电势差保持恒定。如果电池以 100W 的功率提供能量，则它能用多长时间？(ssm)

4E. 在图 28－22 中，$\mathscr{E}_1 = 12V$，$\mathscr{E}_2 = 8V$。(a) 电阻器中的电流沿什么方向？(b) 哪个电池做正功？(c) A 和 B 点中哪一点电势较高？

5E. 假定图 28－23 中两个电池的内阻都可忽略。求：(a) 电路中的电流；(b) 每个电阻器耗散的功率；(c) 每个电池的功率，并说明电池是供给能量还是吸收能量。(ssm)

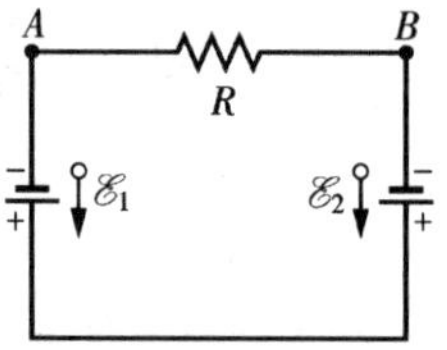

图 28－22 练习 4 图

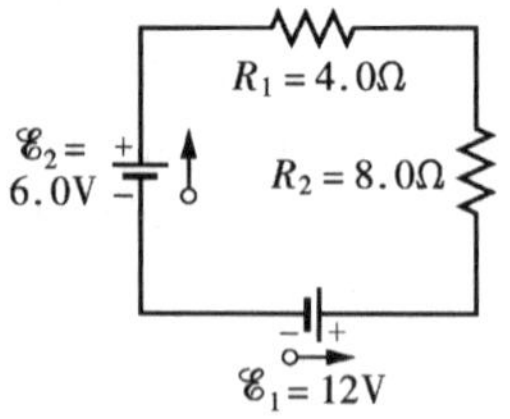

图 28－23 练习 5 图

6E. 一电阻为 5.0Ω 的导线连接到电动势 $\mathscr{E}$ 为 2.0V 且内阻为 1.0Ω 的电池上。在 2.0min 内，(a) 有多少能量从化学形式转换成电形式？(b) 有多少能量作为热能出现在导线中？(c) 算出 (a) 与 (b) 之间的差。

7E. 一具有 12V 电动势和 0.040Ω 内阻的汽车电

池用50A的电流充电。(a) 其两个电极间的电势差有多大?(b) 在电池中能量作为热能被耗散的时率有多大?(c) 电能被转化成化学能的时率是多大?(d) 当该电池用于启动电动机而提供50A时,(a)及(b)的答案又是什么?(ilw)

8E. 在图28-4a中,令 $\mathscr{E}=2.0\text{V}$ 且 $r=100\Omega$。试画出(a)电流及(b) R 两端的电势差,作为 R 的函数在0到500Ω范围内的曲线。把这两条曲线画在同一图上。(c) 对不同的 R 值将两条曲线上的对应值乘起来,画第三条曲线,这第三条曲线的物理意义是什么?

9E. 在图28-24中,当 $i=50\text{A}$ 的电流沿图示的方向通过一段电路 AB 时,AB 以50W的时率吸收能量。(a) A 与 B 之间的电势差是多大?(b) 电动势装置 X 没有内阻,其电动势是多少?(c) 其**极性**(正、负极的取向)方何?(ssm)

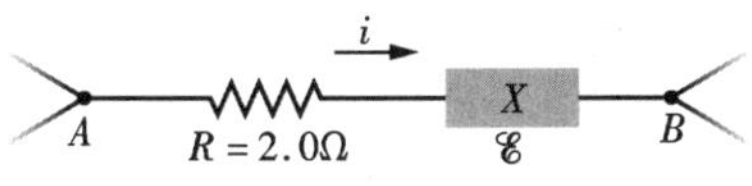

图28-24 练习9图

10E. 在图28-25中,如果 P 点的电势是100V,则 Q 点的电势是多少?

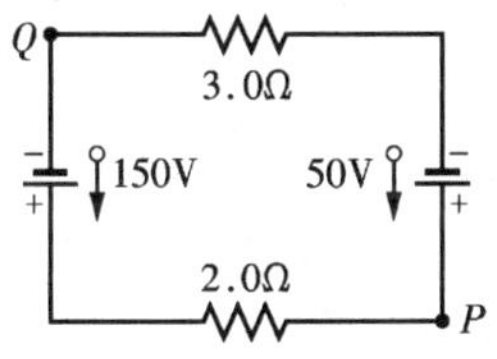

图28-25 练习10图

11E. 在图28-6a中,通过考虑一包含 R、r_1 及 $\mathscr{E}_1$ 的路径,计算 a 与 c 之间的电势差。

12P. (a) 在图28-26中,如果要使电路中的电流为1.0mA,则 R 必须多大?设 $\mathscr{E}_1=2.0\text{V}$,$\mathscr{E}_2=3.0\text{V}$,$r_1=r_2=3.0\Omega$。(b) R 上产生热能的时率多大?

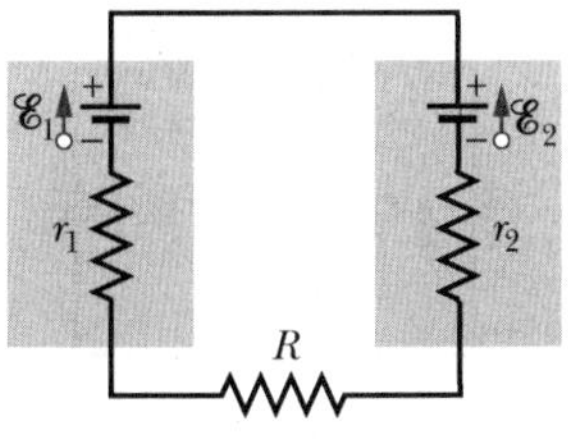

图28-26 习题12图

13P. 在具有一个电阻 R 的单回路电路中电流是5.0A。当一附加的2.0Ω的电阻插入并与 R 串联时,电流下降到4.0A。R 是多大?(ilw)

14P. 汽车的启动电动机转得太慢,因而机械师不得不判断是否应更换电动机、电缆或电池。制造商的手册表明,12V的电池应该有不大于0.020Ω的内阻,电动机应有不大于0.200Ω的电阻,而电缆有不大于0.040Ω的电阻。机械师开动电动机并测得电池两端电压为11.4V,电缆两端电压为3.0V及电流为50A。哪部分出了毛病?

15P. 有两个电池组,电动势同为 $\mathscr{E}$,但内阻 r_1 及 r_2 不同($r_1>r_2$)。把这两个电池组串联起来再连接到一个外电阻 R 上。(a) 要使其中一个电池组两极间的电势差为零,R 的值应为多大?(b) 它是哪个电池组?(ssm)

16P. 当500Ω的电阻器连到一太阳电池的两极上时,电池产生0.10V的电势差。当换成1000Ω的电阻器时,电势差变为0.15V。(a) 太阳电池的内阻及(b)电动势各为多大?(c) 电池的面积是 5.0cm^2,它每单位面积接收光能的时率为 2.0mW/cm^2,在1000Ω的外电阻中电池把光能转化为热能的效率有多大?

17P. (a) 在图28-4a中,试证明当 $R=r$ 时,能量在 R 中作为热能的耗散率为最大。(b) 证明此最大功率为 $P=\mathscr{E}^2/4r$。(ssm)(www)

28-6节 多回路电路

18E. 通过仅用两个电阻器,单独地、串联,或并联,你能得到3.0Ω、4.0Ω、12Ω及16Ω的电阻,这两个电阻各为多大?

19E. 四个18.0Ω的电阻器并联接到一个25.0V的理想电池的两极上。通过电池的电流是多大?(ssm)

20E. 在图28-27中,试求 D、E 两点间的等效电阻。(提示:设想一电池连接在 D、E 两点间)。

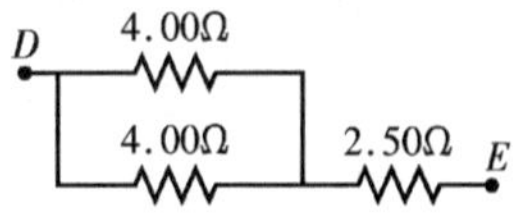

图28-27 练习20图

21E. 在图28-28中,求每个电阻器中的电流和 a、b 两点间的电势差。令 $\mathscr{E}_1=6.0\text{V}$,$\mathscr{E}_2=5.0\text{V}$,$\mathscr{E}_3=4.0\text{V}$,$R_1=100\Omega$,$R_2=50\Omega$。(ssm)

22E. 图28-29示出一包含标以 S_1、S_2 及 S_3 的三个开关的电路。试对于开关设置的所有可能的组

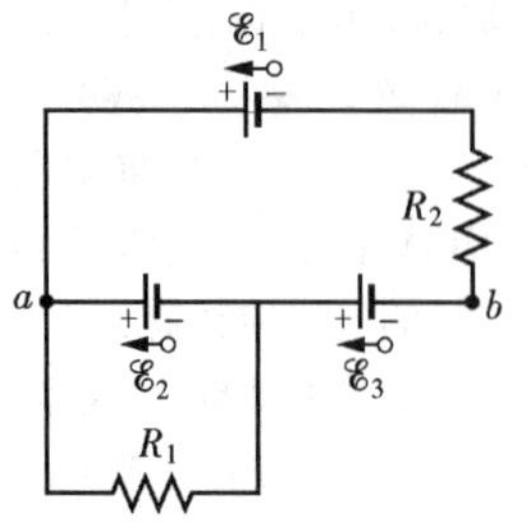

图 28-28 练习 21 图

合，求出在 a 处的电流。令 $\mathscr{E}=120\text{V}$，$R_1=20.0\Omega$，$R_2=10.0\Omega$。假定电池没有内阻。

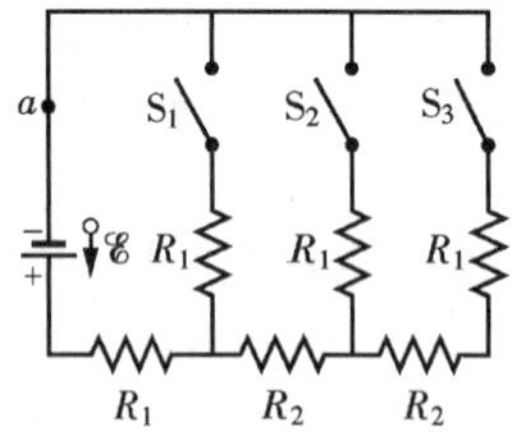

图 28-29 练习 22 图

23E. 有两个灯泡，一个的电阻为 R_1，另一个的电阻为 R_2，而 $R_1>R_2$。将这两个灯泡（a）并联及（b）串联到一电池上。在每种情况中，哪个灯泡更亮（耗散更多能量）？（ssm）

24E. 在图 28-7 中，通过尽可能多的路径计算 c、d 两点间的电势差。假定 $\mathscr{E}=4.0\text{V}$，$\mathscr{E}_2=1.0\text{V}$，$R_1=R_2=10\Omega$，$R_3=5.0\Omega$。

25E. 九根长度为 l 且直径为 d 的铜线并联成一电阻为 R 的、单个的复合导体。如果要使单独一根长度为 l 的铜导线具有相同的电阻，则其直径 D 应该为多大？（ssm）

26P. 在图 28-30 中，试求：（a）F、H 两点间；（b）F、G 两点间的等效电阻。（提示：对于每一对点，设想一电池与它们连接。）

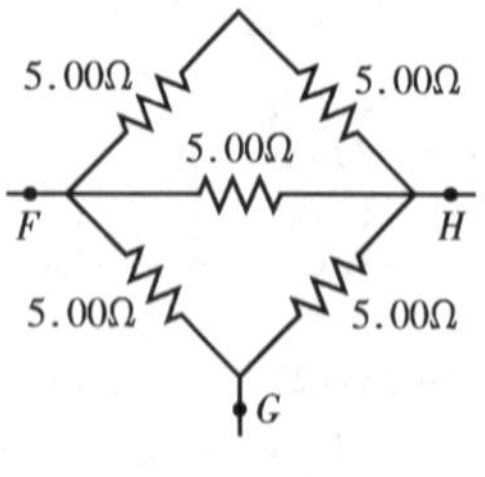

图 28-30 习题 26 图

27P. 给你一些 10Ω 的电阻器，每个不致烧坏的耗散功率仅为 1.0W。现需要用串联或并联方法构成一电阻为 10Ω 而耗散功率至少为 5.0W 的电阻，至少需要用这样的电阻器多少个？（ssm）

28P. 在图 28-31 中，求：（a）图中所示网络的等效电阻；（b）每个电阻器中的电流。令 $R_1=100\Omega$，$R_2=R_3=50\Omega$，$R_4=75\Omega$，$\mathscr{E}=6.0\text{V}$。假定电池是理想的。

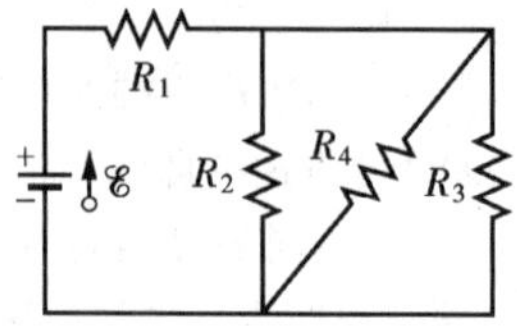

图 28-31 习题 28 图

29P. 如图 28-32a 所示，两个电动势为 $\mathscr{E}$ 且内阻为 r 的电池并联后再和电阻器相连。（a）当电阻器的电能耗散的速率为最大时，R 的值是多少？（b）电阻器的最大耗散功率是多少？（ssm）

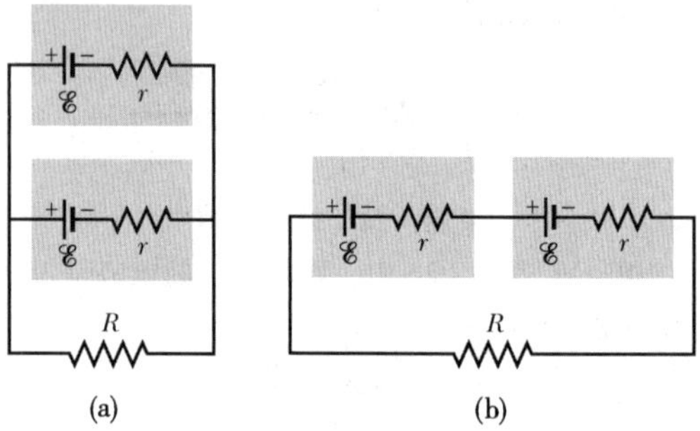

图 28-32 习题 29 及 30 图

30P. 给你两个电动势为 $\mathscr{E}$ 且内阻为 r 的电池。它们既可以并联（见图 28-32a），又可以串联（见图 28-32b），以在电阻器 R 中建立电流。（a）对于这两种接法导出 R 中电流的表达式。（b）当 $R>r$，和（c）当 $R<r$ 时，哪种接法将提供较大的电流？

31P. 在图 28-33 中，$\mathscr{E}_1=3.00\text{V}$，$\mathscr{E}_2=1.00\text{V}$，$R_1=5.00\Omega$，$R_2=2.00\Omega$，$R_3=4.00\Omega$，且两个电池都是理想的。（a）$R_1$；（b）$R_2$；（c）$R_3$ 中，能量耗散率各多大？（d）电池 1；（e）电池 2 的功率各有多大？（ssm）（www）

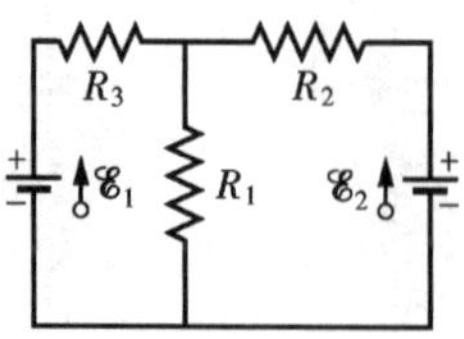

图 28-33 习题 31 图

32P. 在图 28-34 的电路中，要使理想电池以下列功率把能量转移到电阻器：（a）60.0W，（b）最大的可能功率；（c）最小的可能功率，R 各应为多大？（d）最大和最小的可能功率各是多少？

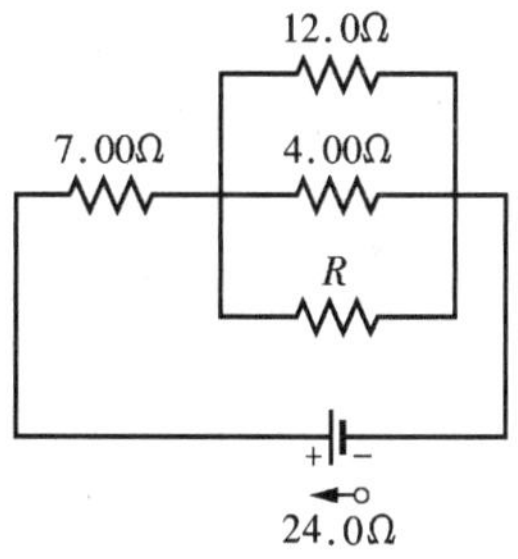

图 28－34 习题 32 图

33P. 计算：（a）通过图 28－35 中每个理想电池的电流；（b）$V_a - V_b$、假定 $R_1 = 1.0\Omega$，$R_2 = 2.0\Omega$，$\mathscr{E}_1 = 2.0\text{V}$，$\mathscr{E}_2 = \mathscr{E}_3 = 4.0\text{V}$。(ilw)

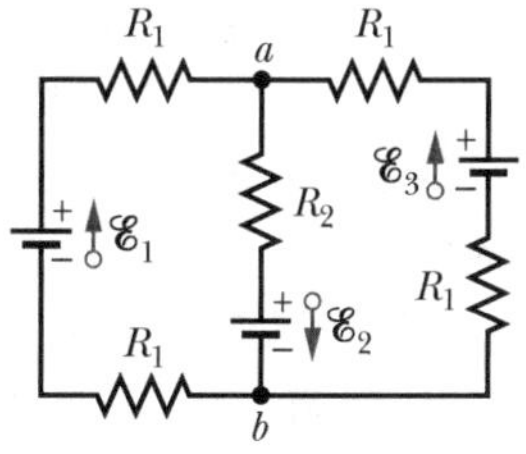

图 28－35 习题 33 图

34P. 在图 28－36 的电路中，$\mathscr{E}$ 具有恒定的值而 R 能改变。求在电阻器 R 中能导致最大供热功率的 R 值。设电池是理想的。

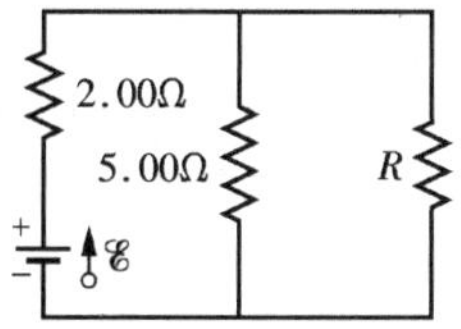

图 28－36 习题 34 图

35P. 半径 $a = 0.250\text{mm}$ 的铜导线具有外半径 $b = 0.380\text{mm}$ 的铝外壳。（a）在该复合导线中有电流 $i = 2.00\text{A}$。利用表 27－1，计算每种材料中的电流。（b）如果在两端间的电势差 $V = 12.0\text{V}$ 保持这个电流，则复合导线的长度是多少？(ssm)

28－7 节 安培计和伏特计

36E. 如图 28－37 所示，一简单的欧姆计由 1.50V 的手电筒电池与电阻 R 及读数从 0 到 1.00mA 的安培计串联构成。电阻 R 被调节到当两接头夹子被短路在一起时，电表偏转到 1.00mA 的满偏值。要导致（a）10%，（b）50% 及（c）90% 满偏的偏转，两引线间的外电阻应为多大？（d）如果安培计具有 20.0Ω 的电阻而电池的内阻可忽略，则 R 的值是多少？

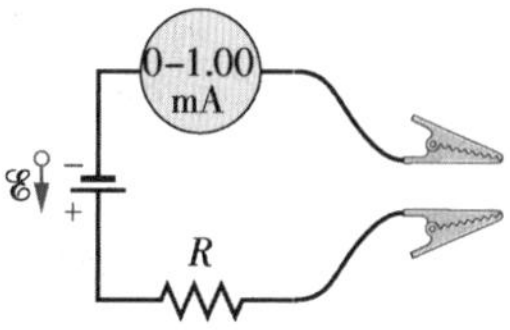

图 28－37 练习 36 图

37P. （a）在图 28－38 中，确定安培计的读数将是多少。假定 $\mathscr{E} = 5.0\text{V}$（对于理想电池），$R_1 = 2.0\Omega$，$R_2 = 4.0\Omega$，$R_3 = 6.0\Omega$。（b）现在把安培计与电动势源互换位置，证明安培计的读数保持不变。(ilw)

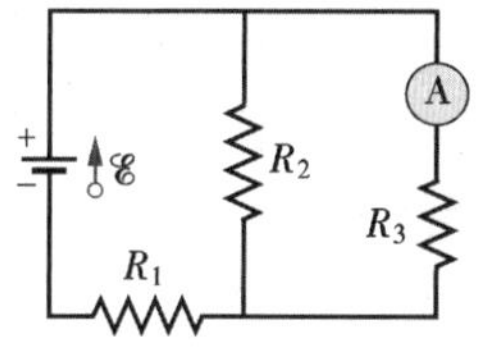

图 28－38 习题 37 图

38P. 当汽车的电灯被接通时，与它们串联的安培计的读数为 10A，而与它们并联的伏特计的读数是 12V，见图 28－39。当启动电动机开动时，安培计的读数下降到 8.0A 而电灯有些变暗。如果电池的内阻是 0.050Ω 而安培计的内阻可忽略，（a）电池的电动势是多少？（b）当电灯接通时，通过启动电动机的电流有多大？

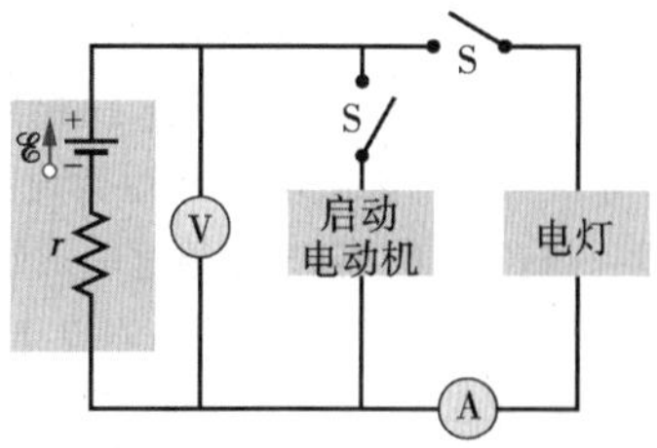

图 28－39 习题 38 图

39P. 在图 28－12 中，假定 $\mathscr{E} = 3.0\text{V}$，$r = 100\Omega$，$R_1 = 250\Omega$，$R_2 = 300\Omega$。如果伏特计的电阻 R_V 是 5.0kΩ，则它在测量 R_1 两端的电势差时引入的百分误差是多少？忽略安培计的存在。(ssm)

40P. 把伏特计（电阻 R_V）和安培计（电阻 R_A）如图 28－40a 所示连接以测量电阻 R，电阻由 $R = V/i$ 给出，其中 V 是伏特计读数而 i 是电阻 R 中的电流。

由安培计所指示的电流 i'中的一部分通过伏特计，以致两电表的读数比（$=V/i'$）只给出一个**表观的**电阻读数 R'。试证明 R 与 R'的关系是

$$\frac{1}{R}=\frac{1}{R'}-\frac{1}{R_V}$$

应注意当 $R_V\to\infty$ 时，$R'\to R$。

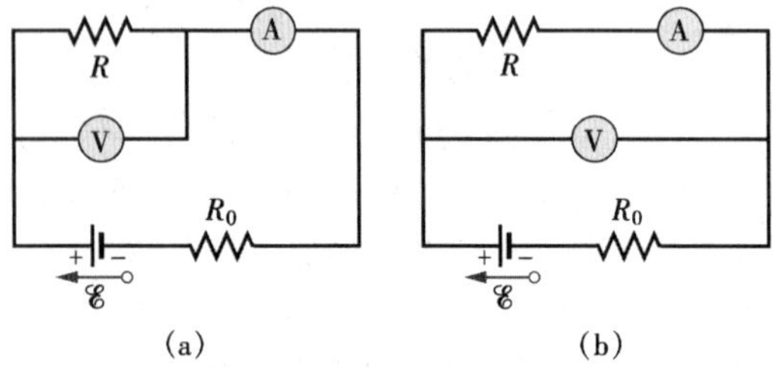

图 28－40　习题 40 到 42 图

41P.（见习题40.）如果用安培计和伏特计测量电阻，则它们也可以如在图 28－40b 中那样连接。两电表的读数比仍然只给出一个表观的电阻读数 R'。试证明现在 R 与 R'的关系是

$$R=R'-R_A$$

其中，R_A 是安培计的电阻。应注意当 $R_A\to0$ 时，$R'\to R$。

42P.（见习题 40 和 41.）在图 28－40 中，安培计和伏特计的电阻分别是 3.00Ω 和 300Ω。取 $\mathscr{E}=12.0$V 为理想电池且 $R_0=100\Omega$。如果 $R=85.0\Omega$，问：(a) 对于两种不同的连接（见图 28－40a 及 b），安培计和伏特计的读数各是多少？(b) 在每一种情况下，所计算出的表观电阻 R'将是多少？

43P. 在图 28－41 中，通过移动 R_s 上的滑动触头调节 R_s 的值，直到 a、b 两点达到相同的电势。（借助把 a 与 b 之间的灵敏电流计短暂地接通一下，可以检验这个条件是否达到。如果这两点处于相同的电势，则电流计将不偏转。）证明，当 R_s 已如此调节好后，下列关系成立：

$$R_x=R_S\left(\frac{R_2}{R_1}\right)$$

利用这种装置，可借助于标准电阻（R_s）测定**未知电流**（R_x）。这种装置叫做惠斯通电桥。(ssm)

28－8 节　*RC* 电路

44E. 具有初始电荷 q_0 的电容器通过电阻器放电。用时间常量 τ 来表示，为了使电容器失去 (a) 其电荷开始的三分之一及 (b) 其电荷的三分之二，需要多长的时间？

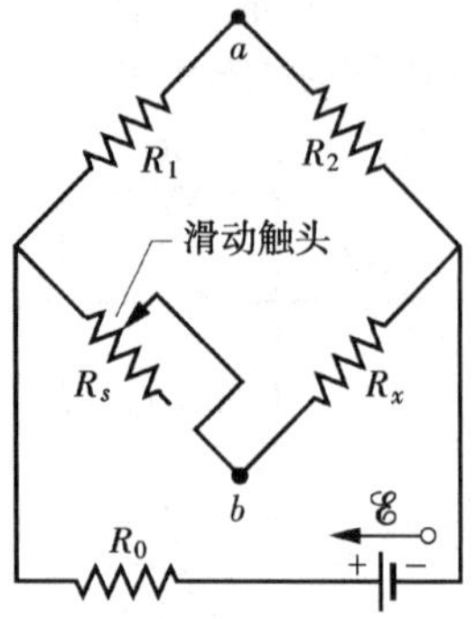

图 28－41　习题 43 图

45E. 为了使最初未充电的电容器在 *RC* 串联电路中充电到其平衡电荷的 99.0%，必须经过多少个时间常量？(ssm)

46E. 在 *RC* 串联电路中，$\mathscr{E}=12.0$V，$R=1.40$MΩ，而 $C=1.80\mu$F。(a) 计算时间常量。(b) 求在充电过程中将出现在电容器上的最大电荷量。(c) 为了使电荷积累到 16.0μC，要花费多长时间。

47E. 15.0kΩ 的电阻器与一电容器串联，然后突然对它们加以 12.0V 的总电势差。在 1.30μs 内电容器上两板间的电势差上升到 5.00V。(a) 计算电路的时间常量。(b) 求电容器的电容。(ilw)

48P. 一漏电的（意味着电荷从一极板渗漏到另一极板）、2.0μF 的电容器两极板之间的电势差在 2.0s 内下降到其初始值的四分之一。电容器极板间的等效电阻是多大？

49P. 把 3.00MΩ 的电阻器和 1.00μF 的电容器与电动势 $\mathscr{E}=4.00$V 的理想电池串联起来。在连接后 1.00s 时，(a) 电容器上电荷增加的，(b) 电容器存储能量的，(c) 电阻器中热能出现的和 (d) 电池提供能量的时率各是多少？(ssm)

50P. 一最初未充电的电容器通过电动势为 $\mathscr{E}$ 且与电阻器 R 串联的装置被完全充电。(a) 证明在电容器中最后所存储的能量是电动势装置所提供的能量之半。(b) 通过遍及充电时间对 i^2R 直接积分，证明电阻器所耗散的热能也是电动势装置所提供的能量之半。

51P. 一具有 100V 初始电势差的电容器，当它与一电阻器之间的开关在 $t=0$ 合下时开始通过该电阻器放电。当 $t=10.0$s 时；电容器上的电势差为 1.00V。(a) 电路的时间常量是多少？(b) 当 $t=17.0$s 时，电容器上的电势差是多少？(ssm)

52P. 图 28 - 42 示出像高速路维修处栏杆上安装的那种闪光灯的电路。荧光灯 L（具有可忽略的电容）与一 RC 电路中的电容并联。只有当灯 L 上的电势差达到击穿电压 V_L 时，才有电流通过它。在这种情况下，电容器完全放电而灯短暂地闪光。假设需要每秒两次闪光，对于具有击穿电压 $V_L = 72.0\text{V}$，用导线连接到 95.0V 理想电池及 0.150μF 电容器上的灯，电阻 R 应该为多大？

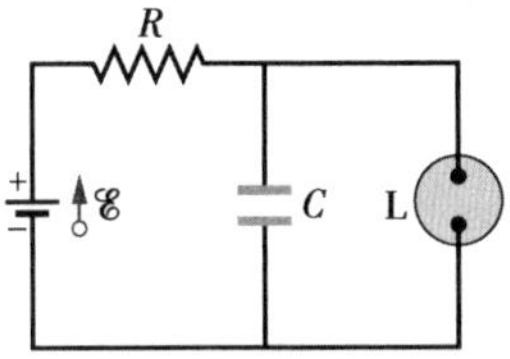

图 28 - 42

53P. 具有 0.50J 初始存储能量的 1.0μF 电容器通过 1.0MΩ 的电阻器放电。(a) 电容器上的初始电荷是多少？(b) 当放电开始时通过电阻器的电流有多大？(c) 确定电容器上的电势差 V_C 和电阻器上的电势差 V_R 与时间的函数关系。(d) 把电阻器中热能的产生率表示为时间的函数。(ssm) (www)

54P. 一电子游戏机的控制器包含一个跨接在 0.220μF 电容器两极板间的可变电阻器。电容器充电到 5.00V，然后通过电阻器放电。两极板间电势差降低到 0.800V 的时间由游戏机内部的时钟测量。如果可有效操纵的放电时间的范围是从 10.0μs 到 6.00ms，该电阻器的电阻范围应该是什么？

55P*. 在图 28 - 43 的电路中，$\mathscr{E} = 1.2\text{kV}$，$C = 6.5\mu\text{F}$，$R_1 = R_2 = R_3 = 0.73\text{M}\Omega$。在 C 完全未充电时，开关 S 突然合下（当 $t = 0$ 时）。(a) 确定当 $t = 0$ 及 $t \to \infty$ 时，通过每个电阻器的电流。(b) 定性给出从 $t = 0$ 到 $t \to \infty$ 之间 R_2 两端的电势差 V_2 的图线。(c) 在 $t = 0$ 及 $t \to \infty$ 时，V_2 的数值有多大？(d) 在这种情况下，"$t \to 0$" 的物理意义是什么？(ssm)

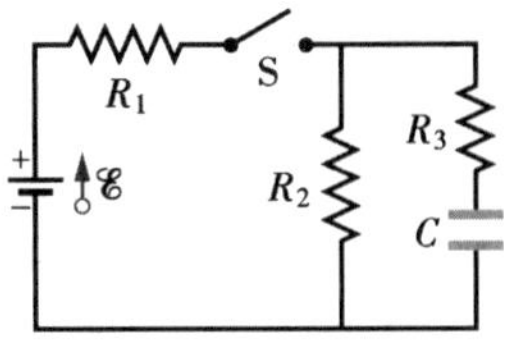

图 28 - 43 习题 55 图

附加题

56. 心脏病发作还是触电致死？ 这个问题从第 27 章中习题 45 开始。图 28 - 44 示出电流向上通过遇难者一只脚，横过其躯干（包括心脏），并向下通过另一只脚的导电通路。(a) 根据给定的数据，试求这个人双脚之间的电势差。假定一只脚比另一只更靠近漏电的杆 0.50m。(b) 假设在湿地上一只脚的电阻为 300Ω 的典型值，而躯干内部的电阻为 1000Ω 的一般认可值，那么通过遇难者躯干的电流有多大？(c) 通过躯干的 0.10A 到 1.0A 的电流能使心脏进入纤维性颤动。遇难者的纤维性颤动是由该杆所泄漏的电流造成的吗？

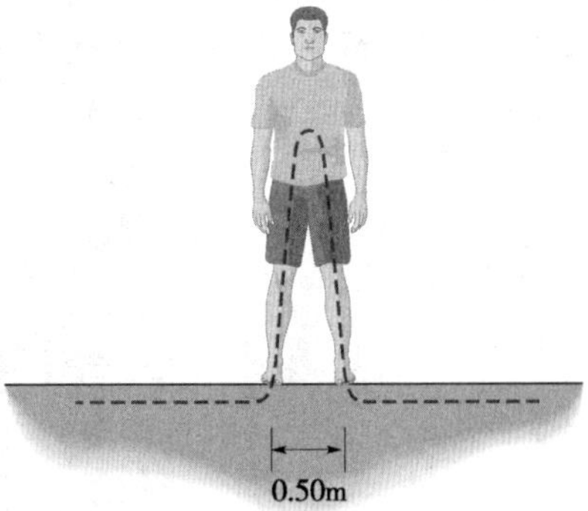

图 28 - 44 习题 56 图

第29章 磁　　场

如果你是在中纬度到高纬度地区室外的黑夜里，你就可能会看到极光——从天空下垂的、变幻的光“幕”。这幅幕不只是局部的，它可能有几百千米高、几千千米长，环绕地球伸展成弧，然而，它却不到一千米厚。

这种壮观的美景是怎样产生的呢？它怎么这样薄？

答案就在本章中。

29－1 和电荷有关的另一种场——磁场

我们已讨论过带电的塑料杆怎样在围绕它的空间中各点产生一矢量场，电场$\vec{E}$。同样，磁铁在围绕它的空间各点产生一矢量场，**磁场 $\vec{B}$**。每当你用小磁铁把便条固定在冰箱门上时，或当你意外地把一个计算机磁盘拿近磁铁而使之被清除时，你就得到磁场的暗示。磁铁**借助于**其磁场对冰箱门或磁盘起作用。

在常见型式的磁铁中，一个线圈绕在铁心上而通入电流；磁场的强度由电流的大小决定。在工业上，这样的**电磁体**用于在许多其他杂物中拣出金属碎片（见图 29－1）。你可能更熟悉**永磁体**，像冰箱门上那种类型的磁铁，它们不需要用电流产生磁场。

图 29－1 在轧钢厂用电磁体收集并转移金属碎片。

在第 23 章，我们看到**电荷**建立电场，而电场则对其他电荷起作用。这里，我们可能合理地期待**磁荷**引起磁场，而磁场则能对其他磁荷起作用。虽然这种叫做**极单极子**的磁荷被某些学说所预言，但它们的存在尚未被证实。

那么磁场是如何建立的呢？有两种方式：（1）运动的带电粒子，比如导线中的电流，产生磁场；（2）一些基本粒子如电子具有围绕它们的**内禀的**磁场，即这个场是粒子的基本特征，恰像它们的质量及电荷（或缺乏电荷）一样。正如我们将在第 32 章中讨论的，在某些材料中电子的磁场加起来将引起围绕材料的净磁场。这对永磁体中的材料来说确是这样（这很好，因为这样它们就能把便条固定在冰箱门上）。在其他一些材料中，所有电子的磁场相抵消，在材料周围不引起净磁场。这对于你身体中的材料来说也是这样（这也很好，否则每当你经过冰箱门时就可能会“砰”地撞上它）。

实验上，我们发现当一带电粒子（单独的或作为电流的一部分）通过磁场运动时，由磁场产生的力会作用在粒子上。在本章中，我们就把注意力集中在磁场与这种力之间的关系上。

29－2 $\vec{B}$ 的定义

我们通过把电荷为 q 的检验粒子放置在一点并测量作用在粒子上的电力 $\vec{F}_E$ 来确定该点的电场 $\vec{E}$。我们把 $\vec{E}$ 定义为

$$\vec{E}=\frac{\vec{F}_E}{q} \tag{29－1}$$

如果可以得到磁单极子，我们就能按相似的方式定义 $\vec{B}$。因而这样的粒子尚未被发现，所以我们必须用另外的方式，即借助作用在运动的、带电的检验粒子上的磁力 $\vec{F}_B$ 来定义 $\vec{B}$。

原则上，我们通过发射一带电粒子使它以不同的方向和速率通过有待定义 $\vec{B}$ 的一点，并确定在该点作用在粒子上的力 $\vec{F}_B$ 来这样做。在多次这样的试验之后，我们将发现，当粒子的速度

$\vec{v}$ 沿着通过该点的一个特定的轴线时，力 $\vec{F}_B$ 为零。对于 $\vec{v}$ 的所有其他方向，$\vec{F}_B$ 的大小总是与 $v\sin\phi$ 成正比，其中 ϕ 是零-力轴线与 $\vec{v}$ 的方向之间的角度。而且，$\vec{F}_B$ 的方向始终垂直于 $\vec{v}$ 的方向（这些结果暗示要涉及矢积）。

于是，我们可定义磁场 $\vec{B}$ 为沿零-力轴线方向的矢量，接着可在 $\vec{v}$ 垂直于该轴线时测量 $\vec{F}_B$ 的大小，然后通过那个力的大小定义 $\vec{B}$ 的大小：

$$B = \frac{F_B}{|q|\ v}$$

式中，q 是粒子的电荷。

我们可用下列矢量方程概括所有这些结果：

$$\vec{F}_B = q\vec{v} \times \vec{B} \tag{29-2}$$

即，作用在粒子上的力 $\vec{F}_B$ 等于电荷 q 乘以粒子的速度 $\vec{v}$ 与磁场 $\vec{B}$（全部在同一参考系内测量）的矢积。对这个矢积应用式（3-20），就可把 $\vec{F}_B$ 的大小写作

$$\vec{F}_B = |q|\ vB\sin\phi \tag{29-3}$$

式中，ϕ 是速度 $\vec{v}$ 与磁场 $\vec{B}$ 之间的角度。

确定粒子上的磁力

式（29-3）告诉我们，作用在磁场中粒子上的力 $\vec{F}_B$ 的大小正比于电荷 q 及粒子的速率 v，因而，如果电荷为零或如果粒子是静止的，则力等于零。式（29-3）还告诉我们，如果 $\vec{v}$ 和 $\vec{B}$ 是平行（$\phi=0°$）的或反平行（$\phi=180°$）的，则力的大小为零，并且当 $\vec{v}$ 与 $\vec{B}$ 相互垂直时力最大。

式（29-2）告诉我们所有这些以及 $\vec{F}_B$ 的方向。根据3-7节我们知道，式（29-2）中的矢积 $\vec{v}\times\vec{B}$ 是一矢量，它垂直于 $\vec{v}$ 和 $\vec{B}$ 两个矢量。右手定则（见图29-2a）告诉我们，当四个手指从 $\vec{v}$ 扫向 $\vec{B}$ 时右手姆指指向 $\vec{v}\times\vec{B}$ 的方向。如果 q 为正，则（由式（29-2））力 $\vec{F}_B$ 与

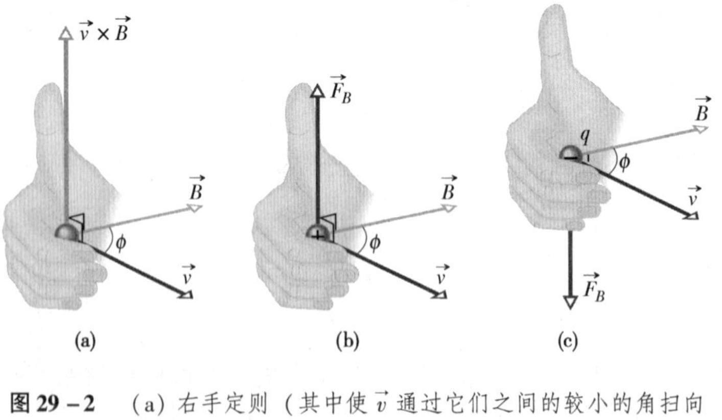

图29-2 (a) 右手定则（其中使 $\vec{v}$ 通过它们之间的较小的角扫向 $\vec{B}$）给出 $\vec{v}\times\vec{B}$ 的方向就是姆指的指向。(b) 如果 q 为正，则 $\vec{F}_B=q\vec{v}\times\vec{B}$ 的方向在 $\vec{v}\times\vec{B}$ 的方向上。(c) 如果 q 为负，则 $\vec{F}_B$ 的方向和 $\vec{v}\times\vec{B}$ 的相反。

$\vec{v}\times\vec{B}$具有相同的符号因而必定沿相同的方向，即，对于正的 q，$\vec{F}_B$ 指向姆指的方向（见图 29-2b）。如果 q 为负，则力 $\vec{F}_B$ 与矢积 $\vec{v}\times\vec{B}$ 具有相反的符号，因而必定沿相反的方向。对于负的 q，$\vec{F}_B$ 指向与姆指相反的方向（见图 29-2c）。

然而，无论电荷的符号如何，

作用在以速度 $\vec{v}$ 通过磁场 $\vec{B}$ 的带电粒子上的力 $\vec{F}_B$ 永远垂直于 $\vec{v}$ 和 $\vec{B}$。

因而，$\vec{F}_B$ 总不会具有平行于 $\vec{v}$ 的分量。这意味 $\vec{F}_B$ 不能改变粒子的速率 v（因而它不能改变粒子的动能）。该力只能改变 $\vec{v}$ 的方向（因而运动的方向）；仅在这个意义上，$\vec{F}_B$ 能加速粒子。

为了形成对式（29-2）的直觉，考虑图 29-3，它示出由带电粒子快速通过在劳伦斯伯克利实验室的**气泡室**时留下的一些径迹。充满液态氢的气泡室处于强磁场中，场的方向指向图平面外。当一 γ 射线粒子——γ 粒子因不带电，不留下径迹——从氢原子击发出一个电子（长的径迹，标明 e^-）时，γ 粒子转变成一个电子（螺旋形径迹，标明 e^-）和一个正电子（径迹标明 e^+）。用式（29-2）及图 29-2 校核一下，这两个负粒子和一个正粒子留下的径迹是沿正确的方向弯曲的。

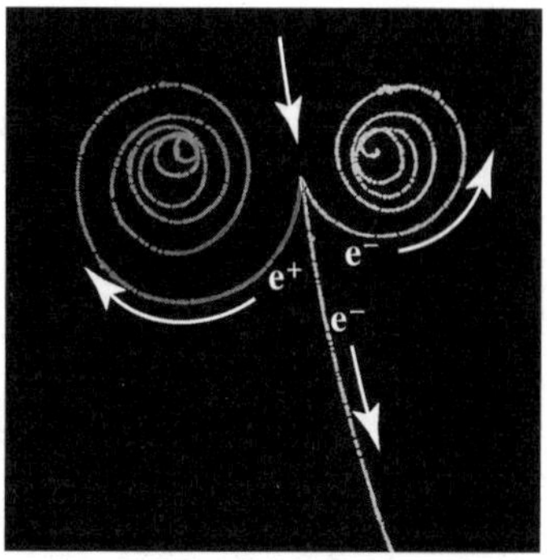

图 29-3 两个电子和一个正电子在处于指向图面外的均匀磁场内的气泡室中的径迹。

根据式（29-2）和式（29-3）得出的 $\vec{B}$ 的 SI 单位是库米每秒。为了方便，把它叫做特［斯拉］（T）：

$$1\text{ 特［斯拉］}=1\text{T}=1\frac{\text{牛}}{(\text{库})(\text{米/秒})}$$

回想到 1 库每秒是 1 安，我们有

$$1\text{T}=1\frac{\text{牛}}{(\text{库/秒})(\text{米})}=1\frac{\text{N}}{\text{A}\cdot\text{m}} \qquad (29-4)$$

$\vec{B}$ 的仍在经常使用的较早的（非 SI）单位是**高斯**（Gs），而

$$1\text{ 特［斯拉］}=10^4\text{ 高斯} \qquad (29-5)$$

表 29-1 列出在一些情况下发生的磁场。应注意地球表面附近的磁场约为 10^{-4} T（$=100\mu$T 或 1 高斯）。

表 29-1 一些情况下磁感应强度的近似值

中子星表面处	10^8T	地球表面处	10^{-4}T
大磁铁附近	1.5T	星际空间中	10^{-10}T
小条形磁铁附近	10^{-2}T	磁屏蔽室内的最小值	10^{-14}T

检查点 1：下图示出带电粒子以速度 $\vec{v}$ 穿过一均匀磁场 $\vec{B}$ 的三种情况。在每一种情况中，粒子上磁力 $\vec{F}_B$ 沿

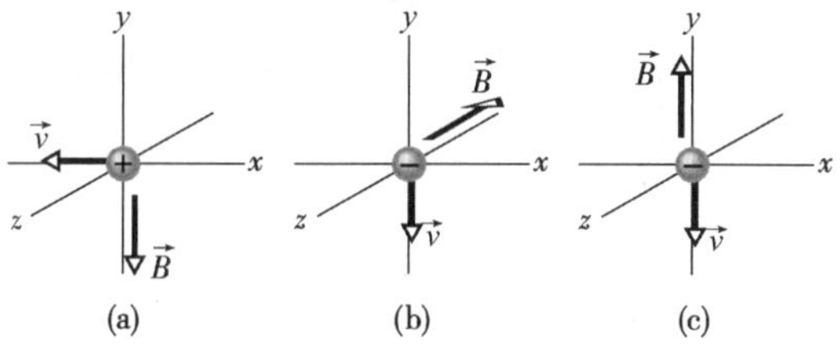

什么方向？

磁场线[㊀]

我们可用场线表示磁场，正像我们对电场做过的那样。类似的规则适用；那就是：(1) 在任一点磁场线的切线方向给出该点 $\vec{B}$ 的方向；(2) 磁场线的间距表示 $\vec{B}$ 的大小，磁场线越密集处磁场越强，反之亦然。

图 29－4a 示出**条形磁体**（成条形的永磁体）附近的磁场是如何用磁场线表示的。磁场线全部穿过磁体，并且它们全部形成闭合曲线（即使有那些在图中未表现为闭合的）。条形磁体的外部磁效应在其两端附近最强，那里磁场线最密集。因而，图 29－4b 中条形磁体的磁场主要在磁体的两端附近吸聚铁屑。

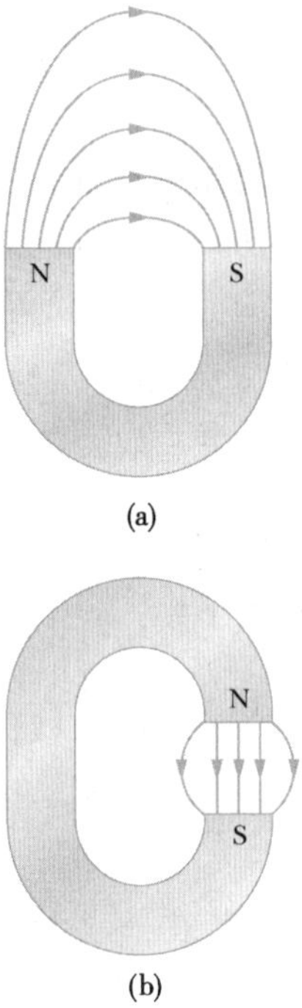

图 29－4　(a) 条形磁铁的磁场线。(b)“乳牛磁铁”是用来使它滑到乳牛的瘤胃中，以防止被意外咽下的少许铁屑进入乳牛肠内的条形磁铁，其两端的铁屑揭示出磁场线。

图 29－5　(a) 马蹄形磁铁和 (b) C 形磁铁（只画出几条外部磁场线）。

（闭合的）磁场线进入磁体的一端并从另一端出来。磁场线从磁体出来的那一端叫做磁体的**北极**；磁场线进入磁体的另一端叫做磁体的**南极**。我们用来把便条固定在冰箱上的磁体是短的条形磁体。图 29－5 示出磁体的另外两种常见的形状：**马蹄形磁体**和已被弯成 C 形从而使其两极面相互面对的磁体（两极面间的磁场于是近似为均匀的）。不管磁体的形状如何，如果我们把两个磁体彼此放近，我们就发现：

㊀ 磁场线在我国教科书中一般称为**磁感线**（$\vec{B}$ 线）。——译者注

相反的磁极相互吸引，而相同的磁极相互排斥。

地球具有磁场，它由地核内尚不清楚的机制所产生。在地球表面上我们可用指南针检测这个磁场。指南针基本上是放在摩擦小的支枢上的窄条形磁体。这个条形磁体，或这个磁针，由于其北极被吸引向地球的北极地区而转动。因而，地磁场的**南极**必定位于靠近北极的地区。逻辑上，我们则应该叫那里的极为南极。然而。因为我们叫那个方向为北，我们只好这样表述：地球在那个方向具有**地理北极**。

借助更精细的测量，我们将发现在北半球，地球的磁场线一般向下进入地球并指向北极区，在南半球，它们一般从地球中向上出来而指离南极区，即，指离地球的**地理南极**。

例题 29－1

一大小为 1.2mT、方向竖直向上的均匀磁场 $\vec{B}$ 遍及一实验用小室内各处。一具有 5.3MeV 动能的质子进入小室水平地从南向北运动。当质子进入该室时，作用在其上的磁偏转力有多大？质子的质量为 1.67×10^{-27}kg（忽略地球的磁场）。

【解】 因为质子带电并通过磁场，所以受到磁力 $\vec{F}_B$ 的作用。这里**关键点**是，因为质子速度的初始方向不沿磁场线，$\vec{F}_B$ 绝对不为零。为了求出 $\vec{F}_B$ 的大小，倘若先求出质子的速率 v，我们就可以用式（29－3）求解。我们可从给定的动能求出 v。由于 $K=\frac{1}{2}mv^2$，解 v，得到

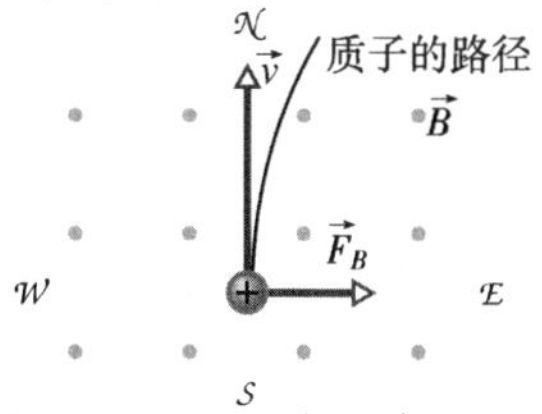

图 29－6 例题 29－1 图 表示在小室内，质子从南向北运动的俯视图，磁场在室内垂直向上如小点的阵列所示（小点就像箭的尖端）。质子偏向东方。

$$v=\sqrt{\frac{2K}{m}}=\sqrt{\frac{(2)(5.3\text{MeV})(1.60\times10^{-13}\text{J/MeV})}{1.67\times10^{-27}\text{kg}}}$$
$$=3.2\times10^7\text{m/s}$$

由式（29－3）得

$$F_B=|q|\ vB\sin\phi$$
$$=(1.60\times10^{-19}\text{C})(3.2\times10^7\text{m/s})(1.2\times10^{-3}\text{T})(\sin90°)$$
$$=6.1\times10^{-15}\text{N}$$

（答案）

这似乎是很小的力，但它作用在质量很小的粒子上，就产生了很大的加速度，即

$$a=\frac{F_B}{m}=\frac{6.1\times10^{15}\text{N}}{1.67\times10^{-27}\text{kg}}$$
$$=3.7\times10^{12}\text{m/s}^2$$

为了求出 $\vec{F}_B$ 的方向，我们用到**关键点**：$\vec{F}_B$ 具有矢积 $q\vec{v}\times\vec{B}$ 的方向。因为 q 为正，$\vec{F}_B$ 应该具有与 $\vec{v}\times\vec{B}$ 相同的方向，这可用关于矢积的右手定则来确定（如在图 29－2b 中）。我们知道，$\vec{v}$ 水平地从南指向北而 $\vec{B}$ 竖直向上。右手定则向我们指出，偏转力 $\vec{F}_B$ 一定沿水平方向从西向东，如图 29－6 所示（图中小点的阵列表示磁场指向图面外，×的阵列将表示磁场指向图面内）。

如果粒子的电荷为负，则磁偏转力将指向相反方向，也就是说，水平地从东向西。如果我们用负值取代 q，则这将由式（29－2）自动预示。

29－3 正交场：电子的发现

电场 $\vec{E}$ 和磁场 $\vec{B}$ 二者都能在带电粒子上产生力。当两个场相互垂直时，它们被说成是**正交场**。这里，我们将探讨当带电粒子，即电子，通过正交场时它们将发生什么情况。作为例子，我们采用汤姆孙（J. J Thomson）1897 年在剑桥大学发现电子的实验。

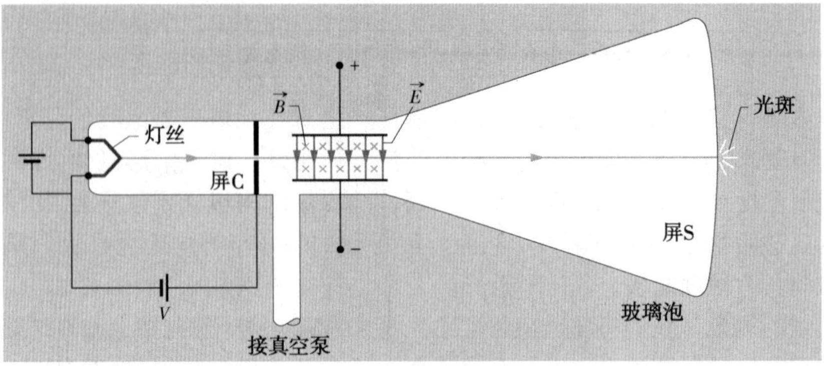

图 29-7 汤姆孙测量电子的质荷比用的仪器的现代型。通过把电池连接到两偏转板的接头上建立一个电场 $\vec{E}$，通过一组线圈（未画出）中的电流建立一个磁场 $\vec{B}$。由×（它像箭的带羽毛的尾端）的阵列表示的磁场指向图面内。

图 29-7 示出一现代的、汤姆孙实验仪器的简化形式，**阴极射线管**（它与一般电视机中的显像管相似）。带电粒子（我们现在知道的如电子）由在真空管尾部处的热灯丝发射并被一外加的电势差 V 加速。在通过屏 C 上的狭缝后，它们形成一细束，然后通过 $\vec{E}$ 和 $\vec{B}$ 的正交场区域，向着荧光屏 S 前进，在那里它们形成一光斑（在电视屏幕上这种斑是图像的一部分）。在正交场区域中作用在带电粒子上的力能使它们从屏的中心偏移。通过调节场的大小和方向，汤姆孙可控制光斑出现在屏上的位置。回想到由电场引起的在负带电粒子上的力与场的方向相反，因而，对于图 29-7 的特定的场结构，电子受电场 $\vec{E}$ 的力在页面内向上，而受磁场 $\vec{B}$ 的力在页面内向下；即两个力**反方向**。汤姆孙的实验程序相当于下列一系列步骤：

1. 使 $E=0$ 且 $B=0$，并记下由未偏转的粒子束在屏 S 上所形成光斑的位置。

2. 加上 $\vec{E}$ 并测量由此引起的粒子束的偏移。

3. 保持 $\vec{E}$ 不变，现在加上 $\vec{B}$ 并调节其值直到粒子束返回到未偏转的位置（在两个力反方向的情况下，可作到使它们抵消）。

我们在例题 23-4 中曾讨论带电粒子通过两平板间电场的偏转（这里的步骤 2），我们发现，粒子在两板远端的偏移为

$$y=\frac{qEL^2}{2mv^2} \tag{29-6}$$

式中，v 是粒子的速率，m 是其质量，q 是其电荷，而 L 是两板的长度。我们可把这同样的方程用于图 29-7 中的电子束。如果需要的话，我们可通过测量粒子束在屏 S 上的偏转然后再回过来计算在两板终端处的偏移 y（因为偏转的方向由粒子的电荷符号决定，所以汤姆孙能够证明照亮屏幕的粒子是带负电的）。

当图 29-7 中的两个场被调节到使两个偏转力相抵消（步骤 3）时，根据式（29-1）和式（29-3）我们有

$$|q|E=|q|vB\sin(90°)=|q|vB$$

或

$$v=\frac{E}{B} \tag{29-7}$$

因而，正交场使我们能测定通过它们的带电粒子的速率。将式（29 -7）的 v 代入式（29 -6）并重新整理，得出

$$\frac{m}{q}=\frac{B^2L^2}{2yE} \tag{29-8}$$

式中所有在右边的量都可测量。因而，正交场使我们能测定通过汤姆孙仪器的粒子的比 m/q。

汤姆孙声称这些粒子在一切物质中都能找到。他还断言，它们比已知的、最轻的原子（氢）的1/1000 还要轻（精确的比率后来证明将是1/1836. 15）。他对 m/q 的测定，联同他的两个大胆的断言，被看作是“电子的发现”。

检查点2：右图示出通过均匀电场 $\vec{E}$（从页面指向外并用画圆圈的小点表示）与均匀磁场 $\vec{B}$ 运动的带正电粒子速度矢量 $\vec{v}$ 的四个方向。(a) 按照粒子受的合力的大小由大到小把方向1、2及3排序，(b) 所有这四个方向中，那个可能导致为零的合力?

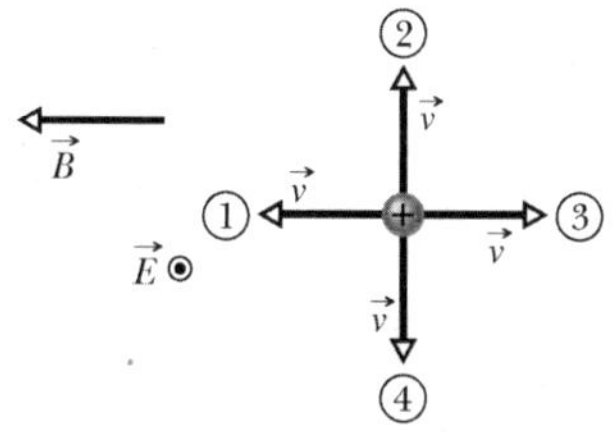

---

29 -4 正交场：霍尔效应

正如我们刚才曾讨论的，电子束在真空中能被磁场偏转。在铜导线中漂移的传导电子也能被磁场偏转吗？当时在约翰霍布金斯大学的24岁的研究生霍尔（E. H. Hall）证明了它们能偏转。这个**霍尔效应**使我们能弄清楚导体中的载流子是带正电还是带负电。此外，我们还可测定导体单位体积内这种载流子的数目。

图29 -8a示出一宽度为 d 的、载有电流的铜片，电流的惯例的方向为从图的顶部到底部。载流子是电子，并且如我们所知，它们沿相反的方向从底部到顶部漂移（以漂移速率 v_d）。在图29 -8a所示的时刻，指向图平面内的外磁场已加好，根据式（29 -2）我们看出，一磁偏转力 $\vec{F}_B$ 将作用在每个漂移的电子上，把它推向铜片的右侧。

随着时间的推移，电子移到右边，大部分积聚在铜片的右侧面，剩下未被抵消的正电荷处于左侧面的确定位置上。正、负电荷的分离在铜片内部引起一在图29 -8中从左指向右的电场 $\vec{E}$。这个场施加电力 $\vec{F}_E$ 在每个电子上，企图把它推到左侧。

平衡迅速形成，在其间每个电子上的电力增长直到它恰好与磁力抵消。当这种情况出现时，如图29 -8所示，由 $\vec{B}$ 产生的力与由 $\vec{E}$ 产生的力平衡。漂移的电子则以速度 $\vec{v}_d$ 沿铜片移向页面上部。铜片的右侧面上不会进一步聚集电子，因而电场 $\vec{E}$ 不再增强。

伴随着电场产生一跨越铜片厚度 d 的**霍尔电势差** V，根据式（25 -42），该电势差的大小为

$$V=Ed \tag{29-9}$$

通过跨越该厚度连接一伏特计，我们可测量铜片两侧面间的电势差。并且伏特计能告诉我们哪个侧面处于较高的电势。对于图29 -8a的情况，我们将发现左侧面处于较高的电势，这符合我们关于载流子带负电的假定。

暂且停一下，让我们做相反的假定，电流中的载流子是带正电的（见图29 -8c）。随着载

流子在铜片中从顶部向底部运动，它们被 $\vec{F}_B$ 推到右侧面，因而**右**侧面处于较高的电势。因为上面这段叙述与我们伏特计的读数相矛盾，所以载流子必定带负电。

现在进行定量的讨论。当电力与磁力处于平衡时（见图29-8b），由式（29-1）和式（29-3）得

$$eE = ev_d B \qquad (29-10)$$

根据式（27-7），漂移速率为

$$v_d = \frac{J}{ne} = \frac{i}{neA} \qquad (29-11)$$

式中，$J(=i/A)$ 是铜片中的电流密度，A 是铜片的横截面积，而 n 是载流子的**数密度**（它们每单位体积的数目）。

在式（29-10）中，用式（29-9）取代 E 并用式（29-11）取代 v_d，我们得到

$$n = \frac{Bi}{Vle} \qquad (29-12)$$

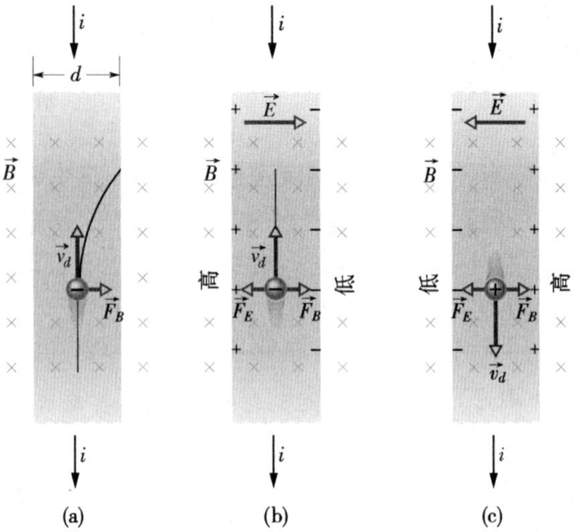

图29-8 载流铜片放在磁场中。(a) 磁场刚加上时的情况。画出了一个电子要采取的路径。(b) 很快就达到平衡的情况。注意负电荷集聚在铜片的右侧面，在左侧面留下未被抵消的正电荷。因此，左侧面的电势比右侧面高。(c) 对于同一电流方向，如果载流子带正电它们就要在右侧面上集聚，而右侧面的电势将较高。

式中，$l(=A/d)$ 是片的厚度，借助此式我们能由一些可测量的量求出 n。

还可能应用霍尔效应直接测量载流子的漂移速率 v_d，你可能记得它的数量级是每小时几厘米。在这个巧妙的实验中，用机械方法使金属片沿着与载流子漂移速度相反的方向通过磁场，然后调节金属片的速率直到霍尔电势差消失。在这个情况下，没有霍尔效应，载流子相对于**实验室参考系**的速度应该为零，所以铜片的速度应该与负载流子的速度大小相等而方向相反。

例题29-2

图29-9示出一边长 $d=1.5\text{cm}$ 的实心金属立方块。它以大小为4.0m/s沿正 y 方向的恒定速度 $\vec{v}$ 通过大小为0.050T，指向正 z 方向的均匀磁场 $\vec{B}$。

(a) 由于通过磁场的运动，立方块哪个表面的电势较低？哪个表面电势较高？

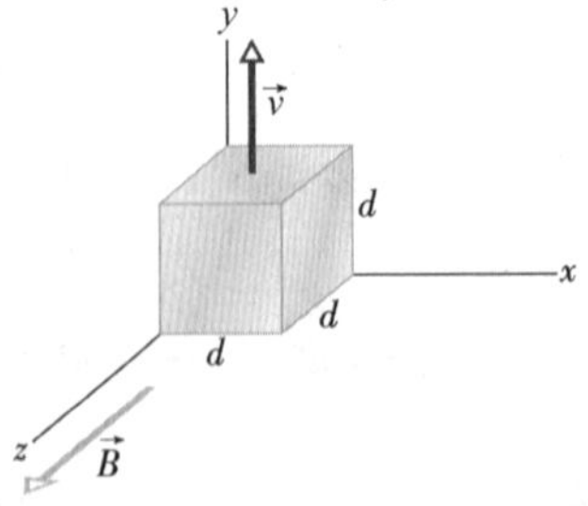

图29-9 例题29-2图 边长为 a 的实心正立方体，以恒定速度 $\vec{v}$ 通过均匀磁场 $\vec{B}$。

【解】 这里一个**关键点**是，因为立方块在通过磁场 $\vec{B}$，磁力 $\vec{F}_B$ 作用在其带电粒子，包括其传导电子上。第二个**关键点**是，$\vec{F}_B$ 怎样在立方块的某些表面之间引起电势差。当立方块最初开始通过磁场时，其电子也如此，因为每个电子具有电荷 q 并且在以速度 $\vec{v}$ 通过磁场，作用在其上的磁力 $\vec{F}_B$ 由式（29-2）给出。因为 q 为负，所以 $\vec{F}_B$ 的方向与在图29-9中沿 x 轴正方向的矢积 $\vec{v}\times\vec{B}$ 反向。因而，$\vec{F}_B$ 沿 x 轴的负方向作用，朝向立方块的左表面（在图29-9中它无法看出）。

大多数电子被固定在立方块分子中适当的位置。然而，因为立方块是金属，它含有能自由运动的传导电子，这些传导电子的一部分被 $\vec{F}_B$ 偏转到立方块的左表面，使该表面带负电并留下右表面带正电。这种

电荷的分离引起一从带正电的右表面指向带负电的左表面的电场 $\vec{E}$。因而，左表面的电势较低，而右表面的电势较高。

(b) 电势较高与较低的表面之间的电势差是多少?

【解】 这里**关键点**是:

1. 由电荷的分离所生成的电场 $\vec{E}$ 在每个电子上产生一电力 $\vec{F}_E = q\vec{E}$。因为 q 为负，这个力指向电场 $\vec{E}$ 的反方向，即向右。因而在每个电子上，$\vec{F}_E$ 向右作用而 $\vec{F}_B$ 向左作用。

2. 当立方体恰好已开始通过磁场而电荷的分离刚好已开始时，$\vec{E}$ 的大小开始从零增大。因而，$\vec{F}_E$ 的大小也开始从零增大并且最初小于 $\vec{F}_B$ 的大小。在这个初始阶段，作用在任一电子上的合力由 $\vec{F}_B$ 控制，它持续地使更多的电子移到立方块的左表面，加大了电荷的分离。

3. 然而，随着电荷分离的加大，F_E 的大小最终变得等于 F_B 的大小。作用在任一电子上的合力于是为零，而就没有更多的电子被移到立方块的左表面。因而，$\vec{F}_E$ 的大小不能进一步增大，电子则处于平衡。

我们探寻在平衡达到后（它很快出现）立方块左、右表面间的电势差 V。只要我们先求出在平衡下电场的大小 E，我们就能用式（29 -9）($V = Ed$) 得到 V。我们可借助关于力的平衡方程（$F_E = F_B$）这样做。

对于 F_E，我们代入 $|q|E$。对于 F_B，我们根据式（29 -3）代入 $|q|vB\sin\phi$。根据图 29 -9，我们看出矢量 $\vec{v}$ 与 $\vec{B}$ 之间的夹角 ϕ 为 90°；所以 $\sin\phi = 1$，由 $F_E = F_B$ 得

$$|q|E = |q|vB\sin 90° = |q|vB$$

于是有 $E = vB$，所以式（29 -9）($V = Ed$) 变为

$$V = vBd \tag{29-13}$$

代入已知的数值，我们有

$$V = (4.0\text{m/s})(0.050\text{T})(0.015\text{m}) = 0.0030\text{V} = 3.0\text{mV}$$

（答案）

检查点 3：右图示出一金属的长方体，它以某一速率 v 通过均匀磁场 $\vec{B}$。长方体的各线度都是 d 的倍数，如图所示。对于长方体速度的方向你有六种选择：它可以平行于 x、y 或 z；沿正方向或负方向。(a) 按照将跨越该长方体建立的电势差由大到小把这六种选择排序。(b) 对于哪种选择前表面处于较低的电势?

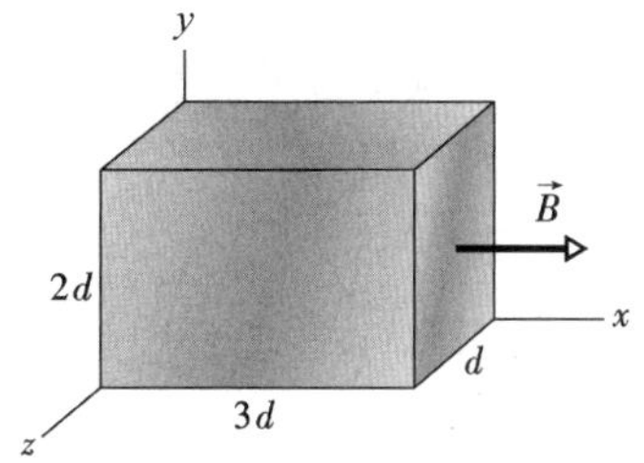

29 -5　环行的带电粒子

如果一粒子以恒定的速率沿圆周运动，则我们能肯定作用在粒子上的合力在大小上是恒定的，并且指向圆周的中心，始终垂直于粒子的速度。想一想一石块栓到细绳上在光滑的水平面上沿圆周绕转，或者一卫星环绕地球在圆轨道上运行。在第一种情况下，细绳中的张力提供需要的力及向心加速度。在第二种情况下，地球的引力提供力及加速度。

图 29 -10 示出另一个例子：一电子束被**电子枪** G 射入小室中。电子以速率 v 进入页面然后在指向页面外的均匀磁场 $\vec{B}$ 中运动。结果，磁力 $\vec{F}_B = q\vec{v}\times\vec{B}$ 持续地使电子偏转，并且因为 $\vec{v}$ 和 $\vec{B}$ 始终相互垂直，这个偏转使电子遵循圆形路径。该路径在照片上是可见的，因为当有些环行的电子与室内的气体原子碰撞时气体原子发出光。

我们很想确定表示这些电子的圆周运动，或者表示电荷为 q，质量为 m 的任何粒子以速率 v 垂直于均匀磁场 $\vec{B}$ 运动的特征的参数。根据式（29 -3），作用在粒子上的力具有大小 qvB。把牛顿第二定律（$\vec{F} = m\vec{a}$）应用到匀速圆周运动（式（6 -18）），

$$F = m\frac{v^2}{r} \qquad (29-14)$$

我们有

$$qvB = \frac{mv^2}{r} \qquad (29-15)$$

解 r，我们求得圆形路径的半径为

$$r = \frac{mv}{qB} \quad (\text{半径}) \qquad (29-16)$$

周期 T（一次完全绕转所用的时间）等于周长除以速率：

$$T = \frac{2\pi r}{v} = \frac{2\pi}{v}\frac{mv}{qB} = \frac{2\pi m}{qB} \quad (\text{周期}) \qquad (29-17)$$

频率 f（每单位时间的转数）为

$$f = \frac{1}{T} = \frac{qB}{2\pi m} \quad (\text{频率}) \qquad (29-18)$$

运动的角频率于是为

$$\omega = 2\pi f = \frac{qB}{m} \quad (\text{角频率}) \qquad (29-19)$$

图 29-10　电子在含有低压气体的室内环行（它们的路径是发光的圆）。室内各处有垂直指向页平面外的均匀磁场。注意径向磁力 $\vec{F}_B$；要产生圆周运动，$\vec{F}_B$ 必须指向圆心，把右手定则用于矢积去验证 $\vec{F}_B = q\vec{v}\times\vec{B}$ 给出 $\vec{F}_B$ 正确的方向（不要忘记 q 的符号）。

是 T、f 和 ω 不依赖于粒子的速率（只要该速率远小于光的速率）。快的粒子在大圆周上运动而慢的在小圆周上运动，但具有相同荷质比 q/m 的一切粒子绕行一圈都花费相同的时间 T（周期）。应用式（29-2）你能证明，如果沿 $\vec{B}$ 的方向往里看，正粒子的回转方向永远是逆时针的，而负粒子的方向永远是顺时针的。

螺旋线路径

如果带电粒子的速度具有平行于（均匀）磁场的分量，则粒子将沿围绕磁场矢量方向的螺旋线路径运动。例如，图 29-11a 所示，这样的粒子的速度矢量 $\vec{v}$ 分解成两个分量，一个平行于 $\vec{B}$，一个垂直于 $\vec{B}$：

$$v_{\parallel} = v\cos\phi \text{ 及 } v_{\perp} = v\sin\phi \qquad (29-20)$$

平行分量决定螺旋线的**螺距** p，即相邻两圈间的距离（见图 29-11b）。垂直分量决定螺旋线的半径并且是要替代式（29-16）中 v 的量。

图 29-11c 示出一在非均匀磁场中做螺旋线运动的带电粒子。在左、右两侧具有更小间距的磁场线表明那里的磁场更强。当磁场在一端足够强时，粒子从该端“反射”。如果粒子从两端都反射，就说它是陷俘在**磁瓶**中。

电子和质子被地磁场按这种方式陷俘。所陷俘的粒子形成**范艾伦辐射带**，它在地球大气上方很高处地球的地磁南、北极之间形成一个很好的环。这些粒子在几秒内从这个磁瓶的一端到另一端，来回地跳动。

当巨大的太阳爆发将更多的高能电子和质子射入辐射带时，在电子正常反射的区域中形成

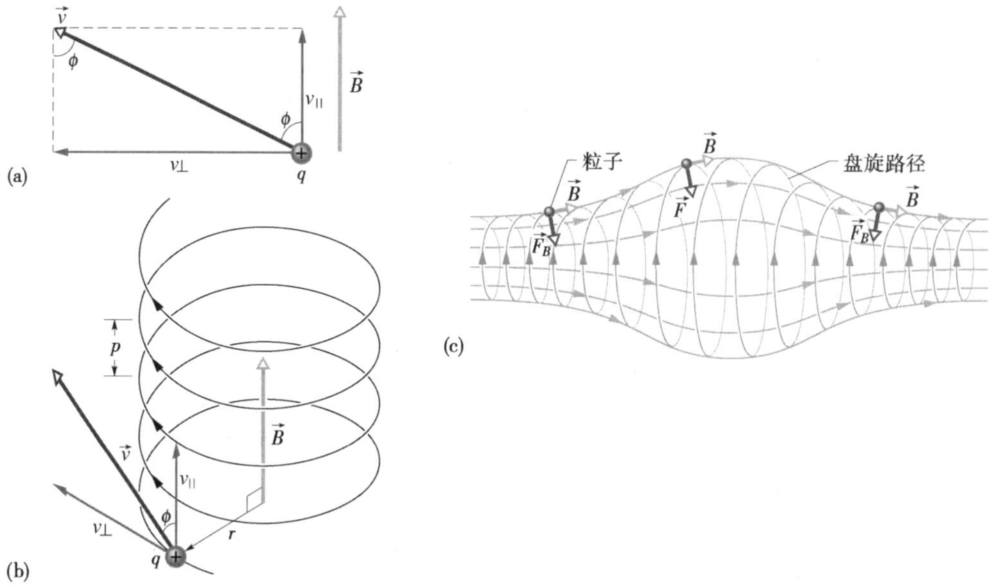

图 29 -11 (a) 带电粒子在均匀磁场 $\vec{B}$ 中运动，速度 $\vec{v}$ 与场方向成 ϕ 角。(b) 带电粒子沿螺旋线路径运动。(c) 带电粒子在非均匀磁场中做螺旋线运动 (粒子可能被陷俘，在两端强磁场区域之间来回做螺旋线运动)。注意在左边和右边的磁力矢量都有一个指向图的中心的分量。

一电场。这个场消除反射而代之以驱动电子向下进入大气，在那里它们与空气的原子和分子碰撞，引起空气发光。这种光构成了极光——下垂到约 100km 高度的光幕。绿光由氧原子发出，淡红光由氮分子发出，但这个光通常太暗淡，以致我们只看出白光。

极光在地球上方按弧形延伸并且能出现在叫做**极光卵形环**的区域中。极光卵形环如图 29 - 12 和如从空间所见的图 29 - 13 所示。虽然极光很长但它的厚度小于 1km (从南到北)，因为随着电子沿着会聚的磁场线螺旋形下降时，产生它的电子的路径也在会聚 (见图 29 - 12)。

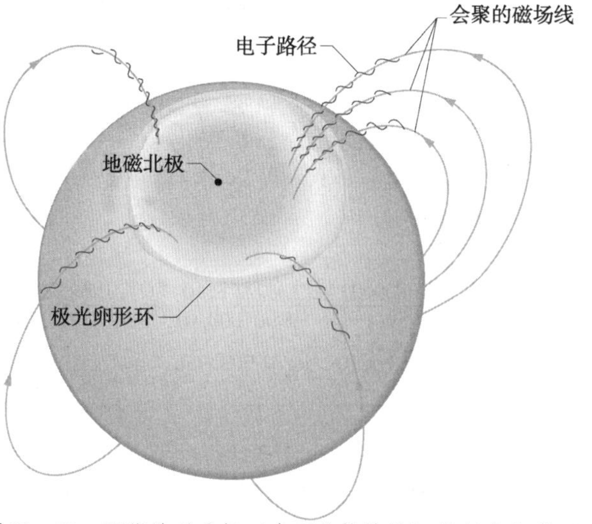

图 29 -12 环绕地磁北极 (在西北格陵兰) 的极光卵形环。磁场线向该极会聚，向地球运动的电子被“捉住”并环绕场线螺旋式前进，在高纬度处进入地球大气并在卵形环内产生极光。

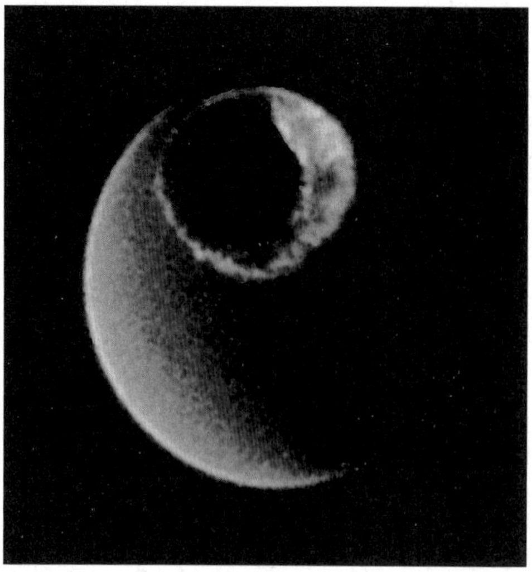

图 29 -13 在北极光卵形环内的极光伪彩色图像，由**动态探测**者卫星所记录。地球被太阳照亮一部分是左边的新月状区。

物理学基础

检查点4：这里的右图示出以相同速率在指向页面内的均匀磁场 $\vec{B}$ 中运动的两个粒子的圆形路径。一个粒子是质子，另一个是电子（它较轻）。(a) 哪个粒子沿较小的圆周运动？(b) 该粒子是顺时针还是逆时针运动？

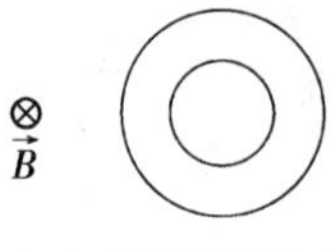

例题 29-3

图 29-14 示出用于测量离子质量的质谱仪的基本结构。质量为 m（待测的）且电荷为 q 的离子在源 S 中产生。最初静止的离子被电势差 V 引起的电场加速。离子离开S并进入分离室，其中一均匀磁场 $\vec{B}$ 垂直于离子的路径。磁场使离子沿半圆运动，在离入口狭缝距离 x 处撞击（并因而改变）一照相底片。假设在某次试验中 $B=80.000\text{mT}$ 而 $V=1000.0\text{V}$，并且电荷为 $q=+1.6022\times10^{-19}\text{C}$ 的离子在 $x=1.6254\text{m}$ 处撞到底片上。按统一的原子质量单位（$1\text{u}=1.6605\times10^{27}\text{kg}$）计，单个离子的质量是多少？

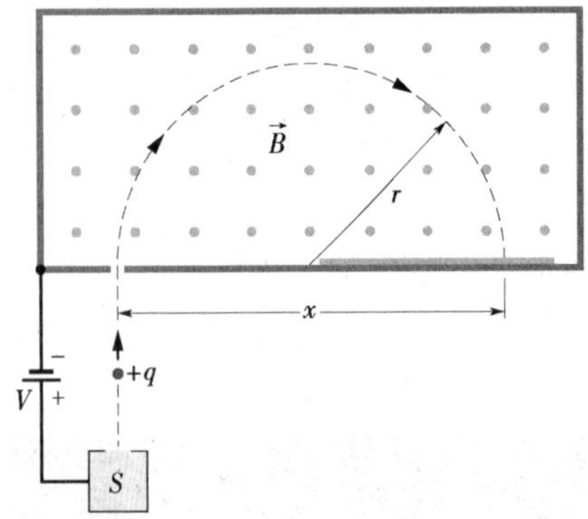

图 29-14 例题 29-3 图 质谱仪的基本结构。一个正离子从源S出来被电势差 V 加速后进入有均匀磁场 $\vec{B}$ 的室内。在那里它行经一个半径为 r 的半圆在离进口距离为 x 处撞击一照相底片。

【解】 这里一个**关键点**是，因为（均匀的）磁场使（带电的）离子沿圆形路径运动，我们可用式（29-16）（$r=mv/qB$）把离子的质量与路径的半径联系起来。从图 29-14 我们看到，$r=x/2$ 并且磁场的大小 B 已给出。然而，我们缺少离子在被电势差 V 加速后在磁场中的速率 v。

为了把 v 和 V 联系起来，我们利用在加速期间机械能（$E_{\text{mec}}=K+U$）守恒的**关键点**。当离子从源出来时，其动能近似为零。当加速结束，其动能为 $\frac{1}{2}mv^2$。还有，在加速期间，正离子通过一个 $-V$ 的电势改变。这样，因为离子具有正电荷，所以其电势能改变了 $-qV$。如果我们现在把机械能守恒写为

$$\Delta K+\Delta U=0$$

就可得到

$$\frac{1}{2}mv^2-qV=0$$

或

$$v=\sqrt{\frac{2qV}{m}} \tag{29-21}$$

把这代入式（29-16），我们有

$$r=\frac{mv}{qB}=\frac{m}{qB}\sqrt{\frac{2qV}{m}}=\frac{1}{B}\sqrt{\frac{2mV}{q}}$$

因而，

$$x=2r=\frac{2}{B}\sqrt{\frac{2mV}{q}}$$

解此式求 m 并代入给定的数据，得出

$$m=\frac{B^2qx^2}{8V}$$

$$=\frac{(0.080000\text{T})^2(1.6022\times10^{-19}\text{C})(1.6254\text{m})^2}{8\times1000.0\text{V}}$$

$$=3.3863\times10^{-25}\text{kg}=203.93\text{u}$$ （答案）

例题 29-4

一具有 22.5eV 动能的电子进入大小为 4.55×10^{-4} T 的均匀磁场 $\vec{B}$。$\vec{B}$ 的方向与电子速度 $\vec{v}$ 之间的夹角为 65.5°。电子所取的螺旋线路径的螺距为多大？

【解】 这里一个**关键点**是，螺距 p 是在运行的一个周期 T 期间电子平行于磁场 $\vec{B}$ 行驶的距离。第二个**关键点**是，周期 T 由式（29-17）给出，和 $\vec{v}$ 与 $\vec{B}$ 的方向之间的夹角无关（只要夹角不为零，对于零夹角没有电子的环行）。因而，应用式（29-20）和式（29-17），我们求得

$$p = v_{/\!/}T = (v\cos\phi)\frac{2\pi m}{qB} \qquad (29-22)$$

我们可根据电子的动能计算其速率 v，像我们在例题 29－1 中对质子做过的那样，求出 $v=2.81\times10^6\text{m/s}$。把这和已知的数据代入式（29－22），得

$$p = (2.81\times10^6\text{m/s})(\cos65.5°) \times \frac{2\pi(9.11\times10^{-31}\text{kg})}{(1.60\times10^{-19}\text{C})(4.55\times10^{-4}\text{T})}$$

$=9.16\text{cm}$ （答案）

29－6 回旋加速器与同步加速器

在最小的尺度上物质的结构是怎样的？这个问题总在引起物理学家们的兴趣。获得答案的一个方法是使一个高能带电粒子（例如，质子）猛烈地冲入一个固体靶子。然而更好的是，使两个这样的高能粒子迎面对碰，然后分析来自多次这样碰撞的碎片以了解物质的亚原子粒子的性质。1976 和 1984 年的诺贝尔物理学奖正是颁发给了这样的研究。

我们怎样才能给质子足够的动能供这样的实验用呢？直接的途径是使质子通过一电势差 V “下落”从而促其动能增大 eV。然而，随着我们想要的能量越来越高，建立所需的电势差变得越来越困难。

一个较好的方法是安排质子在磁场中环行，而每圈给它一次适中的电“冲击”。例如，如果一质子在磁场中环行 100 次，并且每次它完成一轨道运行都接受 100keV 的能量提高，则它最后将具有（100）（100keV）或 10MeV 的动能。两种很有用的加速装置就是基于这个原理的。

回旋加速器

图 29－15 是回旋加速器的粒子（比如说，质子）在其中环行的区域的俯视图。两个中空的 D 形盒（它们的直侧面是开口的）由薄铜板制成。这两个 **D 形电极**，正像它们被称为的，是使跨越它们之间间隙的电势差不断更迭的电振荡器的一部分。两 D 形电极的电符号是轮换的以使间隙中的电场来回地变换方向，先朝向一个 D 形电极然后再朝向第一个。D 形电极被浸没在磁场中（$B=1.5\text{T}$），其方向由页面向外。磁场由大电磁铁建立。

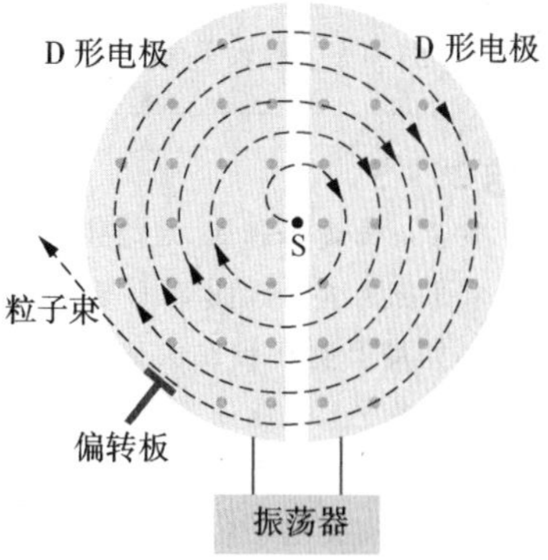

图 29－15 回旋加速器的基本结构，显示粒子源 S 和 D 形电极。均匀磁场指向页面外。质子在 D 形电极内螺旋环行，每次跨越两电极间隙时获得能量。

假设一质子由在图 29－15 中回旋加速器中央的源 S 注入，最初向一个带负电的 D 形电极运动。它将向这个 D 形电极加速并进入其中。一旦进入，它就被 D 形电极的铜壁屏蔽而与电场隔绝，即电场不进入 D 形电极。然而，磁场并不被（非磁性的）铜的 D 形电极屏蔽，所以质子沿圆形路线运动，其半径决定于其速率，由式（29－16）（$r=mv/qB$）给出。

假定在质子从第一个 D 形电极进入中央间隙的时刻，两 D 形电极间的电势差颠倒了。于是，质子**再次**面对带负电的 D 形电极并**再次**被加速。这个过程继续，环行的质子始终与 D 形电极电势的振荡合拍，直到质子已向外盘旋到 D 形电极系统的边缘，在那里，一个偏转板把它送出小洞。

回旋加速器运转的关键在于，质子在磁场中环行的频率 f（还在于它不依赖于质子的速率）必须等于电振荡器的确定的频率 f_{osc}，即

$$f = f_{\text{osc}} \quad \text{（共振条件）} \qquad (29-23)$$

这个**共振条件**表明，如果环行质子的能量要增大，必须按频率f_{osc}向它提供能量，而f_{osc}等于质子在磁场中环行的固有频率f。

将式（29－18）与式（29－23）结合起来，我们可把共振条件写作

$$qB = 2\pi m f_{osc} \qquad (29-24)$$

对于质子，q和m是固定的。振荡器（我们假定）被设计成能以单一的确定频率运转。然后我们通过改变B来“调谐”回旋加速器，直到满足式（29－24）。于是就有许多质子穿过磁场环行，并作为粒子束射出。

质子同步加速器

当质子的能量高于50MeV时，常规的回旋加速器开始失效，因为设计它的假设之一是在磁场中环形的带电粒子的回转频率与它的速率无关。这个假设只有在粒子速率远小于光速的情形下才成立。当质子的速率较大（约光速的10%以上）时，我们必须用相对论处理问题。按照相对论，随着环行的质子的速率趋近光速，质子的回转频率稳定地降低。因而，质子与频率保持在确定的f_{osc}的回旋加速器的振荡器不再同步，最终环行质子的能量不再增大。

还有另一个困难，对于在1.5T的磁场中500GeV的质子，其轨道半径是1.1km。用于适当尺寸的传统的回旋加速器的相应磁铁将是无法想象地昂贵，其极面的面积约为$4\times10^6\text{m}^2$。

质子同步加速器是设计来对付这两个困难的。磁场B和振荡器的频率f_{osc}不再像传统的回旋加速器那样具有固定的值，而是使之在加速循环时随时间变化。当适当地做到这一点时，（1）环行质子的频率始终保持与振荡器同步，（2）质子沿一个圆形而不是螺旋形轨道运动。因而，磁铁只需沿圆形轨道延伸，而不需遍及约$4\times10^6\text{m}^2$的面积。然而，如果要实现高的能量，则圆形轨道仍然必须很大。位于伊利诺斯州的费米国家加速器实验室（Fermilab）的质子同步加速器具有6.3km的周长并能产生具有约1TeV（$=10^{12}$eV）能量的质子。

例题 29－5

假设一回旋加速器以12MHz的振荡器频率运转且具有半径为$R=53$cm的D形电极。

(a) 用于使氘核在回旋加速器中加速所需磁场的大小是多少？氘核是氢的同位素重氢的核，它包含一质子和一中子，因而具有与质子相同的电荷，其质量为$m=3.34\times10^{-27}$kg。

【解】 这里**关键点**是，对于给定的振荡器频率f_{osc}，在加速器中加速任何粒子所要求的磁场的大小，按照式（29－24），取决于粒子的质量与电荷之比m/q。对于氘核及振荡器频率$f_{osc}=12$MHz，我们求出

$$B=\frac{2\pi m f_{osc}}{q}=\frac{(2\pi)(3.34\times10^{-27}\text{kg})(12\times10^{6}\text{s}^{-1})}{1.60\times10^{-19}\text{C}}$$

$$=1.57\text{T}\approx1.6\text{T} \qquad \text{（答案）}$$

注意，为了加速质子，如果振荡器频率保持固定在12MHz，则B应该降低到二分之一。

(b) 氘核最后得到的动能有多大？

【解】 这里一个**关键点**是，当氘核在沿具有半径近似等于D形电极半径R的圆形轨道运动时，退出回旋加速器的氘核的动能（$\frac{1}{2}mv^2$）等于它在刚好退出之前具有的动能。第二个**关键点**是，我们可借助式（29－16）（$r=mv/qB$）求出氘核在圆形轨道上的速率v，用R代替r，然后代入已知的数据，求出

$$v=\frac{RqB}{m}=\frac{(0.53\text{m})(1.60\times10^{-19}\text{C})(1.57\text{T})}{3.34\times10^{-27}\text{kg}}$$

$$=3.99\times10^{7}\text{m/s}$$

和这个速率对应的动能为

$$K=\frac{1}{2}mv^2=\frac{1}{2}(3.34\times10^{-27}\text{kg})(3.99\times10^{7}\text{m/s})^2=2.7\times10^{12}\text{J} \qquad \text{（答案）}$$

或约17MeV。

29 -7 作用在载流导线上的磁力

我们已经看到（与霍尔效应相关），磁场对导线中运动的电子有横向力作用。这个力一定随后传递给导线本身，因为传导电子不能横向逃出导线。

在图 29 -16a 中，一未通电流的竖直导线的两端固定，并从磁铁的两个竖直的极面间穿过。极面间的磁场指向页面外。在图 29 -16b 中，导线通入向上的电流，导线就向右偏移。在图 29 -16c 中，我们使电流的方向反向，导线向左偏移。

图 29 -17 示出在图 29 -16 中导线内发出的情况。我们看到，一个传导电子以设想的漂移速率 v_d 向下漂移。式（29 -3），其中 ϕ 应为 90°，告诉我们，大小为 ev_dB 的力 $\vec{F}_B$ 应该作用在每个这样的电子上。根据式（29 -2）我们看出，这个力必定指向右边。于是我们预期，导线作为整体受到一向右的力，与图 26 -16 一致。

在图 29 -17 中，如果我们使磁场的方向**或**电流的方向反向，作用在导线上的力也将反向，现在指向左边。还应注意，不管我们是考虑负电荷向下漂移（实际情况）还是考虑正电荷向上漂移，对导线的致偏力的方向是相同的。于是，对正电荷的电流我们也是有把握处理的。

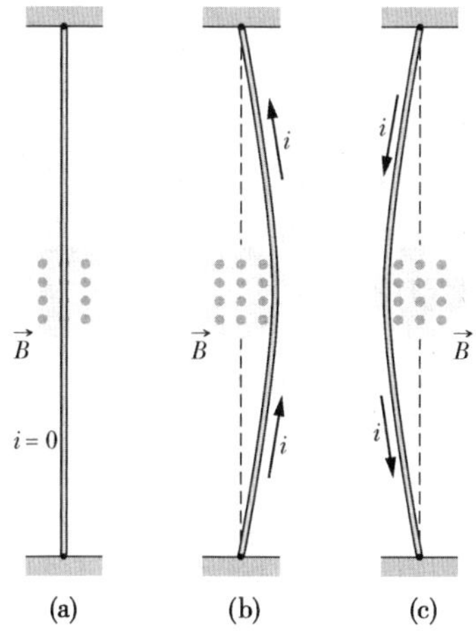

图 29 -16 磁铁两极面间（只画出了远的那个极）的一根软导线。(a) 设有电流时导线是直的；(b) 有向上的电流时，导线向右偏移；(c) 有向下的电流，导线向左偏移。未画出电线两端使电流向上或下的连接部件。

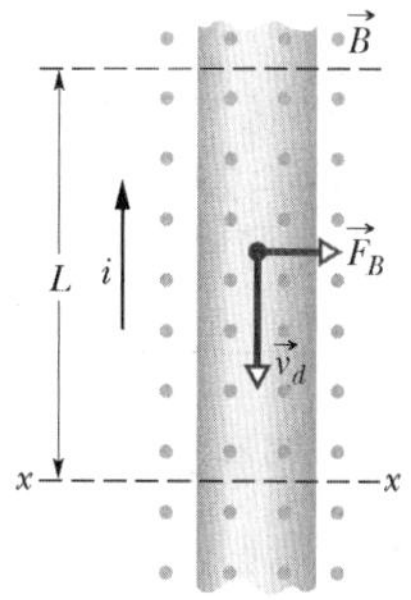

图 29 -17 图 29 -16b 中一段导线的特写镜头。电流向上，说明电子向下漂移。指向页面外的磁场使电子和导线向右偏移。

考虑图 29 -17 中导线的一段长度 L。这段导线中的所有传导电子在时间 $t = L/v_d$ 内将通过图 29 -17 中的平面 xx。因而，在那段时间内，电荷

$$q = it = i\frac{L}{v_d}$$

将通过该平面。把这代入式（29 -3），得

$$F_B = qv_dB\sin\phi = \frac{iL}{v_d}v_dB\sin 90°$$

即

$$F_B = iLB \qquad (29-25)$$

此式给出作用在载有电流 i 且浸没在垂直于导线的磁场 $\vec{B}$ 中长 L 的一段直导线上的磁力。

物理学基础

如果磁场**不**与导线垂直，如在图 29－18 中，则磁力由式（29－25）的推广给出：

$$\vec{F}_B = i\vec{L} \times \vec{B}\text{(电流上的力)} \qquad (29-26)$$

这里 $\vec{L}$ 是长度矢量，它具有大小 L 并沿导线段指向（习惯上的）电流的方向。力的大小 F_B 为

$$F_B = iLB\sin\phi \qquad (29-27)$$

式中，ϕ 是 $\vec{L}$ 的方向与 $\vec{B}$ 的方向之间的夹角。因为我们假定电流 i 是正的量。所以 $\vec{F}_B$ 的方向为矢积 $\vec{L}\times\vec{B}$ 的方向。式（29－26）告诉我们，如图 29－18 中所示，$\vec{F}_B$ 永远垂直于由 $\vec{L}$ 和 $\vec{B}$ 所确定的平面。

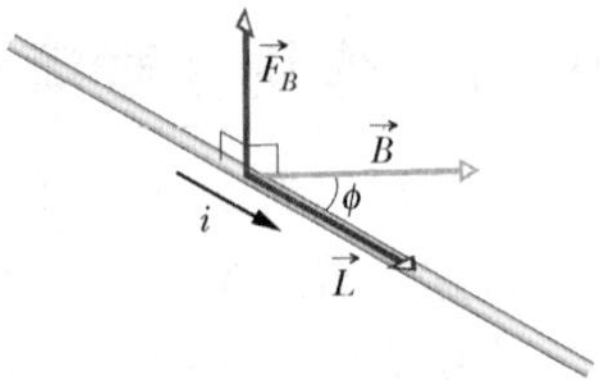

图 29－18　载有电流 i 的导线与磁场 $\vec{B}$ 成一角度 ϕ。场中的导线长为 L，长度矢量为 $\vec{L}$（沿电流的方向）。磁力 $\vec{F}_B = i\vec{L}\times\vec{B}$ 作用在导线上。

作为 $\vec{B}$ 的定义式，式（29－26）与式（29－2）是等效的。在实践中，我们根据式（29－26）定义 $\vec{B}$。测量作用在导线上的磁力比测量作用在单个运动电荷上的磁力容易得多。

如果导线不是直的或磁场不均匀，则我们可以想象把导线分成一些小的直线段并将式（29－26）应用于每个线段。作用在导线整体上的力则是所有作用在这些线段上的力的矢量和。用微分极限，我们可写出

$$d\vec{F}_B = i d\vec{L} \times \vec{B} \qquad (29-28)$$

我们可通过遍及任一给定的电流构形积分式（29－28）求出作用在该构形上的合力。

在应用式（29－28）时，应记住并没有一个孤立的、长度为 dL 的载流导线段那样的东西。永远应该有一通路把电流从线段的一端引入，并从另一端引出。

检查点 5：右图示出在均匀磁场 $\vec{B}$ 中通过一导线的电流 i 以及作用在导线上的方 $\vec{F}_B$。磁场的取向使该力最大。磁场应沿什么方向？

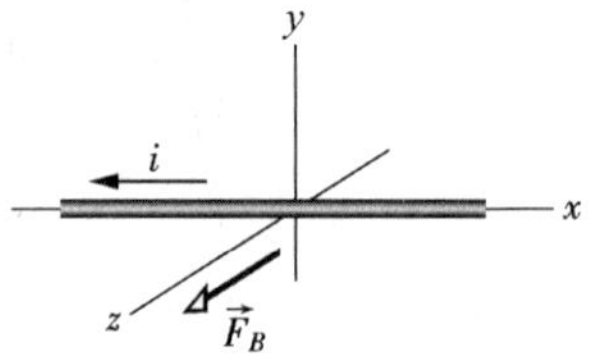

例题 29－6

一段直的、水平铜导线载有 $i=28\text{A}$ 的电流。要使导线悬浮——即让作用在导线上的磁力与重力平衡，所需最小的磁场的大小及方向为何？导线的线密度（每单位长度的质量）为 46.6g/m。

【解】　一个**关键点**是，因为导线载有电流，如果我们把它放在磁场中，则磁力会作用在导线上。为了平衡导线上向下的重力 $\vec{F}_g$，我们需要 $\vec{F}_B$ 的方向向上（见图 29－19）。

第二个**关键点**是，$\vec{F}_B$ 的方向通过式（29－26）与 $\vec{B}$ 的方向及导线的长度矢量 $\vec{L}$ 相联系。因为 $\vec{L}$ 沿水平方向（并且假定电流为正），所以式（29－26）和关于矢积的右手定则告诉我们，为了给出所要求的向上的 $\vec{F}_B$，$\vec{B}$ 应该水平且向右（见图 29－19）。

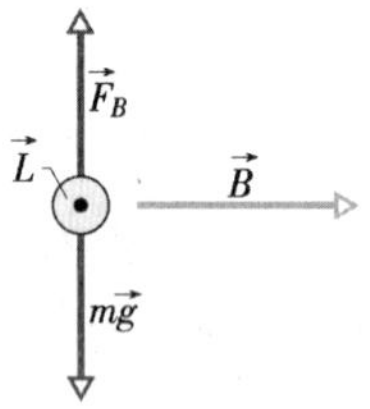

图 29－19　例题 29－6 图　可使一根载流导线（以横截面表示）“漂浮”在磁场中。电流从页面出来，磁场指向右方。

$\vec{F}_B$ 的大小由式（29－27）（$F_B = iLB\sin\phi$）给出。因为需要 $\vec{F}_B$ 与 $\vec{F}_g$ 平衡，即

$$iLB\sin\phi = mg \qquad (29-29)$$

物理学基础

式中，mg 是 $\vec{F}_g$ 的大小，m 是导线的质量。我们还需要最小的磁场大小 B 使 $\vec{F}_B$ 与 $\vec{F}_g$ 平衡。因而，需要使式（29－29）中的 $\sin\phi$ 达到最大。为此，我们设置 $\phi=90°$，从而使 $\vec{B}$ 与导线垂直。于是有 $\sin\phi=1$，由式（29－29）给出

$$B=\frac{mg}{iL\sin\phi}=\frac{(m/L)g}{i} \qquad (29-30)$$

我们把结果写成这种方式是因为我们知道了导线的线密度 m/L。代入已知的数据得

$$B=\frac{(46.6\times10^{-3}\mathrm{kg/m})(9.8\mathrm{m/s^2})}{28\mathrm{A}}=1.6\times10^{-2}\mathrm{T}$$

（答案）

这大约是地球磁场强度的 160 倍。

29－8 作用在电流回路上的力矩

世界上的大量工作都是由电动机完成的。在这种作业幕后的力是我们在前一节研究过的磁力，即磁场作用于载流导线上的力。

图 29－20 示出一简单的电动机，它包含处于磁场 $\vec{B}$ 中的单个载流回路。两个磁力 $\vec{F}$ 和 $-\vec{F}$ 在回路上形成一力矩，它企图使回路环绕其中轴旋转。虽然已省略了许多重要的细节，但该图的确表明了磁场对电流回路的作用是怎样产生旋转运动的。我们现在来分析这个作用。

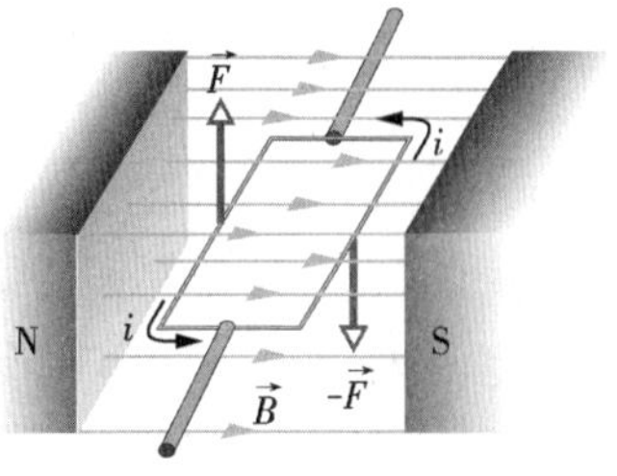

图 29－20 电动机的基本结构。一个载有电流并可自由绕一固定轴转动的矩形线圈放入一均匀磁场。作用在导线的磁力产生一个使它转动的力矩、一个换向器（未画出）每半周将电流方向倒转一次使得力矩总在同一方向作用。

图 29－21a 示出一穿过均匀磁场 $\vec{B}$ 的矩形回路，它的长为 a 而宽为 b，载有电流 i。我们把它放置在磁场中，使它的长边 1 和 3 垂直于磁场方向（它进入页面）。把电流引入和引出回路还需要导线，但为简单起见，它们并未画出。

为了确定回路在磁场中的取向，我们利用垂直于回路平面的法向矢量 $\vec{n}$。图 29－21b 示出用来确定 $\vec{n}$ 的方向的右手定则。让你右手的四个手指指向或弯向回路上任一点的电流的方向，伸直姆指时就指向法向矢量 $\vec{n}$ 的方向。

在图 29－21c 中，回路的法向矢量与磁场 $\vec{B}$ 的方向成任意的角度 θ。我们要求出在这个取向时作用在回路上的合力及合力矩。

在回路上的合力是作用在其四条边上诸力的矢量和。对于边 2，式（29－6）中矢量 $\vec{L}$ 指向

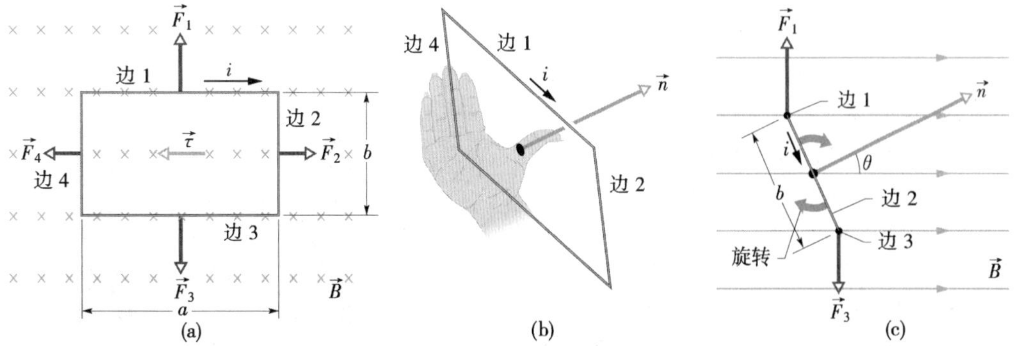

图 29－21 均匀磁场中长 a、宽 b、载有电流 i 的矩形回路。力矩 $\vec{\tau}$ 作用于它使法向矢量 $\vec{n}$ 和磁场的方向一致。(a) 沿磁场方向所见的回路。(b) 说明如何用右手定则确定垂直于回路平面的 $\vec{n}$ 的方向的透视图。(c) 从边 2 看的回路的侧视图。回路按所示方向转动。

电流的方向且具有大小 b。$\vec{L}$ 与 $\vec{B}$ 之间的夹角对于边2（见图29－21c）是 $90°-\theta$。于是，作用在这条边上力的大小为

$$F_2 = ibB\sin(90° - \theta) = ibB\cos\theta \tag{29-31}$$

你可以证明作用在边4上的力 $\vec{F}_4$ 具有与 $\vec{F}_2$ 相同的大小但方向相反。因而，$\vec{F}_2$ 和 $\vec{F}_4$ 正好抵消，它们的合力为零。而且因为它们共同的作用线穿过回路的中心，所以其合力矩也为零。

对于边1和边3，情况则不同。对于它们，$\vec{L}$ 垂直于 $\vec{B}$，所以力 $\vec{F}_1$ 和 $\vec{F}_3$ 具有相同的大小 iaB。因为这两个力具有相反的方向，所以它们不会使回路向上或向下运动。然而，如图29－21c所示，这两个力并**不**共用同一作用线，所以它们**的确**产生一合力矩。这个力矩会使回路旋转以使其法向矢量 $\vec{n}$ 与磁场 $\vec{B}$ 的方向一致。该力矩具有对回路中轴（$b/2$）$\sin\theta$ 的力臂。于是，由力 $\vec{F}_1$ 和 $\vec{F}_3$ 所形成的力矩的大小 τ'（见图29－21c）为

$$\tau' = \left(iaB\frac{b}{2}\sin\theta\right) + \left(iaB\frac{b}{2}\sin\theta\right) = iabB\sin\theta \tag{29-32}$$

假定我们用 N 个回路，或**匝**的线圈替代电流的单个回路，并且，假定这些匝缠得足够紧使它们能被近似为全部具有相同的尺寸并位于一个平面。于是，这些匝构成**平面线圈**，并具有大小由式（29－32）给出的力矩 τ' 作用在每一匝上。对线圈的总力矩则具有大小

$$\tau = N\tau' = NiabB\sin\theta = (NiA)B\sin\theta \tag{29-33}$$

式中，$A(=ab)$ 是线圈所包围的面积。括号中的量（NiA）被组合在一起，因为它们全都是线圈的属性：它的匝数、它的面积和它载有的电流。式（29－33）适用于一切平面线圈，不管它们的形状如何，只要磁场是均匀的。

不用把注意力集中于线圈的运动，更简单的是始终监视与线圈平面正交的矢量 $\vec{n}$。式（29－33）告诉我们，被放置在磁场中的载流平面线圈将趋向于旋转到使 $\vec{n}$ 具有与磁场相同的方向。

在电动机中，随着 $\vec{n}$ 开始与磁场方向一致，线圈中的电流倒转方向，致使力矩继续使线圈转动。电流的这种自动换向是通过换向器完成的。换向器借助从某个电源供给电流的导线上的固定接触器与转动线圈电连接。

例题 29－7

模拟伏特计和安培计是通过测量磁场对载流线圈的力矩来工作的。读数由指针在刻度上的偏转显示。图29－22示出**电流计**的基本结构，模拟伏特计和模拟安培计二者都以它为基础。假定线圈高2.1cm、宽1.2cm，有250匝，安装后能绕轴（该轴进入页面内）在 $B=0.23\text{T}$ 的均匀**径向**磁场中转动。对于线圈的任一取向，穿过线圈的净磁场都垂直于线圈的法向矢量（因而平行于线圈平面）。弹簧Sp提供一平衡磁力矩的反抗力矩，以使线圈中一给定的稳定电流 i 导致一稳定的角偏转 ϕ。电流越大，偏转越大，因而所要求的弹簧的力矩也越大。如果一 $100\mu\text{A}$ 的电流引起28°的角偏转，则如在式（16－22）（$\tau=-\kappa\phi$）中所用的弹簧的扭转常量应该是多少？

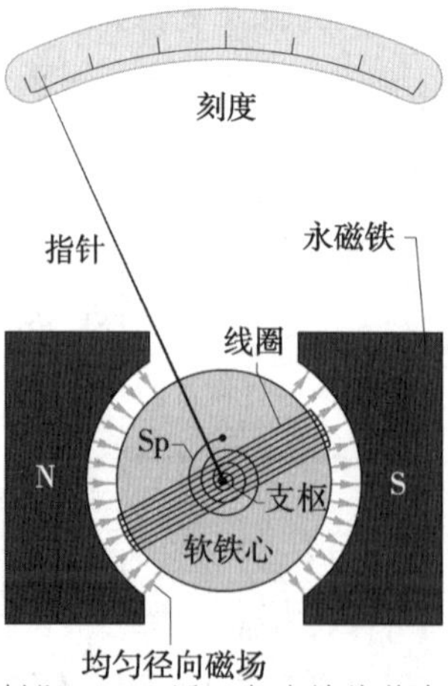

图29－22 例题29－7图 电流计的基本结构。由外部电路决定，此装置可以改装成伏特计或安培计。

【解】　这里关键点是，在恒定电流通过装置的情况下，所引起的磁力矩（式29－33）被弹簧力矩平衡，因而，它们的大小相等：

$$NiAB\sin\theta = \kappa\phi \qquad (29-34)$$

这里，ϕ 是线圈和指针的偏转角，而 A（$=2.52\times10^{-4}m^2$）是线圈所包围的面积。由于穿过线圈的总磁场始终垂直于线圈的法向矢量，对于指针的任何取向，$\theta=90°$。

解式（29－34）求 κ，我们得到

$$\kappa = \frac{NiAB\sin\theta}{\phi}$$

$$=(250)(100\times10^{-6}A)(2.52\times10^{-4}m^2)\times\frac{(0.23T)(\sin90°)}{28°}$$

$$=5.2\times10^{-8}N\cdot m/(°)$$

许多现代的安培计和伏特计是数字式、直读型的，而且不使用运动线圈。

29－9　磁偶极矩

对于上一节的载流线圈，我们能用一单个的矢量 $\vec{\mu}$，它的**磁偶极矩**来描述它。我们取 $\vec{\mu}$ 的方向为线圈平面法向矢量的方向，如图29－21c所示。我们定义 $\vec{\mu}$ 的大小为

$$\mu = NiA \quad（磁偶极矩） \qquad (29-35)$$

式中，N 是线圈中的匝数，i 是通过线圈的电流，A 是由线圈的各匝所包围的面积（式（29－35）告诉我们 $\vec{\mu}$ 的单位是安一平方米）。利用 $\vec{\mu}$，我们可把关于由磁场产生的对线圈的力矩的式（29－33）改写成

$$\tau = \mu B\sin\theta \qquad (29-36)$$

式中，θ 是 $\vec{\mu}$ 与 $\vec{B}$ 之间的夹角。

我们可把此式概括成矢量关系：

$$\vec{\tau} = \vec{\mu}\times\vec{B} \qquad (29-37)$$

这很容易使我们想起关于电场对电偶极子的力矩的对应方程，即式（23－34）：

$$\vec{\tau} = \vec{p}\times\vec{E}$$

在每一种情形中由场所引起的力矩——不论磁的还是电的——都等于相应的偶极矩与场矢量的矢积。

在外磁场中，磁偶极子具有**磁势能**，它取决于磁偶极子在磁场中的取向。对于电偶极子我们已证明

$$U(\theta) = -\vec{p}\cdot\vec{E}$$

按照严格的类推，对于磁场的情形我们可写出

$$U(\theta) = -\vec{\mu}\cdot\vec{B} \qquad (29-38)$$

当磁偶极矩 $\vec{\mu}$ 与磁场的方向相同时（见图29－23），磁偶极子具有最低的能量（$=-\mu B\cos0=-\mu B$）；当 $\vec{\mu}$ 与磁场的方向相反时，它具有最高的能量（$=-\mu B\cos180°=+\mu B$）。

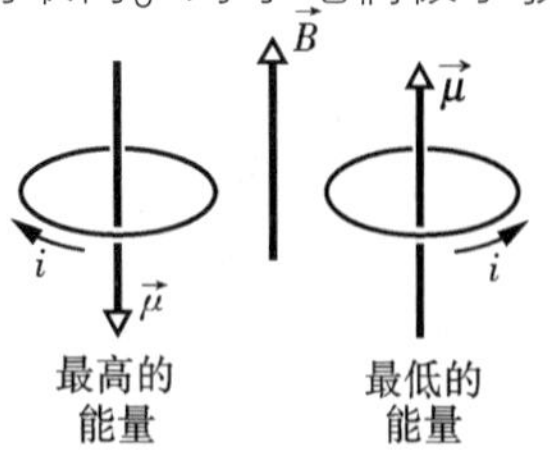

图29－23　在外磁场 $\vec{B}$ 中磁偶极子的最高和最低能量取向（这里线圈载有电流）。通过右手定则，电流 i 的方向给出了磁偶极矩 $\vec{\mu}$ 的方向。

当磁偶极子从初始取向 θ_i 旋转到另一取向 θ_f 时，磁场对偶极子所做的功为

$$W = -\Delta U = -(U_f - U_i) \qquad (29-39)$$

式中，U_f 和 U_i 用式（29－38）计算。如果在磁偶极子取向的改变期

间有外加力矩（由于“外力”）作用在磁偶极子上，则外加力矩对磁偶极子做功 W_a。如果在其取向改变的前、后，磁偶极子都是静止的，则功 W_a 就是磁场对偶极子所做的功的负值。因而，

$$W_a = -W = U_f - U_i \qquad (29-40)$$

至此，我们仅仅把载流线圈看作是磁偶极子。然而，一个简单的条形磁铁也是磁偶极子，正像是旋转的电荷球一样。地球本身（近似地）是一磁偶极子。最后，大多数亚原子粒子，包括电子、质子及中子，都具有磁偶极矩。正如你将要在第32章中看到的，所有这些都能被看作是电流回路。为了比较，一些近似的磁偶极矩列于表29-2中。

表29-2　一些磁偶极矩

小条形磁铁	5J/T	质子	1.4×10^{-26}J/T
地球	8.0×10^{22}J/T	电子	9.3×10^{-24}J/T

检查点6：附图示出一磁偶极矩 $\vec{\mu}$ 在磁场中 θ 角的四种取向。按照（a）磁偶极子受的力矩的大小及（b）磁偶极子的势能，由大到小把四种取向排序。

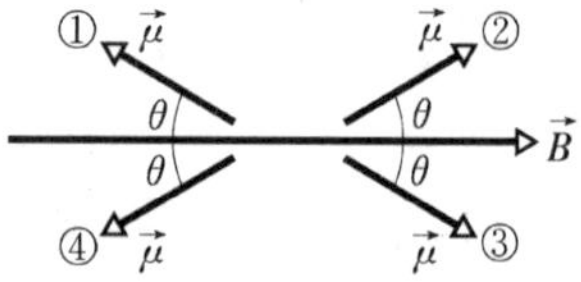

例题29-8

图29-24示出一圆线圈，它具有250匝、面积 A 为 $2.52\times10^{-4}\text{m}^2$，电流为 $100\mu\text{A}$。线圈静止在大小为 $B=0.85\text{T}$ 的均匀磁场中，其偶极矩 $\vec{\mu}$ 最初与 $\vec{B}$ 方向相同。

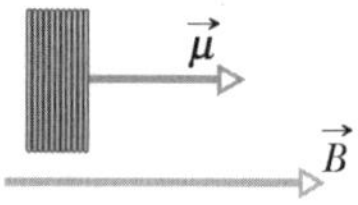

图29-24　例题29-8图　载流圆线圈的侧视图，其磁偶极矩 $\vec{\mu}$ 与磁场 $\vec{B}$ 同向。

（a）在图29-24中，线圈中的电流沿什么方向？

【解】　这里**关键点**是，对线圈应用下列的右手定则：设想用你的右手握住线圈以使姆指沿 $\vec{\mu}$ 的方向伸直，则你的其他几个手指环绕线圈弯曲的方向就是电流方向。因而，在我们从图29-24中看见的线圈近侧的导线中，电流从上到下。

（b）要使线圈从其初始取向旋转90°，以使 $\vec{\mu}$ 垂直于 $\vec{B}$ 且线圈仍然静止，外力对线圈的力矩应该做多少功？

【解】　这里**关键点**是，外加力矩所做的功应该等于线圈的取向改变所引起的势能变化。根据式（29-40）（$W_a=U_f-U_i$），我们求得

$$W_a = U(90°) - U(0°) = -\mu B\cos90° - (-\mu B\cos0°) = 0 + \mu B = \mu B$$

从式（29-35）（$\mu=NiA$）代入 μ，求出

$$W_a = (NiA)B = (250)(100\times10^{-6}\text{A})(2.52\times10^{-4}\text{m}^2)(0.85\text{T}) = 5.356\times10^{-6}\text{J} \approx 5.4\mu\text{J}$$

（答案）

复习和小结

磁场 $\vec{B}$　**磁场 $\vec{B}$** 依据作用在具有电荷 q 以速度 $\vec{v}$ 通过磁场的检验粒子上的力 $\vec{F}_B$ 定义：

$$\vec{F}_B = q\vec{v}\times\vec{B} \qquad (29-2)$$

$\vec{B}$ 的SI单位是**特［斯拉］**（T）：$1\text{T}=1\text{N}/(\text{A}\cdot\text{m})=10^4\text{Gs}$。

霍尔效应　当厚度为 l 载有电流 i 的导体片被放置在均匀磁场中时，一些载流子（具有电荷 e）积累在导体的两个侧面上，生成一跨越导体片的电势差 V。两侧面的极性表明载流子的符号；载流子的数密度可用下式计算：

$$n = \frac{Bi}{Vle} \qquad (29-12)$$

在磁场中环行的带电粒子 具有质量 m 及电荷 q、以速度 $\vec{v}$ 垂直于均匀磁场 $\vec{B}$ 运动的带电粒子将沿圆周运动。把牛顿第二定律应用到该圆周运动，得出

$$qvB = \frac{mv^2}{r} \qquad (29-15)$$

由此求出圆周的半径将为

$$r = \frac{mv}{qB} \qquad (29-16)$$

绕转频率 f、角频率 ω 及运动的周期 T 由下式给出：

$$f = \frac{\omega}{2\pi} = \frac{1}{T} = \frac{qB}{2\pi m} \qquad (29-19, 29-18, 29-17)$$

回旋加速器与同步加速器 回旋加速器是一种粒子加速器，它利用磁场使带电粒子保持在半径增大的圆形轨道上，以使一适中的加速电势差可反复地作用在粒子上，向粒子提供高能量。因为随着运动粒子的速率接近光速，粒子变得与振荡器不同步，所以用回旋加速器所能达到的能量有一上限。同步加速器避免了这个困难，这时 B 和振荡器频率 f_{osc} 二者都按拟定程序作周期性变化，以使粒子不仅能达到高能量，而且能以恒定的轨道半径这样做。

作用在载流导线上的磁力 在均匀磁场中载有电流 i 的直导线受到一侧向力

$$\vec{F}_B = i\vec{L} \times \vec{B} \qquad (29-26)$$

作用在磁场中电流元 $id\vec{L}$ 上的力为

$$d\vec{F}_B = id\vec{L} \times \vec{B} \qquad (29-28)$$

长度矢量 $\vec{L}$ 或 $d\vec{L}$ 的方向是电流的方向。

作用在载流线圈上的力矩 一线圈（面积 A、匝数 N、载有电流 i）在均匀磁场 $\vec{B}$ 中将受到由下式给出的力矩

$$\vec{\tau} = \vec{\mu} \times \vec{B} \qquad (29-37)$$

这里 $\vec{\mu}$ 是线圈的**磁偶极矩**，具有大小 $\mu = NiA$ 及由右手定则给定的方向。

磁偶极子的取向能 磁偶极子在磁场中的**磁势能**为

$$U(\theta) = -\vec{\mu} \cdot \vec{B} \qquad (29-38)$$

如果磁偶极子从初始取向 θ_i 旋转到另一取向 θ_f，则磁场对磁偶极子所做的功为

$$W = -\Delta U = -(U_f - U_i) \qquad (29-39)$$

思考题

1. 图 29－25 示出速度为 $\vec{v}$ 的正粒子通过均匀磁场 $\vec{B}$ 并受到磁力 $\vec{F}_B$ 作用的三种情况。在每一种情况中，试确定这些矢量的实际取向是否在物理上合理。

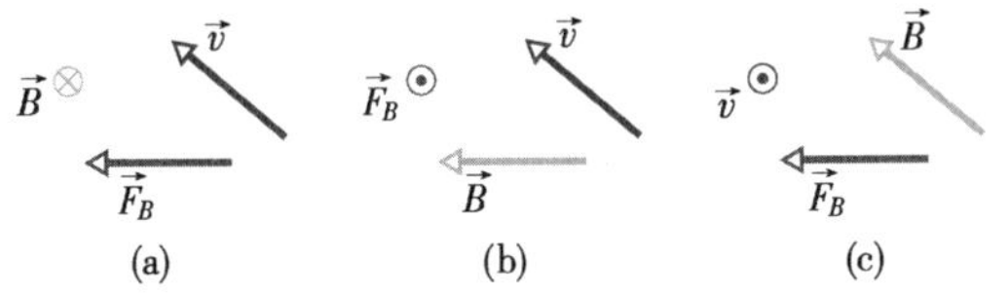

图 29－25 思考题 1 图

2. 这里是质子在某一时刻以速度 $\vec{v}$ 通过均匀磁场 $\vec{B}$ 的四种情况：

(a) $\vec{v} = 2\vec{i} - 3\vec{j}$ 而 $\vec{B} = 4\vec{k}$

(b) $\vec{v} = 3\vec{i} + 2\vec{j}$ 而 $\vec{B} = -4\vec{k}$

(c) $\vec{v} = 3\vec{j} - 2\vec{k}$ 而 $\vec{B} = 4\vec{i}$

(d) $\vec{v} = 20\vec{i}$ 而 $\vec{B} = -4\vec{i}$

不用书面计算，按照质子所受磁力的大小把这四种情况由大到小排序。

3. 在 29－3 节中，我们讨论过粒子通过正交场时受到相反的 $\vec{F}_E$ 和 $\vec{F}_B$。我们发现倘若其速率由式(29－7)（$v = E/B$）给出，则粒子沿直线运动（即，哪个力都不能单独支配运动）。如果粒子的速率换为(a) $v < E/B$ 及 (b) $v > E/B$，则两个力中哪一个处于支配地位？

4. 图 29－26 示出正交且均匀的电场 $\vec{E}$ 和磁场 $\vec{B}$，并且在某一时刻，10 个带电粒子的速度矢量都列在表 29－3 中（这些矢量未按比例画）。该表给出了电荷的符号与粒子的速率；速率以小于或大于 E/B（参见问题 3）的形式给出。在图 29－26 的时刻之后，哪些粒子将朝着你向页面外运动？

表 29－3 问题 4

粒子	电荷	速率	粒子	电荷	速率
1	+	小于	6	−	大于
2	+	大于	7	+	小于
3	+	小于	8	+	大于
4	+	大于	9	−	小于
5	−	小于	10	−	大于

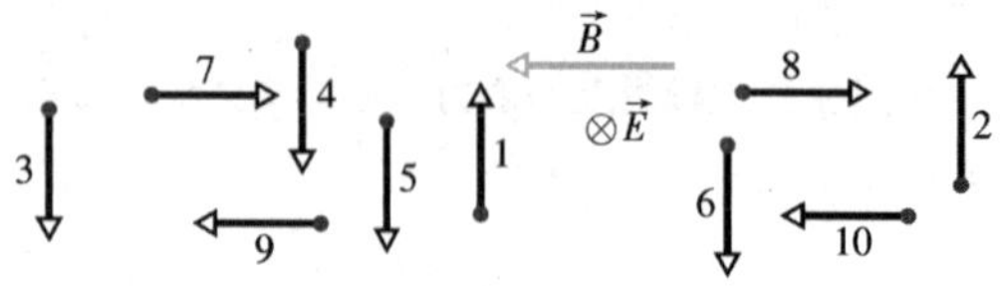

图 29－26　思考题4图

5. 在图29－27中，带电粒子以速率 v_0 进入均匀磁场，在时间 T_0 内通过一半圆，然后离开磁场。(a) 电荷是正的还是负的？(b) 粒子的末速率是大于、小于还是等于 v_0？(c) 如果初速率是 $0.5v_0$，则在磁场 $\vec{B}$ 中所花费的时间将大于、小于还是等于 T_0？(d) 路径将是半圆、大于半圆还是小于半圆？

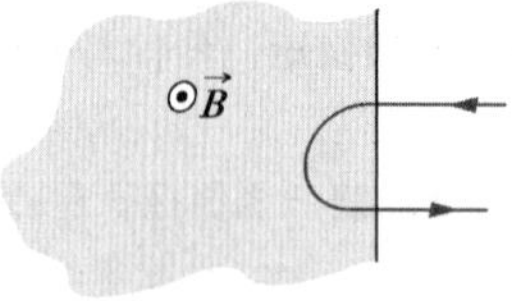

图 29－27　思考题5图

6. 图29－28示出粒子通过六个均匀磁场区域的路径，这六段路径是半圆或四分之一圆。在离开最后的区域时，粒子在两块带电的平行板之间运动并向电势较高的板偏转。在这六个区域中，磁场各是什么方向？

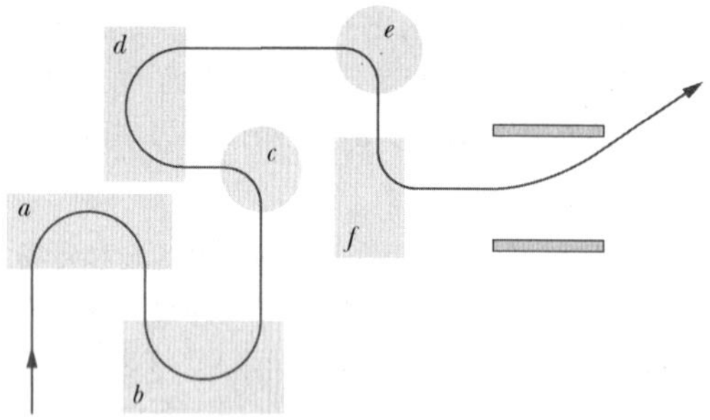

图 29－28　思考题6图

7. 图29－29示出一个电子通过大小为 B_1 和 B_2 的两个均匀磁场区域的路径。它在每个区域的路径都是半圆，(a) 哪个磁场较强？(b) 两个磁场各是什么方向？(c) 电子在 $\vec{B}_1$ 的区域中所花费的时间是大于、小于还是等于在 $\vec{B}_2$ 的区域中所花费的时间？

8. 粒子的迂回路线。图29－30示出穿过均匀磁场区域的11条路径。一条是直线；其余的都是半圆。

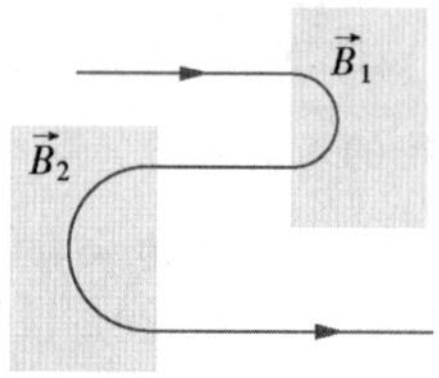

图 29－29　思考题7图

表29－4给出沿这些路径按所示的方向穿过磁场的11个粒子的质量，电荷及速率。图中的哪条轨迹对应于表中的哪个粒子？

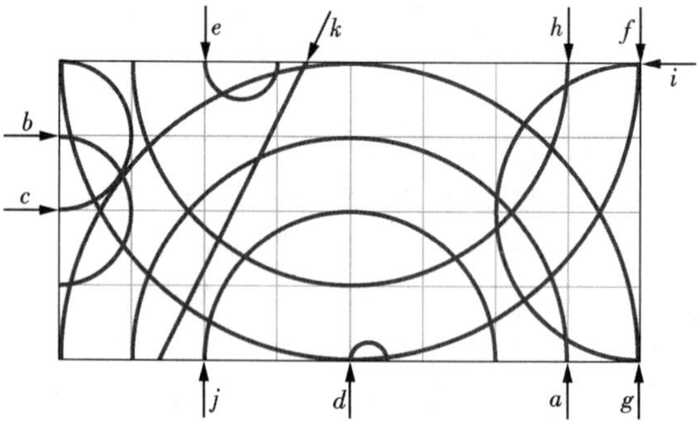

图 29－30　思考题8图

表 29－4　问题8

粒子	质量	电荷	速率
1	$2m$	q	v
2	m	$2q$	v
3	$m/2$	q	$2v$
4	$3m$	$3q$	$3v$
5	$2m$	q	$2v$
6	m	$-q$	$2v$
7	m	$-4q$	v
8	m	$-q$	v
9	$2m$	$-2q$	$8v$
10	m	$-2q$	$8v$
11	$3m$	0	$3v$

9. 图29－31示出在八个独立的实验中载有相等电流、穿过相同均匀磁场（指向页面内）的八根导线。每根导线含有两个直的部分（各长为 L，并且如图所示平行或垂直于 x 和 y 轴）和一个弯曲的部分（具有曲率半径 R）。通过导线的电流方向由导线附近的箭头表明。(a) 给出每根导线上合磁力的方向，用从 x 轴正方向逆时针测量的角度表示。(b) 按照在它们上面合磁力的大小把导线1至4由大到小排序。(c) 同样把导线5至8排序。

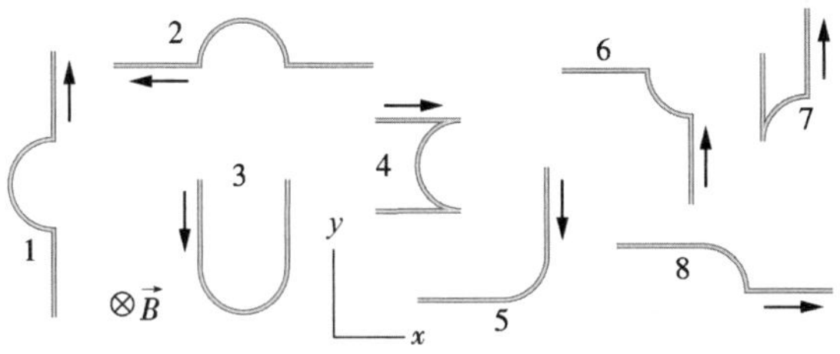

图 29－31 思考题 9 图

10. (a) 在检查点 6 中，如果磁偶极矩 $\vec{\mu}$ 从取向 1 转到取向 2，则磁场对偶极子所做的功是正的、负的还是零？(b) 把从取向 1 到 (1) 取向 2、(2) 取向 3 及 (3) 取向 4，按转动时磁场对偶极子所做的功由大到小排序。

练习和习题

29－2 节 $\vec{B}$ 的定义

1E. 一 α 粒子以大小为 550m/s 的速度 $\vec{v}$ 通过大小为 0.045T 的均匀磁场 $\vec{B}$ (α 粒子具有 $+3.2\times10^{-19}$ C 的电荷及 6.6×10^{-27} kg 的质量)。$\vec{v}$ 与 $\vec{B}$ 之间的夹角为 52°。(a) 磁场作用在粒子上的力 $\vec{F}_B$ 的大小为何？(b) 由 $\vec{F}_B$ 所引起的加速度有多大？(c) 粒子的速率是增大、减小还是保持为 550m/s？

2E. 一电子在电视摄像管内以 7.20×10^6m/s 的速度在强度为 83.0mT 的磁场中运动。(a) 在不知道磁场方向的情况下，关于磁场作用在电子上力的最大值和最小值你能说些什么？(b) 在电子具有大小为 4.90×10^{14}m/s^2 的加速度的一点，电子的速度与磁场之间的夹角是多大？

3E. 与强度为 2.60mT 的磁场成 23.0°运动的质子受到 6.50×10^{-17}N 的磁力。计算 (a) 质子的速率及 (b) 其按电子伏计的动能。(ssm) (ilw)

4P. 速度为 $\vec{v}=(2.0\times10^6\text{m/s})\vec{i}+(3.0\times10^6\text{m/s})\vec{j}$ 的电子通过 $\vec{B}=(0.030\text{T})\vec{i}-(0.15\text{T})\vec{j}$ 的均匀磁场。(a) 求作用在电子上方的大小及方向。(b) 对具有相同速度的质子重复你的计算。

5P. 在一电视显像管的电子束中，每个电子具有 12.0keV 的动能。该显像管的取向是使电子水平地由地磁南向地磁北运动。地磁场的竖直分量向下且具有 55.0μT 的大小。(a) 电子束将偏向什么方向？(b) 由磁场所引起的单个电子的加速度有多大？(c) 电子束在显像管内通过 20cm 时将偏转多远？(ssm) (www)

29－3 节 正交场：电子的发现

6E. 一质子通过均匀磁场和电场。磁场为 $\vec{B}=-2.5\vec{i}$mT。在某一时刻质子的速度为 $\vec{v}=2000\vec{j}$m/s。在该时刻，如果电场为：(a) $4.0\vec{k}$V/m；(b) $-4.0\vec{k}$V/m；(c) $4.0\vec{i}$V/m，则作用在质子上合力的大小是多少？

7E. 具有 2.5keV 动能的电子水平地进入大小为 10kV/m、方向朝下的均匀电场区域。(a) 将使电子继续沿水平方向运动的（最小的）磁场的大小及方向为何？忽略颇小的重力。(b) 是否可能使质子不偏转地通过这两个场的组合？如可能，是在什么情况下？(ssm)

8E. 一个 1.50kV/m 的电场和一个 0.400T 的磁场联合作用于运动电子上而不产生合力。(a) 计算电子的最小速率。(b) 画出矢量 $\vec{E}$、$\vec{B}$ 及 $\vec{v}$。

9P. 一电子通过 1.0kV 的电势差加速并射入相距 20mm 的两平行板之间的区域，两平行板间有 100V 的电势差。当电子进入两极板间的区域时，它垂直于两板的电场运动。要使电子能沿直线运动，应施加的既垂直于电子的路径，又垂直于电场的均匀磁场为何？(ilw)

10P. 一电子在均匀电场和磁场都存在的区域中具有 $(12.0\vec{j}+15.0\vec{k})$ km/s 的初速度及 $(2.00\times10^{12}\text{m/s}^2)\vec{i}$ 的恒定加速度。已知 $\vec{B}=(400\mu\text{T})\vec{i}$，试求电场 $\vec{E}$。

11P. 一离子源产生各具有 $+e$ 电荷的^{6}Li 离子（质量为 6.0u）。离子被 10kV 的电势差加速后水平地进入一大小 $B=1.2$T 的均匀竖直磁场区域。试计算要使^{6}Li 离子不偏转地通过，则在上述区域所应建立的最小的电场的强度。(ssm)

29－4 节 正交场：霍尔效应

12E. 一个 150μm 宽的铜片放在大小为 0.65T 的均匀磁场 $\vec{B}$ 中，使 $\vec{B}$ 垂直于铜片。然后 $i=23$A 的电流通过铜片使跨越其宽度出现一霍尔电势差。计算此电势差（铜的单位体积载流子数为 $8.47\times10^{28}\text{m}^{-3}$）。

13P. (a) 在图29-8中，证明霍尔电场E与引起沿铜片长度运动电荷（电流）的电场E_C之比为

$$\frac{E}{E_C}=\frac{B}{ne\rho}$$

式中，ρ是材料的电阻率，n是载流子的数密度。(b)对练习12在数值上计算这个比率（参见表27-1）。

14P. 一个6.50cm长、0.850cm宽、0.760mm厚的金属片以恒定的速度$\vec{v}$通过$B=1.20\text{mT}$、方向垂直于该片的均匀磁场，如图29-32所示。在跨越该片的x、y两点间测出的电势差为3.90μV。计算速率v。

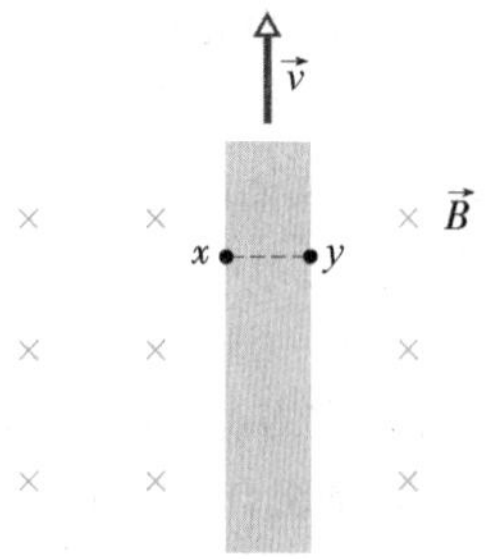

图29-32 习题14图

29-5节 环行的带电粒子

15E. 要使电子束以$1.3\times10^6\text{m/s}$的速率沿半径为0.35m的圆弧运动，垂直于电子束需加的均匀磁场为何？(ssm)

16E. 一电子被350V的电势差从静止加速后，进入与其速度垂直的、大小为200mT的均匀磁场。计算(a)电子的速率及(b)在磁场中其路径的半径。

17E. 一具有1.20keV动能的电子在与均匀磁场垂直的平面由做圆周运动。轨道半径是25.0cm。求：(a)电子的速率；(b)磁场的大小；(c)圆周运动的频率；(d)运动的周期。(ssm)

18E. 物理学家歌德斯密特（S. A. Goudsmit）曾设计一种通过确定离子在已知磁场中的绕转周期来测量重离子质量的方法。一单个的、带电的碘离子，在45.0mT的均匀磁场中在1.29ms内绕转了7.00rev。计算碘离子的质量，按统一的原子质量单位计（实际上，这种方法使质量测量的精确度能远比这些近似数据所提供的高得多）。

19E. (a)求电子以100eV的能量在35.0μT的均匀磁场中绕转的频率。(b)如果电子的速度垂直于磁场，计算这个电子的轨迹半径。(ilw)

20E. 一α粒子（$q=+2e$，$m=4.00\text{u}$）在$B=1.20\text{T}$的均匀磁场中沿半径为4.50cm的圆形轨道运动。计算(a) α粒子的速率；(b)其绕转周期；(c)其动能，按电子伏计；(d)为了加速到这个能量，粒子所必须通过的电势差。

21E. 动能为K的电子束从加速管末端的薄箔“窗”射出。有一金属板位于与射束垂直的方向且离窗的距离为d（见图29-33）。证明：如果我们在电子束前进的路上施加一均匀磁场$\vec{B}$，且

$$B\geqslant\sqrt{\frac{2mK}{e^2d^2}}$$

就能使电子束不致打到金属板上。式中m和e是电子的质量及电荷。$\vec{B}$应取什么方向？(ssm)

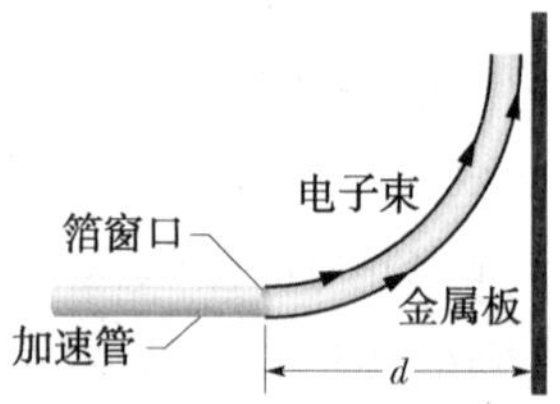

图29-33 练习21图

22P. 一源把速率$v=1.5\times10^7\text{m/s}$的电子射入大小$B=1.0\times10^{-3}\text{T}$的均匀磁场中。电子的速度与磁场方向成夹角$\theta=10°$。求电子从发射点到下一次横过那条穿过发射点的磁场线处的距离。

23P. 在核实验中，一具有1.0MeV动能的质子在均匀磁场中沿圆形轨道运动。如果(a)一α粒子（$q=+2e$，$m=4.0\text{u}$）及(b)一氘核（$q=+e$，$m=2.0\text{u}$）沿相同的圆形轨道运动，则它们各应具有多大的能量？

24P. 具有相同动能的一质子、一氘核（$q=+e$，$m=2.0\text{u}$）与一α粒子（$q=+2e$，$m=4.0\text{u}$）进入一均匀磁场$\vec{B}$区域，垂直于$\vec{B}$运动。试比较它们的圆形轨道的半径。

25P. 某种工业用质谱仪（参见例题29-3）被用于从其他相关的核素中分离质量为$3.92\times10^{-25}\text{kg}$且电荷为$3.20\times10^{-19}\text{C}$的铀离子。离子通过100kV的电势差被加速然后进入均匀磁场，在那里它们进入半径为1.00m的圆形路径。在经过180°并穿过一宽1.00mm、高1.00cm的狭缝后，它们被收集在一只杯中。(a)分离器中（垂直的）磁场的大小是多少？如果该设备每小时分离出100mg的材料，计算：(b)在设备中所想要的离子的电流；(c) 1.00h内在杯中所产生的热能。(ssm)

26P. 一电荷为 $+e$ 而质量为 m 的质子以初速度 $\vec{v}=v_{0x}\vec{i}+v_{0y}\vec{j}$ 进入一均匀磁场 $\vec{B}=B\vec{i}$。求在任一较后的时刻 t 其速度 $\vec{v}$ 用单位矢量标志的表达式。

27P. 将一具有动能 20keV 的正电子射入大小为 0.10T 的均匀磁场 $\vec{B}$ 中，它的速度矢量与 $\vec{B}$ 成 89°角。求：正电子运动的（a）周期；（b）螺距；（c）螺旋路径的半径。(ssm)（www）

28P. 在图 29－34 中，一带电粒子进入均匀磁场 $\vec{B}$ 的区域，通过半个圆，然后退出该区域。该粒子是质子或电子（你可以决定它）。它在该区域内度过 130ns。(a) $\vec{B}$ 的大小是多少？(b) 如果粒子通过磁场被送回（沿相同的初始路径）但其动能为原先的 2.00 倍，则它在磁场内度过多长时间？

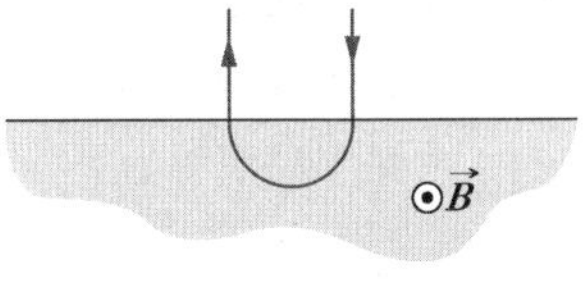

图 29－34　习题 28 图

29P. 一中性粒子静止在均匀磁场 $\vec{B}$ 中。在时刻 $t=0$，它衰变成两个质量都为 m 的带电粒子。(a) 如果一个粒子的电荷是 q，那么另一个的电荷是多少？(b) 这两个粒子在垂直于 $\vec{B}$ 的平面内沿两条分离的路径离去，在较晚的时刻两个粒子相碰撞。用 m、B 及 q 表示从衰变到相碰的时间。(ssm)

29－6 节　回旋加速器与同步加速器

30E. 在某回旋加速器中，质子沿半径为 0.50m 的圆周运动，磁场的大小为 1.2T。(a) 振荡器频率是多少？(b) 质子的动能是多大？按电子伏计。

31P. 假定在例题 29－5 的回旋加速器中，两 D 形电极间的加速电势差为 80kV。估计在（整个）加速过程中氘核所行驶路径的总长度。(ssm)（www）

32P. 例题 29－5 中回旋加速器的振荡器频率已被调整以加速氘核（$q=+e$，$m=2.0\text{u}$）。(a) 如果用质子替代氘核，使用同样的振荡器频率，那么质子能加速到多大的动能？(b) 将需要多大的磁场？(c) 如果磁场被保持在加速氘核所使用的数值上，此回旋加速器可产生多大动能的质子？(d) 所需的振荡器频率怎样？(e) 对于 α 粒子（$q=+2e$，$m=4.0\text{u}$）回答上述相同的问题。

29－7 节　作用在载流导线上的磁力

33E. 一段水平导体是载有 5000A 从南到北的电流的输电线的一部分。地球的磁场（60.0μT）方向朝南并从水平向下倾 70°。求由地磁场所引起的在 100m 导体上磁力的大小及方向。(ssm)

34E. 一段 1.80m 长的导线载有 13.0A 的电流并与 $B=1.50\text{T}$ 的均匀磁场成 35.0°的角。计算导线上的磁力。

35E. 一 62.0cm 长、13.0g 质量的导线被两根可伸缩的引线悬挂在大小为 0.440T 的均匀磁场中（见图 29－35）。要除去两根承重引线中的张力，所需电流的大小及方向为何？(ssm)（ilw）

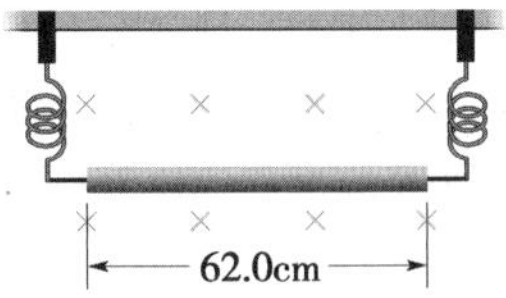

图 29－35　练习 35 图

36P. 一 50cm 长、沿 x 轴平放的导线载有沿 x 轴正方向的 50A 电流。此导线处于 $\vec{B}=(0.0030\text{T})\vec{j}+(0.010\text{T})\vec{k}$ 的磁场中。求导线受的磁力。

37P. 一个 1.0kg 的铜杆横放在相距 1.0m 的两条水平铁轨上，50A 的电流由一条铁轨流过铜杆再流到另一条铁轨上。铜杆与铁轨之间的静摩擦系数为 0.60。磁场至少要多大（不一定在竖直方向）才会使铜杆滑动？(ssm)

38P. 考虑对电气火车新设计方案的可能性。引擎是由地球磁场的竖直分量作用在导体轮轴上的力来驱动的。为了产生这个力，电流顺着一条铁轨流进导电车轮，通过轮轴再流过另一导电车轮，然后通过另一条铁轨回到电源。(a) 需要多大的电流才能提供一个适中的、10kN 的力？设地球磁场的竖直分量为 10μT 而轮轴的长度为 3.0m。(b) 铁轨上每欧姆电阻将损耗多大的功率？(c) 这样的火车是完全不现实的还是很接近于不现实的？

29－8 节　作用在电流回路上的力矩

39E. 图 29－36 示出一 20 匝的矩形导线线圈，其尺寸为 10cm×50cm，它载有 0.10A 的电流并沿一长边被铰接。线圈装配在 xy 平面内，与大小为 0.50T 的均匀磁场的方向成 30°角。求作用在线圈上绕铰接线的力矩的大小及方向。(ssm)

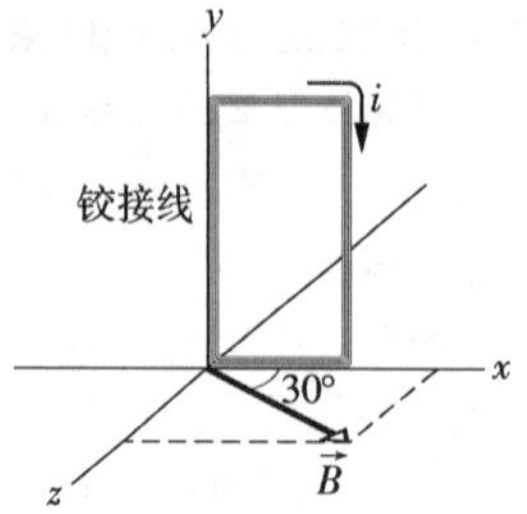

图 29－36 练习 39 图

40E. 一单匝电流回路载有 4.00A 的电流。回路成边长为 50.0cm，120cm 及 130cm 的直角三角形，并处于大小为75.0mT 的均匀磁场中。磁场的方向平行于回路的 130cm 边中的电流。(a) 求回路每个边上磁力的大小。(b) 证明回路上的总磁力为零。

41E. 一长 l 的导线载有电流 i。证明：如果导线被弯成圆形线圈，则当这线圈只有一匝时，它在给定的磁场中所受的力矩为最大，且这个最大力矩的大小为

$$\tau = \frac{1}{4\pi}L^2 iB$$ (ssm)(ilw)

42P. 证明关系式 $\tau = NiAB\sin\theta$ 不仅适用于图 29－21 中的矩形回路，而且适用于任意形状的闭合回路（提示：用一组相邻的长而细、近似矩形的回路来替代任意形状的回路。就电流分布而论，这组邻近的回路与任意形状的回路等效）。

43P. 如图 29－37 所示，一半径为 a 的导线环，它与一径向对称的发散磁场的总方向正交。在环上各处磁场的大小 B 都相同，磁场的方向在各处与环平面的法线成 θ 角。扭在一起的引线对本题没有影响。求磁场对导线环的作用力的大小及方向。假设该环载有电流 i。(ssm) (ilw)

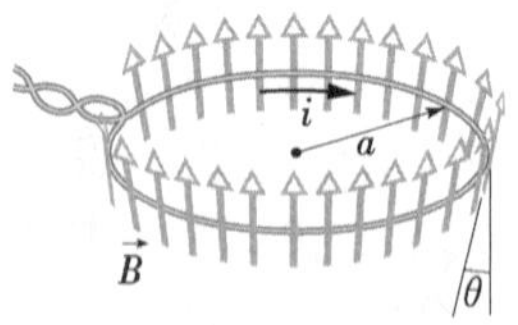

图 29－37 习题 43 图

44P. 一载有电流 i 的闭合导线回路处于均匀磁场 $\vec{B}$ 中，回路平面与 $\vec{B}$ 的方向成 θ 角。试证明在回路上的总磁力为零。你的证明是否也适用于非均匀磁场？

45P. 某一电流计（参见例题 29－7）的线圈具有 75.3Ω 的电阻；当 1.62mA 的电流通过线圈时，它的指针就满刻度偏转。(a) 确定把此电流计改装成满刻度偏转时读数为 1.00V 的伏特计时，所需要附加的电阻的数值。这个电阻应如何连接？(b) 确定把此电流计改装成一满刻度偏转时读数为 50.0mA 的安培计时，所需要附加的电阻的数值。这个电阻应如何连接？(ssm)

46P. 一带电 q 的粒子以速率 v 沿半径为 a 的圆周运动。把这个圆形路径作为具有等于其平均电流的恒定电流回路看待，求大小为 B 的均匀磁场施加于回路的最大力矩。

47P. 如图 29－38 所示，一质量 $m = 0.250$kg 且长度 $L = 0.100$m 的木制圆柱。围绕圆柱沿纵向绕有 $N = 10.0$ 匝的导线，使圆柱的轴位于线圈平面内。一斜面与水平方向成 θ 角，处于大小为 0.500T 的、竖直均匀磁场中。如果线圈平面与斜面平行，则通过线圈的电流至少为多大，圆柱才不致滚下斜面？(ssm)

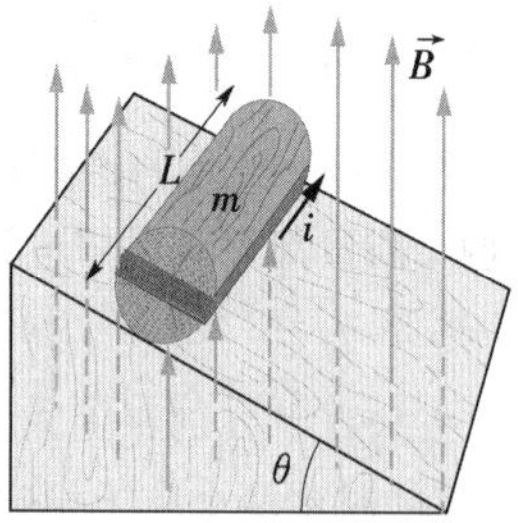

图 29－38 习题 47 图

29－9 节 磁偶极矩

48E. 地球的磁偶极矩为 8.00×10^{22} J/T。假定这是由电荷在熔融的地球外核中流动所生成，如果它们的圆形路径半径为 3500km，计算它们生成的电流。

49E. 一 160 匝的圆线圈具有 1.90cm 的半径。(a) 计算能导致 2.30A · m^2 的偶极矩的电流。(b) 求载有此电流的该线圈在 35.0T 的均匀磁场中能受到的最大力矩。(ssm)

50E. 一半径为 15.0cm 的圆形导线回路载有 2.60A 的电流。它被放置得使其平面的法线与 12.0T 的均匀磁场成 41.0°角。(a) 计算回路的磁偶极矩。(b) 作用在回路上的力矩为何？

51E. 一电流回路成边长为 30cm、40cm 及 50cm 的直角三角形，载有 5.0A 的电流。回路位于大小为

80mT 的均匀磁场中，磁场的方向与回路的 50cm 边中的电流平行。求（a）回路的磁偶极矩的大小及（b）作用在回路上的力矩的大小。(ssm)

52E. 静止的壁钟具有半径为 15cm 的表面，其圆周上绕有六匝导线，导线载有 2.0A 顺时针方向的电流。壁钟固定在一大小为 70mT 的、恒定的均匀外磁场中（但该钟仍走得准）。在午后正 1：00，钟的时针指向外磁场的方向。（a）多少分钟以后分针指向磁场对绕组的力矩的方向？（b）求力矩的大小。

53E. 两个半径为 20.0cm 和 30.0cm 的同心圆形导线回路固定在 xy 平面内；每个回路载有 7.00A 顺时针方向的电流（见图 29－39）。（a）求这个系统的合磁偶极矩。（b）对于沿内回路电流反方向的情形重复（a）。(ssm)

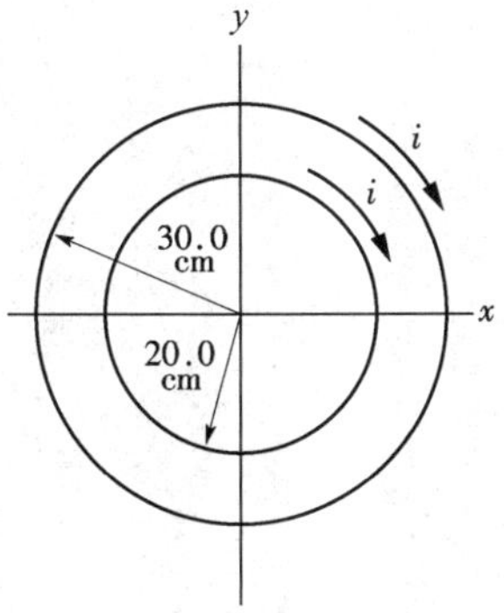

图 29－39 练习 53 图

54P. 如图 29－40 所示，一载有电流 $i=5.00$A 的电流回路 $ABCDEFA$。回路的各边平行于坐标轴，且 $AB=20.0$cm，$BC=30.0$cm，$FA=10.0$cm。计算这个回路的磁偶极矩的大小及方向（提示：设想相等而相反的电流 i 在线段 AD 中；然后处理两个矩形回路 $ABCDA$ 和 $ADEFA$）。

55P. 8.0cm 半径的圆形导线回路载有 0.20A 的电流。一单位长度并平行于回路偶极矩的矢量由 $0.60\vec{i}-0.80\vec{j}$ 给出。如果回路位于由 $\vec{B}=(0.25\text{T})\vec{i}+(0.30\text{T})\vec{k}$ 给出的均匀磁场中，求（a）作用在回路上的力矩（用单位矢量标志表示）及（b）回路的磁势能。(ssm)

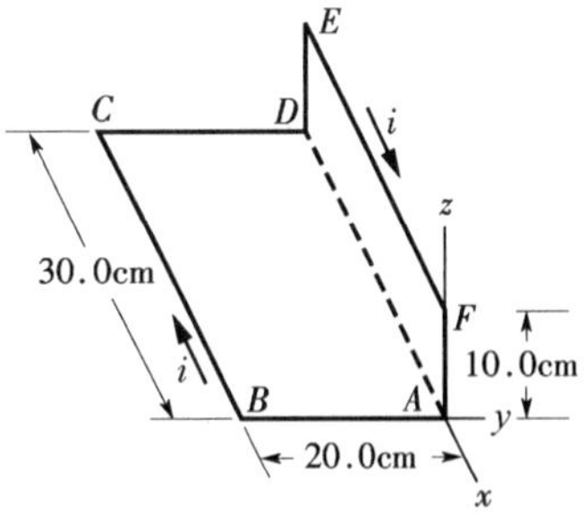

图 29－40 习题 54 图

附加题

56. 一根沿 y 轴从 $y=0$ 到 $y=0.250$m 平放的导线载有沿 y 轴负方向的 2.00mA 电流。导线位于由下式给出的均匀磁场中：

$$\vec{B}=(0.300\text{T/m})y\vec{i}+(0.400\text{T/m})y\vec{j}$$

用单位矢量标志，对（a）位置 y 处的线元 dy 及（b）整个导线的磁力为何？

57. 一质子以 +50m/s 的恒定速度沿 x 轴通过正交的电场与磁场。磁场为 $\vec{B}=(2.0\text{mT})\vec{j}$。电场为何？

58. 一具有大小为 0.020J/T 的偶极矩的磁偶极子在大小为 52mT 的均匀磁场中从静止被释放，由作用在偶极子上的磁力所引起的偶极子的转动是无阻力的。当偶极子转过其偶极矩与磁场方向相同的取向时，其动能为 0.80mJ。（a）偶极矩与磁场之间的初始夹角为多大？（b）当偶极子下一次（暂时地）处于静止时，夹角多大？

59. 一电子通过由 $\vec{B}=B_x\vec{i}+(3B_x)\vec{j}$ 给定的均匀磁场。在一特定时刻，电子具有速度 $\vec{v}=(2.0\vec{i}+4.0\vec{j})$ m/s 而作用在其上的磁力为 $(6.4\times10^{-19}\text{N})\vec{k}$。求 B_x。

第 30 章　电流的磁场

这是我们目前向空间发送物资的方式。然而，当我们开始开发月球和小行星时，因为在那里我们将不具有用于这种常规火箭的燃料源，所以需要更有效的方式，电磁发射装置可能是个解决方案。一种小型样机——电磁轨道炮，目前它能使射弹在 **1ms** 内由静止加速到 **10km/s**（**36000km/h**）的速率。

怎样能实现如此急剧的加速过程呢？

答案就在本章中。

30-1 计算电流的磁场

在第29-1节中我们曾讨论过，产生磁场的一种方式是用运动电荷，即电流。在本章中我们的目标是计算给定的电流分布所产生的磁场。我们将采用在第23章曾采用过的，与计算给定带电粒子分布所产生的电场相同的基本程序。

我们先回顾一下那个基本程序：首先想象把该电荷分布划分成一些电荷元 dq，像对图30-1a中任意形状的电荷分布所做的那样。然后计算由一个典型的电荷元在某一点 P 产生的电场 $d\vec{E}$。因为由不同电荷元产生的电场可以叠加，我们可用积分把来自所有电荷元的 $d\vec{E}$ 加起来，计算在 P 点的总电场强度 $\vec{E}$。

我们曾把 $d\vec{E}$ 的大小表示为

$$dE = \frac{1}{4\pi\varepsilon_0}\frac{dq}{r^2} \tag{30-1}$$

其中，r 是从电荷元 dq 到 P 点的距离。对于带正电的电荷元，$d\vec{E}$ 的方向是 $\vec{r}$ 的方向。这里 $\vec{r}$ 是从电荷元 dq 引伸到 P 点的矢量。利用 $\vec{r}$，我们可把式（30-1）改写为矢量形式

$$d\vec{E} = \frac{1}{4\pi\varepsilon_0}\frac{dq}{r^3}\vec{r} \tag{30-2}$$

这表明由带正电的电荷元所引起的电场强度矢量 $d\vec{E}$ 的方向是矢量 $\vec{r}$ 的方向。应注意，尽管在式（30-2）的分母中指数为3，该式仍是平方反比定律（$d\vec{E}$ 取决于 r^2 的倒数）。式中的那个指数只是因为我们在分子中增加了 r 倍的大小。

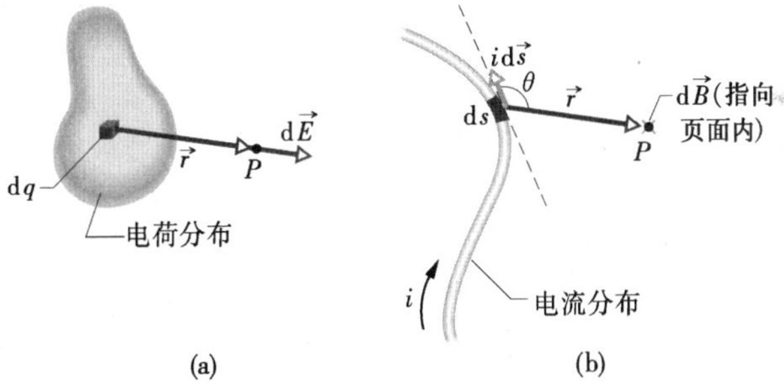

图30-1　(a) 电荷元 dq 在 P 点产生微元电场 $d\vec{E}$。(b) 电流元 $id\vec{s}$ 在 P 点产生微元磁场 $d\vec{B}$，P 点的×号表示 $d\vec{B}$ 指向页面内。

现在让我们采用相同的基本程序计算电流的磁场。图30-1b所示为载有电流 i 的任意形状的导线。要求在附近的 P 点的磁感应强度 $\vec{B}$，首先想象把导线划分成微元 ds，然后为每个微元定义一个长度矢量 $d\vec{s}$，它具有长度 ds，方向为 ds 中电流的方向。我们于是能定义一个电流元 $id\vec{s}$。我们需要计算一个典型的电流元在 P 点产生的磁场 $d\vec{B}$。根据实验，我们发现磁场像电场一样，可以叠加，以求得总磁场。因此，我们能用积分把所有电流元的磁场加起来以计算在 P 点的总磁场。然而，鉴于产生电场的电荷元 dq 是标量，而产生磁场的电流元 $id\vec{s}$ 是标量与矢量的积，这个求和的复杂性比与电场相联系的过程更具有挑战性。

电流元 $id\vec{s}$ 在 P 点产生的磁场 $d\vec{B}$ 的大小证明为

$$dB = \frac{\mu_0}{4\pi}\frac{i ds \sin\theta}{r^2} \tag{30-3}$$

式中，θ 是 $d\vec{s}$ 与从 ds 引伸到 P 的矢量 $\vec{r}$ 之间的夹角；μ_0 是一个常量，叫做**磁导率常量**[㊀]，其值被精确地定义为

$$\mu_0 = 4\pi \times 10^{-7} \text{T} \cdot \text{m/A} \approx 1.26 \times 10^{-6} \text{T} \cdot \text{m/A} \tag{30-4}$$

$d\vec{B}$ 的方向是矢积 $d\vec{s} \times \vec{r}$ 的方向，在图30－1b 中表示为指向页面内。由此能把式（30－3）写作矢量形式

$$d\vec{B} = \frac{\mu_0}{4\pi}\frac{i d\vec{s} \times \vec{r}}{r^3} \quad \text{（毕奥－萨伐尔定律）} \tag{30-5}$$

这个矢量方程及其标量式，即式（30－3）叫做**毕奥－萨伐尔定律**。这个用实验方法导出的定律是平方反比定律（式（30－5）分母中的指数为 3 仅是由于分子中的 $\vec{r}$）。我们将应用这个定律计算不同的电流分布在一点产生的总磁场 $\vec{B}$。

长直导线中电流产生的磁场

后面我们将应用毕奥－萨伐尔定律证明，在与载有电流 i 的长（无限长）直导线的垂直距离为 R 处磁场的大小由下式给出：

$$B = \frac{\mu_0 i}{2\pi R} \text{（长直导线）} \tag{30-6}$$

在式（30－6）中，磁场的大小仅取决于电流及该点离导线的垂直距离 R。我们将在推导中说明，$\vec{B}$ 的磁场线如图 30－2 所示，就像图 30－3 中的铁粉显示的那样，环绕导线，形成同心圆。图 30－2 中，磁场线间距随着到导线距离的增大而加大，显示出由式（30－6）所表示的 $\vec{B}$ 的大小按 $1/R$ 的比例减小。图中两个矢量 $\vec{B}$ 的长度也按 $1/R$ 的比例减小。

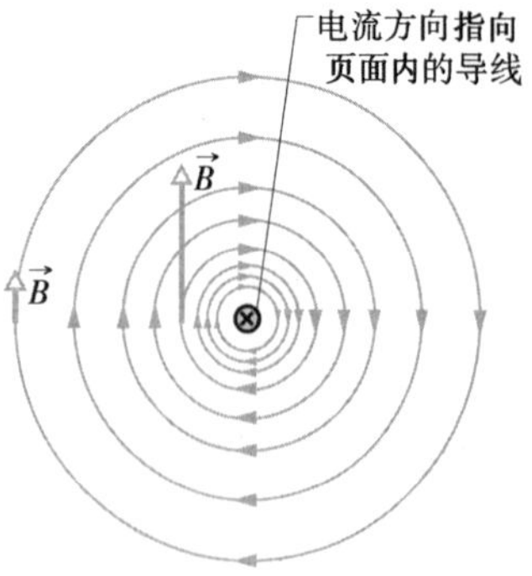

图 30－2 长直导线中的电流产生的磁场线形成环绕电流元的同心圆。×表示电流是指向页面内的。

图 30－3 当电流通过中心导线时撒在纸板上的铁粉聚集成很多同心圆。铁粉沿磁场线排列，是由电流产生的磁场引起的。

下面是简单的右手定则，用来确定由电流元，如一根长导线的一段所产生的磁场的方向。

㊀ 磁导率常量是 Permeabilihy constant 的直译。中国教科书中一般称 μ_0 为**真空磁导率**。——译者

右手定则：把电流元握在你的右手中，姆指伸直指向电流方向，其余的手指将自然地沿由该电流元产生的磁场的方向弯曲。

把这个右手定则应用到图 30－2 中直导线中的电流，结果如图 30－4a 所示。为了确定由这个电流在任一特定点所建立的磁场 $\vec{B}$ 的方向，想象用你的右手卷绕导线，并使姆指指向电流方向。再让你的其他指尖通过该点，它们的方向就是那一点的磁场方向。从图 30－2 可看出，$\vec{B}$ 在任一点**都与磁场线相切**；从图 30－4 可看出，**它垂直于连接该点与电流的径向虚线**。

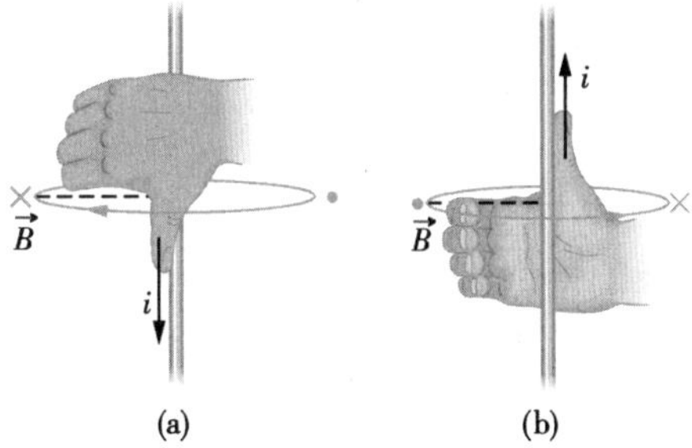

图 30－4 右手定则给出由导线中电流所引起的磁场的方向。(a) 图 30－2 的情形的侧视图。导线左边任一点的磁场 $\vec{B}$ 垂直于径向虚线而指向页面内，沿指尖的方向，如 × 所标明的。(b) 如果电流方向相反，导线左边任一点的 $\vec{B}$ 仍和径向虚线垂直但现在指向页面外，如点所标明的。

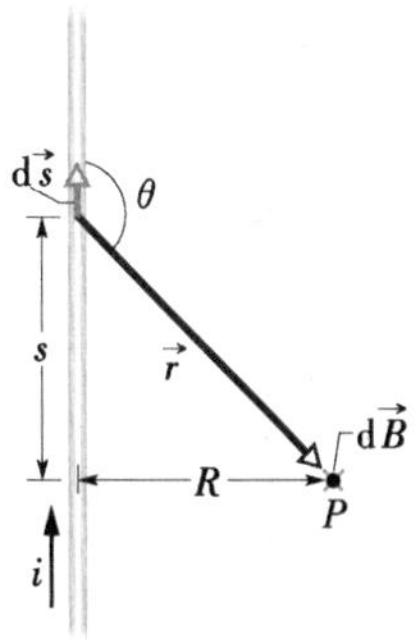

图 30－5 计算长直导线中电流 i 所产生的磁场。在 P 点和电流元 $id\vec{s}$ 相联系的场 $d\vec{B}$ 指向页面内，如图所示。

式 (30－6) 的证明

图 30－5 几乎与图 30－1b 一样，只是导线是直的而且无限长。我们希望求出与导线垂直距离为 R 的 P 点的磁感应强度 $\vec{B}$。根据式 (30－3)，与 P 相距 r 的电流元 $id\vec{s}$ 在 P 处所产生的微元磁场的大小为

$$dB = \frac{\mu_0}{4\pi}\frac{i ds \sin\theta}{r^2}$$

在图 30－5 中，$d\vec{B}$ 的方向是 $d\vec{s} \times \vec{r}$ 的方向，即垂直页面向内。

应注意，在 P 点的 $d\vec{B}$ 对导线的所有电流元都具有相同的方向。因此，我们能通过对式 (30－3) 中的 dB 从 $0 \sim \infty$ 积分，求出无限长导线上半部各电流元在 P 点所产生的磁场的大小。

现考虑在导线下半部的一个电流元，它在 P 的下方，与 $d\vec{s}$ 在 P 的上方一样远。根据式 (30－5)，这个电流元在 P 点所产生的磁场与来自图 30－5 中电流元 $id\vec{s}$ 产生的磁场具有相同的大小及方向。而且，由导线下半部所产生的磁场与由上半部所产生的完全相同。为了求出在 P 点的总磁场的大小，我们只需要把刚才的积分结果乘以 2，得到

$$B = 2\int_0^{\infty} dB = \frac{\mu_0 i}{2\pi}\int_0^{\infty}\frac{\sin\theta ds}{r^2} \qquad (30-7)$$

式 (30－7) 中的变量 θ、s 及 r 并不是独立的，其关系为（见图 30－5）

$$r = \sqrt{s^2 + R^2}$$

$$\sin\theta = \sin(\pi - \theta) = \frac{R}{\sqrt{s^2 + R^2}}$$

再根据附录 E 中的积分 19，式（30－7）变成

$$B = \frac{\mu_0 i}{2\pi}\int_0^{\infty} \frac{R\mathrm{d}s}{(s^2 + R^2)^{3/2}} = \frac{\mu_0 i}{2\pi R}\frac{s}{(s^2 + R^2)^{1/2}}\bigg|_0^{\infty} = \frac{\mu_0 i}{2\pi R} \tag{30-8}$$

这就是我们要证明的关系式。应注意，图 30－5 中无限长导线的下半部或上半部在 P 点所引起的磁场，都是这个数值的一半，即

$$B = \frac{\mu_0 i}{4\pi R} \quad \text{（半无限长直导线）} \tag{30-9}$$

圆弧形导线中电流的磁场

为了求出弯曲导线中的电流在一点所产生的磁场，我们将重新应用式（30－3）写出由单个电流元所引起磁场的大小，并重新积分求出由所有电流元所引起的总磁场。这个积分可能比较困难，这将取决于导线的形状。但当导线是圆弧且该点是曲率中心时，该积分是相当简单的。

图 30－6a 所示就是这样的圆弧形导线，它具有圆心角 ϕ、半径 R、圆心 C，且载有电流 i。在 C 点处，导线的每个电流元 $i\mathrm{d}\vec{s}$ 产生一个由式（30－3）给出的大小为 $\mathrm{d}B$ 的磁场。并且，如图 30－6b 所示，无论电流元位于导线上何处，矢量 $\mathrm{d}\vec{s}$ 与 $\vec{r}$ 之间的夹角都是 90°且 $r = R$。因此，可用 R 替代 r 并用 90°替代 θ，由式（30－3）可得

$$\mathrm{d}B = \frac{\mu_0}{4\pi}\frac{i\mathrm{d}s\sin 90°}{R^2} = \frac{\mu_0}{4\pi}\frac{i\mathrm{d}s}{R^2} \tag{30-10}$$

圆弧上每一个电流元在 C 处所引起的磁场大小都是这个值。

沿导线任意点应用右手定则（见图 30－6c）可见，所有的微元在 C 处的磁场 $\mathrm{d}\vec{B}$ 都具有相同的方向，即垂直从页面向外。因此，C 处的总磁场就是所有微元磁场 $\mathrm{d}\vec{B}$ 的和（通过积分）。我们应用恒等式 $\mathrm{d}s = R\mathrm{d}\phi$ 把求积的变量由 $\mathrm{d}s$ 改为 $\mathrm{d}\phi$，并根据式（30－10）可得

$$B = \int \mathrm{d}B = \int_0^{\phi}\frac{\mu_0}{4\pi}\frac{iR\mathrm{d}\phi}{R^2} = \frac{\mu_0 i}{4\pi R}\int_0^{\phi}\mathrm{d}\phi$$

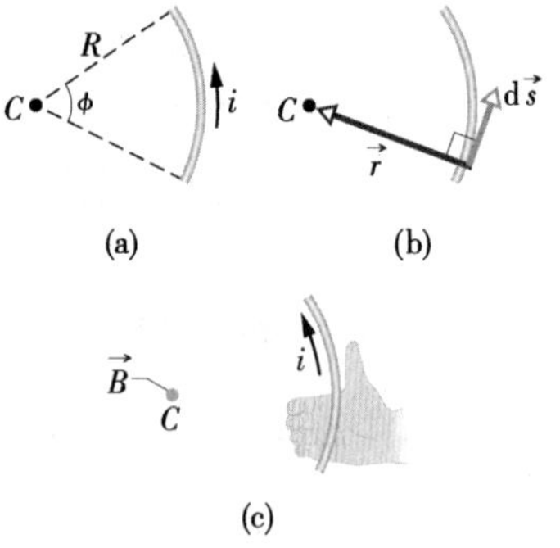

图 30－6 （a）载有电流 i 而圆心在 C 处的圆弧形导线。（b）对于沿圆弧的任一电流元 $\mathrm{d}\vec{s}$ 与 $\vec{r}$ 都成 90°。（c）圆心 C 处的磁场方向为从纸面向外沿指尖的方向。

求积分后得到

$$B = \frac{\mu_0 i\phi}{4\pi R} \quad \text{（在圆弧圆心处）} \tag{30-11}$$

应注意，此式仅给出在载流圆弧曲率中心处的磁场。当把数据代入此式时，应注意将 ϕ 用弧度表示而不是度。例如，为了求出载流的整个圆在圆心处磁场的大小，应该用 2πrad 替代式（30－11）中的 ϕ，求得

$$B = \frac{\mu_0 i(2\pi)}{4\pi R} = \frac{\mu_0 i}{2R} \quad \text{（在整个圆圆心处）} \tag{30-12}$$

例题 30－1

图 30－7a 中的导线载有电流 i，它包括一段半径为 R、圆心角为 $\pi/2$ rad 的圆弧和两个延伸部分在 C 点相交的直线段。电流在 C 点处所产生的磁场为何？

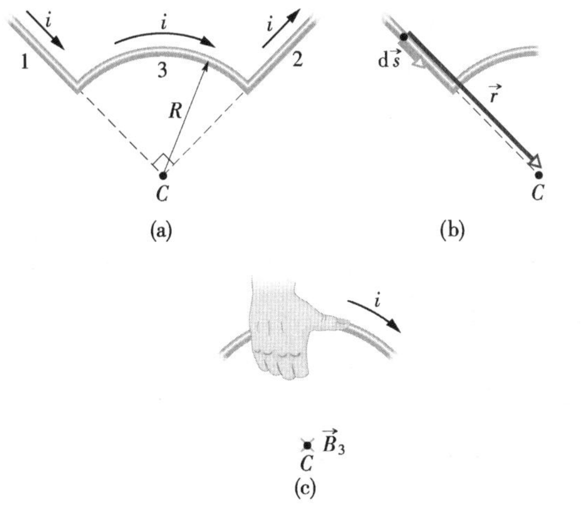

图 30－7　例题 30－1 图　(a) 由圆弧 (3) 及两直线段 (1 和 2) 组成的载有电流 i 的导线。(b) 对于 1，$d\vec{s}$ 与 $\vec{r}$ 之间的夹角为零。(c) 确定由 3 中电流在 C 处所引起的磁场 $\vec{B}_3$ 的方向为指向页面内。

【解】　这里的一个**关键点**是，我们能通过将式 (30－5)，即毕奥－萨伐尔定律应用于导线，求出 C 点处的磁场。第二个**关键点**是，式 (30－5) 的应用能通过计算三个可区分的导线段的 $\vec{B}$ 而被简化。这三段为 (1) 在左边的直线段；(2) 在右边的直线段；(3) 圆弧。

直线段：对于直线段 1 中的任一电流元，$d\vec{s}$ 与 $\vec{r}$ 之间的夹角为零（见图 30－7b），由式 (30－3) 可得

$$dB_1 = \frac{\mu_0}{4\pi}\frac{i ds \sin\theta}{r^2} = \frac{\mu_0}{4\pi}\frac{i ds \cos\theta}{r^2} = 0$$

因此，在直线段 1 中沿导线全部长度的电流对在 C 处的磁场无贡献，即

$$B_1 = 0$$

在直线段 2 中，也是同样的情况，任一电流元 $d\vec{s}$ 与 $\vec{r}$ 之间的夹角为 180°，因此

$$B_2 = 0$$

圆弧：这里的**关键点**是，应用毕奥－萨伐尔定律计算圆弧中心处的磁场就是使用式 (3－11) ($B=\mu_0 i\phi/4\pi R$)。这里，圆弧的圆心角为 $\pi/2$。因此，根据式 (30－11)，可得在圆弧中心 C 点的磁场 $\vec{B}_3$ 的大小为

$$B_3 = \frac{\mu_0 i(\pi/2)}{4\pi R} = \frac{\mu_0 i}{8R}$$

为了确定 $\vec{B}_3$ 的方向，我们应用在图 30－4 中所示的右手定则。想象用你的右手如图 30－7c 所示那样握住圆弧，使你的姆指指向电流的方向，这时其余手指环绕导线弯曲的方向就是环绕导线的磁场线的方向，在 C 点的区域（圆弧的内侧）中你的指尖指向**页面内**，因此，$\vec{B}_3$ 就指向页面内。

总磁场：通常当我们必须把两个或更多的磁场组合以求出总磁场时，应该把这些场作为矢量组合而不只是把它们的大小相加。然而，这里只有圆弧在 C 点产生磁场，因此，我们能把总磁场 $\vec{B}$ 的大小写作

$$B = B_1 + B_2 + B_3 = 0 + 0 + \frac{\mu_0 i}{8R} = \frac{\mu_0 i}{8R}$$

（答案）

$\vec{B}$ 的方向就是 $\vec{B}_3$ 的方向，即指向图 30－7 的页面内。

检查点 1：右图所示为三个由同心圆弧（半径为 r、$2r$ 及 $3r$ 的半圆或四分之一圆）及它们的径向线段组成的电路，电路中载有相同的电流。按照在曲率中心（图中小点）产生的磁场的大小把它们由大到小排序。

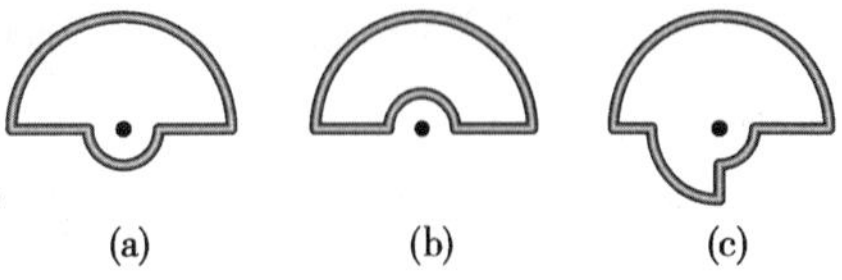

例题 30－2

图 30－8a 所示为载有反方向电流 i_1 和 i_2 的两根平行长导线。P 点的总磁场的大小及方向为何？假定 $i_1=15$A，$i_2=32$A，$d=5.3$cm。

【解】　这里的一个**关键点**是，在 P 点的总磁感应强度 $\vec{B}$ 是由两根导线中电流所引起的磁场的矢量和。第二个**关键点**是，我们能通过把毕奥－萨伐尔定律应用于任一电流求出由它所引起的磁场。而对于邻近长直导线中的电流的点，该定律给出式 (30－6)。

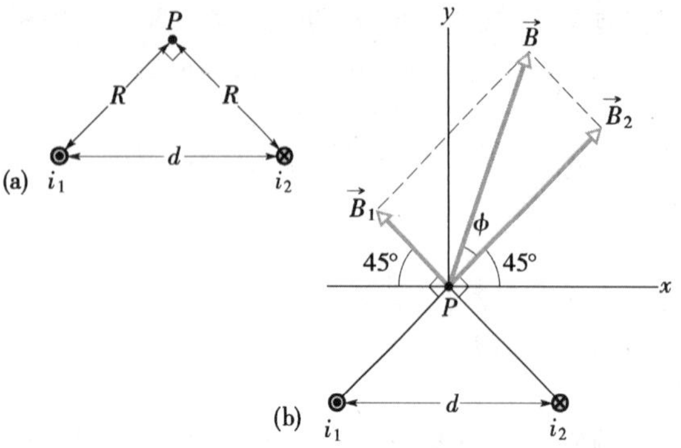

图 30-8 例题 30-2 图 (a) 载有方向相反（出和入页面）的电流 i_1 和 i_2 的两条导线（注意在 P 点的直角）。(b) 分磁场 $\vec{B}_1$ 和 $\vec{B}_2$ 矢量合成为总磁场。

在图 30-8a 中，P 点与两个电流 i_1 和 i_2 的距离都是 R。因此，式 (30-6) 告诉我们，在 P 点那两个电流产生的磁场 $\vec{B}_1$ 和 $\vec{B}_2$ 大小为

$$B_1 = \frac{\mu_0 i_1}{2\pi R}, B_2 = \frac{\mu_0 i_2}{2\pi R}$$

在图 30-8a 中的直角三角形中，注意两个底角（在边 R 与边 d 之间）都是 45°。因此，可写出 $\cos 45° = R/d$，并用 $d\cos 45°$ 替代 R。此时，磁场的大小 B_1 和 B_2 变成

$$B_1 = \frac{\mu_0 i_1}{2\pi d\cos 45°}, B_2 = \frac{\mu_0 i_2}{2\pi d\cos 45°}$$

我们需要把 $\vec{B}_1$ 与 $\vec{B}_2$ 合成，以求出它们的矢量和，即在 P 点的总磁场 $\vec{B}$。为了确定 $\vec{B}_1$ 和 $\vec{B}_2$ 的方向，我们可将图 30-4 所示的右手定则应用于图 30-8a 中的每个电流。对于导线 1，电流从页面向外，我们想象用右手握住导线，姆指指向页面外，此时弯曲的手指表明场线逆时针绕行。特别地，在 P 点的区域中，它们指向左上方。回想在长直载流导线附近某点处的磁场，其方向必定垂直于该点与电流之间径向直线。因此，$\vec{B}_1$ 应该如图 30-8b 中所示那样，指向左上方。（仔细注意在矢量 $\vec{B}_1$ 与 P 点和导线 1 的连接线之间的垂直符号。）

对导线 2 中的电流重复以上分析，我们可确定 $\vec{B}_2$ 的方向如在图 30-8b 中所示，指向右上方。（注意在矢量 $\vec{B}_2$ 与点 P 和导线 2 的连接线之间的垂直符号。）

现在可以用矢量加法把 $\vec{B}_1$ 和 $\vec{B}_2$ 相加来求 P 点的总磁场 $\vec{B}$ 了。我们可以用矢量能用计算器，或者把两个矢量分解成分量，然后再把 $\vec{B}$ 的诸分量合成。然而，在图 30-8b 中，还有第三种方法：因为 $\vec{B}_1$ 和 $\vec{B}_2$ 相互垂直，它们构成直角三角形的侧边，$\vec{B}$ 为弦。于是，根据勾股定理可得

$$B = \sqrt{B_1^2 + B_2^2} = \frac{\mu_0}{2\pi d(\cos 45°)}\sqrt{i_1^2 + i_2^2}$$

$$= \frac{(4\pi \times 10^{-7}\mathrm{T \cdot m/A})\sqrt{(15\mathrm{A})^2 + (32\mathrm{A})^2}}{(2\pi)(5.3 \times 10^{-2}\mathrm{m})(\cos 45°)}$$

$$= 1.89 \times 10^{-4}\mathrm{T} \approx 190\mu\mathrm{T}$$

（答案）

图 30-8b 中 $\vec{B}$ 与 $\vec{B}_2$ 的两个方向之间的夹角 ϕ 由 $\phi = \arctan\frac{B_1}{B_2}$ 得出。由上面给出的 B_1 和 B_2，我们可得

$$\phi = \arctan\frac{i_1}{i_2} = \arctan\frac{15\mathrm{A}}{32\mathrm{A}} = 25°$$

如图 30-8b 所示，$\vec{B}$ 的方向与 x 轴之间的夹角于是为

$$\phi + 45° = 25° + 45° = 70°$$

（答案）

解题线索

线索 1：右手定则

为了帮助你选择已学过的（及将提出的）右手定则，下面作一个回顾。

用于矢积的右手定则：它在第 3-7 节中引入，是一个确定由矢积所形成的矢量方向的方法。将你的右手手指从乘积中的第一个矢量经过两个矢量之间较小的角度，扫到第二个矢量，则你伸直的姆指就是矢积所形成的矢量的方向。在第 12 章，我们曾应用这个右手定则来确定力矩和角动量矢量的方向。在第 29 章，我们曾应用它来确定磁场对载流导线的力的方向。

用于磁学的曲-直右手定则：在磁学中，很多情况下，你需要把“卷曲的”元素与“挺直的”元素关联起来，这时就可以在你的右手上用“卷曲的”手指和“挺直的”姆指完成这种关联。在 29-8 节中已经有一个实例，我们把环绕回路的电流（卷曲的元素）与回路的法线矢量 $\vec{n}$（挺直的元素）联系起来：按环绕回路中的电流方向卷曲你右手的手指，

则你伸直的姆指就给出了 $\vec{n}$ 的方向，这也是回路的磁偶极矩 $\vec{\mu}$ 的方向。

在本节中，曾介绍给你第二个曲-直右手定则。为了确定环绕电流元的磁场线的方向，用你右手伸直的姆指指向电流的方向，其余的手指则环绕电流元沿场线的方向卷曲。

30-2 平行电流之间的力

两根长的平行载流导线会相互施加作用力。图 30-9 所示为相距 d 并载有电流 i_a 和 i_b 的两根导线。下面我们分析这两根导线彼此产生的力。

我们首先分析图 30-9 中由导线 a 中的电流对导线 b 的力。这个电流产生磁场 $\vec{B}_a$。实际上，也正是这个磁场产生了我们要求的力。为了求出这个力，我们需要知道**导线 b 所在处**磁场 $\vec{B}_a$ 的大小及方向。根据式（30-6）可得导线 b 处的每一点 $\vec{B}_a$ 的大小为

$$B_a = \frac{\mu_0 i_a}{2\pi d} \tag{30-13}$$

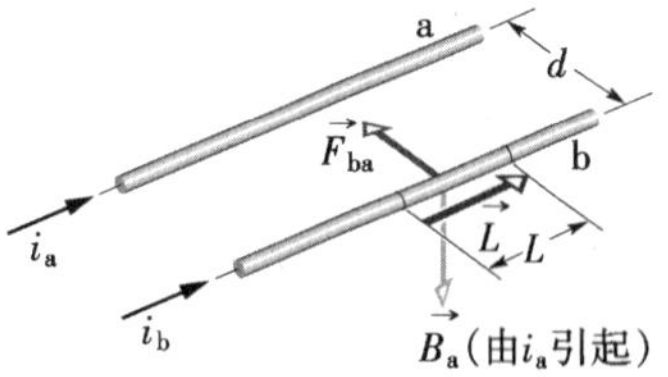

图 30-9 载有同方向电流的两根平行导线相互吸引。$\vec{B}_a$ 是导线 a 中的电流在导线 b 处产生的磁场；$\vec{F}_{ba}$是导线 b 由于在 $\vec{B}_a$ 中载有电流而受的力。

（曲-直）右手定则告诉我们，如图 30-9 所示，在导线 b 处 $\vec{B}_a$ 的方向是向下的。

既然确定了这个磁场，我们就能求出它对导线 b 的力。式（29-27）告诉我们，外磁场 $\vec{B}_a$ 对导线 b 的 L 长度的力为

$$\vec{F}_{ba} = i_b \vec{L} \times \vec{B}_a \tag{30-14}$$

式中，$\vec{L}$ 是导线的长度矢量。在图 30-9 中，矢量 $\vec{L}$ 与 $\vec{B}_a$ 垂直，所以借助式（30-13），我们能写出

$$F_{ba} = i_b L B_a \sin 90° = \frac{\mu_0 L i_a i_b}{2\pi d} \tag{30-15}$$

$\vec{F}_{ba}$的方向是矢积 $\vec{L} \times \vec{B}_a$ 的方向。把矢积的右手定则应用于图 30-9 中的 $\vec{L}$ 与 $\vec{B}_a$，由图可见，$\vec{F}_{ba}$指向 a。

求载流导线受力的一般步骤如下：

> 为了求出第二根载流导线对第一根载流导线的力，首先求出第二根导线在第一根导线所在处的磁场；然后求出该磁场对第一根导线的力。

我们现在就能按这个步骤来计算由导线 b 中的电流对导线 a 的力了。这个力的方向是指向导线 b 的。因此，具有同方向电流的两根导线将相互吸引。同样，如果两个电流是反方向的，我们能证明两根导线将相互排斥。因而有：

> 同方向电流吸引，而反方向电流排斥。

作用在平行导线中电流之间的力是定义七个 SI 基本单位之一——安培的基础。1946 年所采用的定义如下：安培是这样的恒定电流，如果它在两根在真空中相距 1m 的、无限长而且圆形

横截面可忽略的平行直导线中流通，则对每根导线将产生大小为每米长度 2×10^{-7}N 的力。

轨道炮

轨道炮是一种装置，它利用磁能在短时间内把射弹加速到高速。轨道炮的原理如图 30－10a 所示。大电流沿两条平行的导体轨道之一送出，流过两轨道之间的导电“熔体”（如窄铜片），然后沿第二条轨道回到电流源。把待发射的射弹平放在熔体的前面并松弛地嵌在两轨道之间。电流一通入，熔体立刻熔化并汽化，在轨道间熔体原来所在处形成导电气体。

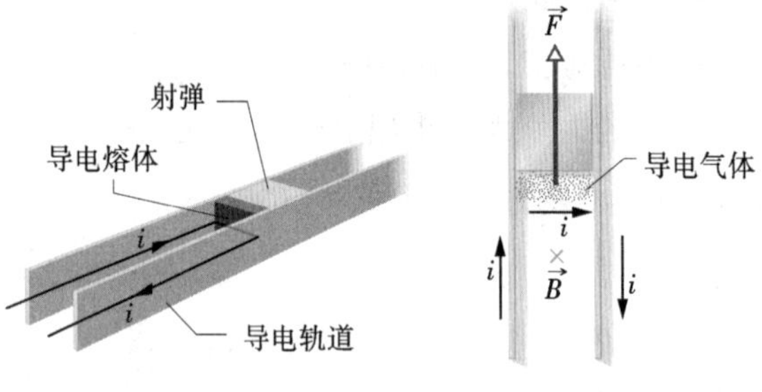

(a)　　(b)

图 30－10　(a) 开始通入电流的轨道炮。电流迅速使导电熔体汽化。(b) 电流在轨道间产生磁场 $\vec{B}$。$\vec{B}$ 对作为电流通路一部分的导电气体作用一个力 $\vec{F}$。气体沿轨道推动射弹，将其发射。

应用图 30－4 所示的曲－直右手定则可知，图 30－10a 中两轨道中的电流在轨道间产生向下的磁场。由于电流 i 流过气体，磁场 $\vec{B}$ 会对气体施加一个力 $\vec{F}$（图 30－10b）。借助式（30－14）和矢积的右手定则可知，$\vec{F}$ 沿轨道指向外部。随着气体被迫沿轨道向外运动，它就推动射弹以高达 $5\times10^{6}g$ 的加速度加速，然后将以 10km/s 的速率发射出去，全部过程只有 1ms。

检查点 2：右图所示为三根长而平行且等间距的导线，其中流过进入页面或从页面向外的、大小相等的电流。按照每根导线上受另两根导线中电流的力的大小，由大到小将其排序。

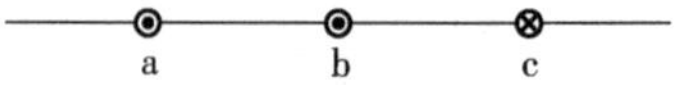

30－3　安培定律

我们可用关于微元电场强度 $d\vec{E}$ 的平方反比定律（式（30－2））求出由**全部**电荷分布所引起的总电场强度。但是如果这种分布很复杂，我们可能不得不使用计算机了。然而，如果电荷分布具有平面、柱面或球面对称性，我们就能应用高斯定律较轻松地求出总电场强度了。

同样，我们能用关于微元磁场 $d\vec{B}$ 的平方反比定律（式（30－5））求出由所有电流分布所引起的总磁场，但是对于复杂的分布我们可能也必须使用计算机。然而，如果分布具有某种对称性，我们可以应用**安培定律**较轻松地求出磁场。这个定律能从毕奥－萨伐尔定律导出。安培定律传统上归功于安培（A. M. Ampere　1775—1836），电流的 SI 单位也是以他的名字命名的。然而，这个定律实际上是由英国物理学家麦克斯韦（J. C. Maxwell）提出的。

安培定律表示为

$$\oint \vec{B}\cdot d\vec{s}=\mu_0 i_{enc}\qquad (安培定律)\qquad (30-16)$$

积分号上的圆圈表示标（或点）积 $\vec{B}\cdot d\vec{s}$ 将沿被叫做**安培回路**的**闭合**回路积分。等号右边的电流 i_{enc} 是被该回路所包围的**净**电流。

为了了解标积 $\vec{B}\cdot d\vec{s}$ 及其积分的含意，我们首先把安培定律应用于图 30-11 所示的一般情况。图中的三根长直导线分别载有径直进入页面或径直从页面出来的电流 i_1、i_2 及 i_3。一个位于页面内的任意安培回路包围两个电流，但未包围第三个。在回路上标明的逆时针方向为式（30-16）任意选定的积分方向。

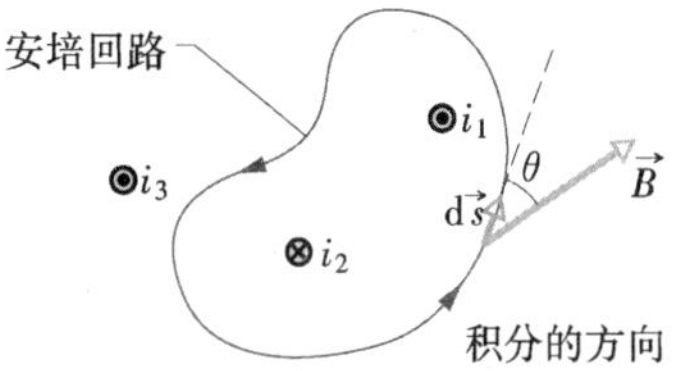

图 30-11 安培定律应用于任意安培回路。它包围两个垂直导线而排除第三个导线，注意电流的方向。

为了应用安培定律，我们想象把回路划分割成矢量元 $d\vec{s}$，它们处处沿回路的切线按积分的方向定向。假定在图 30-11 中微元 $d\vec{s}$ 的所在处，由三个电流所引起的总磁场为 $\vec{B}$。由于三根导线垂直于纸面，我们可知由各个电流引起的在 $d\vec{s}$ 处的磁场都在图 30-11 的平面中。因此，它们在 $d\vec{s}$ 处的总磁场 $\vec{B}$ 也在该平面中。然而，我们不知道 $\vec{B}$ 在平面内的方向。在图 30-11 中，$\vec{B}$ 被任意画成与 $d\vec{s}$ 的方向成 θ 角。

在式（30-16）等号左边的标积 $\vec{B}\cdot d\vec{s}$ 等于 $B\cos\theta ds$。因此，安培定律可写作

$$\oint \vec{B}\cdot d\vec{s} = \oint B\cos\theta ds = \mu_0 i_{enc} \tag{30-17}$$

我们现在可把标积 $\vec{B}\cdot d\vec{s}$ 理解为安培回路的一段 ds 与沿回路切线的磁场分量 $B\cos\theta$ 的乘积。于是我们可把积分理解为沿整个回路的所有的这样的乘积之和。

当我们能真正进行这个积分时，在积分之前并不需要知道 $\vec{B}$ 的方向，而只需假设 $\vec{B}$ 为沿积分的方向（见图 30-11 中）。然后，我们可用下述的曲-直右手定则来确定被包围的总电流 i_{enc} 中的每个电流的正负号：

> 顺着安培回路卷曲你的右手，用手指指向积分的方向，沿着你伸直的姆指的方向穿过回路的电流取正号，而沿反方向的电流取负号。

最后，我们求解式（30-17）得到 $\vec{B}$ 的大小。如果 B 的结果为正，则我们为 $\vec{B}$ 假设的方向是对的；如果结果为负，则我们忽略负号，并沿相反的方向重新画出 $\vec{B}$。

在图 30-12 中，我们把用于安培定律的曲-直右手定则应用到图 30-11 的情况。在积分方向为逆时针的情况下，被回路所包围的净电流为

$$i_{nec} = i_1 - i_2$$

（电流 i_3 未被回路包围。）于是可把式（30-17）改写为

$$\oint B\cos\theta ds = \mu_0(i_1 - i_2) \tag{30-18}$$

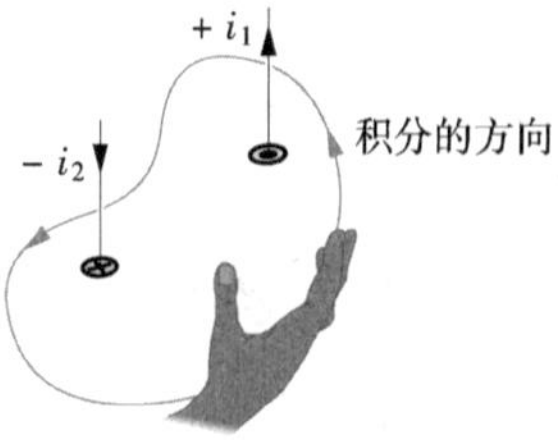

图 30-12 用于安培定律的右手定则，决定被安培回路包围的电流的符号（针对图 30-11 所示的情况）。

由于电流 i_3 对在式（30-18）等号左边的 B 的大小有影响，你可能感到不解，为什么等号右边不需要它？答案在于，电流 i_3 对磁场的贡献被抵消了，因为式（30-18）中的积分是沿整个回路进行的。相

反，被包围的电流对磁场的贡献不会被抵消。

我们不可能求解式（30－18）得到 B 的大小。因为对于图30－11所示的情况，我们没有足够的数据去简化该积分。然而，我们的确知道积分的结果；它一定等于 μ_0（i_1-i_2）的值，这是由穿过回路的净电流所决定的。

下面我们把安培定律应用于两种情况它们的对称性确实可以使我们简化并求出积分，从而求得 B。

载流长直导线外部的磁场

图30－13所示为一根长直导线，载有径直地从页面流出的电流 i。式（30－6）告诉我们，由电流所产生的磁场在与导线等距的所有点处具有相同的大小，即磁场 $\vec{B}$ 相对于导线具有柱面对称性。如果我们像在图30－13中那样，用半径为 r 的同心圆作安培回路包围导线。这样，我们就能利用该对称性简化安培定律中的积分（式（30－16）和式（30－17））了。磁场 $\vec{B}$ 在回路上的每一点都具有相同的大小 B。我们将逆时针求积分，以使 $d\vec{s}$ 具有在图30－13中所示的方向。

我们注意到，回路上每一点处的 $\vec{B}$ 的方向都是沿回路的切线方向，而且 $d\vec{s}$ 也是这样，这就能进一步简化式（30－17）中的 $B\cos\theta$。在回路上的每一点，$\vec{B}$ 和 $d\vec{s}$ 或是同向或是反向，这里我们假定为前者，则在每一点 $d\vec{s}$ 与 $\vec{B}$ 之间的夹角都是0°，所以 $\cos\theta=\cos 0°=1$。于是式（30－17）就变成

$$\oint \vec{B}\cdot d\vec{s} = \oint B\cos\theta ds = B\oint ds = B(2\pi r)$$

应该注意，上面的 $\oint ds$ 是圆形回路上所有线段的长度 ds 的和，即它是回路的周长 $2\pi r$。

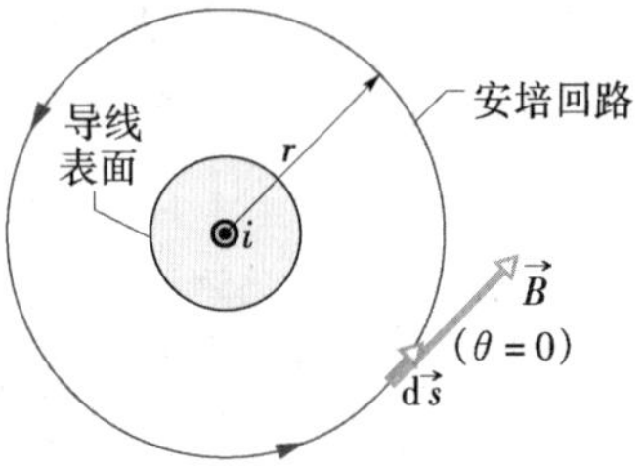

图30－13　应用安培定律求载有电流的长直导线的磁场。安培回路是在导线外的同心圆。

对于图30－13中的电流，根据右手定则，其符号为正。于是安培定律的右边变成 $+\mu_0 i$，则

$$B(2\pi r) = \mu_0 i$$

或

$$B=\frac{\mu_0 i}{2\pi r} \tag{30-19}$$

请注意，这样稍稍换个符号就成为式（30－6），而这是我们在前面——花费相当大的力气——用毕奥－萨伐尔定律导出的。此外，因为 B 的数值为正，我们可知 $\vec{B}$ 的正确方向应该是图30－13中所示的方向。

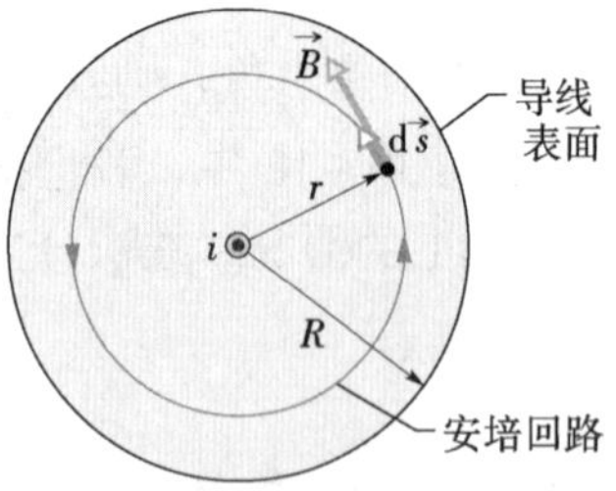

图30－14　应用安培定律求电流 i 在圆横截面的长直导线内部产生的磁场。电流在导线截面积上均匀分布并从纸面出来。安培回路画在导线内部。

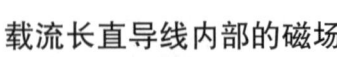

载流长直导线内部的磁场

图30－14所示为一长直导线的横截面，半径为 R。导线载有径直从纸面流出的、均匀分布的电流 i。因为电流在导线的横截面上均匀分布，它产生的磁场 $\vec{B}$ 必定是柱面对称的。因此，为了求出在导线内部各点的磁场，我们可再一次采用图30－14所示的、半径为 r 的安培回路，并有 $r<R$。对称性再一次提示，$\vec{B}$ 与回路相

切，如图所示，所以安培定律的左边仍可给出

$$\oint \vec{B}\cdot d\vec{s} = B\oint ds = B(2\pi r) \tag{30-20}$$

为了求出安培定律的右边，我们应注意，电流是均匀分布的，被回路所包围的电流 i_{enc} 正比于被回路所包围的面积，即

$$i_{enc} = i\frac{\pi r^2}{\pi R^2} \tag{30-21}$$

右手定则告诉我们，i_{enc} 取得正号，于是由安培定律可得

$$B(2\pi r) = \mu_0 i\frac{\pi r^2}{\pi R^2}$$

或

$$B = \left(\frac{\mu_0 i}{2\pi R^2}\right)r \tag{30-22}$$

因此，在导线内部，磁场的大小 B 正比于 r；在中心处，大小为零；而在表面处，$r=R$，有最大值。应注意，在 $r=R$ 处，对于 B，式（30－19）和式（30－22）给出相同的值，即对于导线外部和导线内部磁场的两个表达式在导线的表面处有相同的结果。

检查点 3：右图所示为三个相等的电流 i（两个同向，一个反向）和四个安培回路。按照各个回路 $\oint \vec{B}\cdot d\vec{s}$ 的大小把它们由大到小排序。

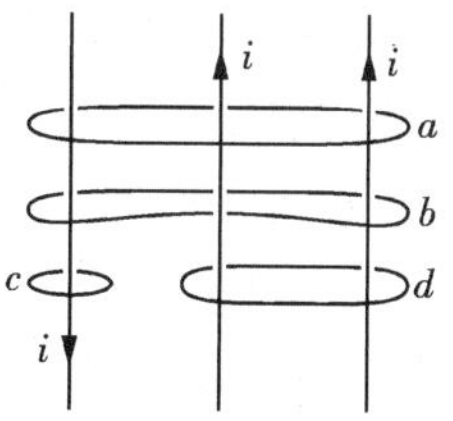

例题 30－3

图 30－15a 所示为长导电圆柱的横截面，内径 $a=2.0$cm，外径 $b=4.0$cm。圆柱截面中有从页面流出的电流，且在横截面中的电流密度由 $J=cr^2$ 给出，其中，$C=3.0\times10^6$A/m^4，r 按米计算。在距离圆柱中轴为 3.0cm 的某点处 $\vec{B}$ 的大小是多少？

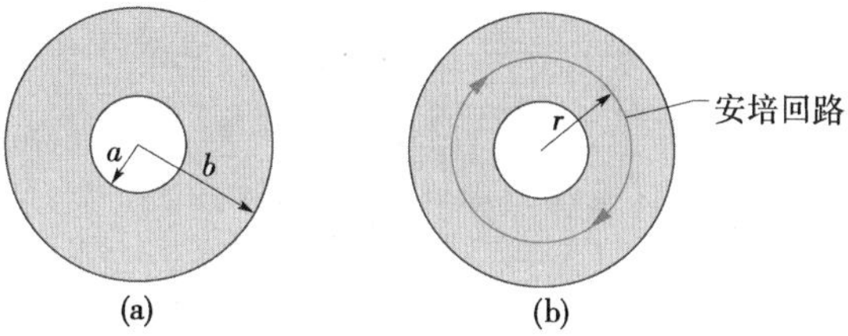

图 30－15 例题 30－3 图 (a) 内径为 a，外径为 b 的导电圆柱的横截面 (b) 加上一个半径为 r 的安培回路来计算离中轴距离为 r 处的磁场

【解】 我们想要计算 $\vec{B}$ 的点在圆柱导体的内部，在其内、外径之间。我们注意到，电流分布具有柱面对称性（对于任一给定的半径它在横截面上处处相同）。因此，这里**关键点**是，对称性使我们能应用安培定律求出在该点的 $\vec{B}$，我们首先画出安培回路，如图 30－15b 所示。这个回路与圆柱同心且具有半径 $r=3.0$cm，因为我们要计算在离圆柱中轴该距离处的 $\vec{B}$。

其次，我们必须计算由安培回路所包围的电流 i_{enc}。然而，第二个**关键点**是，我们不能建立像式（30－21）中那样的比例关系，因为这里的电流不是均匀分布的。但我们可遵循例题 27－2b 的程序，对电流密度从圆柱的内半径 a 到回路的半径 r 积分，即

$$\begin{aligned} i_{enc} &= \int J dA = \int_a^r cr^2(2\pi r dr) \\ &= 2\pi c\int_a^r r^3 dr = 2\pi c\left[\frac{r^4}{4}\right]_a^r \\ &= \frac{\pi c(r^4-a^4)}{2} \end{aligned}$$

图 30－15b 中表示的积分方向（任意假定）是顺时针方向。把用于安培定律的右手定则应用到这个回

路，我们发现应该取 i_{enc} 为负，因为电流的方向是从页面流出，而我们的姆指是指向页面内的。

我们接着计算安培定律等式的左边，就像在图 30－14 中曾做的那样，并且我们再一次得到式（30－20）。于是由安培定律

$$\oint \vec{B}\cdot d\vec{s} = \mu_0 i_{enc}$$

可以得到

$$B(2\pi r) = -\frac{\mu_0 \pi c}{2}(r^4 - a^4)$$

解出 B 并代入已知数据，可得

$$B = -\frac{\mu_0 c}{4r}(r^4 - a^4)$$
$$= -\frac{(4\pi\times10^{-7}\mathrm{T\cdot m/A})(3.0\times10^6\mathrm{A/m^4})}{4\times0.030\mathrm{m}}$$
$$\times[(0.030\mathrm{m})^4 - (0.020\mathrm{m})^4]$$
$$= -2.0\times10^{-5}\mathrm{T}$$

这样，磁场 $\vec{B}$ 在距中轴 3.0cm 处具有大小

$$B = 2.0\times10^{-5}\mathrm{T} \qquad \text{（答案）}$$

并形成方向与我们的积分方向相反的磁场线，因而在图 30－15b 中应为逆时针方向。

30－4 螺线管与螺绕环

螺线管的磁场

我们现在把注意力转到另一个证明安培定律有用的情况。它是关于在长的、用导线密绕成的螺旋形线圈中的电流所产生的磁场。这样的线圈叫做**螺线管**（见图 30－16）。我们假定螺线管的长度比直径大得多。

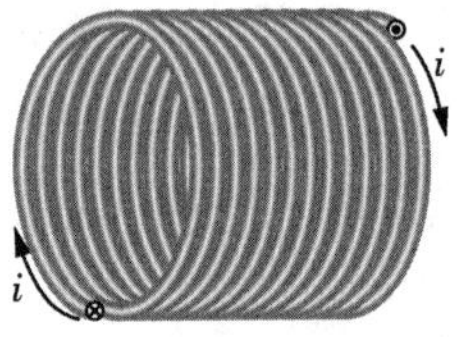

图 30－16 载有电流 i 的螺线管。

图 30－17 所示为一部分“被拉长的”螺线管的纵截面。螺线管的磁场是构成该螺线管的许多单个匝（回路）所产生的磁场的矢量和。对于非常靠近某匝的点，导线的磁场几乎和长直导线一样，而那里的磁场线几乎是同心圆。图 30－17 表明，相邻两匝间的磁场趋于互相抵消，且在螺线管内部且距导线相当远的各点处，$\vec{B}$ 近似平行于螺线管的（中）轴。对于**理想螺线管**，即无限长且由紧密地挤在一起的（**密绕的**）方导线的圈组成的螺线管，在这种极限情况下，螺线管内部的磁场是均匀的，并平行于管轴。

对于螺线管上方的各点，如图 30－17 中的 P 点，由螺线管线圈的上半部分（标明⊙）所建立的磁场方向向左（如图中 P 点附近标出的），并趋向于抵消由线圈的下半部分（标明⊗）所建立的方向向右的磁场（图中未画出）。在理想螺线管的极限情况下，螺线管外部的磁场为零。在螺线管的长度比其直径大很多，而且考虑不在螺线管任一末端的外部的点如 P 时；取外部磁场为零是对实际螺线管最好的假设。沿螺线管轴的磁场方向由曲－直右手定则给出：用你的右手握住螺线管以使你的手指沿着线圈中电流的方向；你伸直的右姆指就指向轴向磁场的方向。

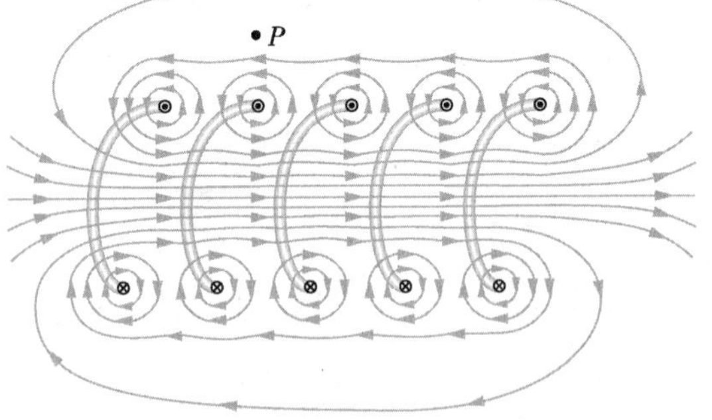

图 30－17 “被拉长的”螺线管通过中轴的竖直截面。五圈的后半圈和通过螺线管的电流的磁场线都画出来了，每一圈在近旁产生圆形磁场线。在接近轴的地方磁场线合成沿轴方向的净磁场。这里密集的磁场线表明强磁场；在螺线管外，磁场线间距很大，那里的磁场很弱。

图 30－18 所示为一个实际螺线管的磁场线。在中央区域磁力线的间距表明，线圈内部的磁场

相当强并且在线圈的横截面上是均匀的。然而，外部的磁场是相对弱的。

现在我们把安培定律

$$\oint \vec{B} \cdot d\vec{s} = \mu_0 i_{enc} \quad (30-23)$$

应用到图 30-19 所示的理想螺线管，图中 $\vec{B}$ 在螺线管内部是均匀的，而在其外部为零。采用矩形的安培回路 $abcda$，我们把 $\oint \vec{B} \cdot d\vec{s}$ 写成四个积分，对应每段路径一个，其总和为

$$\oint \vec{B} \cdot d\vec{s} = \int_a^b \vec{B} \cdot d\vec{s} + \int_b^c \vec{B} \cdot d\vec{s} + \int_c^d \vec{B} \cdot d\vec{s} + \int_d^a \vec{B} \cdot d\vec{s} \quad (30-24)$$

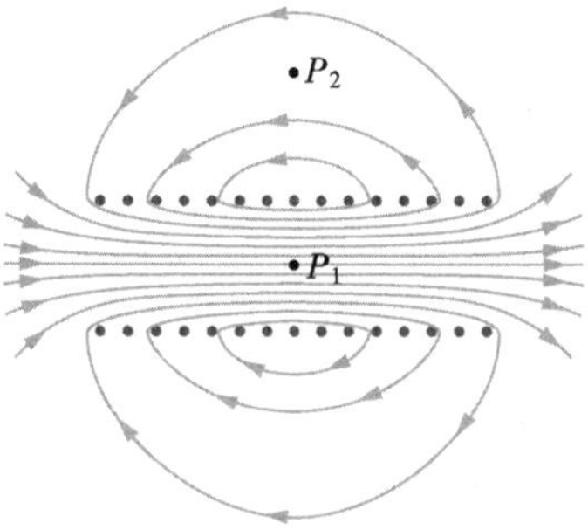

图 30-18 有限长的实际螺线管的磁场线。内部各点为 P_1 的磁场很强且均匀，但是外部各点，如 P_2 点的磁场相对较弱。

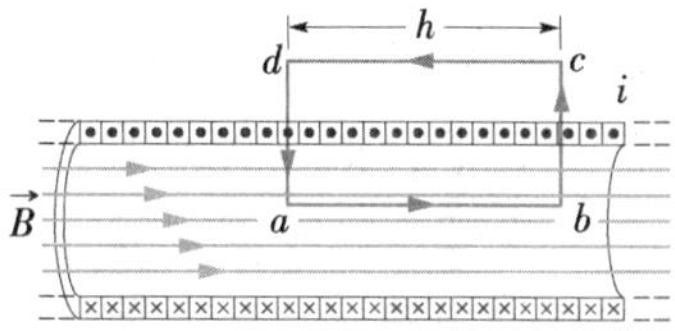

图 30-19 安培定律应用于理想的长的载有电流 i 的螺线管。安培回路是矩形 $abcd$。

式（30-24）右边的第一个积分为 Bh，其中 B 是螺线管内部均匀磁场 $\vec{B}$ 的大小，而 h 是从 a 到 b 的路径的（任意的）长度；第二和第四个积分为零，因为对于这些路径上的每个微元 ds，$\vec{B}$ 或者垂直于 ds，或者为零，因而乘积 $\vec{B} \cdot d\vec{s}$ 为零；第三个积分是沿位于螺线管外部的路径进行的，值为零，因为对所有的外部点，$B=0$。因此，对整个矩形回路，$\oint \vec{B} \cdot d\vec{s}$ 的值为 Bh。

图 30-19 中，矩形安培回路所包围的总电流 i_{enc} 与螺线管线圈中的电流 i 并不相同。因为线圈穿过这个回路不止一次。设 n 为螺线管每单位长度的匝数，则回路包围 nh 匝，而

$$i_{enc} = i(nh)$$

由安培定律于是得出

$$Bh = \mu_0 inh$$

或

$$B = \mu_0 in \quad \text{（理想螺线管）} \quad (30-25)$$

尽管我们是对无限长的理想螺线管导出式（30-25）的，但对于螺线管内部充分远离其两端的各点，它也可以很好地适用于实际螺线管。式（30-25）与实验结果相一致：螺线管内部磁场的大小 B 不依赖于螺线管的直径或长度，并且在螺线管的横截面上是均匀的。因此，螺线管为建立供实验用的，已知的均匀磁场提供了实用的手段，就像平行板电容器为建立已知的均匀电场提供了实用的手段一样。

螺绕环的磁场

图 30-20a 所示为**螺绕环**，我们可以认为它是弯成空心面包圈形的螺线管。在其内部各点

(面包圈的空心内) 会建立怎样的磁场呢? 根据安培定律及面包圈的对称性, 我们就能得出。

根据对称性, 我们看出在螺绕环内部, 磁场线形成同心圆, 它们的方向如图 30-20b 中所示。我们可以选择一个半径为 r 的同心圆作为安培回路, 并沿顺时针方向通过它。安培定律 (式 (30-16)) 给出

$$B(2\pi r) = \mu_0 iN$$

式中, i 是螺绕环线圈中的电流 (并且对于被安培回路包围的那些线圈是正值); N 是总匝数。由此可得

$$B = \frac{\mu_0 iN}{2\pi}\frac{1}{r}\text{(螺绕环)} \tag{30-26}$$

与螺线管的情况相反, 在螺绕环的横截面上, B 不是恒定的。借助安培定律不难证明, 对于理想螺绕环外部的各点, $B=0$ (好像螺绕环是用一个理想螺线管做成的)。

螺绕环内部磁场的方向是以我们的曲-直右手定则得出的: 用你的右手手指沿线圈中的电流方向弯曲, 握住螺绕环, 你伸直的右姆指就指向磁场的方向。

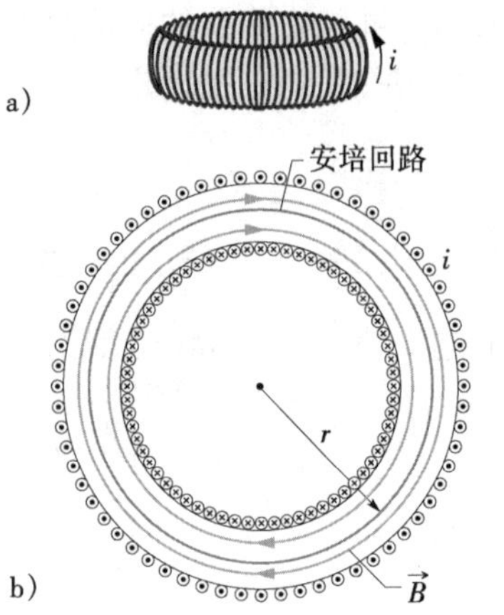

图 30-20 (a) 载有电流 i 的螺绕环。(b) 螺绕环的水平截面。其内部磁场 (面包圈形管的内部) 可以应用安培定律, 按图示安培回路求出。

例题 30-4

某螺线管的长度 $L=1.23\text{m}$, 内径 $d=3.55\text{cm}$, 载有电流 $i=5.57\text{A}$。它包含五个密绕的层, 每层沿长度 L 有 850 匝。其中央处的 B 是多大?

【解】 这里的一个**关键点**是, 沿螺线管中央磁场的大小通过式 (30-25) 与螺线管的电流 i 及每单位长度的匝数 n 相联系。第二个**关键点**是, B 不取决于线圈的直径, 所以对于相同的五层, n 的值仅仅是每层匝数的五倍。于是由式 (30-25) 可得

$$B = \mu_0 in = (4\pi\times10^{-7}\text{T}\cdot\text{m/A})(5.57\text{A})\frac{5\times850\text{ 匝}}{1.23\text{m}}$$

$$=2.42\times10^{-2}\text{T} = 24.2\text{mT}$$

(答案)

30-5 作为磁偶极子的载流线圈

至此, 我们已探讨了长直导线、螺线管和螺绕环中电流所产生的磁场。这里我们把注意力转到载流线圈所产生的磁场。在第 29-9 节中, 你曾看到这样的线圈相当于一个磁偶极子, 这是由于如果我们把它放置在外磁场 $\vec{B}$ 中, 由下式给出的力矩:

$$\vec{\tau} = \vec{\mu}\times\vec{B} \tag{30-27}$$

将作用于它。这里, $\vec{\mu}$ 是线圈的磁偶极矩, 且具有大小 NiA。其中, N 是匝 (或圈) 数; i 是每一匝中的电流; A 是各匝所包围的面积。

回忆 $\vec{\mu}$ 的方向是由曲-直右手定则给定的: 使你的右手手指沿电流的方向握住线圈, 你伸直的姆指就指向磁偶极矩 $\vec{\mu}$ 的方向。

线圈的磁场

我们现在讨论作为磁偶极子的载流线圈的另一方面。在线圈周围空间的某点, 它产生的磁

场到底是怎样的？这个问题不具有充分的对称性、而无法应用安培定律，所以我们应求助毕奥－萨伐尔定律。为简单起见，我们首先只考虑具有单个圆形回路的线圈及其中心轴上的点。该轴我们取它为 z 轴。我们现在将证明在这样的点上磁场的大小为

$$B(z)=\frac{\mu_0 iR^2}{2(R^2+z^2)^{3/2}} \tag{30-28}$$

其中，R 是线圈的半径；z 是讨论中的点离线圈中心的距离。而且，磁场 $\vec{B}$ 的方向与线圈磁偶极矩 $\vec{\mu}$ 的方向相同。

对于远离线圈的轴上各点，在式（30－28）中有 $z \gg R$。基于这个近似，该式简化为

$$B(z)\approx\frac{\mu_0 iR^2}{2z^3}$$

考虑到 πR^2 是线圈的面积，并把我们的结果推广到 N 匝线圈，我们可把此式写作

$$B(z)=\frac{\mu_0}{2\pi}\frac{NiA}{z^3}$$

另外，由于 $\vec{B}$ 和 $\vec{\mu}$ 具有相同的方向，可把恒等式 $\mu=NiA$ 代入其中，得到此式的矢量形式

$$\vec{B}(z)=\frac{\mu_0}{2\pi}\frac{\vec{\mu}}{z^3} \quad (载流线圈) \tag{30-29}$$

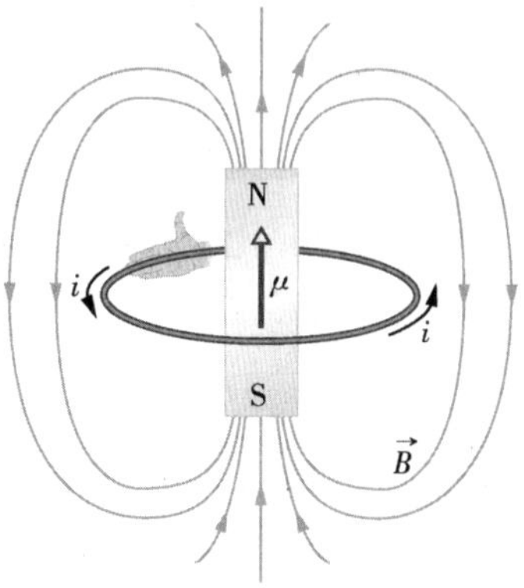

图 30－21 一个载流线圈产生一个与条形磁铁相似的磁场，并因此具有相应的北极和南极。线圈的磁偶极矩 $\vec{\mu}$ 的方向由曲－直右手定则给出，为从南极指向北极和线圈中 $\vec{B}$ 的方向相同。

因此，从以下两个方面我们能把载流线圈看作是磁偶极子：（1）当我们把它放在外磁场中时，它受到力矩；（2）它生成自己的固有磁场，对于沿其轴线的远距离点，可由式（30－29）给出。图 30－21 所示为电流线圈的磁场，线圈的一侧相当于北极（沿 $\vec{\mu}$ 的方向），而另一侧相当于南极，如图中浅色的磁铁所提示。

检查点 4：下图所示为电流线圈的四种组合。这些线圈的半径为 r 或 $2r$，中心在竖直轴（垂直于线圈）上，并载有图示方向的电流。按照在中心轴上线圈中间的小点处总磁场的大小，将它们由大到小排序。

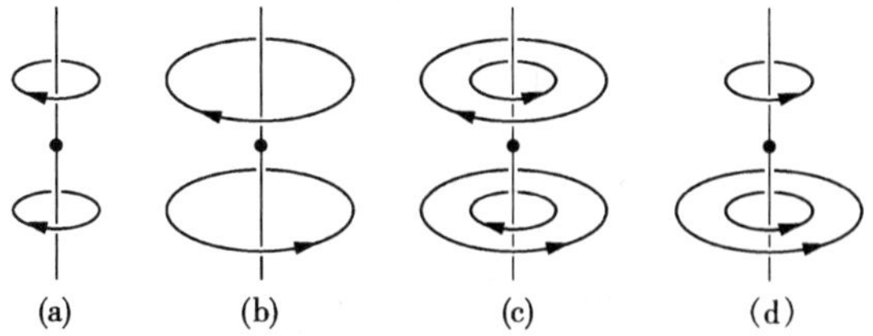

式（30－28）的证明

图 30－22 所示为半径的 R、载有电流 i 的圆形线圈后面的一半。考虑在线圈中心轴上距离线圈平面为 z 的某点 P。让我们把毕奥－萨伐尔定律应用到线圈左侧的微元 ds。这个微元的长度矢量 $d\vec{s}$ 垂直地指向页面外。图 30－22 中，$d\vec{s}$ 与 $\vec{r}$ 之间的夹角 θ 为 90°。由这两个矢量所构

成的平面垂直于图平面且含有 $\vec{r}$ 及 $d\vec{s}$。根据毕奥 – 萨代尔定律（及右手定则），这个微元中的电流在 P 点产生的微元磁场 $d\vec{B}$ 垂直于此平面，因而在图平面内，并垂直于 $\vec{r}$，如图 30 – 22 所示。

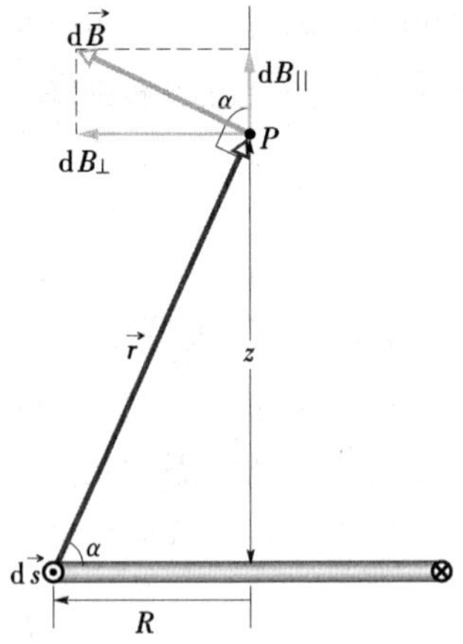

图 30 – 22 半径为 R 的电流回路的后面一半，回路平面垂直于页面。

我们把 $d\vec{B}$ 分解成两个分量：沿线圈轴向的 $d\vec{B}_\parallel$ 及垂直于这个轴的 $d\vec{B}_\perp$。根据对称性，由线圈的全部微元产生的所有垂直分量 $dB_\perp$ 的矢量和为零。这样，就只剩下轴向分量 $dB_\parallel$，而我们有

$$B = \int dB_\parallel$$

对于图 30 – 22 中的微元 $d\vec{s}$，毕奥 – 萨伐尔定律（式（30 – 3））告诉我们，在距离 r 处的磁感应强度大小为

$$dB = \frac{\mu_0}{4\pi}\frac{i ds \sin 90^\circ}{r^2}$$

我们还有

$$dB_\parallel = dB\cos\alpha$$

把这两个关系式结合起来，我们得到

$$dB_\parallel = \frac{\mu_0 i \cos\alpha ds}{4\pi r^2} \tag{30 – 30}$$

图 30 – 22 显示，r 和 α 并不独立而是相互关联的。我们用变量 z 和 P 点与线圈中心之间的距离，来表示它们，即

$$r = \sqrt{R^2 + z^2} \tag{30 – 31}$$

$$\cos\alpha = \frac{R}{r} = \frac{R}{\sqrt{R^2 + z^2}} \tag{30 – 32}$$

把式（30 – 31）和式（30 – 32）代入式（30 – 30），我们求得

$$dB_\parallel = \frac{\mu_0 i R}{4\pi(R^2 + r^2)^{3/2}} ds$$

应注意，i、R 及 z 对环绕线圈的所有微元 ds 具有相同的值，所以当我们积分此式时，可得出

$$B = \int dB_\parallel = \frac{\mu_0 i R}{4\pi(R^2 + z^2)^{3/2}} \int ds$$

或者，由于 $\int ds$ 就是线圈的周长 $2\pi R$，可得

$$B(z) = \frac{\mu_0 i R^2}{2(R^2 + z^2)^{3/2}}$$

这就是式（30 – 28）——我们所要证明的关系式。

复习和小结

毕奥 – 萨伐尔定律 由载流导体所产生的磁场可根据**毕奥 – 萨伐尔定律**求出。这个定律认定电流元 $i d\vec{s}$ 在距其为 r 的 P 点产生的磁场为

$$d\vec{B} = \frac{\mu_0}{4\pi}\frac{i d\vec{s} \times \vec{r}}{r^3} \quad \text{（毕奥 – 萨伐尔定律）} \tag{30 – 5}$$

这里，$\vec{r}$ 是从电流元指向 P 的矢量；μ_0 叫做磁导率常量，值为 $4\pi\times10^{-7}\mathrm{T\cdot m/A} \approx 1.26\times10^{-6}\mathrm{T\cdot m/A}$。

长直导线的磁场 对于载有电流 i 的长直导线，由毕奥 – 萨伐尔定律可导出，与导线垂直距离为 R 处的磁场大小为

$$B = \frac{\mu_0 i}{2\pi R} \quad (长直导线) \qquad (30-6)$$

载流圆弧的磁场 对半径为 R、圆心角为 ϕ（按弧度计算）、载有电流 i 的圆弧，其中心处的磁场大小为

$$B = \frac{\mu_0 i\phi}{4\pi R} \quad (圆弧中心处) \qquad (30-11)$$

两根载流平行导线间的力 两根载有同方向电流的平行导线相互吸引，而载有反方向电流的平行导线相互排斥。在其中任一导线上长度为 L 的一段上，力的大小为

$$F_{ba} = i_b L B_a \sin 90° = \frac{\mu_0 L i_a i_b}{2\pi d} \qquad (30-15)$$

式中，d 是导线的间距；i_a 和 i_b 是两根导线中的电流。

安培定律 安培定律指出

$$\oint \vec{B} \cdot d\vec{s} = \mu_0 i_{enc} \quad (安培定律) \qquad (30-16)$$

式中的线积分沿叫做**安培回路**的闭合回路进行。电流 i 为被回路所包围的**净**电流。对于某些电流分布，式(30-16)比式(30-5)更易于计算电流产生的磁场。

螺线管与螺绕环的磁场 在载有电流 i 的**长螺线管**内，在不靠近其两端的各点，磁场的大小 B 为

$$B = \mu_0 in \quad (理想螺线管) \qquad (30-25)$$

式中，n 是单位长度的匝数。在**螺绕环**内某点的磁场的大小 B 为

$$B = \frac{\mu_0 iN}{2\pi} \frac{1}{r} \quad (螺绕环) \qquad (30-26)$$

式中，r 是从螺绕环中心到该点的距离。

磁偶极子的磁场 由载流线圈，即**磁偶极子**，在沿线圈的中轴线距离为 z 的 P 点所产生的磁场平行于轴线，并由下式给出：

$$\vec{B}(z) = \frac{\mu_0}{2\pi} \frac{\vec{\mu}}{z^3} \qquad (30-29)$$

式中，$\vec{\mu}$ 是线圈的磁偶极矩。此式仅当 z 远大于线圈的直径时适用。

思考题

1. 图 30-23 显示了四种组合，在相同的正方形的四角处，平行的长导线载有相等的电流。电流径直地进入页面或从页面流出。按照在正方形中心处总磁场的大小，由大到小把四种组合排序。

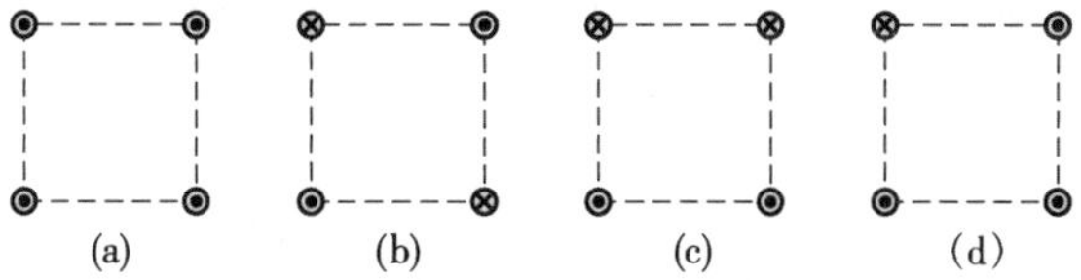

图 30-23 思考题 1 图

2. 图 30-24 所示为两根长直导线的横截面。左边的导线载有径直从页面流出的电流 i_1。如果由两个电流所引起的总磁场在 P 点处为零，(a) 在右边导线中电流 i_2 的方向应径直指向页内还是页外？(b) i_2 应大于、小于、还是等于 i_1？

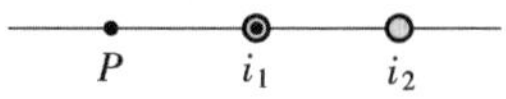

图 30-24 思考题 2 图

3. 图 30-25 所示为三个电路，每个电路中都包含一个半径 r 和一个较大半径 R 的同心圆弧，以及两个在它们之间具有相同夹角的径向线段。按照在中心处总磁场的大小由大到小将它们排序。

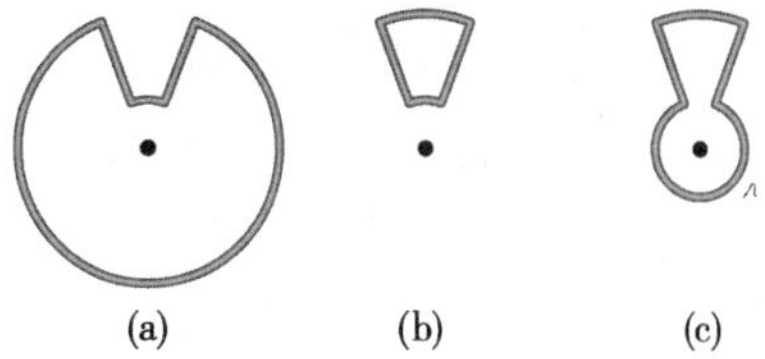

图 30-25 思考题 3 图

4. 图 30-26 示出了四种组合，其中的平行等间距长导线载有径直流入页面或从页中流出的相等电流。按照由其他导线中电流所产生的作用在中间导线上合力大小由大到小将四种组合排序。

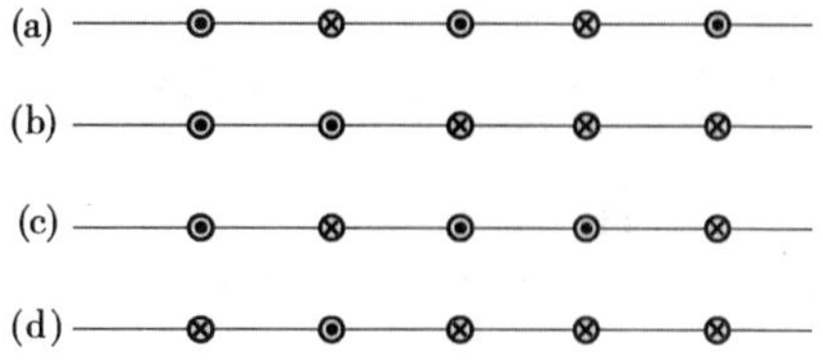

图 30-26 思考题 4 图

5. 图 30-27 示出了三种组合，其中的三根长直导线载有径直流入页面或从页面流出的相等电流。(a) 按照由其他导线中电流所产生的作用在载有径

直从页面流出电流的导线上合力的大小由大到小将各组合排序；(b) 在组合 (3) 中，在该导线上的合力和虚线之间的夹角等于、小于、还是大于45°？

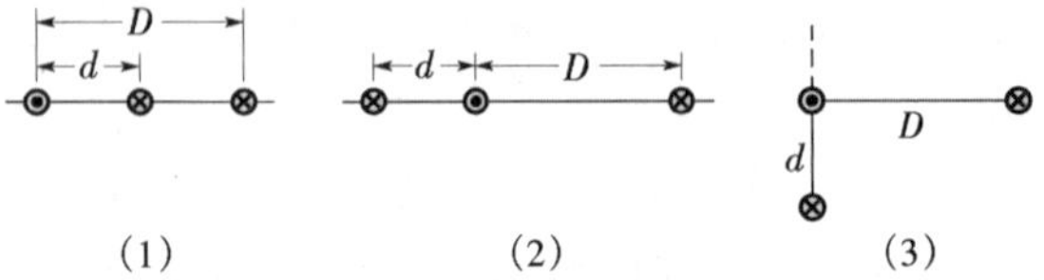

图 30－27 思考题5图

6. 图30－28所示为一均匀磁场 $\vec{B}$ 和四条长度相等的直线路径。按照沿这些路径所取的 $\int \vec{B} \cdot d\vec{s}$ 的大小从大到小将它们排序。

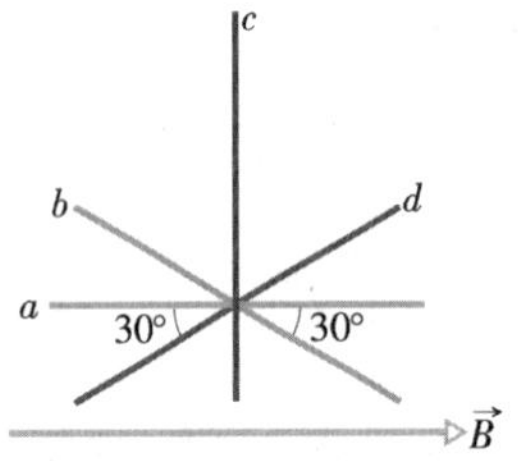

图 30－28 思考题6图

7. 图30－29a示出了四条与一根导线同心的安培回路。导线中的电流径直从页面流出，并且在导线的圆形截面上均匀分布。按照沿各回路的 $\oint \vec{B} \cdot d\vec{s}$ 的大小由大到小将它们排序。

8. 图30－29b示出了四条安培回路（细线）和用横截面表示的四个圆形长导体（粗线和图片），它们全都同轴。导体中的三个是空心的圆筒，中央的导体是实心圆柱。导体中的电流，从最小的半径到最大的半径，分别为：4A，从页面流出；9A，流入页面；5A，从页面流出；3A流入页面。按照沿各回路的 $\oint \vec{B} \cdot d\vec{s}$ 的大小由大到小将各回路排序。

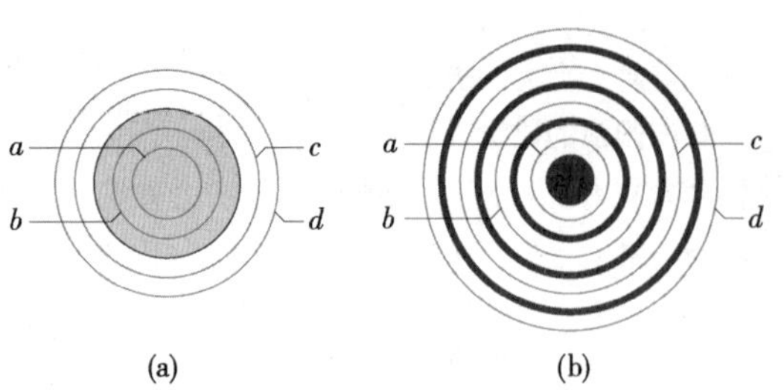

图 30－29 思考题7、8图

9. 图30－30示出了四个同样的电流 i 和五条包围它们的安培路径。按照沿图示方向所取的 $\oint \vec{B} \cdot d\vec{s}$ 的值把五条路径排序，正值最大的排第一，负值最大的排最后。

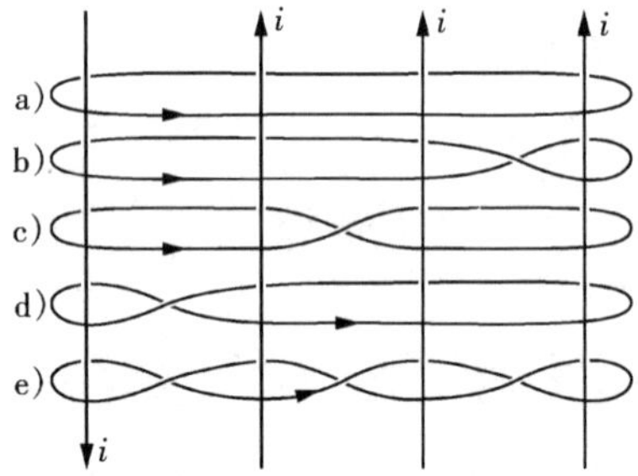

图 30－30 思考题9图

10. 下表给出了通过六个不同半径的理想螺线管的电流和这些螺线管每单位长度的匝数。现想把它们中的几个同轴地组合起来，以产生沿中央轴线为零的总磁场。用 (a) 其中两个；(b) 其中三个；(c) 其中四个；(d) 其中五个，能做到吗？如果能，列出用哪几个螺线管，并指出其中电流的方向。

螺线管	1	2	3	4	5	6
n:	5	4	3	2	10	8
i:	5	3	7	6	2	3

练习和习题

30－1节 计算电流的磁场

1E. 测量员在一根通有100A恒定电流的输电线下方6.1m处使用罗盘。问 (a) 输电线在罗盘所在处产生的磁场为何？(b) 这样做是否会严重影响罗盘的读数？该处地磁场的水平分量为20μT。(ssm)

2E. 一传统的电视显像管内，电子枪对准屏幕以0.22mm直径的圆形电子束发射动能为25keV的电子，每秒有 5.6×10^{14} 个电子到达。计算在距电子束轴线1.5mm处由电子束产生的磁场。

3E. 在菲律宾的某地，39μT的地磁场是水平的，并指向正北方。假设在载有恒定电流的一根长直水平导线上方80cm处，总磁场恰好为零，则电流的 (a) 大小 (b) 方向各为何？(ssm)

4E. 一根载有100A电流的长导线放在5.0mT的

均匀外磁场中，导线与磁场方向垂直。确定总磁场为零的点。

5E. 一长直导线载有电流 i，在距导线 d 处有一正电荷 q 以速率 v 垂直于导线运动。当该电荷（a）向着导线或（b）背离导线运动时，对它的力各为多大？方向如何？（ilw）

6E. 如图 30－31 所示，一个载有电流 i 的直导线被分成两个相同的半圆圈。在所形成的圆形回路的中心 C 处，磁场为何？

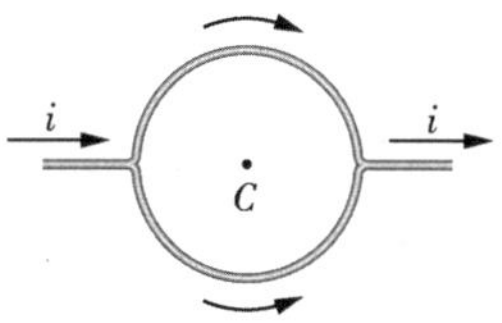

图 30－31 练习 6 图

7P. 一载有电流 i 的导线具有图 30－32 所示的结构，即与同一个圆相切的两段半无限长的直线段与沿圆周的一段圆心角为 θ 的弧连接。所有的线段都在同一平面内。要使圆心处的 B 为零，θ 应为多大？（ssm）

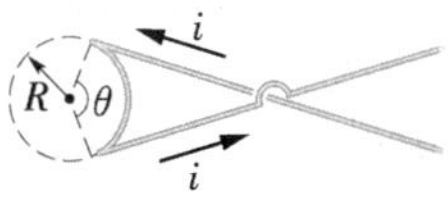

图 30－32 习题 7 图

8P. 应用毕奥－萨伐尔定律计算图 30－33a 中半圆弧 AD 和 HJ 的公共圆心 C 处的磁场。两个圆弧的半径分别为 R_2 和 R_1，它们是通有电流 i 的电路 $ADJHA$ 的一部分。

9P. 在图 30－33b 所示的电路中，弯曲的线段是具有公共圆心 P 的、半径为 a 和 b 的圆弧，直线段沿半径方向。试求 P 点处的磁场。设电路中的电流为 i。（ssm）

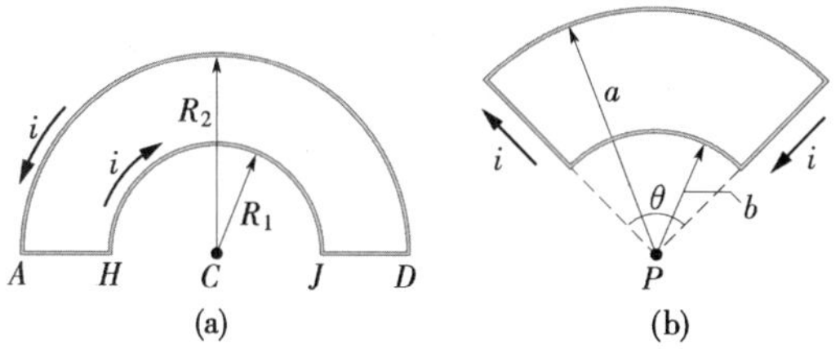

图 30－33 习题 8、9 图

10P. 图 30－34 所示的导线载有电流 i。（a）每个长 L 的直线段；（b）半径为 R 的半圆段；（c）整个导线，在圆心 C 产生的磁场各为何？

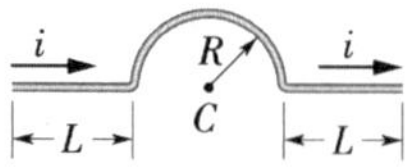

图 30－34 习题 10 图

11P. 在图 30－35 中，长 L 的直导线载有电流 i。证明：这个线段在其垂直平分线上距线段 R 的 P_1 点所产生的磁场大小为

$$B=\frac{\mu_0 i}{2\pi R}\frac{L}{(L^2+4R^2)^{1/2}}$$

证明当 $L\to\infty$ 时，这个 B 的表达式将简化为一个预知的结果。（ssm）（www）

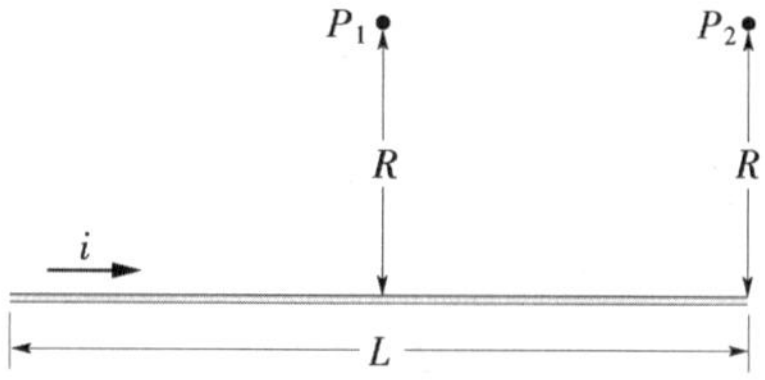

图 30－35 习题 11、13 图

12P. 一边长 a 的正方形线圈载有电流 i。试证明在线圈的中心电流所产生的磁场大小为

$$B=\frac{2\sqrt{2}\mu_0 i}{\pi a}$$

13P. 在图 30－35 中，长 L 的直导线载有电流 i。试证明由导线在与其一端垂直距离为 R 的 P_2 处产生的磁场大小为

$$B=\frac{\mu_0 i}{4\pi R}\frac{L}{(L^2+R^2)^{1/2}} \qquad \text{(ssm)}$$

14P. 利用习题 11 证明，在长 L 且宽 W 载有电流 i 的矩形线圈中心产生的磁场大小为

$$B=\frac{2\mu_0 i}{\pi}\frac{(L^2+W^2)^{1/2}}{LW}$$

15P. 一边长为 a 的正方形线圈载有电流 i。利用习题 11 证明，在线圈的轴线上距离其中心为 x 的一点产生的磁场大小为

$$B(x)=\frac{4\mu_0 i a^2}{\pi(4x^2+a^2)(4x^2+2a^2)^{1/2}}$$

证明这个结果与习题 12 的结果一致。（ssm）

16P. 在图 30－36 中，长 a 的直导线载有电流 i。证明电流在 P 点产生的磁场大小为

$$B=\frac{\sqrt{2}\mu_0 i}{8\pi a}$$

17P. 两个长度都为 L 的导线分别做成圆形和正方形，均载有电流 i。证明正方形线圈能比圆形线圈

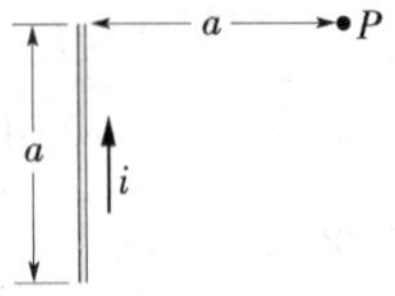

图 30－36　习题 16 图

在其中心产生更大的磁场（见习题 12）。(ssm)

18P. 求图 30－37 中 P 点的磁场 $\vec{B}$（见习题 16）。

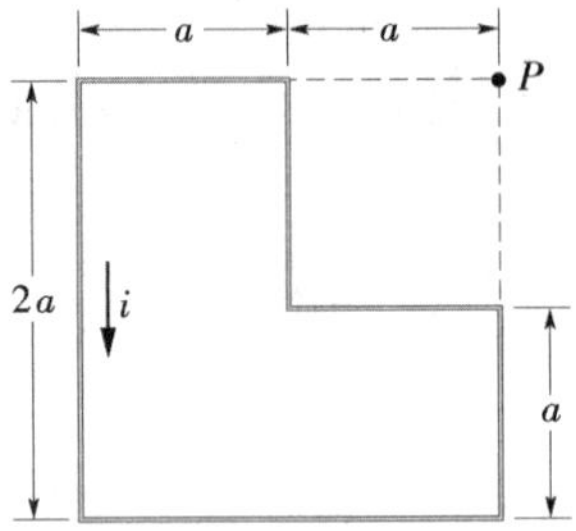

图 30－37　习题 18 图

19P. 图 30－38 所示为一宽度为 w 的长薄条带的截面，它载有均匀分布的、流入页面的总电流 i。计算在薄条的平面内，距离其边缘为 d 的 P 点的磁感应强度大小和方向。（**提示：**想象薄条板由许多长而细的平行导线构成。）(ilw)

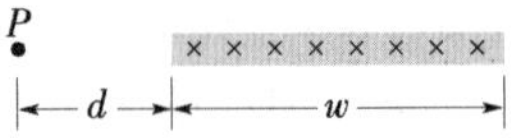

图 30－38　习题 19 图

20P. 求图 30－39 中 P 点的磁场 $\vec{B}$。已知 $i = 10\text{A}$ 且 $a = 8.0\text{cm}$。（见习题 13、16）

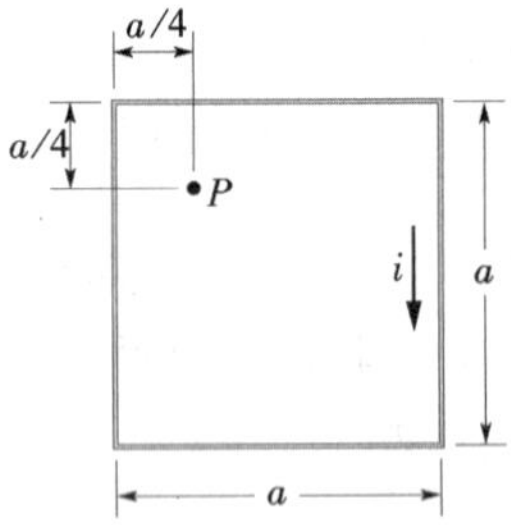

图 30－39　习题 20 图

30－2 节　两平行电流间的力

21E. 两根平行长导线相距 8.0cm。如果要使它们正中间的磁场的大小为 300μT，则两导线中必须通过多大的相等电流？考虑两导线中电流（a）平行和（b）反平行两种情况。(ssm)

22E. 两根平行长导线相距 d，载有同向的电流 i 和 $3i$。确定其磁场相消的一点或几点的位置。

23E. 两根平行的长直导线相隔 0.75cm，它们都垂直于图 30－40 所示的平面。导线 1 载有 6.5A 流入页面的电流。要使 P 点的合成磁场为零，导线 2 中必须有怎样的电流（大小和方向）？

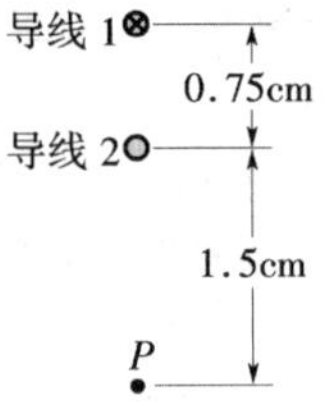

图 30－40　练习 23 图

24E. 图 30－41 所示为 xy 平面中的五根平行长导线，每根导线都载有沿 x 正方向的电流 $i = 3.00\text{A}$。相邻导线之间的距离为 $d = 8.00\text{cm}$。按单位矢量标志法表示，其他导线对五根导线中每一根单位长度上的磁力为何？

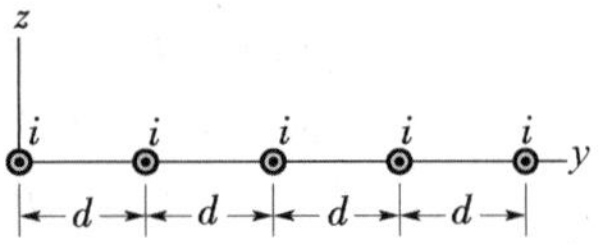

图 30－41　练习 24 图

25P. 四根长铜线彼此平行，它们的横截面构成具有边长 $a = 20\text{cm}$ 的正方形的四角，每根导线中都载有 20A 的电流，方向如图 30－42 所示。在正方形中心处磁场 $\vec{B}$ 的大小及方向为何？(ssm)(www)

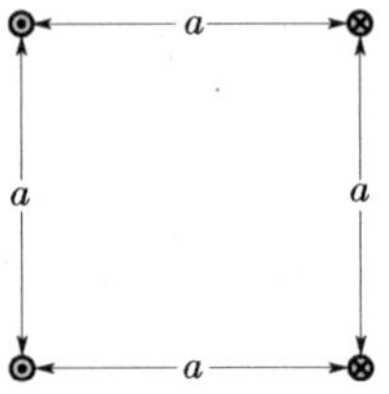

图 30－42　习题 25、26、27 图

26P. 四个相同的平行电流被配置在图 30－42 中边长为 a 的正方形四角，**只是**电流**全部**从纸面流出。任一根导线单位长度上受的磁力（大小及方向）为何？

27P. 在图 30－42 中，作用在左下方导线单位长度上的磁力大小及方向为何？导线中电流均为 i，方向如图所示。

28P. 图 30－43 所示是轨道炮的理想示意图。射弹 P 位于两条圆形截面的宽轨道之间；一电流源发送电流，通过两轨道并通过（导电的）射弹本身（未使用熔体）。（a）设两轨道间的距离为 w，R 为轨道半径，i 为电流，证明：作用在射弹上的力是沿轨道

向右的并且其大小由下式近似给出：

$$F=\frac{i^2\mu_0}{2\pi}\ln\frac{w+R}{R}$$

(b) 如果射弹由静止从轨道左端向右运动，求它在右端发出时的速率 v。假定 $i=450\text{kA}$，$w=12\text{mm}$，$R=6.7\text{cm}$，$L=4.0\text{m}$，射弹的质量为 $m=10\text{g}$。

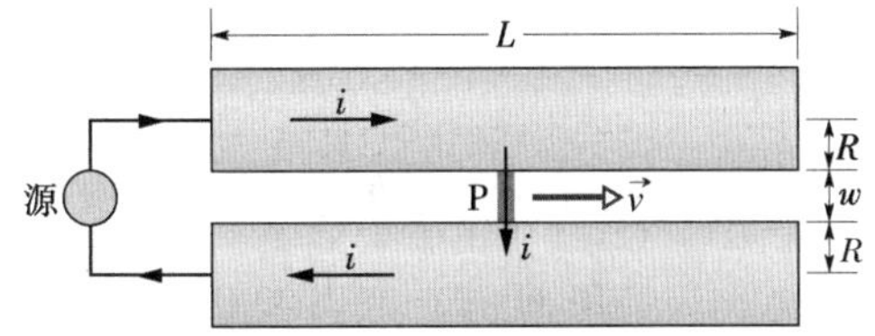

图 30－43 习题 28 图

29P. 在图 30－44 中，长直导线载有 30A 的电流，矩形线圈载有 20A 的电流。计算该线圈受的合力。假定 $a=1.0\text{cm}$，$b=8.0\text{cm}$，且 $L=30\text{cm}$。(ilw)

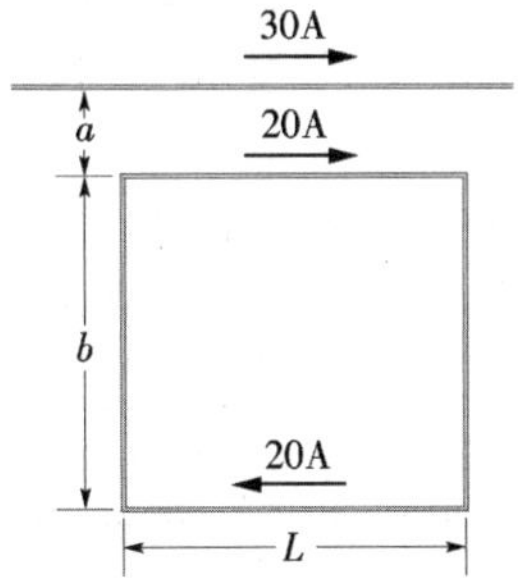

图 30－44 习题 29 图

30－3 节 安培定律

30E. 在图 30－45 所示的点处，有八根导线垂直地穿过纸面。标有整数 k ($k=1, 2, \cdots, 8$) 的导线载有电流 ki。对于 k 为奇数的导线，电流从页面流出；对于 k 为偶数的导线，电流流入页面。按图示的方向沿闭合路径求 $\oint\vec{B}\cdot d\vec{s}$ 的值。

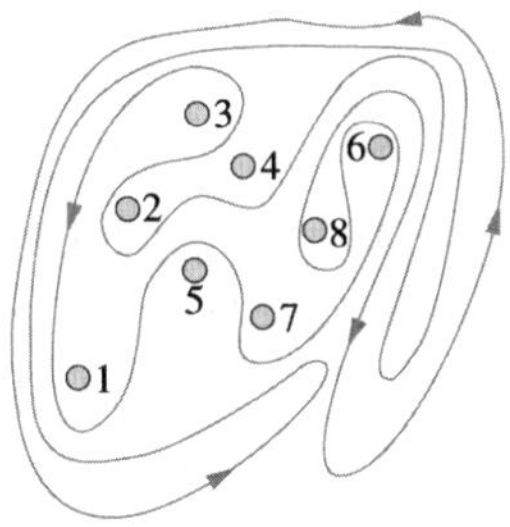

图 30－45 练习 30 图

31E. 图 30－46 中，八根导线的每一根都载有 2.0A 的电流，电流流入页面或从页面流出。两条用于线积分 $\oint\vec{B}\cdot d\vec{s}$ 的路径如图示。对于 (a) 在左方 (b) 在右方的路径，该积分的值各是多少？(ssm)

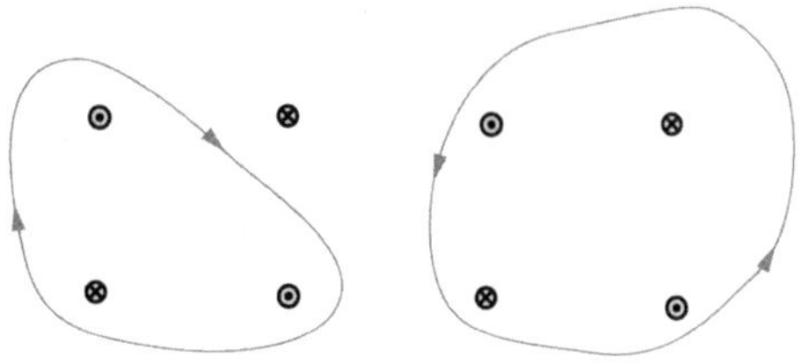

图 30－46 练习 31 图

32E. 图 30－47 所示为半径为 a 的长圆柱形导体的横截面，该导体载有均匀分布的电流 i。假定 $a=2.0\text{cm}$ 且 $i=100\text{A}$，画出在 $0<r<6.0\text{cm}$ 范围内的 $B(r)$ 图线。

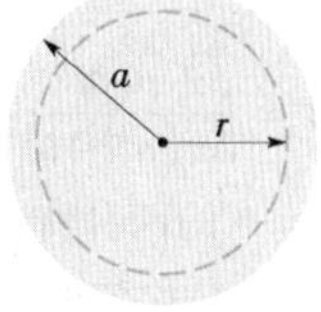

图 30－47 练习 32 图

33P. 证明：当有人垂直于均匀磁场 $\vec{B}$，如沿图 30－48 中的水平箭头移动时，$\vec{B}$ 不可能突然降为零（如图中 a 点右方没有磁场线）。（**提示**：把安培定律应用于由虚线所示的矩形路径。）在实际的磁体中，总会发生磁场线的“边缘效应”，它意味着 $\vec{B}$ 将逐渐地趋近于零。修改图中的磁场线，以表示实际的情况。(ssm)

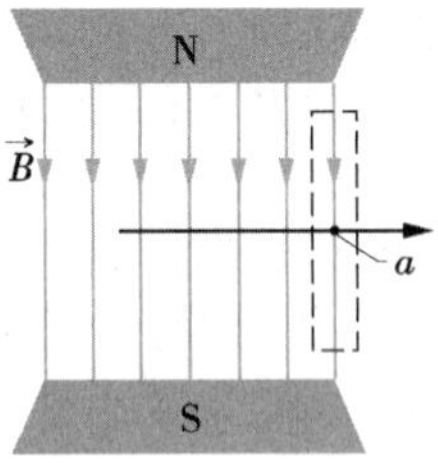

图 30－48 习题 33 图

34P. 如图 30－49 所示，两个正方形导体回路分别载有 5.0A 和 3.0A 电流。对于图示的两个闭合路径，$\oint\vec{B}\cdot d\vec{s}$ 的值各为多少？

35P. 在一半径为 a 的实心的长圆柱形导线内，电流密度沿中央轴线的方向并按照 $J=J_0r/a$ 随离轴线的径向距离 r 线性地变化。求导线内的磁场。(ilw)

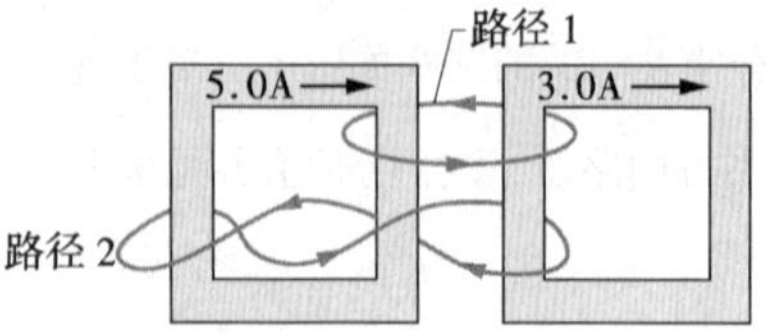

图 30-49 习题 34 图

36P. 一长直导线（半径为 3.0mm）载有在其横截面上均匀分布的恒定电流。如果电流密度为 100 A/m^2，则（a）在距导线轴 2.0mm 处（b）在距导线轴 4.0mm 处，磁场的大小各为多少？

37P. 图 30-50 所示为一半径为 a 的长圆柱形导体的横截面，其中包含一个半径为 b 的长圆柱形孔，圆柱体与孔的轴平行，但相距 d。电流 i 均匀分布在图中的灰色区域内。（a）用叠加原理证明：在孔中心处的磁场大小为

$$B = \frac{\mu_0 i d}{2\pi(a^2 - b^2)}$$

（b）讨论 $b=0$ 及 $d=0$ 的两种特殊情况。（c）用安培定律证明孔中的磁场是均匀的。（**提示**：把圆柱形孔看作是由载有一个方向电流的完整圆柱体，与一半径为 b 的载有大小相等两方向相反的电流密度的圆柱体叠加而形成。）（ssm）（www）

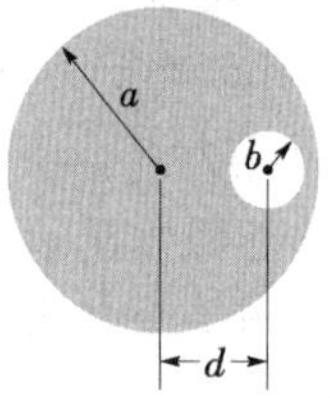

图 30-50 习题 37 图

38P. 一外半径为 R 的长圆管载有（均匀分布的）如图 30-51 所示的流入页面的电流 i。一长导线以 $3R$ 的中心间距平行于长管。要使 P 点处的总磁场与管心处的总磁场具有相同的大小但相反的方向，导线中电流的大小及方向应为何？

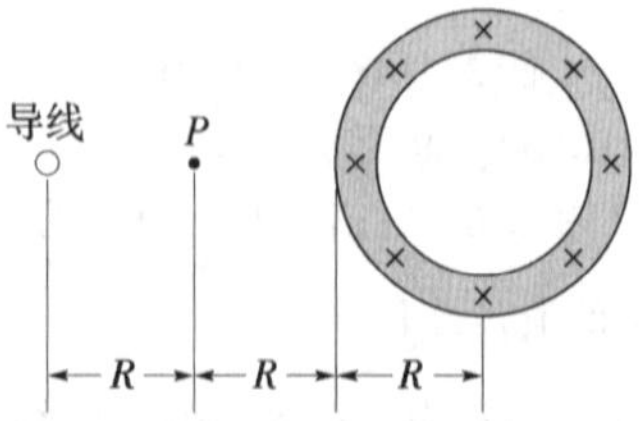

图 30-51 习题 38 图

39P. 图 30-52 所示为一无限大导电薄片的横截面。薄片中的电流垂直地从页面流出，每单位 x-长度的电流为 λ。（a）用毕奥-萨伐尔定律和对称性证明：在薄片上方的所有点 P 和薄片下方的所有点 P'，磁场 $\vec{B}$ 都平行于薄片，并有如图所示的方向。（b）用安培定律证明：在所有的点 P 和 P' 处，

$$B = \frac{1}{2}\mu_0 \lambda \qquad \text{(ssm)}$$

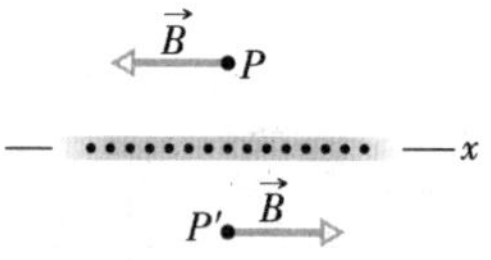

图 30-52 习题 39 图

30-4 节 螺线管和螺绕环

40E. 一长 95.0cm 的螺线管半径为 2.00cm，匝数为 1200。它载有 3.60A 的电流。计算螺线管内部磁场的大小。

41E. 一 25cm 长直径为 10cm 的 200 匝的螺线管载有 0.30A 的电流。计算螺线内部磁场的大小。（ssm）

42E. 一长度为 1.30m 直径为 2.60cm 的螺线管载有 18.0A 的电流。螺线管内部的磁场为 23.0mT。求形成此螺线管的导线的长度。

43E. 一螺绕环的横截面是边长为 5.00cm 的正方形，它的内半径为 15cm，匝数为 500，且载有 0.800A 的电流。（它用正方形螺线管——而不是图像图 30-16 那样的圆形螺线管——弯成环状制成。）在螺绕环内部的（a）内半径处（b）外半径处的磁场各为何？（ssm）

44P. 把一理想螺线管当作一个薄圆筒状导体，平行于筒轴所测得的每单位长度上的电流为 λ。（a）通过这样做，证明理想螺线管内部磁场的大小可写作 $B = \mu_0 \lambda$。这个值就是穿过螺线管壁，从管的内部移向外部时 $\vec{B}$ 的**改变值**。（b）证明当穿过图 30-52 所示的（见习题 39）无限大平面电流片时，将发生同样的改变。对这个相同你是否感到意外？

45P. 在 30-4 节中，我们曾证明，在螺绕环内部任意半径 r 处的磁感应强度由下式给出：

$$B = \frac{\mu_0 i N}{2\pi r}$$

证明：当从螺绕环内壁处任一点移到环外壁处一点时，$\vec{B}$ 的**改变值**正好为 $\mu_0 \lambda$。这里的 λ 是在螺绕环内部沿半径 r 的圆周上，每单位长度的电流。把这个结果与习题 44 中所求得的相似的结果进行比较。这种

相同令人吃惊吗？（ssm）

46P. 一长螺线管每厘米长度的匝数为100，且载有电流 i。一电子在螺线管内沿半径为2.30cm、垂直于管轴的圆周运动。电子的速率为0.0460c（c 为光速）。求螺线管中的电流。

47P. 一半径为7.00cm的长螺线管每厘米长度的匝数为10.0，且载有20.0mA的电流。6.00A的电流在沿螺线管中轴放置的直导体中流通。（a）在沿径向距管轴多远处，总磁场的方向与管轴的方向成45.0°角？（b）那里的磁场大小是多少？（ssm）（ilw）（www）

30－5节　作为磁偶极子的载流线圈

48E. 图30－53a所示为一段载有电流 i，并弯成一匝圆形线圈的导线。在图30－35b中，同一段导线被弯得更厉害，成为两匝线圈，半径为原来的一半。（a）如果 B_a 和 B_b 为两个线圈中心处磁场的大小，则比率 B_b/B_a 是多少？（b）两线圈的偶极矩之比 μ_b/μ_a 是多少？

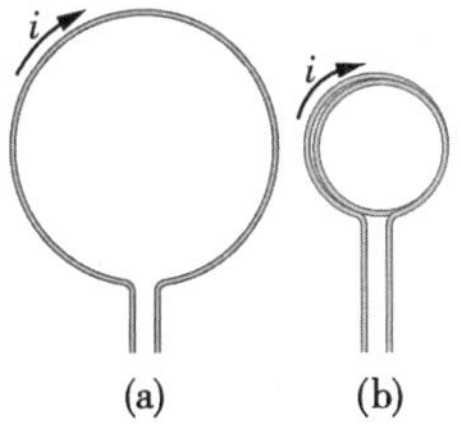

图30－53　练习48图

49E. 在练习41中所描述的螺线管的磁偶极矩 $\vec{\mu}$ 为何？（ssm）

50E. 图30－54所示为叫做亥姆霍兹线圈的装置。它包含 N 匝半径为 R 且相隔距离为 R 的两个线圈。两线圈载有沿相同方向、大小相等的电流 i。求在两线圈中间 P 处总磁场的大小。

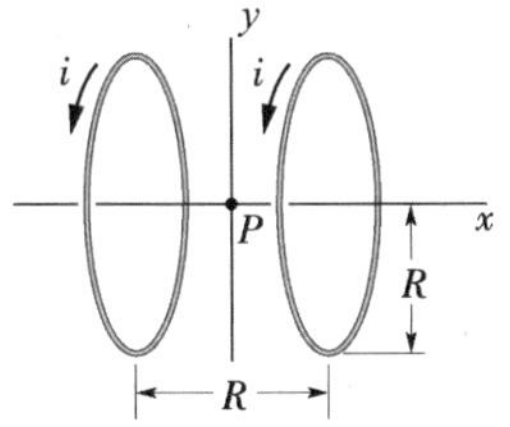

图30－54　练习50，习题53、55图

51E. 一学生通过围绕直径为 $d=5.0$cm的木质圆柱体缠绕300匝导线，制作了一个短电磁体。线圈连接到电池上，使导线中产生4.0A电流。（a）这个装置的磁矩为何？（b）在多大的轴向距离 $z \gg d$ 处，这个偶极子的磁场大小为5.0μT（约为地磁场大小的十分之一）？（ssm）

52E. 习题15中给出了边长为 a 的正方形电流回路轴线上各点处磁场的大小 $B(x)$。（a）证明：对于 $x \gg a$，这个回路的轴向磁场，就是磁偶极子的磁场（见式（30－29））；（b）这个回路的磁偶极矩为何？

53P. 两个半径为 R 的300匝的线圈均载有电流 i。它们相距 R，如图30－54所示。设 $R=5.0$cm，$i=50$A，取中间点 P 处 $x=0$，画出公共轴 x 上从 $x=-5$cm到 $x=+5$cm范围内，总磁场的大小作为距离 x 函数的曲线。（这样的两线圈在 P 点附近提供特别均匀的磁场 $\vec{B}$）（**提示**：见（式30－28））。

54P. 如图30－55所示，一导线沿边长为10cm的立方体的八个边的闭合路径 $abcdefgha$，载有6.0A的电流。（a）为什么我们能把这条路径看作是三个正方形回路 $bcfgb$，$abgha$，$cdefc$ 的叠加？（**提示**：画出环绕这些正方形回路的电流。）（b）利用这个叠加求出该闭合路径的磁偶极矩（大小及方向）。（c）计算在点 $(x, y, z)=(0, 5.0\text{m}, 0)$ 及 $(5.0\text{m}, 0, 0)$ 处的 $\vec{B}$。

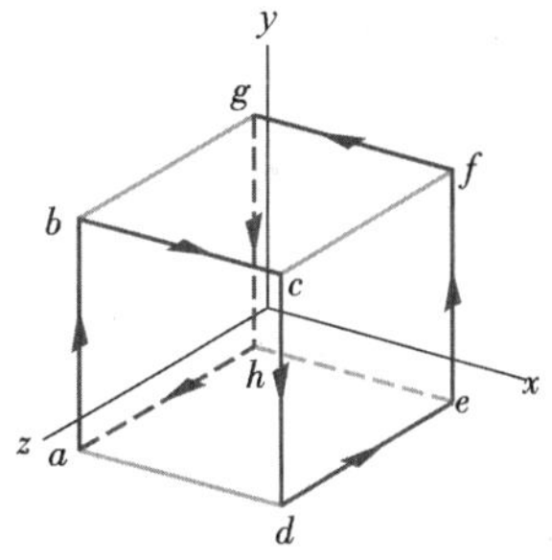

图30－55　习题54图

55P. 在练习50（见图30－54）中，设两线圈的间距是一变量 s（不一定等于线圈半径）（a）证明：两线圈总磁场大小的一阶微商（dB/ds）在中间点 P 处将趋于零，与 s 的值无关。为什么可根据对称性认为这是正确的？（b）证明：若 $s=R$，二阶微商（d^2B/dx^2）在 P 处仍趋于零。这个特殊的线圈间距，是 P 附近 B 的均匀性的原因。（ssm）

56P. 如图30－56所示，一段导线组成包含半径为 a 及 b 的两个半圆的闭合电路，该电路载有电流 i。（a）在 P 点处 $\vec{B}$ 的大小及方向为何？（b）求这个电路的磁偶极矩。

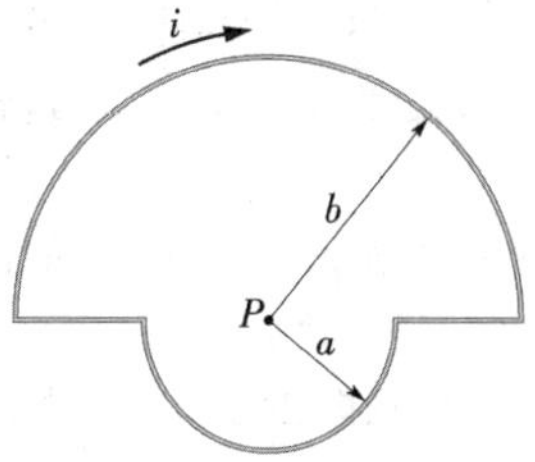

图 30-56 习题 56 图

57P. 一半径为 12cm 的圆形单线圈载有 15A 的电流。一匝数为 50、载有 1.3A 电流的、半径为 0.82cm 的平面线圈与该单线圈同心。(a) 单线圈在其中心处产生的磁场 $\vec{B}$ 为何?(b) 作用在平面线圈上的力矩为何?假定两线圈的平面相互垂直并且由单线圈引起的磁场在平面线圈所占据的体积内是均匀的。

58P. (a) 一长导线被弯成图 30-57 所示的形状,在 P 处导线实际上无交叉接触,圆形部分的半径为 R。当电流沿图示的方向通过时,确定在圆形部分中心 C 处 $\vec{B}$ 的大小及方向;(b) 假设导线的圆形部分绕所标明的直径作无形变地转动,直到圆平面与导线的直线部分垂直。这时,圆形部分的磁偶极矩方向就是沿导线的直线部分中电流的方向。确定在这种情况下 C 处的 $\vec{B}$。

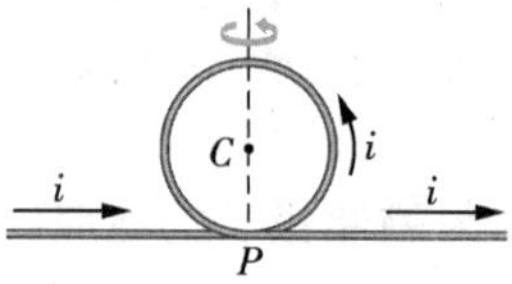

图 30-57 习题 58 图

第 31 章　感应与电感

20 世纪 50 年代中期，摇滚乐问世之后不久，吉他手们就从弹奏原声吉他转向电吉他，但是最先将电吉他理解为电子乐器的，当推吉米·亨德里克斯㊀。60 年代期间，他在舞台上十分引人注目。他在各地的舞台上纵情弹拨，挎着吉他置身于话筒前接受听众的反应，再根据反应构成和弦。他推动了摇滚乐向前发展，使之从巴迪·霍利㊁的旋律变为 60 年代后期的迷幻摇滚乐，又进而在 70 年代变为齐柏林飞艇（Led Zeppelin）乐队早期的重金属摇滚乐及快乐小分队（Joy Division）乐队焕发原始活力的摇滚乐。而且他的观念仍在影响着今天的摇滚乐。

电吉他有什么特点，使它区别于原声吉他，并使亨德里克斯得以如此广泛地发挥这种电子乐器的作用？

答案就在本章中。

㊀ Jimi Hendrix（1942—1970），美国人，被誉为摇滚乐史上最伟大的吉他手。有人甚至形容他“可以用牙齿来弹奏”。

㊁ Buddy Holly（1936—1959），查尔斯·巴丁·霍利的流行名，美国著名摇滚歌手、流行歌曲作者和吉他手。

31－1　两种对称的情况

在29－8节中我们曾看到，如果把导电回路放在磁场中，然后使电流通过回路，则磁场对它的力矩使回路转动：

$$电流回路+磁场\Rightarrow力矩 \quad (31-1)$$

假设换成在电流切断的情况下，我们用手转动回路，与式(31－1)相反的情况会发生吗？即会有电流出现在回路中吗？

$$力矩+磁场=电流? \quad (31-2)$$

答案是肯定的，即电流的确会出现。式（31－1）和式（31－2）的情况是对称的。式（31－2）所依赖的定律叫做**法拉第感应定律**。其实，式（31－1）是电动机的基本原理，而式（31－2）和法拉第定律是发电的基本原理。本章就介绍该定律及其描述的过程。

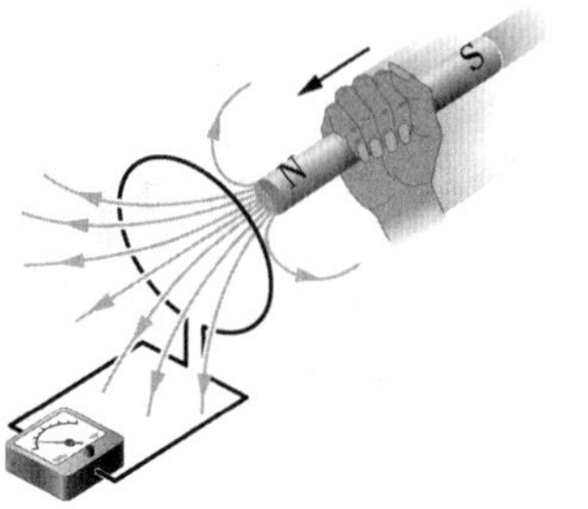

图31－1　磁体相对于回路运动时，电流表显示导线回路中出现电流。

31－2　两个实验

下面探讨两个简单的实验，以为我们讨论法拉第感应定律作准备。

实验一：图31－1所示为一连接到灵敏电流计的导电线圈。由于不包含电池或其他电动势源，电路中没有电流。然而，如果我们朝着线圈移动条形磁体，则电路中会突然出现电流。当磁体停止移动时，电流就消失。如果再把磁体移开，电流又突然重新出现，但沿相反方向。如果我们试验一段时间，则将发现下述现象：

1. 只有当线圈与磁体之间有相对运动时（一个必须相对于另一个运动）电流才出现；当它们之间的相对运动停止时电流就消失。
2. 较快的运动产生较大的电流。
3. 如果磁体的北极移向线圈时引起顺时针的电流，则北极移开时引起逆时针的电流；南极移向线圈或从线圈移开时也引起电流，但都沿相反的方向。

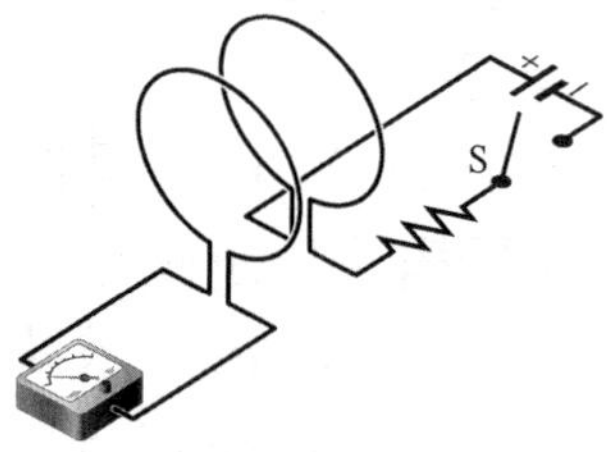

图31－2　当刚合下开关S（接通右边线圈中的电流）或刚打开它（切断右边线圈中的电流）时，电流计显示左边线圈中的出现电流。线圈没有动。

在线圈中所产生的电流叫做**感应电流**；为产生该电流而对单位电荷所做的功（使形成电流的传导电子移动）叫做**感应电动势**；产生该电流和电动势的过程叫做**电磁感应**。

实验二：对于这个实验，我们使用图31－2所示的，两个彼此靠近但不接触的导电线圈。如果我们合上开关S，使右边线圈中电流接通，则在左边回路中电流计突然并短暂地显示一电流，即感应电流；如果我们随后断开开关，则又一个突然而短暂的感应电流出现在左边线圈中，但沿相反的方向。只有当右边线圈中的电流正在变化（在接通或在断开），而不是当它恒定（即使它很大）时，我们才得到感应电流（因而感应电动势）。

很明显，当某些东西变化时才在这些实验中引起感应电动势和感应电流——但这“某些东西”是什么？法拉第知道。

31 -3 法拉第感应定律

法拉第认识到，使穿过线圈的**磁场的量**发生变化，能在线圈中感应出电动势和电流。他进一步认识到“磁场的量”能利用穿过线圈的磁场线加以形象化。根据我们的实验，**法拉第感应定律**是这样表述的：

当穿过图 31 -1 和图 31 -2 中左边线圈磁力线的条数变化时，线圈中就感应出电动势。

穿过线圈的磁场线的实际条数无关紧要；感应电动势和感应电流的大小由磁场线的**变化率**确定。

在我们的第一个实验中（见图 31 -1），磁场线从磁铁的北极出发。因此，随着我们移动北极接近线圈时，穿过线圈的磁场线数目增加。这个增量显然使传导电子在线圈中移动（感应电流），并为它们的运动提供能量（感应电动势）。当磁体停止运动时，穿过线圈的磁场线数目不再变化，感应电流和感应电动势也就消失了。

在我们的第二个实验中（见图 31 -2），当开关断开时（无电流），没有磁场线通过，而当我们接通右边线圈中的电流时，增大的电流在该线圈周围及左边线圈处建立磁场。当磁场建立时，穿过左边线圈的磁场线数目增加。如同在第一个实验中那样，穿过该线圈磁场线的增加显然在那里感应出电流和电动势。当右边线圈中电流达到最终的稳定值时，穿过左边线圈的磁场线数目不再变化，感应电流和感应电动势就消失了。

法拉第定律并未说明在上述两个实验中为什么会感应出电流和电动势，它只是帮助我们使感应现象形象化的一种表述。

定量的处理

为了使法拉第电磁感应定律起作用，我们需要一种计算穿过一个回路的**磁场的量**的方法。在第 24 章中，在类似的情况下，我们曾需要计算穿过一个面的电场的量。在那里，我们曾定义电通量 $\Phi_E = \int \vec{E} \cdot d\vec{A}$，这里我们定义**磁通量**：假设包围面积 A 的一个回路被放置在磁场 $\vec{B}$ 中，则穿过该回路的磁通量为

$$\Phi_B = \int \vec{B} \cdot d\vec{A} \quad (\text{穿过面积 } A \text{ 的磁通量}) \tag{31-3}$$

正如在第 24 章中那样，$d\vec{A}$ 是大小为 dA 且垂直于微元面积 dA 的矢量。

作为式（31 -3）的特殊情况，假设回路位于一平面中，而磁场与回路平面垂直，这时式（31 -3）中的标积可写为 $BdA\cos 0° = BdA$。如果磁场还是均匀的，则 B 可提到积分号的前面，剩下的 $\int dA$ 就只是回路的面积 A。因此，式（31 -3）简化为

$$\Phi_B = BA \quad (\vec{B} \perp \text{面积 } A, \vec{B} \text{ 均匀}) \tag{31-4}$$

从式（31 -3）和式（31 -4）可看出，磁通量的 SI 单位是特斯拉 · 米^2，它叫做**韦伯**（符号为 Wb）：

$$1 \text{ 韦伯} = 1\text{Wb} = 1\text{T} \cdot \text{m}^2 \tag{31-5}$$

借助磁通量的符号，我们可把法拉第定律表达成定量而有用的方式：

在导电回路中所感应的电动势的大小 ε 等于穿过该回路的磁通量 Φ_B 随时间的变化率。

就像你将在下一节中看到的，感应电动势 ε 趋向于反抗磁通量的变化，所以法拉第定律被正式地写作

$$\varepsilon=-\frac{d\Phi_B}{dt} \quad (\text{法拉第定律}) \tag{31-6}$$

负号就表明了这种反抗。我们经常忽略掉式（31-6）中的负号，只关注感应电动势的大小。

如果我们使穿过 N 匝线圈的磁通量变化，那么在每匝线圈中都会产生感应电动势，总电动势就是每匝的感应电动势的和。如果线圈紧密缠绕**（密集的）**，以使相同的磁通量 Φ_B 穿过所有匝，则在线圈中所感应的总电动势为

$$\varepsilon=-N\frac{d\Phi_B}{dt} \quad (N\text{匝线圈}) \tag{31-7}$$

下面是使穿过线圈的磁通量变化的一般方法：

1. 使线圈中磁感应强度的大小 B 变化。

2. 使线圈的面积或位于磁场内的那部分面积变化（例如，通过使线圈扩展或使它移入或移出磁场）。

3. 使磁感应强度 $\vec{B}$ 的方向与线圈面积之间的夹角变化（例如，通过转动线圈使磁感应强度 $\vec{B}$ 先垂直于线圈平面然后沿着该平面）。

检查点1：右图所示为穿过一导电回路且垂直回路平面的均匀磁场的大小 $B(t)$ 的曲线。按照在回路中所感应的电动势的大小，由大到小把该图线的五个区域排序。

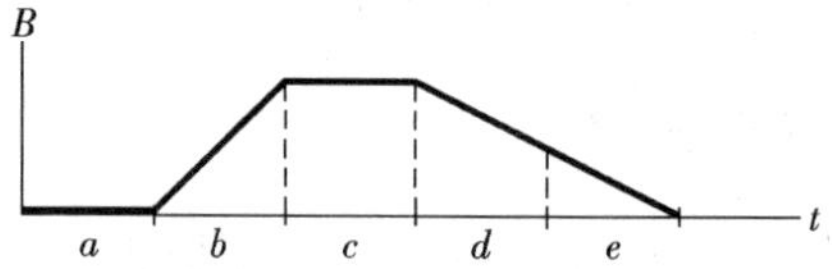

例题 31-1

如图31-3所示，长螺线管S（横截面）为220匝/cm，且载有电流 $i=1.5\text{A}$，直径 D 为3.2cm。在其中心放置直径 $d=2.1\text{cm}$ 的、密绕130匝的线圈C。在25ms内，螺线管中的电流以稳定的速率降低到零。当电流正在变化时，线圈中所感应出的电动势有多大？

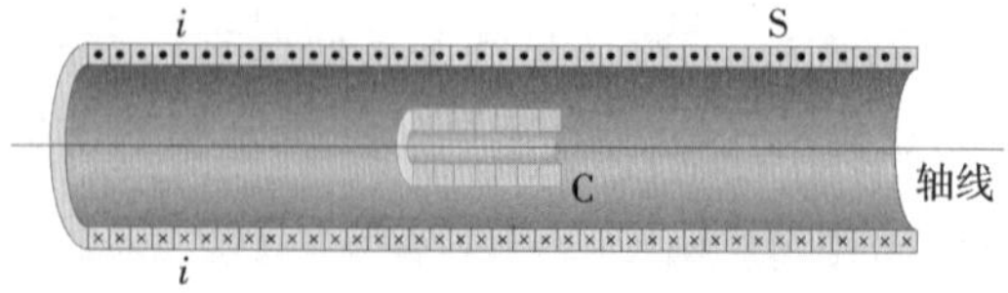

图31-3 例题31-1图 线圈 C 放在载有电流 i 的螺线管 S 内。

【解】 这里**关键点**是：

1. 因为线圈C在螺线管内部，位于螺线管中电流所产生的磁场内，因而有磁通量 Φ_B 穿过线圈 C。

2. 因为电流 i 减小，所以磁通量 Φ_B 也减小。

3. 当 Φ_B 减小时，按照法拉第定律，在线圈中感应出电动势 ε。

因为线圈C不止一匝，我们应用按式（31-7）形式的法拉第定律（$\varepsilon=-Nd\Phi_B/dt$），其中匝数 N 为130，$d\Phi/dt$ 是磁通量在每一匝中的变化率。

因为线圈中的电流以稳定的速率减小，则磁通量 Φ_B 也以稳定的速率减小。而 $d\Phi_B/dt$ 可写作 $\Delta\Phi_B/\Delta t$，为了计算 $\Delta\Phi_B$，我们需要磁通量的终值和初值。因为螺线管中最终电流为零，所以磁通量终值为零。为了求出磁通量的初值 Φ_B，我们需要另外两个**关键点**：

4. 穿过线圈C的每一匝的磁通量，取决于面积 A 及该匝在螺线管的磁场 $\vec{B}$ 中的取向。因为 $\vec{B}$ 是均匀的且垂直于面积 A，所以磁通量可由式（31-4）（$\Phi_B=BA$）给出。

5. 螺线管内部磁场的大小 B，按照式（30－25）（$B=\mu_0 in$），取决于螺线管的电流 i 及其单位长度的匝数 n。

对于图 31－3 所示的情况，A 为 $\frac{1}{4}\pi d^2$（$=3.46\times10^{-4}\mathrm{m}^2$）而 n 为 220 匝/cm，或 22000 匝/m。把式（3－25）代入式（31－4）可导出

$$\begin{aligned}\Phi_{B,i} &= BA = (\mu_0 in)A\\ &= (4\pi\times10^{-7}\mathrm{T\cdot m/A})(1.5\mathrm{A}\times22000\text{ 匝}/\mathrm{m})\\ &\quad\times(3.46\times10^{-4}\mathrm{m}^2)\\ &= 1.44\times10^{-5}\mathrm{Wb}\end{aligned}$$

现在我们能写出

$$\begin{aligned}\frac{\mathrm{d}\Phi_B}{\mathrm{d}t} &= \frac{\Delta\Phi_B}{\Delta t} = \frac{\Phi_{B,f}-\Phi_{B,i}}{\Delta t}\\ &= \frac{(0-1.44\times10^{-5}\mathrm{Wb})}{25\times10^{-3}\mathrm{s}}\\ &= -5.76\times10^{-4}\mathrm{Wb/s}\\ &= -5.76\times10^{-4}\mathrm{V}\end{aligned}$$

我们只对大小感兴趣，所以忽略这里及式（31－7）中的负号，写出

$$\begin{aligned}\varepsilon &= N\frac{\mathrm{d}\Phi_B}{\mathrm{d}t} = (130\text{ 匝})(5.76\times10^{-4}\mathrm{V})\\ &= 7.5\times10^{-2}\mathrm{V} = 75\mathrm{mV}\end{aligned}$$

（答案）

31－4　楞次定律

在法拉第提出他的感应定律之后不久，楞次（H. F. Lenz）提出了一条用于确定回路中感应电流方向的法则，现在称为**楞次定律**：

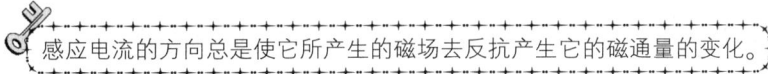

感应电流的方向总是使它所产生的磁场去反抗产生它的磁通量的变化。

而且，感应电动势的方向就是感应电流的方向。为了获得对楞次定律的感性认识，我们按两种不同但等效的方式把它应用到图 31－4 中，即磁体的北极朝着导电回路移动。

1. 反抗磁极移动。图 31－4 中磁体北极的趋近使回路中的磁通量增加，由此在回路中感应出电流。根据图 20－21，我们知道该回路相当于一个具有南极和北极的磁偶极子，且其磁偶极矩 $\vec{\mu}$ 是从南指向北。为了**反抗**由磁体所导致的磁通量的增加，回路的北极（及 $\vec{\mu}$）必定**朝着**趋近的北极以便排斥它（见图 31－4）。然后，用于 $\vec{\mu}$ 的曲-直右手定则（见图 3－21）告诉我们，在图 31－4 的回路中所感应的电流应该是逆时针方向的。

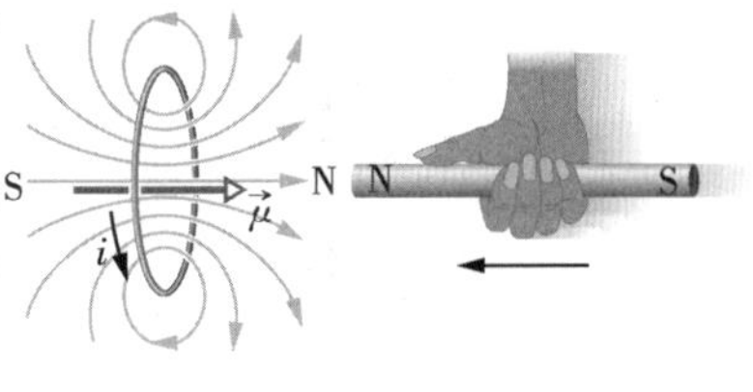

图 31－4　楞次定律在起作用。磁体移向回路，在回路中感应出电流。电流产生自身的磁场，磁偶极矩 $\vec{\mu}$ 的方向与磁体运动的方向相反，因而，感应电流必是如图所示逆时针方向。

如果我们接着使磁体远离回路，回路中将重新感应出电流。然而，现在回路的南极将面向后退的磁体的北极，以便反抗其后退。因此，感应电流将是顺时针的。

2. 反抗磁通量变化。在图 31－4 中，在磁体最初远离的情况下，没有磁通量穿过回路；当磁体的北极随着其**指向左边**的磁场接近回路时，穿过回路的磁通量增加。为了反抗磁通量的增加，感应电流 i 必须建立它自己的磁场 $\vec{B}_i$ 在回路内**指向右方**，如图 31－5a 所示。于是，磁场 $\vec{B}_i$ 向右的磁通量反抗磁场 $\vec{B}$ 向左的磁通量的增加。图 30－21 中的曲-直右手定则告诉我们，在图 31－5a 中 i 应该是逆时针的。

应特别注意，$\vec{B}_i$ 的改变总是反抗 $\vec{B}$ 的**变化**的，但那并不意味着 $\vec{B}_i$ 与 $\vec{B}$ 方向相反。例如，如果我们接着使磁体远离回路，则来自磁体的磁通量 Φ_B 仍然指向左方穿过回路，但它现在是在

减少。$\vec{B}_i$ 现在必定在回路内指向左方，以反抗 Φ_B 的减少，如图31－5b所示。因此，$\vec{B}_i$ 与 $\vec{B}$ 现在沿相同的方向。

图31－5c、d所示分别为磁体的南极靠近和远离回路的情况。

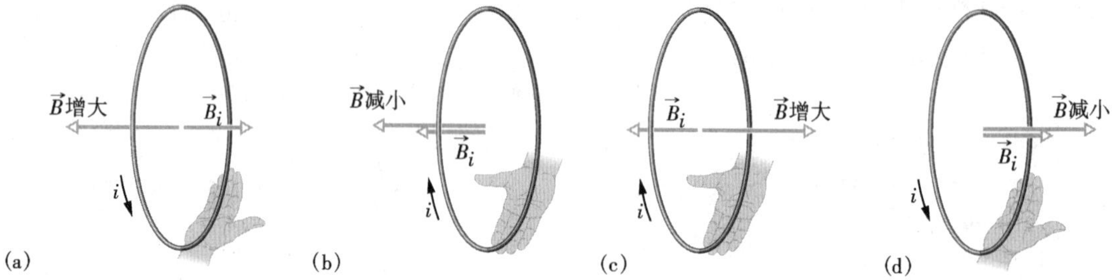

图31－5 回路中感应电流 i 的方向总是使它产生的磁场 $\vec{B}_i$ 去反抗引起 i 的磁场 $\vec{B}$ 的变化。$\vec{B}_i$ 总是和增加的 $\vec{B}(a,c)$ 方向相反，而和减弱的 $\vec{B}(b,d)$ 方向相同。曲－直右手定则在感应磁场方向的基础上给出感应电流的方向。

电吉他

图31－6所示为芬德牌Stratocaster型电吉他，就是亨德里克斯和其他许多音乐家使用的那种类型。原声的吉他靠弦线振荡在仪器的空心腔体中产生声共鸣提供声音，而电吉他则是实心的乐器，所以没有腔体的共鸣。代替的是，金属弦的振荡由电拾音器检测并把信号传送到放大器及一组话筒。

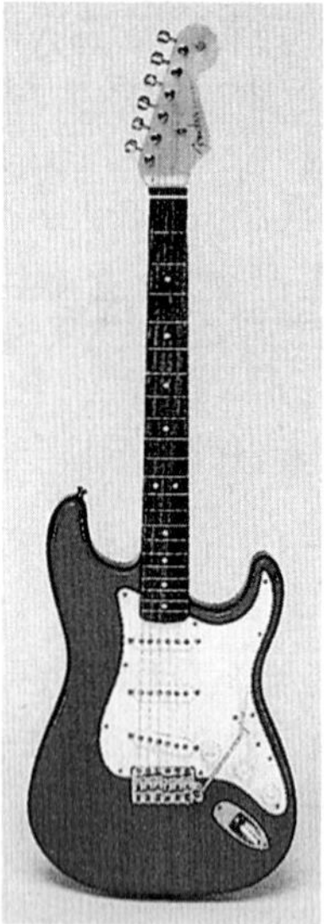

图31－6 一只FenderStratocaster型电吉他，具有三组，每组6个的电拾音器（在其宽体内）。（在吉他底部的）一只拨动开关使演奏者决定用哪一组拾音器向放大器和接着的扬声系统发送信号。

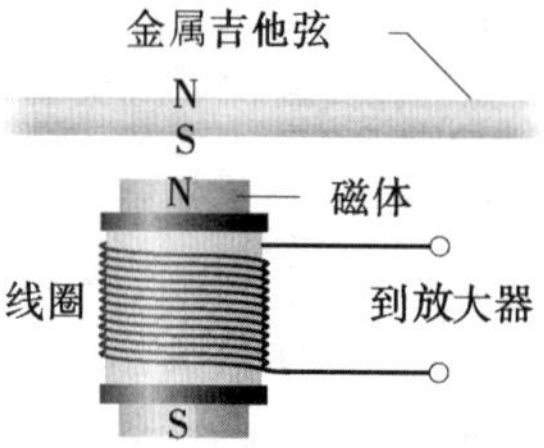

图31－7 电吉他拾音器的侧视图。当使金属弦（它像一个磁体）振动时，它在线圈中引起磁通量的变化而感应出电流。

拾音器的基本结构如图31－7所示，连接乐器到放大器的导线绕在小磁体上，成为线圈。磁体的磁场在磁体正上方的一段金属弦中产生北极和南极，这段弦就具有了它自己的磁场。当弦被弹拨从而产生振荡时，它相对于线圈的运动使它的磁场穿过线圈的磁通量变化，于是在线圈中感应出电流。当弦朝向和背离线圈振荡时，感应电流以与弦振荡相同的频率改变方向，因而把振荡的频率传送到放大器和话筒。

在 Stratocaster 型电吉他中，有三组拾音器，安装在弦的近端（在琴身的宽阔部分上）。距近端最近的一组能更好地检测高频振荡；离近端最远的一组能更好地检测低频振荡。通过拨动开关，音乐家就能挑选哪一组或哪两组发送信号到放大器及话筒。

为了增进对他的乐曲的控制，亨德里克斯有时重绕吉他拾音器中的导线以改变其匝数。这样，他改变了线圈中所感应的电动势的大小，从而也改变了它们对弦振荡的相对灵敏度。即使没有这种附加的办法，你也能看到，用电吉他比用原声吉他能有多得多的控制声音的方法。

检查点2：下图示出了三种情况，其中相同的圆形导电回路处在以相同的时率或增大（增）或减小（减）的均匀磁场中。在每种情况中，虚线都与回路直径重合。按照在回路中所感应的电流的大小，由大到小将它们排序。

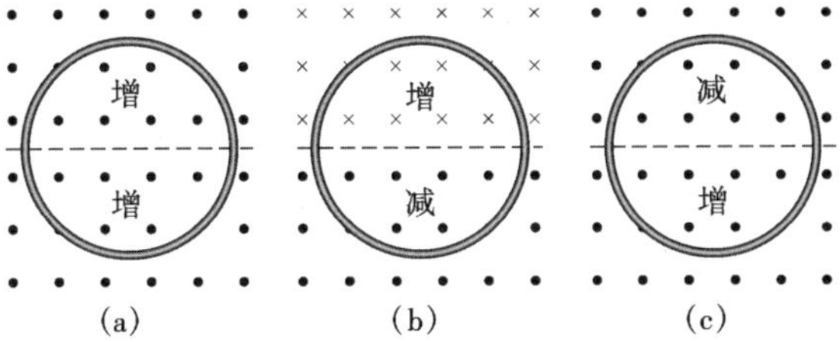

例题 31－2

图 31－8 所示为由一个半径 $r=0.20\text{m}$ 的半圆和三个直线段组成的导电回路。半圆位于指向页面外部的均匀磁场中，磁场的大小由 $B=4.0t^2+2.0t+3.0$ 给出。B 的单位为特斯拉，t 的单位为秒。一电动势 $\mathscr{E}_{bat}=2.0\text{V}$ 的理想电池与回路相连。回路的电阻为 2.0Ω。

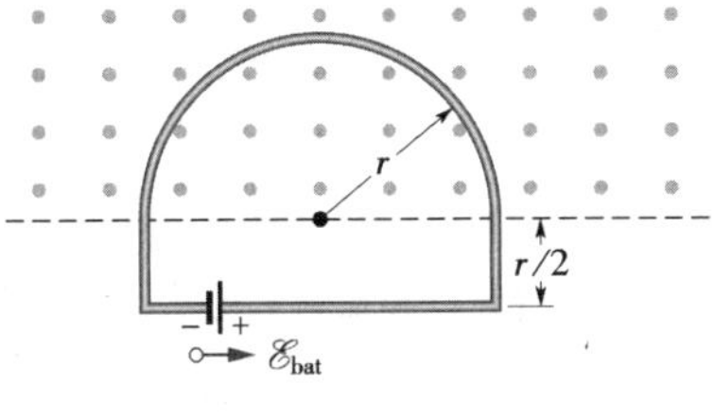

图 31－8　例题 31－2 图　一电池连接到均匀磁场中的包含有一个半径为 r 的半圆的导电回路中。磁场指向页面外，大小在改变

(a) 由磁场 $\vec{B}$ 在 $t=10\text{s}$ 时，环绕回路所感应的电动势的大小及方向为何？

【解】　这里的一个**关键点**是，按照法拉第定律，$\mathscr{E}_{ind}$ 的大小等于穿过回路的磁通量的变化率 $d\Phi_B/dt$。第二个**关键点**是，穿过回路的磁通量随回路的面积 A 及回路在磁场 $\vec{B}$ 中的取向而定。图为 $\vec{B}$ 是均匀的且垂直于回路平面，磁通量可由式（31－4）（$\Phi_B=BA$）给出。利用此式，并注意只有磁场大小 B 随时间变化（不是面积 A），我们把法拉第定律，即式（31－6）改写为

$$\mathscr{E}_{ind}=\frac{d\Phi_B}{dt}=\frac{d(BA)}{dt}=A\frac{dB}{dt}$$

第三个**关键点**是，因为磁通量仅在半圆内穿透回路，所以此式中的面积 A 为 $\frac{1}{2}\pi r^2$，把这个面积及给定的 B 的表达式代入，得

$$\mathscr{E}_{ind}=A\frac{dB}{dt}=\frac{\pi r^2}{2}\frac{d}{dt}(4.0t^2+2.0t+3.0)$$

$$=\frac{\pi r^2}{2}(8.0t+2.0)$$

当 $t=10\text{s}$ 时，则

$$\mathscr{E}_{ind}=\frac{\pi(0.20\text{m})^2}{2}[8.0(10)+2.0]$$

$$=5.152\text{V}\approx5.2\text{V}$$　（答案）

为了确定 $\mathscr{E}_{ind}$ 的方向，我们首先应注意在图 31－8 中穿过回路的磁通量方向是指向页面外，并且是增大的。于是这里**关键点**是，由感应电流所引起的磁场 B_i 必定反抗这个增大，因此应该**进入**页面。利用曲-直右手定则（见图 30－7c），我们可确定感应电流应该顺时针环绕回路，感应电动势 $\mathscr{E}_{ind}$ 于是也应为顺时针方向。

(b) 当 $t=10\text{s}$ 时，回路中的电流有多大？

【解】　这里关键点是，有两个电动势企图使电荷沿回路运动，感应电动势 $\mathscr{E}_{ind}$ 企图驱动电流顺时针流动；电池的电动势 $\mathscr{E}_{bat}$ 企图驱动电流逆时针流动，因为 $\mathscr{E}_{ind}$ 大于 $\mathscr{E}_{bat}$，感应电动势 $\mathscr{E}_{net}$ 是顺时针的，因此电流也如此。为了求出当 $t=10s$ 时的电流，我们用式（28－2）（$i=\mathscr{E}/R$）：

$$i=\frac{\mathscr{E}_{net}}{R}=\frac{\mathscr{E}_{ind}-\mathscr{E}_{bat}}{R}=\frac{5.152V-2.0V}{2.0\Omega}=1.58A\approx1.6A$$

（答案）

例题 31－3

图31－9所示为一个被放入非均匀变化磁场 $\vec{B}$ 中的矩形回路。磁场垂直指向页面内，大小为 $B=4t^2x^2$ 给出。B 的单位为特斯拉，t 的单位为秒，x 的单位为米。回路宽度 $W=3.0m$，高度 $H=2.0m$。当 $t=0.010s$ 时，环绕回路所感应的电动势 ε 的大小及方向为何？

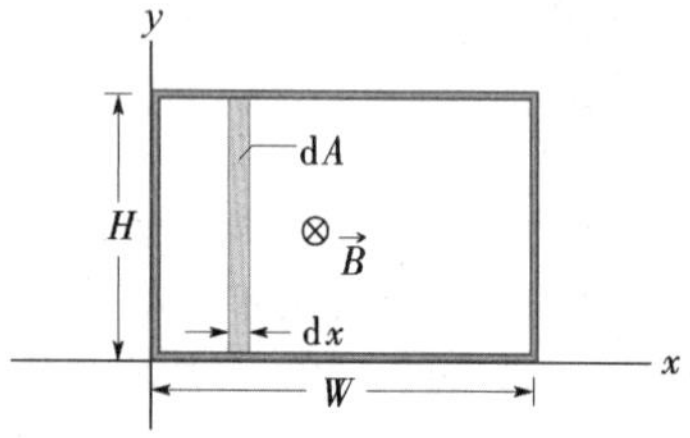

图31－9　例题31－3图　在指向页面内的非均匀的变化磁场中放有一个闭合导电回路。为应用法拉第定律，我们利用高 H，宽 dx 和面积 dA 的竖直窄条。

【解】　这里一个**关键点**是，因为磁场 $\vec{B}$ 的大小随时间变化，穿过回路的磁通量也在变化。第二个**关键点**是，按照法拉第定律，变化的磁通量在回路中感应出电动势，我们可把它写作 $\mathscr{E}=d\Phi_B/dt$。

要应用该定律，我们需要磁通量 Φ_B 在任一时刻 t 的表达式。然而，第三个**关键点**是，因为在回路所包围的面积中，B 是不均匀的，我们不能应用式（31－4）（$\Phi_B=BA$）求得这个表达式，而必须应用式（31－3）（$\Phi_B=\int\vec{B}\cdot d\vec{A}$）。

在图31－9中，$\vec{B}$ 垂直于回路平面（从而平行于微元面积矢量 $d\vec{A}$），所以式（31－3）中的标积给出 BdA。因为磁场随坐标 x 而不随坐标 y 变化，我们可把微元面积 dA 取为高 H 且宽 dx 的竖直窄条（见图31－9所示），于是 $dA=Hdx$，而穿过回路的磁通量为

$$\Phi_B=\int\vec{B}\cdot dA=\int BdA=\int BHdx=\int4t^2x^2Hdx$$

将这个积分中的 t 看作常数，并代入积分限 $x=0$ 和 $x=3.0m$，我们得到

$$\Phi_B=4t^2H\int_0^{3.0}x^2dx=4t^2H\left[\frac{x^3}{3}\right]_0^{3.0}=72t^2$$

式中，我们已代入 $H=2.0m$，Φ_B 按韦伯计。现在我们能应用法拉第定律求出 ε 在任一时刻 t 的大小了：

$$\mathscr{E}=\frac{d\Phi_B}{dt}=\frac{d(72t^2)}{dt}=144t$$

其中，$\mathscr{E}$ 的单位是伏。当 $t=0.10s$ 时，有

$$\mathscr{E}=(1.44V/s)(0.10s)\approx14V$$

（答案）

在图31－9中，穿过回路的 $\vec{B}$ 是指向页面内的，并且大小随时间增大。按照楞次定律，感应电流的磁场 $\vec{B}_i$ 应该反抗这个增大，所以方向为指向页面外。图31－5所示的曲-直右手定则告诉我们，在回路中感应电流是逆时针的，因而感应电动势 $\mathscr{E}$ 也如此。

31－5　感应与能量转换

根据楞次定律，无论你把磁体移向图31－1中的回路或把磁体从回路移开，都有磁力阻止运动，因此需要你施力去做正功。与此同时，由运动产生的感应电流，在回路的材料中由于其电阻的存在会产生热能。通过你施的力而转移到闭合**回路＋磁体**系统的能量最终都转换为这种热能。（目前，我们忽略在感应期间作为电磁波从回路辐射走的能量。）你移动磁体越快，你的施力做功就越迅速，而你的能量转换为回路中热能的时率就越大；就是说，转换的功率越大。

无论回路中的电流是怎样感应出来的，由于回路中存在电阻（除非回路是超导体），在这个过程中能量总是转换成热能。例如，在图 31－2 中，当开关 S 闭合在左边的回路中感应出短暂的电流时，能量从电池中转换成该回路中的热能。

图 31－10 所示为感应电流的另一种情况。一宽 L 的矩形导线回路，一边在垂直进入回路平面的均匀外磁场中，这个磁场可能由大电磁体产生。图 31－10 中的虚线示出磁场的假定边界。这里忽略磁场的边缘效应。要求你以恒定的速度 $\vec{v}$ 向右拉动这个回路。

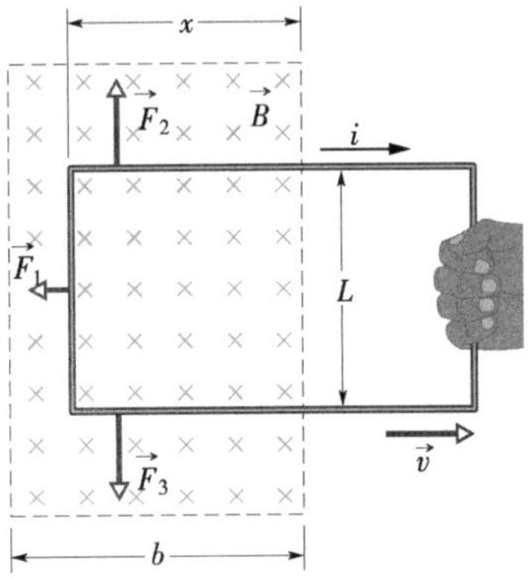

图 31－10 以速度 $\vec{v}$ 把闭合回路拉出磁场。当回路运动时，在回路中产生感应电流，回路仍在磁场中的部分受到力 $\vec{F}_1$，$\vec{F}_2$ 和 $\vec{F}_3$。

图 31－10 所示的情况在本质上与图 31－1 所示的情况并没有区别。在两种情况中，磁场和导体回路都在作相对运动，穿过回路的磁通量都在随时间变化。事实上，在图 31－1 中，磁通量的变化是因为 $\vec{B}$ 在变化，而在图 31－10 中，磁通量的变化是因为留在磁场中的回路面积在变化，但这个差别并不重要。两种情况的重要不同在于，图 31－10 中的装置使计算更为容易。让我们现在计算当你稳定地继续拉动图 31－10 中的回路时，你所做的机械功功率。

你会发现，为了以恒定的速度 $\vec{v}$ 拉动回路，你必须对回路施加一个恒力，因为有一大小相等、方向相反的磁力作用在回路上反抗你。根据式（7－48），你做功的功率为

$$P = Fv \tag{31－8}$$

式中，F 是你所施加的力的大小。我们希望找到一个 P 的表达式，用磁场的大小 B 和回路的一些特征参数，如电阻 R 及其尺寸 L 来表示。

图 31－10 中，当你向右移动回路时，其面积在磁场内的部分在减小。因此，穿过回路的磁通量也减小。按照楞次定律，在回路中会产生电流。正是这个电流的出现，产生了反抗你的拉力的力。

为了求出该电流，我们首先应用法拉第定律。当 x 是回路留在磁场中的长度时，回路留在磁场中的面积是 Lx。于是根据式（31－4），可得穿过回路的磁通量大小为

$$\Phi_B = BA = BLx \tag{31－9}$$

当 x 减小时，磁通量也减小。法拉第定律告诉我们，伴随着这个磁通量的减小，将在回路中感应出电动势。略去式（31－6）中的负号，并应用式（31－9），我们能把这个电动势的大小写作

$$\mathscr{E} = \frac{d\Phi_B}{dt} = \frac{d}{dt}Blx = Bl\frac{dx}{dt} = BLv \tag{31－10}$$

其中，我们已用回路移动的速率 v 替代了 dx/dt。

图 31－11 所示为图 31－10 中回路的等效电路：感应电动势 $\mathscr{E}$ 表示在左边，该回路的总电阻 R 表示在右边。感应电流 i 的方向可借助图 31－5b 所示的右手定则确定，$\mathscr{E}$ 应该具有相同的方向。

为了求出感应电流的大小，在电路中应用电势差的回路定则，因为，如你在 31－6 节中将看到的我们不能为感应电动势定义电势差。然而，我们能应用公式 $i = \mathscr{E}/R$，像在例题 31－2 中做过的那样。借助式（31－10），可得

$$i = \frac{BLv}{R} \qquad (31-11)$$

因为图 31-10 中回路的三段都载有这个电流穿过磁场，侧向偏转力将作用在这些线段上。根据式（29-26），我们可知按通常的表示法，这样的偏转力为

$$\vec{F}_d = i\vec{L} \times \vec{B} \qquad (31-12)$$

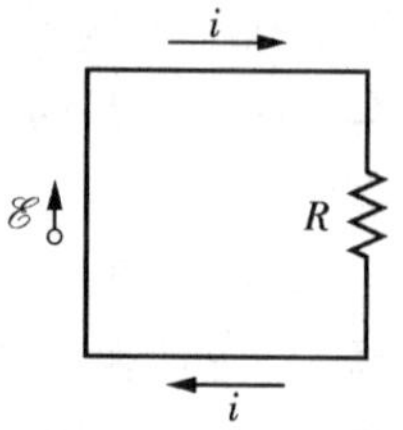

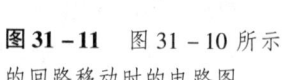

图 31-11 图 31-10 所示的回路移动时的电路图。

在图 31-10 中，作用在回路三段上的偏转力用 $\vec{F}_1$、$\vec{F}_2$ 及 $\vec{F}_3$ 标明。然而，应注意根据对称性，力 $\vec{F}_2$ 和 $\vec{F}_3$ 大小相等因而相抵消。这样，就仅剩下 $\vec{F}_1$，它与你施加在回路上的力 $\vec{F}$ 方向相反，从而反抗你的拉力。因此有 $\vec{F} = -\vec{F}_1$。

应用式（31-12）可得到 $\vec{F}_1$ 的大小，注意 $\vec{B}$ 与左边线段的长度矢量 $\vec{L}$ 夹角为 90°，我们写出

$$F = F_1 = iLB\sin 90° = iLB \qquad (31-13)$$

将式（31-11）的 i 代入式（31-13），则

$$F = \frac{B^2L^2v}{R} \qquad (31-14)$$

由于 B、L 及 R 是恒定的，如果你施于回路的力的大小也是恒定的，则移动回路的速率就是恒定的。

将式（31-14）代入式（31-8），可求出当你在磁场中拉动回路时，对回路做功的功率为

$$P = Fv = \frac{B^2L^2v^2}{R} \quad \text{（做功的功率）} \qquad (31-15)$$

为了完成分析，我们求出当称以恒定的速率向前拉动回路时，回路中热能的功率。我们根据式（27-22），可得

$$P = i^2R \qquad (31-16)$$

由式（31-11）把 i 代入式（31-16），我们求得

$$P = \left(\frac{BLv}{R}\right)^2 R = \frac{B^2L^2v^2}{R} \quad \text{（热能功率）} \qquad (31-17)$$

这正好等于你对回路做功的功率（式（31-15））。因此，你拉动回路穿过磁场所做的功表现为回路中的热能。

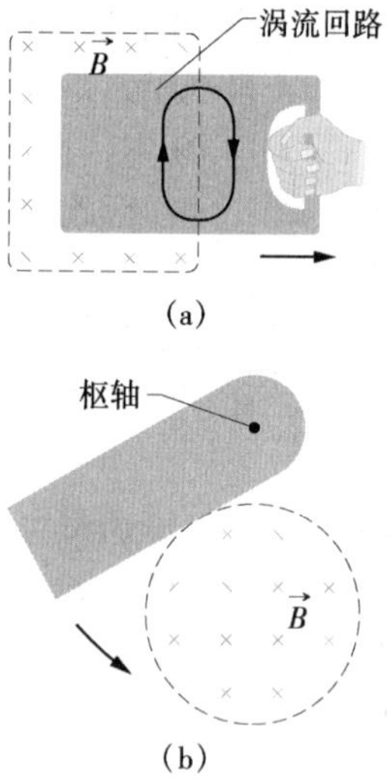

图 31-12 （a）把导体板从磁场中拉出时，板中产生**涡流**。图中画出了一个典型的涡流回路。（b）导体板绕着一根枢轴穿过磁场像摆那样摆动，当它进入或离开磁场时，板中产生涡流。

涡流

假设我们用一实心的导体板替代图 31-10 中的导体回路，如果我们像对回路所做的那样（图 31-12a）把导体板拉出磁场，则磁场与导体的相对运动也在导体中感应出电流。因此，我们也遇到反抗的力，并且由于感应电流而必须做功。然而，在导体板的情况下，形成电流的传导电子并不像它们在回路中那样遵循一条路径，而是电子在板内盘旋，就像陷进旋涡（涡流）中那样。这样的电流叫做**涡流**，而且能如图 31-12a 那样表示。得就**好像**沿着单一的路径流通。

像图 31-10 中的导体回路那样，导体板中的感应电流使机械能转化为热能而耗散掉。这种耗散在图 31-12 所示的情形中更加明显。能

绕枢轴自由转动的导体板能像摆那样摆动穿过磁场。该板每次进入或离开磁场，都有其机械能的一部分转换成热能。在几次摆动之后，就没有了机械能，而只有变热的导体板挂在枢轴上了。

检查点 3：右图所示为具有边长 L 或 $2L$ 的四个导线回路。四个回路都将以相同的恒定速度穿过磁场 $\vec{B}$ 的区域（$\vec{B}$ 垂直指向页面外）。按照它们穿过磁场时感应的电动势值的最大值从大到小将其排序。

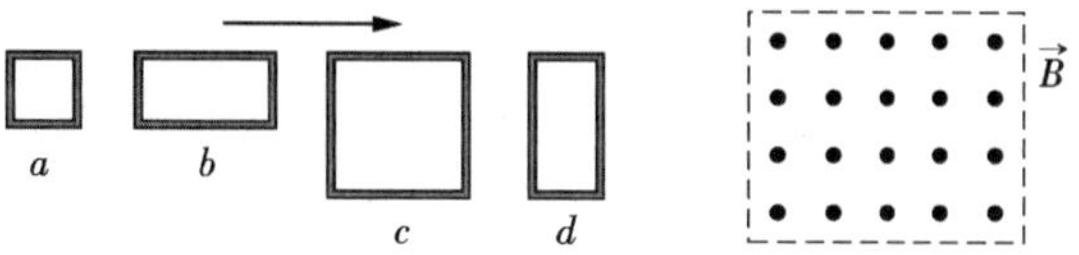

31 -6　感生电场

如图 31 -13a 所示，我们把一半径为 r 的铜环放在均匀外磁场中。忽略掉边缘效应，磁场填充了半径为 R 的圆柱形体积。假设以恒定的速率增大这个磁场的强度，如通过用合适的方式增大产生磁场的电磁体绕组中的电流，则穿过铜环的磁通量将以恒定的速率变化。而根据法拉第定律，感应电动势及感应电流将出现在环中。根据楞次定律，我们能推断感应电流的方向在图 31 -13a 中是逆时针的。

如果在铜环中有电流，则沿着该环必定有电场存在，因为做功移动传导电子是需要电场的。而且，该电场应该是由变化着的磁通量产生的。这个**感生电场** $\vec{E}$ 像静止电荷所产生的电场一样真实，都会对带电 q 的粒子作用一个力 $q_0\vec{E}$。

沿着这条思路，我们可得到法拉第感应定律实用而深刻的重新表述：

变化的磁场产生电场。

这种表述的惊人之处在于，即使没有铜环，也能感生出电场。

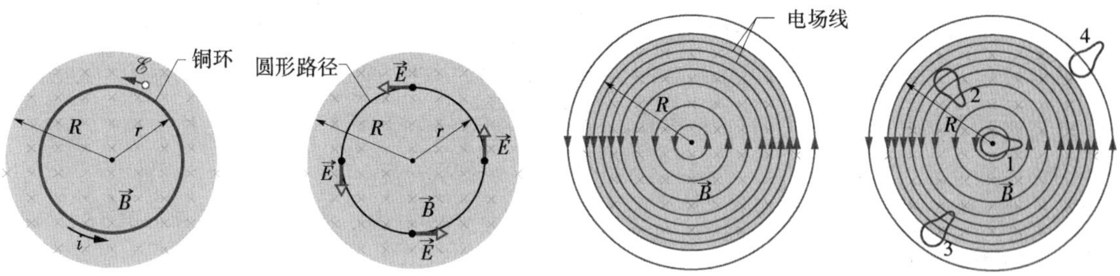

(a)　(b)　(c)　(d)

图 31 -13　(a) 磁场以恒定速率增大，在半径为 r 的铜环中感应出恒定电流。(b) 即使铜环被移去，感生电场仍存在，如在标出的四点所示。(c) 感生电场的完整图像，如电场线所示。(d) 同样面积的四个相似的闭合路径，沿着完全处于变化磁场区域内的路径 1 和 2，感应出相同的电动势；沿部分在该区域内的路径 3，感应出较小的电动势；完全在磁场外的路径 4 没有感应出电动势。

为了说明这些构想，考虑图 31 -13b，它几乎与图 31 -13a 一样，除了铜环已被半径为 r 的假想圆形路径所替代。我们像先前那样，假定磁场 $\vec{B}$ 的值以恒定的速率 dB/dt 增长。根据对称性，感生电场在沿圆形路径的不同点处都与圆相切，如图31－13b所示[⊖]。因此，圆形路径就是电场线。半径为r的圆并无特殊之处，所以由变化着的磁场所产生的电场线必定是一组如图31－13c所示的同心圆。

只要磁场随时间在**增强**，图31－13c中所示的圆形电场线就将存在。如果磁场随时间保持**恒定**，则将没有感生电场，因而没有电场线。如果磁场随时间（以恒定时率）在**减弱**，则电场线将仍然如图31－13c所示，为同心圆，但方向相反。所有这些都是当我们说："变化着的磁场产生电场"时所应想到的。

法拉第定律的另一种公式表述

考虑一沿图31－13b中的圆形路径运动的、电荷为q_0的粒子。在旋转一圈时感生电场对它所做的功W为$q_0\mathscr{E}$，其中$\mathscr{E}$是感应电动势，即在使检验电荷沿该路径运动时对单位电荷所做的功。根据另一种观点，这功为

$$\int \vec{F}\cdot d\vec{s} = (q_0E)(2\pi r) \tag{31-18}$$

式中，q_0E是作用在检验电荷上力的大小；$2\pi r$是这个力作用的路程。令这两个W的表达式相等，并消去q_0，我们得到

$$\mathscr{E} = 2\pi rE \tag{31-19}$$

更一般地，我们可改写式（31－18），以给出对沿任一闭合路径运动的、电荷为q_0的粒子所做的功为：

$$W = \oint \vec{F}\cdot d\vec{s} = q_0\oint \vec{E}\cdot d\vec{s} \tag{31-20}$$

（圆圈表示该积分环绕闭合路径进行。）用$q_0\mathscr{E}$替代W，我们得到

$$\mathscr{E} = \oint \vec{E}\cdot d\vec{s} \tag{31-21}$$

如果我们对图31－13b所示的特殊情况求积分值，则这个积分立刻简化为式（31－19）。

借助式（31－21），我们能扩展感应电动势的含义。以前，感应电动势表示为保持由变化着的磁场所产生的电流而对单位电荷所做的功，或者说它表示对在变化着的磁场中沿闭合路径运动的带电粒子上每单位电荷所做的功。然而，借助图31－13b和式（31－21），感应电动势能不需要电流或粒子而存在：感应电动势是$\vec{E}\cdot d\vec{s}$沿闭合路径的总和，即积分。其中，$\vec{E}$是由变化着的磁通量所感应出的电场；$d\vec{s}$是沿闭合路径的微元长度矢量。

如果我们把式（31－21）与按式（31－6）（$\varepsilon = -d\Phi_B/dt$）表述的法拉第定律结合起来，则可把法拉第定律改写为

$$\oint \vec{E}\cdot d\vec{s} = -\frac{d\Phi_B}{dt} \quad \text{（法拉第定律）} \tag{31-22}$$

此式清楚地表明，一个变化着的磁场感生出一个电场。变化着的磁场出现在此式的右边，电场出现在左边。

按式（31－22）形式的法拉第定律适用于变化磁场中的**任何**闭合路径。例如，图31－13d所示的四条路径，它们具有相同的形状及面积但位于变化磁场中不同的位置。对于路径1和2，

⊖ 对称性的论证也会允许$\vec{E}$的电场线在圆形路径上各处是径向的，而不是切向的。然而，这种径向线将意味着有自由电荷沿对称轴对称分布，而电场线可能从它出发或终止于它；这里并没有这种电荷。

感应电动势 $\varepsilon(=\oint\vec{E}\cdot d\vec{s})$ 相等，因为两条路径全部位于磁场中，因而$\frac{d\Phi_B}{dt}$具有相同的值。尽管图中的电场线表明，在这些路径上各点的电场矢量不同，但这也是正确的。对于路径3，感应电动势较小，因为它所包围的 Φ_B（及 $d\Phi_B/dt$）较小。而对于路径4，感应电动势为零，尽管电场并不是在路径上任一点都为零。

对于电势的重新审视

感生电场不由静止电荷而由变化着的磁通量产生。虽然按任一种方式所产生的电场都对带电粒子有作用力，但它们之间有重要的差别。这种差别的最简单的表现在于，感生电场的电场线形成闭合回路，如图31－13c所示；由静止电荷所产生的电场线永远不会这样，而必定起始于正电荷并终止于负电荷。

在更规范的意义上，我们可以用下述语言来表述由感生电场与由静止电荷产生的电场之间的差别：

电势只对由静止电荷产生的电场有意义，对由感应产生的电场无意义。

你可以通过考虑沿图31－13b中圆形路径一周的带电粒子上所发生的情况来理解这句话。它从某一点出发，并且在返回到该点时，已感受到电动势 $\mathscr{E}$，如5V，即5J/C的功已作用在粒子上。因此，粒子应处于电势增高了5V的某一点。然而，那是不可能的，因为它返回到了同一点，而该点不能具有两个不同的电势值。我们可以断言，电势对于由变化磁场建立的电场没有意义。

我们可以通过回忆电场 $\vec{E}$ 中 i 与 f 两点间的电势差的定义式（25－18）：

$$V_f - V_i = -\int_i^f \vec{E}\cdot d\vec{s} \qquad (31-23)$$

做一次更正式的审视。在第25章中，我们尚未遇到法拉第感应定律，所以在式（25－18）的推导中所提及的电场是由静止电荷所引起的那些场。如果式（31－23）中的 i 和 f 是同一点，则连接它们的路径是闭合回路，V_i 和 V_f 是相同的，式（31－32）可简化为

$$\oint \vec{E}\cdot d\vec{s} = 0 \qquad (31-24)$$

然而，当存在变化磁通量时，式（31－22）确定的积分不为零，而是 $-d\Phi_B/dt$。因此，把电势赋予感生电场将导致矛盾。我们必须断言电势对于与感应相联系的电场是没有意义的。

检查点4：右图所示的五个标明字母的区域中，均匀磁场径直指向页面外（如在区域 a 中）或指向页面内。在所有五个区域中，磁场的大小都以相同的稳定时率在增大。这些区域的面积相同。图中还有四条标明数字的路径，沿它们的 $\oint\vec{E}\cdot d\vec{s}$ 具有下面以一个量 mag 给出的大小。确定在从区域 b 一直到区域 e 中磁场是指向页面外，还是指向页面内的。

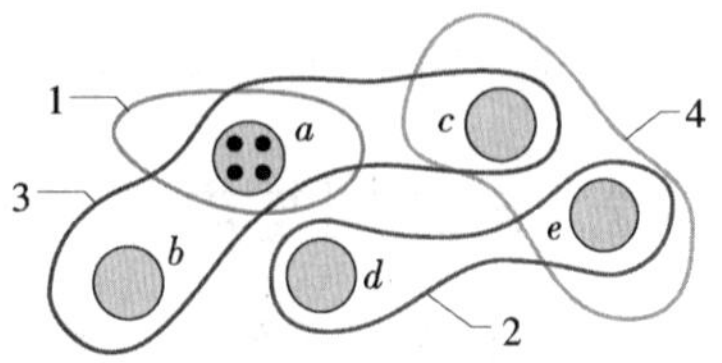

路径：	1	2	3	4
$\oint\vec{E}\cdot d\vec{s}$：	mag	2（mag）	3（mag）	0

物理学基础

例题 31－4

在图 31－13b 中，取 $R=8.5\text{cm}$ 且 $dB/dt=0.13\text{T/s}$。

(a) 求在磁场内距磁场中心半径为 r 处，感生电场大小 E 的表达式。对于 $r=5.2\text{cm}$，求 E 的值。

【解】 这里**关键点**是，按照法拉第定律，电场是由变化着的磁场感生的。为了计算电场的大小 E，我们应使用式 (31－22) 形式的法拉第定律。我们采用具有半径 $r\leqslant R$ 的圆为积分路径，因为我们想求磁场内各点的 E。根据对称性，假定在图 31－13b 中 $\vec{E}$ 在所有的点都与圆形路径相切，所以式 (31－22) 中的点积 $\vec{E}\cdot d\vec{s}$ 在路径上所有点都应具有大小 Eds。我们还可根据对称性假定 E 在沿圆形路径的所有点都具有相同的值。于是式 (31－22) 的左边变成

$$\oint\vec{E}\cdot d\vec{s}=\oint Eds=E\oint ds=E(2\pi r) \tag{31－25}$$

(积分 $\oint ds$ 是圆形路径的周长。)

接着，我们需要求式 (31－22) 右边的值。因为 $\vec{B}$ 在积分路径所包围的面积 A 上是均匀的，并且垂直于该面积，磁通量可由式 (31－4) 给出：

$$\Phi_B=BA=B(\pi r^2) \tag{31－26}$$

把式 (31－26) 及式 (31－25) 代入式 (31－22)，并略去负号，我们得到

$$E(2\pi r)=(\pi r^2)\frac{dB}{dt}$$

或
$$E=\frac{r}{2}\frac{dB}{dt} \tag{31－27}$$

(答案)

式 (31－27) 给出在 $r\leqslant R$ 时任一点处电场的大小 (即在磁场内部)。对于在 $r=5.2\text{cm}$ 处 $\vec{E}$ 的大小，代入给定的值即得

$$E=\frac{(5.2\times10^{-2}\text{m})}{2}(0.13\text{T/s})$$
$$=0.0034\text{V/m}=3.4\text{mV/m}$$ (答案)

(b) 试求在磁场外半径为 r 的各点处感生电场大小 E 的表达式。对于 $r=12.5\text{cm}$，求 E 的值。

【解】 部分(a)的**关键点**在这里也适用，只是我们采用具有半径 $r\geqslant R$ 的圆为积分路径，因为我们想求磁场外各点的 E。像在 (a) 中一样，我们再一次得到式 (31－25)。然而，我们随后得不到式 (31－26)，因为新的积分路径现在在磁场外，而我们需要这个**关键点**：新的路径所包围的磁通量只能是在磁场区域面积 πR^2 内的。因此有

$$\Phi_B=BA=B(\pi R^2) \tag{31－28}$$

把式 (31－28) 及式 (31－25) 代入式 (31－22) (没有负号) 并求解 E，得出

$$E=\frac{R^2}{2r}\frac{dB}{dt} \tag{31－29}$$

(答案)

由于这里 E 不为零，所以即使是变化磁场外的各点也感应出了电场。这是使变压器成为可能的重要结果 (你将在 33－11 节中学到了。借助给定的数据，式 (31－29) 给出 $r=12.5\text{cm}$ 处 $\vec{E}$ 的大小：

$$E=\frac{(8.5\times10^{-2}\text{m})^2}{(2)(12.5\times10^{-2}\text{m})}(0.13\text{T/s})$$
$$=3.8\times10^{-3}\text{V/m}=3.8\text{mV/m}$$ (答案)

对于 $r=R$，式 (31－27) 和式 (31－29) 必然有相同的结果。图 31－14 所示为根据这两个方程画出的 $E(r)$ 曲线。

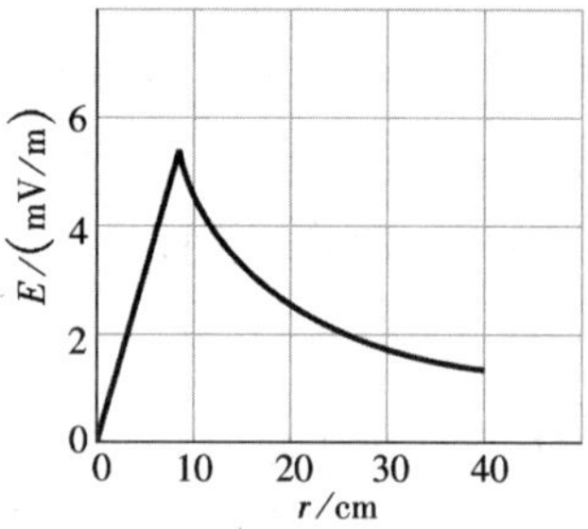

图 31－14 例题 31－4 中感生电场 $E(r)$ 的曲线。

31－7 电感器与电感

我们曾在第 26 章得知，电容器能用来产生所需的电场。我们曾把平行板结构看作是电容器的基本形式。同样，**电感器** (符号 ℓℓℓℓ) 能用来产生所需的磁场。我们将把长螺线管 (更准确地说，接近长螺线管中央的一段) 看作是电感器的基本形式。

如果我们使电感器 (螺线管) 的绕组 (或线圈) 中产生电流 i，则电流将产生磁通量 Φ_B，

穿过电感器的中央区域。电感器的**电感**则为

$$L = \frac{N\Phi_B}{i} \quad \text{(电感的定义)} \tag{31-30}$$

其中 N 是匝数。电感器的绕组被称为与共用的磁通量铰链，而乘积 $N\Phi_B$ 叫做**磁链**。电感则是由电感器每单位电流所产生的磁链的量度。

因为磁通量的 SI 单位是特·米^2，电感的 SI 单位是特·米^2/安（T·m^2/A），我们称这个单位为**亨利**（H），以美国物理学家亨利（J. Henry）的名字命名。亨利是法拉第的同代人，而且是感应定律的共同发现者。因此

$$1\,亨利 = 1\text{H} = 1\text{T}\cdot\text{m}^2/\text{A} \tag{31-31}$$

本章的后面部分，我们假定，不论其几何结构如何，所有的电感器都没有磁性材料，如铁在它们的附近。这样的材料将使电感器的磁场发生畸变。

螺线管的电感

考虑一截面积为 A 的长螺线管。接近其中央每单位长度的电感是多少?

为了应用电感的定义式（式（31-30）），我们必须计算由螺线管绕组中一给定电流产生的磁链。考虑在接近螺线管中央长为 l 的一段，这一段的磁链为

$$N\Phi_B = (nl)(BA)$$

其中，n 为螺线管每单位长度的匝数；B 为螺线管内磁场的大小。

B 的值由式（30-25）给出

$$B = \mu_0 in$$

所以根据式（31-30）有

$$L = \frac{N\Phi_B}{i} = \frac{(nl)(BA)}{l} = \frac{(nl)(\mu_0 in)(A)}{i}$$
$$= \mu_0 n^2 lA \tag{31-32}$$

因此，对于螺线管，接近其中央每单位长度的电感为

$$\frac{L}{l} = \mu_0 n^2 A \quad \text{(螺线管)} \tag{31-33}$$

法拉第用于发现感应定律的粗制的电感器。那时买不到绝缘导线，据说法拉第是用他夫人的衬裙剪成的布条缠到导线上使之绝缘的。

电感值与电容一样，仅取决于该器件的几何结构。由式（31-33）可见，电感值必然与单位长度的匝数平方相关。如果使 n 增至三倍，则不仅使匝数（N）增至三倍，而且还使穿过每一匝的磁通量（$\Phi_B = BA = \mu_0 inA$）也增至三倍，再乘出的磁链 $N\Phi_B$，而因此电感 L 就增至九倍。

如果螺线管比其半径长很多，则式（31-32）可给出电感的理想近似值。这个近似忽略了磁场线在接近螺线管两端处的散开，正如平行板电容器公式（$C = \varepsilon_0 A/d$）忽略了电场线在接近电容器极板边缘处的边缘效应一样。

根据式（31-32），并且考虑到 n 是每单位长度上的匝数，我们能看出，电感可写成磁导率常量 μ_0 与一

个具有长度量纲的物理量的乘积。这意味着 μ_0 的单位可表示为亨/米：

$$\mu_0 = 4\pi \times 10^{-7}\text{T} \cdot \text{m/A} = 4\pi \times 10^{-7}\text{H/m} \quad (31-34)$$

31-8 自感

如果两个线圈——我们现在可把它们都称为电感器——彼此靠近，则一个线圈中的电流 i 引起的磁通量 Φ_B 穿过第二个线圈。如果我们通过改变电流使这个磁通量变化，则按照法拉第定律，在第二个线圈中将出现感应电动势。在第一个线圈中同样也会出现感应电动势。

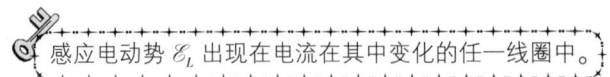

感应电动势 $\mathscr{E}_L$ 出现在电流在其中变化的任一线圈中。

这个过程（见图 31-15）叫做**自感**，而产生的电动势叫做**自感电动势**。它正像其他感应电动势一样，遵守法拉第感应定律。

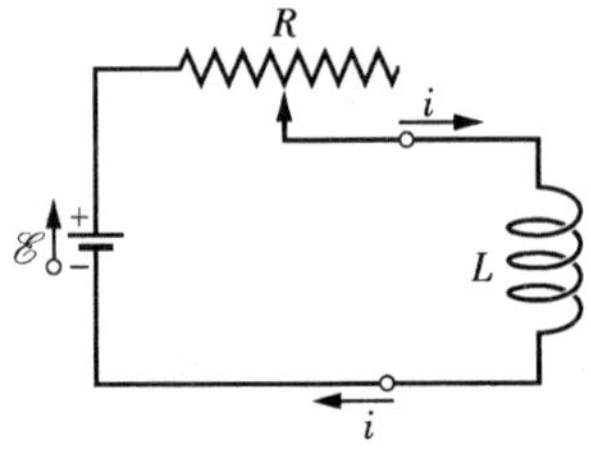

图 31-15 当通过调节可变电阻器使线圈中**电流改变时**，线圈中出现自感电动势 $\mathscr{E}_L$。

对于任一电感器，式（31-30）告诉我们

$$N\Phi_B = Li \quad (31-35)$$

法拉第定律告诉我们

$$\mathscr{E}_L = -\frac{d(N\Phi_B)}{dt} \quad (31-36)$$

把式（31-35）与式（31-36）结合起来，我们能写出：

$$\mathscr{E}_L = -L\frac{di}{dt} \quad \text{（自感电动势）} \quad (31-37)$$

因此，在任何电感器（如线圈、螺线管及螺绕环）中，每当电流随时间变化，就有自感电动势出现。电流的大小对感应电动势的大小并无影响，只需要考虑电流的变化。

你能根据楞次定律确定自感电动势的**方向**。式（31-37）中的负号表明，正像该定律表述的，自感电动势的方向总是使它反抗电流 i 的变化。当只需要 $\mathscr{E}_L$ 的大小时，我们可略去该负号。

如图 31-16a 所示，假设你使一线圈中形成电流 i，并使它以变化率 di/dt 增大。用楞次定律的语言来说，这个增大是自感应该反抗的“变化”。为了发生这样的反抗，自感电动势必定出现在线圈中，其方向，如图所示，是反抗电流增大的。如果你使电流随时间减小，如图 31-

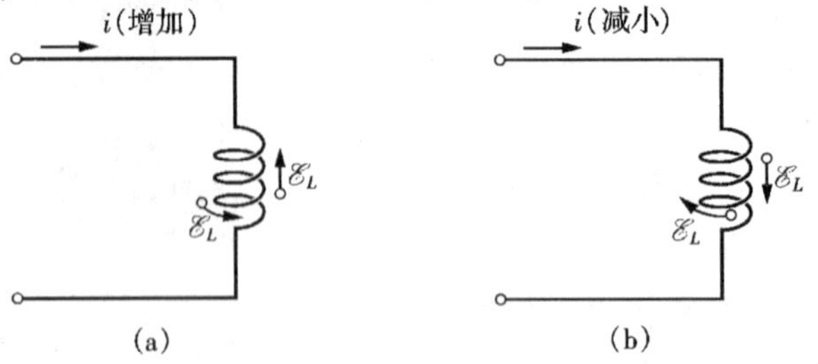

图 31-16 (a) 电流 i 增大，$\mathscr{E}_L$ 在线圈中沿反抗 i 增大的方向出现。表示 $\mathscr{E}_L$ 的箭头可沿一匝画，也可画在线圈旁边，图中二者都画出了。(b) 电流 i 减小，$\mathscr{E}_L$ 沿反抗 i 减小的方向出现。

16b 所示，则自感电动势必定指向企图反抗电流减小的方向，如图所示。

在 31-6 节中我们了解到，我们无法为由变化磁通量所感生的电场（及电动势）定义电势差。这意味着当自感电动势在图 31-15 中的电感器中产生时，我们不能在磁通量变化着的电感器自身内定义一个电势。然而，在不处于电感器内的电路的各点，即由电荷分布及与它们相关联的电势产生电场的那些点，仍然能定义电势。

此外，我们能定义**跨越电感器**（在其被假设为处于变化磁通量区域外部的两个末端之间）的自感电势差 V_L。如果电感器是**理想的电感器**（其导线电阻可忽略），V_L 的大小等于自感电动势的大小。

如果电感器中的导线具有电阻 r，则我们在想象中把电感器分解成电阻 r（我们认为它在变化磁通量之外）和自感电动势为 $\mathscr{E}_L$ 的理想电感器。正如电动势为 $\mathscr{E}$、内阻为 r 的理想电池一样，跨越实际电感器两端的电势差不同于其电动势。除非另外指出，我们在这里假定电感器是理想的。

检查点 5：右图所示为线圈中产生电动势 $\mathscr{E}_L$。试问下列的哪个说法能描述通过线圈的电流：(a) 恒定并向右；(b) 恒定并向左；(c) 增大并向右；(d) 减小并向右；(e) 增大并向左；(f) 减小并向左。

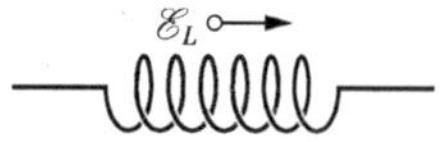

31-9 *RL* 电路

在 28-8 节中我们了解到如果突然把一电动势 $\mathscr{E}$ 引入到含有电阻器 R 及电容器 C 的单回路电路中，则电容器上的电荷并不立即增长到其终了的平衡值 $C\mathscr{E}$，而按指数形式趋近它：

$$q = C\mathscr{E}(1 - e^{-t/\tau_C}) \tag{31-38}$$

电荷的增长率由电容时间常量 τ_C 决定，τ_C 在式（28-33）中被定义为

$$\tau_C = RC \tag{31-39}$$

如果我们突然从上述电路撤去电动势，电荷并不立即降低到零，而按指数形式趋近于零：

$$q = q_0 e^{-t/\tau_C} \tag{31-40}$$

时间常量 τ_L 描述电荷的下降像描述它的上升一样。

如果我们把一电动势 $\mathscr{E}$ 连入（或撤去）含有电阻器 R 及电感器 L 的单回路电路中，则出现类似的电流缓慢增长（或减小）。当图 31-17 中的开关合到 a 上，则电阻器中的电流开始增长。如果电感器不存在，则电流将迅速增长到稳定值 $\mathscr{E}/R$。然而，由于电感器存在，自感电动势在电路中出现。根据楞次定律，这个电动势将反抗电流的增长，这意味在极性上它与电池电动势 $\mathscr{E}$ 相反。因此，电阻器中的电流受两个电动势，即电池的恒定电动势 $\mathscr{E}$ 与由自感产生的变化电动势 $\mathscr{E}_L$（$= -L\mathrm{d}i/\mathrm{d}t$）的控制。只要 $\mathscr{E}_L$ 存在，电阻器中的电流就将小于 $\mathscr{E}/R$。

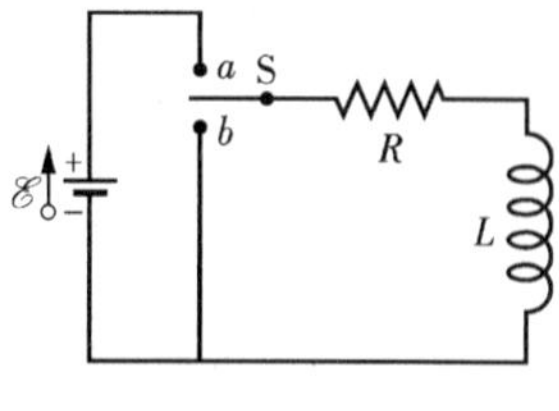

图 31-17 *RL* 电路。当开关 S 合到 a 上时，电流增大而且趋近一个极限值 $\mathscr{E}/R$。

随着时间的推移，电流的增长率变小，而正比于 $\mathrm{d}i/\mathrm{d}t$ 的自感电动势的大小也变小。因此，电路中的电流渐近地趋于 $\mathscr{E}/R$。

我们可概括这些结果如下：

最初，电感器起的作用是反抗通过它的电流的变化；长时间后，它的作用就像普通导线一样。

现在让我们进行定量的分析。在图 31－17 中，开关 S 被掷向 a 的情况下，该电路与图 31－18 所示的电路等效。让我们从这个图中的 x 点出发，并随着电流 i 沿回路顺时针应用回路定则。

1. 电阻器。因为我们沿电流 i 的方向通过电阻器，电势下降 iR。因此，当我们从 x 点移动到 y 点时，电势改变 $-iR$。

2. 电感器。因为电流 i 在变化，在电感器中有自感电动势 $\mathscr{E}_L$。$\mathscr{E}_L$ 的大小由式（31－37）给出，为 $L\mathrm{d}i/\mathrm{d}t$。$\mathscr{E}_L$ 的方向在图 31－18 中是向上的，因为电流是向下通过电感器并在增长。因而，当我们逆着 $\mathscr{E}_L$ 的方向从 x 点移动到 z 点时，电势改变 $-L\mathrm{d}i/\mathrm{d}t$。

3. 电池。当我们从 z 点返回到出发点 x 时的电势的变化等于电池电动势 $+\mathscr{E}$。

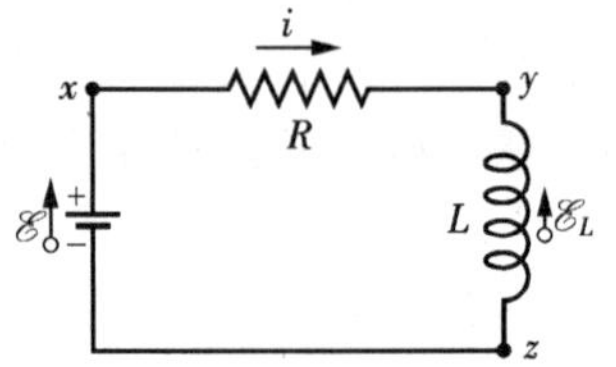

图 31－18　图 31－17 的电路开关闭合在 a 的情况下。我们从 x 开始沿顺时针方向应用回路定则。

因此，回路定则告诉我们

$$-iR-L\frac{\mathrm{d}i}{\mathrm{d}t}+\mathscr{E}=0$$

或

$$L\frac{\mathrm{d}i}{\mathrm{d}t}+Ri=\mathscr{E}\quad (RC\text{ 电路})\tag{31-41}$$

式（31－41）是包含变量 i 及其一阶导数 $\mathrm{d}i/\mathrm{d}t$ 的微分方程。为了求解它，我们寻求函数 $i(t)$，以使 $i(t)$ 及其一阶导数代入式（31－41）时，满足方程，并且也满足初始条件 $i(0)=0$。

式（31－41）及其初始条件正好是用于 RC 电路的式（28－29）的形式，只是以 i 替代 q，以 L 替代 R，及以 R 替代 $1/C$。式（31－41）的解则应正好是作上述替代的式（28－30）的形式，为

$$i=\frac{\mathscr{E}}{R}(1-\mathrm{e}^{-Rt/L})\tag{31-42}$$

式（31－42）可改写为

$$i=\frac{\mathscr{E}}{R}(1-\mathrm{e}^{-t/\tau_L})\quad(\text{电流的增长})\tag{31-43}$$

这里的 τ_L，即**电感时间常量**，由下式给出

$$\tau_L=\frac{L}{R}\quad(\text{时间常量})\tag{31-44}$$

让我们在开关闭合时刻（时间 $t=0$）及开关合上长时间后（$t\to\infty$）的情况下，分别讨论式（31－43）。如果把 $t=0$ 代入式（31－43），则指数变成 $\mathrm{e}^{-0}=1$。因而，式（31－43）告诉我们，电流最初为 $i=0$，正如我们曾期望的。其次，如果我们令 t 趋于 ∞，则指数成为 $\mathrm{e}^{-\infty}=0$。因而，式（31－43）告诉我们，电流等于其平衡值 $\mathscr{E}/R$。

我们还可探讨电路中的电势差。图 31－19 所示为对于 $\mathscr{E}$、L 及 R 的特定值，电阻器上的电势差 V_R（$=iR$）及电感器上的电势差 V_L（$=L\mathrm{d}i/\mathrm{d}t$）随时间变化的曲线。请仔细比较这个图和 RC 电路的相应图（图 28－14）。

为了证明 τ_L（$=L/R$）具有时间的量纲，我们把亨/欧转换如下：

$$1\ \frac{\mathrm{H}}{\Omega}=1\ \frac{\mathrm{H}}{\Omega}\left(\frac{1\mathrm{V}\cdot\mathrm{S}}{1\mathrm{H}\cdot\mathrm{A}}\right)\left(\frac{1\Omega\cdot\mathrm{A}}{1\mathrm{V}}\right)=1\mathrm{s}$$

括号内的第一个量是根据式（31-37）得出的转换因子；而第二个是根据关系式 $V=iR$ 得出的转换因子。

时间常量的物理意义是从式（31-43）得出的。如果我们令 $t=\tau_L=L/R$，此式变为

$$i=\frac{\mathscr{E}}{R}(1-e^{-1})=0.63\frac{\mathscr{E}}{R} \tag{31-45}$$

因而，时间常量是使电路中的电流约达到其终了平衡值的63%时所花费的时间。由于电阻器上的电势差 V_R 正比于电流 i，增长的电流与时间的关系曲线和图31-19a中 V_R 的曲线有相同的形状。

如果图31-17中的开关S合到 a 上的时间足够长，而使平衡电流 $\mathscr{E}/R$ 建立，然后把它掷向 b，其作用将是把电池从电路中撤去。（与 b 的连接实际上应该在与 a 的连接断开前的瞬间完成。这样的开关叫做**先接后断**开关。）

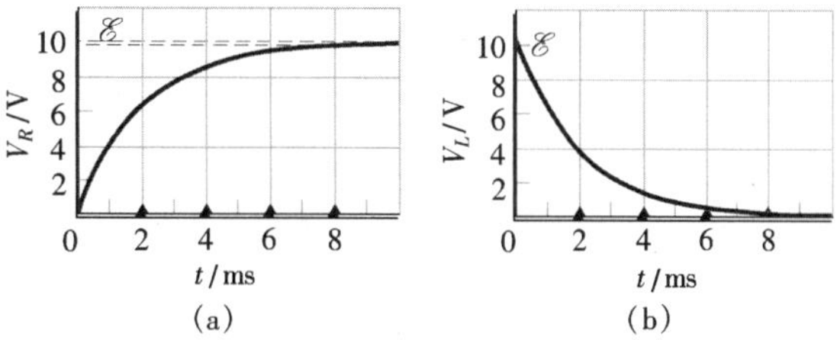

图31-19 （a）图31-18的电路中电阻器的电势差 V_R 随时间的变化（b）电感器的电势差随时间的变化（画图时设 $R=2000\Omega$，$L=4.0\text{H}$，$\varepsilon=10\text{V}$）

在电池已不存在的情况下，通过电阻器的电流将减小。然而，它不能立即减小到零而必须经历一段时间衰减到零。反应这个衰减的微分方程可通过令式（31-41）中 $\mathscr{E}=0$ 求得：

$$L\frac{di}{dt}+iR=0 \tag{31-46}$$

通过与式（28-35）及式（28-36）的类比，这个微分方程满足初始条件 $i(0)=i_0=\mathscr{E}/R$ 的解为

$$i=\frac{\mathscr{E}}{R}e^{-t/\tau_L}=i_0e^{-t/\tau_L}\quad（电流的衰减） \tag{31-47}$$

我们看到，在 *RL* 电路中，电流的增长和电流的衰减都由电感时间常量 τ_L 决定。

我们已在式（31-47）中使用 i_0 来表示在 $t=0$ 时刻的电流。在我们的例子中，它是 $\mathscr{E}/R$，但也可能是任何其他的初始值。

例题31-5

图31-20a所示电路包含三个 $R=9.0\Omega$ 的相同电阻器，两个 $L=2.0\text{mH}$ 的相同电感器和一个电动势 $\mathscr{E}=18\text{V}$ 的理想电池。

（a）在开关刚合上时通过电池的电流是多大？

【解】 这里**关键点**是，开关刚合上时，电感器起作用而反抗通过它的电流的变化。因为在开关合上前通过电感器的电流是零，开关刚合上它还将是零。紧接着，开关合上，电感器相当于被截断的导线，如图31-20b所示。我们于是得到一单回路电路，由回路定则可得

$$\mathscr{E}-iR=0$$

代入给定的数据，可求得

$$i=\frac{\mathscr{E}}{R}=\frac{18\text{V}}{9.0\Omega}=2.0\text{A} \quad（答案）$$

（b）在开关合上很久以后，通过电池的电流是多大？

【解】 这里**关键点**是，在开关合上很久以后，电路中的电流已达到其平衡值，电感器相当于一般的导线，如图31-20c所示。我们于是得到包含三个相同电阻器并联的电路。根据式（28-20），它们的等效电阻为 $R_{eq}=R/3=(9.0\Omega)/3=3.0\Omega$。图31-20d所示的等效电路则给出回路方程

$$\mathscr{E}-iR_{eq}=0$$

或 $i = \frac{\mathscr{E}}{R_{eq}} = \frac{18\text{V}}{3.0\Omega} = 6.0\text{A}$ （答案）

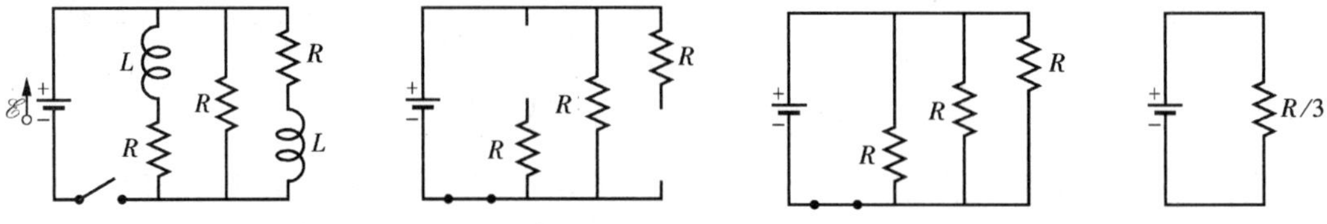

图 31-20 例题 31-5 图 (a) 开关打开情况下的多回路 *RL* 回路。(b) 开关刚合上时的等效电路。(c) 长时间后的等效电路。(d) 等效于电路 (c) 的单回路电路。

检查点 6：下图所示为具有相同电池、电感器及电阻器的三个电路。根据 (a) 开关刚合上时和 (b) 开关闭合很久以后通过电池的电流的大小，由大到小将它们排序。

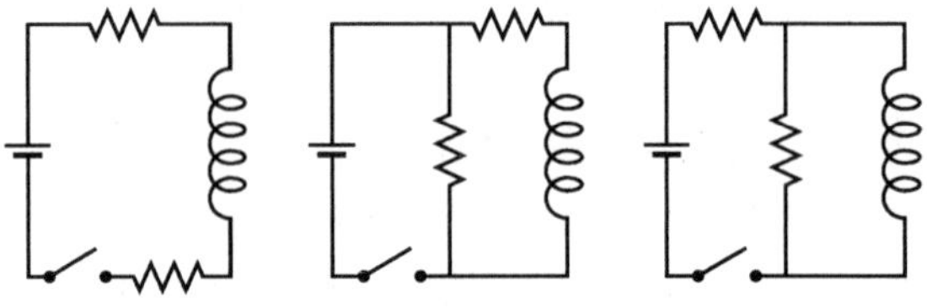

例题 31-6

某螺线管具有 53mH 电感及 0.37Ω 电阻。如果把它连接到电池，则电流将花费多长时间才达到其最终的平衡值一半？

【解】 这里的一个**关键点**是，我们可想象把螺线管分解成用导线与电池串联的一个电阻和一个电感，如图 31-18 所示。然后，应用回路定则得到式 (31-41)，它对于电路中的电流 i 具有式 (31-43) 的解。

第二个**关键点**是，按照这个解，电流 i 按指数规律从零增长到其最终的平衡值 $\mathscr{E}/R$。令 t_0 为电流达到其平衡值一半时花费的时间，则由式 (31-43) 可得

$$\frac{1}{2}\frac{\mathscr{E}}{R} = \frac{\mathscr{E}}{R}(1 - e^{-t_0/\tau_L})$$

我们通过消去 $\mathscr{E}/R$，将指数分立，并两边取自然对数，解出 t_0 为

$$t_0 = \tau_L \ln 2 = \frac{L}{R}\ln 2 = \frac{53\times10^{-3}\text{H}}{0.37\Omega}\ln 2$$

$$= 0.10\text{s}$$ （答案）

31-10 磁场中所存储的能量

当我们把两个带异性电荷的粒子拉开，使它们相互远离时，我们说所得到的电势能被存储在粒子的电场中。通过使两个粒子重新移回原来更靠近的位置时，我们又从电场取回这些能量。按同样的方式，我们能设想能量将被存储在磁场中。

为了导出存储能量的定量表达式，重新考察图 31-18。图中所示电动势源 $\mathscr{E}$ 与电阻器 R 及电感器 L 连接。为了方便，在这里重新写出式 (31-41)

$$\mathscr{E} = L\frac{di}{dt} + iR \quad (31-48)$$

它是描述这个电路中电流增长的微分方程。回想到这个方程是直接根据回路定则得出的，并且回路定则本身又是能量守恒原理对单回路电路的表述式。如果把式 (31-48) 的两边乘以 i，我

们就得到

$$\mathscr{E}i = Li\frac{\mathrm{d}i}{\mathrm{d}t} + i^2R \qquad (31-49)$$

从功与能的观点来看，上式具有下述物理解释：

1. 如果电荷 dq 在时间 dt 内通过图 31－18 中电动势为 $\mathscr{E}$ 的电池，则电池对电荷做功为 $\mathscr{E}$dq。电池做功的时率为（$\mathscr{E}$dq）/dt，或 $\mathscr{E}i$。因而，式（31－49）的左边表示电动势装置向电路的其余部分提供能量的时率。

2. 式（31－49）中最右边的项表示能量作为热能出现在电阻器中的时率。

3. 根据能量守恒的前提，提供给电路而不作为热能出现的能量必定存储在电感器的磁场中。由于式（31－49）表示对 RL 电路的能量守恒原理，中间的项应该表示能量存储在磁场中的时率 dU_B/dt。

因而，

$$\frac{\mathrm{d}U_B}{\mathrm{d}t} = Li\frac{\mathrm{d}i}{\mathrm{d}t} \qquad (31-50)$$

我们可把此式写作

$$\mathrm{d}U_B = Li\mathrm{d}i$$

积分得出

$$\int_0^{U_B}\mathrm{d}U_B = \int_0^i Li\mathrm{d}i$$

或

$$U_B = \frac{1}{2}Li^2 \quad (\text{磁能}) \qquad (31-51)$$

式（31－51）表示载有电流 i 的电感器 L 所存储的全部能量。应注意此式与具有电容 C 和电荷 q 的电容器存储能量的表达式，即

$$U_E = \frac{q^2}{2C} \qquad (31-52)$$

之间在形式上的相似性。（变量 i^2 对应于 q^2，而常量 L 对应于 $1/C$。）

例题 31－7

一线圈具有 53mH 的电感及 0.35Ω 的电阻。

(a) 如果－12V 的电动势加到线圈上，则在电流已增长到其平衡值以后，有多少能量存储在磁场中？

【解】 这里**关键点**是，根据式（31－51）（$U_B = \frac{1}{2}Li^2$），任一时刻在线圈磁场中存储的能量取决于该时刻通过线圈的电流。因而，为了求出在平衡时存储的能量 $U_{B\infty}$，我们必须首先求出平衡电流。根据式（31－43），平衡电流为

$$i_\infty = \frac{\mathscr{E}}{R} = \frac{12\mathrm{V}}{0.35\Omega} = 34.3\mathrm{A} \qquad (31-53)$$

代入此值得出

$$U_{B\infty} = \frac{1}{2}Li_\infty^2 = \frac{1}{2}\times 53\times 10^{-3}\mathrm{H}\times(34.3\mathrm{A})^2$$

$$= 31\mathrm{J} \qquad (\text{答案})$$

(b) 在多少个时间常量以后，磁场中所存储的能量将是平衡能量的一半？

【解】 部分（a）的**关键点**也适用于这里。现在的问题是：在什么时刻，关系式

$$U_B = \frac{1}{2}U_{B\infty}$$

将被满足？应用式（31－51）两次，可把能量条件改写作

$$\frac{1}{2}Li^2 = \left(\frac{1}{2}\right)\frac{1}{2}Li_\infty^2$$

或

$$i = \left(\frac{1}{\sqrt{2}}\right)i_\infty \qquad (31-54)$$

然而，i 由式（31－43）给出，而 i_∞（见式（31－35））为 $\mathscr{E}/R$，所以式（31－54）变成

$$\frac{\mathscr{E}}{R}(1-e^{-t/\tau_L})=\frac{\mathscr{E}}{\sqrt{2}R}$$

通过消去 $\mathscr{E}/R$ 并重新整理，此式可写为

$$e^{-t/\tau_L}=1-\frac{1}{\sqrt{2}}=0.293$$

它给出

$$\frac{t}{\tau_L}=-\ln 0.293=1.23$$

或 $$t\approx 1.2\tau_L$$ （答案）

因而，在电动势施加1.2个时间常量以后，所存储的能量将达到其平衡值的一半。

31－11　磁场的能量密度

考虑一面积为 A、载有电流 i 的长螺线管中部附近长度为 l 的一段。与这段相关联的体积为 Al，由这段螺线管所存储的能量全部位于这部分体积内，因为这种螺线管外部的磁场近似为零。此外，存储的能量必定均匀地分布在螺线管内部，因为磁场在内部处处是（近似地）均匀的。

因而，磁场每单位体积所存储的能量为

$$u_B=\frac{U_B}{Al}$$

或者，由于

$$U_B=\frac{1}{2}Li^2$$

我们有

$$u_B=\frac{Li^2}{2Al}=\frac{L}{l}\frac{i^2}{2A}$$

其中，L 是螺线管长度为 l 一段的电感。

将式（31－33）代入 L/l，我们求得

$$u_B=\frac{1}{2}\mu_0 n^2 i^2 \tag{31-55}$$

式中，n 是每单位长度的匝数。根据式（30－25）（$B=\mu_0 in$），我们能把这个**能量密度**写作

$$u_B=\frac{B^2}{2\mu_0}\quad（磁能密度） \tag{31-56}$$

此式给出在磁场为 B 的任一点处所存储的能量的密度。尽管我们是通过螺线管的特殊情况导出它的，但式（31－56）适用于所有的磁场，无论它们是如何生成的。此式可与式（26－23），即

$$u_E=\frac{1}{2}\mathscr{E}_0 E^2 \tag{31-57}$$

相比较。式（31－57）给出在电场中任一点处的能量密度（在真空中）。应注意 u_B 和 u_E 都正比于相应的场的大小，B 或 E 的平方。

检查点7：下表列出了三个螺线管的每单位长度的匝数、电流及横截面积。按照螺线管内部的磁能密度从大到小将它们排序。

螺线管	单位长度的匝数	电流	面积
a	$2n_1$	i_1	$2A_1$
b	n_1	$2i_1$	A_1
c	n_1	i_1	$6A_1$

例题 31-8

一长同轴电缆（见图31-21）包含半径分别为 a 和 b 的两个薄壁共轴导体圆柱面。内柱面载有恒定电流 i，外柱面为电流提供返回的路径。电流在两柱面间建立一磁场。

(a) 试计算在长 l 的一段电缆的磁场中所存储的能量。

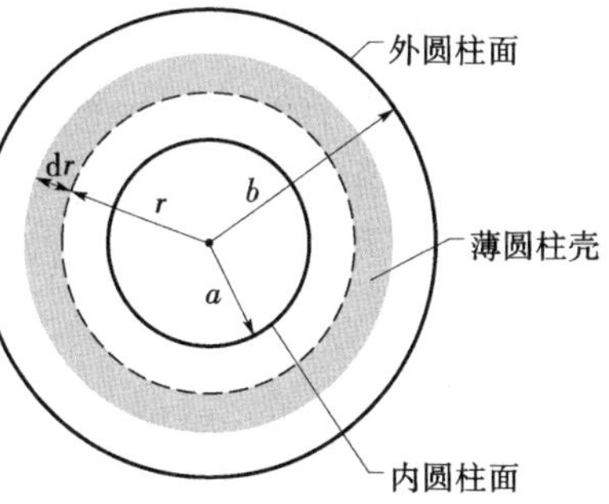

图31-21 例题31-8图 长同轴电缆的横截面。

【解】 这个有趣问题的**关键点**是：

1. 根据磁场的能量密度，我们能计算存储在磁场中的（全部）能量 U_B。

2. 根据式（31-56）（$u_B = B^2/2\mu_0$），该能量密度取决于磁场的大小 B。

3. 由于电缆的圆对称性，我们能应用安培定律由给定的电流求出 B。

求 B：为了运用这些思路，我们从安培定律开始，采用具有半径 r 的圆为积分路径，使 $a<r<b$（在两个柱面之间，如图31-21中虚线所示）。被这个路径包围的仅有的电流是在内柱面上的电流 i。因而，我们能把安培定律写作

$$\oint \vec{B}\cdot d\vec{s} = \mu_0 i \qquad (31-58)$$

接着，我们简化该积分。由于圆对称性，在沿圆形路径的所有的点，$\vec{B}$ 与路径相切并具有相同的大小 B。我们取磁场沿该路径的方向为沿该路径积分的方向。于是我们能用 $B\mathrm{d}s\cos\theta = B\mathrm{d}s$ 替代 $\vec{B}\cdot d\vec{s}$，然后把 B 移到积分号之前。剩下的积分是 $\oint \mathrm{d}s$，它正好给出路径的周长 $2\pi r$。因而，式（31-58）简化为

$$B(2\pi r) = \mu_0 i$$

或

$$B = \frac{\mu_0 i}{2\pi r} \qquad (31-59)$$

求 u_B：其次，为了得到能量密度，我们把式（31-59）代入式（31-56）：

$$u_B = \frac{B^2}{2\mu_0} = \frac{\mu_0 i^2}{8\pi^2 r^2} \qquad (31-60)$$

求 U_B：应注意，u_B 在两柱面之间不是均匀的，而依赖于径向距离 r。因而，为了求得两柱面之间所存储的全部能量 U_B，我们必须对整个体积积分 u_B。

因为两柱面之间的体积相对于电缆的中心轴具有圆对称，我们考虑位于两柱面之间的一圆柱壳的体积 $\mathrm{d}V$。该壳具有内半径 r、外半径 $r+\mathrm{d}r$（见图31-21）及长度 l。壳的横截面积（或正面面积）是其周长 $2\pi r$ 与厚度 $\mathrm{d}r$ 的乘积。因而，壳的体积为 $(2\pi r)(\mathrm{d}r)l$，即 $\mathrm{d}V = 2\pi r l\mathrm{d}r$。

因为这个壳内部的各点都基本在相同的径向距离处，它们都具有近似相同的能量密度 u_B。因而，在体积为 $\mathrm{d}V$ 的壳中所包含的全部能量 $\mathrm{d}U_B$ 由下式给出：

$$能量 = (单位体积能量)(体积)$$

或

$$\mathrm{d}U_B = u_B \mathrm{d}V$$

用式（31-60）取代 u_B，并用 $2\pi r l\mathrm{d}r$ 取代 $\mathrm{d}V$，我们得到

$$\mathrm{d}U_B = \frac{\mu_0 i^2}{8\pi^2 r^2}(2\pi r l)\mathrm{d}r = \frac{\mu_0 i^2 l}{4\pi}\frac{\mathrm{d}r}{r}$$

为了求出两个柱面之间所包含的全部能量，我们遍及两柱面之间的体积积分此式：

$$U_B = \int \mathrm{d}U_B = \frac{\mu_0 i^2 l}{4\pi}\int_a^b \frac{\mathrm{d}r}{r}$$

$$= \frac{\mu_0 i^2 l}{4\pi}\ln\frac{b}{a} \qquad (31-61)$$

（答案）

没有能量存储在外柱面之外或内柱面之内，因为在这两个区域的磁场都为零，正如你能用安培定律证明的。

(b) 设 $a=1.2\mathrm{mm}$，$b=3.5\mathrm{mm}$，$i=2.7\mathrm{A}$，电缆每单位长度所存储的能量是多少？

【解】　根据式（31-61），我们有

$$\frac{U_B}{l}=\frac{\mu_0 i^2}{4\pi}\ln\frac{b}{a}$$

$$=\frac{(4\pi\times10^{-7}\mathrm{H/m})(2.7\mathrm{A})^2}{4\pi}\ln\frac{3.5\mathrm{mm}}{1.2\mathrm{mm}}$$

$$=7.8\times10^{-7}\mathrm{J/m}=780\mathrm{nJ/m}$$　（答案）

31-12　互感

在本节中，我们返回到第31-2节中最初曾讨论的两个相互作用线圈的情况，并且我们将按更正式的方式讨论它。我们以前曾了解到，如果两个线图像在图31-2中那样靠近，则在一个线圈中的稳定电流 i 将形成穿过另一个线圈（和另一个线圈**铰链的**）的磁通量 Φ。如果我们使 i 随时间变化，则由法拉第定律给定的电动势 $\mathscr{E}$ 将出现在第二个线圈中。我们称这个过程为**感应**。可能更确切地应称它为**互感**，以暗示两个线圈的相互作用，并把它与仅涉及一个线圈的**自感**区别开来。

让我们更定量地来考察互感。图31-22a所示为彼此靠近并共轴的两个密绕线圈。在线圈1中有由外电路中电池所引起的电流 i_1。这个电流生成由图中 B_1 的磁场线表示的磁场。线圈2连接到灵敏电流计但不包含电池。磁通量 Φ_{21}（与线圈1中电流相联系的穿过线圈2的磁通量）和线圈2的 N_2 匝铰链。

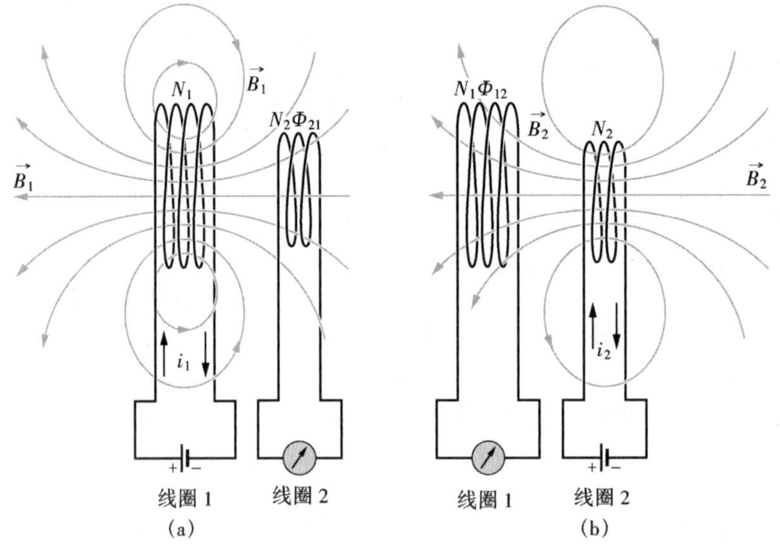

图31-22　互感

(a) 线圈1中的电流变化将在线圈2中感应出电动势

(b) 线圈2中的电流变化将在线圈1中感应出电动势

我们定义线圈2相对于线圈1的互感 M_{21} 为

$$M_{21}=\frac{N_2\Phi_{21}}{i_1} \qquad (31-62)$$

它具有与自感的定义式（31-30）（$L=N\Phi/i$）相同的形式。我们可把式（31-62）改写作

$$M_{21}i_1=N_2\Phi_{21}$$

如果借助外部作用，使 i_1 随时间变化，则有

$$M_{21}\frac{di_1}{dt}=N_2\frac{d\Phi_{21}}{dt}$$

按照法拉第定律，此式的右边正好是由于线圈 1 中的变化电流而在线圈 2 中产生的电动势的大小。因而，借助一负号表明方向，则有

$$\mathscr{E}_2=-M_{21}\frac{di_1}{dt}\tag{31－63}$$

你应该把上式与关于自感的式（31－37）（$\mathscr{E}=-L\mathrm{d}i/\mathrm{d}t$）相比较。

我们现在互换线圈 1 和 2 的角色，如图 31－22b 所示，即借助于电池在线圈 2 中产生一电流，而这个电流产生和线圈 1 铰链的磁通量 Φ_{12}。如果我们使 i_2 随时间变化，则借助上面给出的论据，我们有

$$\mathscr{E}_1=-M_{12}\frac{di_2}{dt}\tag{31－64}$$

因而，我们看到在任一线圈中所感应的电动势正比于在另一线圈中电流的变化率。比例常数 M_{21} 和 M_{12} 似乎不相同。我们断言，**不作证明**，事实上它们相同，以致不需要下标。（这个结论是正确的，但一点也不明显。）因而，我们有

$$M_{21}=M_{12}=M\tag{31－65}$$

并且我们能把式（31－63）和式（31－64）改写作

$$\mathscr{E}_2=-M\frac{di_1}{dt}\tag{31－66}$$

及

$$\mathscr{E}_1=-M\frac{di_2}{dt}\tag{31－67}$$

感应确实是相互的。M 的 SI 单位（和 L 一样）是亨利。

例题 31－9

图 31－23 所示为两个密绕的线圈，较小的（半径 R_2，匝数 N_2）与较大的（半径 R_1，匝数 N_2）在同一平面中共轴。

(a) 对这样两个线圈的结构，试推导互感 M 的表达式，假定 $R_1\gg R_2$。

【解】 这里的**关键点**是，这两个线圈的互感是穿过一个线圈的磁链（$N\Phi$）与另一个线圈中产生该磁链的电流的比值。因而，我们需要假定在两线圈中存在电流，然后我们需要计算通过其中一个线圈中的磁链。

由小线圈产生的穿过大线圈的磁场在大小及方向上都是不均匀的，所以相应的磁通量也是不均匀的，且难以计算。然而，小线圈小到足以使我们假定穿过它的由大线圈产生的磁场是近似均匀的。因而，穿过它的由大线圈产生的磁通量也是近似均匀的。于是，为了求出 M，我们将假定电流 i_1 在大线圈中，并计算在小线圈中的磁链 $N_2\Phi_{21}$：

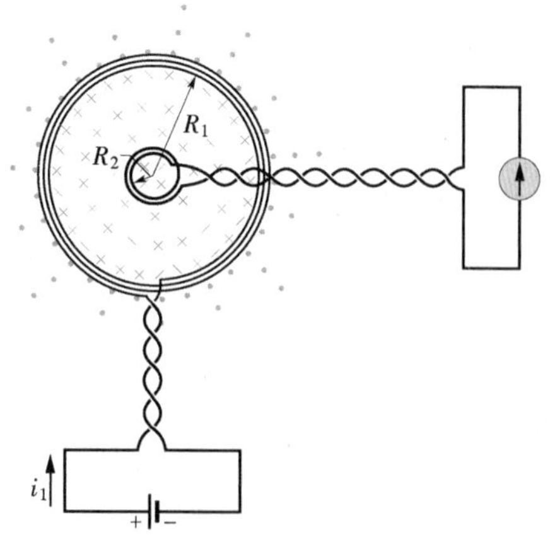

图 31－23 例题 31－9 图 小线圈位于大线圈的中心。线圈的互感可以通过向大线圈发送电流 i_1 确定

$$M=\frac{N_2\Phi_{21}}{i_1}\tag{31－68}$$

第二个**关键点**是，根据式（31－4），穿过小线

圈每匝的磁通量 Φ_{21} 为

$$\Phi_{21} = B_1 A_2$$

式中，B_1 是在小线圈内各点由大线圈产生的磁场的大小，$A\ (=\pi R_2^2)$ 是被线匝所包圈的面积。因而，在小线圈（N_2 匝）中的磁链为

$$N_2\Phi_{21} = N_2 B_1 A_2 \qquad (31-69)$$

第三个**关键点**是，为了求出在小线圈内各点的 B_1，我们可应用式（30－28）而将 z 取为 0，因为小线圈在大线圈的平面内。该式告诉我们，大线圈的每匝在小线圈内各点处产生一大小为 $\mu_0 i/2R$ 的磁场。因而，大线圈（以其 N_1 匝）在小线圈内各点产生的总磁场的大小为

$$B_1 = N_1\frac{\mu_0 i_1}{2R_1} \qquad (31-70)$$

在式（31－69）中用式（31－70）代替 B_1，并用 πR_2^2 代替 A_2，得出

$$N_2\Phi_{21} = \frac{\pi\mu_0 N_1 N_2 R_2^2 i_1}{2R_1}$$

把这个结果代入式（31－68），我们求得

$$M = \frac{N_2\Phi_{21}}{i_1} = \frac{\pi\mu_0 N_1 N_2 R_2^2}{2R_1} \qquad (31-71)$$

（答案）

（b）对于 $N_1 = N_2 = 1200$ 匝，$R_2 = 1.1\text{cm}$，$R_1 = 15\text{cm}$，M 的值是多少？

【解】　式（31－71）给出

$$M = \frac{(\pi)(4\pi\times10^{-7}\text{H/m})(1200)(1200)(0.011\text{m})^2}{2\times0.15\text{m}}$$

$$= 2.29\times10^{-3}\text{H} \approx 2.3\text{mH}$$

（答案）

考虑这种情况：假设我们颠倒两个线圈的角色，即使小线圈中形成电流 i_2，并试图根据式（31－62）按下列方式：

$$M = \frac{N_1\Phi_{12}}{i_2}$$

计算 M。要计算 Φ_{12}（被大线圈所包圈的小线圈磁场的非均匀磁通量）并不简单。如果我们使用计算机用数字计算去完成，我们将发现 M 将为 2.3mH，像以上一样！这强调了式（31－63）（$M_{21} = M_{12} = M$）并不是显而易见的。

复习和小结

磁通量　穿过磁场中面积 A 的磁通量 Φ_B 被定义为

$$\Phi_B = \int\vec{B}\cdot d\vec{A} \qquad (31-3)$$

式中的积分遍及该面积。磁通量的 SI 单位是韦伯，1 韦伯 = 1T·m²。如果 $\vec{B}$ 垂直于该面积且在该面积上是均匀的，则式（31－3）变成

$$\Phi_B = BA \quad (\vec{B}\perp\text{面积},\vec{B}\text{均匀}) \qquad (31-4)$$

法拉第感应定律　如果穿过一闭合导电回路所包围面积的磁通量随时间变化，则在回路中产生感应电流和感应电动势，这个过程叫做**感应**。感应电动势为

$$\mathscr{E} = -\frac{d\Phi_B}{dt} \quad (\text{法拉第定律}) \qquad (31-6)$$

如果回路被一 N 匝的密绕线圈替代，则感应电动势为

$$\mathscr{E} = -N\frac{d\Phi_B}{dt} \qquad (31-7)$$

楞次定律　感应电流的方向总是使它的磁场反抗产生电流的磁通量的变化。感应电动势具有与感应电流相同的方向。

电动势与感生电场　即使变化着的磁通量所穿过的回路不是有形的导体而是假想的回路，变化磁通量也感应出电动势。变化磁通量在这种回路的每一点处都感应出感生电场 $\vec{E}$。感应电动势通过

$$\mathscr{E} = \oint\vec{E}\cdot d\vec{s} \qquad (31-21)$$

与 $\vec{E}$ 相联系。上式的积分沿该回路进行。根据式（31－21），我们能把法拉第定律写作其最普遍的形式：

$$\oint\vec{E}\cdot d\vec{s} = -\frac{d\Phi_B}{dt} \quad (\text{法拉第定律}) \qquad (31-22)$$

这个定律的本质是，变化着的磁场感应出电场 $\vec{E}$。

电感器　**电感器**是能用来在特定区域中产生给定磁场的装置。如果电流 i 通过电感器 N 匝的每一匝，磁通量 Φ_B 与那些绕组铰链，电感器的**电感** L 为

$$L = \frac{N\Phi_B}{i} \quad (\text{电感的定义}) \qquad (31-30)$$

电感的 SI 单位是**亨利**（H），

$$1\text{亨利} = 1\text{H} = 1\text{T}\cdot\text{m}^2/\text{A} \qquad (31-31)$$

在截面积为 A 且每单位长度 n 匝的长螺线管中央附近，每单位长度的电感为

$$\frac{L}{l} = \mu_0 n^2 A \quad (\text{螺线管}) \qquad (31-33)$$

自感　如果一线圈中的电流随时间变化，则在该

线圈中感应出电动势。自感电动势为

$$\mathscr{E}_L = -L\frac{\mathrm{d}i}{\mathrm{d}t} \qquad (31-37)$$

$\mathscr{E}_L$ 的方向根据楞次定律确定：自感电动势的作用在于反抗产生它的变化。

***RL* 串联电路** 如果恒定的电动势 $\mathscr{E}$ 被连入包含电阻 R 及电感 L 的单回路电路，则电流按照下式：

$$i = \frac{\mathscr{E}}{R}(1 - \mathrm{e}^{-t/\tau_L}) \quad (\text{电流的增长}) \qquad (31-43)$$

增长到平衡值。这里，τ_L（$=L/R$）决定电流增长的时率，叫做**电感时间常量**。当恒定的电动势源撤去时，电流由值 i_0 按照下式规律衰减

$$i = i_0\mathrm{e}^{-t/\tau_L} \quad (\text{电流的衰减}) \qquad (31-47)$$

磁能 如果电感器载有电流 i，则电感器存储的能量为：

$$U_B = \frac{1}{2}Li^2 \quad (\text{磁能}) \qquad (31-51)$$

如果 B 是磁场任一点处（在电感器中或其他任何地方）的大小，则在该点处所存储的磁能密度为

$$u_B = \frac{B^2}{2\mu_0} \quad (\text{磁能密度}) \qquad (31-56)$$

互感 如果两个线圈（标示为 1 和 2）彼此靠近，则任一线圈中变化的电流能在另一线圈中感应出电动势。这种互感应由下式描述

$$\mathscr{E}_2 = -M\frac{\mathrm{d}i_1}{\mathrm{d}t} \qquad (31-66)$$

及

$$\mathscr{E}_1 = -M\frac{\mathrm{d}i_2}{\mathrm{d}t}$$

式中，M（用亨利度量）是线圈装置的互感。

思考题

1. 在图 31－24 中，载有电流 i 的长直导线经过（无接触）具有边长为 L、$1.5L$ 及 $2L$ 的三个矩形导线回路。三个回路被远距离地隔开（以便相互不影响）。回路 1 和 3 相对于长导线是对称的。就电流是（a）恒定和（b）增大的两种情况，按照在三个回路中所感应的电流的大小，由大到小将其排序。

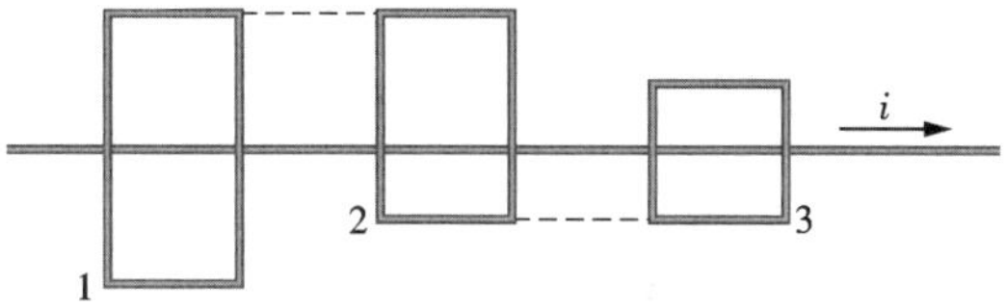

图 31－24 思考题 1 图

2. 如果图 31－25 中的圆形导体在均匀磁场中发生热膨胀，则将沿它以顺时针方向感应出一电流。磁场的方向是指向页面内还是从页面向外的？

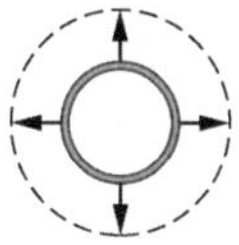

图 31－25 思考题 2 图

3. 如图 31－26 所示的两个电路，导体棒以相同的速率穿过相同的均匀磁场，沿 U 形导线滑动。导线的两平行线段在电路 1 相隔 $2L$，在电路 2 相隔 L。电路 1 中的感应电流是逆时针的。（a）磁场的方向是指向页面内还是指向页面外的？（b）电路 2 中感应电流的方向是顺时针，还是逆时针的？（c）电路 1 中的电流是大于、小于还是等于电路 2 中的电流？

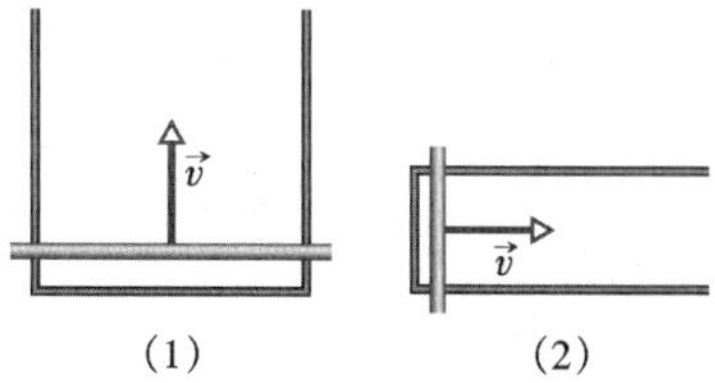

图 31－26 思考题 3 图

4. 图 31－27 所示为两个绕在绝缘杆上的线圈。线圈 X 连接到电池和一可变电阻。在以下两种情况中：（a）线圈 Y 移向线圈 X；（b）线圈 X 中的电流在减小，而两线圈的相对位置无任何变化，通过线圈 Y 所连接电流表的感应电流的方向为何？

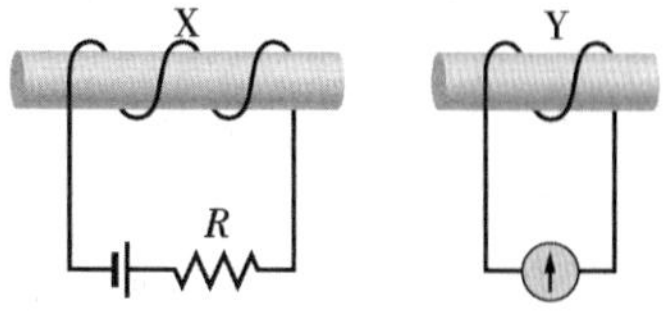

图 31－27 思考题 4 图

5. 图 31－28a 所示的圆形区域中，增长的均匀磁场指向页面外，还有一条待计算共线积分 $\oint\vec{E}\cdot\mathrm{d}\vec{s}$ 的同心圆形页路径。附表给出了三种情况中磁场的初始大小，其增长量及增长的时间间隔。按照沿该路径所感生的电场大小，由大到小将三种情况排序。

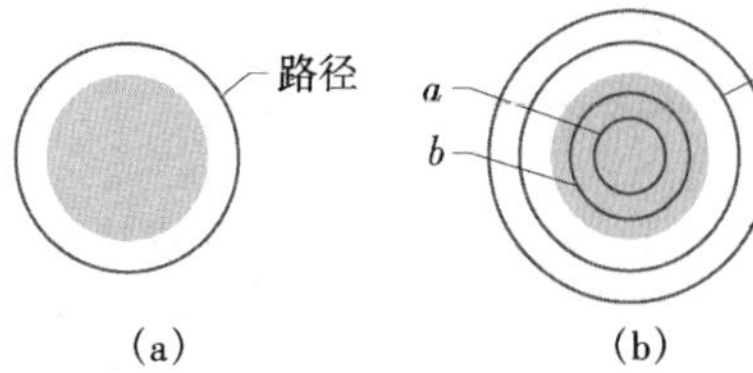

图 31－28 思考题 5、6 图

情况	初始磁场	增长量	时间
a	B_1	ΔB_1	Δt_1
b	$2B_1$	$\Delta B_1/2$	Δt_1
c	$B_1/4$	ΔB_1	$\Delta t_1/2$

6. 图 31－28b 所示的圆形区域中，减小的均匀磁场指向页面外，还有四条同心的圆形路径。按照沿这四条路径所计算的 $\oint \vec{E} \cdot d\vec{s}$ 的大小，由大到小将它们排序。

7. 图 31－29 所示为三个像图 31－18 所示的电路中电阻器上的电势差 V_R 随时间的变化曲线。三个电路中有相同的电阻 R 及电动势 $\mathscr{E}$，但电感 L 不同。按照 L 的大小，由大到小将三个电路排序。

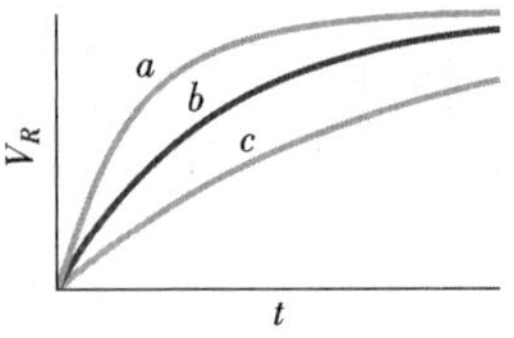

图 31－29 思考题 7 图

8. 图 31－30 所示为具有相同电池、电感器及电阻器的三个电路。按照在开关合上以后电流达到其平衡值的 50% 的时间由大到小将三个电路排序。

9. 图 31－31 所示为具有两个相同电阻器及一个理想电感器的电路。(a) 在开关 S 刚合下时；(b) 在开关 S 合下长时间以后；(c) 长时间以后，在 S 刚被重新打开时和 (d) 在开关 S 重新打开长时间以后，通过中央电阻器的电流是大于、小于、还是等于通过其他电阻的电流？

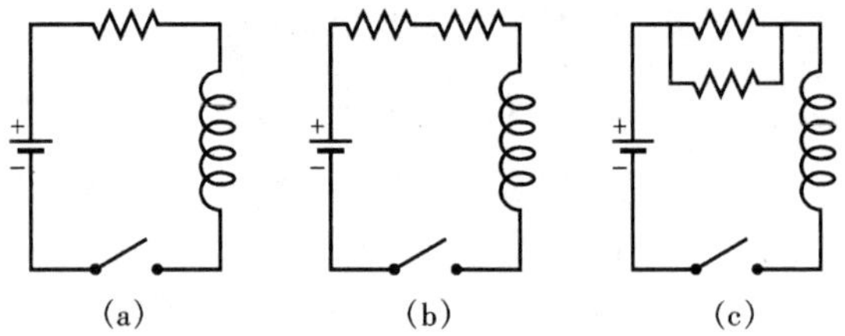

图 31－30 思考题 8 图

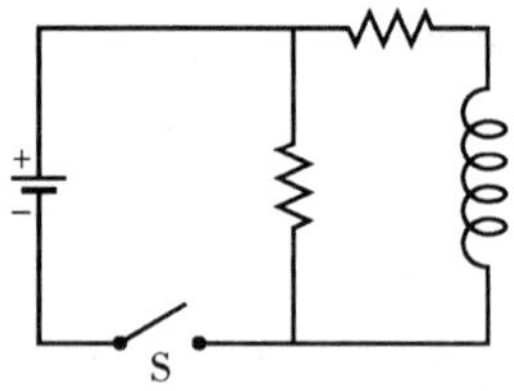

图 31－31 思考题 9 图

10. 当图 31－17 所示电路中的开关掷向 b 时，它已合在 a 上很长时间。图 31－32 所示为以下四组电阻 R 和电感 L 组合时所形成的通过电感器的电流：(1) R_0 和 L_0；(2) $2R_0$ 和 L_0；(3) R_0 和 $2L_0$；(4) $2R_0$ 和 $2L_0$，哪组对应于哪条曲线？

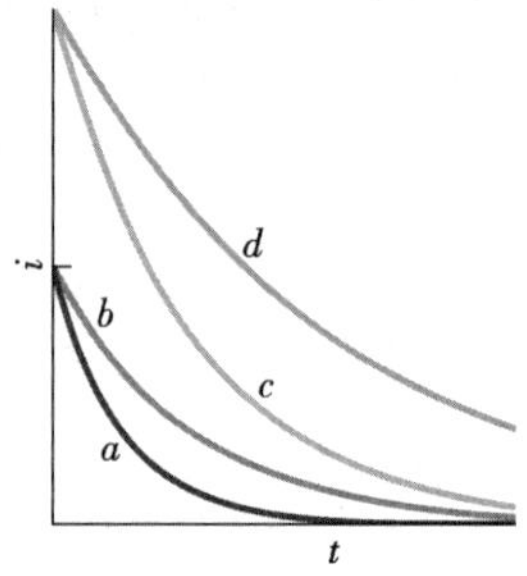

图 31－32 思考题 10 图

练习和习题

31－4 节 楞次定律

1E. 一超高频环形天线具有 11cm 的直径。一电视信号的磁场垂直于该环形的平面，并且在某一时刻，其大小以 0.16T/s 的时率变化。磁场是均匀的。在天线中感应的电动势有多大？(ssm)

2E. 一面积为 A 的小线圈在每单位长度 n 匝且载有电流 i 的长螺线管内，线圈的轴与螺线管的轴同方向。若 $i = i_0 \sin\omega t$，则线圈中的感应电动势有多大？

3E. 图 31－33 所示的穿过回路的磁通量按照以下关系式增大：

$$\Phi_B = 6.0t^2 + 7.0t$$

式中，Φ_B 的单位为毫韦，t 的单位为秒。(a) 当 $t = 2.0$s 时，回路中感应电动势的大小是多少？(b) 通过 R 的电流方向为何？

4E. 穿过半径为 12cm 且电阻为 8.5Ω 的单个导线回路的磁场随时间变化，如图 31－34 所示。计算回路中作为时间函数的电动势。考虑时间间隔为：(a) $t=0$ 到 $t=2.0$s；(b) $t=2.0$s 到 $t=4.0$s；(c) $t=4.0$s 到 $t=6.0$s。(均匀) 磁场垂直于回路平面。

5E. 一均匀磁场垂直于直径为 10cm，由铜导线

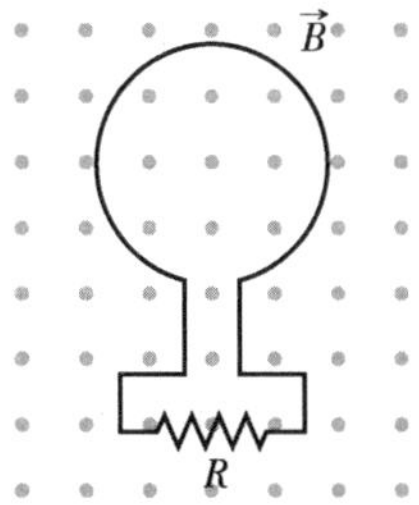

图 31 – 33 练习 3、习题 11 图

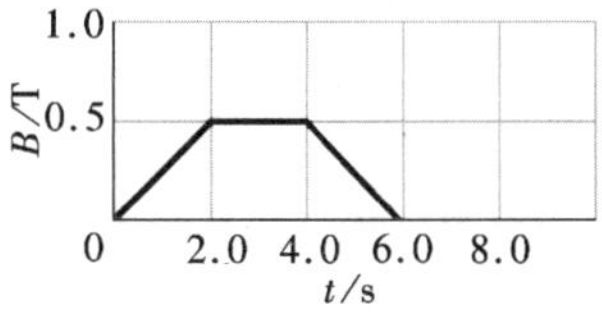

图 31 – 34 练习 4 图

（直径为 2.5mm）构成的圆形线圈平面。(a) 计算导线的电阻（见表 27 – 1）；(b) 如果回路中有 10A 的感应电流，磁场随时间的变化率应该为多大？

6P. 在例题 31 – 1 的螺线管中，电流按照 $i=3.0t+1.0t^2$ 变化。式中，i 的单位为安培，t 的单位为秒。(a) 绘制从 $t=0$ 到 $t=4.0\text{s}$ 线圈中感应电动势的曲线；(b) 线圈的电阻是 0.15Ω，当 $t=2.0\text{s}$ 时，线圈中的电流是多大？

7P. 在图 31 – 35 中，半径为 1.8cm 且电阻为 5.3Ω 的 120 匝线圈套在例题 31 – 1 那样的螺线管外面。如果螺线管中的电流也如例题 31 – 1 中那样变化，则当螺线管的电流在变化时，出现在线圈中的电流是多大？(ssm)

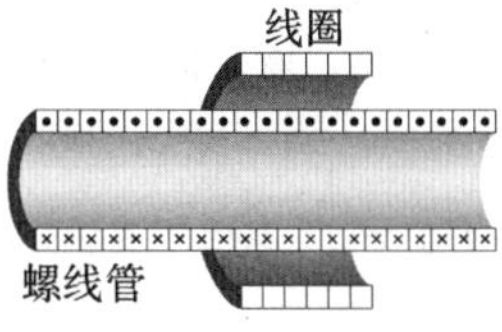

图 31 – 35 习题 7 图

8P. 弹性导电材料被拉伸成半径为 12.0cm 的圆形回路，放在与其平面垂直的 0.800T 的均匀磁场中。当它被放松时，回路的半径开始以 75.0cm/s 的瞬时速率收缩。此时，回路中的感应电动势有多大？

9P. 图 31 – 36 所示为同轴的两个平行导线回路。较小的回路（半径 r）在较大的回路（半径 R）上方，距离 $x \gg R$。因此，由大回路中电流 i 产生的磁场在整个小回路的范围内接近于常量。假设 x 以 $dx/dt=v$ 的恒定速率增大，(a) 确定穿过以小回路为边界的面积的磁通量与 x 的函数关系（**提示：**参考式 (30 – 29)）；求小回路中的 (b) 感应电动势及 (c) 感应电流的方向。(ssm www)

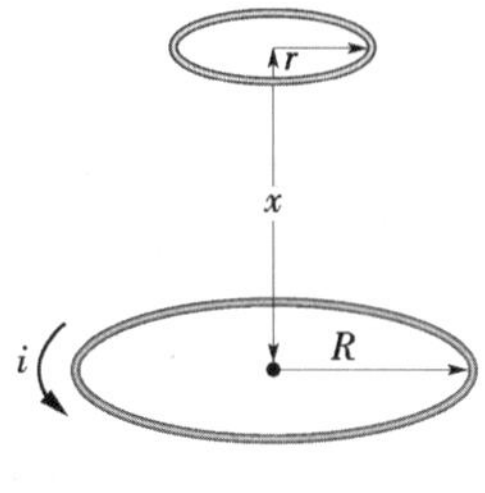

图 31 – 36 习题 9 图

10P. 如图 31 – 37 所示，直径为 10cm 的圆形导线回路（侧视图）的法线 $\vec{N}$ 与大小为 0.50T 的均匀磁场 $\vec{B}$ 方向成 $\theta=30°$ 角。然后转动线圈，使 $\vec{N}$ 绕磁场方向以 100rev/min 的恒定速率在锥面上转动，在此过程中角 θ 保持不变。回路中的感应电动势为何？

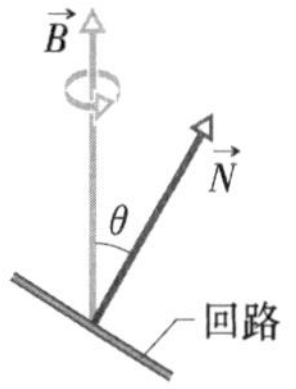

图 31 – 37 习题 10 图

11P. 在图 31 – 33 中，令 $t=0$ 时穿过回路的磁通量为 $\Phi_B(0)$，然后令磁场 $\vec{B}$ 按任意的方式连续变化，因此在 t 时刻磁通量可用 $\Phi_B(t)$ 表示。(a) 证明在时间 t 内通过电阻器 R 的电荷 $q(t)$ 为

$$q(t)=\frac{1}{R}[\Phi_B(0)-\Phi_B(t)]$$

且与 $\vec{B}$ 变化的方式无关。(b) 如果在 $\Phi_B(t)=\Phi_B(0)$ 的特殊情况下，我们有 $q(t)=0$，则在整个 $0\sim t$ 的时间间隔内，感应电流是否都必须为零？(ssm)

12P. 一面积为 2.00cm² 的小圆形回路被同心地放置在半径为 1.00m 的大圆形回路平面内。大回路中的电流由 $t=0$ 开始，在 1.00s 的时间内从 200A 均匀地变化到 –200A（方向变化了）。(a) 在 $t=0$、$t=0.500\text{s}$ 及 $t=1.00\text{s}$ 时，由大回路中电流在小回路中心处产生的磁场为何？(b) 在 $t=0.500\text{s}$ 时，小回路中的感应电动势为何？（由于里面的回路很小，假定由外面回路产生的磁场 $\vec{B}$ 在较小回路的面积上是均匀的。）

13P. 把 100 匝的绝缘铜线绕在横截面积为 1.20

$\times 10^{-3}m^2$ 的木制圆柱形芯子上，两个线端连接到一电阻器。该电路中的总电阻为13.0Ω。如果在芯子中外加的轴向磁场，从一个方向的1.60T改变到相反方向的1.60T，则有多少电荷流过该电路（**提示：**参考习题11）。(ilw)

14P. 在某一地点，地磁场具有大小 $B=0.590$Gs 且倾斜向下与水平面成70.0°角。一半径10.0cm的水平圆形线圈有1000匝，总电阻85.0Ω。把它连接到具有140Ω电阻的电表上。线圈绕其直径翻转半圈，位置仍然水平。在翻转期间，有多少电荷流过电表？(**提示：**参考习题11。)

15P. 一边长2.00m的正方形导线回路垂直于均匀磁场放置，如图31－38所示，回路的一半面积在磁场中。回路中连有一20.0V、内阻可忽略的电池。如果磁场的大小随时间按 $B=0.0420-0.870t$ 变化，B 的单位为特斯拉，t 的单位为秒，则（a）电路中的总电动势为何？（b）通过电池的电流方向为何？(ssm)

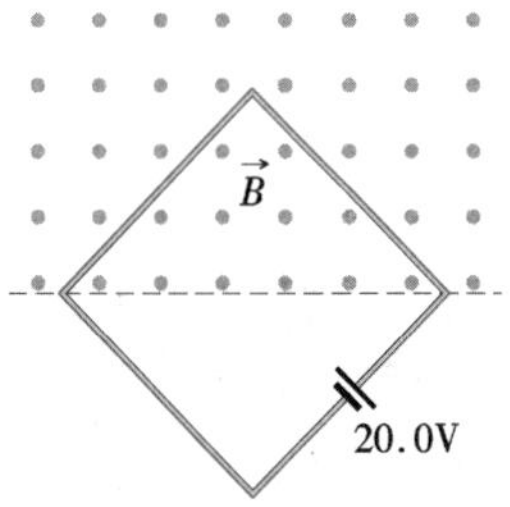

图31－38 习题15图

16P. 如图31－39所示，一导线被弯成半径 $r=10$cm的三段圆弧。每段弧是圆的一个象限，ab 段位于 xy 平面中，bc 段位于 yz 平面中，而 ca 段位于 zx 平面中。(a) 如果空间的均匀磁场 $\vec{B}$ 指向 x 正方向，则当 B 以3.0mT/s的时率增大时，导线中所产生的电动势有多大？(b) bc 段中的电流方向为何？

17P. 如图31－40所示，一长为 a，宽为 b 的 N

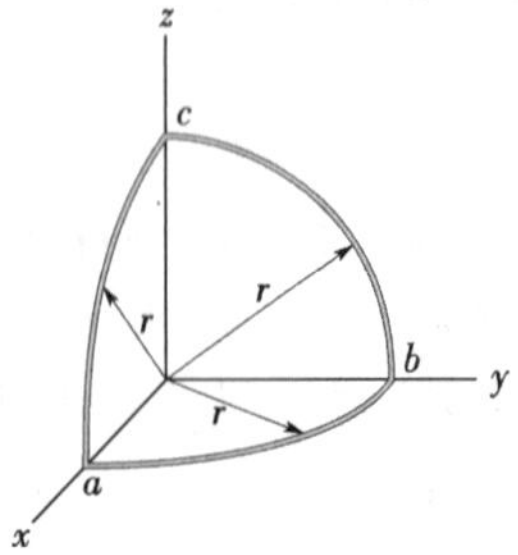

图31－39 习题16图

匝矩形线圈以频率 f 在均匀磁场 $\vec{B}$ 中转动。线圈连接到共同转动的两个柱体，金属刷贴着它们滑动以保持接触。(a) 证明在回路中感应的电动势（作为时间 t 的函数）由下式给出：

$$\mathscr{E}=2\pi fNabB\sin(2\pi ft)=\mathscr{E}_0\sin(2\pi ft)$$

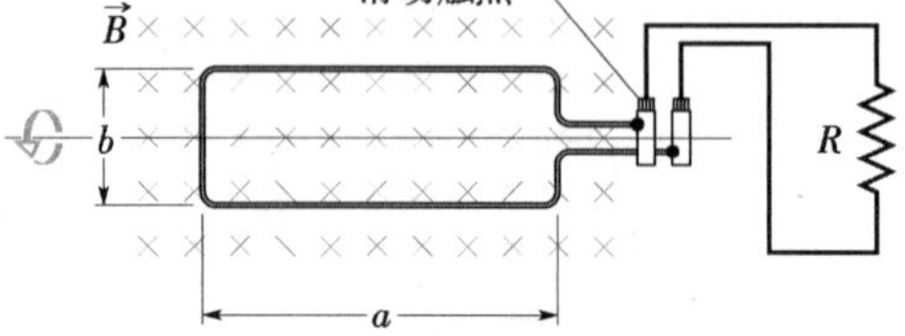

图31－40 习题17图

这是工业用交流发电机的原理。(b) 设计一线圈，当它在0.500T的均匀磁场中以60.0rev/s转动时，产生 $\mathscr{E}_0=150$V 的电动势。(ssm www)

18P. 如图31－41所示，一根硬导线弯成半径为 a 的半圆，使这个半圆以频率 f 在均匀磁场中转动。在此回路中所感应的变化电动势的（a）频率及（b）振幅各为多大？

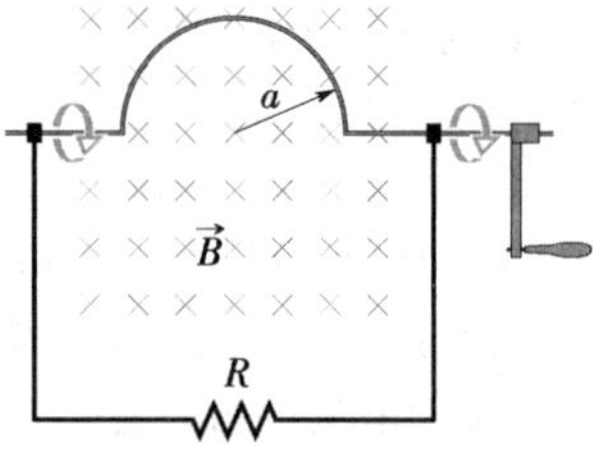

图31－41 习题18图

19P. 一发电机包含由100匝导线构成的50.0cm×30.0cm的矩形线圈，该线圈完全放置在大小 $B=3.50$T 的均匀磁场中。当回路以1000rev/min绕垂直于 $\vec{B}$ 的轴旋转时，所产生电动势的最大值是多少？(ilw)

20P. 在图31－42中，一导线形成半径 $R=2.0$m，电阻为4.0Ω的闭合的圆形线圈。圆的中心在一长直导线上。$t=0$ 时，长直导线中的电流为5.0A，方向向右。此后，电流按照 $i=5.0\text{A}-(2.0\text{A/s}^2)t^2$ 变化。(直导线是被绝缘的，所以它与回路的导线之

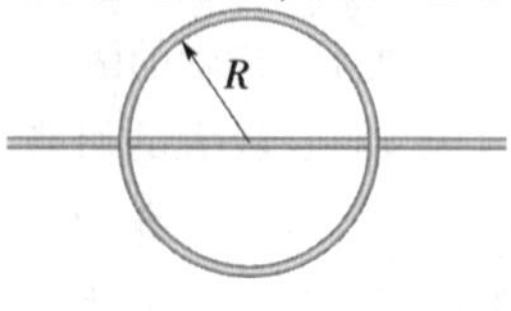

图31－42 习题20图

间无电接触。）当 $t>0$ 时，线圈中感应电流的大小及方向为何？

21P. 在图 31-43 中，正方形的导线框边长为 2.0cm。一磁场指向页面外，大小 $B=4.0t^2y$ 给出。式中，B 的单位为特斯拉，t 的单位为秒，y 的单位为米。确定当 $t=2.5s$ 时，环绕正方形的电动势，并给出其方向。(ssm)(ilw)

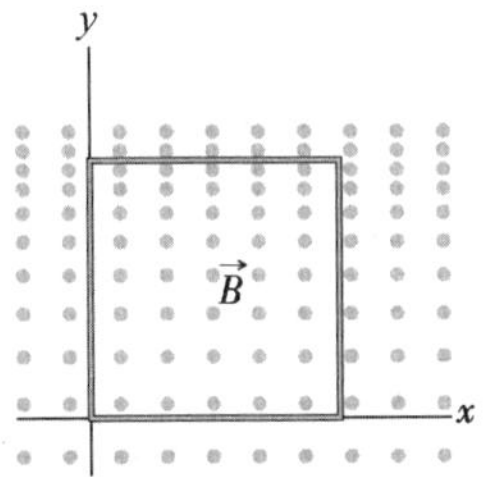

图 31-43 习题 21 图

22P. 对于图 31-44 所示的情况，$a=12.0cm$，$b=16.0cm$。长直导线中的电流 $i=4.50t^2-10.0t$。式中，i 的单位为安培，t 的单位为秒。(a) 求 $t=3.00s$ 时，方回路中的电动势；(b) 回路中感应电流的方向为何？

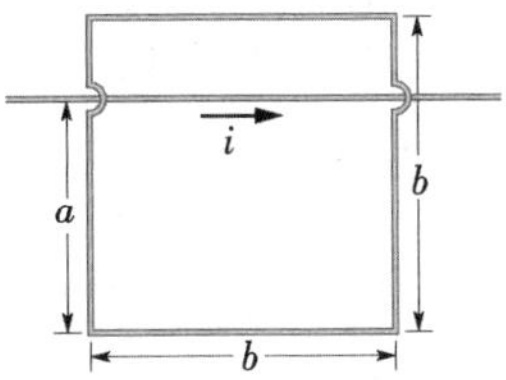

图 31-44 习题 22 图

23P*. 两根直径为 2.5mm 的平行长铜导线载有 10A 方向相反的电流。(a) 假定它们的轴线分开 20mm，计算存在于两轴线之间每米空间中的磁通量；(b) 这个磁通量的多大比例位于两导线内部？(c) 对于同方向电流，重复 (a)。(ssm)

24P. 如图 31-45 所示，一长度为 a，宽度为 b，电阻 R 的矩形导线回路邻近一载有电流 i 的无限长导线放置。从长导线到该回路中心的距离为 r。试求：(a) 穿过回路的磁通量的大小；(b) 当回路以速率 v 从长导线移开时，回路中的电流。

31-5 节 感应与能量转换

25E. 如果 50.0cm 的铜导线（直径 $D=1.00mm$）构成一圆形回路，并垂直放在以 10.0mT/s 的恒定时率增长的均匀磁场中，则在回路中产生热能的时率有多大？(ssm ilw)

26E. 一面积为 A 且电阻为 R 的环形天线与均匀

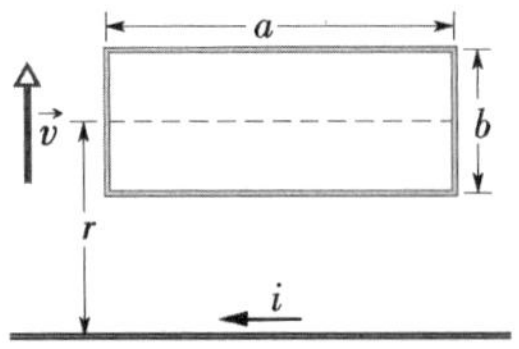

图 31-45 习题 24 图

磁场 $\vec{B}$ 垂直。磁场在时间间隔 Δt 内线性地降为零。求回路中所耗散热能的表达式。

27E. 如图 31-46 所示，一金属杆以恒定速度 $\vec{v}$ 沿两根平行的金属轨道移动。两轨道的一端用金属条连接。$B=0.350T$ 的磁场指向页面外。(a) 如果两轨道相隔 25.0cm，杆的速率为 55.0cm/s，则所生成的电动势为多大？(b) 如果该杆具有 18.0Ω 的电阻，而两轨道及连接器的电阻可忽略，则杆中的电流有多大？(c) 能量转换为热能的时率有多大？(ssm)

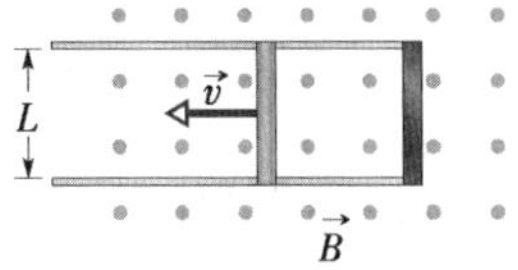

图 31-46 练习 27、习题 29 图

28P. 在图 31-47 中，一宽为 L、电阻为 R、质量为 m 的长矩形导体回路挂在水平的、均匀磁场中。磁场进入页面并仅存于线 aa 的上方。使回路下落，在下落过程中，回路一直加速，直到达到某个极限速率 v_t。忽略空气阻力，求该极限速率。

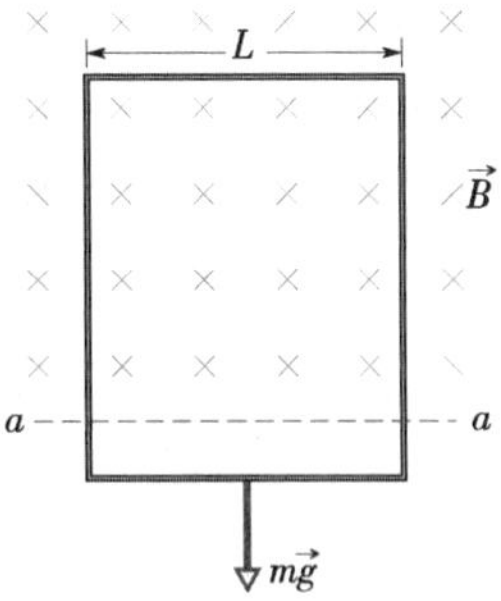

图 31-47 习题 28 图

29P. 如图 31-46 中所示，沿两条水平的无摩擦导体轨道以恒定速度 v 拉动一长度为 L 的导体杆，两轨道在一端由金属条连接。垂直页面向外的均匀磁场 $\vec{B}$ 充满此杆移动的区域。假定 $L=10cm$，$v=5.0m/s$，$B=1.2T$，(a) 杆中感应电动势的大小及方向为何？(b) 导体回路中的电流有多大？设杆的电阻为 0.40Ω，而两轨道及金属条的电阻可忽略不计；(c)

在杆中生成热能的时率为多大？（d）为了保持杆的运动，外界必须对杆施加多大的力？（e）外界对杆做功的功率为多大？把此答案与（c）的答案相比较。(ssm)

30P. 两根直导体轨道末端连接，形成一直角，一导体棒与两轨道接触，在 $t=0$ 时，从顶点出发并以 5.20m/s 的恒定速度沿轨道移动，如图 31－48 所示。$B=0.350\text{T}$ 的磁场垂直指向纸面外。计算：（a）在 $t=3.00\text{s}$ 时，穿过由两轨道及导体棒所形成三角形的磁通量。（b）此时环绕三角形的电动势；（c）如果我们把电动势写作 $\mathscr{E}=at^n$，式中 a 和 n 为常量，则 n 的值是多少？

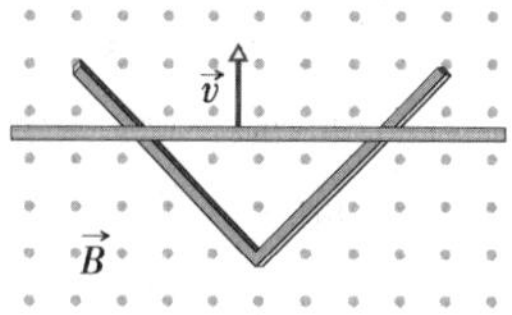

图 31－48　习题 30 图

31P. 图 31－49 所示为一长为 L 的导体杆沿着两根水平的导体轨道以恒定的速度 $\vec{v}$ 移动。该杆移动的区域中，磁场是不均匀的，是由平行于轨道的一导线中的电流 i 产生的。假设 $v=5.0\text{m/s}$，$a=10.0\text{mm}$，$L=10.0\text{cm}$，$i=100\text{A}$。（a）计算杆中的感应电动势；（b）导体回路中的电流为何？假定杆的电阻为 0.400Ω，两轨道及右边连接它们的窄条的电阻可忽略不计。（c）杆中生成热能的时率为多大？（d）为了保持杆的运动，外界必须对杆施加多大的力？（e）外界对杆做功的功率有多大，把此答案与（c）的答案相比较。(ssm)

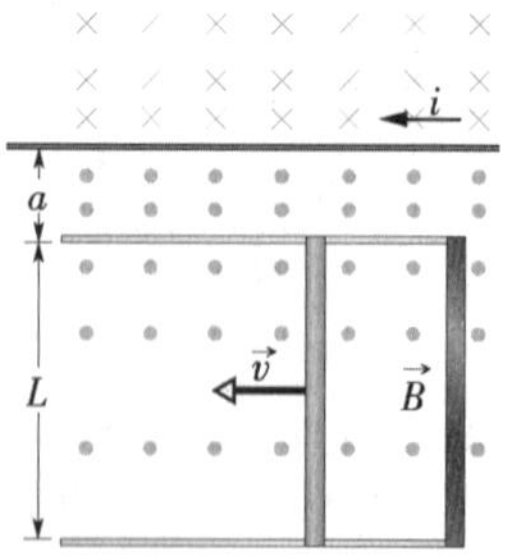

图 31－49　习题 31 图

31－6 节　感生电场

32E. 图 31－50 所示为半径 $r_1=20.0\text{cm}$ 和 $r_2=30.0\text{cm}$ 的两个圆形区域 R_1 和 R_2。在 R_1 中，$B_1=50.0\text{mT}$ 的均匀磁场垂直进入页面，而在 R_2 中，$B_2=75.0\text{mT}$ 的均匀磁场垂直指向页面外（忽略这些场的边缘效应）。两个磁场都以 8.50mT/s 的速率减弱。对三条虚线路径分别计算积分 $\oint\vec{E}\cdot d\vec{s}$。

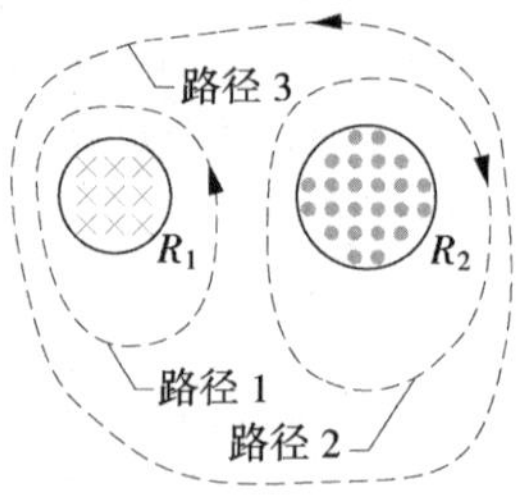

图 31－50　练习 32 图

33E. 一长螺线管的直径为 12.0cm。当其绕组中存在电流时，其内部产生 $B=30.0\text{mT}$ 的均匀磁场。通过减小 i，使磁场以 6.50mT/s 的时率减弱。试计算距离螺线管轴线为（a）2.20cm 及（b）8.20cm 处感生电场的大小。(ssm)（ilw）

34P. 早在 1981 年，M. I. T 的弗朗西斯-比特国家磁体实验室就开始了让 3.3cm 直径的圆柱形磁体产生 30T 磁场工作，这是那时世界上最大的稳态磁场。这个磁场能以 15Hz 的频率在 29.6～30.0T 的范围内按正弦规律变化。在这种变化下，径向距离轴线 1.6cm 处感生电场的最大值是多少？（**提示：**参考习题 31－4。）

35P. 证明：当有人垂直于带电的平行板电容器中电场 $\vec{E}$ 的方向，即沿着图 31－51 所示的水平箭头方向前进时，$\vec{E}$ 不可能突然降为零（如在图中 a 点）。在实际的电容器中，电场线的边缘效应总是存在的。这意味着，$\vec{E}$ 是连续而逐渐地趋近于零的（参考第 30 章中习题 33）。（**提示：**把法拉第定律应用到图中虚线所示的矩形路径上。）(ssm)

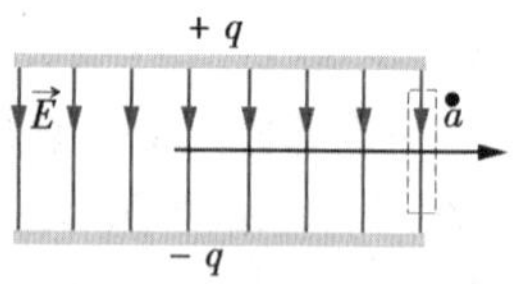

图 31－51　习题 35 图

31－7 节　电感器与电感

36E. 一圆形线圈，半径 10.0cm 且包含 30 匝密绕导线。2.60mT 的外加磁场与线圈垂直。（a）如果线圈中无电流，则链接其线匝的磁通量是多少？（b）当线圈中一个方向的电流为 3.80A 时，发现穿过线圈的总磁通量等于零。线圈的电感是多少？

37E. 一400匝密绕线圈的电感为8.0mH。计算当电流为50mA时，穿过线圈的磁通量。(ssm)

38P. 如图31－52所示，一宽度为W的宽铜带被弯成一半径为R、有两个平面延伸部分的管状物。电流i通过铜带并沿其宽度均匀分布。按这种方式形成一“单匝螺线管”。(a) 试推导管状部分中（远离铜带边缘）磁场$\vec{B}$大小的表达式。(**提示：**假定这个单匝螺线管外面的磁场足够小而可以忽略不计。) (b) 略去两个平面延伸部分，求单匝螺线管的电感。

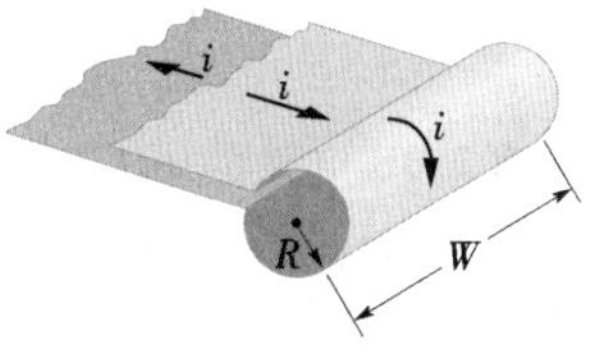

图31－52 习题38图

39P. 两根平行长导线，半径都为a，它们的中心相距d，载有大小相等而方向相反的电流。假设两导线内部的磁通量可以忽略不计，证明这样一对导线长度为l一段的电感由下式给出：

$$L = \frac{\mu_0 l}{\pi}\ln\frac{d-a}{a}$$

(**提示：**计算穿过由两导线形成两相对边的矩形的磁通量。) (ssm) (www)

31－8节 自感

40E. 在一给定时刻，一电感器中的电流和自感电动势的方向如图31－53所示。(a) 电流是在增大还是在减小？(b) 感应电动势为17V，电流的变化率为25kA/s，试求电感。

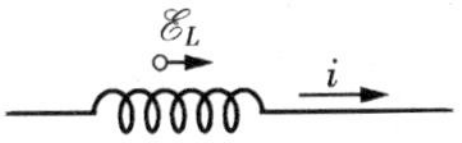

图31－53 练习40图

41E. 一12H的电感器载有2.0A的稳恒电流。怎样才能使该电感器中出现60V的自感电动势？(ssm)

42P. 通过一4.6H电感器的电流i如图31－54所示随时间t变化。该电感器有12Ω的电阻。试求在下列时段内感应电动势的大小$\mathscr{E}$：(a) $t=0$到$t=2$ms；(b) $t=2$ms到$t=5$ms；(c) $t=5$ms到$t=6$ms。(忽略在这些时段两端的情况。)

43P. 电感器的串联。两个电感器L_1和L_2串联，并且相距很远。(a) 证明等效电感由下式给出：

$$L_{eq} = L_1 + L_2$$

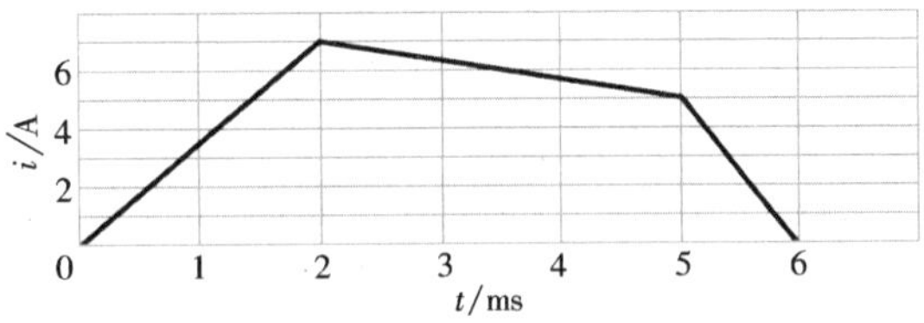

图31－54 习题42图

(**提示：**回顾电阻器串联及电容器串联的推导，哪一个与这里的相似？) (b) 为什么它们必须相距很远时，这个关系式才成立？(c) 对于N个电感器串联，(a) 的推广结果为何？

44P. 电感器的并联。两个电感器L_1和L_2并联，并且相距很远。(a) 证明等效电感由下式给出：

$$\frac{1}{L_{eq}} = \frac{1}{L_1} + \frac{1}{L_2}$$

(**提示：**回顾电阻器并联及电容器并联的推导，哪一个与这里的相似？) (b) 为什么它们必须相距很远时，这个关系式才成立？(c) 对于N个电感器并联，(a) 的推广结果为何？

31－9节 *RL*电路

45E. 在*RL*电路中，电流从开始建立到达到其平衡值的0.100%，我们必须等待的时间是时间常量τ_L的多少倍？(ssm)

46E. *RL*电路中的电流在5.00s内增长到其稳态值的三分之一。求电感时间常量。

47E. *RL*电路中的电流在电池从电路中撤掉以后的第一秒内从1.0A下降到10mA。如果L为10H，求电路的电阻。(ilw)

48E. 考虑图31－17所示的*RL*电路，用电池的电动势$\mathscr{E}$来表示：(a) 当开关刚合在a上时和 (b) 当$t=2.0\tau_L$时，自感电动势各为多大？(c) 用τ_L来表示，经过多长时间$\mathscr{E}_L$将正好为电池电动势$\mathscr{E}$的一半？

49E. 一具有6.30μH电感的螺线管与一具有1.20kΩ的电阻器串联。(a) 如果将一14.0V的电池连接到此组合的两端，则流过电阻器的电流达到其终值的80%需花费多长时间？(b) 在$t=1.0\tau_L$时，通过电阻器的电流为多大？(ssm)

50P. 假设图31－18所示电路中电池的电动势随时间变化，电流由$i(t)=3.0+5.0t$给出，式中i的单位为安培，t的单位为秒。取$R=4.0\Omega$，$L=6.0$H，试求电池电动势作为时间的函数的表达式。(**提示：**应用回路定则。)

51P. 在 $t=0$ 时，45.0V 的电势差突然加到一 $L=50.0\text{mH}$，$R=180\Omega$ 的线圈上。$t=1.20\text{ms}$ 时，电流的增长的时率为多大？(ilw)

52P. 一螺绕环的木质芯子横截面呈正方形，该环的内半径为 10cm，外半径为 12cm。它用一层导线绕制（导线直径为 1.0mm，每米电阻为 0.020Ω/m）。此螺绕环的（a）电感和（b）电感时间常量各为多大？忽略导线上绝缘层的厚度。

53P. 如图 31－55 所示，$\mathscr{E}=100\text{V}$，$R_1=10.0\Omega$，$R_2=20.0\Omega$，$R_3=30.0\Omega$，$L=2.00\text{H}$。求（a）开关 S 刚合下后，（b）其后很长时间，（c）开关 S 刚重新打开和（d）重新打开后很长时间 i_1 和 i_2 的值。(ssm)

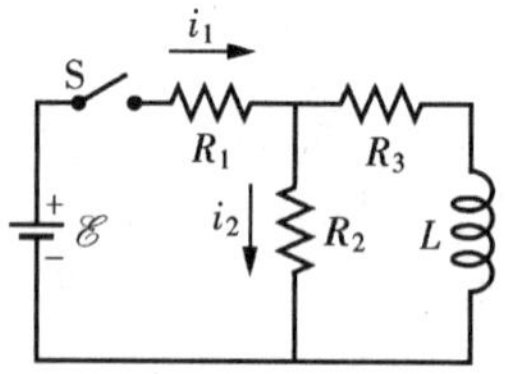

图 31－55 习题 53 图

54P. 在图 31－56 所示的电路中，$\mathscr{E}=10\text{V}$，$R_1=5.0\Omega$，$R_2=10\Omega$，$L=5.0\text{H}$。试分别就两种情况：（Ⅰ）开关 S 刚合上及（Ⅱ）开关 S 合上很长时间，计算：（a）通过 R_1 的电流 i_1；（b）通过 R_2 的电流 i_2；（c）通过开关的电流 i；（d）R_2 两端的电势差；（e）L 两端的电势差；（f）$\mathrm{d}i_2/\mathrm{d}t$。

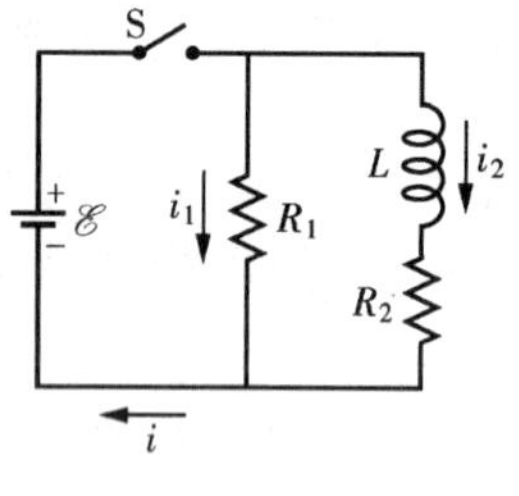

图 31－56 习题 54 图

55P*. 在图 31－57 所示的电路中，在 $t=0$ 时开关 S 合上。此后，通过改变恒流源的电动势保持从其上端流出恒定电流 i。(a) 确定通过电感器的电流作为时间的函数的表达式；（b）证明：在 $t=(L/R)\ln 2$ 时刻，通过电阻器的电流等于通过电感器的电流。(ssm)(ilw)

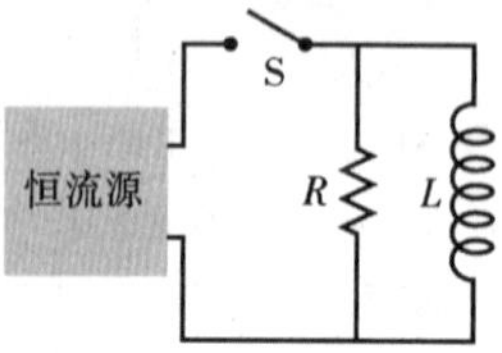

图 31－57 习题 55 图

31－10 节 磁场中所存储的能量

56E. 考虑图 31－18 所示电路，用电感时间常量表示，电池连接后的什么时刻，电感器磁场存储的能量将为其稳态值的一半？

57E. 假设图 31－18 所示电路的电感时间常量是 37.0ms，电路中的电流在 $t=0$ 时为零。在什么时刻，电阻器中能量的耗散率等于在电感器中能量被存储的时率？(ilw)

58E. 一具有 2.0H 电感和 10Ω 电阻的线圈突然连接到 $\varepsilon=100\text{V}$ 而无内阻的电池上。在连接后的 0.10s，（a）能量存储到磁场中的时率是多少？（b）热能出现在电阻中的时率是多少？（c）由电池提供能量的时率是多少？

59P. 一线圈与 10.0kΩ 的电阻器串联，50.0V 的电池加到这两个器件的两端，电流在 5.00ms 后达到 2.00mA。(a) 求线圈的电感；（b）在同一时刻，线圈中存储的能量有多少？(ssm)

60P. 对于图 31－18 所示的电路，假定 $\mathscr{E}=10.0\text{V}$，$R=6.70\Omega$，$L=5.50\text{H}$。在 $t=0$ 时，接上电池，(a) 在最初的 2.00s 内，电池所提供的能量是多少？(b) 存储在电感器磁场中的能量是多少？（c）在电阻器中耗散的能量是多少？

61P. 证明：当图 31－17 中的开关 S 从 a 掷向 b 后，电感器中所存储的全部能量最终都将作为热能出现在电阻器中。(ssm)

31－11 节 磁场的能量密度

62E. 一具有 90.0mH 的螺绕环电感器内部的体积是 0.0200m^3。如果螺绕环中的平均能量密度是 70.0J/m^2，则通过电感器的电流是多少？

63E. 一 85.0cm 长的螺线管具有 17.0cm^2 的横截面积，有 950 匝线圈，载有 6.60A 的电流。（a）计算螺线管内磁场的能量密度；（b）求螺线管磁场中存储的全部能量（忽略端效应）。(ssm)

64E. 我们所在的银河系星际空间中，磁场的大小约为 10^{-10}T。在这个磁场中，边长为 10 光年的正立方体内存储的能量有多少？（就尺度上说，最近的星距离我们 4.2 光年，而银河系的半径约为 8×10^4 光年。）

65E. 如果一均匀电场与 0.50T 的磁场具有相同的能量密度，则此均匀电场必须多大？(ilw)

66E. 半径为 55mm 的圆形导线回路载有 100A 的电流。(a) 求在回路中心处磁场的大小；(b) 计算在回路中心处的能量密度。

67P. 一段铜导线载有在其横截面上均匀分布的 10A 电流。计算在导线表面处的 (a) 磁场及 (b) 电场的能量密度。已知导线的直径为 2.5mm，其单位长度的电阻为 3.3Ω/km。(ssm) (www)

31-12 节　互感

68E. 线圈 1 的 $L_1 = 25\mathrm{mH}$，$N_1 = 100$ 匝；线圈 2 的 $L_2 = 40\mathrm{mH}$，$N_2 = 200$ 匝。两线圈的相对位置严格固定，它们的互感系数 M 为 3.0mH。线圈 1 中 6.0mA 电流以 4.0A/s 的时率变化。(a) 和线圈 1 铰链的磁通量 Φ_1 为多少？所产生的自感电动势多大？(b) 和线圈 2 铰链的磁通量 Φ_{21} 为多少？所产生的互感电动势多大？

69E. 两个线圈的位置在固定，当线圈 1 中没有电流而线圈 2 中的电流以 15.0A/s 的时率增大时，线圈 1 中的电动势为 25.0mV。(a) 它们的互感是多少？(b) 当线圈 2 中没有电流而线圈 1 中有 3.60A 的电流时，线圈 2 中的磁链是多少？(ssm)

70E. 两个螺线管是汽车火花线圈的部件。当一个螺线管中的电流在 2.5ms 内由 6.0A 下降到零时，在另一个螺线管中感应出 30kV 的电动势。两螺线管的互感是多少？

71P. 如图 31-58 所示，连接的两个线圈分开时有电感 L_1 和 L_2，它们的互感为 M。(a) 证明：这个组合可用一个单个线圈来替代，其等效电感由下式给出：

$$L_{eq} = L_1 + L_2 + 2M$$

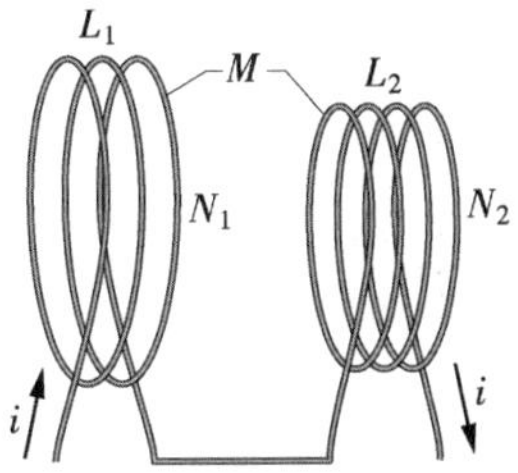

图 31-58　习题 71 图

(b) 图 31-58 中的两个线圈怎样连接，才能给出如下的等效电感：

$$L_{eq} = L_1 + L_2 - 2M$$

(这个习题是习题 43 的延伸，但对两线圈相距很远的要求已被取消。) (ssm)

72P. 一 N 匝线圈 C 环绕长螺线管放置，该螺线管的半径为 R，单位长度的匝数为 n，如图 31-59 所示。证明此线圈-螺线管组合的互感由下式给出：

$$M = \mu_0 \pi R^2 nN$$

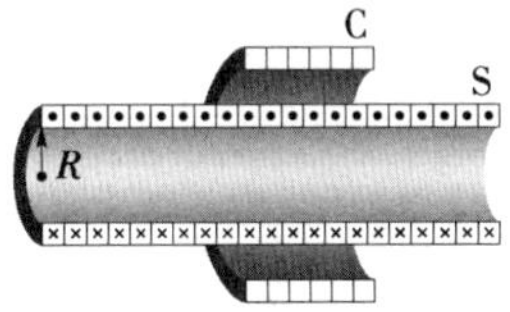

图 31-59　习题 72 图

解释为什么 M 不依赖于线圈的形状、尺寸以及其线匝可能不密集等情况。

73P. 图 31-60 所示为两个同轴螺线管的截面。证明对于长度为 l 的这种螺线管-螺线管组合，其互感由下式给出：

$$M = \pi R_1^2 l \mu_0 n_1 n_2$$

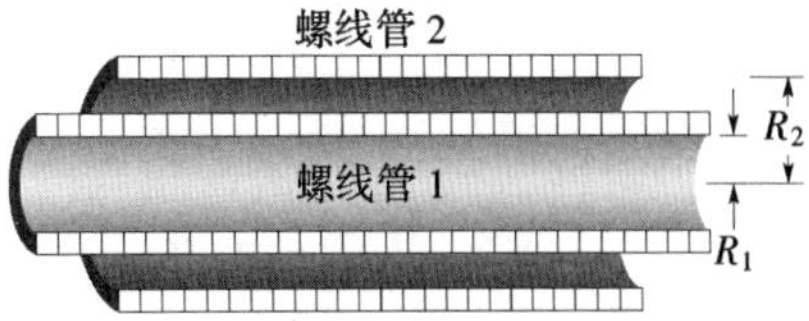

图 31-60　习题 73 图

式中，n_1 和 n_2 分别为两螺线管每单位长度的匝数，R_1 为内螺线管的半径。为什么 M 依赖于 R_1 而与 R_2 无关？(ssm)

74P. 图 31-61 所示为匝数 N_2 的线圈，缠绕在匝数为 N_1 的螺绕环的局部上。螺绕环的内半径为 a，

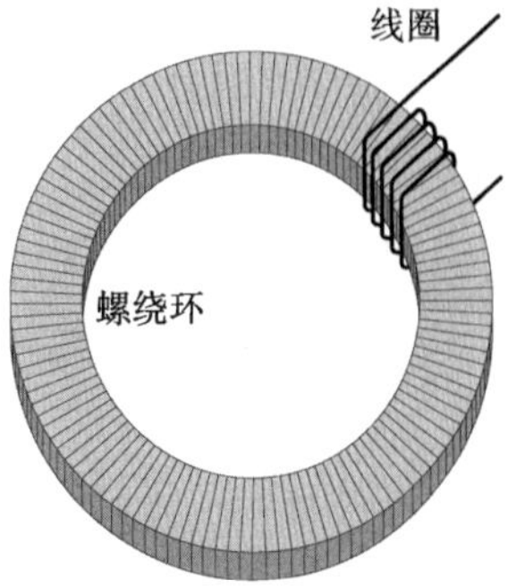

图 31-61　习题 74 图

外半径为 b，高度为 h。试证明：对于此螺绕环线圈组合，其互感为

$$M = \frac{\mu_0 N_1 N_2 h}{2\pi}\ln\frac{b}{a}$$

75P. 一 N 匝密绕矩形线圈如图 31－62 所示，邻近一长直导线放置。(a) 此回路－导线组合的互感为何？(b) 若 $N=100$，$a=1.0\text{cm}$，$b=8.0\text{cm}$，$l=30\text{cm}$，求 M 的值。(ilw)

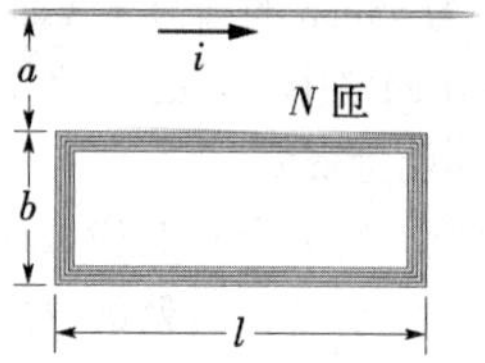

图 31－62　习题 75 图

第 32 章　磁场中的物质:麦克斯韦方程

这张照片是一只青蛙浮在磁场中的俯视图。磁场由竖立在青蛙下面的一个螺线管中的电流产生。螺线管给青蛙的向上的磁力与使青蛙向下的重力平衡（青蛙并不会不舒服，它的感觉就如漂在水中一样，那是它最乐意干的事）。然而，青蛙并非是磁性的（譬如，它不能够贴在冰箱的门上）。

那么，怎么会对青蛙有一个磁力呢?

答案就在本章中。

32-1　磁体

最早知道的磁体是**磁石**，这是天然被**磁化**（使获得磁性）了的石头。当古希腊人和古中国人刚发现这种稀有的石头时，他们对于它具有能够吸引附近金属的魔术般的能力感到好奇。很久以后，他们才学会用磁石（和人工磁化的铁片）作指南针来确定方向。

今天，磁体和磁性物质处处存在。我们可以在 VCR、录音带、ATM 和信用卡、耳机中，甚至在印刷纸币的油墨中找到它们。实际上，某些"添加铁"的早餐食物也含有一点点磁性材料（你可以用一块磁铁从食物和水的浆中把它们收集起来）。更重要的是，众所周知，现代电子工业（包括音乐和信息方面的）没有磁性材料根本无法存在。

材料的磁性可以追踪到它们的原子和电子。但是，我们这里从图 32-1 中的磁棒开始。如你所见，撒在这个磁体周围的铁屑顺着磁体的磁场排列，它们的图样显示出了磁场线。这些线聚集到磁体的两端，暗示了一个端点是线的**源**（场由此发散），另一个端点是线的**汇**（场收敛于此）。习惯上，称源点为磁体的**北极**，称相对的点为**南极**，并且说这种具有两极的磁体是**磁偶极子**的一个例子。

假设像掰断一支粉笔那样分割一根磁棒（见图 32-2）。看起来好像可以分离出单独一个极，或者叫**单极**。然而我们做不到，即使能够把磁体分割到只有单个原子，以及再分到电子和原子核也不行。每个碎片都有一个北极和一个南极。这就是说：

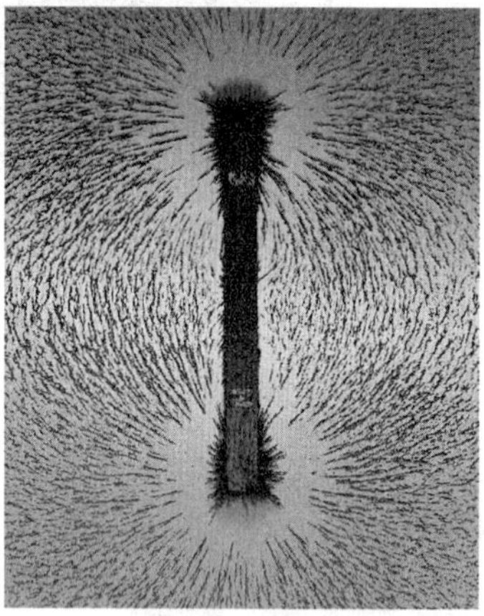

图 32-1　一根磁棒是一个磁偶极子。铁屑把磁场线呈现出来。

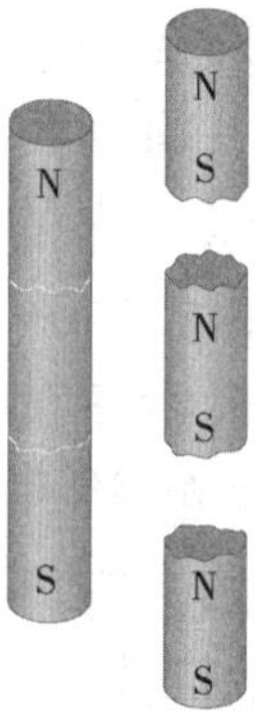

图 32-2　如果分割一个磁体，每个碎片都成为一个独立的磁体，有它自己的北极和南极。

能够存在的最简单的磁结构是一个磁偶极子。磁单极不存在（就目前所知）。

32-2　磁场的高斯定理

磁场的高斯定理用一种正规的方式表达了磁单极不存在。定理指出，通过任何一个闭合高斯面的净磁通量 Φ_B 为零：

$$\Phi_B = \oint \vec{B} \cdot d\vec{A} = 0 \quad \text{（磁场的高斯定理）} \tag{32-1}$$

把这个定理与电场的高斯定理相对比：

$$\Phi_E = \oint \vec{E} \cdot d\vec{A} = \frac{q_{enc}}{\varepsilon_0} \quad (\text{电场的高斯定理})$$

在两个等式中，积分都遍及一个**闭合**高斯面。电场的高斯定理指出，这个积分（通过高斯面的净电通量）正比于高斯面所包围的净电荷；磁场的高斯定理指出，不可能有净磁通量通过高斯面，因为不可能有高斯面所包围的“净磁荷”（单个的磁极）。能够存在的最简单的磁结构是磁偶极子，所以高斯面所包围的最简单的磁结构是由一个源和一个汇构成的磁偶极子。这样，穿出闭合面的磁通量总是与穿入的一样多，因此净磁通量总是为零。

对于比一个磁偶极子更复杂的结构，磁场的高斯定理也成立，甚至当高斯面没有包围整个结构时也成立。图 32 -3 中，在磁棒附近的高斯面Ⅱ没有包围磁极，容易得出通过它的净磁通量为零。高斯面Ⅰ困难一点，看起来它只包围了磁体的北极，因为它只包围了符号 N，没有包围符号 S。然而，在这个面的下部边界必定有一个相应的南极，因为磁场线在那里进入高斯面。（被包围的那部分就好像图 32 -2 中割断的磁棒的一段。）这样，高斯面Ⅰ包围了一个磁偶极子，因此通过此面的净磁通量为零。

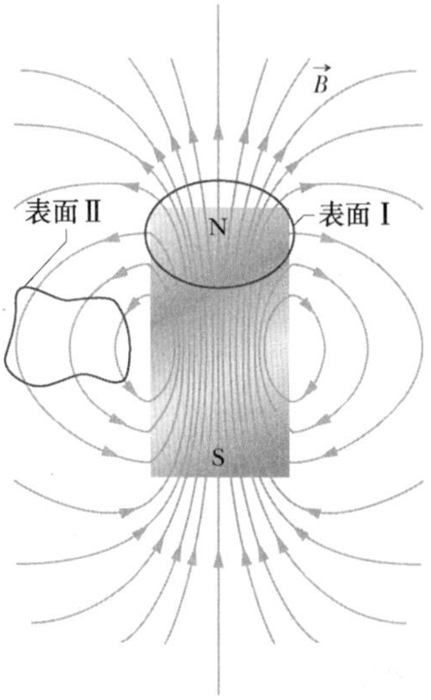

图 32 -3 代表一根短磁棒磁场的磁场线。红色曲线表示闭合的三维高斯面的截面。

检查点 1：下图显示了四个闭合面，相对的顶和底是平面，侧面是曲面。表中给出各个平面的面积 A 和通过这些面的均匀而垂直的磁场 B 的大小；A 和 B 的单位任意，只要一致即可。根据通过侧曲面的磁通量的大小把四个面从大到小排序。

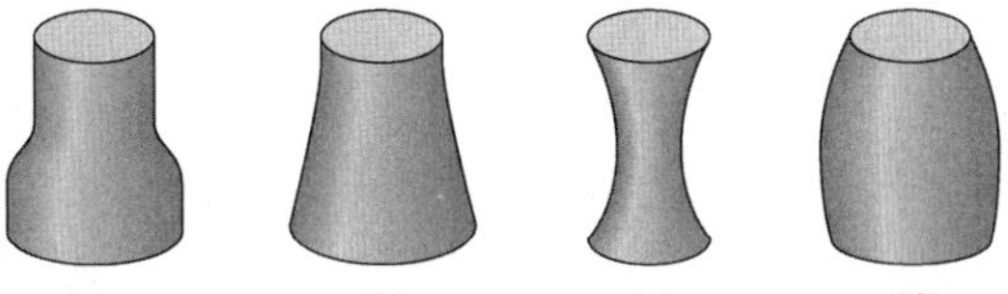

面	$A_{顶}$	$B_{顶}$	$A_{底}$	$B_{底}$
a	2	6，出	4	3，入
b	2	1，入	4	2，入
c	2	6，入	2	8，出
d	2	3，出	3	2，出

32 -3 地球的磁场

地球是一个巨大的磁体。在地球表面附近，它的磁场可以近似为穿过地球中心的一根巨大磁棒（一个磁偶极子）的磁场。图 32 -4 所示是一个磁偶极子磁场理想化的、对称的描绘，没有考虑由来自太阳的带电粒子引起的变形。

因为地球磁场是偶极子的磁场，与这个场相应，有一个磁偶极矩 $\vec{\mu}$。对于图 32 -4 中的理想磁场，$\vec{\mu}$ 的量值是 8.0×10^{22} J/T，方向与地球自转轴（RR）成11.5°角。**偶极子的轴**（图32－4中的 MM）沿着 $\vec{\mu}$ 并且在格陵兰岛西北部的**地磁北极**处和在南极洲的**地磁南极**处与地球表面相交。$\vec{B}$ 的磁场线一般从南半球发出又在北半球进入地球。所以，位于地球北半球的磁极，也就是叫做“北磁极（north magnetic pole）”的，**实际上是地球的磁偶极子的南极**。

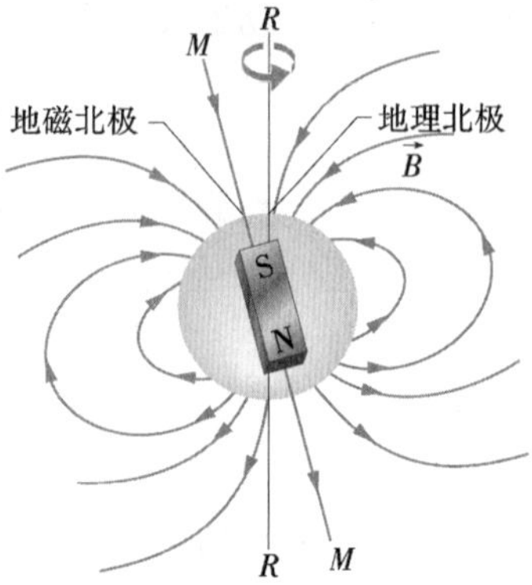

图32－4　用一个偶极子场代表的地磁场。偶极子的轴 MM 与地球自转轴 RR 成11.5°角；偶极子的南极位于地球的北半球。

在地球表面任何地点的磁场，一般由两个角度来表征其方向，**磁偏角**是地理的北方（指向纬度90°）和磁场的水平分量之间的角度（左或右）；**磁倾角**是地平面与磁场方向之间的角度（上或下）。

高精度地测量这些角度和确定磁场需要**地磁仪**。然而，仅用一个指南针和一个磁倾角测量仪已能够做得相当好。指南针就是支起来可以绕一个竖直轴自由旋转的简单的针状磁体。当它保持在一个水平平面中时，一般来说，针的北极指向地磁的北极（记住，实际上是南磁极）。在针和地理北之间的角度是场的磁偏角。磁倾角测量仪是一个类似的磁体，可以绕一个水平轴自由旋转，当它转动的竖直平面与指南针的方向一致时，磁针与地平线之间的角度就是磁倾角。

在地球表面任何地点测量的磁场，与图32－4中理想偶极子的场，可能在大小和方向上都明显地不同。事实上，地磁场真正垂直于地球表面，并且指向内部的那一点并不像我们预期的那样，在格陵兰岛的地磁北极，而这个所谓的**磁倾北极**（dip north pole）是在远离格陵兰岛的加拿大北部的伊丽莎白女王群岛。

另外，在地球表面上任何地点观测的磁场都在随时间变化着。经过几年，这种变化就可以测量出来，经过（譬如说）一百年的这种变化就很明显了。例如在伦敦，从1580年到1820年，指南针的指向改变了35°。

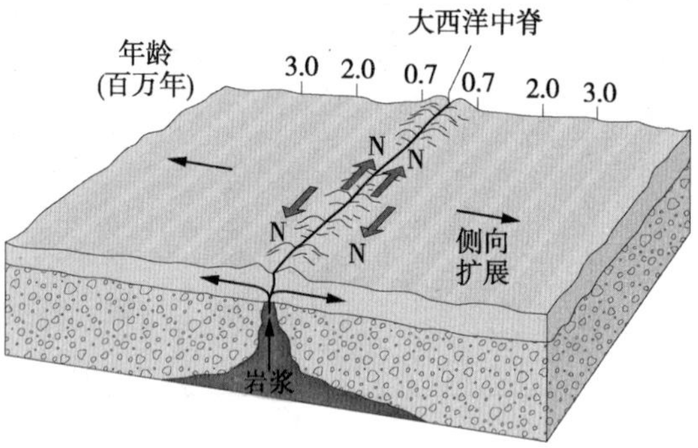

图32－5　在大西洋中脊的两边海底的磁性断面。通过脊挤出的、并且作为板块漂移系统一部分的海底，显示了地核以往的磁历史的记录。地核产生的磁场的方向大约每百万年翻转一次。

尽管有这些局部的变化，在这样一个相对比较短的时间内，平均的偶极子场变化还是很慢的。在更长时间内的变化可以通过测量在大西洋中脊两边的洋底弱磁场来研究（见图32－5）。这个洋底的形成是由于从地球内部通过脊中渗出的熔岩一边凝固、一边又（由于板块的漂移）以每年几厘米的速率被从脊处拉开。在熔岩凝固时，它成为弱磁化的，这个磁场的取向是它发生凝固时的地磁场的方向。对于这些跨越洋底的凝固熔岩的研究揭示，地球磁场的**极性**（南极和北极的方向）大约每百万年翻转一次。翻转的原因尚不清楚。事实上，人们对于产生地球磁场的机制也只有模糊的了解。

32 -4 磁性和电子

磁性物质（从磁石到录像带）之所以有磁性要归因于其中的电子。我们已经知道，电子可以产生磁场的一种途径：使它们通过导线移动形成电流，在导线周围产生磁场。还有另外两种途径，都关系到磁偶极矩在周围空间产生一个磁场。但是，对这两种方式的解释需要量子物理知识，超出了本书介绍的物理，所以我们仅略述结果。

自旋磁偶极矩

电子有一个内禀的角动量 $\vec{S}$，叫做它的**自旋角动量**（或者简称**自旋**）。与这个自旋相联系的是一个内禀的**自旋磁偶极矩** $\vec{\mu}_S$，（所谓**内禀**，是指 $\vec{S}$ 和 $\vec{\mu}_S$ 是电子的基本特性，就如它的质量和电荷一样。）$\vec{S}$ 和 $\vec{\mu}_S$ 的关系是

$$\vec{\mu}_S = -\frac{e}{m}\vec{S} \qquad (32-2)$$

式中，e 是基本电荷（1.60×10^{-19}C）；m 是一个电子的质量（9.11×10^{-31}kg）；负号表示 $\vec{\mu}_S$ 和 $\vec{S}$ 方向相反。

自旋 $\vec{S}$ 与第 12 章中提到的角动量有以下两方面不同：

1. $\vec{S}$ 本身是不可测量的，但是可以测量它沿着任意轴的分量。

2. 测量到的 $\vec{S}$ 的一个分量是**量子化**的。“量子化”是一个通用的术语，意味着它只能取一定的数值。测量到的 $\vec{S}$ 的一个分量只能取两个数值，它们只相差一个符号。

令自旋 $\vec{S}$ 的分量是沿着坐标系 z 轴测量的，则测量的分量 S_z 只可以取由下式给出的两个数值

$$S_z = m_S\frac{h}{2\pi}, \quad m_S = \pm\frac{1}{2} \qquad (32-3)$$

其中，m_S 叫做**自旋磁量子数**，h（$=6.63\times10^{-34}$J·s）是量子物理学中的一个普通的常量，称为普朗克常量。在式（32 -3）中给出的符号必须根据 S_z 沿着 z 轴的方向决定。当 S_z 平行于 z 轴，m_S 是 $+\frac{1}{2}$，称电子为**自旋向上**；当 S_z 反平行于 z 轴，m_S 是 $-\frac{1}{2}$，称电子为**自旋向下**。

电子的自旋磁偶极矩 $\vec{\mu}_S$ 也是不可测量的，只可以测量它沿着任意轴的分量。分量也是量子化的，有两个数值相同而符号不同的可能值。可以把式（32 -2）重写成对于 z 轴的分量形式。沿着 z 轴测量的分量 $\mu_{S,z}$ 与 S_z 的关系为

$$\mu_{S,z} = -\frac{e}{m}S_z$$

对 S_z 用式（32 -3）代入就得出

$$\mu_{S,z} = \pm\frac{eh}{4\pi m} \qquad (32-4)$$

其中，正号和负号分别相应于 $\mu_{S,z}$ 平行和反平行于 z 轴。

式（32 -4）右边的量叫做**玻尔磁子** μ_B，

$$\mu_B = \frac{eh}{4\pi m} = 9.27\times10^{-24}\text{J/T} \quad (\text{玻尔磁子}) \qquad (32-5)$$

电子和其他基本粒子的自旋磁偶极矩可以用μ_B来表示。对于一个电子，测量的$\vec{\mu}_S$沿着z轴的分量的大小是

$$\mu_{S,z} = 1\mu_B \tag{32-6}$$

(关于电子的量子物理学称为**量子电动力学**，或QED，揭示，$\mu_{S,z}$比$1\mu_B$稍大一点，但是以下我们忽略这个效应。)

当一个电子被置于外磁场$\vec{B}_{ext}$中，可以引入一个与电子自旋磁偶极子$\vec{\mu}_S$的取向相联等的势能U，就像可以引入一个与置于$\vec{B}_{ext}$中的电流回路的磁偶极子$\vec{\mu}$相联等的势能一样。由式（29-38）可知，对于电子，势能为

$$U = -\vec{\mu}_S \cdot \vec{B}_{ext} = -\mu_{S,z}B_{ext} \tag{32-7}$$

其中，z轴取$\vec{B}_{ext}$的方向。

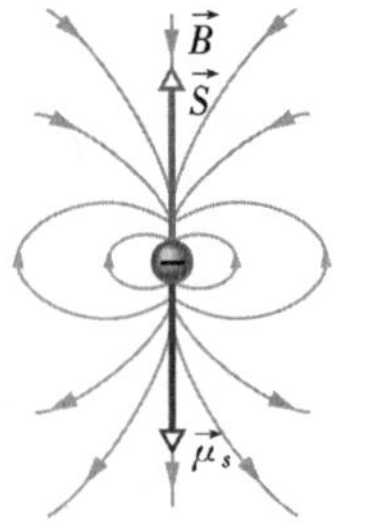

图32-6　一个用宏观球表示的电子的自旋$\vec{S}$、自旋磁偶极矩$\vec{\mu}_S$和磁偶极场。

假如我们把电子想象成一个宏观的球（实际它不是），就可以如图32-6那样表示自旋$\vec{S}$、自旋磁偶极矩$\vec{\mu}_S$和相应的磁偶极场。虽然这里用了词“自旋”，但是电子并不像陀螺那样自转。那么，一个实际没有旋转的物体如何可能具有角动量呢？这里还是需要量子物理学才能给出答案。

质子和中子也有一个叫做自旋的内禀角动量以及相应的内禀自旋磁偶极矩。对于质子，这两个矢量具有相同的方向；而对于中子，它们的方向相反。我们将不研究这些磁偶极矩对原子磁场的贡献，因为它们比来自电子的贡献小约千倍。

检查点2：在外磁场$\vec{B}_{ext}$中，两个粒子自旋的取向如图所示。(a) 假如这些粒子是电子，哪种自旋取向的势能较低？(b) 假如这些粒子是质子，哪种自旋取向的势能较低？

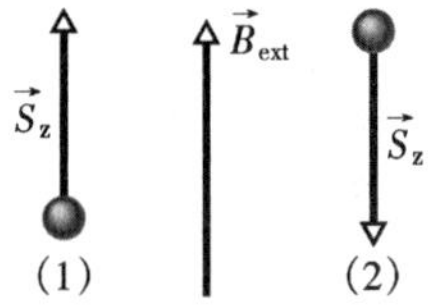

轨道磁偶极矩

当电子处于一个原子中时，它有一个外加的角动量$\vec{L}_{orb}$，叫做它的**轨道角动量**。与$\vec{L}_{orb}$相联系的是一个**轨道磁偶极矩**$\vec{\mu}_{orb}$。两者的关系是

$$\vec{\mu}_{orb} = -\frac{e}{2m}\vec{L}_{orb} \tag{32-8}$$

负号表示$\vec{\mu}_{orb}$和$\vec{L}_{orb}$具有相反的方向。

轨道角动量$\vec{L}_{orb}$不可测量，只可测量它沿着任意一个轴的分量，而且这个分量是量子化的。譬如说，沿着z轴的分量只能够具有以下这些数值：

$$L_{orb,z} = m_l\frac{h}{2\pi} \quad m_l = 0, \pm 1, \pm 2, \cdots, \pm(\text{limit}) \tag{32-9}$$

式中，m_l叫做**轨道磁量子数**，“limit”是指对于m_l的某个最大允许整数值。式（32-9）中的符号与$L_{orb,z}$沿z轴的方向有关。

电子的轨道磁偶极矩$\vec{\mu}_{orb}$本身也是不可测量的，只可测量它的沿着一个轴的分量，而且这分量也是量子化的。把式（32-8）像上面那样写成沿同一z轴的分量，再对$L_{orb,z}$用式（32-9）

代入，可以把轨道磁偶极矩的 z 分量 $\mu_{\text{orb},z}$ 写为

$$\mu_{\text{orb},z} = -m_l \frac{eh}{4\pi m} \qquad (32-10)$$

用玻尔磁子表示为

$$\mu_{\text{orb},z} = -m_l\mu_B \qquad (32-11)$$

当一个原子置于外磁场 $\vec{B}_{\text{ext}}$ 中，可以引入与每个电子的轨道磁偶极矩的取向相联系的一个势能 U，它的量值为

$$U = -\vec{\mu}_{\text{orb}} \cdot \vec{B}_{\text{ext}} = -\mu_{\text{orb},z}B_{\text{ext}} \qquad (32-12)$$

其中，z 轴的取向与 $\vec{B}_{\text{ext}}$ 相同。

虽然在这里使用了词“轨道”和“沿轨道运行”，电子并非像行星围绕太阳的轨道运行那样围绕原子核的轨道运行。既然电子有轨道角动量，为何它们没有通常意义上的轨道？这又是只有用量子物理才能够解释的。

电子轨道的回路模型

可以用如下非量子的推导得出式（32-8）。在这个推导中，假设电子沿着一个半径比原子半径大得多的圆形路径运动（因此名为“回路模型”）。但是这个推导不适用于处在原子中的电子（对于它们，我们需要量子物理）。

想象一个以恒定速率 v 在半径为 r 的圆形路径中逆时针运动的电子，如图 32-7 所示。电子的负电荷的这个运动等效于一个习惯上的顺时针（正电荷的）电流 i，如图 32-7 所示。这样一个**电流回路**的轨道磁偶极矩的大小由式（29-35）取 $N=1$ 得出：

$$\mu_{\text{orb}} = iA \qquad (32-13)$$

式中，A 是回路所包围的面积。由图 30-21 的右手规则，此磁偶极矩的方向在图 32-7 中为向下。

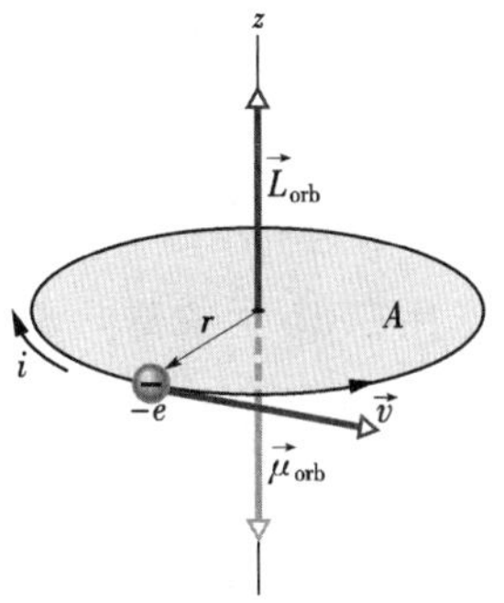

图 32-7 一个在半径为 r 的圆形路径中以恒定速率 v 运动的电子，回路包围的面积为 A。这个电子具有一个轨道角动量 $\vec{L}_{\text{orb}}$，以及一个相应的轨道磁偶极矩 $\vec{\mu}_{\text{orb}}$。一个顺时针（正电荷的）电流 i 等效于带负电的电子的逆时针环行。

为了计算式（32-13），需要知道电流 i。电流一般是在电路中某处电荷的通过率。这里，量值为 e 的电荷从任意点环行一圈后通过该点需要的时间为 $T=2\pi r/v$，所以

$$i = \frac{\text{电荷}}{\text{时间}} = \frac{e}{2\pi r/v} \qquad (32-14)$$

把此式和回路面积 $A=\pi r^2$ 代入到式（32-13）中，得到

$$\mu_{\text{orb}} = \frac{e}{2\pi r/v}\pi r^2 = \frac{evr}{2} \qquad (32-15)$$

为了得到电子的轨道角动量 $\vec{L}_{\text{orb}}$，需用式（12-18）和 $\vec{l}=m(\vec{r}\times\vec{v})$。因为 $\vec{r}$ 和 $\vec{v}$ 互相垂直，$\vec{L}_{\text{orb}}$具有量值

$$L_{\text{orb}} = mrv\sin 90° = mrv \qquad (32-16)$$

在图 32-7 中，$\vec{L}_{\text{orb}}$向上（见图 12-11）。式（32-15）与式（32-16）相结合，推广到矢量形式，并且用负号表明相反的矢量方向，得出

$$\vec{\mu}_{\text{orb}} = -\frac{e}{2m}\vec{L}_{\text{orb}}$$

即式（32－8）。这样，通过“经典”（非量子）的分析，我们在量值和方向上都得到了与用量子物理学给出的相同的结果。有人可能要问，既然这个推导对于原子中的一个电子能给出正确结果，为什么又说这推导对那种情况无效。回答是这个推理路线产生了另一些与实验矛盾的结论。

在一个非均匀场中的回路模型

还是像在图 32－7 中那样，把一个电子轨道考虑为一个电流回路。但是现在把回路画在一个非均匀磁场 $\vec{B}_{ext}$ 中，如图 32－8a 所示。（这个场可能是图 32－3 中磁体北极附近的发散场。）我们做这个改变是为以下几节作准备，在那几节中将讨论当磁性材料置于一个非均匀磁场中时，作用于材料的力。讨论这些力时要假设在材料中的电子轨道为图 32－8a 所示的很小的电流回路。

这里假设电子的环形路径上各处的磁场矢量具有相等的量值，并且与竖直线形成相等的角度，如图 32－8b、d 所示。还假设在一个原子内的所有电子或者都是顺时针（见图 32－8b），或者都是逆时针（见图 32－8d）运动。图中对每一种运动方向都表示出了环绕回路的电流 i，及由 i 产生的轨道磁偶极矩。

图 32－8c、e 所示为沿轨道平面看去的，在一个直径两端的与 i 同方向的回路长度元 $d\vec{L}$，还显示了磁场 $\vec{B}_{ext}$ 以及作用在 $d\vec{L}$ 上的磁力 $d\vec{F}$。回忆起在一个磁场 $\vec{B}_{ext}$ 中沿着长度元 $d\vec{L}$ 的电流所受的磁力 $d\vec{F}$ 由式（29－28）给出：

$$d\vec{F} = i d\vec{L} \times \vec{B}_{ext} \qquad (32-17)$$

在图 32－8c 的左边，式（32－17）告诉我们，力 $d\vec{F}$ 向右上方；在右边，力 $d\vec{F}$ 同样大，向左上方。因为它们的角度相同，两个力的水平分量抵消而垂直分量相加。这对于在回路上任意的对称两点都成立。于是，作用在图 32－8b 中电流回路上的净力必定向上。由于同样的原因，作用在图 32－8d 中电流回路上的净力必定向下。当研究非均匀磁场中的磁性材料的行为时，将直接用到上述这两个结果。

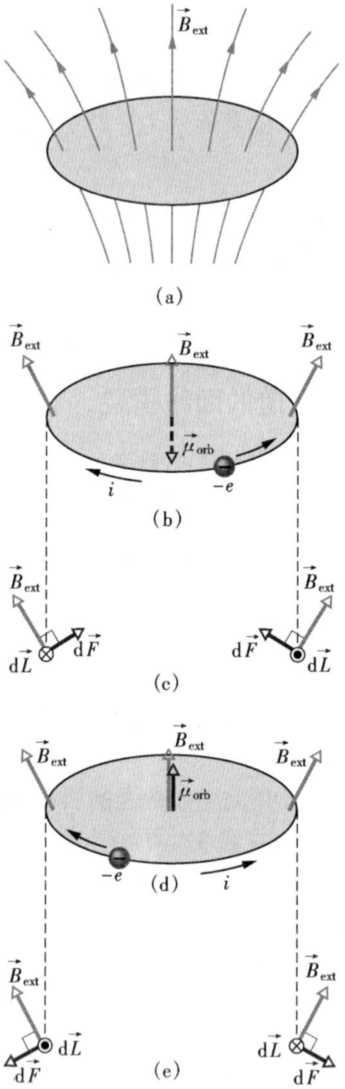

图 32－8　（a）在非均匀磁场 $\vec{B}_{ext}$ 内的一个原子中一个电子轨道的回路模型。（b）电荷 $-e$ 逆时针运动；相应的电流 i 为顺时针的。（c）沿轨道平面看去的作用在回路左右两边的磁力 $d\vec{F}$；作用在回路上的净力向上。（d）现在电荷 $-e$ 顺时针运动。（e）现在作用在回路上的净力向下。

32－5　磁性材料

在一个原子中的每个电子都具有一个轨道磁偶极矩和一个自旋磁偶极矩，两者作矢量叠加。这两种矢量的合成又与原子中所有其他电子类似的合成结果作矢量叠加，每个原子的合成结果再与材料样品中所有其他原子的这种合成结果作矢量叠加。如果所有这些磁偶极矩的合成产生了一个磁场，则材料就是磁性的。一般有三类磁性：抗磁性，顺磁性和铁磁性。

1. 抗磁性是所有普通材料都具有的，但是很弱，一旦材料同时显现另外两种磁性中的任何一种，它就被掩盖。由于抗磁性，当材料置于一个外磁场 $\vec{B}_{ext}$ 中时，在材料的原子中产生一个弱的磁偶极矩。所有这些感生的偶极矩的合成，仅使材料整体上产生一个极弱的净磁场。当磁场 $\vec{B}_{ext}$ 被撤走以后，偶极矩和它们的净场就都消失了。名词**抗磁质**通常指仅仅显示抗磁性的材料。

2. 顺磁性是一些包含过渡元素、稀土元素和锕类元素（见附录 G）的材料所具有的。这种材料的每一个原子都具有一个永久的合成磁偶极矩，但是这些磁矩在材料中随机取向，使材料在整体上没有净磁场。然而，一个外磁场 $\vec{B}_{ext}$ 可以使原子的磁偶极矩部分地平行排列，使材料有一个净磁场；当磁场 $\vec{B}_{ext}$ 被撤走以后，平行排列及其随同的净场消失。名词**顺磁质**通常指主要显现顺磁性的材料。

3. 铁磁性是铁、镍和其他一些特定的元素（及这些元素的化合物和合金）的特性。在这种材料中，一些电子已经使它们的合磁偶极矩平行排列，产生了具有强磁偶极矩的区域。一个外磁场 $\vec{B}_{ext}$ 可以使这些区域的磁矩平行排列，从而使材料样品产生一个很强的磁场；当外磁场 $\vec{B}_{ext}$ 被撤走以后，这个磁场还部分地存在。我们通常用名词**铁磁质**，甚至更常用名词**磁性材料**，来指主要显现铁磁性的材料。以下三节分别讨论这三类磁性。

32－6 抗磁性

我们目前仍然不能讨论抗磁性的量子物理学解释，但是可以用图 32－7 和图 32－8 的回路模型提供一个经典解释。首先，假设在抗磁质的一个原子中每个电子只能够像图 32－8d 中那样顺时针或像图 32－8b 中那样逆时针作轨道运动。为了解释不存在外磁场 $\vec{B}_{ext}$ 时无磁性，假设原子不具有净磁偶极矩。这意味着在施加 $\vec{B}_{ext}$ 之前，以某一方向作轨道运动的电子数与反向运动的电子数一样多，结果原子向上的净磁偶极矩和向下的净磁偶极矩相等。

现在转到讨论图 32－8a 所示的非均匀场 $\vec{B}_{ext}$，其中 $\vec{B}_{ext}$ 向上，但是发散（磁场线发散）。要做到这种磁场分布，可以使通过一个电磁铁的电流增加，或者把磁棒的北极从下方移近轨道。随着 $\vec{B}_{ext}$ 的强度由零增强到它的最大稳态值，根据法拉第定律和愣次定律，沿着每个电子轨道回路都感生出一个顺时针电场。下面来考察感应电场是如何影响图 32－8b、d 中的轨道电子的。

在图 32－8b 中，逆时针的电子被顺时针的电场加速。于是，随着磁场 $\vec{B}_{ext}$ 增强到它的最大值，电子速度就增加到一个最大值。这意味着相伴的电流 i 及由于 i 引起的向下的磁偶极矩 $\vec{\mu}$ 也**增加**。

在图 32－8d 中，顺时针的电子被顺时针的电场减速。于是，在此情况下，电子速率、相伴的电流 i，以及由于 i 引起的向上的磁偶极矩 $\vec{\mu}$ 都**减小**。引入磁场 $\vec{B}_{ext}$，就给了原子一个向上的净磁偶极矩。假如磁场是均匀的，也会这样。

磁场 $\vec{B}_{ext}$ 的非均匀性也影响原子。因为图 32－8b 中的电流 i 增强，图 32－8c 中向上的磁力 $d\vec{F}$，以及电流回路上净的向上的力也增强。因为图 32－8d 中电流 i 减弱，图 32－8e 中向下的磁力 $d\vec{F}$，以及电流回路上净的向下的力也减弱。这样，通过引入**非均匀**磁场 $\vec{B}_{ext}$，就对原子产生了一个净力。而且，这个力指向**远离**磁场较强的区域。

我们用假想的电子轨道（电流回路）进行了讨论，而结果得出的恰恰是发生于抗磁质的现象：如果引入图32-8所示的磁场，材料就会产生向下的磁偶极矩，并且受到一个向上的力；磁场被撤走以后，这偶极矩和力都会消失。外磁场不一定要像图中那样安排，对于 $\vec{B}_{ext}$ 的其他取向，可以作类似的论证。一般地说

置于外磁场 $\vec{B}_{ext}$ 中的抗磁质产生一个与 $\vec{B}_{ext}$ 反方向的磁偶极矩。如果磁场为非均匀的，抗磁质被**从**磁场较强的区域斥**向**较弱的区域。

本章开始的照片中，青蛙（与其他所有动物一样）是抗磁质。当青蛙被置于垂直载流螺线管顶端附近的发散磁场中时，青蛙中的每个原子都被向上推，离开螺线管顶端的较强磁场区域。青蛙就向上移动，进入越来越弱的磁场，直到向上的磁力与青蛙所受的重力平衡，这时它就悬在空中。由于人的抗磁性，如果我们造一个足够大的螺线管，也可以使一个人浮在空中。

检查点3：右图所示为置于一根磁棒南极附近的两个抗磁性小球。(a) 作用于小球的磁力和 (b) 小球的磁偶极矩是指向还是指离磁棒？(c) 对小球1的磁力是大于、小于，还是等于对小球2的磁力？

32-7 顺磁性

在顺磁质中，每个原子中各电子的自旋和轨道磁偶极矩不是抵消而是矢量叠加，给原子一个净（并且永久的）磁偶极矩 $\vec{\mu}$。当无外磁场时，这些原子磁偶极矩随机取向，使材料的净磁偶极矩为零。然而，如果一块这种材料的样品被置于外磁场 $\vec{B}_{ext}$ 中，磁偶极矩倾向于沿磁场方向排列，就给了样品一个净磁偶极矩。这种沿外磁场方向的排列与我们已看到的抗磁性材料的情况相反。

被置于外磁场 $\vec{B}_{ext}$ 中的顺磁质产生一个与 $\vec{B}_{ext}$ 同方向的磁偶极矩。如果磁场为非均匀的，顺磁质被**从**磁场较弱的区域吸**向**较强的区域。

一块具有 N 个原子的顺磁性样品，假如它的原子偶极子都完全排列起来了，就会有一个量值为 $N\mu$ 的磁偶极矩。然而，由于热扰动，原子的随机碰撞将在它们之间转移能量，打乱它们的排列，因而减弱了样品的磁偶极矩。

由于液态氧为顺磁性的，被磁力吸向磁体，所以该液体被悬在一个磁体的两极之间。

热扰动的重要性可以通过比较两种能量来估量。一种是，根据式（20-24），在温度 T 下原子的平均平动动能 $K\left(=\frac{3}{2}kT\right)$，其中 k 为玻尔兹曼常量（1.38×10^{-23} J/K），T 为开氏（非摄氏）温度；另一种是，根据式（29-38），一个原子的磁偶极矩与外场平行和反平行排列之间的能量差 ΔU_B

($=2\mu B_{ext}$)。正如下面将证明的，即使在常温和一般场强下，也有 $K \gg \Delta U$。这样，原子之间碰撞时的能量转移可能显著地使原子偶极矩的排列混乱，使得样品的磁偶极矩比 $N\mu$ 小得多。

可以用给定的顺磁质样品的磁偶极矩与它的体积 V 之比来表示该样品被磁化的程度。这个矢量，即单位体积的磁偶极矩，称为样品的**磁化强度** $\vec{M}$，它的量值为

$$M = \frac{\text{测得的磁偶极矩}}{V} \tag{32-18}$$

$\vec{M}$ 的单位是安培/米（A/m）。原子磁偶极矩的完全平行排列，叫做样品的**磁性饱和**，相应于极大值 $M_{max} = N\mu/V$。

1895 年皮埃尔·居里从试验中发现，一块顺磁质样品的磁化强度正比于外磁场 $\vec{B}_{ext}$，反比于开氏温度 T，即

$$M = C\frac{B_{ext}}{T} \tag{32-19}$$

式（32-19）称为**居里定律**，C 称为**居里常量**。居里定律是合理的，因为增强的 B_{ext} 使样品中的原子偶极矩更加整齐地排列，从而增大 M。另一方面，T 的增高使热扰动更强烈地瓦解这种排列，从而减小 M。然而，实际上这个定律是一个近似，它只在 B_{ext}/T 不太大时才成立。

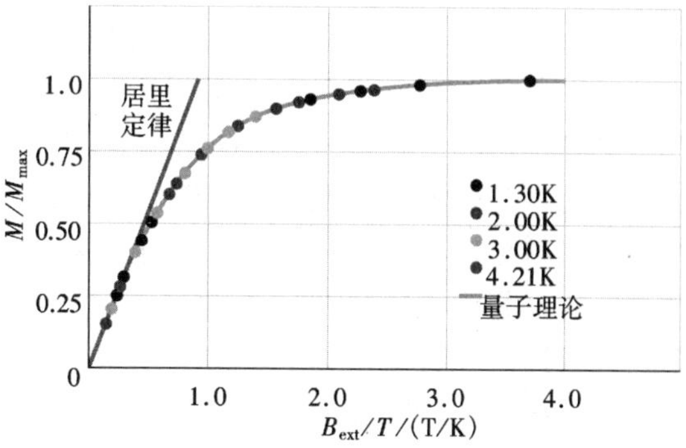

图 32-9 对于硫酸铬钾（一种顺磁质）的**磁化曲线**，即这种盐的磁化强度 M 与最大可能磁化强度 M_{max} 之比对外加磁场 B_{ext} 与温度 T 之比的函数曲线，在左边按照居里定律画出的直线符合实验数据；量子理论符合所有实验数据。由 W. E. Henry 提供。

对于一块硫酸铬钾盐样品，图 32-9 所示为比值 M/M_{max} 作为 B_{ext}/T 的函数的曲线，其中铬离子是顺磁质。这个曲线叫做**磁化曲线**。在左边，对于 B_{ext}/T 小于约 0.5T/K，按照居里定律画出的直线是符合实验数据的。图中符合所有实验数据的曲线基于量子物理。右边的接近磁性饱和的数据很难得到，因为它们要求很强的磁场（约为地磁场的 100000 倍），即使在非常低的温度下。

检查点 4：右图所示为一根磁棒南极附近的两个顺磁性小球。(a) 作用于小球的磁力和 (b) 小球的磁偶极矩是指向还是指离磁棒？(c) 对小球 1 的磁力是大于、小于，还是等于对小球 2 的磁力？

例题 32-1

一种顺磁性气体在室温（$T=300\mathrm{K}$）下被置于大小为 $B=1.5\mathrm{T}$ 的均匀外磁场中，气体原子具有磁偶极矩 $\mu=1.0\mu_B$。计算气体原子的平均平动动能 K，及原子的磁偶极矩与外场平行和反平行排列之间的能量差 ΔU_B。

【解】 第一个**关键点**在于，气体中的原子的平均平动动能 K 依赖于气体的温度。由式（20-24），有

$$K = \frac{3}{2}kT = \frac{3}{2}(1.38\times10^{-23}\mathrm{J/K})(300\mathrm{K})$$

$$= 6.2\times10^{-21}\mathrm{J} = 0.039\mathrm{eV} \quad \text{（答案）}$$

第二个**关键点**是，一个磁偶极子 $\vec{\mu}$ 在外磁场 $\vec{B}$ 中的势能 U_B 依赖于 $\vec{\mu}$ 和 $\vec{B}$ 之间的角度 θ。由式（29-38）

($U_B=-\vec{\mu}\cdot\vec{B}$)，可写出平行 ($\theta=0°$) 和反平行 ($\theta=180°$) 排列之间的差 ΔU_B 为

$$\Delta U_B=-\mu B\cos 180°-(-\mu B\cos 0°)=2\mu B$$
$$=2\mu_B B=2(9.27\times10^{-24}\text{J/T})(1.5\text{T})$$
$$=2.8\times10^{-23}\text{J}=0.00017\text{eV} \qquad \text{(答案)}$$

这里 K 约为 ΔU_B 的 230 倍，所以原子之间在它们碰撞时相互交换的能量很容易使任意一个可能沿着外磁场排列的磁偶极矩重新取向。因此，由顺磁性气体显示出的磁偶极矩一定是由于原子的偶极矩沿外磁场方向短暂的部分的排列。

32-8 铁磁性

在日常生活中，当说到磁性时，我们心里几乎总是已经有一根磁棒或一个磁片（可能贴在冰箱门上的）的图像。这就是说，我们总是想像具有永久强磁性的铁磁质，而不是一个具有短暂弱磁性的抗磁质或顺磁质。

由于一种叫做**交换耦合**的量子物理效应，铁、钴、镍、钆、镝，以及包含这些元素的合金显示出铁磁性。一个原子中的电子自旋通过这种效应与相邻原子的电子自旋相互作用。作用的结果使原子的磁偶极矩都排列起来，尽管原子碰撞有导致混乱的倾向。这种持久的平行排列是使铁磁质具有永久磁性的原因。

如果一个铁磁质的温度上升到某个临界点（称为**居里温度**）以上，交换耦合就停止起作用。大多数这类材料就成为简单的顺磁质。这就是说，偶极子仍然倾向于沿外场排列，但是要弱得多，而且这时热扰动可以更容易地瓦解这种排列。铁的居里温度是 1043K（=770°C）。

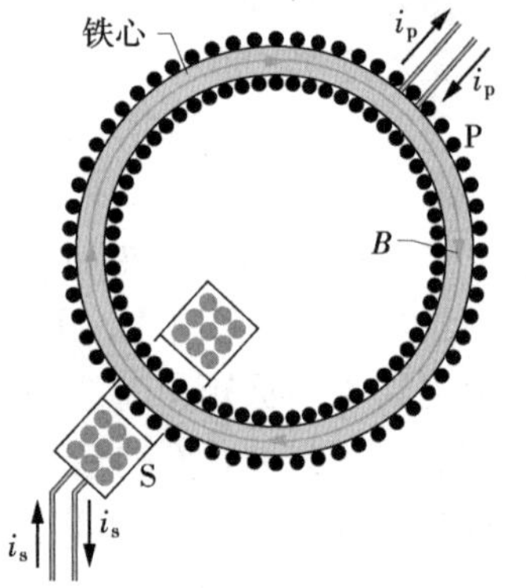

图 32-10 罗兰环。电流 i_P 被送入用要研究的铁磁质（这里是铁）做芯的一个一次线圈 P。铁心被电流磁化。（绕在线圈上的线匝在图中用圆点表示。）铁心的磁化程度决定了在线圈 P 内的总磁感应强度 $\vec{B}$。可以用一个二次线圈 S 测量磁场 $\vec{B}$。

用一种叫做**罗兰环**的装置（见图 32-10）可以研究像铁这类铁磁材料的磁化。这种材料被做成一个截面是圆形的细螺绕环芯。单位长度 n 匝的一次线圈 P 绕在芯上并且通有电流 i_P。（这个线圈实质上就是一个被弯成圆形的长直螺线管。）如果没有铁心，根据式（30-25），线圈内的磁感应强度的数值是

$$B_0=\mu_0 i_P n \qquad (32-20)$$

然而，由于铁心的存在，线圈内的磁感应强度 $\vec{B}$ 大于 $\vec{B}_0$，通常大得多。可以把这个场的量值写为

$$B=B_0+B_M \qquad (32-21)$$

其中，B_M 是由铁心贡献的磁感应强度的大小。这个贡献是由于交换耦合和外加磁场 B_0 使铁中的原子偶极矩排列的结果，而且它正比于铁的磁化强度 M。这就是说，B_M 的贡献正比于单位体积铁内的磁偶极矩。为了确定 B_M，用一个二次线圈 S 测量 B，用式（32-20）计算 B_0，再代入式（32-21）。

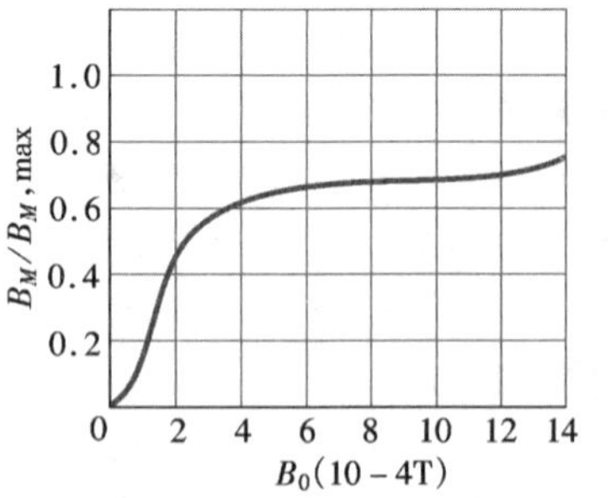

图 32-11 图 32-10 中罗兰环的铁心的一条磁化曲线。在竖轴上，1.0 对应于材料中的原子偶极子完全排列（饱和磁化）。

图 32-11 所示为相应于罗兰环中的铁磁质的一条磁化曲线：比值 $B_M/B_{M,\max}$ 对 B_0 的图线。其中 $B_{M,\max}$ 是 B_M 的最大可能值。曲线与一个顺磁质的磁化曲线（即图 32-9）相像：两个曲线都表示外加磁场可以使一种材料中的原子偶极矩排

列的程度。

对于给出图 32-11 曲线的铁心，在 $B_0 \approx 1\times10^{-3}$T 下，约 70% 的偶极矩完全排列。如果 B_0 增强到 1T，几乎达到完全排列（但是 $B_0=1$T，以及由此几乎完全的饱和，是相当难以做到的）。

磁畴

交换耦合导致铁磁质中相邻原子偶极子在温度低于居里温度时强烈的同向排列。那么，这种物质为何不是在无外磁场时就天然地饱和磁化呢？也就是说，为何不是每一块铁，譬如像一根铁钉，都是天然的强磁体呢？

为了了解这一点，考虑一块铁磁质（譬如铁）的单晶样品，其中的原子（它的晶格）在整个样品体积中无缺陷地按一定规律排列着。这样一个晶体在正常状态时可以由许多**磁畴**构成。磁畴是晶体中的一些区域，其中的原子偶极子排列基本上是完全的。但是各个磁畴的取向并不都平行。从晶体的整体来看，这些磁畴的取向使它们外部的磁效应大部分相互抵消了。

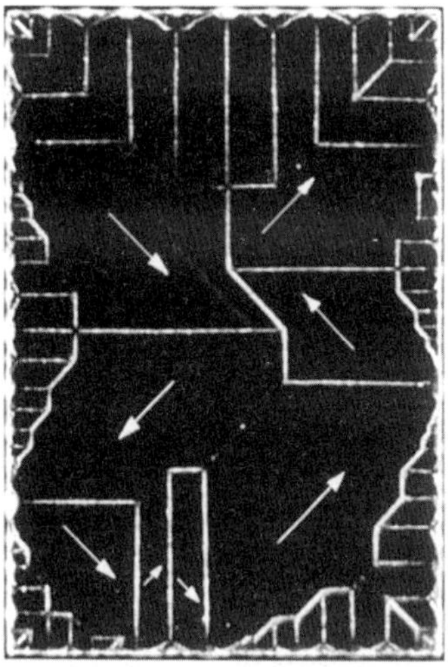

图 32-12 在一个镍单晶中磁畴图样的照片；白线显示磁畴的边界。标在照片上面的白色箭头表示磁畴中的磁偶极子的取向。因此也表示磁畴的净磁偶极子的取向。如果净磁场是零（所有磁畴的矢量和），则晶体整体上是非磁化的。

图 32-12 所示是为一个镍单晶中这种磁畴集合体放大的照片。这是把氧化铁细粉的胶状悬浮液洒在晶体表面做成的。磁畴的边界是一些很窄的区域，在这区域中基元偶极子的排列从一个磁畴中的确定取向转变成相邻磁畴的另一个取向。这些边界就是很强但高度集中的非均匀磁场所在之处。悬浮的胶状粒子被这些边界吸引，因而以白线显示出来（图 32-12 中没有显示全部磁畴边界）。虽然在每个磁畴中，原子偶极子都如箭头所示，完全平行排列，整个晶体却可能只有一个很小的总磁矩。

事实上，日常所见的小铁块并不是单晶，而是许多随机排列的微小晶体的集合体，称之为**多晶固体**。然而，每一个微小晶体都有自己不同取向的磁畴阵列，如图 32-12 所示。如果把这种样品放入逐渐增强的外磁场中使它磁化，就产生两种效应，这两种效应相结合产生了图 32-11 中的磁化曲线。一种效应是取向与外磁场一致的磁畴的体积逐渐扩大，其他取向的磁畴的体积逐渐减小；第二种效应是一个磁畴中的偶极子的取向整体地转向外场方向。

交换耦合和磁畴转向给出以下结果：

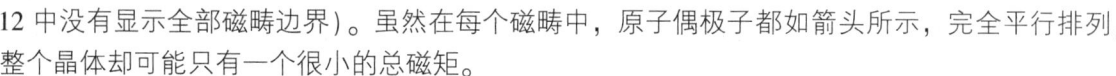

置于外磁场 $\vec{B}_{ext}$ 中的铁磁质产生一个与 $\vec{B}_{ext}$ 同方向的强磁偶极矩。如果磁场是非均匀的，铁磁质被**从**磁场较弱的区域吸**向**磁场较强的区域。

你真的可以听到磁畴转向的声音：使一台录音机进入它的放音模式，但是不要录音带（或者放一个空白带）；把音量开到最大，然后拿一个强磁体放到录音磁头（它是铁磁质）上方。磁场使磁头中的磁畴突然转向，这使得通过绕在磁头上的一个线圈中的磁场突然改变。由此在线圈中突然感生的电流被放大并且传到扩音器，使之发出沙沙声。

例题 32－2

用纯铁（密度 7900kg/m^3）制成的一根指南针，长 L 为 3.0cm，宽为 1.0mm，厚为 0.50mm。一个铁原子的磁偶极矩的大小为 $\mu_{Fe}=2.1\times10^{-23}\text{J/T}$。如果针的磁化强度相当于针中 10% 的原子同向排列，求针的磁偶极矩 $\vec{\mu}$ 的大小。

【解】 一个**关键点**在于，假如针中所有 N 个原子同向排列，就会给出针的磁偶极矩 $\vec{\mu}$ 的大小为 $N\mu_{Fe}$。然而，针中只有 10% 的原子同向排列（其余杂乱取向对 $\vec{\mu}$ 没有贡献）。这样就有

$$\mu = 0.10N\mu_{Fe} \qquad (32-22)$$

第二个**关键点**是，针中原子的数目 N 可以从针的质量求出：

$$N=\frac{\text{针的质量}}{\text{铁原子的质量}} \qquad (32-23)$$

附录 A 中没有列出铁原子的质量，但是列出了摩尔质量 M，于是可写出

$$\text{铁原子质量}=\frac{\text{铁的摩尔质量}M}{\text{阿佛加德罗常量}N_A} \qquad (32-24)$$

式（32－23）就成为

$$N=\frac{mN_A}{M} \qquad (32-25)$$

针的质量 m 是它的密度与体积之乘积，计算得到的体积是 $1.5\times10^{-8}\text{m}^3$，所以针的质量为

$$m=(7900\text{kg/m}^3)(1.5\times10^{-8}\text{m}^3)$$
$$=1.185\times10^{-4}\text{kg}$$

把这个 m 值以及 M 的值 55.847g/mole（=0.055847kg/mole），和 N_A 的值 $6.02\times10^{23}\text{mole}^{-1}$ 代入到式（32－25），可得

$$N=\frac{(1.185\times10^{-4}\text{kg})(6.02\times10^{23}\text{mole}^{-1})}{0.055847\text{kg/mole}}$$
$$=1.2774\times10^{21}$$

把此值和 μ_{Fe} 的值代入式（32－22）就得到

$$\mu=(0.10)(1.2774\times10^{21})(2.1\times10^{-23}\text{J/T})$$
$$=2.682\times10^{-3}\text{J/T}\approx2.7\times10^{-3}\text{J/T} \qquad \text{（答案）}$$

磁滞

如果增强外磁场 B_0 然后减弱它，相应铁磁质的磁化曲线不是沿原曲线退回的。图 32－13 所示是对一个罗兰环进行如下操作过程中 B_M 与 B_0 的关系曲线：（1）从非磁化的铁（a 点）开始，增强螺绕环中的电流，直到 B_0（$=\mu_0 in$）具有与 b 点相应的大小；（2）减弱螺绕环中的电流（因此也减弱 B_0）回到零（c 点）；（3）使螺绕环中的电流反向并且增强，直到具有与 d 点相应的大小；（4）又一次把电流减弱到零（e 点）；（5）又一次使螺绕环中的电流反向，直到再一次达到 b 点。

图 32－13 中显示出来的不能沿原线退回的性质叫做**磁滞**，曲线 $bcdeb$ 叫**磁滞回线**。注意在 c 和 e 点铁心是磁化的，虽然此时在螺绕环中没有电流。这就是大家熟知的永磁现象。

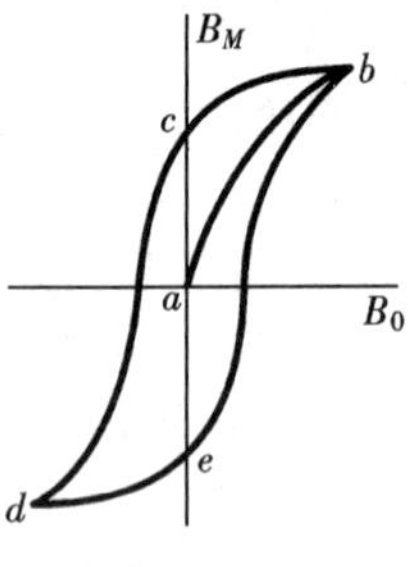

图 32－13 一个铁磁性样品的磁化曲线（ab）和相应的磁滞回线（$bcdeb$）。

用磁畴的概念可以解释磁滞。显然，磁畴边界的移动以及磁畴方向的改变都不是完全可逆的。当引入的外磁场增强然后又减弱到初始值，磁畴没有完全转回到它原来的状态，而是保留着在磁场开始增强以后它们同向排列的部分“记忆”。磁性材料的这种记忆是录音带、录像带和计算机磁盘等磁信息存储的基础。

这种磁畴排列的记忆也出现在天然材料中。当闪电通过一条条曲折的路线把电流送到地面，电流产生的强磁场能够突然磁化周围石块中的任何铁磁质。由于磁滞，在闪电打击之后（电流消失之后）这些石块里的物质仍然具有一些磁化的记忆。经过后来的日晒、碎裂和风化变松，形成的石块碎片就是磁石。

32－9　感应磁场

在第31章中介绍了变化的磁通量能感应出电场，并且用以下方程表示了法拉第感应定律：

$$\oint \vec{E} \cdot d\vec{s} = -\frac{d\Phi_B}{dt} \quad \text{（法拉第感应定律）} \tag{32-26}$$

其中，$\vec{E}$ 是由于一个回路包围的磁通量 Φ_B 的变化而沿着闭合回路感生的电场。因为对称性在物理学中常常很有效，我们有理由试问：感应是否会以相反的方式发生，也就是说，一个变化的电场是否能感应出一个磁场？

回答是能够发生这种情况，而且支配磁场的感应的方程与式（32－26）几乎对称。此方程通常以麦克斯韦之名被称为麦克斯韦感应定律，写作

$$\oint \vec{B} \cdot d\vec{s} = \mu_0 \varepsilon_0 \frac{d\Phi_E}{dt} \quad \text{（麦克斯韦感应定律）} \tag{32-27}$$

其中，$\vec{B}$ 是由于一个回路包围的区域内电通量 Φ_E 的变化而沿着闭合回路感生的磁场。

作为这类感应的例子，考虑一个圆形平行板电容器的充电（见图32－14a）。（虽然这里仅注意这个特例，变化的电通量总会在它出现的每一处感生一个磁场。）假设由于连接的导线中有持续电流 i，电容器上的电荷以稳定速率增加，于是在两板之间的电场强度也一定以稳定速率增大。

图32－14b所示是从两板中间看到的图32－14a中右边的极板，电场垂直图面向里。考虑通过图32－14a、b中点1的一个与电容极板同心、半径小于极板半径的圆形回路。因为通过回路中的电场在变化，这个变化的电通量沿着回路感应出一个磁场。

实验证明，沿着这个回路确实感生了磁场 $\vec{B}$，方向如图所示。磁场在回路上的各点具有相同的量值，因此相对于电容器极板中心是圆对称的。

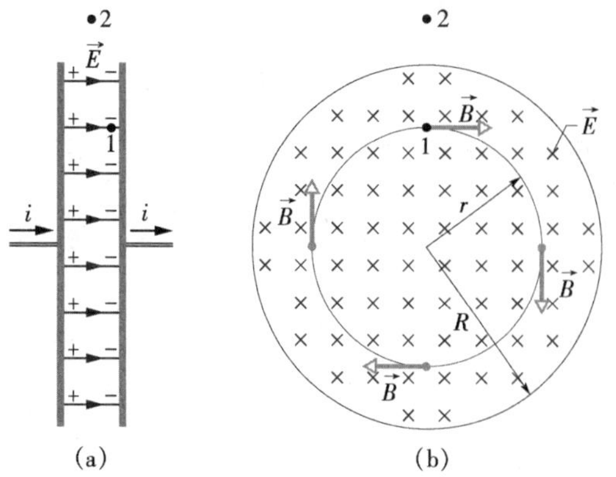

图32－14　(a) 被一个稳定电流 i 充电的一个圆形平行板电容器的侧视图。(b) 从两板中间看右边的极板。电场是均匀的，垂直页面向里（向着极板），并且其大小随着极板上电荷的增加而增加。在图中的圆（其半径 r 小于平板半径 R）上的四点标出了由这个变化电场感生出的磁场 $\vec{B}$。

现在如果考虑一个更大的环路，譬如通过图32－14a、b中极板外的点2，我们发现在回路上也感生磁场。所以当电场变化时，无论在板间还是板外，在两板之间都感生磁场。一旦电场停止变化，感应磁场也就消失。

虽然式（32－27）与式（32－26）相似，这两个方程还是有两点不同。首先，式（32－27）中多了两个符号，μ_0 和 ε_0，但是它们的出现仅仅是因为我们采用了国际单位制。第二个区别是，式（32－27）比式（32－26）少了一个负号，这意味着当产生感应电场 $\vec{E}$ 和感应磁场 $\vec{B}$ 的其他情况都类似时，它们具有相反的方向。为了看这种方向的相反，考察图32－15，其中有一个增强的，指向页面内的磁场 $\vec{B}$ 感生出一个电

场 $\vec{E}$。它的方向为逆时针，与图 32－14b 中感应磁场 $\vec{B}$ 的方向相反。

安培-麦克斯韦定律

现在回顾式（32－27）的左边，点积 $\vec{B}\cdot d\vec{s}$ 沿着闭合环路的积分，也出现在另一个方程——即安培定律中：

$$\oint \vec{B}\cdot d\vec{s}=\mu_0 i_{enc}\quad（安培定律）\qquad (32-28)$$

其中，i_{enc} 是回路所包围的电流。这样，说明由磁性材料之外的原因（即一个由电流和另一个由变化的电场）产生磁场的两个方程以完全同样的形式给出磁场。可以把这两式结合到一个方程中

$$\oint \vec{B}\cdot d\vec{s}=\mu_0\varepsilon_0\frac{d\Phi_E}{dt}+\mu_0 i_{enc}\quad（安培-麦克斯韦定律）\qquad (32-29)$$

当只有电流而没有变化的电通量时（例如通有恒定电流的导线），式（32－29）中右边第一项为零，于是式（32－29）就约化为式（32－28），即安培定律。当只有变化的电通量而没有电流时（例如一个正在充电的电容器的板隙内外），式（32－29）中右边第二项为零，于是式（32－29）就约化为式（32－27），即麦克斯韦感应定律。

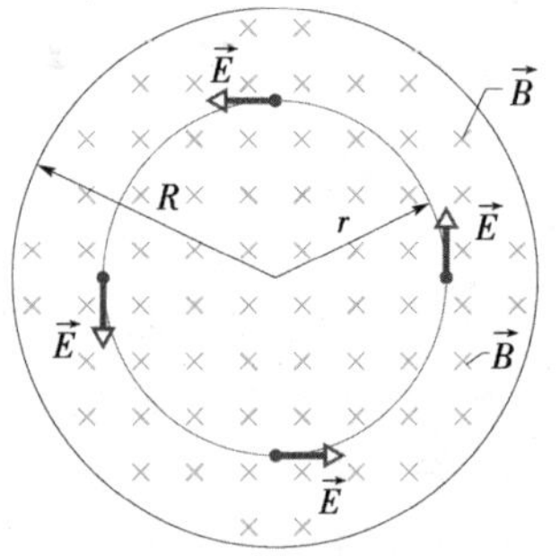

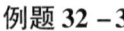

图 32－15　在一个圆形区域中的均匀磁场 $\vec{B}$。垂直页面向里的磁场在增强。在与圆形区域同心的一个圆的四个点上标出了由变化磁场感生的电场 $\vec{E}$。把这情况与图 32－14b 相比较。

例题 32－3

图 32－14a 中，半径为 R 的圆形平行板电容器正在充电。

（a）对于 $r\leq R$ 情况，推导在半径 r 处磁场的表达式。

【解】　这里的**关键点**在于，磁场可以由电流，也可以由变化的电通量感应产生，两者的效应都包括在式（32－29）中。图 32－14 中的电容器极板之间没有电流，但是电通量在变化。式（32－29）简化为

$$\oint \vec{B}\cdot d\vec{s}=\mu_0\varepsilon_0\frac{d\Phi_E}{dt}\qquad (32-30)$$

以下将分别计算这个方程的右边和左边。

式（32－30）的左边：选取一个半径 $r\leq R$ 的圆形安培环路，如图 32－14 所示，因为要计算 $r\leq R$ 处（即在电容器内）的磁场。在沿着回路的每一点上磁场 $\vec{B}$ 都是与回路相切的，也就是与路径元 $d\vec{s}$ 相切。于是，在回路的每一点上，$\vec{B}$ 与 $d\vec{s}$ 都平行或者都反平行。为了简单起见，假设它们都平行（这个选择不影响最后的结果）。于是有

$$\oint \vec{B}\cdot d\vec{s}=\oint B ds\cos 0°=\oint B ds$$

由于平板的圆对称性，还可以假设在回路每一点上 $\vec{B}$ 都有相同的大小。这样，B 可以从上式右边的积分内提出，剩下的积分是 $\oint d\vec{s}$，它就是回路的圆周长 $2\pi r$。所以式（32－30）的左边为 $(B)(2\pi r)$。

式（32－30）的右边：假设在电容器极板之间电场 $\vec{E}$ 为均匀的，并且方向垂直于两板。于是通过安培回路的电通量为 EA，其中 A 是在电场中回路所包围的面积。所以式（32－30）的右边为 $\mu_0\varepsilon_0 d(EA)/dt$。

把以上左右两边的结果代入式（32－30），得到

$$B(2\pi r)=\mu_0\varepsilon_0\frac{d(EA)}{dt}$$

因为 A 是一常量，把 d（EA）写为 AdE，就有

$$(B)(2\pi r)=\mu_0\varepsilon_0 A\frac{dE}{dt}\qquad (32-31)$$

以下要用这个**关键点**：在电场中安培回路所包围的面积 A 是回路的总面积 πr^2，因为回路的半径 r 小于（或等于）平板的半径 R。把 A 的值 πr^2 代入式（32－31），可解出，对于 $r\leq R$ 有

$$B=\frac{\mu_0\varepsilon_0 r}{2}\frac{dE}{dt}\quad（答案）(32-32)$$

这个结果告诉我们，在电容器内，随着半径 r 的增大，B 从平板中心处的零值线性地增强到边缘（$r=R$）处的最大值。

（b）对于 $r=R/5=11.0\text{mm}$ 和 $\mathrm{d}E/\mathrm{d}t=1.50\times10^{12}\text{V/m}\cdot\text{s}$，计算磁场 B 的大小。

【解】 由（a）的答案，有

$$B=\frac{1}{2}\mu_0\varepsilon_0 r\frac{\mathrm{d}E}{\mathrm{d}t}$$

$$=\frac{1}{2}(4\pi\times10^{-7}\text{T}\cdot\text{m/A})(8.85\times10^{-12}\text{C}^2/\text{N}\cdot\text{m}^2)$$

$$\times(11.0\times10^{-3}\text{m})(1.50\times10^{12}\text{V/m}\cdot\text{s})$$

$$=8.18\times10^{-8}\text{T} \qquad \text{（答案）}$$

（c）对于 $r\geqslant R$ 情况推导感应磁场的表达式。

【解】 求解程序与（a）相同，只是这里用一个半径大于平板半径 R 的安培回路来计算电容器外的 B 值。计算式（32-31）的左右两边，又一次导出式（32-32）。然而，以下需要这个微妙的**关键点**：电场只存在于两极板之间，不存在极板之外。于是，安培回路在电场中所包围的面积 A **不是**回路的总面积 πr^2。A 只是平板的面积 πR^2。

把 A 的值 πR^2 代入式（32-31）中，可解出，对于 $r\geqslant R$ 有

$$B=\frac{\mu_0\varepsilon_0 R^2}{2r}\frac{\mathrm{d}E}{\mathrm{d}t} \qquad \text{（答案）(32-33)}$$

这个结果告诉我们，在电容器外，随着半径 r 的增大，B 从平板边缘（$r=R$ 处）的最大值减弱。把 $r=R$ 代入式（32-32）和式（32-33），可以证明这两个等式是一致的，即在平板边缘，它们给出的 B 的最大值相等。

在（b）中计算的感应电场的量值极其小，以至用简单的仪器几乎难以测量。这与感应磁场的量值（法拉第定律）有尖锐的矛盾，后者很容易测量。之所以存在这个实验上的差别，部分原因为感应电动势很容易用一个多匝的线圈来放大。对于感应磁场还没有同样简单的技术。无论如何，由这个例题启示的实验已经进行过，而且感应磁场的存在已经被定量地证明了。

检查点5：图中所示为相应于四个均匀电场的大小 E 对时间 t 的曲线图，电场都包含在图32-14b中那样的圆形区域内。把这四个电场根据它们在区域边缘感应的磁场量值从大到小排序。

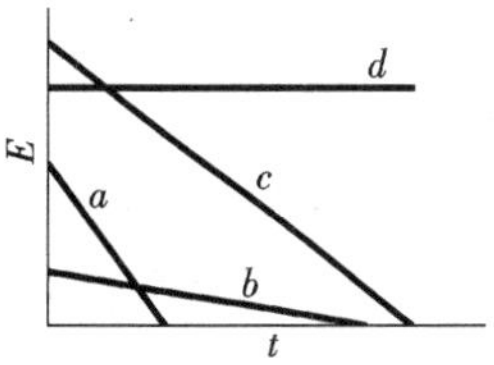

32-10 位移电流

比较式（32-29）右边的两项，会发现乘积 ε_0（$\mathrm{d}\Phi_E/\mathrm{d}t$）必须具有电流的量纲。事实上，这个乘积可以看作是一个虚拟的电流，叫做**位移电流** i_d：

$$i_d=\varepsilon_0\frac{\mathrm{d}\Phi_E}{\mathrm{d}t} \quad \text{（位移电流）} \qquad (32-34)$$

“位移”是一个不太贴切的词，因为并没有什么东西在移动，但我们还是用这个词。无论如何，现在可以把式（32-29）重写为

$$\oint\vec{B}\cdot\mathrm{d}\vec{s}=\mu_0 i_{d,\text{enc}}+\mu_0 i_{\text{enc}} \quad \text{（安培-麦克斯韦定律）} \qquad (32-35)$$

其中，$i_{d,\text{enc}}$是积分回路所包围的位移电流。

再一次注意一个充电的圆形电容器，如图32-16a所示。对极板充电的实际电流 i 改变了两极板之间的电场 E。两极板之间的虚拟位移电流与变化的电场 E 有关。现在来求这两种电流的联系。

任何时刻在极板上的电荷 q 与该时刻两极板之间的电场 E 的量值通过下式相联系：

$$q=\varepsilon_0 AE \qquad (32-36)$$

其中，A 是极板面积。为求实际电流 i，将式（32-36）对时间求导，得到

$$\frac{dq}{dt} = i = \varepsilon_0 A \frac{dE}{dt} \tag{32-37}$$

为求位移电流 i_d，可以用式（32-34）。假设两极板之间的电场 E 是均匀的（忽略任何边缘效应），可以把该式中的电通量 Φ_E 换成 EA。这样，式（32-34）成为

$$i_d = \varepsilon_0 \frac{d\Phi_E}{dt} = \varepsilon_0 \frac{d(EA)}{dt} = \varepsilon_0 A \frac{dE}{dt} \tag{32-38}$$

比较式（32-37）和式（32-38）发现，对极板充电的实际电流 i 与两极板之间的虚拟的位移电流 i_d 具有相等的量值：

$$i_d = i \quad （电容器中的位移电流） \tag{32-39}$$

这样，可以认为这个虚拟的位移电流 i_d 真正把实际电流 i 从一个极板，越过板隙，连续到另一个极板。因为电场均匀地散布在两极板之间，这个虚拟的位移电流 i_d 也同样，如图 32-16a 中的电流箭头的散布所显示的那样。虽然并没有电荷真正地移动过两极板之间，但虚拟电流 i_d 的思想可以如下帮助我们很快地得到感应磁场的大小和方向。

求感应磁场

在第 30 章中用图 30-4 所示的右手定则判断出由实际电流 i 产生的磁场的方向。可以运用同样的方法判断出由一个虚拟的位移电流 i_d 产生的感应磁场的方向，如对于图 32-16b 中间的电容器所示。

也可以用 i_d 求出正在充电的半径为 R 的圆形平板电容器中感应磁场的方向。把板间的空间简单地看作通有虚拟电流 i_d 的一个半径为 R 的圆导线。然后由式（30-22），在电容器内离中心半径为 r 处的磁场大小为

$$B = \left(\frac{\mu_0 i_d}{2\pi R^2}\right) r \quad （圆形电容器内） \tag{32-40}$$

类似地，由式（30-19），在电容器外半径为 r 处的磁场大小为

$$B = \frac{\mu_0 i_d}{2\pi r} \quad （圆形电容器外） \tag{32-41}$$

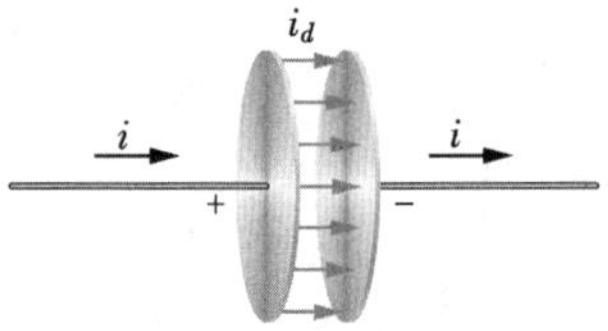

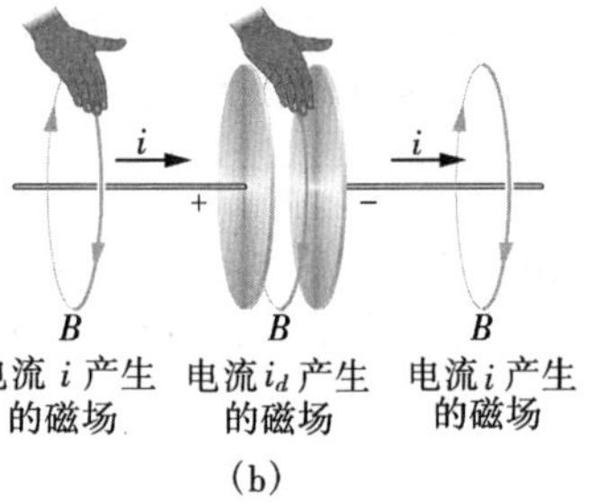

图 32-16 （a）正在以电流 i 充电的电容器两极板之间的位移电流 i_d（b）用于确定一根载流导线周围磁场方向（如在左边）的右手定则也给出位移电流周围的磁场方向（如在中间）。

例题 32-4

在例题 32-3 中，圆形平行板电容器正由电流 i 充电。

（a）在极板之间，用 μ_0 和 i 表示出离它们的中心为 $r=R/5$ 处 $\oint \vec{B} \cdot d\vec{s}$ 的大小。

【解】 例题 32-3a 中的第一个**关键点**在这里也适用。但是现在可以把式（32-29）中的乘积 $\varepsilon_0 d\Phi_E/dt$ 替换成虚拟的位移电流 i_d，则积分 $\oint \vec{B} \cdot d\vec{s}$ 由式（32-35）给出。但是因为在极板之间没有实际的电流 i，所以此式简化为

$$\oint \vec{B} \cdot d\vec{s} = \mu_0 i_{d,\text{enc}} \tag{32-42}$$

因为需要计算在半径 $r=R/5$ 处 $\oint \vec{B} \cdot d\vec{s}$ 的大小（在电容器内），所以积分回路只包围了总位移电流 i_d 的一部分 $i_{d,\text{enc}}$。第二个**关键点**是假设 i_d 均匀地散布在极板平面上，于是回路包围的那部分位移电流正比于回路所包围的面积：

$$\frac{（包围的位移电流）}{（总位移电流）} = \frac{包围的面积\ \pi r^2}{总的板面积\ \pi R^2}$$

这里给出

$$i_{d,\mathrm{enc}}=i_d\frac{\pi r^2}{\pi R^2}$$

把此代入到式（32－42）中，得到

$$\oint\vec{B}\cdot\mathrm{d}\vec{s}=\mu_0 i_d\frac{\pi r^2}{\pi R^2}\qquad(32-43)$$

现在把 $i_d=i$（由式（32－29）得）和 $r=R/5$ 代入式（32－43），就得到

$$\oint\vec{B}\cdot\mathrm{d}\vec{s}=\mu_0 i\frac{(R/5)^2}{R^2}=\frac{\mu_0 i}{25}\qquad(答案)$$

（b）用最大的感应磁场表示在电容器内 $r=R/5$ 处的感应磁场的大小。

【解】　这里**关键点**是，因为电容器具有平行的圆形极板，可以把极板之间的空间当作通有虚拟电流 i_d 的，一个半径为 R 的圆导线来处理。于是可以用式（32－40）得到电容器内任意一点感应磁场的大小 B。在 $r=R/5$ 处，此式给出

$$B=\left(\frac{\mu_0 i_d}{2\pi R^2}\right)r=\frac{\mu_0 i_d(R/5)}{2\pi R^2}=\frac{\mu_0 i_d}{10\pi R}\qquad(32-44)$$

电容器中的最大磁场 $B_{\max}$ 在 $r=R$ 处，它的大小为

$$B_{\max}=\left(\frac{\mu_0 i_d}{2\pi R^2}\right)R=\frac{\mu_0 i_d}{2\pi R}\qquad(32-45)$$

用式（32－44）除以式（32－45），整理后得

$$B=\frac{B_{\max}}{5}\qquad(答案)$$

还可以用一点推理和更简单的计算得到这个结果。式（32－40）表明在电容器内，B 随着 r 线性地增强。因此，r 为极板半径 R 的 1/5 处的磁场 B 一定是 R 处的最大磁场 $B_{\max}$ 的 1/5，即（1/5）$B_{\max}$。

检查点 6：图示是从平行板电容器内部看到的它的一个极板。虚线表示四个积分路径（路径 b 沿着平板的边）。根据在电容器充电时 $\oint\vec{B}\cdot\mathrm{d}\vec{s}$ 沿着各路径的值的大小，将各路径从大到小排序。

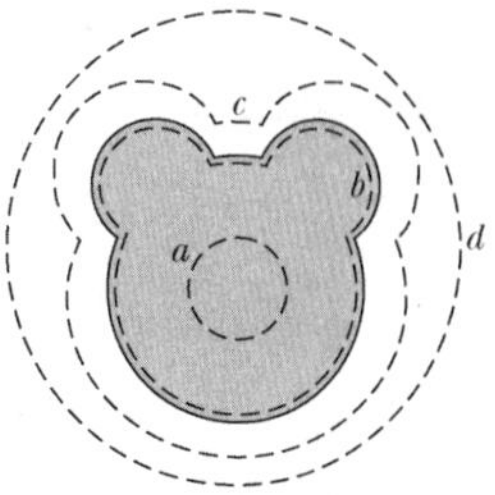

32－11　麦克斯韦方程组

式（32－29）是电磁场四个基本方程中的最后一个，这四个基本方程叫做**麦克斯韦方程组**，列于表 32－1 中。这四个方程解释了一系列现象，从为什么磁针能指北，到为什么当转动点火钥匙时汽车就能开动。它们是电动机、加速器、电视接收机和发射机、电话、传真机、雷达和微波炉等这些电器能够运行的基础。

麦克斯韦方程组是从中可以导出自第 22 章起已经看到的许多公式的基础，它们也是将在第 34～37 章看到的许多光学公式的基础。

表 32－1　麦克斯韦方程组①

名称	方程	
电场的高斯定理	$\oint\vec{E}\cdot\mathrm{d}\vec{A}=q_{\mathrm{enc}}/\varepsilon_0$	联系净电通量与包围的净电荷
磁场的高斯定理	$\oint\vec{B}\cdot\mathrm{d}\vec{A}=0$	联系净磁通量与包围的净磁荷
法拉第定律	$\oint\vec{E}\cdot\mathrm{d}\vec{s}=-\frac{\mathrm{d}\Phi_B}{\mathrm{d}t}$	联系感应电场与变化的磁通量
安培-麦克斯韦定律	$\oint\vec{B}\cdot\mathrm{d}\vec{s}=\mu_0\varepsilon_0\frac{\mathrm{d}\Phi_E}{\mathrm{d}t}+\mu_0 i_{\mathrm{enc}}$	联系感应磁场与变化的电通量和电流

①　假定不存在介电质和磁性材料。

物理学基础

复习和小结

磁场的高斯定理　最简单的磁体结构是磁偶极子。磁单极不存在（据目前所知）。磁场的高斯定理为：

$$\Phi_B = \oint \vec{B} \cdot d\vec{A} = 0 \qquad (32-1)$$

它说明了通过任意（闭合的）高斯面的净磁通量为零。这意味着磁单极不存在。

地球的磁场　地球的磁场可以近似为一个磁偶极子，它的磁偶极矩与地球的自转轴成 11.5°角，南极在北半球。在地球表面上任何地方磁场的方向一般由**磁偏角**（对地理北方向左或向右的角度）和**磁倾角**（对地平面向上或向下的角度）给出。

自旋磁偶极矩　电子具有一个内禀角动量叫做**自旋角动量**（或者叫自旋）$\vec{S}$，和与之相联系的一个内禀**自旋磁偶极矩** $\vec{\mu}_S$：

$$\vec{\mu}_S = -\frac{e}{m}\vec{S} \qquad (32-2)$$

自旋 $\vec{S}$ 本身是不可测量的，但是它的任意分量可测量。假设沿着坐标系的 z 轴测量，分量 S_z 只可以取下式给出的两个数值：

$$S_z = m_s \frac{h}{2\pi}, \quad m_s = \pm\frac{1}{2} \qquad (32-3)$$

其中，h（$=6.63\times10^{-34}\,\mathrm{J\cdot s}$）为普朗克常量。类似地，电子的自旋磁偶极矩 $\vec{\mu}_S$ 本身也不可测量，只可测量它的分量。它沿着 z 轴的分量为

$$\mu_{S,z} = \pm\frac{eh}{4\pi m} = \pm\mu_B \qquad (32-4, 32-6)$$

其中的 μ_B 为**玻尔磁子**：

$$\mu_B = \frac{eh}{4\pi m} = 9.27\times10^{-24}\,\mathrm{J/T} \qquad (32-5)$$

在外磁场 $\vec{B}_{ext}$ 中，与自旋磁偶极子 $\vec{\mu}_S$ 取向相联系的势能 U 为

$$U = -\vec{\mu}_S \cdot \vec{B}_{ext} = -\mu_{S,z}B_{ext} \qquad (32-7)$$

轨道磁偶极矩　处于一个原子中的电子具有一个叫做**轨道角动量**的附加角动量 $\vec{L}_{orb}$，与它相应的是一个**轨道磁偶极矩** $\vec{\mu}_{orb}$：

$$\vec{\mu}_{orb} = -\frac{e}{2m}\vec{L}_{orb} \qquad (32-8)$$

轨道角动量是量子化的，而且只可以具有以下这些数值

$$L_{orb,z} = m_l \frac{h}{2\pi} \quad m_l = 0, \pm1, \pm2, \cdots, \pm(\mathrm{limit}) \qquad (32-9)$$

于是，轨道磁偶极矩的大小为

$$\mu_{orb,z} = -m_l \frac{eh}{4\pi m} = -m_l\mu_B \qquad (32-10, 32-11)$$

在外磁场 $\vec{B}_{ext}$ 中，与轨道磁偶极矩的方向相联系的势能 U 是

$$U = -\vec{\mu}_{orb} \cdot \vec{B}_{ext} = -\mu_{orb,z}B_{ext} \qquad (32-12)$$

抗磁性　**抗磁质**只有在外磁场 $\vec{B}_{ext}$ 中才显示出磁性。这时，在材料中产生一个与 $\vec{B}_{ext}$ 反方向的磁偶极矩。如果磁场为非均匀的，抗磁质被从磁场较强的区域向外排斥，这种性质叫做**抗磁性**。

顺磁性　在**顺磁质**中，每个原子都具有一个永久的磁偶极矩，但是这些偶极矩随机取向，使材料整体上无磁场。然而，外磁场 $\vec{B}_{ext}$ 可以使原子的磁偶极矩 $\vec{\mu}$ 部分地排列起来，使材料有一个与 $\vec{B}_{ext}$ 同方向的净磁偶极矩。如果磁场为非均匀的，顺磁质被吸向磁场较强的区域。这种性质叫做**顺磁性**。

原子磁偶极矩的排列随着 $\vec{B}_{ext}$ 增强而增加，随着温度 T 的升高而减少。体积为 V 的样品被磁化的程度由它的**磁化强度** $\vec{M}$ 给出，大小为

$$M = \frac{\text{测得的磁矩}}{V} \qquad (32-18)$$

样品中全部的 N 个原子磁偶极矩的完全整齐排列，叫做样品的**磁性饱和**，相应于磁化强度最大值 $M_{max} = N\mu/V$。对于小的比值 B_{ext}/T，有近似

$$M = C\frac{B_{ext}}{T} \quad (\text{居里定律}) \qquad (32-19)$$

其中，C 称为居里常量。

铁磁性　在无外磁场时，铁磁质中的一些电子的磁偶极矩由于叫做**交换耦合**的一种量子物理效应而排列起来。在材料中产生了一些具有很强的磁偶极矩的区域（磁畴）。外磁场 $\vec{B}_{ext}$ 可以使这些区域的磁偶极矩排列一致，整个材料产生一个很强的与外磁场 $\vec{B}_{ext}$ 同方向的净磁偶极矩。当磁场 $\vec{B}_{ext}$ 被撤走后，这个净磁偶极矩还部分地存在。如果 $\vec{B}_{ext}$ 为非均匀的，铁磁质被吸引到磁场较强的区域。这种性质叫做**铁磁性**。

当样品温度超过它的**居里温度**时交换耦合消失，于是样品只具有顺磁性。

安培定律的麦克斯韦推广 一个变化的电场感应出一个磁场 $\vec{B}$。麦克斯韦感应定律

$$\oint \vec{B} \cdot d\vec{s} = \mu_0 \varepsilon_0 \frac{d\Phi_E}{dt} \quad \text{（麦克斯韦感应定律）} \tag{32-27}$$

把沿着一个闭合回路的感应磁场与通过回路的变化着的电通量 Φ_E 联系起来。安培定律 $\oint \vec{B} \cdot d\vec{s} = \mu_0 i_{enc}$（式(32-28)）给出了由回路所包围的电流 i_{enc} 产生的磁场。麦克斯韦定律和安培定律可以写成一个式子，即

$$\oint \vec{B} \cdot d\vec{s} = \mu_0 \varepsilon_0 \frac{d\Phi_E}{dt} + \mu_0 i_{enc}$$

$$\text{（安培－麦克斯韦定律）} \tag{32-29}$$

位移电流 根据一个变化的电场定义一个虚拟的**位移电流**为

$$i_d = \varepsilon_0 \frac{d\Phi_E}{dt} \quad \text{（位移电流）} \tag{32-34}$$

于是式（32-29）成为

$$\oint \vec{B} \cdot d\vec{s} = \mu_0 i_{d,enc} + \mu_0 i_{enc}$$

$$\text{（安培－麦克斯韦定律）} \tag{32-35}$$

其中，$i_{d,enc}$是积分回路所包围的位移电流。位移电流的思想使我们可以把电流连续性的概念保持到穿过一个电容器。然而，位移电流**不是**电荷的移动。

麦克斯韦方程组 表 32-1 中的麦克斯韦方程组总结了电磁学理论并且构成了它的基础。

思考题

1. 在外磁场 $\vec{B}_{ext}$ 中，一个电子具有与 $\vec{B}_{ext}$ 反平行的自旋角动量。如果电子受到一个**自旋反转**作用而成为与 $\vec{B}_{ext}$ 平行，电子必须增加还是减少能量？

2. 对于在外磁场 $\vec{B}_{ext}$ 中的电子，图 32-17a 所示为一对相反的自旋取向。图 32-17b 所示为三种可选的图形，可用来描述与这对取向相联系的势能作为 $\vec{B}_{ext}$ 的大小的函数关系。其中，b 和 c 由交叉线构成，a 由平行线构成。哪一种为正确的选择？

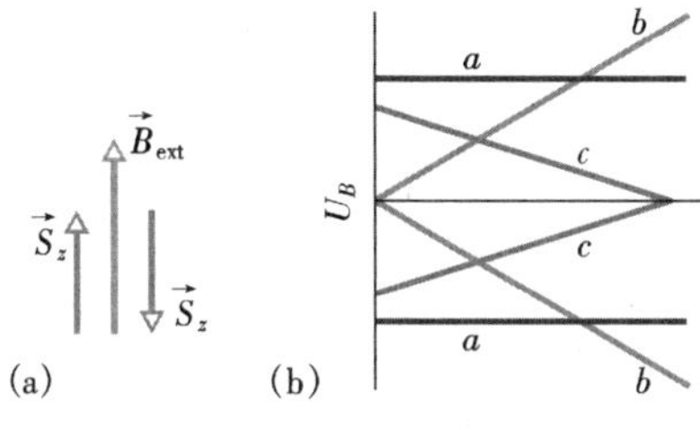

图 32-17 思考题 2 图

3. 图 32-18 所示一个电子在磁场中逆时针轨道运动的三种回路模型。对于模型 1 和 2，磁场为非均匀的；对于模型 3，磁场为均匀的。对于每一种模型，(a) 回路的磁偶极矩和 (b) 作用于回路上的力，是向上、向下，还是零？

4. 如果增加 (a) $\vec{B}_{ext}$ 的大小，(b) $\vec{B}_{ext}$ 的散度，则图 32-8a、b 中作用于回路上的净力的量值增大、减小，还是保持不变？

5. 把思考题 3 和图 32-18 中的电流回路换为抗磁质小球。对于每一种场，(a) 小球的磁偶极矩和 (b) 作用于球上的磁力，是向上、向下，还是零？

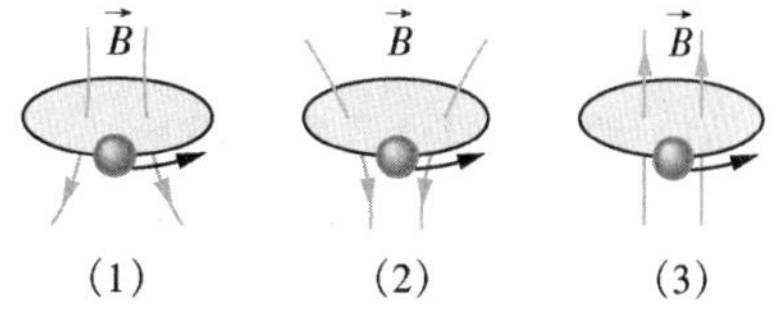

图 32-18 思考题 3、5 和 6 图

6. 把思考题 3 和图 32-18 中的电流回路换为顺磁质小球。对于每一种场，(a) 小球的磁偶极矩和 (b) 作用于球上的磁力，是向上、向下，还是零？

7. 在图 32-19 所示为三种情况下的抗磁质中的磁偶极子。（为简单起见，假设磁偶极矩在画面中非向上即向下。）三种情况下对材料所加磁场的大小有所不同，(a) 对每一种情况，所加的磁场在画面中向上还是向下？根据 (b) 所加磁场的大小和 (c) 材料的磁化强度，从大到小把三种情况排序。

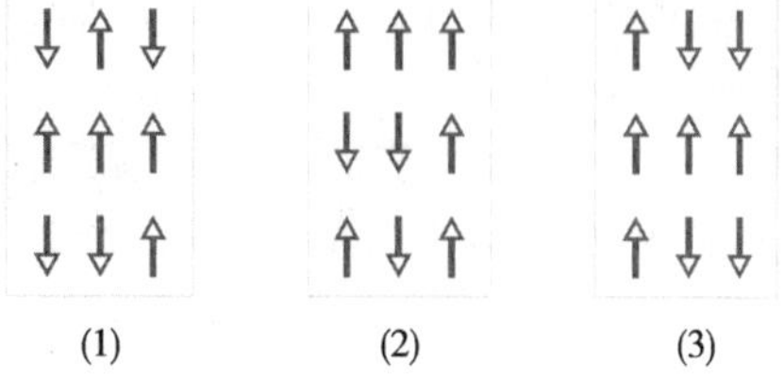

图 32-19 思考题 7 图

物理学基础

8. 图32-20所示为两种情况下的一个电场矢量和一圈感应磁场线。在每种情况中，$\vec{E}$ 的量值在增大还是减小？

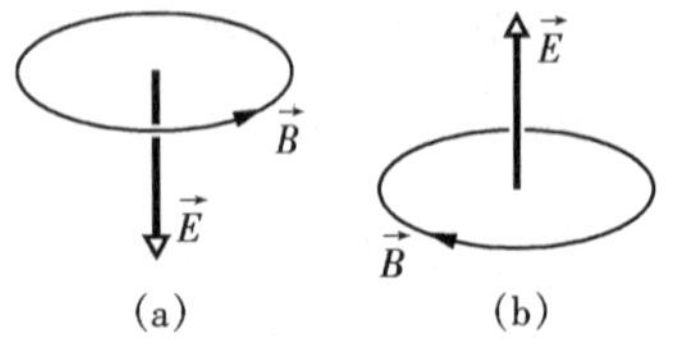

图32-20 思考题8图

9. 图32-21所示为一个平行板电容器和对其充电的相连导线中的电流。(a) 电场 $\vec{E}$ 和 (b) 极板之间的位移电流 i_d 向左还是向右？(c) 在 P 点的磁场是进入还是穿出纸面？

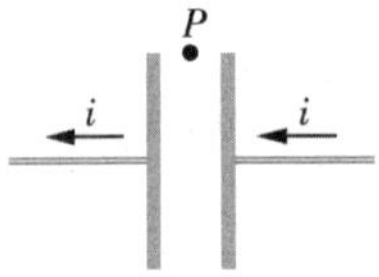

图32-21 思考题9图

10. 一个矩形平行板电容器正在放电。一个与平板同中心的、在两极板之间的矩形回路尺寸为 $L \times 2L$，平板尺寸为 $2L \times 4L$。如果位移电流为均匀的，它被回路包围的比例为多大？

11. 图32-22a所示为一个圆形极板的电容器正在充电。a 点（靠近一根导线）和 b 点（在板隙中）离中心轴的距离相等，c 点（不是很靠近导线）和 d 点（在两极板之间但是在板隙以外）离中心轴的距离也相等。在图32-22b中，一条曲线给出在导线内外磁场量值随 r 的变化关系，另外一条曲线给出在板隙内外磁场的量值随 r 的变化关系。这两条曲线部分地重合。在曲线上的三点分别与图32-22a的四点中哪点对应？

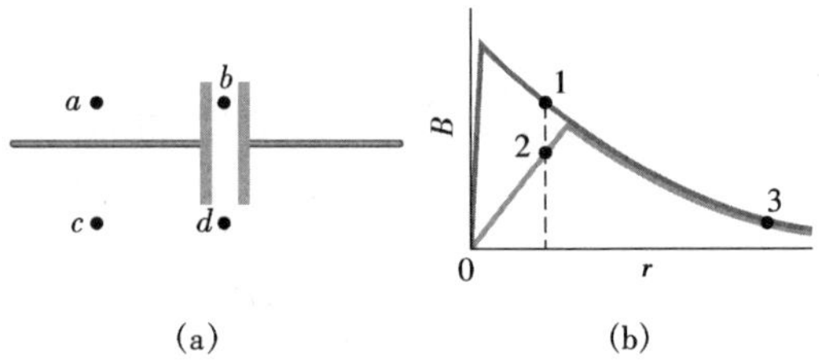

图32-22 思考题11图

练习和习题

32-2节 磁场的高斯定律

1E. 想象把一张纸卷成圆柱形，并且把一根磁棒置于它的一个端点附近，如图32-23所示。(a) 概略描绘通过圆柱形表面的磁场线；(b) 圆柱表面上每一个面积元 $d\vec{A}$ 的 $\vec{B} \cdot d\vec{s}$ 的符号如何？(c) 这与磁场的高斯定律矛盾吗？为什么？

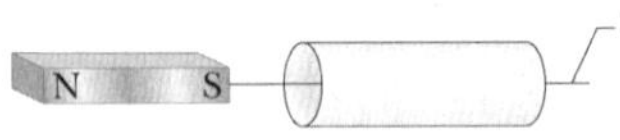

图32-23 练习1图

2E. 通过正立方体骰子的五个面中的每一个的磁通量由 $\Phi_B = \pm N\text{Wb}$，给出，其中 N（$=1 \sim 5$）为各面上的点数。对于偶数 N，磁通量为正（向外）；对于奇数 N，磁通量为负（向里）。通过骰子的第六个面的通量是多少？

3P. 一个正圆柱形高斯面的上下底面半径为12.0cm，高为80.0cm。圆柱的一端有一个25.0μWb向里的磁通量；另一端有一个垂直于表面向外的1.60mT均匀磁场。求通过侧曲面的净磁通量。(ssm) (ilw) (www)

32-3节 地球的磁场

4E. 假设在全阿利桑那州，地球磁场垂直分量的平均值为43μT（向下），该州的面积是 $2.95 \times 10^5 \text{km}^2$，计算通过地球表面上其余面积（除去阿利桑纳州以外的全部面积）的净磁通量。这个净磁通量向外还是向里？

5E. 1912年，在新汉普郡的地球磁场的平均的水平分量为16μT，平均磁倾角为73°。当时相应的地磁场的大小为多少？(ssm)

6P. 地磁场可以近似看作磁偶极子的磁场，在离地心距离为 r 处一点的水平分量和垂直分量为

$$B_h = \frac{\mu_0 \mu}{4\pi r^3}\cos\lambda_m, \quad B_v = \frac{\mu_0 \mu}{4\pi r^3}\sin\lambda_m$$

其中，λ_m 是**磁纬度**（这纬度从地磁赤道向南北地磁极计量）。假设地球的磁偶极矩为 $\mu = 8.00 \times 10^{22} \text{A} \cdot \text{m}^2$，(a) 证明在纬度 λ_m 处地磁场的大小由下式给出

$$B = \frac{\mu_0 \mu}{4\pi r^3}\sqrt{1 + 3\sin^2\lambda_m}$$

(b) 证明磁场的倾角 ϕ_i 与磁纬度 λ_m 的关系为

$$\tan\phi_i = 2\tan\lambda_m$$

7P. 利用在习题 6 中证明的结果预测，在（a）地磁赤道；（b）磁纬度 60°处一点；以及（c）北磁极处的地磁场（大小和倾角）。(ssm)

8P. 用习题 6 中给出的近似式，求（a）地球表面以上，磁场的大小为在同一纬度地球表面值的 50% 处的高度；（b）在地表以下 2900km，即地心-地幔交界处地磁场的最大值；（c）在地理北极处地磁场的大小和倾角，说明为什么（c）的计算值与实际测量值不同。

32 -4 节　磁性和电子

9E. 当（a）$m_l = 1$ 和（b）$m_l = -2$ 时，电子轨道磁偶极矩的测量值为多少？(ssm)

10E. 在大小为 0.25T，方向沿 z 轴正向的外磁场中，一个电子的自旋磁偶极矩的平行和反平行于 z 轴的分量之间的能量差是多少？

11E. 如果在原子中的一个电子具有 $m_l = 0$ 的轨道角动量，分量（a）$L_{\text{orb},z}$和（b）$\mu_{\text{orb},z}$是多少？如果原子在大小为 35mT，方向沿 z 轴的外磁场 $\vec{B}$ 中，（c）与电子轨道磁偶极矩的取向相联系，（d）与电子自旋磁偶极矩的取向相联系的势能各是多少？（e）对于 $m_l = -3$，再做（a）到（d）。(ssm)

32 -6 节　抗磁性

12E. 图 32 -24 所示为一种抗磁质的回路模型（回路 L）。（a）概略描绘一根磁棒产生的通过此抗磁质及其附近区域的磁场线；（b）回路的净磁偶极矩 $\vec{\mu}$ 和回路中习惯上的电流 i 的方向各为何？（c）回路受的磁力方向为何？

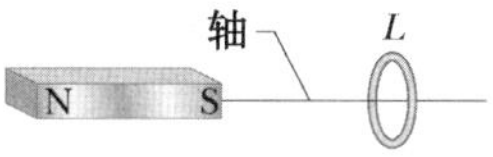

图 32 -24　练习 12、16 图

13P*. 假设质量为 m 和电荷大小为 e 的电子在半径为 r 的圆形轨道中绕核运动。垂直于轨道平面建立一均匀磁场 $\vec{B}$。再假设轨道半径不变，而且由于场 $\vec{B}$ 引起的电子的速度改变很小，求由此场引起的电子的轨道磁偶极矩的变化的表达式。(ssm)

32 -7 节　顺磁性

14E. 一个 0.50T 的磁场作用于一种顺磁性气体，该气体的原子具有 1.0×10^{-23} J/T 的内禀磁偶极矩。在什么温度下，气体原子的平均平动动能等于在这个磁场中使这样一个偶极子翻转过来所需要的能量。

15E. 一个圆柱形磁铁棒长为 5.00cm，直径为 1.0cm。它具有一个 5.30×10^{3} A/m 的均匀磁化强度。它的磁偶极矩为多少？(ssm)(ilw)

16E. 对于回路 L 为一个顺磁质模型的情况，重做练习 12。

17E. 图 32 -9 所示的磁化曲线适用于检验一种顺磁性盐样品是否满足居里定律。样品被置于 0.50T 的均匀磁场中。实验中，这个磁场保持恒定，然后在 10 ~ 300K 温度范围内测量磁化强度 M。在这些条件下是否会发现居里定律成立？(ssm)

18E. 图 32 -9 所示为一种顺磁性盐样品被保持在室温（300K）下的磁化曲线在怎样的磁场作用下该样品的磁饱和程度为（a）50%；（b）90%？（c）在实验室中能否得到这些磁场？

19P. 具有动能 K_e 的一个电子在垂直于一个均匀磁场的圆形路径中运动。电子的运动仅由磁场产生的力支配。（a）证明由电子的轨道运动引起的磁偶极矩具有大小 $\mu = K_e/B$ 并且与 $\vec{B}$ 反向；（b）在同样条件下，具有动能 K_i 的一个正离子的磁偶极矩的大小和方向如何？（c）由 5.3×10^{21} 电子/m^3 和同样数密度的离子组成的一种电离气体，取电子的平均动能为 6.2×10^{-20}J，离子的平均动能为 7.6×10^{-21}J。计算当气体在 1.2T 的磁场中时，它的磁化强度。(ssm)(www)

32 -8 节　铁磁性

20E. 在矿井和采矿钻孔中的测量表明，地球内部温度随深度的平均升高率为 30°C/km。假设表面温度为 10°C，到什么深度铁就不再是铁磁性的了？（铁的居里温度随压强的变化很小。）

21E. 32 -8 节中提到的与铁磁性有关的交换耦合**不是**在两种基本的磁偶极子之间相互的磁作用。为了证明这一点，计算（a）磁偶极矩为 1.5×10^{-23} J/T 的一个原子（钴）外，沿着偶极子轴，距离原子 10nm 处磁场的大小；（b）在这个场中使另一个完全相同的偶极子翻转过来所需要的最小能量。比较后者与例题 32 -1 的结果，你可以得出什么结论？(ssm)

22E. 在一根铁棒中，一个铁原子的偶极矩为 2.1×10^{-23} J/T。假设这个 5.0cm 长，截面积为 1.0cm^2 的棒中，所有原子的偶极矩同向排列。（a）棒的偶极矩是多少？（b）必须运用多大的力矩，才能维持这个磁体垂直于 1.5T 的外磁场？（铁的密度为 7.9g/cm^3。）

23E. 铁磁性金属镍的饱和磁化强度 $M_{\max}$ 为 4.70

$\times 10^5$ A/m，计算单个镍原子的磁矩。（镍的密度为 8.90g/cm^3，它的摩尔质量为 58.71g/mol。）(ssm)

24P. 图 32－25 所示为一个演示顺磁性和铁磁性的装置。一块磁性材料样品用一根细长线悬挂在强电磁铁两极之间的非均匀磁场中（$d=2$cm），如图所示，P_1 极为尖形，P_2 极为凹面。通过一个光学投影系统（未画出）能够看到线对于垂直方向的任何偏离。(a) 首先使用一块铋（高抗磁质）样品。当电磁铁通电后，看到样品微弱地偏向一个极（约 1mm）。这一偏移的方向如何？(b) 然后用铝（顺磁质，导体）样品。当电磁铁通电后，看到样品强烈地偏向一个极（约 1cm）约 1s 时间，然后又适度地（几毫米）偏向另一个极。解释并指出这些偏移的方向。(c) 如果用铁磁质样品将发生什么情况？

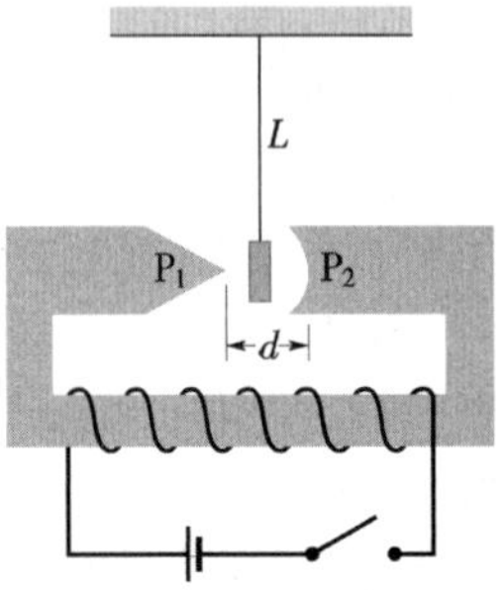

图 32－25 习题 24 图

25P. 地球的磁偶极矩为 8.0×10^{22} J/T。(a) 假如这种磁性起源于在地球中心的一个磁化铁球，它的半径应该为多少？(b) 这个铁球占地球体积多大比例？假定偶极子完全排列，地球内核的密度为 14g/cm^3，铁原子的磁偶极矩为 2.1×10^{-23} J/T。(**注意：**事实上地球的内核被认为既有液态也有固态而且部分是铁，但是一些研究已经排除把一个永磁体作为地球磁性的起源。其中一点就是，温度一定高于居里点。）(ssm) (ilw)

32－9 节 感应磁场

26E. 例题 32－3 描述了半径为 55.0mm 的圆形平行板电容器的充电。在离电容器中心轴的两个半径 r 各为多少时，感应磁场的大小是它最大值的 50%？

27E. 离圆形平行板电容器中心轴半径为 6.0mm 处，并且在两极板之间的感应磁场是 2.0×10^{-7} T，板的半径为 3.0mm。两极板之间电场的变化率 $d\vec{E}/dt$ 是多少？(ssm)

28P. 假设平行板电容器的极板半径为 $R=30$mm 的圆形，两极板间距为 5.0mm。又假设一个最大值为 150V，频率为 60Hz 的正弦电势差施于两板上，即

$$V=(150\text{V})\sin[2\pi(60\text{Hz})t]$$

(a) 求在 $r=R$ 处出现的感应磁场的最大值 $B_{max}(R)$；(b) 画出 $0<r<10$cm 区间上的 $B_{max}(r)$ 曲线。

32－10 节 位移电流

29E. 证明在电容为 C 的平行板电容器中，位移电流可以写为 $i_d=C$ (dV/dt)。其中 V 是极板之间的电势差。(ssm)

30E. 一个电容为 2.0μF 的平行板电容器，极板之间电势差变化率必须为多少才可以产生 1.5A 的位移电流？

31E. 对于例题 32－3 的情况，证明当 $r\leqslant R$ 时，位移电流的电流密度是 $J_d=\varepsilon_0$ (dE/dt)。(ssm)

32E. 一个半径为 0.10m 的圆形平行板电容器在放电。一个半径为 0.20m 的圆形回路与电容器同心，并且在两板中间。穿过回路的位移电流为 2.0A。两板之间电场的变化率是多少？

33P. 直径为 20cm 的一个圆形平行板电容器在充电，在两板之间的位移电流的电流密度是均匀的，大小为 20A/m^2。(a) 计算在离该区域的对称轴 $r=$ 50mm 处磁场 B 的大小；(b) 计算该区域中的 dE/dt。(ssm) (ilw)

34P. 在图 32－26 所示的两个平行圆极板之间的电场强度为 $E=(4.0\times10^5)-(6.0\times10^4t)$，$E$ 的单位为 V/m，t 的单位为 s。在 $t=0$ 时，电场的方向如图所示，是向上的。极板的面积为 4.0×10^{-2} m^2。对于 $t\geqslant0$，(a) 极板之间的位移电流的大小和方向如何？(b) 在极板周围感应磁场的方向是顺时针还是逆时针？

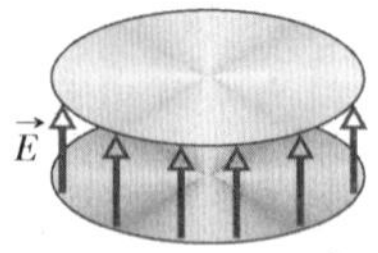

图 32－26 习题 34 图

35P. 如图 32－27 所示，一个均匀电场在 15μs 内从初始值 6.0×10^5 N/C 衰减为零。计算在图中表示的每一个时间段 a、b 和 c 内，通过一个垂直于电场的，1.6m^2 面积的位移电流的大小。(ssm) (ilw)

36P. 一个圆形平行板电容器在充电。考虑极板之间圆心在中心轴上的一个圆形回路，回路半径为 0.20m，板的半径为 0.10m；穿过回路的位移电流是 2.0A。两极板之间的电场的变化率是多少？

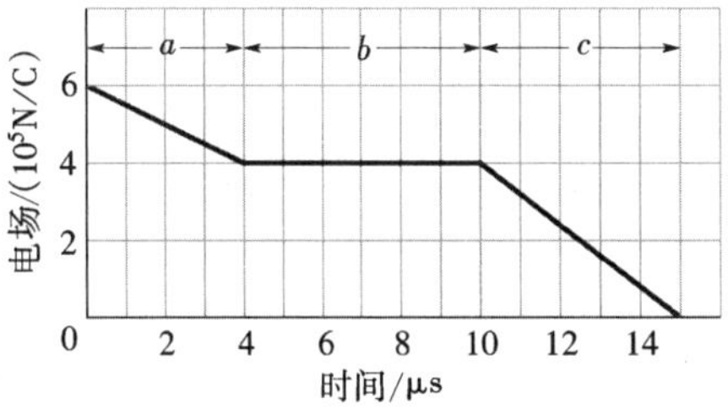

图 32－27 习题 35 图

37P. 如图 32－28 所示，一个平行板电容器的极板是边长为 1.0m 的正方形。一个 2.0A 的电流对电容器充电，在极板之间产生一个垂直于平板的均匀电场 $\vec{E}$。(a) 通过极板之间区域的位移电流 i_d 是多少？(b) 此区域中的 dE/dt 是多少？(c) 通过极板之间的一个方形虚线路径的位移电流是多少？(d) 沿这个方形的虚线路径的 $\oint \vec{B} \cdot d\vec{s}$ 是多少？(ssm) (ilw) (www)

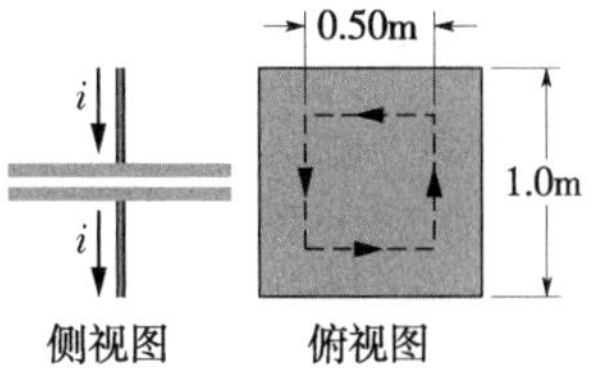

图 32－28 习题 37 图

38P. 半径为 R 的圆形平行板电容器正以 12.0A 的电流放电。考虑极板之间一个圆心在中心轴上的为径为 $R/3$ 的回路，(a) 回路所包围的位移电流是多少？最大感应磁场的大小为 12.0mT。(b) 在离板的中心轴多大径向距离处感应磁场的大小是 3.00mT？

第 33 章　电磁振荡与交流电

当一根高压输电线需要修理时，公用事业公司不能把它断路，那样可能会使全城漆黑一片。所以，修理必须在线路通高压电的同时进行。在这张照片中，直升飞机外面的人刚刚在 **500kV** 的电线之间手工替换了一个分隔器，这个操作要求相当的专门技术。

那么，这个修理人员是如何完成修理而又不会触电致死的呢？

答案就在本章中。

33－1　新物理—老数学

在本章中你将看到，在由一个电感 L、一个电容 C 和一个电阻 R 构成的电路中，电荷 q 如何随时间改变。我们将从另一个观点讨论能量是怎样在电感器的磁场和电容器的电场之间来回转移，同时在电阻中以热能形式逐渐耗散。

在前面其他章节中我们已讨论过振动。在第 16 章中介绍了在由一个质量为 m 的物块、一个弹簧常量为 k 的弹簧以及像油这种粘滞或有摩擦的物质构成的机械振动系统中，位移如何随时间变化。图 16－15 所示为这样一个系统。我们也知道了能量如何在振子的动能和弹簧的势能之间来回转移，同时以热能形式逐渐耗散。

这两种理想系统之间有十分精确的相似，它们的微分方程完全相同。所以不需要学习新的数学；我们可以只简单地改变符号，而把全部注意力集中到问题的物理方面。

33－2　*LC* 振荡的定性讨论

对于三种电路元件——电阻 R、电容 C 和电感 L，到目前为止已经讨论了串联组合 RC（第 28－8 节）及 RL（第 31－9 节）。在这两类电路中，我们发现电荷、电流和电势差都是按指数规律增长和衰减的。增长和衰减的时间尺度由电容或电感的**时间常量** τ 决定。

现在来研究剩下的二元电路组合 LC。你将会发现，在这种情况下，电荷、电流和电势差都不是随时间按指数规律衰减的，而是按正弦规律（周期为 T，角频率为 ω）变化。LC 电路中产生的电容器电场和电感器磁场的振荡叫做**电磁振荡**。我们说，这样一个电路在进行振荡。

图 33－1a 到 h 所示为一个 LC 电路中发生振荡的各个阶段。由式（26－21）可知，任意时刻储存在电容器中的电场能量是

$$U_E=\frac{q^2}{2C} \tag{33-1}$$

其中，q 为该时刻电容器上的电荷。由式（31－51）可知，任意时刻储存在电感器中的磁场能量是

$$U_B=\frac{Li^2}{2} \tag{33-2}$$

其中，i 为该时刻通过电感器的电流。

下面按习惯对一个正进行正弦振荡的电路中的电学量**瞬时值**用小写字母（如 q）表示；而这些量的**振幅**用大写字母，如 Q，表示。记住这个约定后，让我们假设图 33－1 中电容器上的电量 q 起初处于它的最大值 Q，而通过电感的电流 i 为零。这个电路的初始状态表示在图 33－1a 中。图中的能量条形图表明，由于通过电感器电流为零且电容器上有最大电量，在此时刻，磁场能量 U_B 为零，而电场能量 U_E 为最大值。

电容器现在开始通过电感器放电，正载流子沿逆时针方向运动，如图 33－1b 所示。这意味

本章开头照片中显示的修理高压线的方法是 Scott H. Yenzer 的专利，并且为宾夕法尼亚州葛底斯堡的 Haverfield 公司惟一许可。当线路工人接近一根通电的高压线时，电线周围的电场使他的身体接近高压线的电势；然后他伸出一个导体棒搭到高压线上，使两个电势相等。为了避免触电致死，他必须脱离任何与地面的电接触。为了保证身体始终在单一电势——他正施工的电线的电势，他穿一套能导电的衣服、帽子和手套，所有这些都通过导体棒与高压线接触。

着在电感器中产生了由 dq/dt 给出的向下的电流 i。随着电容器的电量减少，电容器中电场储存的能量也在减少，这些能量转移到电感器中正在产生的电流 i 而使其周围出现的磁场中。这样，当能量从电场转移到磁场时，电场减弱而磁场建立。

最后，电容器失去它的所有电量（见图 33－1c），因此也就失去了它的电场和储存在电场中的能量。于是能量全部转移给电感器的磁场。这时，磁场处于它的最大值，通过电感器的电流也处于它的最大值 I。

虽然此刻电容器上的电量为零，逆时针电流却必须继续，因为电感器不允许它突然降到零。电流继续把正电荷从上极板通过电路送到下极板（见图 33－1d）。随着电场在电容器中又一次建立，能量又从电感器流回到电容器。在此能量转移过程中电流逐渐减弱。最后，当能量完全转移回电容器（见图 33－1e）时，电流已减弱到零（瞬时）。图 33－1e 所示与初始情况类似，只是现在电容器被反相充电。

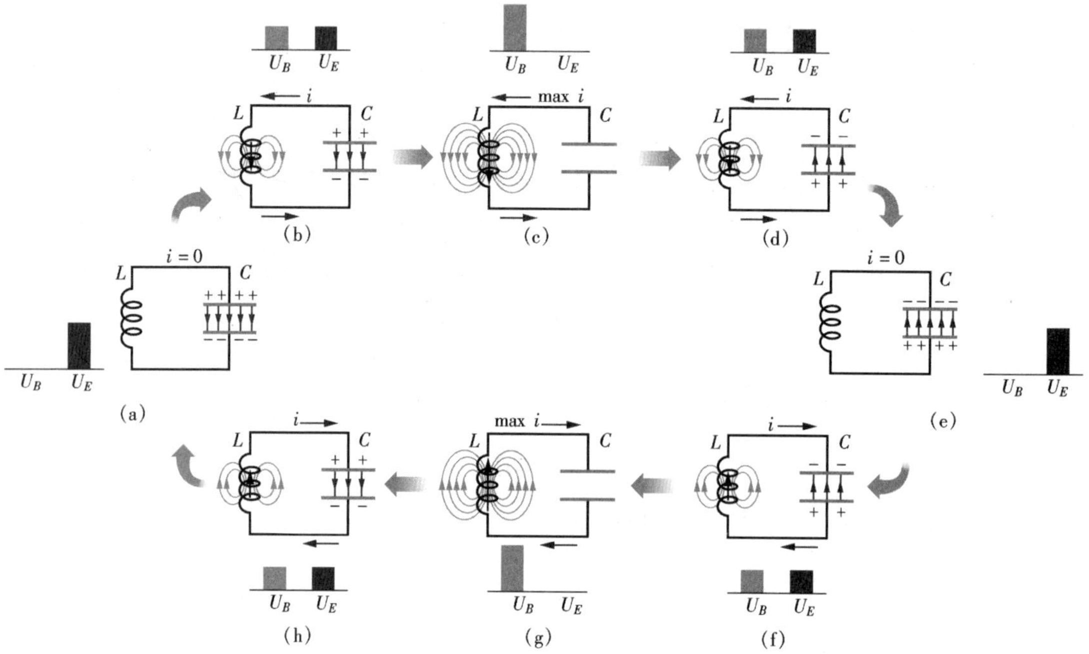

图 33－1　在一个无电阻的 LC 电路中，一次振荡循环中的八个阶段。每个分图旁的条形图表示磁场和电场中储存的能量。图中画出了电感器中的磁场线和电容器中的电场线。(a) 电容器电量最大，无电流。(b) 电容器放电，电流增强。(c) 电容器放电完毕，电流最大。(d) 电容器充电，但是极性与 (a) 中相反，电流减弱。(e) 电容器电量最大，极性与 (a) 中的相反，无电流。(f) 电容器放电，电流增强，流向与 (b) 中的相反。(g) 电容器放电完毕，电流最大。(h) 电容器充电，电流减弱。

然后，电容器又开始放电，但是现在是通过一个顺时针的电流（见图 33－1f）。与前面同理，顺时针电流达到一个最大值（见图 33－1g），然后又减弱（见图 33－1h），直到电路最后回到它的初始情况（图 33－1a）。这过程以一个频率 f，因而以一个角频率 $\omega = 2\pi f$ 重复。理想的 LC 电路中无电阻，除了在电容器的电场和电感器的磁场之间的能量转移外没有其他能量转移。根据能量守恒，这个振荡会无限期地继续下去。振荡不一定要从全部能量都在电场中时开始，初始情况可以是振荡的任何其他阶段。

为了确定电容器上的电量 q 与时间的函数关系，可以接上一个伏特计来测量电容器 C 两端

的时变电势差（或**电压**）v_C。由式（26-1）可以写出

$$v_C = \left(\frac{1}{C}\right)q$$

由此可求出 q。为了测量电流，可以用一个小电阻 R 与电容器和电感器串联，来测量它两端的时变电势差 v_R。通过关系式

$$v_R = iR$$

可知 v_R 正比于 i。这里假设 R 小到可以忽略它对电路振荡的影响。v_R 和 v_C，以及 q 和 i 随时间的变化如图 33-2 所示。四个量都以正弦形式变化。

在实际的 LC 电路中，振荡不可能无限期地持续下去，因为总是会存在一定的电阻，它要消耗来自电场和磁场的能量，并作为热量耗散掉（电路可能变热）。振荡一旦开始，它将以图 33-3 所描绘的方式衰减。把图 33-3 与图 16-6 比较，后者表示在一个物块-弹簧系统中由于摩擦阻尼引起的机械振动的衰减。

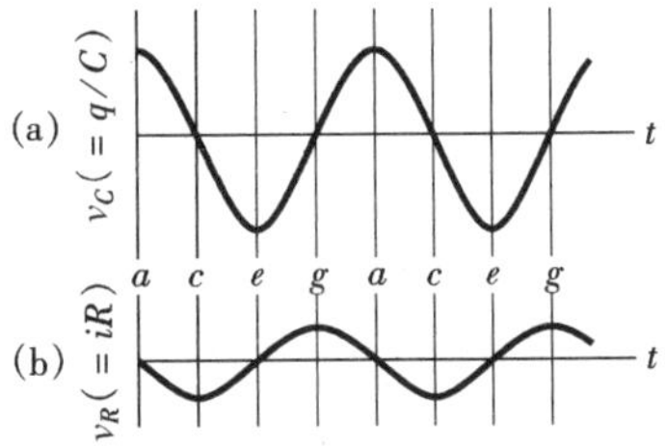

图 33-2 (a)图 33-1 电路中电容器两端的电势差作为时间的函数。这个量正比于电容器上的电量。(b)正比于图 33-1 电路中电流的电势差。英文字母对应于图 33-1 中的振荡阶段。

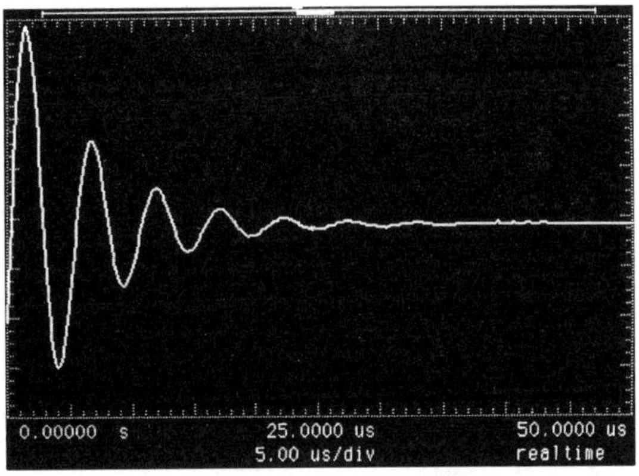

图 33-3 一条示波器迹线，表示在一个 RLC 电路中的振荡如何由于能量在电阻中作为热能耗散而衰减掉。

检查点 1：一个充电的电容器和一个电感器在 $t=0$ 时串联。确定经过多少个振荡周期 T 后，以下各量达到自己的极大：(a)电容器上的电量；(b) 电容器两端与初始极性一致的电压；(c)储存在电场中的能量；(d)电流。

例题 33-1

一个 1.5μF 的电容器充电到 57V，然后与充电电池断开，并且将一个 12mH 的线圈与电容器串联，于是出现了 LC 振荡。线圈中的最大电流是多少？假设电路中无电阻。

【解】 这里**关键点**是：

1. 因为电路无电阻，所以电路中的电磁能量守恒，能量在电容器的电场和线圈（电感器）的磁场之间来回转移。

2. 在任意时刻 t，磁场的能量 U_B（t）通过式（33-2）（$U_B = Li^2/2$）与线圈中的电流 i（t）相联系。当电流达到它的最大值 I 时，所有能量都储存为磁能，能量是 $U_{B,\max} = LI^2/2$。

3. 在任意时刻 t，电场的能量 U_E（t）通过式（33-1）（$U_E = q^2/(2C)$）与电容器上的电量 q（t）相联系。当电量达到它的最大值 Q 时，所有能量都储存为电能，能量是 $U_{E,\max} = Q^2/(2C)$。

根据这些思路，现在可以把能量守恒式写为

$$U_{B,\max} = U_{E,\max}$$

或
$$\frac{LI^2}{2} = \frac{Q^2}{2C}$$

对 I 求解，得

$$I = \sqrt{\frac{Q^2}{LC}}$$

已知 L 和 C，未知 Q。但是，利用式(26-1)($q=CV$)可以将 Q 与电容器两端的最大电势差 V 联系起

来，后者就是初始电势差57V。于是代入 $Q=CV$ 可得

$$I = V\sqrt{\frac{C}{L}} = 57\text{V} \times \sqrt{\frac{1.5\times10^{-6}\text{F}}{12\times10^{-3}\text{H}}}$$

$$= 0.637\text{A} \approx 640\text{mA}$$ （答案）

33－3 电磁－机械相似

让我们来进一步考察图33－1所示的振荡 *LC* 系统与物块－弹簧系统之间的相似性。物块－弹簧系统中涉及两种能量，一个是压缩或伸长的弹簧的势能；另一个是运动物块的动能。这两种能量在表33－1的左半部用熟悉的能量公式列出。

在此表的右半部也列出了 *LC* 振荡涉及的两种能量。通观全表可以看出两对能量，即物块－弹簧系统的机械能和 *LC* 振荡器的电磁能之间的相似性。表中最下一行关于 v 和 i 的等式有助于我们进一步认识这种相似。这两个等式告诉我们，q 对应于 x，i 对应于 v（在两个式子中，都是微分前者得到后者）。从这些对应还可联想到，在能量表达式中，$1/C$ 对应于 k，L 对应于 m，从而有

q 对应于 x，　　$1/C$ 对应于 k

i 对应于 v，　　L 对应于 m

这些对应关系暗示了在一个 *LC* 振荡器中，电容器在数学上好比物块－弹簧系统中的弹簧，而电感器好比物块。

在第16－3节中，我们看到，一个（无摩擦）物块－弹簧系统的振荡角频率是

$$\omega = \sqrt{\frac{k}{m}} \quad (\text{物块－弹簧系统}) \tag{33-3}$$

上述对应关系使我们想到，要确定一个（无电阻）*LC* 电路的振荡角频率，k 应该由 $1/C$ 代替，m 应该由 L 代替，得到

$$\omega = \frac{1}{\sqrt{LC}} \quad (LC\ \text{电路}) \tag{33-4}$$

在下一节中将推导这个结果。

表33－1 两种振荡系统中的能量的对比

物块－弹簧系统		*LC* 振荡器	
组件	能量	组件	能量
弹簧	势能，$\frac{1}{2}kx^2$	电容器，	电能，$\frac{1}{2}(1/C)q^2$
物块	动能，$\frac{1}{2}mv^2$	电感器，	磁能，$\frac{1}{2}Li^2$
$v = dx/dt$		$i = dq/dt$	

33－4 *LC* 振荡的定量讨论

这里要清楚地证明关于 *LC* 振荡角频率的公式（33－4）是正确的。同时要检验在 *LC* 振荡和物块－弹簧振荡之间更密切的相似性。我们将从扩展先前对力学中物块－弹簧振子的某些处理着手。

物块－弹簧振子

在第16章中，我们利用能量转移来分析物块－弹簧的振动，而不是——在那个初期阶段

——推导支配这些振动的基本微分方程。现在我们要做这个推导。

对于在任意时刻物块－弹簧振子的总能量 U，可以写出

$$U = U_b + U_s = \frac{1}{2}mv^2 + \frac{1}{2}kx^2 \qquad (33-5)$$

其中，U_b 和 U_s 分别是运动物块的动能和伸缩弹簧的势能。如果无摩擦（我们的假设），即使 v 和 x 随时间变化，总能量对于时间也是恒定的，用更学术的语言来说，就是 $\mathrm{d}U/\mathrm{d}t=0$。由此得到

$$\frac{\mathrm{d}U}{\mathrm{d}t} = \frac{\mathrm{d}}{\mathrm{d}t}\left(\frac{1}{2}mv^2 + \frac{1}{2}kx^2\right) = mv\frac{\mathrm{d}v}{\mathrm{d}t} + kx\frac{\mathrm{d}x}{\mathrm{d}t} = 0 \qquad (33-6)$$

而 $v=\mathrm{d}x/\mathrm{d}t$，$\mathrm{d}v/\mathrm{d}t=\mathrm{d}^2x/\mathrm{d}t^2$。把这些代入后，式（33－6）成为

$$m\frac{\mathrm{d}^2x}{\mathrm{d}t^2} + kx = 0 \quad \text{（物块－弹簧振动）} \qquad (33-7)$$

式（33－7）是支配无摩擦物块－弹簧振动的基本**微分方程**。

式（33－7）的一般解，即描写物块－弹簧振动的函数 $x(t)$ 是（如在式（16－3）中已经见过的）

$$x = X\cos(\omega t + \phi) \quad \text{（位移）} \qquad (33-8)$$

式中，X 是机械振动的振幅（第 16 章中用 x_m 表示）；ω 是振动的角频率；ϕ 是相位常量。

LC 振荡器

现在来分析无电阻的 LC 电路的振荡，其过程与刚才对物块－弹簧振子所进行的完全一样。任意时刻 LC 电路中的总能量由下式给出：

$$U = U_B + U_E = \frac{Li^2}{2} + \frac{q^2}{2C} \qquad (33-9)$$

其中，U_B 是储存在电感器磁场中的能量；U_E 是储存在电容器电场中的能量。因为假设电路的电阻为零，没有能量转移为热能，所以 U 对时间保持不变。用更学术的语言，就是 $\mathrm{d}U/\mathrm{d}t$ 必须为零，由此得到

$$\frac{\mathrm{d}U}{\mathrm{d}t} = \frac{\mathrm{d}}{\mathrm{d}t}\left(\frac{Li^2}{2} + \frac{q^2}{2C}\right) = Li\frac{\mathrm{d}i}{\mathrm{d}t} + \frac{q}{C}\frac{\mathrm{d}q}{\mathrm{d}t} = 0 \qquad (33-10)$$

而 $i=\mathrm{d}q/\mathrm{d}t$，$\mathrm{d}i/\mathrm{d}t=\mathrm{d}^2q/\mathrm{d}t^2$。把这些代入后，式（33－10）成为

$$L\frac{\mathrm{d}^2q}{\mathrm{d}t^2} + \frac{1}{C}q = 0 \quad \text{（}LC\text{ 振荡）} \qquad (33-11)$$

这是描述无电阻 LC 电路振荡的基本**微分方程**。式（33－11）和式（33－7）具有完全相同的数学形式。

电荷和电流振荡

因为微分方程在数学上相同，所以它们的解在数学上也必定相同。因为 q 对应于 x，与式（33－8）类似，可以写出式（33－11）的通解为

$$q = Q\cos(\omega t + \phi) \quad \text{（电量）} \qquad (33-12)$$

式中，Q 是电量变化的振幅；ω 是电磁振荡的角频率；ϕ 是相位常量。

取式（33－12）对时间的一阶导数，就得到 LC 振荡器的电流

$$i = \frac{dq}{dt} = -\omega Q\sin(\omega t + \phi) \quad (电流) \tag{33-13}$$

这个正弦变化的电流的振幅 I 是

$$I = \omega Q \tag{33-14}$$

于是可以把式（33－13）重写为

$$i = -I\sin(\omega t + \phi) \tag{33-15}$$

角频率

把式（33－12）和它对时间的二阶导数代入式（33－11），就可以检验它是否是式（33－11）的一个解。式（33－12）的一阶导数是式（33－13），所以二阶导数是

$$\frac{d^2q}{dt^2} = -\omega^2 Q\cos(\omega t + \phi)$$

在式（33－11）中代入 q 和 d^2q/dt^2，得到

$$-L\omega^2 Q\cos(\omega t + \phi) + \frac{1}{C}Q\cos(\omega t + \phi) = 0$$

消去 $Q\cos(\omega t+\phi)$，整理后得

$$\omega = \frac{1}{\sqrt{LC}}$$

这样，如果 ω 具有恒定值 $1/\sqrt{LC}$，式（33－12）就确实是式（33－11）的解。注意这个 ω 的表达式正是我们考查相似性时得到的式（33－4）。

式（33－12）中的相位常量 ϕ 由在任意一定的时刻，如 $t=0$ 时，存在的条件决定。如果由条件得出在 $t=0$ 时 $\phi=0$，式（33－12）要求 $q=Q$ 而式（33－13）要求 $i=0$，这些就是图 33－1a 所示的初始条件。

电磁振荡

由式（33－1）和式（33－12）可得，任意时刻储存在于 LC 电路中的电能为

$$U_E = \frac{q^2}{2C} = \frac{Q^2}{2C}\cos^2(\omega t + \phi) \tag{33-16}$$

由式（33－2）和式（33－13）可得，磁能为

$$U_B = \frac{1}{2}Li^2 = \frac{1}{2}L\omega^2 Q^2\sin^2(\omega t + \phi)$$

将式（33－4）的 ω 代入，得

$$U_B = \frac{Q^2}{2C}\sin^2(\omega t + \phi) \tag{33-17}$$

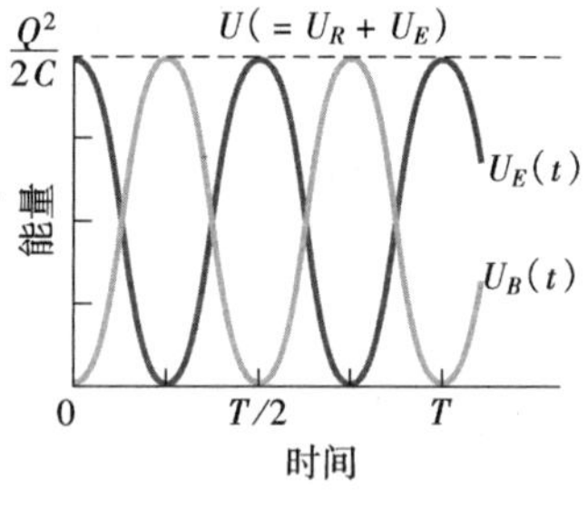

图 33－4 在图 33－1 所示电路中储存的磁能和电能作为时间的函数。注意它们的和是常量，T 是振荡的周期。

图 33－4 所示为 $\phi=0$ 时 $U_E(t)$ 和 $U_B(t)$ 的曲线。注意：

1. U_E 和 U_B 的最大值都是 $Q^2/2C$。
2. U_E 和 U_B 之和在任意时刻都等于 $Q^2/2C$，是一个常量。
3. 当 U_E 最大时，U_B 为零，反之亦然。

检查点 2：在 LC 电路中，一个电容器具有 17V 的最大电势差和 160μJ 的最大能量。当电容器具有 5V 电势差和 10μJ 能量时，(a) 电感器两端的电动势是多少？(b) 储存在磁场中的能量是多少？

例题 33-2

对于例题 33-1 描述的情况，令线圈（电感器）在 $t=0$ 时与充电的电容器连接，其结果是一个类似于图 33-1 的 LC 电路。

(a) 电感器两端的电势差 $v_L(t)$ 作为时间的函数如何？

【解】 这里的一个**关键点**是，电路中的电流和电势差经历着正弦振荡。另一个**关键点**是，仍然可以把回路规则用于这个振荡电路——正像在第 28 章中对非振荡电路所做的那样。在振荡过程中的任意时刻，由回路规则和式（33-1）可得

$$v_L(t) = v_C(t) \qquad (33-18)$$

即电感器两端的电势差 v_L 必须总是等于电容两端的电势差 v_C，以使围绕回路的净电势差为零。这样，如果得到 $v_C(t)$，就可以得到 $v_L(t)$，而由式（26-1）($q=CV$)，可以从 $q(t)$ 得到 $v_C(t)$。

因为当振荡在 $t=0$ 开始时，电势差 $v_C(t)$ 为最大，电容器上的电量 q 必定也是最大。于是，相位常量 ϕ 必须为零，所以由式（33-12）得

$$q = Q\cos\omega t \qquad (33-19)$$

（注意此余弦函数确实在 $t=0$ 时给出最大的 q（$=Q$）。）为了得到电势差 $v_C(t)$，把式（33-19）两边同除以 C，写为

$$\frac{q}{C} = \frac{Q}{C}\cos\omega t$$

再用式（26-1）写出

$$v_C = V_C\cos\omega t \qquad (33-20)$$

这里，V_C 是电容器两端的电势差 v_C 振荡的振幅。

接下来，将 $v_C=v_L$ 代入式（33-18），得

$$v_L = V_C\cos\omega t \qquad (33-21)$$

首先，注意到振幅 V_C 等于电容器两端的初始（最大）电势差 57V，就可以计算出这个等式的右边；再用例题 33-1 中的 L 和 C 的值，由式（33-4）得到

$$\omega = \frac{1}{\sqrt{LC}} = \frac{1}{[(0.012\text{H})(1.5\times10^{-6}\text{F})]^{\frac{1}{2}}}$$
$$= 7454\text{rad/s} \approx 7500\text{rad/s}$$

于是式（33-21）成为

$$v_L = (57\text{V})\cos(7500\text{rad/s})t \qquad \text{（答案）}$$

(b) 电路中电流 i 的最大变化率 $(\mathrm{d}i/\mathrm{d}t)_{\max}$ 如何？

【解】 这里的**关键点**是，如果电容器上的电量按式（33-12）振荡，则电流的振荡形式是式（33-13）。因为 $\phi=0$，该式给出

$$i = -\omega Q\sin\omega t$$

则

$$\frac{\mathrm{d}i}{\mathrm{d}t} = \frac{\mathrm{d}}{\mathrm{d}t}(-\omega Q\sin\omega t) = -\omega^2 Q\cos\omega t$$

用 CV_C（因为已知 C 和 V_C，但不知 Q）代替 Q，并且根据式（33-4）用 $1/\sqrt{LC}$ 代替 ω，可以将此式简化为

$$\frac{\mathrm{d}i}{\mathrm{d}t} = -\frac{1}{LC}CV_C\cos\omega t = -\frac{V_C}{L}\cos\omega t$$

这个结果告诉我们，电流是按变化的（正弦的）时率变化的，它的最大变化率是

$$\frac{V_C}{L} = \frac{57\text{V}}{0.012\text{H}} = 4750\text{A/s} \approx 4800\text{A/s}$$

（答案）

33-5 *RLC* 电路中的阻尼振荡

一个包含电阻、电感和电容的电路称为 ***RLC* 电路**。这里将仅讨论**串联 *LRC* 电路**，如图 33-5 所示。由于电阻 R 的存在，电路的总**电磁能** U（电能与磁能之和）不再恒定，而是随着能量转移为电阻中的热能而减少。因为能量的这种丢失，电量、电流以及电势差的振荡振幅不断减小，这种振荡称为**阻尼振荡**。正如所将见到的，这些量按照与第 16-8 节中的阻尼物块-弹簧振动完全相同的方式衰减。

为了分析这个电路的振荡，写出关于在任意时刻电路中总电磁能 U 的等式。由于电阻不储

存电磁能，可以用式（33－9）：

$$U = U_B + U_E = \frac{Li^2}{2} + \frac{q^2}{2C} \qquad (33-22)$$

然而，现在这个总能量随着能量转移为热能而减少。由式（27－22）可知，转移率是

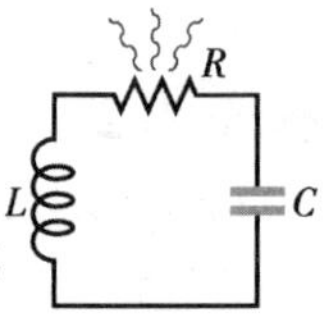

图 33－5　串联 RLC 电路。当电路中的电荷通过电阻来回振荡时，电磁能作为热能耗散掉，使振荡受阻（使它的振幅减小）。

$$\frac{dU}{dt} = -i^2R \qquad (33-23)$$

其中，负号表示 U 在减小。把式（33－22）对时间求导，并将结果代入式（33－23），得到

$$\frac{dU}{dt} = Li\frac{di}{dt} + \frac{q}{C}\frac{dq}{dt} = -i^2R$$

对 i 代以 dq/dt，对 di/dt 代以 d^2q/dt^2，得到

$$L\frac{d^2q}{dt^2} + R\frac{dq}{dt} + \frac{1}{C}q = 0 \quad (RLC\text{ 电路}) \qquad (33-24)$$

这是关于 RLC 电路中阻尼振荡的微分方程。

式（33－24）的解是

$$q = Qe^{-Rt/(2L)}\cos(\omega't + \phi) \qquad (33-25)$$

式中，$\omega' = \sqrt{\omega^2 - [R/(2L)]^2}$。　(33－26)

这里，$\omega = 1/\sqrt{LC}$，属于无阻尼振荡器。式（33－25）告诉我们，在一个阻尼 RLC 电路中，电容器上的电量是如何振荡的。此式给出了一个阻尼的物块－弹簧振子的位移（式（16－40））的电磁学翻版。

式（33－25）描述了一个具有**按指数衰减的振幅** $Qe^{-Rt/(2L)}$（与余弦函数相乘的因子）的正弦式振荡。阻尼振荡的角频率 ω' 总是小于无阻尼振荡的角频率 ω。不过，这里只考虑 R 足够小，因而可以用 ω 代替 ω' 的情况。

下一步我们要得出电路的总电磁能 U 作为时间函数的表达式。一种做法是监视电容器中的电场能量，它由式（33－1）（$U_E = q^2/2C$）给出。把式（33－25）代入式（33－1），得到

$$U_E = \frac{q^2}{2C} = \frac{[Qe^{-Rt/(2L)}\cos(\omega't + \phi)]^2}{2C}$$

$$= \frac{Q^2}{2C}e^{-Rt/L}\cos^2(\omega't + \phi) \qquad (33-27)$$

这样，电场的能量按照一个余弦平方项振荡，振荡的振幅随时间按指数衰减。

例题 33－3

一串联 RLC 电路中，电感 $L = 12$mH，电容 $C = 1.6\mu$F，电阻 $R = 1.5\Omega$。

(a) 在何时电路中电量振荡的振幅降为初始值的 50%？

【解】　这里的**关键点**是电量振荡的振幅随时间 t 衰减：根据式（33－25），在任意时刻 t 电量的振幅为 $Qe^{-Rt/(2L)}$，其中 Q 是在 $t=0$ 时的振幅。我们要求何时电荷振幅减小到 $0.500Q$，即何时

$$Qe^{-Rt/(2L)} = 0.50Q$$

消去 Q，并且在两边取自然对数，有

$$-\frac{Rt}{2L} = \ln 0.50$$

解出 t 再代入给出的数据，得到

$$t = -\frac{2L}{R}\ln 0.50 = -\frac{(2)(12\times10^{-3}\text{H})(\ln 0.50)}{1.5\Omega}$$

$$= 0.0111\text{s} \approx 11\text{ms}$$　（答案）

(b) 在这段时间内完成了几次振荡？

【解】 这里的**关键点**是，一次完整振荡需要的时间即为周期 $T=2\pi/\omega$，其中对于 LC 振荡，角频率由式 (33-4) ($\omega=1/\sqrt{LC}$) 给出。因此，在时间 $\Delta t=0.0111\mathrm{s}$ 内，完全振荡的次数为

$$\frac{\Delta t}{T}=\frac{\Delta t}{2\pi\sqrt{LC}}$$

$$=\frac{0.0111\mathrm{s}}{2\pi[(12\times10^{-3}\mathrm{H})(1.6\times10^{-6}\mathrm{F})]^{1/2}}\approx 13$$

(答案)

所以，大约13次完全振荡后，振幅衰减50%。这个阻尼比图33-3所示的要弱，后者的振幅在一次振荡中就衰减掉50%还多。

33-6 交变电流

如果一个外部的电动势设备能提供足够的能量，来补充在电阻 R 中耗散的热能，RLC 电路中的振荡就不会衰减。家庭、办公室和工厂中有着无数的 RLC 电路，这些电路从当地的电力公司得到这种能量。在大部分国家中，能量由振荡的电动势和电流提供，这种电流叫做**交变电流**，或者简称**交流** (ac)。(由电池输出的非振荡电流叫做**单向电流**，或者**直流** (dc)。) 这些振荡的电动势和电流随时间按正弦变化，(在北美) 每秒方向翻转120次，即频率为 $f=60\mathrm{Hz}$。

这安排初看好像有点奇怪。我们已经知道，在民用导线中传导电子的典型漂移速率约是 $4\times10^{-5}\mathrm{m/s}$。如果现在使它们的方向每 $\frac{1}{120}\mathrm{s}$ 翻转一次，这种电子在半个周期中只能移动约 $3\times10^{-7}\mathrm{m}$。以这种速率，在导线中一个典型电子在方向需要翻转之前最多漂移过10个原子。人们就会问，电子能够到达各处吗？

尽管这个问题令人烦恼，但其实没必要担心。传导电子并不必须要“到达各处”。当说到导线中的电流为1A时，是指每秒通过导线任一横截面的电量为1C。载流子通过这个截面时的速率并不直接与此有关。1A既可能对应于许多载流子很慢的运动，也可能对应于少量载流子很快的运动。更重要的是，使电子翻转方向的信号——它来源于电力公司的发电机提供的交流电动势——是以接近光速的速率沿着导体传播的。所有的电子，不论它在何处，几乎同时得到翻转的指令。最后注意到，就许多电器(像灯泡和烤面包机)而言，电子运动的方向并不重要，只要电子真正运动，使得它们能通过与电器中的原子碰撞而向电器转移能量。

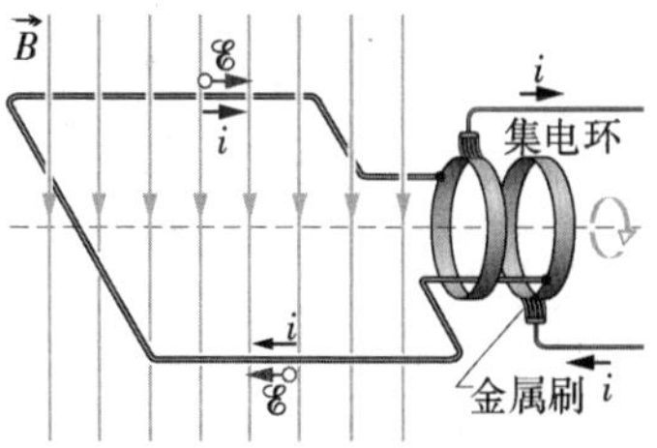

图33-6 交流发电机的基本结构是在外磁场中转动的一个导体回路。实际上，在多匝导线构成的绕组中感生的交变电动势可通过与转动回路连接的集电环得到。每个环与回路导线的一端相连，再通过一个金属刷与发电机电路的其余部分接通，在回路(和集电环)转动时，金属刷在集电环上滑过。

交变电流的主要优点是：**当电流交变时，导体周围的磁场也是交变的**。这样，就能应用法拉第感应定律，这在诸多情形中，如在本章的后面将看到的，意味着我们可以用一种叫做变压器的装置随意提高(增大)或降低(减小)交变电势差的大小。此外，交流电比直流电更适合于使发电机和电动机这类机器转动。

图33-6所示为一个交流发电机的简单模型。随着导体回路被迫在外磁场 $\vec{B}$ 中转动，在回路中感应出按正弦振荡的电动势 $\mathscr{E}$：

$$\mathscr{E}=\mathscr{E}_m\sin\omega_d t \tag{33-28}$$

电动势的**角频率** ω_d 等于回路在磁场中转动的角速度；电动势的**相位**为 $\omega_d t$；**振幅**为 $\mathscr{E}_m$ (下标表

示最大值)。当转动的回路为一个闭合导体路径的一部分时，这个电动势沿着路径产生（**驱动**）一个具有相同角频率 ω_d（叫做**驱动角频率**）的正弦（交变）电流。这个电流可以写为

$$i = I\sin(\omega_d t - \phi) \tag{33-29}$$

其中，I 是被驱动的电流的振幅。(电流的相位 $\omega_d t - \phi$ 习惯上用减号写，而不写成 $\omega_d t + \phi$。) 在式（33-29）中包含了相位常量 ϕ，因为电流可能与电动势 $\mathscr{E}$ 不同相。（下面将看到，相位常量依赖于连接发电机的电路。）电流 i 也可以在式（33-29）中以 $2\pi f_d$ 代替 ω_d 用电动势的**驱动频率** f_d 来写出。

33-7 受迫振荡

我们已经看到，在无阻尼 LC 和阻尼 RLC（R 足够小）电路中，一旦闭合，电量、电动势差以及电流就以角频率 $\omega = 1/\sqrt{LC}$ 振荡。这种振荡称为**自由振荡**（没有外来电动势），角频率 ω 称为电路的**固有角频率**。

当式（33-28）中的外来交变电动势接到 RLC 电路中时，电荷、电动势差以及电流的振荡称作**驱动振荡**或**受迫振荡**。这种振荡总是以驱动角频率 ω_d 进行：

> 不论电路的固有角频率 ω 如何，电路中电量、电动势差以及电流的受迫振荡总是以驱动角频率 ω_d 进行的。

然而在 33-9 节中将看到，振荡的振幅与 ω 和 ω_d 是否相近有很大关系。当两个角频率一致——称为**共振**状态——时，电路中电流的振幅 I 最大。

33-8 三种简单电路

本章后面，将把一个外来交变电动势设备串联到 RLC 电路中，如图 33-7 所示；然后得到用外来电动势的振幅 $\mathscr{E}_m$ 和角频率 ω_d 表示的正弦振荡电流的振幅 I 和相位常量 ϕ 的公式。但是，首先还是来考虑三个简单电路，每一个都只有外电动势和一种电路元件：R、C 或 L。下面从具有一个电阻元件（纯**电阻负载**）的电路开始。

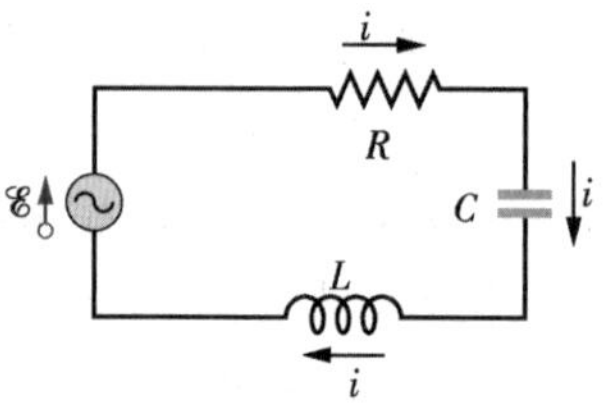

图 33-7 包含一个电阻、一个电容和一个电感的单回路电路。用圆圈中一个正弦波表示的发电机产生的电动势建立起交变电流；图中只画出了某时刻的电动势和电流的方向。

电阻负载

图 33-8a 所示为一个包含一个电阻 R 和具有式（33-28）的交变电动势的交流发电机的电路。根据回路定则，有

$$\mathscr{E} - v_R = 0$$

由式（33-28）可得

$$v_R = \mathscr{E}_m \sin\omega_d t$$

因为电阻两端交变电势差（电压）的振幅 V_R 等于交变电动势的振幅 $\mathscr{E}_m$，可以把上式写为

$$v_R = V_m \sin\omega_d t \tag{33-30}$$

现在可以由电阻的定义（$R = V/i$）把电流写为

$$i_R = \frac{V_R}{R} = \frac{V_R}{R}\sin\omega_d t \tag{33-31}$$

由式（33-29），这个电流也可以写为

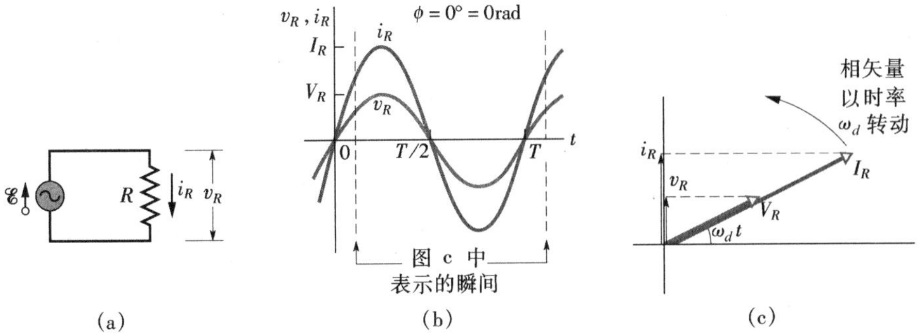

图 33－8 (a) 一个电阻连接在一个交流发电机的两端。(b) 电流 i_R 和电阻两端的电势差 v_R 对时间 t 的曲线画在同一图上。它们同相并且在一个周期 T 内完成一个循环。(c) 一个相量图描述与 (b) 相同的现象。

$$i_R = I_R\sin(\omega_d t - \phi) \quad (33-32)$$

其中，I_R 是电阻中电流 i_R 的振幅。比较式（33－31）和式（33－32），可看到，对于纯电阻负载，相位常量 $\phi = 0°$。也可看到，电压振幅和电流振幅有以下关系：

$$V_R = I_R R \quad (\text{电阻器}) \quad (33-33)$$

虽然这个关系是从图 33－8a 的电路中得到的，但是它适合于任何交流电路的任何电阻。

比较式（33－30）和式（33－31）可看到，时变量 v_R 和 i_R 都是在 $\phi = 0°$时的函数 $\sin\omega_d t$，即这两个量**同相**。这意味着它们相应的极大（和极小）在相同的时刻出现。图 33－8b 中的 v_R（t)和 i_R（t）曲线表明了这个事实。注意这里的 v_R 和 i_R 不衰减，因为发电机向电路提供能量，补充在 R 中的能量损耗。

时变量 v_R 和 i_R 也可以用相量表示。回想 17－10 节中得到的，相量是围绕原点转动的一个矢量。代表图 33－8a 中电阻两端的电压和电阻中电流的相量，在任意时刻 t 由图 33－8c 表示。这种相量有以下性质：

角速度：两个相量都以等于 v_R 和 i_R 的角频率 ω_d 的角速率逆时针围绕原点转动。

长度：每个相量的长度分别表示交变量的振幅：V_R 是电压的，I_R 是电流的。

投影：每个相量在**竖直**轴上的**投影**分别表示交变量在时刻 t 的值：v_R 是电压的，i_R 是电流的。

转角：每个相量的转角等于该交变量在时刻 t 的相位：在图 33－8c 中，电压和电流同相，因此它们总是有同一个相位 $\omega_d t$ 及同样的转角，所以它们一齐转动。

想象你跟着相量转动。你能看到当两个相量已转到 $\omega_d t = 90°$（它们竖直向上）时，它们显示这时正好 $v_R = V_R$ 和 $i_R = I_R$ 吗？式（33－30）和式（33－32）给出了同样的结果。

例题 33－4

纯电阻负载。在图 33－8a 中，电阻 R 为 200Ω，正弦交变电动势设备具有振幅 $\mathscr{E}_m = 36.0$V，以频率 $f_d = 60.0$Hz 运行。

(a) 求电阻两端的电势差 $v_R(t)$ 作为时间的函数和 $v_R(t)$ 的振幅 V_R。

【解】 当把回路定则应用于图 33－8a 所示的电路时，就发现这个**关键点**：在具有纯电阻负载的电路中，电阻两端的电势差 $v_R(t)$ 总是等于电动势设备两端的电势差 $\mathscr{E}(t)$，即 $v_R(t) = \mathscr{E}(t)$ 和 $V_R = \mathscr{E}_m$。因为 $\mathscr{E}_m$ 已给出，就有

$$V_R = \mathscr{E}_m = 36.0\text{V} \quad (\text{答案})$$

为了求得 $v_R(t)$，用式(33－28)写出

$$v_R(t) = \mathscr{E}(t) = \mathscr{E}_m\sin\omega_d t \quad (33-34)$$

再代入 $\mathscr{E}_m = 36.0$V 和

$$\omega_d = 2\pi f_d = 2\pi(60\text{Hz}) = 120\pi$$

得到

$$v_R = (36.0\text{V})\sin(120\pi t) \quad \text{(答案)}$$

(b) 电阻中的电流 $i_R(t)$ 及其振幅 I_R 为何?

【解】 这里的**关键点**是,在具有纯电阻负载的交变电路中,电阻中的电流 $i_R(t)$ 与电阻两端的交变电势差 $v_R(t)$ 同相,即对于电流,相位常量 ϕ 为零。于是式(33-29)可以写为

$$i_R = I_R\sin(\omega_d t - \phi) = I_R\sin\omega_d t \quad (33-35)$$

由式(33-33)可得,振幅 I_R 为

$$I_R = \frac{V_R}{R} = \frac{36.0\text{V}}{200\Omega} = 0.180\text{A} \quad \text{(答案)}$$

将此值和 $\omega_d = 2\pi f_d = 120\pi$ 代入式(33-35)中,得到

$$i_R = (0.180\text{A})\sin(120\pi t) \quad \text{(答案)}$$

检查点3:如果使纯电阻负载电路中的驱动频率变大,(a)振幅 V_R 及(b)振幅 I_R 是变大、变小,还是不变?

电容负载

图33-9a所示为包含一个电容和一个具有式(33-28)的交变电动势的发电机的电路。应用回路定则以及与导出式(33-30)时同样的做法,得到电容器两端的电势差为

$$v_C = V_C\sin\omega_d t \quad (33-36)$$

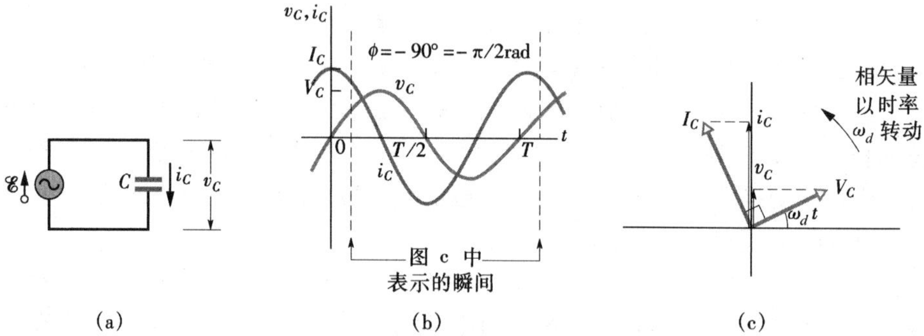

图33-9 (a)一个电容连接在一个交流电发电机的两端。(b)电容器中的电流超前于电压90°(=π/2rad)(c)相量图描述同一现象。

其中,V_C 是电容器两端交变电压的振幅。由电容的定义也可以写为

$$q_C = Cv_C = CV_C\sin\omega_d t \quad (33-37)$$

但我们关心的是电流而不是电量。因此,对式(33-37)微分得

$$i_C = \frac{dq_C}{dt} = \omega_d CV_C\cos\omega_d t \quad (33-38)$$

现在从两方面修改式(33-38)。首先为了符号的对称性,引入量 X_C,叫做电容器的**容抗**,定义为

$$X_C = \frac{1}{\omega_d C} \quad \text{(容抗)} \quad (33-39)$$

它的值不仅依赖于电容,还依赖于角频率 ω_d。从电容时间常数的定义($\tau = RC$)可知,C 的SI单位可以表示为 s/Ω。把这一单位用于式(33-39)就可证明,X_C 的SI单位为**欧姆**,与电阻 R 的单位正好相同。

其次,把式(33-38)中的 $\text{con}\omega_d t$ 换写成正弦函数:

$$\cos\omega_d t = \sin(\omega_d t + 90°)$$

通过这两方面的改动，式（33-38）成为

$$i_C = \left(\frac{V_C}{X_C}\right)\sin(\omega_d t + 90°) \tag{33-40}$$

由式（33-29），也可以把 C 中的电流 i_C 写成

$$i_C = I_C\sin(\omega_d t - \phi) \tag{33-41}$$

其中，I_C 是 i_C 的振幅。比较式（33-40）和式（33-41），我们看到，对于一个纯电容负载，电流的相位常量 ϕ 为 $-90°$。也可以看到，电压振幅和电流振幅的关系为

$$V_C = I_C X_C \quad \text{（电容器）} \tag{33-42}$$

虽然这个关系是从图 33-9a 所示电路得到的，但它也适用于任何交流电路中的任何电容。

对式（33-36）和式（33-40）进行比较，或对图 33-9b 观察可见，v_C 和 i_C 的相位相差 90°，即四分之一循环，而且 i_C **超前**于 v_C。这就是说，如果监视图 33-9a 电路中的电流 i_C 和电势差 v_C，将看到 i_C 比 v_C 早四分之一循环达到最大值。

v_C 与 i_C 之间的这种关系可用图 33-9c 所示的相量图说明。代表这两个量的相量逆时针一同转动，标以 I_C 的相量确实比标以 V_C 的超前 90°角，即相矢量 I_C 比相矢量 V_C 早四分之一循环与垂直轴重合。请自行确认图 33-9c 所示的相量图符合式（33-36）和式（33-40）。

检查点 4：(a) 下图所示为一条正弦曲线 $S(t) = \sin\omega_d t$ 和另三条正弦曲线 $A(t)$、$B(t)$ 和 $C(t)$，都具有形式 $\sin(\omega_d t - \phi)$。(a) 把另三条曲线按照 ϕ 的值排序，正最大的最先，负最大的排最后。(b) 哪条曲线对应于图 (b) 中的哪个相量？(c) 哪条曲线领先于其他曲线？

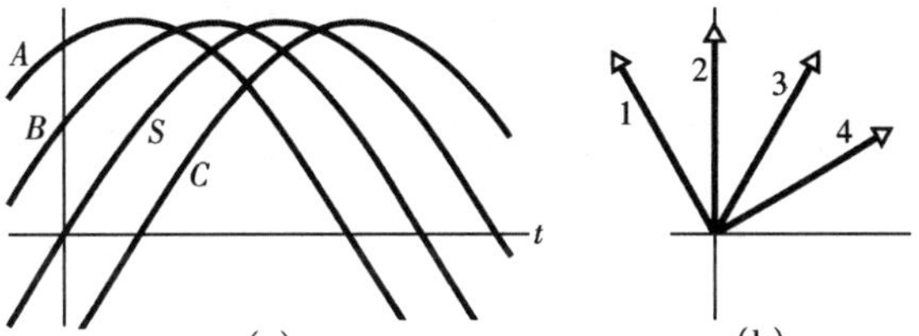

(a) (b)

例题 33-5

纯电容负载。在图 33-9a 中，电容 C 为 15.0μF，正弦交流电动势设备具有振幅 $\mathscr{E}_m = 36.0\text{V}$，以频率 $f_d = 60.0\text{Hz}$ 运行。

(a) 求电容两端的电势差 $v_C(t)$ 和 $v_C(t)$ 的振幅 V_C。

【解】 如果把回路定则应用于图 33-9a，就可发现这个**关键点**：在一个具有纯电容负载的电路中，电容两端的电势差 $v_C(t)$ 总是等于电动势设备两端的电势差 $\varepsilon_m(t)$。这样，$v_C(t) = \mathscr{E}_m(t)$，且 $V_C = \mathscr{E}_m$。因为 $\mathscr{E}_m$ 已给出，就有

$$V_C = \mathscr{E}_m = 36.0\text{V} \quad \text{（答案）}$$

为了得到 $v_C(t)$，用式（33-28）写出

$$v_C(t) = \mathscr{E}_m(t) = \mathscr{E}_m\sin\omega_d t \tag{33-43}$$

然后，将 $\mathscr{E}_m = 36.0\text{V}$ 和 $\omega_d = 2\pi f_d = 120\pi$ 代入到式（33-43），得到

$$v_C = (36.0\text{V})\sin(120\pi t) \quad \text{（答案）}$$

(b) 电路中的电流 $i_C(t)$ 作为时间的函数及 $i_C(t)$ 的振幅 I_C 为何？

【解】 这里的**关键点**是，在一个具有纯电容负载的交流电路中，电容中的交变电流 $i_C(t)$ 比交变电势差 $v_C(t)$ 超前 90°，即电流的相位常量 ϕ 为 $-90°$ 或 $-\pi/2$。于是，可以把式（33-29）写为

$$i_C = I_C\sin(\omega_d t - \phi) = I_C\sin(\omega_d t + \pi/2) \tag{33-44}$$

第二个**关键点**是，如果先求得了容抗 X_C，就可以由式（33-42）（$V_C = I_C X_C$）得到振幅 I_C。由式（33-39）（$X_C = 1/\omega_d C$）及 $\omega_d = 2\pi f_d$，可以写出

$$X_C = \frac{1}{2\pi f_d C} = \frac{1}{(2\pi)(60.0\text{Hz})(15.0\times10^{-6}\text{F})}$$

$= 177\Omega$

然后，由式（33-42）得电流振幅是

$$I_C = \frac{V_C}{X_C} = \frac{36.0\text{V}}{177\Omega} = 0.203\text{A} \qquad \text{（答案）}$$

将这个结果和 $\omega_d = 2\pi f_d = 120\pi$ 代入式（33-44），得到

$$i_C = (0.203\text{A})\sin(120\pi t + \pi/2) \qquad \text{（答案）}$$

检查点5：如果使纯电容负载电路中的驱动频率变大，则（a）振幅 V_C 及（b）振幅 I_C 是变大、变小，还是保持不变？

电感负载

图33-10a所示为包含一个电感和一个具有式（33-28）的交变电动势的发电机的电路。应用回路定则以及与导出式（33-30）时同样的做法，得到电感两端的电势差为

$$v_L = V_L \sin\omega_d t \qquad (33-45)$$

其中，V_L 是 v_C 的振幅。由式（31-37），可以把其中电流变化率为 $\mathrm{d}i_C/\mathrm{d}t$ 的电感 L 两端的电势差写作

$$v_L = L\frac{\mathrm{d}i_L}{\mathrm{d}t} \qquad (33-46)$$

把式（33-45）和式（33-46）相结合，有

$$\frac{\mathrm{d}i_L}{\mathrm{d}t} = \frac{V_L}{L}\sin\omega_d t \qquad (33-47)$$

但是，我们关心的是电流而不是它对时间的导数。因此对式（33-47）积分得

$$i_L = \int \mathrm{d}i_L = \frac{V_L}{L}\int \sin\omega_d t\,\mathrm{d}t = -\left(\frac{V_L}{\omega_d L}\right)\cos\omega_d t \qquad (33-48)$$

现在从两方面修改式（33-48）。首先，为了符号的对称性，引入量 X_L，叫做电感器的**感抗**，定义为

$$X_L = \omega_d L \quad \text{（感抗）} \qquad (33-49)$$

X_L 的值依赖于驱动角频率 ω_d。从电感时间常数 τ_L 的单位导出 X_L 的SI单位为**欧姆**，与 X_C 及 R 的正好相同。

其次，把式（33-48）中的 $-\text{con}\omega_d t$ 换写成正弦函数：

$$-\cos\omega_d t = \sin(\omega_d t - 90°)$$

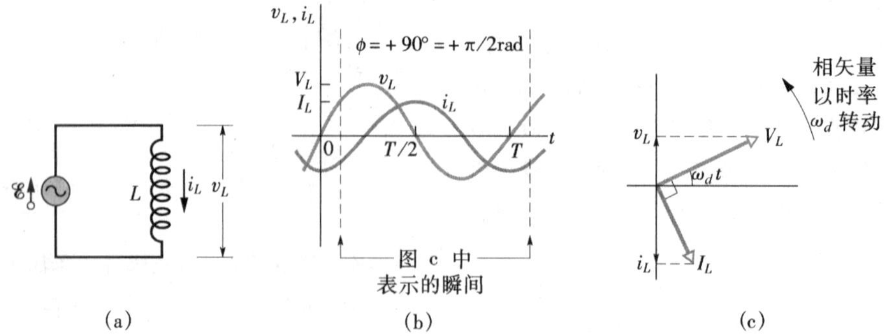

图33-10 （a）一个电感器两端连接在一个交流发电机的两端。（b）电感器中的电流落后于电压90°（c）相量图描述同一现象。

通过这两方面的改动，式（33－48）成为

$$i_L = \left(\frac{V_L}{X_L}\right)\sin(\omega_d t - 90^\circ) \qquad (33-50)$$

由式（33－29），也可以把这电感中的电流写成

$$i_L = I_L\sin(\omega_d t - \phi) \qquad (33-51)$$

其中，I_L 是 i_L 的振幅。比较式（33－50）和式（33－51）我们看到，对于一个纯电感负载，电流的相位常量 ϕ 是 $+90°$。也可以看到，电压振幅和电流振幅的关系为

$$V_L = I_L X_L \quad (\text{电感器}) \qquad (33-52)$$

虽然这个关系是从图 33－10a 的电路得到的，它也适用于任何交流电路中的任何电感。

对式（33－45）和式（33－50）进行比较，或对图 33－10b 观察可见，i_L 和 v_L 的相位相差 90°。但是，在此情况中 i_L 落后于 v_L，即如果监视图 33－10a 电路中的电流 v_L 和电压 i_L，将看到 i_L 比 v_L 晚四分之一循环达到最大值。

图 33－10c 所示的相量图也包含这个信息。当图中的两个相量逆时针旋转动时，标以 I_L 的相矢量确实比标以 V_L 的落后 90°角。请自行确认图 33－10c 所示的相量图符合式（33－45）和式（33－50）。

解题线索

线索 1：在交流电路中的超前和落后

表 33－2 总结了前面讨论的三种电路元件中的每一个的电流 i 和电压 v 之间的关系。当外加的交流电压在这些电路中产生交流电流时，电流与电阻两端的电压同相，比电容器两端的电压超前，比电感器两端的电压落后。

许多学生借助一个口诀记忆这些结论："*ELI* the *ICE* man"（"**爱里**"这个"**冰**"人）*ELI* 中包含字母 *L*（电感器），而且字母 *I*（电流）在字母 *E*（电动势或电压）之后，即对于电感器，电流落后于电压。类似地，*ICE*（其中 *C* 表示电容器）意味着电流超前于电压。你还可以用修改过的口诀"*ELI positively* is the *ICE* man"（"**爱里**"正是"**冰**"人）来记住：对于电感器相位常量为正。

如果你记不住 X_C 是等于 $1/(\omega_d C)$（正确）还是 $\omega_d C$（错误），可以试试记住 *C* 出现在"cellar（地下室）"中，即在分母上。

表 33－2　交流电流、电压的相位和振幅的关系

电路元件	符号	电阻或电抗	电流的相	相位常量（或相角）ϕ	振幅关系
电阻器	R	R	与 v_R 同相	0°	$V_R = I_R X_R$
电容器	C	$X_C = 1/(\omega_d C)$	比 v_C 超前 90°	－90°	$V_C = I_C X_C$
电感器	L	$X_L = \omega_d L$	比 v_L 落后 90°	+90°	$V_L = I_L X_L$

例题 33－6

纯电感负载。在图 33－10a 中，电感 L 为 230mH，正弦交流电动势设备具有振幅 $\mathscr{E}_m = 36.0\text{V}$，以频率 $f_d = 60.0\text{Hz}$ 运行。

(a) 求电感两端的电势差 $v_L(t)$ 和 $v_L(t)$ 的振幅 V_L。

【解】　如果把回路定则应用于图 33－10a，就发现这个**关键点**：在具有纯电感负载的电路中，电感两端的电势差 $v_L(t)$ 总是等于电动势设备两端的电势差 $\mathscr{E}_m(t)$。这样，有 $v_L(t) = \mathscr{E}_m(t)$ 和 $V_L = \mathscr{E}_m$。因为 $\mathscr{E}_m$ 已给出，就有

$$V_L = \mathscr{E}_m = 36.0\text{V} \qquad (\text{答案})$$

为了求得 $v_L(t)$，用式（33－28）写出

$$v_L = \mathscr{E}_m(t) = \mathscr{E}_m\sin\omega_d t \qquad (33-53)$$

然后，将 $\mathscr{E}_m = 36.0\text{V}$ 和 $\omega_d = 2\pi f_d = 120\pi$ 代入式（33－53），得到

$$v_L = (36.0\text{V})\sin(120\pi t) \qquad (\text{答案})$$

(b) 电路中的电流 $i_L(t)$ 作为时间的函数及

$i_L(t)$ 的振幅 I_L 如何？

【解】 这里**关键点**是，在具有纯电感负载的交流电路中，电感中的交变电流 $i_L(t)$ 比交变电势差 $v_L(t)$ 落后90°。（在解题线索1的口诀中，这个电路是"positively an *ELI* circuit"，就是说，电动势 *E* 领先于电流，ϕ 是正的。）所以，电流的相位常量 ϕ 为 +90°或 $+\pi/2$。于是，可以把式（33－29）写为

$$i_L = I_L\sin(\omega_d t - \phi) = I_L\sin(\omega_d t - \pi/2) \quad (33-54)$$

第二个**关键点**是，如果先求得了感抗 X_L，就可以由式（33－52）（$V_L = I_L X_L$）得到振幅 I_L。由式（33－49）（$X_L = \omega_d L$）及 $\omega_d = 2\pi f_d$，可以写出

$$X_L = 2\pi f_d L = (2\pi)(60.0\text{Hz})(230\times10^{-3}\text{H}) = 86.7\Omega$$

然后，由式（33－52）得电流振幅为

$$I_L = \frac{V_L}{X_L} = \frac{36.0\text{V}}{86.7\Omega} = 0.415\text{A} \quad \text{（答案）}$$

将这结果和 $\omega_d = 2\pi f_d = 120\pi$ 代入式（33－54），得到

$$i_L = (0.415\text{A})\sin(120\pi t - \pi/2) \quad \text{（答案）}$$

检查点6：如果使纯电感负载电路中的驱动频率变大，则（a）振幅 V_L 及（b）振幅 I_L 是变大、变小，还是保持不变？

33－9 串联 *RLC* 电路

现在把式（33－28）的交变电动势

$$\mathscr{E} = \mathscr{E}_m\sin\omega_d t\text{（外加电动势）} \quad (33-55)$$

加到图33－7所示的整个 *RLC* 电路。因为 *R*、*L* 和 *C* 串联，在它们中就产生了相同的电流

$$i = I\sin(\omega_d t - \phi) \quad (33-56)$$

我们想要得到电流振幅 *I* 和相位常量 ϕ，用相量图简化求解。

电流振幅

从图33－11a出发，该图表示式（33－56）的电流在任意时刻 *t* 的相量。相量的长度是电流振幅 *I*；相量在竖直轴的投影是 *t* 时刻的电流 *i*；相量的转角是 *t* 时刻电流的相 $\omega_d t - \phi$。

图33－11b表示在同一时刻 *t*，*R*、*L* 和 *C* 两端的电压相量。根据表33－2中的条件，每一个相量相对于图33－11a中电流相量的转角的取向由表33－2给出的下列信息决定：

电阻器：这里电流和电压同相，所以电压相量 V_R 的转角与相量 *I* 的相同。

电容器：这里电流比电压超前90°，所以电压相量 V_C 的转角比相量 *I* 的小90°。

电感器：这里电流比电压落后90°，所以电压相量 V_L 的转角比相量 *I* 的大90°。

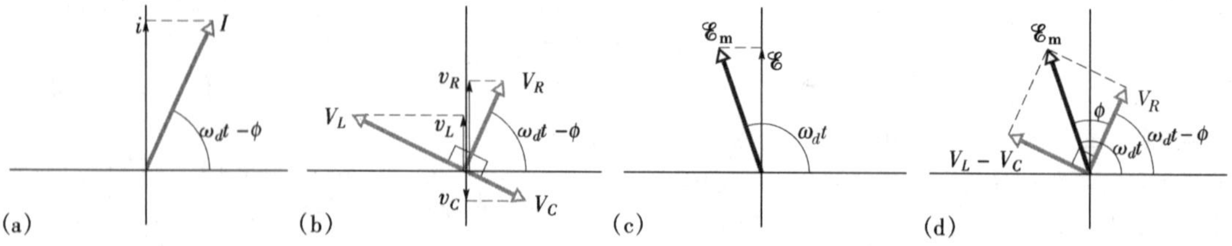

图33－11 （a）表示图33－7所示受迫 *RLC* 电路中的交变电流在时刻 *t* 的相量。振幅 *I*、瞬时值 *i* 和相角（$\omega_d t - \phi$）如图所示。（b）表示电感器、电阻器和电容器两端电压相对于（a）中电流相量取向的各相量。（c）表示驱动（a）中电流的交变电动势的相量。（d）电动势相量等于（b）中三个电压相量之和。这里，电压相量 V_L 和 V_C 已经相加得到它们的净相量（$V_L - V_C$）。

图 33-11b 也表明了 R、C 和 L 两端在时刻 t 的瞬时电压 v_R、v_C 和 v_L。这些电压是图中相应的相量在竖直轴上的投影。

图 33-11c 表示式（33-55）的外加电动势的相量。相量的长度是电动势振幅 $\mathscr{E}_m$；相量在竖直轴上的投影是时刻 t 的电动势 $\mathscr{E}$；相量的转角是电动势在时刻 t 的相 $\omega_d t$。

由回路规则知道，在任意时刻，电压 v_R、v_C 和 v_L 之和等于外加电动势：

$$\mathscr{E} = v_R + v_C + v_L \tag{33-57}$$

于是，在时刻 t，图 33-11c 中的投影 $\mathscr{E}$ 等于图 33-11b 中投影 v_R、v_C 和 v_L 的代数和。事实上，当这些相量一起旋转时，这个等式始终成立。这意味着图 33-11c 中的相量 $\mathscr{E}_m$ 必定等于图 33-11b 中三个电压相量 V_R、V_L 和 V_C 之相量和。

图 33-11d 体现了这个要求。其中，电动势相量 $\mathscr{E}_m$ 画得等于相量 V_R、V_L 和 V_C 的相量和。因为图中相量 V_L 和 V_C 反向，可以简化求相量和。先组合 V_L 和 V_C 得到一单个相量 $V_L - V_C$，再把这一单个相量与 V_R 结合得到净相量。如图所示，净相量又必定与 $\mathscr{E}_m$ 一致。

图 33-11d 中的两个三角形都是直角三角形。对每一个应用勾股定理得到

$$\mathscr{E}_m^2 = V_R^2 + (V_L - V_C)^2 \tag{33-58}$$

由表 33-2 中的振幅条件可以重写此式为

$$\mathscr{E}_m^2 = (IR)^2 + (IX_L - IX_C)^2 \tag{33-59}$$

然后改写为以下形式

$$I = \frac{\mathscr{E}_m}{\sqrt{R^2 + (X_L - X_C)^2}} \tag{33-60}$$

式（33-60）中的分母称为对于驱动角频率 ω_d 的电路的**阻抗** Z：

$$Z = \sqrt{R^2 + (X_L - X_C)^2} \quad \text{（阻抗定义）} \tag{33-61}$$

于是式（33-60）可以写为

$$I = \frac{\mathscr{E}_m}{Z} \tag{33-62}$$

如果对于 X_C 和 X_L 分别代入式（33-39）和式（33-49），可以更明确地把式（33-60）写为

$$I = \frac{\mathscr{E}_m}{\sqrt{R^2 + (\omega_d L - 1/\omega_d C)^2}} \quad \text{（电流振幅）} \tag{33-63}$$

现在我们已经完成了一半任务：用一个串联 *RLC* 回路中的正弦驱动电动势和电路元件得到了电流振幅 I 的一个表示式。

I 的值依赖于式（33-63）中的 $\omega_d L$ 与 $1/(\omega_d C)$ 之差，或者等价地，依赖于式（33-60）中的 X_L 与 X_C 之差。在这两个等式中，两个量的哪一个较大都没有关系，因为总是取差值的平方。

本节所讲述的电流是**稳态电流**，出现于交变电动势已加上一段时间之后。当电动势刚刚加到回路时，有一个短暂的**瞬时电流**出现（建立起稳态电流之前）。它的持续时间由在“接通”电感和电容元件时的时间常量 $\tau_L = L/R$ 和 $\tau_C = RC$ 决定。这个暂态电流可能很大，因而，如果在设计电路时没有适当考虑这个因素的话，可能，例如，烧坏起动的电动机。

相位常量

从图33－11d中的右手相量三角形和表33－2可写出

$$\tan\phi = \frac{V_L - V_C}{V_R} = \frac{IX_L - IX_C}{IR} \qquad (33-64)$$

此式给出

$$\tan\phi = \frac{X_L - X_C}{R} \quad (\text{相位常量}) \qquad (33-65)$$

这就是我们的另一半任务：正弦驱动的串联 RLC 电路的相位常量公式。视 X_L 与 X_C 相对大小的不同，此式基本上给出了相位常量的三种不同的结果：

$\boldsymbol{X_L > X_C}$：这种电路被说成是**电感性大于电容性**。式（33－65）告诉我们，对这样一个电路，ϕ 为正，意味着相量 I 跟在相量 $\mathscr{E}_m$ 后面转动（见图33－12a）。$\mathscr{E}$ 和 i 对时间的曲线与图33－12b中的类似。（画出图33－11c、d时假设 $X_L > X_C$。）

$\boldsymbol{X_C > X_L}$：这种电路被说成是**电容性大于电感性**。式（33－65）告诉我们，对这样一个电路，ϕ 为负，意味着相量 I 在相矢量 $\mathscr{E}_m$ 前面转动（见图33－12c）。$\mathscr{E}$ 和 i 对时间的曲线与图33－12d中的类似。

$\boldsymbol{X_C = X_L}$：这种电路被说成是在**共振**，一个随后要讨论的概念。式（33－65）告诉我们，对这样一个电路，$\phi = 0°$，意味着相量 I 与相量 $\mathscr{E}_m$ 一齐旋转（见图33－12e）。$\mathscr{E}$ 和 i 对时间的曲线与图33－12f中的类似。

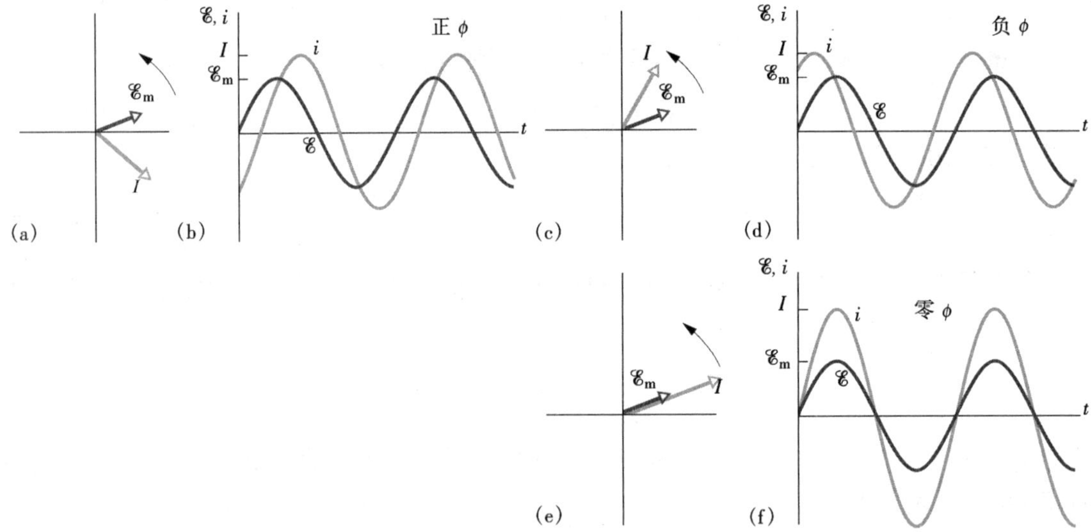

图33－12　描述图33－7中受迫 RLC 电路的交变电动势 $\mathscr{E}$ 和电流 i 的相量图及曲线图。在相量图(a)和曲线图(b)中，电流 i 落后于驱动电动势 $\mathscr{E}$，所以电流的相位常量 ϕ 为正。在(c)和(d)中，电流 i 超前于驱动电动势 $\mathscr{E}$，所以它的相位常量 ϕ 为负。在(e)和(f)中，电流 i 与驱动电动势 $\mathscr{E}$ 同相，所以它的相位常量 ϕ 为零。

作为例子，让我们重新考虑两种极端电路：在图33－10a的**纯电感电路**中，X_L 非零，而 $X_C = R = 0$，式（33－65）告诉我们，$\phi = +90°$（ϕ 的最大值），与图33－10c一致。在图33－9a的**纯电容电路**中，X_C 非零，而 $X_L = R = 0$，式（33－65）告诉我们，$\phi = -90°$（ϕ 的最小值），与图33－9c一致。

共振

式（33 -63）给出了 RLC 电路中电流振幅 I 作为外加交流电动势的驱动角频率 ω_d 的函数。对于给定的电阻 R，当分母中的量（$\omega_d L - 1/(\omega_d C)$）为零，即当

$$\omega_d L = \frac{1}{\omega_d C}$$

或

$$\omega_d = \frac{1}{\sqrt{LC}} \quad (\text{最大 } I) \tag{33-66}$$

时，振幅为最大。因为 RLC 电路的固有角频率 ω 也等于 $1/\sqrt{LC}$，故 I 的最大值出现在当驱动角频率与固有角频率相等，即共振时。这样，在一个 RLC 电路中，在

$$\omega_d = \omega = \frac{1}{\sqrt{LC}} \quad (\text{共振}) \tag{33-67}$$

时，出现共振和最大电流振幅 I。

图 33 - 13 所示为在三个串联 RLC 电路中，正弦驱动振荡的三条**共振曲线**。这三个电路只有 R 不同，每条曲线都在 ω_d/ω 为 1.00 时，在其最大电流振幅 I 处有峰值，但是 I 的最大值随着 R 的增大而减小。（最大 I 总是 $\mathscr{E}_m/R$。要想知道为什么，可把式（33 -61）和式（33 -62）结合起来。）而且随着 R 的增加，曲线的宽度（在图 33 - 13 中 I 的最大值的一半处测量）增加。

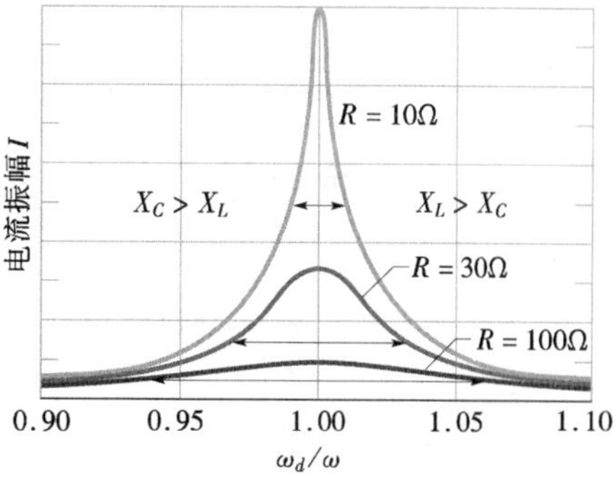

图 33 - 13 对于图 33 - 7 所示的受迫 RLC 电路，具有 $L = 100\mu H$、$C = 100pF$ 和三种 R 值的**共振曲线**。交变电流的振幅 I 依赖于驱动角频率 ω_d 与固有角频率 ω 的接近程度。曲线上的水平箭头标示了在极大高度一半处曲线的宽度，是共振锐度的量度。在 $\omega_d/\omega = 1.00$ 的左边，电路主要是电容性的，有 $X_C > X_L$；在右边，主要是电感性的，有 $X_L > X_C$。

为了弄清图 33 - 13 的物理意义，考虑当驱动角频率 ω_d 从远小于固有频率 ω 的某个值开始增大时，电抗 X_C 和 X_L 如何改变。对于小的 ω_d，电抗 $X_L = \omega_d L$ 也小，而 $X_C = 1/(\omega_d L)$ 大。于是，电路主要是电容性的，阻抗由大的 X_C 支配，使电流很弱。

当 ω_d 增大时，电抗 X_C 仍然为主，但是逐渐减小而电抗 X_L 逐渐增大。X_L 的减小使阻抗减小，使电流增大，就图 33 - 13 中任意一条共振曲线的左边所示。当 X_L 增大而 X_C 减小到两值相等时，电流最大，电路发生共振，这时 $\omega_d = \omega$。

当 ω_d 继续增大时，增大的电抗 X_L 逐渐超过减小的电抗 X_C 而成为主要的支配因素。因 X_L 增大导致的阻抗增大使电流减小，就如在图 33 - 13 中任意一条共振曲线的右边所示。于是可归纳为：共振曲线的低角频率一边由电容器的电抗支配，高角频率一边由电感器的电抗支配，而共振出现于中间。

检查点 7：对三个正弦驱动的串联 RLC 电路，下列分别是它们的容抗和感抗：(1) 50Ω，100Ω；(2) 100Ω，50Ω；(3) 50Ω，50Ω。(a) 对于每一组，电流是超前还是落后于外加电动势，或两者同相？(b) 哪个电路在共振？

例题 33-7

在图 33-7 中，令 $R=200\Omega$，$C=15.0\mu F$，$L=230mH$，$f_d=60.0Hz$，$\mathscr{E}_m=36.0V$。(这些就是用在例题 33-4、33-5 和 33-6 中的参数。)

(a) 电流振幅 I 是多大?

【解】 这里的**关键点**是，根据式 (33-62) ($I=\mathscr{E}_m/Z$)，电流振幅 I 依赖于驱动电动势 ε_m 的振幅和电路的阻抗 Z。于是，我们需要得到 Z，而它依赖于电路的电阻 R、容抗 X_C 和感抗 X_L。

电路惟一的电阻就是给出的 R。其唯一的容抗来自于给出的电容，由例题 33-5 可知，$X_C=177\Omega$。其惟一的感抗来自于给出的电感，由例题 33-6 可知，$X_L=86.7\Omega$。这样，电路的阻抗是

$$Z=\sqrt{R^2+(X_L-X_C)^2}$$
$$=\sqrt{(200\Omega)^2+(86.7\Omega-177\Omega)^2}$$
$$=219\Omega$$

然后得到

$$I=\frac{\mathscr{E}_m}{Z}=\frac{36.0V}{219\Omega}=0.164A \qquad (答案)$$

(b) 电路中电流相对于驱动电动势的相位常量 ϕ 是多少?

【解】 这里的**关键点**是，根据式 (33-65)，相位常量依赖于电路的感抗、容抗和电阻。解关于 ϕ 的方程，得到

$$\phi=\arctan\frac{X_L-X_C}{R}=\arctan\frac{86.7\Omega-177\Omega}{200\Omega}$$
$$=-24.3°=-0.424rad \qquad (答案)$$

负的相位常量符合实际情况，因为负载主要是电容性的，即 $X_C>X_L$。在解题线索 1 的口诀中，这个电路是一个 ICE 电路，即电流**超前**于驱动电动势。

33-10 交流电路中的功率

在图 33-7 所示的 RLC 电路中，能量的来源是交流发电机。它提供的能量一部分储存在电容器的电场中，一部分储存在电感器的磁场中，还有一部分在电阻中作为热能耗散掉。在稳态运行中，——我们假定——储存于电容器和电感器中的平均能量加在一起还是常量。净的能量转移是从发电机到电阻，在那里电磁能以热能形式耗散掉。

在电阻中，能量的瞬时耗散速率可以借助于式 (27-22) 和式 (33-29) 写为

$$P=i^2R=[I\sin(\omega_d t-\phi)]^2R=I^2R\sin^2(\omega_d t-\phi) \qquad (33-68)$$

而电阻中能量的**平均**耗散速率是式(33-68)对时间的平均。经过一个完整的周期，$\sin\theta$ 的平均值为零，其中 θ 为任意变量(见图 33-14a)，但是 $\sin^2\theta$ 的平均值是 1/2(见图 33-14b)。(注意，在图 33-14b 中，在曲线以下和标记 +1/2 的水平线以上的阴影面积是如何正好填补这条水平线以下无阴影的空白的。)这样，可以由式(33-68)写出

$$P_{avg}=\frac{I^2R}{2}=\left(\frac{I}{\sqrt{2}}\right)^2R \qquad (33-69)$$

$I/\sqrt{2}$ 叫做电流 i 的**方均根** (rms) 值:

$$I_{rms}=\frac{I}{\sqrt{2}} \quad (rms 电流) \qquad (33-70)$$

现在可以重写式 (33-69) 为

$$P_{avg}=I_{rms}^2R \quad (平均功率) \qquad (33-71)$$

式 (33-71) 看起来很像式 (27-22) ($P^2=i^2R$)，它提示我们，假如转换为方均根电流，就能像对直流电路一样来计算交流电路能量耗散

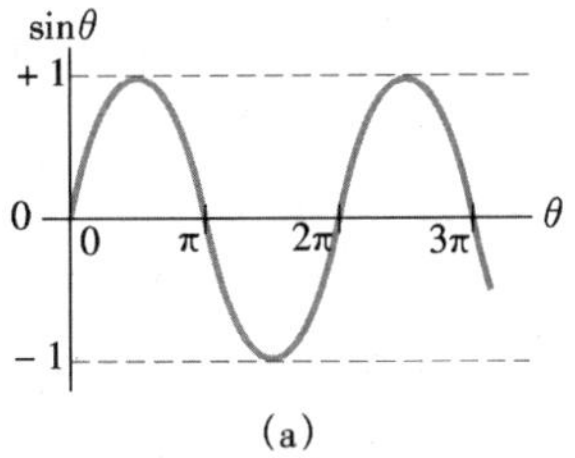

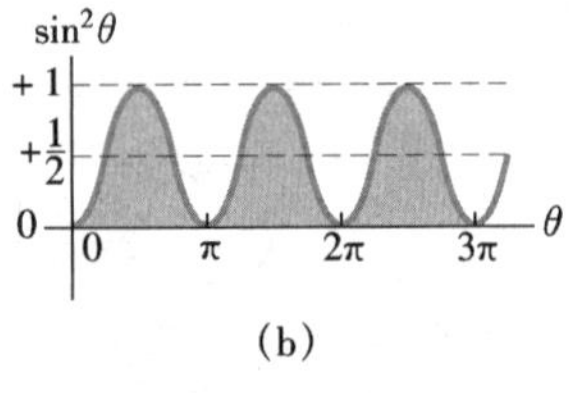

图 33-14 (a) $\sin\theta$ 对于 θ 的曲线，在一个周期内的平均值是零。(b) $\sin^2\theta$ 对于 θ 的图线，在一个周期内的平均值是 1/2。

的平均速率。

也可以对交流电路定义电压和电动势的 rms 值：

$$V_{rms}=\frac{V}{\sqrt{2}} 和 \mathscr{E}_{rms}=\frac{\mathscr{E}_m}{\sqrt{2}} \quad (\text{rms 电压,rms 电动势}) \tag{33-72}$$

交流仪表，如安培计和伏特计，通常标定读数为 I_{rms}、V_{rms}和 $\mathscr{E}_{rms}$。所以，如果把一个交流伏特计接到家庭的电源插座上，并读出它为 120V（北美地区），则这是一个 rms 电压。在插座上电势差的**最大值**为$\sqrt{2}\times$（120V），或 170V。

因为式（33-70）和式（33-72）中的比例因子 $1/\sqrt{2}$对三个变量都一样，于是可以把式（33-62）和式（33-60）写为

$$I_{rms}=\frac{\mathscr{E}_{rms}}{Z}=\frac{\mathscr{E}_{rms}}{\sqrt{R^2+(X_L-X_C)^2}} \tag{33-73}$$

而实际上，这几乎是我们常用的形式。

可以利用关系 $I_{rms}=\mathscr{E}_{rms}/Z$ 将式（33-71）改写为一个很有用的等式。先写出

$$P_{avg}=\frac{\mathscr{E}_{rms}}{Z}I_{rms}R=\mathscr{E}_{rms}I_{rms}\frac{R}{Z} \tag{33-74}$$

而从图 33-11d、表 33-2 及式（33-62）知道，R/Z 恰好是相位常量 ϕ 的余弦：

$$\cos\phi=\frac{V_R}{\mathscr{E}_m}=\frac{IR}{IZ}=\frac{R}{Z} \tag{33-75}$$

于是式（33-75）成为

$$P_{avg}=\mathscr{E}_{rms}I_{rms}\cos\phi \quad (\text{平均功率}) \tag{33-76}$$

其中，$\cos\phi$ 叫做**功率因数**。因为 $\cos\phi=\cos(-\phi)$，式（33-76）与相位常量的符号无关。

为了以最大的速率向一个 *RLC* 电路中的电阻负载供给能量，必须尽可能地保持功率因数 $\cos\phi$ 接近于 1。这相当于要尽可能保持式（33-29）中的相位常量 ϕ 接近于零。例如，如果电路为高电感性的，可以在电路中串联更多电容器来使其减小些。（回想在串联电容器中再连入一个电容器会减小串联的等效电容 C_{eq}。）这样，电路中 C_{eq}的减小可使相位常量减小，从而使式（33-76）中的功率因数增加。电力公司在他们的输电系统中连入串联电容器来达到此目的。

检查点 8：(a) 如果串联 *RLC* 电路中的正弦电流超前于电动势，为了增大对电阻负载供给能量的速率，应该使电容增大还是减小？(b) 这个改变会引起电路的共振角频率更接近，还是更偏离电动势的角频率？

例题 33-8

一个由 $\mathscr{E}_{rms}=120V$ 以频率 $f_d=60.0Hz$ 驱动的串联 *RLC* 电路，包括一个电阻 $R=200\Omega$，一个 $X_L=80.0\Omega$ 的电感及一个 $X_C=150\Omega$ 的电容。

(a) 电路的功率因数 $\cos\phi$ 和相位常量 ϕ 是多少？

【解】 这里的**关键点**是，可以由电阻 R 和阻抗 Z 用式（33-75）（$\cos\phi=R/Z$）求得因数 $\cos\phi$。为计算 Z，用式（33-61）：

$$Z=\sqrt{R^2+(X_L-X_C)^2}$$
$$=\sqrt{(200\Omega)^2+(80.0\Omega-150\Omega)^2}$$
$$=211.90\Omega$$

然后，式（33-75）给出

$$\cos\phi=\frac{R}{Z}=\frac{200\Omega}{211.90\Omega}=0.9438\approx0.944$$

（答案）

取反余弦，则得

$$\phi=\arccos 0.944=\pm19.3°$$

+19.3°和 -19.3°的余弦都是 0.944，为了确定正确

的符号，必须考虑电流是超前还是落后于驱动电动势。因为 $X_C > X_L$，此电路主要是电容性的，电流超前于电动势，因此 ϕ 应该为负：

$$\phi = -19.3° \quad （答案）$$

也可以用式（33-65）得到 ϕ。那样，计算器会给出带有负号的完整答案。

（b）在电阻中能量耗散的平均时率 P_{avg} 是多少？

【解】 一种解法是利用这一**关键点**：因为假定电路是稳态运行的，电阻中的能量耗散的速率等于对电路供给能量的速率，后者由式（33-76）（$P_{avg} = \mathscr{E}_{rms} I_{rms} \cos\phi$）所出。

驱动电动势 rms 值 $\mathscr{E}_{rms}$ 为已知，又从（a）知道了 $\cos\phi$，求 I_{rms} 的**关键点**是：rms 电流由电动势的 rms 值和电路的阻抗 Z（此值已知）根据式（33-73）确定为

$$I_{rms} = \frac{\mathscr{E}_{rms}}{Z}$$

把这个结果代入式（33-76），则得

$$P_{avg} = \mathscr{E}_{rms} I_{rms} \cos\phi = \frac{\mathscr{E}_{rms}^2}{Z}\cos\phi$$

$$= \frac{(120\text{V})^2}{211.90\Omega}(0.9438) = 64.1\text{W}$$

（答案）

第二种解法是利用**关键点**：根据式（33-71），电阻 R 中能量耗散的时率依赖于通过它的 rms 电流 I_{rms} 的平方。这样可得

$$P_{avg} = I_{rms}^2 R = \frac{\mathscr{E}_{rms}^2}{Z^2} R$$

$$= \frac{(120\text{V})^2}{(211.90\Omega)^2}(200\Omega) = 64.1\text{W} \quad （答案）$$

（c）如果不改变电路的其他参数，为使 P_{avg} 最大，需要怎样的新电容 C_{new}？

【解】 这里的一个**关键点**是，如果电路达到与驱动电动势共振，供给能量和耗散能量的平均时率 P_{avg} 为最大。第二个**关键点**是，当 $X_C = X_L$ 时，出现共振。由给定的数据，有 $X_C > X_L$，所以为达到共振必须减小 X_C。由式（33-39）（$X_C = 1/(\omega_d C)$）可知，这意味着必须增加 C 到新的值 C_{new}。

利用式（33-39），可以把条件 $X_C = X_L$ 写为

$$\frac{1}{\omega_d C_{new}} = X_L$$

用 $2\pi f_d$ 代替 ω_d（因为给出的是 f_d 而不是 ω_d）并且解 C_{new}，得

$$C_{new} = \frac{1}{2\pi f_d X_L} = \frac{1}{(2\pi)(69\text{Hz})(80.0\Omega)}$$

$$= 3.32 \times 10^{-5}\text{F} = 33.2\mu\text{F} \quad （答案）$$

按照与（b）同样的步骤，可以证明，在具有 C_{new} 时，P_{avg} 将达到它的最大值72.0W。

33-11 变压器

能量传输的要求

1965年11月9日下午5时17分，在尼亚瓜拉瀑布附近的电力系统中，一个不合格的继电器使传输线上一个电流断路器打开，自动地把电流转移到别的线路，引起这些线路超负荷而使别的电流断路器打开。几分钟之内，失控的停电使纽约州、新英格兰和安大略省的大部分地区变得漆黑一片。

当交流电路只有一个电阻负载时，式（33-76）中的功率因数为 $\cos 0° = 1$，外加的 rms 电动势 $\mathscr{E}_{rms}$ 等于负载两端的 rms 电压 V_{rms}。这样，当负载中有 rms 电流 I_{rms} 时，供给和耗散能量的平均时率为

$$P_{avg} = \mathscr{E}I = IV \quad (33-77)$$

（在式（33-77）和本节以下的内容中，沿用通常的习惯去掉特指方均根值的下标"rms"。工程师和科学家都同意报告所有时变电流及电压时用 rms 值；也就是电表的读数。）式（33-77）说明，为了满足给定的功率要求，可以有一个选择范围，从相对较大的电流 I 和相对较小的电压 V 到正好相反，只要它们的乘积 IV 符合要求。

由于电力供应系统中为了安全和效率高的设备设计等

原因，希望在发电端（发电厂）和接受端（家庭或工厂）都处理较低的电压。没有人愿意让一个电烤面包机或儿童电火车在，比方说，在10kV下运转。另一方面，从发电厂到用户的电能传输中，我们又希望实际电流最小（这样实际电压最大），以使传输线中的损失 I^2R（通常称为欧姆损失）最小。

作为一个例子，考虑用于从蒙特利尔的La Grande 2水电站输送电能到1000km以外的魁北克的735kV输电线。假设电流为500A，功率因数接近于1，则由式（33-77）可知，供给能量的平均功率为

$$P_{avg} = \mathscr{E}I = 7.35\times10^5\text{V}\times500\text{A} = 368\text{MW}$$

输电线的电阻约为0.220Ω/km，这样，1000km长线的总电阻为220Ω。由于这电阻上能量耗散功率为

$$P_{avg} = I^2R = (500\text{A})^2\times220\Omega = 55.0\text{MW}$$

约为供给功率的15%。

设想一下，假如使电流加倍，而电压减半，将会怎样？与原先一样，发电厂供给能量的功率还是368MW，但是现在能量耗散率约为

$$P_{avg} = I^2R = (1000\text{A})^2\times220\Omega = 220\text{MW}$$

几乎是供给功率的60%。因此一般的能量传输规则为：以最高可能的电压和最低可能的电流传送。

理想变压器

传输规则导致为了效率而要求高电压传输与为了安全而需要低电压发电和用电之间的矛盾。所以需要一种设备，能够在电路中升高（为传输）和降低（为使用）交流电压，又保持电流和电压的乘积基本不变。**变压器**就是这样一种设备，它没有移动部分，以法拉第感应定律运行，并且没有简单的同类直流设备。

图33-15所示的**理想变压器**由绕在一个铁心上的两个匝数不同的线圈组成。（线圈与铁心绝缘。）使用时，有 N_p 匝的原绕组与交流发电机连接，在任意时刻 t 发电机的电动势 $\mathscr{E}$ 为

$$\mathscr{E} = \mathscr{E}_m\sin\omega t \qquad (33-78)$$

有 N_s 匝的副绕组与负载电阻 R 连接，但是只要开关S是打开的（假设现在是这样），它的电路就是一个开路。因此，在副线圈中不可能有电流。对于这个理想变压器，还假设原绕组和副绕组的电阻都可以忽略，由于铁心中的磁滞引起的能量损失也可以忽略。设计得好时，高容量变压器的能量损失可以低至1%，因此这些假设是合理的。

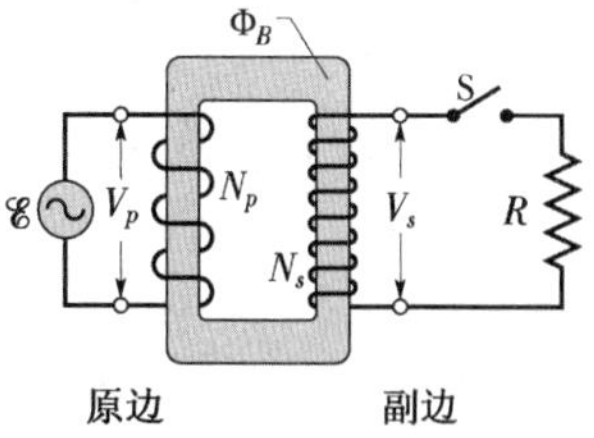

图33-15 在基本变压器电路中的一台理想变压器（两线圈绕在一个铁心上）。一台交流发电机在左边线圈（原绕阻）中产生电流，右边的线圈（副绕阻）当开关S合上时连接到电阻负载 R。

在所假设的条件下，原线圈（或**原边**）为纯电感，原电路如图33-10a所示。（很小的）原电流，也称作**磁化电流** I_{mag}，比原电压 V_p 落后90°。原边的功率因数（$=\cos\phi$，式（33-76））为零，因此没有功率从发电机送给变压器。

然而，交变的小的原电流 I_{mag} 在铁心中感应了一个交变的磁通量 Φ_B。因为铁心延伸穿过副线圈（或**副边**），这个感应的磁通量也穿过副线圈的每一匝。由法拉第感应定律（式（31-6））可知，每匝的感应电动势 $\mathscr{E}_{turn}$ 对于原边和副边都是相等的。而且，副边两端的电压 V_p 等于在原

边中感应的电动势，副边两端的电压 V_s 等于在副边中感应的电动势。于是，可以写为

$$\mathscr{E}_{\text{turn}} = \frac{\mathrm{d}\Phi_B}{\mathrm{d}t} = \frac{V_p}{N_p} = \frac{V_s}{N_s}$$

所以

$$V_s = V_p \frac{N_s}{N_s} \quad (\text{电压的转变}) \tag{33-79}$$

如果 $N_s > N_p$，变压器称为**升压器**，因为它使原边的电压 V_s 升高到较高的电压 V_p；同样，如果 $N_s < N_p$，设备称为**降压器**。

至此，由于开关 S 打开，无能量从发电机传递到电路的其他部分。现在让我们合上 S，把副边与负载 R 连接起来。(一般来说，负载也会包括电感性和电容性元件，但是这里只考虑电阻 R。) 我们发现，这时**就有**能量从发电机传出了。下面来看看这是为什么。

当合上开关时发生了几件事：

1. 在副边电路中出现一个交变电流，在电阻负载中相应的能量耗散率为 I_s^2R ($=V_s^2/R$)。

2. 这个电流在铁心中产生它自己的交变磁通量，而这个磁通量又在原线圈中感生（根据法拉第定律和愣次定律）出一个反向的电动势。

3. 然而，尽管有这个反向的电动势，原边两端的电压 V_p 不会改变，因为发电机使得这个电压始终等于电动势 $\mathscr{E}$。合上开关 S 并不能改变这个事实。

4. 为了维持 V_p，发电机在原边电路中产生了一个（除 I_{mag} 之外）交变的电流 I_p。I_p 的量值和相位常量恰使由 I_p 在原边中感应出的电动势正好抵消由 I_s 在那里感应出的电动势。因为 I_p 的相位常量与 I_{mag} 的不一样，不是 90°，所以电流 I_p 能够把能量转移给原边。

下面要把 I_s 与 I_p 联系起来。我们不详细分析前面的复杂过程，而是仅仅应用能量守恒原理。发电机向原边转移能量的功率等于 I_pV_p。原边向副边（通过和两个线圈铰链的交变磁场）转移能量的功率为 I_sV_s。因为我们假设在途中无能量损失，能量守恒要求

$$I_pV_p = I_sV_s$$

用式（33-79）取代 V_s，得到

$$I_s = I_p \frac{N_s}{N_p} \quad (\text{电流的转变}) \tag{33-80}$$

此式告诉我们，副边中的电流 I_s 可能与原边中的 I_p 不等，决定于**匝比** N_p/N_s。

由于副边电路中的电阻负载 R，在原边电路中出现电流 I_p。为求得 I_p，把 $I_s = V_p/R$ 代入到式（33-80）中，然后用式（33-79）取代 V_s，得到

$$I_p = \frac{1}{R}\left(\frac{N_s}{N_p}\right)^2 V_p \tag{33-81}$$

这个等式具有 $I_p = V_p/R_{\text{eq}}$ 的形式，其中等效电阻 R_{eq} 为

$$R_{\text{eq}} = \left(\frac{N_p}{N_s}\right)^2 R \tag{33-82}$$

R_{eq} 是由发电机"看到"的电阻负载的值。如果发电机与一个电阻 R_{eq} 连接，就产生电流 I_p 和电压 V_p。

阻抗匹配

式（33-82）还提示我们变压器的另一功能。为了使从电动势设备转移到一个电阻负载的

能量最大，电动势设备的电阻与负载电阻必须相等。同样的关系对交流电路也成立，只是要改为使发电机的**阻抗**（不仅是电阻）必须与负载的阻抗匹配。这个条件常常不能满足。例如，在一个音乐播放系统中，放大器的阻抗高而扬声器的阻抗低，用一个具有合适的匝比 N_p/N_s 的变压器来耦合两个设备，可以匹配它们的阻抗。

检查点9：一个交流电动势设备具有一个小于电阻负载的电阻。为了增大从设备转移到负载的能量，要在两者之间连接一个变压器。(a) N_s 应该大于还是小于 N_p？(b) 这将使它成为升压器还是降压器？

例题 33-9

在一公用事业中心的一台变压器以原电压 $V_p = 8.5\text{kV}$ 运行，以 $V_s = 120\text{V}$ 向附近许多住户提供电能。两个量都为方均根值。假设是用一台理想降压器，一纯电阻负载，功率因数为1。

(a) 这个变压器的匝比 N_p/N_s 为何？

【解】 这里的**关键点**是，匝比 N_p/N_s 与（给出的）rms 原电压和副电压由式（33-79）相联系，该式可写为

$$\frac{V_s}{V_p} = \frac{N_s}{N_p}$$

（注意此时右边是匝比的**倒数**。）两边取倒数，给出

$$\frac{V_p}{V_s} = \frac{N_p}{N_s} = \frac{8.5\times10^3\text{V}}{120\text{V}} = 70.83 \approx 71$$

（答案）

(b) 在住户中由变压器提供的能量消耗（耗散）的平均功率为 78kW，在变压器的原边和副边，rms 电流各为何？

【解】 这里的**关键点**是，对于一个纯电阻负载，功率因数 $\cos\phi$ 为1。这样，在电阻中供给和耗散能量的功率由式（33-77）给出。在原边电路中，由于 $V_p = 8.5\text{kV}$，式（33-77）得出

$$I_p = \frac{P_{avg}}{V_p} = \frac{78\times10^3\text{W}}{8.5\times10^3\text{V}} = 9.176\text{A} \approx 9.2\text{A}$$

（答案）

同样，在副边电路中，

$$I_s = \frac{P_{avg}}{V_s} = \frac{78\times10^3\text{W}}{120\text{V}} = 650\text{A}$$

（答案）

可以验证 $I_s = I_p(N_p/N_s)$ 满足式（33-80）的要求。

(c) 副边电路中的电阻负载 R_s 多大？在原边电路中，相应的电阻负载 R_p 为何？

【解】 对两个电路，**关键点**是，可以用 $V = IR$ 把电阻负载与 rms 电压和电流联系起来。对副边电路，得到

$$R_s = \frac{V_s}{I_s} = \frac{120\text{V}}{650\text{A}} = 0.1846\Omega \approx 0.18\Omega$$

（答案）

同样，对副边电路，得到

$$R_p = \frac{V_p}{I_p} = \frac{8.5\times10^3\text{V}}{9.176\text{A}} = 926\Omega \approx 930\Omega$$

（答案）

另一个可以用来得出 R_p 的**关键点**是，见式（33-82），R_p 是从变压器的原边"看到"的等效电阻负载。如果以 R_p 代入 R_{eq}，并以 R_s 代入 R，由该式得到

$$R_p = \left(\frac{N_p}{N_s}\right)^2 R_s = (70.83)^2(0.1846\Omega)$$
$$= 926\Omega \approx 930\Omega$$

（答案）

复习和小结

***LC* 能量转移** 在一个振荡 LC 电路中，能量周期性地在电容器的电场与电感器的磁场之间来回转移。两种能量形式的瞬时值为

$$U_E = \frac{q^2}{2C} \quad 和 \quad U_B = \frac{Li^2}{2} \qquad (33-1, 33-2)$$

其中，q 为电容器上电量的瞬时值；i 为通过电感器的电流的瞬时值。总能量 $U\ (= U_E + U_B)$ 保持不变。

***LC* 电量和电流振荡** 能量守恒原理给出

$$L\frac{d^2q}{dt^2} + \frac{1}{C}q = 0 \quad (LC\text{ 振荡}) \qquad (33-11)$$

作为 LC 振荡（无电阻）的微分方程，式（33-11）

的解为

$$q = Q\cos(\omega t + \phi) \quad (\text{电量}) \quad (33-12)$$

其中 Q 为**电量振幅**（电容器上的最大电量），振荡角频率 ω 为

$$\omega = \frac{1}{\sqrt{LC}} \quad (33-4)$$

式（33－12）中的相位常量 ϕ 由系统的初始条件（在 $t=0$）决定。

在任意时刻 t，系统中的电流 i 为

$$i = -\omega Q\sin(\omega t + \phi) \quad (\text{电流}) \quad (33-13)$$

其中，ωQ 是**电流振幅** I。

阻尼振荡 当一个 LC 电路中还存在一个耗散元件 R 时，电路中的振荡受到阻尼。这时

$$L\frac{d^2q}{dt^2} + R\frac{dq}{dt} + \frac{1}{C}q = 0 \quad (RLC\ \text{电路}) \quad (33-24)$$

这个微分方程的解为

$$q = Qe^{-Rt/(2L)}\cos(\omega' t + \phi) \quad (33-25)$$

其中

$$\omega' = \sqrt{\omega^2 - (R/2L)^2} \quad (33-26)$$

我们仅考虑 R 小因而阻尼也小的情况，于是 $\omega \approx \omega'$。

交变电流；受迫振荡 一个串联 RLC 电路可能由于外来电动势

$$\mathscr{E} = \mathscr{E}_m \sin\omega_d t \quad (33-28)$$

的驱使，开始以**驱动角频率** ω_d 作**受迫振荡**。由电动势在电路中驱动的电流为

$$i = I\sin(\omega_d t - \phi) \quad (33-29)$$

其中，ϕ 为电流的相位常量。

共振 在一个串联 RLC 电路中，当驱动角频率 ω_d 等于电路的固有频率 ω 时（即在**共振**时），由外来电动势驱动的电流振幅 I 为最大值（$I = \mathscr{E}_m/R$）。此时 $X_C = X_L$，$\phi = 0$，而且电流与电动势同相。

单电路元件 一个电阻两端的交变电势差具有振幅 $V_R = IR$，电流与电势差同相。

对于一个**电容器**，$V_C = IX_C$，其中 $X_C = 1/(\omega_d C)$ 为**容抗**。这里，电流比电势差领先 90°（$\phi = -90° = -\pi/2\text{rad}$）。

对于一个**电感器**，$V_L = IX_L$，其中 $X_L = \omega_d L$ 为**感抗**。这里，电流比电势差落后 90°（$\phi = +90° = +\pi/2\text{rad}$）。

串联 *RLC* 电路 对于具有式（33－28）给出的外来电动势和式（33－29）给出的电流的一个串联 ***RLC*** 电路有

$$I = \frac{\mathscr{E}_m}{\sqrt{R^2 + (X_L - X_C)^2}} = \frac{\mathscr{E}_m}{\sqrt{R^2 + (\omega_d L - 1/\omega_d C)^2}} \quad (\text{电流振幅}) \quad (33-60, 33-63)$$

及

$$\tan\phi = \frac{X_L - X_C}{R} \quad (\text{相位常量}) \quad (33-65)$$

定义电路的阻抗 Z 为

$$Z = \sqrt{R^2 + (X_L - X_C)^2} \quad (\text{阻抗}) \quad (33-61)$$

使我们可以把式（33－60）写为 $I = \mathscr{E}_m/Z$。

功率 在一个串联 RLC 电路中，发电机的**平均功率** P_{avg} 等于电阻中热能的产生的时率：

$$P_{avg} = I_{rms}^2 R = \mathscr{E}_{rms} I_{rms}\cos\phi \quad (33-76)$$

这里，rms 表示**方均根**。rms 值与最大值的关系为 $I_{rms} = I_m/\sqrt{2}$，$V_{rms} = V_m/\sqrt{2}$ 和 $\mathscr{E}_{rms} = \mathscr{E}_m/\sqrt{2}$。$\cos\phi$ 称为电路的**功率因数**。

变压器 **变压器**（假设为理想的）为绕有 N_p 匝原线圈与 N_s 匝副线圈的一个铁心。如果原线圈两端连接一个交流发电机，原边电压与副边电压的关系为

$$V_s = V_p\frac{N_s}{N_p} \quad (\text{电压的转变}) \quad (33-79)$$

通过线圈的电流之间的关系为

$$I_s = I_p\frac{N_s}{N_p} \quad (\text{电流的转变}) \quad (33-80)$$

由发电机看，副边电路的等效电阻为

$$R_{eq} = \left(\frac{N_p}{N_s}\right)^2 R \quad (33-82)$$

其中，R 为副边电路中的电阻负载。比例 N_p/N_s 称为变压器的**匝比**。

思考题

1. 一个充电的电容器与一个电感器在 $t=0$ 时刻连接起来，以产生的振荡周期 T 表示，下面每个量何时第一次达到最大值：(a) U_B；(b) 通过电感器的磁通量；(c) di/dt；(d) 电感器中的电动势。

2. 式（33－12）中的相位常量 ϕ 为何值时，可以使图 33－1 中的情况（a）、(c)、(e) 及（g）在 t

=0 时发生？

3. 图 33－16 所示为具有同样的电感器和电容器的三个振荡 LC 电路。按照在振荡过程中电容器完全放电所需要的时间，由长到短将这些电路排序。

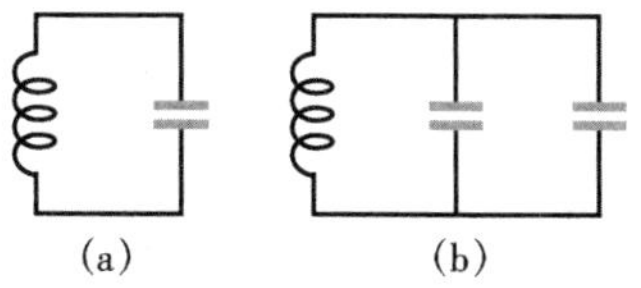

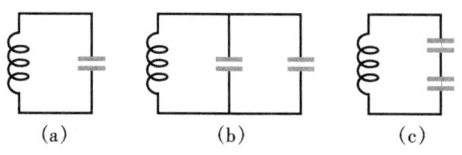

图 33－16 思考题 3 图

4. 图 33－17 所示为对应于 LC 电路 1 和 2 的电容器电压 v_C 的曲线，两电路包含相同的电容且具有相同的最大电量 Q。电路 1 中的（a）电感 L 和（b）最大电流 I 是大于、小于，还是等于电路 2 中的这些量？

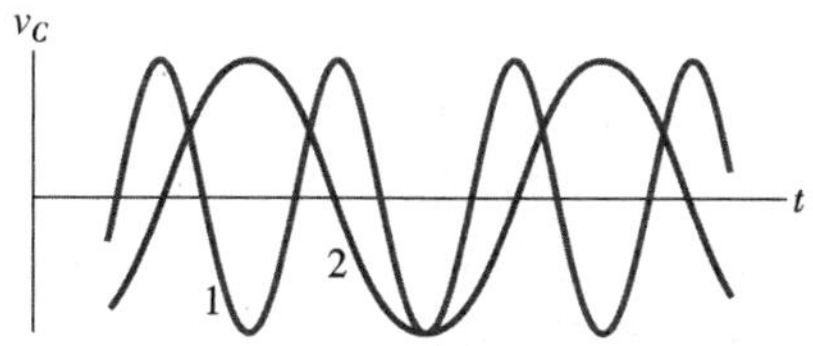

图 33－17 思考题 4 图

5. 在三个振荡 LC 电路中，电容器上的电量变化如下：（1）$q=2\cos 4t$；（2）$q=4\cos t$，（3）$q=3\cos 4t$（q 的单位为 C；t 的单位为 s）。将这些电路按照（a）电流振幅和（b）周期，从大到小排序。

6. 如果使具有给定最大电量 Q 的 LC 电路中的电感 L 增大，则（a）电流振幅 I 和（b）最大磁能 U_B 将增大、减小，还是不变？

7. 具有一定电动势振幅的一交变电动势源相继与一电阻、一电容器及一电感器连接。每次连接到一个器件，都使驱动频率 f_d 改变，然后测量通过该器件发生的电流的振幅 I，并且画出曲线。图 33－18 中的三条曲线各对应于哪一种器件？

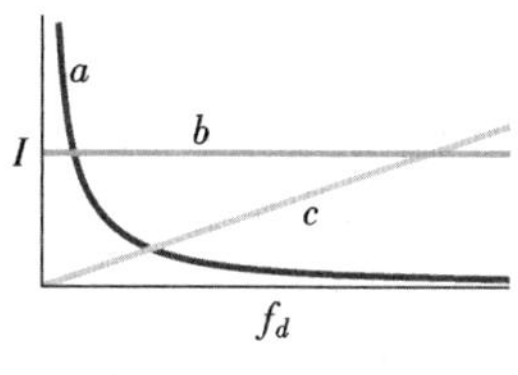

图 33－18 思考题 7 图

8. 对应于四个正弦驱使的串联 RLC 电路，相位常量 ϕ 的值分别为（1）$-15°$；（2）$+35°$；（3）$\pi/3$ rad；（4）$-\pi/6$ rad（a）哪一个电路的负载主要为电容性的？（b）哪一个电路中电流落后于交变电动势？

9. 图 33－19 所示为一个串联 RLC 电路的电流 i 及驱动电动势 $\mathscr{E}$。（a）电流比电动势超前还是落后？（b）电路的负载主要是电容性的还是电感性的？（c）电动势的角频率 ω_d 大于还是小于固有角频率 ω？

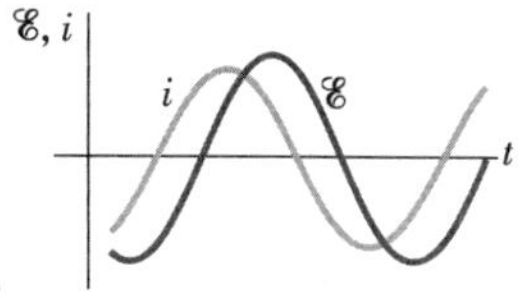

图 33－19 思考题 9、11 图

10. 图 33－20 所示为类似于图 33－12 的三种情况。对于每一种情况，驱动角频率是大于、小于，还是等于电路的共振角频率？

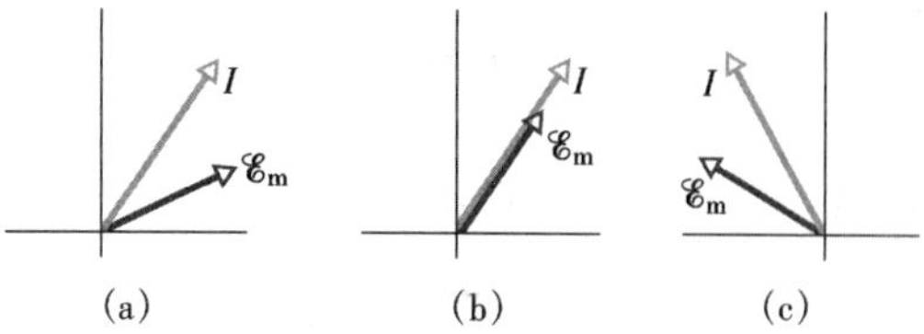

图 33－20 思考题 10 图

11. 图 33－19 所示为一个串联 RLC 电路的电流 i 及驱动电动势 $\mathscr{E}$。如果使（a）L；（b）C 和（c）ω_d 稍稍增大，则电流曲线相对于电动势曲线向右还是向左移动？曲线的振幅增大还是减小？

12. 图 33－21 所示为一个串联 RLC 电路的电流 i 及驱动电动势 $\mathscr{E}$。（a）相位常量为正还是负？（b）要提高给电阻的能量传输速率，L 应当增大还是减小？（c）或者，C 应当增大还是减小？

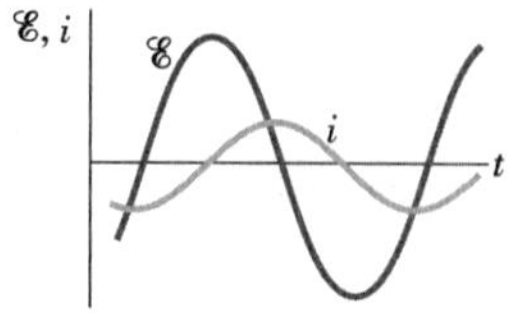

图 33－21 思考题 12 图

练习和习题

33-2节 *LC* 振荡的定性讨论

1E. 如果一个振荡 *LC* 电路中的电容器上的最大电量为 1.60μC，总能量为 140μJ，此电路的电容是多大？

2E. 在一个振荡 *LC* 电路中，$L=1.10\text{mH}$，$C=4.00\mu\text{F}$，电容器上的最大电量为 3.00μC。试求最大电流。

3E. 一个振荡 *LC* 电路由一个 75.0mH 的电感器和一个 3.60μF 的电容器组成。如果电容器上的最大电量为 2.90μC，（a）电路中的总能量是多少？（b）最大电流是多少？(ssm)

4E. 在某个振荡 *LC* 电路中总能量在 1.50μs 内从电容器中的电能转换为电感器中的磁能。（a）振荡的周期如何？（b）振荡的频率如何？（c）磁能从最大到下一次最大经过多少时间？

5P. 某个 *LC* 电路的振荡频率为 200kHz。在 $t=0$ 时刻，电容器的极板 A 具有最大正电量。在 $t>0$ 的何时刻，（a）极板 A 又一次具有最大正电量；（b）另一个极板具有最大正电量；（c）电感器具有最大磁场？

33-3节 电磁-机械类似

6E. 一个 0.50kg 的物体在弹簧上作简谐振动，当弹簧从它的平衡位置伸长 2.0mm 时，有 8.0N 回复力。（a）振动的角频率是多少？（b）振动的周期为何？（c）如果一个 *LC* 电路的 *L* 为 5.0H，要使这个电路具有同样的周期，电容应是多少？

7P. 在包含 1.25H 的一个电感器的振荡 *LC* 电路的能量为 5.70μJ。电容器上的最大电量为 175μC。对具有相同周期的一个力学系统，求其（a）质量；（b）弹簧常量；（c）最大位移；（d）最大速率。(ssm)

33-4节 *LC* 振荡的定量讨论

8E. 将 *LC* 振荡器连入扬声器电路，来产生电子音乐的一些声音。为产生一个 10kHz 频率（这接近于可听频率范围的当中），必须与 6.7μF 的电容器同时使用一个多大的电感？

9E. 一个振荡 *LC* 电路，$L=50\text{mH}$，$C=4.0\mu\text{F}$，电流开始时最大。电容器第一次充满电需要多长时间？

10E. 由电感（L_1，L_2，…），电容（C_1，C_2，…）和电阻（R_1，R_2，…）串联组成的单回路电路，如图 33-22a 中那样。证明：不管这些电路元件在回路中的顺序如何，此电路的行为与图 33-22b 所示的简单 *RLC* 电路相同。(**提示**：考虑回路定则并参考第 31 章习题 43。)

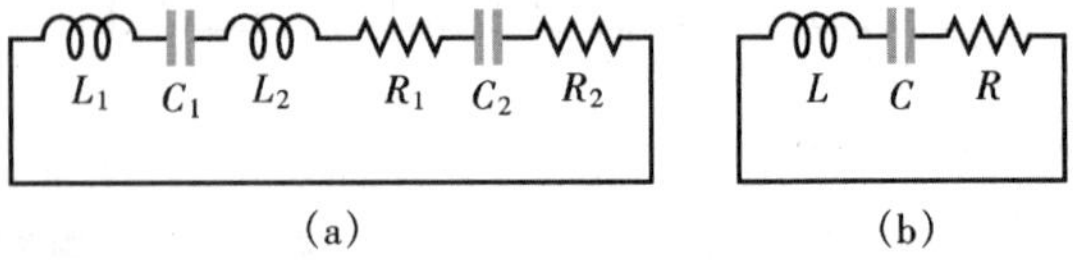

图 33-22 练习 10 图

11P. 由一个 1.0nF 的电容器和一个 3.0mH 的线圈组成的振荡 *LC* 电路具有 3.0V 的最大电压。（a）电容器上的最大电量是多少？（b）通过电路的最大电流为多少？（c）储存在线圈的磁场中的最大能量是多少？(ilw)

12P. 一个振荡 *LC* 电路，其中的 $C=4.00\mu\text{F}$。在振荡过程中，电容器两端的最大电势差为 1.50V，通过电感器的最大电流为 50.0mA。（a）电感 *L* 是多少？（b）振荡频率为何？（c）电容器上的电量从零上升到它的最大值需要多少时间？

13P. 在图 33-23 所示的电路中，开关长时间保持在 *a* 位置，然后把它转换到 *b* 位置。(a) 计算形成的振荡电流的频率；（b）此电流振荡的振幅为何？(ssm)(ilw)

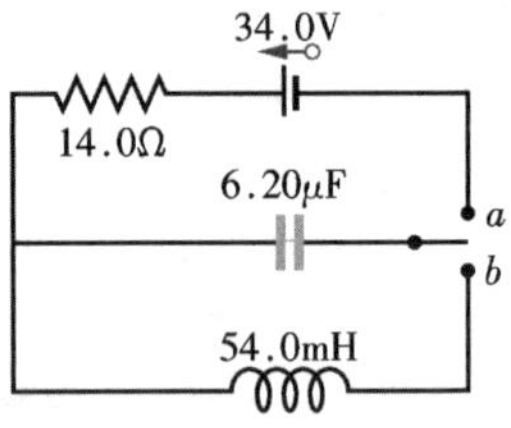

图 33-23 习题 13 图

14P. 给你一个 10mH 的电感器和两个电容为 5.0μF 和 2.0μF 的电容器。列出用这些元件连接成的不同组合可以产生的振荡的频率。

15P. 用一个由 10~365pF 范围内可变的电容器和一个线圈组成的可变频率的 *LC* 电路来调节一个收音机的输入。（a）用这样一个电容器可以得到的最大与最小频率之比为何？（b）如果要想用此电路得到 0.54~1.60MHz 的频率，在（a）中计算出的比值过大。增加一个与可变电容器并联的电容器可以调节

这个范围。为了得到设计的频率范围，这个增加的电容器的电容应该是多少，以及应该用多大的电感？(ssm) (www)

16P. 在一个振荡 LC 电路中，在某时刻总能量的75.0% 储存于电感器的磁场中。(a) 在该时刻电容器上的电量为它的最大电量的几分之几？(b) 此时刻电感器中的电流为最大电流的几分之几？

17P. 在一个振荡 LC 电路中，$L=25.0\text{mH}$，$C=7.80\mu\text{F}$。在 $t=0$ 时刻，电流为 9.20mA，电容器上的电量为 3.80μC，电容器正在充电。(a) 电路中的总能量是多少？(b) 电容器上的最大电量为多少？(c) 最大电流是多少？(d) 如果电容器上的电量由 $q=Q\cos(\omega t+\phi)$ 给出，相位常量 ϕ 是多少？(e) 假设数据都相同，只是电容器在 $t=0$ 时正在放电，则相位常量 ϕ 是多少？(ssm)

18P. 一个电感器与一个电容器两端连接，后者的电容可以通过转动一个旋钮改变。我们想使这 LC 电路的振荡频率随着旋钮的旋转角度线性地变化，当旋钮转过 180°，频率从 $2\times10^5\text{Hz}$ 变到 $4\times10^5\text{Hz}$。如果 $L=1.0\text{mH}$，画出所需电容 C 作为旋钮的旋转角度的函数曲线。

19P. 一个振荡 LC 电路，$L=300\text{mH}$，$C=2.70\mu\text{F}$。在 $t=0$ 电容器上的电量为零，电流为 2.00A。(a) 将出现在电容器上的最大电量是多少？(b) 用振荡周期 T 表示，在 $t=0$ 之后经过多长时间储存在电容器中的能量增加的时率达到最大值？(c) 这个对电容器传送能量的最大时率是多少？(ssm)

20P. 由电感 L_1 和电容 C_1 组成的串联电路以角频率 ω 振荡。由电感 L_2 和电容 C_2 组成的第二个串联电路以同一角频率振荡。以 ω 表示，由所有这四个元件组成的串联电路的振荡角频率是多少？忽略电阻。(**提示：**应用等效电容和等效电感公式；参考第 26-4 节和第 31 章习题 43。)

21P. 在一个振荡 LC 电路中，$C=64.0\mu\text{F}$，作为时间的函数的电流为 $i=(1.60)\sin(2500t+0.680)$。其中，$t$ 以 s 计，i 以 A 计，相位常量以 rad 计。(a) 在 $t=0$ 之后多久，电流将达到它的最大值？(b) 电感 L 和 (c) 总能量是多少？(ilw)

22P. 用三个同样的电感器 L 和两个同样的电容器 C 连接成一个双回路电路，如图 33-24 所示。(a) 假设电流如图 33-24a 所示，中间电感器中的电流为何？写出回路方程，并且证明以角频率 $\omega=1/\sqrt{LC}$ 振荡的电流满足这些方程。(b) 现在假设电流如图 33-24b 所示，中间的电感器中的电流为何？写出回程方程，并且证明以角频率 $\omega=1/\sqrt{3LC}$ 振荡的电流满足这些方程。因为电路可能以两个不同的频率振荡，我们找不到一个等效的单回路 LC 电路来代替这个电路。

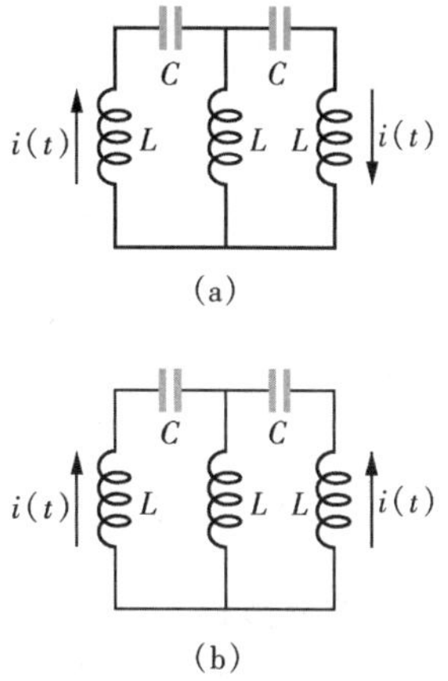

图 33-24 习题 22 图

23P*. 在图 33-25 中，$C_1=900\mu\text{F}$ 的电容器 1 开始充电至 100V，而 $C_2=100\mu\text{F}$ 的电容器 2 未充电。电感器具有 10.0H 的电感。详细说明如何通过操纵开关 S_1 和 S_2 使电容器 2 能够充电至 300V。(ssm) (www)

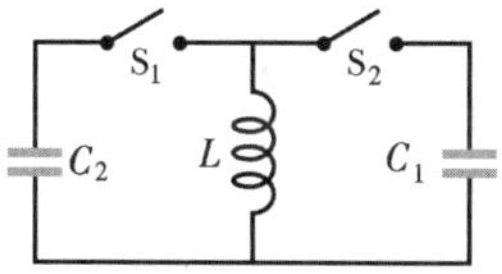

图 33-25 习题 23 图

33-5 节 *RLC* 电路中的阻尼振荡

24E. 考虑一个阻尼 LC 电路，(a) 证明阻尼项 $e^{-Rt/(2L)}$ (其中包含 L 但没有 C) 可以写成更对称(包含 L 和 C) 的形式 $e^{-\pi R(\sqrt{C/L})t/T}$，这里 T 为振荡周期(忽略电阻)；(b) 利用 (a) 证明：$\sqrt{L/C}$ 的 SI 单位是 Ω；(c) 利用 (a) 证明：每一周期能量损失的比例很小的条件是 $R<<\sqrt{L/C}$。

25E. 应当用多大的电阻 R 与一个电感 $L=220\text{mH}$ 及电容 $C=12.0\mu\text{F}$ 串联，可使电容器上的最大电量在 50.0 周期中衰减到初始值的 99.0%？(假设 $\omega'\approx\omega_0$) (ssm) (ilw)

26P. 一个单回路电路由一个 7.20Ω 电阻，一个 12.0H 电感和一个 3.20μF 电容构成。开始时，电容器有 6.20μC 电量，电流是零。计算 N 个完整周期后电容器上的电量，取 $N=5$、10 和 100。

27P. 在一个振荡的串联 RLC 电路中，求为了使存在于电容器中的最大能量在振荡过程中衰减到初始值的一半所需要的时间。假设在 $t=0$ 时 $q=Q$。(ssm)

28P. 在 $t=0$ 时，一个串联 RLC 电路的电容器上无电量，但是有电流 I 通过电感器。(a) 对于这个电路，求式 (33-25) 中的相位常量 ϕ；(b) 用电流振幅和振荡角频率 ω' 写出电容器上的电量 q 作为时间 t 的函数式。

29P*. 在一个振荡串联 RLC 电路中，证明每个振荡周期能量损失的比例 $\Delta U/U$，可近似为 $2\pi R/\omega L$。量 $\omega L/R$ 通常称为电路的 Q 值（代表**品质**(quality)）。一个高 Q 电路具有低电阻和低的单位周期的能量损失的比例（$=2\pi/Q$）。(ssm) (www)

33-8 节　三种简单电路

30E. 一个 $1.50\mu F$ 的电容器如图 33-9a 所示，连接到 $\mathscr{E}_m=30.0V$ 的发电机上。如果电动势的频率为 (a) 1.00kHz；(b) 8.00kHz，形成的交变电流的振幅为何？

31E. 一个 50.0mH 的电感器如图 33-10a 所示，连接到 $\mathscr{E}_m=30.0V$ 的发电机上。如果电动势的频率 (a) 1.00kHz；(b) 8.00kHz，形成的交变电流的振幅为何？(ssm) (ilw)

32E. 一个 50Ω 的电阻如图 33-8a 所示，连接到 $\mathscr{E}_m=30.0V$ 的发电机上。如果电动势的频率为 (a) 1.00kHz；(b) 8.00kHz，形成的交变电流的振幅为何？

33E. (a) 在频率是多少时，一个 6.0mH 的电感器与一个 $10\mu F$ 的电容器具有相等的电抗？(b) 这个电抗是多少？(c) 证明这个频率就是具有同样 L 和 C 的一个振荡电路的固有频率。(ssm)

34P. 一个交流发电机具有电动势 $\mathscr{E}=\mathscr{E}_m\sin\omega_d t$，其中 $\mathscr{E}_m=25.0V$ 和 $\omega_d=377rad/s$。它和一个 12.7H 的电感器相连。(a) 电流的最大值是多少？(b) 当电流为最大时，发电机的电动势如何？(c) 当发电机的电动势为 -12.5V 并且其大小在增加时，电流如何？

35P. 一个交流发电机具有电动势 $\mathscr{E}=\mathscr{E}_m\sin(\omega_d t-\pi/4)$，其中 $\mathscr{E}_m=30.0V$，$\omega_d=350rad/s$。在与之连接的一个电路中产生的电流为 $i(t)=I\sin(\omega_d t-3\pi/4)$，其中 $I=620mA$。(a) 在 $t=0$ 之后多少时间，发电机的电动势第一次达到最大值？(b) 在 $t=0$ 之后多长时间，电流第一次达到最大值？(c) 除发电机以外电路中还有一单个元件，它是一个电容器、电感器，还是电阻器？证明你的回答是对的。(d) 这个可能的电感、电容或电阻为何值？(ssm)

36P. 习题 34 中的交流发电机和一个 $4.15\mu F$ 的电容器相连。(a) 电流的最大值是多少？(b) 当电流为最大时，发电机的电动势为何？(c) 当发电机的电动势为 -12.5V 并且其大小在增加时，电流为何？

33-9 节　串联 *RLC* 电路

37E. (a) 对于例题 33-7 的情况，从电路中拿掉电容器，其余参数不变，求 Z、ϕ 和 I；(b) 对于这个新的情况，按比例画出像图 33-11d 那样的相量图。

38E. (a) 对于例题 33-7 的情况，从电路中拿掉电感器，其余参数不变，求 Z、ϕ 和 I；(b) 对于这个新的情况，按比例画出像图 33-11d 那样的相量图。

39E. (a) 对于例题 33-7 的情况，令 $C=70.0\mu F$，其余参数不变，求 Z、ϕ 和 I；(b) 对于这个新的情况，画出像图 33-11d 那样的相量图，并且把两个图放在一起比较。(ssm) (www)

40P. 在图 33-26 中，一个振荡频率可调的发电机连接于一个可变电阻 R、一个 $C=5.50\mu F$ 的电容器及一个电感为 L 的电感器。当发电机频率为 1.30kHz 或 1.50kHz 时，由发电机在电路中产生的电流的振幅为最大值的一半。(a) L 是多少？(b) 如果增大 R，使电流振幅为最大值的一半的频率，将如何变化？

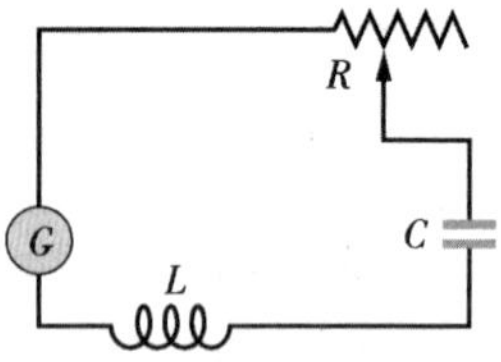

图 33-26　习题 40 图

41P. 在 RLC 电路中，一个电感器两端的电压能否大于发电机电动势的振幅？考虑具有 $\mathscr{E}_m=10V$，$R=10\Omega$，$L=1.0H$，$C=1.0\mu F$ 的一个 RLC 电路，求在共振时电感器两端的电压。(ssm) (ilw)

42P. 当例题 33-7 中的发电机电动势为最大时，(a) 发电机；(b) 电阻；(c) 电容；(d) 电感两端的电压是多少？(e) 把以上这些量按适当的符号求和，证明它们满足回路定则。

43P. 一个电感为 88mH，电阻未知的线圈与一个 0.94μF 的电容器和一个频率为 930Hz 的交变电动势串联。如果所加的电压和电流之间的相位常量为 75°，线圈的电阻是多少？（ssm）（ilw）

44P. 具有 $\mathscr{E}_m=220\text{V}$ 和以 400Hz 运转的一个交流发电机，在具有 $R=220\Omega$，$L=150\text{mH}$ 和 $C=24.0\mu\text{F}$ 的一个串联 *RLC* 电路中引起振荡。求（a）容抗 X_C；（b）阻抗 Z；（c）电流振幅 I。然后，使具有同样电容的第二个电容器与其他元件串联，确定（d）X_C，（e）Z 和（f）I 的值是增加、减小，还是不变。

45P. 如图 33－7 所示，一个 *RLC* 电路具有 $R=5.00\Omega$，$C=20.0\mu\text{F}$，$L=1.00\text{H}$ 及 $\mathscr{E}_m=30.0\text{V}$。（a）当角频率 ω_d 为何值时，电流振幅如图 33－13 中的共振曲线一样有最大值？（b）这个最大值是多少？（c）当两个角频率 ω_{d1} 和 ω_{d2} 为何值时，电流振幅为这个最大值的一半？（d）对于这个电路，共振曲线的分数半宽度 $[=(\omega_{d1}-\omega_{d2})/\omega]$ 是多少？（ssm）

46P. 一个交流发电机与一个 $L=2.00\text{mH}$ 的电感器和一个电容 C 串联。现在有电容为 $C_1=4.00\mu\text{F}$ 和 $C_2=6.00\mu\text{F}$ 的两个电容器，用任意一个或两者一起来产生 C。根据选用 C_1 和 C_2 的各种情况，这电路可以有哪些共振频率？

47P. 证明一共振曲线的分数半宽度（见习题 45）由

$$\frac{\Delta\omega_d}{\omega}=\sqrt{\frac{3C}{L}}R$$

给出。其中，ω 为共振时的角频率；$\Delta\omega_d$ 为共振曲线在半振幅处的宽度。注意，$\Delta\omega_d/\omega$ 随 R 增大，如图 33－13 所示。用此公式检验习题 45（d）的解答。（ssm）

48P. 在图 33－27 中，一个振荡频率可调的发电机与电阻 $R=100\Omega$，电感 $L_1=1.70\text{mH}$、$L_2=2.30\text{mH}$，以及电容 $C_1=4.00\mu\text{F}$、$C_2=2.50\mu\text{F}$ 和 $C_3=3.50\mu\text{F}$ 连接。（a）此电路的共振频率是多少？（**提示**：参考第 31 章中的习题 43。）当（b）R 值增大；（c）L_1 值增大；（d）从电路中拿走电容 C_3 时，共振频率将如何？

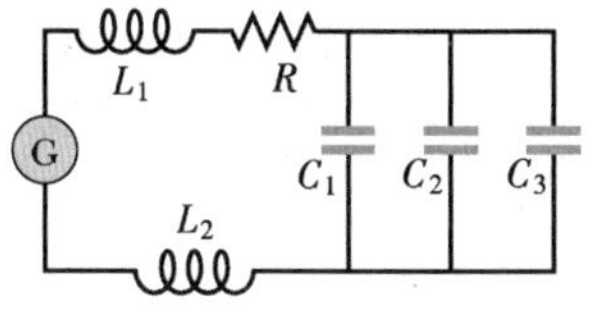

图 33－27 习题 48 图

33－10 节 交流电路中的功率

49E. 多大的直流电流可以与一个具有最大值为 2.60A 的交流电流在一特定的电阻中产生同等数量的热能？（ssm）

50E. 一个具有大阻抗的交流电压表相继与具有 100V（rms）交变电动势的串联电路中的电容器、电感器和电阻的两端连接，每种情况给出的读数（V）都相同。这个读数是多少？

51E. 方均根值为 100V 的交变电压的最大值是多少？

52E. （a）对于习题 34（c）中的条件，发电机向电路的其余部分提供能量还是从中取得能量？（b）对于习题 36（c）中的条件再回答以上问题。

53E. 计算练习 31、32、37 和 38 的电路中能量耗散的平均时率。

54E. 证明对图 33－7 的电路供给能量的平均时率也可以写为 $P_{avg}=\mathscr{E}^2_{rms}R/Z^2$。对于一个纯电阻电路，对于一个处于共振的 *RLC* 电路，对于一个纯电容电路，及对于一个纯电感电路，证明这个平均功率的表达式都能给出合理的结果。

55E. 连接于 120V rms 交流电路的一台空调机等效于串联的 12.0Ω 的电阻和 1.30Ω 感抗。（a）计算这空调机的阻抗；（b）求对此电器供给能量的平均时率。（ssm）

56P. 在一个串联振荡 *RLC* 电路中，$R=16.0\Omega$，$C=31.2\mu\text{F}$，$L=9.20\text{mH}$，$\mathscr{E}=\mathscr{E}_m\sin\omega_d t$，其中 $\mathscr{E}_m=45.0\text{V}$，$\omega_d=3000\text{rad/s}$。对于 $t=0.442\text{ms}$ 时刻，求（a）发电机供给能量的时率；（b）电容器中能量变化的时率；（c）电感器中能量变化的时率；（d）电阻中能量耗散的时率；（e）对于（a）、（b）和（c）中任何一个，负的结果是什么意思？（f）证明（b）、（c）和（d）的结果之和为（a）的结果。

57P. 图 33－28 所示为通过一对接头与一个“黑箱”连接的交流发电机。箱内包含一个 *RLC* 电路，甚至可能是一个多回路电路，其组成元件和连接方式都不知道。在箱外测量，发现

$$\mathscr{E}(t)=(75.0\text{V})\sin\omega_d t$$

和 $$i(t)=(1.20\text{A})\sin(\omega_d t+42.0°)$$

（a）功率因数是多少？（b）电流比电动势超前还是落后？（c）箱中的电路主要是电感性的还是电容性的？（d）箱中的电路在共振吗？（e）箱中是否一定有一个电容器？一个电感器？一个电阻？（f）发电机对黑箱输送能量的平均时率是多少？（g）回答所有这些问题为什么都不需要知道角频率 ω_d。（ssm）（www）

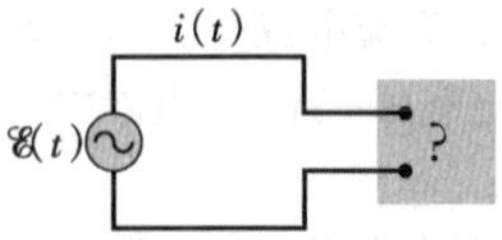

图 33－28　习题 57 图

58P. 在图 33－29 中，证明当电阻 R 等于交流发电机的内阻 r 时，在 R 中能量耗散的平均时率最大。(在本章的讨论中我们未指明地假设了 $r=0$。)

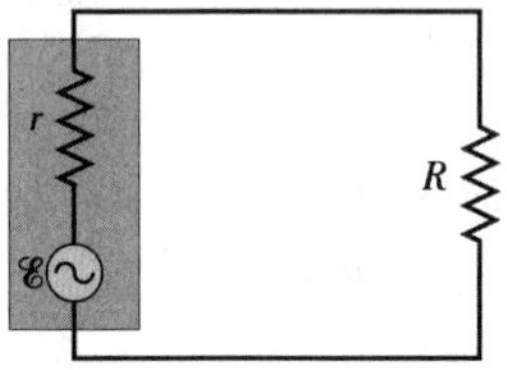

图 33－29　习题 58、65 图

59P. 图 33－7 所示为一个 RLC 电路，假设 $R=5.00\Omega$，$L=60.0\text{mH}$，$f_d=60.0\text{Hz}$，$\mathscr{E}_m=30.0\text{V}$。电容为何值时，在电阻中能量耗散的平均时率（a）最大？（b）最小？（c）这个最大和最小的能量耗散时率是多少？（d）相应的相角是多少？（e）相应的功率因数是多少？(ssm)

60P. 一个典型的用来在剧场中调节舞台灯光的“调光器”如图 33－30 所示，由与灯泡 B 串联的一个可变电感器 L（其电感在 $0\sim L_{max}$之间可调）组成。电源为 120V（rms），60.0Hz；灯泡额定值为“120V，1000W”。（a）如果把在灯泡中的能量耗散的时率从 1000W 的上限变为 5000W，则要求 L_{max}是多少？假设灯泡的电阻与温度无关，（b）能否不用电感器，改用一个可变电阻（在 $0\sim R_{max}$之间可调）？如果能够，要求 R_{max}是多少？为什么不这样做？

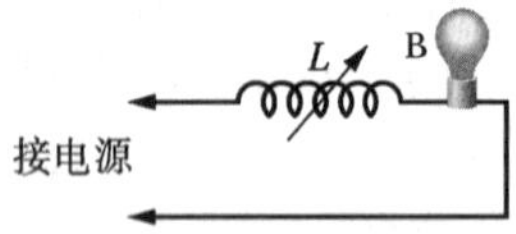

图 33－30　习题 60 图

61P. 在图 33－31 中，$R=15.0\Omega$，$C=4.70\mu\text{F}$，$L=25.0\text{mH}$。发电机提供一个 75.0V（rms）和频率 $f=550\text{Hz}$ 的正弦电压。（a）计算 rms 电流；（b）求 rms 电压 V_{ab}、V_{bc}、V_{cd}、V_{bd}、V_{ad}；（c）三个电路元件的每一个中耗散能量平均的时率是多少？(ilw)

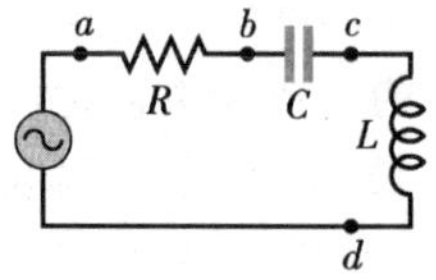

图 33－31　习题 61 图

33－11 节　变压器

62E. 一个发电机向一个变压器的 50 匝原线圈加 100V。如果副线圈有 500 匝，副边电压是多少？

63E. 一台变压器原边为 500 匝，副边为 10 匝，（a）如果 V_p 为 120V（rms），开路的 V_s 是多少？（b）如果现在副边有一个 15Ω 的电阻负载，原边和副边中的电流各是多少？(ssm)(ilw)

64E. 图 33－32 所示为一个“自耦变压器”。它由单个线圈（和铁心）构成。有三个分抽头 T_i，在 T_1 与 T_2 之间有 200 匝，在 T_2 与 T_3 之间有 800 匝，任意两个抽头可以认为是“原边”或“副边”。列出由原边电压变化到副边电压的所有可能的比值。

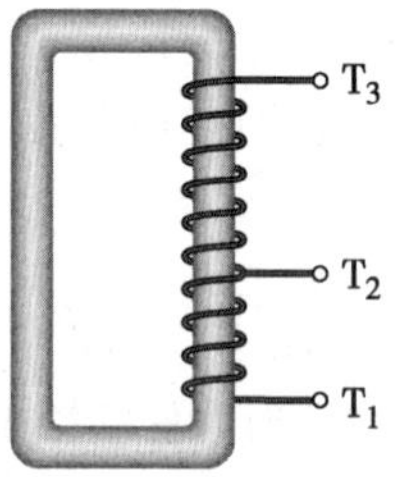

图 33－32　练习 64 图

65P. 在图 33－29 中，令左边的长方形表示具有 $r=1000\Omega$ 的一个声频放大器的（高阻抗）输出端。令 $R=10\Omega$ 表示扬声器的（低阻抗）线圈。为了给负载输送最大的能量 R，必须有 $R=r$，而现在不是这样。不过，可以用一个变压器来“变换”电阻，使得它们的电学性能相当于比实际电阻大或者小。画出能够引入到图 33－29 中的放大器与扬声器之间，使阻抗匹配的一个变压器的原线圈和副线圈。其匝比应该是多少？(ssm)

第 4 篇

第34章 电 磁 波

彗星绕过太阳周围时，它表面的冰蒸发，把里面的尘埃和带电粒子释放出来。带电的“太阳风”把带电粒子推入一条沿径向背离太阳的直“尾巴”中。然而，尘埃不受太阳风的作用，它们似乎应该继续沿着彗星的轨道行进。

为什么大量尘埃反而形成了照片中看到的下面那支弯曲的尾巴呢？

答案就在本章中。

34－1　麦克斯韦彩虹

麦克斯韦最伟大的成就是证明了一束光是电场和磁场的行波——**电磁波**——因此，研究可见光的光学是电磁学的一个分支。在本章中将作如下过渡：结束对电磁现象的严谨讨论，并建立光学的基础。

在麦克斯韦的年代（18世纪中期），对于电磁波，只知道可见光、红外光和紫外光。然而在麦克斯韦工作的激励下，赫兹发现了如今称之为无线电波的波，并且证明了它们在实验室中传播的速度与可见光相同。

如图34－1所示，我们现在知道电磁波有一个很宽的**谱**（范围），一个富于想像力的作家称之为“麦克斯韦彩虹”。我们来看充斥在身边在这个谱中的各种电磁波。太阳，它的辐射决定了我们作为一个物种已在其中演化和适应的环境，是占统治地位的电磁波源；我们也不断被无线电和电视信号穿插；来自雷达系统和电话中继系统的微波可能传到我们身上，还有来自电灯泡、发热的汽车引擎、X光机、闪电以及地下放射性物质发出的电磁波。此外，从我们的银河系以及其他星系中的恒星或者其他物体发来的辐射也传到我们身上。也有向其他方向传播的电磁波，大约自1950年以来，由地球传出的电视信号，现在已经把所携带的关于地球人类的消息（伴着“**我爱露西**”插曲，虽然**非常**微弱）送到了绕着最近的400多个恒星运行的不论什么的行星上，那上面可能有某些精通技术的智慧生物居住。

在图34－1中的波长标尺中（相应的频率标尺也类似），每一个刻度记号表示波长（及相应的频率）改变10倍。标尺两端是开放的，电磁波的波长没有固定的上下界限。

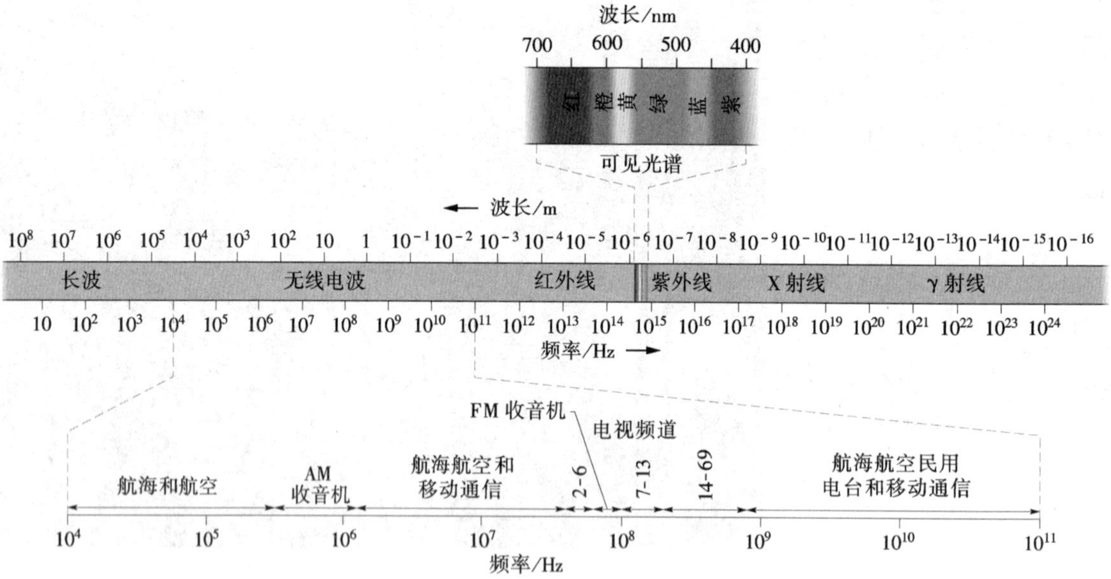

图34－1　电磁波谱

图34－1所示的电磁波谱中，一些特定区域都用熟悉的词语标明，如**X射线**和**无线电波**。这些词语粗略地定义了一定种类的常用电磁波源和探测器的波长范围。图34－1中的另一些区域，如标记为电视频道和AM收音机的，表示为一定的商业或其他用途法定划出的特定波长带。在电磁波谱中没有空白——而且所有的电磁波，不论在波谱中哪里都以相同的速度 c 在**自由空**

间（真空）中传播。

波谱的可见光区当然是我们特别感兴趣的。图 34 -2 所示为人眼对于不同波长的光的相对灵敏度。由图可见，区的中心大约在 550nm，它产生我们称之为黄 - 绿色的感觉。

这个可见光谱的界定不是很严格，因为眼睛灵敏度曲线在长波长和短波长两个方向都渐近地趋于零。如果以眼睛灵敏度降为最大值的 1% 处的波长为限，则这个区间大约是 430 ~ 690nm。不过，如果强度足够，人眼可以看到某些超出这界限之外的电磁波。

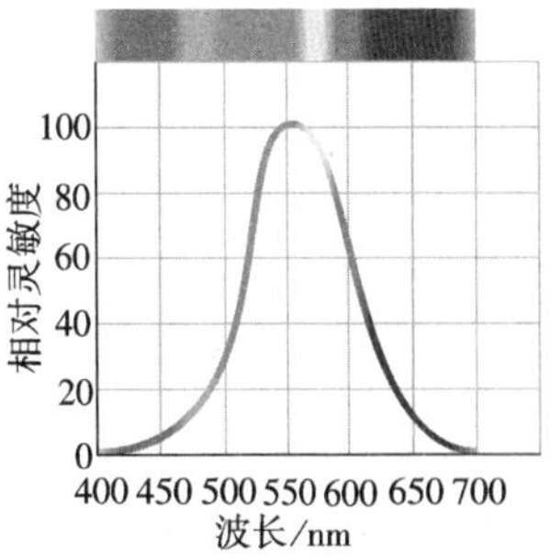

图 34 -2　人眼对于不同波长电磁波的平均相对灵敏度。眼睛对之灵敏的这部分电磁波谱叫做**可见光**。

34 -2　电磁行波的定性讨论

某些电磁波，包括 X 射线、γ 射线以及可见光，是从由量子物理支配的原子或原子核尺度的源**辐射**（发射）的。这里讨论其他电磁波是如何产生的。为了简化，我们只限于讨论其**辐射**（发射出的波）源是宏观且可操纵尺度的波谱范围（波长 $\lambda \approx 1\text{m}$）。

图 34 -3 概略地表示了这种波的产生。其核心是一个 *LC* **振荡器**，它产生一个角频率 ω（$=1/\sqrt{LC}$）。该电路中的电量和电流都如图 33 -1 中描绘的那样，以这个频率按正弦变化。一个外来源——可能是交流发电机——必须包括在内，用来补充电路中的热损失及被辐射出的电磁波带走的能量。

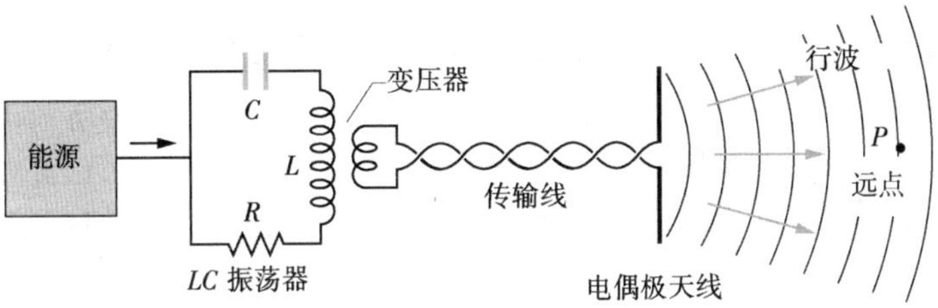

图 34 -3　产生在波谱的无线电短波段的电磁行波的一套装置；*LC* 振荡器在产生电磁波的天线中产生正弦电流。*P* 为一远点，在该点的探测器可以监视通过它的电磁波。

图 34 -3 中的 *LC* 振荡器通过一个变压器和传输线与一根基本上由两根细的实心导体棒构成的**天线**耦合。通过这种耦合，振荡器中按正弦变化的电流引起电荷沿着天线棒以 *LC* 振荡器的角频率 ω 按正弦振荡。棒中与这种电荷移动相联系的电流在大小和方向上也都以角频率 ω 按正弦变化。天线起到一个电偶极子的作用，它的偶极矩沿着天线长度在大小和方向上都按正弦变化。

因为偶极矩在大小和方向上变化，偶极子产生的电场在大小和方向上也变化；同样，因为电流变化，电流所产生的磁场在大小和方向上也变化。但是，电场和磁场的变化并非瞬间处处发生；相反地，这种变化是以光速 c 从天线向外传播的。两种变化场一起形成了以速度 c 从天线向外传播的电磁波。波的角频率为 ω，与 *LC* 振荡器的频率相同。

图 34 -4 所示为当某一波长的波掠过图 34 -3 中的 *P* 点时，电场 $\vec{E}$ 和磁场 $\vec{B}$ 如何随时间变化的。在图 34 -4 的任一部分，波都垂直纸面向外传播。（选择远处的一点，是为了使得在图

34－3 中所示波面的曲率小到足以忽略，这种波称为**平面波**。这种波的讨论就简单得多。）注意图 34－4 中的几个关键特征，不论波是如何产生的，这些特征都存在：

1. 电场 $\vec{E}$ 和磁场 $\vec{B}$ 总是垂直于波的传播方向。所以，这种波是**横波**，如在第 17 章中讨论过的那样。

2. 电场总是垂直于磁场。

3. 矢量积 $\vec{E}\times\vec{B}$ 总是给出波的传播方向。

4. 两种场总是按正弦变化，正像在第 17 章中讨论过的横波。而且，两种场以相同的频率变化，并且彼此**同相**（同步）。

根据以上特征，可以假定电磁波沿着一个 x 轴的正方向向 P 点传播。图 34－4 中的电场平行于 y 轴振荡，磁场平行于 z 轴振荡（当然是用右手坐标系）。于是，可以把电场和磁场写为位置 x（沿着波的路径）和时间 t 的正弦函数：

$$E = E_m \sin(kx - \omega t) \tag{34-1}$$

$$B = B_m \sin(kx - \omega t) \tag{34-2}$$

其中，E_m 和 B_m 是场的振幅，并且与第 17 章中的一样，ω 和 k 分别为波的角频率和角波数。从这两式，我们注意到，不但是两种场形成电磁波，而且每一种场也形成自己的波。式（34－1）给出了电磁波的**电波分量**，式（34－2）给出了**磁波分量**。如下面要讨论的，这两种波分量不能独立存在。

由式（17－12）可知，波的速率为 ω/k。但是，因为这是电磁波，它的速率（在真空中）用符号 c 而不用 v 表示。在下一节中我们将看到 c 的值为

$$c = \frac{1}{\sqrt{\mu_0 \varepsilon_0}} \quad （波速） \tag{34-3}$$

约是 3.0×10^8 m/s。换句话说，即

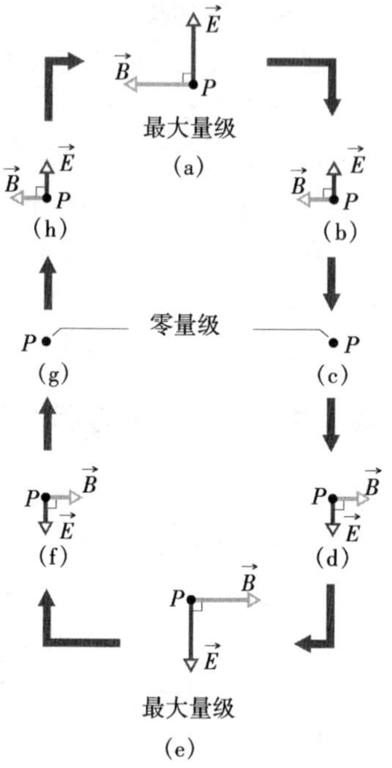

图 34－4（a）～（h） 当电磁波的一个波长通过图 34－3 中的远点 P 时，在该点的电场 $\vec{E}$ 和磁场 $\vec{B}$ 的变化情况。图中的波垂直纸面向外传播。两种场的大小和方向都按正弦变化，注意它们总是彼此垂直并且垂直于波的传播方向。

> 所有电磁波，包括可见光，在真空中具有同样的速率 c。

波速 c 与电场和磁场的振幅的关系为

$$\frac{E_m}{B_m} = c \quad （振幅比） \tag{34-4}$$

如果把式（34－1）除以式（34－2），再将式（34－4）代入，就会发现，每一时刻在任意一点两场的大小之比为

$$\frac{E}{B} = c \quad （大小比） \tag{34-5}$$

可以用图 34－5a 中的**射线**（代表波的传播方向的有向线段）或**波阵面**（想像的面，面上各点电场的大小相等）或两者都用，来表示电磁波。图 34－5a 所示的两个波阵面相隔一个波长 λ（$=2\pi/k$）。（近乎同一方向传播的波形成**光束**，例如激光束，它也可以用射线来表示。）

还可以如图 34 -5b 所示那样表示波。图中用在某个时刻波的“快照”显示了电场和磁场矢量。通过一个个矢量顶端的曲线表示了由式（34 -1）和式（34 -2）给出的正弦振荡。波分量 $\vec{E}$ 和 $\vec{B}$ 同相，彼此垂直，并且垂直于波的传播方向。

解释图 34 -5b 要比较小心。对于第 17 章中讨论过的在一根拉紧的绳上传播的波，类似的图形表示了当波通过时绳的各部分的上下位移（**真正移动的某个东西**）。图 34 -5b 却更抽象。在所表示的时刻，在沿着 x 轴的每一点，电场和磁场各自具有一定的大小和方向（但是始终垂直于 x 轴）。对每一点选择一对箭头来表示这两个矢量，就必须在不同点上画不同长度的箭头，都从 x 轴指向外，就像玫瑰花枝上的刺。然而，箭头只是代表在 x 轴上各点的场值，无论是箭头还是正弦曲线都不表示任何东西的侧向运动，箭头也不表示 x 轴上的点与轴外的点的连接。

图 34 -5 所示的图有助于把实际上非常复杂的情况形象化。首先考虑磁场，由于它按正弦变化，（根据法拉第感应定律）感生出一个正交的也按正弦变化的电场。而因为电场在按正弦变化，它又（根据麦克斯韦感应定律）感生出一个正交的也按正弦变化的磁场。如此继续下去，两个场不断地通过感应而相互产生，由此引起的两个场的正弦变化就作为一种波传播着，这就是电磁波。没有这个奇妙的结果，我们就看不见东西。的确，因为我们还需要来自太阳的电磁波维持地球的温度，所以假如没有这个结果，人类甚至不可能生存。

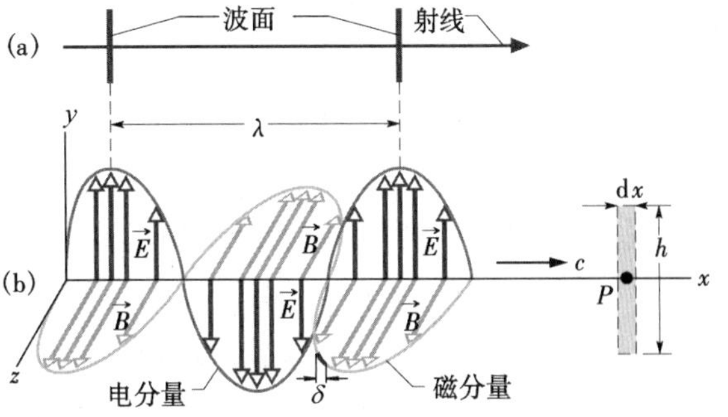

图 34 -5 （a）用射线和两个波阵面表示的电磁波，波阵面之间相隔一个波长 λ。（b）用在 x 轴上各点的电场 $\vec{E}$ 和磁场 $\vec{B}$ 的“快照”表示同一个沿该轴以速率 c 传播的波。当波通过 P 点时，场如图 34 -4 所示那样变化。波的电分量仅由电场构成，磁分量仅由磁场构成。在 P 点的虚线矩形用于图 34 -6。

一种最奇特的波

在第 17 和 18 章中讨论的波需要一个能够通过或者沿着它传播的**介质**（某种物质）。有沿着绳传播的波，有通过地球传播的波，还有通过空气传播的波。然而，电磁波（让我们用术语**光波**或**光**）在这方面非常不同。它的传播不需要介质，固然它可以穿过像空气或玻璃这样的介质传播，但是它也能够穿过恒星和我们之间的真空传播。

在 1905 年，爱因斯坦发表狭义相对论之后多年，当人们普遍接受了这个理论时，也认识到了光波的速率很特殊。一个理由是，不论在哪个参考系测量，光具有同样的速率。如果沿一个轴发出一束光，要求几个观察者在沿着该轴以不同速率与光同向或反向运动时测量这束光的速度，对于这束光他们都将测得**相同的速率**。这是个令人惊异的结果，它和这些观察者测量任何其他类型的波的速率时得到的结果截然不同。对于其他的波，观察者相对于波的速率将影响他们的测量结果。

目前，“米”已经被定义使光（任何电磁波）在真空中的速率具有精确值

$$c = 299\ 792\ 458 \mathrm{m/s}$$

而可以用作一个标准。事实上，如果现在要测量一个光脉冲从一点到另一点的传播时间，并不真正在测量光的速率，而是测量这两点之间的距离。

34-3 电磁行波的定量讨论

现在来推导式（34-3）和式（34-4），而且更重要的是要探讨产生光的电场和磁场的双重感应。

式（34-4）和感应电场

图34-6中边长为$\mathrm{d}x$和h的虚线矩形固定在x轴上的P点，并且在xy平面内（表示在图34-5b的右边）。当电磁波向右传播通过此矩形时，穿过矩形内的磁通量Φ_B改变，并且——根据法拉第感应定律——矩形区域处处出现感应电场，取$\vec{E}$和$\vec{E}+\mathrm{d}\vec{E}$分别为沿着矩形两个长边的感应电场。实际上这些感应电场就是电磁波的电分量。

考虑当通过矩形的磁波分量，是图34-5b中标以δ的那一小段时的电磁场。就在那时，通过矩形的磁场指向z轴正向并且量值在减小（在δ小段刚要到达之前量值较大）。因为磁场在减小，穿过矩形的磁通量Φ_B也在减小。根据法拉第定律，磁通量的这种改变受到感应电场的反抗，该电场产生一个沿正z方向的磁场$\vec{B}$。

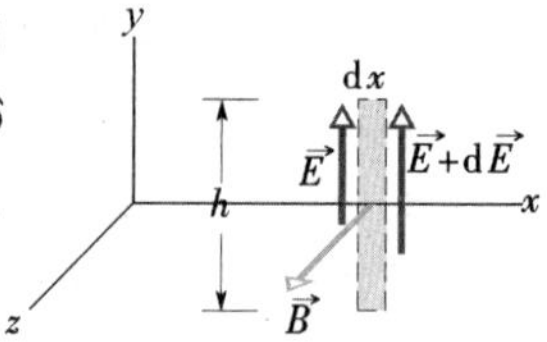

图34-6 当电磁波向右通过图34-5中的点P时，通过以P为中心的矩形磁场$\vec{B}$的正弦变化感生了沿着矩形的电场。在图示时刻，$\vec{B}$的量值在减小，因此矩形右边的感应电场在量值上比左边的大。

根据愣次定律，这又意味着如果把矩形的边界想像成一个导体回路，就会有一个逆时针感应电流在其中出现。当然，实际在那里并没有导体回路。但是，这个分析证明了感应电场$\vec{E}$和$\vec{E}+\mathrm{d}\vec{E}$的取向确实如图34-6所示，$\vec{E}+\mathrm{d}\vec{E}$的量值大于$\vec{E}$。否则，净的感应电场就不是沿着矩形逆时针作用。

现在应用法拉第感应定律

$$\oint \vec{E}\cdot \mathrm{d}\vec{s} = -\frac{\mathrm{d}\Phi_B}{\mathrm{d}t} \tag{34-6}$$

逆时针围绕图34-6中的矩形进行积分。因为在矩形的顶部和底部，$\vec{E}$与$\mathrm{d}\vec{s}$垂直，所以对积分没有贡献，于是积分结果是

$$\oint \vec{E}\cdot \mathrm{d}\vec{s} = (E+\mathrm{d}E)h - Eh = h\mathrm{d}E \tag{34-7}$$

穿过该矩形的通量Φ_B是

$$\Phi_B = (B)(h\mathrm{d}x) \tag{34-8}$$

其中，B是在矩形中$\vec{B}$的量值；$h\mathrm{d}x$是矩形的面积。将式（34-8）对t求导，得

$$\frac{\mathrm{d}\Phi_B}{\mathrm{d}t} = h\mathrm{d}x\frac{\mathrm{d}B}{\mathrm{d}t} \tag{34-9}$$

如果将式（34-7）和式（34-9）代入式（34-6），就得到

$$h\mathrm{d}E = -h\mathrm{d}x\frac{\mathrm{d}B}{\mathrm{d}t}$$

或

$$\frac{\mathrm{d}E}{\mathrm{d}x} = -\frac{\mathrm{d}B}{\mathrm{d}t} \tag{34-10}$$

实际上，如式（34－1）和式（34－2）指出，B 和 E 都是**两个**变量 x 和 t 的函数。但是，在求 $\mathrm{d}E/\mathrm{d}x$ 时，必须假定 t 是常数，因为图 34－6 是一个“瞬间快照”。在求 $\mathrm{d}B/\mathrm{d}t$ 时也必须假定 x 是常数，因为这里只涉及在某个特定点，即图 34－5b 中 P 的点，B 的时间变率。在这些条件下的导数是**偏导数**，所以式（34－10）必须写成

$$\frac{\partial E}{\partial x}=-\frac{\partial B}{\partial t} \tag{34-11}$$

式中的负号是适当而且是必要的，因为图 34－6 中虽然矩形所在处的 E 在随 x 增大，但 B 却在随 t 减小。

由式（34－1），有

$$\frac{\partial E}{\partial x}=kE_{\mathrm{m}}\cos(kx-\omega t)$$

由式（34－2），有

$$\frac{\partial B}{\partial t}=-\omega B_{\mathrm{m}}\cos(kx-\omega t)$$

于是式（34－11）变为

$$kE_{\mathrm{m}}\cos(kx-\omega t)=\omega B_{\mathrm{m}}\cos(kx-\omega t) \tag{34-12}$$

对于行波，比值 ω/k 是它的速率，称之为 c。于是，式（34－12）成为

$$\frac{E_{\mathrm{m}}}{B_{\mathrm{m}}}=c \quad \text{（振幅比）} \tag{34-13}$$

这正是式（34－4）。

式（34－3）和感应磁场

图 34－7 表示在图 34－5 中点 P 处的另一个虚线矩形，这个矩形在 xz 平面内。当电磁波向右通过这一新的矩形时，穿过矩形的电通量 Φ_E 改变，根据麦克斯韦感应定律，矩形区域处处出现感应磁场。事实上，这个感应磁场就是电磁波的磁分量。

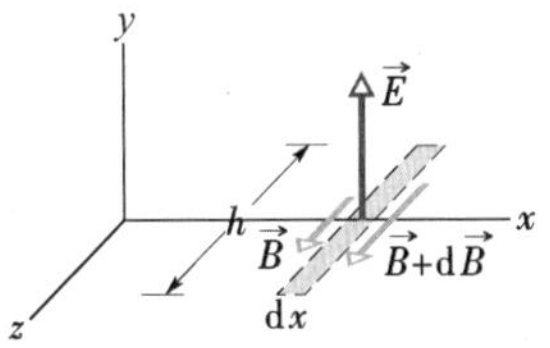

图 34－7　在图 34－5 中 P 点处的矩形（图 34－5 中未画出）内，电场 $\vec{E}$ 的正弦变化感生了沿着矩形的磁场。在图示时刻，$\vec{E}$ 的量值在减小，因此矩形右边的感应磁场在量值上比左边的大。

由图 34－5 可见，在图 34－6 中磁场所选定的时刻，通过图 34－7 中矩形的电场取向如图所示。回想在所选定时刻，图 34－6 中的磁场在减小。因为两个场同相，图 34－7 中的电场及穿过矩形的电通量 Φ_E 一定也在减小。应用对图 34－6 应用过的同样理由，可知变化的磁通量 Φ_E 将感生一个磁场。矢量 $\vec{B}$ 和 $\vec{B}+\mathrm{d}\vec{B}$ 的取向如图 34－7 所示，其中 $\vec{B}+\mathrm{d}\vec{B}$ 大于 $\vec{B}$。

现在应用麦克斯韦感应定律

$$\oint\vec{B}\cdot\mathrm{d}\vec{s}=\mu_0\varepsilon_0\frac{\mathrm{d}\Phi_E}{\mathrm{d}t} \tag{34-14}$$

沿逆时针方向围绕图34－7中的虚线矩形进行积分。只有矩形的两条长边对积分有贡献，其值为

$$\oint\vec{B}\cdot\mathrm{d}\vec{s}=-(B+\mathrm{d}B)h+Bh=-h\mathrm{d}B \tag{34-15}$$

穿过矩形的电通量 Φ_E 是

物理学基础

$$\Phi_E = (E)(h\mathrm{d}x) \tag{34-16}$$

其中，E 是 $\vec{E}$ 在矩形中的平均值。将式（34-16）对 t 求导给出

$$\frac{\mathrm{d}\Phi_E}{\mathrm{d}t} = h\mathrm{d}x\frac{\mathrm{d}E}{\mathrm{d}t}$$

把这个结果和式（34-15）代入式（34-14），得

$$-h\mathrm{d}B = \mu_0\varepsilon_0(h\mathrm{d}x\frac{\mathrm{d}E}{\mathrm{d}t})$$

或如前面（式（34-11））那样，改为偏导数符号

$$-\frac{\partial B}{\partial x} = \mu_0\varepsilon_0\frac{\partial E}{\partial t} \tag{34-17}$$

这个公式中的负号又是必须的，因为在图34-7中矩形所在点 B 随 x 在增大，E 却随 t 在减小。

用式（34-1）和式（34-2）计算式（34-17），得到

$$-kB_{\mathrm{m}}\cos(kx-\omega t) = -\mu_0\varepsilon_0\omega E_{\mathrm{m}}\cos(kx-\omega t)$$

可以写成

$$\frac{E_{\mathrm{m}}}{B_{\mathrm{m}}} = \frac{1}{\mu_0\varepsilon_0(\omega/k)} = \frac{1}{\mu_0\varepsilon_0 c}$$

将此式与式（34-13）相结合，立即得到

$$c = \frac{1}{\sqrt{\mu_0\varepsilon_0}} \quad \text{（波速）} \tag{34-18}$$

这正是式（34-3）。

检查点1：通过图34-6中矩形的磁场 $\vec{B}$ 在另一时刻表示在下图的（1）中，$\vec{B}$ 在 xz 平面中，平行于 z 轴，并且量值在增大。(a) 在（1）中补画出感应电场，标明其方向和相对大小（如在图34-6中那样）；(b) 相应于同一时刻，在图（2）中补画出电磁波的电场，也画出感应磁场，标明方向和相对大小（如在图34-7中那样）。

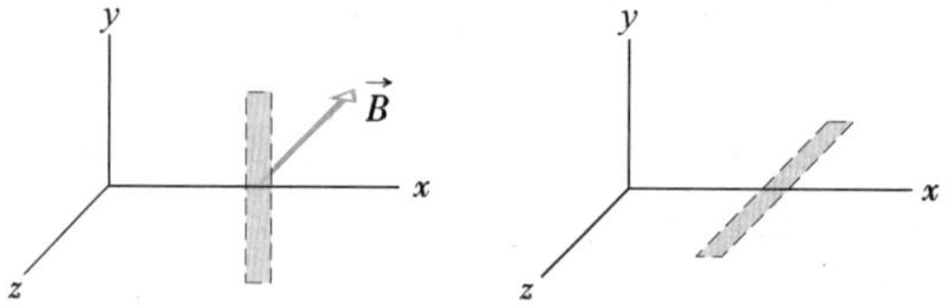

(1)　　(2)

34-4 能量传输和坡印亭矢量

日光浴者都知道电磁波能够传输能量，并且把能量输送到它所照射的人体内。这样的波中，单位面积能量传输的速率由一个叫做**坡印亭矢量**的矢量 $\vec{S}$ 来描述。它是以首先讨论了其性质的物理学家坡印亭（1852—1914）的名字命名的。$\vec{S}$ 的定义是

$$\vec{S} = \frac{1}{\mu_0}\vec{E}\times\vec{B} \quad \text{（坡印亭矢量）} \tag{34-19}$$

它的大小 S 与波在任意时刻（inst）通过单位面积的能量传输的时率有关

$$S=\left(\frac{\text{能量/时间}}{\text{面积}}\right)_{\text{inst}}=\left(\frac{\text{功率}}{\text{面积}}\right)_{\text{inst}} \tag{34-20}$$

由此可知，$\vec{S}$ 的 SI 单位是瓦/米^2（W/m^2）。

电磁波在任意一点的坡印亭矢量 $\vec{S}$ 的方向给出了波在该点的传播方向及能量传输的方向。

因为在电磁波中 $\vec{E}$ 和 $\vec{B}$ 互相垂直，$\vec{E}\times\vec{B}$ 的大小是 EB，所以 $\vec{S}$ 的大小是

$$S=\frac{1}{\mu_0}EB \tag{34-21}$$

其中 S、E 和 B 都是瞬时值。E 和 B 相互联系非常紧密，所以只需要处理其中之一。多半因为大部分探测电磁波的仪器处理的是波的电分量而不是磁分量，所以选择 E。利用由式（34－5）导出的 $B=E/c$，可以把式（34－21）重写为

$$S=\frac{1}{c\mu_0}E^2 \quad \text{（瞬时能流密度）} \tag{34-22}$$

把 $E=E_m\sin(kx-\omega t)$ 代入到式（34－22）中，可以得到能量传输速率作为时间函数的公式。然而，在实际中，更有用的是传输的能量对时间的平均值。因此，需要得到 S 的时间平均值，记为 S_{avg}，也称为波的**强度** I。于是，从式（34－20）可得强度 I 为

$$I=S_{\text{avg}}=\left(\frac{\text{能量/时间}}{\text{面积}}\right)_{\text{avg}}=\left(\frac{\text{功率}}{\text{面积}}\right)_{\text{avg}} \tag{34-23}$$

由式（34－22），得

$$I=S_{\text{avg}}=\frac{1}{c\mu_0}[E^2]_{\text{avg}}=\frac{1}{c\mu_0}[E_{\text{m}}^2\sin^2(kx-\omega t)]_{\text{avg}} \tag{34-24}$$

在一个完整周期内，对于任何角变量 θ，$\sin^2\theta$ 的平均值是 $\frac{1}{2}$（见图 33－14）。另外，定义一个新的量 E_{rms}，即电场的**方均根**值为

$$E_{\text{rms}}=\frac{E_{\text{m}}}{\sqrt{2}} \tag{34-25}$$

就可以把式（34－24）重写为

$$I=\frac{1}{c\mu_0}E_{\text{rms}}^2 \tag{34-26}$$

因为 $E=cB$，并且 c 是一个非常大的数，可能有人会得出结论，认为与电场相联系的能量比与磁场相联系的能量大得多。但这个结论不正确，两种能量是完全相等的。为了证明这一点，从给出电场中能量密度 $u\left(=\frac{1}{2}\varepsilon_0E^2\right)$的式（26－23）出发，并对 E 代入 cB，得

$$u_E=\frac{1}{2}\varepsilon_0E^2=\frac{1}{2}\varepsilon_0(cB)^2$$

现在如果将 c 代入式（34－3），就得

$$u_E=\frac{1}{2}\varepsilon_0\frac{1}{\varepsilon_0\mu_0}B^2=\frac{B^2}{2\mu_0}$$

而式（31－56）说明 $B^2/(2\mu_0)$ 是磁场 $\vec{B}$ 的能量密度 u_B，所以得出在电磁波所到之处都有 $u_E=u_B$。

强度随距离的变化

强度如何随着离开一个实际的电磁辐射源的距离变化通常是相当复杂的，特别是当源向某一特定的方向发出辐射（像在电影初映式上的探照灯）时。但是，在某些情况下可以假定源是一个**点源**，它**各向同性地**，即在各个方向上以相同的强度发光。图34－8所示为在某个特定时刻，自这样一个各向同性的点源 S 扩展开的球形波面的截面图。

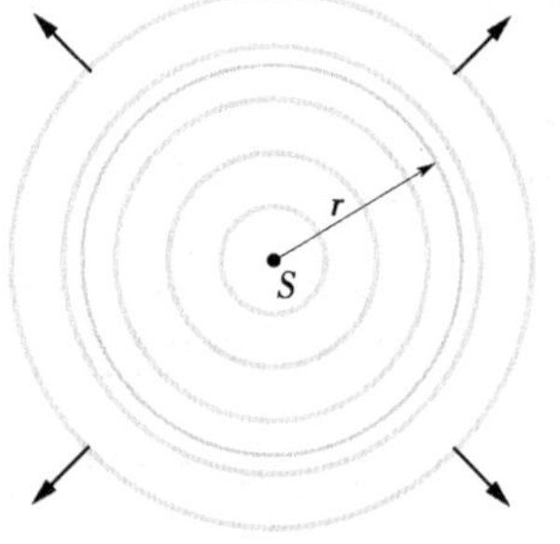

图34－8 一个点源 S 在各个方向上均匀地发射电磁波。球形波面都通过一个以 S 为圆心以 r 为半径的假想球。

假定波从这样的源扩展开时，波的能量守恒。再令一个半径为 r 的假想球面的球心位于源点，如图34－8所示。由点源发射的全部能量必定通过该球面。这样，由于辐射通过该球面传输能量的时率必定等于源发射能量的速率，也就是等于源的功率 P_S。因此，在球面上的强度 I 一定是

$$I=\frac{P_S}{4\pi r^2} \tag{34-27}$$

其中，$4\pi r^2$ 是球面的面积。式（34－27）说明，从各向同性点源发出的电磁辐射的强度与离源的距离 r 的平方成反比。

检查点2：下图中给出了一列电磁波在某一时刻某一地点的电场。波正点沿负 z 方向传输能量。在该时刻该地点波的磁场方向如何？

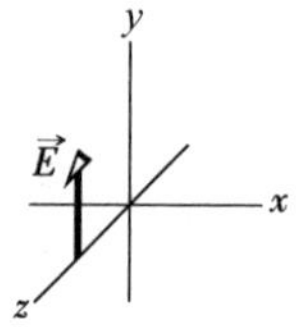

例题34－1

一个观察者离功率 p_S 为250W的一个各向同性的点光源1.8m。计算该光源在观察者处产生的电场和磁场的rms（方均根）值。

【解】 这里的前两个**关键点**是：

1. 光中电场的方均根值 E_{rms} 通过式（34－26）（$I=E_{rms}^2/(c\mu_0)$）与光的强度 I 相联系。

2. 因为源是以相等强度向所有方向发射光的点源，在任何距源 r 处，光的强度与源的功率 P_S 由式（34－57）（$I=P_S/(4\pi r^2)$）相联系。把这两点结合起来就得

$$I=\frac{P_S}{4\pi r^2}=\frac{E_{rms}^2}{c\mu_0}$$

则 $$E_{rms}=\sqrt{\frac{P_S c\mu_0}{4\pi r^2}}$$

$$=\sqrt{\frac{(250\text{W})(3.00\times10^8\text{m/s})(4\pi\times10^{-7}\text{H/m})}{(4\pi)(1.8\text{m})^2}}$$

$=48.1\text{V/m}\approx48\text{V/m}$ （答案）

第三个**关键点**是，根据式（34－5）（$E/B=c$），在任何时刻任何地点，电磁波的电场和磁场的大小与光速 c 相联系。于是，这两个场的rms值也由式（34－5）相联系而可以写出

$$B_{rms}=\frac{E_{rms}}{c}$$

$$=\frac{48.1\text{V/M}}{3.00\times10^8\text{m/s}}=1.6\times10^{-7}\text{T}$$

（答案）

注意，以普通的实验室标准判断，E_{rms}（$=48\text{V/m}$）是可测到的，但是 B_{rms}（$=1.6\times10^{-7}\text{T}$）太小了。这个差别有助于解释为什么多数用于探测和测量电磁波

的仪器都是为响应波的电分量而设计的。然而，如果说一个电磁波的电分量比磁分量“强”，那就错了。以不同单位测量的量是不能加以比较的。在前面已看到，当涉及波的传播时，电分量和磁分量是有同样基础的，因为它们之间**可以**比较的平均能量是严格相等的。

34 –5 辐射压强

电磁波不仅有能量还有线动量。这意味着可以通过用光照射来对一个物体施加压强——**辐射压强**。然而这个压强一定是非常小的，因为，例如，在用闪光灯照像时，被拍摄的人并不感到这种压强。

为了得到这种压强的表达式，让一束电磁辐射，如光，照射到一个物体上一段时间 Δt。再假设该物体可以自由移动，而且辐射被物体完全**吸收**。这意味着在时间段 Δt 内，物体从辐射得到一份能量 ΔU。麦克斯韦曾证明，物体也得到了线动量。物体动量的变化量 Δp 与能量变化量 ΔU 的关系是

$$\Delta p = \frac{\Delta U}{c} \quad \text{(完全吸收)} \tag{34-28}$$

其中 c 是光速。物体动量改变的方向是其吸收的入射光束的方向。

除了被吸收，辐射也可能被物体**反射**，即辐射可以沿一个新的方向被发送出去，好像被物体反弹出去一样。如果辐射沿原路完全反射回去，物体动量改变的大小是以上给出的两倍，或

$$\Delta p = \frac{2\Delta U}{c} \quad \text{(沿原路完全反射回去)} \tag{34-29}$$

同样道理，一个完全弹性的网球被物体反弹后，该物体动量的改变量是它受到一个相同质量和速度的完全非弹性球（如一团湿油灰）的撞击后，动量改变量的两倍。如果入射的辐射被部分吸收和反射，物体动量的改变量介于 $\Delta U/c$ 和 $2\Delta U/c$ 之间。

由牛顿第二定律可知，动量改变与力的关系是

$$F = \frac{\Delta p}{\Delta t} \tag{34-30}$$

为了得到用辐射强度 I 表示的由辐射施加的力，假设一个面积为 A 的平面垂直于辐射路径挡住辐射。在时间间隔 Δt 内，被面积 A 拦截的能量为

$$\Delta U = IA\Delta t \tag{34-31}$$

如果这些能量被完全吸收，则从式（34 –28）可知，$\Delta p = IA\Delta t/c$。又由式（34 –30）可得作用于面积 A 的力的大小是

$$F = \frac{IA}{c} \quad \text{(完全吸收)} \tag{34-32}$$

类似地，如果辐射沿原路完全反射回去，由式（34 –29）可知，$\Delta p = 2IA\Delta t/c$，又由式（34 –30），有

$$F = \frac{2IA}{c} \quad \text{(沿原路完全反射回去)} \tag{34-33}$$

如果辐射被部分吸收和反射，作用于面积 A 的力的大小介于 IA/c 和 $2IA/c$ 之间。

辐射对物体单位面积的作用力就是辐射压强 p_r。把式（34 –32）和式（34 –33）两边同除以 A，可得

$$p_r = \frac{I}{c} \quad （完全吸收） \tag{34-34}$$

及

$$p_r = \frac{2I}{c} \quad （沿原路完全反射回去） \tag{34-35}$$

小心不要把辐射压强的符号 p_r 与动量的符号 p 混淆。与第15章中液体压强的单位相同，辐射压强的SI单位是牛/米^2（N/m^2），称为帕（Pa）。

激光技术的发展使研究人员成功地获得了比照相机闪光灯之类产生的大得多的光压。之所以能够做到这点，是因为激光束不像由小灯泡的灯丝发出的一束光，它可以被聚焦到直径仅为几个波长的极小的斑上。这就可以把大量的能量传送给置于该斑的小物体。

检查点3：强度均匀的光垂直射向一个完全吸收的表面，照亮了整个表面。如果表面积变小，则（a）辐射压强；（b）作用在表面上的辐射力是增大、减小，还是不变？

例题 34-2

当尘埃被从彗星释放出来，它就不再继续沿着彗星轨道，因为太阳光产生的辐射压强把它们沿径向从太阳往外推开。假设尘埃粒子是半径为 R 的球，密度为 $\rho = 3.5\times10^3\ kg/m^3$，并且把它所截取的太阳光全部吸收。半径 R 为多少时，太阳作用于尘埃粒子的引力 $\vec{F}_g$ 恰好与太阳光对它的辐射压力 $\vec{F}_r$ 平衡？

【解】 可以假设太阳离作用的粒子足够远，以致可以把太阳看作一个各向同性的点光源。按题意，辐射压强从太阳沿径向向外推开粒子，可知作用于粒子的辐射力 $\vec{F}_r$ 由太阳中心沿径向向外。与此同时，对粒子的引力 $\vec{F}_g$ 沿径向指向太阳。于是，可以写出这两个力的平衡条件为

$$F_r = F_g \tag{34-36}$$

下面分别来考虑这两个力。

辐射力：为了计算式（34-36）的左边，用以下三个**关键点**：

1. 因为粒子是完全吸收的，所以通过式（34-32）（$F = IA/c$），可以从太阳光照射到粒子处的强度 I 和粒子的截面积 A 确定力的大小 F_r。

2. 因为假定太阳是各向同性的点光源，可以用式（34-27）（$I = P_S/4\pi r^2$）把太阳的功率 P_S 与粒子距太阳 r 处的太阳光强度 I 联系起来。

3. 粒子是球形的，它的截面积是 πr^2（**不是**它表面积的一半）。

把这三点结合在一起就得出

$$F_r = \frac{IA}{c} = \frac{P_S \pi R^2}{4\pi r^2 c} = \frac{P_S R^2}{4r^2 c} \tag{34-37}$$

引力：这里的**关键点**是牛顿的引力定律（式（14-1）），它给出对粒子的引力的大小是

$$F_g = \frac{GM_S m}{r^2} \tag{34-38}$$

其中，M_S 为太阳质量；m 为粒子质量。下一步，粒子质量与其密度 ρ 和体积 V（$=4\pi R^3/3$，对球体）的关系为

$$\rho = \frac{m}{V} = \frac{m}{\frac{4}{3}\pi R^3}$$

由此解出 m，代入式（34-38）中，得出

$$F_g = \frac{GM_S\rho\left(\frac{4}{3}\pi R^3\right)}{r^2} \tag{34-39}$$

再把式（34-37）和式（34-39）代入式（34-36），解 R 得到

$$R = \frac{3P_S}{16\pi c\rho GM_S}$$

用给出的 ρ 值及已知的 G 值（附录B）和 M_S（附录C），可以计算分母：

$$(16\pi)(3\times10^8 m/s)(3.5\times10^3 kg/m^3) \times (6.67\times10^{-11} N\cdot m^2/kg^2)(1.99\times10^{30} kg) = 7.0\times10^{33} N/s$$

用从附录C得到的 P_S，就有

$$R = \frac{(3)(3.9\times10^{26} W)}{7.0\times10^{33} N/s} = 1.7\times10^{-7} m$$

（答案）

注意，这个结果与粒子离太阳的距离 r 无关。

半径 $R \approx 1.7\times10^{-7}$ m 的尘埃粒子沿图34-9中路径 b 那样的近似直线运动。对于更大的 R 值，式（32

－37）与式（34－39）的比较表明，因为 F_g 随 R^3 变化而 F_r 随 R^2 变化，引力 F_g 比辐射力 F_r 占优势。于是，这种粒子沿图 34－9 中路径 c 那样向太阳弯曲的路径运动。类似地，对于更小的 R 值，辐射力占优势，尘埃沿图 34－9 中路径 a 那样从太阳向外弯曲的路径运动。这些尘埃粒子的总体就是彗星的尘埃尾。

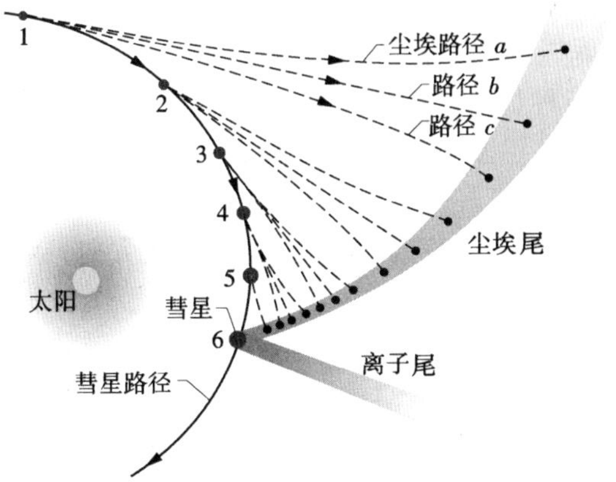

图 34－9 例题 34－2 图 一彗星当前在位置 6。在前五个位置上释放出的尘埃已被太阳光的辐射压强沿着虚线路径推出，所以这时形成了彗星的弯曲的尘埃尾。

34－6 偏振

在英国，VHF（甚高频）电视天线的取向是竖直的，但在北美，这种天线是水平的。这种差别是由于携带 TV 信号的电磁波的振动方向不同。在英国，发送设备设计为产生竖直**偏振**波，也就是说，它的电场竖直振动。这样，由于入射电视波的电场沿着天线驱动一个电流（并且提供给电视机一个信号），天线必须是竖直的。在北美，这种波是水平偏振的。

图 34－10a 所示电磁波，其电场平行于竖直的 y 轴振动。包含矢量 $\vec{E}$ 的平面叫做波的**振动面**（因此，这波被称作在 y 方向**平面偏振**）。我们可以如图 34－10b 所示那样，在振动平面的一个"迎面"观察图中标出电场的振动方向，来表示波的**偏振**（被偏振的状态）。图中竖直的"双箭头"表明当波传播经过我们时，其电场沿竖直方向振动，即沿着 y 轴在上下指向之间连续变化。

偏振光

由电视台发射的电磁波都具有相同的偏振，但是由任何普通光源（如太阳或灯泡）发射的电磁波却是**无规偏振**的，或**非偏振**的，即在任何给定点上，电场始终保持与波的传播方向垂直，但是随机地改变方向。这样，如果想要表示在若干个时间周期中振动的迎面图，就不能再用图 34－10b 中那样简单的一个双箭头图样了；而是图 34－11a 中那样许多杂乱的双箭头。

原则上，可以把图 34－11a 中的每个电场分解为 y 和 z 分量，来简化这些杂乱箭头。那么，当波通过给定点时，净的 y 分量平行于 y 轴振动，而净的 z 分量平行于 z 轴振动。于是，非偏振光可以用一对双箭头来表示，如图 34－11b 所示。沿着 y 轴的双箭头表示电场的净 y 分量的振动，沿着 z 轴的双箭头表示电场的净 z 分量的振动。用这种方式，把非偏振光等效地变成了两个偏振波的叠加，这两个偏振波的振动面相互垂直——一个面包含 y 轴，另一个则包含 z 轴。这样变换的一个理由是绘制图 34－11b 比绘制图 34－11a 容易得多。

可以绘制类似的图来表示**部分偏振**的光（它的场的振动既不像图 34－11a 中那样完全无规，也不像图 34－10b 中那样平行于某一单轴。）对于这种情况，可以画一长一短两个相互垂直的双箭头。

让非偏振可见光通过一个**起偏振片**就可以把它转化为偏振光，如图 34－12 所示。这种商业上叫做 Polaroid（偏振片）偏振滤光片的薄片是当年的一个大学生 Edwin Land 于 1932 年发明的。偏振片由嵌在塑料中的某种长分子构成。在制造时，薄片被拉伸，使分子像犁过的地那样平行排成行。当光射过薄片时，沿着一个方向的电场分量通过，垂直于该方向的分量被吸收并随之消失。

这里不细述分子的情况，而只是给薄片确定一个**偏振化方向**，沿此方向让电场分量通过：

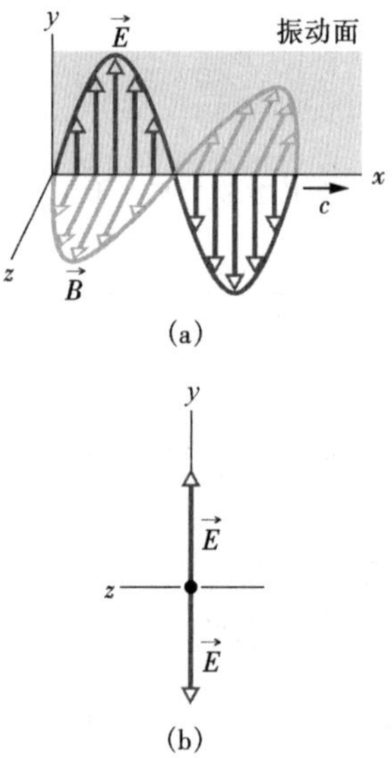

图 34－10 (a) 偏振电磁波的振动面。(b) 为了表示偏振，“迎面”看振动平面，并用一个双箭头标明振动电场的方向。

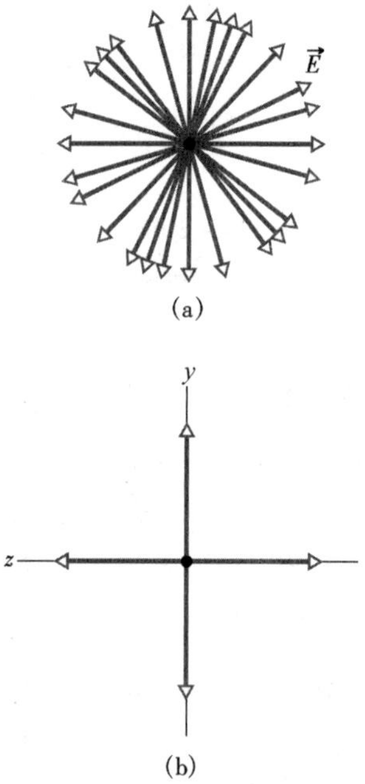

图 34－11 (a) 非偏振光由具有随机取向的电场的波组成。这里所有的波都沿着同一个轴垂直纸面向外传播，并且都具有同样的振幅 E。(b) 非偏振光的第二种表示方法——这光是振动面相互垂直的两个偏振波的叠加。

偏振片让平行于偏振化方向的电场分量通过（透过），吸收垂直于这个方向的分量。

这样，从薄片射出的光的电场只由平行于薄片的偏振化方向的分量构成，所以光沿此方向偏振。在图 34－12 中，竖直的电场分量透过偏振片，水平分量被吸收。因此，透过的波是竖直偏振的。

透射偏振光的强度

现在考虑光透过一个偏振片后的强度。先讨论非偏振光，它的电场振动可以分解为 y 和 z

分量，如图 34 –11b 所示。然后，可以令 y 轴平行于偏振片的偏振化方向。这样，偏振片只让光的电场的 y 分量通过，吸收 z 分量。由图 34 –11b 可见，假如原先波的取向是随机的，y 分量之和与 z 分量之和相等，当 z 分量被吸收后，原先光强度 I_0 的一半失掉了。所以出射偏振光的强度 I 是

$$I = \frac{1}{2}I_0 \tag{34-40}$$

此式称为**减半定则**，它**只**适用于入射到偏振片的光是非偏振的。

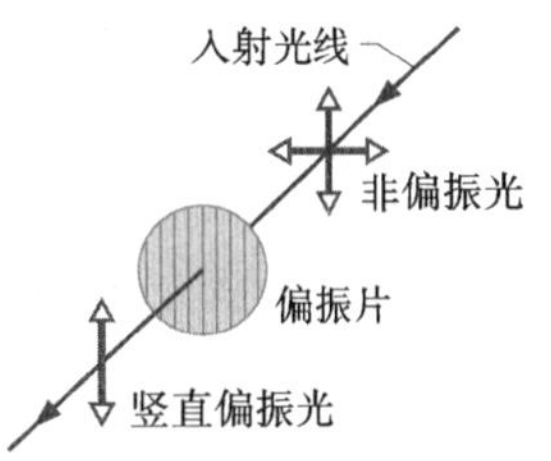

图 34 –12 当非偏振光穿过一个偏振片后成为偏振光。它的偏振方向平行于薄片的偏振化方向。该方向在这里用画在片上的竖直线来表示。

现在假设达到偏振片的光已经是偏振的。图 34 –13 所示为一个在页面内的偏振片以及向该片行进（因而在任何吸收之前）的偏振光的电场 $\vec{E}$。可以相对于薄片的偏振化方向把 $\vec{E}$ 分解为两个分量：平行分量 E_y 透过偏振片，垂直分量 E_z 被吸收。因为 θ 是 $\vec{E}$ 和薄片的偏振化方向之间的夹角，透过的平行分量是

$$E_y = E\cos\theta \tag{34-41}$$

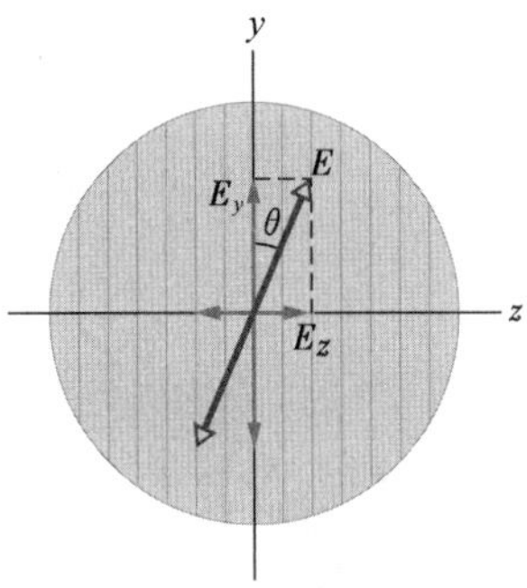

图 34 –13 到达一个偏振片的偏振光。光的电场可分解为分量 E_y（平行于薄片的偏振化方向）和分量 E_z（垂直于该方向）。分量 E_y 透过偏振片，分量 E_z 被吸收。

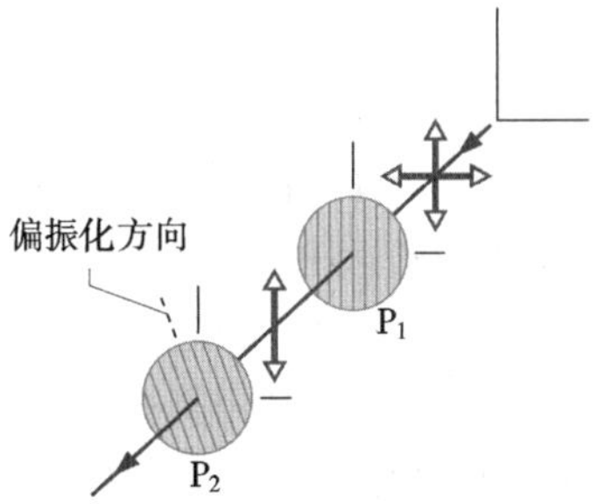

图 34 –14 透过偏振片 P_1 的光竖直偏振，用竖直双箭头表示。透过偏振片 P_2 光量依赖于光的偏振方向与 P_2 的偏振化方向（用画在薄片上的线和虚线表示）的夹角。

回想电磁波（譬如此处的光波）的强度正比于电场强度的平方（式（34 –26））。在当前讨论的情况中，出射波的强度正比于 E_y^2，而原先的波的强度 I_0 正比于 E^2。所以，由式（34 –41）可以写 $I/I_0 = \cos^2\theta$

或

$$I = I_0\cos^2\theta \tag{34-42}$$

此式称为**余弦平方定则**，它**只能**运用于当光到达偏振片时已经偏振的情况。于是，当原先的波平行于薄片的偏振化方向偏振时（此时式（34 –42）中的 θ 为 0°或 180°），透射强度 I 为最大值，且等于原始强度 I_0。当原先的波垂直于薄片的偏振化方向偏振时（此时 θ 为 90°），I 是零。

图 34 –14 所示为一套装置，让初始的非偏振光先后穿过两个偏振片 P_1 和 P_2。（通常称第一片为**起偏器**，第二片为**检偏器**。）因为 P_1 的偏振化方向是竖直的，透过 P_1 到达 P_2 的光为竖直

偏振。如果 P_2 的偏振化方向也是竖直的，则透过了 P_1 的光全部透过 P_2；如果 P_2 的偏振化方向是水平的，则透过了 P_1 的光完全不能透过 P_2。只考虑两个偏振片的**相对**取向可得到同样的结论：如果它们的偏振化方向平行，通过第一片的光也通过第二片；如果两者的方向垂直（称两片**正交**），没有光通过第二片。这两种极端情况用偏振太阳镜说明，如图 34－15 所示。

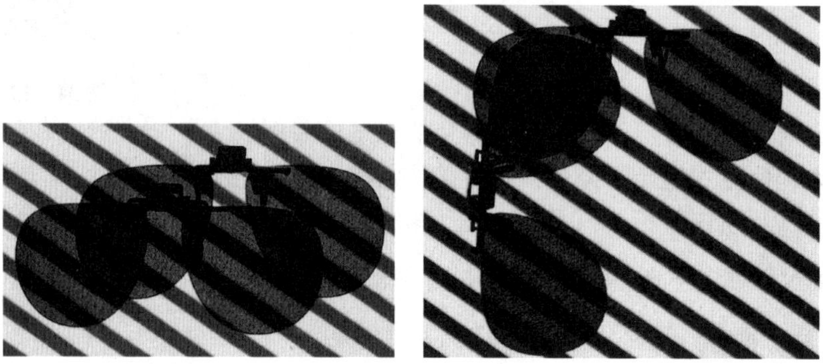

(a) (b)

图 34－15 偏振太阳镜有两个偏振镜片，当戴上时，镜片的偏振化方向是竖直的。(a) 重叠的两副太阳镜，当它们的偏振化方向一致时，透光相当好，但是 (b) 而当它们正交时，就挡住了大部分光。

最后，如果图 34－14 中的两个偏振化方向成一个在 0°～90°的角度，透过 P_1 的光中的一部分可透过 P_2。该光的强度由式（34－42）决定。

除了偏振片，光可以用其他方法起偏振，例如通过反射（在 34－9 节中讨论）和被原子或分子散射。在**散射**中，被物体，例如一个分子，截取的光向许多方向（多半是随机的）发送。一个例子就是太阳光被大气中的分子散射，使天空一片光亮。

虽然直接来自太阳的光是非偏振的，由于这种散射，来自天空大部分的光都至少是部分偏振的。蜜蜂在进出蜂箱时利用天空光的偏振导航。类似地，威金人（the Vikings）利用它来导航，在白天太阳低于地平线时（因为北冰洋的高纬度）越过北冰洋。这些早期航海者发现了一种晶体（现在称为堇青石），它在偏振光中转动时会改变颜色。他们透过这种晶体看天空，同时绕着视线转动它，能够找出藏在地平线下的太阳的位置，从而确定何方是南。

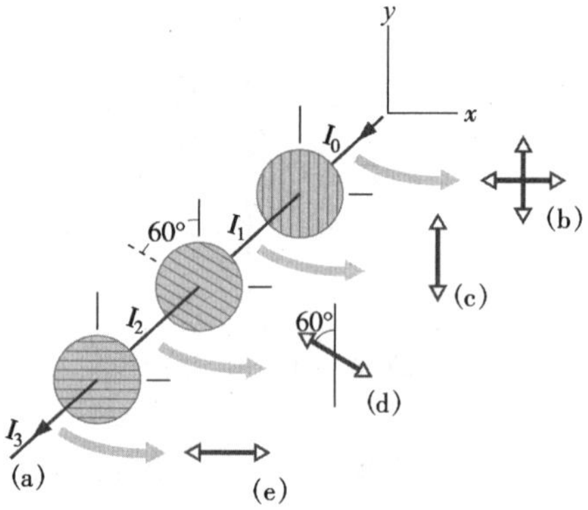

图 34－16 例题 34－3 图 (a) 强度为 I_0 的入射非偏振光穿过三个偏振片系统。标出了透过这些薄片的光强 I_1、I_2 和 I_3，还表示出了正视的 (b) 初始光的，以及 (c) 透过第一片的，(d) 透过第二片的和 (e) 透过第三片的光的偏振方向。

例题 34－3

图 34－16a 所示为在起初为非偏振光的路径中的一个三偏振片系统。第一片的偏振化方向平行于 y 轴，第二片的偏振化方向从 y 轴逆时针转过 60°，而第三片的偏振化方向平行于 x 轴。光的初始强度 I_0 的多少部分从系统出射？出射光如何偏振？

【解】 这里**关键点**是：

1. 顺着系统，从光遇到的第一片到最后一片，逐片计算。

2. 为得到透过任意一片的强度，根据光到达该片时是非偏振的或偏振的，分别运用减半定则或余弦平方定则。

3. 透过一个偏振片后，光总是平行于该片的偏振化方向偏振。

第一片：原始光波用迎面的双箭头表示，如图34－16b所示。因为光起初是非偏振的，透过第一片的光强 I_1 由减半定则式（34－40）给出：

$$I_1 = \frac{1}{2}I_0$$

因为第一片的偏振化方向平行于 y 轴，透过它的光的偏振方向也是这样，如正视图34－16c所示。

第二片：因为到达第二片的是偏振光，透过该片后的光强 I_2 由余弦平方定则（式（34－42））给出。定则中的角 θ 是入射光的偏振方向（平行于 y 轴）与第二片的偏振化方向（从 y 轴逆时针转过60°）之间的夹角，所以 θ 是60°。因而

$$I_2 = I_1\cos^2 60°$$

该透过光的偏振平行于所透过薄片的偏振化方向，即从 y 轴逆时针旋转60°，如图34－16d的正视图所示。

第三片：因为到达第三片的是偏振光，透过该片后的光强 I_3 由余弦平方定则给出。现在角 θ 是入射光的偏振方向（见图34－16d）与第三片的偏振化方向（平行于 x 轴）之间的夹角，所以 $\theta = 30°$。因而有

$$I_3 = I_2\cos^2 30°$$

这最后透过的光平行于 x 轴偏振（见图34－16e）。把 I_2、I_1 的表达式先后代入上式，得到它的强度

$$\begin{aligned} I_3 &= I_2\cos^2 30° = (I_1\cos^2 60°)\cos^2 30° \\ &= \left(\frac{1}{2}I_0\right)\cos^2 60°\cos^2 30° \\ &= 0.094I_0 \end{aligned}$$

所以 $$\frac{I_3}{I_0} = 0.094$$

（答案）

这就是说，初始强度的9.4%从这三片系统出射。（如果现在拿走第二片，则初始强度的百分之几从系统射出?）

检查点4：下图中是四对正面看到的偏振片，每一对都竖直在放在初始非偏振光的路径中（就像图34－16a的三片那样）。每一片的偏振化方向（用虚线表示）都参照水平的 x 轴或者竖直的 y 轴标出。按照它们透过的初始强度的比例从大到小将各对排序。

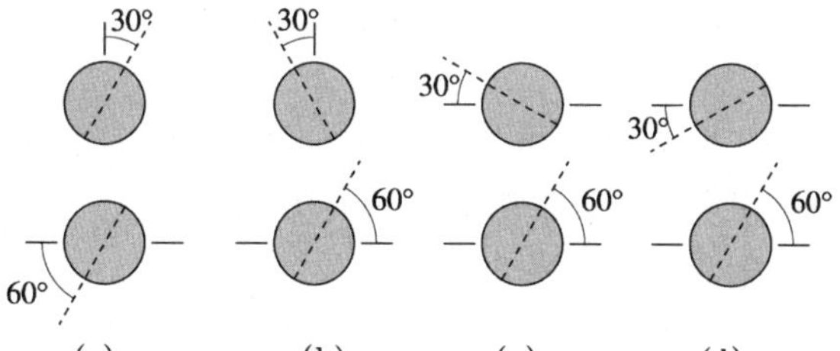

34－7　反射和折射

虽然光波从它的源发出时向各方扩展，我们还是常常能够把它的传播近似为沿一条直线，图34－5a中对光波就是这样做的。在这种近似下对光波性质的研究叫做**几何光学**。本章后半部分及整个第35章，都讨论可见光的几何光学。

图34－17a中的黑白照片显示了以近似直线传播的光波的一个实例。一个窄的光束（**入射束**）从左边斜向下穿过空气射到一个（平的）玻璃表面上。该光的一部分被表面**反射**，形成一束向右上方的光，就好像入射光束从这个表面被弹起来一样。其余的光穿过表面进入到玻璃中，形成向右下方的光束。由于光可以像这样穿过玻璃传播，称玻璃是**透明的**，即可以透过它看见物体。（在本章中只考虑透明材料。）

光穿过分开两种介质的表面（或**界面**）的传播叫做**折射**，这束光被说成是被**折射**了。除非入射光束垂直于表面，在表面的折射都会改变光的传播方向。因此，说光束由于折射而“偏折”了。注意在图34－17a中，偏折只出现在表面处；而在玻璃中，光沿直线传播。

在图34－17b中，照片中的光束用**入射线**、**反射线**和**折射线**（以及波面）表示。每条射线都相对于一根直线取向，该线叫做**法线**，垂直于反射和折射点的表面。在图34－17b中，**入射角**是θ_1，**反射角**是θ_1'，**折射角**是θ_2，如图所示，都**相对于法线**量度。包括入射线和法线的平面为**入射面**，在图34－17b中，这个平面与图共面。

实验表明，反射和折射由两个定律支配：

反射定律：反射光线在入射面内且具有等于入射角的反射角。在图34－17中，这意味着

$$\theta_1' = \theta_1 \qquad (反射) \qquad (34-43)$$

（以后一般就去掉反射角的撇号。）

折射定律：折射光线在入射面内，并且具有一个折射角θ_2。它与入射角θ_1有下列联系：

$$n_2\sin\theta_2 = n_1\sin\theta_1 \qquad (折射) \qquad (34-44)$$

这里，符号n_2和n_1的每一个都是无量纲常数，称为**折射率**，与在折射中涉及到的一种介质有关。在第36章将导出这个叫做斯涅尔定律的等式。如在本章中要讨论到的，介质的折射率等于c/v，其中v是光在所涉及的介质中的速率，c是光在真空中的速率。

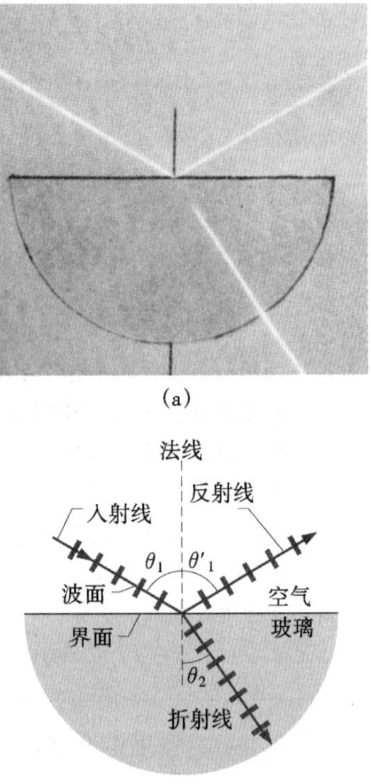

图34－17　(a) 显示一束入射光被水平的玻璃表面反射和折射的黑白照片。(在玻璃中有一段折射光束未照清楚。) 在底部，界面是曲面，光束垂直于该面，所以这里的折射不使光束曲折。(b) 用射线表示的图 (a)。入射角 (θ_1)、反射角 (θ_1') 及折射角 (θ_2) 都已标出。

表34－1给出了真空和一些常用物质的折射率。对于真空，n定义为严格等于1；对于空气，n非常接近于1.0（以下常作此近似）。任何物质的折射率都不小于1。

为了把折射角θ_2与入射角θ_1相比较，可以把式（34－44）重写为

$$\sin\theta_2 = \frac{n_1}{n_2}\sin\theta_1 \qquad (34-45)$$

于是可以发现，θ_2的相对值依赖于n_2和n_1的相对值。实际上，可以有以下三种基本结果：

1. 如果n_2等于n_1，则θ_2等于θ_1。在这种情况下，折射不使光束偏折，光速继续沿着原方向，如图34－18a所示。

2. 如果n_2大于n_1，则θ_2小于θ_1。在这种情况下，折射使光束离开原方向，向着法线偏折，如图34－18b所示。

3. 如果n_2小于n_1，则θ_2大于θ_1。在这种情况下，折射使光束离开原方向，离法线向外偏折，如图34－18c所示。

折射**不可能**使光束偏折得如此大，以至于和入射线在法线的同一侧。

表 34－1 一些折射率[1]

介质	折射率	介质	折射率
真空	1（精确）	典型冕玻璃	1.52
空气（STP）[2]	1.00029	氯化钠	1.54
水（20℃）	1.33	聚苯乙烯	1.55
丙酮	1.36	二硫化碳	1.63
酒精	1.36	重火石玻璃	1.65
糖溶液（30%）	1.38	蓝宝石	1.77
熔凝石英	1.46	最重的火石玻璃	1.89
糖溶液（80%）	1.49	金刚石	2.42

① 对于 589mm 的波长（纳黄光）

② STP 指“标准温度（0℃）和压强（1atm）”

色散

光在任何除真空以外的介质中的折射率 n 都依赖于波长。n 对于波长的依赖关系意味着当一束光由不同波长的光线组成时，这些光线将以不同的角度在一个介质表面折射，也就是说，光将由于折射而散开。光的这种散开叫做**色散**，其中“色”是指与每一种波长相关的颜色；“散”是指光按波长或颜色分散开。图 34－17 和图 34－18 所示的折射没有显示色散，因为该光束是**单色的**（单一波长或颜色的）。

一般地说，一种给定介质对较短波长（如蓝光）的折射率**大于**对较长波长（如红光）的。作为一个例子，图 34－19 所示为熔凝石英的折射率如何随着波长的变化而变化的。这种相关性说明，当蓝光和红光都通过一个表面，如从空气射入熔凝石英或反过来折射时，蓝色**组分**（对应于蓝色光波的光线）要比红色组分偏折得更多。

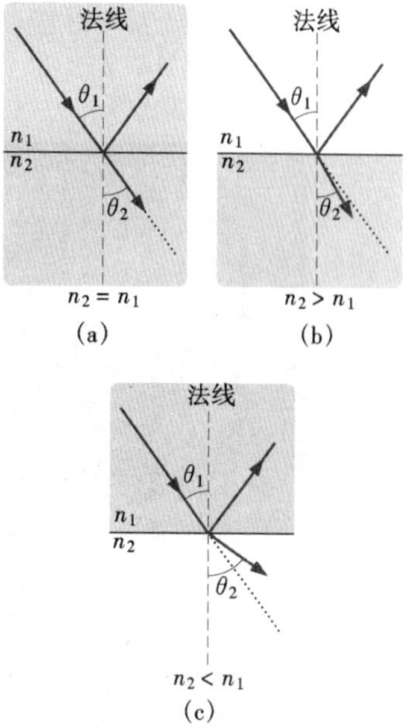

图 34－18 光从折射率为 n_1 的介质折射到折射率为 n_2 的介质。(a) 当 $n_2 = n_1$，光束不偏折；折射光沿着**无折射方向**（点虚线）传播，该方向与入射束相同。(b) 当 $n_2 > n_1$，光束向法线偏折。(c) 当 $n_2 < n_1$，光束离法线向外偏折。

一束**白光**由强度近似均匀的可见光谱中的全部（或接近全部）颜色组分构成。当看到这样一束光时，你感觉到的是白，而感觉不到各种颜色。在图 34－20a 中，空气中的一束白光射到玻璃表面。（因为书本的纸是白色的，这里白光束用一条灰色射线表示。同时，单色光束一般用红色射线表示。）在图 34－20a 中，只画出了折射光的红色和蓝色组分。因为蓝色组分比红色组分折射得更多，相应于蓝色组分的折射角 θ_{2b} **小于**相应于红组分的折射角 θ_{2r}。（记住，角度是相对于法线量度的。）在图 34－20b 中，玻璃中的一束白光光线入射到玻璃－空气界面上。蓝色组分还是比红色组分折射得更多，但是现在 θ_{2b} 大于 θ_{2r}。

为了增大颜色的分散，可以用一个截面为三角形的实心玻璃棱镜，如图 34－21a 所示，在第一个表面的色散（图 34－21a、b 中的左边）接着又在第二个表面增强了。

关于色散最精彩的例子就是**彩虹**。当白的太阳光被下落的雨点遮挡时，一部分光折射进入水滴，在水滴的内表面反射，又从水滴中折射出来（见图 34－22），就像棱镜一样，第一次折射把太阳光分成它的颜色组分，然后第二次折射使颜色分得更开。

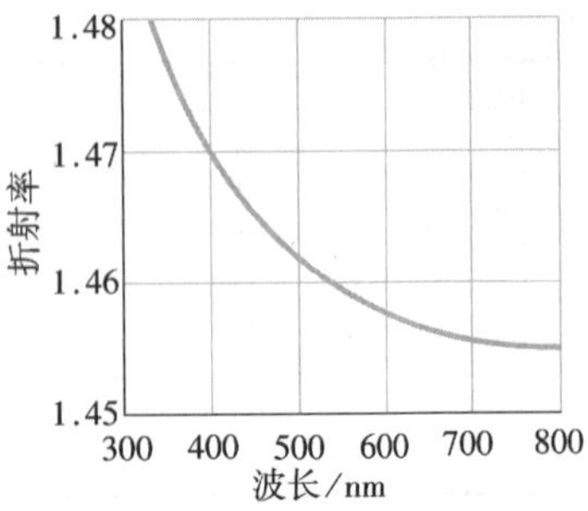

图 34－19 熔凝石英的折射率与波长的函数关系。曲线表明短波长的光束，其折射率比较高，进入或离开熔凝石英时比长波长的光束偏折得更多。

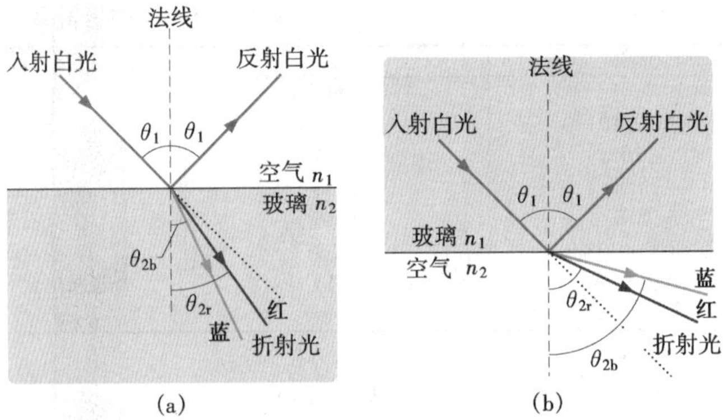

图 34－20 白光的色散。蓝色组分比红色组分折射得更多。(a) 从空气到玻璃，蓝色组分以一个较小的折射角射出；(b) 从玻璃到空气，蓝色组分以一个较大的折射角射出。

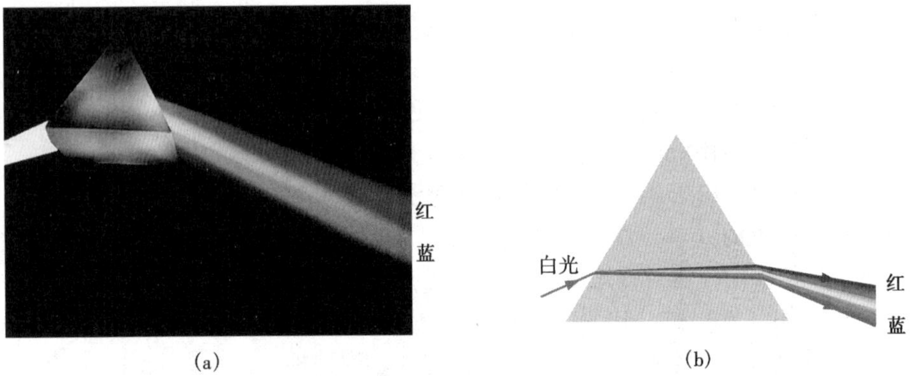

图 34－21 (a) 一棱镜把白光分为它的组分色。 (b) 色散出现在第一个表面，又在第二个表面增强。

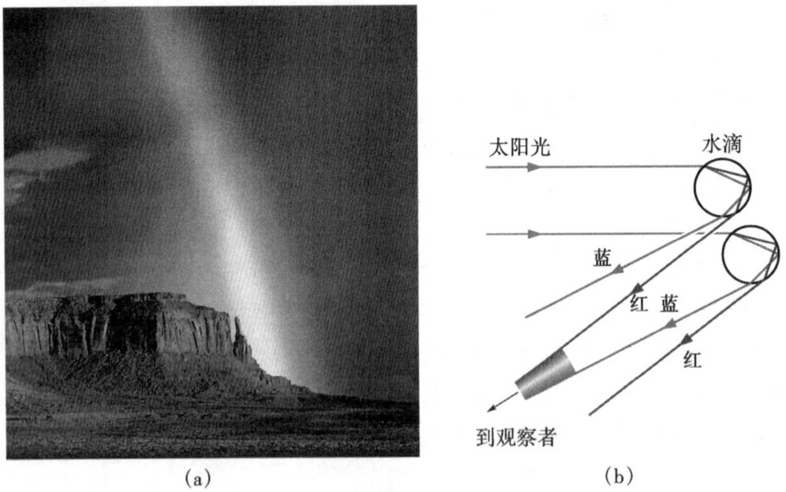

图 34－22 (a) 彩虹总是一条圆弧，中心在假如你从太阳直接看过去会看到的方向上。在正常条件下，如果运气好，可以看见一条长弧，但如果站在高处向下望，可能真的会看到完整的圆。(b) 当太阳光折射进出下落的雨滴时颜色的分离造成了虹。图中表示太阳在地平线上时（因此太阳光线是水平的）的情况。画出了红色和蓝色光线经过两个水滴的路径。其他许多水滴也发出红光和蓝光，以及可见光谱中间的颜色。

人们看到的彩虹是光被许多这样的水滴折射形成的。从水滴射来的红光在天空中的角度稍高一点，蓝光的角度稍低一点，中间的颜色以中间的角度射来。把散开的颜色送到你那里的所有水滴，从你看去，其方向离直接背对太阳的方向大约42°角。如果降雨很广，雨后阳光明亮，就可能看见一条彩色的圆弧，红色在顶部，蓝色在底部。每个人看到的都是自己的彩虹，因为别人接收来自别的水滴的光。

检查点5：下面三个图中，哪个是（或都是）物理上可能的折射？

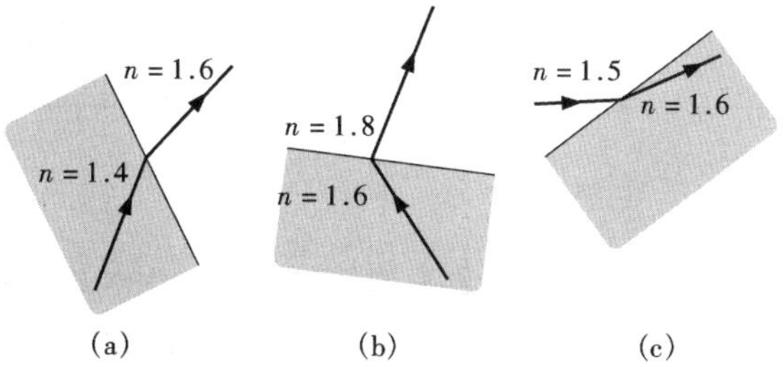

例题 34-4

（a）在图34-23a中，在折射率为 $n_1=1.33$ 的物质1与折射率为 $n_2=1.77$ 的物质2的界面上A点处，一束单色光发生反射和折射。入射光线与界面成50°角。在A点的反射角多大？折射角多大？

【解】 任何反射问题的**关键点**是反射角等于入射角。而且，两个角度都是相应的光线与反射点处的界面的法线之间的夹角。在图34-23a中，A点处的法线用通过该点的虚线画出。注意，入射角不是给出的50°而是90°-50°=40°。这样，反射角就是

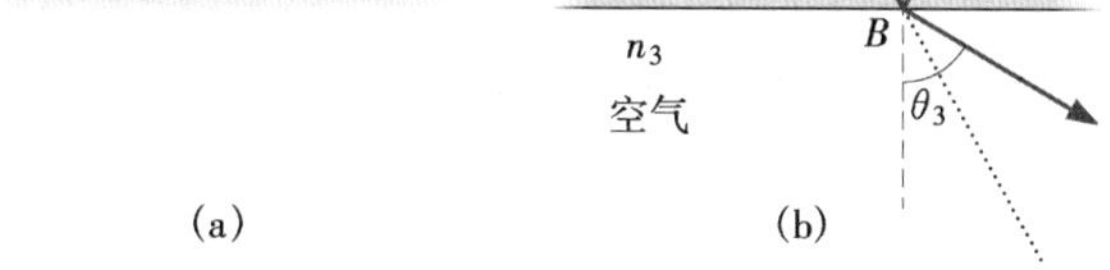

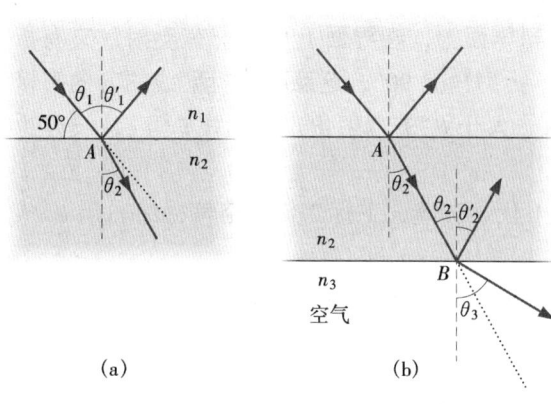

图34-23 例题34-4图 （a）光在物质1与2的界面上A点反射和折射。（b）光经过物质2，在物质2与3（空气）界面上的B点反射和折射。

$$\theta'_1=\theta_1=40°$$

（答案）

从物质1射入到物质2的光在两种物质界面上的A点折射。任何折射问题的**关键点**是可以通过式（34-44）把入射角、折射角以及两种物质的折射率联系起来：

$$n_2\sin\theta_2 = n_1\sin\theta_1 \qquad (34-46)$$

角度还是在光线与折射点的法线之间量度。这样，在图34-23a中，折射角以 θ_2 标记。对 θ_2 求解式（34-46），得

$$\theta_2=\arcsin\left(\frac{n_1}{n_2}\sin\theta_1\right)=\arcsin\left(\frac{1.33}{1.77}\sin40°\right)=28.88°\approx29°$$

（答案）

这个结果说明，光束向法线靠拢（原来与法线呈40°，现在呈29°）。原因是光穿过界面传播时，进入了折射率更大的物质。

（b）在A点进入物质2的光继续传到物质2与物质3（是空气）界面上的B点，如图34-22b所示。通过B的界面平行于通过A的界面。在B点，一部分光反射，其余的进入空气，反射角如何？进入空气以后的折射角如何？

【解】 首先需要建立在B点的一个角与在A点的已知角的联系。因为通过B的界面平行于通过A的界面，在B点的入射角必定等于折射角 θ_2，如图

34－23b 所示。然后，对于反射，运用与（a）中相同的**关键点**：反射定律。于是，在 B 点的反射角是

$$\theta_2' = \theta_2 = 28.88° \approx 29°$$

（答案）

下一步，从物质2进入空气的光在 B 点折射，折射角为 θ_3。这里的**关键点**还是折射定律，但是这次把式（34－46）写成

$$n_3 \sin\theta_3 = n_2 \sin\theta_2$$

解出 θ_3，得

$$\theta_3 = \arcsin\left(\frac{n_2}{n_3}\sin\theta_2\right) = \arcsin\left(\frac{1.77}{1.00}\sin 28.88°\right) = 58.75° \approx 59°$$

（答案）

这个结果说明，光束从法线向外偏折（原来离法线29°而现在是59°）。原因是光穿过界面传播时，进入了折射率更小的物质（空气）。

34－8　全内反射

图34－24所示为发自玻璃中一个点光源S的单色光线入射到玻璃与空气的界面上。对于光线 a，它垂直于表面，部分光在界面反射，其余的穿过界面，方向不改变。

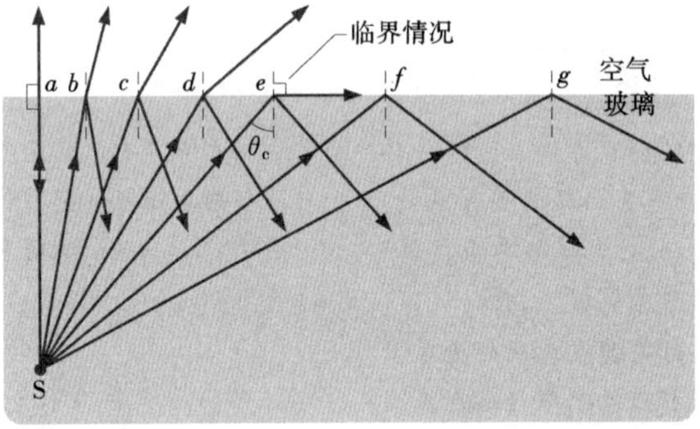

图34－24　发自玻璃中一个点光源S的光对于所有大于临界角的入射角发生全内反射。在临界角处，折射光线的方向沿着空气－玻璃界面。

对于光线 b 到 e，它们以渐次增大的角度入射到界面上，在界面上也是既有反射，又有折射。随着入射角增大，折射角也增大。对于光线 e，折射角是90°，这意味着折射线的方向直接沿着界面，这种情况下的入射角叫做**临界角** θ_c。对于大于 θ_c 的入射角，如光线 f 和 g，没有折射线，全部光都反射，这个效应叫做**全内反射**。

为求临界角 θ_c，我们用式（34－44），设下标1代表玻璃，下标2代表空气，然后用 θ_c 代入 θ_1，用90°代入 θ_2，得到

$$n_1 \sin\theta_c = n_2 \sin 90°$$

此式给出

$$\theta_c = \arcsin\frac{n_2}{n_1} \qquad （临界角） \qquad (34-47)$$

因为一个角的sin不可能大于1，所以在此式中 n_2 不能大于 n_1。这个限制说明，当入射光在折射率较小的介质中时，不会出现全内反射。在图34－24中，假如光源S在空气中，则所有入射到空气－玻璃界面上的光线（包括 f 和 g）都将在界面既反射**又**折射。

在医疗技术中，全内反射得到大量应用。例如，医生通过把两细束**光纤**（见图34 -25）通过咽喉送入胃中，可以探查患者胃部的溃疡。从一束光纤的体外那一端进入的光，在光纤中经历反复多次全内反射，以致即使这一细束形成的是一条弯曲的路径，大部分光最后都从其另一端射出，而把胃内照亮。然后，一些从胃内反射的光以类似方式经第二束返回，被检测并在监视器屏上转换成图像供医生观看。

图34 -25　图示为进入光纤一端的光传到另一端，在光纤侧面丢失的光很少。

例题34 -5

图34 -26所示为空气中的一个玻璃直角棱镜，入射光线垂直一个直角侧面进入玻璃，在玻璃 - 空气的对着直角的分界面上全反射，设 θ_1 为45°，你对玻璃的折射率 n 能说些什么？

【解】 这里一个**关键点**是，因为光线在这界面处全反射，对这个界面临界角 θ_c 必须小于入射角45°。第二个**关键点**是用折射定律导出的式（34 -47），可以把玻璃的折射率 n 与 θ_c 联系起来。将 $n_2 = 1$（空气）及 $n_2 = n$（玻璃）代入等式，得

$$\theta_c = \arcsin\frac{n_2}{n_1} = \arcsin\frac{1}{n}$$

因为 θ_c 必须小于45°入射角，就有

$$\arcsin\frac{1}{n} < 45°$$

这给出

$$\frac{1}{n} < \sin 45°$$

或

$$n > \frac{1}{\sin 45°} = 1.4$$

（答案）

玻璃的折射率必须大于1.4，否则对于所示的入射光线就不会发生全内反射。

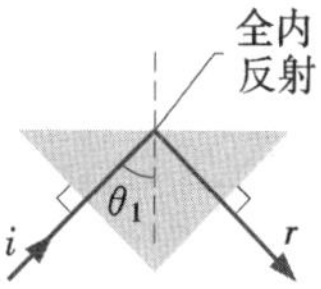

图34 -26　例题34 -5图　入射光线 i 在玻璃 - 空气界面上全内反射，成为折射光线 r。

检查点6：假设在本例题中的棱镜具有折射率 $n = 1.4$. 如果使图34 -26中的入射线保持水平，但是把棱镜旋转（a）顺时针10°（b）逆时针10°，光是否还发生全内反射？

34 -9　反射引起的偏振

如果你透过一个偏振片（例如一偏振太阳镜）观看如太阳光从水面反射的眩光，绕着视线转动该片的偏振化轴，你就可以改变看到的眩光的强度。你之所以能够这样做，是因为由于表面的反射，反射光成为完全偏振光或部分偏振光了。

图34 -27所示为一非偏振光入射到玻璃表面上。把光的电场矢量分解成两个分量，**垂直分量**垂直于入射面，在图34 -27中也垂直于页面，这种分量用点来表示（好像看见矢量的尖端）；**平行分量**平行于入射面和页面，这种分量用双向箭头来表示。因为光是非偏振的，所以这两种分量的大小相等。

一般来说，反射光也有两个分量，但是大小不等。这意味着反射光是部分偏振光——沿一

个方向振动的电场的振幅比沿其方向的大。然而，当光以一个特别的角度（叫做**布儒斯特角 θ_B**）入射时，反射光就只有垂直分量，如图 34－27 所示。于是，反射光就成为垂直于入射面的完全偏振光。入射光的平行分量并没有消失，而是（与垂直分量一起）折射到玻璃中了。

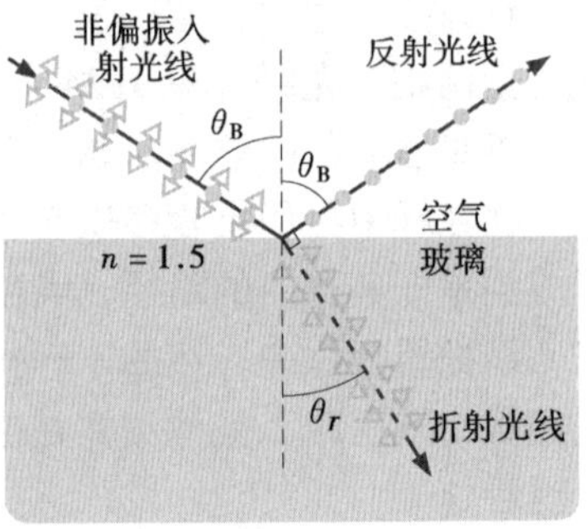

图 34－27 空气中一非偏振光以布儒斯特角 θ_B 入射到玻璃表面。沿着光线的电场已分解为垂直于页面（也就是入射、反射及折射面）和平行于页面的分量。反射光线只由垂直于页面的分量组成，所以沿这个方向偏振。折射光线由原来的平行分量及较弱的垂直分量组成，是部分偏振光。

玻璃、水和其他在 26－7 节中讨论过的介电材料都可以使反射光全部或部分偏振。当你接受从这样的物质表面反射来的阳光时，看到表面上发生反射处有一个亮点（眩光）。如果表面如图 34－27 所示那样，是水平的，则反射光是完全或部分的水平偏振光。为了消除来自水平表面的这种眩光，戴上偏振太阳镜时，它的透镜的偏振化方向应该是竖直的。

布儒斯特定律

对于以布儒斯特角 θ_B 入射的光，实验发现，反射光线与折射光线相互垂直。因为反射光线是以图 34－27 中的角 θ_B 反射的，折射光线以角 θ_r 折射，所以有

$$\theta_B+\theta_r=90° \tag{34-48}$$

这两个角又由式（34－44）相联系。在式（34－44）中，任意选择下标 1 为入射光线和反射光线所通过的物质，有

$$n_1\sin\theta_B=n_2\sin\theta_r$$

这两式相结合得

$$n_1\sin\theta_B=n_2\sin(90°-\theta_B)=n_2\cos\theta_B$$

这给出

$$\theta_B=\arctan\frac{n_2}{n_1}\quad（布儒斯特角）\tag{34-49}$$

（要特别注意，式（34－49）中的下标**不是**任意的，因为前面已经选定了它们的含义。）如果入射和反射光线在空气中，n_1 可以近似为 1，以 n 表示 n_2，把式（34－49）写成

$$\theta_B=\tan n\quad（布儒斯特定律）\tag{34-50}$$

式（34－49）的这个简化形式称为**布儒斯特定律**。与 θ_B 一样，都是以 1812 年发现这两个实验定律的大卫·布儒斯特爵士的名字命名的。

复习和小结

电磁波 电磁波由振动的电场和磁场构成。电磁波的各种可能的频率形成一个**谱**，其中一小部分是可见光。沿 x 轴传播的电磁波的电场 $\vec{E}$ 及磁场 $\vec{B}$ 的大小依赖于 x 和 t，即

$$E=E_m\sin(kx-\omega t)$$

和

$$B=B_m\sin(kx-\omega t)\tag{34-1,34-2}$$

其中，E_m 和 B_m 是 $\vec{E}$ 及 $\vec{B}$ 的振幅。电场感应出磁场，磁场感应出电场。任何电磁波在真空中的速度是 c，它可以写为

$$c=\frac{E}{B}=\frac{1}{\sqrt{\mu_0\varepsilon_0}}\tag{34-5,34-3}$$

其中，E 和 B 是两个场在同一时刻的大小。

能流 单位时间内单位面积上通过电磁波传输的能量由坡印亭矢量 $\vec{S}$ 给出

$$\vec{S}=\frac{1}{\mu_0}\vec{E}\times\vec{B} \qquad (34-19)$$

$\vec{S}$ 的方向（因而是波传播和能量传输的方向）既与 $\vec{E}$ 又与 $\vec{B}$ 的方向垂直。单位面积能量传输的平均时率是 S_{avg}，称为波的**强度** I：

$$I=\frac{1}{c\mu_0}E_{rms}^2 \qquad (34-26)$$

其中，$E_{rms}=E_m/\sqrt{2}$。电磁波的一个**点源各向同性**地发射波，即在各个方向上强度相等。在距离功率为 P_S 的源 r 处，波的强度是

$$I=\frac{P_S}{4\pi r^2} \qquad (34-27)$$

辐射压力 当一个表面截取电磁辐射时，它受到一个力和一个压强，如果辐射被表面完全吸收，力为

$$F=\frac{IA}{c}\text{（完全吸收）} \qquad (34-32)$$

其中，I 是辐射的强度；A 是与辐射的路径垂直的表面的面积。如果辐射沿原路完全反射回去，力为

$$F=\frac{2IA}{c}\text{（沿原路完全反射回去）} \qquad (34-33)$$

辐射压强 p_r 是单位面积的压力

$$p_r=\frac{I}{c}\text{（完全吸收）} \qquad (34-34)$$

及

$$P_r=\frac{2I}{c}\text{（沿原路完全反射回去）} \qquad (34-35)$$

偏振 如果电磁波的电场矢量都在一个叫做**振动面**的平面内，此电磁波就是偏振的。由普通光源发射的光波不是偏振的，就是说，它们是**非偏振**或**无规偏振的**。

偏振片 当一个偏振片置于光路中，只有平行于片的**偏振化方向**的电场分量透过这偏振片；垂直于偏振化方向的分量被吸收。这样，从偏振片**射出**的是平行于片的偏振化方向的偏振光。

如果原来的光最初是非偏振的，则透射的强度 I 是最初强度 I_0 的一半：

$$I=\frac{1}{2}I_0 \qquad (34-40)$$

如果原来的光最初是偏振光，则透射的强度依赖于原来的光的偏振方向与偏振片的偏振化方向之间的角度 θ：

$$I=I_0\cos^2\theta \qquad (34-42)$$

几何光学 **几何光学**是光的一种近似处理，在几何光学中，光用直射线表示。

反射与折射 光线遇到两种透明介质的边界，一般就出现一条**反射**光线和一条**折射**光线。这两条光线仍然在入射平面内，**反射角**等于入射角，**折射角**与入射角的关系是

$$n_2\sin\theta_2=n_1\sin\theta_1\text{（折射）} \qquad (34-44)$$

其中，n_1 和 n_2 分别是入射和折射光所通过的介质的折射率。

全内反射 当波遇到一个边界，穿过这边界时折射率变小，如果入射角大于**临界角** θ_c，就发生**全内反射**。其中

$$\theta_c=\arcsin\frac{n_2}{n_1}\text{（临界角）} \qquad (34-47)$$

反射引起的偏振 如果波以**布儒斯特角** θ_B 射到一边界，反射波为**完全偏振**，电场矢量 $\vec{E}$ 垂直于入射面，其中

$$\theta_B=\arctan\frac{n_2}{n_1}\text{（布儒斯特角）} \qquad (34-49)$$

思考题

1. 如果光波的磁场平行于 y 轴振动，并且由 $B_y=B_m\sin(kz-\omega t)$ 给出，（a）波传播的方向如何？（b）相应的电场的振动平行于哪个轴？

2. 图 34－28 所示为某时刻一电磁波的电场和磁场。波在向纸面里还是向外传播？

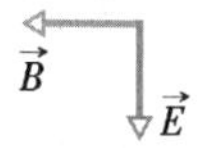

图 34－28 思考题 2 图

3. 图 34－29 所示为到达一偏振化方向平行于 y 轴的偏振片的光。若把偏振片绕着图示的光的传播方向顺时针转 40°，则在转动中，入射光强度通过偏振片的比例是增大、减小、还是不变？设入射光原来是（a）非偏振的；（b）平行于 x 轴偏振；（c）平行于 y 轴偏振。

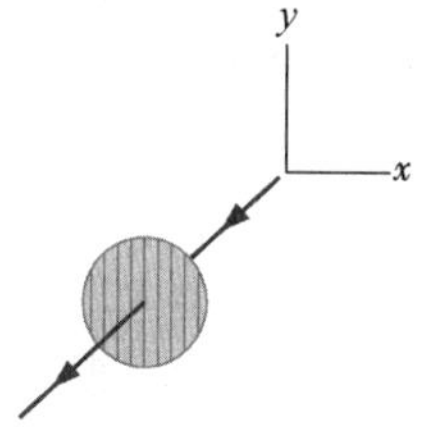

图 34－29 思考题 3 图

4. 在图34-16a中，从光最初平行于x轴偏振开始，并且把最后的出射强度I_3与初始强度I_0之比写为$I_3/I_0=A\cos^n\theta$。如果把第一片的偏振化方向从图示的位置（a）逆时针转60°；（b）顺时针转90°，A、n和θ分别是多少？

5. 假设在图34-16a中转动第二片，从它的偏振化方向与y轴一致（$\theta=0$）开始，到它的偏振化方向与x轴一致（$\theta=90°$）。图34-30所示的三条曲线中哪一条最适合表示在这个90°转动过程中通过三片系统的光的强度？

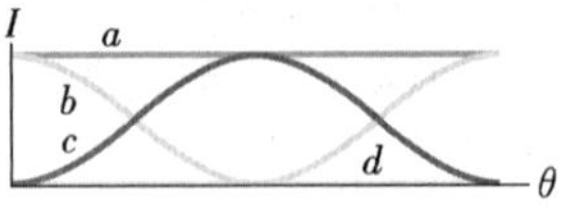

图34-30 思考题5图

6. 图34-31所示为光沿着一个玻璃走廊的多次反射，走廊的墙或者相互平行或者相互垂直。如果在a点入射角是30°，在b、c、d、e和f各点，光线的反射角分别是多少？

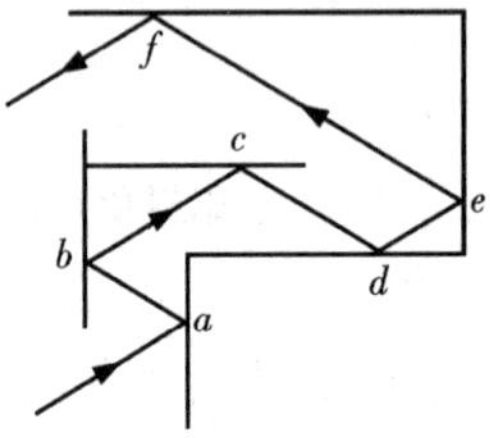

图34-31 思考题6图

7. 图34-32所示为通过三种物质a、b和c的单色光线。把这些物质按其折射率从大到小排序。

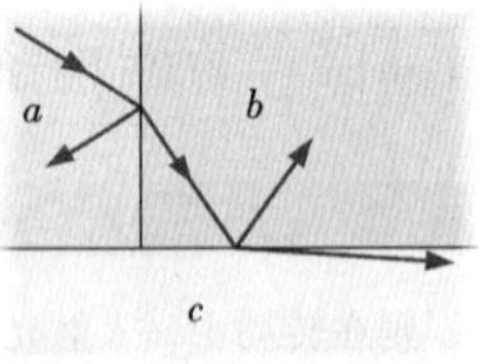

图34-32 思考题7图

8. 图34-33中，光从物质a通过其他三层物质传播，每层的表面彼此平行，最后光又进入另一层物质a。在各个表面的折射都画在图中（未画出相应的反射）。把这些物质按其折射率从大到小排序。

9. 图34-34的每一个分图表示通过两种物质界面折射的光。入射光线由红色和蓝色光组成。图中标出了每种物质对可见光的近似折射率。三个分图中哪一个表示了物理上可能的折射？

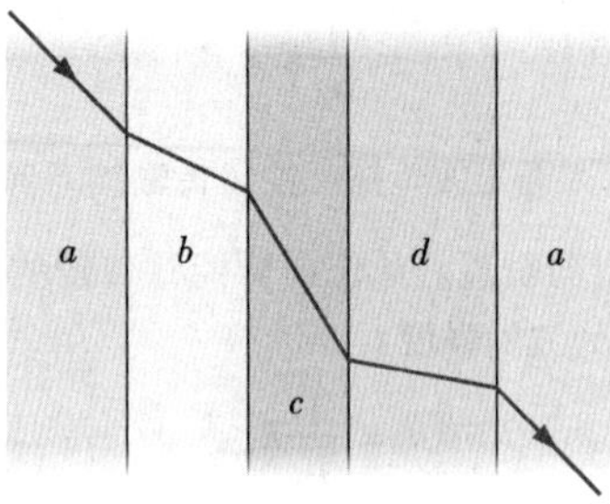

图34-33 思考题8图

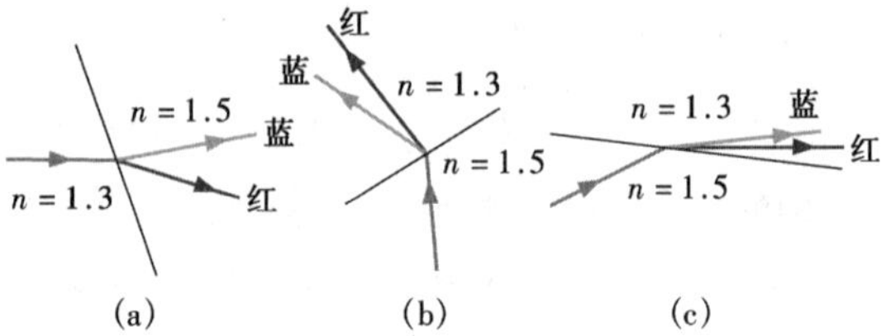

图34-34 思考题9图

10. （a）图34-35a所示为一太阳光线恰好掠过竖立在水箱中的一根杆子。这条光线最后落在a点还是b点一带？（b）红光组分还是蓝光组分的落点更靠近杆子？（c）图34-35b所示为一个平的物体（例如一个双面刀片）浮在浅水中，受到竖直光照。重力对物体的拉力和水的内聚力使水的表面如图所示那样弯曲。物体影子的边缘大致范围如何（a、b还是c）？（许多太阳光线集中在影子边缘右侧，产生一个特别明亮的区域，称为**焦散区**。）

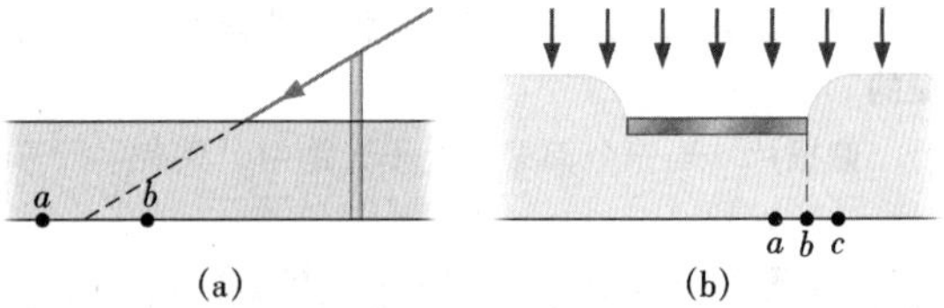

图34-35 思考题10图

11. 图34-22所示为形成彩虹（它涉及在每个水滴中的一次反射）的一些太阳光线。一个比较淡的，非常罕见的霓（涉及在每个水滴中的两次反射）可能出现在虹的上方。图34-36所示为射入和射出水滴形成霓的光线（未标明颜色）。光线a还是b代表红光？

12. 图34-37所示为不同物质的四个长的水平层，它们的上下是空气。每种物质的折射率已给出。光在哪一层（给出折射率）中有完全被陷俘的可能，即经过多次反射后，全部光都传到该层的右端？

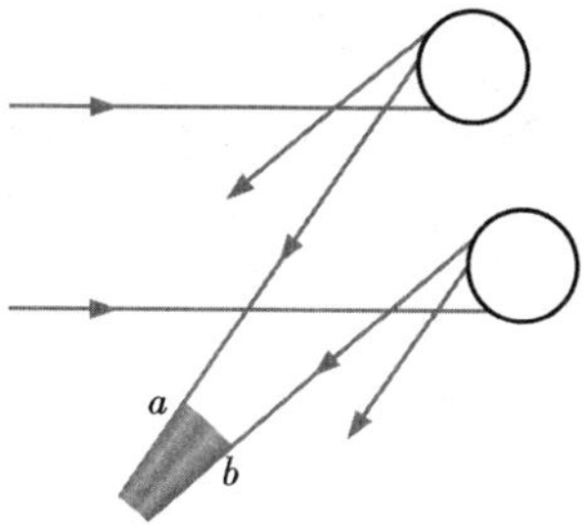

图 34-36　思考题 11 图

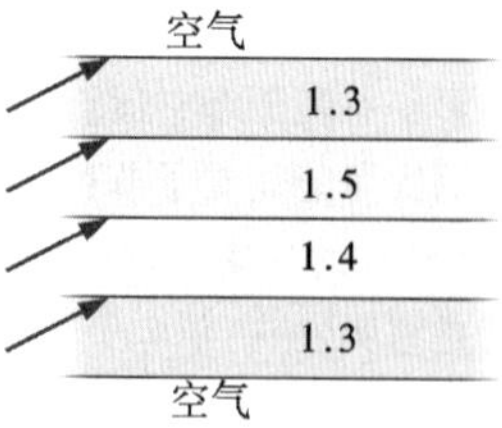

图 34-37　思考题 12 图

练习和习题

34-1 节　麦克斯韦彩虹

1E. (a) 一无线电信号从发射站传播到 150km 以外的接收天线需要多少时间？(b) 我们借助反射的太阳光看到一轮圆月，进入我们眼睛的光是多早以前从太阳发出的？月-地距离为 3.8×10^5km，日-地距离为 1.5×10^8km。(c) 光从地球到 1.3×10^9km 以外一个围绕土星作轨道运行的太空船，传播一个来回需要多少时间？(d) 约 6500 光年 (ly) 以外的蟹状星云被认为是由中国天文学家在公元 1054 年记录的一次超新星爆发的结果。这次爆发实际大约发生在哪一年？(ssm)

2E. "海员项目" (Project Seafarer) 是在海中埋藏于地下的面积约为 10 000km² 的一个基座上建造一个庞大天线的宏伟的规划。其目的是向没入深水的潜艇发送信号。假设有效波长为 1.0×10^4 地球半径，则发出的辐射的 (a) 频率是多少？(b) 周期是多少？一般地，电磁辐射不能透入像海水这样的导体中很深的地方。

3E. (a) 一个标准的人眼对哪种波长具有最大敏感性的一半？(b) 这种眼睛对哪种波长、频率和周期的光最敏感？

4E. 某一氦-氖激光器发射以 632.8nm 波长为中心的波段很窄的红光，"波长宽度" (如图 34-1 所示的标度) 0.0100nm。对于此发射，相应的"频率宽度"是多少？

5P. 测量光速的一种方法是基于 1676 年 Roemer 对木星的一个卫星公转的表观时间的观察。公转的实际周期是 42.5h。(a) 考虑到光速是有限的，则当地球在自己轨道上从图 34-38 中的 x 点运行到 y 点，木星的卫星一次公转的表观时间会如何改变？(b) 要计算光速需作哪些观察？忽略木星在它轨道上的运动；图 34-38 不是按比例画出的。(ssm)

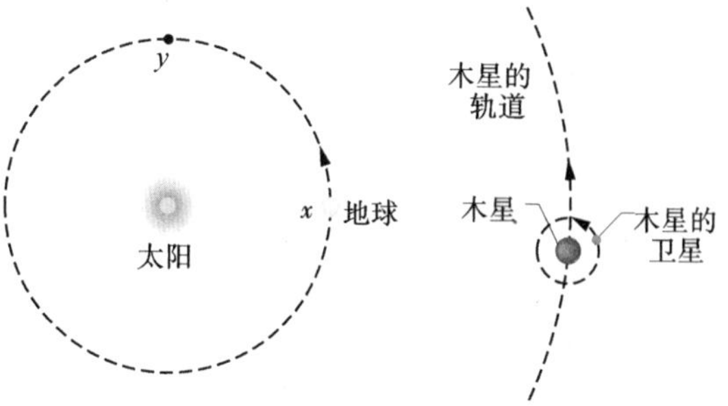

图 34-38　习题 5 图

34-2 节　电磁行波的定性讨论

6E. 如果 $L=0.253\mu$H，$C=25.0$pF，图 34-3 所示的振荡器-天线系统发射的电磁波波长为多少？

7E. 必须用多大的电感与 17pF 的电容器连接构成一振荡器，使之能产生 550nm 的 (即可见的) 电磁波？对你的结果作一评论。(ssm)

34-3 节　电磁行波的定量讨论

8E. 一平面电磁波具有 3.20×10^{-4} V/m 的最大电场，求最大磁场。

9E. 一平面电磁波的电场为 $E_x=0$，$E_y=0$，$E_z=2.0\cos[\pi\times10^{15}(t-x/c)]$，其中 $c=3.0\times10^8$m/s，所有量都用 SI 单位。波沿 x 正方向传播。写出波的磁场分量的表达式。(ilw)

34-4 节　能量传输和坡印亭矢量

10E. 通过求坡印亭矢量 $\vec{S}$ 的方向，证明：在图 34-4 到图 34-7 中，各点上电场和磁场的方向在任何时刻始终与假定的传播方向相容。

11E. 某些钕玻璃激光器可以在波长为 0.26μm 的 1.0ns 脉冲内，提供 100TW 的功率。在一个脉冲中包含多少能量？(ssm) (ilw)

12E. 最接近我们的恒星邻居（半人马座比邻星）距离我们4.3ly。有人提出，发自我们星球的TV节目已经达到这个恒星，一颗围绕它运行的假定存在的行星上假定存在的居民可能观看了节目。假设地球上一个电视站具有1.0MW的功率，这个信号在半人马座比邻星上的强度是多大？

13E. 由一台激光器发出的辐射发散形成一窄圆锥，锥的顶角（见图34-39）叫做**全束发散角**。在一次测距实验中，把氩激光器的514.5nm辐射对准月球。如果该光束全束发散角为0.880μrad，这束激光能够照亮月球表面的多大面积？(ssm)

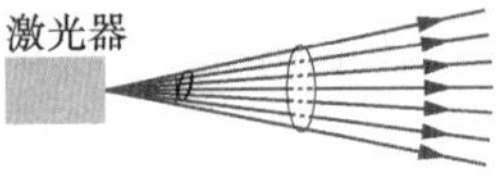

图34-39 练习13图

14E. B_m 为 1.0×10^{-4} T的平面电磁波的强度多大？

15E. 一平面无线电波的电场分量的最大值为5.00V/m。计算（a）磁场分量的最大值；（b）波的强度。

16P. 刚刚在地球大气层外侧的太阳光具有 $1.40\mathrm{kW/m^2}$ 的强度。计算该处太阳光的 E_m 和 B_m（假设它是平面波）。

17P. 离一个各向同性点光源10m处的电场最大值是2.0V/m。（a）磁场最大值和（b）在该处光的平均强度为何？（c）源的功率多大？(ilw)

18P. 图34-40：SETI（外星智能探测）计划的一位研究员 Frank D. Drake 有一次说，在波多黎各 Arecibo 的大型射电望远镜"能够探测到覆盖整个地球表面的一个仅有1pW功率的信号。"（a）对于这样的信号，Arecibo的天线接收到的功率为多大？该天线直径为300m。（b）在我们的银河系的中心能提供这样一个信号的源的功率会是多大？银河系中心离我们 2.2×10^4 ly。设源向各方向均匀地发射。

19P. 一架飞到离一个无线电发报机10km远处的飞机，收到一个强度为 $10\mu\mathrm{W/m^2}$ 的信号。计算（a）这个信号在飞机处引起的电场的振幅；（b）在飞机处磁场的振幅和（c）发报机的总功率。假设发报机向各方向均匀地发射。(ssm)(www)

34-5节 辐射压强

20E. 面积 $A=2.0\mathrm{cm^2}$ 的一块黑的全吸收纸板截取来自照相机的 $10\mathrm{W/m^2}$ 强度的闪光。闪光对纸板产生多大的辐射压强？

图34-40 习题18图 Arecibo的射电望远镜

21E. 高功率激光器用来产生辐射压强压缩等离子体（一种带电粒子气）。一台产生峰值功率为 1.5×10^3 MW的辐射脉冲的激光器，聚焦到 $1.0\mathrm{mm^2}$ 高电子密度等离子体上。假设等离子体把全部光沿原路反射回去，求光对等离子体的压强。(ssm)

22E. 太阳射到地球（刚刚在大气层外侧）上的辐射强度为 $1.4\mathrm{kW/m^2}$。（a）假设地球（以及它的大气层）可以看作是垂直于太阳光线的一个圆盘，并且假设所有入射光线都被吸收，计算由辐射压强对地球的力。（b）将这个力与太阳对地球的引力作比较。

23E. 离一个500W灯泡1.5m远处的辐射压强为多少？假设这个压强作用的表面面对灯泡，是完全吸收的，而且假设灯泡向各方向均匀地辐射。(ssm)(ilw)

24P. 经常在物理实验室中用的一种氦-氖激光器，可发射5.00mW功率633nm波长的激光束。这束光被透镜聚焦到一个小圆斑，其有效直径可以取为等于2.00个波长。计算（a）聚焦光束的强度；（b）作用于一个直径等于聚焦光斑直径的完全吸收球体的辐射压强；（c）作用于球的力和（d）给球的加速度的大小。假设球的密度为 $5.00\times10^3\mathrm{kg/m^3}$。

25P. 一平面电磁波，波长为3.0m，在真空中沿 x 正向传播，其电场 $\vec{E}$ 沿 y 轴方向，振幅为300V/m。（a）波的频率 f 是多少？（b）波的磁场的方向和大小为何？（c）如果 $E=E_m\sin(kx-\omega t)$，k 和 ω 为何值？（d）波的能流的平均时率是多少 $\mathrm{W/m^2}$？（e）假如波射到面积为 $2.0\mathrm{m^2}$ 的完全吸收面上，对这个面传送动量的时率是多少？作用在这面上的辐射压强多大？(ssm)(www)

26P. 图34-41中，一功率为4.60W，直径2.60mm的激光束向上照在一个完全反射的圆柱体的圆表面（直径 $d<2.60$mm）上，由于光束的辐射压强，圆柱体“翱翔”起来。圆柱体的密度是 1.20g/cm^3，它的高 H 是多少？

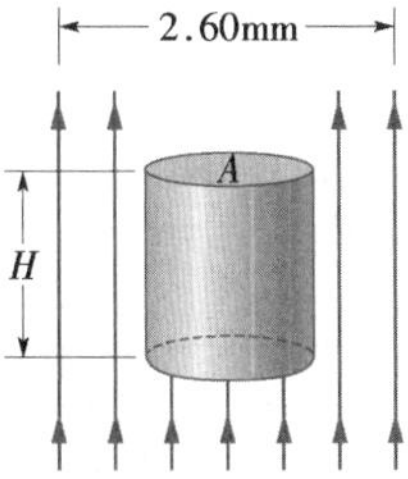

图 34－41 习题 26 图

27P. 证明：对于垂直入射到一个平表面上的平面电磁波，对该表面的辐射压强等于入射束的能量密度。(压强与能量密度之间的这个关系与多大比例的入射能量被反射无关。) (ssm)

28P. 证明：垂直打到一个平表面上的子弹流的平均压强等于表面外子弹流的动能密度的两倍。假设子弹被这个表面完全吸收。把此与习题 27 对照。

29P. 一只质量为 1.5×10^3kg（包括一名航天员）的小太空船漂移在外太空，作用其上的引力可以忽略。假设航天员发出一个 10kW 的激光束，在 1.0 天里太空船会因为被光束带走的动量而得到多大速率？(ssm)

30P. 有人提出，可以利用金属片制成的一张大帆，在太阳系中借助辐射压推进太空船。如果要求辐射力的大小等于太阳引力，大帆必须多大？假设船＋帆的质量为 1500kg，帆为完全反射体，并且帆的取向垂直于太阳光线。所需要的数据见附录 C。(带有大帆的太空船被持续地推离太阳。)

31P. 在太阳系中，一粒子受到太阳引力和太阳光线产生的辐射力的合力影响。假设粒子是密度为 1.0×10^3kg/m^3 的球，并且吸收所有入射光。(a) 证明：假如粒子半径小于某个临界半径 R，它将会被吹出太阳系。(b) 计算这临界半径。(ssm)

34－6 节 偏振

32E. 在真空中，一个电磁波的磁场公式是 $B_x=B\sin(ky+\omega t)$，$B_y=B_z=0$。(a) 波的传播方向为何？(b) 写出电场的公式。(c) 波是否偏振？如果是，偏振方向为何？

33E. 使一束强度为 10mW/m^3 的非偏振光通过图 34－12 中的一个偏振片。(a) 求透射束的电场的最大值；(b) 作用于偏振片的辐射压强如何？(ssm)

34E. 在图 34－42 中，使入射非偏振光相继通过三个偏振片，它们的偏振化方向与 y 轴的方向成角度 $\theta_1=\theta_2=\theta_3=50°$。初始强度的多大百分比透射过这三片系统？(**提示：**对这些角度要小心。)

35E. 在图 34－42 中，使入射非偏振光相继通过三个偏振片，它们的偏振化方向与 y 轴的方向成角度 $\theta_1=40°$、$\theta_2=20°$ 及 $\theta_3=40°$。光的初始强度的多大百分比透射过这系统？(**提示：**对这些角度要小心。) (ssm)

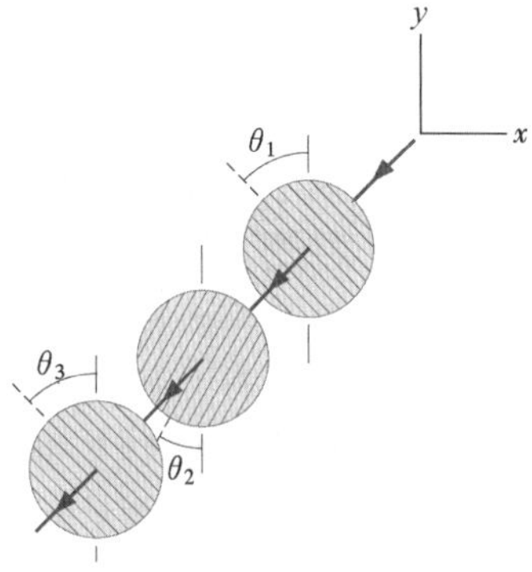

图 34－42 练习 34、35 图

36P. 使一束偏振光相继通过一个两偏振片系统。相对于入射光的偏振方向，第一片的偏振化方向角度为 θ，第二片为 90°。如果经过两片透射的强度是入射强度的 0.01，问 θ 是多少？

37P. 强度为 43W/m^2，竖直偏振的水平光束相继通过两个偏振片。第一片的偏振化方向与竖直方向成 70°角，第二片的偏振化方向为水平的。通过这两片透射的光的强度多大？(ssm) (ilw)

38P. 假如习题 37 中的入射光束是非偏振的，则透射光的强度多大？

39P. 一束部分偏振光可以看作偏振光和非偏振光的混合。使这样一束光通过一个偏振滤光片，然后将滤光片在保持与光束垂直的情况下旋转 360°。假如在旋转过程中透射光强度的最大值与最小值之比为 5.0，则在初始光束的强度中偏振光占多大比例？(ssm) (www)

40P. 在海滨，从沙滩和水面反射的光一般是部分偏振光。在某个海滨，某一天将近日落时，电场矢量的水平分量是垂直分量的 2.3 倍。一位站立的日光浴者戴上偏振太阳镜，眼镜将消去水平的电场分量。(a) 日光浴者戴上眼镜之前接收到的光强度有多大比例现在照到他的眼睛里？(b) 日光浴者仍然戴着眼镜，但侧躺着。他戴上眼镜之前接收到的光强度有多

大比例现在照到他的眼睛里？

41P. 使一束偏振光通过一个或几个偏振片后，偏振方向旋转90°。(a) 最少需要几个偏振片？(b) 如果要使透射光强度大于初始强度的60%，最少需要几个偏振片？(ssm)

34-7节 反射和折射

42E. 图34-43所示为光从两个垂直的反射面A和B上的反射。求射入光线 i 与射出光线 r' 之间的角度。

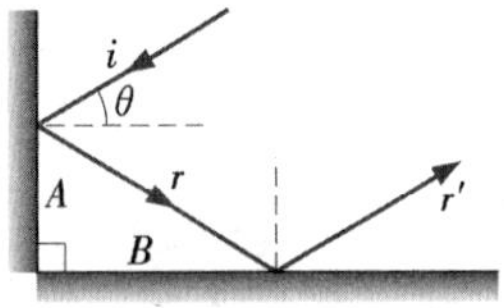

图34-43 练习42图

43E. 真空中的光入射到一块厚玻璃片的表面。在真空中，光束与表面的法线成32.0°角，而在玻璃中与法线成21.0°角。玻璃的折射率是多少？(ssm)

44E. 大约在公元150年，对于从空气射入到水的一束光，Claudius Ptolemy给出了如下的入射角 θ_1 和折射角 θ_2 的测量值：

θ_1	θ_2	θ_1	θ_2
10°	8°	50°	35°
20°	15°30′	60°	40°30′
30°	22°30′	70°	45°30′
40°	29°	80°	50°

(a) 这些数据是否符合折射定律？(b) 如果符合，得出的折射率多大？

这些数据令人感兴趣，因为可能是物理测量的最早记录。

45E. 当图34-44中的矩形金属箱注满某种未知液体时，眼睛与箱子顶部在同一水平线上的观察者正好看得见 E 角，一条在液体上表面向观察者折射的光线如图所示。求该液体的折射率。(ssm)

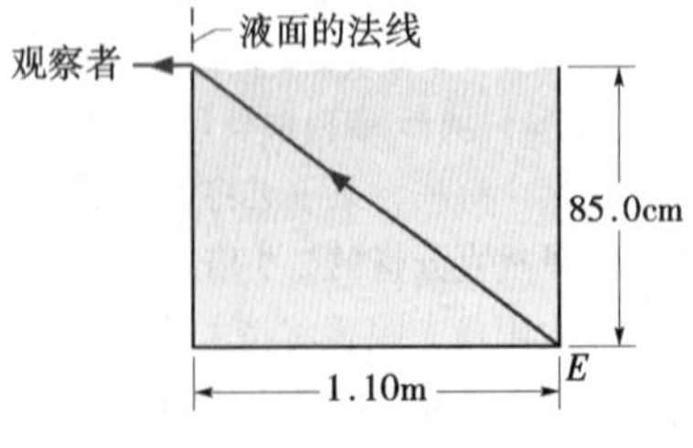

图34-44 练习45图

46P. 在图34-45中，光以角度 $\theta_1 = 40.1°$ 入射到两种透明物质的界面上，然后一部分光向下通过另外三层透明物质传播，另一部分向上跑到空气中。(a) θ_5 和 (b) θ_4 的值是多少？

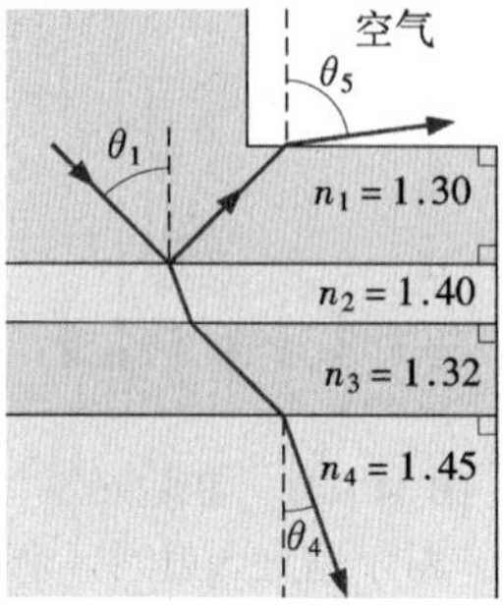

图34-45 习题46图

47P. 在图34-46中，2.00m长的一根竖杆从游泳池的底部伸到水面以上50.0cm处。阳光从上方以55.0°角入射。这杆在池底水平面上的影子多长？(ssm)

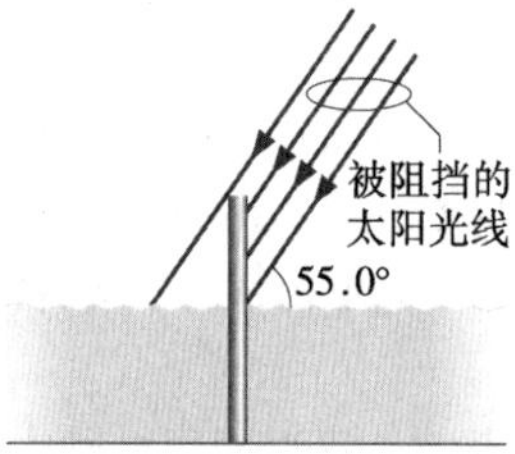

图34-46 习题47图

48P. 一条白光光线在熔凝石英棱镜一个表面上的入射角是35°。棱镜的截面是一等边三角形。用分别代表 (a) 蓝光；(b) 黄绿光；(c) 红光的射线大致画出它们通过棱镜的路径。

49P. 证明：入射到一块厚度为 t 的玻璃板表面上，又从对面射出的光线，平行于原入射方向，但是向一侧平移，如图34-47所示。证明对于很小的入射角 θ，平移的距离为

$$x = t\theta\frac{n-1}{n}$$

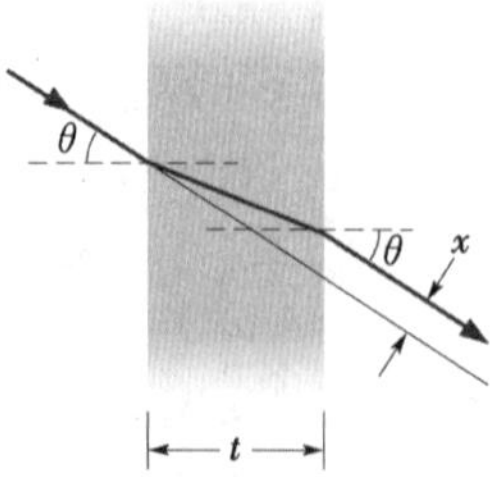

图34-47 习题49图

其中，n 是玻璃的折射率；θ 以弧度量度。（ssm）（www）

50P. 如图 34－48 所示，将互相垂直的两面镜子作为一个盛水容器的侧面。（a）一束光线从上方正入射到水面，证明出射光线平行于入射光线。假设在两个镜面都有反射。（b）再对入射光线在页面内斜入射情况重复以上分析。

图 34－48 习题 50 图

51P. 在图 34－49 中，光线入射到空气中的玻璃三角棱镜的一个表面上。选择入射角 θ，使出射光线与另一个面的法线成同一个 θ 角。证明玻璃棱镜的折射率 n 由

$$n=\frac{\sin\frac{1}{2}(\psi+\phi)}{\sin\frac{1}{2}\phi}$$

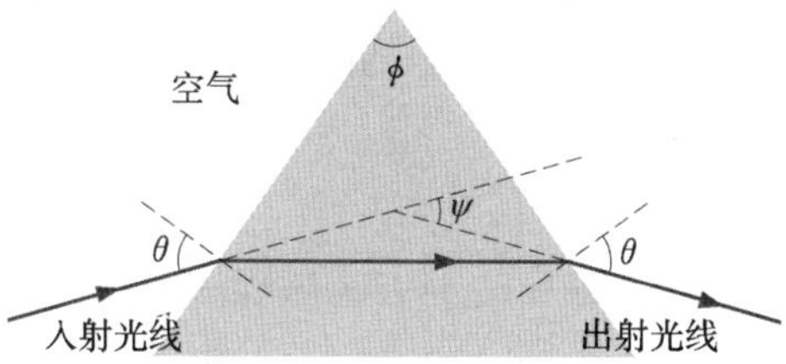

图 34－49 习题 51 图

给出。其中 ϕ 是棱镜的顶角；ψ 是**偏向角**，即光束通过棱镜时转过的总角度。（在这个条件下，偏向角具有最小可能值，称为**最小偏向角**。）（ilw）

34－8 节 全内反射

52E. 苯的折射率是 1.8。对于一束从苯中射向其上方的平面空气层的光线，临界角是多少？

53E. 如图 34－50 所示，一束光线在 A 点进入厚玻璃片，然后在 B 点受到全内反射。由图中给出的条件可得玻璃折射率的最小值是多少？（ssm）

54E. 一个点光源在一池水的表面以下 80.0cm 处。光从水中通过水面上一个圆面射出，求这个圆面的直径。

55E. 在图 34－51 中，一条光线垂直于玻璃棱镜（$n=1.52$）的 ab 面。求使光线在 ac 面上完全反射的

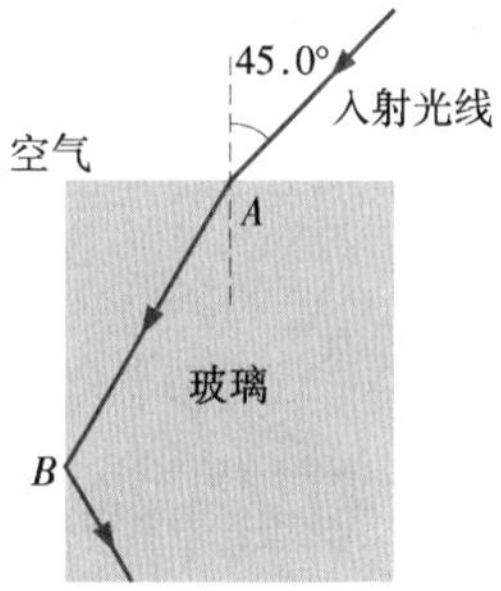

图 34－50 练习 53 图

最大角 ϕ，设棱镜（a）在空气中；（b）浸在水中。（ssm）（ilw）

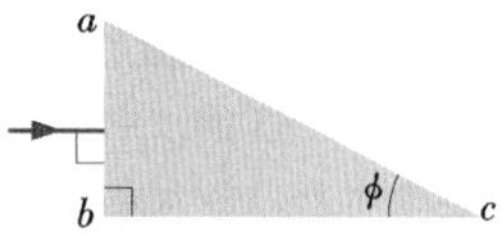

图 34－51 练习 55 图

56P. 一条白光光线通过被空气包围着的熔凝石英传播。如果光的所有颜色组分都在表面受到全内反射，那么反射光形成白光的反射线。但是，如果在可见光范围某一端的颜色组分（蓝色或红色）部分折射到空气中，在反射光中这个组分就少了。这样，反射光不再是白色，而是具有可见范围的相反端的色辉。（如果蓝色被折射掉一部分，则反射光带红色，反之亦然。）反射光是否可能（a）带蓝色或（b）带红色？（c）假如可能，初始白光入射到熔凝石英表面上的角度必须是多少？（见图 34－19）

57P. 一玻璃正立方体，边长为 10mm，折射率为 1.5，在其中心有一个小斑点。（a）为使这个斑点从任何方向都看不见，应该遮住每个面的哪个部分？（忽略在立方体内部反射后再折射到空气中来的光。）（b）立方体表面的多大比例必须遮住？（ssm）

58P. 假设图 34－49 中的棱镜具有顶角 $\phi=60.0°$ 和折射率 $n=1.60$，（a）使光线能够进入棱镜的左面，并且从右面出射的最小入射角 θ 是多少？（b）若要求光线射出棱镜时的折射角等于光线进入棱镜时的入射角 θ，如图 34－49 所示（见习题 51），则入射角 θ 应多大？

59P. 在图 34－52 中，光在 P 点以入射角 θ 进入一个直角棱镜，然后一部分光在 Q 点以 90°折射角折射。（a）将这个棱镜的折射率用 θ 表示。（b）折射率

可能有的最大值是多少？说明如果在 P 点的入射角 (c) 稍稍增大，(d) 稍稍减小，光在 Q 点将如何。(ssm)

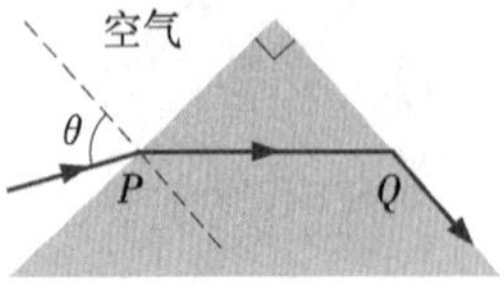

图 34-52 习题 59 图

34-9 节 反射引起的偏振

60E. (a) 以多大角度入射的光从水面反射后成为完全偏振光？(b) 这个角度是否与光的波长有关？

61E. 在折射率为 1.33 的水中传播的光入射到折射率为 1.53 的玻璃片上。多大入射角的反射光成为完全偏振光？(ssm)

62E. 对于入射到熔凝石英上的白光，计算布儒斯特角的上下限。假设光波波长的上下限为 700nm 和 400nm。

附加题

63. 如图 34-53 所示，一只信天翁以恒定速度 15m/s 在水平地面上方，包含太阳的一个竖直平面内水平地滑翔。它向着一面高 $h=2.0\text{m}$ 刚刚能够掠过的墙飞去，当时太阳相对于地面的角度为 $\theta=30°$。问这只信天翁的影子 (a) 越过平地和随后 (b) 沿墙向上移动的速率是多少？假设后来有一只鹰沿同一条路线滑翔，速率也是 15m/s，但是人们看到当这只鹰的影子到墙上时，影子的速率明显地增大了。(c) 现在太阳在天空中比先前信天翁飞过时是升高了还是下落了？ (d) 设鹰的影子在墙上移动的速度为 45m/s，当时太阳的角度 θ 是多少？

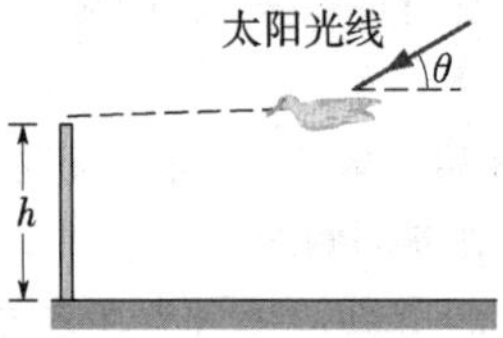

图 34-53 习题 63 图

64. 寻找古墓。在考古研究中，一些无标记的坟墓及地下墓碑可以用**穿地雷达**来定位和作图，而无需破坏坟墓的遗址。雷达装置直接向地下发射一个脉冲波，随后脉冲波部分地被任何地下分界面反射上来。这就是说，一个脉冲被任何使脉冲速率改变的水平界面反射上来。相关装置探测这个反射，并且记录从发射到探测的时间间隔。如果在地面上若干地点重复操作，考古学家就可以确定地下建筑物的形状。

一台穿地雷达依次用在平地上排成一线的八个地点，它们从西到东编号，如图 34-54 所示，相邻地点隔开 2.0m。在这些地点下面有一个用同样厚度的水平和竖立的石块做成的空墓，水平石块作为墓穴的天花板和地板，竖立石块作为墙。下表给出了在八个地点记录的脉冲的时间间隔 Δt (以 ns 为单位)。例如，在地点 4，发射到地下的原脉冲导致了四个反射脉冲，第一个在发射后 63.00ns 返回，最后一个在发射后 86.54ns 返回。

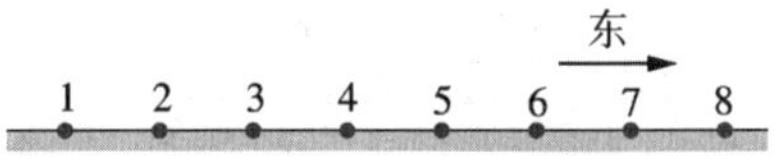

图 34-54 习题 64 图

假设脉冲波的速率在坟墓上、下和旁边的土中为 10.0cm/ns，在石板中为 10.6cm/ns，在墓穴中的空气中为 30cm/ns，求 (a) 墓的天花板的上表面的深度；(b) 墓穴在沿着包括这八个点的西-东线上的宽度；(c) 墓的内部的竖直尺寸。

地点	1	2	3	4	5	6	7	8
Δt	无	63.00	63.00	63.00	63.00	63.00	63.00	无
		115.8	66.77	66.77	66.77	66.77	93.19	
			82.77	82.77	74.77	74.77		
			86.54	86.54	101.2	78.54		

65. 在图 34 - 55 中，空气中的光线入射到一层折射率为 $n_2=1.5$ 的物质 2 平板上。在物质 2 之下是折射率为 n_3 的物质 3。这条光线以空气 - 物质 2 的布儒斯特角入射到第一个界面，折射进入物质 3 的光线又恰好是以物质 2 - 物质 3 界面的布儒斯特角入射到该界面上的，n_3 是多大？

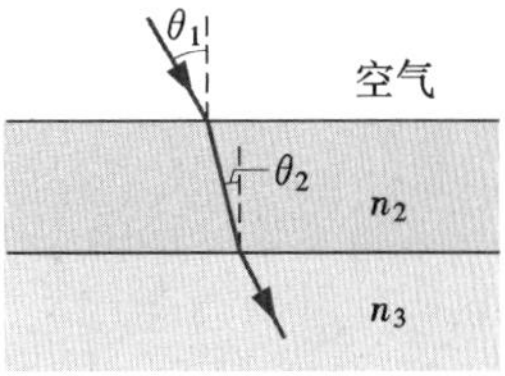

图 34 - 55 习题 65 图

66. 你把自己的两手分开多远可以使它们的距离为 1.0nls（纳光秒）？

第 35 章　像

Edouard Marnet 的这幅“在 **Folies – Bergere** 的酒吧”自 **1882** 年画成之后，就有很多痴迷者。它吸引人的部分原因在于等待演出的观众和一位面带倦容的酒吧小姐的对比。但这幅画的引人之处还在于隐藏于画作之中对实际的微妙的失真，直到你洞察出什么是“错的”之前，这些失真始终给你一种怪异的感觉。

你能够找出那些与实际不符的微妙之处吗？

答案就在本章中。

35－1 两类像

比如，为了看见一只企鹅，你的眼睛就要截住从企鹅身上发出的某些光线，然后再把它们导向到你眼睛后面的视网膜上。人的视觉系统始于视网膜，终止于脑后部的视觉皮层。这一视觉系统本能而下意识地处理由光所提供的信息，可识别物体的轮廓及方位、结构形状和颜色，而且很快给你一个企鹅的**像**（来自光的复制品）的知觉。这样，你就将看见并认识到企鹅是在光线射来的方向上并与你相隔一定的距离之处。

即使光线并不是直接来自于企鹅，而是从一面镜子向你反射的或者通过一对眼镜片向你折射的，你的视觉系统仍旧能够进行这样的处理和辨认。不过，现在你所看到的企鹅是在来自反射或者折射后的光线射来的方向上，而且你所感到的距离与企鹅的实际距离可能相差很远。

例如，如果光线是由一面标准的平面镜反射后射向你的，企鹅看来是出现在镜子的后面，这是因为你所截取的光线来自那个方向。当然，企鹅并不在那后面。这种类型的像，被称之为**虚像**。实际上它只是存在于人脑中，但仍然说是存在于所看到的位置。

实像与虚像的区别在于实像可以形成于表面，例如在一张卡片或者是电影屏幕上，你能够看见一个实像（否则电影院将空空如也）。但此像的存在与你是否看它无关，即使你不看它，它也呈现在那里。

在本章里，我们将考查光通过反射（通过反射镜）或者折射（诸如透镜）形成实像和虚像的几种方法。我们也将更清楚地区别这两类像，在这里先给出一个自然界虚像的例子。

常见的蜃景

一个常见的虚像例子是，在一个阳光灿烂的日子里，在你前面的路上一段距离处出现一洼水，但你却永远不能到达这水边。这洼水就是一个蜃景（一种幻觉）。它是由来自你前面的低空区域的光线所形成的（见图35－1a）。当光线射向路面时，穿过被通常相对较热的路面所加热的逐渐变暖的空气。空气温度的增高，使光线在空气中的光速也稍稍地增大，而且，相应地，空气的折射率也有稍稍的减小。这样，当光线下偏时，由于经历逐渐变小的折射率，光线就不断地向水平方向弯曲（如图35－1b）。

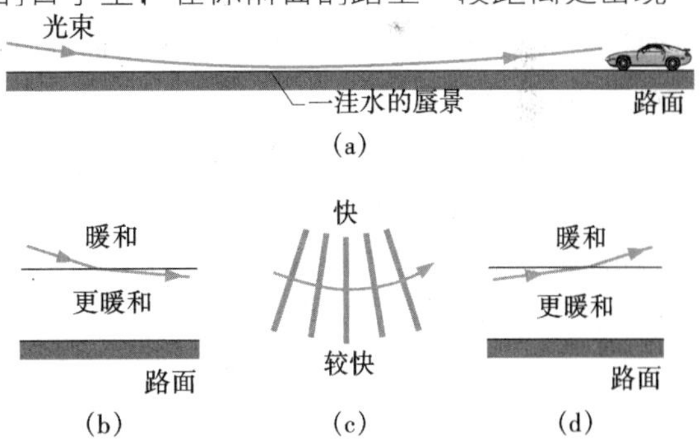

图35－1 (a)一束从低空中穿过被路面所加热的空气而发生折射的光线（并没有接触路面），一个截住了这束光的观察者认为它来自在马路上的一洼水。(b)一条光线向下通过从暖和空气到更暖和空气的边界的假想分界面而弯曲的情况（夸大了的）。(c)波阵面的转移和与之相联系的光线的弯曲，这种情况的发生是由于波阵面的下端在较暖和的空气运动得较快的缘故。(d)一条光线向上通过从更暖和空气到暖和空气的假想的分界面而发生弯曲的情况。

一旦一条光线在此路面稍高处变得水平时，它仍然会发生弯曲。这是因为每个与光线相联系的波阵面的下端处于稍微暖和些的空气中，因而比其上端前进得稍微快些的缘故（如图35－1c）。这种波阵面的不均匀的运动，使光线向上弯曲。当光线上升时，由于穿过折射率渐渐增大的空气，仍旧会继续向上弯曲（如图35－1d）。

如果你截取了这种光线，你的视觉系统将自动地提示你，它来自你所截取的光线的反向延长线的方向。而且，为说明对这些光的感觉，还假想它就来自于路面。如果这些从蓝色天空中来的光正好是淡蓝色，这个蜃景也呈现淡蓝色，就像水一样。因为空气由于加热可能是湍动的，那么蜃景会闪烁，仿佛水波荡漾。淡蓝色和闪烁使水洼的幻象更加逼真，但是你实际上是在看一部分低空的虚象。

35－2 平面镜

反射镜是一个表面，它能沿一个方向反射一束光，而不是向各个方向广泛地散射或是吸收。一个发亮的金属表面可以作为一个平面镜，而混凝土的墙却不行。在本节中我们将考查平面镜（即一个平的反射表面）所能产生的像。

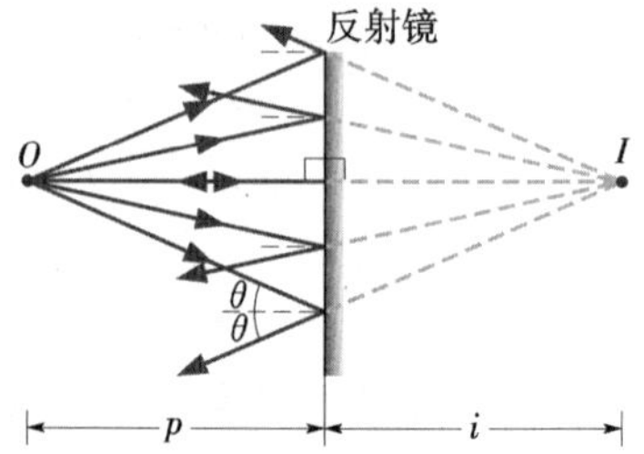

图35－2 一个点光源 O，称之为**物**。在一个平面镜的前方与平面镜的垂直距离为 p 处。从 O 点发出到达平面镜的光线，被平面镜反射。如果你的眼睛截取一些反射光线，你可以看到在镜后与镜垂直距离为 i 处的一个点光源 I。这个被看到的光源 I，是物 O 的一个虚像。

图35－2描绘了一个点光源 O，称之为**物**，位于一个平面镜的前方与平面镜垂直距离为 p 的地方，入射到平面镜上的光用从 O 散开的射线来表示。其反射光用从镜面散开的被反射的射线表示。如果反向（在镜后）延伸这些反射光线，将会发现这些延伸线将相交于一点，这个点在镜后与镜的垂直距离为 i。

如果你向图35－2中的镜内看，你的眼睛就截取一些反射光线。作为对你所看到的景象的感觉，你认为有一个点光源位于这些反射光线反向延伸线的交点处。这个点源是物 O 的像 I。因为它是一个点就称之为**点像**，又因为光线实际上并没有通过它，所以它是一个虚像。（对实像而言，你将看到，光线真正通过交点。）

图35－3表示，从图35－2选出的两条光线，一条垂直入射到达镜的点 b，另一条到点 a，入射角为 θ。两条反射光线的延长线也画在图上。直角三角形 aOb 和 aIb 有一条公共的边，而且三个角都相等，因此它们是全等的（尺寸一样），所以它们的水平边具有相等的长度，即点 O 与 I 到平面镜的垂直距离相等。即

$$Ib = Ob \qquad (35-1)$$

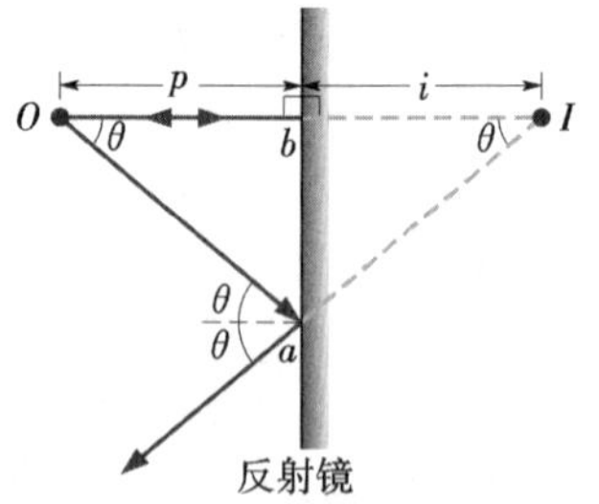

图35－3 图35－2中的两条光线，光线 Oa 与镜面的法线成任意角 θ，而光线 Ob 与镜面垂直。

这里的 Ib 和 Ob 分别是从镜到像和物的距离。式（35－1）告诉我们，在镜后的点像与在镜前的物离镜一样远。根据约定（即为了使我们的方程能够使用），**物距** p 取正值，而**像距** i 对虚像取负值，式（35－1）我们可以写成 $|i| = p$，或者

$$i = -p \quad \text{（平面镜）} \qquad (35-2)$$

只有紧密靠近的光线才能在镜面反射后进入人的眼睛。如人的眼睛在图35－4的位置，那只有在 a 点附近的镜面的一小部分（比人眼瞳孔还小的部分）对成像有用。为了发现这部分，闭上你的一只眼睛用另一眼睛注视铅笔尖那样小的物在镜中的像。然后用手指尖在镜面上到处移动直至你看不见像为止。这时仅仅是你指尖下面

的镜面微小部分产生了像。

扩展物

在图35-5中，我们用一支正立的箭头表示扩展物 O，它在平面镜前方垂直距离为 p 处。扩展物上的各点，就像图35-2和图35-3所示的点光源一样。如果你截取被反射的光，你就看到物体的虚像，这个虚像是由物体上所有这些点的虚点像组合而成，并且好象在与镜的垂直距离为 i 处，距离 i 与 p 的关系由式（35-2）表示。

也可以采用如图35-2所示的与对点光源同样的方法求得扩展物的像：画一些从物体的顶部射到镜面的光线，再画出和其相应的反射线，并接着将这些反射线反向延长到镜后直到它们相交，形成物体顶部的像。此后用相同的方法处理从物体底部发出的光线。如图35-5所示，我们发现虚像 I 和物体 O 有着相同的指向和**高度**（平行于镜面量度）。

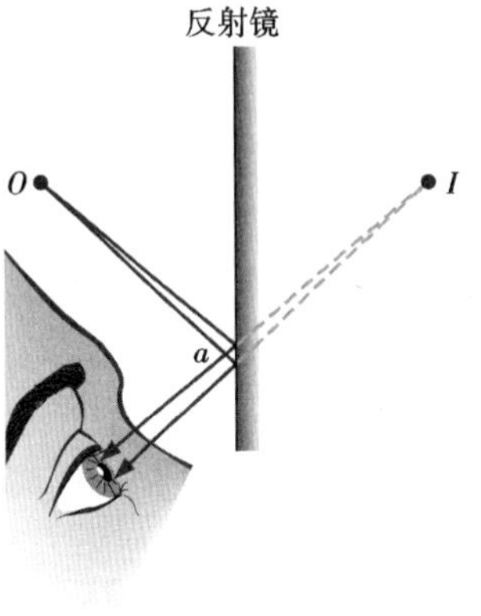

图35-4 从 O 点发出的一"细束"光线在镜上反射后进入人眼。在镜面上只有 a 附近很小的区域与此反射有关。光似乎是从镜子后面的点 I 发出的。

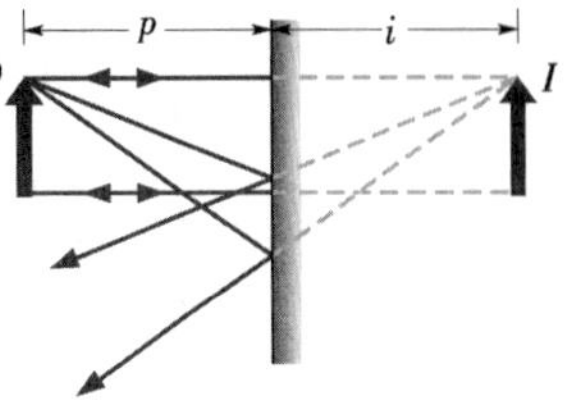

图35-5 一个扩展物 O 在平面镜中所形成的虚像 I。

Manet的"Folies-Bergere"

在"在*Folies-Bergere*的酒吧"这幅画中，你可以通过值班小姐后面的墙上的一面大镜子的反射看到整个酒吧间，但是这一反射像在三方面存在着微妙的错误。首先注意左边的瓶子*Manet*画出了它们在镜面中的像，但是位置错了，他把它们画得比它们应该在的位置更靠近酒吧的前方了。

现在注意酒吧小姐的像。由于你是在她的正前方看她的，她的像应该在她的身后，仅仅有一点（如果有的话）可以让你看见。然而*Manet*将她的像向右方移了许多。最后注意面对小姐的那个人的像。他一定是你，因为这个像表明他在小姐的正前方，因而他一定是看画的人。你在看*Manet*的作品并且看到你的像向右方移了许多，由于对一副画或一面镜子我们所期望的都不是这样，所以这一画面是荒诞的。

检查点1：在图中有两个直立而又相互平行的平面镜 A 和 B，它们之间的距离为 d，一个呲牙咧嘴的小雕像放在 O 点，与镜 A 距离 $0.2d$，每面镜子都产生小雕像的第一（最浅的）个像。然后每面镜子都把对面镜子中的第一个像当作物体而产生第二个像，继而每面镜子又把对面镜子的第二个像当作物体产生第三个像，如此下去，你可能看到成百的小雕像的像，请问在 A 镜中的第一像、第二像、第三个像在 A 镜后的深度如何？

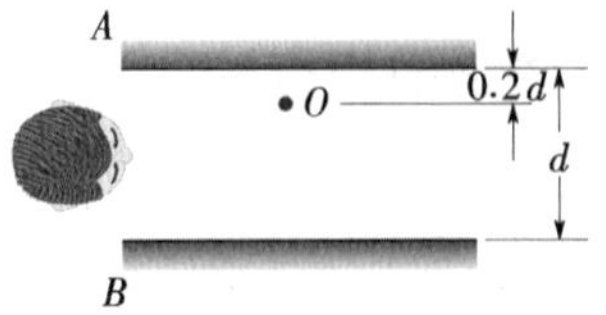

35-3 球面镜

现在我们从平面镜成像转向曲面镜成像。具体地讲，将考虑球面镜，其形状只是球面的一小部分。平面镜事实上就是**曲率半径**无限大的球面镜。

球面镜的制成

从图 35－6a 的平面镜开始，该平面镜面向左方的物体 O 和一个没有画出的观察者。使平面镜的镜面弯曲成**凹的**（“陷进去”）就制成了一个凹面镜，像图 35－6b 中那样。镜面的这种弯曲使反射镜的一些性质和它产生的物体的像的性质发生如下的改变：

1. 曲率中心 C（镜面是其一部分的球面的中心），对平面镜来讲离镜面无穷远，它现在离得较近，但仍旧在凹面镜的前方。

2. 视场——反射给观察者的影像的范围——原来宽阔，现在缩小了。

3. 物体的像在平面镜后面和物体在平面镜前一样远；凹面镜所成的像在凹面镜后更远处，即 $|i|$ 较大。

4. 平面镜中像高等于物高而凹面镜现在所成的像的高度较大。这一特点是为什么许多化妆和修面用的镜做成凹面镜的原因——它们能产生面部的较大的像。

我们可以使平面镜的镜面弯曲成**凸的**（“鼓出来”）制成一个凸面镜。像 35－6c 中那样。镜面的这种弯曲（1）将曲率中心 C 移到镜面之**后**和（2）使视场**增大**。它也（3）使物体的像向镜面移近。（4）使像**缩小**。货场监视镜常常是凸面的以利用它的视场增大的优点——可以用一面镜子监视更多的货物。

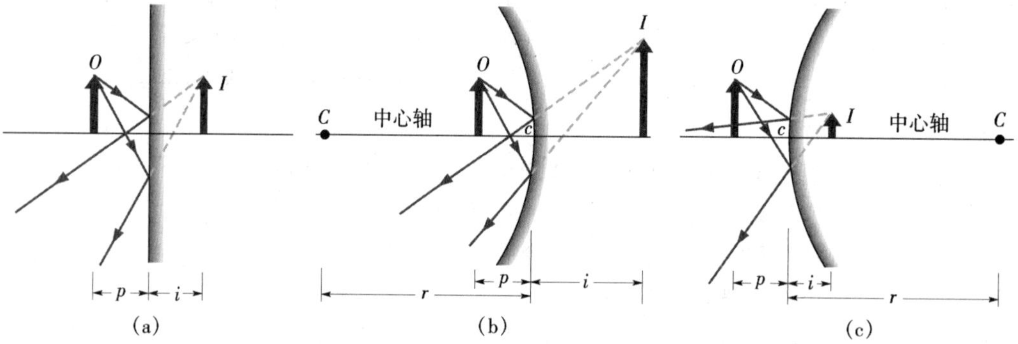

图 35－6 （a）物体 O 在平面镜中形成虚像 I。（b）如果镜面弯曲成凹的，像移向远处并变大。（c）如果镜面弯曲成凸的，像移向近处并变小。

球面镜的焦点

对于平面镜，像距 i 的大小总是等于物距 p。在我们能确定球面镜的这两个距离如何相互联系之前，必须考虑一个在镜的**中心轴**上镜前方实际上无限远处的一个物体 O 发出的光线的反射。这个轴穿过曲率中心 C 和镜的中心 c。由于物体和镜面间的距离很大，从物体所发出的光波在它们沿着中心轴到达镜面时是平面波。这意味着代表这些光波的光线到达镜面时都是与中心轴平行的。

当这些平行光线到达图 35－7a 所示的那样一个凹面镜时，靠近中心轴的光线反射后通过一个共同点 F。在图中画出了其中的两条这样的反射光线。如果在 F 点放置一个（小的）卡片，在无限远处的物体 O 的点像将出现在卡片上（这对无限远的任意物体都会发生）。F 点称作镜的会聚点（或焦点），而它离镜的中心的距离是镜的焦距 f。

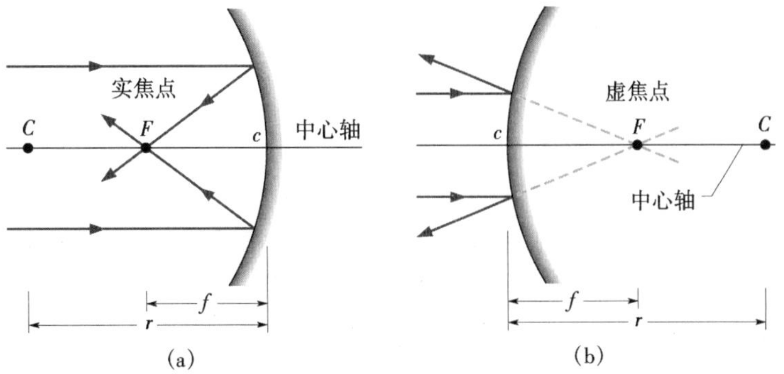

图 35-7 (a) 在凹面镜中入射的平行光线会聚于焦点 F，与入射光在镜的同一侧。(b) 在凸面镜中入射的平行光线似乎是从在 F 的虚焦点发散，此虚焦点在镜背向光线的一侧。

如果现在用凸面镜来代替凹面镜，就发现平行光将不再在反射后通过一共同点，代替的是它们像在图 35-7b 中那样发散。然而，如果用眼睛截取一些反射光，会看到光线是从镜后的某一点发出的，这个被看到的光源位于反射光线的延长线通过的一个共同点（在图 35-7b 中的 F）上。这一点是凸面镜的会聚点（或焦点）F，而它离镜面的距离是镜的焦距 f。如果在这一焦点上放上一张卡片，物体 O 的像并**不**会出现在卡片上。所以这个焦点和凹面镜的焦点不同。

为了区别凹面镜的实际焦点和凸面镜的看到的焦点，前者称为**实焦点**而后者称为**虚焦点**。此外，凹面镜的焦距 f 取正值，凸面镜的取负值。对这两种反射镜，焦距 f 与镜的曲率半径 r 由下式联系起来

$$f=\frac{1}{2}r \qquad \text{(球面镜)} \qquad (35-3)$$

其中，为了与焦距的符号相一致，凹面镜的 r 为正，凸面镜的 r 为负。

35-4 球面镜成像

随着球面镜焦点的定义，我们可以进一步研究有关凹面镜以及凸面镜的像距 i 和物距 p 的关系。我们首先考虑将物体 O 放在凹面镜的**焦点以内**——即在镜和它的焦点 F 之间（图 35-8a）。一个观察者可以在镜中看到 O 的虚像，这个像出现在镜的后面，而且与物体取向相同。

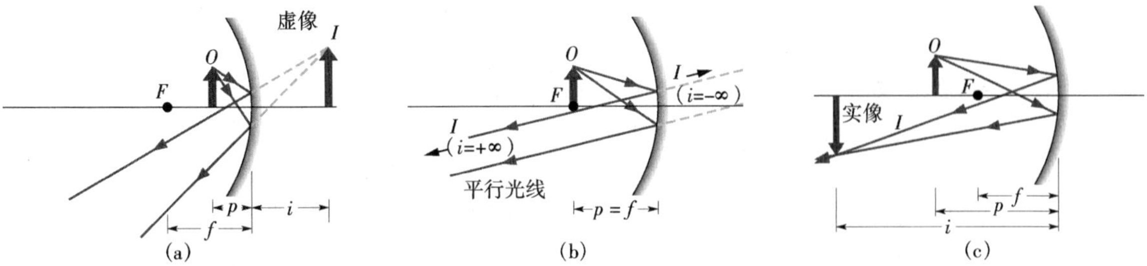

图 35-8 (a) 一个物体 O 在凹面镜的焦点以内，和它的虚像 I。(b) 物体在焦点 F 上。(c) 物体在焦点以外和它的实像 I。

如果现在将物体 O 从镜面向外移直到焦点上，它的像从镜面向后退直到无限远处（图 35-8b）。该像是模糊不清而且是看不见的。因为由镜面反射的光线和在镜后的光线的延长线都不相交以形成 O 的像。

如果下一步将物体移到**焦点的外面**——即，比焦点离镜面还要远一点——由镜面反射的光线会聚在镜面前形成物体 O 的一个**倒立**的像（图 35-8c）。如果将物体 O 进一步从焦点外移，该像将从无限远处移近。如果在像的位置上放一张卡片，在卡片上将显示出倒立的像——该像被说成是由反射镜聚焦在卡片上的（动词"*focus*"，在这里的意思是产生一个像，它与名词"*focus*"不同，后者的意思是焦点）。由于这个像确实能出现在一个面上，因此它是一个实像——由光线实际相交产生的像，与观察者是否在场无关。与虚像相比，它的像距 i 是正值，还可以看到，

实像形成在镜面的物体所在的那一侧，而虚像形成在相反的一侧。

如在 35-8 节中将要证明的，当从物体发生的入射光线与球面镜的中心轴的夹角很小时，一个简单的方程将物距 p，像距 i 和焦距 f 联系起来：

$$\frac{1}{p}+\frac{1}{i}=\frac{1}{f} \quad \text{(球面镜)} \qquad (35-4)$$

在类似图 35-8 的图中，我们假设了这样的小角度。但是为了清晰，图中都夸大了光线的角度。在这一假设下，方程式（35-4），适用于任何凹面镜、凸面镜以及平面镜。对凸面镜和平面镜，不论物体在镜中心轴上的什么位置，形成的总是虚像。如图 35-6c 中凸面镜的例子所示，像总是在反射镜的和物体相反的那一侧，而且和物体的指向相同。

物体和像的尺寸，按垂直于镜的中心轴的方向量度，称为物体或像的**高度**，让 h 代表物高，h' 代表像高，那么 h'/h 称为反射镜产生的**横向放大率** m。然而，根据约定，当像与物体的指向相同时横向放大率包含一个加号，而像与物体的指向相反时，包含一个减号。由于这个原因我们对 m 写出公式为

$$|m|=\frac{h'}{h} \quad \text{(横向放大率)} \qquad (35-5)$$

不久我们也将证明，横向放大率也可以写成

$$m=-\frac{i}{p} \quad \text{(横向放大率)} \qquad (35-6)$$

对平面镜，$i=-p$，则 $m=+1$。放大率为 1 意味着像与物有着相同的尺寸，加号意味着像和物体有着相同的指向。对于图 35-8c 中的凹面镜，$m\approx-1.5$。

式（35-3）到式（35-6）对所有的平面镜、凹面镜和凸面镜都是适用的。除了上述公式外，你应该已吸取了有关这些反射镜的很多的信息，并且你应该通过填写表 35-1，把它组织起来。在像的位置一栏，填上像是在反射镜的与物体**相同**的一侧还是**相反**的一侧。在像的种类一栏，填上像是**实**还是**虚**，在像的指向一栏，填上像和物体的指向**是同**还是**倒**。在符号一栏，要给出量的符号，如果符号模糊就填入 ±。在对付家庭作业或测验时，你会需要这个表的。

表 35－1 反射镜成像综合表

镜的类型	物的位置	像			符号		
		位置	种类	指向	f 的	r 的	m 的
平面镜	任意处						
凹面镜	焦点内						
	焦点外						
凸面镜	任意处						

画光线定像

图 35－9a 和 b 画出了一个物体 O 在凹面镜的前方。我们可以通过画出经过该点的下列四条特殊光线中的任两条光线的**光路图**，用作图法来确定物体上在轴外的任一点的像。

1. 一条开始平行于中心轴，反射后通过焦点 F（图 35－9a 中的光线 1）。
2. 一条通过焦点在镜面反射后平行于中心轴射出（图 35－9a 中的光线 2）。
3. 一条通过反射镜的曲率中心 C 反射后沿原路返回（图 35－9b 的光线 3）。
4. 一条在与镜的中心轴的交点 c 从镜面反射，反射线对称于中心轴（图 35－9b 中的光线 4）。

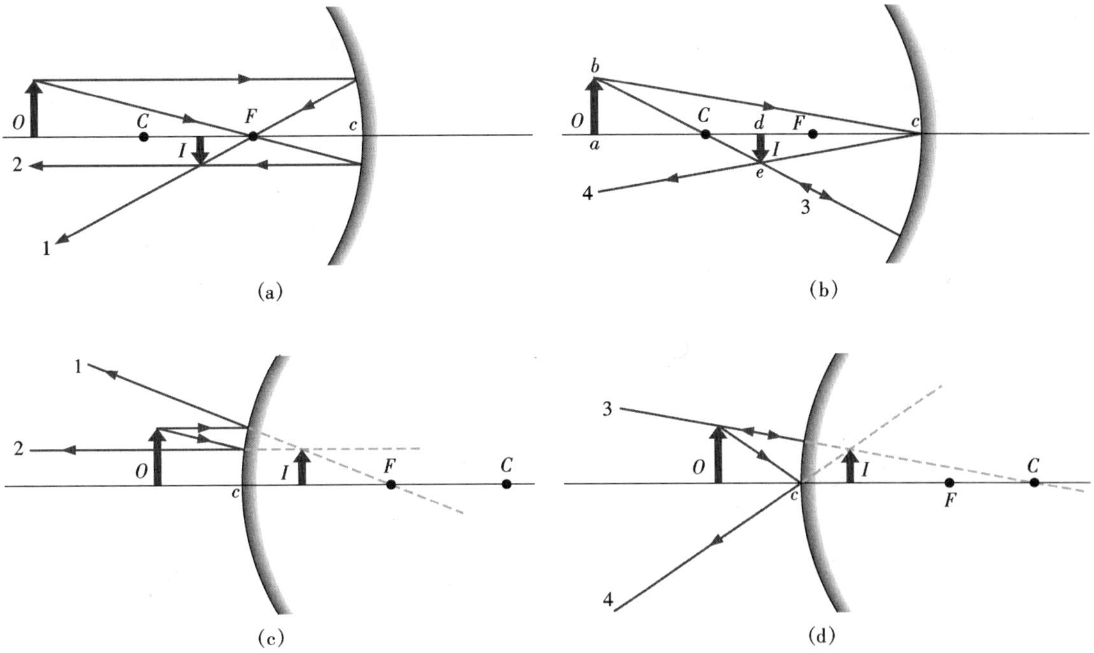

图 35－9 （a，b）在凹面镜中可以用来找到物体的像的四条光线。对于所示物体的位置，像是实的，倒的，而且比物体小。（c，d）对凸面镜的类似的四条相似的光线，对于凸面镜像总是虚的像，指向与物体相同，而且比物体小。[在（c）中，光线 2 起初是射向焦点 F。在（d）中，光线 3 起初射向曲率中心 C。]

物点的像就是你选定的两条特殊光线的交点。物体的像就可以通过把它的任意两个或多个轴外的点的像定位而求得。把上述光线的描述稍微改一下，就可把它们应用于凸面镜，如图 35－9c 和 d 所示。

式（35－6）的证明

现在要推导公式（35－6）（$m=-i/p$），物体在反射镜中反射的横向放大率的公式。考虑图35－9b中的光线4，这条光线它在c点反射，所以入射线与反射线在该点与镜形成相等的角。

图中的两个直角三角形abc和dec是相似的（具有相同的一组角），所以可以有

$$\frac{de}{ab}=\frac{cd}{ca}$$

在左方的量（暂不说符号的问题）就是镜产生的横向放大率m。由于用负的放大率表示倒立的像，在这里用符号表示$-m$。然而$cd=i$，$ca=p$，所以有

$$m=-\frac{i}{p} \quad \text{（放大率）} \tag{35－7}$$

这就是我们开始要证明的关系。

例题35－1

一只高为h的毒蛛，警觉地停在焦距的绝对值为$|f|=40\text{cm}$的球面镜前面，它由反射镜成的像具有和它原来相同的指向，高度$h'=0.20h$。

a）此像是实的还是虚的，是在镜的和毒蛛相同的一侧或相反的一侧？

【解】 这里**关键点**是：由于像与毒蛛（物体）指向相同，它一定是虚的，而且在反射镜的相反一侧。（你如果填了表35－1的话，就会很容易了解这一点。）

b）这一球面镜是凹的还是凸的，它的焦距f是多少？符号是什么？

【解】 根据像的种类型是**不能**判断镜的种类的，因为两种镜都能产生虚像。同样，也不能从式（35－3）或者式（35－4）所求的焦距f的符号说出镜的类型来，因为缺乏足够的信息去应用其中任一公式。然而——这是这里的**关键点**——可以应用放大率的信息。我们已知像高h'与实物高h之比为0.2，那么根据式（35－5），有

$$|m|=\frac{h'}{h}=0.20$$

因为物体和像具有相同的指向，我们知道m必为正值即$m=+0.20$。将此值代入式（35－6），譬如，对i，求解得出$i=-0.20p$。

这好像无助于求焦距f。不过把它代入式（35－4），是有帮助的。这个方程给出

$$\frac{1}{f}=\frac{1}{i}+\frac{1}{p}=\frac{1}{-0.20p}+\frac{1}{p}=\frac{1}{p}(-5+1)$$

由此得

$$f=-\frac{p}{4}$$

现在就有：由于p是正的，f一定是负的。这就意味着反射镜是凸的，具有

$$f=-40\text{cm}$$

（答案）

检查点2：一只中美州吸血蝙蝠，在一球面镜的中心轴上打瞌睡，被放大到$m=-4$，它的像是（a）实的还是虚的，（b）倒立的还是和蝙蝠的指向相同，和（c）在球面镜的和蝙蝠相同的一侧还是相反的一侧？

35－5 球形折射面

下面从反射成的像转向通过由透明物质，例如玻璃的表面折射成的像。我们将只考虑曲率半径为r，曲率中心为C的球形表面，光从折射率为n_1的介质中的物点O发出，通过球形表面折射进入折射率为n_2的介质。

我们关注的是穿过表面发生折射的光线是形成实像（无须有观察者），还是虚像（假设一个观察者截取了光线）。其结果取决于n_1与n_2的相对值和相关的几何状况。

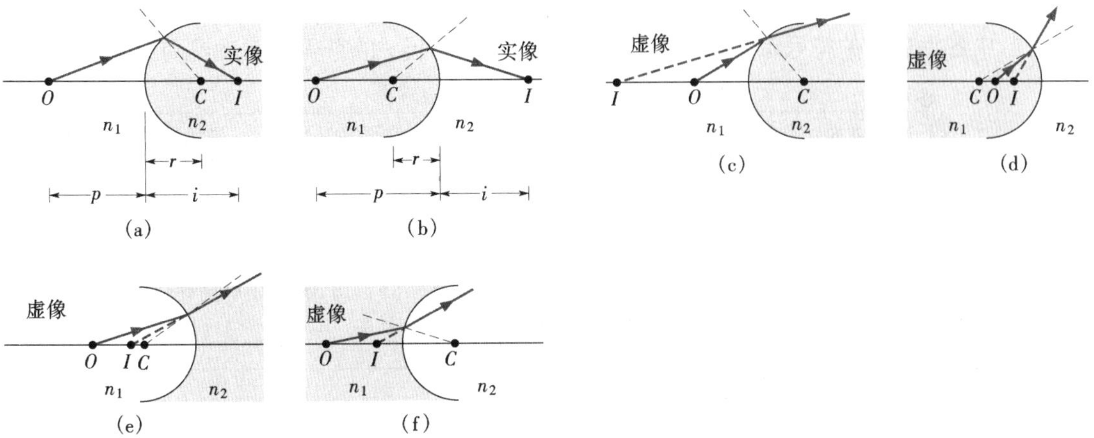

图 35 - 10 通过半径为 r 和曲率中心为 C 的球面的折射能成像的六种方式。该球面将折射率为 n_1 的介质与折射率为 n_2 的介质分开。物点 O 总是在 n_1 的介质中，位于球面的左方。折射率较小的媒质不涂阴影。(可想象它是空气，另一物质是玻璃)。在图 (a) 和 (b) 中形成实像，其他四种情况中形成虚像。

六种可能的结果由图 35 - 10 给出。在图的每一部分，折射率大的介质用阴影表示，而物体 O 总放在折射率为 n_1 的介质中并位于折射面的左方。在每一部分，画出了通过界面折射的一条典型光线（这条光线和沿中心轴的一条光线足以确定每种情况下像的位置）。

这只昆虫嵌在琥珀中已经大约有两千五百多万年了。由于是通过一个弯曲的折射面看的，我们看到的像与昆虫不相符合。

在每条光线的折射点，折射面的法线是通过曲率中心 C 的径向直线。由于折射，光线进入折射率较大的介质，将折向法线；而进入折射率较小介质时，折离法线。如果折射线此后指向中心轴，它和其他（未画出）的光线将在该轴上形成一个实像。如果它指离中心轴，它就不能形成实像；然而，它与其他的折射光线的反向延长线，可以形成虚像，只要有观察者（像对反射镜那样）截取到一些这样的光线。

在图 35 - 10a 和 b 两部分中形成实像 I（其像距为 i），在这里折射把光线**引向**中心轴。在图 c 和 d 两部分中，折射把光线**引离**中心轴。注意，在这四部分中，当物体离折射面相对较远时形成实像，而当物体离折射面较近时形成虚像。在最后的两种情况（图 35 - 10e 和 f）中，折射总是把光线引离中心轴，因此总是形成虚像，不论物距如何。

请注意下面和反射成像的主要不同点：

实像形成是在折射面的与物体相反的一侧，而虚像形成在与物体相同的一侧。

在 35 - 8 节中，我们将证明（对与镜的中心轴的夹角很小的光线）

$$\frac{n_1}{p}+\frac{n_2}{i}=\frac{n_2-n_1}{r} \qquad (35-8)$$

和反射镜一样，物距 p 是正的，实像的像距 i 是正的。虚像的 i 是负的。然而如果要保证式（35-8）中各物理量的符号都正确，必须应用关于曲率半径 r 的符号的下述规则：

当物体面对凸的折射面时，曲率半径 r 是正的，当它面对凹面时，r 是负的。

要小心：这与我们对反射镜惯用的符号恰好相反。

检查点3：一只蜜蜂在一个玻璃雕塑品的凹的球形折射面前盘旋。（a）图35-10中哪种情况和这种情况相同？（b）该面产生的像是实的还是虚的，像与蜜蜂在同侧还是异侧？

例题35-2

在一个琥珀的碎片中发现了一只侏罗纪的蚊子。琥珀的折射率是1.6。琥珀的一面是曲率半径为3.0mm的球形凸起（如图35-11）。这只蚊子的头碰巧正在该面的中心轴上。沿着轴看去，它似乎埋在琥珀表面下5.0mm深处。请问它在琥珀中的实际上深度为多少？

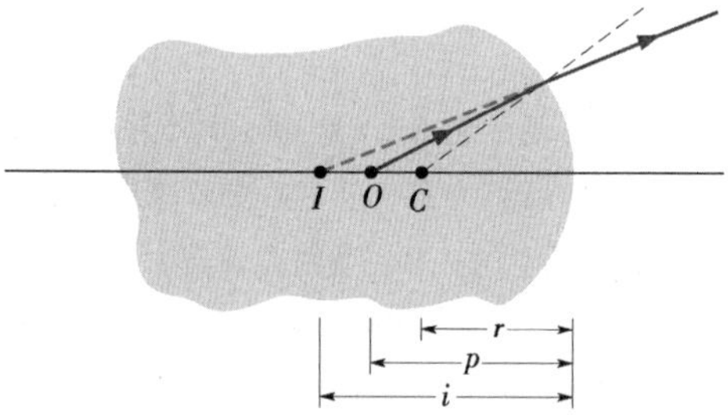

图35-11 例题35-2图 一块含有在侏罗纪蚊子的琥珀，蚊子的头埋在 O 点。在右端的曲率中心为 C 的球形折射面，对截取从 O 点的物发出的光线的观察者给出了像 I。

【解】 这里**关键点**是蚊子头在琥珀中看来只埋有5.0mm深，是因为观察者所截取的光线通过凸的琥珀表面时由于折射改变了方向，根据式（35-8），像距 i 与实际的物距 p 不同。

为了用该式求实际的物距，需要注意到：

1. 由于物体（头）和它的像位于折射面的同一侧，这个像一定是虚像，因此 $i=-5.0\text{mm}$。

2. 因为总是认为物体在折射率为 n_1 的介质中，因此 $n_1=1.6$，$n_2=1.0$。

3. 因为物体面对凹的折射面，曲率半径 r 是负的，因此 $r=-3.0\text{mm}$。

将这些数值代入式（35-8）中，

$$\frac{n_1}{p}+\frac{n_2}{i}=\frac{n_2-n_1}{r}$$

得

$$\frac{1.6}{p}+\frac{1.0}{-5.0\text{mm}}=\frac{1.0-1.6}{-3.0\text{mm}}$$

和

$$p=4.0\text{mm}$$（答案）

35-6 薄透镜

透镜是一个透明的物体，它的两个折射表面的中心轴重合在一起。这一共同的中心光轴就是透镜的中心轴。当透镜的周围是空气时，光线从空气折射入透镜。穿过透镜又折射返回空气中。每次折射都能改变光的传播方向。

使原来平行于中心轴的光线会聚的透镜称为**会聚透镜**。如果相反，它使这种光线发散，这透镜称为**发散透镜**。一个物体放在两种类型中的任何一种透镜之前，由物体发出的光线通过透镜面的折射都能产生物体的像。

我们将只考虑作为特例的**薄透镜**——即，最厚的地方的尺寸也比物距 p、像距 i 和透镜的两个表面的曲率半径 r_1 和 r_2 都要小的透镜。我们也只考虑和中心轴成很小角度（在这里的图中被夸大了）的光线。在35-8节中我们将证明对这样的光线，一薄透镜具有焦距 f。再有，像距 i 和物距 p 由下式相互联系着

$$\frac{1}{f}=\frac{1}{p}+\frac{1}{i} \quad \text{(薄透镜)} \qquad (35-9)$$

这和已有的反射镜的公式是相同的。我们也将证明，当一个折射率为 n 的薄透镜由空气包围时，这一焦距 f 由下式给出：

$$\frac{1}{f}=(n-1)\left(\frac{1}{r_1}-\frac{1}{r_2}\right) \quad \text{(在空气中的薄透镜)} \qquad (35-10)$$

这个公式常被称为**透镜制造者方程**，这里的 r_1 是透镜靠近物体那一面的曲率半径，而 r_2 是透镜的另一面的曲率半径这两个半径的符号可以用 35 -5 节中关于球形折射面半径的规则确定。如果透镜周围不是空气，而是其他折射率为 n_{medium} 的介质（譬如，玉米油），就将用 n/n_{medium} 代替式（35 -10）中的 n，要牢记式（35 -9）和式（35 -10）的下列基础：

一个透镜只是由于它能使光线偏折所以才能产生物体的像，但只有在它的折射率与周围介质的折射率不同时它才能使光线偏折。

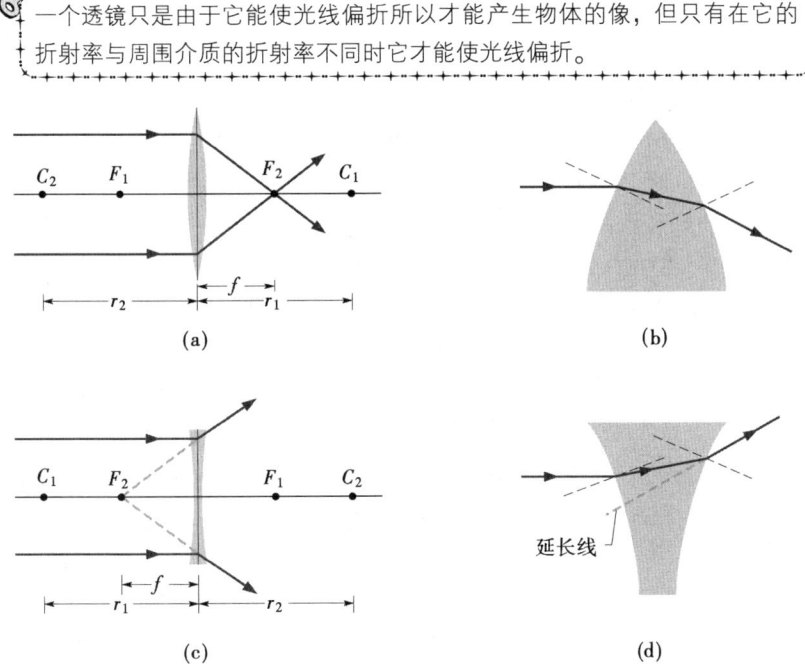

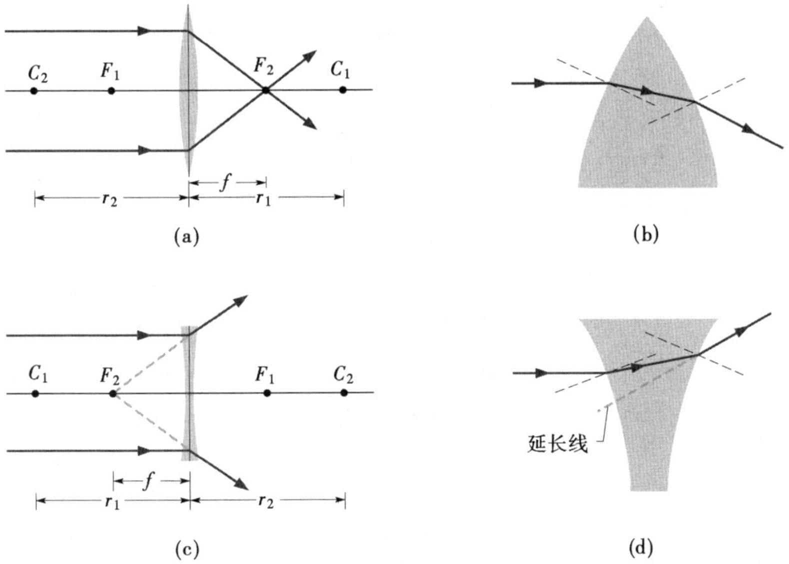

图 35 -12 （a）初始平行于会聚透镜的中心轴的光线，被透镜会聚到一个实焦点 F_2。实际的透镜比所画的薄，其厚度就像穿过它的竖直线那样，我们将认为光线所有的偏折都发生在那里。(b)（a）图中透镜顶部的放大；薄透镜两表面的法线用虚线画出。注意在两表面上光线的折射，都是使光线朝着中心轴向下折。(c) 同样的初始平行的光线被发散透镜发散，发散光线的延长线通过一个虚焦点 F_2。(d)（c）图中透镜顶部的放大。注意在两表面上光线的折射都是使光线偏离中心轴向上折。

图 35 -12a 表示一个具有凸的折射表面或**侧面**的薄透镜，当使平行透镜中心轴的光线穿过透镜时，它们折射两次，其放大如图 35 -12b 所示。这两次折射使光线会聚并通过离透镜中心的距离为 f 的一个共同点 F_2，所以这个透镜是一个会聚透镜。再有，一个**实**的会聚点（焦点）在 F_2（因为光线确实都通过这点），而相应的焦距为 f。当使与中心轴平行的光线沿相反方向穿过透镜时，发现在透镜另一侧的 F_1 点有另一个实焦点。对薄透镜来讲，这两个焦点离透镜是等距的。

由于会聚透镜的焦点是实的，我们取相应的焦距f的符号是正的。正好与我们对凹面镜的实焦点的作法相同。可是光学中的符号可能靠不住，所以我们最好用式（35－10）校核一下。若f是正的，该式的左边就是正的；那么右边如何呢？我们逐项地来检查它。由于玻璃或者其他材料的折射率比1大，$(n-1)$项一定是正的。由于光源（指物体）是在左边而且面对透镜的凸的左边，这一边的曲率半径r_1根据折射面的符号法则必须是正的。同理，由于物体面对透镜的凹的右边，这一侧的曲率半径根据该法则应该是负的。这样，$\left(\frac{1}{r_1}-\frac{1}{r_2}\right)$项是正的，式（35－10）的整个右边也是正的，所有符号都相一致。

用会聚透镜将太阳光焦聚在报纸上，引燃了火。该透镜是将一块厚平的纯净冰块放入一个浅的容器（有弯曲的底）中，使冰块的两面溶化成凸形制成的。

图35－12c表示一个两边凹进的薄透镜。当使与透镜的中心轴平行的光线穿过这个透镜时，它们折射两次，其放大如图35－12d所示。这些光线**发散**，永远不会穿过一个共同点。所以这个透镜是一个发散透镜。不过，这些光线的延长线的确经过离透镜中心的距离为f的一个共同点F_2。因此透镜在F_2点有一个**虚**焦点（如果你的眼睛截取了一些散射光线，你看到一个亮点在F_2点，好像它就是光源）。另一个虚焦点在透镜的相反一侧的F_1点，而如果是薄透镜，F_1与F_2对透镜是对称的。由于发散透镜的两个焦点是虚的，我们取其焦距f是负的。

薄透镜成像

我们现在考虑用会聚和发散透镜成像的各种类型。图35－13a表示出一个物体O在会聚透镜的焦点F_1之外。图中所画的两条光线说明透镜在其与物体相反的一侧形成物体的一个实的倒立的像I。

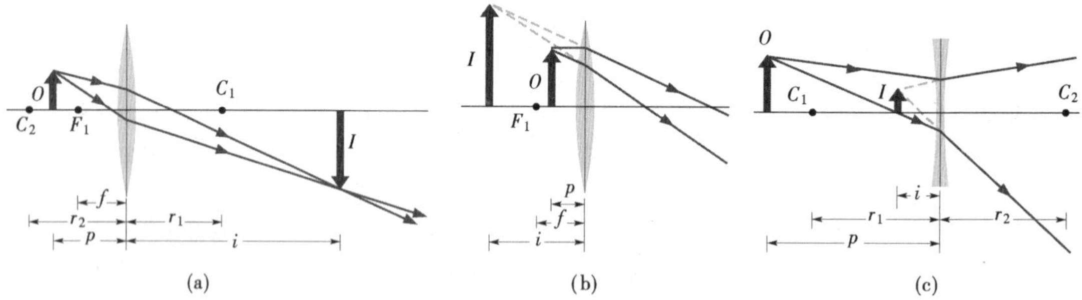

图35－13 (a) 当物体O在焦点F_1之外时，会聚透镜形成一个实的，倒像I。(b) 当O在焦点之内时，像I是虚的而且与O的指向相同。(c) 一个发散透镜形成的虚像I，它与物体O指向相同，不论物体O是在透镜的焦点以内还是以外。

当物体放在焦点之内时，如图35－13b所示，透镜形成一个与物体同侧的虚像，与物体指向相同。可见会聚透镜既能形成实像也能形成虚像，取决于物体分别是在透镜的焦点之内还是在焦点之外。

图 35－13c 显示当一个物体 O 在发散透镜前面。不管物距如何（不管 O 是在虚焦点以内还是以外），这种透镜产生一个虚像，这个虚像与物体在透镜的同侧，而且与物体指向相同。

如对反射镜一样，我们取实像的像距 i 为正，而虚像的像距为负。然而，从透镜到实像和虚像的位置与从反射镜的相反：

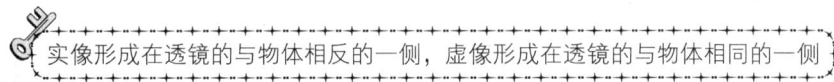

实像形成在透镜的与物体相反的一侧，虚像形成在透镜的与物体相同的一侧

表 35－2　透镜成像综合表

镜的类型	物的位置	像			符号		
		位置	种类	指向	f 的	r 的	m 的
会聚	F 点以内						
	F 点以外						
发散	任意处						

由会聚和发散透镜所产生的横向放大率由式（35－5）和式（35－6）给出，和反射镜的相同。

在本节中你应该已获得了很多信息，并且应该通过对于**对称透镜**（两边都是凹面或两面都是凸面）填写表 35－2 把它们组织起来。在像的位置一栏，填上像是在透镜的与物**相同**的一侧，还是**相反**的一侧。在像的类型一栏，填上像是**实**还是**虚**。在像的指向一栏，填上像和物体的指向**是同**还是**倒**的。

解题线索

线索 1：由反射镜和透镜引起的困扰的提示。

小心：凸面镜具有负的焦距 f，而凸透镜正好相反。凹面镜具有正的焦距 f，而凹透镜恰好相反。混淆透镜和反射镜的性质，是常见的错误。

画光线定扩展物的像

图 35－14a 画出了一个物体 O 在会聚透镜的焦点 F_1 以外。我们能用作图法确定这个物体在轴外的任一点（例如图 35－14a 中的箭头的尖端）的像，只要画出经过该点的三条特殊光线中的任意两条光线的光路图。从所有通过透镜的光线中选出的这些特殊光线如下：

1. 一条原来平行于透镜的中心轴的光线，将通过焦点 F_2（图 35－14a 中的光线 1）。

2. 一条原来通过焦点 F_1 的光线，将沿平行于中心轴的方向从透镜射出（图 35－14a）中的光线 2）。

3. 一条原来射向透镜的中心的光线从透镜射出时不改变它的方向。这是因为该光线遇到的透镜的两边几乎是平行的缘故（图 35－14a 中的光线 3）。

点的像位于光线在透镜的远侧的交点上。物体的像可以通过它上面的两个点或更多点的像确定。

图 35－14b 表明，如何能用三条特殊光线的延长来确定放在会聚透镜的焦点 F_1 以内的一个物体的像。注意光线 2 的画法需修改一下（现在它的反向延长线通过 F_1）。

需要修改光线 1 和光线 2 的画法，以便应用它们去确定位于发散透镜前（任意位置）的像。例如，在图 35－14c 中，我们就是去找光线 3 与光线 1 和光线 2 的反向延长线的交点。

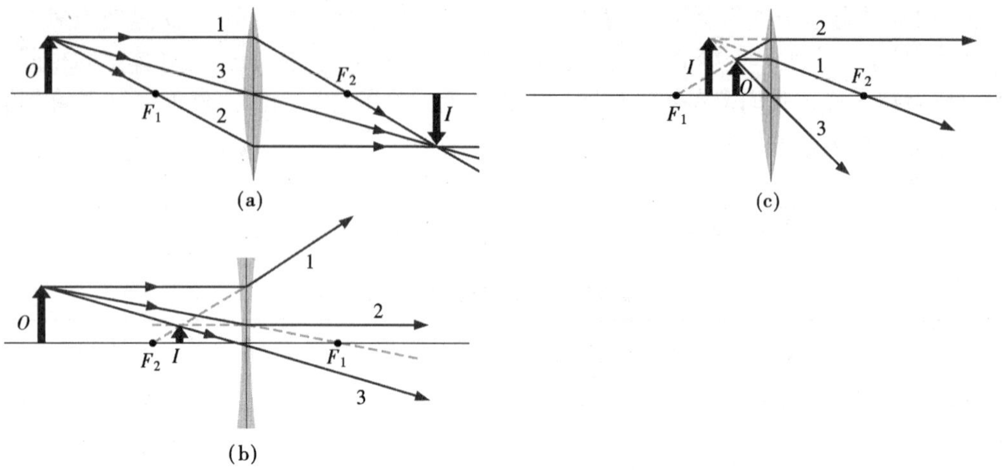

图 35-14 三条特殊的光线使我们能够确定由透镜形成的像，而不管物体 O 是在会聚透镜的焦点（a）之外或（b）之内，或（c）在发散透镜前方的任意位置。

双透镜系统

当一个物体 O 放在中心轴重合的两个透镜的系统前面时，可以分步来求这一系统最后成的像（即离物体更远的那个透镜产生的像）。令透镜 1 是较近的透镜而透镜 2 是较远的透镜。

步骤 1. 令 p_1 代表物体 O 离透镜 1 的距离，然后用公式（35-9）或作图法求出透镜 1 产生的像的距离 i_1。

步骤 2. 现在假定透镜 1 不存在，将在步骤 1 中求得的像作为透镜 2 的**物体**。如果这个新物体位于透镜 2 之外，则对透镜 2 的物距 p_2 取为负的（注意这个对物距取正的规则的例外，它之所以发生是因为物体在光源的相反一侧）。若不然 p_2 照例取正。然后用公式（35-9）或作图法可以求出由透镜 2 产生的（最后的）像的距离 i_2。

相似的分步解题法可用于任意数量的透镜或用一个反射镜代替透镜 2。

由双透镜系统所产生的总的横向放大率是由两个透镜产生的横向放大率 m_1 和 m_2 之积：

$$M = m_1 m_2 \tag{35-11}$$

例题 35-3

一个正在捕食的螳螂，在一个薄的对称透镜的中心轴上离透镜 20cm 处捕食。由透镜给出的螳螂的横向放大率为 $m=-0.25$，透镜材料的折射率是 1.65。

（a）确定透镜产生的像的类型；透镜的类型；物体（螳螂）是在焦点内还是焦点外；像出现在透镜的哪一侧；像是否颠倒了。

【解】 这里关键点是根据所给出的 m 值，可以说出很多关于透镜和像的事情。从此 m 值和式（35-6）$\left(m=-\dfrac{i}{p}\right)$，可得

$$i=-mp=0.25p$$

甚至不用完成这一计算，就可以回答问题。由于 p 是正的，这里 i 在这儿也必定是正的，这意味着像是实像，它又意味着透镜是一个会聚透镜（只有这种透镜能产生实像）。物体必定是在焦点之外（这是能产生实像的惟一途径）。还有这个像是倒的，而且位于透镜的与物体相反的一侧（这就是会聚透镜怎样产生一个实像的道理）。

（b）透镜的两个曲率半径是怎样的？

【解】 这里几个关键点是：

1. 因为透镜是对称的，r_1（靠近物体的表面的）和 r_2 具有相同的值 r。

2. 由于透镜是一个会聚透镜，在靠近的一边物

体面对的是凸面，所以 $r_1 \neq +r$，类似地，在较远的一边物体面对的是凹面，所以 $r_2 = -r$。

3. 可以把述曲率半径与焦距 f 用透镜制造者方程即式（35-10）（仅有的含有透镜曲率半径的方程）联系起来。

4. 可以将 f 跟物距 p 和像距 i 用式（35-9）联系起来。由于知道 p 但是不知道 i，所以首先应完成在（a）部分中的 i 的计算：

$$i = 0.25 \times 20\text{cm} = 5.0\text{cm}$$

现在式（35-9）给出

$$\frac{1}{f} = \frac{1}{p} + \frac{1}{i} = \frac{1}{2.0\text{cm}} + \frac{1}{5.0\text{cm}}$$

由此可得 $f = 4.0\text{cm}$

公式（35-10）于是给出

$$\frac{1}{f} = (n-1)\left(\frac{1}{r_1} - \frac{1}{r_2}\right) = (n-1)\left(\frac{1}{+r} - \frac{1}{-r}\right)$$

或将已知的值代入后可得

$$\frac{1}{4.0\text{cm}} = (1.65-1)\frac{2}{r}$$

由此得 $r = 0.65 \times 2 \times 4.0\text{cm} = 5.2\text{cm}$

（答案）

检查点4：一个薄的对称透镜提供了一个指纹的放大率为 +0.2 的像，此时指纹在透镜的焦点以外 1.0cm 处，该像的种类和指向为何，透镜的种类又为何？

例题 35-4

图 35-15a 表示一粒墨西哥辣椒种子 O_1 放在两个共轴的薄对称透镜 1 和透镜 2 的前面，两透镜的焦距分别为 $f_1 = +24\text{cm}$、$f_2 = +9.0\text{cm}$，相隔 $L = 10\text{cm}$。种子离透镜 1 的距离为 6.0cm，这一双透镜系统产生的种子的像在哪里？

【解】 画出由种子发出的穿过两个透镜的光线，可以确定由这一透镜系统所产生的像的位置。然而，这里关键点是，可以换一个方法，即一个透镜一个透镜地逐步对系统进行计算来确定像的位置。从离种子近的那个透镜开始，要找的像是最后那一个——即由透镜 2 所产生的像 I_2。

透镜 1，认为透镜 2 不存在，应用式（35-9），确定单独由透镜 1 产生的像的位置：

$$\frac{1}{p_1} + \frac{1}{i_1} = \frac{1}{f_1}$$

透镜 1 的物体 O_1 是种子，它距透镜的距离是 6.0cm；因此将 $p_1 = +6.0\text{cm}$ 代入，同时代入焦距 f_1 的给定值，可有

$$\frac{1}{+6.0\text{cm}} + \frac{1}{i_1} = \frac{1}{+24\text{cm}}$$

由此得 $i_1 = -8.0\text{cm}$。

这说明像 1 距离透镜 8.0cm，而且是虚像（如果注意到了种子是放在透镜 1 的焦点以内的就已经可能猜到像是虚的）。由于 I_1 是虚像，它应该和物体 O_1 在透镜的同侧，而且与种子的指向相同，如图 35-15b 所示。

透镜 2，在解题的第二步中，关键点是，我们可以将像 I_1 当作第二个透镜的物体 O_2，而现在认为透

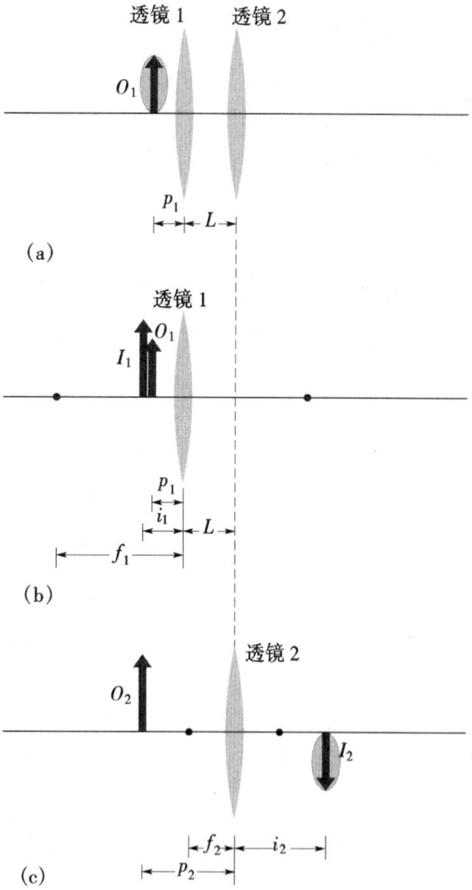

图 35-15 例题 35-4 图 （a）种子 O_1 与透镜间距为 L 的双透镜系统的距离为 p_1。用箭头表示种子的指向。（b）由透镜 1 单独产生的像 I_1。（c）I_1 像作为单独透镜 2 的物体 O_2，再由透镜 2 产生最后的像 I_2。

镜1不存在。首先注意到这个物体 O_2 位于透镜2的焦点以外，所以由透镜2产生的像 I_2 一定是实的，倒的，而位于透镜的和 O_2 的相反的一侧。让我们来看看。

这个物体 O_2 和透镜2之间的距离 p_2，从图35-15c可看出

$$p_2 = L + |i_1| = 10\text{cm} + 8.0\text{cm} = 18\text{cm}$$

于是公式（35-9）现在对透镜2，给出

$$\frac{1}{+18\text{cm}} + \frac{1}{i_2} = \frac{1}{+9.0\text{cm}}$$

由此得 $i_2 = +18\text{cm}$ （答案）

正号证实了我们的猜想，透镜2产生的像2是实的，倒的，而且在透镜2的和 O_2 相反的一侧。如图35-15c所示。

35-7 光学仪器

人的眼睛是一个具有奇特功效的器官，但其视觉范围还能利用诸如眼镜、简单放大镜、电影放映机、照相机（包括电视摄像机）、显微镜和望远镜等多种仪器加以扩展，许多这样的装置把人类的视觉范围扩展到了可见光范围以外。卫星承载红外线照相机和X射线显微镜就是两个这样的例子。

反射镜和薄透镜公式只能作为近似应用在大多数很复杂的光学仪器上。典型的实验室显微镜中的透镜，绝不是“薄的”。在大多数的光学仪器中透镜都是复合透镜。也就是说，它们是由若干元件构成，分界面也很少是精确的球形。下面讨论的三种光学仪器，为简单起见，均假设可以应用薄透镜公式。

简单的放大镜

从无限远到一个被称为近点 P_n 的确定的点之间任何位置上的物体，正常的人眼能够在视网膜（在眼的后部）上把它聚焦成清晰的像。如果你把物体移动到近点以内，视网膜感觉到的像将变得模糊。近点的位置一般随着年龄而改变。大家都听说过有人宣称不需要眼镜，就能阅读在臂长处的他们的报纸，他们的近点是向远处退去了。为了找到你自己的近点，取下你的眼镜或者可能戴的任何其他东西，再闭上一只眼，然后将这页书移近你睁开的眼，直到看它模糊不清为止。在下面的讨论中取近点离眼25cm，比20岁的人的典型值大一点。

由图35-16a所示，物体 O 位于人眼的近点 P_n。物体在视网膜上产生的像的尺寸取决于物体在人眼视场中所张的角 θ。将物体移近眼睛，如图35-16b所示，可以增大这个角，而且因此增大分辨物体的细节的可能性。可是，如果移到近点以内，物体将不再聚焦；也就是说，像不再清晰。

通过一个会聚透镜观察物体 O 可以恢复其清晰度，如果把物体 O 刚刚放在焦距为 f 的透镜的焦点 F_1 以内（图35-16c）。这时你将看到透镜产生的 O 的虚像。这个像比近点更远，因此人眼可以清楚地看见它。

还有，虚像张的角 θ' 要大于物体自己能张的仍能被看清楚的最大角 θ。所看到的像的**角放大率** m_θ（不要和横向放大率相混）是

$$m_\theta = \theta'/\theta$$

就是说，一个简单的放大镜的角放大率，是由透镜所产生的像所张的角与物体移到观察者的近点时所张的角的比。

从图35-16可知，假设 O 是在透镜的焦点，而且对很小的角而言用 θ 近似 $\tan\theta$，用 θ' 近似

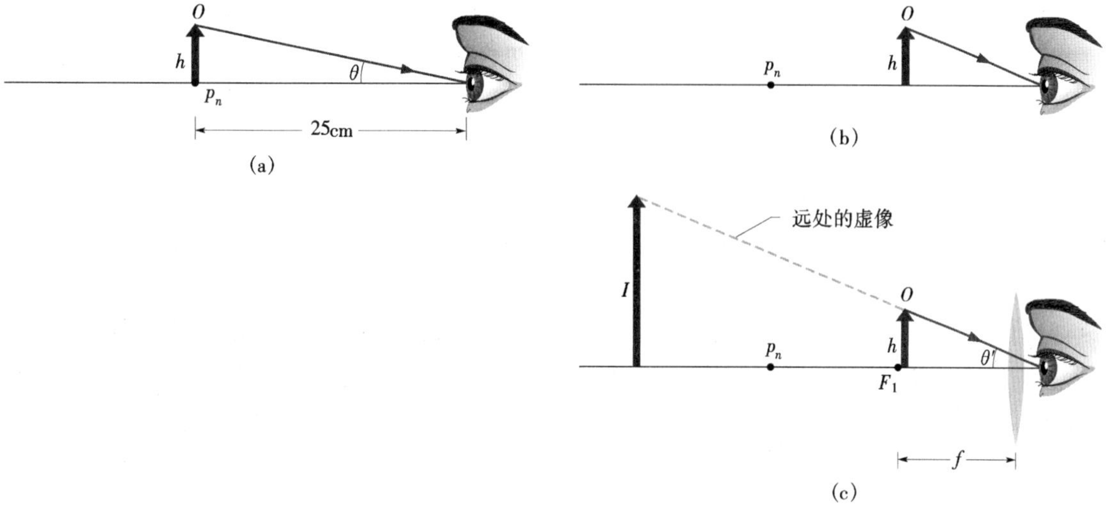

图 35 -16　(a) 放在人眼的近点上的一个高为 h 的物体，在眼的视场中张的角度为 θ。(b) 使物体靠近以增大 θ 角，然而现在观察者不能将物体焦聚成像。(c) 一个会聚透镜放在人眼和物体之间，使物体正好在透镜的焦点之内。这时通过透镜由人眼聚焦产生的像将在足够远处，而且像张的角 θ' 比物体 O 在图 (a) 中张的大。

$\tan\theta'$，可得

$$\theta \approx \frac{h}{25\text{cm}},\ \theta' \approx \frac{h}{f}$$

于是可得

$$m_\theta \approx \frac{25\text{cm}}{f} \quad (\text{简单放大镜}) \qquad (35-12)$$

复合显微镜

图 35 -17 是一台复合显微镜的薄透镜样版。这台仪器由焦距为 f_{ob} 的物镜（前面的透镜）和焦距为 f_{ey} 的目镜（靠近人眼的透镜）组成，它用来观察距物镜很近的微小物体。

将被观测的物体 O 放在物镜的第一焦点 F_1 的外侧紧邻处，和 F_1 靠得足够近以致可以把它离透镜的距离 p 近似为焦距 f_{ob}，然后调节两透镜之间的距离，使由物镜产生的放大了的倒的实像 I，刚刚位于目镜第一个焦点 F'_1 以内。如图 35 -17 所示**镜筒长度** s 实际上相对 f_{ob} 要长，而且我们可以把物镜与像 I 之间的距离 i 近似为镜筒长度 s。

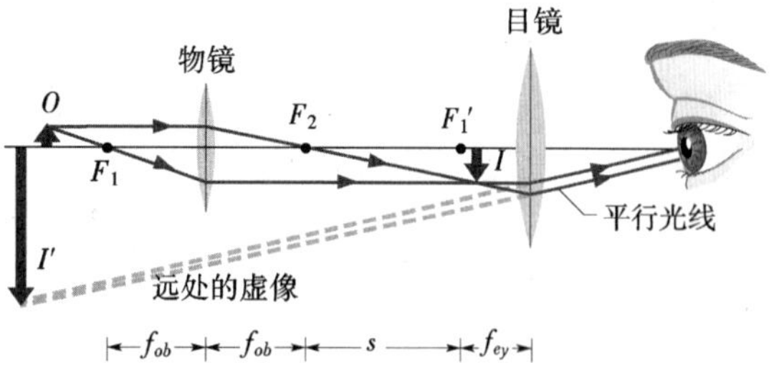

图 35 -17　一台复合显微镜（不合比例）的薄透镜代表。物镜刚刚在目镜的焦点 F'_1 以内产生物体 O 的一个实像 I。像 I 又作为物体，由目镜产生一个观察者看到的最后的虚像 I'。物镜的焦距为 f_{ob}，目镜的焦距为 f_{ey}，s 是镜筒的长度。

根据等式 (35 -6)，并应对 p 和 i 所取的近似，可以把物镜产生的横向放大率写成：

$$m = -\frac{i}{p} = -\frac{s}{f_{ob}} \qquad (35-13)$$

由于像 I 刚刚位于目镜的焦点之内，目镜就起一个简单放大镜的作用，而观察者通过它看到了最后的（虚的倒的）像 I'。仪器的总放大率是由物镜产生的由式 (35 -13) 给出的横向放

大率 m 和由目镜产生的由式（35－12）给出的角放大率 m_θ 的乘积，即

$$M = mm_\theta = -\frac{s}{f_{ob}} \cdot \frac{25\mathrm{cm}}{f_{ey}} \quad (显微镜) \qquad (35-14)$$

折射望远镜

望远镜有多种类型。这里介绍的是简单的折射望远镜，它由一个物镜和一个目镜所组成。它们在图35－18中用两个简单透镜表示，虽然实际上（大多数显微镜也一样）每一个透镜都是复合透镜系统。

对望远镜和显微镜，透镜的配置是相似的，但是望远镜是为观测远处的大的物体，诸如银河系、恒星和行星等而设计的，而显微镜却是为了相反的目的而设计的。这一差别要求图35－18中的望远镜物镜的第二个焦点 F_2 和目镜的第一焦点 F'_1 重合，而在图35－17所示的显微镜中，这两点是以镜筒长度 s 分开的。

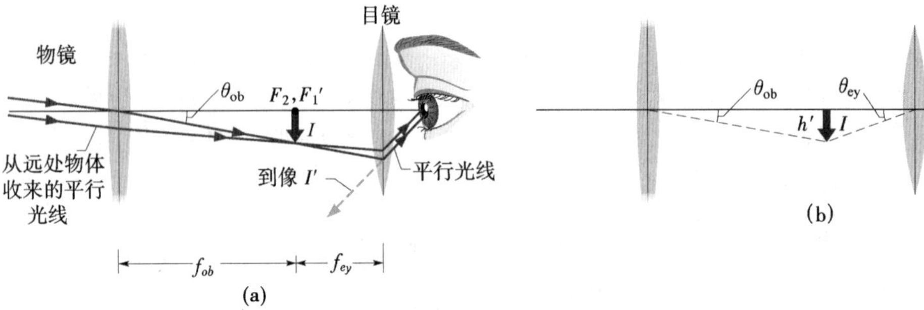

图35－18 (a) 折射望远镜的薄透镜表示。由远处光源（即物体）所发来的几乎平行的光线，通过物镜在 F_2 和 F'_1 两焦点重合之处产生了物体的实像 I（假设该物体的一端位于中心轴上）。像 I 作为物体由目镜在离观察者很远处产生最后的虚像 I'。物镜的焦距为 f_{ob}，目镜的焦距为 f_{ey}。(b) 像 I 的高为 h'，从物镜测出的角为 θ_{ob} 及从目镜测出的角为 θ_{ey}。

在图35－18a中，从远处物体射来的平行光线打到物镜上，与望远镜的轴形成角 θ_{ob}。在 F_2、F'_1 的重合处形成一个倒的实像。这个像 I 又作为对目镜的物体，使观察者通过目镜看到（仍是倒的）一个远处的虚像 I'。决定像的折射光线与望远镜轴的形成角 θ_{ey}。

望远镜的角放大率 m_θ 等于 θ_{ey}/θ_{ob}，由图35－18b可知，对于光线贴近中心轴的光线，可以有 $\theta_{ob} = h'/f_{ob}$，$\theta_{ey} \approx h'/f_{ey}$，由此可得，

$$m_\theta = -f_{ob}/f_{ey} \quad (望远镜) \qquad (35-15)$$

其中的负号表明 I' 是倒像。就是说，望远镜的角放大率是用望远镜产生的像所张的角，与不用望远镜所看到的远处物体的张角相比。

放大率仅仅是我们设计天文望远镜需要考虑的因素之一，而且的确是容易达到的。一架好的望远镜需要**集光本领**，它决定像的亮度。当观测暗淡的例如遥远的星系时，这一点是重要的，而且应使物镜的直径尽可能大以达到目的。一架望远镜也需要**分辨本领**，它决定望远镜分辨角距离很小的遥远的两个物体（譬如说，恒星）的本领。**视场**是另一个重要的设计参数。为观看星系（只占有很小的视场）所设计的望远镜与为追踪流星（它们在宽阔的视场中运动）设计的望远镜就有很大的不同。

望远镜的设计者也必须考虑实际的透镜和我们讨论过的理想薄透镜之间的差别。一个真实

的有球形表面的透镜不能形成清晰的像。这个缺点称为**球差**。还有，由于实际透镜的两个表面的折射与波长有关，一个实际的透镜不能将不同波长的光会聚到同一点。这个缺点称为**色差**。

以上的概述并没有涵盖天文望远镜的所有设计参量，还涉及许多其他参量，对于其他高性能的光学仪器，也可以列出许多必须考虑的项目。

35-8 三个证明

球面镜公式（式（35-4））

图35-19表示一个点物O放在一个凹球面镜的中心轴上曲率中心以外的地方。从O点发出的一条与中心轴的夹角为α的光线在凹面镜上的a点反射后，与轴相交于I。另一条从O点沿着轴发出的光线在射向c点沿原路反射回来也经过I，因此I是O的像。它是一个实像，因为光线确实通过了它。现在求像距i。

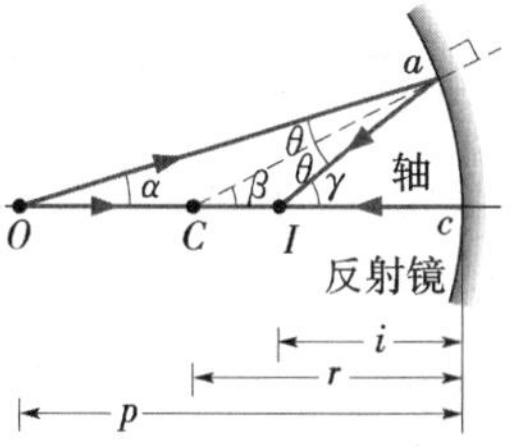

图35-19 一凹球面镜通过反射由点状物O发出的光线形成实的点像I。

在这里要用到的一个三角学定理，即在三角形中一个外角应等于与它不相邻的两个内角之和，将这一定理应用于图35-19中的$\triangle OaC$和$\triangle Oa1$：

$$\beta = \alpha\ \theta \text{ 和 } \gamma = \alpha + 2\theta$$

如果消去两式中的θ，可得

$$\alpha + \gamma = 2\beta \tag{35-16}$$

我们可以用rad为单位，写出角α，β和γ，有

$$\alpha \approx \frac{\overset{\frown}{ac}}{cO} = \frac{\overset{\frown}{ac}}{p}，\ \beta \approx \frac{\overset{\frown}{ac}}{cC} = \frac{\overset{\frown}{ac}}{r}$$

和

$$\gamma \approx \frac{\overset{\frown}{ac}}{cI} = \frac{\overset{\frown}{ac}}{i} \tag{35-17}$$

因为弧ac的曲率中心在C点，所以仅有表示β的式子是精确的，然而如果这些角度足够小（即对靠近中心轴的光线），表示α和γ的式子也都是近似正确的。将式（35-17）诸式代入式（35-16），用式（35-3）以$2f$代替r，消去$\overset{\frown}{ac}$就可严格地导出开始要证明的关系式（35-4）。

折射面公式（式（35-8））

在图35-20中，从点物O发出的落在球形折射面上a点的入射光线，在那里根据式（34-44）折射。

$$n_1\sin\theta_1 = n_2\sin\theta_2$$

如果α很小，θ_1和θ_2也一定很小，就可以将这些角的正弦近似用它们各自的角来代替。因此上式变为

$$n_1\theta_1 \approx n_2\theta_2 \tag{35-18}$$

这里再次用三角形的一外角等于两内对角之和的事实。对于$\triangle COa$和$\triangle ICa$来讲，可得

$$\theta_1 = \alpha + \beta，\ \beta = \theta_2 + \gamma \tag{35-19}$$

如果用式（35－19）从式（35－18）中消去 θ_1 和 θ_2，可得

$$n_1\alpha + n_2\gamma = (n_2 - n_1)\beta \tag{35-20}$$

用 rad 量度角度 α、β 和 γ 得

$$\alpha \approx \frac{\overset{\frown}{ac}}{p};\ \beta = \frac{\overset{\frown}{ac}}{r};\ \gamma \approx \frac{\overset{\frown}{ac}}{i} \tag{35-21}$$

这些等式中，仅第二式是精确的。其他两个近似相等，因为 I 和 O 都不是 $\overset{\frown}{ac}$ 弧作为其一部分的圆的中心。然而如果 α 足够小（对靠近轴的光线），式（35－21）中的不精确度是很小的。将式（35－21）代入式（35－20）就直接导出我们所需要的式（35－8）。

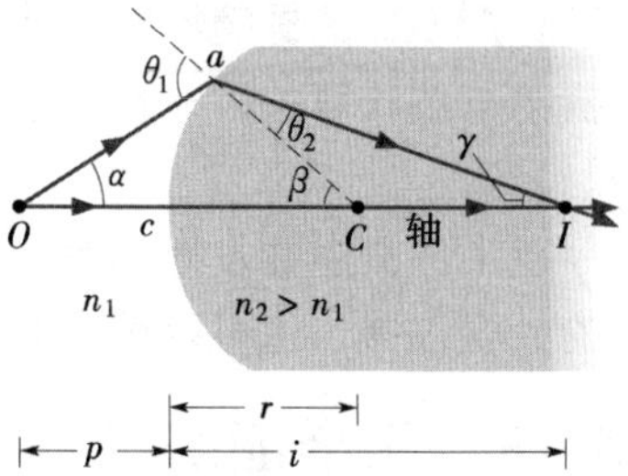

图 35－20　由于在两种介质间的凸球面上的折射而形成的点物 O 的实的点像。

薄透镜公式（式（35－9）和（35－10））

我们的计划是把每个透镜面看成一个单独的折射面，而把第一面所形成的像用作第二面的物。

从在图 35－21a 中表示的长为 L 的厚玻璃“透镜”开始，它的左边和右边磨成半径分别为 r' 和 r'' 的折射面。一个点物 O' 如图放在玻璃的左侧表面附近。沿着中心轴从 O' 发出的一条光线，射入透镜和从透镜射出时都不发生偏折。

第二条从 O' 发出与中心轴成 α 角的光线，在左边表面上的 a' 点折射后与第二个（右边的）表面相交于的 a'' 点。这条光线再次折射后通过轴上的 I'' 点，这一点作为从 O' 点发出的两条光线的交点，就是经过两表面折射后形成的 O' 点的像 I''。

图 35－21b 显示第一个表面（左边的）在 I' 也形成 O' 的一个虚像。为了求 I' 的位置用式（35－8）

$$\frac{n_1}{p} + \frac{n_2}{i} = \frac{n_2 - n_1}{r}$$

将空气的折射率 $n_1 = 1$ 和透镜玻璃的折射率为 $n_2 = n$ 代入，并记住像距是负的（即在图 35－21b 中，$i = -i'$）得

$$\frac{1}{p'} - \frac{n}{i'} = \frac{n-1}{r'} \tag{35-22}$$

在这个等式中 i' 将是一个正值，因为我们已经引入了适合虚像的负号。

图 35－21c 再次显示了第二个表面。除非一个在 a'' 的观察者意识到第一表面的存在，否则他将会认为射到 a'' 点的光是从图 35－21b 中的 I' 点发出的，而且如图示的该表面的左方充满了玻璃。因此第一表面所成的（虚）像 I' 就成了第二表面的实物体 O''，O'' 离开第二表面的距离为

$$p'' = i' + L \tag{35-23}$$

将式（35－8）应用于第二表面，因为物体现在被等效地是嵌入了玻璃，就必需以 $n_1 = n$，$n_2 = 1$ 代入。如果再代入式（35－23），式（35－8）就变为

$$\frac{n}{i' + L} + \frac{1}{i''} = \frac{1-n}{r''} \tag{35-24}$$

现在假设在图 35－21a 所示的“透镜”的厚度 L 非常小，以致在与其他的线量（如 p'，i'，p''，i''，r' 和 r''）相比时可以忽略。在所有以下的推导中，我们也总采用这种**薄透镜近似**来处理。

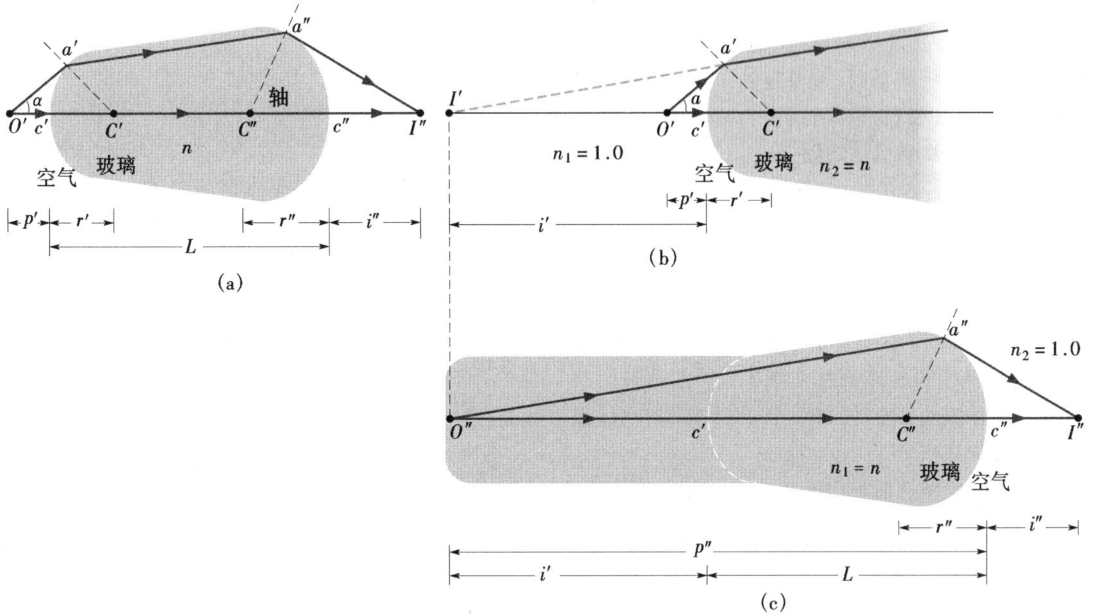

图 35－21 (a) 从点物 O' 发出的两条光线，通过"透镜"的两个球形表面折射后，形成了实像 I''。物体在透镜的左边面对一个凸面，在右边面对一个凹面。通过 a' 和 a'' 点的光线实际上离透镜的中心轴很近的。(b) 在 (a) 中的"透镜"的左部。(c) 在 (a) 中透镜的右部。

将 $L=0$ 代入式 (35－24)，而且将式的右边整理后，有

$$\frac{n}{i'}+\frac{1}{i''}=-\frac{n-1}{r''} \tag{35-25}$$

将式 (35－22) 和式 (35－25) 加起来，得到

$$\frac{1}{p'}+\frac{1}{i''}=(n-1)\left(\frac{1}{r'}-\frac{1}{r''}\right)$$

将最初的物距简称为 p，最后的像距简称为 i，就有

$$\frac{1}{p}+\frac{1}{i}=(n-1)\left(\frac{1}{r'}-\frac{1}{r''}\right) \tag{35-26}$$

此式，稍稍改变一下符号，就是开始要证明的关系式 (35－9) 和式 (35－10)。

复习和小结

实像和虚像 像是物体通过光的再现，如果一个像能成在一个表面上，它是一个实像，并且即使没有观察者在场，它也能存在。如果一个像需要观察者的视觉系统来感知，这个像是虚像。

像的形成 球面镜，球形折射面和薄透镜都能够改变从光源——物——发出的光线的方向而形成光源的像。这像发生在各改变了方向的光线的交点（形成一个实像），或者是在这些光线的反向延长线的交点（形成一个虚像）。如果这些光线离开通过球面镜、折射面或者薄透镜的中心轴足够近，就有物距 p（是正的）和像距 i（对实像是正的，对虚像是负的）之间的下列关系：

1. 球面镜

$$\frac{1}{p}+\frac{1}{i}=\frac{1}{f}=\frac{2}{r} \quad (35-4,\ 35-3)$$

式中，f 是镜的焦距；r 是镜的曲率半径。平面镜是 $r\to\infty$ 时的一种特殊的情况，以致 $p=-i$。实像形成在镜的物体所在的那侧，而虚像形成在相反的一侧。

2. 球形折射面

$$\frac{n_1}{p}+\frac{n_2}{i}=\frac{n_2-n_1}{r} \quad （单面） \quad (35-8)$$

物理学基础

式中，n_1 是物体所在处的介质的折射率；n_2 是在折射面另一侧的介质的折射率；r 是折射面的曲率半径。物体面对凸折射面时，r 是正的，面对凹折射面时，r 是负的。实像形成在折射面的与物体相反的一侧，虚像形成在与物体相同的一侧。

3. 薄透镜

$$\frac{1}{p}+\frac{1}{i}=\frac{1}{f}=(n-1)\left(\frac{1}{r_1}-\frac{1}{r_2}\right) \quad (35-9,\ 35-10)$$

式中，f 是透镜的焦距；n 是透镜介质的折射率；r_1 与 r_2 是透镜的两球形表面的曲率半径。凸透镜面对物体的那一面的曲率半径为正，而凹透镜面对物体那一面的曲率半径为负。

实像形成在透镜的与物体相反的一侧，虚像形成在与物体相同的一侧。

横向放大率　球面镜或者薄透镜产生的横向放大率 m 是

$$m=-\frac{i}{p} \quad (35-6)$$

m 的大小给定为

$$|m|=\frac{h'}{h} \quad (35-5)$$

式中 h 和 h' 分别是物体和像的高度（垂直于中心轴量度）。

光学仪器： 扩大人类的视力的三种光学仪器是：

1. 简单放大镜，它产生的角放大率 m_θ 给定为

$$m_\theta=\frac{25\text{cm}}{f} \quad (35-12)$$

式中 f 是放大镜的焦距。

2. 复合显微镜，它产生的总放大率为 M 给定为

$$M=mm_\theta=-\frac{s}{f_{ob}}\cdot\frac{25\text{cm}}{f_{ey}} \quad (35-14)$$

式中 m 是物镜产生的横向放大率；m_θ 是目镜产生的角放大率；s 是镜筒长度；f_{ob} 和 f_{ey} 分别是物镜和目镜的焦距。

3. 折射望远镜，它产生的角放大率 m_θ，给定为

$$m_\theta=-f_{ob}/f_{ey} \quad (35-15)$$

思考题

1. 湖怪、男人鱼和美人鱼，很早以来就已经被在岸上或者在船的低甲板上的观察者“看见”了。从这样低的地点，观察者能够截获从一个漂浮物（譬如说，一段原木或者一只海豚）发出，而且稍稍向下弯曲地射向观察者的光线（图35－22a 中夸大地画出了这样一条光线），观察者会看到物体好像被从水中向上拉长了一样（而且可能由于空气的扰动而摆动）。这种幻景可能很像传说中的动物。图35－22b 中给出了几条曲线，它们是从水面算起的高度对空气温度的曲线。这几条曲线中哪一条最能说明使光线弯曲并导致产生这一幻景的空气温度条件？

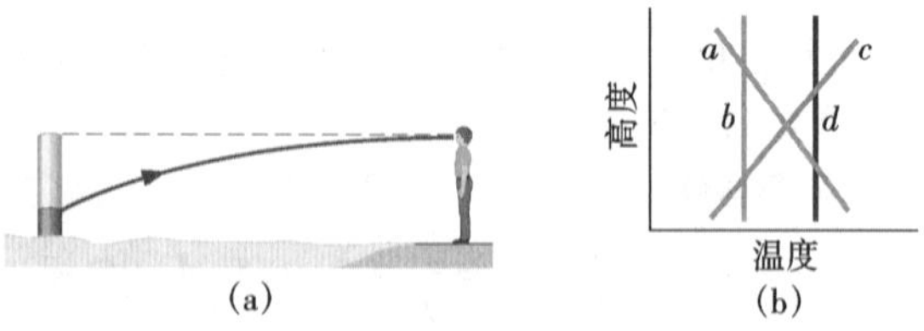

图35－22　思考题1图

2. 如图35－23 所示，在水中有一条鱼和一个潜随捕鱼者。(a) 捕鱼者看见那鱼是在 a 点附近还是在 b 点附近？(b) 从鱼看来，捕鱼者的可怕的眼睛是在 c 点附近还是在 d 点附近？

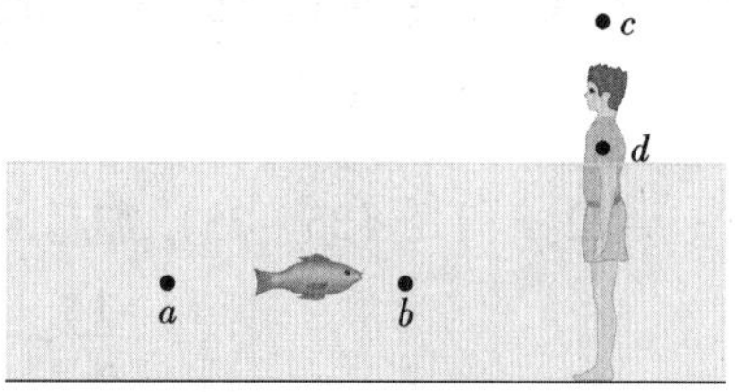

图35－23　思考题2图

3. 在如图 35－24a 所示的镜面迷宫中，许多“虚过道”似乎从你这里延伸到远处。这是由于你从形成迷宫的墙的许多镜子中看到了多重反射的结果。这些镜子沿着地板上的重复的等边三角形的一些边放置。一个相似但不同的迷宫的地板平面图如图35－24b 所示，这个迷宫的每一面墙都装上了镜子。如果你站在镜子入口 x 处，(a) 你能沿着从入口 x 处延伸的虚幻的过道看到隐藏在迷宫中的 a，b，c 三个怪物中的哪一个？(b) 每一个可见的怪物在一个过道中出现几次？(c) 在一个过道的尽头是什么？

（**提示：** 图中的两条光线是沿着两条虚幻过道出来的。跟着它们返回迷宫，在沿每一条过道遇到的每一个镜面，应用反射定律来确定每面镜子的反射情况。它们每经过一个三角形就有一个可见怪物吗？如果这样，有多少次？更多的分析，请参考 J. Walker.

"The Amateur Scientist". *Scientific American*, Vol, 254, Pages120—126, June 1986)

(a)

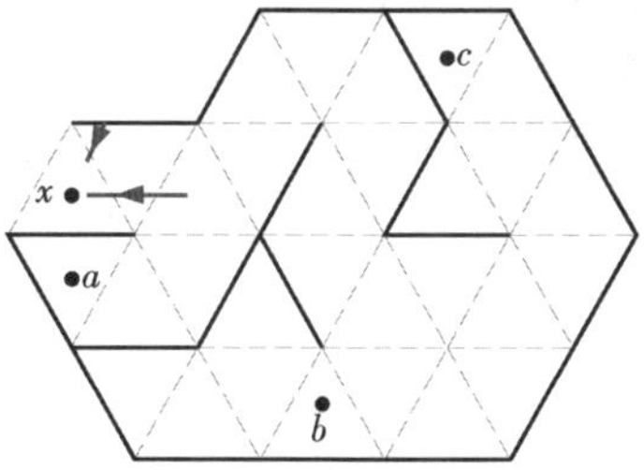

(b)

图 35-24 思考题 3 图

4. 一只企鹅，沿着凹面反射镜的中心轴摇摇摆摆地从焦点走向基本上无限远处。(a) 它的像是怎样运动的？(b) 它的像的高度是持续增加还是持续减少，或者为其他复杂的情况？

5. 当在电影**侏罗纪公园**中，一只大恐龙 T. rex 追赶一辆吉普车时，我们通过侧视镜看到 T. rex 的一个反射像。该侧视镜上印有（暗含幽默）警告："镜中的物体比它们实际的出现要更近一些。" 反射镜是平的、凸的还是凹的？

6. 如图 35-25 所示的四个薄透镜，用的全是一种材料，它们的表面或者是平的，或者是曲率半径为 10cm 的曲面，不用计算，根据焦距的大小，把它们由大到小排序。

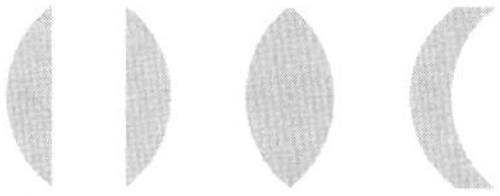

图 35-25 思考题 6 图

7. 一个物体放在一个薄的对称的会聚透镜前，如果我们增加 (a) 透镜的折射率 n，(b) 两表面的曲率半径的大小和 (c) 透镜周围介质的折射率 n_{med}，并保持 n_{med} 始终小于 n，它的像距是增大、减小或者保持不变？

8. 一个凹镜和一个会聚透镜（$n=1.5$ 的玻璃），当它们在空气中时，都具有 3cm 的焦距。当把它们放在水（$n=1.33$）中时，它们的焦距是大于、小于还是等于 3cm？

9. 图 35-26 中的两个薄透镜（标明 F_1，F_2 的点是透镜 1 和透镜 2 的焦点），下表中列出了 6 种基本的配置方式，一个物体在透镜 1 左边距离 p_1 的地方，如图 35-15 中那样。(a) 不用计算，对哪种配置方式能说出最后的像（由透镜 2 产生）是否位于透镜 2 的左边或右边和它是否和物体具有相同的指向？(b) 从这些"容易"的配置方式，用"左"或"右"给出像的位置，用"同"或"倒"给出指向。

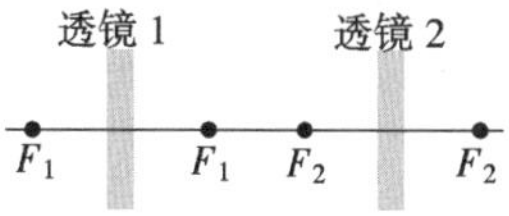

图 35-26 思考题 9 图

配置方式	透镜 1	透镜 2	
1	会聚	会聚	$p_1 < f_1$
2	会聚	会聚	$p_1 > f_1$
3	发散	会聚	$p_1 < f_1$
4	发散	会聚	$p_1 > f_1$
5	发散	发散	$p_1 < f_1$
6	发散	发散	$p_1 > f_1$

10. 人的视觉，所需要的光线偏折主要发生在角膜（在空气-眼睛的界面）处。角膜的折射率比水的折射率大一些。

(a) 眼睛在游泳池中没入时，角膜处光线的偏折比在空气中的大些、小些还是一样？

(b) 中美洲的 Anableps anableps 鱼能够同时观看

水上和水下的物体，这是因为它在游泳时眼睛的一部分露在水面上。为了能获得两种媒质中的清晰景象，没入水中的那部分角膜的曲率半径是大于、小于还是等于露出部分的？

练习和习题

35－2节 平面镜

1E. 在和眼睛大约同高的一只飞蛾，在平面镜前方10cm处，你在飞蛾的后面距平面镜30cm处，你的眼睛和镜中飞蛾的表观位置之间的距离是多少？(ssm)(ilw)

2E. 你正通过照相机，看一个平面镜中一只蜂鸟的像。照相机在平面镜前4.30m，蜂鸟与照相机在同一水平面内你的右方距离5.00m处，而距平面镜的距离为3.30m，照相机和镜中蜂鸟的表观位置之间的距离是多少？

3E. 图35－27a是两个竖直的平面镜的俯视图，有一个物体O在两个镜子的中间。如果你向镜中看，可以看到多个O的像。你可以通过画出每个镜子中的两个镜之间的角范围的反射图，来找出这些像，如在图35－27b中对左手的镜子所做的那样。然后再画出这个反射图的反射图。继续向左方和向右方这样做，直到这些反射图在镜后相遇或相重叠。于是你就能计算O的像的数目。(a) 如果$\theta=90°$，你会看到有多少O的像？(b) 画出它们的位置和指向(像在图35－27b那样)。(ssm)

4P. 对两镜的夹角θ为(a) 45°，(b) 60°，(c) 120°的情况，重复练习3.(d) 解释为什么对于(c)有几个可能的答案。

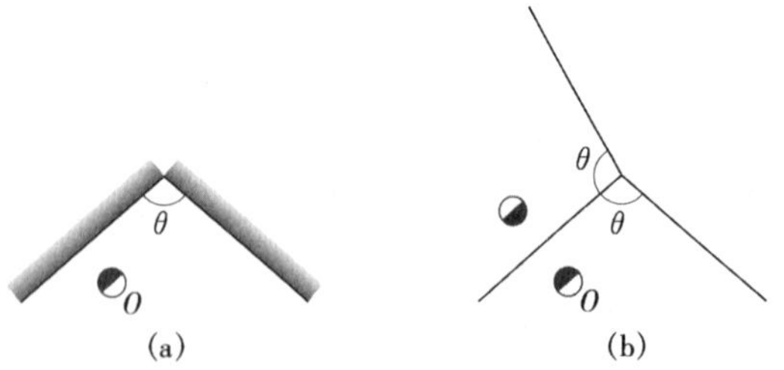

图35－27 练习3和习题4图

5P. 证明如果一个平面镜转过一个角α，反射线将转过2α，对$\alpha=45°$说明这个结果是合理的。(ssm)

6P. 图35－28是一个回廊的俯视图。平面镜M装在它的一端，一个窃贼B沿着回廊直接向着镜子的中心偷偷溜进来，如果$d=3.0$m，她离镜子多远时，秘密警卫S就能在镜子中第一次发现她？

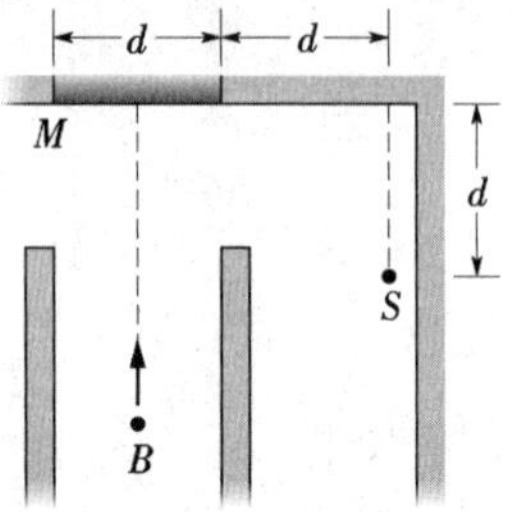

图35－28 习题6图

7P. 在屏幕A前面距离为d处放一个点光源S，如果再将一完全反射的平面反射镜M放在点光源后面距离为d处，如图35－29所示。在屏幕中心的光强将如何变化？(提示：使用公式34－27)(ssm)

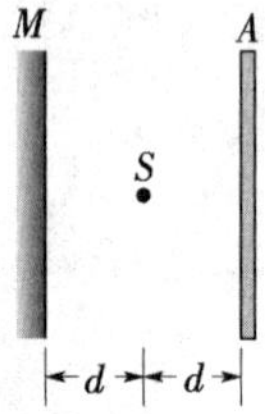

图35－29 习题7图

8P. 如图35－30所示，一个小灯泡悬挂在游泳池水面的上方，游泳池的底面是一面大的镜子，灯泡的像在镜面以下多远处？(提示：像图35－3那样画两条光线，但要考虑它们由于折射产生的偏折。假设这些光线离通过灯泡的竖直轴很近，并且利用$\sin\theta\approx\tan\theta\approx\theta$的近似。)

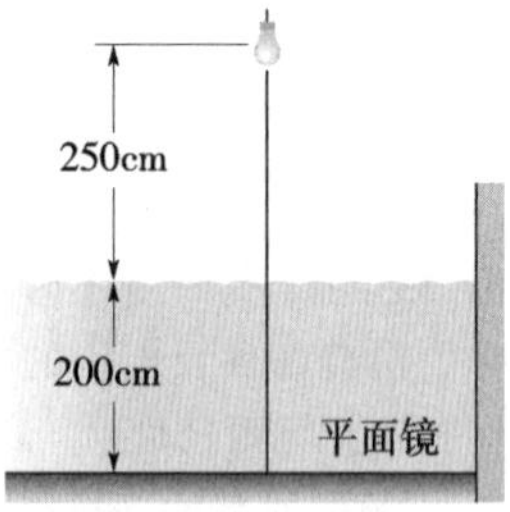

图35－30 习题8图

35－4节 球面镜成像

9E. 一个刮脸用的凹面镜的曲率半径为35.0cm，它所放的位置使人脸的(正立)像是脸的大小的2.50倍，平面镜离人脸的距离为多少？

10P. 填写表35－3，表格中的每一行给出了物体和平面镜，凸面镜和凹面镜中任何一个的不同组合，距离以 cm 计。如果一个数没有符号，填上符号。画每个组合的草图，并在其中画出足够的光线以确定物体和它的像的位置。

表 35－3　习题 10：反射镜

类型	f	r	i	p	m	实像?	倒像?
(a)凹	20			+10			
(b)				+10	+1.0	否	
(c)	+20			+30			
(d)				+60	+0.50		
(e)		−40	−10				
(f)	20				+0.10		
(g)凸		40	4.0				
(h)				+24	0.50		是

11P. 一个长为 L 的短而直的物体顺躺在一球面镜的中心轴上，距镜的距离为 p。(a) 证明它在镜中的像的长度 $L' = L\left(\frac{f}{p-f}\right)^2$。

（提示：确定物体的两端的位置）。(b) 证明它的**纵向放大率** m' $(=L'/L)$ 等于 m^2，这儿的 m 是横向放大率。(ssm) (www)

12P. (a) 一个发光点以速率 v_O 沿着一个半径为 r 的球面镜的中心轴向镜运动，证明这个点的像运动的速率为：$v_I = -\left(\frac{r}{2p-r}\right)^2 v_O$，这里的 p 是发光点在任意给定时刻离球面镜的距离。（提示：从式 (35－4) 开始）。现在假设镜是凹面镜，$r=15$cm，同时令 $v_O=5.0$cm/s，求当 (b) $p=30$cm（在焦点以外很远处），(c) $p=8.0$cm（刚刚在焦点外），(d) $p=10$mm（离镜非常近）时像的速率。

35－5 节　球形折射面

13P. 从一个激光器发出了一束平行光线入射到一个折射率为 n 的透明固体球面上（图 35－31）(a) 如果在球体的背面产生了一个点像，球的折射率为何？(b) 如果在球体的中心产生了一个点像，球的折射率又为何？

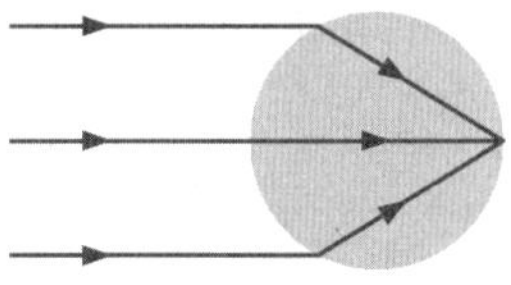

图 35－31　习题 13 图

14P. 填定表 35－4，每一行给出了一个点物和一个分开不同折射率的两种媒质的球形表面的不同组合。距离以 cm 计。如果一个数没有符号，填上符号。画出各种组合的草图，并在其中画出足够的光线以确定物和像的位置。

表 35－4　习题 14：球形折射表面

	n_1	n_2	p	i	r	倒像?
(a)	1.0	1.5	+10		+30	
(b)	1.0	1.5	+10	−13		
(c)	1.0	1.5		+600	+30	
(d)	1.0		+20	−20	−20	
(e)	1.5	1.0	+10	−6.0		
(f)	1.5	1.0		−7.5	−30	
(g)	1.5	1.0	+70		+30	
(h)	1.5		+100	+600	−30	

15P. 你向下看沉在池子底上的一枚硬币（图 35－32），池中液体的深度为 d 折射率为 n。因为你是用两只眼睛看的，它们截获的是来自硬币的不同光线，你会看到硬币是在这些光线的延长线在深度 d_a 而不是 d 处的交点。假设在图 35－32 中的相交的光线离通过硬币的竖直轴很近，证明：$d_a = d/n$。

（提示：用 $\sin\theta \approx \tan\theta \approx \theta$ 的小角近似）

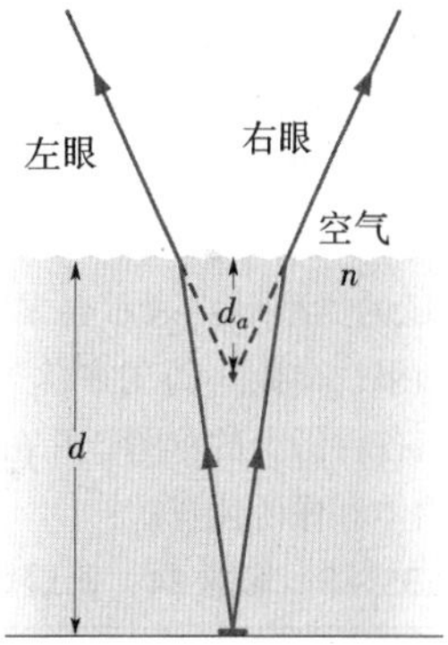

图 35－32　习题 15 图

16P. 在一个槽中，一层 20mm 厚的水（$n=1.33$）浮在 40mm 厚的四氯化碳（$n=1.46$）上。在槽的底上放一枚硬币，你看到的硬币，在水的上表面以下多深的地方？（提示：用习题 15 的结果和假设，并画一个这种情况下的光路图来求解）

35－6 节　薄透镜

17E. 一个物体在一个焦距为 30cm 的发散薄透镜左方 20cm 处。透镜的像距 i 是多少？用光路图找出像的位置。(ssm) (ilw)

18E. 使用一个焦距为 20cm 的薄透镜，在一个屏上产生一个太阳的像，像的直径是多少？（对所需太阳的数据，参阅 Appendix C.）

19E. 一个用折射率为 1.5 的玻璃制成的双凸透镜，一个表面的曲率半径是另一个表面的曲率半径的两倍，而其焦跨距为 60mm，它们的曲率半径是多少？（ssm）

20E. 一个折射率为 1.5 的用玻璃制成的透镜，一面是平的，而另一面是凸的，且曲率半径为 20cm，（a）求透镜的焦距；（b）如果物体放置在透镜的前方 40cm，它的像出现在何处？

21E. 被称为是薄透镜公式的

$$\frac{1}{p}+\frac{1}{i}=\frac{1}{f}$$

是公式的高斯形式。这一公式的另一种形式——牛顿形式，是考虑物体到第一焦点的距离 x，和第二焦点到像的距离 x' 而导出的。证明

$$x \cdot x' = f^2$$

是薄透镜公式的牛顿形式。（ssm）

22E. 一台摄相机的（单个）透镜的焦距为 75mm，用它拍摄一个身高 180cm 站在 27m 远处的人的照片，这个人在底片上的像的高度为多少？

23P. 一张照亮的幻灯片离屏幕的距离为 44cm。一个焦距为 11cm 的透镜必须放在离幻灯片多远处才能在屏幕上形成幻灯片的像？（ilw）

24P. 尽你所能，填写表 35-5，表中的每一行都列出了一个物体和一个薄透镜的不同组合。距离以 cm 计。对于透镜的类型用 C 表示会聚透镜，用 D 表示发散透镜，如果一个数（折射率除外）没有符号，填上符号。画出各种组合的草图，并在其中画出足够的光线以确定物体和像的位置。

表 35-5 习题 24：薄透镜

类型	f	r_1	r_2	i	p	n	m	实像?倒像?
(a) C	10				+20			
(b)	+10				+5.0			
(c)	10				+5.0		>1.0	
(d)	10				+5.0		<1.0	
(e)		+30	-30		+10	1.5		
(f)		-30	+30		+10	1.5		
(g)		-30	-60		+10	1.5		
(h)					+10		0.50	No
(i)					+10		-0.50	

25P. 证明一个物体和它的由薄的会聚透镜形成的实像之间的距离总是大于或等于透镜焦距的四倍。（ssm）（www）

26P. 一焦距为 -15cm 的发散透镜和一焦距为 12cm 的会聚透镜具有共同的中心轴，它们的间距为 12cm，一个高为 1.0cm 的物体在发散透镜的前方 10cm 处并位于中心轴上。（a）这一组合透镜的最后成的像（即第二个，会聚透镜成的像）位于何处？（b）该像的高度为多少？（c）像是实的还是虚的？（d）像的指向和物体的相同还是相反？

27P. 一个会聚透镜的焦距为 20cm，放在一个焦距为 -15cm 的发散透镜的左方 10cm 处。如果一个物体在会聚透镜的左方 40cm 处，确定由发散透镜形成的像的位置，并描述该像的所有情况。

28P. 一个物体在一个焦距为 +10cm 的透镜的左方，第二个焦距为 +12.5cm 的透镜放在第一个透镜右方 30cm 处。（a）求最后的像的位置及相对大小。（b）通过对透镜系统按比例作光路图的方法，证实你的结论。（c）最后的像是实的还是虚的？（d）它是倒的吗？

29P. 焦距分别为 f_1 和 f_2 的两个薄透镜相接触。它们等效于一个单一薄透镜而具有焦距

$$f=\frac{f_1 f_2}{f_1+f_2} \qquad \text{(ssm)}$$

30P. 在图 35-33 中，物体 O 被某一透镜（图中未画出）形成了一个倒的实像 I；物体和像间沿着透镜的中心轴的距离为 $d=40.0$cm，像的高度正好是物体的一半。（a）用什么样的透镜才能产生这个像？（b）透镜必须放在离物体多远处？（c）透镜的焦距是多少？

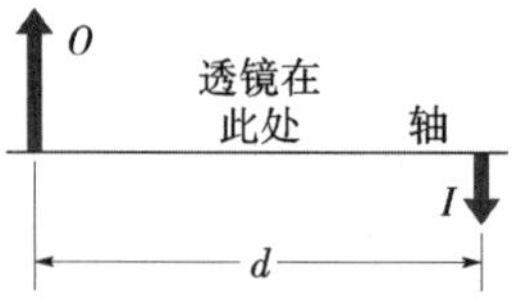

图 35-33 习题 30 图

31P. 一个发光物体和屏幕之间的固定距离为 D。（a）证明如果一个焦距为 f 的会聚透镜先后放在发光的物体和屏幕之间的两个不同位置时，在屏幕上都能形成实像，这两不同位置之间的间距就是 $d=\sqrt{D(D-4f)}$。（b）证明由 $\left(\frac{D-d}{D+d}\right)^2$ 给出透镜在这两个位置时，两个实像的大小之比。（ssm）（www）

35-7 节 光学仪器

32E. 如果一架天文望远镜的角放大率是 36，物镜的直径为 75mm，目镜的直径最小应是多少，才能

收集从位于望远镜轴上远处的一个点光源发来的所有进入物镜的光？

33E. 如图 35-17 中的那种类型的显微镜中，物镜的焦距是 4.00cm，目镜的焦距是 8.00cm，两透镜之间的距离是 25.0cm。(a) 镜筒长度 s 是多少？(b) 要使图 35-17 中的像 I 刚刚在焦点 F' 以内，物体应离物镜多远？(c) 物镜的横向放大率 m。(d) 目镜的角放大率 m_θ 和 (e) 显微镜的总放大率 M 各是多少？(ssm)

34P. 焦距为 f 的简单放大镜放在某人眼睛的近处，此人的近点 p_n 离眼睛 25cm。一个物体放的位置使它在放大镜中的像出现在 p_n 处。(a) 透镜的角放大率是多大？(b) 如果移动物体，使它的像出现在无限远处，它的角放大率是多大？(c) 对于 $f=10$cm，求 (a) 和 (b) 的情况下的角放大率（在 p_n 点看一个物体的像需要眼的肌肉用力，然而大多数人看无限远处的物体不需要用力。）

35P. 图 35-34a 描绘了人的眼球的基本构造。光通过角膜折射进入眼内，接着进一步被由肌肉控制其形状（因而焦聚光的本领）的一个透镜折射。可以把角膜和眼透镜作为一个单一的等效的薄透镜来处理（图 35-34b）。一只"正常"的眼睛，可以将一个远处物体 O 发来的平行光，在眼球后面的视网膜上聚焦成一个点，在那里视觉信息处理开始。当物体靠近眼睛时，肌肉则必须改变眼透镜的形状，以便在视网膜上形成一个倒的实像，（如图 35-34c）。(a) 假设对于图 35-34a 和 b 中的平行光，等效薄透镜的焦距是 2.50cm，对于距离 $p=40.0$cm 的物体，要想清晰地看到它，等效透镜的焦距 f' 应是多少？(b) 要给出焦距 f'，眼肌必须增大还是减小眼透镜的曲率半径？(ssm)

36P. 一个物体离一台复合显微镜的物镜 10.0mm，物镜到目镜 300mm 远，中间像离目镜 50.0mm，此仪器的总放大率是多少？

37P. 图 35-35a 描绘了一架照相机的基本结构。透镜可以前后移动，以便在照相机底的胶片上成像。对某一相机来说，透镜与胶片之间的距离 i 定在 $f=5.0$cm，从很远处物体 O 所发来的平行光，在底片上会聚成一个点像，如图所示。现将物体移近到距离 $P=100$cm，并调整透镜与底片的距离使得在底片上产生倒的实像（图 35-35b）。(a) 此时透镜与底片的距离 i 是多少？(b) i 变化了多少？

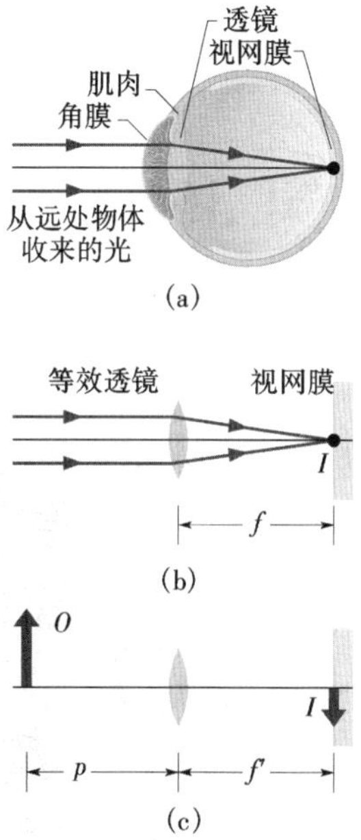

图 35-34 习题 35 图

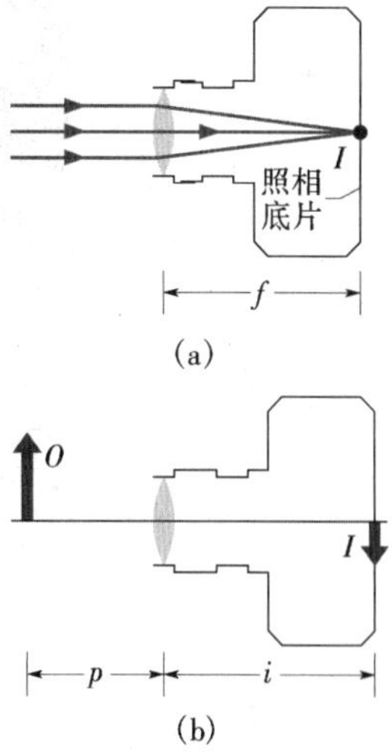

图 35-35 习题 37 图

第36章　干　　涉

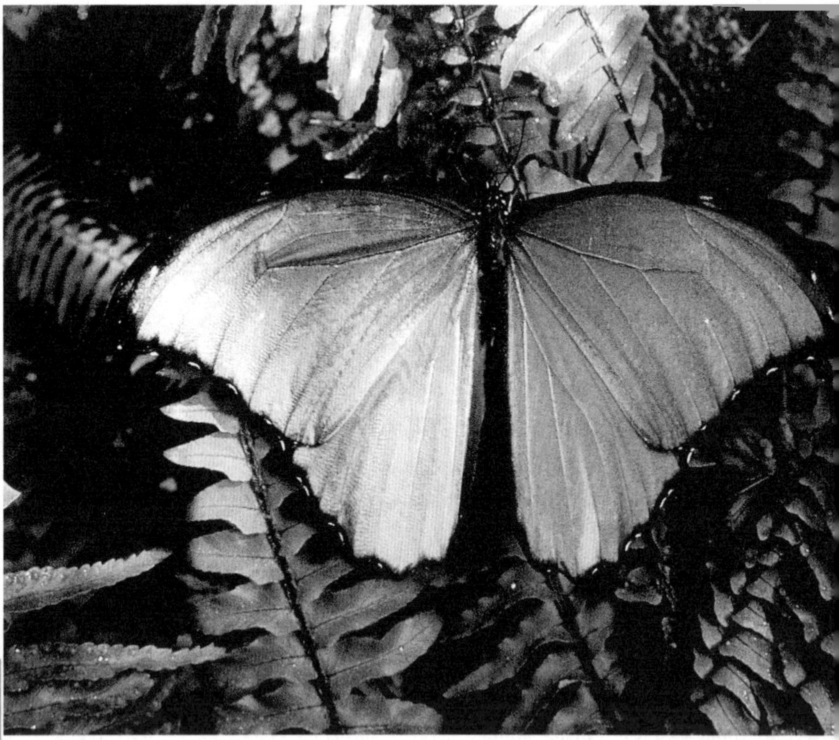

乍看起来，**Morpho**蝴蝶翅膀的上表面是单纯的蓝绿色。然而，这种颜色有点怪，因为不像大多数其他物体的颜色，它几乎只是闪现微光，如果改变观察的方向，或者蝴蝶扇动它的翅膀，这种颜色的色彩还会发生改变。它的翅膀被说成是彩虹色的，人们看到的蓝绿色掩盖了在翅膀底面出现的“真正的”暗棕色。

那么，显示如此令人炫目的色彩的翅膀的上表面有什么不同呢？

答案就在本章中。

36 -1 光波的一种叠加现象——干涉

太阳光，正如彩虹所显示的，是由可见光的全部颜色合成的。在彩虹当中，各种颜色所以显示出来，是因为入射光中各种不同波长的光穿过产生彩虹的雨滴时，偏转了不同的角度。然而肥皂泡和油膜也能显示各种明亮的颜色，这并不是由于折射，而是由于光的相长和相消的**干涉**。发生干涉的波相混合使得入射的太阳光的光谱中，有些颜色增强有些颜色减弱，因此光波的干涉是一种像我们在 17 章讨论过的那种叠加现象。

波长的这种有选择地增强或者减弱，有很多的应用。例如，当光遇上一个普通的玻璃表面时，约有 4% 的入射能量被反射，因此透射的光线就被削弱了这么多。这种光的不必要的能量损失，对由很多元件组成的光学系统可能是个实际的问题。沉积在玻璃表面上的一层薄的透明的“干涉膜”，就能够通过相消干涉减少反射光的量（因而增强透射光）。照相机镜头呈现的蓝色就揭示了这样一种涂层的存在。干涉涂层也可以被用来增强——而不是减弱——一个表面反射光的能力。

为了了解干涉，必须超出几何光学的限制，而使用波动光学的全部威力。事实上，你将要看到，干涉现象的存在可能是我们关于光是一种波的最有说服力的证据——因为除了用波，无法对干涉现象作出解释。

36 -2 光作为一种波

第一个提出关于光的有说服力的波动理论的人是荷兰物理学家惠更斯，在 1678 年。虽然比后来麦克斯韦所提出的电磁理论的全面性差得多，但是惠更斯的理论在数学上要简单些，所以直至今天还有用处。它的最大的优点在于用波解释了反射和折射定律，并且给出了介质的折射率的物理意义。

惠更斯的波动理论基于一种几何作图法，它使得如果人们知道一个给定波阵面的目前所在的位置，就可以说出在将来任意时刻它在何处。这种作图法基于**惠更斯原理**，它是：

> 波阵面上的各点可以作为次级球面子波的点波源。在一段时间 t 后，新的波阵面的位置，就是与这些次级子波相切的表面的位置。

这里有一个简单的例子。如图 36 -1 中左侧所示，在真空中正向右传播的一列平面波的波阵面现进的位置，用垂直于页面的平面 ab 表示，在时间 Δt 以后波阵面将在何处呢？让平面 ab 上的几个点（黑点），作为在 $t=0$ 时开始发射的次级球形子波的波源。在 Δt 时刻，所有这些球形子波的半径将增长到 $c\Delta t$，其中 c 是真空中的光速。画出和这些子波相切的平面 de。这个平面就表示平面波在 Δt 时刻的波阵面，它平行于平面 ab，并且离它的垂直距离为 $c\Delta t$。

折射定律

现在用惠更斯原理推导折射定律公式（34 -44）（斯涅耳定律）。图 36 -2 表示了几个波阵面在空气（介质 1）和玻璃（介质 2）的平面界面上发生折射的三个阶段。任意选择的入射光束中的波阵面的间距为介质 1 中的波长 λ_1。令空气中的光速为 v_1，在玻璃中的为 v_2，并假定 $v_2 < v_1$，正好符合事实。

在图36-2a中的角 θ_1 是波阵面与界间的夹角。它和波阵面的**法线**（即入射线）与界面的**法线**之间的夹角相等，因此 θ_1 是入射角。

当波进入玻璃时，在 e 点的惠更斯子波将扩张到越过离 e 点距离为 λ_1 的 c 点。这一扩张需要的时间间隔应为距离除以子波的波速，或 $\frac{\lambda_1}{v_1}$。现在注意在同样的时间间隔内，在 h 点的惠更斯子波将以减小的速率 v_2 和波长 λ_2 扩张到越过 g 点。因而这一时间间隔也必须等于 $\frac{\lambda_2}{v_2}$。把这两个传播的时间等起来，可得关系：

$$\frac{\lambda_1}{\lambda_2}=\frac{v_1}{v_2} \tag{36-1}$$

这个关系式说明光在两种介质中的波长和光在这两种介质中的光的速率是成正比。

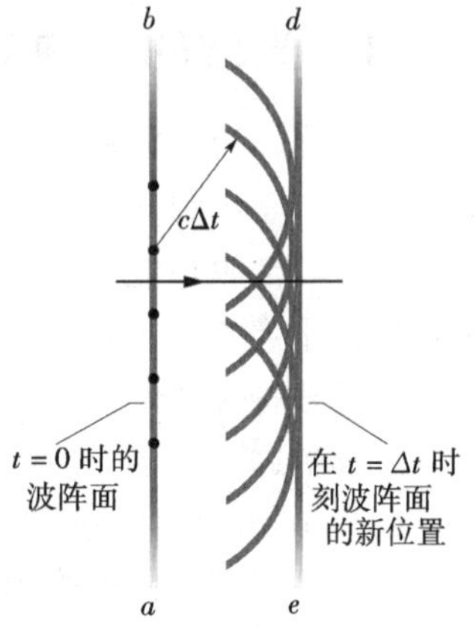

图36-1 根据惠更斯原理画出的一列平面波在真空中的传播。

根据惠更斯原理，折射的波阵面必须与中心在 h 半径为 λ_2 的弧在 g 点相切。折射的波阵面也必须与中心在 e 半径为 λ_1 的圆弧 c 点相切。于是折射的波阵面必须如图中所示的那样定位。注意折射的波阵面与界面的夹角 θ_2，实际上是折射角。

对在图36-2b所示的直角 $\triangle hce$ 和 $\triangle hcg$，可写出

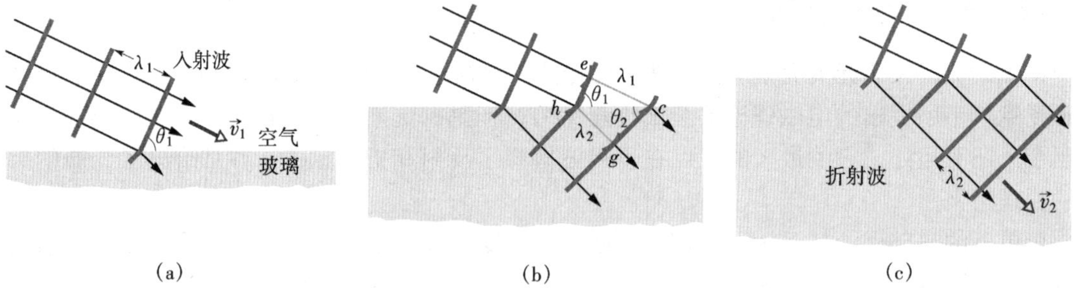

图36-2 根据惠更斯原理描绘的空气-玻璃界面上平面波的折射。在玻璃中的波长比在空气中的要小。为简单起见，反射波没有画出。(a) 到 (c) 代表折射的三个相继的阶段。

$$\sin\theta_1=\frac{\lambda_1}{hc} \quad (\text{对}\triangle hce)$$

$$\sin\theta_2=\frac{\lambda_2}{hc} \quad (\text{对}\triangle hcg)$$

用第二式去除一式并代入式（36-1），可得

$$\frac{\sin\theta_1}{\sin\theta_2}=\frac{\lambda_1}{\lambda_2}=\frac{v_1}{v_2} \tag{36-2}$$

可以将介质的**折射率**定义光在真空中的速率与在介质中的速率 v 的比，于是

$$n=\frac{c}{v} \quad (\text{介质的折射率}) \tag{36-3}$$

特别是，对于上述两种媒质，有

$$n_1=\frac{c}{v_1}\text{和 } n_2=\frac{c}{v_2} \tag{36-4}$$

将式（36 - 4）和式（36 - 2）结合起来，可得

$$\frac{\sin\theta_1}{\sin\theta_2}=\frac{c/n_1}{c/n_2}=\frac{n_2}{n_1} \tag{36-5}$$

或者
$$n_1\sin\theta_1=n_2\sin\theta_2 \quad （折射定律） \tag{36-6}$$
如我们在 34 章中介绍的那样。

检查点1：如右图所示，一束单色光从原来的物质 a 穿过平行的物质层 b 和 c 又回到物质 a 中，根据在各种物质中的光的速率，由大到小把上述物质排序。

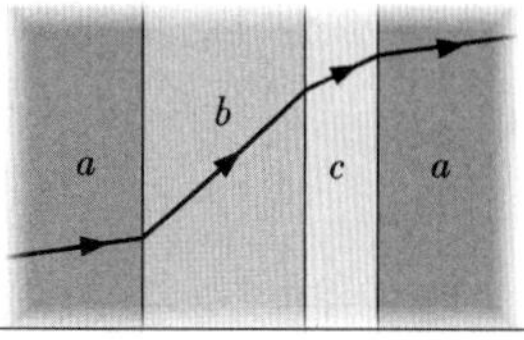

波长和折射率

现在已看到，当光的速率改变时光的波长也改变，就如发生在光穿过界面从一种介质进入到另一种介质时那样。另外，根据式（36 - 3），光在任意介质中的速率决定于介质的折射率。因此在任意介质中的光的波长决定介质的折射率。让某一单色光在真空中的波长为 λ 和速率为 c，在折射率为 n 的介质中波长为 λ_n 和速率为 v。可以将式（36 - 1）重新写作为

$$\lambda_n=\lambda\frac{v}{c} \tag{36-7}$$

应用式（36 - 3）以$\frac{1}{n}$代替$\frac{v}{c}$，可得

$$\lambda_n=\frac{\lambda}{n} \tag{36-8}$$

此式将光在任意介质中的波长与其在真空中的波长联系起来了。它说明介质的折射率 n 越大，在这种介质中光的波长就越小。

关于光的频率呢？让 f_n 代表折射率为 n 的介质中光的频率。于是从式（17 - 12）（$v=\lambda f$）的普遍关系，可写出

$$f_n=\frac{v}{\lambda_n}$$

代入式（36 - 3）和式（36 - 8）将给出

$$f_n=\frac{c/n}{\lambda/n}=\frac{c}{\lambda}=f$$

这里的 f 是光在真空中的频率。可见虽然在介质中光的速率和波长与在真空中的不同，但是，**光在介质中的频率却与真空中的相同**。

式（36 - 8）给出的光的波长决定于介质折射率的事实，在包括光的干涉在内一些问题中是重要的。例如，在图 36 - 3 中，两条射线的波（即用光线代表的波）具有相同的波长 λ，而且最初在空气（$n\approx1$）中是同相的。其中一列光波穿过折射率为 n_1 长度为 L 的介质 1。而另一列穿过了折射率为 n_2 同样为 L 的介质 2。当它们离开两种介质后，它们将有相同的波长——即它们在空气中的波长 λ。然而，由于

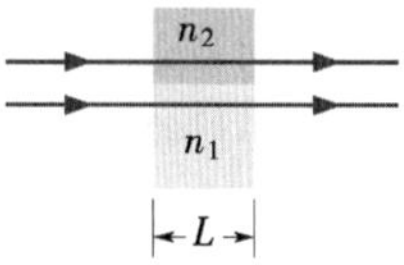

图 36 - 3 两束光穿过两种具有不同折射率的介质。

在两种介质中它们的波长是不等的，因此这两列波将不再是同相的。

两列光波通过折射率不同的介质时，它们的相差可能改变。

下面即将讨论，两列光波在到达某些共同点时的干涉情况与这种相差的变化的关系。

为了找出用波长表示的它们的新的相差，首先计算在介质 1 的长度 L 中含有的波长数 N_1。由式（36－8），在介质 1 中的波长是 $\lambda_{n1}=\frac{\lambda}{n_1}$，由此

$$N_1=\frac{L}{\lambda_{n1}}=\frac{Ln_1}{\lambda} \qquad (36-9)$$

类似地，计算在介质 2 的长度 L 中的波长的数目 N_2，其波长是 $\lambda_{n2}=\frac{\lambda}{n_2}$:

$$N_2=\frac{L}{\lambda_{n2}}=\frac{Ln_2}{\lambda} \qquad (36-10)$$

为了求出两列光波之间新的位相差，用 N_1 和 N_2 中的较大的减去较小的。假设 $n_2>n_1$，可得

$$N_2-N_1=\frac{Ln_2}{\lambda}-\frac{Ln_1}{\lambda}=\frac{L}{\lambda}(n_2-n_1) \qquad (36-11)$$

假若式（36－11）给出，两列波现在的相差为 45.6 个波长，这相当于取初始同相的两列波，将其中一列移动了 45.6 个波长。然而，整数（如 45）个波长的移动将使两列波回到同相，这样仅小数部分（这里 0.6）是重要的。45.6 个波长的相差等效于 0.6 个波长的**有效相差**。

0.5 个波长的相差将使两列波完全反相，如果这两列波具有相同的振幅而且是传到了同一共同点，它们将发生完全的相消干涉，使该点变得黑暗。相差为 0.0 或者 1.0 个波长时，代替相消干涉的将是完全的相长干涉，其结果将使该共同点变得明亮。0.6 个波长的相差是一个居间的情况，但与相消干涉接近，所以光波将微弱地照亮该共同点。

也可以用弧度和度来表示相差，像我们已做过的那样。一个波长的相差相当于 2πrad 和 360°的相差。

例题 36－1

在图 36－3 中，用光线表示的两列光波在进入媒质 1 和媒质 2 前的波长为 550.0nm。它们也有相同的振幅而且同相。介质 1 是空气，介质 2 是折射率为 1.600 的透明的厚度为 2.600μm 的塑料层。(a) 出来的两波的相差，用波长、弧度和角度表示，分别是多少？它们的有效相差（用波长表示）是多少？

【解】 这里一个关键点是，如果两列光波穿过折射率不同的介质时，它们的相差可能发生改变。其原因是在不同的介质中它们的波长不同。我们可以通过计算光在每种介质中的波长数目，然后相减来求得相差的改变。若光波在两种不同介质中所走的长度相等，式（36－11）将给出这个结果。这里有 $n_1=1.000$（对空气），$n_2=1.600$，$L=2.600\mu m$，and $\lambda=550.0\mu m$。这样由式（36－11）得出

$$N_2-N_1=\frac{L}{\lambda}(n_2-n_1)=\frac{2.600\times10^{-6}m}{5.500\times10^{-7}m}(1.600-1.000)=2.84 \qquad \text{(答案)}$$

因此，出来的光波的相差是 2.84 个波长。由于 1.0 个波长相当于 2πrad 和 360°，所以这个相差可相当于

相差＝17.8rad≈1020°　　（答案）

第二个关键点是有效相差是用波长来表示的实际相差的小数部分，这样就有：

有效相差＝0.84 个波长　　（答案）

可以证明这个差值相当于 5.3rad 和大约 300°。

小心： 不能取用弧度和度表示的实际相差的小数

部分来表示有效相差，例如，不能取实际相差 17.8rad 中的 0.8rad。

(b) 如果使光波的射线有轻微的偏向，以致于两列波在远处的观察屏上达到了同一点，光波在该点将产生什么类型的干涉？

【解】 这里**关键点**是，将两波的有效相差和产生干涉的极端类型的相差加以比较。这里的 0.84 个波长的有效相差是在 0.5 个波长（对应完全相消干涉，或最暗的可能结果）及 1.0 个波长（对应完全相长干涉，或最亮的可能结果）之间但靠近 1.0 个波长。因此这两列光波将产生靠近完全相长干涉的中间干涉——它们将产生一个相对明亮的亮点。

检查点 2：在图 36 -3 中的两条射线的光波，具有相同的波长和振幅，而且最初同相。(a) 如果上部物质的长度中容下 7.60 个波长，而下部物质的长度中容下 5.50 个波长，哪种物质的折射率较大？(b) 如果使光线有轻微的偏向，以致在远处的屏上的同一点相遇，其干涉结果是最亮，是比较亮，是比较暗，还是最暗？

---

36 -3 衍射

在下一节将讨论首次证明光是一种波的实验。为了对讨论有所准备，我们必须介绍一个概念，波的**衍射**，在 37 章里将更充分地探讨的一种现象。它的本质是这样的：如果一列波遇到一个障碍物，其上有一个尺寸与波长相近的孔，通过孔的那一部分波将张开来（扩展）——将**衍射**——进入超过障碍物的区域。这样的张开是和图 36 -1 中的惠更斯作图所显示的各子波的扩展相一致的。衍射对各种类型的波都会产生，不仅是光波。图 36 -4 显示了在一个浅水槽中传播的水波的衍射。

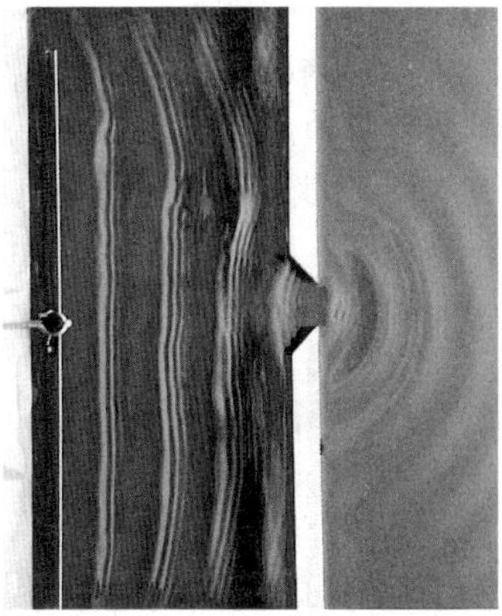

图 36 -4 在一个浅水槽中的水波的衍射。水波是由左边的振动的桨叶产生。当波从左向右传播时，它们通过障碍物上的孔在水面上张开。

图 36 -5a 显示一束波长为 λ 的入射平面波遇到一垂直页面且缝宽 $a=6.0\lambda$ 的缝后的情况。该波在缝的远侧张开。图 36 -5b（其缝宽为 3.0λ）和图 36 -5c（$a=1.5\lambda$）显示了衍射的主要特点：即缝越窄衍射越明显。

衍射限制了用射线来代表电磁波的几何光学。如果我们真的试着让光通过一个狭缝，或一系列狭缝，形成一条

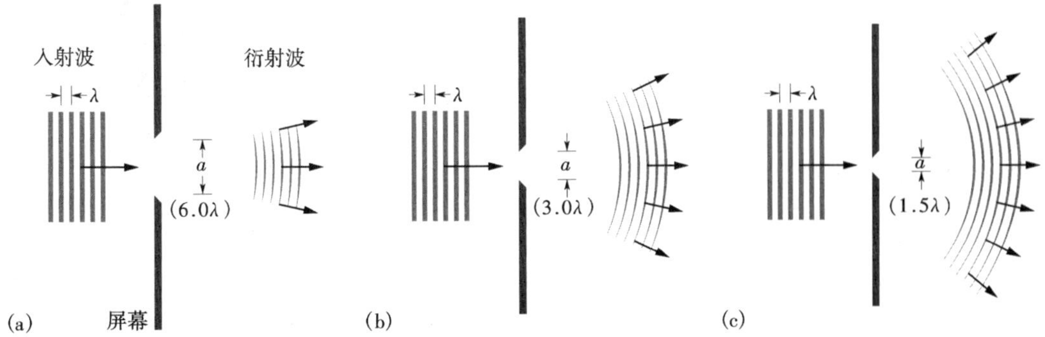

图 36 -5 衍射的图解。对一给定的波长 λ，缝宽 a 越小，衍射越明显。这些图给出了以下情况：(a) 缝宽 $a=6.0\lambda$ (b) 缝宽 $a=3.0\lambda$ 和 (c) 缝宽 $a=1.5\lambda$。在全部三种情况中，屏幕和缝长都垂直于页面向里和向外延伸。

光线，衍射将总是使我们的努力失败，因为它总是引起光的扩展。实际上，将缝做得越窄（希望产生更窄的光束），扩展就越显著。因此几何光学仅当在光的路径上可能存在的缝或其他孔径的大小和光的波长相比不是差不多或者更小的情况下才成立。

36－4 杨氏干涉实验

在1801年，托马斯·杨用实验证明了光是一种波，这与当时大多数其他科学家的想法相反。他演示了光像水波、声波和其他种类的波一样，能够产生干涉。另外，他还能测出太阳光的平均波长，他测出的数值570nm，与现代被大家接受的555nm的值非常接近。下面将对杨氏实验作为光波干涉的一个例子来加以考查。

图36－6给出杨氏实验的基本装置图。一个远处的单色光源发的光照射屏A上的狭缝S_0。随后射出的光线通过衍射照射屏B上两个缝S_1和S_2。这两个缝的衍射发出重叠的半圆形波到屏B的另一侧。在这里从一个缝发出的波与从另一个缝发出的波发生干涉。

图36－6中的"快照"描绘了重叠的波的干涉。然而除非在C放置一个观察屏截取光波，是不能看到干涉的迹象的。观察屏放在那里时，干涉极大的点在屏上形成可见的一条条明亮的带——称为**明条，明纹**，或者（不严格地说）**极大**——（在图36－6中穿入并穿出页面）。暗区——称为**暗条，暗纹**，或者（不严格地说）**极小**——由完全相消干涉形成并且在两条相邻明纹之间可以看到（**极大**和**极小**值更恰当地是指条的中心）。显示在观察屏上的亮的和暗的条纹称为**干涉图样**。图36－7就是从图36－6的左方看去的部分干涉图样的照片。

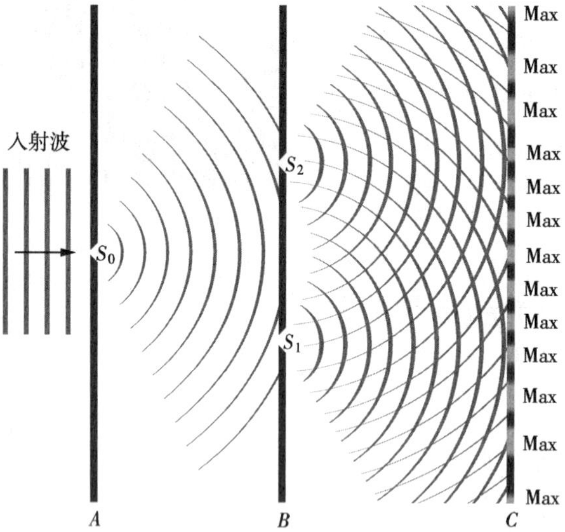

图36－6 在杨氏干涉实验中，入射的单色光被缝S_0衍射，即S_0作为点光源发射半圆形的波阵面。当这些光到达屏B时，又被缝S_1与S_2作为两个点光源衍射。从缝S_1与S_2发出的光波重叠并发生干涉，在观察屏C上将形成有极大和极小的干涉图样。此图是一个横面；屏幕，缝和干涉条纹由页面向页面内外延伸。在屏B与C之间，以S_2为心的半圆形波阵面描绘的是只有S_2打开时在那里的波。类似地，以S_1为心的波阵面描绘的是只有S_1打开时在那里的波。

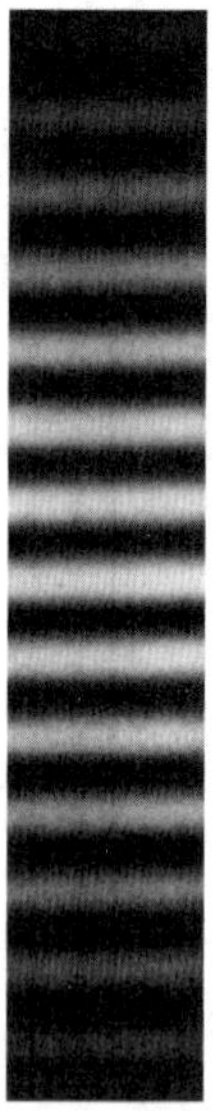

图36－7 图36－6中的装置产生的干涉图样的照片（这一照片是屏幕C的正视图）。交替出现的极大和极小称为干涉条纹（因为它们和有些印在衣服和地毯上的饰纹很类似。）

干涉条纹的定位

在被称为杨氏双缝干涉实验装置中光波产生条纹，但是如何精确地确定干涉条纹的位置呢?为了回答这个问题，将利用图 36－8a 中的安排。在那里，单色平面光波入射到屏 B 的两条狭缝 S_1 和 S_2 上；光通过缝发生衍射而在屏 C 上产生干涉图样。从两缝连线的中点处到屏幕 C 画一条中轴线作为参考。为了便于讨论，在屏幕上任选一点 P，它到中轴的角度为 θ。这一点截取由下缝发出的光线 r_1 的波与由上缝发出的光线 r_2 的波。

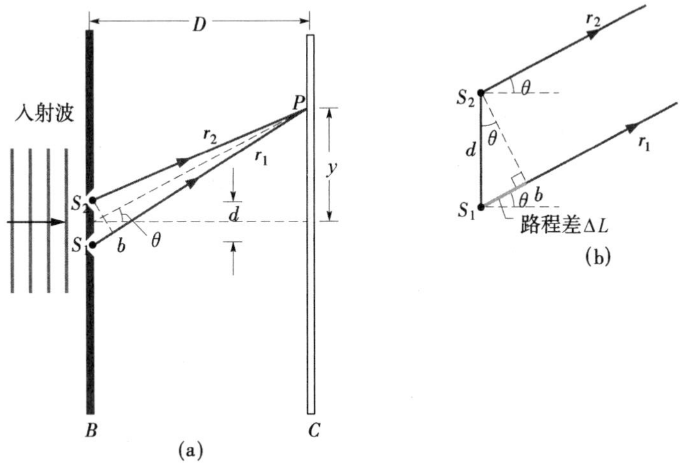

图 36－8 (a) 来自缝 S_1 和 S_2（它们向页面的内外延伸）的波在 P 点结合，P 点是在屏 C 上任意的离中轴线距离为 y 的点、角 θ 用来方便地指出 P 的位置。(b) 如果 $D \gg d$，可以近似地认为光线 r_1 和 r_2 平行，与中轴线的角度为 θ。

这两列波通过两缝时是同相的。因为它们都正好是同一入射波的一部分。然而，一旦它们穿过狭缝，这两列波必须经过不同的距离才能达到 P，在这里看到与 18－4 节中对声波相类似的情况并作出下述结论：

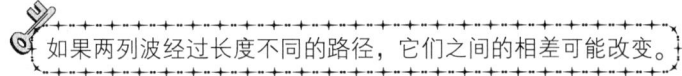

> 如果两列波经过长度不同的路径，它们之间的相差可能改变。

相差的改变是来自于两列波经过的路径的路程差 ΔL。考虑原来正好同相的两列波各沿着路程差为 ΔL 的路径传播并随后经过一个共同点。当 ΔL 是零或者是波长的整数倍时，两列波到达该点时正好同相，因而在那里完全干涉相长。如果图 36－8 中的光线为 r_1 和 r_2 的两列波真的是这样，那么 P 点就是明条纹的一部分。如果不是这样，ΔL 是半波长的奇数倍，两列波相交到达共同点时正好反相，它们在那里将完全干涉相消。如果光线为 r_1 和 r_2 的两列波真的是这样，P 点就是暗纹的一部分（当然也可能有中间干涉的情况，并因而在 P 点有中间的亮度）。这样，

> 在杨氏双缝干涉实验中的观察屏上的每一点出现什么情况，将由达到该点的光线的路程差决定。

可以用从中轴到条纹的角度 θ 表明每一明纹或暗纹在屏上的位置，为了求出 θ，必须找到它和 ΔL 的关系。首先回到图 36－8a，沿着光线 r_1 找到一点 b，使从 b 到 P 的路径长度等于从 S_2 到 P 点的路径长度。于是这两束光之间的路程差就是从 S_1 到 b 的距离。

而 S_1 到 b 的距离和角 θ 之间的关系是复杂的，但是可以大大地简化它，如果把缝到屏的距离 D 安排得远远大于缝距 d。于是可以把光线 r_1 和 r_2 近似为彼此平行并且到中轴的角度为 θ（图 36－8b）。还可以把 S_1、S_2 和 b 形成的三角形近似为直角三角形并把该三角形在 S_2 的内角近似为 θ。这样，对该三角形，有

$$\sin\theta = \Delta L/d$$

从而

$$\Delta L = d\sin\theta \quad (\text{路程差}) \tag{36-12}$$

对于明纹，ΔL 必须是零或者是波长的整数倍。利用式（36－12），可以写出其必要条件为：

$$\Delta L = d\sin\theta = (\text{整数})(\lambda) \tag{36-13}$$

或写作

$$d\sin\theta = m\lambda,\ m=0,1,2,\cdots \quad (\text{极大值——明纹}) \tag{36-14}$$

对暗纹，ΔL 必须是半波长的奇数倍。再次利用式（36－12），可以写出这一要求为

$$\Delta L = d\sin\theta = (\text{奇数})\left(\frac{1}{2}\lambda\right) \tag{36-15}$$

或写作

$$d\sin\theta = \left(m+\frac{1}{2}\right)\lambda \quad m=0,1,2,\cdots \quad (\text{极小值——暗纹}) \tag{36-16}$$

用式（36－14）和（36－16），就可以求出对任意干涉条纹的角 θ，并由此确定条纹的位置；进一步，可以用 m 的值来标记各个条纹。对 $m=0$ 的值和标记，式（36－14）表明，一条明纹在 $\theta=0$ 处，就是在中轴上。这一**中央极大**就是从两缝发来的波的路程差 $\Delta L=0$，从而相差为零的那一点。对于，例如，$m=2$，式（36－14）说明**明**纹出现在中轴上方或下方的角度为

$$\theta = \arcsin\left(\frac{2\lambda}{d}\right)$$

从两条缝发出的波到这两条明纹的路程差为 $\Delta L=2\lambda$，其相差为两个波长。这两个条纹称为**第二级明纹**（意思是 $m=2$）或**第二级侧向极大**（中央明纹一侧的第二个极大），或者说它们是从中央极大数起的第二条明纹。

对于 $m=1$，式（36－16）表明**暗**纹出现在中轴上方或下方的角度为

$$\theta = \arcsin\left(\frac{1.5\lambda}{d}\right)$$

从两条缝发出的波到这两条暗纹的路程差为 $\Delta L=1.5\lambda$，其相差为 1.5 个波长。这两个条纹称为**第二级暗纹**，或**第二级极小**，因为它们是从中轴数起的第二条暗纹（第一暗纹，或第一极小，其位置由式（36－16）中令 $m=0$ 给出）。

我们根据 $D \gg d$ 的条件导出了式（36－14）和式（36－16）。然而，如果我们在缝和观察屏之间放置一会聚透镜，并且将观察屏移得离缝更近一些直到位于透镜的焦点上，这些公式仍然有效（这时屏将被说是在透镜的**焦平面**内；也就是说，它是在位于焦点的垂直于中轴的平面内）。会聚透镜的一个性能是，它可以将全部相互平行的光线聚焦到它的焦平面上的同一点。因此现在达到屏上任一点（在焦平面上）的那些光线离开双缝时都是严格平行的（不是近似平行）。这和在图 35－12a 中初始平行的光线经过透镜被会聚于一点（焦点）的情况相似。

检查点3：在图 36－8a 中，当 P 点是（a）第三级侧向极大和（b）第三级极小时两条光线的 ΔL（作为波长的倍数）和相差（以波长计）是多少？

例题 36－2

在图 36－8a 中在屏 C 上靠近干涉图样中心的两相邻极大的间距是多大？光的波长为 546nm，缝距 d 是 0.12mm，缝与平面的间距 D 为 55cm。假设在图 36－8 中的 θ 足够小，以至允许用近似关系 $\sin\theta\approx\tan\theta\approx\theta$，其中的 θ 可以用弧度来量度。

【解】 首先选择一个 m 值较低的极大，以便保证它靠近图样的中心。于是一个**关键点**是，从图 36－8a 的几何关系得出，从图样中心到一个极大的垂直距离 y_m 和它离开中轴的 θ 由下式联系起来

$$\tan\theta\approx\theta=\frac{y_m}{D}$$

第二个**关键点**是，由式（36－14），对 m 级极大这个的角 θ 由下式给出：

$$\sin\theta\approx\theta=\frac{m\lambda}{d}$$

将这两个对 θ 的公式等起来，求解 y_m，就有

$$y_m=\frac{m\lambda D}{d} \tag{36-17}$$

对于下一级向外的极大值，有

$$y_{m+1}=\frac{(m+1)\ \lambda D}{d} \tag{36-18}$$

从式（36－18）式减去式（36－17），可以得到两相邻极大之间的间距为

$$\begin{aligned}\Delta y&=y_{m+1}-y_m=\lambda\frac{D}{d}\\&=\frac{(546\times10^{-9}\mathrm{m})\ (55\times10^{-2}\mathrm{m})}{0.12\times10^{-3}\mathrm{m}}\\&=2.50\times10^{-3}\mathrm{m}\approx2.5\mathrm{mm}\end{aligned}$$

只要图 36－8a 中的 d 与 θ 足够小，干涉条纹的间距就和 m 无关。也就是说，这些条纹是等间距的。

36－5　相干性

对于图 36－6 中的在视屏 C 上出现的干涉条纹，到达屏上任一 P 点的两列波，必须具有不随时间变化的相差。这正是图 36－6 中的情况，因为通过 S_1 和 S_2 的两列波，都是照亮两缝上的单一光波的一部分。因为相差保持恒定，所以就说从缝 S_1 和 S_2 发出的光是完全**相干的**。

直接的阳光是部分相干的，就是说仅仅在两点靠得很近时它们所截取住的太阳光波才有恒定的相差。如果你在明亮的阳光下很近地看你的手指甲，你可以看到一种叫做**散斑**的淡的干涉图样，就好像指甲盖上有许多的斑点一样。这是因为从指甲上靠得很近的点散射的光波，足够相干以致在你的眼内相互干涉的缘故。而在双缝实验里，由于两缝靠得不是足够近，在直接的阳光照射下通过两条缝的光是**非相干的**。为了得到相干光，人们不得不让阳光先通过像图 36－6 那样的单缝。由于那单缝非常窄，因此光通过它时是相干的。另外，单缝的细窄使得相干光通过衍射扩展，照亮双缝干涉实验中的两条缝。

如果把双缝换成类似但是相互独立的两个单色光源，例如两个细的白炽灯丝，它们发射的波的相差都非常快而且无规则地变化着（产生的原因是在灯丝中的波是由非常大量的原子，无规则而且独立地在极短的时间内——纳秒量级——内发出的）。其结果是，在观察屏上任意给定的位置，从两个光源发出的两列波之间的干涉就极快地无规则地在完全相长和完全相消干涉之间变化。而人们的眼睛（和大多数普通的光学检测器）不可能跟上这样的变化，因而也就看不到干涉图像。条纹消失了，屏幕看起来是均匀地被照亮的。

激光器和普通光源的区别在于它的原子以协作的形式发光因而使光成为相干光。再有，激光几乎是单色的，以散射很小的细束发射，可以被聚焦到几乎和其波长相比的尺度。

36－6　双缝干涉中的光强

式（36－14）和（36－16）说明，如何用图示的角 θ 的函数去确定图 36－8 中屏 C 上双缝

干涉图样的极大和极小的位置。下面我们希望导出一个作为 θ 的函数的条纹强度的公式。

离开双缝的光是同相的。然而，让我们假设当它们达到 P 点时是不同相的。在 P 点的这些波的电场量不同相，而且随着时间而变化如下：

$$E_1 = E_0 \sin\omega t \tag{36-19}$$

和

$$E_2 = E_0 \sin(\omega t + \phi) \tag{36-20}$$

这儿的 ω 是波的角频率，ϕ 是 E_2 波的相位常量。注意这两列波具有相同的振幅 E_0 并有相位差 ϕ。由于这一相位差不变化，因此这两列波是相干的。下面将证明，这两列波将在 P 点合成并产生由下式给出的光强

$$I = 4I_0 \cos^2 \frac{\phi}{2} \tag{36-21}$$

和

$$\phi = \frac{2\pi d}{\lambda}\sin\theta \tag{36-22}$$

在式（36-21）中，I_0 是当另一缝暂时关闭时这一缝所发的光到达屏上时的强度。假设缝的宽度和波长相比是如此的窄，以致这一单缝发出的光的光强在屏上要考察的条纹的范围内基本均匀。

式（36-21）和（36-22）一起表明图36-8中条纹图样是如何随角 θ 变化的，其中必然会包含关于极大和极小的位置的信息。让我们看一下是否能提取这些信息，以求得关于这些位置的公式。

对式（36-21）的研究表明，光强极大出现的位置由下式决定

$$\frac{1}{2}\phi = m\pi \quad (m = 0, 1, 2\cdots) \tag{36-23}$$

如果我们将这一结果代入式（36-22），就会发现

$$2m\pi = \frac{2\pi d}{\lambda}\sin\theta \quad m = 0, 1, 2\cdots$$

或者

$$d\sin\theta = m\lambda \quad m = 0, 1, 2\cdots \quad (\text{极大}) \tag{36-24}$$

这正是式（36-14），即早先推导过的关于极大的位置的表示式。

条纹图样的极小出现的位置由下式决定

$$\frac{1}{2}\phi = \left(m + \frac{1}{2}\right)\pi \quad m = 0, 1, 2, \cdots \quad \text{的情况下}$$

如果将此式与式（36-22）相结合，可立即得出

$$d\sin\theta = \left(m + \frac{1}{2}\right)\lambda \quad m = 0, 1, 2, \cdots \quad (\text{极小值}) \tag{36-25}$$

这正是式（36-16），即早先推导过的关于极小的位置的表示式。

图36-9是式（36-21）的图线，它表明双缝干涉图样的强度和两波到达屏上时的相差的函数关系。水平的实线是 I_0，是当两缝之一被遮住时，在屏上的（均匀）强度。注意在式（36-21）和图中，强度 I 在条纹极小处的零到条纹极大处的 $4I_0$ 之间变化。

如果从两光源（缝）发出的波是**非相干**的，以至于在两者间不存在持久的相位关系，就没有了干涉条纹，在屏上的各点的强度将具有均匀值 $2I_0$。图36-9中虚线表示了这个均匀值。

光的干涉不能创生或消灭能量，只能使能量在屏上重新分布。因此，不管光源是否相干，

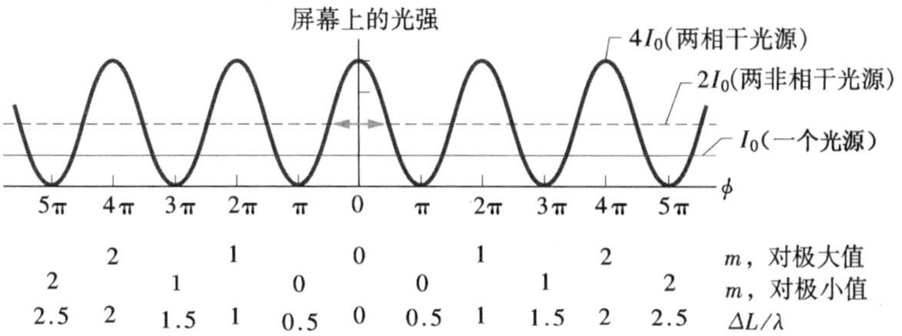

图 36-9 式（36-21）的图线，表示双缝干涉图样的强度作为两波从双缝到达屏上时的相差的函数关系。I_0 是一缝被遮住时，出现在屏上的（均匀）强度。条纹图样的平均强度是 $2I_0$，（相干光的）**最大**强度是 $4I_0$。

在屏上的**平均**强度都必须是同一值 $2I_0$。这可以由式（36-21）立即得出。如果我们将余弦平方的平均值$\frac{1}{2}$代入，这个公式化为 $I_{avg}=2I_0$。

式（36-21）和式（36-22）的证明

我们将对由式（36-19）和式（36-20）分别给出的电场强度分量 E_1 和 E_2 用在17-10节中讲过的相矢量的方法进行合成。在图 36-10a 中，电场强度分量 E_1 和 E_2 的两列波用大小为 E_0 以角速度 ω 绕着原点旋转的相矢量表示，在任意时刻的 E_1 和 E_2 的值是相应的相矢量在竖直轴上的投影。图 36-10a 表示在任一时刻相矢量和它们的投影。与式（36-19）和式（36-20）相一致，相矢量 E_1 的转角为 ωt，而相矢量 E_2 的转角为 $\omega t+\phi$。

为了将图 36-8 中在 P 点的两分量 E_1 和 E_2 合成，就将这两个相矢量按矢量规则加起来，如图 36-10b 所示。矢量和的大小是在 P 点的合成波的振幅 E。此合成波有一个的相位常量 β。为了求图 36-10b 中的振幅 E，首先注意图中所标出的两个 β 值是相等的，因为它们的对边是一个三角形的两等边。根据有关三角形的定理，一个外角（这里是 ϕ，如图 36-10b 所示）等于与其相对的两内角和（图中这和是 $\beta+\beta$），可知 $\beta=\frac{1}{2}\phi$。这样，就有

$$E=2\ (E_0\cos\beta)\ =2E_0\cos\frac{1}{2}\phi \quad (36-26)$$

将方程的两边平方，可得

$$E^2=4E_0^2\cos^2\frac{1}{2}\phi \quad (36-27)$$

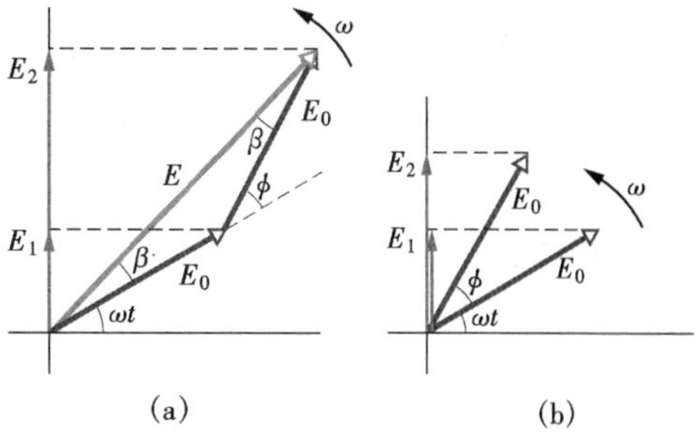

图 36-10 （a）表示在 t 时刻，由 36-19 和 36-20 式给出的两个电场分量的相矢量，两相矢量的大小都是 E_0，并且都以角速度 ω 转动。它们的相位差是 ϕ。（b）两个相矢量的矢量相加，给出了合成波的相矢量、振幅和相位常量 β。

现在，从式（34-24），我们知道一束电磁波的强度正比于它的振幅的平方。因此，在图 36-10b 中，要合成的两个波，其振幅为 E_0，每一个的强度 I_0 正比于 E_0^2，而合成波，其振幅为 E，其强度 I，它正比于 E^2，就是

$$\frac{I}{I_0}=\frac{E^2}{E_0^2}$$

将式（36－27）代入此式并整理后得出

$$I=4I_0\cos^2\frac{\phi}{2}$$

这就是开始要证明的式（36－21）。

下面继续证明式（36－22），该式是将波到达图36－8的屏上任一点 P 时的相差 ϕ 与用来确定该点位置的角 θ 联系起来的关系式。

式（36－20）中的相差 ϕ 和与在图36－8b中的路程差 S_1b 相联系。如果 S_1b 是 $\frac{1}{2}\lambda$，那么 ϕ 就是 π；如果 S_1b 是 λ，那么 ϕ 就是 2π。依此类推，这使人想到

$$(\text{相差})=\frac{2\pi}{\lambda}(\text{路程差}) \tag{36-28}$$

图36－8b中的路程差 S_1b 是 $d\sin\theta$，因此式36－28成为

$$\phi=\frac{2\pi d}{\lambda}\sin\theta$$

这就是式（36－22），准备要证明的另一公式。

两列以上的波的合成

更常见的情况是需要求两列以上按正弦变化的波在一点的合成。一般的步骤如下：

1. 画出一系列相矢量代表要合成的波。使这些相矢量首尾相接，在相邻的两个相矢量之间保持适当的相位关系。

2. 画出上述队列的矢量和。这一矢量和的长度给出合成的相矢量的振幅。这一矢量和与第一个相矢量间的夹角是合成的相矢量相对于这第一个相矢量的相。这一由矢量合成的相矢量在竖轴上的投影给出合成波随时间变化的情况。

例题 36－3

三列光波在某一点合成，在该点它们的电场分量是：

$$E_1=E_0\sin\omega t$$
$$E_2=E_0\sin(\omega t+60°)$$
$$E_3=E_0\sin(\omega t-30°)$$

求在该点它们的合成 $E(t)$。

【解】 合成波是

$$E(t)=E_1(t)+E_2(t)+E_3(t)$$

这里的**关键点**是一个双重概念，一方面可以用相矢量的方法求出它们的和，而另一方面又可以计算在任意时刻的相矢量。为了简化求解，选择 $t=0$，三列波的相矢量如图36－11所示。如把这三个相矢量加起来，可以直接用矢量图进行计算，也可以用分量法。如果用分量法，就首先写出它们的水平分量的和为

$$\sum E_h=E_0\cos 0+E_0\cos 60°+E_0\cos(-30°)=2.37E_0$$

而它们在竖轴的分量之和，即 E 在 $t=0$ 时刻的值为

$$\sum E_y=E_0\sin 0+E_0\sin 60°+E_0\sin(-30°)=0.366E_0$$

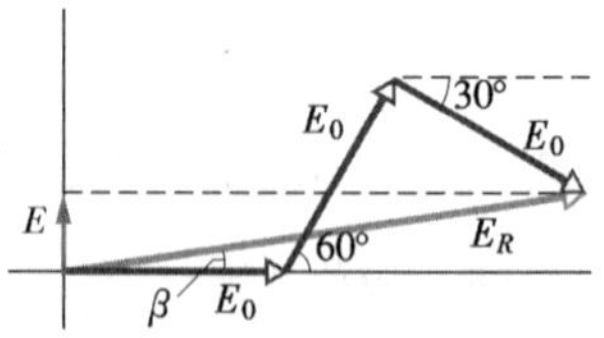

图 36－11 例题36－3图 表示在 $t=0$ 时的三个相矢量，它们代表的波有相等的振幅 E_0，相位常量分别是0°，60°和－30°。这些相矢量的组合给出一个大小为 E_R 在角 β 处的合成相矢量。

这样，合成波 $E(t)$ 具有的振幅 E_R 为

$$E_R=\sqrt{(2.37E_0)^2+(0.366E_0)^2}=2.4E_0$$

相对于代表 E_1 的相矢量的相角 β 为

$$\beta=\arctan\left(\frac{0.366E_0}{2.37E_0}\right)=8.8°$$

对合成波 $E(t)$ 现在可以写出

$$E(t)=E_R\sin(\omega t+\beta)$$
$$=2.4E_0\sin(\omega t+8.8°)\quad\text{（答案）}$$

要小心地正确解释图 36－11 中的角 β。它是当四个相矢量作为一个整体绕原点转动时 E_R 和代表 E_1 的两个相矢量间的恒定夹角，而 E_R 与图 36－11 中的水平轴的夹角并不等于 β。

检查点 4 下列四对光波的每一对都各到达屏上某一点，这些光波波长都相等。在所到达的点，它们的振幅和相差是(a)$2E_0$，$6E_0$ 和 πrad；(b)$3E_0$，$5E_0$ 和 πrad；(c)$9E_0$，$7E_0$ 和 3πrad；(d)$2E_0$，$2E_0$ 和 0rad。根据在那些点的光强由大到小将这四对排序。(**提示**：画相矢量)

36－7 薄膜干涉

太阳光照射在一个肥皂泡或者一片油膜上时，我们看到的彩色是从透明的薄膜的前后两表面反射的光波干涉的结果。肥皂或油膜的厚度一般是和所涉及的(可见的)光的波长的大小同数量级(较大的厚度会破坏产生彩色所需的光的相干性)。

图 36－12 表示一片厚度 L 均匀的透明薄膜，其折射率为 n_2，被遥远的一个点光源发来的波长为 λ 的亮光照射。目前，我们假设薄膜的两侧都是空气，这样图 36－12 中的 $n_1=n_3$。为简单起见，也假设光线几乎垂直于薄膜($\theta\approx0$)。我们感兴趣的是，如果几乎垂直地看去，薄膜是亮的还是暗的(薄膜由明亮的光照射，它难道会是暗的吗？你往下看)。

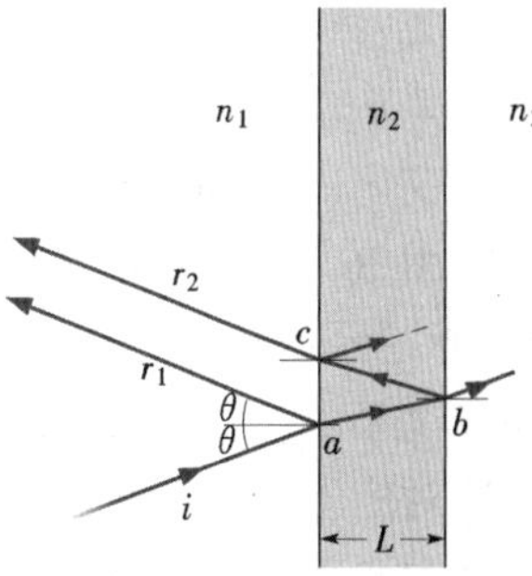

图 36－12 用 i 代表的光波入射在厚度为 L 折射率为 n_2 的薄膜上。光线 r_1 和 r_2 则代表在薄膜前表面和后表面反射的光波(这三条光线实际上都几乎与薄膜垂直)。r_1 和 r_2 的波相互干涉取决于它们的相差。左方介质的折射率 n_1 可以不同于右方的介质的折射率 n_3，但这里假设两侧的介质都是空气，因而 $n_1=n_2=1.0$，小于 n_2。

由 i 代表的入射光射到薄膜前(左)表面上的 a 点并在该处发生反射和折射。反射光 r_1 射入观察者的眼睛。折射光穿过薄膜到达后面上的 b 点，在该处发生反射和折射。在 b 点反射的光穿过薄膜回到 c 点，在 c 点发生反射和折射。在 c 点折射的光由 r_2 代表，也将射入观察者的眼睛。

如果光线 r_1 和 r_2 代表的两列波在眼睛中会聚时正好同相，它们产生干涉极大。对观察者说薄膜上的 ac 区是亮的。如果它们正好反相，它们产生干涉极小，对观察者说 ac 区是暗的，**即使该处也被光正好照着**。如果在那里的相差介于中间，该处就出现中间干涉而具有中间亮度。

因此，决定观察者看到什么的关键是 r_1 和 r_2 代表的两光之间的相差。两条光线出自同一光线 i，但是产生 r_2 所涉及的路径包含两次横穿薄膜(a 到 b，然后 b 到 c)，而产生 r_1 所涉及的路径并不穿过薄膜。由于 θ 角约等于零，把 r_1 和 r_2 代表的两波的之间的路程差近似为 $2L$。可是不过，为了求出两波之间的相差，不能仅仅求出和路径差 $2L$ 相对应的波长 λ 的数目，这一简单做法不能应用的原因有二：(1)这一路径差发生在介质而不是在空气中；(2)涉及到能改变相位的反射。

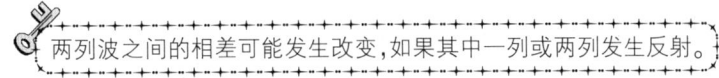

两列波之间的相差可能发生改变，如果其中一列或两列发生反射。

在继续讨论薄膜的干涉以前，我们必须讨论由于反射引起的相位的改变。

反射相移

在分界面的折射决不会引起相位改变——但是反射能够引起相位改变，这决定于界面两边的折射率。图36-13表明当反射引起相位改变时所发生的情况，以在一根密度较大的绳子（沿着它脉冲传播得相对较慢）和一根密度较小绳子（沿着它脉冲传播得相对较快）上的脉冲作为例子。

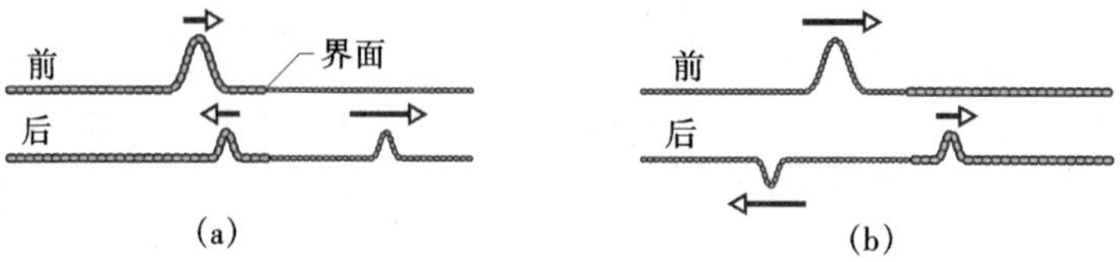

图36-13　一个脉冲在两根拉紧的有不同线密度的绳子的接头处反射时相位的改变。在密度小的绳子上，波速较大。(a)入射脉冲在线密度大的绳中。(b)入射脉冲在线密度小的绳中。仅仅在交接处有相位改变，而且仅在反射波中。

如图36-13a所示，当沿着密度较大的绳子相对较慢地传播的脉冲，到达与密度较小的绳子的接头时，脉冲一部分透射，一部分反射。在指向上没有改变。对光来讲，这种情况对应于入射波在折射率n较大的介质中传播（折射率n大意味着速率慢）。在这种情况下在界面上反射的波，没有相的变化，也就是说它的**反射相移**是零。

如图36-13b所示，当沿着密度较小的绳子更快地传播的脉冲，到达与密度较大的绳子的接头时，脉冲还是一部分透射，一部分反射。透射脉冲的指向仍然和入射脉冲的相同，但是现在反射脉冲倒过来了。对正弦波来讲，这种倒向意味着相位改变了π rad或者半个波长。对光来讲，这种情况对应于入射波在折射率较小的介质中（以较大的速率）传播的情况。在这种情况下，在界面反射的波有一个π rad或者半个波长的相移。

可以用使光反射离开（或被其反射）的介质的折射率对上述关于光的结果总结如下：

反射	反射相移
离开较低的折射率	0
离开较高的折射率	0.5个波长

这些，可以记做"遇高加半"。

薄膜干涉公式

在这一章，现在已看到两列光波的相差可能发生改变的三种方式：

1. 由于反射
2. 由于波沿着不同长度的路径传播
3. 由于光通过不同折射率的介质传播

如图36-12所示，当光为一个薄膜反射，产生了由光线r_1和r_2代表的两列波时，所有上述三种方式都涉及到了，让我们对它们一一加以分析。

我们首先考查图36-12中的两次反射，在前界面上a点，入射波（在空气中）从具有两个折射率中较高的那种介质表面上反射，因此反射光线r_1的波的相位移动了0.5个波长。在后界面上b点，入射波被折射率较低的介质（空气）反射，因此在这里反射的波没有由于反射而发生相位移动，而因此从薄膜出来的由光线 r_2 代表的那一部分波就没有相移，可以把这一结论总结在表 36－1 中的第一行内。到此可以说明作为反射相移的结果，光线 r_1 和 r_2 的两列波有 0.5 个波长的相差而正好反相。

现在必须考虑由于光线 r_2 的波两次穿过薄膜所引起的路程差 $2L$。（这个路程差 $2L$ 列在表 36－1 的第二行）。如果光线 r_1 和 r_2 的两列波正好同相，以致它们产生完全相长干涉，路程长度 $2L$ 必定产生附加的 0.5，1.5，2.5，…个波长的相差。只有这样净相差才是整数个波长，因此，对亮的薄膜，必定有

$$2L=\frac{\text{奇数}}{2}\times\text{波长}\quad\text{（同相波）}\tag{36-29}$$

表 36－1 对空气中的薄膜干涉的综合表①

反射相移	r_1	r_2
	0.5 个波长	0
路程差	$2L$	
路程差发生在其中的介质的折射率	n_2	
同相①	$2L=\frac{\text{奇数}}{2}\times\frac{\lambda}{n_2}$	
反相①	$2L=\text{整数}\times\text{波长}/n_2$	

① 适用于 $n_2>n_1$ 和 $n_2>n_3$。

这里所需要的波长是光在含有路径长度 $2L$ 的介质中的波长 λ_{n2}，即在折射率为 n_2 的介质中的。因此可将式（36－29）写为

$$2L=\frac{\text{奇数}}{2}\times\lambda_{n2}\quad\text{（同相波）}\tag{36-30}$$

如果两列波反相，以致产生完全相消干涉。这时，路程长度 $2L$ 必定产生附加的 0，1，2，3，…个波长的相差，只有这样净相位差才是奇数个半波长。因此，对暗的薄膜，必定有

$$2L=\text{整数}\times\text{波长}\tag{36-31}$$

此处，波长仍是在包含在 $2L$ 介质中的波长 λ_{n2}，因此，这一次就有

$$2L=\text{整数}\times\lambda_{n2}\quad\text{（反相波）}\tag{36-32}$$

现在用式（36－8）$\left(\lambda_n=\frac{\lambda}{n}\right)$写出在薄膜内的光线 r_2 的波长为

$$\lambda_{n2}=\frac{\lambda}{n_2}\tag{36-33}$$

式中，λ 是入射光在真空中的波长（也可近似在空气中的）。将式（36－33）带入到式（36－30），用 $\left(m+\frac{1}{2}\right)$代替“奇数/2”就给出

$$2L=\left(m+\frac{1}{2}\right)\frac{\lambda}{n_2}\quad m=0,1,2,\cdots\quad\text{（极大——空气中的亮膜）}\tag{36-34}$$

类似地，用 m 代替式（36－32）中的“整数”，给出

$$2L=m\frac{\lambda}{n_2}\quad m=0,1,2,\cdots\quad\text{（极小——空气中的暗膜）}\tag{36-35}$$

对于给定的薄膜厚度 L，式（36－34）和式（36－35）告诉我们使薄膜分别显现明亮和黑暗的光

的波长。每一个波长对应于一个 m 值。中间的波长给出中间的亮度。对于给定的波长 λ，式(36-34)和式(36-35)告诉我们使薄膜分别呈现明亮和黑暗的厚度，一个厚度对应于一个 m 值。中间的厚度给出中间的亮度。

一个特殊的情况会出现，如果薄膜的厚度比 λ 小很多，譬如说，$L<0.1\lambda$，这时 $2L$ 的路程差可以忽略，而 r_1 与 r_2 之间的相差仅仅由反射相移决定。如果图 36-12 中产生 0.5 个波长相移的薄膜的厚度为 $L<0.1\lambda$，于是 r_1 与 r_2 正好反相，因而薄膜就是暗的，不管照在它上面的光的波长和甚至强度是多少，这种特殊情况与式(36-35)中的 $m=0$ 相对应。任何厚度为 $L<0.1\lambda$ 的薄膜都可以作为式(36-35)表明的使图 36-12 的薄膜变暗的最小厚度来处理(每一个这样的厚度都将与 $m=0$ 相对应)。薄膜产生 0.5 个波长的相移，下一个能使薄膜变暗的较大的厚度与 $m=1$ 相对应。

图 36-14 显示了一个竖直肥皂薄膜，由于重力的影响，其厚度从顶部到底部逐渐增加。虽然明亮的白光照在薄膜上，但是由于膜的顶部太薄了以至于是暗的。在中部(稍微厚一些)，我们看到了条纹，或者说带，它们的颜色主要决定于在特定厚度处产生完全相长干涉的光反射的波长。而薄膜底部(最厚的地方)由于条纹渐密，因而颜色开始叠加并逐渐退去。

图 36-14 张在一个竖直环上的肥皂膜对光的反射。顶部是如此的薄以至在该处反射的光干涉相消，形成暗区。彩色的干涉条纹或带装饰薄膜的其余部分。但是由于重力把液体逐渐向下拉，以致膜中的液体回流使彩色遭到破坏。

Morpho 蝴蝶翅膀的彩虹色

薄膜干涉所呈现的彩色被称之为彩虹。这是因为当你改变你观察的方向时，彩色也随之发生变化。*Morpho* 蝴蝶翅膀的上表面的彩虹，就是由于光的薄膜干涉产生的。这些光是由蝴蝶翅膀上的像角质的透明材料构成的许多细小阶梯反射出来的，这些细小阶梯排列得像垂直于翅面伸展的树样结构的宽而平展的枝。

假设你在白光垂直照射翅膀时，垂直向下观察这些细小的阶梯构成的平面，那么这些阶梯反射给你的光，在可见光谱中的蓝绿光区域中形成干涉极大，而在光谱另一端的红色和黄色区域中的光则较弱，因为它们仅发生中间干涉，这样蝴蝶翅膀上表面就呈现蓝绿色。

如果你从其他的方向观看从翅膀上反射的光，这些光斜向透过这些小阶梯。因此产生干涉极大的光的波长将与垂直反射产生干涉极大的光的波长有所不同。于是，当翅膀在你的视场中摆动时，你观察它角度是变化的，翅膀上最亮的彩色也将有些变化，这就产生了翅膀的彩虹。

解题线索

线索1：薄膜公式

一些学生认为式(36-34)所给出的极大，而式(36-35)所给出的极小值对于**所有**薄膜都是适用的，这是不正确的。这些公式只对如图 36-12 中 $n_2>n_1$ 和 $n_2>n_3$ 的情况才适用。

对于其他的折射率相对数值适用的公式，可以通过用本节的推理和构造表 36-1 的新版本推导出来。在每种情况下，你最后都能得出式(36-34)和式(36-35)。但有时式(36-34)将给出极小而式(36-35)将给出极大，得出与前面相反的结论。哪一个公式给出哪一个结果取决于两媒质界面的反射是否给出相同的反射相移。

检查点 5：右图表示光从厚度为 L 的薄膜垂直反射（如图 36 - 12）的四种情况，折射率都已给出，(a) 哪种情况下在薄膜的两个界面反射的两条光线的相差是零？(b) 哪种情况下当路程差 $2L$ 产生 0.5 个波长的相差时薄膜将是暗的？

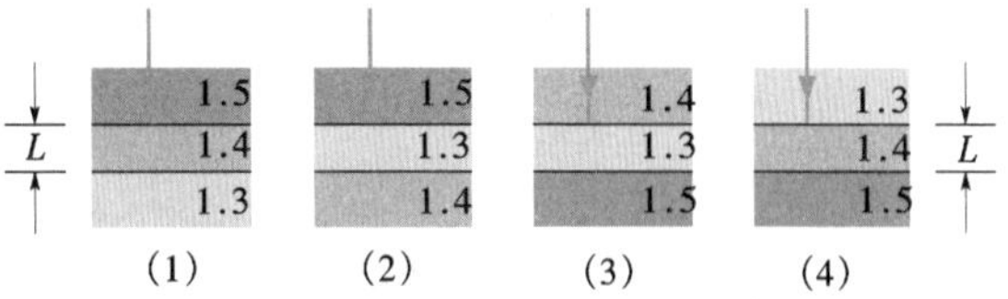

例题 36 - 4

光强均匀分布在波长为 400 ~ 690nm 的可见光范围内的白光，垂直入射到一个水膜上，水膜的折射率为 $n_2$1.33，厚度 $L = 320\text{nm}$，水膜置于空气之中，请问何种波长的反射光将形成干涉极大？

【解】 这里**关键点**是，使薄膜的反射光是亮的波长为 λ 的光在薄膜上下表面反射的两条光线应该是同相的。这些波长 λ 与给定的薄膜厚度 L 和薄膜折射率 n_2 的关系，是由式 (36 - 34) 还是由式 (36 - 35) 给出，决定于此薄膜的反射相移。

为了确定所需要的公式，应该填写一个像表 36 - 1 那样的综合表。然而，由于水膜的两面都是空气，这个情况和图 36 - 12 中的完全一样，而我们要填的表也将和表 36 - 1 完全一样。于是，由表 36 - 1 可看到，若要反射光线同相（即产生干涉极大），则需要

$$2L = \frac{\text{奇数}}{2} \times \frac{\lambda}{n_2}$$

由此得到式 (36 - 14)

$$2L = \left(m + \frac{1}{2}\right)\frac{\lambda}{n_2}$$

对 λ 求解并代入 L 和 n_2 的值，可得

$$\lambda = \frac{2n_2L}{m + \frac{1}{2}} = \frac{(2)(1.33)(320\text{nm})}{m + \frac{1}{2}} = \frac{851\text{nm}}{m + \frac{1}{2}}$$

当 $m = 0$，上式给出 $\lambda = 1700\text{nm}$，这是在红外光区。当 $m = 1$，上式给出 $\lambda = 567\text{nm}$，这是黄绿光，接近可见光谱的中间。当 $m = 2$，上式得出 $\lambda = 340\text{nm}$，这是在紫外光区。因此，观察者所看见的最明亮的光的波长是

$$\lambda = 567\text{nm} \qquad \text{（答案）}$$

例题 36 - 5

在图 36 - 15 中，一个玻璃透镜的一面镀了一薄层氟化镁 (MgF_2) 以便减弱从透镜表面的反射。MgF_2 的折射率为 1.38；玻璃镜的折射率为 1.50。至少为多厚的镀膜能消除可见光谱中间区域的光 ($\lambda = 550\text{nm}$) 的反射？设光几乎是垂直于透镜表面入射的。

【解】 这里**关键点**是消除反射。要求薄膜的厚度 L 要使从薄膜的两个界面反射的光波正好反相。联系 L 和给定的波长 λ 以及薄膜的折射率 n_2 的公式，是式 (36 - 34) 还是式 (36 - 35)，取决于在薄膜界面的反射相移。

为了确定所需要的公式，我们就填写像 36 - 1 那样的综合表。在第一界面处，入射光在空气中，它的折射率小于 MgF_2（薄膜）的折射率。于是在表中 r_1 项下填上 0.5λ（意思是光线 r_1 的波在第一个交界面处有 $\lambda/2$ 的相移）。在第二交界面处入射光在 MgF_2 中，它的折射率小于界面另一侧的玻璃的折射率，因此在表中 r_2 项下面也填上 0.5λ。

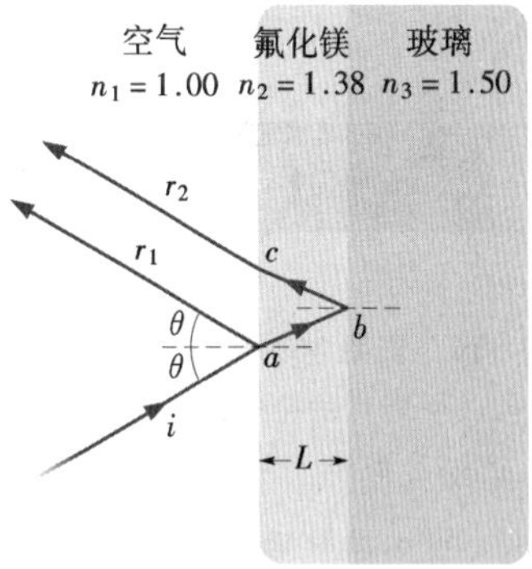

图 36 - 15 例题 36 - 5 图　通过在玻璃表面上镀一层适当厚度的透明氟化镁薄膜，可以消除从玻璃反射的（选定波长的）不需要的光。

由于两个反射引起相同的相移，它们就使得 r_1 和 r_2 的光同相。由于题目要求反相，所以路程差 $2L$ 必须是半波长的奇数倍，有

$$2L = \frac{\text{奇数}}{2} \times \frac{\lambda}{n_2}$$

这导致取式(36-34)。对 L 求解该式就得出能消除从透镜和镀膜的反射膜厚为

$$L=\left(m+\frac{1}{2}\right)\frac{\lambda}{2n_2}\quad m=0,1,2,\cdots \tag{36-36}$$

题中要求的是薄膜的最小厚度——即最小的 L。因此，选 $m=0$，m 的最小值。将它和已知数据代入式(36-36)，就得到

$$L=\frac{\lambda}{4n_2}=\frac{550\text{nm}}{(4)(1.38)}=99.6\text{nm}\qquad(答案)$$

例题 36-6

图 36-16a 图示了一个透明的塑料块，在它的右部有一个薄的空气劈(在图中劈的大小是夸大了的)。波长 $\lambda=632.8$nm 的一宽束红光垂直向下发射(即入射角为 0°)通过塑料块的上部。一部分入射光将在空气劈的上表面和下表面被反射，这样空气劈就像一个(空气的)薄膜，其厚度从左端的 L_L 到右端的 L_R 均匀地逐渐增大(空气劈上下的塑料层的厚度太厚了以至于不能当成薄膜)。当从塑料块的上方往下看时，可看到由沿着劈的六条暗纹和五条明亮的红色条纹所组成的干涉图样。沿着劈的厚度的变化 $\Delta L(=L_R-L_L)$ 是多少？

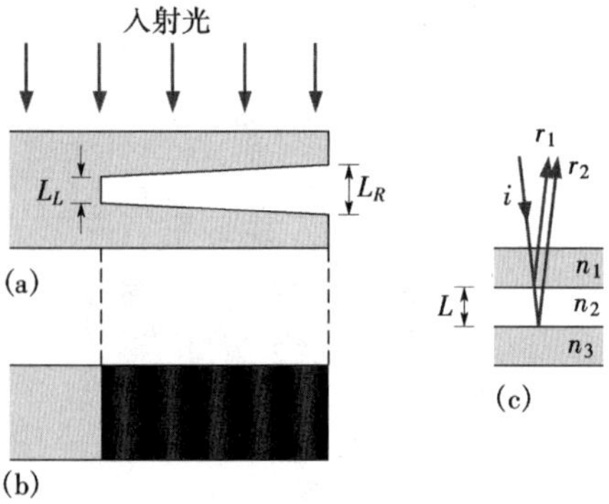

图 36-16 例题 36-6 图 (a)红光垂直照射在一个透明的塑料块一端的薄的空气劈上，该空气劈的左方厚度为 L_L，右方厚度为 L_R。(b)从塑料块上方看到，在空气劈上排列着六条暗纹和五条明亮的红色条纹的干涉图像。(c)沿着劈尖横向的某一位置所对应的劈的厚度 L 和入射光 i，反射光 r_1 与 r_2 如图所示。

【解】 这里一个**关键点**是沿着空气劈的从左到右的长度上任意一点的亮度是由在劈的上、下表面反射的波的干涉决定的，第二个**关键点**是光的明暗干涉条纹图样中的亮度的变化是由劈的厚度决定的。某些区域的厚度使反射光同相，并因而产生亮的反射(红色的明纹)。其他区域的厚度使反射光反相，并因而不产生反射(暗纹)。

由于观察者看到的暗纹多于明纹，我们可以假设在劈的左、右两端都是暗纹。这样干涉图样就如图 36-16b 所示，它可以用来决定劈的厚度的变化 ΔL。

另一个**关键点**是，可以用图 36-16c 把沿着劈的长度上任一点的在劈的上下表面光的反射情况表示出来。在图中 L 是该点处劈的厚度。让我们把这个图应用于劈的左端，在此处反射给出的是暗纹。

我们知道，对暗纹来讲，在图 36-16c 中的光线 r_1 与 r_2 的两波必须是反相的。也知道把薄膜厚度 L 和光的波长 λ 以及薄膜的折射率 n_2 的联系起来的公式是式(36-34)或式(36-35)中的一个，这决定于反射相移。为了选择究竟用哪一个公式来给出劈的左端的暗纹，必须填写像 36-1 那样的综合表。

在劈的上界面，入射光在塑料中，它的折射率比界面下空气的大。因此在综合表中 r_1 项下填 0，而在劈在下界面，入射光在空气中，它的折射率比界面下的塑料的小，因此表中的 r_2 项下填 0.5 个波长。于是，单是反射就使 r_1 和 r_2 的波成为反相的。

因为在空气劈的左端两列波实际上是反相的，该端的路程差 $2L$ 一定，给出为

$$2L=整数\times\lambda/n_2$$

由此导致式 36-35

$$2L=m\frac{\lambda}{n_2}\quad m=0,1,2,\cdots \tag{36-37}$$

这里是另一个**关键点**：式(36-37)不仅适用于劈的左端，而且适用于包括右端在内的劈上任何出现暗纹的点。——对每一暗纹，有不同的 m 值。最小的 m 值对应于出现暗纹处的劈的最小厚度。逐渐增大的 m 值则和暗纹出现处的逐渐增大的劈的厚度相联系。让 m_L 表示在左端的值。那么在右端的值一定是 m_L+5，因为，从图 36-16b 可以看出，右端是从左端数起的第五条暗纹所在处。

要求的是从左端到右端劈的厚度的变化 ΔL。为了求它，我们先把式(36-37)用两次——，一次求左端的厚度 L_L，一次求右端的厚度 L_R。

$$L_L=(m_L)\frac{\lambda}{2n_2},L_R=(m_L+5)\frac{\lambda}{2n_2} \quad (36-38)$$

为了求出厚度的变化 ΔL，现在可以从 L_R 中减去 L_L 并代入已知的数据，包括劈内空气的 $n_2=1.00$，有

$$\Delta L=L_R-L_L=\frac{(m_L+5)\lambda}{2n_2}-\frac{m_L\lambda}{2n_2}=\frac{5}{2}\frac{\lambda}{n_2}$$

$$=\frac{5}{2}\frac{632.8\times10^{-9}\text{m}}{1.00}$$

$$=1.58\times10^{-6}\text{m}$$

（答案）

36-8 迈克耳孙干涉仪

干涉仪是借助于干涉条纹来非常精确地测量长度和长度变化的一种装置。下面介绍原来由迈克耳孙在1881年设计和制作的形式。

考虑图36-17中离开扩展光源 S 上点 P 和**分束器** M 相遇的光，分束器是一面镜子，它使一半入射光透过，而反射其另一半。为方便起见，假设在图中的这面镜子的厚度可以忽略。光在 M 处就这样被分成两列波，一列透射后射向平面镜 M_1；另一列反射后射向平面镜 M_2。两列波被平面镜完全反射，沿着它们的入射方向返回，最后都进入望远镜 T。观察者看到的是弯曲的或近似直线的干涉条纹；在后一种情况，条纹与斑马身上的线条类似。

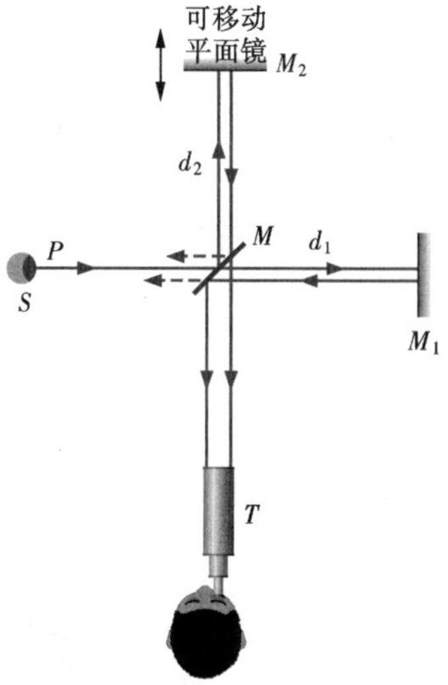

图36-17 迈克耳孙干涉仪，表示以扩展光源 S 上一点 P 发出的光的路径。镜 M 将光分成两束，分别从镜 M_1 镜 M_2 反射后回到镜 M，随后进入望远镜 T。在望远镜中观察者看到干涉条纹。

当两列波在望远镜中会合时，它们的路程差为 $2d_2-2d_1$，改变这一路程的任何措施都将引起这两列波在人眼处的相差的改变。例如，如果镜 M_2 移动 $\frac{\lambda}{2}$ 的距离，路程差将改变 λ，干涉条纹将移过一条（仿佛斑马身上的每一条暗条都移到相邻的暗条曾经所在处一样）。同样，镜 M_2 移动 $\frac{\lambda}{4}$，将引起 $\frac{1}{2}$ 条纹的移动（每一条暗斑马纹都移到相邻的白条曾经所在处）。

条纹的移动也可能是由于在一个平面镜，譬如说 M_1 的光路中插入了一层薄的透明材料。如果这材料厚度为 L、折射率为 n，那么沿着光通过材料的由进到出的路径内包含的波长数目根据式(36-9)为

$$N_m=\frac{2L}{\lambda_n}=\frac{2Ln}{\lambda} \quad (36-39)$$

在材料插入前，同样厚度为 $2L$ 的空气中波长的数目为

$$N_a=\frac{2L}{\lambda} \quad (36-40)$$

当材料插入时，从 M_1 回来的光经历的相位变化（用波长表示）为

$$N_m-N_a=\frac{2Ln}{\lambda}-\frac{2L}{\lambda}=\frac{2L}{\lambda}(n-1) \quad (36-41)$$

相位每变化一个波长，干涉同样将移过一个条纹。这样，通过数材料所引起的图样移动的条数，并把这个数代入式(36-41)中的 N_m-N_a，就可以得出用 λ 表示的厚度 L。

用这种技术，可以将物体的长度用光的波长表示。在迈克尔孙时代，长度的标准——米——

是国际公认的被选为能存放在巴黎附近的一根金属棒上的两条细刻线之间的距离。迈克尔孙能利用他的干涉仪证明标准米相当于1553 163.5 个某种单色红光的波长，这红光是由含镉的光源发出的。由于这种精心的测量，获得了 1907 年度的物理学诺贝尔奖。他的工作为最终抛弃以米棒作为长度的标准(1961 年)和用光的波长重新定义米打下了基础。1983 年，甚至这种波长标准也精确不到能适应日益发展的科学和技术的要求了，因此它也就被基于光速的定义值的一个新标准所取代。

复习和小结

惠更斯原理 波，包括光波的三维传播过程，常常可以用惠更斯原理预言。该原理指出：一个波阵面上的所有点，都可以作为球形子波的波源。在时间 t 后，新的波阵面将是和这些子波相切的面。

如果假设任意介质的折射率 $n=c/v$，其中的 v 是光在介质中的速率，而 c 是光在真空中的速率，就可以用惠更斯原理导出折射定律。

波长和折射率 在介质中光的波长 λ_n 依赖于媒质的折射率

$$\lambda_n=\frac{\lambda}{n} \qquad (36-8)$$

式中，λ 是光在真空中的波长。由于这种依赖关系，如果两列波通过有不同折射率的不同介质时，它们的相差可能改变。

杨氏试验 在**杨氏干涉试验**中，光通过一单缝射到一个屏上的两个缝上。光从这两条缝离开后张开(由于衍射)，而在屏的另一侧发生干涉。由于干涉而产生的条纹图样出现在观察屏上。

在视屏上任一点的光强部分地取决于从两缝到该点的路程差。如果这个差是波长的整数倍，两波干涉相长，出现强度极大。如果这个差是半波长的奇数倍，就有干涉相消，出现强度极小。出现极大和极小强度的条件是

$$d\sin\theta=m\lambda \quad m=0,1,2,\cdots(\text{极大——明纹}) \qquad (36-14)$$

$$d\sin\theta=(m+1/2)\lambda,m=0,1,2,\cdots(\text{极小——暗纹}) \qquad (36-16)$$

这是 θ 是光路与中轴的夹角，d 是缝距。

相干性 如果两列光波相遇在一点能产生可观察到的干涉，它们之间的相差必须对时间保持不变；就是说，这两列波必须是**相干**的。当两列相干波相遇时，可以用相矢量求出合成的光强。

双缝干涉中的光强 在杨氏干涉试验中，光强各为 I_0 的两列波，在视屏处合成的波的光强 I 为

$$I=4I_0\cos^2\frac{\phi}{2} \quad \text{其中 } \phi=\frac{2\pi d}{\lambda}\sin\theta \qquad (36-21,36-22)$$

判断条纹极大和极小的位置的公式是式(36－14)和式(36－16)，包含在这一关系式中。

薄膜干涉 当光照射到一个透明薄膜上时，从前后表面反射的光波发生干涉。对近法线的入射，从**空气中的薄膜**反射的光产生极大或极小强度的波长条件是

$$2L=\left(m+\frac{1}{2}\right)\frac{\lambda_2}{n_2} \quad m=0,1,2,\cdots$$

$$(\text{极大值——在空气的亮膜}) \qquad (36-34)$$

$$2L=m\frac{\lambda}{n_2} \quad m=0,1,2,\cdots$$

$$(\text{极小值——在空气中的暗膜}) \qquad (36-35)$$

式中，n_2 是薄膜的折射率；L 是薄膜厚度；λ 是光波在空气中的波长。

如果光是在折射率较小的介质中向两种折射率不同的介质界面上入射，其反射在反射光中产生 π rad 或半个波长的相位改变。否则，反射不引起相位改变。在分界面处的折射不引起相移。

迈克耳孙干涉仪 在迈克耳孙干涉仪中一列光波分成两束，经过不同路径后，又合起来发生干涉并形成条纹图样。改变其中一束光的路径长度可以通过数出由于这个改变引起的干涉条纹移动的数目，精确地用光的波长表示距离。

思考题

1. 在图 36－18 中，三个波长相等的光脉冲 a,b,c 穿过不同的塑料层。各层的折射率如图所示。根据它们穿过塑料层的时间由长到短对它们排序。

2. 光沿一 1500nm 长的纳米结构的长度方向传

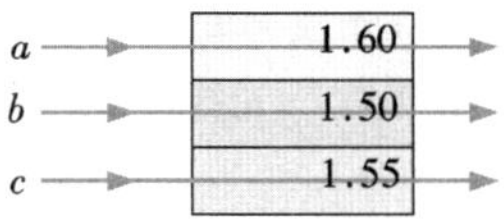

图 36 – 18　思考题 1 图

播。当波在此纳米结构的一端是波峰时，在另一端是波峰还是波谷，如果波长为(a)500nm 和(b)1000nm？

3. 图 36 – 19 表示，两束波长为 600nm 的光线，在相距 150nm 的两个玻璃表面上反射。两束光原来同相。(a)这两束光的路程差是多少？(b)如果它们把反射区域照亮了，两束光是正好同相、正好反相还是处于某种中间状态？

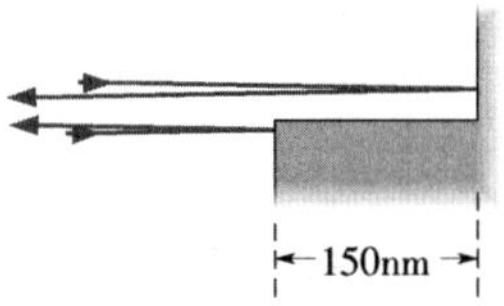

图 36 – 19　思考题 3 图

4. 如图 36 – 20 所示，两束初始正好同相的光线在几个玻璃面上反射。忽略在第二个配置中光路的稍稍偏斜。(a)用波长 λ 表示两条光线路程差；(b)如果两条光线射出时正好反相，路程差应该等于多少？(c)引起这一最后相差的 d 的最小值应是多少？

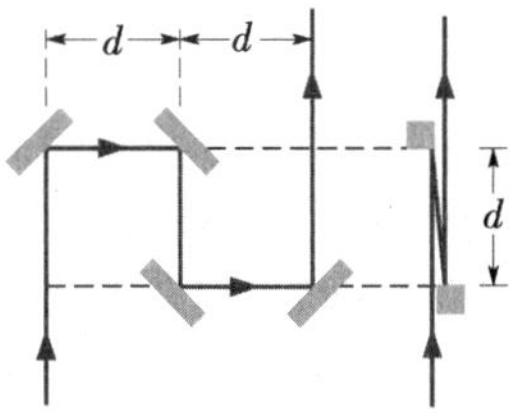

图 36 – 20　思考题 4 图

5. 在图 36 – 8 中的 P 点，若两束光到达该点的路程差是(a)2.2λ(b)3.5λ(c)1.8λ(d)1.0λ，在 P 点是一个干涉极大，一个极小，一个和极大靠近的中间态还是一个和极小靠近的中间态？对于每一种情况，写出与所涉及的极大、极小相关的 m 值。

6. 在双缝干涉的图像中，如果你从一条明纹移向更远的下一条。(a)光程差 ΔL 增大还是减小？(b)以波长 λ 表示，它变化了多少？

7. 如果(a)缝距增加(b)光的颜色从红变换为蓝色(c)将整个装置浸入烹调用葡萄酒中，双缝干涉图样中条纹的间距是增大、减小还是不变？(d)如果用白光照射双缝，那么在任一侧向极大处，是蓝色成分还是红色成分更靠近中央极大？

8. 图 36 – 21 中的各分图表示双缝干涉实验中，两光波的相矢量。各分图还代表在视屏上在不同时刻的不同点。假设 8 个相矢量有同样的长度，根据各点合成的光强由大到小将它们排序。

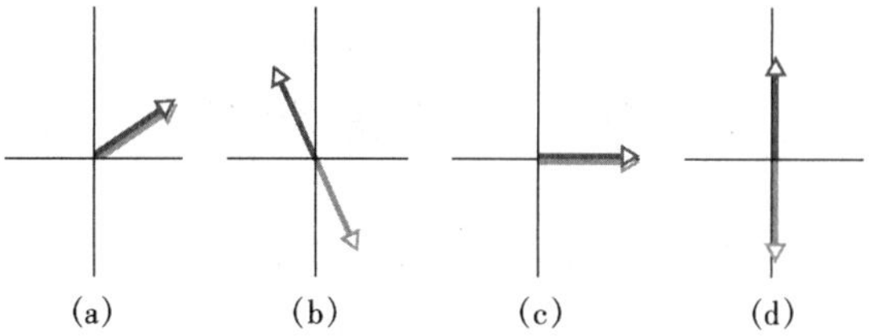

图 36 – 21　思考题 8 图

9. 如图 36 – 22 所示，两个点源 S_1 和 S_2 向各方向发射波长为 λ 的无线电波。两源正好同相，而且相距 1.5λ。那条竖直的间断线是两源间距离的中垂线。(a)如果从图中所示的起始点沿着路径 1 运动，在整个路程中干涉产生的都是极大，都是极小还是极大与极小交替？对(b)路径 2 和(c)路径 3 重复回答此问题？

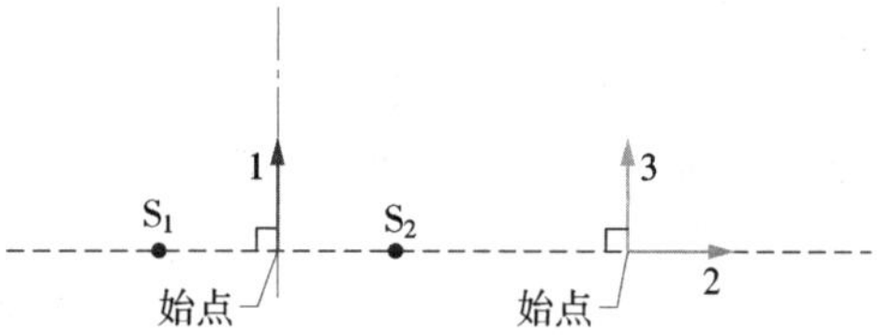

图 36 – 22　思考题 9 图

10. 如图 36 – 23 所示，两束光线遇到界面发生反射和折射，其后哪两列波在界面处是同相的？

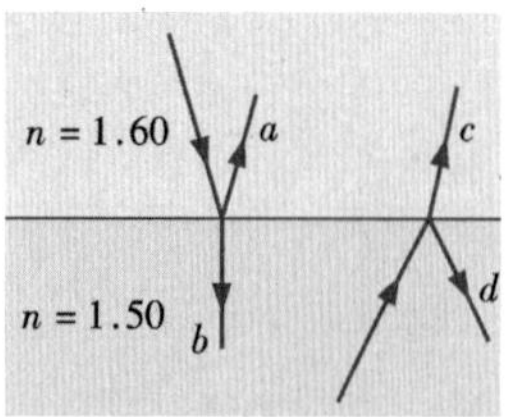

图 36 – 23　思考题 10 图

11. 图 36 – 24a 表示一个竖直薄膜的横截面。由于重力的作用，薄膜向下逐渐增厚，图 36 – 24b 是该薄膜的正视图，所显示的四条干涉明纹是薄膜被垂直入射的红光照射的结果。已标出在横截面上与各明纹对应的点，用在薄膜内光的波长表示，(a)点 a 和 b 和(b)点 b 和 d 之间的膜的厚度差是多少？

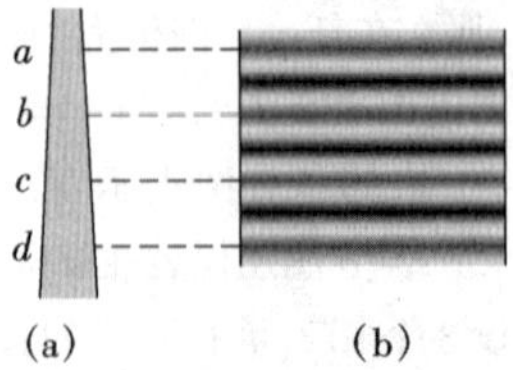

图 36-24

12. 图36-25表示光垂直穿过一个在空气中的薄膜(为明显在图中光线画斜了)(a)光线 r_3 是否因反射而产生相移?(b)光线 r_4 的反射相移是多少波长?(c)如果薄膜的厚度为 L,光线 r_3 与 r_4 的路程差是多少?

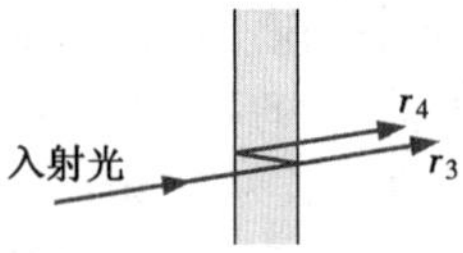

图 36-25 思考题12图

练习和习题

36-2节 光波

1E. 钠光在空气中的波长是589nm。(a)它的频率是多大?(b)在折射率为1.52的玻璃中它的波长是多大?(c)从(a)和(b)的结果求出光在这种玻璃中的速率。

2E. 如果光在蓝宝石中传播比在金刚石中传播快多少?以m/s为单位表示。参看表34-1。

3E. 在某种液体中黄光(从钠光灯发出的)的速率测得为 1.92×10^8m/s,对这种光这种液体的折射率是多大?

4E. 在熔凝石英中波长为550nm的光的速率是多少?(参看图34-19)

5P. 海浪以4.0m/s的速率沿与海岸法线成30°角的方向涌向海滩,图36-26为其俯视图。假设离岸边一定距离处海水深度突然发生变化,而海水在该处的速率降到了3.0m/s,在接近岸边处,海浪运动的方向与法线的夹角是多少?(假设象对光的折射同样的定律)解释为什么大多数的海浪都是沿海岸法线的方向涌向海岸,尽管它们在远处时以不同的角度靠近。

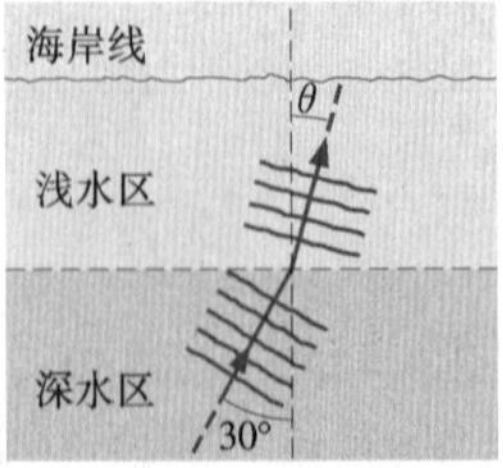

图 36-26 习题5图

6P. 在图36-27中,两个光脉冲穿过不同的塑料层,各塑料层的折射率已标出,其厚度分别为 L 或者 $2L$ 如图示。(a)哪个脉冲在较短时间内穿过塑料层?(b)用 L/c 表示,两脉冲传播的时间差是多少?

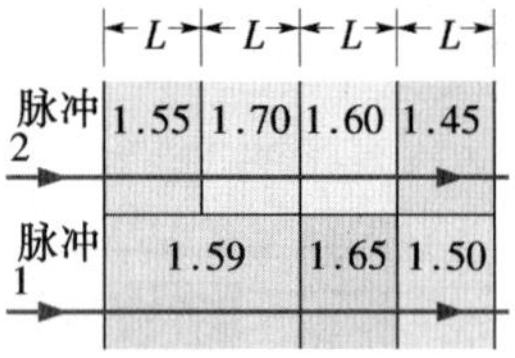

图 36-27 习题6图

7P. 在图36-3中,假设在空气中传播的波长均为400nm两列波最初同相。一列穿过一厚度为 L 折射率为 $n_1=1.60$ 的玻璃层,另一列穿过一同样厚度折射率为 $n_2=1.50$ 的塑料层。(a)如果两列波最后的相差为5.65rad,L 的最小值是多少?(b)如果两列波射出后相交于某个共同点,将产生何种类型的干涉?(ssm)

8P. 假设在图36-3中的两列波的波长在空气中为500nm,如果(a) $n_1=1.50$,$n_2=1.60$,$L=8.50\mu$m;(b) $n_1=1.62$,$n_2=1.72$,$L=8.50\mu$m;(c) $n_1=1.59$,$n_2=1.79$,$L=3.25\mu$m,用波长表示,穿过介质1和2后它们的相差是多少?(d)假设在上述三种情况下,两列波射出后到达一共同点。根据在共同点波产生的亮度将各情况排序。

9P. 在空气中波长为600.0nm的两列光波。最初是同相。随后它们穿过如图36-28所示的塑料层,其中 $L_1=4.00\mu$m,$L_2=3.50\mu$m,$n_1=1.40$,$n_2=1.60$,(a)用波长表示,从塑料层出来后,它们的相差是多少?

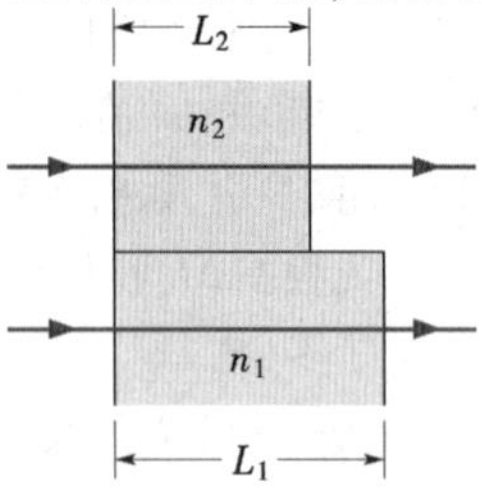

图 36-28 习题9图

(b)若两列波后来到某一共同点，它们的干涉类型如何？(ilw)

10P. 在图 36－3 中，假设在空气中的波长是 620nm 的两列光波，初始相差是 πrad，介质的折射率为 $n_1 = 1.45$，$n_2 = 1.65$。(a)要使两列波一旦穿过两介媒质后正好同相，介质的最小厚度 L 是多大？(b)能这样做的下一个较大的 L 是多少？

36－4 节 杨氏干涉试验

11E. 波长为 550nm 的单色绿光照射到间距 7.70μm 的两条平行的狭缝上。第三极($m=3$)明纹的偏向角(图 36－8 中的 θ)是多大？(a)用 rad 表示(b)用度表示。

12E. 在杨氏双缝干涉实验中，从双缝发生的两列波到达第 m 条暗纹时相差是多大？

13E. 若杨氏干涉实验装置假设用 500nm 的蓝绿光做杨氏干涉实验，缝距为 1.20mm，而观察屏离缝 5.40m。明纹的间距是多少？(ssm)(ilw)

14E. 在一双缝装置中，双缝的间距为通过双缝的光的波长的 100 倍。(a)用 rad 表示的中央极大和相邻极大的角距离是多大？(b)在离缝为 50.0cm 远的屏上，这两个极大的间距是多少？

15E. 用钠光($\lambda = 589$nm)的一套双缝装置，产生的干涉条纹的角间距为 3.50×10^{-3}rad。什么波长的光能使角间距增大 10%？(ssm)

16E. 用钠光($\lambda = 589$nm)的一套双缝装置，产生的干涉条纹的角间距是 0.20°，如果将整个装置浸入水中，条纹的角间距是多大($n=1.33$)？

17E. 两个间距为 2.0m 的射频点源，以波长 $\lambda = 0.50$m 同相地辐射着。一检测器在含有两点源的平面内绕着它们做圆周运动。不必计算，求它检测多少个极大？(ssm)

18E. 源 A 和 B 发射波长为 400m 的长波段无线电波，从源 A 发射的波比源 B 发的超前 90°。从 A 到检测器的距离 r_A 比 B 到检测器的距离 r_B 大 100m，在检测器处的相差是多少？

19P. 在一双缝实验中，缝距为 5.0mm，缝到屏的距离为 1.0m。在屏幕上形成了两种干涉图样：一种是由波长为 480nm 的光形成，而另一种是由波长为 600nm 的光形成，在屏上两种干涉图样的第三级($m=3$)明纹的间距多大？(ssm)

20P. 在图 36－29 中，S_1 和 S_2 是同相的而且波长 λ 相等的两个相同的辐射源。二者相距 $d = 3.00\lambda$，求 x 轴上最远的产生完全相消干涉的点离 S_1 的距离，用波长 λ 表示。

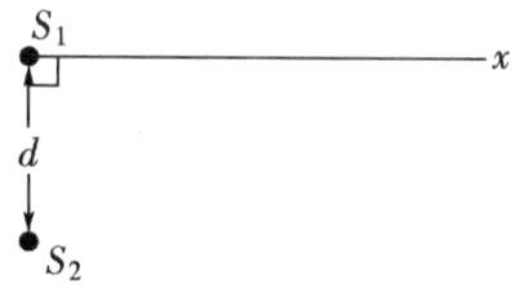

图 36－29 习题 20、27 和 59 图

21P. 一云母薄片($n=1.58$)盖在双缝干涉装置的一条缝上后，未盖薄片时的第七级($m=7$)明纹现在移到了屏的中点。若 $\lambda = 550$nm，那么云母片的厚度是多少？(提示：考虑媒质中光的波长)(ssm)(www)

22P. 波长为 632.8nm 的激光通过一放在教室前方的双缝装置，经在教室后方 20.0m 处的平面镜反射，在教室前方的屏上产生干涉图样。若相邻明纹的间距为 10.0cm。(a)缝距是多少？(b)若讲员将一张薄的玻璃纸片遮住一条缝，因而使沿着包括玻璃纸在内的路径增加了 2.5 个波长，干涉图样会发生什么变化？

36－6 节 双缝干涉中的光强

23E. 两列频率相同的波的振幅分别为 1.00 和 2.00，它们在相差为 60°的一点发生干涉，合成振幅多大？(ssm)

24E. 求出下列两量之和 y

$y_1 = 10\sin\omega t$ 和 $y_2 = 8.0\sin(\omega t + 30°)$

25E. 用相矢量法把下列各量加起来

$y_1 = 10\sin\omega t$

$y_2 = 15\sin(\omega t + 30°)$

$y_3 = 5.0\sin(\omega t - 45°)$ (ilw)

26E. 波长为 600nm 的光垂直入射到相距为 0.60nm 的两个平行狭缝上。画出在远处屏上看到的强度对从图样中心量起的角度 $\theta(0\leqslant\theta\leqslant0.0040\text{rad})$ 的函数图线。

27P. 在图 36－29 中的 S_1 和 S_2 是发射波长为 1.00m 的电磁波的点源。它们同相，相距 $d=4.00$m 发射功率相同。(a)如果检测器从 S_1 沿着 x 轴向右移动，离 S_1 多远处，检测到头三个干涉极大？(b)最近的极小的强度严格地是零吗？(**提示：**从一个点源发出的波的强度随着离光源的距离增加保持恒定吗？)(ssm)

28P. 在图 36－9 中的水平双箭头，指出了在强度曲线上强度值是极大强度一半的两点。证明在屏上与之对应的两点间的距离 $\Delta\theta$ 是

$$\Delta\theta = \frac{\lambda}{2d}$$

设在图 36－8 中的 θ 足够小，以致于 $\sin\theta\approx\theta$。

29P*. 假设双缝干涉实验中的一个缝比另一个缝宽一些，以致于从一个缝单独发出的光到达屏上中央部分时的振幅，是从另一个缝单独发出的光的两倍。推导在屏上的光强 I 作为 θ 的函数的，对应于式(36－21)和式(36－22)的表示式。(ssm)(www)

36－7 节　薄膜干涉

30E. 在图 36－30 中，光波 W_1 从一个镜面上反射一次；而光波 W_2 从该镜面上反射两次，在小片上反射一次。小片到镜面之间的距离为 L。两波最初同相，波长为 620nm。忽略光线的倾斜。(a) L 最小为多少时，两列反射波正好反相？(b)小片必需移动多大距离，才能使两列波再次反相？

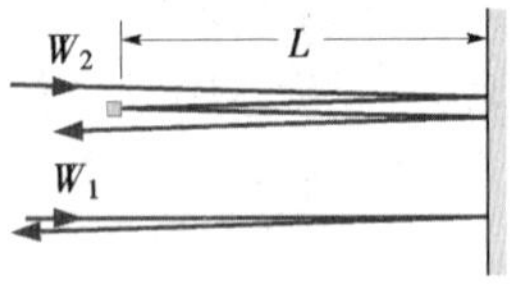

图 36－30　练习 30 和 32 图

31E. 波长为 585nm 的亮光垂直入射到悬在空气中的厚度为 1.21μm 的肥皂膜($n=1.33$)上，由肥皂泡的两表面反射的光是离完全干涉相消近还是离完全干涉相长近？(ssm)

32E. 假若练习 30 的两列光波起初正好反相，求一个使反射波正好同相的 L 值(用波长 λ 表示)的表达式。

33E. 波长为 624nm 的光波垂直入射到悬在空气中的肥皂膜($n=1.33$)上，求最小的两个使反射光完全干涉相长的薄膜厚度。(ilw)

34E. 折射率大于 1.30 的照相机镜头。表面镀一层折射率为 1.25 的透明薄膜。波长为 λ 的光垂直射向镜头，要想使反射光干涉相消，所需薄膜的最小厚度是多少？

35E. 人造珠宝饰物莱茵石是折射率为 1.50 的一种玻璃。为了让它更加反光耀眼，常在其上镀一层折射率为 2.00 的一氧化硅。要想确保波长为 560nm 的光垂直照射并在镀层的两表面反射时，得到完全干涉相长的反射光，所需镀层的最小厚度是多少？(ssm)

36E. 如图 36－31 所示，波长为 600nm 的光垂直入射到置于在空气中的一个透明结构的 5 个切段上，此结构的折射率为 1.50，每个切段的厚度以 $L=4.00\mu m$ 的倍数已知。由哪一切段的上下底面反射光是完全干涉相长的？

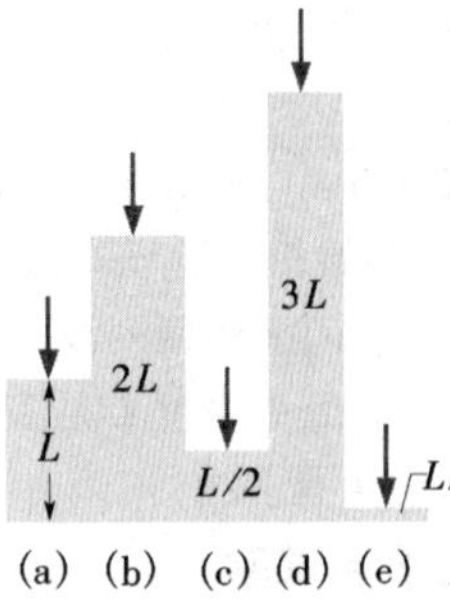

图 36－31　练习 36 图

37E. 想把一种透明材料($n=1.25$)涂敷在平板玻璃($n=1.50$)上，使得波长为 $\lambda=600$nm 的反射光干涉相消，最少要涂多厚？(ssm)(www)

38P. 在图 36－32 中，光垂直入射到四个厚度为 L 的薄层上，这些薄层及其上下的介质的折射率如图中给出。让 λ 表示光在空气中的波长，而 n_2 表示此薄层在各种情况下的折射率。仅仅考虑没有反射或有两次反射的透射光，如图 36－32a 中所示。对于哪种情况式

$$\lambda=\frac{2Ln_2}{m},m=1,2,3\cdots$$

给出干涉相长的两透射光的波长？

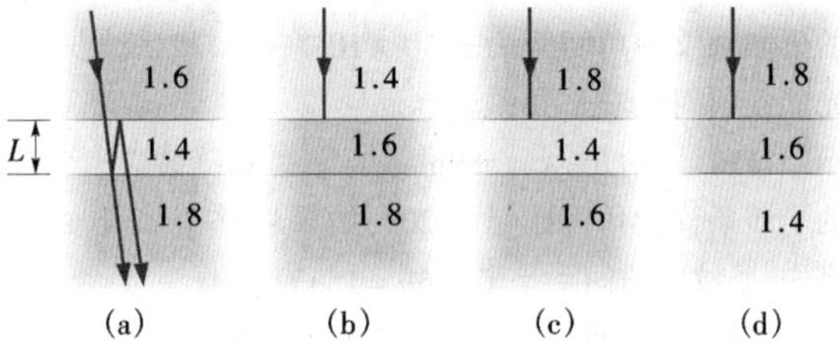

图 36－32　习题 38 和 39 图

39P. 一损坏的油船将大量石油($n=1.20$)泄漏到波斯湾，在海水($n=1.30$)面上形成了一大片油膜。(a)当太阳光正在头顶时，如果你从飞机上往下看，在厚度为 460nm 油膜区域，对哪种波长的可见光由于干涉相长而反射最亮？(b)如果你戴着水下呼吸机在这同一油膜区域的正下方，哪些波长的可见光透射的强度最强？(提示：参照图 36－32a 和适当的折射率考虑)

40P. 单色平面光波垂直照射到一均匀地覆盖在玻璃板上的一层薄油膜上，光源的波长可以连续变化。对于波长为 500nm 和 700nm 的光看到了反射光完全干涉相消，而对它们之间的波长则没有。如果油膜的折射率是 1.30，而玻璃的折射率是 1.50，求油膜的厚度。

41P. 一单色平面光波在空气中垂直照射到一覆盖在玻璃板上的薄油膜上，光源的波长可以连续变化。对波长为 500nm 和 700nm 的光看到了反射光完全干涉相消，而对它的之间的波长则没有。若玻璃的折射率为 1.50，证明油的折射率一定小于 1.50。(ssm)

42P. 在垂直照射空气中的肥皂膜的白光的反射光中，在 600nm 波长处有一个干涉极大，而在 450nm 波长处有一干涉极小，在这两者之间没有极小。若薄膜的折射率为 $n=1.33$，薄膜的厚度多大，假设是均匀的？

43P. 在图 36－33 中，使一宽束波长为 683nm 的光垂直向下照射通过在一对平板玻璃的上面一块。这对平板玻璃长 120mm，左端互相接触，右端被一直径为 0.048mm 的导线隔开。在两玻璃板之间的空气作用像薄膜一样。求通过上面的玻璃板往下看可以看到多少条干涉明纹？(ssm)

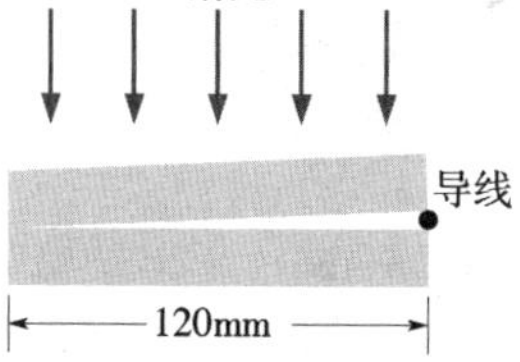

图 36－33 习题 43 和 44 图

44P. 在图 36－33 中，一束白光垂直照射通过一对平板玻璃的上面一块。这对平板左端互相接触，右端被一直径为 0.048mm 的金属丝隔开。在两玻璃板之间的空气的作用像薄膜一样，由于劈尖薄膜的缘故，可通过上面的玻璃板向下看到由薄膜产生的明纹和暗纹。(a)在左端看到的是明纹还是暗纹？(b)从这一端向右波长不同的光在不同位置发生完全相消干涉。产生的第一条暗纹是可见光谱中的红光还是紫光？

45P. 一波长为 630nm 的宽束光垂直入射到折射率为 1.50 的一个薄的劈形薄膜上。截取透射光的观察者沿膜的长度方向看到了 10 条明纹和 9 条暗纹。沿这个方向膜的厚度改变了多少？(ssm)(www)

46P. 一丙酮($n=1.25$)的薄层覆盖在一块厚的玻璃($n=1.50$)板上，白光沿法线入射。在反射光中，600nm 波长的光产生完全相消干涉，而 700nm 波长的光产生完全相长干涉。计算丙酮薄膜的厚度。

47P. 两玻璃平板在一端接触形成一个象薄膜的空气劈尖。一波长为 480nm 的宽束光垂直于第一块板照射，穿过两个平板。一个截取从玻璃板反射的光的观察者在平板上看到了由空气劈尖形成的干涉图样。从接触的那一端数起的第 16 条干涉明纹所在处的膜比第 6 条明纹所在处的膜厚多少？

48P. 一宽束单色光垂直射入一端接触在其间形成空气劈尖的两块玻璃板。一个截取从空气劈尖反射的光的观察者，看到了沿劈尖长度方向上有 4001 条暗纹，当劈尖内的空气抽出时，只看到了 4000 条暗纹，根据这些数据计算空气的折射率。

49P. 如图 36－34a 所示，一曲率半径为 R 的透镜，放在一平的玻璃板上，波长为 λ 的光从上方照射。图 36－34b(从透镜上方拍摄的照片)表明出现了圆的干涉条纹(称为牛顿环)，和透镜与板之间的可变的空气薄膜的厚度相联系。求干涉极大的半径 r，假设 $r/R \ll 1$。(ssm)(ilw)

50P. 在牛顿环实验中(参见习题 49)，透镜的曲率半径 $R=5.0\text{m}$，其直径为 20mm。(a)有多少个明环产生？假设 $\lambda=589\text{nm}$。(b)如果将整个装置没入水($n=1.33$)中，有多少个明环产生？

51P. 一套牛顿环装置可以用来测定一个透镜的曲率半径(参见图 36－34 和问题 49)，测出第 n 和第 $(n+20)$ 级明环的半径分别为 0.162cm 和 0.368cm，用波长为 546nm 的光，计算透镜底面的曲率半径。

(a)
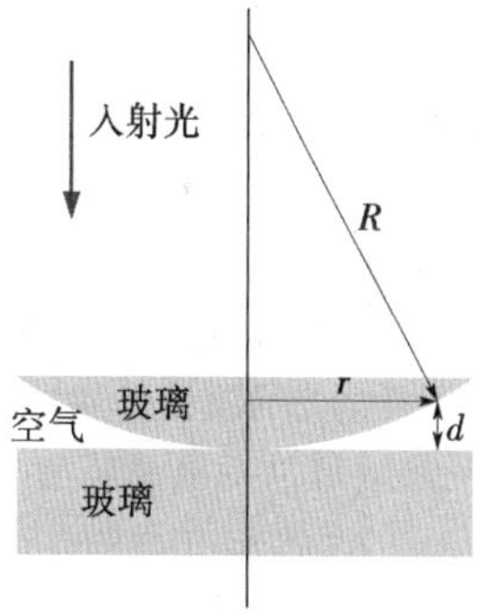

(b)
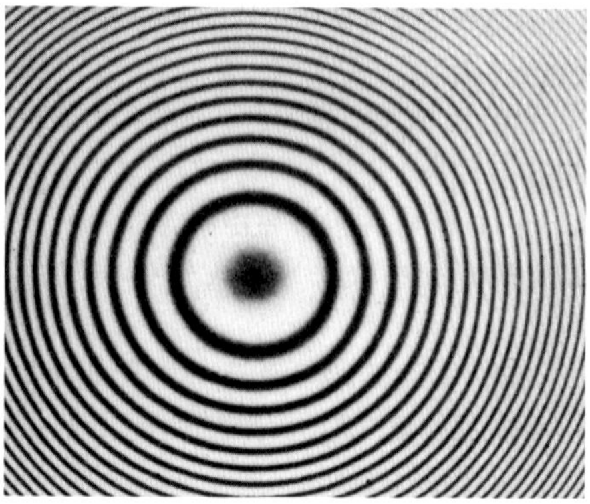

图 36－34 习题 49～52 图

52P. (a)用习题49的结果证明,在牛顿环实验中,两相邻明环(极大值)之间的半径差给定为

$$\Delta r = r_{m+1} - r_m \approx \frac{1}{2}\sqrt{\lambda R/m}$$

假设 $m \gg 1$. (b)证明两相邻明环间的面积给定为

$$A = \pi\lambda R$$

假设 $m \gg 1$。注意此面积与 m 无关。

53P. 如图36-35所示,在宽阔的湖面以上高为 a 处有一个微波发送器向对岸的一个接收器发出波长为 λ 的微波,接收器高出湖面的距离为 x。从湖面反射的微波与直接到达接收器的微波发生干涉。假设湖面的宽度 D 远比 a 和 x 大,而且 $\lambda \geqslant a$,若要接收器接收到的信号为极大 x 应取何值?(提示:反射引起相位变化吗?)(ssm)

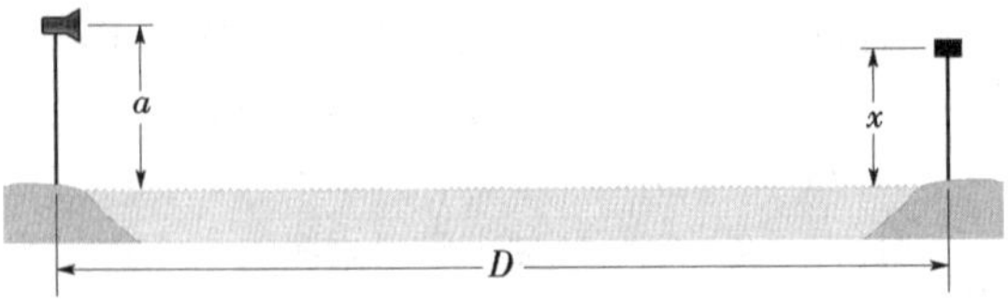

图36-35 习题53图

36-8节 Michelson's 干涉仪

54E. 在迈克耳孙干涉仪的一个臂中,垂直于光路放入一个折射率为 $n=1.40$ 的薄膜,如果这样做使波长为589nm的光产生的图样移动了7.0个条纹,薄膜的厚度是多少?

55E. 如果使迈克耳孙干涉仪(图36-17)中的反射镜 M_2 移动0.233mm时,发生了792个条纹的移动,产生此条纹图样的光的波长是多少?(ssm)

56P. 元素钠可以发出波长为 $\lambda_1 = 589.10\text{nm}$ 和 $\lambda_2 = 589.59\text{nm}$ 的两种光,钠发的光正用在迈克耳孙干涉仪(图37-17)中。如果使一种波长的干涉图样,比另一种波长的干涉图样多移动1.00个条纹,镜 M_2 必须移动多大距离?

57P. 在图36-36中,一个不漏气的长为5.0cm的有玻璃窗的小室放在迈克耳孙干涉仪的一臂中。用 $\lambda = 500\text{nm}$ 的光。抽空密室中的空气导致60个条纹的移动,根据这些数据计算大气中空气的折射率。(ssm)

58P. 写出在迈克耳孙干涉仪(图36-17)中光强作为可调反射镜位置的函数表达式。该反射镜的位置从 $d_2 = d_1$ 的那点量起。

59. 如图36-29所示,相距为 $d=2.00\mu\text{m}$ 的两个点光源 S_1 和 S_2,发射波长为 $\lambda=500\text{nm}$ 的光,发射的波各向同性而且同相,在 x 轴上的任意一点 P,从 S_1 发出的波和从 S_2 发出的波发生干涉,如果 P 点非常远($x \approx \infty$),(a)从 S_1 和 S_2 发出的两波的相位差是多大?(b)产生何种类型的干涉(近似完全相长还是完全相消)?(c)如果沿 x 轴将 P 点移向 S_1,从 S_1 和 S_2 发出的两列波之间的相差增大还是减小?(d)作一个表给出与相差为0, 0.50λ, 1.00λ, …, 2.50λ 所对应的位置 x。并标明相应的干涉类型——或是完全相消(fd)或是完全相长(fc)。

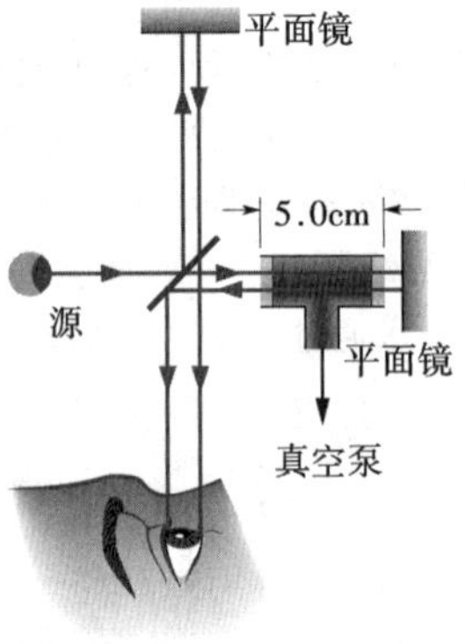

图36-36 习题57图

60. 在18世纪末期,绝大多数的科学家相信光(以及任何电磁波)需要在其中传播的媒质,不可能在真空中传播。相信这点的一个原因,是科学家们所知道的任何其他类型的波都需要媒质。例如,声音能够通过空气、水或者大地传播,但不能通过真空传播。因此,科学家推理说,当光从太阳或其他的恒星传向地球时,它不可能通过真空传播,而一定是通过了充满整个空间而且在其中运动的某种介质,可以假定,光是以一定的速率 c 通过这种介质的。这种介质称为以太。

在1887年,迈克耳孙和莫雷采用一种改进了的迈克耳孙干涉仪来测验以太对光在其中的传播的影响。特别是,当地球围绕太阳运行时,干涉仪穿过以太的运动会影响它产生的干涉图样。科学家假设,太阳在以太中是近似静止的,因此干涉仪穿过以太的速度就应该是地球对太阳的速率 v。

图36-37a画出了1887年的试验中反射镜的基本配置情况。反射镜安装在一个很重的厚的平台上。平台悬浮在水银池上,以便平稳地转动它。迈克耳孙和莫雷想要监视在他们转动平台,从而改变干涉仪的双臂相对于通过以太的运动的方向时的干涉图样。转动中一个条纹的移动,将清楚地表明以太的存在。

图 36－37b 是干涉仪光路的俯视图，为了增大条纹移动的可能性，沿着干涉仪的双臂的方向，光反射了多次，而不是像在图 36－17 的基本干涉仪中那样，沿每个臂的方向只反射一次。这样重复的反射使得每臂的有效长度增加到 10m。不管附加的复杂性，图 36－37a 和 b 的干涉仪的作用仍然和图 36－17 的较简单的干涉仪一样，所以在这里的讨论中仍可以用式（36－17），仅只是臂长 d_1 和 d_2 取为 10m。

让我们假设有以太，穿过它的光的速率为 c。图 36－37c 表示当干涉仪在以太参照系中以速度 $\vec{v}$ 向右运动时长度为 d_1 的臂的侧视图。（为简化起见，在图 36－17 中的分束器 M 画得与在臂远端的反射镜 M_1 平行）图 36－37d 表明光的某一特定部分（用一个点代表）刚开始沿着臂的方向传播，我们将跟踪这部分光。求它沿着这个臂从分束器到 M_1 然后再回到分束器时所经过的路程长度。

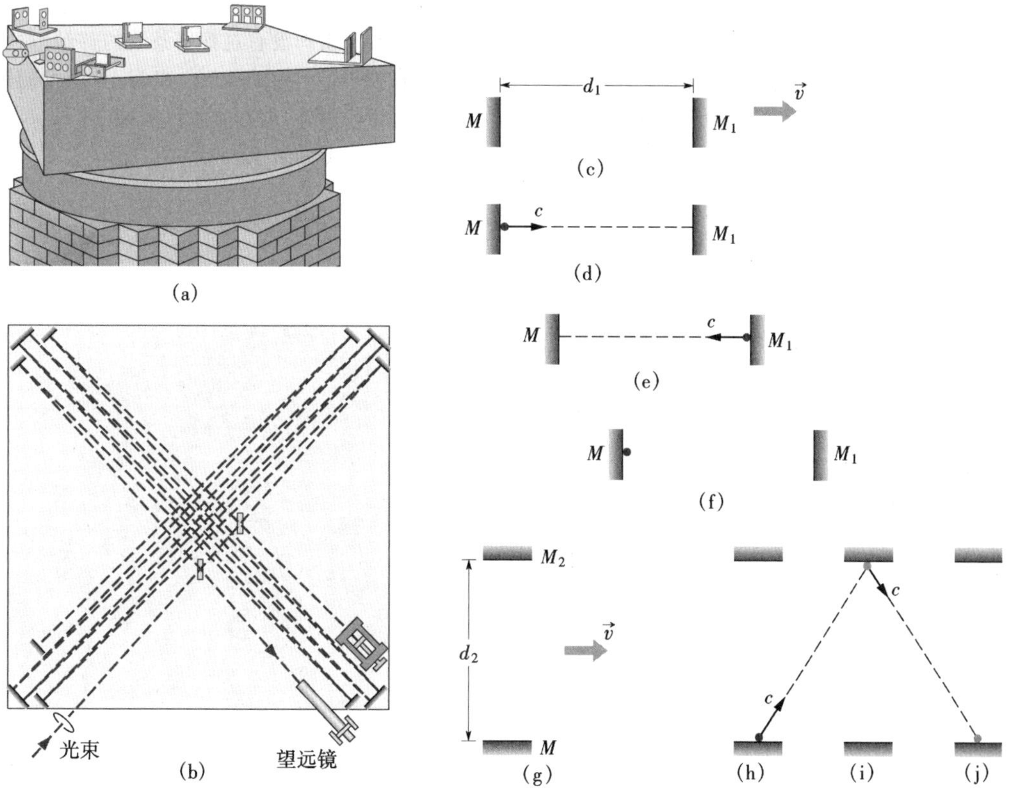

图 36－37　习题 60 图

当这部分光以速度 c 向右穿过以太射向 M_1 时，反射镜正以速率 v 向右移动。图 36－37e 表明当光达到 M_1 并被 M_1 反射时 M 与 M_1 的位置。此后光将向左以速率 c 穿过以太而同时 M 向右运动。图 36－37f 表明当光返回 M 时，M 和 M_1 的位置。（a）证明这部分光从 M 到 M_1 再返回到 M，传播所用的总时间，是

$$t_1 = \frac{2cd_1}{c^2 - v^2}$$

而光沿着这个臂传播的路程 L_1 是

$$L_1 = ct_1 = \frac{2c^2 d_1}{c^2 - v^2}$$

图 36－37g 是长为 d_2 的臂的图示。此臂也以速度 $\vec{v}$ 向右穿过以太。

为简化起见，图 36－17 中的分束器 M 画得和臂远端的 M_2 平行。图 36－37h 表明光的某一特定部分（那个点）刚开始沿着臂的方向传播。臂恰好为光路的一部分，由于在光传播期间光路向右偏向这一部分光到达 M_2 时 M_2 所在的位置（图 36－37i），M_2 对这部分光的反射使它向右偏向光到达 M 时 M 所在的位置（图 36－37j）。（b）证明这部分光从 M 到 M_2，返回到 M 所用的总时间是

$$t_2 = \frac{2d_2}{\sqrt{c^2 - v^2}}$$

而光沿着这个臂所传播的路程 L_2 则为

$$L_2 = ct_2 = \frac{2cd_2}{\sqrt{c^2 - v^2}}$$

在 L_1 和 L_2 表达式中的 d_1 和 d_2 用 d 代入。用二项式展开(在附录 E 中给出)将两式展开;在每个展开式中取前两项。(c)证明长度 L_1 比长度 L_2 要大,而且它们的差是

$$\Delta L = \frac{dv^2}{c^2}$$

(d)其次证明:在望远镜中,沿 L_1 和沿 L_2 传播的光之间的相差(用波长表示)是

$$\frac{\Delta L}{\lambda} = \frac{dv^2}{\lambda c^2}$$

这里的 λ 是光的波长,这个相位差决定了在干涉仪中,当光到达望远镜时所产生的条纹图样。

现在将干涉仪旋转 90°,使长 d_2 的臂沿着穿过以太运动的方向,而长 d_1 的臂与该方向垂直。(e)证明这个转动引起的干涉条纹的移动是

$$移动 = 2\frac{dv^2}{\lambda c^2}$$

(f)求出此移动的值,令 $c = 3.0 \times 10^8 \mathrm{m/s}$,$d = 10\mathrm{m}$ 和 $\lambda = 500\mathrm{n/m}$,有关地球的数据查看附录 C。

这个期望的条纹移动应该是容易观察到的,但是迈克耳孙和莫雷却没有观察到条纹的移动,这就向以太的存在投下了严重的疑问。事实上,以太的概念很快就消失了。另外,迈克耳孙和莫雷的零结果,至少是间接地引出了爱因斯坦的狭义相对论。

第 37 章　衍　　射

Georges Seurat 画过一幅大亚特岛上的星期天中午，用的不是通常意义上的许多笔画，而是无数的彩色小点。这种画法现在称为点画法。当你离画面足够近时，可以看到这些点，但当你从它移向远处时，它们最后会混合起来而不能分辨。还有，当你远离时，你看到的画面上任何给定位置的颜色会改变——这就是为什么 Seurat 用点来作画。

那么，什么使颜色发生了这种变化？

答案就在本章中。

37－1　衍射和光的波动理论

在第 36 章中相当不严格地把衍射定义为光通过狭缝后的扩展。然而，不仅发生扩展，还因为光产生了一种称为**衍射图样**的干涉图样。例如，当从远处的光源（或激光器）发来的单色光通过一条窄缝射到一个观察屏上时，在屏上产生像图 37－1 所示的衍射图样。这图样包括一条宽而强（非常亮）的中央极大和两侧的一些窄的不太强的极大（称为**次**或**侧**极大）。在极大之间是极小。

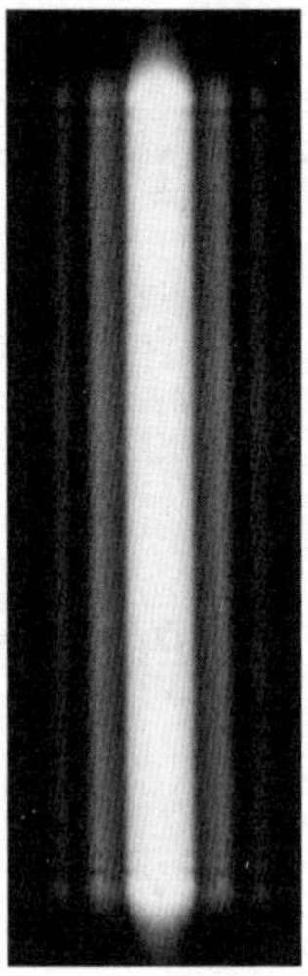

图 37－1　当光通过一条竖直窄缝到达一个屏上时在屏上显示出的衍射花样。衍射使光照亮垂直于缝的两侧。这些光产生干涉图样，它包括一条宽的中央极大和较弱而细的次（或侧）极大，其间有极小。

在几何光学中这样的图样是不可能想像的：如果光一束一束地沿直线传播，那么缝将允许这些光束的一部分通过，而它们将在观察屏上形成缝的轮廓清晰的明亮的像。像在第 36 章中一样，我们必须得出几何光学仪是一种近似的结论。

光的衍射不限于光通过窄开口（如一条缝或一个针孔）的情况。它也发生在通过边沿，例如刀片的边沿时，这时的衍射图样如图 37－2 所示。注意，极大和极小的线近似地平行于边沿，不管是刀片的内沿还是外沿。当光经过，例如左侧的竖直边时，它向左和右扩展而发生干涉，产生沿左边的图样。该图样的最右部分实际上位于几何光学适用时刀片已产生的阴影内。

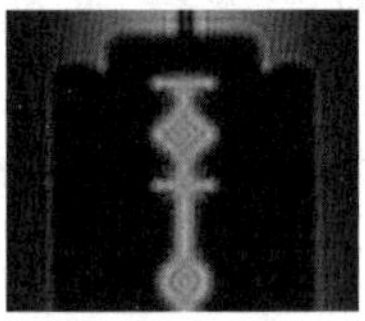

图 37－2　单色光经过刀片时产生的衍射图样。注意交替的极大和极小强度的线。

如你朝清澈的蓝色天空看，在你的视场中可以看到斑点或头发丝状的结构。这是一种常见的衍射的例子。看到的结构称为**漂浮物**。它们是在光通过几乎充满眼球的透明玻璃状液中的微小沉积物的边沿时产生的。你所看到的在你的视场中的一个漂浮物是这些小沉积物在视网膜上产生的衍射图样。如果你通过一不透光屏上的一个针孔看，使得进入你眼睛的光近似于平面波，你可以区别图样中的单个的极大和极小。

费涅耳亮斑

在光的波动理论中，衍射很容易得到解释。然而，这一原来在 17 世纪后期被惠更斯发展了而在 123 年后被杨用来解释双缝干涉的理论，经过了很长时间才被采纳，主要是因为它和光是粒子流的牛顿理论背道而驰。

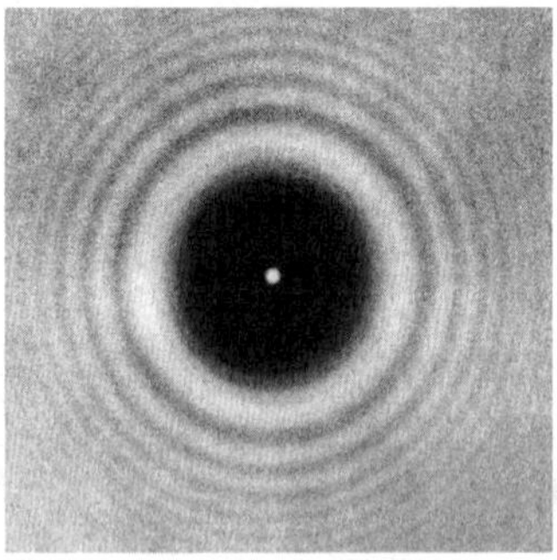

图 37－3　一个圆盘的衍射图样照片。注意那些同心图和在图样中心的费涅耳斑。这一实验基本上和委员会安排的检验费涅耳理论的实验相同，因为他们用的球和这里用的圆盘都具有圆边的横截面。

在 19 世纪初期，在法国科学圈内盛行的观点还是牛顿的观点，当时 A. 费涅耳是一个年轻的军事工程师。费涅耳确信光的波动论，向法国科学院提交一篇论文说明自己用光做的实验以及他对它们的波动理论所做的解释。

1819 年，由牛顿的支持者并想挑战波动观点的法国科学院组织了对关于衍射问题的一篇论文的有奖辩论会，费涅耳赢了。然而，牛顿的信徒们没有被说服也没有闭口。其中之一，S. D.

泊松，指出一个“奇怪结果”，即如果费涅耳的理论是正确的，则光波经过一个球的边缘时，应该照到球的阴影区域并在阴影的中心产生一个光斑。评奖委员会安排了对这位数学家的预言的检验并发现（见图 37－3）预言的费涅耳光斑，今天这样称呼，确实在那里！没有什么事情比它的一个未料到的和直觉相反的预言被实验证实更强有力地建立对一个理论的信心了。

37－2　单缝衍射：给极小定位

现在考察波长为 λ 的平面光波被一个不透光的屏 B 上的一个单个的、长的、宽 a 的狭缝所衍射而产生的图样，如图 37－4a 所示。（在该图中，缝的长度垂直于图面，入射波阵面与屏 B 平行。）当衍射的波到达观察屏 C 上时，来自缝的不同点的波进行干涉而在屏上产生明暗条纹（干涉极大和极小）。为了给这些条纹定位，用和给双缝干涉图样中的条纹定位所用的步骤有些相似的步骤。然而，衍射在数学上要更复杂些，在这里只能对暗纹找到相应的公式。

不过，这样做之前，可以证明在图 37－1 中看到的中央明纹，只要注意到从缝中所有点发出的惠更斯子波都经过相同的距离而到达图样的中心并且在那里同相。至于其他明纹，只能说它们近似地在相邻两暗纹的中间一半的地方。

为了求暗纹的位置，将用一个灵巧的（而且简单的）策略，它涉及把所有通过缝的光线配对并随后找出使每对光线的子波相互抵消的条件。在图 34－4a 中就应用此策略定位在 P_1 点的暗纹。首先，心里想着把缝分为两条等宽度 $a/2$ 的**带**。此后从上面的带的顶部到 P_1 引一条光线 r_1，并从下面的带的顶部到 P_1 引一条光线 r_2。从缝的中心到屏 C 画一条中心轴，而 P_1 就定位在与该轴成 θ 角的地方。

r_1 和 r_2 这两条光线在缝中时是同相的，因为它们来自通过缝时展布于缝的宽度的同一波阵面。然而要产生暗纹，它们必须在到达 P_1 时具有 $\lambda/2$ 的相差；这一相差是由于它们的路程差，r_2 的子波到达 P_1 比 r_1 的子波经过了更长的路程。为了显示此路程差，在光线 r_2 上找出一点 b 使从 b 到 P_1 的路程等于光线 r_1 的路程。因此，两光线之间的路程差是从缝的中心到 b 的距离。

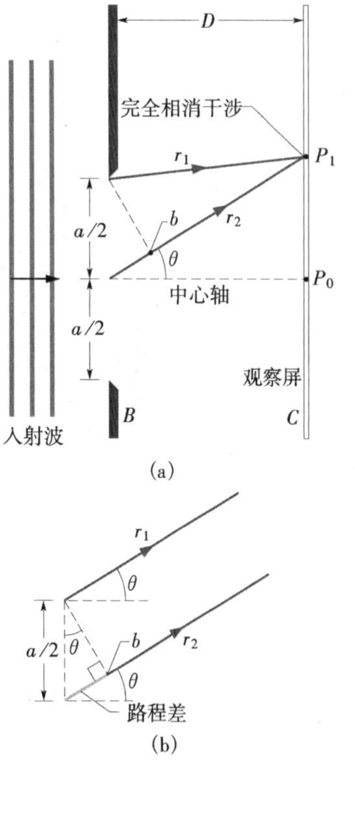

图 37－4　(a) 由宽 $a/2$ 的两条带的顶部发来的波在观察屏 C 上 P_1 点进行完全相消干涉。(b) 由于 $D >> a$，可以把光线 r_1 和 r_2 近似为平行，与中心轴成 θ 角。

如果观察屏 C 离屏 B 很近，如在图 37－4a 中那样，在屏 C 上的衍射条纹用数学描述是很困难的。然而如果把两屏之间的距离 D 安排得比缝宽 a 大很多可以大大地简化数学。于是可以把光线 r_1 和 r_2 近似为平行的，与中心轴夹角为 θ（图 37－4b）。也可以把由 b 点、缝的顶点和缝的中点形成的三角形近似为直角三角形，它的一个内角是 θ，于是光线 r_1 和 r_2 的路程差（它仍然是从缝的中心到 b 点的距离）是 $(a/2)\sin\theta$。

物理学基础

可以对任何从两个带的相应点（例如，从两个带的中点）发出到达 P_1 的其他对光线重复此分析。每对这样的光线具有相同的路程差 $(a/2)\ \sin\theta$。令这一共同的路程差等于 $\lambda/2$（第一暗纹的条件），就有

$$\frac{a}{2}\sin\theta = \frac{\lambda}{2}$$

由此给出

$$a\sin\theta = \lambda \qquad \text{(第一极小)} \qquad (37-1)$$

已知缝宽 a 和波长 λ，式（37－1）给出在中心轴上方和（由对称性）下方第一暗纹的角度 θ。

注意，如果从 $a>\lambda$ 开始并由此减小缝的宽度同时保持波长不变，出现第一暗纹的角度就增大；这就是说，衍射的范围（亮的范围和图样的宽度）对越窄的缝就越大。当把缝宽减小到波长（即 $a=\lambda$），第一暗纹的角度是90°。由于上下两条暗纹是中央亮纹的边界，该亮纹必定覆盖了整个观察屏。

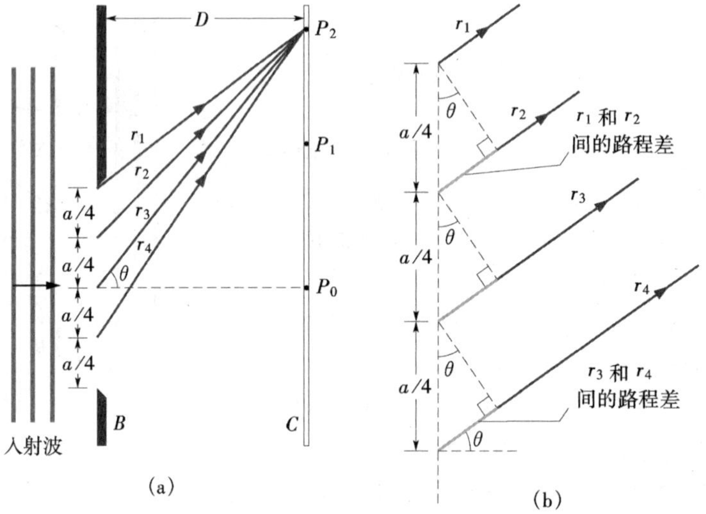

图37－5　(a) 从宽 $a/4$ 的四个带的顶点来的波在 P_2 点进行干涉。(b) 对于 $D \gg a$ 可以把 r_1、r_2、r_3 和 r_4 近似为平行，与中心轴的夹角为 θ。

可以像找出第一暗纹那样找出中心轴上下第二条暗纹，只要现在把缝分成等宽度 $a/4$ 的**四**个带，如图37－5a 所示。由此从这些带的顶点到中心轴上方第二暗纹所在处 P_2 点引光线 r_1、r_2，r_3 和 r_4。为了产生该暗纹，r_1 和 r_2 间，r_2 和 r_3 间，r_3 和 r_4 间的路程差都必须等于 $\lambda/2$。

对于 $D \gg a$，可以把这四条光线近似为平行的，与中心轴的夹角为 θ。为了显示它们的路程差，在每对相邻的光线之间画一条垂线，如图37－5b 所示，形成一系列三角形，每一个都有一段路程差作为一边。从顶上的三角形看出 r_1 和 r_2 之间的路程差是 $(a/4)\ \sin\theta$。同样地，从底下的三角形看出 r_3 和 r_4 之间的路程差也是 $(a/4)\ \sin\theta$。由于每种情况下路程差都等于 $\lambda/2$，就有

$$\frac{a}{4}\sin\theta = \frac{\lambda}{2}$$

由此给出

$$a\sin\theta = 2\lambda \quad （第二暗纹） \qquad (37-2)$$

可以继续用把缝分成更多等宽度的带的方法来对衍射图样中的暗纹定位。总是要选偶数个带以便能把这些带（和它们的波）配对，像已做过的那样。可以用下列一般公式将中心轴上方和下方各暗纹定位：

$$a\sin\theta = m\lambda \qquad m = 1,2,3,\cdots （极小—暗纹） \qquad (37-3)$$

可以用下述方法记住这一结果：画一个像图 37－4a 中那样的一个三角形，但是是对整个缝宽，注意从缝的顶部和底部发出的光线等于 $a\sin\theta$，这样，式（37－3）就是说：

在单缝衍射实验中，暗纹出现在顶部和底部光线的路程差（$a\sin\theta$）等于 λ，2λ，3λ，…的地方。

这可能好像是错的，因为当那两条特殊光线的路程差是波长的整数倍时，它们将正好相互同相。然而，它们每一条仍是正好相互反相的一对波的一部分，因此，**每个**波将某一其他的波抵消，结果产生暗纹。

式（37－1），（37－2）和（37－3）是对 $D \gg a$ 的情况导出的。然而，如果在缝和观察屏之间放置一会聚透镜并移动屏使之和透镜的焦平面重合，这些公式也都是适用的。透镜保证现在到达屏上任一点的各条光线回溯到狭缝时是严格平行的（不是近似地），它们像图 35－12a 中被一个会聚透镜会聚到焦点的原来那些平行的光线。

检查点 1：用蓝光照射一长狭缝，在观察屏上产生一幅衍射图样。如果（a）换用黄光或（b）减小缝宽，图样是从明亮中心向外扩展（极大和极小从中心向外移）还是向它收缩？

例题 37－1

一个宽度 a 的缝用白光照射（白光由可见光范围的所有波长组成）。

（a）a 的值多大时能使波长 $\lambda = 650\text{nm}$ 的红光的第一极小出现在 $\theta = 15°$？

【解】 这里**关键点**是对通过缝的波长范围内的每一种波长分别地产生衍射，每一种波长的极小的位置由式（37－3）（$a\sin\theta = m\lambda$）给定。令 $m = 1$（对第一极小）并代入 θ 和 λ 的已给数据，式（37－3）给出

$$a = \frac{m\lambda}{\sin\theta} = \frac{(1)(650\text{nm})}{\sin 15°}$$

$$= 2511\text{nm} \approx 2.5\mu\text{m} \qquad （答案）$$

为了使入射光散开这样多（$\pm 15°$ 到第一极小），缝确实应该非常窄——约是波长的 4 倍。作为对比，人的一根头发的直径大约是 $100\mu\text{m}$。

（b）第一侧向衍射极大在 $15°$，因而和红光的第一极小重合的光的波长 λ' 是多少？

【解】 这里**关键点**是任意波长的第一侧向极大约在该波长的第 1 和第 2 极小之间一半的地方。第 1 和第 2 极小的位置可以令式（37－3）中 $m = 1$ 和 $m = 2$ 分别地求出。因此，第 1 侧向极大的位置近似地令 $m = 1.5$ 求出，这时式（37－3）变为

$$a\sin\theta = 1.5\lambda'$$

解出 λ' 并代入已知数据得

$$\lambda' = \frac{a\sin\theta}{1.5} = \frac{(2511\text{nm})(\sin 15°)}{1.5}$$

$$= 430\text{nm} \qquad （答案）$$

这一波长的光是紫光。波长 430nm 的光的第 1 侧向极大总是和波长 650nm 的光的第 1 极小重合而不管缝宽如何。如果缝相对地窄，这种重叠所在处的 θ 将相对地大，反之依然。

37-3 单缝衍射的强度，定性地

在第37-2节中已看到如何求得单缝衍射图样中极大和极小的位置。现在转向一个更普遍的问题：求一个作为 θ（在观察屏上一点的角位置）的函数的图样的强度 I 的公式。

为此，把图37-4a的缝分成宽度 Δx 相等的 N 个带，Δx 足够小以致可以假设每个带都像一个惠更斯子波的波源。现在要把到达观察屏上离中心轴角 θ 的任意点 P 的各子波叠加起来以便可以确定在 P 点的合成波的电场分量的振幅 E_θ。在 P 点光的强度就和该振幅的平方成正比。

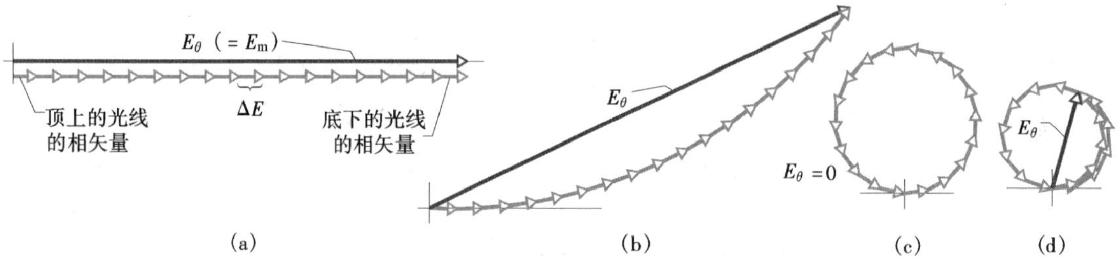

图37-6 $N=18$ 的相矢量图，对应于单缝分成18个带。合振幅 E_θ 表示的是对（a）在 $\theta=0$ 处的中央极大，（b）在屏上离中心轴一个小角度的点，（c）第一极小，和（d）第一侧向极大。

为了求 E_θ，需要到达的子波之间的相位关系。从相邻的带来的子波间的相差为

$$(\text{相差})=\left(\frac{2\pi}{\lambda}\right)(\text{路程差})$$

对于在角 θ 处的 P 点，从相邻的带来的子波间的相差 $\Delta\phi$ 是

$$\Delta\phi=\left(\frac{2\pi}{\lambda}\right)(\Delta x\sin\theta) \qquad (37-4)$$

假设到达 P 的子波都具有相同的振幅 ΔE。为了求在 P 的合成波的振幅 E_θ，通过相矢量把振幅 ΔE 加起来。为此，建立一个 N 个相矢量的图，每一个相矢量对应于缝中每一个带发来的子波。

对于在图37-4a的中心轴上 $\theta=0$ 的 P_0 点，式（37-4）表明子波间的相差是零；就是说，所有子波都同相到达。图37-6a是相应的相矢量图，相邻的相矢量代表来自相邻的带的子波并画得头接尾。因为在各子波间没有相差，所以每对相邻的相矢量间的夹角为零。在 P_0 点的合成波的振幅 E_θ 是这些相矢量的矢量和。这种相矢量的排布结果就是给出振幅 E_θ 最大值的那种排布。这一值称为 E_m，即 E_m 是 $\theta=0$ 时的 E_θ 值。

其次考虑在对中心轴是一个小角 θ 的 P 点。现在式（37-4）表明来自相邻的带的子波间的相差 $\Delta\phi$ 不再是零。图37-6b所示为相应的相矢量图。像上面一样，相矢量画得头接尾，但现在相邻的相矢量有一个角 $\Delta\phi$。在这一新点的振幅 E_θ 仍然是这些相矢量的矢量和，但它比图37-6a中的要小，这意味着在这一新点 P 光的强度比在 P_0 点的小。

如果继续增大 θ，相邻相矢量间的 $\Delta\phi$ 增大，最后相矢量链完全弯曲成圆以致最后的相矢量的头正好接上第一个相矢量的尾（图37-6c）。现在振幅 E_θ 是零，它意味着光的强度也是零。这就到了衍射图样中的第一极小，或暗纹。第一和最后的相矢量间的相差现在是 2π rad，这意

味着通过缝的顶上和底下的光线间的路程差等于一个波长。这就是前面对第 1 衍射极小已确定的条件。

随着继续增大 θ，相邻相矢量间的角 $\Delta\phi$ 将继续增大，相矢量链开始在自己上面绕回来而形成的圈开始缩小。振幅 E_θ 现在增大直到如图 37-6d 中所示排布中的极大值。这一排布相当于衍射图样中第 1 侧向极大。

如果再稍稍增大 θ，所引起的圈的缩小使 E_θ 减小，它意味着强度也减小。当 θ 增大到足够大时，最后的相矢量的头又一次接第一相矢量的尾。这就到达了第二极小。

可以继续这种定性地确定衍射图样的极大和极小的方法，但是在下面将改换到定量的方法。

检查点 2：右图以更光滑的形式（用更多的相矢量）表示在衍射图样中某一衍射极大的两侧的两点的相矢量图。(a) 它是哪一个极大？(b) 和此极大相当的 m（式 (37-3) 中的）的近似值是多少？

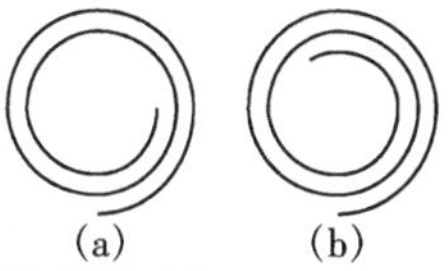

37-4 单缝衍射的强度，定量地

式 (37-3) 表明如何用图 37-4a 中的角 θ 的函数确定该图中屏 C 上的单缝衍射图样的极小的位置。这里要导出一个作为 θ 的函数的图样的强度 I (θ) 的公式。先说明，并在下面证明，强度给出为

$$I(\theta) = I_m\left(\frac{\sin\alpha}{\alpha}\right)^2 \tag{37-5}$$

其中

$$\alpha = \frac{1}{2}\phi = \frac{\pi a}{\lambda}\sin\theta \tag{37-6}$$

符号 α 只是把观察屏上一点的位置 θ 与强度 I (θ) 联系起来用的一个方便的量。I_m 是在图样中出现在中央极大 ($\theta=0$) 处的强度 I (θ) 的最大值。ϕ 是来自宽 a 的缝的顶上和底下的光线之间的相差 (rad)。

研究一下式 (37-5) 就知道强度极小将出现在

$$\alpha = m\pi, m = 1,2,3,\cdots \tag{37-7}$$

如果将此结果代入式 (37-6)，得

$$m\pi = \frac{\pi a}{\lambda}\sin\theta \qquad m = 1,2,3,\cdots$$

或

$$a\sin\theta = m\lambda,\qquad m=1,2,3,\cdots \text{（极小—暗纹）} \tag{37-8}$$

这正是先前导出的确定极小位置的表示式式 (37-3)。

图 37-7 所示为三个单缝衍射图样的强度图线。它们是对三个缝宽：$a=\lambda$，$a=5\lambda$ 和 $a=10\lambda$ 用式 (37-5) 和式 (37-6) 计算的。注意，随着缝宽增大（相对于波长），**中央衍射极大**（图中中央像山一样的区域）的宽度减小；这就是说，缝使光的扩展减小。第二极大的宽度也减小（和减弱）。当缝宽 α 达到比波长 λ 大得多的极限时，由于缝而产生的第二级极大消失，就不再有单缝衍射（但仍有由宽缝边沿产生的衍射，如图 37-2 中刀片边沿产生的那样）。

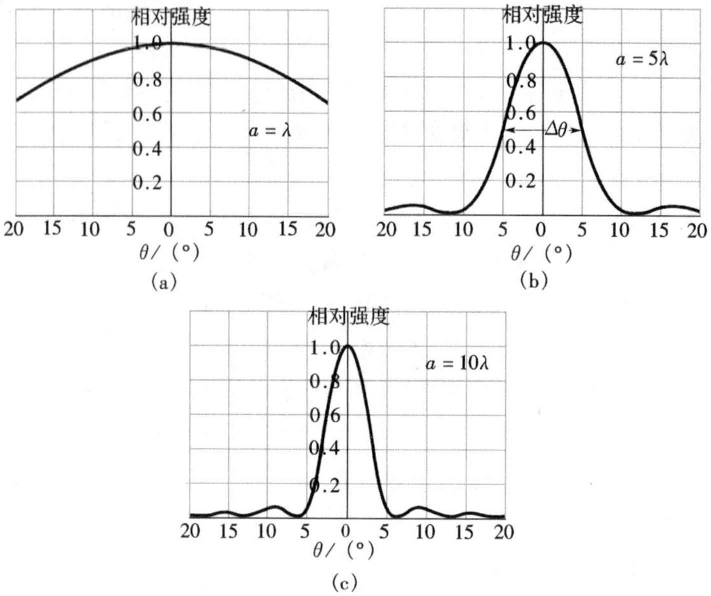

图 37－7　对于 3 个 a/λ 的单缝衍射的相对强度。缝越宽，中央衍射极大越窄。

式（37－5）和式（37－6）的证明

图 37－8 中的相矢量构成的弧表示到达图 37－4 的观察屏上对应于特定的小角 θ 任意一点 P 的各个子波。在 P 点的合成波的振幅 E_θ 是这些相矢量的矢量和。如果把图 37－4 中的缝分成宽 Δx 的无限小的带，图 37－8 中的相量图弧趋近于一个圆的弧；在该图中以 R 表示它的半径。弧长一定等于 E_m，即衍射图样中心的振幅，因为如果把弧拉直，就会得到图 37－6a 的相量图排布（在图 37－8 中用淡色画出）。

图 37－8 下部的角 ϕ 是弧 E_m 左端和右端的无限小矢量之间的相差。由几何学可知，ϕ 也是图 37－8 中标有 R 的两个半径之间的夹角。该图中平分 ϕ 的虚线就形成了两个全等直角三角形。对于每一个三角形，可写出

$$\sin\frac{1}{2}\phi=\frac{E_\theta}{2R}\qquad(37-9)$$

用弧度量度，ϕ 是（认为 E_m 是一个圆弧）

$$\phi=\frac{E_m}{R}$$

由此式求出 R 并代入式（37－9），给出

$$E_\theta=\frac{E_m}{\frac{1}{2}\phi}\sin\frac{1}{2}\phi\qquad(37-10)$$

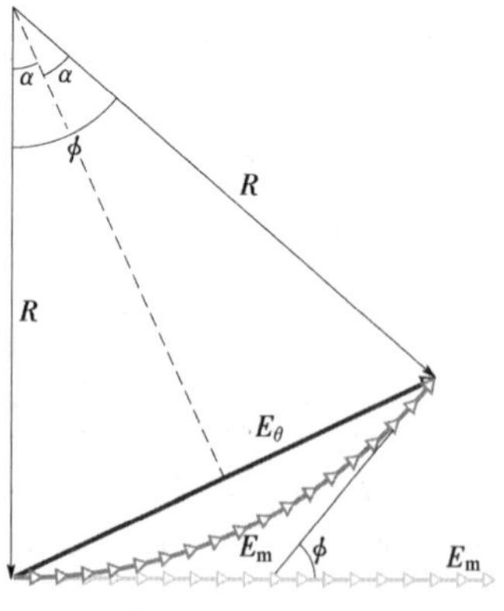

图 37－8　用于计算单缝衍射强度的图。所示相应于图 37－6b 中的情况。

在第 34－4 节已看到电磁波的强度正比于它的电场振幅的平方。在这里，它意味着极大强度（出现在衍射图样的中心）正比于 E_m^2，在角 θ 处的强度 $I(\theta)$ 正比于 E_θ^2。因此，可以写出

$$\frac{I(\theta)}{I_m}=\frac{E_\theta^2}{E_m^2} \quad (37-11)$$

将式（37－10）代入 E_θ 并代入 $\alpha=\frac{1}{2}\phi$，可得下面的强度作为 θ 的函数的表示式：

$$I(\theta)=I_m\left(\frac{\sin\alpha}{\alpha}\right)^2$$

这正是开始要证明的公式之一式（37－5）。

第二个要证明的公式是 α 和 θ 的关系。来自整个缝的顶上的和底下的光线之间的相差 ϕ 可以用式（37－4）和路程差联系起来；它表明

$$\phi=\left(\frac{2\pi}{\lambda}\right)(a\sin\theta)$$

式中，a 是所有无限小的带的宽度 Δx 的和。然而，$\phi=2\alpha$，于是此一公式简化为式（37－6）。

检查点 3：在一次单缝衍射实验中分别用了两个波长——650nm 和 430nm。右图以强度 I 对角 θ 的图像表示了两个衍射图样。如果同时用两种波长，在合成的衍射图样中的（a）角 A 和（b）角 B 处将看到什么颜色？

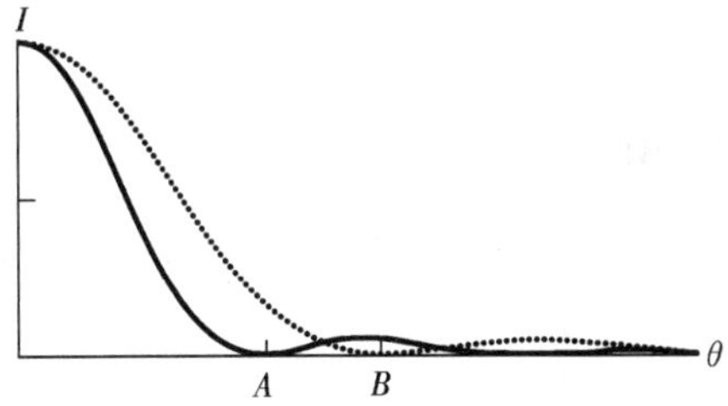

例题 37－2

求图 37－1 中单缝衍射图样中最先的三个次极大（侧极大）相对于中央极大的强度。

【解】 这里一个**关键点**是，次极大近似地出现在极小中间一半处，这些极小的角位置由式（37－7）（$\alpha=m\pi$）给出。次极大的位置因此（近似地）由

$$\alpha=\left(m+\frac{1}{2}\right)\pi \quad m=1,2,3,\cdots$$

给定，其中 α 用弧度量度。

第二个**关键点**是，可以用式（37－5）将衍射图样中任一点的强度 I 和中央极大的强度 I_m 联系起来。因此，可以把对次极大的近似 α 值代入式（37－5）求这些极大的相对强度，得

$$\frac{I}{I_m}=\left(\frac{\sin\alpha}{\alpha}\right)^2=\left(\frac{\sin\left(m+\frac{1}{2}\right)\pi}{\left(m+\frac{1}{2}\right)\pi}\right)^2 \quad m=1,2,3,\cdots$$

第一个次极大发生在 $m=1$，它的相对强度是

$$\frac{I_1}{I_m}=\left(\frac{\sin\left(1+\frac{1}{2}\right)\pi}{\left(1+\frac{1}{2}\right)\pi}\right)^2=\left(\frac{\sin1.5\pi}{1.5\pi}\right)^2$$

$$=4.50\times10^{-2}\approx4.5\% \quad \text{（答案）}$$

对 $m=2$ 和 $m=3$，可得

$$\frac{I_2}{I_m}=1.6\% \text{ 和 } \frac{I_3}{I_m}=0.83\% \quad \text{（答案）}$$

相继的次极大的强度很快地减小。图 37－1 中为了显示它们故意过度地曝光了。

37－5　圆孔衍射

这里考虑一个圆孔的衍射——即被一个光可以通过的，像一个圆形透镜的圆形开口的衍射。图 37－9 所示为远处的一个光源（如一颗恒星）在位于一个会聚透镜焦平面内的照相底片上形

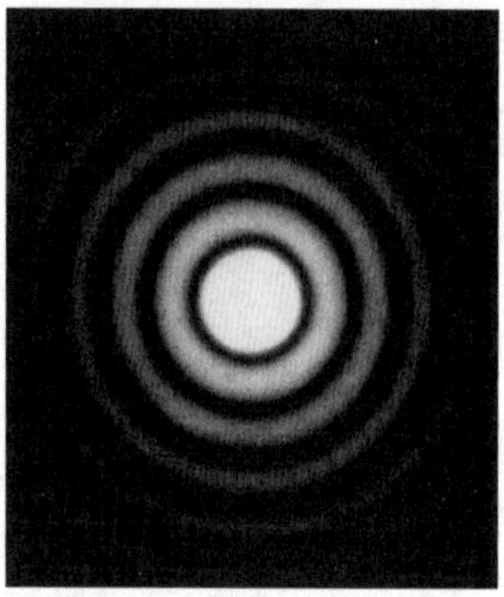

图 37－9 圆孔衍射图样。注意中央极大和次极大。为了显示这些次极大，图形已过度曝光。实际上这些次极大比中央极大要弱很多。

成的像。这个像不是像几何光学预言的一个点，而是一个圆盘，周围被逐渐减弱的几个次圆环包围着。和图 37－1 比较一下可知，毫无疑问这是遇上了一种衍射现象。不过，这里的开口是一个直径为 d 的圆而不是一个矩形缝。

这种图样的分析比较复杂。然而，可以证明，一个直径为 d 的圆孔的衍射图样的第 1 极小的半径由下式给出

$$\sin\theta = 1.22\frac{\lambda}{d} \quad (\text{第一极小；圆孔}) \qquad (37-12)$$

其中 θ 是从中心轴线到该（圆形）极小上的任一点的角度。把此式和确定宽度为 a 的长狭缝的第一极小的位置的式（37－1），

$$\sin\theta = \frac{\lambda}{a} \quad (\text{第一极小；单缝}) \qquad (37-13)$$

相比较，其主要差别在因子 1.22，它是由于孔的圆形而引入的。

分辨能力

要分辨（区别）两个远处的角距离小的点状物体时，它们的透镜像是衍射图样的事实是很重要的。图 37－10 所示为在三种情况下两个远处的角距离很小的点状物体（例如两个恒星）的视象和相应的强度图样。在图 37－10a 中两个物体由于衍射而不能分辨；就是说，它们的衍射图样（主要是中央极大）重叠太多以致两个物体不能和一个单个点状物体相区别。在图 37－10b 中它们刚刚能分辨开，在图 37－10c 中它们完全能分辨开了。

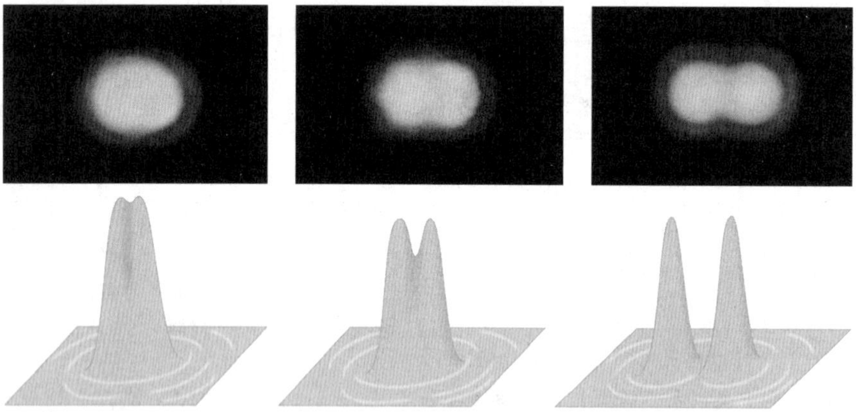

图 37－10 上面的是一个会聚透镜形成的两个点状体（恒星）的像，下面表示像的强度。在（a）中两个光源的角距离太小以致不能区别它们，在（b）中它们刚刚能区别开，在（c）中它们清晰地区别开了。（b）中瑞利判据适用，其中一个的衍射图样的中央极大与另一个的第 1 极小重合。

在图 37－10b 中，两个点光源的角距离使得一个光源的衍射图样的极大的中心正好在另一个的衍射图样的第一极小上。这一条件称为分辨能力的**瑞利判据**。从式（37－12）可得，根据

这个判据刚能分辨的两个物体必须具有的角距离 θ_R 是

$$\theta_R = \sin^{-1}\frac{1.22\lambda}{d}$$

由于角度很小，可以把 $\sin\theta_R$ 用 θ_R（rad）代替为

$$\theta_R = 1.22\frac{\lambda}{d} \quad \text{（瑞利判据）} \qquad (37-14)$$

用于分辨能力的瑞利数据只是一种近似，因为分辨能力决定于许多因素，例如光源的相对亮度和它们的环境，光源和观察者之间的空气的湍流和观察者的视觉系统的功能等。实验指出一个人实际能分辨的最小的角距离一般都比式（37－14）给出的值大一些。不过，这里为了便于计算，将认为式（37－14）是一个精确的判据：如果两光源之间的角距离 θ 大于 θ_R，它们可以分辨；如果 θ 小于 θ_R，则不能分辨。

瑞利判据能解释 Seurat 的**大亚特岛上的星期天中午**（或任何其他点画作品）。当你离画面足够近时，相邻点之间的角距离 θ 比 θ_R 大因而这些点能被一个个地看出来。它们的颜色是 Seurat 用的颜色。然而，当你站得离画面足够远时，角距离 θ 比 θ_R 小因而各点不能被单独地看清楚。由此引起的从任何一组点来的进入你的眼睛的颜色的混合可以使你的大脑对该群质点“制造”一种颜色——一种在该群中实际上可能不存在的颜色。以这种方式，Seurat 利用你的视觉系统去创造他的艺术品的颜色。

当用透镜而不用我们的视觉系统去分辨小角距离的物体时，最好使衍射图样尽可能地小。根据式（37－14）可以通过增大透镜的直径或用波长较小的光来做到这一点。

由于这个原因显微镜常用紫外线；由于它的波长较短，它能考察比用可见光的同样的显微镜能考察的更细微的结构。在本书的扩充版的第 39 章中，将指出电子束在某些条件下表现得和波一样。在**电子显微镜**中，这种电子束可能具有的有效波长是可见光波长的 10^{-5}。它们容许对细微结构（如在图 37－11 中的），进行细致的考察，而用光学显微镜观察则由于衍射会变得模糊起来。

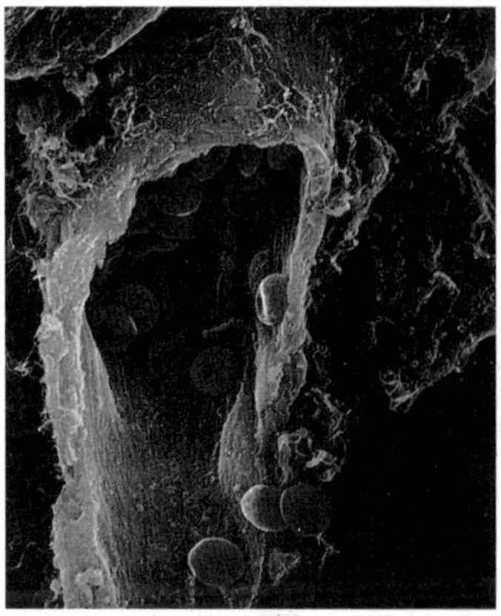

图 37－11　一段含有红血球的假色扫描电子显微照片。

检查点 4：假设由于你的瞳孔的衍射，你刚能分辨两个红点。如果增强你的周围的一般光照使得你的瞳孔的直径减小，你对那两点的分辨能力是改善还是减弱？只考虑衍射（你可以做实验核对你的答案。）

例题 37－3

一个直径 $d = 32\text{mm}$，焦距 $f = 24\text{cm}$ 的圆形会聚透镜在它的焦平面形成远处点状物体的像。用的光的波长 $\lambda = 550\text{nm}$。

（a）考虑到透镜的衍射，要满足瑞利判据的两个远处的点物体的角距离必须多大？

【**解**】　图 37－12 所示为两个远处的点物体 P_1 和 P_2，透镜以及在透镜的焦平面内的观察屏。它也在右侧给出了透镜形成的像的中央极大的光强 I 对在屏上的位置的图线。注意，物体的角距离 θ_o 等于像的角距离 θ_i。因此这里**关键点**是，如果像在分辨能力上要满足瑞利判据，透镜两侧的角距离必须由式（37－14）（对小角度）给出。代入已知数据，由式（37－14）可得

$$\theta_o = \theta_i = \theta_R = 1.22\frac{\lambda}{d} = \frac{(1.22)(550)(10^{-9}\text{m})}{32\times10^{-3}\text{m}}$$

$$= 2.1\times10^{-5}\text{rad} \qquad \text{（答案）}$$

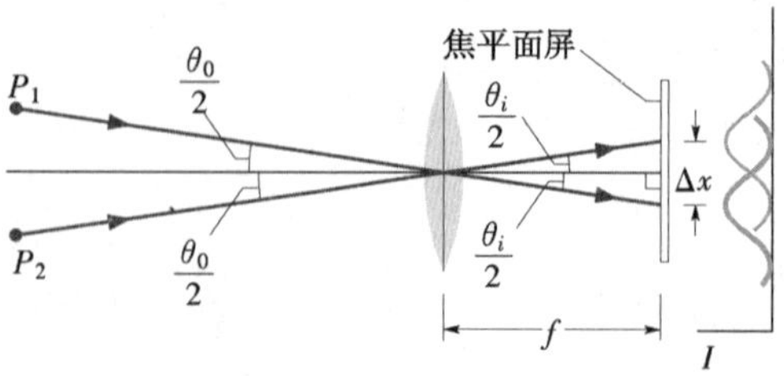

图 37-12 例题 37-3 图。从两个远处的点物体 P_1 和 P_2 发来的光通过一个会聚透镜在位于透镜焦平面内的屏上形成两个像。从每个物体只画了一条代表的光线，两个像不是点而是衍射图样，其强度近似地如在右边画出的。两物体的角距离为 θ_o，两个像的距离为 θ_i；两个像的中央极大相距 Δx。

在这一角距离下，图 37-12 的两个强度曲线中每一个的中央极大的中心都位于另一曲线的第 1 极小处。

(b) 两个像的中心在焦平面上的距离 Δx 是多少？(即，两条曲线的中心峰顶的距离是多少？)

【解】 这里**关键点**是，把距离 Δx 和已经知道的 θ_i 联系起来。由图 37-12 中透镜和屏间的任一个三角形可看到 $\tan\theta_i/2 = \Delta x/f$。重新组合此式并利用近似 $\tan\theta \approx \theta$，可得

$$\Delta x = f\theta_i \tag{37-15}$$

其中 θ_i 以 rad 量度。代入已知数据就得到

$$\Delta x = (0.24\text{m})(2.1\times10^{-5}\text{rad}) = 5.0\,\mu\text{m} \quad \text{(答案)}$$

37-6 双缝的衍射

在第 36 章的双缝实验中，暗含地假设了缝的宽度比起照射它们的光的波长是细窄的，就是说，$a \ll \lambda$。对这样窄的缝，每条缝的衍射图样的中央极大覆盖了全部观察屏。还有，来自两缝的光的干涉产生强度近似相等的明亮条纹（图 36-9）。

然而，实际上用可见光时，$a \ll \lambda$ 的条件常常不能满足。对于相对宽的缝，来自两条缝的光的干涉产生的明纹的强度并不都相同。这就是说，双缝干涉（如第 36 章中讨论的）产生的条纹的强度被通过每条缝的光的衍射（如本章中讨论的）调制了。

作为一个例子，图 37-13a 所示的强度图线表示如果缝是无限窄（因而 $a \ll \lambda$）时会出现的双缝干涉条纹；所有干涉明纹会具有相同的强度。图 37-13b 所示的强度图线是由实际的单缝的衍射产生的图线，此衍射图样具有一宽的中央极大和在 ±17°处的较弱的次级极大。图 37-13c 表示两条实际的缝的干涉图样，这一图线是用图 37-13b 中的曲线作为对图 37-13a 中的图线的包络线画出的，各条纹的位置没有改变，只是强度受到了影响。

图 37-14a 所示为双缝干涉和衍射都明显的实际图样。如果一条缝遮住了，就产生图 37-14b 的单缝衍射图样。注意，图 37-14a 和图 37-13c 之间与图 37-14b 和图 37-13b 之间的对应。比较这些图时，记住图 37-14 是为了显示微弱的次极大而过度曝光了的并在图中显出了这样两条（而不是一条）次极大。

考虑到衍射效应，双缝干涉图样的强度给出为

$$I(\theta) = I_m(\cos^2\beta)\left(\frac{\sin\alpha}{\alpha}\right)^2 \quad \text{(双缝)} \tag{37-16}$$

其中

$$\beta = \frac{\pi d}{\lambda}\sin\theta \tag{37-17}$$

和

$$\alpha = \frac{\pi a}{\lambda}\sin\theta \tag{37-18}$$

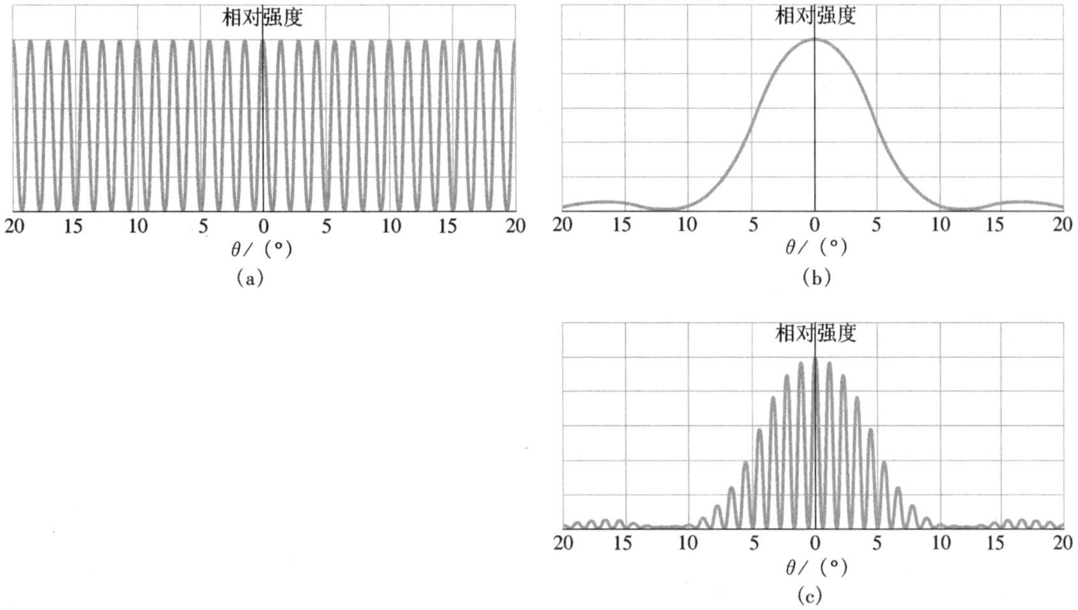

图 37-13 (a) 用极窄的缝做的双缝干涉实验所期望的强度图线。(b) 宽度为 a (非极窄的) 的典型缝的衍射强度图线。(c) 对宽度为 a 的两条缝期望的强度图线。曲线 (b) 作为一条包络线，限制了 (a) 中双缝条纹的强度。注意 (b) 的衍射图样的第一极小消除了会在 (c) 中 12°附近出现的双缝条纹。

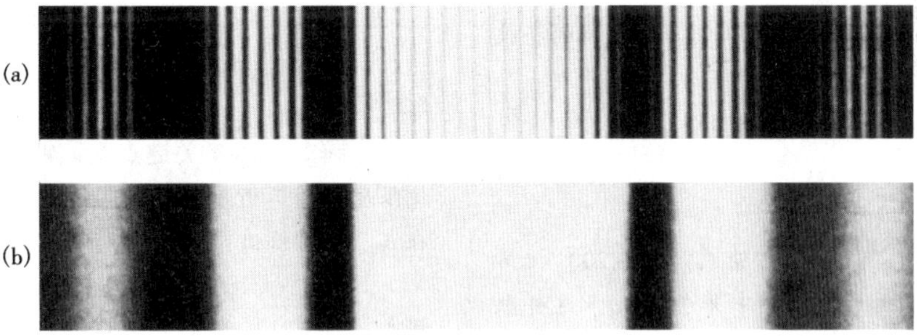

图 37-14 (a) 实际的双缝系统的干涉条纹；和图 37-13c 对比一下。
(b) 单缝衍射图样；和图 37-13b 对比一下。

式中，d 是两缝中心间的距离；a 是缝宽。仔细地注意式 (37-16) 的右侧是 I_m 和两个因子的乘积。(1) **干涉因子** $\cos^2\beta$ 是由于相距 d 的两条缝之间的干涉 (如式 (36-17) 和 (36-18) 给出的)。(2) **衍射因子** $[(\sin\alpha)/\alpha]^2$ 是由于宽度 a 的单缝的衍射 (如式 (37-5) 和 (37-6) 给出的)。

现在核对这些因子。例如，如果在式 (37-18) 中，令 $a=0$，则 $\alpha\to 0$ 且 $(\sin\alpha)/\alpha\to 1$，

式（37－16）就像它必须的那样简化为描述相距 d 的一对极窄的缝的干涉图样的公式。同样，令式（37－17）中的 $d=0$，就相当于物理上把两条缝合并成宽度 a 的一个单缝，于是式（37－17）给出 $\beta=0$ 且 $\cos^2\beta=1$，这种情况下式（37－16）就像它必须的那样简化为描述宽度 a 的单缝的衍射图样的公式。

由式（37－16）描述的并在图37－14a中显示的双缝图样以一种内在的方式把干涉和衍射合并起来了。它们都是叠加现象，因为它们都是在给定点对相位不同的波合成的结果。如果波的合成是由少数基本的同相源——如在 $a \ll \lambda$ 的双缝实验中——产生的，就称为**干涉**过程。如果波的合成是由一个单一的波阵面——如在单缝实验中——产生的，就称为**衍射**过程。干涉和衍射的这一区别（颇为任意而常常不坚持）是一种方便的说法，但不可忘记它们都是叠加效应并且常常同时出现（如在图37－14a中）。

例题 37－4

在一次双缝实验中，光源的波长 λ 是405nm，缝间距离 d 是19.44μm，缝宽是4.050μm。考虑来自两条缝的光的干涉，也考虑通过一条缝的光的衍射。

（a）在衍射包络线的中央峰内有几条干涉条纹？

【解】 首先分析决定实验中产生的光学图样的两个基本机制：

单缝衍射：这里关键点是，中央峰的边限是每个缝单独形成的衍射图样的第一极小（见图37－13）。这两个极小由式（37－3）（$a\sin\theta=m\lambda$）给出其角位置。把此式写成 $a\sin\theta=m_1\lambda$，其中下标1表示单缝衍射。对衍射图样的第1极小，代入 $m_1=1$，得

$$a\sin\theta=\lambda \qquad (37-19)$$

双缝干涉：这里**关键点**是，双缝干涉图样的亮纹由式（36－14）给出其角位置，可以写成

$$d\sin\theta=m_2\lambda \qquad m_2=0,1,2,\cdots \qquad (37-20)$$

其中下标2表示双缝干涉。

可以通过用式（37－19）除式（37－20）把第一衍射极小放入双缝条纹图样中并求解 m_2。这样做了之后再代入已知数据可得

$$m_2=\frac{d}{a}=\frac{19.44\mu\text{m}}{4.050\mu\text{m}}=4.8$$

这表明干涉明纹有 $m_2=4$ 条填入了单缝衍射图样的中央峰内，但是 $m_2=5$ 的明纹没有进入。在中央衍射峰内有中央明纹（$m_2=0$）和在其两旁的每边4条明纹（到 $m_2=4$），因此共有9条双缝干涉图样的明纹在衍射包络线的中央缝内。中央明纹一侧的明纹如图37－15所示。

（b）在衍射包络线的任一侧向第一峰内的明纹有几条？

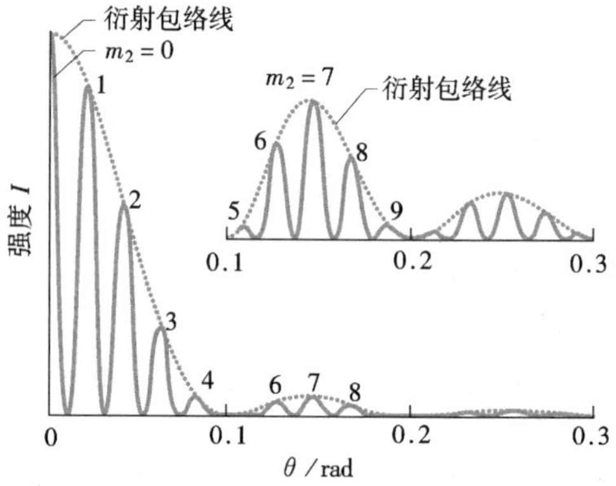

图37－15 例37－4图 一次双缝干涉实验的一侧的强度图线，衍射包络线用虚线表示，小插图表示（竖直方向放大了的）衍射包络线侧向第一和第二峰内的强度图线。

【解】 这里**关键点**是，侧向第一衍射峰的外侧限度是第二衍射极小，其所在角度由 $a\sin\theta=m_1\lambda$ 在 $m_1=2$ 时给出：

$$a\sin\theta=2\lambda \qquad (37-21)$$

用式（37－21）除式（37－20）得

$$m_2=\frac{2d}{a}=\frac{(2)(19.44\mu\text{m})}{4.050\mu\text{m}}=9.6$$

这表明衍射第二极小刚刚在式（37－20）中 $m_2=10$ 的干涉明纹之前出现。在任一个第一衍射峰内有从 $m_2=5$ 到 $m_2=9$ 总共5条双缝干涉图样的明纹出现（如图37－15的插图中所示）。不过，如果 $m_2=5$ 的那条明纹（它几乎被第一衍射极小消去了）被认为太弱而不计的话，则在侧向第一衍射峰内就只有4条明纹了。

检查点 5：如果把此例中的波长增大到 550nm，(a) 中央衍射峰的宽度和 (b) 这一峰内干涉明纹条数增加，减少，还是保持不变？

37－7 衍射光栅

在光和发射、吸收光的物体的研究中最有用的工具之一是**衍射光栅**。这种器件有点像图 36－8 的双缝装置但具有非常大数目 N 的缝，称为**刻线**，数目可以达到每毫米几千条。只有 5 条缝的理想光栅如图 37－16 所示。当单色光通过这些缝射出时，它形成窄的干涉条纹，可用来分析确定光的波长。（衍射光栅也可能是不透明的表面，其上有像图 37－16 中的缝那样的窄的平行沟槽。光则被沟槽散射回来形成干涉条纹而不是透过开口的缝。）

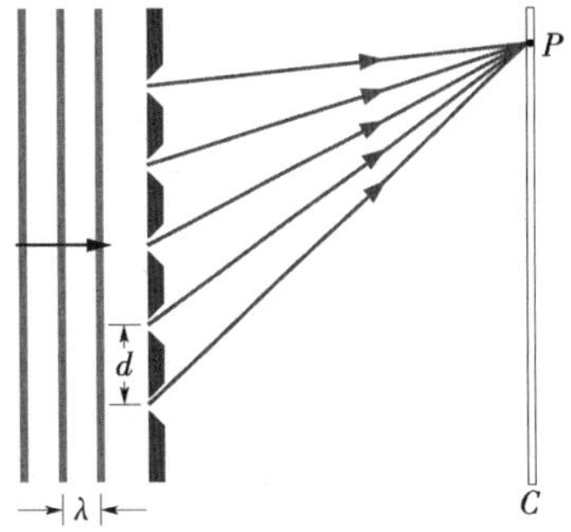

图 37－16 一个只有 5 条刻线在远处观察屏 C 上产生干涉图样的理想光栅

当使单色光入射到一个光栅上时，如果逐渐从 2 到大数 N 增大缝的数目，强度图线就从图 37－13c 的典型双缝图线变得越来越复杂直到最后成为像图 37－17a 中那样的简单图像。在观察屏上看到的来自例如氦氖激光器的单色红光形成的图样如图 37－17b 所示。现在各极大都非常窄（因而称为**谱线**）；它们被相对宽的暗区隔开。

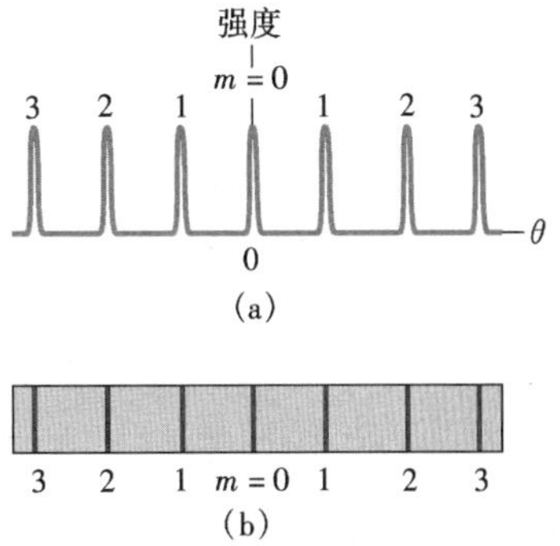

图 37－17 (a) 由一个有非常多刻线构成的光栅产生的强度图线包含许多窄峰，在这里用它们的级数 m 标注。(b) 在屏上看到的相应的明纹称为谱线并且在这里也用级数 m 标注。图中显示了零级、一级、二级和三级谱线。

下面用熟悉的步骤求观察屏上亮线的位置。首先假设屏离光栅足够远以至于到达屏上某特定点 P 的各条光线在它们离开光栅时都是近似平行的（图 37－18）。接着把用于双缝干涉的同样推理应用于每对相邻的刻线。刻线之间的距离 d 称为**栅线间距**。（如果 N 条刻线占有总宽度 w，则 $d=w/N$。）相邻光线之间的路程差仍然是 $d\sin\theta$（图 37－18），其中 θ 是从光栅（和衍射图样）的中心轴到 P 点的角度。如果相邻的光线之间的路程差是整数个波长，一条谱线将出现在 P 点——即，如果

$$d\sin\theta = m\lambda,\quad m=0,1,2,\cdots \text{（极大—谱线）} \qquad (37-22)$$

式中，λ 是光的波长。每一个整数 m 代表一条不同的谱线，因而这些整数可用来标记谱线，像图 37－17 中那样。这些整数称做**级数**，而各谱线依次称为零级谱线（中央谱线，其 $m=0$），一级谱线，二级谱线，等等。

如果把式（37－22）重写为 $\theta=\arcsin(m\lambda/d)$，可以看到，对于给定的光栅，从中心轴到任一条谱线的角度（例如到三级谱线）决定于所用光的波长。即使几种未知波长的光也能够用这种方法加以区别和确认。不能用第 36－4 节的双缝装置做到这一点，即使在那里能应用同样的公式和波长的依赖关系。在双缝干涉中，由于波长不同产生的明纹相互重叠得太多以致不能加以区别。

谱线的宽度

一个光栅的分辨不同波长的（分离的）谱线的能力决定谱线的宽度。下面将导出一个表示中央谱线（$m=0$ 的谱线）的**半宽度**的公式，并接着说明表示更高级谱线的半宽度的公式。中央谱线的半宽度是从 $\theta=0$ 的谱线中心向外到该谱线实际上终止和第一极小的暗区实际上开始的地方测量的角度 $\Delta\theta_{hw}$（图 37－19）。在这一极小处从光栅的 N 条缝发出的 N 条光线相互抵消。（中央谱线的实际宽度当然是 2（$\Delta\theta_{hw}$），但谱线宽度常常是用半宽度比较的。）

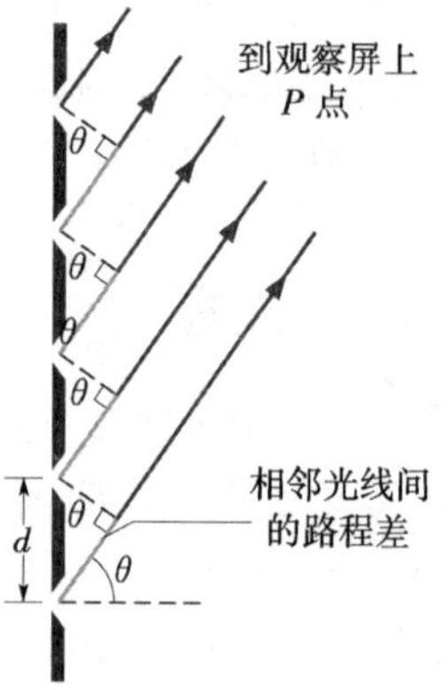

图 37－18 从光栅的刻线到远处 P 点的光线是近似平行的。每一对相邻光线间的路程差是 $d\sin\theta$，其中 θ 如图测量。（刻线垂直于页面。）

在第 37－2 节中也讨论过非常多的光线的相消，在那里是由于通过单缝的衍射。当时得到的式（37－3），根据两种情况的相似性，也可以用来求这里的第一极小。它说明第 1 级极小发生在顶上和底下的光线间的路程差等于 λ 的地方。对单缝衍射，这一路程差是 $a\sin\theta$。对于有 N 条刻线的光栅，每两条相邻刻线间的距离是 d，顶上和底下的刻线间的距离是 Nd（图 37－20），因此顶上和底下两条光线之间的路程差在这里是 $Nd\sin\Delta\theta_{hw}$。这样，第 1 极小的发生决定于

$$Nd\sin\Delta\theta_{hw} = \lambda \qquad (37-23)$$

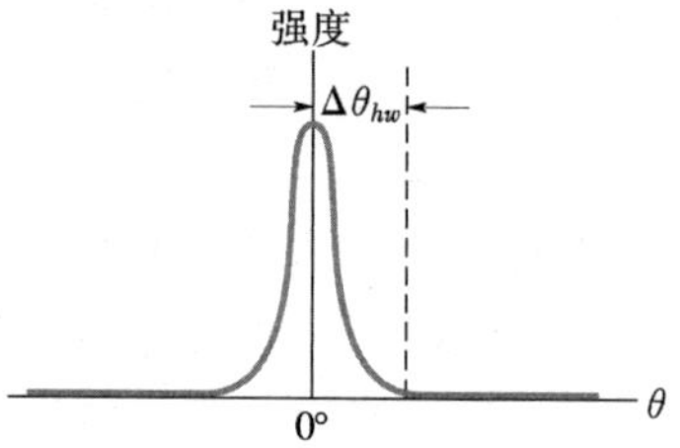

图 37－19 中央谱线的半宽度是在像图 37－17a 那样的 I 对 θ 图线上从该谱线的中心量到相邻的极小的角度。

由于 $\Delta\theta_{hw}$ 很小，$\sin\Delta\theta_{hw}=\Delta\theta_{hw}$（rad）。将此代入式（37－23）给出中央谱线的半宽度为

$$\Delta\theta_{hw} = \frac{\lambda}{Nd} \qquad \text{（中央谱线半宽度）} \qquad (37-24)$$

这里不加证明地指出任何其他谱线的半宽度决定于它相对于中心轴的位置，且

$$\Delta\theta_{hw} = \frac{\lambda}{Nd\cos\theta} \qquad \text{（在 }\theta\text{ 处的半宽度）} \qquad (37-25)$$

注意，对于给定波长 λ 的光和给定刻线间距 d，谱线宽度随刻线数 N 的增大而减小。因此，两个衍射光栅中，N 较大的光栅区别不同波长的能力更大，因为它的衍射谱线更窄因而重叠更少。

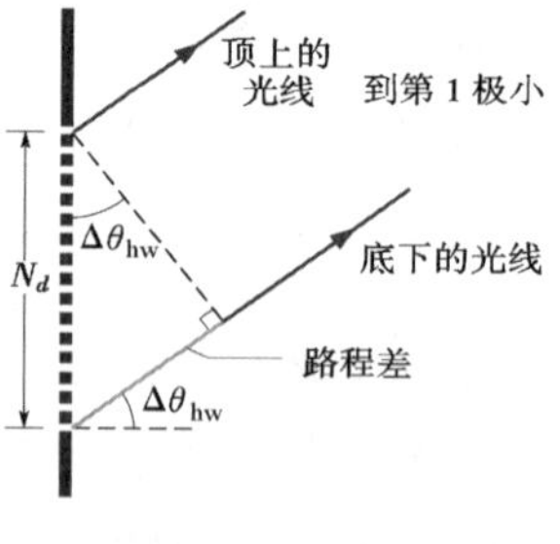

图 37－20 有 N 条刻线的光栅顶上和底下的刻线间相距 Nd。通过这两条刻线的顶上和底下的光线的路程差是 $Nd\sin\Delta\theta_{hw}$，其中 $\Delta\theta_{hw}$ 是到第 1 极小的角度。（为了清楚，这里的角度大大地夸大了。）

衍射光栅的一个应用

衍射光栅广泛地应用于确定从灯到恒星范围内的光源发出的光的波长。图 37－21 所示为一台简单的**光栅分光镜**，其中就有一个用于此目的光栅。从光源 S 发的光被透

镜 L_1 焦聚到在透镜 L_2 的焦平面内的竖直缝 S_1 上。从管 C（称为**准直管**）出来的光是平面波，垂直地入射到光栅 G 上，在那里衍射产生衍射图样。图样中沿光栅的中心轴 $\theta=0$ 的角度形成 $m=0$ 级谱线。

可以简单地通过改变望远镜 T（图 37－21）的指向到某一角度 θ 来观察可能在一个观察屏上出现在该角度处的衍射图样。望远镜的透镜 L_3 接着把衍射光在 θ 角（和在稍微小一些和大一些的角）方向焦聚在到望远镜内的焦平面 FF' 上。

通过改变望远镜的角度 θ，可以考察全部衍射图样。对于任何除去 $m=0$ 的级数，原来的光按波长（或颜色）散开使得可以用式（37－22）考察光源正在发出哪些波长的光。如果光源发射许多分立的波长，在水平地转动望远镜通过和级数 m 相应的角度时看到的是对每一种波长的有色竖直谱线，较短波长的谱线比较长波长的谱线的 θ 角小。

例如从含有氢气的氢灯发射的光在可见范围内有 4 个分立的波长。如果眼睛直接截取这种光，那显示出是白色。如果不是这样，而是通过一台光栅分光镜观察，就可以区别在几个级次中和这些可见波长相应的 4 种颜色的谱线。（这些谱线称为**发射谱线**。）在图 37－22 中表示了 4 级的谱线。在零级（$m=0$）中对应于各种波长的谱线叠加在一起，在 $\theta=0$ 给出一条单个的白色谱线。在较高级次中，颜色分开了。

为了清楚起见，在图 37－22 没有画出三级谱线，实际上和二级、四级的重叠了。四级红线没有是因为这里用的光栅没有产生它。即，当试着对红色波长在 $m=4$ 时的角度 θ 解式（37－22）时，发现 $\sin\theta$ 比 1 大，而这是不可能的。对这一光栅，四级是**不完全**的；对于较大的间隔 d 的光栅它可能是完全的，它使得光谱线散开得比图 37－22 中的要小些。图 37－23 是镉产生的可见发射谱线的照片。

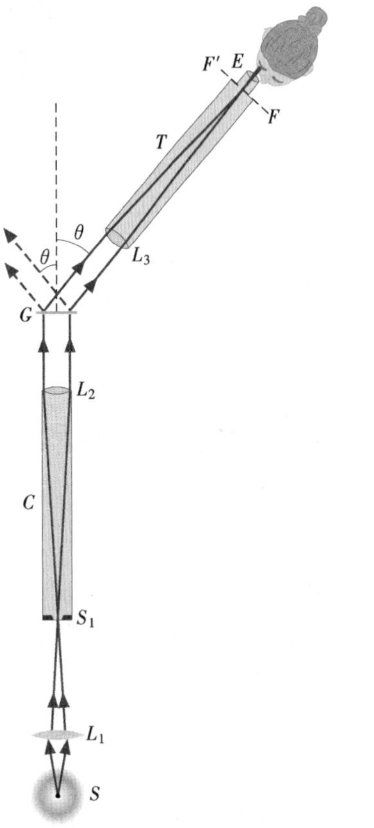

图 37－21 用来分析从源 S 发出的光的波长的一台简单光栅分光镜。

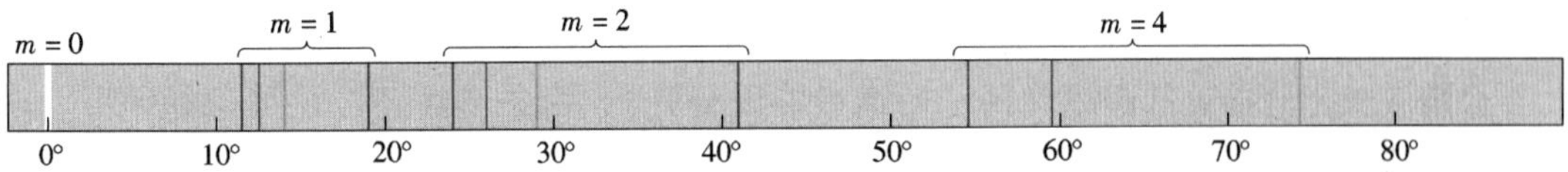

图 37－22 氢的零级、一级、二级和四级可见的发射谱线。注意，角度越大，谱线离得越远（它们也越弱和越宽，虽然这里没有显示出来）。

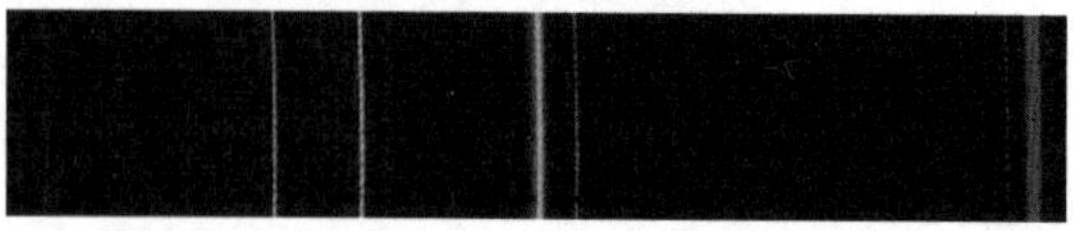

图 37－23 通过一台光栅分光镜看到的镉的可见的发射谱线。

检查点6：右图给出一个光栅用单色红光产生的不同级次的谱线。(a) 图样的中心在左边还是右边？(b) 如果换用单色绿光，这时在相同级次产生的谱线的半宽度大于，小于，还是等于所示谱线的半宽度？

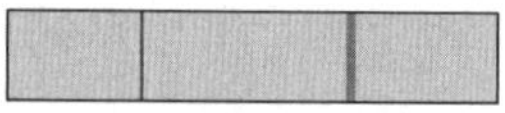

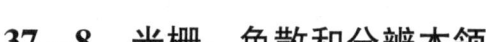

37－8 光栅：色散和分辨本领

细密光盘上的每条宽 0.5μm 的精细刻度的作用像一个衍射光栅。在小的白光光源照射下，衍射光形成许多色"道"，它们是刻线形成的衍射图样的组合。

色散

要在区分相互十分靠近的波长（如在光栅分光镜中）时有用，光栅必须把和不同波长联系的衍射谱线分开。这种分开，称为**色散**，定义为

$$D = \frac{\Delta\theta}{\Delta\lambda} \quad \text{(色散定义)} \qquad (37-26)$$

这里 $\Delta\theta$ 是波长差为 $\Delta\lambda$ 的两条谱线的角距离。D 越大，波长相差 $\Delta\lambda$ 的两条谱线间的距离越大。下面证明光栅在角 θ 的色散给定为

$$D = \frac{m}{d\cos\theta} \quad \text{(光栅的色散)} \qquad (37-27)$$

因此，要得到较高的色散，必须用栅线间距 d 较小的光栅而且工作在较高的级次。注意，色散和光栅的刻线数目 N 无关。D 的 SI 单位是度每米或弧度每米。

分辨本领

要**分辨**波长十分接近的谱线（即，使谱线能区分开），每条谱线还应该尽可能地窄。用另一种说法，即光栅应有高的**分辨本领** R，定义为

$$R = \frac{\lambda_{avg}}{\Delta\lambda} \quad \text{(分辨本领定义)} \qquad (37-28)$$

这里 λ_{avg} 是刚能被认为是分开了的两条发射谱线的平均波长，而 $\Delta\lambda$ 是它们之间的波长差。R 越大，两条发射谱线可以靠得更近但仍然能分辨开。下面证明光栅的分辨本领是由下一简单公式给定

$$R = Nm \quad \text{(光栅的分辨本领)} \qquad (37-29)$$

为了获得高分辨本领，必须用许多刻线（式（37-29）中更大的 N）。

式（37-27）的证明

让我们从式（37-22）——光栅的衍射图样中谱线位置的表示式开始：

$$d\sin\theta = m\lambda$$

把 θ 和 λ 当作变量求此式的微分，得

$$d\cos\theta d\theta = m d\lambda$$

对于足够小的角度，可以把这些微分写作小的差，得

$$d\cos\theta\Delta\theta = m\Delta\lambda \qquad (37-30)$$

或

$$\frac{\Delta\theta}{\Delta\lambda} = \frac{m}{d\cos\theta}$$

左侧的比就是 D（见式（37-26）），因此就已确实导出了式（37-27）。

式（37-29）的证明

我们从由式（37-22）（光栅形式的衍射图样中谱线位置的表示式）导出的式（37-30）开始。这里 $\Delta\lambda$ 是被光栅衍射的两个波的小的波长差，而 $\Delta\theta$ 是它们在衍射图样中的角距离。如果 $\Delta\theta$ 是两条谱线能被分辨的最小角度，它必须（根据瑞利判据）等于每条谱线的半宽度，而半宽度由式（37-25）给定为

$$\Delta\theta_{hw} = \frac{\lambda}{Nd\cos\theta}$$

如果将此 $\Delta\theta_{hw}$ 代入式（37-30）中的 $\Delta\theta$，可发现

$$\frac{\lambda}{N} = m\Delta\lambda$$

由此立即可得

$$R = \frac{\lambda}{\Delta\lambda} = Nm$$

这正是开始要证明的式（37-29）。

色散和分辨本领的比较

一定不要把光栅的分辨本领和它的色散混淆了。表 37-1 列出了三个光栅的特征，它都用波长 $\lambda = 589\text{nm}$ 的光照射，而且都在一级（式（37-22）中的 $m=1$）观察它们的衍射光。你应该证实表中的 D 和 R 的值可以分别用式（37-27）和（37-29）计算出来。（在计算 D 时，需要把 rad/m 换算成（°）/m。）

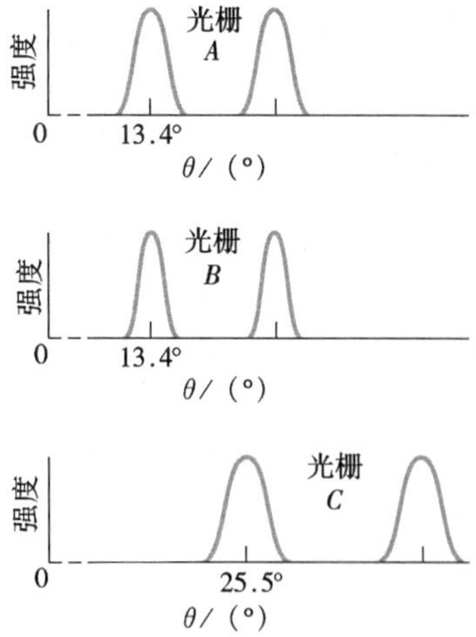

图 37-24 通过表 37-1 中的三个光栅的两个波长的光的强度图样。光栅 B 具有最高的分辨本领，光栅 C 具有最高的色散。

根据表 37-1 中列出的情况可知，光栅 *A* 和 *B* 具有相同的**色散**，而 *A* 和 *C* 具有相同的**分辨本领**。

图 37-24 表示这些光栅产生的在 $\lambda=589\text{nm}$ 附近波长为 λ_1 和 λ_2 的两条谱线的强度图样（称为**谱线形状**）。具有较高分辨本领的光栅 *B* 产生较窄的谱线，因而能分辨比图中所示波长接近很多的两条谱线。高色散的光栅 *C* 产生谱线间更大的角间距。

表 37-1 三个光栅①

光栅	N	d/nm	θ	D/（(°)/μm）	R
1	10 000	2540	13.4°	23.2	10 000
2	20 000	2540	13.4°	23.2	20 000
3	10 000	1370	25.5°	46.3	10 000

① 对于 $\lambda=589\text{nm}$ 和 $m=1$ 的数据。

例题 37-5

一个光栅具有 1.26×10^4、均匀排列在 $w=25.4\text{mm}$ 的宽度上的刻线。它用来自钠光灯的黄光垂直照射。这种光包含波长 589.00nm 和 589.59nm 两条非常靠近的谱线（称为钠双线）。

（a）在什么角度 589.00nm 的波长出现一级极大（在衍射图样中央的任一侧）？

【解】 这里**关键点**是衍射光栅的各极大可以用式（37-22）（$d\sin\theta=m\lambda$）定位。这个光栅的栅线间距是

$$d=\frac{w}{N}=\frac{25.4\times10^{-3}\text{m}}{1.26\times10^4}=2.016\times10^{-6}\text{m}=2016\text{nm}$$

一级极大对应于 $m=1$。将 d 和 m 的值代入式（37-22）得

$$\theta=\sin^{-1}\frac{m\lambda}{d}=\sin^{-1}\frac{1\times589.00\text{nm}}{2016\text{nm}}$$

$$=16.99°\approx17.0° \qquad \text{（答案）}$$

（b）用光栅的色散，求这两条谱线在一级的角距离。

【解】 这里一个**关键点**是，根据式（37-26）（$D=\Delta\theta/\Delta\lambda$），这两条谱线在一级的角距离 $\Delta\theta$ 决定于它们的波长差 $\Delta\lambda$ 和光栅的色散 D。第二个**关键点**是，色散 D 决定于计算它时所用的角度 θ。可以假定，在一级，这两条钠谱线靠得足够近以致可以用在（a）中求得的对其中一条谱线的角度 $\theta=16.99°$ 来计算 D。于是式（37-27）给出色散为

$$D=\frac{m}{d\cos\theta}=\frac{1}{2016\text{nm}\times\cos16.99°}=5.187\times10^{-4}\text{rad/nm}$$

再由式（37-26），就有

$$\Delta\theta=D\Delta\lambda=5.187\times10^{-4}\text{rad/nm}\times589.59\text{nm}-589.00\text{nm}$$

$$=3.06\times10^{-4}\text{rad}=0.0175° \qquad \text{（答案）}$$

你可以证明这一结果决定于栅线间距 d 但与光栅有的刻线数目无关。

（c）光栅的刻线的数目最少是多少还能把钠双线在一级加以分辨？

【解】 这里一个**关键点**是，根据式（37-29）（$R=Nm$），在任何级 m 光栅的分辨本领在物理上决定于光栅的刻线数目。第二个**关键点**是，根据式（37-28）（$R=\lambda_{avg}/\Delta\lambda$），能被分辨的最小波长差 $\Delta\lambda$ 决定于平均波长和光栅的分辨本领 R。为了钠双线刚好分辨，$\Delta\lambda$ 必须是它们的波长差 0.59nm，λ_{avg} 必须是它们的平均波长 589.30nm。

把这些概念放到一起，一个光栅要分辨钠双线的刻线的最小数目为

$$N=\frac{R}{m}=\frac{\lambda_{avg}}{m\Delta\lambda}=\frac{589.30\text{nm}}{1\times0.59\text{nm}}=999\text{ 条}$$

（答案）

37-9 X射线衍射

X 射线是一种电磁辐射，其波长的数量级是 1Å（$=10^{-10}\text{m}$）。把它和在可见光谱中心的波长 550nm（$=5.5\times10^{-7}\text{m}$）比较一下。图 37-25 说明 X 射线是从一个热灯丝 *F* 逸出的电子被电势差 *V* 加速后再撞击一个金属靶 *T* 时产生的。

一个标准的光学衍射光栅不能用来辨别 X 射线波长范围内的不同波长。例如，对于 $\lambda = 1\text{Å}$（$=0.1\text{nm}$）和 $d = 3000\text{nm}$，式（37－22）给出一级极大出现在

$$\theta = \arcsin\frac{m\lambda}{d} = \arcsin\frac{(1)(0.1\text{nm})}{3000\text{nm}} = 0.0019°$$

远离中央极大太近了以至于不实际。$d\approx\lambda$ 的光栅挺好，但是，由于 X 射线波长大约等于原子的直径，这种光栅不能机械地加工出来。

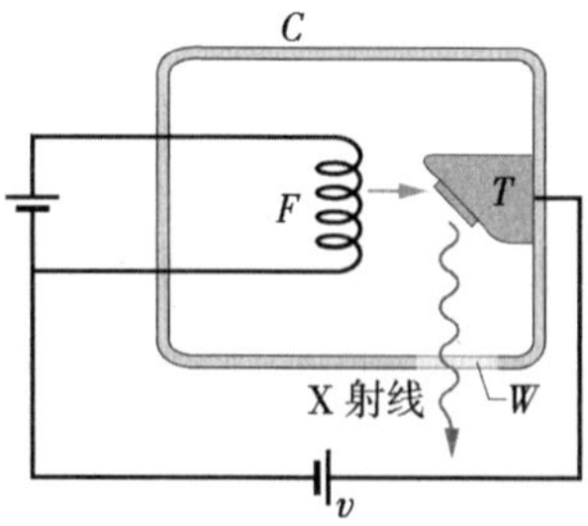

图 37－25　X 射线是离开热灯丝 F 的电子通过电势差 V 加速后再撞击一个金属靶 T 时产生的。抽空的室 C 的“窗” W 对 X 射线是透明的。

1912 年，德国物理学家 M. von 劳厄想到，由有规则的原子阵列组成的晶型固体可能形成对 X 射线的天然三维“衍射光栅”。想法是这样，在如氯化钠（NaCl）的晶体中，一个基本的原子的单元（称为**单胞**）在整个阵列中重复自己。在 NaCl 内，每一单胞和 4 个钠离子、4 个氯离子相联系。图 37－26a 表示一块 NaCl 晶体的一部分，其中标出了这样的基本单元。单胞是边长为 a_0 的立方体。

当一束 X 射线进入像 NaCl 这样的晶体时，X 射线被晶体结构在各方向**散射**，即重新定向。在某些方向，散射波进行相消干涉，产生强度极小；在其他方向，干涉是相长的，产生强度极大。这种散射和干涉的过程是一种形式的衍射，尽管它不像前面讨论过的光通过一条缝或在一个边上经过时发生的衍射。

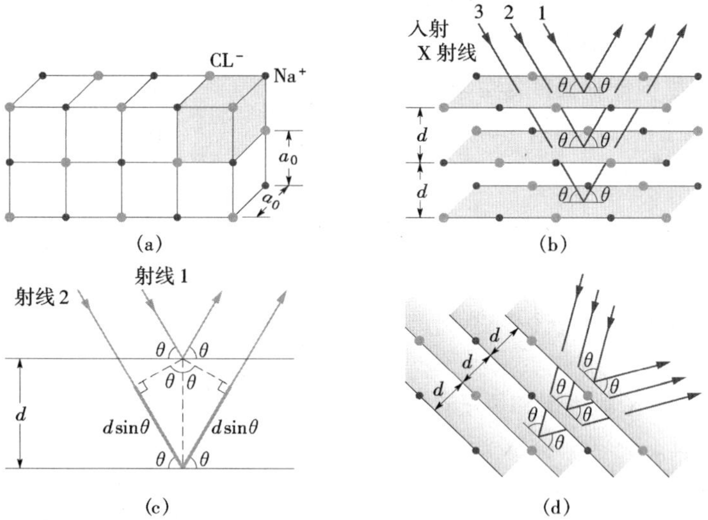

图 37－26　(a) NaCl 的立方体结构，表明钠和氯离子和一个单胞（阴影部分）。(b) 入射 X 射线被 (a) 中的结构衍射，这衍射好像它们被一族平行平面反射，反射角等于入射角，两个角都相对于平面量度（而不是像在光学中相对于法线）。(c) 实际上从两个相邻平面反射的波的路程差是 $2d\sin\theta$。(d) 入射 X 射线相对于结构的另一个不同的方向，一族不同的平行平面现在实际上反射 X 射线。

虽然 X 射线被晶体衍射的过程比较复杂，极大就出现在这样的方向上，好像 X 射线是被一族平行**反射面**（或**晶面**）反射的一样，这些平面通过原子在晶体内延伸，面上包含有规则的原

子阵列。(X射线实际上不是被反射了，用这些虚构的平面只是为了简化实际衍射过程的分析)。

图37－26b表示一族中的三个平面，**面间距**为 d，入射射线被说成是由它们反射。射线1、2和3分别从第1、第2和第3个平面上反射。对每一个反射，入射角和反射角都用 θ 代表。和光学中的习惯相反，这些角度相对于平面的**表面**定义而不是相对于表面的法线。对于图37－26b的情况，面间距碰巧等于单胞的尺寸 a_0。

图37－26c所示是从相邻的一对平面反射的侧视图。射线1和2的两列波到达晶体时是同相的。它们被反射后也必须是同相的，因为反射和反射面已经定义只说明晶体对X射线衍射的强度极大。和光线不同，X射线进入晶体不折射；还有，对此情况没有定义折射率。因此，射线1和2的波离开晶体时的相对相位只由它们的路程差给出。要使这两条射线同相，路程差必须等于X射线的波长 λ 的整数倍。

在图37－26c画出两条虚垂线可以发现路程差是 $2d\sin\theta$。实际上，这对于在图37－26b中的一族平面的任何一对相邻的平面都是对的。因此，作为X射线强度极大的判据，有

$$2d\sin\theta = m\lambda, m = 1,2,3,\cdots \quad \text{(布拉格定律)} \quad (37-31)$$

式中，m 是强度极大的级数。式(37－31)称为**布拉格定律**，从第一位导出它的比利时物理学家W. L. 布拉格而得名。(他和他父亲由于用X射线研究晶体结构而共享1915年诺贝尔奖。)式(37－31)中的入射角和反射角称为**布拉格角**。

不管X射线以什么角度进入晶体，总有一族平面可以说从它们的反射适用布拉格定律。在图37－26d中，注意晶体结构和图37－26a中的具有相同的方位，但射线进入结构的角度与图37－26b中所示的不同。这一新角度要求一族新的有不同的面间隔 d 和布拉格角 θ 的反射平面来用布拉格定律解释X射线衍射。

图37－27表明如何能把面间距 d 和单胞大小 a_0 联系起来。对该处特定的一族平面，勾股定理给出

$$5d = \sqrt{5}a_0$$

或

$$d = \frac{a_0}{\sqrt{5}} \quad (37-32)$$

图37－27表明在一旦用X射线衍射测出面间距 d 之后如何能求出单胞的大小。

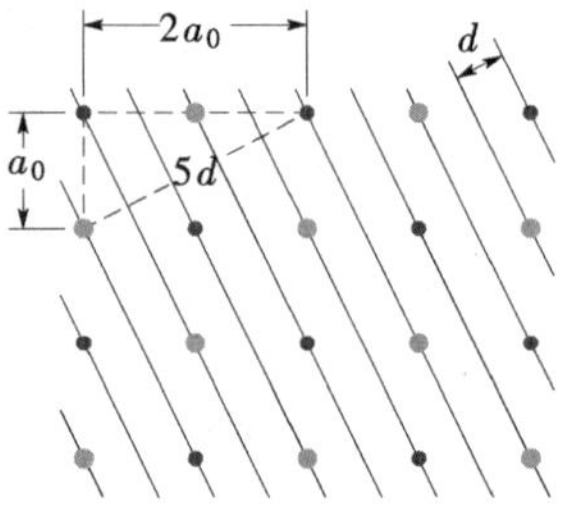

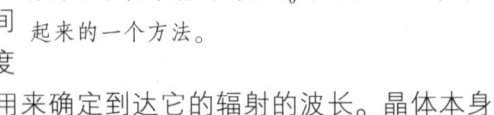

图37－27 分布在图37－26a的结构中的一族平面和把单胞的边长 a_0 和面间距 d 联系起来的一个方法。

X射线衍射在研究X射线谱和原子在晶体中的配置中都是强有力的工具。为了研究X射线谱，就选择间隔 d 已知的特定晶面族。这些晶面实际上在不同的角度反射不同的波长。一个能区分不同角度的探测器就可用来确定到达它的辐射的波长。晶体本身可以用单色X射线束加以研究，以确定各种晶面的间距以及单胞的结构。

复习和小结

衍射 当波遇到一个边沿或其大小和波的波长可以相比的障碍物或孔时，这些波在传播时扩展开去，而且作为结果，发生干涉。这称为**衍射**。

单缝衍射 通过一个宽 a 的长狭缝的波在观察屏上产生**单缝衍射图样**，它包含一个中央极大和其他极大，中间隔着到中心轴的角度为 θ 的极小，θ 满足

$$a\sin\theta = m\lambda, \quad m = 1,2,3,\cdots \quad \text{(极小)} \quad (37-3)$$

在任意给定的角 θ 方向衍射图样的强度为

$$I(\theta)=I_m\left(\frac{\sin\alpha}{\alpha}\right)^2,\text{其中 }\alpha=\frac{\pi a}{\lambda}\sin\theta$$

(37－5,37－6)

其中，I_m 是图样中央的强度。

圆孔衍射 一个直径为 d 的圆孔或透镜的衍射产生一个中央极大和同心的极大和极小，其第一极小出现的角度 θ 由下式给出

$$\sin\theta=1.22\frac{\lambda}{d}\quad\text{(第一极小,圆孔)}$$

(37－12)

瑞利判据 瑞利判据提出如果一个的中央衍射极大在另一个的第一极小处，——两个物体刚刚能分辨。它们的角距离必须最小是

$$\theta_R=1.22\frac{\lambda}{d}\quad\text{(瑞利判据)}\quad(37-14)$$

其中 d 是光通过的孔的直径。

双缝衍射 通过宽都是 a 而中心相距 d 的两条缝的波显示衍射图样，其强度在角 θ 是

$$I(\theta)=I_m(\cos^2\beta)\left(\frac{\sin\alpha}{\alpha}\right)^2\quad\text{(双缝)}$$

(37－16)

其中 $\beta=(\pi d/\lambda)\sin\theta$，而 α 和对单缝衍射的情况一样。

多缝衍射 N（多数）条缝的衍射的结果是在角 θ 产生极大（谱线）使得

$$d\sin\theta=m\lambda\quad m=0,1,2,\cdots\quad\text{(极大)}$$

(37－22)

而谱线的半宽度给定为

$$\Delta\theta_{hw}=\frac{\lambda}{Nd\cos\theta}\quad\text{(半宽度)}\quad(37-25)$$

衍射光栅 光栅是一系列“缝”。利用它能分离和显示入射波的各组分波长的衍射极大，从而把这些组分波长加以区别。一个光栅的特征在于其色散 D 和分辨本领 R：

$$D=\frac{\Delta\theta}{\Delta\lambda}=\frac{m}{d\cos\theta}$$

(37－26,37－27)

$$R=\frac{\lambda_{avg}}{\Delta\lambda}=Nm$$

(37－28,37－29)

X 射线衍射 晶体中原子的有规则阵列对于像 X 射线这样短波长的波是一种三维衍射光栅。为了分析的目的，可以把原子看成是配置在特定间隔 d 的平面内。波的入射方向用从这些平面的表面量起的角度 θ 表示，如果它和辐射的波长 λ 满足**布拉格定律**：

$$2d\sin\theta=m\lambda\quad m=1,2,3,\cdots\quad\text{(布拉格定律)}$$

(37－31)

就出现衍射极大（由于相长干涉）。

思考题

1. 频率 f 的光照射一个长窄缝产生一个衍射图样。(a) 如果换用频率 $1.3f$ 的光，衍射图样是从中央向外扩展还是向中央收缩？(b) 如果，换一下，把整个装置浸入清澈的玉米油内，图样是扩展还是收缩？

2. 用波长 λ 的光做单缝衍射实验。在远处的观察屏上，在通过缝的顶上和底下的光线的路程差等于 (a) 5λ 和 (b) 4.5λ 的地点发生什么现象？

3. 你以同样的强度说话，在你的嘴的前方放和不放一个传声筒，哪种情况对在你正前方的人说你的声音较大？

4. 图 37－28 表明一个声波源或光波源的四种可供选择的开口。它们的边长是 L 或 $2L$，而 L 是 3.0 倍的波长。根据由于衍射波 (a) 左右扩展和 (b) 上下扩展的程度由大到小将这些开口排序。

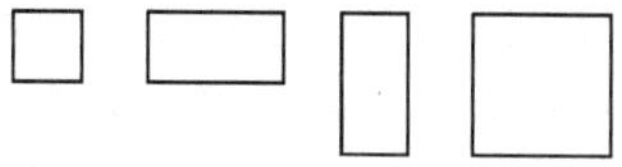

图 37－28 思考题 4 图

5. 在一次单缝衍射实验中，从顶上和底下通过缝的光线到达观察屏上某点的路程差为 4.0 个波长。在如图 37－6 的相矢量图中，相矢量链重叠的圈数是多少？

6. 在夜里许多人看到围绕着明亮的室外的灯在黑暗的背景上出现的光环（称为**内晕**）。这光环被认为是由人的角膜（或可能是晶状体）中的结构产生的衍射图样的第一侧向极大。（这种图样的中央极大重叠成灯的像。）(a) 将灯从蓝色换成红色光，光环变小还是变大？(b) 如果灯发出白光，光环的外边缘是蓝色还是红色？

7. 图 37－29 表示在用同样波长的光做的两次双缝衍射实验中得到的在中央衍射包络线内的明纹。实

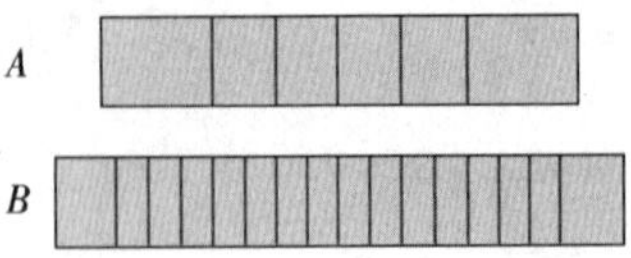

图 37－29 思考题7图

验 B 中的（a）缝宽 a，（b）缝间距 d，和（c）比值 d/a 比实验 A 中的较大，较小，还是相等？

8. 图 37－30 所示为一个光栅产生的图样中同级的一条红谱线（左）和一条绿谱线（右）。如果增大光栅的刻线数目，例如，去掉遮住一半刻线的纸条，（a）谱线的半宽度和（b）谱线的间距增大，减小，还是不变？（c）这些谱线向右移，向左移，或保持不动？

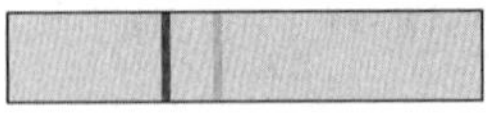

图 37－30 思考题8和9图

9. 对于思考题8的情况和图 37－30，如果增大光栅间距，（a）谱线的半宽度和（b）谱线的间距增大，减小，还是不变？（c）这些谱线向右移，向左移，还是保持不动？

(a)　　(b)

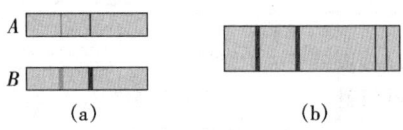

图 37－31 思考题10图

10. （a）图 37－31a 是用衍射光栅 A、B 和波长相同的光产生的谱线（左蓝右红），谱线是同级的而且出现在同一角度。哪个光栅有较多的刻线？（b）图 37－31b 是用同一个光栅和两种波长的光产生的两级谱线，哪一对谱线，左边的还是右边的，其级数 m 较大？在（c）图 37－31a 和（d）图 37－31b 中，衍射图样的中心在左方，还是在右方？

11. （a）对于一个给定的衍射光栅，随着波长的增大，它能分辨的两个波长的最小的差 $\Delta\lambda$ 增大，减小，还是不变？（b）对于一给定的波长段（例如，500nm 附近），一级中的或是二级中的 $\Delta\lambda$ 较大？

练习和习题

37－2 节　单缝衍射：给极小定位

1E. 波长 633nm 的光入射到一个窄缝上。在中央极大的一侧的第一衍射极小和另一侧的极小的夹角是 1.20°。缝的宽度是多少？（ssm）

2E. 波长 441nm 的单色光入射一个窄缝上。在 2.00m 远的屏上，二级衍射最小和中央极大的距离是 1.50cm。（a）计算二级极小的衍射角 θ。（b）求缝的宽度。

3E. 用波长 λ_a 和 λ_b 照射一单缝，使 λ_a 组分的一级衍射极小和 λ_b 组分的二级极小重合。（a）这个波长之间存在什么联系？（b）在两个衍射图样中有任何其他的极小重合吗？（ssm）

4E. 用波长 550nm 的光在离缝 40cm 远的屏上，单缝衍射图样的一级和五级极小之间的距离是 0.35mm。（a）求缝宽。（b）计算第一衍射极小的角 θ。

5E. 波长 590nm 的平面波入射到宽度 a = 0.40mm 的缝上。在缝和观察屏间放一薄会聚透镜，焦距为 +70cm，把光会聚在屏上。（a）屏离透镜多远？（b）在屏上从衍射图样的中央到第一极小的距离是多少？（ssm）

6P. 频率为 3000Hz、速率为 343m/s 的声波通过扬声器盒的矩形开口衍射进入一大会堂。开口的水平宽度是 30.0cm，面对 100m 处的墙壁（图 37－32）。沿着墙移动的一个听众在何处遇上第一衍射极小并因此很难听到声音？（忽略反射。）

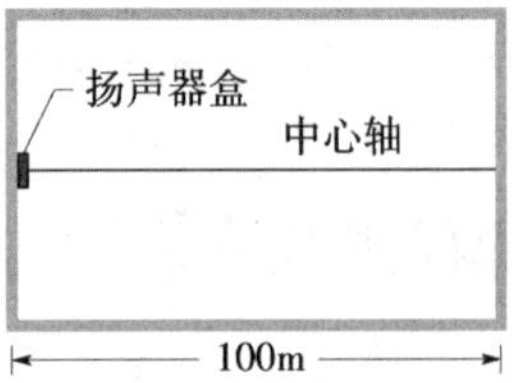

图 37－32 习题6图

7P. 波长 589nm 的光照射宽 1.00mm 的缝，在 3.00m 远的屏上看到衍射图样。在中央衍射极大同一侧的最先两个衍射极小间的距离是多少？（ssm）（ilm）

37－4 节　单缝衍射的强度，定量地

8E. 波长 589nm 的光照射宽 0.10mm 的缝。考虑在观察缝的衍射图样的屏上一点 P，它离缝的中心轴的角度是 30°。从缝的顶上和中点射到 P 点的惠更斯子波的相差是多少？（**提示：**见式（37－4）。）

9E. 如果使单缝的宽度加倍，衍射图样的中央极大增大到4倍，即使通过缝的能量只增大到两倍。定量地解释这一点。（ssm）

10E. 波长 538nm 的单色光入射到宽 0.025mm 的缝上，从缝到一个屏的距离是 3.5m。考虑屏上离中央极大 1.1cm 的一点。(a) 计算该点的 θ。(b) 计算 α。(c) 计算在该点的强度和在中央极大的强度的比。

11P. 中央衍射极大的半峰全宽（FWHM）的定义是强度为图样中心强度的一半的两个点之间的角度。(见 37－7b)。(a) 证明当 $\sin^2\alpha = \alpha^2/2$ 时，强度跌到最大值的一半。(b) 验证 $\alpha = 1.39\text{rad}$（约 80°）是 (a) 中的超越方程的一个解。(c) 求对宽度为 1.0、5.0 和 10 个波长的缝的中央极大的 FWHM。(ssm) (www)

12P. **巴比涅原理**。一束单色平行光 λ 射到直径 $x \gg \lambda$ 的一个"准直"孔上。P 点是在一个**远处**的屏上的几何阴影区域内（图 37－33）。两个衍射物体，如图 37－33b 所示，依次放入准直孔。A 是一个有孔的不透光图板，B 是 A 的"照相负片"。用叠加概念，证明在 P 点的强度对两个衍射物体 A 和 B 是完全一样的。

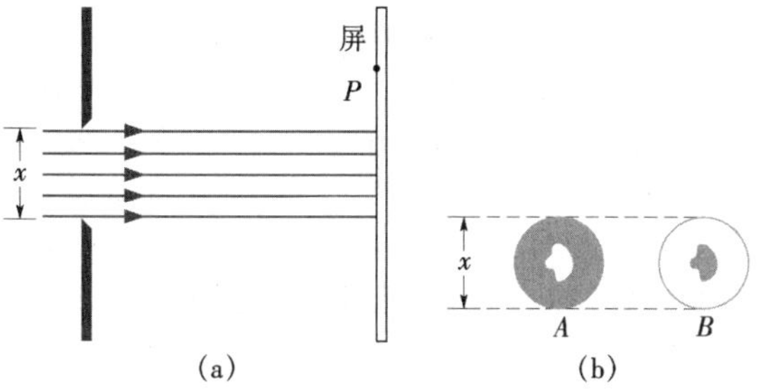

图 37－33 习题 12 图

13P. (a) 证明单缝衍射的强度极大出现的 α 值可以通过对 α 微分式（37－5）并使结果等于零精确地求出，由此得出条件 $\tan\alpha = \alpha$。(b) 求满足此关系式的 α，通过画出 $y = \tan\alpha$ 曲线和 $y = \alpha$ 直线并求它们的交点，或用计算器不断试算求出 α 的近似值。(c) 求单缝衍射图样中对应于相继的极大的（非整数）m 值。(ssm)

37－5 节　圆孔衍射

14E. 假设思考题 6 中的灯发出 550nm 的光。如果一个光环具有角直径 2.5°，导致这个环产生的眼内结构的（线）直径近似地是多少？

15E. 迎面开来的汽车的两个前灯相距 1.4m。在什么 (a) 角间距和 (b) 最大距离处眼睛能分辨它们？假定瞳孔直径是 5.0mm 并用波长为 550nm 的光；也假定只有衍射限制分辨因而可应用瑞利判据。(ssm)

16E. 航天飞机中的宇航员声称她刚刚能分辨 160km 下面地球表面上的两个点源。假设理想情况，计算它们的 (a) 角的和 (b) 线的间距。取 λ = 540nm 和宇航员的瞳孔的直径为 5.0mm。

17E. 求帕洛玛山上的 200in（=5.1m）望远镜刚能分辨的月球表面的两个点之间的距离，假设这段距离只由衍射效应决定。从地球到月球的距离是 3.8×10^5km。假定光的波长是 550nm。(ilw)

18E. 一所大房子的墙上铺着消声板，其上钻了中心相距 5.0mm 的许多小孔。人离这种板多远还能区分单个的孔？假设理想情况，人的眼睛的瞳孔的直径为 4.0mm，室内光线的波长是 550nm。

19E. 估计在理想情况下地球上的观察者刚刚能分辨的火星上两个物体的线间距，(a) 用肉眼和 (b) 用 200in（=5.1m）的帕洛玛望远镜。用下列数据：到火星的距离 = 8.0×10^7m，瞳孔的直径 = 5.0mm，光的波长 = 550nm。(ssm)

20E. 一只海军巡洋舰上的雷达系统发射波长为 1.6cm 的电磁波，所用圆形天线直径为 2.3m。在离舰 6.2km 处的两个快艇之间的最小距离是多少时还能够被雷达系统作为两个分离的物体辨别？

21P. 虎头甲虫（见图 37－34）的翅膀由于有许多薄的像角质的层片的干涉而显出彩色。还有，这些层片都配置得相距 60μm 而产生不同的颜色。所看到的颜色是薄膜干涉彩色的点画式的混合，它随着观察的角度而改变。根据瑞利判据，近似地离翅膀多远观察能达到分辨不同颜色的层片的极限？取光的波长为 550nm 和瞳孔直径为 3.0mm。

22P. 1985 年 6 月，从夏威夷 Maui 的空军光学站发出一束激光，被在 354km 高处的**发现者号**宇宙飞船反射回来。据说在飞船那地方光束的中央极大的直径是 9.1m，光束的波长为 500nm。在 Maui 地面站激光发射孔的有效直径是多大？(**提示**：激光的散开只是由于衍射；假设发射孔是圆的。)

23P. 毫米波雷达比传统的微米波雷达发出的波束更窄，使它能够更少地遭到反雷达导弹的攻击。(a) 求由 55.0cm 直径圆形天线发出的 220GHz 雷达束产生的中央极大以及从第一极小到第一极小的角宽度。(所选频率与一个低吸收大气"窗口"相一致。) (b) 对练习 20 的舰载雷达计算同样的量。(ssm) (www)

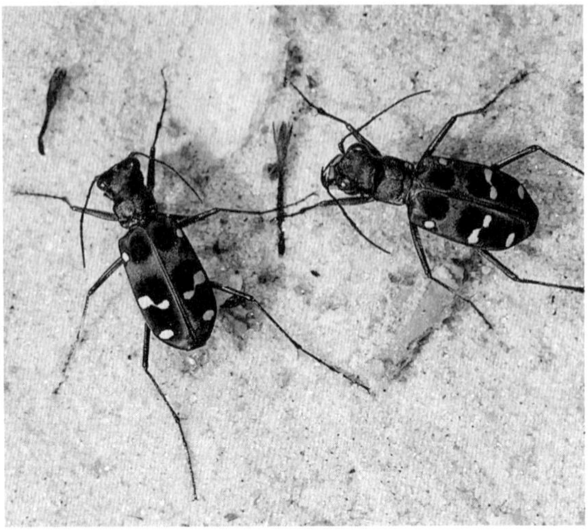

图 37－34 虎头甲虫由于薄膜干涉颜色而呈现点画式混合的彩色。

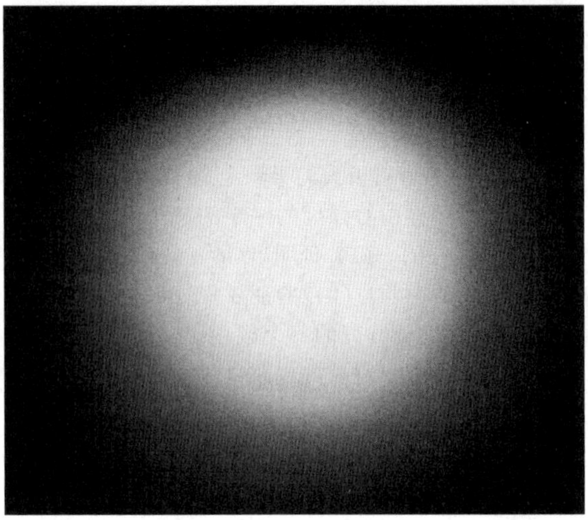

图 37－35 习题 24 图。月晕是空中水滴的衍射图样的混合。

24P. 一个圆形障碍物和一个同样直径的圆孔产生同样的衍射图样（除去紧靠 $\theta=0$ 附近）。空中的水滴就是这种障碍物。当你通过悬浮的水滴，例如雾，看月亮时，你截取许多水滴的衍射图样。那些水滴的中央衍射极大混合形成围绕月亮的一个白色区域并且可能遮住它。图 37－35 就是一张月亮被遮住的这样的照片。这里有两个淡的彩色环围绕着月亮（较大的环可能太淡了以致在复制的照片中看不出来）。较小的环在水滴形成的中央极大的外沿上；较大的环在水滴形成的最小的二级极大的外沿上（见图 37－9）。颜色可以看到是因为它们靠近图样中的衍射极小（暗环）。（图样中其他部分的颜色由于重叠过多而不能看见。）

（a）在衍射极大外沿上的这些环的颜色为何？（b）在图 37－35 中围绕中央极大的彩色环是月亮的角直径 0.50°的 1.35 倍。假设雨滴都有大约相同的直径，该直径近似多大？

25P.（a）如果两颗星的像刚刚能被匹兹堡的 Allegheny 天文台的 Thaw 折射望远镜分辨，它们的角间距是多少？透镜的直径为 76cm，焦距为 14m。设 $\lambda=550\text{nm}$。（b）如果这两颗刚能分辨的星每一颗都离地球 10 光年，它们之间的距离是多少？（c）对于在此望远镜中的单独一颗星的像，在放在望远镜的焦平面上的照相底片上测量，其衍射图样的第一暗环的直径是多少？假设像的形成完全是由于透镜孔径的衍射而和透镜“误差”无关。

26P. 在一次苏法联合的监视月球表面的实验中，一束发自红宝石激光器的脉冲辐射（$\lambda=0.69\mu\text{m}$）通过一台反射镜面半径为 1.3m 的反射望远镜射向月球。月球上起着圆平面镜作用的一个半径为 10cm 的反射器把光直接反射回地面上的望远镜。此后反射光被这台望远镜焦聚而进行检测。原来的光能的多大比例被检测器收到？假设沿每个方向传播时，所有能量都在中央衍射峰内。

37－6 节 双缝衍射

27E. 假设一个双缝衍射花样的中央衍射包络线包含 11 条明纹，而其第一衍射极小消除（即与之重合）明纹。在衍射包络线的第一和第二极小间有多少条明纹？（ssm）

28E. 在一次双缝实验中，缝间距 d 是缝宽的 2.00 倍，在中央衍射包络线中有几条干涉明纹？

29P.（a）在双缝实验中，使衍射消除四级侧向明纹的 d 对 a 的比值多大？（b）其他的哪些明纹也被消除了？

30P. 波长 λ 的一束相干光射到宽 a 和间隔 d 的双缝上，在离它距离为 D 的一个屏上干涉明纹的线间距是多少？

31P.（a）在 $\lambda=550\text{nm}$，$d=0.150\text{mm}$ 和 $a=30.0\mu\text{m}$ 的双缝图样中，在中央极大两侧的衍射包络极小之间出现几条明纹？（b）三级明纹对中央明纹

的强度比是多少？(ssm)

32P. 波长为440nm的光通过双缝形成的衍射图样的强度I对角位置θ的曲线如图37－36所示，计算(a)缝宽和(b)缝间距；(c)验证图中$m=1$和$m=2$的干涉条纹的强度。

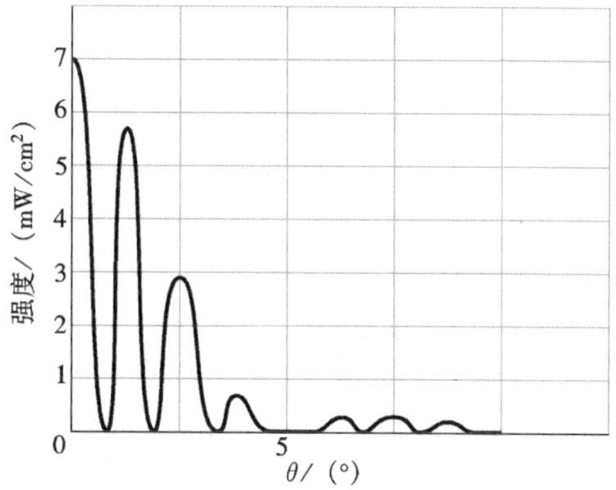

图37－36 习题32图

37－7节 光栅

33E. 宽20.0mm的光栅具有6000条刻线，(a)计算相邻刻线的间距，(b)如果入射到光栅上的光的波长是589nm，在观察屏上什么角度θ能出现强度极大？

34E. 一光栅有315条刻线/mm。当此光栅用于衍射实验时，在可见光谱中哪些波长的五级衍射能被观察到？

35E. 一光栅有400条线/mm。在$m=0$级以外，它在衍射实验中能产生的全部可见光谱有多少级？(ssm)(ilw)

36E. 可能是为迷惑掠食者，有些热带甲虫(鼓虫科甲虫)显示出颜色，这是由于许多划线排列成光栅(它使光散射而不是透射)产生光学干涉的结果。当入射光线垂直于光栅时，两个一级极大(在零级极大相对的两侧)之间的夹角是约26°，其光的波长为550nm。甲虫的栅线间距是多少？

37P. 波长600nm的光垂直入射到光栅上，两个相邻的极大出现的角度θ由$\sin\theta=0.2$和$\sin\theta=0.3$给出，四级极大消失。(a)相邻两缝的间距多大？(b)这个光栅可能具有的最小宽度是多少？(c)假定在(a)和(b)中求出的值，该光栅在哪些级次上产生强度极大。(ssm)

38P. 一个衍射光栅的缝宽300nm，缝间距900nm，用波长$\lambda=600$nm单色平面光波垂直照射此光栅，(a)在全部衍射图样中，有多少极大？(b)如果光栅有1000条缝，在一级观察到的谱线宽度是多少？

39P. 假设随意选定的可见光谱的两限是430nm和680nm。要使一级光谱展开20°的角度，计算光栅每厘米的刻线数。(ssm)(www)

40P. 当气体放电管发的光垂直射到缝间距为1.73μm的光栅上时，绿光的尖锐极大出现在角$\theta=\pm17.6°$，37.3°，－3.71°，65.2°和－65.0°。计算最适合这些数据的绿光的波长。

41P. 光沿角ψ入射到一个光栅上如图37－37所示。求明纹出现满足下列公式的角θ

$$d(\sin\psi+\sin\theta)=m\lambda,m=0,1,2,\cdots$$

(比较此式和式(37－22))在本章只处理了$\psi=0$的情形。

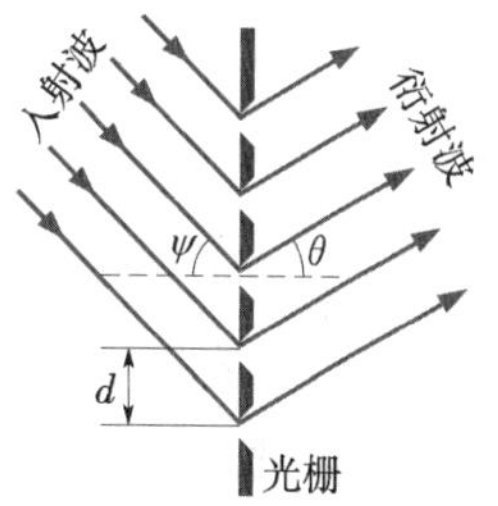

图37－37 习题41图

42P. 用波长为600nm的光以不同的入射角照射$d=1.50$μm的光栅。画作为入射角(0～90°)的函数的一级极大对入射方向的偏向角的图线。(见习题41)

43P. 推导光栅衍射图样中谱线半宽度的公式(37－25)。(ssm)

44P. 一个每毫米有350条刻线的光栅用白光垂直照射，在离光栅30cm的屏上形成光谱。如果在屏上开一个10mm的正方形的孔，它的内沿离中央极大50mm并平行于它，通过此孔的光的波长范围为何？

45P*. 推导对三缝"光栅"的强度图样的下一公式：

$$I=\frac{1}{9}I_m(1+4\cos\phi+4\cos^2\phi)$$

其中，$\phi=(2\pi d\sin\theta)/\lambda$。假定$a\ll\lambda$，模仿相应的双缝公式(式(36－21))的推导。

37－8节 光栅：色散和分辨本领

46E. 钠光谱中的D线是波长为589.0nm和589.6nm，的双线。计算能在二级光谱中分辨此双线的光栅所需的最小刻线数。参见例题37－5。

47E. 一个含有氢和氘原子的混合的光源发射两个波长的红光，其平均值是 656.3nm，间距是 0.180nm。求在一级能分辨这两条谱线的衍射光栅所需的最小刻线数。(ssm) (ilw)

48E. 一个光栅有 600 条刻线/mm，宽度为 5.0mm。(a) 在 $\lambda=500\text{nm}$ 处，在三级能分辨的最小波长间隔是多少？(b) 可以看到多少更高级的极大？

49E. 证明一个光栅的色散是 $D=(\tan\theta)/\lambda$。

50E. 用一个特定的光栅做实验时，看到钠双线（见例题 37－5）在与法线成 10°的三级并且刚能分辨。求 (a) 栅线间距和 (b) 刻线的总宽度。

51P. 一衍射光栅的分辨本领 $R=\lambda_{avg}/\Delta\lambda=Nm$。(a) 证明相应的刚能分辨的频率范围 Δf 由 $\Delta f=C/Nm\lambda$ 给定。(b) 根据图 37－18，证明光沿图中底下的光线传播的时间和沿顶上的光线的时间差 $\Delta t=(Nd/c)\sin\theta$。(c) 证明 $(\Delta f)(\Delta t)=1$，这一关系与各个光栅参量无关。假定 $N\gg1$。(ssm)

52P. (a) 用给光栅产生的谱线定位的角 θ 表示该谱线的半宽度和光栅的分辨本领的乘积。(b) 对习题 38 的光栅的一级，计算此乘积。

37－9 节 X 射线衍射

53E. 发现波长为 0.12nm 的 X 射线在氟化锂晶体上以 28°的布拉格角产生二级反射。晶体中反射平面的面间距是多少？(ssm)

54E. 图 37－38 所示是一块晶体的一束 X 射线衍射的强度与角位置 θ 的关系图像。该束包含两种波长，反射平面的间距为 0.94nm，这两种波长是多少？

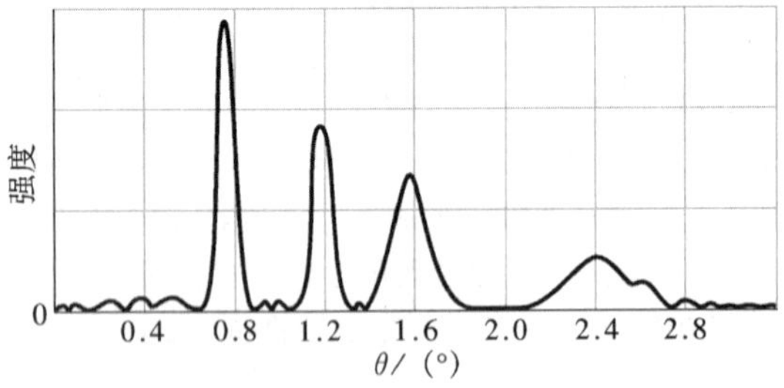

图 37－38 练习 54 图

55E. 某种波长的一束 X 射线以 30°入射到 NaCl 晶体的面间距为 39.8pm 的一族反射平面上。如果由这族反射的是一级，X 射线的波长是多少？

56E. 当波长为 A 的一束 X 射线对一晶体表面的入射角为 23°时发生一级反射，而波长为 97pm 的一束 X 射线对该表面的入射角是 60°时发生三级反射。假定两束光是从同一族反射平面上反射的，求 (a) 面间距和 (b) 波长 A。

57P. 证明根据测量若干级布拉格角不能同时确定一个晶体的反射面间距和入射辐射的波长。(ssm)

58P. 在图 37－39 中，当一束波长为 0.260nm 的 X 射线以和晶体上表面成 63.8°角入射时从图示反射面发生一级反射，单胞的尺寸 a_0 为何值？

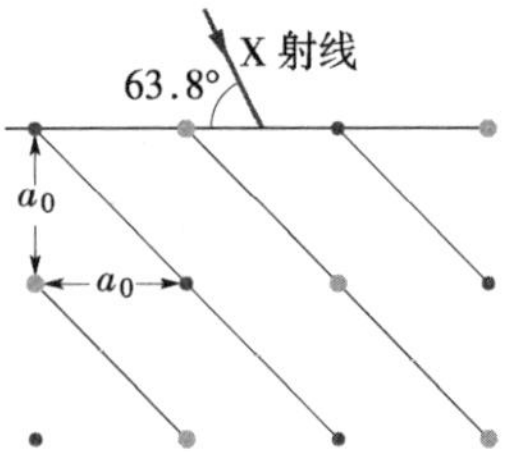

图 37－39 习题 58 图

59P. 考虑一种二维正方晶体结构，例如图 37－26a 所示结构的一个侧面。反射面的一种面间距是单胞的尺寸 a_0。(a) 计算和画出其次五个较小的面间距。(b) 证明 (a) 中的结果符合一般公式

$$d=\frac{a_0}{\sqrt{h^2+k^2}}$$

其中，h 和 k 为互为质数的整数（除 1 外没有公因数）。(ssm) (www)

60P. 在图 37－40 中，波长从 95.0pm 到 140pm 的一束 X 射线以 45°入射到一族间距 $d=275\text{pm}$ 的反射面上，哪些波长被这些平面反射时产生强度极大？

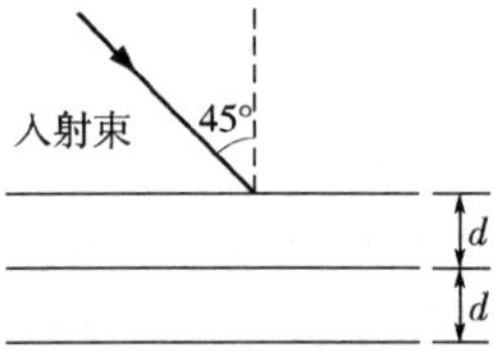

图 37－40 习题 60 和 61 图

61P. 在图 37－40 中，一束波长为 0.125nm 的 X 射线射向 NaCl 晶体，与晶体和一族反射面的上面成 45°角。设反射面的间距 $d=0.252\text{nm}$。为了这些反射面在反射时产生强度极大，晶体必须绕垂直于页面的轴转动多大角度？(ssm)

附加题

62. 在传统电视广播中，信号是从电视塔向家庭接收机播放的。即使由于山或建筑物使得接收机不在塔的直接视线上，如果信号衍射得足够大，进入了障碍物的“阴影区域”，它仍然能接收到信号。现时电视信号的波长约是 50cm，但是将来要从塔发出的数

字电视信号将具有的波长约是 10mm。(a) 这种波长的改变将增大，还是减小信号进入障碍物阴影区域的衍射？假设信号通过两相邻建筑物之间宽 5.0m 的通道，波长为 (b) 50cm 和 (c) 10mm 的中央衍射极大（直到一级极小）的角宽度是多大？

63. 假定一个宇航员的眼睛从典型的航天飞机高度 400km 向下看地球表面时的分辨极限由瑞利判据给出。(a) 在这种理想假设下，估计在地球表面上宇航员能分辨的最小线宽度。取宇航员的瞳孔直径为 5mm，可见光波长为 550nm。(b) 宇航员能分辨中国的长城（图 31 - 41）吗？长城长 3000km 以上，底部厚 5 ~ 10m，顶上厚 4m，高 8m。(c) 宇航员能分辨地球表面上有智慧生命的任何不会弄错的信号吗？

图 37 - 41 习题 63 图，中国的长城

64. 漂浮物。如在 37 - 1 节描述过的，你有时在你的视场中看到的斑点或头发丝状结构实际上是投射到你的视网膜上的衍射图样。它们常常出现但只有当你看向无特色的背景，如天空或照亮的墙时，才会十分明显。这些图样是光通过充满眼睛的大部分的胶体（玻璃状液）中的沉积物时产生的。光围绕这些沉积物衍射并进入它们的"阴影"区域，就好像 37 - 1 节的费涅耳实验中光的行为一样，你看到的不是沉积物本身而是它们在你的视网膜上的衍射图样。这图样称为"漂浮物"是因为当你晃动眼睛时，其中的胶体就晃动（有点像摇动的胶质布丁），使得衍射图样在视网膜上到处运动。随着你的年龄增大，胶体能晃动得更厉害，因为它对眼眼内壁的附着减弱了，因此，随着年龄增大，你的漂浮物会更明显（并经常提醒你注意衍射物理）。

为了研究这些图样，你可通过一个针眼来更为清晰地看到它们，因为针孔像一个单个的点光源（像图 36 - 5c 中那样的）。于是你能说明漂浮物可能是圆形的，具有一个亮的中心和一个或更多的暗环（图 37 - 42a）；它们也可能是头发丝状，内部是亮的，边上有一条或几条暗带（图 37 - 42b）。

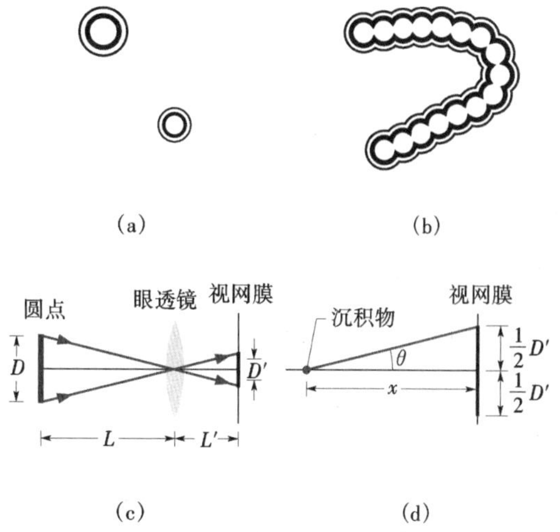

图 37 - 42 习题 64 图

可以如下步骤估计你眼睛里的沉积物的大小。在一张不透明的卡片上离一边的距离是你的眼的中心到你的鼻子那么远的地方插一个针孔，在另一张卡片上画一个直径 $D = 2\text{mm}$ 的圆点。把针孔紧贴你的右眼前面，而把圆点放在你左眼的前面，同时用你的右眼通过针孔看天空和用你的左眼看圆点，试几回你就能感觉到把两种视像合并了起来以致圆点好像出现在漂浮物中间。

调整圆点离开你左眼的距离直到圆点的大小近似于一个圆形漂浮物的大小。请其他人测量圆点到你的左眼的距离 L（估计就可以）。图 37 - 42c 是你看到圆点的简化示意图：光线沿直线通过眼睛透镜在其后 $L' = 2.0\text{cm}$ 处的视网膜上形成圆点的像。从圆点的这一视像和 L 值求视网膜上的圆点的像（以及漂浮物的图样）的直径 D'。

让我们把沉积物近似为圆形，于是它的衍射图样就和半径相同的圆孔的一样（除去正中心）。也就是说，从沉积物你看到的和图 37 - 9 中的图样完全一样（除去正中心）。而且，沉积物的衍射图样中的第一极小的位置由式（37 - 12）（$\sin\theta = 1.22\lambda/d$）给出。假设光的波长是 550nm。用图 37 - 42d 把到视网膜上的圆点的像的半径 $\frac{1}{2}D'$ 的角 θ 和沉积物到视网膜的距离 x 联系起来。假定 x 的范围是从约 1mm 到约 1.5cm。则在你的眼睛的胶体中的沉积物的直径近似是多少？

第38章　相　对　论

现代长程导航可以连续地监控和修正飞行器的精确位置和速率。被称为NAVSTAR（海军卫星系统）的导航卫星系统可以把地球上任何地方的位置和速率确定到约16m和2cm/s以内。然而，如果不考虑相对论效应，速率不可能确定得比约20cm/s更准确，而这是现代导航系统所不能接受的。

像导航这种实际的事情怎么会涉及像爱因斯坦的狭义相对论这种抽象的东西呢？

答案就在本章中。

38 -1 相对论总体上是什么?

相对论主要关注的和事件(发生的事情)的测量有关:它们发生在什么地方和什么时候,以及任何两个事件在空间和时间上相隔多远。除此以外,相对论和在彼此相对运动的参考系之间变换这种测量和其他的有关。(这就是名称**相对论**的由来。)在4 -8 和4 -9 节已讨论这些事项。

变换和运动的参考系在1905 年已被物理学家充分地理解和十分习惯了。这时爱因斯坦(图38 -1)发表了他的**狭义相对论**。形容词**狭义**的意思是该理论只处理**惯性参考系**,即牛顿定律成立的参考系。这意味着参考系不加速,它们只能彼此相对以恒定速度运动。(爱因斯坦的**广义相对论**处理更具有挑战性的参考系加速的情况,在本章内**相对**一词只包含惯性参考系。)

从两个难以置信地简单的假设出发,爱因斯坦证明关于相对性的老观念是错的,即使每个人都如此习惯于它们,以致认为它们好像是无可怀疑的常识。这使整个科学界大为震惊。实际上这些被信以为真的常识只是从运动得相当慢的物体的经验推导出来的。被证明为对所有可能的速率都正确的爱因斯坦的相对论预言了许多效应。由于没有人体验过,它们初看起来是非常奇怪的。

特别是,爱因斯坦证明了空间和时间是纠缠在一起的;就是说,两事件之间的时间决定于它们是相隔多远发生的,而且反之亦然。还有,这纠缠对彼此相对运动的观察者是不同的。一个结果是时间并不是以固定快慢行进的,好像某个统治宇宙的主宰按落地大座钟上的机械规律滴答滴答走着的那样。相反地,那个快慢是可以调节的:相对运动可以改变时间行进的快慢。1905 年以前,除去少数做白日梦的人以外,没有人曾经想到这些。现在,工程师和科学家都认同了这一点,因为他们已用狭义相对论的经验改造了他们的常识。

人们都说狭义相对论很难,它在数学上并不困难,至少在这里。然而,它是困难的,就在于必须十分小心关于一个事件的**什么**是**谁**测量的,以及该测量正是**如何**完成的——还有,由于它可能和经验矛盾而显得困难。

图 38 -1 爱因斯坦在20 世纪初年,作为瑞士伯尔尼专利局的雇员在他的桌子旁边,当时他发表了他的狭义相对论。

38 -2 两个假设

现在考查作为爱因斯坦理论基础的相对论的两个假设:

1. 相对性假设:物理定律对所有惯性参考系中的观察者说是相同的。没有哪一个参考系是特殊的。

伽里略假设在所有惯性参考系中**力学**定律是相同的。(牛顿第一运动定律是一个重要的推论。）爱因斯坦推广了这一概念使它包括**所有**的物理定律，特别是电磁学和光学。这一假设**不是**说所有物理量的测量值对所有惯性系的观察者说是相同的，相反地，绝大多数是不同的。是把这些测量相互联系起来的**物理定律**是相同的。

2. 光速假设：光在真空中的速率沿各个方向在所有惯性参考系中具有相同的值 c。

也可以用话把这一假设说成是自然界有一个**极限速率** c，它沿各个方向在所有惯性参考系中是相同的。光碰巧以此极限速率传播，任何无质量粒子（中微子可能是一个例子）也这样。然而，没有什么携带能量或信息的实体能超过这一限度。还有，没有哪个确实具有质量的粒子实际上能达到 c，不管它以多大加速度加速或加速多长的时间。

这两个假设已经通过了无数次的检验，没有发现任何例外。

极限速率

加速电子的速率存在极限已在1964年为W. 贝托齐的实验证实。他把电子加速到不同的速率（图38－2）并用独立的方法测出了它们的动能。他发现随着对一个非常快的电子的力增大，测量到的电子的动能向非常大的值增大，但它的速率没有明显地增大。电子已经被加速到至少是光的速率的99.999 999 995%，但尽管已非常接近，这速率仍然比极限速率 c 小。

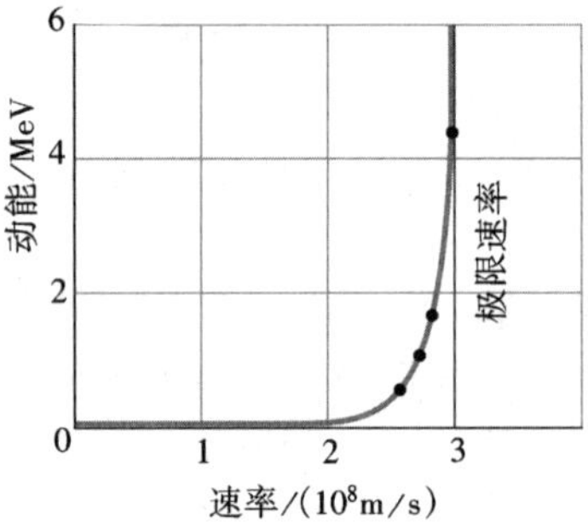

图38－2 图中的点表示对应其速率的测量值的电子动能的测量值。不管给予电子（或任何其他有质量的粒子）多大能量，它的速率永远不能等于或超过极限速率 c。（图中通过点的曲线表示爱因斯坦狭义相对论的预言）。

这一极限速率已被精确地定义为

$$c = 299\ 792\ 458 \mathrm{m/s} \tag{38-1}$$

在本书中到此为止已经把 c（适当地）近似为 $3.0\times10^8\mathrm{m/s}$，但在本章将把它近似为 $2.998\times10^8\mathrm{m/s}$。你可能需要把精确值存到你的计算器里（如果没有存的话）以便需要时调出。

检验光速假设

如果光的速率在所有惯性参考系中相同，则一个运动光源发出的光应该和静止于实验室中的光源发出的光的速率相同。这种说法已用高精度的实验直接检验过。“光源”是**中性 π 介子**（符号 π^0），一种不稳定的、寿命短的、可通过在粒子加速器中的碰撞产生的粒子。它经过下述过程衰变成两个 γ 射线

$$\pi^0 \to \gamma + \gamma \tag{38-2}$$

γ 射线是一种（频率非常高的）电磁波并且，正像可见光那样，服从光速假设。

在1964年一次实验中，在CERN（日内瓦附近欧洲粒子物理实验室）的物理学家们制出一束相对实验室的速率为0.999 75c的 π 介子。于是实验者们就测量了从这些极快的源发射的 γ 射线的速率。他们发现这些 π 介子发射的光的速率和 π 介子在实验室中静止时会测量到的是相同的。

38-3 测量一个事件

一个**事件**是发生的某个事情，对于它，一个观察者可以赋于三个空间坐标和一个时间坐标。事件可能是：(1) 一个小灯泡的开或关，(2) 两个质点的碰撞，(3) 一个光脉冲通过某一特定点，(4) 一次爆炸，以及 (5) 一个钟的指针和钟的边沿上的一个记号的重合，等等。在某一惯性参考系中静止的一个观察者可能给例如事件 A 指定由表 38-1 给出的坐标。由于在相对论中时间和空间是相互纠缠的，可以把这些坐标总起来称为**时空坐标**。这坐标系本身是观察者的参考系的一部分。

表 38-1 事件 A 的记录

坐标	值
x	3.58m
y	1.29m
z	0m
t	34.5s

一个给定的事件可能被任意多的观察者记录，每个观察者都在不同的惯性参考系中。一般地说，对同一事件不同的观察者可能指定不同的时空坐标。注意，一个事件并不“属于”哪个特定的参考系。一个事件仅只是发生的一件什么事情，任何人在任何参考系内都可以探测它并指定其时空坐标。

在实际问题中这样的指定可能是复杂的。例如，假设一个气球在你的右方 1km 处爆裂，同时在你的左方 2km 处一只花炮炸开，都在上午 9:00。然而，你不可能精确地在上午 9:00 检测到它们中的任一个，因为从它们发来的光还没有到达你这里。由于从花炮来的光要走更远的路程，它从来自气球爆裂的光到达你要晚些，因而花炮炸开好像要比气球爆裂发生得晚一些。要找到实际的时刻并对两事件指定上午 9:00，就必须计算出光传播的时间并把它们从到达的时刻减去。

对于更复杂的情况，这种步骤可能是很难实现的，因而需要一个更容易的步骤，它自动地消去和从事件到观察者的传播时间有关的任何事情。为建立这样的步骤，就建造遍及观察者的惯性系的一个由测量棒和钟构成的假想阵列（该陈列牢固地和观察者一起运动）。这样的结构好像太不自然了，但它省去了许多混乱和计算，并使得能如下求出空间坐标、时间坐标和时空坐标。

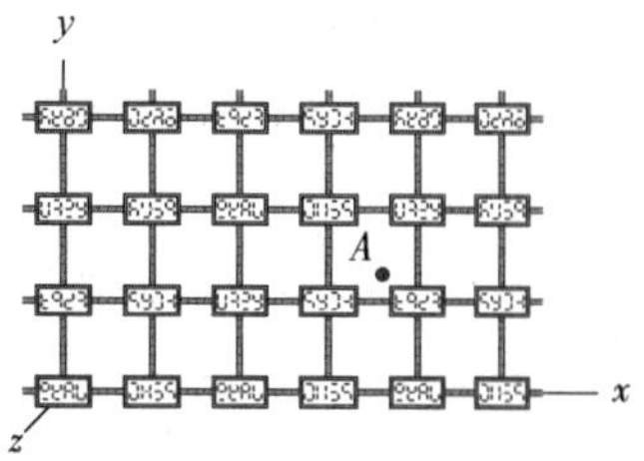

图 38-3 一个三维的钟和杆的阵列的一个截面。借助于此阵列，观察者可以对一个事件，例如在 A 点的一次闪光，指定时空坐标。此事件的空间坐标近似地是 $x=3.7$ 杆长，$y=1.2$ 杆长和 $z=0$。时间坐标是在闪光瞬间出现在最靠近 A 的钟上的那个时刻。

1. 空间坐标。假想观察者的坐标系和一套紧密装配的三维的测杆阵列相重合，每一组测杆与三个坐标轴中的一个平行。这些杆提供了一个确定沿各轴的坐标的方法。这样，如果事件是，例如，打开一个小灯泡，为了确定此事件的位置，只需读出灯泡所在处的三个空间坐标就可以了。

2. 时间坐标。对于时间坐标，想像在测杆的阵列中每一个交点处都有一个微小的钟，它的标度可借助于事件发的光读出。图 38-3 表示钟和上面描述过的测杆构成的这种“错综复杂的体操表演队形”的一个平面。

钟的阵列必须适当地加以同步。弄来一套钟，把它们调到同一时刻再把它们移到它们的指定位置是不够的。因为不知道，例如，移动这些钟是否会改变它们的快慢。(实际上，会的。)必须先把这些钟归位**然后实现同步**。

如果有一种方法以无限大速率传递信号，同步操作就是一件容易的事情。然而，没有已知的信号具有这种性质。因此选择光（广义地解释为包括整个电磁波谱）来发出进行同步的信号，因为光在真空中以最大的可能速率——即极限速率 c——传播。

这里是一个观察者可能利用光信号对钟的阵列进行同步操作的许多方法中的一个。观察者请求许许多多临时帮手的帮助（每个钟一个），于是观察者站在选为原点的点上，并在原点的钟指示 $t=0$ 时向外发出一光脉冲。当光脉冲到达一个帮手的地点时，该帮手把该处的钟调到读数为 $t=r/c$，其中 r 是帮手与原点间的距离。所有的钟就这样调得同步。

3. 时空坐标。观察者现在可以对一个事件指定其时空坐标，只需要记录离事件最近的钟上的时刻和在最近的测杆上测得的位置。如果有两个事件，观察者计算它们相隔的时间是接近每个事件的钟上的时刻的差，而它们在空间的间隔是接近每个事件的杆上的坐标的差。这样就避免了计算信号从事件到观察者的传播时间这种实际的问题。

38-4 同时性的相对性

假设一个观察者（Sam）记下两个独立的事件（“红”事件和“蓝”事件）发生在同一时间。也假设以恒定速率 $\vec{v}$ 相对于 Sam 运动的另一观察者（Sally）也记录这同样的两个事件。Sally 也会发现它们是在同时发生的吗?

答案是在一般情况下她不会：

> 如果两个观察者做相对运动，一般地说，他们在两个事件是否是同时上不会有一致的结论。如果一个观察者发现它们是同时的，另一个一般地说不会。

不能说一个观察者是对的而另一个是错的。他们的观察都正确并且没有理由偏爱这一个超过另一个。

关于同一自然事件的两种相互矛盾的说法可以是正确的理解是爱因斯坦理论的一个看起来很奇怪的推论。然而，在第 18 章中讨论了运动能够影响测量的另一种方式而不必对其结果大声减叫：在多普勒效应中，一个观察者测得的声波的频率决定于观察者和源的相对运动。因此彼此相对运动的两个观察者可以对同一声波测得不同的频率——而两个测量都是正确的。

可以得出下述结论：

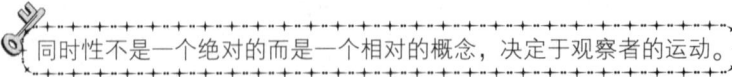

> 同时性不是一个绝对的而是一个相对的概念，决定于观察者的运动。

如果两个观察者的相对速率比光的速率小很多，则测得的对同时的偏离就非常小以致观察不到。这就是在日常生活中所有我们经历的情形；也就是为什么不熟悉同时性的相对性的原因。

对同时性的一个更仔细的探讨

让我们用一个基于相对论的假设的一个例子来弄清楚同时性的相对性而不直接涉及钟和测

杆。图 38 –4 表示两艘长的空间飞船（飞船 Sally 和飞船 Sam），它们可以作为观察者 Sally 和 Sam 的惯性参考系。这两个观察者都在他们的飞船的中心。两个飞船正沿着共同的 x 轴相互离开，Sally 对 Sam 的相对速度为 $\vec{v}$。图 38 –4a 表示两艘船瞬时彼此相对地排在一起。

两颗大的流星撞击两个飞船，一个发出红闪光（“红”事件），另一个发出蓝闪光（“蓝”事件），二者不一定同时。每一个都在飞船上留下了永久的记号，在 R、R'和 B、B'位置。

假设两个事件发出的膨胀的波前碰巧同时到达 Sam，如图 38 –4c 所示。再假设，事后 Sam 通过在自己船上的测量记号发现，在两个事件发生时他在自己的船上的确是在记号 B 和 R 之间正一半的地方。他会说：

Sam：从红事件和蓝事件发的光同时到达我这里。根据我的飞船上的记号，我发现当光从光源到我这里时我是站在两光源中间一半的地方的。因此红事件和蓝事件是同时的事件。

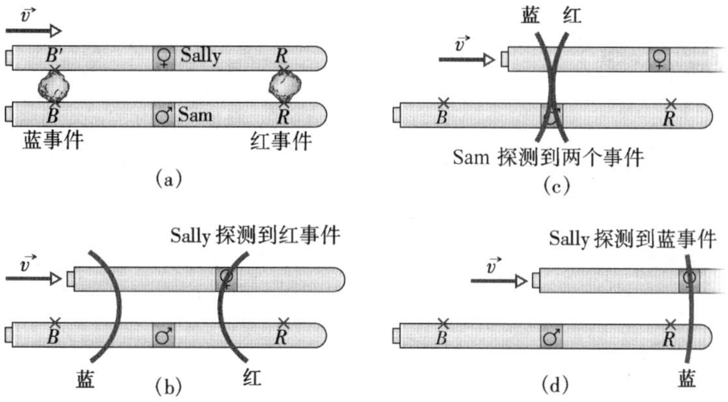

图 38 –4 根据 Sam 的观点的 Sally 和 Sam 的飞船和两个事件的发生。Sally 的船向右以速度 $\vec{v}$ 运动。（a）红事件发生在位置 R、R'，蓝事件发生在位置 B、B'，每一事件发出一列光波。（b）Sally 探测到红事件来的波。（c）Sam 同时探测到从红事件和蓝事件来的波。（d）Sally 探测到从蓝事件来的波。

从图 38 –4 可看出，Sally 和红事件发出的膨胀的波前是**相向**运动的，同时她和来自蓝事件的膨胀的波前是沿**同一方向**运动的。因此来自红事件的波前将**先于**来自蓝事件的波前到达 Sally。她会说：

Sally：从红事件来的光先于从蓝事件来的光到达我这里。根据我的船的记号，我发现我也是站在两个源中间一半的地方。因此两个事件**不**是同时的，红事件先发生，其后是蓝事件。

这两个报告不一致。然而，**两个**观察者都正确。

注意，从每一个事件所在地点只有一个波前膨胀而且**这一波前在两个参考系中以相同速率** c **传播**，这正是光速假设所要求的。

有可能碰巧流星对两个飞船的撞击在 Sally 看起来是同时的。如果情况是这样，则 Sam 将宣布它们不是同时的。

38 –5 时间的相对性

如果彼此相对运动的两个观察者测量两个事件之间的时间间隔，他们一般将得到不同的结果。为什么？因为两事件的空间间隔能影响观察者测量的时间间隔。

两事件间的时间间隔决定于在空间和时间上它们离多远发生；这就是说，它们空间间隔和时间间隔是纠缠在一起的。

在这一节用一个例子来讨论这种纠缠；不过，这个例子限定于一种关键性的方式：**对于两个观察者之一来说，两个事件发生在同一地点**。直到38－7节都将不讨论更一般的例子。

图38－5a表示Sally做的一个实验的基本构图，在其中她和她的设备都乘在相对于车站以恒定速度$\vec{v}$运动的列车上。一个光脉冲离开光源B（事件1），竖直向上传播，被一反射镜竖直向下反射，然后又在光源处被检测到（事件2）。Sally测量的和光源到镜子的距离D相联系的两个事件之间的一定的时间间隔Δt_0给定为

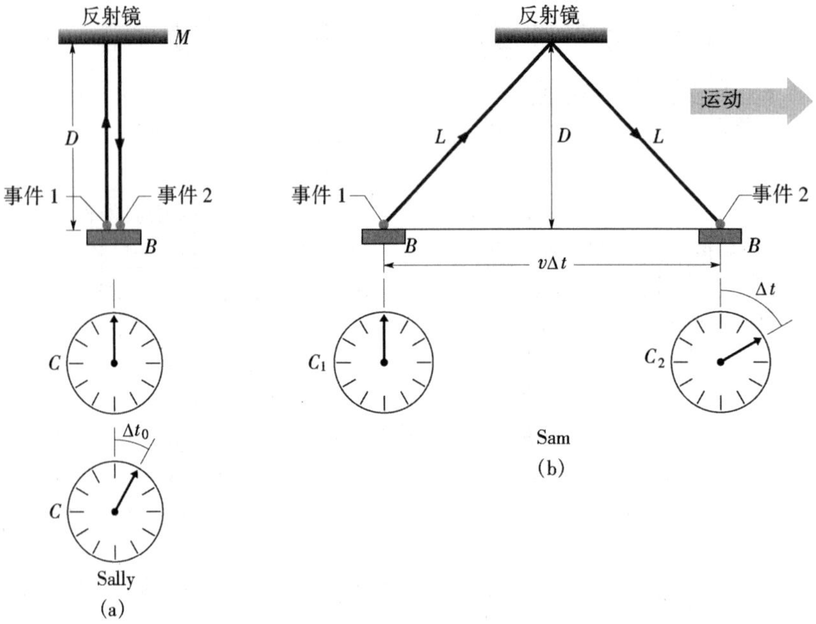

图38－5 (a) Sally在车上，用车上的一个单独的钟测量事件1和事件2之间的时间间隔Δt_0。该钟画了两次：一次对事件1，另一次对事件2。(b) Sam，在车站上观察事件的发生，需要两只同步的钟，C_1在事件1处，C_2在事件2处，来测量两个事件之间的时间间隔；他测得的时间间隔是Δt。

$$\Delta t_0 = \frac{2D}{c} \qquad \text{(Sally)} \tag{38-3}$$

这两个事件在Sally的参考系内发生在同一地点，她只需要在该点的一个钟C去测量时间间隔。在图38－5a中，钟C画了两次，各在间隔的开始和终了。

现在考虑Sam如何测量这同样的两个事件，他在列车通过时站在站台上。由于在光的传播时间内设备随同列车运动，Sam看到光的路径如图38－5b所示。对他来说，在他的参考系内两

个事件发生在不同地点，因此为了测量事件之间的时间间隔，Sam 必须用两个同步的钟，C_1 和 C_2，每个事件一个。按照爱因斯坦的光速假说，对 Sam 和对 Sally 一样，光以同样的速率 c 传播。然而，现在光在事件 1 和 2 之间传播了距离 $2L$。Sam 测得的两事件之间的时间间隔是

$$\Delta t = \frac{2L}{c} \qquad (\text{Sam}) \tag{38-4}$$

其中

$$L = \sqrt{\left(\frac{1}{2}v\Delta t\right)^2 + D^2} \tag{38-5}$$

由式（38-3），可以将此式写成

$$L = \sqrt{\left(\frac{1}{2}v\Delta t\right)^2 + \left(\frac{1}{2}c\Delta t_0\right)^2} \tag{38-6}$$

如果在式（38-4）和（38-6）间消去 L 并解出 Δt，得

$$\Delta t = \frac{\Delta t_0}{\sqrt{1-(v/c)^2}} \tag{38-7}$$

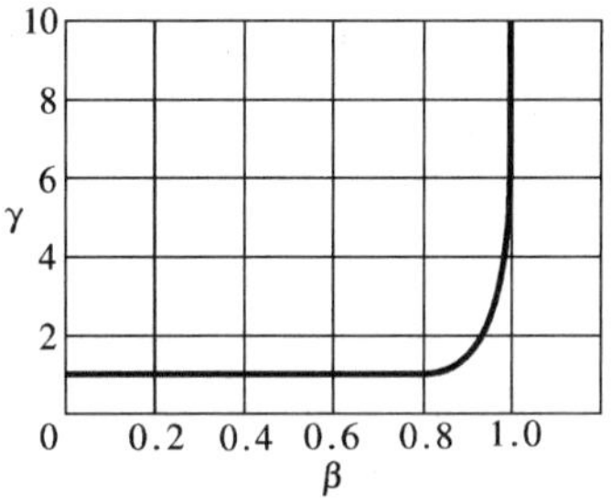

图 38-6 作为速率参量 β（$=v/c$）的函数的洛伦兹因子 γ 的图线。

式（38-7）表明 Sam 测得的两事件的间隔 Δt 如何和 Sally 测得的间隔 Δt_0 对比。由于 v 一定小于 C，式（38-7）中的分母一定小于 1。因此 Δt 一定比 Δt_0 大：Sam 测得的两事件间的时间间隔一定比 Sally 测得的**大**。Sam 和 Sally 测的是**同样**两个事件之间的时间间隔，但他们之间的相对运动使他们的测量结果**不同**。由此得出的结论是相对运动能改变在两个事件之间的时间进行的**快慢**；这个效应的关键是对两个观察者光的速率是相同的这一事实。

可用下列术语区别 Sam 和 Sally 的测量结果：

> 当两个事件发生在一个惯性系中的同一地点时，在该参考系中测量的它们之间的时间间隔称为固有时间间隔或固有时。同样的时间间隔从任何其他惯性参考系测得的结果总是比较大。

因此，Sally 测得的是固有时间间隔，而 Sam 测得了一个较大的时间间隔。（“固有”的原文为 proper，其原意为“适当的”，这样用 proper 一词就是不幸的，因为它意味着任何其他测量都是不适当的或不真实的。正好不是这样。）测得的时间间隔大于相应的固有时间间隔的量称为**时间延缓**。（延缓原文 dilate 是指膨胀或延长；这里时间间隔是膨胀或延长了。）

常常把式（38-7）中的无量纲比值 v/c 用 β（称为**速率参量**），代替，而把式（38-7）中的无量纲的平方根的倒数用 γ（称为**洛伦兹因子**）代替：

$$\gamma = \frac{1}{\sqrt{1-\beta^2}} = \frac{1}{\sqrt{1-(v/c)^2}} \tag{38-8}$$

用这样的代替，可以把式（38-7）重写为

$$\Delta t = \gamma\Delta t_0 \qquad (\text{时间延缓}) \tag{38-9}$$

时间参量 β 总量小于 1，而只要 v 不是零，γ 总是大于 1。然而，除了 $v>0.1c$，γ 和 1 之间的差别是没有什么重要意义的。因此，一般地说，“老相对论”对 $v<0.1c$ 适用得足够好，但是对较

大的v值必须用狭义相对论。如图38－6所示，在β趋近于1（v趋近于c）时，γ的大小迅速增大。因此，Sally和Sam之间的相对速度越大，Sam测得的时间间隔就越长，直到在一足够大的速率时，时间间隔成为“永久”。

你可能怀疑Sally说的关于Sam已测得了比她自己测得的时间间隔较长的话。对她来说，他的测量结果没有什么奇怪的，因为对于她，他不可能使他的钟C_1和C_2同步，尽管他坚持说他这样做了。回忆有相对运动的观察者一般对同时是不可能认同一致的。这里，Sam坚持当事件1发生时他的两个钟同时读出相同的时刻。然而，对Sally，Sam的钟C_2在此同步过程中毫无疑问地走到前面去了。因此，当*Sam*读它上面的事件2的时刻时，对*Sally*来说，他正在读出一个大得多的时刻，而这就是他测得的两个事件之间的时间间隔比她测得的大的原因。

两个时间延缓的试验

1. 微观时钟。称为μ子的亚原子粒子是不稳定的；就是说，一个μ子产生后，在它**衰变**（转变为其他类型的粒子）前，它只延续一段短的时间。μ子的**寿命**是在它的产生（事件1）和它的衰变（事件2）之间的时间间隔。当μ子静止而它们的寿命用静止的钟（譬如说，在实验室内）测量，平均寿命为2.200μs。这是一个固有时间间隔，因为对每一个μ子，事件1和事件2是在μ子的参考系内的同一地点，即μ子本身，测定的，可以用Δt_0代表此固有时间间隔；还有，把在其中测量它的参考系称为μ子的**静系**。

如果不是这样，μ子正在运动，例如，通过一个实验室，用实验室的钟对它们的寿命的测量将给出一个较大的平均寿命（一个延长了的平均寿命）。为了验证此结论，曾测量了相对实验室以0.9994c运动的μ子的平均寿命。由式（38－8），用$\beta=0.9994$，对此速率的洛伦兹因子是

$$\gamma=\frac{1}{\sqrt{1-\beta^2}}=\frac{1}{\sqrt{1-(0.9994)^2}}=28.87$$

于是式（38－9）给出，平均延长了的寿命

$$\Delta t=\gamma\Delta t_0=28.87\times2.200\mu\text{s}=63.51\mu\text{s}$$

实际的测量值在实验误差之内与此结果相符。

2. 宏观时钟。1977年10月，Joseph Hafele和Richard Keating做了一个一定是非常紧张的实验。他们两次把四个便携式原子钟装在商用飞机上绕地球转一周，每一次沿一个方向。他们的目的是“用宏观钟检验爱因斯坦相对论”。已经刚刚看过爱因斯坦的时间延缓预言已在微观尺度上被证实了。但看到用一个实际的钟的证实是非常惬意的。这种宏观测量成为可能只是由于有了精度非常高的现代原子钟。Hafele和Keating证实该理论的预言在10%以内。（爱因斯坦的**广义**相对论，它预言时间在一个钟上行进的快慢也会受到对钟的引力的影响，在这种实验中也起作用。）

几年以后，马里兰大学的物理学家以改进了的精度做了一个类似的实验。他们使一只原子钟在Chesapeake湾上面转了一圈又一圈，延续了15h并成功地检验了时间延缓预言好于1%。今天，当原子钟为了校准或其他目的从一个地方运到其他地方时，常常要考虑它们的运动产生的时间延缓。

检查点 1：站在铁路旁边，我们忽然被经过我们开行的一辆相对论车厢吓了一跳，如右图所示。在车厢内一装备良好的工人从车厢前面向它的后面发射一束激光脉冲。(a) 我们对脉冲速率测定的结果大于，小于；还是等于工人测定的？(b) 他测量的脉冲飞行时间是固有的吗？(c) 他测量的和我们测量的结果是由式（38－9）联系起来的吗？

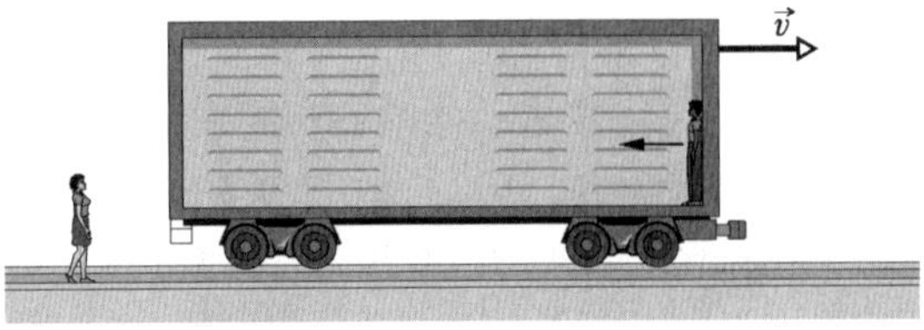

例题 38－1

你的星际飞船以相对速率 $0.990c$ 经过地球。10.0y（你的时间）后，你在一警戒标志 LP13 处停下，调头，接着向地球飞回，用同样的相对速率。回程又用了 10.0y（你的时间）。在地球测量的来回时间是多长？（忽略由于涉及停下，调头和回到原来速率的加速度的任何影响。）

【解】 用下列**关键点**从只分析去程开路：

1. 此问题涉及从两个（惯性）参考系做的测量，一个在地球上，另一个（你的参考系）在你的飞船上。

2. 去程涉及两个事件：在地球旅程的出发和在 LP13 处旅程的终止。

3. 你测量的去程用的 10y 是两事件间的固有时 Δt_0，因为在你的参考系中，即在你的飞船上，两个事件发生在同一地点。

4. 地球参考系测得的去程用的时间间隔 Δt 一定比 Δt_0 大，根据表示时间延缓的式（38－9）（$\Delta t = \gamma\Delta t_0$）。

用式（38－8）代入式（38－9）中的 γ，得

$$\Delta t = \frac{\Delta t_0}{\sqrt{1-(v/c)^2}} = \frac{10.0\text{y}}{\sqrt{1-(0.990c/c)^2}} = 22.37 \times 10.0\text{y} = 224\text{y}$$

对于回程，情况和数据与上相同。因此，来回旅程需要 20y（你的时间），但是所需的地球时间为

$$\Delta t_{total} = (2)(224\text{y}) = 448\text{y} \qquad \text{（答案）}$$

换句话来说，你已经长了 20 岁，而地球已经长了 448 岁。虽然我们不能进入过去（像到目前所知道的），但通过用高速相对运动去调整时间进行的快慢，你可能进入，例如，地球的将来。

例题 38－2

称为**正 k 介子**（K^+）的基本粒子在静止时——即在 K 介子静止的参考系内测量，具有平均寿命 0.1237μs。如果一个正 K 介子产生时相对于实验室参考系具有速率 $0.990c$，根据**经典物理学**（对于比 c 小很多的速率它是一个合理的近似）和根据狭义相对论（它对所有物理上可能的速率都是正确的）它在该参考系内终生能飞多远？

【解】 这三个**关键点**开始：

1. 此问题涉及从两个（惯性）参考系做的测量，一个属于 K 介子，一个属于实验室。

2. 此问题也涉及两个事件：K 介子的旅程开始（当时 K 介子产生）和旅程终止（K 介子的寿命终止）。

3. 在这两个事件间 K 介子飞过的距离和它的速率 v 以及飞行的时间间隔由下式相联系：

$$v = \frac{\text{距离}}{\text{时间间隔}} \qquad (38-10)$$

记住这些概念，下面先用经典物理学再用狭义相对论术距离。

经典物理学：在经典物理学中，有这样的**关键点**：不管是从 K 介子参考系还是从实验室参考系求得的（在式（38－10）中的）距离和时间间隔是一样的。因此，可以不管实验是在哪个参考系中做的，为了根据经典物理学求 K 介子飞过的距离 d_{cp}，先把式（38－10）重写为

$$d_{cp} = v\Delta t \qquad (38-11)$$

其中，Δt 是在任一参考系中测得的两个事件之间的时间间隔。于是以 $0.990c$ 代入式（38－11）中的 v 和以 0.1237μs 代入其中的 Δt，可得

$$d_{cp} = (0.990c)\Delta t = (0.990)(2.998\times10^8\,\text{m/s})(0.1237\times10^{-6}\,\text{s}) = 36.7\,\text{m}$$

（答案）

这是K介子会飞过的距离，如果经典物理学在速率接近 c 时是正确的。

狭义相对论：在狭义相对论中，有这样的**关键点**：必须十分注意式（38－10）中的距离和时间间隔都是在**同**一参考系中测量的，特别是速率接近 c 的时候，像本题中那样。因此，为了求**从实验室参考系**中测得的K介子的实际飞行路程 d_{sr}，把式（38－10）重写成

$$d_{sr}=v\Delta t \qquad (38-12)$$

其中 Δt 是**从实验室参考系**中测得的两事件之间的时间间隔。

在计算式（38－12）中的 d_{sr} 之前，必须用这一**关键点**求 Δt：由于两个事件在K介子参考系中发生在同一地点——即K介子本身，0.1237μs的时间间隔是固有时。可以用 Δt_0 代表这一固有时。因此，可以用时间延缓公式（38－9）（$\Delta t=\gamma\Delta t_0$）来求从实验室参考系测得的时间间隔 Δt。用式（38－8）代入式（38－9）中的 γ，可得

$$\Delta t=\frac{\Delta t_0}{\sqrt{1-(v/c)^2}}\;\frac{0.1237\times10^{-6}\mathrm{s}}{\sqrt{1-(0.990c/c)^2}}=8.769\times10^{-7}\mathrm{s}$$

这大约是K介子的固有寿命的7倍。这就是说，在实验室参考系中，K介子的寿命比在它自己的参考系中的要长到7倍——K介子的寿命延长了。现在可以为了求在实验室中飞行的距离来计算式（38－12）如

$$\begin{aligned}d_{sr}&=v\Delta t=(0.990c)\,\Delta t\\&=(0.990)(2.998\times10^{8}\mathrm{m/s})(8.769\times10^{-7}\mathrm{s})\\&=260\mathrm{m}\end{aligned}$$　（答案）

这大约是 d_{cp} 的7倍。像这里概述的这种验证狭义相对论的实验，几十年前就变得非常平凡了。设计和制造应用高速粒子的任何科学的或医学的设备的工程所必须考虑相对论。

38－6　长度的相对性

如果你要测量一根对你静止的棒的长度，你可以——在你有空的时候——记下它的两端在一根长的静止的刻度尺上的位置，然后从一个读数减去另一个读数。然而，如果棒是运动的，你必须**同时**（在你的参考系内）记录两端的位置不然你的测量结果就不能称为长度。图38－7表明通过在不同时刻确定它的前和后的位置来尝试测量一个运动的企鹅的长度时所遇到的困难。由于同时性是相对的而且它进入了长度的测量，长度也应该是一个相对的量。确实是这样。

让 L_0 是一根棒静止时（意思是说你和棒在同一个参考系内，即棒的参考系）你测出的它的长度。如果，不是这样，而是你和棒之间**沿着棒的长度方向**有一相对速率 v，则用同时测量的方法你就得到一个长度 L 给定为

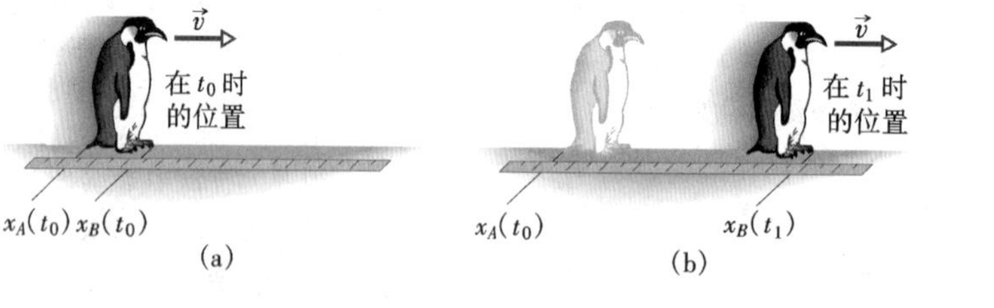

图38－7　如果你要测量一只企鹅在运动时的前后长度，你必须像在（a）中那样同时（在你的参考系中）记下它的前和后的位置，而不能像在（b）中那样在不同的时刻记下。

$$L=L_0\sqrt{1-\beta^2}=\frac{L_0}{\gamma}\qquad\text{（长度收缩）}\qquad(38-13)$$

由于如果有相对运动时，洛伦兹因子 γ 总大于1，L 就比 L_0 小。相对运动导致**长度收缩**，L 称为**收缩了的长度**。由于 γ 随速率 v 增大，长度收缩也随 v 增大。

在物体的静止参考系内测得的物体的长度 L_0 是它的固有长度或静长。在平行于该长度作相对运动的任何参考系内测得的长度都小于固有长度。

要小心：长度收缩只发生在相对运动的方向上。还有，所测量的长度不一定是一个物体如一根棒或一个圆圈的，它可以是在同一参考系内两个物体——例如太阳和一颗邻近的恒星（它们，至少近似地，相对静止）之间的长度（距离）。

一个运动物体**实际上**收缩了吗？实际是建立在观察和测量的基础上的；如果测量结果总是一致的，而且发现不了错误，则所观察和测量的就是实际的。在这个意义上，物体实际上收缩了。然而，一个更准确的说法是物体**实际上测量得**收缩了——运动影响了测量，因而实际。

当你测量，例如，一根棒的缩短了的长度时，和棒一起运动的观察者会对你的测量说些什么呢？对于那个观察者，你并不是同时地确定棒的两端的位置的。（回忆彼此做相对运动的观察者对同时性不一致认同。）对于那个观察者，你是先确定了棒的前端的位置，而后，稍微晚一些，才确定它的后端的位置的，而这也就是你为什么测得了一个比固有长度小的长度的原因。

式（38-13）的证明

长度缩短是时间延缓的一个直接推论。再一次考虑那两个观察者。这一次，坐在运动通过车站的列车上的 Sally 和还是站在车站上的 Sam，两人都要测量站台的长度。Sam 用一根带尺测得长度是 L_0，一个固有长度，因为站台相对于他是静止的。Sam 也注意到车上的 Sally 在时间 $\Delta t = L_0/v$ 内运动通过了这一段长度，其中 v 是列车的速度，即

$$L_0 = v\Delta t \qquad \text{(Sam)} \tag{38-14}$$

这一时间 Δt 不是固有时，因为定义它的两个事件（Sally 经过车站的后端和 Sally 经过车站的前端）发生在两个不同的地点，而 Sam 必须用两个同步的钟来测量时间间隔 Δt。

然而，对于 Sally，车站正运动经过她。她发现 Sam 测量的两个事件在她的参考系中发生在**同一地点**。她可以用一个单独的静止的钟来计时，因此她测量的间隔 Δt_0 是固有时间间隔。对于她，站台的长度 L 给出为

$$L = v\Delta t_0 \qquad \text{(Sally)} \tag{38-15}$$

如果用式（38-14）去除式（38-15）并用时间延缓公式（38-9），可得

$$\frac{L}{L_0} = \frac{v\Delta t_0}{v\Delta t} = \frac{1}{\gamma}$$

或

$$L = \frac{L_0}{\gamma} \tag{38-16}$$

这正是长度缩短公式（38-13）。

例题 38-3

在图 38-8 中，Sally（在 A 点）和 Sam 的空间飞船（固有长度 $L_0 = 230\text{m}$）以恒定相对速率 v 相互飞过。Sally 测量飞船经过她的时间间隔是 3.57μs（从 B 点通过到 C 点通过）。用 c 表示的 Sally 和飞船之间的相对速率 v 是多少？

【解】 设速率 v 接近 c，于是从这些**关键点**开始：

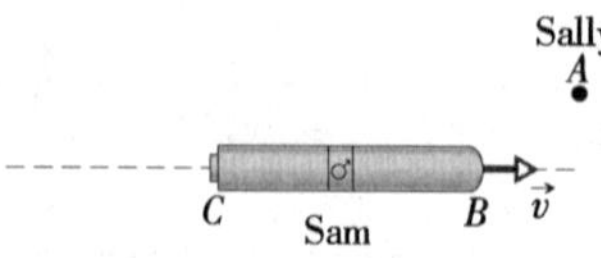

图38-8　例题38-3图。在A点的Sally测量空间飞船经过她的时间。

1. 此问题涉及从两个（惯性）参考系测量，一个是Sally的，一个是Sam和他的飞船的。

2. 此问题也涉及两个事件：第一个是B点的通过，第二个是C点的通过。

3. 对于每一个参考系，另一个参考系以速率v通过并在两事件之间的时间间隔内通过一段距离：

$$v=\frac{\text{距离}}{\text{时间间隔}} \quad (38-17)$$

因为假设了速率v接近光速，必须注意式（38-17）中的距离和时间间隔是在**同**一参考系中测量的。为了测量可以随便用一个参考系。因为已知由Sally参考系测得的两事件之间的时间间隔是3.57s，就也用由她的参考系测得的两个事件之间的距离L。式（38-17）此时变为

$$v=\frac{L}{\Delta t} \quad (38-18)$$

并不知道L，但可以把它和已知L_0用这一附加的**关键点**联系起来：由Sam参考系测得的两事件之间的距离是飞船的固有长度L_0。因此，由Sally参考系测得的距离L一定小于L_0，就像长度缩短公式（38-13）（$L=L_0/\gamma$）给出的那样。将L_0/γ代入式（38-18）中的L，再将式（38-8）代入γ，可得

$$v=\frac{L_0/\gamma}{\Delta t}=\frac{L_0\sqrt{1-(v/c)^2}}{\Delta t}$$

对v解此方程得出

$$v=\frac{L_0c}{\sqrt{(c\Delta t)^2+L_0^2}}$$

$$=\frac{(230\text{m})c}{\sqrt{(2.998\times10^8\text{m/s})^2(3.57\times10^{-6}\text{s})^2+(230\text{m})^2}}$$

$$=0.210c$$

（答案）

因此，Sally和飞船之间的相对速度是光速的21%。注意，在这里只是Sally和Sam的相对运动起作用；至于哪一个相对于，例如，一个空间站是否静止无关紧要。在图38-8中取了Sally是静止的，但是可以不这样而取飞船静止，Sally运动经过它。其结果不会有任何改变。

检查点2：在本例题中，是Sally测量飞船经过的时间。如果Sam也这样做，(a) 哪一个测量结果，如果有的话，是固有时间和 (b) 哪一个测量结果较小？

38-7　洛伦兹变换

图38-9表示惯性参考系S'以相对于参考系S的速率v沿它们的水平轴（标以x和x'）的共同的正方向运动。在S中一个观察者报告一个事件的时空坐标为x，y，z，t；S'中一个观察者报告同一事件的时空坐标为x'，y'，z'，t'。这两套数字有什么关系？

可以立刻指出（虽然它需要证明），垂直于运动的y和z坐标不受运动的影响；即$y=y'$和$z=z'$。我们的兴趣就简化为关心x和x'以及t和t'之间的关系。

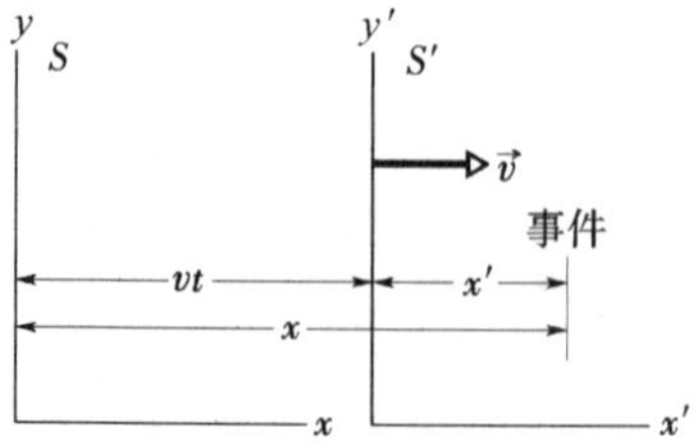

图38-9　两个惯性参考系：参考系S'具有相对于参考系S的速度$\vec{v}$。

伽里略变换公式

在爱因斯坦发表他的狭义相对论之前上述四个感兴趣的坐标是假设由**伽里略变换公式**相联系的：

$$x' = x - vt \quad t' = t \qquad \text{(伽里略变换公式，对低速近似正确)} \qquad (38-19)$$

（这些公式是在假设 S 和 S' 的原点重合时 $t=t'=0$ 写出的。）你可以用图38－9验证式（38－19）的第一式。第二式实际上是说，对两个参考系内的观察者时间以同样的快慢行进。对爱因斯坦之前的科学家，这一说法是如此明显地正确以至于甚至不必提它。当速率 v 比 c 小时，式（38－19）一般很好地成立。

洛伦兹变换公式

这里不加证明地说明正确的，对直到光速的所有速率都成立的变换公式可以由相对论的两个假设导出。其结果，称为**洛伦兹变换公式**㊀或有时（不太严格地）只称洛伦兹变换，是

$$\begin{aligned} x' &= \gamma(x - vt) \\ y' &= y \\ z' &= z \\ t' &= \gamma(t - vx/c^2) \end{aligned} \qquad \text{(洛伦兹变换公式，对所有物理上可能的速率都成立)} \qquad (38-20)$$

（这些公式是在假设 S 和 S' 的原点重合时 $t=t'=0$ 写出的。）注意，在第一个和最后一个公式中空间值 x 和时间值 t 是绑在一起了。这种时间和空间的纠缠是相对论的一个首要的信息，而它长期地被他的许多同代人抛弃了。

对相对论公式的一个正规的要求是如果让 c 趋向无限大，它们应该简化为熟悉的经典公式。是这样，如果光速为无限大，**所有**有限的速率都会是"低的"而经典公式永不会失效。如果令公式（38－20）中的 $c\to\infty$，则 $\gamma\to1$，而这些公式简化——像期望的那样——为伽里略公式（式（38－19））。你应校核这一点。

式（38－20）是以便于在已知 x 和 t 求 x' 和 t' 情况下应用的形式写出的。然而也可能沿相反方向走，在这种情况下简单地对 x 和 t 求解式（38－30）即可得

$$x = \gamma(x' + vt) \text{ 和 } t = \gamma(t' + vx'/c^2) \qquad (38-21)$$

比较可以看出，从式（38－20）或式（38－21）出发，可以通过交换有撇的和无撇的量并把相对速率 v 的符号反过来就得到另一套公式。

式（38－20）和式（38－21）把两个观察者看到的一个单个事件的坐标联系起来了。有时需要知道的不是一个单个事件的坐标而是一对事件的坐标之间的差。这就是，如果把两个事件标以1和2，可能需要把在 S 中的观察者测得的

$$\Delta x = x_2 - x_1 \text{ 和 } \Delta t = t_2 - t_1$$

和在 S' 中的观察者测得的

$$\Delta x' = x_2' - x_1' \text{ 和 } \Delta t' = t_2' - t_1'$$

㊀ 你可能奇怪为什么不把这些公式称为爱因斯坦变换公式（以及为什么不称 γ 为爱因斯坦因子）。*H. A.* 洛伦兹实际上在爱因斯坦之前导出了这些公式，但是他谦和地承认他没有采取更大胆的步骤把这些公式解释为描述了时间和空间的真正性质。正是爱因斯坦作出的这种解释处于相对论的核心。

联系起来。

表 38 –2 列出了适用于分析一对事件的不同形式的洛伦兹公式，表中的公式是直接把差（如 Δx 和 $\Delta x'$）代入式（38 –20）和式（38 –21）中的四个变量导出的。

表 38 –2 用于一对事件的洛伦兹变换公式

1. $\Delta x = \gamma\ (\Delta x' + v\Delta t')$	1′. $\Delta x' = \gamma\ (\Delta x - v\Delta t)$
2. $\Delta t = \gamma\ (\Delta t' + v\Delta x'/c^2)$	2′. $\Delta t' = \gamma\ (\Delta t - v\Delta x/c^2)$

$$\gamma = \frac{1}{\sqrt{1-(v/c)^2}} = \frac{1}{\sqrt{1-\beta^2}}$$

参考系 S' 相对于参考系 S 以速度 v 运动。

要小心：当对这些差代入数值时，必须前后一致并且不要把第一事件和第二事件的值弄混。还有，如果，例如，Δx 是一个负的量，代入时一定要连同负号代入。

检查点 3：下图表示一个参考系 S 和一个参考系 S' 沿它们的 x 和 x' 轴的共同方向作相对运动的三种情况，用连在一个参考系上的速度矢量表示其运动方向。对于每一种情况，如果选参考系作为静止的，那么在表 38 –2 的公式中的 v 是正的还是负的量？

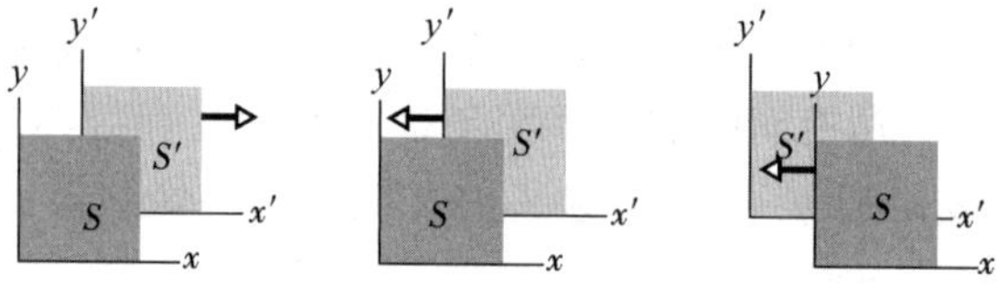

(a) (b) (c)

38 –8 洛伦兹公式的几个推论

下面用表 38 –2 中的变换公式来证实此前根据直接基于两个假设的论据已经得到的一些结论。

同时性

考虑表 38 –2 中的式 2

$$\Delta t = \gamma\left(\Delta t' + \frac{v\Delta x'}{c^2}\right) \tag{38-22}$$

如果两事件在图 38 –9 的参考系 S' 中发生在不同地点，则此式中 $\Delta x'$ 不是零。由此可得即使两个事件在 S' 中是同时的（$\Delta t' = 0$），它们在参考系 S 中也不是同时的。（这和 38 –4 节中的结论相符。）在 S 中两事件间的时间间隔是

$$\Delta t = \gamma\frac{v\Delta x'}{c^2} \qquad \text{(在 } S' \text{ 系中事件同时)}$$

时间延缓

现在假定两事件在 S' 中发生在同一地点（因此 $\Delta x'=0$）但在不同时刻（因此 $\Delta t'\neq 0$），式（38－22）就简化为

$$\Delta t=\gamma\Delta t' \quad \text{（在 } S' \text{ 系事件在同一地点）} \qquad (38-23)$$

这证实了时间延缓。由于两个事件在 S' 中发生在同一地点，它们之间的时间间隔 $\Delta t'$ 可以用在该地点的一只单个的钟测量。在这种情况下，测得的间隔是固有时间间隔而可以用 Δt_0 标记。这样，式（38－33）就变成

$$\Delta t=\gamma\Delta t_0 \quad \text{（时间延缓）}$$

这正是时间延缓公式——式（38－9）。

长度收缩

考虑表 38－2 中的式 1′

$$\Delta x'=\gamma(\Delta x-v\Delta t) \qquad (38-24)$$

如果一根棒在 S' 参考系中平行于图 38－9 的 x 和 x' 轴放置并且静止，在 S' 中的观察者可以在有空时测量它的长度。一种做法是把棒的两端的坐标相减，这样得到的 $\Delta x'$ 的数值将是棒的固有长度 L_0。

假设棒在参考系 S 中运动。这意味着只有当棒两端的坐标**同时**（即 $\Delta t=0$）被测量时 Δx 才能被认定为是棒在参考系 S 中的长度 L。如果令式（38－24）中的 $\Delta x'=L_0$，$\Delta x=L$，$\Delta t=0$，可得

$$L=\frac{L_0}{\gamma} \quad \text{（长度缩短）} \qquad (38-25)$$

这正是长度收缩公式——式（38－13）。

例题 38－4

一只地球星际飞船已经出发去检查在行星 P1407 上的前哨阵地。该行星的卫星上驻有常怀敌意的 Reptulia 人的战斗队。当飞船沿着先遇上行星后遇上卫星的一条直线路径飞行时，它检测到在 Reptulia 人的卫星上有一次高能微波爆发，接着，1.10s 后，在地球的前哨阵地上发生一次爆炸。在飞船参考系上测量，从 Reptulia 人基地到地球前哨基地的距离是 4.00×10^8 m。很明显，Reptulia 人攻击了地球前哨基地，于是星际飞船开始准备和他们战斗。

（a）飞船相对于行星和它的卫星的速率是 $0.980c$。在行星—卫星惯性系中（并因此相对站上的居民）测量，爆发和爆炸之间的距离和时间间隔是多少？

【**解**】 从下列**关键点**开始：

1. 此问题涉及从两个参考系——行星—卫星系和星际飞船系——测量。

2. 此问题涉及两个事件：爆发和爆炸。

3. 需要把在星际飞船系中测得的有关两事件之间的距离和时间的已知数据变换为在行星—卫星系中测得的相应的数据。

在变换之前，需要谨慎地选择符号。先画一个像图 38－10 那样的草图。在这里，已经取飞船的参考

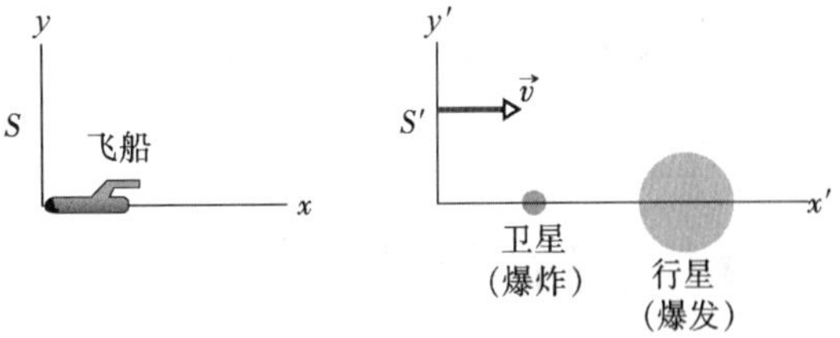

图 38－10 例题 38－4 图 在 S' 系中的行星和它的卫星相对于 S 系中的星际飞船以速率 v 向右运动。

系 S 是静止的，而行星—卫星参考系以正速度（向右）运动。（这是随便选取的，可以换取行星—卫星参考系静止。这样就把图 38－10 中的箭头画在 S 系上并表示出向左运动，v 将是负值，结果会是一样的。）让下标 e 和 b 分别表示爆炸和爆发。这样，已知数据都在不带撇的（飞船的）参考系中为

$$\Delta x = x_e - x_b = +4.00 \times 10^8 \mathrm{m}$$

和

$$\Delta t = t_e - t_b = +1.10\mathrm{s}$$

这里，Δx 是正的，因为在图 38－10 中爆炸的坐标 x_e 比爆发的坐标 x_b 大；Δt 也是正的，因为爆炸的时刻 t_e 比爆发的时刻 t_b 大（晚）。

把给出的 S 系数据变换到行星—卫星系 S'就可以得到 $\Delta x'$和 $\Delta t'$。由于考虑的是一对事件，就选用表 38－2 中的式（1′）和（2′）：

$$\Delta x' = \gamma(\Delta x - v\Delta t) \qquad (38-26)$$

和

$$\Delta t' = \gamma\left(\Delta t - \frac{v\Delta x}{c^2}\right) \qquad (38-27)$$

这里，$v = +0.980c$，洛伦兹因子为

$$\gamma = \frac{1}{\sqrt{1-(v/c)^2}} = \frac{1}{\sqrt{1-(+0.980c/c)^2}} = 5.0252$$

于是式（38－26）变成

$$\Delta x' = (5.0252)[4.00 \times 10^8\mathrm{m} - (+0.980(2.998 \times 10^8\mathrm{m/s})(1.10\mathrm{s})] = 3.86 \times 10^8\mathrm{m} \qquad \text{（答案）}$$

而式（38－27）变为

$$\Delta t' = (5.0252)\left[(1.10\mathrm{s}) - \frac{(+0.980)(2.998 \times 10^8\mathrm{m/s})(4.00 \times 10^8\mathrm{m})}{(2.998 \times 10^8\mathrm{m/s})^2}\right] = -1.04\mathrm{s} \qquad \text{（答案）}$$

（b）$\Delta t'$值中的负号是什么意思？

【解】 这里**关键点**是，要使在（a）中选取的符号相一致。回想把爆发和爆炸之间的时间间隔最初定义为 $\Delta t = t_e - t_b = +1.10\mathrm{s}$。为了和这种符号的选取相一致，$\Delta t'$的定义必须是 $t_e' - t_b'$，因此，就有

$$\Delta t' = t_e' - t_b' = -1.04\mathrm{s}$$

负号在这里表明 $t_b' > t_e'$，即，在行星—卫星参考系中，爆发在爆炸**之后** 1.04s 发生，不是像在飞船参考系中那样在爆炸**之前** 1.10s 发生。

（c）是爆发引起的爆炸，或反之？

【解】 在行星—卫星参考系内测得的事件的顺序是和在飞船参考系中测得的相反的。这里**关键点**是，在每种情况下，如果两个事件之间有因果关系，信息必须从一个事件的地点传到另一个事件的地点去引发它。让我们核算所需要的信息速率。在飞船系内，此速率为

$$v_{\text{info}} = \frac{\Delta x}{\Delta t} = \frac{4.00 \times 10^8\mathrm{m}}{1.10\mathrm{m}} = 3.64 \times 10^8\mathrm{m/s}$$

但是，由于它超过了 c，这个速率是不可能的。在行星—卫星系统中，该速率是 $3.70 \times 10^8\mathrm{m/s}$，也是不可能的。因此，没有一个事件可以引起另一个事件；这就是说，它们是**不相关**的事件。因此，星际飞船不应该反击 Reptulia 人。

38－9 速度的相对性

这里要用洛伦兹变换公式比较在不同的惯性参考系 S 和 S'中的两个观察者对同一个运动质点测得的速度。令 S'相对于 S 以速度 v 运动。

假定质点以恒定速度沿平行于图 38－11 中的 x 和 x'轴运动，在运动中发出两个信号。每一个观察者都测量这两个事件之间的空间间隔和时间间隔。这四个测量结果是由表 38－2 的式（1）和（2）联系着的，

$$\Delta x = \gamma(\Delta x' + v\Delta t')$$

和

$$\Delta t = \gamma\left(\Delta t' + \frac{v\Delta x'}{c^2}\right)$$

如果用第二式去除第一式，可得

$$\frac{\Delta x}{\Delta t}=\frac{\Delta x'+v\Delta t'}{\Delta t'+v\Delta x'/c^2}$$

分子分母都除以 $\Delta t'$，可得

$$\frac{\Delta x}{\Delta t}=\frac{\Delta x'/\Delta t'+v}{1+v(\Delta x'/\Delta t')/c^2}$$

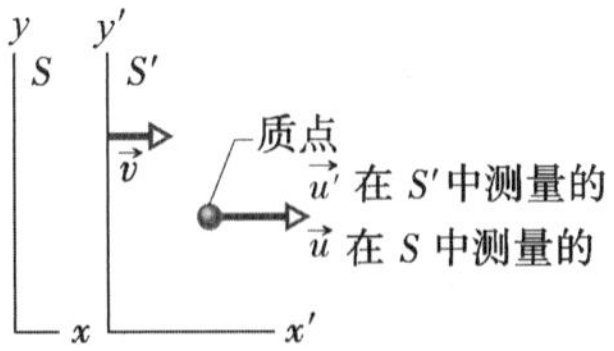

图 38-11 参考系 S' 以速度 $\vec{v}$ 相对于参考系 S 运动。一个质点具有相对于参考系 S' 的速度 $\vec{u}'$ 和相对于参考系 S 的速度 $\vec{u}$。

然而，在微分极限上，$\Delta x/\Delta t$ 是 u——在 S 中测得的质点的速度，而 $\Delta x'/\Delta t'$ 是 u'——在 S' 中测得的质点的速度，于是最后就得到

$$u=\frac{u'+v}{1+u'v/c^2}\quad（相对速度变换）\qquad(38-28)$$

这就是相对论速度变换公式。如果把它应用到令 $c\to\infty$ 的正规的检验，这个公式就简化为经典的，或伽里略速度变换公式，

$$u=u'+v\quad（经典速度变换）\qquad(38-29)$$

换句话说，式（38-28）对所有物理上可能的速率都正确，而式（38-29）只对比 c 小得多的速率才近似地正确。

38-10 光的多普勒效应

在 18-8 节中讨论了在空气中传播的声波的多普勒效应（测定的频率的移动）。对这种波，多普勒效应决定于两个速度——即源和检测器相对于空气的速度。（空气是传送波的介质。）

对光波来说，情况不是这样，因为它（以及其他电磁波）不需要介质，甚至能通过真空传播。光波的多普勒效应只决定于一个速度，即源和检测器之间在它们每一个的参考系中测得的相对速度 $\vec{v}$。令 f_0 代表源的**固有频率**——即由在源的静止系内的观察者测得的频率，令 f 表示以速度 $\vec{v}$ 相对于该静止系运动的观察者检测到的频率。于是，当 $\vec{v}$ 的方向指向离开源的方向时，

$$f=f_0\sqrt{\frac{1-\beta}{1+\beta}}\quad（源和检测器分离）\qquad(38-30)$$

其中，$\beta=v/c$。如果 $\vec{v}$ 的方向直指源，就必须改变式（38-30）中两个 β 之前的符号。

低速多普勒效应

对低速（$\beta\ll1$），式（38-30）可以展开成 β 的幂级数而近似为

$$f=f_0\left(1-\beta+\frac{1}{2}\beta^2\right)\quad（源和检测器分离，\beta\ll1）\qquad(38-31)$$

声波（或除光波以外的任何波）的多普勒效应的相应的低速公式具有相同的头两项，但第三项的系数不同，因此，低速光源和检测器的相对论效应表现在 β^2 项上。

警用雷达装置利用微波的多普勒效应去测量汽车的速率。雷达装置中的一个源沿着道路发射一定（固有）频率 f_0 的雷达波束。一辆向雷达装置开行的汽车截获这束雷达，但其频率由于汽车向雷达装置的运动根据多普勒效应升高了。汽车把雷达束反射回雷达装置。由于汽车是向着雷达装置运动的，在装置中的检测器截获的是频率进一步升高的反射束。该装置把该检测到

的频率和 f_0 加以比较并计算汽车的速率 v。

天文多普勒效应

在对恒星、星系和其他光源的天文观察中，可以通过测量到达我们的光的**多普勒效应**确定光源直接运离或直接趋近我们运动得多快。如果一颗星相对我们是静止的，就能够测得它发来的光的固有频率 f_0。然而，如果一颗星正直接远离我们或直接向着我们运动，我们测得的光的频率 f 将根据多普勒效应对 f_0 有偏移。这一多普勒效应只是由于星的**径向**运动（它的运动直接向着我们或离开我们），而用多普勒偏移确定的速率只是星的**径向速率** v——即只是星相对于我们的速度的径向分量。

假设某一个光源的径向速率 v 足够低（β 足够小）以致可以忽略式（38－31）中的 β^2 项。另外，把 β 项前面的 ± 选择明显地表示出来——负号对应于离开我们的径向运动，而正号对应于向着我们的径向运动。于是式（38－31）变成

$$f = f_0(1 \pm \beta) \qquad (38-32)$$

关于光的天文测量常常用波长而不是用频率表示结果，因此用 c/λ 代替 f 和用 c/λ_0 代替 f_0，其中 λ 是测出的波长而 λ_0 是**固有波长**，再用 v/c 代替式（38－32）中的 β，可得

$$\frac{c}{\lambda} = \frac{c}{\lambda_0}\left(1 \pm \frac{v}{c}\right)$$

由此得

$$v = \frac{\lambda - \lambda_0}{\lambda}c$$

习惯上此式写作

$$v = \frac{\Delta\lambda}{\lambda}c \qquad (\text{光源的径向速率}, v \ll c) \qquad (38-33)$$

其中，$\Delta\lambda$（$= |\lambda - \lambda_0|$）是光源的**波长**多普勒偏移。如果光源远离我们运动，λ 比 λ_0 大，多普勒偏移称为**红移**。（此词并不是说检测到的光是红的或甚至是可见的，它只说明波长增大了。）同样，如果光源朝向我们运动，λ 比 λ_0 小，多普勒效应称为**蓝移**。

检查点4：右图表示一光源发射固有频率 f_0 的光，此时它正相对于参考系 S 以速率 $c/4$ 直接向右运动。图中也表示一个光检测器，它测得的被发射的光的频率 $f>f_0$。(a) 探测器是向左还是向右运动？(b) 从参考系 S 测得的检测器的速率是大于，小于，还是等于 $c/4$？

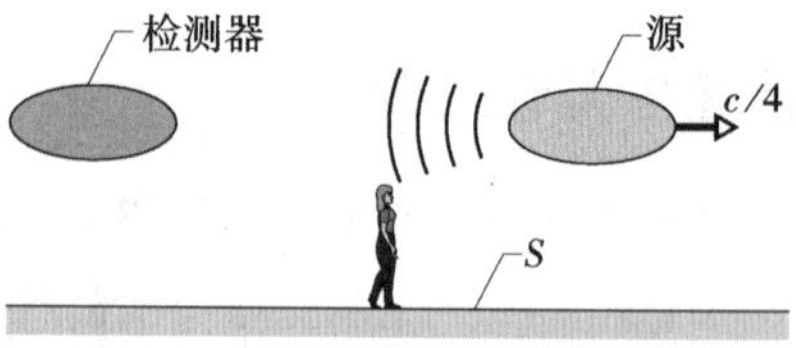

横向多普勒效应

到目前为止，在这里和第18章中，所讨论的多普勒效应只限于源和检测器直接相离或直接相向的情形。图38－12表示一种不同的安排，在其中源 S 经过一检测器 D。当 S 到达 P 点时，它的速度垂直 S 和 D 的连线，而在该时刻它既不向着也不远离 D 运动。如果源是以频率 f_0 发射声波，当 D 截获的是在 P 点发出的波时，它检测到的就是该频率（没有多普勒效应）。然而，

如果源在发射光波，则仍有多普勒效应，称为**横向多普勒效应**。在这种情况下，检测到的光源在 P 点发出的光的频率是

$$f = f_0\sqrt{1-\beta^2} \quad \text{（横向多普勒效应）} \tag{38-34}$$

对于低速（$\beta \ll 1$），式（38－34）可以展开成 β 的幂级数而近似为

$$f = f_0\left(1-\frac{1}{2}\beta^2\right) \quad \text{（低速）} \tag{38-35}$$

这里第一项是对声波可以期望的，而又一次，对低速光源和检测器相对论效应表现在 β^2 项上。

原则上，警用雷达装置甚至在雷达束的路径垂直（横向）于汽车的路径时也能确定汽车的速率。然而，式（38－35）表明由于即使对于高速汽车 β 也非常小以致在横向多普勒效应中的相对论项 $\beta^2/2$ 极其小，因此 $f=f_0$，导致雷达装置计算出零速率。由于这一原因，警察经常使雷达束直接沿着车的路径传播以便得到的多普勒效应给出车的实际速度。任何对这一方向的偏离都是对司机有利的，因为它减小了测得的速率。

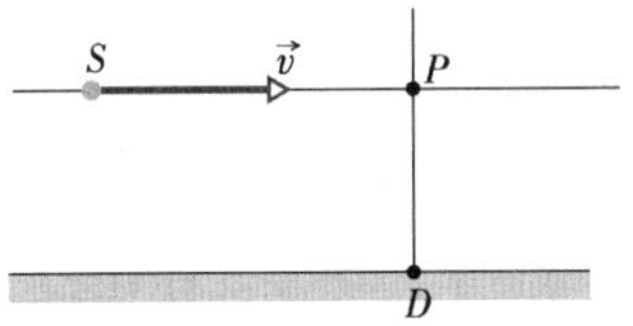

图 38－12 一个光源 S 以速度 $\vec{v}$ 运动经过检测器 D，狭义相对论预言源通过 P 点时有横向多普勒效应，在 P 点，源运动的方向垂直于到 D 的连线。经典理论没有预言这种效应。

横向多普勒效应实际上是时间延缓的另一种检验。如果不用频率而用发射的光波的振动周期 T 重写式（38－34），因为 $T=1/f$，就有

$$T = \frac{T_0}{\sqrt{1-\beta^2}} = \gamma T_0 \tag{38-36}$$

其中，T_0（$=1/f_0$）是源的**固有周期**。和式（38－9）比较可知，式（38－36）就是时间延缓公式，因为周期就是一个时间间隔。

NAVSTAR（海军卫星）导航系统

每一个 NAVSTAR 卫星都连续地播放无线电信号表明它的位置，所用的一组信号的频率由精密的原子钟控制。当信号被，例如，一架商用飞机上的检测器接收时，其频率已被多普勒效应移动了。通过同时检测从几个 NAVSTAR 卫星上发来的信号，检测器能够确定到它们中任何一个的方向和该卫星的速度方向。根据信号的多普勒偏移，检测器就能确定飞机的速率。

让我们用一些粗略的数字看一下这种导航能做到什么程度。一个 NAVSTAR 卫星对地心的速率约为 1.0×10^4 m/s，相应的 β 约是 3.0×10^{-5}，因此，式（38－31）和式（38－35）中的 $\beta^2/2$ 项（即相对论项）约为 4.5×10^{-10}。换句话说，相对论把检测到的信号的多普勒偏移改变了约 10^{10} 分之 4.5，这好像根本不值得考虑。

然而，它确实很重要。卫星上的原子钟是如此地精确以致卫星信号的频率改变只有 10^{12} 分之 2。由式（38－35）可看到 β（因而 v）决定于 f/f_0 的平方根。因此，钟的频率改变 2×10^{-12} 引起的卫星和飞机之间的相对速率 v 的测定值的改变为

$$\sqrt{2\times10^{-12}} = 1.4\times10^{-6}$$

由于 v 基本上是由于卫星的高速率 1.0×10^4 m/s，这意味着这个 v（因而飞机的速率）可以确定到精确度约为

$$1.4\times10^{-4}\times1.0\times10^{4}\mathrm{m/s}=1.4\mathrm{cm/s}$$

假设飞机飞行 1h（3600s）。知道了速率精确到约 1.4cm/s 使得对这一小时终了时的位置的预言可以精确到约

$$0.014\mathrm{m/s}\times3600\mathrm{s}=50\mathrm{m}$$

这在现代导航上是可接受的。

如果不考虑相对论效应，对飞机的速率不可能知道得比 21cm/s 更精确，而在 1 小时的飞行后它的位置不可能预言得比在 760m 以内更好。

例题 38-5

图 38-13a 所示为在星系 M87（图 38-13b）的相反的两侧的星际气体发出的到达我们的光的强度与波长的关系曲线。一条曲线的峰值在 499.8nm，另一条的在 501.6nm。气体围绕星系的中心在半径 $r=100\mathrm{ly}$ 的圆上运行，看起来在一侧向我们运动而在相反的一侧离开我们运动。

(a) 哪条曲线对应于向我们运动的气体？这气体相对于我们（和相对于星系的中心）的速率是多少？

【解】 这里**关键点**如下：

1. 如果气体不绕星系的中心运动，从它来的光会在某一波长被检测到。

2. 气体的运动根据多普勒效应改变检测到的波长，对离开我们的气体增大其波长，对向我们运动的气体减小其波长。

因此，峰在 501.6nm 的曲线对应于离开我们的运动，而峰在 499.8nm 的曲线对应于向我们的运动。

假设由于气体的运动，波长的增大和减小的大小一样，于是未移动的波长，将取作固有波长 λ_0，必须是两个已移动的波长的平均值：

$$\lambda_0=\frac{501.6\mathrm{nm}+499.8\mathrm{nm}}{2}=500.7\mathrm{nm}$$

从离开我们运动的气体发来的光的多普勒偏移 $\Delta\lambda$ 是

$$\Delta\lambda=|\lambda-\lambda_0|=501.6\mathrm{nm}-500.7\mathrm{nm}=0.90\mathrm{nm}$$

将此值和 $\lambda=501.6\mathrm{nm}$ 代入式（38-33），可得气体的速率是

$$v=\frac{\Delta\lambda}{\lambda}c=\frac{0.90\mathrm{nm}}{501.6\mathrm{nm}}2.998\times10^{8}\mathrm{m/s}=5.38\times10^{5}\mathrm{m/s}$$ （答案）

(b) 气体由于受到星系中心的质量 M 的引力而绕中心运行。该质量是太阳质量 M_S（$=1.99\times10^{30}$ kg）的几倍？

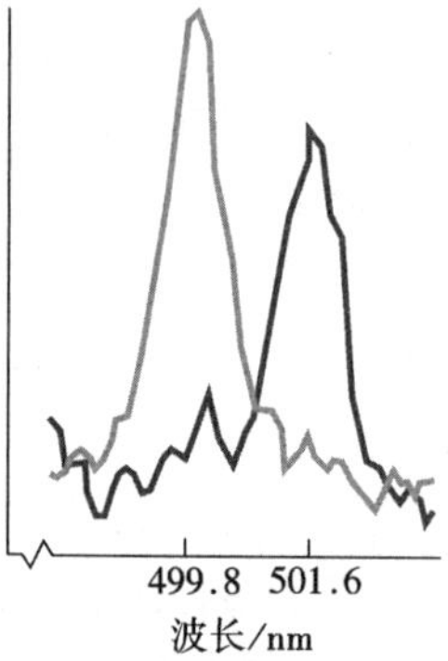

(a)

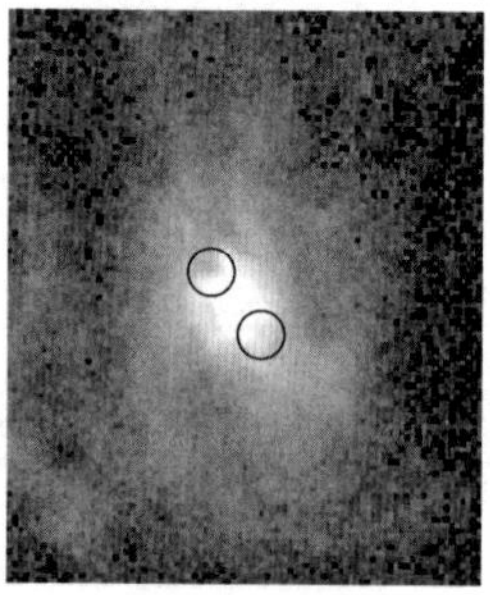
(b)

图 38-13 例题 38-5 图 (a) 从在星系 M87 的相反的两侧的气体发出而在地球上检测到的光的强度与波长的关系曲线。(b) M87 的中央区域。圆圈表示 (a) 中给出其强度的气体的位置，M87 的中心位于两圆圈中间一半处。

【解】 这里有三个**关键点**：

1. 根据式（14-1）对质量为 m 在沿半径为 r 的轨道上运行的气体元的引力 F 是

$$F = \frac{GMm}{r^2}$$

2. 如果这气体元绕星系中心在一个圆上运动，那么它一定具有一个向心加速度，其大小为 $a = v^2/r$，而方向指向中心。

3. 沿从中心到质量元的径向轴写出的牛顿第二定律表明 $F = ma$。

将这三个概念合在一起，得

$$\frac{GMm}{r^2} = m\frac{v^2}{r}$$

解出 M 并代入已知数据，可得

$$M = \frac{v^2 r}{G}$$

$$= \frac{(5.38 \times 10^5 \mathrm{m/s})^2 (100\mathrm{ly})(9.46 \times 10^{15} \mathrm{m/ly})}{6.67 \times 10^{-11} \mathrm{N \cdot m^2/kg^2}}$$

$$= 4.11 \times 10^{39} \mathrm{kg} = (2.1 \times 10^9) M_s \qquad \text{（答案）}$$

此结果表明相当于20亿个太阳的质量密聚在星系的中心，强烈地暗示一个“超大质量”的星洞占据着中心。

38－11　对动量的一种新看法

假设若干个观察者，各在一个不同的惯性参考系中，观察两个质点之间的孤立的碰撞。在经典物理学中我们已经看到——尽管这些观察者对碰撞质点测得了不同的速度——他们都发现动量守恒定律是成立的。就是说，他们发现质点系统的总动量在碰撞后和它在碰撞前是相同的。

这种情况如何受到相对论的影响？已经发现如果继续把一个质点的动量 $\vec{p}$ 定义为 $m\vec{v}$，即它的质量和速度的乘积，对于不同惯性系中的观察者，总动量是**不**守恒的。在这里有两个选择：（1）放弃动量守恒定律或（2）看看能否用某种新方法重新定义一个质点的动量使得动量守恒定律仍然成立。正确的选择是第二个。

考虑一个质点沿 x 正向以恒定速率运动。按经典理论，它的动量的大小为

$$p = mv = m\frac{\Delta x}{\Delta t} \qquad \text{（经典定义）} \qquad (38-37)$$

其中，Δx 是在时间 Δt 内经过的距离。为了找到一个动量的相对论表示式，我们从一个新的定义

$$p = m\frac{\Delta x}{\Delta t_0}$$

出发。其中，和前面一样，Δx 是运动质点经过的距离，它是注视该质点的观察者所看到的。Δt_0 是经过该距离所需的时间，然而它不是注视该运动质点的观察者测定的，而是和质点一起运动的观察者测定的。质点相对于第二个观察者是静止的，结果这一观察者测得的是固有时。

用时间延缓公式（式（38－9）），可以得到

$$p = m\frac{\Delta x}{\Delta t_0} = m\frac{\Delta x}{\Delta t}\frac{\Delta t}{\Delta t_0} = m\frac{\Delta x}{\Delta t}\gamma$$

然而，因为 $\Delta x/\Delta t$ 正好是粒子速度 v，

$$p = \gamma mv \qquad \text{（动量）} \qquad (38-38)$$

注意这和经典定义式（38－37）的差别只在于洛伦兹因子。然而，这一差别是很重要的：和经典动量不同，随着 v 趋近于 c，相对论动量趋向于无限大值。

把式（38－38）的定义推广为矢量形式如

$$\vec{p} = \gamma m\vec{v} \qquad \text{（动量）} \qquad (38-39)$$

这一公式是对所有物理上可能的速率都正确的定义。对于远小于 c 的速率，它简化为经典的动

量定义（$\vec{p}=m\vec{v}$）。

38－12　对能量的一种新看法

质量能

化学科学最初是在假设化学反应中能量和质量分别守恒的基础上发展起来的。1905 年，爱因斯坦证明作为他的狭义相对论的一个推论，质量可以被认为是能量的另一种形式，因此能量守恒定律实际上是质量－能量守恒定律。

在**化学反应**（分子或原子的相互作用的过程）中，转化为其他形式能量（或相反）的质量的量占有涉及的总质量的比例太小了，以至于用甚至最好的实验室天平也没有希望测量质量差，质量和能量**真的**像分别地守恒。然而，在**核反应**（核或基本粒子相互作用的过程）中，所释放的能量比化学反应中的要大到百万倍，而质量的改变就能够被容易地测出。很久以前，在核反应中考虑质量—能量转化就已变得司空见惯了。

一个物体的质量 m 和该质量相当的能量 E_0 由下式联系着：

$$E_0=mc^2 \tag{38-40}$$

去掉下标 0，此式就是长期以来最为大家所知的科学公式。这个和一个物体的质量相联系的能量称为**质量能**或**静能**。第二个词组暗示 E_0 是物体即使静止时也具有的能量，仅仅因为它有质量。(如果你继续在本书以后学习物理，你将会看到关于质量和能量的关系的更详尽的讨论，你甚至可能遇到关于这个关系到底是什么和什么意思的质疑。)

表 38－3 列出了一些物体的质量能或静能。一个，例如，一个美国分币的质量能是巨大的；它的电能相当量的价值会超过百万美元。另一方面，和美国全年发电量相当的质量不过是几百千克的物质（石头、碎屑或其他任何东西）。

在实际工作中，对式（38－40）很少用 SI 单位，因为它们太大了，用起来不方便。质量常用原子质量单位（u）测量：

$$1\text{u}=1.66\times10^{-27}\text{kg} \tag{38-41}$$

而能量常用电子伏（eV）或其倍数测量：

$$1\text{eV}=1.60\times10^{-19}\text{J} \tag{38-42}$$

用式（38－41）和（38－42）的单位，相乘常量 c^2 的值为

$$\begin{aligned}c^2&=9.315\times10^8\text{eV/u}\\&=9.315\times10^5\text{keV/u}\\&=931.5\text{MeV/u}\end{aligned} \tag{38-43}$$

表 38－3　几种物体的能量相当量

物体	质量/kg	能量相当量	
电子	9.11×10^{-31}	8.19×10^{-14}J	(=511keV)
质子	1.67×10^{-27}	1.50×10^{-10}J	(=938MeV)
铀原子	3.95×10^{-25}	3.55×10^{-8}J	(=225GeV)
尘粒	1×10^{-13}	1×10^{4}J	(=2kcal)
美国分币	3.1×10^{-3}	2.8×10^{14}J	(=78GW·h)

总能量

式（38－40）给出和一个物体的质量 m 相联系的质量能（或静能）E_0，不论该物体是运动的还是静止的。如果物体是运动的，它就有形式为动能 K 的附加能量。如果假定它的势能为零，它的总能量 E 就是它的质量能和动能之和：

$$E = E_0 + K = mc^2 + K \tag{38-44}$$

虽然我们不给出证明，总能量 E 也可写成

$$E = \gamma mc^2 \tag{38-45}$$

其中，γ 是对物体运动的洛伦兹因子。

从第 7 章开始，已经讨论涉及一个质点或一个质点系的总能量变化的例子。然而，在讨论中并不包括质量能，因为质量能的改变或者是零或者是足够小，可以忽略。总能量守恒定律即使在质量能变大很大的情况下仍然适用。因此，不管质量能发生了什么变化，8－7 节的下述说法仍然是正确的：

一个孤立系的总能量 E 不可能改变。

例如，如果在一个孤立系中两个相互作用的质点的总能量减少，系统中另外的某种形式的能量一定增多，因为总能量不可能改变。

一个系统中进行化学反应或核反应时，由反应引起的系统的总质量能的变化通常以一个 Q 值给出。一个反应的 Q 值由下式得出

$$\begin{pmatrix}\text{系统的初始}\\ \text{总质量能}\end{pmatrix} = \begin{pmatrix}\text{系统的终了}\\ \text{总质量能}\end{pmatrix} + Q$$

或

$$E_{0i} = E_{0f} + Q \tag{38-46}$$

用式（38－40）（$E_0 = mc^2$），可以用初始**总**质量 M_i 和终了**总**质量 M_f 重写为

$$M_i c^2 = M_f c^2 + Q$$

或

$$Q = M_i c^2 - M_f c^2 = -\Delta M c^2 \tag{38-47}$$

其中由反应引起的质量变化是 $\Delta M = M_f - M_i$。

如果反应结果是质量能转化为，例如，产物的动能，则系统的总质量能 E_0（和它的总质量 M）减少而 Q 是正的；如果，与此相反，一个反应要求能量转化为质量能，则系统的总质量能 E_0（和它的总质量 M）增多而 Q 是负的。

例如，假设两个氢核进行**聚合反应**使它们结合在一起形成一个新的核并放出两个粒子。所形成的单一的核和两个被释放的粒子的总质量能（和总质量）比初始的两个氢核的总质量能（和总质量）小。因此此聚合反应的 Q 是正的，而被说成是反应**释放**（由质量能转化出）能量。这种释放对你非常重要，因为太阳中氢核的聚变是产生地球上的阳光并使生命成为可能的过程的一部分。

动能

在第 7 章把质量为 m、具有比 c 小得多的速率的物体的动能定义为

$$K = \frac{1}{2}mv^2 \qquad (38-48)$$

然而，这一经典公式只是一个近似，当速率比光速小得多时是足够准确的。

现在要找一个动能的公式，它对**所有**物理上可能的速率，包括接近 c 的速率，都是正确的。对式（38－44）解出 K 并且用式（38－45）代替 E_0 可得

$$K = E - mc^2 = \gamma mc^2 - mc^2$$
$$= mc^2(\gamma - 1) \quad （动能） \qquad (38-49)$$

其中，$\gamma\ (=1/\sqrt{1-(v/c)^2})$ 是对物体运动的洛伦兹因子。

图 38－14 表示用正确定义（式（38－49））和经典近似（式（38－48）），都作为 v/c 的函数，计算出的电子的动能图线。注意在图的左侧两条曲线是重合的，这就是在本书中到目前为止曾经计算动能的那一部分图线——在低速范围。该部分图线表明用经典近似式（38－48）计算动能曾经是合理的。然而，在图的右侧——在接近 c 的速率范围——两条曲线差别明显。当 v/c 趋近于 1.0 时，动能的经典定义的曲线只是缓慢地增大而动能的正确定义的曲线则急剧地增大，当 v/c 趋近 1.0 时趋近无限大值。因此，当一个物体的速率 v 接近 c 时，**必须**用式（38－49）计算它的动能。

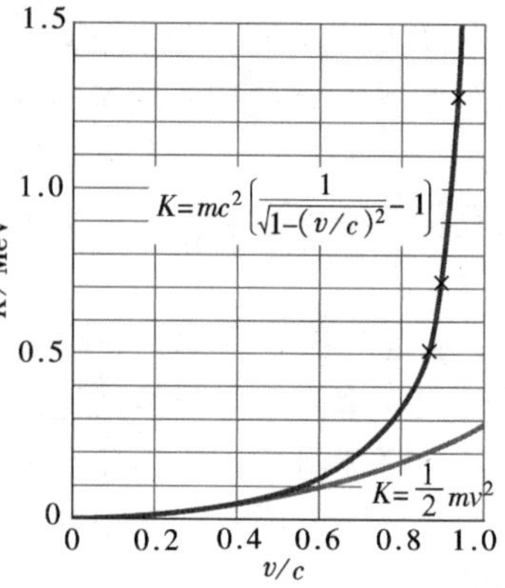

图 38－14 对一个电子的动能的相对论的（式（38－48））和经典的（式（38－48））公式的图线，都作为 v/c 的函数，其中 v 是电子的速率，c 是光速。注意两曲线在低速区域合并在一起，而在高速区域大大地分开了。实验数据（标以 × 符号）表明在高速区域相对论曲线和实验相符而经典曲线则不符。

图 38－14 也表明要增大物体的速率，例如，1%，必须对它做的功应如何。所需要的功等于它引起的物体的动能改变 ΔK。如果这一改变发生在图 38－14 中低速的左侧，所需的功可能是适度的。然而，如果这一改变发生在图 38－14 中高速的右侧，所需的功就可能很大，因为在那里动能 K 随速率的增大而增大得非常快。使物体的速率增大到 c 在原则上需要无限大量的能量，因此，这样做是不可能的。

电子、质子和其他基本粒子的动能常常用电子伏或它的倍数作为形容词来说明。例如，一个具有 20MeV 动能的电子可以说成是一个 20MeV 电子。

动量和动能

在经典力学中，一个质点的动量 p 是 mv 而它的动能 K 是 $\frac{1}{2}mv^2$。如果在此两式中消去 v，可得一个动量和动能之间的直接关系：

$$p^2 = 2Km \quad （经典） \qquad (38-50)$$

可以在动量的相对论定义（式（38－38））和动能的相对论定义间消去 v 得到一个类似的联系。经过一些代数运算，这样做可以导出

$$(pc)^2 = K^2 + 2Kmc^2 \qquad (38-51)$$

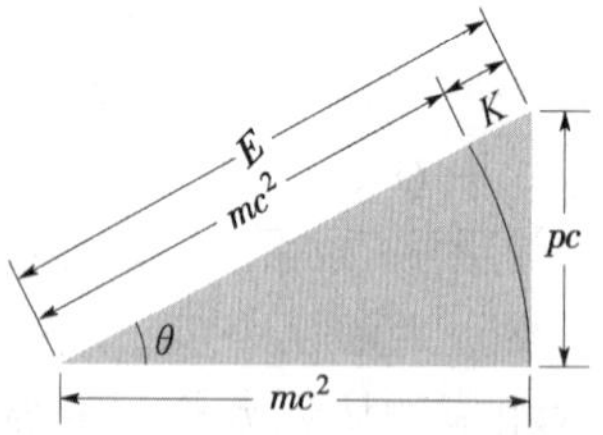

图 38－15 为了记住总能量 E，静能或质量能 mc^2，动能 K 和动量 p 之间的相对论关系的一种有用的记忆设计。

借助于式（38－44），可以把式（38－51）转换成对一个质点的动量 p 和总能量 E 的关系：

$$E^2 = (pc)^2 + (mc^2)^2 \qquad (38-52)$$

图 38－15 中的直角三角形能帮助你记住这些有用的关系式。你可以证明在该三角形中，

$$\sin\theta = \beta \text{ 和 } \cos\theta = 1/\gamma \qquad (38-53)$$

从式（38－52）可以看到乘积 pc 一定具有和能量 E 相同的单位，因此可以用能量的单位除以 c 表示动量的单位。实际上在基本粒子物理中动量就常用单位 MeV/c 或 GeV/c 表示。

检查点 5：1GeV 电子的（a）动能和总能量比 1GeV 质子的这些量较大，较小，还是相等？

例题 38－6

（a）一个 2.53MeV 电子的总能量是多少？

【解】 这里**关键点**是，由式（38－44）总能量是电子的质量能（或静能）mc^2 和它的动能之和：

$$E = mc^2 + K \qquad (38-54)$$

题中形容词“2.53MeV”指的是电子的动能是 2.53MeV。为计算电子的静能 mc^2，将附录 B 中的电子质量 m 代入

$$mc^2 = (9.109\times10^{-31}\text{kg})(2.998\times10^8\text{m/s})^2$$
$$= 8.187\times10^{-14}\text{J}$$

把这一结果除以 1.602×10^{-13} J/MeV 即给出电子的质量能为 0.511MeV（和表 38－3 中的值相同）。式（38－54）就给出

$$E = 0.511\text{MeV} + 2.53\text{MeV} = 3.04\text{MeV}$$

（答案）

（b）电子的动量的大小 p 是多少 MeV/c？

【解】 这里**关键点**是可以用式（38－52）（$E^2 = (pc)^2 + (mc^2)^2$）从总能量 E 和质量能 mc^2 求出 p。

$$pc = \sqrt{E^2 - (mc^2)^2}$$
$$= \sqrt{(3.04\text{MeV})^2 - (0.511\text{MeV})^2} = 3.00\text{MeV}$$

最后，用 c 除两侧得

$$p = 3.00\text{MeV}/c \qquad \text{（答案）}$$

例题 38－7

在从空间来到地球的宇宙射线中曾经检测到的最高能量的质子具有惊人的动能 3.0×10^{20}eV（足够把一匙水加热几度）。

（a）质子的洛伦兹因子 γ 和速率 v（都相对于地基探测器）是多少？

【解】 这里一个**关键点**是质子的洛伦兹因子通过式（38－45）（$E=\gamma mc^2$）把它的总能量 E 和它的质量能 mc^2 联系起来了。第二个**关键点**是，质子的总能量是它的质量能 mc^2 和它的（给出的）动能 K 之和。把这些概念放在一起有

$$\gamma = \frac{E}{mc^2} = \frac{mc^2+K}{mc^2} = 1 + \frac{K}{mc^2} \qquad (38-55)$$

可以像在例题 38－6a 中那样用附录 B 中给出的质子的质量计算它的质量能 mc^2。可求得 mc^2 是 938MeV（如表 38－3 中列出的），将此值和给出的动能代入式（38－55）可得

$$\gamma = 1 + \frac{3.0\times10^{20}\text{eV}}{938\times10^6\text{eV}}$$
$$= 3.198\times10^{11} \approx 3.2\times10^{11} \qquad \text{（答案）}$$

这一 γ 的计算值太大了以致不能用 γ 的定义（式（38－8））来求 v。试一下：你的计算器将告诉你 β 基本上等于 1，因而 v 基本上等于 c。实际上，v 是几乎等于 c，但是必须求一个准确的答案，它可以通过先对 $1-\beta$ 求解式（38－8）得到。开始写出

$$\gamma = \frac{1}{\sqrt{1-\beta^2}} = \frac{1}{\sqrt{(1-\beta)(1+\beta)}} \approx \frac{1}{\sqrt{2(1-\beta)}}$$

其中应用了 β 是如此接近于 1 以致 $1+\beta$ 是非常接近 2 的事实。要求的速度 v 包括在 $1-\beta$ 项内。对 $1-\beta$ 求解就得出

$$1-\beta = \frac{1}{2\gamma^2} = \frac{1}{(2)(3.198\times10^{11})^2}$$
$$= 4.9\times10^{-24} \approx 5\times10^{-24}$$

因此 $\beta = 1 - 5\times10^{-24}$

而，由于 $v=\beta c$，

$$v \approx 0.999\,999\,999\,999\,999\,999\,999\,995c \qquad \text{（答案）}$$

（b）假设质子沿银河系的直径（9.8×10^4 ly）

飞行，在地球和银河系的共同参考系中质子经过这一直径需要多长时间？

【解】 在上面刚看到这一**超相对论**质子是以几乎等于 c 的速率飞行的。于是这里**关键点**是，由于光年的定义，光 1y 走过 1ly，因此光应该用 9.8×10^4 y 经过 9.8×10^4 ly，而此质子应该用了几乎相同的时间。因此，在地球—银河系参考系中，质子的旅程用了

$$\Delta t = 9.8\times10^4\text{y} \qquad \text{（答案）}$$

（c）在质子参考系中测量该旅程用了多长时间？

【解】 这里需要四个**关键点**：

1. 本题涉及从两个（惯性）参考系进行测量，一个是地球—银河系参考系，另一个是附在质子上的。

2. 本题也涉及两个事件：第一个是质子经过银河系直径的一端，第二个是经过相反的一端。

3. 在质子的参考系中测得的两事件之间的时间间隔是固有时间间隔 Δt_0，因为在该参考系中两事件发生在同一地点——即在质子本身。

4. 可以用对时间延缓的式（38－9）（$\Delta t=\gamma\Delta t_0$）。由在地球—银河系中测得的时间间隔 Δt 求出固有时间间隔 Δt_0。

对 Δt_0 求解式（38－9）并代入（a）中的 γ 和（b）中的 Δt，得

$$\Delta t_0 = \frac{\Delta t}{\gamma} = \frac{9.8\times10^4\text{y}}{3.198\times10^{11}}$$

$$=3.06\times10^{-7}\text{y} = 9.7\text{s} \qquad \text{（答案）}$$

在我们的参考系内，该旅程用了 98 000y。在质子的参考系中，它只用了 9.7s！在本章开始时断言，相对运动能够改变时间进行的快慢。这里我们有了一个极端的例子。

复习和小结

两个假设 爱因斯坦的**狭义相对论**的基础是两个假设：

1. 物理定律对所有惯性系中的观察者说是相同的。没有哪一个参考系是特殊的。

2. 光在真空中的速率沿各个方向在所有惯性参考系中具有相同的值 c。

光在真空中的速率是一个极限速率，任何载有能量和信息的实体都不能超过它。

一个事件的坐标 三个空间坐标和一个时间坐标确定一个**事件**。狭义相对论的任务之一是把作相对运动的两个观察者认定的这些坐标联系起来。

同时的事件 如果两个观察者作相对运动，他们一般不会认同两个事件是否是同时的。如果一个观察者发现在不同地点的两个事件是同时的，另一个则不会，并且相反也一样。同时性**不**是一个绝对概念，而是一个相对的，决定于观察者的运动。同时性的相对性是有限的极限速率 c 的一个直接推论。

时间延缓 如果两个相继的事件在一个惯性参考系中发生在同一地点，在该地点的一只单个的钟测出的它们之间的时间间隔 Δt_0 是两个事件之间的**固有时**。**在相对于该参考系运动的参考系内的观察者将测到比此时间间隔大的值**。对于以相对速率 v 运动的观察者，他测得的时间间隔是

$$\Delta t = \frac{\Delta t_0}{\sqrt{1-(v/c)^2}} = \frac{\Delta t_0}{\sqrt{1-\beta^2}} = \gamma\Delta t_0 \qquad \text{（时间延缓）}$$

（38－7 到 38－9）

这里 $\beta=v/c$ 是**速率参量**，而 $\gamma=1/\sqrt{1-\beta^2}$ 是**洛伦兹因子**。时间延缓的一个重要推论是由一个静止的观察者测量，运动的钟走慢了。

长度缩短 在一个物体静止的惯性参考系中，一个观察者测定的该物体的长度称为它的**固有长度**。**在相对于该参考系而且平行该长度方向运动的参考系内的观察者将测到较短的长度**。对于以相对速率 v 运动的观察者，他测得的长度是

$$L = L_0\sqrt{1-\beta^2} = \frac{L_0}{\gamma} \qquad \text{（长度缩短）}$$

（38－13）

洛伦兹变换 洛伦兹变换公式把在两个惯性参考系 S 和 S' 中的观察者看到的一个单个事件的时空坐标联系了起来，其中 S' 以相对于 S 的速率 v 沿正 x，x' 方向运动，4 个坐标的关系是

$$x' = \gamma(x - vt)$$
$$y' = y$$
$$z' = z$$
$$t' = \gamma\left(t - \frac{vx}{c^2}\right)$$
（洛伦兹变换公式，对所有物理上可能的速率都正确） (38 - 20)

速度的相对性 当一个质点在惯性参考系 S' 中沿正 x' 方向以速率 u' 运动，而 S' 本身沿着平行于第二个惯性系 S 的 x 方向以速率 v 运动时，在 S 中测得的质点的速率 u 是

$$u = \frac{u' + v}{1 + u'v/c^2} \quad \text{（相对论速度）} \qquad (38-28)$$

相对论多普勒效应 如果发射频率 f_0 的光波的光源直接离开检测器以相对径向速率 v（和速率参量 $\beta = v/c$）运动时，检测器测到的频率 f 是

$$f = f_0\sqrt{\frac{1-\beta}{1+\beta}} \qquad (38-30)$$

如果光源直接向着检测器运动，式（38 - 30）中的符号反过来。

对于天文观察，多普勒效应是用波长量度的。对比 c 小得多的速率，式（38 - 30）给出

$$v = \frac{\Delta\lambda}{\lambda}c \qquad (38-33)$$

其中，$\Delta\lambda$ 是由于运动引起的波长的多普勒偏移（波长改变的大小）。

横向多普勒效应 如果光源的相对运动垂直于光源和检测器的连线，多普勒频率公式是

$$f = f_0\sqrt{1-\beta^2} \qquad (38-34)$$

这个**横向多普勒效应**是由于时间延缓产生的。

动量和能量 下列关于一个质量为 m 的质点的线动量 $\vec{p}$、动能 K 和总能量 E 对所有物理上可能的速率都是正确的：

$$\vec{p} = \gamma m\vec{v} \quad \text{（动量）} \qquad (38-39)$$

$$E = mc^2 + K = \gamma mc^2 \quad \text{（总能量）} \qquad (38-44, 38-45)$$

$$K = mc^2(\gamma - 1) \quad \text{（动能）} \qquad (38-49)$$

式中，γ 是对质点的运动的洛伦兹因子；mc^2 是和质点的质量相联系的**质量能**或**静能**。由这些公式可导出下列关系

$$(pc)^2 = K^2 + 2Kmc^2 \qquad (38-51)$$

和

$$E^2 = (pc)^2 + (mc^2)^2 \qquad (38-52)$$

当一个质点系进行一个化学反应或核反应时，反应的 Q 值是系统的总质量能改变的负值：

$$Q = M_ic^2 - M_fc^2 = -\Delta Mc^2 \qquad (38-47)$$

式中，M_i 是反应前系统的总质量；M_f 是反应后它的总质量。

思考题

1. 在图 38 - 16 中，飞船 A 向飞来的飞船 B 发射一个激光脉冲，其时侦察飞船 C 正向远处飞去。这些飞船的标出的速率都是从同一个参照系测量的。根据每个飞船测得的脉冲的速率将这些飞船由大到小排序。

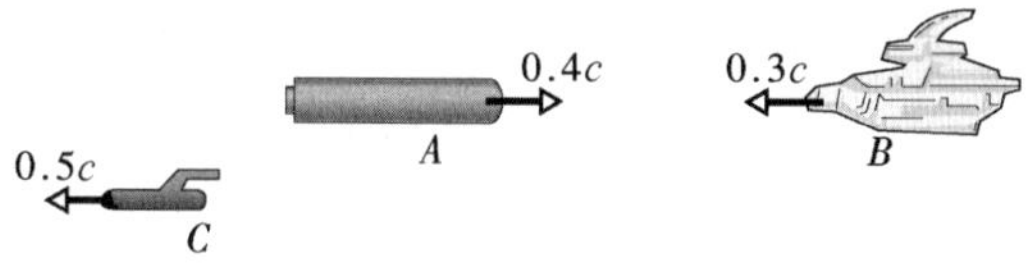

图 38 - 16 思考题 1 和 7 图

2. 图 38 - 17a 所示为在静系 S 中的两个钟（在该系中已调好同步）和动系 S' 中的一个钟。钟 C_1 和 C_1' 相互错过时的读数为零。当钟 C_1' 和 C_2 相互错过时，(a) 哪个钟的读数较小和 (b) 哪个钟测的是固有时？

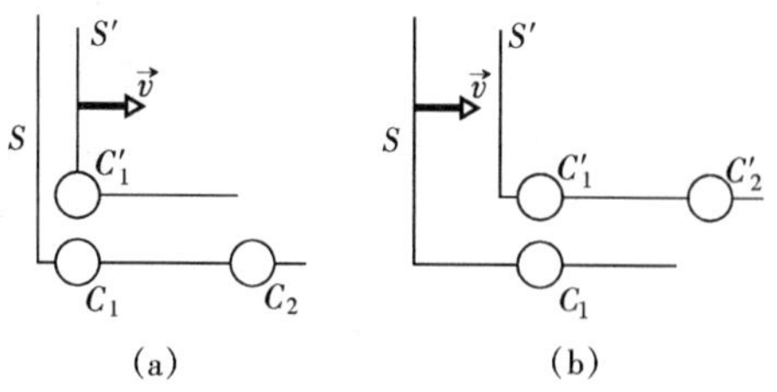

图 38 - 17 思考题 2 和 3 图

3. 图 38 - 17b 所示为在静系 S' 中的两个钟（在该系中同步）和动系 S 中的一个钟。钟 C_1 和 C_1' 相互错过时读数为零。当钟 C_1 和 C_2' 相互错过时，(a) 哪个钟的读数较小和 (b) 哪个钟测的是固有时？

4. Sam 驾飞船从金星飞向火星以相对速率 0.5c 经过地球上的 Sally。(a) 每人都测量金星-火星旅程

时间，谁测的是固有时间：Sam，Sally，或者都不是？(b) 在路上，Sam向火星发射一光脉冲，每个人都测量脉冲的飞行时间，谁测出的是固有时间？

5. 图38-18表明一飞船（船上参考系为S'）飞经我们（在参考系S中）。一个质子沿着飞船的长度方向从前到后以接近光速的速率发射。(a) 质子的发射点和撞击点的空间间隔$\Delta x'$是正的量还是负的量？(b) 这两个事件之间的时间间隔$\Delta t'$是正的量还是负的量？

图38-18 思考题5图

6. (a) 在图38-9中，假设在S'系中的观察者测量两个位于同一地点（例如x'），但发生在不同时刻的两个事件。在S系中的观察者测出它们是在同一地点吗？(b) 如果对一个观察者两个事件同时发生在同一地点，对所有其他观察者它们能是同时的吗？(c) 对所有其他观察者它们是在同一地点吗？

7. 图38-16中的飞船A和B直接相向飞行，标出的速度都是从同一参考系测量的，飞船A对B的相对速率是大于，小于，还是等于$0.7c$？

8. 图38-19所示为四个星际旅游船在比赛。当每个旅游船通过起跑线时，都有一个航天飞机离开旅游船冲向终点线。作为裁判的你相对于起跑线和终点线静止。各旅游船相对于你的速率v_c和各航天飞机相对于它们各自的星际船的速率v_s是，按此先后，(1) $0.70c$，$0.40c$；(2) $0.40c$，$0.70c$；(3) $0.20c$，$0.90c$；(4) $0.50c$，$0.60c$。(a) 不用笔算，根据航天飞机对你的速率由大到小将它们排序。(b) 也不用笔算，按照它们的驾驶员测得的起跑线到终点线的距离由大到小将各航天飞机排队。(c) 每个星际船都向它的宇宙飞船发出一个在星际船上测定的频率为f_0的信号。再次不用笔算，根据各航天飞机测出的频率由大到小将它们排序。

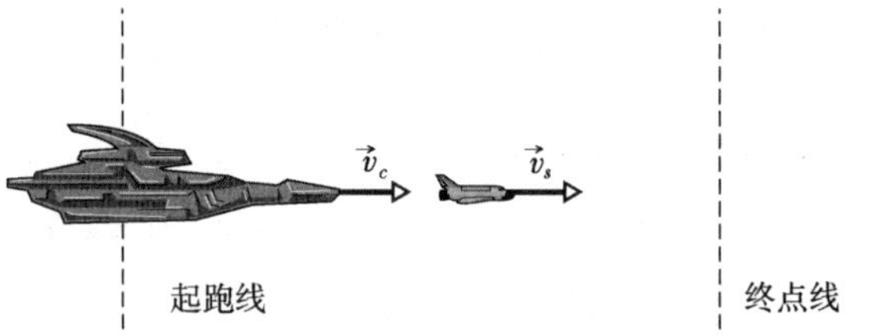

图38-19 思考题8图

9. 当在一个星际飞船上时，你接收到或直接向着你或直接离开你飞行的四架航天飞机发出的信号。这些信号具有相同的固有频率f_0。这些航天飞机的速率和方向（都相对于你）是 (a) $0.3c$朝向，(b) $0.6c$朝向，(c) $0.3c$离开，和 (d) $0.6c$离开。根据你接收到的频率由大到小将各航天飞机排序。

10. 三个质点的静能和总能量用一基本量A表示，分别为 (1) A，$2A$；(2) A，$3A$；(3) $3A$，$4A$。根据它们的 (a) 质量，(b) 动能，(c) 洛伦兹因子，和 (d) 速率由大到小将这些质点排序。

练习和习题

38-2节 两个假设

1E. 完全不顾地球的自转和公转的事实，一个实验室参考系也不是一个严格的惯性系，因为静止在那里的物体一般不可能保持静止，它要下落。然而，对于发生得非常快的事件常常可以忽略重力加速度而把这参考系当惯性系处理。例如，考虑一电子以水平速率$v=0.992c$射入一实验室试验小室并通过了20cm的距离。(a) 这一段飞行要经过多长时间？(b) 在这段时间内电子会下落多大距离？你对于在这种情况下把实验室当作惯性系处理的适当性可以下什么结论？(ssm)

2E. 下列速率各是光的速率的几分之几，即相应的速率参量β各是多少？(a) 地球板块的典型漂移速率（3cm/y）。(b) 高速路车速高限90km/h。(c) 以2.5马赫（1200km/h）飞行的超音速飞机。(d) 从地球表面抛射的物体的逃逸速率。(e) 远处类星体的典型退行速率（3.0×10^4km/s）。

38-5节 时间的相对性

3E. 静止的μ子的平均寿命测定为2.2μs。在地球上测到的在宇宙射线的簇射中的高速μ子的平均寿命是16μs。求这些宇宙射线μ子对地球的速率。(ssm)

4E. 洛伦兹因子是（a）1.01，（b）10.0，（c）100 和（d）1000 的速率参量 β 是多大？

5P. 一个不稳定的高能粒子进入一探测器并在衰变前留下一条长 1.05mm 的径迹。它对探测器的相对速率是 0.992c。它的固有寿命是多长？如果它相对于探测器是静止的，它在衰变前能存在多久？(ilw)

6P. 你打算乘宇宙飞船从地球出发来一次往返的旅游，以恒定速率沿直线飞行 6 个月，接着以同样的恒定速率往回飞。你还希望在你返回时发现地球将是在将来 1000 年时的样子。（a）你必须飞多快？（b）你是否沿一条直线飞行有关系吗？如果，例如，你沿一个圆周飞行了一年，你还会发现当你返回地球时地球的钟已经走了 1000 年吗？

38－6 节　长度的相对性

7E. 一根在参考系 S 中平行于 x 轴的棒沿此轴以速率 0.630c 运动，它的静长是 1.70m。它在此 S 系中测量的长度是多少？(ssm)

8E. 一个电子以 $\beta = 0.999\,987$ 沿一个抽空了的管的轴运动，此管在对静止于它的实验室参考系 S 中测得的长度是 3.00m。在对电子静止的参考系 S' 中的观察者将看到此管以速率 v（$=\beta c$）运动。S' 观察者测得的棒的长度会是多少？

9E. 在 S' 系中一根米尺与 x' 轴夹角 30°。如果此参考系沿 S 系的 x 轴以相对于 S 系的速率 0.90c 运动，在 S 系中测得的米尺长度是多少？

10E. 一只宇宙飞船的长度测得正好是其固有长度的一半。(a) 用 c 表示飞船相对于观察者的参考系的速率是多大？（b）和观察者的参考系中的钟相比飞船的钟慢了几分之几？

11E. 静长为 130m 的宇宙飞船以速率 0.740c 飞过一计时站。(a) 计时站测得的飞船的长度是多少？(b) 记时站记录的飞船的头和尾经过的时间间隔是多少？(ssm)

12P. (a) 在原则上，一个人在正常寿命内能从地球飞到约 23000ly 远的星系中心吗？用时间延缓或长度缩短论据解释（b）在 30 年（固有时间）内完成这一旅行所需的恒定速率。

13P. 一个空间旅行者从地球出发以 0.99c 的速率向 26ly 远的织女星飞去，地球钟经过了多长时间，（a）当旅行者到达织女星时；（b）当地球观察者接收到旅行者发来的她已到达的消息时；（c）地球观察者计算的旅行者到织女星时比她开始旅行时（在她的参考系中）老了多少？(ssm) (www)

38－8 节　洛伦兹变换公式的几个推论

14E. 观察者 S 报告在他的参考系内的时刻 $t = 2.50\text{s}$，在 x 轴上 $x = 3.00 \times 10^8\text{m}$ 处发生的一个事件。（a）观察者 S' 和她的参考系沿 x 轴正向以 0.400c 的速率运动，并且在 $t = t' = 0$ 时，$x = x' = 0$。观察者 S' 报告的此事件的坐标是多少？（b）如果观察者 S' 沿 x 轴**负**方向以同样速率运动，她报告的坐标会是什么？

15E. 观察者 S 认定一个事件的时空坐标是

$$x = 100\text{km} \text{ 和 } t = 200\mu\text{s}$$

在沿 x 正向以速率 0.950c 相对于 S 运动的参考系中此事件的时空坐标是多少？做定 $t = t' = 0$ 时 $x = x' = 0$。(ssm)

16E. 惯性系 S' 相对于 S 系以 0.60c 的速率运动（图 38－9），并且，在 $t = t' = 0$ 时，$x = x' = 0$。记录了两个事件。在 S 系中，事件 1 在 $t = 0$ 时发生在原点和事件 2 在 $t = 4.0\mu\text{s}$ 时发生在 x 轴上 $x = 3.0\text{km}$ 处。S' 系中的观察者记录的这同样两事件发生的时刻如何？解释时间顺序的差别。

17E. 一个实验者安排同时触发两个闪光灯，在他的参考系的原点产生一次强闪光和在 $x = 30.0\text{km}$ 产生一次弱闪光。一个以 0.250c 的速率沿 x 正向运动的观察者也看到了这两次闪光。（a）对于她，两次闪光间的时间间隔是多少？（b）她看到哪次闪光先发生？(ssm) (www)

18P. 一个观察者看到离他 1200m 远处一次强闪光和在他和强闪光的直接连线上较近的 720m 处的另一次弱闪光。他测定的两闪光间的时间间隔是 5.00μs 而且强闪光发生在前。（a）在其中观察到这两次闪光发生在同一地点的参考系 S' 的相对速度 $\vec{v}$（大小和方向）为何？(b) 从 S' 系看来，哪次闪光发生在前？(c) 在 S' 系中测得的它们之间的时间间隔是多少？

19P. 一只钟沿 x 轴以 0.600c 运动，经过原点时读数为零。（a）计算钟的洛伦兹因子。（b）当它经过 $x = 180\text{m}$ 时读数是多少？(ssm) (www)

20P. 在习题 18 中，观察者 S 观察到两次闪光发生在像以前一样的两个地点，但现在发生的时刻更接近了。要使得仍可能找到一个它们发生在同一地点的参考系 S'，在 S 系中它们在时间上能接近到什么程度？

38－9 节　速度的相对性

21E. 一质点沿 S' 系的 x' 轴方向以速率 0.40c 运动。S' 系相对于 S 系以 0.60c 运动。在 S 系中测得的

质点的速率多大？(ssm)

22E. S'系相对于 S 系以 0.62c 沿正 x 方向运动。在 S'系中，一质点沿 x'正向以速率 0.47c 运动。

(a) 质点相对于 S 的速度为何？(b) 如果质点在 S'系中沿 x'负向运动（以速率 0.47c），它相对于 S 系的速度为何？在每种情况下，把结果和经典速度变换公式的预言对比一下。

23E. 星系 A 被告知以速率 0.35c 离开我们退行。星系 B，位于正相反的方向，也被发现以相同速率离开我们退行。在星系 A 上观察到的（a）我们银河系和（b）星系 B 的退行速率是多少？(ssm)

24E. 根据所发出的光的红移的测量得知类星体 Q_1 正以速率 0.800c 远离我们运动。在相同方向上但离我们更近的类星体 Q_2 正远离我们以 0.400c 的速率运动。在 Q_1 上的观察者测量的 Q_2 的速度为何？

25P. 一只长度为 350m 的宇宙飞船相对于某一参考系的速率是 0.82c。在此参考系中，一颗微流星也以 0.82c 的速率沿一反平行的轨道经过飞船。在飞船上测量此物体经过飞船要用多长时间？(ssm) (ilw) (www)

26P. 长 1.00ly（在它的静系中）的一队空间飞船以速率 0.800c 相对于地面站 S 运动。一通讯员从队伍后边向队伍前边以相对于 S 的 0.950c 的速率飞去。(a) 在通讯员的静系内，(b) 在飞船队的静系内和（c）由 S 系中的观察者，测得的通讯员飞过飞船队全程需要多长时间？

38–10 节 光的多普勒效应

27E. 一个离开地球以速率 0.900c 运动的空间飞船向回发射频率（在空间飞船参考系内测量）为 100MHz 的信号，地上接收器要调到多大频率以接收此信号？(ssm)

28E. 图 38–20 所示为从星系 NGC7319 发出到达地球的光的强度对波长的图像，该星系离地球约 3×10^8ly。最强的光是 NGC7319 中的氧发出的。在实验室内该辐射波长是 $\lambda=513$nm，但是在从 NGC7319 来的光中由于多普勒效应它被移到了 525nm（所有来自 NGC7319 的辐射都被移动了）。(a) NGC7319 相对于地球的径向速率是多少？(b) 它的相对运动是向着还是离开我们的行星？

29E. 测到的从室女座的一个星系发来的光的某一波长比地球上光源相应的光的波长长了 0.4%。这一星系相对于地球的径向速率是多少？它向着地球还是远离地球？

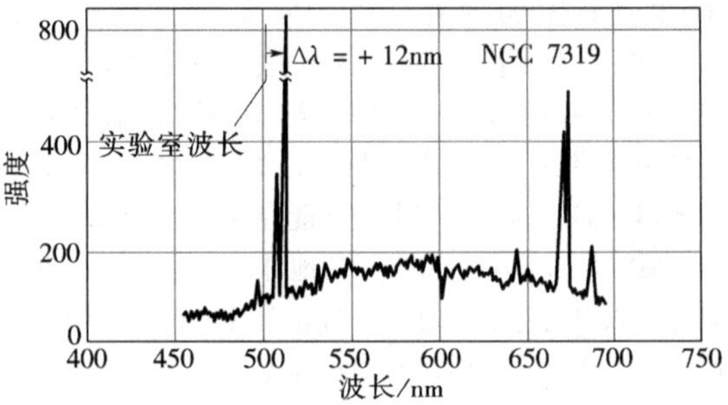

图 38–20 练习 28 图

30E. 假定式（38–33）成立，求你在红色光中行走时要多快才能使它看起来是绿色的？取红光的波长为 620nm 而绿光的波长为 540nm。

31P. 一空间飞船以 0.20c 的速率飞离地球。在飞船尾部的一个光源对飞船上的乘客显现蓝色（λ = 450nm）。对地面上监视此退行飞船的观察者来说，该光源呈现什么颜色？(ssm) (ilw) (www)

38–12 节 对能量的一种新看法

32E. 把一个电子的速率从零增大到（a）0.50c，(b) 0.990c，和（c）0.9990c 必须做多少功？

33E. 求动能是（a）1.00keV，(b) 1.00MeV 和（c）1.00GeV 的电子的速率参量 β 和洛伦兹因子 γ。

34E. 求动能是 10.0MeV 的一个质点的速率参量 β 和洛伦兹因子 γ，如果这个质点是（a）一个电子，(b) 一个质子，和（c）一个 α 粒子。

35E. 用 c 表示动能为 100MeV 的电子的速率是多大？(ssm)

36E. 在反应

$$p+{}^{19}F\rightarrow\alpha+{}^{16}O$$

中各质量的精确值已被测定为

$$m(p)=1.007825u,\ m(\alpha)=4.002603u$$
$$m(F)=18.998405u,\ m(O)=15.994915u$$

根据这些数据计算反应的 Q 值。

37P. 类星体被认为是在它们形成的早期的活动星系的核心。一个典型的类星体以 10^{41}W 的速率发射能量。这一类星体的质量以多大的速率减少以提供这些能量？以太阳质量单位每年表示你的结果，其中 1 太阳质量单位（$1smu=2.0\times10^{30}$kg）是太阳的质量。(ssm)

38P. 把一个电子的速率（a）由 0.18c 增大到 0.19c 和（b）由 0.98c 增大到 0.99c 需要做多少功？

注意两种情况下速率的增加都是 $0.01c$。

39P. 某个质量为 m 的质点具有大小为 mc 的动量，它的（a）速率，（b）洛伦兹因子，和（c）动能是多少？（ssm）

40P.（a）动能是其静能的两倍和（b）总能量是其静能的两倍的粒子的速率是多大？

41P. 质量为 m 的质点的动能必须是多大才能使它的总能量等于其静能的 3 倍？（ilw）

42P.（a）如果一个粒子的动能 K 和动量 p 能测定，就能求出它的质量 m，从而辨认该粒子。证明

$$m = \frac{(pc)^2 - K^2}{2Kc^2}$$

（b）证明当 $u/c \to 0$ 时，此式简化到一个期望的结果，其中 u 是粒子的速率。（c）求动能为 55.0MeV 和动量是 121MeV/c 的粒子的质量。以电子质量 m_e 表示你的答案。

43P. 一片 5.00gr 的阿司匹林的质量是 320mg。这一质量的能量当量能使汽车开行多少公里？假设对汽车所用的汽油有 12.75km/L，燃烧热为 3.65×10^7J/L。（ssm）

44P. 静止 μ 子的平均寿命为 2.20μs。实验室测量的从粒子加速器出来的一束 μ 子中运动的 μ 子的平均寿命是 6.90μs。在实验中这些 μ 子的（a）速率，（b）动能，和（c）动量是多少？一个 μ 子的质量是一个电子的 207 倍。

45P. 在海平面以上 120km 的大气顶部附近的一个宇宙射线粒子和一个粒子之间的高能碰撞中产生了一个 π 介子。此 π 介子具有总能量 $E = 1.35 \times 10^5$MeV，并竖直向下运动。在 π 介子参考系中，它在产生后 35.0ns 衰变。在地球参考系中测量，此 π 介子在海平面以上多高处衰变？π 介子的静能是 139.6MeV。（ssm）（www）

46P. 在 29－5 节中证明了一个电量 q 和质量 m 以速率 v 垂直于一均匀磁场 B 运动的质点沿一圆周运动，其半径 r 由式（29－16）给定为

$$r = \frac{mv}{qB}$$

另外，也证明了圆运动的周期 T 与粒子的速率无关。这些结果只对 $v \ll c$ 时成立。对于运动得较快的粒子，圆路径的半径必须用下式求出：

$$r = \frac{p}{qB} = \frac{\gamma mv}{qB} = \frac{mv}{qB\sqrt{1-\beta^2}}$$

这一公式适用于所有速率。比较一个 10.0MeV 的电子垂直于一个均匀的 2.20T 的磁场运动时的半径，用（a）经典的和（b）相对论公式，（c）用 r 的相对论公式计算圆运动的周期 $T = 2\pi r/v$，结果与电子的速率无关吗？

47P. 电离测量表明某一低质量核粒子具有电荷 $2e$ 并以 $0.710c$ 的速率运动。在一 1.00T 的磁场中它的路径的曲率半径为 6.28m。（此路径是其平面垂直于磁场的一个圆。）求此粒子的质量并加以辨认。［**提示：**低质量核粒子由数目差不多相等的中子（不带电）和质子（带电 = $+e$）组成。取每一个这些粒子的质量为 1.00u。也参看习题 46。］（ssm）

48P. 宇宙辐射中的一个 10GeV 质子在平均大小为 55μT 的地磁场区域内以速度 $\vec{v}$ 垂直于 $\vec{B}$ 运动。在该区域质子的弯曲路径的半径是多少？（参看习题 46）

49P. 一个 2.50MeV 电子垂直于一磁场沿曲率半径为 3.0cm 的路径运动。磁场的大小 B 是多少？（参看习题 46）

50P. 费米实验室的同步加速器可以把质子加速到动能为 500GeV。对于这样高的能量，相对论效应是重要的。特别地，随着质子的速率增大，它在加速器中沿圆轨道绕一圈的时间也增大。在一个磁场的大小和振子频率都固定的回旋加速器中，这种时间延缓效应能使质子的圆运动不再与振子同步。这将破坏重复的加速，因此质子的能量就不能达到 500GeV。然而在一同步加速器中，磁场的大小和振荡频率都改变因而就允许由时间延缓产生的改变。

在能量为 500GeV 时，计算（a）洛伦兹因子，（b）速率参量，和（c）在曲率半径为 750m 的质子轨道处的磁场的大小。（参看习题 46，用 938.3MeV 作为质子的静质量。）

51P*. 一个动能为 7.70MeV 的 α 粒子与静止的 ^{14}N 核发生碰撞并转变成一个 ^{17}O 核和一个质子。质子以和入射 α 粒子的方向成 90° 的方向射出并具有动能 4.44MeV。各种粒子的质量为：α 粒子，4.00260u；^{14}N，14.00307u；质子；1.007825u；^{17}O，16.99914u。以 MeV 表示，（a）氧核的动能和（b）反应的 Q 值是多少？（**提示：**这些粒子的速率比 c 小得多。）

附加题

52. 车－车库问题。Carman 刚买了一辆世界上最长的轿车，其固有长度为 $L_c = 30.5$m。在图 38－21a

中，它停在固有长度 $L_g=6.00\mathrm{m}$ 的车库前面。车库有一个前门（开着）和一个后门（关着）。车明显地比车库长。但是，Garageman，车库的所有者，他知道些关于相对论长度缩短的知识，乃和 Carman 打赌说车能够停在前后门都关闭的车库里。Carman，在到狭义相对论之前就中断了物理课，说这种事，甚至在原则上，都是不可能的。

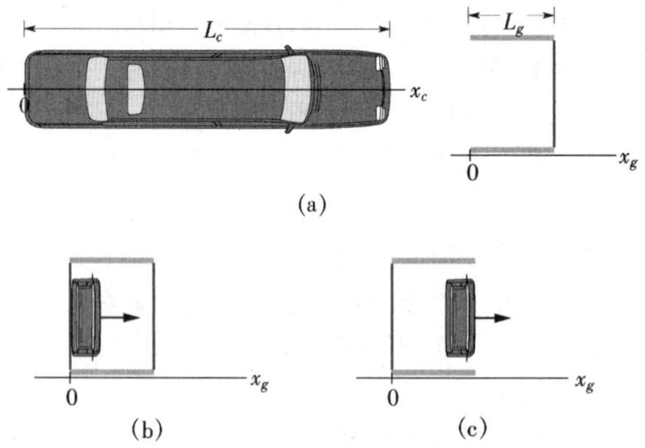

图 38－21 习题 52 图

为了分析 Garageman 的方案，对车附上一个 x_c 轴，$x_c=0$ 在后保险杆上，并对车库附上一个 x_g 轴，$x_g=0$ 在（现在开着的）前门处。然后，Carman 就要驱动汽车以 0.9980c 的速度（当然，在技术上和经济上这是不可能的）直接向车库前门开去。Carman 静止在 x_c 参考系中，Garageman 静止在 x_g 参考系中。

这里需考虑两个事件。**事件** 1：当后保险杆过了前门后，前门就关上。令这一事件的时刻对 Carman 和 Garageman 都是零，$t_{g1}=t_{c1}=0$，此事件发生在 $x_c=x_g=0$ 处。图 38－21b 所示为根据 x_g 参考系画的事件 1。**事件** 2：当前保险杆到达后门时，这门打开。图 38－21c 所示为根据 x_g 参考系画出的事件 2。

根据 Garageman，(a) 车的长度是多少？(b) 事件 2 的时空坐标 x_{g2} 和 t_{g2} 是多少？(c) 在前后门都关着时，车暂时"陷入"在车库内的时间多长？

现在考虑从 x_c 参考系看到的情况，在此参考系中车库以 $-0.9980c$ 的速度疾速经过卡车。根据 Carman，(d) 跑过的车库的长度是多少？(e) 事件 2 的时空坐标 x_{c2} 和 t_{c2} 是多少？(f) 卡车在前后门都关着时曾经在车库内吗？(g) 哪个事件先发生？(h) 画出 Carman 看到事件 1 和事件 2 的草图。（这两个事件有因果联系，就是说它们中的一个是另一个引起的吗？）(i) 最后，打赌谁赢了？

53. 超光速喷流。图 38－22a 表示从一个星系排出的一股电离气体喷流中的一小团所取的路径。该小团以恒定速度 $\vec{v}$ 沿与地球的方向成 θ 角的方向运动。该小团偶然地发射一次闪光最后在地球上被探测到。图 38－22a 中画出了两个闪光，在靠近闪光的一个静止的参考系中测得二者相隔的时间为 t。图 38－22b 中表示闪光 1 和闪光 2 发的光先后到达地球时在同一张胶片上显示的像。在两次闪光间小团经过的表观距离 D_{app} 是在地球上的观察者看到的小团运动路径上的一段距离。两闪光之间的表观时间 T_{app} 是光从它们到达地球上时的时间差。表观速率就是 $V_{app}=D_{app}/T_{app}$。用 v，t，θ 表示 (a) D_{app} 和 (b) T_{app}。(c) 对 $v=0.980c$ 和 $\theta=30.0°$ 计算 V_{app}。当最初观察到许多超光速（比光快）喷流时，在人们能够理解如图 38－22a 所示的几何图像之前，这些超光速喷流似乎成了否定狭义相对论的依据。

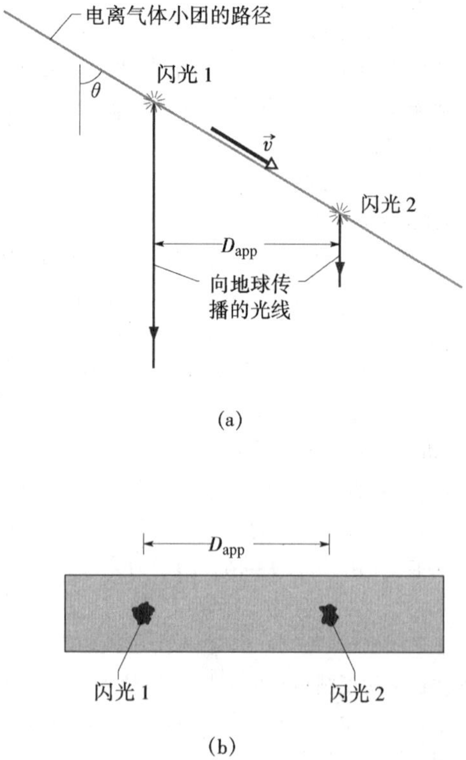

图 38－22 习题 53 图

第 5 篇

第 39 章 光子和物质波

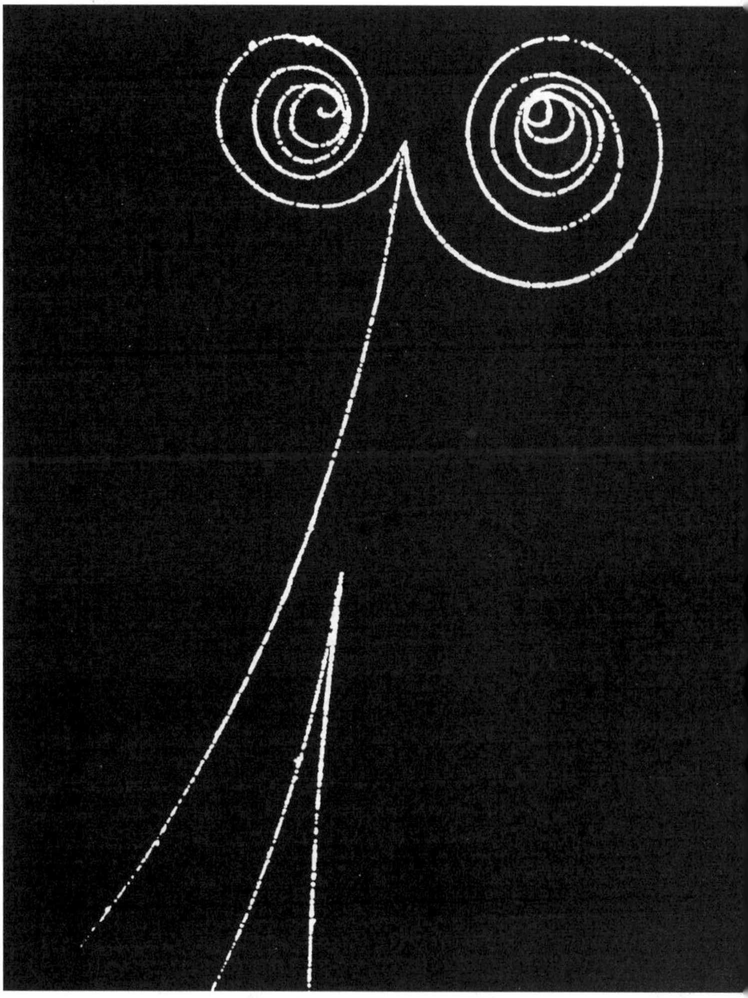

这是一幅气泡室的照片，其中微小的气泡显示电子和正电子运动经过的路径。一束 γ 射线（它从顶部进入而没有留下径迹）从充满气泡室的液态氢的一个氢原子中打出一个电子（e_0^-）而自身转变为一个电子－正电子对（e_1^--e_1^+）。在图更下方的另一束 γ 射线也经历了电子对产生的过程（e_2^--e_2^+）。图中的径迹（由于磁场而变成曲线）清楚地显示电子和正电子都是沿着细窄路线运动的粒子。虽然如此，这些粒子也可以用波来说明。

那么，一个粒子能是一列波吗？

答案就在本章中。

39－1　一个新的方向

我们关于爱因斯坦相对论的讨论带领我们进入了一个远离我们日常经验的世界——一个以接近光速运动的物体的世界。相对论的令人惊奇的预言之一是，钟走的快慢有赖于它相对于观察者的速度：速度越大，钟走得越慢。相对论的这个和其他许多预言都经受住了至今设计的每一个实验，而且还使我们对空间和时间的本质有了更深入和更满意的看法。

现在你们就要去探索另外一个在我们日常经验之外的世界——亚原子世界。你们将会遇到一系列新的令人惊奇的结论。它们虽然有时候看起来希奇古怪，但却使物理学家逐步地对现实世界形成了更深刻的看法。

这门新的学科叫**量子物理**。它解答这样的问题，例如：恒星为什么能发光？为什么各种元素具有周期表所明确显示的规律性？晶体管收音机和其他微电子设备是怎样工作的？为什么铜能导电而玻璃却不能？由于量子物理能解释各种化学，包括生物化学的现象，如果我们想理解生命本身，我们也需要去学习它。

有些量子物理的预言甚至对于研究其基础的物理学家和哲学家似乎也是十分奇特的。但是，一个又一个实验都证明了此理论是正确的，而且许多实验还揭示了这个理论更为奇特的方面。量子世界就宛如一个游乐场，里面充满了各种奇妙的游乐项目。这些项目肯定要动摇你从孩提时期就开始形成的对于世界的一般看法。下面就让我们从认识光子开始来探索这个量子游乐场。

39－2　光子，光的量子

量子物理（又称量子力学和量子理论）大部分是对微观世界的研究。那里有很多量被发现是以某一最小的（基本的）量，或这些基本量的整数倍出现的；它们因此而被说成是**量子化**的，和这样一个量相联系的基本量称为该量的**量子**。

大概地说，美国货币是量子化的，因为最小值是 1 分硬币，或 0.01 美元硬币。所有其他硬币或美钞的值都限定是这一最小值的整数倍。换句话说，货币量子是 0.01 美元，而所有更大量货币的值都是 n(0.01 美元)，此处 n 是一个正整数。例如，你不可能拿到 0.755 美元 = 75.5(0.01 美元)。

1905 年，爱因斯坦提出电磁辐射（或简单地说，光）是量子化的，其基本量现在称为**光子**。你一定认为这一提议很奇特，因为此前我们用了好几章的篇幅来讨论关于光的经典概念：光是一种正弦波，其波长 λ，频率 f 和速率 c 有下述关系：

$$f = \frac{c}{\lambda} \qquad (39-1)$$

还有，在第 34 章我们讨论了光波是相互联系的电场和磁场的合成，其中每种场都以频率 f 振动。这种振动着的场形成的波怎么可能是由某种东西的基本量——光量子组成的呢？什么是光子？

光量子，或光子的概念，实际上比爱因斯坦想象的要微妙得多。其实，对它的理解至今仍然是很贫乏的。在本书中，我们将大致沿着爱因斯坦的思路，只讨论光子概念的一些基本方面。

根据爱因斯坦的提议，频率为 f 的光波的量子具有能量

$$E = hf \quad (\text{光子能量}) \qquad (39-2)$$

这里 h 是**普朗克常量**，其值为

$$h = 6.63 \times 10^{-34}\text{J} \cdot \text{s} = 4.14 \times 10^{-15}\text{eV} \cdot \text{s} \qquad (39-3)$$

频率为f的光波所能具有的最小能量是hf，也就是一个光子的能量。如果光波具有更多的能量，它的总能量必定是hf的整数倍，正像前例中所述货币值必定是0.01美元的整数倍一样。光不可能具有$0.6hf$或$75.5hf$的能量。

爱因斯坦进一步提出，当光被一个物体（物质）吸收或发射时，吸收或发射事件是发生在物体的原子中的。当频率为f的光被一个原子吸收时，一个光子的能量hf就从光转入原子。在这个"**吸收事件**"中，光子消失了，即原子吸收了它。当原子发射频率为f的光时，能量hf从原子转入光。在这个**发射事件**中，光子突然出现即原子发射了它。这就是物质中原子的**吸收光子**和**发射光子**的过程。

对于由许多原子组成的物体，可能发生许多吸收光子的事件（如用太阳镜）或许多发射光子的事件（如用照明灯）。但是，每一次吸收或发射事件仍然只涉及能量等于一个光子能量的转移。

在前面几章我们讨论光的吸收和发射时，所举例子都涉及大量的光以至于不需要量子物理，我们就用经典物理解释了。但是，在20世纪晚期，技术已经发展到完全可以做单光子实验并且已投入实际应用。从那时起，量子物理就变成一般工程实际，特别是光学工程的一部分了。

检查点1：对下列各种辐射根据它们的光子能量从大到小排序：(a) 钠光灯发出的黄光，(b) 放射性核发出的γ射线，(c) 商用无线电台的天线发出的无线电波，(d) 机场交通指挥雷达发出的微波束。

例题39-1

一盏钠光灯置于一个大的球面的中心，该球面能吸收所有照到它上的光。该灯的发射功率为100W：设所发射的光的波长全是590nm。问球面吸收光子的时率多大？

【解】 假设灯发射的光全部到达球面而被吸收。此处**关键点**是光作为光子被发射和吸收。球面吸收光子的时率R等于灯发射光子的时率R_{emit}，后者是

$$R_{\text{emit}} = \frac{\text{能量发射的时率}}{\text{每个被发射光子的能量}} = \frac{P_{\text{emit}}}{E}$$

由式(39-2)($E=hf$)，可得

$$R = R_{\text{emit}} = \frac{P_{\text{emit}}}{hf}$$

用式(39-1)($f=c/\lambda$)取代f并代入已知数据，即得

$$R = \frac{P_{\text{emit}}\lambda}{hc}$$

$$= \frac{(100\text{W})(590 \times 10^{-9}\text{m})}{(6.63 \times 10^{-34}\text{J} \cdot \text{s})(3.0 \times 10^{8}\text{m/s})}$$

$$= 2.97 \times 10^{20}\ \text{光子/s}$$

（答案）

39-3 光电效应

如果使一束波长足够短的光射到干净的金属表面上，它就会使电子脱离金属表面（光从表面逐出电子）。许多设备都应用了这种**光电效应**，如电视摄像机、夜视镜等。这种效应不用量子物理是完全不能理解的。爱因斯坦用光子来解释这种效应，以支持他的光子概念。

让我们来分析两个基本的光电实验，所用装置如图39-1所示，其中频率为f的光入射到靶T上，并从它逐出电子。这些电子称为**光电子**。在靶T和收集杯C之间加以电势差V以驱赶这些电子。收集到的电子形成的**光电流**由电流表A测量。

第一个光电实验

移动图 39－1 中的滑动触头以调节电势差 V，使收集器 C 的电势略低于靶 T 的电势。这时，被逐出的电子的速度将不断减小。当 V 到达某一值时，电流表 A 的读数将恰好等于零。这一电势差称为**遏止电势**，以 V_{stop} 表示。当 $V=V_{stop}$ 时，能量最大的被逐出电子在刚要到达收集器时就折回了。于是这些能量最大的电子的动能 K_{max} 就是

$$K_{max}=eV_{stop} \tag{39-4}$$

其中 e 是基元电荷。

测量结果显示，对于给定频率的光，K_{max} 和光源的强度无关。不管光源是亮得眩眼还是弱到几乎检测不出来（或某个中间亮度），被逐出电子的最大动能都是相同的。

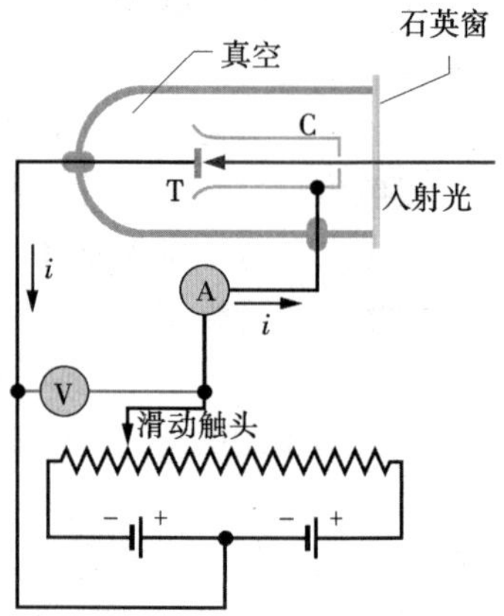

图 39－1　研究光电效应的装置，入射光照射到靶 T 上，被逐出的光子由收集杯 C 收集。电路中电子沿着与按习惯画出的电流方向相反的方向运动，电池和可变电阻用来产生和调节 T 和 C 之间的电势差。

从经典物理看来，这一实验结果是令人困惑的。经典物理认为入射光是正弦式振动着的电磁波。靶中的电子应在波的电场施加的振动电场力的作用下做正弦振动。如果电子振动的振幅足够大，电子将挣脱表面的束缚——即从靶的表面被逐出。因此，如果增大波和其中振动电场的振幅，电子在被逐出时就会受到更强有力的"一踢"。但是，实际上并不是这样的。对于给定的频率，强光束和弱光束给予被逐出的电子的最强的"一踢"是完全一样的。

如果用光子来考虑，就能很自然地得出实际结果。现在入射光能够给予靶中一个电子的能量就是单独一个光子的能量。增大光的强度只是增大光束中光子的数目，而光子的能量，由于频率没有改变，根据式（39－2），也不会改变。这样，转移成电子动能的能量也就不会改变了。

第二个光电实验

现在改变入射光的频率 f 同时测量相应的遏止电势 V_{stop}。图 39－2 是 V_{stop} 对 f 的关系图线，由图可以看出，如果频率小于某一**截止频率** f_0，或者换个说法，如果波长大于相应的**截止波长** $\lambda_0=c/f_0$，光电效应就不会发出。**不管入射光如何强，总是这样。**

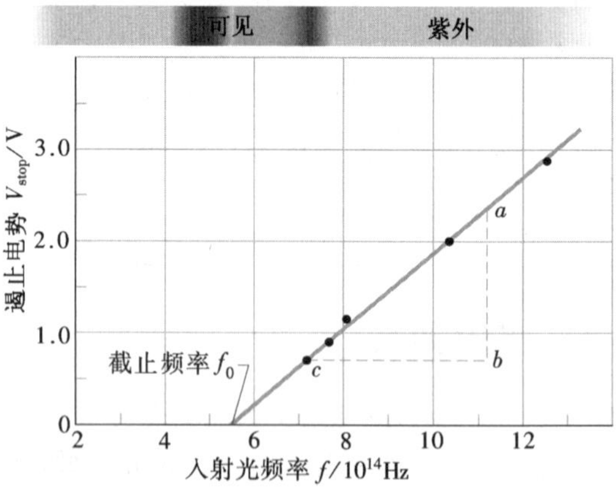

图 39－2　图 39－1 中的 T 为钠靶时遏止电势 V_{stop} 和入射光频率 f 的函数关系图线（数据取自 R. A. Millikan 的报告，1916）。

对经典物理来说，这又是一种令人困惑的事。如果你认为光是电磁波，就必然期望，不管频率如何低，只要能给电子供给足够的能量——就是说，用一个足够亮的光源，电子总会被逐出的。**实际上不是这样。**对于频率低于截止频率 f_0 的光，不论光源多

亮，光电效应都不会发生。

但是，如果是通过光子转移能量的，截止频率的存在就正是我们所期望的。靶中的电子是被电力束缚在里面的。(如果不是这样，这些电子将由于受到重力作用而掉出来。) 为了刚好脱离靶，电子必须获得一定的最小能量 Φ，这 Φ 是靶材料的一种性质，称为**功函数**。如果一个光子转移给一个电子的能量 hf 大于靶材料的功函数（如果 $hf>\Phi$），电子就能脱离靶。如果所转移的能量小于功函数（即 $hf<\Phi$），电子就不能脱离。这就是图 39 -2 告诉我们的。

光电方程

爱因斯坦用下述方程总结了这些光电实验的结果

$$hf = K_{max} + \Phi \quad (\text{光电方程}) \tag{39-5}$$

这是一个在功函数为 Φ 时，靶吸收一个单独光子时的能量守恒表示式。等于光子能量 hf 的一份能量转移给靶中的一个单独的电子。如果电子要脱离靶，它必须获得最小等于 Φ 的能量。电子从光子获得的任何多余的能量（$hf-\Phi$）就变成电子的动能。在最有利的情况下。在这一过程中，电子可以毫不损失这动能而脱离表面；于是它到靶外时就具有了最大可能的动能 K_{max}：

将式（39 -4）中的 K_{max} 代入式（39 -5），稍加整理即可得

$$V_{stop} = \left(\frac{h}{e}\right)f - \frac{\Phi}{e} \tag{39-6}$$

比值 h/e 和 Φ/e 都是常量，因此我们可以期望测得的遏止电势对光的频率 f 的图线是一条直线，就像图 39 -2 中那样。还可以得出，那条直线的斜率就是 h/e。作为校核，我们测量图 39 -2 中的 ab 和 bc 并写出

$$\frac{h}{e} = \frac{ab}{bc} = \frac{2.35\text{V} - 0.72\text{V}}{(11.2\times10^{14} - 7.2\times10^{14})\text{Hz}} = 4.1\times10^{-15}\text{V}\cdot\text{s}$$

用基元电荷 e 乘此结果，可得

$$h = (4.1\times10^{-15}\text{V}\cdot\text{s})(1.6\times10^{-19}\text{C}) = 6.6\times10^{-34}\text{J}\cdot\text{s}$$

这一数值和许多用其它方法测得的数值相符。

旁白：光电效应的解释肯定需要量子物理。爱因斯坦的解释也曾是关于光子存在的无可争辩的论证。不过，1969 年出现了另一个用量子物理但不用光子概念的对光电效应的解释。光确实**是**以光子为单位量子化的，但爱因斯坦对光电效应的解释并不是对该事实最好的论证。

检查点 2：和图 39 -2 类似，下图中显示了对于铯靶、钾靶、钠靶和锂靶的数据。图线是相互平行的。(a) 按它们的功函数由大到小对这些靶排序。(b) 按它们给出的 h 值由大到小对这些图线排序。

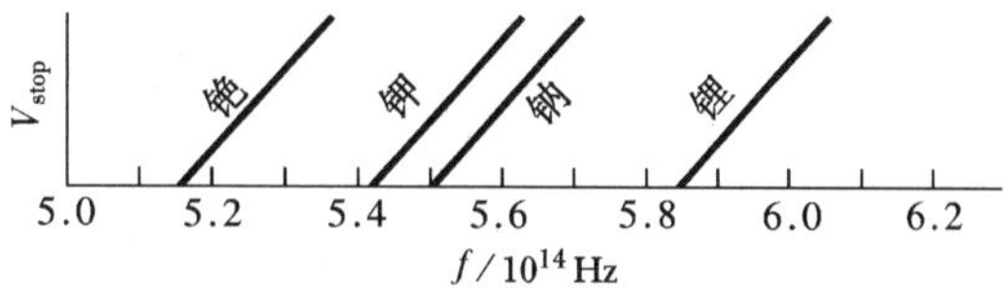

例题 39 -2

一个光源以 $P=1.5$W 的功率向四周均匀地发射能量。在离光源距离 $r=3.5$m 处放置一钾箔。钾的功函数 $\Phi=2.2$eV。假设入射光的能量是连续地和平稳地（即按经典物理而不是按量子物理那样行事）传给箔靶的。箔要吸收到足够的能量以逐出电子需要多长的时间？假设箔完全吸收所有照射到它上面的能量而其中一个要被逐出的电子收集能量的圆形截面的半

径约为一个典型原子的半径 $r=5.0\times10^{-11}$m。

【解】 本题的**关键点**如下：

1. 圆形截面收集到能量 ΔE 所需的时间 Δt 取决于吸收能量的时率 P_{abs}：

$$\Delta t=\frac{\Delta E}{P_{abs}}$$

2. 如果电子要从箔片中被逐出，它从入射光中获得的能量 ΔE 至少要等于钾的功函数 Φ，于是

$$\Delta t=\frac{\Phi}{P_{abs}}$$

3. 由于圆形截面是完全吸收的，所以吸收速率 P_{abs} 等于能量射到它上面的时率 P_{arr}，即

$$\Delta t=\frac{\Phi}{P_{arr}}$$

4. 由式（34－23），能量射到圆形截面上的时率 P_{arr} 等于截面处光的强度 I 和截面面积的乘积，即

$$P_{arr}=IA$$

于是

$$\Delta t=\frac{\Phi}{IA}$$

5. 由于光源是均匀地向四周发射能量的，在离光源 r 处的光强取决于光源发射能量的时率 P_{emit}，根据式（34－27）

$$I=\frac{P_{emit}}{4\pi r^2}$$

于是最后得

$$\Delta t=\frac{4\pi r^2\Phi}{P_{emit}A}$$

圆形面积 $A=\pi(5.0\times10^{-11}\text{m})^2=7.85\times10^{-21}\text{m}^2$ 而功函数 $\Phi=2.2\text{eV}=3.5\times10^{-19}\text{J}$。将这些以及其他数据代入，可得

$$\Delta t=\frac{(4\pi)(3.5\text{m}^2)(3.5\times10^{-19}\text{J})}{(1.5\text{W})(7.85)(10^{-21}\text{m}^2)}$$
$$=4580\text{s}\approx1.3\text{h}$$

（答案）

这样，经典物理告诉我们光照射到箔片上后，需要等1个多小时才能有一个光电子被逐出。而实际的等候时间小于 10^{-9}s。这很明显地说明，电子并不是从射到它所在的截面上的光中逐渐地吸收能量的。相反地，电子或是完全不吸收任何能量，或是瞬时从光中吸收一个光子所带的能量量子。

例题 39－3

利用图 39－2 求钠的功函数 Φ。

【解】 这里**关键点**是能通过截止频率 f_0（它可以从图上测出来）求出 Φ。道理是这样：对应于截止频率，式（39－5）中的动能 K_{max} 是零。因此，一个光子传给一个电子的全部能量 hf 都用来使电子脱离表面的，而这所需要的能量就是 Φ。于是使 $f=f_0$，式（39－5）给出

$$hf_0=0+\Phi=\Phi$$

在图 39－2 中，截止频率 f_0 是斜直线和水平频率轴相交处的频率，约为 5.5×10^{14}Hz。由此可得

$$\Phi=hf_0=(6.63\times10^{-34}\text{J}\cdot\text{s})(5.5\times10^{14}\text{Hz})$$
$$=3.6\times10^{-19}\text{J}=2.3\text{eV}$$

（答案）

39－4 光子具有动量

1916 年，爱因斯坦扩大它的光量子（光子）的概念，提出一个光量子具有线动量。对于能量为 hf 的光子，它的动量的大小为

$$p=\frac{hf}{c}=\frac{h}{\lambda}\quad\text{（光子动量）}\tag{39－7}$$

其中利用式（39－1）（$f=c/\lambda$）代替了 f。因此，当一个光子和物质相互作用时，就会发生能量和动量的转移，就**好像**在经典意义上光子和电子发生一次碰撞一样。

1923 年，在圣路易斯的华盛顿大学，A·康普顿做了一个实验，支持动量和能量通过光子转移的观点。他使一束波长为 λ 的 X 射线射到一个用碳制成的靶上，如图 39－3 所示。X 射线

是一种电磁辐射，频率高因而波长短。康普顿测量了被他的碳靶散射到不同方向的 X 射线的波长和强度。

他的结果如图 39－4 所示。虽然在入射 X 射线束中只有一个单一的波长（$\lambda=71.1\text{pm}$），我们可以看到散射 X 射线中包含一定范围的波长而且有两个突起的强度峰。一个峰的中心约在入射波长 λ 处，另一个峰在比 λ 大 $\Delta\lambda$ 的波长 λ' 处。$\Delta\lambda$ 称为康普顿移位。康普顿移位的大小随着被测量的散射 X 射线的角度而改变。

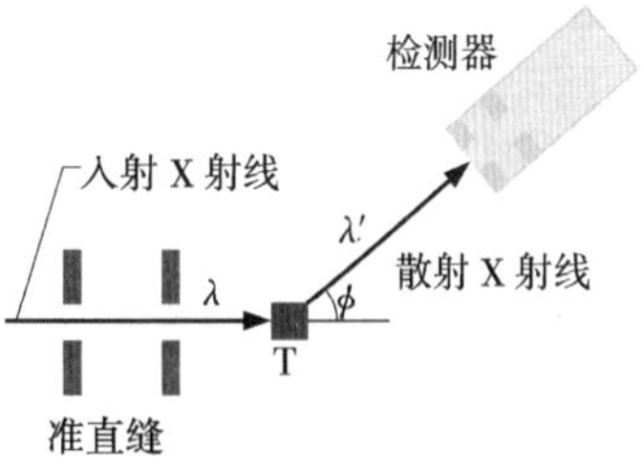

图 39－3　康普顿实验装置。一束 $\lambda=71.1\text{pm}$ 的 X 射线射到碳靶 T 上，在相对于入射束的不同方向观察散射 X 射线。检测器测量散射 X 射线的强度和波长。

图 39－4 从经典物理看来也是令人困惑的。经典物理认为入射 X 射线束是按正弦振动的电磁波。由于受到波中电场施加的振动电力，碳靶中的电子应该做正弦振动。还有，电子振动的频率应该和波的频率一样并且应该象一个小发射天线那样向外发射同样频率的波。因此，被电子散射的 X 射线应该和入射束中的 X 射线具有相同的频率和相同的波长——但事实不是这样。

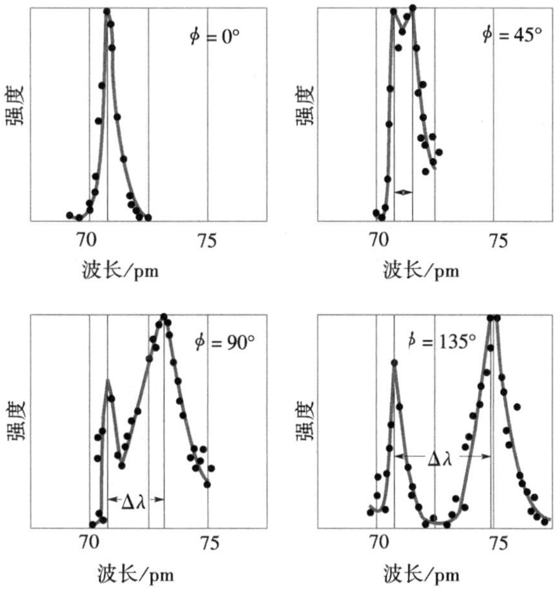

图 39－4　对于 4 个散射角的康普顿实验结果，注意康普顿移位 $\Delta\lambda$ 随着散射角的增大而增大。

康普顿用能量和动量在入射的 X 射线束和碳靶内松散地束缚着的电子之间，通过光子的传递来解释碳对 X 射线的散射。让我们来看，首先从概念上然后定量地，这一量子物理解释如何导致对康普顿的结果的理解。

假设入射 X 射线束和一个静止的电子的相互作用只涉及一个单独的光子（能量为 hf）。一般来说，入射 X 射线束的运动方向会改变（X 射线被散射了）而同时电子会发生反冲。这意味着电子获得了一些动能。在这一孤立的相互作用过程中，能量是守恒的。因此，被散射光子的能量（$E'=hf'$）一定小于入射光子的能量。图 39－4 所示的康普顿的实验结果正是这样。

为了定量地说明，首先应用能量守恒定律。图 39－5 画出了 X 射线和靶中一个原来静止的电子生的一次“碰撞”。碰撞后，波长为 λ' 的 X 射线沿角 ϕ 的方向射去而电子沿角 θ 的方向飞开，如图示。能量守恒给出

$$hf = hf' + K$$

其中 hf 是入射 X 射线光子的能量，hf' 是被散射的 X 射线光子的能量，K 是反冲电子的动能。因为电子反冲的速率可能和光的速率相近，必须用式（38－49）的相对论公式

$$K = mc^2(\gamma - 1)$$

来计算电子的动能。这里 m 是电子的质量而 γ 是洛伦兹因子

$$\gamma = \frac{1}{\sqrt{1-(v/c)^2}}$$

将上式的 K 代入能量守恒方程可得

$$hf = hf' + mc^2(\gamma - 1)$$

用 c/λ 代替 f，c/λ' 代替 f' 可以得到新的能量守恒方程

$$\frac{h}{\lambda'} = \frac{h}{\lambda'} + mc(\gamma - 1) \qquad (39-8)$$

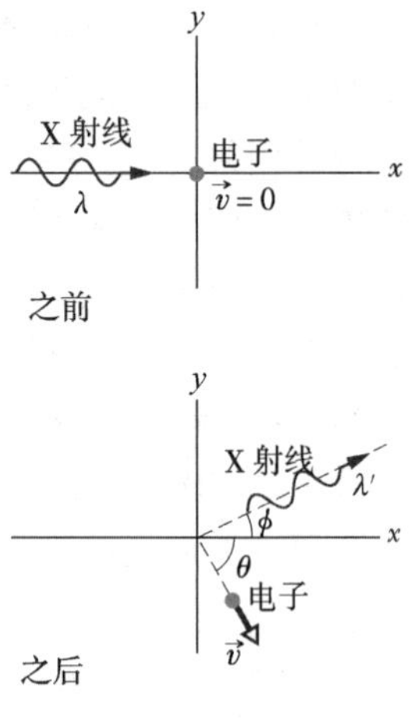

图 39－5　波长为 λ 的 X 射线和一个静止的电子相互作用，X 射线沿角 ϕ 方向被散射，波长增大为 λ' 电子沿 θ 方向以速率 v 飞开。

其次，应用动量守恒定律来分析如图 39－5 所示的 X 射线－电子碰撞。由式（39－7）入射光子动量的大小为 h/λ，被散射光子的动量为 h/λ'。由式（38－38），反冲电子的动量的大小是 γmv。由于这里是二维的情况，需要沿 x 和 y 轴分别列出动量守恒公式，即

$$\frac{h}{\lambda} = \frac{h}{\lambda'}\cos\phi + \gamma mv\cos\theta \quad (x\text{ 轴}) \qquad (39-9)$$

和

$$0 = \frac{h}{\lambda'}\sin\phi - \gamma mv\sin\theta \quad (y\text{ 轴}) \qquad (39-10)$$

为了求出被散射 X 射线的康普顿移位 $\Delta\lambda(=\lambda'-\lambda)$，在式（39－8）、（39－9）、（39－10）内出现的五个碰撞变量（λ，λ'，v，ϕ 和 θ）中，我们选择仅涉及反冲电子的 v 和 θ。经过一定的代数运算（此运算有点复杂）可得作为散射角 ϕ 的函数的康普顿移位公式如下：

$$\Delta\lambda = \frac{h}{mc}(1-\cos\phi) \quad (\text{康普顿移位}) \qquad (39-11)$$

式（39－11）和康普顿的实验结果完全相符。

式（39－11）中量 h/mc 是一个常量，称为**康普顿波长**。它的值决定于散射 X 射线的粒子的质量。这里的粒子是松散地被束缚着的电子，因此就把电子的质量代入 m 来求对于电子的康普顿散射的康普顿波长。

再多说几句

图 39－4 中在入射波长 $\lambda=$（71.7pm）处的峰值仍需解释。这个峰值并不是由于 X 射线和靶中非常松散地被束缚着的电子之间的相互作用而形成的，而是由于 X 射线和**紧紧地**束缚在靶的碳原子中的电子之间的相互作用产生的。实际上，这后一种碰撞是发生在入射 X 射线和整个碳原子之间。如果以碳原子的质量（它约是电子质量的 22000 倍）代入式（39－11）中的 m，就可看到 $\Delta\lambda$ 变得比电子的康普顿移位小到约 22000 倍——太小了，以至不可能检测到。因此，在这种碰撞中被散射的 X 射线就具有和入射 X 光相同的波长。

例题 39－4

波长 $\lambda=22\text{pm}$（光子能量 $=56\text{keV}$）被一碳靶散射，在与入射束成 85°的方向检测散射束。

(a) 散射光的康普顿移位是多少？

【解】 此处**关键点**是康普顿移位是 X 射线的波长改变。而这种射线是由靶中松散地被束缚着的电子所散射的，此外，根据式（39－11）这一移位和 X 射线被检测的角度有关。将式（39－11）中的角度以 85°和电子质量（因为是电子散射的）以 $9.11\times10^{-31}\text{kg}$ 代入可得

$$\Delta\lambda=\frac{h}{mc}(1-\cos\phi)$$
$$=\frac{(6.63\times10^{-34}\text{J}\cdot\text{s})(1-\cos85°)}{(9.11\times10^{-31}\text{kg})(3.00\times10^{8}\text{m/s})}$$
$$=2.21\times10^{-12}\text{m}\approx2.2\text{pm}$$

（答案）

(b) 在这一散射中，原来 X 射线光子的能量转移给电子的百分比是多少？

【解】 这里**关键点**是求被电子散射的光子的**分数能量损失**（用 *frac* 表示）

$$frac=\frac{\text{损失的能量}}{\text{原来的能量}}=\frac{E-E'}{E}$$

由式(39－2)($E=hf$)，可以用频率表示 X 射线的原来的能量 E 和被检测到的能量 E'。由式(39－1)($f=c/\lambda$)还可以用波长来表示这些频率。这样，就可得

$$frac=\frac{hf-hf'}{hf}=\frac{c/\lambda-c/\lambda'}{c/\lambda}=\frac{\lambda'-\lambda}{\lambda'}=\frac{\Delta\lambda}{\lambda+\Delta\lambda}\tag{39-12}$$

代入数据即得

$$frac=\frac{2.21\text{pm}}{22\text{pm}+2.21\text{pm}}=0.091 \text{ 或 } 9.1\%$$

（答案）

虽然康普顿移位 $\Delta\lambda$ 与入射 X 射线的波长 λ 无关（见式（39－11）），X 射线的分数能量损失却和 λ 有关，随着 λ 射光的波长的增大而减小，如式（39－12）所示。

检查点 3：比较 X 射线（$\lambda\approx20\text{pm}$）和可见光（$\lambda=500\text{nm}$）在一特定角度上的康普顿散射。那一种光的 (a) 康普顿移位、(b) 分数波长移位、(c) 分数光子能量改变、(d) 给予电子的能量，较大？

39－5　光作为一种概率波

物理学的一个基本奥秘是在经典物理中光能是一种波（它散布到一定的区域），而在量子物理中它又作为一个个光子（它在一点上产生和消失）被发射或吸收。第 36－4 节所述的双缝实验是此奥秘的核心。下面讨论该实验的三个模式。

标准模式

图 39－6 是 1801 年托马斯·扬最早做的双缝实验略图（也见图 36－6）。光照射到开有两个平行窄缝的屏 B 上。透过这两个缝的光波由于衍射而散开并在屏 C 上重叠，在那里，由于干涉而形成光强极大和极小交替出现的图样。在第 36－4 节，曾把这些干涉条纹的出现当作光的波动性的无可怀疑的证据。

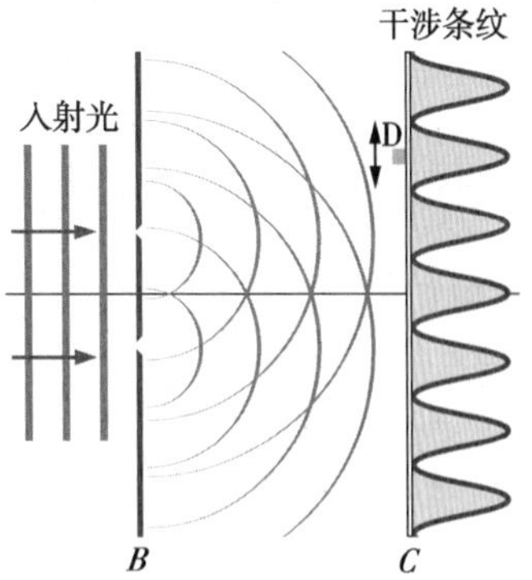

图 39－6　光射向开有两条平行的缝的屏 B 上，通过缝后，光由于衍射已散开。两列衍射波在屏 C 上重叠而形成具有干涉条纹的图样，在屏 C 的平面内放有一个小小的光子检测器 D，它在每吸收一个光子时，都发出一次清晰的卡嗒声。

让我们在屏 C 的平面内某点上放一个微小的光子检测器 D。该探测器是一个光电装置，它吸收一个光子时就发出一卡嗒声。我们会发现该探测器发出一系列的、在时间上是无序的卡嗒声。每一次卡嗒声都是一次光波通过一个光子的吸

收并向屏 C 转移能量的信号。

如果像图 39-6 中黑色箭头所示那样向上或向下非常缓慢地移动检测器，就会发现卡嗒的时率时增时减，交替地经过极大值和极小值。这卡嗒时率的极大和极小正好和干涉条纹的最亮和最暗相对应。

这一思想实验的要点如下。我们不可能预知什么时候一个光子会在屏 C 上的任何特定点被检测到；在个别点光子被检测到的时间是无序。但是，我们可以预言，在一给定的时间间隔内，一个单独的光子在一特定点被检测到的相对**概率**和入射光在该点的强度成正比。

在第 34-4 节中，我们曾看到光波在任意点的强度 I 和波在该点的振动电场矢量的振幅 E_m 的平方成正比。因此

在一光波内一个光子（在单位时间间隔内）在以一给定点为中心的任意小的体积内被检测到的概率与该点波的电场矢量的振幅的平方成正比。

我们现在有了一个对光波的概率描述，它是理解光的另一种方法。光不仅是一种电磁波，而且也是一种**概率波**。这就是说，对光波中每一点我们能够赋予一个数字概率（单位时间间隔），用它来表示在以该点为中心的任意小的体积内一个光子能被检测到的可能性。

单光子模式

双缝实验的单光子模式是 G. I. Taylor 于 1909 年首先做成的而其后又被多次重复过。它和标准模式不同之处在于，它用的光源极其微弱，以至于经过无序的时间间隔每一次只发射一个光子。令人惊奇的是，只要实验经历的时间足够长（Taylor 早期实验的几个月），在屏 C 上仍然能够形成干涉条纹。

对于这种单光子双缝实验的结果我们能给出什么解释呢？就在我们考虑这个结果之前，我们不得不问这样的问题：如果这些光子每一次只有一个通过仪器，那么该光子是从屏 B 上的两个缝中的哪一个通过的？一个给定光子怎么能“知道”还有另一个缝存在而使干涉成为可能？一个单独的光子可能以某种方式通过两个缝而和自己发生干涉吗？

请记住我们只能知道何时光子和物质发生相互作用——在没有和物质（例如一个探测器或一个屏）发生相互作用时，我们没有办法检测它们。因此，在图 39-6 所示的实验中，我们只能知道光子在光源处产生而在屏上消失。在光源和屏之间，我们不可能知道光子究竟是什么和干些什么。不过，由于干涉图样最后在屏上形成了，我们可以设想每个光子从光源到屏，充满那两个物体之间的空间，并**像波**那样运动，接着在屏上某一点被吸收而消失，同时转移一定的能量和动量。

对于任一给定的在光源处产生的光子，我们**不可能**预言这种能量转移在何处发生（在该处一个光子会被检测到）。但是，我们**能够**预言在屏上任意给定点这种转移将要发生的概率。在屏上形成的干涉图样中的亮纹区域，这种转移会有更多的机会发生（因而光子会有更多的机会被吸收）。在所形成的图样中的暗纹区域，这种转移会有更多的机会不发生（因而光子有更多的机会不被吸收）。因此，我们可以说，从光源到屏传播的波是一种概率波，它在屏上形成一组“概率条纹”图样。

单光子、广角模式

在过去，物理学家试着用逐个射向双缝的经典光波的小波包来解释单光子双缝实验。他们把这些小波包定义为光子。但是，近期的实验否定了这样的解释和定义。图 39 -7 表示一个这种实验的装置，它是由新墨西哥大学的 Ming Lai 和 Jean-Claude Diels 于 1992 年报告的。源 S 中的分子能在明显地分离的时刻发射光子。镜 M_1 和 M_2 放的位置是使它们能反射沿两条不同的路径，1 和 2，发射的光，这两条路径分开的角 θ 接近 180°。这种装置和标准双缝实验不同的是在后者的装置中射向两个缝的光路之间的夹角是非常小的。

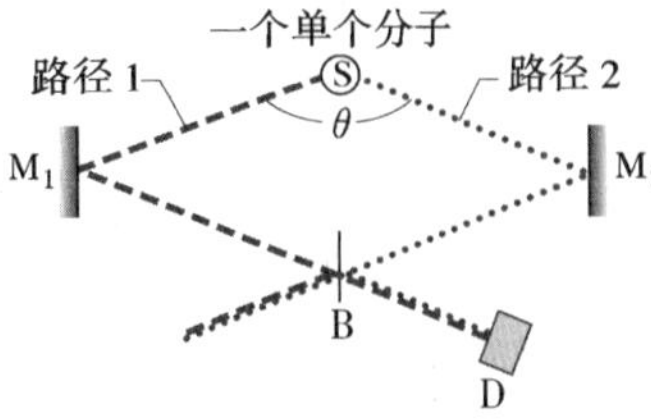

图 39 -7 由源 S 的单光子辐射产生的光沿着两条远远分开的路径行进，在分束器 B 后叠加而在检测器 D 处和自己干涉（自 Ming Lai，Jean-Cloud Diels，Journal of the Optical Soceity of America B. 9，2290-2294，December 1992）。

经过 M_1 和 M_2 反射后，沿着路径 1 和 2 传播的光被在分束器 B 处相遇。(分束器是一种光学元件，它使入射到它上面的光一半透射一半反射)。图 39-7 中，在分束器右侧，沿路径 2 传播而被 B 反射的光波和沿路径 1 传播而从 B 透过的光波叠加起来，在到达检测器 D 时相互干涉。在检测器的输出信号内出现干涉极大和极小。

用传统概念是很难理解这个实验的。例如，当源中的一个分子发射一个单独的光子时，这个光子到底是沿着图 39 -7 中的路径 1 还是路径 2（或是任何其他路径）行进的？它怎么能一次沿着两个方向行进？为了解答这一问题，我们假定当一个分子发射一个光子时，一列概率波就从该分子向各方向辐射。本实验从这波的各个方向中选出了几乎相反的两个方向。

我们看到如果假定（1）光在源内以光子的形式产生，（2）光在检测器内以光子的形式被吸收和（3）光在源和检测器之间的概率波的形式传播，则可以解释所有上述双缝实验的三种模式。

39 -6 电子和物质波

1924 年，法国物理学家路易斯·德布罗意根据对称性提出了下述问题。一束光是波，但它通过光子的形式只在点上转移能量和动量。为什么一束粒子不能同样地有这些性质？这就是说，为什么我们不能想像一个运动的电子——或物质的任何其它粒子——作为一种物质波，它也在点上对其它物质转移能量和动量？

特别地，德布罗意提出，式（39 -7）（$p = h/\lambda$）不仅可以应用于光子而且可以应用于电子。在第 39 -4 节我们用该方程确定了一个波长为 λ 的光子的动量 p。现在我们用它，以下面这一形式

$$\lambda = \frac{h}{p} \quad \text{(德布罗意波长)} \tag{39 - 13}$$

来确定具有大小为 p 的动量的一个粒子的波长。用式（39 -13）算出的波长称为运动粒子的**德布罗意波长**。在 1927 年首先从实验上证明德布罗意关于物质波存在的预言的是贝尔电话实验室的 C. J. 戴维孙和 L. H. 革末以及苏格兰亚伯丁大学的 G. P. 汤姆孙。

图 39 -8 是一个更近代的实验证实物质波存在的照片。在这一实验中，干涉图样是电子**逐**

个地通过双缝装置后形成的。该装置像我们以前用来演示光的干涉的装置，只是观察屏和普通的电视屏一样。当一个电子打到屏上时，就产生一个闪光，它的位置随即被记录下来。

最初的若干个电子（上面两个图片）没有显示出什么令人感兴趣的地方，它们无序地打到屏上的若干点。不过，当成千的电子通过双缝后，屏上就出现了图样，显示出很多电子打到屏上出现的条纹和少数电子打到屏上出现的条纹。这种图样正是我们预期的波的干涉产生的图样。因此，**每一个**电子就像物质波那样通过双缝——通过一个缝的那部分和通过另一个缝的那部分发生干涉。这种干涉就决定了电子在屏上一个给定点现形，即打上该点的概率。许多电子现形的区域对应于光的干涉的亮纹，少数电子现形的区域对应于暗纹。

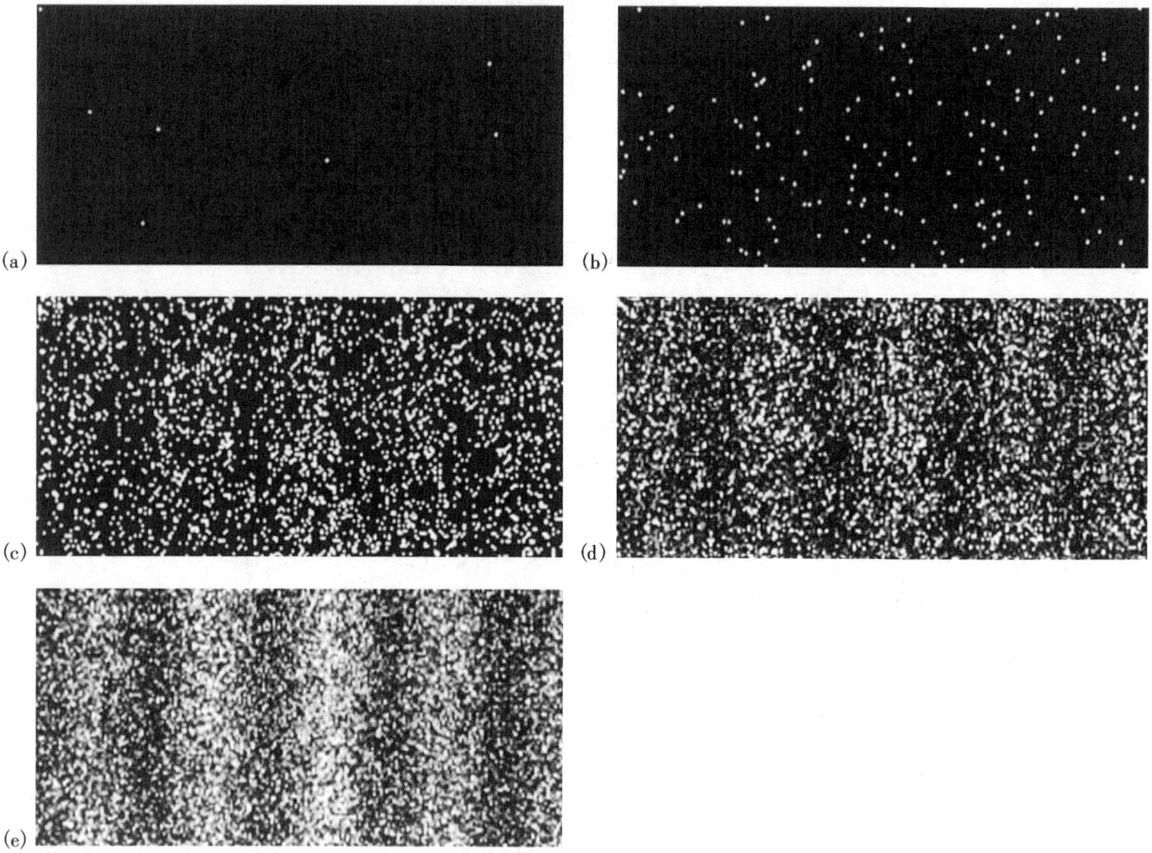

图39-8 在像图39-6那样的双缝实验中，一束电子形成的干涉条纹的照片，物质波像光波一样是**概率波**。各图片所涉及的电子数依次约为7,100，3 000，20 000和70 000。

相似的干涉实验用质子、中子和不同的原子也都做出来了。1994年，曾用碘分子 I_2 做出来过，而碘分子不但比电子在质量上大到500 000倍，而且结构上要复杂得多。1999年甚至用更复杂的**富勒烯**（或**布奇球**）C_{60}和 C_{70}也做出来了。（富勒烯是由碳原子组成的足球似的分子，C_{60}中有60个碳原子，C_{70}中有70个。）很明显，像电子、质子、原子和分子这样小的物体都以物质波的形式运动。不过，当我们考虑越来越大和越来越复杂的物体时，总要遇到一个限度，超过它时，还要认为一个物体具有波的性质就不再是合理的了。超过这一限度，我们就回到了我们熟悉的非量子世界，其物理规律在本书前几章中已介绍过了。简言之，一个电子是一列物质波，它能够和自己发生干涉，但是一只猫就不是一列物质波，它就不能和自己发生干涉（这对猫来说，无疑是一种宽慰）。

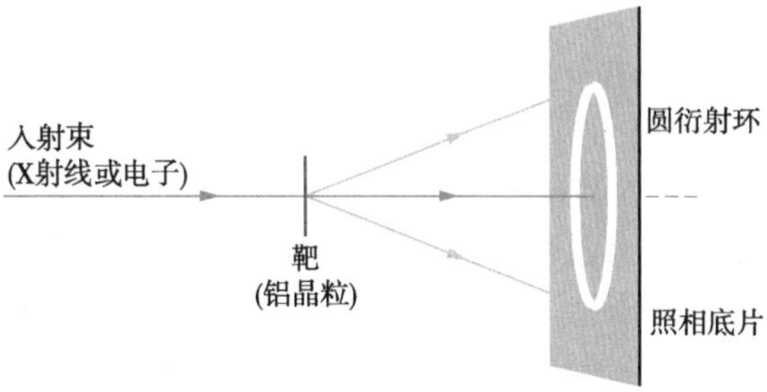

(a)

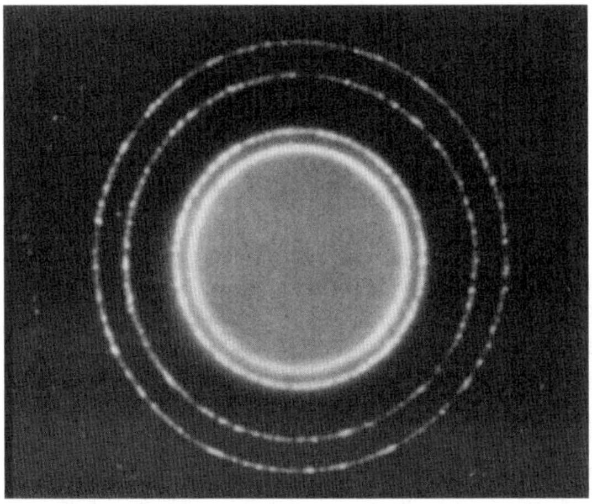

(b)

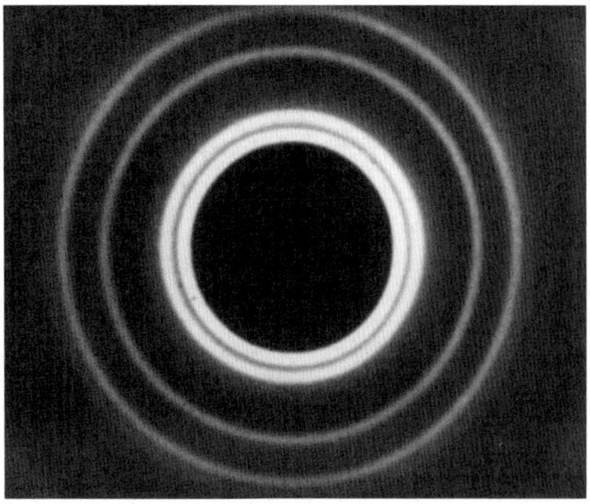

(c)

图 39-9　(a) 用衍射技术演示入射束波动性的实验装置。衍射图样照片分别对应于入射束是 (b) X 射线束（光波）和 (c) 电子束（物质波）。注意两图样的基本几何一致性。

粒子和原子的波动性在许多科学和工程领域已被认可。例如，电子和中子的衍射被用来研究固体和液体的原子结构，而电子衍射被用来研究固体表面的原子特征。

图 39-9a 表示说明 X 射线或电子被晶体散射的装置。X 射线束或电子束射向一个由微小的铝晶粒构成的靶。X 射线具有一定的波长 λ。电子被给予足够的能量使得它的德布罗意波长与 λ 相同。晶体对 X 射线或电子的散射在照相底片上产生环状干涉条纹。图 39-9b 显示 X 射线散射的图样，图 39-9c 显示电子散射的图样。图样是相同的——X 射线和光子都是波。

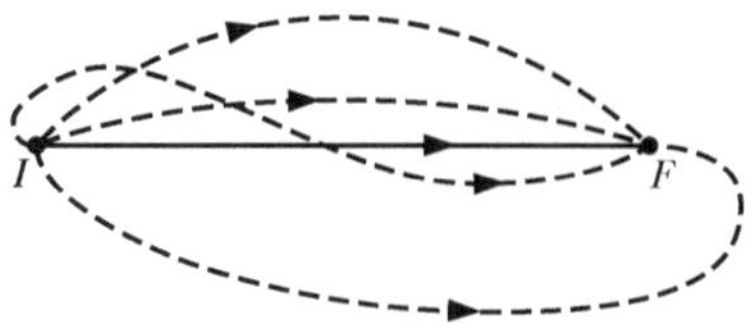

图 39-10　连接一个粒子的两个探测点 I 和 F 之间的许多可能路径中的几条。只有沿着两点间的近乎直线的路径传播的波才干涉相长。对其它所有路径，沿着相邻路径传播的波都干涉相消了。因此，物质波就留下了一条直径迹。

波和粒子

图 39-8 和图 39-9 给出了物质的**波动**性的令人信服的证据，但是我们至少有同样多的实验说明了物质的**粒子性**。考虑本章开头的照片显示的由电子产生的径迹。毫无疑问，这些径迹，它们是在充满液态氢的气泡室中留下的一连串气泡，有力地显示一个粒子经过的路径，哪里是波

呢?

为简单起见，让我们取消磁场使气泡串变成直线的。可以把每个气泡看成电子的一个探测点。在两个探测点，如图39－10中的 I 和 F，之间传播的物质波将试探所有的可能路径，其中几条如图39－10中所示。

一般地说，对于每一条连接 I 和 F 的路径（直线路径除外），都有一条相邻的路径使得沿着这两条路径传播的物质波由于干涉而相消。但对于连接 I 和 F 的直线路径，情况不是这样；这时，所有沿邻近路径传播的物质波都增强沿着直接路径传播的波。你可以认为形成径迹的那些气泡是一系列探测点，在这些点上物质波经历着相长干涉。

例题 39－5

动能为120eV的电子的德布罗意波长是多少?

【解】 此处一个**关键点**是如果求出了电子的动量的大小 p，就可以根据式（39－13）（$\lambda=h/p$）求出它的波长。另一个**关键点**是从电子的给定动能 K 求出 p。该动能比电子的静能（0.511MeV，见表38－3）小得多。因此，我们可以利用动量 p（$=mv$）和动能 K（$=\frac{1}{2}mv^2$）的经典近似公式。

在这两个表示式中消去 v 可得

$$p=\sqrt{2mK}$$

$$=\sqrt{(2)(9.11\times10^{-31}\,\text{kg})(120\,\text{eV})(1.60\times10^{-19}\,\text{J/eV})}$$

$$=5.91\times10^{-24}\,\text{kg}\cdot\text{m/s}$$

于是由式（39－13）

$$\lambda=\frac{h}{p}=\frac{6.63\times10^{-34}\,\text{J}\cdot\text{s}}{5.91\times10^{-24}\,\text{kg}\cdot\text{m/s}}=1.12\times10^{-10}\,\text{m}=112\,\text{pm}$$

（答案）

这大概是一个典型原子的大小。如果增大动能，波长会变得更小。

检查点4：一个电子和一个质子可能具有相同的（a）动能，（b）动量，或（c）速率。对于每一种情况，哪个粒子的德布罗意波长较短?

39－7 薛定谔方程

任何一种简单的行波，不管是绳上的波，声波或光波，都是用某个按波的形式变化的量来描述的。例如，对于光波，这个量是波的电场分量 $\vec{E}(x, y, z, t)$。它在任一点的观测值决定于该点的位置以及观测的时刻。

应该用什么变化着的量去描述物质波呢? 我们应该想到这个量，被称做波函数 $\Psi(x, y, z, t)$，会比相当的对于光波的量更为复杂，因为物质波除传送能量和动量外，还要传送质量和（也常有）电荷。实际上，Ψ，大写希腊字母psi，常常是一个数学上的复函数；这就是说，常可以把它的数值写成 $a+\mathrm{i}b$ 的形式，其中 a 和 b 是实数而 $\mathrm{i}^2=-1$。

在这里你将遇到的各种情况里，空间和时间变量可以分开组合而 Ψ 能被写成以下形式

$$\Psi(x,y,z,t)=\psi(x,y,z)\mathrm{e}^{-\mathrm{i}\omega t} \tag{39－14}$$

其中 ω（$=2\pi f$）是物质波的角频率。注意 ψ，小写希腊字母psi，仅表示完全的含时间的波函数 Ψ 的空间部分。此后我们将几乎完全和 ψ 打交道。两个问题应提出：波动方程是什么意思和如何求出它?

波动方程是什么意思? 这就必须联系到物质波，像光波一样，是一种概率波的事实。假设

一列物质波到达一个小的探测器，那么在一特定的时间间隔内一个粒子会被探测到的概率就和 $|\psi|^2$ 成正比，其中 $|\psi|$ 是波函数在探测器所在位置的绝对值。虽然 ψ 常常是一个复数，但 $|\psi|^2$ 总是正的实数。因此，是 $|\psi|^2$，被称为**概率密度**，而不是 ψ，具有**物理**意义。大致说来，其意义是

（单位时间内）在一物质波中以一给定点为中心的小体积内探测到一个粒子的概率和在该点 $|\psi|^2$ 的值成正比。

由于 ψ 常是一个复数，我们求它的绝对值的平方时，就用 ψ^*，即 ψ 的复共轭，乘上 ψ。（将 ψ 中各处出现的虚数 i 换成 $-$i 即可得出 ψ^*）

如何求出波函数？ 声波和绳上的波是由牛顿力学的方程确定的。光波是由麦克斯韦方程确定的。物质波是由 1926 年奥地利物理学家薛定谔提出的**薛定谔方程**确定的。

我们将要讨论的许多情形都涉及沿着 x 方向通过一定区域运动的粒子，在该区域内作用在粒子上的力使它具有势能 $U(x)$ 。在这种特殊情况下，薛定谔方程简化为

$$\frac{d^2\psi}{dx^2}+\frac{8\pi^2 m}{h^2}[E-U(x)]\psi=0 \quad \text{（薛定谔方程一维运动）} \tag{39-15}$$

其中 E 为运动粒子的总机械能（势能加动能）（在这一非相对论方程中我们不考虑质量能量）。我们不可能从更基本的原理导出薛定谔方程；它**就是**基本原理。

如果式（39-15）中的 $U(x)$ 是零，该方程就确定一个**自由粒子**的运动——这就是说，一个所受合力为零的粒子的运动。这时粒子的总能量全是动能而式（39-15）中的 E 就是 $\frac{1}{2}mv^2$。该方程于是变为

$$\frac{d^2\psi}{dx^2}+\frac{8\pi^2 m}{h^2}\left(\frac{mv^2}{2}\right)\psi=0$$

以动量 p 代替式中的 mv 并重新组合，可将上式改写为

$$\frac{d^2\psi}{dx^2}+\left(2\pi\frac{p}{h}\right)^2\psi=0$$

根据式（39-13），我们知道上式中的 p/h 等于 $1/\lambda$，此 λ 即运动粒子的德布罗意波长。进一步还可以知道 $2\pi/\lambda$ 等于式（17-5）中定义的**角波数** k。将 k 代入，上式即变为

$$\frac{d^2\psi}{dx^2}+k^2\psi=0 \quad \text{（薛定谔方程，自由粒子）} \tag{39-16}$$

式（39-16）的最普遍的解是

$$\psi(x)=Ae^{ikx}+Be^{-ikx} \tag{39-17}$$

其中 A 和 B 为任意常数。你可以验证此式的确是式（39-16）的解，只要把此式给出的 ψ 和它的二阶导数代入式（39-16）并注意到得出的恒等结果。

如果将式（39-14）和式（39-17）联系起来，就可得到一个沿 x 方向运动的自由粒子的含时波函数 Ψ

$$\Psi(x,t)=\psi(x)e^{-i\omega t}=(Ae^{ikx}+Be^{-ikx})e^{-i\omega t}=Ae^{i(kx-\omega t)}+Be^{-i(kx+\omega t)} \tag{39-18}$$

求概率密度 $|\psi|^2$

在第 17-5 节中我们已看到形式为 $F(kx\pm\omega t)$ 的任何函数 F 都表示一列行波。这一结论适

用于我们已用来描述绳上的波的正弦函数，也适用于式（39－18）那样的指数函数。实际上，这两种函数表示式有以下的联系

$$e^{i\theta}=\cos\theta+i\sin\theta \quad 和 \quad e^{-i\theta}=\cos\theta-i\sin\theta$$

其中 θ 是任意角。

这样，式(39－18)中的第一项就表示沿 x 正向传播的波，第二项表示沿 x 负向传播的波。不过，我们已经假定了所考虑的自由粒子只沿 x 正向运动，为了把式(39－18)简化为我们感兴趣的情形，我们把式(39－18)和式(39－17)中任意常数 B 选为零。同时，把 A 改写作 ψ_0。这样，式(39－17)就变为

$$\psi(x)=\psi_0 e^{ikx} \qquad (39-19)$$

为了计算概率密度，我们取 $\psi(x)$ 的绝对值的平方，得

$$|\psi|^2=|\psi_0 e^{ikx}|^2=(\psi_0^2)|e^{ikx}|^2$$

由于

$$|e^{ikx}|^2=(e^{ikx})(e^{ikx})^*=e^{ikx}e^{-ikx}=e^{ikx-ikx}=e^0=1$$

我们得到

$$|\psi|^2=(\psi_0)^2(1)^2=\psi_0^2 \quad （一个常数）$$

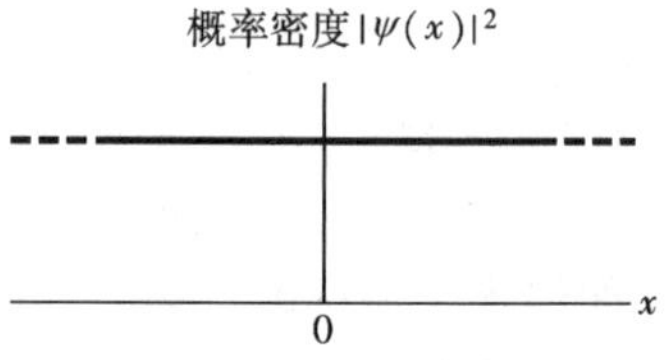

图 39－11 沿 x 正向运动的自由粒子的概率密度曲线。由 $|\psi(x)|^2$ 对所有 x 值都有相同的常数值，因而在其运动方向的所有点上粒子被检测到的概率都相同。

图 39－11 是一个自由粒子的概率密度 $|\psi|^2$ 对 x 的图线——从 $-\infty$ 到 $+\infty$ 的一条平行于 x 轴的直线。我们看到概率密度 $|\psi|^2$ 对所有 x 值都是相同的，这表示沿 x 轴的任何地方粒子都具有相等的概率。没有什么明显的特征使我们能预言粒子最可能出现的位置。这就是说，所有的位置都一样可能。

在下一节我们将看到这意味着什么。

39－8 海森堡不确定原理

图 39－11 表示的我们预言一个自由粒子的位置的能力是我们遇到的**海森堡不确定原理**的第一个例子。该原理是德国物理学家 W·海森堡于 1927 年提出的。它说的是一个粒子的位置 $\vec{r}$ 和动量 $\vec{p}$ 的测定值不可能同时以无限的精确度被确定。

对于 $\vec{r}$ 和 $\vec{p}$ 的各分量，海森堡原理用 $\hbar=h/2\pi$（读做 h－杠）给出下列的限制：

$$\Delta x\cdot\Delta p_x \geqslant \hbar$$
$$\Delta y\cdot\Delta p_y \geqslant \hbar \quad （海森堡不确定原理） \qquad (39-20)$$
$$\Delta z\cdot\Delta p_z \geqslant \hbar$$

此处 Δx 和 Δp，作为例子，表示关于 $\vec{r}$ 和 $\vec{p}$ 的 x 分量的测量的固有不确定度。即使应用技术能够提供的最好的测量仪器，式（39－20）中每一个位置不确定度和动量不确定度的乘积都要比 $\hbar$ 大；它**绝不**可能比 $\hbar$ 小。

其概率密度由图 39－11 表示的粒子是自由粒子；就是说，没有力作用于它，因此它的动量 $\vec{p}$ 定是常量。我们可以说——不加任何论证——我们能绝对精确地确定 $\vec{p}$；我们可以设想式（39－20）中 $\Delta p_x=\Delta p_y=\Delta p_z=0$。这种设想要求 $\Delta x\to\infty$，$\Delta y\to\infty$，$\Delta z\to\infty$。由于这一不确定度是无限大，所以粒子的位置是完全不能确定的，就像图 39－11 表示的那样。

不要认为粒子**确实具有**精确定义的位置，不过对我们，由于某种原因，隐藏起来了。如果

它的动量能绝对精确地被确定，那么“粒子的位置”这一词就完全没有意义了。图39-11中的粒子沿x轴各处不可能**以相等的概率**被探测到。

例题 39-6

假设一个电子正沿着x轴运动，你测得它的速率为$2.05\times10^6\text{m/s}$，精确度为0.50%。你能够同时测量此电子沿x轴的位置的最小不确定度（为量子理论的不确定原理所允许的）是多少？

【解】 此处**关键点**是为量子理论所允许的最小不确定度是由式（39-20）表示的海森堡不确定原理决定的。我们只需要考虑沿x轴的分量，因为运动只沿x轴而只需求沿该轴的位置不确定度Δx。因为我们要求最小的允许不确定度，我们就用式（39-20）的x轴分量式中的等式而不用不等式，即

$$\Delta x\cdot\Delta p_x=\hbar$$

为了求动量不确定度Δp_x，必须先求出动量分量p_x。由于电子的速率v_x比光速小得多，就可以不用相对论公式而用经典的动量公式求p_x，这样可求得

$$p_x=mv_x=(9.11\times10^{-31}\text{kg})(2.05\times10^6\text{m/s})$$
$$=1.87\times10^{-24}\text{kg}\cdot\text{m/s}$$

速率的不确定度是以测得的速率的0.50%给定的。由于p_x直接有赖于速率，动量的不确定度Δp_x必定是动量的0.50%

$$\Delta p_x=(0.0050)p_x=(0.0050)(1.87\times10^{-24}\text{kg}\cdot\text{m/s})$$
$$=9.35\times10^{-27}\text{kg}\cdot\text{m/s}$$

于是不确定原理给出

$$\Delta x=\frac{\hbar}{\Delta p_x}=\frac{(6.63\times10^{-34}\text{J}\cdot\text{s})/(2\pi)}{9.35\times10^{-27}\text{kg}\cdot\text{m/s}}$$
$$=1.13\times10^{-8}\text{m}\approx11\text{nm}$$

（答案）

这差不多是原子直径的100倍。你的电子速率的测量结果给定后，还想以任一更大的精度约束电子的位置是没有意义的。

39-9 势垒隧穿

设想在桌面上放有一本厚书，你把一枚豆糖在桌面上一次又一次地弹向厚书。如果你发现豆糖在书的另一侧出现了而不是被弹了回来，你一定会觉得非常奇怪。不可能想象豆糖会发生这样的怪事。但是，一种和这非常相像的事，称为**势垒隧穿**，在电子和其他小质量粒子身上**真的**发生了。

图39-12a表示一个总能量为E的电子沿x轴运动。它受的力使得它的势能除了在$0<x<L$区域内具有定值U_0外，在其他地方均为零，我们定义这一区域为高U_0、厚L的**势能壁垒**（常简称为**势垒**）。

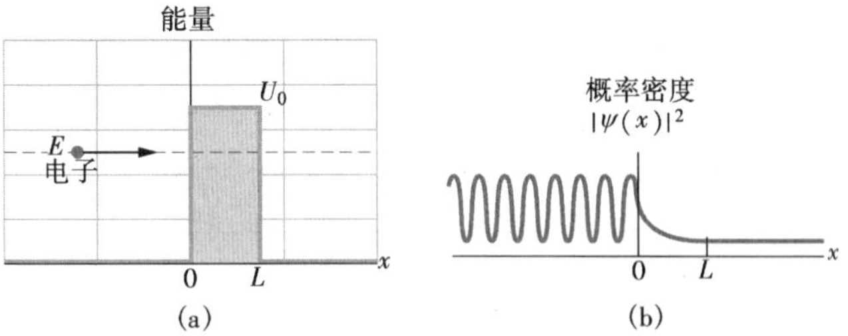

图39-12 （a）表示高U_0和厚L的势能垒的能量图。总能量为E的电子从左方射向势垒。（b）代表电子的物质波的概率密度，说明电子隧穿势垒。势垒左侧的曲线代表由入射和反射的物质波叠加形成的物质驻波。

按经典的概念，由于$E<U_0$，从左面向势垒射来的电子将被势垒反弹而沿着它来的方向返

回。但是，根据量子物理理论，电子是一种概率波，因而有机会“漏过”势垒而在另一侧出现。这意味着，电子达到势垒的另一侧向右运动具有一定的概率。

解薛定谔方程式（39－15）可以分别求得图39－12a中三个区域内描述电子的波函数$\psi(x)$：（1）势垒左侧，（2）势垒中，（3）势垒右侧。在解中出现的任意常数可以选得使在$x=0$和$x=L$处$\psi(x)$和它对x的导数光滑地连接（没有跳变，没有曲折）。再求$\psi(x)$绝对值的平方即可得概率密度。

图39－12b表示所得结果的图线。在势垒左侧（$x<0$）的振动曲线是入射物质波和反射质波（振幅较入射波小些）的合成。这种振动所以发生是因为这两列沿相反方向传播的波彼此相互干涉并形成一个驻波图样。

在势垒内（$0<x<L$），概率密度随x按指数规律减小。不过，只要L不大，在$x=L$处，概率宽度并不完全等于零。

在图39－12中势垒的右侧（$x>L$），概率密度图线表示一列透射（穿过势垒）的振幅小而恒定的波。于是，在此区域内电子可以被检测到，不过概率相对地较小。

对于图39－12a中的入射物质波和势垒可以定义一个**透射系数**T，这一系数给出入射来的电子可能透过势垒——即发生隧穿的概率。例如，如果$T=0.020$，那么，每1 000个电子向势垒射去，就会有20个（平均地说）透过势垒，其余980个将被反射。

透射系数近似地是

$$T \approx e^{-2kL} \tag{39-21}$$

其中

$$k = \sqrt{\frac{8\pi^2 m(U_0 - E)}{h^2}} \tag{39-22}$$

由于式（39－21）的指数形式，T的值对于它所包含的三个变量：粒子质量m，势垒厚度L和能量差U_0-E，是非常敏感的。

势垒隧穿在技术中有很多应用，隧道二极管就是其中之一。在这种元件中，通过控制势垒高度能快速地接通或切断（隧穿通过的）电子流。由于这件事能非常快（5ps以内）地完成，所以这种元件适合于要求快速响应的用途。1973年的诺贝尔物理奖被三位“隧穿者”分享了，他们是Leo Esaki（由于半导体中的隧穿），Ivar Giaever（由于超导体中的隧穿）和B. 约瑟夫森（由于约瑟夫森结，一种基于隧穿的快速量子开关元件）。1986年的诺贝尔奖授予了Gerd Binnig和Heinrich Rohrer，表彰他们设制了另一种基于隧穿的有用的设备，扫描隧穿显微镜。

检查点5：图39－12b中的透射波的波长是大于，小于还等于入射波的波长？

扫描隧穿显微镜（STM）

STM，一种基于隧穿的设备，使人们能获得表面的详细图象，在原子尺度上揭示其特征，其分辨率大大高于用光学显微镜或电子显微镜所能得到的。图39－13表示一个例子，其中表面的单个原子能被容易地显示出来。

图39－14表示扫描隧穿显微镜的核心部分。安在三根相互垂直的石英杆交接处的一个很细的金属针尖贴近被检验的表面放着。在针尖和表面之间加上一微小电势差，可能仅只有10mV。

晶体石英具有一种有趣的性质，叫**压电效应**：当在一块晶体石英样品两侧加上电势差时，它的线度会发生微小变化。这一性质被用来平稳地、一点一点地改变图 39-14 中每根杆的长度。这样针尖就可以来回扫描样品表面（沿 x 和 y 方向），而且还可以相对于表面上下移动（沿 z 方向）。

在表面和针尖之间形成一个势垒，就像图 39-12a 中那样的。如果针尖离表面足够近，来自样品的电子就能够隧穿此势垒，从表面到针尖形成隧穿电流。

工作时，一个电子回馈装置调整针尖的竖直位置使得针尖扫描时隧穿电流保持不变。这意味着扫描时针尖—表面的距离也保持不变。此装置的输出——例如，图 39-13——形成一幅表面轮廓的图象，把针尖的竖直位置作为 xy 平面内针尖的位置的函数显示出来。

扫描隧穿显微镜已商品化，全世界的实验室都在使用它。

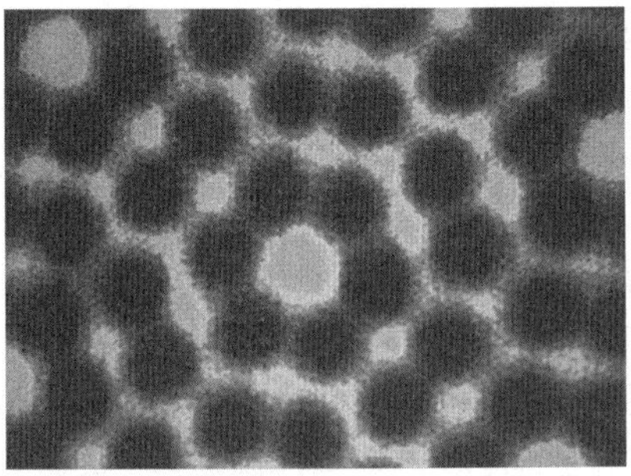

图 39-13 扫描隧穿显微镜揭示的硅原子阵列。

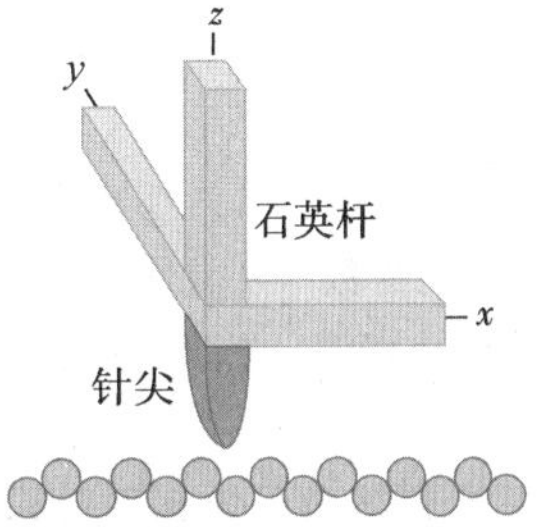

图 39-14 扫描隧穿显微镜的基本结构：三个石英杆用来使一个导电针尖扫描一个样品表面而在针尖和表面之间保持一恒定的距离，于是针尖就按照表面的轮廓上下移动，它运动的记录就是一幅像图 39-13 那样的图像。

例题 39-7

设在图 39-12a 中的电子总能量 $E=5.1\text{eV}$，向着高 $U_0=6.8\text{eV}$ 和厚 $L=750\text{pm}$ 的势垒射去。

(a) 电子透过势垒在其另一侧出现的概率约多大？

【解】 此处**关键点**是所求概率是式 (39-21) ($T\approx e^{-2kL}$) 给出的透射系数 T，式中

$$k=\sqrt{\frac{8\pi^2 m(U_0-E)}{h^2}}$$

开方号下分数的分子是

$$\begin{aligned}&(8\pi^2)(9.11\times10^{-31}\text{kg})(6.8\text{eV}-5.1\text{eV})\\&\times(1.60\times10^{-19}\text{J/eV})\\&=1.956\times10^{-47}\text{J}\cdot\text{kg}\end{aligned}$$

由此

$$k=\sqrt{\frac{1.956\times10^{-47}\text{J}\cdot\text{kg}}{(6.63\times10^{-34}\text{J}\cdot\text{s})^2}}=6.67\times10^9\text{m}^{-1}$$

（无量纲的）量 $2kL$ 是

$$2kL=(2)(6.67\times10^9\text{m}^{-1})(750\times10^{-12}\text{m})=10.0$$

再由式 (39-21)，透射系数为

$$T\approx e^{-2kL}=e^{-10.0}=45\times10^{-6}$$

（答案）

这说明，每有一百万电子撞上此势垒，约有 45 个隧穿透过。

(b) 具有相同的总能量 5.1eV 的质子透过势垒在其另一侧出现（可被检测到）的概率约多大？

【解】 此处**关键点**是透射系数 T（亦即透射概率）和粒子的质量有关。真的，由于 m 是对于 T 的公式中 e 的指数的一个因子，透射概率对粒子的质量是非常敏感的。这一次，质量是质子的 (1.67×10^{-27}kg)，这要比 (a) 中电子的质量大得多。将质子质量代替 (a) 中的质量并做同样计算，可得 $T\approx10^{-186}$。由此可看出，质子透过势垒的概率虽然不是

零，但和零也相差无几、对于具有同样总能量5.1eV而质量更大的粒子，透射概率是按指数规律降低的。

复习和小结

光量子——光子 电磁波（光）是量子化的，它的量子称为光子。对于频率为f和波长为λ的光波，一个光子的能量E和动量p是

$$E = hf \quad (\text{光子能量}) \tag{39-2}$$

和

$$p = \frac{hf}{c} = \frac{h}{\lambda} \quad (\text{光子动量}) \tag{39-7}$$

光电效应 当频率足够高的光入射到干净的金属表面上时，在金属内光子-电子的相互作用就使电子从表面发射出来。支配此过程的方程是

$$hf = K_{max} + \Phi \tag{39-5}$$

其中hf是光子能量，K_{max}是发射出的能量最大的电子的动能，Φ是靶材料的**功函数**——就是，要脱离靶表面的电子必须具有的最小能量。如果hf小于Φ，就不能发生光电效应。

康普顿移位 当X射线被靶内松散地束缚着的电子散射时，一些散射光的波长比入射光的长。这种**康普顿移位**（以波长表示）由下式给定

$$\Delta\lambda = \frac{h}{mc}(1-\cos\phi) \tag{39-11}$$

其中ϕ是X射线的散射角。

光波和光子 当光和物质相互作用时，通过光子传递能量和动量。不过，光在传播时，我们把光波解释为**概率波**，一个光子被探测到的概率（单位时间内）和E_m^2成正比，其中E_m是光波在被检测处的振动电场的振幅。

物质波 像电子或质子这种运动粒子能够用**物质波**来描述；它的波长（称为**德布罗意波长**）为$\lambda = h/p$，其中p是粒子的动量。

波函数 物质波用波函数$\Psi(x,y,z,t)$描述。Ψ可分解为空间部分$\psi(x,y,z)$和时间部分$e^{-i\omega t}$。质量为m，恒定总能量为E、沿x方向运动的一个粒子越过势能为$U(x)$的区域时，$\psi(x)$可以通过解下述简化了的薛定谔方程

$$\frac{d^2\psi}{dx^2} + \frac{8\pi^2 m}{h^2}[E - U(x)]\psi = 0 \tag{39-15}$$

求得像光波一样，物质波也是概率波。这意思是说，如果一个粒子检测器放入波中，它在任意时间间隔内记录到一个粒子的概率和$|\psi|^2$成正比，$|\psi|^2$称为**概率密度**。

对于一个沿x方向运动的自由粒子——就是说，其$U(x)=0$，在沿x轴的所有点上，$|\psi|^2$是一个常数。

海森堡不确定原理 量子物理的概率本性给一个粒子的位置和动量的测量设置了一个重要的限制。这指的是，以无限的精度同时测量一个粒子的位置$\vec{r}$和动量$\vec{p}$是不可能的。这些量的分量的不确定度由下列公式给出

$$\begin{aligned} \Delta x \cdot \Delta p_x &\geq \hbar \\ \Delta y \cdot \Delta p_y &\geq \hbar \\ \Delta z \cdot \Delta p_z &\geq \hbar \end{aligned} \tag{39-20}$$

势垒隧穿 根据经典物理，一个粒子射向一个高度大于粒子本身的动能的势能壁垒时，要被反射回来。但是根据量子物理，一个粒子具有一定的概率隧穿透过这样的势垒，一个质量为m、能量为E的给定粒子隧穿透过高为U_0、厚为L的势垒的概率由透射系数T给出：

$$T \approx e^{-2kL} \tag{39-21}$$

其中

$$k = \sqrt{\frac{8\pi^2 m(U_0 - E)}{h^2}} \tag{39-22}$$

思考题

1. 在微波炉和你的牙医的X光机发出的电磁波中，哪个的（a）波长较大，（b）频率较高，（3）光子能量较大？

2. 下面关于光电效应的说法中，哪个是正确的，哪个是错误的？（a）入射光的频率越高，遏止电势越大？（b）入射光的强度越大，截止频率越高。（c）靶材料的功函数越大，遏止电势越大。（d）靶材料的功函数越大，截止频率越高。（e）入射光的频率越高，被逐出电子的最大动能就越大。（f）光子的能量越大，遏止电势越小。

3. 根据检查点2的图，在入射光的频率给定时，从钠靶或钾靶逐出的电子，谁的最大动能较大？

4. 在（靶和入射光频率都给定的）光电效应中，下列各量谁，如果有的话，和入射光束的强度有关：

(a) 电子的最大动能，(b) 最大光电流，(c) 遏止电势，(d) 截止频率？

5. 如果你用紫外线照射一块孤立的金属板，金属就发射电子。但发射一会儿就停止了，为什么？

6. 用一定频率的光照射金属板。下列各项中，哪一个决定电子是否被逐出：(a) 光的强度，(b) 光照时间，(c) 板的导热率，(d) 板的面积，(e) 板的材料。

7. 在康普顿移位实验中，一个 X 射线光子沿正前方，即图 39－3 中 $\phi=0$ 的方向被散射，在这一过程中电子获得多少能量。

8. 根据式 (39－11)，对 X 射线和可见光，它们的康普顿移位是相同的。为什么 X 射线的康普顿移位能容易地测量出来而可见光的就不能呢？

9. 光子 A 具有的能量为光子 B 的两倍。(a) 光子 A 的动量小于，等于还是大于光子 B 的动量？(b) 光子 A 的波长小于，等于还是大于光子 B 的波长？

10. 光子 A 是紫外光灯发出的，光子 B 是电视发射机发出的。哪一个的 (a) 波长，(b) 能量，(c) 频率，(d) 动量，较大？

11. 图 39－4 中的数据取自使 X 射线射到碳靶上的实验。如果把碳靶换为硫靶，这些数据会有，如果有的话，什么根本性的不同？

12. 电子和质子具有相同的动能。哪个的德布罗意波长较大？

13. (a) 如果使一个非相对论粒子的动能加倍，它的德布罗意波长如何变化？(b) 如果使粒子的速率加倍则又如何？

14. 下列非相对论粒子具有相同的动能。请按它们的德布罗意波长由大到小排序：电子，α 粒子，中子。

15. 图 39－15 表示电子在场中运动的四种情况。(a) 沿和电场方向相反的方向运动，(b) 沿电场方向运动，(c) 沿磁场方向运动，(d) 沿垂直于磁场方向运动。在每一种情况中，电子的德布罗意波长是增大，减小还是不变？

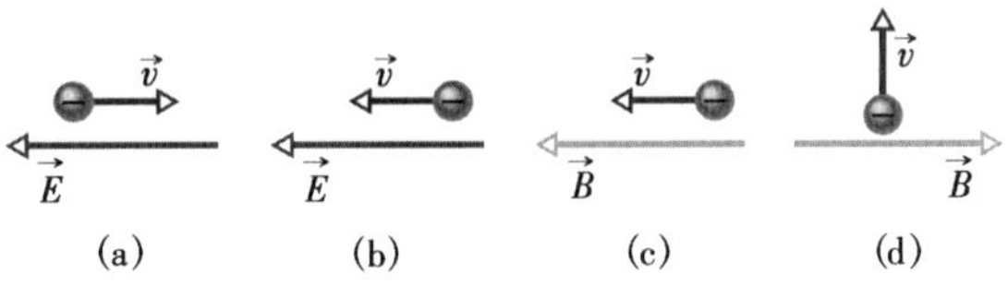

图 39－15 思考题 15

16. 一个质子和一个氘核，各具有 3MeV 的动能，射向一高度 U_0 为 10MeV 的势能壁垒。哪个隧穿透过此势垒的机会更大？（氘核的质量是质子质量的两倍。）

17. (a) 将势垒高度 U_0 提高 1%，或 (b) 将入射电子的动能 E 减小 1%，哪种方法对透射系数 T 的影响较大？

18. 在图 39－12b 中左侧，为什么 $|\psi|^2$ 值的极小值不等于零？

19. 假设图 39－12a 中的势能壁垒的高度是无限的。(a) 你想射向势垒的电子的透射系数应是多大？(b) 可以由式 (39－21) 导出你的结果吗？

20. 下表给出图 39－12 表示的势垒隧穿实验的三种情况的相对值。请根据电子隧穿透过势垒的概率由大到小对三者排序

	电子能量	势垒高度	势垒厚度
(a)	E	$5E$	L
(b)	E	$17E$	$L/2$
(c)	E	$2E$	$2L$

练习和习题

39－2 节 光子，光的量子

1E. 用"电子伏－飞秒"为单位表示普朗克常量 h，(1 飞秒 (femtoseconds) $=10^{-15}$s)。

2E. 单色光（波长单一的光）被照相底片吸收而被记录下来。光子被吸收只有在光子能量等于或大于离解底片上的 AgBr 分子所需的最小能量 0.6eV 时，才可能发生。能被底片记录的光的最大波长是多少？在电磁波谱中这一波长在什么波段内？

3E. 证明：以纳米为单位表示光的波长时，以电子伏为单位表示的光子的能量 hf 就等于 $1240/\lambda$。(ssm)

4E. 马路旁的钠光灯发出的光在波长为 589nm 处最亮。这种波长的光的光子的能量多大？

5E. 太阳发射光子的时率多大？为简单起见，假设太阳只以单一的波长 550nm 发射 3.9×10^{26} W 的总功率。

6E. 一氦氖散光器以能量发射时率 5.0mW 发射波长为 $\lambda=633$nm，直径为 3.5mm 的红色光束。在光束路径上放一个能全部吸收光束的探测器。此探测器的单位面积以多大的时率吸收光子？

7E. 一条发射光谱线是发射的电磁波形成的，它包含的波长范围足够窄以致可以认为是单一的波长，在天文学上重要一条这种发射谱线的波长是 21cm。这一波长的电磁波的光子能量多大？

8E. 一个电子的动能要等于波长为 590nm 的钠光的光子能量，它的速度应多大？

9E. 米曾被定义为含有氪 - 86 原子的光源发出的橙色光的波长的 1650763.73 倍。该橙色光的光子能量多大？

10P. 在理想情况下，如果眼睛的视网膜以低到每秒 100 光子的时率吸收波长 550nm 的光，则人的视觉系统就能产生视觉。相应的视网膜吸收能量的时率是多大？

11P. 一种特制的灯泡发射波长为 630nm 的光，向它供给电能的时率是 60W，灯泡把电能转变成光能的效率是 93%。在整个 730h 的灯泡寿命中，它能发射多少光子？

12P. 一个 1.5W 的氩激光器发出的波长为 λ = 515nm 的光束的直径 d 为 3.0mm。该光束被有效焦距 f_L 为 2.5mm 的透镜系统会聚。会聚光束射到一完全吸收屏上。在屏上形成衍射图样，其中央亮斑的半径 R 由 $1.22f_L\lambda/d$ 给定。可以证明，84% 的入射能量都集中到该中央亮斑中了，在此衍射图样的中央亮斑中屏吸收光子的时率如何？

13P. 一紫外光灯以 400W 的功率发射波长为 400nm 的光，一红外光灯也以 400W 的功率但发射波长为 700nm 的光。（a）哪个灯发射光子的时率大？（b）这较大的时率是多少？（ssm）

14P. 在绕地轨道上一个卫星的面积为 $2.60m^2$ 的太阳电池板总保持和太阳光线垂直。在电池板处太阳光的强度是 $1.39kW/m^2$。（a）太阳能以多大时率到达电池板？（b）电池板吸收太阳光子的时率多大？假定太阳辐射波长为 550nm 的单色光，而且所有射到电池板上的光子均被板吸收。（c）电池板吸收 1 “摩尔光子”需要多长时间？

15P. 一个 100W 的钠灯（λ = 589nm）向各方向均匀辐射能量。(a) 此灯辐射光子的时率多大？(b) 离多远处的一个完全吸收屏能以 1.00 光子/$cm^2 \cdot s$ 的时率吸收光子？（c）在离灯 2.00m 处的一个小屏上的光子通量密度（单位面积单位时间内通过的光子数）多大？(ssm)（www）

39－3节 光电效应

16E.（a）从金属钠逐出电子所需的最小能量是 2.28eV。对于 λ = 680nm 的红光，钠能产生光电效应吗？（b）使钠发生光电效应的截止波长是多大？该波长对应什么颜色？

17E. 你想选一种元素做光电池使它能利用可见光的光电效应来工作。下列元素（括号内为功函数）哪个适合：钽（4.2eV），钨（4.5eV），铝（4.2eV），钡（2.5eV），锂（2.3eV）。

18E. 钾和铯的功函数分别是 2.25eV 和 2.14eV。（a）波长为 565nm 的入射光可以使这两种元素都能发生光电效应吗？（b）入射光的波长为 518nm 时又如何呢？

19E. 光射到钠金属表面上产生了光电效应。被逐出电子的遏止电势是 5.0V，钠的功函数为 2.2eV，入射光的波长是多少？(ssm)

20E. 如果材料的功函数是 2.3eV，入射光的频率是 3.0×10^{15} Hz，则从该材料逐出的电子的最大动能是多大？

21E. 钨的功函数是 4.50eV，计算当光子能量为 5.80eV 的光照射钨表面时，被逐出的最快的光子的速率。

22P.（a）如果某种金属的功函数为 1.8eV，当用波长 400nm 的光照射它时，从它被逐出的电子的截止电压是多大？（b）被逐出电子的最大速率是多少？

23P. 波长为 200nm 的光照射到铝表面上。在铝中，逐出一个电子需要能量 4.20eV。（a）最快的和（b）最慢的被逐出的电子的动能是多少？（c）这种情况的遏止电势是多少？（d）铝的截止波长多大？(ssm)

24P. 对应于银的截止频率的波长是 325nm。求波长为 254nm 的紫外光从银表面释放的电子的最大动能。

25P. 由于太阳光在其外表面引起光电效应，一个运行中的卫星可能带电，设计卫星时必须尽可能减小这种带电。设一个卫星表面镀铂，一种功函数非常大的金属（Φ = 5.32eV），求能从铂的表面逐出电子的入射光的最大波长。

26P. 在一次用钠做的光电效应实验中，入射光波长是 300nm 时，遏止电势为 1.85V 而波长为 400nm 时，截止电压是 0.820V。试由这些数据求：（a）普朗克常量，（b）钠的功函数 Φ，（c）钠的截止波长 λ_0。

27P. 在波长为 491nm 的光照射下，某一表面发射的电子的遏止电势是0.710V。当入射光的波长改变为另一新值时，遏止电势变为1.43V。(a) 这一新波长是多大？(b) 该表面的功函数是多大？(ssm)(www)

28P. 约在1916年，密里根在他用锂做的光电效应实验中所得的遏止电势数据如下：

波长(nm)	433.9	404.7	365.0	312.5	253.5
遏止电势(V)	0.55	0.73	1.09	1.67	2.57

试用这些数据画出类似图39-2(那是对于钠的)的图线并利用该图线求(a)普朗克常量和(b)锂的功函数。

29P. 假设铯表面(功函数为1.80eV)的**分数效率**是1.0×10^{-16}；这就是说，平均讲来，每有10^{16}个光子照射到铯表面上，就有1个电子被逐出。如果所有被逐出的电子都参于形成电流，则从一只2.00mW激光器发出的600nm的光照射此表面时被逐出电子形成的电流多大？

30P. 波长为71pm的X射线射到一金箔上从而从金原子内逐出牢固地束缚着的电子。被逐出的电子接着就在一均匀磁场$\vec{B}$中沿半径为r的圆轨道运动而$Br=1.88\times10^{-4}\mathrm{T\cdot m}$。求(a)这些电子的最大动能，(b)把它们从金原子中逐出需要做的功。

39-4节　光子具有动量

31E. 波长为2.4pm射到一个含有自由电子的靶上。(a) 求和入射方向成30°角的方向散射的光的波长。(b) 散射角为120°时又如何？(ssm)

32E. (a) 能量等于一个电子的静能的光子，其动量多大？相应的辐射的(b)波长和(c)频率是多少？

33E. 一束X射线的波长为35.0pm。(a) 相应的频率是多少？计算相应的(b)光子能量和(c)光子动量。

34P. 波长为0.010nm的X射线射到含有被松散地束缚着的电子的靶上，对由这种电子引起的康普顿散射，在180°方向上，求以下各参量：(a)康普顿移位，(b)相应的光子能量的变化，(c)反冲电子的动能，(d)电子运动的方向？

35P. 通过分析一个光子和一个自由电子的碰撞(用相对论力学)证明：一个光子把它的能量全部传递的一个自由电子(从而该光子消失)是不可能的。

36P. 光子能量为0.511MeV的γ射线射到铝靶上并被其中松散地束缚着的电子向各方向散射。(a) λ射γ射线的波长是多少？(b) 在对入射束成90.0°的方向散射的γ射线的波长是多少？(c) 在此方向上散射的射线的光子能量多大？

37P. 计算(a)一个电子和(b)一个质子的康普顿波长。波长等于(c)电子的和(d)质子的康普顿波长的电磁波的光子能量各多大？(ssm)

38P. 一个光子和一个**自由质子**间的康普顿碰撞引起的最大康普顿移位是多少？

39P. 波长增大百分之几会导致在光子-自由电子碰撞时光子的能量损失75%？(ssm)(www)

40P. 计算如图39-5所示的那种碰撞过程中光子能量变化的百分数，取$\phi=90°$而辐射在(a)微波段，$\lambda=3.0\mathrm{cm}$；(b)可见光段，$\lambda=500\mathrm{nm}$；(c)X射线段，$\lambda=25\mathrm{pm}$；和(d)γ射线段，γ光子能量为1.0MeV。(e)关于在电磁波谱的这些波段中康普顿移位探测的可行性，你的结论是什么，只以单个的光子-电子碰撞时的能量损失为标准作出判断。

41P. 相对于实验室参考系，一个质量为m和速率为v的电子迎面与一个初能量为hf_0的γ光子发生"碰撞"，光子沿电子的运动方向被散射。证明在实验室参考系内测量，被散射光子的能量为

$$E=hf_0\left(1+\frac{2hf_0}{mc^2}\sqrt{\frac{1+v/c}{1-v/c}}\right)^{-1}$$

42P. 证明：$\Delta E/E$，即一个光子和一个质量为m的粒子发生碰撞时它所损失能量的百分数，为

$$\frac{\Delta E}{E}=\frac{hf'}{mc^2}(1-\cos\phi)$$

其中E为入射光子的能量，f'是被散射光子的频率，ϕ按图39-5中的定义。

43P. 考虑一个初能量为50.0keV的X射线光子和一个静止的电子发生碰撞，碰撞后光子沿返回方向被散射，而电子向前方运动。(a) 被散射的光子的能量是多少？(b) 电子的动能是多少？

44P. 波长为590nm的光被一个自由的，原来静止的电子散射，求在和入射方向成90°角的方向的散射光的(a)康普顿移位，(b)分数康普顿移位和(c)光子能量的变化各是多少？(d)对于光子能量为50.0keV的X射线计算同样的量。

45P. 17.5keV的X射线入射到一片薄铜箔上，求由于康普顿效应被打出的电子的最大动能。

46P. 通过消去式(39-8)，(39-9)和(39-10)中的v和θ，导出康普顿移位公式(39-11)。

47P. 要使200keV的光子被自由电子散射而光子

能量损失 10%，散射角应多大？

48P. 证明能量为 E 的光子被自由的静止电子散射时，反冲电子的最大动能是

$$K_{\max} = \frac{E^2}{E + mc^2/2}$$

39-6 节　电子和物质波

49E. 利用动量和动能的经典公式证明电子的德布罗意波长以纳米为单位可以写成 $\lambda = 1.226/\sqrt{K}$,其中 K 是以电子伏为单位的电子的动能。(ssm)

50E. 质量 40g 的子弹以 1000m/s 的速率飞行。虽然子弹明显的太大而不能当成物质波看待，但也请用式（39-13）计算一下它的德布罗意波长是多大。

51E. 在普通的电视机内，电子是通过 25.0kV 的电势差加速的。这种电子的德布罗意波长是多大？（不需用相对论）(ssm)

52E. 计算（a）一个 1.00keV 的电子，（b）一个 1.00kV 的质子，（c）一个 1.00keV 的中子的德布罗意波长。

53P. 钠的黄色发射谱线的波长是 590nm，其德布罗意波长等于此波长的电子具有多大的动能？(ssm)

54P. 如果一个质子的德布罗意波长为 100fm.（a）此质子的速率多大？（b）使它获得这一速率需要通过多大的电势差？

55P. 和物质处于热平衡的中子具有平均动能 $\frac{3}{2}kT$，其中 k 是波耳兹曼常量而 T 是中子的环境的温度，可以取为 300K。（a）这样的一个中子的平均动能是多少？（b）相应的德布罗意波长多大？

56P. 一个电子和一个质子各具有 0.20nm 的波长。计算（a）它们的动量和（b）它们的能量。

57P.（a）一个光子具有能量 1.00eV，一个电子具有同样大小的动能。它们的波长各是多少？（b）对 1.00GeV 的能量再算一次。(ssm)(www)

58P. 考虑一个在室温和常压下充以氦气的气球。计算（a）氦原子的平均德布罗意波长和（b）在此情况下原子之间的平均距离。原子的平均动能为 $\frac{3}{2}kT$,其中 k 是玻耳兹曼常量。（c）在这种情况下原子能被当成粒子处理吗？

59P. 带有单个电荷的钠离子通过 300V 的电势差加速。（a）这一离子获得的动量多大？（b）它的德布罗意波长多大？(ssm)

60P.（a）一个光子和一个电子都具有 1.00nm 的波长。光子的能量和电子的动能各是多少？（b）对 1.00fm 的波长重复计算一次。

61P. 斯坦福大学的大电子加速器提供动能为 50GeV 的电子束。具有这样的能量的电子的波长很小，适宜于通过散射来探测核结构的细微特征。一个 50GeV 的电子的德布罗意波长多大？这一波长和一般的核的半径，约为 5.0fm，相比如何？（对于这一能量，可以应用极端相对论的动量和能量之间的关系，即 $p = E/c$。这一关系对光是适用的，也适用于粒子的动能比它的静能大得多的情况。本题正是这样。）

62P. 原子核的存在是卢瑟福于 1911 年发现的，他恰当地解释了一些 α 粒子束被像金这种原子构成的金属箔所散射的实验。（a）如果 α 粒子的动能是 7.5MeV，它的德布罗意波长多大？（b）在解释这些实验时，α 粒子的波动性是必须考虑的吗？已知一个 α 粒子的质量是 4.00u（原子质量单位），而在这些实验中，α 粒子离核的中心的最近距离约是 30fm。（第一次完成这些决定性实验之后十几年才提出了物质的波动性。）

63P. 一个非相对论粒子以三倍于一个电子的速度运动。该粒子和电子的德布罗意波长之比是 1.813×10^{-4}。试计算该粒子的质量并判定它是什么粒子。(ssm)

64P. 显微镜可能达到的分辨率仅受所用的波长限制；这就是说，能被辨别的最小的东西的线度约等于波长。假设我们希望“看”原子的内部。如果原子的直径为 100pm，这就意味着必须能分辨，如 10pm 的宽度。（a）如果用电子显微镜，所需最小的电子能量是多少？（b）如果用光学显微镜，所需最小的光子能量是多少？（c）哪种显微镜更实际些？为什么？

65P. 要使电子显微镜的分辨率和用 100keV γ 射线的显微镜可能得到的分辨率相同，电子显微镜中的电子需要多大的加速电压（见习题 64）(ssm)

39-7 节　薛定谔方程

66E.（a）设 $n = a + ib$ 是一个复数，其中 a 和 b 是实（正或负）数。证明：乘积 nn^* 总是一个正实数。（b）设 $m = c + id$ 是另一个复数。证明：$|nm| = |n||m|$。

67P. 将式（39-17）的 $\psi(x)$ 及其二阶导数代入式（39-16）中并注意到得出的恒等结果，从而证明式（39-17）的确是式（39-16）的一个解。

68P. (a) 把式 (39-19) 的波函数 $\psi(x)$ 写成 $\psi(x) = a + ib$ 的形式,其中 a 和 b 为实数。(设 ψ_0 是实数)(b) 写出和 $\psi(x)$ 对应的含时波函数 $\Psi(x,t)$ 。

69P. 证明对于质量为 m 的非相论自由粒子的角波数 k 可写作

$$k = \frac{2\pi\ \sqrt{2mK}}{h}$$

其中 K 是粒子的动能 (ssm)

70P. 证明:对由式 (39-14) 联系在一起的 ψ and ψ, $|\psi|^2 = |\psi|^2$,这就证明了,概率密度与时间变量无关。

71P. 式 (39-19) 中的 $\psi(x)$ 描述一个自由粒子。对此粒子,我们假定薛定谔方程 (式 (39-15)) 中 $U(x) = 0$,现在假定该方程中 $U(x) = U_0 =$ 常量。证明式(39-19) 仍然是薛定谔方程的解。不过此时粒子的角波数为

$$k = \frac{2\pi}{h}\ \sqrt{2m(E-U_0)}$$ (ssm)(www)

72P. 假设令式 (39-17) 中的 $A=0$ 并把 B 改写成 ψ_0。结果所得的波函数描述什么? 如果这样,图 39-11 会发生什么改变?

73P. 在式 (39-18) 中,两项都取,并令 $A=B=\psi_0$。这一方程于是就描述振幅相同、传播方向相反的两列物质波的叠加 (请注意这是形成驻波的条件) (a) 证明此时 $|\Psi(x,t)|^2$ 由下式给出

$$|\Psi(x,t)|^2 = 2\psi_0^2[1+\cos 2kx]$$

(b) 画出此函数的图线,并说明此函数描述物质驻波的振幅的平方。(c) 证明此驻波的节点的位置是

$$x = (2n+1)\left(\frac{1}{4}\lambda\right) \quad 其中\ n = 0,1,2,3,\cdots$$

其中 λ 是粒子的德布罗意波长。(d) 写出粒子的最概然位置的表示式。

39-8 节 海森堡不确定原理

74E. 图 39-11 表示,由于海森堡不确定原理,不可能确定电子的位置坐标 x。(a) 坐标 y 或 z 能确定吗? (提示:电子的动量没有 y 和 z 方向的分量) (b) 说明此物质波在三维空间分布的广度。

75E. 假想在某一宇宙 (不是我们的) 中玩垒球,该处的普朗克恒量为 0.60J·s。一只 0.50kg 的垒球沿一坐标轴以 20m/s 的速率运动。如果其速率的不确定度为 1.0m/s,它的位置不确定度是多少? (ssm)

76E. 一个电子的位置不确定度给定为 50pm,约等于氢原子的半径。对此电子动量的任何同步测量,其最小不确定度是多少?

77P. 图 39-11 表示的是这种情形,其中一个粒子的动量 p_x 是恒定的,因而 $\Delta p_x = 0$; 于是,根据海森堡不确定原理 (式 (39-20),粒子的位置 x 就完全不能知道了。根据同一原理,相反的情形也是正确的;就是说,如果粒子的位置精确地知道了 ($\Delta x = 0$)。它的动量的不确定度就是无穷大。

考虑一个中间的情形,一个粒子的位置的测量并没有达到无限精确的程度,而是在一段距离 $\lambda/2\pi$ 之内,其中 λ 为粒子的德布罗意波长。证明 (同时测量的) 动量的不确定度就等于动量本身;即 $\Delta p_x = p$。在这些情形中,有一次测得的动量是零令你惊奇吗? 测得的动量为 $0.5p$, $2p$, $12p$ 又如何呢? (ssm)

78P. 在第 40 章中你将发现,在原子内电子不可能沿确定的轨道运动,象我们的太阳系中的行星那样。为了理解为什么,让我们试着用光学显微镜以,例如,10pm (一个典型原子的半径约为 100pm) 的精度来测量电子在假想的轨道上的位置,以便"观察"电子沿轨道的运动。显微镜中用的光子的波长因此必须约等于 10pm。(a) 这样的光的光子能量多大? (b) 在正碰中这样一个光子给予电子多少能量? (c) 关于沿其假想轨道在两点或更多点上"看到"原子中的电子的可能性,以上结果告诉你什么? (提示:把原子的外围电子束缚到原子上的能量仅只几个电子伏。)

39-9 节 势垒隧穿

79P. 一个质子和一个氘核 (后者具有和质子相同的电量,但质量为质子的两倍) 撞到一个厚 10fm、高 10MeV 的势垒上。每个粒子在撞前都具有 3.0MeV 的动能。(a) 每个粒子的透射系数多大? (b) 它们穿过势垒后的动能各是多少? (假定它们都穿过了。) (c) 如果从势垒反射回来,它们的动能又各是多少? (ssm)

80P. 考虑如图 39-12 (a) 所示的势能壁垒,但其高度 U_0 为 6.0eV,厚度 L 为 0.70nm。透射系数为 0.0010 的入射电子的能量是多少?

81P. 考虑例题 39-7 中势垒隧穿情况。当 (a) 势垒高度,(b) 势垒厚度,(c) 当入射电子的动能有 1.0% 的变化时,透射系数 T 将发生百分之几的变化。(ssm)

82P. (a) 假设一束 5.0eV 的质子撞上一个高 6.0eV、厚 0.70nm 的势垒,其流量相当于 1000A,要

发现一个质子穿过—平均地—需要等多长时间？(b)换用电子束代替质子束，如上又要等多长时间？

53P. 一辆 1500kg 的汽车以 20m/s 的速度驶向一高 24m，长 30m 的山头。尽管汽车和山头很明显地是太大而不能当物质波处理，也请按式（39 - 21）计算一下汽车的透射系数，就好像它能像物质波一样隧穿山头。认为山头是一个势能壁垒而势能是重力势能。

第40章　再论物质波

这一壮观的计算机图像是1993年加利福尼亚州IBM的Almaolen研究中心制成的。排成圆周的那48个峰标志着在一特制的铜表面上一个个铁原子的位置，这一直径约14nm的圆周称为量子围栏。

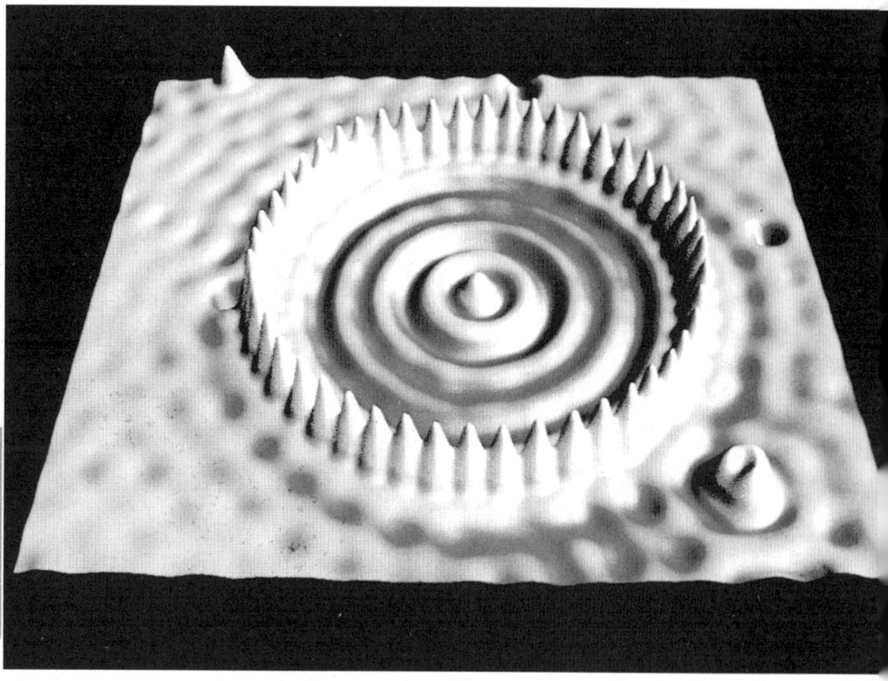

这些原子怎么会被排成圆周的？被圈在围栏内的波纹是什么？

答案就在本章中。

40－1 原子大厦

在20世纪初期，没有人知道电子在原子中是如何分布的，它们是如何运动的，原子是怎么发射和吸收光的，或者甚至原子为什么是稳定的。没有这些知识就不可能理解原子如何结合成分子或堆集成固体的。其结果，化学（包括研究生命本身实质的生物化学）的基础就或多或少是个谜。

1926年，所有这些问题以及其他问题都由于量子物理的发展而得到了答案。量子物理的基本的前提是运动的电子、质子和任何种类的粒子都能很好地当成物质波看待，而其运动由薛定谔方程决定。虽然量子理论也适用于质量大的粒子，但是把它用来处理垒球、汽车、行星以及类似的物体是毫无意义的。对于这些大个儿的、运动缓慢的物体，牛顿物理和量子物理给出同样的结果。

在能应用量子物理于原子结构的问题之前，我们需要通过把量子概念应用到一些较简单的问题上，以便获得一些对这些概念的清晰的认识。这些“练习式的问题”可能看起来是人为的，但是，像你将要看到的，它们提供了理解一个非常实际的问题的坚实基础。这一非常实际的问题就是在40－8节将要分析的氢原子的结构。

40－2 弦上的波和物质波

在第17章中我们曾看到一根拉紧的弦上可以形成两种波。如果弦很长以至于可以当成无限长时，它上面可以形成频率基本上任意的**行波**。但是，如果拉紧的弦的长度是有限的，这可能是因为它的两端被卡死了，则只能在它上面形成**驻波**；而且，这些驻波的频率只能具有分立的值。换句话说，把波限制在有限的空间区域将导致运动的量子化——波的分立的**状态**出现，每个这样的状态都具有完全确定的频率。

这一结论适用于任何种类的波，包括物质波。不过，对于物质波，用相联系的粒子的能量E处理起来要比用波的频率f处理更方便些。下面我们将要集中讨论和电子相联系的物质波，但结论适用于任何被束缚的物质波。

考虑与一个沿x方向运动而且不受力的电子——所谓**自由粒子**相联系的物质波。这样的一个电子的能量可能具有任意的合理的值，正象沿一根无限长的拉紧的弦传播的波可能具有任意的合理的频率一样。

其次考虑与一个原子内的电子，例如钠原子的价电子（束缚最松的）相联系的物质波。这样一个电子——被它和带正的核之间的库仑引力束缚在原子内——并不是一个自由粒子。它只能存在于一系列分立的状态中，每一个状态具有一个分立的能量E。这听起来十分像在一条有限长的拉紧的弦上可能出现的分立的状态和量子化的频率。对于物质波，而且，对各种波，我们都可以宣称一个**束缚原理**。

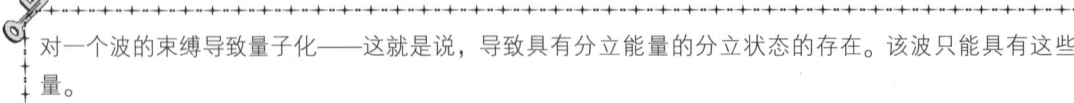

对一个波的束缚导致量子化——这就是说，导致具有分立能量的分立状态的存在。该波只能具有这些能量。

40 -3 陷阱中电子的能量

一维陷阱

在这里我们考查与束缚在有限空间区域内的一个电子相联系的物质波。我们用类似于沿 x 轴拉紧而两端被固定的一根有限长的弦上的驻波的方法来处理这个问题。由于两端被固定死了，这两端必定是波节，即始终静止的点。在弦上可能还有其他波节，但是这两端的波节是一定要有的，如图 17 -21 所示。

弦的状态，或者弦的振动可能呈现的各种分立的驻波图样，是弦长 L 等于半波长的整数倍的各种情况。这就是说，弦可能处于的状态必须符合

$$L = \frac{n\lambda}{2}, \quad n = 1,2,3,\cdots \tag{40 - 1}$$

每一个 n 值标志振动的弦的一个状态；用量子物理的语言，我们能把整数 n 称为一个**量子数**。

对于每一个式（40 -1）所允许的弦的状态，沿着弦在任一位置 x 处，弦的横向位移由下式给定

$$y_n(x) = A\sin\left(\frac{n\pi}{L}x\right), \quad n = 1,2,3,\cdots, \tag{40 - 2}$$

其中量子数 n 确定振动图样，而 A 决定于考查弦的时刻。(式（40 -2）是式（17 -47）的一个简单的变形。）我们可以看到在所有时间内对于所有的 n，在 $x=0$ 和 $x=L$ 处位移都是零（波节）。这是必然的。图 17 -20 是这样的弦在 $n=2$，3 和 4 的情况下长时间曝光的照片。

现在让我们把注意力转向物质波。首先的问题是把沿 x 轴运动的电子物理地限制在该轴的一个有限区段内。图 40 -1 表示一个想象的**电子陷阱**。它有两个半无限长圆筒，每一个的电势都趋近 $-\infty$；它们中间是一个长为 L 的圆筒，其电势为零。我们把一个单个电子放入中间圆筒中来限制它的运动。

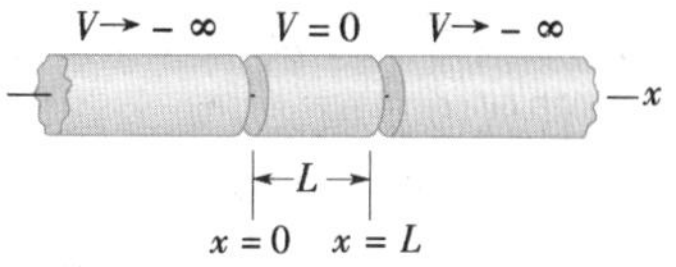

图 40 -1 用来把电子限制在中间圆筒中的理想“陷阱”的构件。取两侧半无限长圆筒的电势为负无限大而中间圆柱体的电势为零。

图 40 -1 所示的陷阱容易分析但不很实际。不过，在实验室中**能够**用设计上更复杂，但概念上是一样的陷阱来限制单个的电子。例如，在华盛顿大学，曾把一个单个电子连续几个月限制在一个陷阱中，让科学家对它的许多性质进行极精密的测量。

求量子化能量

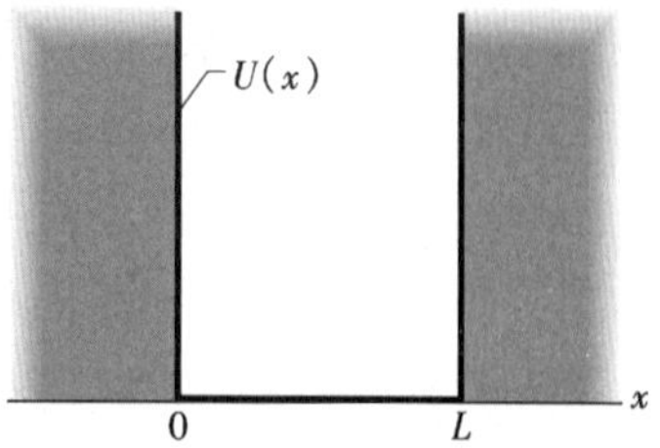

图 40 -2 束缚在图 40 -1 理想陷阱的中间圆筒中的电子的电势能 $U(x)$。可以看到对 $0 < x < L, U = 0$，而对 $x < 0$ 和 $x > L, U \to \infty$。

图 40 -2 表示的电子势能是与图 40 -1 中理想陷阱相应的，作为电子沿 x 轴的位置函数的电子的势能。当电子在中间圆筒内时，由于该处电势 V 为零，所以电子的势能 U（$= -eV$）为零。如果电子能跑到这一区域之外，由于该处 $V \to \infty$，电子的势能将是正无限大。我们把图 40 -2 的势能图像称做**无限深势能阱**或者，简短些，称做**无限势阱**。它是一

个“阱”是因为放入图 40 - 1 的中间圆筒的电子不可能从中逃离。当电子趋近圆筒的任一端时，一个基本上是无限大的力驱使电子回返，从而把它限制在筒内。由于电子只能沿一个轴运动，所以这个陷阱可称做**一维无限势阱**。

正像在一段拉紧的弦上的驻波，描述被束缚的电子的物质波必然在 $x=0$ 和 $x=L$ 处形成波节。还有，如果认为式（40 - 1）中的 λ 是和运动电子相联系的德布罗意波长，则该式同样能应用于物质波。

德布罗意波长按式（39 - 13）定义为 $\lambda=h/p$，其中 p 是电子动量的大小。这一大小 p 和电子动能 K 的关系为 $p=\sqrt{2mK}$，其中 m 是电子的质量。对于在图 40 - 1 的中间圆筒内运动的电子来说，由于 $U=0$，它的总（机械）能 E 量就等于动能。于是，此电子的德布罗意波长就可以写成

$$\lambda=\frac{h}{p}=\frac{h}{\sqrt{2mE}} \qquad (40-3)$$

将式（40 - 3）代入式（40 - 1）并对 E 求解，可得 E 和 n 的关系为

$$E_n=\left(\frac{h^2}{8\pi L^2}\right)n^2, \quad n=1,2,3,\cdots \qquad (40-4)$$

其中 n 是在陷阱中的电子的各量子态的量子数。

式（40 - 4）告诉我们一个很重要的结果：由于电子是被束缚在陷阱中，它只能具有该式给定的能量。它不能具有，例如，$n=1$ 和 $n=2$ 的能量之间的任何能量值。为什么会有这种限制？因为一个电子是一个物质波。如果它不是这样，而是像经典物理所假定的粒子，那么当它被束缚在陷阱中时就可能具**任何**能量值。

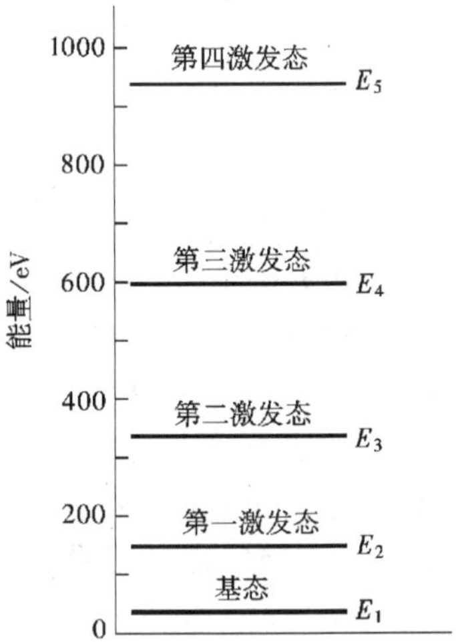

图 40 - 3　束缚在图 40 - 2 的无限阱中的电子的，由式（40 - 4）给出的几个允许的能量。这里 $L=100\text{pm}$。这样的图称为能级图。

图 40 - 3 是一幅图表示在一个 $L=100\text{pm}$（约是一个典型原子的大小）的无限阱中的电子的最低的 5 个允许的能量值。这些值称为**能级**。它们在图 40 - 3 中用一个梯子上的水平线或梯级表示。这种图称为**能级图**，能量沿竖直方向标出，水平方向不表示什么量。

具有式（40 - 4）给定的最低可能能量的量子态，其量子数 $n=1$，称为电子的**基态**。电子趋向于处在此能量最低的态。具有更大能量（相应的量子数 $n=2$ 或更大）的所有量子态称为电子的**激发态**。能级为 E_2 的态，其量子数 $n=2$，称为**第 1 激发态**，因为它是能级图中向上数时遇到的第 1 个激发态。类似地，能级为 E_3 的态称为**第 2 激发态**。

能量的变化

一个陷阱中的电子倾向于具有最低允许的能量，因此处于它的基态。它可以转移到一个激发态（在该态中它具有更大的能量），但这只有在外源提供该转移所需的额外能量时才可能发生。设 E_{low} 为电子的初能量，E_{high} 为能级图中更高的态的更大的能量。于是电子态的转移需要的能量值为

$$\Delta E = E_{\mathrm{high}} - E_{\mathrm{low}} \tag{40-5}$$

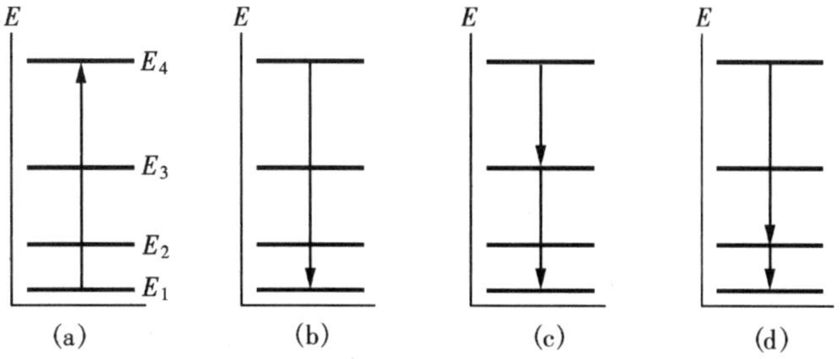

图 40-4 (a) 一个陷阱中的电子从它的基态能级向第3激发态能级的激发，(b) ~ (d) 电子可能退激回基态能量的四种方式中的三种。(哪种方式没有画出来?)

接受这一能量的电子被说成是进行了一次**量子跃迁**（或**转移**），或者说成是被从较低能态**激发**到较高能态。图 40-4a 表示从基态（能级 E_1）到第 3 激发态（能级 E_4）的一次量子跃迁。像图示那样，跃迁**必须**是从一个能级到另一个能级，但它可以越过一个或更多的中间能级。

电子能够获得能量进行一次到高能级的量子跃迁的一种方法是吸收一个光子。但是，这种吸收和跃迁只能在满足下列条件才可能发生：

如果一个被束缚的电子要吸收一个光子，该光子的能量必须等于电子的初能级和较高能级的能量差 ΔE。

因此，通过光的吸收的激发要求

$$hf = \Delta E = E_{\mathrm{high}} - E_{\mathrm{low}} \tag{40-6}$$

当一个电子到达激发态后，它并不停留在那里而是迅速通过减少能量**退激**。图 40-4b ~ d 表示从第 3 个激发态能级向下的几种可能的跃迁。电子回到它的基态能级可能是通过一次直接的量子跃迁（图 40-4b 或依次通过几次在中间能级之间的较短跃迁（图 40-4c 和 d）。

一个电子可以通过发射一个光子减少自己的能量，但只有在满足下列条件时才可能：

如果一个被束缚的电子发射一个光子，该光子的能量必须等于电子的初能级和较低能级的能量差 ΔE。

这样，式（40-6）同样适用于被束缚的电子吸收和发射光这两种情形。这就是说，被吸收和发射的光只能具有 hf 的某些值，因而也就只能具有频率 f 和波长 λ 的某些值。

旁白： 虽然式（40-6）和上述关于光子吸收和发射的讨论能够应用于物理的（实际的）电子陷阱，它们并不能应用于一维的（不实际的）电子陷阱。其中道理涉及光子的吸收和发射过程要求动量守恒。本书将忽略这一要求而把式（40-6）甚至应用于一维陷阱的情况。

检查点 1：对于一个被束缚在无限阱中的电子，按下列各对量子态的能量差从大到小排序：(a) $n=3$ 到 $n=1$，(b) $n=5$ 到 $n=4$，(c) $n=4$ 到 $n=3$。

例题 40-1

一个电子被束缚在宽 $L=100\mathrm{pm}$ 的一维无限深势能阱中。

(a) 电子可能具有的最小能量是多少？

【解】 这里的**关键点**是电子（一列物质波）被束缚在阱内导致它的能量的量子化。因为阱是无限深的，所允许的能量就由式（40－4）($E_n = (h^2/8mL^2)n^2$) 给出，其中量子数 n 是正整数。这里，式（40－4）中 n^2 之前的常量组合可计算为

$$\frac{h^2}{8mL^2} = \frac{(6.63\times10^{-34}\,\mathrm{J\cdot s})^2}{(8)(9.11\times10^{-31}\,\mathrm{kg})(100\times10^{-12}\,\mathrm{m})^2}$$

$$=6.031\times10^{-18}\,\mathrm{J} \qquad (40-7)$$

电子的最小能量和最小的量子数 $n=1$ 对应，这是电子的基态。据此，式（40－4）和式（40－7）给出

$$E_n = \left(\frac{h^2}{8mL^2}\right)n^2 = (6.031\times10^{-18}\,\mathrm{J})1^2$$

$$=6.03\times10^{-18}\,\mathrm{J} = 37.7\,\mathrm{eV}$$

（答案）

（b）如果电子要从基态跃迁到第2激发态，需要向它传送多少能量？

【解】 首先要注意，根据图40－3，第2激发态和 $n=3$ 的第3个能级对应。因此第1个**关键点**是如果电子从 $n=1$ 的能级跃迁到 $n=3$ 的能级，由式（40－5）它的能量变化是

$$\Delta E_{31} = E_3 - E_1 \qquad (40-8)$$

第2个**关键点**是，根据式（40－4），能量 E_3 和 E_1 决定于量子数 n。因此，将该式代入式（40－8）中的能量 E_3 和 E_1 并利用式（40－7），可得

$$\Delta E_{31} = \left(\frac{h^2}{8mL^2}\right)^2(3)^3 - \left(\frac{h^2}{8mL^2}\right)(1^2)$$

$$=\frac{h^2}{8mL^2}(3^2-1^2)$$

$$=(6.031\times10^{-18}\,\mathrm{J})(8)$$

$$=4.83\times10^{-17}\,\mathrm{J} = 302\,\mathrm{eV}$$ （答案）

（c）如果电子通过吸收光而从能级 E_1 跃迁到能级 E_3，这光的波长应是多少？

【解】 这里一个**关键点**是光要向电子传送能量，这传送一定通过光子吸收。第二个**关键点**是根据式（40－6）($hf=\Delta E$)，光子的能量必须等于电子的起始能级和较高能级的能量差。不然，光子**不能**被吸收。以 c/f 取代 f，式（40－6）可以改写成

$$\lambda = \frac{hc}{\Delta E} \qquad (40-9)$$

对于（b）中已求得的 ΔE_{31}，此式给出

$$\lambda = \frac{hc}{\Delta E_{31}}$$

$$= \frac{(6.63\times10^{-34}\,\mathrm{J\cdot s})(3.0\times10^8\,\mathrm{m/s})}{4.8\times10^{-17}\,\mathrm{J}}$$

$$=4.12\times10^{-9}\,\mathrm{m}$$ （答案）

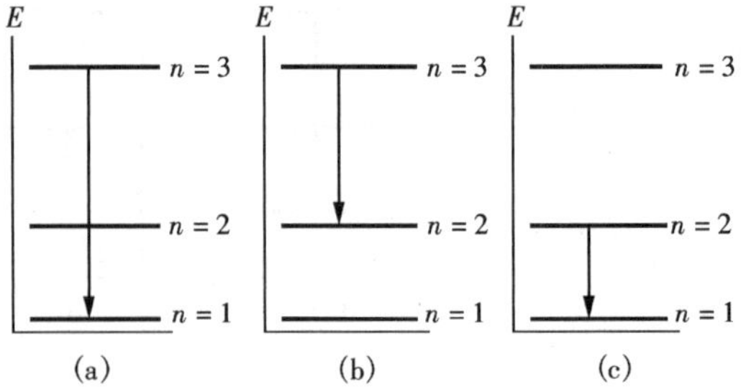

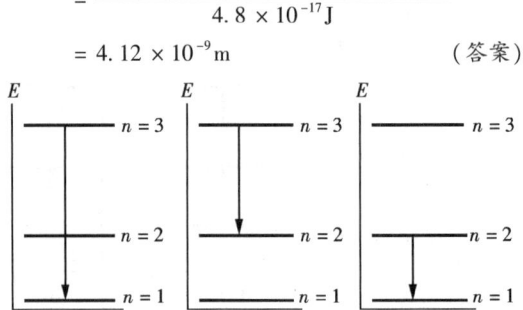

图40－5 例题40－1中，从第二激发态退激到基态的过程或是直接的（a）或是经停第一激发态（b，c）。

（d）一旦电子被激发到第2激发态，它退激时可能发射的光的波长如何？

【解】 这里有三个**关键点**：

1. 电子倾向于退激。直到基态（$n=1$），而不是总处于激发态。

2. 如果电子退激，它就必须失去足够的能量以便跃迁到较低的能级上。

3. 如果它是通过发射光而失去能量的，这一失去能量的过程一定是发射光子。

从第2激发态（$n=3$ 能级）开始，电子回到基态（$n=1$）的过程**可能是**直接回到基态能级（图40－5）的量子跃迁，**也可能是**经停中间 $n=2$ 能级的两个**分步**跃迁（图40－5（b）（c））。

直接跃迁涉及在（c）中已求得的 E_{31}。因此波长与在（c）中求得的相同，只是现在的波长是所发射的光的波长而不是被吸收的光的波长。于是，电子直接跃迁到基态时发射的光的波长为

$$\lambda = 4.12\times10^{-9}\,\mathrm{m}$$ （答案）

和（b）项的步骤一样，可以求得对应于图40－5（b）和（c）跃迁的能量差分别是

$$\Delta E_{32} = 3.016\times10^{-17}\,\mathrm{J} \text{ 和 } \Delta E_{21} = 1.809\times10^{-17}\,\mathrm{J}$$

由式（40－9）可以求得这两个跃迁的第1个（从 $n=3$ 到 $n=2$）所发射的光的波长为

$$\lambda = 6.60\times10^{-9}\,\mathrm{m}$$ （答案）

这两个跃迁的第2个（从 $n=2$ 到 $n=1$）所发射的光的波长为

$$\lambda = 1.10\times10^{-8}\,\mathrm{m}$$ （答案）

40 -4 陷阱中电子的波函数

如果对陷入宽 L 的一维无限势阱中电子的薛定谔方程求解，可得电子的波函数为当 $0\leqslant x\leqslant L$ 区间时，

$$\psi_n(x)=A\sin\left(\frac{n\pi}{L}x\right),\quad n=1,2,3,\cdots, \tag{40-10}$$

(在上述区间之外，波函数为零)。下面就要求此方程中的振幅常量 A。

注意波函数 $\psi_n(x)$ 和在两个固定支点之间拉紧的弦上的驻波的位移函数 $y_n(x)$ (见式 (40-2)) 具有相同的形式。我们可以把限制在两个无限势壁之间的一维阱中的电子形象地看成一个驻物质波。

检测的概率

波函数 $\psi_n(x)$ 不可能用任何方法进行检测或直接测量——我们不可能直接面向阱内去观察这个波，就象可以在盛水的浴缸内看到水波那样。所有我们能做的只是插入一个某种检测器试着去检测电子。将检测器放到 x 轴上某一位置处，在进行检测的瞬时，电子可能出现在该检测点上。

如果我们在阱中许多地点重复此一检测步骤，就会发现检测到电子的概率是和检测器在阱中的位置 x 有关的。实际上，它们是由概率密度 $\psi_n^2(x)$ 联系着的。第 39-7 节曾讲过，一般地说，在一个以某一给定点为中心的给定的无限小体积内检测到一个粒子的概率是和 $|\psi_n|^2$ 成正比的。在这里，对陷在一维阱中的电子来说，我们关心的只是沿 x 轴的对电子的检测。因此概率密度 $\psi_n^2(x)$ 在这里就是沿 x 轴单位长度的概率。(这里我们可以略去绝对值符号，因为式 (40-10) 中的 $\psi_n(x)$ 是一个实数量，而不是一个复数量。) 在阱中 x 位置处能检测到电子的概率 $p(x)$ 是

$$\begin{pmatrix}\text{以位置 } x \text{ 为中心}\\ \text{的宽度 } dx \text{ 内的}\\ \text{检测概率 } p(x)\end{pmatrix}=\begin{pmatrix}\text{在位置 } x \text{ 处的}\\ \text{概率密度 } \psi_n^2(x)\end{pmatrix}(\text{宽度 } dx)$$

或

$$p(x)=\psi_n^2(x)\,dx \tag{40-11}$$

由式 (40-10) 可得陷入的电子的概率密度 $\psi_n^2(x)$ 为，在 $0\leqslant x\leqslant L$ 区间

$$\psi_n^2(x)=A^2\sin^2\left(\frac{n\pi}{L}x\right),\quad n=1,2,3,\cdots \tag{40-12}$$

(在上述区间之外，概率密度为零)。图 40-6 画出了在 $L=100\text{pm}$ 的无限阱中的电子在 $n=1$, 2, 3, 和 15 时的 $\psi_n^2(x)$ 随 x 的变化关系。

要求出电子在阱内任意有限段——如在点 x_1 和点 x_2 之间——被检测到的概率，就需要在这两点之间对 $p(x)$ 积分。因此，由式(40-11)和(40-12)

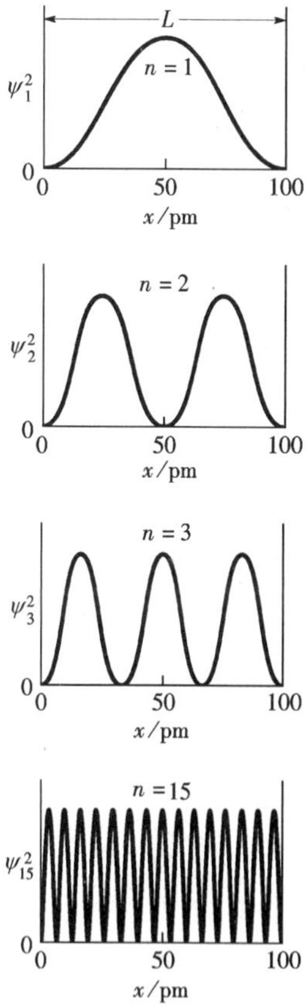

图 40-6 陷入一维无限阱内的电子的四个态的概率密度 $\psi_n^2(x)$；它们的量子数分别为 $n=1$, 2, 3 和 15。在 $\psi_n^2(x)$ 最大的地方，电子最容易发现，在 $\psi_n^2(x)$ 最小的地方，电子最难发现。

$$\begin{pmatrix}\text{在 } x_1 \text{ 和 } x_2 \text{ 之间} \\ \text{的探测概率}\end{pmatrix} = \int_{x_1}^{x_2} p(x) \ = \int_{x_1}^{x_2} A^2 \sin^2\left(\frac{n\pi}{L}x\right)\mathrm{d}x \qquad (40-13)$$

如果经典物理普遍成立，我们可以期望电子在阱内各处被检测到的概率都相等。由图 40－6 可以看到并不是这样。例如，该图或式（40－12）都表明对于 $n=2$ 的态，电子在 $x=25\text{pm}$ 和 $x=75\text{pm}$ 附近最容易被检测到。在 $x=0$，$x=50\text{pm}$ 和 $x=100\text{pm}$ 附近电子被检测到的概率几乎是零。

图 40－6 中 $n=15$ 的情况暗示当 n 增大时，被检测到的概率在阱中各处变得越来越均匀。这一结果是一个普遍原理的一个例子。该原理称为**对应原理**：

在量子数足够大时，量子物理的预言和经典物理的预言顺利地合二为一。

这一原理是丹麦物理学家尼尔斯・玻尔首先提出的，它适用于所有的量子预言。它应能提醒你关于相对论的一个类似的原理——即在粒子的速率足够低时，狭义相对论的预言和经典物理的预言顺利地合二为一。

检查点 2：右图表示三个宽度为 L，$2L$ 和 $3L$ 的无限势阱：每个阱中都有一个电子处于 $n=10$ 的态。从大到小对三个阱排序，根据（a）电子的概率密度的极大的个数和（b）电子的能量。

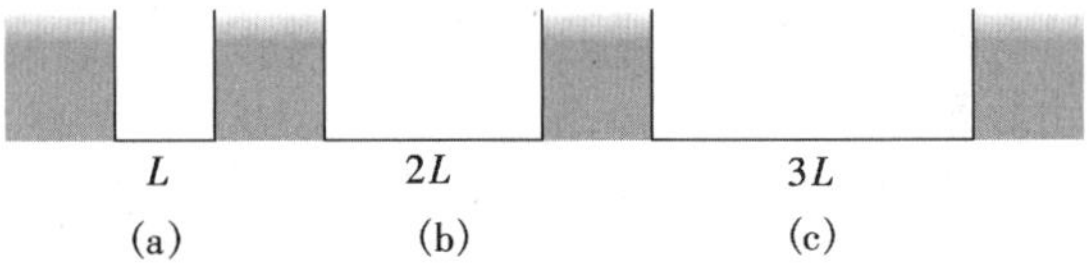

归一性

乘积 $\psi_n^2(x)\,\mathrm{d}x$ 给出无限深阱中的电子在 x 轴上 x 到 $x+\mathrm{d}x$ 区间被检测到的概率。我们知道电子一定在无限阱中某处，因此一定有

$$\int_{-\infty}^{\infty} \psi_n^2(x)\,\mathrm{d}x = 1 \quad (\text{归一化方程}) \qquad (40-14)$$

因为概率 1 对应于肯定。虽然此积分延伸到整个 x 轴，但只有从 0 到 L 的区间它对概率有贡献。在图 40－6 中，式（40－14）中的积分表示各图线下面的面积。

在例题 40－2 中可以看到，将式（40－12）代入式（40－14）中，可以求得式（40－12）中的振幅常量 A 的一个特定值；即，$A=\sqrt{2/L}$。用式（40－14）求波函数的振幅的过程称为波函数的**归一化**。此过程适用于所有一维波函数。

零点能

在式（40－4）中令 $n=1$ 定义了无限势阱中电子的最低能态，基态。它是被束缚电子要占有的态，除非供给它能量使它上升到某一激发态。

问题出现了：为什么式（40－4）中以几编号的可能性中不能包括 $n=0$ 这种情况呢？令此式中 $n=0$ 的确能给一个能量为零的基态。但是，令 $n=0$ 也将会使式（40－12）中的 $\psi_n^2(x)$ 对所有的 x 来说都等于零，而这只能意味着阱中并没有电子。但电子确实在里边。所以 $n=0$ 就不是一个可取的量子数。

量子物理的一个重要的结论是，被束缚的系统不可能存在于零能量的状态中。它们总是具有一定的最小能量。这最小能量称为**零点能**。

如果使无限阱变得越来越宽——即逐渐增大式（40－4）中的 L，就可以使 $n=1$ 的零点能变得随意小。在极限情况下，即 $L=\infty$，零点能趋近于零。这时，由于阱是无限宽，电子就成为自由粒子，它沿 x 方向不再受到束缚。另外，因为一个自由粒子的能量不是量子化的，它的能量可以具有任意值，包括零。只有被束缚的粒子才必须有有限的零点能而永远不能静止。

检查点3：下列4个粒子分别对束缚在4个同样宽的无穷阱中，它们的质量由小到大的排序是（a）电子，（b）质子，（c）氘核，和（d）α粒子。试按它们的零点能由大到小对它们排序。

例题 40－2

对于从 $x=0$ 延伸到 $x=L$ 的无限势阱求式（40－10）中的振幅 A。

【解】 此处**关键点**是像式（40－10）那样的波函数必需满足式（40－14）表示的归一化要求，即在 x 轴上某处电子被检测到的概率是1。把式（40－10）代入式（40－14）并把常量 A 提到积分号外，可得

$$A^2\int_0^L \sin^2\left(\frac{n\pi}{L}x\right)dx = 1 \qquad (40-15)$$

式中已把积分限从 $-\infty$ 和 $+\infty$ 改换成了0和 L，因为在此新限之外波函数为零（因而没有必要在其外进行积分）。

为了简化上述积分，可以把变量 x 改换为无量纲变量 y，而

$$y = \frac{n\pi}{L}x \qquad (40-16)$$

由此得

$$dx = \frac{L}{n\pi}dy$$

变量改换后，必须改变积分限。式（40－16）给出 $x=0$ 时 $y=0$ 和 $x=L$ 时 $y=n\pi$，因此0和 $n\pi$ 是新的积分限。把所有这些代入后，式（40－15）变为

$$A^2\frac{L}{2\pi}\int_0^{n\pi}(\sin^2 y)\,dy = 1$$

用附录E的积分公式（11）对此式进行积分，可得

$$\frac{A^2L}{n\pi}\left[\frac{y}{2}-\frac{\sin 2y}{4}\right]_0^{n\pi} = 1$$

代入上下限可得

$$\frac{A^2L}{n\pi}\frac{n\pi}{2} = 1$$

这样就有

$$A = \sqrt{\frac{2}{L}} \qquad (答案)(40-17)$$

这一结果告诉我们 A^2 的量纲，并且由此得 $\psi_n^2(x)$ 的量纲是倒长度。这是对的，因为式（40－12）表示的概率密度是**单位长度**的概率。

例题 40－3

图40－2中的一维无限势阱宽 $L=100\text{pm}$。一个电子陷入其中而处于基态。

（a）在阱内左方的1/3区间（$x_1=0$ 和 $x_2=L/3$ 之间）检测到电子的概率多大？

【解】 这里一个**关键点**是，如果我们在阱内左方1/3区间进行检测，并不能保证我们会探测到电子。但是，我们可以用式（40－13）来计算检测到它的概率。第二个**关键点**是，概率和电子所处的态（即电子的量子数 n 的值）密切有关。因为此处电子处于基态，所以应使式（40－13）中的 $n=1$。

还要将积分限取为位置 $x_1=0$ 和 $x_2=L/3$，并由例题40－2，振幅 A 取为 $\sqrt{2/L}$。于是有

$$\begin{pmatrix}\text{在左方 1/3 区间内}\\ \text{检测概率}\end{pmatrix} = \int_0^{L/3}\frac{2}{L}\sin^2\left(\frac{1\pi}{L}x\right)dx$$

我们可以将 100×10^{-12}m 代入 L 并用绘图计算器或计算机数学包来计算此积分。但在此处，我们将换一种方法，即仿照例题40－2，由式（40－16），可得新的积分变量为

$$y = \frac{\pi}{L}x, \text{和}\ dx = \frac{L}{\pi}dy.$$

由前一式，可以求出新的积分限为 $x_1=0$ 时 $y_1=0$ 和 $x_2=L/3$ 时 $y_2=\pi/3$。现在就需要计算

$$概率 = \left(\frac{2}{L}\right)\left(\frac{L}{\pi}\right)\int_0^{\pi/3}(\sin^2 y)\,dy$$

物理学基础

用附录E的积分公式(11),可得

$$概率 = \frac{2}{\pi}\left(\frac{y}{2}-\frac{\sin 2y}{4}\right)_0^{\pi/3} = 0.20$$

于是得

$$\begin{pmatrix}\text{在左方 1/3 区间内}\\ \text{检测概率}\end{pmatrix} = 0.20 \qquad (答案)$$

这说明,如果我们在阱内左方1/3区间内重复地进行检测,平均讲来,能检测到电子的次数为总次数的20%。

(b)电子在阱的中间1/3区间($x_1 = L/3$ 和 $x_2 = 2L/3$ 之间)被检测到的概率多大?

【解】 现在已经知道电子在阱中左方1/3区间的检测概率为0.20。此处一个**关键点**是,根据对称性,在右方1/3区间的检测概率也是0.20。第二个**关键点**是,由于电子肯定是在阱内,在整个阱中的检测概率就是1。因此,在阱内中间1/3区间的检测概率就是

$$\begin{pmatrix}\text{在中间 1/3 区间}\\ \text{的检测概率}\end{pmatrix} = 1 - 0.20 - 0.20 = 0.60$$

(答案)

40-5 有限阱中的电子

无限深的势能阱是一种理想。图40-7表示一个可实现的势能阱——一个电子在阱外的势能不是无限大而是具有一个有限的正值 U_0,叫做**阱深**。拉紧的弦上的波和物质波之间的相似性对于有限深度的阱不再适用,因为我们不能肯定物质波在 $x=0$ 和 $x=L$ 处形成波节(我们在下面将看到,在该两处不形成波节)

要想求出描述在图40-7所示的有限阱中的电子的量子态的波函数,我们**必须**求助于作为量子物理基本方程的薛定谔方程。在39-7节中已讲过,对于一维运动,我们用式(39-15)那样的薛定谔方程:

$$\frac{d^2\psi}{dx^2} + \frac{8\pi^2 m}{h^2}[E - U(x)]\psi = 0 \qquad (40-18)$$

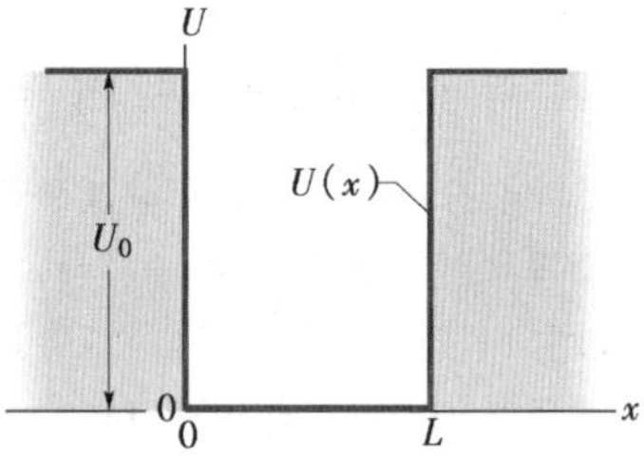

图40-7 有限势能阱。深度为 U_0;宽度为 L_0 和图40-2一样,陷入电子的运动被限制在 x 方向。

我们将不尝试去解这一用于有限阱的薛定谔方程,而只是说明 U_0 和 L 取特定数值时的结果。图40-8的概率密度 $\psi_n^2(x)$ 的图线表示了这些结果,其中阱的 $U_0 = 450\text{eV}$ 和 $L = 100\text{pm}$。

图40-8中每一个概率密度 $\psi_n^2(x)$ 的图线,都满足归一化方程式(40-14),因此所有3个概率密度图线下的面积数值上都等于1。

如果你把图40-8的有限阱和图40-6的无限阱比较一下,可以发现一个明显的区别:对于有限阱,表示电子的物质波透入了阱壁内——进入了一个牛顿力学认为电子不可能存在的区域。这种透入并不奇怪,因为在39-9节我们已经讲了一个电子可以穿透一个势能壁垒。“漏入”有限势能阱的壁内是一种类似的现象。从图40-8中的 ψ^2 的图线可以看到,量子数 n 越大,这种漏入就越多。

由于物质波确实漏入了有限阱壁,陷入有限阱中的电子在任意给定量子态时的波长 λ 就比陷入无限阱中时的大。式(40-3)就告诉我们在有限阱中电子在任意态时的能量 E 比在无限阱中时的小。

上述事实使我们能近似地画出陷入有限阱中的电子的能级图。作为例子,可以近似地画图40-8中宽 $L=100\text{pm}$ 和深 $U_0 = 450\text{J}$ 的有限阱的能级图。宽度一样的无限阱能级图已如图40-3所示。首先,把图40-3中高于450J的部分去掉。然后把余下的三个能级向下平移,$n=3$ 的能

级向下移得最多，因为 $n=3$ 时波漏入阱壁的最多。最后所得就近似于有限阱的能级图，实际的能级图如图 40-9 所示。

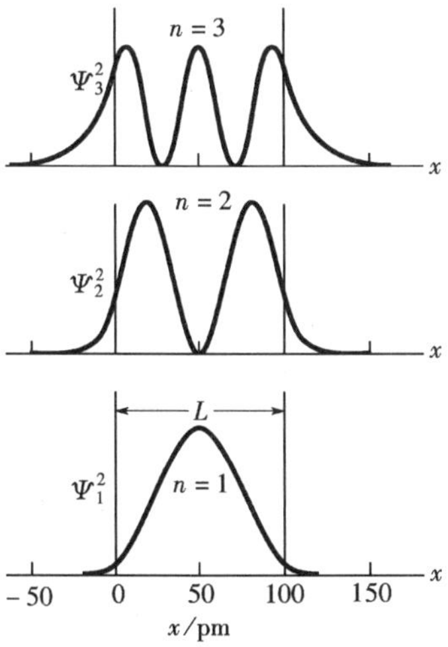

图 40-8 陷入深 $U_0=450\text{eV}$ 和宽 $L=100\text{pm}$ 的有限势阱中的电子的概率密度 $\psi_n^2(x)$ 的图像。在此阱中电子只可能处于 $n=1$，2 和 3 的那些量子态。

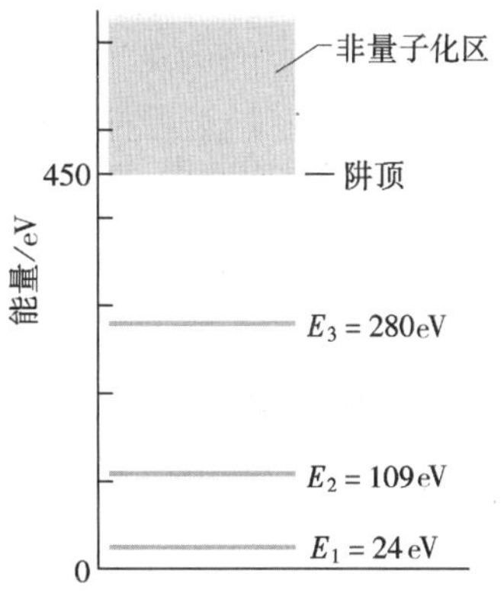

图 40-9 和图 40-8 中的概率密度相对应的能级图，如果电子陷入了这样的有限势阱中，它就只能具有和量子数 $n=1$，2，3 相对应的能量。如果它具有 450J 或更大的能量，它将不会陷入阱内而其能量也不再量子化。

在图 40-9 中，能量比 U_0（$=450\text{eV}$）还大的电子由于能量太大而不能被束缚在有限阱内。因此，它就不受限制而它的能量也不量子化；这就是说，它的能量并不限定于某些值。要想到达能级图的这一非量子化区域并因而成为自由的、被束缚的电子就必须以某种方式获得足够的能量使它具有 450J 或更多的动能。

例题 40-4

设一个电子被束缚在 $U_0=450\text{V}$ 和 $L=100\text{pm}$ 的有限阱中而处于基态。

(a) 如果是由于吸收一个光子而使电子刚好逃出势阱的，所需的光的波长是多少？

【解】 这里一个**关键点**是为了使电子逃出势阱，它必须获得足够的能量以达到图 40-9 所示的非量子化能量区域。因此，它最后必须最少具有 U_0（$=450\text{eV}$）的能量。第二个**关键点**是，电子最初处于基态，具有能量 $E_1=24\text{eV}$。因此，要刚好变得自由，它必须获得的能量为

$$U_0-E_1=450\text{eV}-24\text{eV}=426\text{eV}$$

如果它从光中获得此能量，那么它就必须吸收一个具有这么多能量的光子。由式（40-6），将其中 f 换成 c/λ，即可得

$$\frac{hc}{\lambda}=U_0-E_1$$

由此得

$$\lambda=\frac{hc}{U_0-E_1}=\frac{(6.63\times10^{-34}\text{J}\cdot\text{s})(3.00\times10^{8}\text{m/s})}{(426\text{eV})(1.6\times10^{-19}\text{J/eV})}$$

$$=2.92\times10^{-9}\text{m}=2.92\text{nm} \qquad \text{（答案）}$$

由此可知，如果一个电子吸收了一个波长为 2.92nm 的光子，它就刚好逃出势阱。

(b) 最初处于基态的电子能吸收波长为 2.00nm 的光吗？如果能，那么它的能量将是多少？

【解】 **关键点**是：

1. (a) 中已求得波长为 2.92nm 的光可以使电子刚好逃出势阱成为自由电子。

2. 现在要考虑的是波长较短（2.00nm）因而其中每个光子的能量较大（$hf=hc/\lambda$）的光。

3. 因此，电子能吸收这种光的光子，这能量的转移不仅能使电子变成自由的，而且还向它提供更多的动能。此外，由于电子不再受束缚，它的能量就不再量子化因而对其动能没有任何限制。

传给电子的能量就是光子的能量

$$hf = \frac{hc}{\lambda} = \frac{(6.63 \times 10^{-34}\text{J}\cdot\text{s})(3.00 \times 10^{8}\text{m})}{2.00 \times 10^{-9}\text{m}}$$

$$= 9.95 \times 10^{-17}\text{J} = 622\text{eV}$$

由（a）已知使电子刚好逃出势阱所需能量为 $U_0 - E_1$（$=426$eV）。622eV 中剩余的变成了动能。由此得自由电子的动能是

$$K = hf - (U_0 - E_1)$$

$$= 622\text{eV} - 426\text{eV} = 196\text{eV}$$

（答案）

40－6　其他电子陷阱

这里我们讨论三种人为的电子陷阱。

纳米晶粒

在实验室做一个势能阱的最直接方法可能是以粉末的形式制备一种半导体样品，其颗粒微小，（在纳米范围内），而且大小均匀，每一个这样的颗粒——每一个**纳米晶粒**——对陷入其中的电子就起着势阱的作用。

式（40－4）说明可以用减小阱的宽度 L 的方法来增大陷入无限阱的电子的最小量子能态的能量。这也适用于由单个纳米晶粒形成的阱。因此纳米晶粒越小，它的最低可能能级越高——这就是说，它能够吸收的光子的阈能越高。

假如我们用太阳光照射纳米微晶粒粉末，晶粒就能吸收能量高于一定阈能 E_t（$=hf_t$）的所有光子。因此，它们也就能吸收波长**小于**一定阈值 λ_t 的光，而

$$\lambda_t = \frac{c}{f_t} = \frac{ch}{E_t} \qquad (40-19)$$

因为没有被吸收的光就被散射，纳米晶粒粉末将散射所有波长大于 λ_t 的光。

我们看到粉末样品是因为它散射的光射到我们眼睛中了。因此，控制样品中的纳米晶粒的大小，就能够控制样品散射的光的波长，也就能控制样品的颜色。

图 40－10　半导体硒化镉的两种粉末样品，它们的差仅在于颗粒的大小。每个颗粒都相当于一个电子陷阱。上部样品颗粒较大因而能级间隔较小而且所能吸收的光的光子能量阈值较低。光不被吸收就被散射，使得样品散射波长较大的红光。下部样品，由于它的颗粒较小因而能级间隔较大并且吸收能阈较大，就显示为黄色。

图 40－10 显示半导体硒化镉的两种样品，每一种都由大小均匀的纳米晶粒粉末组成。上部样品散射光谱红端的光，下部样品和上部样品的惟一差别是下部样品是由较小的纳米晶粒组成的。由于这一原因，它的阈能 E_t 就比较大，而由式（40－19）可知的阈波长 λ_t 就较短。样品就呈现较短波长的颜色——此处是黄色。这两种样品的颜色的明显对比充分证明了被束缚电子的能量是量子化的，而且这些能量和电子陷阱的大小有关。

量子点

高度发展了的计算机芯片制作技术可以被用来一个原子一个原子地制造单个的势阱，它们在许多方面的性能都象一个人造原子。这种元件常称为**量子点**，在电子光学和计算机技术中有很好的应用前景。

一种这样的装置像一个“三明治”，中间是一个半导体材料薄层，如图 40-11a 中的紫色薄层。连着导电引线的两个金属盖分别贴在两端。材料选择上保证电子在中间薄层的能量比它在两绝缘层中时低，从而中间薄层就像一个势能阱。图 40-11b 是一个真实的量子点的照片；其中紫色区域是单个电子能被陷入的阱。

图 40-11a 中下面（不是上面）的绝缘层足够薄以致在引线间加上适当电压后，电子可以隧穿通过。用这种方法能够控制束缚在阱中的电子的数目。这种装置确实像一个人造原子，它具有所含电子的数目可以控制的性质。量子点可以制成二维阵列从而为高速率和大贮存容量的计算系统打下很好的基础。

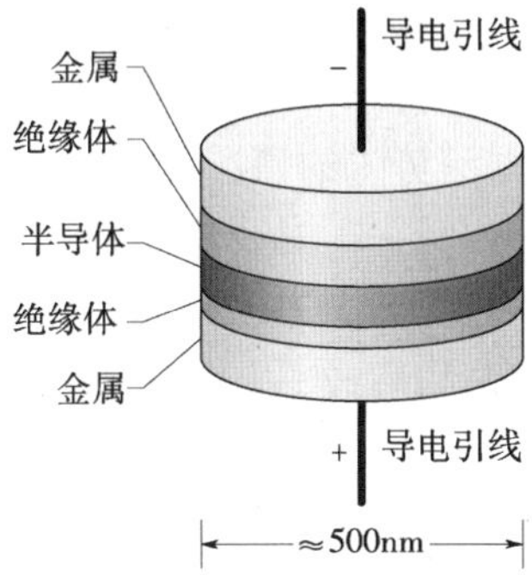

(a)

(b)

图 40-11 量子点，或“人造原子”。(a) 中间的半导电层形成一个有电子陷入其中的势能阱。下面的绝缘层足够薄以便当引线之间加上适当电压后，电子可以通过隧穿从中间层逸出或进入中间层。(b) 实际量子点的照片，中间紫色带是束缚电子的区域。

量子围栏

当扫描隧穿显微镜（39-9 节和图 39-14 描述过）工作时，它的针尖对可能停在一个并不平展的表面上的孤立原子有一微小的力作用。精心地摆布针尖的位置，这些孤立的原子能被“拽”着在平面上移动而停在另外的地方。利用这种技术，IBM 的 Almaden 研究中心的科学家们在精心制备的铜表面上移动铁原子使它们排成一个圆圈。这个圆圈被称为**量子围栏**。本章开头的照片就是他们的成果。圆圈上的每一个铁原子都被安置到铜表面上的一个小坑中，离三个最近邻的铜原子等远。围栏是在低温（约 4K）下制备的，这是为了减小铁原子由于其热能而做无规则运动的倾向。

围栏内部的波纹起因于能在铜表面上运动但是陷在围栏形成的势阱中的电子的物质波，波纹的大小和量子物理的预言完全相符。

40-7　二维和三维电子陷阱

下一节将讨论作为三维有限势阱的氢原子。作为氢原子的预备知识，让我们把关于无限势阱的讨论扩大到二维和三维的情况。

矩形围栏

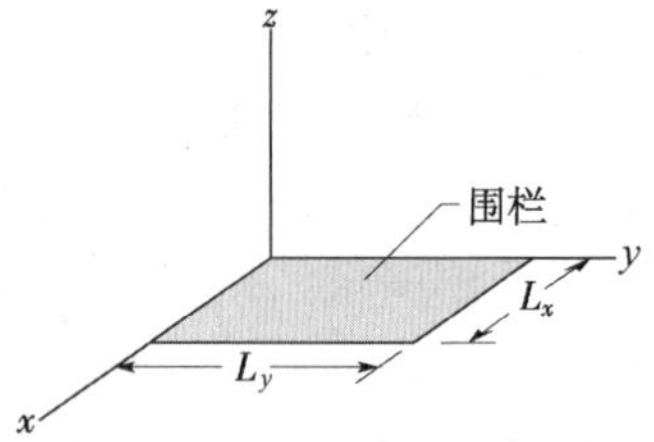

图 40-12　矩形围栏——图 40-2 所示的无限势阱的二维变形——宽度为 L_x 和 L_y。

图 40-12 表示一个可以束缚电子的矩形面积，它是图 40-2 的二维变形——一个宽度为 L_x 和 L_y 的二维无限势阱。这样的阱称为矩形**围栏**。这围栏可能在一个物体的表面上，它以某种方式阻止电子平行于 z 轴运动从而使电子不可能脱离该表面。沿围栏的每个边都存在无限大势能函数（就像图 40-2 中的 $U(x)$）以阻止电子跑出围栏。

对于图 40-12 所示的矩形围栏，薛定谔方程的解给出，对于陷入的电子，它的物质波必须分别适应每个宽度，正像一个陷入的电子要适应一维无限阱那样。这意味着波要分别地对宽度 L_x 和宽度 L_y 量子化。以 n_x 表示物质波适应宽度 L_x 的量子数，以 n_y 表示物质波适应宽度 L_y 的量子数。像一维无限深势阱的情况一样，这些量子数也必须是正整数。

电子的能量和两个量子数都有关系，而且等于它只沿 x 轴被束缚时具有的能量和只沿 y 轴被束缚时具有的能量之和。由式（40-4），可以把这和写成

$$E_{n_x,n_y} = \left(\frac{h^2}{8mL_x^2}\right)n_x^2 + \left(\frac{h^2}{8mL_y^2}\right)n_y^2 = \frac{h^2}{8m}\left(\frac{n_x^2}{L_x^2} + \frac{n_y^2}{L_y^2}\right) \tag{40-20}$$

由于吸收光子而引起的电子的激发和由于发射光子而引起的电子的退激具有和一维陷阱同样的要求。对二维围栏的唯一主要差别是任何给定态的能量决定于两个量子数（n_x 和 n_y）而不是只一个（n）。一般地说，不同态（对应于不同的一对 n_x 和 n_y 的值）具有不同的能量。不过，在某些情况下，不同态可能具有相同的能量。这些态（以及它们的能级）被说成是**简并的**。在一维势阱中不可能发生简并态。

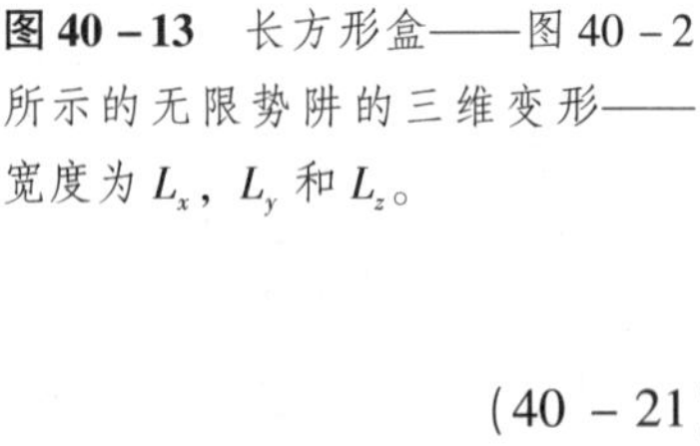

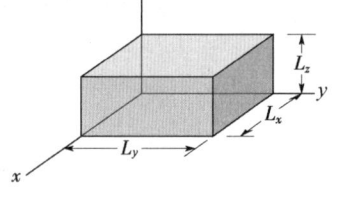

图 40-13　长方形盒——图 40-2 所示的无限势阱的三维变形——宽度为 L_x，L_y 和 L_z。

长方形盒

电子也可能陷入一个三维无限势阱——盒中。如果盒像图 40-13 所示那样是长方形的，薛定谔方程证明电子的能量可以写成

$$E_{n_x,n_y,n_z} = \frac{h^2}{8m}\left(\frac{n_x^2}{L_x^2} + \frac{n_y^2}{L_y^2} + \frac{n_z^2}{L_z^2}\right) \tag{40-21}$$

其中 n_z 是第三个量子数，是由于物质波适应宽度 L_z 而出现的。

检查点 4：用式（40-20）中的符号，在 $E_{0,0}$，$E_{1,0}$，$E_{0,1}$和 $E_{1,1}$四个能量中，哪一个是矩形围栏中电子的基态能量？

例题 40-5

一个电子陷入一个矩形围栏中，该围栏是一个宽度 $L_x = L_y$ 的二维无限势阱（图 40-12）

(a) 求电子的最低五个能级的能量并画出能级图。

【解】 这里的**关键点**是由于电子陷入了一个矩形的二维阱，它的能量就由式（40-20）给出，决定于两个量子数 n_x 和 n_y。由于阱是正方形，就可令 $L_x = L_y = L$。

表 40-1 能级

n_x	n_y	能量①	n_x	n_y	能量①
1	3	10	2	4	20
3	1	10	4	2	20
2	2	8	3	3	18
1	2	5	1	4	17
2	1	5	4	1	17
1	1	2	2	3	13
			3	2	13

① 按 $h^2/8mL^2$ 的倍数计。

于是式 40-20 化简为

$$E_{n_x,n_y} = \frac{h^2}{8mL^2}(n_x^2 + n_y^2) \qquad (40-22)$$

式中 n_x 和 n_y 都是正整数 1，2，…，∞，最低的能态对应于量子数 n_x 和 n_y 的低值。将这些 n_x 和 n_y 的整数值代入式（40-22），从最低值 1 开始，可得出像表 40-1 列出的那些能值。在表中可以看到有些量子数对（n_x，n_y）给出相同的能量。例如，（1，2）态和（2，1）态都具有能量 5（$h^2/8mL^2$），每一对这样的量子数都伴随着简并能级。也可以看到，可能很惊奇，（4，1）态和（1，4）态的能量比（3，3）态的能量低。根据表 40-1（要注意其中的简并能级），可以画出如图 40-14 的能级图。）

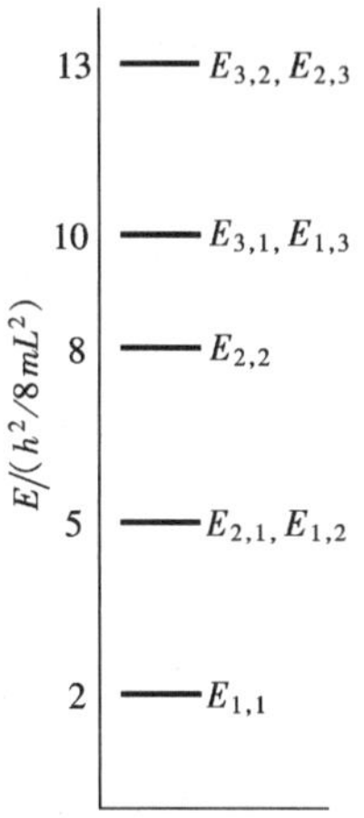

图 40-14 例题 40-5 能级图。

(b) 以 $h^2/8mL^2$ 的倍数计，电子的基态和第 3 个激发态之间的能量差是多少？

【解】 由图 40-14 可看到，基态是（1，1）态，其能量为 2（$h^2/8mL^2$）。也可以看到第 3 激发态（在能级图中从基态向上数第 3 个态）是简并的（1，3）态和（3，1）态，其能量为 10（$h^2/8mL^2$）。由此，这两个态间的差 ΔE 为

$$\Delta E = 10\left(\frac{h^2}{8mL^2}\right) - 2\left(\frac{h^2}{8mL^2}\right) = 8\left(\frac{h^2}{8mL^2}\right)$$

（答案）

40-8 氢原子

现在我们以最简单的原子——“氢”作为例子，从人为的虚拟的电子陷阱转向自然的一个陷阱。氢原子由一个电子（电荷 $-e$）和一个质子（电荷 $+e$）组成，电子受它们之间的库仑引力的作用而被束缚在作为中心核的质子周围。像所有原子一样，氢原子是一个电子陷阱；它把它的单个电子限制在空间某一区域。根据束缚原理，我们期望这电子只能存在于一系列分立的各具有一定能量的量子态中。下面就来指明这些能态的能量和波函数。

氢原子态的能量

在第 25 章已写过式（25-43）来表示电荷为 q_1 和 q_2 的二粒子系统的（电）势能：

$$U = \frac{1}{4\pi\varepsilon_0}\frac{q_1 q_2}{r}$$

其中 r 是粒子间的距离。对于氢原子这样的二粒子系统，其势能可写成

$$U = \frac{1}{4\pi\varepsilon_0}\frac{(+e)(-e)}{r} = -\frac{1}{4\pi\varepsilon_0}\frac{e^2}{r} \tag{40-23}$$

图 40－15 的图线表示氢原子电子陷入其中的三维势阱。对于氢原子，由于我们已（随意地）选择了对应于 $r=\infty$ 势能是零，这阱和图 40－7 表示的有限势阱的区别是，对于 r 的所有值 U 都是负的。对于图 40－7 的有限势阱，我们则（同样随意地）选择了在阱内区域势能为零。

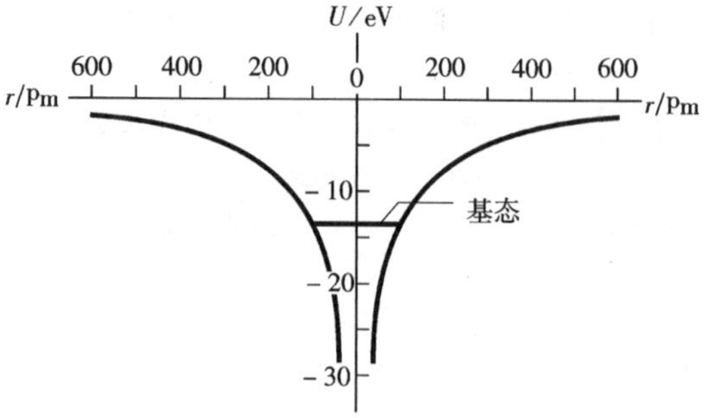

图 40－15 氢原子的势能 U 作为 r 的函数的图线，其中 r 表示电子和中心质子间的距离。图线有两支（左右各一），这显示出束缚电子的是三维球对称陷阱。

为了求出氢原子各量子态的能量，必须解薛定谔方程，其中的 U 用式（40－23）代入。不过，由于氢原子中电子是陷在三维势阱中的，所以必须用三维形式的薛定谔方程。

解该方程可得电子的各量子态的能量由下式给出

$$E_n = -\frac{me^4}{8\varepsilon_0^2h^2}\frac{1}{n^2} = -\frac{13.6\text{eV}}{n^2}, n = 1,2,3,\cdots \tag{40-24}$$

其中 n 是量子数，m 是电子的质量。图 40－15 画出了最低的能量，它属于 $n=1$ 的基态。图 40－16 画出了基态和五个激发态的能级，各标以各自的量子数 n。图中也画出了对应于 n 的最大值——即，$n=\infty$ ——的能级，它的能量 $E_n=0$，对于更高的能量电子和质子没有束缚在一起（没有氢原子）因而图 40－16 中相应的区域和图 40－9 中的一样是非量子化区。

式（40－24）给出的量子化势能值实际上是氢原子——即 **“电子”** ＋ **“质子”** 系统的能量。不过，我们常可以把这一能量单独归之于电子，因为电子的质量比质子的质量小得多。（同样地我们可以把 **“球”** ＋ **“地球”** 系统的能量单独归之于球。）因此，我们可以说当一个电子陷入氢原子时，**电子**只可能具有式（40－24）给出的能量值。

像在其他势阱中的电子一样，在氢原子中的电子也倾向于处在最低的能级——即处于基态。它能以更大的能量向更高的能级进行量子态跃迁，而这只有当它获得到较高能级所需的能量时才有可能。它获得能量的一种方法是吸收光子。我们已讲过，这种吸收只有在光子能量等于电子的初能级和其他能级的能量之差 ΔE 时才有可能，如式（40－6）给出的那样。要降低能量，电子可以进行到低能级的量子跃迁，如果它真的通过发射光子这样做了，该光子的能量也必须等于能量差 ΔE。

由于 hf 必须等于两个量子能级之间的能量差 ΔE，而各量子能级又只可能具有一定的能量，所以氢原子只可能发射和吸收一定频率 f——即一定波长 λ 的光。由于是用分光镜测量的，任何一个这样的波长常叫做一条**谱线**，由此，氢原子具有**吸收谱线**和**发射谱线**，这些谱线的集合，例如在可见光范围的那些谱线，称为氢原子的**光谱**。

根据向上跃迁的起始能级和向下跃迁的终了能级，可以说氢原子的谱线组成若干**谱线系**，例如，所有可能从 $n=1$ 能级向上的跃迁或向下到 $n=1$ 能级的跃迁所形成的谱线称为**赖曼系**，以首先研究这些谱线的人命名。我们说氢光谱中的赖曼系具有 $n=1$ 的**本底能级**。同样，巴耳末系具有 $n=2$ 的本底能级，帕邢系具有 $n=3$ 的本底能级。

图 40－16 画出了这三个谱线系的几个向下的量子跃迁。巴耳末的四条谱线在可见光范围，在图 40－16 中分别用相应颜色的箭头表示。最短的箭头表示此系中最短的从 $n=3$ 能级到 $n=2$ 能级的跃迁。因此，这一跃迁给出本系中电子能量的最小变化和最小的发射光子能量。所发射的光是红光。本系中的下一跃迁，从 $n=4$ 到 $n=2$，比较长，光子能量较大，所发射的光的波长较短，是绿光。第三，第四和第五个箭头表示更长的跃迁和更短的波长。对于第五个跃迁，所发射的光在紫外区，因而是不可见的。

一个谱线系的**线系极限**是在本底能级和量子数 $n=\infty$ 的最高能级之间的跃迁产生的。因此线系极限是相应的谱线系中的最短波长。图 40－17 是用分光镜（如图 37－22 和 37－23 所示）获得的巴耳末发射谱线系的照片。谱线系的线系极限用一个小三角形标出。

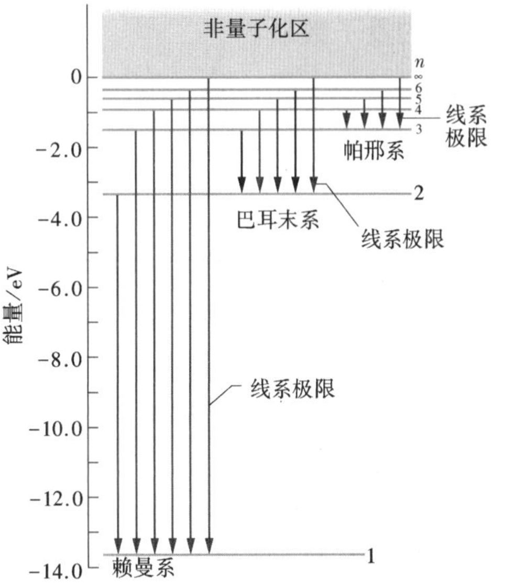

图 40－16　式（40－24）的图示，表示氢原子的一些能级，众多跃迁分成几个线系，每个线系都冠以人名。

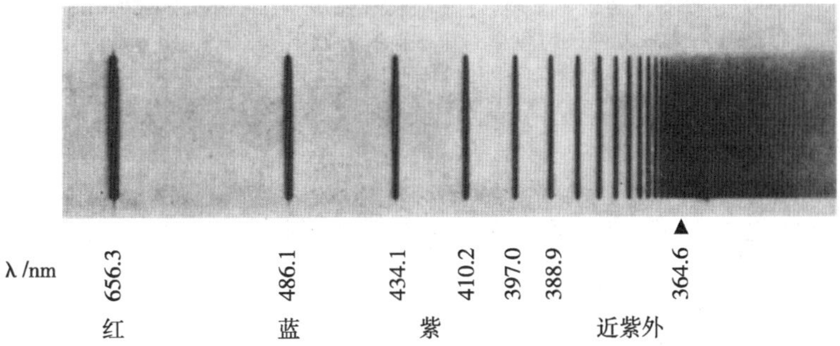

图 40－17　氢原子巴耳末系的发射光谱，图 40－16 只显示此系的四个跃迁，在本图中，包括线系极限在内，显示了此系的约一打谱线；注意这些谱线越来越靠近直到用三角形标出的线系极限。

氢原子的玻尔理论

薛定谔方程出现之前约 13 年，1913 年，波尔基于经典的和早期量子概念的巧妙的结合，提出了一个氢原子的模型。他的基本假设——原子存在于具有十分确定能量的分立的量子态中——是对经典概念的大胆突破；直到今天它还是近代量子物理的一个不可缺少的概念。基于这一假设，波尔巧妙地应用对应原理（见 40－4 节），不但导出了氢原子各量子态的能量公式（40－24），而且还得出了该原子的有效半径的数值（**玻尔半径**）。尽管相当成功，基于电子是围绕着核沿行星式轨道运动的粒子的假设，即玻尔关于氢原子的具体模型是违反不确定性原理的，因而被薛定谔导出的概率密度模型取代了。由于玻尔的辉煌的成就大大地促进了向近代量子物理的进展，他于 1922 年获得了诺贝尔物理奖。

氢原子的量子数

虽然氢原子各量子态的能量可以用单一的量子数 n 来描述，描述各态的波函数需要三个量子数，对应于电子在其中运动的空间的三维。这三个量子数，连同它们的名称和可能具有的数值都列在表 40－2 中。

表 40－2 氢原子的量子数

符号	名　称	允许值
n	主量子数	1，2，3，…
l	轨道量子数	0，1，2，…，$n-1$
m_l	轨道磁量子数	$-l$，$-(l-1)$，…，$+(l-1)$，$+l$

每一组量子数（n，l，m）表征一个特定量子态的波函数。量子数 n，称为**主量子数**，出现在表示各态能量的公式（40－24）中。**轨道量子数** l 是和各量子态相联系的角动量的大小的量度。**轨道磁量子数** m_l 和此角动量矢量在空间的指向有关。像表 40－2 中列出的对氢原子的这些量子数的数值的限制并不是任意的，而是出之于薛定谔方程的解。注意，对于基态（$n=1$），上述限制给出 $l=0$ 和 $m_l=0$。这就是说，氢原子在基态时具有零角动量。

检查点5：(a) 氢原子的一组量子态的 $n=5$。在这一组的各个态中，l 的可能值有几个？(b) 氢原子态的 $n=5$ 的组中一个次级组的 $l=3$，这一次级组的各个态中 m_l 的可能值有几个？

氢原子基态的波函数

解三维的薛定谔方程可得氢原子的基态的归一化了的波函数为

$$\psi(r)=\frac{1}{\sqrt{\pi}a^{3/2}}e^{-r/a}\quad(\text{基态})\tag{40－25}$$

式中 a 是**玻尔半径**，一个具有**长度**量纲的常量。这一半径大致取做氢原子的有效半径并因此在其他涉及原子大小的事例中是一个方便的长度单位。它的数值是

$$a=\frac{h^2\varepsilon_0}{\pi me^2}=5.29\times10^{-11}\text{m}=52.9\text{pm}\tag{40－26}$$

就像其他波函数那样，式（40－25）的波函数没有物理意义，但 $\psi^2(r)$ 具有物理意义。它是电子被检测到的概率密度——单位体积的概率。具体地说，$\psi^2(r)\,dV$ 是在距原子中心的半径为 r 处任意一给定的（无限小的）体积元 dV 内能够检测到一个电子的概率：

$$\begin{pmatrix}\text{在半径 } r \text{ 处}\\ \text{体积 } dV \text{ 内}\\ \text{的检测概率}\end{pmatrix}=\begin{pmatrix}\text{在半径 } r \text{ 处}\\ \text{体积概率}\\ \text{密度 } \psi^2(r)\end{pmatrix}(\text{体积 } dV)\tag{40－27}$$

因为此处 $\psi^2(r)$ 只与 r 有关，所以把半径为 r 和 $r+dr$ 的两个同心球壳之间的体积 dV 选做体积元 dV 是有意义的，这就是说，取体积元 dV 为

$$dV=(4\pi r^2)\,dr\tag{40－28}$$

式中 $4\pi r^2$ 是内壳的面积，dr 是两个球壳之间的径向距离。这样，结合式（40－25），（40－27）

和（40－28）可得

$$\begin{pmatrix}在半径 r 处\\体积 dV 内\\的检测概率\end{pmatrix} = \psi^2(r)\,dV = \frac{4}{a^3}e^{-2r/a}r^2\,dr \qquad (40-29)$$

用**径向概率密度** $P(r)$ 描述检测概率要比用体积概率密度 $\psi^2(r)$ 更容易。这 $P(r)$ 是一个线性概率密度，它使得

$$\begin{pmatrix}在半径 r 处\\径向概率\\密度 P(r)\end{pmatrix}\begin{pmatrix}径向\\宽度 dr\end{pmatrix} = \begin{pmatrix}在半径 r 处\\体积概率\\密度 \psi^2(r)\end{pmatrix}(\text{Volume } dV)$$

或

$$P(r)\,dr = \psi^2(r)\,dV \qquad (40-30)$$

将式（40－29）的 $\psi^2(r)\,dV$ 代入，可得

$$P(r) = \frac{4}{a^3}r^2e^{-2r/a} \quad (氢原子基态的径向概率密度) \qquad (40-31)$$

图 40－18 是式（40－31）的图线。图线下面的面积是 1，即

$$\int_0^\infty P(r)\,dr = 1 \qquad (40-32)$$

此式直接表明在正常的氢原子中，电子一定在核周围空间中某处。

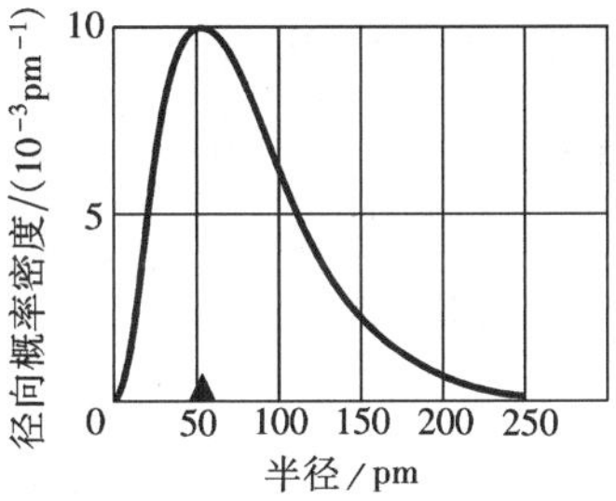

图 40－18 氢原子基态的径向概率密度 $P(r)$ 的图线。原点表示原子的中心，三角形标记处离原点的距离为一个玻尔半径。

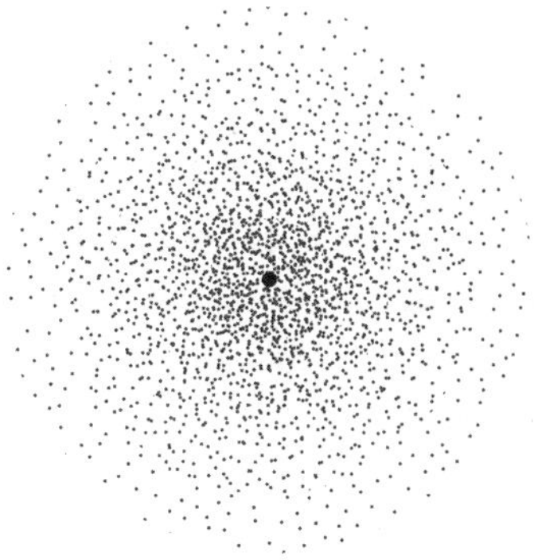

图 40－19 表示氢原子基态的概率密度 $\psi^2(r)$——不是**径向**概率密度 $P(r)$——的“点图”。中心红点表示核，点的密度随着离核的距离增大而按指数规律减小。这样的点图提供一个关于原子的“电子云”的直观图像。

图 40－18 中水平轴上三角形标记所在处离原点一个玻尔半径。图形告诉我们在氢原子的基态中，在离原子中心的这个距离附近电子最容易被发现。

图 40－18 和原子中的电子像行星围绕太阳运动那样沿着完全确定的轨道运动这种流行的看法有尖锐的矛盾。这种**流行的看法，尽管很吸引人，可是是不正确的**。图 40－18 展示出了关于氢原子基态中的电子的位置的全部信息。该问的问题不是“什么时候电子将到达这个或那个点?”而是“电子在以这个或那个点为中心的小体积内被检测到的可能性如何?”图 40－19 被

称为点图，表明了波函数的概率特性，并且提供了一个在基态的氢原子的直观模型。要把这一状态的原子想像成一个没有明显边界的模糊的球并且没有任何轨道的痕迹。

对初学者来说，用这种概率的方法去想像一个亚原子粒子是不容易的。困难在于对于电子我们天然的直观的想法是它像一种什么小豆，在各个确定的时刻处于各个确定的地点而且沿着十分确定的轨道运动。但是电子和其他亚原子粒子确实并不按这种方式行事。

令式（40－24）中的 $n=1$ 可以得基态的能量 $E_1=-13.6\text{eV}$。用此能量值代入薛定谔方程求解，可得出式（40－25）表示的波函数。事实上，对于任何一个能量值，例如 $E=-11.6\text{eV}$ 或 -14.3eV，都可以求出薛定谔方程相应的解。这可能表示氢原子各状态的能量并不是量子化的——但是可以证明它们是。

这样的困惑最终被消除了，因为物理学家认识到这种情况下薛定谔方程的解当 $r\to\infty$ 时会变得越来越大因而在物理上是不可取的。这种“波函数”告诉我们电子在离核很远的地方比在近处更容易被发现因而是完全没有意义的。为了把这些不需要的解排除掉，我们设定一个所谓**边界条件**，根据它我们只接受那些当 $r\to\infty$ 时 $\psi(r)\to 0$ 的薛定谔方程的解；这就是说，我们只处理**被束缚**的电子。在这样的限制下，薛定谔方程就给出一组分立的解，其能量是量子化的，由式（40－24）给出。

例题 40－6

（a）在氢原子光谱的赖曼系中发出的光子能量最小的光的波长是多少？

【解】 这里一个**关键点**是对于任一谱线系，产生光子能量最小的跃迁发生在确定该线系的本底能级和其上紧邻的能级之间。第2个**关键点**是赖曼系的本底能级的 $n=1$（图40－16）。因此，产生最小能量光子的跃迁是从能级 $n=2$ 到能级 $n=1$ 的跃迁。由图40－24可知相应的能量差为

$$\Delta E=E_2-E_1=-(13.6\text{eV})\left(\frac{1}{2^2}-\frac{1}{1^2}\right)=10.2\text{eV}$$

于是，由式（40－6）（$\Delta E=hf$），并用 c/λ 取代 f，可得

$$\lambda=\frac{hc}{\Delta E}=\frac{(6.63\times10^{-34}\text{J}\cdot\text{s})(3.00\times10^8\text{m/s})}{(10.2\text{eV})(1.60\times10^{-19}\text{J/eV})}$$

$$=1.22\times10^{-7}=122\text{nm}\qquad\text{（答案）}$$

具有此波长的光在紫外区。

（b）赖曼系的线系极限是多少？

【解】 这里**关键点**是，线系极限对应于本底能级（对赖曼系说，$n=1$）和极限 $n=\infty$ 的能级之间的跃迁。由式（40－24）这一跃迁的能量差为

$$\Delta E=E_\infty-E_1=-(13.6\text{eV})\left(\frac{1}{\infty^2}-\frac{1}{1^2}\right)$$

$$=-(13.6\text{eV})(0-1)=13.6\text{eV}$$

和（a）中一样，相应的波长为

$$\lambda=\frac{hc}{\Delta E}=\frac{(6.63\times10^{-34}\text{J}\cdot\text{s})(3.00\times10^8\text{m/s})}{(13.6\text{eV})(1.60\times10^{-19}\text{J/eV})}$$

$$=9.14\times10^{-8}\text{m}=91.4\text{nm}\qquad\text{（答案）}$$

具有此波长的光也在紫外区。

例题 40－7

证明氢原子基态的径向概率密度在 $r=a$ 处有极大值。

【解】 这里一个**关键点**是，基态氢原子的径向概率密度由式（40－31）给出为

$$P(r)=\frac{4}{a^3}r^2e^{-2r/a}$$

第二个**关键点**是要求任一函数的极大（或极小）值，必须对它求导并令结果等于零。如果对 $P(r)$ 求导，利用附录E的导数公式(7)以及求积的导数的连锁法，可得

$$\frac{dP}{dr}=\frac{4}{a^3}r^2\left(\frac{-2}{a}\right)e^{-2r/a}+\frac{4}{a^3}2re^{-2r/a}$$

$$=\frac{8r}{a^3}e^{-2r/a}-\frac{8r^2}{a^4}e^{-2r/a}=\frac{8}{a^4}r(a-r)e^{-2r/a}$$

如果令右侧等于零，则可得到一个方程当 $r=a$ 时成立。换句话说，dP/dr 在 $r=a$ 时等于零。（注意，当

$r=0$ 和 $r=\infty$ 时，也有 $dP/dr=0$。不过这些条件对应于 $P(r)$ 的极小值,这可以由图 40-18 看出。)

例题 40-8

可以证明，在氢原子的基态，在半径为 r 的球内电子被检测到的概率 $p(r)$ 为

$$p(r)=1-e^{-2x}(1+2x+2x^2)$$

其中 $x=r/a$ 为一无量纲数。求 $p(r)=0.90$ 时的 r 值。

【解】 这里的**关键点**是不能保证在离氢原子中心任何特定距离 r 处检测到电子。但是，用上述函数可以计算电子在半径为 r 的球体内**某处**被检测到的概率。现在求 $p(r)=0.90$ 的球的半径，将此值代入 $p(r)$ 的表示式，可得

$$0.90=1-e^{-2x}(1+2x+2x^2)$$

或

$$10e^{-2x}(1+2x+2x^2)=1$$

我们必须求出满足此等式的 x 值。不可能解析地求出 x 值，但利用计算器上的解方程功能可以得到 $x=2.66$。这意味着在其中电子能在 90% 的时间内被检测到的球体的半径为 $2.66a$。在图 40-18 中的水平轴上标出这一位置——这是一个合理的答案吗?

$n=2$ 的氢原子量子态

根据表 40-2 的要求，氢原子 $n=2$ 的量子态有四个；它们的量子数都列在表 40-3 中。首先考虑 $n=2$ 和 $l=m_l=0$ 的态；它的概率密度由图 40-20 中的点图所示。注意这个图，和图 40-19 中的基态的图类似，是球对称的。这就是说，用图 40-21 定义的球坐标系，概率密度只是径向坐标 r 的函数而与角坐标 θ 和 ϕ 无关。

表 40-3 $n=2$ 的氢原子态的量子数

n	l	m_l
2	0	0
2	1	+1
2	1	0
2	1	-1

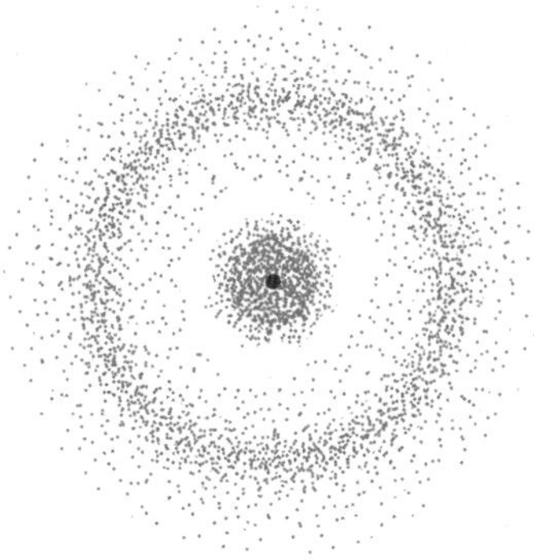

图 40-20 表示 $n=2$，$l=0$ 和 $m_l=0$ 的氢原子量子态的概率密度 $\psi^2(r)$ 的点图。此图对中心核是球对称的。点密度图样中的间隙标志一个 $\psi^2(r)=0$ 的球面。

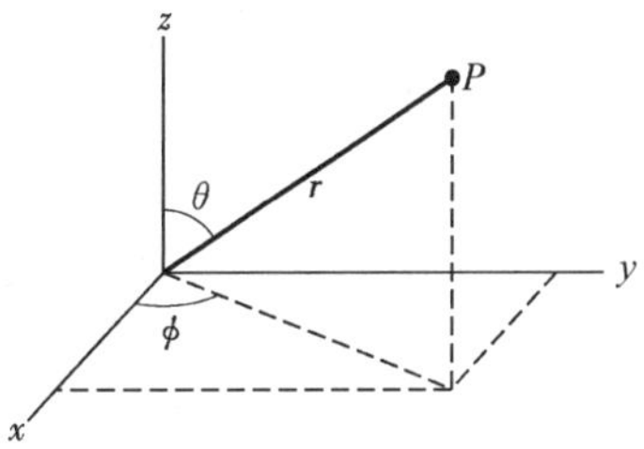

图 40-21 直角坐标系的 xy 和 z 跟球坐标系的 r，θ 和 ϕ 之间的关系。后者更适用于像氢原子这种球对称情况的分析。

可以证明所有 $l=0$ 的量子态都具有球对称的波函数。由于量子数 l 是和给定状态相联系的角动量的量度，这一结果是合理的。如果 $l=0$，角动量也就等于零，这就要求概率密度表示没有特殊对称轴的状态。

$n=2$ 和 $l=1$ 的三个态的点图如图 40-22 所示。$m_l=+1$ 和 $m_l=-1$ 的点图是一样的，虽然这些点图对于 z 轴对称，它们并不是球对称的。这就是说，这三个态的概率密度既是 r 的函数，也是角坐标 θ 的函数。

这里有一件令人感到困惑的事：就氢原子说，有什么根据可以用来建立图 40-22 中的如此

明显的坐标轴？答案是：绝对地没有。

当我们理解到图 40－22 的三个态都具有相同的能量时，这一困惑就可消了。我们知道，由式（40－24）给定的一个态的能量只决定于主量子数 n 而和 l 与 m_l 无关。实际上，对于一个孤立的氢原子，在实验上是没有办法将图 40－22 所表示的三个态区别开的。

如果把 $n=2$ 和 $l=1$ 的三个态的概率密度加起来，可以看出总的概率密度是球对称的，并没有唯一的轴。于是，可以想像，电子在它的三分之一时间内处于图 40－22 所示的三个态的每一个态内并且可以想像三个独立的波函数的加权组合定义了一个球对称的**支壳层**，以量子数 $n=2$，$l=1$ 标记。每一个单独的态只有在把氢原子置于外电场或磁场中时才能显示其存在。$n=2$，$l=1$ 的三个态这时才能够具有不同的能量而外场的方向就成了所需要的对称轴。

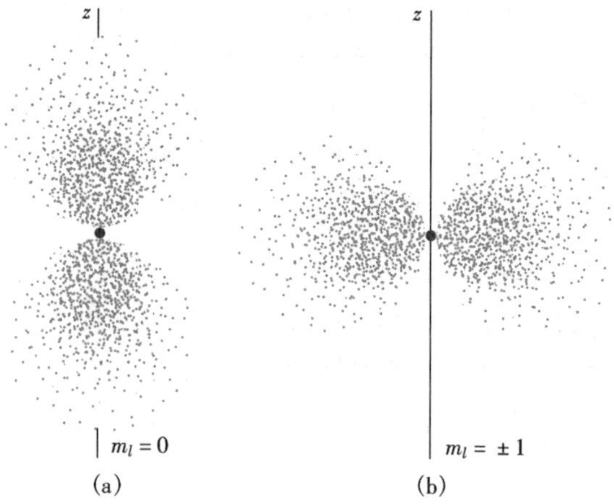

图 40－22　$n=2$，$l=1$ 的氢原子态的概率密度 $\psi^2(r,\theta)$ 的点图。(a) $m_l=0$，(b) $m_l=+1$ 和 -1，两个图都显示概率密度对 z 轴对称。

$n=2$，$l=0$ 的态，它的概率密度由图 40－20 表示，也具有图 40－22 所示的三个态中每一个所具有的能量。我们可以想想表 40－3 所列的所有四个态组成了球对称的**壳层**，并单独用量子数 n 来标记。当我们在 41 章中讨论多电子原子时，壳层和支壳层的重要性就会显示出来。

为了圆满地显示氢原子的图像，在图 40－23 中画出了氢原子的一个径向概率密度的点图，相对应的态具有相对较高的量子数（$n=45$）和表 40－2 所允许的最大轨道量子数（$l=n-1=44$）。此处概率密度形成一个环，它对 z 轴对称而且非常靠近 xy 平面。环的平均半径为 n^2a，其中 a 为玻尔半径。这一平均半径比氢原子处于基态时的有效半径的 2000 倍还要大。

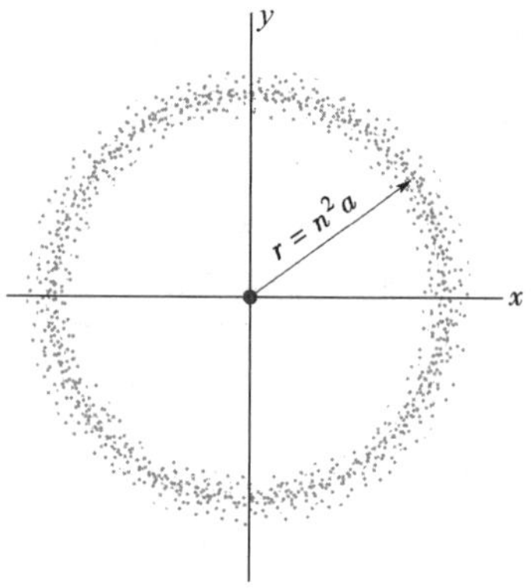

图 40－23　在给定态中的氢原子的径向概率密度的点图，该态具有相对较高的主量子数——$n=45$——和角动量量子数 $l=n-1=44$，各点都靠近 xy 平面，这些点形成的环显示出一个经典的电子轨道。

图 40－23 显示出经典物理的电子轨道。因此，我们又有了一个例子说明玻尔的对应原理——即，在量子数较大时，量子力学的预言和经典物理的预言顺利地合而为一了。想像一下对于真正的 n 和 l 的大值，如 $n=1000$ 和 $l=999$，像图 40－23 那样的点图是什么样子的。

复习和小结

束缚原理　束缚原理对所有类型的波，包括线上的波和量子物理中的物质波，都适用。它说明束缚导致量子化——即存在具有分立能量的分立状态。

在无限势阱中的电子　无限势阱是束缚电子的一种设计。根据束缚原理我们认为，代表被陷入电子的物质波只能以一组分立的状态存在。对一维无限势阱

来说，和这些**量子态**相联系的能量是

$$E_n = \left(\frac{h^2}{8mL^2}\right)n^2, n = 1,2,3,\cdots \quad (40-4)$$

式中 L 是阱的宽度，n 是一个**量子数**。

如果电子要从一个态变化到另一个态，它的能量变化必须是

$$\Delta E = E_{high} - E_{low} \quad (40-5)$$

其 E_{high} 是较高的能量，E_{low} 是较低的能量。如果变化是通过吸收或发射光子进行的，光子的能量必须是

$$hf = \Delta E = E_{high} - E_{low} \quad (40-6)$$

和各量子态相联系的**波函数**是

$$\psi_n(x) = A\sin\left(\frac{n\pi}{L}x\right) \quad n = 1,2,3,\cdots \quad (40-10)$$

一个被允许的状态的概率密度 $\psi_n^2(x)$ 的物理意义是：$\psi_n^2(x)\mathrm{d}x$ 是电子在 x 到 $x+\mathrm{d}x$ 区间被检测到的概率。对于无限阱中的电子，其概率密度为

$$\psi_n^2(x) = A^2\sin^2\left(\frac{n\pi}{L}x\right) \quad n = 1,2,3,\cdots \quad (40-12)$$

量子数 n 大时，电子趋向于经典行为，表明在它趋向于以等概率占据阱内各处。这一事实导致**对应原理**：在量子数足够高时，量子物理的预言顺利地和经典物理的预言合二为一。

归一化和零点能 式（40-12）中的幅 A^2 可以用归一化方程

$$\int_{-\infty}^{\infty}\psi_n^2(x)\mathrm{d}x = 1 \quad (40-14)$$

求得。此式表明电子一定在阱中某处，因为概率 1 意味着确定。

由式（40-4）可看出电子被允许具有的最低能量并不是零，而是对应于 $n=1$ 的能量。这一能量称为电子-势阱系统的**零点能**。

在有限势阱中的电子 有限势阱是这样的阱，在其中的电子的势能比在其外的电子的势能低一有限值 U_0。陷入这种阱中的电子的波函数延伸到阱壁内部。

2 维和 3 维电子陷阱 陷入到形成一个矩形围栏的 2 维无限势阱中的电子的量子化能量是

$$E_{n_x,n_y} = \frac{h^2}{8m}\left(\frac{n_x^2}{L_x^2}+\frac{n_y^2}{L_y^2}\right) \quad (40-20)$$

其中 n_x 是电子的物质波适应阱宽 L_x 的量子数，n_y 是电子的物质波适应阱宽 L_y 的量子数。相似地，陷入形成一个长方形盒的 3 维无限势阱中的电子的能量是

$$E_{n_x,n_y,n_z} = \frac{h^2}{8m}\left(\frac{n_x^2}{L_x^2}+\frac{n_y^2}{L_y^2}+\frac{n_z^2}{L_z^2}\right) \quad (40-21)$$

此处 n_z 是电子的物质波适应阱宽 L_z 的第三个量子数。

氢原子 氢原子的势能是

$$U = -\frac{1}{4\pi\varepsilon_0}\frac{e^2}{r}, \quad (40-23)$$

解薛定谔方程的三维形式可得氢原子各量子态的能量是

$$E_n = -\frac{me^4}{8\varepsilon_0^2h^2}\frac{1}{n^2} = -\frac{13.6\mathrm{eV}}{n^2}, n = 1,2,3,\cdots \quad (40-24)$$

其中 n 是**主量子数**。描述氢原子需要用三个量子数；它们的名称和取值见表 40-2。

氢原子的径向概率密度 $P(r)$ 的定义是：使 $P(r)\mathrm{d}r$ 是电子在以原子核为心的、半径分别为 r 和 $r+\mathrm{d}r$ 的两个同心球壳之间可能被检测到的概率。对于氢原子的基态，

$$P(r) = \frac{4}{a^3}r^2\mathrm{e}^{-2r/a} \quad (40-31)$$

式中 a 是玻尔半径，它是一个长度单位，其值为 52.9pm。图 40-18 是基态的 $P(r)$ 的图线。

图 40-20 和 40-22 表示氢原子的 $n=2$ 的四个态的概率密度（不是**径向**概率密度）。图 40-20（$n=2$，$l=0$，$m_l=0$）的图形是球对称的。图 40-22（$n=2$，$l=1$，$m_l=0$，$+1$，-1）的几个图形是对 z 轴对称的，但是，叠加在一起，也是球对称的。

$n=2$ 的所有四个态都具有相同的能量，因而可认为是一个壳层，就叫 $n=2$ 壳层。图 40-22 表示的三个态，叠加在一起，可以认为是 $n=2$，$l=1$ 的支壳层。在实验上不可能对 $n=2$ 的四个态区分开，除非把氢原子置于外电场或磁场中，使得可能设置一个确定的对称轴。

思考题

1. 如果把一维无限势阱的宽度加倍，（a）被陷入电子的基态能量需要乘以 4，2，1/2，1/4 或其他数？（b）较高能态的能量要乘以这个因子或其它因子，这和它们的量子数有关吗？

2. 三个电子分别陷入三个宽度分别是（a）50nm，（b）200nm 和（c）100nm 的无限势阱中。试从大到小按它们的基态能量对这些电子排序。

3. 如果要利用图 40-1 的理想陷阱去束缚一个

正电子，就需要改变（a）陷阱的几何结构，（b）中间圆筒的电势，或（c）两个半无限长圆筒的电势？（一个正电子具有和电子同样的质量但带正电。）

4. 陷入一维无限势阱的一个电子处于 $n=17$ 的状态中，它的波函数具有多少（a）零概率和（b）极大概率的点？

5. 图 40－24 表示三个各在 x 轴上的无限势阱。不用计算，确定每个阱中的基态电子的波函数 ψ。

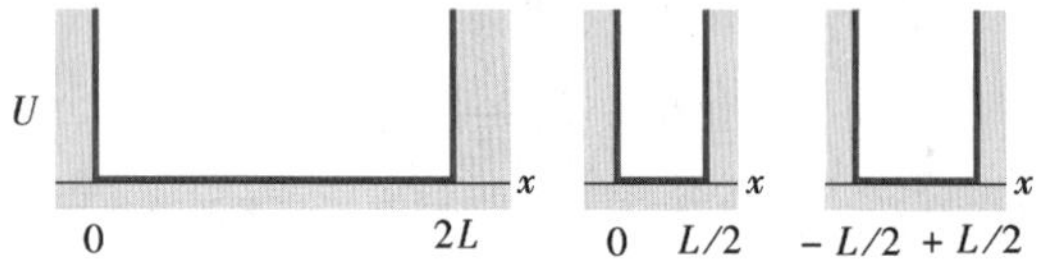

图 40－24　思考题 5 图

6. 图 40－25 表示一个电子在一维无限势阱中的五种情况下的几个最低的能级（以电子伏为单位），在阱 B，C，D 和 E 中，电子处于基态。现今在阱 A 中的电子被激发到第 4 激发态（在 25eV 处），此后电子退激到基态时发射一个或多个光子，对应于一次长跃迁或几个短跃迁。在这一退激过程中，哪些所发射的光子的能量和其他四个电子所吸收的光子（从基态）的能量相当？给出相应的量子数。

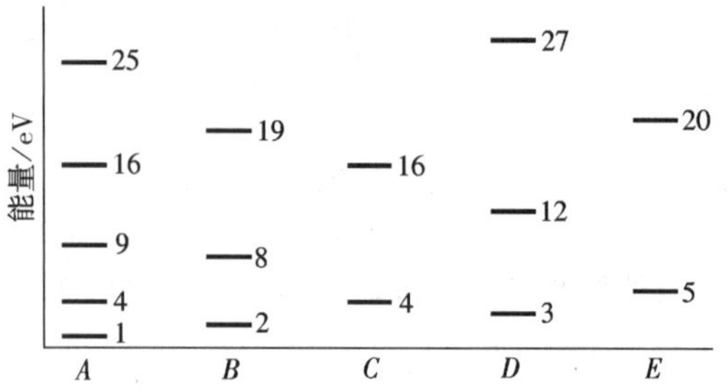

图 40－25　思考题 6 图

7. 陷入一个一维无限势阱中的质子的基态能量是大于，小于，还是等于陷入同样势阱中的电子的基态能量？

8. 一个质子和一个电子分别陷入同样的一维无限势阱中；各处于自己的基态。在阱的中心，质子的概率密度是大于，小于还是等于电子的概率密度？

9. 如果你要改变图 40－7 的有限势阱使得陷入其中的电子具有多于三个量子态，你需要做的是使阱（a）更宽或更窄，（b）更深或更浅？

10. 一个电子陷入一个有限势阱，该阱的深度足以使电子能处于 $n=4$ 的态。在阱中它的波函数具有几个（a）零概率和（b）概率为极大值的点？

11. 通过对图 40－8 的观察，按电子的德布罗意波长对三个量子态的量子数由大到小排序。

12. 一个电子陷入了如图 40－7 表示的那种有限势阱中处于最低能量的状态。（a）它的德布罗意波长，（b）它的动量的大小和（c）它的能量，和它在如图 40－2 的无限势阱中时的相比，是较大，较小还是相等？

13. 下表列出氢原子五个假想的态的量子数。哪些态是不可能的？

	n	l	m_l
(a)	3	2	0
(b)	2	3	1
(c)	4	3	−4
(d)	5	5	0
(e)	5	3	−2

14. 1996 年在加速器实验室工作的物理学家成功地制造出了反氢原子。这种原子包含一个在一个反质子的电场中运动的正电子。一个正电子具有和一个电子相同的质量但带正电。一个反质子具有和一个质子相同的质量但带负电。你认为反氢原子的光谱和一个正常氢原子的光谱相同还是不同？

15.（a）从图 40－16 的氢原子的能级图中，你可以找到赖曼系第二条谱线的光子能量等于另外两条谱线的光子能量之和。这些谱线是什么？（b）赖曼系第二条谱线的光子能量也是另外两条谱线的光子能量之差。这些谱线又是什么？

16. 一个氢原子处于第三激发态。要它（a）发射最长可能波长的光，（b）发射最短可能波长的光，（c）吸收最长可能波长的光，它需要跃迁到什么态（给出其量子数 n）？

练习和习题

40－3 节　陷阱中电子的能量

1E. 陷入一个宽 100pm 的一维无限势阱中的（a）一个电子和（b）一个质子的基态能量各是多少？

2E. 如果想使陷入一维无限势阱的电子的基态能量减小一半，应该如何改变势阱的宽度？

3E. 把原子核看成一个宽 $L=1.4\times10^{-14}$ m（典型的核直径的大小）的一维无限势阱。陷入这样一

个势阱中的电子的基态能量多大？（**注意：核内不包含电子。**）（ssm）

4E. 陷入一个一维无限深势阱的电子的 $n=3$ 的态的能量是 4.7eV。试问该势阱的宽度是多少？

5E. 一个质子被束缚在宽 100pm 的一维无限势阱中。它的基态能量是多少？

6E. 陷入一维无限势阱中的电子的基态能量是 2.6eV。如果将势阱的宽度加倍，这一能量将是多少？

7E. 陷入宽 250pm 的一维无限势阱的电子处于基态，它要跃迁到 $n=4$ 的态需要吸收多少能量？

8P. 一个电子陷入一个一维无限势阱中，（a）如果一对相邻能级（如果有的话）的能量差等于电子在 $n=5$ 态的能量，这一对能级是哪些？（b）如果等于 $n=6$ 态的能量呢？

9P. 一个电子陷入一个一维无限势阱，证明它的 n 和 $n+2$ 能级之间的能量差为 $(h^2/2mL^2)(n+1)$。

10P. 一个电子陷入一个一维无限势阱，（a）哪一对相邻能级（如果有的话）之间的能量差等于 $n=3$ 和 $n=4$ 能级之间能量差的 3 倍？（b）哪一对（如果有的话）具有此能量差的 2 倍？

11P. 一个电子陷入一个宽为 250pm 的一维无限势阱中，并处于基态。能够通过单光子吸收从基态激发此电子的光的四个最长的波长各是多少？（ssm）（www）

12P. 假定陷入宽为 250pm 的一维无限势阱的一个电子从第一激发态被激发到第三激发态，（a）对于这一量子跃迁，必须传递给电子的能量是多少（以电子伏表示）？如果此后电子通过发光退激，（b）它能发射的波长是多少？（c）在能级图上画出电子退激的几种可能方式。

13P. 一个电子被束缚在长 3m 的一根抽空了的细管中；此管像一个一维无限势阱。（a）电子的基态和第一激发态的能量差是多少？用 eV 表示。（b）量子数 n 为何值时，相邻能级之间的能量差为 1.0eV——此值是可以测出的，不像（a）中的结果那样测不出？当量子数为该值时，（c）电子的能量将是多少？（d）电子是相对论性的吗？

40-4 节　陷阱中电子的波函数

14E. 陷入宽为 L 的一维无限势阱的电子从基态被激发到第一激发态。这一变化将使在 x 轴上（a）阱的中心和（b）靠近一个阱壁处，一段小的长度内检测到电子的概率增大，减小或不受影响？

15E. 令 ΔE_{adj} 表示陷入一维无限势阱中电子的相邻两个能级之间的能量差。令 E 表示两个能级之一的能量。（a）证明对大的量子数 n，$\Delta E_{adj}/E$ 趋近于 $2/n$。当 $n\to\infty$ 时，是（b）ΔE_{adj}，（c）E，还是（d）$\Delta E_{adj}/E$ 趋近于零？（e）按照对应原理，这意味着什么？（ssm）

16P. 一个粒子束缚在图 40-2 的一维无限势阱中。如果粒子处于基态，在下列区间它的检测概率各是多少？（a）$x=0$ 和 $x=0.25L$ 之间，（b）$x=0.75L$ 和 $x=L$ 之间，（c）$x=0.25L$ 和 $x=0.75L$ 之间？

17P. 一个电子陷入一宽度为 100pm 的一维无限势阱中而处于基态。在以下列坐标为中心的宽为 $\Delta x=5.0$pm 的区间电子被检测到的概率各是多少：（a）$x=25$pm，（b）50pm，（c）90pm？（**提示：**由于 Δx 非常窄，因而可以认为其中的概率密度为常量）（ssm）

40-5 节　有限阱中的电子

18E.（a）证明薛定谔方程式（40-18）中各项的量纲相同。（b）每一项的 SI 单位是什么？

19E. 在图 40-7 的有限势阱中处于 $n=2$ 态的电子从外源吸收了 400eV 的能量。如果它跑到了 $x>L$ 的位置，它的动能是多少？（ssm）

20E. 图 40-9 给出了陷入一深为 450eV 的有限势阱的电子的能级。如果电子处于 $n=3$ 的态，它的动能是多少？

21P. 如图 40-8 所示，在图 40-7 中有限势阱的 $x>L$ 区域，概率密度按指数规律减小如

$$\psi^2(x) = Ce^{-2kx}$$

其中 C 为一常数。（a）证明由此式可以求出的波函数 $\psi(x)$ 是一维薛定谔方程的一个解。（b）如果是这样，k 的值应如何？

22P. 如图 40-8 所示，在图 40-7 中有限势阱的 $0<x<L$ 区域，电子的概率密度是正弦式的，如

$$\psi^2(x) = B\sin^2 x$$

式中 B 是常数。（a）证明由此式可以求得的波函数 $\psi(x)$ 是一维薛定谔方程的一个解。（b）如果是这样，k 的值应如何？

23P. 证明在图 40-7 中有限势阱的 $x>L$ 区域，$\psi(x) = De^{2kx}$ 是一维薛定谔方程的一个解，式中 D 为一常数而 k 为一正数。根据什么说这一数学上允许的解在物理上是不可取的？（ssm）（www）

40-7 节　2 维和 3 维电子陷阱

24E. 一个电子被束缚在图 40-12 那种宽度 $L_x=$

800nm 和 $L_y = 1600\text{pm}$ 的矩形围栏中，以电子伏表示的它的基态能量是多少？

25E. 一个电子被束缚在图 40－13 那种 $L_x = 800\text{nm}$，$L_y = 1600\text{pm}$ 和 $L_z = 400\text{nm}$ 的方盒中。以电子伏表示的它的基态能量是多少？

26P. 宽度 $L_x = L$，$L_y = 2L$ 的矩形围栏中有一个电子。(a) 电子基态的能量，(b) 它的第一激发态的能量，(c) 它的最低的简并态的能量，(d) 它的第二和第三激发态的能量差，各是 $h^2/8mL^2$ 的几倍，其中 m 是电子的质量。

27P. 在习题 26 中，电子在最低的五个能级之间跃迁时，它能够吸收或发射的光的频率各是多少？答案以 $h/8mL^2$ 的倍数表示。(ssm)(www)

28P. 宽为 $L_x = L_y = L_z = L$ 的方盒中有一个电子。(a) 电子的基态能量，(b) 它的第二激发态能量，和 (c) 它的第二和第三激发态的能量差，各是 $h^2/8mL^2$ 的多少倍，其中 m 是电子的质量？具有 (d) 第一激发态和 (e) 第 5 激发态的能量的简并态各是多少？

29P. 在习题 28 中，电子在最低的五个能级之间跃迁时，它能吸收或发射的光的频率各是多少？答案以 $h/8mL^2$ 的倍数表示。

40－8 节 氢原子

30E. 验证式 (40－24) 中出现的常量等于 13.6eV。

31E. 一个原子（不是氢原子）吸收一个频率为 $6.2\times10^{14}\text{Hz}$ 的光子后，它的能量增加多少？

32E. 一个原子（不是氢原子）吸收一个波长为 375nm 的光子，接着又马上发射一个波长为 580nm 的光子。在这一过程中该原子吸收的净能是多少？

33E. 巴耳末系的最短波长和赖曼系的最短波长之比是多少？(ssm)

34E. 以图 40－20 的点图表示其概率密度的氢原子电子的能量 E 多大？(b) 把此电子从原子中移走需要多少能量？

35E. 当氢原子从 $n=3$ 的态跃迁到 $n=1$ 的态时，所发射光子的 (a) 能量，(b) 角动量的大小和 (c) 波长各是多少？(ssm)

36E. 对巴耳末系重新解答例题 40－6。

37E. 动能为 6.0eV 的中子和一个处于基态的静止的氢原子相碰撞。试说明这一碰撞一定是弹性的，即动能必须守恒。(**提示**：证明氢原子不可能由于此碰撞而被激发。)(ssm)

38E. 对于氢原子基态，计算 $r=a$，其中 a 是玻尔半径，时的 (a) 概率密度 $\psi^2(r)$ 和 (b) 径向概率密度 $P(r)$。

39E. 计算氢原子处于它的基态时在 (a) $r=0$，(b) $r=a$ 和 (c) $r=2a$ 处的径向概率密度 $P(r)$，其中 a 是玻尔半径。

40E. 一个氢原子从基态被激发到 $n=4$ 的态。(a) 此原子必须吸收多少能量？(b) 计算并在能级图上画出此原子回到基态时可能发射的不同的光子能量。

41P. 若氢原子原来在 (a) 基态，和 (b) $n=2$ 的态，要把它的电子和质子完全拉开需要做多少功？(ssm)

42P. 一个氢原子最初静止而处于 $n=4$ 的态。它跃迁回基态时发射一个光子，求氢原子的反冲速率。

43P. 氢原子发射波长为 486.1nm 的光。(a) 与此发射相关的原子跃迁怎么发生的？(b) 此跃迁属于什么线系？

44P. (a) 赖曼系和 (b) 巴耳末系所函盖的波长间隔的宽度各是多少？（每个宽度是从最长波长开始到线系极限。）(c) 相应的频率间隔的宽度是多少？用 THz ($1\text{THz}=10^{12}\text{Hz}$) 表示频率间隔。

45P. 在氢原子的基态中，电子的总能量为 －13.6eV。假定电子离中心核的距离为一个玻尔半径，(a) 它的动能和 (b) 它的势能各是多少？(ssm)

46P. 用图 40－16 的能级图，求 (a) 和发射波长为 121.6nm 的光的跃迁相对应的量子数是哪些？(b) 这一跃迁属什么线系？

47P. 一个氢原子从结合能（移去一个电子所需的能量）为 0.85eV 的态跃迁到激发能（此态和基态的能量差）为 10.2eV 的态。(a) 此跃迁发出的光子的能量是多少？(b) 用图 40－16 的能级图标出此跃迁。

48P. 验算图 40－17 所给的巴耳末线系的可见谱线的波长。

49P. 在氢原子的基态中，在大于玻尔半径的某半径处发现电子的概率是多少？(**提示**：见例题 40－8)(ssm)(www)

50P. 氢原子发射波长为 102.6nm 的光此跃迁的初末态的量子数各是多少？

51P. 对于氢原子的轨道角动量 l 为零的态的薛定谔方程是

$$\frac{1}{r^2}\frac{\mathrm{d}}{\mathrm{d}r}\left(r^2\frac{\mathrm{d}\psi}{\mathrm{d}r}\right)+\frac{8\pi^2 m}{h^2}[E-U(r)]\psi=0$$

验证描述氢原子基态的式（40－25）是此方程的一个解。(ssm)

52P. 计算在氢原子的基态中，电子在半径为 a 和 $2a$，a 为玻尔半径，的两个球壳间可能被发现的概率（**提示**：见例题 40－8）。

53P. 验证表示氢原子基态的径向概率密度式（40－31）是归一化了的，即证明

$$\int_0^\infty P(r)\,\mathrm{d}r=1$$

是对的。(ssm)

54P. (a) 对于给定的主量子数 n。轨道量子数 l 能取几个值？(b) 对于给定的 l 值，轨道磁量子数 m_l 能取几个值？(c) 对于给定的 n 值，m_l 能取几个值？

55P. 在氢原子的基态中，在半径为 r 和 $r+\Delta r$ 的两个球壳中间发现电子的概率是多少：(a) 如果 $r=0.500a$ 和 $\Delta r=0.010a$ 和 (b) 如果 $r=1.00a$ 和 $\Delta r=0.01a$，其中 a 是玻尔半径？（**提示**：Δr 足够小以致可以认为在 r 和 $r+\Delta r$ 之间径向概率密度是常量。）(ssm)

56P. 象氢原子的概率密度点图所示的那样，若有效半径为 1.0mm，主量子数 n 的值多大？设 l 具有它的最大值 $n-1$。（提示：参考图 40－23 进行分析。）

57P*. 在例题 40－7 中已证明对于氢原子基态，径向概率密度在 $r=a$ 处是极大，其中 a 是玻尔半径。证明 r 的平均值

$$r_{\mathrm{avg}}=\int P(r)\,r\,\mathrm{d}r$$

的大小为 $1.5a$。在此 r_{avg} 的定义式中，每一 $P(r)$ 的值都用它所在地点的 r 值加以权重。注意 r 的平均值比 $P(r)$ 极大值出现处的 r 值要大。(ssm)

58P* 用图 40－20 的点图表示的氢原子 $n=2$ 和 $l=m_l=0$ 的量子态的波函数为

$$\psi_{200}(r)=\frac{1}{4\sqrt{2\pi}}a^{-3/2}\left(2-\frac{r}{a}\right)\mathrm{e}^{-r/2a}$$

其中 a 是玻尔半径，$\psi(r)$ 的下标表示量子数 n，l，m_l 的值。(a) 画出 $\psi_{200}^2(r)$ 的图线并证明该图线和图 40－20 的点图一致，(b) 解析证明 $\psi_{200}^2(r)$ 在 $r=4a$ 处有极大值，(c) 求这一状态的径向概率密度 $P_{200}(r)$，(d) 证明

$$\int_0^\infty P_{200}(r)\,\mathrm{d}r=1$$

从而说明上述波函数 $\psi_{200}(r)$ 是归一化了的。

59P. 图 40－22 中用点图表示的量子数为 $n=2$，$l=1$ 和 $m_l=0$，$+1$，-1 的三个态的波函数为

$$\psi_{210}(r,\theta)=(1/4\sqrt{2\pi})(a^{-3/2})\times(r/a)\mathrm{e}^{-r/2a}\cos\theta$$

$$\psi_{21+1}(r,\theta)=(1/8\sqrt{\pi})(a^{-3/2})\times(r/a)\mathrm{e}^{-r/2a}(\sin\theta)\mathrm{e}^{+\mathrm{i}\phi}$$

$$\psi_{21-1}(r,\theta)=(1/8\sqrt{\pi})(a^{-3/2})\times(r/a)\mathrm{e}^{-r/2a}(\sin\theta)\mathrm{e}^{-\mathrm{i}\phi}$$

式中 $\psi(r,\theta)$ 的下标给出量子数 n，l，m_l 的值，角 θ 和 ϕ 由图 40－21 定义。注意第一个波函数是实函数，但其它两式由于有虚数 i 而是复函数。(a) 求每一个波函数的概率密度并证明每一个都和图 40－22 中各自的点图相一致。(b) 把 (a) 中求出的三个概率密度相加并证明其和是球对称的，即只和径向坐标 r 有关。(ssm)

第41章 原子统论

20 世纪 **60** 年代，激光器刚一发明，就成为研究型实验室中新奇的光源。今天，激光器无处不在，在诸如声音和数据的传送、测量，焊接，百货店商品价格的扫描等各方面都应用着它。图中显示正在使用由光导纤维传导的激光进行的外科手术。激光器发出的激光和任何其他光源发出的光都来自原子的发射。

那么，从激光器发出的光在哪些方面如此地不同？

答案就在本章中。

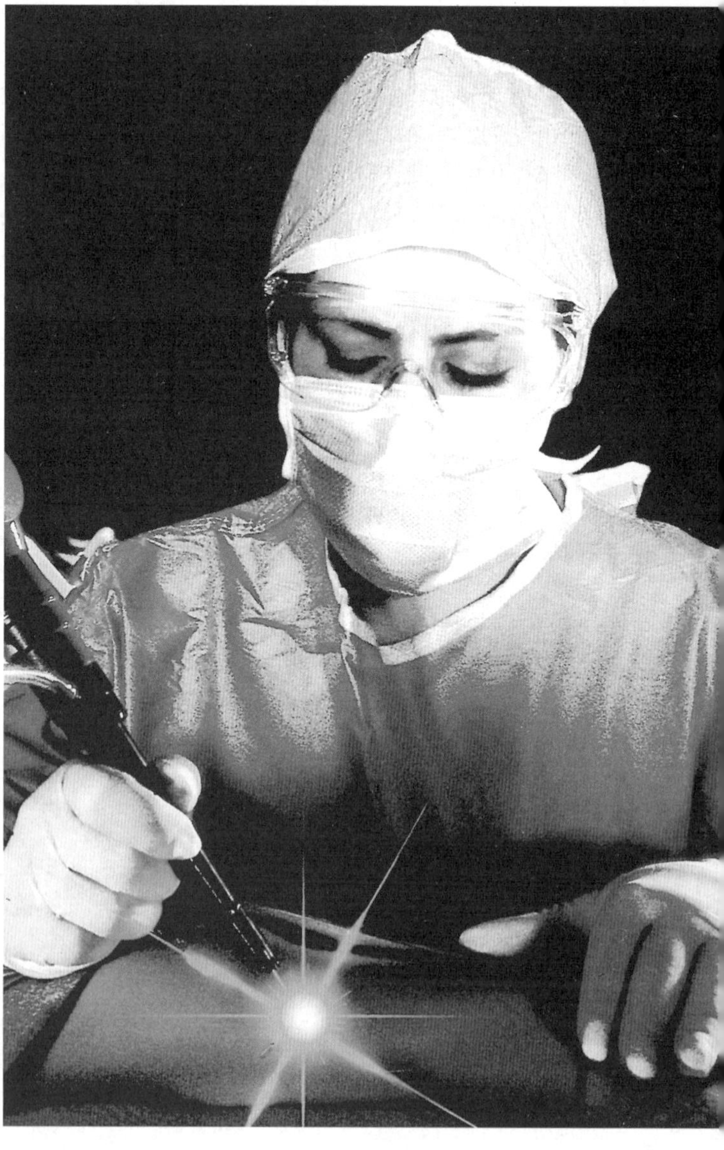

41 -1 原子和我们周围的世界

在20世纪初，许多知名的科学家都怀疑原子的存在。可是今天，每一个受过良好教育的人都相信原子是实际存在的，而且是构建物质世界的基本砖块。今天，我们甚至可以拣起单个的原子把它移来移去。第40章首页的量子围栏就是这样制成的。可以很容易地数出那张照片中圆周上的48个铁原子。甚至可以通过单个原子发的光来照出它们的像。例如，图41-1中的淡蓝色点就是由一个束缚在陷阱中的一个单个的钡离子发的光形成的，此照片是在华盛顿大学摄制的。

41 -2 原子的一些性质

你可能以为原子物理的具体内容离我们的日常生活很远。但是，请想一想下列原子的性质——如此的基本以至于我们很少考虑到它们——是如何影响我们的实际生活的。

原子是稳定的。几乎所有构成我们这个物质世界的原子都已存在了上十亿年而没有发生过变化。如果原子不断地隔几周或几年就变化成其他形式，那么难以想象这个世界会什么样子？

原子相互结合在一起。它们紧靠在一起形成分子而且聚集起来形成坚实的固体。一个原子内基本上是空的空间，但是你可以站在由原子构成的地板上而不掉进去。

原子的这些基本性质可以用量子物理解释，就像下列三个不十分明显地性质可以被解释一样。

图41-1 蓝点是在华盛顿大学的一个陷阱中束缚多时的一个单个钡原子发出的光的照片。特别技术使得该离子在同样一对能级间一次又一次地跃迁而发光，蓝点表示许多光子发射的总效果。

原子是有规律地放在一起的

图41-2给出诸元素的重复的性质的一个例子，该性质是元素在周期表（附录G）中的位置的函数。图形是元素的**电离能**曲线；从中性原子中把一个束缚最松的电子移出所需的能量作为该原子所属的元素在周期表中的位置的函数画出。周期表内每一竖列中元素的化学和物理性质的明显的相似性是原子都是按一定规律构成的这一论断的充分证据。

在周期表中元素排列成6个水平**周期**；除了第一周期，每一周期都从左边的非常活泼的碱金属（锂、钠、钾等）开始而终止于右边的化学惰性气体（氖、氩、氪等）。量子物理说明这些元素的化学性质。这6个周期的元素数分别是

2，8，8，18，18，32。

量子力学预言这些数字。

原子发射和吸收光

我们已经看到原子只能存在于分立的量子态中，而每一个量子态具有一定的能量。一个原子可以通过发射光（跃迁到一个较低的能级 E_{low}）或吸收光（跃迁到一个较高的能级 E_{high}）从一个态过渡到另一个态。在40-3节中已讨论过，光是以能量为

$$hf = E_{\text{high}} - E_{\text{low}} \quad (41-1)$$

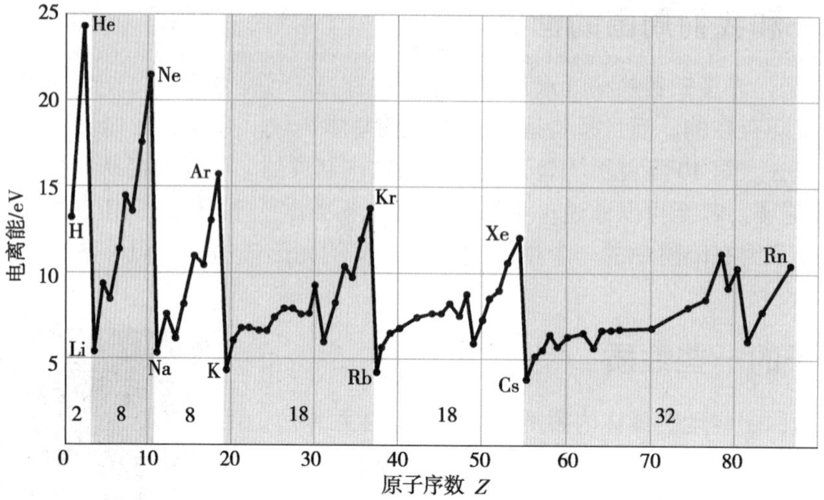

图 41 –2　电离能作为原子序数的函数的图线，表示元素的性质经过周期表中的 6 个完整水平周期的周期性重复。每一个周期内的元素的数目如图标出。

的光子的形式被发射或吸收的。

于是，求原子发射的或吸收的光的频率的问题就转化为求该原子的量子态的能量的问题。量子物理使我们能够，或者至少从原理上，计算这些能量。

原子具有角动量和磁性

图 41 –3 表示一个带负电的粒子围绕一个固定中心做圆周运动。在 32 –4 节中已讨论过，这样沿轨道运动的粒子既具有角动量 $\vec{L}$ 也具有磁偶极矩 $\vec{\mu}$。（因为它的轨道相当于一个小电流圈）（为了简化，在此处去掉第 32 章中用的下标 orb）如图 41 –3 所示，矢量 $\vec{L}$ 和 $\vec{\mu}$ 都和轨道平面垂直，但是，由于电荷是负的，它们的指向相反。

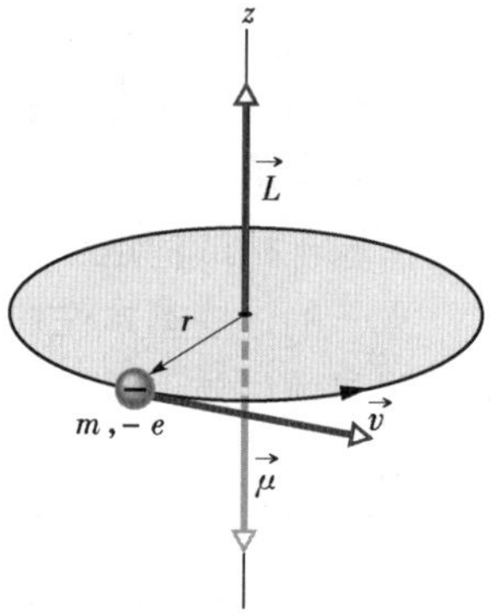

图 41 –3　表示一个质量为 m，电荷为 $-e$ 的粒子以速率 v 沿半径为 r 的圆周运动的经典模型。该运动粒子具有的角动量 $\vec{L}$ 由 $\vec{r}\times\vec{p}$ 给定，其中 $\vec{p}$ 是线动量 $m\vec{v}$，粒子的运动相当于一个电流圈，和它相联系的有一个和 $\vec{L}$ 方向相反的磁矩 $\vec{\mu}$。

图 41 –3 的模型是严格经典的，不能够精确地代表原子中的电子。在量子物理中，这严格的轨道模型为概率密度模型取代，以点图最为形象化。不过，在量子力学中，下述结论仍是成立的，即：一般地说，原子中的电子的每一个量子态都具有方向相反的角动量 $\vec{L}$ 和磁偶极矩 $\vec{\mu}$（这两个矢量被说成是**耦合**着）。

爱因斯坦—德哈斯实验

1915 年，当时还未出现量子物理，A. 爱因斯坦和荷兰物理学家 W. J. 德哈斯做了一个巧妙的实验展示单个原子的角动量和磁矩是耦合的。

爱因斯坦和德哈斯用细丝吊起一个铁圆柱，如图 41 –4a 所示。在圆柱体周围放一个螺线管，二者并不接触。最初，圆柱体中原子的磁偶极矩的指向是混乱的，因此它们的在外面的磁效应相互抵消（图 41 –1a）。但是，给螺线管通电（图 41 –4b），从而建立起平行于圆柱体轴线的磁场时，圆柱体中原子的磁偶极矩就调整自己的方向，沿外场方向排列起来，如果每个原子的角动量 $\vec{L}$ 都跟自己的磁矩 $\vec{\mu}$ 耦合着，磁矩的排列必然导致原子的角动量沿与磁场的方向相反的方向排列起来。

起初并没有力矩作用于圆柱体；因此它的角动量应保持它的初值零不变。但是，当 $\vec{B}$ 建立后，原子角动量与 $\vec{B}$ 反平行的排列，将使圆柱体整体产生一个净角动量 $\vec{L}_{net}$（在图 41-4b 中指向下方）。为了保持零角动量，圆柱体开始沿自己的中轴旋转以产生一个反方向的角动量 $\vec{L}_{rot}$（图 41-4b）。

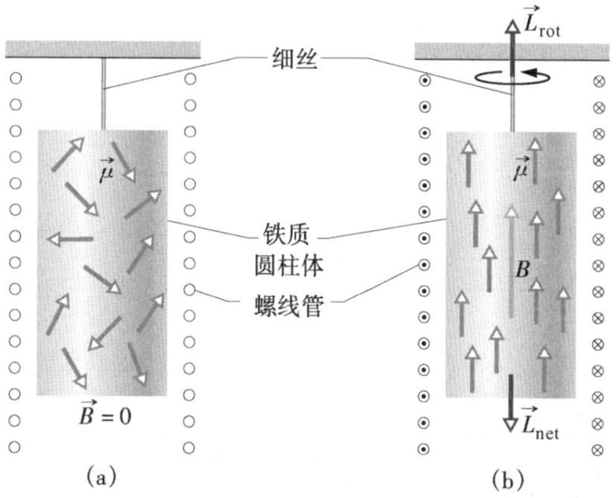

图 41-4　爱因斯坦—德哈斯实验装置。(a) 最初，铁圆柱体中的磁场为零，而它的原子的磁偶极矩 $\vec{\mu}$ 的取向是混乱的。原子的角动量矢量（图中未画出）和磁偶极矩矢量方向相反，因而取向也是混乱的。(b) 当沿圆柱体轴线方向的磁场 $\vec{B}$ 建立后，磁偶极矩矢量平行于 $\vec{B}$ 排列起来，而这也就意味着角动量矢量沿着与 $\vec{B}$ 相反的方向排列起来。由于最初圆柱体没有受外力矩作用，它的角动量守恒，则整个圆柱体必定如图示那样开始转动。

如果没有细丝，只要磁场存在。圆柱体就要继续旋转下去。但是细丝的扭曲很快就产生一个使圆柱体的转动瞬时停止的力矩并且在相反方向使圆柱体转动。此后当扭曲消除时细丝将交替地扭曲和复原，而圆柱体就在它的最初的指向附近以角简谐运动的形式不断振动。

对圆柱体转动的观测证实了原子的角动量和磁偶极矩是反向耦合着的。还有，它鲜明地显示了与原子的量子态相联系的角动量可导致普通大小的物体**可见的**转动。

41-3　电子自旋

在第 32-4 节已讨论过，一个电子，不管是**陷入**原子中还是**自由**的，都具有内禀的**自旋角动量** $\vec{S}$，简称**自旋**。（请回忆内禀一词意思是 $\vec{S}$ 是电子的一个基本性质，像它的质量和电荷那样。）在下节将讲到，$\vec{S}$ 的大小是量子化的，决定于**自旋量子数** s，对于电子其数值总是 1/2（对于质子和中子也一样）。还有，沿任意轴测量的 $\vec{S}$ 的分量是量子化的，决定于**自旋磁量子数** m_S，其值只能取 $+\frac{1}{2}$ 或 $-\frac{1}{2}$。

电子自旋的存在是两个荷兰研究生，G. 乌仑贝克和 S. 哥德施密特在研究原子光谱时，根据实验结果提出的。电子自旋的量子物理基础是几年前由 P. A. M. 狄拉克提出的，他在 1929 年建立了电子的相对论量子理论。很容易把电子想像成一个绕轴自旋的小球来说明电子自旋。但是，这个经典的模型，像轨道的经典模型那样，是不正确的。在量子物理中，最好认为自旋角动量是电子的一个可测的内禀性质；完全不可能用一个经典模型使之形象化。

表 41－1，是表 40－2 的扩大，给出了完全表征氢原子中电子的量子态的 4 个量子数 n，l，m_l，m_S。（量子数 s 不包括在内，因为所有电子的 s 值都等于 1/2。）这些量子数也表征在多电子原子中任何一个单个电子的可能状态。

表 41－1 原子中的电子态

量子数	符号	可取值	涉及
主	n	1，2，3，…	离核的距离
轨道	l	0，1，2，…，$(n-1)$	轨道角动量
轨道磁	m_l	0，±1，±2，…，$\pm l$	轨道角动量（z 分量）
自旋磁	m_S	$\pm\frac{1}{2}$	自旋角动量（z 分量）

n 的数值相同的各个态构成一个**壳层**
一个壳层中有 $2n^2$ 个态

n 和 l 都相同的态构成一个**次壳层**
一个次壳层中的各个态具有相同的能量
一个次壳层中有 $2(2l+1)$ 个态

41－4 角动量和磁偶极矩

原子中一个电子的每一个量子态都具有相对应的角动量和相应的轨道磁偶极矩，每一个电子，不管是陷入原子中还是自由的，都具有自旋角动量和相应的自旋磁偶极矩。下面先分别讨论这些量，然后再讨论它们的组合。

轨道角动量和磁性

原子中的一个电子的**轨道角动量** $\vec{L}$ 的大小 L 是量子化的，即它只能取一些分立的值，这些值是

$$L=\sqrt{l(l+1)}\hbar \tag{41-2}$$

其中 l 是轨道量子数，$\hbar$ 是 $h/2\pi$。根据表 41－1，l 必须是零或者是一个不大于 $n-1$ 的正整数。对于，例如，$n=3$ 的态，只允许 $l=2$，$l=1$ 和 $l=0$。

如 32－4 节讨论过的，和原子中的电子的轨道角动量 $\vec{L}$ 相联系有一个磁偶极子。此磁偶极子具有一个**轨道磁偶极矩** $\vec{\mu}_{orb}$，它和角动量的关系由式(32－8)表示：

$$\vec{\mu}_{orb}=-\frac{e}{2m}\vec{L} \tag{41-3}$$

式中负号表示 $\vec{\mu}_{orb}$ 指向和 $\vec{L}$ 相反的方向。由于 $\vec{L}$ 的大小是量子化的（式(41－2)），$\vec{\mu}_{orb}$ 的大小也一定是量子化的而由下式给定

$$\mu_{orb}=\frac{e}{2m}\sqrt{l(l+1)}\hbar \tag{41-4}$$

用任何方法也不能测量$\vec{\mu}_{orb}$和$\vec{L}$，但是，**能够**测量这两个矢量沿一个给定轴的分量。设想原子被置于磁场$\vec{B}$中；取z轴沿场线的方向。于是就能够测量沿该轴的$\vec{\mu}_{orb}$和$\vec{L}$的z分量。

轨道磁偶极矩的分量$\mu_{orb,z}$是量子化的而由下式给定

$$\mu_{orb,z}=-m_l\mu_B \tag{41-5}$$

其中m_l是表41-1中的轨道磁量子数，μ_B是玻尔磁子：

$$\mu_B=\frac{eh}{4\pi m}=\frac{e\hbar}{2m}=9.274\times10^{-24}\,\text{J/T} \quad \text{(玻尔磁子)} \tag{41-6}$$

其中m是电子质量。

角动量分量L_z也是量子化的，它们由下式给定

$$L_z=m_l\hbar \tag{41-7}$$

图41-5画出了$l=2$的电子的轨道角动量的5个量子化的分量L_z，以及相应的角动量$\vec{L}$。不过，**不要太认真地看待这个图**，因为不能用任何方法测定$\vec{L}$。因此，把$\vec{L}$画在像图41-5那样的图中只是有助于形象化。可以进一步地形象化地说$\vec{L}$和z轴之间形成一定的角度θ使得

$$\cos\theta=\frac{L_z}{L} \tag{41-8}$$

θ称做矢量$\vec{L}$和z轴之间的**半经典**角度，因为它是一个经典可测而量子理论告诉我们是不可能测量的量。

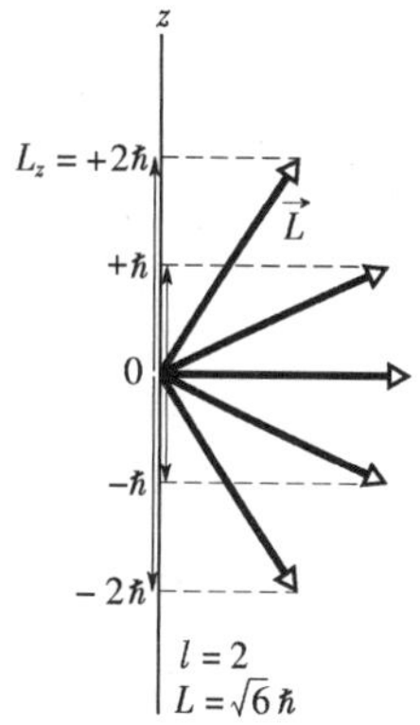

图41-5 电子在$l=2$的量子态时L_z的几个允许值，对于图中每一个轨道角动量矢量$\vec{L}$，有一个指向相反方向的矢量，它代表轨道磁偶极矩$\vec{\mu}_{orb}$的大小和方向。

自旋角动量和自旋磁偶极矩

任何一个电子的自旋角动量$\vec{S}$的大小S，不管是自由的或陷入的，都具有下式给出的单值

$$S=\sqrt{s(s+1)}\hbar=\sqrt{\frac{1}{2}\left(\frac{1}{2}+1\right)}\hbar=0.866\hbar \tag{41-9}$$

其中s（=1/2）是电子的自旋量子数。

在32-4节已讨论过，不管电子是处于束缚态还是自由的，一个电子都具有内禀磁偶极子和它的自旋角动量$\vec{S}$相联系。这个磁偶极子具有**自旋磁偶极矩**$\vec{\mu}_S$，它和自旋角动量的关系由式（32-2）给出

$$\vec{\mu}_S=-\frac{e}{m}\vec{S} \tag{41-10}$$

式中负号表示$\vec{\mu}_S$与$\vec{S}$方向相反。由于$\vec{S}$的大小是量子化的（式（41-9）），$\vec{\mu}_S$的大小也必定是量子化的并由下式给出

$$\mu_S=\frac{e}{m}\sqrt{s(s+1)}\hbar \tag{41-11}$$

用任何方法都不可能测量$\vec{S}$和$\vec{\mu}_S$，但是，**能够**测量二者沿任一给定轴——称为z轴的分量。自旋角动量的分量S_z是量子化的而由下式给定

$$S_z = m_S \hbar \tag{41-12}$$

其中 m_S 是表41-1中的自旋磁量子数。该量子数只能有两个值：$m_S = +\frac{1}{2}$（电子被称为**自旋向上**）和 $m_S = -\frac{1}{2}$（电子被为**自旋向下**）。

自旋磁偶极矩的分量 $\mu_{S,z}$ 也是量子化的而由下式给定

$$\mu_{S,z} = -2m_S\mu_B \tag{41-13}$$

图41-6画出了一个电子的自旋角动量的两个量子化分量 S_z 和相联系的矢量 $\vec{S}$ 的指向。它也表示出了自旋磁偶极矩的量子化分量 $\mu_{S,z}$ 以及相联系的 $\vec{\mu}_S$ 的指向。

结合着的轨道和自旋角动量

对于包含多于一个电子的原子，定义一个总角动量 $\vec{J}$，它是单个电子的角动量——包括它们的轨道和它们的自旋角动量的矢量和。一个中性原子中的电子数（和质子数）是原子序数（或电荷数）Z。因此，对于一个中性原子，

$$\vec{J} = (\vec{L}_1 + \vec{L}_2 + \vec{L}_3 + \cdots + \vec{L}_z) + (\vec{S}_1 + \vec{S}_2 + \vec{S}_3 + \cdots + \vec{S}_z) \tag{41-14}$$

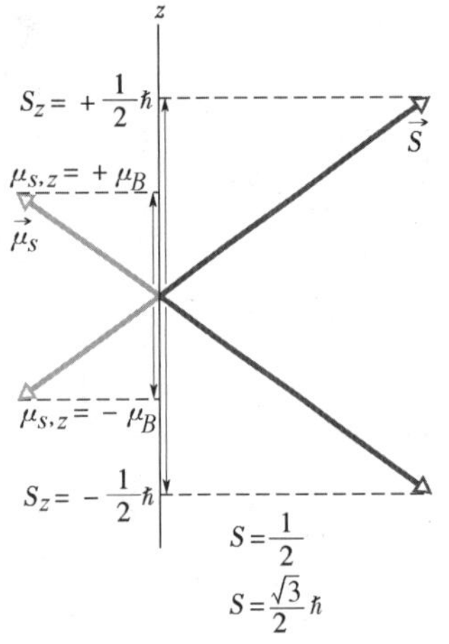

图41-6 电子的 S_z 和 $\mu_{S,z}$ 的允许值。

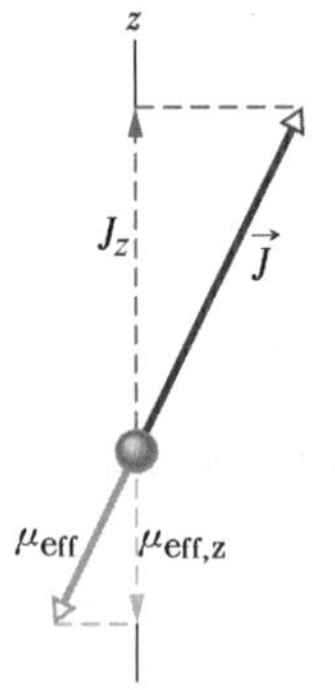

图41-7 表示总角动量矢量 $\vec{J}$ 和有效磁矩矢量 $\vec{\mu}_{eff}$ 的经典模型。

同样地，多电子原子的总磁偶极矩是它的单个电子的磁偶极矩（包括轨道和自旋）的矢量和。不过，由于式（41-13）中的因子2，原子的总磁偶极矩的方向和 $-\vec{J}$ 的方向并不相同；而是和该矢量有一定夹角。原子的**有效磁偶极矩** $\vec{\mu}_{eff}$ 是单个磁偶极矩的矢量和沿 $-\vec{J}$ 方向的分量（图41-7）。

在下一节将要看到，在典型的原子中，大部分电子的轨道角动量和自旋角动量的总矢量和为零。于是这些原子的 $\vec{J}$ 和 $\vec{\mu}_{eff}$ 就由相对少数几个电子决定，常常仅由一个价电子决定。

检查点1：处于某一量子态的电子的轨道角动量 $\vec{L}$ 的大小是 $2\sqrt{3}\hbar$。此时电子的轨道磁偶极矩在 z 轴上的投

影允许有几个?

41 -5 施特恩 - 格拉赫实验

1922 年，**O.** 施特恩和 **W.** 格拉赫在德国汉堡大学用实验证实了铯原子的磁矩是量子化的。在施特恩 - 格拉赫实验中，就现在所知，银在一加热炉中汽化，在该蒸气中一些银原子通过炉壁上的一个狭缝进入一个抽空了的管内。这些逃逸出来的原子接着通过第二个狭缝形成了一股窄的原子射束（图 41 -8）（这些原子被说成是**准直**了的——形成一束——而第二个狭缝称为**准直器**。）射束从一电磁铁的两极间通过，接着射到一块玻璃检测板上形成银的沉积。

当电磁铁没有通电时，银的沉积是一窄条，但是，电磁铁通电后，银的沉积就上下分散开了。这种分散的发生是由于银原子是磁偶极子，于是当它们经过电磁铁的竖直方向的磁场时就受到了磁力的作用；这磁力使它们向上或向下发生微小的偏离。这样，通过分析玻璃板上银的沉积就能够决定银原子在磁场中经历了怎样的偏转。施特恩和格拉赫分析了他们的检测板上银的沉积的图样，他们发现了十分惊奇的事。不过，在讨论这一惊奇和它的量子含义之前，让我们先来讨论作用在银原子上磁偏转力。

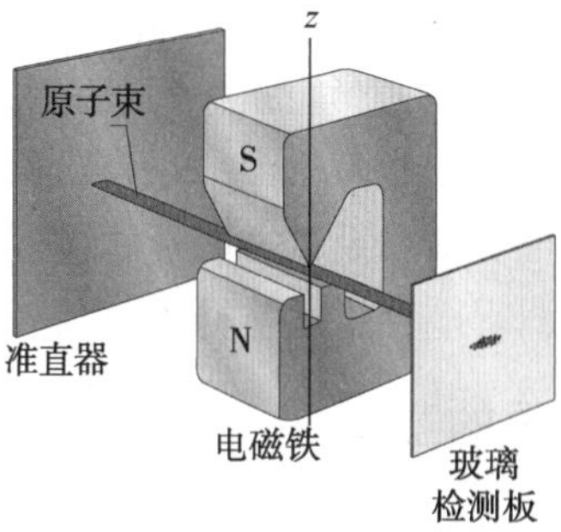

图 41 -8 施特恩和格拉赫用的仪器。

作用在银原子上的磁偏转力

以前没有讨论过在施特恩 - 格拉赫实验中使银原子偏转的这类磁力。它并**不是**由式（29 -2）（$\vec{F}=q\vec{v}\times\vec{B}$）给出的那种作用在一个运动的带电粒子上的磁偏转力。理由是很简单的，银原子是中性的（它的净电荷 q 是零），因此这种磁力也是零。

要找的那类磁力是由于电磁铁的磁场 $\vec{B}$ 和单个银原子的磁偶极子间的相互作用。可以从磁场中偶极子的势能 U 导出在这种相互作用中的力的表示式。式（29 -38）给出

$$U=-\vec{\mu}\cdot\vec{B} \tag{41 -15}$$

其中 $\vec{\mu}$ 是银原子的磁偶极矩。在图 41 -8 中，z 轴正向和 $\vec{B}$ 的方向都竖直向上。因此，可以用原子的磁偶极矩沿 $\vec{B}$ 的方向的分量 μ_z 来表示式（41 -15）：

$$U=-\mu_z B \tag{41 -16}$$

于是，对图 41 -8 中的 z 轴用式（8 -20）（$F=-\mathrm{d}U/\mathrm{d}x$），可得

$$F_z=-\frac{\mathrm{d}U}{\mathrm{d}z}=\mu_z\frac{\mathrm{d}B}{\mathrm{d}z} \tag{41 -17}$$

这就是我们要找的——当银原子通过一磁场时使银原子偏转的磁力的表示式。

式（41 -17）中 $\mathrm{d}B/\mathrm{d}z$ 是磁场沿 z 轴的**梯度**，如果磁场沿 z 轴没有变化（就像在匀强磁场中或没有磁场的情况），则 $\mathrm{d}B/\mathrm{d}z=0$，而银原子在磁铁的极间通过时不会发生偏转。在施特恩 - 格拉赫实验中，两磁极设计得使梯度 $\mathrm{d}B/\mathrm{d}z$ 尽可能大，以使得银原子从磁极间通过时，在竖直方向的偏转尽可能大，这样由玻璃板上的沉积显示的它们的偏转也就尽可能大。

根据经典物理学，经过图 41 -8 中的磁场的银原子的 μ_z 的大小应该在从 $-\mu$（偶极矩 $\vec{\mu}$ 直

指 z 轴下方）到 $+\mu$（$\vec{\mu}$ 直指 z 轴上方）的范围内。因此，根据式（41－17），应该有一定范围的力作用在原子上，从而使原子的偏转也具有一定的范围从向下的最大偏转到向上的最大偏转。这意味着沉积在玻璃板上的银原子将形成一条竖直线，但是，事实不是这样。

实验的惊奇

施特恩和格拉赫发现的是在玻璃板上原子形成了明显的两条，一条在没有磁场时原子应该形成的一条的上方，另一条在该条的下方而且距离该条的距离与上方的条的相同。这一双条结果可从图41－9看出，该图是一次最近重复做的施特恩－格拉赫实验的结果。在这次重复中，铯原子束（其原子的磁偶极子和原来施特恩－格拉赫实验中的银原子相似）射过竖直梯度 dB/dz 很大的磁场。磁场可以加上或撤消，所用检测器可以上上下下穿过原子束移动。

当磁场撤消时，原子束当然不偏转而检测器记录的是图41－9中所示的中峰图样。当磁场加上时，入射束就被磁场在竖直方向分裂成两小束，一束比原先的不偏转束高些，另一束低些。当检测器沿竖直方向移动通过这两个小束时，它就把图41－9中的双峰图样记录下来了。

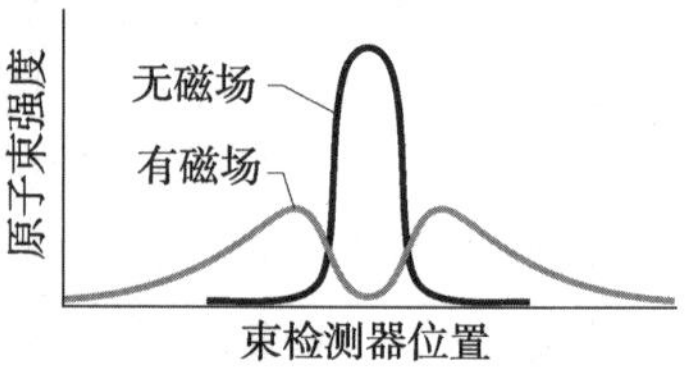

图41－9 新近重复的施特恩－格拉赫实验的结果。电磁铁未通电时，只有单个一束；电磁铁通电后，原来的一束分裂成了两个分束，这两个分束相当于在外磁场中的铯原子的磁矩和磁场平行和反平行的两种取向。

结果的意义

在最初的施特恩－格拉赫实验中，在玻璃板上形成了两条银的沉积而不是竖直方向加宽的一条。这意味着沿 $\vec{B}$（和 z）的分量 μ_z 不能像经典物理学预言的那样能够具有从 $-\mu$ 到 $+\mu$ 之间的任意值。相反地 μ_z 只仅限于两个值，分别对应于玻璃板上的两个点。因此，最初的施特恩－格拉赫实验说明了 μ_z 是量子化的，这也暗含着（正确地）$\vec{\mu}$ 也是量子化的。还有，由于原子的角动量 $\vec{L}$ 是和 $\vec{\mu}$ 联系着的，该角动量和它的分量 L_z 也都是量子化的。

用近代量子理论，可以解释施特恩－格拉赫实验的双条结果。现在知道一个银原子有许多电子，每个电子都具有自旋磁矩和轨道磁矩。也知道所有这些磁矩都按矢量抵消了，**除去**一个单个电子以外，而此电子的轨道磁矩为零。因此，银原子的总偶极矩 $\vec{\mu}$ 就是那个单个电子的**自旋**磁偶极矩。根据式（41－13），这意味着沿着图41－8的 z 轴 μ_z 只能够有两个分量。一个分量的量子数 $m_S=+\frac{1}{2}$（该电子自旋向上），另一个分量的量子数 $m_S=-\frac{1}{2}$（该电子自旋向下）。代入式（41－13）可得

$$\mu_{S,z}=-2\left(+\frac{1}{2}\right)\mu_B=-\mu_B \text{ 和 } \mu_{S,z}=-2\left(-\frac{1}{2}\right)\mu_B=+\mu_B \tag{41－18}$$

于是，把这些式子代入式（41－17）中的 μ_z，可得通过磁场的银原子受的偏转力的 z 向分量 F_z 只能有两个值

$$F_z=-\mu_B\left(\frac{dB}{dz}\right) \quad \text{和} \quad F_z=+\mu_B\left(\frac{dB}{dz}\right) \tag{41－19}$$

其结果就在玻璃板上出现了两条银的沉积。

例题 41-1

在图 41-8 的施特恩-格拉赫实验中，银原子束通过的磁场沿 z 轴的梯度 dB/dz 的大小为 1.4T/mm。这一区域沿束的初始方向的长度 w 为 3.5cm，原子的速率为 750m/s。当原子离开磁场梯度的区域时偏转距离 d 是多大？银原子的质量 M 为 1.8×10^{-25}kg。

【解】 这里一个**关键点**是，原子束中的银原子的偏转是由于原子的磁偶极子和磁场，根据其梯度 dB/dz，之间的相互作用。偏转力沿着场的梯度方向（沿 z 方向）而由式（41-17）给出。让我们只考虑沿 z 轴正向的偏转；因此就用式（41-19）中的 $F_z=\mu_B(dB/dz)$。

第二个**关键点**是，假定在银原子通过的整个区域场梯度 dB/dz 具有同样的数值。因此，F_z 在此区域内是常量而根据牛顿第二定律，原子由于受力 F_z 沿 z 方向的加速度 a_z 也是常量而由下式给出

$$a_z=\frac{F_z}{M}=\frac{\mu_B\ (dB/dz)}{M}$$

由于加速度是常量，就可以用式（2-15）（见表 2-1）写出平行于 z 轴的偏转为

$$d=v_{0z}t+\frac{1}{2}a_zt^2=0t+\frac{1}{2}\left(\frac{\mu_B\ (dB/dz)}{M}\right)t^2 \qquad (41-20)$$

由于原子受的偏转力和原子的初速的方向垂直，原子的速度沿其初速方向的分量 v 不会由于受此力而改变。因此原子在该方向通过长度 w 所需的时间 $t=w/v$，将 w/v 代入式（41-20）中的 t，可得

$$d=\frac{1}{2}\left(\frac{\mu_B(dB/dz)}{M}\right)\left(\frac{w}{v}\right)^2=\frac{\mu_B(dB/dz)w^2}{2Mv^2}$$

$$=(9.27\times10^{-24}\text{J/T})(1.4\times10^3\text{T/m})$$

$$\times\frac{(3.5\times10^{-2}\text{m})^2}{(2)(1.8\times10^{-25}\text{kg})(750\text{m/s})^2}$$

$$=7.85\times10^{-5}\text{m}\approx0.08\text{mm} \qquad \text{（答案）}$$

两个分束之间的偏转是此值的两倍，或 0.16mm。这一间隔不大但容易测出来。

41-6 磁共振

在 32-4 节已简略地讨论过，质子有内禀自旋角动量 $\vec{S}$ 和相联系的自旋磁偶极矩 $\vec{\mu}$，二者的方向相同（因为质子带正电）。如果质子被放到沿 z 方向的均匀磁场 $\vec{B}$ 中，自旋磁偶极矩的 z 分量 μ_z 只能具有两个量子化的取向：或者平行于 $\vec{B}$，或者反平行于 $\vec{B}$，如图 41-10a 所示。由式（29-38）可知，这两个取向的能量差为 $2\mu_zB$，它就是在均匀磁场中，翻转一个磁偶极子需要的能量。较低能态是 μ_z 平行于 $\vec{B}$ 的那个态，较高能态是 μ_z 反平行于 $\vec{B}$ 的那个态。

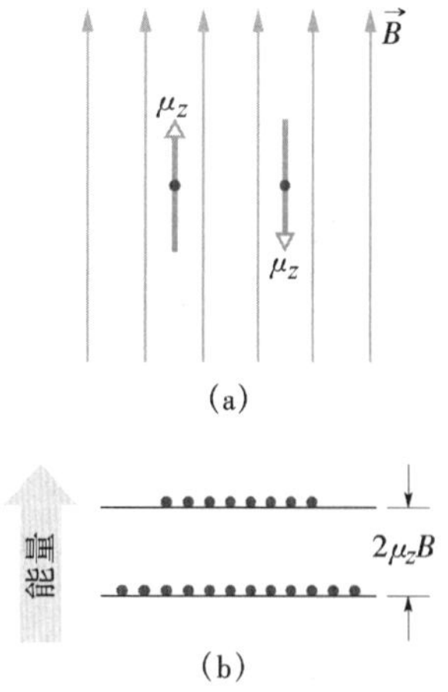

图 41-10 (a) 一个质子，它的沿外加磁场方向的自旋分量是 $\frac{1}{2}\hbar$，在外磁场中可能具有两个量子化的指向中的任一个。如果式（41-21）满足，样品中的质子可能被诱导从一个指向翻跳到另一个指向。(b) 正常情况下，在较低能态里比在较高能态里的质子数多。

把一滴水放到一均匀磁场 $\vec{B}$ 中；于是每个水分子的氢原子中的质子由于都具有 μ_z 而平行或反平行于 $\vec{B}$ 取向。如果接着对这滴水加以频率为 f 的交变电磁场，处于低能态的质子能够翻转它们的 μ_z 的取向。这一翻转过程称为**自旋-倒逆**（由于质子的磁偶极矩翻转需要质子的自旋翻转）。此自旋-倒逆所需的频率 f 由下式给出

$$hf=2\mu_zB \qquad (41-21)$$

这一公式是被称为**磁共振**（或，最初称为的**核磁共振**）的条件。用话来说，如果用交变电磁场使在磁场中的质子发生自旋-倒逆，与该

电磁场相联系的光子的能量 hf 应等于在该磁场中 μ_z（因之质子的自旋）的两个可能取向之间的能量差 $2\mu_z B$。

一旦质子自旋－倒逆到较高的能态，它就能回降到较低能态，而根据式（41－21），发射出一个能量 hf 相同的光子。正常情况下，在较低能态里的质子比较高能态里的质子多，如图41－10b所示的那样。这意味着从交变电磁场会有可测量的净的能量吸收。

其大小出现在式（41－21）中的定常磁场 $\vec{B}$ 实际上并不是水滴所在处的外加磁场 $\vec{B}_{ext}$；它是被一个给定质子附近的原子和核的磁矩产生的微弱的、局部的、内在磁场 $\vec{B}_{local}$ 改变了的磁场。因此，可以把式（41－21）重写为

$$hf = 2\mu_z\ (B_{ext} + B_{local}) \qquad (41-22)$$

为了实现磁共振，通常是使电磁振荡的频率 f 保持不变而改变 B_{ext}，直到式（21－22）被满足而记录下一个吸收峰。

核磁共振这种性能是一种很有效的分析工具的基础，特别是用于识别未知化合物。图41－11是乙醇的一列**核磁共振谱**。乙醇的化学式可以写成 CH_3-CH_2-OH。图中不同的共振峰都表现质子的自旋－倒逆。它们出现在 B_{ext} 的不同值处，因为乙醇分子中的6个质子的局部环境不同。图41－11的谱是乙醇的独有特征。

自旋技术，称为**磁共振成像术**（MRI），已被用于医学诊断而且获得了巨大的成功。人体的不同组织内的质子各处于许多不同的局部环境中。当人体，或其一部分，被放入一强的外部磁场中时，这些环境的不同就能用自旋－倒逆技术检测出来，再经过计算机处理就能被转变成像 *X* 射线产生的那样的图像，例如，图41－12就是用这种方法显示的一个人头的截面图像。

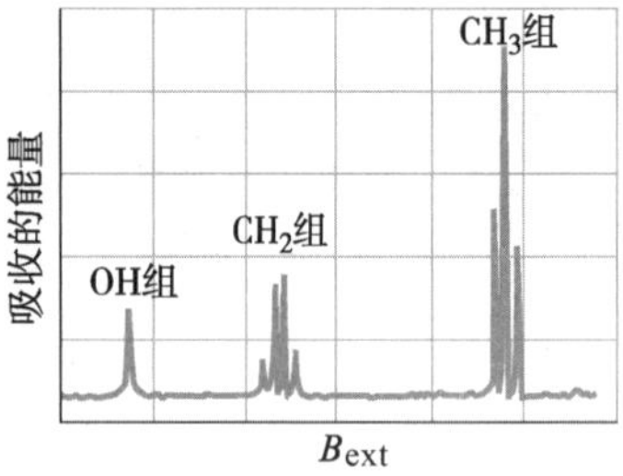

图41－11 乙醇的核磁共振谱。谱线表示和质子的自旋－倒逆相联系的能量的吸收。三组谱线对应于，如标出的那样，在乙醇分子的OH组，CH_2 组和 CH_3 组中的质子。注意 CH_2 组中的两个质子占有四种不同的局部环境。整个水平轴扩及范围小于 10^{-4}T。

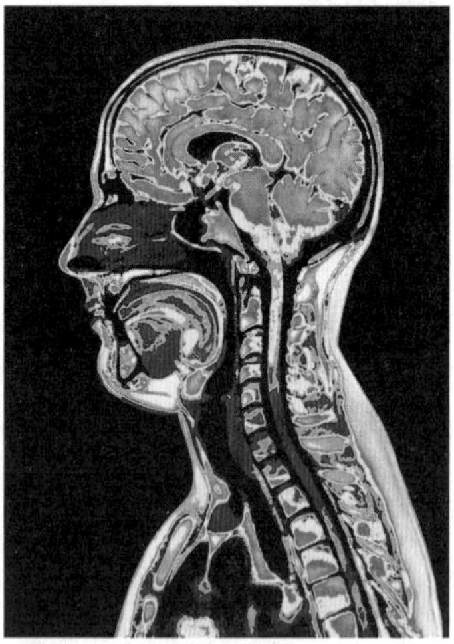

图41－12 用磁共振成像术制得的一个人头和颈的截面图像。这里可看出的一些细部是X射线成像显示不出来的，甚至于计算机化纵向层面X射线扫描仪也看不出来。

例题 41－2

一滴水悬挂在大小为 1.80T 的磁场 $\vec{B}$ 中，加上一交变电磁场，其频率已调整好使水中的质子能发生自旋倒逆。质子的磁偶极矩沿 $\vec{B}$ 方向的分量 μ_z 是 1.41×10^{-26}J/T。假定局部磁场相对于 $\vec{B}$ 可以忽略。交变场的频率 f 和波长 λ 各是多少？

【解】　这里一个**关键点**是由于质子是一个磁偶极子，当它被置于磁场 $\vec{B}$ 内时，它就有势能。第二个**关键点**是这势能只限于两个值，其差为 $2\mu_z B$。第三个**关键点**是当质子在这两个能量之间跃迁（自旋－倒逆）时，电磁波的光子的能量 hf，根据式（41－21），必须等于能量差 $2\mu_z B$。由该式可得

$$f=\frac{2\mu_z B}{h}=\frac{(2)\ (1.41\times10^{-6}\text{J/T})\ (1.80\text{T})}{6.63\times10^{-34}\text{J}\cdot\text{s}}$$
$$=7.66\times10^{7}\text{Hz}=76.6\text{MHz}$$

（答案）

相应的波长为

$$\lambda=\frac{c}{f}=\frac{3.00\times10^{8}\text{m/s}}{7.66\times10^{7}\text{Hz}}=3.92\text{m}$$

（答案）

此频率和波长在电磁波谱的短波区。

41－7　泡利不相容原理

在第 40 章中考虑了各种电子陷阱，从虚构的一维陷阱到实际的氢原子的三维陷阱。在所有这些例子中，只有一个电子陷入。但是，当考虑含有两个或更多的电子的陷阱时（在下面两节就要考虑的），就必须考虑一个原理，它支配任何自旋量子数不是零或整数的粒子。此原理不仅适用于电子，而且也适用于质子和中子，它们都有 $s=\frac{1}{2}$。此原理由 W. 泡利于 1925 年提出，也就称为**泡利不相容原理**。对电子，这一原理说明。

没有两个电子束缚在同一陷阱中，而具有同一组量子数数值。

在 41－9 节中将要讨论，这一原理意味着在一个原子中不可能有两个电子的量子数 n，l，m 和 m_S 具有相同的 4 个值。换句话说，在一个原子中任意两个电子的量子数至少有一个是不同的。如果不是这样，原子将要塌缩，而因此你和你所知道的世界就不能存在。

41－8　矩形陷阱中的多个电子

为了准备讨论原子中的多个电子，先讨论束缚在第 40 章的立方陷阱中的两个电子。仍然用已经找到的当只有一个电子束缚在这些陷阱中时的量子数。不过，这里也应包括两个电子的自旋角动量。为此，假定这些陷阱被放在均匀磁场中。于是，根据式（41－12），一个电子可能以 $m_s=+\frac{1}{2}$ 而自旋向上，也可能以 $m_s=-\frac{1}{2}$ 而自旋向下。（假设磁场非常弱以致于可以忽略电子由于磁场而具有的势能。）

当考虑在这些陷阱之一中的两个电子时，应当记住泡利不相容原理；这就是说，这两个电子的量子数不可能具有相同的一组数值。

1. 一维陷阱　在图 40－2 的一维陷阱中，使电子波适应阱的宽度 L 需要单一的量子数 n。因此，任何束缚在阱中的电子必须具有 n 的某个值而其量子数 m_s 可以是 $+\frac{1}{2}$ 或 $-\frac{1}{2}$。这两个电子能够具有不同的 n，或者它们能够具有相同的 n 但一个是自旋向上，另一个是自旋向下。

2. 矩形围栏　在图40-12的矩形围栏中，使电子波适应围栏宽度L_x和L_y需要两个量子数n_x和n_y。因此，任何束缚在围栏中的电子具有这两个量子数的某两个值而其量子数m_s可以是$+\frac{1}{2}$或$-\frac{1}{2}$——这样现在就有3个量子数。根据泡利不相容原理，束缚在阱中的两个电子的这三个量子数中，必须至少有一个的值是不相同的。

3. 矩形盒　在图40-13的矩形盒中，使电子波适应盒的宽度L_x，L_y和L_z就需要3个量子数n_x，n_y和n_z。因此，任何束缚在阱中的电子必需具有这3个量子数的某3个值而其量子数m_s可以是$+\frac{1}{2}$和$-\frac{1}{2}$。——这样现在就有4个量子数。根据泡利不相容原理，束缚在阱中的两个电子的这4个量子数，必须至少有一个的值是不相同的。

假设在上列各个矩形陷阱中，一个一个地添加电子使其数目大于2。第一个电子自然进入最低的可能能级——被说成是占据该能级。但是，最后泡利不相容原理不允许任何更多的电子占据该最低能级而第二个电子必须占据紧邻的较高能级。当根据泡利不相容原理任何一个能级不再能被更多的电子占据时，就说该能级**满了**或**被占满了**。与之相反，没有任何电子占据的能级是**空的**或**未占据的**。对于中间的情况，能级是被**部分占据**的，一个由被陷入的电子组成的系统的**电子组态**是一个表或图，它给出各能级的电子占据情况或各电子的一套量子数的值。

求总能量

稍后我们要求出束缚在矩形陷阱中两个或多个电子**系统**的能量。也就是说，要求出这些陷入的电子的任何组态的总能量。

为了简化，假定电子之间没有电的相互作用；就是说，忽略电子对之间的电势能。在这种情况下，就可以像在第40章中那样计算每一个电子的能量，然后把它们相加而得出任何电子组态的总能量。(在例41-3中将对于束缚在矩形围栏内的7个电子这样做。)

组合一个给定的电子系统的能量的好办法是用这一系统的能级图，就像在第40章对单个电子所做过的那样。能量为E_{gr}的最低能级，对应于系统的基态。能量为E_{fe}的次高能级，对应于系统的第一激发态。能量为E_{se}的再次高能级，对应于系统的第二激发态，如此等等。

例题41-3

7个电子被束缚在例题40-5的方形围栏中，该围栏是一个宽度$L_x=L_y=L$的二维无限势阱（图40-12）。假定各电子之间没有电的相互作用。(a) 这7个电子的系统的基态的电子组态如何？

【解】　可以通过一个一个地把这7个电子放入围栏构成系统而决定其电子组态。这里一个**关键点**是，由于假定电子之间无电的相互作用，为了保持把这7个电子放入围栏的一定的次序，可以利用一个单个的已陷入的电子的能级图。单电子能级图由图40-14给出，这里部分地重画在图41-13(a)中。注意各能级都是用和它们相联系的能量$E_{nx,ny}$标记。例如，最低能级的能量是$E_{1,1}$，其中量子数n_x是1，量子数n_y是1。

这里第二个**关键点**是，陷入的电子必须遵守泡利不相容原理；这就是说，没有两个电子能够具有它们的量子数n_x，n_y和m_s的同一组值。

第一个电子进入能级$E_{1,1}$而可以有$m_s=+\frac{1}{2}$或$m_s=-\frac{1}{2}$。在图41-13(a)中任意地选后者而且在$E_{1,1}$上画一个向下的箭头（表示自旋向下）表示。第二个电子也进入能级$E_{1,1}$，但是必须$m_s=+\frac{1}{2}$以使得它的量子数组值区别于第一个电子的。在图41-13(b)中用一个画在能级$E_{1,1}$上的向上的箭头（表示自旋向上）表示。

现在另一个**关键点**出来了：能量为 $E_{1,1}$ 的能级占满了，因此第三个电子不可能具有这一能量。这样，第三个电子进入次高能级，相应于相等的能量 $E_{2,1}$ 和 $E_{1,2}$（该能级是简并的）。这第三个电子可能具有的量子数 n_x 和 n_y 的值分别为 1 和 2 或 2 和 1。它也可能具有的量子数 m_s 的值为 $+\frac{1}{2}$ 或 $-\frac{1}{2}$。让我们任意地指定这第三个电子的量子数 $n_x=2$，$n_y=1$ 和 $m_s=-\frac{1}{2}$。我们就在图 41-13（c）中的 $E_{1,2}$ 和 $E_{2,1}$ 能级上画一个向下的箭头表示它。

可以证明其次的三个电子也可以进入能量为 $E_{1,2}$ 和 $E_{2,1}$ 的能级，只要三个量子数的一组值不完全一样。此能级于是容纳 4 个电子，它们的量子数（n_x，n_y，m_s）分别是

$$\left(2,\ 1,\ -\frac{1}{2}\right),\ \left(2,\ 1,\ +\frac{1}{2}\right),$$

$$\left(1,\ 2,\ -\frac{1}{2}\right),\ \left(1,\ 2,\ +\frac{1}{2}\right),$$

而此能级被占满了。这样，第 7 个电子进入能量为 $E_{2,2}$ 的次高能级。任意地设它是自旋向下，其 $m_s=-\frac{1}{2}$。

图 41-13（d）在一个单电子能级图上画出了所有 7 个电子。这 7 个电子在一个围栏内而处于服从泡利不相容原理具有最低能量的组态。因此，系统的基态组态就如图 41-13（d）所示而且列入表 41-2 中。

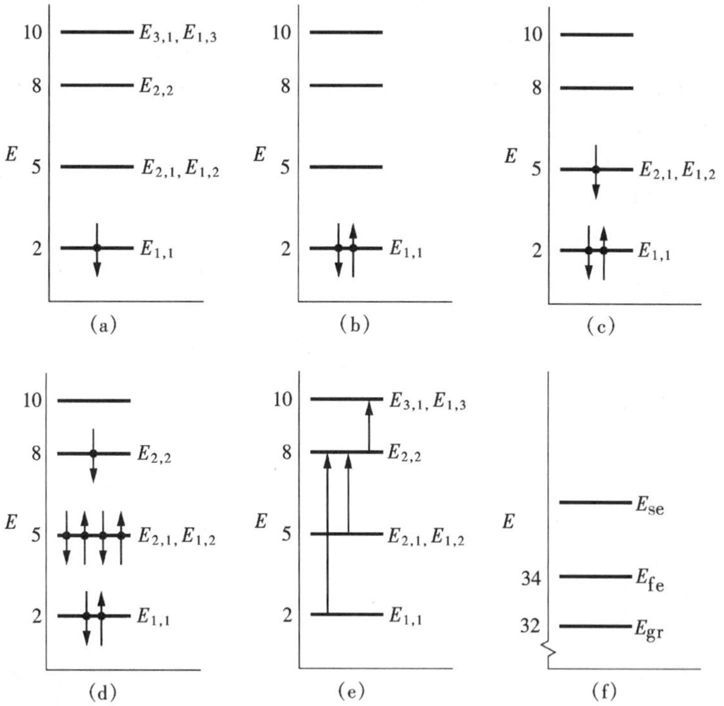

图 41-13 （a）在宽度为 L 的方围栏中一个电子的能级图（能量 E 是 $h^2/8mL^2$ 的倍数。）一个自旋向下的电子占据最低的能级。（b）两个电子（一个自旋向下，一个自旋向上）占据单电子能级图的最低能级、（c）第三个电子占据次高能级。（d）所有 7 个电子的系统的基态组态。（e）可能使 7 个电子的系统达到第一激发态的三个过渡。（f）系统的能级图，表示系统的最低的三个总能量（以 $h^2/8mL^2$ 的倍数计）。

表41-2 基态组态和能量

n_x	n_y	m_S	能量①
2	2	$-\frac{1}{2}$	8
2	1	$+\frac{1}{2}$	5
2	1	$-\frac{1}{2}$	5
1	2	$+\frac{1}{2}$	5
1	2	$-\frac{1}{2}$	5
1	1	$+\frac{1}{2}$	2
1	1	$-\frac{1}{2}$	2
		总计	32

① 以$h^2/8mL^2$的倍数计

(b) 这7个电子系统在其基态时的总能量如何? 以$h^2/8mL^2$的倍数表示。

【解】 这里的**关键点**是，在其基态时系统的总能量E_{gr}是在该系统的基态组态中各个电子的能量的总和。每个电子的能量可由表40-1查出，其中一部分重列在表41-2中，或从图41-13d中找出。由于有两个电子在第一（最低的）能级中，4个在第二能级中，一个在第三能级中，所以有

$$E_{gr}=2\left(2\frac{h^2}{8mL^2}\right)+4\left(5\frac{h^2}{8mL^2}\right)+1\left(8\frac{h^2}{8mL^2}\right)$$

$$=32\frac{h^2}{8mL^2} \qquad \text{(答案)}$$

(c) 要使系统跃迁到它的第一激发态，需要输入多少能量? 这一状态的能量是多少?

【解】 这里的**关键点**是这些:

1. 如果系统要被激发，7个电子中的一个必须在图41-13d的能级图中实现一个向上的量子跃迁。

2. 如果该跃迁发生，电子的（因而也是系统的）能量变化ΔE必须是$\Delta E=E_{high}-E_{low}$（式(40-5)），其中$E_{low}$是跃迁开始的能级的能量，而$E_{high}$是跃迁终了时的能级的能量。

3. 泡利不相容原理仍然适用；特别是，一个电子**不能**跃入一个已经占满了的能级。

今考虑图41-13e所示的三个跃迁；它们都是泡利不相容原理所允许的，因为都是进入空的或部分占据的能级的跃迁。其中之一是，电子从$E_{1,1}$能级跃迁到部分占据的$E_{2,2}$能级。能量的变化是

$$\Delta E=E_{2,2}-E_{1,1}=8\frac{h^2}{8mL^2}-2\frac{h^2}{8mL^2}=6\frac{h^2}{8mL^2}$$

（假定如果需要，电子在跃迁时其自旋指向能够改变）

在图41-13e中的另一个可能跃迁中，一个电子从简并能级$E_{2,1}$和$E_{1,2}$跃迁到部分占据能级$E_{2,2}$中，能量的改变是

$$\Delta E=E_{2,2}-E_{2,1}=8\frac{h^2}{8mL^2}-5\frac{h^2}{8mL^2}=3\frac{h^2}{8mL^2}$$

在图41-13e中的第三个可能跃迁中，电子从$E_{2,2}$能级跃迁到能量为$E_{1,3}$和$E_{3,1}$的未占据的、简并能级中，能量改变是

$$\Delta E=E_{1,3}-E_{2,2}=10\frac{h^2}{8mL^2}-8\frac{h^2}{8mL^2}$$

$$=2\frac{h^2}{8mL^2}$$

在这三个可能跃迁中，要求能量变化最低的是最后一个。可以考虑更多的可能跃迁，但没有一个所需能量变化比这更低。因此，使系统从基态跃迁到第一激发态，在能级$E_{2,2}$中的电子必须跃迁到未占据的，简并的$E_{1,3}$和$E_{3,1}$能级中，而所需能量为

$$\Delta E=2\frac{h^2}{8mL^2}$$

(答案)

系统的第一激发态的能量E_{fe}为

$$E_{fe}=E_{gr}+\Delta E$$

$$=32\frac{h^2}{8mL^2}+2\frac{h^2}{8mL^2}=34\frac{h^2}{8mL^2}$$

(答案)

可以把系统的这一能量和基态能量E_{gr}表示在如图41-13f那样的**系统的**能级图上。

41-9 建立周期表

表41-1的4个量子数表征多电子原子中一个单个电子的量子态。但是这些量子态的波函数和氢原子的相应的态的波函数并不一样，因为，在多电子原子中，某一电子的势能不仅决定于原子核的电量和位置，而且还和原子中所有其他电子的电量和位置有关。多电子原子的薛定谔方程可以利用计算机用数值解法得出——至少原理上是这样。

像在40-8节中讨论过的那样，量子数 n 和 l 的值相同的所有态形成支壳层。对于 l 的一个给定值，有 $2l+1$ 个可能的磁量子数 m_l 的值，而对于每一个 m_l 的值，有两个自旋磁量子数 m_s 的可能值。可以证明**一个支壳层中的所有态都具有相同的能量**，其值主要决定于 n 的值而稍少地决定于 l 的值。

为了标记支壳层，l 的值用字母来表示：

$$\begin{array}{ccccccc} l=0, & 1, & 2, & 3, & 4, & 5, & \cdots \\ s & p & d & f & g & h & \end{array}$$

例如，$n=3$，$l=2$ 的支壳层就标记为 $3d$ 次壳层。当把电子分配入一个多电子原子的各个态中时，必须遵守41-7节的泡利不相容原理；即，在一个原子中不能有两个电子具有量子数 n，l，m_l 和 m_S 的同一组值。如果这一重要原理不成立，一个原子中的**所有**电子都要跳入原子的最低能级，这将消除原子和分子的化学而且还有生物化学。让我们考察几个元素的原子来看看在建立周期表时泡利不相容原理是如何起作用的。

氖

氖原子有10个电子。只有其中两个进入最低能量支壳层，$1s$ 支壳层。这两个电子都有 $n=1$，$l=0$ 和 $m_l=0$，但一个有 $m_s=+\frac{1}{2}$，另一个有 $m_S=-\frac{1}{2}$。这个 $1s$ 支壳层，根据表41-1，包含 $2(2l+1)=2$ 个态。由于这个支壳层已包含了泡利不相容原理允许的所有电子，它就被称为闭合的。

余下的8个电子中的两个进入次最低能量支壳层，$2s$ 支壳层。最后6个电子正好进入 $2p$ 支壳层，其 $l=1$，容许 $2(2l+1)=6$ 个态。

在一个闭合的支壳层内，轨道角动量矢量 $\vec{L}$ 的所有允许的 z 投影都存在，而且你可以根据图41-5证明，对于整个支壳层，这些投影都抵消了，因为对于每一个正投影都有一个同样大小的负投影。与此相似，自旋角动量的 z 投影也抵消了。因此，一个闭合的支壳层没有任何种类的角动量和磁矩。还有，它的概率密度是球对称的。具有3个闭合支壳层（$1s$，$2s$ 和 $2p$）的氖原子没有“松散地悬着的电子”促进和其他电子的化学相互作用。氖像形成周期表右边一行的其他惰性气体一样，是化学不活泼的。

钠

在周期表中排在氖之后的钠，它有11个电子，其中10个形成了一闭合的像氖的内核，像已经知道的，这内核具有零角动量。余下的一个电子离惰性内核甚远，在 $3s$ 支壳层一次最低能量的支壳层中。由于钠原子的这个**价电子**是在 $l=0$（即 s 态）的态中，钠原子的角动量和磁偶极矩一定都是由这单个电子的自旋决定的。

钠原子很容易和其他原子结合，如果这些原子具有“空位”正好能被钠原子的松束缚的价电子填入。钠和其他形成周期表左边一行的**碱金属**一样，是化学活泼的。

氯

氯原子有17个电子，具有一个10个电子的，像氖那样的内核，还有7个剩余的电子，其中两个填入 $3s$ 支壳层，剩下的5个要分配到能量是次底的 $3p$ 支壳层、这一支壳层的 $l=1$，能容

纳 $2(2l+1)=6$ 个电子，因此在此支壳层中就有一个空位，或“空穴”。

氯很容易和那些具有能填充这个空穴的价电子的其他原子发生相互作用。例如，氯化钠（NaCl）就是一个非常稳定的化合物。氯，和形成周期表的ⅦA 行的其他**卤素**一样，是化学活泼的。

铁

铁原子的 26 个电子的排布可表示如下：

$$\underbrace{1s^2 \quad 2s^2 \quad 2p^6 \quad 3s^2 \quad 3p^6} \quad 3d^6 \quad 4s^2$$

各支壳层按数字顺序排列，并且按习惯，用上标表示每个支壳层中的电子数。由表 41－1 可以看出一个 s 支壳层能容纳 2 个电子，一个 p 支壳层 6 个，一个 d 支壳层 10 个。因此铁的最先 18 个电子形成 5 个满支壳层，用方括号标出，余下 8 个电子尚待分配。8 个中的 6 个进入 $3d$ 支壳层，剩下的 2 个进入 $4s$ 支壳层。

最后 2 个电子并不进入 $3d$ 支壳层（它可以容纳 10 个电子），因为 $3d^6 4s^3$ 组态形成了一个从原子整体上说比 $3d^8$ 组态的能量更低的态。一个在 $3d$ 支壳层中具有 8 个电子的铁原子会很快跃迁到 $3d^6 4s^2$ 组态，同时发出电磁辐射。这里应该领会的是，除了最简单的元素外，各态的填充并不按我们可能想象的“逻辑”顺序进行。

41－10　X 射线和元素的编号

当一个固体靶，如固体的铜或钨，被动能在 keV 量级的电子撞击时，就有称为 X 射线的电磁辐射发出。在这里我们关心的是这种射线——它在医学、牙科和工业上的应用是非常广泛而尽人皆知的——能够就吸收或发射它的原子告诉我们些什么。图 41－14 表示一束 $35keV$ 的电子撞击到钼靶上产生的 X 射线的波长谱。可以看到一个延展的连续的辐射谱，上面叠加了两个具有精确限定波长的峰。这连续谱和峰是由不同的过程产生的，下面分别加以讨论。

连续 X 射线谱

这里考察图 41－14 中的连续 X 射线谱，暂时忽略从它上面突起的两个明显的峰。考虑初动能为 K_0 的一个电子撞上（相互作用）一个靶原子，如图 41－15 所示。电子可能失去一定的动能 ΔK，这一部分动能将转化为由碰撞地点向外辐射的一个 X 射线光子的能量。（由于原子的质量相对于电子很大，所以只有很小的能量传递给反冲的原子，我们将忽略这一能量传递。）

图 41－15 中的能量已小于 K_0 的散射电子可能与靶中第二个原子碰撞，产生第二个光子，此光子的能量一般不同于第一次碰撞时产生的光子的能量。这种电子－散射过程将一直继续到电子差不多停下来为止。所有这些碰撞产生的光子形成连续 X 射线谱的一部分。

图 41－41 中那个谱的显著的特点是精确限定的**截止波长** λ_{min}，小于它的区域连续谱不复存在。这一极小波长对应于入射电子与靶原子的一次对心碰撞，在这一碰撞中电子失去了它所有的初始动能 K_0。这一能量基本上全部转化一个单个光子的能量，相联系的波长——最小的可能 X 射线波长——可求得为

$$K_0 = hf = \frac{hc}{\lambda_{min}}$$

或

$$\lambda_{min} = \frac{hc}{K_0} \quad \text{（截止波长）} \tag{41-23}$$

截止波长与靶材料完全无关。假如用铜靶代替钼靶，图 41 –14 中 X 射线谱的所有特征都将变化，**除了**截止波长以外。

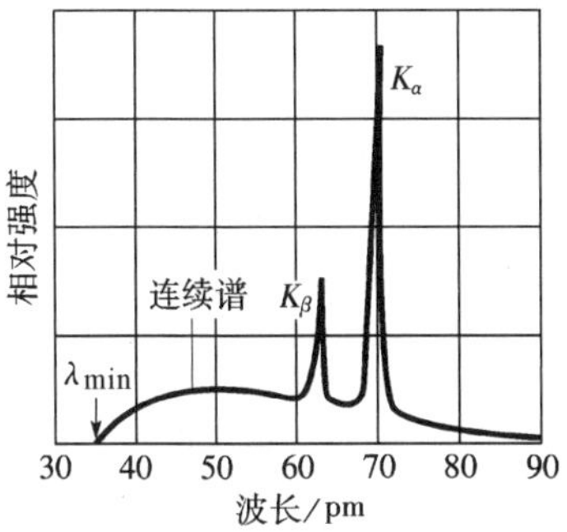

图 41 –14 当 35keV 的电子撞击钼靶时产生的 X 射线按波长的分布。尖峰和背景连续谱是由不同机制产生的。

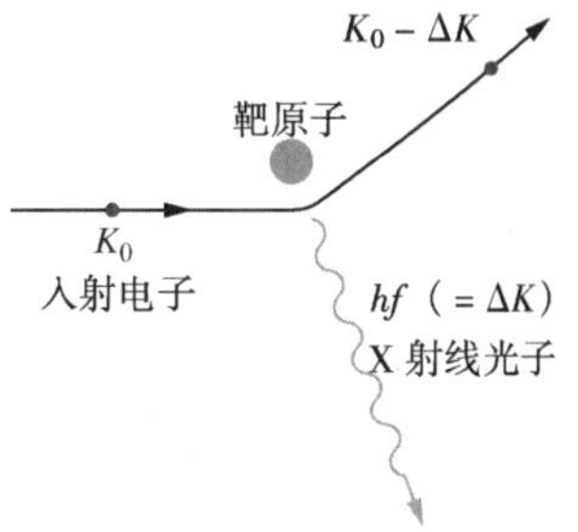

图 41 –15 一个动能为 K_0 的电子从靶中一个原子近旁通过时可能产生一个 X 射线光子，电子在此过程中失去一部分自己的能量。连续 X 射谱就是这样形成的。

检查点 2：连续 X 射线谱的截止波长 λ_{min} 是增大，减小或保持不变，如果（a）增大撞击 X 射线靶的电子的动能，（b）让电子去撞一个薄片而不是一个厚块，（c）把靶换成为其原子序数较大的元素。

例题 41 –4

一束 35.0keV 的电子撞击钼靶，所产生的 X 射线形成的谱如图 41 –14 所示。截止波长是多少？

【解】 这里**关键点**是，截止波长对应于电子（近似地）将其所有能量转化给一个 X 射线光子，使该光子具有最大的可能频率和最小的可能波长。由式（41 –23）可得

$$\lambda_{min}=\frac{hc}{K_0}=\frac{(4.14\times10^{-15}\text{eV}\cdot\text{s})\ (3.00\times10^{8}\text{m/s})}{35.0\times10^{3}\text{eV}}$$

$$=3.55\times10^{-11}\text{m}$$

$$=35.5\text{pm}$$

（答案）

特征 X 射线谱

现在转向图 41 –14 中标记着 K_α 和 K_β 的两个峰。这些峰（以及在图 41 –14 中显示的波长范围之外出现的其他峰）形成靶材料的**特征 X 射线谱**。

这些峰产生于一个两步过程。(1) 一个能量大的电子撞击靶中的一个原子而被散射时，入射电子击出原子的一个深居的（低 n 值）电子。如果这深居的电子是在 $n=1$ 的壳层（由于历史原因，称为 K 壳层）内，在此壳层内就留下了一个空位，或“空穴”。(2) 在较高能量的一个壳层中的一个电子跳入 K 壳层，填入此壳层中的空穴。在此跃迁中，原子发射一个特征 X 射线光子。如果填入 K 壳层空位的电子来自 $n=2$ 的壳层（称为 L 壳层），所发出的辐射是图 41 –14 中的 K_α 线；如果它从 $n=3$ 的壳层（称为 M 壳层）跳下，它产生 K_β 线，如此等等。在 L 或 M 壳层中留下的空穴由原子中更外层的电子来填充。

在研究 X 射线时，更方便的是追踪深入原子的“电子云”内层产生的空穴而不是记录填入该空穴的电子的量子态的改变。图 41 –16 就是这样做的；它是图 41 –14 所指的元素钼的能级

图。其中基线（$E=0$）表示在基态的中性原子，标记为 K 的能级（$E=20\text{keV}$）表示钼原子在 K 壳层中有一个空穴时的能量。同样地，标记为 L 的能级（$E=2.7\text{keV}$）表示原子在 L 壳层中有一个空穴，如此等等。

图41－16中标记为 K_α 和 K_β 的跃迁就是产生图41－14中那两个X射线峰的跃迁。例如，K_α 谱线是当电子从 L 壳层填入 K 壳层的空穴时产生的。在图41－16中，这一跃迁相当于空穴从 K 壳层向 L 壳层的一次**向下**的跃迁。

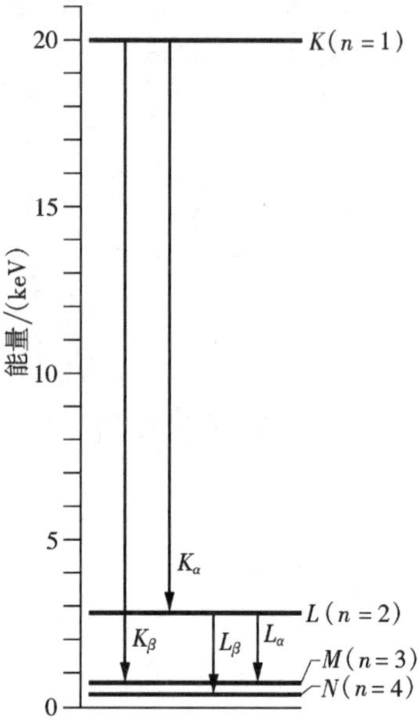

图41－16　钼的简化了的原子能级图，表示该元素产生几个特征X射线时的过渡（是空穴的而不是电子的），水平线表示在所标壳层中有一空穴（失去一个电子）时原子的能量。

给元素编号

1913年英国物理学家H. G. J. 莫塞莱曾在他自己设计的真空管中用他能找到的尽可能多的元素——他找到了38种——做为电子撞击的靶产生了许多特征X射线。通过用绳子操纵小车的方法，他能够把一个个靶移到电子束的路径中，他用37－9节中描述的晶体衍射的方法测量了发射出的X射线的波长。

莫塞莱接着按周期表的顺序一个元素一个元素地寻找（而且发现了）这些谱的规律。特别是，他注意到对于一个给定的谱线例如 K_α 线，当他画出每一个元素的该谱线的频率 f 的平方根对该元素在周期表中的位置的图线时，他得出了一条直线、图41－17表示他的大量数据的一部分。莫塞莱的结论是这样的：

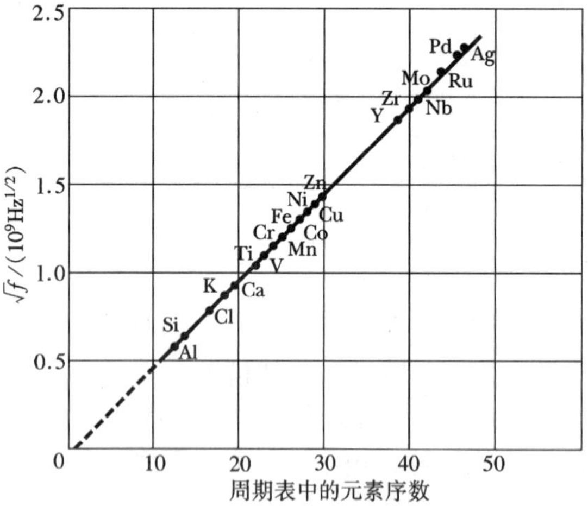

图41－17　21个元素的特征X射线谱的 K_α 线的莫塞莱图，频率是根据波长计算出来的。

在这里我们证明了在原子内有一个基本量，当我们从一个元素过渡到下一个元素时，这个量有规律地一步步增大。这个量只可能是中心核上的电量。

由于莫塞莱的工作，特征X射谱成了被普遍接受的各元素的特有标记，使得有些关于周期表的迷惑得到了澄清。在此时（1913）之前，周期表中各元素的位置是按原子**重量**排序的，虽然有几对元素根据有力的化学证据必须把它们的次序倒过来；莫塞莱证明了核电荷（即原子**序数** Z）才是对元素编号的真实基础。

1913 年，周期表中有几个位置是空着的而且已经提出了许多新元素的设想。X 射线谱提供了对这些设想的结论性检验。镧族元素，常称为稀土元素，由于它们的相似的化学性质带来的分辨的困难，当时对它们只是进行了不完善的区分。莫塞莱的工作一发表，这些元素就被合理地组织起来了。最近一些超铀元素的鉴定毫无疑问地确定下来也只是在它们已达到足够大的量而允许研究它们的 X 射线谱之后。

不难理解为什么特征 X 射谱显示如此令人印象深刻的从元素到元素的规律性而可见和近可见范围的光学光谱却不能：辨明一个元素的关键是它的核上的电荷。金，例如，是金就是因为它的原子具有 +79e（即 $Z=79$）的核电荷。在其核上具有多一个基元电荷的原子是汞；少一个的是铂。在产生 X 射线谱中起如此重要作用的 K 电子离原子核非常近因此是它的电荷的灵敏探针。另一方面，光学光谱涉及最外层电子的跃迁，这些电子被原子的剩余电子严重地从核屏蔽了因而**不是**核电荷的灵敏探针。

莫塞莱图的说明

莫塞莱的实验数据，部分地由图 41－17 的莫塞莱图表示，能够直接地用来确定元素在周期表中的位置。即使对莫塞莱的结果没有任何理论基础可以建立，这也可以做到。不过，还是有这样的基础。

根据式（40－24），氢原子的能量是

$$E_n=-\frac{me^4}{8\varepsilon_0^2h^2}\frac{1}{n^2}=-\frac{13.6\text{eV}}{n^2},\ n=1,\ 2,\ 3,\ \cdots \qquad (41-24)$$

现在考虑一个多电子原子的 K 壳层中两个最内层电子中的一个，由于另一个 K 壳层电子的存在，这个电子“看见”一个电量差不多等于（$z-1$）e 有效核电荷，其中 e 是基元电荷而 z 是元素的原子序数。式（41－24）中的因子 e^4 是 e^2——氢的核电荷的平方——和（$-e^2$）——一个电子的电荷的平方——的乘积。对于一个多电子原子，能够将式（41－24）中的 e^4 以 $(z-1)^2e^2\times(-e)^2$，或 $e^4(z-1)^2$ 来取代而近似地求原子的有效能量。由此给出

$$E_n=-\frac{(13.6\text{eV})(Z-1)^2}{n^2} \qquad (41-25)$$

已经看到 K_αX 射线光子（能量为 hf）是当电子从 L 壳层（$n=2$，能量为 E_2）跃迁到 K 壳层（$n=1$，能量为 E_1）时产生的。因此，用式（41－25），能量改变可以写做

$$\begin{aligned}\Delta E&=E_2-E_1\\&=\frac{-(13.6\text{eV})(Z-1)^2}{2^2}-\frac{-(13.6\text{eV})(Z-1)^2}{1^2}\\&=(10.2\text{eV})(Z-1)^2\end{aligned}$$

于是 K_α 线的频率 f 是

$$f=\frac{\Delta E}{h}=\frac{(10.2\mathrm{eV})\ (Z-1)^2}{(4.14\times10^{-15}\mathrm{eV\cdot s})}=(2.46\times10^{15}\mathrm{Hz})\ (Z-1)^2 \tag{41-26}$$

两边取平方根可得

$$\sqrt{f}=CZ-C \tag{41-27}$$

其中 C 是一常量（$=4.96\times10^7\mathrm{Hz}^{1/2}$），式（41－27）是一条直线的方程。它表明如果画出 X 射线谱线 K_α 的频率的平方根对原子序数 Z 的图线，就可以得到一条直线。如图 41－17 表示，这正是莫塞莱发现的。

检查点 3：从钴（$Z=27$）靶发出的 K_αX 射线的波长约是 179pm。从镍（$Z=28$）靶发出的 K_αX 射线的波长大于还是小于 179pm?

例题 41－5

用电子撞击钴靶，并测量所发出的特征 X 射线谱的波长，也看到另一个，更弱的特征谱，它是钴中的杂质产生的。这两个 K_α 线的波长分别是 178.9pm（钴）和 143.5pm（杂质）。钴的原子序数是 $Z_{\mathrm{Co}}=27$。试由这些数据确定杂质是什么。

【解】 这里**关键点**是钴（Co）和杂质（X）的 K_α 线的波长都落在 K_α 莫塞莱图线上而式（41－27）是该图线的方程，将 c/λ 代入该方程的 f，可得

$$\sqrt{\frac{c}{\lambda_{\mathrm{Co}}}}=CZ_{\mathrm{Co}}-C \quad 和 \quad \sqrt{\frac{c}{\lambda_X}}=CZ_X-C$$

两式相比，消去 C 可得

$$\sqrt{\frac{\lambda_{\mathrm{Co}}}{\lambda_X}}=\frac{Z_X-1}{Z_{\mathrm{Co}}-1}$$

代入已给数据可得

$$\sqrt{\frac{178.9\mathrm{pm}}{143.5\mathrm{pm}}}=\frac{Z_X-1}{27-1}$$

解出未知数，可得

$$Z_X=30.0 \qquad (答案)$$

查周期表可认定杂质是锌。

41－11 激光器和激光

在 1940 年代末期和 1960 年代早期，量子物理学对技术作出两个巨大的贡献：**晶体管**，它引来了计算机革命，和**激光器**。激光，像普通灯泡的光那样，是在原子从一个量子态跃迁到一个能量较低的量子态时发出的。但是，在激光器中——不是在其他光源中——原子一同动作产生的光具有若干特殊的性能：

1. 激光是高度单色的。普通的白炽灯发的光的波长分布在一个连续的区域而肯定不是单色的。氖霓虹灯的光是单色的，到约 10^6 分之一。但是，激光的鲜明的锐度能够大到许多倍，达到 10^{15} 分之一。

2. 激光是高度相干的。单个的激光的长波（波列）可能达到几百千米长。当两束激光经过不同路径传播这样远的距离后再重合时，它们“记得住”它们的共同的原点而能够形成干涉条纹图像。由灯泡发出的波列的相应的相干长度一般都小于 1m。

3. 激光有高度的方向性。一束激光发散甚小；它所以不是严格地平行，仅仅是因为在激光器出口处的衍射。例如，用来测量到月球的距离的激光脉冲在月球表面产生的光斑的半径只有几米。普通灯泡发的光可以用一个透镜使之成为近似的平行光束，但是这光束比激光束发散得快得多。灯丝上的每个点都发出各自分离的光束，而整个合光束的角散度由灯丝的大小决定。

4. 激光可以被精确地焦聚。如果两束光传送同样的能量，那一束能被焦聚到较小的点上的在该点就有较大的强度。对于激光，其焦聚点可能如此小以致很容易得到 10^{17} W/cm^2 的强度。作为对比，氧乙炔焰的强度仅是约 10^3 W/cm^2。

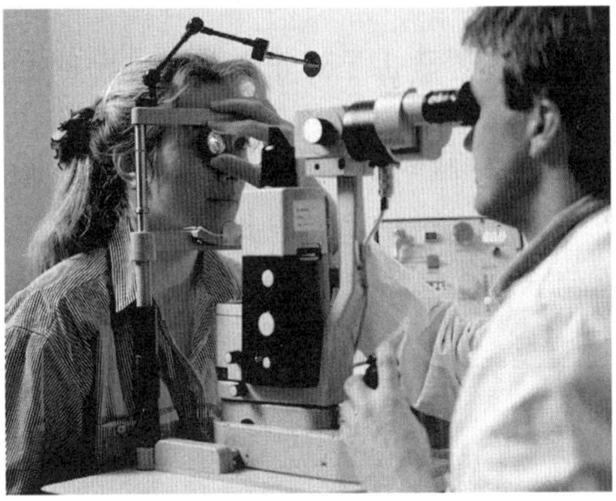

图 41－18　使一束激光射入病人的眼睛把她的脱落的视网膜焊接回原处。

激光有多种用途

用来通过光纤传送声音和数据的最小的激光器，有约一个针头大小的半导体晶体作为它的活性介质。尽管这么小，这种激光器能够产生约 200mW 的功率。最大的激光器，用作核聚变研究以及天文和军事用途的，能占满一个大建筑。这种最大的激光器能够产生约 10^{14} W 的功率水平的短激光脉冲。这比美国全国的发电容量要大几百倍。为了避免在脉冲过程中发生全国范围的短暂停电，每一脉冲所需能量是在脉冲间相隔的相对长的时间内以一定稳定的时率储藏起来的。

激光器的许多应用还有，读条码，制造和读致密光盘，进行多种外科手术（参看本章开头的照片和图 41－18），测量，成衣工业中裁布（一次可以裁几百层），焊接车体和产生全息。

41－12　激光器如何工作

激光（laser）一词是“通过辐射的受激发射的光放大（light amplification by the stimulated emission of radiation）”词组中各主要词的第一字母缩合而成的，因此你不会对**受激发射**是激光器工作的关键感到惊奇。爱因斯坦在 1917 年引入了这个概念。虽然世界上一直等到 1960 才看到一个工作的激光器，但它发展的基础早在几十年前就已经奠定了。

考虑一个孤立的原子，它既可以处于能量为 E_0 的最低能量状态，也可以处于能量为 E_x 的较高能量状态（激发态）。这里可以有三种过程使原子从一个状态过渡到另一状态：

1. 吸收。图 41－19a 表示原子最初处于基态。如果原子被置于频率为 f 的交变电磁场中，它就能从该场吸收一定量的能量 hf 而过渡到较高的能态。由能量守恒原理可得

$$hf = E_x - E_0 \tag{41-28}$$

这一过程称为**吸收**。

2. 自发发射。在图 41－19b 中原子处于激发态而没有外加辐射存在。经过一定时间，原子将自发地过渡到基态，在这一过程中发射一个能量为 hf 的光子。这一过程称为**自发发射**——自

发是由于此事件并不是由外界影响引发的，普通灯泡的灯丝发的光就是以这种方式产生的。

正常情况下，在自发发射发生前被激发原子的平均寿命约为 10^{-8}s，但是，对于有些被激发的态，这一平均寿命可能比这长到 10^5 倍。这种长寿命态称为**亚稳的**；它们在激光器工作过程中起着重要的作用。

3. 受激发射。在图41－19c中，原子也是处于激发态，但此时有其频率为式（41－28）给定的辐射存在。一个能量为 hf 的光子能激发原子使其过渡到基态，在这一过程中原子发射一个另外的光子，其能量也是 hf。这一过程称为**受激发射**——**受激**是由于此事件是由外来光子引发的，所发射的光子在各方面都和激发光子相同。因此，和这些光子相联系的波都具有相同的能量，相位，偏振态以及传播方向。

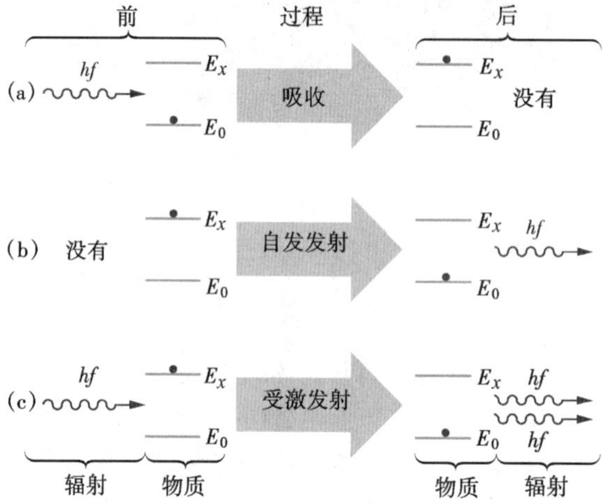

图41－19 在（a）吸收，（b）自发发射和（c）受激发射过程中辐射和物质的相互作用。一个原子（物质）用**红**点表示；原子可以是在能量为 E_0 的较低量子态中，也可以是在能量为 E_x 的较高量子态中。在（a）原子从过往的光波中吸收一个能量为 hf 的光子。在（b）中它通过发射一个光子发射一列光波。在（c）中，一个过往的光子能量为 hf 的光波使原子发射一个能量相同的光子，从而增加光波的能量。

图41－19c说明对一个单个原子的受激发射。设想一个样品包含大量的原子而处温度为 T 的热平衡状态。在没有任何辐射射向样品之前，这些原子中的 N_0 个处于能量为 E_0 的基态，而 N_x 个原子处于较高能量 E_x 的态。玻耳兹曼证明 N_x 以 N_0 给定为

$$N_x = N_0 e^{-(E_x - E_0)/kT} \tag{41－29}$$

其中 k 是玻耳兹曼恒量。这一公式看来是合理地。量 kT 是温度为 T 时一个原子的平均动能。温度越高，就有更多的原子——平均讲来——被热激发（即被原子之间的碰撞）“撞击到”较高的能态 E_x。还有，由于 $E_x > E_0$，式（41－29）要求 $N_x < N_0$；这就是说，在激发态中的原子数总比在基态中的原子数少。如果能级上粒子数布居 N_0 和 N_x 仅由热激发的作用决定，我们预期的情况就是这样。图41－20a表示这种情况。

如果使大量的能量为 $E_x - E_0$ 的光子涌向图41－20a所示的原子，则光子将会由于基态原子的吸收而消失，同时会由于大部分通过激发态原子的受激发射而产生。爱因斯坦证明每个原子

进行这两个过程的概率是相等的。因此，由在基态中有更多的原子，净效果将是光子的吸收。

为了产生激光，必须使发射出的光子多于吸收的。这就是说，必须形成受激发射占优势的情况。形成这种情况的直接方法是一开始就使激发态中有比基态中更多的原子，如图 41－20b 所示。但是由于这种**粒子数布居反转是**和热平衡不相容的，我们需要想出巧妙的办法来建立和保持这种状态。

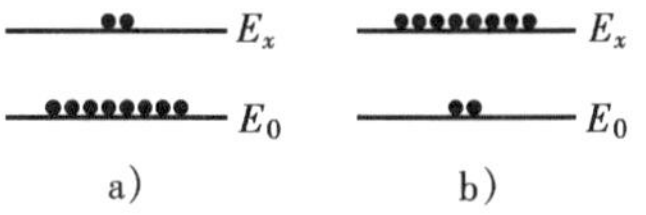

图 41－20　(a) 由热激发决定的在基态 E_0 和激发态 E_x 之间的原子的平衡分布。(b) 用特殊方法获得的粒子数布居反转，这种反转的粒子数布居是激光器工作所必需的。

氦－氖气体激光器

图 41－21 是在学生实验室内常见的那种类型的激光器。它是 1961 年 Ali Javan 和他的合作者制成的。玻璃放电管内充以氦和氖的 20: 80 混合气体，其中氖是激光器的工作介质。

图 41－22 表示两种原子的简化了的能级图。电流通过氦－氖混合气体使——通过氦原子和电流中的电子之间的碰撞——许多氦原子上升到亚稳态 E_3。

氦的 E_3 态的能量 (20.61eV) 和氖的 E_2 态的能量 (20.66eV) 非常接近。因此，当一个亚稳态 (E_3) 氦原子和一个基态 (E_0) 氖原子碰撞时，氦原子的激发能量常被传送给氖原子使之过渡到态 E_2。通过这种方式，图 41－22 中的氖能级 E_2 上的粒子数布居能够变得比氖能级 E_1 上的大的多。

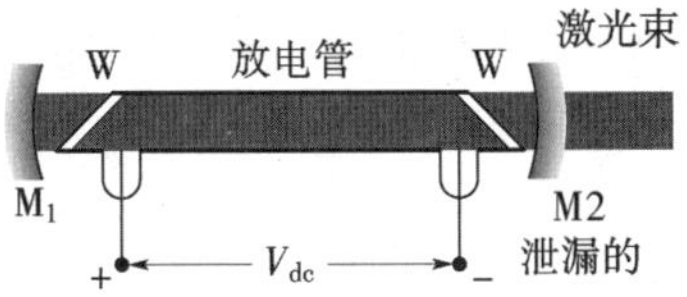

图 41－21　氦－氖气体激光器结构简图。外加电压 V_{dc} 使电子穿过装有氦氖混合气体的放电管。电子和氦原子碰撞，氦原子又和氖原子碰撞，使后者沿管长的方向发射光。这光穿过透明窗 W 被反射镜 M_1 和 M_2 反射来回在管中传播招致更多的氖原子发射。一些光从反射镜 M_2 漏出形成激光束。

这种粒子数布居反转是相对地容易建立的因为 (1) 最初基本上没有氖原子在态 E_1，(2) 氦能级 E_3 的亚稳性保证了能级 E_2 上的氖原子的及时的供给，和 (3) 能级 E_1 上的原子迅速退激（通过未画出的中间能级）回氖基态 E_0。

设想现在当一个氖原子从态 E_2 过渡到态 E_1 时自发地发射出一光子。这一光子将引发一次受激发射事件，这次事件随后能引发另外的受激发射事件。通过这样的链式反应，就能迅速形成一束沿管轴方向传播的相干的红色激光。这束光，波长为 632.8nm，由于反射镜 M_1 和 M_2（图 41－21）的连续的反射而多次穿过放电管，而每一次都积聚更多的受激发射光子。M_1 是完全反射的但 M_2 是稍微“泄漏”的，这就使得一小部分激光逃逸而在外部形成一有用的激光束。

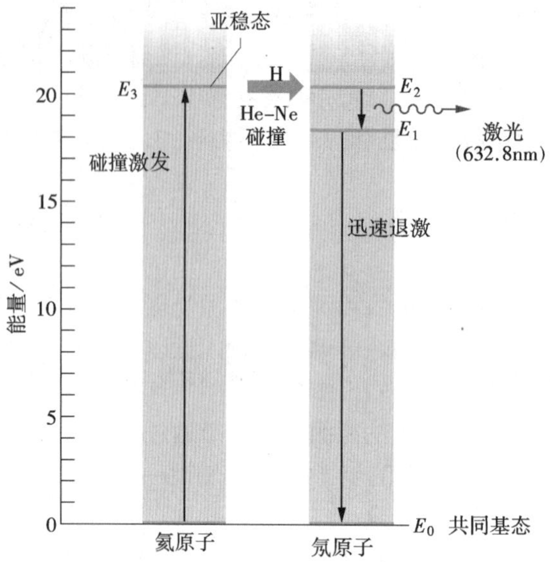

图 41-22 氦-氖气体激光器中氦原子和氖原子的4个主要能级。当 E_2 能级上的原子数多于 E_1 能级上的时，在能级 E_2 和 E_1 之间发生激光作用。

检查点 4：从激光器 A（氦-氖气体激光器）发出的光的波长是 632.8nm；从激光器 B（二氧化碳激光器）的是 10.6μm；从激光器 C（砷化镓半导体激光器）的是 840nm。从大到小按产生激光作用的两个量子态的能量差对这些激光器排序。

例题 41-6

在图 41-21 的氦-氖激光器中，激光作用发生在氖原子的两个激发态之间。但是，在许多激光器中，激光作用（产生激光）发生在基态和一个激发态之间，如图 41-20 所示。

(a) 考虑在 $\lambda = 550\text{nm}$ 处发射的这样一个激光器。如果没有形成粒子数布居反转，在室温下 E_x 中的原子数布居和基态 E_0 中的原子数布居的比是多少？

【解】 这里一个**关键点**是，自然形成的两个能级的布居比 N_x/N_0 是由于气体原子间的热激发，根据式（41-29），可知为

$$N_x/N_0 = e^{-(E_x-E_0)/kT} \qquad (41-30)$$

据此式，为了求出 N_x/N_0，需要求出两态之间的能级差 $E_x - E_0$。这里用第二个**关键点**：可以从这两态之间所发出的激光的波长 550nm 求出 $E_x - E_0$，如

$$E_x - E_0 = hf = \frac{hc}{\lambda}$$

$$= \frac{(6.63\times10^{-34}\text{J}\cdot\text{s}\times3.00\times10^{8}\text{m/s})}{(550\times10^{-9}\text{m})\ (1.60\times10^{-19}\text{J/eV})}$$

$$= 2.26\text{eV}$$

为了解出式（41-30），还需要在室温（假定为 300K）下的一个原子的热激发平均能量 kT，它等于

$$kT = (8.62\times10^{-5}\text{eV/K})\ (300\text{K}) = 0.0259\ \text{eV}$$

把上两个结果代入式（41-30）中可得室温下的布居比为

$$N_x/N_0 = e^{-(2.26\text{eV})/(0.0259\text{eV})}$$

$$\approx 1.3\times10^{-38} \qquad \text{（答案）}$$

这是一个极小的数。但是，它不是不合理的。平均热激发能量仅为 0.0259eV 的一个原子很难在一次碰撞中给予其他原子 2.26eV 的能量。

(b) 在（a）的条件下，在什么温度时比值 N_x/N_0 是 1/2？

【解】 （a）的两个**关键点**此处仍适用，不过这一次需要求出 T 使得热激发足能把氖原子撞击到较高的能态以致 $N_x/N_0 = 1/2$。把此比值代入式（41-30），两边取自然对数，可解得 T 为

$$T = \frac{E_x - E_0}{k\ (\ln 2)} = \frac{2.26\text{eV}}{(8.62\times10^{5}\text{eV/K})\ (\ln 2)}$$

$=38\ 000\mathrm{K}$

（答案）

这一温度比太阳表面的温度高得多。很明显，如果要想反转这两个能级的粒子数布居，就需要一些特殊机制——就是说，要“抽运”原子。任何温度，不论多高，都不能通过热激发自然地产生粒子数布居反转。

复习和小结

原子的一些性质 原子的能量是量子化的；这就是说，原子只可具有某些特定数值的能量和不同的量子态相联系。原子可通过发射或吸收一个光子而在不同的量子态间跃迁；相联系的光的频率f由下式给定

$$hf=E_{\text{high}}-E_{\text{low}} \qquad (41-1)$$

其中E_{high}和E_{low}分别是跃迁所涉及的一对量子态的较高和较低的能量。原子也具有量子化的角动量和磁偶极矩。

角动量和磁偶极矩 一个陷入原子的电子具**轨道角动量**$\vec{L}$，其大小为

$$L=\sqrt{l(l+1)}\hbar \qquad (41-2)$$

其中l是**轨道角量子数**（它可能具有表41-1给定的值），常量“h-杠”是$\hbar=h/2\pi$。$\vec{L}$在任意z方向的投影L_z是量子化的和可测量的，可能具有的数值

$$L_z=m_l\hbar \qquad (41-7)$$

其中m_l是**轨道磁量子数**（它可能具有的值见表41-1）。

一个磁偶极子和原子中的电子的角动量相联系，这一磁偶极子具有和$\vec{L}$方向相反的**轨道磁偶极矩**$\vec{\mu}_{\text{orb}}$：

$$\vec{\mu}_{\text{orb}}=-\frac{e}{2m}\vec{L} \qquad (41-3)$$

其中负号表示相反的方向。轨道磁偶极矩在z轴上的投影$\mu_{\text{orb},z}$是量子化的和可测量的，能够具有下列数值：

$$\mu_{\text{orb},z}=-m_l\mu_B \qquad (41-5)$$

其中μ_B是玻尔磁子：

$$\mu_B=\frac{eh}{4\pi m}=9.274\times10^{-24}\ \mathrm{J/T} \qquad (41-6)$$

一个电子，不管是陷入的还是自由的，具有内禀的**自旋角动量**（或说**自旋**）$\vec{S}$，其大小给定为

$$S=\sqrt{s(s+1)}\hbar \qquad (41-9)$$

其中s是电子的**自旋量子数**，总是等于1/2。$\vec{S}$在任意z轴上的投影S_z是量子化的和可测量的，能够具有数值

$$S_z=m_S\hbar \qquad (41-12)$$

其中m_S是电子的**自旋磁量子数**，它可能是$+\frac{1}{2}$或$-\frac{1}{2}$。

一个电子具有和它的自旋角动量$\vec{S}$相联系的内禀磁偶极子。此磁偶极子具有和$\vec{S}$方向相反的自旋**磁偶极矩**$\vec{\mu}_s$

$$\vec{\mu}_s=-\frac{e}{m}\vec{S} \qquad (41-10)$$

自旋磁偶极矩$\vec{\mu}_s$在任意z方向的投影$\mu_{s,z}$是量子化的和可测量的，能够具有数值

$$\mu_{s,z}=-2m_S\mu_B \qquad (41-13)$$

自旋和磁共振 质子具有内禀的自旋角动量$\vec{S}$和相联系的自旋磁偶极矩$\vec{\mu}$，二者方向**相同**。如果一个质子处于外磁场$\vec{B}$中，$\vec{\mu}$在z轴上（定义为沿$\vec{B}$的方向）的投影μ_z只能有两个量子化的指向：平行于$\vec{B}$或反平行于$\vec{B}$。这两指向的能量差为$2\mu_zB$。一个能使质子在这两指向间自旋-倒逆的光子需要的能量为

$$hf=2\mu_z(B_{\text{ext}}+B_{\text{local}})$$

其中B_{ext}现在表示外磁场，B_{local}表示由质子周围的原子和核产生的局部磁场。检测这种自旋-倒逆可以得到**核磁共振谱**，用它可以鉴定特殊的物质。

泡利不相容原理 在原子或其他陷阱中的电子服从**泡利不相容原理**。这一原理要求**在同一原子或任何其他类型的陷阱中，没有两个电子能具有相同组合的量子数。**

建立周期表 在周期表中的元素是按它们的原子序数Z增大的次序列出的；核的电荷是Ze，Z既是核中质子的数目，也是中性原子中电子的数目。

n的数值相同的态构成一壳层，n和l数值都相同的态组成一支壳层。含有最大数目的电子的壳层或

支壳层是**闭合**的，其中单个电子的角动量和磁偶极矩的总和为零。

X射线和给元素编号 当高能电子和原子核发生碰撞损失一些它们的能量时发射的X射线形成**连续谱**。当这些电子在一次碰撞中损失其所有初始动能时，发射的波长是**截止波长**λ_{min}

$$\lambda_{min}=\frac{hc}{K_0} \tag{41-23}$$

其中K_0是撞击靶的电子的初始动能。

当高能电子从原子的深部击出电子时产生**特征X射线谱**；当击出电子后形成的"空穴"为从原子较外层的一个电子填入时，特征X射线谱的一个光子就发射出来。

1913年，英国物理学家H. G. J. 莫塞莱测量了许多元素的特征X射线的频率。他注意到如果把频率的平方根对周期表中元素的位置画出图来，就得到一直线，如图41-17中的**莫塞莱图**所示，这使得莫塞莱得出结论：决定元素在周期表中的位置的性质不是原子量而是它的**原子序数**Z——即，其核中的质子数。

激光器和激光 激光源自**受激发射**。这就是说，由式

$$hf=E_x-E_0 \tag{41-28}$$

给出的辐射能使一个原子发生从较高能级（能量E_x）到较低能级的跃迁同时发射一个频率为f的光子。引起受激发射的光子和由此发射的光子在各方面都是一样的并结合起来形成激光。

为了使发射占优势，正常地必须有粒子数布居反转；就是说，在较高能级上的原子必须比较低能级上的多。

思考题

1. 金原子中一个电子在n=4的态中。对于它，下列l值中哪个是可能的：-3，0，2，3，4，5？

2. 银原子有闭合的3d和4d支壳层。哪个支壳层具有较多的电子，或者，它们具有的电子数相同？

3. 一个铀原子有闭合的6p和7s支壳层。哪个支壳层具有较多的电子？

4. 一个电子在汞原子的3d支壳层中。对于它，哪个m_l的值是可能的：-3，-1，0，1，2？

5. (*a*) 在n=2的壳层中有多少支壳层？多少电子态？(*b*) 对n=5的壳层重复(*a*)。

6. 从下列各对原子的哪个原子中移走一个电子较为容易？(*a*) 氪和溴？(*b*) 铷和铯？(*c*) 氦和氢？

7. 在(*a*)氢原子和(*b*)钒原子中，一个电子的能量各决定于什么量子数？

8. 标记这些说法是对的还是错的：(*a*) 2p，4f，3d，1p这几个支壳层中，一个（仅一个）是不可能存在的。(*b*) 被允许的m_l值的数目只决定于l而与n无关。(*c*) n=4的支壳层有4个。(*d*) 对于给定的l值，n的最小值是l+1。(*e*) 所有l=0的态也都是$m_l=0$。(*f*) 对于每一个n值都有n个支壳层。

9. 关于爱因斯坦-德哈斯实验或者它的结果，这些说法中，哪个（如果有的话）是对的：(*a*) 原子具有角动量；(*b*) 原子的角动量是量子化的；(*c*) 原子具有磁矩；(*d*) 原子的磁矩是量子化的；(*e*) 原子的角动量和它的磁矩耦合得很紧；(*f*) 此实验依赖角动量守恒？

10. 考虑元素氦和铷。(*a*) 哪个更适宜于做图41-8中描述的那种施特恩-格拉赫实验？(*b*) 哪个，如果有一个的话，完全不行？

11. 图41-14是35.0*keV*电子撞击钼（Z=42）靶产生的*X*射线谱图。如果把钼靶换成银（Z=47）靶，(*a*) λ_{min}，(*b*) K_α线的波长，(*c*) K_β线的波长，将增大，减小或保持不变。

12. $K_\alpha X$射线谱线对任何元素都是在K壳层（n=1）和L壳层（n=2）之间的过渡时产生的。图41-14表示此谱线（钼靶）出现在单一波长处。对高分辨率，此谱线分裂成几个波长的分支，因为L壳层不具有单一的能量。(*a*) K_α线有多少分支？(*b*) 同样地，K_β线有多少分支？

13. 对于发生在一个原子的两个能级之间的激光作用来说，下面哪一项（如果有）是必须的：(*a*) 在高能级上的原子数多于低能级上的；(*b*) 高能级是亚稳的；(*c*) 低能级是亚稳的；(*d*) 低能级是原子的基态；(*e*) 发出激光的介质是气体？

14. 图41-22表示涉及氦-氖激光器工作的氦和氖原子的部分能级图。据说在态E_3的一个氦原子可能和一个在基态的氖原子发生碰撞而使氖原子上升到态E_2。氦原子态E_3的能量（20.61*eV*）非常接近氖原子E_2态的能量（20.66*eV*）。如果这些能并不精确地相等，怎么可能实现能量的转移呢？

练习和习题

41-4 节 角动量和磁偶极矩

1E. 证明：$\hbar = 1.06 \times 10^{-34}\,\mathrm{J \cdot s} = 6.59 \times 10^{-16}\,\mathrm{eV \cdot s}$

2E. 在这些支壳层中有多少个电子态：(a) $n=4$，$l=3$；(b) $n=3$，$l=1$；(c) $n=4$，$l=1$；(d) $n=2$，$l=0$？

3E. (a) $n=3$ 时，l 能取几个值？(b) $l=1$ 时，m_l 能取几个值？(ssm)

4E. (a) 在 $l=3$ 的态中，轨道角动量的大小如何？(b) 在一外加的 z 轴上，它的投影的最大值是多少？

5E. 在下列壳层中各有多少电子态；(a) $n=4$，(b) $n=1$，(c) $n=3$，(d) $n=2$。

6E. 写出形成 $n=4$，$l=3$ 的支壳层的各态的所有量子数。

7E. 在氢原子中的电子处于 $l=5$ 的态中，在 $\vec{L}$ 和 L_z 之间的最小可能的角度是多大？(ssm)

8E. 在一个多电子原子中的一个电子具有最大的 m_l 值 $+4$，对于它的余下的量子数你能说些什么？

9E. 一个多电子原子中的一个电子具有量子数 $l=3$。它的可能的 n，m_l 和 m_S 量子数各是多少？

10E. 由 $n=5$ 定义的壳层中有多少电子态？

11P. 一个电子在 $l=3$ 的量子态中，(a) $\vec{L}$ 和 (b) $\vec{\mu}_{orb}$ 的大小各如何？(c) 建表列出 m_l，L_z（以 $\hbar$ 表示），$\mu_{orb,z}$（以 μ_B 表示）和 $\vec{L}$ 跟 z 轴正向之间的半经典夹角的 θ 的可能值。(ssm)　(www)

12P. 一电子处于 $n=3$ 的态中，(a) l 的可能值的数目，(b) m_l 的可能值的数目，(c) m_S 的可能值的数目，(d) 在 $n=3$ 的壳层中的态数，(e) 在 $n=3$ 的壳层中的支壳层的数目，各是多少？

13P. 如果沿 z 轴测量轨道角动量 $\vec{L}$ 而得到一个数值 L_z，证明，关于轨道角动量的其它两个分量最多能说是 (ssm)

$$(L_x^2 + L_y^2)^{1/2} = [l(l+1) - m_l^2]^{1/2}\hbar \qquad \text{(ssm)}$$

14P. (一个对应原理问题) 估算 (a) 地球绕太阳的轨道运动的量子数 l 和 (b) 根据空间量子化的规律。地球轨道平面的可能指向的数目。(c) 求当地球绕太阳运动时，其轨道平面的垂线扫过的最小圆锥的半角是多大？

41-5 节 施特恩-格拉赫实验

15E. 计算例题 41-1 中的电子自旋角动量矢量和磁场之间的两个可能夹角的大小。记住银原子中的价电子的轨道角动量为零。(ssm)

16E. 假定在对中性银原子描述的施特恩-格拉赫实验中，磁场 $\vec{B}$ 的大小是 0.50T。(a) 两个分束中银原子的磁矩指向间的能量差是多少？(b) 能诱发这两个态之间的转换的辐射的频率是多少？(c) 波长是多少，它属于电磁波谱的哪一部分？中性银原子的磁矩是 1 个玻尔磁子。

17E. 在例题 41-1 的施特恩-格拉赫实验中，当银原子通过偏转磁场时，它的加速度多大？(ssm)

18P. 假设一个处于基态的氢原子在一磁场中垂直通过 80cm 的距离。该磁场的磁场梯度为 $dB/dz = 1.6 \times 10^2\,\mathrm{T/m}$。(a) 由于它的电子的磁矩，取作 1 玻尔磁子，该原子受磁场梯度的作用力的大小如何？(b) 如果它的速率是 $1.2 \times 10^5\,\mathrm{m/s}$，该原子在 80cm 的路程中的竖直偏移是多少？

41-6 节 磁共振

19E. 在大小为 0.200T 的磁场中，要使一个电子发生从平行到反平行于磁场的指向转换的光子的波长是多少？假定 $l=0$。(ssm)

20E. 像电子一样，质子具有自旋量子数 $s=1/2$。在氢原子的基态（$n=1$，$l=0$）中，根据电子和质子的自旋是平行还是反平行，有两个能级。当原子从较高能态跳入较低能态时，发射一个波长为 21cm 的光子。无线电天文学家观察到这种 21cm 的辐射来自深太空。发射此辐射的电子感受到的有效磁场（由于质子的磁偶极子）多大？

21E. 激发态钠原子发射两个非常靠近的谱线（钠双线；见图 41-23），其波长分别为 588.995nm 和 589.592nm。(a) 上面的两个能级的能量差是多少？(b) 这能量差源自电子的自旋磁矩（=1 玻尔磁子）可能指向平行或反行于和电子轨道运动相联系的内部磁场。利用 (a) 的结果求此内部磁场的强度。

22E. 频率为 34MHz 的振荡外磁场加到含有氢原子的样品上。当恒定外磁场的强度等于 0.78T 时观察到共振发生。计算质子发生自旋倒逆处的局部磁场的强度，假定外加的和局部的场是平行的，质子具有 μ_z

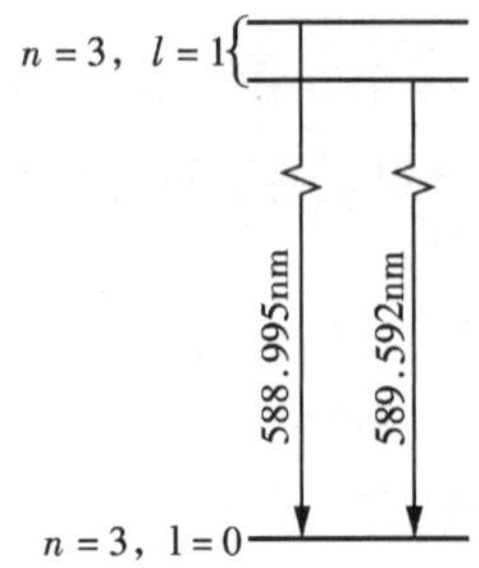

图 41 – 23 练习 21 图

$= 1.41 \times 10^{-26}$ J/T。

41 – 8 节 矩形陷阱中的多个电子

23E. 7 个电子陷入宽度为 L 的一维无限势阱中。用 $h^2/8mL^2$ 的倍数表示，这 7 个电子的系统的基态的能量是多少？假定电子之间无相互作用，并不忽略自旋。

24E. 一个宽度为 $L_x = L_y = 2L$ 的矩形围栏包含有 7 个电子。用 $h^2/8mL^2$ 的倍数表示，这 7 个电子的系统的基态能量是多少？假定电子之间无相互作用，并不忽略自旋。

25P. 对于练习 23 的情况，用 $h^2/8mL^2$ 的倍数表示，这 7 个电子的系统的（a）第一激发态，（b）第二激发态和（c）第三激发态的能量各是多少？（d）构建一个此系统的最低的 4 个能级的能级图。

26P. 对于练习 24 的情况，用 $h^2/8mL^2$ 的倍数表示，此 7 个电子的系统的（a）第一激发态，（b）第二激发态和（c）第三激发态的能量各是多少？（d）构建一个系统的最低的 4 个能级的能级图。

27P. 宽度为 $L_x = L_y = L_z = L$ 的立方盒子包含有 8 个电子，用 $h^2/8mL^2$ 的倍数表示，这 8 个电子的系统的基态的能量是多少？假定电子之间无相互作用，并不忽略自旋。(ssm)　(www)

28P. 对于习题 27 的情况，用 $h^2/8mL^2$ 的倍数表示，这 8 个电子的系统的（a）第一激发态，（b）第二激发态和（c）第三激发态的能量各是多少？（d）构建一个系统的最低的 4 个能级的能级图。

41 – 9 节 建立周期表

29E. 证明如果按量子数的“逻辑”顺序将铕原子中的 63 个电子分配到各壳层中，这一元素将在化学上和钠相似。

30E. 考虑元素硒（$Z = 34$），溴（$Z = 35$）和氪（$Z = 36$），在周期表的它们那一部分，电子态的支壳层按下列次序被填充

$$1s \quad 2_s \quad 2_p \quad 3s \quad 3p \quad 3d \quad 4s \quad 4p\cdots$$

对于这些元素的每一个，指出被占据的最高的支壳层以及其中有多少个电子。

31E. 假定电子没有自旋而泡利不相容原理仍然成立。哪一个，如果有的话，现有的惰性气体仍保持在该属类中？

32E. 在基态的氦原子中的那两个电子的 4 个量子数各是多少？

33P. 在锂（$Z = 3$）原子中的两个电子的量子数是 $n = 1$，$l = 0$，$m_l = 0$ 和 $m_S = \pm\frac{1}{2}$，如果原子在（a）基态和（b）第一激发态中，第三个电子的量子数可能是些什么值？(ssm)

34P. 假设在同一个原子中有两个电子，它们都具有 $n = 1$ 和 $l = 1$。（a）如果泡利不相容原理不适用，将可能设想有多少混合态？（b）不相容原理禁止的有多少混合态？它们是哪些态？

35P. 证明具有相同量子数 n 的态数为 $2n^2$。(ssm)

41 – 10 节 X 射线和给元素编号

36E. 在 X 射线管一个电子被加速到能产生波长为 0.100nm 的 X 射线所需要经过的最小电势差是多少？

37E. 已知 40.0keV 电子撞击靶时产生的 X 射线的最短波长是 31.1pm，求普朗克常量 h。

38E. 证明用任何靶产生的连续 X 射谱的截止波长（以 pm 为单位）都由 $\lambda_{min} = 1240/V$ 给出，其中 V 是电子撞击靶之前被加速时通过的电势差（以 keV 为单位）。

39P. 在 X 射线管中通过 50.0keV 电势差被加速的电子产生 X 射线。一个电子在靶中停止之前经历了 3 次碰撞，在头两次碰撞中，每一次都损失了它剩余动能的一半。求所产生的光子的波长（忽略重的靶核的反冲）。(ssm)（www）

40P. 一个 20keV 的电子经历了连续两次像图 41 – 15 那样的与核的遭遇而停止，因而把它的动能转移给两个光子。第二个光子的波长比第一个光子的波长大 130pm。（a）求电子在第一次遭遇之后的动能。（b）两个光子的波长和能量各是多少？

41P. 证明在真空中一个运动的电子不可能自发地转变为一个 X 射线光子。第三个粒子（原子或核）必须在场？为什么必须这样？（提示：考查能量和动量的守恒情况）(ssm)

42P. 当电子撞击钼靶时，它们产生连续的和特征的两种X射线谱，如图41－14所示。在该图中入射电子的动能是35.0keV。如果加速电势增至50.0keV，所得到的（a）λ_{min}，（b）K_α线的波长和（c）K_β线的波长的平均值各是多少？

43P. 在图41－14中的X射线是35.0keV的电子撞击到钼（$Z=42$）靶上时产生的。如果加速电势保持此值不变而靶换为银靶，所得（a）λ_{min}，（b）K_α线的波长和（c）K_β线的波长各是多少？银（比较图41－16）的K，L和M原子X射线能级分别是25.51，3.56和0.53keV。(ssm)

44P. 铁的K_α线的波长是193pm，导致此转换的两态之间的能量差是多少？

45P. 求铌（Nb）和镓（Ga）的K_α线的波长之比。所需数据可查附录G的周期表。(ssm)

46P. 根据图41－14，近似地计算钼的能量差E_L-E_M，将它和从图41－16能够得到的值加以比较。

47P. 几种元素的K_α波长如下：

元素	λ/pm	元素	λ/pm
Ti	275	Co	179
V	250	Ni	166
Cr	229	Cu	154
Mn	210	Zn	143
Fe	193	Ga	134

根据这些数据画莫塞莱图（如图41－17中的）并验证其斜率符合41－10节中给出的C值。

48P. 一钼靶被35.0keV电子撞击而产生的X射线谱如图41－14所示。K_β和K_α波长分别为63.0和71.0pm。（a）相应的光子的能量是多少？（b）想用吸收K_β线比吸收K_α线强得多的材料来过滤这些波长。你打算用哪种物质？钼和其他4种邻近元素的K电子的电离能如下：

	Zr	Nb	Mo	Tc	Ru
Z	40	41	42	43	44
E_k/keV	18.00	18.99	20.00	21.04	22.12

（**提示：**一种物质将比另一种物质更强烈地吸收一种X射线，如果前者的光子具有足够的能量能从该物质的原子中击出一个K电子而后者的光子却不能。）

49P. 在一只X射线管中钨（$Z=74$）靶受电子的撞击。（a）要能产生钨的特征K_α和K_β线所需的加速电势的最小值是多少？（b）同样对这些加速电势，λ_{min}是多少？（c）K_α和K_β的波长是多少？钨的K，L和M能级（见图41－16）分别具有能量69.5，11.3和2.30keV。

50P. 铜的K－壳层和L－壳层电子的结合能分别是8.979和0.951keV。如果铜的K_αX射线入射到一块氯化钠晶体上在相对于钠原子平行平面测量的74.1°的方向给出第一级布拉格反射，这些平面之间的距离是多少？

51P. （a）用式（41－26）估算原子序数为Z和Z'的两种原子中的K_α过渡产生的光子的能量之比。（b）铀和铝的这一比值多大？（c）铀和锂呢？

52P. 确定从锂到镁这些轻元素的根据式（41－27）得出的K_αX射线能量的理论值和实验值的接近程序。为此，（a）首先把式（41－27）中的C用式（41－24）中的基本常量表示出来，再利用附录中的数据把C值计算到5位有效数字。（b）其次，计算理论值对实验值的百分偏差。（c）最后，作偏差的图并对其变化倾向做出评论。这些元素的K_α光子的能量（eV）的测量值如下：

Li	54.3	O	524.9
Be	108.5	F	676.8
B	183.3	Ne	848.6
C	277	Na	1041
N	392.4	Mg	1254

（实际上，不止有一个K_α线，这是由于L能级的分裂，但对以上所列元素来说，这种效应可以忽略）

41－12节　激光器如何工作？

53E. 激光器可被用来产生延续时间短至10fs的光脉冲。（a）这样一个光脉冲中包含光（$\lambda=500$nm）的几个波长？（b）填写未知量X（以年为单位）：

$$\frac{10\text{fs}}{1\text{s}}=\frac{1\text{s}}{\text{X}}$$

54E. 对于例题41－6a给出的条件，把10个氖原子放入激发态E_x需要多少mol的氖。

55E. 一个假想的原子具有按1.2eV均匀分开的能级。在温度为2000K时，在第13激发态上的原子数和第11激发态上的原子数的比值是多少？(ssm)

56E. 通过测量一个激光脉冲在固定在地球上的天文台和月球上的一个反射镜之间的来回时间，可以测量这两个物体之间的距离。（a）这一时间的预期值是多少？（b）这一距离测量的精度可达约15cm。

相应的传播时间的不确定度是多少？（c）如果激光束在月球上形成一个直径为3km的光斑，激光束的发散角是多大？

57E. 一个假想的原子只有两个原子能级，间隔3.2eV。假设在某一恒星的大气中的一定高度处有$6.1\times10^{13}/cm^3$的这种原子在较高能态里而有$2.5\times10^{15}/cm^3$的这种原子在较低能态里。该恒星的大气中这一高度处的温度是多高？

58E. 常用给系统指定一个负开尔文温度的方法来描述两能级的粒子数布居反转。如果一个系统的较高能级的布居超过较低能级的10%而两能级间的能量差为2.1eV，描述此系统的负温度是多少？

59E. 一脉冲激光器发射波长为694.4nm的激光。脉冲延续时间为12ps，每一脉冲的能量为0.150J。（a）此脉冲的长度是多少？（b）每个脉冲中有多少光子？(ssm)

60E. 一氦－氖激光器发射波长为632.8nm的激光，功率为2.3mV。此激光器发射光子的时率多大？

61E. 直径为12cm一束大功率激光（$\lambda=600$nm）射向3.8×10^5km外的月球。光束只是由于衍射而发散。中央衍射光斑边界的角位置（见式（37－12））由下式给定

$$\sin\theta=\frac{1.22\lambda}{d}$$

其中d是光束孔径的直径。在月球表面上的中央衍射光斑的直径是多少？

62E. 假定激光器的波长可以准确地“调谐”到可见范围——即在$450\text{nm}<\lambda<650\text{nm}$范围内的任意值。如果每个电视频道占据10MHz的带宽，在这一波长范围内可容纳多少个频道？

63E. 用半导体GaAlAs做成的激光器的活性体积仅为$200\mu m^3$（比沙粒还小）但这激光器也能连续以5.0mW的功率发射波长为$0.80\mu m$的激光。它产生光子的时率多大？

64P. 图41－21中激光器的两个相距8.0cm的反射镜形成一个光学腔，在其中可形成激光的驻波。每一个驻波都在这8.0cm长度内具有整数n个半波长，其中n很大而这些驻波的波长差别很小。在$\lambda=533$nm附近，这些驻波的波长相差多少？

65P. 产生波长为694nm的激光的一种特制激光器的活性介质长6.00cm，直径为1.00cm。（a）把介质当成象闭口的风琴管那样的光学谐振腔处理，沿激光器的轴会有多少节点？（b）要把这个数目改变1，激光的频率偏移量Δf将是多少？（c）证明Δf正好是激光沿激光器轴来回一次传播的时间的倒数。（d）相应的分数频率偏移$\Delta f/f$多大？产生激光的介质（红宝石晶体）的相应的折射率为1.75。(ssm)(www)

66P. 一个假想原子具有两个能级，其间的过渡波长为580nm。在一个特定样品中，在300K时，有4.0×10^{20}个这种原子处于较低的能态中。（a）根据热平衡条件，有多少个原子在较高的能态中？（b）换一种情况，设想3.0×10^{20}个这种原子被外界作用“抽运”到较高能态中，在较低能态中留下1.0×10^{20}个原子。如果每个原子都在这两个态之间进行一次跃迁（通过吸收或受激发射）而形成一个单个的激光脉冲，则样品中原子能释放的最大能量是多少？

67P. 一束强激光能破坏一个射来的洲际弹道导弹吗？一束强度为$10^8 W/m^2$的激光束可能在1s内烧进一个坚固的（无自旋的）导弹而把它摧毁。（a）如果激光束的功率为5.0MW，波长为$3.0\mu m$，束直径为4.0m（确实是非常强的激光），它能把一个3000km之外的导弹摧毁吗？（b）如果波长可以改变，能奏效的最大波长是多少？应用练习61中给出的关于中央光斑的公式。(ssm)

68P. 由一个氩激光器（波长515nm）发出的激光束具有3.00mm的直径d和连续能量输出时率5.00W。该束被一焦矩为3.50cm的透镜会聚到一扩展平面上，形成了如图37－9的衍射图样，其中央光斑的半径由下式给出

$$R=\frac{1.22f\lambda}{d}$$

（参看式（37－12）和例题37－3）。可以证明中央亮斑含有入射功率的84%。（a）中央亮斑的半径多大？（b）入射光束的平均强度（单位面积的功率）多大？（c）中央亮斑中的平均强度多大？

附加题

69. 火星CO_2激光。 当太阳光照射火星的大气层时，在约75km高处的CO_2分子进行天然的激光作用。所涉及的能级如图41－24所示；粒子数布居反转在能级E_2和E_1之间发生。（a）在此激光作用中激发分子的太阳光的波长是多少？（b）激光作用发生在什么波长上？（c）激发波长和激光波长各在电磁波谱的什么区域？

70. 彗星受激发射 当彗星移近太阳时，不断升高的温度使彗核表面的冻冰汽化，在核周围产生了一

层薄的水汽的大气。太阳光于是能把水汽解离为 H 和 OH。阳光也可能把 OH 分子激发到较高的能级，其中两个能级如图 41－25 所示。

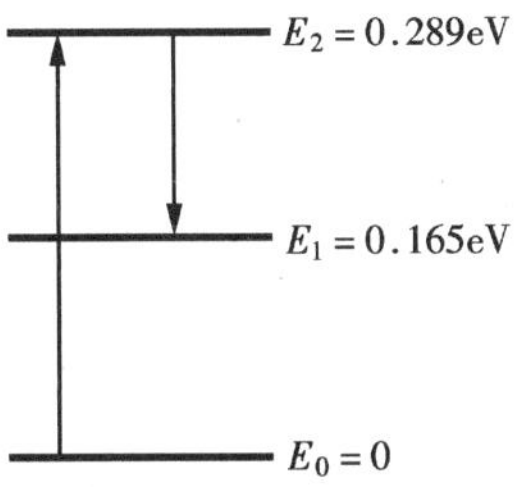

图 41－24 习题 69 图

当彗星仍然离太阳相对地较远时，阳光引起的到 E_2 和 E_1 能级的激发是相等的（图 41－25a）。因此，并没有粒子数布居反转发生。但是，当彗星再移近太阳时，到 E_1 能级的激发减弱了，于是粒子数布居反转就发生了。其原因和太阳光中许多消失了的波长——被称为**夫琅禾费线**——之一有关，这些特定的波长的光的消失是由于光通过太阳大气层时，它们被大气层吸收了。

当彗星移近太阳时，由于彗星相对太阳的速率而引起的多普勒效应改变了那些夫琅禾费线的波长，使其中之一明显地和在 OH 分子中激发到 E_1 能级所需的波长重合了。于是在这些分子中就发生了粒子数布居反转，它们就辐射受激发射（图 41－25b）。例如，彗星 Kouhoutek 在 1973 年 12 月和 1974 年 1 月移近太阳时，在 1 月中旬它就在约 1666MHz 处辐射了受激发射。（a）和该辐射相应的能级差 $E_2 - E_1$ 是多少？（b）该辐射属于电磁波谱的哪一区域？

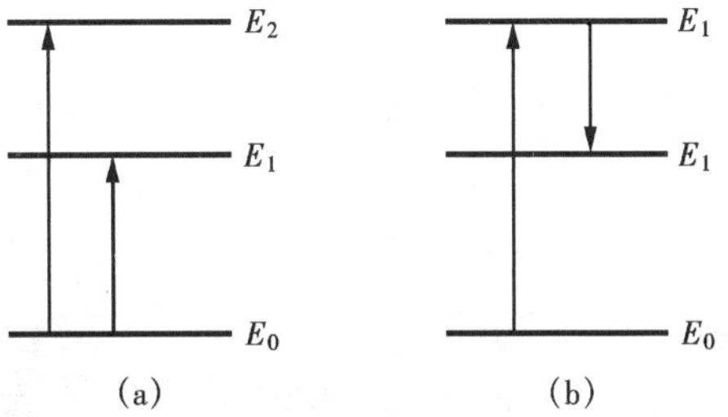

图 41－25 习题 70 图

第 42 章　固体的导电

这是新墨西哥州的 **Rio Rancho** 地方的 **Fab 11** 工厂中的一些工人。该工厂声称投资 **25** 亿美元，具有一座面积约相当于两打足球场那样大的厂房。根据纽约时报的说法，这个“在新墨西哥州荒凉高地上的工厂，按它所生产的产品价值来说，可能是全世界生产量最大的工厂”。

这些工人生产的是什么东西以致于需要他们的穿著要像宇航员那样？

答案就在本章中。

42-1 固体

你已经看到了当把量子物理应用到涉及单个原子的问题时如何地有效。在本章内将要用一个广泛的例子说明，当把这一理论应用到涉及以固体形式出现的大量原子的集合时，它也同样有效。

每一种固体都具有许多的性质可以供我们研究。它是透明的吗？它可能被锤打成薄片吗？声波在其中传播的速度多大？它有磁性吗？它的导热性好吗？…还可列出许多许多。不过，本章全章将只专门关注一个单一的问题：**一种固体导电或不导电的机理是什么**？你将要看到，量子物理提供了此问题的答案。

42-2 固体的电学性质

我们将只研究**晶态固体**——即其原子按重复的三维结构排列起来的固体，这种结构称为晶格。我们将不考虑诸如木材，塑料，玻璃和橡皮等类固体，它们的原子并不按这种重复图案排列。图42-1表示铜，金属的典型、硅和金刚石（分别为半导体和绝缘体的典型）的基本的重复单元（**单胞**）。

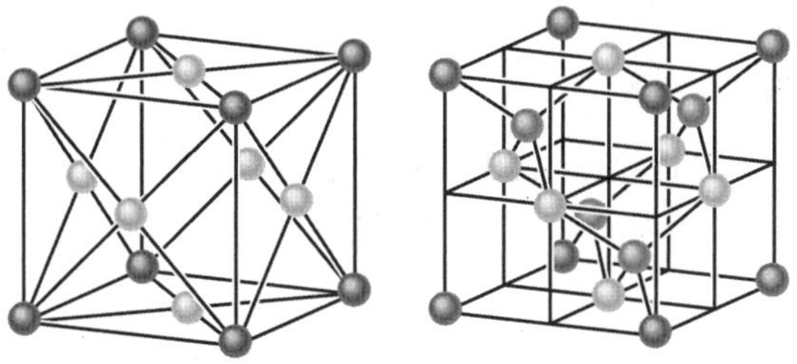

图42-1 (a) 铜的单胞是一个正立方体。在立方体的每个角上有一个铜原子（深色），在立方体的每个面的中心也各有一个铜原子（浅色）。这种结构称为**面心立方**。(b) 金刚石和硅的单胞也是正立方体，其中原子分布在所谓金刚石晶格中，在立方体的每个角上（深色）和每个面的中心（浅色）都各有一个原子；此外，有4个原子分布在立方体内（中间色）。每个原子都通过双原子共价键和其紧邻的4个原子联结着（只有立方体内那4个原子的4个紧邻全画出来了）

可以按下列三种电学基本性质把固体分类：

1. 它们在室温下的**电阻率**ρ，其SI单位是欧-米（Ω-m）；电阻率在27-4节中定义过。

2. 它们的**电阻率的温度系数**α，在27-17节中定义为$\alpha=(1/\rho)(d\rho/dT)$其SI单位是每开（$K^{-1}$）。可以通过测定一定温度范围内的$\rho$来确定任意固体的$\alpha$。

3. 它们的**载流子的数密度**n。这个量，单位体积内载流子的数目，可以通过29-4节讨论过的霍耳效应的测量或其他测量求得。它的SI单位是每立方米（m^{-3}）。

通过单独地测量室温电阻率，发现有些物质——称为绝缘体——实际上完全不导电。这些物质具有非常高的电阻率。例如，金刚石的电阻率比铜的电阻率要大一个约为10^{24}的因子。

还可以通过对ρ，α和n的测量，把绝大多数非绝缘体分为（至少在低温下）两种主要类别：**金属**和**半导体**。

半导体具有比金属高得多的电阻率ρ。半导体具有高而且负的电阻率的温度系数α。这就是说，半导体的电阻率随温度的升高而减小，而金属的则增加。

半导体的载流子数密度n比金属的低很多，表42-1给出了铜（典型金属）和硅（典型半导体）的这些量的数值。

表42-1　两种物质的一些电学性质①

性　质	单　位	物　质	
		铜	硅
导体种类		金属	半导体
电阻率，ρ	$\Omega \cdot m$	3×10^{-8}	3×10^{3}
电阻率的温度系数，α	K^{-1}	$+4\times10^{-3}$	-70×10^{-3}
载流子数密度，n	m^{-3}	9×10^{28}	1×10^{16}

①　所有数值都是对室温说的。

现在，在手头已有ρ，α和n的测量结果的情况下，就有实验基础来进一步提出固体导电的中心问题：什么因素使得金刚石成为绝缘体，铜成为导体和硅成为半导体？仍然是，量子物理提供了答案。

42-3　晶态固体中的能级

在固体铜中相邻铜原子间的距离为260nm。图42-2a表示两个孤立的铜原子，二者之间的距离r比这大得多。如图24-2b所示，每个孤立的中性原子把它的29个电子如下安排在不同的支壳层中。

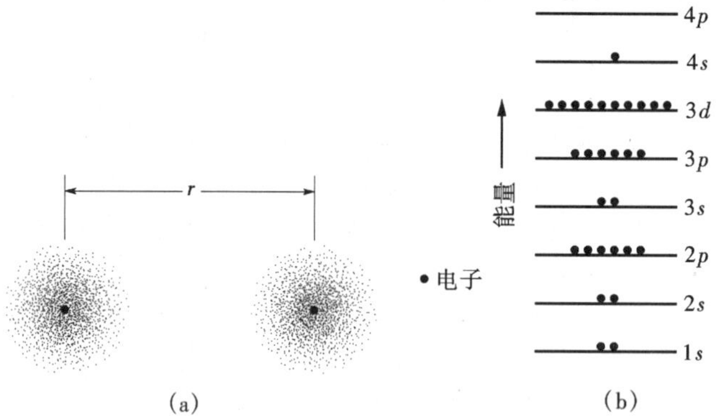

图42-2　(a) 两个铜原子相隔甚远；它们的电子分布用点图表示。(b) 每个铜原子有29个电子分布在一组能级中。在一个处于基态的中性原子中，直到$3d$能级的所有支壳层都占满了，而$4s$能级容纳1个电子（它能容纳2个），其上的较高的支壳层空着。为了简化，各支壳层都画成能量间距是相等的。

$$1s^2\quad 2s^2\quad 2p^6\quad 3s^2\quad 3p^6\quad 3d^{10}\quad 4s^1$$

这里用了41-9节中的速记符号来表示各支壳层。回想一下，例如主量子数$n=3$和轨道量子数$l=1$的支壳层称为$3p$支壳层；它能容纳$2(2l+1)=6$个电子；实际上它容纳的电子数用数字上标表示。由上可知铜的最内6个支壳层是占满了的，而可容纳两个电子的（最外面的）

4*s* 支壳层中只有一个电子。

如果把图 42－2a 中的两个电子移得更近些，它们将——粗略地说——开始各自感知另一个的存在。用量子物理的语言，就是说它们的波函数开始重叠起来，首先是那些最外面的电子的波函数。

当两个原子的波函数重叠时，就不能说它们是相互独立的，而是组成了一个双原子系统；这一系统包含 2×29＝58 个电子。泡利不相容原理仍然适用于比较大的系统，因而要求这 58 个电子的每一个都占据一个不同的量子态。实际上，由于孤立原子的每一个能级在双原子系统中都分裂成了**两**个能级，58 个量子态是可能形成的。

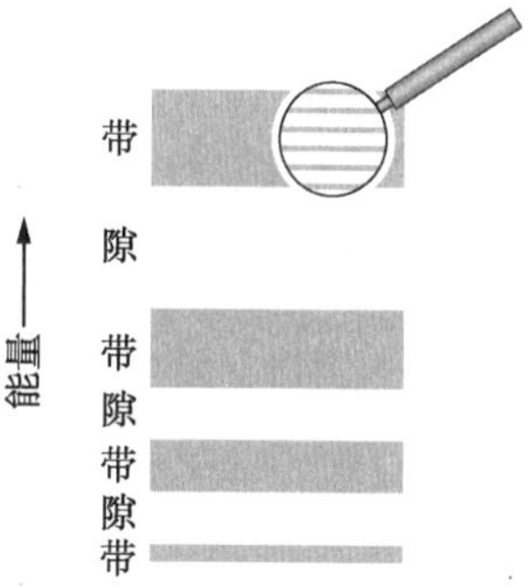

图 42－3 理想晶态固体的能级的带-隙图样。就像放大图样显示的，每个能带都由非常多的靠得非常近的能级组成。（在许多固体中，相邻能带可能重叠；为了清楚起见，本图未画出这种情况。）

如果把更多的原子聚集起来，就慢慢地形成了固体铜的晶格。如果，譬如说，晶格中共有 *N* 个原子，于是孤立铜原子的每个单独的能级在固体中就一定分裂成 *N* 个能级。这样，固体的单个的能级就形成能**带**，相邻能带间由能**隙**隔开，而能隙表示电子不可能具有的能量区域。一个典型的能带只有几个电子伏宽。因为 *N* 可能是 10^{24} 量级，就可以看到一个带中的各个单个能级确实是非常靠近，而能级数是非常多的。

图 42－3 表示一个一般的晶态固体中的能级的带-隙结构。注意能量较低的能带比能量较高的要窄。这是因为占据较低能带的电子长时间处于原子的电子云的深处。这些内核中的电子的波函数重叠得不像外部电子的波函数重叠得那样多。因此这些能级分裂得就不像原来被较外层电子占据的较高能级分裂得那样大。

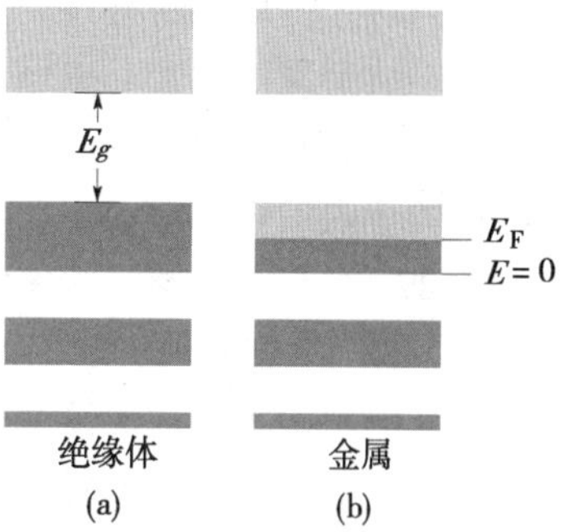

图 42－4 （a）绝缘体的带-隙图样；**红**色表示已占满能级，灰色表示空能级，注意最高的已占满的能级位于一个带的顶部，次高的空能级和它相隔一个相对较大的能隙 E_g。（b）金属的带-隙图样。最高的已占满的能级，称为费米能级，处于接近一个带的中部。由于在该带中的空能级是可进入的，此能带中的电子就能很容易地改变能级，导电也就能够发生。

42－4 绝缘体

如果对一固体加上电压后它内部不产生电流，就说这固体是绝缘体。为了产生电流，电子的平均动能必须增大。换句话说，固体中的某些电子必须移向较高的能级。但是，像图 42－4a 所示，在绝缘体中含有任何电子的最高能带是占满了的，而泡利不相容原理不容许电子移向已被占据的能级。

这样，在绝缘体的满带内的电子无处可去；它们被锁定在晶格内，这就像一个小孩要爬上一个各梯级都已经站着一个小孩的梯子；因为没有空的梯级，他们谁也不能动。

在图 42－4a 中满带上方的能带中有大量的未占能级（或空能级）。不过，一个电子要去占据这能带中的一个能级，它就必须先获得能跳过隔开这两个能带间的大的能隙。在金刚石中，这一能隙是如此的大（跨过它需要的能量是 5.5eV，约等于室温下一个自由粒子的平均热能的 140 倍）以致于没有任何电子能跳过它。因此，金刚石就成了一种绝缘体，非常好的绝缘体。

例题 42-1

在室温下，金刚石（绝缘体）中位于最高满带顶部的电子跳过图 42-2a 中的能隙 E_g 的概率近似地是多大？金刚石的 $E_g=5.5\text{eV}$。

【解】 在第 41 章中用过式（41-29）

$$\frac{N_x}{N_0}=e^{-(E_x-E_0)/kT} \tag{42-1}$$

表示在能级 E_x 上原子的布居 N_x 和在能级 E_0 上原子的布居 N_0 之间的关系，其中原子作为在温度 T（以开为单位）时系统的组成单元；k 是玻耳兹曼常量（$8.62\times10^{-5}\text{eV/K}$）。

这里的一个**关键点**是可以用式（42-1）近似地求绝缘体中一个电子能跳过图 42-4a 中的能隙 E_g 的概率。为此，首先令能量差 E_x-E_0 等于 E_g。于是跳过的概率就近似地等于刚好在能隙之上的电子数和刚好在能隙之下的电子数之比 N_x/N_0。

对于金刚石，式 42-1 中的指数是

$$-\frac{E_g}{kT}=\frac{5.5\text{eV}}{(8.62\times10^{-5}\text{eV/K})\ (300\text{K})}=-213$$

于是所求概率是

$$P=\frac{N_x}{N_0}=e^{-(E_x-E_0)/kT}=e^{-213}\approx3\times10^{-93}$$

（答案）

此结果告诉我们在 10^{93} 个电子中约有 3 个电子可以跳过能隙。因为一块实际的金刚石中的电子数比 10^{23} 还小，所以这一跳过的概率是非常非常小的，毫不奇怪金刚石是非常好的绝缘体。

42-5 金属

作为认定金属的特征是，如图 42-4b 所示，最高的被占能级落在一个能带的近中间部位。如果在一块金属两端加一电压，电流就能形成，因为在临近的高能区有大量的电子（金属中的载流子）可以跃入的能级。于是，就因为在其最高的有电子占据的能带中，电子能够很容易地移入该能带内的较高能级中，所以金属能够导电。

在 27-6 节中介绍了金属的**自由电子模型**，说的是**传导电子**可以在样品的整个体积内自由地运动，像气体的分子在封闭的容器中那样。曾用这一模型并假定电子服从牛顿力学的定律导出了金属的电阻率公式。这里我们用同样的模型来解释在图 42-4b 的部分占据的能带中的电子——称为传导电子——的行为。不过，这里要应用量子物理的定律，即假定这些电子的能量是量子化的而且泡利不相容原理成立。

我们也假定一个传导电子在晶格内各处的电势能是一样的。如果我们选择这势能值为零，像我们可以自由地做的那样，传导电子的机械能 E 就完全是动能。

图 42-4b 中部分被占的能带的底部能级对应于 $E=0$。在此带中在绝对零度（$T=0\text{K}$）下最高的被占能级称为**费米能级**，和它相应的能量称为**费米能量** E_F；对于铜，$E_F=7.0\text{eV}$。

和费米能量对应的电子速率称为**费米速率** v_F，铜的费米速率是 $1.6\times10^6\text{m/s}$。这一事实应该足以纠正在绝对零度下所有运动都停止的这种普遍的误解；在该温度下——唯一地因为泡利不相容原理——所有传导电子都被堆积在图 42-4b 的部分被占能带中的从零到费米能级的能量范围内。

有多少传导电子？

如果能把单个原子聚集到一起形成一个金属的样品，就会发现金属中的传导电子都是原子的**价电子**（在单个原子的靠外的壳层中的电子）。一个单价原子在金属中贡献一个这种电子成

为传导电子；一个二价原子贡献两个这种电子，因此，传导电子的总数为

$$\begin{pmatrix}\text{样品中传导}\\\text{电子的数目}\end{pmatrix}=\begin{pmatrix}\text{样品中}\\\text{的原子数}\end{pmatrix}\begin{pmatrix}\text{每个原子的}\\\text{价电子数}\end{pmatrix}\tag{42-2}$$

（在本章内，将大部分用字词写下一些公式，这是因为以前用过的代表其中的量的符号现在表示别的量了。）在样品中传导电子的数密度 n 是单位体积内传导电子的数目：

$$n=\frac{\text{样品中传导电子的数目}}{\text{样品体积 }V}\tag{42-3}$$

可以把样品中原子数目和样品的许多其他性质和制成样品的材料用下面的方程联系起来：

$$\begin{pmatrix}\text{样品中的}\\\text{原子数}\end{pmatrix}=\frac{\text{样品质量 }M_{sam}}{\text{原子质量}}=\frac{\text{样品质量 }M_{sam}}{(\text{摩尔质量 }M)\ /N_A}$$

$$=\frac{(\text{金属的密度})\ (\text{样品体积 }V)}{(\text{摩尔质量 }M)\ /N_A}\tag{42-4}$$

其中摩尔质量 M 是样品中一摩尔物质的质量，N_A 是阿伏伽德罗常量（$6.02\times10^{23}\text{mol}^{-1}$）。

例题 42 -2

体积为 $2.00\times10^{-6}\text{m}^3$ 的镁块中有多少传导电子，镁原子是二价的。

【解】 这里的**关键点**有：

1. 由于镁原子是二价的，每个镁原子贡献两个传导电子。

2. 镁块中的传导电子数目和其中的镁原子数目的关系由式（42-2）表示。

3. 可以根据式（42-4）和关于镁块体积和镁的性质的数据求出镁原子的数目。

式（42-4）可以写成

$$\begin{pmatrix}\text{样品中原}\\\text{子的数目}\end{pmatrix}=\frac{(\text{材料的密度})\ (\text{样品体积 }V)\ N_A}{\text{摩尔质量 }M}$$

镁的密度为 1.738g/cm^3（$=1.738\times10^3\text{kg/m}^3$），摩尔质量为 24.312g/mol（$=24.312\times10^{-3}\text{kg/mol}$）（见附录 F）。上式的分子为

$$(1.738\times10^3\text{kg/m}^3)\ (2.00\times10^{-6}\text{m}^3)\ (6.02\times10^{23}\text{mol}^{-1})$$

$$=2.0926\times10^{21}\text{kg/mol}$$

于是，可得

$$\begin{pmatrix}\text{样品中原}\\\text{子的数目}\end{pmatrix}=\frac{2.0926\times10^{21}\text{kg/mol}}{24.312\text{kg/mol}}$$

$$=8.61\times10^{22}$$

利用此结果和镁原子是二价的事实，可由式（42-2）得出

$$\begin{pmatrix}\text{样品中传导}\\\text{电子的数目}\end{pmatrix}=(8.61\times10^{22}\text{原子})\left(2\,\frac{\text{电子}}{\text{原子}}\right)$$

$$=1.72\times10^{23}\text{电子}\qquad\text{(答案)}$$

$T>0$ 时的导电

关于金属的导电我们实际的兴趣在于温度高于绝对零度的情况。在这样较高的温度下，图 24 -4b 中的电子的分布会发生什么变化？像在下面将要看到的，变化惊人得小。

在图 42 -4b 中部分被占的带内的电子中，只有那些靠近费米能级的电子才发现在它们上面有未被占的能级，也就是这些电子才可能被热激发推上这些较高的能级。即使 $T=1000\text{K}$，这是能使铜在黑暗的屋子里灼热发亮的温度，这时电子在可能占有的能级中的分布和 $T=0\text{K}$ 时的分布也没有大的差别。

为什么这样呢，量 kT，其中 k 是玻耳兹曼常量，是关于晶格的无规则热运动能给予传导电子的能量的一种方便的量度。在 $T=1000\text{K}$ 时，$kT=0.086\text{eV}$。没有电子能希望它的能量单独地被热激发改变得比这一相对小的量的几倍还多些，因此最好的情形也就是只有能量靠近费米能级的少数传导电子有希望由于热激发而跃迁到较高的能级上去。用带有诗意的话说，热激发正常地只能在电子的费米海面上引起涟漪；而海面下的广大深度内仍保持平静。

有多少量子态?

金属的导电能力决定于它的电子可占有的量子态的多少以及这些态的能量多大。因此，问题出现了：图 42－2b 中部分被占的带内单个态的能量是多少?要回答这个问题是十分困难的，因为不能够把这样多的态的能量一个一个地列出来。换一个方法问：样品的单位体积中能量在 E 到 $E+\text{d}E$ 范围内的态有多少? 将此数目写成 $N(E)\,\text{d}E$，其中 $N(E)$ 称为能量在 E 处的**态密度**。$N(E)\,\text{d}E$ 常用的单位是态每立方米（态/m^3，或简单地，m^{-3}）；$N(E)$ 的单位是态每立方米每电子伏（$\text{m}^{-3}\cdot\text{eV}^{-1}$）。

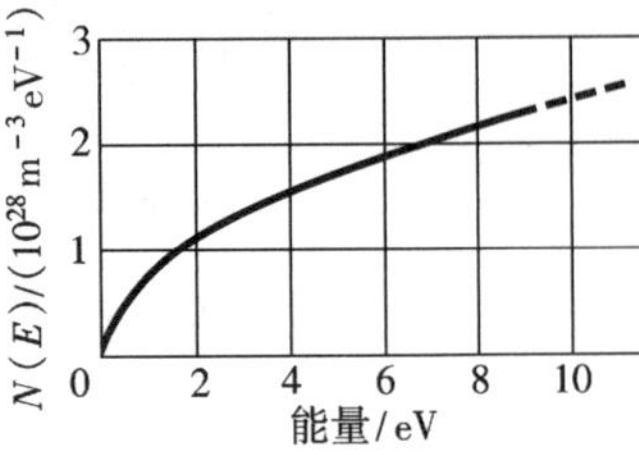

图 42－5　态密度 $N(E)$ ——即单位能量区间和单位体积内的电子能级的数目——作为能量的函数的图线。态密度函数只表示可占态；并没有说明这些态是否被电子占有。

通过计算能充满大小和要考虑的金属样品相同的盒子的驻电子物质波的数目就可以找到态密度的表示式。这类似于计算在一闭风琴管中存在的声驻波的数目。差别在于此处是三维的（风琴管问题是一维的）而且波是物质波（风琴管内的波是声波）。这种计算的结果可证明为

$$N(E)=\frac{8\sqrt{2}\pi m^{3/2}}{h^3}E^{1/2}\quad（态密度）\qquad(42-5)$$

其中 m 是电子质量，E 是和 $N(E)$ 对应的能量。注意这一表示式完全不涉及样品的形状，温度以及制造样品所用的材料。式（42－5）用图表示见图 42－5。

检查点 1：(a) 在铜内，$E=4\text{eV}$ 处的相邻能级的间隔比 $E=6\text{eV}$ 处的间隔大些，相同还是小些？(b) 铜内 $E=4\text{eV}$ 处的相邻能级的间隔比同样体积铝内同一能量处的间隔大些，相同还是小些？

例题 42－3

(a) 利用图 42－5，确定在体积 V 为 $2\times10^{-9}\text{m}^3$ 的一个金属样品中每电子伏的态的数目。

【解】　**关键点**是用给定能量处的态密度 $N(E)$ 和样品的体积 V 就可以求得该能量处每电子伏的态数。在能量为 7eV 处，可知

$$\begin{pmatrix}\text{在 7eV 处每}\\\text{eV 的态数}\end{pmatrix}=\begin{pmatrix}\text{7eV 处的}\\\text{态密度 }N(E)\end{pmatrix}\begin{pmatrix}\text{样品的}\\\text{体积 }V\end{pmatrix}$$

在图 42－5 中可看到在能量 7eV 处，态密度约为 $2\times10^{28}\text{m}^{-3}\cdot\text{eV}^{-1}$。因此

$$\begin{pmatrix}\text{在 7eV 处每}\\\text{eV 的态数}\end{pmatrix}=(2\times10^{28}\text{m}^{-3}\cdot\text{eV}^{-1})(2\times10^{-9}\text{m}^{-3})=4\times10^{19}\text{eV}^{-1}$$

（答案）

(b) 其次，确定在样品中在中心为 7eV 的 ΔE 为 0.003eV 的**小**能量区间的态数 N。

【解】　由式（42－5）和图 42－5 可知态密度是能量 E 的函数。不过，对于相对 E 为甚小的能量区间 ΔE，可以近似地认为态密度（因而每电子伏的态数）为常量。这样，在能量 7eV 处，在 ΔE 为 0.003eV 的能量区间内的态数 N 就是

$$\begin{pmatrix}\text{在 7eV 处}\\ \Delta E\ \text{区间内}\\ \text{的态数}\ N\end{pmatrix}=\begin{pmatrix}\text{在 7eV 处每}\\ \text{eV 的态数}\end{pmatrix}(\text{能量区间}\ \Delta E)$$

$$N=(4\times10^{19}\,\mathrm{eV}^{-1})\,(0.003\,\mathrm{eV})=1.2\times10^{17}\approx1\times10^{17}$$

（答案）

占有概率

金属的导电能力决定于可占的空能级实际上被占的概率。因此，另一个问题是：如果在能量 E 处一个能级是可占的，它实际上被一个电子占据的概率 $P(E)$ 是多少？已经知道，在 $T=0\mathrm{K}$，对于能量低于费米能量的所有能级，$P(E)=1$，对应于能级被占是肯定的。也知道，在 $T=0\mathrm{K}$，对于能量高于费米能量的所有能级，$P(E)=0$，对应于能级没有被占是肯定的。图 42-6a 说明这种情况。

要求出高于绝对零度的温度时的 $P(E)$，必须用一套称为**费米-狄拉克统计**的量子计数规律，它们是以创立它们的物理学家命名的。应用这些规律，可以证明占有概率 $P(E)$ 是

$$P(E)=\frac{1}{e^{(E-E_F)/kT}+1}\quad(\text{占有概率})\qquad(42-6)$$

其中 E_F 是费米能量。注意 $P(E)$ 并不是由能级的能量 E，而是仅由可正可负的能量差 $E-E_F$ 决定。

为了看式(42-6)是否说明图 42-6a，可以将 $T=0\mathrm{K}$ 代入。于是

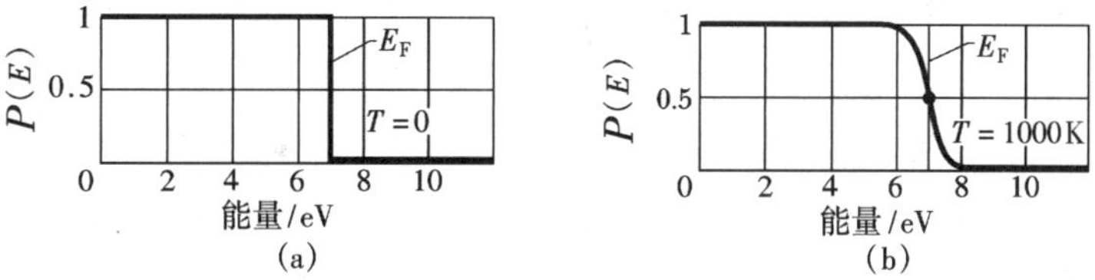

图 42-6 占有概率 $P(E)$ 是一个能级被一个电子占有的概率。(a) 在 $T=0\mathrm{K}$，$P(E)$ 对于能量 E 为向上直到费米能量 E_F 的能级是 1，对更高能量的能级是零。(b) 在 $T=1000\mathrm{K}$，少数能量比 $T=0\mathrm{K}$ 时的费米能量略小的电子向上移动到能量比费米能量略大的态。曲线上的点表示，对于 $E=E_F$，$P(E)=0.5$。

对于 $E<F_F$，指数项等于 $e^{-\infty}$，或零，于是 $P(E)=1$，和图 42-6a 相符。

对于 $E>E_F$，指数项等于 $e^{+\infty}$，于是 $P(E)=0$，也和图 42-6a 相符。

图 42-6b 是 $T=1000\mathrm{K}$ 时的 $P(E)$ 图线。它说明，像上面已经说过的，在可占态中电子分布的改变只涉及能量接近费米能量 E_F 的那些态。注意，(不管温度 T 如何) 如果 $E=E_F$，式(42-6)中的指数项总是 $e^0=1$ 而 $P(E)=0.5$。这引出费米能量的一个更有用的定义：

一种给定材料的费米能量是其被电子占有的概率为 0.5 的量子态的能量。

图 42-6a 和 b 是关于铜的曲线，铜的费米能量为 7.0eV。因此，对于铜，在 $T=0\mathrm{K}$ 和在 $T=1000\mathrm{K}$ 时，能量为 $E=7.0\mathrm{eV}$ 的态都具有 0.5 的被占有的概率。

例题 42-4

(a) 能量高于费米能量 0.10eV 的一个量子态被

占有的概率是多少？假定样品温度为800K。

【解】 这里**关键点**是金属中任一态的占有概率可以根据式(42-6)由费米-狄拉克统计求出。为了应用该公式，先计算其中的无量纲指数

$$\frac{E-F_F}{kT}=\frac{0.10\text{eV}}{(8.62\times10^{-5}\text{eV/K})(800\text{K})}=1.45$$

将此结果代入式(42-6)，可得

$$P(E)=\frac{1}{e^{1.45}+1}=0.19\text{ 或 }19\%$$

（答案）

(b)在费米能量**之下**0.10eV的一个态的占有概率多大？

【解】 (a)中的**关键点**这里也成立，除去现在有关态的能量是在费米能量**之下**。因此，式(42-6)中的指数和在(a)中求出的大小一样但是是负的，于是式(42-6)现在给出

$$P(E)=\frac{1}{e^{-1.45}+1}=0.81\text{ 或 }81\%$$

（答案）

对于费米能量之下的态，我们常常更对其**不**被占有的概率感兴趣。这一概率是$1-P(E)$，或19%。注意它和(a)中的占有概率是一样的。

有多少占有态？

式(42-5)和图42-5表示可占态是如何按能量分布的。式(42-6)的占有概率给出任一态实际上被一个电子占有的概率。为了求$N_0(E)$，占有态密度，必须对每一可占态按占有概率的适当值加权；即

$$\begin{pmatrix}\text{在能量 }E\text{ 处的}\\ \text{占有态密度 }N_0(E)\end{pmatrix}=\begin{pmatrix}\text{在能量 }E\text{ 处的}\\ \text{态密度 }N(E)\end{pmatrix}\begin{pmatrix}\text{在能量 }E\text{ 处的}\\ \text{占有概率 }P(E)\end{pmatrix}$$

或

$$N_0(E)=N(E)P(E)\quad\text{（占有态密度）}\tag{42-7}$$

图42-7a是铜在$T=0$K时式(42-7)的曲线。它是把每个能量的态密度函数值(图42-5)和绝对零度时占有概率的值(图42-6a)相乘得到的。图42-7b表示用同样方法计算出的铜在$T=1000$K时的占有态密度。

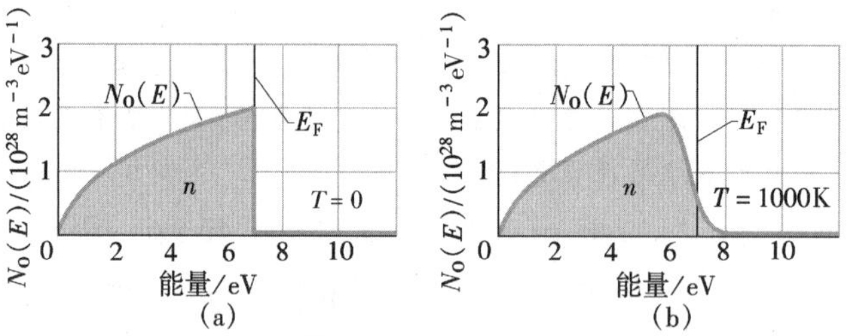

图42-7 (a)铜在绝对零度时的占有态密度$N_0(E)$。曲线下的面积是电子的数密度n。注意能量一直大到费米能量$E_F=7$eV的所有态都被占了，而所有能量在费米能量之上的能级都是空的。(b)铜在$T=1000$K时的相同曲线。注意只有能量接近费米能量的电子受到影响而重新分布了。

例题42-5

如果例题42-3中的样品是铜，其费米能量为7.0V，在7.0eV附近的小能量范围内每电子伏的占有态数目是多少？

【解】 例题42-3a的**关键点**在此处也适用，除了现在用的是由式(42-7)($N_0(E)=N(E)P(E)$)给出的**占有**态密度。第二个**关键点**是，由于需要计算7.0eV(铜的费米能量)附近小能量区间的量。占有概率$P(E)$就取0.50。由式(42-5)知道在7eV处的态密度是$2\times10^{18}\,\text{m}^{-3}\cdot\text{eV}^{-1}$。因此，式(42-7)给出的

占有态密度是

$$N_O(E) = N(E)P(E) = (2\times10^{18}\,\mathrm{m^{-3}\cdot eV^{-1}})(0.50) = 1\times10^{18}\,\mathrm{m^{-3}\cdot eV^{-1}}$$

其次，用占有态重写例题42－3(a)的公式为

$$\begin{pmatrix}\text{在 7eV 处每 eV}\\ \text{的占有态数目}\end{pmatrix} = \begin{pmatrix}\text{7eV 处占有}\\ \text{态密度 } N_O(E)\end{pmatrix} \times \begin{pmatrix}\text{样品的}\\ \text{体积}\end{pmatrix}$$

将上面的结果代入 $N_0(E)$，将原先给出的体积 $2\times10^{-9}\mathrm{m}^3$ 代入 V 可得

$$\begin{pmatrix}\text{在 7eV 处每 eV}\\ \text{的占有态数目}\end{pmatrix} = (1\times10^{28}\,\mathrm{m^{-3}eV^{-1}})(2\times10^{-9}\,\mathrm{m^3}) = 2\times10^{-9}\,\mathrm{eV^{-1}}$$

（答案）

计算费米能量

假设把图42－7中 $E=0$ 和 $E=E_F$ 之间各能量的单位体积内已占态的数目加起来（通过积分）。结果必定等于 n，即金属中单位体积内传导电子的数目。用公式表示，就有

$$n = \int_0^{E_F} N_O(E)\,\mathrm{d}E \tag{42-8}$$

（在图中，此积分表示图42－7a中分布曲线下的面积。）由于对在费米能量以下的所有能量 $P(E)=1$，式(42－7)给出可以用 $N(E)$ 代替式(42－8)中的 $N_O(E)$ 而用式(42－8)求费米能量 E_F。如果将式(42－5)代入式(42－8)，即可得

$$n = \frac{8\sqrt{2}\pi m^{3/2}}{h^3}\int_0^{E_F} E^{1/2}\mathrm{d}E = \frac{8\sqrt{2}\pi m^{3/2}}{h^3}\frac{2E_F^{3/2}}{3}$$

对 E_F 求解即可得

$$E_F = \left(\frac{3}{16\sqrt{2}\pi}\right)^{2/3}\frac{h^2}{m}n^{2/3} = \frac{0.121h^2}{m}n^{2/3} \tag{42-9}$$

这样，知道了一种金属的 n，其单位体积内的电子数，就能够求出该金属的费米能量。

42－6 半导体

如果把图42－8a和图42－4a比较一下，就可以发现半导体的能带结构和绝缘体的能带结构相似。主要差别是在半导体的最高满带（称为**价带**）的顶部和其上紧邻的空带（称为**导带**）的底部之间有一个小得多的能隙 E_g。因此，毫无疑问硅（$E_g=1.1\mathrm{eV}$）是半导体而金刚石（$E_g=5.5\mathrm{eV}$）是绝缘体。在硅——而非金刚石——中，在室温下热激发使得电子从价带越过能隙跃迁到导带就有了实际的可能性。

在表42－1中，比较了铜（金属导体的典型代表）和硅（半导体的典型代表）的三种基本的电学性质。现在再看看那个表，每次一列，看看半导体如何区别于金属。

载流子数密度 n

表42－1的最下一列说明铜的单位体积内的载流子数比硅的大得多，约大一个因子 10^{13}。对于铜，每一个铜原子对导电过程贡献一个电子，它的那个价电子。在硅中载流子的出现只是由于，在热平衡条件下，热激发导致一定（非常少）数量的价带电子跳过能隙进入导带，在价带中留下相同数量的未占能态，称为**空穴**。图42－8b说明这种情况。

导带中的电子和价带中的空穴都成了载流子。空穴能这样做是因为它们给予价带中的电子

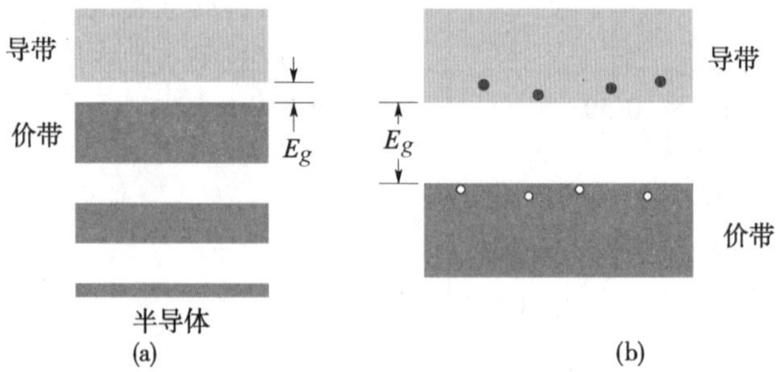

图 42－8　(a)半导体的带-隙图样。它和绝缘体的(见图 42－4a)相似,除了这里的能隙 E_g 是小得多的以外;因此,由于它们的热扰动,电子就有一定的合理的概率跳过该能隙。(b)热激发已使少数电子从价带越过能隙跃迁到导带,在价带中留下了相同数目的空穴。

一定的运动的自由,而如果它们不存在的话,这些电子就会被锁定在晶格内。如果在半导体中建立一电场 $\vec{E}$,价带中带负电的电子倾向于沿与 $\vec{E}$ 相反的方向漂移,这就使得空穴的位置沿着 $\vec{E}$ 的方向漂移。实际上,空穴的行为就像带电荷 $+e$ 的运动粒子。

为了帮助理解可以想像一列汽车一辆接一辆地停着,为首的一辆离栏杆有一个汽车的长度。如果为首的那一辆向栏杆开去,它就在它后面空出了一个汽车长度的空位。第二辆汽车就可开过来填补这一空位,从而使第三辆汽车可以开过来,如此继续下去。这许多汽车向着栏杆的运动可以通过注意那个单个"空穴"(停车位)离开栏杆的运动加以最简明的分析。

在半导体中空穴导电和电子导电同样重要。在思考空穴导电时,最好想像价带中所有的未占态都被带电荷 $+e$ 的粒子占据而且价带中的所有电子都被移走了,这就使得这些带正电的载流子可以在整个价带中自由运动。

电阻率 ρ

在 27 章讲过一种材料的电阻率 ρ 是 $m/e^2n\tau$,其中 m 是电子质量,e 是基本电荷,n 是单位体积内载流子的数目,τ 是载流子的碰撞之间的平均时间。表 42－1 表示,在室温下,硅的电阻率比铜的高一个因子约 10^{11}。这一巨大差别可以用 n 的巨大差别来说明。还有其他因素在内,但它们对电阻率的影响被 n 的巨大差别淹没了。

电阻率的温度系数 α

回忆 α(见式(27－17))是电阻率在单位温度变化时的分数变化:

$$\alpha = \frac{1}{\rho}\frac{d\rho}{dT} \tag{42－10}$$

铜的电阻率随温度**增大**(即 $d\rho/dT>0$),因为铜的载流子的碰撞在较高温度下发生的更频繁,因此,铜的 α 是**正的**。

对硅来说,碰撞频率也随温度的升高而增大。但是,由于载流子数 n(导带中的电子和价带中的空穴)随温度增大得如此地快,以致硅的电阻率实际上随温度**减小**。(更多的电子从价带跳过能隙进入导带。)因此硅的分数变化 α 是**负的**。

检查点 2:一个大公司的研究实验室开发了三种新固体材料,它们的电学性质如下表所示。为了申请专利。实验室用代号名称区别这些材料。指明每种材料是金属、绝缘体、半导体或者这三者都不是:

材料(代号名称)	n/m^{-3}	$\rho/(\Omega \cdot m)$	α/K^{-1}
Cleveland	10^{29}	10^{-8}	$+10^{-3}$
Boca Raton	10^{28}	10^{-9}	-10^{-3}
Seattle	10^{15}	10^{3}	-10^{-2}

42-7 掺杂半导体

通过向半导体晶格中引入少数合适的替换原子(称为杂质)——一种称为**掺杂**的过程,能够大大地改进半导体在技术中的应用。典型地,在掺杂半导体内 10^7 个硅原子中只有1个被杂质原子取代。基本上所有现代半导体器件都是以掺杂材料为基础的。这种材料有两类,称为 **n 型和 p 型**;下面分别讨论。

n 型半导体

孤立的硅原子中的电子按下述方案被安排在各支壳层中

$$1s^2 \quad 2s^2 \quad 2p^6 \quad 3s^2 \quad 3p^2$$

其中,像通常一样,上标(总和为14,即硅的原子序数)表示在所指的支壳层中的电子数。

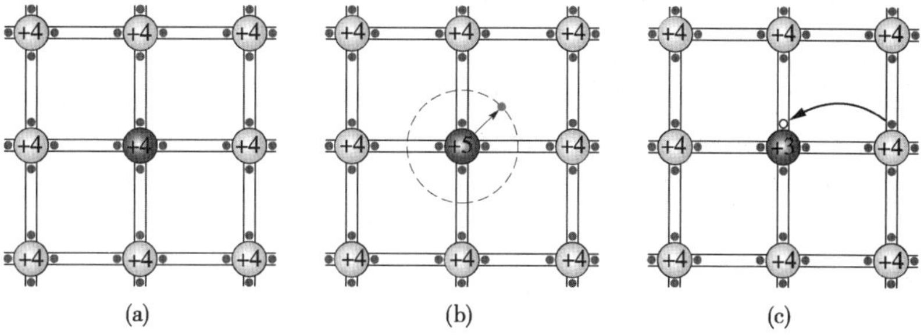

图 42-9 (a)纯硅的晶格结构的平面展示图。每个硅原子都以双电子共价键(以两条平行线间的一对**红**点表示)和它的最近的四个相邻的原子结合着。电子属于键(不属于单个原子)并形成样品的价带。(b)一个硅原子被一个磷原子(价数=5)取代。那个"多余的"电子仅只是松散地被束缚在它的离子实上而可以容易地被推上进入导带,在那里它可以自由地在晶格体积内漂移。(c)一个硅原子被一个铝原子(价数=3)取代,现在,在一个共价键中,因而也在样品的价带中就有一个空穴。随着电子不断地从相邻的键中移来填充空穴,空穴可以很容易地在晶格中迁移,这里的空穴向右迁移。

图 42-9a 是纯硅晶格一部分的平面展示图,它是把这一部分投影到一个平面上了;可以和图 42-1b 对照一下,该图表示三维的晶格单胞。每一个硅原子都贡献自己的一对 $3s$ 电子和一对 $3p$ 电子和邻近的四个原子的每一个形成一个坚固的共价键。(共价键是两个原子间的一种联接,其中每个原子贡献一对电子中的一个。)图 42-1b 中单胞内的四个原子都显示出了这四个键。

形成硅-硅键的原子构成了硅样品的共价键。如果一个电子从一个这种键中被扯出使它能在整个晶格内游走,就说这个电子从价带被提升到了导带。这一提升所需的能量就是隙能 E_g。

由于它的四个电子都卷入了共价键,每个硅"原子"实际上都是一个离子,它具有一层像惰性氖那样的电子云(内含10个电子)围绕着一个电荷为14e的核,这14是硅的原子序数。这些离子的每一个都具有净电荷+4e。就说这些离子的**价数**是4。

在图14-9b中,中间那个硅原子被一个磷(价数=5)原子取代了。磷的四个价电子和四个围绕着硅离子的电子形成四个共价键。第5个("多余的")电子只是松散地束缚在磷离子实上。在能带图上,常说这样的一个电子占有位于能隙中的一个局部能态,在导带底部下面平均能量差为E_d处;这种情况显示在图42-10a中,由于$E_d \ll E_g$,从这些能级使电子激发入导带所需能量比激发硅的价电子进入导带所需能量要小得多。

由于磷原子容易施出一个电子进入导带,所以它称为**施主**原子。实际上,在室温下施主原子贡献的**所有**电子都在导带中。通过加进施主原子,可以大量增加导带中电子的数目,所增加的倍数比图42-10a中显示的大得多。

用施主原子掺杂的半导体称为**n型半导体**;n代表**负的**,含义是引入导带的负载流子数目大大超过正载流子的数目,这些正载流子就是价带中的空穴。在n型半导体中,电子称为**多数载流子**(或多子),空穴称为**少数载流子**(或少子)。

p型半导体

现在来看图42-9c,其中一个硅原子(价数=4)已被一个铝原子(价数=3)所取代。铝原子只能和三个硅原子形成共价键,于是现在在一个铝-硅键中就有一个电子"短缺"(一个空穴)。花费少量的能量,就能从邻近的一个硅—硅键扯出一个电子填入这个空穴,从而在**那个**键中产生一个空穴。同样地,一个电子可以从某个其他的键跑来填入第二空穴。就以这种方式,空穴可以在晶格中迁移。

由于铝原子容易从一个邻近的键——即从硅的共价键接受一个电子,所以铝原子称为**受主**原子。如图42-10b所示,这个电子占有位于能隙中的一个局部能态,在价带顶部上面平均能量差为E_a处。通过加进受主原子,可以大量增加价带中空穴的数目,所增加的倍数比图42-10b中显示的大得多,在室温下的硅中,实际上所有受主能级都被电子占有了。

以受主原子掺杂的半导体称为**p型半导体**;p代表正的,含义是引入价带中的空穴,其行为就像正载流子的数目大大超过导带中电子的数目,在p型半导体中,空穴是多子,电子是少子。

表42-2总结了典型的n型和p型半导体的性质。特别要注意受主和施主离子实,虽然它们都带电,但并不是**载流子**,因为在常温下它们都固定在各自的格座上不动。

表42-2 两种掺杂半导体的性质

性质	半导体型	
	n	p
基体材料	硅	硅
基体核电荷	+14e	+14e
基体能隙	1.2eV	1.2eV
掺质	磷	铝
掺质类型	施主	受主
多子	电子	空穴
少子	空穴	电子
掺质能隙	0.045eV	0.067eV
掺质价数	5	3
掺质核电荷	+15e	+13e
掺质净离子电荷	+e	−e

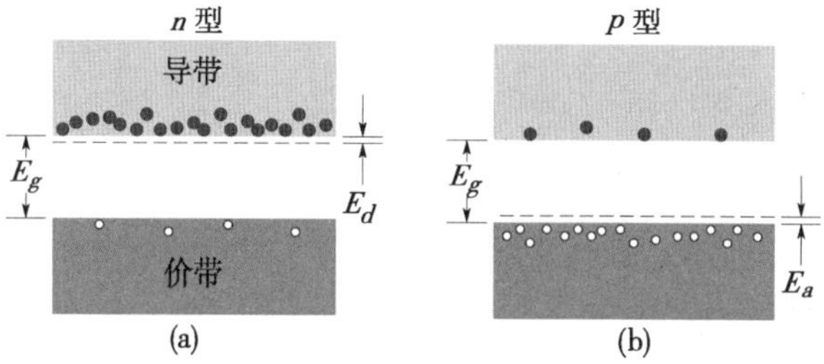

图 42-10 (a)在掺杂 n 型半导体中,施主电子的能级位于导带底部下方一小能量差 E_d 处。由于施主电子容易被激发进入导带,在导带中现在就有多得多的电子,价带中含有的少数空穴和原先一样。(b)在掺杂的 p 型半导体中,受主能级位于价带顶部上方一小能量差 E_a 处。现在在价带中就有相对多得多的空穴。导带中含有的少数电子和原先一样。(a)和(b)中的多子和少子的比例比这些图所显示的大得多。

例题 42-6

纯硅中在室温下的传导电子的数密度 n_0 约为 10^{16}m^{-3}。假定用磷向硅晶格掺杂使这个数增大 10^6 倍,多大比例的硅原子必须被磷原子取代?(回忆在室温下热激发是如此有效以致于每个磷原子都把它的“多余的”电子施入导带。)

【解】 这里一个**关键点**是,由于每个磷原子贡献一个传导电子和由于需要把总的传导电子数密度增大到 $10^6 n_0$,磷原子数密度 n_P 必须满足

$$10^6 n_0 = n_0 + n_P$$

于是 $n_P = 10^6 n_0 - n_0 \approx 10^6 n_0$

$$= (10^6)(10^{16}\text{m}^{-3}) = 10^{22}\text{m}^{-3}$$

这一结果告诉我们每立方米硅中必须加入 10^{22} 个磷原子

第二个**关键点**是,由式(42-4)可求得(掺杂前)纯硅的硅原子数密度 n_{Si},公式为

$$\begin{pmatrix}\text{样品中}\\\text{的原子数}\end{pmatrix} = \frac{(\text{硅的密度})(\text{样品体积 } V)}{(\text{硅的摩尔质量 } M_{Si})/N_A}$$

两边除以样品体积 V 就可在左侧得到硅原子的数密度

$$n_{Si} = \frac{(\text{硅的密度})N_A}{M_{Si}}$$

从附录 F 可得硅的密度为 2.33g/cm^3 ($=2330\text{kg/m}^3$),硅的摩尔质量是 28.1g/mol($=0.0281$kg/mol)。由此可得

$$n_{Si} = \frac{(2330\text{kg/m}^3)(6.02\times10^{23}\text{mol}^{-1})}{0.0281\text{kg/mol}}$$

$$= 5\times10^{28}\text{m}^{-3}$$

所求比例近似地为

$$\frac{n_P}{n_{Si}} = \frac{10^{22}\text{m}^{-3}}{5\times10^{28}\text{m}^{-3}} = \frac{1}{5\times10^6} \qquad \text{(答案)}$$

如果在五百万个硅原子中只有一个被磷原子取代,导带中的电子数就会增大 10^6 倍。

如此小的磷的混入为何能产生像这样大的效果呢?答案是,虽然效果如此显著,但是并不“大”。传导电子数密度在掺杂前是 10^{16}m^{-3},在掺杂后是 10^{22}m^{-3}。而对于铜,传导电子数密度(见表 42-1)是约 10^{29}m^{-3}。因此,即使在掺杂后,硅中传导电子数密度仍然比典型金属,例如铜的少,少到 10^7 分之一。

42-8 p-n 结

p-n 结(图 42-11a)是一个单个的有选择地掺杂了的半导体晶体,其中一个区域是 n 型材料,而其相邻区域是 p 型材料。这种结是基本上所有半导体器件的核心。

为了简单起见,假定这种结是一根 n 型半导体棒和一根 p 型半导体棒用机械的方法压挤在一起形成的。因此,从一个区域到另一个区域的过渡是非常明显的,它就发生在一个单一的**结平面**处。

现在讨论原来都是电中性的 n 型棒和 p 型棒刚被压挤在一起形成结后其中电子和空穴的运动。首先考察多子，它们在 n 型材料中是电子，在 p 型材料中是空穴。

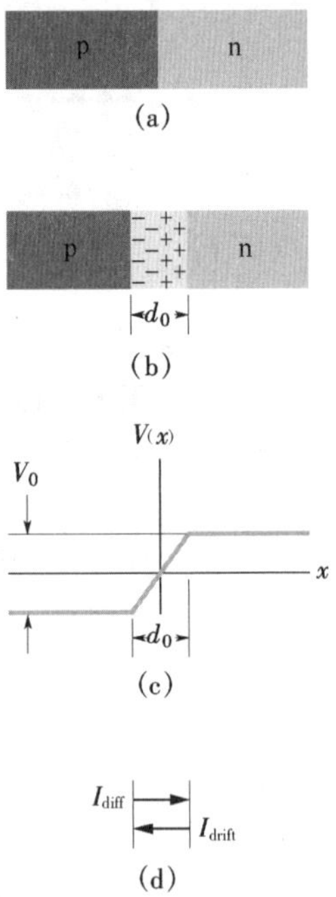

图 42－11　(a) 一个 p－n 结。(b) 越过结平面的多子的运动暴露出一层与未被补偿的施主离子（在界面右侧）和受主离子（在界面左侧）相联系的空间电荷。(c) 和空间电荷相联系的是跨过 d_0 的一个接触电势差 V_0。(d) 越过结平面的多子（电子和空穴）的扩散产生一个扩散电流 $I_{\rm diff}$（在实际的 p－n 结中，耗尽层的边界不像这里画得那么明显，接触电势曲线 (c) 也是光滑的，没有明显的拐角）。

多子的运动

如果你弄破一个充氦的气球，氦原子将向外扩散（散开）到周围的空气中。这种情况发生是因为通常空气中氦原子非常少。用更正式的语言说，是因为在气球－空气交界面上有一个氦**密度梯度**（氦原子数密度通过交界面时发生变化）；氦原子要运动以减小这一梯度。

同样地，在图 42－11a 中紧靠结面 n 侧的电子要越过结平面（在图中从右向左）扩散进入 p 侧，在那里自由电子非常少。与此类似，紧靠结面 p 侧的空穴要越该面（从左向右）扩散进入 n 侧，在那里空穴非常少。电子和空穴的运动形成一种扩散电流 $I_{\rm diff}$，其方向按习惯说是从左向右，如图 42－11d 所示。

回忆一下，n 侧到处都散布着固定在它们的晶格座上的带正电的施主离子。正常情况下，每个这种离子多余的正电荷被导带中的一个电子在电方面补偿了。但是，当一个 n 侧电子扩散越过结面时，这扩散就"暴露"一个这种施主离子，因此在 n 侧靠近结平面处就出现了一个固定的正电荷。当扩散电子到达 p 侧时，它很快就和一个受主离子（它缺少一个电子）结合，因而在 p 侧靠近结平面处就出现了一个固定的负电荷。

通过这种方式，图 42－11a 中从右向左越过结平面的电子扩散导致在结平面两侧的**空间电荷**的建立，如图 42－11b 所示。从左到右越过结平面的空穴扩散具有完全一样的效果。（现在就花点时间去理解这一点），两种多子——电子和空穴——的运动都对这两个一正一负的空间电荷区域的建立做出了贡献。这两区域形成一**耗尽层**，这样称谓是由于它相对地没有游离的载流子；它的宽度在图 42－11b 中用 d_0 表示。

空间电荷的建立在耗尽层两侧产生一个连带的**接触电势差 V_0**，如图 42－11c 所示。这一电势差限制电子和空穴进一步越过结平面的扩散。负电荷倾向于离开低电势区域。因此在图 42－11b 中从右方移近结平面的电子要返回 n 侧。类似地，从左方移近结平面的正电荷（空穴）是向高电势处移动的，因而要返回 p 侧。

少子的运动

如图 42－10a 所示，在 n 型材料中虽然多子是电子，但是也有少数空穴。相似地在 p 型材料（图 42－10b）中，虽然多子是空穴，也有少数电子。这些少数的空穴和电子是相应材料中的少子。

虽然图 42－11c 中的电势差 V_0 的作用对多子来说是势垒，但对在 p 侧的电子和 n 侧的空穴的那些少子来说却是一段下坡路。正电荷（空穴）要寻找低电势区域；负电荷（电子）要寻找高电势区域。因此两种载流子由于接触电势差的作用要**掠过**结平面共同形成一种从右向左跨越结平面的**漂移电流** I_{drift}，如图 42－11d 所示。

因此，一个孤立的 p－n 结是处于其两端间存在着接触电势差的一种平衡态。在平衡情况下，从 p 侧经过结平面流向 n 侧的平均扩散电流 I_{diff} 正好被相反方向的平均漂移电流 I_{drift} 平衡了。这两种电流相互抵消，因为通过结平面的净电流必须是零；否则电荷将要从结的一端向另一端无休止地传送了。

检查点 3：通过图 42－11a 的结平面的下列 5 种电流哪一种必须是零？

(a) 多子和少子空穴共同形成的净电流；

(b) 多子和少子电子共同形成的净电流；

(c) 多子和少子的空穴和电子总共形成的净电流；

(d) 空穴多子和电子多子共同形成的净电流；

(e) 空穴少子和电子少子共同形成的净电流。

---

42 -9 结整流器

如图 42－12 所示，如果在 p－n 结两端沿一个图示方向（标有＋号和"正向偏压"）加上电势差，将有电流通过该结。但是，如果把电势差方向反过来，则通过结的电流就将几乎是零。

这种性质的一种应用是结整流器，它的符号如图 42－13b 中所示；其中箭头指向器件的 p 型端，也表示习惯上电流的允许方向。对器件输入的正弦波电势（图 42－13a）被结整流器转换成了半波输出电势（图 42－13c）；这就是说，结整流器的作用对输入电势的一个方向基本上是一个闭合电键（零电阻）而对另一个方向则基本上是一个开启电键（无限大电阻）。

图 42－13a 中的输入电压的平均值是零，但图 42－13c 中输出电压的则不是。因此，结整流器可以用在仪器，如电子供电设备中把交变电势差转变为恒定电势差。

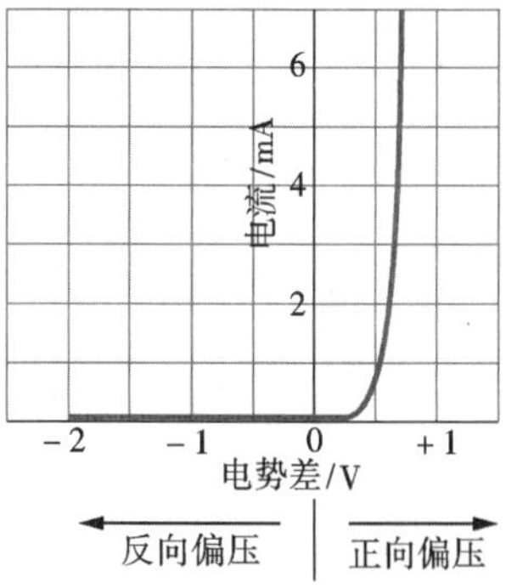

图 42－12 p－n 结的电流－电压曲线，说明该结在正向偏压时高度导电，在反向偏压时基本上不导电。

图 42－14 说明 p－n 结为什么能起整流器的作用。在图 42－14a 中，电池和结的两端相联，其正极连接 p 侧。在这种**正向偏压连接**下，p 侧变得比连接前更正而 n 侧变得更负，因此**减小**了图 42－11c 中势垒 V_0 的高度。更多的多子现在能够爬过这个较低的势垒；于是，扩散电流 I_{diff} 明显地增大。

形成漂移电流的少子，感受不到势垒，因而漂移电流不受外电池的影响。在零偏压条件下存在的电流的刚好平衡（见图 42－11d）就这样被破坏了，随之，如图 42－14a 所示，一个大的净正向电流 I_F 出现在电路中。

正向偏压的另一个效果是使耗尽层变窄，这一点从比较图 42－11b 和图 42－14a 就可看出。这是因为随着正向偏压的存在而降低了的势垒一定和较少的空间电荷相联系。由于产生空间电荷的离子是固定在它们的格座上的，它们的数目的减少只能是通过耗尽层的宽度减小。

由于在正常情况下，耗尽层内包含的载流子数目非常小，所以在此情况下，它是一个高电阻区。但是，当它的宽度被正向偏压大大地减小时，它的电阻也就大大地减小了，这是和大的正向电流相符合的。

图 42-14b 表示**反向偏压**连接，其中电池的负极和 p-n 结的 p 型端相连。现在外加电动势使接触电势差**增大**，扩散电流大大**减小**而漂移电流仍保持不变，于是导致了相对**小的**反向电流 I_B。耗尽层**变宽**，它的**高**电阻和这**小**的反向电流相符合。

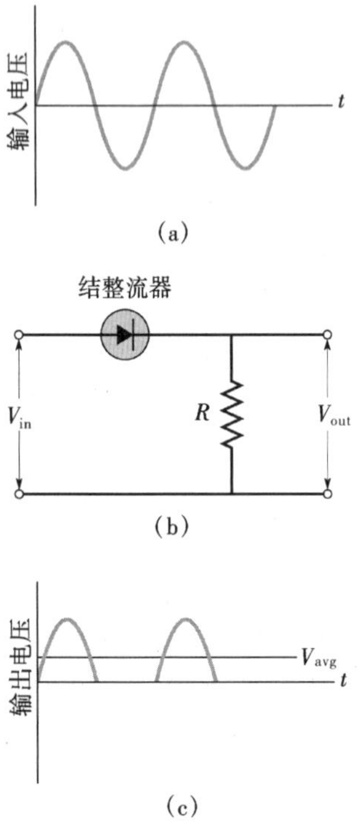

图 42-13　被连接成结整流器的 p-n 结。(b) 中电路的作用是让输入波形 (a) 的正的一半通过而阻挡负的一半，输入波形的平均电势为零；输出波形 (c) 的平均势能为一正值 V_{avg}。

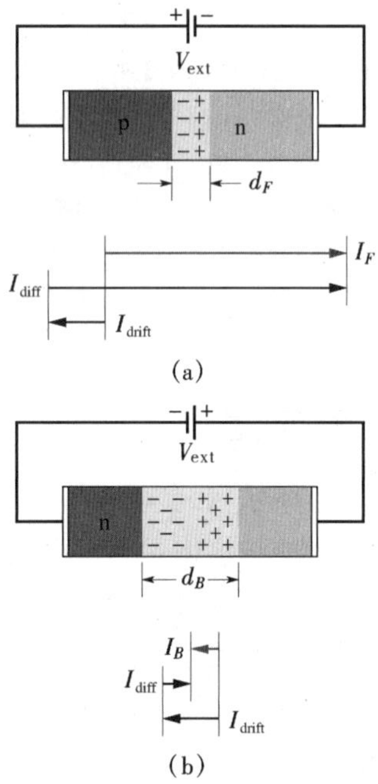

图 42-14　(a) p-n 结的正向偏压连接，表示变窄了的耗尽层和大的正向电流 I_F。(b) 反向偏压连接，表示变宽了的耗尽层和小的反向电流 I_B。

42-10　发光二极管(LED)

今天，几乎很难避免在收款机和加油泵，微波炉和闹钟上出现的明亮彩色的"电子"数字，也好象离不开通过遥控控制电梯门和操纵电视机时用的不可见的红外线束。几乎所有情况下，这种光都是由用作**发光二极管**(LED) 的 p-n 结发出的。一个 p-n 结怎么能发光呢？

首先考虑一个简单半导体。当一个电子从导带的底部落入价带顶部的一个空穴中时，等于隙宽的能量 E_g 被释放。在硅、锗和许多其他半导体中，这一能量大部分都转换成了振动晶格的热能，其结果就没有光发射出来。

但是，在有些半导体，包括砷化镓中，能量可能以一个能量为 hf 的光子的形式发射出来，其波长为

$$\lambda = \frac{c}{f} = \frac{c}{E_g/h} = \frac{hc}{E_g} \qquad (42-11)$$

为了发射像一个 LED 那样足够有用的光，材料必须具有适当大量的电子－空穴跃迁。纯半导体不能满足这个要求，因为在室温下，其中没有足够的电子－空穴对。像图 42－10 显示的那样，掺杂也不能解决问题。在掺杂的 n 型材料中，传导电子数大大地增加了，但并没有足够的空穴让它们去结合；在掺杂的 p 型材料中倒是有丰富的空穴，但没有足够的电子去和它们结合。因此，不论是纯半导体还是掺杂半导体，都不能提供足够的电子－空穴跃迁而成为一个实用的 LED。

我们所需要的是在导带中有非常大量的电子和在价带中有相应大量的空穴的半导体材料。像图 42－15 所示那样，在一个大量掺杂的 p－n 结上加一个强的正向偏压就可以制造出具有这种性质的器件。在这样的装置中通过器件的电流 I 向 n 型材料注入电子而向 p 型材料注入空穴。如果掺的杂质足够多而电流又足够大，耗尽层就会变得非常窄，可能只有几微米宽。其结果是在 n 型材料中数密度很大的电子隔着耗尽层面对着 p 型材料中数密度相应大的空穴。由于这两种大数密度相距如此的近，就能发生许多电子－空穴结合，导致光从耗尽层发出。图 42－16 表示一个实际的 LED 的结构。

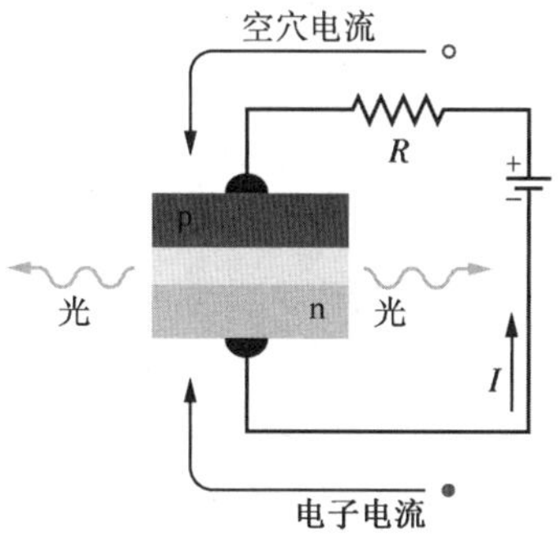

图 42－15 正向偏置的 p－n 结，显示电子注入 n 型材料，空穴注入 p 型材料。（空穴沿电流 I 的习惯上的方向运动，等效于电子沿相反方向运动。）每一次一个电子越过窄的耗尽层和一个空穴结合，就有光从该层发出。

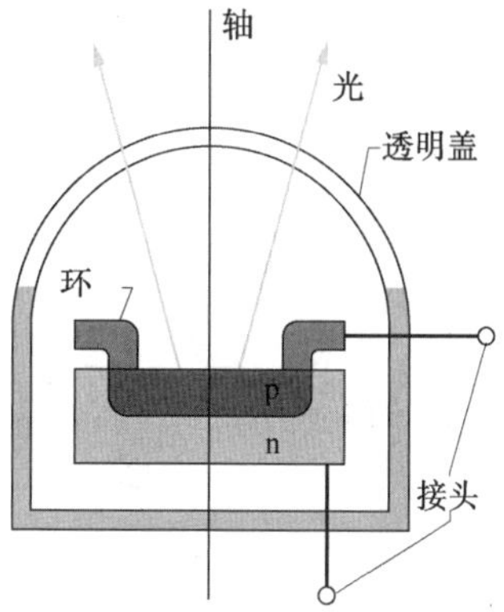

图 42－16 一个 LED 的剖面图（此图关于中心轴有转动对称性）薄得可以透明的 p 型材料是圆盘状，一个接头通过和圆盘边缘接触的金属环和 p 型材料相接。图中没有画出 n 型材料和 p 型材料间的耗尽层。

为可见光区设计的商品 LED 一般是以镓为基底，掺入适量的砷和磷原子。其中有 60% 的非镓格座为砷离子占有而 40% 被磷离子占有的组合形成的能隙宽度 E_g 约为 1.8eV，相应于红光。其他掺杂和跃迁能级的配合可能制造出各种 LED，它们可以发射可见和近可见光谱中基本上任何所期望的区域的光。

光二极管

电流通过适当安排的 $p-n$ 结可以发出光。反过来也是真实的；即用光照射适当安排的 p－n 结可以在包括该结在内的电路中产生电流。这就是**光二极管**的基础。

当你按下电视遥控器时，其中的 LED 发出一列红外光脉冲编码序列，电视机中的接收器件是一个精巧的简单（两个接头的）光二极管，它不但能够检测红外信号，而且能把它放大并把它转换成电信号来改变频道，或调整音量，或干其他事。

结激光器

在图 42 – 15 所示的装置中，在 n 型材料的导带中有很多电子，在 p 型材料的价带中有许多空穴。因此，对电子说，就形成了粒子数布居反转；即在较高能级上的电子比在较低能级上的电子多。就像在第 41 – 12 节讨论过的，这就正规地具有了激光作用的必要的——而不是充分的——条件。

当一个电子从导带进入价带时，就能以一个光子的形式释放它的能量。这个光子能够激发第二个电子落入价带，通过受激发射产生第二个光子。通过这种方式，如果通过结的电流足够大，就能发生受激发射的链式反应而激光也就能产生。为了实现这种情况，p – n 结晶体的相对两面必须平展而且平行，从而使得光在晶体中能被来回地反射。（回忆在图 41 – 21）的氦氖激光器中，那一对反射镜就是为此目的而设的。因此，一个 p – n 结就能像一个**结激光器**起作用，它的光输出是高度相干的而且比 LED 发的光具有单一得多的波长。

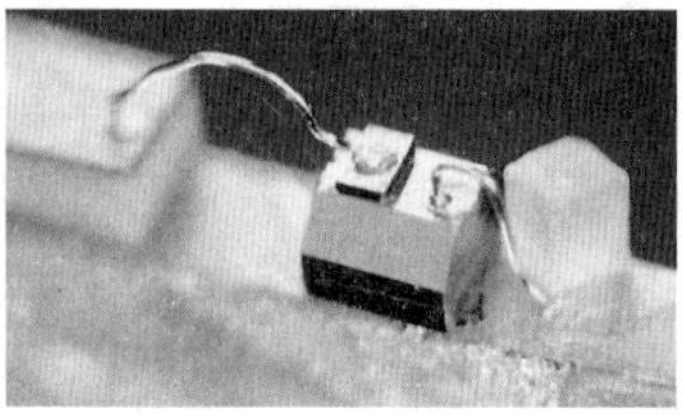

图 42 – 17 贝尔实验室开发的一个结激光器，右方的立方体是一个盐粒。

结激光器安装在紧凑光盘（CD）唱机内，在其中通过从转动的光盘的反射，它被用来把光盘上的一系列微小凹坑翻译成声音。它们很多也被用在基于光纤的光通信系统中。图 42 – 17 显示它们的非常小的尺寸。常把结激光器设计得工作在电磁波谱的红外区，因为光纤在该区有两个“窗口”（在 $\lambda = 1.31$ 和 $1.55\mu m$ 处）而对这两个窗口单位长度的光纤吸收的能量最小。

例题 42 – 7

一个 LED 所用的 $p-n$ 结是基于一种能隙为 1.9eV 的 Ga – As – P 半导体材料。它发射的光的波长是多少？

【解】 这里**关键点**是，假定跃迁是从导带底部到价带顶部；因此式（42 – 11）成立。由此式可得

$$\lambda = \frac{hc}{E_g} = \frac{(6.63\times10^{-34}\mathrm{J\cdot s})(3.00\times10^{8}\mathrm{m/s})}{(1.9\mathrm{eV})(1.6\times10^{-19}\mathrm{J/eV})}$$

$$= 6.5\times10^{-7}\mathrm{m} = 650\mathrm{nm}$$

（答案）

这种波长的光是红色的。

检查点 4：对于此例题中的 LED，650nm 是（a）能发射的唯一波长，（b）发射的最大波长，（c）发射的最小波长，或（d）发射的平均波长？（考虑在解中所假设的量子跃迁。）

42 – 11 晶体管

一个**晶体管**是可以用来放大输入信号的三端半导体器件。图 42 – 18 表示一个普通的场效应管（FET）；在它里面从端 S（源）到端 D（漏）的电子流能被一个电场（即场效应一词的由来）控制，此电场是由加在端 G（栅）上的适当的电势在器件中产生的。晶体管的类型很多，下面只讨论一种 FET，叫金属氧化物场效应管（MOSFET，它是 metal-oxide-semiconductor-field-effect transistor 词组中各词的第一个字母缩合而成）。MOSFET 已经被描绘成现代电子工业的工作间。

在许多应用中，MOSFET 只工作在两个状态：漏到源的电流 I_{DS} ON（门开）或 OFF（门闭）。第一个状态可以代表二进制算法中的 1，第二个状态代表该算法中的 0 而作为数字逻辑的基础，因

此，MOSFET 能被用到数字逻辑电路中。ON 和 OFF 两状态之间的转换能以高速进行，因此二进制逻辑数据可以很高速地通过以 MOSFET 为基础的电路。MOSFET 的长度约为 500nm——大致和黄光的波长相同——，已大量地按常规方法制造而用于各种电子器件中。

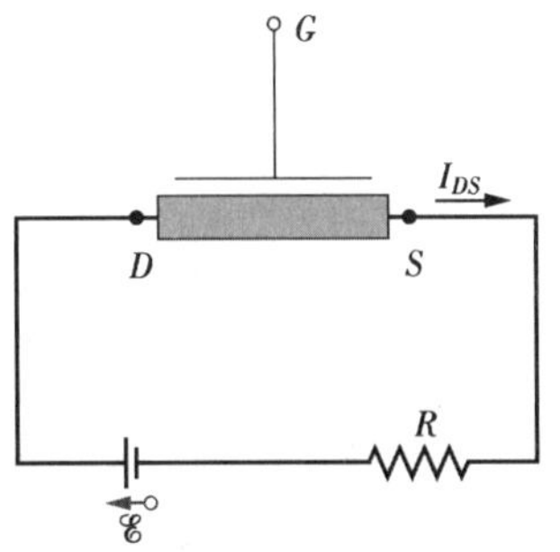

图 42－18 含有普通的场效应晶体管电路，其中电子从源端 *S* 经器件流向漏端 *D*。（习惯上的电流 I_{DS} 沿相反的方向）I_{DS} 的大小受到由加在栅端 *G* 的电势在器件体内建立的电场控制。

图 42－19 表示一个 MOSFET 的基本结构。一块硅或其他半导体的单晶被轻度地掺杂成为 p 型材料。在这个基片内，通过 n 型施主加重的"过量掺杂"，形成两个 n 型材料的"岛"作为漏 D 和源 S。漏和源由一条 n 型材料的细通道连接，称为 **n 型通道**。在晶体表面沉积以绝缘的氧化硅（即 MOSFET 中 O 字的由来）薄层，并在 *D* 和 *S* 处插入两个金属端（即 M 字的由来），使得漏和源可以和外部相连。对着 n 型通道沉积一薄层金属作为栅 *G*。注意，此栅和晶体管本身没有电接触，而是被绝缘的氧化物薄层把二者隔开了。

首先考虑源和 *p* 型基片接地（零电势）而栅"浮动"；即栅未和外界 emf 源连接的情况。在漏和源加以电势差 V_{DS}，并使漏为正。电子将由源通过 n 型通道流向漏，而习惯上的电流 I_{DS} 将由漏通过 n 型通道流向源，如图 42－19 所示。

现在对栅 *G* 加一电势 V_{GS} 并使它相对于源较低。此负栅在器件中建立一电场（即"场效应"一词的由来），此电场要把电子从 n 型通道排斥到基片中去。这一电子的移动使 n 型通道和基片间的（自然形成的）耗尽层变宽而 n 型通道变窄。变窄了的 n 型通道，加上在此通道中载流子数目的减少，将增大通道的电阻，从而减小电流 I_{DS}。V_{GS} 的大小合适时，这一电流可能被完全阻断；因此，通过控制 V_{GS}，MOSFET 能够在它的 ON 和 OFF 模式之间转换。

载流子不能通过**基片**流动，因为基片（1）只是轻度掺杂了的，（2）不是良导体，和（3）由耗尽层把它和 n 型通道和那两个 *n* 型岛隔开了，该耗尽层在图 42－19 中未画出。这种耗尽层在 n 型材料和 p 型材料的交界面上常常存在，如图 42－11b 所示。

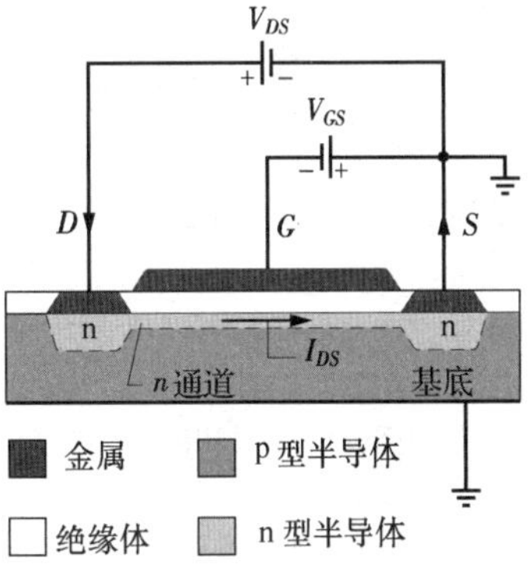

图 42－19 称为 MOSFET 的一种特殊的典型的场效应晶体管。通过 n 型通道的由漏到源的习惯上的电流的大小受到由加在源 *S* 和栅 *G* 之间的电势差控制。存在于 n 型材料和 p 型材料之间的耗尽层未画出。

集成电路

计算机和其他电子设备用到成千（如果不是百万的话）的晶体管和其他电学元件，如电容和电阻等。这些元件并不是一个个作为分立元件联接在一起而是极其精巧地制备在一个单独的半导体**小块**内形成一个**集成电路**。

图 42－20 表示一个奔腾微处理块，由英特尔公司制造。它包含几乎 700 万晶体管以及许多其他电学元件。图 42－21 是另一个集成块的布局的一部分放大了许多倍的图像，其中不同颜色表示集成块的不同层。

在英特尔的 *Rio Rancho* 工厂，通过 140 道工序在 20*cm* 的硅晶片上制造集成块，而每个晶片约含有 300 个集成块。块内单个的电学元件是如此的小，以致于最小的尘粒也能毁坏一个集成块。必须注意在工厂内进行制造的净化房间内保持无尘的环境，其对纯净的要求比医院内手术室对纯净的要求要高出上千倍。这就是本章首页的照片中工人要穿防护服的理由。

图42-20 英特尔奔腾块用的集成电路，主要用在计算机内。它将被陶瓷涂层包起来以便于安装和应用。

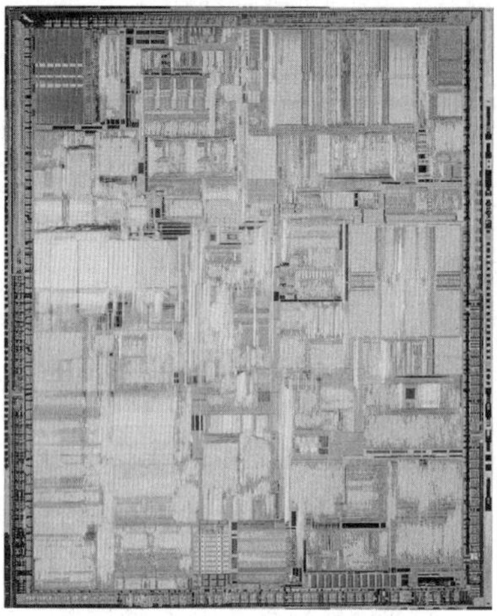

图42-21 一个英特尔集成块布局的放大照片。

复习和小结

导体、半导体和绝缘体 能够用来区别晶型固体的三种电学性质是**电阻率**ρ，**电阻率的温度系数**α和**截流子数密度**n。固体可以大致分为**导体**(ρ小)和**绝缘体**(ρ大)。导体又可以分为**金属**(小ρ，正α，大n)和**半导体**(较大的ρ，负α和较小的n)。

晶型固体的能级和能隙 一个孤立的原子只可能存在于一组离散的能级中。当原子聚集起来形成固体时，这些单个原子的能级结合形成固体的离散的能带。这些能带被能隙隔开，而每一个能隙都对应于电子不可能占有的能量区域。

任何能带都由非常多的靠得非常近的能级构成。泡利不相容原理断言只有一个电子可能占有一个这样的能级。

绝缘体 在绝缘体中，含有电子的最高能带是完全满的而且把它和它上面的空带隔开的能隙是如此地大以致电子基本上永远不可能由于热激发跳过这个能隙。

金属 在**金属**中，含有电子的能带仅是部分满的。在0K下最高的被占能级的能量称为金属的费米能量E_F；对于铜，$E_F=7.0\text{eV}$。

在部分满的能带中的电子是传导电子，它们的数目是

$$\begin{pmatrix}\text{样品中的}\\\text{传导电子数}\end{pmatrix}=(\text{样品中的原子数})\times\begin{pmatrix}\text{每个原子的}\\\text{价电子数}\end{pmatrix} \quad (42-2)$$

样品中的原子数由下式给定

$$(\text{样品中的原子数})=\frac{\text{样品质量}M_{\text{sam}}}{\text{原子质量}}=\frac{\text{样品质量}M_{\text{sam}}}{(\text{摩尔质量}M)/N_A}=\frac{(\text{材料的密度})(\text{样品体积}V)}{(\text{摩尔质量}M)/N_A} \quad (42-4)$$

传导电子的数密度n是

$$n=\frac{\text{样品中传导电子的数目}}{\text{样品体积}V} \quad (42-3)$$

态密度函数$N(E)$是样品的单位体积和单位能量区间内的可占有能级的数目，它由下式给定

$$N(E)=\frac{8\sqrt{2}\pi m^{3/2}}{h^3}E^{1/2} \quad (\text{态密度}) \quad (42-5)$$

其中E是计算$N(E)$时用的能量值。

占有概率$P(E)$(一个给定的能级被一个电子占有的概率)是

$$P(E)=\frac{1}{e^{(E-E_F)/kT}+1} \quad (\text{占有概率}) \quad (42-6)$$

占有态密度$N_O(E)$是由式(42-5)和式(42-6)的乘积给定的：

$$N_O(E)=N(E)P(E) \quad (\text{占有态密度}) \quad (42-7)$$

金属的费米能量可以通过对$T=0$从$E=0$到$E=E_F$

积分 $N_0(E)$ 求出，其结果是

$$E_F=\left(\frac{3}{16\sqrt{2}\pi}\right)^{2/3}\frac{h^2}{m}n^{2/3}=\frac{0.121h^2}{m}n^{2/3} \quad (42-9)$$

半导体 半导体的能带结构类似于绝缘体除去半导体的能隙宽度 E_g 小得多。对于硅（一种半导体），在室温下，热激发就把少数电子推上进入**导带**，在**价带**中留下相等数目的**空穴**。电子和空穴都是载流子。

硅的导带中电子的数目能够通过掺入少量的磷而大大增加，由此形成 n 型材料。价带中的空穴的数目能够通过掺入铝而大大增加，由此形成 p 型材料。

p－n 结 一个 **p－n 结**是一个单个的半导电的晶体，其一端掺杂形成 p 型材料而另一端掺杂形成 n 型材料，这两种材料交界处形成一**结平面**。在热平衡时，在该平面处下列情况发生：

多子（n 侧的电子和 p 侧的空穴）扩散越过结平面，产生**扩散电流** I_{diff}。

少子（n 侧的空穴和 p 侧的电子）漂过结平面，形成**漂移电流** I_{drift}。这两种电流大小相等，所以净电流为零。

一个**耗尽层**，大部分是带电的施主和受主离子，横跨结平面形成。

一个**接触电势差** V_0 横跨耗尽层产生。

p－n 结的应用 当 p－n 结的两端加上电势差时，一种极性接法比另一种接法使器件更容易导电。因此 p－n 结可用作**结整流器**。

当 p－n 结正向偏置时，它可以发光，因此可以用作发光二极管（*LED*）。所发光的波长是

$$\lambda=\frac{c}{f}=\frac{hc}{E_g} \quad (42-11)$$

加有高正向偏压而且两端面平行的 p－n 结可以象**结激光器**那样工作，发出波长非常单一的光。

MOSFET 在一 MOSFET（金属氧化物场效应管），一种三端晶体管中，加在栅端 G 的电势，控制其内部由源端向漏端的电子流。一般地，MOSFET 只工作在其 ON（导电）或 OFF（断电）状态。组装到硅晶片（包含有许多块）上制成集成电路的成千和成百万的 MOSFET 是计算机硬件的基础。

思考题

1. 图 42－1a 显示代表铜的单胞的 14 个原子。但是由于其中每个原子都是和一个或几个相邻的单胞所共有的，每个原子只有一部分属于所示单胞。铜的每个单胞的原子数是多少？（为了回答，计算属于一个单胞的各原子的分数。）

2. 图 42－1b 显示代表硅的单胞的 18 个原子。其中 14 个与一个或几个相邻的单胞共有。硅的每个单胞的原子数是多少？（见思考题 1）

3. 在金属的最高占有能带中相邻能级的间隔决定于（a）制配样品所用的材料，（b）样品的大小，（c）能级在带中的位置，（d）样品的温度或（e）金属的费米能量？

4. 比较载流铜线中传导电子的漂移速率 v_d 和铜的费米速率 v_F。v_d 是（a）约等于 v_F，（b）比 v_F 大得多，或（c）比 v_F 小得多？

5. 在硅晶格中，如果需要找（a）一个传导电子，（b）一个价电子，（c）和孤立硅原子的 $2p$ 支壳层相联系的一个电子，应该查看什么地方？

6. 下列说法中哪一个，如果有的话，是正确的：（a）在足够低的温度下，硅的行为象绝缘体。（b）在足够高的温度下，硅变为良导体。（c）在足够高的温度下，硅的行为像金属？

7. 半导体硅和锗的能隙 E_g 分别是 1.12 和 0.67eV。下列说法中，哪一个，如果有的话，是正确的：（a）在室温下二者的载流子数密度相等。（b）在室温下锗的载流子数密度比硅的大。（c）二者的传导电子数密度比空穴的都大。（d）每种材料的电子数密度等于空穴的？

8. 一个锗原子有 32 个电子，按下列方式安排在各支壳层中：

$$1s^2 \quad 2s^2 \quad 2p^6 \quad 3s^2 \quad 3p^6 \quad 3d^{10} \quad 4s^2 \quad 4p^2$$

此元素具有和硅一样的晶体结构，而且像硅，是一种半导体。这些电子中的哪些电子形成晶体锗的价带。

9. 锗（$Z=32$）具有和硅一样的晶体结构和键合形式。在其晶格中一个锗离子的净电荷是 $+e$，$+2e$，$+4e$，$+28e$，$+32e$？

10.（a）在砷，铟，锡，镓，锑和硼诸元素中，如果用来对硅掺杂，哪一种能形成 n 型材料？（b）哪一种能形成 p 型材料？（c）哪一种不宜于做掺质？（提示：参考附录 G 中的周期表。）

11. 一个硅样品用磷掺杂了。下列说法中，哪一个，如果有的话，是正确的：（a）样品中空穴的数目稍稍增加了一些。（b）样品的电阻率增大了。（c）样品变得带正电了。（d）样品变得带负电了。（e）价带和

导带之间的能隙稍稍变窄了一些？

12. 要制造一个 n 型半导体，可以用(a)掺砷的硅，还是(b)掺铟的锗？（提示：参考周期表）。

13. 在图42-14的偏置p-n结中，和跨过耗尽层的电势差相联系，在两个耗尽层中都有一个电场 $\vec{E}$ 存在。(a) $\vec{E}$ 的方向是从左向右还是从右向左？(b)正向偏压和反向偏压相比，哪种情况下 $\vec{E}$ 的数值大？

14. 某一孤立的p-n结跨过它的耗尽层产生的接触电势差 V_0 为0.78V。一个电压计连到结的两侧，其正端连到p侧。电压计的读数将是(a)+0.78V，(b)-0.78V，(c)零，或(d)其他值？（提示：在p-n结和电压计的接头间出现接触电势差。）

15. 下面哪个遵守欧姆定律：(a)一根纯硅棒，(b)一根n型硅棒，(c)一根p型硅棒，(d)一个p-n结？

16. 基于镓-砷-磷半导电晶体的LED发红光，如果通过这样一个晶体去看一个白色表面，将看到(a)红色，(b)蓝色，(c)什么也看不见，因为晶体是不透明的，或(d)白色？

练习和习题

42-5节　金属

1E. 铜是一价金属，其摩尔质量为63.54g/mol，密度为8.96g/cm^3。铜中的传导电子的数密度 n 是多少？(ssm)

2E. 验算式(42-9)中的数字因子0.121。

3E. 在什么压强（以大气压作单位）下，理想气体单位体积内的分子数等于铜中的传导电子数密度，假定气体和铜的温度都是 $T=300$K？

4E. 用式(42-9)验证铜的费米能量是7.0eV。

5E. 用表42-1的数据，计算在实温下(a)铜和(b)硅的 $d\rho/dT$。

6E. 一价金属金中传导电子的数密度是多少？利用附录F中的摩尔质量和密度。

7E. (a)证明式(42-5)可以写成 $N(E)=CE^{1/2}$，(b)用m和eV作单位计算 C。(c)计算 $E=5.00$eV时的 $N(E)$。(ssm)

8E. 铜的费米能量是7.0eV。验证相应的费米速率是1600km/s。

9E. 在(a) $T=0$K和(b) $T=320$K时位于费米能量上方0.062eV的一个态被占有的概率各是多少？(ssm)

10E. 计算一种金属在能量 $E=8.0$eV处的态密度 $N(E)$ 并说明其结果和图42-5的曲线相符。

11E. 证明式(42-9)可以写成 $E_F=An^{2/3}$，其中常量 A 的数值为 $3.65\times10^{-19}\mathrm{m^2\cdot eV}$。(ssm)

12E. 用练习6的结果计算金的费米能量。

13E. 在费米能量上方63mV处的一个态的占有概率是0.090。在费米能量下方63meV处的一个态的占有概率是多少？

14P. 铜的费米能量是7.0eV。对于铜，在1000K，(a)求出电子占有概率为0.90的能级的能量。对于此能量，求(b)态密度 $N(E)$ 和(c)占有态密度 $N_O(E)$。

15P. 在式(42-6)中，取 $E-E_F=\Delta E=1.00$eV。(a)在什么温度此式给出的结果和经典的玻耳兹曼公式 $P(E)=e^{-\Delta E/kT}$（这是换了两个符号的式(42-1)）给出的结果相差1.0%？(b)在什么温度这两个公式给出的结果相差10%？(ssm)　(www)

16P. 证明式(42-6)中的占有概率 $P(E)$ 对于费米能量是对称的；即证明

$$P(E_F+\Delta E)+P(E_F-\Delta E)=1$$

17P. 假设一个金属样品的总体积是构成晶格的金属离子占有的体积和传导电子占有的（另外的）、体积之和。钠（一种金属）的密度和摩尔质量分别是971kg/m^3 和23.0g/mol；Na^+ 离子的半径是98pm。(a)在一个金属钠样品的体积中，其传导电子所占体积的百分比是多少？(b)对铜做同样的计算，已知铜的密度，摩尔质量和离子半径分别是8960kg/m^3，63.5g/mol和135pm。(c)你认为这两种金属中谁的传导电子的行为更象自由电子气？

18P. 求铜在 $T=1000$K，能量 $E=4.00$，6.75，7.00，7.25和9.00eV的占有态密度 $N_O(E)$。将结果和图42-7(b)对比。铜的费米能量是7.00eV。

19P. 计算(a)0℃和1.0atm压强的氧气的分子和(b)铜中的传导电子的数密度（单位体积内的数目）。(c)后者和前者的比是多少？(d)每种情况的粒子平均间距多大？假定此间距等于每个粒子所占的正立方体积的边长。

20P. 质量等于地球质量的金刚石中一个电子跳越能隙 E_g（见图42-4a）的概率是多大？用例题42-1的结果和附录F中碳的摩尔质量；假定在金刚石中每个碳原子有一个价电子。

21P. 银的费米能量是5.5eV。(a)在 $T=0$℃，具

有下列能量的态被占有的概率各是多大：4.4eV，5.4eV，5.5eV，5.6eV 和 6.4eV？（b）在什么温度下能量 $E=5.6\text{eV}$ 的态的被占有概率是 0.16？（ssm）（www）

22P. 证明能量为 E 的能级不被占有的概率 $P(E)$ 为

$$P(E)=\frac{1}{e^{-\Delta E/kT}+1}$$

其中 $\Delta E=E-E_F$

23P. 铝的费米能量为 11.6eV；它的密度和摩尔质量分别是 2.70g/cm^3 和 27.0g/mol。由这些数据确定每个原子的传导电子数。（ssm）

24P. 在 $T=300\text{K}$，传导电子的占有概率为 0.10 的态离费米能量多远？

25P. 银是一价金属。计算（a）传导电子的数密度，（b）费米能量，（c）费米速率和（d）和此电子速率对应的德布罗意波长。所需关于银的数据参看附录 F。（ssm）

26P. 锌是二价金属。计算（a）传导电子的数密度，（b）费米能量，（c）费米速率和（d）和此电子速率对应的德布罗意波长。所需关于锌的数据参看附录 F。

27P. （a）证明在费米能量处的态密度是

$$N(E_F)=\frac{(4)(3^{1/3})(\pi^{2/3})mn^{1/3}}{h^2}$$
$$=(4.11\times10^{18}\text{m}^{-2}\text{eV}^{-1})n^{1/3}$$

其中 n 是传导电子的数密度。（b）用练习 1 对于铜的结果计算 $N(E_F)$，并参照图 42-5 的曲线验证此计算的结果，已知铜的 $E_F=7.0\text{eV}$。

28P. （a）证明式（42-6）在 $E=E_F$ 处的斜率 $d\rho/dE$ 是 $-1/4kT$。（b）证明图 42-6（b）的曲线在 $E=E_F$ 处的切线与水平轴相交于 $E=E_F+2kT$。

29P. 证明，在 $T=0\text{K}$，金属中传导电子的平均能量等于 $\frac{3}{5}E_F$（提示：根据定义，$E_{avg}=(1/n)\int EN_0(E)\,dE$，其中 n 是载流子的数密度。）（ssm）

30P. 利用习题 29 计算 $T=0\text{K}$ 时 1.0cm^3 铜中的传导电子的总平动动能。

31P. （a）利用习题 29 的结果，估算突然取消泡利不相容原理时，质量为 3.1g 的铜币中的传导电子能释放的能量。（b）这些能量用来点 100W 的灯能点多长时间？（注意：没有任何办法可以取消泡利原理！）

32P. 在 1000K，金属中能量大于费米能量的传导电子所占分数等于图 42-2b 的曲线下面 E_F 外面的面积除以整个曲线下面的面积。直接积分求这些面积是困难的。不过，在任何温度 T 此分数近似地是

$$frac=\frac{3kT}{2E_F}$$

注意，$T=0\text{K}$ 时，$frac=0$，这正是预期的。对于铜，在（a）300K 和（b）1000K 时这一分数各是多少？铜的 $E_F=7.0\text{eV}$。（c）用式（42-7）做数值积分验证以上结果。

33P. 在什么温度下，在锂（一种金属）中能量大于费米能量 E_g 的传导电子占 1.3%？锂的 $E_F=4.7\text{eV}$。（参考习题 32）（ssm）

34P. 银在 961℃时熔化。在熔点，有多大比例的传导电子在能量高于费米能量的态中，银的费米能量是 5.5eV。（参考习题 32）

42-6 节　半导体

35E. （a）能把金刚石的价带中的一个电子激发到导带中的光的最大波长是多少？能隙为 5.5eV。（b）这一波长在电磁波谱中位于哪一部分？（ssm）

36P. 化合物砷化镓是一种常用的半导体，其能隙 E_g 为 1.43eV。它的晶体结构与硅的相似，只是一半硅原子被镓原子置换而另一半被砷原子置换了。模仿图 42-9a 的图样，画一个砷化镓晶格的平面展示图。（a）镓和砷离子实的净电荷是多少？（b）每个键上有几个电子？（提示：参考附录 G 的周期表。）

37P. （a）求硅晶格中相邻最近的两个键之间的夹角 θ。注意每个硅原子都和 4 个紧邻的原子键合着。这 4 个紧邻原子形成一个正四面体——侧面和底面是正三角形的三面金字塔。（b）求键长，已知在四面体角上的原子相距 388pm。

38P. 占有概率函数（式（42-6））适用于半导体，也适用于金属。在半导体中，费米能量接近价带和导带之间的能隙的中点。对锗，能隙宽度为 0.67eV。（a）导带底的态被占有和（b）价带顶部的态不被占有的概率各是多少？假定 $T=290\text{K}$。（注：图 42-4b 说明，在金属中，费米能量对称地处于传导电子布居和空穴布居之间。为了在半导体中和此结构相配，费米能量必须接近能隙的中心。在费米能量所在处并不一定要有一个可占态。）

39P. 在未掺杂的半导体的一个简化模型中，实际的能态分布可以用一个简化的分布代替，其中有 N_v 个态在价带中，它们都具有同样的能量 E_v，而有 N_c 个态在导带中，它们都具有同样的能量 E_c。导带中电子数与价带中的空穴数相等。（a）证明这一条件给出

$$\frac{N_c}{\exp(\Delta E_c/kT)+1}=\frac{N_v}{\exp(\Delta N_v/kT)+1}$$

其中 $\Delta E_c=E_c-E_F \quad \Delta E_v=E_v-E_F$

（提示：参见习题 22）(b) 如果费米能量在两个能带之间而且离两个带和 kT 相比甚远，于是分母上的指数项占优势。证明在这种情况下

$$E_F=\frac{E_v+E_c}{2}+\frac{kT\ln(N_v/N_c)}{2}$$

而且，如果 $N_v=N_c$，未掺杂的半导体的费米能量是接近隙的中点的，像在习题 38 中所陈述的那样。

42-7 节 掺杂半导体

40P. 在室温下，硅在导带中的电子数密度约为 $5\times10^{-15}\text{m}^{-3}$，在价带中有同样数密度的空穴。假设 10^7 个硅原中有一个为磷原子取代。(a) 此掺杂半导体是 n 型的还是 p 型的？(b) 磷加进来的载流子数密度是多少？(c) 在此掺杂半导体内和纯硅内的载流子（导带中的电子和价带中的空穴）数密度之比多大？

41P. 要达到例题 42-6 中所给出的限度，需要在 1.0g 硅中掺入的磷的质量是多少？(ssm)

42P. 向硅样品掺杂用的原子的施主态在导带底部下方 0.110eV 处。(a) 如果在 $T=300\text{K}$ 时，每一个施主态都以 5.00×10^{-5} 的概率被占有，相对于硅的价带的顶部，费米能级在何处？(b) 在硅的导带底部的一个态被占有的概率多大？

43P. 掺杂改变半导体的费米能量。考虑硅，它的价带顶部和导带底部之间的能隙为 1.11eV。在 300K 时，纯硅的费米能级接近隙的中点。假定硅用施主原子掺杂了，施主能级在硅的导带底部下方 0.15eV 处，再假定掺杂使费米能级上升到该带底部下方 0.11eV 处（图 42-22）。(a) 对于纯的和掺杂的硅，分别计算硅的导带的底部的一个态的占有概率。(b) 计算在掺杂材料中一个施主态的占有概率。(ssm) (www)

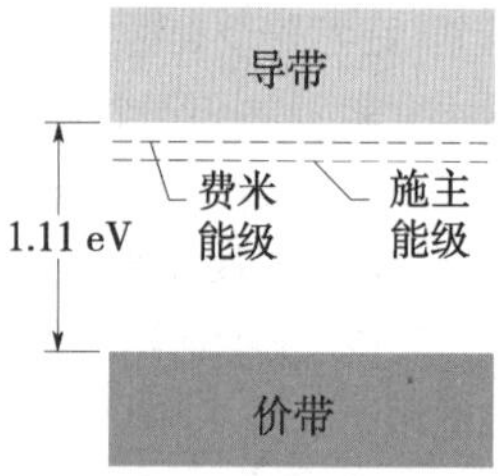

图 42-22 习题 43

42-9 节 结整流器

44E. 对于其两种半导体间有明显分界面的理想 p-n 结整流器，电流 I 和加在整流器上的电势差 V 由下式联系

$$I=I_0(e^{eV/kT}-1)$$

其中 I_0 决定于材料而与电流和电势差无关，称为**反向饱和电流**。当整流器是正向偏压时，V 为正，反向偏压时，V 为负。(a) 证明此式预言在 -0.12V 到 +0.12V 范围内 I 对 V 的关系曲线显示的结整流器的特性。取 $T=300\text{K}$，$I_0=5.0\text{nA}$。(b) 对于同一温度，计算 0.50V 的正向偏压时的电流和 0.50V 的反向偏压时的电流之比。

45E. 当一个光子射入 p-n 结的耗尽层内时，它可能被其中的多个价电子散射，从而把它的部分能量传给每个电子，而使后者跃入导带。就这样，光子产生电子-空穴时。由于这个原因，p-n 结常被用做光检测器，特别用于电磁波谱的 X 射线和 γ 射线范围。假定一个 662keV 的 γ 射线光子在能隙为 1.1eV 的半导体内把它的所有能量经过多次散射都传给了电子。设每个散射电子都从价带顶部跃入导带底部，求这一过程中产生的电子-空穴对的数目。(ssm)

42-10 节 发光二极管(LED)

46P. 氯化钾晶体在其最上面的被占满带上方有一个 7.6eV 的能隙。对波长为 140nm 的光，此晶体是不透明的还是透明的？

47P. 在一块特殊晶体中，最上面的被占能带是满的。此晶体对波长大于 295nm 的光是透明的而对小于此波长的光是不透明的。计算这种材料的最高满带和其上（空的）能带之间的能隙多大，以 eV 表示。(ssm)

42-11 节 晶体管

48P. 邮票大小($2.54\text{cm}\times2.22\text{cm}$)的奔腾计算机片包含有大约 3.5 百万晶体管。如果这些晶体管都是正方的，它们的**最大**尺寸须是多大？（注：还有不是晶体管的元件也在片上而且还必须留出地方供电路元件之间的联接使用。比 0.7μm 还小的晶体管现在能很平常而廉价地生产。）

49P. 一个硅基 MOSFET 具有边长为 0.50μm 的方栅。把它和 p 型基片隔开的绝缘氧化硅层的厚度为 0.20μm，介电常量为 4.5。(a) 等效的栅-基片电容（把栅当做一个板，基片当做另一个板）多大？(b) 当栅-源电势差为 1.0V 时，在栅内出现的基元电荷 e 有多少？

第43章 核 物 理

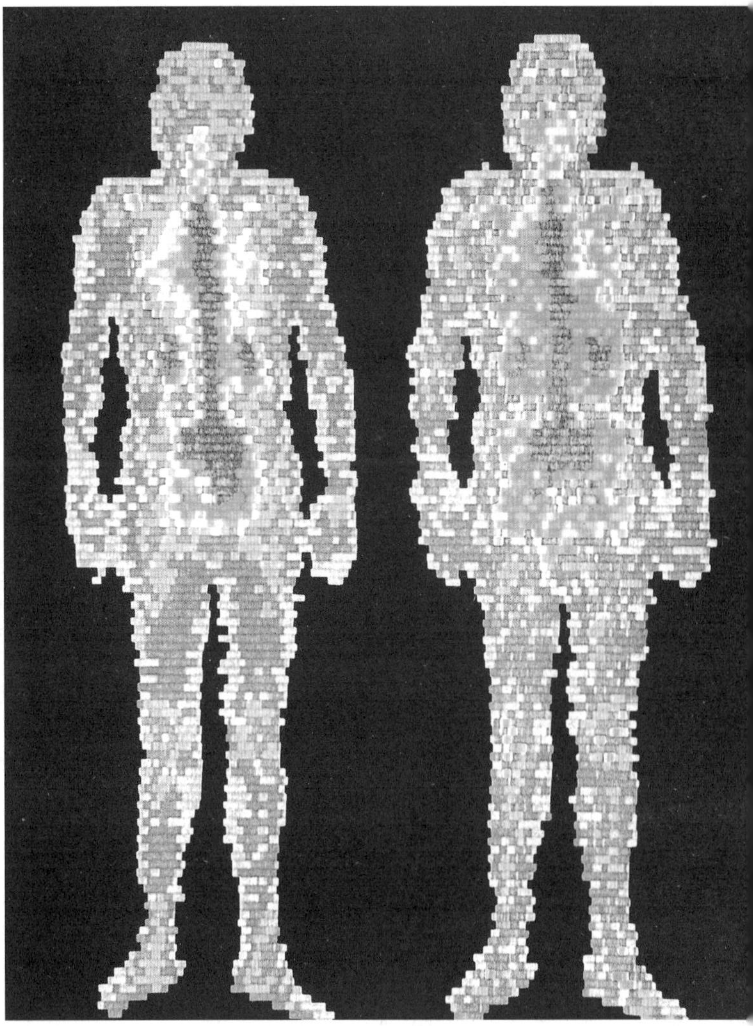

注入病人的放射性核在病人体内一定的部位集聚，进行放射性衰变并发射γ射线，这些γ射线可由一个检测器记录并在视频监视器上形成病人身体的彩色图像。在这里复制的两个图像（左图显示病人的正面，右图显示其背面）中，通过褐色和橙色的彩色编码就可以分辨出放射性核已集聚到的部位（脊柱，骨盆和肋条）。

那么，在放射性核衰变过程中到底发生了什么事，严格地说“衰变”是什么意思？

答案就在本章中。

43-1 核的发现

在20世纪初年，除了原子包含电子这一事实外，人们对原子的结构知道得很少。电子已在1897年（被J. J. 汤姆孙）发现了而在那早期它的质量还不知道。因此，甚至不可能说一个给定的原子中包含多少带负电荷的电子。原子是中性的，因此，它们必定也包含一些正电荷，但是，当时没有人知道这些抵消负电荷的正电荷是什么样子的。

1911年，卢瑟福提出原子的正电荷都密集在原子的中心，形成它的**核**而且核还保有原子的绝大部分质量。卢瑟福的说法并不是猜想而是牢固地建立在由他提出和由他的合作者完成的一个实验的结果的基础上的。他的合作者是盖革（以盖革计数器闻名）和20岁的还未获得学士学位的大学生马斯顿。

在卢瑟福时代，已经知道有些元素，被称为是**放射性的**，自发地转变成其他元素，在此过程中还发射一些粒子。一种这样的元素是氡，它发射能量约为5.5MeV的α粒子。现在知道这些粒子是氦原子的核。

卢瑟福的想法是使能量大的α粒子射向一个作为靶的薄片而测量它们经过薄片时被偏转的程度。质量比电子的质量大7300倍的α粒子带有电荷$+2e$。

图43-1表示盖革和马斯顿的实验装置。他们用的α源是一个装有氡气的薄壁玻璃管。实验要求对被偏转了散射角ϕ的α粒子计数。

图43-2表示他们的结果。要特别注意竖直标度是对数的。可以看出绝大多数粒子的散射角是比较小的，但是——这是非常令人惊奇的——它们中非常小的一部分的散射角很大，接近180°。用卢瑟福的话说："那确实是在我的一生中曾经发生的对我来说最难以置信的事件。它几乎是如此难以置信就像你向一片薄纸发射一颗15英吋的炮弹，而它折返回来又击中你一样。"

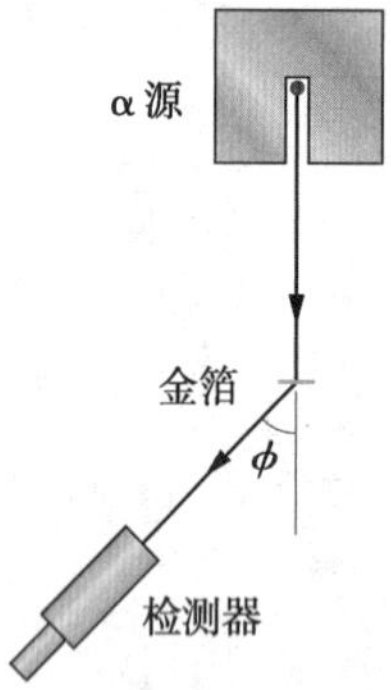

图43-1 1911—1913年间卢瑟福实验室研究α粒子被薄金属片散射的一种装置（俯视），检测器可以转动到不同的散射角ϕ的方向。α源是镭衰变的产物氡气，就是用这种简单的"桌面"仪器，发现了原子核。

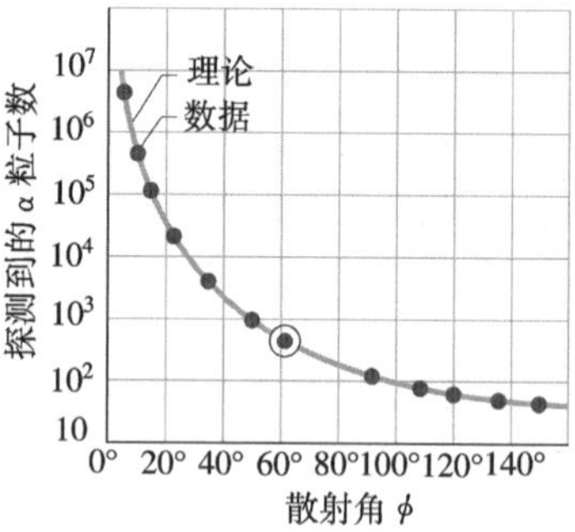

图43-2 图中的点是盖革和马斯顿用图43-1的仪器得到的对金箔的α粒子散射数据。实线是根据原子具有一个小的，质量大而带有正电荷的核的假设而作出的理论预言，注意竖直标度是对数的，覆盖了6个数量级。数据已被调整得使之在用一个圆围住的实验点处与理论曲线弥合。

为什么卢瑟福如此惊奇？在做这个实验的当时，多数物理学家都相信 J. J. 汤姆孙早先提出的原子的葡萄干布丁模型。这种观点认为原子的正电荷是散布于整个原子体积中。而电子（“葡萄干”）就在这正电荷的球（“布丁”）内围绕固定点振动。

当 α 粒子通过一个这样大的正电荷球时，作用在它上面的最大偏转力非常非常小以至于使 α 粒子甚至偏转 1°都不可能（所期望的偏转和发射一颗子弹使之穿过一袋荚蒾果产生的偏转差不多）。原子中的电子对质量和能量都很大的 α 粒子也不会有多大影响。实际上，这些电子自己会被强烈地偏转，就好像扔到一群小昆虫中的石头把它们挤到旁边一样。

卢瑟福看到，要使 α 粒子向后偏转，就必须有一个大的力；这个力可能由假定是紧密地集中在原子的中心的，而不是散在整个原子的，正电荷提供。于是入射的 α 粒子就能够达到离正电荷非常近的地方而不穿过它；这样近的相遇就能够产生大的偏转力。

图 43-3 表示一些典型的 α 粒子通过靶箔时的可能路径。可以看到，大多数粒子不是没有偏转，就是只有微小的偏转，但是有几个（它们的入射路径，偶然地，非常靠近一个核）发生了大的偏转。通过对数据的分析，卢瑟福的结论是核的半径一定比原子的半径小一个约 10^4 的因子。换句话说，原子大部分是空的空间。

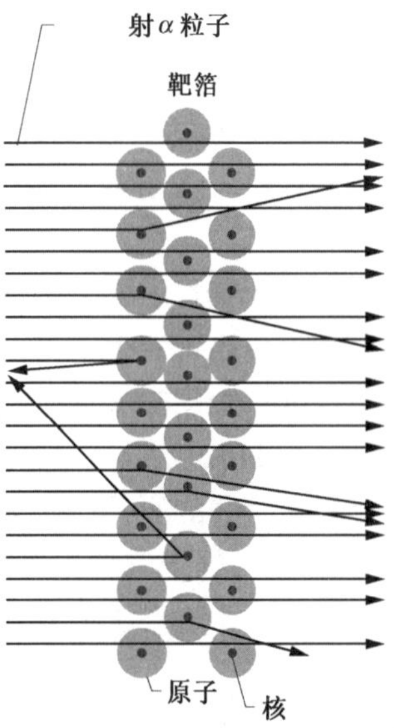

图 43-3 一个入射 α 粒子被散射的角度决定于它的路径靠近一个核的程度，大的偏转只发生在非常靠近的情形。

例题 43-1

一个 5.30MeV 的 α 粒子碰巧迎头飞向一个金原子的含有 79 个质子的核。在它要瞬时停止和折回它的运动之前，它接近核的中心的最近距离是多大？忽略质量相对较大的核的反冲。

【解】 这里**关键点**是，在这一整个过程中，α 粒子和金核这个系统的机械能是守恒的。特别地说，在粒子和核相互作用之前系统的初机械能 E_i 等于 α 粒子瞬时停止时系统的机械能 E_f。初能量 E_i 就是入射 α 粒子的动能 K_α。末能量 E_f 就是系统的电势能 U（这时动能为零）。它可以用式（25-43）（$U=q_1q_2/4\pi\varepsilon_0 r$）求得。

以 d 表示 α 粒子在停止时 α 粒子的中心和金核中心之间的距离。于是就能够把能量守恒 $E_i=E_f$ 写成

$$K_\alpha=\frac{1}{4\pi\varepsilon_0}\frac{q_\alpha q_{\mathrm{Au}}}{d}$$

其中 q_α（$=2e$）是 α 粒子的电量（2 个质子），q_{Au}（$=79e$）是金核的电量（79 个质子）。

$$\begin{aligned}d&=\frac{(2e)(79e)}{4\pi\varepsilon_0 K_\alpha}\\&=\frac{(2)(79)(1.60\times10^{-19}\mathrm{C})^2}{(4\pi)(8.85\times10^{-12}\mathrm{F/m})(5.30\mathrm{MeV})(1.60\times10^{-13}\mathrm{J/MeV})}\\&=4.29\times10^{-14}\mathrm{m}\end{aligned}$$

（答案）

按原子标准说这是一段小距离，但按核的标准说不是。实际上，它比金核和 α 粒子的半径之和大得相当多。因此这个 α 粒子折回它的运动时并不曾“碰到”金子的原子核。

43-2 核的一些性质

表 43-1 列出了几种原子核的一些性质。当我们主要关注作为特定种类的核（而不是作为原子的一部分）的性质时，把这些粒子称为**核素**。

一些术语

核由质子和中子组成。核中的质子的数目（称为原子序数或核的质子数）用符号 Z 表示；中子的数目（中子数）用符号 N 表示。核中中子和质子的总数称为它的质量数 A，于是

$$A = Z + N \tag{43-1}$$

中子和质子统称为**核子**。

我们用表 43-1 中第一列所示的符号表示核素。例如，看 ^{197}Au，上标 197 是质量数 A。化学符号 Au 表示这一元素是金，其原子序数是 79。由式（43-1）可知，这种核素的中子数 197 -79，或 118。

具有相同的原子序数 Z 但不同的中子数 N 的核素相互称为**同位素**。金元素有 32 种同位素，从 ^{173}Au 到 ^{204}Au。它们中只有一种（^{197}Au）是稳定的；其余 31 种都是放射性的。这种放射性核通过发射一个粒子进行**衰变**（或**蜕变**）并因此转变为一种不同的核素。

核素的组成

一个元素的各种同位素的中性原子（都具有相同的 Z）具有相同的电子数和相同的化学性质，它都填入元素周期表中的同一个格内。但是，一种给定元素的同位素的核的性质是非常不一样的。因此，对于核物理学家、核化学家和核工程师来说，周期表的用处是有限的。

表 43-1 几种核素的一些性质

核素	Z	N	A	稳定性①	质量② /u	自旋③	结合能 (MeV/核子)
^{1}H	1	0	1	99.985%	1.007825	1/2	—
^{7}Li	3	4	7	92.5%	7.016003	3/2	5.60
^{31}P	15	16	31	100%	30.973762	1/2	8.48
^{84}Kr	36	48	84	57.0%	83.911507	0	8.72
^{120}Sn	50	70	120	32.4%	119.902199	0	8.51
^{157}Gd	64	93	157	15.7%	156.923956	3/2	8.21
^{197}Au	79	118	197	100%	196.966543	3/2	7.91
^{227}Ac	89	138	227	21.8y	227.027750	3/2	7.65
^{239}Pu	94	145	239	24100y	239.052158	1/2	7.56

① 对于稳定核素，给出了**同位素丰度**；它是在典型的这种元素的样品中这种原子所占的分数，对于放射性核素，给出了半衰期。

② 根据标准惯例，这里给出的质量是中性原子的质量，不是裸核的。

③ 以 $\hbar$ 为单位的自旋角动量。

我们把核素组织到像图 43-4 那样的**核素图**上，其中一个核素用画它的质子数对中子数的图表示。图中稳定核素用黑色表示，放射性核素用灰色。可以看到放射性核趋于分布在一清楚界定的稳定核素带的两侧——以及该带的上端。也可注意到轻的稳定核素趋于靠近 $N = Z$ 的直线，这意味着它们具有基本上相同数目的中子和质子。但是，重核素趋于具有比质子更多的中子。例如 ^{197}Au 有 118 个中子，但只有 79 个质子，中子数超出 39。

核素图可以画成挂在墙上的表，表中每个小格都填写有关于它代表的核素的数据。图 43-5 表示这种图的一部分，中心在 ^{197}Au。对于稳定核素，写出了它的相对丰度（一般是在地球上测定的），而对放射性核素写出了其半衰期（衰变时率的一种量度）。斜线指出一条**同量异位素**的线，同样异位素是指质量数相同的核素，在此图中，$A = 198$。

到 21 世纪初年，原子序数高达 $Z = 118$（$A = 293$）的核素在实验室已被发现了（自然界不存在 Z 大于 92 的元素）。虽然大的核素一般一定是高度不稳定的，而且只延续很短的时间，某

些质量超大的核素是相对稳定的，具有相当长的寿命。这些稳定的质量超大的核素在如图 43 - 4 那种核素图上的高 Z 和高 N 区域形成一个稳定岛。

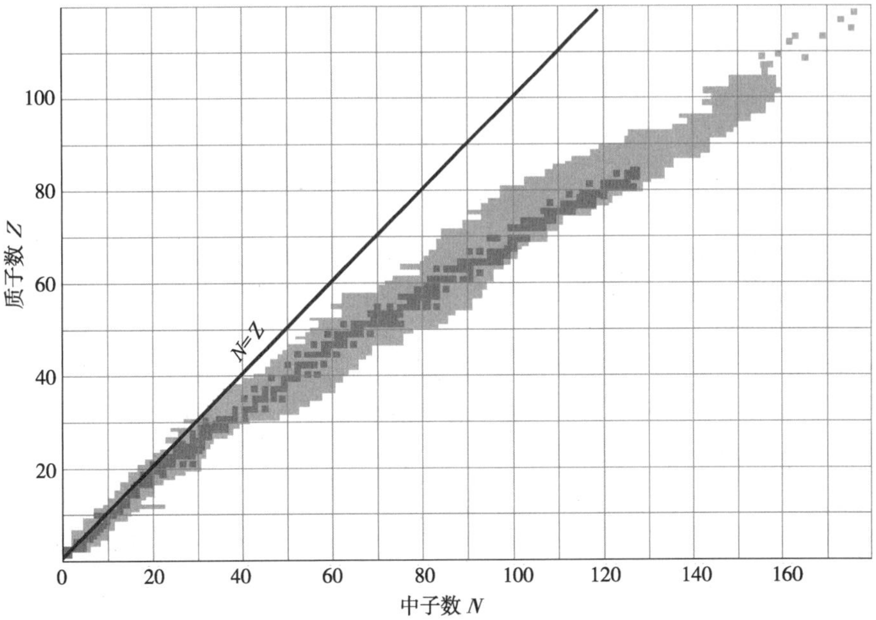

图 43 - 4 已知核素图。黑色部分表示稳定核素带。低质量、稳定的核素具有数目基本相同的中子和质子，但是质量较大的核素具有越来越多的过剩中子。图中表示没有 $Z>83$（铋）的稳定核素。

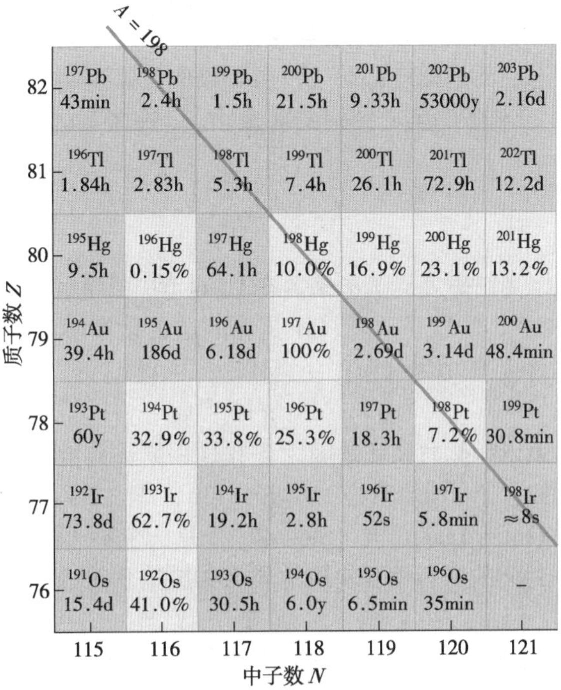

图 43 - 5 图 43 - 4 的放大细节详图的一部分，中心是 ^{197}Au。深灰色方块表示稳定核素，其中给出了它的相对同位素丰度。浅灰色方块表示放射性核素，其中给出了它的半衰期。表示质量数 A 相等的同量异位素的斜线用 $A=198$ 的斜线作例子。

检查点1：根据图43－4，试判断下列核素中哪些不容易探测到：^{52}Fe（$Z=26$），^{90}As（$Z=33$），^{158}Nd（$Z=60$），^{175}Lu（$Z=71$），^{208}Pb（$Z=82$）？

核的半径

在核的尺度上测量距离时用的一个方便的单位是**飞米**（$=10^{-15}$m）。此单位常称为**费米**；这两个字用同样缩写字母表示。因此

$$1\text{ 飞米}=1\text{ 费米}=1\text{fm}=10^{-15}\text{m} \qquad (43-2)$$

通过用高能电子束撞击核并观察入射电子被偏转的情况就可以知道核的大小和结构。为此使用的电子的能量必须足够大（至少200MeV）以使得它们的德布罗意波长比它们要探测的核结构尺寸还要小。

核，像原子那样，不是一个具有明确表面的坚实固体。另外，虽然大多数核素是球形的，但也有一些核素明显地呈椭球状。虽然如此，电子散射实验（以及其他的实验）允许我们对每一核素认定一个有效半径

$$r=r_0A^{1/3} \qquad (43-3)$$

其中A是质量数而$r_0=1.2$fm。由此式可看出，一个核的体积，它和r^3成正比，和它的质量数A成正比而和单独的Z和N值无关。

式（43－3）对晕核不适用。晕核是丰中子核素，是在1980年代首次在实验室中造出的。这种核比式（43－3）预言的要大，因为有些中子在由质子和其余中子形成的球形实心外形成一层晕。锂的同位素就是一个例子。一个中子加入^{8}Li形成^{9}Li，它们都不是晕核素，这时有效半径增大约4%。然而，当两个中子加入^{9}Li形成丰中子同位素^{11}Li（锂同位素中最大的）时，它们并不和已存在的核结合在一起而是围绕它形成一层晕致使有效半径增大约30%。很明显，这种晕结构的能量要比包含11个核子的实心结构的能量小。（在本章内一般地假定式（43－3）是成立的。）

核的质量

原子的质量现在可以以高精确度测量出来。在1－6节中已讲过这种质量都是以原子质量单位u表示的。这种单位是把^{12}C的原子质量（不是核的质量）精确地取为12μ而规定的。这一单位和质量的SI单位的关系近似地为

$$1\text{u}=1.661\times10^{-27}\text{kg} \qquad (43-4)$$

一个核素的质量数A所以如此命名就是因为该数是用原子质量单位并四舍五入到最接近的整数表示核素的质量。例如，^{197}Au的质量是196.966573u，四舍五入成了197。

在核反应中，关系式$Q=-\Delta mc^2$（式（38－47））是一个不可缺少的常用的公式。在38－12节中已讲过，Q是一个封闭的由有相互作用的质点构成的系统的质量改变Δm时所释放（或吸收）的能量。

在38－12节也讲过，爱因斯坦关系$E=mc^2$给出1u的质量的质量能是931.5MeV。因此，由式（38－43），可以用

$$c^2=931.5\text{MeV/u} \qquad (43-5)$$

作为用百万电子伏计算的能量和用原子质量单位计算的质量之间的一个方便的换算关系。

核的结合能

一个核的质量 M 小于构成它的单个的质子和中子的总质量 Σm。这意味着一个核的质量能 Mc^2 小于它的单个的质子和中子的总质量能 $\Sigma(mc^2)$。这两个能量的差称做核的**结合能**。

$$\Delta E_{be}=\Sigma(mc^2)-Mc^2 \qquad (结合能) \qquad (43-6)$$

注意：结合能不是存在于核中的能量，相反的，它是一个核和它的单独的核子的质量能之差。如果能把一个核都分离成单独的核子，在分离过程中必须对这些粒子传递 ΔE_{be} 这样多的能量。虽然实际上不能以这种方式把一个核分离开，核的结合能仍是核被结合在一起的牢固程度的方便的量度。

更好的量度是**每个核子的结合能** ΔE_{ben}，它是一个核的结合能 ΔE_{be} 和在该核中的核子的数目 A 的比值：

$$\Delta E_{ben}=\frac{\Delta E_{be}}{A} \qquad (每个核子的结合能) \qquad (43-7)$$

可以把每个核子的结合能理解为把一个核子单独分离开时所需的平均能量。

图 43-6 是对大量核画出的每个核子的结合能 ΔE_{ben} 对其质量数 A 的关系曲线。位于曲线高处的那些核结合得非常紧：这就是说，把一个这样的核分离开需要对每个核子供给大量能量。在左边和右边，那些在曲线较低处的核结合得比较松，把它们分离开所需要提供给每个核子的能量就较少。

这些关于图 43-6 的简单说明可引出重要的推论。如果在图的右边的那些核分裂成两个靠近曲线顶部的两个核，则那些核中的核子将结合得更紧。这一过程称为**裂变**。大的（质量数 A 高的）核，如铀核，天然地发生这种过程。它们能自发地（就是说，不需要外界原因或能源）进行裂变。这种过程也能够在核武器中发生，在那里使大量的铀和钚核瞬间发生裂变而形成爆炸。

那些在图的左边的任意一对核中的核子在这一对核结合形成一个靠近曲线顶部的单个的核时会结合得更紧。这种过程，称为聚变，天然地发生在恒星中，如果不发生这种过程，太阳就不会发光因而地球上也就不可能有生命存在。

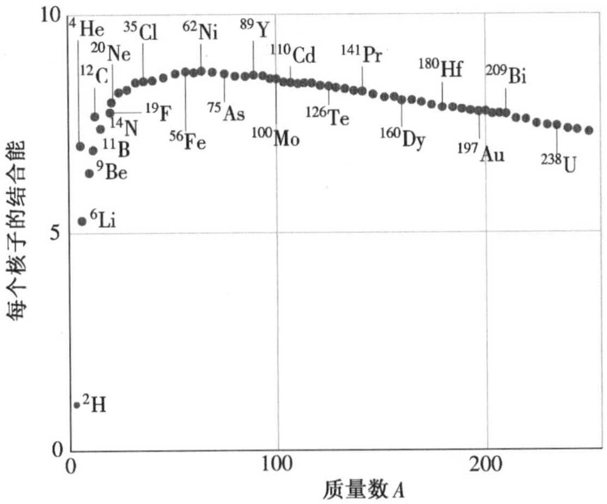

图 43-6 若干有代表性的核素的每个核子的结合能，对所有已知的稳定的核素说，镍核素 ^{62}Ni 具有最高的每个核子的结合能（约 8.79460MeV/核子），注意 α 粒子（^4He）比它的在周期表中的近邻具有较高的每个核子的结合能，因此它特别稳定。

物理学基础

核的能级

核的能量，像原子那样，是量子化的。这就是说，核只能够存在于一些离散的状态，每一个状态具有确定的能量。图 43－7 表示^{28}Al，一个典型的低质量核素的一些这样的能级。注意能量的标度是百万电子伏，而不是标记原子能级的电子伏。当一个核发生一次从一个能级到另一个较低能级的过渡时，所发出的光子一般在电磁波谱的 γ 射线区内。

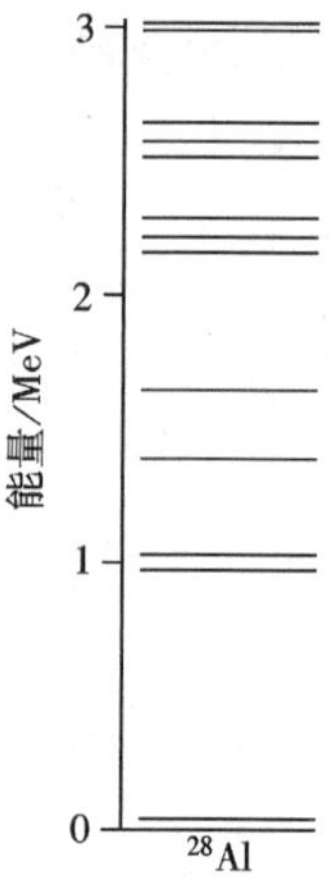

图 43－7 由核反应实验得出的核素^{28}Al 的能级。

核的自旋和磁性

许多核素具有内禀的**核角动量**，或自旋，和相联系的内禀**核磁矩**。虽然核角动量的大小和原子中电子的角动量的大小差不多，核磁矩比典型的原子磁矩要小得多。

核力

决定原子中电子的运动的力是大家熟悉的电磁力。然而，要把核结合在一起，就必须有一种完全不同的强的吸引的核力，这种力要足够大以便能克服（带正电的）核内质子之间的斥力而把质子和中子都结合在微小的核体积中。核力也必定是短程的，因为它的影响超不出核的“表面”太远。

现在的观点是把中子和质子结合在核内的核力并不是自然界的一种基本力，而是**强力**的一种二级，或“溢出的”，效应，**强力**是把夸克结合在一起形成中子和质子的力。和此极为相似的是，有些中性分子间的吸引力是在每个分子内起作用的把它结合在一起的库仑电力的溢出效应。

例题 43－2

可以认为所有核素都由被称为**核物质**的中子－质子混合体构成。核物质的密度多大？

【解】 这里一个**关键点**是，可以用其总质量除以其体积来求一个核的（平均）密度ρ。令 m 表示一个核子（中子或质子，因为这些粒子具有大约相同的质量）的质量。于是包含 A 个核子的核的质量就是 Am。其次，假定核是半径为 r 的球。因此它的体积是$\frac{4}{3}\pi r^3$ 而核的密度就可以写为

$$\rho=\frac{Am}{\frac{4}{3}\pi r^3}$$

第二个**关键点**是，半径 r 由式（43－3）给出（$r=r_0A^{1/3}$），其中 r_0 是 1.2fm（$=1.2\times10^{-15}$m）。将 r 用此式代入可得

$$\rho=\frac{Am}{\frac{4}{3}\pi r_0^3A}=\frac{m}{\frac{4}{3}\pi r_0^3}$$

注意 A 已经消去；因此，这个关于密度ρ 的公式就适用于任何可以当作半径由式（43－3）给出的球体的核。利用一个核子的质量为 1.67×10^{-27}kg 可以求得

$$\rho=\frac{1.67\times10^{-27}\text{kg}}{\left(\frac{4}{3}\pi\right)(1.2\times10^{-15}\text{m})^3}\approx2\times10^{17}\text{kg/m}^3$$

（答案）

这是水的密度的 2×10^{14} 倍。

例题 43－3

^{120}Sn 核中每个核子的结合能是多少？

【解】 这里有两个**关键点**：

1. 如果先求出结合能 E_{be}，然后根据式（43－7）（$\Delta E_{ben}=\Delta E_{ne}/A$）除以核内的核子数 A 就可以求出每个核子的结合能 E_{ben}。

2. 通过计算核的质量能 Mc^2 和组成核的单个核子的总质量能 $\Sigma(mc^2)$ 的差，根据式（43－6）

($\Delta E_{be}=\Sigma(mc^2)-Mc^2$)，就可以求出 ΔE_{be}。由表 43-1，可知 ^{120}Sn 核由 50 个质子（$Z=50$）和 70 个中子（$N=A-Z=125-50=70$）组成。于是可以想象一个 ^{120}Sn 核被分离成了 50 个质子和 70 个中子，

$$(^{120}\text{Sn 核}) \to 50\begin{pmatrix}\text{分离的}\\\text{质子}\end{pmatrix}+70\begin{pmatrix}\text{分离的}\\\text{中子}\end{pmatrix}, \tag{43-8}$$

然后计算所发生的质量能的改变。

为了这一计算，需要知道一个 ^{120}Sn 核的以及一个质子的和一个中子的质量。不过，由于测量一个中性原子（核**加上**电子）的质量比测量一个裸核的质量容易得多，结合能的计算习惯上都用原子的质量。因此，将式（43-8）左边改写成一个中性的 ^{120}Sn 原子。为此，使左边包含 50 个电子（以便和 ^{120}Sn 核中的 50 个质子相匹配）。为了平衡方程（43-8）也需要在其右边也加上 50 个电子，这 50 个电子可以和 50 个质子结合，形成 50 中性氢原子。于是有

$$(^{120}\text{Sn 原子}) \to 50\begin{pmatrix}\text{分离的}\\\text{氢原子}\end{pmatrix}+70\begin{pmatrix}\text{分离的}\\\text{中子}\end{pmatrix}, \tag{43-9}$$

在表 43-1 中，一个 ^{120}Sn 原子的质量是 M_{Sn} 119.902199u，一个氢原子的质量 m_H 是 1.007825u；一个中子的质量 m_n 是 1.00865u。据此，式（43-6）给出

$$\begin{aligned}\Delta E_{be}&=\Sigma mc^2-Mc^2\\&=50(m_Hc^2)+70(m_nc^2)-M_{Sn}c^2\\&=50(1.007825\text{u})c^2+70(1.008665\text{u})c^2\\&\quad-(119.902199\text{u})c^2\\&=(1.095601\text{u})c^2\\&=1.095601\text{u}\times931.5\text{MeV/u}\\&=1020.6\text{MeV}\end{aligned}$$

其中利用了式（43-5）（$c^2=931.5\text{MeV/u}$）表示的方便的单位转换关系。注意，利用原子质量代替核质量对结果没有影响，因为 ^{120}Sn 原子中的 50 个电子的质量被 50 个氢原子中的电子的质量减掉了。

现在用式（43-7）可得每个核子的结合能为

$$\begin{aligned}\Delta E_{ben}&=\frac{E_{be}}{A}=\frac{1020.6\text{MeV}}{120}\\&=8.51\text{MeV/核子}\end{aligned}$$

（答案）

43-3 放射性衰变

如图 43-4 所示，大多数已被确认的核素是放射性的。一个放射性核自发地发射出一个粒子，在这一过程中自己转变成一个不同的核素，而在核素图中占据不同的方格。

放射性衰变提供了第一个证据，表明统治亚原子世界的定律是统计性的。考虑，例如，一个 1mg 的铀金属样品，它包含 2.5×10^{18} 个寿命非常长的放射性核素 ^{238}U 的原子。这些特殊的原子从它们产生——远早于太阳系的形成以来，从没有衰变。经过任意地给定的一秒钟，该样品中仅有约 12 个核发生衰变，放出一个 α 粒子，而自己变成 ^{234}Th 的核。

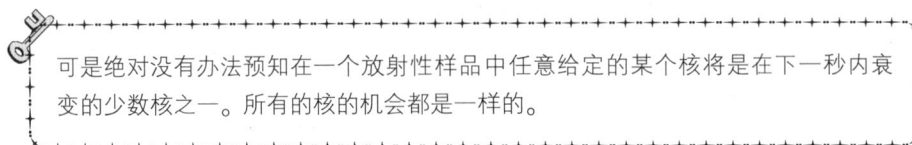

> 可是绝对没有办法预知在一个放射性样品中任意给定的某个核将是在下一秒内衰变的少数核之一。所有的核的机会都是一样的。

虽然不能预知样品中的哪个核将衰变，但是可以说，如果样品中包含 N 个放射性核，那么，这些核将要衰变的时率（$=-\mathrm{d}N/\mathrm{d}t$）与 N 成正比，即

$$-\frac{\mathrm{d}N}{\mathrm{d}t}=\lambda N \tag{43-10}$$

其中 λ 称为**蜕变常量**（或**衰变常量**），它是对每一种放射性核素都有的一个特征量。它的 SI 单位是秒分之一（s^{-1}）。

为了求出 N 作为时间 t 的函数，先把式（43-10）改写成

$$\frac{dN}{N} = -\lambda dt \tag{43-11}$$

再两侧积分，可得

$$\int_{N_0}^{N} \frac{dN}{N} = -\lambda \int_{t_0}^{t} dt$$

或

$$\ln N - \ln N_0 = -\lambda (t - t_0) \tag{43-12}$$

此处 N_0 是在任意起始时刻 t_0 时样品中放射性核的数目。令 $t_0 = 0$，式（43-12）可改写成

$$\ln \frac{N}{N_0} = -\lambda t \tag{43-13}$$

两侧都取指数（指数函数是自然对数的反函数）可得

$$\frac{N}{N_0} = e^{-\lambda t}$$

或

$$N = N_0 e^{-\lambda t} \quad (\text{放射性衰变}) \tag{43-14}$$

其中 N_0 是 $t=0$ 时样品中的放射性核的数目，而 N 是在其后任意时刻 t 时还存在的数目。注意灯泡（作为例子）不遵守这种指数衰变定律。如果测试1000个灯泡的寿命，所期望的结果将是它们将在大约相同的时刻“衰变”（即烧断）。放射性核素遵守完全不同的定律。

常常对衰变时率 R（$=-dN/dt$）比对 N 本身更感兴趣，将式（43-14）微分，可得

$$R = -\frac{dN}{dt} = \lambda N_0 e^{-\lambda t}$$

或

$$R = R_0 e^{-\lambda t} \quad (\text{放射性衰变}) \tag{43-15}$$

这是放射性衰变定律（式（43-14））的另一形式。此处 R_0 是在 $t=0$ 时的衰变时率，而 R 是在其后任意时刻 t 时的时率。可以用样品的衰变时率 R 将式（43-10）改写为

$$R = \lambda N \tag{43-16}$$

其中 R 和尚未衰变的放射性核数 N 应取同一时刻的值。

包括一种或几种放射性核素的样品的总衰变时率 R 称为该样品的**活度**。活度的 SI 单位是**贝克［勒尔］**（Becquerel，简写为 Bq），是为纪念放射性的发现者贝克勒尔而命名的：

1Bq = 每秒 1 次衰变

一个光的单位，居里（Ci）现在仍常常使用：

$$1\,\text{Ci} = 3.7 \times 10^{10}\,\text{Bq}$$

这里有用这些单位的一个例子：“用过的反应堆燃料棒#5658 在2000年1月15日的活度是 3.5×10^{15} Bq（$=9.5 \times 10^4$ Ci）。”这就是说，在那一天棒中每秒钟有 3.5×10^{15} 个放射性核衰变。燃料棒中放射性核素的种类，它们的蜕变常量 λ 和它们放射的射线的类型与此活度的量度无关。

常常把一个放射性样品放在一个探测器旁边。由于几何或探测效率的原因，该探测器，不能记录样品中发生的所有蜕变。探测器的读数在这种情况下，就和样品的实际活度成正比（而且较小）。这种正比活度的测量结果不用 Bq 作单位，而是直接用单位时间内的计数表示。

任一种给定的放射性核素的延续时间通常有两种方法表示。一种方法是用放射性核素的**半衰期** $T_{1/2}$，它是 N 和 R 减小到它们的初值的一半所需的时间。另一种方法是用**平均寿命** τ，它是

N和R减小到它们的初值的e^{-1}所需的时间。

为了求$T_{1/2}$和λ的关系，令式（43-15）中的$R=R/2$and 用$T_{1/2}$代替t。由此得

$$\frac{1}{2}R_0=R_0e^{-\lambda T_{1/2}}$$

两边取自然对数并解出$T_{1/2}$，可得

$$T_{1/2}=\frac{\ln 2}{A}$$

同样，为了求τ和λ的关系，在式（43-15）中令$R=e^{-1}R$，并用τ代替t，解出τ后得

$$\tau=1/\lambda$$

这些结果可总结写成

$$T_{1/2}=\frac{\ln 2}{\lambda}=\tau\ln 2 \qquad (43-17)$$

检查点2：核素^{131}I是放射性的，半衰期为8.04d。在1月1日中午，某一样品的活度为600Bq。不要写出计算，就用半衰期的概念来确定在1月24日中午，该样品的活度是否将比200Bq稍小，比200Bq稍大，比75Bq稍小或比75Bq稍大？

例题43-4

下表表示一个^{128}I的样品的衰变率的一些测量结果。^{128}I核素是医学上常用的一种示踪剂，用来测量碘被甲状腺吸收的时率。

时间 /min	R /（计数/s）	时间 /min	R /（计数/s）
4	392.2	132	10.9
36	161.4	164	4.56
68	65.5	196	1.86
100	26.8	218	1.00

求这种核素的蜕变常量λ和半衰期$T_{1/2}$。

【解】 这里一个**关键点**是，蜕变常量λ决定了衰变时率R随时间t减小的指数率（如式（43-15）表示的）。因此可以通过画R的测量值对测量时刻t的图线来确定λ。

但是，从R对t的图线来求λ比较困难，因为，根据式（43-15），R对t是按指数减小的。因此，第二个**关键点**是，把式（43-15）转换成一个t的线性函数，以便能容易地求出λ。为此，就对式（43-15）的两边取自然对数而得到

$$\ln R=\ln(R_0e^{-\lambda t})=\ln R_0+\ln(e^{-\lambda t})$$
$$=\ln R_0-\lambda t \qquad (43-18)$$

因为式（43-18）是$y=b+mx$的形式，其中b和m为常量，它就是给出$\ln R$作为t的函数的线性方程。这样，如果画$\ln R$（不是R）对t的图线，就会得到一条直线。而且，直线的斜率就应该等于$-\lambda$。

图43-8表示相应于给出的测量结果的$\ln R$对t的图线。通过和各点拟合的直线的斜率是

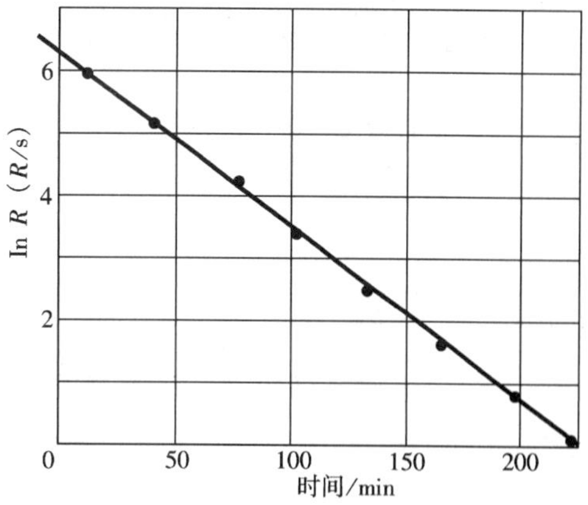

图43-8 例题43-4图 根据表中数据画出的^{128}I样品的半对数衰变图线。

$$斜率=\frac{0-6.2}{225\text{min}-0}=-0.0275\text{min}^{-1}$$

因此，$$-\lambda=-0.0275\text{min}^{-1}$$

或 $$\lambda=0.0275\text{m}^{-1}\approx 1.7\text{h}^{-1} \qquad (答案)$$

为了求放射性核素的半衰期$T_{1/2}$，**关键点**是衰变

时率 R 减小一半所需的时间通过式（43－17）（$T_{1/2}=(\ln 2)/\lambda$）和蜕变常量 λ 相联系，由这一方程可得

$$T_{1/2}=\frac{\ln 2}{\lambda}=\frac{\ln 2}{0.0275\text{m}^{-1}}\approx 25\text{min}$$

（答案）

例题 43－5

从化学贮藏室取来的一个 2.7g KCl 样品被发现是放射性的并且正以 4490Bq 的恒定时率衰变。衰变被查出是元素钾，特别是同位素^{40}K 发生的，该同位素占正常钾的 1.17%，计算此核素的半衰期。

【解】 一个**关键点**是，由于样品的活度 R 明显地恒定，就不能像在例 43－4 中那样用画 $\ln R$ 对 t 的图线来求半衰期 $T_{1/2}$。（那样将得到一个水平直线。）不过，可以利用下面两个**关键点**：

1. 半衰期 $T_{1/2}$ 和蜕变常量 λ 通过式（43－17）（$T_{1/2}=(\ln 2)/\lambda$）相联系。

2. 可以把 λ 和给出的 4490Bq 的活度 R 用式（43－16）（$R=\lambda N$）联系起来，其中 N 是样品中^{40}K 核（因此也是原子）的数目。

把式（43－17）和式（43－16）结合起来可得

$$T_{1/2}=\frac{N\ln 2}{R} \qquad (43-19)$$

已知此式中的 N 是样品中钾原子总数 N_K 的 1.17%。又知道 N_K 一定等于样品中 N_{KCl} 分子的数目。可以把式（20－2）和（20－3）结合起来并用 KCl 的摩尔质量 M_{KCl}（1 摩尔 KCl 的质量）和给出的样品的质量 M_{sam} 求出 N_{KCl}，即

$$N_{KCl}=\left(\begin{matrix}\text{样品中的}\\ \text{摩尔数}\end{matrix}\right)N_A=\frac{M_{sam}}{M_{KCl}}N_A, \qquad (43-20)$$

其中 N_A 是阿佛伽德罗数（$6.02\times10^{23}\text{mol}^{-1}$）。从附录 F 中可查出 K 的摩尔质量是 39.102g/mol，Cl 的摩尔质量是 35.453g/mol；由此得 KCl 的摩尔质量是 74.555g/mol。于是式（43－20）给出样品中 KCl 分子的数目是

$$N_{KCl}=\frac{(2.71\text{g})(6.02\times10^{23}\text{mol}^{-1})}{74.555\text{g/mol}}=2.188\times10^{22}$$

这样，样品中钾原子的数目也是 2.188×10^{22}，样品中^{40}K 的数目一定是

$$N=0.0117N_K=(0.0117)(2.188\times10^{22})=2.560\times10^{20}$$

将此值代入式（43－19）的 N 并将给出的活度 4490Bq（$=4490\text{s}^{-1}$）代入该式中的 R 就可得

$$T_{1/2}=\frac{(2.560\times10^{20})(\ln 2)}{4490\text{s}^{-1}}=3.95\times10^{16}\text{s}=1.25\times10^{9}\text{y}$$

（答案）

结果显示^{40}K 的半衰期和宇宙的年令具有相同的数量级。因此，在贮藏室的样品中的^{40}K 就减少得非常慢，以致在几天甚至于整整一生的观察过程中都不能探测到。我们身体中的钾的一部分就由这种放射性同位素组成，这意味着我们的身体也都有轻微的放射性。

43－4 α 衰变

当一个核进行 **α 衰变**时，它通过发射一个 α 粒子（一个氦核，^{4}He）转变为一个不同的核素。例如，当铀^{238}U 进行 α 衰变时，它转变为^{234}Th：

$$^{238}\text{U}\rightarrow{}^{234}\text{Th}+{}^{4}\text{He} \qquad (43-21)$$

^{238}U 的这个 α 衰变可以自发地（无须外界能源）进行，因为衰变产物^{234}Th 和^{4}He 的总质量能比原有核素的质量能小。根据式（38－47）的定义，在这种过程中，起始的质量能和最后的总质量能的差叫做过程的 Q 值。

对于核衰变，我们说这质量能的差是衰变的蜕变能 Q。式（43－21）表示的衰变的 Q 值是 4.25MeV——这样多的能量被说成是^{238}U 的 α 衰变释放出来的，其形式从质量能转化成了两个产物的动能。

^{238}U 的这一衰变过程的半衰期是 4.5×10^9y。为什么这样长？如果^{238}U 能以此方式衰变，为

什么在^{238}U原子的样品中的每一个^{238}U核素不一下子都衰变呢？为了回答这个问题，必须先弄清楚α衰变的过程。

选一个模型，想像在其中α粒子在它逸出核之前就存在（已经形成）在核中了。图43－9表示由α粒子和剩余^{234}Th核组成的系统的近似的势能$U(r)$，它是二者的间距r的函数。这能量由两部分构成：(1) 和在核内部起作用的（吸引的）强核力相联系的势能；(2) 和衰变前后在两个粒子之间起作用的（排斥的）电力相联系的库仑势能。

标以$Q=4.25\text{MeV}$的黑色水平线表示该过程的脱变能。如果认为它代表在衰变过程中的α粒子的总能量，则$U(r)$在此线的上方那部分就构成一个像图39－12那样的势（能）垒。这一势垒不可能越过。如果α粒子能够达到势垒内部间距为r的某处，它的势能U将超过其总能量E。按经典理论，这就意味着它的动能K（等于$E-U$）将为负值。这是一种不可能的情况。

现在可以来说明为什么α粒子不能立刻从^{238}U核中发射出来。该核被一个惊人的势垒所包围，在三维空间可以想像该势垒存在于两个球壳（半径约为8和60fm）之间的体积内。这种论点是如此可信以致现在可以把上述问题改变一下而问：由于α粒子好像永远被势垒陷俘在核里边了，^{238}U究竟怎么可能放射α粒子呢？答案是这样的，在39－9节曾经学过，一个粒子能隧穿一个经典上不能越过的能垒是有一定概率的。事实上，α衰变就是作为势垒隧穿的结果出现的。

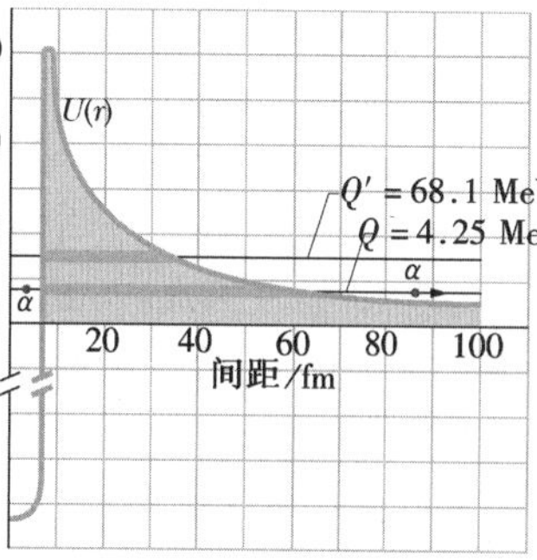

图43－9 对应于^{238}U的α粒子发射的势能函数。标以$Q=4.25\text{MeV}$的黑色水平线表示该过程的脱变能。这条线的粗的灰色部分表示对α粒子经典上禁止的间距r。在势能垒内部（左侧）和外部（右侧），其时粒子已经隧穿过了，都用一个点表示α粒子。标以$Q'=6.81\text{MeV}$的黑色水平线表示^{238}U的α衰变的脱变能（由于两种同位素具有相同的核电荷，它们也就具有相同的势能函数。

由于^{238}U的半衰期很长，其势垒明显地"渗漏"得不很严重。α粒子，被设想为在核内急速地来回游荡，一定是在成功地隧穿出势垒前和势垒内壁碰撞了约10^{38}次。这大约是在约4×10^{9}年（地球的年龄）内不断地每秒碰撞约10^{21}次！当然，我们在外边等着，只能够去数那些真正设法逃出的α粒子的数目。

我们可以通过考查其他发射α粒子的核来检验这种解释。作为极端的对比，考虑另一个铀同位素，^{238}U的α衰变，它的脱变能Q'是6.81MeV，比^{238}U的Q大约高60%。（在图43－9中Q'值也用一条黑色的水平线表示。）在39－9节中已讲过一个势垒的透射率对于企图穿透它的粒子的总能量的改变是非常敏感的。因此我们期望这种核素的α衰变比^{238}U的更容易发生。确实是这样。在表43－2中可以看到，它的半衰期不过是9.1min！Q值仅按因子1.6的增大，就导致了半衰期（即势垒的有效性）按因子3×10^{14}的减小。确实是敏感的。

表43－2 两个发射α粒子的核素的比较

放射性核素	Q	半衰期
^{238}U	4.25MeV	4.5×10^{9}y
^{238}U	6.81MeV	9.1min

例题 43-6

给我们下面的原子质量：

^{238}U 238.05079u ^{4}He 4.00260u

^{234}Th 234.04363u ^{1}H 1.00783u

^{237}Pa 237.05121u

其中 Pa 是元素镤（$Z=91$）的符号。

(a) 计算^{238}Uα 衰变时放出的能量。衰变过程是

$$^{238}\mathrm{U}\to{}^{234}\mathrm{Th}+{}^{4}\mathrm{He}$$

附带地注意核电荷在此方程中是如何守恒的：钍(90)和氦(2)的原子序数相加等于铀(92)的原子序数。核子数也是守恒的：238 = 234 + 4。

【解】 这里**关键点**是衰变中所释放的能量是蜕变能 Q，我们可以用由^{238}U 衰变引起的质量变化 ΔM 把它计算出来。我们用式（38-47），

$$Q=M_ic^2-M_fc^2 \qquad (43-22)$$

其中初始质量 M_i 是^{238}U 的，终了质量 M_f 是^{234}Th 和^{4}He 的质量之和。像在例题 43-3 中那样，我们必须对中性原子进行这一计算——就是说，要用原子质量，利用题文中给出的原子质量，式（43-22）就变成

$$Q=(238.05079\mathrm{u})c^2-(234.04363\mathrm{u}+4.00260\mathrm{u})c^2$$
$$=(0.00456\mathrm{u})c^2=(0.00456\mathrm{u})(931.5\mathrm{MeV/u})$$
$$=4.25\mathrm{MeV} \qquad \text{(答案)}$$

注意用原子质量而不用核质量并不影响结果，因为产物中电子的总质量从初始的^{238}U 原子的核子 + 电子的质量中减掉了。

(b) 证明^{238}U 不可能自发地发射出一个质子。

【解】 如果这种情况发生，衰变过程将是

$$^{238}\mathrm{U}\to{}^{237}\mathrm{Pa}+{}^{1}\mathrm{H}$$

(你要核对一下在这一过程中核电荷和核子数都是守恒的。) 用像 (a) 中的**关键点**并照样计算，我们将得到两个衰变产物的质量（= 237.05121u + 1.00783u）会超过^{238}U 的质量，超过值为 Δm = 0.00825u，相应的蜕变能 Q = -7.68MeV。负号表示在^{238}U 核要发射一个质子之前我们必须对它输入 7.68MeV 的能量；它肯定不会自发地发射的。

43-5 β衰变

一个核自发地通过发射一个电子或正电子（一个带正电而质量和电子相同的粒子）进行的衰变称为 β 衰变。像 α 衰变那样，这是一个自发的过程，具有一定的脱变能和半衰期。也像 α 衰变那样，β 衰变是一个统计过程，受式（43-14）和式（43-15）的支配。在 β^- 衰变中，一个电子从一个核中发射出来，如在下一衰变中

$$^{32}\mathrm{P}\to{}^{32}\mathrm{S}+e^-+\nu \quad (T_{1/2}=14.3\mathrm{d}) \qquad (43-23)$$

在 β^+ 衰变中，一个正电子从一个核中发射出来，如在下一衰变中

$$^{64}\mathrm{Cu}\to{}^{64}\mathrm{Ni}+e^++\nu \quad (T_{1/2}=12.7\mathrm{h}) \qquad (43-24)$$

符号 ν 代表一个**中微子**，它是一个中性的、质量很小或者没有质量的粒子，在衰变过程中它和电子或正电子一起从核中发射出来。中微子和物质的作用非常微弱，并且也因此探测起来非常困难以至于它们的存在长期未被注意㊀。

在上面两个过程中，电荷和核子数都守恒。例如，在式（43-23）的衰变中，我们可以写出电荷守恒

$$(+15e)=(+16e)+(-e)+(0)$$

㊀ β 衰变还包括**电子俘获**，在这一过程中核吸收一个它的原子电子而衰变，同时放出一个中微子。这里我们不考虑这种过程。在式（43-24）表示的衰变过程中发射的中微子实际上是**反中微子**，其差别在我们教材以导论为主的情况下不予考虑。

因为^{32}P有15个质子，^{32}S有16个质子，而中微子ν不带电。同样地，我们可以写出核子数守恒

$$(32) = (32) + (0) + (0)$$

因为^{32}P和^{32}S都各具有32个核子而电子和中微子都不是核子。

由于我们曾说过，核只由中子和质子构成，所以核能够发射电子、正电子和中微子似乎是很奇怪的事情。不过，我们早先也见到过原子发射光子而且我们从不说原子“包含”光子。我们说光子是在发射过程中产生的。

β衰变过程中从核中发射出的电子、正电子和中微子是一样的，它们都是在过程中产生的。对β^-衰变，在核中一个中子转变成一个质子，根据

$$n \to p + e^- + \nu \qquad (43-25)$$

对β^+衰变，一个质子转变为一个中子，根据

$$p \to n + e^+ + \nu \qquad (43-26)$$

这两种β^+衰变过程都提供了证据，说明——像我们已指出的那样——中子和质子都不是真正的基本粒子。这些过程表明为什么一个核进行β衰变时，其质量数A不变；它的一个组分核子只是根据式（43 – 25）和式（43 – 26）改变了它的性质。

不管是α衰变还是β衰变，一个特定的放射性核素在每一次单独的衰变中都释放出相同的能量。在一个特定的放射性核素的α衰变中，每一个发射出的粒子都具有相同的严格限定的动能。不过，在式（43 – 25）所示的放射出一个电子的β^-衰变，脱变能Q是分配给（以不同的比例）发射出的电子和中微子的。有时电子得到几乎所有的能量，有时中微子得到。不过，在每种情况下，电子的能量和中微子能量之和都等于同一Q值。在式（43 – 26）的β^+衰变中，发生同样的总和等于Q的能量分配。

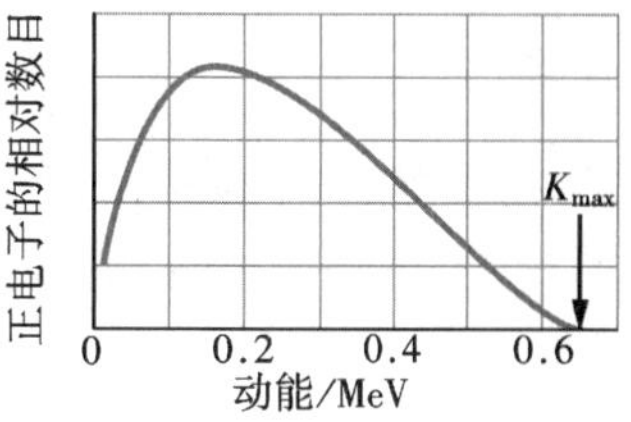

图43 – 10 ^{64}Cu的β衰变中发射的正电子的动能分布。此分布的最大动能（K_{max}）是0.653MeV。在所有^{64}Cu的衰变事件中，这一能量都以不同比例分配给电子和中微子。发射出的正电子的最概然能量约是0.15MeV。

因此，在β衰变中，发射出的电子或正电子的能量可能分布在零和某一最大值K_{max}之间。图43 – 10表示^{64}Cu的β衰变（见式（43 – 24））的正电子能量的分布。这一最大的正电子能量K_{max}一定等于脱变能Q因为当正电子带走K_{max}的能量时，中微子带走的能量就几乎是零了；这就是说，

$$Q = K_{max} \qquad (43-27)$$

中微子

泡利在1930年首先提出中微子的存在。他的中微子假说不仅给出了对β衰变中的电子和正电子的能量分布的一种理解，而且也解决了另一个早期的涉及“丢失”角动量的β衰变困惑。

中微子确实是一种难以捉摸的粒子；计算出的高能量中微子在水中的平均自由程大于几千光年。同时，从被认为是宇宙诞生的标志的大爆炸时遗留下来的中微子是物理上最丰富的粒子。每秒有成十亿个中微子穿过我们的身体而未留下任何痕迹。

尽管它们难以捉摸，中微子还是在实验室内被探测到了。F. Reines和C. L. Cowan在1953年利用在一个大功率核反应堆中产生的中子首先做到了这一点。（1995年，Reines，二者中活得长的这位，由这一工作获得了诺贝尔奖。）尽管测量起来困难，实验中微子物理学目前已是一门发展完

善的实验物理学的分支，遍及全世界的实验室内的许多干劲十足的人都在从事这方面的工作。

太阳从位于它的核心的核能炉中大量地向外发射中微子。晚上，这些来自太阳的使者从下面向我们跑上来，地球对它们几乎是完全透明的。1987 年二月从大麦哲仑云（一个附近的银河系）中的一个爆炸的恒星发来的光经过 170 000 年到达了地球。这次爆炸产生了大量的中微子，其中约有 10 个被日本的一个灵敏的中微子探测器探测到了；图 43－11 是它们穿过的记录。

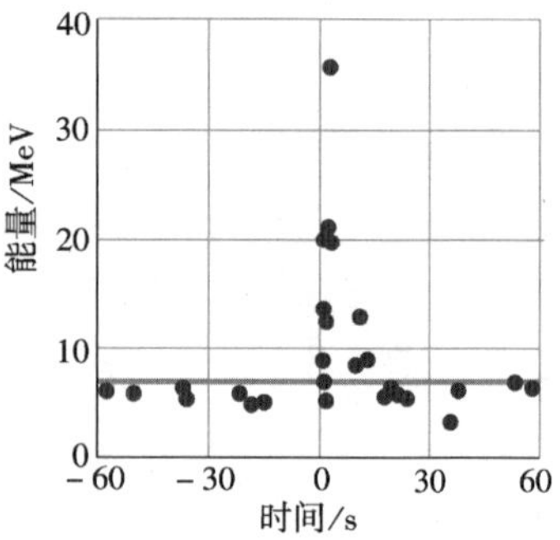

图 43－11 从超新星 SN1987A 来的一次中微子猝发，发生在（相对）时刻为 0 时，从通常的中微子背景上突然地显现出来。（对于中微子，10 就是一次“猝发”。）这些粒子是被在日本的一个深矿井中设置的精密探测器探测出来的。该超新星只能在南半球看到，因此这些中微子必须穿过地球（对它们来说是一个微不足道的势垒）才能到达检测器。

放射性和核素图

在图 43－4 的核素图上沿垂直于 $N-Z$ 平面的方向画出每个核素的**质量过剩**可以增加该图的信息。一个核素的剩余质量是（不管它的名子）近似于该核素的总结合能的能量。它的定义是 $(m-A)c^2$，其中 m 是该核素的原子质量，A 是它的质量数，二者都用原子质量单位表示，而 c^2 是 931.5MeV/u。

这样形成的表面给出核的稳定性的图像。如图 43－12（对低质量核素）所示，这一表面描绘出一个“核素谷”，图 43－4 中的稳定带就沿着谷底延伸。在谷的富质子一侧的核素发射质子而衰变到谷中，在谷的富中子一侧的核素发射电子而衰变到谷中。

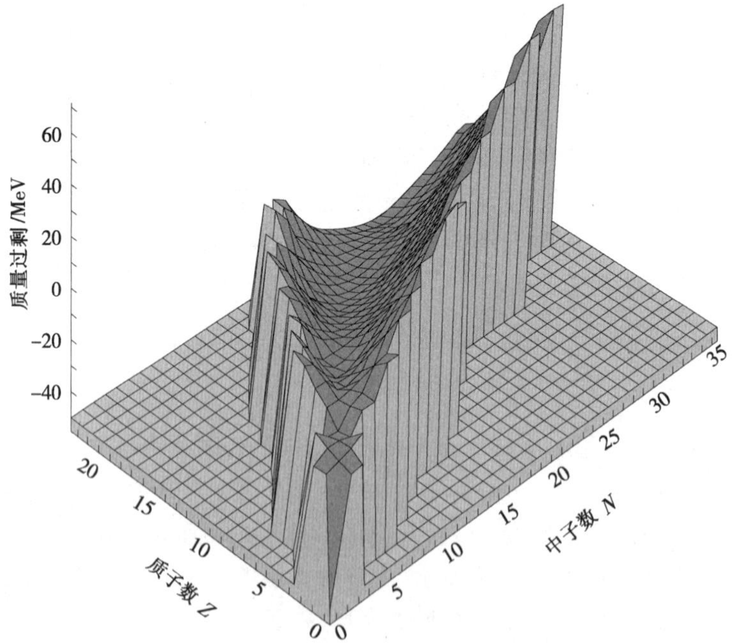

图 43－12 核素谷的一部分，只显示低质量核素。氘、氚和氦在图的最近的一端，氦在高点。此谷从我们向远处延伸，大约在 $Z=22$ 和 $N=35$ 处停止。质量数 A 大的核素，将画在远离的谷的地方。它们可以通过多次的 α 发射和裂变（一个核子分裂开）而发生衰变。

检查点 3：^{238}U 发出一个 α 粒子衰变为 ^{234}Th。其后接着发生一连串的 α 衰变或 β 衰变。最后达到一个稳定的核素，再不可能进一步发生衰变。在 ^{206}Pb，^{207}Pb，^{208}Pb 和 ^{209}Pb 这些稳定核素中，哪一个是 ^{238}U 放射性衰变链的最后产物？（提示：你可以考虑两类衰变的质量数 A 的变化而作出选择。）

例题 43 - 7

计算式（43 - 23）表示的 ^{32}P 的 β 衰变的蜕变能 Q。所需的原子质量 ^{32}P 的为 31.97391u，^{32}S 的为 31.97207u。

【解】 这里**关键点**是，β 衰变的蜕变能 Q 是由于 β 衰变而引起的质量能的改变。Q 由式（38 - 47）（$Q = -\Delta Mc^2$）给出。不过，由于一个单独的电子被发射出来（它不是束缚在原子内的电子），我们必须小心地区分核质量（我们不知道）和原子质量（我们知道）。让我们用黑体 $\mathbf{m}_P$ 和 $\mathbf{m}_S$ 表示 ^{32}P 和 ^{32}S 的核质量，而用白体 m_P 和 m_S 表示它们的原子质量。于是我们可以把式（43 - 23）表示的衰变中的质量改变写成

$$\Delta m = (\mathbf{m}_S + m_e) - \mathbf{m}_P$$

其中 m_e 是电子的质量，如果我们在此式的右侧加上并减去 $15m_e$，就得到

$$\Delta m = (\mathbf{m}_S + 16m_e) - (\mathbf{m}_P + 15m_e)$$

括号内的量是 ^{32}S 和 ^{32}P 的原子质量，因而

$$\Delta m = m_S - m_P$$

由此我们可看到如果我们只用原子质量相减，被发射电子的质量就自动地考虑进去了。（这一作法不适用于正电子发射）

于是，^{32}P 的蜕变能就是

$$\begin{aligned} Q &= -\Delta mc^2 \\ &= -(31.97207 - 31.97391\text{u})(931.5\text{MeV/u}) \\ &= 1.71\text{MeV} \end{aligned}$$

（答案）

实验中，这一计算出的能量被证明和被发射的电子所能具有的最大能量 K_{max} 相等。虽然每一次一个 ^{32}P 核衰变时都放出 1.71MeV 的能量，基本上每次电子带走的能量都比这少。中微子得到所有剩余的能量，偷偷地把它带出了实验室。

43 - 6　放射性鉴年法

如果你知道了一种给定的放射性核素的半衰期，原则上你就能用这种放射性核素的衰变作为时钟去测量时间间隔。例如，寿命非常长的核素的衰变能用来测量岩石的年纪——即从它们形成到现在所经过的时间。对于取自地球、月球和陨星的岩石的这种测量得出这些物体的一致的最大年龄约 4.5×10^9yr。

例如，放射性核素 ^{40}K，衰变成 ^{40}Ar，惰性气体氩的一个稳定同位素。这一衰变的半衰期为 1.25×10^9yr。测量被鉴定的岩石所得出的其中的 ^{40}K 对 ^{40}Ar 的比例就能被用来计算该岩石的年龄。其它长寿命衰变，例如从 ^{235}U 到 ^{207}Pb（包含许多中间阶段）的衰变，能够被用来验证这样的计算。

为了测量在历史上关注的范围内的较短的时间间隔，放射性碳鉴年法提供了非常有效的手段。放射性核素 ^{14}C（$T_{1/2} = 5730$yr）是在高层大气中的氮被宇宙射线撞击时以恒定速率产生的。这种放射性碳和正常地存在于大气中的碳（如 CO_2）相混合；以致于每 10^{13} 个通常稳定的 ^{12}C 中约有 1 个 ^{14}C 原子。通过生物的活动，例如光合作用或呼吸，大气中的碳原子和每一个生物，包括球花椰菜、蘑菇，企鹅和人类，体内的碳原子无规则的相互交换位置，每次一个原子。最后达到一种互换平衡状态，其时每一个生物体内都包含了一个固定的非常小的比例的放射性核素 ^{14}C。

当生物体活着的时候这种平衡总保持不变。一旦生物体死了，和大气的互换就停止面陷在

生物体中的放射性碳原子由于不再能得到补充而以5730yr的半衰期逐渐减少下去。通过测量每克生物物质中的放射性碳的含量就可以测量从生物体死亡到现在经过了多长时间。古代篝火留下的木炭，死海文卷和许多史前人工制品都是用这种方法鉴定其年代的。文卷的年龄是根据对一块用来塞住封有文卷的罐子的布样品运用放射性碳鉴年法的结果决定的。

死海文卷的一块残片和发现它的山洞。

例题 43－8

质谱仪对一块月岩样品中钾和氩原子的分析表明现存（稳定的）^{40}Ar原子的数目和（放射性的）^{40}K原子的数目的比为10.3。假定所有氩原子都是由钾原子衰变产生的，衰变的半衰期为1.25×10^9y，该岩石的年龄多大？

【解】 这里**关键点**是，如果N_0是岩石由熔化状态固化形成时其中钾原子的数目，在分析样品时留下的钾原子的数目，根据式（43－14），应为

$$N_K = N_0 e^{-\lambda t} \qquad (43-28)$$

其中t是岩石的年龄。每个钾原子的衰变都产生一个氩原子。因此，在分析时存在的氩原子的数目应为

$$A_{Ar} = N_0 - N_K \qquad (43-29)$$

我们不可能测定N_0，因此让我们从式（43－28）和式（43－29）中消去它。经过一些代数运算，可以得

$$\lambda t = \ln\left(1+\frac{N_{Ar}}{N_K}\right) \qquad (43-30)$$

其中N_{Ar}/N_K可以测定。对t求解并利用式（43－17）把λ换成（ln2）$/T_{1/2}$，就可得

$$t = \frac{T_{1/2}\ln(1+N_{Ar}/N_K)}{\ln 2} = \frac{(1.25\times10^9 y)[\ln(1+10.3)]}{\ln 2} = 4.37\times10^9 y \qquad (答案)$$

对其他月球上或地球上岩石样品的分析可能得出较小的年龄，但是基本上没有更大的。因此，太阳系的年龄必定是大约40亿年。

43-7 测量辐射剂量

像γ射线，电子和α粒子这些辐射对生物组织（特别是我们自己）的效应是公众关心的一件事情。在自然界，这种辐射存在于宇宙射线中和来自地壳内的放射性元素。某些人类的活动，如在医学和工业中应用X射线和放射性核素等也会产生一些这种辐射。

在这里我们不去探讨各种辐射源而只说明表示这些辐射的性质和效应的单位。我们已经讨论过一个放射源的活度。还有两个值得注意的量。

1. 吸收剂量

这是一种辐射剂量（作为单位质量吸收的能量）的量度，它表示被一个特定的物体，如病人的手或胸膛所实际吸收的剂量。它的SI单位是**戈［瑞］**（Gy）。一个较早的单位，**拉德**（rad，**r**adiation **a**bsorbed **d**ose的字头缩写）仍在普遍使用。它们的定义和关系为

$$1\text{Gy}=1\text{J/kg}=100\text{rad} \qquad (43-31)$$

一句典型的和剂量有关的话是："3Gy（=300rad）的全身、短期γ射线剂量将招致50%的被照射的人死亡"。幸运的是，我们现在每年平均吸收的，包括来自天然的和人为的辐射的剂量不过约2mGy（0.2rad）。

2. 剂量当量

虽然不同类的辐射（例如，γ射线和中子）可能输进同样的能量，但它们的生物效应不同。剂量当量是吸收的剂量（以戈瑞或拉德表示）乘以一个表示剂量的生物效应的数字RBE因子（**r**elative **b**iological **e**ffectiveness的字头缩写），例如，X射线和电子的RBE=1；中子的RBE=5；α粒子的RBE=10；等等。个人监测仪表，例如胶片剂量计记录的就是剂量当量。

剂量当量的SI单位是希［沃特］（Sievert，Sv）。一个较早的单位，雷姆（rem）仍在普遍使用。它们的关系是

$$1\text{Sv}=100\text{rem} \qquad (43-32)$$

正确使用这些词的一个例子是：国家辐射保护委员会的建议是：任何（非职业的）暴露在辐射中的个人一年内接受的剂量当量不得超过5mSv（=0.5rem）。这包括各种辐射；当然，必须对每一种辐射使用相应的RBE因子。

例题43-9

我们已看到3Gy的γ射线剂量对半数暴露在它下面的人是致命的。如果相应的能量是作为热量被吸收的，会导致体温升高多少？

【解】 这里**关键点**是，我们可以把吸收的能量Q和所产生的温度升高ΔT用式（19-14）（$Q=cm\Delta T$）联系起来。在该公式中，m是吸收能量的物质的质量，c是该物质的比热容。另一**关键点**是，3Gy的吸收剂量对应于3J/kg的单位质量吸收的能量。让我们假定人体的比热容c和水的比热容相同，为4180J/kg·K。于是可以得到

$$\Delta T=\frac{Q/m}{c}=\frac{3\text{J/kg}}{4180\text{J/kg}\cdot\text{K}}=7.2\times10^{-4}\text{K}\approx700\mu\text{K}$$

（答案）

很明显，电离辐射引起的损伤与加热无关。有害效应的产生是由于辐射损伤了DNA并因此干扰了吸收该辐射的组织的正常活动。

43－8　核模型

核比原子更为复杂。对原子来说，基本力定律（库仑定律）形式是简单的而且有一个天然的力心，即核。对于核，力定律是复杂而且实际上不可能详尽地清晰地写出来。还有，核——一堆质子和中子——没有天然力心可简化计算。

由于缺乏综合的核**理论**，我们就来建立核**模型**。一个核模型只是一种查看核的一种方法，它提供一个对核的性质的尽可能广泛的物理诠释。一个模型的有效性是靠它提供在实验室内能被实验证实的预言的能力来检验的。

两个核模型已经被证明是有用的。基于似乎相互明显对立的假设，它们中的每一个都非常好地说明了核的性质的被造出的一部分。在分别说明它们之后，我们将看到这两个模型如何能结合在一起形成一个原子核的单一的自洽的图象。

集体模型

在 N. 玻尔提出的集体模型中，核子在核内部做无规则运动的同时，被想像为有强烈的相互作用，就像一滴液体中的分子那样。一个给定的核子频繁地和其它核子碰撞，它运动的平均自由程比核半径小得多。

集体模型使我们能够把关于核质量和结合能的许多事实联系起来；它可以用来（在后面你将看到）解释裂变。它也能用来理解一大类核反应。

考虑，例如，以下列形式表示的一般的核反应

$$X + a \rightarrow C \rightarrow Y + b \tag{43-33}$$

我们想象射弹 a 进入靶核 X，形成一个**复合核** C 并且传给它一定的激发能。可能是中子的这个射弹立刻被具有该核内部特征的无规则运动所俘获。它很快地丧失了它的身份——就这样说吧——而它带入核内的激发能很快就被分配到 C 中的所有其他核子了。

式（43－33）中 C 所表示的似稳态在衰变为 Y 和 b 之前可能具有 10^{-16}s 的平均寿命。就核的标准来说，这是一段非常长的时间，它比一个具有几百万电子伏能量的核子横贯核所需时间大约长到一百万倍。

这一复合核概念的主要特征是复合核的形成和它最终的衰变是完全独立的事件。在衰变时，复合核已经“忘记”了它是如何形成的。因此，它衰变的模式不受它形成的模式的影响。例如，图43－13表示3种复合核^{20}Ne可能形成的方式和3种它可能衰变的方式，3种形成模式的任一种都能导致3种衰变模式中的任一种。

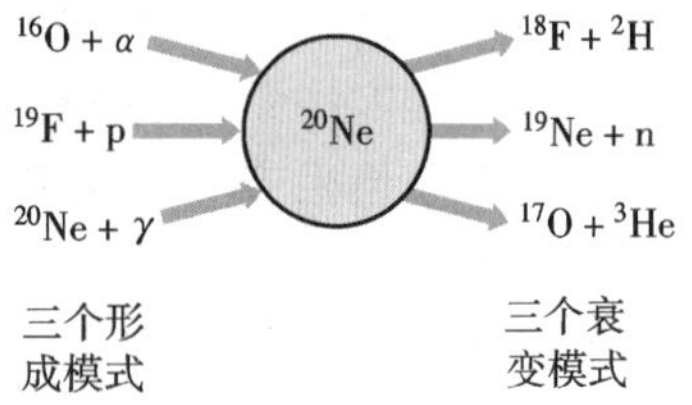

图43－13　复合核^{20}Ne的形成模式和衰变模式。

独立粒子模型

在集体模型中，我们假设核子在一起做无规则运动而且相互频繁地碰撞。但是，独立粒子模型则基于正好相反的假设——即，每一个核子在核内都处于一个完全确定的量子态，而且根本不发生任何碰撞！和原子不同，核不具有固定的电荷中心；在此模型中我们假定每个核子都在一个势阱中运动，该势阱由所有其他核子的抹平（经过时间平均）了的运动决定。

在核中一个核子，像在原子中一个电子那样，具有一套决定它的运动状态的量子数。核子

也遵守泡利不相容原理，正像电子一样；即在核中两个核子不可能同时占有相同的量子态。在这一方面，中子和质子分别处理，每一类粒子都有自己的一组量子态。

核子遵守泡利不相容原理这一事实帮助我们理解核子态的相对稳定性。如果在核中两个核子要碰撞，那么碰撞后每个核子的能量一定对应于一个**未被占据**的态，如果没有这种态可利用，碰撞就不能发生。这样，任一给定的核子都不断地经历着这种“受挫的碰撞机会”，将在足够长的时间内保持它的运动状态不变，从而可以说它处于一个能量完全确定的量子态中。

在原子领域内，我们在周期表中发现的物理和化学性质的重复是和原子中电子的这一性质相联系的，即它们按壳层安排自己而当壳层被填满时就具有特别的稳定性。我们可以取惰性气体的原子序数

$$2,\ 10,\ 18,\ 36,\ 54,\ 86,\ \cdots,$$

作为**幻电子数**，它们标志着这些壳层已充满（或闭合）。

核也表示出这种闭合壳层效应，和下列**幻核子数**相联系：

$$2,\ 8,\ 20,\ 28,\ 50,\ 82,\ 126,\ \cdots,$$

其质子数 Z 或中子数 N 等于这些数的一个的任意的核都被证明具有可以用许多方式显示出来的特殊稳定性。

“幻”核素的例子有 ^{18}O（$Z=8$），^{40}Ca（$Z=20$，$N=20$），^{92}Mo（$N=50$），和 ^{208}Pb（$Z=82$，$N=126$）。^{40}Ca 和 ^{208}Pb 被说成是“双幻”的，因为它们既包含质子的满壳层，**也**包含中子的满壳层。

幻数 2 由 $Z=N=2$ 的双幻 α 粒子的超常稳定性显示出来。例如，在图 43－6 的结合能曲线上，这种核素的每个核子的结合能明显地高出它在周期表中的邻居氢，锂和铍的。事实上，α 粒子结合得如此紧密，以至于不可能向它添加另外的粒子；没有 $A=5$ 的稳定核素。

闭合壳层的重要意义在于：在闭合壳层外的单个粒子可以相对容易地去掉，但是要从壳层本身去掉一个粒子就必须花费相当多的能量。例如，钠原子有一个（价）电子在一个闭合壳层外面。从一个钠原子剥掉一个价电子仅需要 5eV 的能量；但是，去掉第二个电子（那一定需要把它从一个闭合壳层中拉出来）需要 22eV。对于核的情况，考虑 ^{121}Sb（$Z=51$），它的一个由 50 个质子组成的闭合壳层之外有一个单个质子。移去这个孤独的质子需要 5.8MeV；但是，移去第二个质子就需要 11MeV 的能量。还有许多其他的实验证明一个核中的核形成了闭合壳层而这些壳层都显示出稳定的性质。

我们已经看到量子理论能够极好地解释幻电子数——即原子中电子在其中集聚的支壳层的整体。也可以证明，量子理论，在一定的假设下，能够同样完美地解释幻核子数！事实上 1963 年的诺贝尔物理奖授予 Maria Mayer 和 Hans Jensen 就是“因为他们关于核的壳层结构的创见。”

组合模型

考虑一个核，其中有少数中子（或质子）处于包含有幻数个中子或质子的闭合壳层的实心之外。这些外面的核子在中心实体建立的势阱中占据量子态，因而保持独立粒子模型的主要特征。这些外面的核子也对实心有作用，使其变形并引起其内部的转动或振动的“潮汐波”运动。实心的这些集体运动保持那个模型的主要特征。这样一种核结构模型因此成功地把集体和独立粒子模型的看起来不相容的观点组合起来了。它在解释观察到的核的诸多性质方面已经获得了很明显的成功。

例题 43－10

考虑中子俘获反应

$$^{109}Ag + n \rightarrow {}^{110}Ag + \gamma \qquad (43-34)$$

其中形成了一个复合核（^{110}Ag）。图 43－14 表示这种事件产生的相对时率对入射中子的能量的关系图线。用不确定原理的下述形式

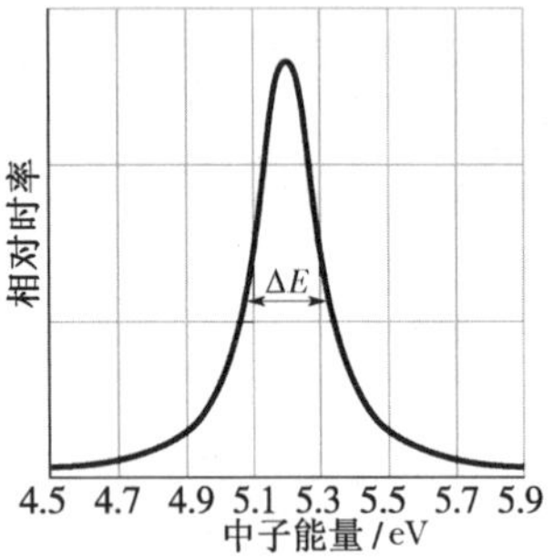

图 43－14 例 43－10 用图。式（43－34）表示的反应的相对事件数对入射中子能量的函数图象、共振峰的半宽度 ΔE 约为 0.20eV

$$\Delta E \Delta t \approx h \qquad (43-35)$$

求这种复合核的平均寿命。此式中 ΔE 是能确定一个态的能量的不确定度的量度。Δt 是测量这一能量时所用的时间的量度。实际上，这里 Δt 就是 t_{avg}，即复合核在衰变到它的基态前的平均寿命。

【解】 由图可看到相对反应时率在中子能量约为 5.2eV 处有一尖峰。这提示我们正在处理复合核 ^{110}Ag 的一个单独的激发态能级。当（入射中子的）资用能正好和这一能级高出 ^{110}Ag 的基态的能量相等时，我们就得到"共振"而式（43－34）的反应就真实地"进行"了。

不过，共振峰并不是无限地尖的而是有一个约 0.20eV 的近似半宽度（图中 ΔE）。这里**关键点**是，我们可以解释这一共振峰宽度，就说激发态的能量并不是严格地确定的，而是有一个约为 0.20eV 的能量不确定度 ΔE，于是，式（43－35）给出

$$\Delta t = t_{avg} \approx \frac{\hbar}{\Delta E} = \frac{(4.14 \times 10^{-15}\,eV \cdot s)/2\pi}{0.2\,eV}$$

$$\approx 3 \times 10^{-15}\,s \qquad \text{（答案）}$$

这一时间比一个 0.20eV 的中子飞越 ^{110}Ag 核所用时间要大几百倍。因此，这中子在这 3×10^{-15}s 的时间内就好像是核的**一部分**。

复习和小结

核素 已知存在的**核素**约有 2000 种。每种核素都由一个**原子序数** Z（质子数），一个中子数 N 和一个质量数 A（核子——质子和中子的总数）来表征。于是 $A = N + Z$。原子序数相同而中子数不同的核素互为**同位素**。核的平均半径为

$$r = r_0 A^{1/3} \qquad (43-3)$$

其中 $r_0 = 1.2$fm。

质能互换 一原子质量单位（u）的能量当量是 931.5MeV。结合能曲线表示出中间质量的核素最稳定和高质量核裂变时和低质量核聚变时都有能量放出。

核力 核由核子之间的吸引力聚在一起，这力被设想为组成核子的夸克之间的**强力**的次级效应。核可以处于一些离散的能态中，每一能态都具有确定的内禀角动量和磁矩。

放射性衰变 大多数已知核素是放射性的；它们自发地以时率 R（$= -dN/dt$）衰变，R 和现存的放射性原子数成正比，其比例常量是**蜕变常量** λ。这就导致衰变定律如下

$$N = N_0 e^{-\lambda t}, \quad R = \lambda N = R_0 e^{-\lambda t} \quad \text{（放射性衰变）}$$

（43－14，43－15，43－16）

放射性核素的半衰期 $T_{1/2}$ =（ln2）/λ 是样品中的衰变时率 R（或数目 N）减小到起始值的一半所需的时间。

α衰变 一些核素通过发射 α 粒子（^{4}He，氦核）进行衰变。这种衰变被一个势垒所遏制，按经典物理势垒是不可能被穿透的，但按量子物理是能够隧穿的。穿透势垒的可能性，因而 α 衰变的半衰期对于发射出的 α 粒子的能量是非常敏感的。

β衰变 在 **β 衰变**中，核发射出一个电子或正电子，还伴随一个中微子，发射出的粒子分配所放出蜕变能。β 衰变中发射出的电子或正电子具有从近于零开始的连续能谱，其极限能量为 K_{max}（$= Q = -\Delta mc^2$）

放射性鉴年法 天然产生的放射性核素提供了一个估计历史上或史前事件发生的时间的方法。例如，有机物品的年龄常常可以通过测量它们的 ^{14}C 含量求得；岩石样品的年龄可以用放射性同位素 ^{40}K 测出。

辐射剂量 有3个单位用来描述电离辐射的照射强度。**贝克勒尔**（1Bq=1次衰变每秒）量度样品的**活度**。实际被吸收的能量用**戈瑞**量度，1Gy对应于1J/kg。被吸收能量的生物效应估值用**希［沃特］**（Sv）量度；1Sv的剂量当量产生相同的生物效应，不管实际接受的是哪一种辐射。

核模型 核结构的**集体**模型假定核子不断地碰撞而当俘获一个射弹时就形成一个相对长寿的**复合核**，复合核的形成和它最终的衰变是完全独立的事件。

核结构的**独立粒子**模型假设每个核子，基本上不碰撞都在核中的一个量子态中运动。此模型预言核子能级和**核子幻数**（2，8，20，28，50，82和126），这些幻数都和核子的闭合壳层相联系；中子和质子数等于任一幻数的核特别稳定。

组合模型，它假设外加核子在闭合壳层构成的实心外面占据量子态，在预言核的许多性质方面非常成功。

思考题

1. 假定例43-1的α粒子换为具有同样起始动能的质子，也迎头直奔金原子核。质子停止时到核的中心的距离比是α粒子时较大，较小还是相同？

2. 你的身体内的质子多于中子，中子多于质子，还是二者数目相同？

3. 核素^{244}Pu（$Z=94$）是一个α粒子发射体。它衰变后将变成下裂核素的哪一种：^{240}Np（$Z=93$），^{240}U（$Z=92$），^{248}Cm（$Z=96$）或^{244}Am（$Z=95$）？

4. 某一核素被认为是特别稳定的。它的每核子结合能在图43-6中，是稍稍在图中曲线的上方还是稍稍在曲线的下方？

5. 一个α粒子的质量过剩（在图43-12上用直尺量得）比它的总结合能（用图43-6的每核子结合能求）是大还是小？

6. 放射性核素^{196}Ir发出一个电子而衰变。（a）它变换到图43-5中那个方块中了？（b）会发生进一步衰变吗？

7. 一个铅核素有82个质子。（a）如果它也包含82个中子，它将在图43-4中的哪个位置上？（b）如果这样一个核素可以形成，它会发射正电子，发射电子，还是稳定的？（c）根据图43-4，你认为一个稳定的铅核素应该约有几个中子？

8. 核素^{238}U（$Z=92$）可以裂变为两个原子序数和质量数相同的两部分。（a）在图43-4中，核素^{238}U是在$N=Z$直线之上还是之下？（b）两个碎片是在此线之上还是之下？（c）这两个碎片是稳定的，还是放射性的？

9. 放射性核素按指数规律衰变，像式（43-15）表示的那样。电池，恒星甚至学生们也衰变，这里的“衰变”意思是“烧尽”。这些东西的衰变是按指数规律进行的吗？

10. 在$t=0$时放射性核素A的样品的衰变时率和$t=30\text{min}$时放射性核素B的样品的衰变时率相同。二者的蜕变常量分别为λ_A和λ_B，而$\lambda_A<\lambda_B$。这两个样品还能（同时）具有相等的衰变时率吗？（提示：画一个它们的活度图）。

11. 在$t=0$时放射性核素A的样品的衰变率是放射性核素B的样品的衰变率的两倍。二者的蜕变常量为λ_A和λ_B，而$\lambda_A>\lambda_B$。这两个样品还能（同时）具有相等的衰变率吗？

12. 图43-15表示3种放射性样品的活度对时间的曲线。从大到小对这些样品按（a）半衰期和（b）蜕变常量排序。（提示：对于（a）用一直尺按在图上看。）

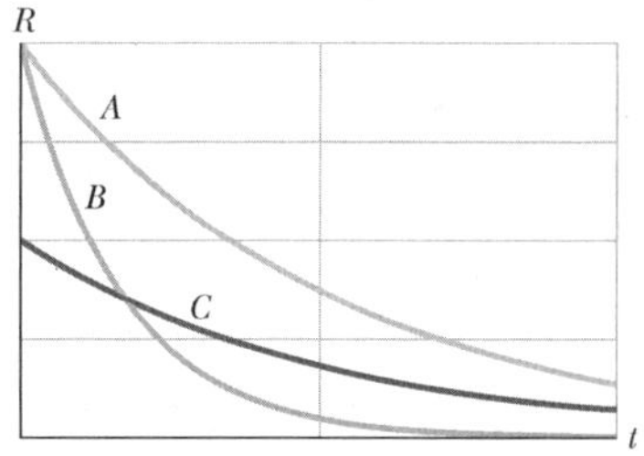

图43-15 思考题12图

13. 如果放射性样品的质量加倍，它的（a）活度（b）蜕变常量，增大，减小还是不变？

14. 在$t=0$时刻我们开始观察两个半衰期为5min的两个相同的放射性核。在$t=1\text{min}$时，其中一个核衰变了。这一事件增大还是减小了另一个核在此后4min内衰变的机会，或者对另一个核并没有影响？

15. 放射性核素^{49}Sc的半衰期是57.0min。这种核素的一个样品在$t=0$时的计数率比一般的背景活度30次/min高出6000次/min。不进行实际计算，确定在约3h，7h，10h或远长于10h时样品的计数率是否约等于背景计数率。

16. 核素^{209}At和^{209}Po分别发射能量为5.65MeV和

4.88MeV 的 α 粒子。哪个核素的半衰期较长？

17. 43-8节给出的核的幻数为2，8，20，28，50，82和126。下列说法哪些是对的：(a) 只有质量 A，(b) 只有原子序数 Z，(c) 只有中子数 N，(d) Z 或 N（或二者都），等于上述幻数之一时，核才是幻核（即特别稳定）？

18. (a)下列哪个核素是幻核：^{122}Sn，^{132}Sn，^{98}Cd，^{198}Au，^{208}Pb？(b) 哪一个，如有的话，是双幻的？

练习和习题

43-1 核的发现

1E. 假设金核直径为 6.23fm，α 粒子直径为 1.80fm。按例题 43-1 那种计算方法，要使 α 粒子“接触”金核，入射的 α 粒子必须具有多大能量？

2E. 计算一个 5.30MeV 的 α 粒子和一个铜原子的核发生正碰时最接近的距离。

3P. 当一个 α 粒子和一个核发生弹性碰撞时，核发生反冲。假设一个 5.00MeV 的 α 粒子和一个原来静止的金核发生弹性正碰。(a) 反冲核和 (b) 反弹的 α 粒子的动能各是多少？

43-2 核的一些性质

4E. 由电子散射方法测得的一个球形核的半径是 3.6fm。该核的质量数可能是多少？

5E. 把表 43-1 中列出的核素放入图 43-4 的核素图中。证实它们都处于稳定带中。

6E. 中子星是一种天体，其密度大约等于像在例题 43-2 中计算出的核物质的密度。假定太阳要塌缩并变成这样一个星体而没有损失任何它现时的能量。它的半径将是多大？

7E. 核素^{12}C 包含 (a) 多少质子和 (b) 多少中子？

8E. 参考核素图写出 (a) 所有 $Z=60$ 的稳定同位素，(b) 所有 $N=60$ 的放射性同位素，(c) 所有 $A=60$ 的核素，的符号。

9E. 作一个类似图 43-5 的核素图，包括 25 个核素：$^{118-122}$Te，$^{117-121}$Sb，$^{116-120}$Sn，$^{115-119}$In，和 $^{114-118}$Cd。画出并标记 (a) 所有同量异位（A 相同）线和 (b) 所有等中子过剩（定义为 $N-Z$）线。

10E. 大质量核的大量中子过剩（定义为 $N-Z$）可以用大多数大质量核不可能在分裂为两个稳定子核时不放出中子这一事实加以说明。例如，考虑一个 ^{235}U核自发分裂为原子序数为 39 和 53 的两个稳定子核。(a) 根据附录 F，这两个子核属于什么元素？从图 43-4，大约多少中子 (b) 在子核中和 (c) 放出了？

11E. 电量为 q 半径为 r 的均匀球体的电势能是

$$U=\frac{3q^2}{20\pi\varepsilon_0 r}$$

(a) 求 ^{239}Pu 的电势能，设它为球形的，半径为 6.64fm。(b) 对于这个核素，比较其每核子的以及每质子的电势能和它的 7.56MeV 的每核子结合能。(c) 你得出什么结论？

12E. 对于还算低质量的核素^{55}Mn 和也算高质量的核素 ^{209}Bi，计算并比较 (a) 核质量密度 ρ_m 和 (b) 核电荷密度 ρ_q。(c) 二者之差是你所期望的吗？解释之。

13E. 对于^{239}Pu，验证图 43-1 给出的每粒子结合能。所需的原子质量为 239.05216u（^{239}Pu），1.00783u（^{1}H）和 1.00867u（中子）。(ssm)

14E. (a) 证明原子质量 M 的近似公式是 $M=Am_p$，其中 A 是质量数，m_p 是质子质量。(b) 用此公式计算表 43-1 中的原子的质量时产生的百分误差是多少？一个裸质子的质量是 1.007276u。(c) 用此公式计算核结合能是足够精确的吗？

15E. 核半径可以用核散射高能电子的方法测量。(a) 200MeV 电子的德布罗意波长是多少？(b) 这些电子适宜做为此目的的探针吗？(ssm)

16E. 特征核时间是一个有用的但没有严格定义的量。它指的是动能为几百万电子伏的核子穿过长度等于一个中等质量核素的直径的距离所需要的时间。这个量的数量级多大？考虑 5MeV 的中子穿过 ^{197}Au 的核直径；利用式 (43-3)。

17E. 由于核子被束缚在核内，我们可以近似地取核的半径 r 作为核子的位置不确定度。关于一个在 $A=100$ 的核中的核子的动能，不确定原理会说些什么？（提示：把动量的不确定度 Δp 就取作实际的动量 p）。

18E. ^{1}H，^{12}C，和 ^{238}U 的原子质量分别是 1.007825u，12.000000u（根据定义，这一数值是精确的），和 238.050785u。(a) 如果把原子质量单位定义得使^{1}H 的质量（精确地）等于 1.000000u，这些质量将是多少？(b) 根据你的结果猜想一下为什么没有用这个定义。

19P. (a) 证明在一个核中和核子间的强力相联系的能量和 A 成正比，A 是相关核的质量数。(b) 证明一个核中和质子间的库仑力相联系的能量和 $Z(Z-1)$ 成正比。(c) 证明，当我们移向越来越大的核时（见图 43-4），库仑力的重要性比强力的重要性增大得更快。(ssm)

20P. 要求你按一个质子，一个中子和一个质子的顺序把一个 α 粒子（^4He）拉开。计算 (a) 每一步需要做的功，(b) α 粒子的总结合能，(c) 每核子结合能。若干需要的原子质量是

^4He	4.00260u	^2H	2.01410u
^3H	3.01605u	^1H	1.00783u
n	1.00867u		

21P. 一个周期表可能列出镁的平均原子质量为 24.312u。此平均值是把镁的各种同位素的原子质量按它们在地球上的天然丰度加权的结果。三种同位素和它们的质量是 ^{24}Mg (23.98504u)，^{25}Mg (24.98584u)，和 ^{26}Mg (25.98259u)。^{24}Mg 的天然质量丰度为 78.99%（即，天然存在的一块镁样品的质量的 78.99% 归之于其中的 ^{24}Mg）。计算其他两种同位素的丰度。(ssm)

22P. 为了简化计算，有时原子质量不是按实际的原子质量 m 而是按 $(m-A)c^2$ 列出，其中 A 是用原子质量单位表示的质量数。这后一个量常常以百万电子伏为单位，称为**质量过剩**而以符号 Δ 表示。用例 43-3 给出的数据，计算 (a) ^1H，(b) 中子和 (c) ^{120}Sn 的质量过剩。

23P. 一分硬币的质量为 3.0g。把这一硬币中所有的中子和质子都相互分开需要的核能是多少？为简单起见，假定硬币完全由 ^{63}Cu 原子（质量为 62.92960u）构成。质子和中子的质量分别是 1.00783u 和 1.00867u。

24P. 由于中子不带电，要求它的质量必须用不同于质谱仪的其他方法。当一个中子和一个质子相遇（假定二者都几乎静止）时，它们就结合成一个氘核，同时放出一个能量为 2.2233MeV 的 γ 射线。质子和氘核的质量分别是 1.007825u 和 2.0141019u。试由此数据求中子质量到此数据能保证的尽可多的有效位数。(比本书介绍的一个更精确的关于 c^2 的质能变换因子的值是 931.502MeV/u)。

25P. 证明一个核素的总结合能 E_{be} 是

$$E_{be}=Z\Delta_H+N\Delta_N-\Delta$$

其中 Δ_H，Δ_n and Δ 是相应的质量过剩（见习题 22）。用这种方法，计算 ^{197}Au 的每核子结合能。将你的结果和表 43-1 中所列数值对比。所需的质量过剩数据，四舍五入到 3 位有效数字，为 $\Delta_H=+7.29MeV$，$\Delta_n=+8.07MeV$，和 $\Delta_{197}=-31.2MeV$。注意利用质量过剩代替实际质量做计算带来的实惠。(ssm)(www)

43-3 放射性衰变

26E. 一种放射性核素的半衰期为 30y。一个起始是纯的这种核素的样品在 (a) 60y 末和 (b) 90y 末尚未衰变的分数是多少？

27E. 一种放射性同位素的半衰期是 140d。此同位素的一个样品的衰变时率降至起始值的 1/4 需要多少天？

28E. 一种特殊的放射性同位素的半衰期是 6.5h，如果起始有 48×10^{19} 个这种同位素的原子，在 26h 末还剩下多少？

29E. 考虑起始是纯的 3.4g ^{67}Ga 的样品。^{67}Ga 是一种半衰期为 78h 的同位素。(a) 它起始的衰变时率多大？(b) 其后 48h 时的衰变时率多大？(ssm)

30E. 根据 43-3 节前几段提供的数据，求 ^{238}U 的 (a) 蜕变常量 λ 和 (b) 半衰期。

31E. 汞的一个放射性同位素，^{197}Hg，衰变成 ^{197}Au，其蜕变常量为 $0.0108h^{-1}$。(a) 计算它的半衰期。(b) 在 3 个半衰期末和 (c) 在 10.0 天末，一个样品还剩余的分数是多少？(ssm)

32E. 钚的同位素 ^{239}Pu 是作为核反应堆的一种副产品产生的并因此聚集在我们的环境中，它是放射性的，衰变的半衰期为 2.41×10^4y。(a) 化学上致命的 2mg 剂量中的 Pu 核有多少个？(b) 这样多剂量的衰变时率多大？

33E. 癌细胞比健康细胞更易受到 x 和 γ 辐射的伤害。早先，辐射疗法的标准源是 ^{60}C，它以半衰期 5.27y 衰变为 ^{60}Ni 的一个激发态。该 Ni 核立刻发出两个 γ 射线光子，每一个的能量都近似 1.2MeV。在医用的那种型号为 6000Ci 的源中有多少放射性的 ^{60}Co 核？(现在放射疗法用的是从直线加速器中出来的高能粒子。)(ssm)

34P. 放射性核素 ^{64}Cu 的半衰期为 12.7h。如果在 $t=0$ 时一个样品中有纯 ^{64}Cu 5.50g，在 $t=14.0h$ 和 $t=16.0h$ 的时间内它衰变了多少？

35P. 经过长期的努力，1902 年居里和皮埃尔·居里成功地从铀矿中第 1 次分离出了一些有价值的量

的镭，1/10g的纯 $RaCl_2$。其中镭是放射性同位素 ^{226}Ra，其半衰期为1600y。(2) 二位居里分离出的镭核有多少？(b) 他们的样品的衰变时率是多大？用蜕变次数每秒作单位。(ssm) (www)

36P. 放射性核素 ^{32}P ($T_{1/2}=14.28d$) 是跟踪涉及磷的生物化学反应过程的示踪粒子。(a) 如果在一特定实验装置中起始的计数率是3050次/s，计数率降到170次/s需要多少时间？(b) 含有 ^{32}P 的溶液施入一棵实验番茄的根系并在3.48d后测量其一个叶的 ^{32}P 活度。为了计算从实验开始所已经发生的衰变，此读数必须乘以什么因子以进行校正。

37P. 一个源包含两种磷的放射性核素，^{32}P ($T_{1/2}=14.3d$) 和 ^{33}P ($T_{1/2}=25.3d$)。开始时，10.0%的衰变来自 ^{32}P。到90.0%衰变来自 ^{32}P 需要等多长时间？

38P. 钚同位素 ^{239}Pu 进行 α 衰变，其半衰期为24100y。最初是呈12.0g的纯 ^{239}Pu 样品，在20000y末产生了多少毫克的氦？（仅考虑钚直接产生的氦，不考虑其他衰变过程的副产品所产生的。）

39P. 一个1.00g的钐样品以时率120粒子/s发射 α 粒子。相关的同位素是 ^{147}Sm，在大块钐中 ^{147}Sm 的天然丰度为15.0%。计算衰变过程的半衰期。(ssm)

40P. 银被短时间中子照射后产生两种同位素：^{108}Ag ($T_{1/2}=2.42s$)，初始衰变率为 3.1×10^5/s，和 ^{110}Ag ($T_{1/2}=24.6s$)，初始衰变率为 4.1×10^6/s。作一个类似图43-8的图表示从 $t=0$ 到 $t=10min$ 之间作为时间的函数的两种同位素的总衰变率。我们曾用图43-8来说明如何求简单（一种同位素）衰变的半衰期。只给你这里的二-同位素系统的总衰变率的图线，请提出一种求出每种同位素的半衰期的分析方法。

41P. 某种放射性核素以恒定时率 R 在，例如，一个回旋加速器内制备出来。它同时以蜕变常量 λ 进行衰变。假定生产过程已经进行了一段比放射性核素的半衰期长得多的时间。证明经过这样一段时间后现存的放射性核数保持不变而且由 $N=R/\lambda$ 给定。再证明这一结果不管最初有多少放射性核都是成立的。这时的核素被说成和它的源处于长期平衡；在这一状态下它的衰变率正好等于它的产生时率。(ssm) (www)

42P. 计算一个起始衰变率为 1.70×10^5 次/s的（开始时是纯的）^{40}K 样品的质量。此同位素的半衰期为 1.28×10^9y。

43P. (参看习题41.) 放射性核素 ^{56}Mn 的半衰期为2.58h。它是在回旋加速器中用氘核撞击锰靶时产生的。靶内只有稳定锰同位素 ^{55}Mn。产生 ^{56}Mn 的锰-氘反应是

$$^{55}Mn + d \rightarrow ^{56}Mn + p$$

撞击后经过比2.58h长得多的时间，靶，由于 ^{56}Mn，的活度为 $8.88\times10^{10}s^{-1}$。(a) 撞击时在回旋加速器内产生 ^{56}Mn 核的恒定时率 R 是多少？(b) 它们衰变率是多少（也是在撞击时）？(c) 在撞击终了时存在有多少 ^{56}Mn 核？(d) 它们的总质量是多少？(ssm)

44P. (参看习题41和43) 一个镭源含有1.00mg ^{226}Ra，它以1600y的半衰期衰变为 ^{222}Rn，一种惰性气体。此氡同位素接着以半衰期3.82d进行 α 衰变。(a) 源内 ^{226}Ra 蜕变率是多少？(b) 使氡与其母核镭达到长期平衡需要多长时间？(c) 其时氡的衰变率多大？(d) 多少氡与其母核镭处于平衡状态？

45P. 核弹的放射性沉降物中一种危险粒子是 ^{90}Sr，它以29y的半衰期衰变。由于此锶的同位素的化学性质和钙的相似，它被母牛吃下后，就会集聚在牛奶中。^{90}Sr β 衰变时发射的高能电子损害骨髓并因而减少红色球的产生。一个百万吨级的核弹产生约400g ^{90}Sr。如果放射性尘埃均匀地散布在2000km² 面积上，那么具有放射量74000次/s，这是对一个人“允许的”极限，的场地面积多大？

43-4 α衰变

46E. 考虑一个 ^{238}U 核是有一个 α 粒子 (^4He) 和一个剩余粒子 (^{234}Th) 组成。画静电势能曲线 $U(r)$，其中 r 是两个粒子之间的距离。使曲线覆盖 $10fm<r<100fm$ 的近似区间并将它和图43-9对比。

47E. 一般地说，多数大质量核素倾向于对 α 衰变更不稳定。例如，最稳定的铀的同位素 ^{238}U，具有半衰期为 4.5×10^9y 的 α 衰变。钚的最稳定的同位素是半衰期为 8.0×10^7y 的 ^{244}Pu。而对于锔，有 ^{248}Cm 和 3.4×10^5y。当 ^{238}U 原始样品的一半衰变掉时，钚和锔的这些同位素的原始样品还剩下的分数是多少？(ssm)

48P. 考虑一个 ^{238}U 核 (a) 发射一个 α 粒子或 (b) 依次发射一个中子，一个质子，一个中子和一个质子。计算每种情况所放出的能量。(c) 通过合理的论证和直接计算使你自己相信这两个数的差正是 α 粒子的总结合能并求该结合能。一些需要的原子和粒子质量如下：

^{238}U 238.05079u　　^{234}Th 234.04363u

^{237}U	237.04873u	^{4}He	4.00260u
^{236}Pa	236.04891u	^{1}H	1.00783u
^{235}Pa	235.04544u	n	1.00867u

49P. 一个^{238}U核发出一个4.196MeV的α粒子。计算这一过程的蜕变能量Q，计算要包括剩余核^{234}Th的反冲能量。(ssm)

50P. 大的放射性核素发射α粒子而不是其他的核子结合体，这是因为α粒子是如此稳定而结合紧密的结构。为了证实这一论断，计算下列的设想出的衰变过程并讨论你的发现的意义：

(a) $^{235}U \rightarrow {}^{232}Th + {}^{3}He$

(b) $^{235}U \rightarrow {}^{231}Th + {}^{4}He$

(c) $^{235}U \rightarrow {}^{230}Th + {}^{5}He$

所需的原子质量为

^{232}Th	232.0381u	^{3}He	3.0160u
^{231}Th	231.0363u	^{4}He	4.0026u
^{230}Th	230.0331u	^{5}He	5.0122u
^{235}U	235.0439u		

51P. 在某些稀有的情况下，一个核可以放射一个质量比α粒子更大的粒子而衰变。考虑下列衰变

$$^{223}Ra \rightarrow {}^{209}Pb + {}^{14}C$$

和

$$^{223}Ra \rightarrow {}^{219}Rn + {}^{4}He$$

(a) 计算这些衰变的Q值并确定二者从能量上说都是可能的。 (b) α粒子发射的库仑势垒高度为30.0MeV。^{14}C发射的势垒高度是多少？所需原子质量如下：

^{223}Ra	223.01850u	^{14}C	14.00324u
^{209}Pb	208.98107u	^{4}He	4.00260u
^{219}Rn	219.00948u		

43-5 β衰变

52E. 大质量的放射性核素，它们可能是α或β发射体，都属于四个衰变链中的一个。这四个衰变链由它们的质量数是否等于$4n$，$4n+1$，$4n+2$，或$4n+3$决定，其中n是一个正整数。(a) 证实这一论断并证明如果一个核素属于这些家族中的一个家族，则它的所有衰变产物都属于这同一家族。(b) 按家族对这些核素分类：^{235}U、^{236}U，^{239}Pu，^{240}Pu，^{245}Cm，^{246}Cm，^{249}Cf和^{253}Fm。

53E. 某个稳定核素吸收一个中子后，发射一个电子，而形成的新核素又自发地分裂为两个α粒子。原来那个核素是什么？(ssm)

54E. 一个中等质量核素（就说$A=150$）发射一动能为1.0MeV的电子。(a) 该电子的德布罗意波长多大？(b) 计算该核素的半径。(c) 这样的电子能像驻波那样被束缚在这样大小的“盒子”内吗？(d) 你能用这些数字否定（已被抛弃的）电子确实存在于核中这样的论点吗？

55E. 地上核爆炸的沉降物中有铯同位素^{137}Cs。由于它以慢（30.2y）半衰期衰变为^{137}Ba，同时放出相当大能量，它成了人们关心的一个环境问题。Cs和Ba的原子质量分别是136.9071u和136.9058u；计算这样一次衰变中放出的总能量。(ssm)

56P. 有些放射性核素通过俘获它们自己的原子电子，例如，一个K壳层电子，而衰变。一个例子是

$$^{49}V + e^- \rightarrow {}^{49}Ti + \nu \quad T_{1/2} = 331d$$

说明此一过程的蜕变能Q为

$$Q = (m_V - m_{Ti})c^2 - E_K$$

其中m_V和m_{Ti}分别是^{49}V和^{49}Ti的原子质量，E_K是钒的K壳层电子的结合能。(提示：令$\mathbf{m}_V$和$\mathbf{m}_{Ti}$为相应的核质量，再像例43-7那样进行下去。)

57P. 一个自由中子按式（43-26）衰变。如果中子—氢原子质量差为840μu，电子能谱中的最大动能K_{max}是多少？(ssm)

58P. 求^{49}V如习题56中描述的那样，以电子俘获的方式衰变，时的蜕变能Q。所需数据为$m_V=48.94852u$，$m_{Ti}=48.94787u$和$E_K=5.47keV$。

59P. 放射性核素^{11}C按下式衰变

$$^{11}C \rightarrow {}^{11}B + e^+ + \nu \qquad T_{1/2} = 20.3min$$

放出的正电子的最大能量是0.960MeV。(a) 证明这一过程的蜕变能Q为

$$Q = (m_C - m_B - 2m_e)\ c^2$$

其中m_C和m_B分别是^{11}C和^{11}B的原子质量，m_C为正电子的质量。(b) 已知质量$m_C=11.011434u$，$m_B=11.009305u$和$m_e=0.000548u$。计算Q并将它和上面给的放出的正电子的最大能量相比较。(提示：令$\mathbf{m}_C$和$\mathbf{m}_B$为核质量再如例43-7分析β衰变那样进行。注意此例为下述一般法则的例外，该一般法则为当用原子质量做核衰变计算时，所放出电子的质量已自动地关照到了。)

60P. 在花岗岩中相当丰富地存在着两种对α衰变不稳定的放射性物质^{238}U和^{232}Th和一种对β衰变不稳定的^{40}K。它们通过放出衰变能对加热地球都有相当大的贡献。α-不稳定的同位素形成终止于稳定的铅同位素的衰变链。^{40}K只有一次β衰变。相关信

息如下：

母核	衰变模式	半衰期 /y	稳定终点	Q /MeV	f /ppm
^{238}U	α	4.47×10^{9}	^{206}Pb	51.7	4
^{232}Th	α	1.41×10^{10}	^{208}Pb	42.7	13
^{40}K	β	1.28×10^{9}	^{40}Ca	1.31	4

表中 Q 是从母核衰变到最后稳定终点放出的总能量；f 是同位素的丰度，以千克每千克花岗岩为单位；ppm 表示百万分之几。(a) 证明每千克花岗岩中这些物质以热量形式产生能量的时率为 1.0×10^{-9} W。(b) 假定地球表面厚 20km 的球壳内有花岗岩 2.7×10^{22}kg，估算这种衰变过程遍及全地球的功率。把这一功率和地球截获的总太阳功率，1.7×10^{17}W 对比。

61P*. 放射性核素 ^{32}P 按式（43－23）衰变为 ^{32}S。在一特定的衰变事件中，放出了一个具有最大可能能量，1.71MeV 的电子。这次事件中反冲核 ^{32}S 的动能多大？（提示：对于电子，必须用动能和线动量的相对论表示式。对于相对慢的 ^{32}S 原子可以放心地应用牛顿力学。）(ssm) (www)

43－6 放射性鉴年法

62E. 从一个古代灶坑中得到的一块 5.00g 的炭样品具有的 ^{14}C 的活度为 63.0 次/min。每 1.00g 的活木材的 ^{14}C 活度为 15.3 次/min。^{14}C 的半衰期是 5730y。炭样品的年龄多大？

63E. ^{238}U 以半衰期 4.47×10^{9}y 衰变为 ^{206}Pb。虽然这一衰变经过许多单独的步骤，但第一步的半衰期特别而且最长；因此，常常可以认为此衰变直接进行到了铅，这就是说

$$^{238}U\rightarrow{}^{206}Pb+\text{许多不同的衰变产物}$$

一块岩石经测定含有 4.20mg ^{238}U 和 2.135mg ^{206}Pb。假定岩石形成时不含铅，因而现在有的铅就都来自铀的衰变。(a) 此岩石现在含有多少个 ^{238}U 和 ^{206}Pb 的原子？(b) 岩石形成时其中含有多少个 ^{238}U 原子？(c) 此岩石的年龄多大？(ssm)

64P. 一块特殊的岩石的年龄被认为是 260 百万年，如果它含有 3.70mg 的 ^{238}U，它应该含有多少 ^{206}Pb？参看练习 63E。

65P. 从地下深处取得的一块岩石，经测定含有 0.86mg ^{238}U，0.15mg ^{206}Pb 和 1.6mg ^{40}Ar。它可能含有的 ^{40}K 是多少？需要的半衰期见习题 60P。

43－7 测量辐射剂量

66E. 一盖革计数器在 1min 内记录的计数为 8700。假定此计数器记录了所有衰变，试计算源的活度是多少 Bq？多少 Ci？

67E. 半衰期为 2.70d 的核素 ^{198}Au 被用来治疗癌症。要产生 250Ci 的活度所需的这种核素的质量是多少？(ssm)

68E. 一飞机驾驶员每周平均有 20h 在 10km 的高空飞行，该处由宇宙辐射产生的剂量当量是 7.0μSv/h。每年（52 周）由这种源单独产生的剂量当量是多少？注意，对普通人群来说，年允许最大剂量当量（从各种源来的）是 5mSv，对辐射工作者，它是 50mSv。

69P. 典型的胸透视 X 射线辐射剂量是 250μSv，这是 X 射线产生的乘以 RBE 因子 0.85。假定暴露的组织的质量是病人质量 88kg 的一半，计算被吸收的能量，以 J 表示之。(ssm)

70P. 一个 75kg 的人接受了 2.4×10^{-4}Gy 的全身辐射剂量。这辐射是由 α 粒子产生的，其 RBE 因子是 12。计算 (a) 以 J 计算的被吸收的能量和 (b) 以 Sv 和 rem 表示的剂量当量。

71P. 在增殖反应堆工厂工作的一个 85kg 的工人偶然吸入了 2.5mg 的 ^{239}Pu 灰尘。^{239}Pu 以 24100y 的半衰期进行 α 衰变。发射出 α 粒子的能量是 5.2MeV，其 RBE 因子是 13。假设钚在工人体内呆了 12h 并且 95% 的 α 粒子发射后停在体内。计算 (a) 吸收的钚原子的数目，(b) 这 12h 中衰变的数目，(c) 人体吸收的能量，(d) 产生的物理剂量，以 Gy 表示，(e) 剂量当量，以 Sv 表示。

43－8 核模型

72E. 在中等质量核中的一个核子的典型动能可以取为 5.00MeV。根据核结构的集体模型，和这一能量相当的有效核温度是多少？

73E. 在某一特定的核反应中产生的中间核在它产生的 10^{-22}s 内衰变。(a) 在我们关于这一中间态的知识中它的能量不确定度 ΔE 是多少？(b) 能把这个态叫做一个复合核吗？（参看例题 43－10）

74E. 在下面列出的核素中，辨认 (a) 有满核子壳层的，(b) 在满壳层外有一个核子的，(c) 有一个空位否则就成满壳层的：^{13}C，^{18}O，^{40}K，^{40}Ti，^{60}Ni，^{91}Zr，^{92}Mo，^{121}Sb，^{143}Nd，^{144}Sm，^{205}Tl 和 ^{207}Pb。

75P. 考虑图 43－13 中表示的复合核 ^{20}Ne 的三个形成过程。下面是一些质量

^{20}Ne	19.99244u	α	4.00260u
^{19}F	18.99840u	p	1.00783u
^{16}O	15.99491u		

要对复合核提供 25.0MeV 的激发能，(a) α 粒子，

(b) 质子，(c) γ 射线光子必须各具有多大能量？(ssm) (www)

附加题

76. 在第二次世界大战结束时，荷兰当局以叛国罪逮捕了荷兰艺术家 Hans Van Meegeren，因为在战争期间他把一幅名画卖给了臭名昭著的纳粹赫尔曼·戈林。这幅名画，**耶稣和他的信徒在埃莫斯**，出自荷兰大师 Johannes Vermeer（1632—1675）之手。它是在丢失几乎三百年之后在 1937 年被 Van Meegeren 发现的。发现后不久，艺术专家们就宣称**埃莫斯**可能是曾经见到的 Vermeer 的最好的作品。把这样一件国宝卖给敌人是非常严重的叛国罪行。

但是，被关押后不久，Van Meegeren 突然宣称是他，而不是 Vermeer，画了**埃莫斯**。他解释说他曾经十分小心地摹拟了 Vermeer 的风格，用了一块 300 年前的画布和 Vermeer 选用过的颜料；他之后还在作品上签字并把它烘烤得看起来好像真的古老名画一样。

Van Meegeren 是在玩弄欺骗手段以避免被判为叛国罪而希望被判为仅仅是更轻的欺诈罪吗？对艺术专家来说，**埃莫斯**看来确实像 Vermeer 的真迹，但是，在 Van Meegeren 被审判的 1947 年，没有一个科学的方法回答这一问题。不过，在 1968 年，卡内基－梅隆大学的 Benard Keisch 能够用新发展起来的放射性分析技术来回答这个问题了。

特别地，他分析了从**埃莫斯**取下的一点含有铅的白色颜料样品。这颜料是用铅矿精制成的，矿中的铅来自起始于不稳定的 ^{238}U 而终止于稳定的 ^{206}Pb 的一个长放射性衰变系。为了领会 Keisch 分析的精神，注意下面写出的该衰变系的缩减了的部分，其中中间的相对短寿命的核素已经删去了：

$$^{230}\mathrm{Th}\xrightarrow[75.4\mathrm{ky}]{}{}^{226}\mathrm{Ra}\xrightarrow[1.60\mathrm{ky}]{}{}^{210}\mathrm{Pb}\xrightarrow[22.6\mathrm{y}]{}{}^{206}\mathrm{Pb}$$

在衰变系的这一部分中，较长而且较重要的半衰期都注出来了。

(a) 证明在一个铅矿的单一样品中，^{210}Pb 核数目改变的时率为

$$\frac{\mathrm{d}N_{210}}{\mathrm{d}t}=\lambda_{226}N_{226}-\lambda_{210}N_{210}$$

其中 N_{210} 和 N_{226} 表示在单一样品中 ^{210}Pb 核和 ^{226}Ra 核的数目，λ_{210} 和 λ_{226} 是相应的蜕变常量。

因为该衰变系已存在了几十亿年而且 ^{210}Pb 的半衰期比 ^{226}Ra 的半衰期小得多，核素 ^{226}Ra 和 ^{210}Pb 是在**平衡态**中，这就是说样品中它们的数目，或者浓度是不变的。(b) 在这单一的样品中，这些核素的活度比 R_{226}/R_{210} 是多少？(c) 它们的数目比 N_{226}/N_{210} 是多少？

当颜料从矿中精制出来时，大部分 ^{226}Ra 就除去了。假定只有 1.00% 剩下，颜料刚刚制成时，比值 (d) R_{226}/R_{210} 和 (e) N_{226}/N_{210} 各是多少？

Keisch 认识到，随着时间的推移，颜料的 R_{226}/R_{210} 比值将从颜料刚被精制出来时的值逐渐改变回复到是矿时的值，其时在颜料中已建立了 ^{210}Pb 和剩余的 ^{226}Ra 之间的平衡。如果**埃莫斯**是 Vermeer 画的而从它上面取下的颜料样品，在 1968 年检查时果真是 300 年前的产品，该比值应接近 (b) 的答案。如果**埃莫斯**是 1930 年代 Van Meegeren 画好，样品才仅仅约 30 岁，答案将接近 (d) 的答案。Keisch 求出的比值是 0.09。(f) **埃莫斯**是 Vermeer 画的吗？

77. 当地上核试验引爆后，爆炸会把放射性尘埃射向大气高层。全球空气环流会在这些尘埃未降落到地面和水域之前把它们散布到世界各处。1976 年 10 月曾引爆一次这种试验。在那次爆炸中产生的 ^{90}Sr 到 2006 年 10 月还能存在的分数是多少？

78. 一种要用于医院病人照射的放射性样品是由附近一个实验室制备的。该种样品的半衰期为 83.61h。如果用来在 24 小时后照射病人需要的活度是 7.4×10^{8} Bq，那么样品的起始活度应是多少？

79. 放射性核素 ^{99}Tc 可以注入病人的血液系统中以监视血液的流动，测量血的体积或寻找肿块以及为了其他目的。此核素是在一所医院中用含有 ^{99}Mo 的“奶牛”生产的。^{99}Mo 是一种放射性核素，以 67h 的半衰期衰变为 ^{99}Tc。有一天，为了得到它的 ^{99}Tc 而从奶牛“取奶”，这 ^{99}Tc 从 ^{99}Mo 衰变产生时处于一个激发态；它此后放出一个 γ 射线光子而退激到它的最低能态，而此光子被放在病人周围的检测器记录下来。退激的半衰期是 6.0h。(a) ^{99}Mo 是通过什么过程衰变成 ^{99}Tc 的？(b) 如果一个病人注射了 8.2×10^{7} Bq 和 ^{99}Tc 样品，最初在病人体内每秒产生的 γ 射线光子是多少？(c) 如果某一时刻从一个收集了 ^{99}Tc 的小肿块发生 γ 射线光子的时率是每秒 38 个，该时刻在肿块内有多少激发态的 ^{99}Tc？

80. 由于 1986 年北乌克兰切尔诺贝利核电站的一个反应堆爆炸起火，乌克兰的一部分被 ^{137}Ce 所污染。^{137}Ce 以 30.2y 的半衰期进行 β^- 衰变，1996 年，在 $2.6\times10^{5}\,\mathrm{km}^2$ 的面积上这种污染的总活度估计为 10^{16} Bq。假设 ^{137}Ce 均匀地散布到该面积上并且 β^- 衰变的电子不是垂直向上就是垂直向下射出。如果你在

该处地面上躺了 1h，你会截获多少 β^- 衰变电子，(a) 假设在 1996 年，(b) 假设在今天？（你需要估计你截获这些电子的横截面积。）

81. 1992 年 10 月瑞士警方逮捕了两个企图从东欧向外走私铁的人。不过，由于出现错误，走私者带的是 ^{137}Ce，据说，每个走私者都在一个包内带了 1.0g ^{137}Ce 样品。以 Bq 和 Ci 为单位表示，每个样品的活度是多大？^{137}Ce 的半衰期为 30.2y（在医院中通常用的放射性同位素的活度最大到几微居里）

82. 图 43 - 16 是在质量数 A 对质子数 Z 的图中 ^{237}Np 的衰变图解的一部分；五个线段分别表示 α 衰变或 β^- 衰变，连接在用点表示的同位素之间。经五次衰变的终了同位素（在图 43 - 16 中用问号标记的）是什么？

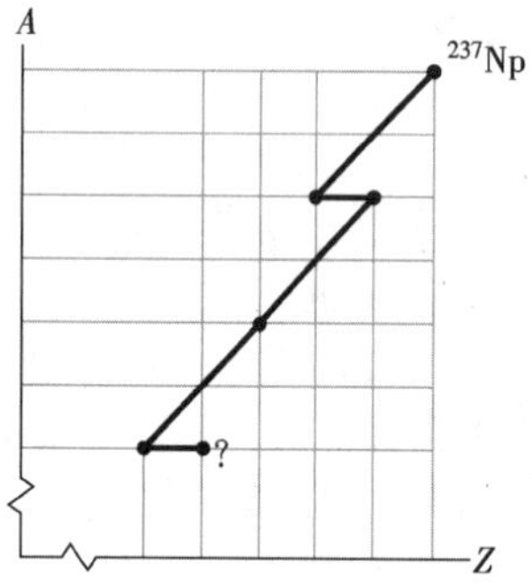

图 43 - 16　习题 82 图

83. 同位素^{40}K，半衰期为 1.26×10^9y，能衰变成 ^{40}Ca 或 ^{40}Ar。产生的 Ca 和 Ar 的比例是 8.54/1 = 8.54。一个样品开始时只有^{40}K。现在它具有等量的 Ca 和 Ar，就是说，现在 Ca 和 Ar 的比例是 1/1 = 1。这个样品已经历了多长时间？（提示：像解其他的放射性鉴年法的习题一样，除去这里的衰变有两个产物而不仅是一个。）

84. 有些岩洞内的空气中含有相当大量的氡气，它可以使长时间吸入它的人患肺癌。在有些英国岩洞中，含有最大量的这种气体的空气中单位体积的活度可达 $1.55\times10^5 Bq/m^3$。假定你化了两天时间探查（也睡在里面）这种洞。在这两天的停留中你吸入和呼出的氡原子大概有多少？在氡气中的放射性核素 ^{222}Rn的半衰期是 3.82 天。你需要估计你的肺活量和平均呼吸时率。

85. 一个动能为 3.00MeV 的^{7}Li 核射向一个^{232}Th 核。两个核之间的最小的心到心的距离多大？假定（质量大的）^{232}Th 核不动？

86. ^{262}Bh 的每核子结合能多大？原子质量是 262.1231u。

87. ^{14}C 的活度减小到原有活度的 0.020 需要多少年？^{14}C 的半衰期为 5730 年。

88. 20ng 的^{92}Kr 样品的活度是多少？^{92}Kr 的半衰期是 1.84s。

第44章 核　　能

自第二次世界大战后，这幅图像就震惊了全世界。当发明了原子弹的科学小组组长罗伯特·奥本海默目睹首次原子弹爆炸时，他从一本神圣的印度经典中引述了一句话："现在我变成了死神，万物的破坏者。"

曾使全世界如此恐怖的这幅图像背后的物理原理是什么？

答案就在本章中。

44－1 原子和它的核

当我们通过在炉子中燃煤获取能量时，我们在利用碳和氧原子做修理工，将它们的外部电子安置到更稳定的组合中。当我们在核反应堆里从铀中取得能量时，我们也是在燃烧一种燃料，但这时我们是用它的核做修理工，将它的核子安置到更稳定的组合中。

电子是由电磁库仑力约束在原子中的，把一个电子从原子中拉出来只需要几个电子伏的能量。另一方面，核子是由强力约束在核中的，把一个核子从核中拉出来需要几百万电子伏的能量。

不管是原子的还是核的燃烧，能量的释放总伴随着根据方程式 $Q=-\Delta mc^2$ 决定的质量减少。燃烧铀和燃烧原子的根本差别在于，在前者的情况下，可用质量的大得多的分数（同样地差几百万倍）被用掉了。

原子燃烧和核燃烧的不同过程提供了不同水平的功率，或能量释放的时率。1kg 铀在原子弹中爆炸或在核反应堆中慢慢地燃烧都是核燃烧的现象。在原子的情况下，我们可以设想爆炸一包甘油炸药或消化一个涂有果冻的炸面团，这些都是原子燃烧。

表 44－1 列出了用不同的方法从 1kg 不同物质中得到的能量。表中没有直接给出能量的数值，而是给出了这些能量可以使一个 100W 的灯泡工作的时间。表中只有前三个过程已经真正实现了，其余三个燃烧过程所释放的能量实际上是它们可能达到的理论极限。最后一个，物质和反物质的完全相互湮灭，是一个最终的能量生产的目标。在该过程中，所有的质量能都转换成了其他形式的能量。

表 44－1 中的比较是在每单位质量的基础上计算的。1kg 对 1kg，你从 1kg 铀得到的能量可以是从 1kg 煤或降落的水得到的能量的几百万倍。可是，从另一方面说，在地壳中有大量的煤，并且利用一个大坝可以很容易地积蓄大量的水。

44－2 核裂变：基本的过程

1932 年，英国物理学家詹姆斯·查德威克（James Chadwick）发现了中子。几年以后，罗马的恩里克·费米（Enrico Fermi）发现当许多元素被中子撞击时，会产生新的放射性元素。费米就预言，不带电的中子可以用来做有用的核弹；和质子或 α 粒子不同，当它靠近核子的表面时不受排斥的库仑力的作用。即使**热中子**——在室温下和周围物质处于热平衡的状态下做缓慢运动的中子，平均能量仅有约 0.04eV，在核研究中也是有用的射弹。

表 44－1　1kg 物质释放的能量

物质形式	过程	时间①	物质形式	过程	时间①
水	50m 瀑布	5s	^{235}U	完全裂变	3×10^4y
煤	燃烧	8h	热氘气	完全聚变	3×10^4y
浓缩 UO_2	在反应堆中裂变	690y	物质和反物质	完全湮灭	3×10^7y

① 此列给出所产生的能量可以向一个 100W 的灯泡供电的时间。

1930 年代后期，在柏林工作的物理学家 Lise Meitner 和化学家 Otto Hahn 以及 Fritz Strassmann 进一步开展了费米和他的合作者的工作——用热中子撞击铀盐的溶液。他们发现在碰撞之后有一些新的放射性核素出现。1939 年以这种方式产生的放射性核，通过多次重复的实验被确认的钡。但是，令 Hahn 和 Strassmann 感到奇怪的是，这种中等质量的元素（$Z=56$）如何能用中子撞击铀（$Z=92$）产生。

在几周内这一困惑被Meither和她的侄子解决了。他们提出一种机制，通过这一机制一个铀核已吸收了一个热中子。这个铀核可能分裂成差不多相等的两部分，其中一个可能就是钡，分裂同时释放出能量。Frisch把这一过程叫做**裂变**。

在发现裂变的过程中的核心作用在当时没有被完全承认，直到最近的历史研究才把它公之于世。所以，她并没有与Otto Hahn分享1944年的诺贝尔化学奖。不过，Hahn和Meitner都得到了以自己的名字命名元素的荣誉：铪（Hahnium，符号为Ha，$Z=105$）和铸（Meitnerium，符号Mt，$Z=109$）。

对裂变更近的观察

图44 -1表示当^{235}U被热中子撞击时产生的碎片的质量数分布。最概然的质量数，发生在约7%的事件中，集中在$A\approx95$和$A\approx140$周围。奇怪的是，图44 -1的“双峰”特征至今仍未知其根源。

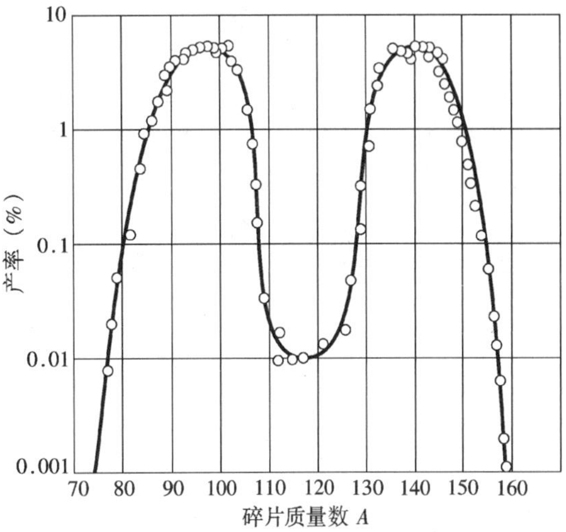

图44 -1 大量^{235}U裂变时产生的碎片的质量数分布。注意纵轴的刻度是对数的。

在一个典型^{235}U裂变中，一个^{235}U吸收一个热中子，产生一个高激发态的复合核^{236}U。实际上就是这个核发生了裂变，分裂成两个碎片。这些碎片——在它们中间——迅速地发射两个中子，剩下（在一种典型情况下）^{140}Xe（$Z=54$）和^{94}Sr（$Z=38$）作为碎片。这样，这一过程的总的裂变方程是

$$^{235}U+n\rightarrow{}^{236}U\rightarrow{}^{140}Xe+{}^{94}Sr+2n \qquad (44-1)$$

注意，在复合核形成和裂变的过程中，所涉及的质子数和中子数（并因此它们的总数和净电荷）是守恒的。

在式（44 -1）中，碎片^{140}Xe和^{94}Sr都是高度不稳定的，要经过几次β衰变（一个中子转变为质子放出一个电子和一个中微子）直到得到稳定的最终产物。对于氙，衰变链是

$$^{140}Xe\rightarrow{}^{140}Cs\rightarrow{}^{140}Ba\rightarrow{}^{140}La\rightarrow{}^{140}Ce \qquad (44-2)$$

$T_{1/2}$	14s	64s	13d	40h	稳定
Z	54	55	56	57	58

对于锶，衰变链是

$$^{94}Sr\rightarrow{}^{94}Y\rightarrow{}^{94}Zr \qquad (44-3)$$

$T_{1/2}$	75s	19min	稳定
Z	38	39	40

根据第43 -5节所述，我们应该知道，在这些β衰变过程中，碎片的质量数（140和94）不变，而每经过一次β衰变原子序数（最初是54和38）增加1。

看一下图43 -4的核素图中的稳定带就可以知道为什么裂变碎片是不稳定的。在式（44 -

1）的反应中进行裂变的核——核素^{236}U，有92个质子，和236－92＝144个中子，其中子质子比约为1.6。裂变反应刚完成时形成的初始碎片的中子质子比也约为1.6。但是，在中等质量数区域的稳定核素具有较小的中子质子比，范围是1.3到1.4。因此初始碎片是**富中子**的（它们有太多的中子），它们需要释放几个中子，在式（44－1）中是2个。所剩下的碎片仍然是富中子的，所以是不稳定的。β衰变提供了一个除去多余中子的方法——即在核内把它们变为质子。

通过考虑裂变前后每核子结合能ΔE_{ben}的总和可以估算一个高质量核素裂变时放出的能量。这样做的想法是裂变能够发生是因为总的质量能将减小；即，ΔE_{ben}将**增大**以使得裂变产物**更**紧密地结合。因此裂变放出的能量Q就是

$$Q=\begin{pmatrix}\text{总终了}\\\text{结合能}\end{pmatrix}-\begin{pmatrix}\text{初始}\\\text{结合能}\end{pmatrix} \tag{44-4}$$

为了便于估计，我们假设一个初始高质量核裂变为两个核子数相同的中等质量的核，于是就有

$$Q=\begin{pmatrix}\text{终了}\\\Delta E_{ben}\end{pmatrix}\begin{pmatrix}\text{终了}\\\text{核子数}\end{pmatrix}-\begin{pmatrix}\text{初始}\\\Delta E_{ben}\end{pmatrix}\begin{pmatrix}\text{初始}\\\text{核子数}\end{pmatrix} \tag{44-5}$$

从图43－6可以看出，对一个高质量核素（$A\approx240$），每个核子结合能约为7.6MeV/核子。对中等质量核素（$A\approx120$），结合能约是8.5MeV/核子。因此，一个高质量核素裂变为两个中等质量核素时放出的能量是

$$\begin{aligned}Q=&\left(8.5\,\frac{\text{MeV}}{\text{核子}}\right)(2)\left(120\,\frac{\text{核子}}{\text{核}}\right)\\&-\left(7.6\,\frac{\text{MeV}}{\text{核子}}\right)\left(240\,\frac{\text{核子}}{\text{核}}\right)\approx200\text{MeV/核}\end{aligned} \tag{44-6}$$

检查点1：一个裂变如下所示：

$$^{235}\text{U}+\text{n}\rightarrow X+Y+2\text{n}$$

下面哪一对不能代表X和Y：(a) ^{141}Xe和^{93}Sr；(b) ^{139}Cs和^{95}Rb；(c) ^{156}Nd和^{79}Ge；(d) ^{121}In和^{113}Ru？

例题44－1

把如式（44－2）和（44－3）所示的裂变碎片的衰变考虑在内，求式（44－1）的裂变事件的蜕变能Q。所需的几个原子和粒子质量如下：

^{235}U	235.0439u	^{140}Ce	139.9054u
n	1.00867u	^{94}Zr	93.9063u

【解】 本题的**关键点**是（1）蜕变能是质量能转变为衰变产物的动能的能量，和（2）$Q=-\Delta mc^2$，其中Δm是质量的变化。因为我们要把碎片的衰变考虑在内，就把式（44－1）、（44－2）和（44－3）合并起来写成下列总的变换式：

$$^{235}\text{U}\rightarrow{}^{140}\text{Ce}+{}^{94}\text{Zr}+\text{n} \tag{44-7}$$

式中只有一个中子出现，是因为在式（44－1）左侧的那个激发中子和该方程右侧的两个中子之一抵消了。式（44－7）的反应的质量差是

$$\begin{aligned}\Delta m&=(139.9054\text{u}+93.9063\text{u}+1.00867\text{u})\\&\quad-(235.0439\text{u})=-0.22353\text{u}\end{aligned}$$

相应的蜕变能量

$$\begin{aligned}Q&=-\Delta mc^2=-(-0.22353\text{u})(931.5\text{MeV/u})\\&=208\text{MeV}\end{aligned}$$ （答案）

这和我们用式（44－6）估计的值符合得很好。

如果裂变发生在大块固体中，大部分的衰变能先转变为衰变产物的动能，最后表现为该物体内能的增加，从而使物体的温度升高。不过，约百分之五或六的蜕变能会被在最初的裂变产物的β衰变中产生的中微子得到。这部分能量就被带走而丢失了。

44 - 3　核裂变的一个模型

发现裂变后不久，尼尔斯·玻尔（Niels Bohr）和约翰·惠勒（John Wheeler）就用基于一个核和一滴带电液体的相似性的核的集体模型（43 - 8 节）解释它的主要特征。图 44 - 2 根据这种观点说明了裂变过程是如何进行的。如图 44 - 2a 所示，当一个高质量核（就说是^{235}U）吸收了一个慢（热）中子时，该中子就掉入与在核内起作用的强力相联系的势阱中。如图 44 - 2b 所示，中子的势能就转化为核内部的激发能了。一个慢中子带进核内的激发能等于在该核内中子的结合能 E_n，也等于由于中子俘获导致的核子 - 中子系统的质量能的变化。

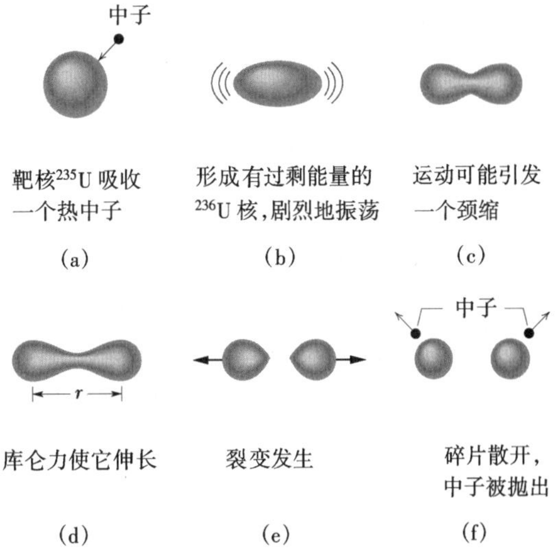

图 44 - 2　根据玻尔和惠勒的集体模型设想的典型裂变过程的步骤。

如图 44 - 2c 和 d 所示，核像一个强烈振荡的带电液滴那样，迟早会形成一个短“颈”并开始分离成两个带电“球”。如果这两个球之间的电性斥力把它们推得足够远以致颈断了，它们将飞开（图 44 - 2e 和 f），同时每一个仍保有一些剩余的激发能。裂变就这样完成了。

这一模型给了裂变过程的一个很好的定量描述。不过，还要看一看它能否回答下述难题：为什么有些高质量核素（如^{235}U 和^{239}Pu）很容易被热中子引发裂变，而其他同样高质量核素（如^{238}U 和^{243}Am）却不是这样呢？

玻尔和惠勒能够回答这个问题。图 44 - 3 表示由他们的裂变过程模型导出的裂变核在不同阶段的势能。这一势能是对**畸变参量** r 画出的。畸变参量粗略地表示出振荡的核偏离球形的程度。图 44 - 2d 表明裂变就要发生之前这一参量是如何定义的。当两碎片分离得很远时，这一参量就是它们的中心之间的距离。

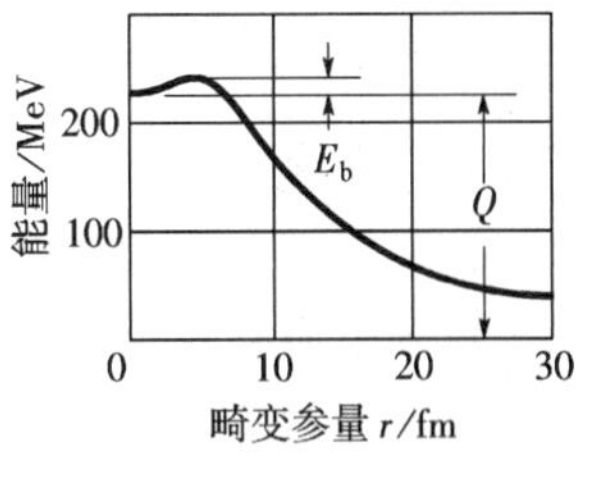

图 44 - 3　由玻尔和惠勒的集体模型预言出的裂变过程的各阶段的势能。反应的 Q 值（约 200MeV）和裂变势垒高度 E_b 都标出来了。

如图 44 - 3 所示，裂变核初始状态和终了状态的能量差就是蜕变能 Q。不过该图的重要特征是势能曲线在某一 r 值处有极大值。于是，在发生裂变前能量 Q 必须越过（或隧穿）一个高度为 E_b 的**势垒**。这使我们想起 α 衰变（图 43 - 9），也是被一个势垒所遏止的过程。

于是我们知道只有被吸收的中子的能量能提供足够的激发能 E_n 克服势垒时，裂变才能发生。由于可能发生量子隧穿，E_n 也不一定要真正地大于势垒高度 E_b。

表 44 - 2 是获得热中子的 4 种高质量核能否引起核衰变的测试结果。对于每一种核素，既给出了由于中子俘获核形成的势垒高度 E_b，也给出了由此导致的激发能 E_n。E_b 的值是根据玻尔和惠勒的理论计算出来的。E_n 的值是根据俘获中子引起的质量能的改变计算出来的。

表 44-2 4个核素的裂变性能的测试结果

靶核素	发生裂变的核素	E_n /MeV	E_b /MeV	是热中子引起裂变?	靶核素	发生裂变的核素	E_n /MeV	E_b /MeV	是热中子引起裂变?
^{235}U	^{236}U	6.5	5.2	是	^{239}Pu	^{240}Pu	6.4	4.8	是
^{238}U	^{239}U	4.8	5.7	否	^{243}Am	^{244}Am	5.5	5.8	否

作为计算 E_n 的一个例子，看表中第一行，它表明俘获中子的过程

$$^{235}U + n = {}^{236}U$$

有关的质量是：235.043923u（^{235}U），1.008665u（中子），和236.045562u（^{236}U）。很容易证明，由于中子的俘获，质量减少7.026×10^{-3}u。这样，一部分质量能就转变成了激发能 E_n。质量改变乘以 c^2（=931.5MeV/u）得出 E_n =6.5MeV。这已列在表中的第1行了。

表44-2中第1行和第3行的结果有重要的历史意义，因为第二次世界大战中抛下的两颗原子弹是用^{235}U（第1颗）和^{239}Pu（第2颗）制造的。这就是说，对于^{235}U和^{239}Pu，$E_n > E_b$，这说明这两种核素吸收一个中子后要发生裂变是已被预言到了的。对其他两种核素（^{238}U和^{243}Am），有 $E_n < E_b$；中子不能给它们足够的能量使激发态的核有效地越过或隧穿势垒。不能发生裂变，核就通过发射一个 γ 射线光子来消除其激发能。

不过，如果使^{238}U和^{243}Am吸收能量相当大的（不仅是热的）中子，它们也**能够**裂变。例如，对于^{238}U，要想使这种**快速裂变**具有较大的发生概率，被吸收中子的能量至少要有1.3MeV。

在第二次世界大战中使用的两颗原子弹依赖于热中子在弹体内几乎瞬时引发大量高质量核裂变的能力，这样的裂变将导致能量的爆发式和破坏性的释放。第1颗原子弹用^{235}U是因为当时已从铀矿中精炼出了足够多的^{235}U，并用它制成了一颗原子弹和一颗试验弹。（铀矿含的主要是^{238}U，正如我们所知，它不可能由热中子引发裂变。）第2颗原子弹用的是^{239}Pu，在原理上只是根据表44-2中总结的理论计算，在原料上是因为当接到制造第2颗原子弹的命令时已没有更多的^{235}U可用。

44-4 核反应堆

要利用裂变大规模地释放能量，一个裂变事件必须引发其他裂变，使这一过程蔓延至整个核燃料，正像一个火焰可以燃烧整块木材那样。正是在裂变中产生的中子比消耗的中子多这一现象使**链式反应**有可能进行，在链式反应中产生的每一个中子都有可能引发另一个裂变。这种反应可能是迅速的（如在原子弹中），也可能是可控制的（如在反应堆中）。

假设我们打算设计一个基于热中子引发^{235}U裂变的反应堆。天然铀含有0.7%的这种同位素，其余99.3%都是不能被热中子引发裂变的^{238}U。假定我们过了人工**浓缩**铀燃料使之含有约3%的^{235}U这一关。启动一个反应堆仍然存在三大困难。

1. 中子漏泄问题 裂变产生的一些中子会漏泄到反应堆外而不再参于链式反应。漏泄是一种表面效应；它的大小正比于特定反应堆的线度的平方（边为 a 的正立方体的表面积为 $6a^2$）。但是，中子的产生是在燃料的整个体积内进行的，因而正比于特定线度的立方（同样的立方体的体积是 a^3）。我们能够使漏泄中子的比例尽可能小，只要使堆芯足够大因而减小表面积对体积的比值（对同样的正立方体来说这一比值是 $6/a$）。

2. 中子能量问题 裂变产生的中子是快中子，其动能约为2MeV。但是，能最有效地诱发

裂变的中子是热中子。可以在铀燃料中加入一种物质——称为**减速剂**——来使快中子减速。这种物质具备两种性质：它可以通过弹性碰撞有效地使中子减速且它不会吸收中子而使中子从堆芯中消失不能发生裂变。在北美洲，大多数动力反应堆用水作减速剂，水中的氢核（质子）是有效的组分。在第 10 章中曾讲过，如果一个运动的粒子和一个静止的粒子发生正碰，当这两个粒子具有相同的能量时，运动粒子将失去其所有的动能。因此，质子就是一种有效的减速剂因为它和我们要减小其速率的中子具有近似相同的质量。

3. 中子俘获问题 在裂变产生的快中子（2MeV）被减速剂减速成热中子（约 0.04eV）的过程中，它们一定要越过一个临界能量区间（从 1 到 100eV），在这一能量区间中它们特别容易被不发生裂变的 ^{238}U 核俘获。这种**共振俘获**，在导致发射了一个 γ 射线的同时，也把中子从裂变链中带走了。为了尽可能减小这种非裂变俘获，铀燃料和减速剂并不是完全混合起来而是分别成块地“堆在一起”的，即各自占有反应堆的不同部位。

1986 年 4 月切尔诺贝利 4 号反应堆（靠近基辅）爆炸后，在 20m 处远看到的景象。反应堆中所有的易飞散的核素几乎都释放到空气中了。

在典型的反应堆中，铀燃料都制成氧化铀小球装满长的金属管。流体减速剂环绕在一捆捆这样的**燃料棒**的周围，形成反应堆的**堆芯**。这样的空间安排增大了铀棒中产生的快中子在越过临界能量区间时处于减速剂中的概率。一旦一个中子达到热运动能量，它**仍**可能被俘获而不引发裂变（称为**热俘获**）。不过，热中子更容易在游荡中返回一个燃料棒而引发一次裂变。

图 44－4 表示在一个典型的以稳定功率运行的动力反应堆中的中子平衡。我们跟踪 1000 个中子的样本在反应堆堆芯中经历的一个完整的循环，或一代的过程。它们在 ^{235}U 燃料中通过裂变产生 1330 个中子，在 ^{238}U 中通过快速裂变产生 40 个中子，这样就比原来 1000 个多出 370 个中子。它们全都是快中子。当反应堆在稳定功率水平上运行时，从堆芯漏泄的中子和由于非裂变俘获而丢失的中子正好是相同的（370 个）由于剩下 1000 个热中子开始下一代。当然，在这一循环中，由裂变事件产生的这 370 个中子的每一个都在堆芯中释放能量使堆芯热起来。

增殖因子 k——一个重要的反应堆参量——是在某一代开始时的中子数对下一代开始时的中子数的比值。在图 44－4 中，增殖因子是 1000/1000，或严格地等于 1。在 $k=1$ 时，反应堆的运行称为正好**临界**，这正是我们需要稳定功率运行所要求的。实际上反应堆都被设计成是固有**超临界**的（$k>1$）；然后用插进反应堆芯的**控制棒**把增殖因子调整到临界运行（$k=1$）。这些棒含有如镉一样容易吸收中子的材料。把它插得更深些可以减小运行功率水平，拔出些就可以增大功率水平或者补偿由于连续运行而在堆芯中（吸收中子的）裂变产物的集聚而引起的反应堆走向**次临界**的倾向。

如果迅速地抽出一个控制棒，反应堆功率水平增大得有多快呢？这个**响应时间**受这一奇妙的事实控制，即一小部分由裂变产生的中子并不立刻从新形成的裂变碎片中跑出而是当碎片进行 β 衰变时才从其中发射出来。例如，在图 44－4 中产生的 370 个“新”中子中，大约有 16 个中子延迟，将在半衰期为 0.2 到 55s 的 β 衰变之后从碎片中发射出来。这种被延迟的中子数目不多，但是它们在延长反应堆响应时间去匹配实际的机械反应时间方面起着重要的作用。

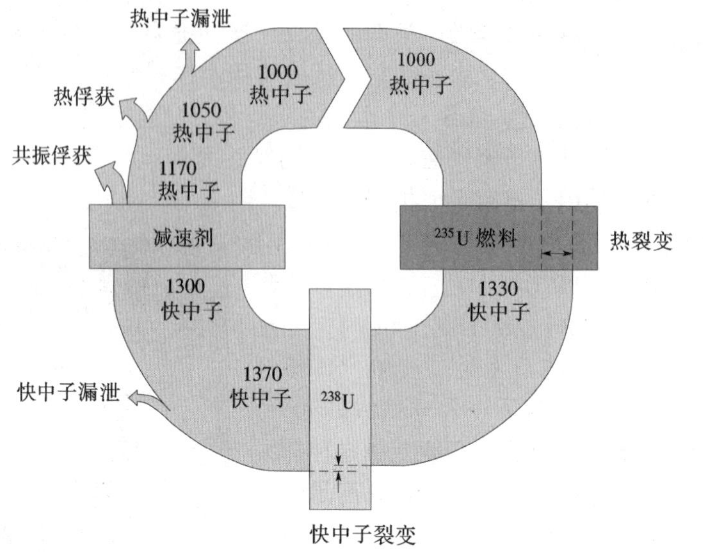

图 44-4 反应堆中的中子循环。一代的 1000 个中子和^{235}U 燃料，^{238}U 基体以及减速剂相互作用。它们由于裂变产生 1370 个中子，370 个中子由于非裂变俘获或漏泄而丢失，因此有 1000 个中子剩下来形成下一代。此图是对于一个以稳定功率运行的反应堆画出的。

图 44-5 是一个基于**压水堆**（PWR）——一种在北美洲普遍使用的堆型的电站简图。在这样的反应堆中，水既用作减速剂，也用作热交换媒介。在**初级回路**中，水在反应器中循环流动并在高温和高压下（可能 600K 和 150atm）从热的堆芯到蒸汽发生器传送能量。蒸汽发生器是**次级回路**的一部分。在蒸汽发生器中，水蒸发产生高压蒸汽开动汽轮机，汽轮机又带动发电机。

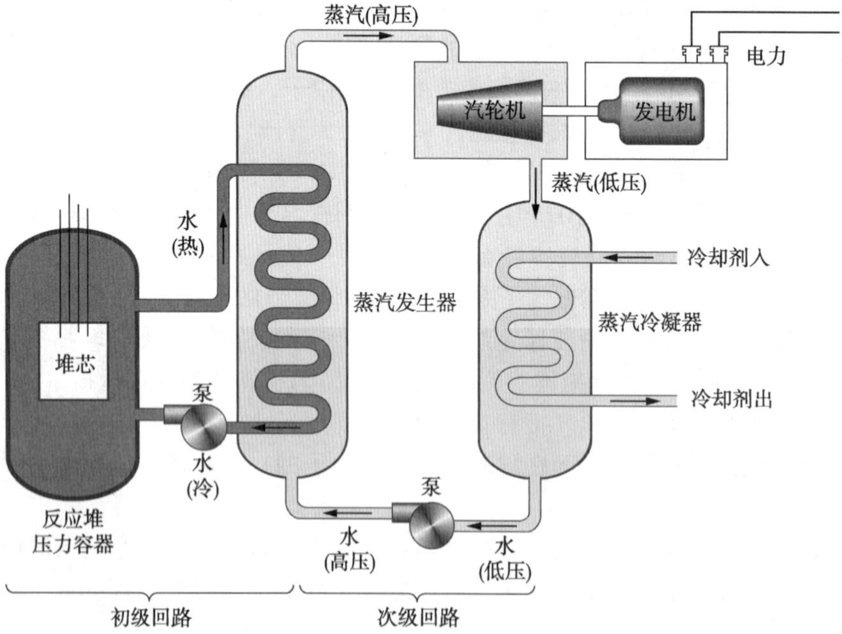

图 44-5 以压水堆为基础的核电站简图。许多部分略去了，包括遇到紧急事件时冷却堆芯的装置。

为了完成**次级回路**，从汽轮机出来的低压蒸汽被冷却并凝结成水，随时被一台水泵打回到蒸汽发生器中。为了使读者知道电站规模的大小，可以指出一个能提供1000MW的（电）站的典型反应器可能高12m，重4MN。在初级回路中流动的水的流量约1ML/min。

反应堆运行的一个不可避免的特点是放射性废物，包括裂变产物和**超铀**核素如钚和镅的积累。它们的放射性的一种量度是它们以热的形式释放能量的时率。图44－6表示一个典型的大型核电站年运行所产生的这种废物的热功率。注意两个轴都是对数的。大部分在动力反应堆运行中“用过的”燃料棒都在一定场地浸在水中储存起来；反应堆废物的永久性的安全储存设备还正在完善中。

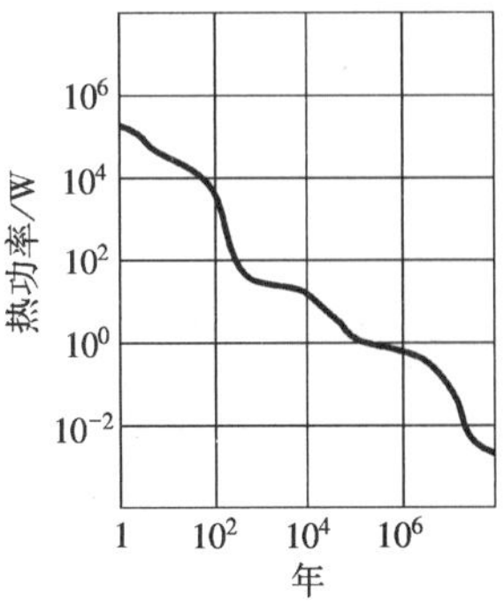

图44－6　一个典型的动力核电站年运行所产生的放射性废物释放的热功率－时间图线。曲线是许多半衰期各不相同的放射性核素的效果的叠加。注意两个轴都是对数的。

在第二次世界大战中和随后若干年积累的大量由武器产生的放射性废物仍然还在场地储存着。例如，图44－7表示正在华盛顿州汉福德中心建设的地下储罐场；每一个大罐可装1ML强放射性液体废料。现在在那里有152个这样的罐。此外，大量的固体废物，包括低水平放射性废物（如被污染的衣物）和高水平废物（如从退役的核潜艇中卸下的反应堆堆芯）都被埋在深沟里了。

图44－7　在第二次世界大战期间在华盛顿州汉福德中心建设中的地下储罐场。注意卡车和人。每一个大罐目前装1ML高水平放射性废物。

例题44－2

一座大型发电站由压水核反应堆供给能量。反应堆堆芯产生的热功率是3400MW，电站产生的电功率为1100MW。燃料是8.60×10^4kg的铀，以氧化铀的形式分布在5.70×10^4根燃料棒中。铀是浓缩到3.0%的^{235}U。

（a）电站的效率如何？

【解】　这里**关键点**是这座电站或任一其他供能设备的效率的定义：效率是输出功率（提供有用能的速率）和输入功率（必须被供给的能量的功率）的比值。本题中的效率（eff）是

$$\text{eff}=\frac{\text{有用的输出}}{\text{能量的输入}}=\frac{1100\text{MW}}{3400\text{MV}}$$

$$=0.32，\text{或}32\%\qquad\text{（答案）}$$

对于所有电站，效率是受热力学第二定律控制的。运行这座电站，能量一定会以3400MW－1100MW，即2300MW的时率并以热能的形式排放到外界。

(b) 在堆芯中发生聚变事件的时率 R 多大？

【解】 这里**关键点**是，(1) 裂变事件提供了 3400MW（$=3.4\times10^9$W）的输入功率 P 和 (2) 根据式（44－6），每一事件释放的能量 Q 大约是 200MeV。因此，对于稳态运行（P 是常量），可得

$$R=\frac{P}{Q}=\left(\frac{3.4\times10^9\text{W}}{200\text{MeV/裂变}}\right)\times\left(\frac{1\text{MeV}}{1.6\times10^{-13}\text{J}}\right)$$
$$=1.06\times10^{20}\text{裂变/s}$$
$$\approx1.1\times10^{20}\text{裂变/s} \quad \text{（答案）}$$

(c) ^{235}U 燃料以多大时率（以 kg/天表示）消失？假定开始运转时的条件。

【解】 这里**关键点**是，^{235}U 由于两种过程而消失：(1) 以在 (b) 中计算的时率进行的裂变过程和 (2) 以约为该时率的四分之一的时率进行的中子的非裂变俘获。因此^{235}U 消失的总时率就是

$$(1+0.25)(1.06\times10^{20}\text{原子/s})=1.33\times10^{20}\text{原子/s}$$

其次我们需要知道^{235}U 的质量。我们不能用附录 F 中列出的铀的摩尔质量，因为那个摩尔质量是最常见的铀同位素^{238}U 的摩尔质量。换一种方法，我们假定每个^{235}U 原子的质量，以原子质量单位表示，就等于它的质量数 A。因此每个^{235}U 原子的质量就是 235u（$=3.90\times10^{-25}$kg）。于是^{235}U 燃料消失的时率是

$$\frac{dM}{dt}=1.33\times10^{20}\text{原子/s}\times3.90\times10^{-25}\text{kg}$$
$$=5.19\times10^{-5}\text{kg/s}\approx4.5\text{kg/d} \quad \text{（答案）}$$

(d) 按这一燃料消耗率，所供给的^{235}U 燃料能支持多长时间？

【解】 在启动时，我们知道^{235}U 的总质量是 8.6×10^4kg 氧化铀的 3.0%。于是这里**关键点**是，以恒定时率 4.5kg/d 把所有这些^{235}U 消耗完需要的时间 T 是

$$T=\frac{0.030\times8.6\times10^4\text{kg}}{4.5\times10^4\text{kg/d}}\approx570\text{d} \quad \text{（答案）}$$

实际上，在它们含有的^{235}U 被消耗完以前，就必须把这些燃料棒（常常成批地）更换。

(e) 在堆芯中由于^{235}U 的裂变质量转换为其他形式的能量的时率多大？

【解】 这里**关键点**是，质量能到其他形式的能量的转变只和产生输入功率（3400MW）的裂变过程有关，而和中子的非裂变俘获无关（虽然这两种过程都影响消耗^{235}U 的速率）。因此，根据爱因斯坦关系 $E=mc^2$，可得

$$\frac{dm}{dt}=\frac{dE/dt}{c^2}=\frac{3.4\times10^9\text{W}}{(3.00\times10^8\text{m/s})^2}$$
$$=3.8\times10^{-8}\text{kg/s}=3.3\text{g/d} \quad \text{（答案）}$$

我们看到质量转换时率约相当于每天一个普通硬币，比在 (c) 中计算的燃料消耗时率小得多。

检查点 2：在这个例题中，我们看到核电站产生的功率（$P_{gen}=1100$MW）比排放到环境中去的功率（$P_{dis}=2300$MW）小。热力学第二定律 (a) 要求 P_{gen} 总要比 P_{dis} 小；(b) 允许 P_{gen} 比 P_{dis} 大；(c) 假定最好的反应堆设计，允许 P_{dis} 等于零？

44－5 一个天然的核反应堆

1942 年 12 月 2 日，当他们的反应堆第一次可以运行时（图 44－8），恩里科·费米（Enrico Fermi）和他的同事们完全有权利认为他们已经开动了这个星球上的第 1 座裂变反应堆。约 30 年之后才发现，如果他们真的那样想的话，他们就错了。

约 20 亿年前，在西非加蓬的一个目前正在开采的铀矿内，一个天然裂变反应堆很明显地开始运转，而且在关闭之前可能一直运行了几十万年。我们可以通过考虑下面两个问题来判断这是否真正发生过：

1. **曾经有足够的燃料吗？** 基于铀的裂变反应堆的燃料必须是容易裂变的同位素^{235}U，它在天然铀中只占 0.72%。对地球上的样品、月岩和陨石测量的结果显示，在各种情况下这一同位素比例都是一样的。但各种迹象表明在西非发现的该铀矿内的^{235}U 是贫乏的，在有些样品中^{235}U 的丰度可以低到 0.44%。这一考查结果使人想到^{235}U 的这种贫乏可以用在早些时候的一个天然

图 44－8　描绘第 1 个反应堆的油画。该反应堆是第二次世界大战期间在芝加哥大学的一个拥挤的院落里由以费米为首的小组装配成的。它是用嵌有铀的石墨块堆积起来的。它也是后来为了生产钚去制造核武器而建造的许多反应堆的原型。

的裂变反应堆中消耗了部分的^{235}U来说明。

严重的问题还有，就是在同位素丰度只有 0.72% 的条件下，要装配一个反应堆（像费米和他的小组所体验到的）必须经过周密的设计并注意到所有细节。一个反应堆能“自然地”达到临界态似乎是不可能的。

但是，在很久以前，情形是不同的。^{235}U和^{238}U都是放射性的，半衰期分别是 7.04×10^8y 和 44.7×10^8y。^{238}U的半衰期是易裂变的^{235}U的半衰期的 6.4 倍。由于^{235}U衰变得快，在过去它相对于^{238}U就比较多。事实上，在 20 亿年前这一丰度并不是现在的 0.72%，而是 3.8%。这一丰度碰巧约等于为了使燃料能在现代动力反应堆中应用而把天然铀人工浓缩到的比例。

由于有这种容易裂变的燃料可以利用，一个天然的反应堆的存在（假定还遇上了某些其他条件）就不太令人惊奇了。燃料就在那里了。顺便说一句，20 亿年以前，已演化成的最高级的生命形式是蓝绿藻。

2. **有什么证据？** 只是矿床中的^{235}U的减少不足以证明一个天然裂变反应堆的存在。人们还希望有更有说服力的证据。

如果曾经有反应堆，那现在就一定有裂变产物。在反应堆中产生约 30 种元素的稳定的同位素。在这些元素中，一定有一些存留到现在。对它们的同位素丰度的研究能提供我们需要的证据。

在几种考查过的元素中，钕的情况特别有说服力。如图 44－9a 所示，是在自然界中正常地发现的稳定的钕的同位素的丰度。如图 44－9b 所示，是它们作为^{235}U裂变的最终稳定同位素的丰度。考虑到两组同位素的完全不同的来源，两图明显的不同并不奇怪。应特别注意^{142}Nd这个天然元素中的主要同位素，在裂变产物中不存在。

大问题是在西非发现的铀矿体中发现的钕同位素到底是如何而来？如果那里曾有一个反应堆运行过，我们应期望从**两种**源中寻找同位素（即天然同位素和裂变产生的同位素）。图 44－9c 表示对数据已经进行双源和其他校正后得出的丰度。图 44－9b 和图 44－9c 的比较说明的确曾有一个天然裂变反应堆存在过。

西非反应堆的裂变产物在约 20 亿年的时间里没有从它们的原产地向远处迁移，这件事可能支持这样的想法：在适当选择的地质环境中可长期存储放射性废物。

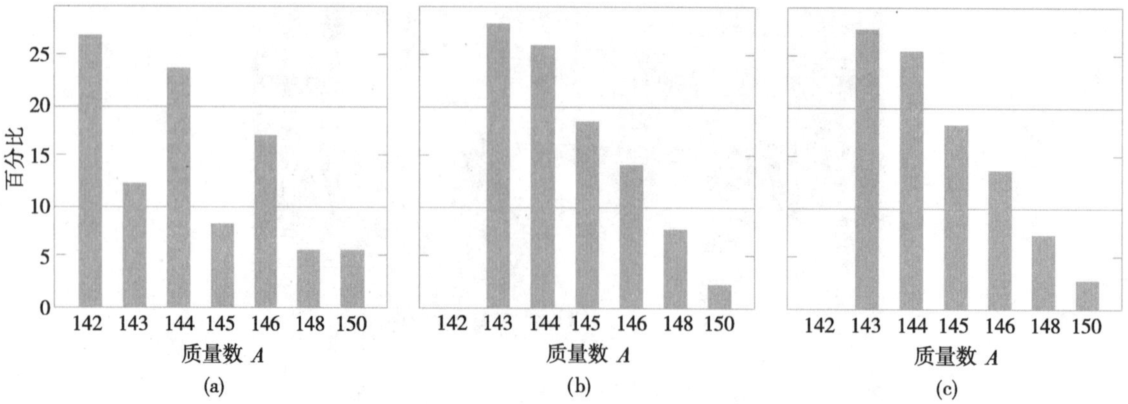

图 44－9 钕的同位素按质量数的分布，发生在（a）地球上这种元素的天然矿床中；（b）动力反应堆的用过的燃料中。（c）在西非加蓬的铀矿中发现的钕的分布（经过若干校正后）。注意（b）和（c）实际是一样的，但和（a）明显地不同。

例题 44－3

在天然铀矿中 ^{235}U 对 ^{238}U 的比例在今天是 0.0072。在 2.0×10^9y 以前这一比例如何？这两个同位素的半衰期分别是 7.04×10^8y 和 44.7×10^8y。

【解】 这里**关键点**是在 $t=0$ 时 ^{235}U 对 ^{238}U 的比例 N_5/N_8 不等于 0.0072（这是今天的比例，而 $t=2.0\times10^9$y），因为这两种同位素已经以不同速率进行了衰变。令 $N_5(0)$ 和 $N_8(0)$ 为 $t=0$ 时铀样品中两种同位素的数目，$N_5(t)$ 和 $N_8(t)$ 为在时刻 t 这些同位素的数目。于是，对每一种同位素，都可以根据式（43－14）用 $t=0$ 时的数目写出时刻 t 时的数目：

$$N_5(t)=N_5(0)e^{-\lambda_5 t} \text{和} N_8(t)=N_8(0)e^{-\lambda_8 t}$$

其中 λ_5 和 λ_6 为相应的蜕变常量。两式相除，可得

$$\frac{N_5(t)}{N_8(t)}=\frac{N_5(0)}{N_8(0)}e^{-(\lambda_5-\lambda_8)t}$$

因为我们要求的是比例 $N_5(0)/N_8(0)$，把此式再整理一下，可得

$$\frac{N_5(0)}{N_8(0)}=\frac{N_5(t)}{N_8(t)}e^{(\lambda_5-\lambda_8)t} \qquad (44-8)$$

蜕变常量和半衰期的关系由式（43－17）给出，因而有

$$\lambda_5=\frac{\ln2}{T_{1/2,5}}=\frac{\ln2}{7.04\times10^8\,y}=9.85\times10^{-10}y^{-1}$$

和 $$\lambda_8=\frac{\ln2}{T_{1/2,8}}=\frac{\ln2}{44.7\times10^8\,y}=1.55\times10^{-10}y^{-1}$$

式（44－8）中的指数就是

$$(\lambda_5-\lambda_8)=[(9.85-1.55)\times10^{-10}y^{-1}]2\times10^9y$$
$$=1.66$$

式（44－8）于是给出

$$\frac{N_5(0)}{N_8(0)}=\frac{N_5(t)}{N_8(t)}e^{(\lambda_5-\lambda_8)t}=0.0072\times e^{1.66}$$
$$=0.0379\approx3.8\%$$ （答案）

在45亿年前地球诞生时 ^{235}U 对 ^{238}U 的比值还要比这个值大得多（约30%）。

44－6 热核聚变：基本过程

图43－6中的结合能曲线表明如果两个轻核结合成一个单个的较大的核，能量就能被释放出来。这一结合过程称为核**聚变**。库仑斥力妨碍这种过程的进行，因为它阻止两个带正电的粒子接近到它们的相互吸引的核力足以引起“熔合（fusing）”的范围之内。这一**库仑势垒**的高度决定于两个相互作用的核的带电量和半径。我们在下面的例题44－4中将计算对于两个质子（$Z=1$），此势垒的高度为400keV。对于电量更大的粒子，此势垒当然相应地更高些。

为了产生大量的能量，核聚变必须发生在大量物质中。要实现这件事最大的希望是升高物

质的温度直到粒子具有足够的能量——只是由于它们的热运动——穿过库仑势垒。我们把这种过程称为**热核聚变**。

在热核研究中，温度用相互作用的粒子的动能 K 表示，它们的关系是

$$K = kT \tag{44-9}$$

式中，K 是和相互作用的粒子的**最概然速率**相对应的动能，k 是玻耳兹曼常量，温度 T 用 K 作单位。因此，常不说“太阳中心的温度是 1.5×10^7K”，更一般地说“太阳中心的温度是 1.3KeV”。

室温对应于 $K\approx0.03$eV；一个粒子只具有这样多的能量没有希望去克服高达，例如，400eV 的势垒的。即使在太阳的核心，那里的 $K=1.3$KeV，初看起来也没有什么指望能发生热核聚变。不过我们知道热核反应不但发生在太阳核心而且是该物体和所有恒星的主要特征。

这一难题可以用下面两个事实解释：(1) 根据式 (44-9) 计算出的能量，如在 20-7 节中定义的那样，是属于具有**最概然**速率的分子的；速率分布曲线上还有一个长尾巴，其中的粒子具有高得多的速率，因而，有相应的高得多的能量。(2) 我们计算过的势垒高度对应于势垒的**峰**。如在 43-4 节中讲过的 α 衰变的情形一样，势垒隧穿可以发生在比峰低得多的能量区域。

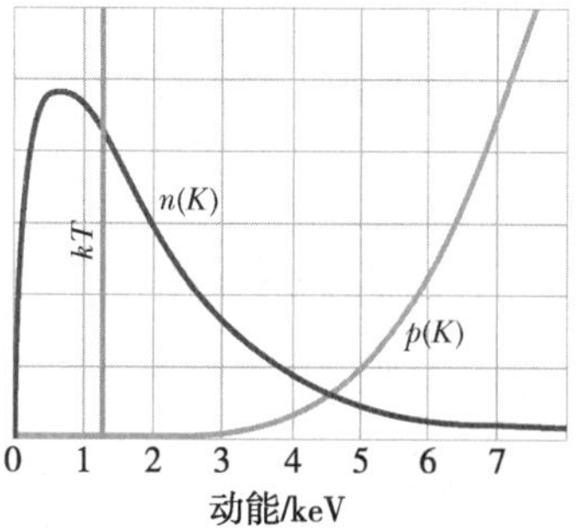

图 44-10 标以 $n(K)$ 的曲线表示在太阳中心的质子在单位能量区间的数密度。标以 $p(K)$ 的曲线表示在太阳核心温度下质子—质子碰撞时势垒穿透（于是发生聚变）的概率。竖直线标出此温度下的 kT 值。注意这两条曲线的竖直标度（分别）是任意的。

图 44-10 综合了上面说的。图中标以 $n(K)$ 的曲线是对应于太阳中心温度的太阳核心内质子的麦克斯韦分布曲线。这一曲线和图 20-7 给出的麦克斯韦分布曲线的区别在于，这里曲线是对能量而不是对速率画的。特别是，对于任意动能 K，表示式 $n(K)\,dK$ 给出一个质子的动能在 K 到 $K+dK$ 区间内的概率。太阳核心处的 kT 值由图中的一根竖直直线表示；注意在太阳核心中有很多质子具有高于此值的能量。

图 44-10 中标以 $p(K)$ 的曲线是两个相碰的质子穿透势垒的概率。图 44-10 中的两条曲线说明存在一个特殊的质子能量，在具有这个能量时，质子—质子聚变以最大速率发生。在大大高于此值的能量范围内，势垒足够透明但是具有此能量的质子太少以致于聚变不可能继续。在大大低于此值的能量范围内，大量的质子具有这样的能量但库仑势垒太难以克服了。

检查点 3：在下面这些可能的聚变反应中，哪个**不能**释放出净能量：(a) ^{6}Li + ^{6}Li，(b) ^{4}He + ^{4}He，(c) ^{12}C + ^{12}C，(d) ^{20}Ne + ^{20}Ne，(e) ^{35}Cl + ^{35}Cl 和 (f) ^{35}Cl + ^{14}N？(提示：参考图 43-6 中的结合能曲线。)

例题 44-4

假定质子是一个 $R\approx1$fm 的球，两个质子以相同的动能 K 相向飞奔。

(a) 如果当它们刚要“接触”时被相互的库仑斥力阻碍而停了下来，它们的动能必须是多大？我们可以把这一 K 值当做库仑势垒的高度的一种代表性量度。

【解】 这里**关键点**是，这个双质子系统在它们相向运动以及瞬时停止时机械能 E 是守恒的。具体地说，初始机械能 E_i 等于它们停止时的机械能 E_f。初始机械能只包含这两个质子的总动能 $2K$。当它们停止时，能量 E_f 只包含系统的电势能 U。U 由式

(25-43) 给出 ($U=q_1q_2/4\pi\varepsilon_0 r$)。此处两质子之间的距离 r 是它们停止时它们的心到心的距离 $2R$，它们的电荷 q_1 和 q_2 都是 e。于是可以将能量守恒 $E_i=E_f$ 写成

$$2K=\frac{1}{4\pi\varepsilon_0}\frac{e^2}{2R}$$

代入已知数据，可得

$$\begin{aligned}K&=\frac{e^2}{16\pi\varepsilon_0 R}\\&=\frac{(1.60\times10^{-19}\mathrm{C})^2}{(16\pi)(8.85\times10^{-12}\mathrm{F/m})(1\times10^{-15}\mathrm{m})}\\&=5.75\times10^{-14}\mathrm{J}=360\mathrm{KeV}\approx400\mathrm{KeV}\end{aligned}$$

(答案)

(b) 在什么温度下质子气体中的一个质子具有(a) 中计算的平均动能，并因此具有等于库仑势垒高度的能量?

【解】 这里**关键点**是，如果把质子气体当作理想气体，于是由式 (20-24)，质子的平均能量就是 $K_{avg}=\frac{3}{2}kT$，其中 k 是玻耳兹曼常量。对 T 解此方程并利用 (a) 中的结果可得

$$T=\frac{2K_{avg}}{3k}=\frac{(2)(5.75\times10^{-14}\mathrm{J})}{(3)(1.38\times10^{-23}\mathrm{J/K})}\approx3\times10^{9}\mathrm{K}$$

(答案)

太阳核心的温度只有约 1.5×10^7K，所以很清楚，在太阳核心中的聚变一定涉及能量**远**高于平均能量的质子。

44-7 太阳和其他恒星内的热核聚变

太阳以 3.9×10^{26}W 的时率辐射能量并已这样持续了几十亿年。所有这些能量来自何处? 化学燃烧被排除了；如果太阳曾经是由煤和氧构成的——以燃烧需要的正确比例——它只能延续约1000年。另一种可能性是太阳由于它自身引力的作用正在慢慢地收缩。通过引力势能转变为热能，太阳可能保持它的温度并继续辐射。不过，计算表明，这种情况也不可能；在这种情况下太阳寿命太短，短到至少是500的因数。这样就剩下热核聚变一种可能。太阳，像你将要看到的，燃烧的不是煤而是氢，而且是在一个核炉中而不是在一个原子或化学炉中。

太阳内的聚变反应是一个多步过程，经过这种过程氢燃烧成氦，氢是“燃料”，氦是“灰烬”。如图 44-11 所示，是这一过程的“**质子-质子 (p-p) 循环**。

p-p 循环开始于两个质子的碰撞 (^{1}H+^{1}H) 形成一个氘核 (^{2}H)，同时产生一个正电子 (e^+) 和一个中微子 (ν)。此正电子很快就和太阳内的自由电子 (e^-) 相遇而都湮灭（参看22-6节），它们的质量能以两个 γ 射线光子 (γ) 显示出来。

图 44-11 中最上面一行表示一对上述事件。事实上这种情况是极其罕见的。实际上，在约 10^{26} 次质子-质子碰撞中才可能有一次形成氘核；在绝大多数的情况下，两个质子只是被对方弹性地撞回。正是这种“瓶颈”过程的缓慢性控制了能量产生的时率并使太阳不发生爆炸。不管有多么慢，在太阳核心的巨大而高密度的体积内有非常非常多的质子使得氘正好以这种方法并以 10^{12}kg/s 的时率产生出来。

一旦一个氘核产生了，它就很快地与另一个质子碰撞形成一个^{3}He 核，如图 44-11 中间一行表示的那样。两个这样的^{3}He 核可能最后（在 10^5 年以内；时间有的是）碰在一起，形成一个 α 粒子 (^{4}He) 和两个质子，如图 44-11 的最下面一行所示。

总起来讲，从图 44-11 我们看到 p-p 循环合计有 4 个质子和 2 个电子结合形成一个 α 粒子，两个中微子和 6 个 γ 射线光子，即

$$4\,{}^1\mathrm{H}+2e^-\rightarrow{}^4\mathrm{He}+2\nu+6\gamma \qquad (44-10)$$

让我们在式 (44-10) 两边都加上 2 个电子，得

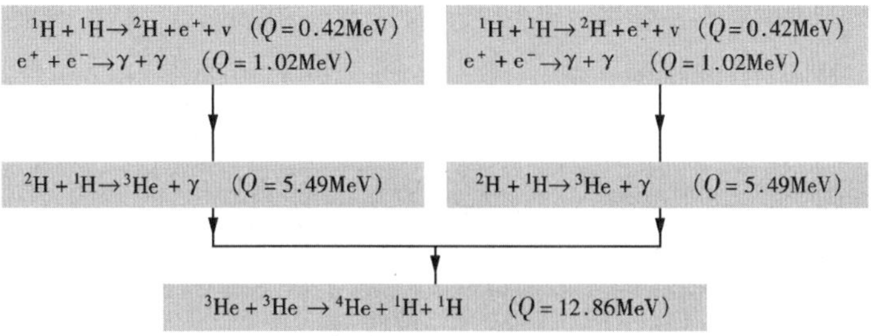

图 44－11　在太阳内使能量产生的质子－质子机制。在这一过程中，质子熔合形成一个 α 粒子（^4He），每一次事件释放净能量 26.7MeV。

$$(4\,{}^1H + 4e^-) \to ({}^4He + 2e^-) + 2\nu + 6\gamma \qquad (44-11)$$

两组括号内的量现在代表氢和氦原子（不是裸核）。这就允许我们计算式（44－10）（和式（44－11））表示的综合反应中所释放的能量，即

$$\begin{aligned} Q &= -\Delta mc^2 \\ &= -[4.002603u - (4)(1.007825u)](931.5MeV/u) \\ &= 26.7MeV \end{aligned}$$

式中，4.002603u 是氦原子的质量，1.007825u 是氢原子的质量。中微子至多具有一个可忽略的小质量而 γ 射线光子没有质量；因此，它们不进入蜕变能量的计算中。

同样地，Q 值可以（也必须）通过把图 44－11 中质子－质子循环的各步的 Q 值相加求得，于是

$$Q = (2)(0.42MeV) + (2)(1.02MeV) + (2)(5.49MeV) + 12.86MeV = 26.7MeV$$

在这一能量中，大约 0.5MeV 被式（44－10）和式（44－11）中出现的中微子带出太阳；其余的（＝26.2MeV）以热能的形式留在太阳的核心内。这些热能逐渐地传到太阳表面，在那里它以电磁波，包括可见光的形式从太阳辐射出去。

在把一种元素变为另一种元素的意义上，太阳核心内氢的燃烧是一种大规模的炼金活动。不过，中世纪的炼金术士对把铅变成金更有兴趣而不是把氢变为氦。从某种意义上说，他们走的路是对的，只是他们的炼金炉不够热。炉子应该曾经是至少热到 10^8K，而不是只到，例如，600K 的温度。

在太阳内氢的燃烧已经延续了 50 亿年，并且计算表明还剩有足够的氢气使太阳在将来继续燃烧约相同的时间。不过，50 亿年后，当时已大部分是氦的太阳核心将开始变冷并且太阳将开始由于自身的引力而塌缩。这将使太阳核心的温度升高而其外层膨胀，最终变成为一个所谓的**红巨星**。

如果太阳核心温度再次升高到 10^8K，就可能再一次通过聚变产生能量——这一次是燃烧氦而生成碳。当一个恒星进一步演化变得更热时，其他的元素可能由其他的聚变反应产生。不过，在图 43－6 的结合能曲线的峰上附近的那些质量较大的元素不可能通过进一步的聚变产生。

质量数超过该曲线的峰的那些元素被认为是在我们称之为超新星的灾变性星体爆发（图 44－12）时通过中子俘获产生的。在这样一个过程中，恒星的外壳向周围空间喷发，在那里它和充满星际空间的稀薄介质混合并变成它的一部分。

在地球上有丰富的质量大于氢和氦的元素，这一事实暗示我们的太阳系是由包含这种爆发

的余烬的星际物质凝结而成的。因此，我们周围的——也包括我们自己身体内的——所有元素都是在现今已不再存在的星体内部制造出来的。像一位科学家说的“的确，我们是恒星的儿女。”

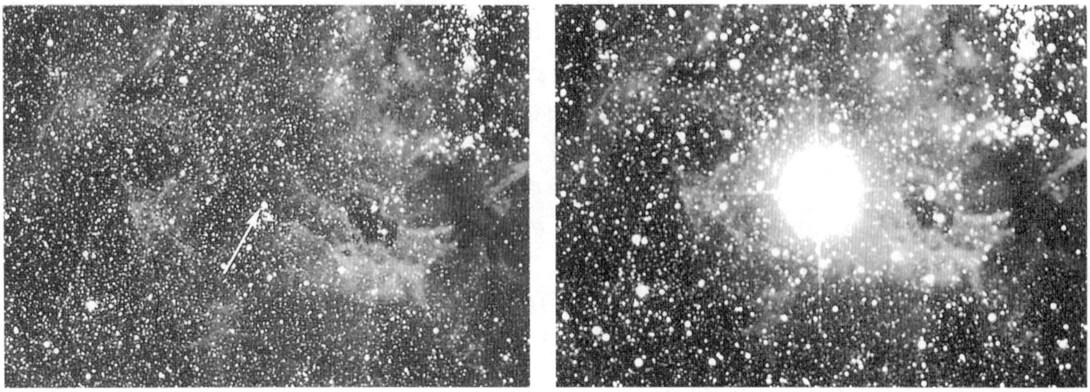

(a) (b)

图 44-12 (a) 此星一直到1987年才出现，称为 Sanduleak。(b) 我们那时开始截取从该星的超新星发出来的光；这次爆发的亮度比我们的太阳大1亿倍，因而可以用肉眼看到。这次爆发发生在155 000ly 远的地方，因此实际上发生在155 000年以前。

例题 44-5

通过图 44-11 的 p-p 循环，在太阳核心消耗氢的时率 dm/dt 是多少？

【解】 这里**关键点**是在太阳内由于消耗氢产生能量的时率 dE/dt 等于太阳辐射能量的时率 P：

$$P=\frac{dE}{dt}$$

为了把 dm/dt 引入这一方程，我们可以写

$$P=\frac{dE}{dt}=\frac{dE}{dm}\frac{dm}{dt}\approx\frac{\Delta E}{\Delta m}\frac{dm}{dt} \qquad (44-12)$$

式中，ΔE 是消耗质量为 Δm 的质子时产生的能量。根据本节所讨论的，我们知道消耗4个质子产生26.2MeV 的热能。这就是说，$\Delta E=4.20\times10^{-12}$ J 对应于质量消耗 $\Delta m=4\ (1.67\times10^{-27}\text{kg})$。将这些数据代入式（44-12）并用附录C中给出的太阳的功率 P，可得

$$\frac{dm}{dt}=\frac{\Delta m}{\Delta E}P=\frac{(4)(1.67\times10^{-27}\text{kg})}{4.20\times10^{-12}\text{J}}3.90\times10^{26}\text{W}$$

$$=6.2\times10^{11}\text{kg/s}$$

（答案）

就这样，每秒钟太阳要消耗非常大量的氢。不过，你也不必十分担心太阳要把氢用完，因为它的 2×10^{30} kg 的质量会支持它燃烧一段很长的时间。

44-8 受控热核反应

1952年11月1日在 Eniwetok Atoll 发生了地球上第一次热核反应。当时美国爆炸了一个聚变装置，释放的能量相当于1千万吨的 TNT。引发反应所需的高温和高密度是由用作引爆弹的一个裂变炸弹提供的。

建造一个持续的可控的聚变动力装置——一个聚变反应器，例如，作为发电厂的一部分——是相当困难的。尽管如此，世界上许多国家都在强烈地追求着这一目标，因为许多人把聚变反应器看作是未来的动力源，至少在发电方面。

图 44-11 展示的 p-p 方案不适宜于地球上的聚变反应器，因为它是令人绝望地慢。在太

阳内该过程所以能实现是因为太阳核心的质子的巨大密度。对于在地球上应用的最吸引人的反应是双氘核（d-d）反应，

$$^{2}H+^{2}H\rightarrow^{3}He+n \quad (Q=+3.27MeV) \tag{44-13}$$

$$^{2}H+^{2}H\rightarrow^{3}He+^{1}H \quad (Q=+4.03MeV) \tag{44-14}$$

和氘-氚（d-t）反应㊀

$$^{2}H+^{3}H\rightarrow^{4}He+n \quad (Q=+17.59MeV) \tag{44-15}$$

氘元素（其核是这些反应中的^{2}H 核）的同位素丰度仅是6700 分之 1，但是作为海水的组成部分，它的可利用量都是无限的。核能源的倡议者曾把我们的最终能源选择——当我们所有的化石燃料都耗尽的时候——说成是，或者“烧岩石”（从矿石取得的铀的裂变）或者“烧海水”（从水中取得的氘的聚变）。

对一个成功的热核反应器有下列三个要求：

1. **高粒子密度 *n***。相互作用的粒子的（数）密度（单位体积内，例如，氘核的数目）必须足够大以保证 d-d 碰撞时率足够高。在所要求的高温下，氘原子将完全电离，形成由氘核和电子组成的中性**等离子体**（电离了的气体）。

2. **高等离子体温度**。等离子体必须很热。不然的话，碰撞中的氘核就不会有足够的能量去穿透要使它们分开的库仑势垒。在实验室内，曾经得到的等离子体温度为 35keV，相当于 4×10^{8}K。这大约是太阳中心温度的 30 倍。

3. **长约束时间 τ**。一个主要的问题是控制热等离子体在足够长的时间内保持其密度和温度足够高，以保证足够多的燃料发生聚变。很清楚，没有任何固体容器能经受住所必需的高温，因此就要求巧妙的约束技术；下面我们将简述其中两种。

可以证明，用 d-t 反应的热核反应器要成功地运行，需要

$$n\tau>10^{20}s/m^{3} \tag{44-16}$$

这个称为**劳森判据**的条件告诉我们能够在下列二者之间作一选择：在短时间内约束大量粒子或在长时间内约束较少的粒子。除满足这一判据之外仍然还需要等离子体的温度足够高。

当前正在研究中的产生受控核动力的方法有两种。尽管每种方法都尚未成功，但由于它们有望成功和受控聚变对全世界能量问题有潜在的重要性，它们都还一直继续着。

图 44-13 在普林斯顿大学的托卡马克聚变试验反应器。

磁约束

在这种方法的一个形式中，一个适当样式的磁场被用来把热等离子体约束在一个面包圈状的真空室内。这一环状真空室称为**托卡马克**（这一名称的原文取自三个俄文字的缩写）。作用在构成高温等离子体的带电粒子上的力保持等离子体不和容器壁接触。图 44-13 表示在普林斯顿等离子体物理实验室内的一个这样的装置。

通过在其中感应出电流和用一束在外面加速的粒子对它的碰撞，等离子体被加热。此方法

㊀ 氢的同位素^{3}H（氚）的核叫做氚核（triton）。它是一个放射性核素，半衰期为 12.3y。

的第一个目标是达到**得失相当**，它发生在劳森判据实现或超过的时候。最终目标是**点火**，它对应于产生净能量的自持热核反应。到2000年为止，在托卡马克或其他磁约束装置中点火还没有实现。

惯性约束

这种约束和加热聚变燃料使热核反应得以发生的方法涉及用强激光束从各个方向“斩杀”一个固体燃料小丸，使一些物质从小丸的表面蒸发。这样汽化的物质产生一个向内运动的冲击波，它能压缩小丸的核心使它的粒子密度和温度双双升高。这一过程称为**惯性约束**是因为（a）燃料被**约束**在小丸内和（b）由于它们的**惯性**（它们的质量）使得在非常短的斩杀时间内不能从热的小丸中逃逸出去。

图44－14 在四分之一美元硬币上的小丸都是氘－氚燃料丸，设计来在激光聚变室内使用。

在美国和其他地方的很多实验室内正在研究利用这种惯性约束方法的**激光聚变**。例如，在Lawrence Livermore实验室，比沙粒还小的氘－氚燃料丸（图44－14）被对称地安排在小丸周围的10束同步强激光脉冲斩杀。这些激光脉冲被设计得在小于1ns的时间内对每个燃料丸释放总共约200kJ的能量。这是一个在脉冲期间释放约2×10^{14}W的功率，它约是全世界所有已建（正在运行）的电厂的发电能量的约100倍！

在一个正在运行的激光聚变式的热核反应器内，燃料丸爆发——像微型氢弹——的时率可能是每秒10到100个。作为热核动力反应堆基础的激光聚变的可行性到2000年还没有看到，但是研究正在热烈地继续着。

例题44－6

假定在一激光聚变设备中一个燃料小丸中包含相等数目的氘和氚原子（并且没有其他材料），由于激光脉冲的作用小丸的密度$d=200\text{kg/m}^3$增大了一个因子10^3。

（a）在被压缩的状态中，小丸的单位体积内包含的粒子数（氘核和氚核合计）是多少？氘原子的摩尔质量是2.0×10^{-3}kg/mol，氚原子的摩尔质量是3.0×10^{-3}kg/mol。

【解】 这里**关键点**是，对于仅由粒子组成的系统，我们可以将系统的（质量）密度用粒子的质量和它们的数密度（单位体积的粒子数）写成：

$$\begin{pmatrix}\text{密度,}\\ \text{kg/m}^3\end{pmatrix}=\begin{pmatrix}\text{数密度,}\\ \text{m}^{-3}\end{pmatrix}\begin{pmatrix}\text{粒子质量,}\\ \text{kg}\end{pmatrix}\qquad(44-17)$$

令n等于在被压缩的小丸内单位体积粒子的总数，于是单位体积氘原子的数目是$n/2$，单位体积氚原子的数目也是$n/2$。

其次，我们可以把式（44－17）推广到由两种粒子组成的系统而把被压缩小丸的密度d^*写作每一个的密度之和，即

$$d^*=\frac{n}{2}m_d+\frac{n}{2}m_t\qquad(44-18)$$

式中，m_d和m_t分别是一个氘原子和一个氚原子的质量。可以用已知的摩尔质量代替这些质量，即用

$$m_d=\frac{M_d}{N_A}\text{和}\ m_t=\frac{M_t}{N_A}$$

式中，N_A是阿伏加德罗数。做出这些替换并用$1000d$代替被压缩的密度d^*，解式（44－18）可得

$$\begin{aligned}n&=\frac{2000dN_A}{M_d+M_t}\\&=\frac{(2000)(200\text{kg/m}^3)(6.02\times10^{23}\text{mol}^{-1})}{2.0\times10^{-3}\text{kg/mol}+3.0\times10^{-3}\text{kg/mol}}\\&=4.8\times10^{31}\text{m}^{-3}\end{aligned}$$ （答案）

（b）根据劳森判据，要想达到得失相当的运行情况，这一粒子密度必须保持多长时间？

【解】 这里关键点是，如果得失相当的运行要发生，被压缩的密度必须保持一段时间 τ，其值由式（44－16）（$n\tau > 10^{20}\,\mathrm{s/m^3}$）给出为

$$\tau > \frac{10^{20}\,\mathrm{s/m^3}}{4.8\times10^{31}\,\mathrm{m^{-3}}} \approx 10^{-12}\,\mathrm{s} \qquad \text{（答案）}$$

（等离子体的温度也必须适当地高。）

复习和小结

来自核的能量 在把质量转变为其他形式的能量方面，就单位质量比较，核过程比化学过程更有效到约一百万倍。

核裂变 式（44－1）表示由热中子碰撞^{235}U 而诱发的^{235}U 的**裂变**的一种方式。式（44－2）和（44－3）表示初级碎片的 β 衰变链。这样一个裂变事件释放的能量为 $Q\approx200\,\mathrm{MeV}$。

裂变可以用集体模型来理解。该模型把核比拟作具有一定激发能量的带电液滴。要发生裂变必须隧穿势垒。裂变的可能性取决于势垒高度 E_b 和激发能量 E_n 之间的关系。

裂变时释放的中子使裂变**链式反应**成为可能。图 44－4 表示一个典型的反应堆的一个循环中的中子平衡。图 44－5 提供了一个完全的核电站的简图。

核聚变 由两个轻核**聚变**引起的能量释放为它们相互的库仑势垒所阻。在大量物质中发生聚变只有在温度足够高（即粒子的能量足够高）使得势垒隧穿明显地进行才有可能。

太阳的能量主要来自生成氦的氢的热核燃烧，该过程由式（44－11）中列出的**质子－质子循环**表示。一旦一个恒星内部的氢燃料耗尽了，直到质量数大到 $A\approx56$（结合能曲线的峰）的各种元素都可以通过其他裂变过程形成。

受控聚变 产生能量的受控热核聚变至今尚未实现。d－d 和 d－t 反应是最有希望的机制。一个成功的聚变反应器必须满足**劳森判据**，

$$n\tau > 10^{20}\,\mathrm{s/m^3} \qquad (44-16)$$

还必须具有适当高的等离子体温度 T。

在**托卡马克**中，等离子体被磁场约束。在**激光聚变**中，利用惯性约束。

思考题

1. 在表 44－1 中，关系式 $Q=-\Delta mc^2$ 应用于（a）所有过程，（b）除了瀑布的所有过程，（c）仅只裂变过程，（d）仅只裂变和聚变过程？

2. 根据图 44－1，用热中子使^{235}U 裂变为两个质量相等的碎片这种事件，大约在（a）10 000，（b）1000，（c）100，（d）10 次事件中发生 1 次。

3. 由裂变产生的初始碎片具有（a）比中子数多的质子，（b）比质子数多的中子，（c）差不多相同数目的中子和质子。

4. 考虑下列裂变方程

$$^{235}\mathrm{U}+\mathrm{n}\rightarrow \mathrm{X}+\mathrm{Y}+2\mathrm{n}$$

按可能性由大到小把下列可能用 X（或 Y）代表的核素排序：（a）^{152}Nd，（b）^{140}I，（c）^{128}In，（d）^{115}Pd，（e）^{105}Mo。（**提示：**参考图 44－1。）

5. 从下列的每对核素中挑出那个最容易在一个裂变事件中成为初始碎片的：（a）^{93}Sr 或^{93}Ru，（b）^{140}Gd 或^{140}I，（c）^{155}Nd 或^{155}Lu。（**提示：**参看图 43－4 和周期表。）

6. 假设一个^{238}U 核“吞”下一个中子，接着不是裂变而是 β 衰变，放出一个电子和一个中微子。这一衰变后留下的核素是：（a）^{239}Pu，（b）^{238}Np，（c）^{239}Np，或（d）^{238}Pa？

7. 一核反应堆在一定功率水平上运行，其增殖因子 k 已调到 1。如果控制棒把它的功率输出降低到原有值的 20%，它的增殖因子现在是（a）比 1 略小，（b）比 1 小很多，或（c）仍然等于 1？

8. 一个核反应堆堆芯的面积－体积比应该尽可能小。根据它们的面积－体积比从大到小对下列固体排序：（a）边长为 a 的正立方体，（b）半径为 r 的球体，（c）高为 a、底面半径为 a 的锥体，和（d）半径为 a、高度为 a 的圆柱体。（锥体侧面面积为 $\sqrt{2}\pi a^2$，体积为 $\pi a^3/3$。）

9. 图 44－6 表示一个大核电站一年运行所产生的核废物产生的热量随时间衰变的情况。在 100 年终了时这一热能输出减少的因子近似地为：（a）20，（b）200，（c）2000，还是（d）大于 2000？

10. 在恒星内部，由于热核聚变，下列元素中哪个**没有**“烧成”：（a）碳；（b）硅，（c）铬和（d）溴？

11. 在太阳核心内由 p－p 反应产生的能量约有 2% 被中微子带出太阳了。这一中微子流带走的能量

比起从太阳表面以电磁辐射的形式射出的能量是（a）相等的，（b）较大，还是（c）较小？

12. 对于 d－t 反应（式 44－16）的劳森判据是 $n\tau > 10^{20}\,\mathrm{s/m^3}$。对于 d－d 反应，你认为在此式右边的数应（a）相同，（b）较小，还是（c）较大？

练习和习题

44－2　核聚变：基本过程

1E.（a）1.0kg 的纯^{235}U 中包含多少个原子？（b）1.0kg 的^{235}U 完全衰变释放的能量，以 J 表示，是多少？假定 $Q=200\mathrm{MeV}$。（c）这些能量能使 100W 的灯泡点多长时间？（ssm）

2E. 下表列出一般的裂变反应$^{235}\mathrm{U}+\mathrm{n}\rightarrow\mathrm{X}+\mathrm{Y}+b\mathrm{n}$ 的几种具体情况，试填写其中未知项。

X	Y	b
^{140}Xe	—	1
^{139}I	—	2
—	^{100}Zr	2
^{141}Cs	^{92}Rb	—

3E. 要以 1.0W 的时率产生能量，^{235}U 被中子撞击的裂变必须以多大的时率进行？假定 $Q=200\mathrm{MeV}$。（ssm）

4E. 钚同位素^{239}Pu 的裂变性质和^{235}U 的非常相似。1.00kg 纯^{239}Pu 的所有原子都裂变时释放的能量是多少？

5E. 证明，如 44－2 节所述，中子与物质在室温，300K 平衡时，具有的平均动能是约 0.04eV。

6E. 计算^{98}Mo 裂变为相等的两部分时的蜕变能 Q。所需质量是：97.905 41u（^{98}Mo），48.950 02u（^{49}Sc）。如果 Q 算出来是正的，讨论为什么此过程不能自发地进行。

7E. 计算^{52}Cr 裂变为两个相等的碎片时的蜕变能。所需质量是：51.940 51u（^{52}Cr）和 25.982 59u（^{26}Mg）。（ssm）

8E. ^{235}U 通过发射 α 粒子而衰变，半衰期为 7.0×10^{8}y。它也（罕见地）通过裂变而衰变。当 α 衰变不发生时，单独此过程的半衰期是 3.0×10^{17}y。（a）在 1.0g 的^{235}U 中，自发裂变衰变的时率多大？（b）发生每一次自发裂变事件，要有多少^{235}U 的 α 衰变事件发生？

9E. 计算下列反应中释放的能量：

$$^{235}\mathrm{U}+\mathrm{n}\rightarrow{}^{141}\mathrm{Cs}+{}^{93}\mathrm{Rb}+2\mathrm{n}$$

所需原子和粒子质量是

^{235}U　235.043 92u　　^{93}Rb　92.921 57u

^{141}Cs　140.919 63u　　n　1.008 67u

10P. 证明，如表 44－1 所示，1.0kg 的 UO_2（浓缩到^{235}U 占总铀的 3.0%）的裂变能保持一个 100W 的灯泡连续点 690y。

11P. 在一次特殊的由慢中子引发的^{235}U 裂变过程中，没有发射中子而且一个初始裂变碎片为^{83}Ge。（a）另一个碎片是什么？（b）蜕变能 $Q=170\mathrm{MeV}$ 是怎样分配给两个碎片的？（c）计算每个碎片的起始（刚刚裂变之后）速率。（ssm）（www）

12P. 考虑快中子引发的^{238}U 的裂变。在一个裂变事件中，没有发射中子，初始裂变碎片经过 β 衰变产生的终了稳定产物是^{140}Ce 和^{99}Ru。（a）两个 β 衰变链发生的 β 衰变事件总起来有多少？（b）计算此裂变过程的 Q。有关原子和粒子质量是

^{238}U　238.050 79u　　^{140}Ce　139.905 43u

n　1.008 67u　　^{99}Ru　98.905 94u

13P. 假定^{236}U 按式（44－1）刚刚裂变后，产生的^{140}Xe 和^{94}Sr 核正好表面接触。（a）假定两个核都是球形的，计算和它们之间的斥力相联系的电势能（以 MeV 为单位）。（**提示：** 用式（43－3）计算碎片的半径。）（b）将此能量和一个典型的裂变事件释放的能量加以对比。（ssm）

14P. 一个^{236}U 核经过裂变分裂成两个中等质量的碎片——^{140}Xe 和^{96}Sr。（a）两个裂变产物的表面积对原来^{236}U 的表面积变化的百分比是多少？（b）体积变化的百分比是多少？（c）电势能变化的百分比是多少？半径为 r、带电量为 Q 的均匀带电球体的电势能由下式给出

$$U=\frac{3}{5}\left(\frac{Q^2}{4\pi\varepsilon_0 r}\right)$$

44－4　核反应堆

15E. 一个 200MW 裂变反应堆在 3.00y 内消耗了它的燃料的一半。它最初含的^{235}U 是多少？假定所有能量都来自^{235}U 的裂变而此核素也只是由于裂变过程而消耗。（ssm）

16E. 考虑到^{235}U 的非裂变中子捕获，重新计算练习题 15。

17E. ^{238}Np 裂变需要 4.2MeV。从此核素中除去一个中子需消耗能量 5.0MeV。可以用热中子使^{238}Np

裂变吗?

18P. 在原子弹中，能量的释放是靠钚^{239}Pu（或^{235}U）的不受控制的裂变。它的等级就是以释放同样能量所需的TNT的质量表示的它所释放的能量的多少。一百万吨TNT释放2.6×10^{28}MeV的能量。(a)计算含有95kg的^{239}Pu，其中2.5kg真正发生裂变的原子弹以TNT的吨数表示的等级。(参见练习题4。)(b)如果其他92.5kg的^{239}Pu不裂变，为什么还需要这些^{239}Pu?

19P. 放射性核素在物质中被吸收时产生的热能可被用来作为小能源的基础而用于卫星、远程气象站或其他孤立的地点。这种放射性核素在核反应堆中大量地制取或从用过的燃料中用化学的方法分离出来。一种可用的放射性核素是^{238}Pu（$T_{1/2}=87.7$y），它是α放射体，$Q=5.50$MeV。1.00kg这种物质产生热能的时率多大?(ssm)

20P. (参见习题190)可以从核反应堆用过的燃料中用化学方法提取出来诸多裂变产物之一是^{90}Sr（$T_{1/2}=29$y）。典型的反应堆产生此种同位素的时率约是18kg/y。由于放射性，它产生热能的时率是0.93W/g。(a)计算一个^{90}Sr核衰变时的有效蜕变能Q_{eff}。(Q_{eff}包括在它的衰变链中的^{90}Sr的所有衰变产物的贡献而不包括中微子的贡献，因为它们都从样品中逃逸了。)(b)要建造一个产生150W（电能）的能源用于运行一个水下声信标中的电子设备。如果此能源以^{90}Sr产生的热能为基础而且热－电转换过程的效率是5.0%，求需要多少^{90}Sr?

21P. 由于反应堆不仅能用来发电，而且能生产作为廉价^{238}U经过中子俘获的副产品^{239}Pu，而^{239}Pu又是核弹的“燃料”，所以许多人害怕帮助更多国家发展核动力反应堆技术会增加核战争的可能性。能产生这种钚同位素的包括中子俘获和β衰变的简单反应系列是什么?

22P. 一个反应堆的中子产生时间t_{gen}是一次裂变发出的快中子被减速剂减速到热能区并引发另一次裂变所需的平均时间。假设一个反应堆在$t=0$时的功率输出为P_0。证明在其后时刻t的功率输出为$P(t)$，而

$$P(t)=P_0k^{t/t_{gen}}$$

其中k是增殖因子。对于恒定功率输出$k=1$。

23P. 一个66000吨级原子弹（见习题18P）装的是纯^{235}U（图44－15），其中4.0%真正发生裂变。(a)此弹中有多少铀?(2)产生了多少初级裂变碎片?(c)裂变中产生的中子有多少释放到环境中去了?(平均讲来，每次裂变产生2.5个中子。)(ssm)

图44－15 习题23图。一个^{235}U“钮扣”，准备重新铸造和加工成一个弹头。

24P. 一个特定反应堆的中子产生时间t_{gen}（见习题22）是1.0ms。如果反应堆在500MW的功率水平上运行，任意时刻在反应堆内有多少自由中子?

25P. 一个特定反应堆的中子产生时间t_{gen}（见习题22）是1.3ms。反应堆产生能量的时率为1200MW。为了进行某种保养检查，功率水平必须暂时降到350MW。今期望在2.6s内完成到低功率水平的过渡。要在此期望时间内实现过渡，必须把增殖因子定为何（定常）值?(ssm)(www)

26P. 一个反应堆以400MW的功率运行，中子产生时间（见习题22）为30.0ms。如果它以1.0003的增殖因子在5.00min内增大功率，则在5.00min末它的功率输出是多少?

27P. (a)质量为m_n，动能为K的一个中子与一个静止的质量为m的原子发生弹性正碰。证明中子的分数动能损失为

$$\frac{\Delta K}{K}=\frac{4m_nm}{(m+m_n)^2}$$

(b)对于下列的每一个处于静止的原子，计算它们的$\Delta K/K$：氢、氘、碳和铅。(c)如果起始$K=1.00$MeV，要使中子的动能减小到一个热值(0.025eV)需要多少次正碰?设与中子碰撞的静止的原子是常用作减速剂的氘?(实际上，多数碰撞并不是正碰。)(ssm)

44－5 一个天然的核反应堆

28E. 多少年以前铀矿床内比值$^{235}U/^{238}U$等于0.15?

29E. 44-5节中讨论的天然裂变反应堆在它一生中产生的能量估计为15吉瓦-年。(a) 如果此反应堆延续了200 000y，它运行的平均功率水平是多大?(b) 在一生中它消耗了多少千克的^{235}U?

30P. 曾发现从44-5节描述的天然反应堆遗址中取得的有些铀样品是^{235}U稍微**浓缩**而非耗尽的。试用丰同位素^{238}U的中子俘获及随后产物的β和α衰变解释此事。

31P. 由于混有^{238}U，当今开采出的铀只含有0.72%的可裂变的^{235}U，此比例太小了以至于不能用来作为利用热中子裂变的反应堆燃料。因此，天然铀必须对^{235}U浓缩。^{235}U ($T_{1/2}=7.0\times10^8$y) 和^{238}U ($T_{1/2}=4.5\times10^9$y) 都是放射性的。多少年以前天然铀可能是一种实际的反应堆燃料，其中$^{235}U/^{238}U$的比值是3.0%?(ssm)(www)

44-6 热核聚变、基本过程

32E. 根据教材中给出的知识，收集并写出 (a) ^{238}U的α衰变和 (b) 热中子引发的^{235}U裂变的库仑势垒的近似高度。

33E. 计算两个氘核正碰时的库仑势垒高度。氘的有效半径取作2.1fm。(ssm)

34E. 验证1.0kg氘通过下述反应的聚变

$$^2H+^2H\rightarrow^3He+n \quad (Q=+3.27MeV)$$

能使100W的灯泡点3×10^4年。

35E. 曾设想用不对原料加热的方法来克服库仑势垒而引发聚变，例如，可以考虑粒子加速器。可以用两台加速器将两束正好对射的氘核加速从而使它们正碰。(a) 为了碰撞的氘核能克服库仑势垒，每一台加速器需要多大的电压?(b) 为何现在都不用这种方法?

36P. 对于两个以同样初动能E并正向着对方运动的^7Li核来说，库仑势能有多高? (**提示：**用式(43-3)计算核的半径。)

37P. 在图44-10中粒子的单位能量的数密度$n(K)$为

$$n(K)=1.13n\frac{K^{1/2}}{(kT)^{3/2}}e^{-K/kT}$$

式中，n是粒子的总数密度。在太阳的中心，温度为1.50×10^7K，质子的平均能量是1.93keV。求能量为5.00keV的和能量为质子平均能量的质子数密度的比值。

38P. 在第20章给出了气体分子的麦克斯韦速率分布的表示式。(a) 证明**最概然能量**是

$$K_p=\frac{1}{2}kT$$

用图44-10的能量分布曲线，对应温度为$T=1.5\times10^7$K，验证此结果。(b) 证明**最概然速率**为

$$v_p=\sqrt{\frac{2kT}{m}}$$

对$T=1.5\times10^7$K的质子求其值。(c) 证明**和最概然速率对应的能量**（和最概然能量不同）是

$$K_{v,p}=kT$$

在图44-10中的曲线上标出这个量。

44-7 太阳和其他恒星中的热核反应

39E. 证明3个α粒子聚变形成^{12}C时释放的能量是7.27MeV。^4He的原子质量是4.0026u，^{12}C的原子质量是12.0000u。(ssm)

40E. 我们已看到综合的质子-质子聚变循环的Q值为26.7MeV。你怎样把这一数值和图44-11列出的形成这一循环的各反应的Q值联系起来?

41E. 太阳中心的密度是$1.5\times10^5kg/m^3$，其组成基本上是氢占35%，氦占65%（质量分数）。(a) 在太阳中心，质子的密度是多少?(b) 这比在标准状态（0℃和1.01×10^5Pa）下理想气体的粒子密度大多少?

42P. 验算图44-11中给出的各反应的Q值。所需原子和粒子质量是

^1H	1.007 825u	^4He	4.002 603u
^2H	2.014 102u	$e^{\pm}$	0.000 548 6u
^3H	3.016 029u		

(**提示：**注意区别原子和核的质量并适当考虑正电子。)

43P. 太阳具有2.0×10^{30}kg的质量并以3.9×10^{26}W的时率辐射能量。(a) 太阳把它的质量转化为能量时率是多大?(b) 从它开始烧氢到现在经过的约4.5×10^9y中，太阳的初始质量以此方式失去的分数是多少?(ssm)

44P. 计算并比较下述两过程释放的能量：(a) 在太阳深处1.0kg氢的聚变，和一裂变反应堆中1.0kg ^{235}U的裂变。

45P. (a) 计算太阳产生中微子的时率。假定能量的产生完全是由于质子-质子聚变循环。(b) 太阳中微子抵达地球的时率（每秒个数）多大?

46P. 在某些恒星内，**碳循环**比质子-质子循环

更有希望有效地产生能量。这种循环是

$$^{12}C + {}^{1}H \rightarrow {}^{13}N + \gamma \qquad Q_1 = 1.95\text{MeV}$$
$$^{13}N \rightarrow {}^{13}C + e^{+} + \nu \qquad Q_2 = 1.19$$
$$^{13}C + {}^{1}H \rightarrow {}^{14}N + \gamma \qquad Q_3 = 7.55$$
$$^{14}N + {}^{1}H \rightarrow {}^{15}O + \gamma \qquad Q_4 = 7.30$$
$$^{15}O \rightarrow {}^{15}N + e^{+} + \nu \qquad Q_5 = 1.73$$
$$^{15}N + {}^{1}H \rightarrow {}^{12}C + {}^{4}He \qquad Q_6 = 4.97$$

(a) 证明这种反应的循环就其总效果来说和图 44 - 11 表示的质子 - 质子循环完全相当。(b) 验证这两种循环，如期望的那样，有相同的 Q 值。

47P. 煤按照反应 $C + O_2 \rightarrow CO_2$ 进行燃烧。燃烧热是 3.3×10^7J/kg 原子碳消耗。(a) 以能量每碳原子表示这一燃烧热。(b) 以能量每千克起始反应物—碳和氧，表示这一燃烧热。(c) 假设太阳（质量 $= 2.0 \times 10^{30}$kg）由可燃烧比例的碳和氧构成并且按 3.9×10^{26}W 的现有时率持续地辐射能量。太阳能延续多长时间？(ssm)

48P. 假定太阳的核心具有太阳质量的 1/8，并且被压缩在半径为太阳半径的 1/4 的球体内。再假定核心的质量的 35% 是氢而所有太阳的能量基本上都在这里产生。如果太阳以例题 44 - 5 计算出的时率持续地燃烧氢，在氢完全消耗之前它将存在多长时间？太阳的质量是 2.0×10^{30}kg。

49P. 一颗恒星把它所有的氢转变为氦，变为组成为 100% 的氦，接着氦通过下述 3 - α 粒子过程转变为碳

$$^{4}He + {}^{4}He + {}^{4}He \rightarrow {}^{12}C + 7.27\text{MeV}$$

该恒星的质量是 4.6×10^{32}kg，并以 5.3×10^{30}W 的时率产生能量。它以此时率将所有氦转变为碳需要多长时间？(ssm)

50P. 图 44 - 11 的质子 - 质子循环的有效 Q 值为 26.2MeV。(a) 以能量每千克氢消耗表示此 Q 值。(b) 太阳的功率为 3.9×10^{26}W。如果它的能量来源于质子 - 质子循环，它失去氢的时率多大？(c) 它以什么时率失去质量？解释 (b) 和 (c) 的结果的差别。(d) 太阳的质量是 2.0×10^{30}kg。如果它以 (c) 中计算的恒定时率失去质量，经过多长时间它将失去它的质量的 0.10%？

51P. 图 44 - 16 表示早期设想的氢弹结构。聚变燃料是氘，^{2}H。聚变需要的高温和高粒子密度由一个原子弹"激发器"提供，此激发器内装有 ^{235}U 或 ^{239}Pu 裂变燃料，它们被安置得使能产生聚爆的压缩冲击波压向中心的氘。所进行的聚变反应是

$$5\,{}^{2}H \rightarrow {}^{3}He + {}^{4}He + {}^{1}H + 2n$$

(a) 计算此聚变的 Q 值，所需质量见习题 42。(b) 计算此氢弹的聚变部分的等级（参见习题 18），假设它包含 500kg 氘，其中 30.0% 发生聚变。

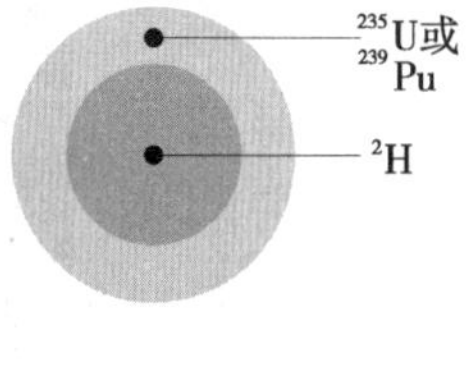

图 44 - 16 习题 51 图

44 - 8 受控热核聚变

52E. 验算式 (44 - 13)、(44 - 14) 和 (44 - 15) 给出的 Q 值。所需质量为

^{1}H	1.007 825u	^{4}He	4.002 603u
^{2}H	2.014 102u	n	1.008 665u
^{3}H	3.016 049u		

53P. 普通水中含有质量约 0.0150% 的"重水"，它的两个氢中的一个被氘，^{2}H，取代了。如果用某种方法使氘通过反应 $^2H + {}^2H \rightarrow {}^3He + n$ 发生聚变而在 1 天内"烧"掉 1L 中的所有 ^{2}H，可以获得多大的平均聚变功率？(ssm)

54P. 在式 (44 - 15) 的氘 - 氚聚变反应中，α 粒子和中子是如何分有反应能量 Q 的？忽略两个结合的粒子的相对小的动能。

第 45 章　夸克、轻子和大爆炸

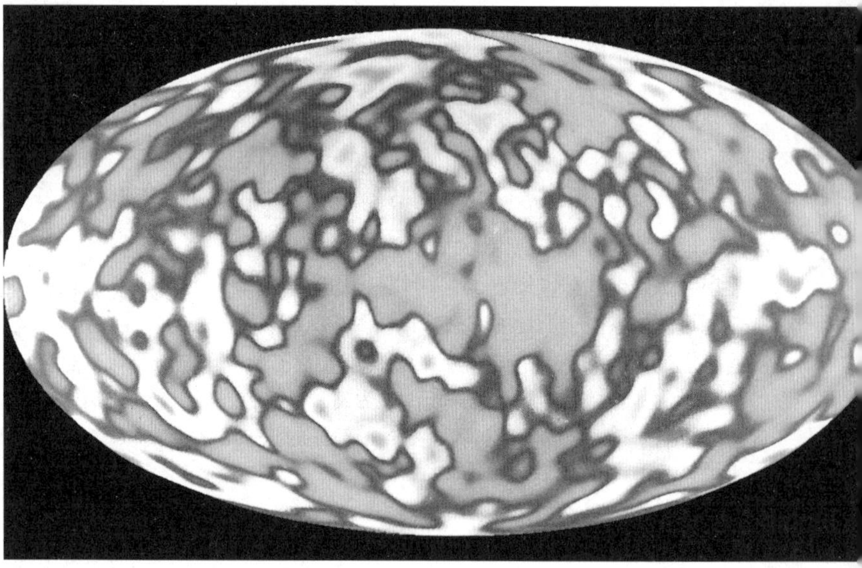

这幅彩色编码的图像是一张动人的早期宇宙的照片，那时它刚刚 300 000 岁，距今约 15×10^{9} 年以前。当你向各个方向看时，所能看到的就是这幅图像（所有景色都已经被凝缩到这个卵形图中了）。原子发的光一片一片地铺在“天空”上，但是星系、恒星和行星都还没有形成。

这样一幅早期宇宙的照片是怎么取得的？

答案就在本章中。

45 –1 生活在前沿

物理学家常常把相对论和量子物理定为“近代物理”，以和牛顿力学及麦克斯韦电磁学理论（它们合并在一起称为“经典物理”）相区别。随着时间的前进，对于在20世纪初年奠定其基础的理论来说，“近代”一词越来越显得不适当了。但是，这个标签仍然挂着。

在这最后一章我们考虑两方面的探索，它们确实是“近代的”，但是同时它们又有最古老的根基。它们总围绕着两个似乎十分简单的问题:

宇宙由什么造成的?

宇宙是怎样成现在这个样子的?

过去几十年间在回答这些问题方面已有长足的进展。

许多新见解都是基于用大的粒子加速器做的实验。不过，当物理学家用越来越大的加速器使粒子以越来越高的能量相互撞击时，他们最终认识到所有在地球上制造的加速器不可能产生足够大能量的粒子来检验他们的基本理论。有这种能量的粒子源只有一个，那就是在它诞生后第1毫秒内的宇宙本身。

在本章内你将要遇到许多新名词和着实一大批粒子，它们的名字你不要想去记住。如果你暂时感到迷惑，那你正是分担那些物理学家的同样的迷惑，他们就生活在这种发展过程中，不时地除了不断增加的难以理解的复杂性之外什么也看不到。不过，如果你坚持下去，你将会分享物理学家们在奇妙的新加速器源源送出新结果时，在理论家们提出每个比过去都更大胆的概念时，以及从模糊最后转为清晰时所感到的那种兴奋和激动。

45 –2 粒子，粒子，粒子

在20世纪30年代，许多物理学家都认为物质最终结构的问题很快就要解决了。原子可以用仅仅三种粒子——电子、质子和中子加以说明。量子物理可以很好地解释原子的结构和放射性的α衰变。中微子虽然尚未观测到，但它已经被提出而且被费米应用到一个成功的β衰变理论中。还有希望的是，把量子理论应用于质子和中子就能很快地说明核的结构。还有什么问题呢?

这种异常欣快没有存在多久，在那个十年的末尾就开始了一个发现新粒子的时期，而且一直继续到今天。这些新粒子具有像μ子（μ），π介子（π），K介子（K）和Σ超子（Σ）等这样的名称和符号。所有这些新粒子都是不稳定的，即它们都按照不稳定核遵守的同样的时间的函数自发地转变为其他类型的粒子。因此，如果$t=0$时在样品中有N_0个任一类型的粒子，那么，在其后某一时刻t，这种粒子的数目N就由式（43 –14）给出为

$$N = N_0 e^{-\lambda t} \qquad (45-1)$$

衰变率R，由初值R_0，根据式（43 –15），改变为

$$R = R_0 e^{-\lambda t} \qquad (45-2)$$

而且半衰期$T_{1/2}$、衰变常量λ和平均寿命τ之间的关系由式（43 –17）给出为

$$T_{1/2} = \frac{\ln 2}{\lambda} = \tau \ln 2 \qquad (45-3)$$

这些新粒子的半衰期在约$10^{-6} \sim 10^{-23}$s的范围内。实际上，有些粒子存在的时间如此短以致不可能直接地探测到它们而必须用间接的证据来确认。

这些新粒子一般是在由加速器加速到高能量的质子或电子相互正碰时产生的。这种加速器在像费米实验室（靠近芝加哥）、CERN（靠近日内瓦）、SLAC（在斯坦福）和DESY（靠近德国汉堡）这些地方都有。发现这些粒子的探测器在精密方面已有长足发展，而在近几十年前它们在大小和复杂性方面已能和整个加速器相比了（图45－1）。

今天已经探测到几百种粒子。它们的命名已经使希腊字母的资源难以承受，而使得大多数只能在定期地发表的汇编中以数字代码为人所知。为了对这一大批粒子有个概念，我们找一些简单的物理标准。至少可以用下列三种方法对这些粒子加以初步的粗略的分类。

图45－1 在CERN，接近瑞士日内瓦的欧洲高能粒子物理实验室内的OPAL（多目的设备）粒子探测器。OPAL是为了测量能量为50GeV的电子－正电子碰撞产生的粒子的能量而设计的。虽然此探测器很大，但比起周长为27km的环状加速器本身，它还是比较小的。

是费米子还是玻色子?

像在32－4节中讨论电子、质子和中子那样，所有粒子都具有内禀的角动量，称为**自旋**。把该节的记号推广，可以把自旋$\vec{S}$沿任一方向（假设它沿z轴）的分量写为

$$S_z = m_S\hbar \qquad m_S = s, s-1, \cdots, -s \qquad (45-4)$$

式中，$\hbar$是$h/2\pi$；m_S是**自旋磁量子数**；s是**自旋量子数**。后者可以是正的半整数$\left(\frac{1}{2}, \frac{3}{2}, \cdots\right)$或非负的整数（0，1，2，…）。例如，对电子，有$s=\frac{1}{2}$。因此电子的自旋（沿任一方向测量）可能具有的值

是 $$S_z = \frac{1}{2}\hbar \qquad \text{（自旋向上）}$$

或 $$S_z = -\frac{1}{2}\hbar \qquad \text{（自旋向下）}$$

容易引起混淆的是，**自旋**一词实际上有两个意思：它的正确意义是粒子的内禀角动量$\vec{S}$，但也常不严格地指粒子的自旋量子数s。在后一意义上，例如，我们说电子是一个自旋1/2粒子。

具有半整数的自旋量子数（如电子）的粒子称为**费米子**，其名取自发现支配它们的行为的统计规律的费米（同时还有狄拉克）。像对电子一样，对质子和中子也有$s=\frac{1}{2}$，因而它们也是费米子。

具有零或整数的自旋量子数的粒子称为**玻色子**，此名取自发现支配**这种**粒子的统计规律的印度物理学家玻色（同时还有爱因斯坦）。对光子，$s=1$，是玻色子，你马上会遇到这一类的其他粒子。

这好像是一种不起眼的对粒子分类的方法，但是就下面的意义来说它是非常重要的：

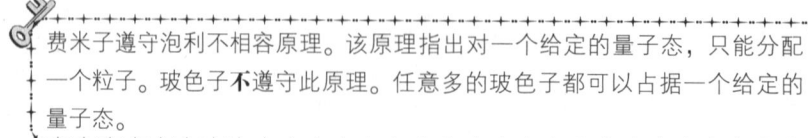

> 费米子遵守泡利不相容原理。该原理指出对一个给定的量子态，只能分配一个粒子。玻色子**不**遵守此原理。任意多的玻色子都可以占据一个给定的量子态。

当我们把（自旋1/2）电子分配到各个量子态中以“建造”原子时，泡利不相容原理就显示出其重要性了。利用该原理可以完全解释不同类型的原子以及像金属和半导体等各类固体的结构和性质。

由于玻色子**不**遵守泡利不相容原理，这种粒子倾向于集聚到能量最低的量子态中。1995年，在科罗拉多保耳德的一个小组曾成功地把约2000个铷-87原子——它们是玻色子——凝聚在一个能量几乎等于零的单一量子态中。

为了达到此一目的，铷必须呈气态而且温度非常低和密度非常大以致使单个原子的德布罗意波长大于原子间的平均距离。当这些条件满足时，单个原子的波函数重叠在一起使整个集体变成一个单一的量子系统。这一系统称为**玻色-爱因斯坦凝聚**。图45-2表示，当铷蒸气的温度降低到约1.70×10^{-7}K时，这一系统确实“塌缩”到和它的原子的速率几乎为零相对应的一个单一的严格确定的量子态中。

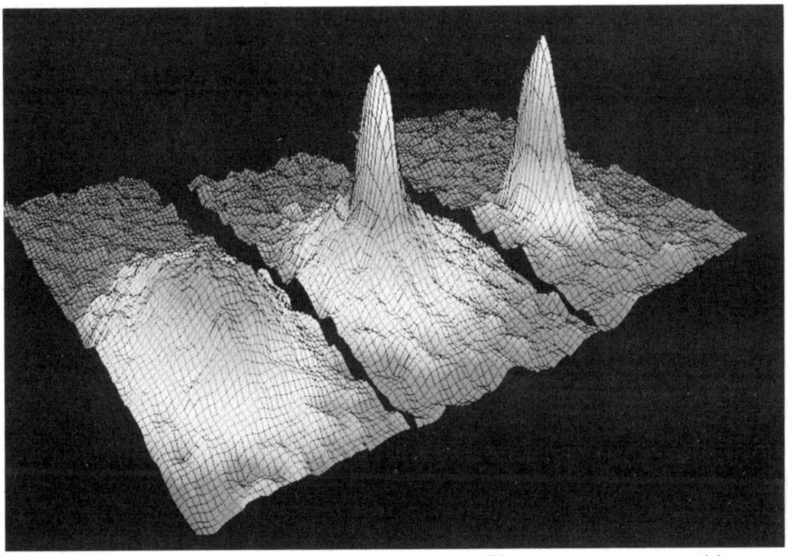

(a) (b) (c)

图45-2 三幅铷-87原子的蒸气的速率分布图。从（a）到（c）蒸气的温度逐幅降低。图（c）显示围绕着零速率并以之为中心有一个尖峰；这就是，所有原子都在同一量子态中。这一常被称为原子物理圣杯的玻色-爱因斯坦凝聚的出现终于在1995年记录下来了。

重子和轻子？

我们也可以根据作用在它们上面的四种基本力来对粒子分类。**引力**作用于**所有**粒子，但是它对亚原子层次的粒子的影响十分微弱以致我们可以不考虑这种力（至少在今天的研究中不考虑）。**电磁力**作用于所有**带电**粒子，它的效果已经知道得很清楚了，并且当需要时我们就能考虑它。在本章内大部分情况下我们忽略这种力。

剩下的是把核子结合起来的**强力**和在β衰变和类似过程中涉及的**弱力**。弱力作用于所有粒子，强力只作用于某些粒子。

于是，我们可以根据是否受强力作用粗略地把粒子分类。受强力作用的粒子称为**强子**。**不**

受强力作用，剩下弱力对其起支配作用的粒子称为**轻子**。质子、中子和 π 介子是强子；电子和中微子是轻子。你会很快遇到这几类粒子的其他成员。

你可以进一步对各个强子加以区别：有些是玻色子（我们称之为**介子**），π 介子就是一例；另一些强子是费米子（我们称之为**重子**），质子就是一例。

粒子和反粒子？

1928 年狄拉克曾预言电子 e^- 应该有一个带正电，且质量、自旋和它相同的粒子与之配对。这个配对粒子，**正电子** e^+，在 1932 年被安德孙在宇宙射线中发现了。物理学家从此逐渐地认识到**每**一种粒子都有一个对应的**反粒子**。这样成对的成员具有相同的质量和自旋但是符号相反的电荷（如果它们带电的话），以及相反符号的我们尚未讨论过的量子数。

起初，**粒子**是用来指常见的粒子，如电子、质子和中子，而**反粒子**指它们的罕见的配对粒子。后来，对一些不太常见的粒子，把它们称为**粒子**和**反粒子**是为了适应某些我们在本章后将要讨论的守恒定律。（容易引起混乱的是，在不需要加以区别时，粒子和反粒子有时都称为粒子。）我们常常，但是也不总是，在表示粒子的符号上面画条杠表示反粒子。例如，p 是质子的符号，而 $\bar{p}$（读作“p 杠”）是反质子的符号。

当一个粒子遇到它的反粒子时，二者可能相互**湮灭**。也即，粒子和反粒子消失而它们的总能量以其他形式出现。当一个电子和一个正电子湮灭时，它们的能量以两个 γ 射线光子出现：

$$e^- + e^+ \longrightarrow \gamma + \gamma \qquad (45-5)$$

如果电子和正电子湮灭时都是静止的，它们的总能量是它们的总质量能而这一能量就平均地分配给两个光子。由于光子不可能静止，为了动量守恒，两个光子就沿相反的方向飞开。

1996 年，CERN 的物理学家们成功地制成了一些在几纳秒内存在的反氢原子，它们由结合在一起的一个正电子和一个反质子构成（正像一个氢原子的电子和质子结合在一起一样）。把这样的一组反粒子的组合称为**反物质**，以和普通粒子的组合（物质）加以区别。

可以想像存在有由反物质组成的星系，其中有原子、分子甚至有物理学家。甚至可以想像从这样的星系逃逸出来的一颗小行星和地球的一部分相撞（因而湮灭）所引起的灾难。不过，幸运的是，目前的观点是：不仅我们的银河系，而且整个宇宙的大部分都是由物质而不是由反物质组成的。（这种对称性的缺乏很使一个物理学家感到困扰，因为他总希望在自然界中找到对称性。）

45-3 一段插曲

在加紧对粒子分类的工作之前，让我们离开一会儿，通过分析一个典型的粒子事件——它由图 45-3a 中的汽泡室照片显示，来领会一些粒子研究的精神。

这个图中的径迹是由汽泡组成的，而这些汽泡是沿着带电粒子在运动中穿过一个充满液态氢的室时经过的路径形成的。通过测量汽泡之间的相对距离以及其他方法，我们可以辨认出产生某一特定径迹的粒子。该室放在一均匀磁场中，它能使带正电荷的粒子的径迹沿反时针方向偏转而带负电荷的粒子的径迹沿顺时针方向偏转。通过测量一条径迹的曲率半径，可以计算产生此径迹的粒子的动量。表 45-1 列出了参与图 45-3a 中的事件的粒子和反粒子，也包括那些没有产生径迹的粒子的一些性质。按照一般惯例，表 45-1 中——在本章其他表中也一样——所列粒子的质量用 MeV/c^2 做单位。用这一符号的原因是粒子的静止能量比它的质量用得更多。

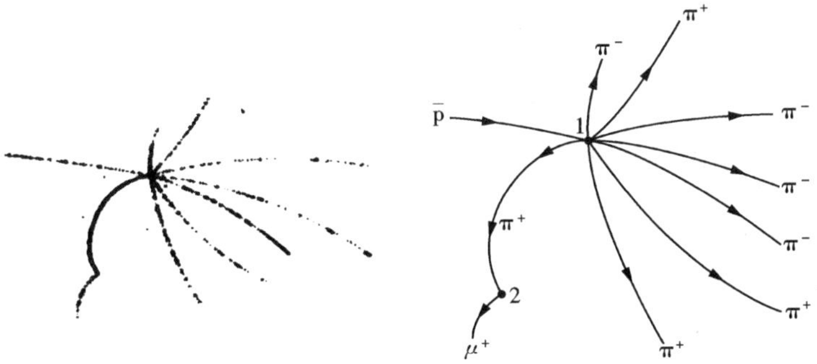

(a) (b)

图 45－3 (a) 从左面进入汽泡室的一个反质子引发的一系列事件的汽泡室照片。(b) 为了清晰而重画并加以标记的径迹图。1 和 2 两个点表示在正文中要描述的发生次级事件的特定位置。径迹是弯曲的，是因为在汽泡室中有磁场，它对运动的带电粒子有偏转力的作用。

这样，在表 45－1 中质子的质量就是 $938.3\text{MeV}/c^2$。要求质子的静止能量，把它乘以 c^2 即得 938.3MeV。

表 45－1 参与图 45－3 中的事件的粒子或反粒子

粒子	符号	电荷 q	质量 (MeV/c^2)	自旋 s	类别	平均寿命 /s	反粒子
中微子	ν	0	0	1/2	轻子	稳定	$\bar{\nu}$
电子	e^-	－1	0.511	1/2	轻子	稳定	e^+
μ 子	μ^-	－1	105.7	1/2	轻子	2.2×10^{-6}	μ^+
π 介子	π^+	＋1	139.6	0	介子	2.6×10^{-8}	π^-
质子	p	＋1	938.3	1/2	重子	稳定	$\bar{p}$

分析像图 45－1 那样的照片时用的普遍的工具是能量、线动量、角动量和电荷的守恒定律以及我们尚未讨论过的其他守恒定律。图 45－3a 实际上是一对立体照片中的一幅。利用这样一对立体照片可以进行 3 维的分析。

图 45－3a 中的事件是由一个产生于劳伦斯伯克利实验室的一个加速器并从左面进入室内的高能反质子（$\bar{p}$）引发的。该事件包含 3 个次级事件：两个发生在图 45－3b 中的 1 和 2 两点；第三个发生在图面以外。让我们逐个考查如下：

1. 质子－反质子湮灭。在图 45－3b 中的 1 点，初发反质子（标以 $\bar{p}$）撞入室内液氢的一个质子，其结果是二者相互湮灭。可以肯定这一湮灭是当入射的反质子在飞行中发生的，因为大多数在此次遭遇中产生的粒子是向前，即向图 45－3 的右方，运动的。根据动量守恒原理，入射粒子在经历湮灭时必须具有向前的动量。

反质子和质子的碰撞所涉及的能量是反质子的动能和它们的两个（相等的）静止能量（2 ×938.3MeV，或 1876.6MeV）之和。这一能量足够产生许多较轻的粒子并给与它们动能。在这一情况下，湮灭产生了 4 个正 π 介子和 4 个负 π 介子（分别标以 π^+ 和 π^-）。(为了简化，我们

假定没有产生 γ 射线光子，它们由于不带电不会产生径迹。）于是，湮灭过程就是

$$p+\bar{p}\longrightarrow 4\pi^{+}+4\pi^{-} \tag{45-6}$$

从表 45－1 可以看到正 π 介子（π^+）是**粒子**而负 π 介子（π^-）是**反粒子**。由于涉及的所有粒子都是强子，所以式（45－6）的反应是一种**强相互作用**（涉及强力）。

让我们校核一下在反应中电荷是否守恒。为此，可以把一个粒子的电荷写作 qe，其中 q 是**电荷量子数**。于是决定一个过程中电荷是否守恒就相当于决定最初的净电荷量子数是否等于终了的净电荷量子数。在式（45－6）的反应中，最初的净电荷数是 1＋（－1），或者 0，而终了的净电荷数是 4（1）＋4（－1），或 0。因此，电荷是守恒的。

对于能量平衡，注意由上面已知从 $p-\bar{p}$ 湮灭可得到的能量至少是质子和反质子静止能量之和 1876.6MeV。一个 π 介子的质量是 139.6MeV，因而 8 个 π 介子的静止能量总和为 8×139.6MeV，或 1116.8MeV。这至少留下约 760MeV 作为动能分配给 8 个 π 介子。因此能量守恒的需要是很容易满足的。

2. π 介子衰变。π 介子是不稳定粒子，带电 π 介子衰变的平均寿命是 2.6×10^{-8}s。在图 45－3b 中，在 2 点，一个正 π 介子在室中停下来自发地衰变为一个反 μ 子 μ^+ 和一个中微子 ν：

$$\pi^{+}\longrightarrow\mu^{+}+\nu \tag{45-7}$$

不带电的中微子没有留下径迹。反 μ 子和中微子都是轻子；就是说，强力对它们没有作用。因此，式（45－7）的衰变过程就是由弱力支配的，被称为**弱相互作用**。反 μ 子的静能是 105.7MeV，于是有 139.6MeV－105.7MeV，或 33.9MeV 可被用来作为动能分配给反 μ 子和中微子。

让我们校核式（45－7）的过程中自旋角动量是否守恒。这相当于确定过程中沿任一 z 轴角动量的净分量 S_z 是否守恒。在过程中，粒子的自旋量子数 s 对 π^+ 来说是 0；对反 μ 子 μ^+ 和中微子 ν 都是 1/2。因此，对于 π^+，分量 S_z 一定是 0；对于 μ^+ 和 ν，可能是 $+\frac{1}{2}\hbar$ 或 $-\frac{1}{2}\hbar$。

如果有任何方式能使初始 S_z（$=0\hbar$）等于终了净 S_z，式（45－7）的过程的 S_z 就是守恒的。我们看到如果一个产物，不论是 μ^+ 或 ν，具有 $S_z=+\frac{1}{2}\hbar$，而另一个具有 $S_z=-\frac{1}{2}\hbar$，终了净 S_z 就是 $0\hbar$。因此，由于 S_z 可以是守恒的，式（45－7）的过程就**可能**发生。

从式（45－7）还可看到净电荷是守恒的，因为在过程之前净电荷量子数为＋1，过程之后，它是＋1＋0＝＋1。

3. μ 子衰变。μ 子（不管 μ^- 或 μ^+）也是不稳定的，以平均寿命 2.2×10^{-6}s 进行衰变。虽然衰变产物在图 45－3b 中没有表示出来，在式（45－7）的反应中产生的反 μ 子会停下来并按下式自发地衰变

$$\mu^{+}\longrightarrow e^{+}+\nu+\bar{\nu} \tag{45-8}$$

反 μ 子的静能是 105.7MeV，正电子的静能仅是 0.511MeV，剩下的 105.2MeV 就被以动能形式分配给式（45－8）的衰变过程产生的 3 个粒子。

你可能感到疑惑：为什么式（45－8）中有**两个**中微子？为什么不是像式（45－7）中的 π 介子衰变那样只有一个？一个回答是每个反 μ 子、正电子和中微子的自旋量子数都是 1/2；如果只有一个中微子，式（45－8）的反 μ 子衰变过程中，自旋角动量的净分量 S_z 就不能守恒。在 45－4 节中我们将讨论另一个的理由。

例题 45 -1

一个静止的正 π 介子能按下式衰变

$$\pi^+ \longrightarrow \mu^+ + \nu$$

反 μ 子 μ^+ 的动能是多少？中微子的动能是多少？

【解】 这里**关键点**是，π 介子衰变过程中，总能量和总线动量都必须守恒。让我们先如下写出衰变过程的总能量（静能 mc^2 + 动能 K）守恒

$$m_\pi c^2 + K_\pi \longrightarrow m_\mu c^2 + K_\mu + m_\nu c^2 + K_\nu$$

由于 π 介子原来是静止的，它的动能 K_π 是零，于是利用表 45 -1 中列出的质量 m_π、m_μ 和 m_ν，可得

$$\begin{aligned} K_\mu + K_\nu &= m_\pi c^2 - m_\mu c^2 - m_\nu c^2 \\ &= 139.6\text{MeV} - 105.7\text{MeV} - 0 \\ &= 33.9\text{MeV} \end{aligned} \quad (45-9)$$

不可能从式（45 -9）解出 K_μ 和 K_ν，于是，让我们接着对衰变过程应用线动量守恒原理。由于 π 介子衰变时是静止的，这一原理要求衰变后的 μ 子和中微子沿相反方向运动。假定它们的运动沿一个轴。于是，对于沿此轴的分量，可以如下写出衰变过程的线动量守恒

$$p_\pi = p_\mu + p_\nu$$

此式，由于 $p_\pi = 0$，给出

$$p_\mu = -p_\nu \quad (45-10)$$

我们需要列出动量 p_μ 和 $-p_\nu$ 以及动能 K_μ 和 K_ν 的关系以便于解出这些动能。因为没有理由相信经典物理能应用于 μ 子和中微子的运动，就用式（38 -51）给出的相对论动量 - 动能关系式

$$(pc)^2 = K^2 + 2Kmc^2 \quad (45-11)$$

由式（45 -10）可知

$$(p_\mu c)^2 = (p_\nu c)^2 \quad (45-12)$$

将式（45 -11）代入式（45 -12）的左边，再代入其右边，可得

$$K_\mu{}^2 + 2K_\mu m_\mu c^2 = K_\nu{}^2 + 2K_\nu m_\nu c^2$$

让中微子质量 $m_\nu = 0$（见表 45 -1），将由式（45 -9）得出的 $K_\nu = 33.9\text{MeV} - K_\mu$ 代入，再解 K_μ，可得

$$\begin{aligned} K_\mu &= \frac{(33.9\text{MeV})^2}{2\times 33.9\text{MeV} + m_\mu c^2} \\ &= \frac{(33.9\text{MeV})^2}{2\times 33.9\text{MeV} + 105.7\text{MeV}} \\ &= 4.12\text{MeV} \end{aligned} \quad \text{（答案）}$$

再由式（45 -9）可得中微子的动能为

$$\begin{aligned} K_\nu &= 33.9\text{MeV} - K_\mu = 33.9\text{MeV} - 4.12\text{MeV} \\ &= 29.8\text{MeV} \end{aligned} \quad \text{（答案）}$$

我们看到，虽然两个反冲粒子的动量的大小是相同的，但中微子分得了动能的大部分（88%）。

例题 45 -2

在汽泡室中一个高能负 π 介子撞击一个静止的质子，发生了下一反应

$$\pi^- + p \longrightarrow K^- + \Sigma^+$$

这些粒子的静能为

π^-	139.6MeV	K^-	493.7MeV
p	938.3MeV	Σ^+	1189.4MeV

这一反应的 Q 值是多少？

【解】 这里**关键点**是，一个反应的 Q 值是

$$Q = \begin{pmatrix}\text{初始总}\\\text{质量能}\end{pmatrix} - \begin{pmatrix}\text{终了总}\\\text{质量能}\end{pmatrix}$$

对于给定的反应，得

$$\begin{aligned} Q &= (m_\pi c^2 + m_p c^2) - (m_K c^2 + m_\Sigma c^2) \\ &= (139.6\text{MeV} + 938.3\text{MeV}) \\ &\quad - (493.7\text{MeV} + 1189.4\text{MeV}) \\ &= -605\text{MeV} \end{aligned} \quad \text{（答案）}$$

负号表示反应为吸能反应；就是说，入射 π 介子（π^-）的动能必须大于一定的阈值才能使反应发生。阈能要比 605MeV 大，因为动量是守恒的，而这就意味着 K 介子（K^-）和 Σ 超子（Σ^+）不但要产生而且还必须具有一定的动能。根据相对论的计算给出反应的阈能是 907MeV，其详细计算过程已超出本书范围，故略去。

45 -4 轻子

在这一节和下一节讨论分类方案中的一类粒子：轻子或强子。我们从不受强力作用的那些粒子——轻子开始。到目前为止，我们遇到过的轻子有熟悉的电子和在 β 衰变中与之作伴的中微子。以式（45 -8）表示其衰变的 μ 子是这一家族的另一个成员。物理学家逐渐认识到在式

(45－7) 出现的、和一个 μ 子的产生相联系的中微子与在 β 衰变中产生的、和一个电子的出现相联系的中微子并**不是同一种粒子**。我们把前者称为 μ 子中微子（符号为 ν_μ），后者称为电子中微子（符号为 ν_e）以便在必要时区别它们。

认识到这两种类型的中微子是不同的粒子是因为，如果一束 μ 子中微子（像式 (45－7) 那样由 π 介子衰变产生的）撞击一固体靶，**只有 μ 子**——绝没有电子——产生。另一方面，如果电子中微子（在一个核反应堆内由裂变产物的 β 衰变所产生）撞击一固体靶，则**只有电子**——绝没有 μ 子——产生。

另一个轻子，τ 子，是 1975 年在 SLAC 发现的。它的发现者，Martin Perl，分享了 1995 年的诺贝尔物理奖。τ 子有它自己的中微子，和其他两种中微子也不相同。表 45－2 列出了所有的轻子（包括粒子和反粒子），它们都有自旋量子数 $s=1/2$。

有理由把轻子分为 3 族，每一族包括一个粒子（电子，μ 子，τ 子），与它们相联系的中微子以及相应的反粒子。另外，有理由相信**只有**表 45－2 列出的 3 族轻子。轻子没有内部结构而且没有可测量的尺度；人们相信当它们和其他粒子或电磁波发生相互作用时是真正的点状的基本粒子。

轻子数守恒

实验表明，涉及轻子的粒子反应遵守被称为**轻子数** L 的量子数的守恒定律。表 45－2 中每一个（正常的粒子被指定为 $L=+1$，每一个反粒子 $L=-1$，所有其他不是轻子的粒子，指定其 $L=0$。实验也表明

在所有粒子反应中，**每一族**的净轻子数是分别地守恒的。

因此，实际上有 3 种轻子数 L_e、L_μ、L_τ，而且在任意粒子反应中，每一种的净值必须保持不变。这一实验事实称为**轻子数守恒**定律。

表 45－2 轻子[①]

族	粒子	符号	质量/(MeV/c^2)	电荷 q	反粒子
电子	电子	e^-	0.511	−1	e^+
	电子中微子[②]	ν_e	0	0	$\bar{\nu}_e$
μ 子	μ 子	μ^-	105.7	−1	μ^+
	μ 子中微子[②]	ν_μ	0	0	$\bar{\nu}_\mu$
τ 子	τ 子	τ^-	1777	−1	τ^+
	τ 子中微子[②]	ν_τ	0	0	$\bar{\nu}_\tau$

① 所有轻子都有自旋量子数 $s=\frac{1}{2}$，因而都是费米子。

② 如果中微子质量不是零，它们也是很小的。到 2000 年止，它们的质量尚未被很好地确定。

可以通过重新考虑式 (45－8) 表示的反 μ 子衰变的过程来说明这一定律。该式可以更完全地写成

$$\mu^+ \longrightarrow e^+ + \nu_e + \bar{\nu}_\mu \tag{45-13}$$

首先就轻子的μ子族来考虑。μ^+是一个反粒子（见表45－2），因而它的μ子轻子数为$L_\mu=-1$。e^+和ν_e不属于μ子族，因而$L_\mu=0$。这就剩下右边的$\bar{\nu}_\mu$，它是一个反粒子因而μ子轻子数也是$L_\mu=-1$。这样，式（45－13）都具有相同的μ子轻子数，即$L_\mu=-1$。如果它们不是这样，那μ^+就不会经过这一过程衰变。

在式（45－13）左边没有电子族的成员出现，因此这边的净电子轻子数一定是$L_e=0$。在式（45－13）的右边，正电子是一个反粒子（见表45－2），具有电子轻子数$L_e=-1$。电子中微子是一个粒子，具有电子轻子数$L_e=+1$。因此在式（45－13）右边的这两个粒子的净电子轻子数也是零；在这一过程中电子轻子数也是守恒的。

在式（45－13）的两侧均没有τ子族成员出现，因而在每一侧都必须有$L_\tau=0$。这样，3个轻子量子数，L_μ、L_e和L_τ中的每一个在式（45－13）表示的过程中都保持不变，它们的不变值分别是－1，0和0。这个例子不过是轻子数守恒的一个实例；对所有的粒子相互作用，轻子数守恒都是成立的。

检查点1：(a) π^+介子按过程$\pi^+ \longrightarrow \mu^+ + \nu$衰变。这里的中微子ν属于哪一个轻子族？(b) 这个中微子是粒子还是反粒子？(c) 它的轻子数是多少？

45－5 强子

现在来考虑那些相互作用由强力控制的粒子——强子（重子或介子）。我们从增加另一个守恒定律，重子数守恒开始。

为了显示这个守恒定律，让我们考虑质子衰变过程

$$p \longrightarrow e^+ + \nu_e \tag{45-14}$$

这一过程**决不会**发生。它的不发生应当使我们高兴，否则宇宙间的所有质子将逐渐变成正电子而带来灾难性的后果。但是此衰变过程并不违反涉及能量、线动量或轻子数的守恒定律。

为了说明质子的显见的稳定性——以及要不然也可能发生的其他过程的不存在——我们引入一个新的量子数——**重子数** B，和一条新的守恒定律——**重子数守恒定律**：

> 对于每一个重子，我们指定$B=+1$；对每一个反重子，我们指定$B=-1$；对所有其他类型的粒子我们指定$B=0$。改变净重子数的粒子过程，不可能发生。

在式（45－14）表示的过程中，质子具有重子数$B=+1$，而电子和中微子都具有重子数$B=0$。这样，此过程的重子数不守恒因而不可能发生。

检查点2：中子的下列模式的衰变没有观察到过：

$$n \longrightarrow p + e^-$$

这一过程违反了下列守恒定律的哪一个：(a) 能量；(b) 角动量；(c) 线动量；(d) 电荷；(e) 轻子数；(f) 重子数？相关质量为$m_n=939.6\text{MeV}/c^2$，$m_p=938.3\text{MeV}/c^2$，$m_e=0.511\text{MeV}/c^2$。

例题45-3

判断一个静止的质子能否按下述设想的方式衰变

$$p \longrightarrow \pi^0 + \pi^+$$

质子和π^+介子的性质列在表45-1中。π^0介子具有零电荷、零自旋和质量能135.0MeV。

【解】 这里**关键点**是，看一下所设想的衰变是否违反我们已讨论过的任一条守恒定律。对于电荷，我们看到净电荷量子数初始是+1，终了是0+1，或+1。因此这一衰变的电荷是守恒的，轻子数也是守恒的，因为三者都不是轻子因此它们的轻子数全是零。

线动量也可能守恒：因为质子是静止的，线动量为零。为了线动量守恒，两个介子只要以大小相等的线动量向相反方向运动就可以了（这样它们的总线动量也是零。）它们的线动量能够守恒这一事实说明这一过程不违反线动量守恒定律。

衰变过程的能量如何呢？由于质子是静止的，问题就归结为质子的质量能是否足够产生两个π介子的质量能和动能。为了回答这一问题，我们求衰变过程的Q值：

$$Q = \begin{pmatrix}\text{初始总}\\ \text{质量能}\end{pmatrix} - \begin{pmatrix}\text{终了总}\\ \text{质量能}\end{pmatrix}$$
$$= m_p c^2 - (m_0 c^2 + m_+ c^2)$$
$$= 938.3\text{MeV} - (135.0\text{MeV} + 139.6\text{MeV})$$
$$= 663.7\text{MeV}$$

Q是正值的事实表明初始质量能超过终了质量能。因此，质子**真的**具有足够能量产生一对π介子。

衰变中自旋角动量守恒吗？这归结为确定自旋角动量沿某任意z轴的净分量S_z在衰变中能否守恒。在此过程中，质子的自旋量子数s为1/2，而两个π介子的是0。因此，对质子，分量S_z可能是$+\frac{1}{2}\hbar$或$-\frac{1}{2}\hbar$，而对每一个π介子，是0。我们看到没有任何方法使S_z守恒。于是，自旋角动量不守恒而所设想的质子的衰变是不可能发生的。

上述衰变也违反重子数守恒：质子有重子数$B=+1$而两个π介子的重子数都是$B=0$。因此，重子数不守恒是所设想的衰变不能发生的另一原因。

例题45-4

一种粒子称为xi-负，符号是Ξ^-，按下式衰变

$$\Xi^- \longrightarrow \Lambda^0 + \pi^-$$

式中，Λ^0粒子（称为Λ-零）和π^-粒子都是不稳定的。下列衰变过程级联地发生直到剩下的只有相对稳定的产物：

$$\Lambda^0 \longrightarrow p + \pi^- \qquad \pi^- \longrightarrow \mu^- + \bar{\nu}_\mu$$
$$\mu^- \longrightarrow e^- + \nu_\mu + \bar{\nu}_e$$

(a) Ξ^-粒子是轻子还是强子？如果是后者，它是重子，还是介子？

【解】 解答第一个问题的**关键点**是，轻子只有3族（表45-2），而每一族都不包括Ξ^-粒子。因此，Ξ^-一定是强子。

解答第二个问题的**关键点**是确定Ξ^-粒子的重子数。如果是+1或-1，Ξ^-就是重子；如果是0，那Ξ^-就是介子。为了看出这一点，我们把整个衰变过程，即从初始的Ξ^-到最后的相对稳定的产物，写成

$$\Xi^- \longrightarrow p + 2(e^- + \bar{\nu}_e) + 2(\nu_\mu + \bar{\nu}_\mu) \qquad (45-15)$$

在右边，质子的重子数为+1，电子和中微子的重子数都是0。因此，右侧的净重子数为+1，它一定就是左边的单个Ξ^-粒子的重子数，由此我们断定Ξ^-粒子是重子。

(b) 该衰变过程的三个轻子数都守恒吗？

【解】 这里**关键点**是，任何过程必须使表45-2中的每一轻子族的净轻子数分别地守恒。让我们首先考虑电子轻子数L_e，电子e^-的是+1，反电子中微子$\bar{\nu}_e$的是-1，式(45-15)整个衰变过程中的其他粒子的是0。我们看到，衰变前的净L_e是0，衰变后净L_e是$2[+1+(-1)]+2(0+0)=0$。因此，净电子轻子数是守恒的。你可以同样地证明净μ子轻子数和净τ子轻子数也是守恒的。

(c) 对Ξ^-粒子的自旋你能说些什么？

【解】 这里**关键点**是，式(45-15)表示的整个衰变过程的净自旋分量S_z必须守恒。因此，我们可以通过考虑式(45-15)中右边那9个粒子的S_z分量来确定该式左边Ξ^-的自旋分量S_z。那9个粒子都是自旋$\frac{1}{2}$粒子而其S_z可能是$+\frac{1}{2}\hbar$或$-\frac{1}{2}\hbar$。无论怎样选择这两个S_z的可能值，那9个粒子的净S_z值一定是**半整数**乘$\hbar$。因此，Ξ^-粒子的S_z也必须是半整数乘$\hbar$而这就意味着它的自旋量子数s必须是半整数。（实际上，该量子数是1/2；在表45-3中列出了Ξ^-粒子和其他的自旋$\frac{1}{2}$的重子。）

45 -6 再一个其他的守恒定律

除了至今我们已列出的内禀性质：质量，电荷，自旋，轻子数和重子数之外，粒子还具有其他内禀性质。第 1 个这种其他的性质是研究者在观察某些新粒子时发现的。例如，K 介子（K）和 Σ 超子总好像是成对产生的。好像一次只产生它们中的一个是不可能的。因此，如果在汽泡室中一束高能 π 介子和质子相互作用时，反应

$$\pi^+ + p \longrightarrow K^+ + \Sigma^+ \tag{45-16}$$

常常发生。而反应

$$\pi^+ + p \longrightarrow \pi^+ + \Sigma^+ \tag{45-17}$$

虽然并不违反早期粒子物理已经知道的各守恒定律，但决不会发生。

美国的 M·盖尔曼和日本的西岛后来相互独立地提出某些粒子具有一种新的性质，称为**奇异性**，有自己的量子数 S 和自己的守恒定律（注意不要把这里的符号 S 和自旋相混了）。名字**奇异性**来源于这一事实，即这些粒子被完全确认以前，它们被称为“奇异粒子”并给定了符号。

质子、中子和 π 介子的 $S=0$；就是说，它们是非“奇异的”。不过，设定了 K^+ 粒子的 $S=+1$ 而 Σ^+ 的 $S=-1$。在式（45-16）的反应中，净奇异数初始是零，终了是零，因此，反应中奇异数守恒。但是，在式（45-17）表示的反应中，终了净奇异数是 -1，因此，该反应中奇异数不守恒所以不能发生。于是，很明显，必须在我们的表中再增加一个守恒定律——奇异数守恒：

涉及强力的相互作用中，奇异数是守恒的。

为了解释像式（45-16）或式（45-17）提出的那一点小困惑就发明粒子的一种新性质似乎不值得。不过，奇异性和它的量子数很快也在粒子物理的许多其他领域中显露出来了，而且现在，跟电荷和自旋一样，奇异性已作为一种合理的粒子特性被完全接受了。

不要被名字的古怪性误导了。奇异性作为粒子的一种性质并不比电荷更神秘。它们都是粒子可能具有（或不具有）的性质；每一个都由一个相应的量子数描述，每一个都遵守一个守恒定律。粒子还有其他的性质已经被发现了，而且给与了更古怪的名称，如**粲**和**底**，它们也都是完全合理的性质。让我们来看看，作为一个例子，奇异性这个新的性质是如何通过引导我们发现有关粒子性质的规律而“获得自己的地位”的。

45 -7 八正法

有 8 种重子——包括中子和质子——具有自旋量子数 1/2。表 45-3 给出了它们的某些其他性质。如果用一个表示电荷量子数的斜坐标轴画出这些重子的奇异数对它们的电荷量子数的图，就会得到图 45-4a 那样的美妙的图样。8 个中的 6 个形成一个六角形，其余的 2 个呆在中心。

让我们从被称为重子的强子转换到被称为介子的强子。自旋为零的 9 个介子列在表 45-4 中。如果我们把它们画在一个斜的奇异性 - 电荷坐标图上，像在图 45-4b 那样，同样的美妙图像出现了。这些和相关的图称为**八正法**图㊀，是 1961 年由 CIT 的 M·盖尔曼和伦敦皇家学院的 Y. Ne'eman 独立地提出来的。图 45-4 的两个图样是大量的显示重子群和介子群的对称图样的代表。

㊀ 借自东方的神秘。“八”指预言这些图样存在的以对称性为基础的理论所涉及的 8 个量子数（我们在这里只定义了几个）。

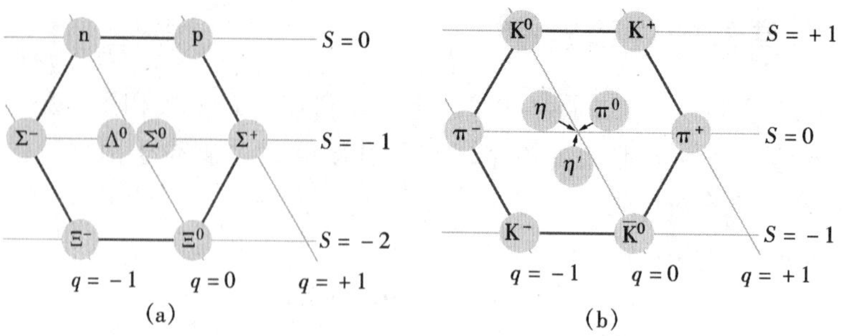

图45-4 (a) 表45-3中所列的8个自旋$\frac{1}{2}$重子的八正法图样。在利用一个表示电荷量子数的斜坐标轴的奇异性-电荷图中，这些粒子都用一个圆盘代表。(b) 表45-4中所列的9个自旋0介子的类似图样。

表45-3 8个自旋1/2重子

粒子	符号	质量/（MeV/c^2）	量子数	
			电荷 q	奇异性 S
质子	p	938.3	+1	0
中子	n	939.6	0	0
Λ超子	Λ^0	1115.6	0	−1
Σ超子	Σ^+	1189.4	+1	−1
Σ超子	Σ^0	1192.5	0	−1
Σ超子	Σ^-	1197.3	−1	−1
Xi超子	Ξ^0	1314.9	0	−2
Xi超子	Ξ^-	1321.3	−1	−2

表45-4 9个自旋0介子①

粒子	符号	质量/（MeV/c^2）	量子数	
			电荷 q	奇异性 S
π介子	π^0	135.0	0	0
π介子	π^+	139.6	+1	0
π介子	π^-	139.6	−1	0
K介子	K^+	493.7	+1	+1
K介子	K^-	493.7	−1	−1
K介子	K^0	497.7	0	+1
K介子	$\bar{K}^0$	497.7	0	−1
η介子	η	547.5	0	0
η′介子	η'	957.8	0	0

① 所有介子都是玻色子，自旋为0，1，2，…，这里列出的介子的自旋都是0。

自旋3/2重子的八正法图样（这里没有画出来）的对称性要求10个粒子排得像在一条保龄球道一端的10个瓶排成的那种图样。不过，当这种图样第一次被设计出来时，只知道有**9**种这样的粒子；那个“顶尖瓶”还缺着。1962年，根据理论和图样的对称性的要求，盖尔曼做出一个预言，在其中他主要说道：

存在着一个自旋3/2 的重子，它的电荷是－1，奇异性是－3，静能为约 1680MeV。如果你寻找这个 Ω^- 粒子（我建议这样称呼它），那我想你会发现它。

布鲁克海文国家实验室的以 N. Samios 为首的一组物理学家接受了这一挑战并发现了这个"缺少的"粒子，证实了所预言的它的所有性质。就建立对一个理论的信心来说，是没有什么能胜过迅速的实验证实的！

八正法图样和粒子物理的关系就如同周期表和化学的关系。在每种情况下，都有一个有组织的图样，其中的定位（缺少的粒子或缺少的元素）像发痛的拇指那样引导着实验家去进行他们的研究。在周期表的情况下，它的真实地存在强烈地预示各元素的原子并不是基本的粒子而是具有内部的结构的。类似地，八正法图同样预示介子和重子一定具有内部的结构，用它就可以理解介子和重子的各种性质。这种结构可以用**夸克模型**说明。现在就来讨论这个模型。

45－8 夸克模型

1964 年盖尔曼和 G. 茨威格独立地指出，如果介子和重子是由盖尔曼称为**夸克**的亚单元组成的，就可以简明地理解八正法图样。我们首先指出三种夸克，它们分别称为**上夸克**（符号为 u），**下夸克**（符号为 d）和**奇异夸克**（符号为 s）并认定它们具有表 45－5 列出的各种性质。(这些夸克，还包括在后面将要遇到的三种其他夸克，其名称并没有什么特殊意义，它们只不过是方便的标记。总起来说这些名称被叫做**夸克味**，不把它们叫做上、下和奇异而叫做香草、巧克力和草莓也一样可以。)

表 45－5 夸克①

粒子	符号	质量/（MeV/c^2）	量子数			反粒子
			电荷 q	奇异性 S	重子数 B	
上	u	5	$+\frac{2}{3}$	0	$+\frac{1}{3}$	$\bar{u}$
下	d	10	$-\frac{1}{3}$	0	$+\frac{1}{3}$	$\bar{d}$
粲	c	1500	$+\frac{2}{3}$	0	$+\frac{1}{3}$	$\bar{c}$
奇异	s	200	$-\frac{1}{3}$	－1	$+\frac{1}{3}$	$\bar{s}$
顶	t	175 000	$+\frac{2}{3}$	0	$+\frac{1}{3}$	$\bar{t}$
底	b	4300	$-\frac{1}{3}$	0	$+\frac{1}{3}$	$\bar{b}$

① 所有夸克（包括反夸克）都具有自旋$\frac{1}{2}$，因而都是费米子。反夸克的量子数 q、S 和 B 都是相应的夸克的那些量子数的负值。

夸克的分数电荷量子数可能使你有些吃惊。不过，在你清晰地看到这些分数电荷如何说明介子和重子的被观察到的整数电荷之前，先不要忙着下结论。在所有正常情况下，不管是在地球上还是在任意天文过程中，夸克总是成对或三个一组地束缚在一起，其道理至今还没有弄清楚。不过，在 2000 年，有些加速器终于可能向靶内发射能量足够大的原子以致使得碰撞可以使夸克彼此自由地分离了。

我们已经看到如何把电子和核结合在一起装配成原子，现在让我们看如何把夸克结合在一起装配成介子和质子。事情是这样的：

没有一个介子或重子的性质不能够用夸克的适当组合加以理解。相反地，没有一个可能的夸克组合不对应于一个发现过的介子或重子。

让我们首先看表45-3中的重子。

夸克和重子

每个重子都是三个夸克的组合，有些组合在图45-5a中给出。关于重子数，我们可以看到任何三个夸克$\left(\text{每个的 } B=+\frac{1}{3}\right)$都产生一个适当的重子（重子数为+1）。

电荷也是对的，这可以从三个例子看出来。质子的夸克组合是uud，所以它的电荷量子数是

$$q\,(\mathrm{uud})=\frac{2}{3}+\frac{2}{3}+\left(-\frac{1}{3}\right)=+1$$

中子的夸克组合是udd而它的电荷量子数为

$$q\,(\mathrm{udd})=\frac{2}{3}+\left(-\frac{1}{3}\right)+\left(-\frac{1}{3}\right)=0$$

Σ^-超子的夸克组合是dds，而它的电荷量子数为

$$q\,(\mathrm{dds})=-\frac{1}{3}+\left(-\frac{1}{3}\right)+\left(-\frac{1}{3}\right)=-1$$

奇异量子数也是对的。你可以根据表45-3中的Σ^-和表45-5的夸克的数据校核这一点。

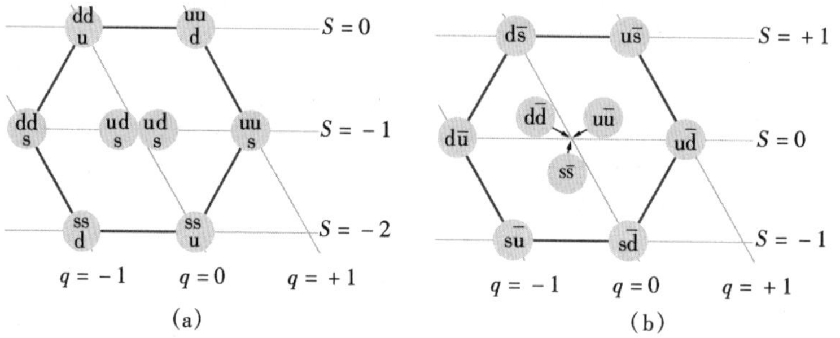

图45-5　(a) 图45-4a中的8个自旋$\frac{1}{2}$重子的夸克组成。(虽然那两个中心重子的夸克组成是相同的，Σ^0是Λ^0的一个激发态，前者发射一个γ射线光子衰变为后者。) (b) 图45-4b中的9个自旋0介子的夸克组成。

夸克和介子

介子是夸克-反夸克对，图45-5b给出了一些它们的组成。这夸克-反夸克模型和介子不是重子这一事实相符合；就是说，介子的重子数$B=0$。一个夸克的重子数是$+\frac{1}{3}$，一个反夸克的重子数是$-\frac{1}{3}$，因此，一个介子的重子数的和为0。

考虑介子 π^+，它由上夸克 u 和反下夸克 $\bar{d}$ 组成，从表 45－5 我们看到上夸克的电荷量子数是 $+\dfrac{2}{3}$ 而反下夸克的是 $+\dfrac{1}{3}$（符号和下夸克的相反）。二者相加，对 π^+ 介子说，它的电荷量子数正好等于 1；就是说，

$$q(u\bar{d}) = \frac{2}{3} + \frac{1}{3} = +1$$

图 45－5b 中的所有电荷和奇异性量子数都和表 45－4 以及图 45－4b 中那些量子数相同。你自己可以证明所有可能的上、下和奇异夸克－反夸克的组合都已用过了而且所有已知的自旋 0 介子的组成也都可以说明了。全都合适。

检查点 3：一个下夸克（d）和一个反上夸克（$\bar{u}$）的组合称为 (a) 一个 π^0 介子，(b) 一个质子，(c) 一个 π^- 介子，(d) 一个 π^+ 介子或者 (e) 一个中子？

对 β 衰变的一个新看法

让我们从夸克的观点看一下 β 衰变是如何产生的。在式（43－23）中，我们给出了这种过程的一个典型例子：

$$^{32}P \longrightarrow {}^{32}S + e^- + \nu$$

在中子被发现和费米提出他的 β 衰变理论之后，物理学家把 β 衰变的基本过程看作是在核内一个中子转化为一个质子，反应为

$$n \longrightarrow p + e^- + \bar{\nu}_e$$

其中的中微子已被更确切地辨认了。今天我们可以更深入一步地认识到一个中子（udd）可以通过把一个下夸克转变为一个上夸克而改变为一个质子（uud）。现在把 β 衰变的基本过程看作

$$d \longrightarrow u + e^- + \bar{\nu}_e$$

因此，当对物质的基本性质知道得越来越多时，就可以在越来越深入的水平上考查那些已熟悉的过程。我们也看到夸克模型不但帮助我们理解粒子的结构，而且也帮助我们弄清楚它们之间的相互作用。

更多的夸克

还有其他的粒子和其他的八正法图样我们还没有讨论过。为了说明他们，我们就需要假设三种更多的夸克，**粲夸克** c，**顶夸克** t 和**底夸克** b。这样，像表 45－5 列出的，总共有 6 种夸克存在。

注意这三种夸克的质量都特别大，它们中质量最大的（顶），其质量要比质子的大到几乎 170 倍。为了产生含有这些质量能如此大的夸克的粒子，我们必须利用越来越高的能量。这就是这三种夸克在早些时候没有被发现的原因。

首先被观察到的含有一个粲夸克的粒子是 J/Ψ 介子，它的结构是 $c\bar{c}$。它是由布鲁克海文国家实验室丁肇中领导的小组和斯坦福大学的 B. Richter 在 1974 年同时独立地发现的。

在实验室内产生顶夸克的所有努力都失败了，直到 1995 年它的存在最终在费米实验室的一台叫做质子反质子对撞机的大粒子加速器中显示出来了。在这一加速器中，使各具有 0.9TeV

（$=9\times10^{11}$eV）的能量的质子和反质子在两个大探测器中心发生对撞。在非常少的几个事例中，相互碰撞的两个质子产生一个顶夸克－反顶夸克对（$t\bar{t}$）。这一对很快就衰变，其衰变产物可以被探测到因而可以用来指示顶夸克和反顶夸克对的存在。

回看一下表45－5（夸克族）和表45－2（轻子族），并注意这两个“六包”粒子族的漂亮的对称性，每一族都天然地分成三个相对应的二粒子群。就我们现在所知，夸克和轻子似乎是没有内部结构的真正的基本粒子。

例题45－5

Ξ^-粒子具有自旋量子数$s=\frac{1}{2}$，电荷量子数$q=-1$，和奇异量子数$S=-2$。也知道它不含底夸克。构成Ξ^-的夸克组合如何？

【解】 根据例题45－4，我们知道Ξ^-是重子，于是一个**关键点**是，它一定由3个（而不是像介子那样两个）夸克组成。

其次让我们考虑Ξ^-的奇异数$S=-2$。这里一个**关键点**是，只有奇异夸克s和反奇异夸克$\bar{s}$的奇异数不为零（见表45－5）。此外，由于只有奇异夸克s的奇异数**为**负值，Ξ^-必须包含这种夸克。实际上，由于Ξ^-的奇异数为－2，它必须含有两个奇异夸克。

为了确定第三个夸克，叫做x，我们可以考虑Ξ^-的其他已知性质。它的电荷量子数q是－1而且每个奇异粒子的电荷量子数q是$-\frac{1}{3}$。因此，第三个夸克x的电荷量子数必须是$-\frac{1}{3}$，以便使得

$$q(\Xi^-)=q(\text{ssx})=-\frac{1}{3}+\left(-\frac{1}{3}\right)+\left(-\frac{1}{3}\right)=-1$$

除了夸克s，$q=-\frac{1}{3}$的夸克只有下夸克d和底夸克b。由于题目所述排除了底夸克，第三个夸克一定是一个下夸克。这一结论也和重子量子数相符合：

$$B(\Xi^-)=B(\text{ssd})=\frac{1}{3}+\frac{1}{3}+\frac{1}{3}=+1$$

因此，Ξ^-的夸克组成是ssd。

45－9 基本力和信使粒子

现在我们从把粒子分类转向考虑它们之间的作用力。

电磁力

在原子层次上，我们说两个电子按库仑定律相互向对方有电磁力作用。在更深层次上，这种相互作用是由一个称为**量子电动力学**（QED）的非常成功的理论说明的。从这种观点出发，我们说每个电子是通过和另一个电子交换光子而感知其存在的。

我们不能够探测到这些光子，因为它们被一个电子发射后在非常短的时间内就被另一电子吸收了。由于它们的存在探测不到，我们把它们叫了**虚光子**。由于它们在两个带电粒子之间传递相互作用，我们有时把它们称为**信使粒子**。

如果一个静止的电子发射一个光子而本身保持不变，能量就不守恒了。不过，根据在例题43－10中讨论过的，写成下列形式的不确定原理

$$\Delta E\cdot\Delta t\approx\hbar \qquad (45-18)$$

能量守恒原理还是可以挽救的。这里我们对此关系作如下解释：你可以“透支”一定能量ΔE而违反能量守恒，**只要**你在由$h/\Delta E$给出的时间间隔Δt内“还上”就可以了，这样对能量守恒定律的违反是探测不出来的。虚光子干的正是这件事。当，例如，电子A发射一个虚光子时，

能量的透支很快就由于该电子从电子 B 接收一个虚光子而被纠正了，而对这对电子说，能量守恒原理的违反就这样被内在的不确定性掩盖了。

弱力

关于作用于所有粒子的弱力的理论，是用和建立电磁力理论类似的方法建立的。不过在粒子之间传递弱力的信使粒子不是（没有质量的）光子而是质量很大的用符号 W 和 Z 表示的粒子。这一理论是如此的成功以至于它揭露了电磁力和弱力是单一的**电弱力**的不同方面。这一成就是麦克斯韦工作的逻辑延伸，他揭露了电力和磁力是单一**电磁力**的不同方面。

电弱理论在预言信使粒子的性质时特别有效。例如，所预言的它们的电荷和质量为

粒子	电荷	质量
W	$\pm e$	$80.6\text{GeV}/c^2$
Z	0	$91.2\text{GeV}/c^2$

对比质子的质量 $0.938\text{GeV}/c^2$，这些粒子的质量是很大的。由于他们在发展电弱力理论上的贡献，S. 格拉肖，S. 温伯格和 A. 萨拉姆被授予了 1979 年诺贝尔物理奖。

这理论在 1983 年被在 CERN 的 C. 鲁比亚和他的小组证实了。他们在实验上核实了两种信使粒子并且发现它们的质量和预言的相符。由于这一出色的实验工作，1984 年的诺贝尔物理奖授予了鲁比亚和 S. van der Meer。

现今的粒子物理是非常复杂的。看一看一个早年获得诺贝尔物理奖的一个实验——发现中子——就可以对这一复杂性有些概念。这个关键性的重要实验是一个“桌面”实验，它用天然的放射性物质发射的粒子作为射弹；它是在 1932 年以“中子的可能存在”为题发表的，仅有的一个作者是 J. 查德威克。

作为对比，1983 年信使粒子 W 和 Z 的发现是用一个大的粒子加速器实现的。该加速器的圆周长约 7km 而且工作在几千亿电子伏的能量区域。单是主粒子探测器就重达 20MN。来自 8 个国家的 12 所大学的 130 多位物理学家参与了实验，另还有一个庞大的后勤组织。

强力

强力——就是那种作用于夸克之间把强子束缚在一起的力——的理论也已经建立了。这种情况下的信使粒子称为**胶子**，它们像光子一样没有质量。这一理论假定夸克的每一种“味”都分为 3 种，为方便起见，它们已经用红、黄和蓝分别加以标记。因此，有 3 种上夸克，每一种一个颜色，如此类推。反夸克也有 3 种颜色，分别叫做反红、反黄和反蓝。你一定不要认为夸克是真的上了色的，就像小糖豆那样。这些名称都只是为方便而采用的标记，但是（就这一次）像你将要看的，它们也确实有一定的正式的辨认方法。

夸克之间的作用力称为**色力**，其基本理论称为**量子色动力学**（QCD），是类推量子电动力学（QED）的结果。很明显，夸克只能聚集在**色中性**的组合中。

有两种方法可以带来色中性。在实际的颜色的理论中，红＋黄＋蓝产生白这种色中性，因此，我们可以把 3 个夸克聚在一起形成一个重子，只要一个是黄夸克，一个是红夸克，一个是蓝夸克。反红＋反黄＋反蓝也是白，因此我们可以把 3 个反夸克（各具有适当的反色）聚在一起形成一个反重子。最后，红＋反红，或黄＋反黄，或蓝＋反蓝也都产生白，因此，我们可以

把一个夸克和一个反夸克聚在一起形成一个介子。色中性规律不允许夸克的任意其他组合而且任何一个这种组合也从未看到过。

色力不仅把夸克束缚在一起形成重子和介子，而且它也在这些粒子之间起作用，这种情况下，传统上它已被称为强力。因此，色力不仅把夸克束缚在一起形成质子和中子，而且也把质子和中子束缚在一起形成核。

爱因斯坦之梦

把各种基本的自然力统一成一个单一的力——这是爱因斯坦在其后半生的大部分时间内十分关注的问题——是当今最尖端的科研焦点。我们已看到弱力已经被成功地和电磁力结合在一起使得它们共同地被看作是一个单一的**电弱力**的不同的方面。尝试在这一结合上再加以强力的理论——称为**大统一理论**（GUTs）——正被积极地探索着。企图通过加进引力而完成这一事业的理论——有时称为万有理论（TOE）——目前正处于加紧努力但还是思辨的阶段。

45-10 停一下想想

让我们从你刚刚学过的知识展望一下。如果我们感兴趣的只是我们周围的世界结构，用电子、中微子、中子和质子就能很满意地达到目的。正如有的人说的，我们只用这些粒子就可以很顺心地驾驭“宇宙飞船地球”。如果在宇宙射线中寻找，我们可以看到一些更奇异的粒子。不过，要想看到它们的大多数，我们必须付出很大的精力和费用建造巨大的加速器并寻找它们。

我们必须这样大量付出的原因是——用能量来衡量——我们生活在一个温度非常低的世界里。即使在太阳的中心，kT 值也不过约 1keV。为了产生那些奇异的粒子，我们必须把质子或电子加速到能量为 GeV 和 TeV 和更高的范围内。

从前各处的温度曾经高到足以产生这样的能量，甚至高得多的能量。那个温度极端高的时期发生在宇宙的**大爆炸**开始的时候，当时宇宙（和空间以及时间）开始存在。因此，科学家研究高能粒子的一个原因是为了了解宇宙在刚刚开始以后它是什么样子的。

我们将要简短地讨论到，宇宙内的整个空间在开始时范围是非常微小的，在这样的空间内粒子的温度是难以想像地高。但是，随着时间的延续，宇宙不断膨胀而且冷却，温度不断降低，最终达到了我们今天所看到的大小和温度。

实际上，短语“我们今天看到的”的意义是复杂的：当我们向空间深处看去时，我们实际上是在时间上向后看的，因为从恒星或星系发出的光在到达我们之前已经过了很长的时间。我们能探测到的最远的物体是**类星体**，它们是星系的极其亮的核心，离我们有 14×10^9ly 那样远。每一个这样的核心都有一个巨大的黑洞；当物质（气体甚至恒星）被吸入一个这样的黑洞时，物质就热起来并辐射出非常大量的光，足够我们在极远的距离之外探测到。我们“看”到的一个类星体是它曾经具有的面貌，当时，距今几十亿年前，那光开始它的奔向我们的旅程。

45-11 宇宙在膨胀

在 38-10 节中我们已看到，测量由星系发来的光的波长的移动就可以计算出星系向我们运动或离开我们退行的速率。假如我们只看在我们紧邻的星系之外的遥远的星系，我们发现一个惊人的事实。它们都离开我们向远处运动（退行）！

1929 年，E. P. 哈勃提出了一个星系的表观退行速率 v 和它离我们的距离 r 之间的关系——

即，它们成正比。这就是说，

$$v = Hr \quad \text{(哈勃定律)} \tag{45-19}$$

其中，比例常量 H 被为**哈勃常量**。H 的值常以千米每秒-百万秒差距（km/s·Mpc）为单位量度，其中百万秒差距是天体物理和天文学中常用的长度单位：

$$1\text{Mpc} = 3.084 \times 10^{19}\text{km} = 3.260 \times 10^{6}\text{ly} \tag{45-20}$$

从宇宙诞生起哈勃常量就没有恒定的值。确定其现代值是极端困难的，因为它涉及非常远的星系的测量。最近，一项研究把 H 的现代值取作 $70 \pm 7\text{km/s} \cdot \text{Mpc}$，而另一项研究则强烈地为 $58\text{km/s} \cdot \text{Mpc}$ 这一 H 值辩护。在本章内，我们将用一个“折中值”：

$$H = 63.0\text{km/s} \cdot \text{Mpc} = 19.3\text{mm/s} \cdot \text{ly} \tag{45-21}$$

我们解释星系的退行意味着宇宙在膨胀，就像一只将要做成葡萄干面包的生面团膨胀时其中各个葡萄粒相离得越来越远那样。在所有其他星系上的观察者会发现远处的星系也离开他们按哈勃定律向远处奔去。仍引用上述类比，我们可以说没有哪一个葡萄粒（星系）的观点是特殊的或占优势的。

哈勃定律和宇宙开始于大爆炸并从那时起就不断膨胀的假设是相符合的。如果我们假定膨胀速率曾是恒定的（就是说，H 值曾是恒定的），就可以根据式（45-19）来估计宇宙的年龄 T。让我们也假定从大爆炸开始，宇宙的任一给定部分（例如，一个星系）已经从我们所在位置以式（45-19）给出的速率 v 退行了。于是这一给定部分退行一段距离 r 所需的时间就是

$$T = \frac{r}{v} = \frac{r}{Hr} = \frac{1}{H} \quad \text{(宇宙的估计年龄)} \tag{45-22}$$

用式（45-21）中 H 的折中值，T 的值就是 $15 \times 10^{9}\text{y}$。对宇宙膨胀的更复杂得多的研究给出的 T 值在 $12 \times 10^{9}\text{y}$ 和 $15 \times 10^{9}\text{y}$ 之间。

例题 45-6

从某一特定的类星体发来的光的波长移动指出该类星体的退行速率是 $2.8 \times 10^{8}\text{m/s}$（光速的 93%），这类星体离我们约有多远？

【解】 这里**关键点**是，对给定的 v 应用哈勃定律，由式（45-19）和式（45-21）可得

$$r = \frac{v}{H} = \frac{2.8 \times 10^{8}\text{m/s}}{19.3\text{mm/s} \cdot \text{ly}} \times 1000\text{mm/m}$$

$$= 14.5 \times 10^{9}\text{ly} \quad \text{(答案)}$$

这只是一个近似值，因为类星体并不总是以同样速度 v 离开我们所在处退行的；就是说，H 在宇宙的整个膨胀过程中并不总具有它现代的值。

例题 45-7

从一个星系发来的光的一条发射谱线的波长测得为 $\lambda_{\text{det}} = 1.1\lambda$，其中 λ 是该谱线的固有波长。该星系离我们多远？

【解】 这里一个**关键点**是，假定哈勃定律适用于该星系的退行。第二个**关键点**是，假定式（38-33）表示的天文多普勒移动（$v = c\Delta\lambda/\lambda$）适用于由退行引起的波长移动。于是我们可以令这两个公式的右侧相等而得到

$$Hr = \frac{c\Delta\lambda}{\lambda} \tag{45-23}$$

由此得

$$r = \frac{c\Delta\lambda}{H\lambda} \tag{45-24}$$

在这一公式中，$\Delta\lambda = \lambda_{\text{det}} - \lambda = 1.1\lambda - \lambda = 0.1\lambda$

把这一结果代入式（45-24）中就得到

$$r = \frac{c(0.1\lambda)}{H\lambda} = \frac{0.1c}{H}$$

$$= \frac{(0.1)(3.0 \times 10^{8}\text{m/s})}{19.3\text{mm/s} \cdot \text{ly}} \times 1000\text{mm/m}$$

$$= 1.6 \times 10^{9}\text{ly}$$

（答案）

45-12　宇宙背景辐射

1965年，在当时是贝尔电话实验室的A. 彭齐亚斯和R. 威尔孙，正在测试一个用于通信研究的灵敏接收器。他们发现一种微弱的背景"嘶嘶声"，不论他们的天线指向何方，它的强度总保持不变。很快就弄清楚了他们是在观察一种**宇宙背景辐射**，它产生于宇宙早期并且几乎均匀地充满整个空间。这种最大限度出现在波长1.1mm处的辐射具有的波长分布和腔壁温度保持在2.7K的空腔内的辐射的相同。在这种情况下空腔就是整个宇宙。彭齐亚斯和威尔孙由于这一发现而获得了1978年诺贝尔物理奖。

这种辐射是在大爆炸后约300 000年时发生的，当时宇宙忽然变成对电磁波是透明的（这种波不再立即被粒子吸收）。那时的辐射对应于温度约10^5K的一个空腔内的辐射。但是，随着宇宙的膨胀，其温度降低到了现在的值2.7K。

45-13　暗物质

在亚里桑那基德峰国家天文台，V. Rubin和他的合作者K. Ford曾测量几个远方的星系的转动速率。他们用的方法是测量每个星系中离星系中心不同距离处的亮星团的多普勒移动。如图45-6表明的那样，他们的结果非常出人意料：在星系的外部可见边缘的星团的轨道速率和离星系中心很近的星团的轨道速率差不多相同。

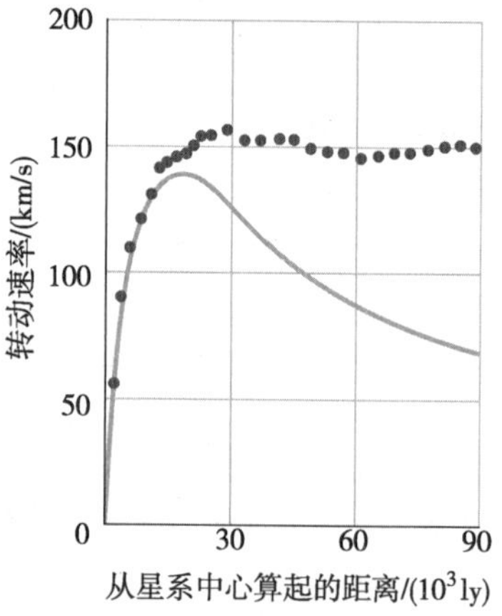

图45-6　在一个典型的星系中的恒星的转动速率作为它们离星系中心的距离的函数。理论给出的实线表示星系如只含有可见的质量，观察到的转动速率，在距离大时将随距离的增大而降低。那些点表示实验数据，它表示转动速率在距离大时近似恒定。

如图45-6中的实线表明的那样，如果星系的所有质量都由可见光代表的话，实验结果并不是我们希望找到的。Rubin和Ford发现的图像也不像我们在太阳系中发现的那样。例如，冥王星（离太阳最远的行星）的轨道速率仅是水星（离太阳最近的行星）的约十分之一。

Rubin和Ford的发现的符合牛顿力学的惟一解释是一个典型的星系含有比我们实际上可以看到的大得多的质量。实际上一个星系的可见部分只代表星系总质量的5%～10%。除这些对星系转动的研究之外，许多其他的观察也给出宇宙中含有大量的我们不能看到的物质的结论。

这种弥漫于和像巨大的晕似地围绕着一个典型的星系，其直径差不多是可见星系的直径的30倍的**暗物质**是什么？可能存在的暗物质分为两类，一类称为WIMP（有微弱的相互作用的质量大的粒子），另一类称为MACHO（大质量的结实的晕物体）。如果中微子有质量，它们就是可能的WIMP。MACHO可能包括像黑洞、白矮星和褐矮星；后者是木星大小的物体，其质量不足以形成实际的恒星，靠聚变发光（因而是可见的）。

到2000年为止，有令人信服的证据证明在我们自己的银河系内存在有MACHO。设想一个（看不见的）MACHO经过地球和邻近星系的一个恒星之间。爱因斯坦在他的广义相对论中曾预言从一个大质量物体近旁经过的光线会被该物体的质量所偏转（见14-9节）。因此，如果恒星、MACHO和地球在一条直线上，那个MACHO将作为一个

引力透镜发生作用，把来自恒星的而从它近旁通过的光线焦聚起来形成恒星的像，而 MACHO 此时正造成该恒星的蚀。

许多这样的已被观察到的事件足以说服天文学家使之相信在我们自己的银河系中 MACHO 占有相当大的比例（有的说占 50%）。

45－14 大爆炸

在 1985 年的一个科学会议上，一位物理学家说：

> 宇宙起始于 150 亿年前的一次大爆炸，这就像地球围绕太阳运动一样是毫无疑问的。

这一坚定的说法表明了研究这些问题的人对他们所倡导的大爆炸理论的自信水平。该理论是比利时物理学家 G. 勒梅特首先提出的。

你绝对不要认为大爆炸就像某些巨大的烟火弹的爆发，而你，至少在原则上，可以站在一旁观看。并没有“一旁”，因为大爆炸表示时空本身的开始。从我们关于现代宇宙的观点看来，没有什么空间的位置你可以指出来并且说，“大爆炸发生在那里。”它发生在各处。

还有，没有什么“大爆炸之前”，因为时间是从那个创世事件**开始**的。照这种说法，词语“之前”失去了它的意义。不过，我们可以设想在大爆炸之后各相继的时间间隔内都发生了什么事情。

$\boldsymbol{t\approx 10^{-43}}$**s**。这是最早的时刻，也就是我们开始能够对宇宙的发展说出任何有意义的话的时刻。就是在这一时刻空间和时间开始具有它们当今的意义而我们知道的物理定律开始起作用。在这一时刻，整个宇宙比一个质子小得多，其温度约为 10^{32}K。

$\boldsymbol{t\approx 10^{-34}}$**s**。在这一瞬间宇宙经历了一次异常快的膨胀，其大小增大了约 10^{30} 倍。它已经变成了一团光子、夸克和轻子的热汤，温度约为 10^{27}K。

$\boldsymbol{t\approx 10^{-4}}$**s**。夸克现在可以结合形成质子、中子以及它们的反粒子。由于连续的（但慢得多的）膨胀，宇宙已冷却到如此程度以至于光子的能量不足以击破这些新生粒子。物质和反物质的粒子相互碰撞而湮灭。物质有微小的过量，这些过量的物质找不到湮灭的对象，因此也就留存下来形成了今天我们所知道的物质的世界。

$\boldsymbol{t\approx}$**1min**。宇宙现在已冷却到这种程度以致质子和中子碰撞时可以粘在一起形成低质量的核 ^{2}H, ^{3}He, ^{4}He 和 ^{7}Li。这些核素的预言的相对丰度正是今天我们在宇宙中观察到的。有大量的辐射存在，但是光在和一个核相互作用之前不可能走得太远。宇宙是不透明的。

$\boldsymbol{t\approx}$**300 000y**。现在温度已降低到约 10^4K。在碰撞时电子可能粘到裸核上而形成原子。由于光不再能和（不带电的）粒子如中子发生显见的相互作用，光现在就可以自由地通过长距离。这种辐射形成了 45－12 节中讨论过的**宇宙背景辐射**。氢和氦的原子在引力的影响下开始聚在一起，启动了星系和恒星的形成过程。

早期的测量显示宇宙背景辐射是各向均匀的，这意味着在大爆炸之后 300 000y 时宇宙中所有物质是均匀分布的。这一发现是非常令人不解的，因为在现时的宇宙中物质并不是均匀分布的，而是聚集成星系、星系团和超星系团。宇宙也有很大的**空的空间**，在其中物质相对地较少。宇宙中也有这样的区域，其中聚集的物质如此多以致被称为**墙**。如果关于宇宙开始的大爆炸理论即使是近似地正确的，形成这种物质不均匀分布的种子在宇宙是 300 000 岁之前就应该在适当的地方存在并在今天由微波背景辐射的不均匀分布显示出来。

1992 年，NASA 的宇宙背景探索者（COBE）卫星所测得的结果显示背景辐射实际上并不是完全均匀的。本章首页上的图像是根据这些测量结果绘制的，它表示宇宙仅是 300 000 岁时的情况。你可以看到大规模的物质聚集已经开始；因此，大爆炸理论在原则上是沿着正确轨道发展的。

45 - 15　总结

在这些结尾的段落中，让我们考虑关于宇宙的迅速增大的知识库把我们引向何方。它使一大群由好奇心驱动的物理学家和天文学家感到满意是不争的事实。但是，也有一些人把它看成是不断降低人类身份的经验，因为每增大一部分知识都会更清楚地揭示出在万物的庞大系统中我们自己的相对渺小。因此，大致按年代的次序，我们人类应该理解到

我们的地球不在太阳系的中心。

我们的太阳不过是我们的银河系中的许多恒星中的一个。

我们的银河系不过是许多星系中的一个，我们的太阳在其中是一个微不足道的恒星。

我们的地球已经存在了或者仅是宇宙年龄的三分之一的时间，而且，当我们的太阳烧完它的燃料变成一个红巨星时，它肯定是要消失的。

我们这个物种在地球上居住了不到一百万年——相对宇宙时间，这只是一眨眼功夫。

虽然在宇宙中我们的地位或许是微不足道的，我们已经发现（揭露?）的物理定律好像是在整个宇宙中以及——就我们现在所知——在从宇宙开始到将来永远的时间内都是成立的。因此，直到有人抗议之前，我们有权利把物理定律打上“在地球上发现的”的印记。还有大量的等待发现：**“宇宙中充满了不可思议的事物，它们正耐心地等待着我们的智慧变得越来越敏锐。”**

复习和小结

轻子和夸克　现代研究支持这种观点：所有物质由 6 种**轻子**（表 45 - 2），6 种**夸克**（表 45 - 5）和 12 种对应的**反粒子**组成。所有这些粒子的自旋量子数都等于$\frac{1}{2}$，因而都是**费米子**（具有半整数自旋量子数的粒子）。

相互作用　带电粒子由于交换**虚光子**而通过电磁力相互作用，轻子以大质量的 W 和 Z 粒子为信使通过**弱力**在相互之间以及和夸克之间发生作用。此外，夸克之间通过**色力**相互作用。电磁力和弱力是同一种**电弱力**的不同表现。

轻子　三种轻子（**电子、μ 子和 τ 子**）具有电荷 $-1e$。还有三种不带电的**中微子**（也是轻子），每一种对应于一种带电轻子。中微子具有非常小的（可能是零的）质量。带电粒子的反粒子带有相反的电荷。

夸克　六种夸克（按质量由小到大排列为上、下、奇异、粲、底和顶夸克）的每一种都具有重子数 1/3 和电荷 $+\frac{2}{3}e$ 或 $-\frac{1}{3}e$。奇异夸克具有奇异数 -1，其他夸克的奇异数都为 0。对反夸克，这四种量子数的代数符号是相反的。

强子：重子和介子　夸克结合成的强烈地相互作用着的粒子称为**强子**。**重子**是具有半整数自旋量子数$\left(\frac{1}{2}或\frac{3}{2}\right)$的强子。**介子**是具有整数自旋量子数（0 或 1）的强子并因而是**玻色子**。介子的重子数等于 0；重子的重子数为 +1 或 -1、**量子电动力学**预言夸克的可能组合可能是一个夸克和一个反夸克，或三个夸克或三个反夸克（这一预言和实验相符合）。

宇宙的膨胀　现有证据强烈地暗示宇宙在膨胀，离我们很远的星系离开我们运动，其速率 v 由**哈勃定律**给出：

$$v = Hr \quad （哈勃定律） \qquad (45-19)$$

这里的 H 叫**哈勃常数**，其值为

$$H = 63.0 \mathrm{km/s \cdot Mpc} = 19.3 \mathrm{mm/s \cdot ly} \qquad (45-21)$$

哈勃定律描述的膨胀和无处不在的背景微波辐射暗示宇宙从 120 ~ 150 亿年前的一次“大爆炸”开始。

思考题

1. 不但是像电子和质子这样的粒子，而且所有的原子，都可以根据它们的总自旋量子数分别是半整数或整数而分为费米子或玻色子。考虑氦同位素^{3}He和^{4}He，下列哪个说法是正确的？(a) 都是费米子；(b) 都是玻色子；(c)^{4}He是费米子，^{3}He是玻色子；(d)^{3}He是费米子，^{4}He是玻色子。(那两个氦电子形成一个闭合壳层因而对这个判断不起作用。)

2. 图45-3b中的磁场的方向指离页面还是指向页面？

3. 图45-3b中的8个π介子中哪一个的动能最小？

4. 一个电子不可能衰变成两个中微子。如果它真的这样衰变了，就违反了下列哪个守恒定律：(a) 能量，(b) 角动量，(c) 电荷，(d) 轻子数，(e) 线动量，(d) 重子数？

5. 一个质子不可能衰变为一个中子和一个中微子。如果它真的这样衰变了，就违反了下列哪个守恒定律：(a) 能量（假定质子是静止的），(b) 角动量，(c) 电荷，(d) 轻子数，(e) 线动量，(f) 重子数？

6. 一个质子具有足够的能量衰变成由电子、中微子和它们的反粒子组成的一组簇射。如果它真的这样衰变了，就违反了下列哪个守恒定律：(a) 电子轻子数，(b) 角动量，(c) 电荷，(d) μ子轻子数，(e) 线动量，(f) 重子数？

7. 我们已经知道π^-介子的夸克结构是$d\bar{u}$。如果不是这样，而π^-介子是由一个d夸克和一个u夸克构成，就违反了下列哪个守恒定律：(a) 能量，(b) 角动量，(c) 电荷，(d) 轻子数，(e) 线动量，(f) 重子数？

8. 一个Σ^+超子有下列量子数：奇异性$S=-1$，电荷$q=+1$和自旋$s=\frac{1}{2}$。它是由下列夸克组合中哪一组构成的：(a) dds，(b) $s\bar{s}$，(c) uus，(d) ssu或 (e) $uu\bar{s}$？

9. 下面左列是取自原子物理的几个概念，右列取自粒子物理，试将两列各项配对。

1. 化学	1. 八正法图样
2. 电子	2. 丢失的强子
3. 周期表	3. 量子电动力学
4. 丢失的元素	4. 粒子物理
5. 量子物理	5. 夸克

10. 考虑符号为$\bar{\nu}_\tau$的中微子，(a) 它是一个夸克，一个轻子，一个介子，还是一个重子？(b) 它是一个粒子还是一个反粒子？(c) 它是一个玻色子还是一个费米子？(d) 它对于自发衰变是稳定的吗？

11. 将下面两列各项配对：

1. τ	a. 夸克
2. π	b. 轻子
3. 质子	c. 介子
4. 正电子	d. 重子
5. 粲	e. 反粒子

12. 按质量由小到大将下列粒子排序：(a) 质子，(b) 中微子，(c) π^+介子，(d) 奇异夸克，(e) τ子，(f) 电子和 (g) Σ^-超子。

13. 下列粒子的轻子数是多少：(a) π^-，(b) e^-，(c) μ^+，(d) τ^-，(e) $\bar{\nu}_\mu$？

练习和习题

45-3节 一段插曲

1E. 计算例题45-1中的μ子和π介子的质量差，以kg为单位。

2E. 一个电子和一个正电子相距一段距离r，求它们之间的引力和电力的比值。根据此结果你对于在汽泡室中探测到的粒子间的力能下什么结论？

3E. 一个中性介子衰变为两个γ射线：$\pi^0\longrightarrow\gamma+\gamma$。计算一个静止的中性$\pi$介子衰变产生的$\gamma$射线的波长。(ssm)

4E. 一个带正电的π介子按式（45-7）衰变：$\pi^+\longrightarrow\mu^++\nu$。带负电的$\pi$介子的衰变方式应该如何？(**提示**：$\pi^-$是$\pi^+$的反粒子。)

5E. 一个地球和一个反地球碰撞而湮灭时会释放多少能量？(ssm)

6P. 某些理论预言质子是不稳定的，半衰期是约10^{32}y。假设这是正确的，计算盛有4.32×10^5L水的奥林匹克游泳池内的水中一年内能发生衰变的质子的数目。

7P. 对大麦哲仑云中的超新星SN1987a（图44-12）发射的中微子的测量结果给出的电子中微子的静

能的一个上限是20eV。假定这种中微子的静能真的是20eV而不是零，一次β衰变中产生的一个1.5MeV的中微子的速率会比光速小多少？

8P. 一个中性π介子具有静能135MeV，其平均寿命为8.3×10^{-17} s。如果它产生时的初动能是80MeV，而且在一个平均寿命之后衰变，这个粒子在汽泡室中能够留下的径迹的最大长度是多少？用相对论时间延缓。

9P. 许多短寿命粒子的静能不能直接地测量而必须根据其衰变产物的动量和已知静能推算出来。考虑ρ^0介子，它按反应$\rho^0\longrightarrow\pi^++\pi^-$进行衰变。已知所产生的两个π介子沿相反方向的动量的大小都是358.3MeV/c，求ρ^0介子的静能。参看表45－4中所列的π介子的静能。(ssm)

10P. 一个正τ子（τ^+，静能＝1777MeV）以2200MeV的动能沿着垂直于1.20T的均匀磁场的圆周运动。(a) 计算τ子的动量，以kg·m/s为单位。必须考虑相对论效应。(b) 求圆周路径的半径。

11P. (a) 静止的粒子1衰变成具有大小相等而方向相反的动量的粒子2和3。证明粒子2的动能K_2由下式给出

$$K_2=\frac{1}{2E_1}[(E_1-E_2)^2-E_3{}^2]$$

式中，m_1，m_2和m_3分别是三个粒子的质量；而E_1，E_2和E_3是相应的静能。(**提示：**仿照例题45－1的论证，除了在没有一个生成的粒子具有零质量的情况。) (b) 证明(a)中的结果给出在例题45－1中计算出的μ子的动能。

45－6节 再一个其他的守恒定律

12E. 验证式(45－14)中假设的质子衰变方式不违反(a)电荷，(b)能量和(c)线动量守恒定律。(d) 关于角动量守恒又如何？

13E. 下列每一个假设的衰变中都违反了哪一条守恒定律？假定初始粒子都是静止的而且衰变产物没有轨道角动量。(a) $\mu^-\longrightarrow e^-+\nu_\mu$；(b) $\mu^-\longrightarrow e^++\nu_e+\bar{\nu}_\mu$；(c) $\mu^+\longrightarrow\pi^++\nu_\mu$ (ssm)

14P. A_2^+粒子和它的产物按下列方式衰变：

$$A_2^+\longrightarrow\rho^0+\pi^+,\qquad \mu^+\longrightarrow e^++\nu+\bar{\nu},$$
$$\rho^0\longrightarrow\pi^++\pi^-,\qquad \pi^-\longrightarrow\mu^-+\bar{\nu},$$
$$\pi^+\longrightarrow\mu^++\nu,\qquad \mu^-\longrightarrow e^-+\nu+\bar{\nu}。$$

(a) 最后的稳定衰变产物是什么？(b) A_2^+粒子是费米子还是玻色子？它是介子还是重子？它的重子数是多少？(**提示：**见例题45－4。)

45－7节 八正法

15E. 反应$\pi^++p\longrightarrow p+p+\bar{n}$通过强相互作用进行。根据守恒定律推断反中子的电荷量子数、重子数和奇异数。(ssm)

16E. 通过考查奇异数，确定下列衰变或反应哪一个是通过强相互作用进行的：(a) $K^0\longrightarrow\pi^++\pi^-$；(b) $\Lambda^0+p\longrightarrow\Sigma^++n$；(c) $\Lambda^0\longrightarrow p+\pi^-$；(d) $K^-+p\longrightarrow\Lambda^0+\pi^0$。

17E. 每一个下列假设的反应或衰变各违反了哪一条守恒定律？(假定各产物没有轨道角动量。) (a) $\Lambda^0\longrightarrow p+K^-$；(b) $\Omega^-\longrightarrow\Sigma^-+\pi^0$（$\Omega^-$的$S=-3$，$q=-1$，$m=1672\text{MeV}/c^2$）；(c) $K^-+p\longrightarrow\Lambda^0+\pi^+$。(ssm)

18E. 计算下列反应的蜕变能：(a) $\pi^++p\longrightarrow\Sigma^++K^+$和(b) $K^-+p\longrightarrow\Lambda^0+\pi^0$。

19E. 一个Σ^-粒子的动能是220MeV，按$\Sigma^-\longrightarrow\pi^-+n$衰变，计算衰变产物的总动能。

20P. 证明如果不像在图45－4a中那样对自旋$\frac{1}{2}$的重子或像在图45－4b中那样对自旋0的介子画出奇异数S对电荷q的图，而是画出量$Y=B+S$对量$T_z=q-\frac{1}{2}(B+S)$的，则用非斜的（垂直的）坐标系就能得到六角形图样。(量Y叫做**超荷**，而T_z和一个称为**同位旋**的量有关。)

21P. 用守恒定律辨认每个下列反应中以x表示的粒子，这些反应都是通过强相互作用进行的：(a) $p+p\longrightarrow p+\Lambda^0+x$；(b) $p+\bar{p}\longrightarrow n+x$；(c) $\pi^-+p\longrightarrow\Xi^0+K^0+x$。(ssm) (www)

22P. 考虑衰变$\Lambda^0\longrightarrow p+\pi^-$，其中$\Lambda^0$是静止的。(a) 计算蜕变能。(b) 求p的动能。(c) π介子的动能是多少？(**提示：**看习题11。)

45－8节 夸克模型

23E. 质子和中子的夸克结构分别是uud和udd。(a) 反质子和(b) 反中子的夸克结构又如何？

24E. 根据表45－3和表45－5，确定由下列夸克组合形成的重子的身份，并用图45－4a的重子八元图校核你的答案：(a) ddu；(b) uus；(c) ssd。

25E. 只用上、下和奇异夸克组成，如果可能，一个重子使其(a) $q=+1$和奇异数$S=-2$和(b) $q=+2$和奇异数$S=0$。(ssm)

26E. 形成(a)一个Λ^0和(b)一个Ξ^0各需要

什么样的夸克组合？(ssm)

27E. 10个自旋$\frac{3}{2}$的重子的符号、电荷数q和奇异数S如下表所示：

	q	S		q	S
Δ^-	-1	0	Σ^{*0}	0	-1
Δ^0	0	0	Σ^{*-}	+1	-1
Δ^+	+1	0	Ξ^{*-}	-1	-2
Δ^{++}	+2	0	Ξ^{*0}	0	-2
Σ^{*-}	-1	-1	Ω^-	-1	-3

用图45-4的斜坐标系画出这些重子的电荷数-奇异数图。将你的图和图45-4进行比较。

28P. 没有哪个已知的介子具有电荷量子数$q=+1$和奇异数$S=-1$或者$q=-1$而$S=+1$。用夸克模型解释为什么这样。

29P. 自旋$\frac{3}{2}\Sigma^{*0}$重子（见练习27）的静能为1385MeV（这里忽略固有的不确定量）；自旋$\frac{1}{2}\Sigma^0$重子的静能为1192.5MeV。如果这两个粒子都具有动能1000MeV，哪一个，如果有一个运动得更快些和快多少？

45-11节　宇宙在膨胀

30E. 如果我们可以把哈勃定律外推到非常大的距离，则在什么距离处表观的退行速率将等于光的速率？

31E. 在2.40×10^8ly处的一个星系发出的氢的656.3nm谱线（巴耳末系第一条）的观测波长是多少？假定式（38-33）的多普勒移动和哈勃定律成立。(ssm)(www)

32E. 在实验室内，钠的发射谱线之一在波长为590.0nm处。但是在来自一个特定星系中这一谱线在波长为602.0nm处。计算到该星系的距离，假定哈勃定律成立并可应用式（38-33）的多普勒移动。

33P. 宇宙将永远膨胀下去吗？为了解答这个问题，就（合理地？）假定离我们的距离为r的星系的退行速率v只由以我们为心而半径为r的球内的物质决定。如果在此球内的总质量为M，从球面上逃逸的速率v_e是$v_e=\sqrt{2GM/r}$（式（14-27））。(a) 证明要阻止无限制的膨胀，球内的平均密度ρ必须至少等于

$$\rho=\frac{3H^2}{8\pi G}$$

(b) 计算此“临界密度”的数值；用每立方米内的氢原子数表示你的答案。实际密度的测量非常困难而且由于暗物质的存在变得非常复杂。

34P. 很远处的星系和类星体的表观退行速率很接近光速，因此必须应用相对论多普勒移动公式（式（38-30））。红移都用分数红移$z=\Delta\lambda/\lambda_0$表示。(a) 证明退行速率参量$\beta=v/c$用$z$给出为

$$\beta=\frac{z^2+2z}{z^2+2z+2}$$

(b) 1987年检查到的一个类星体的$z=4.43$。计算它的速率参量。(c) 求到该类星体的距离，假定哈勃定律到这样的距离还是正确的。

45-12节　宇宙背景辐射

35P. 由于微波背景辐射到处存在，在星际和星系间的空间内的气体的最低可能温度不是0K而是2.7K。这意味着在空间内能够占据低激发能量的激发态的分子的相当大的一部分可能，实际上，就处在那些激发态中。其后的退激发将导致发射可被探测的辐射。考虑一个（假想的）只有一个激发态的分子。(a) 如果25%的分子在激发态内，激发能量该是多少？(**提示：**见式（41-29）。) (b) 回到基态的一次跃迁所发射的光子的波长是多少？

45-13节　暗物质

36E. 如果冥王星（大部分时间是最外的行星）具有和现在水星（最内的行星）同样的轨道速率，太阳的质量应该是多少？用附录C给出的数据，并以太阳目前的质量表示你的结果。（假定圆形轨道。）

37P. 设想太阳半径增大到5.90×10^{12}m（最外行星冥王星的轨道的平均半径），这个膨胀了的太阳的密度是均匀的，且各行星都在此稀薄物体中运行。(a) 计算在此新构形中地球的轨道速率，并把它和地球现在的轨道速率29.8km/s加以比较。假定地球轨道半径保持不变。(b) 地球运行的新周期将是多大？（太阳的质量保持不变）(ssm)(www)

38P. 假定一个特定的星系的物质（恒星、气体、尘埃），总质量为M，均匀地分布在半径为R的球内各处。一颗质量为m的恒星沿着以星系中心为心的圆周运动，圆周的半径为$r<R$。(a) 证明该恒星的轨道速率v为

$$v=r\sqrt{GM/R^3}$$

而因此转动的周期T为

$$T=2\pi\sqrt{R^3/GM}$$

与r无关。忽略所有阻力。(b) 假定星系的质量猛烈

地向星系的中心集中以致基本上所有质量都在离中心的距离小于 r 的范围内，轨道周期的相应公式如何？

45-14 节　大爆炸

39E. 温度为 T 的热辐射体所辐射的强度最大的电磁波的波长由维恩定律：$\lambda_{max} = (2898\mu m \cdot K)/T$ 给出。(a) 证明和这一波长相应的光子的能量 E 可用下式计算

$$E = (4.28 \times 10^{-10}\text{MeV/K})\ T$$

(b) 这个光子能产生一个电子-正电子对（如22-6节讨论过的所需的）最低温度是多少？(ssm)

40E. 用维恩定律（见练习39）回答下列问题：(a) 微波背景辐射强度在波长1.1mm处有一峰值，和这一情况对应的温度是多少？(b) 在大爆炸后约300 000年，宇宙变得对电磁波是透明的，它的温度当时约为 10^5K。这时强度最大的背景辐射的波长是多少？

附加题

41. 图45-7表明1950年发现反质子的实验装置的一部分。从一个粒子加速器射出的一束6.2GeV质子与铜靶中的核相碰撞。按照当时的理论预言，和这些核内的质子和中子的碰撞应当产生反质子，其反应为

$$p + p \longrightarrow p + p + p + \bar{p}$$

和

$$p + n \longrightarrow p + n + p + \bar{p}$$

不过，即使这些反应真的发生了，比起下列反应来还是很罕见的：

$$p + p \longrightarrow p + p + \pi^+ + \pi^-$$

和

$$p + n \longrightarrow p + n + \pi^+ + \pi^-$$

因此，6.2GeV质子和铜靶相碰产生的大多数粒子是 π 介子。

为了证明反质子存在并且也是由于碰撞产生的，粒子离开靶后被送入如图45-7所示的一系列磁场和探测器中。第1个磁场M1使任何通过它的带电粒子的路径偏转；此外，该磁场安排得使那些从它射出而进入第2个磁场（Q1）的粒子只能是带负电的（$\bar{p}$ 或者 π^-）而且动量为1.19GeV/c。Q1是一个特殊类型的磁场（**四极场**），它们把进入它的粒子焦聚成一束，并使它们通过厚屏蔽墙上的小孔到达一个**闪烁计数器** S1。一个带电粒子穿过这样一个计数器时触发一个信号（和一个电子撞到一个普通的电视屏上时从它发出一个光脉冲十分相似）。因此每一个信号都表明一个1.19GeV/$c\pi^-$ 或（可能）一个1.19GeV/$c\bar{p}$

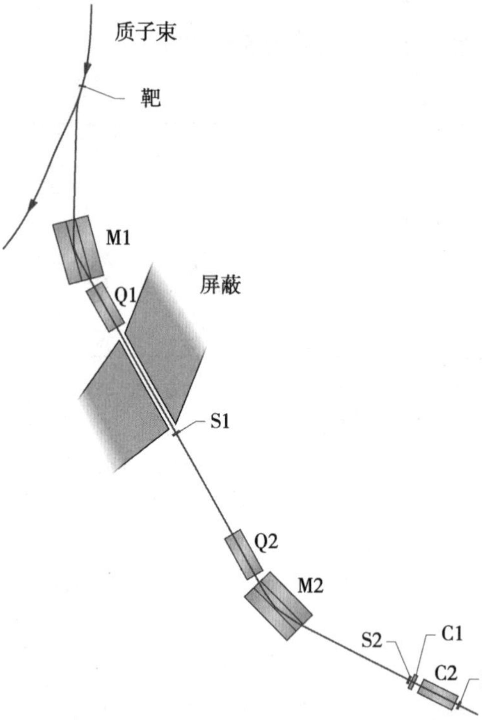

图45-7　习题41图

通过。在又一次被磁场Q2焦聚后，粒子被磁场M2引导通过第2个闪烁计数器S2并接着通过两个切连柯夫计数器C1和C2。后面这两个计数器可以制造得使只有速率在一定范围内的一个粒子通过时才发出一个信号。在本实验中，速率大于0.79c 的一个粒子将触发C1而速率在（0.75～0.78）c 之间的一个粒子将触发C2。

于是有两种方法把预言的很少的反质子和大量的负 π 介子区别开来。两种方法都涉及1.19GeV/$c\bar{p}$ 和1.19GeV/$c\pi^-$ 的速率不同这一事实：(1) 根据计算，一个 $\bar{p}$ 将触发一个切连柯夫计数器而一个 π^- 将触发另一个。(2) 还有，对于一个 $\bar{p}$ 和一个 π^- 来说，从S1和S2，二者相隔12m，发出的信号之间的时间间隔 Δt 是不同的。就这样，如果正确的切连柯夫计数器被触发而且时间间隔 Δt 具有正确的值，实验就可以证明反质子的存在。

(a) 动量为1.19GeV/c 的反质子和 (b) 动量相同的负 π 介子的速率各是多少？通过切连柯夫探测器的反质子的速率实际上比这里计算出的要稍小些，因为反质子通过探测器时要失去些许能量。哪个切连柯夫探测器被 (c) 一个反质子和 (d) 一个负 π 介

子触发？哪个时间间隔指示（e）一个反质子和（f）一个负 π 介子的通过？［习题选自 O. Chamberlain，E. Segrè，C. Weigand，和 T. Ypsilantis，"Observation of Antiprotsns，" Physical Review，Vol. 100，pp. 947 ~ 950 (1955)。］

42. 一场粒子游戏 图 45－8 是许多粒子在一个虚构的云室实验（有一均匀磁场垂直于页面）中留下的径迹图，下表给出和产生这些径迹的粒子的虚构的量子数。粒子 A 进入云室留下径迹 1 并衰变成三个粒子；其后产生径迹 6 的粒子衰变为三个其他粒子，而产生径迹 4 的粒子衰变为两个其他粒子，其中一个不带电——这个不带电粒子的路径用虚直线表示。产生径迹 8 的粒子的严重量子数已知是零。

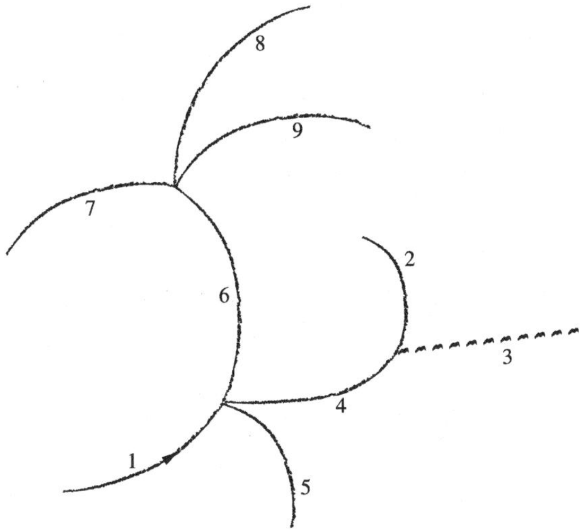

图 45－8 习题 42 图

粒子	电荷	古怪	严重	漂亮
A	1	1	－2	－2
B	0	4	3	0
C	1	2	－3	－1
D	－1	－1	0	1
E	－1	0	－4	－2
F	1	0	0	0
G	－1	－1	1	－1
H	3	3	1	0
I	0	6	4	6
J	1	－6	－4	－6

通过使在每个衰变点处虚构的量子数守恒和注意各径迹的弯曲方向，辨认是哪个粒子沿着哪条径迹运动的。所列粒子之一没有生成；其他都各只出现一次。

43. 宇宙学红移 宇宙膨胀常常用图 45－9a 那样的图表示。在该图中，我们的位置在标以 MW（表示银河星系）符号的地方，这里是从我们向任何方向延伸的一个 r 轴的原点。其他的非常远的星系也画在图上。根据从这些星系发出到达地球的光的红移算出的它们的速度矢量叠画在它们上面。按照哈勃定律，每个星系的速度和它离我们的距离成正比。这种图可能误导，因为它们暗含着（1）红移是由于这些星云在静态（静止）的空间内离开我们奔向远方的相对于我们的运动，和（2）我们在所有这些运动的中心。

实际上，宇宙的膨胀和星系之间距离的增大并不是由于星系向奔入先在的空间而是由于遍及整个宇宙的空间自己的膨胀。**空间是动态的，不是静态的**。

图 45－9b、c、d 所示为一种说明宇宙及其膨胀的另一种方法。该图的每一部分都表示宇宙（沿一个 r 轴）的一维截面的一部分；宇宙的其他两空间维没有画出来。三个分图的每一个都表示银河系和 6 个其他星系（由点表示）；这些分图是沿一个时间向上增加的时间轴放置的。分图 b 是三个图中最早的，其时银河系和其他 6 个星系画得相对地靠近。随着时间在图中向上推移，空间就膨胀，使得星系不断分离。注意这些分图都是相对于银河系画的，而从这一观察点看去，由于膨胀，所有其他星系都是向远处运动的。但是，银河系并没有什么特殊——从任何其他选定的观察点看去，所有星系也是向远处运动的。

图 45－9e 和 f 只注意银河系和一个另外的星系——星系 A，在膨胀中两个特定时刻的情形。在分图 e 中，星系 A 离开银河系的距离为 r 并在此时刻发射一束波长为 λ 的光。在分图 f 中，经过一段时间间隔 Δt 之后，光到达地球。让我们用 α 表示宇宙的每单位长度空间的膨胀率，并假定在时间间隔 Δt 内 α 为常量。于是，经过 Δt，每一单位长度的空间（例如，每一米）就膨胀 $\alpha\Delta t$；因此，距离 r 膨胀了 $r\alpha\Delta t$。图 45－9e 和 f 中的光波以速率 c 从星系 A 向地球传播。（a）证明

$$\Delta t = \frac{r}{c - r\alpha}$$

所测得的光的波长 λ' 由于在时间间隔 Δt 内空间的膨胀而较发射的波长 λ 大。这一波长的增加称为**宇宙学红移**；它不是多普勒效应。（b）证明波长的变化 $\Delta\lambda = \lambda' - \lambda$ 由下式给定

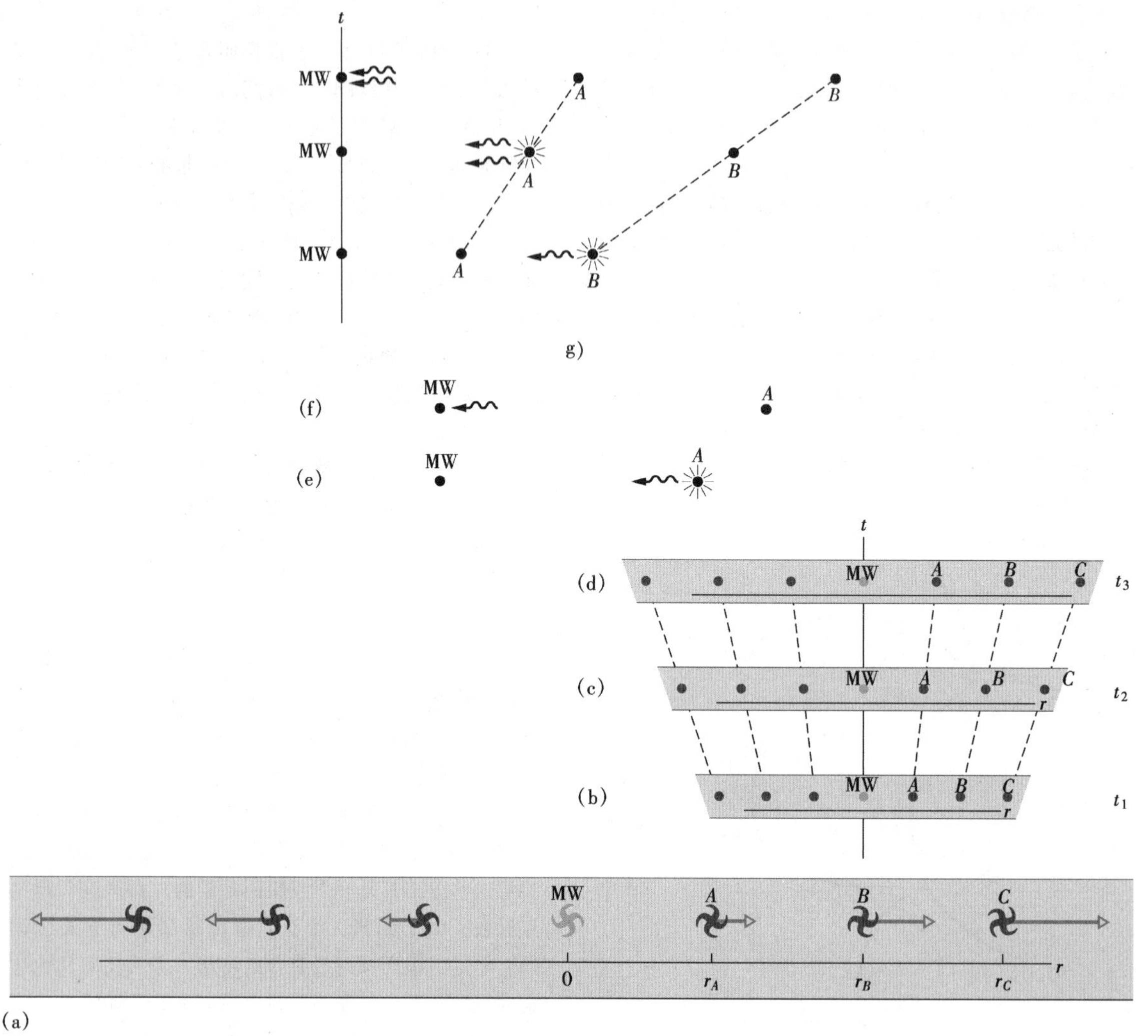

图 45-9　习题 43 图

$$\frac{\Delta\lambda}{\lambda}=\frac{r\alpha}{c-r\alpha}$$

(c) 用二项式定理（见附录 E）将此式右边展开。(d) 如果只保留展开式的第 1 项，所得的对 $\Delta\lambda/\lambda$ 的方程如何？

如果我们假定图 45-9a 成立而 $\Delta\lambda$ 是由于多普勒效应，于是由式（38-33）可得

$$\frac{\Delta\lambda}{\lambda}=\frac{v}{c}$$

其中 v 是星系 A 相对于地球的径向速度。(e) 用哈勃定律，将此多普勒效应的结果和（d）中宇宙学膨胀的结果加以比较并求 α 的值。通过这一分析，你可以看到，用关于我们测到的来自遥远星系的光的红移的两个非常不同的模型得出的两个结果是相容的。

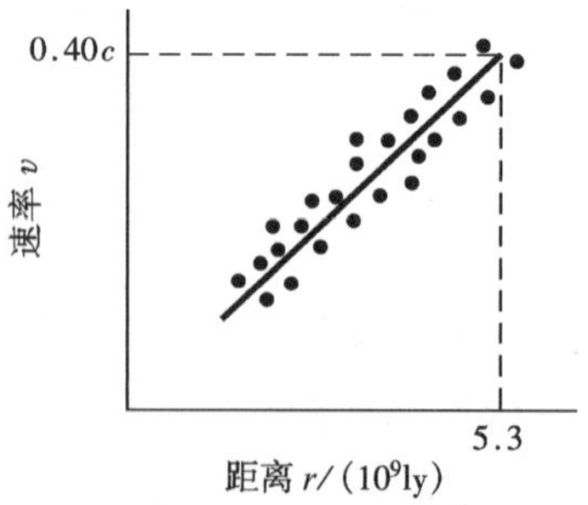

图 45-10　习题 44 图

假设我们探测的从星系 A 射来的光的红移是 $\Delta\lambda/\lambda=0.050$，而且宇宙的膨胀速率是恒定的，其现代值就是在本章内给出的。(f) 用（b）中得到的结果，

求在光发射时星系 A 和地球之间的距离。求多长时间以前光由星系 A 发射。(g) 用 (a) 中的结果，和 (h) 假定红移是多普勒效应。(**提示：**对于 (h)，这时间就是发射时的距离除以光速，因为如果红移真是多普勒效应，在光传到我们的过程中该距离是不改变的。这里关于光的红移的两个模型给出的结果是不同的。) (i) 在探测由星系 A 射来的光时，它和地球之间的距离多大？(我们做出星系 A 仍然存在的假定；如果它停止存在了，则直到它发出的最后的光到达地球之前，人不可能知道它的死亡。)

现在假定我们所探测的由星系 B (图 45-9g) 发来的光的红移 $\Delta\lambda/\lambda=0.080$。(j) 用 (b) 中的结果，求光发射时星系 B 和地球之间的距离。(k) 用 (a) 中的结果，求多长时间以前光由星系 B 发出。(l) 当我们探测的从星系 A 发出的光发射时，星系 A 和星系 B 之间的距离是多少？

44. 图 45-10 是一幅假想的星系的退行速率 v 对它们离我们的距离 r 的图；和数据点拟合得最好的直线如图示。由此图确定宇宙的年龄，假设哈勃定律成立而且哈勃常量在整个宇宙膨胀的过程中保持不变。

附　　录

附录 A

国际单位制（SI）①

1. 国际单位制基本单位

量	名称	符号	定　义
长度	米	m	“…在真空中光在 1/299 792 458 秒内传播的路径的长度”（1983）
质量	千克	kg	“…这个原型（一个铂铱圆柱体）将从此被认为是质量的单位。”（1889）
时间	秒	s	“…和铯 – 133 原子的基态的两个超精细能级之间的跃迁对应的辐射的 9 192 631 770 个周期的时间。”（1967）
电流	安［培］	A	“…那个恒定电流它，如果保持在两个直的平行的，无限长，圆截面积可以忽略，在真空中相距 1 米放置的导线中，将在这两导线间产生每米长度等于 2×10^{-7} 牛顿的力。”（1946）
热力学温度	开［尔文］	K	“…水的三相点的热力学温度的 1/273.16”（1967）
物质的量	摩尔	mol	“…包含和 0.012 千克碳 – 12 中的原子一样多的基本实体的一个系统的物质的量。”（1971）
发光强度	坎［德拉］	cd	“…温度为在 101 325 牛顿每平方米压强下铂的凝固点的黑体的 1/600 000平方米表面沿垂直方向的发光强度。”（1967）

2. 一些 SI 导出单位

量	单位名称	符号	
面积	平方米	m^2	
体积	立方米	m^3	
频率	赫［兹］	Hz	s^{-1}
质量密度（密度）	千克每立方米	kg/m^3	
速率，速度	米每秒	m/s	
角速度	弧度每秒	rad/s	
加速度	米每二次方秒	m/s^2	
角加速度	弧度每二次方秒	rad/s^2	

① 采自“国际单位制（SI）”，国家标准局特刊 330，1972 年版。上述定义被当时的一个国际组织，General Conference of Weights and Measures 所采用。本书中不用坎［德拉］。

（续）

量	单位名称	符号	
力	牛［顿］	N	kg·m/s^2
压力	帕［斯卡］	Pa	N/m^2
功，能，热量	焦［耳］	J	N·m
功率	瓦［特］	W	J/s
电荷量	库［仑］	C	A·s
电势差，电动势	伏［特］	V	W/A
电场强度	伏［特］每米（或牛［顿］每库［仑］）	V/m	N/C
电阻	欧［姆］	Ω	V/A
电容	法［拉］	F	A·s/V
磁通量	韦［伯］	Wb	V·s
电感	亨［利］	H	V·s/A
磁通密度	特［斯拉］	T	Wb/m^2
磁场强度	安［培］每米	A/m	
熵	焦［耳］每开［尔文］	J/K	
比热	焦［耳］每千克开［尔文］	J/（kg·K）	
热导率	瓦［特］每米开［尔文］	W/（m·K）	
辐射强度	瓦［特］每球面度	W/sr	

3. SI 辅助单位

量	单位名称	符号
平面角	弧度	rad
立体角	球面度	sr

附录 B

一些物理基本常量①

常量	符号	计算用值	最佳（1998）值	
			值②	不确定度③
真空中光的速率	c	3.00×10^{8} m/s	2.997 924 58	精确
基元电荷	e	1.60×10^{-19} C	1.602 176 462	0.039
引力常量	G	6.67×10^{-11} $m^3/s^2\cdot kg$	6.673	1500
[普适] 气体常量	R	8.31J/mol · K	8.314 472	1.7
阿伏伽德罗常量	N_A	6.02×10^{23} mol^{-1}	6.022 141 99	0.079
玻尔兹曼常量	k	1.38×10^{-23} J/K	1.380 650 3	1.7
斯特藩 - 玻尔兹曼常量	σ	5.67×10^{-8} $W/m^2\cdot K^4$	5.670 400	7.0
STP⑤下的理想气体的摩尔体积	V_m	2.27×10^{-2} m^3/mol	2.271 098 1	1.7
电容率常量	ε_0	8.85×10^{-12} F/m	8.854 187 817 62	精确
磁导率常量	μ_0	1.26×10^{-6} H/m	1.256 637 061 43	精确
普朗克常量	h	6.63×10^{-34} J · s	6.626 068 76	0.078
电子质量④	m_e	9.11×10^{-31} kg	9.109 381 88	0.079
		5.49×10^{-4} u	5.485 799 110	0.0021
质子质量④	m_p	1.67×10^{-27} kg	1.672 621 58	0.079
		1.0073u	1.007 276 466 88	1.3×10^{-4}
质子质量对电子质量的比	m_p/m_e	1840	1836.152 667 5	0.0021
电子的荷质比	e/m_e	1.76×10^{11} C/kg	1.758 820 174	0.040
中子质量	m_n	1.68×10^{-27} kg	1.674 927 16	0.079
		1.0087u	1.008 664 915 78	5.4×10^{-4}
氢原子质量④	m_{1H}	1.0078u	1.007 825 031 6	0.0005
氘原子质量④	m_{2H}	2.0141u	2.014 101 777 9	0.0005
氦原子质量④	m_{4He}	4.0026u	4.002 603 2	0.067
μ 子质量	m_μ	1.88×10^{-28} kg	1.883 531 09	0.084
电子磁矩	μ_e	9.28×10^{-24} J/T	9.284 763 62	0.040
质子磁矩	μ_p	1.41×10^{-26} J/T	1.410 606 663	0.041
玻尔磁子	μ_B	9.27×10^{-24} J/T	9.274 008 99	0.040
核磁子	μ_N	5.05×10^{-27} J/T	5.050 783 17	0.040
玻尔半径	r_B	5.29×10^{-11} m	5.291 772 083	0.0037
里德伯常量	R	1.10×10^{7} m^{-1}	1.097 373 156 854 8	7.6×10^{-6}
电子康普顿波长	λ_c	2.43×10^{-12} m	2.426 310 215	0.0073

① 本表数值选自 1998CODATA 推荐值（www. physics. nist. gov）。

② 此列的数值需用和计算用值同样的单位和 10 的幂给出。

③ 百万分之几。

④ 以 u 给出的质量是用统一的原子质量单位，其中 $1u = 1.660\ 538\ 73\times10^{-27}$ kg。

⑤ STP 意思是标准温度和压强：0℃和 1.0atm（0.1MPa）

附录C

一些天文数据

一些离地球的距离

到月球①	3.82×10^{8} m	到我们银河系中心	2.2×10^{20} m
到太阳①	1.50×10^{11} m	到仙女座星系	2.1×10^{22} m
到最近的恒星（比邻半人马座）	4.04×10^{16} m	到可观测宇宙边缘	$\sim10^{26}$ m

① 平均距离。

太阳，地球和月球

性质	单位	太阳	地球	月亮
质量	kg	1.99×10^{30}	5.98×10^{24}	7.36×10^{22}
平均半径	m	6.96×10^{8}	6.37×10^{6}	1.74×10^{6}
平均密度	kg/m^3	1410	5520	3340
表面上自由下落加速度	m/s^2	274	9.81	1.67
逃逸速度	km/s	618	11.2	2.38
自转周期①	—	37d 在两极[b] 26d 在赤道②	23h56min	27.3d
辐射功率③	W	3.90×10^{26}		

① 相对于远方恒星测量。

② 太阳作为一个气体球，不象一个刚体那样转动。

③ 刚好在地球的大气层外接收的太阳能的时率，假设垂直入射，是1340W/m^2。

行星的一些性质

	水星	金星	地球	火星	木星	土星	天王星	海王星	冥王星
离太阳的距离 10^6km	57.9	108	150	228	778	1430	2870	4500	5900
公转周期，y	0.241	0.615	1.00	1.88	11.9	29.5	84.0	165	248
自转周期①，d	58.7	−243②	0.997	1.03	0.409	0.426	−0.451②	0.658	6.39
轨道速率，km/s	47.9	35.0	29.8	24.1	13.1	9.64	6.81	5.43	4.74
轴对轨道的倾角	<28°	≈3°	23.4°	25.0°	3.08°	26.7°	97.9°	29.6°	57.5°
轨道对地球轨道的倾角	7.00°	3.39°		1.85°	1.30°	2.49°	0.77°	1.77°	17.2°
轨道偏心率	0.206	0.0068	0.0167	0.0934	0.0485	0.0556	0.0472	0.0086	0.250
赤道半径，km	4880	12100	12800	6790	143000	120000	51800	49500	2300
质量（地球=1）	0.0558	0.815	1.000	0.107	318	95.1	14.5	17.2	0.002
密度（水=1）	5.60	5.20	5.52	3.95	1.31	0.704	1.21	1.67	2.03
表面 g 值③，m/s^2	3.78	8.60	9.78	3.72	22.9	9.05	7.77	11.0	0.5
逃逸速度③，km/s	4.3	10.3	11.2	5.0	59.5	35.6	21.2	23.6	1.1
已知卫星	0	0	1	2	16+环	18+环	17+环	8+环	1

① 相对于远方恒星测量。

② 金星和天王星自转和公转方向相反。

③ 在行星赤道上测量的引力加速度。

附录 D

换算因子

换算因子可以从这些表直接读出。例如，1 度 =2.778 ×10 $^{-3}$rev，因而 16.7° = 16.7 ×2.778 ×10 $^{-3}$rev。SI 单位用黑体。部分选自 G. Shortley and D. Williams，*Elements of Physics*，1971，Prentice – Hall，Englewood Cliffs，NJ.

平面角

°	′	″	弧度（rad）	rev
1 度（°）=1	60	3600	1.745 × $^{-2}$	2.778 ×10 $^{-3}$
1 分（′）=1.667 ×10 $^{-2}$	1	60	2.909 ×10 $^{-4}$	4.630 ×10 $^{-5}$
1 秒（″）=2.778 ×10 $^{-4}$	1.667 ×10 $^{-2}$	1	4.848 ×10 $^{-6}$	7.716 ×10 $^{-7}$
1 弧度（rad） =57.30	3438	2.063 ×10^{5}	1	0.1592
1 周（rev）=360	2.16 ×10^{4}	1.296 ×10^{6}	6.283	1

立体角

1 球面 =4π 球面角 =12.57 球面角

长度

cm	米（m）	km	in.	ft	mi
1 厘米（cm）=1	10 $^{-2}$	10 $^{-5}$	0.3937	3.281 ×10 $^{-2}$	6.214 ×10 $^{-6}$
1 米（m） =100	1	10 $^{-3}$	39.37	3.281	6.214 ×10 $^{-4}$
1 千米（km）=10^{5}	1000	1	3.937 ×10^{4}	3281	0.6214
1 英尺（in）=2.540	2.540 ×10 $^{-2}$	2.540 ×10 $^{-5}$	1	8.333 ×10 $^{-2}$	1.578 ×10 $^{-5}$
1 英寸（ft）=30.48	0.3048	3.048 ×10 $^{-4}$	12	1	1.894 ×10 $^{-4}$
1 英里（mi）=1.609 ×10^{5}	1609	1.609	6.336 ×10^{4}	5280	1

1 埃（Ù）=10 $^{-10}$m　1 飞米 =10 $^{-15}$m　1 哼 =6ft　1 杆 =16.5ft

1 海里 =1852m =1.151 英里 =6076ft　1 光年（ly）=9.460 ×10^{12}km　1 玻尔半径 =5.292 ×10 $^{-11}$m　1mil =10 $^{-3}$in.

1 秒差距（Parsec）=3.084 ×10^{13}km　1 码 =3ft　1nm =10 $^{-9}$m

面积

米^{2}（m^{2}）	cm^{2}	ft^{2}	in.^{2}
1 平方米（m^{2}） =1	10^{4}	10.76	1550
1 平方厘米（cm^{2}）=10 $^{-4}$	1	1.076 ×10 $^{-3}$	0.1550
1 平方英尺（ft^{2}）=9.290 ×10 $^{-2}$	929.0	1	144
1 平方英寸（in^{2}）=6.452 ×10 $^{-4}$	6.452	6.944 ×10 $^{-3}$	1

1 平方英里 =2.788 ×10^{7}ft^{2} =640 英亩　1 英亩（acre）=43 560ft^{2}

1 靶（barn）=10 $^{-28}$m^{2}　1 公顷（hectare）=10^{4}m^{2} =2.471 英亩

体积

米（m^3）	cm^3	L	ft^3	$in.^3$
1 **立方米（m^3）** =1	10^6	10000	35.31	6.102×10^4
1 立方厘米（cm^3） $=10^{-6}$	1	1.000×10^{-3}	3.531×10^{-5}	6.102×10^{-2}
1 升（L） $=1.000\times10^{-3}$	1000	1	3.531×10^{-2}	61.02
1 立方英尺（ft^3） $=2.832\times10^{-2}$	2.832×10^4	28.32	1	1728
1 立方英寸（in^3） $=1.639\times10^{-5}$	16.39	1.639×10^{-2}	5.787×10^{-4}	1

1U. S. 液加仑 =4U. S. 液夸脱 =8U. S. 品脱 =128U. S. 液盎斯 $=231in^3$.

1 英国标准加仑 $=277.4in^3$. =1.201U. S. 液加仑

质量

本表内虚线外的量不是质量的单位，但常常这样用。例如，当写 1kg “=” 2.205lb 时，它的意思是 1kg 是在 g 具有 $9.80665m/s^2$ 的标准值的地点重量是 2.205 磅的质量。

克（g）	**千克（kg）**	slug	u	oz	lb	ton
1 克(g) =1	0.001	6.852×10^{-5}	6.022×10^{23}	3.527×10^{-2}	2.205×10^{-3}	1.102×10^{-6}
1 千克(kg) =1000	1	6.852×10^{-2}	6.022×10^{26}	35.27	2.205	1.102×10^{-3}
1 斯[勒格](slug) = 1.459×10^4	14.59	1	8.786×10^{27}	514.8	32.17	1.609×10^{-2}
1 原子质量单位(u) = 1.661×10^{24}	1.661×10^{27}	1.138×10^{28}	1	5.857×10^{-26}	3.662×10^{-27}	1.830×10^{-30}
1 盎斯(oz) =28.35	2.835×10^{-2}	1.943×10^{-3}	1.718×10^{25}	1	6.250×10^{-2}	3.125×10^{-5}
1 磅(lb) =453.6	0.4536	3.108×10^{-2}	2.732×10^{26}	16	1	0.0005
1 吨(ton) $=9.072\times10^5$	907.2	62.16	5.463×10^{29}	3.2×10^4	2000	1

1 米制吨 =1000kg

密度

本表内虚线以外的量是重量密度，因而和质量密度在量纲上不同。见质量表的注解。

$slug/ft^3$	**千克每立方米（kg/m^3）**	g/cm^3	lb/ft^3	$lb/in.^3$
1 斯［勒格］每立方英尺（$slug/ft^3$） =1	515.4	0.5154	32.17	1.862×10^{-2}
1 千克每立方米（kg/m^3） $=1.940\times10^{-3}$	1	0.001	6.243×10^{-2}	3.613×10^{-5}
1 克每立方厘米（g/cm^3） =1.940	1000	1	62.43	3.613×10^{-2}
1 磅每立方英尺（lb/ft^3） $=3.108\times10^{-2}$	16.02	16.02×10^{-2}	1	5.787×10^{-4}
1 磅每立方英寸（lb/in^3） =53.71	2.768×10^4	27.68	1728	1

时间

y	d	h	min	**秒（s）**
1年（y）=1	365.25	8.766×10^{3}	5.259×10^{5}	3.156×10^{7}
1天（d）=2.738×10^{-3}	1	24	1440	8.640×10^{4}
1小时（h）=1.141×10^{-4}	4.167×10^{-2}	1	60	3600
1分钟（min）=1.901×10^{-6}	6.944×10^{-4}	1.667×10^{-2}	1	60
1秒（s）=3.169×10^{-8}	1.157×10^{-5}	2.778×10^{-4}	1.667×10^{-2}	1

速率

ft/s	km/h	**米/秒（m/s）**	mi/h	cm/s
1英尺每秒（ft/s）=1	1.097	0.3048	0.6818	30.48
1千米每［小］时（km/h）=0.9113	1	0.2778	0.6214	27.78
1米每秒（m/s）=3.281	3.6	1	2.237	100
1英里每［小］时（mi/h）=1.467	1.609	0.4470	1	44.70
1厘米每秒（cm/s）=3.281×10^{-2}	3.6×10^{-2}	0.01	2.237×10^{-2}	1

1节=1海里/时=1.688ft/s　　1英里/分=88.00ft/s=60.00mi/h

力

本表内虚线以外的单位现在很少用。以例子说明：1克力（=1gf）是在g具有标准值9.80665m/s^2的地点作用于质量为1克的物体上的重力。

dyne	**牛［顿］（N）**	lb	pdl	gf	kgf
1达因（dyne）=1	10^{-5}	2.248×10^{-6}	7.233×10^{-5}	1.020×10^{-3}	1.020×10^{-6}
1牛［顿］（N）=10^{5}	1	0.2248	7.233	102.0	0.1020
1磅（lb）=4.448×10^{5}	4.448	1	32.17	453.6	0.4536
1磅达（pdl）=1.383×10^{4}	0.1383	3.108×10^{-2}	1	14.10	1.410×10^{2}
1克力（gf）=980.7	9.807×10^{-3}	2.205×10^{-3}	7.093×10^{-2}	1	0.001
1千克力（kgf）=9.807×10^{5}	9.807	2.205	70.93	1000	1

1吨=2000lb

压强

atm	dyne/cm²	英寸水柱	cmHg	**帕［斯卡］（Pa）**	lb/in.²	lb/ft²
1大气压（atm）=1	1.013×10^{6}	406.8	76	1.013×10^{5}	14.70	2116
1达因每平方厘米（dyne/cm²）=9.869×10^{-7}	1	4.015×10^{-4}	7.501×10^{-5}	0.1	1.405×10^{-5}	2.089×10^{-3}
1英寸4℃水柱[a]=2.458×10^{-3}	2491	1	0.1868	249.1	3.613×10^{-2}	5.202
1厘米0℃汞柱（cmHg）①=1.316×10^{-2}	1.333×10^{4}	5.353	1	1333	0.1934	27.85
1帕［斯卡］（Pa）=9.869×10^{-6}	10	4.015×10^{-3}	7.501×10^{-4}	1	1.450×10^{-4}	2.089×10^{-2}
1磅每平方英寸（lb/in²）=6.805×10^{-2}	6.895×10^{4}	27.68	5.171	6.895×10^{3}	1	144
1磅每平方英尺（lb/ft²）=4.725×10^{-4}	478.8	0.1922	3.591×10^{-2}	47.88	6.944×10^{-3}	1

① 该处的重力加速度具有标准值9.80665m/s^2。

1巴（bar）=10^{6}dyne/cm²=0.1MPa　　1毫巴（millibar）=10^{3}dyne/cm²=10^{2}Pa　　1托（torr）=1mmHg

能，功，热

本表内虚线以外的量不是能量单位但为了方便也列在这里。它们是根据相对论质能相当公式 $E=mc^2$ 得出的并代表 1 千克或 1 原子质量单位（u）完全转化为能量时所释放出的能量（底下两行）或要完全转化为 1 单位能量的质量（最右两列）。

Btu	erg	ft·lb	hp·h	焦[耳](J)	cal	kW·h	eV	MeV	kg	u
1 英制热量单位(Btu)=1	1.055×10^{10}	777.9	3.929×10^{-4}	1055	252.0	2.930×10^{-4}	6.585×10^{21}	6.585×10^{15}	1.174×10^{-14}	7.070×10^{12}
1 尔格(erg)=9.481×10^{-11}	1	7.376×10^{-8}	3.725×10^{-14}	10^{-7}	2.389×10^{-8}	2.778×10^{-14}	6.242×10^{11}	6.242×10^{5}	1.113×10^{-24}	670.2
1 英尺磅(ft·lb)=1.285×10^{-3}	1.356×10^{7}	1	5.051×10^{-7}	1.356	0.3238	3.766×10^{-7}	8.464×10^{18}	8.464×10^{12}	1.509×10^{-17}	9.037×10^{9}
1 马力小时(hp·h)=2545	2.685×10^{13}	1.980×10^{6}	1	2.685×10^{6}	6.413×10^{5}	0.7457	1.676×10^{25}	1.676×10^{19}	2.988×10^{-11}	1.799×10^{16}
1 **焦[耳]**(J)=9.481×10^{-4}	10^{7}	0.7376	3.725×10^{-7}	1	0.2389	2.778×10^{-7}	6.242×10^{18}	6.242×10^{12}	1.113×10^{-17}	6.702×10^{9}
1 卡[路里](cal)=3.969×10^{-3}	4.186×10^{7}	3.088	1.560×10^{-6}	4.186	1	1.163×10^{-6}	2.613×10^{19}	2.613×10^{13}	4.660×10^{-17}	2.806×10^{10}
1 千瓦小时(kW·h)=3413	3.600×10^{13}	2655×10^{6}	1.341	3.600×10^{6}	8.600×10^{5}	1	2.247×10^{25}	2.247×10^{19}	4.007×10^{-11}	2.413×10^{16}
1 电子伏[特](eV)=1.519×10^{-22}	1.602×10^{-12}	1.182×10^{-19}	5.967×10^{-26}	1.602×10^{-19}	3.827×10^{-20}	4.450×10^{-26}	1	10^{-6}	1.783×10^{-36}	1.074×10^{-9}
1 百万电子伏[特](MeV)=1.519×10^{-16}	1.602×10^{-6}	1.182×10^{-13}	5.967×10^{-20}	1.602×10^{-13}	3.827×10^{-14}	4.450×10^{-20}	10^{-6}	1	1.783×10^{-30}	1.074×10^{-3}
1 千克(kg)=8.521×10^{13}	8.987×10^{23}	6.629×10^{16}	3.348×10^{10}	8.987×10^{16}	2.146×10^{16}	2.497×10^{10}	5.610×10^{35}	5.610×10^{29}	1	6.022×10^{26}
1 原子质量单位(u)=1.415×10^{-13}	1.492×10^{-3}	1.101×10^{-10}	5.559×10^{-17}	1.492×10^{-10}	3.564×10^{-11}	4.146×10^{-17}	9.320×10^{8}	932.0	1.661×10^{-27}	1

功率

Btu/h	ft·lb/s	hp	cal/s	kW	**瓦[特](W)**
1 英制热量单位每(小)时(Btu/h)=1	0.2161	3.929×10^{-4}	6.998×10^{-2}	2.930×10^{-4}	0.2930
1 英尺磅每秒(ft·lb/s)=4.628	1	1.818×10^{-3}	0.3239	1.356×10^{-3}	1.356
1 马力(hp)=2545	550	1	178.1	0.7457	745.7
1 卡[路里]每秒(cal/s)=14.29	3.088	5.615×10^{-3}	1	4.186×10^{-3}	4.186
1 千瓦(kW)=3413	737.6	1.341	238.9	1	1000
1 **瓦[特](W)**=3.413	0.7376	1.341×10^{-3}	0.2389	0.001	1

磁场

gauss	**特［斯拉］（T）**	milligauss
1 高斯（gauss）=1	10^{-4}	1000
1 特［斯拉］（T）=10^4	1	10^7
1 毫高斯（milligauss）=0.001	10^{-7}	1

1 特［斯拉］=1 韦伯/米^2

磁通量

maxwell	韦伯（Wb）
1 麦［克斯韦］（maxwell）=1	10^{-8}
1 韦伯（Wb）=10^8	1

附录 E

数 学 公 式

几何

半径 r 的圆：圆周 $=2\pi r$；面积 $=\pi r^2$。

半径 r 的球：面积 $=4\pi r^2$；体积 $=\frac{4}{3}\pi r^3$。

半径 r 和高 h 的正圆柱体：面积 $=2\pi r^2+2\pi rh$；体积 $=\pi r^2 h$。

底边 a 高 h 的三角形：面积 $=\frac{1}{2}ah$。

二次公式

如果 $ax^2+bx+c=0$，则 $x=\frac{-b\pm\sqrt{b^2-4ac}}{2a}$。

角 θ 的三角函数

$$\sin\theta=\frac{y}{r}\quad \cos\theta=\frac{x}{r}$$

$$\tan\theta=\frac{y}{x}\quad \cot\theta=\frac{x}{y}$$

$$\sec\theta=\frac{r}{x}\quad \csc\theta=\frac{r}{y}$$

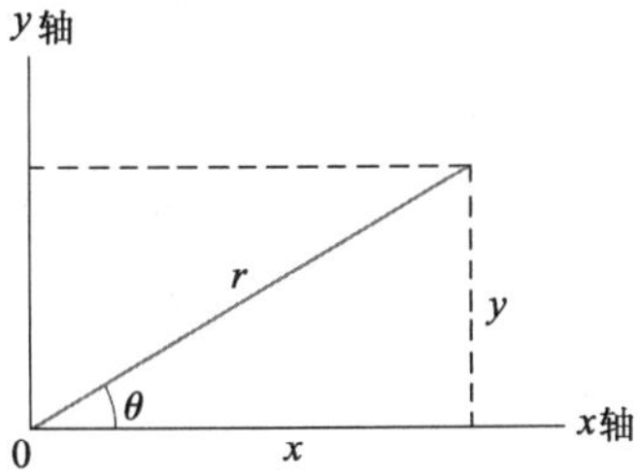

勾股定理

在此直角三角形中，

$$a^2+b^2=c^2$$

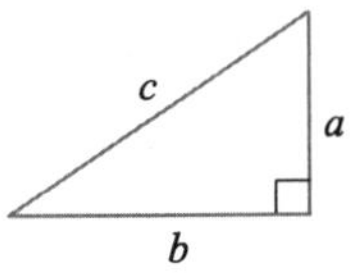

三角形

三个角是 A，B，C

对边是 a，b，c

$$A+B+C=180^\circ$$

$$\frac{\sin A}{a}=\frac{\sin B}{b}=\frac{\sin C}{c}$$

$$c^2=a^2+b^2-2ab\cos C$$

外角 $D=A+C$

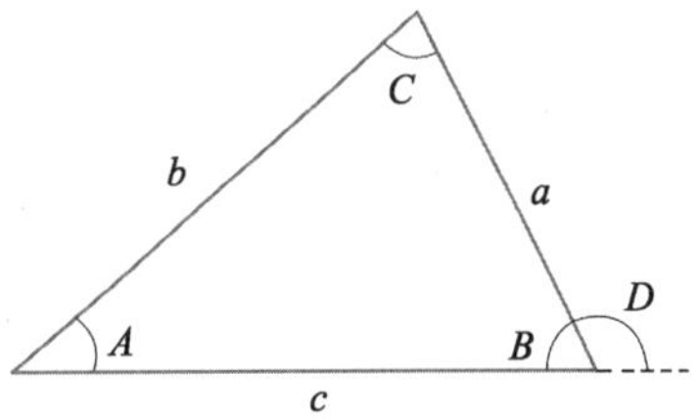

数学符号

- $=$　相等
- $\approx$　近似相等
- $\sim$　大小的数量级是
- $\neq$　不等于
- $\equiv$　定义为，全等于
- $>$　大于（$\gg$ 远大于）
- $<$　小于（$\ll$ 远小于）
- $\geqslant$　大于或等于（或，不小于）
- $\leqslant$　小于或等于（或，不大于）
- $\pm$　加或减
- $\propto$　正比于
- $\sum$　之和
- x_{avg}　x 的平均值

三角恒等式

$\sin(90^\circ-\theta)=\cos\theta$

$\cos(90^\circ-\theta)=\sin\theta$

$\sin\theta/\cos\theta=\tan\theta$

$\sin^2\theta+\cos^2\theta=1$

$\sec^2\theta-\tan^2\theta=1$

$\csc^2\theta-\cot^2\theta=1$

$\sin2\theta=2\sin\theta\cos\theta$

$\cos2\theta=\cos^2\theta-\sin^2\theta=2\cos^2\theta-1=1-2\sin^2\theta$

$$\sin(\alpha\pm\beta)=\sin\alpha\cos\beta\pm\cos\alpha\sin\beta$$
$$\cos(\alpha\pm\beta)=\cos\alpha\cos\beta\mp\sin\alpha\sin\beta$$
$$\tan(\alpha\pm\beta)=\frac{\tan\alpha\pm\tan\beta}{1\mp\tan\alpha\tan\beta}$$
$$\sin\alpha\pm\sin\beta=2\sin\frac{1}{2}(\alpha\pm\beta)\cos\frac{1}{2}(\alpha\mp\beta)$$
$$\cos\alpha+\cos\beta=2\cos\frac{1}{2}(\alpha\pm\beta)\cos\frac{1}{2}(\alpha-\beta)$$
$$\cos\alpha-\cos\beta=-2\sin\frac{1}{2}(\alpha+\beta)\sin\frac{1}{2}(\alpha-\beta)$$

二项式定理

$$(1+x)^n=1+\frac{nx}{1!}+\frac{n(n-1)x^2}{2!}+\cdots$$

$(x^2<1)$

指数展开

$$e^x=1+x+\frac{x^2}{2!}+\frac{x^3}{3!}+\cdots$$

对数展开

$$\ln(1+x)=x-\frac{1}{2}x^2+\frac{1}{3}x^3-\cdots\quad(|x|<1)$$

三角展开(θ 用弧度作单位)

$$\sin\theta=\theta-\frac{\theta^3}{3!}+\frac{\theta^5}{5!}-\cdots$$
$$\cos\theta=1-\frac{\theta^2}{2!}+\frac{\theta^4}{4!}-\cdots$$
$$\tan\theta=\theta+\frac{\theta^3}{3}+\frac{2\theta^5}{15}+\cdots$$

Cramer′规则

未知量 x 和 y 的两个联立方程

$a_1x+b_1y=c_1$ and $a_2x+b_2y=c_2$

具有的解为

$$x=\frac{\begin{vmatrix}c_1 & b_1\\ c_2 & b_2\end{vmatrix}}{\begin{vmatrix}a_1 & b_1\\ a_2 & b_2\end{vmatrix}}=\frac{c_1b_2-c_2b_1}{a_1b_2-a_2b_1}$$

and

$$y=\frac{\begin{vmatrix}a_1 & c_1\\ a_2 & c_2\end{vmatrix}}{\begin{vmatrix}a_1 & b_1\\ a_2 & b_2\end{vmatrix}}=\frac{a_1c_2-a_2c_1}{a_1b_2-a_2b_1}$$

矢量的乘积

令$\vec{i}$,$\vec{j}$和$\vec{k}$为沿 x,y 和 z 方向的单位矢量,则

$$\vec{i}\cdot\vec{i}=\vec{j}\cdot\vec{j}=\vec{k}\cdot\vec{k}=1,$$
$$\vec{i}\cdot\vec{i}=\vec{j}\cdot\vec{k}=\vec{k}\cdot\vec{i}=0,$$
$$\vec{i}\times\vec{i}=\vec{j}\times\vec{j}=\vec{k}\times\vec{k}=0,$$
$$\vec{i}\times\vec{j}=\vec{k},\vec{j}\times\vec{k}=\vec{i},\vec{k}\times\hat{i}=\vec{j}$$

任何具有沿 x,y 和 z 轴的分量 a_x,a_y 和 a_z 的矢量$\vec{a}$可以写做

$$\vec{a}=a_x\vec{i}+a_y\vec{j}+a_z\vec{k}$$

令$\vec{a}$,$\vec{b}$和$\vec{c}$是大小是 a,b 和 c 的任意矢量,则

$$\vec{a}\times(\vec{b}+\vec{c})=(\vec{a}\times\vec{b})+(\vec{a}\times\vec{c})$$
$$(s\vec{a})\times\vec{b}=\vec{a}\times(s\vec{b})=s(\vec{a}\times\vec{b})$$
(s 是一个标量)

令 θ 为$\vec{a}$和$\vec{b}$间两个角中较小的那一个,则

$$\vec{a}\cdot\vec{b}=\vec{b}\cdot\vec{a}=a_xb_x+a_yb_y+a_zb_z=ab\cos\theta$$

$$\vec{a}\times\vec{b}=-\vec{b}\times\vec{a}=\begin{vmatrix}\vec{i} & \vec{j} & \vec{k}\\ a_x & a_y & a_z\\ b_x & b_y & b_z\end{vmatrix}$$
$$=\vec{i}\begin{vmatrix}a_y & a_z\\ b_y & b_z\end{vmatrix}-\vec{j}\begin{vmatrix}a_x & a_z\\ b_x & b_z\end{vmatrix}+\vec{k}\begin{vmatrix}a_x & a_y\\ b_x & b_y\end{vmatrix}$$
$$=(a_yb_z-b_ya_z)\vec{i}+(a_zb_x-b_za_x)\vec{j}$$
$$+(a_xb_y-b_xa_y)\vec{k}$$
$$|\vec{a}\times\vec{b}|=ab\sin\theta$$
$$\vec{a}\cdot(\vec{b}\times\vec{c})=\vec{b}\cdot(\vec{c}\times\vec{a})=\vec{c}\cdot(\vec{a}\times\vec{b})$$
$$\vec{a}\times(\vec{b}\times\vec{c})=(\vec{a}\cdot\vec{c})\vec{b}-(\vec{a}\cdot\vec{b})\vec{c}$$

导数和积分

在下列公式中,字母 u 和 v 代表 x 的函数,而 a 和 m 为常数。每个不定积分应加上一个任意的积分常数。更详尽的表见化学和物理学手册(*CRC* Press Inc.)

1. $\frac{dx}{dx}=1$

2. $\frac{d}{dx}(au)=a\frac{du}{dx}$

3. $\frac{d}{dx}(u+v)=\frac{du}{dx}+\frac{dv}{dx}$

4. $\frac{d}{dx}x^m=mx^{m-1}$

5. $\frac{d}{dx}\ln x=\frac{1}{x}$

6. $\frac{d}{dx}(uv)=u\frac{dv}{dx}+v\frac{du}{dx}$

7. $\frac{d}{dx}e^x=e^x$

8. $\frac{d}{dx}\sin x=\cos x$

9. $\frac{d}{dx}\cos x=-\sin x$

10. $\frac{d}{dx}\tan x=\sec^2 x$

11. $\frac{d}{dx}\cot x=-\csc^2 x$

12. $\frac{d}{dx}\sec x=\tan x\sec x$

13. $\frac{d}{dx}\csc x=-\cot x\csc x$

14. $\frac{d}{dx}e^u=e^u\frac{du}{dx}$

15. $\frac{d}{dx}\sin u=\cos u\frac{du}{dx}$

16. $\frac{d}{dx}\cos u=-\sin u\frac{du}{dx}$

1. $\int dx=x$

2. $\int au\,dx=a\int u\,dx$

3. $\int(u+v)\,dx=\int u\,dx+\int v\,dx$

4. $\int x^m dx=\frac{x^{m+1}}{m+1}\,(m\neq-1)$

5. $\int\frac{dx}{x}=\ln|x|$

6. $\int u\frac{dv}{dx}dx=uv-\int v\frac{du}{dx}dx$

7. $\int e^x dx=e^x$

8. $\int\sin x\,dx=-\cos x$

9. $\int\cos x\,dx=\sin x$

10. $\int\tan x\,dx=\ln|\sec x|$

11. $\int\sin^2 x\,dx=\frac{1}{2}x-\frac{1}{4}\sin 2x$

12. $\int e^{-ax}dx=-\frac{1}{a}e^{-ax}$

13. $\int xe^{-ax}dx=-\frac{1}{a^2}(ax+1)e^{-ax}$

14. $\int x^2e^{-ax}dx=-\frac{1}{a^3}(a^2x^2+2ax+2)e^{-ax}$

15. $\int_0^\infty x^n e^{-ax}dx=\frac{n!}{a^{n+1}}$

16. $\int_0^\infty x^{2n}e^{-ax^2}dx=\frac{1\cdot3\cdot5\cdots(2n-1)}{2^{n+1}a^n}\sqrt{\frac{\pi}{a}}$

17. $\int\frac{dx}{\sqrt{x^2+a^2}}=\ln(x+\sqrt{x^2+a^2})$

18. $\int\frac{x\,dx}{(x^2+a^2)^{3/2}}=-\frac{1}{(x^2+a^2)^{1/2}}$

19. $\int\frac{dx}{(x^2+a^2)^{3/2}}=\frac{x}{a^2(x^2+a^2)^{1/2}}$

20. $\int_0^\infty x^{2n+1}e^{-ax^2}dx=\frac{n!}{2a^{n+1}}\,(a>0)$

21. $\int\frac{x\,dx}{x+d}=x-d\ln(x+d)$

附录 F

元素的性质

除另有说明外，所有物理性质都是在 1atm 压强下的。

元素	符号	原子序数 Z	摩尔质量 /(g/mol)	密度 /(g/cm^3,20℃)	熔点 /℃	沸点 /℃	比热 /(J/(g·℃),25℃)
锕 Actinium	Ac	89	(227)	10. 06	1323	(3473)	0. 092
铝 Aluminum	Al	13	26. 9815	2. 699	660	2450	0. 900
镅 Americium	Am	95	(243)	13. 67	1541	—	—
锑 Antimony	Sb	51	121. 75	6. 691	630. 5	1380	0. 205
氩 Argon	Ar	18	39. 948	1.6626×10^{-3}	−189. 4	−185. 8	0. 523
砷 Arsenic	As	33	74. 9216	5. 78	817(28atm)	613	0. 331
砹 Astatine	At	85	(210)	—	(302)	—	—
钡 Barium	Ba	56	137. 34	3. 594	729	1640	0. 205
锫 Berkelium	Bk	97	(247)	14. 79	—	—	—
铍 Beryllium	Be	4	9. 0122	1. 848	1287	2770	1. 83
铋 Bismuth	Bi	83	208. 980	9. 747	271. 37	1560	0. 122
𬭛 Bohrium	Bh	107	262. 12	—	—	—	—
硼 Boron	B	5	10. 811	2. 34	2030	—	1. 11
溴 Bromine	Br	35	79. 909	3. 12(liquid)	−7. 2	58	0. 293
镉 Cadmium	Cd	48	112. 40	8. 65	321. 03	765	0. 226
钙 Calcium	Ca	20	40. 08	1. 55	838	1440	0. 624
锎 Californium	Cf	98	(251)	—	—	—	—
碳 Carbon	C	6	12. 01115	2. 26	3727	4830	0. 691
铈 Cerium	Ce	58	140. 12	6. 768	804	3470	0. 188
铯 Cesium	Cs	55	132. 905	1. 873	28. 40	690	0. 243
氯 Chlorine	Cl	17	35. 453	3.214×10^{-3}(0℃)	−101	−34. 7	0. 486
铬 Chromium	Cr	24	51. 996	7. 19	1857	2665	0. 448
钴 Cobalt	Co	27	58. 9332	8. 85	1495	2900	0. 423
铜 Copper	Cu	29	63. 54	8. 96	1083. 40	2595	0. 385
锔 Curium	Cm	96	(247)	13. 3	—	—	—
𬭊 Dubnium	Db	105	262. 114	—	—	—	—
镝 Dysprosium	Dy	66	162. 50	8. 55	1409	2330	0. 172
锿 Einsteinium	Es	99	(254)	—	—	—	—
铒 Erbium	Er	68	167. 26	9. 15	1522	2630	0. 167
铕 Europium	Eu	63	151. 96	5. 243	817	1490	0. 163
镄 Fermium	Fm	100	(237)	—	—	—	—

（续）

元素	符号	原子序数 Z	摩尔质量 /(g/mol)	密度 /(g/cm^3, 20℃)	熔点 /℃	沸点 /℃	比热 /(J/(g·℃), 25℃)
氟 Fluorine	F	9	18.9984	1.696×10^{-3} (0℃)	−219.6	−188.2	0.753
钫 Francium	Fr	87	(223)	—	(27)	—	—
钆 Gadolinium	Gd	64	157.25	7.90	1312	2730	0.234
镓 Gallium	Ga	31	69.72	5.907	29.75	2237	0.377
锗 Germanium	Ge	32	72.59	5.323	937.25	2830	0.322
金 Gold	Au	79	196.967	19.32	1064.43	2970	0.131
铪 Hafnium	Hf	72	178.49	13.31	2227	5400	0.144
𬭶 Hassium	Hs	108	(265)	—	—	—	—
氦 Helium	He	2	4.0026	0.1664×10^{-3}	−269.7	−268.9	5.23
钬 Holmium	Ho	67	164.930	8.79	1470	2330	0.165
氢 Hydrogen	H	1	1.00797	0.08375×10^{-3}	−259.19	−252.7	14.4
铟 Indium	In	49	114.82	7.31	156.634	2000	0.233
碘 Iodine	I	53	126.9044	4.93	113.7	183	0.218
铱 Iridium	Ir	77	192.2	22.5	2447	(5300)	0.130
铁 Iron	Fe	26	55.847	7.874	1536.5	3000	0.447
氪 Krypton	Kr	36	83.80	3.488×10^{-3}	−157.37	−152	0.247
镧 Lanthanum	La	57	138.91	6.189	920	3470	0.195
铹 Lawrencium	Lr	103	(257)	—	—	—	—
铅 Lead	Pb	82	207.19	11.35	327.45	1725	0.129
锂 Lithium	Li	3	6.939	0.534	180.55	1300	3.58
镥 Lutetium	Lu	71	174.97	9.849	1663	1930	0.155
镁 Magnesium	Mg	12	24.312	1.738	650	1107	1.03
锰 Manganese	Mn	25	54.9380	7.44	1244	2150	0.481
鿏 Meitnerium	Mt	109	(266)	—	—	—	—
钔 Mendelevium	Md	101	(256)	—	—	—	—
汞 Mercury	Hg	80	200.59	13.55	−38.87	357	0.138
钼 Molybdenum	Mo	42	95.94	10.22	2617	5560	0.251
钕 Neodymium	Nd	60	144.24	7.007	1016	3180	0.188
氖 Neon	Ne	10	20.183	0.8387×10^{-3}	−248.597	−246.0	1.03
镎 Neptunium	Np	93	(237)	20.25	637	—	1.26
镍 Nickel	Ni	28	58.71	8.902	1453	2730	0.444
铌 Niobium	Nb	41	92.906	8.57	2468	4927	0.264
氮 Nitrogen	N	7	14.0067	1.1649×10^{-3}	−210	−195.8	1.03
锘 Nobelium	No	102	(255)	—	—	—	—
锇 Osmium	Os	76	190.2	22.59	3027	5500	0.130

（续）

元素	符号	原子序数 Z	摩尔质量 /(g/mol)	密度 /(g/cm³,20℃)	熔点 /℃	沸点 /℃	比热 /(J/(g·℃),25℃)
氧 Oxygen	O	8	15.9994	1.3318×10^{-3}	-218.80	-183.0	0.913
钯 Palladium	Pd	46	106.4	12.02	1552	3980	0.243
磷 Pbosphorus	P	15	30.9738	1.83	44.25	280	0.741
铂 Platinum	Pt	78	195.09	21.45	1769	4530	0.134
钚 Plutonium	Pu	94	(244)	19.8	640	3235	0.130
钋 Polonium	Po	84	(210)	9.32	254	—	—
钾 Potassium	K	19	39.102	0.862	63.20	760	0.758
镨 Praseodymium	Pr	59	140.907	6.773	931	3020	0.197
钷 Promethium	Pm	61	(145)	7.22	(1027)	—	—
镤 Protactinium	Pa	91	(231)	15.37(estimated)	(1230)	—	—
镭 Radium	Ra	88	(226)	5.0	700	—	—
氡 Radon	Rn	86	(222)	9.96×10^{-3}(0℃)	(-71)	-61.8	0.092
铼 Rhenium	Re	75	186.2	21.02	3180	5900	0.134
铑 Rhodium	Rh	45	102.905	12.41	1963	4500	0.243
铷 Rubidium	Rb	37	85.47	1.532	39.49	688	0.364
钌 Ruthenium	Ru	44	101.107	12.37	2250	4900	0.239
铲 Rutherfordium	Rf	104	261.11	—	—	—	—
钐 Samarium	Sm	62	150.35	7.52	1072	1630	0.197
钪 Scandium	Sc	21	44.956	2.99	1539	2730	0.569
𨭎 Seaborgium	Sg	106	263.118	—	—	—	—
硒 Selenium	Se	34	78.96	4.79	221	685	0.318
硅 Silicon	Si	14	28.086	2.33	1412	2680	0.712
银 Silver	Ag	47	107.870	10.49	960.8	2210	0.234
钠 Sodium	Na	11	22.9898	0.9712	97.85	892	1.23
锶 Strontium	Sr	38	87.62	2.54	768	1380	0.737
硫 Sulfur	S	16	32.064	2.07	119.0	444.6	0.707
钽 Tantalum	Ta	73	180.948	16.6	3014	5425	0.138
锝 Technetium	Tc	43	(99)	11.46	2200	—	0.209
碲 Tellurium	Te	52	127.60	6.24	449.5	990	0.201
铽 Terbium	Tb	65	158.924	8.229	1357	2530	0.180
铊 Thallium	Tl	81	204.37	11.85	304	1457	0.130
钍 Thorium	Th	90	(232)	11.72	1755	(3850)	0.117
铥 Thulium	Tm	69	168.934	9.32	1545	1720	0.159
锡 Tin	Sn	50	118.69	7.2984	231.868	2270	0.226
钛 Titanium	Ti	22	47.90	4.54	1670	3260	0.523

（续）

元素	符号	原子序数 Z	摩尔质量 /(g/mol)	密度 /(g/cm^3),20℃	熔点 /℃	沸点 /℃	比热 /(J/(g·℃),25℃)
钨 Tungsten	W	74	183.85	19.3	3380	5930	0.134
未命名 Un-named	Uun	110	(269)	—	—	—	—
未命名 Un-named	Uuu	111	(272)	—	—	—	—
未命名 Un-named	Uub	112	(264)	—	—	—	—
未命名 Un-named	Uut	113	—	—	—	—	—
未命名 Un-named	Uuq	114	(285)	—	—	—	—
未命名 Un-named	Uup	115	—	—	—	—	—
未命名 Un-named	Uuh	116	(289)	—	—	—	—
未命名 Un-named	Uus	117	—	—	—	—	—
未命名 Un-named	Uuo	118	(293)	—	—	—	—
铀 Uranium	U	92	(238)	18.95	1132	3818	0.117
钒 Vanadium	V	23	50.942	6.11	1902	3400	0.490
氙 Xenon	Xe	54	131.30	5.495×10^{-3}	-111.79	-108	0.159
Ytterbium	Yb	70	173.04	6.965	824	1530	0.155
钇 Yttrium	Y	39	88.905	4.469	1526	3030	0.297
锌 Zinc	Zn	30	65.37	7.133	419.58	906	0.389
锆 Zirconium	Zr	40	91.22	6.506	1852	3580	0.276

在摩尔质量一列内括号内的值对放射性元素是它们的寿命最长的同位素的质量数字。

括号中的熔点和沸点不肯定。

气体的数据只有当它们处于正常的分子状态，如 H_2，He，O_2，Ne 等时才正确。气体的比热是定压下的值。

资料来源：取自 J. Emsley, *The Elements*, 3rd ed., 1998, Clarendon Press, Oxford. 关于最近的值和最新的元素也见 www.webelements.com。

附录 G

元素周期表

□ □ 金属　■ 类金属　■ 非金属

碱金属　过渡金属　惰性气体　水平周期

水平周期	ⅠA 碱金属	ⅡA	ⅢB	ⅣB	ⅤB	ⅥB	ⅦB	Ⅷ B	Ⅷ B	Ⅷ B	ⅠB	ⅡB	ⅢA	ⅣA	ⅤA	ⅥA	ⅦA	0 惰性气体
1	1 H																	2 He
2	3 Li	4 Be											5 B	6 C	7 N	8 O	9 F	10 Ne
3	11 Na	12 Mg											13 Al	14 Si	15 P	16 S	17 Cl	18 Ar
4	19 K	20 Ca	21 Sc	22 Ti	23 V	24 Cr	25 Mn	26 Fe	27 Co	28 Ni	29 Cu	30 Zn	31 Ga	32 Ge	33 As	34 Se	35 Br	36 Kr
5	37 Rb	38 Sr	39 Y	40 Zr	41 Nb	42 Mo	43 Tc	44 Ru	45 Rh	46 Pd	47 Ag	48 Cd	49 In	50 Sn	51 Sb	52 Te	53 I	54 Xe
6	55 Cs	56 Ba	57-71 *	72 Hf	73 Ta	74 W	75 Re	76 Os	77 Ir	78 Pt	79 Au	80 Hg	81 Tl	82 Pb	83 Bi	84 Po	85 At	86 Rn
7	87 Fr	88 Ra	89-103 +	104 Rf	105 Db	106 Sg	107 Bh	108 Hs	109 Mt	110	111	112	113	114	115	116	117	118

内过渡金属

镧系 *	57 La	58 Ce	59 Pr	60 Nd	61 Pm	62 Sm	63 Eu	64 Gd	65 Tb	66 Dy	67 Ho	68 Er	69 Tm	70 Yb	71 Lu
锕系 +	89 Ac	90 Th	91 Pa	92 U	93 Np	94 Pu	95 Am	96 Cm	97 Bk	98 Cf	99 Es	100 Em	101 Md	102 No	103 Lr

元素 104 到 109 的名称（铲，钳，𨭎，铍，𨭆，鿏）为 1997 年国际纯粹和应用化学联合会（IUPAC）所采用。元素 110，111，112，114，116 和 118 已经发现但到 2000 年尚未命名。关于最近的信息和最新的元素见 www.webelements.com。

答　　案

检查点、奇数题号的思考题以及练习和习题的答案

第1章

EP **1.** (a) 10^9; (b) 10^{-4}; (c) 9.1×10^5 **3.** (a) 160 杆; (b) 40 链 **5.** (a) 4.00×10^4km; (b) 5.10×10^8km^2; (c) 1.08×10^{12}km^3 **7.** 1.9×10^{22}cm^3 **9.** 1.1×10^3 英亩一英尺 **11.** (a) 0.98 ft/ns; (b) 0.30mm/ps **13.** C, D, A, B, E; 重要的判据是日变化的恒定性，不是它的大小 **15.** 0.12AU/min **17.** 2.1h **19.** 9.1×10^{49} **21.** (a) 10^3kg; (b) 158kg/s **23.** (a) 1.18×10^{-29}m^3; (b) 0.282nm **25.** (a) 60.8W; (b) 43.3Z **27.** 89km **29.** $\approx1\times10^{36}$

第2章

CP **1.** b 和 c **2.** 零（全程零位移） **3.** （校核导数 dx/dt）(a) 1 和 4; (b) 2 和 3 **4.** （见策略5）(a) 正; (b) 负; (c) 负; (d) 正 **5.** 1 和 4（$a=d^2x/dt^2$ 必须是常量） **6.** (a) 正（在 y 轴上向上的位移）; (b) 负（在 y 轴上向下的位移）; (c) $a=-g=-9.8\text{m/s}^2$

Q **1.** (a) 全相同; (b) 4, 1 和 2 相同, 3 **3.** E **5.** a 和 c **7.** $x=t^2$ 和 $x=8(t-2)+(1.5)(t-2)^2$ **9.** 相同

EP **1.** 414ms **3.** (a) +40km/h; (b) 40km/h **5.** (a) 73km/h; (b) 68km/h; (c) 70km/h; (d) 0 **7.** (a) 0, −2, 0, 12m; (b) +12m; (c) +7m/s **9.** 1.4m **11.** (a) −6m/s; (b) x 负向; (c) 6m/s; (d) 最初较小，接着零，接着较大; (e) 是（$t=2$s）; (f) 不 **13.** 100m **15.** (a) 速度平方; (b) 加速度; (c) m^2/s^2, m/s^2 **17.** 20m/s^2，沿和它的初速相反的方向 **19.** (a) 80m/s; (b) 110m/s; (c) 20m/s^2 **21.** (a) m/s^2, m/s^3; (b) 1.0s; (c) 82m; (d) −80m; (e) 0, −12, −36, −72m/s; (f) −6, −18, −30, −42m/s **23.** 0.10m **25.** (a) 1.6m/s; (b) 18m/s **27.** (a) 3.1×10^6s = 1.2 月; (b) 4.6×10^{13}m **29.** 1.62×10^{15} m/s^2 **31.** 2.5s **33.** (a) 3.56m/s^2; (b) 8.43m/s **35.** (a) 5.00m/s; (b) 1.67m/s^2; (c) 7.50m **37.** (a) 0.74s; (b) −6.2m/s^2 **39.** (a) 10.6m; (b) 41.5s **41.** (a) 29.4m; (b) 2.45s **43.** (a) 31m/s; (b) 6.4s **45.** (a) 3.2s; (b) 1.3s **47.** (a) 3.70m/s; (b) 1.74m/s; (c) 0.154m **49.** 4.0m/s **51.** 857m/s^2，向上 **53.** 1.26×10^3m/s^2，向上 **55.** 喷嘴以下 22cm 和 89cm **57.** 1.5s **59.** (a) 5.4s; (b) 41m/s **61.** (a) 76m; (b) 4.2s **63.** (a) 1.23cm; (b) 4 倍, 9 倍, 16 倍, 25 倍 **65.** 2.34m

第3章

CP **1.** (a) 7m（$\vec{a}$和$\vec{b}$同一方向）; (b) 1m（$\vec{a}$和$\vec{b}$方向相反） **2.** c, d, f（分量必须头接尾; $\vec{a}$必须从一个分量的尾画向另一个的头） **3.** (a) +, +; (b) +, −; (c) +, +（从$\vec{d}_1$ 的尾到$\vec{d}_2$的头画矢量） **4.** (a) 90°; (b) 0°（两矢量平行——同一方向; (c) 180°（两矢量反平行——相反方向） **5.** (a) 0°或 180°; (b) 90°

Q **1.** $\vec{A}$和$\vec{B}$ **3.** 不，但$\vec{a}$和（$-b$）可以交换: $\vec{a}+(\vec{b})=(-\vec{b})+\vec{a}$ **5.** (a) $\vec{a}$和$\vec{b}$平行; (b) $\vec{b}=0$; (c) $\vec{a}$和$\vec{b}$垂直 **7.** 除(e)外都可以 **9.** (a) 0（两矢量平行）; (b) 0（两矢量反平行）

EP **1.** 两位移必须(a)平行; (b)反平行; (c)垂直 **3.** (a) −2.5m; (b) −6.9m **5.** (a) 47.2m; (b) 122° **7.** (a) 168cm; (b) 地面以上32.5° **9.** (a) 6.42m; (b) 不; (c) 是; (d) 是; 一个可能的答案: $(4.30\text{m})\vec{i}+(3.70\text{m})\vec{j}$

$+(3.00\text{m})\vec{k}$；(f)7.96m **11.** (a)370m；(b)东偏北 36°；(c)425m；(d)路程 **13.** (a)$(-9\text{m})\vec{i}-(10\text{m})\vec{j}$；(b)13m；(c) +132° **15.** (a)4.2m；(b)北偏东 40°；(c)8.0m；(d)西偏北 24° **17.** (a)$(3.0\text{m})\vec{i}-(2.0\text{m})\vec{j}+(5.0\text{m})\vec{k}$；(b)$(5.0\text{m})\vec{i}-(4.0\text{m})\vec{j}-(3.0\text{m})\vec{k}$；(c)$(-5.0\text{m})\vec{i}+(4.0\text{m})\vec{j}+(3.0\text{m})\vec{k}$ **19.** (a)38m；(b)320°；(c)130m；(d)1.2°；(e)64m；(f)130° **21.** (a)1.59m；(b)12.1m；(c)12.2m；(d)82.5° **27.** (a)沿正立方体的边取三个轴，原点选在一个角上。对角线是 $a\vec{i}+a\vec{j}+a\vec{k}$，$a\vec{i}+a\vec{j}-a\vec{k}$，$a\vec{i}-a\vec{j}-a\vec{k}$；$a\vec{i}-a\vec{j}+a\vec{k}$；(b)54.7°；(c)$\sqrt{3}a$ **29.** (a)30；(b)52 **31.** 22° **35.** (b)$a^2b\sin\phi$ **37.** (a)3.0m；(b)0；(c)3.46m；(d)2.00m；(e) −5.00m；(f)8.66m；(g) −6.67；(h)4.33

第 4 章

CP **1.** (a)$(8\vec{i}-6\vec{j})$m；(b)是，xy 平面(没有 z 分量) **2.** (画 $\vec{v}$ 与路径相切，尾在路径上)(a)第 1；(b)第 3 **3.** (对时间求导)(1)和(3) a_x 和 a_y 都是常量，因而 $\vec{a}$ 是常量；(2)和(4) a_y 是常量但 a_x 不是，所以 $\vec{a}$ 不是 **4.** 4m/s^3，−2m/s，3m **5.** (a)v_x 不变；(b)v_y 开始时是正的，减小到零，接着逐渐地更负；(c)整个过程 $a_x=0$；(d)整个过程 $a_y=-g$ **6.** (a) $-(4\text{m/s})\vec{i}$；(b) $-(8\text{m/s}^2)\vec{j}$ **7.** (a)0，距离不变；(b) +70km/h，距离增大；(c) +80km/h，距离减小 **8.** (a) −(c)增大

Q **1.** (a)$(7\text{m})\vec{i}+(1\text{m})\vec{j}+(-2\text{m})\vec{k}$；(b)$(5\text{m})\vec{i}+(-3\text{m})\vec{j}+(1\text{m})\vec{k}$；(c)$(-2m)\vec{i}$ **3.** a,b,c **5.** (a)都相同；(b)1 和 2 相同(火箭向上射出)，然后 3 和 4 相同(它射入地内！) **7.** (a)3,2,1；(b)1,2,3；(c)都相同；(d)6,5,4 **9.** (a)较小；(b)不能回答；(c)相等；(d)不能回答 **11.** (a)2；(b)3；(c)1；(d)2；(e)3；(f)1 **13.** (a)是；(b)不是；(c)是

EP **1.** (a)$(-5.0\vec{i}+8.0\vec{j})$m；(b)9.4m；(c)122°；(e)$(8\vec{i}-8\vec{j})$m；(f)11m；(g) −45° **3.** (a)$(-7.0\vec{i}+12\vec{j})$m；(b)xy 平面 **5.** 7.59km/h，22.5°北偏东 **7.** (a)$(3.00\vec{i}-8.00t\vec{j})$m/s；(b)$(3.00\vec{i}-16.0\vec{j})$m/s；(c)16.3m/s；(d) −79.4° **9.** (a)$(8t\vec{j}+\vec{k})$m/s；(b)$8\vec{j}\text{m/s}^2$ **11.** (a)$(6.00\vec{i}-106\vec{j})$m；(b)$(19.0\vec{i}-224\vec{j})$m/s；(c)$(24.0\vec{i}-336\vec{j})\text{m/s}^2$；(d) −85.2°到 $+x$ **13.** (a)$(-1.5\vec{j})$m/s；(b)$(4.5\vec{i}-2.25\vec{j})$m **15.** (a)45m；(b)22m/s **17.** (a)62ms；(b)480m/s **19.** (a)0.205s；(b)0.205s；(c)20.5cm；(d)61.5cm **21.** (a)2.00ns；(b)2.00mm；(c)1.00×10^7m/s；(d)2.00×10^6m/s **23.** (a)16.9m；(b)8.21m；(c)27.6m；(d)7.26m；(e)40.2m；(f)0 **25.** 4.8cm **29.** (a)11m；(b)23m；(c)17m/s；(d)水平向下 63° **31.** (a)24m/s；(b)水平向上 65° **33.** (a)10s；(b)897m **35.** 第三 **37.** (a)202m/s；(b)806m；(c)161m/s；(d) −171m/s **39.** (a)是；(b)2.56m **41.** 在水平向上 30°和 63°角之间 **43.** (a)7.49km/s；(b)8.00m/s^2 **45.** (a)19m/s；(b)35rev/min；(c)1.7s **47.** (a)0.034m/s^2；(b)84min **49.** (a)12s；(b)4.1m/s^2，向下；(c)4.1m/s^2，向上 **51.** 160m/s^2 **53.** (a)13m/s^2，向东；(b)13m/s^2，向东 **55.** 36s，不 **57.** 60° **59.** 32m/s **61.** (a)38 节，北偏东 1.5°；(b)4.2h；(c)南偏西 1.5° **63.** (a)北偏西 37°；(b)62.6s

第 5 章

CP **1.** c，d 和 e($\vec{F}_1$ 和$\vec{F}_2$ 必须头接尾；$\vec{F}_{net}$必须从一个的尾到另一个的头) **2.** (a)和(b)2N，向左(每种情况加速度为零) **3.** (a)和(b)1,4,3,2 **4.** (a)相等；(b)较大(加速度向

上，因此对物体的合力必须向上） **5.** (a)相等；(b)较大；(c)较小 **6.** (a)增大；(b)是；(c)相同；(d)是 **7.** (a)$F\sin\theta$；(b)增大 **8.** 0(因为现在 $a=-g$)

Q **1.** (a)5；(b)7；(c)$(2\text{N})\vec{i}$；(d)$-(6\text{N})\vec{j}$；(e)第四；(f)第四 **3.** (a)2 和 4；(b)2 和 4 **5.** (a)2,3,4；(b)1,3,4；(c)1，$+y$；2，$+x$；3，第四象限；4，第三象限 **7.** (a)较小；(b)较大 **9.** (a)20kg；(b)18kg；(c)10kg；(d)都相同；(e)3,2,1 **11.** (a)4 或 5，选 4；(b)2；(c)1；(d)4 或 5，选 5；(e)3；(f)6；(g)3 和 6；1,2 和 5；(h)3 和 6；(i)1,2 和 5

EP **1.** (a)$F_x=1.88\text{N}$；(b)$F_y=0.684\text{N}$；(c)$(1.88\vec{i}+0.684\vec{j})\text{N}$ **3.** 2.9m/s^2 **5.** $(3\vec{i}-11\vec{j}+4\vec{k})\text{N}$ **7.** (a)$(-32\vec{i}-21\vec{j})\text{N}$；(b)38N；(c)从 $+x$ 算起 213° **9.** (a)108N；(b)108N；(c)108N **11.** (a)11N；(b)2.2kg；(c)0；(d)2.2kg **13.** 16N **15.** (a)42N；(b)72N；(c)4.9m/s^2 **17.** (a)0.02m/s^2；(b)$8\times10^4\text{km}$；(c)$2\times10^3\text{m/s}$ **19.** $1.2\times10^5\text{N}$ **21.** 1.5mm **23.** (a)$(285\vec{i}+705\vec{j})\text{N}$；(b)$(285\vec{i}-115\vec{j})\text{N}$；(c)307N；(d)从 $+x$ 算起 $-22°$；(e)3.67m/s^2；(f)从 $+x$ 算起 $-22°$ **25.** (a)0.62m/s^2；(b)0.13m/s^2；(c)2.6m， **27.** (a)494N，向上；(b)494N，向下 **29.** (a)$2.2\times10^{-3}\text{N}$；(b)$3.7\times10^{-3}\text{N}$ **31.** (a)1.1N **33.** $1.8\times10^4\text{N}$ **35.** (a)620N；(b)580N **37.** (a)3260N；(b)$2.7\times10^3\text{kg}$；(c)1.2m/s^2 **39.** (a)180N；(b)640N **41.** (a)1.23N；(b)2.46N；(c)3.69N；(d)4.92N；(e)6.15N；(f)0.25N **43.** (a)0.735m/s^2；(b)向下；(c)20.8N **45.** (a)1.18m；(b)0.674s；(c)3.50m/s **47.** (a)4.9m/s^2；(b)2.0m/s^2；(c)向上；(d)120N **49.** (a)2.18m/s^2；(b)116N；(c)21.0m/s^2 **51.** (b)$F/(m+M)$；(c)$MF/(m+M)$；(d)$F(m+2M)/2(m+M)$ **53.** $2Ma/(a+g)$ **55.** (a)31.3kN；(b)24.3kN

第 6 章

CP **1.** (a)零(因为没有滑动的倾向)；(b)5N；(c)不；(d)是；(e)8N **2.** (a)相同(10N)；(b)减小；(c)减小(因为 N 减小) **3.** 较大(由例题 6-5，v_t 决定于$\sqrt{R}$) **4.** ($\vec{a}$指向圆路径中心)(a)$\vec{a}$向下，$\vec{N}$向上；(b)$\vec{a}$和$\vec{N}$向上 **5.** (a)相同(仍需要和人的垂力相平衡)；(b)增大($N=mv^2/R$)；(c)增大($f_{s,\max}=\mu_s N$) **6.** (a)$4R_1$；(b)$4R_1$

Q **1.** (a)F_1,F_2,F_3；(b)都相同 **3.** (a)相同；(b)增大；(c)增大；(d)不 **5.** (a)减小；(b)减小；(c)增大；(d)增大；(e)增大 **7.** (a)物块的质量；(b)相等(它们是第三定律对)；(c)对板的是沿外加力的方向，对物块的是沿相反方向；(d)板的质量 M **9.** 4,3 然后 1,2 和 5 相同

EP **1.** (a)200N；(b)120N **3.** 0.61 **5.** (a)190N；(b)0.56m/s^2 **7.** (a)0.13N；(b)0.12 **9.** (a)不；(b)$(-12\vec{i}+5\vec{j})\text{N}$； **13.** (a)300N；(b)$1.3\text{m/s}^2$ **15.** (a)66N；(b)2.3m/s^2 **17.** (b)$3.0\times10^7\text{N}$ **19.** 100N **21.** (a)0；(b)3.9m/s^2 沿斜面向下；(c)1.0m/s^2 沿斜面向下 **23.** (a)3.5m/s^2；(b)0.21N；(c)两物体相互独立地运动 **25.** 490N **27.** (a)6.1m/s^2，向左；(b)0.98m/s^2，向左 **29.** $g(\sin\theta-\sqrt{2}x\mu_k\cos\theta)$ **31.** 9.9s **33.** 6200N **35.** 2.3 **37.** 约 48km/h **39.** 21m **41.** $\sqrt{Mgr/m}$ **43.** (a)轻；(b)778N；(c)223N **45.** 2.2km **47.** (b)8.74N；(c)37.9N，径向向内；(d)6.45m/s

第 7 章

CP **1.** (a)减小；(b)相同；(c)负的，零 **2.** d，c，b，a **3.** (a)相同；(b)较小 **4.** (a)正的；(b)负的；(c)零 **5.** 零

Q **1.** 全相同 **3.** (a)正的；(b)零；(c)负的；(d)负的；(e)零；(f)正的 **5.** (a)A,B,C；(b)C,B,A；(c)C,B,A；(d)A，2；B，3；C，1 **7.** 全相同 **9.** c,d，然后 a 和 b 相同，然后 f,e **11.**

(a)$2F_1$;(b)$2W_1$ **13.** B,C,A

EP **1.** 1.2×10^6m/s **3.** (a)3610J;(b)1900J;(c)1.1×10^{10}J **5.** (a)2.9×10^7m/s;(b)2.1×10^{-13}J **7.** (a)590J;(b)0;(c)0;(d)509J **9.** (a)170N;(b)340m;(c)-5.8×10^4J;(d)340N;(e)170m;(f)-5.8×10^4J **11.** (a)1.50J;(b)增大 **13.** 15.3J **15.** (a)98N;(b)4.0cm;(c)3.9J;(d)−3.9J **17.** (a)1.2×10^4J;(b)-1.1×10^4J;(c)1100J;(d)5.4m/s **19.** (a)$-3Mgd/4$;(b)Mgd;(c)$Mgd/4$;(d)$\sqrt{gd/2}$ **21.** (a)−0.043J;(b)−0.13J **23.** (a)6.6m/s;(b)4.7m **25.** 800J **27.** 0,用两种方法一样 **29.** −6J **31.** 490W **33.** (a)0.83J;(b)2.5J;(c)4.2J;(d)5.0W **35.** 740W **37.** 68kW **39.** (a)1.8×10^5ft·lb;(b)0.55hp

第8章

CP **1.** 不(考虑绕小回路一圈) **2.** 3,1,2(见式(8−6)) **3.** (a)全相同;(b)全相同 **4.** (a)CD,AB,BC(零)(校核斜率的大小);(b)x正向 **5.** 都相同

Q **1.** (a)12J;(b)−2J **3.** (a)都相同;(b)都相同 **5.** (a)4;(b)回到起始点并重复旅程;(c)1;(d)1 **7.** (a)fL;(b)0.50;(c)1.25;(d)2.25;(e)b,中心;c,右边;d,左边 **9.** (a)增大;(b)减小;(c)减小;(d)在AB和BC中恒定,在CD中减小

EP **1.** 89N/cm **3.** (a)4.31mJ;(b)−4.31mJ;(c)4.31mJ;(d)−4.31mJ;(e)都增大 **5.** (a)mgL;(b)$-mgL$;(c)0;(d)$-mgL$;(e)mgl;(f)0;(g)相同 **7.** (a)184J;(b)−184J;(c)−184J **9.** (a)2.08m/s;(b)2.08m/s;(c)增大 **11.** (a)$\sqrt{2gL}$;(b)$2\sqrt{gL}$;(c)$\sqrt{2gL}$;(d)都相同 **13.** (a)260m;(b)相同;(c)减小 **15.** (a)21.0m/s;(b)21.0m/s;(c)21.0m/s **17.** (a)0.98J;(b)−0.98J;(c)3.1N/cm **19.** (a)39.2J;(b)39.2J;(c)4.00m **21.** (a)35cm;(b)1.7m/s **23.** (a)4.8m/s;(b)2.4m/s **25.** 10cm **27.** 1.25cm **31.** (a)$2\sqrt{gL}$;(b)5mg;(c)71° **33.** $mgL/32$ **37.** (a)$1.12(A/B)^{1/6}$;(b)相斥;(c)相吸 **39.** (a)5.6J;(b)3.5J **41.** (a)30.1J;(b)30.1J;(c)0.22 **43.** (a)−2900J;(b)390J;(c)210N **45.** 11kJ **47.** 20ft·lb **49.** (a)1.5MJ;(b)0.51MJ;(c)1.0MJ;(d)63m/s **51.** (a)67J;(b)67J;(c)46cm **53.** (a)31.0J;(b)5.35m/s;(c)保守的 **55.** (a)44m/s;(b)0.036 **57.** (a)−0.90J;(b)0.46J;(c)1.0m/s **59.** 1.2m **63.** 在平展部分中心 **65.** (a)216J;(b)1180N;(c)432J;(d)电动机也向箱子和带供给热能 **67.** (b)$\rho(L-x)/2$;(c)$v=v_0[2(\rho L+m_f)/(\rho L+2m_f-\rho x)]^{0.5}$;(e)35m/s

第9章

CP **1.** (a)原点;(b)第四象限;(c)y轴上原点以下;(d)原点;(e)第三象限;(f)原点 **2.** (a)到(c)在质心,仍在原点(它们的力对系统是内部的,因而不能移动质心) **3.** (考虑斜率和式(9−23))(a)1,3然后是2和4(力为零)相同;(b)3 **4.** (无净外力;$\vec{P}$守恒)(a)0;(b)不;(c)$-x$ **5.** (a)500km/h;(b)2600km/h;(c)1600km/h **6.** (a)是;(b)不(由于沿y轴的净力)

Q **1.** (a)到(d)在原点 **3.** (a)在雪橇板中心;(b)$L/4$右边;(c)不动(无净外力);(d)$L/4$左边;(e)L;(f)$L/2$;(g)$L/2$ **5.** (a)ac,cd和bc;(c)bd和ad **7.** c,d,然后是a和b相同 **9.** b,c,a

EP **1.** (a)4600km;(b)$0.73R_e$ **3.** (a)1.1m;(b)1.3m;(c)向最顶上的质点移动 **5.** (a)−0.25m;(b)0 **7.** 沿对称轴离氮原子6.8×10^{-12}m **9.** (a)$H/2$;(b)$H/2$;(c)下降到最低然后上升到$H/2$;(d)$\frac{HM}{m}\left(\sqrt{1+\frac{m}{M}}-1\right)$ **11.** 72km/h **13.** (a)28cm;(b)2.3m/s

15. 53m **17.** (a)两容器间一半处;(b)26mm 到重的容器;(c)向下;(d) -1.6×10^{-2}m/s **19.** 4.2m **21.** 24km/h **23.** (a) 7.5×10^4J; (b) 3.8×10^4kg · m/s;(c)东偏南 38° **25.** (a)($-4.0\times10^4\vec{i}$)kg · m/s;(b)西;(c)0 **27.** 3.0mm/s,离开石头 **29.** 增大 4.4m/s **31.** 4400km/s **33.** (a)7290m/s;(b)8200m/s;(c) 1.27×10^4J;(d) 1.275×10^{10}J **35.** (a) 1.4×10^{-22}kg · m/s;(b)150°;(c)120°;(d) 1.6×10^{-19}J **37.** (a)1010m/s 从 $+x$ 方向顺时针 9.48°;(b)3.23MJ **39.** 14m/s,离另两片 135° **41.** 108m/s **43.** (a) 1.57×10^6N;(b) 1.35×10^5kg;(c)2.08km/s **45.** 2.2×10^{-3} **47.** (a)46N;(b)不需要 **49.** (a)0.2 到 0.3MJ;(b)同量 **51.** (a)8.8m/s;(b)2600J;(c)1.6kW **53.** 24W **55.** (a)860N;(b)2.4m/s **57.** (a) 2.1×10^6kg;(b) $\sqrt{100+1.5t}$m/s;(c) $(1.5\times10^6)/\sqrt{100+1.5t}$N;(d)6.7km **59.** 向下 1.5cm/s(气泡上升但薄层下降)

第10章

CP **1.** (a)不变;(b)不变(见式(10-4));(c)减小(见式(10-8)) **2.** (a)零;(b)正的(初始 p_y 沿 y 轴向下;终了 p_y 沿 y 轴向上);(c) y 轴正向 **3.** (a)10kg · m/s;(b)14kg · m/s;(c)6kg · m/s **4.** (a)4kg · m/s;(b)8kg · m/s;(c)3J **5.** (a)2kg · m/s(沿 x 轴动量守恒);(b)3kg · m/s(沿 y 轴动量守恒)

Q **1.** 全相同 **3.** b 和 c **5.** (a)向右;(b)向右;(c)较小 **7.** (a)一个是静止的;(b)2;(c)5;(d)相等(玩弹子戏者的结果) **9.** (a)2;(b)1;(c)3;(d)是;(e)不

EP **1.** 2.5m/s **3.** 3000N **5.** 67m/s,方向相反 **7.** (a)42N · s;(b)2100N **9.** (a) $(7.4\times10^3\vec{i}-7.4\times10^3\vec{j})$N · s;(b) $(-7.4\times10^3\vec{i})$N · s;(c) 2.3×10^3N;(d) 2.1×10^4N;(e) $-45°$ **11.** 10m/s **13.** (a)1.0kg · m/s;(b)250J;(c)10N;(d)1700N;(e)因为(c)的答案包括了弹丸撞击墙之间的时间 **15.** 41.7cm/s **17.** (a)1.8N · s,在图中向上;(b)180N,在图中向下 **19.** (a)9.0kg · m/s;(b)3000N;(c)4500N;(d)20m/s **21.** 3.0m/s **23.** ≈2mm/y **25.** (a)4.6m/s;(b)3.9m/s;(c)7.5m/s **27.** (a) $mR(\sqrt{2gh}+gt)$;(b)5.06kg **29.** 1.18×10^4kg **31.** (a) $mv/(m+M)$;(b) $M/(m+M)$ **33.** 25cm **35.** (a)1.9m/s,向右;(b)是;(c)不,总动能会增大 **37.** (a)99g;(b)1.9m/s;(c)0.93m/s **39.** 7.8% **41.** (a)1.2kg;(b)2.5m/s **43.** (a)100g;(b)1.0m/s **45.** (a)1/3;(b)4h **47.** (a) 4.15×10^5m/s;(b) 4.84×10^5m/s **49.** (a)41°;(b)4.76m/s;(c)不 **51.** 120° **53.** (a)6.9m/s,对 x 方向 30°;(b)6.9m/s,对 x 方向 $-30°$;(c)2.0m/s, $-x$ 方向 **57.** (a)5mg;(b)7mg;(c)5m

第11章

CP **1.** (b)和(c) **2.** (a)和(d)($\alpha=d^2\theta/dt^2$ 必须是常量) **3.** (a)是;(b)不;(c)是;(d)是 **4.** 全相同 **5.** 1,2,3(见式(11-29)) **6.** (见式(11-32))1 和 3 相同,4,然后是 2 和 5 相同(零) **7.** (a)在图中向下($\tau_{net}=0$);(b)较小(考虑力臂)

Q **1.** (a)正的;(b)零;(c)负的;(d)负的 **3.** 有限角位移不能交换 **5.** (a) c, a 然后是 b 和 d 相同;(b) b,然后 a 和 c 相同,然后 d **7.** 3,1,2 **9.** 90°,然后 70°和 110°相同 **11.** (a)减小;(b)顺时针;(c)逆时针

EP **1.** (a) $a+3bt^2-4ct^3$;(b) $6bt-12ct^2$ **3.** (a) 5.5×10^{15}s;(b)26 **5.** (a)2rad;(b)0;(c)130rad/s;(d)32rad/s²;(e)不 **7.** 11rad/s **9.** (a) -67rev/min²;(b);8.3rev **11.** 200rev/min **13.** 8.0s **15.** (a)44rad;(b)5.5s,32s;(c) -2.1s,40s **17.** (a)340s;(b) -4.5×10^{-3}rad/s²;(c)98s **19.** 1.8m/s²,向心 **21.** 0.13rad/s **23.** (a)3.0rad/s;(b)30m/s;(c)6.0m/s²;(d)90m/s² **25.** (a) 3.8×10^3rad/s;(b)190m/s **27.** (a) 7.3×10^{-5}rad/

s; (b) 350m/s; (c) 7.3×10^{-5}rad/s; (d) 460m/s **29.** 16s **31.** (a) -2.3×10^{-9} rad/s^2; (b) 2600y; (c) 24ms **33.** 12.3kg · m^2 **35.** (a) 1100J; (b) 9700J **37.** (a) $5md^2+\frac{8}{3}Md^2$; (b) $(\frac{5}{2}m+\frac{4}{3}M)d^2\omega^2$ **39.** 0.097kg · m^2 **41.** $\frac{1}{3}M(a^2+b^2)$ **45.** 4.6N · m **47.** (a) $r_1F_1\sin\theta_1-r_2F_2\sin\theta_2$; (b) −3.8N · m **49.** (a) 28.2rad/s^2; (b) 338N · m **51.** (a) 155kg · m^2; (b) 64.4kg **53.** 130N **55.** (a) 6.00cm/s^2; (b) 4.87N; (c) 4.54N; (d) 1.20rad/s^2; (e) 0.0138kg · m^2 **57.** (a) 1.73m/s^2; (b) 6.92m/s^2 **59.** 396N · m **61.** (a) $mL^2\omega^2/6$; (b) $L^2\omega^2/6g$ **63.** 5.42m/s **65.** $\sqrt{9g/4L}$ **67.** (a) $[(39H)(1-\cos\theta)]^{0.5}$; (b) $3g(1-\cos\theta)$; (c) $\frac{3}{2}g\sin\theta$; (d) 41.8° **69.** 17

第12章

CP **1.** (a)相同;(b)较小 **2.** 较小(考虑从转动动能到重力势能的能量转化) **3.** (画出矢量,用右手规则)(a) $\pm z$;(b) $+y$;(c) $-x$ **4.** (见式(12−21))(a)1和3相同,然后是2和4相同,然后5(零);(b)2和3 **5.** (见式(12−23)和(12−16))(a)3,1;然后2和4相同(零);(b)3 **6.** 都相同(τ相同,t相同,因此ΔL相同;(b)球,盘,圈(I的反序) **7.** (a)减小;(b)相同($\tau_{net}=0$,因此L守恒);(c)增大

Q **1.** (a)相同;(b)物块;(c)物块 **3.** (a) 0.5L;(b)L **5.** b,然后c和d相同,然后a和e相同(零) **7.** a,然后b和c相同,然后e,d(零) **9.** (a)相同;(b)增大;(c)减小;(d)相同,减小,增大 **11.** (a)1,2,3(零);(b)1和2相同,然后3;(c)1和3相同,然后2 **13.** (a) 3,1,2;(b)3,1,2

EP **1.** (a) 59.3rad/s; (b) 9.31rad/s^2; (c) 70.7m **3.** −3.15J **5.** 1/50 **7.** (a) 8.0°; (b) 更大 **9.** 4.8m **11.** (a) 63rad/s; (b) 4.0m **13.** (a) 8.0J; (b) 3.0m/s; (c) 6.9J; (d) 1.8m/s **15.** (a) 13cm/s^2; (b) 4.4s; (c) 55cm/s; (d) 1.8×10^{-2}J; (e) 1.4J; (f) 27rev/s **19.** (a) 10N · m 平行于xy平面,53°到$+y$; (b) 22N · m, $-x$ **21.** (a) $50\vec{k}$N · m; (b) 90° **23.** 9.8kg · m^2/s **25.** (a) 0; (b) $(8.0\vec{i}+8.0\vec{k})$N · m **27.** (a) mvd; (b)不; (c) 0,是 **29.** (a) $-170\vec{k}$kg · m^2/s; (b) $+56\vec{k}$N · m; (c) $+56\vec{k}$kg · m^2/s^2 **31.** (a) 0; (b) $8t$N · m,沿$-z$方向; (c) $2/\sqrt{t}$N · m, $-z$; (d) $8/t^2$N · m, $+z$ **33.** (a) −14.7N · m; (b) 20.4rad; (c) −29.9J; (d) 19.9W **35.** (a) $14md^2$; (b) $4md^2\omega$; (c) $14md^2\omega$ **37.** $\omega_0R_1R_2I_1/(I_1R_2^2+I_2R_1^2)$ **39.** (a) 3.6rev/s; (b) 3.0; (c)把砝收回时,人对它们的力从人把人的内能转化为动能 **41.** (a) 267rev/min; (b) 2/3 **43.** (a) 149kg · m^2; (b) 158kg · m^2/s; (c) 0.746rad/s **45.** $\frac{m}{M+m}(\frac{v}{R})$ **47.** (a) $(mRv-I\omega_0)/(I+mR^2)$; (b)不,有能量转化为蟑螂的内能 **49.** 3.4rad/s **51.** (a) 0.148rad/s; (b) 0.0123; (c) 181° **53.** 一天将延长约0.8s **55.** (a) 18rad/s; (b) 0.92 **57.** (a) 0.24kg · m^2; (b) 1800m/s **59.** $\theta=\cos^{-1}\times\left[1-\frac{6m^2h}{d(2m+M)(3m+M)}\right]$

第13章

CP **1.** c,e,f **2.** 在杆的正下方($\vec{F}_g$作用于苹果的对悬点的力矩是零) **3.** (a)不;(b)在$\vec{F}_1$所在处,垂直于图面;(c)45N **4.** (a)在C(从力矩方程中消除该处的力);(b)正;(c)负;(d)相等 **5.** d **6.** (a)相等;(b)B;(c)B

Q **1.** (a)是;(b)是;(c)是;(d)不 **3.** a和c(力和力矩平衡) **5.** $m_2=12$kg, $m_3=3$kg, $m_4=1$kg **7.** (a) 15N(关键是挂着10N糖罐的那个滑轮);(b)10N **9.** A,然后B和C相同

EP **1.** (a) 2; (b) 7 **3.** (a) $(-27\vec{i}+2\vec{j})$N;

(b)176°从 $+x$ 方向沿逆时针计 **5.** 7920N **7.** (a) $(mg/L)\sqrt{L^2+r^2}$;(b) mgr/L **9.** (a)1160N,向下;(b)1740N,向上;(c)左边的;(d)右边的 **11.** 74g **13.** (a)280N;(b)880N,水平向上 71° **15.** (a)8010N;(b)3.65kN;(c)5.66kN **17.** 71.7N **19.** (a)5.0N;(b)30N;(c)1.3m **21.** $mg\dfrac{\sqrt{2rh-h^2}}{r-h}$ **23.** (a)192N;(b)96.1N;(c)55.5N **25.** (a)6630N;(b)5740N;(c)5960N **27.** 2.20m **29.** 0.34 **31.** (a)211N;(b)534N;(c)320N **33.** (a)445N;(b)0.50;(c)315N **35.** (a)在 31°时滑动;(b)在 34°时翻倒 **37.** (a)$6.5\times10^6\,\text{N/m}^2$;(b)$1.1\times10^{-5}$m **39.** (a)867N;(b)143N;(c)0.165 **41.** (a)51°;(b)$0.64Mg$

第 14 章

CP **1.** 全相同 **2.** (a)1,2 和 4 相同,然后 3;(b)线段 d;(c)负 y 方向 **4.** (a)增大;(b)负的 **5.** (a)2;(b)1 **6.** (a)路程 1(减小的 E(更负)给出减小的 a);(b)较小(减小的 a 给出减小的 T)

Q **1.** (a)在中间,离质量较小的点更近;(b)不;(c)没有(除去无限远) **3.** $3GM^2/d^2$,向左 **5.** (a)1 和 2 相同,然后 3 和 4 相同;(b)1,2,3,4 **7.** $U_i/4$ **9.** (a)全相同;(b)全相同 **11.** (a)–(d)零

EP **1.** 19m **3.** 29pN **5.** 1/2 **7.** 2.60×10^5km **9.** 0.017N,指向 300kg 的球 **11.** 3.2×10^{-7}N **13.** $\dfrac{GmM}{d^2}\left[1-\dfrac{1}{8(1-R/2d)^2}\right]$ **15.** 2.6×10^6m **17.** (b)1.9h **21.** 4.7×10^{24}kg **23.** (a)$(3.0\times10^{-7}\,\text{N/kg})m$;(b)$(3.3\times10^{-7}\,\text{N/kg})m$;(c)$(6.7\times10^{-7}\,\text{N/kg}\cdot\text{m})mr$ **25.** (a)9.83m/s²;(b)9.84m/s²;(c)9.79m/s² **27.** (a)-1.3×10^{-4}J;(b)较小;(c)正的;(d)负的 **29.** (a)0.74;(b)3.7m/s²;(c)5.0km/s **31.** (a)5.0×10^{-11}J;(b)-5.0×10^{-11}J **35.** (a)1700m/s;(b)250km;(c)1400m/s **37.** (a)82km/s;(b)1.8×10^4km/s **39.** 2.5×10^4km **41.** 6.5×10^{23}kg **43.** 5×10^{10} **45.** (a)7.82km/s;(b)87.5min **47.** (a)6640km;(b)0.0136 **49.** (a)1.9×10^{13}m;(b)$3.5R_p$ **53.** 0.71y **55.** $\sqrt{GM/L}$ **57.** (a)2.8y;(b)1.0×10^{-4} **61.** (a)不;(b)相同;(c)是 **63.** (a)7.5km/s;(b)97min;(c)410km;(d)7.7km/s;(e)92min;(f)3.2×10^{-3}N;(g)不;(h)是,如果卫星–地球系统被认为是孤立的

第 15 章

CP **1.** 全相同 **2.** (a)都相同(对企鹅的重力是相同的);(b)$0.95\rho_0$,ρ_0,$1.1\rho_0$ **3.** 13cm³/s,向外 **4.** (a)都相同;(b)1,然后 2 和 3 相同,4(较宽意味着较慢);(c)4,3,2,1(较宽和较慢意味着较大的压强)

Q **1.** e,然后 b 与 d 相同,然后 a 和 c 相同 **3.** (a)2;(b)1,较小;3,相等;4,较大 **5.** (a)向下运动;(b)向下运动 **7.** 都相同 **9.** (a)向下;(b)向下;(c)相同

EP **1.** 1.1×10^5Pa 或 1.1atm **3.** 2.9×10^4N **5.** 0.074 **7.** (b)26kN **9.** 5.4×10^4Pa **11.** (a)5.3×10^6N;(b)2.8×10^5N;(c)7.4×10^5N;(d)不 **13.** 7.2×10^5N **15.** $\frac{1}{4}\rho gA(h_2-h_1)^2$ **17.** 1.7km **19.** (a)$\rho gWD^2/2$;(b)$\rho gWD^3/6$;(c)$D/3$ **21.** (a)7.9km;(b)16km **23.** 4.4mm **25.** (a)2.04×10^{-2}m³;(b)1570N **27.** (a)670kg/m³;(b)740kg/m³ **29.** (a)1.2kg;(b)1300kg/m³ **31.** 57.3cm **33.** 0.126m³ **35.** (a)45m²;(b)要使冰板水平,车需要在板的中心上面 **37.** (a)9.4N;(b)1.6N **39.** 8.1m/s **41.** 66W **43.** (a)2.5m/s;(b)2.6×10^5Pa **45.** (a)3.9m/s;(b)88kPa **47.** (a)1.6×10^{-3}m³/s;(b)0.90m **49.** 116m/s **51.** (a)6.4m³;(b)5.4m/s;(c)9.8×10^4Pa **53.** (a)74N;(b)150m³ **55.** (b)2.0×10^{-2}m³/s **57.** (b)63.3m/s **59.** (a)180kN;(b)81kN;(c)20kN;(d)0;(e)78kPa;

(f)不 **61.** (a)0.050;(b)0.41;(c)不;(d)面朝上躺在流沙表面,慢慢地把腿抽出来,然后滚向岸边

第16章

CP **1.** (画 x 对 t 曲线(a) $-x_m$;(b) $+x_m$;(c)0 **2.** a(F 必须具有式(6-10)的形式 **3.** (a)5J;(b)2J;(c)5J **4.** 都相同(在式(16-29)中,m 包含在 I 中) **5.** 1,2,3(比值 m/b 起作用;k 不)

Q **1.** c **3.** (a)2;(b)正的;(c)在0和 $+x_m$ 之间 **5.** (a)向 $-x_m$;(b)向 $+x_m$;(c)在 $-x_m$ 和0之间;(d)在 $-x_m$ 和0之间;(e)减小;(f)增大 **7.** (a)π rad;(b)π rad;(c)$\pi/2$ rad **9.** (a)变化;(b)变化;(c) $x=\pm x_m$;(d)更容易 **11.** b(无限大周期;不振动) **13.** 一个系统:$k=1500\text{N/m}$,$m=500\text{kg}$;另一系统:$k=1200\text{N/m}$,$m=400\text{kg}$;相同的比值 $k/m=3$ 给定两个系统都共振

EP **1.** (a)0.50s;(b)2.0Hz;(c)18cm **3.** (a)0.500s;(b)2.00Hz;(c)12.6rad/s;(d)79.0N/m;(e)4.40m/s;(f)27.6N **5.** $f>500\text{Hz}$ **7.** (a)6.28×10^5rad/s;(b)1.59mm **9.** (a)1.0mm;(b)0.75m/s;(c)570m/s^2 **11.** (a)1.29×10^5N/m;(b)2.68Hz **13.** 7.2m/s **15.** 2.08h **17.** 3.1cm **19.** (a)5.58Hz;(b)0.325kg;(c)0.400m **21.** (a)2.2Hz;(b)56cm/s;(c)0.10kg;(d)y_i 以下20.0cm **23.** (a)0.183A;(b)同一方向 **29.** (a)$(n+1)k/n$;(b)$(n+1)k$;(c)$\sqrt{(n+1)/n}f$;(d)$\sqrt{n+1}f$ **31.** 37mJ **33.** (a)2.25Hz;(b)125J;(c)250J;(d)86.6cm **35.** (a)130N/m;(b)0.62s;(c)1.6Hz;(d)5.0cm;(e)0.51m/s **37.** (a)3/4;(b)1/4;(c)$x_m/2$ **39.** (a)16.7cm;(b)1.23% **41.** (a)39.5rad/s;(b)34.2rad/s;(c)124rad/s^2 **43.** 99cm **45.** 5.6cm **47.** (a)$2\pi\sqrt{\frac{L^2+12d^2}{12gd}}$;(b)$d<L/\sqrt{12}$时增大,$d>L/\sqrt{12}$时减小;(c)增大;(d)无变化 **49.** (a)0.205kg·m^2;(b)47.7cm;(c)1.50s **53.** $2\pi\sqrt{m/3k}$ **55.** (a)0.35Hz;(b)0.39Hz;(c)0 **57.** (b)较小 **59.** 0.39 **61.** (a)14.3s;(b)5.27 **63.** (a)$F_m/b\omega$;(b)F_m/b

第17章

CP **1.** a,2;b,3;c,1(和式(17-2)中的相对比,然后见式(17-5)) **2.** (a)2,3,1(见式(17-12));(b)3,然后1和2相同(求 dy/dt 的大小) **3.** (a)相同(与 f 无关);(b)减小($\lambda=v/f$);(c)增大;(d)增大 **4.** (a)增大;(b)增大;(c)增大 **5.** 0.20和0.80相同,然后0.60,0.45 **6.** (a)1;(b)3;(c)2 **7.** (a)75Hz;(b)525Hz

Q **1.** 7d **3.** (a)$\pi/2$ rad和0.25波长;(b)π rad和0.5波长;(c)$3\pi/2$rad和0.75波长;(d)2π rad和1.0波长;(e)$3T/4$;(f)$T/2$ **5.** (a)4;(b)4;(c)3 **7.** a 和 d 相同,然后 b 和 c 相同 **9.** d **11.** (a)减小;(b)消失

EP **1.** (a)3.49m^{-1};(b)31.5m/s **3.** (a)0.68s;(b)1.47Hz;(c)2.06m/s **7.** (a)$y(x,t)=2.0\sin2\pi(0.10x-400t)$,$x,y$ 用cm,t 用s作单位;(b)50m/s;(c)40m/s **9.** (a)11.7cm;(b)π rad **11.** 129m/s **13.** (a)15m/s;(b)0.036N **15.** $y(x,t)=0.12\sin(141x+628t)$,$y$ 用mm,x 用m和 t 用s作单位 **17.** (a)$2\pi y_m/\lambda$;(b)不 **19.** (a)5.0cm;(b)40cm;(c)12m/s;(d)0.033s;(e)9.4m/s;(f)$5.0\sin(16x+190t+0.93)$,x 用m,y 用cm,t 用s作单位 **21.** 在线上后一脉冲发出的一端2.63m **25.** (a)3.77m/s;(b)12.3N;(c)0;(d)46.3W;(e)0;(f)0;(g)±0.50cm **27.** $1.4y_m$ **29.** 5.0cm **31.** (a)$0.83y_1$;(b)37° **33.** (a)140m/s;(b)60cm;(c)240Hz **35.** (a)82.0m/s;(b)16.8m;(c)4.88Hz **37.** 7.91Hz,15.8Hz,23.7Hz **39.** (a)105Hz;(b)158m/s

41. (a)0.25cm;(b)120cm/s;(c)3.0cm;(d)0 **43.** (a)50Hz;(b)$y=0.50\sin[\pi(x\pm100t)]$,$x$ 用 m,y 用 cm,t 用 s 作单位 **45.** (a)1.3m;(b)$y=0.002\sin(9.4x)\cos(3800t)$,$x$ 和 y 用 m,t 用 s 作单位 **47.** (a)2.0Hz;(b)200cm;(c)400cm/s;(d)50cm,150cm,250cm 等;(e)0,100cm,200cm 等 **51.** (a)323Hz;(b)8

第 18 章

CP **1.** 开始减小(例如:想象把图 18-7 的曲线向右移到通过 $x=42$m) **2.** (a)0,完全相长;(b)4λ,完全相长 **3.** (a)1 和 2 相同,然后 3(见式(18-28));(b)3,然后 1 和 2 相同(见式(18-26)) **4.** 二次(见式(18-39)和(18-41)) **5.** 放松 **6.** a,较大;b,较小;c,不能说;d,不能说;e,较大,f,较小 **7.** (相对于空气测速率)(a)222m/s;(b)222m/s

Q **1.** 沿路径 2 的脉冲 **3.** (a)2.0 波长;(b)1.5 波长;(c)完全相长,完全相消 **5.** (a)正好反相;(b)正好反相 **7.** (a)一个;(b)9 **9.** (a)增大;(b)减小 **11.** 所有单数谐波 **13.** d,e,b,c,a

EP **1.** 用 3 除时间 **3.** (a)79m,41m;(b)89m **5.** 1900km **7.** 40.7m **9.** (a)0.0762mm;(b)0.333mm **11.** (a)1.50Pa;(b)158Hz;(c)2.22m;(d)350m/s **13.** 343(1+2m)Hz,其中 m 是从 0 到 28 的整数;(b)686mHz,其中 m 是从 1 到 29 的整数 **15.** (a)143Hz,429Hz,715Hz;(b)286Hz,572Hz,858Hz **17.** 15.0mW **19.** 36.8mm **21.** (a)1000;(b)32 **23.** (a)59.7;(b)2.81×10^{-4} **25.** (b)5.76×10^{-17}J/m^2 **27.** (b)长度的平方 **29.** (a)5200Hz;(b)振幅 SAD/振幅 $SBD=2$ **31.** (a)57.2cm;(b)42.9cm **33.** (a)405m/s;(b)596N;(c)44.0cm;(d)37.3cm **35.** (a)1129,1506,和 1882Hz **37.** 12.4m **39.** (a)波节;(c)22s **41.** 45.3N **43.** 387Hz **45.** 0.02 **47.** 17.5kHz **49.** (a)526Hz;(b)555Hz **51.** (a)1.02kHz;(b)1.04kHz **53.** 155Hz **55.** (a)485.8Hz;(b)500.0Hz;(c)486.2Hz;(d)500.0Hz **57.** (a)598Hz;(b)608Hz;(c)589Hz **59.** (a)42°;(b)11s

第 19 章

CP **1.** (a)全相同;(b)50°X,50°Y,50°W **2.** (a)2 和 3 相同,然后 1,再后 4;(b)3,2,然后 1 和 4 相同(从式(19-9)和(19-10),假定面积的变化正比于初始面积) **3.** A(见式(19-14)) **4.** c 和 e(使一顺时针循环包围的面积最大) **5.** (a)都相同(ΔE_{int} 决定于 i 和 f,与路径无关);(b)4,3,2,1(比较曲线下的面积);(c)4,3,2,1(见式(19-26)) **6.** (a)0(闭合循环);(b)负的(W_{net} 是负的,见式(19-26)) **7.** b 和 d 相同,然后 a,c(P_{cond} 一样;见式(19-32))

Q **1.** 25s°,25U°,25R° **3.** A 和 B 相同,然后 C,D **5.** (a)均为顺时针;(b)均为顺时针 **7.** c,a,b **9.** 球,半球,正立方体 **11.** (a)在凝固点;(b)没有液体凝固;(c)部分冰溶化

EP **1.** 0.05kPa,氮 **3.** 348K **5.** (a)-40°;(b)575°;(c)摄氏和开氏不能给出同样读数 **7.** (a)量纲是倒时间 **9.** -92.1°X **11.** 960μm **13.** 2.731cm **15.** 29cm^3 **17.** 0.26cm^3 **19.** 360°C **23.** 0.68s/h,快了 **25.** 7.5cm **27.** (a)523J/kg·K;(b)26.2J/mol·K;(c)0.600mol **29.** 42.7kJ **31.** 大到 1.9 倍 **33.** (a)33.9Btu;(b)172F° **35.** 160s **37.** 2.8d **39.** 742kJ **41.** 82cal **43.** 33g **45.** (a)0°C;(b)2.5°C **47.** 8.72g **49.** A:120J,B:75J,C:30J **51.** -30J **53.** (a)6.0cal;(b)-43cal;(c)40cal;(d)18cal,18cal **55.** (a)0.13m;(b)2.3km **57.** 1660J/s **59.** (a)16J/s;(b)0.048g/s **61.** 0.50min **63.** (a)17kW/m^2;(b)18W/m^2 **65.** 0.40cm/h **67.** (a)90W;(b)230W;(c)330W

第 20 章

CP **1.** 除 c 外都是 **2.** (a)全相同;(b)3,2,1

3. 气体 A 4. 5(T 的变化最大),然后 1,2,3 和 4 相同 5. 1,2,3($Q_3=0$,Q_2 转变为 W_2,Q_1 大于 W_1 而升高了气体温度)

Q 1. 增大但小于两倍 3. a 和 c 相同,然后 b,再后 d 5. 1 - 4 7. 20J 9. (a)3;(b)1;(c)4;(d)2;(e)是 11. (a)1,2,3,4;(b)1,2,3

EP 1. 0.933kg 3. 6560 5. (a)5.47×10^{-8} mol;(b)3.29×10^{16} 7. (a)0.0388mol;(b)220°C 9. (a)106;(b)0.892m^3 11. $A(T_2-T_1)-B(T_2^2-T_1^2)$ 13. 5600J 15. 100cm^3 17. 2.0×10^5Pa 19. 180m/s 21. 9.53×10^6m/s 23. 1.9kPa 25. 33×10^{-20}J 27. (a)6.75×10^{-20}J;(b)10.7 31. (a)6×10^9km 33. 15cm 35. (a)3.27×10^{10};(b)172m 37. (a)6.5km/s;(b)7.1km/s 39. (a)1.0×10^4K;(b)1.6×10^5K;(c)440K,700K;(d)氢,不;氧,是 41. (a)7.0km/s;(b)2.0×10^{-8} cm;(c)3.5×10^{10}次/s 43. (a)$\frac{2}{3}v_0$;(b)$N/3$;(c)$122v_0$;(d)$1.31v_0$ 45. $RT\ln(v_f/v_i)$ 47. $(n_1C_1+n_2C_2+n_3C_3)/(n_1+n_2+n_3)$ 49. (a)6.6×10^{-26}kg;(b)40g/mol 51. 8000J 53. (a)6980J;(b)4990J;(c)1990J;(d)2990J 55. (a)14atm;(b)620K 59. 1.40 61. (a)以 J 为单位,按 $Q,\Delta E_{int},W$ 的顺序;1→2:3740,3740,0;2→3,0,-1810,1810;3→1:-3220,-1930,-1290;循环:520,0,520;(b)$V_2=0.0246\text{m}^2$,$P_2=2.00$atm,$V_3=0.0373\text{m}^3$,$p_3=1.00$atm

第 21 章

CP 1. a,b,c 2. 较小(Q 较小) 3. c,b,a 4. a,d,c,b 5. b

Q 1. 不变 3. b,a,c,d 5. 相等 7. (a)相同;(b)增大;(c)减小 9. (a)相同;(b)增大;(c)减小 11. (a)0;(b)0.25;(c)0.50

EP 1. 14.4J/K 3. (a)9220J;(b)23.0J/K;(c)0 5. (a)5.79×10^4J;(b)173J/K 7. (a)14.6J/K;(b)30.2J/K 13. (a)-943J/K;(b)+943J/K;(c)是 19. (a)$3p_0v_0$;(b)$\Delta E_{int}=6RT_0$,$\Delta S=\frac{3}{2}R\ln2$;(c)二者都是零 21. (a)31%;(b)16kJ 23. (a)23.6%;(b)1.49×10^4J 25. 266K 和 341K 27. (a)1470J;(b)554J;(c)918J;(d)62.4% 29. (a)2270J;(b)14800J;(c)15.4%;(d)75.0%,较大 31. (a)78%;(b)81kg/s 33. (a)$T_2=3T_1$,$T_3=3T_1/4^{\gamma-1}$,$T_4=T_1/4^{\gamma-1}$,$p_2=3p_1$,$p_3=3p_1/4^\gamma$,$p_4=p_1/4^\gamma$,;(b)$1-4^{1-\gamma}$ 35. 21J 37. 440W 39. 0.25hp 41. $[1-(T_2/T_1)]/[1-(T_4/T_3)]$ 45. (a)$W=N!/(n_1!n_2!n_3!)$;(b)$[(N/2)!\ (N/2)!]/[(N/3)!\ (N/3)!\ (N/3)!]$;(c)$4.2\times10^{16}$

第 22 章

CP 1. C 和 D 相互吸引;B 和 D 相互吸引 2. (a)向左;(b)向左;(c)向左 3. (a)a,c,b;(b)小于 4. $-15e$(净电荷 $-30e$ 均分)

Q 1. 不,仅适用于带电质点,带电的类质点物体和均匀带电球壳(包括实心球体) 3. a 和 b 5. $2q^2/4\pi\varepsilon_0r^2$,沿纸面向上 7. (a)相同;(b)小于;(c)相消;(d)相加;(e)相加的分量;(f)y 的正向;(g)y 的负向;(h)x 的正向;(i)x 的负向 9. (a)可能;(b)确定地 11. 不(人和导体分得电荷)

EP 1. 1.38m 3. (a)4.9×10^{-7}kg;(b)7.1×10^{-11}C 5. (a)0.17N;(b)-0.046N 7. 或者 -1.00μC 和 +3.0μC,或者 +100μC 和 -3.00μC 9. 电荷 $-4q/9$ 必须在两个正电荷的连线上,离电荷 $+q$ 的距离为 $L/3$ 11. (a)5.7×10^{13}C,不;(b)6.0×10^3kg 13. $q=Q/2$ 15. (b)$\pm2.4\times10^{-8}$C 17. (a)$\frac{L}{2}\left(1+\frac{1}{4\pi\varepsilon_0}\frac{qQ}{Wh^2}\right)$;(b)$\sqrt{3qQ/4\pi\varepsilon_0W}$ 19. -1.32×10^{13}C 21. (a)3.2×10^{-19}C;(b)2 个 23. 6.3×10^{11} 25. 122mA 27. (a)0;(b)1.9×10^{-9}N 29.

(a)^{9}B;(b)^{13}N;(c)^{12}C

第23章

CP 1.(a)向右;(b)向左;(c)向左;(d)向右(p和e电量大小相等而p较远) 2.全相同 3.(a)指向正y方向;(b)指向正x方向;(c)指向负y方向 4.(a)向左;(b)向左;(c)减小 5.(a)全相同;(b)1和3相同,然后2和4相同

Q 1.(a)向正x;(b)向下偏右;(c)A 3.两点:一点在三个粒子左侧,另一点在质子中间 5.(a)是;(b)指向;(c)不(场矢量不在一条直线上);(d)相消;(e)相加;(f)相加的分量;(g)指向负y 7.e,b,然后a和c相同,再后d(0) 9.(a)指向底部;(b)2和4指向底部,3指向顶部 11.(a)4,3,1,2;(b)3,然后1和4相同,再后2

EP 1.(a)6.4×10^{-18}N;(b)20N/C 5.56pC 7.3.07×10^{21}N/C 径向向外 9.离$q_1$50cm和离$q_2$100cm 11.0 13.1.02×10^{5}N/C,向上 15.6.88×10^{-28}C·m 21.$q/\pi^2\varepsilon_0 r^2$,竖直向下 23.(a)$-q/L$;(b)$q/4\pi\varepsilon_0 a(L+a)$ 27.$R/\sqrt{3}$ 29.3.51×10^{15}m/s^2 31.6.6×10^{-15}N 33.(a)1.5×10^{3}N/C;(b)2.4×10^{-16}N,向上;(c)1.6×10^{-26}N;(d)1.5×10^{10} 35.(a)1.92×10^{12}m/s^2;(b)1.96×10^{5}m/s 37.$-5e$ 39.(a)2.7×10^{6}m/s;(b)1000N/C 41.27μm 43.(a)是;(b)上板,2.73cm 45.(a)0;(b)8.5×10^{-22}N·m;(c)0 47.$(1/2\pi)\sqrt{pE/I}$

第24章

CP 1.(a)$+EA$;(b)$-EA$;(c)0;(d)0 2.(a)2;(b)3;(c)1 3.(a)相等;(b)相等;(c)相等 4.(a)$+50e$;(b)$-150e$ 5.3和4相同,然后2,1

Q 1.(a)8N·m^2/C;(b)0 3.(a)所有4个;(b)都不(它们是相等的) 5.(a)S_3,S_2,S_1;(b)都相同;(c)S_3,S_2,S_1;(d)都相同(零) 7.$2\sigma,\sigma,3\sigma$;或$3\sigma,\sigma,2\sigma$ 9.(a)都相同($E=0$);(b)都相同

EP 1.(a)693kg/s;(b)693kg/s;(c)347kg/s;(d)347kg/s;(e)575kg/s 3.(a)0;(b)-3.92N·m^2/C;(c)0;(d)每种场都是0 5.2.0×10^{5}N·m^2/C 7.(a)8.23N·m^2/C;(b)8.23N·m^2/C;(c)对于每种情况72.8pC 9.3.54μC 11.通过在q相交的三个面的每一个的是0,通过其他每个面的是$q/24\varepsilon_0$ 13.(a)37μC;(b)4.1×10^{6}N·m^2/C 15.(a)-3.0×10^{-6}C;(b)$+1.3\times10^{-5}$C 17.5.0μC/m 19.(a)$E=q/2\pi\varepsilon_0 LR$,径向向内;(b)在内和外表面都是$-q$;(c)$E=q/2\pi\varepsilon_0 Lr$,径向向内 21.(a)2.3×10^{6}N/C,径向向外;(b)4.5×10^{5}N/C,径向向内 23.3.6nC 25.(b)$\rho R^2/2\varepsilon_0 r$ 27.(a)5.3×10^{7}N/C;(b)60N/C 29.5.0nC/m^2 31.0.44mm 33.(a)$\rho x/\varepsilon_0$;(b)$\rho d/2\varepsilon_0$ 35.-7.5nC 39.-1.04nC 43.(a)$E=(q/4\pi\varepsilon_0 a^3)r$;(b)$E=q/4\pi\varepsilon_0 r^2$;(c)0;(d)0;(e)内,$-q$;外,0 45.$q/2\pi a^2$ 47.$6K\varepsilon_0 r^3$

第25章

CP 1.(a)负的;(b)增大 2.(a)正的;(b)较高 3.(a)向右;(b)1,2,3,5:正的;4,负的;(c)3,然后1,2和5相同,然后4 4.都一样 5.$a,c(0),b$ 6.(a)2,然后1和3相同;(b)3;(c)向左加速

Q 1.(a)较高;(b)正的;(c)负的;(d)都相同 3.$-4q/4\pi\varepsilon_0 d$ 5.(a)-(c)$Q/4\pi\varepsilon_0 R$;(d)a,b,c 7.(a)2,4,然后1,3和5相同(该处$E=0$);(b)$-x$向;(c)$+x$向 9.(a)-(d)0

EP 1.(a)3.0×10^{5}C;(b)3.6×10^{6}J 3.(a)3.0×10^{10}J;(b)7.7km/s;(c)9.0×10^{4}kg 5.8.8mm 7.(a)136MV/m;(b)8.82kV/m 9.(b)因为$V=0$的点选择得不同;(c)

$q/(8\pi\varepsilon_0 R)$；(d) 电势差与 $V=0$ 的点的选择无关 **11.** (a) $Q/4\pi\varepsilon_0 r$；

(b) $\frac{\rho}{3\varepsilon_0}\left(\frac{3}{2}r_2^2-\frac{1}{2}r^2-\frac{r_1^3}{r}\right),\rho=\frac{Q}{\frac{4\pi}{3}(r_2^3-r_1^3)}$；

(c) $\frac{\rho}{2\varepsilon_0}(r_2^2-r_1^2)$，其中 ρ 给出如 (b) 中；(d) 是

13. (a) -4.5kV；(b) -4.5kV **15.** $x=d/4$ 和 $x=-d/2$ **17.** (a) 0.54mm；(b) 790V **19.** 6.4×10^8V **21.** $2.5q/4\pi\varepsilon_0 d$ **25.** (a) $-5Q/4\pi\varepsilon_0 R$；(b) $-5Q/4\pi\varepsilon_0(z^2+R^2)^{1/2}$ **27.** $(\sigma/8\varepsilon_0)[(z^2+R^2)^{1/2}-z]$ **29.** $(c/4\pi\varepsilon_0)[L-d\ln(1+L/d)]$ **31.** 17V/m，从 $+x$ 沿逆时针方向 135° **35.** (a) $Q/[4\pi\varepsilon_0 d(d+L)]$，向左；(b) 0 **37.** $-0.21q^2/\varepsilon_0 a$ **39.** (a) $+6.0\times10^4$V；(b) -7.8×10^5V；(c) 2.5J；(d) 增大；(e) 相同；(f) 相同 **41.** $W=\frac{qQ}{8\pi\varepsilon_0}\left(\frac{1}{r_1}-\frac{1}{r_2}\right)$ **43.** 2.5km/s

45. (a) 0.225J；(b) A，45.0m/s^2；B，22.5m/s^2；(c) A，7.75m/s；B，3.87m/s **47.** 0.32km/s

49. 1.6×10^{-9}m **51.** 2.5×10^{-8}C **53.** (a) -180V；(b) 2700V；-8900V **55.** (a) -0.12V；(b) 1.8×10^{-8}N/C，径向向内

第 26 章

CP **1.** (a) 相同；(b) 相同 **2.** (a) 减小；(b) 增大；(c) 减小 **3.** (a) $V_1q/2$；(b) $V/2$，q **4.** (a) $q_0=q_1+q_{34}$；(b) 相等（C_3 和 C_4 串联）**5.** (a) 相同；(b)－(d) 增大；(e) 相同（同样的电势差跨越同样的板间距） **6.** (a) 相同；(b) 减小；(c) 增大

Q **1.** a，2；b，1；c，3 **3.** a，串联；b，并联；c，并联 **5.** (a) $C/3$；(b) $3C$；(c) 并联 **7.** (a) 相同；(b) 相同；(c) 更大；(d) 更大 **9.** (a) 2；(b) 3；(c) 1 **11.** (a) 增大；(b) 增大；(c) 减小；(d) 减小；(e) 相同，增大，增大，增大

EP **1.** 7.5pC **3.** 3.0mC **5.** (a) 140pF；(b) 17nC **7.** $5.04\pi\varepsilon_0 R$ **11.** 9090 **13.** 3.16μF

17. 43pF **19.** (a) 50V；(b) 5.0×10^{-5}C；(c) 1.5×10^{-4}C

21. $q_1=\frac{C_1C_2+C_1C_3}{C_1C_2+C_1C_3+C_2C_3}C_1V_0$

$q_2=q_3=\frac{C_2C_3}{C_1C_2+C_1C_3+C_2C_3}C_1V_0$

23. 72F **25.** 0.27J **27.** (a) 2.0J **29.** (a) 2V；(b) $U_i=\varepsilon_0AV^2/2d$，$U_f=2U_i$；(c) $\varepsilon_0AV^2/2d$

35. P yrex **37.** 81pF/m **39.** 0.63m^2 **43.** (a) 10kV/m；(b) 5.0nC

45. (a) $C=4\pi\varepsilon_0\kappa\left(\frac{ab}{b-a}\right)$；(b) $q=4\pi\varepsilon_0\kappa V\left(\frac{ab}{b-a}\right)$；(c) $q'=q(1-1/\kappa)$

第 27 章

CP **1.** 8A，向右 **2.** (a)－(c) 向右 **3.** a 和 c 相同，然后 b **4.** 设备 2 **5.** (a) 和 (b) 相同，然后 (d)，再后 (c)

Q **1.** a，b 和 c 相同，然后 d(0) **3.** b，a，c **5.** A，B 和 C 相同，然后 $A+B$ 和 $B+C$ 相同，再后 $A+B+C$ **7.** (a)－(c) 1 和 2 相同，然后 3 **9.** C，A，B

EP **1.** (a) 1200C；(b) 7.5×10^{21} **3.** 5.6ms **5.** (a) 6.4A/m^2，向北；(b) 不能，横截面积 **7.** 0.38mm **9.** (a) 2×10^{12}；(b) 5000；(c) 10MV **11.** 13min **13.** $2.0\times10^{-8}\ \Omega\cdot$m **15.** 100V **17.** 2.4Ω **19.** 54Ω **21.** 3.0 **23.** $8.2\times10^{-4}\ \Omega\cdot$m **25.** 2000K **27.** (a) 0.43%，0.0017%，0.0034% **29.** (a) $R=\rho L/\pi ab$ **31.** 560W **33.** (a) 1.0kW；(b) 25¢ **35.** 0.135W **37.** (a) 10.9A；(b) 10.6Ω；(c) 4.5MJ **39.** 660W **41.** (a) 3.1×10^{11}；(b) 25μA；(c) 1300W，25MW **43.** (a) 17mV/m；(b) 243J **45.** (a) $J=I/2\pi r^2$；(b) $E=\rho I/2\pi r^2$；(c) $\Delta V=\rho I(1/r-1/b)/2\pi$；(d) 0.16A/m^2；(e) 16V/m；(f) 0.16MV

第 28 章

CP **1.** (a)向右;(b)都相同;(c) b,然后 a 和 c 相同; ;(d)b,然后 a 和 c 相同 **2.** (a)都相同;(b)R_1,R_2,R_3 **3.** (a)较小;(b)较大;(c)相等 **4.** (a)$V/2$,i;(b)V,$i/2$ **5.** (a)1,2,4,3;(b)4,1 和 2 相同;然后3

Q **1.** 3,4,1,2 **3.** (a)不 ;(b)是 ;(c)全相同 **5.** 并联,R_2,R_1 串联 **7.** (a)相同;(b)相同;(c)较小;(d)较大 **9.** (a)较小;(b)较小;(c)较大 **11.** c,b,a

EP **1.** (a)$320;(b)4.8 分 **3.** 14h24min **5.** (a)0.50A;(b)$P_1=1.0$W,$P_2=2.0$W;(c)$P_1=6.0$W,提供的,$P_2=3.0$W,吸收的 **7.** (a)14V;(b)100W;(c)600W;(d)10V,100W **9.** (a)50V;(b)48V;(c)B 连到负端 **11.** 2.5V **13.** 8.0Ω **15.** (a) r_1-r_2;(b)有 r_1 的电池 **19.** 5.56A **21.** $i=5$mA,$i_2=60$mA,$V_{ab}=9.0$V **23.** (a)灯泡 2;(b)灯泡 1 **25.** $3d$ **27.** 9 个 **29.** (a)$R=r/2$;(b)$P_{\max}=\varepsilon^2/2r$ **31.** (a)0.346W;(b) 0.050W;(c) 0.709W;(d)1.26W;(c) −0.158W **33.** (a)电池 1,0.67A 向下;电池 2,0.33A 向上;电池 3,0.33A 向上;(b)3.3V **35.** (a)Cu:1.11A,Al:0.893A;(b)126m **37.** 0.45A **39.** −3.0% **45.** 4.6 **47.** (a)2.41μs;(b)161pF **49.** (a)0.955μC/s;(b)1.08μW;(c)2.74μW;(d)3.82μW **51.** (a)2.17s;(b)39.6mV **53.** (a)1.0×10^{-3}C;(b)10^{-3}A;(c)$V_C=10^3e^{-t}$V,$V_R=10^3e^{-t}$V;(d)$P=e^{-2t}$W **55.** (a)在 $t=0$,$i_1=1.1$mA,$i_2=i_3=0.55$mA;在 $t=\infty$,$i_1=i_2=0.82$mA,$i_3=0$;(c)在 $t=0$,$V_2=400$V;在 $t=\infty$,$V_2=600$V;(d)经过几个时间常量($\tau=7.1$s)之后

第 29 章

CP **1.** a,$+z$;6,$-x$;C,$\vec{F}_B=0$ **2.** (a)2,然后1 和3 相同(零);(b)4 **3.** (a) $+z$ 和 $-z$ 相同,然后 $+y$ 和 $-y$ 相同,再后 $+x$ 和 $-x$ 相同(零);(b) $+y$ **4.** (a)电子;(b)顺时针方向 **5.** $-y$ **6.** (a)都相同;(b)1 和 4 相同,然后 2 和 3 相同

Q **1.** (a)不,$\vec{v}$和$\vec{F}_B$ 必须垂直;(c)不,$\vec{B}$和$\vec{F}_B$ 必须垂直 **3.** (a)$\vec{F}_E$;(b)$\vec{F}_B$ **5.** (a)负的;(b)相等;(c)相等;(d)半圆 **7.** (a)$\vec{B}_1$;(b)B_1 向页内,B_2 向页外;(c)较小 **9.** (a)1,180°;2,270°;3,90°;4,0°;5,315°;6,225°;7,135°;8,45°;(b)1 和 2 相同,然后3 和4 相同;(c)8,然后5 和6 相同,再后7

EP **1.** (a)6.2×10^{-18}N;(b)9.5×10^8m/s;(c)仍等于 550m/s **3.** (a)400km/s;(b)835eV **5.** (a)东;(b)6.28×10^{14}m/s^2;(c)2.98mm **7.** (a)3.4×10^{-4}T,沿$\vec{v}_0$ 看水平向左;(b)是,如果它的速度和电子的速度相同 **9.** 0.27mT **11.** 680kV/m **13.** (b)2.84×10^{-3} **15.** 21μT **17.** (a) 2.05×10^7m/s;(b)467μT;(c)13.1MHz;(d)76.3ns **19.** (a)0.978MHz;(b)96.4cm **23.** (a)1.0MeV;(b)0.5MeV **25.** (a)495mT;(b)22.7mA;(c)8.17MJ **27.** (a)0.36ns;(b)0.17mm;(c)1.5mm **29.** (a) $-q$;(b)$\pi m/qB$ **31.** 240m **33.** 28.2N,水平向西 **35.** 467mA,从左向右 **37.** 0.10T,在离竖直方向 31° **39.** 4.3×10^{-3}N·m,负 y 方向 **43.** $2\pi aiB\sin\theta$ 垂直线圈平面(向上) **45.** (a)540Ω 和电流计串联;(b)2.52Ω,并联 **47.** 2.45A **49.** (a)12.7A;(b)0.0805N·m **51.** (a)0.30J/T;(b)0.024N·m **53.** (a)2.86A·m^2;(b)1.10A·m^2 **55.** (a)$(8.0\times10^{-4}$N·m$)(-1.2\vec{i}-0.90\vec{j}+1.0\vec{k})$;(b)$-6.0\times10^{-4}$J **57.** $-(0.10\text{V/m})\vec{k}$ **59.** −2.0T

第 30 章

CP **1.** a,c,b **2.** b,c,a **3.** d,a 和 c 相同,然后 b **4.** d,a,b 和 c 相同(零)

Q **1.** c,d,然后 a 和 b 相同 **3.** c,a,b **5.** (a)1,3,2;(b)较小 **7.** c 和 b 相同,然后 b,a **9.** d,然后 a 和 e 相同,再后 b,c

EP **1.** (a)3.3μT;(b)是 **3.** (a)16A;(b)由西向东 **5.** $\mu_0 qvi/2\pi d$ 和 i 反平行;(b)同样大小,平行于 i **7.** 2rad **9.** $\frac{\mu_0 i\theta}{4\pi}\left(\frac{1}{b}-\frac{1}{a}\right)$,垂直页面向外 **19.** $(\mu_0 i/2\pi w)\ln(1+\omega/d)$,向上 **21.** (a)在二者中间一半处除 $B=0$ 外不可能有其他值;(b)30A **23.** 4.3A,从页面出来 **25.** 80μT,在页面内向上 **27.** $0.791\mu_0 i^2/\pi a$,由水平沿反时针方向 162° **29.** 3.2mN,向导线 **31.** (a)$(-2.0\text{A})\mu_0$;(b)0 **35.** $\mu_0 J_0 r^2/3a$ **41.** 0.30mT **43.** (a)533μT;(b)400μT **47.** (a)4.77cm;(b)35.5μT **49.** 0.47A·m² **51.** (a)2.4A·m²;(b)46cm **57.** (a)79μT;(b)1.1×10^{-6}N·m

第31章

CP **1.** b,d 和 e 相同,然后 a 和 c 相同(零) **2.** a 和 b 相同,然后 c(零) **3.** c 和 d 相同,然后 a 和 b 相同 **4.** b,向外;c,向外;d,向里;e,向里 **5.** d 和 e **6.** (a)2,3,1(0);(b)2,3,1 **7.** a 和 b 相同,然后 c

Q **1.** (a)都相同(零);(b)2,然 1 和 3 相同(零) **3.** (a)向里;(b)逆时针方向;(c)较大 **5.** c,a,b **7.** c,b,a **9.** (a)较大;(b)较大;(c)相同;(d)相同(零)

EP **1.** 1.5mV **3.** (a)31mV;(b)由右向左 **5.** (a)$1.1\times10^{-3}\Omega$;(b)1.4T/s **7.** 30mA **9.** (a)$\mu_0 iR^2\pi r^2/2x^3$;(b)$3\mu_0 i\pi R^2 r^2 v/2x^4$;(c)和大线圈中的电流方向相同 **11.** (b)不 **13.** 29.5mC **15.** (a)21.7V;(b)逆时针 **17.** (b)设计使得 $Nab=(5/2\pi)\,\text{m}^2$ **19.** 5.50kV **21.** 80μV,顺时针 **23.** (a)13μWb/m;(b)17%;(c)0 **25.** 3.66μW **27.** (a)48.1mV;(b)2.67mA;(c)0.128mW **29.** (a)600mV,向上;(b)1.5A,顺时针;(c)0.90W;(d)0.18N;(e)和(c)相同 **31.** (a)240μV;(b)0.600mA;(c)0.144μW;(d)2.88×10^{-8}N;(e)和(c)相同 **33.** (a)71.5μV/m;(b)143μV/m **37.** 0.10μWb **41.** 使电流以 5.0A/s 变化 **43.** (b)使得一个电感线圈中电流的变化不在另一线圈中感应出电流;(c)$L_{eq}=\sum_{j=1}^{N}L_j$ **45.** $6.91\tau_L$ **47.** 46Ω **49.** (a)8.45ns;(b)7.37mA **51.** 12.0A/s **53.** (a)$i_1=i_2=3.33$ A;(b)$i_1=4.55$ A,$i_2=2.73$ A;(c)$i_1=0$,$i_2=1.82$ A(反向了);(d)$i_1=i_2=0$ **55.** (a)$i(1-e^{-Rt/L})$ **57.** 25.6ms **59.** (a)97.9H;(b)0.196mJ **63.** (a)34.2J/m³;(b)49.4mJ **65.** 1.5×10^8V/m **67.** (a)1.0J/m²;(b)4.8×10^{-15}J/m³ **69.** (a)1.67mH;(b)6.00mWb **71.** (b)让两个螺线管的线圈沿相反方向绕 **73.** 磁场只存在于螺线管的横截面内 **75.** (a)$\frac{\mu_0 NI}{2\pi}\ln\left(1+\frac{b}{a}\right)$;(b)13μH

第32章

CP **1.** $d,b,c,a(0)$ **2.** (a)2;(b)1 **3.** (a)指离;(b)指离;(c)较小 **4.** (a)指向;(b)指向;(c)较小 **5.** $a,c,b,d(0)$ **6.** b,c 和 d 相同,然后 a

Q **1.** 供给 **3.** (a)都向下;(b)1 向上,2 向下,3 是零 **5.** (a)1 向上,2 向上,3 向下;(b)1 向下,2 向上,3 是零 **7.** (a)1,向上;2,向上;3,向下;(b)和(c)2,然后 1 和 3 相同 **9.** (a)向右;(b)向左;(c)向里 **11.** 1,a;2,b;3,c 和 d

EP **1.** (b)是负号;(c)不,通过靠近磁铁的开口的正通量有补偿 **3.** 4.47μWb,向内 **5.** 55μT **7.** (a)31.0μT,0°;(b)55.9μT,73.9°;(c)62.0μT,90° **9.** (a)-9.3×10^{-24} J/T;(b)1.9×10^{-23}J/T **11.** (a)0;(b)0;(c)0;(d)$\pm3.2\times10^{-25}$J;(e)-3.2×10^{-34}J·s,2.8×10^{-23}J/T,$+9.7\times10^{-25}$J,$\pm3.2\times10^{-25}$J **13.** $\Delta\mu=e^2r^2B/4m$ **15.** 20.8mJ/T **17.** 是 **19.** (b)K_i/B,和场的方向相反;(c)310A/m **21.** (a)3.0μT;(b)5.6×10^{-10}eV **23.** 5.15×10^{-24}A·m² **25.** (a)180km;(b)2.3×10^{-5} **27.** 2.4×10^{13}V/m·s **33.** (a)0.63μT;(b)

2.3×10^{12} V/m · s **35.** (a) 710mA; (b) 0; (c) 1.1A **37.** (a) 2.0A; (b) 2.3×10^{11} V/m · s; (c) 0.50A; (d) 0.63μT · m

第 33 章

CP **1.** (a) T/2; (b) T; (c) T/2; (d) T/4 **2.** (a) 5V; (b) 150μJ **3.** (a) 不变; (b) 不变 **4.** (a) C, B, A; (b) 1, A; 2, B; 3, S; 4, C; (c) A **5.** (a) 不变; (b) 增大 **6.** (a) 不变; (b) 减小 **7.** (a) 1, 落后; 2, 超前; 3, 同相; (b) 3 (当 $X_L = X_C$ 时, $\omega_d = \omega$); **8.** (a) 增大 (电路主要是电容性; 为了更接近共振极大 P_{avg} 增大 C 以减小 X_C; (b) 更接近 **9.** (a) 较大; (b) 升压

Q **1.** (a) $T/4$; (b) $T/4$; (c) $T/2$ (见图 33 - 2); (d) $T/2$ (见式 (31 - 37)) **3.** b, a, c **5.** (a) 3, 1, 2; (b) 2, 1 和 3 相同 **7.** a, 电感; b, 电阻; c, 电容 **9.** (a) 超前; (b) 电容性的; (c) 较小 **11.** (a) 向右, 增大 (X_L 增大, 更接近共振); (b) 向右, 增大 (X_C 减小, 更接近共振; (c) 向右, 增大 (ω_d/ω 增大, 更接近共振)

EP **1.** 9.14nF **3.** (a) 1.17μJ; (b) 5.58mA **5.** 以 n 为正整数: (a) $t = n$(5.00μs); (b) $t = (2n-1)$(2.50μs); (c) $t = (2n-1)$(1.25 μs) **7.** (a) 1.25kg; (b) 372N/m; (c) 1.75×10^{-4} m; (d) 3.02mm/s **9.** 7.0×10^{-4} s **11.** (a) 3.0nC; (b) 1.7mA; (c) 4.5nJ **13.** (a) 275Hz; (b) 364mA **15.** (a) 6.0∶1; (b) 36pF, 0.22mH **17.** (a) 1.98μJ; (b) 5.56μC; (c) 12.6mA; (d) −46.9°; (e) +46.9° **19.** (a) 0.180mC; (b) 7/8; (c) 66.7W **21.** (a) 356μs; (b) 2.50mH; (c) 3.20mJ **23.** 令 T_2 (= 0.596s) 是电感加 900μF 电容的周期并令 T_1 (=0.199s) 是电感加 100μF 电容的周期。合上 S_2, 等待 $T_2/4$; 快速合上 S_1, 然后打开 S_2; 等待 $T_1/4$ 然后打开 S_1 **25.** 8.66mΩ **27.** $(L/R)\ln2$ **31.** (a) 0.0955A; (b) 0.0119A **33.** (a) 0.65kHz; (b) 24Ω **35.** (a) 6.73ms; (b) 11.2ms; (c) 电感; (d) 138mH **37.** (a) $X_C = 0$, X_L = 86.7 Ω, Z = 218Ω, I = 165mA, ϕ = 23.4° **39.** (a) X_C = 37.9Ω, X_L = 86.7Ω, Z = 206Ω, I = 175mA, ϕ = 13.7° **41.** 1000V **43.** 89Ω **45.** (a) 224rad/s; (b) 6.00A; (c) 228rad/s, 219rad/s; (d) 0.040 **49.** 1.84A **51.** 141V **53.** 0, 9.00W, 2.73W, 1.82W **55.** (a) 12.1Ω; (b) 1.19kW **57.** (a) 0.743; (b) 超前; (c) 电容性; (d) 不; (e) 是, 不, 是; (f) 33.4W **59.** (a) 117μF; (b) 0; (c) 90.0W, 0; (d) 0°, 90°; (e) 1, 0 **61.** (a) 2.59A; (b) 38.8V, 159V, 224V, 642V, 75.0V; (c) 对于 R, 100W; 对于 L 和 C, 0 **63.** (a) 2.4V; (b) 3.2mA, 0.16A **65.** 10

第 34 章

CP **1.** (a) (用图 34 - 5) 在矩形右侧, $\vec{E}$ 沿 y 负向; 在左侧, $\vec{E}+d\vec{E}$ 较大, 沿相同方向; (b); $\vec{E}$ 向下。在右侧, $\vec{B}$ 沿 z 负向; 在左侧, $\vec{B}+d\vec{B}$ 较大, 沿相同方向 **2.** x 正向 **3.** (a) 相同; (b) 减小 **4.** a, d, b, c (0) **5.** a **6.** (a) 不; (b) 是

Q **1.** (a) z 正向; (b) x **3.** (a) 相同; (b) 增大; (c) 减小 **5.** c **7.** a, b, c **9.** 都不 **11.** b

EP **1.** (a) 0.50ms; (b) 8.4min; (c) 2.4h; (d) 5500$B.C$ **3.** (a) 515nm, 610nm; (b) 555nm, 5.41×10^{14} Hz, 1.85×10^{-15} s **5.** (a) 它会稳定地增大; (b) 各次卫星食的表观时间和在 x 处观测到的时间的总差异; 地球轨道半径 **7.** 5.0×10^{-21} H **9.** $B_x = 0$, $B_y = -6.7\times10^{-9}\cos[\pi\times10^{15}(t - x/c)]$, $B_z = 0$, SI 制单位 **11.** 0.10MJ **13.** 8.88×10^4 m^2 **15.** (a) 16.7nT; (b) 33.1mW/m^2 **17.** (a) 6.7nT; (b) 53mW/m^2; (c) 6.7W **19.** (a) 87mV/m; (b) 0.30nT; (c) 13kW **21.** 1.0×10^7 Pa **23.** 5.9×10^{-8} Pa **25.** (a) 100MHz; (b) 1.0μT 沿 z 轴; (c) 2.1m^{-1}, 6.3×10^8 rad/s; (d) 120W/m^2; (e) 8.0×10^{-7} N, 4.0×10^{-7} Pa **29.** 1.9mm/s **31.** (b) 580nm **33.** (a) 1.9V/m; (b) 1.7×10^{-11} Pa **35.** 3.1% **37.** 4.4W/m^2 **39.** 2/3 **41.** (a) 2 片; (b) 5 片 **43.** 1.48 **45.** 1.26 **47.** 1.07m

53. 1.22 **55.** (a)49°;(b)29° **57.** (a)把每一面的中心用半径为 4.5mm 的不透明圆片遮住;(b)约 0.63 **59.** (a) $\sqrt{1+\sin^2\theta}$;(b) $\sqrt{2}$;(c)光在右面射出;(d)没有光在右面射出 **61.** 49° **63.** (a)15m/s;(b)8.7m/s;(c)较高;(d)72° **65.** 1.0

第 35 章

CP **1.** 0.2d,1.8d,2.2d **2.** (a)实的;(b)倒立;(c)相同 **3.** (a)e;(b)虚的,相同 **4.** 虚的,与物相同,发散

Q **1.** c **3.** (a)a 和 c;(b)3 次;(c)你 **5.** 凸的 **7.** (a)减小;(b)增大;(c)增大 **9.** (a)除第 2 种情况外都可以;(b)对 1,3 和 4:右,倒立;对 5 和 6:左,相同

EP **1.** 40cm **3.** (a)3 **7.** 新的强度是旧的 10/9 **9.** 10.5cm **13.** (a)2.00;(b)没有 **17.** $i=-12$cm **19.** 45mm,90mm **23.** 22cm **27.** 指向相同,虚的,第二透镜左侧 30cm;$m=1$ **33.** (a)13.0cm;(b)5.23cm;(c) −3.25;(d)3.13;(e) −10.2 **35.** (a)2.35cm;(b)减小 **37.** (a)5.3cm;(b)3.0mm

第 36 章

CP **1.** b(n 最小),c,a **2.** (a)上部的;(b)照亮的中间强度(相差是 2.1 波长) **3.** (a)3λ,3;(b)2.5λ,2.5 **4.** a 和 b 相同(合成波振幅的 $4E_0$),然后 b 和 c 相同(合成波振幅为 $2E_0$) **5.** (a)1 和 4;(b)1 和 4

Q **1.** a,c,b **3.** (a)300nm;(b)正好反相 **5.** (a)中间接近极大,$m=2$;(b)极小,$m=3$;(c)中间接近极大,$m=2$;(d)极大,$m=1$ **7.** (a) −(c)减小;(d)蓝色 **9.** (a)极大;(b)极小;(c)交替 **11.** (a)0.5 波长;(b)1 波长

EP **1.** (a)5.09×10^{14}Hz;(b)388nm;(c)1.97×10^{8}m/s **3.** 1.56 **5.** 22°,折射减小 θ **7.** (a)3.60μm;(b)中间,接近完全相长干涉 **11.** (a)0.216rad;(b)12.4° **13.** 2.25mm **15.** 648nm **17.** 16 **19.** 0.072mm **21.** 6.64μm **23.** 2.65 **25.** $y=27\sin(\omega t+8.5°)$ **27.** (a)1.17m,3.00m,7.50m;(b)不 **29.** $I=\frac{1}{9}I_m[1+8\cos^2(\pi d\sin\theta/\lambda)]$,$I_m$ = 中央极大的强度 **31.** 完全相长地 **33.** 0.117μm, 0.352μm **35.** 70.0nm **37.** 120nm **39.** (a)552nm;(b)442nm **43.** 140 **45.** 1.89μm **47.** 2.4μm **49.** $\sqrt{(m+\frac{1}{2})\lambda R}$,$m=0,1,2,\cdots$ **51.** 1.00m **53.** $x=(D/2a)(m+\frac{1}{2})\lambda$,$m=0,1,2,\cdots$ **55.** 588nm **57.** 1.00030 **59.** (a)0;(b)完全相长的;(c)增大;

(d) 相差	位置 x(μm)	类型
0	≈∞	fc
0.50λ	7.88	fd
1.00λ	3.75	fc
1.50λ	2.29	fd
2.00λ	1.50	fc
2.50λ	0.975	fd

第 37 章

CP **1.** (a)扩展;(b)扩展 **2.** (a)第二侧向极大;(b)2.5 **3.** (a)红;(b)紫 **4.** 减小 **5.** (a)增大;(b)相同 **6.** (a)左;(b)较小

Q **1.** (a)收缩;(b)收缩 **3.** 用传声筒(口较大,衍射较小) **5.** 四圈 **7.** (a)较小;(b)较大;(c)较大 **9.** (a)减小;(b)减小;(c)向右 **11.** (a)增大;(b)第一级

EP **1.** 60.4μm **3.** (a) $\lambda_a=2\lambda_b$;(b)当 $m_b=2m_a$ 时重合 **5.** (a)70cm;(b)1.0mm **7.** 1.77mm **11.** (d)53°,10°,5.1° **13.** (b)0,4.493rad 等;(c) −0.50,0.93 等 **15.** (a)1.3×10^{-4}rad;(b)10km **17.** 50m **19.** (a)1.1×10^{4}km;(b)11km **21.** 27cm **23.** (a)0.347°;(b)0.97° **25.** (a)8.7×10^{-7}rad;(b)8.4×10^{7}km;(c)0.025mm **27.** 5 条 **29.** (a)4;(b)

每一个第 4 明纹 **31.** (a)9 条;(b)0.255 **33.** (a)3.33μm;(b)0, ±10.2°, ±20.7°, ±32.0°, ±45.0°, ±62.2° **35.** 三 **37.** (a)6.0μm;(b)1.5μm;(c)$m=0,1,2,3,5,6,7,9$ **39.** 1100 **47.** 3650 **53.** 0.26nm **55.** 39.8pm **59.** (a)$a_0/\sqrt{2}, a_0/\sqrt{5}, a_0/\sqrt{10}, a_0/\sqrt{13}, a_0/\sqrt{17}$ **61.** 30.6°, 15.3°(顺时针);3.08°,37.8°(逆时针) **63.** (a)50m;(b)不,10m 的宽度太窄而不能分辨;(c)白天不能,但是夜里的光污染会是一个肯定的标志

第 38 章

CP **1.** (a)相同(光速假设);(b)不是(飞行的起点和终点不在同一地点);(c)不(因为它测量的不是固有时间) **2.** (a)Sally 的;(b)Sally 的 **3.** a,正的;b,负的;c,正的 **4.** (a)向右;(b)大于 **5.** (a)相等;(b)较小

Q **1.** 全相等(脉冲速率是 c) **3.** (a)C_1;(b)C_1 **5.** (a)负的;(b)正的 **7.** 较小 **9.** b,a,c,d

EP **1.** (a)6.7×10^{-10}s;(b)2.2×10^{-18}m **3.** 0.99c **5.** 0.445ps **7.** 1.32m **9.** 0.63m **11.** (a)87.4m;(b)394ns **13.** (a)26y;(b)52y;(c)3.7y **15.** $x'=138$km, $t'=-374$μs **17.** (a)25.8μs;(b)小闪光 **19.** (a)1.25;(b)0.800μs **21.** 0.81c **23.** (a)0.35c;(b)0.62c **25.** 1.2μs **27.** 22.9MHz **29.** 1×10^6m/s,退行 **31.** 黄(550nm) **33.** (a)0.0625, 1.00196;(b)0.941, 2.96;(c)0.99999987, 1960 **35.** 0.999987c **37.** 18smu/y **39.** (a)0.707c;(b)1.41;(c)0.414mc^2 **41.** $\sqrt{8}mc$ **43.** 1.01×10^7km,或 250 地球圆周 **45.** 110km **47.** 4.00u,约一个氦核 **49.** 330mT **51.** (a)2.08MeV;(b)−1.18MeV **53.** (a)$vt\sin\theta$;(b)$t\left[\left(1-\frac{v}{c}\right)\cos\theta\right]$;(c)3.24$c$

第 39 章

CP **1.** b,a,d,c **2.** (a)锂,钠,钾,铯;(b)全相同 **3.** (a)相同;(b)−(d)X 射线 **4.** (a)质子;(b)相同;(c)质子 **5.** 相同

Q **1.** (a)微波;(b)X 射线;(c)X 射线 **3.** 钾 **5.** 金属板面上聚集起正电荷,阻止了电子的进一步发射 **7.** 没有 **9.** (a)较大;(b)较小 **11.** 没有什么变化 **13.** (a)减小一因子 $1/\sqrt{2}$;(b)减小一因子 1/2 **15.** (a)减小;(b)增大;(c)不变;(d)不变 **17.** a **19.** (a)0;(b)是

EP **1.** 4.14eV · fs **5.** 1.0×10^{45} 光子/s **7.** 5.9μeV **9.** 2.047eV **11.** 4.7×10^{26} 光子 **13.** (a)红外灯;(b)1.4×10^{21} 光子/s **15.** (a)2.96×10^{20} 光子/s;(b)48600km;(c)5.89×10^{18}光子/m² · s **17.** 钡和锂 **19.** 170nm **21.** 676km/s **23.** (a)2.00eV;(b)0;(c)2.00eV;(d)295nm **25.** 233nm **27.** (a)382nm;(b)1.82eV **29.** 9.68×10^{-20}A **31.** (a)2.7pm;(b)6.05pm **33.** (a)8.57×10^{18}Hz;(b)35.4keV;(c)1.89×10^{-23}kg · m/s = 35.4keV/c **37.** (a)2.43pm;(b)1.32fm;(c)0.511MeV;(d)938MeV **39.** 300% **43.** (a)41.8keV;(b)8.2keV **45.** 1.12keV **47.** 44° **51.** 7.75pm **53.** 4.3μeV **55.** (a)38.8meV;(b)146pm **57.** (a)光子:1.24μm;电子:1.22nm;(b)每个 1.24fm **59.** (a)1.9×10^{-21}kg · m/s;(b)346fm **61.** 0.025fm,是核半径的约 1/200 倍 **63.** 中子 **65.** 9.70kV(相对论计算),9.76kV(经典计算) **73.** (d)$x=n(\lambda/2), n=0,1,2,3,\cdots$ **75.** 0.19m **79.** (a)质子:9.02×10^{-6},氘核:7.33×10^{-8};(b)每个 3.0MeV;(c)每个 3.0MeV **81.** (a)−20%;(b)−10%;(c)+15% **83.** $T=10^{-x}$,其中 $x=7.2\times10^{39}$(T 非常小)

第 40 章

CP **1.** b,a,c **2.** (a)全相同;(b)a,b,c **3.** a,b,c,d **4.** $E_{1,1}$(n_x 和 n_y 都不可能是零) **5.** (a)5;(b)7

Q **1.** (a)1/4;(b)同一因子 **3.** c **5.** (a)

$\sqrt{\frac{1}{L}}\sin\frac{\pi x}{2L}$；(b) $\sqrt{\frac{4}{L}}\sin\frac{2\pi x}{L}$；(c) $\sqrt{\frac{2}{L}}\cos\frac{\pi x}{L}$
7. 较小 **9.** (a)更宽些；(b)更深些
11. $n=1, n=2, n=3$ **13.** b,c 和 d **15.** (a)第一赖曼加第一巴耳末；(b)赖曼系极限减帕邢系极限

EP **1.** (a) 37.7eV；(b) 0.0206eV **3.** 1900MeV **5.** 0.020eV **7.** 90.3eV **11.** 68.7nm, 25.8nm, 13.7nm 和 8.59nm **13.** (a) 1.3×10^{-19} eV；(b)约 $n=1.2\times10^{19}$；(c) 0.95J $=5.9\times10^{18}$ eV；(d)是 **15.** (b)不；(c)不；(d)是 **17.** (a) 0.050；(b) 0.10；(c) 0.0095 **19.** 59eV **21.** (b) $k=(2\pi/h)[2m(U_0-E)]^{1/2}$ **25.** 3.08eV **27.** 0.75, 1.00, 1.25, 1.75, 2.00, 2.25, 3.00, 3.75 **29.** 1.00, 2.00, 3.00, 5.00, 6.00, 8.00, 9.00 **31.** 2.6eV **33.** 4.0 **35.** (a) 1.2eV；(b) 6.5×10^{-27} kg·m/s；(c) 103nm **39.** (a) 0；(b) 10.2nm^{-1}；(c) 5.54nm^{-1} **41.** (a) 13.6eV；(b) 3.40eV **43.** (a) $n=4$ 到 $n=2$；(b)巴耳末系 **45.** (a) 13.6eV；(b) −27.2eV **47.** (a) 2.6eV；(b) $n=4$ 到 $n=2$ **49.** 0.68 **55.** (a) 0.0037；(b) 0.0054 **59.** (a) $P_{210}=(r^4/8a^5)e^{-r/a}\cos^2\theta$；$P_{21+1}=P_{21-1}=(r^4/16a^5)e^{-r/a}\sin^2\theta$

第 41 章

CP **1.** 7 **2.** (a)减小；(b)－(c)不变 **3.** 较小 **4.** A, C, B

Q **1.** 0,2 和 3 **3.** $6p$ **5.** (a) 2.8；(b) 5.5 **7.** (a) n；(b) n 和 l **9.** a, c, e, f **11.** (a)不变；(b)减小；(c)减小 **13.** a 和 b

EP **3.** (a) 3；(b) 3 **5.** (a) 32；(b) 2；(c) 18；(d) 8 **7.** 24.1° **9.** $n>3$；$m_l=+3, +2, +1, 0, -1, -2, -3$；$m_s=\frac{1}{2}$ **11.** (a) $\sqrt{12}\hbar$；(b) $\sqrt{12}\mu_B$

(c)

m_l	L_z	$\mu_{orb,z}$	θ
−3	$-3\hbar$	$+3\mu_B$	150°
−2	$-2\hbar$	$+2\mu_B$	125°
−1	$-\hbar$	$+\mu_B$	107°
0	0	0	90°
+1	$+\hbar$	$-\mu_B$	73.2°
+2	$+2\hbar$	$-2\mu_B$	54.7°
+3	$+3\hbar$	$-3\mu_B$	30.0°

15. 54.7°和 125° **17.** 73km/s^2 **19.** 5.35cm **21.** (a) 2.13meV；(b) 18T **23.** $44(h^2/8mL^2)$ **25.** (a) $51(h^2/8mL^2)$；(b) $53(h^2/8mL^2)$；(c) $56(h^2/8mL^2)$ **27.** $42(h^2/8mL^2)$ **31.** 氩 **33.** (a) $(n, l, m_l, m_s)=(2, 0, 0, \pm\frac{1}{2})$；(b) $n=2, l=1, m_l=1, 0$, 或 $-1, m_s=\pm\frac{1}{2}$
39. 49.6pm, 99.2pm **43.** (a) 35.4pm，和钼的一样；(b) 57pm；(c) 50pm **45.** 9/16 **49.** (a) 69.5kV；(b) 17.9pm；(c) K_α: 21.4pm, K_β: 18.5pm **51.** (a) $(Z-1)^2/(Z'-1)^2$；(b) 57.5；(c) 2070 **53.** (a) 6；(b) 3.2×10^6 年 **61.** 4.7km **63.** $2.0\times10^{16}\text{ s}^{-1}$ **65.** (a) 3.03×10^5；(b) 1430MHz；(d) 3.30×10^{-6} **67.** (a)不；(b) 140nm **69.** (a) 4.3μm；(b) 10μm；(c)红外

第 42 章

CP **1.** (a)较大；(b)相同 **2.** Cleveland，金属；*Boca Raton*，都不是；Seattle，半导体 **3.** a, b 和 c **4.** b

Q **1.** 4 **3.** b 和 c，是 **5.** (a)在晶格中任意处；(b)在任意硅－硅键中；(c)在一个格座的硅离子实内 **7.** b 和 d **9.** $+4e$ **11.** 都不对 **13.** (a)由右向左；(b)反向偏置 **15.** a, b 和 c

EP **1.** $8.49\times10^{28}\text{ m}^{-3}$ **3.** 3490atm **6.** (a) $+8.0\times10^{-11}\Omega\cdot$m/K；(b) $-210\Omega\cdot$m/K **7.** (b) $6.81\times10^{27}\text{ m}^{-3}\text{ eV}^{-3/2}$；(c) $1.52\times10^{28}\text{ m}^{-3}/\text{eV}^{-1}$ **9.** (a) 0；(b) 0.0955 **13.** 0.91

15. (a)2500K;(b)5300K **17.** (a)90.0%;(b)12.5%;(c)钠 **19.** (a)$2.7\times10^{25}\,m^{-3}$;(b)$8.43\times10^{28}\,m^{-3}$;(c)3100;(d)分子:3.3nm;电子:0.228nm **21.** (a)1.0,0.99,0.50,0.014,2.5×10^{-17};(b)700K **23.** 3 **25.** (a)$5.86\times10^{28}\,m^{-3}$;(b)5.52eV;(c)1390km/s;(d)0.522nm **27.** (b)$1.80\times10^{28}\,m^{-3}eV^{-1}$ **31.** (a)19.8kJ;(b)197s **33.** 200°C **35.** (a)225nm;(b)紫外 **37.** (a)109.5°;(b)235pm **41.** 0.22μg **43.** (a)纯的:4.78×10^{-10};掺杂的:0.0141;(b)0.824 **45.** 6.02×10^5 **47.** 4.20eV **49.** (a)5.0×10^{-17}F;(b)约300e

第43章

CP **1.** ^{90}As和^{158}Nd **2.** 比75Bq略大(经过的时间比3个半衰期略短) **3.** ^{206}Pb

Q **1.** 较小 **3.** ^{240}U **5.** 较小 **7.** (a)在$N=Z$线上;(b)正电子;(c)约120 **9.** 不 **10.** 是 **13.** (a)增大;(b)不变 **15.** 7h **17.** d

EP **1.** 28.3MeV **3.** (a)0.390MeV;(b)4.61MeV **7.** (a)6;(b)8 **11.** (a)1150MeV;(b)4.81MeV/核子,12.2MeV/质子 **15.** (a)6.2fm;(b)是 **17.** $K\approx30$MeV **21.** ^{25}Mg:9.303%;^{24}Mg:11.71% **23.** 1.6×10^{25}MeV **25.** 7.92MeV **27.** 280d **29.** (a)$7.6\times10^{16}\,s^{-1}$;(b)$4.9\times10^{14}\,s^{-1}$ **31.** (a)64.2h;(b)0.125;(c)0.0749 **33.** 5.3×10^{22} **35.** (a)2.0×10^{20};(b)$2.8\times10^9\,s^{-1}$ **37.** 209d **39.** 1.13×10^{11}y **43.** (a)$8.88\times10^{10}\,s^{-1}$;(b)$8.88\times10^{10}\,s^{-1}$;(c)$1.19\times10^{15}$;(d)0.111μg **45.** 730cm^2 **47.** Pu:1.2×10^{-17},Cm:$e^{-9173}\approx0$ **49.** 4.269MeV **51.** (a)31.8MeV,5.98MeV;(b)86MeV **53.** ^{7}Li **55.** 1.21MeV **57.** 0.782MeV **59.** (b)0.961MeV **61.** 78.4eV **63.** (a)U:1.06×10^{19},Pb:0.624×10^{19};(b)1.69×10^{19};(c)2.98×10^9y **65.** 1.8mg **67.** 1.02mg **69.** 13mJ **71.** (a)6.3×10^{18};(b)2.5×10^{11};(c)0.20J;(d)2.3mGy;(e)30mSv **73.** (a)6.6MeV;(b)不 **75.** (a)25.4MeV;(b)12.8MeV;(c)25.0MeV **77.** (a)3.85MeV,7.95MeV;(b)3.98MeV,7.33MeV **79.** (a)7.21MeV;(b)12.0MeV;(c)8.69MeV **81.** 0.49 **83.** (a)β^-衰变;(b)8.2×10^7;(c)1.2×10^6 **85.** 3.2×10^{12}Bq=86Ci **87.** 4.28×10^9y **89.** 1.3×10^{-13}m **91.** 3.2×10^4y

第44章

CP **1.** c和d **2.** (a)不;(b)是;(c)不 **3.** e

Q **1.** a **3.** b **5.** (a)^{93}Sr;(b)^{140}I;(c)^{155}Nd **7.** c **9.** a **11.** c

EP **1.** (a)2.6×10^{24};(b)8.2×10^{13}J;(c)2.6×10^4y **3.** $3.1\times10^{10}\,s^{-1}$ **7.** −23.0MeV **9.** 181MeV **11.** (a)^{153}Nd;(b)110MeV给予^{83}Ge,60MeV给予^{153}Nd;(c)^{83}Ge:1.6×10^7m/s;^{153}Nd:8.7×10^6m/s **13.** (a)252MeV;(b)典型裂变能量是200MeV **15.** 461kg **17.** 是 **19.** 557W **21.** $^{238}U+n\rightarrow^{239}U\rightarrow^{239}Np+e$,$^{239}Np\rightarrow^{239}Pu+e$ **23.** (a)84kg;(b)1.7×10^{25};(c)1.3×10^{25} **25.** 0.99938 **27.** (b)1.0,0.89,0.28,0.019;(c)8 **29.** (a)75kW;(b)5800kg **31.** 1.7×10^9y **33.** 170keV **35.** (a)170kV **37.** 0.151 **41.** (a)3.1×10^{31}质子/m^3;(b)1.2×10^6倍 **43.** (a)4.3×10^9kg/s;(b)3.1×10^{-4} **45.** (a)$1.83\times10^{38}\,s^{-1}$;(b)$8.25\times10^{28}\,s^{-1}$ **47.** (a)4.1eV/原子;(b)9.0MJ/kg;(c)1500y **49.** 1.6×10^8y **51.** (a)24.9MeV;(b)8.65百万吨 **53.** 14.4kW

第45章

CP **1.** (a)μ子家族;(b)一个粒子;(c)$L_\mu=+1$ **2.** b和e **3.** c

Q **1.** d **3.** 径迹向下弯曲的最左边的π^+介子 **5.** a,b,c,d **7.** c,f **9.** 1d,2e,3a,4b,5c **11.** 1b,2c,3d,4e,5a **13.** (a)0;(b)+1;(c)−1;(d)+1;(e)−1

EP **1.** 6.03×10^{-29}kg **3.** 18.4fm **5.** 1.08×10^{42}J **7.** 2.7cm/s **9.** 769MeV **13.** (a)L_e,自

旋角动量；(b) L_μ，电荷；(c) 能量，L_μ **15.** $q=0, B=1, S=0$ **17.** (a) 能量；(b) 奇异性；(c) 电荷 **19.** 338MeV **21.** (a) K^+；(b) $\bar{n}$；(c) K^0 **23.** (a) $\overline{uud}$；(b) $u\overline{dd}$ **25.** (a) 不可能；(b) uuu **29.** Σ^0，7530km/s **31.** 666nm **33.** (b) 4.5H 原子/m^3 **35.** (a) 256μeV；(b) 4.84mm **37.** (a) 122m/s；(b) 246y **39.** (b) 2.38×10^9K **41.** (a) 0.785c；(b) 0.993c；(c) C2；(d) C1；(e) 51ns；(f) 40ns **43.** (c) $r\alpha/c+(r\alpha/c)^2+(r\alpha/c)^3+\cdots$；(d) $\Delta\lambda/\lambda=r\alpha/c$；(e) $\alpha=H$；(f) 7.4×10^8ly；(g) 7.8×10^8y；(h) 7.4×10^8y；(i) 7.8×10^8ly；(j) 1.2×10^9ly；(k) 1.2×10^9y；(l) 4.4×10^8ly

索 引

（按汉语拼音字母顺序排序）

物理学基础

F

G

H

J

K

L

M

N

O

P

S

T

W

Z

机械工业出版社

教材意见征询表

尊敬的读者，您好！

这部由哈里德等编著的《物理学基础》中译本终于和您见面了。在我们向您奉献这部优秀教材之际，除了表示我们由衷的欣慰之情外，更关注的是您对它的中肯的评价和对其不足之处的改进意见。请您将您的评价和意见填写在下表中，我们在收到您填写的表格后，将认真加以考虑，对有价值的意见，我们将积极与您联系，使您有可能获得参与我社有价值的出版项目的机会。谢谢您的合作！

<table>
<tr><th colspan="8">您的个人情况</th></tr>
<tr><td>姓名</td><td></td><td>性别</td><td></td><td>年龄</td><td></td><td>办公电话</td><td></td></tr>
<tr><td>职称</td><td></td><td>职务</td><td></td><td>学历</td><td></td><td>家庭电话</td><td></td></tr>
<tr><td colspan="2">工作单位</td><td colspan="4"></td><td>手　　机</td><td></td></tr>
<tr><td colspan="2">从事专业</td><td colspan="4"></td><td>邮政编码</td><td></td></tr>
<tr><td colspan="2">通信地址</td><td colspan="4"></td><td>E－mail</td><td></td></tr>
<tr><th colspan="8">您对本教材的评价意见</th></tr>
<tr><td colspan="8">您认为本教材最有价值的特色有哪些？</td></tr>
<tr><td colspan="8"></td></tr>
<tr><td colspan="8">您认为本教材需要改进的不足之处有哪些？</td></tr>
<tr><td colspan="8"></td></tr>
<tr><td colspan="5">您愿意参加本书的这些改进工作吗？</td><td colspan="2">愿意参加□</td><td>不参加□</td></tr>
<tr><td colspan="8">您对我社大学物理类教材的出版工作还有哪些意见和建议？</td></tr>
<tr><td colspan="8"></td></tr>
<tr><td colspan="8">您有意向在我社出版大学物理类教材（包括教辅）吗？</td></tr>
<tr><td colspan="8"></td></tr>
</table>

注：请用以下任何一种方式返回此表（此表复印有效）：

地　址：100037　北京市西城区百万庄大街 22 号　机械工业出版社高等教育分社　李永联

电　话：010－8837 9723　　　010－68997455（传真）

E-mail：lyl@ mail. machineinfo. gov. cn

解题策略

一些物理常量*

光速	c	3.00×10^{8} m/s
引力常量	G	6.67×10^{11} N·m²/kg²
阿伏伽德罗常量	N_A	6.02×10^{23} mol^{-1}
普适气体常量	R	8.31J/mol·K
质能关系	c^2	8.99×10^{16} J/kg
		931.5MeV/u
电容率常量	ε_0	8.85×10^{-12} F/m
真空磁导率	μ_0	1.26×10^{-6} H/m
普朗克常量	h	6.63×10^{-34} J·s
		4.14×10^{-15} eV·s
玻耳兹曼常量	κ	1.38×10^{-23} J/K
		8.62×10^{-5} eV/K
基元电荷	e	1.60×10^{-19} C
电子质量	m_e	9.11×10^{-31} kg
质子质量	m_p	1.67×10^{-27} kg
中子质量	m_n	1.68×10^{-27} kg
氘子质量	m_d	3.34×10^{-27} kg
玻尔半径	a	5.29×10^{-11} m
玻尔磁子	μ_B	9.27×10^{-24} J/T
		5.79×10^{-5} eV/T
里德伯常量	R	0.01097nm^{-1}

* 更完全地，还给出了最佳实验结果的表，请参看附录 B.

一些换算因子*

质量和密度

$1\text{kg}=1\ 000\text{g}=6.02\times10^{26}\text{u}$

$1\text{slug}=14.6\text{kg}$

$1\text{u}=1.66\times10^{-27}\text{kg}$

$1\text{kg/m}^3=10^{-3}\text{g/cm}^3$

长度和体积

$1\text{m}=100\text{cm}=39.4\text{in.}=3.28\text{ft}$

$1\text{mi}=1.61\text{km}=5280\text{ft}$

$1\text{in.}=2.54\text{cm}$

1nm $=10^{-9}$m = 10Ù

$1\text{pm}=10^{-12}\text{m}=1\ 000\text{fm}$

1light－year(光年) $=9.46\times10^{15}$m

$1\text{m}^3=1\ 000\text{L}=35.3\text{ft}^3=264\text{gal}$

时间

$1\text{d}=86\ 400\text{s}$

$1\text{y}=365\frac{1}{4}\text{d}=3.16\times10^{7}\text{s}$

角度量度

$1\text{rad}=57.3°=0.159\text{rev}$

$\pi\ \text{rad}=180°=\frac{1}{2}\text{rev}$

速率

$1\text{m/s}=3.28\text{ft/s}=2.24\text{mi/h}$

$1\text{km/h}=0.621\text{mi/h}=0.278\text{m/s}$

力和压强

$1\text{N}=10^{5}\text{dyne}=0.225\text{lb}$

$1\text{lb}=4.45\text{N}$

$1\text{ton}=2\ 000\text{lb}$

$1\text{Pa}=1\text{N/m}^2=10\text{dyne/cm}^2$
$=1.45\times10^{-4}\text{lb/in.}^2$

$1\text{atm}=1.01\times10^{5}\text{Pa}=14.7\text{lb/in.}^2$
$=76\text{cm-Hg}$

能量和功率

$1\text{J}=10^{7}\text{erg}=0.239\text{cal}=0.738\text{ft}\cdot\text{lb}$

$1\text{kW}\cdot\text{h}=3.6\times10^{6}\text{J}$

$1\text{cal}=4.19\text{J}$

$1\text{eV}=1.60\times10^{-19}\text{J}$

1horsepower(马力) $=746\text{W}=550\text{ft}\cdot\text{lb/s}$

磁学

1T = 1Wb/m² $=10^{4}$gauss(高斯)

* 更完全的表请参看附录 D。